Johannes Stets:

Geologie des Hunsrücks

Herausgegeben von

Wilhelm Meyer
Andreas Schäfer
Agemar Siehl

Mit 30 Abbildungen und 33 Fotos

Schweizerbart · Stuttgart 2021

Meyer, W., Schäfer. A. & Siehl, A. (Hrsg.), **J. Stets: Geologie des Hunsrücks**

Adressen der Herausgeber:
Prof. Dr. Wilhelm Meyer, Heerstr. 16, 53340 Meckenheim, diedela@online.de
Prof. Dr. Andreas Schäfer, Philippsonstr. 4, 53125 Bonn, schaefer@uni-bonn.de
Prof. Dr. Agemar Siehl, Lahnstr. 15, 53175 Bonn, siehl@uni-bonn.de

Umschlag: Abb. 5 aus dem vorliegenden Band: Geologische Übersichtskarte des Hunsrücks und seiner Umgebung. Grundlage: die Geologischen Übersichtskarten 1 : 200 000.

Die Drucklegung dieses Werkes wurde ermöglicht mit freundlicher Unterstützung
von
Landesamt für Geologie und Bergbau Rheinland-Pfalz
vero Verband der Bau- und Rohstoffindustrie e.V.
Wasser und Boden GmbH Boppard

ISBN 978-3-510-65522-9

Information on this title: www.schweizerbart.de/9783510655229

Verlag: E. Schweizerbart'sche Verlagsbuchhandlung (Nägele u. Obermiller)
Johannesstr. 3A, 70176 Stuttgart, Germany
mail@schweizerbart.de
www.schweizerbart.de

© Gedruckt auf alterungsbeständigem Papier nach ISO 9706-1994

Satz: Newgen Publishing Europe

Printed in Germany by Gulde-Druck GmbH & Co. KG

Vorwort der Herausgeber

Johannes Stets hat seit seiner Diplomarbeit und Dissertation sich immer wieder intensiv mit der Geologie des Hunsrücks beschäftigt. Ab 1968 war er am Geologischen Institut der Universität Bonn tätig und hat in dieser Zeit viele Diplom- und Doktorarbeiten über dieses Gebiet angeregt und betreut. In den letzten Jahren hat er die Kenntnisse zu einer Monographie zusammengetragen, die für dieses reizvolle Mittelgebirge noch nicht existierte. Als er völlig überraschend am 3. November 2015 in Bonn starb, fand sich, dass der Text inklusive Vorwort und Literaturverzeichnis bereits fertiggestellt war. Wir haben als seine Freunde und Kollegen uns vorgenommen, das Werk zur Veröffentlichung zu bringen. Dazu war es erforderlich, das umfangreiche Manuskript, mit dem sich zwei Bände hätten füllen lassen, zu kürzen, hauptsächlich, indem bei wissenschaftsgeschichtlichen Erläuterungen Abstriche gemacht wurden. Es gab beim Literaturverzeichnis auch noch offene Stellen, die zu schließen waren. Von den für ein solches Werk unentbehrlichen Abbildungen waren leider nur wenige Graphiken vorhanden. Allernotwendigste Karten und Profile mußten von uns in druckfähigem Zustand erstellt werden, also gewissermaßen eine Notausstattung. Hier hätte noch mehr Material präsentiert werden können, wenn es J. Stets vergönnt gewesen wäre, weitere Graphiken zu erarbeiten. Wir haben einige fachliche Aktualisierungen anhand von nach 2015 erschienenen Arbeiten vorgenommen. Sie mögen besonders für das Devon und für strukturelle Fragen unvollständig sein, da unsere eigenen Arbeitsfelder außerhalb des Hunsrücks liegen. Wir haben davon abgesehen, die neue stratigraphische Nomenklatur (Formation, Subformation etc.) für die Devongliederung einzusetzen und lassen es bei den im Manuskript von J. Stets verwendeten Bezeichnungen, die beim gegenwärtigen Kenntnisstand den hauptsächlich lithologisch definierten, oft nur punktweise aufgeschlossenen Einheiten besser gerecht werden. Die Probleme der stratigraphischen Abgrenzungen werden im Text ausführlich diskutiert.

Wir sind Dr. Andreas Nägele sehr dankbar dafür, dass er das Werk in die Reihe der geologischen Gebietsmonographien im Schweizerbart-Verlag aufgenommen hat, Frau Angela Pfeifer danken wir für die redaktionelle Betreuung. Große Unterstützung haben wir durch das Landesamt für Geologie und Bergbau Rheinland-Pfalz unter Leitung von Prof. Dr. Georg Wieber erfahren. Die Manuskriptteile, welche die postvariszische Entwicklung behandeln, wurden von Dr. Doris Dittrich, Dr. Winfried Kuhn und Dr. Michael Weidenfeller dankenswerterweise durchgesehen. Im Steinmann-Institut für Geowissenschaften der Universität Bonn haben wir für Hilfe durch Prof. Dr. Barbara Reichert, Dr. Oliver Franz, Bettina Krumbiegel, Georg Oleschinski und Prof. Dr. Jes Rust zu danken.

Ein Nachruf auf Johannes Stets mit ausführlichem Schriftenverzeichnis findet sich in den Jahresberichten u. Mitteilungen des Oberrheinischen Geologischen Vereins, N.F. 99, Stuttgart 2017.

Bonn, Februar 2021
Wilhelm Meyer, Andreas Schäfer, Agemar Siehl

In der Sammlung geologischer Führer (Borntraeger, Stuttgart) erschien 2021 der Band Taunus (H.-J. Anderle, P. Rothe, H.-J. Scharpff), den wir hier nicht mehr berücksichtigen konnten.

Vorwort des Landesamtes für Geologie und Bergbau Rheinland-Pfalz

Mit der „Geologie des Hunsrücks" von Herrn Prof. Dr. J. Stets liegt jetzt erstmalig eine Monographie vor, die die Geologie des Hunsrücks vom Paläozoikum bis zum Quartär umfassend beschreibt. Auf mehreren Hundert Seiten werden nicht nur die Hunsrück-Gesteine aller Erdzeitalter und die tektonische Entwicklung, sondern auch angewandte Themen der Hydro- und Rohstoffgeologie mit Bezug zum Hunsrück vorgestellt.

In diesem epochalen Gesamtwerk hat Herr Prof. Stets die Ergebnisse der geologischen Erforschung des Hunsrücks der letzten 150 Jahre ausgewertet und unter Berücksichtigung seiner eigenen Erkenntnisse zusammengefaßt. Gerne hat sich das LGB bereit erklärt, das Projekt zu unterstützen. Hervorheben möchten wir die konstruktive und sehr angenehme Zusammenarbeit mit den Herausgebern der Universität Bonn und dem Verlag. Mit Frau Dr. Doris Dittrich, Herrn Dr. Winfried Kuhn und Herrn Dr. Michael Weidenfeller haben Fachleute des Landesamtes Hinweise und Anregungen für die Kapitel Mesozoikum, Tertiär und Quartär formuliert und dadurch zu einer Aktualisierung der entsprechenden Inhalte beigetragen.

Das Buch kann ohne Übertreibung als ein Standardwerk bezeichnet werden, das in dieser Qualität und Vollständigkeit einmalig ist. Es wird für die nächsten Jahrzehnte die Grundlage für alle versierten Laien und Fachleute sein, die etwas über die Geologie des Hunsrücks erfahren möchten oder sich beruflich und privat mit ihr beschäftigen. Besonders für das Landesamt für Geologie und Bergbau Rheinland-Pfalz (LGB) als staatlicher geologischer Dienst stellt das Werk eine fundamentale Basis für alle geowissenschaftlichen Arbeiten im Hunsrück dar, welcher ein erheblicher Anteil des Landes Rheinland-Pfalz ist.

Mainz, 27.01.2021
Prof. Dr. Georg Wieber
Direktor des Landesamtes für Geologie und Bergbau Rheinland-Pfalz

Vorwort des Autors

Der Hunsrück, der südwestliche Abschnitt des Rheinischen Schiefergebirges, gehört zu den weniger bekannten Mittelgebirgen und kann im Gegensatz zur nahen Eifel nicht mit spektakulären geologischen Phänomenen, wie Maaren und Vulkanen oder auch imposanten Felspartien auf sich aufmerksam machen. Trotzdem lassen sich hier eine Vielzahl geologischer Phänomene beobachten und interessante tektonische Zusammenhänge ableiten. Diese „Geologie des Hunsrücks" ist der Versuch, die bestehende Fülle an Material dieses in letzter Zeit in der geologischen Forschung recht vernachlässigten Abschnitts des Rheinischen Schiefergebirges zu präsentieren und zu einer Synthese zu gestalten. Hinzu kommt eine inzwischen gewandelte Forschungssituation, die durch den „Rückgang stratigraphischer und insbesondere regionalgeologischer Forschung in den Hochschulen und in den geologischen Landesämtern" (Weddige 2008: 7) gekennzeichnet ist und es wünschenswert erscheinen läßt, eine solche Synthese zu versuchen. Das bedeutete, Material aus der Literatur zu ordnen und mit eigenen, bei wiederholter Geländearbeit gewonnenen Daten und Kenntnissen zu verknüpfen. Dabei galt es, über Jahre kontrovers geführte Diskussionen über die unterschiedlichsten Themen in den einzelnen Gebieten und darüber hinaus kritisch abzuwägen und zu einer für den gesamten Hunsrück geltenden Vorstellung zusammen zu führen.

Dank. Der Dank des Verfassers gilt zuerst seinem langjährigen Freund und Kollegen, Herrn Prof. Dr. Wilhelm Meyer, Bonn, der mehrfach den Anstoß zu diesem Buch schon bei frühen gemeinsamen Arbeiten gab und bis zu seiner Vollendung durch Anregungen und Hinweise – auch auf versteckte Literatur – aufrecht erhielt. Bei der Klärung zahlreicher Probleme halfen die Kollegen und langjährigen Freunde Prof. Dr. Andreas Schäfer und Prof. Dr. Agemar Siehl, Bonn, in vielen Diskussionen, ohne die es kaum zur Vollendung dieses Buches gekommen wäre. Weiter gehört mein Dank insbesondere auch dem Direktorium des Steinmann-Institutes der Universität Bonn, insbesondere Herrn Prof. Dr. Jean Thein für die Bereitstellung eines Arbeitsplatzes über Jahre hinweg – auch nach dem Ausscheiden aus dem aktiven Dienst.

Frau Carola Kubus, die Bibliothekarin des Steinmann-Institutes half bei der Beschaffung auch ausgefallener Literatur, Frau Bettina Krumbiegel bei den Abbildungen.

Herr Rolf Gossmann stellte zwei noch in der Vorbereitung befindliche Manuskripte zur Paläoflora des rheinischen Unterdevon zur Verfügung, die neue Ergebnisse zu *Prototaxites* betreffen.

Eine besondere Widmung geht an meine liebe Frau, die über lange Zeit sich mit einem zerstreuten Professor zufrieden geben mußte, an der Entstehung des Buches nicht zuletzt maßgeblich beteiligt war und der ich zum Dank das Buch widme.

J. Stets, 2015

Inhalt

1 Einführung

1.1 Einleitung

Bei der Eingrenzung des Hunsrücks durch die Täler von Rhein, Mosel, Saar und Nahe sind abgesehen von den Gesteinen des Devons, besonders des Unterdevons auch Rotliegend und Trias in den Randgebieten sowie die känozoische Geschichte des nördlichen Mainzer Beckens und der umgebenden Flüsse zu berücksichtigen. Diese Deckschichten greifen diskordant auf den variszisch geprägten Schiefergebirgssockel über oder grenzen mit Verwerfungen an ihn.

Die Fülle des Stoffes erforderte eine Unterteilung in sechs Teile. Eine gewisse Heterogenität des Textes ergibt sich daraus, dass er von eigenen geologischen Erfahrungen zehrt, die teils neu sind, teils aber schon lange zurückliegen. Schwierigkeiten entstehen bei der genauen Angabe von Lokalitäten; die geologische Literatur bezog sich dabei in der Vergangenheit auf die Gauss-Krüger-Koordinaten der Topographischen Karte (u. a. TK 25, Messtischblatt); seit 2009 wird auch von den Landesvermessungsämtern das UTM-Gitternetz (Universale Transversale Mercator-Abbildung) in den Neuausgaben der TK eingetragen. So können R- und H-Werte nur noch auf älteren Ausgaben der TK abgefragt oder müssen umständlich umgerechnet werden. Weiter ist zu beachten, dass der Blattschnitt nach den UTM Koordinaten ausgerichtet ist, so dass Positionen im Bereich der Blattränder heute u. U. auf dem Nachbarblatt zu liegen kommen. Die Fülle an Änderungen in neuer Zeit, insbesondere bei den stratigraphischen Begriffen, macht Differenzierungen notwendig; so werden veraltete Begriffe, die sich z. T. heute nicht immer vermeiden lassen, in Anführungszeichen gesetzt.

1.2 Geographische Aspekte

Als Hunsrück wird geographisch und geologisch der südwestliche Abschnitt des Rheinischen Schiefergebirges bezeichnet, der zwischen 6°30’ und 7°50’ östlicher Länge und zwischen 49°20’und 50°20’nördlicher Breite liegt. Diese Feststellung ist insofern wichtig, als der Hunsrück im Unterdevon wahrscheinlich zwischen 10° und 30° südlicher Breite lag. Der 50° nördlicher Breite ist heute in Mainz im Pflaster unweit des Staatstheaters markiert. Er quert den Hunsrück zwischen Trechtingshausen am Mittelrhein und Zell an der Mosel.

Anschaulicher wird die Begrenzung über die Flussabschnitte des Oberen Mittelrheins zwischen Bingen und Koblenz, der Mittel- und Untermosel zwischen Trier und Koblenz, der Saar zwischen Dillingen und Konz sowie der Nahe zwischen Quelle und Mündung. Da die Nahe, die bei Selbach am Eckerberg entspringt, das Gebiet im Südwesten nicht vollständig abschließt, kann der Unterlauf der Prims bis zur Mündung bei Dillingen in die Saar einbezogen werden, wo Teile des südlichen Saargaues betroffen sind.

Eine Gliederungsmöglichkeit orientiert sich an den „**Meereshöhen**“ (über NN): Vom Rhein her kommend ist zunächst der Soonwald oder Hohe Soon (Große Soon) mit dem Binger Wald nahe dem Rhein und dem südwestlich anschließenden Lützelsoon (Kleiner Soon) zwischen Henau und Niederhosenbach zu nennen. Die größten Höhen erreicht der Binger Wald mit Kandrich (637 m NN), Salzkopf (628 m NN) und dem Franzosenkopf (617 m NN); der zentrale Soonwald gliedert sich in drei Nordost-Südwest verlaufende Höhenrücken: Der nordwestliche ist durch Hochsteinchen (648 m NN), Schanzerkopf (643 m NN) und Simmernkopf (653 m NN) charakterisiert; der mittlere weist mit Opel (649 m NN), Ellerspring (637 m NN) und Alteburg (620 m NN) ebenfalls Höhen über 600 m NN

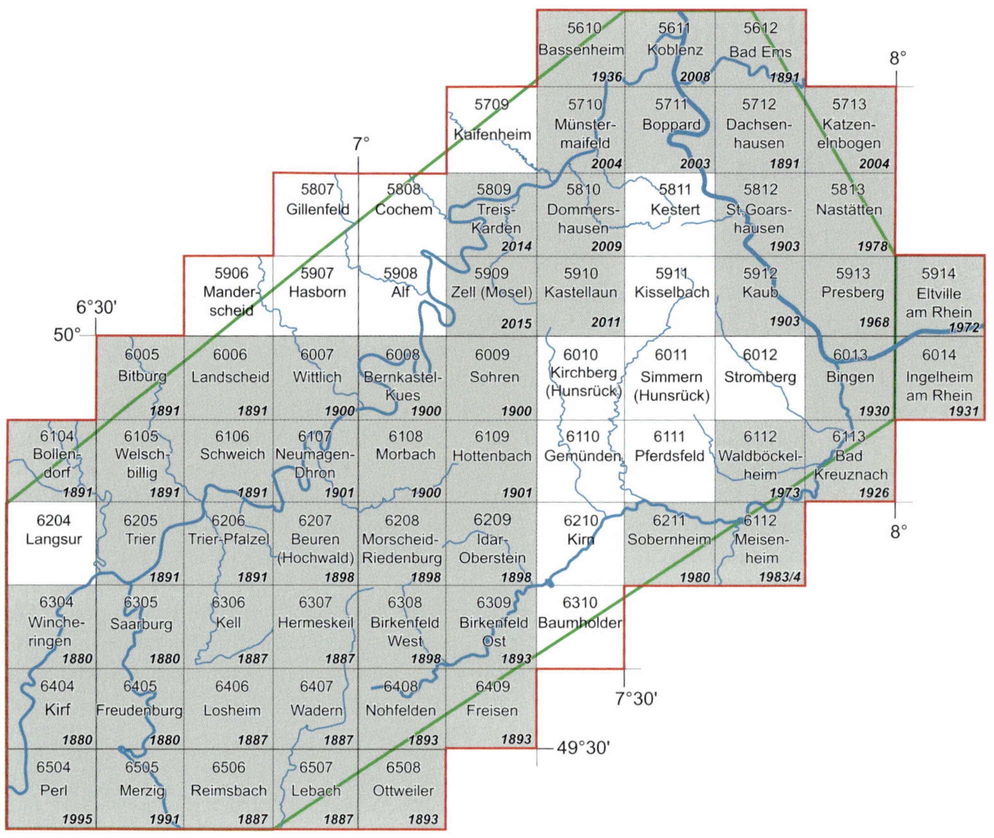

Abb. 1. Die Karten 1:25 000 im Hunsrück und seiner Umgebung. Grau die veröffentlichten geologischen Karten; rechts unten das Erscheinungsjahr der letzten Auflage.

auf, während der südöstliche Rücken nördlich Struthof bei Münchwald mit Steinberg (564 m NN) und Kesselberg (570 m NN) diese Höhen nicht erreicht. Die Womrather Höhe (597 m NN) ist die höchste Erhebung des Lützelsoons; die Höhen nehmen nach Südwesten bis auf wenig mehr als 450 m NN ab.

Die Hunsrück-Hochfläche nordwestlich des Soonwaldes und auch weiter im Südwesten liegt im Mittel zwischen 400 und max. 520 m NN. Dieses Niveau überragen im Südwesten nach der Mosel hin der Höhenzug der Stronzbuscher Haardt mit dem Haardtkopf (658 m NN) und weiter in Richtung Saar der Osburger Hochwald mit Rösterkopf (708 m NN) und Hoher Wurzel (669 m NN); der Idarwald überschreitet am Idarkopf (746 m NN) und am Steingerüttelkopf (757 m NN) die 700 m-Marke; die höchste Höhe des Hochwaldes und damit auch des Hunsrücks, ist der Erbeskopf (816,3 m NN) südlich Deuselbach im Grenzbereich zwischen Idar- und Hochwald.; der Schwarzwälder Hochwald hat in der Kammregion bei Börfink noch Höhen über 750 m aufzuweisen; weiter nach Südwesten nehmen die Höhen am Teufelskopf (654 m NN) auf weniger als 700 m NN und weiter in der gleichen Richtung sukzessive auf weniger als 500 m NN jenseits der Saar ab; letzte Ausläufer reichen bis Sierck-les-Bains an der Obermosel; auch die Dollberge zwischen Nonnweiler und Hattgenstein erreichen noch um 700 m NN (707 m, 695 m NN); weiter in der nordöstlichen Verlängerung kommt dieser Zug am Ringelkopf noch auf 712 m NN und an der Wildenburg südlich Kempfeld auf 664 m NN.

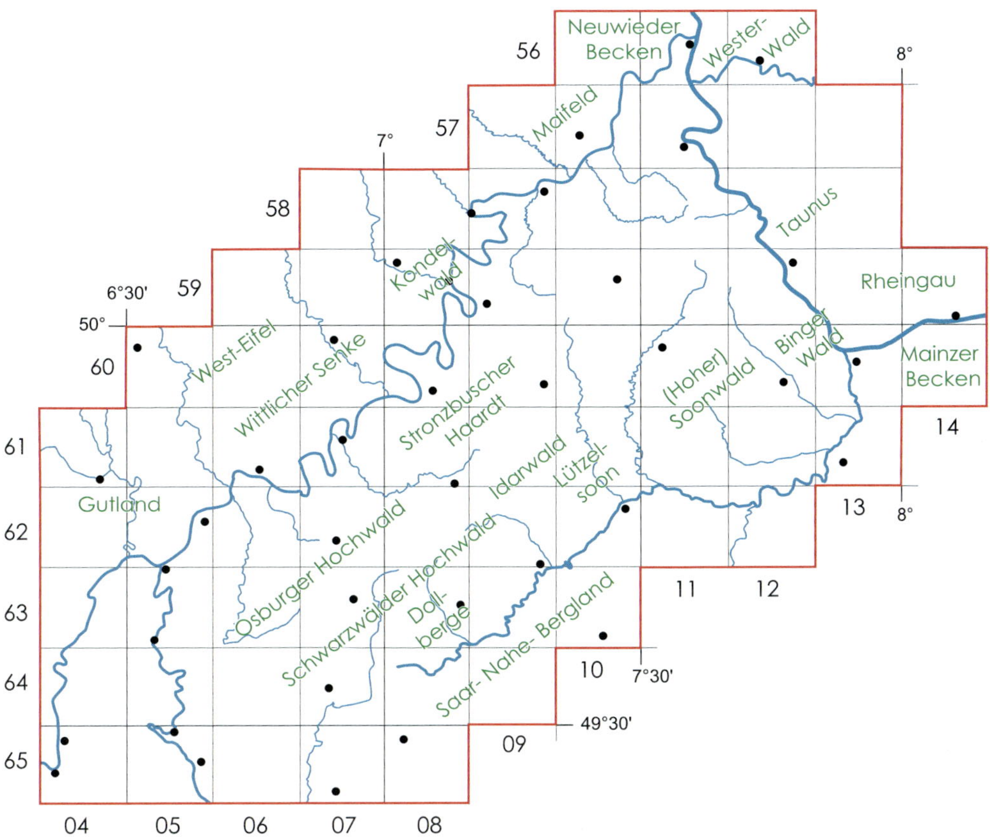

Abb. 2. Die Regionen im Hunsrück und seiner Umgebung.

Alle diese Teilbereiche vom Hohen Soon im Nordosten bis zum Idar- und Schwarzwälder Hochwald im Südwesten und vom Osburger Hochwald zur Stronzbuscher Haardt bilden langgestreckte, Nordost-Südwest verlaufende, nahezu parallele Höhenzüge, die ca. 200 bis 250 m, auch 300 m, die Hunsrück-Hochfläche oder den Süd-Abfall des Gebirges überragen.

Vor kurzem ist im Hochwald der „Nationalpark Hunsrück-Hochwald" eingerichtet worden.

Das **Gewässernetz** des Hunsrücks ist über die Flüsse Nahe, Saar und Mosel ausschließlich zum Rhein und damit zum Atlantik orientiert. Es dient dem Abfluss der gebietsweise recht hohen Niederschlagsmengen (>1000 mm/a im Hochwald), bei ozeanischem Berglandklima.

Das linksrheinische, zum Oberen Mittelrhein orientierte Abflusssystem bildet nur einen schmalen, knapp 10 km breiten stromparallelen Streifen zwischen Bingen und Koblenz, wo kurze Bäche von der Wasserscheide zum Rhein entwässern. Rechts der oberen Mittelmosel besitzen nur die Ruwer mit Riveris sowie die Große und die Kleine Dhron größere, eigenständige Einzugsgebiete; rechtsseitige, ausgedehntere Wasserläufe zu Mittel- und Untermosel sind von Südwesten nach Nordosten Kauten-, Flaum-, Dünn-, Bay- (Bey-) und Ehrbach; sie beziehen ihr Wasser von der Hunsrück-Hochfläche, in der die Wasserscheide zwischen Mosel und Nahe liegt. Zur Saar entwässern Losheimer Bach, Wadrill und Prims, die ihr Wasser aus dem Schwarzwälder Hochwald beziehen. Die links zur Oberen Nahe fließenden Traun und Idarbach, durchschneiden nur einen Teil der Quarzithärtlinge des Hochwaldes,

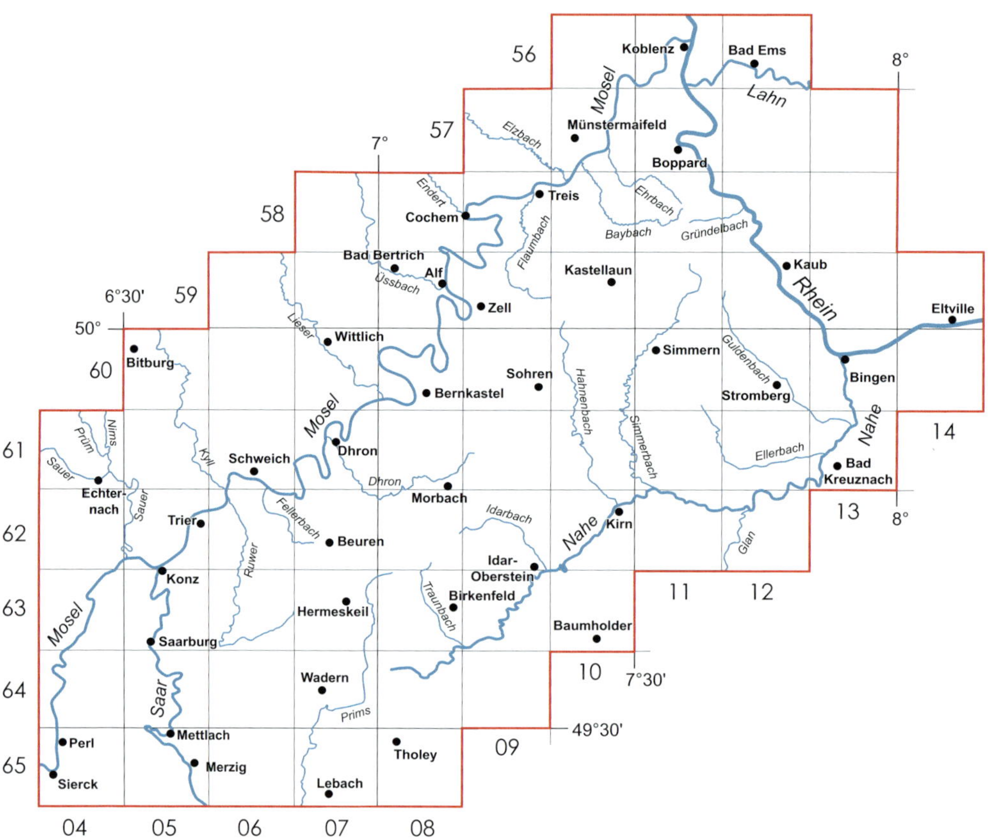

Abb. 3. Das Gewässernetz und größere Orte.

erreichen jedoch die Hunsrück-Hochfläche weiter im Norden nicht; die Wasserscheide verläuft hier in der Kammregion von Idar- und Hochwald; anders bei den Einzugsgebieten der weiter im Nordosten gelegenen Tributarien Hahnen-, Simmer(Kellen)- und Guldenbach, deren Quellgebiete auf der Hunsrück-Hochfläche in der Simmerner Mulde liegen und Soonwald bzw. Lützelsoon durchbrechen.

1.3 Geologischer Rahmen

1.3.1 Der Hunsrück im geologischen Werdegang Mitteleuropas

Die mitteleuropäischen Mittelgebirge gehören geologisch zum Variszischen Gebirge, das sich von Südengland im Westen über die deutschen Gebirgsanteile, u. a. Rheinisches Schiefergebirge und Harz, bis nach Südost-Europa erstreckt. Es gliedert sich in mehrere Gürtel, unter denen das Rheinische Schiefergebirge zu dem externen, dem Rhenoherzynikum, zählt. Der Hunsrück liegt an dessen Südost-Rand. Das Rhenoherzynikum erlebte während der Variszischen Orogenese zwei unterschiedliche Stadien. Auf eine Subsidenz-Phase von ca. 90 Ma, in der der Rheinische Trog – auch Rhenoherzynisches Becken – mit mächtigen

Sedimentmassen gefüllt wurde, folgte während einer Plattenkollision ab der Grenze Unter-/Oberkarbon im Süden des Schiefergebirges eine erhebliche Deformation, die in Faltung, Schieferungen und Verschuppung mit weitreichenden Verschiebungen und gebietsweise auch Metamorphose ihren Ausdruck fand. Durch anschließende Hebung der verdickten kontinentalen Kruste entstand orographisch das Rheinische Gebirge. Es hat wahrscheinlich nie den Charakter eines alpinen Hochgebirges erreicht. Die Phase variszischer tektonischer Deformation dauerte bis in das Oberkarbon, ein Zeitraum von ca. 20 Ma. In diesem Stadium entstand ein konsolidierter, starrer Gebirgskörper, der heute das Sockelstockwerk des Hunsrücks darstellt.

Mit der Hebung des Rheinischen Gebirges setzte sehr bald auch dessen Abtragung ein. So entstanden noch im Oberkarbon (ab dem Westfal) im Rückland des Hunsrück-Gebirges in der sich bildenden intramontanen Lothringen-Saar-Nahe-Senke große Mengen an Molasse-Sedimenten bis in die Zeit des höheren Rotliegend, das sind ca. 40 Ma. Auch diese Prozesse erfolgten in mehreren Stadien unter spät-variszischen Rahmenbedingungen, die sich grundsätzlich von den älteren variszischen Prozessen unterschieden.

Nach einer längeren Ruhephase, die einen Zeitraum vom höheren Perm bis in die untere Trias (ca. 20 Ma) dauerte, setzte die post-variszische Entwicklung ein. Vor ca. 250 Ma wurde der westliche Rand des inzwischen eingerumpften Gebirges erneut in die Sedimentation einbezogen. Der gesamte Rumpf des Rheinischen Gebirges war zu dieser Zeit von Sedimentationsgebieten umgeben. Es blieb selbst als Rheinische Insel größtenteils landfest. Der Anteil des Hunsrücks blieb, wenn man vom äußersten Südwesten absieht, von größeren marinen Trans- und Ingressionen verschont.

Der Gebirgsrumpf der Rheinischen Insel war seit dem Mesozoikum und noch im Alttertiär tiefgreifenden Verwitterungsprozessen ausgesetzt, die über 245 Ma anhielten. Dabei wurden die Gesteine in eine lokal mehr als 100 m mächtige Verwitterungsrinde umgesetzt. Mit dem Jungtertiär (Mio-Pliozän) begann als Fernwirkung der alpidischen Orognese eine erneute Hebungsphase, die seit ca. 5 Ma anhält. So entstand aus der Rheinischen Insel die Rheinische Masse, das heutige Rheinische Schiefergebirge. Bei ständiger Hebung und den seit dem Altpleistozän herrschenden, wechselnden klimatischen Bedingungen der Eiszeit bildete sich unser heutiges Hunsrück-Mittelgebirge mit seinen tief eingeschnittenen Tälern.

1.3.2 Die geologischen Einheiten des Hunsrücks im Überblick

Die Hunsrück-Südrand-Verwerfung. Am Süd-Rand des Hunsrücks ist die entscheidende Verwerfung die Hunsrück-Südrand-Verwerfung oder weiter im Südwesten die Kirn-Metzer Störungslinie. Sie „verwirft“ das gefaltete devonische Grundgebirge des Hunsrücks gegen Schichtfolgen von Oberkarbon und Rotliegend der südöstlich benachbarten Saar-Nahe-Senke.

Das südöstlich dieser Verwerfung bis an die Nahe und weiter darüber hinaus in das rheinhessische Hügelland und in die Nord-Pfalz reichende Gebiet beiderseits der Nahe besteht im Nordosten z. T. aus Tertiär des nördlichen Mainzer Beckens, im südwestlichen und südöstlichen Anschluss bis fast an die Saar aus Rotliegend. Dieses Gebiet gliedert sich in die **Nahe-Mulde** zwischen Bad Kreuznach und Baumholder im Nordosten und die **Prims-Mulde** im südwestlichen Anschluss. Nördlich der Ortschaft Wadern trennt sich ein Ast von der großen Randverwerfung ab, der bei Besseringen die Saar quert. Das von den beiden Ästen der Südrand-Verwerfung eingeschlossene Gebiet mit Schichten der Trias wird als **Merziger Grabenmulde** bzw. **Merziger Trias-Bucht b**ezeichnet. Südöstlich der Grabenmulde liegt die „Grundgebirgsscholle von Düppenweiler“ als wurzelloser Schürfling, der aus höher metamorphen paläozoischen Gesteinen besteht. Am Südrand des Hunsrücks treten mächtige Rhyolith-Massive zu Tage.

Die Metamorphe Zone. Zwischen Windesheim und Kirn/Nahe liegt nordwestlich der Südrand-Verwerfung ein etwa 2 bis 3 km breiter Streifen, in dem die devonischen Gesteine ähnlich wie bei Düppenweiler eine höhere Beanspruchung als sonst im Hunsrück erfahren haben. Dieser Streifen wird als „Metamorphe Zone" bezeichnet. An Querverwerfungen versetzt verschwindet sie nach Nordosten unter tertiären Gesteinen des nordöstlichen Mainzer Beckens. Eine Verbindung zu metamorphen Gesteinsverbänden am Süd-Rand des Taunus besteht nicht. Charakteristische Gesteine am Süd-Rand des Hunsrücks sind Phyllite und „Grünschiefer" (Meta-Diabase).

Grundgebirgs-Aufbrüche. Im südöstlichen Hunsrück stehen lokal im Guldenbach-Tal bei Schweppenhausen, im Hahnenbach-Tal beim Schloss Wartenstein und Umgebung sowie bei Mörschied wesentlich ältere, echte „vordevonische" und hochmetamorphe Gesteine als allochthone, allseits von Verwerfungen begrenzte Gesteinskörper an.

Die Süd-Hunsrück-Einheit. An die Metamorphe Zone schließt sich nach Norden die Süd-Hunsrück-Einheit an. Sie enthält das große „Soonwald-Antiklinorium", das zwischen Bingen und Niederheimbach vom Rhein durchschnitten wird. Diese Struktur besteht am Rhein im Wesentlichen aus dem unterdevonischen Taunusquarzit. Sie wird am Nordwest-Rand von der **Taunuskamm-Soonwald-Überschiebungszone** begrenzt. Sie zieht sich vom Taunus kommend über den Rhein nördlich Trechtingshausen hinweg und weiter über Sonnschied bis Eisen/Saarland im Südwesten. An ihr wird in mehreren Schuppen Taunusquarzit auf Hunsrückschiefer der im Nordwesten folgenden Zentralen Hunsrück-Einheit überschoben. Ein markantes strukturelles Element innerhalb der Südlichen Hunsrück-Einheit ist die „Stromberger Mulde", eine stark in sich verschuppte Struktur mit einer Schichtenfolge, die vom Unter- bis in das Oberdevon, vielleicht auch Unterkarbon, reicht. Sie ist an Querverwerfungen abgesenkt im Stromberger Graben erhalten geblieben. Das markanteste Schichtglied innerhalb dieser Abfolge ist der „Stromberger Massenkalk" des Givet. Ein dolomitisches Äquivalent ist über Waldalgesheim bis nach Bingerbrück zu verfolgen.

Die Zentrale Hunsrück-Einheit. Nordwestlich an den Soonwald schließt sich die Zentrale Hunsrück-Einheit an. Sie erstreckt sich vom Rhein im Nordosten bis in das Gebiet des Hochwaldes und bis an die Saar im Südwesten. Im nordöstlichen Abschnitt besteht die Hunsrück-Hochfläche aus zahlreichen Strukturen, die jedoch nur mangelhaft aufgeschlossen sind. Im Rheintal gehört dazu die Kauber Schuppenzone zwischen Niederheimbach und Oberwesel mit den klassischen Dachschiefer-Vorkommen bei Kaub. Deren nordwestliche Begrenzung bildet die **Oberweseler Überschiebungszone**, an der Hunsrückschiefer auf jüngere Unterems-Schichten aufgeschoben sind. Nach Nordwesten schließen sich die Maisborn-Gründelbach-Schuppenzone („Maisborn-Gründelbach-Mulde") und die Salziger Schuppe („Salziger Sattel") an. Ihre nordwestliche Begrenzung, die Hunsrück-Hauptüberschiebung, ist zugleich auch die Begrenzung der Zentralen Hunsrück-Einheit nach Nordwesten und lässt sich bis an die Saar verfolgen. Im Hochwald und nördlich davon reicht die Zentrale Hunsrück-Einheit nach Nordwesten bis zur „Mosel-Achse". Sie bildet hier die Grenze, verläuft zwischen den Ortschaften Altlay, Veldenz und Ockfen/Saar im Nordwesten und liegt in der südwestlichen Verlängerung der Hunsrück-Hauptüberschiebung. In diesem Gebiet ragen zahlreiche Härtlinge aus der Hunsrück-Hochfläche auf. Sie werden aus Taunusquarzit und den zeitgleichen Dhrontal-Schichten mit eingelagerten „Dhroner Quarziten" aufgebaut. Im Schwarzwälder Hochwald enthalten sie in ihrem Kern auch Schichten des Obergedinne. Landschaftlich bedeutsam ist die Idarwald-Schuppenzone („Idarwald-Sattel"), die sich von Büchenbeuren bis an die Saar erstreckt. Dieser Taunusquarzit-Härtling trägt den bis 816,32 m NN aufragenden Erbeskopf. Südöstlich der Idarwald-Schuppenzone schließt sich die Züscher Schuppenzone („Züscher Sattel") an, die aus einer Vielzahl von Einzelschuppen besteht. Weiter nach Nordwesten, zur Mosel hin, liegen die Osburger Hochwald-Schuppenzone („Osburger Hochwald-Sattel") und die Horather Schuppenzone („Horather Sattel"). Alle diese Strukturen entsprechen den schon bei der Höhengliederung genannten Höhenrücken.

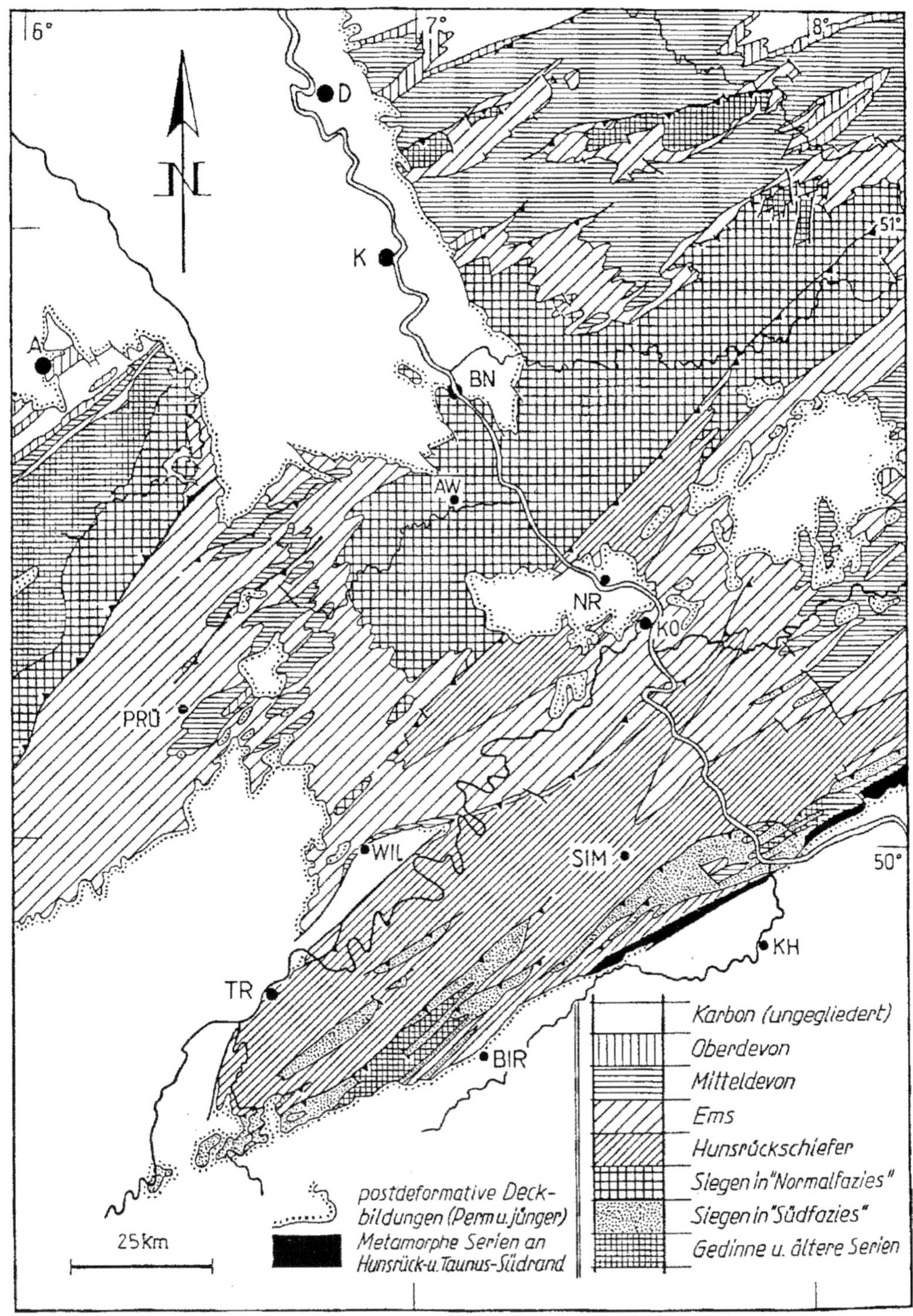

Abb. 4. Geologische Übersichtskarte des zentralen und westlichen Schiefergebirges. A Aachen, AW Ahrweiler, BIR Birkenfeld, BN Bonn, D Düsseldorf, K Köln, KH Kreuznach, KO Koblenz, NR Neuwied, SIM Simmern, PRÜ Prüm, TR Trier, WIL Wittlich. W. MEYER & STETS (1980), verändert.

Jeweils an ihrem nordwestlichen Rand grenzen alle diese Schuppenstrukturen scharf mit Überschiebungen gegen die jüngeren Tonschieferverbände der Hunsrückschiefer. Auf ihrer Südost-Flanke erfolgt der graduelle Übergang vom Taunusquarzit über Quarzit/Tonschiefer-Wechselfolgen in die Hunsrückschiefer.

Die Mosel-Einheit. An die Zentrale Hunsrück-Einheit schließt sich nach Nordwesten die Mosel-Einheit an. Sie wird im Wesentlichen von der „Mosel-Mulde" eingenommen. Diese stark in sich verschuppte „Synklinal-Struktur" besitzt einen deutlich asymmetrischen Bau, da ihr der Südost-Flügel fehlt. An seiner Stelle befindet sich eine stark Nordwest-vergente und verschuppte Zone, in der sich als Hauptüberschiebung die Boppard-Dausenau-Longuicher Überschiebungszone befindet. Zwei große Querverwerfungen teilen die Mosel-Einheit im Raum Alf – Senheim. Der nordöstliche Abschnitt besteht aus der Lützer und der Braubacher Schuppenzone, die durch die Oberlahnsteiner Überschiebung voneinander getrennt werden, der südwestliche Abschnitt der „Mosel-Mulde" gliedert sich in die „Olkenbacher Mulde" im Nordwesten als Verlängerung der Lützer Schuppenzone, und die stark Nordwest-vergente Mittelmosel-Schuppenzone im Südosten. Beide trennt die Longuicher Überschiebung zwischen Alf/Mosel und Longuich/Mosel als südwestliche Verlängerung der Boppard-Dausenauer Überschiebungszone. Diese ist dort zum großen Teil unter den Sedimenten der Wittlicher Rotliegend-Senke verborgen und tritt erst bei Bekond wieder in Erscheinung. Sie quert bei Longuich die Mosel und verschwindet im Südwesten unter den Schichtverbänden des Buntsandstein der Trierer Senke. Die Schichtverbände in der „Mosel-Mulde" gehören im Bereich des Mosel-Hunsrück mehrheitlich in das Unter- und Oberems. Zahlreiche Auf- und Überschiebungen kennzeichnen den kontravergenten Schuppenbau dieses „Synklinoriums".

Zwischen Saar und Obermosel bauen Buntsandstein, Muschelkalk und Keuper den nördlichen **Saargau** von der Mosel bis an die „Quarzit-Schwelle von Mettlach-Sierck" und darüber hinaus nach Südwesten auf. Dieses von vielen Verwerfungen durchzogene Gebiet, das aus schmalen Leistenschollen besteht, leitet zu der Nord-Süd ausgerichteten Lothringer Quersenke (auch: Lothringer Furche) über. Sie begrenzt den Hunsrück und damit hier auch das Rheinischen Schiefergebirge nach Südwesten und liegt in der südlichen Verlängerung der Eifeler Nord-Süd-Zone.

1.4 Zur geologischen Erforschung von Hunsrück und Hochwald

1.4.1 Die Zeit der „Geognosten"

Erste Versuche, der Geologie des Hunsrücks näher zu kommen, gingen von dem Trierer Gymnasiallehrer Steininger in den Jahren von 1819 bis 1857 aus. Er beschrieb erste stratigraphische und tektonische Daten aus diesem Gebiet. Ausgehend vom damaligen Kenntnisstand können seine Darstellungen als erste und bis heute einzige Kurzfassung einer „Geologie des Hunsrücks" gelten (1840). Der Schwerpunkt dieses Berichts liegt allerdings in der Beschreibung der geologischen Verhältnisse im Saarland und in der Saar-Nahe-Senke.

1848 veröffentlichte Dumont erste Querschnitte durch Teile des Schiefergebirges und führte die stratigraphischen Begriffe „Coblentzien", „Taunusien" und „Hundsrückien" zur Gliederung eines Teils der einförmigen unterdevonischen Schichtenfolgen im „Uebergangsgebirge" ein. Sein „terrain rhénan" hatte er in stratigraphischer Reihenfolge in die „Systeme" „Gédinnien" (unten), „Coblentzien" (Mitte) und „Ahrien" (oben) untergliedert. Unter diesen ist das „Coblentzien" für den Hunsrück besonders wichtig, als darin mit der „étage inférieur ou Taunusien" der im Hunsrück landschaftsprägende Taunusquarzit jüngerer Autoren und der „étage supérieur ou hunsrückien" der Hunsrückschiefer gemeint waren.

Dabei passierte ihm, da er im Wesentlichen von lithostratigraphischen Gesichtspunkten bei der Gliederung ausging, der entscheidende Fehler, den heutigen Emsquarzit (Grenze Unter-/Oberems) und den Taunusquarzit (Siegen) für gleich alt anzusehen. Auch das „Ahrien“, das nach seiner Ansicht am jüngsten war und den heutigen Ems-Stufen entsprechen müsste, gehört zur Siegen-Stufe und ist gleichalt mit dem Taunusquarzit. So war es notwendig, später die Bezeichnungen „Coblentzien“ und „Ahrien“ zu ersetzen. Die Begriffe „Taunusien“ und „Hundsrückien“ sind in Taunusquarzit und Hunsrückschiefer erhalten geblieben. Auch ihre stratigraphische Position zwischen Gedinne (unten) und Unterems (oben) ist bestätigt worden. Dumont's Ergebnisse veranlassten auch die englischen Väter der Stratigraphie, Sedgwick und Murchison, das Schiefergebirge und die Ardennen zu bereisen. 1844 veröffentlichte Roemer weitere Ergebnisse über das „Uebergangsgebirge“, und 1867 widmete sich Lossen der Erforschung des südöstlichen Hunsrücks in der Umgebung von Bad Kreuznach.

1.4.2 Von der geologischen Kartierung zur Geologie des Hunsrücks

Im Gebiet des Hunsrücks arbeitete zuerst in den 1860er Jahren von Dechen an geologischen Übersichtskarten der Rheinlande und Westfalens. In der Folge nahmen ab 1874 Grebe und in seiner Nachfolge Leppla zahlreiche „Specialkarten“ im Maßstab 1:25 000 für den westlichen Hunsrück, den Saargau und die Südwest-Eifel auf. Sie schufen damit den Grundstock für eine moderne Geologie des Hunsrücks. Ihre Kartierleistung ist bei dem seinerzeitigen geologischen Kenntnisstand, den noch recht ungenauen topographischen Karten und der damals noch recht mangelhaften Infrastruktur nicht hoch genug zu bewerten. Die Ergebnisse ihrer Aufnahmen gipfelten in der Herausgabe der Geologischen Übersichtskarte des Deutschen Reiches 1:200 000 der Blätter Saarbrücken (Werveke, 1906), Trier-Mettendorf und Mainz (Leppla 1919, 1921), soweit sie den Hunsrück betreffen. Sowohl Grebe als auch Leppla dürfen damit zu Recht als die Väter der Geologie des Hunsrücks bezeichnet werden.

Im Rheintal hatten vor und um die Wende zum 20. Jahrhundert Holzapfel (u. a. 1893), Rothpletz (1896) und A. Fuchs (ab 1899) geologische, paläontologische und stratigraphische Arbeiten durchgeführt. Sie fanden in Beschreibungen, Monographien und ersten geologischen Karten des Oberen Mittelrhein-Tales zwischen Bingen und Koblenz und um die Loreley bei St. Goar ihren Niederschlag.

Stratigraphische Konzepte. Bei den stratigraphischen Arbeiten gewann die Paläontologie mehr und mehr an Einfluss, und sukzessive wurde eine reiche Unterdevon-Fauna bekannt. Allerdings klingt auch Frustration und Resignation aus mancher Darstellung jener Zeit. So meinte Roemer (1844) in seiner Darstellung des „Rheinischen Uebergangsgebirges“: „So oft man die vortrefflichen Schichtenprofile (...) zwischen Bonn und Bingen (...) mit Aufmerksamkeit betrachtet, immer findet man nur denselben Wechsel thonig sandiger Schichten und Sandsteinbänke, bis man endlich von dem vergeblichen Vorhaben absieht, hier etwas Gesetzmäßiges (...) zu entdecken“.

Etwa ab 1871 widmeten sich E. Kayser, Koch und Frech der Vervollkommnung der paläontologischen und stratigraphischen Grundlagen. Ende des 19. Jahrhunderts begründeten Maurer und später auch Follmann (zuletzt: 1925) die z. T. heute noch gültige Gliederung der jüngeren, meist recht fossilreichen Schichtenfolge der „Coblentz-Stufe“ (heute: höheres Unter- und Oberems) im Koblenzer Raum und im Mosel-Hunsrück. Diese Gliederung war vor allem wichtig für die Auflösung der komplizierten Schichtenfolge und -lagerung in dem zum Mosel-Hunsrück gehörenden Anteil der „Mosel-Mulde“. Auch hier ergaben sich kontroverse Diskussionen zu Gliederung und Einstufung der Schichtverbände. Die Revision der Fauna durch Solle (ab 1936) führte zur besseren Einstufung und Korrelation der Schichten der „Mosel-Mulde“.

Es folgten stratigraphische Untersuchungen der Hunsrückschiefer und der sie begleitenden Schichtverbände durch KUTSCHER (ab 1931) und der Schichtenfolgen südlich des Soonwaldes im Guldenbach-Tal durch TILMANN & BEYENBURG (1930) und im angrenzenden Gebiet durch TILMANN & CHUDOBA (1931a, b). Der allgemeinen Gliederung der unterdevonischen Schichten im Hochwald im Vergleich mit den Ardennen widmeten sich ASSELBERGHS & HENKE (1935) und NÖRING (1939). Letzte Ergänzungen trug MITTMEYER (bis 2008) bei.

Die durch die Arbeiten von KUTSCHER (1931, 1935, 1937) und NÖRING (1939) begonnene, intensive Bearbeitung der Hunsrückschiefer erfuhr durch den 2. Weltkrieg eine ernsthafte Unterbrechung und wurde erst durch SOLLE (ab 1950) wieder aufgenommen.

Die Stagnation der geologischen Spezialkartierung versuchte man zu kompensieren durch die Vervollständigung des Kartenwerkes der Geologischen Übersichtskarte 1:200 000. Hier ist u. a. das Bl. Cochem von DAHLGRÜN (1939) zu nennen, das auch weit in den Mosel-Hunsrück hinein reicht, sowie das Bl. Koblenz von QUIRING (1930). Erleichtert wurden die Arbeiten auf diesen Blättern, die zu einem großen Teil Schichtverbände des hohen Unter- und der Oberems enthalten, durch die Vorarbeiten von FOLLMANN (seit 1887).

Tektonische Konzepte. Die Erforschung des geologischen Baus des Hunsrücks beruhte bis in die 1930er Jahre vornehmlich auf der Untersuchung und Bewertung der stratigraphischen Abfolge. So galt allgemein, dass überall dort, wo ältere Schichten zwischen jüngeren auftreten, geologische Sattelstrukturen zu postulieren seien bzw. im umgekehrten Fall man mit Muldenstrukturen zu rechnen habe. Mit Aufkommen der Deckentheorie in Belgien und in den Alpen versuchte man, Decken auch im südlichen Schiefergebirge nachzuweisen. Dieses galt z.B. für die Vorstellung eines Deckenbaus im Südost-Hunsrück, wie sie GERTH (1910) u. a. am Oberen Mittelrhein bei Bingen, jedoch auch A. FUCHS (1907) am Mittelrhein postulierten.

Ab etwa 1930 wurde ausgehend von der Bonner Schule unter Hans CLOOS auch die Raumlage der kleintektonischen Gefügemerkmale stärker beachtet als bisher. Erste Ansätze zu derartigen Beobachtungen finden sich allerdings schon in der grundlegenden Arbeit von GREBE (1881). Auch war ihm bereits aufgefallen, dass der tektonische Baustil geprägt ist durch vermehrtes Einfallen der Schichten nach SE. Als Pionierarbeit für den neuen tektonischen Ansatz sind die Arbeiten von SCHOLTZ (1930, 1934) zu nennen. Hier wurden zahleiche klassische Beispiele kleintektonischer Gefügeprägung zur Veranschaulichung der Architektur des westlichen Hunsrücks und seiner südlichen Randgebiete angeführt. In diesem Stil untersuchte auch KIENOW (1934) Teile des Mosel-Hunsrücks und das Obere Mittelrhein-Tal. Mit der kleintektonischen Arbeitsweise haben auch H. CLOOS & SCHOLTZ (1930) den hypothetischen Deckenbau von GERTH (1910) im Südost-Hunsrück widerlegt.

Allerdings konnte sich diese neue Methode zunächst nicht gegen die strukturellen Überlegungen auf traditioneller stratigraphischer Basis durchsetzen. Noch 1935 verfuhren ASSELBERGHS & HENKE in der bewährten Weise und schufen eine Vielzahl von Bezeichnungen für „Sättel“ und „Mulden“ im westlichen Hunsrück, die streng genommen Schuppen sind (STETS 1962). In dieser Tradition arbeiteten auch OPITZ (1935) und NÖRING (1939). Letzterer verzeichnete erstmals sämtliche Strukturen in einer Karte und gab dazu eine Profiltafel. Sie trugen dazu bei, dass die sehr vereinfachte Vorstellung ungestörter Sattel- und Muldenstrukturen zum Baustil des Hunsrücks und letztlich auch des Schiefergebirges als typischem Faltengebirge gehören. Dabei lässt sich schon bei genauerer Interpretation von Bl. Trier-Mettendorf 1:200 000 (LEPPLA 1919) dieses nicht ohne weiteres ableiten. Die darin verzeichneten „Dhroner Quarzite“ müssten eher als Einlagerungen im Hunsrückschiefer gedeutet werden anstatt als „Sattelbildungen“.

Erste paläogeographische Ansätze. Paläogeographische Darstellungen finden sich für den Hunsrück zuerst bei NÖRING (1939). In vier Karten für das Schiefergebirge stellte er die Lage der „Rheinischen Geosynklinale“ zwischen dem Nord-Kontinent nordwestlich des heutigen Aachen und einer „Zwischeninsel“ südöstlich des Schiefergebirges dar.

Letztere entsprach der „Mitteldeutschen Kristallin-Schwelle“ bei Scholtz (1930). Für das gesamte Gebiet erfasste er erstmals Ablagerungsräume mit unterschiedlicher Lithofazies in drei Zeitscheiben des Unterdevon: Obergedinne, Siegen und „Unterkoblenz“. Zur letzten Zeiteinheit zählte er alle Hunsrückschiefer mit den Dachschiefer-Vorkommen im Hunsrück. In diesen Karten stellte er die Verbreitung der Lithofazies und damit der Paläogeographie zwischen Hunsrück, Eifel, Ardennen und östlichem Schiefergebirge dar, die ihre Gültigkeit bis heute nicht verloren.

1.4.3 Fortschritte in den letzten 70 Jahren

Ein nächster Abschnitt geologischer Forschung setzte im Hunsrück nach dem 2. Weltkrieg erst zögernd ein. Sie erfasste jedoch bald darauf sämtliche Sparten der modernen Geowissenschaften. Allerdings blieb die Neukartierung von Blättern der Geologischen Spezialkarte 1:25 000 (GK 25) erheblich hinter den früheren Leistungen zurück, und auch im Manuskript vorliegende Blätter z. B. des vorderen Hunsrücks (u. a. Kutscher seit 1931) erfuhren weder abschließende Revision noch Veröffentlichung.

Stratigraphie und Paläontologie. Es ist das Verdienst von Solle, seit den 1930er Jahren über mehr als 45 Jahre die Kenntnis der Fauna des rheinischen Unterdevon, insbesondere der Brachiopoden, erheblich und systematisch erweitert zu haben. Er hat der Geologie des Hunsrücks damit unschätzbare Dienste erwiesen. U. a. erweiterte er die Gliederung im Grenzbereich Siegen-/Unterems um die seinerzeitige Ulmen-“Gruppe“. Zu ihr gehört ein großer Teil der Hunsrückschiefer. Erst Mittmeyer gelang in den 1970er Jahren die bessere zeitliche Zuordnung dieser „Gruppe“ und ihrer Schichtverbände zum internationalen stratigraphischen System. Dabei wurden allerdings auch die Grenzen der „Brachiopoden-Stratigraphie“ im rheinischen Unterdevon deutlich. Auch erwies sich, dass die Hunsrückschiefer als Fazies über die eng begrenzte „Ulmen-Gruppe“/Ulmen-Unterstufe zum Liegenden und Hangenden hinausreichen (Mittmeyer 1980, 2008). Hinzu kommen Solle’s Verdienste um die biostratigraphische Gliederung der jüngsten Einheit des Unterdevon, des seinerzeitigen „Oberkoblentz“, das weite Areale der „Mosel-Mulde“ einnimmt. Hier etablierte er 1972 die Trennung von Unter- und Oberems-Stufe als eigenständige stratigraphische Einheiten des rheinischen Unterdevon, die seitdem gleichrangig neben Gedinne- und Siegen-Stufe stehen.

Die beiden hauptsächlichen Schichtglieder des Hunsrücks, Taunusquarzit und Hunsrückschiefer, sowie ihre lithofaziellen Äquivalente, fanden über die stratigraphische Bearbeitung hinaus auch Interesse in der modernen Sedimentforschung. Hier gab der Hunsrückschiefer, der von Mosebach (1952, 1954) erstmals petrographisch untersucht wurde, Anlass zu kontroverser Diskussion hinsichtlich des Bildungsraumes. Die Meinungen schwankten zwischen den Extremen Ablagerung auf ausgedehnten Watten (ähnlich der Nordsee) oder unter Tiefseebedingungen. Jedoch auch die Bildung in einem Schelfmeer unterhalb der Sturmwellenbasis (bis 200 m Wassertiefe) wurde in Erwägung gezogen. Die Kontroverse ging von Rud. Richter aus, der Sedimentmarken aus dem Bereich Flachmeer- bis Auftauchbereich beschrieb. Seilacher & Hemleben (1966) vertraten aufgrund von Spuren-Assoziationen die Ansicht einer Bildung in tiefen Meeresbecken.

Für die Erkundung der Bildungsbedingungen der Hunsrückschiefer ist seine diverse und lokal außerordentlich reiche Fauna wichtig. Mit Hilfe der Röntgenstrahlen ließen sich die in Pyrit erhaltenen Fossilien bis in kleinste Einzelheiten sichtbar machen, und es zeigte sich dabei auch, ob sich eine sehr aufwändige Präparation lohnte. Andererseits ergaben sich über das Skelett und die Hartteile hinaus wichtige Daten für die wissenschaftliche Bearbeitung. In dieser Tradition arbeiteten nach W. M. Lehmann, Stürmer und Stoermer, heute Blind, Bartels, Kühl und Rust. Zusammen mit Briggs und Brassel hat Bartels eine Zusammenstellung der bisher bekannt gewordenen Faunen aus dem Hunsrück publiziert. Das in der Literatur weit verstreute Wissen über die Sedimentologie und Fauna der Hunsrückschiefer hat Kutscher seit 1962 in mehr als 45 Beiträgen, z. T. allein, z. T. in Zusammenarbeit mit Kollegen zusammengetragen.

Im Gegensatz zum Hunsrückschiefer fand der Taunusquarzit nicht das entsprechende Interesse (Kutscher 1968). Der Taunusquarzit ist wie auch die Hunsrückschiefer keine echte, biostratigraphische Einheit, sondern eher eine Fazies innerhalb des rheinischen Siegen im Schiefergebirge. Sie lässt sich bei aller Fauna in erster Linie lithostratigraphisch fassen und wegen der Faziesunterschiede nur bedingt biostratigraphisch einstufen.

Die im Osburger Hochwald und in der Stronzbuscher Haardt auftretenden Dhrontal-Schichten mit eingeschalteten „Dhroner Quarziten" wurden von Solle (1950) endgültig als Äquivalent des Taunusquarzit in sein stratigraphisches Konzept einbezogen, später von Stets (1960, 1962) und Wildberger (1992) auch in ihrer tektonischen Position im Schuppenstapel des westlichen Hunsrücks näher behandelt.

Am Südrand des Hunsrücks gelang es Bierther im Anschluss an frühere Arbeiten (1941) und seinen Schülern H.-H. Werner (1950, 1952) und D. E. Meyer (1970), die Meinung, es handele sich in der Metamorphen Zone um Gesteine des „Vordevon", endgültig zu entmythologisieren. Mit Hilfe von Faunenfunden und unter Einsatz der Mikropaläontologie gelang im Südhunsrück der Nachweis mittel- und oberdevonischer Schichten (Berger et al. 1991). Ähnliches gilt auch für das sehr lokale Vorkommen in der ehem. Schwerspat-Grube „Korb" bei Eisen zwischen Birkenfeld und Nonnweiler im Saarland (Krebs 1970, später G. Müller & Stoppel 1981).

Auch den hochmetamorphen Gesteinsvorkommen beim Schloss Wartenstein, südöstlich Griebelschied sowie bei Mörschied und Schweppenhausen widmeten sich außer Bierther (1954), Porth (1961) und Meisl (ab 1970) mit petrographischen Arbeiten, und es gelang mittels radiometrischer Verfahren, ein cadomisches Alter (Meisl et al. 1989) dieser im Hunsrück fremdartigen Gesteine zu bestimmen.

Paläogeographie. 1950 entwickelte Kegel Vorstellungen zur Paläogeographie des Devon im Schiefergebirges. Sie wurden 1952 von Wo. Schmidt revidiert und von W. Meyer & Stets (1980, 1996) für das linksrheinische und zentrale Schiefergebirge modifiziert. Die in diesen Modellen vorgestellten großen Mächtigkeiten um die 10 000 m, evtl. mehr, wurden auch von Knautz (1992) im Hochwald bestätigt.

Brinkmann (1948) veröffentlichte paläogeographische Vorstellungen über die südlich an Hunsrück und Taunus angrenzende „Mitteldeutsche Schwelle". Dieses paläogeographische und tektonische Hochgebiet, das zu unterschiedlichen geologischen Zeiten als Liefergebiet für sedimentären Detritus oder als hoch liegendes Widerlager auch tektonisch wirksam war (Scholtz 1930), wird bis heute unterschiedlich und kontrovers diskutiert. In neuerer Zeit stellte sich heraus, dass die Verhältnisse insbesondere im östlichen Rheinischen Schiefergebirge nicht unbedingt auf das Gebiet des südlichen Hunsrück übertragen werden dürfen (D.E. Meyer 1974, Stets & A. Schäfer 2002, 2011).

Tektonik. Die stark vereinfachten Vorstellungen zum Baustil des Hunsrücks wurden nur zögerlich revidiert. Die Tatsache, dass den großen „Sattelstrukturen" meist der NW-Flügel fehlt und somit bei überwiegendem Einfallen der Schichten nach SE Schuppen vorliegen, setzte sich nur zögernd durch. Falke (1957) hat für das Gebiet der „Stromberger Mulde" und Schulze (1959) für das Mittelrhein-Tal nördlich der Loreley den Schuppenbau nachgewiesen. Stets (1960, 1962) entwickelte im Gebiet zwischen Mosel, Idar- und Hochwald ähnliche Vorstellungen, die von Wildberger (1992) für das Gebiet bis zur unteren Saar und von Ecke et al. (1985) für den Hochwald bestätigt und erweitert wurden.

Wie schwierig es jedoch ist, tektonische Aussagen von übertage in größere Tiefen zu extrapolieren, zeigen die widersprüchlichen Darstellungen zum Bau des Hunsrücks und des Rheinprofils von Oncken (1988), Dittmar (1996) und H.-J. Anderle (1976) sowie die Darstellungen des Rheinprofils zwischen Bingen und Koblenz auf Bl. Koblenz (GK 100: C 6910), Bl. Frankfurt-West (GÜK 200: CC 6310) und bei W. Meyer & Stets (1996, 2000), die in ihrer Konsequenz auch den Baustil des Hunsrücks betreffen. Die bei der Darstellung von bilanzierten Profilen praktizierte Konstruktionsmethode, die DITTMAR (1996) bei einem Querprofil durch den Hunsrück von Bullay bis in die Gegend von Kirn einsetzte, brachten nicht das erwünschte Ergebnis. Diese Methode wird nur in begrenztem Umfang den im Gesteinsverband verborgenen Mächtigkeitsschwankungen und dem Gesteinsverlust durch Drucklösung bei Schieferungsprozessen gerecht.

Die von H. CLOOS und seinen Schülern praktizierte kleintektonische Arbeitsmethode wurde u. a. von HOEPPENER in den 1950er Jahren auf die „Mosel-Mulde" und den Mosel-Hunsrück angewendet. Auch ENGELS (1955) arbeitete auf dieser Basis im Rheinprofil zwischen Lorchhausen und der Loreley, später in den Dachschiefergruben beiderseits der Mosel. GASSER (1978), WILDBERGER (1992) und STETS & STOPPEL (1998) wendeten sie im Mosel- und Südwest-Hunsrücks an. Auch KNAUTZ (1992) setzte sie bei der tektonischen Analyse im Hochwald zwischen Nonnweiler, Idar-Oberstein und Mörschied ein und bestätigte den Schuppenbau dieses Gebietes. KNEIDL (2011) legte einen geologischen Wanderführer vor.

2 Der Hunsrück als Teil des Rhenoherzynischen Beckens (Rheinischer Trog) – Erdgeschichtliche Entwicklung von Devon bis Unterkarbon

2.1 Vorgeschichte

2.1.1 Die Kristallin-Schuppen im südöstlichen Hunsrück

Die ältesten Gesteine des Hunsrücks sind auf drei eng begrenzte Vorkommen bei Schweppenhausen und Mörschied sowie beim Schloss Wartenstein und bei Griebelschied beschränkt. Sie haben eine stärkere Metamorphose erfahren als die Hauptmasse der Hunsrück-Gesteine und der Metamorphen Zone. Die Gesteine dieser „Aufbrüche" sind als meso- bis katazonal (high grade) metamorphisiert einzustufen. Diese „Schürflinge" oder „Grundgebirgsaufbrüche" nahe am Südost-Rand des Hunsrücks waren schon LOSSEN (1867) und GREBE (1881) bekannt. Die drei Vorkommen liegen von Nordosten nach Südwesten im Tal des Guldenbaches bei Schweppenhausen (Bl. 6012 Stromberg), beim Schloss Wartenstein nördlich Kirn im Hahnenbach-Tal sowie südlich Griebelschied am Westhang des Weiherbach-Tales (Bl. 6110 Gemünden, 6210 Kirn) und östlich der Ortschaft Mörschied südlich der ehem. Dachschiefer-Grube „Schielenberg"(Porphyroide).

Alle Vorkommen sind durch Verwerfungen vom Nebengestein getrennt und „schwimmen" als Splitter („Schürflinge") in einer ihnen völlig fremden geologischen Umgebung. Der hohe Metamorphosegrad bedingt eine völlig unterschiedliche Mineralparagenese und begründete schon früh den Verdacht, dass diese Gesteine aus dem „kristallinen Untergrund" des südlichen Rheinischen Schiefergebirges stammen. Sie wurden offensichtlich bei der variszischen Gebirgsbildung von diesem abgeschert und in den jüngeren, geringer metamorphen Gesteinsverband eingeschuppt. Der durch den Störungskontakt bedingte, fehlende unmittelbare Zusammenhang mit dem Nebengestein erschwert ihre zeitliche Einstufung erheblich. Andererseits gestatten sie, wenn auch in begrenztem Umfang, Aussagen zur geologischen Geschichte des Hunsrücks noch vor dem „variszischen Zyklus".

2.1.1.1 Schweppenhausen

Dieses Vorkommen wurde von LOSSEN (1867), BEYENBURG (1930), TILMANN & CHUDOBA (1931b), BIERTHER (1941), PORTH (1961) und D. E. MEYER (1970) bearbeitet. Es liegt am rechten Ufer und Hang des Guldenbaches unterhalb Schweppenhausen (Bl. 6012 Stromberg) und wird von zwei NE-SW streichenden Verwerfungen als Fremdkörper von den umgebenden Schiefern abgegrenzt. Der linsenförmige Körper wird zusätzlich durch zwei querschlägige Verwerfungen in drei Schollen zerlegt (D. E. MEYER 1970).

Innerhalb des Vorkommens lassen sich zwei Gneis-Typen unterscheiden, und zwar Muskovit-Chlorit- und Granat führender „quarzitischer" Gneis. U. d. M. sind Quarz, Feldspat, Granat und Muskovit einer älteren Generation und 1. Kristallisationsphase zuzuordnen. Sie belegen den Metamorphosegrad als meso- bis katazonal (high grade, Granatamphibolit-Fazies). Dieser Altbestand weist nach den bisher vorliegenden Ergebnissen auf Paragneise

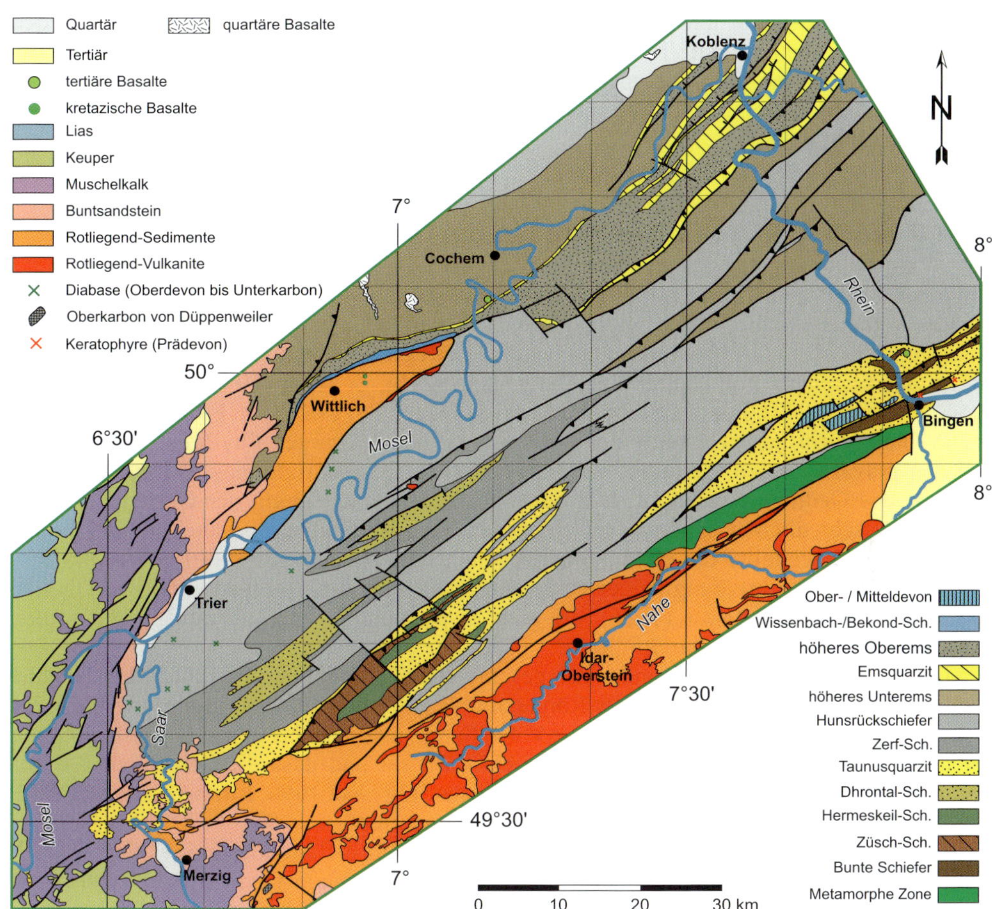

Abb. 5. Geologische Übersichtskarte des Hunsrücks und seiner Umgebung. Grundlage: die Geologischen Übersichtskarten 1:200 000.

hin. Insbesondere die hellen, Granat führenden, quarzreichen Gneise sprechen eher für metamorphisierte Sedimentgesteine. Dieser Altbestand wurde zumindest teilweise bruchhaft im Rahmen einer Kataklase beansprucht. Außerdem sind Neubildungen von feinstem Phengit (Serizit), Chlorit, einer 2. Generation von Quarz und Feldspat (Albit) sowie die Neubildung von Kalkspat während einer jüngeren Metamorphose zu erkennen. Sie war, wie Phengit und Chlorit zeigen, schwächer und auf eine höhere Druckbeanspruchung bei relativ geringerer Temperatur ausgerichtet. Sie entspricht jener der umgebenden Schiefer und lässt sich der variszischen Deformation zuordnen. Die Doppelbeanspruchung reichte nicht aus, um den Altbestand aus der 1. Kristallisationsphase völlig retrograd umzuwandeln.

Seit 1908 sind am rechten Ufer des Guldenbaches an der Straße nach Eckenroth bei Schweppenhausen tertiäre basaltische Tuffe mit Xenolithen kristalliner Gesteine bekannt. Diese nuss- bis faustgroßen Auswürflinge geben Auskunft über die prä-devonischen Gesteine im Schlotbereich. Bruhns (1908) unterschied „Granit mit richtungslos körniger Struktur" und „Gneis mit ausgezeichneter Schieferstruktur". Der Mineralbestand dieser Gesteine besteht aus Quarz, Feldspat (Oligoklas, Mikroklin, Orthoklas) und Biotit sowie als Akzessorien

Zirkon, Apatit, Magnetit und gelegentlich Spinell. Der Unterschied zwischen den beiden Gesteinsarten besteht in erster Linie im Vorhandensein oder Fehlen einer schiefrigen Textur. Im Gegensatz zu den Gesteinstypen im nahen Grundgebirgsaufbruch sprechen die richtungslos körnigen „granitischen“ Xenolithe dafür, dass im Untergrund neben Gneisen auch Granitoide vorkommen.

2.1.1.2 Wartenstein und Weiherbach bei Griebelschied

Allgemeine und historische Aspekte. Diese Vorkommen sind bei weitem die größten und reich an Varianten hoch metamorpher Gesteine. Sie wurden schon von Lossen (1867), Grebe (1881) und Gosselet (1890) bekannt gemacht und erregten seitdem vielseitiges Interesse. So liegen Bearbeitungen von Tilmann & Chudoba (1931b), Schmitt (1937), Bierther (1941, 1954), Quiring (1942), Porth (1961) und Meisl (1982, 1986, 1989) vor. Für Schmitt bestand das Problem darin, jene Gesteine des Gedinne, die den „körnigen Phylliten“ entsprechen, von den prävariszischen Gesteinen zu unterscheiden. Er bestätigte, dass Turmalin für die Gesteine des Gedinne typisch ist, und benutzte zur Unterscheidung der Gesteine aus den beiden unterschiedlichen Stockwerken abgesehen vom Mineralbestand auch deren Gefüge. Bierther (1941) erstellte die erste geologische Karte, lieferte einen Profilschnitt und eine petrographische Beschreibung beider Vorkommen. Er legte den Grundstein für die Arbeiten von Porth (1961) und Meisl (1986), die gezielte petrographische Untersuchungen an den Gesteinen der Vorkommen durchführten.

Das unmittelbare Nebeneinander von geschieferten feinkörnigen Psephiten des Gedinne und Gneis im Hahnenbach-Tal bei der Römersmühle (früher: Kauchers Mühle) gab bis in die 1990er Jahre immer wieder Anlass zu der Vorstellung, dass hier das unmittelbare Unterlager der unterdevonischen Beckenfüllung aufgeschlossen sei und dass die Schichtenfolge des Gedinne hier über „Kristallin“ transgredierte (zuletzt: Dittmar 1996, Mittmeyer 1996, LGB 2005). Diese Annahme wurde von Wierich (1999) widerlegt.

Die Gesteine. Biotit-, -Muskovit-, Muskovit- und Chlorit-führende Gneise, die z. T. auch Granat enthalten, haben die Vormacht. Diese unterschiedlichen Gneis-Typen treten nicht scharf getrennt nebeneinander auf, sondern sind durch Übergänge verbunden. Hinzu kommen Granat- und Pyroxen-führende Amphibolite. Vergesellschaftet mit ihnen sind Chlorit-Felse, teilweise auch granatführender Quarzite und vereinzelte Marmor-Lagen. Außerdem durchziehen Quarz-, Quarz und Kalzit- sowie Chlorit-führende Gänge und Trümer den Gesteinskomplex außer Pegmatit-Gängen. Diese Gesteinsfolge ist auf mehrere langgestreckte Linsen beschränkt, die in der wesentlich jüngeren und geringer metamorphen devonischen Schichtenfolge liegen. Die Grenzflächen gegen das geringer metamorphe Nebengestein sind überall tektonische Trennflächen. Daraus resultiert, dass auch diese Kristallin-Vorkommen in die ihnen fremde jüngere Gesteinsfolge eingeschuppt worden sind.

Gneise. Den weitaus größten Anteil an beiden Vorkommen nehmen Muskovit-Gneise ein (Porth 1961). Dabei handelt es sich um grünlich-graue, bräunlich anwitternde Gesteine. Anstelle der typisch lagig-streifigen Gneis-Textur sind diese Gesteine meist flaserig geschiefert. Die Gneise bestehen aus Quarz, Muskovit, Serizit, Chlorit und nur wenig Feldspat. Der nur lokal auftretende Muskovit-Biotit-Gneis zeigt die typische Gneisbänderung, die im Wechsel von mm-mächtigen dunkleren Glimmer- und hellen Lagen aus Feldspat und Quarz zum Ausdruck kommt. Dazu gehört auch ein Vorkommen unweit oberhalb vom Schloss Wartenstein mit reliktischer Gneis-Bänderung. Eine weitere Variante ist der „Chlorit-Gneis“ oder Chlorit-Fels. Er ähnelt weitgehend dem Biotit-Gneis, nur sind hier die Biotit-Individuen weitgehend oder auch vollständig in Chlorit und ein Teil der Feldspäte, besonders die Kalifeldspäte, in Serizit umgewandelt. Porth (1961) beschrieb noch eine granatreiche Variante, bei der hellroter Granat z. T. zu cm-dicken Lagen angereichert ist.

Nach Meisl (1986) besitzen alle Gneis-Varianten qualitativ denselben Mineralbestand, nämlich Quarz, Albit, Muskovit, Serizit, Phengit und unterschiedliche Mengen an Granat. Die ehem. Biotit-Individuen sind z. T. vollständig in Serizit und Phengit umgewandelt. Schwacher Pleochroismus und die bräunliche Farbe können hier Biotit vortäuschen. Ehem. Plagioklas-Individuen sind vollständig in Albit umgewandelt, Kalifeldspäte ließen sich nicht mehr nachweisen. Meisl ging deshalb von einheitlich granatführenden Biotit-Mukovit-Gneisen als Ausgangsgestein aus. Zur prä-variszischen Metamorphose zählte er ausschließlich Muskovit, Granat (Almandin) und die Akzessorien. Die Granate haben Durchmesser um 0,1 mm, sind von Chlorit umsäumt, z. T. auch in Einzelkörner zerfallen oder von Chlorit-Aggregaten pseudomorph vertreten. Muskovite sind meist noch gut erhalten. Akzessorisch treten Ilmenit, Rutil, Titanit, Graphit, Apatit und Turmalin (Dravit) auf. Hinzu kommen Zirkon in ehem. Biotiten, sehr selten auch Xenotim und Pyrit. Diese Angaben wurden unterstützt durch chemische Analysen an Granat aus den Gneisen, an Muskovit, Phengit und Chlorit (Meisl 1986).

Amphibolite. Sie sind feinkörnig, führen Granat (Almandin) und kommen in geringen Mengen sowohl beim Schloss Wartenstein als auch oberhalb des Weiherbaches südlich Griebelschied vor. Es sind lagige Einlagerungen in den Gneisen oder in Quarziten. Es handelt sich um sehr dunkle, nahezu schwärzliche Gesteine mit schwacher Bänderung. Unter der Lupe sind im frischen Anbruch stengelig gewachsene Hornblende und Feldspat auszumachen. Porth (1961) unterschied eine Pyroxen-(Diopsid)- und eine Granat-führende Variante. Meisl (1986) erweiterte dieses Spektrum auf Hornblende-, Granat- und Pyroxen-Amphibolite. Sie unterscheiden sich darin, dass die Hornblende- und Granat-Amphibolite keinen Pyroxen und der Pyroxen-Amphibolit weder Granat, Ilmenit noch Graphit führen.

„**Chlorit-Fels**“. Bei manchen „Chlorit-Felsen“ handelt es sich um weitgehend chloritisierte Granat-Amphibolite. Diese erscheinen im Aufschluss und unter der Lupe meist massig. Erst u. d. M. lässt sich deutlich eine Paralleltextur erkennen, die durch die lagige Anordnung von Hornblende- und (Quarz-)Feldspat-Aggregaten abgebildet wird. Der Granat der ehem. Granat-führenden Amphibolite erwies sich unter der Mikrosonde als Almandin (Meisl 1986). Bei den Plagioklasen des Altbestandes ließen sich auf diesem Weg Relikte von Oligoklas nachweisen, der jedoch innig mit Phengit durchwachsen ist. Die jetzt beobachtbaren Albite gehören alle der jüngeren, retrograden variszischen Metamorphose an und sind ebenfalls von Serizit durchsetzt. Bei den Chloriten liegen meist Pyknochlorit, untergeordnet auch Rhipidolith vor. Sie gehen auf die Umbildung des Almandin und von Hornblende zurück. Zu den Akzessorien gehört Apatit (Fluorapatit) in Form kleiner rundlicher Körner und Aggregate. Der Kalzit ist Mg-frei und füllt Spalten und Risse. Sein Anteil am Mineralbestand ist recht unterschiedlich. Auf Klüften und in engen Spalten wurden außerdem Aktinolith, Epidot, mitunter auch Prehnit gemeinsam mit Kalzit, Albit, Quarz und Chlorit angetroffen. Der Kontakt zwischen Amphibolit und Chlorit-Fels mit den benachbarten Gneisen ist innerhalb der Vorkommen meist unscharf und durch Zwischenstufen und Übergänge, auch durch Lagen von Biotit-Gneis im Amphibolit, gekennzeichnet.

Quarzite. Quarzite und „Quarzitschiefer“ sind auf das Vorkommen am Weiherbach südlich Griebelschied beschränkt, wo zwei max. 10 m mächtige Quarzit-Bankfolgen gefunden wurden. Die gebänderten, graubraunen, auch speckig glänzenden grünlichgrauen Quarzite zeigen lagenweise Anreicherung von Biotit und Granat. Diese Bänderung entspricht wahrscheinlich der ehem. Schichtung im sedimentären Ausgangsgestein. Sonst ist die sedimentäre Vorgeschichte durch Umkristallisation völlig ausgelöscht.

Ganggesteine. Für die geologische Zuordnung der beiden Vorkommen sind linsen- und gangförmige Pegmatite wichtig. Sie durchsetzen die Dachpartien von Plutonen. Heute ist man weitgehend auf Lesesteine angewiesen. Porth (1961) beschrieb noch bis max. 50 cm mächtige und 3 m lange Gänge im Biotit-Gneis. Häufig überwiegen in diesen Pegmatiten bis mehrere cm^2 große Muskovit-Täfelchen; jedoch auch mehrere cm-große Mikrokline wurden gefunden neben allgegenwärtigem Quarz. Damit gehören diese Pegmatite zu dem einfachen Typ, dem seltene Minerale wie Turmalin oder Beryll fehlen. Außerdem wurden Gänge, deren Füllung aus Milchquarz besteht und die bis zu 1 m Mächtigkeit erreichen, gefunden. Hinzu kommen den Gneis durchsetzende Haarrisse und wenige mm mächtige Gängchen, die mit Hämatit gefüllt sind. Ihre Füllung resultiert wahrscheinlich aus dem jüngeren Stoffumsatz bei der Verwitterung der eisenreichen Chlorite.

Marmore. Von Biertheʀ (1941) beschriebene Marmore hielt Porth (1961) für monomineralische, aus Kalkspat bestehende Gangfüllungen. Diese Meinung wurde durch Meisl (1986) gestützt. Diese Vorkommen existieren nicht mehr.

D. E. Meyer & Nagel (2001) gaben die Beteiligung der aufgeführten Gesteinsgruppen mit 85–90% für die Gneise, 10–15% für die Amphibolite, weniger als 1% für die Quarzite und sehr viel weniger als 1% für die „Chlorit-Felse" und -gneise sowie die Pegmatite an.

Zur Genese. Das entscheidende geologische Kriterium für eine prävariszische Entstehung der Gneise erbrachte Bierther (1954), als er im Wald oberhalb des Schlosses eine Gesteinspartie fand, die noch ein älteres, typisch lagiges Gneis-Gefüge aufwies. Dieses sonst nur reliktisch erhaltene Gefüge ist etwa Nord-Süd ausgerichtet und steht in deutlichem Winkel zu dem variszischen, NE-SW verlaufenden Hauptschieferungsgefüge (s_1). Außerdem verläuft es spitzwinklig zu den NE-SW ausgerichteten Trennflächen. Damit ist unabhängig vom Mineralbestand vom Gefüge her die ältere Prägung und ein vordevonisches Alter erwiesen.

Häufig diskutiert wurde die Frage nach den Ausgangsgesteinen, die vor der prävariszischen Metamorphose bestanden. Die Mehrzahl der Bearbeiter ist sich darin einig, dass als Edukte hauptsächlich Sedimentgesteine vorlagen, vor allem Ton- und Siltsteine, auch feldspathaltige Sandsteine, evtl. sogar Arkosen für die Gneise, reine Sandsteine und Kalksandsteine für die reinen oder Granat-führenden Quarzite sowie Tonmergel- und Mergelsteine für die Amphibolite. Porth (1961) ging auch von Relikten konglomeratischer Lagen aus. Hinzu kommen evtl. basische Ergussgesteine, die den Amphiboliten als Ausgangsgestein zugrunde liegen. Die Diskussion entzündete sich vor allem an den „Biotit (Chlorit)-" oder Biotit-Gneisen, bei denen der Mineralbestand nach Bierther (1954) auf „umgewandelte Granite" schließen lässt. Allerdings konnte Porth (1961) in ihnen klastische abgerollte, nicht idiomorphe Zirkone, wie sie nur in Sedimentgesteinen vorkommen, nachweisen. Damit wäre erwiesen, dass es sich größtenteils um Paragneise handelt. Als einziges Gestein, das auf Eruptivgesteine hinweist, gelten die Pegmatite.

Meisl (1986) konnte aufgrund geochemischer Ergebnisse Porth's Ansicht untermauern, dass es sich um tonig-psammitische Edukte handelt. Bei den Amphiboliten schloss er kalkig-dolomitische Mergel aufgrund eines hohen TiO_2-Gehaltes zwar nicht grundsätzlich aus, diskutierte jedoch auch basische Eruptivgesteine als Edukt. Insgesamt mochte er jedoch aufgrund von Widersprüchen den geochemischen Ergebnissen nicht das entscheidende Gewicht beimessen und räumte geologischen und mineralogischen Befunden einen höheren Stellenwert ein. Als ein weiteres wichtiges Kriterium, das von früheren Bearbeitern nicht ausreichend beachtet wurde, galt für ihn das Vorhandensein von Graphit in den Granat-führenden Amphiboliten, der auf ein ehem. sedimentäres Umfeld hinweist. Der hohe TiO_2-Gehalt könnte über einen Eintrag von Verwitterungsprodukten basischer Eruptiva in das Sedimentationsgebiet erklärt werden.

2.1.1.3 Mörschied

Gegenüber den anderen Vorkommen hat dieses den entscheidenden Nachteil, dass es nicht unmittelbar aufgeschlossen ist. Etwa 3,5 km östlich von Mörschied und ca. 250 m südlich der aufgelassenen Dachschiefer-Grube „Schielenberg" (Bl. 6208 Idar-Oberstein) finden sich

Lesesteine von „Gneisen“ und anderen, im Hunsrück fremden Gesteinen. Da Grebe (1881) die Lage des Vorkommens nicht eindeutig beschrieb, wurde erst von Nöring (1939) die Position kartographisch festgelegt. Es ist nicht gelungen, das Anstehende zu erschürfen.

Nach Nöring (1939) wurden Lesestücke von „Granitgneis, Muskovitgneis und Feldspatgneis“ gefunden. Der „Granitgneis“ besteht im Wesentlichen aus Quarz, Feldspat (Orthoklas, Plagioklas) und Muskovit. Einzelne Minerale erreichen bis zu 1 mm Größe. Sie sind lagenweise angeordnet, und die parallel dazu ausgerichteten Muskovite unterstreichen das Gneis-Gefüge. Als Minerale einer jüngeren Überprägung treten auch hier Serizit und Chlorit auf. Hämätit resultiert aus der Zersetzung der Biotite, vielleicht auch der Chlorite, während jüngerer Verwitterungsprozesse. „Muskovit“- und „Feldspatgneis“ unterscheiden sich nur im Quarz/Feldspat-Anteil, der bei den „Feldspatgneisen“ stark in den Vordergrund treten soll. Besonders die „Muskovitgneise“ sind geschiefert. Die Schieferung ist jedoch sekundär. Im Gegensatz zu dieser Darstellung fand Porth (1961), der Vergleichsproben sammelte, nur Gesteine, die jenen vom Schloss Wartenstein völlig entsprechen.

Bei der Untersuchung unterschiedlicher Lesesteine von der Fundstelle Mörschied (Mannebach 1990) ergaben sich neue Aspekte. Abgesehen von der Bestätigung des bereits beschriebenen Gesteinsbestands fanden sich in einigen Proben Relikte eines älteren granitischen Gesteins, ausgewiesen durch Reste eines holokristallinen Gefüges mit homogener (richtungsloser) Verteilung der einzelnen Komponenten. Dieses ist ähnlich jenem, das von Xenolithen aus dem Guldenbach-Tal bei Schweppenhausen beschrieben wurde. Auch hier war das granitische Gefüge durch eine jüngere Kataklase und eine jüngere (variszische) Schieferung überprägt. Dabei kam es zur Bildung blaßgrüner Chlorite und von Serizit. Manche der älteren Feldspäte sind vollständig durch Serizit ersetzt. Diese Beobachtungen bestätigen die sog. „Granitgneise“ von Nöring (1939). Dieser Befund wird gestützt durch das Fehlen eines lagigen Gneis-Gefüges. Wie bei Schweppenhausen dürften sowohl Paragesteine als auch Intrusiva am Aufbau des Kristallin-Stockwerks beteiligt sein.

2.1.1.4 Alter und Konsequenzen

Bei der Altersfrage wurde mehrfach auf zwei Prägungsakte unterschiedlicher Intensität hingewiesen, die die sedimentären Edukte betroffen haben. Der erste äußert sich in dem reliktisch überlieferten, N-S ausgerichteten lagigen Gneis-Gefüge. Diese Raumlage sagt nichts über die ursprüngliche Lage aus, da die Gneise als Splitter ohne Verbindung zum Untergrund „wurzellos“ in ihrem unterdevonischen Nebengestein „schwimmen“. Rotations- und Kippbewegungen haben beim Aufstieg zur heutigen Lage geführt (schon: Scholtz 1934). Die Ausrichtung der Schürflinge folgt dem allgemein NE-SW ausgerichteten strukturellen Bau des Hunsrücks. Das gilt auch für die Hauptschieferung (s_1). Das zweite Argument für das prävariszische Alter ist die auf hohem Druck und hohen Temperaturen basierende metamorphe Mineralgesellschaft der ersten Prägung mit ihren Gneisen, Quarziten und Amphiboliten. Diese Aussage wird gestützt durch allochthone Begleitsedimente am Schloss, die wahrscheinlich in das tiefste Unterdevon (Gedinne-Stufe) gehören. Sie sind von der hochgradigen Metamorphose nicht erfasst und damit wesentlich jünger.

Über das Alter der Metamorphite gibt es von geologischer Seite nur Spekulationen:

Bierther (1941): „Man kann diese Gesteine wohl als dem präpaläozoischen Untergrund des Rheinischen Schiefergebirges zugehörig betrachten“ und präzisierte diese Aussage 1954 „Das Kristallin ist auch älter als die gotlandischen Phyllite des südlichen Taunus. (...). Eher ist an eine Beziehung zu bestimmten Zonen des kristallinen Spessart zu denken, (...) über deren Alter wir allerdings noch im Unklaren sind“. Porth (1961): „Mit größter Wahrscheinlichkeit ist auch die Deutung Bierther’s als Präkambrium richtig, da ähnliche Gesteine im Rheinischen Schiefergebirge bis ins Revin (Kambrium) hinunter unbekannt sind.“

Moderne radiometrische Untersuchungsergebnisse zeigen, dass die geologischen Überlegungen grundsätzlich richtig waren. Vergleiche mit den Rotgneisen im Spessart (Bierther 1941) sind unzulässig. Hier wurden silurische, vielleicht sogar ordovizische Alter der granitischen Ausgangsgesteine festgestellt (Lippolt in: Sommermann & Satir 1993). Die Autoren datierten den Granit, der in den 1960er Jahren in der Tief-Bohrung Saar 1 bei Spießen/Saarland erbohrt wurde und den man zum Vergleich heranziehen könnte, mit 444 ± 22 Ma.

Andere petrographische Untersuchungen an den Gneisen und Amphiboliten vom Schloss Wartenstein und südlich Griebelschied haben die älteren Ableitungen bestätigt. Somit gilt weiter, dass sie z. T. aus sandig-tonigen, z. T. aus mergeligen Sedimenten entstanden sind. Als Bedingungen für die geologisch und mineralogisch abgeleitete, prä-variszische Metamorphose gaben Meisl et al. (1989) Temperaturen von 500–525°C und Drücke von 4–5 kb an. Albit, Chlorit, Phengit (Serizit), Aktinolith, Epidot und Prehnit stellen retrograde Abbauprodukte der prä-variszischen metamorphen Mineralparagenese dar. Im Gegensatz dazu haben die Gesteine der benachbarten Metamorphen Zone am Süd-Rand des Hunsrücks bei der variszischen Beanspruchung nur Temperaturen von 350–400°C, jedoch Drücke von 8,5–10 kb erfahren. Die benachbarten Hunsrückschiefer und Quarzite des Taunusquarzit entstanden bei Temperaturen von etwa 250–290°C und 2–4 kb (Holl 1995). Auch diese Ableitungen bestätigen, dass die im Mineralbestand der ältesten Gesteine des Hunsrücks abgebildeten Prozesse nicht der variszischen Prägung zugeordnet werden dürfen.

Für die Zirkone ließen sich Alter um 574 Ma ermitteln. Mithilfe von Vergleichsuntersuchungen und unter Einbeziehung möglicher Störfaktoren errechneten Meisl et al. (1989) für die Gneise und Amphibolite ein Alter von 550 ± 20 Ma. Das entspricht für die ältere prograde Metamorphose ein Alter um die Wende Vendium/Unterkambrium (DSK 2002, 2016), somit ein cadomisches Alter. Dem steht die jüngere, variszische, retrograde Metamorphose mit einem Alter um 325–330 Ma gegenüber. Diese Ergebnisse verdeutlichen erneut den Unterschied zwischen den ältesten Gesteinen des Hunsrücks im Vergleich zu den früher in Betracht gezogenen Gneisen und Graniten aus Odenwald, Spessart und der Saar-Pfalz-Region.

Dass ähnlich alte Gesteine auch weiter im Hunsrück im tiefen Untergrund vorhanden sind, bestätigen Altersdatierungen an Zirkonen, die bei vulkanischen Prozessen aus der Tiefe gefördert wurden. Sie stammen aus Zirkonen aus dem „Tuffit-Horizont" „Hans-Bank" der ehem. Dachschiefergrube „Herrenberg" bei Bundenbach (Kirnbauer & Reischmann 2001). Abgesehen von jenen Zirkonen, die bei der Kristallisation der Schmelze selbst entstanden, fanden sich auch solche mit wesentlich höherem Alter, die 548,5 ± 5,6 Ma alt sind. Diese Körner sollten von Gesteinen stammen, die mit jenen der prä-devonischen Metamorphite vergleichbar sind und die die retrograde variszische Metamorphose unbeschadet überstanden haben. Diese Ergebnisse zeigen, dass weiter nördlich im Hunsrück im Untergrund wahrscheinlich mit ähnlichen Gesteinen wie beim Schloss Wartenstein gerechnet werden darf. Darüber hinaus ermittelten Sommermann et al. (1990) ähnliche Alter von 549 ± 23/20 Ma an Granit- und Vulkanit-Geröllen aus sauerländischen Unterkarbon-Sedimenten.

Diese Altersdaten geben Anlass zu Überlegungen, wie diese Gesteine im Süd-Hunsrück in die heutige Position kamen. Dafür sind mehrere Schritte notwendig:

- Die Ableitung der Edukte für die ältesten Gesteine im Hunsrück führt zu einem Entstehungsort, an dem sich große Sedimentmächtigkeiten bilden konnten, das heißt, zu einem tektonisch labilen Krustenabschnitt; dazu gehören ein ausgedehntes Becken oder ein Kontinentalhang, wo große Mengen an Detritus Platz finden konnten.
- Bei einer folgenden regionalen Dislokationsmetamorphose mit Versenkung in tiefere, wärmere Krustenabschnitte und bei erhöhtem Druck entstanden während der älteren Metamorphose die Gneise, Amphibolite und Quarzite vor etwa 550 ± 20 Ma; bei diesem Prozess drangen in der Spätphase offensichtlich granitische bis granodioritische Schmelzen in den metamorphisierten

Gesteinsverband ein; zu ihnen gehören u. a. die später geschieferten Granitoide von Mörschied oder Schweppenhausen und auch die pegmatitischen Gänge aus dem Kristallin vom Wartenstein; nach heutigen plattentektonischen Vorstellungen sollten diese Gesteine zum peri-gondwanischen Krustensplitter Avalonia gehören; Anhaltspunkte für ein cadomisches Basement geben auch Daten aus dem Saxothuringikum, wo entsprechende Gesteine um 570 Ma gebildet wurden, in die Granitoide um 540 Ma intrudierten; entsprechende vulkano-sedimentäre Komplexe sind z. B. aus dem „Schwarzburg-Antiklinorium" bekannt (Linnemann et al. 2008).

- Offensichtlich wurde dieser früh konsolidierte Krustenabschnitt schon im Ordoviz oder Silur erneut in plattentektonische Prozesse einbezogen, die jedoch zu keiner weiteren Deformation führten; zumindest gehörte er im frühen Devon bereits zum südlichen Randbereich des Rhenoherzynischen Beckens; zumindest ab Unterdevon war er wieder in Subsidenzprozesse eingebunden; über ihm lagerten sich nun jene mächtigen Sedimente des Unter-, Mittel- und Oberdevons ab, denen das Hauptaugenmerk bei der geologischen Beschreibung des Hunsrücks zu gelten hat; zur Aufnahme der devonischen Schichtverbände war eine erhebliche Subsidenz notwendig.
- Das Abreißen und Eindringen der „Schürflinge" sollte schon relativ früh bei der variszischen Gebirgsbildung eingetreten sein, da die kristallinen Gesteine von dem variszischen Schieferungsprozess – mindestens am Rande – erfasst wurden; die z. T. flaserige unregelmäßige Hauptschieferung der „Muskovit-Gneise" und „Chloritfelse" stimmt in ihrer Raumlage mit der Hauptschieferung (s_1) der umgebenden devonischen Tonschiefer überein; meist wurde die lagige Kristallisationsschieferung der Gneise der 1. Metamorphose nicht nur überprägt, sondern auch ausgelöscht.
- Das Kristallin-Vorkommen vom Schloss Wartenstein liegt auf einer großen NE-SW streichenden und damit im Streichen des Gebirges liegenden Längsstörung, der Wartensteiner Rücküberschiebung; an ihr sind unterdevonische Tonschiefer gegen Schiefer der jüngeren „Hahnenbach-Serie" verworfen; auch die Vorkommen bei Schweppenhausen und Mörschied liegen auf ähnlich bedeutenden Längsstörungen, jedoch nicht auf derselben; schon Nöring (1939) sprach im Fall Mörschied von der „Aufpressungszone von Mörschied und Abentheuer". Außer den kristallinen Gesteinen des tieferen Untergrundes wurden entlang dieser Überschiebungen auch Quarzite unbekannten Alters mitgerissen und ebenfalls als Schürflinge in die jüngere Schichtenfolge eingeschlichtet.
- Problematisch erscheint der Sachverhalt, wie die „Schürflinge" derart hoch in die sie heute umgebende jüngere Schichtenfolge aufsteigen konnten; man muss wohl davon ausgehen, dass für einen Gesteinssplitter, der erst einmal vom Untergrund abgeschert und in die Störungsbahn eingeordnet war, ein Weiterwandern nach dem „Zwetschgenstein-Prinzip" durchaus möglich war und bei den für die variszische Deformation angenommenen hohen Drücken durchaus realistisch ist; es sollte jedoch genügend Wasser für diesen Prozess verfügbar gewesen sein, was bei dem hohen Anteil an Schichtsilikaten mit ihrem spezifischen Kristallgitter vorausgesetzt werden darf.

2.2 Unterdevon

Die meisten unterdevonischen Schichten im Hunsrück gehören zum „rheinischen Magnafaziesbereich". Er besteht hier aus ehem. Sanden, Silt und Tonen, die in großer Mächtigkeit im Rheinischen Trog oder in dessen Randgebieten abgelagert wurden. Hier existierte eine auf Sauerstoff angewiesene, meist benthisch lebende Fauna, die mehrheitlich aus Brachiopoden und Bivalvia bestand. Diese Bedingungen wurden nur in den Ablagerungsgebieten der rein tonig-schiefrigen Hunsrückschiefer in der „Kauber Dachschieferfazies“, einer ausgeprägten Beckenfazies, unterwandert.

2.2.1 Gedinne

Die ältesten unterdevonischen Schichten stehen nur in den Kernbereichen der großen „Antiklinorien“ (Schuppenzonen) des Hunsrücks zutage an. Sie sind meist nur in den Tälern aufgeschlossen. Dies gilt für die Täler von Wadrill, Prims, Altbach und Traun im Hochwald, für die Täler von Hahnen-, Simmer(Kellen)- und Guldenbach im Südost-Hunsrück und das Obere Mittelrhein-Tal zwischen Niederheimbach und Bingen.

2.2.1.1 Züsch-Schichten im Hochwald

Historische Aspekte. Leppla (1925a: 2) beschrieb die „Bunten Schiefer“ für die südliche Rheinprovinz, speziell für den Hochwald, als „violette, violettrote, rotbraune und graugrüne und blaugraue, meist dünnplattige bis dachschieferartig spaltende, selbst blätterige, auf den Spaltflächen glänzende, ebene Tonschiefer bis Phyllite von geringem Gehalt an Quarz“. Als färbende Substanzen machte er „Roteisenerz“, Chlorit und Serizit aus. Die unterschiedlich starke Beteiligung von Quarz am Aufbau der Gesteine führte nach seinen Ergebnissen zu unterschiedlich „rauen“ (sandigen) Ton- und Flaserschiefern. Außerdem fand er hellgrünlichgraue feinkörnige Quarzite mit Serizit, die bankig bis plattig absondern. Ihre Konsistenz hielt er für i. a. „weniger fest als die Taunusquarzite“. Auch berichtete er über konglomeratische Einlagerungen mit Mächtigkeiten zwischen <5–10 m, deren Lithoklasten u. a. aus Schiefern und einem Anteil an groben Quarzkörnern in einer „tonschiefrigen Substanz“ (Matrix) bestehen.

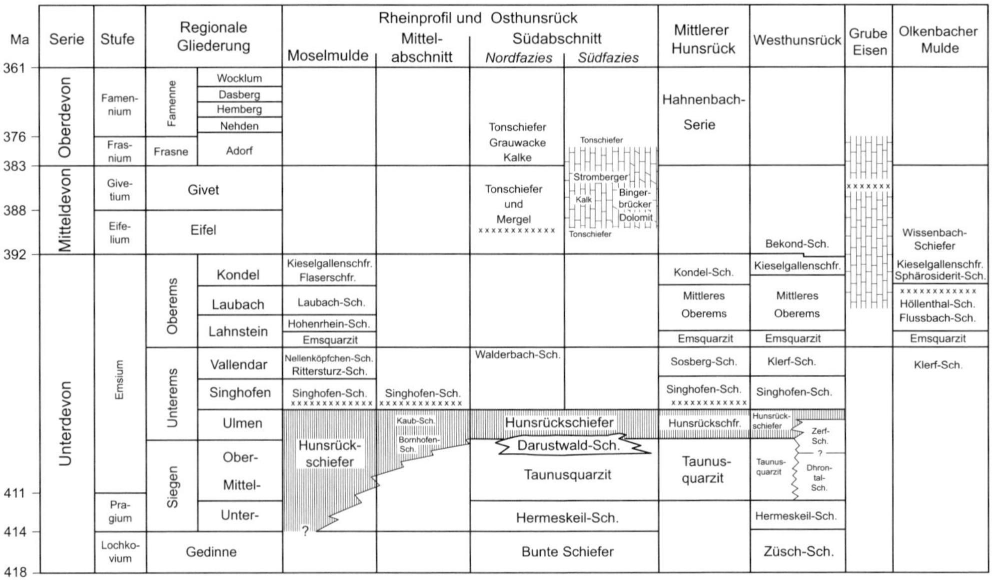

Ma	Serie	Stufe	Regionale Gliederung		Rheinprofil und Osthunsrück: Moselmulde	Mittelabschnitt	Südabschnitt: *Nordfazies*	*Südfazies*	Mittlerer Hunsrück	Westhunsrück	Grube Eisen	Olkenbacher Mulde
361	Oberdevon	Famennium	Famenne	Wocklum					Hahnenbach-Serie			
				Dasberg								
				Hemberg								
				Nehden								
376		Frasnium	Frasne	Adorf			Tonschiefer Grauwacke Kalke	Tonschiefer				
383	Mitteldevon	Givetium	Givet				Tonschiefer und Mergel ××××××××××××	Stromberger Kalk; Bingerbrücker Dolomit; Tonschiefer			×××××××	
388		Eifelium	Eifel							Bekond-Sch.		Wissenbach-Schiefer
392	Unterdevon	Emsium	Oberems	Kondel	Kieselgallenschfr. Flaserschfr.				Kondel-Sch.	Kieselgallenschfr.		Kieselgallenschfr. Sphärosiderit-Sch.
				Laubach	Laubach-Sch.				Mittleres Oberems	Mittleres Oberems		×××××××××××× Höllenthal-Sch. Flussbach-Sch.
				Lahnstein	Hohenrhein-Sch. / Emsquarzit				Emsquarzit	Emsquarzit		Emsquarzit
			Unterems	Vallendar	Nellenköpfchen-Sch. Rittersturz-Sch.		Walderbach-Sch.		Sosberg-Sch.	Klerf-Sch.		Klerf-Sch.
				Singhofen	Singhofen-Sch. ×××××××××××××	Singhofen-Sch. ×××××××××××××			Singhofen-Sch. ××××××××××××	Singhofen-Sch.		
				Ulmen	Hunsrück-schiefer	Kaub-Sch.	Hunsrückschiefer		Hunsrückschfr.	Hunsrück-schiefer / Zerf-Sch.		
			Siegen	Ober-		Bornhofen-Sch.	Darustwald-Sch.		Taunus-quarzit	Taunus-quarzit / ? / Dhron-tal-Sch.		
411				Mittel-			Taunusquarzit					
		Pragium		Unter-	?		Hermeskeil-Sch.			Hermeskeil-Sch.		
414		Lochkovium	Gedinne				Bunte Schiefer			Züsch-Sch.		
418												

Abb. 6. Gliederung des Devons im Hunsrück. Kreuze: vulkanische Ablagerungen. Links: Alter in Millionen Jahren (Ma).

Diesen Verband hatte bereits GOSSELET (1890) mit den „schistes bigarrés d'Oignies“ in den Ardennen parallelisiert, wo sie in das obere Gedinne eingestuft wurden. Auch ASSELBERGHS & HENKE (1935) parallelisierten mit den „schistes bigarrés d'Oignies“ (unten) und den „Schiefern und Sandsteinen von St. Hubert“ (oben) in den Ardennen. Ihnen sollten die „Bunten Schiefer“ oder „Bunten Phyllite“ (unten) und die Hermeskeil-Schichten (oben) im Hunsrück entsprechen. Sie machten allerdings auf lithofazielle Unterschiede aufmerksam, die in unterschiedlichen Anteilen an „bunten“ Einschaltungen und in Knollenkalken in den Tonschiefern bestehen. Auch stellten sie fest, dass die Hermeskeil-Schichten in Form von „Hermeskeiler Sandstein“ sich nicht allenthalben gleichmäßig in der Ummantelung der „Sattelstrukturen“ finden ließen. Diese Stellung der Hermeskeil-Schichten im Gedinne wurde von NÖRING (1939) aufgegeben, der Untere und Obere Hermeskeil-Schichten unterschied. Die jüngere, obere von beiden stufte er bereits in das Siegen ein. Fossilfunde im Guldenbach-Tal im Südost-Hunsrück (D. E. MEYER 1970) führten dazu, dass die Hermeskeil-Schichten heute bevorzugt in das Siegen gestellt werden.

Im Hochwald unterschied SCHMITT (1937) nach GREBE und LEPPLA zwei Züge: Der erste Zug enthält die Vorkommen vom Holzbach nordwestlich Weisskirchen über Wadrill, Grimburg, Gusenburg und Hermeskeil bis Thiergarten; hier erwähnte er Aufschlüsse bei Wadrill an der Straße nach Grimburg, ebenso bei Gusenburg und an der 1976 aufgelassenen Bahnstrecke bei Hermeskeil. Der zweite Zug lässt sich von Sitzerath über Bierfeld, Züsch und Börfink bis Thranenweiher verfolgen; ein Teil der Tonschiefer soll bei Sitzerath als Dachschiefer abgebaut worden sein; ein fast durchgehendes Profil ist an der Talsperre bei Nonnweiler aufgeschlossen, das allerdings zunehmend verfällt.

Im westlichen Hunsrück hatte NÖRING (1939) die anfangs als „Taunusphyllit“ (KOCH 1881), „Bunter Phyllit“ (GREBE 1887) oder „Bunte Schiefer“ (DUMONT 1848, LEPPLA 1898a, b, c) bezeichneten, vorwiegend schiefrigen Schichten nach der Ortschaft Züsch (Bl. 6208 Birkenfeld-West) als „Züscher Schiefer“ bezeichnet. Die weitgehend fossilfreien Schichten, deren Basis nicht aufgeschlossen ist, wurden in das obere Gedinne eingestuft.

Schichtenfolge des Obergedinne. NÖRING (1939) definierte die Züsch-Schichten im Hochwald: „Violette, rotbraune und grüne Schiefer machen die Hauptmasse der Folge aus. Aus den grünen Abarten entwickeln sich untergeordnete grüngraue Quarzite. Sie treten in geringer Mächtigkeit in allen Teilen der Züscher Schiefer auf. (...) Die grüne Färbung ist offensichtlich an quarzreichere Einschaltungen gebunden. (...) insgesamt bleibt auf alle Fälle, dass die gröber klastischen Gesteine mehr grünliche, die feineren mehr rötliche Farbtöne aufweisen. „Neben den Tonschiefern und Quarziten wurden lokal noch folgende Gesteine in der Schichtenfolge beobachtet: **Kalkaugen-Tonschiefer**. Es sind rote und auch grünliche Tonschiefer mit Karbonatkonkretionen bis 1 cm Durchmesser; bei der Verwitterung bleiben im Tonschiefer entsprechende Hohlräume zurück, die meist mit „Brauneisenmulm“ – Mangan-haltiger erdiger Limonit – gefüllt sind; die Schieferflächen durchschlagen diese Knöllchen nicht, sondern „umfließen“ sie. **Knoten-Tonschiefer:** Das sind sandige Tonschiefer, auf deren Schieferflächen sich kleine Knötchen gebildet haben, die ihre Genese jedoch nicht einer Kontaktmetamorphose verdanken und **wetzsteinähnliche Tonschiefer**. Dabei handelt es sich um Tonschiefer mit einem hohen Anteil an feinkörnigen, gleichmäßig verteilten Quarzkörnern.

Diese Beschreibungen wurden von KNAUTZ (1992) weitgehend bestätigt. Allerdings gilt, dass im Hochwald Quarzite nur sehr untergeordnet auftreten und meist deutlich gebankt sind. In den Tonschiefern, in die sie eingelagert sind, bilden sie im Anschnitt flache linsenartige Körper von selten mehr als max. 2 m Mächtigkeit. Es handelt sich dabei offensichtlich um Querschnitte flacher, mit Sand gefüllter ehem. Rinnen. Konglomerate, die in solchen Rinnen ebenfalls vorkommen könnten, wurden nicht bestätigt.

Die Züsch-Schichten sind im Hochwald außerordentlich mächtig. Entlang der Talsperre bei Nonnweiler (Bl. 6307 Hermeskeil), wo die Basis dieser Schichtfolge tektonisch unterdrückt ist, erreicht der hier steil stehende Schichtverband mehr als 2 000 m Mächtigkeit. Tektonisch bedingt verschmälert sich der Ausstrich von der Talsperre nach Nordosten bis zum vollständigen Verschwinden im Hochwald nordwestlich Leisel.

Der Mineralbestand der Gesteine der Züsch-Schichten ist recht einheitlich. Er besteht generell aus Quarz, Chlorit, Serizit und Hellglimmer. Die sandigen Tonschiefer sind z. T. sehr schlecht sortiert. Sie zeigen ein lagiges bis flaseriges Gefüge und entsprechende Absonderung. In den relativ gut aufgeschlossenen Talprofilen von Prims, Altbach und Traun stellen rotviolette, rotbraune und seltener grünliche Tonschiefer die Masse der Gesteine. Knautz (1992) bestätigte die recht homogene Zusammensetzung aller Tonschiefer. Die milden rötlichvioletten Tonschiefer bestehen aus Quarz mit einer max. Korngröße von 60–100 µm, im Durchschnitt 40 µm, Hellglimmer und Chlorit. Die grünlichen Tonschiefer sind eher sandiger. Es handelt sich um matrixreichen Grobsilt mit wechselndem Feinsand-Anteil bei ebenfalls schlechter Sortierung. Hauptkomponenten sind Quarz und detritische Hellglimmer. Farbgebend sind bei den roten Tonschiefern Hämatit, der an die Matrix gebunden ist, und bei den grünen Chlorit. Hinzu kommen in den Tonschiefern die mit schwärzlichem Mulm gefüllte Hohlräume. Besonders im oberen Abschnitt des Profils an der Nonnweilerer Talsperre schalten sich Horizonte mit Kalkknollen ein, Caliche-Knollen oder -Horizonte.

Die grauen bis grüngrauen Quarzite und quarzitischen Sandsteine gingen dagegen aus gut sortierten Quarz-Sanden mit z. T. bis zu 85% Quarz hervor. Untergeordnet sind Feldspat, Hellglimmer und Gesteinsbruchstücke enthalten. Chlorit vermittelt die grünliche Farbe und befindet sich vornehmlich in den Zwickelräumen zwischen den Einzelkörnern. Tonschiefer-Lithoklasten und serizitisierte Feldspäte sind teilweise chloritisiert. Knautz (1992) fand in diesen Quarziten ein Nebeneinander von detritischen Hellglimmern, diagenetisch entstandenen Hellglimmer/Chlorit-Verwachsungen und völlig chloritisierten Glimmern. Die Lithoklasten bestehen neben Polyquarz (? Quarzit,? Gangquarz) aus Schiefern, Chert, indifferenten feinkörnigen fraglichen Vulkaniten und einem sehr geringen Anteil an unbestimmbaren „Metamorphiten“.

Die meist quarzitischen Sandsteine und Quarzite zeigen Strömungsrippelschichtung und deutliche Schrägschichtung. Sie bestätigen ihre Genese als Rinnenfüllungen. Generell ergibt sich das Bild einer weiten distalen schlammigen Überflutungsebene, die von einem Geflecht von Rinnen durchzogen war. Das transportierte Material lässt nicht den Schluss auf ein Liefergebiet mit hohem Anteil an granitoiden Gesteinen oder Kristallin schließen.

2.2.1.2 Bunte Schiefer im Guldenbach-Tal und am Nord-Rand des Soonwaldes

Die nächsten, gut untersuchten Vorkommen von Schichten des oberen Gedinne liegen im Guldenbach-Tal. Der Guldenbach hat weiter im Norden das „Soonwald-Antiklinorium“ durchschnitten und dort sowie südlich von Stromberg in zwei Positionen einen ähnlichen Schichtverband aufgeschlossen. Er wird hier als „Bunte Schiefer“ in Anlehnung an die „schistes bigarrés“ bezeichnet. D. E. Meyer (1970) und D. E. Meyer & Nagel (2008) unterschieden hier zwei unterschiedliche Lithofazies, die Nord- und die Süd-Fazies.

Nord-Fazies. Die Nord-Fazies ist im Guldenbach-Tal bei der Rheinböller Hütte in einem kleinen Vorkommen aufgeschlossen als „milde rote bis rötlichviolette Schiefer, die teilweise sandig-glimmerig werden, (sie) herrschen gegenüber graugrünen bis apfelgrünen Schiefern vor, die in der Regel stärker sandig-glimmerig sind und oft in hellgrünliche bis grünlichgraue, selten bräunlichgelbe bis rötliche unreine Sandsteine und Quarzite übergehen. Die Quarzite sind zum Teil feinkonglomeratisch ausgebildet“ (D. E. Meyer 1970: 25). Auch Knotenschiefer wurden hier beobachtet. Die Quarzite sind meist feinkörnig, mitunter feinkonglomerartisch mit kleinen Milchquarzgeröllen und Tonschieferfragmenten. Die Mächtigkeit wird mit >110 m angegeben, da die Basis auch hier tektonisch unterdrückt ist.

Am Nordrand des Soonwaldes wurden im Steinbruchsgelände südlich Argenthal (Bl. 6010 Kirchberg) zwischen dem nördlichen und südlichen Tagebau auf ca. 300 m Länge steilstehende „Bunte Schiefer" angeschnitten, in Ausbildung wie bei der Rheinböller Hütte. Es traten lokal bis 10 m mächtige Sandstein- und Quarzit-Bankfolgen zutage. Die grünlich- bis hellgrauen Gesteine sind z. T. dünnplattig bis feinlagig geschichtet und enthalten geringmächtige Tonschieferbestege zwischen den Sandsteinlagen. Im Querschnitt handelt es sich auch hier um linsenartige Körper, die sandigen Rinnenfüllungen entsprechen. Die Sandsteine sind mit 80% Quarz recht rein bei mäßiger Sortierung. Feldspäte sind häufig zersetzt zu feinkörnigen Quarz-Serizit-Aggregaten. Unter den Lithoklasten kommen sehr feinkörnige, z. T. zu feinkörnigen Quarz-Aggregaten umgewandelte Eruptivgesteine, Chert und Polyquarz vor. Fragmente, die auf ein „kristallines" Liefergebiet schließen ließen, fehlen. Lediglich der Feldspat-Gehalt spricht für ein weit entferntes solches. Die Schichtenfolge der Bunten Schiefer in Nord-Fazies am Soonwald-Rand entspricht mit Ausnahme der mächtigeren Quarzit-Bankfolgen jener der Züsch-Schichten im Hochwald.

Süd-Fazies. Sie ist im Guldenbach-Tal südlich Stromberg in zwei parallelen Zügen aufgeschlossen. Auch hier lässt sich in den 350 bis 400 m breiten Ausstrichen die wahre Mächtigkeit nicht ermitteln, da die Vorkommen von NE- SW streichenden Längsverwerfungen begleitet werden. Die Restmächtigkeit mag 250 bis 300 m betragen. Diese beiden Vorkommen bestehen überwiegend aus milden, schwach sandigen Tonschiefern. Ihre Farbe schwankt zwischen oliv-, apfelgrün bis hell blaugrünlich und dunkelblaugrau bis violett und rötlich. Gegenüber der Nord-Fazies überwiegen hier graue und grünliche Tonschiefer (Falke 1957). Rötliche Tonschiefer sind auf wenige kleinere Vorkommen beschränkt.

Der entscheidende Unterschied zu den Gesteinen der Nord-Fazies liegt in z. T. feinkonglomeratischen, z. T. tonreichen echten Grauwacken mit Gesteinsbruchstücken, die detaillierte Aussagen über das Liefergebiet erlauben. Ein Teil dieser meist schlecht sortierten Gesteine wurde früher auch als „Körnige Phyllite" bezeichnet.

In den „körnigen Phylliten" überwiegt unter den gröberen Komponenten Quarz. Der Feldspat-Anteil erreicht selten 10%, und die Feldspäte sind meist völlig in Serizit umgewandelt .Häufig sind auch hier detritische Glimmer. Unter den Gesteinsbruchstücken überwiegen Meta-Quarzite und Kieselschiefer. Auch phyllitische Schiefer, Serizit- und Quarz-reiche Schiefer, Chlorit-Serizit-Schiefer, Glimmerschiefer sowie stark geschieferte Gneise kommen vor. Außerdem beschrieb D. E. Meyer (1970) Bruchstücke von Graniten, Granodioriten und Apliten. Hinzu kommen Lithoklasten von sauren, intermediären und basischen Vulkaniten, z. T. mit deutlich ophitischem Gefüge.

Dieses Lithoklasten-Spektrum lässt auf ein Liefergebiet schließen, das aus niedrig- bis grünschieferfaziell metamorphisierten Gesteinsverbänden mit sauren Plutoniten und Vulkaniten eines bimodalen Vulkanismus aufgebaut war. Beim Vergleich mit den oberdevonischen Grauwacken drängt sich eine große Ähnlichkeit mit dem Lithoklasten-Spektrum der „körnigen Phyllite" auf. Insofern muss gefragt werden, ob dieser als Ober-Gedinne eingestufte Schichtverband nicht vielleicht eher als oberdevonisch einzustufen ist und ob es sich hier nicht vielleicht um einen eng tektonisch verschuppten Verband aus Taunusquarzit und oberdevonischen Schichten handelt? Allerdings zeigen die tektonischen Ergebnisse Schwierigkeiten, diese zur Fustenburg-Schuppenzone gehörenden Schichten als oberdevonisch einzustufen. Interessant bleibt, dass das aus dem Lithoklasten-Spektrum abgeleitete Liefergebiet kaum amphibolitfaziell metamorphe Gesteinspartikel enthält, wie etwa in den Kristallin-Aufbrüchen am Hunsrück-Südrand.

Beim Vergleich der Lithoklasten-Spektren der Quarzite und quarzitischen Sandsteine von Nord- und Süd-Fazies, fällt das sehr verarmte Material der Nord-Fazies auf, das dem im Hochwald sehr ähnlich ist. Da beide Fazies ein ähnliches Liefergebiet gehabt haben sollten, muss das Material der Nord-Fazies erheblichen Aufarbeitungs- und Selektionsprozessen unterworfen gewesen sein, die zur Verarmung beigetragen haben.

Die Grauwacken und bunten Tonschiefer der Süd-Fazies sind meist deutlich geschichtet. Schrägschichtung wurde nicht beobachtet; dafür kommt eine Kornverfeinerung (Gradierung) von unten grob nach oben fein (fining-up) innerhalb einzelner Bänke vor. Diese Bänke sind zu wenige m mächtigen Bankfolgen in den bunten Tonschiefern zusammengeschlossen. Dieser Befund ließ D. E. Meyer (1970) auf eine Genese aus Trübeströmen schließen, was sich jedoch nicht halten lässt. Eher ist mit fluviatilen Zyklen in Rinnensystemen zu rechnen.

Gröbere Konglomerate mit Geröllgrößen bis 2 cm Durchmesser und mehr sind selten und auf Grauwacken und Konglomerate der Süd-Fazies beschränkt, vor allem in den „körnigen Phylliten". Quarzite sind in der Süd-Fazies nur geringmächtig. Es handelt sich um feinkörnige, grünliche, splitterige und harte Gesteine. Auch kalkige Einschaltungen fehlen nicht. Es sind meist lokale, wenige cm mächtige Lagen und Linsen.

Eine Besonderheit sind Einschaltungen von randlich geschieferten Diabasen. Sie waren schon Steininger (1840) und Lossen (1867) bekannt. Allerdings wurde deren vulkanische Natur wegen der z. T. starken Schieferung („Sericit-Kalk-Phyllite" sensu Lossen 1867) nicht immer richtig erkannt. Diese Vulkanite sind mit „Kalkaugenphylliten" vergesellschaftet, intensiv geschieferten Diabas-Mandelsteinen, deren Blasenhohlräume mit Kalzit gefüllt waren. U. U. handelt es sich z. T. wohl auch um ähnliche Sedimentgesteine, wie im Prims-Tal. Diese Gesteinsfolgen werden 10–14 m mächtig und begleiten die Eruptiva bzw. sind in diese eingeschaltet. Sie ähneln solchen, die von Lahn- und Dill-Mulde aus Mittel- und Oberdevon bekannt sind.

Auch aus der Süd-Fazies sind keine Fossilien bekannt. Ihre Alterseinstufung ist deswegen und auch wegen der jeweils begrenzenden Störungskontakte unsicher. Insgesamt aber fällt der gesamte Schichtverband der Süd-Fazies der Bunten Schiefer aufgrund seines „exotischen" Lithoklastenspektrums und der mit ihm vergesellschafteten Vulkanite aus dem Rahmen der Gesteine des oberen Gedinne heraus.

2.2.1.3 Vorkommen im Hahnenbach-Tal

Zu erwähnen bleibt ein ca. 20 m (um 50 m bei D. E. Meyer & Nagel 2008) mächtiger Schichtverband von fraglichem Obergedinne im Hahnenbach-Tal bei der Römersmühle (Bl. 6110 Gemünden). Bierther (1941) beschrieb „Bunte, körnige Phyllite (...) an der Nordgrenze des Wartensteiner Gneises eng verknüpft mit grünen und roten Konglomeratbänken" und bunten „Phylliten". Sie sind eingeschuppt zwischen das Kristallin vom Wartenstein und Hunsrückschiefer s. l. Bierther (1941) fand keine Hinweise für ein unmittelbares sedimentäres Auflager dieses Schichtverbandes auf dem Gneis. Er ging von tektonischen Trennflächen aus. Jüngere Überlegungen, die von einem „transgressiven" Auflager ausgingen (Dittmar 1996), folgten den Vorstellungen von Tilmann & Chudoba (1931b). So auch ein schwer realisierbares Profil von etwa 40 m Länge quer zum Streichen, das Mittmeyer (1996) von der „Wegeböschung gegenüber Römers Mühle im Hahnenbach-Tal" veröffentlichte. Es sollte sich um dasselbe Profil wie bei den zuvor genannten Autoren handeln. Der Kontakt zum Gneis wird als „auffallend mürbe und zersetzt", das mit etwa 45° NW einfallende, unmittelbar auflagernde Grob- bis Mittelkonglomerat mit „Gneissand" als „stark gepresst" beschrieben. In dem darüber folgenden Schichtverband sah Mittmeyer (1996) fragliche Äquivalente der Grauen Phyllite des Taunus und darüber jeweils im stratigraphischen Hangenden Äquivalente von Bunten Schiefern, Hermeskeil-Schichten und Taunusquarzit. Eine tektonische Unterdrückung von Mächtigkeiten an Verwerfungen wurde nicht in Betracht gezogen. Im Gegensatz zu allen Profilen im Hunsrück würden unter dieser Vorgabe die Schichten nach Südosten hin älter.

Hier setzen Unklarheiten ein: BIERTHER (1941) beschrieb die „körnigen Phyllite" (Konglomerate) als etwas matter als die begleitenden bunten Tonschiefer, was wohl auf die flaserige Ausbildung der Schieferungsflächen und auf bis 1 cm lange, gestreckte Quarzkörner in den relativ groben Sedimenten zurückgeht; außerdem erwähnte er stark verwitterte Feldspäte, seltener detritische Glimmer, und bemerkenswert ist ein „auffallend hoher Gehalt an Turmalin", dessen Körner bis 0,1 mm Größe erreichen; in den optischen Eigenschaften stimmt der Turmalin nicht mit jenem im Wartenstein-Kristallin überein; Granat und Titanit, die im „Kristallin" häufig sind, fehlen in den unmittelbar benachbarten Sedimenten des fraglichen Ober-Gedinne; die Konglomerate und geröllführenden Sandsteine enthalten nur Gerölle bis 2 cm Durchmesser; andere Komponenten außer Quarz, der stark deformiert ist, wurden nicht beschrieben; die Matrix zwischen den z. T. stark kataklastisch deformierten Quarzkörnern und -geröllen besteht vorwiegend aus Chlorit und Serizit; unter den Lithoklasten fehlen jegliche Anhaltspunkte für Kristallin-Gerölle und im Schwermineralspektrum entsprechende transparente Minerale; aus diesen Gründen schloss sich BIERTHER der von ASSELBERGHS & HENKE (1935a) vertretenen Meinung an, dass dieser Gesteinsverband zu den Bunten Schiefern des oberen Gedinne gehöre und der Kontakt zum Kristallin tektonisch sei und nicht einer Auflagerungsfläche entspricht; im Falle eines unmittelbaren sedimentären Auflagers müsste zumindest an der Basis mit Abtragungsmaterial aus dem Kristallin gerechnet werden; bestärkt sah sich BIERTHER dadurch, dass die Gesteine im Hahnenbach-Tal „manchen Konglomeraten bei Assmannshausen (oberes Gedinne) zum Verwechseln ähnlich" sind, nur dass das ohnehin einförmige Lithoklasten-Spektrum am Oberen Mittelrhein neben Quarz noch „schwarze Kieselschiefer"- und Quarzit-Lithoklasten führt; MEISL & EHRENBERG (1968) haben im Taunus die „schwarzen Kieselschiefer"-Lithoklasten als Quarz-Turmalin-Fels entlarvt; aus BIERTHER's Ausführungen ergibt sich eine deutliche Analogie zu den Schichten der „Nord-Fazies" sensu D. E. MEYER (1970).

PORTH (1961) bestätigte BIERTHER's Befunde und ergänzte die Kenntnis durch zwei weitere Profile; danach hebt sich dieser Schichtverband deutlich vom Gneis und auch den begleitenden Tonschiefern ab; es handelt sich auch in den zwei Profilen um eine Wechselfolge von grauen, rötlichen und grünlichen Quarziten, bräunlich-roten „gepressten" Quarz-Konglomeraten und harten, graugrünlichen oder violetten Tonschiefern; außerdem erwähnte er mächtige „Quarzbänke" und kleinere Gneis-Schuppen. Sie unterstreichen den tektonischen Kontakt „Kristallin"/Sedimente; allerdings konnte PORTH bei dem raschen Wechsel in der Gesteinsfolge die drei Profile nicht Bank für Bank korrelieren.

Mit der Zuordnung einer im Liegenden der untersten Konglomerat-Bank freigelegten, etwa 20 cm mächtigen grauen, feingeschichteten Siltschiefer-Lage zu den „Grauen Phylliten" im Taunus (DITTMAR 1996) verkompliziert sich die Auffassung vom ungestörten „transgressiven" Auflager der Obergedinne-Schichten als „primäre, sedimentäre Grenze bzw. als Diskordanzfläche zwischen dem prä-devonischen Unterlager und der Basis der Devon-Abfolge"; nach STRUVE (1973) sind die „Grauen Phyllite" bei Wiesbaden älter als Gedinne; nach ANDERLE (2008) handelt es sich bei ihnen um die Kellerskopf-Formation, die nach Fossilfunden heute in die Pridoli-Stufe (oberstes Silur) eingestuft wird; aus den Befunden am Hahnenbach lässt sich eine derart schwerwiegende Aussage ohne Fossilnachweise nicht ableiten. Auch die Vorstellung eines ungestörten Hangendkontaktes der Obergedinne-Schichten ist unrealistisch (DITTMAR 1996); im gegebenen Fall verkürzte sich die Mächtigkeit der Bunten Schiefer auf wenige Meter; verfolgt man das Profil weiter nach Nordwesten, käme man unter dieser Vorgabe zu einem primären, störungsfreien Ausfall der normalerweise im Hangenden folgenden Hermeskeil-Schichten und des Taunusquarzit; eine Siegen-Fauna (QUIRING 1942) in den unmittelbar anschließenden Hunsrückschiefern s. l. ist für diese weitreichenden Schlüsse nicht ausreichend; MITTMEYER (1996) versuchte, in dem ca. 25 m mächtigen Profil an der Römers-Mühle neben Bunten Schiefern auch Hermeskeil-Schichten und Taunusquarzit unterzubringen.

Die Deutung, in diesem Profil mit Biérther und Porth neben dem Gneis-Schürfling auch eine Schuppe aus Schichten des Obergedinne zu sehen, kommt der Realität wahrscheinlich am nächsten. Hinzu kommt, dass Wierich (1999) einen Teil der „gepressten Konglomerate" und einen Milchquarz-Gang im kritischen Bereich gefügekundlich untersuchte und feststellte, dass die Gesteine im Grenzbereich Teil einer „ komplex zusammengesetzten Scherzone" sind. Damit muss Transgression unterdevonischer Schichten auf Kristallin erneut ausgeschlossen werden. Dieses kleine Profil liegt zudem auf einer durch den Gneis-Schürfling ausgewiesenen, sicher altangelegten Schwächezone, wo mit einer entsprechenden Deformation und nicht mit ungestörten Lagerungsverhältnissen gerechnet werden muss.

2.2.1.4 Bunte Schiefer am Oberen Mittelrhein

Größere Vorkommen an Bunten Schiefern des oberen Gedinne finden sich auch im Mittelrheintal zwischen Bingen und Trechtingshausen. Sie ziehen vom Taunuskamm und Rheingaugebirge nach Südwesten in den Soonwald und sind im Rheintal mehrfach angeschnitten. Sie kommen von Süden nach Norden an der Nahemündung bei Bingen, im Poßbach-Tal gegenüber von Assmannshausen, bei Trechtingshausen und gegenüber im Bodental vor (W. Meyer & Stets 1996, 2000). Im Vergleich mit den Züsch-Schichten deutete Knautz (1992) diese Bunten Schiefer „als eine bemerkenswert grobkörnige Ausbildung (...), die faziell nur schwerlich mit der Ausbildung in den Ardennen oder mit jenen in der Umgebung von Züsch zu parallelisieren ist." Das Fehlen von Fossilien erschwert auch am Oberen Mittelrhein die sichere zeitliche Zuordnung dieser Schichten.

Am Oberen Mittelrhein folgen über den Bunten Schiefern überall in ungestörtem Verband Hermeskeil-Schichten (Siegen-Stufe), so dass die stratigraphische Stellung relativ gesichert ist. Dagegen bereitet die Abgrenzung der Bunten Schiefer gegen die Hermeskeil-Schichten erhebliche Schwierigkeiten. Nach den Ergebnissen im Guldenbach-Tal hielt es D. E. Meyer (1970) für durchaus gegeben, das die Bunten Schiefer hier bis in die Siegen-Stufe hinauf reichen könnten. Andererseits wurden im benachbarten Taunus in einem ähnlichen Schichtverband Bruchstücke von Pteraspiden gefunden und von Wo. Schmidt (1959) als Obergedinne bestimmt. Nach Anderle (2008) hat eine reiche Sporenassoziation diese Einstufung bestätigt. Während Koch (1876) wegen der ausgeprägten Transversalschieferung noch die Bezeichnung „Bunte Phyllite" oder „Bunter Taunusphyllit" für dieses Schichtglied im nahen Taunus verwendete, hat sich seit Leppla (1921) der Begriff „Bunte Schiefer" auch für die gleich alten Schichten im Soonwald durchgesetzt.

Von den Bunten Schiefern sind im Mittelrheintal nur die oberen 250 bis 300 m, evtl. max. 500 m (Oncken 1988), erschlossen. Sie bestehen auch hier aus vorwiegend violetten, weinroten, bräunlich-roten, in geringem Umfang grünlichen, vereinzelt grauen Tonschiefern. Ihre Hauptkomponenten sind wie im Hochwald und im Guldenbach-Tal Quarz, detritische Hellglimmer, Serizit und Chlorit. Die Rotfärbung ist auf fein verteiltes Hämatit-Pigment zurückzuführen. In die Tonschiefer sind grünliche, grünlichgraue und graue Quarzite und quarzitische Sandsteine in Form einzelner Bänke oder Bankfolgen eingeschaltet, die im Mittelrhein-Tal z. T. größere Mächtigkeit erreichen können (Reichmann 1967, Ehrenberg et al. 1968, Hahn 1990). Meist sind diese Psammite feinkörnig und mit 70–90% relativ reich an Quarz.

Bei Assmannshausen und Aulhausen sowie weiter im Nordosten bei Kloster Eberbach im Rheingau und am Eichberg im Taunus treten konglomeratische und vermehrt sandige Einschaltungen auf, die den „körnigen Phylliten" ähnlich sind. An Lithoklasten enthalten sie Quarzite, Tonschiefer, rote und weißliche „Kieselgesteine", Serizit-Schiefer, Phyllite und feinkörnige, wahrscheinlich intermediäre Vulkanite, spärlich auch Granit-Gerölle. Meisl & Ehrenberg (1968) identifizierten in einigen Vorkommen Turmalinfels und Serizit-reichen

Turmalin-Schiefer. Diese Lithoklasten wurden von Rothpletz (1894a), Leppla (1904), Michels (1926, 1939) für Kieselschiefer bzw. fraglich silurische Radiolarite, auch als Hornblende-Quarz-Aggregate (Wirth 1960) gehalten. Meisl & Ehrenberg (1968) bestimmten die meist eckigen, häufig kaum transparenten Fragmente des dichten, massigen, dunkelgrauen bis schwarzen Gesteins als Turmalinfels, der aus bis zu 80% aus Turmalin, darüber hinaus aus wenig Hämatit, Rutil, Zirkon und Serizit besteht. Die zonar gebauten Turmaline sind Schörl-(60–65%)-Dravit-(35–40%)-Mischkristalle. Als Edukt dieser „Felse" gilt ein toniges Sediment. Als Liefergebiet diskutierten die Autoren die Mitteldeutsche Schwelle oder ein südlich gelegenes Abtragungsgebiet, das ein Gesteinsspektrum ähnlich dem der Metamorphen Zone aufwies.

Vom Rhein bei Assmannshausen beschrieb Michels (in: Wilh. Wagner & Michels 1930) die Leistenfels-Klippe. Sie besteht aus Konglomeratbänken in grünlichen und rötlichen Tonschiefern. Das Lithoklasten-Spektrum der Konglomerate besteht aus Tonschiefer- und Phyllit-Bruchstücken sowie Quarz-Felspat-Verwachsungen. Schon Leppla (1904) leitete daraus ein Liefergebiet aus leicht metamorphen Sedimenten mit Granit-Intrusionen ab. Typische Gesteine des benachbarten „Vordevon" schloss Michels (wie oben) später aus. In Anlehnung an die Verhältnisse im Guldenbach-Tal ergibt sich aufgrund des Lithoklasten-Spektrums der Bunten Schiefer am Oberen Mittelrhein-Tal eine Ähnlichkeit mit der Nord-Fazies sensu D.E. Meyer (1970) am Nord-Rand des Soonwaldes südlich Argenthal. Auch Vergleiche mit dem Lithoklasten-Spektrum im Hochwald (Knautz 1992) sind gegeben, nicht jedoch zur Süd-Fazies im Guldenbach-Tal.

Ein Vergleich aller Vorkommen am Oberen Mittelrhein zeigt, dass die relativ gröbere Lithofazies innerhalb der Nord-Fazies mit „körnigen Phylliten", grünlichen Quarziten im Wechsel mit rötlichen Tonschiefern auf die Vorkommen bei Assmannshausen beschränkt ist, während bei Trechtingshausen und im Bodental ausschließlich violettrote Tonschiefer sowie graue und grünliche Quarzite vertreten sind. Aus den Aufnahmen von Hahn (1990) ergibt sich eine deutliche Abnahme der Korngröße in nördliche Richtung. Das allein lässt auf eine Lage des Liefergebietes im Süden schließen. Zu ähnlichen Vorstellungen kam bereits Nöring (1939), der einen „Konglomerat-Fächer von Bingen" forderte, wo er die gröbsten Korngrößen der Konglomerate fand. Sie nehmen nach Nordosten und Südwesten ab, so dass bei Stromberg dieser Konglomerat-Fächer bereits vollständig ausgeklungen ist. Nöring bezog diese „Deltabildung" auf ein aus Süden kommendes Flusssystem. Einen Zusammenhang mit den Konglomeraten beim Schloss Wartenstein im Hahnenbach-Tal schloss er aus, da die Korngrößen dort wesentlich geringer als die der Konglomerate bei Bingen und im westlichen Taunus seien.

„Grünschiefer", „Diabas-Grünschiefer", „Mandelstein-Grünschiefer" und „Kalkaugenphyllite" treten in geringem Umfang nur in den südlichen Abschnitten des Rheinprofils an der Bundestraße 9 auf. Für sie gilt Ähnliches wie für die entsprechenden Vulkanite im Guldenbach-Tal.

2.2.2 Siegen

Im Hunsrück hat sich die bisherige Gliederung in Hermeskeil-Schichten („Untersiegen") und Unteren und Oberen Taunusquarzit (zusammen: „Mittel-" und „Obersiegen") in weiten Teilen bewährt, besonders am Mittelrhein (W. Meyer & Stets 1996) und im Soonwald; Ausnahmen bestehen im Hochwald (Knautz 1992). die Obergrenze der Siegen-Stufe ist mit Hilfe von Spiriferen deutlich.

2.2.2.1 Hermeskeil-Schichten

Die Benennung geht auf Grebe (1881) zurück nach Hermeskeil im Hochwald. Mit sukzessiver Zunahme von quarzitischen Sandsteinen zum Hangenden entwickeln sich aus den Bunten Schiefern bzw. Züsch-Schichten die Hermeskeil-Schichten. Sie bilden den Übergang zu den Quarziten des Unteren Taunusquarzit im stratigraphisch Hangenden. Unterschiede zwischen beiden hatte schon Steininger (1840) konstatiert. Koch (1881) bezeichnete sie im Taunus als „Glimmersandstein". Diese Bezeichnung findet sich noch bei Schmitt (1937). Synonyma wie „Hermeskeiler Sandstein" oder „Hermeskeiler Schiefer" gehen auf Leppla (zuletzt: 1925a) zurück.

Die zeitliche Zuordnung dieses Schichtgliedes wechselte zwischen tiefstem Taunusquarzit, Grenzbereich Gedinne/Siegen und Gedinne. Nach Faunenfunden von D. E. Meyer (1970) im Stromberger Stadtwald im Guldenbach-Profil mit *Crassirensselaeria crassicosta* und g. aff. *Filispirifer beaujeani* (Mittmeyer 2008) wird dieses Schichtglied heute zusammen mit dem Taunusquarzit in die Siegen-Stufe gestellt. Abgrenzungsschwierigkeiten bestehen, da sowohl die Liegend- als auch die Hangendgrenze Faziesgrenzen sind und in einer Schichtenfolge mit sehr wenigen Fossilfunden liegen.

2.2.2.1.1 Hochwald

Allgemeine und historische Aspekte. „Ueber den bunten Schiefern folgt eine Reihe rotgrauer, rotgelber und gelber, auch wohl grauer, glimmerreicher auch mitunter Feldspat führender meist schiefriger, oft wenig fester Sandsteine (...) Fast überall treten zwischen den Sandsteinen und Quarziten rötliche, grünliche und graue sandige und glimmerige Tonschiefer auf" (Leppla 1910: 3). Im Hochwald „kommen spärliche Lagen von graugrünem Quarzit und Quarzsandstein vor „(Grebe 1881). Da es sich in erster Linie um eine lithostratigraphische Definition handelte, sollte Wert darauf gelegt werden, dass er von „graugrünem Quarzit" bzw. „Quarzsandstein" sprach und damit die Hermeskeil-Schichten offensichtlich erst oberhalb der rotbunten Tonschiefer beginnen ließ. Dieses Kriterium kann nicht überall streng eingehalten werden, da häufig „Nachläufer" von rotbunten Tonschiefern auftreten können.

Asselberghs & Henke (1935) parallelisierten die Hermeskeil-Schichten im Hochwald mit der „assise de Saint-Hubert" in den Ardennen und stellten sie vollständig in die oberste Gedinne-Stufe. Allerdings konnten sie ausgerechnet auf Bl. 6307 Hermeskeil dieses Schichtglied nicht ausmachen. Dafür beobachteten sie es zwischen Nonnweiler und Neuhütten im „Alsbach-Tal" (Altbach) auf beiden Seiten. Hier sprachen sie zahlreiche Aufschlüsse mit überkippt steil NW einfallenden grauen, grünlichgrauen, allerdings auch roten Tonschiefern in Wechselfolge mit Sandsteinen und grauen Quarziten im Liegenden des Taunusquarzit als Hermeskeil-Schichten an und verglichen sie mit ähnlichen Vorkommen im Hochwald, im Oberen Mittelrhein-Tal bei Assmannshausen und im Bodental gegenüber Trechtingshausen im Hangenden der Bunten Schiefer.

Da die Hermeskeil-Schichten im Hochwald sowohl Eigenschaften der Bunten Schiefer als auch des Taunusquarzit aufweisen, gliederte Nöring (1939) lithostratigraphisch in einen unteren Abschnitt mit weitgehend „Buntschiefer-Charakter" und einen oberen mit grauen Tonschiefern und Quarziten als Gedinne (unten, bunt) und Siegen (oben, grau). Nach der Grebe'schen Definition sollte nur der obere graue Anteil zu den Hermeskeil-Schichten gehören. Die Abtrennung von Unteren und Oberen Hermeskeil-Schichten (sensu Nöring 1939) erschwert die Lage noch insofern, als eine Grenze höherer Ordnung (Gedinne/Siegen) in den Hermeskeil-Schichten gesucht werden müsste. Die Einstufung durch Brachiopoden (Carls et al. 1982), schlug im Hochwald bisher mangels Fossilien fehl. Als bestes Merkmal bleibt somit abgesehen von dem höheren Anteil an Quarziten und quarzitischen Sandsteinen nur der Farbumschlag zu grau. Die Grenze ist somit als reine Faziesgrenze zu bewerten.

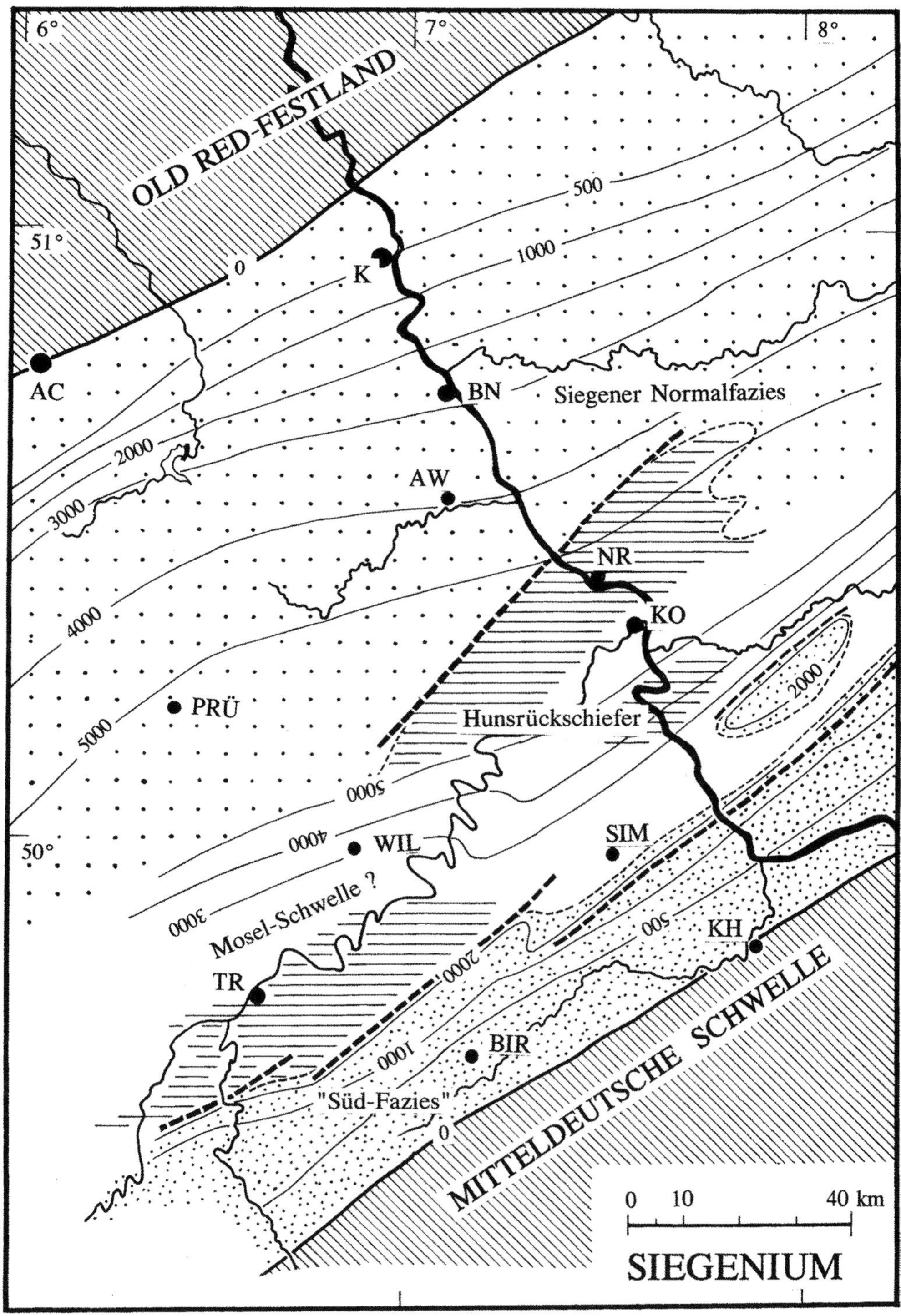

Abb. 7. Paläogeographie der Siegen-Zeit; die variszische Einengung unberücksichtigt. Ortsnamen wie in Abb. 4. W. MEYER & STETS (1996).

Deshalb ist auch ein „Hermeskeil-Event" („? Pragium-Event"), das mit dem „Einsetzen lagunärer bis mariner Fazies auf nicht-mariner Rotfazies" und mit dem „ersten Auftreten von g. aff. *Filispirifer*" begründet wird (Mittmeyer 2008: 141), abzulehnen. Das Einsetzen mariner Fazies am Süd-Rand des Schiefergebirges und damit das erste Auftreten von Brachiopoden eines marinen Ökosystems erfolgte sukzessive in Form einer Transgression mit wahrscheinlich mehreren Anläufen (Hahn 1990, Hahn & Zankl 1991, Stets & A. Schäfer 2002, 2008). Es handelt sich nicht um ein einmaliges, zeitgleiches Ereignis, das sich im Sinne einer „event"-Stratigraphie einsetzen lässt.

Besonders in der weiteren Umgebung von Hermeskeil treten auch Psammite auf, die sekundär eine Bleichung und Rotfärbung und Entfestigung zu relativ mürben Sandsteinen erfahren haben. Nöring (1939) hat auf dieses Phänomen hingewiesen und darauf, dass bereits Dumont (1848) es in der Umgebung von Hermeskeil beobachtete. Die Unterscheidung von primärer und sekundärer Rotfärbung bei Tonschiefern und Sandsteinen ist, da sie in beiden Fällen auf Hämatit-Pigment zurückzuführen ist, makroskopisch nicht unbedingt sicher durchzuführen. Allerdings sind die primär roten Tonschiefer aus den Züsch-Schichten eher violettstichig (franz. „lie de vin": Rotweinhefe), während die jüngere sekundäre Rotfärbung eher ziegelrot ausfällt. Ein sedimentologisches Unterscheidungsmerkmal sind nach Nöring besonders im oberen Abschnitt der Hermeskeil-Schichten aufgearbeitete graue „Schieferflasern", graue Tongallen oder -flatschen, jedoch keine bunten.

Schichtenfolge. Im oberen Abschnitt der Hermeskeil-Schichten häufen sich im Hochwald graue und grünlich-graue Quarzite unterschiedlicher Korngröße. Charakteristisch ist ein erheblicher Anteil an Hellglimmer. Danach standen seinerzeit im Liefergebiet entsprechend glimmerreiche Gesteine zur Verfügung. Diese Glimmer sind z. T. lagenweise auf Schichtflächen in den „Hermeskeiler Sandsteinen" angereichert, resp. diffus im Quarzit verteilt. Das setzt Stillwasserbedingungen voraus, während der die Glimmerplättchen langsam auf die Sedimentoberfläche niederrieseln konnten; Durchmischung mit Quarz-Körnern erfolgte dagegen bei turbulenter Strömung und raschem Absatz der wassergetränkten Quarz-Korn-Glimmer-Gemische. U. d. M. sind die Quarzite aus gut sortierten, sehr reinen Quarz-Sanden hervorgegangen, die offensichtlich bereits längere Transportprozesse hinter sich hatten. Sie ähneln weitgehend den Psammiten des Taunusquarzit mit ihrem hohen strukturellen und kompositionellen Reifegrad.

Die Tonschiefer weisen unterschiedliche Sandgehalte auf. Außerdem wird von Dachschiefern berichtet (Nöring 1939), aus aufgelassenen Abbauen in Hermeskeil-Schichten südwestlich der Ruine Grimburg (Bl. 6307 Hermeskeil), bei Wadrill (Bl. 6407 Wadern) und nordöstlich Weißkirchen (Bl. 6407 Losheim). Sie weisen auf erhebliche Änderungen der Ablagerungsbedingungen gegenüber den Züsch-Schichten mit perennierender Wasserbedeckung hin. In Stillwasserarealen konnte sich feine Trübe über längere Zeit ungestört absetzen. Dass sich jedoch die Sedimentationsverhältnisse des mittleren Siegen noch nicht endgültig eingestellt hatten, beweisen grobe Schüttungen. So wurden mehrere konglomeratische Einschaltungen, z. B. nordwestlich Züsch, in den oberen Partien der Hermeskeil-Schichten gefunden.

Mächtigkeitsangaben sind wegen der Aufschlussbedingungen unsicher. An der Nonnweilerer Talsperre im Primstal nahm Knautz (1992) 500–600 m an. Dieser Wert liegt weit über jenen in den übrigen Gebieten. Der Aufschluss an der Talsperre zeigte seinerzeit ein weitgehend ungestörtes Profil, so dass der Wert für diese Gegend verlässlich sein sollte.

In den Hermeskeil-Schichten aus dem Hochwald wurde *Pteraspis* gefunden, so dass mit perennierender, über Seen und Tümpel hinausgehender Wasserbedeckung gerechnet werden darf. Auch sind im Vordertaunus bereits in den Bunten Schiefern Pteraspiden geborgen worden (Wo. Schmidt 1959). Leider sind in beiden Fällen die sedimentologischen Fundumstände unbekannt.

NÖRING (1939) erkannte einen deutlichen lateralen Fazieswechsel daran, dass nach Nordwesten die Quarzite, quarzitischen Sandsteine und Sandsteine, die bei Nonnweiler noch das Profil beherrschten, zugunsten blaugrauer, sandiger und verstärkt auch reiner Tonschiefer, z. T. auch Dachschiefer, abnehmen. Das zeigt, dass man sich von Südosten nach Nordwesten mehr und mehr vom Liefergebiet entfernt. Zudem deutet ein verstärkter Umschlag von primär bunten zu eher grauen bis dunkelgrauen Gesteinsfarben in die gleiche Richtung. Das gilt auch vom Liegenden zum Hangenden, da sich im Sedimentationsraum vermehrt reduzierende Bedingungen aufgrund erhöhter Gehalte an organischer Substanz einstellten. Diese Beobachtungen lassen noch nicht den Schluss zu, dass es sich bereits um rein marine Sedimente handelte. Außerdem wird darin ein ähnlicher Trend erkennbar wie bei der Entwicklung der Bunten Schiefer.

2.2.2.1.2 Guldenbach-Tal und Nordrand des Soonwaldes

Guldenbach-Tal. Hinweise für eine Einstufung in das Siegen fand hier D. E. MEYER (1970) in einer typischen Siegen-Fauna mit *Acrospirifer primaevus*, *Hysterolites hystericus* und *Crassirensselaeria crassicosta*. Leider gibt es auch im Guldenbach-Tal wegen des allgemeinen Fossilmangels in diesem Schichtglied keine sicheren Argumente für die Reichweite des sonst nur lithostratigraphisch definierten Schichtgliedes. Das gilt auch für die Grenze Gedinne/ Siegen. Somit bleibt auch hier die Frage unbeantwortet, ob der gesamte Schichtverband der Hermeskeil-Schichten vollständig in die Siegen-Stufe gehört oder ob nicht vielleicht auch Abschnitte der Bunten Schiefer, wie es D. E. MEYER andeutete noch in die Siegen-Stufe hinaufreichen. Nach den bisher vorliegenden Daten (D. E. MEYER 1970, D. E. MEYER & NAGEL 2008) liegen die Mächtigkeiten im Guldenbach-Profil bei 35–45 m im Norden und 50–60 m im Süden. Nach Südwesten keilen sie aus. Aus der tektonischen Relation der Vorkommen im Hochwald zu jenen im Guldenbach-Tal ergibt sich, dass die Vorkommen im Guldenbach-Tal am Südost-Rand des Hunsrücks beträchtlich näher am Trogrand liegen.

MITTMEYER (1996) hatte vorgeschlagen, Teile des Profils im Hahnenbach-Tal bei der Römers-Mühle zu den Hermeskeil-Schichten zu stellen. Die Mächtigkeit dort läge unter 10 m. Er benutzte diesen Wert, um für eine Soonwald-Schwelle zwischen dem Rheinischen Trog und dem offenen Ozean im Süden zu plädieren. Aus der Gesamtschau der Verhältnisse nahe am Süd-Rand des Hunsrücks erscheint diese Vorstellung abwegig, da sie die Vorkommen im Guldenbach-Tal südlich Stromberg nicht ausreichend berücksichtigt.

D. E. MEYER (1970) unterschied im Profil des Guldenbach-Tales auch bei den Hermeskeil-Schichten Nord- und Süd-Fazies. Der Vergleich der Schichten bei der Rheinböller Hütte im Norden mit dem Süden bei Stromberg lässt jedoch wenig Unterschiede erkennen. Die Schichtverbände beider Gebiete sind wesentlich sandiger als jene im Hochwald. Es überwiegen grünlichgraue und rötliche quarzitische Sandsteine mit reichlich Hellglimmer, in die lagenweise hin und wieder Feinkonglomerate eingelagert sind. Sie wechsellagern mit rötlichen, grünlichgrauen und grauen sandigen Tonschiefern. Die quarzitischen Sandsteine besitzen meist eine schwer auflösbare serizitisch-chloritische Matrix. Das Spektrum der Lithoklasten ist mit Quarziten, evtl. Kieselschiefern, und feinkörnigen, schwer definierbaren Chert-artigen Gesteinen relativ arm. Außerdem sind Lagen mit „Schieferfetzen" zu finden, ebenso wie Lagen von intraformationalen Lithoklasten aus Sand- und Tonsteinen. Sie sprechen für relativ energiereiche Ablagerungsbedingungen im marinen Küstenbereich. Der Fossilfund von D. E. MEYER (1970: 41) am westlichen Talhang bei Stromberg in feinkonglomeratischen oder gröber sandigen Lagen weist auf Aufarbeitung und Zusammenschwemmen der Schalen und Schalenreste hin. Der Anteil an Tonschiefern beschränkt sich auf Lagen zwischen den Psammiten. Dachschiefer wie im Hochwald sind hier nicht bekannt.

Damit sprechen alle Indizien für eine küstennahe Lage und einen Einzug des Meeres bis an den Süd-Rand des Rheinischen Troges. Nach der globalen Meeresspiegelkurve (JOHNSON et al. 1985) ist im oberen Gedinne und unteren Siegen nicht unbedingt mit einem erheblichen eustatischen Meeresspiegelanstieg zu rechnen. STETS & A. SCHÄFER (2002) sahen daher darin eher einen tektonisch bedingten Zuwachs des Meeres zu Lasten der südlich gelegenen Mitteldeutschen Schwelle.

Nordrand des Soonwaldes. Im Quarzit-Steinbruch südlich Argenthal am Nordrand des Soonwaldes (Bl. 6011 Simmern) ist ein vollständiges Profil der Hermeskeil-Schichten aufgeschlossen. Der um 100 m mächtige Schichtverband besteht zum überwiegenden Anteil aus dunkel- bis rot-, auch hellgrauen, z. T. grünlichgrauen Quarziten, quarzitischen Sandsteinen, Quarzit/Tonschiefer-Wechselfolgen und rötlichen Tonschiefern. Dabei ähnelt ein Teil der Tonschiefer durchaus jenen der Bunten Schiefer im Guldenbach-Tal. Die Quarzite sind feinkörnig und enthalten auch hier reichlich Hellglimmer sowohl auf den Schichtflächen als auch diffus verteilt im Gestein. Dünne Tonbestege grenzen die Quarzit-Bänke scharf gegeneinander ab. Die Sandsteine sind z. T. deutlich parallel geschichtet, z. T. zeichnen sie Rinnenstrukturen nach. Es liegen Nachweise vor für eine Sedimentation unter perennierender Wasserbedeckung, die evtl. in einem marinen Flachmeer-Bereich erfolgte. Allerdings sollten – wie die „bunten" Tonschiefer-Einschaltungen beweisen – diese Verhältnisse zeitweise unterbrochen gewesen sein. Damit ist der Übergang zum Taunusquarzit im Hangenden deutlich. MITTMEYER (2008: 156) bemerkte, dass „alle bekannten Vorkommen (...) Merkmale einer unmittelbar Schwellen-nahen Fazies mit allenfalls geringer mariner Beeinflussung" zeigen. Dieses gilt insofern, als alle Vorkommen im Umfeld des Soonwaldes und südlich davon eine Ausbildung besitzen, die auf das nördliche Vorland der Mitteldeutschen Schwelle zielt.

Dünnschliffuntersuchungen (MOHRING 2000) lassen eine höhere Feinkörnigkeit der ehem. Sande erkennen als bei jenen in den Bunten Schiefern. Weniger als 70% Quarz, zu feinstschuppigen Quarz-Phyllosilikat-Aggregaten zersetzte Feldspäte und indifferente Lithoklasten kommen neben groben Hellglimmern vor. Lithoklasten aus einem „Kristallin"-Gebiet fehlen.

Trotz mancher Unterschiede sind Ähnlichkeiten mit den Vorkommen bei Rheinböllerhütte und bei Stromberg im Guldenbach-Tal gegeben. Auch hier ist die Mächtigkeit wesentlich geringer als im Hochwald im Prims-Tal. Es muss angenommen werden, dass die Subsidenz hier am Nord-Rand des Soonwaldes seinerzeit noch relativ gering war. Auf größere Liefergebietsnähe weist der höhere Gehalt an Feldspat hin, der ähnlich hoch ist wie im Guldenbach-Tal. Ein Großteil des anfallenden feinen Detritus wurde offensichtlich weiter nach Norden verfrachtet, so dass Verhältnisse wie im Hochwald hier nicht zu erwarten sind.

2.2.2.1.3 Oberer Mittelrhein

Auch am Oberen Mittelrhein entwickelten sich zwischen Bingen und Trechtingshausen die Hermeskeil-Schichten ohne scharfe Untergrenze aus den Bunten Schiefern im Liegenden. Die vermehrte Einschaltung quarzitischer Bankfolgen zum Hangenden zu Lasten der Tonschiefer leitet zum Unteren Taunusquarzit über. Im nördlichen Profil bei Trechtingshausen ist dieses besonders deutlich. Der Steinbruch südlich der Burg Sooneck (Bl. 5910 Kaub) steht im Rhein-nahen Bereich wahrscheinlich im Unteren Taunusquarzit. Über eine Bohrung im Steinbruch (DOUW 2009) konnte nachgewiesen werden, dass unterhalb der Steinbruchsohle bei offensichtlich ungestörter flacher Lagerung Hermeskeil-Schichten und darunter Bunte Schiefer bis 80 m Teufe folgen. Aus dem Bohrprofil ergibt sich eine Mächtigkeit von etwa 60–70 m. Weiter bergwärts sind die Verhältnisse bedingt durch Faltung und Verwerfungen nicht mehr klar ersichtlich.

Eine wesentlich geringere Mächtigkeit der Hermeskeil-Schichten, aus der sich die Position einer Soonwald-Schwelle zu dieser Zeit ableiten ließe, ist aus den Profilen am Oberen Mittelrhein nicht ablesbar. Bestenfalls ergibt sich eine Mächtigkeitsabnahme von ca. 90–100 m bei Bingerbrück auf 60–70 m im Norden. Allerdings sind alle diese Werte mit Vorsicht zu nehmen. Auch ANDERLE (2008) verwies auf Abgrenzungsprobleme zum Liegenden und Hangenden, sekundäre Braun- und Rotfärbung durch die Tertiär-Verwitterung sowie auf unzutreffende tektonische Vorstellungen, die, mit Ausnahme der Blätter 5913 Presberg und 6013 Bingen-Rüdesheim, zu in sich nicht schlüssigen Darstellungen für die Mächtigkeit der weiter im Taunus gelegenen Areale geführt hätten.

Im gesamten Oberen Mittelrheintal beherrschen Quarzite, quarzitische Sandsteine, im Süden auch feldspathaltige Sandsteine die Hermeskeil-Schichten, was mit zu der Bezeichnung „Hermeskeiler Sandstein" führte (Leppla: zuletzt 1925a). Abgesehen von grauen Sandsteinen treten auch rötliche, z. T. grobkörnige Varianten ohne allzu feste Kornbindung auf, wobei allerdings der Verdacht auf sekundäre Rotfärbung nicht auszuschließen ist. Diese gröber körnigen Varianten haben einen Anteil bis 15% Feldspat und bis 5% Hellglimmer neben dem hohen Quarzkorn-Anteil. Die Lithoklasten beschränken sich auf Tonschiefer- und Quarzit-Fragmente. Außerdem kommen typische Bankfolgen grünlich- bis hellgrauer, relativ feinkörniger Quarzite vor, die jenen in den Bunten Schiefern sehr ähnlich sind. Auch sind bis max.10 m mächtige Folgen sandiger grauer, z. T. auch bunter Tonschiefer, die jedoch rasch seitlich auskeilen, zu beobachten. Ein Anteil noch rötlicher Färbung und von Feldspat sowie die Lage unterhalb des Taunusquarzits ohne Störungskontakt sichern die lithostratigraphische Stellung auch ohne Fossilmaterial.

Allerdings ist auch hier die Abgrenzung der Quarzite der Bunten Schiefer von den rötlichen, gelblichen und vor allem grauen Sandsteinen und Quarziten der Hermeskeil-Schichten sowie die Abgrenzung gegen den Taunusquarzit im Hangenden problematisch. Besonders zwischen Burg Rheinstein und der Mündung des Morgenbaches finden sich graue Quarzite ohne Unterschied von den Bunten Schiefern über die Hermeskeil-Schichten in den Taunusquarzit. Die als typisch angesprochenen Sandsteine, wie sie weiter im Süden von Michels (in: Wilh. Wagner & Michels 1930) beschrieben und von Reichmann (1967) bestätigt wurden, fehlen hier. Nach Reichmann ist auch sedimentpetrographisch kein Kriterium für die Trennung der Psammite der drei Schichtglieder gegeben. Die Sortierung reicht mit Ausnahme der gröberen Quarzite von mittelmäßig bis sehr gut. Im Schwermineral-Spektrum der Sandsteine fanden sich ebenfalls keine signifikanten Unterschiede. Das resistente transparente Schwermineral-Spektrum besteht aus Zirkon (gut gerundet, auch idiomorph), Rutil und Turmalin in unterschiedlichen Farbvarietäten. Schon Prashnowsky (1957) hatte versucht, auf diesem Wege die Psammite des oberen Gedinne und des Siegen zu charakterisieren, um Möglichkeiten für die Korrelation der Sandsteine des Unterdevon zu erarbeiten. Die Unterschiede reichen jedoch für lithostratigraphische Unterscheidungen oder Zuordnungen nicht, da die Hauptminerale in allen Psammiten trotz der Altersunterschiede der Gesteine ähnlich sind. So bleibt die Abgrenzung der Hermeskeil-Schichten vorerst ungenau.

Im Norden, im Bereich Bodental-Trechtingshausen-Burg Sooneck, sollte trotz der Unsicherheiten im Übergangsbereich zum Taunusquarzit mit Hermeskeil-Schichten gerechnet werden. Die Schwierigkeit ihrer Erkennbarkeit liegt darin, dass sich die Fazies in den höheren Partien der Hermeskeil-Schichten nach Norden, d. h. beckenwärts, der Lithofazies des Taunusquarzit angleicht. Dieser enthält hier in den unteren Partien vermehrt Tonschiefer und hat damit eher den lithofaziellen Charakter der Hermeskeil-Schichten. Das gilt bevorzugt für den Bereich Morgenbach-Tal und nördlich davon.

Faunenfunde sind aus den Hermeskeil-Schichten im Oberen Mittelrhein-Tal bisher nicht bekannt. So bleibt hier nur der Hinweis auf den Fund im Guldenbach-Tal. Anderle (2008) wies auf einen Fund von Palynomorphen aus dem östlichen Taunus (Bl. 5717 Homburg) aus den Hermeskeil-Schichten hin, die dort ein Siegen-Alter bestätigt haben.

In den Psammiten finden sich Schrägschichtung, horizontale Parallelschichtung, Rippelmarken, auch Rutschungstropfen und Sedimentwalzen, die nicht unbedingt ein Anzeichen für Marinität sind, jedoch auch hier für die Ablagerung unter geringer perennierender Wasserbedeckung und für meist energiereiche Verhältnisse im Ablagerungsraum sprechen. Nach Hahn (1990) handelt es sich bei den Hermeskeil-Schichten am Oberen Mittelrhein bis weit in den Taunus um Ablagerungen vor einer mikro- bis mesotidal beeinflussten Küste mit dominierender Wellentätigkeit. Hier verzahnen sich sandige Sedimente von Flutdeltas mit Ablagerungen von Überspülungsfächern, auch Gezeitenkanälen mit jenen von Küstenlagunen. Dieses Modell gestattet auch die Einschwemmung roter Sedimente aus dem Hinterland in die Lagune, wo unterschiedlicher Sauerstoffgehalt im Sediment zu oxidierenden (rot) oder auch reduzierenden (grau) Bedingungen führte.

2.2.2.2 Taunusquarzit

Namengebung. „Taunusquarzit im Hunsrück?" Die Bezeichnung Taunusquarzit, die für diese mehr als 1000 m mächtige unterdevonische Schichtenfolge gilt, beschreibt die Gesteine der Höhenrücken am Südost-Rand von Taunus und Hunsrück über mehr als 190 km Länge von Bad Nauheim im Nordosten bis an die Obermosel bei Sierck-les-Bains und Schengen im Südwesten. Nachdem Dumont (1848) den Begriff „taunusien" als untere Abteilung des mittleren Unterdevon geprägt hatte, verwendete Sandberger (1847) sie bei geologischen Untersuchungen im Raum Wiesbaden für die dort das Relief bedingenden Quarzite unter der Bezeichnung „Taunus-Quarz-" oder „Taunusquarzitgestein", die in der Bezeichnung Taunusquarzit bis heute fortbesteht. Koch (1881) definierte diesen Gesteinsverband genauer über Gesteins- und Fossilinhalt und parallelisierte ihn erstmals mit gleich alten Gesteinsverbänden anderer Lithofazies im Schiefergebirge. Grebe (1881) übertrug die Bezeichnung auf die entsprechenden Gesteinsverbände im Hunsrück. Die von Sandberger (1889) eingeführte Bezeichnung „Onychien-Quarzit" setzte sich nicht durch. Sie leitet sich von *Onychia* (*Kochia*) *capuliformis* ab. Allerdings hat „*Kochia*" keine leitende Bedeutung für die zeitliche Einstufung dieses Schichtgliedes, da sie bis in das Unterems reicht. Die Bezeichnung „Hunsrück-Quarzit" ist irreführend und auch nicht synonym mit dem Taunusquarzit. Kutscher (1956) empfahl diesen Begriff nicht zu verwenden.

Verbreitung: Entlang des gesamten Süd-Randes des Hunsrücks beherrschen die harten und spröden Quarzite des Taunusquarzits das Landschaftsbild in Soonwald und Lützelsoon. Weiter reichen sie vom Idarwald nach Südwesten in den Hochwald und weiter bis an die Saar zwischen Hamm und Mettlach, von dort weiter nach Südwesten bis an die Obermosel. In diesem Areal bilden sie mehrere Härtlinge. Sie überragen die Hunsrück-Hochfläche gebietsweise um >300–400 m. Abgesehen von mehreren großen Steinbrüchen – am Rhein bei Trechtingshausen, im Soonwald bei Argenthal und Henau, im Idarwald bei Hoxel, im Hochwald bei Allenbach und an der Saar bei Saarhausen – ist der Taunusquarzit nur mäßig in aufgelassenen kleineren Steinbrüchen, jedoch gut in Taleinschnitten und Felsklippen in Soonwald und Lützelsoon, im Idar-und Hochwald sowie an der Saar aufgeschlossen. Auf den Höhen der Härtlinge zerfiel der Gesteinsverband durch Einwirkung der Atmosphärilien während der Kaltzeiten im Pleistozän. Dort bildeten sich verbreitet Felsenmeere. Im Hochwald benutzten bereits die Kelten dieses Material zum Bau ausgedehnter Ringwälle, von denen beispielhaft hier die Ringwälle bei Otzenhausen und an der Wildenburg bei Kempfeld genannt werden, die mit anderen ein System vorzeitlicher Befestigungsanlagen am südlichen Rand des Hunsrücks gegen das Pfälzer Bergland bildeten (Foto 1, S. 161).

Die Vorkommen des Taunusquarzit lassen sich vom Saartal bis an den Oberen Mittelrhein mehreren Zügen zuordnen und zwar von Südwesten nach Nordosten in die Quarzit-Vorkommen an der Obermosel, an der Saar und im Schwarzwälder Hochwald, den Quarzit-Zug des Gollenberg bei Birkenfeld, den Quarzit-Zug vom Weissenfels nördlich Abentheuer, den Quarzit-Zug von Nonnweiler-Otzenhausen bis zur Wildenburg bei Kempfeld und Mörschied, den Quarzit-Zug des Hochwaldes mit Erbeskopf und weiter im Idarwald, die Quarzite des Lützelsoon und weiter nach Nordosten des Großen Soon incl. Bingerwald und am Oberen Mittelrhein sowie den Quarzit-Zug der Fustenburg bei Stromberg und des Rochusberges bei Bingen.

Generelle Gesteinsbeschaffenheit. Sie ist in allen Vorkommen recht einheitlich. Ohne scharfen Übergang entwickelt sich der Taunusquarzit überall aus den Hermeskeil-Schichten im Liegenden. Der Anteil an grauen Tonschiefern ist im liegenden Abschnitt gering. Die Quarzite besitzen hohe kompositionelle Reife. Quarz reicherte sich bis 90% und mehr an. Die Sortierung verbessert sich mit aufsteigendem Profil. Dieses Phänomen lässt sich durch ständige Aufbereitung des angelieferten Detritus durch Gezeiten- und Meeresströmungen erklären. Dabei wurde das instabile Material zerstört und die hohe kompositionelle und strukturelle Reife erreicht. Im transparenten Schwermineralbestand kam es so zur Anreicherung der resistenten Minerale Zirkon, Turmalin und Rutil, die auch aus den liegenden Schichten bekannt sind. Alle weniger stabilen Schwerminerale (Pyroxene, Amphibole, Staurolith, Disthen, Granat) wurden zerstört.

Nöring (1939) legte mit dem ersten Auftreten weißer Quarzite die Untergrenze des Taunusquarzit fest, da für ihn die weiße Farbe von nun an beherrschend erschien. Er gab zu, dass auch graue, bläuliche, grünliche und rötliche Abarten vorkommen. Weiße und rötliche Farben der Quarzite sind eindeutig auf die Verwitterungsprozesse während der warmen und feuchten Klimate in der Erdgeschichte (MTV) zurückzuführen. Die Oxidation der organischen Substanz sowie die Regeneration von Eisen, das aus den Chloriten stammt und ursprünglich eher grünliche Gesteinsfarben hervorrief, sind Hauptagenzien. Graue bis schwarze, auch grünlich- bis bläulichgraue Farben sind die primäre Gesteinsfarbe. Die grünlichen Chlorite bildeten sich z. T. erst sekundär aus dem vorhandenen Tonmineral-Anteil, graue und schwarze Farben gehen auf primäre organische Substanz zurück. Daraus sind auch die Bemerkungen von Kutscher (1956), Nöring (1939) und Solle (1950) zu verstehen, dass die Kämme der aus Taunusquarzit gebildeten Höhenzüge von mächtigen weißen Quarziten gebildet werden, was zur Bezeichnung „Kammquarzit" führte. Auch die geringmächtigen Tonschiefer-Lagen, die zum Gesteinsspektrum des Taunusquarzit gehören, sind vielerorts durch Verwitterungsprozesse durch und durch weiß verwittert, bröckelig und zu Kaolin zersetzt. Vom originären Stoffbestand blieb nur Quarz erhalten.

2.2.2.2.1 Stratigraphische Stellung

Die stratigraphische Einstufung des Taunusquarzit geht auf Koch (1881) zurück. *Crassirensselaeria crassicosta* ermöglichte die Parallelisierung des Taunusquarzit über Hunsrück und Taunus hinaus mit den zeitgleichen Verbänden des Siegerlandes. Am Oberen Mittelrhein hatte darüber hinaus Leppla (1900, 1904) den Taunusquarzit nach lithostratigraphischen Gesichtspunkten in Unteren und Oberen Taunusquarzit gegliedert. Asselberghs & Henke (1935a) stuften den Unteren Taunusquarzit in die Untere Siegen-Stufe ein. Sie bezogen sich dabei für den Hunsrück auf die guten Aufschlüsse im Saartal bei Taben-Rodt (Bl. 6405 Freudenburg), wo allerdings keine Faunen vorliegen, und bei Nonnweiler. Die Mächtigkeit bestimmten sie mit ca. 900 m noch als zu gering. Die Tatsache, dass der Taunusquarzit hier kaum schiefrige Einschaltungen aufweist, sahen sie als ausreichend an für eine Parallelisierung mit dem Unteren Taunusquarzit. Eine stratigraphische Gleichstellung mit dem ähnlich alten Grès d'Anor in den Ardennen lehnten sie ab unter Bezug auf die Farbe, die sie mit als Kriterium zur Parallelisierung verwendeten.

Dem Mittleren Siegen ordneten sie den stärker schiefrigen höheren Teil des Taunusquarzits zu, der damit dem Oberen Taunusquarzit Leppla's (1898, 1904) entspricht. Diese Einstufung sahen sie durch zahlreiche Faunenfunde im Hochwald bestätigt. Sie begründeten damit auch die Altersgleichheit der lithofaziell unterschiedlichen Schichtglieder des „Mittelsiegen" in den Ardennen, den Rauhflaser-Schichten und den „Seifener Schichten" im Siegerland mit dem Oberen Taunusquarzit. Die bekannten Faunenfundpunkte im Hochwald vom Traun-Tal bei „Hujet's Mühle" (später: Hujets Sägemühle) und vom Katzenloch im Idarbach-Tal unweit Kirschweiler ordneten sie trotz z. T. stark abweichender Lithologie dem Mittleren Siegen und damit dem Oberen Taunusquarzit zu. Von dort übertrugen sie die Verhältnisse auch auf den

Soonwald. Sie parallelisierten mit den „Quartzophyllades de Longlier et de Saint Michel“ in den Ardennen, wenngleich die Lithofazies des Oberen Taunusquarzit im Hunsrück wesentlich sandiger ist als dort. Auch fehlen im Hunsrück die karbonatischen Sandsteine.

Kutscher (1937: 190) definierte ihn als „eine Serie von vorwiegend weißen und grauen Quarziten, die als Leitfossilien diejenigen der Siegener Schichten beherbergen“. Auch akzeptierte er die von Leppla (1898, 1904) etablierte Teilung in Unteren und Oberen Taunusquarzit, die sich im Mittelrhein-Tal, in Soonwald und Lützelsoon sowie mit Ausnahmen im Hochwald, bis heute bewährt hat. Ob sie unbedingt allgemein gültig ist, bleibt zu klären. Unter **Unterem Taunusquarzit** verstand er die vorwiegend hellgrauen bis weißen, meist dickbankigen Quarzite mit untergeordnet zwischengelagerten Tonschiefern in Form von Lagen, kaum von Bänken; auch betonte er die Rolle der die Landschaft beherrschenden Quarzite und verwendete den Begriff „**Kammquarzite**“; als entscheidende petrographische Merkmale betonte er die Feinkörnigkeit (meist <1 mm, max. 4 mm Durchmesser) und die durch Verwachsung der Quarzkörner bedingte Verwitterungsresistenz bei 95% Quarz. Als **Oberen Taunusquarzit** verstand er die Wechselfolgen grauer, 1–10 m mächtiger Quarzit-Bankfolgen mit sandigen („quarzitischen“) Tonschiefern und „glimmerreichen Grauwacken“ mit häufig „recht ansehnlichen Tonschiefergallen“; unter Grauwacken verstand man damals unreine graue Sandsteine.

Während von den Bunten Schiefern und den Hermeskeil-Schichten bis in den Unteren Taunusquarzit ein Dachbank-Trend mit Vergröberung der psammitischen Bankfolgen vorherrscht (coarsening-up-, thickening-up), verläuft die Entwicklung vom Unteren zum Oberen Taunusquarzit in umgekehrter Folge (fining-up, thinning-up). Nöring (1939) wandte diese am Oberen Mittelrhein erkannten Tendenzen auch auf den westlichen Hunsrück an, wies jedoch darauf hin, dass der Obere Taunusquarzit in manchen „Sätteln“ (Schuppen) fehlt. Schon Leppla hatte Schwierigkeiten, seine Gliederung auch im westlichen Hunsrück anzuwenden. Aufnahmen an der Saar (Abraham 1991, Wildberger 1992) zeigten im Gegensatz zu Schall (1968), dass die Mittelrhein-Gliederung auch an der Saar gilt. Wichtig war in der 1930er Jahren die Erkenntnis eines allmählichen, nicht überall zeitgleichen Übergangs vom Unteren in den Oberen Taunusquarzit und die Bestätigung seiner Zuordnung zur Siegen-Stufe über die „Seifener Fauna“, bzw. zur „oberen Abteilung der Rauhflaser-Schichten“.

Solle (1950) beschränkte den Taunusquarzit auf die Mittlere (Rauhflaser-“Gruppe“) und Obere (Herdorf-“Gruppe“) Siegen-Stufe. Eine Zugehörigkeit zur „Ulmen-Gruppe“, der von ihm als oberste Einheit innerhalb der Siegen-Stufe neu geschaffenen Einheit, schloss er aus. Dieser Befund wurde von Mittmeyer (1974, 1982) bestätigt, nur stellte er im Gegensatz zu Solle die Ulmen-“Gruppe“ als unterste Einheit an die Basis der Unterems-Stufe. Als Leitfossil galt seitdem *Acrospirifer primaevus*, der gegen Ende der Siegen-Stufe offensichtlich erlischt. Mittmeyer (2008: 159) bestätigte den Befund, dass beim Unteren Taunusquarzit bis „auf den obersten Teil mit Seifener Fauna (z. B. Fundpunkt Stromberger Neuhütte) (...) Fossilleere“ herrscht. Als typische Taxa der Obersiegen-Fauna gab er *Tropidoleptus*, *Plebejochonetes* und reichlich *Rhenorensselaeria strigiceps* an. Diese Aufzählung gilt bei den reichen Faunen aus dem Lützelsoon (Zinser 1963) nur bedingt.

Die Abgrenzung des Taunusquarzits zum Liegenden kann nur aufgrund lithofazieller Kriterien erfolgen. D. E. Meyer (1970) benutzte im Guldenbach-Tal die Basis eines etwa 250 m mächtigen Schichtverbandes aus fast ausschließlich hellgrauen bis weißen, dickbankigen Quarziten, bei dem selbst geringmächtige Tonschiefereinlagerungen zum Hangenden abnehmen. Knautz (1992) zog im Hochwald die Grenze mit dem ersten Auftreten gut sortierter, schräg geschichteter, grob gebankter Quarzite ohne Buntschiefereinlagerungen.

Die Grenze zum Hunsrückschiefer im Hangenden fällt nicht immer mit der Grenze Siegen-/Unterems-Stufe zusammen. Sie wird nach lithofaziellen Kriterien dort gezogen, wo die mächtigeren Quarzitbankfolgen des Oberen Taunusquarzit enden und nur mehr einzelne Quarzitbänke in einem eher schiefrigen, mehr oder weniger sandigen Schichtverband liegen. Eine Einschränkung des Begriffs „Hunsrückschiefer“ auf die dachschieferreichen

Schichtverbände im Hangenden verbietet sich damit. Am Oberen Mittelrhein und im südöstlichen Hunsrück fallen in diesen Grenzbereich die Darustwald-Schichten, im Hochwald die Zerf-Schichten. Die Mächtigkeit des derart definierten und abgegrenzten Taunusquarzit erreicht in manchen Profilen 1 000 m und mehr.

2.2.2.2.2 Regionale Verbreitung

Hochwald und Saartal

Der Taunusquarzit an der Saar besteht aus gut gebankten Quarziten mit Bankmächtigkeiten zwischen wenigen cm bis dm, max. bis 0,5 m. Die Bänke sind von geringmächtigen Quarz-Gängen und -trümern durchzogen, die Mächtigkeiten reichen von wenigen cm bis 0,5 m. Zwischengelagerte Tonschiefer sind grau, z. T. auch rötlich verfärbt bei Mächtigkeiten bis max. 2 m. Die Tonschiefer enthalten teilweise recht hohe Sand-Anteile, so dass Dietz (1965) sie als „Sandschiefer" mit wechselnden Übergängen von reinen Tonschiefern bis zum Quarzit beschrieb. Früher wurden solche Tonschiefer gerne als „Quarzitschiefer" bezeichnet.

Die Quarzite sind hier meist dicht, so dass mit der Lupe der Kornverbund nicht immer aufgelöst werden kann. Der Bruch ist scharfkantig mit muscheliger Oberfläche. In Abhängigkeit vom Abstand zur ehem. mesozoischen Landoberfläche variiert die Farbe im frischen Zustand zwischen hellgrau sowie grünlichgrau und im verwitterten von braunrötlich bis rötlich und weiter bis weiß. U. d. M. zeigt sich ein recht gleichkörniges Gefüge. Manche Körner des lückenlosen Verbandes sind von Serizit-Schüppchen ummantelt, einzelne detritische Hellglimmer zwischen den Quarzkörnern sind deformiert.

Im Gegensatz zu den Ausführungen von Schall (1968) lässt sich der Taunusquarzit hier in der von Leppla (1898, 1904) vorgeschlagenen Weise in Unteren und Oberen Taunusquarzit gliedern. Eine Folge von sich stratigraphisch mehrfach wiederholenden Quarzit- und Quarzit/Tonschiefer-Wechselfolgen („Taunusquarzit a-h" sensu Schall) existiert nicht. Bei geologischen Aufnahmen im Saartal ergaben sich eher eine starke Verschuppung und damit verbunden tektonische Wiederholungen. Allerdings fehlen aus dem gesamten Saar-Profil Faunen, die eine direkte biostratigraphische Zuordnung gewährleisten könnten. In den nördlichen Schuppen im Saartal deutet sich in Richtung Nordosten ein Übergang des Taunusquarzit in die Fazies der Dhrontal-Schichten an.

Hochwald und westlicher Hunsrück

Untersuchungen im Hochwald, im Gebiet zwischen Nonnweiler und Mörschied (Knautz 1992), ergaben deutliche Abweichungen von Leppla's Prinzip. Im Traun-Tal ist man auch unter Einsatz der seit Steininger bekannten Faunen gezwungen, eine Unterteilung des Taunusquarzit vom Liegenden zum Hangenden in mehrere Abschnitte vorzunehmen: Das Profil beginnt im Traun-Tal mit einer 30–50 m mächtigen geschlossenen Quarzit-Folge, die sich bei wechselnder Mächtigkeit über 15 km nach Nordosten verfolgen lässt; darüber folgt der Taunusquarzit „Typ Hujet's Sägemühle", der lithologisch dem Oberen Taunusquarzit entspricht; bei dem im Hangenden folgenden Taunusquarzit „Typ Trauntal" handelt es sich um eine abrupt einsetzende, sandarme milde Tonschiefer-Folge, die bis 1000 m mächtig werden kann und in ihrem Habitus durchaus Schichtverbänden der Hunsrückschiefer s. l. entspricht und in dem früher auch Dachschiefer abgebaut wurden. Den Abschluss zum Hangenden bildet der Taunusquarzit „Typ Silberich", eine geschlossenen Quarzit-Bankfolge, die lithologisch dem Unteren Taunusquarzit entspricht.

Der derart gegliederte Taunusquarzit, der offensichtlich nicht von Längsverwerfungen betroffen ist, erreicht eine Mächtigkeit von ca. 2050 m im Traun-Tal. Bei der Erstbearbeitung dieses Gebietes wurde die Tonschiefer-Einschaltung vom „Typ Trauntal" den jüngeren Hunsrückschiefern zugeordnet. Schließlich sprechen noch heute alle lithofaziellen Kriterien dafür. Der Faunenfundpunkt von Hujet's Mühle hat ein Siegen-Alter mit *Acrospirifer primaevus*, *Hysterolites hystericus* und *Crassirensselaeria crassicosta* geliefert.

Lützelsoon

Gut aufgeschlossen ist der Taunusquarzit in den Tal-Profilen von Simmer(Kellen)- und Hahnenbach. Dort ergibt sich eine deutliche Zweiteilung des Taunusquarzit sensu LEPPLA (1898, 1904). Wegen der z. T. stark gestörten Lagerungsverhältnisse ist hier nirgends die volle Mächtigkeit aufgeschlossen. Der tektonische Mächtigkeitsverlust bezieht sich vornehmlich auf den Unteren Taunusquarzit, von dem nur etwa 100 m aufgeschlossen sind. Bunte Schiefer und Hermeskeil-Schichten im Liegenden treten hier nicht zu Tage.

Der **Untere Taunusquarzit** beginnt hier mit ca. 50 m sehr harten, einheitlichen, fossilleeren, weiß- bis grünlichgrauen, gut gebankten (bis 0,3 m) Quarziten im Wechsel mit rötlichen bis violettgrauen, dünnbankigen bis plattigen, Quarziten, deren Farbe durch Verwitterung entstanden und nicht primär ist. Darüber folgen 40–50 m eher dunkelgraue auch rötlich verfärbte, fein geschichtete, plattig entlang s_0 spaltende Quarzite, in die nahe am Top glimmerreiche sandige Tonschiefer („Sandschiefer") eingeschaltet sind. Quarzitlagen und flaserige Quarzite bilden geringmächtige Wechselfolgen. Diese obersten Schichten des Unteren Taunusquarzit gehen nach Südosten in graue grob geschichtete Quarzite über. Die feiner körnigen Quarzite verlieren sich nach Süden.

Vom **Oberen Taunusquarzit** sind hier nur 130–140 m aufgeschlossen. Dieser Verband ist gekennzeichnet durch vermehrte Einschaltungen von matrixreichen Sandsteinen sowie sandigen bis milden Tonschiefern. Für diesen Schichtverband ist die graduelle Zunahme feiner körniger Gesteine zum Hangenden (fining-up) typisch. Als lithostratigraphische Hangendgrenze bietet sich hier die Basis der ersten mächtigen milden blauschwarzen Tonschiefer vom Typ Hunsrückschiefer an.

Wichtig erscheint, dass außer der generellen Kornverfeinerung mit aufsteigendem Profil auch eine graduell abnehmende Sortierung in den sandigen Bänken festzustellen ist. Nach ZINSER (1963) nimmt der Tonanteil in den rötlich verfärbten Quarziten z. T. so stark zu, dass die Kornbindung nur noch teilweise „quarzitisch" ist. Während im Streichen nach Südwesten in vermehrtem Umfang graue und grüngraue sandige Tonschiefer die unreinen Sandsteine ersetzen, ergibt sich nach Südosten eine Zunahme der sandigen Komponente. Daraus resultiert für die fazielle Entwicklung eine ausklingende Sandanlieferung in nördliche Richtung. Im Lützelsoon sind die Fossilfunde an die stärker tonig-feinsandige Fazies des Oberen Taunusquarzit gebunden, und zwar meist an dunkle Quarzite mit höherem tonigem Anteil oder an Sandstein/Tonstein-Wechselfolgen.

Guldenbach-Tal und Nordrand des Soonwaldes

Im Guldenbach-Tal zeigt sich, dass die Gliederung des >1000 m mächtigen Taunusquarzit im Einzelnen wesentlich komplizierter sein kann. So lassen sich lokal bis acht unterschiedliche Einheiten aushalten, die im Trend allerdings den LEPPLA'schen Vorgaben folgen. Allerdings macht die Korrelation aufgrund der komplizierten Tektonik Schwierigkeiten, da der Taunusquarzit im Durchbruch des Guldenbaches durch den Soonwald zwischen Rheinböller Hütte und Stromberger Neuhütte („Nord-Fazies") sowie im Durchbruch durch den Riegel an der Fustenburg südlich Stromberg („Süd-Fazies") unterschiedlich ausgebildet ist.

Nordfazies. Nach D. E. MEYER (1970) und D. E. MEYER & NAGEL (2008) liegt der Taunusquarzit in der Nord-Fazies im Soonwald in der typischen Ausbildung als Unterer und Oberer Taunusquarzit in großer Mächtigkeit vor: Der **Untere Taunusquarzit** gliedert sich in einen unteren, ca. 250 m mächtigen, z. T. Konglomerate enthaltenden Abschnitt aus Quarziten und einen oberen, etwa 260 m mächtigen aus hellen Quarziten mit Tonschiefermitteln; die gesamte um 500 m mächtige Schichtenfolge wird der unteren und mittleren „Rauhflaser-Gruppe" (Mittelsiegen) zugeordnet. Der **Obere Taunusquarzit**, der dann die obere Rauhflaser- und die gesamte Herdorf-"Gruppe" umfassen soll, beginnt mit einer ca. 160 m mächtigen Wechselfolge von Quarziten und Tonschiefern; darüber folgen bis 130 m mächtige Tonschiefer mit eingelagerten Quarzit/Tonschiefer-Wechselfolgen und darauf erneut eine 350 m mächtige Wechselfolge von hellgrauen bis grauen Quarziten, die zum Hangenden zunehmend Tonschiefer-Einschaltungen enthalten; daraus ergibt sich für den Oberen Taunusquarzit hier eine Mächtigkeit von ca. 600–650 m.

Die Mächtigkeit für den gesamten Taunusquarzit in der „Nord-Fazies" beläuft sich damit auf 1150 m. Wegen der intensiven Verschuppung kann dieser Wert nur ein grober Anhalt sein. D. E. Meyer & Nagel wiesen darauf hin, dass die „Nord-Fazies" des Unteren Taunusquarzit von durchschnittlich 500 m im Osten auf mindestens 200 m im Westen abnimmt. Diese „Mächtigkeitsabnahme" dürfte allerdings in erster Linie tektonische Ursachen haben. Bestätigt wird diese Annahme durch die Ergebnisse von Zinser (1963) im Lützelsoon.

Südfazies. Die „Süd-Fazies" lässt ebenfalls eine Gliederung in Unteren und Oberen Taunusquarzit zu: Der **Untere Taunusquarzit** besteht nach D. E. Meyer & Nagel (2008) aus hellen und grauen Quarziten, in die nur untergeordnet Tonschiefer eingeschaltet sind; die stratigraphische Reichweite entspricht jener der „Nord-Fazies"; die Mächtigkeit wird mit mehr als 100 m angegeben; auch hier erfolgt eine Mächtigkeitsabnahme nach Südwesten auf >20 m aufgrund tektonischer Verschuppung. Der **Obere Taunusquarzit** baut sich aus Quarziten und Tonschiefern auf, in die vermehrt kalkige Sandsteine eingeschaltet sind; die Mächtigkeit liegt tektonisch bedingt zwischen 50–1200 m. Zum Hangenden nehmen die feinkörnigen Anteile zu und dominieren in den „**Übergangsschichten**", die in der „Süd-Fazies" ca. 150 m erreichen und aus Tonschiefern mit Quarzit- und Kalksandstein-Einschaltungen bestehen; D. E. Meyer & Nagel (2008) rechneten diese „Übergangsschichten" noch zur oberen Herdorf-"Gruppe"; die von Kutscher (1937) im Grenzbereich eingeführten Darustwald-Schichten zogen sie nicht in Betracht.

Generell zeigt der Taunusquarzit, abgesehen von den Mächtigkeiten, hinsichtlich Gliederung und Lithofazies vergleichbare Eigenschaften wie im Soonwald.

Zu den Quarziten. Die Quarzite vom Typ Unterer Taunusquarzit sind hauptsächlich quarzreiche (über 85 Korn %) Psammite. Ihr Ausgangsgestein waren reine Quarz-Sande mit geringem Feldspat-Anteil und relativ wenigen Gesteinsbruchstücken. Sie besitzen besonders im unteren Abschnitt hohe kompositionelle und strukturelle Reife. Die Korngröße liegt im Bereich Fein- bis Mittelsand. Vereinzelt wurden auch Grobsandsteine und feinkonglomeratische Lagen mit Gerölldurchmessern bis 5 cm beschrieben. U. d. M zeigt sich, dass die Mehrzahl der Körner untereinander deutlich verwachsen ist. Die primär eher rundliche Kornform der Einzelkörner ist in ihren Umrissen nur selten durch einen Saum feinster Partikel nachgezeichnet. Dieses Korngefüge ist eine Folge der variszischen Deformation sehr geringer Metamorphose. Die undulöse Auslöschung der Quarz-Körner beruht auf einer Störung des Kristallgitters. Außer Quarz sind Hellglimmer, wenige Feldspäte und Gesteinsbruchstücke sowie geringe Mengen an resistenten transparenten Schwermineralen in den Quarziten enthalten. Die Matrix tritt bei den reinen Quarziten in den Hintergrund, was für Aufbereitung in einem energiereichen Ablagerungsraum spricht.

Die Quarzite vom Typ Oberer Taunusquarzit enthalten höhere Anteile an sehr feinkörniger Matrix. Meist sind es eher quarzitische Sandsteine, die nicht die überaus feste Kornbindung der „reinen" Quarzite haben. Vergesellschaftet sind mit ihnen stark sandige Tonschiefer. Ihre Hauptgemengeteile bestehen aus Tonmineralen und Quarz feinster Körnung. Gelegentlich führen sie Pyrit, der auf sauerstoffarme Bildungsbedingungen im Sediment nach der Ablagerung hinweist. Die feinen, nahezu submikroskopischen Tonmineral-Plättchen lagen ursprünglich lagenweise parallel aufeinander und verhinderten so das Eindringen von sauerstoffhaltigem Meerwasser in das Sediment. Die im Sediment enthaltene organische Substanz (C_{org}) blieb so im Sediment erhalten. Bei der späteren Deformation unterlag sie Inkohlungsprozessen. Daraus resultiert letztendlich auch die dunkle Farbe der feinkörnigen Sedimente. Die Quarzite des Taunusquarzit sind weitgehend kalkfrei. Nur, wo Kalkschalen oder -gehäuse von Fossilien linsenförmig angereichert sind, ist Kalkgehalt nachweisbar.

Oberes Mittelrheintal

Die Abgrenzung zu den Hermeskeil-Schichten im Liegenden wurde bereits diskutiert. Im obersten Abschnitt schied KUTSCHER (1937) die Darustwald-Schichten aus, die eine reiche Fauna geliefert haben. Mit ihrer Hilfe wurde am Oberen Mittelrhein die Grenze Siegen-/Unterems-Stufe im Grenzbereich Untere/Obere Darustwald-Schichten festgelegt (MITTMEYER & K.-W. GEIB 1967). Faziell und lithologisch gehören die Darustwald-Schichten eher zum Oberen Taunusquarzit, dessen sandreiche Fazies hier bis in die Ulmen-Unterstufe hinauf reicht. In dieser Typusregion besteht kein Zweifel an der von LEPPLA (1898, 1904) getroffenen Gliederung in Unteren und Oberen Taunusquarzit (ANDERLE 2008).

Der **Untere Taunusquarzit** besteht in seinen tieferen Abschnitten aus grauen, grünlichgrauen und hellen Quarziten, die zur Höhe in weißgraue und weißliche, dickbankige Quarzite übergehen und nur untergeordnet Lagen von Tonschiefern enthalten. Die Faunen gehören zum „Seifener Typ, Niveau Katzenloch" (DAHMER 1934). Die Quarzite sind i. a. fein- und gleichkörnig. Gröberkörnige Varianten und einzelne konglomeratische Feldspat-haltige Lagen wurden besonders im Süden gefunden (MICHELS in: Wilh. WAGNER & MICHELS 1930, HAHN 1990). Detritische Hellglimmer sind bisweilen auf Schichtflächen angereichert. Nach EHRENBERG et al. (1968) beläuft sich die Mächtigkeit auf 270–300 m.

Der **Obere Taunusquarzit** ist durch zum Hangenden zunehmende Einschaltungen von Tonschiefern zwischen den Quarziten sowie „unreine" quarzitische und Glimmer führende Sandsteine charakterisiert. Die Faunen entsprechen dem „Herdorfer Typ" (Obersiegen). Die Quarzite sind eher dunkel- und grünlichgrau, die „unreinen" Psammite enthalten einen Ton- und höheren Matrix-Anteil, die Tonschiefer einen vergleichsweise höheren Sand-Anteil. EHRENBERG et al. (1968) gaben Mächtigkeiten von 200–230 m an.

Mächtigere Quarzit-Bankfolgen sind meist schräg geschichtet (HAHN 1990, STETS & A. SCHÄFER 2002). Daraus ergab sich am Mittelrhein eine generelle Transportrichtung nach Norden bis Nordwesten. Die hohe kompositionelle und strukturelle Reife der mächtigen Quarzite des Unteren Taunusquarzits spricht für die Entstehung in einem energiereichen Umfeld mit relativ flachem Wasser, Aufarbeitung, Umlagerung und Resedimentation (Foto 2, S. 161).

Sich widersprechende Mächtigkeitsangaben für das gesamte Schichtpaket Taunusquarzit liegen zwischen mindesten 250–300 m bei D. E. MEYER & NAGEL (2008), 470–530 m bei EHRENBERG et al. (1968), 650 m bei W. MEYER & STETS (1996) und 850 m (ONCKEN 1988 in: ANDERLE 2008). Die starke Verschuppung lässt keine direkten Angaben trotz generell guter Aufschlusslage zu. Generell gilt eine Mächtigkeitsabnahme in südlicher Richtung.

Die zahlreichen Fossil-Listen von KOCH (1881) bis EHRENBERG et al. (1968) verzeichnen eine reiche Fauna für den Oberen Taunusquarzit mit *Acrospirifer primaevus*, *Hysterolites hystericus*, *Crassirensselaeria crassicosta*, *Rhenorensselaeria strigiceps* neben Stropheodonten, Choneten, *Proschizophoria personata*, „*Uncinulus*" *frontecostatus* und *Digonus rudersdorfensis*.

2.2.2.2.3 Darustwald-Schichten am Oberen Mittelrhein und im Südost-Hunsrück

Im Grenzbereich Taunusquarzit/Hunsrückschiefer am Oberen Mittelrhein schied KUTSCHER (1937) die Darustwald-Schichten aus. Es handelt sich um eine Wechselfolge von grauen Quarziten, teilweise „unreinen" quarzitischen und recht glimmereichen Sandsteinen sowie sandigen und milden Tonschiefern. Entscheidend für ihre Abtrennung vom Oberen Taunusquarzit, dem sie lithologisch recht ähnlich sind, war die spezifische Fauna, die als „Fauna des Darustwald-Kohlenberg-Niveaus" bezeichnet wurde. KUTSCHER (1968) hielt es für ein vorzügliches biofaziell-stratigraphisches Bezugsniveau. Die Bezeichnung stammt vom Walddistrikt Darustwald südlich Oberheimbach (Bl. 5912 Kaub), wo KUTSCHER in zwei Fundpunkten diese spezifische Fauna entdeckte. Sie setzt sich zusammen aus Brachiopoden, Gastropoden (vorwiegend Bellerophontiden), kleinschaligen Bivalvia und Resten von „Fischen", die lokal zu einem bone-bed angereichert sein können. Die Fauna war seinerzeit Anlass, diese Schichten in die oberste Siegen-Stufe (oberste Herdorf-"Gruppe") einzustufen.

Charakteristisch für die Fauna vom „Typ Darustwald" ist nach SOLLE (1950), dass ihr ein Teil der typischen Fossilien des Siegen fehlt, andere nur noch selten zu finden sind. U. a. soll *Crassirensselaeria crassicosta* nicht mehr, *Acrospirifer primaevus* nur noch vereinzelt, dagegen *Hysterolites hystericus* und *Rhenorensselaeria strigiceps* noch häufig vorkommen. Ein entscheidender Unterschied zu den älteren Faunengemeinschaften besteht in der reichen Fisch-Führung, die zu einem stets gleichartigen Bonebed anwachsen kann und „einem bestimmten, sehr hohen Horizont im Taunusquarzit angehört."(SOLLE 1950: 313). In den Fossil-Listen kommt dieser Umstand selten zum Ausdruck, da die Reste trotz ihrer Menge meist unbestimmbar sind. In seiner stratigraphischen Begründung bezog sich SOLLE auch auf Fossilfunde von ROSE (1936), der über versteinerungsreichen Taunusquarzit im Rheintaunus berichtete. SOLLE (lit.cit.) schloss ein höheres Alter als oberste Siegen-Stufe aus, da s. E. nach wichtige Siegen-Fossilien noch in den Listen enthalten sind, wie *Crassirensselaeria crassicosta*, *Dinapophysia papilio*, *Orthis personata* und andere. Er argumentierte weiter, dass u. a. am Nord-Rand des Soonwaldes der Taunusquarzit zwar mit der Grenze Siegen-/Unterems-Stufe abschließt, dass das jedoch nicht auch für die weiter nördlich liegenden Areale gelten muss, da die Quarzitbänke nach Norden zunehmend von Tonschiefern abgelöst werden und sich schließlich nach Norden zerschlagen. Er bezog sich dabei auf KUTSCHER (1937) und KIENOW (1934). Die Problematik liegt darin, dass der Kontakt Taunusquarzit -Hunsrückschiefer am Nord-Rand der Quarzit-Züge stark gestört ist und sich nur selten direkt beobachten lässt.

Ein weiteres Vorkommen von Darustwald-Schichten befindet sich im Steinbruch am Angstfels zwischen Bodental und Bächergrund auf der rechten Rheinseite (Bl. 5913 Presberg; EHRENBERG et al. 1968), schräg gegenüber vom Steinbruch an der Burg Sooneck.

MITTMEYER & K.-W. GEIB (1967) gelang der Nachweis von Darustwald-Schichten mit „*Bellerophon*"-Bank an der Baustelle der Autobahn 61 am Roter Kopf nördlich Warmsroth und südwestlich davon bei Wald-Erbach (Bl. 6012 Stromberg). Die Schichtenfolge besteht hier aus einer Wechselfolge von „hunsrückschieferähnlichen" Ton- und Siltschiefern sowie grauen bis weißgrauen quarzitischen Sandsteinen. Das Verhältnis Quarzit:Tonschiefer ist gegenüber dem des Oberen Taunusquarzit zugunsten der Tonschiefer verschoben. Der Fundpunkt ist mit dem Vorherrschen der Darustwald-Massenfossilien (*Bucanella*-Arten, Bellerophontiden), Trilobiten- und „Fisch"-Resten ausgestattet. Die „*Bellerophon*"-Bank wurde hier besonders hervorgehoben. Diese Fossil-Horizonte bestehen aus angewitterten rotbraunen, bräunlichen und gelbgrauen quarzitischen Sandsteinen. Hier, im weniger gestörten Bereich, gaben die Autoren Mächtigkeiten von 100–150 m an.

Die neueste Definition der Darustwald-Schichten (MITTMEYER 2008: 161) nimmt Bezug auf ein Vorkommen am Gottesberg (Bl. 5713 Katzenelnbogen) im Hintertaunus. Als lithologisches Kriterium gilt eine Wechselfolge von „normalerweise (...) glatt- bis glanzschiefrigen Schwarzschiefern mit Einschaltungen von weißen Quarziten" bei „Zunahme der Quarzit-Anteile nach Südosten bis zum Übergang in oberen Taunusquarzit" und bei fazieller Natur der Liegendgrenze. Faunistisches Charakteristikum sind auch dort reichhaltige Funde von Konzentraten an „Fisch"-Resten und Gastropoden. Diese Faunen enthalten *Plebejochonetes*, *Hysterolites hystericus* und *Rhenorensselaeria strigiceps* aus dem üblichen Obersiegen-Faunenbild.

2.2.2.2.4 Sedimentologie und Sedimentpetrographie

In zahlreichen natürlichen und künstlichen Aufschlüssen im Taunusquarzit, wie z. B. an der Burg Sooneck, nahe der Wildenburg bei Kempfeld oder im Saartal dominiert die Schrägschichtung. Die Anlagerungsflächen können eben oder auch trogförmig gekrümmt sein. Im Taunusquarzit ist der durch sie dokumentierte Transport meist nach West bis Nordwest gerichtet. Dazu steht im Widerspruch, dass der Mineralinhalt ein nordisches Spektrum aufweist (Wierich 1999, Stets & A. Schäfer 2002). Diese Widersprüche verschwinden, seitdem wahrscheinlich ist, dass die für das tiefe Unterdevon Sedimente liefernde südliche Schwelle Teil der zu den Nordkontinenten gehörenden Einheit Avalonia ist (vgl. z. B. Nesbor 2019). Dieses Hochgebiet hat also eine andere plattentektonische Geschichte als die im Oberdevon und Unterkarbon aufgestiegene Schwelle, auf welche die Bezeichnung „Mitteldeutsche Schwelle“ beschränkt sein sollte.

In Zusammenhang mit der allgemeinen Windrichtung nach Südwesten und der seinerzeitigen Lage des Hunsrücks im tropischen Bereich (Hahn 1990, Stets & A. Schäfer 2002) wird immer wieder mit stärkeren Stürmen und entsprechender Sandbewegung gerechnet. Die dafür spezifische, nach oben gewölbte „hummocky“-Schrägschichtung ist im Taunusquarzit selten. So überwogen im Siegen Schönwetterbedingungen.

Außerdem tritt ebene Parallelschichtung auf, wie sie in schnell strömendem Wasser gebildet wird. Daneben sind wiederholt Strömungsrippeln zu beobachten. In großen Aufschlüssen können bei günstigem Anschnitt Querschnitte von linsenförmigen Sandkörpern beobachtet werden, die Rinnenfüllungen darstellen, an deren Basis gröberes Korn, Lithoklasten und Fossildetritus angereichert sind. In manchen Schichten finden sich vermehrt Tonflatschen oder -gallen, die kurz aufgenommen, transportiert und resedimentiert wurden. In den sandreichen Partien des Unteren Taunusquarzits sind sie großräumiger, in den Wechselfolgen vom Typ Oberer Taunusquarzit kleiner. Sie zeugen für ein energiereiches Flachmeer.

Im Gegensatz zu den Psammiten ist die Ablagerung von Tonen nur im Stillwasser möglich. Ähnliches gilt für die zum Teil recht großen Hellglimmerplättchen auf den Schichtflächen. Ihre Ablagerung ist nur unter Stillwasserbedingungen weiter draußen im Meer unterhalb der Wellenbasis möglich oder aber im Flachmeer in geschützter Position, wie z. B. in „Tälern“ zwischen Sandbänken oder untermeerischen Dünen. Der Tonanteil am Taunusquarzit steigt in den einzelnen Bereichen des Hunsrücks wenn auch langsam und mit Unterbrechungen zum Hangenden, d. h. die Korngröße im Gesamtkomplex Taunusquarzit nimmt generell zum Hangenden ab. Tonschiefer lösen so im Laufe der Zeit die eher sandigen Sedimente ab. Hieraus lässt sich eine stetige Vertiefung des Ablagerungsraumes ableiten.

Beispiel Steinbruch Saarhausen im Saartal. Durchgehend ungestörte Profile, die einen längeren Zeitabschnitt innerhalb des Siegen (Taunusquarzit) repräsentieren, sind selten. Eine Ausnahme bildet das Profil im Saartal bei Saarhausen, wo zusätzlich zu guten natürlichen Aufschlüssen der Steinbruch der Hartsteinwerke ein Profil über 250 m aufschließt.

Der Schichtverband bei Saarhausen baut sich aus einem relativ engen Korngrößenspektrum zwischen Mittel- und Feinsand auf. Selten reichen gröbere Partien über die Mittelsand-Fraktion hinaus. Innerhalb der Einzelprobe erweist sich der Quarzit als meist einheitliches, gut sortiertes, d. h. strukturell reifes Sediment. Die Korngrößenentwicklung innerhalb des Profils vollzieht sich nach Abraham (1991) in mehreren Sohlbank-Zyklen. Drei Zyklen im unteren Abschnitt entwickeln sich von Korngrößen um 0,3–0,2 mm Durchmesser an der Basis des Zyklus zu 0,05 mm am Top. Im mittleren Profilabschnitt liegt die durchschnittliche Korngröße bei 0,2 mm. Sie verfeinert sich zum Top hin auf ca. 0,1 mm Durchmesser. Der abschließende Zyklus von mehr als 15 m zeigt nur eine schwache zyklische Entwicklung von 0,2–0,15 auf 0,1 mm.

Der untere Abschnitt (Profilmeter (Pm.) 0–150 m) entspricht in seiner Korngröße Gesteinsverbänden vom Typ Unterer, die höheren (Pm. 151–235 m) jenen vom Typ Oberer Taunusquarzit. Der oberste Abschnitt (Pm. 236–250 m) mit Korngrößen von ca. 0,1 mm bis 0,063 mm korreliert eher mit Gesteinen, die schon zum Hunsrückschiefer Typ Zerf-Schichten überleiten. Damit sind in diesem Profil Parallelen bis zum Taunusquarzit am Oberen Mittelrhein gegeben, wenn auch die Mächtigkeiten an der Saar sehr viel geringer sind (Ehrenberg et al. 1968, Fahlbusch & Sellner 1985, W. Meyer & Stets 1975, 1996).

Die Zusammensetzung beschränkt sich auf wenige stabile Komponenten. Allerdings kann eine zusätzliche, sekundäre Zerstörung weniger resistenter detritischer Komponenten, wie

z. B. von Feldspäten, nicht ausgeschlossen werden. Hierauf weisen Serizit, Quarzrekristallisate und Kaolinit im Dünnschliff hin. Die Hauptkomponenten (ABRAHAM 1991) sind im Saartal:

- Quarz mit bis zu 80 Vol.-% und mehr; die Quarzkörner zeigen BÖHM'sche Lamellen, undulöse Auslöschung (streifig, flächen-, fleckenhaft), beginnenden Subkornbau und suturierte Korngrenzen; detritische Hellglimmer, die im Sediment verteilt oder auf Anlagerungs- und Schichtflächen angereichert sind und relativ große Durchmesser der Plättchen aufweisen;
- wenige Alkalifeldspäte, die nur reliktisch überliefert sind; Ersatz erfolgte durch Serizit und Quarzrekristallisat (im Mittelrhein-Profil erreichen sie bis 4 Vol.-% (HOLL 1995)); Plagioklas-Individuen mit Ersatz durch Serizit, Chlorit und Quarzrekristallisat; Turmalin und Zirkon bis 1 Vol.-% des Gesamtmineralbestandes mit meist gut gerundeter Kornform; opake Substanz meist unter 1 Vol.-%; Chlorit in grünlichgrauen Quarzit-Bänken und wenige, meist untypische und unbestimmbare, feinkörnige Lithoklasten.

2.2.2.2.5 Biostratigraphie

Der durch hochenergetische Umlagerungsprozesse gekennzeichnete Küstenbereich war bis in die Zeit des Unteren Taunusquarzits für eine Besiedlung ungünstig. Larven-Stadien konnten bei stetiger Sandanlieferung kaum siedeln und evtl. erwachsene Stadien waren dem ständigen Angriff durch Brandung, Wellen und Strömung, vielleicht noch kurzzeitigem Trockenfallen ausgesetzt. So erklärt sich, dass fast alle Partien der Hermeskeil-Schichten und des Unteren Taunusquarzits keine oder nur sehr wenige, meist unbestimmbare Fossilreste geliefert haben. Bei Bl. 5913 Presberg (EHRENBERG et al. 1968) zeigte sich, dass Fossilien erst im Oberen Taunusquarzit auftreten, dann jedoch zahlreich sind, insbesondere dort, wo in Wechselfolgen aus Quarziten und Tonschiefern zeitweise energieärmere Lebens- und Erhaltungsbedingungen ausgewiesen sind.

Im Hunsrück setzt die biostratigraphisch verwertbare Brachiopoden-Fauna, abgesehen von den Einzelfunden in den Hermeskeil-Schichten im Guldenbach-Tal (D. E. MEYER 1970) erst relativ spät ein. Als älteste Fauna gilt seit den 1930er Jahren die „Fauna vom Katzenloch" bei Idar-Oberstein. Sie ist reich an Brachiopoden sowie dickschaligen und großwüchsigen Bivalvia. Sie wurde mit der „Fauna von Seifen" im Siegerland (DAHMER 1937) parallelisiert und gehört danach in den Grenzbereich Rauhflaser-Gruppe/Herdorf-"Gruppe". Alle übrigen Faunenfunde wurden auf diese spezifische „Seifener Fauna" bezogen. Sie half auch, im „rheinischen Faziesbereich" statt eines Leitfossils zur Altersbetimmung der Fundschichten Faunengemeinschaften heranzuziehen.

Bei der stratigraphischen Auswertung der Faunen des westlichen Hunsrücks stellte NÖRING (1939) fest, dass ein erheblicher Teil der Faunenfundpunkte im Taunusquarzit dieses Gebietes dem „Horizont des KAYSER'schen Fundpunktes bei Katzenloch" und damit dem Grenzbereich Mittlere/Oberen Siegen-Stufe angehören. Das gilt auch für den bekannten Fundpunkt „Hujet's Sägemühle" im Traun-Tal (Bl. 6308 Birkenfeld-West). Alle übrigen Faunen stufte NÖRING danach in das Obere Siegen oder in die Herdorf-"Gruppe" ein.

Im Guldenbach-Profil liegen die ältesten Faunenfundpunkte etwa 550 m oberhalb der Basis des lithostratigraphisch definierten Taunusquarzit (Komplex C sensu D. E. MEYER 1970: 46) und damit schon relativ hoch im Bereich der Basis des Oberen Taunusquarzits. Diese Fundpunkte enthalten *Acrospirifer primaevus*, *Crassirensselaeria crassicosta* und *Rhenorensselaeria strigiceps*, außerdem sehr großwüchsige bis faustgroße Bivalvia, die typisch sind für das „Katzenloch-Niveau". In dem stratigraphisch höheren Niveau des Oberen Taunusquarzits an der Stromberger Neuhütte wurden Faunen geborgen, die als die reichsten im linksrheinischen Gebiet gelten. Zu Widersprüchen führte allerdings die Behauptung von

KUTSCHER (1944), der sie mit der Fauna vom Katzenloch parallelisierte und anmerkte, dass „jüngere Faunenelemente schon vorhanden sind und den Übergang zur Herdorfer Fauna bereits andeuten".

Beim Vergleich der zahlreichen Faunenlisten aus dem Taunusquarzit ergeben sich viele Ähnlichkeiten, die die Zuordnung zu unterschiedlichen Niveaus erheblich erschweren. Nach Fossilfunden bei Warmsroth (Bl. 6012 Stromberg; MITTMEYER & K. W. GEIB 1967) unterscheidet sich die Faunengemeinschaft des Oberen Taunusquarzit dort durch das Fehlen sämtlicher für das „Seifener Niveau" charakteristischen Bivalvia- und Strophomeniden-Großformen wie *Rousseaua pseudocapuliformis*, *Boucotstrophia (Stropheodonta) herculea*.

Im Lützelsoon gelangen zahlreiche Neufunde im Oberen Taunusquarzit (ZINSER 1963). Auffallend ist hier in manchen Fundpunkten der Individuenreichtum von *Rhenorensselaeria*, *Tropidoleptus* und *Chonetes*. Die ältere Fauna zeichnet sich jedoch auch hier durch grobschalige Bivalvia aus – *Pterinea*, *Actinodesma*, *Rousseaua* und Häufungen von *Boucotstrophia herculea*. Daraus ergibt sich pauschal auch hier das typische Bild der Seifener Faunengemeinschaft vom „Niveau Katzenloch".

Betrachtet man das Verhältnis von Bivalvia zu Brachiopoda allgemein, so sind letztere in der Überzahl. Gegen eine Zuordnung zur echten „Seifener Fauna" spricht der Fund von *Digonus ruderdorfensis* und eines Exemplars von *Arduspirifer arduennensis prolatestriatus*, der im höchsten Obersiegen erstmals auftreten soll. Andererseits ist die Fauna der jüngeren Fundpunkte nicht grundsätzlich anders. Mit aufsteigendem Profil zeigt *Boucotstrophia herculea* eher Kümmerwuchs, *Crassirensselaeria crassicosta* wird seltener. Dagegen tritt *Rhenorensselaeria strigiceps* vermehrt bankbildend auf. Ähnlich verhalten sich *Acrospirifer primaevus* und *Hysterolites hystericus*. Das zeigt, dass das Auftreten einer Art an sich nicht unbedingt stratigraphisch entscheidend ist, sondern von ökologischen Parametern abhängt. Das stellt die stratigraphische Eignung mancher bisher als leitend geltenden Art in Frage. betont eher deren besondere ökologische Bedeutung. Allerdings hob ZINSER (1963) den später auch von MITTMEYER (1974) bestätigten Leitwert des *Acrospirifer primaevus* hervor, der bislang unabhängig von der Lithofazies in fast allen Fundpunkten im Taunusquarzit nachgewiesen wurde. Mit Änderung der Lithofazies zu dem überlagernden Hunsrückschiefer ändern sich die überlieferten Faunengemeinschaften.

2.2.2.2.6 Palökologie

Die verwendeten Listen enthalten fast ausschließlich Daten zu Thanatozoenosen. Im Sinne der von SEILACHER (1970) vorgeschlagenen Klassifikation sind es Konzentrat-Lagerstätten aus zusammengeschwemmten Schalen und Gehäusen, vollständigen oder Bruchstücken, überhaupt jeglichen einigermaßen widerstandsfähigen Resten der Lebewesen. Sie wurden nach dem Tode zusammengeschwemmt und konzentriert überliefert.

Im Hinblick auf die Ursachen der Konzentration machte GAD (2004a) geltend, dass Sturmereignisse einen erheblichen Anteil an der Anreicherung von Fossilresten haben können und bezog sich hierbei auf die Untersuchungsergebnisse aus den Oberems-Schichten der „Moselmulde". Aktualistische Untersuchungen in der heutigen Nordsee, wo ähnliche Verhältnisse herrschen mögen, erbrachten Transportweiten bis 50 km. Im Sediment nachweisbar sind solche Ereignisse über Tempestite mit einem von Bathymetrie und Lage zur Küste abhängigen Schichtaufbau. Solche Sedimente sind bisher aus dem Taunusquarzit nicht in ausreichender Zahl beschrieben worden. Lediglich aus dem Saartal liegen Hinweise auf hummocky-Schrägschichtung vor. Allerdings belegen sie, dass Sturmereignisse im Siegen relativ selten waren. Küstenfernere Tempestite enthalten im Gegensatz zu küstennäheren kaum Schilllagen. Solche aus dem küstennäheren Bereich, mit denen im Taunusquarzit zu rechnen ist, sollten aus einer durch die Sturmereignisse durchmischten „Lokal"-Fauna und einem eher exotischen Eintrag bestehen.

Die Brachiopoden. Alle Gattungen kennzeichnen bevorzugt vollmarine Bereiche. Nach G. FUCHS (1971, 1982) kennzeichnen alle diese Gattungen den Faziesraum des küstennahen Flachmeeres mit Übergang in küstenfernere Bereiche. Die von ihm für das küstennähere Flachmeer mit Übergang zum landnahen Küstenbereich genannten Gattungen *Lingula*, *Retzia*, *Trigeria* und *Mutationella* sind im Taunusquarzit selten und eher im Lützelsoon und Soonwald gefunden worden. Unter den Spiriferida beherrschen vor allem *Acrospirifer primaevus* und *Hysterolites hystericus* das Faunenbild. *Arduspirifer arduennensis* mit div. ssp. tritt noch in den Hintergrund und erhält besondere Bedeutung erst im Unterems. Es bleibt anzumerken, dass in den seinerzeitigen Listen außer bei SOLLE die Bestimmung bis in die Unterart, z. B. bei *Arduspirifer ard. prolatestriatus* (*Arduspirifer ard. latestriatus alpha* SOLLE olim) und *Arduspirifer ard. antecedens* (jedoch GAD 1994), in den älteren Arbeiten noch nicht erfolgte. Unter allen Arten bei G. FUCHS (1971) setzt *Arduspirifer arduennensis* am weitesten meerwärts ein.

Relativ dichte Besiedlung zeigen nach ZINSER (1963) Rensselaerien, speziell *Rhenorensselaeria strigiceps*, *Plebejochonetes* sp., weniger für *Chonetes unkelensis*, *Tropidoleptus* sp., besonders für *Tropidoleptus carinatus* und auch *Platyorthis circularis* im Taunusquarzit des Lützelsoons.

Bivalvia. Fundpunkte mit einer landnahen Muschel-Fauna, wie sie von der Wahnbach-Fazies als „*Modiolopsis*-Fauna“ (DAHMER 1934, STETS & A. SCHÄFER 2002) bekannt ist, fehlen im Taunusquarzit des Hunsrücks. Zu den Vertretern der vollmarinen Fazies zählen aus dem Taunusquarzit *Palaeoneilo*, *Actinodesma*, *Cornellites*, *Modiomorpha*, *Goniophora* und *Grammysia*. Diese sechs Gattungen sind mit mehr als 30% aller Nennungen aus dem Taunusquarzit im Hunsrück vertreten.

Nach der fazieskritischen Analyse von G. FUCHS (1971) gehört der größte Teil aller genannten Bivalvia aus dem Taunusquarzit in das küstennahe Flachmeer. Dazu gehören die Gattungen *Leiopteria*, *Limoptera*, *Pterinea* (*Cornellites*), *Nuculana*, *Nuculites*, *Palaeoneilo*, *Cypricardella*, *Carydium* und *Goniophora*. Diese sind aus dem Idar- und Hochwald mit etwa 40% aller Funde und im Lützelsoon, Soonwald und am Oberen Mittelrhein sogar mit mehr als 55% aller Formen vertreten.

Gastropoda. Unter den Gastropoda beherrschen „*Bellerophon*“ und *Bucanella* mit etwa 60% in Idar- und Hochwald und mit ca. 75% in Lützelsoon, Soonwald und am Oberen Mittelrhein den Gastropoden-Anteil an der Gesamtfauna. Der höhere Anteil im Soonwald und am Oberen Mittelrhein geht auf die Funde in den Darustwald-Schichten zurück (EHRENBERG et al. 1965, KUTSCHER 1937, MITTMEYER & K.-W. GEIB 1967, D. E. MEYER 1970). Nach G. FUCHS (1971) charakterisieren auch diese Gattungen das küstennahe Flachmeer.

Tentaculiten. Das Gleiche gilt für die Tentakuliten, die mit 3–5% an der Gesamtfauna beteiligt sind. Besonders reich sind mit 4–5% die Fundpunkte im Soonwald und in den benachbarten Gebieten. SCHINDLER et al. (2004: 144) und YOCHELSON (1979) betonten, dass sie „als küstennah, benthisch und an die klastische („rheinische“) Fazies angepasst“ angesehen werden dürfen und dass „sich die leeren Gehäuse, bedingt durch erhöhten Auftrieb der Hohlräume, gut durch Strömungen verfrachten“ ließen.

Die leichte Transportierbarkeit von Tentakuliten-Gehäusen kann auch die Verfälschung ökologischer Schlussfolgerungen durch Beimischung zur Folge haben (GAD 2004a). Doppelklappig erhaltene Zweischaler in einem Schill sind ein Anzeichen dafür, dass das Material keine weiteren Transportwege zurückgelegt hat. Ihre Unversehrtheit lässt darauf schließen, dass das Habitat weitgehend getreulich abgebildet ist und nicht durch Eintrag „exotischer“ Formen verfälscht wurde. Eine Entscheidung lässt auch der Anteil doppelklappig erhaltener Individuen zu isoliert überlieferten Einzelklappen zu. Allerdings fehlen aus dem Taunusquarzit entsprechende Nachrichten, abgesehen von einzelnen Erwähnungen aus dem Guldenbach-Tal (D. E. MEYER 1970).

Corallia. Die Corallia sind vor allem durch *Pleurodictyum* vertreten. Dabei ist es in den Fundpunktem in Idar- und Hochwald mit 6–7% an der Gesamtfauna beteiligt, im Lützelsoon, Soonwald und am Oberen Mittelrhein dagegen nur mit 3–5% in den sonst reichen Faunen. Ob sich darin ein stärker meerwärts orientierter Lebensraum für den Bereich Idarwald-Hochwald äußert, lässt sich u. U. dadurch erhärten, dass es in den zeitgleichen Dhrontal-Schichten sogar mit 8–9% an der Gesamtfauna beteiligt ist. Zumindest sollte man davon ausgehen, dass für eine optimale Lebensweise wenig getrübtes und Sauerstoff-reiches Wasser notwendig ist. Nach G. Fuchs & Plusquelle (1982) ist das Vorkommen von *Pleurodictyum* sp. auf rein marine Schichtverbände beschränkt. Für das Gedeihen muss zusätzlich eine eingeschränkte Sedimentation und schwache Meeresströmung vorausgesetzt werden. Zur Fixierung am Untergrund sollen Schalen von „*Chonetes*“, *Tropidoleptus* und von Strophomeniden gedient haben. Somit kann sein Vorkommen im Taunusquarzit, da das Individuum sich schlecht umlagern ließ, ein Anzeichen für das in-situ-Vorkommen, jedoch auch für die Wiederbesiedlung von Schillen sein. Das gilt wohl auch für „*Favosites*“ und *Zaphrentis*.

Crinoidea. Relativ häufig sind Crinoiden am Faunenbestand beteiligt. Aufgrund der relativ hohen Energieverhältnisse im Lebensraum Taunusquarzit sind sie meist nicht in toto erhaltungsfähig, und die Nennungen beschränken sich meist auf Crinoidenstielglieder, Reste von Kelchplatten o. ä. Dieser Befund deutet daraufhin, dass an zahlreichen Fundstellen und in deren Umgebung Crinoiden siedelten, ihre erhaltungsfähigen Reste jedoch erst in energieärmerer Umgebung mit den Hartteilen der übrigen Fauna „konzentriert“ wurden. Nach G. Fuchs (1971) gehört auch diese Tiergruppe in den küstennahen Flachmeerbereich.

Pisces. Reste von „Fischen“ und Agnathen sind – anders als die vorstehend beschriebenen Tiergruppen – durch ihre nektontische Lebensweise nicht auf einen Lebensraum beschränkt und lassen sich daher schwer als Fazies-Indikatoren für einen engeren Bereich verwenden. Außerdem sind auch sie im Faziesraum Taunusquarzit des Hunsrücks ausschließlich reliktisch in Form von Stacheln, Schuppen, Platten und „Knochenresten“ vertreten. Der Hauptvertreter dieser Gruppe ist *Machaeracanthus* sp. Der sonst häufige *Rhinopteraspis dunensis* wurde nur von einer Lokalität genannt.

Pflanzenfossilien sind außerordentlich selten, und lange Zeit hieß es im Gegensatz zur Siegener Normal-Fazies, dass hier keine Pflanzen existierten. In den letzten Jahren berichtete jedoch Altmeyer (1978) über Funde von verkieselten Stammresten von *Prototaxites* auch aus dem Unteren Taunusquarzit. Diese baumförmigen Gebilde besaßen nach der Rekonstruktion von Schweitzer (1983, 2003) „Stämme“ von etwa 0,5 m Durchmesser bei Längen bis 20 m und mehr. Sie wuchsen ausschließlich subaquatisch und bildeten waldartige Bestände und legen damit auch die Größenordnung der maximalen Wassertiefe um 20 bis 25 m fest, die damit oberhalb der Sturmwellenbasis liegt. Das bedeutet, dass theoretisch Sturmereignissen ein Einfluss auf die Lebensbedingungen der Fauna und die Überlieferung des Fossilinhaltes zugebilligt werden muss. Unabhängig von den Ergebnissen von G. Fuchs (1971, 1982) ergeben sich für den „Lebensraum Taunusquarzit“ Bedingungen einer küstennahen „durchmischten“ Assoziation.

Allerdings macht die Einbeziehung von *Prototaxites* als paläobathymetrischen Anzeiger in die palökologische Analyse noch einige Bemerkungen notwendig. Nach Schweitzer (1983) handelt es sich beim Taxon *Prototaxites* cf. *loganii* fast ausschließlich um verkieseltes, selten um inkohlt erhaltenes, allochthones Material, das in Form von Geröllen aus diversen Kiesgruben stammt. Autochthones Material wurde aus diversen Steinbrüchen im Hunsrück geborgen, in denen Unterer Taunusquarzit abgebaut wurde, wie z. B. Steinbruch Meter bei Hoxel (Bl. 6208), Steinbruch Thomas-Beton bei Argenthal (Bl. 6011 Simmern), Stbr. Koppensteiner Höhe (Bl. 6111 Pferdsfeld), Stbr. Juchem bei Allenbach (Bl. 6208 Morscheid-Riedenburg) und ehem. Steinbruch nördlich Saarhölzbach (Bl. 6405 Freudenburg) (Gossmann unveröff.) Kritische Auseinandersetzungen über die systematische Zugehörigkeit und das Biotop existieren seit Dawson (1857), der die verkieselten Funde als Reste von

„Stammstücken" von Eiben (*Taxus*) hielt; CARRUTHERS (1872) sprach sie als Reste von Algen-ähnlichen Pflanzen an und CHURCH (1919) als Reste von Riesen- Pilzen. Die Mehrheit der jüngeren Autoren schlossen sich CARRUTHER's Ansicht an. U. a. nahm jedoch HUEBER (2001) die Spur von CHURCH wieder auf, wie auch KEUPP (2015). Die Hunsrücker Funde, die wohl am ehesten als fossile Riesen-Algen oder -Tange (SCHWEITZER 1983) aufzufassen sind, gehören nach ihrem biofaziellen Umfeld am ehesten in das marine küstennahe südliche Umfeld des Rheinischen Troges, das vom Unteren Taunusquarzit repräsentiert wird.

2.2.2.2.7 Dhrontal-Schichten und „Dhroner Quarzite"

Abgesehen von den Härtlingen von Soonwald, Lützelsoon, Idar- und Hochwald, die aus Taunusquarzit bestehen, liegen weiter nordwestlich mit dem Osburger Hochwald, dem Haardtwald bei Thalfang und der Stronzbuscher Haardt südlich Gornhausen weitere Härtlinge ähnlicher Art und Morphologie. Sie werden randlich von den kleinen Flüssen Ruwer, Kleine und Große Dhron durchschnitten. Lediglich in deren meist recht tiefen Kerbtälern lassen sich Gesteinsaufbau und Tektonik studieren.

In der Kammregion dieser Härtlinge und oberhalb etwa 500 m NN finden sich an Lesesteinen ausschließlich weißliche und rötliche feste, z. T. recht glimmerreiche Quarzite. Sie sind den „Kammquarziten" des Taunusquarzits im Hochwald recht ähnlich. Daher ging man davon aus, dass auch diese Härtlinge aus Quarziten aufgebaut sind. In den Talanschnitten sind in Aufschlüssen, wie z. B. am Harpelstein im Tal der Großen Dhron oberhalb Papiermühle (Bl. 6107 Neumagen-Dhron), diese Quarzite in Felsrippen und Steinbrüchen aufgeschlossen. Im Gegensatz zum Taunusquarzit kommen hier jedoch nur mehrere Meter mächtige Quarzitbankfolgen vor, die in mächtige, meist stark sandige Silt- und Tonschiefer eingelagert sind. Sie sind dem Oberen Taunusquarzit oder den Darustwald-Schichten lithofaziell vergleichbar.

2.2.2.2.7.1 Stratigraphische Stellung

Wegen ihrer isolierten geographischen Lage und der vom Taunusquarzit abweichenden Gesteinsvergesellschaftung konnten sie früher stratigraphisch schwer eingestuft werden. LEPPLA (1925a) gab ihnen daher die Bezeichnung „Dhroner Quarzite" (auch: Throner oder Troner Quarzite) und schrieb: „Als solche sind z. T. im Gegensatz zu den Spezialaufnahmen innerhalb des Hunsrückschiefers gewisse Sandsteine und Quarzite ausgeschieden worden, die mit dem Taunusquarzit äußerlich keine Ähnlichkeit haben, also mit ihnen nicht gleichgestellt werden können" und „während der Taunusquarzit in der Hauptsache eine geschlossene Masse von Quarzit ohne wesentliche Einlagerungen von Tonschiefer bildet, gewähren die Throner Quarzite ein anderes Bild. (...) Die Stellung bleibt unklar". Es schien ihm jedoch sicher, dass „die Throner Quarzite eine örtliche sandige Einlagerung in den mittleren Hunsrückschiefern darstellen." (LEPPLA 1925a: 8). GREBE (1881) hatte allerdings in ihnen Gesteine gesehen, die älter als die sie begleitenden Hunsrückschiefer sind und sattelartig aus ihnen aufragen. Er stellte erstmals diesen Sachverhalt in einer Übersichtskarte dar. Seine Meinung setzte sich jedoch nicht durch, und er selbst betrachtete später die „Dhroner Quarzite" auch als Einlagerungen im Hunsrückschiefer. So muss man auch die Geologischen Spezialkarten (GK 25) und die Geologische Übersichtskarte 1:200 000, Bl. Trier-Mettendorf, lesen, deren Autor LEPPLA war.

Bereits STEININGER waren im Hunsrück diese Quarzite im Einzugsgebiet der Dhron aufgefallen, die er 1819 noch als „Kieselschiefer und Thonschiefer" beschrieb. DUMONT erkannte Mitte des 19. Jahrhunderts bereits „sattelförmige Bildungen" mit „taunusien inférieure" im Kern, umgeben von „taunusien supérieure" und „hunsrückien". LOSSEN (1867) parallelisierte die Quarzite der Dhron-Täler mit dem Taunusquarzit. Eine gegenteilige Meinung vertrat VON DECHEN (1876), der sie in die Hunsrückschiefer einbezog.

Diese gegensätzlichen Ansichten ergaben sich, da bis zu jener Zeit keine „bemerkenswerten Fossilien“ (Kutscher 1937) gefunden worden waren. Alle stratigraphischen Schlüsse beruhten ausschließlich auf den lithologischen Eigenschaften und auf Analogien zu ähnlichen Vorkommen in den Ardennen. Leppla hatte schon vor 1919 in ihnen jüngere Quarzite im Hunsrückschiefer auf Bl. Schönberg (GK 25: 6207 Neumagen-Dhron) und Morbach (GK 25: 6108) gesehen und eine Gleichstellung mit dem Taunusquarzit vermieden. Paeckelmann (1926) hielt sie für eine Vertretung des Oberen Taunusquarzit und Asselberghs (1926: 219) parallelisierte sie mit den Tonschiefern des Untersiegen in Ardennen und Siegerland.

Die Diskussion verkomplizierte sich durch die Korrelation mit dem Hunsrückschiefer des Mittelrhein-Tales im Umfeld der Loreley. Der Beweis schien Kutscher (1934) gelungen, als er aufgrund von Faunenfunden mit *Euryspirifer assimilis* die „Dhroner Quarzite“ den Bornich-Schichten zuordnete. Auch waren für ihn neben dem unbefriedigenden Fossilfund lithologische Merkmale im Sinne von A. Fuchs (1907: 100) maßgebend. Der endgültige Durchbruch mit sicherer Einstufung in das Siegen erfolgte, als Kutscher (1935b) westlich Horath am Harpelstein der Fund einer sicheren Siegen-Fauna gelang. Asselberghs & Henke (1935b) hatten zur gleichen Zeit im westlichen Hunsrück südlich Framersbach nahe dem Hirschfelder Hof (Bl. 6406 Losheim) Crinoiden-führende Quarzite und sandige Tonschiefer, die zu den „Dhroner Quarziten“ gezählt wurden, mit *Hysterolites hystericus*, „*Stropheodonta*“ *gigas* und anderen, für das Siegen typischen Fossilien gefunden. Sie parallelisierten diese Schichten mit dem Oberen Taunusquarzit und schlugen sie der Mittleren Siegen-Stufe zu. Damit war die lange währende Unsicherheit bei der altersmäßigen Zuordnung der „Dhroner Quarzite“ beseitigt. Die von Grebe (1881) und später von Scholtz (1930) aus tektonischen Gründen geforderte Gleichaltrigkeit mit dem Taunusquarzit war durch Faunen abgesichert.

Allerdings beharrte Kutscher (1937: 193) darauf, dass „das eigentliche Merkmal dieses Schichtenkomplexes, nämlich die Quarzite, eine andere Beschaffenheit haben als die übrigen Quarzite des Unterdevons des Hunsrücks“. Sein Gewährsmann für diese Ansicht war Leppla. Für ihn war die meist grünlichgraue, nur untergeordnet auch hellgraue Färbung, die geringere Mächtigkeit der Quarzit-Bankfolgen, die selten über 5–10 m reicht, und die „verstärkte Wechsellagerung“ mit „raueren“ Schiefern, „Grauwacken“ und Sandsteinen“ maßgebend. Nur geschlossenen Quarzit-Bankfolgen im Osburger Hochwald und untergeordnet auch im übrigen Verbreitungsgebiet billigte er Ähnlichkeiten mit dem Taunusquarzit zu. Vorsichtig deutete er an, dass eine fazielle Änderung nach Südosten und damit eine Angleichung an die lithologische Beschaffenheit des Taunusquarzits möglich sei, die er jedoch durch Fossilfunde belegt wissen wollte.

Nöring (1939) gelang der Nachweis, dass die „Dhroner Quarzite“ Siegen-Alter haben und damit dem Taunusquarzit, am ehesten dem Oberen, stratigraphisch gleichgestellt werden dürfen. Die Leitformen *Acrospirifer primaevus*, *Hysterolites hystericus*, *H. prohystericus*, *Crassirensselaeria crassicosta* und *Rhenorensselaeria strigiceps* konnte er an mehreren Orten nachweisen. Er unterlag allerdings dem Irrtum, über die Farbe auf unterschiedliche Alter der Quarzite zu schließen: „Bei der Untersuchung ergab sich sehr bald, dass mit der Bezeichnung „Dhroner Quarzite“ petrographisch sehr verschiedenartige Gesteine belegt sind (...), weiße Quarzite (...), die sich in nichts vom typischen Taunusquarzit unterscheiden und genau wie dieser in den Kammregionen gelegentlich klippenartig heraustreten (...), graue, grünliche und bläuliche Quarzite (...), sandige Schiefer und schiefrige Sandsteine“. Über die petrographische Ähnlichkeit wurden auch Parallelen zum Unteren Taunusquarzit gezogen. Aus der Internstruktur der Quarzit-Rücken ergibt sich jedoch eindeutig, dass das nicht gestattet ist. Lithofazielle Änderungen im Streichen der Quarzite und geologisch jüngere Verwitterungsprozesse. bedingen den Eindruck petrographisch unterschiedlicher Gesteine. Nöring gebührt das Verdienst, den Begriff „Dhroner Quarzite“ auf jene Quarzite nördlich des Hochwaldes beschränkt und aufgrund ihres Fauneninhalts endgültig zur Mittleren („Katzenloch-Fauna“) und Oberen Siegen-Stufe gestellt und abgegrenzt zu haben. Damit sind sie eine fazielle Vertretung des Taunusquarzits. Auch nach der Revision der Fauna durch Solle (1950) blieb diese Ansicht trotz Korrekturen gültig.

Solle (1950) nahm eine Umbenennung vor. Er begrenzte den Begriff „Dhroner Quarzite“ auf die Quarzit-Bankfolgen innerhalb der von ihm neu definierten und zur Siegen-Stufe gehörenden „Dhrontal-Schichten“. Er verstand darunter die gesamte Abfolge von Quarziten und Tonschiefern soweit sie „Rauhflaser“- und „Herdorf-Alter“ haben. Diese Definition trägt dem Sachverhalt Rechnung, dass in den Talanschnitten von Ruwer, Kleiner und Großer Dhron die Dhrontal-Schichten nur zu einem geringen Anteil aus Quarziten, mehrheitlich jedoch aus Silt- und Tonschiefern mit unterschiedlichem Sand-Gehalt bestehen. Alle diese Gesteine können sich seitlich faziell vertreten, gebietsweise sogar in eine weitgehend schieffrige Fazies übergehen, die dem Hunsrückschiefer lithologisch ähnlich ist.

Das durch die unterschiedliche Färbung vorgegebene Missverständnis über das Alter zwischen helleren bis weißen und dunkleren, grauen Quarziten klärte Solle (1950: 347 f.) endgültig, indem er die vorwiegend dunkleren Quarzit-Varietäten mit eindeutiger Fauna am Harpelstein im Dhron-Tal vom Talboden zur Höhe verfolgte. Dort nehmen mit zunehmender Höhe alle Gesteine nicht nur eine hellere Farbe an, sondern es treten auch braune, rötliche und helle, bis weißliche Quarzite mit „Verwitterungsringen“ auf. Letztere fand er unterhalb der tertiären Landoberfläche um 450 m NN. Damit führte er den Nachweis, dass die „dunklen Tal- und Hangquarzite und die hellen der Höhe (...) als gleichalt“ zu betrachten sind.

2.2.2.2.7.2 Vorkommen und Ausbildung

Die Dhrontal-Schichten mit eingelagerten „Dhroner Quarziten“ bauen den Osburger Hochwald auf. In seiner Verlängerung nach Nordosten treten sie im Tal der Kleinen Dhron unterhalb Prosterath zu Tage, sind im Haardt-Wald bei Thalfang zu finden und erstrecken sich von dort Richtung Weiperath, Hundheim und Hochscheid. Der Härtling der Stronzbuscher Haardt lässt sich vom Tal der Kleinen Dhron bei der Dhron-Talsperre über das Tal der Großen Dhron und weiter nach Nordosten bis in das Kautenbach-Tal bei Pilmeroth verfolgen. Das von Nöring (1939) genannte Vorkommen südlich Zerf lässt sich ohne Mühe an den Taunusquarzit an der Saar anschließen. Die Züge von Dhrontal-Schichten im Osburger Hochwald sind kaum aufgeschlossen, da sie nicht von Tälern durchschnitten sind. Die „Dhroner Quarzite“ nördlich Cröv/Mosel gehören nicht dazu und sind jünger.

Stronzbuscher Haardt. Die beste Lokalität für die Dhrontal-Schichten liegt im Tal der Großen Dhron am rechten Talhang zwischen Harpelstein und Guckelstein westlich Horath (Bl. 6107 Neumagen-Dhron). Die Schichtenfolge besteht dort aus drei in sich uneinheitlichen Quarzit-Bankfolgen. Es sind Wechselfolgen von Quarziten, quarzitischen Sandsteinen und untergeordnet stark sandigen Tonschiefern. Sie werden durch zwei mächtigere sandige Tonschiefer-Folgen voneinander getrennt. Dieser Schichtverband erreicht eine Mächtigkeit von >700 m. Aus der untersten Bankfolge stammt Kutscher's (1935, 1937) Siegen-Fauna. Dieser Verband umfasst nur den obersten Abschnitt der Dhrontal-Schichten, da sie im stratigraphisch Liegenden von einer Nordost-Südwest streichenden Überschiebung begrenzt werden. Dieser Befund gilt für alle Vorkommen der Dhrontal-Schichten im westlichen Hunsrück. Daher muss mit höheren Originalmächtigkeiten gerechnet werden. Über die Größenordnung des Verlustes liegen jedoch nur Vermutungen vor, da das stratigraphisch Liegende nirgends zu Tage tritt.

Die Abgrenzung der Dhrontal-Schichten zum Hangenden gegen die jüngeren Hunsrückschiefer, hier die Zerf-Schichten, ist erschwert, da es sich wie beim Taunusquarzit um eine Faziesgrenze handelt. Eine lithostratigraphische Grenze zum Hangenden bietet sich am Top der obersten Quarzit-Bankfolge im Großen Dhron-Tal am Harpelstein an und sollte auch für die übrigen Vorkommen gelten.

Die Quarzit-Bankfolgen enthalten deutlich gebankte, graue bis grünlichgraue, auch blaugraue echte Quarzite. Die farbliche Entwicklung zur Höhe mit Bleichung und Rotfärbung entspricht jener, die SOLLE beschrieben hat. Die Mächtigkeit der einzelnen Bänke innerhalb der Bankfolge überschreitet selten 0,5 m und liegt in der Regel bei 0,3 m. Der Quarzkorn-Anteil in den Quarziten ist hoch und erreicht bis 90%. Der Anteil an Hellglimmer und Matrix ist relativ gering. Vereinzelt kommen Plagioklas-Individuen vor. Detritische Hellglimmer finden sich auf den Schichtflächen und auch im Quarz-Kornverband eingeschlossen. Die Korngröße der Quarzite liegt überwiegend im Feinsand-Bereich. Korngefüge, undulöse Auslöschung und die Verwachsung der Einzelkörner entsprechen dem Taunusquarzit. Feinkonglomerate und Grobsandsteine sind bisher nicht bekannt. Dafür sind in einzelnen Bänken Tonflatschen und Tongallen enthalten, die für lokale Aufarbeitung und Umlagerung bei relativ flachem Wasser sprechen. Die Verhältnisse ähneln somit jenen im Oberen Taunusquarzit. Allerdings tritt die im Taunusquarzit häufige Schrägschichtung kaum auf. Dafür findet sich hier meist horizontale Parallelschichtung. Die Grenzen der einzelnen Bänke zum Liegenden und Hangenden sind scharf. Gradierte Schichtung kommt kaum vor. Auch Erosionserscheinungen im Kontakt zum Liegenden oder Rinnenbildung sind nicht bekannt.

Die Tonschiefer zwischen den Quarzit-Bänken und -Bankfolgen bestehen aus sandigen, deutlich geschieferten Ton- und Siltsteinen. Mit zunehmendem Sand-Anteil, der meist unentmischt in den Tonschiefern enthalten ist, verliert die Schieferung ihre parallelflächige Anordnung. Die einzelnen Schieferflächen umschließen dann kleine linsenartige Körper und Flasern. Die Ausbildung solcher Flasern ist hier u. a. auch Ausdruck der tektonischen Entmischung von Sand- und Ton-Anteil im Gestein und abhängig vom Sand/Ton-Verhältnis. „Flasern" treten vor allem bei Vorherrschen der tonigen Komponente auf, wobei linsige eingeschlossene Sandkörperchen entstehen. Deren Rolle wird bei Vorherrschen der sandigen Komponente von linsigen Tonkörperchen übernommen. Bei einem Sand/Ton-Verhältnis von 1:1 kann der Ausdruck „Flaser" sowohl auf die Sand- als auch auf die Tonlinsen bezogen werden. Bei der Dicke der Flasern lassen sich sowohl fein- als auch mittel- oder breitgeflaserte (cm-Bereich) Gesteinstypen unterscheiden. Es ist häufig schwierig, sedimentäre von tektonischer Flaserung zu unterscheiden. Viele der geflaserten Gesteine in den Dhrontal-Schichten zeigen im Anschliff schmale, hellgraue sandige Bänder und unregelmäßige Linsen in einer dunklen tonigen Matrix. Dabei sollte es sich um eine primäre Bänderung oder Flaserung handeln. Meist ist es auch eine durch die 1. Schieferung (s_1) überprägte Strömungsrippelschichtung, die Gezeiteneinflüsse im Flachmeer anzeigt.

Die übrigen Vorkommen. Die relativ gut überschaubaren Lagerungsverhältnisse in den Dhrontal-Schichten, insbesondere bei den Quarziten, erleichtern Rückschlüsse auf die nicht aufgeschlossenen zentralen Bereiche der Härtlinge. Allenthalben ergibt sich, dass im sonst nicht erschlossenen Kernbereich der Härtlinge eine größere Massierung der Quarzite herrscht. Vom Zentrum lösen sich nach Nordosten und Südwesten die Quarzit-Bankfolgen zu Gunsten der Tonschiefer auf. Das zeigt sich bei der Verfolgung der „Dhroner Quarzite" vom Tal der Großen zum Tal der Kleinen Dhron nach Südwesten, jedoch auch vom Veldenzer Hinterbach bei Annaberg in Richtung Pilmeroth und Kautenbach-Tal im Nordosten. Verbunden mit dieser Entwicklung ist die Auswirkung auf die Morphologie: Nur dort, wo eine Massierung der Quarzite zu erwarten ist, finden sich die größten Höhen über NN auf den Härtlingen.

2.2.2.2.7.3 Fossilinhalt

Biostratigraphie. Wenn auch KUTSCHER (1937) und NÖRING (1939) zahlreiche Fundpunkte aus den Dhrontal-Schichten anführten, so sind es insgesamt gesehen doch relativ wenige. Die bekannten gestatten zwar lokal Aussagen zu den im Fundgebiet anstehenden Schichten, eine systematische biostratigraphische und palökologische Arbeit ist jedoch durch diesen Mangel erheblich erschwert. Immerhin gestatten sie einige Rückschlüsse. Das bedeutendste, artenmäßig jedoch recht kümmerliche Vorkommen vom Harpelstein (KUTSCHER 1937: 227; Bl. 6107 Neumagen-Dhron) westlich Horath ist gekennzeichnet durch das Auftreten von

Favosites sp., *Pleurodictyum* sp., *Kochia capuliformis*, *Pterinea* sp., *Acrospirifer primaevus*, *Hysterolites hystericus*, *Alatiformia affinis*, großschalige Stropheodonten (*Platyorthis circularis*, *Meganteris ovata*) und Crinoiden-Reste, die in der sandigen Fazies der Dhrontal-Schichten allgegenwärtig sind.

Die Mehrzahl der übrigen Fossilvorkommen liegt in dem nächst südöstlich gelegenen Zug von Dhrontal-Schichten, der sich von Zerf über den Osburger Hochwald nach Weiperath und weiter nach Nordosten zieht (Osburger Hochwald- und Morbacher Schuppenzone). Eine relativ reiche Fauna stammt von einem Fundpunkt nordwestlich Reinsfeld (Bl. 6307 Hermeskeil). Nöring (1939) sah hier Anklänge an die Seifener Fauna durch das Vorkommen von *Uncinulus frontecostatus*. Das Vorkommen grobschaliger Stropheodonten bestätigt diese Auffassung und gestattet den Brückenschlag zur Fauna vom Harpelstein im Norden und auch zur Seifener Fauna vom „Niveau Katzenloch" imSüden. Eine ähnliche Fauna beschrieb Nöring auch vom Rösterkopf im Osburger Hochwald und versuchte, mit Hilfe von *Crassirensselaeria crassicosta*, *Rhenorensselaeria strigiceps* und *Tropidoleptus rhenanus* eine Unterscheidung zwischen Mittel- und Obersiegen-Faunen zu etablieren. Danach würden die vorstehend beschriebenen Schichten und Fundpunkte der Dhrontal-Schichten eher zur Mittleren Siegen-Stufe („Rauhflaser-Gruppe") gehören.

Palökologie. Zusammenstellung und Auswertung sämtlicher bisher veröffentlichten Faunenlisten aus den Dhrontal-Schichten ergeben im Großen ein zwar ähnliches, im Detail jedoch abweichendes Bild vom Taunusquarzit. Insgesamt ist die Zahl der Faunenfundpunkte wesentlich geringer als in den weiter südlich gelegenen Fundpunkten in Idar- und Hochwald. So stehen den 750 Nennungen dort nur etwa 200 aus dem Osburger Hochwald und der Stronzbuscher Haardt gegenüber. Ein zahlenmäßiger Vergleich mit Lützelsoon, Soonwald und Oberem Mittelrhein-Tal verbietet sich wegen des Schwerpunktes Lützelsoon.

Die Daten aus dem westlichen Hunsrück beschränken sich auf Funde von Opitz (1932), Kutscher (1935–1937) und Nöring (1939). Trotzdem deckt sich die Zahl der Nennungen von Brachiopoden-Arten aus den Dhrontal-Schichten mit etwa 55%, davon etwa 42% Spiriferida, anteilmäßig weitgehend mit den Daten aus dem Verbreitungsgebiet des Taunusquarzits. Die Bivalvia sind mit 14% allerdings wesentlich seltener vertreten als im Taunusquarzit. Dafür sind die Gastropoden mit ca. 15% häufiger, unter ihnen ebenfalls mit ca. 90% „*Bellerophon*"- und *Bucanella*-Arten. Hier spiegelt sich räumlich von Süden nach Norden jener Trend wider, der schon im Übergang vom Oberen Taunusquarzit zu den Darustwald-Schichten zum Ausdruck kam. Allerdings sind hier im Norden Konzentrationen von Gastropoden zu „*Bellerophon*"-Bänken wie im Südost-Hunsrück und am Oberen Mittelrhein bisher nicht bekannt. Dieser eher als küstenferner zu deutende Befund wird auch durch spärlicheres Auftreten von Tentakuliten, die als küstennäher gelten, mit nur 1–2% am gesamten Faunenspektrum unterstrichen. Hinzu kommt vermehrtes Auftreten von *Pleurodictyum* sp. und auch von Crinoiden mit 3–4%. Die Trilobiten-Reste halten sich mit etwa 2% in ähnlichem Rahmen wie beim Taunusquarzit.

Es gilt generell, dass die Fauna der Dhrontal-Schichten jener des Taunusquarzits als von Brachiopoden dominierte „rheinische Biofazies" gleicht, im Einzelnen jedoch Modifizierungen aufweist. Hier sind es insbesondere die Bivalvia. Fast alle Gattungen, z. T. auch Arten mit Ausnahme von *Prosocoelus pes anseris*, *Palaeoneilo* sp. und *Leiopteria* sp., die vom Taunusquarzit bekannt sind, treten auch hier auf, wenn auch weniger häufig.

G. Fuchs (1982) stellte im Eifeler Anteil des Rheinischen Troges eine Entwicklung vom landnahen Küstenbereich im Norden über das küstennahe Flachmeer zum küstenferneren nach Süden fest. Diese Entwicklung vollzieht sich im Hunsrück spiegelbildlich. Der landnahe Bereich ist im südlichen Randbereich des Troges nicht repräsentiert, der küstennähere Flachmeerbereich (Taunusquarzit) geht von Süden nach Norden in den küstenferneren (Dhrontal-Schichten) über.

Generell ergibt sich für die Dhrontal-Schichten ein modifizierteres palökologisches Bild gegenüber dem Taunusquarzit. Abweichend von diesem sind aus dem Verbreitungsgebiet der

Dhrontal-Schichten kaum Lebenspuren in Form von Wohnbauten, Fraßspuren u. a. bekannt. Auch Reste von „Fischen" sind mit Ausnahme von *Machaeracanthus* sp. selten.

Bei der Frage, ob die „Dhroner Quarzite" das Unterlager der Hunsrückschiefer oder eine Einlagerung in ihnen sind zeigt sich, dass Beides in unterschiedlichem Sinn zutrifft. Das gilt sowohl für die Ansicht, dass die „Dhroner Quarzite" ein stratigraphisches Äquivalent des Taunusquarzit im Liegenden der Hunsrückschiefer seien als auch für die, sie zum Hunsrückschiefer zu zählen. Falsch ist LEPPLA's Ansicht, dass sie in die mittleren Hunsrückschiefer gehören.

Uneinigkeit bestand bis in jüngere Zeit bei der Antwort auf die Frage, ob Taunusquarzit und Hunsrückschiefer als zeitkonstante Schichtpakete übereinander liegen, wie dies seinerzeit KOCH im Taunus und GREBE im Hunsrück eingeführt hatten. Fasst man beide Schichtglieder als sich verzahnende, ähnlich alte Verbände in unterschiedlichen Bildungsräumen auf, so löst sich das Problem relativ leicht. Aufgrund des relativ geringeren Quarzit- und höheren Tonschiefer-Anteils und des lateralen Übergangs in von Tonschiefern dominierte Schichtverbände sind die Dhrontal-Schichten eher ein Teil der Hunsrückschiefer-Lithofazies mit Siegen-Alter und damit z. T. auch ein fazielles Äquivalent des küstennäheren Taunusquarzits. Ähnlich sah dies wohl schon SOLLE (1950: 348).

2.2.2.3 Hunsrückschiefer (Siegen und Unterems)

2.2.2.3.1 Historische Aspekte und Definitionen

Grundsätzliches. Vor ca. 130 Jahren definierten GREBE (1881) für den Hunsrück und KOCH (1881) für den Taunus die Hunsrückschiefer. Beide folgten bei dem Terminus „Hunsrückschiefer" DUMONT (1848), der den Begriff „hundsrückien" für die über dem Taunusquarzit („taunusien") gelegenen Tonschiefer eingeführt hatte.

Zur Klärung des bis heute diskutierten Hunsrückschiefer-Problems (GAD 2006) erscheint es wichtig, die von KOCH (1881: 206) aufgestellte Definition gekürzt wiederzugeben: So „lagert auf dem Taunusquarzit eine sehr mächtige Ablagerung von blaugrauen Schiefern (...); auch untergeordnete sandsteinartige Bänke liegen zwischen den Schiefern und werden von festerem, kieseligem Bindemittel zu förmlichen Quarziten (...); auch sind dieselben in der Regel sehr glimmerreich". Da diese „Schiefer" linksrheinisch einen großen Teil des Hunsrücks einnehmen, schien ihm „der Name Hunsrückschiefer für diese Formation als passend gewählte Bezeichnung." Er revidierte damit ausdrücklich die früher verwendete Bezeichnung „Wisperschiefer" (tu_w), die für ihn gleichbedeutend war mit Hunsrückschiefer. Als Untergrenze sah er in einem ehem. Steinbruch im Daisbach-Tal bei Niederselbach/ Taunus einen etwa 1,2 m mächtigen eisenreichen Horizont an der Basis der Tonschiefer an. Da es sich hier jedoch offensichtlich nicht um ein sedimentäres Auflager, sondern eher um einen Störungskontakt handelt, legte er einen Grundstein für das Problem der stratigraphischen Abgrenzung gegen das Liegende. Anders war es bei der Obergrenze. Hier musste er zugeben, dass die „obere Grenze (...) durch mannigfaltige Gestaltung (...) nicht immer deutlich" sei, „zumal die auflagernden Partien des Unterdevons ebenfalls Schieferzüge enthalten." Auch waren ihm fazielle Unterschiede innerhalb der Hunsrückschiefer bewusst, wenn er die „Asterien-Schiefer von Bundenbach" als besondere „Facies" besonders herausstellte.

GREBE (1881) benutzte den Begriff „Hunsrückschiefer" weniger präzise: „In größerer Breite und Ausdehnung treten zwischen den Quarzitrücken, südlich und nördlich davon, dunkle blaugraue und schwärzliche Thonschiefer auf, die am geeignetsten als Hunsrück-Schiefer zu bezeichnen sind".

LEPSIUS (1887–1892) stellte den Hunsrückschiefer als eigene Stufe mit der „étage hundsrückien" (DUMONT 1848) zum Teil und mit dem „Wisperschiefer" im Taunus gleich, ohne die

Grenzen anzusprechen. Außerdem wies er auf Dach- und Griffelschiefer hin und betonte die Seltenheit von Versteinerungen. Für die Hunsrückschiefer leitend galten bei ihm „*Phacops*“ *ferdinandi* (heute: *Chotecops f.*) und „*Homalonotus*“ *planus* (heute: *Parahomalonotus planus*). Auch er kannte bereits die faziellen Unterschiede zwischen der „sandigen Facies“ im unteren und der „thonigen“ im Hunsrückschiefer. Bezüge zu den Arbeiten von Koch (1881) und Grebe (1881) fehlen.

A. Fuchs (1907) versuchte die Hunsrückschiefer am Oberen Mittelrhein in „4 Horizonte“ bzw. „Zonen“ zu gliedern. So unterteilte er die über dem Taunusquarzit folgenden „Hunsrückschichten“ vom Liegenden zum Hangenden in den „Horizont mit „*Spirifer*“ *explanatus*“ (heute: *Brachyspirifer e.*) oder „Lorchhauser Horizont“ aus reinen Tonschiefern mit „Grauwackenschiefern, Grauwackensandsteinen und selten quarzitischen Bänkchen“; als Typuslokalität wählte er das Wolfsloch an der Kammerburg im Wispertal (Bl. 5913 Presberg); den „Sauerthaler Horizont“ aus reinen Tonschiefern mit reichlich Lagen von „Grauwackenschiefern“ und „Grauwackensandsteinen“; als Typuslokalität galt u. a. das Rheintal südlich Kaub; den „Horizont mit „*Agoniatites*“ *falcistria* (heute: *Mimagoniatites f.*) oder „Cauber Horizont“ aus vorwiegend dunklen Tonschiefern mit vereinzelt „rauhen Grauwackenschiefern“ und sehr selten „Grauwackenbänkchen“; zur Typuslokalität wählte er die „Hauptlagerstätte des Cauber Dachschieferbergbaus“; und die „Zone mit „*Spirifer*“ *mediorhenanus* (heute: *Alatiformia*), „*Spirifer*“ *assimilis* (heute: *Euryspirifer*) und den „Haupt-*reticularis*-Bänken“ oder „Bornicher Horizont“, ein mindesten 225 m mächtiger Schichtverband „flaseriger, dickbankiger, transversalschiefriger Grauwacken und Grauwackenschiefer. Reine Tonschiefer sind sehr selten, auch selten Quarzite (...); paläontologisch und petrographisch sich eng an den oberen Hunsrückschiefer anschließend“.

Zu den „Bornicher Schichten“ zählte A. Fuchs (1907) zahlreiche Vorkommen, u. a. die Quarzite des Loreley-Felsens und die „Grauwacken des Dhrontales“ im Hunsrück. Diese Meinung wurde erst von Kutscher (1935, 1937) revidiert. Überlagert wurde diese mehrgliedrige Hunsrückschiefer-Schichtenfolge durch die „Basis der Untercoblenzschichten = Zone des *Prosocoelus beushauseni* und der Cypricardellen-Bänke, die späteren Spitznack-Schichten. Alle seine Schichtglieder kennzeichnete A. Fuchs abgesehen von der Lithofazies durch Angabe jeweils typischer Faunengesellschaften aus Brachiopoden und Bivalvia. 1930 wehrte sich A. Fuchs gegen andersartige Darstellungen insbesondere von Holzapfel.

Diese mittelrheinische Gliederung hatte für die Hunsrückschiefer im Hunsrück erhebliche Bedeutung. Auf die stratigraphische Richtigstellung der „Dhroner Quarzite“ wurde bereits hingewiesen. Sie war auch die Grundlage für die Gliederung in Sauerthal-, Kaub- und Bornich-Schichten, die auch auf die Untersuchungen von Nöring (1939) Einfluss hatten. Er unterteilte die Hunsrückschiefer im westlichen Hunsrück in „Zerfer“ und „Kauber“ ohne „Bornicher Schichten“. Mit Holzapfel muss kritisch hinzu gefügt werden, dass im gesamten Mittelrhein-Profil nördlich Niederheimbach in keiner Lokalität echterTaunusquarzit als unmittelbares ungestörtes Unterlager der Hunsrückschiefer vorkommt. Andererseits existieren bei Oberwesel und Kamp-Bornhofen Schichtverbände in Hunsrückschiefer-Fazies mit Siegen-Alter (A. Fuchs 1899, Mittmeyer 1973, 1996). Die Funde von *Acrospirifer primaevus* im Forstbach-Tal südöstlich St. Goarshausen durch A. Fuchs (1899) hätten ihn selbst auf die faziellen Unterschiede innerhalb der Siegen-Stufe aufmerksam machen und auf die Idee bringen können, dass die Hunsrückschiefer-Fazies durchaus zeitliche Äquivalente zum Taunusquarzit haben kann.

1930 versuchte A. Fuchs das „Hunsrückschiefer-Problem“ erneut zu lösen und wies die Parallelisierung mit Tonschiefern des Untersiegen in der „Siegener Normal-Fazies“ zurück. Dass auch Hunsrückschiefer von Untersiegen-Alter möglich sind, wies Gad (2005) mit Hilfe von Miosporen nach. Der Begriff „Hunsrückschiefer“ sollte allein auf die Beckenfazies des Rheinischen Troges angewendet werden. Bei der Verbreitung und Ausbildung der Siegener Schichten in der Ost-Eifel zeigte (Henke 1933) entsprechende fazielle Zusammenhänge auf.

Dieser Sachverhalt wurde lange nicht anerkannt, obwohl W. Meyer (1965) ihn erneut herausgestellt hatte.

Solle (1950) versuchte, dieses stratigraphische Problem über die Fauna zu klären, indem er der Siegen-Stufe eine vierte Einheit hinzufügte, die über der Herdorf-"Gruppe" angesiedelte „Ulmen-Gruppe" (Ulmen in der Eifel). Hier hinein stufte er die Hauptmasse der Hunsrückschiefer, die somit oberstes Obersiegen-Alter hatte.

Heutige Auffassung. Diesem Zustand stratigraphisch fazieller Uneinigkeit versuchte Mittmeyer (1974) ein Ende zu setzen, indem er die Grenze Siegen/Unterems im rheinischen Faziesraum mit dem Aussterben der Leitform *Acrospirifer primaevus* und dem Einsetzen von *Acrospirifer (Spirifer) fallax* sowie mit dem Auftreten der Arduspiriferen definierte. Da allerdings im Faziesraum des rheinischen Unterdevon in Hunsrück und Eifel bisher kein *Acrospirifer fallax* sicher nachgewiesen werden konnte (vgl. Kölschbach et al. 1993), benutzte Mittmeyer (2008) das erste Auftreten des *Acrospirifer eckfeldensis* als Grenzkriterium, weiterhin des *Euryspirifer assimilis assimilis*, der die gesamte Ulmen-Unterstufe durchhalten soll, sowie das Einsetzen von *Euryspirifer ass. gracilicosta* und *Arduspirifer arduennensis initiator*. Allerdings sind alle diese Unterarten nicht ausreichend beschrieben (Kurzbeschreibungen z. T. Mittmeyer 2008: 201, Taf. 1). Hinzu kommt das Erlöschen anderer Siegen-Formen wie *Crassirensselaeria crassicosta* und *Rhenorensselaeria strigiceps* und das vermehrte Auftreten von *R. demerathia* in der Unterems-Stufe. Damit entfällt Solle's Argument der Mischfauna und die Ulmen-Unterstufe („Gruppe") gehört seitdem zur Unterems-Stufe. Die „Hauptmasse der Hunsrückschiefer" sensu Solle hat seitdem Unterems-Alter. Für jene Tonschiefer-Verbände vom lithologischen Typ Hunsrückschiefer, die älter oder jünger als Ulmen-Unterstufe sind, schlug Mittmeyer (1980a) vor, dass alle zur Ulmen-Unterstufe gehörenden Schichtverbände in Hunsrückschiefer-Fazies als „Hunsrückschiefer s. str." (i. e. S.) und alle älteren bzw. jüngeren als „Hunsrückschiefer s. l". (i. w. S.) bezeichnet werden sollten.

Die Hangendgrenze der Hunsrückschiefer s. str. bzw. die Grenze Ulmen-/Singhofen-Unterstufe reicht unter Einbeziehung der Argumentation von Rösler (1956) bis zum Auftreten von *Pseudoleptostrophia dahmeri* („*Leptostrophia*"). Dadurch ergab sich bei Mittmeyer (in: W. Franke 1998, LGB 2005) eine erhebliche Ausweitung der Hunsrückschiefer s. str. zum Hangenden bei gleichzeitiger Zuordnung zur Ulmen-Unterstufe. Neuerdings definierte Mittmeyer (2008: 170) als „Singhofen den Zeitabschnitt zwischen dem Erscheinen von *Euryspirifer assimilis latissimus*, ersatzweise von *Pseudoleptostrophia dahmeri* s. str. in größerer Häufigkeit" bis zum Erscheinen von *Arduspirifer arduennensis latestriatus*.

Die gut fassbare Zeitmarke des Einsetzens der „Mittelrhein-Porphyroide" darf danach nicht mehr mit der Grenze Ulmen-/Singhofen-Unterstufe gleichgesetzt werden (Kirnbauer 1991). Aus der Kenntnis der Schwierigkeiten für eine Grenzziehung in diesen einheitlich schiefrigen Schichtverbänden hatten W. Meyer & Stets (1996) sich dem Vorschlag von Anderle (1987) angeschlossen, die Porphyroide führenden schiefrigen Schichtverbände der Tradition gemäß weiter als „Singhofener Schichten" oder „Singhofen-Schichten" und damit als lithostratigraphische Einheit zu bezeichnen.

Solle (1950) stellte außerdem heraus, dass die Grenze Taunusquarzit/Hunsrückschiefer eine reine Faziesgrenze ist. Der Hunsrückschiefer ist somit vor allem eine lithofazielle Einheit mit allen Variationsmöglichkeiten und stellt linksrheinisch die für das tiefere Unterdevon (Obergedinne (?), Siegen und tieferes Unterems) typische Beckenfazies des Rheinischen Troges mit der Hauptverbreitung zwischen der Siegen-Mayener Hauptüberschiebung im Norden und dem Südost-Rand des Hunsrücks dar. Zu den Hauptverbreitungsgebieten zählen vor allem Hunsrück und Taunus, auch Teile der Südost-Eifel und des rheinnahen Westerwaldes. Die angegebene Zeitspanne seiner Entstehung ist jenes Intervall von ca. 10 Ma, in dem nach W. Meyer & Stets (1980; auch: Stets & A. Schäfer 2002, 2011) im Rheinischen Trog noch eine relativ großzügige Gliederung in Schwellen und Becken bei erheblicher Subsidenz herrschte, bevor im Oberems beginnend eine kleinräumigere, stärker differenzierte Gliederung in Schwellen und Becken einsetzte. Die Beckenfazies der Hunsrückschiefer grenzt im Norden an die „Siegener Normalfazies", im Unterems an die Schichtverbände des „Grauen klastischen Unterems" (W. Meyer 2013) evtl. später auch an die Fazies der Klerf- und Nellenköpfchen-Schichten des höheren Unterems.

Vor allem sollte der Begriff „Hunsrückschiefer" nicht in die starren Regeln der nationalen und internationalen stratigraphischen Nomenklatur (Gad 2006) gepresst werden. Diese gelten bevorzugt für gut definierbare bio- und/oder lithostratigraphische Einheiten, in diesem Fall von der Formation aufwärts. Beispiele hierfür sind im Hunsrück z. B. die Zerf- und Kaub-Schichten. bzw. am Oberen Mittelrhein die seit langem gebräuchlichen Begriffe Sauerthal-, Bornich- und Kaub-Schichten, resp. die neuen Formationsbezeichnungen. Eine neue Variante zur Gliederung der Hunsrückschiefer legten Elkholy & Gad (2006: 66) vor: in die **Hunsrückschiefer-Gruppe**, d. i. jener Abschnitt zwischen dem Taunusquarzit und den „in die Sedimentgesteine des Unter-Ems eingelagerten Porphyroide" mit Typusgebiet im Taunus und im südöstlichen Hunsrück bei einer Gesamtmächtigkeit von ca. 3000 m, und in die **Wied-Gruppe**, eine lithostratigraphische Einheit mit tektonisch gestörter unbekannter Untergrenze an der Siegen-Mayener Hauptüberschiebung und einer Reichweite bis an die Porphyroide bei einer Mächtigkeit von mehr als 7000 m. Auch diese Gliederung beinhaltet Schwierigkeiten, da die Porphyroide in Hunsrück und Eifel keine allgemeine Verbreitung besitzen. Auch ist eine Gleichzeitigkeit der einzelnen Porphyroid-Horizonte und ihre Parallelisierung untereinander seit den Ergebnissen von Kirnbauer (1991) über Strukturgrenzen hinweg nicht möglich. Für weite Teile des Hunsrücks ist sie mangels Porphyroiden nicht anwendbar. Auch lässt sich dort keine Obergrenze angeben. Es bleibt damit heute am besten eine Beschreibung der Hunsrückschiefer als Beckenfazies unter Einbeziehung kleinerer Einheiten.

2.2.2.3.2 Biofazies

Eine Faunenzusammenstellung aus den Arealen im Hunsrück, die von Hunsrückschiefer s. str. (Ulmen-Unterstufe) eingenommen werden, zeigt eine deutliche Aufteilung in zwei Faunengemeinschaften mit deutlicher Faziesabhängigkeit.

Die Brachiopoden-Crinoiden-Paläogemeinschaft. Ein Beispiel, das den Gegensatz zwischen der Biofazies der sandigen und der eher tonig-schiefrigen Schichten darstellt, beschrieben Kutscher & Horn (1962) aus dem Leimbach-Tal bei Bacharach nördlich der ehem. Dachschiefer- Grube „Gute Hoffnung" (Bl. 5912 Kaub). In der Wechselfolge von dunkelgrauen Tonschiefern und Quarzitbänkchen, die den Kaub-Schichten zuzuordnen sind, sind Fossilien getrennt nach der Lithofazies zu finden. Brachiopoden, Crinoiden-Reste und Tentakuliten sind auf die Quarzitbänke beschränkt, während die Tonschiefer ausschließlich „*Chondrites*" enthalten. Die Brachiopoden kommen z. T. als Schalenpflaster vor, z. T. sind sie auch als Schill durcheinandergeworfen oder vereinzelt im Sediment zu finden. Die Schalen sind teilweise zerbrochen, auch stecken sie manchmal „schachtelförmig ineinander" (S. 136). Außerdem kommen Crinoiden-Reste vor und gut erhaltene Tentakuliten zusammen mit Fossildetritus sowie regellos eingelagerte Tonstein-Gallen oder -Fetzen. Zum Hangenden geht diese Fossilbank allmählich in Quarzit über, in dem nur mehr einzelne körperlich erhaltene Brachiopoden, Tentakuliten und Crinoiden-Reste in kalkiger Erhaltung enthalten sind. Das Schalenpflaster im unteren Teil dieser Bank besteht aus „dicht an dicht liegenden, mit der Wölbung nach oben eingekippten Brachiopodenschalen, allerdings nur in einer einzelnen Lage" (S. 137). Die betreffende Bank ist 10–15 cm mächtig und wird von 0,4 m mächtigen dunkelgrauen Tonschiefern überlagert, bevor die nächste, etwa 1 cm mächtige Quarzit-Lage mit einzelnen Brachiopoden- und Crinoiden-Resten einsetzt. Bei den Fossilien handelt es sich um *Dalmanella* sp., „*Chonetes*" sp., „*Spirifer*" sp., *Tentaculites* sp.. Die Art der Anreicherung der Fossilien und Fossilreste erinnert an Tempestite.

Im Gegensatz zu den Quarziten waren in diesem Profil die reinen Tonschiefer ausschließlich von „*Chondrites*“ sp. besiedelt. An vielen Stellen waren die Tonschiefer völlig durchzogen von um 1 mm (Durchmesser) messenden, häufig verzweigten oder strahlenförmig um ein Zentrum angeordneten Gängen. Auch größere, kaum verzweigte oder strahlenförmige Gänge mit Durchmessern bis 5 mm kamen vor. Die Bauten sind auf das ehem. tonige Sediment beschränkt. Offensichtlich handelt es sich hierbei um Normalsedimente, die hin und wieder von Sturmereignissen gestört wurden. Dabei wurden die Bewohner des sandigen Substrats „entwurzelt“ und mit dem Substrat, auf dem sie siedelten, zusammengeschwemmt.

Abgesehen von diesem kleinen Beispiel finden sich zahlreiche weitere Vorkommen dieses Typs im Hunsrück.

Die Echinodermen-Arthropoden-Paläogemeinschaft. Mit der Dachschiefer-Fazies, insbesondere bei Bundenbach und Gemünden im Hunsrück, steht der sandigen „Normal“-eine betont tonige Lithofazies gegenüber. Manche Bearbeiter möchten daher den Begriff „Hunsrückschiefer“ ganz auf diese beschränken, die auch als Fazies der schwarzen bis blauschwarzen „Schlammsteine“ bezeichnet wurde. Diese Fazies findet sich in zahlreichen Niveaus des rheinischen Unterdevons. Alle diese Vorkommen sind sicherlich nicht zeitgleich. Außerdem hat nur die dunkle Tonstein-Fazies der Hunsrückschiefer aus dem Raum Gemünden und Bundenbach die typische Dachschiefer-Fauna geliefert. Aufgrund ihrer Schwefelkies-Erhaltung, die auch feinste Einzelheiten des Weichkörpers nachzeichnet, hat sie in vielen hervorragend präparierten Exemplaren Aufnahme in naturkundlichen Sammlungen und Museen gefunden. Sie gilt daher vielfach als die „Hunsrückschiefer-Fauna“ schlechthin, ist jedoch nur eine spezielle Variante. Ihr fehlen bis auf wenige Formen Brachiopoden weitgehend, dagegen wird sie von Crinoiden, See- und Schlangensternen und unterschiedlichen Arthropoden beherrscht. Sie wird hier als „Echinodermen-Arthropoden-Gemeinschaft“ im Sinne einer Paläocommunity bezeichnet. Aufgrund der z. T. hervorragenden Erhaltung weist sie eher auf einen Stillwasserbereich als Lebensort hin.

Die Sonderstellung wird bei der listenmäßigen Erfassung dieser Fauna aus der Literatur mit etwa 250 Arten deutlich. Den überwiegenden Anteil nehmen mit 55–60% Echinodermen ein; ihnen folgen mit mehr als 10% Arthropoden mit einer Vielzahl spezifischer Formen. Die in der sandigen Normalfazies unter dem Rest aufgeführten Cephalopoden, Bryozoen, Spongien und „Quallen“ sind zusammen ähnlich häufig vertreten. Die Bivalvia spielen mit ca. 10% und die Brachiopoden mit ca. 5% aller Arten eine untergeordnete Rolle, ebenso wie die sonst häufigen Gastropoden.

Stratigraphische und biofazielle Konsequenzen. Für die stratigraphische Datierung kommen insbesondere Brachiopoden aus der „Brachiopoden-Crinoiden-Paläogemeinschaft“ in Betracht. Nach Mittmeyer (1980, 1982, 2008) sind für die Ulmen-Unterstufe typisch *Schizophoria provulvaria*, *Mauispirifer gosseleti*, *Alatiformia mediorhenana*, *Euryspirifer assimilis* s. l., *Arduspirifer arduennensis prolatestriatus* und *A. ard. antecedens* (vgl. jedoch Gad 2004a), *Cryptonella minor* und *Rhenorensselaeria demerathia*, die jedoch im Hunsrück fehlt.

Aus dem westlichen Hunsrück sind seit Nöring (1939) und aus dem Lützelsoon von Zinser (1963) Nennungen von *Acrospirifer primaevus* und *Hysterolites hystericus* auch aus Schichtverbänden oberhalb des Taunusquarzits aus den Zerf- bzw. Übergangsschichten bekannt. Hier ist also die Grenze Taunusquarzit/Hunsrückschiefer nicht identisch mit der Grenze Siegen/Unterems.

Schwieriger ist die stratigraphische Korrelation der beiden durch unterschiedliche Litho- und Biofazies gekennzeichneten Fazies der Hunsrückschiefer s. str. im Hunsrück. Arten, die eine Brücke zwischen beiden Fazies bilden können, sollen sein *Arduspirifer arduennensis prolatestriatus*, *Euryspirifer assimilis* s. str. und der sehr dünnschalige *Brachyspirifer explanatus* (Mittmeyer 1980). Aus der ehem. Dachschiefergrube „Eschenbach“ bei Bundenbach/Hunsrück wurden neuerdings auch *Incertia subincertissima*, *Euryspirifer assimilis assimilis*,

Arduspirifer arduennensis prolatestriatus Form A und *Oligoptycherynchus prodaleidensis* genannt, die eine Parallelisierung mit den Oberen Kaub-Schichten zulassen sollen (MITTMEYER 2008: 169). Allerdings wird eine „gelegentliche Vermischung mit Fossilien aus älteren, durch Abtrag umgelagerten Schichten (...) zur Zeit nicht" ausgeschlossen. Den Höhepunkt der marinen Entwicklung sah MITTMEYER (lit. cit.: 169) im „Bereich der Wende Untere/Mittlere Kaub-Schichten". Da hiermit die vollmarine Natur der „Dachschiefer-Fauna", die u. a. Vorläufer der Ammonoidea enthält, quasi eingeschränkt wird, erscheinen Zweifel angebracht.

Eine Brücke kann jedoch eine Fauna bilden, die SÜDKAMP (2007) westnordwestlich und nordöstlich von Bundenbach aus Haldenmaterial der Dachschiefergruben „Lingenbach" und „Karschheck" beschrieb und die er als „atypical fauna in the Lower Devonian Hunsrück Slate" bezeichnete. Es handelt sich um Lebensgemeinschaften aus rugosen Korallen, Bivalvia, Gastropoden, Trilobiten, Conularien, Brachiopoden und Crinoiden. Das Haldenmaterial stammt wohl nicht aus demselben Horizont innerhalb der Dachschiefer. Die Ablagerungsbedingungen beschrieb SÜDKAMP als „normal", gekennzeichnet durch monotone Tonschiefer ohne gröbere oder feinere Lamination. Die Fossilien der ehem. Grube „Karschheck" zeigten keinerlei Einfluss von Transport durch Strömungen. Bei den meisten Zweischalern sind beide Schalen in Lebendstellung erhalten, und „*Zaphrentis*" ist bis in Einzelheiten überliefert. In der ehem. Grube „Lingenbach" sind die Fossilien offensichtlich durch Transport angereichert, wie Crinoiden-Reste und Schalenfragmente bezeugen.

Nur aus den Kaub-Schichten bekannt sind aus der Fauna beider Vorkommen die Conularien. Hinzu kommen *Praecardium* sp., *Panenka* (*Puella*) *grebei*, *Ctenodonta gemuendensis*, *Mimagoniatites* cf. *falcistria*, *Viriatellina fuchsi*, *Arduspirifer arduennensis prolatestriatus*, *Euryspirifer assimilis*, *Brachyspirifer explanatus*, viele Crinoiden mit den bekannten Arten von *Acanthocrinus* weiter *Orthocrinus pinnatus*, *Culicocrinus spinatus*, *Ctenocrinus malcontractus*, *Gissocrinus vertebrachialis* sowie Bauten von *Chondrites palaeozoicus*. Typische Formen der klassischen Bundenbach-Fauna, wie die nicht sessilen Echinodermen, Schwämme, Ctenophoren und Cheliciformen, fehlen.

Im Vergleich mit der klassischen Bundenbach-Fauna zeigen sich weitere Unterschiede in „Karschheck" und „Lingenbach": Es treten häufiger *Parahomalonotus planus*, *Fenestella* sp. und Conularien auf; nicht bekannt von Bundenbach sind *Volgerophyllum karschheckensis*, *Brachyspirifer explanatus* und unter den Crinoiden *Ctenocrinus*, *Orthocrinus*, *Diammenocrinus stellatus* und *Acanthocrinus lingenbachensis*. In „Karschheck" sind weniger häufig Tentakuliten, *Chotecops ferdinandi*, *Praecardium* sp., *Panenka* (*Puella*) *grebei*, u. a.

Auch sind von den häufigeren Formen, wie den rugosen und tabulaten Korallen, den Gastropoden und articulaten Brachiopoden die Individuen allgemein größer und die Crinoiden robuster. Außerdem kommen „böhmische" zusammen mit „rheinischen" Faunen vor, was jedoch für diese Zeit nicht ungewöhnlich ist (ERBEN 1994, CARLS et. al. 1982). Beziehungen zum Wisper-Trog sensu MITTMEYER (1980) zeigen „*Rhipidophyllum vulgare*", *Volgerophyllum karschheckensis*, *Acanthocrinus rex* und *Culicocrinus spinatus*.

Im stratigraphischen Vergleich und für die Korrelation ergibt sich aus der aufgeführten Fauna, insbesondere der Brachiopoden, eindeutig eine Zugehörigkeit zur Fazies der Kaub-Schichten der Ulmen-Unterstufe. Dieses Ergebnis widerspricht den Darstellungen und Konstruktionen einer sog. „Kempfelder Mulde" von ECKE et al. (1985) und DITTMAR (1996), die von einem Singhofen- bis Vallendar-Alter ausgingen. Insgesamt jedoch zeigen die Ergebnisse, dass es keine einheitliche „Hunsrückschiefer-Fauna" – weder eine typische noch atypische – gibt, sondern dass, angepasst an die jeweils herrschenden unterschiedlichen ökologischen Bedingungen im „Hunsrückschiefer-Meer", auch unterschiedliche Lebensgemeinschaften existieren. Sie alle gehören in ein neritisches Flachmeer, das bei moderater Gliederung in großzügige Becken und Schwellen diese Lebensbedingungen bot.

2.2.2.3.3 Lithologie

Die Gesamtheit der Hunsrückschiefer besteht in Abhängigkeit von der jeweiligen paläogeographischen Position aus einer mehrere hundert bis mehrere tausend Meter mächtigen Wechselfolge unterschiedlich sandiger Tonschiefer mit eingeschalteten Quarziten von wenigen mm (Laminae, Bänder, Lagen) bis etwa 0,3 m Mächtigkeit (Bänke); selten ist es mehr sandiges Material. Andererseits sind mächtige Einlagerungen von Dachschiefer charakteristisch. Dabei handelt es sich um sehr gleich- und feinkörnige, sehr dunkle, bituminöse ehem. Tonsteine. Sie liegen heute engscharig geschiefert vor und lassen sich dünnplattig spalten. Diese Eigenschaft ist seit der Römerzeit im Trierer Land und im Hunsrück bekannt und geschätzt. Es führte bis in unsere Tage zu dem weitgehend einheitlichen und charakteristischen Ortsbild in Hunsrück und Hochwald.

Die Dachschiefer aus dem Dachschiefer-Zug Gemünden – Bundenbach – Kempfeld untersuchte Mosebach (1952, 1954). Die mineralogische Zusammensetzung der als typisch anzusehenden dunklen bis dunkel blaugrauen, auch schwarzen Tonschiefer ist relativ einheitlich mit 30–35% Quarz, 40–45% Muscovit (Serizit) und 20–25% Chlorit. Mosebach zählte Letzteren nach lichtoptischen Untersuchungen zur Gruppe der Prochlorite. Abgesehen von dem Spielraum, der durch die angegebenen Werte gesetzt ist, bestehen wenige Unterschiede in der mineralogischen Zusammensetzung der Hauptgemengteile. Als Akzessorien kommen hinzu Rutil (vorwiegend im „Muscovit"), Apatit (auch eingeschlossen in „Muscovit" und Chlorit) sowie Pyrit in unterschiedlichsten Größen. Hin und wieder werden Plagioklas-Individuen beobachtet und Karbonate, meist Dolomit in kleinen Rhomboedern. In Abhängigkeit von dieser Mineralgesellschaft und ihren geringen Schwankungen variiert die chemische Zusammensetzung wenig. So erreichen im Mittel SiO_2 ca. 55%, Al_2O_3 21,5%, FeO 7,5%, CaO 0–1%, MgO 2,5%, K_2O 3,5%, Na_2O 1% bei 4,5% H_2O. Dem Rutil ist ein TiO_2-Gehalt von 0,25% und dem Apatit ein P_2O_5-Gehalt von 0,1–0,7% zuzuschreiben. Auf hoch inkohlte organische Substanz geht ein Gehalt von 0,5–0,8% C_{org} zurück.

Selbst in engständig geschieferten Dachschiefern zeigt sich trotz feiner Körnung und straffer Gefügeregelung bei starker Vergrößerung u. d. M. ein langgestreckt linsiges Gefüge. Die schmalen Linsen werden von Schieferlamellen, die parallel zu den s-Flächen verlaufen, umschlossen. Sie können sich verzweigen und wieder zusammenschließen. Die Linsen bestehen aus einem Mineralgemenge aus Quarz, „Muscovit" (Serizit) und Chlorit; die Phyllosilikate besitzen durchschnittliche Blättchendurchmesser von 12–50 µm, im Mittel 20 µm, bei einer Dicke von 2–5 µm; einzelne Quarzindividuen sind langgestreckt parallel zur Schieferungsebene (s_1) und erreichen Korngrößen bis max. 20 µm; in den Linsen erreichen sie ähnliche Größen wie die Phyllosilikate; die Minerale in den Linsen erscheinen schwach geregelt bis ungeregelt; der „Muscovit" (Serizit) ist farblos bis bräunlich, die Chlorite sind farblos bis hellgrünlich und zeigen Pleochroismus; die Mehrzahl der Quarzindividuen soll nicht undulös auslöschen (?; Mosebach 1952, 1954). Die Schieferungslamellen bestehen nur aus gut eingeregeltem, farblosem bis bräunlichem „Muscovit" (Serizit) mit deutlichem Pleochroismus; die Plättchen-Dicke beträgt selten mehr als 2–5 µm; i. a. ist dieser „Muscovit" (Serizit) kleiner als jener der Linsen; er ist das einzige Mineral der Lamellen; Chlorit kommt nicht vor; ebenso fehlt Quarz. Mosebach schloss aus diesen Beobachtungen, dass die Minerale in den Linsen den Altbestand verkörpern, während die „Muscovite" (Serizite) auf den Lamellen Neubildungen im Zuge des Schieferungsprozesses seien.

Die dunkle Färbung der Dachschiefer geht auf den Gehalt an hoch inkohlter organischer Substanz (C_{org}) zurück. Allerdings nahm Mosebach (1952) anfangs noch an, dass die „typische dunkelgraue bis blaugraue Farbe der Dachschiefer (...) allein durch die dunkel gefärbten, geregelten Muscovite der s-Flächen erzeugt" wird. Andere hielten Pyrit für die färbende Substanz. Mosebach beschrieb dagegen „Mucovite" (Serizite) in den Linsen und auf den s-Flächen, die „Partikel opaker bis bräunlich kantendurchscheinender Substanz" (S. 238) mit Durchmessern von 2–4 µm einschließen. Nach Behandlung der „Muscovite“ (Serizite) mit Salzsäure und Königswasser ließ sich keine Veränderung des Farbtons erkennen. Erst nach Glühen des Rückstandes im Sauerstoffstrom bildete sich ein „schneeweißes Pulver“, womit die organische Substanz als Ursache der dunklen Färbung durch ihr Verschwinden nachgewiesen war.

Der Gehalt an akzessorischem Plagioklas wechselt offensichtlich von Ort zu Ort. So enthielten die Dachschiefer in den heute aufgelassenen Gruben bei Bundenbach und Kempfeld nur gelegentlich Anteile an Plagioklas, während aus der ehem. Grube „Abendstern“ bei Rhaunen eine relativ reichliche Plagioklas-Komponente angeführt wird. MOSEBACH führte das auf die allgemein gröbere Korngröße der Dachschiefer bei Rhaunen zurück.

Dachschiefer aus den Vorkommen bei Kaub /Mittelrhein, vom Kautenbach-Tal und bei Traben-Trabach vom rechten Moselufer dürfen zumindest lithologisch mit den Dachschiefern der Kaub-Schichten bei Bundenbach und Kempfeld gleichgestellt werden. Analysen ergaben sehr ähnliche Werten für diese Dachschiefer mit SiO_2 51–60%, Al_2O_3 20–25%, Fe_2O_3 1,2–2,7%, FeO 4,8–5,4%, CaO 0,4–1,2%, MgO 0,4–3,3%, K_2O 2,1–6%, Na_2O 0,7–1,2%. Zum Vergleich untersuchte milde Tonschiefer aus dem Hunsrückschiefer erbrachten bei sonst ähnlichen Werten aufgrund eines höheren Sandgehaltes stärker schwankende SiO_2-Werte von 50–66%.

R. HOFFMANN (1991b) untersuchte Material zweier Bohrungen in Tonschiefern der Hunsrückschiefer in der Fazies der Kaub-Schichten bei Bernkastel-Kues an einer Kernstrecke von insgesamt 225 m mit Durchmesser 12 cm. Dabei ergab sich, dass Quarz in den Siltschiefer- und quarzitischen Feinsandstein-Anteilen das Hauptmineral ist. In milden Tonschiefern wird diese Rolle von Phyllosilikaten eingenommen. Die Quarz-Körner zeigen im Gegensatz zu MOSEBACH (1952, 1954) undulöse Auslöschung; gelegentlich ist bei Quarzkorn-Aggregaten Subkornbau zu beobachten; Einschlüsse von Rutil-Nadeln im Quarz sind nicht selten. In feinsandigen Lagen kommt häufiger Plagioklas vor. Vertreten sind auch detritische Hellglimmer, die randlich Umwandlung in Chlorit zeigen; auch detritische Chlorite wurden beobachtet. Die Phyllosilikate erwiesen sich als Chlorit und Illit (Serizit, „Muscovit“). In den stärker sandigen Partien fanden sich im Schwermineral-Spektrum Zirkon, Turmalin, Rutil, Alterite, Chlorit und opake Minerale. Hinzu kommt ein mittlerer Karbonat-Gehalt um 12%, der lokal in sandigen Partien auch höhere Werte erreichen kann. Dabei handelt es sich um Dolomit mit 45% $MgCO_3$, der in den quarzitischen Sandsteinen als Zement zwickelfüllend, jedoch auch als Verdrängung von Plagioklas auftritt.

Dabei hat sich gezeigt, dass in den schwarzen „Schlammsteinen“ und in den sandigen Lagen der Hunsrückschiefer entlang der Mosel durch Zementbildung, Rekristallisation und Stoffumwandlung während Diagenese und beginnender Metamorphose erhebliche Veränderungen des primären Bestandes stattgefunden haben. Dazu gehören Quarz, Plagioklas, Hellglimmer, einzelne Chlorite sowie wechselnde Gehalte an Karbonat und Schwermineralen. Als Neubildung erwies sich nur in geringem Umfang Quarz, umfangreicher jedoch Illit (Serizit,“Muscovit“), Chlorit, Dolomit sowie Pyrit. Allerdings stehen beide Bohrungen in dem tektonisch stark beanspruchten Gebiet nordwestlich der „Mosel-Achse“, so dass mit Abweichungen bei den Mengenanteilen gerechnet werden muss, nicht jedoch beim Mineralbestand.

Den größten Teil des für die Hunsrückschiefer erstaunlich hohen Karbonat-Gehaltes in den Tonschiefern an der Mosel, der nur in frischen Aufschlüssen und Bohrungen im Gegensatz zu Tagesaufschlüssen erhalten ist, führte R. HOFFMANN (1991b) auf authigene Bildung aus migrierenden Porenwässern zurück. Dabei lässt sich der Ca-Anteil aus gelösten Schalenresten von Organismen oder aus umgewandeltem Plagioklas, der Mg-Anteil aus der Umsetzung von Tonmineralen und das CO_2 aus Tageswässern oder auch aus der Umbildung biogener organischer Substanz (C_{org}) herleiten.

Alle petrographischen Untersuchungsergebnisse galten relativ sandarmen Tonschiefern, die dem Stoffbestand der „schwarzen Schlammstein“-Fazies der Hunsrückschiefer entsprechen. Die Ergebnisse gelten jedoch nur quasi punktuell und wurden z. T. mit unterschiedlicher Untersuchungsmethodik gewonnen.

Die Mehrzahl der übrigen Gesteine der Hunsrückschiefer sind unterschiedlich sandige Tonschiefer. Ein entscheidendes texturelles Merkmal aller Tonschiefer ist die mehr oder weniger parallele Anordnung der Hauptablösungsflächen, der Flächen der Hauptschieferung (s-Flächen, s_1). In manchen Partien des Hunsrücks sind zwei Schieferungssysteme (s_1, s_2) ausgebildet. Das jüngere von beiden (s_2) hat das ältere (s_1) gefältelt und zerschert. Das führte bei den milden Tonschiefern zur Runzelung der s_1-Fächen (Runzelschieferung).

Bei höherem, primär schlecht entmischtem Sand-Anteil entstand bei der Schieferung im gesamten Verbreitungsgebiet ein auch makroskopisch sichtbares, deutlich linsiges Gefüge. Bei diesen „Flaserschiefern“ bestehen die Linsen aus unterschiedlich viel Quarz, feinblätterigem Muscovit (Illit, Serizit) und auch Chlorit. In unterschiedlicher Menge können in den Linsen Feldspäte, an der Zwillingslamellierung deutlich als Plagioklase erkennbar, vorkommen. Außer den Phyllosilikaten, die bevorzugt entlang der s-Flächen sekundär gesprosst sind und die 60–90% des Mineralanteils in den Tonschiefern ausmachen können, und Quarz treten lokal unterschiedlich häufig als Schwerminerale Rutil, Zirkon, Turmalin, Apatit und selten Monazit mit bis zu 2% des Mineral-Anteils auf. Hinzu kommen in unterschiedlichen Mengen-Anteilen opake Erzminerale. Vor allem ist Pyrit, gut auskristallisiert, als Framboide oder auch fein verteilt zu finden. Hinzu können Kupferkies, Zinkblende, Bleiglanz und Pentlandit vorkommen; seltener ist Magnetkies zu finden. Zur opaken Fraktion gehören insbesondere im Einflussbereich der Verwitterung die Oxide und Hydroxide des Eisens. Viele Tonschiefer erscheinen Karbonat-frei, andere enthalten Karbonat in Form von Kalkspat, Dolomit, Ankerit, evtl. auch Rhodochrosit.

Ein typisches Merkmal vieler Tonschiefer aus dem Hunsrückschiefer-Faziesbereich, auch gegenüber den Ton- und Siltsteinen der „Siegener Normalfazies“ oder des „Grauen Klastischen Unterems“, ist insbesondere für den kartierenden Geologen der „seidige Glanz“ auf den Schieferungsflächen, der von den sehr feinförnigen, auf den s-Flächen geregelt neu gebildeten „Muscovit“- (Serizit, Illit)-Individuen herrührt.

2.2.2.3.4 Die Hunsrückschiefer im regionalen Vergleich

2.2.2.3.4.1 Westlicher Hunsrück

Seit Nöring (1939) wird die Schichtenfolge im Hangenden von Dhrontal-Schichten und Taunusquarzit in Zerf-Schichten (unten) und Kaub-Schichten (oben) unterteilt. Der Begriff „Bornich- Schichten“, der am Mittelrhein eingeführt wurde und schon bei der Alterseinstufung der Dhrontal-Schichten (früher: „Dhroner Quarzite“) für Verwirrung gesorgt hatte, wurde von Nöring vermieden, wenngleich lithologische Ähnlichkeiten durchaus vorhanden sind.

Zerf-Schichten. Nöring (1939) definierte die tieferen Hunsrückschiefer: „Petrographisch stehen die Zerfer Schichten zwischen den „Dhroner Quarziten“ und den auf sie folgenden Kauber Schichten. Sie setzen sich hauptsächlich aus rauen Schiefern und schiefrigen Quarziten und Grauwacken zusammen. Reine Quarzite und reine Schiefer treten in ihnen nur sehr untergeordnet auf. (...) Die Zerfer Schichten bilden das Hangende der Oberen Siegen-Stufe und die Basis des Unterkoblenz. Sie sind vorzüglich in der Gegend von Zerf (Bl. Kell) aufgeschlossen und sollen deswegen als Zerfer Schichten bezeichnet werden“. Bei Nöring's „Grauwacken“ handelt es sich um meist quarzitische Sandsteine, denen ein größerer Anteil an Feldspat und/oder an Gesteinsbruchstücken fehlt.

Die bei Zerf angetroffenen Schichten gehören nach ihrer Fauna und den von Mittmeyer (1974, 1982, 2008) aufgeführten Kriterien in die Ulmen-Unterstufe (Unterems-Stufe). Die von Nöring lithologisch definierten „Zerfer Schichten“ grenzen mit deutlicher Faziesgrenze an die unterlagernden Dhrontal-Schichten, resp. den Taunusquarzit. Somit besteht durchaus die

Möglichkeit, dass Schichten in der Lithofazies der Zerf-Schichten auch bis in die obere Siegen-Stufe hinunter reichen können. In den Faunenlisten aus den Zerf-Schichten ergeben sich bei der häufigen Nennung des *Arduspirifer arduennensis* Unsicherheiten, da. die Unterarten *Arduspirifer ard. prolatestriatus* bzw. *Arduspirifer ard. antecedens* (vgl. Gad 2004a), die bis in die obere Siegen-Stufe hinab reichen, seinerzeit noch nicht unterschieden wurden.

Solle (1950) untergliederte die Zerf-Schichten auf lithologischer Basis in zwei Teile: Die **Unteren Zerf-Schichten** sind „Sehr rauhe, sandreiche, sehr unebene (uneben spaltende), blaugraue Schiefer, (...) flaserige Grauwackenschiefer (Siltschiefer) und dunkelgraue, z. T. quarzitische Sandsteine, (...) geschlossene, meist schwarzgraue, graue oder graugrüne Quarzitbänke, (...) die rauhen Schiefer überwiegen. Die Abgrenzung gegen die oberen Dhrontal-Schichten bleibt bis zur Auffindung genügender Fauna ganz unsicher."

„Grauwackenschiefer" sind heute als dunkelgraue Siltschiefer oder geschieferte Siltsteine zu bezeichnen. Die Untergrenze lässt sich lithostratigraphisch in den Tälern von Großer und Kleiner Dhron sowie der Ruwer mit der letzten mächtigen Quarzit-Bankfolge ausreichend definieren (Stets 1960, 1962, Wildberger 1992). Die **Oberen Zerf-Schichten** sind nach Solle „Uneben spaltende, frisch blaugraue Schiefer weitaus vorherrschend, rauh und sandig, aber beträchtlich weniger als die unteren Zerfer Schichten. Untergeordnet in größere Platten spaltende blaue Schiefer. Grauwacken und flaserige Quarzite treten zurück, fehlen mächtigen Folgen fast ganz. (...) Die Grenze gegen die unteren Zerfer Schichten ist unscharf, wird gegen die überlagernden Kauber Schichten recht deutlich durch Folgen dunkler und feinspaltender Schiefer". Auch diese Definition braucht nicht ergänzt zu werden. Als Hangendgrenze sollte die unterste mächtige blaugraue milde Tonschiefer-Folge gelten. Eindeutig ist diese Unterteilung der Zerf-Schichten allerdings nur im Mosel-Hunsrück zwischen Traben-Trarbach (Kautenbach-Tal) und Burgen verwirklicht. Im Tiefenbach-Tal, in der „Bernkasteler Schweiz", in den Tälern von Hinterbach zwischen Veldenz und Gornhausen und Gornhäuserbach südlich Burgen wiederholt sich dieser Schichtverband mehrfach durch tektonische Verschuppung (Stets 1960, 1962, Spies & Stets 2004, Wildberger 1992).

Zerf-Schichten ungegliedert. In der Verlängerung des Osburger Hochwaldes nach Nordosten ist in den Taleinschnitten der Großen Dhron und ihrer Tributarien zwischen Beuren und Rapperath keine weitergehende Untergliederung der Zerf-Schichten möglich (Stets 1960, 1962). Auch im Hangenden des Taunusquarzits in Idar- und Hochwald ergeben sich Schwierigkeiten bei der Untergliederung der Zerf-Schichten. Nach den Ergebnissen von Knautz (1992) können sie dort „einen vermittelnden Charakter zwischen den quarzitbetonten Serien des Taunusquarzits und den milden Tonschiefern der Kaub-Schichten" einnehmen. Auf der Basis seiner Kartierung reichen sie stratigraphisch z. T. tiefer hinunter und müssen gebietsweise als Faziesvertretung des Taunusquarzits interpretiert werden.

Stets (1960, 1962) und Wildberger (1992) fanden im Dhron-Tal bei Hunolstein und Weiperath in der dort nicht gliederbaren Abfolge der Zerf-Schichten Quarzit- und quarzitische Sandstein-Bankfolgen, die eine z. T. erhebliche laterale Erstreckung aufweisen und nach ihrer Gesteinsausbildung den Quarzit-Bankfolgen der „Dhroner Quarzite" sehr ähnlich sind. Hinsichtlich ihrer Genese spricht ihre weite Verfolgbarkeit gegen eine Bildung in Rinnen, wie dies Solle (1950) postulierte. Vielmehr sollten es eher ausgedehnte Sandplaten gewesen sein. Eine Fauna (Kutscher 1937) spricht für eine Einstufung in das Obere Siegen.

In manchen Wechselfolgen quarzitischer Sandsteine und sandiger Tonschiefer der Unteren Zerf-Schichten fanden sich Anzeichen für unruhige Sedimentation in Form von „slumps" oder Rutschkörpern. Meist handelt es sich um sandige, walzen- oder tropfenförmige Körper mit einer stumpfen Stirnseite und einem ausspitzenden Ende in siltigen Tonschiefern. Sie deuten an, dass im Ablagerungsraum vielleicht bedingt durch Seebeben auf leicht nach Südosten geneigter Fläche das noch feuchte Sediment ins Rutschen kam. Weite Wege, bei denen sich diese Rutschkörper auflösen konnten, existierten offensichtlich nicht. Nach kurzem Reliefausgleich setzte sich die Normalsedimentation im Hangenden fort und bettete den Rutschkörper ein.

Die Definitionen für die Zerf-Schichten von Nöring (1939) und Solle (1950) sowie eigene Beobachtungen bestätigten die lithofazielle Übergangsstellung dieser Sedimente zwischen der stark sandigen Fazies des Taunusquarzits bzw. der Dhrontal-Schichten im Liegenden, die noch in einem relativ hochenergetischen Ablagerungsraum zum Absatz kamen, und den Kaub-Schichten im Hangenden, die z. T. sicher unterhalb der Wellen- resp. der Sturmwellenbasis abgelagert wurden. Der Trend des allgemeinen „fining-up" in der Korngrößen- und des „thinning-up" in der Mächtigkeitsentwicklung der Bänke zeigt diese Verhältnisse deutlich.

Aus den Zerf-Schichten sind relativ wenige Faunenfundpunkte bekannt. Das mag auf ein primäres Fehlen aufgrund ungünstiger Lebensbedingungen, jedoch auch auf eine relativ hohe Sedimentationsrate zurückzuführen sein. Immerhin erreichen die Zerf-Schichten hier Mächtigkeiten zwischen 700 und 900 m in ungestörten Profilen.

Die **Fauna** in den Zerf-Schichten enthält vor allem „rheinische" Faunenelemente. In erster Linie sind Brachiopoden vertreten, vor allem vom Typ *Arduspirifer*, jedoch auch Bivalvia, weniger Gastropoden, jedoch vielfach Crinoiden, vornehmlich als Stielglieder überliefert, wenige Trilobiten, fast immer Korallen (*Pleurodictyum*, *Zaphrentis*, *Favosites*) und seltener „Fischreste". Diese Fauna entspricht der „Brachiopoden-Crinoiden-Lebensgemeinschaft" innerhalb der Hunsrückschiefer. Die von Brachiopoden beherrschte Fauna fordert trotz der von Gad (2004) geäußerten Vorbehalte wieder zu einem Vergleich mit der Biozonierung von G. Fuchs (1971) in der Eifel heraus: Die Gruppe der Bivalvia ist im Verbreitungsgebiet der Zerf-Schichten weniger zahlreich als in den Dhrontal-Schichten; Einzelnennungen von *Pterinea* sp., *Cornellites* sp., *Nucula* sp., *Nuculites* sp. und *Ctenodonta* sp. geben Hinweise auf einen Lebensraum im küstenferneren Flachmeer. Dieser Befund wird gestützt durch die Brachiopoden, die in höherer Zahl als die Bivalvia in den Listen zu finden sind; häufiger vertreten sind außer den leitenden Spiriferen die Chonetacea mit *Chonetes sarcinulatus* und *Ch. dilatata*, gebietsweise auch Stropheodonten mit *Leptostrophia explanata* und *Plicostropheodonta furcillistria*, ferner *Platyorthis circularis* und *P. nocheri* sowie *Tropidoleptus rhenanus*; das weitgehende Fehlen von *Rhenorensselaeria* sp. unterstreicht die küstenfernere Flachmeer-Situation. Dasselbe gilt auch für die Vertreter der Anthozoa, wie *Pleurodictyum* div. sp., Crinoiden und das weitgehende Fehlen von *Tentaculites*; dafür sind häufiger Reste von „*Orthoceras*" gefunden worden; „Fische" waren abgesehen von Resten in dieser Umgebung wohl nicht erhaltungsfähig.

Generell ergibt sich aus dieser Fauna eine systematische, jedoch hauptsächlich wohl von Umweltfaktoren kontrollierte Entwicklung der „rheinischen" Fauna des Flachmeeres hin zu einer solchen, die in Meeresgebieten mit weiterer Vertiefung des Lebensraumes gegenüber Taunusquarzit bzw. Dhrontal-Schichten lebte. In ihren Grundzügen und Lebensansprüchen gleicht diese Fauna noch jener der Dhrontal-Schichten, so dass keine grundlegenden Änderungen des Lebensraumes anzunehmen sind.

Die Mikroflora aus einem Profil westlich Siesbach (südl. Kirschweiler, Bl. 6209 Idar-Oberstein) hat für die Zerf-Schichten dort ein Alter von Ober-Pragium bis tiefstes Emsium ergeben (Brocke et al. 2017), also nach der älteren Gliederung oberstes Siegen, älter als die Fossillagerstätte Bundenbach.

Kaub-Schichten. Über den Zerf-Schichten folgen die Kaub-Schichten (Kauber Schichten: Nöring 1939, Solle 1950), ein Schichtverband aus unterschiedlich sandigen, häufig jedoch reinen (milden) dunkelgrauen Tonschiefern mit Dachschiefer-Horizonten. Die Abgrenzung der Kaub-Schichten zum Liegenden ist wieder eine reine Fazies-Grenze. Das betonte schon Solle (1950). Bei der Kartierung (Stets 1960, 1962; Wildberger 1992, Knautz 1992) erwies sich die Basis der untersten mächtigen milden Tonschiefer-Folge für die Grenze als zweckmäßig. Die Grenze zum Hangenden muss offen bleiben.

Mittmeyer (1980) prägte den Begriff der „Altlay-Schichten" und verstand seinerzeit darunter Hunsrückschiefer, die am Oberen Mittelrhein häufiger Porphyroide enthalten. Für den westlichen Hunsrück bezog er sich auf den Fund von Porphyroiden in der Erzgrube „Adolph-Helene" bei Altlay (Kirnbauer 1991). Später benutzte Mittmeyer (2008) für die Definition ein Typ-Profil im Tal des Altlayer Baches zwischen Rödelhausen und Peterswalder Bach (Bl. 5909 Zell). Die Mächtigkeit gab er mit 1300 m an. Außerdem schlug er eine Untergliederung in Untere und Obere Altlay-Schichten vor. Die Beschreibung zeigt jedoch deutliche lithologische Parallelen zwischen Unteren Altlay-Schichten und Oberen Zerf-Schichten, insbesondere auch in der lateralen Verzahnung mit Ton- und Dachschiefern in südwestlicher Richtung. Eine Parallelisierung mit Mittleren Kaub-Schichten (Mittmeyer 2008) erscheint problematisch. Für die Oberen Altlay-Schichten drängt sich dagegen eine Parallelisierung mit Kaub-Schichten aufgrund des Anteils an „weitgehend homogenen Dachschiefern" (S. 165) auf. Hieraus erwähnte er abgesehen von dem „Altlayer Porphyroid" ein weiteres bei Mastershausen (Bl. 5910 Kastellaun), das ca. 550 m oberhalb der Basis und höher als das „Altlayer Porphyroid" im Profil liegen soll. Aufgrund weniger Fossilfunde zog er eine Einstufung in die obere Ulmen-Unterstufe in Betracht. Von einer Verwendung des Begriffs „Altlay-Schichten" wird daher hier abgesehen.

Charakteristisch für die Kaub-Schichten sind auch im westlichen Hunsrück Dachschiefer. In ihnen fehlt im Tagesaufschluss häufig eine deutlich erkennbare Schichtung. Die Hauptablösungsflächen folgen der Hauptschieferung (s_1). Gebietsweise sind Schichtung und Schieferung fast parallel, „Plattenstein" (Opitz 1935), so dass sie als Dachschiefer Verwendung finden können. Allerdings sind die Horizonte mit Dachschiefer-Qualität nicht horizontbeständig. Sie bilden flache, ausklingende Linsen. Im Verein mit den Dachschiefern treten mehrfach lokale Leithorizonte auf, die den Bergleuten in den ehem. Dachschiefergruben Ansprache und Auffinden der Dachschiefer-Lager bei Störungen ermöglichten oder erleichterten. Im Feller Dachschieferbergbau war es ein fester graublauer Quarzit-Horizont, der „Küriss".

Trotz der bevorzugt tonig-schiefrigen Ausbildung der Kaub-Schichten fehlen in ihnen einzelne, geringmächtige quarzitische Lagen und flache Linsen nicht. Insbesondere die Lagen geben in manchen Partien den blaugrauen Tonschiefern ein gebändertes Aussehen und führten aufgrund der Farbunterschiede zu der Bezeichnung „Bänderschiefer". Bei Betrachtung in Anschnitt oder poliertem Anschliff handelt es sich um Zyklen im cm- und dm-Bereich. Ein solcher Zyklus setzt mit einer sandigen Lage ein, es folgen sandige und tonige Lagen mit einer Gradierung (fining-up) und der Zyklus endet in einer fast schwärzlichen Tonschiefer-Lage. Darüber folgt eine strukturlose, unterschiedlich mächtige feinkörnige Lage aus dem üblichen tonigen Material der Normalsedimente („Hintergrundsedimentation"), bevor der nächste Zyklus erneut mit einer basalen Sandlage einsetzt, die zum Hangenden feiner wird. Abgesehen von diesen rhythmisch gebänderten Tonschiefern gibt es einzelne, gut abgegrenzte quarzitische Sandstein-Einschaltungen, jedoch auch Zeugen von Sedimentrutschungen in Form kleiner Rutschfalten, eingewickelter Schichtung oder von walzenförmigen Rutschkörpern. Alle diese Merkmale sind Zeugen von Sedimentbewegungen, die wahrscheinlich auf Seebeben bei leicht geneigtem Meeresboden zurückzuführen sind. Sie lösten diese Rutschungen aus. Die gradierten Zyklen sind darüber hinaus distale Zeugen von Trübeströmen. Sie setzen im Sedimentationsraum ein Relief voraus. Allerdings reicht schon eine Neigung von 1–2° gegen die Horizontale, um bei Bodenunruhe die wassergesättigten Sedimentmassen zum Rutschen zu bringen. Diese Trübeströme breiteten ihre Fracht in tieferen ebenen Bereichen fächerartig aus. Solche distalen feinkörnigen Turbidite benötigen für ihre Entstehung nicht unbedingt Tiefsee-Ebenen (Hoffmann 1991a, Sutcliffe 1997, Sutcliffe et al. 1999).

Häufig sind in den milden Tonschiefern kieselige Konkretionen, „Kieselgallen", zu finden. Diese deutlich elliptischen und auch knollenförmigen Körperchen erreichen wenige cm Durchmesser, im Sonderfall Faustgröße. Sie treten bisweilen auch in Lagen in den Tonschiefern auf. Nöring (1939) bezeichnete mehrere Vorkommen in milden Tonschiefern vom Typ der Kaub-Schichten an der Mosel als „Kieselgallenschiefer". Häufig befinden sich im Kern der Gallen undeutliche Fossilreste. Sie waren die Ursache für die vermehrte Fällung von SiO_2 aufgrund veränderter chemischer Bedingungen im bereits abgelagerten dunklen Schlamm. Die Bezeichnung „Kieselgallenschiefer" wird hier vermieden, um Verwechslungen mit den Kieselgallenschiefern im Oberems zu vermeiden.

Ähnliche Bedingungen setzt die Bildung von Toneisenstein-Lagen und -Geoden in milden Tonschiefern vom Typ der Kaub-Schichten nördlich Veldenz (Geisberg; Bl. 6108 Morbach) voraus, die sich nach Nordosten bis Bernkastel verfolgen lassen. Die ehem. aus tonreichem Siderit ($FeCO_3$) bestehenden Lagen und Knollen sind durch die Verwitterung und den Umsatz in Limonit heute an der Tagesoberfläche rostig verfärbt. Ähnliche Bildungen fand Nöring zwischen Oberwörresbach und Herborn sowie bei Gollenberg im Hochwald. Ob der Schichtverband dort den Kaub-Schichten an der Mosel gleichgestellt werden darf, bleibt offen. Nöring (1939) erwähnte darüber hinaus „Kalkeinschaltungen" im Hochwald auf Bl. Buhlenberg (heute Bl. 6308 Birkenfeld-West). Hier handelt es sich offensichtlich um Kalke, die in Zusammenhang mit den Karbonatgesteinen in der Schwerspatlagerstätte Grube „Korb" stehen und wesentlich jünger sind (Stets & Stoppel 1998).

Die für den westlichen Hunsrück und den Hochwald in der Literatur aufgeführten **Faunen** aus den Kaub-Schichten sind sehr dürftig. Es fällt auf, dass die typisch „rheinische" Brachiopoden-Fauna rar ist. Stattdessen wurden mehrfach Cephalopoden genannt. Grebe (1880) erwähnte aus der Umgebung von Saarburg aus milden Tonschiefern der Kaub-Schichten Exemplare von „*Orthoceras*", dünnschalige Bivalvia vom Typ „*Buchiola*" und die weit verbreiteten Crinoiden-Reste. Auch die Faunenlisten von Nöring (1939) enthalten diese Formen. Vertreten sind auch Trilobiten, unter ihnen *Chotecops* (*Phacops*) *ferdinandi* und *Burmeisteria* („*Homalonotus*"). Diese Unterschiede zu den älteren Faunen hielt bereits Nöring (1939) für milieubedingt. Allein ist aus dem Gesteinsverband ein deutlicher bathymetrischer Unterschied zu den Zerf-Schichten abzuleiten. Er weist auf energieärmere Verhältnisse und damit tiefere Positionen im Ablagerungsraum hin. Besondere Beachtung gilt dem vermehrten Auftreten von Cephalopoden, die offen marine Verhältnisse anzeigen. Auch sollten Beziehungen zum „Weltmeer" bestanden haben, von wo diese Formen einwandern konnten.

2.2.2.3.4.2 Lützelsoon

Übergangs-Schichten. Im Gebiet des Lützelsoon werden die Taunusquarzit-Züge beidseitig von sandig-siltigen Tonschiefern mit Bänken dunkel- bis grünlich-grauer Quarzite und hellerer quarzitischer Sandsteine begleitet. In diesem Schichtverband setzt sich der schon im westlichen Hunsrück und Hochwald beobachtete Trend fort, der vom Unteren Taunusquarzit ausgehend durch eine generelle Korngrößen-Abnahme vom Liegenden zum Hangenden charakterisiert ist, bis letztlich reine milde Tonschiefer vom Typ der Kaub-Schichten erreicht sind. Diese Position im lithologischen Übergang zu generell feineren Korngrößen veranlasste Zinser (1963), diesen Schichtkomplex als „Übergangs-Schichten" zu bezeichnen (auch: D. E. Meyer & Nagel 2008). Die Abgrenzung kann nur nach lithologischen Kriterien erfolgen. Danach ist die Liegendgrenze durch das erste Einsetzen mächtigerer Tonschiefer mit Quarziten in geschlossener Bankfolge und die Hangendgrenze durch das Einsetzen ausschließlich mächtiger blaugrauer Tonschiefer mit geringem Sandstein- und Quarzit-Anteil definiert. Sie schließen die Wechselfolge der Übergangs-Schichten nach oben mit reiner Faziesgrenze ab. Der heterolithische Tonschiefer-betonte Schichtverband entspricht lithostratigraphisch den Zerf-Schichten im westlichen Hunsrück.

Ein ungestörter Kontakt zum Oberen Taunusquarzit im Liegenden existiert nur vereinzelt auf der schwach- bis ungestörten jeweiligen Südost-Flanke der aus Taunusquarzit bestehenden Schuppen in den Tälern von Hahnenbach und Simmer(Kellen)bach. Am Nordwest-Rand der Schuppen sind meist nur Fetzen im Bereich der Taunuskamm-Soonwald-Überschiebungszone erhalten. Allerdings treten weiter im Nordwesten nördlich und südlich von Rudolfshaus zwei durch Tonschiefer getrennte Züge mit ähnlicher lithologischer Ausbildung zutage. ZINSER (1963) trennte sie von den Übergangs-Schichten ab, obwohl sie lithologisch ähnlich sind und wahrscheinlich auch zu diesen gehören. Da der unmittelbare Beweis nicht erbracht werden konnte, bezeichnete er diesen Schichtverband als „Grauwackenserie von Rudolfshaus". Allerdings kommen darin keine echten Grauwacken vor. Aus Prioritätsgründen wird die Bezeichnung beibehalten (siehe auch: D. E. MEYER & J. NAGEL 2008).

Das vollständigste Profil der Übergangs-Schichten befindet sich im Simmer(Kellenbach)-Tal zu beiden Seiten im unmittelbaren Hangenden des Oberen Taunusquarzit. Hier ist eine deutlich Gliederung in drei Schichtverbände zu beobachten: Die unteren 70 m bestehen aus dunkelgrauen sandigen Tonschiefern, grauen bis grünlichgrauen „Sandschiefern" mit bis 0,3 m mächtigen unreinen grüngrauen quarzitischen Sandsteinbänken; auch Bänke mit Linsen- und Flaserschichtung bei bis >1 m Mächtigkeit sind zu finden. Milde blauschwarze Tonschiefer sind selten, abgesehen von einer geringmächtigen basalen Bankfolge, die die Grenze belegt. Darüber folgen bis 40 m mächtige, meist blauschwarze, milde bis schwach sandige Tonschiefer; Quarzite fehlen, dafür sind geringmächtige Bänke unreiner Sandsteine und Flaserschiefer vorhanden. Zum Hangenden folgt ein etwa 30 m mächtiger Verband, der wieder stärker sandig ist und bis an die Untergrenze zu den Kaub-Schichten reicht; er ähnelt dem unteren Abschnitt der Übergangs-Schichten; es fehlen jedoch die hellen Quarzite; dafür treten dunkle quarzitische Sandstein-Bankfolgen auf mit Mächtigkeiten bis 2 m, vermehrt auch blauschwarze milde Tonschiefer. Es dürfte sich bei der geringen Mächtigkeit der Übergangs-Schichten hier nicht um ein komplettes, ungestörtes Profil handeln.

Diese Schichtenfolge ist generell in den übrigen Vorkommen im Lützelsoon-Gebiet ebenfalls vorhanden, zeigt jedoch Modifikationen. Meist ist der Anteil an sandigen Gesteinen in den nordwestlich des Lützelsoon-Kammes gelegenen reliktischen Vorkommen stärker reduziert und auf basale 20–40 m beschränkt. Stattdessen enthält der höhere Teil dieser Schichtenfolge eher milde bis schwach sandige Tonschiefer mit Einlagerungen von geringmächtigen Siltschiefern und unreinen Sandstein-Bänkchen.

Die gleiche Entwicklungstendenz mit Verringerung der Korngröße zum Hangenden ist in den Übergangs-Schichten auch in Richtung Südwest-Ende des Lützelsoons bei Sonnschied zu erkennen. Im unteren Abschnitt entspricht die Schichtenfolge dort noch weitgehend der Abfolge im Simmer(Kellen)bach-Profil. Der darüber folgende Abschnitt besteht jedoch im Gegensatz zu dort überwiegend aus milden bis schwach sandigen Tonschiefern, eine Entwicklung, die hier schon bald zu den Tonschiefern in der Fazies der Kaub-Schichten überleitet. ZINSER (1963) sprach den Verdacht aus, dass hier die obersten 50–60 m der Übergangs-Schichten von dieser eher tonigen Fazies vertreten werden. Insgesamt ist daraus auf einen Übergang zu stärker toniger Fazies innerhalb der Übergangs-Schichten in Richtung Westen bis Südwesten zu schließen. Weiter im Südwesten wird die Verzahnung mit Kaub-Schichten deutlich. Geht man davon aus, dass der Bereich des Soonwaldes während der Siegen-Stufe eine der Mitteldeutschen Schwelle vorgelagerte schwellenartige Flachmeer-Region war, so ist damit ein Hinweis auf deren Untertauchen nach Südwesten gegeben.

Nach ZINSER (1963) sind Faunenfunde meist auf den unteren sandigen Abschnitt der Übergangs-Schichten und dort auf eher olivgrüne, unreine Lagen feinkörniger, bis 0,2 m mächtiger Kalksandsteine beschränkt. Ein Großteil der Fossilien liegt in kalkschaliger Erhaltung vor. Die Faunengemeinschaft der Übergangs-Schichten ist jener des Oberen Taunusquarzit ähnlich. Allerdings ist die Zahl der Arten und Individuen geringer, und manche Formen sollen z. T. Kümmerwuchs zeigen. Das mag faziesabhängig sein, obwohl kein Anzeichen für eine Änderung des marinen Lebensraumes aus der Lithofazies ableitbar ist. Mit dem Verschwinden bewährter Arten und dem Auftauchen neuer ist der Begriff der Übergangs-Schichten auch aus dieser Sicht gerechtfertigt; letztlich sollte er jedoch besser in Zerf-Schichten umgewandelt werden.

Die „Grauwackenserie von Rudolfshaus". Sie ist auf zwei Vorkommen im Hahnenbach-Tal nördlich des Lützelsoons beschränkt. Es handelt sich um eine Wechselfolge aus quarzitischen Sandsteinen, unreinen Sandsteinen sowie sandigen und siltigen Tonschiefern. Lithologisch besteht durchaus Übereinstimmung mit Partien der Übergangs-Schichten am Süd-Rand des Lützelsoons im Simmer(Kellen)bach-Tal. Eingeschaltet finden sich auch hier fossilführende Kalksandsteinbänkchen. Der Übergang in Hunsrückschiefer in der Fazies der Kaub-Schichten im Hangenden erfolgt allmählich, jedoch konsequent. Beide Vorkommen sind zum Liegenden von tektonischen Trennflächen begrenzt und haben bisher nur kleine, artenarme Faunen geliefert. Daher vermied ZINSER (1963) die unmittelbare Parallelisierung mit den Übergangs-Schichten, betonte jedoch lithofazielle Ähnlichkeiten mit deren oberen Abschnitten.

Zu Stratigraphie und Palökologie. Eine Einstufung der Übergangs-Schichten in das tiefe Unterems wird durch das Verschwinden von *Acrospirifer primaevus*, *Hysterolites hystericus* und *Crassirensselaeria crassicosta* angezeigt. Der graduelle lithofazielle Übergang aus dem Oberen Taunusquarzit und das Erscheinen u. a. von *Arduspirifer* aff. *arduennensis prolatestriatus* (*Hysterolites ard. latestriatus* Form alpha SOLLE) schließt einen Hiatus oder ein „event" an dieser Grenze aus. Die starke Häufung einiger Formen, die bankbildend auftreten, legt nahe, dass in den untersten Partien der Übergangs-Schichten Äquivalente der Darustwald-Schichten (Darustwald-Kohlenberg-Niveau) enthalten sind, die am Oberen Mittelrhein dem obersten Taunusquarzit zugeordnet wurden. Sedimentstrukturen, die auf Sturmereignisse schließen lassen, sind aus den Übergangs-Schichten bisher nicht bekannt, so dass mit entscheidender Verlagerung des organogenen Detritus und Verfälschung des Faunenbildes wohl nicht zu rechnen ist.

Die artenarme Fauna aus der „Grauwackenserie von Rudolfshaus" ist wahrscheinlich etwas jünger und entspricht wohl eher jener der höheren Übergangs-Schichten. Die Faunen sind durch Spiriferen der *arduennensis*-Gruppe, unter ihnen *Arduspirifer arduennensis antecedens*, gekennzeichnet. *Arduspirifer. ard. arduennensis* fehlt dagegen, was für eine Einstufung in das tiefere Unterems – wahrscheinlich tiefere Ulmen-Unterstufe – gewertet werden kann. Für die weiter im Hangenden auftretenden Schichten gibt es mangels Fossilien bisher keine Einstufung. Nach den Kriterien von MITTMEYER (1980) ist dieser Schichtverband am ehesten zu den Hunsrückschiefern s. str. zu rechnen. Für eine genauere Datierung reichen trotz der z. T. reichen Faunen aus den Übergangs-Schichten die Daten nicht aus, da ZINSER (1963) *Euryspirifer assimilis assimilis*, *Euryspirifer ass. gracilicosta*, auch *Arduspirifer arduennensis initiator* noch nicht kannte. Es bleibt fraglich, ob sich diese Taxa bei der z. T. erheblichen tektonischen Überprägung überhaupt sicher bestimmen lassen.

Kaub-Schichten beiderseits des Lützelsoons. Hinsichtlich der zeitlichen Zuordnung der weitgehend aus Tonschiefern aufgebauten Schichtverbände im Hangenden der Übergangs-Schichten und der „Grauwackenserie von Rudolfshaus" gibt es kaum Differenzen. Die zu den Hunsrückschiefern s. str. gerechneten Schichtfolgen haben nördlich des Lützelsoons weite Verbreitung, südöstlich des Kammes gehört sicherlich ein Teil davon zu ihnen.

Auch für diese Schichtverbände ist typisch, dass der noch verbliebene Sand-Anteil in Form von geringmächtigen Quarzit-Bänkchen, von Sandflasern, -linsen oder -lagen, auch von unentmischtem Sand in den Tonschiefern zum Hangenden weiter abnimmt. Im mittleren und höheren Abschnitt der Schichtfolge dominieren mächtige feste, milde, eben spaltende Tonschiefer, die auch Kieselgallen führen. Dazu gehören auch schwarzblaue feste Dachschiefer. Sie sind kennzeichnend für die Hunsrückschiefer s. str. vom Typ der Kaub-Schichten im gesamten östlichen und südöstlichen Hunsrück. Auch weiter im Norden bei Sonnschied bis Gehlweiler dominieren die dunklen, milden, eben spaltenden Tonschiefer mit eingelagerten Dachschiefer-Lagern.

Interessant für die paläobathymetrische Einstufung erscheint das reichliche Vorkommen von Chondriten in den vorwiegend tonig-siltigen Sedimenten. Vielfach wurden sie für

Abdrücke von Tangen (Frech 1889) oder für algenartige Reste (Leppla 1925a) gehalten. Erst Rud. Richter (1928, 1931) gelang der Nachweis, dass es sich um Tierbauten handelte, die Auskunft über die Lebensbedingungen von Endobenthonten im Hunsrückschiefer-Meer geben konnten. Im Hunsrückschiefer kommen drei Formen vor: *Chondrites palaeozoicus* hinterließ tunnelartige Grabspuren nahezu gleichen Durchmessers bis in die letzten Endigungen, die das Sediment in allen Richtungen durchsetzen und deren Verzweigungen und verästelte Gänge mit Schlamm und Sand gefüllt wurden; Kutscher (1962) erwähnte Funde vom Katzenlochdell nordwestlich Kirschweiler aus einer seit langem aufgelassenen Dachschiefergrube zwischen Katzenloch und Bruchweiler (Bl. 6209 Idar-Oberstein) unter Bezug auf Opitz (1932); die Spuren beschränken sich nicht auf eine Ebene, sondern durchsetzen das Sediment in mehreren Ebenen. *Chondrites intricatus* wurde von Kutscher (1962b) erwähnt aus der ehem. Dachschiefer Grube „Gute Hoffnung“ im Leimbach-Tal bei Bacharach; danach handelt es sich um „dunkle, dichotom verzweigte Fraßgänge, die etwas dünner sind als bei *Chondrites palaeozoicus*“ (S. 495). Kutscher (1962b) erwähnte zusätzlich mit Chondriten vergleichbare Lebensspuren von zahlreichen Fundpunkten, so z. B. aus der Umgebung von Gemünden und Bundenbach, aus der Dachschiefergrube „Kronprinz“ bei Dellhofen nahe Oberwesel, der Grube „Rhein“ gegenüber Kaub und an der früheren Trasse der B 9 nördlich Bacharach. Von der Grube „Kronprinz“ beschrieb er „Chondritenbänke“, deren Erzeuger das Gestein in büschelartig angeordneten Gängen völlig durchwühlt hatten. Dabei ergab sich, dass die die Chondriten erzeugenden Lebewesen, seien es Würmer oder Arthropoden schlammiges Sediment bevorzugten und sandiges eher mieden, da das von Chondriten strotzende Schlickmaterial für sie offensichtlich eine bessere Nahrungsquelle bot als das sandige.

Aus der „Kaisergrube“ bei Gemünden berichtete Kutscher (1964) von Fossilansammlungen, die er als „Spülsäume“ deutete und die vornehmlich aus den dünnschaligen, meist zerbrochenen Schalenresten kleiner Bivalvia, aus zerbrochenen Gehäusen von *Novakia gemündensis* und *Viriatellina fuchsi*, kleinen Orthoceren-Gehäusen und den Bruchstücken größerer Individuen, aus Trilobiten-Häutungsresten und anderem biogenem Detritus bestehen. Diesen Fossilanhäufungen wurde i. a. wenig Augenmerk gewidmet. Sie bildeten keine echten Schille, sondern sind „auf den Schichtflächen in einer lockeren Streuung angeordnet (und) wiederholen sich in vielfachen Schichtflächen übereinander.“ (S. 263). Die Funde stammen aus einem Schichtverband, der durch enge Wechselfolge heller feinsandiger und dunkler siltig-toniger Lagen gekennzeichnet ist. An Sedimentmerkmalen erwähnte Kutscher Linsenschichtung, Schrägschichtung und Schichtlücken, kenntlich an „Abtragungsflächen“ und erosionsdiskordanter Auflagerung jüngerer Schichten. Alle Merkmale deuten daraufhin, dass das Ablagerungsgebiet zeitweise erheblicher Energieeinwirkung, sei es durch stärkere Strömung oder auch Stürme, ausgesetzt war, da das Fossilmaterial der Zerstörung und einem Ausleseprozess unterworfen wurde. Kutscher machte Ebbe und Flut dafür verantwortlich. Die Merkmale sprechen jedoch bei der allgemeinen Situation eher dafür, dass bodennahe Strömungen im küstenferneren Flachmeer die Ursache für die Anreicherungen waren.

Die Kaub-Schichten bei Bundenbach und Gemünden. Die Dachschiefer von Bundenbach und Gemünden repräsentieren nach allen Berichten ein Sonderbiotop innerhalb der Hunsrückschiefer vom Typ der Kaub-Schichten. In allen anderen Dachschiefer-Vorkommen wurde keine vergleichbar reichhaltige und diverse Fauna gefunden. Insofern erscheint ihre Behandlung hier gerechtfertigt (Foto 3, S. 162).

Im Rahmen des „*Nahecaris*“-Projektes gaben T. Schindler et. al. (2002) eine Beschreibung der „Kaub-Formation“ bei Bundenbach unter Bezug auf den „Cauber Horizont“ von A. Fuchs (1907) und Mittmeyer (1996). Danach gehören diese Dachschiefer mit ihren Fossilien zum mittleren Abschnitt der „Kaub-Formation“ (Kaub-Schichten). Er besteht aus dunkelgrauen, tonig-siltigen, laminierten Tonschiefern, jedoch auch wenigen eingelagerten sandigen Bänkchen und Bankfolgen. Wie schon Hoffmann (1991a) an der Mosel, betrachteten auch sie die Ausgangsgesteine der Ton- und Dachschiefer als feingeschichtete distale Turbidite oder auch Tempestite. Die „event"-gesteuerte tonig-siltige Sedimentation überlagerte die durch ebenfalls dunkle tonig-siltige Sedimente gekennzeichnete „Hintergrundsedimentation", die ihr Material aus der Suspension rekrutierte. Typisches Spurenfossil für diesen Sedimentationsraum ist *Chondrites* sp. (Kutscher & Horn 1962, Sutcliffe et al. 1999). Die tonigen und tonig-siltigen Sedimente erreichen 20–50 m, die eingelagerten siltigen Sandsteine und glimmerhaltigen Feinsandsteine bestenfalls mehrere Meter Mächtigkeit. In Bohrkernen wurde in den Sandsteinen karbonatisches Bindemittel gefunden. Die Ableitung des Karbonat-Anteils allein aus Schalentrümmern (T. Schindler et al. 2002) erscheint problematisch, wenn man versucht, daraus die notwendige Menge zu bilanzieren. Die Mächtigkeit des infrage stehenden Schichtverbandes bei Bundenbach beläuft sich immerhin auf >300 m. Eine Beschränkung dieser Fazies auf einen spezifischen Wisper-Trog (Mittmeyer 1980), ein zentrales Hunsrück-Becken (Dittmar 1996) oder ein Soonwald-Plateau (Oncken et al. 1999) trägt den übrigen Dachschiefer-Vorkommen im Hunsrückschiefer, u. a. im Mosel-Hunsrück, im Hunsrück bei Altlay oder auch den von herzynischen Einflüssen geprägten älteren Vorkommen im rheinnahen Westerwald (Carls et al. 1982) und in der Ost-Eifel, nicht Rechnung. Vielmehr sollte eine großzügige, in flache Becken und Schwellen gegliederte untermeerische Landschaft im Rheinischen Trog (W. Meyer & Stets 1980, Stets & A. Schäfer 2002, 2011) bevorzugt werden. Ein solches Relief erscheint nötig, um die Trübeströme zu erklären. Bei der Diskussion der Dhrontal-Schichten wurden bereits entsprechende paläogeographische Vorstellungen entwickelt. Danach hielten syngenetische Verwerfungen dieses Relief am Leben und die seismische Aktivität bedingte die „event"-gesteuerte Sedimentation, es sei denn, man zieht Schlechtwetterbedingungen mit Stürmen als Ursache in Betracht, für die es wenig Hinweise gibt. Letzteres bedeutet, dass die Wassertiefe nahe der Sturmwellenbasis lag.

Die Sonderstellung der Vorkommen bei Gemünden und Bundenbach mit den Funden von Goniatiten, Dacryoconariden, Phacopiden und nur wenigen Brachiopoden allein zu begründen, genügt nicht. Die Tatsache, dass die Dachschiefer bei Kaub/Mittelrhein nicht denen bei Altlay oder anderswo innerhalb des Faziesbereichs Hunsrückschiefer gleichen, mag darin begründet sein, dass unterschiedlich alte Dachschiefer-Lager miteinander verglichen werden. Das Alter der Schichten bei Bundenbach wurde mit Mittlere Kaub-Formation ohne Angabe der Ober- und Untergrenze festgelegt mit Hilfe von *Euryspirifer assimilis assimilis* und *Arduspirifer arduennensis prolatestriatus* (obere Ulmen-Unterstufe, det. Mittmeyer 2002, in T. Schindler et al. 2002) festgelegt. Es wurde jedoch auch geltend gemacht, dass wegen Umlagerung der entscheidenden Brachiopoden ein Singhofen-Alter im Sinne von Sutcliffe et al. (1999) ebenso in Betracht gezogen werden kann, wenn es nicht sogar wahrscheinlicher ist. Allerdings fehlen nach Mittmeyer (2008) *Euryspirifer assimilis latissimus* oder ersatzweise *Pseudoleptostrophia dahmeri* s. str., die für die Singhofen-Unterstufe in größerer Häufigkeit typisch sein soll. Das von Kirnbauer & Reischmann (2000) bestimmte Alter von 388,7 ± 1,2 Ma aus dem „Kuhstäbel-Tuffit" hat sich als nicht haltbar erwiesen.

Sutcliffe (1997) schlug eine weitere Unterteilung der Schichtsäule innerhalb der Mittleren Kaub-Formation bei Bundenbach vor, die teilweise auf jener von Bartels & Kneidl (1981) basiert, und zwar wurden folgende Subformationen (bzw. Member) ausgeschieden (von unten nach oben):

„**Bundenbach-Member**". Es handelt sich um eine Wechselfolge von linsenförmigen Sandstein-Körpern, Silt- und siltigen Tonschiefern in einer Gesamtmächtigkeit von max. wohl 120 m; die Sedimentationsbedingungen sind gekennzeichnet durch Parallel- und Rippelschichtung in den Sandsteinen und fining-up-Zyklen im unteren Abschnitt; in den Tonschiefern im oberen Abschnitt kommen kieselige Konkretionen vor; die Obergrenze liegt im Übergang zu mächtigen blaugrauen Tonschiefern; bisher wurden aus diesem

Schichtglied nur 2 Taxa geborgen, abgesehen von unbestimmbarem Fossildetrus, der wahrscheinlich von articulaten Brachiopoden herrührt, und von Bioturbation; die Verbreitung dieses Schichtgliedes reicht von der Grube „Frühberg" im Kalmersbach-Tal über die Grube „Eschenbach-Bocksberg" bis südwestlich Bundenbach (Bl. 6110 Gemünden); die Mächtigkeit nimmt nach Nordosten auf 80 m ab.

„**Herrenberg-Member**". Die Bezeichnung orientiert sich an der ehem. Dachschiefergrube „Herrenberg" bei Bundenbach; dieses Schichtglied besteht vorwiegend aus einheitlichen blau- bis dunkelgrauen Tonschiefern mit wenigen lateral durchhaltenden, bis 5 cm mächtigen quarzitischen Sandstein-Lagen; weit verbreitet sind Kieselgallen; die Mächtigkeit beträgt 7–8 m; die Obergrenze liegt an der Basis des „Kuhstäbel-Tuffit" (s. u.); das Herrenberg-Member lieferte horizontweise vor allem Crinoiden, auch Asteroideen und Ophiuren; außerdem wurden rugose und tabulate Korallen, u. a. *Pleurodictyum* sp., häufig Gastropoden, u. a. *Loxonema* sp., auch orthocone Cephalopoden und Tentakuliten in großer Zahl, *Nowakia* sp., *Styliolina* sp. gefunden; bemerkenswert häufig war *Mimetaster* sp.; hinzu kommen *Chotecops* sp. eingerollt, jedoch auch in Lebendstellung; unter den „Fischen" wurde nur *Gemuendina* sp. gefunden; insgesamt wurden 64 Taxa identifiziert.

„**Kuhstäbel-Member**" (vormals: „Hans-Platte": Opitz 1932, Engels & Bank 1954, Bartels & Kneidl 1981, Ecke et al. 1985). Die Bezeichnung orientiert sich an der ehem. Dachschiefergrube „Kuhstäbel" südwestlich des Tagebaues „Eschenbach-Bocksberg"; es handelt sich um Fein- bis Mittelsandsteine mit Lagen sandiger Siltschiefer und vulkaniklastisches Material; die Gesamtmächtigkeit beläuft sich auf 1,5–3 m; bisher ist aus diesem Schichtglied nur ein wahrscheinlich umgelagertes Exemplar von „*Zaphrentis*" bekannt; der „Kuhstäbel"-Tuffit südwestlich Bundenbach entspricht nicht dem Vulkanit der ehem. Grube „Schmiedeberg".

„**Eschenbach-Member**" (vormals: „Eschenbach-Plattenstein": Opitz 1932). Die Bezeichnung orientiert sich an der ehem. Dachschiefergrube „Eschenbach" südwestlich Bundenbach; es besteht aus tief blaugrauen Tonschiefern mit 5–7 cm mächtigem zyklisch gradiertem Schichtaufbau; an der Basis der kleinen Sohlbank-Zyklen (fining-up) sind Anzeichen von Erosion zu beobachten; auch befinden sich dort bis 5 cm mächtige Feinsand- bis Siltlagen; hinzu kommen zwei wenige mm mächtige Tuffit-Lagen, die dem „Kuhstäbel-Tuffit" ähnlich sehen; die Obergrenze bilden dm-mächtige Silt- und Feinsandsteine; das „Eschenbach-Member" war schon früher die Fundschicht, aus der die berühmten Hunsrückschiefer-Fossilien (Bartels et al. 1998) stammen; es erbrachte bisher 76 Taxa; dazu gehören Vertreter der Schwämme, eine geringe Anzahl Corallia, dagegen Tentakuliten in großer Zahl in mehreren Horizonten; unter den Arthropoden fällt eine große Zahl in z. T. guter Erhaltung auf, unter ihnen *Chotecops*, *Asteropyge* und *Rhenops*; selten sind dagegen Crinoidea, häufig nur *Bactrinites* sp.; häufig sind auch Asteroideen und Ophiuren sowohl ausgewachsene Exemplare als auch jugendliche kleinere; *Furcaster palaeozoicus* ist sehr häufig wohl in Folge von Massensterben; unter den „Fischresten" ist ein Exemplar von *Tityosteus* mit einer Länge von wohl 1,5 m erwähnenswert; die Verbreitung dieses Schichtgliedes reicht von südwestlich Bundenbach bis Gemünden; die Grabung im Rahmen des Forschungsprojektes „*Nahecaris*" lag im obersten Abschnitt des „Eschenbach-Member" im Tagebau „Eschenbach-Bocksberg" (Sutcliffe et al. 2002).

„**Bocksberg-Member**". Die Bezeichnung orientiert sich am Bocksberg nahe am Tagebau „Eschenbach-Bocksberg"; dieses Schichtglied besteht aus einer Wechselfolge von gut geschichteten Ton-, Siltschiefern und Feinsandsteinen (unt. Abschn. ca. 8–10 m Feinsandsteine, mittl. Abschn: ca. 25 m Tonschiefer, ob. Abschn. 40 m vorwiegend Fein- jedoch auch Mittelsandsteine); selten sind wenige cm mächtige „Schillhorizonte" eingelagert; im unteren Abschnitt herrscht ebene Horizontal-Schichtung vor, im oberen sind dagegen Flaser- und Rippelschichtung häufig; außerdem enthalten bis ca. 2 m mächtige Feinsandstein-Bankfolgen einen begrenzten Anteil an vulkanoklastischem Material und „Fossilschille" mit Bioklasten von Trilobiten, Tentakuliten, Gastropoden, Bivalvia, Brachiopoden, Korallen, Schwämmen, Crinoiden und anderen Echinodermen; nach Mittmeyer (in: T. Schindler et al. 2002) gehört dieses Schichtglied in die Ulmen-Unterstufe; die Obergrenze dieses Schichtgliedes ergibt sich durch die Überlagerung durch laminierte blaugraue Tonschiefer; die Gesamtmächtigkeit liegt bei 50–75 m; die Verbreitung ist auf die Umgebung des Tagebaues beschränkt; die fein geschichteten Tonschiefer mit Kieselgallen enthielten nur 7 Taxa; Sutcliffe (1997) identifizierte hier als Spurenfossil *Planolites* sp.; frühere Aufsammlungen erbrachten Exemplare von *Furcaster palaeozoicus*, fragliche Exemplare von *Haplocrinus*, *Anetoceras*, *Rhenocystis*, Ansammlungen von *Viriatellina* und ein Exemplar eines orthoconen Cephalopoden; in den Feinsandsteinen fanden sich 29 bestimmbare Taxa; unter ihnen sind besonders erwähnenswert articulate Brachiopoden; Bartels et al. (2002) deuteten diese Vorkommen als allochthone Schwemmfächersedimente mit stark wechselnder Mächtigkeit und Zusammensetzung.

„**Wingertshell-Member**“ mit „Wingertshell“- und „Pittchen-Plattenstein“ (Opitz 1932). Die Bezeichnung orientiert sich an der ehem. Dachschiefergrube „Wingertshell“ nordöstlich Bundenbach; dieses Schichtglied besteht aus blaugrauen bis silbriggrauen laminierten und gradierten Tonschiefern mit wechselndem Silt-Anteil; untergeordnet treten Rippelgeschichtete Lagen von Feinsand- und Grobsiltstein auf; auch die Dachschiefer-Mittel enthalten Silt- und Tonschiefer-Lagen bis 3 cm Mächtigkeit; die Obergrenze ist gegeben durch das Einsetzen braungrauer Silt- und Feinsandsteine; die Gesamtmächtigkeit beträgt 17 m; die Verbreitung ist beschränkt auf das Areal südwestlich und nordöstlich Bundenbach; aus dem „Wingertshell-Member“stammen sehr gut erhaltene, typische „Dachschiefer-Fossilien“, u. a. Platten mit bis zu 100 Exemplaren von Ophiuriden (Bartels et al. 1997), mit speziellen Arthropoden (Briggs & Bartels 2001) sowie linguloiden Brachiopoden mit Erhaltung feinster „Anhängsel“ (Bartels & Poschmann 2002); das „Wingertshell-Member“ ist das jüngste unter den fossilhöffigen Schichtgliedern der Region um Bundenbach; hierher stammt auch das Leitfossil *Chotecops ferdinandi* (vormals: *Phacops f.*: Kutscher 1974, Struve 1985); mit 101 Taxa enthält dieses Schichtglied bislang die diverseste Fauna; darunter sind auch solche, für die ein Massensterben angenommen wurde, wie z. B. *Mimetaster* und *Palaeoisopus*; hinzu kommt von den zartschaligen Bivalvia *Buchiola*, unter den Cephalopoden *Anetoceras* und unter den „Fischen“ *Gemuendina*, *Tityosteus* und *Machaeracanthus*; besonders erwähnenswert sind im „Pittchen-Plattenstein“ orthocone Cephalopoden, unter ihnen Exemplare mit Längen von >1 m.

„**Obereschenbach-Member**“. Nach dem Tagebau südwestlich Bundenbach; es handelt sich um eine Folge von Silt- und quarzitischen Feinsandsteinen, die untergeordnet siltige Tonschiefer und selten „Schilllagen“ enthalten; im mittleren Abschnitt sind Horizonte mit Rutschungswalzen und -falten in quarzitischen Sandsteinen abgebildet; die Schille enthalten sowohl autochthone, gut erhaltene Exemplare von *Chonetes* sp. als auch Gehäuse und Schalenreste von Cephalopoden, Tentakuliten, Gastropoden, Bivalvia, Brachiopoden, Korallen und Crinoiden; unter den Spuren ist *Chondrites* sp. zu nennen; insgesamt wurden 30 Taxa bestimmt; die Gesamtmächtigkeit ist >35 m; von der Lithologie her sind sich „Obereschenbach-“ und „Bocksberg-Member“ ähnlich.

Im Rahmen des Forschungsprojektes „*Nahecaris*“ wurden aus einem großen Gesteinsblock Fossilien horizontbezogen gewonnen. Insgesamt wurden bis 2002 172 Taxa erfasst. Im Gegensatz zur Praxis der „Leyenbrecher“ wurden bei dieser Aufnahme alle Organismen-Reste, nicht nur die gut und spektakulär erhaltenen, gut vermarktbaren, gewonnen und registriert. Dabei erbrachte jeder besammelte Horizont eigene Faunengemeinschaften. Das gilt insbesondere für die gegensätzlichen Lithofaziestypen. Nach Bartels et al. (2002) findet sich eine eher autochthone Fauna in den bevorzugt tonigen im Gegensatz zu einer eher allochthonen in den siltig-sandigen Bänken.

Aus der Gesamtheit der sedimentologischen Daten schlossen T. Schindler et al. (2001) auf Sedimentation in einem Intraschelf-Becken nahe dem südlichen Rand des

Rhenoherzynischen Beckens. Das Sedimentmaterial leiteten sie von lokalen Schwellen ab, allerdings ohne nähere Angaben zu ihrer Lage. Dabei liegt die südlich der Vorgängerstruktur der Taunuskamm-Soonwald-Überschiebungszone befindliche Soonwald-Schwelle in unmittelbarer Nachbarschaft und bietet sich als Sedimentlieferant für die Turbidite an.

In dem begrenzten Ausschnitt der Hunsrückschiefer bei Bundenbach mit einer Mächtigkeit um 170 m sind mindestens drei Zyklen mit sich jeweils verflachender Wassertiefe (shallowing-up) enthalten. Sie waren bedingt durch differenzierte Subsidenz resp. durch Meeresspiegelschwankungen, mit jeweils folgender Auffüllung des durch Absenkung neu entstandenen Meeresraumes. Die Gliederung der Schichtenfolge bei Bundenbach mit ihren sieben Schichtgliedern erfolgte nach rein lithologischen Kriterien. Sie trägt den drei Zyklen nicht unbedingt Rechnung. Geht man davon aus, dass die sandigen Schichtglieder jeweils Verflachungen bedeuten, so umfasst ein erster Zyklus Herrenberg-, Eschenbach- und den unteren Abschnitt des Bocksberg-Member, ein zweiter den mittleren und oberen Abschnitt des Bocksberg-Member und der dritte Wingertshell- und Obereschenbach-Member. Es bleibt jedoch offen, ob die Hintergrund-Sedimentation und die geringmächtigen Turbidite in der Lage waren, die durch die Subsidenz jeweils neu entstandenen Räume zu füllen. Immerhin dürften die palaeobathymetrischen Unterschiede innerhalb des Beckens nicht allzu gravierend gewesen sein. Aus dem generalisierten „Litholog“ von Sutcliffe et al. (1999) ist zumindest ein „coarsening-up“-Trend erkennbar, der einem „shallowing up“ von ca. 50–60 m entspricht.

Die Frage nach dem Mechanismus, der die zahllosen Sand-/Silt-/Ton-Trübeströme, das gilt auch für die Hunsrückschiefer bei Bernkastel-Kues (R. Hoffmann 1991b), auslöste lässt sich über paläoseismische Aktivität an den jeweils in der Nähe befindlichen Vorgängerstrukturen der heutigen großen Überschiebungszonen erklären. Die in den Profilen beobachtbaren Kleinzyklen sind eindeutig, die Erklärung bleibt hypothetisch.

Hinsichtlich der Wassertiefe gingen T. Schindler et al. (2001) für die feinkörnigen Anteile der Schichtenfolge – Herrenberg-, Eschenbach-, mittleres Bocksberg- und Wingertshell-Member – von Positionen unterhalb der Wellenbasis bei Schönwetter (Sutcliffe et al. 2002), für die sandigen Schichtglieder eher von einer Position des flachen progradierenden Schelfes aus. Während Kuhstäbel- und Bocksberg-Member lagerten sich distale Aschen ab, die, in den Sedimentationsprozess einbezogen, im Stillwasser-Bereich unterhalb der Wellenbasis zur Ablagerung kamen.

2.2.2.3.4.3 Südost-Hunsrück (Guldenbach-Tal)

Die Hunsrückschiefer im Nord-Abschnitt des Guldenbach-Profils in der Umgebung von Stromberger Neuhütte, bei Wald-Erbach, bei Warmsroth und bei der Fustenburg lassen sich gliedern in Obere Darustwald-Schichten, Sauerthal- und Kaub-Schichten. Sie gehören alle in die Ulmen-Unterstufe. „Singhofen-Porphyroide“ wie am Mittelrhein fehlen hier primär. D. E. Meyer & Nagel (2008) betonten, dass echte Hunsrückschiefer im Guldenbach-Profil nur im Nord-Abschnitt vorkommen. Ihre Mächtigkeit ist gering und beträgt im Vergleich mit den Profilen nördlich des Soonwald-Kammes nur einen Bruchteil davon. Nach Süden nimmt die Mächtigkeit der Hunsrückschiefer auf deutlich unter 100 m ab.

Für die ältesten Hunsrückschiefer hielt D. E. Meyer (1970) eine Quarzit/Tonschiefer-Wechselfolge südöstlich Stromberg nördlich der Löwenzeilermühle im Guldenbach-Tal. Sie besteht überwiegend aus unterschiedlich sandigen, z. T. glimmerreichen Tonschiefern und dünnplattigen, grauen bis grünlichgrauen, z. T. flaserigen quarzitischen Sandsteinen. Auch sind hier, abweichend von den Verhältnissen im westlichen Hunsrück und im Hochwald, kalkige feinkonglomeratische Sandsteine eingeschaltet. Eine solche Bank lieferte eine artenreiche Fauna mit Bivalvia und Gastropoden, die sehr ähnlich der in den Darustwald-Schichten ist. Vor allem die zahlreichen Exemplare von Bellerophontiden erinnern an die Verhältnisse am Oberen Mittelrhein im Grenzbereich Siegen/Unterems.

Auch nördlich Schweppenhausen, an der Au- und an der Weinzheimersmühle (Bl. 6012 Stromberg), queren Tonschiefer mit geringmächtigen Bänken grauer, z .T. Glimmer-führender quarzitischer Sandsteine, die zum tieferen Hunsrückschiefer gestellt werden müssen, das Guldenbach-Tal. Das gilt auch für Vorkommen im Hahnbach-Tal nördlich Waldlaubersheim, die nach Mittmeyer & K.-W. Geib (1967) evtl. zu den Sauerthal-Schichten gehören. Es handelt sich um eine 400 m mächtige, allerdings fossilleere Wechselfolge von Ton- und Bänderschiefern im Hangenden des Taunusquarzits. Entsprechende Wechselfolgen im Welschbach-Tal nördlich Stromberg haben Faunen, allerdings ohne Siegen-Leitformen, geliefert. Schwierigkeiten in Ansprache und Zuordnung dieser Wechselfolgen ergeben sich durch intensive tektonische Verschuppung. Alle diese Vorkommen sind nicht in voller Mächtigkeit erhalten, da Überschiebungen die Hunsrückschiefer im Liegenden und im Hangenden begrenzen. Die lithofazielle Ansprache deckt sich mit jener der tieferen Hunsrückschiefer in den übrigen Gebieten des Hunsrücks.

Zwei Faunenfundpunkte lagen im Autobahn-Einschnitt westlich Warmsroth und südlich vom Roter Kopf (Bl. 6012 Stromberg) in einer Ton-Siltschiefer-Wechselfolge mit Kieselgallen und einzelnen quarzitischen Sandstein-Bänkchen. Mittmeyer & K.-W. Geib (1967) stellten sie in die Kaub-Schichten. Sie enthielten u. a. *Arduspirifer arduennensis prolatestriatus*, *A. ard. antecedens* und *Euryspirifer assimilis* sowie andere Formen des Unterems, darunter auch *Chotecops ferdinandi*.

Generell lässt sich hier wie auch im westlichen Hunsrück der Trend einer Kornverfeinerung zum Hangenden in den auf den Taunusquarzit folgenden Schichtverbänden bis hin zu milden Tonschiefern feststellen. Dachschiefer wurden allerdings aus dieser Region nicht beschrieben. Mittmeyer & K.-W. Geib (1967) ermittelten Unterschiede in der Gesteinsausbildung der Hunsrückschiefer nördlich und südlich des Soonwaldes. Das gilt insbesondere für die im Süden an Mächtigkeit stark reduzierte Schichtenfolge. Die trennende Funktion einer Soonwald-Schwelle zu den nördlichen Abschnitten des Hunsrückschiefer-Troges mochten sie nicht in die Betrachtung einbeziehen. Den Unterschieden zur nördlichen Hunsrückschiefer-Fazies trugen sie mit dem Begriff „Soonwaldschiefer-Faziesbereich“ für die südlichen Vorkommen Rechnung. Insbesondere vermissten sie im Süden festländische Einflüsse von der südlich gelegenen „Mitteldeutschen Schwelle“. Diese hatte allerdings schon im Siegen stetig an Einfluss verloren. Beide Autoren sahen in der „Soonwaldschiefer-Fazies“ eine marine „Trog-Randfazies“, die im Stromberger Gebiet in der Nähe einer Schwelle liegen und durch reichere Fossilführung belegt werden sollte, ohne allerdings die Schwelle zu nennen.

Die von Mittmeyer & K.-W. Geib (1967) aus den Kaub-Schichten (mittlere bis hohe Ulmen-Unterstufe) publizierte Fauna aus der Gegend von Warmsroth und Wald-Erbach zeigt eine ähnliche Zusammensetzung wie sie vom Lützelsoon bekannt ist. Wieder ist es eine von Brachiopoden beherrschte Fauna, in der *Arduspirifer arduennensis prolatestriatus* und *A. ard. antecedens* (vgl. Gad 2004) in mittlerer und größerer Häufigkeit vertreten sind. Das Gleiche gilt für *Leptostrophia explanata*, *Cryptonella rhenana* und *Chonetes sarcinulatus*. Die robusteren *Plebejochonetes plebeju*s und *P. semiradiatus* fehlen ebenso wie *Chonetes unkelensis*. Die Bivalvia sind mit *Palaeoneilo* sp., N*uculites* sp. und *Nucula* sp. vereinzelt und in geringer Zahl vertreten. Abgesehen von *Chotecops ferdinandi* sind Reste von Trilobiten relativ häufig. Ebenso wurden Crinoiden-Stielglieder in mittlerer bis großer Häufigkeit gefunden. Anreicherungen von Stielgliedern sprechen für eine stärkere Besiedlung im Umfeld des Begräbnisortes. G. Fuchs (1971) sah den Schwerpunkt der Verbreitung dieser Faunenelemente eher im küstennahen Flachmeer. Es bleibt unentschieden, ob eher die Position zur Küste oder die Bathymetrie für ihr Gedeihen ausschlaggebend waren. Als vagiles, meist sessiles Benthos waren sie auf optimale Lebensbedingungen angewiesen. Die Faunenzusammensetzung zeigt auch für den Ablagerungsraum südlich des Soonwaldes eine typisch „rheinische“ Brachiopoden-Fauna des küstenferneren Flachmeeres (G. Fuchs 1971, 1982). Sie ist der „Brachiopoden-Crinoiden-Paläolebensgemeinschaft“ im übrigen

Hunsrück durchaus vergleichbar. Anklänge an die diverse, von zartgliedrigen Echinodermata und Arthropoden dominierte Fauna der Dachschiefer um Gemünden und Bundenbach fehlen ebenso wie die Dachschiefer selbst.

2.2.2.3.4.4 Oberes Mittelrhein-Tal

In mehreren „Zügen" queren Hunsrückschiefer den Oberen Mittelrhein bei Bad Salzig, zwischen Wellmich und Werlau, bei St. Goarshausen sowie zwischen Oberwesel und Niederheimbach. Von hier lassen sie sich in Richtung Südwesten in den Hunsrück verfolgen. Die Gliederung der weitgehend einheitlichen Schichtenfolgen der Hunsrückschiefer erfolgte in der Vergangenheit u. a. mit Hilfe der „Mittelrhein-Porphyroide", die lithologisch ein deutliches Signal in dieser einheitlichen Folge sind (ANDERLE 1987, 2008). Die jüngere Unterteilung von MITTMEYER (1996, 2008) ist z .T. schwer nachzuvollziehen. Die hier vorgestellte Schichtenfolge gehört weitgehend zu den Hunsrückschiefern s.str.

Nassau- und Bornhofen-Schichten. Seit A. FUCHS (1930a) wurde ein Teil der bei Bad Salzig und auf der gegenüberliegenden Rheinseite bei Kamp-Bornhofen zutage tretenden Tonschiefer als „Schiefer von Kamp-Bornhofen", „Bornhofener Horizont" oder „Bornhofen-Schichten" bezeichnet. U. a. bauen sie die gegen den Rhein vorspringende, markante Felspartie mit den Burgen Sterrenberg und Liebenstein auf. Nach SCHULZE (1959) stehen diese Hunsrückschiefer zwischen Bornhofen und der Ortschaft Kestert hier „im normalen Verband mit Singhofener Schichten (sensu ANDERLE 1987), deren Liegendes sie bilden bis in den Raum Hungenroth-Norath". Diese „Singhofener-Schichten" enthalten an der Basis die „Singhofen-Porphyroide", die eine lithostratigraphische Einstufung gestatten. Mit ihrer Hilfe gelang SCHULZE seinerzeit die Identifizierung der Hunsrückschiefer zwischen Bad Salzig und der Loreley.

MITTMEYER (1973) erbrachte durch den Fund von *Acrospirifer primaevus* bei Kamp-Bornhofen den Nachweis, dass der untere Abschnitt des lithologisch einheitlich tonigschiefrigen Schichtverbandes in das Siegen gehört und trennte einen 275 m mächtigen Anteil (seine Untergrenze ist durch die Hunsrück-Hauptüberschiebung (QUIRING 1930a) gegeben) als „Untere Bornhofen- Schichten" von den darüber folgenden Mittleren und Oberen Bornhofen-Schichten ab, die er in das Unterems stellte. Später (MITTMEYER 1996, 2008) benannte er den unteren Abschnitt in Anlehnung an JENTSCH (1960) in „Nassau-Schichten" um und gruppierte sie aufgrund von Neubestimmungen von *Acrospirifer eckfeldensis* ins Obersiegen. Der heute als Nassau-Schichten bezeichnete Schichtverband entspricht zeitlich wahrscheinlich den Darustwald-Schichten an der Typuslokalität und zwar in Hunsrückschiefer-Fazies im Grenzbereich Siegen/Unterems.

Die Nassau-(Untere Bornhofen-)Schichten bestehen zum überwiegenden Anteil aus Tonschiefern mit einem relativ geringen Sand-Anteil. Sie zeigen eine kleinzyklische Sonderung des Sandanteils (fining-up-Zyklen) und entsprechen deutlich der Beckenfazies, die neben den Hintergrund-Sedimenten aus einer Vielzahl von Tiefwasser-Turbiditen besteht, die zu distalen untermeerischen Schwemmfächern gehören. Hinzu kommen, wie allenthalben im Hunsrückschiefer, einzelne Bänke und Bankfolgen hellgrauer quarzitischer Sandsteine.

Entscheidend ist die Tatsache, dass die Hunsrückschiefer-Fazies hier bis in das Siegen hinunter reicht und damit die Verbindung zu den Hunsrückschiefern in Osteifel und rheinnahem Westerwald aufzeigt (W. MEYER & STETS 1996).

Über den Nassau-Schichten (Grenzbereich Siegen-/Unterems) folgen die Bornhofen-Schichten (früher: Mittlere u. Obere Bornhofen-Sch.) mit dem Typus-Profil am Rheinhang zwischen Bornhofen und Kestert (Bl. 5711 Boppard, 5811 Kestert). MITTMEYER (2008) gab eine Mächtigkeit von ca. 1600 m an. Im unteren Abschnitt liegt ein stärker sandig-schiefriger Schichtverband vor (ehem. Mittlere Bornhofen-Sch.). Darüber folgt eine mehrere hundert Meter mächtige, vorwiegend aus Tonschiefern bestehende Schichtenfolge (ehem. Obere Bornhofen-Sch.). Nach MITTMEYER befindet sich linksrheinisch eine „sand- und fossilärmere

Fazies" (S. 165) als rechtsrheinisch, die sogar Schichten vom Typ der Kauber Dachschiefer enthält. Damit wird eine Zuordnung zur marinen Beckenfazies der Hunsrückschiefer unterstrichen. Kutscher (1953) parallelisierte den als „Obere Bornhofen-Schichten" bezeichneten Schichtverband auf Bl. 5911 Kisselbach mit den Kaub-Schichten („Cauber Horizont" sensu A. Fuchs).

Darüber folgt ein 300–500 m mächtiger Schichtverband. Die üblichen grauen bis grünlichgrauen, feinkörnigen quarzitischen Sandsteine bilden hier zusammen mit sandigen Tonschiefern eine Wechselfolge. Im Grenzbereich zu den darüber folgenden „Singhofener Schichten" fand Schulze (1959) eine 5 bis max. 10 m mächtige graue Sandstein-, teilweise auch Quarzit-Bankfolge. Sie entspricht hier den an der Loreley in dieser Position liegenden Spitznack-Schichten.

Die Liste an Fossilien aus den feinsandigen, mürben Partien der hiesigen Hunsrückschiefer (Schulze 1959), die sich als „Fossilsandsteine" über relativ weite Strecken verfolgen lassen, enthalten mit Unterarten des *Arduspirifer arduennensis* die für die Ulmen-Unterstufe typische rheinische Fauna wie im übrigen Verbreitungsgebiet der sandigeren Hunsrückschiefer.

Im Oberen Mittelrhein-Tal bleibt noch die Beschreibung der klassischen Hunsrückschiefer im Gebiet zwischen Oberwesel und Niederheimbach. Die Aussagen zur Stratigraphie dieser Hunsrückschiefer sind trotz intensiver Bearbeitung seit Ende des 19. Jahrhunderts sehr widersprüchlich. Bei Neubearbeitungen in Teilgebieten haben sich gravierende Widersprüche gezeigt. Trotz guter Aufschlussverhältnisse im Rheintal liegt der Grund dafür darin, dass diese Tonschiefer-Schichtverbände sich nur schwer nach Lithostratigraphie und Lagerungsverhältnissen aufschlüsseln lassen. Auch die Faunen sind für eine Feingliederung nur bedingt geeignet. Allerdings lässt sich auch hier ein genereller Trend des „fining-up" erkennen, der eine Gliederung der wahrscheinlich 3–4000 m mächtigen Schichtenfolge erlaubt in Sauerthal- (unten), Bornich- (Mitte) und Kaub-Schichten (oben). Sie sind nach ihrem Fauneninhalt der Ulmen-Unterstufe zuzuordnen.

Sauerthal-Schichten. Sie gelten seit A. Fuchs (1899) als das älteste Schichtglied. Es zeigt sich bei dieser Gruppierung das übliche Bild, das schon aus den anderen Gebieten des Hunsrücks beschrieben wurde. Tonschiefer mit unterschiedlichem Sand-Gehalt von mild (sandarm) bis „rau" (sandreich) und unterschiedlichem Grad der Entmischung wechsellagern mit geringmächtigen Sandstein- und Quarzit-Einschaltungen. Unter den Tonschiefern sind Bänderschiefer- und einzelne Dachschiefer-Lagen vertreten. Die grauen bis grünlichgrauen Psammite sind ausschließlich feinkörnig. Auch wurden Kieselgallen und Toneisenstein-Geoden in den sandarmen Schichtgliedern gefunden. Die Fauna ist artenarm und lässt sich nach Mittmeyer (1978) mit der Bezeichnung artenarme Brachiopoden-Korallen-Fauna kennzeichnen. Sie steht der „Brachiopoden-Crinoiden-Paläolebensgemeinschaft" nahe.

Nach Mittmeyer (1978) ist *Plebejochonetes plebejus* die häufigste Art der Choneten, *Arduspirifer arduennensis antecedens* und *Euryspirifer assimilis* s.str. vereinzelt und selten, während *A. ard. prolatestriatus* häufig ist. „*Heterophrentis*" sp. und *Pleurodictyum* sind teilweise stark verbreitet. Später unterschied Mittmeyer (2008: 163) eine eher siltige Lithofazies mit einzelnen Quarzit-Einschaltungen im Norden, u. a. am Hohenstein und am Roßstein gegenüber Oberwesel auf der rechten Rhein-Seite, von einer eher tonig-schiefrigen weiter im Süden. Hier sei auf einen Fund von *Acrospirifer primaevus* (A. Fuchs 1899) hingewiesen, der den Verdacht nährt, dass an diesen Lokalitäten – ähnlich wie bei Kamp-Bornhofen (Nassau-Sch.) – noch Siegen-Anteile in Hunsrückschiefer-Fazies aufgeschuppt sind. Mittmeyer ging auf diesen Fund nicht ein, erwähnte jedoch von der Basis im nördlichen Fazies-Bereich *Oligoptycherhynchus prodaleidensis*. Für den südlichen Bereich werden noch Bänderschiefer mit wenigen sandigen Einschaltungen, speziell aus den unteren Sauerthal-Schichten, erwähnt mit einzelnen reichen Fossillagen, aus denen „massenhaft Homalonoten-Reste, Anreicherungen von Tentakuliten, verschiedenartige Spiriferen und zahlreiche *Rhenorensselaeria demerathia*" geborgen wurden (Mittmeyer 2008: 163). Darin soll sich die allmähliche Eintiefung des „Wisper-Troges“ äußern. Schließlich stellen die mächtigen Hunsrückschiefer in diesem Gebiet eine Beckenfazies nicht in Frage. Aus dem Gegensatz zwischen den Verhältnissen nördlich und südlich des benachbarten Soonwaldes ist ohnehin mit einer Beckenfazies zu rechnen, die auf syngenetische Subsidenz zurückgeht (Stets & A. Schäfer 2002).

Bornich-Schichten. Sie haben einen relativ hohen Sand-Anteil und sind deswegen früher (u. a. Kutscher 1935, 1937) für Vergleiche herangezogen worden. Es handelt sich um einen Schichtverband aus Tonschiefern mit mächtigeren Sandstein-Bankfolgen, die 5–20 m, manchmal bis 40 m Mächtigkeit erreichen können und hierin den „Dhroner Quarziten“ oder den ungegliederten Zerf-Schichten im westlichen Hunsrück ähnlich sind (u. a. Nöring 1939). Innerhalb der Bankfolgen sind mächtigere Bänke durch dünne Tonschiefer-Lagen oder -Zwischenmittel voneinander getrennt. Die grauen bis bläulichgrauen quarzitischen Sandsteine und Quarzite sondern bankig bis plattig ab. Sie sind feinkörnig, enthalten auch karbonatisches Bindemittel und kleine Gesteinsbruchstücke. Unter den Sedimentmerkmalen wurden Schrägschichtung, Rutschungs-Tropfen und -Wülste und Wickelschichtung beobachtet, wie sie auch aus den Zerf-Schichten bekannt sind. Unter den Tonschiefern sind auch Dachschiefer-Lagen in schnellem Wechsel mit den Sandsteinen vorhanden. Dieses gilt als besonders typisch für dieses Schichtglied.

Die Fauna wird dominiert von Brachiopoden und Crinoden, deren Stielglieder besonders häufig sind. Als Besonderheit stellte Mittmeyer (1978) auf Bl. 5813 Nastätten heraus, dass unter den Bivalvia *Nuculites* sp. gelegentlich gehäuft auftritt; unter den Choneten ist *Chonetes sarcinulatus* zwar gelegentlich gehäuft vertreten, *Plebejochonetes semiradiatus* gilt jedoch als häufigste Art; auch *Subcuspidella incerta* wurde häufig und großwüchsig beobachtet; *Euryspirifer assimilis* s. str. und *Eurysp. ass.* s. l. kommen nur vereinzelt vor, sollen dann jedoch miteinander vergesellschaftet sein, während *Arduspirifer ard. prolatestriatus* nach Häufigkeit und Ausbildung ähnlich wie in den Sauerthal-Schichten vorkommt; das gilt auch für *Arduspirifer ard. antecedens* (jedoch: Gad 2004a) und *Anoplotheca venusta.* 2008 präzisierte Mittmeyer diese Aufstellung um die für die „Bornich-Fauna“ bezeichnenden Taxa *Chotecops ferdinandi*, *Atrypa lorana*, *Arduspirifer arduennensis prolatestriatus* Form A, *Incertia incertissima*, *Euryspirifer assimilis assimilis*, großwüchsige Individuen von *Anoplotheca venusta* und eine „Schillmatrix aus *Plebejochonetes semiradiatus*“. Diese allgemein für die Ulmen-Unterstufe typische Fauna macht ein „Bornich-Event“ zu Beginn des „Ober-Ulmen“ (Mittmeyer 2008: 167) höchst unwahrscheinlich.

Kaub-Schichten. Sie haben Mächtigkeiten von 1400–3000 m. In der Hauptsache bestehen die Kaub-Schichten auch hier aus dunkelgrauen Tonschiefern. Sie sind z. T. rhythmisch gebändert, z. T. jedoch auch mehr oder weniger homogen, wobei makroskopisch die Schichtung erkennbar ist. Die Tonschiefer zeigen alle Varianten der Entmischung von sandig (unentmischt) bis geflasert und auch gebändert. Eingeschaltet finden sich auch hier Kieselgallen und Toneisensteine. Sandsteine, quarzitische Sandsteine sowie karbonatisch gebundene Sandsteine treten in den Hintergrund; wenn vorhanden, handelt es sich um Linsen und Lagen aus hellgrauen quarzitischen Feinsandsteinen, die jedoch seitlich nicht weit durchhalten und rasch auskeilen.

Die Fauna der Kaub-Schichten ist nach Mittmeyer (1978) auf Bl. 5813 Nastätten artenreich. Sie enthält u. a. mit Brachiopoden und Bivalvia vorwiegend „rheinische“, jedoch auch „herzynische“ Elemente. Als Besonderheit gilt, dass stellenweise Ostracoden und „böhmische“ Dacryonariden häufig sind. Ähnliches gilt für die Aviculiden im unteren Abschnitt der Kaub-Schichten. *Plathyortis* sp. soll hier häufiger vorkommen als in den unterlagernden Bornich- und in den oberen Kaub-Schichten. Während unten *Plebejochonetes semiradiatus* weiterhin die häufigste unter den Chonetiden ist, soll *Chonetes sarcinulatus* diese Rolle im höheren Abschnitt übernehmen. *Tenuicostella* sp. ist im unteren Abschnitt selten; dafür soll *Subcuspidella incerta* in den gesamten Kaub-Schichten häufiger vorkommen. *Brachyspirifer explanatus* ist hier seltener; *Euryspirifer assimilis* s. str. erscheint weniger häufig als die s. l.-Form; auch *Arduspirifer arduennensis prolatestriatus* ist häufiger und besitzt i. a. eine gerundete Berippung; *A. ard. antecedens* wurde dagegen nur im unteren Abschnitt vereinzelt gefunden; Individuen von *Anoplotheca venusta* kommen hier häufiger vor und sind großwüchsiger als in den Bornich-Schichten.

Die von Mittmeyer aus den Kaub-Schichten aufgeführte Fauna von Bl. Nastätten ist insbesondere im unteren und mittleren Bereich reicher als vergleichbare Faunen aus dem Hunsrück. Mittmeyer ordnete die auf einen schmalen Gebietsstreifen konzentrierten reichen Funde den peripheren Abschnitten seines „Wisper-Troges" zu, der sich bei „offenbar zunehmender Breite und Schichtmächtigkeit nach Süden in den Hunsrück" (S. 34) fortsetzen soll. Allerdings bestehen Unstimmigkeiten zu dem benachbarten Bl. 5913 Presberg (Ehrenberg et al. 1968). Ein Teil seiner Kaub-Schichten trifft am Blattrand auf die sandigeren Bornich-Schichten, deren Lithofazies und Biofazies eher den Übergangsschichten im Hunsrück entspricht als den Kaub-Schichten.

Mittmeyer (2008) führte im Taunus (Aar-Tal) und im Oberen Mittelrhein-Tal zwischen Lorchhausen und Lorch (Bl. 5912 Kaub) eine Aufteilung in Untere, Mittlere und Obere Kaub-Schichten durch. Wie weit sich diese Gliederung auf die >1000 m Gesamtmächtigkeit der Schichtenfolge im Hunsrück übertragen lässt, muss offen bleiben. Die Mächtigkeitsangaben liegen dort wesentlich höher. Biofaziell ist für diese Schichtenfolge die Erwähnung von Dacryonarien, Phacopiden, jedoch auch von „*Zaphrentis*" sp. und den zur Alterseinstufung wichtigen *Brachyspirifer explanatus* und *Arduspirifer cf. extensus* interessant. Unter Bezug auf den Hunsrück (ehem. „Grube Eschenbach") erwähnte er u. a. auch *Incertia subincertissima*, *Euryspirifer assimilis assimilis*, *Arduspirifer arduennensis prolatestriatus* Form A und *Oligoptycherhynchus prodaleidensis*, schloss jedoch eine Vermischung mit älteren Formen durch Umlagerung nicht aus.

Die Fauna im rheinnahen Hintertaunus und im Hunsrück weist auch für die Kaub-Schichten einen offenen, küstenferneren Meeresraum aus mit günstigen Lebensbedingungen sowohl am Boden als auch in der darüber stehenden Wassersäule. Euxinische Ablagerungsbedingungen, sind aufgrund der vorwiegend benthischen Fauna auszuschließen. Die dunkle Farbe, die auf einen hohen Gehalt an C_{org} (stark inkohlte organische Substanz) zurückzuführen ist, hatte mehrfach zu derartigen Vermutungen geführt. Nach der Fauna sollte weiterhin mit einem Flachmeer gerechnet werden, in dem es bereichsweise zu Stillwassersedimentation in Form von Schlicken kam. Nur zur Zeit der Bornich-Schichten herrschten offensichtlich zeitweise höher energetische Bedingungen, wie aus den zahlreichen sandigen Einschaltungen hervorgeht. Generell zeigt sich auch bei den Hunsrückschiefern des Oberen Mittelrhein-Tales, die sich nach Südwesten in den Hunsrück hineinziehen, immer der gleiche Trend einer mehr oder minder ausgeprägten Kornverfeinerung zum Hangenden, die regional zwar Modifikationen unterworfen ist, jedoch keine grundsätzlichen Abweichungen aufweist.

2.2.2.3.4.5 Untermosel-Tal

Ein Schichtverband in Hunsrückschiefer-Fazies, der sehr wahrscheinlich auch der Ulmen-Unterstufe angehört, tangiert auf dem Nordwest-Flügel der „Mosel-Mulde" bei Cochem den Mosel-Hunsrück, reicht jedoch größtenteils in die Süd-Eifel hinein. Langsdorf (1974) unterteilte den dortigen Hunsrückschiefer vom Liegenden zum Hangenden in 3 Einheiten:

Dunkle Tonige Schichten. Aus den Dunklen Tonigen Schichten war seinerzeit keine Fauna bekannt. Die Lithofazies aus vorwiegend dunklen, dünn spaltenden, tonig-siltig-schiefrigen Schichten, in denen zeitweise auch Dachschiefer abgebaut wurden, weist diese Einheit dem Hunsrückschiefer zu. Dieser etwa 250 m mächtig aufgeschlossene Verband enthält auffallend wenige geringmächtige Sandstein-Bänke.

Kehrkopf-Schichten. Die Kehrkopf-Schichten erreichen etwa 600 m Mächtigkeit. Im unteren Drittel handelt es sich nach Langsdorf (1974) um eine sandig-tonige Wechselfolge, die max. 50 cm mächtige, linsenförmige, quarzitische Sandsteinbänkchen enthält. Darüber hinaus erwähnte er Psammite mit einer „primär roten" Farbe. In vielen Fällen hat sich dieses jedoch als unrichtig erwiesen. Auch von der paläogeographischen Gesamtkonfiguration des marinen Ablagerungsraumes (W. Meyer & Stets 1980, 1996, Stets & A. Schäfer 2002, 2011) sind Rot-Einschwemmungen vom Nord-Kontinent zu dieser Zeit höchst unwahrscheinlich. Im unteren Abschnitt der Kehrkopf-Schichten fand Langsdorf am linken Tal-Rand des Kaderbaches und an den Hängen von Kehrkopf und Fahlsberg nördlich von Klotten (Bl. 5809 Treis) eine Fauna mit *Euryspirifer assimilis*, z. T. in doppelklappiger Erhaltung. Hinzu kommen u. a. *Chonetes unkelensis* und *Ch. sarcinulatus*, *Plebejochonetes plebejus* sowie *Rhenorensselaeria demerathia*. Nach Mittmeyer (1982) gehört diese Fauna in die Ulmen-Unterstufe. Hierfür spricht auch *Rhenorensselaeria demerathia*, die im Hunsrück sonst fremd ist. Das Mittlere Drittel der Kehrkopf-Schichten besteht aus einer Folge vorwiegend „tonig-siltig-schiefriger" Schichten, die von einer stärker siltig-sandigen Wechselfolge im oberen Drittel überlagert wird. Den Abschluss bilden dunkle Tonschiefer, die ohne scharfe Grenze in die Cochem-Schichten übergehen. Langsdorf parallelisierte den gesamten Verband mit den Eckfeld-Schichten in der Südwest-Eifel, die ein Unterems-Alter haben (W. Meyer 2013), bzw. mit den Oberen „Hunsrückbänderschiefern" sensu Quiring bei Cochem.

Cochem-Schichten. Die Cochem-Schichten werden mindestens 500 m mächtig. Ihre lithofazielle Ausbildung bezeichnete Langsdorf (1974) als wenig kennzeichnend. Es handelt sich um dunkle Silt- und Tonschiefer mit eingelagerten, harten, dünnplattig spaltenden Sandsteinen. Quarzitische Sandsteine fehlen weitgehend. Außerdem wurden Toneisenstein-Geoden mit Durchmessern bis max. 2 cm erwähnt. Auch diese Sandsteine zeigen eine deutliche Rotfärbung, deren „Primärrot" hier in Frage gestellt wird. Die Lage im Hangenden der Kehrkopf-Schichten lässt die Vermutung zu, dass zumindest ein Teil von ihnen in die Ulmen-Unterstufe gehört. Dieses wird bestätigt durch ein Porphyroid, das im Hangenden folgt. Die Cochem-Schichten reichen von unten bis an dieses Porphyroid heran. Seine stratigraphische Position ist jedoch nicht gesichert. Es ist fraglich, ob es mit dem „Basis-Porphyroid", dem untersten Porphyroid an Lahn und Oberem Mitterhein parallelisiert werden darf.

Eine Korrelation mit der Darstellung bei Mittmeyer (2008) ist bestenfalls über den Vergleich der Karten möglich. Danach wurde der gesamte oben geschilderte Schichtkomplex in die von Mittmeyer neu geschaffenen „Nauort-Schichten n. strat." einbezogen. Das gilt auch für die Cochem-Schichten und das darüber folgende Porphyroid. Für die Nauort-Schichten gab er für die Typus-Region südwestlich Nauort (Bl. 5511 Bendorf) 2500 m Gesamtmächtigkeit an und stufte sie insgesamt in die obere Ulmen-Unterstufe ein.

2.2.2.3.5 „Schatzkammer Dachschiefer" – zur Lebenswelt der Hunsrücker Dachschiefer

„Schatzkammer Dachschiefer – Die Lebenswelt des Hunsrückschiefer-Meeres" hieß der Titel einer Ausstellung, die 1997 vom Naturhistorischen Museum Mainz/Landessammlungen für Naturkunde, Rheinland-Pfalz, dem Deutschen Bergbau-Museum, Bochum, und dem Städtischen Museum, Gießen, ausgerichtet wurde. Sie gab einen umfassenden Einblick in die Vielfalt der Dachschiefer-Fauna im Hunsrückschiefer im Umfeld von Gemünden und Bundenbach. Früher schon hatten Bartels & Brassel (1990) eine ausführliche Dokumentation vorgelegt. Aus ihrer Aufstellung geht hervor, dass diese Lebewelt, obwohl sie seit langer Zeit bekannt ist, selten vollständig oder monographisch bearbeitet wurde. In neuester Zeit haben Kühl et al. (2012) die Einzigartigkeit dieser Fauna in einem Bildband vorgestellt. Für die Schieferbergleute im Hunsrück, die Leyenbrecher, die beim Spalten und Zurichten der Dachschieferplatten in unmittelbaren ersten Kontakt mit diesen Fossilien kamen, waren es „Figuren“, die Zeugnis von einer fremden Welt, einer längst vergangenen Epoche der Erdgeschichte, ablegten. Ihre Schönheit, auch die Vollständigkeit ihrer Erhaltung, hat ihnen seit je Weltruhm eingebracht. (Fotos 4–8, S. 162 ff.).

Die besten Fundstellen dieser Fossilien sind auf die Dachschiefer der Kaub-Schichten zwischen Herrstein, Gemünden und Bundenbach, weniger bei Kaub und Bacharach am Oberen Mittelrhein beschränkt. Die von den Talhängen ausgehenden Stollen schlossen die Dachschiefer-Lager auf, die in großen Kammern untertage abgebaut wurden. Die Ausbeute an Fossilien in den Dachschiefern ist jedoch sehr unterschiedlich. So haben z. B. die Dachschiefer aus dem Mosel-nahen Zug von Thomm über Fell, Wintrich, Burgen und nach Enkirch, Zell und Altlay nicht die Ausbeute erbracht, die nach den Funden bei Bundenbach zu erwarten gewesen wären.

Bei der Bearbeitung der Dachschiefer haben die Bergleute beim Spalten nur ausgezeichnetes Fossilmaterial ausgelesen und an Interessenten verkauft. Dass darüber hinaus auch weniger gut erhaltenes Material in Form zerfallener, zerstörter oder verschwemmter Fossilien existiert, weiß man erst seit der systematischen Durchleuchtung auch unansehnlicher Funde auf Dachschiefer-Platten mittels Röntgenstrahlen.

Neben den „Konzentrat-Lagerstätten“ (Seilacher (1970), wie es sie in der eher sandigen Lithofazies der Hunsrückschiefer gibt, die auch im Verein mit den Dachschiefern vorkommt, finden sich in den feinstkörnigen schwarzen „Schlammsteinen“ fundreiche Lagen in Form von „Konservat-Lagerstätten“. Bedingt durch schnelle Überdeckung und damit vor Zersetzung schützende Einbettung des Fossilkörpers mit schwarzem „Schlamm“ wurde das Lebewesen nicht unbedingt in Lebendstellung vollständig konserviert. Das gilt insbesondere auch für Weichkörperteile. Die Erhaltung in Schwefelkies (Pyrit) geht zurück auf anaerobe Bedingungen im Sediment, wo mit zunehmender Überdeckung Sauerstoff weitgehend fehlte oder eventuell noch vorhandener beim Konservierungsprozess vollständig verbraucht wurde. Da viele der überlieferten Lebewesen sessile oder vagabundierende Benthonten waren, müssen zumindest vor der Einbettung am Meeresboden aerobe Bedingungen geherrscht haben. Manche Bearbeiter gingen wegen häufiger Massenvorkommen von einem Massensterben durch Vergiftung infolge Sauerstoffarmut bei allzu dichter Besiedlung oder infolge kurzfristiger Einbrüche giftiger Gase aus. Dafür liegen jedoch kaum Anhaltspunkte vor. Der Nachweis distaler Turbidite in den rhythmisch geschichteten Tonschiefern liefert eine plausiblere Erklärung. Untermeerische „Schlammströme“ von nahegelegenen Hochgebieten – hier bietet sich die „Soonwald-Schwelle“ im Süden an – führten kurzfristig zu Verschüttung und zerstörungsfreier Einbettung. Auch zarte Organismen mit leicht zerbrechlichen Gliedmaßen und Anhängseln blieben so erhalten und wurden überliefert.

Bartels & Brassel (1990) stellten darüber hinaus fest, dass „Überreste von Organismen in verschiedenen Stadien der Verwesung und des Zerfalls (...) sehr häufig“ sind und dass diese „Reste (...) auch bei Bundenbach die Regel, wohl erhaltene Fossilien die Ausnahmen“ bilden. Im Projekt „*Nahecaris*“, das sich dem gesamten Fossilbestand der Fundhorizonte in der ehem. Grube „Eschenbach-Bocksberg“ und ihrer Umgebung widmet, wird außer dem gut erhaltenen Konservat auch das übrige, nur reliktisch überlieferte Fundmaterial untersucht. Damit kommt zur rein paläontologischen noch ein palökologischer Aspekt hinzu.

Kutscher (1969) hat zahlreiche Daten zur „Frühgeschichte der Untersuchung von Hunsrückschiefer-Fossilien“ zusammengestellt. Dabei handelt es sich ausschließlich um jenen Schichtenkomplex, der die Fossilien der Dachschiefer aus dem Umfeld der Ortschaften Bundenbach und Gemünden enthält. Die anderen, zum Hunsrückschiefer s.str. und s. l. in der eher sandigen Fazies gehörenden Fossilien sind in dieser Darstellung nicht berücksichtigt.

Die erste wissenschaftliche Beschreibung der „Dachschiefer-Fauna“ geht auf Roemer (1862–1864) zurück. Er stützte sich auf reiches, mehrere hundert Schieferplatten umfassendes Material, das u. a. der Oberförster Tischbein aus Herrstein, ein Verwandter des berühmten Malers Johann Heinrich Wilhelm Tischbein (1751–1829) zusammengetragen hatte.

Weiteres Material hatten ihm das Rheinische Mineralien-Kontor Dr. Krantz, Bonn, und Prof. Dunker, Marburg, zur Verfügung gestellt. Zum Dank hat Roemer den Schlangenstern „*Euzonosoma*“ *tischbeinianum* (heute: *Aspidosoma t.*) nach Tischbein benannt. Eine ausführliche Bearbeitung der Asterozoen aus den Dachschiefern erstellte W. M. Lehmann (1957), die sich zuerst auch auf die röntgenographische Untersuchung von Schieferplatten stützte. Etwa 70 Jahre nach Roemer legte W. E. Schmidt (1934, 1941) sein Standardwerk über die Crinoiden der Hunsrückschiefer vor. Kutscher (1969) ging davon aus, dass der von Roemer angeführte „*Phacops*“ *latifrons* dem heutigen *Chotecops* (*Phacops*) *ferdinandi* entspricht und dass die Artbezeichnung zu Ehren Ferdinand Roemers's gewählt wurde.

In der Folgezeit widmeten sich außer den bereits genannten u. a. Stürtz (1890, 1893), Follmann (1887), Jäkel (1895, 1918), Schöndorf (1907, 1909, 1910), Haarmann (1922), Broili (1928, 1929), Opitz (1932), Sieverts-Doreck (1937), Rud. Richter (1931, 1954), Stürmer (1968, 1985), Erben (1994), Bergström et al. (1980), Brassel (seit 1978), Bartels (seit 1981), Südkamp (2007), Kutscher (1931–1980), Kühl et al. (2012) und andere der Dachschiefer-Fauna.

Hier wird versucht, eine knappe Übersicht über die Hunsrücker „Dachschiefer-Fauna“ zu geben. Für vollständigere Darstellungen sei auf die Arbeiten von Bartels u. a. seit 1990 verwiesen. Um einen Überblick über die Fauna zu erhalten, war es auch hier notwendig sie in einer Liste zu erfassen. Als Unterlagen dienten Ausführungen von Opitz (1932), Kutscher (seit 1931), Mittmeyer (1980), Bartels & Brassel (1990) und Bartels et al. (2002). Da viele Funde weltweit „verstreut“ sind, ist nicht gesagt, dass bis heute sämtliches Material erfasst ist und die Zusammenstellung vollständig ist.

Echinodermata. Die Echinodermata sind hier meist vollständig, teilweise jedoch auch nur reliktisch überliefert. Zu ihnen gehören die Asterozoa (Sterntiere) mit den Ophiuroidea (Schlangensterne: 24 Formen) und den Asteroidea (Seesterne: ca. 30 Formen), die Crinoidea (Lilientiere) mit den seltenen Cystoidea (Beutelstrahler: 1 Form), den Blastoidea (Knospenstrahler: 2 Formen), den echten Crinoidea: 71 Formen), den Echinozoa (Seeigelartige) mit den Edrioasteroidea (3 Arten), den Holothuroidea (Seegurken u. -walzen: 1 Art) und den Echinoidea (echte Seeigel: 2 Arten). Kutscher bezeichnete es als einzigartig, dass in einem Sediment aus dem Paläozoikum Echinodermata in solcher Mannigfaltigkeit überliefert sind. Eine systematische monographische Bearbeitung verdanken wir W. E. Schmidt (1934) mit Nachträgen von W. M. Lehmann und Sieverts-Doreck (1937).

Die Crinoiden sind mit 71 Arten oder 27% aller an der Hunsrücker „Dachschiefer-Fauna“ beteiligten Formen die artenreichste Gruppe; im erwachsenen Stadium lebten sie meist sessil mit ihren langen, z. T. sehr dünnen und gut beweglichen Stielen festgeheftet auf festen Gegenständen in der schlickigen Umgebung; ihr Lebensraum sollte mit ständiger schwacher bis mittelstarker Strömung dem heutigen entsprochen haben, zumindest ihm ähnlich gewesen sein. Sie zeigen mit ihren z. T. langen Armen bei der Einbettung im Sediment mitunter eine deutliche Einregelung. Hierdurch wird die im Sedimentationsraum herrschende Strömung verdeutlicht. Die Länge ihrer flexiblen dünnen Stiele kann mehrere Meter erreichen, was gegen das Leben in einer tidal kontrollierten Umgebung oder in einem Wattenbereich spricht.

Ophiuroidea: Kutscher (1970b) beschrieb u. a. ein Massenvorkommen von *Encrinaster roemeri* mit 59 Exemplaren von einer Schieferplatte aus der Sammlung des Geologischen Instituts der Universität Marburg. *Encrinaster roemeri* gehört zu den Ophiuroidea, die mit mehr als 20 Arten am Vorkommen der Asteroidea beteiligt sind. Auch W. M. Lehmann (1957) hat auf eine Platte mit 20 jugendlichen Individuen von *Encrinaster roemeri* aus der Sammlung des Geologischen Instituts der Universität Bonn hingewiesen. Bei der Marburger Platte handelt es sich um noch nicht ausgewachsene Exemplare mit Durchmessern zwischen 1,5–4 cm. Erwachsene Exemplare erreichen Durchmesser bis 8,5 cm. Allerdings waren nur 5 Individuen gut erhalten, während bei 31 Individuen Teile fehlten und 23 Exemplare unvollständig oder sogar mangelhaft erhalten waren. Aus diesen Funden geht hervor, dass offensichtlich nicht nur erwachsene Individuen fossil erhalten sind, sondern auch jugendliche Exemplare. Die Erhaltung solcher Massenvorkommen zeigt, dass ähnlich wie in der „Normalfazies" es auch in der Dachschiefer-Fazies zu Taphozoenosen oder Konzentrat-Lagerstätten kommen konnte, die wieder mit Bodenströmungen in Zusammenhang gebracht werden sollten.

Kühl et al. (2012) zeigten Beispiele von See- und Schlangensternen „deren Arme regelrecht zerschnitten erschienen. Die einzelnen Abschnitte sind nicht etwa zerfallen" (S. 110), so dass auf Reste eines lebensbedrohlichen Angriffs geschlossen werden muss. Auch in „fossilen Kotballen (Koprolithen) kann man gelegentlich die Skelettelemente von Seelilien identifizieren" (S. 110).

Spongia, Porifera. Seit Schlüter (1892) ein erstes großes Bruchstück von „*Protospongia*" *rhenana* fand (Kühl et al. 2012: 17), sind 3 sichere Arten im Dachschiefer des Hunsrücks aufgestellt worden. Sie sind allerdings sehr selten und meist nur bruchstückhaft überliefert. Hinzu kommt noch nicht ausreichend bearbeitetes Fundmaterial (Bartels & Brassel 1990). Kuhn (1961: 7) konstatierte, dass die Schwämme „möglicherweise (nur) durch *Protospongia* vertreten" seien. Bei *Retifungus rudens*, der einen faserigen Wurzelschopf besaß, handelt es sich um einen etwa 25 cm hohen Kieselschwamm. Die Tatsache, dass *Retifungus* einen sehr langen schlauchartigen Stiel hat, veranlasste Kutscher (1970) zu der Annahme, dass in Bodennähe ungünstige Lebensbedingungen geherrscht haben.

Arthropoda. Zu ihnen gehören die Xiphosura (Schwertschwanzkrebse: 1 Art), die Eurypterida (Seeskorpione: 1 Art), die Scorpionida (echte Skorpione: 1 Art), die Palaeopantopoda (Asselspinnen: 3 Arten), die Trilobita (19 Arten), die Trilobitomorpha (5 Arten) und die Phyllocarida (Blattkrabben: 3 Arten); ähnlich häufig sind auch die Ostracoda (Muschelkrebse). Sie gehören mit ihren winzigen Schalen schon zu den Mikrofossilien. Sie sind im Hunsrückschiefer nachgewiesen, jedoch noch nicht umfassend bearbeitet.

Einige zu den Arthropoden zählende, recht urtümlich anmutende Fossilien konnten nur mühsam nach Röntgenbild und Präparation rekonstruiert werden, da keine rezenten Vertreter bekannt sind: Etwa 7,5 cm groß wurde der bisher nur in 5 Exemplaren gefundene, seltene Schwertschwanzkrebs *Weinbergina opitzi*; er sieht dem heutigen Pfeilschwanzkrebs *Limulus* sp. ähnlich und wanderte auf 6 Paar Schreitbeinen mit schwertartigen Borsten gleitend über selbst feinen Schlick und war so an ein Leben auf schlickigem Grund gut angepasst. Generell war es wohl ein vagiles Lebewesen mit weitgehender Bindung an den Meeresboden. Zwei relativ kleine Scheren zwischen dem vordersten Beinpaar dienten zur Zerkleinerung von Beutetieren; dieses vagabundierende Lebewesen hat auch Spuren im Sediment hinterlassen.

Von *Palaeoscorpius devonicus*, einem echten Arachniden (Skorpion), der etwa 12,5 cm lang wurde, nimmt man an, dass es ein eingeschwemmter Landbewohner ist; allerdings ist über seinen Lebensort wenig bekannt und das Land zu dieser Zeit weit entfernt; sollte sich dieser Verdacht erhärten, müssten die paläogeographischen Verhältnisse zur Zeit der Ulmen-Unterstufe überdacht werden. Benthisch lebten offensichtlich auch die Asselspinnen *Palaeoisopus problematicus*, *Palaeopantopus maucheri* und *Palaeothea devonica* (Kühl et al. 2012); sie konnten sich wahrscheinlich schwimmend, jedoch auch schreitend am Boden fortbewegen, wie Spuren zeigen; *Palaeoisopus* wurde zusammen mit Seelilien gefunden, wodurch der Verdacht gestärkt wird, dass diese ihm als Nahrung dienten; offensichtlich konnte er mit seinen kräftigen Scheren deren fleischige Fangarme abzwacken.

Die größte Gruppe unter den Arthropoden stellen die ausschließlich im marinen Raum lebenden Trilobiten: Facettenaugen am Kopfschild sind nach außen gerichtet; blinde Formen sind aus dem Hunsrückschiefer nicht überliefert; da ihr chitinöses Außenskelett starr war, mussten sie sich öfter häuten; fossil sind zahlreiche Häutungsplätze überliefert; Kutscher (1978) betonte, dass die Trilobiten aus der sandigen „Normalfazies" mit den Arten aus den Dachschiefern nicht identisch seien; es handelt sich demnach um stark an einen Lebensraum angepasste Formen; der bekannteste unter ihnen und quasi das Leitfossil ist *Chotecops* (*Phacops*) *ferdinandi*.

Zu den Trilobitomorpha, recht primitiven Formen unter den Arthropoden, gehören u. a. *Chelionellon calmani*, ein Fleischfresser, und *Mimetaster hexagonalis*, der „Scheinstern"; es handelt sich bei ihnen um weitläufige Verwandte der Trilobiten; im Gegensatz zu ihnen besaß *Chelionellon* einen durchgehend segmentierten Chitinpanzer ohne jegliche Dreigliederung und einen aus zwei langen Stacheln bestehenden schwanzartigen Anhang; der bis 5 cm große *Mimetaster* ist im Gegensatz dazu eher den Spinnen ähnlich, besaß jedoch einen sternförmigen Rückenpanzer mit 6 stacheligen Fortsätzen, die wiederum mit Seitenstacheln besetzt waren; seine Beutetiere sollen Schlangensterne gewesen sein, die er aussaugte; andererseits wird angenommen, dass er sich von Plankton ernährte oder gar ein Schlammfresser war.

Zu den urtümlichen Arthropoden, möglicherweise verwandt mit *Mimetaster hexagonalis*, gehört *Vachonisia rogeri*, die erstmals von W. M. Lehmann (1955) beschrieben wurde. Durch neue Funde konnte sie jetzt genauer rekonstruiert werden (Bartels & Brassel 1990). Es handelte sich wohl um einen Detritusfresser mit mehr oder weniger benthischer Lebensweise, der evtl. auch über kurze Distanzen sich schwimmend fortbewegen konnte; das Fehlen von Augen sollte nicht unbedingt auf ein Leben in der aphotischen Zone schließen lassen, kommt *Vachonisia* doch mit Lebewesen zusammen vor, die über komplizierte Augen verfügten.

Unter den Phyllocarida haben *Nahecaris stuertzi* und *Heroldina rhenana* Berühmtheit erlangt. *Nahecaris* hat einen Schutzschild (Carapax), der Kopf und Vorderkörper schützte, zwei Paare Antennen, zwei Stielaugen, kräftige Mandibeln zur Aufnahme von Nahrung, acht Paare Brustbeinchen und mehrere Paare Schwimmfüßchen. Bei *Nahecaris balsii* waren auch mächtige Schwanzstacheln ausgebildet. Es ist anzunehmen, dass sich *Nahecaris* nahe am Meeresboden schwimmend und laufend fortbewegte. *Heroldina* besaß einen zusammenklappbaren Panzer und gehörte mit einer Länge von 60 cm zu den größten Arthropoden im Hunsrückschiefer-Meer.

Kühl et al. (2009) gelang der Fund eines urtümlichen Arthropoden, den sie *Schinderhannes bartelsi* nannten; für ihn gibt es heute kein vergleichbares Lebewesen; charakteristisch ist ein Trilobiten-ähnlicher Körper; er besitzt zwei kräftige Greifarme, einen runden Mund und große Stielaugen; nähere Verwandte sind aus dem Kambrium bekannt.

Anthozoen und Quallen. Weitere Formen sind die Quallen (3 Arten), unter ihnen *Plectodiscus discoides*, die „Segelqualle", die wahrscheinlich planktonisch lebte, und die Conularien (4 Arten). Von den Anthozoen sind die Korallen mit 4 Arten zu nennen. Unter ihnen sind „*Zaphrentis*" sp. und *Pleurodictyum* sp. auch aus der Normalfazies der Hunsrückschiefer bekannt. Selten sind im Hunsrückschiefer noch *Aulopora serpens* und *Rhipidophyllum vulgare* gefunden worden.

Bivalvia, Brachiopoda und Gastropoda. Funde der sonst in unterdevonischen Sedimenten häufigen Bivalvia (19 Arten), Brachiopoda (12 Arten) und Gastropoda (1 Art) sind seltener. Meist sind sie auch nur unvollkommen überliefert, da die vielfach feinen, dünnen, kalkigen Schalen und die Gehäuse der Gastropoden durch An- und Auflösung unkenntlich wurden oder überhaupt verloren gingen. Ein Widerspruch besteht allerdings darin, dass die kalkigen Skelettteile und Stielglieder der Echinodermata zum großen Teil unversehrt überliefert wurden. Die geringe Zahl an Einzelfunden schließt nicht aus, dass es lokal zur Häufung einzelner Formen kam. So berichteten Kutscher (1964) und Bartels & Brassel (1990) aus der ehem. „Kaisergrube" in Gemünden und aus der Grube „Eschenbach" bei Bundenbach von Spülsäumen aus kleinen Bivalvia und Massenvorkommen von Gastropoden-Gehäusen.

Bartels & Brassel (1990) bestätigten Aussagen von Opitz (1932), dass Muscheln selten und wahrscheinlich durch chemische Prozesse und tektonische Beanspruchung schlecht erhalten seien. Wahrscheinlich hängt die Seltenheit jedoch auch mit der Fundsituation zusammen. Schon E. Kayser (1880) betonte, dass die Vorkommen bei Bundenbach, Gemünden und Kaub sehr ungleichartig seien. Während er von Bundenbach kleine Zweischaler anführte, berichtete er von Gemünden über z. T. große dünnschalige Exemplare, was von Frech (1891) bestätigt wurde. Auch Rud. Richter (1931) berichtete, dass kleine Formen mancherorts ganze Platten dicht bedeckten, während andere Formen in z. T. ansehnlicher Größe mit

Durchmessern bis 5 cm und mehr auf „Schieferplatten" vorkommen. K. Geib (1933) betonte, dass Muscheln „durchaus nicht selten seien" (S. 28) und wies auf eine Platte hin, auf der „zahlreiche Puellen mit Byssusfäden" auf einem festen Gegenstand festgeheftet sind. Nach Kutscher (1967) sind in diesem Exponat wohl 15 Individuen von *„Puella" grebei* an einem etwa 25 cm langen *„Orthoceras"*-Gehäuse festgeheftet überliefert.

Cephalopoda. Das Hunsrückschiefer-Meer wurde u. a. als die Geburtsstätte der Gruppe der Ammonoideen angesehen. Unter den unterdevonischen Formen sind gerade, gekrümmte und erste unterschiedlich stark aufgerollte Formen zu finden. Die Orthoceraten sind mit *„Orthoceras"* sp. noch unzureichend bearbeitet, obwohl ihre Vertreter ausgesprochen häufig sind (Bartels & Brassel 1990). Mittmeyer (1980b) listete 4 Arten der Gattung *„Orthoceras"* auf; zusätzlich sind *Phragmoceras incertum*, *Phr. subsulcatum* und *„Cyrtoceras"* sp. überliefert.

Hinzu kommt die Gruppe der frühen Ammonoideen mit 13 Arten (Mittmeyer 1980b). Es sind die ältesten Vertreter dieser Tiergruppe überhaupt. Auch bei ihnen gilt, dass ein relativ schlechter Erhaltungszustand der meist dünnschaligen, kalkigen Gehäuse die Bestimmung erschwert. Zu den bekannteren Gattungen gehören *Anetoceras* (*Erbenoceras*), *Teicherticeras*, *Mimagoniatites*, *Mimosphinctes*, *Gyroceratites* und *Cyrtobactrites*. Erben (1964, 1965) stellte eine Entwicklungsreihe auf, die von *Bactrites* über *Lobobactrites*, *Cyrtobactrites*, *Anetoceras* zu *Teicherticeras* und der Gruppe von *Mimagoniatites* reicht. Kutscher (1973) schrieb: „Es wiederholt sich die zu verschiedenen Zeiten beobachtete Tendenz bei den Kopffüßern, dass aus einer Stamm- oder Übergangsform plötzlich eine Formenfülle von Arten sich herausbildet. Ob das Hunsrückschiefer-Meer hierzu besondere Impulse gab, oder ob es die innere Kraft allein war, die zur Blüte und Expansion trieb, kann nicht ohne weiteres abgelesen werden". Das bekräftigt die Aussage, dass dieses Hunsrückschiefer-Meer kein unbedeutendes Nebenmeer war, sondern mit den Ozeanen dieser Zeit in Verbindung stand. Da die Cephalopoden als Schwimmer nicht allein am Meeresboden lebten, sondern sich auch als aktive Schwimmer im offenen Meer bewegen konnten, ist dies ein weiterer Hinweis, dass ihr Lebensraum auch über eine gewisse Tiefe verfügte. Das spricht erneut gegen extreme Flachmeer- oder Wattvorstellungen.

Tentakuliten. Eine für den weltweiten stratigraphischen Vergleich wichtige Tiergruppe sind die Tentakuliten. Seit den Untersuchungen von Blind (1969) werden sie zu den Cephalopoden gestellt. Röntgenuntersuchungen an Hunsrückschiefer-Proben machten Weichteile sichtbar, die diese Auffassung bestätigten (jedoch: Südkamp 2007). Eine wichtige und lange Zeit für die einzige Art gehalten wurde *Viriatellina fuchsi*. Heute kennt man 5 weitere Arten.

Sie wurden „schwarmweise" angeordnet gefunden zusammen mit Jugendformen von Orthoceren, anderen Cephalopoden und unbestimmbarem Fossildetritus. Ihr Vorkommen wurde zuerst von E. Kayser (1880) aus der ehem. „Kaiser-Grube" bei Gemünden erwähnt. Nach Kutscher (1971) und Brassel und Stürmer, kamen Tentakuliten in bestimmten Lagen der Hunsrückschiefer „millionenfach" vor. Auf Platten von den Halden der „Kaiser-Grube" waren kleine Exemplare von *Furcaster palaeozoicus*, Häutungsreste von Trilobiten, kleinwüchsige Bivalvia, Crinoidenstiele und -stielglieder sowie organischer Detritus zusammen mit einer großen Anzahl von *„Tentaculites"* sp. überliefert (auch: Kühl et al. 2012). Der sichtbare Befund wurde durch Stürmer (1985) röntgenographisch bestätigt. So ließen sich die Tentakuliten von vermeintlichen kleinwüchsigen Cephalopoden unterscheiden. Meist sind die Gehäuse jedoch zerbrochen. Insbesondere der Embryonalnucleus, der nur über einen schlanken „Hals" mit dem geringelten Teil des Gehäuses verbunden ist, ist dabei meist abgebrochen und hat lange Zeit die systematische Einordnung der Tentakuliten erschwert. An dem im Röntgenbild überlieferten Material erkannten Brassel et al. (1971), dass Weichteile, ein Sipho und auch Fangarme der Tentakuliten erhalten waren und argumentierten mit Blind (1969) für die Zuordnung dieser Tiergruppe zu den Cephalopoden. Schwierig ist die

Zuordnung zu bestimmten Lebensräumen, da sie vielfach im Schiefergebirge in küstennahen Positionen gefunden wurden. Die zarten Gehäuse können auch verschwemmt worden sein.

Seilacher (1960: 98) fand „scharenweises Vorkommen von kleineren Tentaculiten zusammen mit orthoconen Cephalopoden (...), die – entgegen sonstigen Beobachtungen – relativ selten eingesteuert (waren und dies) neben eingesteuerten Seesternen und Crinoiden". Er ging davon aus, dass die Echinodermen schon bei geringer Strömung eingeregelt wurden, während die wirr durcheinander liegenden Tentakuliten wohl bereits vom Schlamm am Meeresboden soweit fixiert waren, dass sie davon nicht mehr abgelöst und fortgeschwemmt werden konnten. Das würde bedeuten, dass die Bodenströmung zeitweise aussetzte, so dass die Tentakuliten-Gehäuse zu Boden sinken konnten.

Broili (1929) beobachtete die Oberfläche eines Carapax der seltenen Blattkrabbe *Heroldina rhenana* aus den Dachschiefern von Gemünden, die mit zahlreichen Tentakuliten übersät und deren Umgebung dicht mit Tentakuliten bedeckt war. Er schloss daraus, dass möglicherweise die Tentakuliten sich von den Zerfallsprodukten des Tieres ernährt haben könnten.

Bryozoa. Bryozoen (Moostierchen) kommen in der tonig-schiefrigen, klassischen Hunsrückschiefer-Fazies selten vor. Vielleicht mangelte es bei dem schlickigen Meeresgrund an Möglichkeiten, sich festzuheften. Bevorzugt siedeln sie wohl auf Hartsubstrat und sind deswegen in der sandigeren „Normalfazies" der Hunsrückschiefer häufiger. Mehrfach wurden Schalen und Reste anderer Organismen als Siedlungsgrundlage gefunden. Opitz (1932) und Mittmeyer (1980b) erwähnten Bryozoen speziell von Bundenbach, Gemünden und Kaub. Südkamp (2007) entdeckte eine Kolonie von *Fenestella* sp. im Haldenmaterial der ehem. Dachschiefergrube „Lingenbach" unter seiner atypischen Fauna . Auch von anderer Seite wurde *Hederella* sp. und *Fenestella* sp. aus Hunsrücker Dachschiefern erwähnt.

Ichnofazies. Vielfach sind auf den Dachschiefer-Platten, wenn die Schichtung (s_0) durch das Spalten freigelegt wurde, Spurenfossilien zu beobachten, die die Tätigkeit einzelner, meist unbekannter Lebewesen sichtbar werden lassen. Dazu gehören Wohnbauten, Kriech- und Fraßspuren. Rud. Richter (1931) gelang seinerzeit der Nachweis, dass es sich bei den allgemein als *Chondrites* bezeichneten Spurenfossilien um Hinterlassenschaften kleiner Krebse, wurmartiger Lebewesen oder anderer Tiere handelte. Seilacher & Hemleben (1966) entdeckten in Dachschiefern u. a. eine ringförmige Spur, die etwa 45 cm im Durchmesser messende Fraßspur *Heliochone hunsrueckiana*. Bartels & Brassel (1990) gaben für sie auch Durchmesser zwischen 60 und 150 cm an. Die Erzeuger dieser Spur sind unbekannt, und es gibt keine vergleichbaren Spuren in den heutigen Meeren. Das gilt auch für *Chondrites palaeozoicus*.

Seilacher & Hemleben (1966) analysierten das Spureninventar der Hunsrücker Dachschiefer für palaeobathymetrische Vorstellungen. Für sie waren „Spurendichte und Formendichte (...) nicht mehr als Tiefenkriterien. Wohl aber lassen sich bestimmte Spurenassoziationen durch die ganze Erdgeschichte hindurch unterscheiden und bathymetrisch einstufen. (...) Dennoch sollte das genetische Modell nicht dem Prinzip des Aktualismus widersprechen, zumal wenn es (...) für eine so mächtige Schichtfolge wie die Hunsrückschiefer gelten soll". Sie unterschieden Arthropoden-Fährten, Kriechspuren wurmartiger Organismen, Weidespuren und Fraßbauten. Letztere sind im Hunsrückschiefer besonders häufig. Ihre Daten über die Ichnozoenose bestätigen das Vorhandensein eines reichen Bodenlebens. Sie vermissten allerdings Ruhespuren von Trilobiten, auch Spuren von Seesternen oder Bivalvia sowie einfache oder U-förmige Wohnbauten. Wegen des Überwiegens von Sedimentfressern plädierten sie für eine größere Wassertiefe und vermissten im ichnologischen Inventar eine Stütze für das seinerzeit geltende Wattenmodell. Vielmehr sahen sie in ihren Ergebnissen Parallelen zu Becken vor der kalifornischen Küste mit erheblicher Wassertiefe, wo ähnlich wie im Hunsrückschiefer-Meer „gelegentliche Ausläufer von Suspensionsströmen dünne, sandige Laminite" ablagern. Um eine gute Durchlüftung bis zum Meeresboden zu gewährleisten, rechneten sie mit Grundströmungen bis 15 cm/sec. Als Bildungsraum plädierten sie für ein Areal „unterhalb des Schelfs, d. h. im höheren Bathyal in einer Depression (allerdings) außer der Reichweite stärkerer turbiditischer Sedimentation." So überzeugend dieses Kontrastmodell zur Vorstellung eines fossilen Wattenmeeres ist, erscheint es doch schwierig, die reiche Lebewelt der Hunsrücker Dachschiefer in so großer, aphotischer Tiefe anzusiedeln. Immerhin sollte der Hinweis auf eine Depression auch im Bereich eines Schelfmeeres weiter verfolgt werden.

Zu den Erzeugern von Spuren gehören auch die Polychaeten (Borstenwürmer), die nur aus Weichteilen bestehen und ausschließlich unter den Bildungsbedingungen eines anaeroben Milieus erhalten bleiben. Die etwa 5 cm langen mit Borsten zur Fortbewegung ausgestatteten Würmer wurden durch Bartels & Blind (1995) am Beispiel von *Bundenbachochaeta eschenbachensis* erkannt (Kühl et al. 2012: Abb. 56). Sutcliffe (1997) berichtete über Spuren von Ophiuroidea (Schlangensterne) aus der Umgebung von Bundenbach. Die formenreiche Spurenfauna ist damit ein Beleg dafür, dass die meist benthisch lebende Fauna in diesem Areal nicht nur den Tod fand, sondern auch hier lebte.

Vertebrata. Im Hunsrückschiefer-Meer lebten Kieferlose (Agnatha), Panzerfische (Placodermi), Knochen- und Knorpelfische. Mittmeyer (1980b) führte mehr als 15 Arten aus dem Hunsrückschiefer auf. Es wird postuliert, dass die meisten platten, z. T. Flunderartigen Fische nahe am Meeresboden lebten oder dicht darüber schwammen. Der zu den Kieferlosen gehörende *Drepanaspis* erreichte bis 68 cm Länge; erhebliche Größe erreichte die rochenartige *Gemündina*; sie hatte ein Maul, das mit Knochenplatten zum Zermahlen und Zerreiben von Nahrung, vielleicht von dünnschaligen Wirbellosen ausgestattet war; auch diese Form war deutlich abgeplattet. Von den Acanthodiern (Stachelhaie) sind meist nur die Stacheln überliefert; eine Rekonstruktion gelang bisher nur unvollständig, da diese Gruppe meist nur in Relikten erhalten ist und aus einem Puzzle von zahlreichen Einzelfunden rekonstruiert werden müsste. Von den Panzerfischen, wie z. B. *Lunaspis*, werden vielfach in Konzentrat-Lagerstätten nur Panzerplatten und -elemente gefunden; auch er besaß eine abgeplattete Form, einen Mund unter der Vorderkante des Kopfes und recht große Augen; die kleinere Form, *Lunaspis heroldi*, erreichte eine Körperlänge bis 15 cm, die größere *L. broili* bis 45 cm. Auf manchen Platten sind auch pyritisierte Koprolithen überliefert.

Plantae. Pflanzenfunde sind nicht allzu reichhaltig (Schweitzer 1983, 2003). Aus dem Hunsrückschiefer-Meer stammt die polster- oder kissenförmige, Kolonien bildende Grünalge *Receptaculites*. Zu den Algen (?) gehört auch *Prototaxites*, die bei der Beschreibung des Taunusquarzits erwähnt wurde. Reste von Psilophyten der Gattungen *Taeniocrada*, *Trimerophyton* und *Psilophyton* sind aus fernen ufernahen Arealen eingeschwemmt worden. Dafür spricht vor allem, dass bestenfalls Bruchstücke von Sprossachsen gefunden wurden. Zur Gruppe der Bärlapp-Gewächse (Lycophyta) gehören *Drepanophycus* und nicht näher bestimmte Fragmente. In ihrer Zugehörigkeit zum Pflanzen- oder Tierreich noch nicht genauer eingeordnet ist *Maucheria gemuendensis*, ein sackartiger Rest mit borkenartiger Oberfläche.

Zu erwähnen bleibt außerdem eine Vielzahl von Sporomorphen niederer Gefäßpflanzen. Mittmeyer (1980b) listete mehr als 50 Taxa auf.

2.2.2.3.6 Faziesanalyse

Die tonige „**Hintergrund-Sedimentation**" mit ihrer eher böhmisch beeinflussten Fauna (Bartels et al. 2002: 109) tritt in ihrem Anteil an der gesamten Schichtsäule stoffmäßig in den Hintergrund, umfasst jedoch erheblich größere Zeitanteile als die übrige Fazies; die „Hintergrund-Sedimente" enthalten Anreicherungen von Tentakuliten, kleinen, dünnschaligen Bivalvia, Brachiopoden, Gastropoden und orthoconen Cephalopoden neben einem bioklastischen Anteil aus Hartteilen von Trilobiten, Echinodermata und Einzelkorallen; die Bruchstücke von Schalen und Gehäusen sowie die Tiere selbst bezeugen relativ energiearme und günstige Lebensbedingungen im Becken für sessiles Benthos mit Möglichkeiten zum Aufwachsen auf dem ansonsten schlickigen Untergrund; aber auch in diesem bestanden Möglichkeiten zur Verankerung, wie Funde von z. T. pyritisierten Haftorganen von Crinoiden beweisen; jedoch auch andere Lebewesen wie *Nahecaris stuertzi* und *Chotecops ferdinandi* wussten sich durch entsprechende Vorkehrungen vor einem Versinken im Schlamm zu schützen (Bartels et al. 1998); besonders im Schlamm wühlende Lebewesen, wie z. B. *Parahomalonotus planus*, hatten ihr Auskommen. Andere Arthropoden, wie *Mimetaster hexagonalis* und *Vachonisia rogeri*, stöberten im weichen Sediment nach organischem Detritus oder kleinwüchsigen Lebewesen; der Arthropode *Cambronatus brasseli* mag sogar unter eingeschränkten Lichtverhältnissen gelebt haben (Briggs & Bartels 2001); *Gemuendina* und *Lunaspis* lebten offensichtlich auch im sauerstoffreichen Bodenwasser des Hunsrückschiefer-Meeres.

Die event-gesteuerte Sedimentation der **Turbidite** schuf andere Lebensbedingungen; die schneller verfestigte Oberfläche der Schwemmfächer-Sedimente war meist wohl dafür verantwortlich; die Trübeströme sollten, da distal, im Normalfall nicht kräftig genug gewesen sein, um eine bestehende Faunengemeinschaft vollständig auszulöschen; im katastrophalen Einzelfall führten sie jedoch zu Eindeckung und Begräbnis der existierenden Bodenfauna; manche Lebewesen konnten sich eine Zeitlang schützen durch Einrollen, wie *Chotecops*, *Asteropyge*, *Parahomalonotus*, andere flohen, wie *Gemuendina* und *Lunaspis* (Sutcliffe 1997); der Erzeuger von *Chondrites* spielte eine besondere Rolle, da er wahrscheinlich auch bei eingeschränktem Sauerstoffgehalt leben konnte.

Zusammenfassend ergibt sich daraus, dass, wo auch immer eine ausreichend O_2-reiche Wassersäule bis hinunter zum Meeresboden einer diversen, sessilen und epibenthisch vagilen sowie nektontisch lebenden Meeresfauna gute Lebensbedingungen bot, wo erst unter der Meeresbodenoberfläche anaerobe Verhältnisse einsetzten, wie insbesondere die Ichnofauna zeigt, wo ausreichende Durchlichtung der Wassersäule bis zum Meeresboden gewährleistet war, wie die Anwesenheit von Arthropoden mit Augen, durch Korallen und Algen belegt wird, und wo letztendlich genügend Nährstoffe in allen Meeresbereichen vorhanden waren, konnte sich eine entsprechend an dieses Umfeld angepasste Dachschiefer-Fauna entwickeln.

Allerdings sollten die häufigen Trübeströme die Lebensbedingungen in diesem Meeresraum eingeschränkt haben. Bartels et al. (2002) gaben zu bedenken, dass die Intensität von Störungen und die Biodiversität in ursächlichem Zusammenhang stehen mögen. So regen leichte und mittelschwere, häufige Störungen offensichtlich die Bioproduktion und Diversität an, während nur schwere zur Auslöschung der Fauna führten. Sie sahen dies im Gebiet Gemünden – Bundenbach dadurch bestätigt, dass die „event“-bedingte Kleinzyklizität in den tonigen Abschnitten der Schichtenfolge mit einer arten- und individuenreichen Fauna verbunden ist. Dieser Mechanismus sollte auch die unterschiedlichen Faunenbilder in den einzelnen Fundhorizonten innerhalb der Dachschiefer-Fazies erklären.

Bleibt die Beantwortung der Frage nach Meeres- und Bodenströmungen. Deutliche Hinweise ergaben sich u. a. aus den Untersuchungen von Seilacher (1960). Neben sedimentologischen Indikatoren ist es die Einregelung von Tier- und Planzenresten durch Strömungen, jedoch auch die Reaktion des lebenden Tieres. Für beides gibt es zahlreiche Beispiele. Dazu gehört die mechanische Einsteuerung der Arme toter Seesterne. Alle im Normalfall radial nach außen gerichteten Arme, z. B. von *Aspidosoma tischbeinianum*, wurden durch die Strömung in die gleiche Richtung umgebogen bzw. parallel zueinander eingesteuert. Schleifmarken auf der Sedimentoberfläche unterstreichen Transport durch strömendes Wasser. Ähnliches lässt sich vom Schlangenstern *Furcaster palaeozicus* an mehreren Exemplaren demonstrieren. Seilacher (lit. cit.) konnte weiter zeigen, dass bei Trilobiten-Fährten das die Fährte erzeugende Tier durch Strömung aus der zuvor eingeschlagenen Richtung herausgedrückt, auch seitlich versetzt wurde bzw. seinen Schrittrhythmus als Reaktion auf die Strömung ändern musste. Daraus schloss er auch, dass diese Tiere die Strömung wirklich erlebt hatten. Die

Strömung war nicht stark genug, um Seesterne weit fortzuschwemmen, zu zerstören oder die Fährten auszulöschen.

Das führt zu dem Schluss, dass der Meeres- und Lebensraum nach allen Seiten offen war, seine spezifischen ökologischen Bedingungen trotzdem einzigartig waren. Daraus ergibt sich weiter, dass das Kerngebiet, das heute durch das Umfeld der Ortschaften Herrstein, Bundenbach und Gemünden eingegrenzt ist, ein Teilbecken im Schelfmeer war, dass im gesamten Meeresraum eine spezifisch geschützte ökologische Nische bildete zwischen untermeerischen Schwellen. Erben (1994) konstatierte, dass es in solchen isolierten Bereichen zur Gen-Drift kommen konnte. Teilpopulationen konnten in solchen Nischen wesentliche neue Merkmale oder Merkmalskomplexe hervorbringen. Auf eine solche Gendrift führte er die Entstehung und Entwicklung der Ammonoideen zurück. Abgesehen von dem ersten Auftreten der ältesten und primitivsten Vertreter dieses Tierstammes, lässt sich die fast lückenlose Entwicklung von gestreckten stabförmigen Gehäusen über lose eingerollte bis zu später voll eingerollten Gehäusen innerhalb einer relativ kurzen Zeitspanne nachweisen. „Dieser Schritt der Evolution muss sich schnell, beinahe explosionsartig ereignet haben, und (...) vom Hunsrückschiefer-Meer aus sind diese Ammonoideen sodann in die anderen Regionen des unterdevonischen Meeres eingewandert“ (Erben 1994). Beachtet man zusätzlich, dass die Fauna neben rheinischen Elementen, wie z. B. *Pleurodictyum*, *Zaphrentis*, bestimmten Trilobiten und Brachiopoden, auch Formen enthält, die fremde, „herzynische“ (böhmische) Züge zeigen, so ergibt sich die spezifische, zweifelsfrei einzigartige Sonderstellung von Fauna und Meeresraum.

2.2.3 Ems jünger als Hunsrückschiefer

2.2.3.1 Jüngeres Unterems (Obere Ulmen-, Singhofen- und Vallendar-Unterstufe)

Die Hunsrückschiefer-Fazies reicht aus der Ulmen-Unterstufe noch in die darüber folgende Singhofen-Unterstufe hinauf. Anderle (1987, 2008) hat die Entwicklung und den Stand der Unterdevon-Stratigraphie speziell für das Obere Mittelrhein-Tal und den südlichen Taunus ausführlich diskutiert. Seine Ergebnisse gelten auch für den rheinnahen Hunsrück.

Von Frech (1889) stammt die Bezeichnung „Porphyroidschiefer von Singhofen“. Porphyroid ist eine Bezeichnung für Tuffitlagen. Über den Fossilinhalt hatten bereits Koch (1881), Frech (1889) und Holzapfel (1893) die Einstufung in die „unteren Coblentzschichten“ (heute: Unterems-Stufe) vorgenommen. A. Fuchs (1927) verdanken wir auch die Definition und Beschreibung der „Singhofener Schichten“ als seinerzeit ältestes Schichtglied im Unterems. Seit A. Fuchs (1930b) wurde die Bezeichnung auf alle Schichtverbände im südlichen Schiefergebirge, soweit sie Porphyroide führten, übertragen.

Der Schwerpunkt der vulkanischen Tätigkeit lag wahrscheinlich im östlichen Rheinischen Schiefergebirge, evtl. auch außerhalb davon weiter im Osten. Von den vulkanischen Förderzentren ergossen sich weitreichende pyroklastische Ströme (Kirnbauer 1991) in das Rhenoherzynische Becken. Das vulkanische Material vermischte sich beim Transport mit Sedimentmaterial und wurde auch von diesem überdeckt. So ist zu erklären, dass in den Porphyroiden Faunen des „rheinischen“ Unterdevons gefunden werden. Sie gestatten die biostratigraphische Zuordnung, die Solle (1950) ausführlich diskutierte. Allerdings verlieren sich diese pyroklastischen Ströme nach Südwesten, sind im östlichen Hunsrück nur sporadisch zu finden und fehlen weiter im Westen, Südwesten und Süden völlig.

Im Mittelrheintal entspann sich eine Diskussion darüber, ob es sich bei diesen „Porphyroid-Einlagerungen“ nur um einen einzigen Horizont oder um mehrere handele.

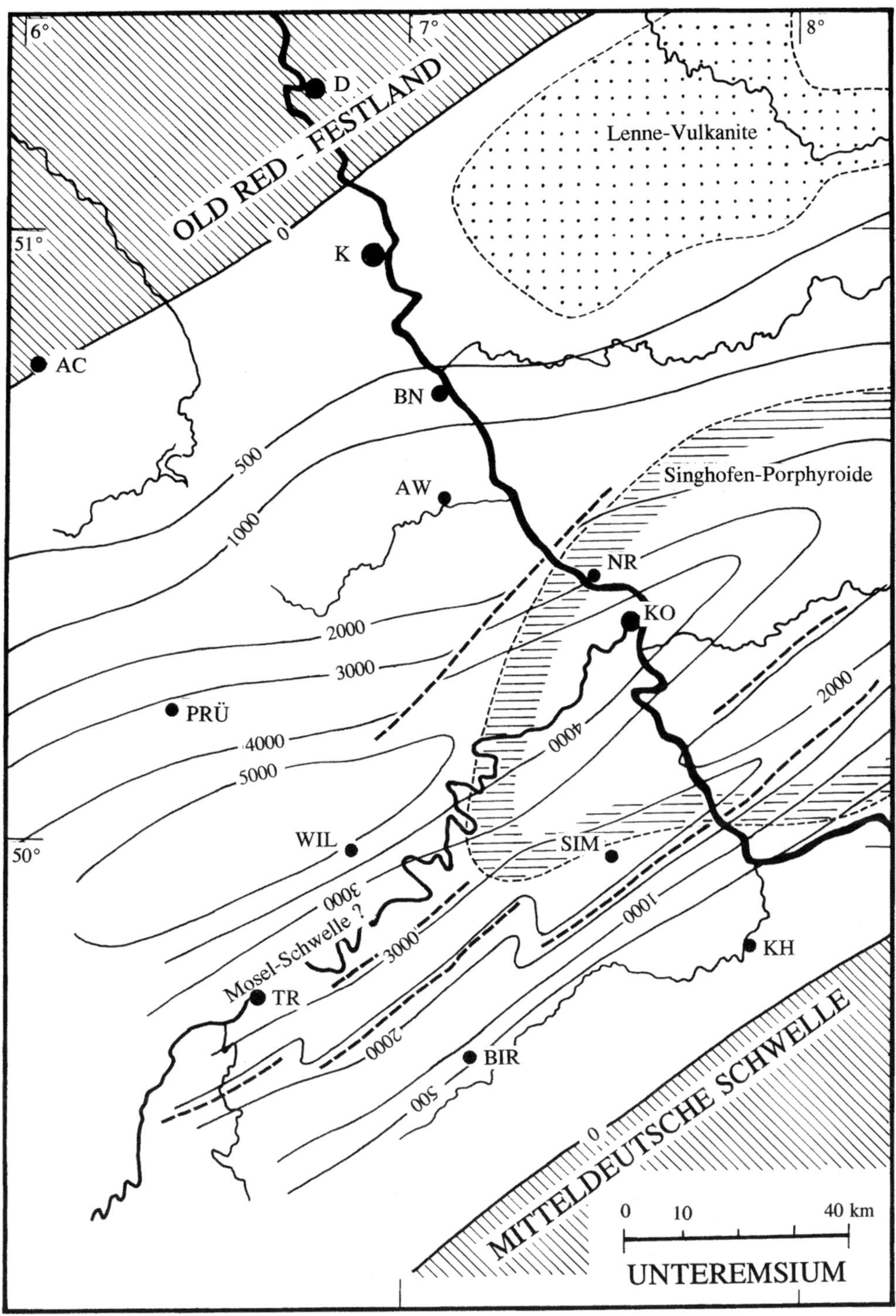

Abb. 8. Paläogeographie der Unterems-Zeit mit dem Verbreitungsgebiet der Porphyroide. Variszische Einengung unberücksichtigt. Ortsnamen wie in Abb. 4. W. MEYER & STETS (1996).

Diese Diskussion wurde durch Kirnbauer (1991) dahingehend entschieden, dass zwar mehrere Porphyroid-Horizonte vorhanden, sie jedoch in den einzelnen Strukturen unterschiedlich sind und sich untereinander nicht unmittelbar korrelieren lassen. Sie können damit für eine horizontbezogene, lithostratigraphische Korrelation über das gesamte Verbreitungsgebiet nur bedingt herangezogen werden. Sie sind im Rheinischen Schiefergebirge in ihrer typischen Ausbildung auf einen spezifischen Zeitraum beschränkt und werden hier weiter als lithostratigraphische Einheit Singhofen-Schichten verwendet.

Aufgrund ihrer Fossilführung gehören die Porphyroide größtenteils in die Ulmen-Unterstufe. Elkholy & Gad (2006a, b) definierten in Anlehnung an Koch (1881) und A. Fuchs (1907) die „Hunsrückschiefer-Gruppe". Als Liegendgrenze betrachteten sie die Oberkante des Taunusquarzits und als Hangendgrenze die Basis des (jeweils) untersten Porphyroids. Für den darüber liegenden Schichtenstapel fehlte bis dahin eine entsprechende Gruppenbezeichnung und Definition. Die Definition der „Hunsrückschiefer-Gruppe" soll für Hunsrück bzw. Taunus gelten und besteht aus den Formationen Sauerthal-, Bornich- und Kaub-Schichten. Abgesehen davon, dass im Mittelrhein-Profil nördlich der Taunuskamm-Überschiebungszone der Taunusquarzit fehlt, sind die Porphyroide in weiten Teilen des Hunsrücks nicht vorhanden. Der Begriff „Hunsrückschiefer-Gruppe" wird daher hier vermieden, ebenso eine Diskussion der „Wied-Gruppe" (Elkholy & Gad 2006).

Die Singhofen-Unterstufe beinhaltet nach Mittmeyer (2008) nur höhere und keine Porphyroide führenden Abschnitte der gesamten Schichtfolge mehr. Für die Lithostratigraphie im Hunsrück hat dieses erhebliche Konsequenzen. In den Gebieten, wo die Porphyroide primär fehlen, sind die Äquivalente der „Singhofener Schichten" lithologisch nicht von den übrigen Schichten in Hunsrückschiefer-Fazies abzugrenzen. Daher lautete die Empfehlung von Anderle (1987a), nur: „überall dort den Begriff Singhofener Schichten im Sinne von A. Fuchs (1927) weiterhin zu gebrauchen, wo Porphyroide in den Gesteinen der Unterems-Stufe auftreten, aber weder eine genauere Gliederung mittels Faunen, noch mittels geochemisch unterschiedener Tuffe vorhanden oder möglich ist". Das gilt für das Gebiet des Hunsrücks südwestlich des Mittelrheins zwischen Boppard und Oberwesel, da sonst die Porphyroide weitgehend fehlen.

A. Fuchs (1930b: 243) hatte „den hangenden Teil der Porphyroide führenden Schichtenfolge (...) früher als Ehrenthaler Horizont bezeichnet", stellte jedoch anheim, „ihn mit Rücksicht auf seine Fauna, welche der Singhofener noch sehr nahe steht" mit dem „Singhofener Horizonte" zu vereinigen. Die Legende von Bl. Frankfurt a. M.-West (GÜK 200: CC 6310, W. Franke & Anderle 2001) und Mittmeyer (2008: 165) führten den Begriff „Ehrenthal-Schichten" wieder ein, positionierten dieses Schichtglied jedoch auch in die obere Ulmen-Unterstufe unterhalb der Spitznack-Schichten. Die Singhofen-Unterstufe beginnt jetzt mit den Spitznack-Schichten, die allerdings nur im Loreley-Gebiet vorkommen. Damit wird die zur Ulmen-Unterstufe gehörende Schichtenfolge erheblich aufgebläht auf Kosten der Singhofen-Unterstufe, die im Hangenden der Spitznack- nur noch die „Wellmich-Schichten" enthalten soll. Mittmeyer (2008) schlug vor, die „Singhofener Schichten" in Ehrental-Schichten umzubenennen und die Singhofen-Unterstufe alternativ als Bendorf-Unterstufe zu bezeichnen. Damit ist jedoch die Frage nicht beantwortet, ob die Spitznack-Schichten an der Loreley, wo sie allein auftreten, in das Liegende oder Hangende der Porphyroide führenden Schichten gehören.

In der Region um die Loreley liegt nach Anderle (1967) der als Singhofen-Schichten („Singhofener Schichten") zu bezeichnende, die Porphyroide enthaltende Schichtverband über den Spitznack-Schichten, und die Grenze zwischen beiden ist das „Basis-Porphyroid" der Singhofen-Schichten. Eine ausführliche Diskussion legten Anderle (1987a) und W. Meyer & Stets (1996) vor. Für die hier folgende Beschreibung gilt, dass überall dort, wo Porphyroide auftreten, mit ihnen die Singhofen-Schichten einsetzen, die noch Anteile der oberen Ulmen- und untere der Singhofen-Unterstufe umfassen können.

Die Spitznack-Schichten sind in ihrer typisch sandigen Ausbildung auf das Gebiet um die Loreley beschränkt und nach Südwesten in den Hunsrück hinein nur bedingt weiter zu verfolgen. Im Hangenden folgen die Singhofen-Schichten im Sinne der oben diskutierten Position. Sie treten nach Schulze (1959) im Profil zwischen Kestert und Oberwesel wiederholt auf. Die Vorkommen im Mittelrheintal liegen in der südwestlichen Verlängerung der Lahn-Mulde, die am Mittelrhein der Maisborn-Gründelbach-Schuppenzone („Maisborn-Gründelbacher Mulde") entspricht. Der in diesen Schuppen anstehende Schichtverband enthält bis zu 5 Porphyroide (Schulze 1959, Kirnbauer 1991).

2.2.3.1.1 Spitznack-Schichten

Allgemeine Aspekte. Der Name rührt von einer rechts des Rheins liegenden Felspartie südlich der Loreley her. Nach der Kartierung von Anderle (1967: Abb. 1) liegt der Spitznack selbst jedoch in den Singhofen-Schichten. Die Bezeichnung soll hier, da sie eingeführt ist, beibehalten bleiben. A. Fuchs (1923) führte als typisches Kennzeichen für die Spitznack-Schichten bankbildende Cypricardellen an, die er in die Definition einbezog. Hierzu gehören *Cypricardella subovata*, *C. elongata* und *C. curvata*, ebenso wie sein „Leitfossil" *Prosocoelus beushauseni*, außerdem auch *Rhynchonella* sp. oder *Lapinulus pila*. Auf A. Fuchs gehen als lithologisches Kriterium die „Plattensandsteine" zurück. Nachdem er anfangs (1899) noch versucht hatte, allein mit Hilfe von Zonenfossilien die unterdevonische Schichtenfolge an der Loreley zu gliedern, versuchte er später eine Gliederung über die Lithologie. Anderle gelang es, die stratigraphischen Verhältnisse zwischen St. Goarshausen, Loreley und Spitznack zu klären.

Alle Bearbeiter in der Nachfolge von A. Fuchs – außer Mittmeyer (1996, 2008) – waren sich darin einig, dass die Spitznack-Schichten unterhalb des Einsetzens der Porphyroide liegen. Die Spitznack-Schichten sind hier eine spezifische, auf das Gebiet der Loreley begrenzte Fazies, die wahrscheinlich noch zum Hunsrückschiefer s. str. gehört. Nördlich und südlich und auch südwestlich des Loreley-Gebietes klingt sie aus. Allerdings reicht nach Bl. Koblenz (GÜK 100: C 5910) ein breiter Streifen von Spitznack-Schichten bis Damscheid und darüber hinaus nach Südwesten in den Hunsrück, wo er an einer riesigen Querstörung abreißt. Das gleiche Schicksal erleidet ein zweiter Streifen weiter im Nordwesten, der von Wellmich und Fellen linksrheinisch sich bis Badenhardt und Birkheim in den Hunsrück erstreckt. Nach Schulze (1959) gehört der letztere Schichtverband in das Hangende der Porphyroide führenden Singhofen-Schichten, nicht jedoch in deren Liegendes. Da auf Bl. Koblenz das Hangende der Spitznack-Schichten jeweils durch Überschiebungen begrenzt ist, kann die weitere Entwicklung zum Hangenden nicht abgeleitet werden. Aus der Kartierung des Loreley-Gebietes (Anderle 1967) zeigt sich, dass nur die Spitznack-Schichten der Aueler Schuppe über den Rhein hinweg auf das linke Ufer hinüber reichen, jedoch sich wegen nach SW gerichtetem Achsenabtauchen wohl nicht weit in den Hunsrück hinein verfolgen lassen.

Sonst liegen die Singhofen-Schichten im östlichen Hunsrück unmittelbar auf Hunsrückschiefer unter Ausfall von Spitznack-Schichten, ohne dass eine Lücke erkennbar ist.

Lithofazies und Fauna. Die Spitznack-Schichten bestehen zu einem erheblichen Anteil aus Feinsandsteinen, die teilweise quarzitisch ausgebildet sind, teilweise auch als mürbe Plattensandsteine vorliegen. Die Sandsteine sind z. T. zu mächtigen Bankfolgen zusammengeschlossen, die mit Tonschiefern wechsellagern. Anderle (1967) beschrieb sie als rasch auskeilende, mittel- bis dickbankige, z. T. auch massige oder schräg geschichtete Sedimentkörper. Die Schrägschichtung ist in der Regel großbogig. Häufig sind auch synsedimentäre Rutschungsstrukturen vorhanden. Hinzu kommt eine Gradierung (fining-up), die zum Hangenden zum Übergang in Feinsand-, Silt und Tonsteine führt. Ein geringer, wechselnder Gehalt an Feldspat und detritischen Hellglimmern kennzeichnet die Sandsteine zusätzlich.

Die Fossilvorkommen sind in der Regel Linsen aus zusammengeschwemmten Schalen und Fossildetritus, die Taphozoenosen darstellen. Ihr Fossilreichtum repräsentiert mit Brachiopoden und Bivalvia ein reiches, voll marines Benthos. Nicht zuletzt die Cypricardellen- und *Lapinulus pila*-Bänke sprechen dafür. Die Faunenliste von Anderle (1967) aus den Spitznack-Schichten umfasst 76 Formen, die alle in den üblichen Formenkreis der „rheinischen" Fauna gehören. In ihrer Zusammensetzung gleicht diese Fauna jener der Hunsrückschiefer in der Normalfazies.

Trotz dieser artenreichen Fauna ist die Einstufung der Spitznack-Schichten nicht eindeutig. *Arduspirifer arduennensis antecedens* ist in 11 Fundpunkten häufig und zeigt Ulmen- bis Vallendar-Alter (Mittmeyer 1982) an, das durch *Arduspirifer ard. latestriatus* in 13 Fundpunkten eher in Richtung Vallendar-Unterstufe verschoben wird. Es fehlen *Pseudoleptostrophia dahmeri*, *Arduspirifer ard. prolatestriatus*, *Treveropyge rotundifrons* und andere, die für die sichere Einstufung in die Singhofen-Unterstufe angesehen werden. So bleibt die Frage, ob die gen. Arten noch nicht entwickelt oder ob sie nur den Lebensraum Spitznack-Schichten gemieden haben. Andererseits sind von den Formen, die G. Fuchs (1982) für die Singhofen-Unterstufe als wichtig erachtete, *Brachyspirifer crassicosta*, *Arduspirifer ard. antecedens*, *Plebejochonetes semiradiatus*, *Oligoptycherhynchus daleidensis*, *Mutationella* sp., *Subcuspidella* sp. und *Tropidoleptus* sp. unter den Brachiopoden vorhanden. Es fehlen *Euryspirifer assimilis* und *„Spirifer" dunensis*. Die Fauna und die Position unter dem „Basis-Porphyroid" bestätigen eher ein Ulmen-Alter.

Die Angaben zur Mächtigkeit der Spitznack-Schichten schwanken wegen der fehlenden Untergrenze in Abhängigkeit von ihrer Vollständigkeit zwischen >250 m in der Aueler Schuppe und >100–150 m für das Gebiet unmittelbar südlich der Loreley. Die Mächtigkeit nimmt im Eeg-Sattel in Richtung Nordosten in den Taunus zu.

2.2.3.1.2 „Singhofen-Schichten" und Schichten der Singhofen-Unterstufe

Oberer Mittelrhein. Am Oberen Mittelrhein folgen Singhofen-Schichten entweder auf Hunsrückschiefer s. str. in der Fazies der Kaub-Schichten bzw. im Loreley-Gebiet auf Spitznack-Schichten. In Singhofen-Schichten identifizierte Schulze (1959) hier insgesamt 5 „Porphyroid-Horizonte" (P_{1-5}), die maximal 8 m Mächtigkeit erreichen. Einige von ihnen (P_1, P_2, P_5) setzen gegenüber den Verhältnissen an der Unteren Lahn häufiger aus oder sind durch die Aufnahme von Sediment-Material weniger rein und daher schwerer identifizierbar. Dadurch wird auch die zunehmende Entfernung von den Ausbruchszentren der Vulkane deutlich. Im Gegensatz dazu sollte sich der Horizont P_4 als relativ horizontbeständig erweisen und galt als der mit der weitesten Verbreitung. Generell gilt, dass überall dort, wo Spitznack-Schichten fehlen, die Basis der Singhofen-Schichten in dem einheitlichen Schichtenstapel durch das jeweilige „Basis-Porphyroid" sicher zu bestimmen ist. Den Top bildet das oberste Porphyroid.

Nach Kirnbauer (1991) sind die Porphyroide untermeerische Ablagerungen von pyroklastischen Strömen eines sauren bis intermediären unterdevonischen Vulkanismus. Er konnte zeigen, dass eine stratigraphische Korrelation der einzelnen Porphyroide geochemisch nicht möglich ist. Danach ist eine Zählung und stratigraphische Nutzung der Porphyroide (P_{1-5}, P_{I-V}) als „Leithorizonte" nicht zulässig. Kirnbauer (1991) hat alle Vorkommen von Porphyroiden und die damit auftretende Fauna aus 150 Fundpunkten – die meisten liegen im Taunus – aufgelistet. Kirnbauer & Wenndorf (1995) haben die Porphyroide im Typusgebiet bei Singhofen, u. a. das *Limoptera*- und das „Touristenstein-Porphyroid", auf ihre Fauna näher untersucht. Unter den Brachiopoden treten *Brachyspirifer crassicosta*, *Euryspirifer assimilis*, *Arduspirifer arduennensis prolatestriatus*, *Ard. ard. antecedens*, *Euryspirifer dunensis* und *Arduspirifer arduennensis* auf.

Nach Kirnbauer & Wenndorf (1995: 154) muss das „*Limoptera*-" und das „Touristenstein-Porphyroid" „ mit der Mehrzahl aller Porphyroid-Horizonte in die Ulmen-Unterstufe sensu Mittmeyer (1982) gestellt werden" und sie legten „eine Einstufung als oberes Ulmen nahe". Diesen Vorstellungen kann nur schwer gefolgt werden. Der als Argument aufgeführte *Oligoptycherhynchus* sp. aff. *daleidensis*, dessen Auftreten auf die Ulmen-Unterstufe beschränkt sein soll, wird aus zwei, *O. daleidensis* selbst aus 15 Vorkommen genannt, *Treveropyge prorotundifrons* soll erst mit der Singhofen-Unterstufe einsetzen (G. Fuchs 1982, Mittmeyer 1982) und ist in den Porphyroiden – nicht zuletzt bei Singhofen – gefunden worden. Die Zugehörigkeit der Porphyroide zur Ulmen-Unterstufe sollte danach kritisch betrachtet werden, müssten nach der Fauna doch zumindest einige von ihnen sicher in die Singhofen-Unterstufe eingestuft werden. Dabei ist nicht auszuschließen, dass andere Porphyroide auch in die obere Ulmen-Unterstufe gehören.

Der tiefere Abschnitt der Singhofen-Schichten zwischen den Porphyroiden P_1 und P_2 (sensu Schulze 1959) besteht aus mehr oder weniger sandigen grauen Tonschiefern. In sie sind bis 20 cm mächtige heller graue Feinsandstein-Bänke eingeschaltet. Eine Gradierung (fining-up) reicht von diesen Feinsandsteinen über Bänderschiefer zu sehr feingebänderten Tonschiefern. Bänderschiefern stehen auch Flaserschiefer gegenüber. Zusammen mit Strömungsrippeln deuten sie auf bewegtes Wasser im Flachmeer-Bereich hin. In den höheren Abschnitten zwischen den Porphyroiden P_3 und P_5 (sensu Schulze) herrscht wieder eine eher tonig-schiefrige Lithofazies vor. Auch hier werden Flaserschiefer gefunden. Außerdem kommen im Mittelrhein-Abschnitt Toneisensteingeoden vor. Eine auf den höheren Abschnitt beschränkte mächtige Sandstein-Bankfolge zerschlägt sich in südwestliche Richtung und verschwindet letztendlich völlig. Die Gesamtmächtigkeit der Singhofen-Schichten liegt am Oberen Mittelrhein zwischen 1400 und 800 m. Die Fauna lässt über das Vorherrschen von Brachiopoden auch hier auf vollmarine Ablagerungs- und Lebensbedingungen schließen.

Hangendes der Boppard-Dausenauer Überschiebungszone. Im Hangenden der Boppard-Dausenauer Überschiebungszone zieht sich ein schmaler Streifen relativ einförmiger Tonschiefer mit Feinsandsteinen am hohen Südost-Rand der „Mosel-Mulde" vom Mittelrhein bei Boppard nach Südwesten in den Hunsrück. Quiring (1928) hatte ihn vom Hunsrückschiefer abgetrennt und in das „Untercoblenz" eingestuft. Er beschränkte diese Schichten auf das Areal zwischen der „Bopparder Überschiebung" und der Hunsrück-Hauptüberschiebung bei Bad Salzig. Diese Einstufung übernahm er 1930 auch in sein Rheinprofil, bemerkte jedoch, dass sich von Kamp-Bornhofen nach Nordwesten zur Filser Ley, wo er einen „Porphyrtuff" (Porphyroid) verzeichnete, Gesteine in „wechselvoller Lagerung" (S. 4) anschließen, „deren stratigraphische Stellung noch nicht gesichert ist". Unter Bezugnahme auf unpubliziertes Kartenmaterial von Quiring und Kutscher aus diesem Raum (Manuskriptblätter Zell, Kastellaun, Dommershausen, Kestert) und belegt durch das Vorkommen von Porphyroiden zählte Thiele (1960) diese Schichtenfolge zu den „Singhofener Schichten".

Die Schichtenfolge besteht aus Wechselfolgen von Ton- und Bänderschiefern mit bis zu 10 cm mächtigen Feinsandstein-Bänkchen. Andernorts, so zwischen Flaum- und Baybach, liegen an der Basis 20–30 m mächtige blauschwarze Tonschiefer mit Toneisensteingeoden, deren Durchmesser bis 10 cm erreichen, und Kieselgallen. Sie werden in nordöstliche Richtung vermehrt durch plattige Sandsteine vertreten. Das bezeichnende Porphyroid lässt sich am Sosberger Bach über die Ruine Balduinseck bis an den Ourbach südlich der Sulzmühle (Bl, 5910 Kastellaun) verfolgen. Thiele (1960) erwähnte eine max. Mächtigkeit von 10 m vom Ourbach. Er vermutete wegen der Beschränkung auf diesen Zug, der hohen Mächtigkeit und wegen besonders großer Feldspäte mit Kantenlängen bis 5 mm ein Ausbruchszentrum in der Nähe. Kirnbauer (1991) bestätigte diesen Befund und erkannte, dass dieses Porphyroid nach Südwesten in Richtung auf die Ruine Balduinstein bis auf 0,2–0,5 m an Mächtigkeit verliert. Hangend- und Liegendgrenze sind unscharf; die Feldspatführung setzt allmählich ein und klingt entsprechend aus. An Fossilien nannte er *Tentaculites schlotheimi*. Er hielt eine Verbindung mit den Vorkommen von Kratzenburg/Neierbach (Bl. 5811 Kestert) weiter im

Nordosten für möglich, schloss jedoch aufgrund geochemischer Daten eine Verbindung mit den „Mittelrhein-Porphyroiden" aus. Thiele ging wegen der weiten flächenhaften Verbreitung bei einem Ausstrich von >3–4 km von einer Mächtigkeit der Singhofen-Schichten um 3000 m aus, denen die bis 1400 m Mächtigkeit am Oberen Mittelrhein gegenüber stehen.

Auf Bl. Koblenz (GÜK 100: C 5910) wurde das zum Rhein hin gelegene Areal dieser Singhofen-Schichten als Ehrenthal-Schichten bezeichnet und in die oberste Ulmen-Unterstufe oberhalb der Bornhofen-Schichten eingestuft. In der Legende zur Karte werden diese Ehrenthal-Schichten als „kleinzyklischer Wechsel von schwarzen Ton- bis Siltschiefern und grauen größtenteils dünnbankigen Quarziten bis Feinkornquarziten mit 4 (stellenweise fehlen 3) Porphyroid-Einschaltungen, 500 bis 1000 m mächtig" beschrieben. Zwischen Emmelshausen und Sulzbach (Bl. 5811 Kestert) soll eine Dachschiefern ähnliche Lithofazies mit nur einem Porphyroid „ähnlich wie in den oberen Altlay-Schichten" (Mittmeyer 2008: 167) vorherrschen. Gleichzeitig wurden *Euryspirifer assimilis* und bei abnehmender Artenvielfalt zum Hangenden ein Überwiegen von *Plebejochonetes semiradiatus*-Lagen genannt. Die lithologischen Eigenschaften entsprechen jenen bei Thiele (1960) weitgehend. Wie weit eine Einstufung in die obere Ulmen-Unterstufe gerechtfertigt ist, bleibt dahingestellt. Die Einstufung über die seinerzeit als Hunsrückschiefer s. str. eingestuften Bornhofen-Schichten bleibt gewahrt, wie auch die Berechtigung, sie aufgrund der Porphyroide als Singhofen-Schichten (sensu Anderle 1987, 2008) zu bezeichnen. Allerdings positionierte Mittmeyer (2008: Tab. 4) die Altlay-Schichten zwischen Ehrenthal- und Bornhofen-Schichten. Aufgrund der in beiden Schichten befindlichen Porphyroide sollten sie nicht als unbedingt zeitgleich, jedoch ähnlich alt innerhalb der jüngeren Hunsrückschiefer s. l. betrachtet werden.

Südöstlicher Hunsrück. Im südöstlichen Hunsrück sind Spitznack-Schichten unbekannt. Das stärkt den Verdacht, dass es sich bei ihnen um eine lokale Fazies handelt, die auf das Loreley-Gebiet am Oberen Mittelrhein beschränkt ist.

Singhofen-Schichten in Mittelrhein-Ausbildung oder ähnlich wie im Taunus (Anderle 1987, 2008), können in diesem Gebiet im Hangenden der Hunsrückschiefer in der Fazies der Kaub-Schichten nicht ausgemacht werden, da Porphyroide fehlen. Bierther (1955) hatte Schichten des Unterems erstmals im Stromberger Gebiet durch eine kleine Faunen nachweisen können. Weitergehende Nachweise fehlten. Mittmeyer & K.-W. Geib (1967) gelang der Nachweis von Schichten der „Singhofen-Gruppe" mittels einer kleinen Fauna im Hahnenbach-Tal. Für das Gebiet um Stromberg stand er noch aus. Erst D. E. Meyer (1970) erwähnte Schichten der „Singhofener Gruppe", allerdings ohne Porphyroide, auch aus dem Guldenbach-Tal.

Von den von Mittmeyer (1982) und G. Fuchs (1982) für leitend bzw. typisch für die Singhofen-Unterstufe beschriebenen Faunen sind in den entsprechenden Schichten im Guldenbach-Tal (D. E. Meyer 1970) folgende Taxa gefunden worden: *Arduspirifer arduennensis prolatestriatus*, *Ard. ard. antecedens*, *Plebejochonetes semiradiatus*, *Oligoptycherhynchus daleidensis*, *Subcuspidella* sp., *Tropidoleptus* sp., *Nuculites* sp. und *Palaeoneilo* sp. Es fehlen vor allem Vertreter der Trilobiten und unter den Brachiopoden *Pseudoleptostrophia dahmeri*. Trotzdem erscheint eine Zuordnung zu der Singhofen-Unterstufe nach diesen Funden gerechtfertigt.

Generell kommen Schichten der jüngeren Unterems-Stufe im Guldenbach-Tal in einer „vorherrschend tonigen Fazies mit geringmächtigen Einschaltungen von sandigen Kalksteinen bzw. kalkigen, z. T. auch konglomeratischen Sandsteinen, ferner Schillkalken (...), karbonatfreien quarzitischen Sandsteinen" (D. E. Meyer & Nagel 2008) vor. Es handelt sich um folgende Vorkommen: Bei Wald-Erbach wurden ca. 150 m südöstlich des Gipfels vom „Köpfchen"/ Roter Berg (Bl. 6012 Stromberg) Lesesteine eines stark geschieferten, vermutlich ursprünglich palagonitischen Tuffs gefunden, der in meist glimmerarme, schwach gebänderte, selten flaserige Tonschiefer eingelagert ist; große Feldspäte, wie sie für die „Mittelrhein-Porphyroide" typisch sind, fehlen; die Zuordnung zu den Singhofen-Schichten erfolgte aufgrund der Gesteinsfolge und der Lagerungsverhältnisse; schon Ma. Wolf (1930: 11) hatte hier „graublaue und braune, rauhe und milde Tonschiefer, die mehr oder weniger eben spalten" gefunden. Damit bestätigt sich der Befund, dass südlich des Soonwaldes nur selten „echte" Hunsrückschiefer, sei es s. str. oder s. l., angetroffen werden; eine Ausnahme bilden die Tonschiefer am Rochus-Berg bei Bingen. Ma. Wolf's Feststellung, dass weiter westlich, am Süd-Rand des Hunsrücks auf Bl. 6209 Oberstein, die Hunsrückschiefer noch „die übliche Einförmigkeit" aufwiesen, besteht zwar zu Recht, allerdings gehören diese Schichtverbände zu anderen tektonischen Strukturen und sollten nicht mit jenen bei Wald-Erbach verglichen werden. Tuffit-Horizonte enthalten auch unterschiedlich sandige Tonschiefer mit untergeordneten geringmächtigen, teilweise quarzitischen, graugrünen bis grauen, jedoch auch blaugrauen, linsigen bis bankigen Kalken und Kalksandsteinen mit Tongallen südlich von Stromberger Neuhütte östlich des Eichhofs (Bl. 6012 Stromberg); dieser Tuffit ist stark geschiefert und enthält größere Fetzen von vulkanischem Gestein, Klasten schwarzer Tonschiefer sowie Kalk- bzw. Fossilschill-Fragmente; jedoch auch hier fehlen die typischen Feldspäte der „Mittelrhein-Porphyroide". Eine kleine Fauna mit *Arduspirifer arduennensis* cf. *antecedens* erhärtet nur ein Unterems-Alter. Nach Kirnbauer (1991) gehören beide Tuffit-Vorkommen nicht zu den „Singhofen-Porphyroiden" vom Typ Mittelrhein. Am Hüttenkopf, ca. 1,5 km nordwestlich Stromberg (Bl. 6012 Stromberg), gelang Bierther (1955) der Nachweis, dass dort bis dato für Mitteldevon gehaltene Kalkknollenschiefer in die Unterems-Stufe gehören; es handelt sich um eine ca. 50 m mächtige Wechselfolge unterschiedlich sandiger, dunkel blaugrauer, glimmerhaltiger Tonschiefer mit grauen Quarziten und quarzitischen Sandsteinen, Kalksandsteinen und fossilreichen sandigen Kalken. Hinzu kommen dunkelblaugraue Kalklinsen und -platten aus Bruchschill, u. a. mit *Chonetes* sp., aber auch aus feinkörnigem, kristallinem Kalkstein; eine Fauna in der Nähe enthielt *Arduspirifer arduennensis prolatestriatus*; *Rhenorensselaeria demerathia* in einem benachbarten Fundpunkt weist ein Unterems-Alter aus. Kalklinsen führende Tonschiefer am südlichen Talhang des Seibersbach-Tales erbrachten in der Nähe der Talsperre eine kleine Fauna, allerdings ohne beweisführende Formen; lithologisch ist dieses Vorkommen jedoch mit jenem am Hüttenkopf durchaus vergleichbar.

Generell ergibt sich also, dass die potentiellen Singhofen-Schichten sich hier von denen am Oberen Mittelrhein deutlich unterscheiden, indem vielfach kalkige oder kalkig-sandige Einschaltungen in Tonschiefern vorkommen. Außerdem besteht ihr Unterlager nicht aus „echtem" Hunsrückschiefer wie nördlich des Soonwaldes.

Südlicher Hunsrück. Mittmeyer & K.-W. Geib (1967) berichten über eine „tonig-sandige Wechselfolge" nordwestlich Hahnenbach im Hangenden von Kaub-Schichten mit einer kleinen Brachiopoden-Fauna. Sie enthielt über „schluffigen Kauber Schichten" (S. 32) mit *Subcuspidella* (?) cf. *humilis*, *Tropidoleptus laticosta*, *T. rhenanus*, *Plebejochonetes semiradiatus*, „*Chonetes*" *sarcinulatus* und Crinoiden-Stielgliedern eine indifferente, typisch „rheinische" Fauna. Allerdings gab sie seinerzeit Anlass, diesen Schichtverband in die „Singhofen-Gruppe" einzustufen. Die darüber folgenden gebänderten, fossilleeren Tonschiefer schließen mit einer Tuffit-Bank ab. Kirnbauer (1991) schloss allerdings aus, dass es sich um ein Porphyroid im Sinne der „Mittelrhein-Porphyroide" handelt. Dieses Vorkommen liegt in der streichenden Fortsetzung der Vorkommen im Stromberger Gebiet südlich des Soonwaldes.

Ecke et al. (1985) untersuchten das Profil des Hahnenbach-Tales zwischen Bundenbach und Kirn sowie das Profil des unteren Rhaunener Idarbach-Tales und des Hirschbach-Tales zwischen Niederweiler und Rhaunen am Ost- und Südost-Rand des Idarwaldes. In vier Positionen – bei Rhaunen, Bundenbach, nordöstlich Sonnschied und nördlich Hahnenbach – queren nach ihrer geologischen Karte Singhofen-Schichten das Tal. Die vierfache Wiederholung ist das Ergebnis einer intensiven tektonischen Verschuppung der

Tonschiefer. Aufgrund einer Mikroflora am Hang des Pfaffenberges nördlich Hahnenbach nahmen Ecke et al. (1985) über Tonschiefern der Singhofen-Unterstufe ein noch jüngeres Alter innerhalb des Unterems mit Klerf-Schichten (Vallendar-Unterstufe) an. Somit scheint auch hier ein Singhofen-Alter für den Schichtverband im Liegenden möglich.

Mittmeyer (1996, 2008: Abb. 4) hat jedoch den gesamten Abschnitt im Hahnenbach-Tal zwischen Lützelsoon im Nordwesten und der Metamorphen Zone im Südosten dem Hunsrückschiefer (Sauerthal-, Bornich-, Kaub-Schichten) und damit der Ulmen-Unterstufe zugewiesen. Allerdings steht dieses in krassem Widerspruch zu tektonischen Profilen entlang des Hahnenbach-Tales (LGB 2005: Abb. 27b), wo die Schichtenfolge in diesem Abschnitt dem Mitteldevon in Schiefer-Fazies zugeschlagen wurde. Lithologisch handelt es sich hier eindeutig um Gesteine in Hunsrückschiefer-Fazies.

Singhofen-Schichten bei Gemünden und Bundenbach? Die berühmten Vorkommen des Herrstein-Gemündener Dachschiefer-Zuges mit den ehem. Gruben „Eschenbach-Bocksberg", „Herrenberg", „Schmiedeberg" bei Bundenbach entsprechen lithologisch Hunsrückschiefer in der Fazies der Kaub-Schichten, sind von diesen nicht zu unterscheiden und werden daher pauschal der Ulmen-Unterstufe zugewiesen . Bei den Tonschiefern in der Umgebung von Bundenbach argumentierten Ecke et al. (1985) mit dem Vorkommen von Keratophyr-Tuffiten, u. a. der Hans-Leitbank der Bergleute unter Bezug auf Bartels & Kneidl (1981). Kneidl (1980) versuchte eine Parallelisierung der Hans-Leitbank mit dem Porphyroid P_{IV} am Oberen Mittelrhein, das seinerzeit als das horizontbeständigste zwischen Unterer Lahn und Hunsrück galt. Das führte weiter zu einem Vergleich mit dem von Engels (1960) erwähnten Porphyroid in der ehem. Erzgrube Adolph-Helene" bei Altlay. Nach Kirnbauer (1986) darf die „Hans"-Bank jedoch nicht mit den „Mittelrhein-Porphyroiden" parallelisiert werden. Somit entfällt auch eine Ansprache als Singhofen-Schichten.

Bei der „Hans"-Bank handelt es sich um eine ungestörte, im frischen Anbruch dunkelgraue bis schwarze, stratiforme Einschaltung in den Ton- und Dachschiefern, die sich von den umgebenden Gesteinen kaum abhebt. Die Mächtigkeit beträgt im Besucherbergwerk Herrenberg ca. 2 m, kann jedoch auch andernorts bis 4 m erreichen. Dieser „Horizont" lässt sich bei Bundenbach über 2 bis 2,5 km im Streichen verfolgen. Er enthält Bruchstücke von Albit mit Kantenlängen von 1 bis >3 mm sowie Pseudomorphosen nach korrodiertem Hochquarz mit Längen bis ca. 1 mm, die eindeutig vulkanischen Ursprungs sind. Die Feldspäte sind allerdings vielfach in Karbonat und Chlorit umgewandelt. In der Verteilung der Feldspäte bildet sich eine deutliche Gradierung (fining-up) ab. Diese vulkano-sedimentäre Bank stammt wahrscheinlich eher aus subaerischen Ausbrüchen eines rhyolithischen bis Rhyodazitischen (Keratophyr-) Vulkanismus, dessen Lockerprodukte auch durch Trübeströme umgelagert wurden.

Von klaren idiomorphen Zirkon-Kristallen aus der „Hans"-Bank bestimmten Kirnbauer & Reischmann (2001) an 9 von 12 sorgfältig ausgesuchten Körnern absolute Alter mit einem Durchschnittswert von 388,7 ± 1,2 Ma als Zeitpunkt für die Kristallisation der Zirkone aus der Schmelze. Das Alter mag sich leicht verschieben, da die Ablagerung sicherlich etwas jünger ist. Dieses Alter steht jedoch in deutlichem Widerspruch zu den biostratigraphischen Daten und würde eine vulkanische Eruption im Unteren Mitteldevon (Eifel-Stufe) bedeuten, also wesentlich jünger sein als Hunsrückschiefer.

Eine Synthese mit Hilfe von U-Pb-Id-Tims-Datierungen im Vergleich mit einer relativen, zeitlinearen Conodonten-Stratigraphie (Kaufmann & Trapp 2004, Kaufmann et al. 2005) hat die Diskrepanz im Wesentlichen auf die Methodik der absoluten Altersbestimmung verlagert. Aus den neuen Untersuchungen ergab sich für die „Hans-Platte" ein mittleres $^{206}Pb/^{238}U$-Alter von 407,7 ± 0,7 Ma als Zeitpunkt für die Eruption des Vulkans. Dieser Wert entspricht der Basis Unterems-Stufe resp. unteres Zlichovium (DSK 2002) und wäre damit etwa zeitäquivalent mit dem Oberen Taunusquarzit. Allerdings setzten die Autoren die Untergrenze des Zlichovium mit 409,1 ± 0,9 Ma an. Nach der Stratigraphischen Tabelle (DSK 2002) sollten die Singhofen-Schichten bei 400–401 Ma liegen. Sie parallelisierten die „Hans-Bank" zeitlich mit der *Polygnathus excavatus*-Zone. Diese Alterseinstufung liegt im mittleren Pragium (DSK 2002) oder nahe der Untergrenze des Taunusquarzits. MITTMEYER (2008) positionierte eine mögliche Grenze Pragium/Zlichovium etwa an die Grenze Mittel-/Obersiegen, ohne allerdings Gründe zu nennen. Damit schlägt das Pendel der absoluten Altersbestimmung nach unten aus. Da Conodonten aus den Bundenbacher Tonschiefern nicht bekannt sind, ist ein Abgleich mit der internationalen biostratigraphischen, auf Conodonten basierenden Gliederung nicht unmittelbar möglich. Ein Abgleich zwischen relativer und absoluter zeitlicher Datierung auf dieser Basis bleibt widersprüchlich.

Nach paläontologischen Kriterien wird das Alter der Dachschiefer bei Bundenbach mit Unterems-Stufe bzw. mittleres bis oberes Zlichovium (*Polygnatus excavatus*-Zone) angegeben, gestützt durch Goniatiten der *Anetoceras*-Fauna und durch Tentakuliten. Insbesondere die „herzynischen" Faunenanteile mit pelagischem Einschlag (CHLUPAC 1976) lassen im Gegensatz zu der rheinischen Brachiopoden-Fauna hier einen überörtlichen Vergleich zu. Offensichtlich hat zu dieser Zeit und in diesem Raum ein Faunenaustausch stattgefunden. Zu dieser Fauna gehören *Anetoceras arduennense* und *Mimagoniatites falcistria*. Auch die von ERBEN (1965) bearbeiteten Formen *Anetoceras* (*Erbenoceras*) A-D, u. a. aus den ehem. Dachschiefergruben „Obereschenbach" bei Bundenbach und „Schielenberg" im Fischbach-Tal östlich Niederwörresbach, gehören dazu, ebenso *Teicherticeras primigenius* und *Mimasphinctes* sp.. Diese Fauna ist eng verbunden mit den Formen der *Nowakia praecursor*-Zone der internationalen Gliederung. Unter Bezug auf CHLUPAC (1976) sowie ALBERTI (1982) erscheint ein relatives Alter von oberem Zlichovium (Unter-Ems) recht wahrscheinlich.

MITTMEYER (2008: Tab. 3) hat alle Formen von *Anetoceras* sp. mit Ausnahme von *A. arduennense*, den er in die Vallendar-Stufe stellte, auch *Anetoceras* (*Erbenoceras*) A-D, in die obere Ulmen Unterstufe, etwa zeitgleich mit *Chotecops* (*Phacops*) *ferdinandi* eingestuft. Das gilt damit auch für die übrigen böhmischen Formen wie *Novakia barrandi*, *N. praecursor*, *N. zlichovensis* und *N. hunsrueckiana*, neben Arten von *Lissostrophia*, *Leptaenopyxis bouei* und *Atrypa lorana*. Nach seiner Aufstellung kommen in der Singhofen-Unterstufe überhaupt keine „herzynischen" Faunenelemente vor, dagegen erst wieder in der Vallendar-Unterstufe. Bei der weitgehend einheitlichen und noch relativ großzügigen paläogeographischen Gliederung des Rhenoherzynischen Beckens während des Unterems erscheint das völlige Fehlen von „herzynischen" Formen während der Singhofen-Unterstufe und Konzentration auf die höhere Ulmen-Unterstufe schwer erklärbar und sollte überprüft werden.

Zentraler Hunsrück. Bei der Verlegung einer kontinentalen Gas-Fernleitung 1999, die von Bullay über den Hunsrück nach Grenderich und weiter über Schauren, Altlay, Gösenroth und Rhaunen nach Wickenrodt verläuft, konnte ELKHOLY (2000) ein kontinuierliches Profil aufnehmen. Seine Ergebnisse zeigen, dass Schichten in der Lithofazies der Kaub-Schichten weite Teile des Grabens einnahmen. Die Schichtenfolge wiederholte sich mehrfach aufgrund intensiver tektonischer Verschuppung. Die weitgehend einheitlichen, sandarmen bis schwach sandigen Ton- und Siltschiefer enthielten mehrfach Dachschiefer-Einlagerungen und zeigten lateral Übergänge zu Bänderschiefern.

Im Abschnitt zwischen Würrich und Gösenroth traten auch stärker sandige Schichtverbände in der Lithofazies der Zerf-Schichten auf, die von Schichten in der Fazies der Kaub-Schichten überlagert werden. Zwischen beiden Schichtgliedern bestehen keine Störungskontakte. Allenthalben handelt es sich offensichtlich um einen lückenlosen, sedimentären Verband. Dort, wo in Richtung Südosten Zerf- an Kaub-Schichten grenzen, liegen jeweils tektonische Schuppengrenzen vor. Die Grenze Zerf-/Kaub-Schichten ist durch laterale Verzahnungen mehr sandiger mit mehr tonigen Schichten gekennzeichnet und damit deutlich als Faziesgrenze ausgewiesen. Unsicher bleibt, ob im Hangenden auch ein Anteil an Singhofen-Schichten vorhanden ist. Allerdings ist die Grenze Kaub-/Singhofen-Schichten wegen des weitgehenden Fehlens von Porphyroiden bei der einheitlich tonig-schiefrigen

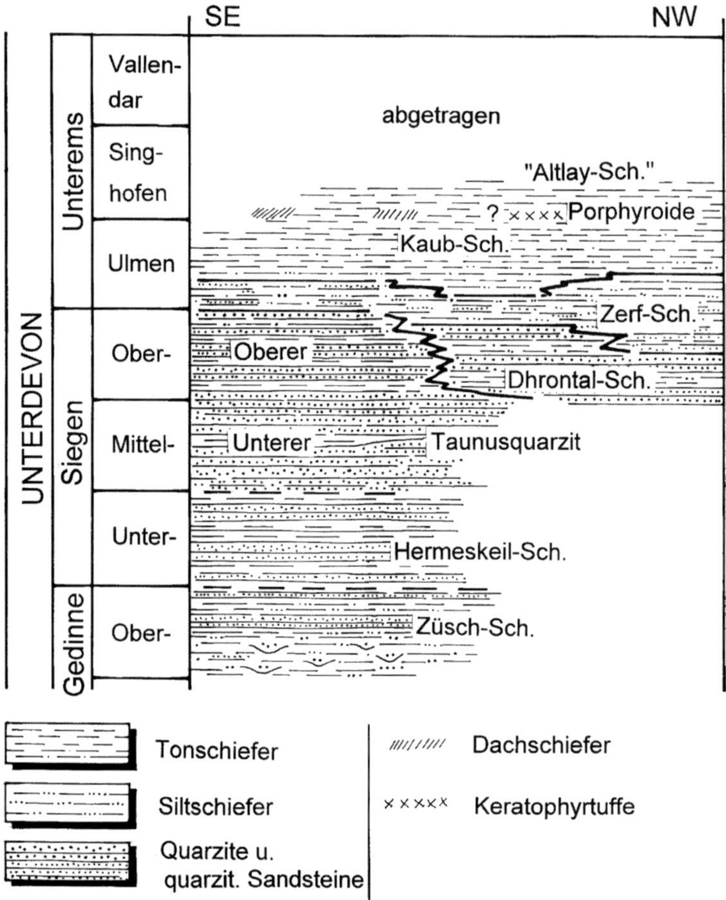

Abb. 9. Die unterdevonische Schichtenfolge im nordwestlichen Hunsrück nördlich von Hochwald und Idarwald. Spies & Stets (2004).

Lithofazies stark erschwert. Elkholy (2000) betonte, dass sich „diese Einheit damit im südlichen Faziesbereich praktisch nicht von den unterlagernden Silt- und Tonschieferserien“ abhebt und bestätigte, dass hier nur „die Möglichkeit einer zusammenfassenden Darstellung als „Hunsrückschiefer“ (bleibt). Im so angesprochenen Fazieskörper mögen daher auch Teile der Singhofen-Schichten (oder jünger) vertreten sein (...), da die zur Abgrenzung erforderlichen Tuffit-Horizonte oder leitende Faunenelemente im Grabenprofil nicht aufgefunden wurden“. Diese Anschauung wird trotz des Einzelfundes des Porphyroids in der Erz-Grube „Adolph-Helene“ bei Altlay bestätigt. Schon Thiele (1960) hatte darauf hingewiesen, dass der von ihm als „Singhofener Schichten“ ausgehaltene schmale Streifen im tektonisch Liegenden der Hunsrück-Hauptüberschiebung (sensu Quiring 1930a) sich bis Altlay hinzieht.

Kirnbauer (1991) bescheinigte dem Porphyroid bei Altlay einen „Singhofen-Chemismus“. Allerdings gelang Elkholy (2000) in der „höffigen“ Region bei der Aufnahme des Graben-Profils kein entsprechender Fund. Vulkanite in den Tonschiefern der Hunsrückschiefer bei Sohren (Kneidl 1980) hielten den Anforderungen an die „Singhofen-Porphyroide“ nicht stand (Kirnbauer 1991).

Im Gegensatz zu der Hochschulumgebungskarte Trier (Wo. Wagner et al. 1983), nach der weite Teile des Mosel-Hunsrücks noch von „Altlayer Schichten", d. h. „Tonschiefern mit Diabasen der Ulmen-Unterstufe", eingenommen werden, zeigte Mittmeyer (2008: Abb. 4) eine wesentlich differenziertere Darstellung auch für den Bereich der Ferngasleitung. Danach soll das Areal nordwestlich der Hunsrück-Hauptüberschiebung aus „Reil-Schichten", die von einem geringen Anteil von Unteren Altlay-Schichten überlagert werden, bestehen. Diese „Reil-Schichten" sollen ein zeitliches Äquivalent der Bornhofen- resp. Sauerthal-Schichten am Oberen Mittelrhein bzw. der Zerf-Schichten im Hochwald sein und in die untere Ulmen-Unterstufe gehören. Nach Mittmeyer (2008) sollen die meist aus Tonschiefern bestehenden Schichtverbände der „Reil-Schichten" durch „rotfarbene Gesteine" und durch relativ häufige Fossileinschaltungen mit „normalerweise aus stärker frachtgesonderten rheinischen Brachiopoden-Faunen der marinen Fazies" (S. 165) gekennzeichnet sein. Der Sachverhalt, dass Litho- und Biofazies diesen Schichtverband als küstenferne „Trog-Ablagerung im Mosel-Trog" kennzeichnen, kann nur unterstrichen werden. Dass die „Rotfazies" dieser Ablagerungen jedoch von der Manderscheider Schwelle im Norden abgeleitet werden können, ist höchst unwahrscheinlich.

Allerdings erwies sich die in Frage stehende Schichtenfolge bis dato als wenig fossilführend, und auch die Rotfärbung der Tonschiefer ist sicherlich sekundär, evtl. aus überlagernden Rotliegend-Sedimenten abzuleiten. Eine Manderscheider Schwelle, die landfest war und die noch dazu als Liefergebiet für die „Rotsedimente" diente, existierte zu jener Zeit sicherlich nicht (W. Meyer & Stets 1980, Stets & A. Schäfer 2002, 2011). Vielmehr sollten diese Schichtverbände, die in ihrer Lithofazies dem Hunsrückschiefer in der Fazies der Kaub-Schichten gleichen, mit Solle (1976: 16) „deutlich über der Basis des Unterems (...), vermutlich auch über der hier nur annähernd fassbaren Liegendgrenze der Singhofen-Schichten (...), somit immer noch höchstens in der tieferen Singhofen-Gruppe" anzusiedeln sein. Dieses gilt auch aus tektonischen Gesichtspunkten.

Mosel-Hunsrück. Auf der Hochschulumgebungskarte Trier (Wo. Wagner et al. 1983) sind weite Abschnitte entlang der Mosel und im Mosel-Hunsrück zwischen Traben-Trarbach, Veldenz, Longuich und im unteren Ruwer-Tal bis Trier, d. h. zwischen „Olkenbacher Mulde" bzw. Boppard-Dausenau-Longuicher Überschiebungszone im Nordwesten und der Hunsrück-Hauptüberschiebung resp. der „Mosel-Achse" im Südosten als „Altlayer Schichten, Hunsrückschiefer" dargestellt. Darunter verbergen sich auch „reine Tonschiefer". Nach Geländebefunden (Stets 1960, 1962, Wildberger 1992) handelt es sich in diesem Gebiet um Tonschiefer in Hunsrückschiefer-Fazies. Dazu gehören unterschiedlich sandige, meist jedoch milde graue Tonschiefer mit Einlagerungen von Dachschiefern, z. B. am Unterlauf der Dhron, bei Burgen und auch bei Fell und Thomm. Meist sind wenige cm, selten mächtigere quarzitische Sandstein-Lagen und auch geringmächtige Toneisenstein-Lagen und -Geoden wie bei Mühlheim oder bei Bernkastel-Kues auf der rechten Talflanke eingelagert.

Auf der GÜK 300 Rheinland-Pfalz (LGB 2003) ist dieses Gebiet zusammen mit den Nachbarregionen allgemein als Hunsrückschiefer i. e. S. (s. str.; Bornhofen-, Altlay-, Sauerthal-, Bornich-, Kaub-, Zerf-Schichten) in „Form von Ton- und Siltstein mit geringmächtigen Einschaltungen von Sandstein" verzeichnet. Folgt man der Darstellung von Mittmeyer (2008: Abb. 4), so liegt das Areal nordwestlich der Hunsrück-Hauptüberschiebung in der streichenden Verlängerung der Reil- und Unteren Altlay-Schichten von Zell. Mittmeyer (1980) hatte seinerzeit die „Altlayer Schichten" der Singhofen-Unterstufe zugeordnet und sie als „Tonschiefer mit Porphyroidtuffiten" charakterisiert. Letztere fehlen allerdings in dem betreffenden Gebiet vollständig. Die Neueinstufung in die Ulmen-Unterstufe wurde nicht begründet.

Nach lithofaziellen Vergleichen und Korrelationen mit dem südlich benachbarten Gebiet gehören die Schichtverbände zum Hunsrückschiefer in der Fazies der Kaub-Schichten. Dachschiefer sind auf das südliche Randgebiet beschränkt. Dafür enthalten sie gebietsweise Kieselgallen bis „Faustgröße“ in Form von Lagen oder auch als Einzelexemplare. Die Bezeichnung „Kieselgallenschiefer“ (Nöring 1939) wird hier vermieden, um Verwechslungen mit den Kieselgallenschiefern des Oberems zu vermeiden. Nöring erwähnte auch eine kleine Fauna südlich Rivenich mit „Unterkoblenz-Gepräge“, die der Argumentation von Mittmeyer (1974, 1982, 2008) auch heute noch standhält. Nöring (lit. cit.) gab Fundpunkte an der Kapelle (Felsen) bei Lörsch (Bl. 6106 Schweich), nordwestlich der Ortschaften Klüsserath und Dhron (Bl. 6107 Neumagen-Dhron) an. U. a. fand er *„Spirifer“ arduennensis*, *„S.“ carinatus*, Rhynchonellen und *Chonetes plebejus* sowie *C. dilatatus* neben *„Zaphrentis“* sp. und Crinoiden-Stielgliedern. Außerdem machte er darauf aufmerksam, dass die unter der Fauna befindliche *„Rhynchonella losseni“* auf eine hohe Lage innerhalb der Unterkoblenz-Stufe“ hinweise. Er ging von einer Mächtigkeit von 500 m aus. Dieser Komplex von Tonschiefern gehört zum Hunsrückschiefer im Grenzbereich Ulmen-/Singhofen-Unterstufe.

Bei der weiteren Verfolgung der Hunsrückschiefer nach Nordosten kommt die Problematik der „Altlayer (Altlay-) Schichten“ erneut ins Spiel. Noch 1980 äußerte Mittmeyer, dass „westlich des Rheins (...) die Singhofener Schichten (Ehrenthal- und Bornhofen-Schichten) seitlich (nach SW) nach und nach in die mächtigen Ton- und Dachschiefer-Folgen der Altlayer Schichten über(gehen), die gleichfalls Porphyroidtuffit-Einschaltungen enthalten“. Grebe soll allerdings die „Altlayer Schiefer“, soweit sie ihm bekannt waren, zum Hunsrückschiefer gerechnet haben. Grebe hat den Begriff „Altlayer Schichten“ in diesem Gebiet nie verwendet. Außerdem ist der größte Teil ihres Verbreitungsgebietes im Mosel-Hunsrück von Leppla (Bl. Bernkastel, Neumagen, Morbach, Morscheid, Beuren) geologisch kartiert worden. In dem gesamten Gebiet fehlen bisher verlässliche Faunen und Porphyroide außer dem Einzelfund bei Altlay. Sonst ist eine sichere Zuordnung der entsprechenden Schichtverbände offen. Mittmeyer’s Ausführungen sind schwer nachvollziehbar und die Verhältnisse durch Einführung neuer Schichtbezeichnungen verkompliziert worden. Außerdem zählte er den gesamten Schichtkomplex ausdrücklich zu den Sedimenten des „Lahn-Bornhofen-Troges“ im südöstlichen Anschluss an den Mosel-Trog. Beide Tröge sollen nur bei Bad Salzig – und dort nicht überzeugend – durch die „Salzig-Schwelle“ getrennt werden. So sind die Hunsrückschiefer im Mosel-Hunsrück Teil der mächtigen unterdevonischen Beckenfazies, die von hier in die Osteifel und den rheinnahen Westerwald reicht W. Meyer & Stets 1996; Gad 2006).

Untermosel-Gebiet. Südlich Cochem quert ein von Bremm im Südwesten kommender und über Sehlem, nördlich Pommern, und Treis-Karden weiter nach Nordosten verlaufender Zug aus Singhofen-Schichten die Untere Mosel. Er ist durch das Vorkommen eines Porphyroids gekennzeichnet. Auch hier besteht die Schwierigkeit einer sicheren Ansprache (Langsdorf 1974: 384). Einen Hinweis gibt ein Porphyroid. Es sollte jedoch dieses mehrfach an der Unter-Mosel gefundene Porphyroid nicht unbedingt als das „Basis-Porphyroid“ der Singhofen-Schichten im Sinne der Mittelrhein-Gliederung gelten, wie dies bei Langsdorf geschah. Er stellte es an die Grenze zwischen seinen „Cochemer“ und „Singhofener Schichten“. Die Position der „Cochemer Schichten“ entspricht dem unteren Abschnitt der Unterems-Stufe sensu Solle 1950, resp. der „Nauort-Schichten“ (obere Ulmen-Unterstufe sensu Mittmeyer 2008), und den „Singhofener Schichten“. Da bisher nur ein Porphyroid in dieser Gegend gefunden wurde, kann der Verband der Singhofen-Schichten hier auch noch Anteile der Cochem-Schichten umfassen.

Mittmeyer (2008: Abb. 4) schloss sich der Auffassung Langsdorf’s weitgehend an. Soweit aus seiner Karte erkennbar, parallelisierte er Langsdorf’s „Singhofener Schichten“ in diesem Gebiet mit seinen „Bendorf-Schichten“, die er in die „Singhofen-Gruppe“ sensu Mittmeyer & K.-W. Geib (1967; (alternativ: „Bendorf-Unterstufe“) stellte. Das Porphyroid kommt damit abweichend vom Oberen Mittelrhein in den Grenzbereich „Nauort“-/

"Bendorf-Schichten" zu liegen, was nach MITTMEYER (2008) dem Grenzbereich Ulmen-/ Singhofen-Unterstufe gleichkommt.

Der Schichtverband oberhalb des Porphyroids ist gegenüber dem unterlagernden, der eher in Hunsrückschiefer-Fazies ausgebildet ist, durch die Zunahme gebankter Sandsteine, z. T. auch quarzitischer Sandsteine, gekennzeichnet. Eine Mächtigkeitsangabe ist nicht möglich.

Das auf der Nordwest-Flanke der „Mosel-Mulde" am weitesten südwestlich gelegene Porphyroid beißt am Schaak-Berg südlich Cochem (Bl. 5809 Treis-Karden) aus. LANGSDORF (1974) konnte es von dort über 200 m im Streichen in 0,2 m Mächtigkeit verfolgen und durch einen Schurf aufschließen. Danach handelt es sich um eine max. 0,2 m mächtige, zum Liegenden scharf abgegrenzte Bank, die in grünlich bis gelblich verwitternde, milde Tonschiefer eingelagert ist. Diese Bank nimmt in ihrer Gesamtmächtigkeit nach Nordosten in Richtung Kobern auf ca. 1,5 m Mächtigkeit zu. Da es sich im Zwischenraum nicht immer eindeutig identifizieren ließ, muss offenbleiben, ob es sich dabei um ein und dasselbe Porphyroid handelt. Aus frischem Material des Porphyroids konnten u. d. M. Quarz, Albit, Serizit, Chlorit und opake Substanz bestimmt werden. Außerdem zeichnet der Serizit „bogige, konkav-konvexe, zwickelartige Strukturen" (LANGSDORF 1974: 385) nach, die wahrscheinlich umgewandelte Glaspartikel und -scherben sind. Die starke Beteiligung von siliziklastischem, nicht vulkanogenem Material in Form von Quarzkörnern und Tonpartikeln kennzeichnet diesen Horizont als distales Produkt eines pyroklastischen Stroms. Aus dem Porphyroid am Schaak-Berg und einer es im Hangenden begleitenden Sandstein-Bank wurde eine kleine Fauna geborgen (LANGSDORF 1974), die u. a. *Tentaculites schlotheimi*, Bivalvia und einige Brachiopoden enthielt.

Weitere Porphyroid-Vorkommen, die die begleitenden Sedimente als Singhofen-Schichten kennzeichnen, wurden aus der näheren Umgebung vom Pommerbach-Tal, etwa 2 km nordwestlich von Treis-Karden, und am Hohesteinsbach (QUIRING & ZIMMERMANN 1936) in der südlichen Ost-Eifel beschrieben. Im Streichen, jedoch noch weiter im Nordosten, liegen die Vorkommen am Bubenheimer Berg (W. MEYER 2013) im Neuwieder Becken sowie im Westerwald nördlich Bendorf an der Straße Sayn – Stromberg und nordwestlich Burg Sayn (KIRNBAUER 1991).

Bei KIRNBAUER (1991) noch nicht verzeichnet, jedoch für die zeitliche Einstufung der Singhofen-Schichten von Interesse sind neue Fundpunkte im Hangenden des „Winninger Porphyroids" auf dem linken Ufer der Unteren Mosel bei Winningen. WENNDORF (1999: 65) führte hier Fundpunkte westsüdwestlich des Distelbergerhofes und 150 m südöstlich des Brückenpfeilers der Winninger Autobahn-Brücke „in der streichenden Verlängerung des Porphyroids am Bubenheimer Berg" auf (Bl. 5610 Bassenheim). Dieses Porphyroid liegt nicht in derselben tektonischen Schuppe wie jenes vom Schaak-Berg bei Cochem sondern in der nächst südöstlich benachbarten. Das „Winninger Porphyroid" ist etwa 3 m mächtig, weist nahe der Liegendgrenze turbulente Sedimentstrukturen mit einem Gemisch aus Feldspäten, Sedimentfetzen und einer ausschließlich kleinwüchsigen Fauna auf. Der zentrale Abschnitt des Porphyroids ist massig. Die Hangendgrenze ist scharf und durch eine wenige mm mächtige Feldspatanreicherung gekennzeichnet, die von milden Tonschiefern überlagert wird. WENNDORF (lit. cit.) maß der Fauna zwar keine maßgebliche Bedeutung bei, es sind jedoch in ihr viele, für die übrigen Vorkommen von Singhofen-Schichten typische Faunenelemente enthalten, wie *Arduennella mailleuxi*, *Arduspirifer arduennensis latestriatus*, *Euryspirifer dunensis*, *Pseudoleptostrophia dahmeri*, *Chonetes sarcinulatus*, *Plebejochonetes semiradiatus*, *P. plebejus*, *Oligoptycherhynchus* sp. aff. *daleidensis* und andere wie *Mutationella* sp., *Palaeoneilo* sp. und Gastropoden. Nach GAD (1994) kommt allerdings *Arduspirifer arduennensis latestriatus* nicht mehr die ihm früher zugewiesene Leitfunktion zu. Typisch ist auch hier wieder die Vormacht der Brachiopoden (15 von insgesamt 25 Arten). Diese Fauna stützt die Zugehörigkeit des Porphyroids zu den Singhofen-Schichten, wenn nicht gar zur Singhofen-Unterstufe.

2.2.3.1.3 Vallendar-Unterstufe

Nach Mittmeyer (2008: 173) entspricht die Vallendar-"Gruppe" (sensu Mittmeyer & K.-W. Geib 1967) der Lebenszeit des *Arduspirifer arduennensis latestriatus*. Außerdem wird eine Unterteilung in Untere und Obere Vallendar-Unterstufe mit Erscheinen des *Euryspirifer simplex* in den Klerf-Schichten (oberer Abschnitt) vorgeschlagen. Gad (1994) konstatierte jedoch: „Die Trennung von *Arduspirifer arduennensis antecedens* (Frank 1898) und *A. a. latestriatus* (Maurer 1886) kann nicht aufrecht erhalten werden und *A. a. antecedens* ist als jüngeres Synonym von *A. a. latestriatus* zu betrachten". Ob *A. a. antecedens* oder *A. a. latestriatus*, einer von ihnen oder beide halten damit aus der oberen Herdorf-"Gruppe" bis zur Oberkante der Unterems-Stufe (Oberkante Vallendar-Unterstufe) durch. Eine Grenze Singhofen-/Vallendar-Unterstufe wird wohl nur dann feststellbar, wenn man die Vallendar-Unterstufe mit dem Verschwinden von *Arduspirifer arduennensis prolatestriatus* beginnen lässt, vorausgesetzt, er ist im Liegenden in ausreichendem Maß zu finden. Kritisch angemerkt sei, dass diese Form nur eine Rasse des *A. a. latestriatus* war (*A. a. latestriatus* Solle) war. Gad (1994) machte darauf aufmerksam, dass eine Anzahl von Merkmalen (Zahnstützen, Berippung, Muskelzapfen) ihn von *A. a. latestriatus* unterscheiden. Der von Mittmeyer (1982) zur Kennzeichnung herangezogene „*Euryspirifer dunensis*" (= *Rhenospirifer d.* bei Mittmeyer 2008) setzt bereits in der Singhofen-Unterstufe ein und kann somit allein für die Bestimmung der Untergrenze nicht herangezogen werden. *Euryspirifer simplex* tritt wohl erst weit oberhalb der Basis auf und kennzeichnet nur den oberen Abschnitt der Vallendar-Unterstufe. Wenndorf (1999: 66) ergänzte, dass das Verschwinden von *Arduennella mailleuxi* zur Grenzziehung herangezogen werden kann, da „diese Trilobiten-Art bisher nach Wenndorf 1990 lediglich in Ulmen- und Singhofen-Unterstufe nachgewiesen wurde".

Lithofaziell gesehen vollzieht sich zur Zeit der Vallendar-Unterstufe ein langsamer Wandel von der tonig-schiefrig dominierten Fazies der Hunsrückschiefer zu den eher sandig-siltigen jüngeren Schichtverbänden.

2.2.3.1.3.1 Mittelrhein- und Untermosel-Gebiet

Im Mittelrhein-Profil zwischen Koblenz und Boppard und im Tal der Unteren Mosel lässt sich dieser Schichtverband aufteilen in Rittersturz-Schichten (unten) und Nellenköpfchen- bzw. Klerf-Schichten (oben).

Rittersturz-Schichten (ehem. Vallendar-Schichten). Die Bezeichnung Rittersturz-Schichten leitet sich von den guten Aufschlüssen im Oberen Mittelrhein-Tal unterhalb des ehem. Hotels „Rittersturz" südlich Koblenz ab. Schmierer & Quiring (1933) verwendeten bei der Revisionskartierung von Bl. 5611 Koblenz diese Schichtbezeichnung zuerst. Sie wollten damit dem Missverständnis vorbeugen, dass die von Maurer (1882), später von Follmann (1925) verwendete Bezeichnung „Vallendar-Schichten" zu Verwechslungen mit den alttertiären „Vallendar-Schottern" führte.

Die Rittersturz-Schichten sind eine recht einförmige, etwa 1000 m mächtige Wechselfolge aus grauen bis grünlichgrauen Tonschiefern und Sandsteinen ohne hervorstechende, besondere Charakteristika. Follmann (1925) beschrieb von mehreren Fundpunkten aus der Umgebung von Koblenz eine reichhaltige Fauna aus Brachiopoden und Bivalvia, die weiterhin ein vollmarines Environment anzeigen.

An der Typlokalität ist eine ausreichende Charakterisierung schwierig, da Abschnitte der Schichtenfolge durch die Ehrenbreitsteiner Verwerfung tektonisch unterdrückt sind. Kröll (2001) charakterisierte dieses Schichtglied an der Untermosel bei Winningen, wo es in größerer Ausstrichbreite von Nordosten kommend den Fluss quert. Danach ist es durch lebhafte Wechselfolgen von Sandsteinen mit Bankmächtigkeiten bis 0,3 m und Tonschiefern gekennzeichnet; auch mächtige einheitliche Tonschiefer-Pakete mit sporadischen, geringmächtigen (1–5 cm) Lagen von Sandsteinen sind eingeschaltet, wie auch bis 2 m mächtige quarzitische Sandsteinbank-Folgen. Das Bindemittel ist z. T. kieselig, z. T. karbonatisch. Parallel- und Schrägschichtung kennzeichnen die Sandsteine. In den sandig-tonigen Sedimenten kommt auch Linsenschichtung vor, die durch Sandlinsen in den Tonschiefern dokumentiert ist. Als Sedimentmarken sind Belastungsmarken und die mit ihnen genetisch verwandten „ball-and-pillow"-Strukturen, wulstartige und kugelige Verformungserscheinungen an der Unterseite der Sandsteinbänke, zu nennen. Die Kontakte zwischen den sandigen Bänken und den siltig-tonigen sind uneben und wellig, jedoch auch scharf. Nach Kröll (2001) erfolgte die Ablagerung in einem flachen, jedoch vollmarinen Milieu. Darauf weisen seltene kleine, meist artenarme Faunen mit Brachiopoden, Bivalvia und Gastropoden an der Untermosel bei Winningen hin. Die Sandsteine entstanden bei schneller, später nachlassender Strömung, wie Übergänge von den ebenen zu den schräg geschichteten Partien innerhalb einzelner Bankfolgen zeigen.

Wenndorf (1999) machte aus den Rittersturz-Schichten bei Koblenz und an der Untermosel bei Winningen eine Fauna bekannt, die bei temporären Aufschlüssen, u. a. entlang der B 42 bei Koblenz-Pfaffendorf zutage kam. Er erwähnte, dass an der Typlokalität Rittersturz im Gegensatz zu den Neuaufschlüssen nur eine sehr eintönige und spärliche Fauna aus „Choneten-Schillen" bekannt sei. Darüber hinaus existieren mehrere Listen von Follmann (1925). Von der Untermosel hat auch Dahmer (1922) eine Fauna vom Heideberg bei Winningen aus „Unterkoblenzschichten in mittelrheinischer Fazies" beschrieben. Ältere Faunenzusammenstellungen finden sich auch bei Zeiler & Wirtgen (1855). Wenndorf (1999) erwähnt diese Faunen nicht. Seiner Zusammenstellung liegen Funde aus 19 Aufschlüssen im Koblenzer Raum zugrunde. Sie enthalten 102 Formen. Unter ihnen sind alle Arten, die G. Fuchs (1982) für die Gladbach-Schichten aus der Süd-Eifel genannt hat.

Das Faunenbild verschiebt sich, wenn statt der Arten die Häufigkeit berücksichtigt wird. Dann nämlich wird der Anteil der Brachiopoden mit 60–65% sehr stark betont. Besonders *Chonetes sarcinulatus*, *Plebejochonetes plebejus*, *Mesoleptostrophia explanata*, *Oligoptycherhynchus daleidensi*s, *Arduspirifer arduennensis latestriatus* und *Euryspirifer dunensis* werden mehrfach aus den Aufschlüssen bei Koblenz erwähnt. Andererseits werden viele, bereits aus den Singhofen-Schichten bekannte Bivalvia häufig nur aus einem Aufschluss angeführt. Das gilt auch für die Gastropoden. Nur in jeweils 5 Aufschlüssen kommen Tentakuliten und *Pleurodictyum* sp. vor. In ihrer Artenvielfalt entspricht die Fauna der Rittersturz-Schichten bei Koblenz durchaus jener, die aus den Schichten im Liegenden bekannt ist.

Weiter im Südwesten verfolgte auch Langsdorf (1974) diesen Schichtverband, den er noch als „Vallendarer Schichten" bezeichnete, zwischen Treis, Karden, Ernst und Eller an der Untermosel. Die Mächtigkeitsangaben liegen hier bei 5–600 m und 1000–1200 m. Derartige Unterschiede in den Mächtigkeiten können jedoch auch auf die Abgrenzungsschwierigkeiten besonders zum Liegenden zurückzuführen sein. Die von Langsdorf erwähnte Fauna enthält außer dem für das Unterems typischen *Arduspirifer arduennensis latestriatus* noch „*Orthoceras*" sp., *Plebejochonetes plebejus*, *Oligoptycherhynchus daleidensis* und Reste von Crinoiden. Diese Fauna weist auch für dieses Gebiet vollmarine Verhältnisse im Ablagerungsraum aus.

Nellenköpfchen-Schichten. Follmann (1925) benannte die „Nellenköpfchen-Schichten" unter Bezug auf Frech (1889) nach dem Steinbruch am gleichnamigen Bergsporn unterhalb der Festung Ehrenbreitstein talabwärts (bei Strom-Km 593,2) von Koblenz-Ehrenbreitstein.

Die biostratigraphische Abgrenzung der Nellenköpfchen-Schichten erweist sich als schwierig, obwohl Follmann (1925) reiche Faunen anführte. Ein Spezifikum dieses Schichtgliedes in diesem Gebiet ist, dass die bisher das Faunenbild beherrschenden Brachiopoden zugunsten der Bivalvia in den Hintergrund treten (Wenndorf 1999). Eine erste sedimentologische Bearbeitung des Profils am Nellenköpfchen legte F. WUNDERLICH (1970) vor. STETS & A. SCHÄFER (2002) griffen das Thema erneut auf. Danach gehört die Schichtenfolge am Nellenköpfchen in den unmittelbaren Gezeitenbereich (Intertidal) und reichte seewärts bis in den anschließenden Bereich des küstennahen Flachmeeres (flaches Subtidal). Die eher siltig-tonigen Abschnitte mit Feinsandstein-Lagen, Strömungs- und Wellenrippeln sowie Belastungsmarken gehören zum Bereich der Gezeiten-Ebene (fore shore). Die Sandstein-Bankfolgen mit Schrägschichtung repräsentieren dagegen sandige Rinnenfüllungen, jedoch auch Sandbarren und wandernde Sandbänke, die sich unterhalb der Niedrigwasserlinie bilden (STETS & A. SCHÄFER 2002, 2008, A. SCHÄFER 2010). Diese Ablagerungsbedingungen werden durch Wechselfolgen von feiner- und mittelkörnigen Gesteinen in mehrfachem Wechsel repräsentiert. Faunen fanden sich meist in den Wechselfolgen der Gezeitenebene. Sie fehlen dagegen eher in den Sandsteinen der Rinnenfüllungen und Sandbänke.

Die am Nellenköpfchen abgeleiteten Gesetzmäßigkeiten lassen sich zwanglos auf das linksrheinische Verbreitungsgebiet im Mosel-Hunsrück übertragen. Hier ist die Verbreitung der Nellenköpfchen-Schichten auf drei Nordost-Südwest streichende Schuppen beschränkt, von denen zwei, die Winninger Schuppe zwischen Winningen und Hatzenport, die Bopparder Schuppe zwischen Nörtershausen und Morshausen und zwischen Beulich und Lahr (KRÖLL 2001) den Hunsrück betreffen. Gute Aufschlüsse befinden sich auch im Konder-Tal (Bl. 5611, Koblenz), im Steinbruch bei Alken (WEHRMANN et al. 2005), im unteren Baybach-Tal (Bl. 5710 Münstermaifeld) sowie in den Steinbrüchen am Leppert im Dünnbach-Tal. POSCHMANN et al. (2012) beuteten eine reiche Fundstelle mit Pflanzenfossilien im Aspeler Bach-Tal bei Niederfell (Bl. 5710 Münstermaifeld) aus. Weitere Fundstellen liegen im Dünnbach-Tal bei Treis, im Baybach-Tal bei Burgen (WILDE et al. 2004) und im Alkener Bach-Tal (KRÄUSEL & WEYLAND 1962, SCHAARSCHMIDT 1970).

Die Nellenköpfchen-Schichten zeigen damit im Gegensatz zu den Rittersturz-Schichten entscheidende Unterschiede. Die Grenze zwischen ihnen ist eine Faziesgrenze und daher nur lithostratigraphisch zu fassen. KRÖLL (2001) schlug vor, „den ersten Horizont mit deutlich besser entmischtem Sediment und weniger mächtigen Tonschieferfolgen als Liegendgrenze" zu verwenden. Als Grenze zum hangenden Emsquarzit, „wo außer den dünnbankigen bis massigen Quarziten keine weiteren, für die Nellenköpfchen-Schichten typischen Merkmale mehr anzutreffen sind", gilt das Einsetzen der Quarzite. Typische Merkmale für die Nellenköpfchen-Schichten sind ein relativ hoher Gehalt an detritischen Hellglimmern auf den Schichtflächen der Sandsteine; u. a. sind mm-mächtige Lagen aus Hellglimmer, jedoch auch bis zu 3 mm messende Einzelindividuen anzutreffen, die in den tonigen Anteilen fehlen; jedoch auch diffus im Sediment verteilte Hellglimmer gehören dazu; die Glimmer sind als Ablagerungen aus der Schwebfracht bei Stillwasserbedingungen anzusehen; die von SOLLE (1976) erwogene Möglichkeit eines äolischen Eintrags aus Auftauchbereichen erscheint mangels eines in der Nähe befindlichen Liefergebietes unwahrscheinlich. In vielen Horizonten sind außerdem Pflanzenfossilien in guter Erhaltung aber auch in Relikten angereichert; z. T. sind sie wohl auch in situ oder in der Nähe ihres Lebensortes eingebettet, z. T. sicherlich auch eingeschwemmt. Hinzu kommt eine z. T. gute Entmischung der Bestandteile, d. h. eine bessere Aufbereitung und Sortierung; unreine Sandsteine, früher gerne als „Grauwacken" bezeichnet, treten in den Hintergrund gegenüber fein- bis mittelkörnigen Sandsteinen mit meist quarzitischer Bindung; der Bruch verläuft in ihnen häufig nicht entlang der Korngrenzen sondern durchtrennt die Körner; die Mächtigkeit der psammitischen Einschaltungen reicht von Bändern und schmalen Linsen im mm-Bereich bis zu mehrere Meter mächtigen Bänken und Bankfolgen. An Sedimentmerkmalen sind erosive Kontakte der Bänke untereinander, Oszillations- und Strömungsrippeln, Belastungsmarken, Rutschungstropfen und -walzen sowie bis zu mehrere Meter messende Rutschkörper zu nennen; alle Rutschungen sind generell nach Südosten gerichtet (GASSER 1978). An der Basis der sandigen Sedimente, insbesondere der Ablagerungen in Rinnen und Prielen, finden sich Tonflatschen und -gerölle gemeinsam mit Pflanzen- und Schalenresten; die Entstehung von Tonflatschen u. ä. setzt ein zeitweises Trockenfallen der Sedimente voraus, da anders dieses feinkörnige Material nicht in dieser Form aufgenommen und umgelagert werden kann; Tongerölle können auch bei der Erosion an Rinnenrändern entstehen, stehen jedoch keine weiten Transportwege durch;. Das schichtinterne Inventar reicht von ebener planarer Schichtung über Rippelschichtung zu großbogiger Schrägschichtung; auch Linsenschichtung und Bänderung treten auf; eine deutliche Entmischung zeigt sich auch in den Tonschiefern, die feinkörniger sind als in den Rittersturz-Schichten; andererseits sind mächtige reine Tonschieferverbände selten.

Im oberen Abschnitt der Nellenköpfchen-Schichten an der Untermosel sowie im weiter nördlich gelegenen Raum der Süd- und Ost-Eifel (W. Meyer 2013), existierte in zeitgleichen Schichtverbänden eine stark verarmte Fauna vergesellschaftet mit zahlreichen Pflanzen. Diese Fazies wurde von Boucot (1963) als „*Globothyris*-Fazies“ bezeichnet. Sie steht der marinen Normal-Fazies im höchsten Unterems gegenüber. Diese „*Globothyris*-Fazies“ ist gekennzeichnet durch den namengebenden Brachiopoden, wenige Bivalvia und Relikte von Landpflanzen. Die Zweischaler sind zu einem Drittel gut, vielfach doppelklappig, erhalten. Aus der geringen Zahl der Arten in dieser Fazies leitete Boucot weitgehend eingeengte – „spezialisierte“ – Lebensbedingungen ab, die randlich zur „Normalfazies“, auch mit dieser verzahnt, liegen sollte. Das entspricht faziellen Vorstellungen, wie sie für den nördlichen Abschnitt des Rhenoherzynischen Beckens, u. a. für das Siegen entwickelt wurden. Dort sind Rhenorensselaerien vergesellschaftet mit *Modiolopsis* sowie Gastropoden, Tentakuliten und Wirbeltier-Resten. Dieses Environment war recht energiearm und wenig von Strömung betroffen, die die Zerstörung der Schalen und der Ligamente, Bruchschille und Ähnliches hätte bewirken können. Zusammenhänge mit der Fauna des Taunusquarzits, die Boucot vermutete, bestehen nicht.

Die Nellenköpfchen-Schichten an der Untermosel bei Alken sind dort im großen Steinbruch im Tal des Alkener Baches südöstlich Burg Thurandt (Bl. 5710 Münstermaifeld) gut aufgeschlossen. Daten verdanken wir bereits Follmann (1925), Niehoff (1958) und Gasser (1978). Solle (1970) stützte sich auf ihn bei der Beweisführung für seine „Hunsrückinsel“. Der Flora widmeten sich Kräusel & Weyland (1962, 1968), später Schaarschmidt (1970) sowie Schweitzer (1983). Die terrestrischen Arthropoden, die hier gehäuft auftreten, untersuchten Störmer (1970, 1972) und Braukmann (1987). Die Fische bearbeitete Fahlbusch (1966). Diese Zusammenstellung zeigt, dass der Schwerpunkt der Untersuchungen im Gegensatz zum Nellenköpfchen in der Bearbeitung der Fauna lag. Ein besonderes Verdienst erwarb sich dabei der Koblenzer Sammler J. Hefter.

Der bei Alken aufgeschlossene Schichtverband streicht normal NE-SW; die Schichten fallen mit 60–80° (i) nach NW. Quarzit-Rosselhalden weiter talaufwärts signalisieren bereits anstehenden Emsquarzit, so dass der im Steinbruch aufgeschlossene Schichtverband – Verwerfungen ausgeschlossen – zu den mittleren bis oberen Nellenköpfchen-Schichten gehört. Darauf weist auch der hohe Anteil an Quarziten sowie reinen und unreinen quarzitischen Sandsteinen („Grauwacken“) hin, die Gegenstand des Abbaus im Steinbruch sind.

Solle (1970) unterschied zwei dunkle tonig-siltige Wechselfolgen, die „Unter-“ und die „Oberbank“, die zwischen sandige Schichtverbände eingeschaltet sind. Braun (1997) gliederte den seinerzeit aufgeschlossenen Anteil der „Oberbank“ in vier Lagen: Lage 0 (unten) ist ein dunkler, kohliger, grob geschichteter Schichtverband; seine Fauna war gekennzeichnet durch doppelklappig erhaltene Bivalvia, gut erhaltene Arthropoden und Serpuliden auf Bivalvia-Schalen; außerdem kommen reichlich Pflanzenreste vor; Bioturbation wurde nicht gefunden; das gemeinsame Vorkommen von terrigenem Pflanzenhäcksel mit mariner Fauna ließ ihn auf die Ablagerung nach einem kurzzeitigen Flutereignis schließen; Lage I ist eine ca. 5 cm mächtige kohlige Lage am Top von Lage 0; beide lassen sich zu einem Sohlbank-Zyklus (fining-up) vereinen; diese Lage war reich an Sulfiden; Pflanzenreste waren generell gut erhalten, was auf einen Stillwasserbereich schließen lässt; Lage II, eine etwa 10 cm mächtige Bank, besteht aus unregelmäßig geschichteten, gebänderten und flaserigen Ton- und Siltsteinen. Lage III (oben) zeichnet sich durch eine Zunahme des Silt- und Feinsand-Anteils ab; sie enthält Lagen mit Pflanzenresten und wird von hellen, mächtigen, dickbankigen quarzitischen Sandsteinen überlagert.

Diese Angaben lassen sich einbauen in das erste genau dokumentierte Profil des Steinbruches (Wehrmann et al. 2005). Der zur Diskussion stehende Schichtverband aus den Nellenköpfchen-Schichten war zur Zeit der Aufnahme mit 87 m aufgeschlossen. Er setzte sich zusammen aus deutlich geschichteten Fein- und Mittelsandsteinen mit Einschaltungen von Silt- und sandig-siltigen Tonsteinen. Wehrmann et al. unterschieden ebenfalls zwei fossilführende Bankfolgen, die „Unterbank“ sensu Solle bei Profilmeter 21–26 (LAFU) und die entsprechende „Oberbank“ zwischen Profilmeter 42,5–46,5 m (UAFU). Insgesamt wurde dieser Schichtenstapel in 20 Einheiten aufgeteilt:

Der untere Abschnitt (Einheiten 1–5) besteht aus einer 20 m mächtigen Wechselfolge von Fein- bis Mittelsandsteinen und nur wenigen Tonstein-Lagen; die Bankmächtigkeiten liegen bei 10–40 cm; Parallel- und Schrägschichtung überwiegen; hinzu kommen Rinnenstrukturen; sie sind besonders häufig im mittleren (Einheit 3) und im obersten Abschnitt (Einheit 5); sie liegen in der Größenordnung von dm bis m; großbogige Schrägschichtung ist relativ selten, und Pflanzenreste sind auf geringmächtige Lagen in Einheit 3 beschränkt.

Die „**Unterbank**“ (Einheit 6; LAFU: Lower Alken Fossiliferous Unit) ist 5 m mächtig und besteht aus dunkelgrauen bis schwarzen Siltsteinen; Pflanzenreste in der Größenordnung von mm bis dm sind auf den Schichtflächen angereichert; senkrechte und schräge Wurzelröhren von wenigen cm Länge mit kohliger Auskleidung sprechen für das in situ-Wachstum eines Teils der Pflanzen; hinzu kommen zahlreiche bioturbierte Bänke; einzelne Lagen enthalten zahlreiche Fossilien wie linguloide Brachiopoden und Reste von „Fischen“; vorherrschende Sedimentstrukturen sind feine Lamination, Linsen- und Flaserschichtung; in gröber körnigen Sedimenten kommen bisweilen Oszillationsrippeln vor; der hohe Anteil an organischer Substanz unterscheidet diese Einheit von ähnlichen im Steinbruch am Nellenköpfchen, so dass davon ausgegangen werden kann, dass es sich hierbei um Ablagerungen in einer landnahen Lagune mit Verbindung zum Meer handeln mag. Der mittlere Abschnitt (Einheiten 7 u. 8) besteht erneut überwiegend aus fossilfreien Fein- bis Mittelsandsteinen und reicht bis Profilmeter 42,5; die Bankmächtigkeiten liegen bei 20–30 cm; die Sandsteine sondern plattig ab; auch linsenförmige Sandstein-Körper kommen vor; wiederholt finden sich Rinnenstrukturen; ebenso sind Parallel- und Schrägschichtung vertreten; abschnittsweise finden sich Strömungs- und Oszillationsrippeln sowie Belastungs- und Strömungsmarken; aber auch Trockenrisse wurden beobachtet; Bioturbation ist auf eine einzige Bank beschränkt; auf den Schichtflächen sind wiederum detritische Hellglimmer angereichert.

Die „**Oberbank**“ (Einheit 9; UAFU: Upper Alken Fossiliferous Unit) ist 4 m mächtig und reicht bis Profilmeter 46, 5; sie war bei der Aufnahme (Wehrmann et al. 2005) vollständig aufgeschlossen; die Bankfolge besteht hauptsächlich aus dunklen Silt- und Tonsteinen; auch sandige Lagen oder Bänkchen in der Größenordnung von wenigen mm bis cm sind eingeschaltet; laminierte Schichten mit Trend zu cm-mächtigen Sohlbank-Zyklen (fining-up) sind häufig; ihr Korngrößenspektrum reicht von Sand an der Basis bis zu feinen, pelitischen Pflanzenhäcksel-Lagen am Top; zusätzlich sind u. a. Rippelmarken, Linsenschichtung und Strömungsmarken gefunden worden; auch größere Pflanzen-Reste sind abgesehen von Häckselgut und Wurzelröhren häufig; in den dunklen Peliten fehlen auch Pyrit-Konkretionen nicht; die Fauna besteht einerseits aus terrestrisch lebenden Arachniden und Eurypteriden, andererseits auch aus marinen Brachiopoden (Articulata u. Inarticulata), Bivalvia und Tentakuliten; sie sind auf bestimmte Lagen innerhalb des Schichtverbandes beschränkt, in denen wiederum Pflanzenreste seltener sind; außerdem ist diese Einheit im Gegensatz zu den übrigen in hohem Maße von Bioturbation betroffen, was auf zumindest kurzfristige aerobe Verhältnisse in der obersten Bodenschicht zur Zeit der Sedimentation hinweist.

Der oberste Abschnitt (Einheiten 10–20) umfasst etwa 40 Profilmeter und ist außerordentlich vielfältig ausgebildet: Wiederum handelt es sich um eine Wechselfolge von Fein- und Mittelsandsteinen mit eingeschalteten Siltstein-Lagen; auch glimmerreiche Lagen sind nicht selten; das Schichtungsgefüge wird von longitudinaler Schrägschichtung beherrscht; auch Rinnenstrukturen sind nicht selten, deren Bodensedimente (channel-lag) aus Tonstein-Klasten bestehen; sie sind jedoch nur nahe der Basis (Einheit 10a) in Zusammenhang mit einem über 120 m verfolgbaren Drainage-System gefunden worden; Fossilfunde sind auf gelegentliche Funde von Tentakuliten und Reste von „Fischen“ sowie Pflanzenhäcksel beschränkt.

In der **Fauna** sind in diesem Schichtverband die Bivalvia besonders häufig; meist sind ihre Schalen noch intakt. Die Schalen der linguloiden Brachiopoden in Unter- und Oberbank blieben ebenfalls meist gut erhalten, was sowohl weiten Transport als auch längere Trockenperioden ausschließt. *Mutationella* sp., ebenfalls fast immer gut erhalten, war auf einen eisenhaltigen Sandstein-Horizont beschränkt. Tentakuliten fanden sich in „Unter-“ und „Oberbank“. Genannt wurden nur marine Lebewesen. Allerdings haben einige von ihnen auch in eingeschränkt marinem Milieu gelebt, so dass vollmarine bei Ingressionen auch landeinwärts verschwemmt worden sein können.

An Arthropoden wurden sowohl Eurypteriden, Chasmataspididen, Arachniden, Myriapoden und auch Ostrakoden gefunden. Trilobiten fehlen. Reste von „Fischen“ kommen in den Sedimenten sowohl von „Unter-“ als auch „Oberbank“ sowie an der Basis von Einheit 14 vor. Damit sind andere Umweltbedingungen angezeigt als am Nellenköpfchen oder auch in den liegenden Schichtverbänden. Insbesondere fällt hier das Fehlen der Brachiopoden auf. Jedoch auch die Muschel-Fauna ist wesentlich weniger divers als in den Nellenköpfchen-Schichten der benachbarten Areale. Hinzu kommt das völlige Fehlen von Cephalopoden, Echinodermata, Anthozoa und Bryozoa. Letztere sind noch aus dem Steinbruch am Nellenköpfchen bekannt. Die Arthropoden zeigen in all ihrer Diversität keinerlei Verwandtschaft mit jenen aus der Dachschiefer-Fazies der Hunsrückschiefer. Vielmehr ergeben sich manche Parallelen zu den Ablagerungen der Siegener Normal-Fazies vor der Süd-Küste des Old Red-Kontinentes. Das zeigt sich deutlich beim Vergleich mit den dortigen Pflanzen-führenden Wahnbach-Schichten (Ober-Siegen). Mit *Drepanophycus spinaeformis*, *Psilophyton arcuatum*, *Sawdonia spinosissima*, *Taeniocrada decheniana*, *T. dubia* und *Zosterophyllum rhenanum* (Schweitzer 1983, 2003) wurden gleiche und ähnliche Taxa hier wie dort gefunden. Hinzu kommen Algen wie *Chaetocladus hefteri*, *Buthotrephis mosellae* und *Mosellophyton hefteri*. Erstmals wurden auch Palynomorpha in geringer Diversität aufgeführt wie *Apiculiretusispora*, *Retusotriletes*, *Verruciretusispora* und *Emphanisporites* (Wehrmann et al. 2005). Stratigraphisch bestätigen diese Funde die Zuordnung zum Unterems. Allerdings fehlen marine Formen wie Chitinozoa, *Prasinophytes* oder Acritarchen; für „Unter-“ und „Oberbank“ sind danach limnnisch-brackische Verhältnisse mit gelegentlichen marinen Überflutungen anzusetzen.

Die eher marinen Schichtglieder werden durch die sandigen Schichten repräsentiert, in die „Unter-“ und „Oberbank“ eingelagert sind. Den Nachweis führte Solle (1970) über eine Muschelfauna mit *Palaeoneilo maureri*, *Leda securiformis*, *Modiola antiqua* und *Limoptera (Klimoptera) rhenana*, die er für beweiskräftig genug hielt. Auch Sedimentmerkmale, die jenen im Steinbruch am Nellenköpfchen ähnlich sind, sprechen dafür. Dort repräsentierten sie Sedimente der Gezeitenebene bis in den fore-shore-Bereich (F. Wunderlich 1970, Stets & A. Schäfer 2002). Aus der Analyse von Fauna und Flora und den Sedimentmerkmalen ergibt sich ein häufig wechselnder Lebensbereich im Übergang vom Land zum Meer.

Auch Wehrmann et al. (2005) verwendeten sedimentologische, faunistische und floristische Daten, um für den Schichtverband bei Alken ein Sedimentationsmodell zu erstellen. Danach kamen die sandigen Sedimente in einem küstennahen Intertidal-Bereich zur Ablagerung, den hochenergetische Ablagerungsbedingungen mit Erosion und Umlagerung kennzeichnen. Insbesondere die Tentakuliten, die wenigen Brachiopoden und vielleicht auch die „Fische" sind Zeugen für marine Bedingungen, zumindest in jenen Partien, wo sie direkt gefunden wurden. Alle Merkmale geben zu erkennen, dass es sich wohl um Ablagerungen auf ausgedehnten Gezeitenebenen handelte, die von Rinnen durchzogen waren und in der Nähe von Ästuaren lagen, über die das terrigene Material eingeschwemmt werden konnte. Bisweilen nur geringe oder fehlende Wasserbedeckung zeigen Oszillationsrippeln, Wasserstandsmarken und auch Trockenrisse an.

Im Gegensatz dazu stehen die brackisch-limnischen Sedimente der beiden eher Pelit-betonten „Bänke". Ein solches Environment wird angezeigt durch die Pflanzenfunde, durch Kümmerformen der Muscheln, terrestrische Arthropoden und Anzeichen für Trockenfallen. Dieser Steinbruch lieferte zeitweise die bedeutendste Anhäufung unterdevonischer Pflanzen im Rheinland: In der unteren Partie der „Unterbank" mit ihren sandig-siltigen, siltig-tonigen, z. T. blätterig spaltenden, auch kohligen Lagen fanden sich vornehmlich zarte Algen wie *Chaetocladus hefteri* in großer Menge, andere, nur schwer bestimmbare Arten von *Chaetocladus* und *Thamnocladus mosellae* zusammen mit eingespülten Resten von Psilophyten. Letztere treten vermehrt in den höheren Partien der „Unterbank" auf und waren dort früher in bis zu 10 cm mächtigen Kohleflözchen angereichert; zu den dort gefundenen Pflanzen gehören *Dawsonites jabachensis* – z. T. mit Sporangien –, *Zosterophyllum rhenanum*, eine Wasserpflanze mit aus dem Wasser herausragenden Sporangien, *Drepanophycus gaspianus* und *Taeniocrada dubia*, die einige Lagen vollständig füllten, sowie das dickstämmige *Mosellophyton hefteri*, eine wohl halophytische Gefäßpflanze (Schaarschmidt 1974). Hinzu kommen weitere Wasserpflanzen, deren Sporangien-Ähren über die Wasseroberfläche aufragten und die zur Gesellschaft *Protobarinophyton-Pectinophyton-Barinophyton* gehören (Kräusel & Weyland 1968); sie zeigen den über längere Zeit relativ niedrigen Wasserstand einigermaßen sicher an, sagen jedoch nichts über die Salinität aus; nach Schweitzer (1983, 2003) stellen diese Pflanzen ähnliche Anforderungen an ihre Umwelt wie zu Zeiten der Wahnbach-Schichten (Ober-Siegen). Letztlich waren hier zur Zeit der Nellenköpfchen-Schichten auch Pflanzen, die submers lebten, zu finden und solche, die in flachstem Wasser standen bis hin zu den ersten echten Landpflanzen; solche Verhältnisse werden auch durch altertümliche Skorpione zusammen mit den Landpflanzen angezeigt.

Im Bereich der „Oberbank" wechselten die ökologischen Bedingungen zwischen brackisch-limnisch mit perennierender Wasserführung und Überflutungsebenen, die zeitweilig trocken fielen; offensichtlich waren die Verhältnisse gegensätzlicher als zur Zeit der „Unterbank"; eine von Seen und Tümpeln beherrschte Landschaft auf der weiten, von Psilophyten besiedelten Überflutungsebene ergibt sich aus den Funden von „Fisch"-Resten; so wurden in einzelnen Lagen der „Oberbank" Reste von *Pteraspis* (*Rhinopteraspis*) *dunensis*, *Tiaraspis subtilis*, *Drepanaspis* sp. und *Porolepis* sp. gefunden; von Interesse sind auch Arthropoden (Merostomata, Eurypterida), die offensichtlich im küstennahen Flachwasser beheimatet waren; sie kommen sowohl in der „Unter-" als auch in der „Oberbank" vor; u. a. wurden Lagerstätten von kleinen Panzerteilen von *Parahughmilleria* sp. gefunden, die die häufigste Form, besonders im obersten Abschnitt der „Oberbank", stellt (Solle 1970).

Besondere Aufmerksamkeit fanden Arachniden, die in einer sandig-schiefrigen, hell- bis grünlichgrauen, bis 0,2 m mächtigen Lage zusammen mit Psilophyten-Resten gefunden wurden; sie signalisieren landfestes Gebiet in der Nähe; Solle (1970) betrachtete diese Funde als Hinweis auf die Nähe eines „der Überflutung entzogenen Festlandes". Für zeitweise brackische Verhältnisse sprechen Funde von Ostrakoden wie *Leperditia* sp. Bei den Arthropoden von Alken handelt es sich nach Störmer (1970, 1972) um die ältesten terrestrischen Arachniden *Alkenia mirabilis*, *Archaeomartus levis* und *A. tuberculatus*; außerdem Xiphosuren (Schwertschwänze) wie *Diploaspis casteri*, *Heteroaspis novojilovi*, der Skorpion *Waeringoscorpio hefteri*, die Eurypteriden *Parahughmilleria hefteri*, *P. major* sowie *Alkenopterus brevitelson*, *Moselopterus ancylotelson*, *M. elongatus*, *Thurandina waterstoni* und der Myriapode *Eoarthopleura devonica*.

Damals hatte sich offensichtlich der nördliche Abschnitt des Rheinischen Troges von Norden her bis in die Gegend von Koblenz und weiter moselwärts soweit gefüllt, dass die während der Hunsrückschiefer bis in die Rittersturz-Schichten dort bestehenden Beckenbereiche bis in das Intertidal aufwuchsen. Das für die Füllung notwendige Material stammte vom Old Red-Kontinent im Norden. Anlandung und Verteilung des siliziklastischen Detritus erfolgte über ein ausgedehntes Delta-System, das sich nach Südosten vorbaute (Stets & A. Schäfer 2002, 2008, 2011). In dieses Delta-System gehörte auch der Aufschluss bei Alken. Allerdings befand er sich eher in der Nähe der Grenze zwischen Delta-Plattform und offenem Meer. Die zeitweise subaerische Umwelt bestand offensichtlich aus einer weiten amphibischen Landschaft mit Überflutungsebenen, weiten Seen und kleineren Tümpeln, die durchzogen wurde von zahllosen mäandrierenden Rinnensystemen, allerdings ohne einen Hauptstrom. Stetige langsame Subsidenz war die zwingende Voraussetzung dafür, dass weiter siliziklastischer Detritus angehäuft werden konnte. Dabei musste gewährleistet sein, dass Sedimenteintrag und Subsidenz sich etwa die Waage hielten. Bei Überwiegen der Subsidenz konnte das Meer über die Überflutungsebene nach Norden transgredieren.

Dieses Land, das nahezu gleichauf mit dem Meeresspiegel lag, konnte kurzfristig weit überflutet werden. So konnten sich die in einzelnen Lagen von „Unter-" und „Oberbank" gefundenen Spülsäume aus verwickelten Pflanzen mit Tierresten, d. h. Teilen von Panzern von „Fischen" oder Arthropoden und Schalen von Zweischalern und Schnecken, bilden. Für wechselnde Salzgehalte sprechen die Kümmerformen mancher Meeresbewohner. Die in-situ befindlichen Pflanzengemeinschaften wurden bei den Flutereignissen zerstört und mit Sand unterschiedlicher Mächtigkeit überdeckt. Das von Solle (1970) entworfene Landschaftsbild für „Unter-" und „Oberbank" entspricht einer „dicht stehenden Psilophyten-Flora mit Standort noch in den obersten Dezimetern des Wassers oder dicht darunter, aber häufig von Wasser berührt, wohl gelegentlich auch ganz trocken (...), in den Spülsäumen ab und zu ein eingeschwemmtes Schalenfossil, häufig darin verhakt die kleinen Exuvien von Merostomen (Häute und Panzer von Arthropoden), überwiegend von *Parahughmilleria*".

Im Gegensatz zur Lokalität Nellenköpfchen ist bei Alken Gezeiten-Einfluss nur bedingt nachgewiesen worden, und stärkere Strömungen sind offensichtlich nur in den sandigen Bankfolgen und Lagen unter, zwischen und oberhalb „Unter-" und „Oberbank" vorhanden. Entweder befand sich der Deltabereich hier etwas weiter landeinwärts, bezogen auf das Nellenköpfchen-Profil, oder es sollte eine geschützte Lagune für die beiden fossilreichen „Bänke" postuliert werden. Die in-situ erhaltenen Psilophyten hätten einem hochenergetischen Gezeiten-Milieu sicherlich nicht standgehalten. Die zahlreichen Pflanzenreste und Spülsäume zeugen davon, dass hin und wieder – vielleicht bei Sturmereignissen – ein Teil der Flora zerstört wurde, sie im Übrigen jedoch gedeihen konnte. Die zahlreichen Pflanzenreste mitsamt den Wurzelböden sprechen für wiederholten Aufwuchs und die Anreicherung von pflanzlicher Substanz in situ wie auch für die Anschwemmung und Ablagerung von Material von außerhalb der Wuchsorte. Die Anwesenheit von in situ-Pflanzenwachstum spricht außerdem dafür, dass im Sedimentationsprozess Pausen eintraten, während denen Pflanzenwachstum überhaupt möglich war und das wiederholt, wie die zahlreichen Pflanzenreste führenden Horizonte zeigen. Zeugen sind mehrfache Wiederholung von Bänken mit Wurzelanzeichen, fast vollständig erhaltene Pflanzen und Reste bis hin zu Pflanzenhäcksel. Das war für Wehrmann et al. (2005) ein Anzeichen für schnelle Ablagerung und Überdeckung, für geringe Transportweiten und Sedimentation unter Stillwasserbedingungen bei geringem Wasserstand, wie sie für Lagunen, Buchten, vielleicht auch aufgegebene Rinnen eines Deltas oder in Ästuaren üblich ist. In „Unter-" und „Oberbank" sollte unter diesen Umständen ein recht großer Zeitabschnitt stecken.

Der Wandel zur Fazies der Klerf-Schichten. Ein ähnliches Bild ständig wechselnder ökologischer Bedingungen zeichneten auch Wilde et al. (2004) von einem Steinbruch in den Nellenköpfchen-Schichten in den Nähe von Burgen/Mosel. Sedimentstrukturen und eine stark wechselnde Fauna kennzeichnen die Verhältnisse auch in diesem Raum. Im oberen Abschnitt des Profils liegt eine Wechselfolge von fein- bis mittelkörnigen Sandsteinen vor, in die wenige Siltstein-Lagen eingeschaltet sind. Schrägschichtung, Wellen- und Strömungsrippeln sind in ihnen weit verbreitet. Der Fossilbestand enthält einerseits Tentakuliten, Brachiopoden und Bivalvia, die marine Verhältnisse anzeigen; zwischengeschaltet ist andererseits auch hier ein Horizont mit z. T. wahrscheinlich autochthonen Pflanzenresten und eine Lage mit Spuren von Arthropoden. Die Autoren gingen von kleinen bis mittelgroßen Eurypteriden oder Arthopleuriden aus, die die Spuren hinterließen, dabei sich offensichtlich in flachem Wasser bewegten und auch seitlich durch Strömung verdriftet wurden. Eine Strömungsrichtung wird durch parallele Strömungsmarken angezeigt, die der Verdriftungsrichtung der die Spuren erzeugenden Arthropoden entsprechen. Das Übereinander unterschiedlicher Ökosysteme in schnellem Wechsel stärkt die schon in Alken oder am Nellenköpfchen entwickelte Vorstellung einer amphibischen Landschaft im Übergang zwischen Land und Meer.

Bei Treis-Karden und weiter im Südwesten vollzieht sich an der Mosel der laterale Wandel von Nellenköpfchen- in Klerf-Schichten. Beide sind sich lateral verzahnende Fazies des höchsten Unterems. Der Nellenköpfchen-Anteil entspricht auch weiter im Südwesten den von Alken und vom Mittelrhein geschilderten Verhältnissen. Langsdorf (1974: 389) charakterisierte die Lithofazies als „gut entmischte quarzitische, feinsandige Bänke von Dezimeterstärke“, die wechselten mit „dunkelblauen dünnen schluffigen, wenig Glimmer führenden Tonschiefern“. Trotz des Übergangs in die Klerf-Schichten bleibt die Fazies eines Gezeiten- und Wattenmeeres im Übergang Land/Meer erhalten.

Deutlich werden die Unterschiede beim Vergleich der Faunen. In den Nellenköpfchen-Schichten bestehen bereits zwischen dem Umfeld von Koblenz und dem Gebiet der Untermosel bei Alken (Wehrmann et al. 2005) erhebliche Unterschiede. Nur *Mutationella* sp., *Palaeoneilo beushauseni*, *Modiola antiqu*a und *Leiopteria crenato-lamellosa* sind beiden Gebieten gemeinsam. Eine Zusammenstellung der Fauna der Nellenköpfchen-Schichten zeigt ein recht diverses Bild mit etwa 180 Arten trotz der eingeschränkt marinen Verhältnisse. Die Zahl der Arten ging bei den Brachiopoden im Gebiet um Koblenz auf 12% aller genannten Arten zurück. Dafür nahm sie bei den Bivalvia auf 57% zu; der Anteil der Gastropoden blieb mit etwa 9% gleich. Gleiches gilt auch für den Rest ohne die „Fische“. Der Anteil der Arthropoden stieg allerdings auf 15% aller Arten, wobei die Lokalität Alken mit ihrer Arthropoden-Fauna stark ins Gewicht fällt. Das erweist sich auch bei den Trilobiten, die mit 4% an der Artenzahl außerhalb Alken beteiligt sind. Insgesamt wird dieser Unterschied zu den Schichten im Liegenden erst durch die Gegenüberstellung ihrer Faunen deutlich. Bei dieser Art der Zusammenstellung bleibt zu beachten, dass wegen der stark und auch schnell wechselnden Ablagerungsbedingungen über grundverschiedene Milieus summiert wurde.

Klerf-Schichten an Untermosel und im Mosel-Hunsrück. Rud. Richter (1919) führte die Bezeichnung „Klerfer Schichten“ in Anlehnung an die belgischen „Schistes rouges de Clervaux“ ein. Damit war ein entscheidendes lithologisches Merkmal, die Rotfärbung bereits genannt. Hinzu kamen Fossilarmut, und rasch wechselnde lithologische Verhältnisse, die es nicht erlauben, ein typisches Standard-Profil zu erstellen.

Der Verzahnungsbereich zwischen Nellenköpfchen- und Klerf-Schichten liegt etwa zwischen Cochem und Alf/Mosel. Von Alf in Richtung Südwesten stehen nur noch Klerf-Schichten, insbesondere in der Süd- und West-Eifel bis in die luxemburgischen und belgischen Ardennen an. Das Gebiet des Hunsrücks tangieren sie nur im Verzahnungsbereich zwischen Cochem und Bullay. Mit dem Fazieswechsel Nellenköpfchen/Klerf-Schichten vollzog sich auch ein Faunenwechsel, der die biostratigraphische Abgrenzung der Klerf-Schichten zum Liegenden (Rittersturz- bzw. Gladbach-Schichten; W. Meyer 2013) nicht erleichtert. In erster Linie spiegeln sich in den Faunen die ökologischen Verhältnisse wider, wie ein Vergleich der Fauna von Alken mit den Faunen der Klerf-Schichten vom Nordwest-Flügel der „Olkenbacher Mulde“ zeigt. Dort treten im Gegensatz zu Koblenz die Brachiopoden mit 30% aller gefundenen Arten wieder stärker in den Vordergrund; die Bivalvia erreichen auch hier einen Anteil von mehr als 50% aller Arten. Das entscheidende Kriterium für die Abgrenzung der Klerf-Schichten ist jedoch die deutliche Rotfärbung in den Sand-, Silt- und Tonsteinen neben einem gelegentlich hohen Anteil an Sandstein-Bankfolgen und einer schlechten Sortierung der gröberklastischen Sedimente.

Das Gesteinsspektrum besteht aus grauen und roten bis violettroten Silt- und Tonsteinen mit graugrünlichen Verfärbungen, hellen, rötlichen bis rötlichgrauen, meist glimmerhaltigen Sandsteinen und ähnlich gefärbten mächtigeren Quarziten, die sich zu Bankfolgen zusammenschließen können. Als typisch werden auch sog. „Scherbenschiefer" bezeichnet, unregelmäßig scherbig brechende, schwach geschieferte Siltsteine. Hinzu kommen grünlich-graue Sandsteine und Tonschiefer. Kennzeichnend für den gesamten Schichtkomplex (W. Meyer 2013) ist wieder eine schlechte Sonderung der siliziklastischen Komponenten, so dass tonige Sandsteine sowie sand- bis grobsilthaltige Tonsteine das lithofazielle Bild beherrschen. Die Obergrenze der Klerf-, wie auch der gleich alten Nellenköpfchen-Schichten dürfte entlang der Mosel nahezu gleich sein. Sie wird mit dem Einsetzen des Emsquarzits gezogen und ist damit auch eine Faziesgrenze. Die Untergrenze ist ähnlich wie bei den Nellenköpfchen-Schichten unsicher. Daher schwanken Mächtigkeitsangaben für die Klerf-Schichten in weiten Grenzen. Für das Gebiet östlich der Alf und in der Umgebung von Alf werden 2000 m genannt. Unterschiede in den Mächtigkeitsangaben resultieren aus der unsicheren Abgrenzung gegen das Liegende.

Mittmeyer (2008) gab für die Klerf-Schichten ein Bezugsprofil am Mosel-Hang zwischen Alf und St. Aldegund mit einer Mächtigkeit von ca. 2200 m an. Er gliederte diesen Schichtverband: die Unteren Klerf-Schichten (1200 m), eine Wechselfolge von dunkelgrauen und roten sandigen Tonschiefern und Feinsandsteinen; auch unterschied er einen unteren Sandstein-ärmeren Schichtverband von einem oberen, Sandstein-reicheren; für das Gebiet um Neef und St. Aldegund erwähnte er Faunenfundpunkte mit „reichhaltiger" Fauna, außerdem eine Bank mit *Bembexia alta* ca. 400 m und eine weitere mit *Limoptera* sp. ca. 550 m oberhalb der Basis der Klerf-Schichten. Die Oberen Klerf-Schichten enthalten mächtigere Bankfolgen von z. T. quarzitischen Sandsteinen. Zum Hangenden nehmen offensichtlich Fossilführung und Artenvielfalt ab.

Dieser Trend einer generellen Kornvergröberung zum Hangenden (coarsening-up, thickening-up) entspricht dem Vorbau des großen Deltas nach Süden in den Rheinischen Trog. Meeresspiegel-Anstieg, vermehrte Anlieferung von siliziklastischem Detritus und durch Subsidenz gesteuerte Prozesse führten offensichtlich zu der recht wechselhaften Ausbildung der Schichtenfolge. Gestützt wird diese Vorstellung durch die Verhältnisse in der Eifel im oberen Unterems (G. Fuchs 1974, W. Meyer 2013).

Die von Solle (1970) aus der Fauna der Klerf-Schichten in der „Olkenbacher Mulde" abgeleiteten Bildungsbedingungen schwanken zwischen küstennahem Flachmeer und Gezeitenebene mit Prielen und ausgedehnten Watten mit eingeschnittenen Rinnen. Einige der sandigen Bankfolgen weisen mit stärkerer Einkieselung bereits Ähnlichkeiten zu dem im Hangenden folgenden Emsquarzit auf. Diese „Vorläufer-Quarzite" kündigen die endgültige Transgression des Meeres nach der kurzen Zeit der Regression an. Bei den Rot-Sedimenten dürfte es sich um rote terrigene Ablagerungen auf der schlammigen Deltaebene der Fluviatilsysteme handeln, die in Küstennähe lag.

Nach Solle (1976) nimmt die Fossilführung nach Süden in Richtung Mosel-Trog generell zu. Verfolgt man den Ausbiss der Klerf-Schichten gegen den Hunsrück im Süden, so liegt im Alf-Tal ein Sedimentationsraum, der den Verhältnissen bei Alken entspricht. Die fossilleere Fazies geht hier in das weitgehend marine fossilreichere Milieu der „Olkenbacher Mulde" über. Genauere sedimentologische Untersuchungen fehlen.

Sosberg-Schichten. Bei der geologischen Kartierung der Boppparder Überschiebungszone vom Mittelrhein nach Südwesten in den Hunsrück schied Thiele (1960) im tektonisch

Hangenden der durch Vorkommen von Emsquarzit gekennzeichneten schmalen Schuppe im Bereich der Bopparder Überschiebung einen unterdevonischen Schichtverband aus, der sich deutlich von den im tektonisch Hangenden folgenden Singhofen-Schichten unterscheidet. Dieser tektonisch höhere, stratigraphisch jedoch ältere Schichtverband ist durch ein Porphyroid zumindest lithostratigraphisch eingestuft. Er lässt sich an den von Haas (1975) und Jungmann (1981) bei Boppard fixierten Schichtverband im Hangenden der Boppard-Dausenauer Überschiebungszone anschließen. H. Lehmann (1959) hatte diesen Schichtverband als „unsicheres Unterems“ bezeichnet. Einen zwischen dieser „Bopparder Schuppe“ und den Singhofen-Schichten eingeschuppten Schichtverband (Sosberger Schuppe) bezeichnete Thiele als „Sosberger Schichten“.

Die Ortschaft Sosberg befindet sich im Vorderhunsrück (Bl. 5910 Kastellaun). Einen tektonisch ungestörten stratigraphischen Verband mit dem Liegenden und Hangenden fand Thiele (1960) nördlich Moritzheim (Bl. 5909 Zell), wo Sosberg-Schichten sich in normaler Lagerung zwischen Emsquarzit im Hangenden und Singhofen-Schichten befinden. Ein Fund von *Arduspirifer arduennensis antecedens* erscheint wegen der unsicheren Alterstellung und Definition dieser Form (Gad 2004) nicht unbedingt beweiskräftig für die Zuordnung zur Vallendar-Unterstufe. Allerdings bemerkte Thiele unter Bezug auf Solle, dass „die Fossilbänke und das Gestein in allen Einzelheiten den Bänken aus den Klerfer Schichten der benachbarten Olkenbacher Mulde“ gleichen und ordnete sie dem höheren Unterems und damit dem Schichtverbund Rittersturz- und Nellenköpfchen- bzw. Klerf-Schichten zu.

Während bei Moritzheim das relative Alter zumindest provisorisch geklärt scheint, ist sie bei der Bopparder Überschiebung weiter im Nordosten weniger sicher, da hier der eingeschuppte und in Frage stehende Schichtverband weder zum Liegenden noch zum Hangenden primäre, sedimentäre Kontakte aufweist. Thiele (1960) gelangen keine weiteren Fossilfunde. Als typisches Profil zog er Aufschlüsse am Mörsdorfer Bach zwischen Eegt- und Urg-Berg (Bl. 5910 Kastellaun) heran. Hier liegen direkt über dem tektonischen Liegendkontakt etwa 20 m mächtige blauschwarze Tonschiefer. Typisch sind nach einer indifferenten Wechselfolge („Übergangszone“ sensu Thiele 1960) 50 m mächtige quarzitische Sandsteine und abschließend eine weitere Sandstein-Tonschiefer-Wechselfolge bis zum tektonischen Hangendkontakt. In nordöstlicher Richtung werden durch die Überschiebung die unteren Schichten einschließlich der blauschwarzen Tonschiefer weggeschnitten. In der gleichen Richtung nimmt der „zentrale Sandstein-Zug“ auf Kosten der Wechselfolgen im Liegenden und Hangenden an Mächtigkeit zu. Thiele rechnete mit einer Gesamtmächtigkeit (Restmächtigkeit) von >300 m. In seiner Beschreibung erwähnte er keine bunten Einschaltungen, seien es rötliche oder grünliche. Aus diesem Grund sollte der Schichtverband der Sosberg-Schichten – zum Teil wenigstens – eher mit den Nellenköpfchen- bei Koblenz als mit den Klerf-Schichten parallelisiert werden.

2.2.3.1.3.2 Südost- und Süd-Hunsrück

Guldenbach-Tal. Schichten der höheren Unterems-Stufe finden sich erst wieder im Südost- und Süd-Hunsrück mit Schwerpunkt im Guldenbach-Tal bei Stromberg und in dessen Umgebung. Mittmeyer & K.-W. Geib (1967) beschrieben bei Warmsroth und Wald-Erbach Schichten der Vallendar-"Gruppe“. Das erhebliche bio- und lithofazielle Abweichen dieser Schichten von der üblichen Fazies am Oberen Mittelrhein bei Koblenz und an der Untermosel veranlasste sie, seinerzeit die Bezeichnung „Wald-Erbacher Schichten“ (heute: Walderbach-Schichten, DSK 2002) einzuführen. Während der untere Abschnitt dieses Schichtverbandes aus grauen, oft grünlichgrauen Tonschiefern und sandigen Siltsteinen mit fossilführenden Geoden besteht, enthält der obere stärker sandige Silt- und Tonschiefer mit Sandsteinen, z. T. auch vererzten Bänken. Dabei handelt es sich um eine oder mehrere fossilreiche, oolithische Roteisenstein-Bänke. Die Gesamtmächtigkeit dieses Schichtverbandes soll >100 m betragen.

Ob das von Ma. Wolf (1930) bearbeitete Roteisenerz-Lager der ehem. Grube „Braut“ bei Wald-Erbach auch dazu gehört, ist umstritten, da in situ gesammeltes Fossilmaterial fehlt. Das von ihr beschriebene und von Solle revidierte Material (D. E. Meyer 1970: Anhang) stammt von der Halde. Es enthält mit *Arduspirifer arduennensis arduennensis*, *A. extensus* und *Euryspirifer paradoxus vel. Acrospirifer hercyniae* typische Formen des Oberems, mit *A. a. latestriatus* jedoch auch eine Leitform des Unterems. Auch *Leptostrophia explanata*, *Anoplotheca venusta*, *Eodevonaria dilatata*, *Plicostropheodonta* sp. und *Brachyspirifer carinatus* sprechen nach G. Fuchs (1982) eher für eine Zuordnung des Eisenoolith-Lagers zum Unterems. Auch die große Anzahl von Bivalvia gibt der Fauna eher ein Unterems-Gepräge. Das wird unterstrichen durch Bivalvia der Gattungen *Leptodomia*, *Nuculites*, *Cypricardella* und *Carydium*, die G. Fuchs ebenfalls für typische Formen des höheren Unterems (Gladbach-Formation i. d. Eifel) hielt. Eine Zuordnung der Funde zum Profil ist allerdings wegen der Fundsituation nicht möglich. Nach Solle (1950) liegen zwischen den Roteisenerz-Lagern 40 m mächtige Sedimente, und es ist „also möglich, dass die äußersten Roteisenbänke bereits verschiedenen Zonen angehören“. Es kann also sein, dass die Eisenerz-Bildung bereits im hohen Unterems begann und in das tiefe Oberems hineinreichte. Daher erfolgt die Beschreibung bereits hier mit der Maßgabe, dass auch in das Oberems gehörende Bankfolgen davon betroffen sind. Ma. Wolf (1930) hatte seinerzeit das Vorhandensein von Schichten der Unterems-Stufe diskutiert, die endgültige Altersbestimmumg jedoch von neuen, eindeutigeren Funden abhängig gemacht. Das untertägige Grubengebäude ist allerdings seit langer Zeit aufgelassen, so dass eine Klärung nur über Bohrungen, evtl. Neuaufschlüsse, möglich ist. Wolf stellte das Roteisenerz-Lager selbst – im Gegensatz zu früheren Bearbeitern – an die Basis des Oberems. Mit dem Neufund von *Arduspirifer arduennensis latestriatus* durch Mittmeyer & K.-W. Geib (1967) scheint die Zuordnung heute eher zur Vallendar-Unterstufe zu tendieren. Auch nach Gad (1994) bleibt wegen der Unterarten des *Arduspirifer arduennensis* die Zuordnung zur hohen Unterems-Stufe möglich. Solle (1950) machte darüber hinaus auf die Möglichkeit einer Vermischung von Faunen aus unterschiedlichen Niveaus durch die Aufsammlung von der Halde aufmerksam.

Mittmeyer (2008) gab für das Typus-Gebiet um Wald-Erbach (Bl. 6012 Stromberg) erneut die deutliche Unterteilung in Geodenschiefer (unten; ca. 50 m) und sandige Tonschiefer mit *Arduspirifer arduennensis latestriatus* (Untere Vallendar-Unterstufe) und Unterer Roteisenstein (ca. 50 m), d. h. sandige Tonschiefer mit fossilführenden Roteisenstein-Bänken und Brachiopoden-Fauna, unter ihnen *Arduspirifer arduennensis latestriatus* und *Lapinulus (Uncinulus) pila*, an. Außerdem erwähnte er vom Hüttenkopf im Guldenbach-Profil sandige Tonschiefer mit Kalklagen und vererzten Partien, die u.a. *Polygnathus* sp., *Burmeisterella quadrispinosa* und *Rhenorensselaeria demerathia* erbracht haben.

Die Fauna der Walderbach-Schichten außerhalb des Bereichs der ehem. Grube „Braut“ enthält nach (Mittmeyer & Geib 1967) außer unbestimmbaren „Fisch“-Resten in Form von Platten und Flossenstacheln, „*Orthoceras*“ sp., Trilobiten, unter ihnen *Burmeisteria* sp., Korallen, wie „*Zaphrentis*“, und *Pleurodictyum problematicum*, Bryozoen, wie *Fenestella* sp., Gastropoden, auch Bivalvia, Tentakuliten, Stielglieder von Crinoiden und zahlreiche Brachiopoden. Im Gegensatz zu der Fauna bei Koblenz und im Untermosel-Gebiet zeigt diese Fauna vollmarine Verhältnisse mit normalem Salzgehalt des Meerwassers an. Pflanzenfunde fehlen vollständig.

Darüber hinaus hat D. E. Meyer (1970) zahlreiche weitere Vorkommen von Schichten des höheren Unterems mit *Arduspirifer arduennensis latestriatus*, auch kleinere Rot- und Brauneisenerz-Vorkommen beschrieben. Allerdings sind es nach seiner geologischen Karte fast ausnahmslos stark tektonisch gestörte Vorkommen mit unvollständiger Schichtenfolge. Abweichend von der oben gen. Aufteilung der Walderbach-Schichten beschrieb er für den tieferen Teil zusätzlich auch Wechselfolgen von hellgrauen bankigen Quarziten und Tonschiefern mit Einschaltung von fossilführenden blaugrauen, sandigen Kalkbänken und

-linsen, Kalksandsteinen und seltener auch konglomeratischen Kalksteinen. Diese enthalten z. T. Schilllagen; auch Fisch-bone beds wurden erwähnt.

In den mittleren Abschnitt der Vallendar-Unterstufe stufte D. E. MEYER (1970)"eintönige, milde bis feinsandige Schiefer mit Tongallen und allenfalls vereinzelten Kalklinsen" ein. Auch vom Autobahneinschnitt südlich Warmsroth wurde ein derartiger Schichtverband mit *Arduspirifer arduennensis latestriatus* aufgeführt. Er entspricht jedoch wohl eher dem unteren Abschnitt der Walderbach-Schichten sensu MITTMEYER & K.-W. GEIB (1967). Über Wald-Erbach hinaus erwähnte D. E. MEYER Schichten der höchsten Vallendar-Unterstufe mit Lagen und Linsen von oolithischem Rot- und Brauneisen-Erz in einem Verband aus milden bis sandigen, glimmerhaltigen Ton- und Siltschiefern, mit untergeordneten hellgrauen Quarzit-Bänkchen sowie Bänkchen und Linsen von blaugrauen sandigen Kalken. Sie liegen direkt unterhalb von sicheren Schichten des Oberems. Aus dieser Position erwähnten MITTMEYER & K.-W. GEIB (1967) weder Kalke noch Kalksandsteine.

Zusammenfassend ergibt sich für den Südost-Hunsrück im Guldenbach-Tal nach D. E. MEYER & NAGEL (2008: 134) eine Fortsetzung der eher tonig-schiefrigen Lithofazies aus der Singhofen-Unterstufe, allerdings modifiziert durch „nur geringmächtige Einschaltungen von sandigen Kalksteinen bzw. kalkigen, z. T. auch konglomeratischen Sandsteinen, ferner Schillkalken, karbonatfreien quarzitischen Sandsteinen sowie oolithischen Eisenerzlagen im hangendsten Abschnitt".

Die Eisenerzlagerstätte Grube „Braut" bei Wald-Erbach und Umgebung. Ma. WOLF (1929, 1930) hat das Eisenerz-Lager der ehem. Grube „Braut" bei Wald-Erbach bearbeitet. Allerdings standen ihr seinerzeit nur noch Berichte und Grubenrisse sowie das Material einer „kümmerlichen Halde" zur Verfügung, da die Grube, die seit 1839 in Betrieb war, 1904 ihren Betrieb eingestellt hatte. Trotzdem kam ein umfangreiches Material zusammen. Ältere Berichte stammen von LUDWIG (1860), LOSSEN (1867a) und VIERSCHILLING (1910), zu dessen Zeit die Grube bereits aufgelassen war.

Nach LOSSEN (1867a) bestand das Erz „ aus durchschnittlich 2 mm messenden, linsenförmigen Konkretionen eines tonigen Roteisenerzes, die bald durch ein mehr toniges, bald durch ein kristallinisches (Eisenglanz) Bindemittel zu einem mehr oder weniger festen Ganzen vereinigt sind. Schießpulverähnliche, flach gedrückte rundliche Körner bewirken eine körnige Struktur, die zuweilen in ganzen Bänken in die dichte flaserige übergeht."

Ma. WOLF (1929, 1930) hat die Erze an die Basis de Oberems gestellt. Entscheidend waren für sie „altertümliche" Formen, die älteres „Oberkoblenz" und älter signalisierten. 1929 zog sie ein Alter, das evtl. tiefer als die „Basis Oberkoblenz" ist, in Erwägung. Das war insofern revolutionär, als bis dahin – zuletzt bei LEPPLA (1925a) – das Erzlager der „oberen Abtheilung der Obersten Koblenz-Schichten" und damit identisch mit den Heisdorf-Erzen der Eifel eingestuft wurde. Ma. WOLF wies darauf hin, dass weder eine altersmäßige noch eine petrographische Übereinstimmung mit den Heisdorf-Erzen besteht (W. MEYER 2013: 89, 94).

Nach VIERSCHILLING (1910) bestand die Lagerstätte aus vier Lagern (Lager I–IV), die konkordant in den Schichtverband aus Tonschiefern und siltigen Sandsteinen eingelagert waren und Falten im Nebengestein nachzeichneten. Das Lager endete an Querstörungen und wurde bei Aus- und Vorrichtungsarbeiten jenseits der Verwerfungen nicht wieder gefunden. Die Lager I–III waren nur in den oberen Teufen bis zur 45 m-Sohle, resp. 65 m-Sohle bauwürdig. Das Lager IV – gleichzeitig mit max. 6 m das mächtigste – reichte noch unter die 100 m-Sohle hinunter, wurde jedoch wegen zu geringer Eisen- und zu hoher SiO_2-Gehalte nicht tiefer abgebaut. Alle vier Lager hatten nach den Untertage-Aufschlüssen eine flach linsenförmige Gestalt und keilten in alle Richtungen aus.

Aus dem Haldenmaterial beschrieb Ma. WOLF (1929, 1930) körniges Rot- und Brauneisen- sowie grünes silikatisches Eisen-Erz. Letzteres tritt zusammen mit grünlichen „Schiefern", die mit dem Roteisen wechsellagern, und einem Kalkstein, der vollkommen von Eisensilikat durchsetzt ist, auf. Das Roteisen-Erz und das „grüne" Eisen-Erz reichten bis zur tiefsten Sohle hinunter, das Brauneisen nur bis etwa zur 45 m-Sohle. Die Eisengehalte waren in der Hutregion mit 50–55% am höchsten und nahmen zur Teufe auf etwa 30% ab. Damit einher ging eine Zunahme des Ca-Gehaltes von 3,9 auf 15% zur Teufe; der Phosphor-Gehalt war mit 0,89–1,85 relativ hoch. Dieser Trend geht wahrscheinlich darauf zurück, dass Braun- und Roteisen-Erz zur Teufe vermehrt durch Chamosit ersetzt wird.

Das körnige Erz zeigt ein echtes oolithisches Gefüge. Der deutlich konzentrischschalige Aufbau der 0,1–2 mm messenden Körner wird z. T. hervorgerufen durch einen Wechsel zwischen Schalen aus oxidischem Rot- bzw. Brauneisen-Erz und grünlichem Eisensilikat. Auf letzterem beruht der relativ hohe SiO_2-Gehalt des Erzes, der zur Teufe hin zunimmt. Die Form der Ooide ist in der Regel elliptisch, manche sind jedoch auch höchst unregelmäßig. Ma. Wolf (1930) bildete nach dem Dünnschliff unterschiedlichste, auch unregelmäßige Formen ab. Danach bestehen die Kerne der kugeligen, auch linsenförmigen, konzentrischschaligen Körperchen z. T. aus Eisenerz, z. T. auch aus kleinen karbonatischen Lithoklasten. Dabei sind Ooide mit Chamosit-Kern und konzentrischem Schalenbau im Wechsel mit Roteisen- und Chamosit-Lagen häufig. Außerdem kommen „Eisengerölle" und -Klasten vor. Karbonatische Bioklasten bestehen aus Schalenresten von Brachiopoden, sowie Trümmern von Bryozoen und Korallen. Die Anteile und die Packungsdichte von Ooiden, Litho- und Bioklasten wechseln z. T. erheblich. Sie sind in eine Kalzit-Eisenglanz-Matrix eingelagert. Klüfte im Erz waren mit sekundärem Kalzit verheilt. Nach Vierschilling (1910) zeigt sich der Übergang vom oxidischen zum silikatischen Erz auch im Farbübergang von der roten Hämatit-Farbe zu blasseren Farben und zu schwarzgrün mit der Tiefe.

Bei der Bildung der Erze sollten zunächst Thermen am Meeresboden Eisenhydroxid und kolloidales SiO_2 geliefert haben. Beide verbanden sich zu einem Eisensilikat-Gel, aus dem sich unregelmäßige rundliche Kügelchen bildeten. Aus der zunächst instabilen Masse kristallisierte Chamosit aus. Durch schalige Anlagerung bildeten sich Ooide und die unregelmäßigen Wolf'schen Körperchen. Diese reicherten sich zu einem Erzlager an, dessen Form von Hohlformen am Meeresboden vorgegeben war. Die vier Lager in Wald-Erbach und die in der Umgebung sind somit wahrscheinlich der Aktivität untermeerischer Thermen zuzuschreiben. Die Umbildung zum oxidischen Roteisen-Erz mit Reicherzen erfolgte wahrscheinlich erst sehr viel später durch sekundäre Anreicherung des Eisens bei Abfuhr von SiO_2. Solche sekundären Umbildungen silikatischer Eisenerze sind vielfach Ursache für Reicherz-Lagerstätten bis 55% Fe und mehr unter tropischen Bedingungen.

Das Verhältnis und die räumliche Anordnung von Braun- zu Roteisen zu Chamosit zur Teufe bestätigen den Schluss, dass Chamosit hier das primäre Erz war, aus dem das oxidische Rot- resp. das hydroxidische Brauneisen-Erz hervorgegangen sind. Daraus ist auch zu verstehen, dass bei den Bergleuten früher das Erz zur Tiefe „rauer" (SiO_2-reicher, härter) wurde. Diese Anordnung der Minerale bestimmte auch die Bauwürdigkeit der Lagerstätte. Die Oxidation des silikatischen Ausgangsmaterials erfolgte wahrscheinlich durch von der Tagesoberfläche einsickernde O_2-reiche Verwitterungslösungen in Mesozoikum und Tertiär. Eine metasomatische Entstehung des Roteisen-Erzes aus Kalkooiden durch spätere eisenhaltige Lösungen aus der Tiefe (u. a. Ludwig 1860) erscheint unwahrscheinlich, da ihr auch die benachbarten Kalk-Vorkommen zum Opfer gefallen sein sollten.

Weitere Vorkommen im Süd-Hunsrück. Außer bei Wald-Erbach wurden, u. a. von D. E. Meyer (1970), an weiteren Stellen im Umfeld des Guldenbach-Tales Eisenerz-Vorkommen festgestellt: Im Guldenbach-Tal fanden sich am linken Tal-Hang oberhalb der ehem. Fabrik der Gebr. Wandesleben nördlich Stromberg in einer nur wenige Meter mächtigen schiefrigen Schichtenfolge geringmächtige Lagen eines oolithischen Brauneisen-Erzes. Etwa 100 m nördlich der Fabrik beschrieb Falke (1957) aus einem Schurf am Ost-Hang des Guldenbach-Tales graugrüne, unterschiedlich sandige Tonschiefer und „eisenschüssige Schiefer" mit wenige cm mächtigen Eisen-Erzlagen; zusammen mit ihnen wurden auch geringmächtige Kalksteine erschürft und im Hangenden graugrüne Tonschiefer mit rötlichen

Kalklinsen und-bändern festgestellt; Funde von *Arduspirifer arduennensis arduennensis* und *A. a. antecedens* sprechen für eine Zugehörigkeit dieses Schichtverbandes zum Grenzbereich Unter-/Oberems.

In künstlichen Aufschlüssen westlich der Straße nach Warmsroth am West-Hang in der Gemarkung „Wust“ traten Roteisen-führende Schichten auf, ebenso lagen in der unmittelbaren Umgebung geringmächtige, z. T. fossilführende Rot- und Brauneisen-Erzlagen in dunkelblaugrauen, olivfarben verwitternden Tonschiefern.

D. E. Meyer (1970) rechnete bei der reichen, meist benthischen Fauna in diesem Zeitabschnitt mit einem vollmarinen Meeresraum und mit verhältnismäßig gut durchlüftetem Wasser bei wechselnden Strömungsverhältnissen. Hinweise dafür sind begleitende Schillkalke, fossil- und geröllführende Kalke und Kalksandsteine sowie die oolithischen Eisen-Erze selbst. Er nahm an, dass bei einem kleinräumigen Relief sich die Kalke und Erze in Rinnen und Wannen bilden konnten. Allerdings sprach auch er sich im Gegensatz zu Ma. Wolf (1930) und anderen Autoren gegen eine Zufuhr der eisenhaltigen Lösungen von einem Festland aus, sei es von einer „Hunsrückinsel“, einer Soonwald-Schwelle oder der Mitteldeutschen Schwelle. Er bevorzugte eine Zufuhr des Eisens trotz der relativ hohen Phosphor-Gehalte aus submarinen Thermen. Genetisch stehen die Vorkommen damit in der Nähe der mitteldevonischen Eisen-Erze vom Lahn-Dill-Typ im rechtsrheinischen Schiefergebirge. In diese Richtung weisen auch Tuffe, die in Schichten des Oberems im gleichen Gebiet gefunden wurden. Weitere Argumente waren das Fehlen von terrigenen Rotsedimenten und von gröber klastischem Material in den Begleitsedimenten der Eisen-Erze.

Für Solle (1970) war das Erz-Vorkommen bei Wald-Erbach mit ein Hinweis auf seine Hunsrückinsel. Allerdings sind trotz der Verbreitung über die unmittelbare Umgebung von Wald-Erbach hinaus die Vorkommen selbst recht klein und auf ein relativ kleines Gebiet beschränkt. Die Herkunft von einem landfesten Gebiet vom Ausmaß einer Mitteldeutschen Schwelle sollte zu einer wesentlich weiteren Verbreitung von entsprechenden Eisen-Erzen geführt haben. Um das relativ kleinräumige Vorkommen bei Wald-Erbach zu erklären, nahm Solle daher in einem normal marinen Bildungsraum eine Bucht an, in der lokal die Bedingungen für eine Bildung der oolithischen Eisen-Erze gegeben war. Die von D. E. Meyer (1970) vorgeschlagene Lösung fügt sich wesentlich besser in die paläogeographische Situation ein und hat ein Analogon in der Eisen-Erzlagerstätte im Oberems bei Schweich/Mosel. Auch für die Magnetit-Erze in der Metamorphen Zone mit Schwerpunkt bei Winterburg kann von ähnlichen Vorstellungen ausgegangen werden. Der Süd-Hunsrück-Trog war zur Zeit von Unter- und Oberems ein tektonisch labiler Bereich, in dem synsedimentäre Verwerfungen zu einer kleinräumigen Modifizierung des Reliefs beitrugen. So war die Wegsamkeit für den Aufstieg von eisenreichen Lösungen aus untermeerischen Thermen und der Absatz in einem sauerstoffreichen Flachmeer gewährleistet

Fragliche Vorkommen von Schichten der Vallendar-Unterstufe im Süd-Hunsrück. Aus Untersuchungen an Dachschiefern im Rhaunener Idarbach- und im Hahnenbach-Tal haben Ecke et al. (1985) Schichten des höheren Unterems erwähnt. Sie gingen davon aus, dass im Gebiet südöstlich Rhaunen, wo sie mit Opitz (1932) den Kern der „Kempfelder Mulde“ vermuteten, Schichten vorkommen, die mindestens noch Vallendar-Alter erreichen. Zu dieser Annahme führten Sporenassoziationen aus Dachschiefern, die Palynomorpha der Klerf-Schichten der Eifel entsprechen. Diese Feststellung ist deswegen besonders bemerkenswert, als die Sporen aus Schichtverbänden in der Fazies der klassischen Hunsrückschiefer stammen. Allerdings ist nach den Profilen von Ecke et al. eine Kempfelder Mulde sensu Opitz nicht vorhanden. Ihre Profile aus diesem Gebiet zeigen eine engräumige Verschuppung, die in der Wiederholung gleich alter Schichtverbände und in stratigraphiebezogenen Inkohlungswerten zum Ausdruck kommt. Daher ist bei stetigem jünger werden der Schichten innerhalb derselben Schuppe nach Südosten das zitierte stratigraphische Datum durchaus möglich. Für paläogeographische Rekonstruktionen ist der genannte Befund ein eindeutiger Beweis gegen eine „Hunsrückinsel“ sensu Solle (1970), da der Fundpunkt mit einer ausgesprochenen Beckenfazies in das Kerngebiet seiner Hunsrückinsel fällt.

Ein Vorkommen von Tonschiefern mit sandigen Einschaltungen nordwestlich Hahnenbach am Hang des Pfaffenberges lieferte eine weitere Mikroflorenassoziation, die für Klerf-Schichten typisch ist (Ecke et al 1985). Da die Schichten im Liegenden zur Singhofen-Unterstufe gehören, ist auch diese Beobachtung ernst zu nehmen. Sie liegt im Streichen der Stromberger Vorkommen, allerdings ohne die dortigen Eisen-Erze.

D. E. Meyer & Nagel (2008) gingen nach Faziesvergleichen davon aus, dass im Simmer(Kellen)- und Hahnenbach-Tal ein mit 260 m Mächtigkeit dem Guldenbach-Profil vergleichbarer Schichtverband des Unterems vorliegt, der auch gröber-klastische Einschaltungen (ohne nähere Angaben) enthält. Somit kann u. U. auch hier mit Schichten des höheren Unterems gerechnet werden. Allerdings fehlen davon jegliche biostratigraphischen Daten. Die im Raum Winterburg-Pferdsfeld in der Metamorphen Zone auftretenden metamorphen Eisenerze hielten sie für wahrscheinlich ähnlich alt wie die im Stromberger und Wald-Erbacher Raum. Die zeitliche Einstufung der Winterburger Erze ist allerdings noch völlig offen.

2.2.3.2 Oberems

Für das Oberems gilt weiter die Beschränkung der Vorkommen auf die Senkungsbereiche Mosel-Lahn-Trog im Nordwesten und Süd-Hunsrück-Trog im Südosten. Da in beiden Gebieten unterschiedliche litho- und biofazielle Verhältnisse herrschten, werden sie getrennt behandelt. Das bedeutet jedoch nicht, dass sie grundsätzlich unterschiedlichen Bildungsräumen angehörten. Unabhängig von den beiden Verbreitungsgebieten wird die Schichtenfolge der Oberems-Stufe vom Liegenden zum Hangenden in Lahnstein-, Laubach- und Kondel-Unterstufe unterteilt. Eine letzte ausführliche Diskussion zu Abgrenzung und Untergliederung legte Solle (1972) vor. Mittmeyer (1974, 1982, 2008) modifizierte sie.

Die Schichten des Oberems enthalten eine typische, z. T. sehr reiche Fauna, die die biostratigraphische Gliederung erleichtert und Vergleiche und Korrelationen zwischen den beiden getrennten Verbreitungsgebieten erlaubt. Nach Schemm-Gregory & Jansen (2005) wird von der Subkommission für Devon-Stratigraphie auch global eine Zweiteilung der Ems-Stufe angestrebt. Daher hat die Fauna an der Grenze Unter-/Oberems-Stufe besondere Bedeutung. Einschränkend gilt, dass sich in dieser stratigraphisch entscheidenden Position an Mittelrhein und Untermosel der Umschlag von der eher ambivalenten Fauna der Nellenköpfchen- und Klerf-Schichten in die vollmarine Fazies des Oberems vollzieht.

Im Gegensatz zur Fauna des Unterems enthält die jüngere zahlreiche leitende Formen, wie u. a. *Treveropyge rotundifrons, Kayserops kochi, Burmeisteria gigas*, Brachiopoden, wie *Arduspirifer arduennensis arduennensis, Euryspirifer paradoxus, Schizophoria vulvaria* und *Uncinulus orbignyanus*. Schon Follmann (u. a. 1925) sprach wegen der Faunenvielfalt von einer typischen „Oberkoblenz-Fauna“ und grenzte sie gegen jene des hohen Unterems („Unterkoblenz“) ab. Allerdings änderten sich durch steigenden Meeresspiegel und nachlassende, auf lokale Becken beschränkte Subsidenz (W. Meyer & Stets 1980, Stets & A. Schäfer 2011), vielleicht auch durch verminderten Detritus-Eintrag, die Lebensbedingungen und damit auch die Faunenzusammensetzung erheblich. Die Oberems-Fauna hat ein typisch vollmarines Gepräge.

Sedimentologische Untersuchungen in den Nellenköpfchen- und Klerf-Schichten (F. Wunderlich 1970, A. Schäfer & Stets 1995, Stets & A. Schäfer 2002, Wehrmann et al. 2005) zeigten, dass im unmittelbar Liegenden des Emsquarzit an der Basis des Oberems in stetem Wechsel supra-, intra- und subtidale Verhältnisse sich ablösten. Darin kommen transgressive und regressive Ablagerungsbedingungen in stetem Wechsel zum Ausdruck. Dabei zeichneten die psammitischen Bankfolgen als „Vorläufer-Quarzite" jeweils die transgressive Phase nach. Diese Tendenz wurde mehrfach, offensichtlich durch erhöhte Detritus-Zufuhr entweder zum Intertidal (Lokalität Nellenköpfchen) bzw. Supratidal (Lokalität Alken) wieder ausgeglichen, bis mit dem Emsquarzit sich endgültig vollmarine, subtidale Verhältnisse einstellten. Diese Transgression war somit kein einmaliges Ereignis im Sinne eines „event". Vielmehr handelte es sich um ein gestuftes Erobern ehem. intra- bis supratidaler Areale.

Die allgemein stärker sandige Fazies der Klerf-Schichten (schistes rouges de Clerveaux) und das Einsetzen des Emsquarzit (Quarzite de Berlé) im westlich benachbarten Luxemburg und in den Ardennen führte dort zur Ausgliederung einer „Mittelems"-Stufe (Emsien moyen: u. a Lucius 1952).

Vom sedimentologisch-lithofaziellen Standpunkt lässt sich eine Dreiteilung des Ems nicht rechtfertigen. Schließlich entspricht der Schichtverband des Unterems bis in die oberen Partien einem sich konsequent entwickelnden übergeordneten Zyklus, der vom tieferen Subtidal unterhalb der Sturmwellenbasis (Hunsrückschiefer) bis in das Inter-, lokal auch bis in das Supratidal (Alken) reicht. Mit dem schrittweisen Vorstoß im Grenzbereich Unter-/Oberems begann im zentralen Rheinischen Trog eine zweite vollmarine Epoche. Insofern erscheint die Zweiteilung auch von dieser Warte aus gerechtfertigt und bestätigt die von Solle seinerzeit getroffene biostratigrahisch begründete Untergliederung. Trotz des bio- und lithofaziell scharfen Schnittes an der Grenze Unter-/Oberems verbieten die aufgezeigten Verhältnisse, mit Mittmeyer (2008) von einem „Berlé-Event" auszugehen. Ein solches müsste als scharfer Schnitt erkennbar sein, der entsprechend auch in den Schichtverbänden von Süd- und Südost-Hunsrück deutlich sein müsste, wo er jedoch fehlt.

Eine Gegenüberstellung der Faunen von Ende des Unter- und Beginn des Oberems zeigt den scharfen Faunenschnitt. Solle (1972) zählte mit *Burmeisterella armata*, *Burmeisteria rhenana*, *Treveropyge rotundifrons*, *Bembexia alta*, *Prosocoelus beushauseni aequivalva*, *Limoptera* (*Klimoptera*) *rhenana*, *Schizophoria provulvaria*, *Stropheodonta virgata*, *Tropidoleptus carinatus*, *Euryspirifer dunensis* und *Arduspirifer arduennensis latestriatus* wichtige Formen auf, die offensichtlich mit Ende des Unterems im vollmarinen Milieu verschwinden. Dort, wo eingeschränkt marine oder brackisch-limnische, bzw. durch Pflanzenwuchs erwiesene terrestrische Bedingungen im Sinne einer *Globothyris*-Fazies (Boucot 1963) herrschten, ist dieser scharfe Schnitt mangels leitender Taxa nicht oder nur bedingt nachzuvollziehen. Nach Solle (1972) war wohl nur *Tropidoleptus carinatus* auch in dieser Fazies beheimatet.

In der Fauna des Oberems wurde eine Anzahl leitender Formen im Laufe der Zeit herausgearbeitet: Als gute Leitform im Mittelrhein-Gebiet und Mosel-Hunsrück erwies sich *Treveropyge rotundifrons*, die *T. prorotundifrons* mit Beginn des Oberems ablöste; ähnliches gilt auch für *Kayserops kochi* und *Burmeisteria* (*Digonus*) *gigas*, die zu diesem Zeitpunkt frühere Vertreter dieser Arten ersetzten; in den auf den Emsquarzit folgenden Hohenrhein-Schichten sind sie oft lagenweise angereichert. Unter den Brachiopoden stellt *Brachyspirifer ignoratus* ein „Leitfossil" für die Lahnstein-Unterstufe; allerdings bemängelte schon Solle (1972) sein unregelmäßiges, offensichtlich faziell kontrolliertes Auftreten; so wird er in manchen Lokalitäten massenhaft, in anderen dagegen höchstens als Einzelexemplar oder gar nicht angetroffen. Ab Basis Oberems stellte sich auch *Arduspirifer arduennensis arduennensis* ein, der *A. a. latestriatus* ablöste. Als beinahe „klassisches Leitfossil" galt für Solle (1972: 73), allerdings mit „vernachlässigbarer Einschränkung", *Euryspirifer paradoxus*, bis Mittmeyer (in: Solle 1972; jedoch Mittmeyer 2008: Tab. 2) ihn schon in den höchsten Schichten des Unterems finden konnte; dieses Erscheinen ist insofern symptomatisch, als die marine Transgression, die mit dem Emsquarzit endgültig wurde, schrittweise bereits im höchsten Unterems mit den marinen „Vorläufer-Quarziten"einsetzte. Als seltene, sonst jedoch gute Leitformen gelten darüber hinaus auch *Rhenothyris compressa* und *Meristella follmanni*. Mittmeyer (1982) führte noch *Fascistropheodonta piligera*, *Brachyspirifer carinatus carinatus* und *Oligoptycherhynchus hexatomus* an.

Die viel diskutierte Grenze Oberems-/Eifel-Stufe (unteres Mitteldevon; damit auch die Grenze Unter-/Mitteldevon) wurde von SOLLE (1972) mit dem ersten Auftreten des *„Arduspirifer" intermedius vetustus* gezogen. Ähnlich argumentierte MITTMEYER (2008), der das Oberems eingrenzte als die Zeitspanne zwischen dem ersten Auftreten von *Arduspirifer arduennensis treverorum* und *Intermedites* (*Arduspirifer*) *intermedius vetustus*.

2.2.3.2.1 Mittelrhein, Untermosel und Mosel-Hunsrück

2.2.3.2.1.1 Lahnstein-Unterstufe: Emsquarzit

Historische Aspekte. KOCH (1881) schied bei Koblenz „in den mittleren Schichten des rheinischen Unterdevons" (S. 211) einen Schichtverband aus, den er durch die Bezeichnung „Grauwacke-Quarzit" oder „Coblentz-Quarzit" klar vom Taunusquarzit trennte. Als Typuslokalität wählte er das Quarzit-Vorkommen bei Hohenrhein an der Unteren Lahn. E. KAYSER (1885a, 1892) stellte diesen Quarzit an die Grenze „untere/obere Koblenzschichten". Auch HOLZAPFEL (1893) diskutierte die Stellung des „Coblentz-Quarzit" ausführlich, benutzte jedoch synonym auch den Terminus „Emser Quarzit". Gleichbedeutende Bezeichnungen für diesen Schichtverband waren „Chondriten-Schichten und Plattensandsteine" (KOCH 1881) sowie „Mittlerer Spiriferen-Sandstein" (SANDBERGER 1890, FOLLMANN 1891). Außer E. KAYSER (1885a) und HOLZAPFEL (1893) verwendeten diese Begriffe auch FRECH (1891) und MAURER (1886). Mit der Umbenennung der „Koblenz-" in Ems-Stufe wurde auch der Emsquarzit eingeführt. Allerdings setzte sich diese Bezeichnung nur langsam durch. So verwendete noch VIETOR (1919) bei der monographischen Beschreibung weiter den Terminus „Koblenzquarzit". Gleiches gilt auch für SOLLE (1936) bei seiner Revision der Fauna dieses Schichtgliedes an Rhein und Mosel, und noch 1954 diskutierte RUD. RICHTER dieses Problem ausführlich.

Stratigraphie und Fazies. Theoretisch ist die Abgrenzung in diesem Gebiet recht gut fundiert, praktisch stößt sie jedoch z. T. auf erhebliche Schwierigkeiten wegen der „Vorläufer-Quarzite". Diese dem Emsquarzit lithologisch ähnlichen Quarzit-Bankfolgen im Liegenden erschweren die lithostratigraphische Abgrenzung erheblich, wenn nicht *Tropidoleptus rhenanus*, der kurz vor der Grenze erlöschen soll, gefunden wird. Andernfalls wird lithostratigraphisch die erste Bankfolge, die sich als kompositionell sehr reifer Quarzit oder als „Glaswacke" erweist, als Emsquarzit akzeptiert. Jedoch auch beim Einsatz von Fossilien fällt u. U. die Entscheidung schwer, da der Emsquarzit selbst keine spezifische Fauna aufweist. Offensichtlich gilt hier wie bereits beim Taunusquarzit, dass bei den hochenergetischen Bildungsbedingungen, die im Küstenbereich zur Bildung dieser Sande führten, die Fauna und deren Relikte weitgehend ausgelöscht wurden. Hinzu kommt das Fehlen eines echten „Leitfossils" für den Emsquarzit bzw. einer Leitfauna. Damit ist auch die biostratigraphische Abgrenzung gegen die im Hangenden folgenden Hohenrhein-Schichten erschwert, in die sich die sandige Fazies fortsetzt. SOLLE (1972) betonte ausdrücklich, dass diese Grenze eine reine Faziesgrenze sei.

MITTMEYER (2008: 177) gab als Typus-Profil den Straßenanschnitt an der B 42 bei Oberlahnstein (Bl. 5911 Boppard) an mit einer Mächtigkeit von 185 m. Den aus Folgen grob gebankter und schräggeschichteter Quarzite, z. T. aus „Glaswacken", bestehenden Schichtverband gliederte er in diesem Profil in Untere Glaswacke: ca. 50 m mächtig, grob gebankt, weißgraue Glaswacke bis Quarzit mit Pflanzenresten, Mittleren Emsquarzit: ca. 100 m mächtige Wechselfolge von Siltsteinen und Quarziten mit *Arduspirifer arduennensis treverorum* und Pflanzenresten und Obere Glaswacke: ca. 35 m mächtige, weißgraue, fossilleere „Glaswacke".

Im Gegensatz zu früheren Darstellungen erwähnte er Einschaltungen von rheinischer Fauna, u. a. Konzentrate von *Incertia incertissima* und *A. a. treverorum* sowie Lagen von Pflanzenresten. Nach Erfahrungen im Mosel-Hunsrück und an der Unteren Lahn (A. SCHÄFER & STETS 1995) dürfte diese Gliederung jedoch nur lokal für das Gebiet bei Oberlahnstein

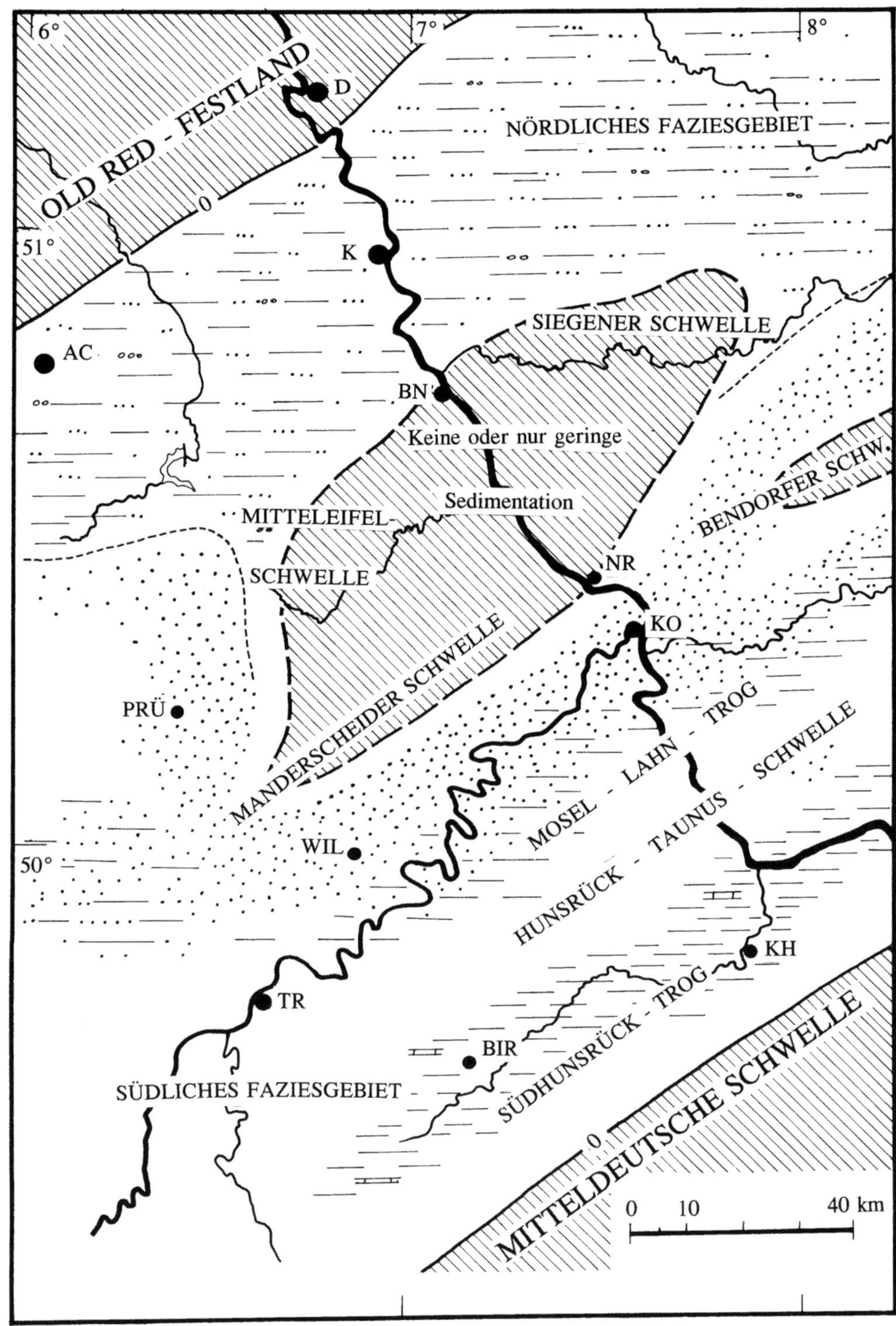

Abb. 10. Paläogeographie zur Zeit des Emsquarzits; punktiert das Hauptverbreitungsgebiet des Emsquarzits. Variszische Einengung unberücksichtigt. Ortsnamen wie in Abb. 4. W. Meyer & Stets (1996).

gelten. Bei der Verfolgung des Emsquarzits im Gelände zeigt sich, dass die stark sandige Lithofazies nicht einheitlich und vor allem nicht horizontbeständig ist. Vielmehr werden gebietsweise reine Quarzit-Bankfolgen („Glaswacke") durch heterolithische Wechselfolgen von Ton- und Siltschiefern mit Sandsteinen seitlich ersetzt. Dadurch werden auch Mächtigkeitsangaben für den Emsquarzit erschwert. Sie erreichen auf Bl. 5611 Koblenz (Schmierer & Quiring 1933) bis 200 m und damit die Werte bei Oberlahnstein. In diesem Gebiet wurden alle Folgen weißer, plattiger, glasiger Quarzite und quarzitischer Sandsteine ohne Tonschiefer-Einlagerungen zum Emsquarzit gezählt.

Zur Fauna. Der Emsquarzit in der Umgebung von Koblenz und an der Untermosel hat reiche Faunenfunde geliefert (Follmann 1925). Solle (1936, 1972) revidierte und ergänzte diese Funde. Der Revision unterworfen war auch eine reiche Fauna vom Kühkopf bei Koblenz im Distrikt Saustall (Bl. 5711 Boppard), die der Koblenzer Sammler J. Hefter fand und die Dahmer (1948) bearbeitet hatte. Er ordnete sie seinerzeit dem Emsquarzit zu. Von den Follmann'schen Fundpunkten, die er 1925 erst nach eigener kritischer Durchsicht publiziert hatte, hielten nur vier der Revision stand, und zwar die Fundpunkte Carola-Höhe (Layer Berg), Bienhorntal, Rhenser Mühlental und Oberlahnstein. Der Fundpunkt Saustall wurde wie die restlichen Follmann'schen Fundpunkte den Hohenrhein-Schichten zugeschlagen. Allerdings bemerkte Solle mehrfach, dass er bei all seinen Arbeiten keine leitende Emsquarzit-Art ausmachen konnte. So stellt sich die Frage, ob sich überhaupt eine Trennung von Emsquarzit und Hohenrhein-Schichten biostratigraphisch durchführen lässt.

Die Faunen enthalten Vormacht an Bivalvia mit *Aviculopecten*, *Limoptera*, *Cornellites*, *Tolmaia*, *Gosseletia*, *Modiomorpha*, *Myophoria*, *Carydium*, *Goniophora*, *Grammysia* und anderen. Zu den Brachiopoden zählen Arten und Unterarten von *Arduspirifer*, *Brachyspirifer*, *Euryspirifer* und *Paraspirifer*, u. a. *Paraspirifer sandbergeri brevimargo* und *P. s. longimargo*; außerdem sind als typisch zu nennen *Oligoptycherhynchus hexatomus*, *Loreleiella dilatata*, *Plebejochonetes semiradiatus*, *Schizophoria vulvaria* und viele andere. Die Fauna eines temporären Fundpunktes im Emsquarzit im oberen Kleinbornsbach-Tal am Moselhöhenweg (M) im Koblenzer Stadtwald (Arbeitskreis Paläontologie Koblenz 1992) in der Nähe des Fundpunktes Saustall enthielt 110 Taxa, so dass wohl eher mit einer Hohenrhein-Fauna zu rechnen ist.

Schemm-Gregory & Jansen (2005) führten eine Revision der Spiriferen von den Fundpunkten Rhenser Mühlen-Tal und Oberlahnstein auf Bl. 5711 Boppard durch. Sie bestätigten Arten der Gattungen *Subcuspidella*, *Tenuicostella*, *Arduspirifer*, *Brachyspirifer*, *Euryspirifer*, *Rhenothyris*, evtl. auch von *Paraspirifer*. Individuen der Gattungen *Arduspirifer* waren am häufigsten vertreten, gefolgt von *Subcuspidella subcuspidata*, *S. incerta* und *Tenuicostella tenuicosta*. Eher seltener waren *Euryspirifer paradoxus*, *E. robustiformis* und *Rhenothyris compressa*. *Euryspirifer robustiformis* fehlt in allen älteren Listen sowohl im hohen Unter- als im tiefen Oberems. Eine neue Unterart von *Arduspirifer arduennensis*, ein mögliches Bindeglied zwischen *A. a. arduennensis* und *A. extensus* ist *A. a. treverorum*, der mit Beginn der Oberems-Stufe einsetzen soll, jedoch über den Emsquarzit hinaus in die Hohenrhein-Schichten hinauf reicht. Somit fehlt weiterhin eine Leitform für den Emsquarzit. Von der Gattung *Brachyspirif*er sind *B. ignoratus* und *B. carinatus rhenanus* gefunden worden. Außerdem bleibt zu prüfen, ob der Übergang von *Paraspirifer* in *Brachyspirifer ignoratus* als Grenzkriterium verwendet werden kann. Eine biostratigraphische Abgrenzung des Emsquarzit von den Hohenrhein-Schichten zeichnet sich trotz der reichen Funde zurzeit noch nicht ab. Mittmeyer (2008) publizierte eine Faunenliste des „Emsquarzit" u. a. von der Typuslokalität an der B 42 und aus der Umgebung von Boppard. Sie enthält eine relativ arme, z. T. schwer bestimmbare Fauna aus 39 Taxa. Brachiopoden und Bivalvia halten sich in ihr mit je 37% die Waage.

Der Emsquarzit repräsentiert sedimentologisch lediglich die Zeitspanne der eigentlichen Transgression, in der der hochenergetische „Küstenstreifen" auf die nördlich gelegene

Delta-Plattform übergriff (A. Schäfer & Stets 1995). Darauf folgte das hochenergetische küstennahe Flachmeer selbst, repräsentiert durch die reiche Fauna der Hohenrhein-Schichten.

Vorkommen. Für das Untermosel-Gebiet und den südöstlich anschließenden Mosel-Hunsrück legte Kröll (2001) eine Neubearbeitung vor. Danach lassen sich mehrere, durch tektonische Verschuppung bedingte „Züge" von Emsquarzit aushalten:

Der nordwestlichste Zug, der bei Koblenz-Güls im Mühlen-Tal (Follmann 1925) liegt, quert zwischen Winningen und Kobern-Gondorf zweimal die Mosel und ist bis Hatzenport nach Südwesten zu verfolgen; ihm folgen nach Südosten

- der Emsquarzit-Zug der Carola-Höhe,
- der Emsquarzit-Zug vom Layer Kopf,
- der Emsquarzit-Zug vom Kühkopf,
- der Emsquarzit-Zug von Niederlahnstein und
- der Emsquarzit-Zug entlang der Boppard-Dausenau-Longuicher Überschiebungszone.

Diese langgestreckten Quarzit-Züge lassen sich nur bedingt nach Südwesten verfolgen. Einige von ihnen enden wahrscheinlich an Querstörungen. Die Mehrzahl wurde jedoch an den spitzwinklig zum Streichen der Quarzite verlaufenden Überschiebungen der Schuppen tektonisch unterdrückt. Nur der Quarzit-Zug von der Carola-Höhe lässt sich bis in die „Olkenbacher Mulde" in der Südwest-Eifel verfolgen. Einige von ihnen sind in stark reduzierter Mächtigkeit im Brodenbach-, Ehrbach-, Baybach- und Lützbach-Tal angeschnitten. Die „Züge" bilden deutliche, Nordost-Südwest verlaufende Bergrücken im Mosel-Hunsrück zwischen dem Oberen Mittelrhein-Tal bei Koblenz und Boppard bis nach Beilstein und Alf an der Mosel resp. Zilshausen und Grenderich im Mosel-Hunsrück.

Typisch für den Emsquarzit sind die stark bis vollkommen verkieselten, ehem. fein- bis mittelkörnigen Sande, deren Korngefüge unter der Lupe kaum oder nur noch schwer auflösbar ist. Die einzelnen Quarzkörner erweisen sich u. d. M. als intensiv miteinander verzahnt verwachsen. Z. T. ist sogar die ehem. Feinschichtung in diesen glasigen „Wacken" kaum zu erkennen. Im Gegensatz dazu treten auch deutlich gebänderte Quarzite mit Gezeitenschichtung auf. In diesen Quarziten trennen einzelne Ton- oder Siltstein-Lagen, seltener auch Glimmer-Lagen die einzelnen Schichten und Bänke voneinander. Unter den Schichtungstypen werden planare Horizontalschichtung häufiger, bogige bzw. trogförmige Schrägschichtung dagegen seltener beobachtet. Im Gegensatz dazu zeigen die Quarzite an der Unteren Lahn bei Friedrichsegen deutliche Schrägschichtung. Daraus lässt sich dort ein trogparalleler Transport nach Südwesten ableiten (A. Schäfer & Stets 1995).

Wegen der Abgrenzungsschwierigkeiten sind Mächtigkeitsangaben mit Vorsicht zu betrachten. Generell ergibt sich für das Gebiet von der Unteren Lahn über Koblenz und Lahnstein zur Untermosel bei Niederfell eine recht erhebliche Mächtigkeit. Diese Mächtigkeiten nehmen moselaufwärts in Richtung Treis und Karden ab. Das gilt auch in Richtung Beulich und Macken nach Südosten. In diese Richtungen schalten sich dafür vermehrt tonig-schiefrige Gesteine ein. Wenn man die einzelnen Quarzit-Züge nach Südosten miteinander vergleicht, ergibt sich eine zum Beckenzentrum im Südosten gerichtete Polarität. Diese ist auf die von Solle (1970) propagierte „Hunsrückinsel" gerichtet, die zu dieser Zeit nicht nur abgetaucht war, sondern auch einem Bereich höherer Subsidenz Platz gemacht haben müsste.

Das am weitesten beckenwärts erhaltene Vorkommen von Emsquarzit befindet sich in der schmalen Bopparder Schuppe, die sich von Spay über Boppard nach Südwesten über den Mörsdorfer Bach bis westlich Sosbach (Bl. 5910 Kastellaun) am Süd-Rand der „Mosel-Mulde" verfolgen lässt. Südwestlich davon ist der Quarzit im Profil des Flaumbach-Tales verschuppt, in der Nordwest-Flanke des Moritzheimer Sattels nördlich Moritzheim dann auch ungestört aufgeschlossen. In dem schmalen verschuppten „Streifen" zwischen „höherem Unterems" (Sosberg-Schichten, Nellenköpfchen-Schichten) im tektonisch Hangenden und Hohenrhein-Schichten im tektonisch Liegenden ist der Emsquarzit häufig nur noch reliktisch, in der Flanke des Moritzheimer Sattels jedoch noch vollständig erhalten. Nach THIELE (1960) weist der Emsquarzit in diesen Vorkommen verglichen mit dem Koblenzer Raum die geringste Mächtigkeit auf. Trotzdem ist er hier überall noch nachweisbar und war sogar in kleinen Steinbrüchen aufgeschlossen. Allerdings fehlen von hier bisher Faunenfunde. Das mag auch der Grund dafür sein, dass auf Bl. Frankfurt a.M.-West (GÜK 200: CC 6310) und Bl. Koblenz (GÜK 100: C 5910) diese Emsquarzit-Schuppe bei Zilshausen an einer Störung endet. THIELE belegte das Vorkommen jedoch auch weiter im Südwesten durch mehrere Aufschlusspunkte, so dass mit einer durchgehenden Verbreitung entlang des gesamten Süd-Randes der „Mosel-Mulde" gerechnet werden kann. Der Schichtverband besteht hier aus dünnbankigen, bis 15 cm mächtigen, sehr harten, z. T. splitterig brechenden, weißen bis hellgrauen Quarziten, in die schichtparallel Lagen geringmächtiger Tonschiefer eingeschaltet sein können. Aufgrund der tektonisch stark exponierten Position zwischen den beiden Überschiebungsbahnen sind die Tonschiefer meist stark zerschert. In dieser schmalen Schuppe sind auch Anteile von Schichten des höheren Unterems bzw. des tieferen Oberems nicht auszuschließen. THIELE zitierte u. a. Funde von *Arduspirifer arduennensis* cf. *latestriatus* und *„Spirifer" pellico*. Er ging außerdem von einer Mächtigkeitszunahme von max. 15 m am Flaumbach auf bis 70 m am Neyer Bach nordwestlich Kratzenburg im Nordosten aus.

Die sedimentologischen Ergebnisse bestätigen, dass sich der Emsquarzit in seiner typisch sandigen Ausbildung in einem von Gezeiten geprägten Ablagerungsraum unter ständiger Wasserbedeckung und unterhalb des Tide-Niedrigwassers gebildet hat. A. SCHÄFER & STETS (1995) und STETS & A. SCHÄFER (2002) konnten im Unteren Lahn-Tal zeigen, dass es hier im Gezeitenbereich zu ständiger Umlagerung der Sande und dadurch zu einer hohen strukturellen und kompositionellen Reife der ehem. Sande kam. Die energiereichen Verhältnisse erschwerten die Besiedlung durch und den Erhalt von Faunen bzw. von deren Schalen- und Skelettresten. Diese marine Flachmeer-Fazies breitete sich mit den Sanden des späteren Emsquarzit über die reliefarme amphibische Delta-Plattform des ausgehenden Unterems nach Norden aus und begrub sie endgültig unter sich. Diese anhaltende Überflutung lässt sich im Gegensatz zu älteren Ereignissen gleicher Art jetzt mit einem Meeresspiegelanstieg erklären.

2.2.3.2.1.2 Lahnstein-Unterstufe: Hohenrhein-Schichten

Historische Aspekte. Der Begriff wurde von MAURER (1882) geprägt. Die Typuslokalität ist ein ehem. Steinbruch hinter der früheren Hohenrheiner Hütte im Lahn-Tal auf der rechten Talflanke der Ruppertsklamm bei Lahnstein (Bl. 5611 Koblenz). Nach MAURER waren die „Schichten von Hohenrhein" vom „Coblentz-Quarzit" getrennt durch die „Plattensandsteine mit *Homalonotus scabrosus* und Chondriten-Schiefer". Letztere gehen auf die Gliederung von KOCH (1881) zurück. Die Schwierigkeiten einer Gliederung der vorwiegend sandigen Schichtenfolge führten zu zahlreichen weiteren Versuchen, die HOLZAPFEL (1893) ausführlich diskutierte. MAURER (1886) hielt über dem „Coblentz-Quarzit" nur noch die „Chondriten-Schiefer" unter den „Hohenrheiner Schichten" aus, und erst FOLLMANN (1925) kam zu der heutigen Gliederung, indem er auch die „Chondriten-Schichten" tilgte.

Stratigraphie und Fazies. Unter den Hohenrhein-Schichten versteht man heute die von FOLLMANN (1925) paläontologisch charakterisierte und von SCHMIERER & QUIRING (1933) auf Bl. 5611 Koblenz kartierte sandige Schichtenfolge, die unmittelbar über dem Emsquarzit anschließt. MITTMEYER (2008) gab als Typus-Profil den Steinbruch oberhalb der ehem. Hohenrheiner Hütte im Lahn-Tal an, wo allerdings nur die obersten Abschnitte im Grenzbereich zu den im Hangenden folgenden Laubach-Schichten aufgeschlossen sind. Im Übrigen verwies er auf das schlecht begehbare Profil an der B 42 bei Oberlahnstein.

Die Hohenrhein-Schichten sind ebenfalls in 4–5 Zügen vom Mittelrhein nach Südwesten zu verfolgen. Die einzelnen Züge entsprechen Schuppenstrukturen, die den Kernbereich der

„Mosel-Mulde" im Mosel-Hunsrück einnehmen. Sie sind durch zahlreiche Querverwerfungen gegeneinander versetzt und werden auf der Höhe von Grenderich tektonisch vollständig unterdrückt. Nur der nordwestlichste Zug gewinnt über Beilstein und Alf unmittelbaren Anschluss an die Nordwest-Flanke der „Olkenbacher Mulde" in der Süd-Eifel, wo die Hohenrhein-Schichten stratigraphisch erweitert als Flussbach-Schichten (Solle 1976) bezeichnet werden. Gute Aufschlüsse sind an der Untermosel das „Donnerloch" (Bl. 5710 Münstermaifeld) und der Druidenstein gegenüber von Moselkern (Bl. 5610 Dommershausen).

Die Hohenrhein-Schichten sind durch eine stark sandige Lithofazies gekennzeichnet. Nordwestlich der Mosel, bei Koblenz und im Westerwald reicht die Fazies, die auch für den Emsquarzit im Liegenden typisch ist, noch in das Niveau der Hohenrhein-Schichten hinauf. Das hatte seinerzeit Maurer (1882) bewogen, zwischen ihnen und dem Emsquarzit die „Plattensandsteine mit *Homalonotus scabrosus*" auszuscheiden. Mit aufsteigendem Profil schalten sich vermehrt dunkle, siltige Tonschiefer und dunkelgraue unreine Sandsteine zwischen die hellgrauen ein und bilden Wechselfolgen. Einzelne stark sandige Bankfolgen im höheren Profil können noch als „Nachläuferquarzite" bezogen auf den Emsquarzit bezeichnet werden. Glimmerbestege auf den Schichtoberflächen der sandigen Bänke fehlen im Gegensatz zu den Nellenköpfchen-Schichten. Das mag bedeuten, dass ein langsamer Absatz der Glimmer aus der Schwebfracht nicht möglich war, da noch energiereiche Bedingungen im Ablagerungsraum herrschten. Die Mächtigkeit der Sandsteine innerhalb der Wechselfolgen liegt bei 10–30 cm, selten darüber. Außerdem sind auch plattige, dünnschichtig schräggeschichtete Sandsteine vertreten. Die Korngröße der Sandsteine liegt im Fein- bis Mittelsand-Bereich. Die tonig-schiefrigen Anteile bestehen eher aus Siltschiefern mit unterschiedlich hohem Sand-Anteil. Sie sind meist dunkel- bis bräunlichgrau. Partiell werden auch Flaser- und Linsenschichtung beobachtet.

In dieser vorwiegend sandigen Wechselfolge deutet sich lokal eine Dreiteilung dadurch an, dass in der mittleren Partie schlecht entmischte, siltig-sandige Tonschiefer über ein Intervall von 40–70 m die Vorherrschaft übernehmen. In diesem Abschnitt tritt auch Linsenschichtung auf. Diese Dreiteilung in einen sandigeren unteren, einen siltig-schiefrigen mittleren und einen eher sandigen oberen Abschnitt ist deutlich auf das Umfeld von Koblenz beschränkt. Mittmeyer (2008) beschrieb für das Gebiet um Oberlahnstein eine deutliche Dreiteilung in **Untere Hohenrhein-Schichten**, eine etwa 240 m mächtige, vorwiegend sandige Wechselfolge aus hellgrauen bis weißen Sandsteinen, siltigen Feinsandsteinen und Siltsteinen mit zahlreichen Fossilbänken, die eine artenreiche „rheinische" Fauna enthalten, u.a. mit *Paraspirifer*, *Arduspirifer extensus*, *Lapinulus pila* und *Oligoptycherhynchus hexatomus*. Die **Mittleren Hohenrhein-Schichten sind** eine etwa 100 m mächtige Wechselfolge Geoden enthaltender Siltsteine mit einzelnen Sandstein-Bänken sowie etwa 15 m unterhalb der Obergrenze einem Keratophyr-Tuff. Auch hier sind Fossilbänke zahlreich mit *Digonus gigas*; zum ersten Mal soll hier auch *Sollispirifer mosellanus gracilis* vertreten sein. Die **Oberen Hohenrhein-Schichten** sind eine ca. 60 m mächtige Folge von Siltsteinen, siltigen Feinsandsteinen mit Fossilbänken; in diesem Schichtglied soll *Arduspirifer* fehlen („*Arduspirifer*-Lücke").

Für den Mosel-Hunsrück gilt eine derartige Gliederung nur noch im rheinnahen Gebiet und an der Untermosel bis etwa Burgen. Weiter im Süden und Südwesten, nehmen die Sandsteine im oberen Abschnitt zugunsten siltig-toniger und unterschiedlich sandiger Tonschiefer ab. Südöstlich einer Linie, die von Waldesch über Macken nach Lütz verläuft, werden nach Kröll (2001) die bis dahin noch stärker sandigen Partien der Unteren Hohenrhein-Schichten vermehrt durch sandige Tonschiefer ersetzt. Lokal, wie im mittleren Baybach-Tal südöstlich der Burgruine Waldeck (Bl. 5810 Dommershausen), vertont auch diese Schichtfolge weitgehend. Die dort anstehenden dunkelgrauen Tonschiefer enthalten bereits Kieselgallen, so dass eine Verwechslung mit den „Kieselgallenschiefern" der Kondel-Unterstufe gegeben ist. Generell ergibt sich aus der Summe der Beobachtungen eine Vertonung des gesamten

Schichtverbandes der Hohenrhein-Schichten in südliche bis südwestliche Richtung. Diese Tatsache lässt sich als Übergang von einer küstennahen Randfazies im Norden und Nordosten in eine eher tonig-schiefrige Beckenfazies im Süden und Südwesten verstehen.

In diesem Zusammenhang muss auch auf „Rotfärbung" in den Hohenrhein-Schichten in zahlreichen moselnahen Aufschlüssen südwestlich Burgen und von dort bis zum Dünnbach-Tal eingegangen werden, über die Solle (1970) berichtete. Er sah sie als ein entscheidendes Kriterium für die Lieferung von Detritus von einer „Hunsrückinsel" an. Sein Argument einer primären Rotfärbung in den Hohenrhein-Schichten lässt sich leicht mit der Beobachtung entkräften, dass sie aus der Infiltration von eisenreichen Verwitterungslösungen entlang von Schicht- und Kluftflächen resultiert. Die von den Kluftflächen eingeschlossenen Kluftkörper zeigen vielfach im Inneren die primäre Farbe. Sie ist bei Sandsteinen hell- bis mittelgrau, bei eher schiefrigen dunkelgrau und im Übergangsbereich bräunlich.

Zur Fauna. Der fließende Übergang zwischen Emsquarzit und Hohenrhein-Schichten spiegelt sich auch in der Fauna. Viele der als typisch und leitend geltenden Brachiopoden in der Lahnstein-Unterstufe, wie z. B. *Arduspirifer arduennensis arduennensis*, *Euryspirifer paradoxus*, *Brachyspirifer carinatus* bzw. *B. ignoratus*, „*Uncinulus*" *pila*, *U. antiquus*, auch *Anoplotheca venusta*, *Athyris undata*, *Oligoptycherhynchus daleidensis* und *O. hexatomus*, *Chonetes sarcinulatus* und *Plebejochonetes plebejus* treten in beiden Schichtgliedern auf. Dasselbe gilt auch für andere Tiergruppen, so dass eine scharfe biostratigraphische Grenze nicht gegeben ist. Ähnliches gilt auch für die Verhältnisse in der „Olkenbacher Mulde"(Solle 1976, W. Meyer 2013).

Die Schichten der Lahnstein-Unterstufe enthalten eine reiche Fauna. Das gilt insbesondere für den Nordwest-Abschnitt der „Mosel-Mulde", wo die sandigere Fazies vorherrscht. Mit der Vertonung in Richtung Süden und Südwesten nimmt die Faunenführung ab. Die sehr diverse „rheinische" Fauna in den sandigen Partien sowie das Zurücktreten von Pflanzenfossilien und -häcksel ist der entscheidende Unterschied zu den Nellenköpfchen-Schichten, mit denen sie nach der Lithofazies leicht verwechselt werden können. Die Fossilführung ist beschränkt auf bis 40 cm mächtige Schilllagen und -horizonte; jedoch auch mehr oder weniger stark verstreute Einzelindividuen kommen vor. Ersteres gilt eher für die nördlichen Gebiete mit der küstennäheren, stärker sandigen Fazies. Dort sind es Konzentrat-Lagerstätten, die als Thanato- oder Taphozoenosen gedeutet werden können. Sie enthalten in situ verbliebene und/oder eingeschwemmte allochthone Faunenelemente. Sie spiegeln allerdings nur jenen Anteil der früheren Lebensgemeinschaft wider, der gegenüber Transport- und/oder Umlagerungsprozessen resistent war. Hierzu gehören auch die Exuvien großwüchsiger Arthropoden wie *Digonus gigas*. Sie werden als Häutungsplätze gedeutet. Dahmer (1914) beschrieb eine derartige Fossilanhäufung aus dem Rhenser Mühlen-Tal (Bl. 5711 Boppard). Ein kleinwüchsiger, für diese Schichten typischer Trilobit ist auch *Treveropyge rotundifrons*. Unter den Brachiopoden sind typisch in Schillen, Nestern oder auch als Einzelexemplare *Schizophoria vulvaria* und *Euryspirifer paradoxus*, außerdem *Brachyspirifer ignoratus*, *Arduspirifer extensus* und *A. arduennensis arduennensis*. Diese Faunengemeinschaft wird ergänzt durch die ökologisch interessanten Brachiopoden *Iridistrophia hipponyx*, *Loreleiella dilatata*, *Anoplotheca venusta*, *Alatiformia alatiformis* sowie *Chonetes sarcinulatus*, *Plebejochonetes crassus*, *P. plebejus* und *P. semiradiatus*. In der sandigen Fazies sind Bivalvia der Gattungen *Myophoria*, *Nucula*, *Nuculana*, *Palaeoneilo*, *Pterinea*, *Goniophora* und *Leioptera* häufig. Es kommen *Bembexia daleidensis* und die Gattung *Platyceras* häufig vor, auch „*Zaphrentis*" sp. und *Pleurodictyum problematicum*. Häufig sind Crinoidenstielglieder den Schillen beigemischt; das lässt auf Massenvorkommen schließen, die in geschützten Positionen in Dellen waldartige Populationen am Meeresgrund bildeten. Allerdings sind wegen der relativ hohen Energie im Lebensraum fast nur die Stielglieder erhalten, während die zarteren Kelche zerfielen und ihre Plättchen aufgerieben wurden. Besonders häufig waren wohl *Acanthocrinus* sp., *Ctenocrinus* sp. und *Eutaxocrinus* sp.. Solle (1970) erwähnte aus

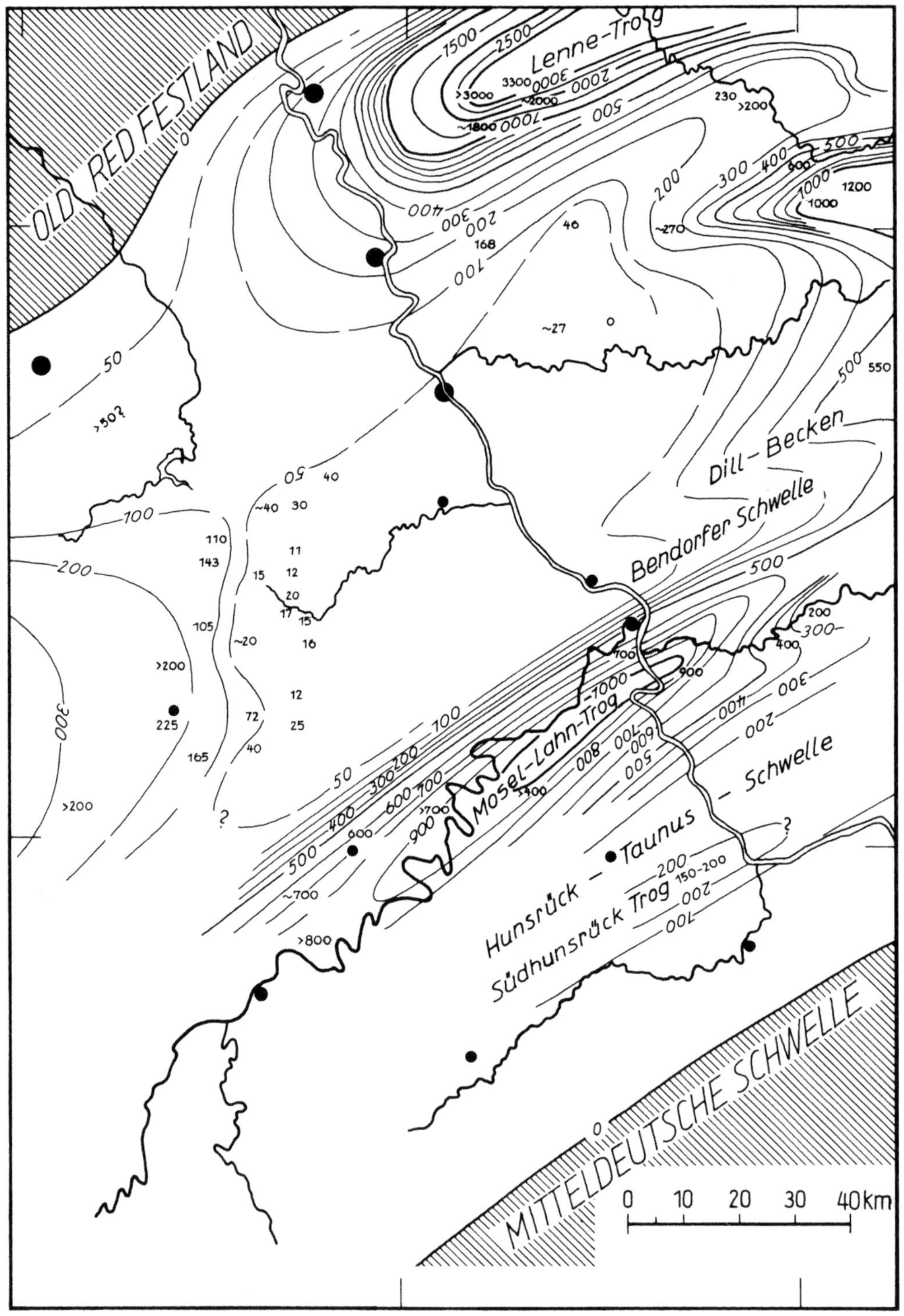

Abb. 11. Paläogeographie zur Zeit des Oberems; variszische Einengung unberücksichtigt. Ortsnamen wie in Abb. 4. W. MEYER & STETS (1996).

den Weinbergen bei Mesenich/Mosel und Senheim (Bl. 5909 Zell) bankweise Anhäufungen von *Ctenocrinus*.

Das vollmarine, typisch „rheinische" Flachmeer-Environment hat nach der kurzen Periode der Regression im oberen Unterems wieder die Oberhand gewonnen und die Brachiopoden-Crinoiden-Lebensgemeinschaft konnte sich wieder ansiedeln. Viele der Schille sind wohl nach nur kurzem Zusammenschwemmen ohne weiteren Transportweg abgelagert worden, wie fehlende Sortierung, relativ geringe Rate an Bruchschill und relativ geringer Abrieb zeigen, was für schnelle und gründliche Eindeckung spricht.

Häufige Bioturbation spricht dafür, dass die obersten Partien des Meeresbodens für Endobenthonten ausreichende Lebensbedingungen in Zeiten ruhiger Sedimentation boten. Im Steinbruch bei Niederfell (Bl. 5710 Münstermaifeld) sind häufig Chondriten meist in den sandigen Tonschiefern anzutreffen, wie mit sandigem Substrat gefüllte Grabgänge der Sedimentfresser zeigen.

Typisch für die Fauna im Übergang zu den Laubach-Schichten im Hangenden ist auch die Fauna in den oberen Partien der Hohenrhein-Schichten am Mosel-Hang im Steinbruch (etwa 250 m nördlich der Moselbrücke). Der ca. 35 m mächtige Schichtverband besteht aus einer Wechselfolge fein- bis mittelkörniger und quarzitischer Sandsteine mit Silt- und sandigen Tonschiefern. Die Schichten fallen mit ca. 50°(i) NW ein. In diesem Steinbruch wurden mehr als 30 fossilführende Horizonte gefunden; die artenreichsten sind an maximal 30 cm mächtige Sandsteinbänke gebunden. Auch Bänke mit Chondriten kommen in den tonig-schiefrigen Partien vor. Die Fossilien sind in Schilllagen und -horizonten angereichert. Die Gesamtzahl der bisher gefundenen Arten beläuft sich auf nahezu 50. Allein aus einer Bank wurden 40 Taxa geborgen, unter ihnen auch die Leitformen (Ristedt 1994). Die Besonderheit dieser Lokalität besteht darin, dass ausnahmsweise prächtig erhaltene Exemplare von *Ctenocrinus decadactylus* mit Stiel, Kelch und Tentakeln, zusammen mit Abdrücken von *Euryspirifer paradoxus* und *Schizophoria vulvaria*, von Bivalvia und auch Chondriten gefunden wurden. Hinzu kommen „*Zaphrentis*" sp. und *Pleurodictyum* sp. „*Zaphrentis*" lebte solitär auf sandigem Substrat. *Pleurodictyum* bildete rundliche, 2–10 cm große Kolonien. Die Gesamtheit der Reste lässt auf eine Lebensgemeinschaft schließen, die offensichtlich geschützt in einer Depression am Meeresboden im Strömungschatten einer Sandbarre lebte. Diese ist an der Schrägschichtung zu erkennen. Bei Wandern der Barre wurde die Lebensgemeinschaft in situ offensichtlich rasch unter mächtigen Sanden begraben. Den Hinweis darauf gibt die gut erhaltene Fauna der zarten Seelilien und die z. T. zweiklappige Erhaltung der Bivalvia.

Die Zusammenstellung der Faunen aus Emsquarzit und Hohenrhein-Schichten vom Mittelrhein bei Koblenz und von der Untermosel (u. a. Follmann 1925, Solle 1936, 1972, Dahmer 1948, Arbeitskreis Paläontologie Koblenz 1992, Mittmeyer 2008) bestätigt mit mehr als 350 Taxa die mit Beginn des Oberems einsetzende hohe Diversität.

Paläogeographie. Für die Entwicklung des Meeresraumes zur Zeit der Lahnstein-Unterstufe ergibt sich somit folgendes Bild: Bei Koblenz und an der Unteren Lahn kann vermutet werden, dass in dem dort ca. 200 m mächtigen Schichtverband außer Emsquarzit Anteile der Hohenrhein-Schichten in der Fazies des Emsquarzit enthalten sind; diese Lithofazies repräsentiert einen randmarinen, stark von den Gezeiten geprägten Intertidal- bis flachen Subtidal-Bereich; es kann auch von einem Schwellenbereich ausgegangen werden (A. Schäfer & Stets 1995), bei den Hohenrhein-Schichten von einer ähnlichen Konfiguration; die stärker sandige Fazies liegt nördlich und nordwestlich einer Linie, die von Spay über Waldesch nach Alken in Richtung Münstermaifeld verläuft. Mittmeyer (2008) gab für das Koblenzer Gebiet Mächtigkeiten von 400 m an; auch entlang der Mosel finden sich in Richtung Treis-Karden und weiter nach Alf stärker sandige Hohenrhein-Schichten mit Mächtigkeiten von 170–200 m; südlich und südöstlich dieses Gebietes nehmen die Mächtigkeiten bis auf 100–110 m ab bei zunehmender Vertonung des gesamten Schichtverbandes. Die aus dem Emsquarzit vorgegebene Polarität von Rand oder Schwelle im Norden bzw. Nordwesten zum Becken im südlich bis südöstlich gelegenen Vorderen Hunsrück gilt auch für die Hohenrhein-Schichten; sie spricht eindeutig gegen ein Hebungsgebiet im Süden, d. h. eine „Hunsrück-Schwelle“ (Solle 1970).

Die Ablagerungsbedingungen während der Hohenrhein-Schichten entsprachen wahrscheinlich denen eines Meeres, das bathymetrisch etwa der heutigen Nordsee entspricht; so sollte mit Wassertiefen um 30 m bei moderatem Relief gerechnet werden. Gegen Süden nahm die Wassertiefe zu, wie vermehrte Tonstein-Einschaltungen bezeugen. In solchen Meeren kontrollieren Meeresströmungen, die noch von den Gezeiten gesteuert werden, jedoch auch Wetterverhältnisse, das Geschehen im Sedimentationsraum. Danach herrschten ähnliche Verhältnisse wie zur Zeit des Oberen Taunusquarzit. Die Sedimentationsbedingungen wurden weiter durch Wellen kontrolliert. Bei „Schönwetter“ liegt die Wellenbasis wesentlich höher als bei „Schlechtwetter“ mit Stürmen. Die Unterschiede betragen bis 20 m Wassertiefe. Unterhalb der Wellenbasis kontrollierten Bodenströmungen das Sedimentationsgeschehen. Nur in vor Sturm und Wellen geschützten Bereichen setzte sich das feinkörnigere Material ab. Ruhigere Verhältnisse förderten auch das Bodenleben. Danach sollten während der Zeit der Hohenrhein-Schichten bevorzugt Schönwetterverhältnisse geherrscht haben, und durch Sturmereignisse geprägte Strukturen rasch wieder ausgeglichen worden sein.

2.2.3.2.1.3 Laubach-Unterstufe und Laubach-Schichten

Zu Stratigraphie und Fazies. Solle (1972) bezeichnete als Laubach-Unterstufe die Zeitspanne zwischen dem Erscheinen von *Paraspirifer praecursor* und dem gehäuften Auftreten von *Sollispirifer mosellanus mosellanus*. Mittmeyer (1982) präzisierte die Obergrenze mit dem Übergang von *Uncinulus* sp. aff. *orbignyanus* in „*U.*“ *orbignyanus*. Damit war die Obergrenze nicht unbedingt gesichert, denn die Unterschiede zwischen *U. o.* und „*U.*“ *o.* zu bestimmen ist nur sehr versierten Spezialisten vorbehalten. Mittmeyer (2008: 178) präzisierte die Obergrenze damit, dass statt „der *mosellanus*-Grenze (...) auch der Wechsel von *Lapinulus* (*Uncinulus*) *pila* zu *Cuninulus melanopotamicus* bzw. das gehäufte Auftreten von *Alatiformia alatiformis*“ verwendet werden könne.

Allerdings machte Solle (1972) bereits geltend, dass wegen der genetischen Entwicklung des *Paraspirifer praecursor* Einschränkungen notwendig seien. *Paraspirifer p.* sollte immer nur dann zur Grenzziehung herangezogen werden, wenn „voll durch entwickelte“ Exemplare häufig seien, d. h. große typische Individuen, jedoch begleitend Übergangsformen von *Brachyspirifer ignoratus* fehlten. Auch sollte *Paraspirifer sandbergeri* auftreten. Solle (1971) hatte vier Unterarten aufgestellt: *Paraspirifer sandbergeri longimargo*, *P. s. brevimargo*, *P. s. sandbergeri* und *P. s. nepos*. Gad (1995) hat diese Gruppe einer Revision unterzogen, aus der sich ergibt, dass u. U. einige Subspezies dieser Gruppe eingezogen werden müssen. Außerdem bestehen offensichtlich genetische Beziehungen zwischen der *Paraspirifer sandbergeri*-Gruppe und *Brachyspirifer ignoratus*. Das Material stammt allerdings z. T. aus der umstrittenen Lokalität Saustall am Kühkopf bei Koblenz und aus Hohenrhein-Schichten im Hintertaunus. Damit erhebt sich die Frage, ob die Subspezies von *Paraspifer sandbergeri* überhaupt zur Charakterisierung der Laubach-Unterstufe herangezogen werden können, denn auch die Arbeitsgruppe Paläontologie Koblenz (1992) führte Exemplare von *Paraspirifer sandbergeri* ssp. sowohl aus den Hohenrhein- als auch aus den Laubach-Schichten an. Der Hinweis, dass das „häufige und bankweise „ Vorkommen von *Paraspirifer sandbergeri* aller ssp. als wichtiges Kriterium für Schichten der Laubach-Unterstufe spricht, sollte daher mit Vorsicht betrachtet werden. Mittmeyer versuchte darüber hinaus eine Unterteilung mit Hilfe des „*Arduspirifer*“ *mosellanus* vorzunehmen. Außerdem solle *Arduspirifer maturus* nur in den Laubach-Schichten vorkommen und *Brachyspirifer carinatus carinatus* gemeinsam mit *Anoplotheca venusta* am Ende der Laubach-Unterstufe verschwinden. Allerdings gibt es viele Areale, in denen trotz dieser Faunenvielfalt eine sichere Abtrennung Lahnstein-/Laubach-Unterstufe nicht möglich ist.

Die Laubach-Schichten erhielten ihre Bezeichnung von FOLLMANN (1925) nach dem Laubach-Tal bei Koblenz. So verstand er unter „Laubacher Schichten“ Verbände aus rötlichbraunen Sandsteinen mit eingelagerten sandigen Tonschiefern im Hangenden der „Hohenrheiner Schichten“. Ähnlich wie diese sind sie sehr fossilreich. Auf den Schichtflächen weisen sie vielfach Chondriten auf, die seinerzeit namengebend für die „Chondriten-Schichten“ waren (KOCH 1881, FOLLMANN 1891). Auf Bl. 5611 Koblenz (SCHMIERER & QUIRING 1933) wurde der insgesamt 250 m mächtige Schichtverband der „Laubacher Schichten“ in einen unteren Schichtenstapel mit plattigen Sandsteinen und einen oberen aus flaserigen, sandigen, auch glimmerführenden „Schiefern“, die „Flaserschiefer“, unterteilt. Letztere wurden mit den Mandeln-Schichten im Lahn-Dill-Gebiet verglichen. Für diese Flaserschiefer wurde weitergehend auch die Bezeichnung „Lahneck-Schichten“ (SCHMIERER & QUIRING 1933) eingeführt. Allerdings entsprechen nur die unteren „Laubacher Schichten“ den „Laubacher Schichten“ von FOLLMANN (1925). SOLLE (1942) stufte die „Flaserschiefer“ (Lahneck-Schichten) aufgrund ihrer Fauna in die Kondel-Unterstufe (seinerzeit: Kondel-“Gruppe“) um. Verantwortlich für diese mehrfach wechselnden unterschiedlichen Ansprachen waren wahrscheinlich lithologische Kriterien, und zwar die laterale Verzahnung der sandigen Fazies mit der „Flaserschiefer-Fazies“, die auf Bl. 5610 Bassenheim auch zu der Bezeichnung „Laubacher Flaserschiefer“ führte (QUIRING 1936a). Heute nehmen an Mittelrhein und Untermosel die „Laubacher Schichten“ FOLLMANN's als Laubach-Schichten die gesamte Laubach-Unterstufe ein. Am Nord-Rand der „Olkenbacher Mulde“ im Südwesten, umfasst die Laubach-Unterstufe die oberen Flußbach-, die Höllenthal-Schichten und die Rötelgallen-Fazies (SOLLE 1976).

In den Sedimenten der Laubach-Schichten sind Anzeichen für „Schlechtwetter-Bedingungen“, vor allem für Stürme, erhalten. Besonders gut sind sie am Aufgang zur Festung Ehrenbreitstein bei Koblenz zu beobachten. Anzeichen für Tempestite sind positiv gradierte Schillhorizonte, Erosionsdiskordanzen und die spezifische „hummocky“-Schrägschichtung. Sie kommt in nach oben gewölbten Oberflächen schräggeschichteter Rippelkörper zum Ausdruck (A. SCHÄFER 2010). Gradierte Schille sind zusammen damit beweiskräftige Indizien für sturminduzierte Tempestite. Diese sind in der sandigen Fazies im Norden deutlicher. Tempestite sind jedoch auch im Süden und Südosten noch zu finden, allerdings sind sie hier weniger ausgeprägt. Die entsprechend texturierten Sandsteine und Schille sind hier geringmächtiger (3–10 cm) und die Erosionsspuren an der Basis der Bänke undeutlich; auch fehlen sie oft.

Die Fossilführung nimmt in südliche Richtung ab; manche Sandsteine sind fossilleer. Es lässt sich ohne weiteres im Süden von einer distalen Bio- und Lithofazies im Gegensatz zu einer eher proximalen bezogen auf einen Küstenbereich im Norden sprechen. KRÖLL (2001) berichtet von einem Schichtverband im Lützbach-Tal, in dem 30 Tempestite zu finden sind. Jedes einzelne Sturmereignis ist durch eine entsprechende Schilllage repräsentiert, auf die eine feinkörnige Lage oder Bank folgt. Letztere stellen die Normal- oder Hintergrund-Sedimente, die aus der Schwebfracht bestehen, die sich entsprechend den physikochemischen Bedingungen bei Schönwetter ungestört absetzen kann. ELKHOLY (1998) untersuchte die Tempestite in den Laubach-Schichten in der Umgebung von Koblenz und im Mosel-Hunsrück.

Als Beispiel für die sandigere „Nord-Fazies“ dient ein Aufschluss im unteren Brodenbach-Tal (Bl. 5710 Münstermaifeld) am Mosel-Höhen-Weg zur Teufelslay. Das Profil dort enthält etwa 60 m bei steilem Einfallen. Die beherrschenden sedimentären Gefüge sind eben- und feingeschichtete, laminierte Feinsand- und Siltsteine, die dünnbankig bis plattig absondern (Hintergrund-Sedimentation). Die feineren Silt- bis sandigen Tonschiefer zeigen Bioturbation, was auf ehemals günstige Lebensverhältnisse auch im Sediment hinweist. In den stärker sandigen Partien tritt ebene bis schwach bogige Schrägschichtung auf. Auf den Einfluss von Wellen sind wellig strukturierte bis feinflaserige Feinsandsteine zurückzuführen.

Typische Rippelstrukturen des Flachwasserbereichs fehlen. Auf sturmbedingte Prozesse deuten „hummocky"-Schrägschichtung und entsprechende Tempestit-Kleinzyklen hin. Die zusammen damit auftretenden Schille bestehen meist aus fragmentierten Brachiopoden- und Bivalvia-Schalen. Hinzu kommt eine reiche Fauna (Follmann 1925, Dahmer 1930). Aus der Gesamtheit der Merkmale schloss Elkholy (1998) auf „eine im Vergleich zur „Mittelrhein-Fazies" etwas geringere Wassertiefe, etwa im Grenzbereich oder gerade oberhalb der mittleren Sturmwellenbasis (tieferer Vorstrand)".

Die weiter südlich gelegene tonig-siltige Fazies zeigt kaum fazieskritische sedimentäre Gefüge. Feinsandsteine sind auf wenige cm mächtige Lagen beschränkt und scharf nach unten und oben abgegrenzt. Sie sind eben oder flachwellig feingeschichtet oder laminiert. Schilllagen sind selten und erreichen kaum mehr als 2 cm Mächtigkeit. Typisch sind „reichhaltige Ansammlungen" von kleinwüchsigen Rhynchonellen. Rhynchonelliden der Gattung „*Uncinulus*" werden andernorts als eine Form interpretiert mit Hauptverbreitung in küstenferneren Arealen des Schelfs. Daraus lässt sich, wenn man die sandigen Einschaltungen und Schille als Tempestite in einer Beckenfazies ansieht, wiederum der deutliche Nord-Süd-Trend in der Faziesentwicklung ablesen, d. h. in der „Süd-Fazies" ist wieder die beckenwärtige Fazies dokumentiert: Die vorwiegend feinkörnigen Sedimente stammen aus dem normalen Eintrag an feinkörnigem Detritus. Angesichts einer größeren Wassertiefe, die weitgehend unterhalb der Sturmwellenbasis lag, blieb die tempestitinduzierte Komponente auf die wenigen Sandlagen und die geringmächtigen Schille beschränkt. Auch für Elkholy (1998) lag hier im Süden „kein wirklich greifbarer Hinweis auf vorgelagerte Watten-Bereiche oder gar beständige Verlandungszonen (sensu Solle 1970)" vor, so dass auch für diesen Zeitraum eine „Hunsrückinsel" unwahrscheinlich ist.

Gliederung und Lithofazies. Mittmeyer (2008) führte eine Aufteilung durch für das Gebiet um Koblenz in **Untere Laubach-Schichten**: Der etwa 130 m mächtige Schichtverband besteht hier aus einer Wechselfolge schwach kalkiger bis quarzitischer Feinsandsteine mit mittel- bis grobgebankten ähnlichen Sandsteinen; Konzentrat-Lagerstätten enthalten eine reiche Fauna, die u. a. *Schizophoria vulvaria*, *Fascistropheodonta piligera* und *Paraspirifer praecursor* sowie *Euryspirifer paradoxus* aufweist; und **Obere Laubach-Schichten:** Auch dieser etwa 110 m mächtige jüngere Schichtverband besteht aus einer Wechselfolge unterschiedlich kalkiger, siltiger und quarzitischer Sandsteine, in der abgesehen von den schon genannten Formen gehäuft eher *Cyrtina heteroclyta* und *Anoplotheca venusta*, lagenweise auch *Chondrites* sp. gefunden werden.

Generell vollzieht sich am Mittelrhein, an der Unteren Lahn, der Unteren Mosel sowie im Mosel-Hunsrück im mittleren Oberems endgültig der Übergang von einer sandigen in eine eher tonige Lithofazies. Der Trend, der sich in den Hohenrhein-Schichten bereits in der lateralen Vertonung der Schichtverbände in Nord-Süd-Richtung abzeichnete, setzte sich von jetzt an auch in den Arealen im Norden durch. Damit kommt die transgressive Tendenz des Meeres im Oberems weiter zum Ausdruck. In den unteren Partien der Laubach-Schichten bestimmen noch Sandsteine das Erscheinungsbild, die in enger Wechselfolge mit geringmächtigen Silt- und Tonschiefern auftreten. Mit fließendem Übergang schieben sich zum Hangenden Silt- und Tonschiefer mehr und mehr in den Vordergrund. In den obersten Abschnitten haben dann die mehr oder minder sandigen, dunklen und glatt spaltenden Tonschiefer, z. T. in Dachschiefer-Ausbildung, die Überhand.

Diese Tendenz setzte sich auch nach Süden durch. Wie in den Hohenrhein-Schichten vollzog sich in den Laubach-Schichten eine deutliche bis völlige Vertonung in südliche und südöstliche Richtung („Südfazies"). Daraus ergibt sich, dass die paläogeographische Konstellation mit Schwelle im Nordosten, Norden und Nordwesten gleich geblieben ist. Dort, wo Hohenrhein-Schichten bereits einer weitgehenden Vertonung unterworfen waren, setzte sich die siltig-tonige Sedimentation weiter fort. Außerdem kam es bereits zu dieser Zeit zur Ausbildung von Kieselgallen und einzelnen karbonatischen Konkretionen, den

Sphärosideriten. Die Mächtigkeit der Laubach-Schichten liegt zwischen 200–260 m im Nordosten, Norden und Nordwesten, und 60–90 m in den südlich anschließenden Gebieten.

Ein Merkmal der Laubach-Schichten ist der relativ hohe Karbonat-Gehalt der Sandsteine. In verwittertem Zustand führt dieser zu bräunlichen, mürben Sandsteinen, die den älteren Formationen fremd sind und ein Unterscheidungsmerkmal darstellen. Kieselige oder tonig-serizitische Bindemittel sind selten. Auch die Schalen der Fossilien sind in bergfrischem Zustand der Sandsteine karbonatisch erhalten und daher nur schwer zu gewinnen. Dort, wo die Schalensubstanz gelöst ist, bleibt vielfach eine erdige Anreicherung von Limonit (Brauneisen-Mulm) zurück. Die in frischem Zustand grauen bis hellgrauen, z. T. auch stahlgrauen Sandsteine gehen bei der Verwitterung in ockerfarbene bis gelblichbraune Sandsteine über.

In den Laubach-Schichten liegt die Korngröße fast ausschließlich im Feinsand-Bereich bei unterschiedlicher Sortierung. Die Entmischung ist bei 10 bis >35% Matrix oft nicht besonders gut, so dass es eher siltige Feinsandsteine sind. Auch hier ist ein deutlicher Nord-Süd-Trend von besserer Entmischung im Norden, d. h. stärkere Aufbereitung und Umlagerung, zu eher mäßiger Entmischung im Süden zu konstatieren. Diesem Trend folgen auch die Bankmächtigkeiten der Sandsteine: In der „Nord-Fazies“ erreichen sie max. 0,6 m, werden jedoch zum Hangenden geringer mächtig, in der „Süd-Fazies“ gehen sie auf wenige cm zurück. Die feinkörnigen Bänke sind in der Regel geschieferte Siltsteine mit geringem Feinsand-Anteil. Zum Hangenden und nach Süden zur „Süd-Fazies“ steigert sich der Ton-Anteil. Dunkelgraue Farben herrschen vor. Die Tonschiefer nehmen zum Hangenden das Aussehen der Kieselgallenschiefer an, so dass in der Beckenfazies Verwechslungen durchaus gegeben sind. Dieser Eindruck wird verstärkt durch das zusätzliche Auftreten von Kieselgallen mit Durchmessern bis 10 cm und Toneisenstein-Konkretionen. Allein der höhere Anteil an Siltsteinen gegenüber den Tonsteinen und eine dadurch bedingte größere Härte unterscheidet die feinkörnigen Partien innerhalb der Laubach-Schichten von den Tonschiefern der im Hangenden folgenden Sedimente der Kondel-Unterstufe.

Zur Fauna. Das Überwiegen der feinkörnigen Fraktion in der Beckenfazies der Laubach-Schichten begünstigte dort jene Lebewesen, die das Spurenfossil *Chondrites* erzeugten und ein ausgezeichneter Milieu-Anzeiger für Überlebenschancen am Meeresboden und in den obersten Sedimentschichten sind. In den Sand-, Silt-, Tonstein-Wechselfolgen fanden sie offensichtlich optimale Lebensbedingungen. Die im feinkörnigen Sediment angelegten, pflanzenartig sich verzweigenden Gänge mit Durchmessern zwischen 1–6 mm sind immer mit Sand gefüllt. Es wird angenommen, dass der Erzeuger der Gänge in Symbiose mit chemoautotrophen Bakterien lebte, die ihm das Überleben auch unter eingeengten sauerstoffärmeren Bedingungen ermöglichten.

Die Fauna der Laubach-Schichten (u.a. Follmann 1925, Solle 1976, Mittmeyer 2008) zeigt eine große Vielfalt an Formen. Verglichen mit jener der Hohenrhein-Schichten und solchen noch jüngerer Formationen sollten zu dieser Zeit die günstigsten Lebensbedingungen während des Oberems geherrscht haben. Manche der Schille, die sowohl Thanato- als auch Taphozoenosen repräsentieren, zeigen Wiederbesiedlung durch sessiles Benthos und repräsentieren damit auch Biozoenosen.

Ein bedeutsamer Unterschied zu den älteren Faunen zeigt sich darin, dass der Artenreichtum der Gastropoden (ca. 8%) und Bivalvia (ca. 50%) in den Hohenrhein-Schichten auf 5% bzw. 40% in den Laubach-Schichten zurückgegangen ist zugunsten der Brachiopoden (Zunahme auf 32%). Auch gegenüber den Nellenköpfchen-Schichten, wo diese Tiergruppen gegenüber den Brachiopoden weit in der Überzahl waren, wird der Unterschied deutlich. Wahrscheinlich ist dieser Wechsel mit der sukzessiven Vertiefung des vollmarinen Lebensraumes verbunden. Die Entwicklung vom Supra- bis Intertidal in den Nellenköpfchen-Schichten, über das Inter- bis flache Subtidal im Emsquarzit zeichnet sich der Übergang über das flache Subtidal in den Hohenrhein-Schichten zum tieferen Subtidal bis unterhalb der Sturmwellenbasis zur Zeit der Laubach-Schichten ab.

Bei den Gastropoden ist *Bembexia daleidensis* die häufigste Art, weiterhin *Platyceras* sp. und *Loxonema* sp. Mit weniger Arten und geringerer Individuenzahl folgen die Bivalvia mit *Pterinea* sp., *Modiomorpha* sp., *Myophoria* sp., *Palaeoneilo* sp. und *Actinodesma*, mit *A. vespertilio* und *A. malleiforme*. Mit großer Individuenzahl sind die pflasterbildenden Choneten zu nennen: *Chonetes sarcinulatus*, *Plebejochonetes plebejus* und *P. crassus*. Hinzu kommen *Loreleiella extensa* und *L. dilatata*. Unter den Spiriferen sind *Paraspirifer sandbergeri* mit seinen Unterarten, *Brachy-* und *Arduspirifer* mit wenigen Arten und *Euryspirifer paradoxus* fast immer vertreten. Sehr große Individuen zeigen *Iridistrophia hipponyx* und *Leptostrophia explanatas*. In größerer Zahl kommen in fast allen Fundpunkten *Schizophoria vulvaria* und *Anoplotheca venusta* vor. Gemeinsam deuten auf größere Wassertiefen *Leptaena rhomboidalis* und *Uncinulus* aff. *orbignyanus* hin. „*Zaphrentis*" und *Pleurodictyum problematicum* sind noch gelegentlich zu finden, so auch die Crinoiden im Mittelrhein- und Untermosel-Profil in größerer Formenfülle als in den Hohenrhein-Schichten. Im Gegensatz zu den älteren Schichten sind wiederholt größere Segmente des Stieles mit zahlreichen Gliedern, Haftorgane und sogar unversehrte, vollständig erhaltene Kelche gefunden worden. Zu nennen sind *Ctenocrinus rhenanoides demissa*, *C. decadactylus*, *Diamenocrinus* aff. *stellatus*, *Eutaxocrinus rhenanus* und *Radiocrinus rhenanus*. Die Arthropoden sind mit etwa 5% vergleichsweise schwach vertreten und offensichtlich auf die beckenwärtige „Süd-Fazies" beschränkt. Dazu gehören u. a. *Digonus* sp. und *Treveropyge rotundifrons*. Die z. T. recht gute Erhaltung zahlreicher Individuen spricht dafür, dass die Energieverhältnisse im Lebensraum der Laubach-Schichten allgemein energieärmer waren, abgesehen von kurzzeitigen Sturmereignissen.

2.2.3.2.1.4 Kondel-Unterstufe

Mittelrhein und Untermosel

Stratigraphie. Die Kondel-Unterstufe bildet als jüngste stratigraphische Einheit des Oberems den Abschluss des Unterdevons in der „Mosel-Mulde". In der älteren Literatur entspricht sie etwa den „Obersten Koblenzschichten". Frech (1889) verstand darunter die Tonschiefer unterhalb der Grenze Unter-/Mitteldevon. Diese „Obersten Koblenzschichten" grenzten mit reiner Faziesgrenze an das Liegende. Eine stratigraphisch definierte Grenze bestand nicht. Gosselet (1880) hatte die unter-/mitteldevonischen Grenzschichten als „Zone des *Spirifer cultrijugatus*" ausgehalten. Die Lage im Grenzbereich führte zu einer Aufgliederung in „Untere" (hoch unterdevonische) und „Obere" (tief mitteldevonische) „*cultrijugatus*-Schichten". Solle (1937) stellte fest, „dass *Spirifer cultrijugatus* ein völlig unzureichendes Zonenfossil" sei (S. 25). Er führte für das obere Drittel des Oberems die Bezeichnung „Kondel-Gruppe" ein. Als deren Untergrenze sah er den Übergang von „*Spirifer*" *arduennensis* zu „*Spirifer*" *intermedius maturus* an.

Namengebend war der Kondelwald westlich Hasborn/Eifel, wo diese Schichten am Nordwest-Rand der „Olkenbacher Mulde" in der südwestlichen Verlängerung der „Mosel-Mulde" fossilreich anstehen. Nach Solle (1972) ist die Basis der Kondel-Unterstufe durch das erste Auftreten von „*Arduspirifer*" *mosellanus mosellanus* gegeben, der die unteren Abschnitte charakterisiert, während „*A.*" *m. dahmeri* mit geringfügigen Abweichungen den oberen Abschnitt kennzeichnet. Mittmeyer (1982) stellte allerdings fest, dass „*A.*" *m. m.* bis in die Laubach-Unterstufe hinunterreicht und schlug daher vor, den Zeitraum zwischen dem ersten Auftreten der echten Form „*Uncinulus*" *orbignyanus* (unten) und von „*Arduspirifer*" *intermedius vetustus* (oben) zur Definition heranzuziehen. Mittmeyer (2008) bestätigte die von Solle (1937, 1972) getroffene Entscheidung und definierte die Kondel-Unterstufe nun als die Zeitspanne zwischen dem ersten Auftreten von *Cuninulus melanopotamicus* bzw. dem ersten gehäuften Auftreten von *Sollispirifer mosellanus mosellanus* und dem Übergang von *S. m. dahmeri* in *Intermedites intermedius vetustus* bzw. angenähert dem Erlöschen von *Euryspirifer paradoxus*". Das erste Auftreten von *Sollispirifer mosellanus dahmeri* gilt weiterhin als Kriterium für die Unterteilung in Untere und Obere Kondel-Unterstufe. Auch das Erscheinen von *Sellanarcestes wenckenbachi* gibt nach Mittmeyer (2008) diesen Grenzbereich an. Auch soll *Sellanarcestes. w.* gegen Ende der Kondel-Zeit verschwinden und *Anarcestes lateseptatus* mit Einsetzen der stark tonigen Beckenfazies der Wissenbach-Schiefer erscheinen. Beide sind jedoch außerordentlich selten.

Die mit den Laubach-Schichten im Mosel-Hunsrück eingetretene Vorherrschaft feinkörnig-schiefriger Schichtverbände setzte sich ohne scharfen Schnitt in der Kondel-Unterstufe weiter fort. Besonders deutlich sind sie in der „Olkenbacher Mulde" in der Schwarzschiefer-Fazies der Wissenbach-Schiefer, die jedoch im Mosel-Hunsrück nicht mehr auftreten.

Im Mittelrhein-Gebiet und im Mosel-Hunsrück ergibt sich eine Aufteilung der Kondel-Unterstufe nach lithostratigraphischen Gesichtspunkten in Flaserschiefer (unten) und Kieselgallenschiefer (oben). Solle (1942) gliederte die Kondel-"Gruppe" an Rhein und Untermosel in Untere Kondel-"Gruppe": Flaserschiefer (unten), örtlich Einschaltungen von unteren Sphärosiderit-Schiefern sowie Schichten in „Mandelner Fazies" und Obere Kondel-"Gruppe": Kieselgallenschiefer, örtlich obere Sphärosiderit-Schiefer eingelagert.

Mittmeyer (2008) sah für das Mosel-Gebiet nur die Unterteilung in Flaserschiefer und Kieselgallenschiefer vor. Eine vermittelnde Stellung nehmen die Sphärosiderit-Schiefer ein. Nach Solle (1942) vertreten sie im unteren Abschnitt teilweise die Flaserschiefer, gewinnen im mittleren Abschnitt die Überhand und werden im oberen Abschnitt von Kieselgallenschiefern verdrängt. Maßgeblich war für ihn eine submarine Schwelle, die zwischen dem mittleren Baybach-Tal und der Ortschaft Lütz sich in Nordost-Südwest-Richtung erstrecken sollte.

Kröll (2001) gelang die Aufschlüsselung der Verbreitung der drei Lithofazies der Kondel-Unterstufe. Danach sind die **Flaserschiefer** auf die untersten Abschnitte der Kondel-Unterstufe beschränkt und keilen nach Südwesten aus. Sie fehlen daher örtlich. Im mittleren und oberen Abschnitt ergibt sich eine deutlich Aufteilung in ein nordwestliches, moselnahes, Gebiet (Nordwest-Fazies), wo die **Sphärosiderit-Schiefer** von Nordosten kommend nach Südwesten zunehmend von **Kieselgallenschiefer** ersetzt werden. In der „Olkenbacher Mulde" behalten sie allerdings die Überhand; im Südosten treten dort, wo schon in Lahnstein- und Laubach-Unterstufe eher Beckenfazies (Südost-Fazies) herrschte, ausschließlich Kieselgallenschiefer auf. Damit bildete sich konsequent, ähnlich wie in der vorangegangenen Zeit, trotz der generell tonigen Lithofazies eine ähnliche Faziesverteilung ab.

Flaserschiefer, Gliederung und Lithofazies. Die von Quiring (1928) geprägte Bezeichnung „*cultrijugatus*-Flaserschiefer" wurde bei der Kartierung von Bl. Koblenz (Bl. 5611) in Flaserschiefer (auch: Lahneck-Schichten) umbenannt. Stratigraphisch ordneten Schmierer & Quiring (1933) sie noch den „Laubacher Schichten" zu. Diese unterteilten sie in „Laubacher Schichten s.str." und Flaserschiefer. Solle (1942) plädierte jedoch für die heute gültige Zuordnung zur Kondel-Unterstufe. Er sah nach der Fauna zwischen den „Laubacher Schichten" (Follmann 1925) und den Flaserschiefern eine wesentlich schärfere Trennung als zwischen diesen und den Kieselgallenschiefern. Dieser Schnitt ist nach heutiger Kenntnis faziell bedingt, da die Flaserschiefer i. a. als fossilärmer gelten. Allerdings lieferte Solle (1937) eine Liste mit 161 Taxa, in der die Bivalvia mit 44 Arten (26%) und die Brachiopoden mit 61 Arten (38%) vertreten sind. Die heute bekannte Fauna der Flaserschiefer in Mosel-Hunsrück und „Olkenbacher Mulde" enthält 30% Bivalvia und 42% Brachiopoden. Die Laubach-Fauna in der „Mosel-Mulde" enthielt dagegen noch 41% Bivalvia und 32% Brachiopoden, allerdings auch 10% Echinodermata.

Schmierer & Quiring (1933) verglichen die Flaserschiefer mit den „Mandelner Schichten" in der Dill-Mulde, einen Schichtverband aus sandigen, uneben spaltenden Ton- und Siltschiefern sowie kalk- und eisenreichen Sandsteinen. Allerdings billigte Solle (1942) diesem Schichtglied nur den Status einer Fazies, der „Mandelner Fazies", zu.

Bei den Flaserschiefern handelt es sich um einen Schichtverband aus hell- bis dunkelgrauen, z. T. blaugraustichigen feinsandigen Silt- und Tonschiefern. Die Tonschiefer stehen jedoch im Hintergrund. Der Sand-/Ton-Anteil ist meist deutlich entmischt in Form kleiner Linsen und Flasern. Dabei besteht ein deutlicher Unterschied zwischen Flaser- und Linsenschichtung. Während letztere durch flache kleine Sandlinsen in toniger Matrix gekennzeichnet sind, handelt es sich bei der Flaserschichtung um eine aus Sandrippeln (meist Strömungsrippeln) hervorgegangene Schichtungsform. Hier sind die Ton- und Silt-Anteile in den Wellentälern noch komplett, auf den Kämmen nur noch teilweise erhalten (A. Schäfer 2010). Zwischen den beiden Schichtungstypen gibt es jede Art von Übergang (vgl. Reineck & Wunderlich 1968). Die Flaserschiefer des Oberems kennzeichnet neben diesem speziellen Schichtungsgefüge mit noch relativ hohem Sand-Anteil auch ein recht hoher Gehalt an feinschuppigen Hellglimmern. Bei Koblenz und an der Untermosel sind vereinzelt noch geringmächtige unreine, fossilführende Sandsteine zu finden, die seitlich rasch auskeilen. Ihr sedimentologisches Inventar besteht aus flach bogiger Schrägschichtung und Strömungsrippeln, wie sie auch der Flaserschichtung zugrunde liegen. Kröll (2001) zeigte, dass die Schichtung in den ehem. Sandlagen teilweise durch Bioturbation nahezu vollständig zerstört wurde. Bis 5 cm mächtige Schilllagen halten relativ weit seitlich aus. Sie bestehen vorwiegend aus Bruchschill, was auf hochenergetische Verhältnisse im Ablagerungsraum schließen lässt. Zum Hangenden werden sie seltener und verschwinden vollständig.

Selten sind mächtigere reine Tonschiefer eingeschaltet. Eine solche Ausnahme sind Dachschiefer, die z. B. „Am Pfarrbüsch“ gegenüber Hatzenport (auch: Fahrbüsch, Solle 1942: 46; Bl. 5710 Münstermaifeld) abgebaut wurden. Es sind fein spaltende, bläuliche bis blaugraue, selten flaserige „Schiefer“. Die Fossilausbeute war gering und bestand aus *Plebejochonetes plebejus*, *Anoplotheca venusta* und *„Spirifer“ intermedius vetustus*. Ein weiteres Vorkommen liegt an der Wandley gegenüber Oberfell/Mosel. Beide Vorkommen sollen nahe der Basis der Flaserschiefer gegen die Laubach-Schichten liegen (Solle 1942).

Mittmeyer (2008) gibt für das Mittelrhein-Gebiet ca. 450 m Mächtigkeit an. Aus der Kartierung von Kröll (2001) ergeben sich im Mosel-Hunsrück Mächtigkeitsschwankungen zwischen 0 und 180 m, z. T. wohl auch noch darüber. Ehrendreich (1959) bei Braubach und Haas (1975) bei Boppard gingen von 150 m Mächtigkeit aus. Nördlich Waldesch wurden nur >100 m ermittelt; in den Tälern von Aspeler-, Alkener- und Brodenbach fehlen sie völlig. Hier folgen Sphärosiderit-Schiefer unmittelbar über Laubach-Schichten. Im Ehrbach-Tal wurden östlich der Dachschiefer-Vorkommen von Pfarrbüsch und Wandley nur noch wenige Meter Sphärosiderit-Schiefer gefunden; in den Profilen von Baybach-, Lützbach- und Dünnbach-Tal liegen deren Mächtigkeiten zwischen 60–70 m und 130 m (Kröll 2001), nach Solle (1942) zwischen 90 und 150 m. Verfolgt man diese Täler weiter nach Südosten, so nehmen allenthalben die Mächtigkeiten in dieser Richtung ab. Im Gebiet südöstlich einer Linie, die Lahr, Dommershausen und Mermuth verbindet, werden keine Flaserschiefer mehr angetroffen. Dort setzen Kieselgallenschiefer unmittelbar über Laubach-Schichten ein. Damit bestätigt sich der Trend aus den darunter liegenden Schichtverbänden, dass in südliche Richtung der Sand-Anteil allgemein abnimmt. Eine Ausnahme bildet das Gebiet östlich Brodenbach und Alken sowie südlich Waldesch. Das Fehlen sollte u. U. reliefbedingt sein, da hier mit einer flachen Schwelle gerechnet wird, die jedoch nicht als Faziesscheide (Solle 1942) in Erscheinung trat.

Flaserschiefer-Fauna. Die Faunenführung ist nicht ganz so reich wie in den unterlagernden Laubach-Schichten. Abgesehen von den Bruchschilllagen finden sich jedoch lokal nestartige Anhäufungen, und auch Einzelindividuen sind regellos in den Flaserschiefern verteilt. Bei der Feinkörnigkeit des Sediments spielt anders als in den sandigen Schichten im Liegenden die Schieferung (s_1) eine entscheidende Rolle bei der Bestimmung, da es zu verzerrender Deformation der Fossilien entlang der Bahnen der Schieferung kam. Im Vergleich mit den älteren Formationen sind die Individuen der gleichen Gattungen und Arten kleinwüchsiger. Da sie alle ein vollmarines Milieu repräsentieren, sollte das auf veränderte Lebensbedingungen zurückgeführt werden. Der hohe Anteil an feinkörnigem Sediment setzt eine erhöhte Schwebfracht voraus. Da alle benthischen Organismen unterhalb der Sturmwellenbasis lebten, mag dort eine schlechtere Durchlichtung und Durchlüftung geherrscht haben.

SOLLE (1942) veröffentlichte umfangreiche Fossillisten aus den Flaserschiefern der „Mosel-Mulde". Der bereits in den Laubach-Schichten erkennbare Trend eines Rückgangs bei den Bivalvia und Gastropoden setzte sich weiter fort. Auch das ist offensichtlich auf die konsequente Weiterentwicklung der Beckenstruktur zurückzuführen. Unter den Bivalvia (30% aller Arten) sind die Gattungen *Pterinea*, *Modiomorpha*, *Nucula*, *Palaeoneilo*, *Goniophora* und *Myophoria* besonders häufig; bei den Gastropoden (8% aller Arten) sind es *Bucanella*, „*Bembexia*" und *Murchisonia*. Die Gastropoden sind mit geringerer Arten-, allerdings auch Individuenzahl vertreten. Unter den Brachiopoden (42% aller Arten) kommen weiterhin *Schizophoria vulvaria* und *Euryspirifer paradoxus* vor, außer ihnen Arten und Unterarten von *Arduspirifer*, *Brachyspirifer* und *Paraspirifer*. Auch die Choneten sind vorhanden mit *Chonetes sarcinulatus*, *Plebejochonetes plebejus* und *P. crassus*, die auch hier pflasterbildend auftreten. Weiterhin sind zu nennen „*Uncinulus*" *orbignyanus*, *Anoplotheca venusta*, die recht große *Iridistrophia hipponyx* und *Subcuspidella* sp. Für die Crinoiden (7% aller Arten), die bei ihrer Ernährung auf Plankton und ein normal halines, nicht allzu sehr mit Schwebfracht belastetes Wasser angewiesen waren, hatten sich die Lebensbedingungen offensichtlich geringfügig verändert. Ihre Stielglieder finden sich noch überall in den Flaserschiefern, sind jedoch insgesamt weniger häufig. Im Koblenzer und Untermosel-Raum sind sie noch mit am Faunenspektrum beteiligt. Die teilweise gute Erhaltung lässt auf einen geringer energetischen Lebensraum schließen. Dem gleichen Trend folgen auch die Corallia, unter ihnen „*Zaphrentis*". Ähnliches gilt auch für die Trilobiten. MITTMEYER (2008: 180) wies insbesondere auf „*Phacops*" und *Atrypa* hin, die nur im unteren Abschnitt der Kondel-Unterstufe auftreten sollen im Gegensatz zu einer „ausschließlich rheinischen Biofazies" im höheren Abschnitt.

Sphärosiderit-Schiefer, Gliederung und Lithofazies. Die Sphärosiderit-Schiefer des hohen Oberems treten westlich des Mittelrheins im Vorderhunsrück sowie entlang und südöstlich der Untermosel auf. Sie ziehen sich nach Südwesten in die „Olkenbacher Mulde" hinein. Auch bei Bekond und Schweich an der Mittelmosel sind mächtige Sphärosiderit-Schiefer anzutreffen. Am Südost-Rand der „Mosel-Mulde" (THIELE 1960) fehlen sie dagegen völlig. In der „Mosel-Mulde" sind sie somit auf den Nordwest-Rand beschränkt. Nach Südwesten werden sie etwa ab Burgen/ zunehmend durch Kieselschiefer vertreten, oder sie verzahnen sich beide in mehreren Horizonten, wie bei Beilstein und Senheim. In der „Olkenbacher Mulde" nehmen sie in der südwestlichen Verlängerung der Nordwest-Flanke der „Mosel-Mulde" meist den unteren Abschnitt der Kondel-Unterstufe ein. Unter weitgehendem Ausfall der Flaserschiefer liegen sie dort unmittelbar auf Äquivalenten der Laubach-Schichten.

Untere und Haupt-Sphärosiderit-Schiefer ordnete SOLLE (1942) der Unteren Kondel-, die Oberen der Oberen Kondel-"Gruppe" zu. Spätestens bei der Erstellung seiner „Schichtsäulen der Kondel-Gruppe im südlichen Rheinischen Schiefergebirge" (SOLLE 1942: Taf. 4) hätte er bemerken müssen, dass die Sphärosiderit-Schiefer kein Schichtglied, sondern eine spezifische Lithofazies sind, die an den Südost-Rand der Manderscheider Schwelle (W. MEYER 2013, STETS & A. SCHÄFER 2011) gebunden ist und sich gegen Südosten zum Mosel-Trog mit Kieselgallenschiefer verzahnt, wie es bereits in seinem Fazies-Profil zwischen Brodenbach und Lütz sowie durch die „Olkenbacher Mulde" zum Ausdruck kommt (SOLLE 1942: Taf. 1).

Neuere Untersuchungen (KRÖLL 2001 haben bestätigt, dass die Sphärosiderit-Schiefer sich lateral mit den Flaserschiefern verzahnen, bei nachlassendem Sand-Anteil auch auf sie folgen. Örtlich reicht diese Lithofazies bis in die obersten Laubach-Schichten hinunter.

Die Sphärosiderit-Schiefer bestehen vornehmlich aus milden, schwach siltigen Tonschiefern. Der in den Flaserschiefern noch vorherrschende Anteil an Feinsand und Grobsilt nimmt im Grenzbereich rasch ab. Wenige Sandstein-Lagen sind auf die basalen Abschnitte der Sphärosiderit-Schiefer beschränkt. Die Farbe der Tonschiefer variiert im bergfrischen Zustand zwischen dunkelgrau und schwarzgrau. Bei Verwitterung nehmen sie zunehmend gelbliche Farbtöne (stroh-, braun-, graugelb) an. Die milden Tonschiefer gehen dabei in eine weiche, bröckelige Konsistenz über.

Die Mächtigkeit der Sphärosiderit-Schiefer liegt zwischen 0 und etwa 500 m. Solle (1960) erklärte diese Unterschiede mit synsedimentärer Bruchtektonik. Hier sind sie eine spezifische Fazies am Nordwest-Rand der „Mosel-Mulde" innerhalb der Kondel-Unterstufe. Die Mächtigkeitsunterschiede sind durch die Verzahnung der drei Lithofazies bedingt.

Zur Genese der Sphärosiderit-Konkretionen. Die Sphärosiderit- oder Toneisenstein-Konkretionen sind flach elliptische bis nierenförmige, bei kleinen Exemplaren auch rundliche bis kugelige, bisweilen fladenförmige, horizontweise in das vorwiegend tonige Sediment eingelagerte Konkretionen. Ihre Größe schwankt erheblich. Die Längsachsen erreichen bis 30 cm, maximal 40 cm; die Höhe ist selten mehr als 5–6 cm. Diese Konkretionen sind durch die Hauptschieferung teilweise deformiert und aus ihrer ursprünglichen Lage herausrotiert. Die Kernpartie wird konzentrisch von mehreren Schalen aus Siderit und Ton umgeben und besteht in bergfrischem Zustand aus einer dunklen stahl- bis schwarzgrauen tonigen Substanz mit karbonatischer Bindung. Bei der Verwitterung nimmt diese Substanz grünlichgraue bis gelbgraue Färbung je nach Grad der Verwitterung an. Der säureunlösliche Rückstand besteht ausschließlich aus Ton. Voraussetzung für die Bildung von Siderit ist ein reduzierendes, sauerstoffarmes Milieu. Solche Bedingungen werden durch das überreiche Vorhandensein von organischer Substanz (C_{org}) gefördert, die in den dunklen, feinkörnigen Sedimenten in ausreichender Menge vorhanden ist. Bleibt die Frage nach der Herkunft von Eisen und Karbonat:

Solle (1937) sah einen Zusammenhang mit dem Keratophyr-Vulkanismus und nahm submarine Säuerlinge an. Ma. Wolf (1930) bezieht insbesondere das Fe von einem nahen festländischen Bereich. Grewe (2000) ging davon aus, dass kein Vulkanismus zur Genese notwendig sei und die Konkretionen sich aus dem im Sediment ohnehin vorhandenen Fe bilden konnten. Danach ist das notwendige Fe terrigenen und nicht endogenen Ursprungs und wurde als Oxid bzw. Hydroxid vom nahen Festland in das Becken geliefert. Das CO_2 bezog er aus Umsetzungsprozessen von im Sediment aktiven Bakterien. Dabei kam es zum Aufbau eines ausreichenden CO_2-Partialdrucks. CO_2, HCO_3^- und Fe^{++} wurden im Sediment mit dem Porenwasser transportiert und kamen im Umfeld vergehender Organismen zur Ausfällung. Für diese Meinung spricht vor allem auch die Bindung an den Nordwest-Rand des Mosel-Troges bzw. den Südost-Rand der Manderscheider Schwelle. Diese Bildungen sind Produkte der Frühdiagenese, die nach der Ablagerung einsetzte, sobald sich im Sediment die notwendigen Bedingungen eingestellt hatten. Hinsichtlich der lagenweisen, horizontgebundenen Anordnung vieler Toneisenstein-Konkretionen wird angenommen, dass im überwiegend tonigen Sediment die Phyllosilikat-Partikel ohnehin parallel zueinander und parallel zur Schichtung ausgerichtet sind. So ist ein Lösungstransport im Sediment parallel zur Schichtung vorgegeben. Offensichtlich hatte sich im Bereich von Schichtflächen, die einen Hiatus im Sedimentationsprozess darstellen, ein Stau durch Verdichtung ergeben. So konnten sich bevorzugt um Fossilreste die notwendigen Bedingungen einstellen mit pH-Werten zwischen 6–7, die zur Fällung des Karbonats führten.

Zur Fauna der Sphärosiderit-Schiefer. Die Fauna der Sphärosiderit-Schiefer weist große Ähnlichkeiten mit jener der Flaserschiefer auf. Unter den Brachiopoden sind zu nennen *Plebejochonetes crassus* und *P. plebejus*, *Chonetes sarcinulatus*, auch *Loreleiella dilatata*. Hinzu kommt „*Arduspirifer*" *mosellanus mosellanus*, der zum Hangenden übergeht in „*A.*" *m. dahmeri*. Beide stellen die zeitliche Einstufung der Sphärosiderit-Schiefer und die partielle Zeitgleichheit mit den Kieselgallenschiefern sicher. Damit ist auch die gegenseitige fazielle Vertretung erwiesen. Die übrigen Ardu- und Paraspiriferen mit ihren Arten und Unterarten sind ähnlich häufig wie in den Flaserschiefern. Aus dem Spektrum der übrigen Brachiopoden sind wie in den Flaserschiefern *Anoplotheca venusta*, „*Uncinulus*“ *orbignyanus*, *Leptaena rhomboidalis* und *Alatiformia alatiformis* zu nennen. Von den Corallia sind weiterhin „*Zaphrentis*“ sp. und *Pleurodictyum* sp. zu finden.

Eine Sonderstellung nehmen zwei Fundpunkte im unteren Brodenbach-Tal nahe der Teufelsley (Bl. 5710 Münstermaifeld) ein (Dahmer 1930, Solle 1942). Im Gegensatz zur genannten Fauna beherrschen hier Bivalvia und Gastropoden der „*Mandelner Fazies*“ das Faunenbild. Dazu gehören u. a. *Bucanella*, *Pleurotomaria*, *Murchisonia*, *Loxonema*, *Pterinea*, *Actinodesma*, *Gosseletia*, *Modiomorpha*, *Nucula*, *Nuculana*, *Nuculites*, *Ctenodonta*, *Myophoria* und *Goniophora*. Am Nordwest-Rand der „Mosel-Mulde“ bis hinein in die „Olkenbacher Mulde“ ist diese Fauna nur von wenigen Örtlichkeiten bekannt, jedoch ausschließlich an die eisenreiche Fazies am Nordwest-Rand gebunden. Das gilt auch für die „Olkenbacher Mulde“, wo im Grenzbereich Laubach-/Kondel-Unterstufe und in der unteren Kondel-Unterstufe die eisenreiche Lithofazies angetroffen wird. Sie besteht nach Solle (1976) hier vom Liegenden zum Hangenden aus der Rötelgallen-Fazies, dem Brauneisensandstein und den Sphärosiderit-Schiefern. Für Solle war die Anlieferung des Eisens und der Sande ein Ergebnis fluviatilen Transports mit Ablagerung in einem Mündungsfächer. Allerdings sollte der Fluss von seiner „Hunsrückinsel“ im Süden kommen. Jedoch ist eine „Hunsrückinsel“ auch im Oberems unwahrscheinlich. Der Sand- und Eisen-Anteil in den Flaserschiefern und den Sphärosiderit-Schiefern kam offensichtlich von Norden, da er ausschließlich an den Nordwest-Rand des Mosel-Troges gebunden ist. Nordwestlich davon lag das Hochgebiet der Manderscheider Schwelle (Lippert & Solle 1937). Von dort lässt sich unter den damals tropischen Klimabedingungen bei noch mangelhaftem Bewuchs und lateritischen Böden zwanglos das Eisen für alle eisenreichen Sedimente und Konkretionen ableiten. Außerdem stieg zu jener Zeit der globale Meeresspiegel kontinuierlich an (Johnson et al. 1985). Damit kam es zu weiteren randlichen Überflutungen des Schwellengebietes im Norden und zur Aufarbeitung des unmittelbar anstehenden Substrats. Ein ausgeprägtes Relief ist in diesem Gebiet unwahrscheinlich.

Kieselgallenschiefer, Gliederung und Lithofazies. Die Kieselgallenschiefer bilden den Kern der „Mosel-Mulde“ und reichen nach Südwesten weit in die „Olkenbacher Mulde“ hinein. Sie sind das charakteristische Schichtglied des hohen Oberems und waren in dieser Hinsicht unumstritten. Der Begriff „Kieselgallenschiefer“ geht u. a. zurück auf E. Kayser (1886). Darunter verbergen sich Tonschiefer mit sehr harten, blauschwarzen, linsen- oder kugelförmigen kieseligen Konkretionen. Holzapfel (1893) beschrieb „rauhe Schiefer“ mit Kieselgallen bei Boppard, die Follmann (1925) als „Bopparder Schichten“ oder als „Bopparder Kieselgallenschiefer“ bezeichnete und in das höchste Unterdevon stellte. Im Gegensatz dazu positionierte sie Quiring (1926b) in die mitteldevonische „Obere Cultrijugatuszone“. Schmierer & Quiring (1933) schlossen sich dieser Meinung an. Für besonders hart verkieselte Partien schlugen sie die Bezeichnung „Kieselgallenklippenschiefer“ vor, die sich jedoch nicht durchsetzen konnte.

Solle (1937, 1942, 1976) wies nach, dass sie aufgrund ihrer Fauna noch zur Oberen Kondel-“Gruppe“ und damit zum Unterdevon gehörten. Sie sind das jüngste Schichtglied im Mosel-Trog am Mittelrhein, an der Mosel und im Mosel-Hunsrück. Berücksichtigt man, dass in der Olkenbacher Mulde auch die unteren Partien der im Hangenden folgenden Wissenbach-Schiefer noch in das höchste Unterdevon hinunterreichen, so sind im Vorderen Hunsrück und an der Mosel die jüngsten Schichten des Unterdevons nicht mehr erhalten, da dort Wissenbach-Schiefer fehlen. Kröll (2001: 119) machte geltend, dass die von Solle (1942) bei Boppard und an anderen Lokalitäten beschriebenen, pelagischen Wissenbach-Schiefer mit der entsprechenden Fauna „nicht im strukturell tiefsten Punkt der Moselmulde“

liegen. Somit ist hier eventuell noch mit jüngsten unterdevonischen, evtl. auch tief mitteldevonischen Schichten zu rechnen. Die bisher bekannten Faunen aus der „Mosel-Mulde" gehören alle noch in das höchste Unterdevon. Mittmeyer (2008) machte geltend, dass hier noch kein Typ-Profil festgelegt sei und wies auf eine Verzahnung mit Tonschiefern in Wissenbach-Schiefer-Fazies in den höchsten Partien der Kondel-Unterstufe hin. Mächtigkeitsangaben liegen nicht vor. Wir folgen hier der von Solle (1942, 1972, 1976) paläontologisch mehrfach untermauerten Alterseinstufung in das höchste Unterdevon (Kondel-Unterstufe).

Die Fazien von Sphärosiderit- und Kieselgallen-Schiefer vertreten sich gegenseitig. Bei der allgemein transgressiven Tendenz in Oberems und Mitteldevon sollten die Kieselgallen-Schiefer im Laufe der Zeit aus dem Mosel-Lahn-Trog von Süden nach Norden und Nordwesten über die Sphärosiderit-Schiefer auf die Manderscheider Schwelle vorgegriffen haben. Der unmittelbare Nachweis ist wegen tektonischer Unterdrückung und Abtragung nicht zu führen. Ein Hinweis besteht darin, dass am Nordwest-Rand des Mosel-Troges die Einschwemmung von Eisen mit abnehmendem Alter nachließ. Nach Solle (1976) begannen die Wissenbach-Schiefer mit ihrer z. T. herzynischen Fauna bereits unterhalb der Grenze Unter-/Mitteldevon. Die Vermischung rheinischer und herzynischer Faunenelemente in diesem Bereich erschwert die Festlegung der Grenze. Selbst in der Olkenbacher Mulde, wo die Wissenbach-Schiefer noch erhalten sind, fällt die Grenzziehung trotz einer Fauna mit mehr als 370 Arten (Solle 1976) schwer.

Die Kieselgallen sind elliptische scheibenförmige, auch kugelige, selten unregelmäßig knollige Konkretionen. Ihre Größe reicht vom kleinen „Knötchen" im mm-Bereich über 5–10 cm bis max. 40 cm, dann jedoch mit Dicken bis 7 cm. Diese Kieselgallen hatten wohl primär keine scharfe Grenze zum Nebengestein. Größere Konkretionen zeigen jedoch mechanisch bedingte glänzende Absonderungsflächen, z. T. mit Rutschstreifen. Ursprünglich waren sie parallel zur Schichtung lagenweise angeordnet. Durch den späteren Schieferungsprozess sind sie in eine nahezu schieferungsparallele Lage rotiert und in dieser Richtung gestreckt. Sie werden von den Bahnen der Schieferung (s_1) sigmoidal „umflossen". Die Konkretionen selbst sind nicht geschiefert. Verbindet man die Mittelpunkte von zu einer Lage gehörenden Konkretionen, lässt sich in den meist strukturlosen Tonschiefern die Lage der ursprünglichen Schichtung rekonstruieren. Die Abstände der einzelnen Lagen und die Größe der Kieselgallen sind von Lage zu Lage unterschiedlich. So können Lagen relativ eng übereinander, jedoch auch größere lagenfreie Intervalle dazwischen liegen.

In der Regel sind die Kieselgallen sehr hart und schwer mit dem Hammer zu durchtrennen. Gelingt es, zeigt sich ein dichter, sehr feinkörniger, dunkelblaugrauer bis schwärzlicher Kern. Jungmann (1982) beschrieb eine mikrokristalline Matrix, in der kleine Hellglimmer- und Chloritschüppchen, jedoch auch korrodierte Quarzkörner schwimmen. An den Korngrenzen größerer idiomorpher Pyrit-Kristalle beobachtete er sekundäre Kristallisation von SiO_2 und Chlorit, die bis 0,2 mm dicke Säume bilden können. Ihre Bildung ist somit auf die Zeit während oder nach der Bildung der Konkretionen selbst festgelegt. Auch eine Bildung während der tektonischen Beanspruchung ist möglich.

Manchmal finden sich auch Fossilreste bzw. idiomorpher Pyrit im Kern. Andere Kieselgallen erscheinen nicht voll „durchgekieselt" und enthalten im Kern noch Karbonat. Diese sind nicht so zäh und unterschiedlich hart; so sind alle Übergänge von kaum erkennbarer Einkieselung des wenig veränderten Ausgangsgesteins bis hin zur vollständigen „Durchkieselung" der „Gallen" zu beobachten. Die Tatsache, dass bei unvollständiger Verkieselung noch Karbonate im Kern vorkommen, legt nahe, dass im Bildungsraum während der Diagenese primär gebildetes Karbonat später von SiO_2 verdrängt wurde. Die Kieselgallen sind lagenweise oder einzeln eingebettet in eine weitgehend einförmige, mächtige, unterschiedlich feinkörnige Tonschiefer-Folge. Nur selten sind geringmächtige Lagen von Feinsandstein eingeschaltet. Meist sind die Tonschiefer weitgehend sandfrei. Ihre Korngröße variiert im Ton- bis Silt-Bereich. Sie sind vorwiegend mittel- bis dunkelgrau und spalten in bergfrischem Zustand feinblätterig. Die Kieselgallen sind häufig aus dem schiefrigen Material herausgewittert und als „Lesesteine" zu finden.

Die Mächtigkeit der Kieselgallen-Schiefer liegt bei >400–500 m. Allerdings sind Unterschiede wegen der faziellen Vertretung in Rechnung zu stellen. Die größten Mächtigkeiten liegen im Südwesten und Südosten. Kröll (2001) stellte zwischen Boppard und Beulich und weiter in Richtung Südosten sogar Mächtigkeiten zwischen 450–600 m fest. Zu ähnlichen Ergebnissen kamen Ehrendreich (1958) bei Braubach, Haas (1975) bei Boppard und Solle (1942) im Mosel-Hunsrück. Allerdings sind bei dem Schuppenbau der Mosel-Mulde störungsbedingte Wiederholungen nicht auszuschließen. Thiele (1960) beschrieb vom äußersten Südost-Rand der „Mosel-Mulde" abgesehen von lagenweise angeordneten, linsenförmigen Kieselgallen mit Durchmessern bis 10 cm lokal auch verkieselte Bänkchen in den Kieselgallen-Schiefern. Sie sind in blauschwarze, fein- und eben spaltende milde Tonschiefer eingelagert, die früher auch als Dachschiefer Verwendung fanden. Angaben zu Mächtigkeiten waren hier nicht möglich, da die Hangendgrenze überall von der Boppard-Dausenau-Longuicher Überschiebungszone unterdrückt ist.

Nach Solle (1942: Taf. 4) sind in tiefen Kieselgallen-Schiefern im mittleren Baybach-Tal bei der Waldecker Mühle (Bl. 5810 Dommershausen), bei Lütz, Beilstein und im Flaumbach-Tal bei Kloster Engelport (Bl. 5809 Treis) in höheren Kieselgallen-Schiefern Dachschiefer ausgewiesen. In der näheren Umgebung von Lütz (Solle 1942, 74 ff.) ist Dachschiefer-Bergbau aus 10 Dachschiefergruben bekannt, sowie bei Kloster Engelport, im Dünnbach-Tal bei der ehem. Kirschmühle und im Distrikt „Hochheck". Dort existieren noch zahlreiche Stollen. Der Bergbau wurde wohl um 1942 aufgelassen. Größere Abraumhalden zeugen von der nicht immer guten Qualität. Qualitätsmindernd waren u. a. höhere Karbonat-Gehalte und fein verteilter Pyrit, die einen raschen Zerfall dieser Dachschiefer und eine rostige Färbung zur Folge hatten.

Vorkommen von Dachschiefern in dieser stratigraphisch hohen Position im Unterdevon führten, da Faunen lange Zeit fehlten, zur Korrelation mit den mitteldevonischen Wissenbach-Schiefern, die auch Dachschiefer enthalten (Grebe 1886b, Follmann 1925, Quiring 1928). Solle (1942) gelang bei der Grube „Herrenfeld" bei Lütz, am Lützer Friedhof, bei Kloster Engelport und bei Moselürsch mit *„Spirifer" intermedius maturus* und *Alatiformia alatiformis* der Nachweis für Oberems. Er beschrieb diese Dachschiefer als „sämtlich blauschwarz, eben, sehr feinspaltend und fest, gelegentlich mit geringem Kalkgehalt." (S. 75). Bis zu erbsengroße „Knöllchen" und faustgroße karbonatische Konkretionen hatten u. a. Follmann seinerzeit zur Parallelisierung dieser Dachschiefer mit den Wissenbach-Schiefern veranlasst.

Die bauwürdige Mächtigkeit der Dachschiefer gab Solle (1942) innerhalb dieses etwa 30 m mächtigen Schichtverbandes mit zwischen 5–15 m (Grube „Mosella", Bl. 5810 Dommershausen) im Rolsbach-Tal an. Bauwürdige Mächtigkeiten von ca. 5 m erreichten die Dachschiefer der Grube „Engelport" im Flaumbach-Tal (Bl. 5809 Treis-Karden). Er betonte ausdrücklich, dass es sich sowohl über- als auch untertage bei diesen Dachschiefern um Einlagerungen in hohen Kieselgallen-Schiefern handelt und nicht um tektonische Einschuppungen. Er rechnete alle Einschaltungen – Grube „Herrenfeld" und Nachbargruben, Vorkommen im Rolsbach-Tal, großer Tagebau westlich Lütz, Vorkommen im Dünn- und Flaumbach-Tal – zum selben Horizont. Für Dachschiefer bei Moselürsch konnte Solle (1942) ebenfalls sicheres Oberems-Alter mit *Alatiformia alatiformis* – außer einem kugeligen *Pleurodictyum* – bestimmen und damit unsichere Alterseinstufungen tilgen. Letztere hatten zu gewagten tektonischen Überlegungen geführt (Quiring 1928).

Zur Genese der Kieselgallen. Bei der Genese der Kieselgallen stehen sich hinsichtlich der Herkunft der „Kieselsäure" zwei kontroverse Meinungen gegenüber: Solle (1937) bevorzugte eine Herkunft der „Kieselsäure" aus Säuerlingen bzw. Thermen am Meeresboden. Auch verwies er auf die Tätigkeit von Organismen bis hin zu im Sediment lebenden Würmern. Die Zersetzung der organischen Substanz, die auch hier in ausreichender Menge zur Verfügung stand, war für ihn die Voraussetzung zur Fällung des SiO_2. Sie sollte das Freisetzen von H_2S, CO_2, von organischen Säuren und bei Vorhandensein von Sauerstoff auch die Bildung von Schwefelsäure bewirkt haben. Die Säuren sollten weiter zur Ausflockung von SiO_2-Gel im wasserdurchtränkten Sediment geführt haben. JUNGMANN (1982) schloss sich diesen Vorstellungen an. Die Fällung des SiO_2 erfolgte demnach im distalen Bereich bezogen auf untermeerische SiO_2 und CO_2-Quellen. Dort sollten aufgrund einer Abnahme des CO_2-Partialdrucks keine Karbonate gefällt worden sein, dafür jedoch SiO_2. Das würde u. U. erklären, warum manche „Gallen" Karbonat enthalten und nicht voll durchgekieselt sind. Das Gleiche gilt allerdings auch für die gegenteilige Meinung. GREWE (2000) bezog die „Kieselsäure" aus dem unmittelbar benachbarten Sediment. Nach Ansicht aller an der Diskussion Beteiligten kommt eine biogene Quelle, d. h. kieselige Schalen oder Skelettreste von Organismen, nicht infrage, da bisher im Sediment keine, auch keine Relikte gefunden wurden. GREWE bezog das SiO_2 aus der Anlösung von detritischen Quarzkörnern und anderen im Sediment enthaltenen Silikaten. Unter Abreicherung von Wasser bildete sich aus dem SiO_2-Kolloid ein SiO_2-Gel und weiter amorphes SiO_2 (Opal), das endgültig mikrokristallin auskristallisierte. Eine Rekrutierung des SiO_2 aus dem bestehenden Stoffbestand ohne Stoffzufuhr über Mineralquellen oder aus vulkanogenen Produkten erklärt sich auch aus der paläogeographischen Situation. Die Sphärosiderite entlang des Nordwest-Randes des Mosel-Troges wurden beckenwärts und im Becken bei geringerer Fe-Zufuhr vom nördlichen Festland durch Kieselgallen ersetzt, auch da Fe und Si wegen eingeschränkter Löslichkeit nicht unbeschränkt wandern können.

Zur Fauna der Kieselgallenschiefer. Die Fossilführung ähnelt weitgehend jener der Sphärosiderit-Schiefer mit den dort genannten Formen. Die Fauna galt lange als relativ fossilarm bis SOLLE (1942) eine sehr reiche Fauna bekannt machte. Allerdings erreichte die Zahl der Taxa an Mittelrhein und Untermosel nicht den Reichtum wie in der Olkenbacher Mulde. Unter den Brachiopoden sind *Anoplotheca venusta* und *„Spirifer" intermedius maturus* besonders häufig. SOLLE schrieb der Fauna noch ein „eindeutig unterdevonisches Gepräge" zu, „während für das Mitteldevon beweisende Arten fehlen".

Eine Zusammenstellung aller Taxa in „Mosel"- und „Olkenbacher Mulde" ergibt mehr als 400 Arten. Dieser Befund steht in deutlichem Gegensatz zu >220 Arten aus den Sphärosiderit-Schiefern und mehr als 180 Arten aus den Flaserschiefern des gesamten „Mulden-Zuges". Folglich müssen im Bildungsraum der Kieselgallen-Schiefer allgemein sehr gute Lebensbedingungen geherrscht haben.

Karbonatische Bildungen in der Kondel-Unterstufe: Beilstein-Kalk

Als Besonderheit beschrieb SOLLE (1942) einen nur bei Beilstein aufgeschlossenen, ca. 360 m mächtigen karbonatisch-schiefrigen Schichtverband im Kieselgallen-Schiefer (Kondel-Unterstufe) in der nordwestlichen Schuppe der „Mosel-Mulde". Der Burgberg bei Beilstein (Bl. 5809 Treis-Karden) wird an seiner Nord-Seite vollständig davon eingenommen. Von dort zieht sich der Karbonat-Komplex das Hinterbach-Tal hinauf, wo er in einem Steinbruch erschlossen ist. Zum Hangenden und nach Südwesten wird er durch je eine Verwerfung spitzwinklig gekappt. Eine Verfolgung über Beilstein hinaus nach Nordosten und Südwesten gelang bisher nicht.

Dieses Vorkommen ist insofern von Bedeutung, als in den Rotliegend-Sedimenten in der Wittlicher Senke Dolomit-Gerölle unbekannter Herkunft vorkommen (Bausendorf-Subformation, STETS 2004a, b). Es muss damit gerechnet werden, dass dort ähnliche Karbonate in der Kondel-Unterstufe vorkamen, die jedoch durch Abtragung bereits im Rotliegend vollständig verschwunden sind. Die Lage des Vorkommens bei Beilstein und der Bezug zu SOLLE (1942) legen nahe, dieses lokale Vorkommen als „**Beilstein-Kalk**" zu bezeichnen. Die Übernahme der Bezeichnung „Ballersbacher" oder „Ballersbach-Kalk" verbietet sich, da der Begriff bereits für Goniatiten-Knollenkalke des unteren Mitteldevon (Wissenbach-Schiefer) bei Ballersbach (Dill-Mulde) vergeben ist. Abgesehen von einigen Cephalopoden hat die Fauna bei Beilstein „rheinisches“ Gepräge allerdings mit schwach „herzynischem“ Anklang.

Das Vorkommen bei Beilstein war schon GREBE (1886 b) bekannt, der es als „*Orthoceras*-Schiefer“ bezeichnete und in das untere Mitteldevon einstufte. Ähnlich verfuhr auch DAHLGRÜN (1939) auf Bl. Cochem 1:200 000. Dort wurde der gesamte Verband unter der Bezeichnung „Wissenbacher Schiefer“ in die Eifel-Stufe gestellt. Im Gegensatz dazu positionierte FOLLMANN (1925) dieses Vorkommen in das „Oberkoblenz“ und zeigte Beziehungen zu den Dachschiefern bei Lütz auf. Allerdings betonte auch er enge Beziehungen zu den Wissenbach-Schiefern. SOLLE (1942) hielt dieses Vorkommen aufgrund der seinerzeitigen Fossilfunde und der untypischen Lithofazies für ein lokales Mitteldevon-Vorkommen in der Verlängerung der „Olkenbacher Mulde“, jedoch weist „*Uncinulus*“ *orbignyanus* bei Beilstein Oberems-Alter (Kondel-Unterstufe) aus.

Die Bezeichnung Beilstein-Kalk mag nicht voll zutreffen, da es sich um einen schiefrig-karbonatischen Schichtverband handelt, in den Lagen von Konkretionen und Karbonat-Bänke eingeschaltet sind. Die Tonschiefer sind relativ einförmig, meist tonig-siltig, seltener siltig bis feinsandig. Es handelt sich aufgrund des Karbonat-Gehaltes teilweise eher um Mergelschiefer. Der lokal unterschiedliche Karbonat-Gehalt führte dazu, dass einzelne Mergelschiefer-Komplexe als geschlossene Bank- oder Bankfolge in Erscheinung treten. Die siltig-mergeligen Tonschiefer spalten lagenweise plattig, die stärker tonigen, z. T. seidig glänzenden eher blätterig. Die Farbe variiert in frischem Zustand zwischen hell- und blaugrau. Die in Lagen angereicherten Konkretionen sind karbonatisch, z. T. jedoch auch verkieselt und dicht. Ihre Länge rangiert zwischen 2–25 cm, die Dicke zwischen 1–10 cm. Sie enthalten Pyrit und zeigen sekundär mit Calzit verheilte Schwundrisse. Ihre Farbe ist eher dunkelgrau. Hinzu kommen Kieselgallen mit Längen von 6–8 cm bei Dicken bis 1 cm. Außerdem sind im Schichtverband 20–40 cm mächtige Karbonat-Bänke eingelagert. Sie sind feinkörnig, weisen keinerlei Schichtungsmerkmale auf und sind hell- bis blaugrau.

Im Steinbruch im Hinterbach-Tal bei Beilstein kommen mehrere 10–15 cm mächtige Tuffit-Lagen vor. Sie dienten u. a. dazu, einen Keratophyr-Vulkanismus im Mosel-Hunsrück zu postulieren. Dabei handelt es sich um ein dichtes feinkörniges Gestein von hellgrünlicher Farbe, das in frischem Zustand scherbig bricht, allerdings bei Verwitterung auch schnell zu einer erdig-mürben Substanz zerfällt. Diese Tuffite stellen offensichtlich die distale Fazies des Oberems-Keratophyr-Vulkanismus dar. Im Falle einer untermeerischen Zersetzung des vulkanischen Glas-Anteils führten sie zu einer Erhöhung des SiO_2-Gehaltes im Meerwasser.

Für die ökologische Einordnung erscheint die Fauna wichtig, die sich u. a. auch in den karbonatischen Konkretionen finden lässt. Interessant erscheint in diesem Zusammenhang das Vorkommen der Kolonien bildenden *Favosites bohemicus* var. *mosellanus*, von „*Zaphrentis*“ sp., die relativ häufig ist, und von *Pleurodictyum* sp.. Letztere kommen einzeln und regellos im Sediment verteilt vor. Diese Tiergruppe ist für anspruchsvolle Anforderungen hinsichtlich Licht, Reinheit, Salinität und Wärme des Meerwassers bekannt. Sie lässt sich schwerlich unter die Sturmwellenbasis verbannen. Alle Formen sprechen dafür, dass hier zur Kondel-Zeit offensichtlich eine lokale Schwelle bestand, auf der die erforderlichen Lebensbedingungen – zumindest zeitweise – gewährleistet waren. Hinzu kommen Brachiopoden, Crinoiden, einzelne Trilobiten und Bryozoen, jedoch kaum Bivalvia und Gastropoden.

2.2.3.2.2 Südost-Rand der „Mosel-Mulde“

Im Mosel-Hunsrück beschrieb THIELE (1960) vom Südost-Rand der „Mosel-Mulde“ einen Schichtverband, den er wegen Einstufungsschwierigkeiten als „Mittleres Oberems“ bezeichnete. Er fasste unter dieser Bezeichnung alle jene Schichten zusammen, die zwischen dem Emsquarzit und den Kieselgallenschiefern der Kondel-Unterstufe auftreten. Dieser Schichtverband zieht sich als relativ schmale Schuppe von südlich Gondershausen bis westlich Sosberg im tektonisch Liegenden der hier recht schmalen „Bopparder Schuppe“ nach Südwesten. Im Flaumbach-Tal besitzt dieses „Mittlere Oberems“ seine weiteste Verbreitung und füllt eine Mulde nördlich des Moritzheimer Sattels. Nur hier ist ein ungestörtes sedimentäres Auflager auf Emsquarzit erhalten. In der schmalen Schuppe nordöstlich davon sind Liegend- und Hangendgrenze an Überschiebungen tektonisch unterdrückt.

Die Untergliederung dieses Schichtverbandes in Hohenrhein- und Laubach-Schichten gelang bisher nicht, da weder Leitschichten noch eine entsprechende Fauna gefunden wurden. Die Schichtenfolge ist vorwiegend sandig. Die Korngröße der Sandsteine ist i. a. gröber als jene der Unterems-Sandsteine, das Bindemittel meist kalkig. Bisweilen handelt es sich um Kalksandsteine. Hinzu kommen im Südwesten lokal auch eisenschüssige Sandsteine, die an entsprechende Sandsteine in der „Olkenbacher Mulde“ erinnern.

Als typisches Profil gab Thiele (1960) Aufschlüsse am Mörsdorfer Bach zwischen Mücken-Berg und Kolmer Kopf nördlich Sosberg an (Bl. 5910 Kastellaun). Allerdings sind die Liegend- und die Hangendgrenze tektonisch unterdrückt. Auf ca. 40 m mächtige blauschwarze Tonschiefer folgen ca. 30 m mächtige dickbankige, geflaserte Sandsteine im Wechsel mit ebenflächig spaltenden Tonschiefern. Im Hangenden schließt sich erneut eine Wechselfolge von gebankten harten Sandsteinen und Tonschiefern an, die wiederum von mürben braunen fossilführenden Sand- und Kalksandsteinen überlagert werden. Anschließend ist eine Wechselfolge aus Sandsteinen mit Bankmächtigkeiten bis 30 cm und Tonschiefern aufgeschlossen. Den Abschluss bilden dunkle stark glimmerhaltige Sandsteine. Die Gesamtmächtigkeit der Schichten des „Mittleren Oberems“ beläuft sich auf >350 m.

Im regionalen Vergleich entspricht dieser Schichtverband nach der lithofaziellen Ausbildung am ehesten den Hohenrhein-Schichten an Mittelrhein und Untermosel. Allerdings liegt er mit der angegebenen Mächtigkeit selbst über den hohen Mächtigkeiten bei Koblenz. Bei palinspastischen Korrekturen sollte dieser Schichtverband am Süd-Rand der „Moselmulde“ liegen. Der relativ hohe Sand-Anteil lässt im Vergleich mit dem Nord-Rand die Vermutung aufkommen, dass sich hier im Süden der „Mosel-Mulde“ eine Schwellenregion anschließt. Dabei sollte es sich nicht um eine „Hunsrückinsel“ sensu Solle handeln, sondern eher um eine „Hunsrück-Taunus-Schwelle“ (W. Meyer & Stets 1980).

2.2.3.2.3 Schweich und Kenn/Mittelmosel

Ein isoliertes Vorkommen von Schichten des Oberems am äußersten Südwest-Ende der „Mosel-Mulde“ bei Schweich nahe Trier reicht von Bekond im Nordosten über Schweich nach Kenn im Südwesten. Es liegt zwischen den Trennflächen der Longuich-Überschiebung im Südosten und der südöstlichen Randverwerfung der Wittlicher Rotliegend-Senke (Stets 2004a, b) im Nordwesten. Im Gegensatz zu dem nördlich der Wittlicher Senke liegenden Abschnitt der „Olkenbacher Mulde“ wird in diesem isolierten Vorkommen die Mittelrhein-Gliederung des Oberems mit den dort bereits diskutierten Abgrenzungen durchgehalten.

Der Schichtverband der Laubach-Unterstufe wird hier gegliedert in Laubach-Schichten (unten) und Rötelgallen-Schichten (oben). Bei den **Laubach-Schichten** handelt es sich um einen mächtigen, hier vorwiegend schiefrigen Schichtverband mit nur wenigen Sandstein-Bänken in blaugrauen Tonschiefern; im Steinbruch nahe der Schweicher Mosel-Brücke wurden in diesen Tonschiefern zwei jeweils 1 m mächtige Bänke eines Keratophyr-Tuffits gefunden, die älter sind als jene im Hinterbach-Tal bei Beilstein. Die **Rötelgallen-Schichten** bestehen aus rötlichen Tonschiefern mit eisenreichen (Hämatit) Konkretionen („Rötelgallen“), Bänken von oolithischem Roteisenstein und Roteisen-schüssigen Kalksandsteinen wie in der „Olkenbacher Mulde“.

E. Kayser (1880), Frech (1889) und Grebe (1892c) listeten Faunen auf, in denen Brachiopoden den Vorrang haben wie in der „Olkenbacher Mulde“; Bivalvia und Gastropoden, auch Trilobiten stehen an Art- und Individuenzahl weit zurück. E. Kayser und Frech stuften die Roteisen-Fazies gleich alt ein wie die Eisenerze der Heisdorf-Schichten in der Eifel (hohes Oberems). Auch LEPPLA (1925a) sprach sich für eine Gleichstellung der Roteisen-Vorkommen bei Schweich mit den Heisdorf-Erzen aus. NÖRING (1939) stellte aus dem Schichtverband bei Schweich eine Liste mit insgesamt 35 Taxa zusammen und schloss sich der Ansicht von MA. WOLF (1930) an, dass die Erze von Wald-Erbach im Südost-Hunsrück und bei Schweich gleich alt seien und in das tiefe Oberems zu stellen seien. Erst SOLLE (1940) begründete die heute gültige Einstufung der Roteisen-Fazies am Dach der Laubach-Schichten bzw. im Grenzbereich Laubach-/Kondel-Unterstufe mit einer „Kondel-Fauna".

Die teilweise reiche Fauna der Erzfazies enthält *Sollispirifer arduennensis arduennensis* und *„Arduspirifer" mosellanus*. Am Dach der Rötelgallen-Schichten wurden oolithische Roteisenerze bei Schweich/Mosel in der 2. Hälfte des 19. Jahrhunderts in der Grube „Schweicher Morgenstern" anfangs untertage, später im Tagebau gewonnen. Die Eisenerze der Roteisen-Fazies bestehen aus körnigem Roteisenstein mit vereisenten kalkigen Fossiltrümmern, Eisenoolith-Bänken und -Linsen sowie tonig-erdigem Roteisenstein in rot gefärbten Tonschiefern. Die elliptischen Eisenooide sind oft zerbrochen. Außerdem fanden sich in den Erz-Bänken Fossiltrümmer aus Roteisenerz und Kalzit. Diese Roteisenerz-Fazies geht randlich über in Kalkoolithe mit z. T. zerbrochenen, nur randlich vereisenten Ooiden, in tonig-kalkiges Roteisen-Erz mit wenigen Ooiden und unterschiedlich stark vereisenten und/oder eingekieselten Partien. GREBE (1892c) erwähnt mehrere Erzlager bei Schweich mit Mächtigkeiten um 1–3 m.

2.2.3.2.4 Oberems im Südost- und Süd-Hunsrück

Ein weiteres Verbreitungsgebiet mit vollständiger Schichtenfolge des Oberems liegt im Südost-Hunsrück zwischen dem Welschbach-Tal und Wald-Erbach im Nordosten sowie dem Guldenbach-Tal bei Stromberg/Hunsrück im Südwesten. D. E. MEYER (1970) bezeichnete diesen Ablagerungsraum südlich des Soonwaldes als „**Süd-Hunsrück-Trog**". Die Litho- und Biofazies rechtfertigt die gesonderte Darstellung. Aufgrund zahlreicher Faunenfunde kann hier bedingt die Gliederung in Lahnstein-, Laubach- und Kondel-Unterstufe durchgehalten werden, wenngleich nicht in allen Einzelheiten. Die Mächtigkeit des Oberems wird auf 150–200 m geschätzt (D. E. MEYER & NAGEL 2008).

Problematisch ist die Verfolgung des Oberems über das Stromberger Gebiet hinaus nach Südwesten. Hier liegen nur Einzelbefunde, u. a. aus der ehem. Schwerspat-Grube „Korb" bei Eisen (G. MÜLLER & STOPPEL 1981), vor. D. E. MEYER & NAGEL (2008) gingen allerdings davon aus, dass Äquivalente des Oberems in dunkler Tonschiefer-Fazies mit geringmächtigen sandigen Einschaltungen und zusätzlichen Alaunschiefern im Simmer(Kellen)bach- und Hahnenbach-Tal vorkommen. Die Mächtigkeit dort schätzten sie auf ca. 350 m und schlossen auch mitteldevonische Anteile dort nicht aus. Es fehlt jedoch jeglicher biostratigraphische Nachweis. Weiter vermuten sie, dass die metamorphen Eisenerze im Raum Winterburg und Pferdsfeld Äquivalente der Wald-Erbacher und Stromberger Eisenerze seien und in den Grenzbereich Unter-/Oberems-Stufe gehörten. Jedoch auch hierfür fehlen bis jetzt Beweise.

2.2.3.2.4.1 Lahnstein-Laubach-Unterstufe, Warmsroth-Schichten

Gliederung und Lithofazies. BIERTHER (1955) gelang der erste Nachweis von Oberems bei Stromberg. MITTMEYER & K.-W. GEIB (1967) erweiterten die Kenntnisse, machten jedoch geltend, dass eine Abgrenzung der Lahnstein- von der Laubach-"Gruppe" nicht zweifelsfrei möglich sei und schlugen eine „Zusammenfassung der beiden Komplexe unter der Bezeichnung Lahnstein-Laubach-Gruppe vor". Die Untergrenze wurde mit dem ersten Einsetzen von *Arduspirifer arduennensis arduennensis* und *Euryspirifer paradoxus*, die Obergrenze mit dem von *„Sollispirifer" mosellanus mosellanus* definiert. Nach MITTMEYER (1982) kann die Untergrenze bestehen bleiben. Die Obergrenze sollte wie im Mosel-Gebiet durch das erste Erscheinen von *Alatiformia* *alatiformis*, *Arduspirifer maturus* (?) und den Übergang von „*Uncinulus*" sp. aff. *orbignyanus* in „*Uncinulus*" *orbignyanus* auch hier definiert werden.

Wegen der offensichtlich unterschiedlichen Lithofazies im Vergleich mit Mittelrhein und Moselhunsrück (ein Emsquarzit fehlt hier) wurde der gesamte Verband des Oberems als „Warmsrother Schichten" (Mittmeyer & K.-W. Geib 1967) bezeichnet. Außerdem kamen sie zu dem Ergebnis, dass es sich bei diesem Schichtverband nur um den unteren bis mittleren Abschnitt der Lahnstein-Laubach-Unterstufe handele, da der obere mit *Paraspirifer cultrijugatus* und die gesamte Kondel-Unterstufe fehlten. Da keinerlei Faunenbelege gefunden wurden, zogen sie eine Schichtlücke in Erwägung. Die Entwicklung der Schichtenfolge im Süd-Hunsrück-Trog seit dem Siegen macht allerdings eine solche unwahrscheinlich. Schließlich handelt es sich um ein Areal bevorzugter Subsidenz im südlichen Rheinischen Trog. Andererseits weist ein Blick auf die geologische Spezialkarte (D. E. Meyer 1970) dieses Gebiet als intensiv verschuppt aus, so dass man auch aus tektonischen Gründen kein komplettes Profil erwarten kann. Darüber hinaus gelang D. E. Meyer (1970) der Nachweis weiterer Schichten des Oberems mittels Fossilien.

Mittmeyer (2008: 175) gab für die Warmsroth-Schichten im Typus-Gebiet um Warmsroth eine Mächtigkeit von wahrscheinlich >200 m an und unterteilte sie in einen unteren Abschnitt aus fossilreichen sandigen Tonschiefern mit Einschaltungen von Glimmersandsteinen bzw. Roteisensteinen sowie einen etwa 1 m mächtigen Keratophyr-Tuffit und einen oberen Abschnitt, der weiter aus unterschiedlich sandigen Tonschiefern und einzelnen fossilführenden sandigen Lagen besteht. Beide Abschnitte lieferten eine artenreiche Fauna u.a. mit *Arduspirifer arduennensis treverorum* und *Arduspirifer extensus* sowie vereinzelt *Sollispirifer mosellanus*.

D. E. Meyer (1970) ergänzte die Ergebnisse von Mittmeyer & K.-W. Geib (1967). An der Basis des Oberems erwähnte er milde dunkelblaugraue Tonschiefer, z. T. mit geringem Sand-Anteil und Bänken von Braun- und Roteisen-Erz. Im Welschbach-Tal, nordwestlich Warmsroth, gelangen weitere Fossilfunde, die dafür sprechen, dass ein Teil der Eisen-Erze an die Basis des Oberems gehört. Zum Nachweis führte er *Arduspirifer arduennensis arduennensis* in acht Fundpunkten und zusätzlich *Euryspirifer paradoxus* an. Ma. Wolf (1930) hatte bereits den Verdacht geäußert, dass die ehem. Eisenerz-Lagerstätte der Grube „Braut" mit in das untere Oberems zu stellen sei. Solle (1950) vertrat die Meinung, dass die Grenze Unter-/Oberems zwischen den Roteisenerzflözen liegen müsse. Dieser Meinung hatte sich auch Bierther (1955) angeschlossen. Mittmeyer (2008) ordnete zumindest einen Teil der Roteisen-Erze den Warmsroth-Schichten zu. Da ein tieferer Teil zu seinen Wald-Erbach-Schichten gehören soll, liegen auch bei ihm die Erze im Grenzbereich Unter-/Oberems.

In das Oberems gehört eine reiche Fauna aus mehreren Erz-Horizonten im Welschbach-Tal auf der westlichen Talflanke, darunter *Arduspirifer ard. ard.* und *Euryspirifer paradoxus*. Wieder überwiegen die Brachiopoden nach Art- und Individuen-Zahl, die Bivalvia und Gastropoden treten allerdings stark in den Hintergrund. Trilobiten, Tentakuliten, Korallen, Bryozoen und Crinoiden kommen nur vereinzelt vor. Solle (1950) stellte „altertümliche Formen" im Umfeld der Eisenerze fest, „von denen einige bisher nicht einmal oberhalb der Grenze Unterkoblenz/Oberkoblenz bekannt geworden waren." Zu ihnen gehören *Straelenia dunensis* und *St.* sp. aff. *sandbergeri*, *Schellwienella hipponyx*, *Sch. h. septirecta*, *Sch. h. major* und *Athyris* cf. *globula*. In den Schichtverbänden von Mittelrhein, im Welschbach-Tal und bei Wald-Erbach kommen *Brachyspirifer carinatus*, *Paraspirifer auriculatus*, *Subcuspidella subcuspidata*, *Kymatothyris undiliferus*, *Oligoptycherhynchus daleidensis*, *Platyorthis circularis* und viele andere vor, die auch im Unterems auftreten. Hier handelt es sich eher um Gemeinsamkeiten in den jeweiligen ökologischen Ansprüchen als um Kriterien, die zur Alterszuordnung beitragen. Nach D. E. Meyer (1970) bestätigen *Aviculopecten wulfi*, *Nuculites expansus*, aber auch *Plicostropheodonta murchisoni* und *P. virgata*, die gemeinsam mit *Arduspirifer arduennensis latestratus* vorkommen, Solle's Ansicht, dass ein Teil der Eisenerz-Flöze in das Unterems gehört, während ein anderer – unter ihnen das Vorkommen im Welschbach-Tal – sicher dem tiefsten Oberems zuzuordnen ist. Die von Mittmeyer & K.-W. Geib (1967) vertretene alleinige Zuordnung der erzführenden Schichtverbände zum Unterems kann daher nicht aufrecht erhalten werden. Die basalen Schichten der Lahnstein-Laubach-Unterstufe enthalten somit noch Lagen und Flözchen von Eisenerz.

Im diskutierten stratigraphischen Abschnitt in der „Stromberger Mulde" ist kein lithofazielles Äquivalent des Emsquarzits vorhanden. Im Süd-Hunsrück-Trog kam es stattdessen zu den Eisenerz-Anreicherungen bei Wald-Erbach und auch im Guldenbach-Tal. Darüber hinaus herrscht dort eine tonig-schiefrige Fazies mit milden bis schwach sandigen Tonschiefern und wenigen geringmächtigen, glimmerhaltigen sandigen Lagen. Bierther (1955) fand auch in ihnen fossilführende oolithische Eisenerze mit *Arduspirifer* div. sp., die ihre Stellung im Grenzbereich Unter-/Oberems belegen. Nach D. E. Meyer (1970) ist dieser Schichtverband der tiefsten Lahnstein-Laubach-Unterstufe abgesehen von den Eisen-Erzen durch Vorherrschen sandarmer, dünn spaltender, dunkler bis schwarzblauer Tonschiefer gekennzeichnet. Untergeordnet sind auch plattig spaltende, mehr oder weniger feinsandige Tonschiefer mit deutlicher Feinschichtung zu finden. Sowohl im Welsch- als auch im Guldenbach-Tal kommen geringmächtige Alaunschiefer mit pyritreichen Tongallen, teilweise auch mit kleinen Kalklinsen und sehr selten mit Linsen eines dichten bituminösen tiefschwarzen Dolomits vor.

Über dem tieferen Abschnitt der Warmsroth-Schichten folgen auch bei Wald-Erbach über dem Eisenerz der Grube „Braut" einförmige, meist milde, siltig bis feinsandige, plattig spaltende Tonschiefer mit wenigen Sandlagen mit Tongallen. In den oberen Partien, die lithologisch ähnlich ausgebildet sind, konnten Mittmeyer & K.-W. Geib (1967) keine Fossilien finden. Die von ihnen mit Fragezeichen angedeutete Schichtlücke für den Zeitraum obere Laubach- bis Kondel-Unterstufe erscheint – wie angedeutet – unwahrscheinlich.

Zur Fauna. 16 Fundpunkte erbrachten eine reiche Fauna (Mittmeyer & K.-W. Geib 1967) mit ca. 50 Taxa. Sie enthält eine reiche Brachiopoden-Fauna im Gegensatz zu Mittelrhein und Teilen der „Mosel-Mulde". Andererseits kommen nur wenige Bivalvia und Gastropoden vor. Außerdem wurden nur wenige Trilobiten, jedoch „*Zaphrentis*" sp., *Pleurodictyum problematicum*, *Favosites* sp. neben *Fenestella* sp., *Tentaculites schlotheimi* und Reste von Crinoiden-Stielen gefunden. Nach den Arten entspricht diese Fauna zwar jener des unteren Oberems an der Untermosel. Die Anteile der einzelnen Tiergruppen zeigen dagegen ein anderes Bild. Die Brachiopoden beherrschen die Fauna mit mehr als 60% aller Arten, die Gastropoden und Bivalvia erreichen zusammen jedoch nur knapp 20%. Alle übrigen Tiergruppen bleiben im üblichen Rahmen. Gegenüber der Fauna am Mittelrhein fällt der recht geringe Anteil an Echinodermata, insbesondere an Crinoiden, auf.

Im Süd-Hunsrück-Trog darf anders als am Nordwest-Rand des Mosel-Lahn-Troges von einer kontinuierlichen Entwicklung der Fauna in vollmarinem Umfeld vom Unter- ins Oberems ausgegangen werden, das keinen Einflüssen einer nahen Landmasse unterlegen war, sei es einer „Mitteldeutschen Schwelle" oder einer „Hunsrückinsel". In den Wald-Erbach-Schichten (Vallendar-Unterstufe) sensu Mittmeyer & K.-W. Geib (1967), Mittmeyer (2008) waren ohne die Faunen aus der Grube „Braut" bei Wald-Erbach die Brachiopoden noch mit 45–50% und die Bivalvia mit um die 30% aller Arten vertreten. Um die Wende Unter-/Oberems änderten sich – wenn man die Faunen der ehem. Grube „Braut" (revidierte Liste bei D. E. Meyer 1970) hinzu nimmt – die Verhältnisse zugunsten der Brachiopoden, die 54% erreichten bei gleich bleibender Artenzahl der Bivalvia; die Gastropoden erlitten jedoch Einbußen von ca. 10% auf 3% aller Arten. In den Warmsroth-Schichten – ohne die Fauna der ehem Grube „Braut" bei Wald-Erbach bzw. der basalen Schichten der Lahnstein-Laubach-Unterstufe – nahmen die Brachiopoden auf >60% aller Arten zu, die Bivalvia dagegen stark auf etwa 10% ab. Während der Rest aus Trilobiten, Cephalopoden, Anthozoen, Echinodermata und Einzelformen in der „Eisen-Erz-Fazies" nur etwa 15% ausmachte, vermehrten sich die Mitglieder dieser Tiergruppen danach wieder auf ca. 25% aller Arten. Zur

Zeit der Eisenerz-Bildung muss somit für diese Tiergruppen mit stärker eingeschränkten Lebensbedingungen im Süd-Hunsrück-Trog gerechnet werden.

Von den leitenden Arten der „Mosel-Mulde“ sind nur *Arduspirifer arduennensis* und *Euryspirifer paradoxus* im Süden zu nennen. Auch *Paraspirifer auriculatus* taucht in den Warmsroth-Schichten auf. Trotz der relativ großen Artenzahl und zahlreicher neuer Fundpunkte ließ sich *P. praecursor* darunter bisher nicht finden, der die sichere Abtrennung gegen die Laubach-Unterstufe gestatten soll. Ähnliches gilt auch für *Paraspirifer cultrijugatus* (Mittmeyer & K.-W. Geib 1967). Mittmeyer (2008: 178) nennt u. a. *Arduspirifer arduennensis treverorum* sowie einzelne Exemplare von *Sollispirifer mosellanus*.

Versucht man auch hier eine grobe Typisierung des Meeresraumes im Sinne von G. Fuchs (1982), so spricht die hohe Artenzahl der Brachiopoden eindeutig für eine Zuordnung zum küstenfernen Flachmeer.

2.2.3.2.4.2 Kondel-Unterstufe

Für die Kondel-Unterstufe konnte D. E. Meyer (1970) im Autobahn-Einschnitt ca. 550 m nordwestlich Warmsroth in sehr milden, hellgrünlichgrau angewitterten Tonschiefern als faunistischen Nachweis für die Kondel-Unterstufe „Arduspiriferen“ der *mosellanus*-Gruppe finden. Die lithofazielle Ausbildung dieser Schichten schließt sich mit sehr milden Tonschiefern, vereinzelten Tongallen und wenigen glimmerhaltigen Feinsandstein-Lagen eng an die Ausbildung der darunter liegenden Tonschiefer der Warmsroth-Schichten an. Flaserschiefer, Sphärosiderit- und Kieselgallenschiefer fehlen. Dafür treten Tuffit-Lagen auf. Die Mächtigkeit des Schichtverbandes wird mit 150–200 m angegeben (D.-E. Meyer & Nagel 2008).

Mittmeyer & K.-W. Geib (1967) machten bereits auf die Besonderheit dieses Gebietes gegenüber dem im Norden aufmerksam. Auffällig sind der außerordentlich hohe Anteil an siltig-tonigen Gesteinen und die Seltenheit sandiger Gesteine. Äquivalente von Emsquarzit und sandigen Hohenrhein-Schichten fehlen im Süd-Hunsrück-Trog. Überhaupt fehlen jegliche Anzeichen für die Nähe eines Festlandes resp. einer größeren Insel in Form von Pflanzenresten oder „Einspülung“ von Eisen in größerem Umfang. Gegenüber der früher lange postulierten paläogeographischen Konstellation fehlen Hinweise auf eine „Zwischeninsel“ (Nöring 1939) oder eine „Mitteldeutsche Schwelle“ (u. a. Brinkmann 1948). Diese Verhältnisse setzten allerdings bereits im Unterems ein, wo in Äquivalenten der Hunsrückschiefer bereits jegliche Anzeichen für die Nähe einer südlichen Landmasse fehlten. Mittmeyer & K.-W. Geib (1967) sahen sich daher veranlasst, den „Bereich südlich des Soonwald-Sattels als Soonwaldschiefer-Faziesbereich besonders zu kennzeichnen“. U. a. ist er ähnlich wie weite Teile des Hunsrückschiefer-Faziesbereichs in weiten Abschnitten fossilleer. Eine trennende Schwelle zum nordöstlich gelegenen Mosel-Lahn-Trog sahen sie nicht, dafür eher einen fließenden Übergang zwischen dem nördlichen und dem südlichen Faziesbereich.

2.2.3.2.5 Oberems im Südwest-Hunsrück

Untersuchungsergebnisse aus dem Hintertaunus geben Anlass, mit einer Schwelle zwischen den beiden Faziesbereichen im Norden und im Süden zu rechnen. Nach W. Meyer & Stets (1980) sollte zwischen Mosel-Lahn- und Süd-Hunsrück-Trog eine „Hunsrück-Taunus-Schwelle“ existiert haben. Zugegebenermaßen ist eine solche höchst spekulativ und wegen der tief reichenden Abtragung im Hunsrück auch nicht sicher zu belegen. Diese Hunsrück-Taunus-Schwelle war sicherlich kein Landgebiet im Sinne einer „Hunsrückinsel“ sensu Solle (1970), sondern eher ein trennendes Hochgebiet mit nur geringer, eventuell auch fehlender Sedimentation ohne ausgeprägtes Relief.

Einen Hinweis auf eine derartige untermeerische Schwelle geben vier Conodonten-Proben aus der ehem. Grube „Korb“ bei Eisen (Stoppel in: G. Müller & Stoppel 1981).

Diese vier Proben sind nur für sich, nicht im Verbund, zu betrachten, da der Gesteinsverband untertage sehr engräumig verschuppt ist und auf engstem Raum Gesteine von Oberems- bis Unterkarbon-Alter enthält. Zwei der vier Gesteinsproben bestehen aus flaserigen und dünnschichtigen rotbraunen Kalken, die dritte aus grauem reichlich Crinoiden-Detritus führendem Kalk in Wechsellagerung mit grünlichen Tonschiefern und die 4. Probe aus grauem Kalk in einer Riff- oder Flachwasser-Fazies. Die durch Conodonten abgesicherten Alter reichen von unterem Oberems (*Polygnathus gronbergi*-Zone) bis ins oberste Oberems (*P. serotium*-Zone). Keine der genannten Proben ähnelt in Gesteins- oder Stoffbestand den Gesteinen der Ems-Stufen aus dem Mosel-Lahn- oder dem Süd-Hunsrück-Trog bzw. aus der Soonwald-Schiefer-Fazies. Vielmehr handelt es sich um Relikte einer Schwellen- resp. Schwellenrand-Fazies, die Kontakte zum offenen Ozean hatte. Stoppel bemerkte im Kommentar zu den Proben, dass die Fauna einige *Polygnathus*-Arten enthält, die bisher nur aus Böhmen, nicht jedoch aus dem Rheinischen Schiefergebirge bekannt seien. Die Probe aus dem flaserigen grauen Kalk enthielt eine „Mischfauna oder kondensierte Fauna", was für Aufarbeitung oder lückenhafte Sedimentation spricht, wie sie in Schwellen- oder Schwellenrand-Bereichen vorkommt.

Nach tektonischen Ergebnissen (Stets & Stoppel 1998) sollten die tektonischen Schuppen aus den Oberems-Gesteinen weiter im Nordwesten gegen die postulierte Hunsrück-Taunus-Schwelle gerichtet sein, wie sich aus dem regionalgeologischen Zusammenhang ergibt. Das isolierte, stark verschuppte Vorkommen bei Eisen muss aufgrund seiner tektonischen Position an das Areal nordwestlich der Taunuskamm-Soonwald-Überschiebungszone angeschlossen werden. Es gehört damit zu einem Faziesbereich, der relativ weit nördlich – verglichen mit den Vorkommen bei Stromberg bzw. dem Soonwaldschiefer-Faziesbereich – lag. Bemerkenswert ist weiter die außerordentlich geringe Mächtigkeit um die 40 m für den gesamten, ehemals im Grubengebäude aufgeschlossenen Schichtverband, auf den später näher eingegangen wird. In dem Profil der ehem. Grube „Korb" fehlt außerdem jeglicher gröbere terrigene Eintrag, wie er bei der Existenz einer „Hunsrückinsel" sensu Solle (1970) zu finden sein müsste. Auch ein Zusammenhang mit der „Mitteldeutschen Schwelle" (G. Müller 1982b) ist nicht gegeben. Von einer ähnlichen Konstellation ging seinerzeit auch Krebs (1970) aus, der dieses Vorkommen mit der Tief-Bohrung Saar 1 bei Spiesen im Saarland in Zusammenhang brachte. Alle diese Vorstellungen vernachlässigen den Süd-Hunsrück-Trog mit seinen relativ mächtigen Tonschiefern über einem mobilen Krustenstreifen am Süd-Rand des Hunsrücks. Das Vorkommen von Oberems-Schichten bei Eisen im südwestlichen Hunsrück liegt weit nordwestlich davon und lieferte bisher nur diesen direkten Hinweis auf eine Hunsrück-Taunus-Schwelle aus dem Hunsrück selbst.

2.3 Mitteldevon

Mitteldevonische Schichten sind im Hunsrück auf den Süd-Hunsrück-Trog (D. E. Meyer 1970) beschränkt. Im zentralen Senkungsgebiet reicht die heute noch in Mosel-Hunsrück und Süd-Eifel erhaltene Schichtenfolge gerade bis an die Grenze Unter-/Mitteldevon heran.

Mitteldevon ist fossilführend in der „Stromberger Mulde", zwischen Waldalgesheim und Bingerbrück sowie im „Winterbach-Synklinorium" nachgewiesen. Das vollständigste Profil, das bis in das Oberdevon hinauf reicht, ist auf die Umgebung nördlich von Stromberg beschränkt. Weiter im Nordosten, in Richtung Bingen, fallen Schichtglieder des Mitteldevons aus, da sie in dieser Richtung vermehrt durch spitzwinklig zum generellen Streichen verlaufende Überschiebungen tektonisch unterdrückt sind. In der Schichtenfolge dieses Gebietes spiegelt sich eine weitergehende, kleinräumige Unterteilung in Teil-Becken und -Schwellen im Süd-Hunsrück-Trog wider. Die dadurch bedingte stärkere fazielle Differenzierung erschwert lithostratigraphische Korrelationen innerhalb des Süd-Hunsrück-Troges, insbesondere mit den weitgehend fossilfreien Gesteinsverbänden im „Winterbacher Synklinorium".

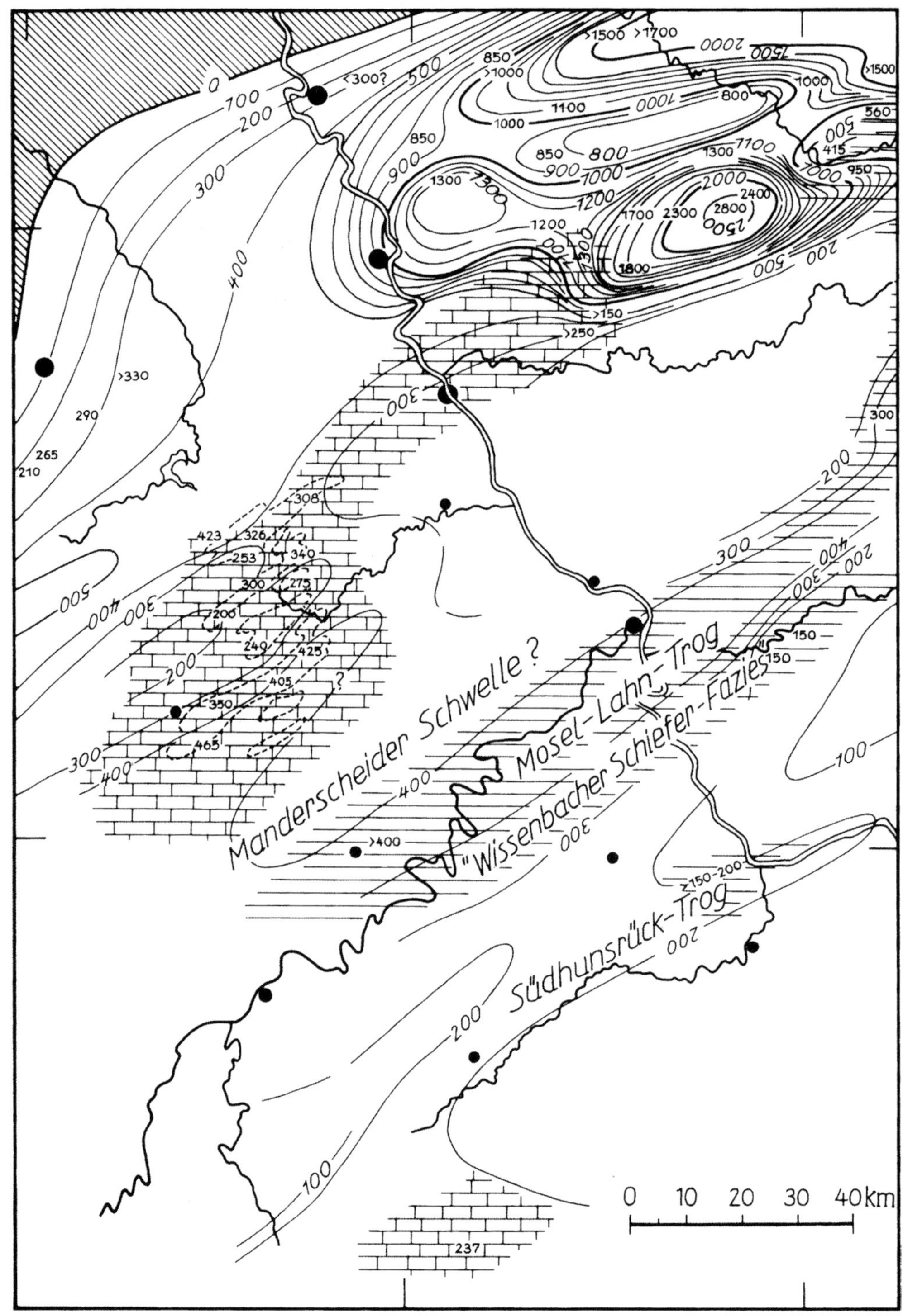

Abb. 12. Paläogeographie zur Zeit der Eifel-Stufe. Variszische Einengung unberücksichtigt. Ortsnamen wie in Abb. 4. W. Meyer & Stets (1980).

Mitteldevonische Schichtverbände sind außerdem noch weit im Südwesten, in dem kleinräumigen Vorkommen in der ehem. Schwerspat-Grube „Korb“ bei Eisen/Saarland nachgewiesen (Krebs 1970, G. Müller & Stoppel 1981). Nach tektonischen Untersuchungen kann dieses Vorkommen jedoch nicht unmittelbar im Streichen an die Vorkommen bei Stromberg angeschlossen werden (Stets & Stoppel 1998).

2.3.1 Eifel-Stufe

2.3.1.1 Südost-Hunsrück („Stromberger Mulde“)

Gliederung und Lithofazies. Holzapfel (1893) sah in den Schichten bei Stromberg Äquivalente der „hercynischen“ Knollenkalke in der Hörre bei Bicken sowie bei Günterod und Wetzlar. Dieser Meinung schloss sich Beyenburg (1930) an, der hier „Kalkknollenschiefer“ des unteren Mitteldevon kartierte. Der Nachweis für Mitteldevon gelang Bierther (1955). In der Folgezeit gab es weitere Nachweise mit Hilfe von Conodonten, die die von Holzapfel lithologisch begründete Parallelisierung bestätigten.

In der „Stromberger-Mulde“ beginnt die mitteldevonische Abfolge mit blaugrauen, fast schwarzen, seidig glänzenden, bestenfalls schwach sandigen Tonschiefern mit kalkigen Einschaltungen. Diese bestehen aus hell- bis blaugrauen, Crinoiden-Schill führenden, teilweise noch sandigen Kalken. Die im Höchstfall wenige dm mächtigen Kalke sind unregelmäßig linsig bis flaserig, auch bankig. Außerdem wurden kleine fossilführende kieselige Konkretionen gefunden. Diese Schichten entsprechen lithofaziell den tonigen Ablagerungen der Kieselgallenschiefer oder auch der „Wissenbach-Schiefer“ in der „Olkenbacher“ oder in der „Lahn-Mulde“. Dieser Vergleich wird durch eine kleine Fauna aus dem Welschbach-Tal (D. E. Meyer 1970) gestützt mit *Intermedites intermedius vetustus*, *Aulacella eifliensis* und *Bifida lepida*. Zusammen mit *Anoplotheca venusta* weisen die beiden zuletzt genannten Formen auf den Grenzbereich Unter-/Mitteldevon hin.

Ebenfalls in das untere Mitteldevon gehören wahrscheinlich im Warmsrother Grund südwestlich Warmsroth und bei Wald-Erbach in ähnlichen Tonschiefern gefundene Kieselschiefer, Kalke, Rotschiefer und Schalsteine. Ähnliches gilt für einen tonig-schiefrigen Schichtverband mit Kieselschiefern und Schalsteinen im Autobahn-Einschnitt bei Warmsroth. Hier fand D. E. Meyer (1970) etwa 10 Schalstein-Horizonte, also stark zersetzte basaltische Tuffe oder Tuffite. Wahrscheinlich handelt es sich um „Diabas“-Tuffe mit palagonitischem Anteil. D. E. Meyer beschrieb u .a. relativ frisches, stark poröses, schwarzgrünlich „gesprenkeltes“ Material, das aus Chlorit, Serizit, Erzpartikeln und zonar oder sphärolithisch bis elliptisch aufgebauten Aggregaten bestand. Der freie Quarz-Anteil lag unter 5%, wodurch ein basisches Ausgangsgestein untermauert wird. Die Hohlräume waren ursprünglich wohl mit Kalzit gefüllt, der durch Verwitterungsprozesse vollständig heraus gelöst war. Der primäre Mineral-Anteil aus femischen Komponenten wie Pyroxen und/oder Amphibolen sowie Feldspäten ist im Tagesaufschluss vollständig umgewandelt. Bei den zusammen mit den Schalsteinen auftretenden Kieselschiefern handelt es sich um bis ca. 0,6 m mächtige Bänke oder auch Lagen aus weißen, rötlichen, olivgrünen oder schwarzen, sehr feinkörnigen und sehr harten, muschelig brechenden, dichten kieselsäurereichen Gesteinen. Der SiO_2-Anteil ist mit mehr als 95% sehr hoch. Die Gesteine sind außerordentlich feinkörnig. Schalstein und Kieselschiefer treten hier immer in engem Verbund auf.

Unmittelbar nördlich der Kalke bei Warmsroth stehen leicht sandige, Glimmer führende Tonschiefer mit reichlich Fossilschill führenden Kalklinsen an. Eine für Alterseinstufungen relevante Fauna fand sich hier nicht (D. E. Meyer 1970). Immerhin bestehen vom Stoffbestand her Ähnlichkeiten mit Sedimenten der Unteren Eifel-Stufe im übrigen Gebiet, wenngleich Schalsteine und Kieselschiefer fehlen.

Schichten der mittleren und oberen Eifel-Stufe konnten in zahlreichen Lokalitäten in der Stromberger Mulde (Bl. 6012 Stromberg) nachgewiesen werden (D. E. Meyer 1970): Am nördlichen Hüttenkopf stehen oberhalb der L 214 (km 13) milde bis leicht sandige Tonschiefer mit vereinzelten Tongallen, geringmächtigen Lagen und Linsen feinkörniger grauer Quarzite und hell-blaugrauer Kalke an; eine kleine Conodonten-Fauna legt die Zuordnung zur mittleren bis oberen Eifel-Stufe nahe. Am Nordwest-Hang des Schneidmühlenberges südlich Daxweiler und am gegenüber liegenden Hang des Guldenbaches bei Layenkaul sind es milde, eben spaltende Tonschiefer, die früher als Dachschiefer (*Layen*) abgebaut wurden. Eingelagert sind bis 1 m mächtige Bankfolgen sandiger, glimmerreicher Tonschiefer mit Lagen von Quarzit und seltener kleinen Kalklinsen. Eine kleine Conodonten-Fauna legt hier die Einstufung in die Obere Eifel-Stufe (*kockelianus*-Zone) nahe. Die Hauptvorkommen der Stromberger Massenkalke lassen sich vom Weinberger Hof östlich Dörrebach über die ausgedehnten Steinbrüche am Gollenfels und Hunsfels bis zum Warmsrother Grund verfolgen, wo sie sich in mehrere Einzelvorkommen „auflösen". Ihnen entspricht der weiter südöstlich einsetzende Dolomit, der über Waldalgesheim bis zum Ruperts-Berg bei Bingen (Ortsteil Bingerbrück) reicht.

Der Stromberger Massenkalk (unterer Abschnitt). Die Einstufung dieses einzigen größeren Kalk-Vorkommens im Hunsrück war lange nicht gesichert. In Analogie zu den Massenkalk-Vorkommen in der Lahn-Mulde wurden sie für obermitteldevonisch (Stringocephalen-Kalk, Givet-Stufe) gehalten. Zu den Verfechtern dieser Einstufung gehörten u. a. Roemer (1844), Lossen (1867a), Koch (1874), E. Kayser (1891) und Holzapfel (1893). Gosselet (1890) beharrte dagegen auf einem kambrischen – evtl. noch höheren – Alter. Den ersten Beweis für ein mitteldevonisches Alter erbrachten K. Geib (1910) für den Stromberger Kalk und Ma. Wolf (1929) für die Dolomite bei Bingerbrück. Falke (1957) untermauerte das Givet-Alter der Kalke von Stromberg mittels Conodonten. Darüber hinaus gelang D. E. Meyer (1970) der Nachweis, dass die Bildung des Stromberger Massenkalk schon in der Eifel-Stufe einsetzte. Im Nord-Abschnitt der Steinbrüche am Gollenfels und am Hunsfels schied er einen basalen, etwa 55–60 m mächtigen Schichtverband – der gesamte Kalk-Komplex erreicht 370 m Mächtigkeit – aus. Es handelt sich um deutlich gebankte bis plattige, i. a. 5–30 cm mächtige, dunkelgraue Kalkbänke mit mergeligen Schieferlagen, die zum Hangenden abnehmen.

Diese untermitteldevonischen, gut gebankten Kalke bestehen zum größten Teil aus groben Bioklasten, vornehmlich Trümmern von Crinoiden. Außerdem bauen sich manche Bänke auch aus feinkörnig-dichtem dunklem Kalk auf und enthalten dann nur wenig Fossildetritus. D. E. Meyer (1970) beschrieb den lagigen Wechsel als teilweise sehr eng. Die Trümmerkalke enthalten außer den Klasten von Crinoiden Bruchstücke bzw. ganze Kolonien tabulater Korallen, rugose Einzelkorallen und großwüchsige Brachiopoden, unter ihnen *Zdimir rhenanus*, der bankweise häufig ist. D. E. Meyer bezeichnete die untere Partie des Stromberger Kalkes als „Crinoiden-Kalkhorizont" und grenzte sie gegen die im Hangenden folgenden Massenkalke ab. Aus diesem „Crinoiden-Kalkhorizont" konnte er vier kleinere Faunen bergen. Unter ihnen lässt die Koralle *Dolhimophyllum helianthoides*, die ihre größte Häufigkeit und maximale Ausbreitung in der mittleren bis oberen Eifel-Stufe hat, auf ein entsprechendes Alter schließen. Gestützt wurde diese Aussage durch Conodonten-Funde im Steinbruch am Gollenfels. Die Grenze Eifel-/Givet-Stufe vermutete D. E. Meyer dort, wo die Crinoiden-Korallen-Kalk-Fazies in jene der hellen massigen Kalke übergeht. Allerdings ist diese Crinoiden-Korallen-Kalk-Fazies auf die beiden großen Steinbrüche beschränkt. Sie wird weiter nach Osten durch eine spitzwinklig zum Streichen verlaufende Überschiebung unterdrückt.

Die Lithofazies des „Crinoiden-Kalkhorizontes" aus dem Steinbruch am Gollenfels nördlich Stromberg ist wechselnd feinkörnig und grobspätig (Bandel & D. E. Meyer 1975). Schon unter der Lupe lassen sich die meisten grobspätigen Anteile als biogene Klasten erkennen. Manche Bänke bestehen fast vollständig aus Crinoiden-Stielgliedern. Unter den Bruchstücken von Korallen sind *Alveolites*, *Favosites*, *Heliolites* und *Thamnopora* vertreten. Flache Kolonien von Stromatoporen und großwüchsige Brachiopoden fehlen nicht. U. d. M. zeigt sich, dass die Echinodermen-Reste teilweise randlich angelöst, auch angebohrt und von feinen mikritischen Überzügen umgeben sind. Die Bioklasten schwimmen meist regellos in einer feinkörnigen Matrix. Im Steinbruch am Gollenfels wurden auch Proben mit einer sparitischen Matrix gefunden. Der Übergang zu den Massenkalken im Hangenden ist nur wenige Meter mächtig. Hier wurden die an Crinoiden-Resten reichen Lagen vermehrt krustenförmig überwachsen. Die mikritische Matrix nimmt zu und vermehrt stellen sich sehr feine, auch zellig-poröse Lagen ein. Hinzu kommen Wühlspuren. Zwischen die Lagen mit Biogen-Klasten schalten sich Algen-Laminate ein.

Daraus lässt sich folgendes Szenarium ableiten: In der Eifel-Stufe bildete sich im Raum Stromberg offensichtlich eine lokale Schwelle heraus, auf der sich im Laufe der Zeit mangels Zufuhr an siliziklastischer Trübe bessere Durchlichtung und Durchlüftung des einheitlich salinaren Meerwassers einstellten. Dadurch verbesserten sich die Lebensbedingungen insbesondere für Crinoiden und Korallen erheblich. Fehlende Einregelung der Bioklasten, mangelnde Sortierung und fehlende Abrollung sprechen für eine Einbettung der Bioklasten unweit ihres Lebensortes. Die tabulaten, ästig und auch büschelig verzweigten Korallen weisen auf geringe Wassertiefen hin. Die Tätigkeit von im Sediment lebenden Organismen deuten Nährstoff- und Sauerstoffreichtum auch im Kalkschlamm am Meeresboden an. Daraus ergibt sich das Bild von ausgedehnten Crinoiden-"Wäldern“ und von Rasen tabulater Korallen auf der Schwelle. Sie wurden im Laufe der Zeit zunehmend von stromatolithischen, flächige und flache Polster bildenden Koloniebildnern verdrängt. Da sich die wichtigsten ökologischen Voraussetzungen für das Gedeihen der Crinoiden-Wälder – konstanter Salzgehalt des Meerwassers, ausreichend Sauerstoff, Klarheit des Wassers – wohl nicht entscheidend änderten, muss als entscheidendes Kriterium für den Wandel auf der Schwelle eine zunehmende Verflachung angenommen werden. Sie brachte die Bewohner in eine vielleicht bis zu kurzfristigem Auftauchen reichende, lebensbedrohliche Situation. Dass auch später noch vereinzelt Crinoiden und Korallen auf den Schwelle anzutreffen waren, mag auf ein flachwelliges Relief auf dem Riff zurückzuführen sein.

Der Meeres-Raum in der „Stromberger Mulde“ unterlag im unteren Mitteldevon einem Wandel: Einer „**Nord-Fazies**“ (Hüttenkopf, südlich Daxweiler) mit einer eher tonig-schiefrigen Fazies und mit Beteiligung von Vulkaniten als Becken-Fazies steht bei Stromberg eine „**Süd-Fazies**“ gegenüber, die mit Crinoiden-Wäldern und Korallen eine deutliche Flachwasser-Fazies repräsentiert. Hierdurch ist eine Differenzierung des Meeresraumes „Süd-Hunsrück-Trog“ in Teiltröge (Nord-Fazies) und -schwellen (Süd-Fazies) in der Eifel-Stufe vollzogen. Dieses Relief innerhalb des Troges war offensichtlich durch syngenetische Bruchtektonik bedingt.

Eine ähnliche Situation ergibt sich auch im Raum Waldalgesheim – Bingen (Taupitz 1965). Dort ist der Beginn der Karbonat-Bildung in der Eifel-Stufe durch vermehrte Einschaltung von Kalklinsen und -bänkchen, dolomitischen Sandsteinen und „Mergelschiefern“ in die Tonschiefer gekennzeichnet. Diese Entwicklung verlief parallel zu jener im Stromberger Raum. An der Basis der Kalke gingen „die Tonschiefer der Eifel-Stufe (...) ohne scharfe Grenze in dunkle plattige bis feinbankige, teilweise feinschichtige Kalke oder Dolomite mit Mergellagen auf den Bankfugen“ (Taupitz 1965) über. Es ergibt sich so auch hier ein allmählicher Übergang in die Massenkalk-Fazies. Leider muss offen bleiben, ob die unteren bankigen Partien, die von Taupitz als „Liegender Plattendolonit“ bezeichnet wurden, mit dem „Crinoiden-Kalkhorizont“ (sensu D. E. Meyer 1970) altersmäßig gleichzustellen sind. Weiter nach Nordosten wird die liegende Partie des Karbonat-Komplexes zunehmend spitzwinklig durch eine Überschiebung abgeschnitten, so dass bei Bingen (Bingerbrück) nur noch die obersten Partien des givetischen Dolomits vorhanden sind.

2.3.1.2 Südwest-Hunsrück

In der tektonisch stark verschuppten Eisener Schuppe (STETS & STOPPEL 1998) wurden in mehreren Proben (STOPPEL in: G. MÜLLER & STOPPEL 1981) mit Hilfe von Conodonten Sedimente der unteren, mittleren und oberen Eifel-Stufe nachgewiesen: In die untere Eifel-Stufe gehören mittel- bis dunkelgraue, z. T. sehr harte, Crinoiden-Reste führende Kalke. Conodonten-Faunen der mittleren Eifel-Stufe fanden sich in grauen Korallen führenden, teilweise dolomitisierten Kalken, und hellgraue dichte sowie bräunliche Kalke mit großen Stöcken tabulater Korallen gehören in die obere Eifel-Stufe.

Dass diese Faunen aus den Einzelproben teilweise kritisch betrachtet werden müssen, beweist eine Probe aus einem dunkelbraunen, gut gebankten, wenige Crinoiden-Reste führenden Kalk von der 7. Sohle der Grube „Korb“. Sie enthielt eine Mischfauna aus Faunenelementen des Ems, der unteren und der höchsten Eifel- bis untersten Givet-Stufe. Sie bestätigt den schon geäußerten Verdacht, dass zumindest Anteile der hiesigen Sedimente wiederholt Aufbereitungsprozessen unterworfen waren, wie sie auf Schwellen oder in Schwellenrand-Bereichen vorkommen. Die sehr resistenten Conodonten vertragen mehrfache Aufarbeitung und Resedimentation in sehr kondensierten Profilen.

In diesen Sedimenten der Eifel-Stufe, die eine gewisse Einheitlichkeit aufweisen, fehlen hier nennenswerte siliziklastische Anteile. Die Sedimente zeigen deutlich Landferne. Hinzu kommt ein allerdings begrenzter Einfluss von Vulkanismus. Sein Alter ist nicht bekannt, er ließe sich jedoch in der Eifel-Stufe positionieren. G. MÜLLER & STOPPEL (1981) fanden wiederholt zusammen mit den Sedimenten des Unteren Mitteldevons Phengit-Schiefer und nahmen als Ausgangsprodukt vor der Diagenese „unzersetzte Glastuffe“ an. Diese Phengit-Schiefer sind mit Linsen und Lagen von hell- bis dunkelgrauen Tonschiefern mit schwachem Dolomit-Gehalt vergesellschaftet.

2.3.2 Givet-Stufe

2.3.2.1 Oberer Mittelrhein und Südost-Hunsrück

Am Südost-Rand des Hunsrücks erstreckt sich von Bingen (Ortsteil Bingerbrück) nördlich der Nahe über Weiler nach Waldalgesheim und weiter von Warmsroth nach Stromberg ein größeres, mehrfach von Verwerfungen, vielleicht auch durch primäres Auskeilen und Wiedereinsetzen unterbrochenes Vorkommen givetischer Kalke und Dolomite.

2.3.2.1.1 Bingerbrücker Dolomit

Das östlichste Vorkommen dieses Zuges ist der Dolomit vom Rupertsberg bei Bingerbrück. Er ist heute nicht mehr aufgeschlossen und wohl weitgehend abgebaut. Daher stützt sich die folgende Beschreibung ausschließlich auf Angaben aus der Literatur. Wie berichtet, reichte mangels Fossilfunden die Alterszuordnung dieses Vorkommens von Kambrium (GOSSELET 1890) über Silur bis Mitteldevon. 1891 hatte E. KAYSER auf die seinerzeit bestehenden Argumente für ein mitteldevonisches Alter hingewiesen. Der Nachweis gelang nicht, da Faunen selten waren und eine von DUMONT (1848) erwähnte „banc prèsque entièrement formé de polypiers passés à l’état magnésien“ schon von LOSSEN (1867a) nicht mehr gefunden wurde. Auch VIERSCHILLING (1910) bezeichnete bei der Beschreibung der „Eisenmanganerz-Lager“ die Dolomite bei Bingerbrück, Weiler und Waldalgesheim als mitteldevonisch. Er zitierte damit wohl nur die landläufige Meinung, ohne selbst Nachweise erbracht zu haben. So blieb es Ma. WOLF (1929) vorbehalten, den seitdem allgemein als fossilleer geltenden Dolomit „des Geyer’schen Steinbruchs in Bingerbrück“ zu datieren. Sie fand in mehreren

Lagen Korallen als unbestimmbare Steinkerne, schwer zu bestimmende Jugendformen eines Brachiopoden, entweder von *Uncites (Bornhardtina) laevis* oder *Stringocephalus burtini*, die beide Mitteldevon (Stringocephalen-Stufe) bedeuten und *Newberria amygdala* resp. *N. amygdalina*, ebenfalls Stringocephalen-Stufe. Verglichen mit den Verhältnissen im Sauerland gehörte der Bingerbrück-Dolomit etwa in das mittlere Givet (Äquivalent der Finnentrop-Schichten).

Michels (in: Wilh. Wagner & Michels 1930) beschrieb das Vorkommen bei Bingerbrück als einen „etwa 90 m mächtigen Zug von Dolomit", der damals in dem Steinbruch aufgeschlossen war und sich über 250 m im Streichen verfolgen ließ. Die Verbindung zu den Vorkommen bei Waldalgesheim war durch bergbauliche Tätigkeit untertage nachgewiesen. Eine Verlängerung der Dolomite hat nach K. Geib (1914) bis in das Rhein-Bett bestanden, war jedoch 1930 nicht mehr nachweisbar. Nach Michels bestand der Bingerbrücker Dolomit aus „dicken Bänken eines dunkelblaugrauen bis schmutzig gelben Dolomits von feinkristalliner Beschaffenheit". Eingelagert waren gering-, jedoch auch bis meter-mächtige zersetzte Ton-und Mergelschiefer und eine 0,5 m mächtige Bank aus zelligem, porösem, braun verwitterndem, fossilführendem Dolomit, aus dem die Fauna von Ma. Wolf stammte.

Außerdem erwähnte Michels in diesem Zusammenhang ein Kalk-Vorkommen bei Münster-Sarmsheim, das jedoch 1930 nicht mehr erschlossen war. Dieses Vorkommen ist völlig unabhängig vom Bingerbrück-Dolomit zu sehen und gehört in die Verlängerung des „Winterbacher Synklinoriums".

2.3.2.1.2 Waldalgesheimer Dolomit

Gliederung und Lithofazies. Die Dolomit-Vorkommen bei Weiler und Waldalgesheim liegen in der streichenden Verlängerung des Bingerbrücker Dolomits (Taupitz 1965). Das bei Bingerbrück durch spitzwinklig zum Streichen liegende Überschiebungen im Nordwesten und Südosten in seiner Mächtigkeit stark reduzierte Vorkommen war bei Waldalgesheim vollständig aufgeschlossen: Das Liegende bildete hier der 20–40 m mächtige „Liegende Plattendolomit" der oberen Eifel-Stufe. Darüber folgen 100–150 m eines gelblichen bis hellgrauen, massigen Dolomits, der als „Massendolomit" bezeichnet wurde; nach einem schematischen Profil durch das Mittelfeld der ehem. Grube bei Waldalgesheim ist dieser Dolomit nur „untergeordnet lagig oder feinschichtig"; in den oberen Partien nimmt die Bankung und Einschaltung einzelner tonig-mergeliger Lagen zu; die massige Fazies keilt in östliche Richtung aus; dieses Auskeilen und die zwei Überschiebungen bewirken, dass im Bingerbrücker Dolomit-Vorkommen der „Massendolomit" nicht mehr erhalten ist. 5–20 m mächtige Ton- und Mergelschiefer, der sog. „Grenzschiefer", schlossen den „Massendolomit" zum Hangenden hin ab. Über dem „Grenzschiefer" liegen >300 m der vorwiegend bituminösen „Hangenden Plattendolomite"; dabei handelt es sich um einen feinschichtigen, plattig bis bankig absondernden Schichtverband unterschiedlich heller und dunkler Dolomite, die Fossilien des oberen Givet geliefert haben; innerhalb des „Plattendolomits" lässt sich eine weitere Unterteilung durchführen und zwar in

(1) eine untere Partie; sie besteht im Westen in den unteren Abschnitten aus dunkelgrauem, feinschichtigem plattigem Dolomit, der zum Hangenden in helle feinschichtige Dolomite übergeht; dieser Schichtverband (knapp 100 m) verliert nach Osten an Mächtigkeit (25 m);
(2) darüber folgt ein „bituminöser Horizont" aus dunkelgrauem bis schwarzem feinschichtigem, plattig bis bankig absonderndem Dolomit; er erstreckt sich in gleich bleibender Mächtigkeit von ca. 100 m von Westen nach Osten durch das ehem. Grubenfeld;
(3) darüber liegen im Westen ca. 100 m mächtige blaugraue bis hellgraue, feinschichtige, bankig absondernde Dolomite, die eine schwarze Dolomit-Schiefer-Lage enthalten; im Osten folgen erst über rötlichgrauen massigen und dunkelgrauen feinschichtigen Dolomiten von ca. 50 m Mächtigkeit die feinschichtigen, etwa 60 m mächtigen hellgrauen Dolomite.

Der „Bingerbrücker Dolomit" umfasst nach TAUPITZ (1965) nur noch die „obersten Partien des hangenden Plattendolomits".

Die Plattendolomite im Liegenden und Hangenden des Massendolomits enthalten 1–5 mm mächtige Lagen bituminöser Dolomitmergel. Sie bedingen die plattige Absonderung der Plattendolomite. Die Mergellagen liegen im Abstand von wenigen cm bis m aufeinander. Die Dolomite zwischen den Mergellagen sind meist feinschichtig. Diese Feinschichtigkeit wird durch dunklere Lagen mit Bitumengehalten bis 0,7% C_{org} und mit Hellglimmern nachgezeichnet; das gilt auch für eine lagenweise Anordnung von Fossilien. Allerdings treten auch massige mikritische, schichtungslose Dolomitbänke auf.

Zur Dolomit-Lagerstätte Dr. Geyer. Für die wirtschaftliche Gewinnung von Dolomit kam aus dem gesamten Schichtverband nur der relativ reine Massendolomit in Frage. Der Mineralbestand setzte sich aus zwei Generationen Dolomitspat zusammen (KOLHATKAR 1961): Beim Dolomitspat der ersten Generation handelte es sich um einen nahezu stöchiometrischen Dolomit mit 47,5–48,0 Mol% $MgCO_3$ und 49,5–50,0 Mol% $CaCO_3$ bei 1,0 Mol% $FeCO_3$ und 0,7–1,0 Mol% $MnCO_3$. Der Dolomitspat der jüngeren Generation enthielt 42,3–45,6 Mol% $MgCO_3$ bei 50,0–52,5 Mol% $CaCO_3$, 2,3–2,6 Mol% $FeCO_3$ und ca. 1,5 Mol% $MnCO_3$; reiner Kalkspat (100 Mol% $CaCO_3$) fehlt im Massendolomit bis auf lokale Nester mit Rekalzitisierung; in geringer Menge sind Pyrit, Hellglimmer, Hämatit, selten Quarz und C_{org} (0,05–0,07%) vorhanden.

Die ältere Generation des Dolomitspats bildet das sog. „Grundgefüge" mit Korngrößen zwischen 0,02–2,0 mm. Dieses wird von der jüngeren Spat-Generation mit Korngrößen von 1–10 mm „überlagert" (TAUPITZ 1965). Diese grobkörnige Spat-Generation füllt auch Klufthohlräume, ist entlang von Schichtfugen zu finden und zeichnet ehem. Fossilien nach. Im Zuge einer späten Diagenese, vielleicht auch der Tektogenese, hat diese Generation das feinkörnigere „Grundgefüge" völlig überlagert. Da beide Generationen übergangslos miteinander verwachsen sind, ist die Zuordnung zur einen oder anderen Generation oft nicht eindeutig möglich.

Das Korngefüge im „Massendolomit" ist richtungslos körnig. Eine Schichtung ist meist nur undeutlich; wenn vorhanden, wird sie angedeutet durch linsenartige Kavernen in der Größenordnung von wenigen mm bis cm Durchmesser mit einer teilweisen oder auch völligen Füllung der Hohlräume mit jüngerem Spat. Diese Kavernen liegen cm oder auch dm weit auseinander und sind wahrscheinlich in der ehem. Schichtung angeordnet. Außerdem treten Kavernen auf, die auf erweiterte ehem. Bankfugen innerhalb des Dolomits zurückzuführen sind. Auch sie sind mit jüngerem Spat gefüllt oder mit Kristallrasen entlang der Innenwände ausgekleidet. In seltenen Fällen zeichnen auch Lagen von ehem. Bivalvia- oder Brachiopoden-Schalen die Schichtung nach. Öfter ist im Massendolomit eine Lamination oder Feinschichtung mit Laminae von 1–5 mm Mächtigkeit zu erkennen. Diese bildet sich ab in schichtparallelen Korngrößenunterschieden oder in einer schwachen Bänderung, die durch geringmächtige Lagen von Bitumen, Roteisen oder Hellglimmer nachgezeichnet wird. Außerdem gibt es brekziöse Partien, die aus mehrere dm großen Klasten eines massigen, mikritischen Dolomits bestehen und mit jüngerem Spat verheilt sind.

Die Genese des Dolomits ist nicht abschließend geklärt. Sicher erscheint, dass der Dolomit nicht primär sedimentär gebildet wurde, sondern über die Umwandlung aus Kalk entstanden ist. Dieses gilt insbesondere für den „Massendolomit". Allerdings gab TAUPITZ (1965) zu bedenken, dass die feinschichtigen, z. T. rhythmisch gebänderten mikritischen „Plattendolomite" wohl als primär sedimentär angesehen werden müssten. Hierfür wären allerdings spezifische Ablagerungsbedingungen notwendig, und es hätte ein erhebliches Angebot an Mg^{++}-Ionen im Ablagerungsraum zur Verfügung gestanden haben müssen. Nach FÜCHTBAUER (1988) findet in der Natur eine primäre Dolomit-Bildung sehr langsam bei 25–50°C nur unter konzentrierten hypersalinaren Bedingungen statt, wie z. B. in Lagunen oder Küstensabkhas (Beispiel: Persischer Golf). Derartige Verhältnisse können für den Süd-Hunsrück-Trog weitgehend ausgeschlossen werden.

Oft bildet sich bei der spätdiagenetischen Dolomitisierung bevorzugt stöchiometrischer Dolomit. Als Quelle für die zusätzlichen Mg^{++}-Ionen wird Porenwasser angenommen. Taupitz (1965) ging davon aus, dass die Bildung der jüngeren Dolomit-Generation während der tektonischen Deformation erfolgte und zwar nach der Verstellung des Schichtverbandes in die heute südostwärts gerichtete Lage der Schichtung (s_0), jedoch vor dem endgültigen Abschluss der Deformation, da eine jüngere zweite Schieferung (s_2) alle Dolomit-Späte durchschlagen hat. Andererseits wird der Dolomit von zahlreichen Klüften durchzogen, stellenweise sogar brekziiert und ist mit jüngerem Dolomit-Spat verheilt. Somit sollte die Dolomitisierung über die Diagenese hinaus durch spätere tektonische Prozesse mit gesteuert worden sein. Eine hydrothermale Dolomitisierung durch Mg-reiche Lösungen aus der Tiefe wird bei der weitgehend einheitlichen Dolomitisierung ausgeschlossen, weil die Dolomitisierung stratiform erfolgte und auf den givetischen Dolomit-Körper beschränkt ist, während die liegenden Partien der Schichtenfolge nicht davon betroffen sind.

2.3.2.1.3 Stromberger Givet-Vorkommen

Parallel zum Südwest-Ende des Waldalgesheim-Binger Dolomit-Zuges setzt ein zweiter mitteldevonischer Karbonat-Komplex bei Wald-Erbach und Warmsroth („Warmsrother Kalk-Mulde“) ein, der sich nach Südwesten in das Vorkommen in der „Stromberger Mulde“ verfolgen lässt. Beide Vorkommen werden durch die breite Nordwest-Südost verlaufende „Genheimer Störungszone“ gegeneinander versetzt. Bei beiden Kalk-Vorkommen gehören die oberen Partien bei Warmsroth und auch bei Stromberg bereits in das untere Oberdevon (Adorf-Stufe, D. E. Meyer 1970). Die Vorkommen an Oberem Mitteldevon lassen sich in der „Stromberger Mulde“ in zwei Faziesbereiche aufteilen, und zwar in die **Süd-Fazies**, die massigen Kalke bei Stromberg, und die **Nord-Fazies**, einen eher schiefrigen Faziesbereich.

Die Süd-Fazies. Ein Profil durch das Stromberger Kalk-Vorkommen (Falke 1957) lässt im Steinbruch Gollenfels vom Liegenden zum Hangenden drei Abschnitte erkennen:

(1) Der untere Abschnitt, der noch zur Eifel-Stufe gehört, war 50–60 m mächtig und bestand vornehmlich aus blaugrauen Kalken mit Bankmächtigkeiten von 0,5–1,2 m, die im Liegenden von 0,1–0,2 m mächtigen plattigen und laminierten Kalken in Wechsellagerung mit schwärzlichen Tonschiefern begleitet wurden; diese etwa 10–20 m mächtige Wechselfolge bildete den Übergang zu den Tonschiefern im Liegenden.

(2) Der mittlere, givetische Abschnitt besaß eine Mächtigkeit bis 200 m, war hellgrau bis grau und dicht; eine grobe Bankung war teilweise angedeutet; wo dieses nicht der Fall war, handelte es sich um einen Massenkalk; in diesem mittleren Abschnitt befand sich etwa bei Profilmeter 120 eine ca. 2 m mächtige Tonschiefer-Lage, die aus stark gefältelten, gelblichen bis dunkelgrauen „phyllitischen Schiefern“ bestand; im Gegensatz zu Gerth (1910) hielt Falke sie für eine primäre Einschaltung im Kalk und nicht für eine Störungszone.

(3) Der obere Abschnitt bestand aus eher dunklen bis blaugrauen Kalken, die sich zum Hangenden in einen deutlich gebankten Schichtverband mit geringmächtigen Ton- und Mergelschiefer-Lagen auflösten.

Auch der Steinbruch auf der linken Talseite des Guldenbaches, der inzwischen ausgeweitet wurde und das Profil am Hunsfels erschloss, zeigte die deutliche Dreiteilung des Kalk-Komplexes, jedoch teilweise auch eine deutliche Dolomitisierung; aus diesem Steinbruch stammte der von K. Geib (1912) geborgene erste faunistische Nachweis für ein mitteldevonisches Alter dieser Kalke. Bei einer Ausstrichbreite von 450 m und einem Einfallen der Schichtung um 60–65° SE ergibt sich eine Gesamtmächtigkeit von ca. 400 m.

Im Steinbruch im Warmsrother Grund östlich des Hunsfels ist ein tektonisch reduziertes Profil erschlossen. Trotzdem ist auch hier die Dreiteilung des Kalk-Komplexes deutlich, wenngleich die Gesamtmächtigkeit auf ca. >140–150 m erheblich zurückgegangen ist. Der mittlere Abschnitt enthält hier im oberen Teil mehrere Tonschiefer-Lagen. Insgesamt deutet sich eine Mächtigkeitsreduktion auf etwa die Hälfte zwischen dem Guldenbach-Tal und dem Warmsrother Grund an.

Nach D. E. MEYER (1970) trennen wenige Meter dunkler gebankter Kalke den „Crinoiden-Kalk-Horizont" der obersten Eifel-Stufe von dem grob gebankten bis massigen, hellen, sehr fossilarmen Massenkalk des Givet, der dem „Massendolomit" bei Waldalgesheim entsprechen dürfte. Wahrscheinlich hat der Stromberger Massenkalk einen größeren stratigraphischen Umfang als der „Massendolomit". Offensichtlich sind auch Äquivalente der Waldalgesheimer „Plattendolomite" in Stromberg in Massenkalk-Fazies ausgebildet. Einen Hinweis darauf dürfte der nicht näher beschriebene „Schieferhorizont" im Massenkalk bilden, der dem „Grenzschiefer" in Waldalgesheim entsprechen dürfte. Er sollte auch ein Äquivalent des FALKE'schen „Schieferhorizontes" im mittleren Profilabschnitt sein. Den Abschluss der Massenkalke bilden in Stromberg bankige Kalke des obersten Givet, evtl. auch der untersten Adorf-Stufe.

Die äußerst fossilarme Massenkalk-Fazies hat keine paläontologischen Nachweise für die altersmäßige Einstufung geliefert, abgesehen von einem Fund von *Murchisonia bilineata* durch K. GEIB (1912). D. E. MEYER (1970) vermutete den Fundpunkt im unteren Drittel des Massenkalks, der etwas stärker dolomitisiert ist. Ansonsten ist das Alter des Massenkalk nur durch die Lage zwischen dem altersmäßig belegten „Crinoiden-Kalk-Horizont" (Eifel-Stufe) im Liegenden und Kalken des Oberdevons (Adorf-Stufe) im Hangenden eingeengt.

Die Massenkalk-Fazies bei Stromberg erreicht eine maximale Mächtigkeit von 250–300, evtl. 400 m. Im Westen wird der Kalk auf der Höhe des Weinbergerhofes durch eine querschlägige Verwerfung abgeschnitten. Eine Verfolgung über diese Verwerfung nach Südwesten gelang bisher nicht. Nach Nordosten nimmt der Kalk abgesehen von tektonischer Reduzierung offensichtlich auch primär an Mächtigkeit ab. Dieser Umstand und die spitzwinklig zum Streichen verlaufenden Überschiebungen im Nordwesten bringen den Kalk nach Nordosten zum Verschwinden.

Eine abgedeckte geologische Karte (TAUPITZ 1965) zeigt zusätzlich im Gebiet Warmsroth – Wald-Erbach eine größere Verbreitung mitteldevonischer Kalke. Er gliederte sie, allerdings ohne Mächtigkeitsangaben in eine Folge „plattiger Kalke" (unten) gefolgt von „massigen Kalken" (oben). Nach MITTMEYER & K.-W. GEIB (1967) sind die Vorkommen wesentlich kleinräumiger und auf zwei Schollen begrenzt. Sie ordneten diese Kalke nach den Lagerungsverhältnissen eher den unteren Partien der Stromberger Kalke zu. D. E. MEYER (1970) hielt einen Teil der Kalke bei Warmsroth für höchstes Givet und beschrieb im Hangenden auch Kalke der Adorf-Stufe. Aus den schlecht aufgeschlossenen Kalken bei Wald-Erbach barg schon LOSSEN (1867a) eine kleine Fauna aus Crinoiden-Stielgliedern und *Phacops latifrons*. Die Aufschlussverhältnisse lassen keine weitergehenden Aussagen zu.

Die givetische **Massenkalk-Fazies** unterscheidet sich grundsätzlich von den bioklastischen Crinoiden-Kalken der Eifel-Stufe. Es handelt sich um grob gebankte, sehr feinkörnige, massige und dichte Kalke. Die hellen Partien sind völlig fossilfrei, dunkler graue enthalten vereinzelt Bioklasten u. a. von Crinoiden und/oder Korallen. Die Korngröße der größtenteils mikritischen Kalke liegt im Durchschnitt um und unter 0,01 mm. Das Korngefüge ist vielfach ungeregelt, weist jedoch auch feine, leicht wellige laminare Texturen auf. Dieses schichtige Gefüge mag dem im Massendolomit von Waldalgesheim entsprechen. Diese Textur lässt sich im frischen Anbruch schlecht, im An- und Dünnschliff regelmäßig nachweisen.

Bioklasten sind äußerst selten, ebenso vollständig erhaltene Individuen. Das schließt die Entstehung in Form eines flachen biostromalen Crinoiden-Korallen-Riffs aus. Schon D. E. MEYER (1970) hatte Reste flächenhaft wachsender, rasenbildender Kolonie-Bildner vermutet. BANDEL & D. E. MEYER (1975) konnten nachweisen, dass bei einer Bildung der Massenkalke stromatolithisch bis flach polsterförmig siedelnden Organismen, in Form von pflanzlichen und tierischen Koloniebildnern (vor allem Algen, Stromatoporen) doch eine weitaus größere Bedeutung zukommen dürfte." Dieses erklärt die allgemein feinschichtige Textur der

Massenkalke und -dolomite im Raum Stromberg – Bingen. Diese Fazies entspricht anderen mitteldevonischen Riffen im Schiefergebirge, die von stromatolithisch wachsenden Algen und flächig oder flach fladenförmig, feinschichtig übereinander siedelnden Koloniebildnern aufgebaut werden. Sie lösten die zu Beginn des Riffwachstums in der oberen Eifel-Stufe siedelnden Crinoiden und Korallen ab.

Die Algenkalke, die das Massenkalk-Hauptlager des Stromberger Kalk ausmachen, werden unterschiedlich, hier 280–290 m mächtig. Bei den Laminae, aus denen der Massenkalk aufgebaut ist, lassen sich drei Typen unterscheiden (Bandel & D. E. Meyer 1975): **Typ A**: Dicke der Lagen <0,03 mm, ebenflächig und meist flach gewellt; mikritische Matrix, vereinzelt Biogen-Reste; kalzitische Kavernenfüllung; **Typ B**: Dicke der Lagen 0,1–0,15 mm, zelliger Aufbau; Matrix mikritisch; stellenweise kleine „elliptisch-knollige" Strukturen, **Typ C**: Dicke der Lagen 0,2–0,25 mm; netzartig zellige Struktur; Matrix mikritisch bis sparitisch.

Im Massenkalk am Hunsfels wechsellagern in erster Linie Laminae der Typen A und B. Typ B baut bis zu mehrere cm mächtige Lagen auf, die wellig, jedoch schichtparallel verlaufen oder flach-polsterförmige Strukturen bilden. Im unteren Abschnitt des Massenkalks wechseln Laminae vom Typ A mit biosparitischen Lagen, die aus Echinodermen-Klasten mit < 2 mm Durchmesser bestehen. Eine sehr ähnliche Ausbildung haben auch die Massenkalke im Steinbruch am Gollenfels bei Stromberg. Alle Kennzeichen an beiden Lokalitäten weisen das stromatolithische Wachstum koloniebildender Organismen auf. Insbesondere die laminierten Kalke des Typs A weisen auf Algenrasen hin. Nur lokal konnte die derart verfestigte Kruste unterspült werden und zerbrechen, wie lokale Intraklasten oder Brekzien zeigen. Nach den bisher bekannten Daten dauerte das Givet ca. 6 Ma (DSK 2002). Bei einer Mächtigkeit der givetischen Algen-Kalke von 250–300 m errechnet sich daraus ein Zuwachs von 0,04–0,05 mm/a bzw. 40–50 mm/ka. Das bedeutet, dass die Absenkung der Schwelle, auf der das Riff aufsaß, bzw. der Meeresspiegelanstieg kontinuierlich und sehr langsam vonstattenging. In der gesamten Zeit sind sehr wenige Unterbrechungen durch Zeitlücken in Form größerer Bankfugen oder durch geringfügige Mergelschiefer-Lagen dokumentiert.

Die den Meeresboden überdeckenden Algenmatten stabilisierten die Sedimentoberfläche, die wohl meist aus Kalkschlamm bestand und unterbanden Aufarbeitung sowie Erosion weitgehend. Die Zahl der Arten, die an dieser Besiedlung teilhatten, kann u. U. 20 oder mehr betragen haben. Im Wesentlichen waren es wohl Grün- und Blaugrün-Algen. Als Lebensbedingungen kommen nur Flachstwasserbedingungen mit ausreichender Durchlichtung in Frage. Da höhere Lebewesen (Crinoiden, Stromatoporen, Korallen) nur sehr untergeordnet vorkamen, sollte vielleicht auch mit einem Intertidal mit regelmäßigem kurzzeitigem Auftauchen der schleimigen Oberfläche gerechnet werden, ohne dass es zu einer völligen Austrocknung kam.

Die über weite Teile des Meeresbodens gleichmäßige, flächenhafte Besiedlung setzt ein ausgeglichenes Relief auf der Schwelle, über lange Zeit gleichbleibende geringe Wassertiefen, eine geringe Strömung und das Fehlen von detritischem Eintrag (Sand, Ton) voraus. So ergibt sich das Bild „einer allenfalls seicht überfluteten Plattform mitten im offenen Meer, über die in gleichmäßig-laminarem Strom stärker erwärmtes Wasser hinweg geführt wurde." (Bandel & D. E. Meyer 1975). Als Hinweise für relativ flaches, gut durchlichtetes Wasser gelten noch wenige biogene Überreste, u. a. von Echinodermen, die durch endolithisch lebende Algen angebohrt wurden. Vielleicht verhinderte auch der Überzug mit schleimigen Algen das Wohlbefinden höherer Lebewesen. Im Gegensatz zu anderen mitteldevonischen Riffen im Schiefergebirge, die eine deutliche Gliederung in Riff-Kern, „back-" und „fore-reef" aufweisen, zeigt das Stromberger Riff nur einen flach biostromalen Charakter mit geringen Riffschuttbildungen in den Randbereichen der Schwelle.

Nach allen Daten ergibt sich die Riffbildung auf einer von Stromberg bis Bingen nachweisbaren Nordost-Südwest verlaufenden Schwelle, der **Stromberg-Waldalgesheim-Bingener Schwelle** mit weitgehend konsequenter Entwicklung. Die Schwelle wurde erst zur Zeit der oberen Eifel-Stufe deutlich, als sich der 50–60 m mächtige „Crinoidenkalk-Horizont" herausbildete. Sie lag in der Längserstreckung des Süd-Hunsrück-Troges und teilte ihn in einen nordwestlichen und einen südöstlichen Teiltrog und trat erst zu Beginn des Givet deutlicher hervor. Die Crinoiden und Korallen wurden von den stromatolithisch wachsenden Algen und anderen flachen Koloniebildnern abgelöst. Diese Entwicklung endete zur Wende Mittel-/Oberdevon.

Bandel & D. E. Meyer (1975) lehnten in diesem Zusammenhang die Existenz einer Hunsrück-Taunus-Schwelle ab. Zu dieser Zeit wären die Riffe der Stromberg-Waldalgesheim-Bingener Schwelle evtl. als Saumriff aufzufassen, wie dies schon Jux (1960) äußerte. Ebenso lehnten sie die Anlehnung dieses Riffkomplexes an die seinerzeit im Süden diskutierte „Mitteldeutsche Schwelle" ab. Vielmehr ließ sich inzwischen zeigen, dass eine „Mitteldeutsche Schwelle" im Sinne einer „Zwischeninsel" (Nöring 1939) nicht mehr existierte und der Meeresraum nach Süden hin offen war. Hinsichtlich einer Hunsrück-Taunus-Schwelle im Givet bleibt somit Zurückhaltung, da weder Beweise für ihre Existenz noch für ihr Fehlen erbracht werden konnten. Immerhin liegen für die Eifel-Stufe in dem weiter südwestlich gelegenen Vorkommen bei Eisen Hinweise für eine Existenz vor. Bei der Kleinräumigkeit der paläogeographischen Gliederung in Teilbecken und -schwellen kann durchaus von einem solchen Hochgebiet im zentralen Hunsrück ausgegangen werden. Auch muss weiterhin mit synsedimentären Bewegungen an Schwächezonen gerechnet werden.

Die Nord-Fazies. Nördlich des Stromberger Massenkalk-Vorkommens wurden zeitgleich im Givet hauptsächlich tonig-mergelige Sedimente abgelagert, in denen nur hin und wieder bankige und linsige Kalke oder auch sandige Einschaltungen zu finden sind. Sie bilden die zur Massenkalk-Fazies kontrastierende schiefrige Nord-Fazies. Diese ist auf mehrere Vorkommen verteilt: Ein givetisches Alter postulierte D. E. Meyer (1970) für eine einheitliche Folge vorwiegend dunkler milder Tonschiefer mit einzelnen geringmächtigen grauen Quarzit-Lagen am nördlichen Mühlenberg bei Daxweiler (Bl. 6012 Stromberg), die mit drei bis etwa 0,6 m mächtigen Bänken aus großlinsigen bis plattigen blaugrauen Kalken sowie kalkigen „Schiefern" abschließen; der Fund von *Polygnathus robusticostatus* ließe u. U. auch eine Einstufung in die Eifel-Stufe zu. Ähnliches gilt für einen schiefrigen Schichtverband am Süd-Hang des Roter Kopf nordwestlich Warmsroth; aus blaugrauen Kalken barg D. E. Meyer (1970) eine Conodonten-Fauna mit *Polygnathus linguiformis*, der Hinweise auf ein givetisches Alter gibt. Givetisches Alter haben wahrscheinlich auch mindesten 100 m mächtige, einförmig milde bis schwachsandige Tonschiefer am Schneidmühlenberg südlich Daxweiler, die vereinzelt Kalklinsen enthalten; aus einer Linse aus dunkelblaugrauen Kalken wurde eine weitere kleine Conodonten-Fauna geborgen, die eine Zuordnung zur unteren Givet-Stufe erlaubt. Auch am nördlichen Hüttenkopf südlich Daxweiler stehen Tonschiefer mit einzelnen hellgrauen Quarzit-Bänken und einigen geringmächtigen Kalk-Lagen an; ihr Givet-Alter ist durch überlagernde oberdevonische Tonschiefer wahrscheinlich. Zum Givet rechnete D. E. Meyer auch dunkle einförmige Tonschiefer bei der Stromberger Neuhütte; hier steht allerdings ein sicherer Altersnachweis noch aus Außerdem besteht der Verdacht, dass südlich Eckenroth in den einheitlichen phyllitischen Schiefern givetische Anteile enthalten sind; darauf weist die Adorf-Fauna in der Nähe hin.

Die isoliert und bankweise auftretenden Kalkbänke der Nord-Fazies (Beckenfazies) spitzen lateral zu langgestreckten Linsen aus. Ihre Mächtigkeit und Zahl, und damit ihr mengenmäßiger Anteil am gesamten Schichtverband, sind eher gering. Eingehende karbonatpetrographische Untersuchungsergebnisse liegen nicht vor. Allerdings zeigen auch diese Kalke wegen der geringen Verunreinigung mit terrigenem Detritus Küstenferne an. Der Anteil an biogenen Lithoklasten weist auf einen Eintrag von der zentralen Riff-Schwelle im Südhunsrück-Trog hin. Der feinkörnige Karbonat-Anteil wurde von Bandel & D. E. Meyer (1975) aus autochthonem, im offenen Meer abgelagertem Schlamm abgeleitet. Der allochthone Anteil schwankt von Bank zu Bank. Im Givet sollten nach ihrer Ansicht nahe am Schwellenrand zur Becken-Fazies eher gröbere, biosparitische Kalke vorherrschen.

2.3.2.1.4 Fazies-Diskussion

Aus der Zusammenstellung aller Givet-Vorkommen ergibt sich der deutliche Gegensatz zwischen der kalkigen Schwellen-Fazies im Süden gegenüber der eher tonig-mergeligen Becken-Fazies im Norden. Der Übergang von der einen Fazies in die andere ist weder im Norden noch im Süden in Aufschlüssen belegt. Allerdings weist das Fehlen von Turbiditen in der tonig-schiefrigen Fazies darauf hin, dass nicht mit einem allzu steilen Relief an den Riff-Kanten zu rechnen ist.

Die konsequente Entwicklung in beiden Fazies-Bereichen über 6 Ma und das Fehlen von Turbiditen zeigt, dass syngenetische tektonische Bewegungen im Mitteldevon nur eine untergeordnete Rolle spielten. Die in der älteren Literatur mehrfach zitierte „Brandenberg-Faltung", die in diesen Zeitraum fiele und in der „Lahn-Mulde" diskutiert wurde, fehlt im Süd-Hunsrück-Trog. Nicht abstreiten lassen sich allerdings langsame, epirogenetische Bewegungen, die die kontrastierenden Fazies aufrecht erhielten. Über die Größenordnung einer Subsidenz von <1 mm/a, die das Algenwachstum auf der Schwelle gewährleistete, lassen sich Größenordnung und Geschwindigkeit im Riff-Bereich abschätzen. Dieses gilt für das Teil-Becken im Norden nicht mit angenäherter Genauigkeit, da keine exakten Vorstellungen über die Gesamtmächtigkeit der tonig-schiefrigen Becken-Fazies vorliegen. Aus ihr lässt sich ablesen, dass wohl Sedimente tieferen Wassers vorlagen. Der Mangel an einschlägigen Fossilien belegt, dass offensichtlich kein oder nur wenig Bodenleben möglich war. Das lässt auf ein lebensfeindliches Umfeld mit mangelhaften Lebensbedingungen schließen. Offensichtlich wurde der Absenkungsbetrag während des Givet nicht durch Detritus-Eintrag ausgeglichen, und es blieb bei einer allgemeinen Übertiefung des Beckens. Auch die geringmächtigen sandigen Einschaltungen in den einförmigen dunklen Ton- und Mergelschiefern geben wenig Anhaltspunkte für die Verhältnisse im Teil-Becken. Der generell geringe siliziklastische Eintrag zeigt die distale Lage zu Abtragungsgebieten.

2.3.2.2 Süd-Hunsrück (Simmer(Kellen)- und Hahnenbach-Tal)

Die unklaren Vorstellungen über die Stratigraphie des Gebietes zwischen Hahnenbach, Hennweiler und Kellenbach im Nordwesten und der Auflagerung des Deckgebirges des Rotliegend zwischen Kirn, Karlshof und Simmertal im Südosten versuchte Bierther (1941) durch eine grundlegende Neugliederung auf lithologischer Basis zu klären. Im unteren Hahnenbach-Tal hielt er neutral die stratigraphisch nicht eingestuften Schichtverbände der „Kallenfels"-, „Hahnenbach"- und „Vorsoonwald-Serie" aus. Er stellte sie zumindest teilweise in die Metamorphe Zone des südöstlichen Hunsrücks, deren niedrig metamorphe Gesteinsverbände ohne scharfe Grenze nach Nordwesten in die unterdevonischen anchimetamorphen Gesteinsverbände des Südost-Hunsrücks übergehen sollten. Sie gehören nach heutigen Vorstellungen größtenteils in die Winterbacher Schuppenzone („Winterbacher Mulde", „-Synklinorium") und die Metamorphe Zone. Die Gesteine der Winterbacher Schuppenzone lassen sich nach Nordosten bis in das Guldenbach-Tal bei Eckenroth und südlich Schweppenhausen verfolgen. Hier äußerte D. E. Meyer (1970) aufgrund lithologischer Vergleiche, dass auch mittel- und oberdevonische Gesteine in diesem Gesteinsverband enthalten sein müssten. Diese Vorstellung stützte sich u. a. auf den Fund eines *„Arduspirifer" intermedius* (H.-H. Werner 1950), der zumindest ein hohes Oberems- bis tiefes Eifel-Alter signalisierte. In Analogie zu den mitteldevonischen Diabasen und Schalsteinen in „Lahn"- und „Dill-Mulde" vermutete er für die „Grünsteine" südlich der Winterbacher Schuppenzone ein ähnliches Alter.

Ecke et al. (1985) machten aus „Serien des Hunsrücksüdrandes" (Hahnenbach- und Vorsoonwald-Serie) zwei Acritarchen- und Sporen-Assoziationen bekannt, die sie mit

Vorbehalten in das Oberems einstuften. Außerdem konnten sie zeigen, dass die Inkohlung der organischen Substanz in diesen Schichten relativ gering ist (R_{max} 4–5°) und schlossen auf eine relativ geringe Versenkungstiefe dieser Schichten.

Den ersten Nachweis für einen givetischen Schichtverband führten Berger et al. (1991) über kleine Conodonten-Faunen vom linken Simmerbach-Ufer südlich des Klausfels. Sie enthielten u. a. *Polygnathus linguiformis*, *P. l. linguiformis*, *Icriodus brevis* und *Polygnathus parawebbi* (det.: D. Stoppel). Dieser mitteldevonische Schichtverband besteht aus milden Tonschiefern mit Kalklinsen. In ihm sind Diabase enthalten. Er ist relativ geringmächtig und steht im Nordwesten in geologischem Verband mit milden Tonschiefern des Unterems sowie Alaun- und Kieselschiefern möglicherweise unterkarbonischen Alters im Südosten. Die Kontaktverhältnisse erscheinen unklar.

2.3.2.3 Südwest-Hunsrück (Eisen/Saarland)

Stratigraphie und Fazies. Im Südwest-Hunsrücks war in der ehem. Schwerspat-Grube „Korb" nördlich Eisen/Saarland außer dem Schwerspat-Lager ein Schichtverband mit mitteldevonischen Kalken und Dolomit aufgeschlossen. Krebs (1970) beschrieb weitgehend bis völlig dolomitisierte Echinodermen-Schuttkalke aus Crinoiden-Stielgliedern, Siebplatten, Seeigel-Stacheln und Fragmenten von Zweischalern. Er hielt sie für allochthone biodetritische Kalke ähnlich den Flinzkalken im rechtsrheinischen Schiefergebirge. Sie stammten offensichtlich von einem benachbarten Riffkörper, der nicht mehr fassbar ist, oder aus einem Areal mit kalkigen Flachwasserbildungen und einer reichen Crinoiden-Population. An Conodonten fand er einige Exemplare von *Belodella* sp.

G. Müller (1976a) beschrieb über dem Schwerspatkörper Riffschuttkalke mit abnehmender Komponentengröße zum Hangenden und mit Korallen. Im Bereich größter Mächtigkeit besaßen diese Schuttkalke eine kräftig rotbraune Farbe. G. Müller & Stoppel (1981) zitierten zwei Proben, die mit Hilfe von Conodonten ein givetisches Alter erbrachten: ein dunkler dichter Kalkstein des Mittleren Givet (oberer Abschnitt der unteren *varcus*-Zone) und ein gut geschichteter bis leicht flaseriger hellbräunlicher Kalkstein enthielten geringmächtige grünliche Schieferlagen, zahlreiche Crinoiden-Reste und Tentakuliten. G. Müller (1982b) erwähnte südöstlich des Schwerspat-Körpers einen ca. 20 m mächtigen, in sich verschuppten „Riffschuttkörper", der abgesehen von Faunen des Mitteldevons – wahrscheinlich Givet – auch solche bis in das untere Oberdevon (Adorf-Stufe) lieferte. Dieser relativ geringmächtige, in sich tektonisch verschuppte „Riffschuttkörper" enthielt rotbraune unsortierte Riffschuttkalke aus Fossildetritus von Crinoiden und Korallen sowie gut geschichtete bräunliche und graue Kalke mit Mergelschiefer-Lagen. Die Mergelschiefer zeigten violette, grünliche und graue Farben unterschiedlicher Tönung. Dunkelgraue Ton- und Mergelschiefer mit Kalklinsen und -Lagen enthielten bräunliche reine feinkörnige Kalke ohne Fossildetritus und mehrere Bänder von Phengit-Schiefer sowie Lagen von Tuffen und Tuffiten.

Hinzu kommt ein erheblicher Anteil an vulkanogenen Gesteinen (G. Müller 1982b) und zwar in Form von Phengit-Schiefer-Lagen mit kräftig gelber oder grünlicher Farbe; sie enthalten geringmächtige Anteile an grauen Tonschiefern mit Dolomit-Lagen und -Linsen; G. Müller führte sie auf weitgehend unzersetzte Tuffe (Glastuffe?) zurück, die mit Sediment vermischt wurden; ihr Ausbruchsort ist unbekannt; sie gehörten offensichtlich zu einer vulkanischen Phase, die im oberen Mitteldevon einen Höhepunkt hatte. Stark verfestigte Bänke hellgrauer bis hellbunter Färbung bestehen zu wechselnden Anteilen aus sehr fein verteiltem Quarz und Kaolinit, enthalten Bruchschill und unterschiedlichen Kalkgehalt. G. Müller ging davon aus, dass ein Anteil auf völlig zersetzte, feinkörnige, magmatische Gesteine zurückzuführen sei. Im Lösungsrückstand der Karbonat-Gesteine finden sich außerdem prismatische

Foto 1 Taunusquarzit bildet den Orkelsfels bei Orscholz, Saarland. Foto J. Stets

Foto 2 Klippe im Hof der Burg Sooneck nordwestlich Trechtingshausen. Schräggeschichteter Taunusquarzit, Vorstrandsedimente mit Gezeitenschichtung. Foto A. Schäfer

Foto 3 Dachschiefergrube bei der Altburg nordöstlich Bundenbach 1993. Foto W. Meyer

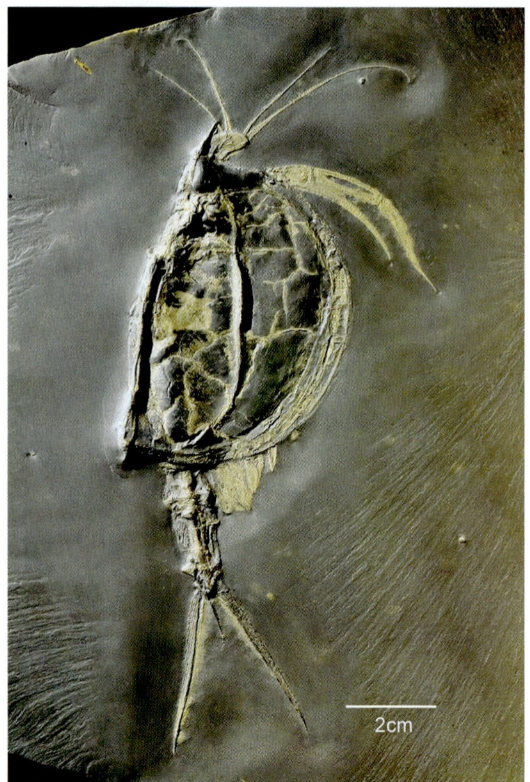

Foto 4
Panzerkrebs *Nahecaris stuertzi* in Seitenlage, Bundenbach/Gemünden, verändert nach Kühl et al. (2012). Naturhistorisches Museum Mainz, Landessammlung für Naturkunde Rheinland-Pfalz, Inv.-Nr. PWL2009/70-LS. Foto G. Oleschinski

Foto 5
Hunsrückschiefer-Platte mit Crinoiden (*Haplocrinus innoxius*, *Triacrinus koenigswaldi*) und Schlangensternen (*Eospondylus primigenius*), Bundenbach/ Gemünden, verändert nach Kühl et al. (2012). Deutsches Bergbau-Museum Bochum, Inv.-Nr. HS509. Foto G. Oleschinski

Foto 6
Ventralseite eines Trilobiten (*Chotecops* sp.) mit gut erhaltenen Gliedmaßen, Bundenbach/Gemünden, verändert nach Kühl et al. (2012). Deutsches Bergbau-Museum Bochum, Inv.-Nr. HS867.
Foto G. Oleschinski

Foto 7 Schlangenstern *Loriolaster mirabilis*. Die Spitzen der Arme sind eingeregelt und zeigen eine Strömung von rechts an, Bundenbach/Gemünden, verändert nach Kühl et al. (2012). Deutsches Bergbau-Museum Bochum, Inv.-Nr. HS512. Foto G. Oleschinski

Foto 8 *Anetoceras* sp., ein gyroconer Goniatit an der Wurzel des Ammonoideen-Stammbaums, Bundenbach/Gemünden, verändert nach Kühl et al. (2012). Deutsches Bergbau-Museum Bochum, Inv.-Nr. HS371. Foto G. Oleschinski

Foto 9 Grünschiefer mit Quarzgängen. Metamorphe Zone des Hunsrücks, unteres Simmerbachtal westlich Simmertal. Foto W. Meyer

Foto 10 Nach NW einfallende 2. Schieferung in Zerf-Schichten; Steinbruch Thalveldenz. Foto J. Stets

Foto 11 Steilstehende 1. Schieferung wird von NW (nach links) einfallender 2. Schieferung geschnitten. Hunsrückschiefer, Schmidtburg bei Bundenbach. Foto J. Stets

Foto 12 Falten in Hunsrückschiefer. Straße Bernkastel - Longkamp. Rechts SE. Foto W. Meyer

Foto 13 Aufbereitungsanlage am Rhein des ehemaligen Erzbergwerks „Prinzenstein" bei Werlau. Foto J. Stets

Foto 14
Quarzgang ("Weiße Wacke") in Hunolstein. Foto J. Stets

Foto 15 Rotliegendkonglomerat liegt diskordant über Taunusquarzit. An der Lutwinus-Kapelle bei Mettlach. Paul Wurster im Bild, Foto J. Stets (1972)

Foto 16 Schichtunterseite mit Sohlmarken (flute casts), die eine von rechts kommende Strömung anzeigen. Disibodenberg-Formation (Unterrotliegend), Steinbruch zwischen Rockenhausen und Hintersteinerhof. Foto W. Meyer

Apatit-Kristalle sowie Pseudomorphosen nach Ilmenit, evtl. auch Titanomagnetit, die sich von magmatischen Gesteinen ableiten lassen.

Regionale Zuordnung im Hunsrück. Unklar war lange die regionale Einordnung dieses Givet-Vorkommens und des Schwerspat-Körpers in die regionalgeologische Situation im Hochwald und am Hunsrück-Rand. Sie ergibt sich jetzt zweifelsfrei aus der großtektonischen Situation. Wenngleich dieses Vorkommen heute nahe am Süd-Rand des variszisch geprägten Hunsrücks zu liegen scheint, so ist es doch wesentlich weiter nördlich anzusiedeln als die gleich oder ähnlich alten Vorkommen der „Stromberger" und der „Winterbacher Mulde". Bei Eisen greift das permische Deckgebirge wesentlich weiter auf die Gesteine des Hochwaldes nach Norden vor als bei Stromberg oder Waldalgesheim und täuscht so die Lage nahe am Süd-Rand des Rhenoherzynikums vor. Das ergibt sich deutlich, wenn man die Taunuskamm-Soonwald-Überschiebungszone weiter nach Südwesten verfolgt. Sie oder ihr Äquivalent münden in jene große Nordost-Südwest verlaufende Überschiebung ein, die u. a. das Schwerspat-Lager und die Mitteldevon-Gesteine der Eisener Schuppe im Südosten kappt. Damit rückt das Vorkommen von Eisen in eine Position, die im Nordost-Hunsrück nördlich von Soonwald und Lützelsoon, zu suchen ist. Krebs (1970) korrelierte das Vorkommen über das „Winterbacher Synklinorium" und die Vorkommen von Stromberg, Waldalgesheim und Bingen mit jenen im südöstlichen Taunus. Das Vorkommen bei Eisen gehört jedoch trotz seiner mehrfach betonten starken tektonischen Beanspruchung nicht zur Metamorphen Zone am Südost-Rand des Hunsrücks bzw. ihres unmittelbaren nördlichen Umfeldes. Das nächste, zur Metamorphen Zone gehörende Vorkommen liegt wesentlich weiter im Südwesten bei Düppenweiler im Saarland. Somit ist auch Dittmar's (1996) Ansicht, dass bei Eisen die Fortsetzung der „Phyllit-Zone" (Metamorphe Zone;) liegt, strikt zurückzuweisen.

Zur Schwerspat-Lagerstätte Grube „Korb" bei Eisen/Saarland. In den Rahmen, der für das Givet nachgezeichnet werden kann, gehört auch der Schwerspat-Körper der ehem. Grube „Korb" bei Eisen. Die Lagerstätte lag etwa 2 km nördlich dieses Ortsteils von Nohfelden im Saarland, nahe der Grenze zu Rheinland-Pfalz (Bl. 6308 Birkenfeld-West).

Das Bergwerkseigentum wurde 1913 an die Familie Korb verliehen, in deren Besitz es bis 1961 verblieb. In diesem Zeitraum ging dort ein recht unregelmäßiger Bergbau auf Eisen- und Mangan-Erz, Schwefel und Schwerspat um. Ab 1961 baute die Fa. Reinshagen-Nachfolger, Oberlinxweiler, zuerst im Tagebau, später im Untertagebetrieb, Schwerspat ab. 1974 übernahm die Fa. Feldhaus-Schwerspatgrube GmbH, Schmallenberg, den Betrieb und baute den Schwerspat bis zur völligen Erschöpfung der Vorräte ab. Die endgültige Stilllegung erfolgte im Oktober 1989.

Die Grube „Korb" fand wiederholt wissenschaftliches Interesse (u. a. Schömer 1952a, Mihm 1968a, G. Müller div. Arbeiten bis 1982, R. Hoffmann 1966, Krebs 1970, Gwosdz et al. 1974), da hier im Laufe des Abbaus eine Schichtenfolge von Oberems bis Unterkarbon erschlossen wurde, die im weiteren Umkreis keine Entsprechung hat. Die Genese des Schwerspat-Vorkommens blieb jedoch umstritten und reichte von einem stratiformen Schwerspat-Lager, über eine Gang- bis zu einer metasomatischen Verdrängungs-Lagerstätte. Maßgebend für diese äußerst kontroverse Diskussion waren vor allem die stark tektonisch gestörten Verhältnisse. Sie wurden wiederholt in Frage gestellt, letztlich jedoch von G. Müller & Stoppel (1981) und Stets & Stoppel (1998) anhand zahlreicher Conodonten-Proben und einer Analyse der kleintektonischen Verhältnisse diskutiert. Alle Daten sprechen für eine schichtgebundene, syngenetisch-sedimentäre Bildung mit metasomatischer Überprägung. Offensichtlich wurden hier primär sedimentäre Kontakte tektonisch überprägt und der starre, kompetente Schwerspatkörper in den ohnehin verschuppten Schichtverband tektonisch eingeschlichtet. Hinzu kommt, dass offensichtlich $BaSO_4$ sekundär mobilisiert wurde und Karbonat lokal metasomatisch verdrängte.

Die Behandlung des Schwerspatkörpers in Zusammenhang mit der Beschreibung des Oberen Mitteldevons erscheint logisch, da er syngenetisch in dieser Zeit entstand, wie sich aus der tektonischen Analyse ergab. Bei aller kleinräumigen tektonischen Verschuppung zeigt sich im Querprofil durch das ehem. Grubengebäude bei nahezu saigerer Schichtlagerung eine generell nach Südosten gerichtete Verjüngung innerhalb des Schichtverbandes. Er beginnt innerhalb der Schuppe im Nordwesten mit Tonschiefern, eingelagerten Karbonat-Bänken und umgewandelten Tuffen und Tuffiten des Oberems nordwestlich des Schwerspat-Körpers. Diese Abfolge reicht bis in das Mitteldevon. Darauf folgt der Schwerspat-Körper selbst. Südöstlich daran schließt sich der verschuppte Riffschutt-Körper an, der vom Mitteldevon bis in das Oberdevon reicht. Darüber folgt eine gut geschichtete Kalk-Folge mit Mergel- und Tonschiefer-Einlagerungen. Sie reicht bis in das obere Oberdevon, vielleicht sogar bis in das Unterkarbon. Es muss jedoch betont werden, dass diese Abfolge nur in groben Zügen gilt. G. Müller (1982) erklärte wiederholt, dass in dieser Abfolge tektonische Verdopplungen vorkommen und wies auch auf Schichtausfälle hin, seien sie primär oder aber tektonisch bedingt. Damit ist die stratigraphische Situation der ehemaligen Lagerstätte und ihres Umfeldes im Einzelnen komplizierter; trotzdem muss ausdrücklich betont werden, dass sie nicht „chaotisch" ist, wie beim Abgleiten eines großen Olistostromes an einem Kontinental-Rand zu erwarten wäre (Dittmar 1996). Aus der tektonischen Situation drängt sich die syngenetische Entstehung im Mitteldevon auf, wenngleich eine sicher „begründete Aussage über das Alter der Schwerspatbildung bislang unmöglich" scheint (Stets & Stoppel 1998).

Der Schwerspat besteht aus zwei Varianten:

Der **„graue" Schwerspat** ist derb und enthält hohe Baryt-Gehalte, außerdem Pyrit; im tektonisch Liegenden (im Nordwesten) wurde der Schwerspat-Körper von 2–3 m mächtigen Tonschiefern und „kieseligen" Gesteinen begleitet, die außer Baryt und Pyrit Fluorit, Zinkblende und Bleiglanz führten (G. Müller 1982). Krahn (1988) beschrieb den im Liegenden des Schwerspatkörpers gefundenen Pyrit als massive, max. 0,6–0,8 m mächtige Bänke. U. d. M. besteht der Pyrit aus 5–40 µm großen Framboiden, die alle Übergänge von isolierten Kügelchen bis „locker aufgebauten Pyrit-Aggregaten, die durch Rekristallisation aus Framboiden entstanden sind" aufweisen. Untergeordnet wurden auch bis 25 µm große idiomorphe Kristalle beobachtet. Im Niveau der Pyrit-Bänke kommt auch Fluorit vor. Auf Klüften und Rissen wurden Sulfide – Bleiglanz und Zinkblende –, auf Rissen im Bleiglanz wiederum Fahlerz, Bournonit und Kupferkies beobachtet, der auch als Zwickelfüllung im Fluorit und als orientierte Lamellen in der Zinkblende auftritt. Aus dem unteren Abschnitt der „grauen" Baryt-Fazies erwähnte Krahn (1988) bis 0,45 m mächtige Pyrit-Bänke mit lokaler Blei-Zink-Erzführung. Sulfide treten auch fein verteilt im „grauen" Schwerspat auf; davon konnte er Pyrit und Bleiglanz definitiv ausmachen. Auch im Baryt bildete der Pyrit bis 20 µm messende Framboide, poröse Framboid-Aggregate und idiomorphe Kristalle. Die übrigen Sulfide bilden eher Imprägnationen, Riss- und Hohlraumfüllungen. Hier bestehen deutliche Parallelen zur Vererzung des „Neuen Lagers" auf der Lagerstätte Rammelsberg/Oberharz. Jüngere Kluftfüllungen, die wahrscheinlich einer post-variszischen Mineralisation zuzuordnen sind, enthielten als wichtigste Minerale Bleiglanz, Zinkblende, Fahlerz, Zinnober, Kupferkies, Pyrit, Baryt, Dolomit und Kalzit.

Der **„bunte" Schwerspat** trat immer zusammen mit hohen Anteilen an Karbonaten und Karbonatgestein auf. Anteile an Hämatit führten zur „bunten" Färbung. Im Gegensatz zur „grauen" Varietät waren Sulfide (Pyrit, Bleiglanz, Zinkblende) selten.

Das Vorkommen beider Spat-Varietäten war regelmäßig und übersichtlich. Teilweise waren beide Varietäten scharf voneinander getrennt, teilweise gingen sie auch ineinander über. Der „graue" Spat wurde bevorzugt in den oberen Sohlen der Grube abgebaut und erstreckte sich von dort entlang der Nordwest-Flanke nach unten, auskeilend zur Tiefe. Der „bunte" Spat hatte seine Hauptverbreitung auf den unteren Sohlen, am Südwest- und am Nordost-Rand des Schwerspat-Körpers. Diese Schwerspat-Varietät war meist grobspätig. Von beiden

Varietäten sollte die graue als primär-sedimentär angesehen werden. Hierfür sprechen abgesehen von der allgemeinen Graufärbung eine hell/grau-Bänderung im Spat, eine Pyrit-Bänderung, Pyrit-Sphäroide, „Tonschnüre", gerundete Quarz-Einzelkörner wahrscheinlich sedimentären Ursprungs, ein geringer Strontium-Gehalt und die Spurenmetall-Verteilung im Spat. Hofmann (1966) und Krebs (1970) zogen Vorläufer-Pyritlagen und -knollen, ebenso Baryt-Knollen in den Tonschiefern nordwestlich des Schwerspat-Körpers als weitere Argumente hinzu. Diese Pyrite waren besonders auf den tieferen Sohlen und dort, wo der Baryt-Körper unterfahren wurde – zuletzt auf der 8. Sohle – häufig.

Stets & Stoppel (1998) argumentierten mit der Ausrichtung des Schwerspat-Körpers mehr oder minder parallel zur Schichtlagerung der begleitenden Sedimente sowohl nordwestlich als auch südöstlich des Schwerspatkörpers, was auf eine deutliche Konkordanz des Körpers mit dem Nebengestein hinweist. Bei genauerer Beobachtung zeigt sich jedoch bei aller „quasi"-Parallelität zur Schichtlagerung, dass spitzwinklig zum Streichen des Körpers schon auf kurze seitliche Erstreckung unterschiedlich alte Gesteine von Oberems bis Adorf mit scharfem Kontakt an das Schwerspat-Lager grenzen. Die Schichtverbände nordwestlich und südöstlich des Schwerspatkörpers sind stark in sich verschuppt und bedingen diesen Sachverhalt. Hinzu kommt, dass auch angelöste Karbonat-Gesteine, die mit Schwerspat durchsetzt sind, in den randlichen Partien auftreten. Das war besonders in den tiefen Sohlen beim „bunten" Spat deutlich und spricht für die metasomatische Verdrängung.

Außerdem muss damit gerechnet werden, dass $BaSO_4$ mobilisiert oder auch post-variszisch von außen zugeführt wurde, was zu der metasomatischen Verdrängung von Karbonat durch „bunten" Spat führte. Die tektonische Beanspruchung des Schwerspat-Körpers führte partiell zu erheblicher Brekziierung, erneuter Bindung und Durchtrümerung mit sekundärem Spat. Auch Verdrängungsgefüge im Karbonat, lokale Spatfällung parallel und diskonform zur Schieferung im Nebengestein, unregelmäßige „Putzen" und Linsen sowie geringmächtige Gangbildung sprechen dafür. U. a. erwähnte Mihm (1968a) „bis zu 10 cm große weiße oder klare Schwerspattafeln, die mit größter Wahrscheinlichkeit sekundär gebildet worden sind". Diese und klare Kristalle auf verheilten Klüften und Rissen im deformierten Nebengestein können schwerlich zur sedimentären Schwerspat-Generation zählen. Hinzu kommt die Verheilung von „grauem" durch „bunten Spat". Auch sie zeigt metasomatische Zusammenhänge auf (G. Müller 1982b).

Zur Entstehung des Lagers ergibt sich, dass der sedimentäre Ursprung des Baryt-Körpers mit der Fällung von „grauem" Baryt im Mitteldevon angesetzt werden sollte; dafür sprechen nicht zuletzt die „Vorläufer-Pyrite" (bezogen auf die Baryt-Fällung) im unmittelbaren Liegenden (nordwestlich) des Schwerspat-Körpers. Ein Zeitpunkt für die metasomatische Überprägung, d. h. die Bildung des „bunten" Baryts ist nicht eindeutig anzugeben. Es erscheint möglich, dass sie im Zusammenhang mit der variszischen Deformation und Mobilisierung von Spat bzw. zu einem post-variszischen Zeitpunkt erfolgte; für zirkulierende epigenetische Lösungen sprechen u. a. Vorkommen von Baryt auf Klüften im Taunusquarzit oder von Baryt in Toneisenstein-Geoden des Rotliegend in der Tongrube Sötern westlich der Ortschaft Eisen.

Die Form des Schwerspat-Körpers zeigte erhebliche Unregelmäßigkeiten mit zwei Schwerpunkten im Grubenfeld. Im Bereich der 3. Sohle und zwischen der 5. und 7. Sohle erreichte der Schwerspat-Körper seine größte Länge im Streichen mit 125 m (oben) und etwa 110 m (unten) in Nordost-Südwest-Erstreckung. Seine größten Mächtigkeiten wurden mit 18 m auf der 2. Sohle und mit mehr als 12 m unterhalb der 5. Sohle angefahren. Im Einfallen nach SE, erreichte er eine Ausdehnung zur Teufe von mehr als 250 m. Die größte Längserstreckung lag damit nicht parallel zum Streichen und zur Ausrichtung der tektonischen Strukturen sondern senkrecht dazu. Hinzu kommt, dass zwischen der 4. und der 5. Sohle die Mächtigkeit sich auf <2 m verringerte, was beinahe zur vorzeitigen Aufgabe des Bergbaus geführt hätte.

2.4 Oberdevon

Gesicherte Oberdevon-Schichten wurden nur im Süd- und Südost-Hunsrück nachgewiesen. Da mit Makrofossilien bisher kein sicherer Nachweis gelang, erbrachte erst die auf Conodonten basierende Gliederung den Durchbruch. Das gilt für die „Stromberger Mulde", das „Winterbacher Synklinorium" und die Schichten in der ehem. Grube „Korb" nördlich Eisen/Saarland. Mittmeyer (2008: 181) bezog Bierther's „Serien" in die „Metamorphe Zone (Schiefergebirgs-Südrand)" ein und zitierte ähnliche Alter. Mit Ausnahme des „Kirn-Phyllit" (Vorsoonwald-Serie: Bierther 1941) gehören „Kallenfels"- und „Hahnenbach-Gruppe" jedoch nicht zur Metamorphen Zone, wie Werte der Vitrinit-Reflexion (Ecke et al. 1985, Holl 1985) zeigen.

2.4.1 Südost-Hunsrück („Stromberger Mulde")

In der „Stromberger Mulde" gelang es D. E. Meyer (1970) erstmals, ein vollständiges Profil des Oberdevons von der Adorf- bis zur Wocklum-Stufe (do_{I-VI}) nachzuweisen. Davor hatten seit Mitte des 19. Jahrhunderts nur lithostratigraphische Analogien, besonders im Gebiet südöstlich des givetischen Massenkalks den Verdacht genährt, dass hier oberdevonische Schichtverbände vorhanden seien. Mit Hilfe zahlreicher Conodonten-Funde gelang jedoch der gesicherte Nachweis von Oberdevon in diesem Gebiet.

2.4.1.1 Adorf-Stufe (do_I)

Schichten der Adorf-Stufe konnte D. E. Meyer (1970) in weiter Verbreitung in der Umgebung von Stromberg und im Guldenbach-Tal nachweisen. Sehr nahe lag die Möglichkeit, oberdevonische Schichten im Hangenden des Stromberger Massenkalks zu finden, d. h. auf der ehemaligen Riff-Schwelle, die sich von Stromberg über Waldalgesheim nach Bingerbrück erstreckte. Aber auch aus dem nördlichen Fazies-Bereich lieferten Korallen- und Bank-Kalke teilweise reiche Conodonten-Faunen.

Süd-Fazies. Zwei Positionen sind aus der Schwellenposition zu nennen: Blaugraue, gut gebankte, relativ reine Kalke im ehem. Steinbruch südlich Warmsroth lieferten außer Fossildetritus eine individuenreiche Conodonten-Fauna mit Unterarten von *Polygnathus asymmetricus*. Der <50 m mächtige Schichtverband aus Crinoiden-Korallen-Schuttkalken gehört in die untere Adorf-Stufe (*asymmetricus*-Zone, $do_{I\alpha}$. Bandel & D. E. Meyer 1975). Die mit 5–10 m aufgeschlossenen Kalke des Stromberger Riff-Komplexes enthalten eckige, jedoch auch gerundete biogene Relikte jeglicher Art und Größe, die meist in der Matrix (z. T. bis 70%) schwimmen. Bestimmbare Bioklasten stammten von Crinoiden, ästigen und knolligen tabulaten Korallen, rugosen Einzelkorallen und Stromatoporen. Außerdem fanden sich vereinzelt Fragmente von Gastropoden, Zweischalern, Bryozoen und Trilobiten. Manche Bioklasten waren angebohrt oder auch randlich von mikritischen Säumen umgeben, die auf Algenumkrustung schließen lassen. Diese Kalke entstanden unter vollmarinen, optimalen Lebensbedingungen. Die z. T. eckigen Klasten weisen auf eine Einbettung quasi noch am oder unweit vom Lebensort ohne wesentlichen Transport hin. Die hauptsächlichen Riffbewohner, Crinoiden und Korallen zeigen, dass die Lebensbedingungen in der Adorf-Stufe jenen zu Beginn der Riff-Bildung in der oberen Eifel-Stufe glichen. Das weist auch darauf hin, dass das Riff im unteren Oberdevon wieder unter größerer, jedoch auch energiereicherer Wasserbedeckung stand als das Algen-Riff im Givet. Wahrscheinlich gehören auch die obersten Abschnitte des Stromberger Massenkalks in das tiefe Oberdevon, obgleich der Nachweis dafür noch aussteht. Hell-olivgrüne Tonschiefer, die nur wenige Meter oberhalb der Kalke anstanden, lieferten eine Makrofauna mit schwer bestimmbaren Styliolinen, Gastropoden, Bivalvia, mehreren Brachiopoden, Korallen und mit Crinoiden-Stielgliedern. Einen stratigraphischen Hinweis gaben die Styliolinen, die bereits im mittleren Oberdevon ausstarben. D. E. Meyer (1970) nahm daher an, dass der Stromberger Kalk nur bis in die untere Adorf-Stufe hinauf reicht. Allerdings fehlen den Tonschiefern jegliche Einlagerungen von kalkigen oder dolomitischen Bänken oder Linsen, obwohl sie fast unmittelbar auf die Kalke folgen. Damit muss offen bleiben, wie groß der Anteil an tief oberdevonischen Schichten ist. Die Befunde zeigen, dass die Schwelle mit ihrer Karbonat-Fazies zumindest bis in die Adorf-Stufe reicht. Das gilt für den gesamten Riff-Komplex, wo schon bald über den Kalken die tonig-schiefrige Fazies einsetzt, und anzeigt, dass dem Riff-Wachstum wohl noch in der Adorf-Stufe ein Ende gesetzt wurde.

Nord-Fazies. Auch nördlich der Riff-Schwelle gelangen zahlreiche Nachweise: Milde dunkle Tonschiefer mit Kalk-Linsen am Hüttenkopf, ca. 1,7 km nordwestlich Stromberg wurden von früheren Bearbeitern recht unterschiedlich, jedoch nie paläontologisch begründet, eingestuft; die Alter reichten von Unterems- (Bierther 1955) bis Eifel-Stufe (Beyenburg 1930). D. E. Meyer (1970) konnte sie mittels Conodonten in die untere Adorf-Stufe (obere *hermanni-cristatus*- bis untere *asymmetricus*-Zone) einstufen; in diesem Schichtverband kommen recht häufig bis wenige dm mächtige Linsen hell- bis dunkelblaugrauer Kalke vor; sie sind teilweise feinkörnig, teilweise enthalten sie jedoch auch eine deutliche bioklastische Komponente in Form von Crinoiden-Schill; dieses Vorkommen wird im Hangenden durch eine Überschiebung begrenzt.

Am nördlichen Hüttenkopf fanden sich oberhalb der Bundesstraße (bei km 13,045) erste echte Grauwacken. Sie gehören zu einer Wechselfolge milder, z. T. auch sandiger oder „Schwarzschiefern" ähnlicher Tonschiefer mit geringmächtigen Einschaltungen grauer, zuweilen schwach kalkiger quarzitischer Sandsteine, stärker sandiger oder auch verkieselter Schiefer sowie dünnplattiger, auch linsenförmiger, hellgrauer feinkristalliner blaugrauer Kalke; Conodonten-Funde ergaben eine Einordnung in die untere Adorf-Stufe (tiefere *asymmetricus*-Zone); das ist insofern wichtig, als damit das erste Auftreten echter Grauwacken im tiefen Oberdevon des Hunsrücks vorliegt. Diesen Grauwacken enthaltenden Schichtverband konnte D. E. Meyer vom Fahrweg zum Füllenbacherhof auf der rechten Seite des Guldenbach-Tales nach Nordosten über den Schneidmühlen-Berg südlich Daxweiler bis in das Welschbach-Tal verfolgen. Die Grauwacken besitzen einen hohen Gehalt an Feldspat- und Gesteinsbruchstücken, sind meist recht matrixreich und zeigen Ähnlichkeiten mit der Gießener Grauwacke am Ostrand des Schiefergebirges; während letztere dort als Decke vorliegen, sind die tief oberdevonischen Grauwacken des südöstlichen Hunsrücks geringmächtig und in die oberdevonische Schichtenfolge konkordant eingelagert. Weiter im Norden gehören südlich des ehem. Bahnhofs Stromberger Neuhütte auf der rechten Talseite gegenüber der Eichmühle anstehende milde, gebänderte, blauschwarze Tonschiefer mit eingelagerten geringmächtigen, sandigen Lagen und dunkel blaugrauen, feinkörnigen, bioklastischen Kalken in die untere Adorf-Stufe; die nahe Lage zum Taunusquarzit an der Stromberger Neuhütte ließ ältere Autoren sie zum Hunsrückschiefer (u. a. Kutscher 1937, Solle 1950, Bierther 1955) oder zum Unterems (Beyenburg 1930, 1932) stellen. Eine außerordentlich arten- und individuenreiche Conodonten-Fauna gestattete D. E. Meyer (1970) die sichere Einstufung in die Adorf-Stufe (mittlere *asymmetricus*-Zone). Auch hier sind außer unreinen, matrixreichen quarzitischen Sandsteinen und hellgrauen Quarziten feldspatführende Grauwacken in der Schichtenfolge enthalten neben bis 20 cm mächtigen schwarzen Dolomit-Linsen und Alaunschiefern.

Einen ähnlichen Schichtverband, allerdings ohne gesicherten Altersnachweis fand D. E. Meyer (1970) westnordwestlich der Junkermühle an der Straße nach Seibersbach und am Talhang östlich der Eichmühle; Grauwacken-Bänke sind in diesen Schichten relativ selten; sie sind deutlich gebankt, teilweise kalkig und werden bis 55 cm mächtig.

Bandel & D. E. Meyer (1975) zählten die kalkigen Einlagerungen aus dem vorwiegend tonig-schiefrigen nördlichen Faziesbereich zu den Beckenkalken; Proben stammen vom Hüttenkopf (B 50, 1,7 km nordwestlich Stromberg), vom nördlichen Abhang des Hüttenkopfes (B 50, 30–35 m nordöstlich km 13,045) und von der Eichmühle (westliches Bachufer, 250 m südöstlich des ehem. Bahnhofs Stromberger Neuhütte); überall handelte es sich um linsenförmige bis plattige Kalke in sandarmen, dunkelgrauen Tonschiefern mit quarzitischen Lagen. Im Gegensatz zu den Proben südlich Warmsroth ist bei diesen Kalken die bioklastische Komponente unterschiedlich gut sortiert; z. T. fehlt sie, und die Kalke sind dann meist deutlich geschichtet. Offensichtlich stammt die klastische Komponente von dem weiter südlich gelegenen Riff-Körper. Crinoiden-Reste und Bruchstücke ästiger Korallen liegen vermehrt in den der Schwelle näheren Partien. In den jüngeren Kalken herrscht „Zerreibsel" von Skelettteilen bis in Sandkorngröße vor. Offensichtlich handelt es sich hierbei um das Produkt von Trübeströmen, die in dem der Schwelle nördlich vorgelagerten Becken zum Absatz kamen. Darauf deutet u. a. auch eine deutliche Gradierung (fining-up) hin. Andere, bituminöse, Pyrit führende Kalke mit Feinschichtung jedoch ohne biogene Komponente sprechen für zeitweise euxinische Verhältnisse im nördlichen Becken.

Generell ergibt sich damit für den nördlichen Faziesbereich in der Adorf-Stufe eine allgemein tonige Beckenfazies. Abgesehen von einzelnen sandigen und quarzitischen Bänken sind die Grauwacken wichtig. Sie sind offensichtlich auf diesen Faziesbereich nördlich der Stromberger Riffschwelle beschränkt. Bei den nördlichen Vorkommen bei Seibersbach und am ehem. Bahnhof Stromberger Neuhütte wird der sehr enge Kontakt zum Taunusquarzit am ehesten durch eine im Streichen des Gebirges liegende Rücküberschiebung erklärt.

Zu erwähnen bleibt noch ein jüngeres Vorkommen, das in die mittlere bis obere Adorf-Stufe (oberste *gigas*- bis untere *triangularis*-Zone) gehört und am Mühlenberg bei Daxweiler, ca. 50 m nordöstlich der Bundesstraße 50 (km 13,870) liegt. Es besteht aus dunkelgrauen, sandarmen Tonschiefern. Eingelagert sind matrixreiche Grauwacken und eine etwa 0,95 m mächtige Kalkbank.

In der unteren Hälfte besteht diese Bank aus hell rötlichgrauem Kalk, die obere Hälfte ist im Grundton hellgrau, zeigt jedoch auch hellrötliche bis weißgraue Flecken. Diese hellgrauen Kalke sind deutlich feinschichtig. Sie enthält schon mit bloßem Auge erkennbare kleine Cephalopoden und Styliolinen; diese Kalke sind nach Bandel & D. E. Meyer (1975) Styliolinen-Radiolarien-Mikrite; kleinwüchsige, durchschnittlich 1,5–3 mm lange Styliolinen nehmen 10–20 Vol.-% des Gesteins ein; außerdem sind Radiolarien häufig, deren Gehäuse kalzitisiert sind; auch Ostrakoden wurden in ein- und zweiklappiger Erhaltung gefunden; hinzu kommen sehr dünnschalige Gastropoden, kleinwüchsige rugose Korallen, Reste von Goniatiten, Nautiloideen, Echinodermata und Trilobiten; die Echinodermen-Fragmente sind teilweise angebohrt; die länglichen Styliolinen zeigen keinerlei Einregelung, obwohl sie selbst bei leichter Strömung dazu prädestiniert sind; auch fehlt diesen Kalken eine Schichtung; die Styliolinen gehören zur Gruppe *Homoctenus tenuicinetus-H. ultimus*, die in der oberen Adorf-Stufe aussterben (Bandel & D. E. Meyer 1975). Der obere Abschnitt der Bank besteht aus biomikritischem Goniatiten-Kalk mit Stromatactis-Strukturen; sie erreichen mehrere mm bis cm; die Füllung besteht unten meist aus feinkörnigem Sediment, oben aus Sparit und bilden sich im Subtidal; hier sind sie mit ihrer längsten Achse meist parallel zur Schichtung ausgerichtet; die Hohlraumfüllung besteht häufig aus sekundär gebildetem weißem klarem Kalzit; manche Exemplare weisen aber auch ein Geopetal-Gefüge auf, das an der Basis mit feinschichtigem Mikrit beginnt, auf dem Kalzit-Kristallrasen aufsitzen, die in einen Hohlraum hinein gewachsen sind; manche Hohlräume zeigen auch eine schichtige Anordnung mehrerer solcher Mikrit-Lagen mit Kristallrasen, andere sind von mehreren Positionen aus nach innen gleichmäßig gewachsen; in diesem grauen Kalk fanden sich zahlreiche, meist recht kleinwüchsige Goniatiten, außerdem Orthoceren- und Trilobiten-Reste, Echinodermen-Fragmente, zartschalige Gastropoden, Klasten zartschaliger Zweiklapper, Radiolarien und Conodonten; im Gegensatz zum unteren Abschnitt fehlen im oberen Styliolinen völlig.

Diese Beckenkalke entstanden offensichtlich unter sehr ruhigen Bedingungen im offenen Meer unter „Tiefwasser"-Bedingungen. Auf diese weisen auch die zartschaligen und kleinwüchsigen Mollusken hin. Außerdem wurden beide Kalk-Varietäten von wühlendem Benthos teilweise entschichtet, was wiederum sauerstoffreiche Bedingungen bis in die oberen Lagen des Meeresbodens anzeigt.

Weitere Vorkommen. D. E. Meyer (1970) gelang darüber hinaus der erste Nachweis von Schichten der Adorf-Stufe südlich der Fustenburg-Schuppenzone in der nordöstlichen Verlängerung des „Winterbacher Synklinoriums" nahe am Guldenbach, ein Fund, der jede der bisherigen lithostratigraphischen Korrelationen dieses Gebietes in Frage stellte. Geringmächtige, plattige bis flach linsige, helle, dolomitische Kalke liegen in einem sehr feinkörnigen Schichtverband dunkler phyllitischer Schiefer am Steyerbach südwestlich Eckenroth. Sie lieferten eine Conodonten-Fauna mit *Palmatolepis martenbergensis* und gestatteten die Einstufung in die mittlere *asymmetricus*- bis tiefe *gigas*-Zone.

Der schiefrige Schichtverband mit diesen dolomitischen Kalken, der einen großen flächenhaften Ausstrich aufweist und in dem auch das „Kristallin"-Vorkommen von Schweppenhausen liegt, unterlag den unterschiedlichsten Alterseinstufungen von Silur (Beyenburg 1930), über Gedinne (Asselberghs & Henke 1935), Hunsrückschiefer (u. a. Michels 1930, H.-H. Werner 1950, 1952, Rösing 1960) bis Ems (Bierther 1953, 1955). Nach dem Conodonten-Fund hielt D. E. Meyer (1970) eine weitere Verbreitung von Schichten des Oberdevons in diesem Gebiet für möglich.

Aufgrund der Lithofazies hielt D. E. Meyer weitere Vorkommen oberdevonischer Schichten u. a. in Alaunschiefern am Osthang des Nickenberges südwestlich des ehem. Bahnhofs Schweppenhausen, südlich der Straße nach Eckenroth und in den Weinbergen des Steyer-Berges durchaus für möglich. Lithologische Hinweise geben hier Alaunschiefer, eingekieselte Schiefer, Kieselschiefer und geringmächtige Kalk-Lagen. Auch in dem Gebiet östlich des Guldenbach-Tales lassen dunkle, schwach feinsandige Schiefer südlich des Schnake-Berges nördlich Schweppenhausen, ähnliche Schiefer am Süd-Abhang der Altenburg nördlich Waldlaubersheim und weiter im Süden bei Münster-Sarmsheim Vermutungen auf tief oberdevonische Schichten zu. Generell ergibt sich eine einheitliche Beckenfazies hier im Süden, in dem Kalke und auch Grauwacken selten sind oder vollständig fehlen.

2.4.1.2 Nehden- und Hemberg-Stufe (do_{II-IV})

Im nördlichen Abschnitt der „Stromberger Mulde" treten mehrfach, z. T. stark tektonisch gestörte Vorkommen mitteloberdevonischer Schichtverbände mit Kalk-Tonschiefer-Wechselfolgen zu Tage. Sie liegen meist im Hangenden der vorstehend aufgeführten Adorf-Vorkommen (D. E. Meyer 1970):

Im Gebiet unweit des ehem. Bahnhofes Stromberger Neuhütte im Talhang östlich der Eichmühle, vom Mühlenberg südlich Daxweiler oberhalb der B 50 (km 13,9), im Welschbach- und im Seibersbach-Tal sind in milde bis schwach feinsandige, gebänderte dunkle Tonschiefer unterschiedlich mächtige Kalke in Form von Bänken, Lagen oder Knollen (z. T. vergesellschaftet mit kalkig-mergeligen Tonschiefern), Bänke echter Grauwacken und auch Feldspat führender Tonschiefer eingelagert. Hinzu kommen wenige geringmächtige Bänke aus Quarzit, u. a. auch schwarze Quarzite. Am Mühlenberg wurde aus einer 25 cm mächtigen Kalkbank eine Conodonten-Fauna geborgen, die obere Nehden- bis untere Hemberg-Stufe (*rhomboidea*- bis *velifera*-Zone) auswies.

Südlich dieser Vorkommen zieht ein weiterer Kalk-/Tonschiefer-Zug von der westlichen Talflanke des Guldenbaches gegenüber vom Hüttenkopf in das untere Seibersbach-Tal; in die dunklen Tonschiefer sind hier dünnbankige, z. T. linsige, ziemlich reine und feinkörnige hellgraue Kalke vom Typ der sauerländischen „Kramenzel-Kalke“ im Wechsel mit mergeligen Tonschiefern eingelagert; erstaunlicherweise trifft man diese Kalke mit ihren typischen Knollenlagen über das Schiefergebirge hinaus immer wieder in oberdevonischen Schichtverbänden ähnlichen Alters an; allerdings handelt es sich hierbei um eine typische Lithofazies, nicht um eine stratigraphisch einsetzbare Größe; untergeordnet kommen in den genannten Vorkommen auch gröber kristalline, dunkle, plattige Kalke mit Crinoiden-Schill vor; dieser Schichtverband lieferte Conodonten aus der mittleren Nehden-Stufe (*crepida-crepida*-Zone); im Hangenden folgen im unmittelbaren Anschluss dunkle Tonschiefer mit geringmächtigen sandigen Lagen und Kieselgallen; in diesen Schichtverband sind allenthalben Bänke gröberer echter Grauwacken eingeschaltet, die darauf hinweisen, dass im nördlichen Faziesraum weiter sandiger, wenig aufbereiteter Detritus von einem noch zu diskutierenden Hochgebiet angeliefert wurde; aus diesem Schichtverband beschrieb D. E. Meyer (1970) vom Nord-Ufer der Talsperre im unteren Seibersbach-Tal einen in der Aufsicht dreieckigen und mehrere m^3 großen Kalkklotz, dessen längste Kante fast 8 m misst, anstehend in den oberdevonischen Tonschiefern; dieser Olistolith besteht zum größten Teil aus einem Fossiltrümmerkalk mit zahlreichen Fragmenten von Crinoiden, auch Crinoiden-Stielgliedern in gesteinsbildender Menge, Gastropoden, Resten von tabulaten Korallen und Stromatoporen. Außerdem entdeckte D. E. Meyer am westlichen Ende des Blockes ein Massenvorkommen des großwüchsigen Pentameriden *Zdimir rhenanus*, der nur aus dem Mitteldevon bekannt ist und nicht bis in das Oberdevon hinein reicht; Litho- und Biofazies von Block und Nebengestein stehen sich kontrastierend gegenüber: Crinoiden-Brachiopoden-Korallen-Riffschuttkalke des gut durchlüfteten, energiereichen Flachmeeres aus dem Mitteldevon in Beckensedimenten des Subtidals mit einer Oberdevon-Fauna.

Karbonatpetrographische Untersuchungen (Bandel & D. E. Meyer 1975) an beiden Fazies führten zu folgendem Ergebnis: Für die Beckenfazies wurden „Kramenzelkalke“ und dunkelgraue bis schwärzliche Kalke untersucht aus dem Vorkommen gegenüber vom Hüttenkopf; der „Kramenzelkalk“ hat eine Mächtigkeit von 1,9–2,5 m und besteht aus bis zu 5 cm mächtigen, hell- bis mittelgrauen, knollig-linsigen Kalklagen; in den hellgrauen biomikritischen Knollenkalken fehlen größere Biogene bzw. deren Fragmente; dagegen treten Radiolarien, Ostrakoden und Trilobiten-Reste auf; der Kalk zeigt keine Feinschichtung, so dass der Schluss naheliegt, dass diese hellen Kalke unter energiearmen Bedingungen im tieferen Wasser bei vollmarinen Bedingungen abgelagert wurden; bei dem dunklen plattigen, etwa 10 cm mächtigen Kalk ist eine deutliche Schichtung zu erkennen; die untere Partie, die grobkörnig als Biosparit ausgebildet ist, geht zum Hangenden in einen mikritischen Kalk über; er enthält bis zu 5 mm messende Echinodermen-Fragmente, Bruchstücke von ästigen tabulaten Korallen und Stromatoporen; die Echinodermen-Fragmente sind teilweise angebohrt und haben mikritische Säume; die dunkle Farbe des Kalkes ist bedingt durch Pyrit und organische Substanz; diese Bank entstand wahrscheinlich aus dem Eintrag von organischem Detritus über einen Trübestrom; diese beiden gegensätzlichen Lithofazies der Kalke entsprechen sich hinsichtlich ihres Ablagerungs-, nicht ihres Herkunftsortes.

Bei der Fazies des Kalk-Olistolithen vom Nord-Ufer der Talsperre am Seibersbach handelt es sich um einen reinen Crinoiden-Korallen-Biosparit mit sowohl mikritischer als auch sparitischer Matrix (Bandel & D.-E. Meyer 1975). Die meist eckigen, schlecht sortierten biogenen Fragmente stammen von Crinoiden (1–10 mm Größe), ästigen tabulaten Korallen, polsterförmigen koloniebildenden Korallen der Gattung „*Favosites*“ und *Heliolites*, außerdem seltener von rugosen Einzelkorallen, von Stromatoporen, Brachiopoden, Gastropoden und Trilobiten. Auch hier sind Fragmente von Echinodermen von Mikritsäumen umgeben und zeigen Bohrstellen; der Kalk des Olistolithen entspricht dem Riffschutt-Kalk aus Teilen des Stromberger Riffes und muss von dort abgeleitet werden; aufgrund des Reliefs stürzte er offensichtlich vom Randbereich des Riffes, das zu dieser Zeit zumindest in Teilen exponiert gewesen sein muss, ab und glitt in die benachbarten tieferen Becken-Partien ab. Dass Abtragung auch sonst erfolgte, ergibt sich auch aus dem dunklen sparitisch bis mikritischen Kalk in den benachbarten Ton- und Mergelschiefern, die sich aus Trübeströmen bildeten.

So stellt sich die Frage, ob die Stromberger Riff-Schwelle zumindest im Oberdevon exponiert und der Abtragung unterworfen war und ob überhaupt Sedimente des mittleren und höheren Oberdevon auf ihr erwartet werden dürfen. Weder FALKE (1957) noch D. E. MEYER (1970) zeichneten auf ihren Karten an der Grenze des Stromberger Massenkalkes gegen sein Hangendes, d. h. gegen die südöstlich anschließenden Tonschiefer, eine Verwerfung und plädierten so für einen quasi lückenlosen Übergang. D. E. MEYER sprach jedoch davon, „dass auch am Hunsfels keine größere Verwerfung zwischen dem Stromberger Kalk, der mit seinen hangendsten Partien bereits dem Adorf zugerechnet werden darf, und den hgd. Schiefern anzunehmen ist“.

Südöstlich vom Stromberger Kalk ist von der Binger Höhe im Osten, an den Serpentinen der L 214 über den Süd-Hang des Römerberges bis zum Kurhaus Stromberg in mehreren Aufschlüssen ein abwechslungsreicher schiefriger Schichtverband aufgeschlossen, der im nördlichen Fazies-Bereich keine Entsprechung hat. Über eine Conodonten-Fauna aus grünlich verwitternden Tonschiefern am südlichen Abhang des Hunsfels gelang der Nachweis, dass die Tonschiefer zumindest im unteren Abschnitt zur Nehden-Stufe (*crepida-crepida*-Zone; D. E. MEYER 1970) gehören. Wenn die Kalke des Stromberger Kalk in ihrem obersten Abschnitt in die Adorf-Stufe gehören, so sollten keine Zweifel an einem lückenlosen Übergang bestehen. Diese erheben sich nicht zuletzt wegen des bereits diskutierten Olistoliths und der Kalk-Turbidite in der nördlichen Becken-Fazies. Hinzu kommt die gegensätzliche Fazies im südöstlichen Anschluss an den Stromberger Kalk. Der Übergang besteht aus einem einheitlich „schiefrigen“ Schichtverband und zwar aus dunkelgrauen bis blauschwarzen, milden Tonschiefern, milden dunklen, silbriggrau verwitternden, karbonatfreien Bänderschiefern, Rotschiefer-Lagen und Partien „apfelgrüner“ und olivgrüner Tonschiefer, blauschwarzen bis blaugrauen und rötlichen, z. T. gebänderten Kieselschiefern, echten Alaunschiefern mit dünnen Kieselschiefer-Lagen, einem geringmächtigen (ca. 20 cm) Roteisenerz-Flözchen sowie Bänderschiefern mit Pyrit-Lagen.

Dieser Schichtverband steht typisch kontrastierend dem nördlichen Faziesbereich gegenüber, da er weder kalkige Sedimente noch echte Grauwacken und kaum sandig-quarzitische Einschaltungen aufweist, dafür jedoch Bunte Schiefer, besonders Rotschiefer und Kieselschiefer als typische Begleitsedimente. Dieses ist sicherlich nicht die Fazies einer untergetauchten Schwelle, sondern gehört einer Beckenfazies an, die weder Beziehungen zum nördlichen Faziesraum noch zum Riff hatte. In diesem Ablagerungsraum findet sich auch kein Detritus von der Stromberg-Waldalgesheim-Binger Riffschwelle.

Unmittelbar südöstlich davon schließt sich ein von der 1. Kehre der L 214 (von Waldalgesheim kommend) in den Unterlauf des Welschbaches reichender und von dort durch das Stadtgebiet von Stromberg und weiter südlich des Kurhauses zum Schießstand verlaufender schmaler zweiter „schiefriger“ Schichtverband an. Er ist als langgestreckter schmaler Keil von im Streichen des Gebirges liegenden Überschiebungen begrenzt. Altershinweise fehlen aus diesem Schichtverband. Er besteht aus dunkel- bis olivgrauen, grünlichgelb verwitternden, milden bis schwach feinsandigen Tonschiefern mit Einschaltungen von Alaunschiefern, roten und „apfelgrünen“ Schiefern, Bänderschiefern, schwarzen Kieselschiefern, grünlichgrauen Feinsandsteinen und einer Lage von schwarzem Quarzit. Außerdem finden sich ein keratophyrischer Eruptivgesteins-Körper und eventuell dessen Tuffe darin. Dieser Schichtverband ähnelt dem vorhergehenden so weitgehend, dass wohl ein gleiches bis ähnliches Alter angenommen werden darf. Insbesondere die für die Schichten südlich des Hunsfels typischen geringmächtigen Einlagerungen von Bänder-, Rot- und Kieselschiefern sprechen zumindest für ähnliche Bildungsbedingungen, ebenso wie das Fehlen jeglicher Kalke und echten Grauwacken. Allein die sandigen Einschaltungen, die zum Hangenden an Häufigkeit geringfügig zunehmen, weichen davon ab. D. E. Meyer (1970) hielt auch ein jüngeres Alter für möglich, das über die Hemberg-Stufe hinausgeht.

Aus der weiter im Süden liegenden Schweppenhausener Schuppenzone sind, abgesehen von der Adorf-Fauna bei Eckenroth, bisher keine Altersnachweise bekannt. Jüngere oberdevonische Schichten sollten jedoch in dem einheitlich phyllitisch-schiefrigen Schichtverband nicht ausgeschlossen werden. Nach der lithofaziellen Ausbildung lassen sich diese Schichten gut an den Schichtverband südöstlich des Stromberger Kalkes anschließen. Auch sie enthalten Einschaltungen von bunten Schiefern und Alaunschiefern.

Danach trennt die Stromberger Schwelle zwei unterschiedliche Becken und bildet eine deutliche Fazies-Scheide. Der südliche Trog ist mit zahlreichen Keratophyr-Vorkommen ein deutlich stärker mobilisierter Bereich, der zudem noch mehrere Überschiebungen aufzuweisen hat. Es kann hier mit einer früh angelegten Störungszone gerechnet werden.

2.4.1.3 Dasberg- und Wocklum-Stufe ($do_{V\text{-}VI}$)

Schichten des oberen Oberdevons ($do_{V\text{-}VI}$) sind in der „Stromberger Mulde“ überall dort im Hangenden zu vermuten, wo schon ältere oberdevonische Schichten nachgewiesen wurden. Das gilt für das nördliche Fazies-Gebiet, das Hangende des Stromberger Kalks und in der Verlängerung der Schweppenhausener Schuppenzone nach Nordosten. Nachweise gelangen D. E. Meyer (1970) allerdings nur im nördlichen Fazies-Raum; in den beiden anderen besteht zumindest berechtigter Verdacht.

Im Guldenbach-Tal quert ein relativ breiter, in sich verschuppter Streifen hoch oberdevonischer, vielleicht bis in das Unterkarbon reichender „Schiefer“ das Tal ober- und unterhalb der Junkermühle, westlich und südwestlich Daxweiler. Es handelt sich auch hier wieder um milde dunkle Tonschiefer mit Einschaltungen von bankigen und linsigen Kalken und geschieferten Mergelkalken, linsenförmigen schwarzen Dolomit-Bänken, echten Grauwacken und i. a. geringmächtigen hellen Quarziten.

Hinzu kommt am Mühlenberg eine 5–10 m mächtige Bankfolge von hellgrauen Quarziten und fossilführenden Kalksandsteinen, die eine Makrofauna mit typisch „rheinischen“ Formen geliefert hat. Sie besteht aus Bellerophontiden, *Nuculites* sp., *Chonetes semiradiatus*, *Chonetes* sp. und Spiriferen. Diese Bankfolge ist eng mit dem echte Grauwacken enthaltenden oberdevonischen Schichtverband vergesellschaftet. Das Alter der umgebenden Schichten konnte D. E. Meyer (1970) an mehreren Stellen mit Hilfe von Conodonten auf höchstes Oberdevon, evtl. mit Übergang zu tiefstem Unterkarbon festlegen. Hierfür stehen *Palmatolepis gonioclymeniae*, *P. trigonicus* und *Spatognathodus supremus*.

In dieser hochoberdevonischen, evtl. tief unterkarbonischen wechselhaften „Schiefer“-Folge fand sich am Mühlenberg oberhalb der L 214 (km 13,845) erneut ein mehr als 1 m^3 umfassender Olistolith. Er besteht aus mitteldevonischem, sehr reinem, hellgrau bis rötlichen Kalkstein, der – wie im Seibersbach-Tal – reich an *Zdimir rhenanus* ist. Dieser Pentameriden-Kalkstein geht seitlich in Crinoiden-Kalkstein mit Korallen über. Dieser Fund zeigt, dass bis in das höchste Oberdevon hinein Partien an der Nord-Seite des Stromberg-Waldalgesheim-Binger Riff-Körpers abgetragen wurden. Da es sich nicht um Algen-Riff-Kalke handelt, sollte der Block aus den randlichen Partien Riffs herrühren.

Nach Bandel & D. E. Meyer (1975) sind die hoch oberdevonischen Becken-Kalke in den dunklen Tonschiefern im wesentlich feinkörnige, mikritische bis sparitische Kalke mit undeutlicher Schichtung. In der Regel enthalten sie außer wenigen Ostrakoden und Radiolarien kaum biogene Reste. Nur zwei Kalk-Bänke aus dem jüngsten oberdevonischen

Schichtverband – es sind wahrscheinlich hier die jüngsten Kalke überhaupt – enthalten Reste von dünnschaligen Gastropoden, Orthoceren, Goniatiten, von Crinoiden und Trilobiten. Sie ähneln damit den älteren oberdevonischen Becken-Kalken im Norden. Allerdings kommt ein erhöhter siliziklastischer Eintrag in Form von Quarz-Einzelkörnern und Ton-Partikeln hinzu. Diese jüngsten oberdevonischen Kalke der mittleren bis oberen *costatus*-Zone entstanden offensichtlich aus sehr gut sortierten Schlämmen in vollmariner Umgebung im offenen Meer. Dünnschaliges Plankton und Nektonten sind ein hinreichender Nachweis. Detritus von Echinodermen und Korallen, die energiereichere Bereiche besiedeln, fehlt völlig oder tritt in den Hintergrund. Die Aktivität von Endobenthonten zeigt, dass auch das Substrat am Meeresboden – zumindest zeitweise – ausreichende Lebensbedingungen bot.

Im Gegensatz dazu erwiesen sich die Olistolithe in dieser Schichtenfolge als Biogenschuttkalke mit überwiegend mikritischer Matrix. Die Schalen der Pentameriden liegen dicht gepackt. Hinzu kommen regellos angeordnete Reste von Crinoiden, gröbere Trümmer von tabulaten Korallen (*Heliolites*, „*Favosites*") und rugosen Einzelkorallen. Auffallend schlechte Sortierung weist auf mangelnden Transport und Einbettung in der Nähe der Abbruchstelle hin. Auch hier fallen Umkrustungen von Biogenen und Bioklasten sowie Anbohrungen und randliche Anlösung ins Auge. Die Form der Blöcke in der andersartigen, schiefrigen Umgebung und ihre Lithofazies weisen sie als Olistolithe aus randlich exponierten Partien des mitteldevonischen Riffes aus, die in das nördlich vorgelagerte Becken abglitten. Sie sind nach der Fazies identisch mit dem bereits früher beschriebenen Olistolith. Eine Ableitung dieser Blöcke „aus dem höheren Abschnitt des Crinoiden-Horizontes des Stromberger Kalkes (ob. Eifel-Stufe)" (Bandel & D. E. Meyer 1975) erscheint schwierig. Auch wurde versucht, die Meerestiefe im Becken über Fazies und Mächtigkeit zu errechnen. Die Autoren gingen davon aus, dass der Riff-Komplex bis unter die Wellenbasis versenkt war, die Abbruchstelle an der inzwischen versteilten Nord-Flanke des Riff-Körpers in den oberen Eifeler Crinoiden-Kalken lag und ein Transportweg von ca. 3 km bei einer Hangneigung von 10–20° bestand. Daraus ergibt sich eine Meerestiefe zwischen 1600–1700 m (bei 20°) bzw. 1 050–1100 m (bei 10°) am seinerzeitigen Ablagerungsort. Diese Tiefe erscheint allerdings sehr hoch und verringert sich, wenn man die Bedingungen geringfügig ändert. Nimmt man an, dass die obermitteldevonischen Algenriff-Kalke am nördlichen Rand zum Becken hin durch Crinoiden-Brachiopoden-Riffschutt-Kalke vertreten wurden, muss nicht die gesamte Algenkalk-Mächtigkeit von ca. 300–400 m in die Rechnung eingesetzt werden. Untermeerisches Abgleiten beginnt ab 2° Hangneigung bei Wassersättigung des unterliegenden Substrats, so dass auch daraus eine geringere Wassertiefe am Ablagerungsort resultiert. Schwer kalkulierbar ist der Anteil syngenetischer Tektonik am Nord-Rand des Riffes. Geschätzte Paläowassertiefen lägen zwar immer noch bei 500 m je nach Höhe von Abbruchstelle und Hangneigung, erscheinen jedoch weniger gewaltig. Ein Unterschied zu den Crinoiden-Brachiopoden-Kalken in den Steinbrüchen liegt in hellerer Farbe der Kalke der Blöcke und einem höheren Anteil an Pentameriden. Dass allochthone Riff-Kalk-Blöcke in den oberdevonischen Sedimenten keine Ausnahme sind, zeigten Bandel & D. E. Meyer (1975) am Beispiel von Rollblöcken im „fore reef-Bereich" im Oberdevon des Canning Basin in West-Australien bei Hangneigungen von 10° bis 35° und Rollweiten bis 4 km.

Für die Bildung derartiger Blöcke kann eine Spaltenbildung entlang von Schwellenrand parallelen Verwerfungszonen (Bandel & E. D. Meyer 1975.) vermutet werden. Dort mögen Seebeben den jeweiligen Absturz ausgelöst haben. Diese Deutung ist berechtigt, da das Riff wahrscheinlich in einer Hochposition nahe einer Verwerfung lag, die das nördliche Teilbecken von der Schwelle trennte. Daraus erklärt sich, warum Blöcke und auch Turbidite bevorzugt in dem nördlichen Teilbecken gefunden werden. Bandel & D. E. Meyer vermuten eine mögliche Einkippung des Riff-Körpers in südliche Richtung. Diese ließe eine Exposition von Riff-Material bei gleichzeitiger Überdeckung mit Sediment im Süden zu.

2.4.2 Süd-Hunsrück (Simmer(Kellen) und Hahnenbach-Tal)

Oberdevon-Schichten wurden von Berger et al. (1991) erstmals aus den Schichten des „Winterbacher Synklinoriums" im Simmer(Kellen)- und Hahnenbach-Tal beschrieben. Sie galten als Teil der "Metamorphen Zone des Hunsrück-Süd-Randes" (u. a. Biertherr 1941, H.-H. Werner 1950). Nach unserer Auffassung gehören sie zu einer Schuppe, die südöstlich der Störungszone liegt, auf der im Hahnenbach-Profil das Kristallin von Wartenstein sitzt, und reichen nach Südosten bis zum unteren Wiesbachtal südlich Brauweiler (Bl. 6110 Gemünden, 6111 Simmern). Erst dort setzt die eigentliche Metamorphe Zone mit Phylliten und geschieferten Metabasiten ein. Biertherr bezeichnete den heute zum Oberdevon zählenden Schichtverband im Hahnenbach-Tal als „Hahnenbach-Serie"(Mittmeyer 2008: Hahnenbach-Gruppe).

Die oberdevonischen Faunen stammen von folgenden Fundpunkten: Die ältesten Faunen lieferte ein Schichtverband am linken Ufer des Simmer(Kellen)baches gegenüber von Heinzenberg; aus Kalkbänkchen in phyllitisch glänzenden Tonschiefern mit Grauwackenbänkchen und Lagern von effusiven Diabas-Mandelsteinen wurde eine Conodonten-Fauna geborgen, die u. a. *Polygnathus asymmetricus asymmetricus* enthielt; damit ist eine sichere Einstufung in die Adorf-Stufe gegeben; diese Fauna belegt weiter, dass auch hier die ersten echten Grauwacken in der Adorf-Stufe einsetzen. Aus einem südlich des dortigen Diabas-Mandelsteins liegenden Schichtverband mit bunten Schiefern, linsenförmigen Kalkbänken und echten Grauwacken wurden auf beiden Flanken von Simmer(Kellen)- und im Hahnenbach-Tal auf der rechten Flanke südöstlich vom Schloss Wartenstein an drei Positionen teilweise reiche Conodonten-Faunen mit *Palmatolepis rhomboidea* geborgen, die eine Einstufung in die Nehden-Stufe (*rhomboidea*-Zone, do_{IIbeta}) gestatteten. In die gleiche Position gehört auch eine kleine Fauna unmittelbar südöstlich des Gneis vom Wartenstein südwestlich unterhalb Oberhausen; mit *Palmatolepis glabria* und einem fraglichen *P. crepida* sollte die Einstufung in ein tieferes Niveau der Nehden-Stufe gesichert sein. Ein Oberdevon-Alter (ob. Famenne) konnte auch Winkelmann (1997) an vier Proben in Tonschiefern der Hahnenbach-Serie zwischen der Abzweigung zum Schloss Wartenstein und der Ortschaft Kallenfels im Hahnenbach-Tal bestimmen. Die Zuordnung zur „Metamorphen Zone des Süd-Hunsrücks" wird hier jedoch abgelehnt. Ein auf dem rechten Talhang des Simmer(Kellen) bach-Tales schräg gegenüber der Heinzerather Gesellschaftsmühle (nördlich Karlshof; Bl. 6110 Gemünden) liegender Fundpunkt in dunkelgrauen bis graugrünlichen phyllitisch glänzenden Tonschiefern mit bis 1 m mächtigen Alaunschiefern, dunklen Kieselschiefern und vereinzelten geringmächtigen Grünschiefern lieferte in einer Kalkknolle die jüngste Conodonten-Fauna, u. a. mit *Palmatolepis gonioclymeniae* und *P. gracilis sigmoidalis*; sie gehört in die Wocklum-Stufe (obere *expansa*- bis untere *präsulcata*-Zone).

Damit ist im Simmer(Kellen)bach-Profil ein fast durchgehender, wahrscheinlich nahezu vollständiger oberdevonischer Schichtverband in einer Ausstrichbreite von 1 km nachgewiesen, der bis in das Unterkarbon hinein reichen kann. Südöstlich daran schließt sich im Hahnenbach-Tal ein mächtiger Zug von Serizitphylliten und Meta-Basiten („Grünschiefern") an, die „Vorsoonwald-Serie" (Biertherr 1941). Aus strukturellen Überlegungen haben Berger et al. (1991) diesen Schichtverband dem Unterkarbon zugeschlagen. Sie sahen in ihm Äquivalente von Kulm-Tonschiefer und Deckdiabas des Unterkarbons im östlichen Rheinischen Schiefergebirge (Dill-Mulde).

Diese Funde zeigen, dass der zwischen dem Gneis vom Wartenstein, bzw. zwischen dem ihn im Nordwesten begleitenden Zug unterdevonischer Gesteine, und den Phylliten und Meta-Basiten der Metamorphen Zone („Vorsoonwald-Serie") liegende, relativ einheitlich schiefrige Schichtverband ausschließlich oberdevonische Alter aufweist. Er verjüngt sich konsequent nach Südosten. Seine lithofazielle Ausbildung erinnert in Zügen zwar an Bunte Schiefer des Gedinne im Guldenbach-Tal (südlich Stromberg: Süd-Fazies). Insbesondere die Rotschiefer, die am Fahrweg zum Schloss Wartenstein vom Hahnenbach-Tal aus anstehen, trugen zu dieser Irritation bei. In seiner lithofaziellen Ausbildung und altersmäßigen Zuordnung sollte dieser Schichtverband eher der nördlich der Stromberger Schwelle gelegenen Beckenfazies des Oberdevons entsprechen. Eine Anbindung im Streichen an die Vorkommen nördlich Stromberg gelingt nicht, eher jedoch an die Schweppenhausener Schuppenzone.

Hinweise auf eine stärkere Verschuppung geben widersprüchliche palynologische Befunde. Eine Acritarchen- und Sporen-Assoziation aus den „Serien des Hunsrücksüdrandes" südlich des Gneis vom Wartenstein aus Tonschiefern der „Hahnenbach-Serie", wurde in die tiefere Oberems-Stufe (Riegel 1979) gestellt. Funde aus der südlich gelegenen „Vorsoonwald-Serie" ergaben ähnliche Alter. Drei Proben aus den Meta-Peliten der „Vorsoonwald-Serie" südlich Cramersmühle nördlich Kirn ergaben im Gegensatz zu Reitz (1989) oberes Famenne (Winkelmann 1997). Wegen der Widersprüche ist die Positionierung der Serizit-Phyllite der „Vorsoonwald-Serie" in das Unterkarbon ebenso mit Vorbehalten zu betrachten wie eine Einstufung in das Ordoviz (D. E. Meyer & Nagel 2001).

Aus dem kartierten Ausstrich des oberdevonischen Schichtverbandes bei Berger et al. (1991) ergibt sich eine Ausstrichbreite von ca. 1 km senkrecht zum Streichen. Sie entspricht der bei H. H. Werner (1950). Bei nahezu saigerer Schichtlagerung ergibt sich daraus eine Mächtigkeit von ca. 1000 m für die Schichten des Oberdevons incl. geringer Anteile an evtl. unterkarbonischen Schichten. Das entspricht einem Zeitraum von ca. 23 Ma (STD 2002) und bedeutet eine sehr geringe Sedimentationsrate, die sich allerdings wegen der intensiven tektonischen Deformation nicht in Zahlen ausdrücken lässt. Die von Dittmar (1996) für seine bilanzierte Profilkonstruktion angenommene Gesamtmächtigkeit von etwa 1630 m (Adorf u. Nehden ca. 1000 m, Hemberg u. Dasberg ca. 200 m, Wocklum ca. 130 m, evtl. Unterkarbon ca. 300 m) erscheint demgegenüber viel zu hoch und ist im Hahnenbach-Profil nicht unterzubringen, wo außerdem noch Quarzite hinzu kommen.

Die recht unübersichtliche oberdevonische Schichtenfolge bei und nördlich Heinzenberg, die eine erhebliche tektonische Beanspruchung aufweist, wurde von Dittmar (1996) nicht nur tektonisch gedeutet. Es schien ihm „eher plausibel, dass die weitgehende Auflösung des Schichtverbandes (...) schon synsedimentär durch eine Umlagerung und Resedimentation der Klastite verursacht oder eingeleitet wurde, und die Mélange bei Heinzenberg deshalb primär als Olisthostrom (...) bzw. „debris flow"-Bildung zu deuten ist". Einen weiteren Hinweis dafür sah er darin, dass die Adorf-Fauna bei Heinzenberg von mehreren Nehden-Faunen-Fundpunkten umgeben ist und schloss daraus, dass „die Kalklinsen des Givet/Adorf-Grenzbereichs (...) als Resedimente in eine Schichtfolge der Nehden-Stufe" eingeschaltet seien. Die Deutung einzelner Komplexe als Olisthostrome mag durchaus plausibel erscheinen, obwohl dort kein Zusammenhang mit einer Schwelle herzustellen ist.

Allerdings befindet sich das Gebiet nördlich Heinzenberg im Bereich der großen Störungszone, die in der Spur des Gneis-Schürflings vom Wartenstein liegt. Das eventuelle Olisthostrom jedoch mit einem Abgleiten „im Bereich des SE'rhenoherzynischen Kontinentalhanges" (Dittmar 1996) in Zusammenhang zu bringen, erscheint äußerst gewagt, da die im Sediment dokumentierten Daten kaum Hinweise dafür geben. Das gilt auch für die Aussage, „dass während der Nehden-Stufe vom SE-Rand des Sedimentationsraumes der (späteren, Anm. d. Verf.) Soonwald-Einheit" nicht nur tief ober- und mitteldevonische Schichtglieder, sondern lokal auch unterdevonische Gesteine „in den Beckenteil der späteren Phyllit-Zone abglitten". Es sollte beachtet werden, dass das Gebiet des Süd-Hunsrück-Troges im Oberdevon – wie im Guldenbach-Profil in sich tektonisch in Teilbecken und –schwellen gegliedert und später einer tektonischen Deformation mit intensiver Verschuppung unterworfen war. Dabei spielten synsedimentär angelegte Verwerfungen als Vorzeichnungen eine erhebliche Rolle. Dass Dittmar's Deutung einer Ablagerung im Bereich eines Kontinentalhanges unberechtigt ist, zeigen nicht zuletzt die Conodonten-Faunen. Weder die Nehden-Faunen noch die älteren zeigen Spuren einer Aufarbeitung und Umlagerung mit Beteiligung von Geisterfaunen, wie z. B. von G. Müller & Stoppel (1981) am Beispiel der Grube „Korb“ bei Eisen aufgezeigt wurde. Gegen die Position an einem Kontinentalhang sprechen auch die im Südhunsrück-Trog dokumentierten, relativ geringen Mächtigkeiten. Seismische Profile an heutigen Kontinentalrändern zeigen gerade dort sehr große Mächtigkeiten. Sollte die Resedimentation am Fuß des Kontinentalhanges, d. h. im oder nahe dem Tiefsee-Bereich erfolgt sein, setzt das Meerestiefen von 1500 bis 3500 m und Tiefsee-Sedimente voraus, für die hier keine Anhaltspunkte vorliegen. Es bleibt also nur, Dittmar's paläogeographische Aussage auf eine übliche Umlagerung im Bereich einer syngenetisch wirksamen Verwerfung im Südhunsrück-Trog zurückzustufen.

Erwähnt werden müssen noch mehrere Proben (Winkelmann 1997) östlich Schloss Dhaun im Simmer(Kellen)bach-Tal, außerdem östlich von Seesbach im Hoxbachtal unweit der Straßenabzweigung nach Pferdsfeld aus Metapeliten (Serizit-Schiefern) der Metamorphen Zone („Vorsoonwald-Serie“) und nordwestlich Winterburg. Vier Proben erbrachten bei z. T. mäßiger Fossilführung ausschließlich obere Famenne-Alter. Diese Funde sollten, ähnlich jenen im Hahnenbach-Tal südlich Cramersmühle, mit Vorsicht betrachtet werden. Winkelmann schlug selbst eine neue engere Probennahme in diesem tektonisch stark verschuppten Bereich mit Gesteinen sehr ähnlicher Lithofazies vor. Mitteldevonische Palynomorpha fehlen in allen, z. T. weit auseinander liegenden Fundpunkten. Insgesamt ergab sich ein reichhaltiges Spektrum aus Sporen und Acritarchen mit leitenden Formen, die sich oberdevonischen Biozonen zuordnen lassen wie *Retispora lepidophyta*, *Cyrtospora cristifer*, *Diducites*-Arten, *Hymenozonotriletes explanata* und *Rugospora flexuosa*. Hinzu kommen acantomorphe Acritarchen, die die Ablagerung in einem marinen Ökosystem anzeigen. Winkelmann ging von einem relativ küstennahen Bildungsbereich aus, der „jedoch küstenferner als der Ablagerungsraum der unterdevonischen Sedimente der M. Z. (Metamorphe Zone.) gewesen sei. Auf eine größere Küstennähe im Unterdevon wurde aus der Vergesellschaftung von Sporen mit Acritarchen, Prasinophyta, Scolecodonten und Chitzinozoen geschlossen. Außerdem sollte das Vorhandensein von pflanzlichem Detritus in den Mazerationspräparaten ein deutlicher Hinweis sein. Eine derartige paläogeographische Prognose macht bei den derzeitigen paläogeographischen Vorstellungen sowohl für das höhere Unterdevon als auch für das Famenne im Süd-Hunsrück Schwierigkeiten.

2.4.3 Südwest-Hunsrück (Eisen/Saarland)

Erste Hinweise auf oberdevonische Schichten ergaben sich hier 1969 durch Krebs. Frühere Vorstellungen gingen davon aus, dass es sich hier um „Kalk- und Dolomit-Bänke im Hunsrückschiefer“ handele (Nöring 1939). So hatte noch R. Hofmann (1966) den Schwerspatkörper als eine lokale konkordante Einschaltung im Hunsrückschiefer des oberen Siegen bis Unterems angesehen. Krebs (1970) unterschied eine Rifffazies aus Echinodermen-Schutt-Kalken, deren Alter er noch nicht ausmachen konnte, von einer eher pelagischen Fazies aus dunklen Tonschiefern und hell- bis dunkelgrauen dichten Kalken mit Tentakuliten und Ostrakoden, die den Becken-Kalken im Guldenbach-Tal (nördlicher Faziesbereich) ähnlich sahen. Für diese Becken-Kalke in der ehem.Grube „Korb“ ergab sich aufgrund von *Ancyrognathus triangularis*, *Palmatolepis triangularis*, *P. minuta* und *P. subperlobata* ein Adorf- bis Nehden-Alter (do_I-do_{II}). G. Müller (1977a) gelang in schwarzen, bituminösen Tonschiefern und in stark zerscherten Kalken mit Resten von Cephalopoden, Gastropoden, Zweischalern, Echinodermen und Trilobiten der Nachweis von „Kellwasserkalk“ ($do_{I\gamma}$-$do_{I\delta}$).

In dem stark karbonatischen Schichtverband im Hangenden des Schwerspatkörpers bis zur Überschiebung im Südosten gelangen G. Müller & Stoppel (1981) weitere Nachweise von Oberdevon mittels Conodonten. Trotz der starken internen Verschuppung ergab sich in dieser karbonatischen Schichtenfolge südöstlich der mitteldevonischen Riffschutt-Kalke eine stete Verjüngung, so dass der Verdacht besteht, dass diese Schichtenfolge in karbonatischer Fazies bis in das Unterkarbon hineinreicht. Einen groben Überblick über diese Schichtenfolge versuchte G. Müller schon 1977. Über der givetischen Riffschutt-Kalk-Fazies folgt ein Schichtverband aus Tonschiefern mit Kalkbänken, die u. a. Styliolinen enthalten. Damit ist ihr Alter auf höchstes mittleres Oberdevon fixiert. Im Hangenden folgt eine Wechselfolge aus dunklen Kalken und Tonschiefern zu etwa gleichen Anteilen. Aus dieser Abfolge ergaben sich mehrere sichere Altersdatierungen (det. Stoppel 1981):

- Graue Kalke, reich an Crinoiden-Resten und lithofaziell noch den Riffschutt-Kalken entsprechend, lieferten eine Conodonten-Fauna aus dem unteren Abschnitt der Adorf-Stufe (obere *herrmanni-cristatus*-Zone, $do_{I\alpha}$); allerdings fehlen in dieser Fauna – wahrscheinlich aus ökologischen Gründen – Formen der Gattungen *Palmatolepis* und *Polygnathus;* immerhin gilt nach dieser Probe, dass auch im Hochwald das Riffwachstum bis in das untere Oberdevon hinein reichte.
- Hellbräunliche und graue, gut geschichtete Kalke, die noch Styliolinen enthielten und auch dicht waren, enthielten reiche Conodonten-Funde aus der unteren bis mittleren Adorf-Stufe (untere bis mittlere *asymmetricus*-Zone bis obere *triangularis*-Zone). In diesen Proben fehlte bereits der Einfluss des nahen Riffs, so dass es wohl bereits so tief lag, dass Riffwachstum bereits unterbunden war und eher Kalke tieferen Wassers zur Ablagerung kamen.
- Deutlicher wird diese Tendenz bei zwei Proben aus grauen, teilweise gut geschichteten Kalken aus der höheren Adorf- bis unteren Nehden-Stufe (untere *gigas*- bis obere *triangularis*-Zone).
- Anzeichen von Aufarbeitung und Umlagerung zeigte eine Probe bräunlicher, gut geschichteter, dichter Kalke mit einer Misch-Fauna; sie gehört aufgrund der Conodonten in die obere Nehden-Stufe ($do_{II\beta}$), enthält jedoch mit *Icriodus nodosus*, *Palmatolepis crepida crepida*, *P. triangularis* und *Polygnathus asymmetricus asymmetricus* auch wesentlich ältere Formen, die eine Umlagerung belegen.
- Wieder jüngere Alter erbrachten zwei Proben aus gut geschichteten, leicht flaserigen Kalken mit Formen aus der unteren ($do_{III\alpha}$, obere *mariginifera*-Zone) und oberen Hemberg-Stufe ($do_{III/IV}$, *velifera*-Zone).
- Die jüngste Fauna, die zudem sehr artenreich war, stammte aus gut geschichteten, leicht flaserigen, hellbunten und grauen Kalken mit Formen aus der Wocklum-Stufe (do_{VI}, *costatus*-Zone); auch diese Fauna aus den hellbunten Kalken erwies sich als Mischfauna, die Conodonten aus allen älteren Oberdevon-Stufen enthielt.

Damit gelang der Nachweis eines nahezu kompletten Oberdevon-Profils aus der mit ca. 20 m sehr geringmächtigen Schichtenfolge in der Grube „Korb“ bei Eisen. Auch hier fand das Riff-Wachstum wie auch sonst im Rheinischen Schiefergebirge in der unteren Adorf-Stufe (*asymmetricus*-Zone) plötzlich sein Ende. Der darüber folgende, wahrscheinlich bis in das Unterkarbon reichende Schichtverband erwies sich mit gut gebankten Kalken und zwischengeschalteten Mergelschiefer-Lagen und -Bänken als relativ einförmig. Die Ausbeute an Makrofossilien war gering. Die Erwähnung von Mischfaunen zeigt, dass in der Nähe ältere kalkige Sedimente anstanden und aufgearbeitet wurden. Sie befanden sich offensichtlich noch in energiereicherem marinem Flachwasser. Offensichtlich herrschte hier auch im Oberdevon synsedimentäre „tektonische Unruhe“, die zu bathymetrischen Unterschieden und damit zu Abtragung, Umlagerung und Resedimentation beitrug.

Bei dieser Oberdevon-Abfolge der Grube „Korb“ war für Dittmar (1996) „die Annahme naheliegend, dass die Karbonate eine resedimentierte Abfolge bilden und demnach als Olisthostrom-Sequenz zu deuten sind, (es) dürften aber dennoch die resedimentierten Kalke von dem im NW anzunehmenden ehemaligen Schwellenbereich abgeglitten“ und in tieferem

Wasser zum Absatz gekommen sein. Mit Hilfe tektonischer Untersuchungen konnten STETS & STOPPEL (1998) zeigen, dass der relativ geringmächtige, in sich stark tektonisch verschuppte oberdevonische Schichtverband in der ehem. Grube „Korb" stratigraphisch und tektonisch in sich geordnet und eine Resedimentation als Olisthostrom auszuschließen ist. Der tektonische Bau in der „Eisener Schuppe" entspricht dem seines geologischen Umfeldes. DITTMAR übersah, dass die syngenetisch angelegte Verwerfung, die heute die Eiserner Schuppe im Südosten begrenzt, nicht mit jener gleichzusetzen ist, auf der der „Gneis von Wartenstein" liegt. Die Behauptung, dass die im Simmer(Kellen)bach-Tal als Nordwest-Grenze seiner „Phyllit-Zone" fungierende Verwerfung sich als „offenbar vor allem im Oberdevon (...) wirksame Beckengrenze SW-wärts bis mindestens zur Grube „Korb" im Westhunsrück fortgesetzt zu haben" scheint, kann durch Kartierung widerlegt werden . Vielmehr gilt, dass in dem stark kondensierten Oberdevon-Profil der ehem. Grube „Korb" sich durch Conodonten-Funde belegte Aufarbeitungs- und Resedimentationsvorgänge in der Nähe einer Schwelle abbilden. Diese waren an synsedimentär wirksame, im Streichen des heutigen Gebirges liegende Schollengrenzen gebunden, waren jedoch keine bedeutende Becken-Grenze und standen auch nicht mit einem Kontinentalhang in Verbindung.

2.5 Unterkarbon

Potentielle Gebiete für Unterkarbon-Schichten liegen überall dort, wo jüngstes Oberdevon nachgewiesen wurde. Damit schälen sich wieder jene Gebiete im Guldenbach-Tal, in der Winterbacher Schuppenzone („Winterbacher Synklinorium") und in der Grube „Korb" nördlich Eisen heraus. Leider gelang bis heute der entscheidende paläontologische Nachweis für unterkarbonische Sedimente nicht. Neue Nahrung erhielt die Ansicht eines lückenlosen Schichtverbundes zwischen Oberdevon und Unterkarbon 1976 durch die Ergebnisse der Tief-Bohrung Saar 1 bei Spiesen/Saarland. Dort liegen konkordant und ungestört unterkarbonische auf oberdevonischen Sedimenten. Allerdings liegen beide Gebiete – Süd-Rand des Hunsrücks und Lokation der Saar 1 – nicht in vergleichbarer geotektonischer Position.

2.5.1 Guldenbach-Profil

Im Profil des Guldenbach-Tales konnte D. E. MEYER (1970) mehrere Positionen für das mögliche Auffinden von Unterkarbon-Sedimenten auffinden: Am Mühlenberg südlich Daxweiler (Bl. 6012 Stromberg) liegen oberhalb der L 214 (km 13,9) auf Schichten der Wocklum-Stufe dunkle milde bis schwach sandige Tonschiefer mit wenigen Grauwacken-Bänken; bedingt durch eine im Streichen liegende Aufschiebung kommen hier nur geringmächtige Ablagerungen des Unterkarbons in Frage. Ähnliches gilt für Tonschiefer oberhalb der L 214 bei km 13,8 und am Mühlenberg bei km 13,72; dort folgen über oberdevonischen Schichten fast ausschließlich dunkle, sehr milde Tonschiefer, die an der Abzweigung nach Daxweiler in Alaunschiefer und verkieselte Tonschiefer übergehen; D. E. MEYER hielt eine Parallelisierung mit den Liegenden Alaunschiefern des Unterkarbon (cu_{II}) für möglich; die südlich Daxweiler aufgeschlossenen pyritreichen Schwarz- und Alaunschiefer zeigen verwitterungsbedingt gelbliche Ausblühungen; hinzu kommen Lagen aus schwarzen Kieselschiefer-artigen Gesteinen und kleine Phosphorit-Knollen, wie sie für das Kulm typisch sind. Unterkarbonische Sedimente könnten auch in dem schiefrigen Schichtverband südlich Stromberg am Fuß der Fustenburg enthalten sein, wo allerdings bisher keine Faunen gefunden wurden; es gibt jedoch lithofazielle Ähnlichkeiten mit den potentiellen Unterkarbon-Vorkommen weiter im Norden.

Für die Winterbacher Schuppenzone („Synklinorium") südlich Schweppenhausen dürfte das Gleiche gelten, nachdem bei Eckenroth erstmals dort oberdevonische Schichten nachgewiesen wurden. So könnten hier auch unterkarbonische Schichten in den phyllitischen Tonschiefern vorhanden sein, die bisher nicht paläontologisch nachgewiesen werden konnten.

2.5.2 Simmer(Kellen)- und Hahnenbach-Tal

Ein nächstes potentielles Vorkommen darf im Profil des Simmer(Kellen)bach-Tales nahe der Mündung des Wiesbaches südlich Brauweiler gesucht werden. Von hier gaben Berger et al. (1991) Alaun- und Kieselschiefer an, die zu einem Schichtverband aus dunkelgrauen bis grünlichgrauen phyllitischen Tonschiefern mit bis zu 1 m mächtigen Alaunschiefern mit 1 mm mächtigen Kieselschiefer-Bändern gehören. Mit Hilfe von Conodonten hatte sich dort ein Wocklum-Alter (obere *expansa*- bis untere *präsulcata*-Zone) ergeben. Gegen eine Einstufung der südlich des Wiesbaches anschließenden Phyllite und Grünschiefer („Vorsoonwald-Serie", Bierther 1941) als Äquivalente von unterkarbonischem Deckdiabas und Kulm-Tonschiefern im östlichen Schiefergebirge sprechen die scharfe tektonische Grenze des „Wiesbach-Tal-Mylonits" und Palynomorphen-Funde im Hahnenbach-Tal (Winkelmann 1997).

2.5.3 Südwest-Hunsrück (ehem. Grube „Korb" bei Eisen/ Saarland)

Der bisher einzige Nachweis unterkarbonischer Sedimente im Süd-Hunsrück gelang G. Müller & Stoppel (1981) in der Grube „Korb" nördlich Eisen. Auf der 3. Sohle im weit nach Nordwesten vorgetriebenen Untersuchungsquerschlag Ost 2 stand weit nordwestlich des Schwerspat-Körpers eine etwa 30 m mächtige, relativ milde, dunkelgraue Tonschiefer-Folge an, die den weiter nordwestlich angetroffenen Hunsrückschiefern täuschend ähnlich sah und anfangs auch dafür gehalten wurde. Allerdings enthielt sie im Gegensatz zu echten Hunsrückschiefern keine quarzitischen Einlagerungen sondern zahlreiche dolomitische und/oder sideritische Karbonatbänket. Aus einer dieser Karbonatbänke stammt eine relativ reiche Conodonten-Fauna aus dem Unterkarbon (Tournai 2-Visé 3). Somit herrschte hier bis weit in das mittlere Unterkarbon eine relativ einheitliche, ungestörte Kulm-Fazies, die stratigraphisch den Kulm-Ton- und -Alaunschiefern im östlichen Schiefergebirge entspricht. Zusätzlich konnte Stoppel in dieser Probe auch Conodonten von Adorf- bis Wocklum-Stufe und des Tournai ausmachen. Daraus ergibt sich, dass auch im Unterkarbon in der Nähe erhebliche Aufarbeitung und Resedimentation stattfanden.

Dieses Vorkommen lässt sich aufgrund der tektonisch isolierten Position (Stets & Stoppel 1998) weit nordwestlich des Schwerpat-Körpers räumlich schwer zuzuordnen. Einen Anschluss an die Hunsrückschiefer im Norden mit erheblicher stratigraphischer Lücke mochte Knautz (1992) nicht ausschließen. Diesen Schichtverband als separaten tektonischen Schürfling zu betrachten, erscheint plausibler, da er zusammen mit der „Eisener Schuppe" auf einer bedeutenden tektonischen Schwächezone liegt. Auf ihr befinden sich im Nordosten weitere exotische Schürflinge, wie die Quarzite von Abentheuer und Schwollen . Außerdem kann nicht ausgeschlossen werden, dass auch die Tonschiefer/Karbonat-Wechselfolge im Hangenden der oberdevonischen Riffschutt-Kalke unterhalb der Überschiebung bis in das tiefe Unterkarbon reicht. Ein entsprechender paläontologischer Nachweis konnte bisher nicht geführt werden.

2.5.4 Tief-Bohrung Saar 1

Das nächste sichere Vorkommen von Unterkarbon liegt in der Tief-Bohrung Saar 1 bei Spiesen im Saarland, die entgegen allen seinerzeitigen Vorstellungen über die „Rheinische Geosynklinale“ und die „Mitteldeutsche Schwelle“ ca. 1000 m mächtige mittel-, oberdevonische und unterkarbonische Sedimente erbohrte. Auch hier verschleierten Geisterfaunen in den erbohrten Schichten das einheitliche Bild.

Das zum Unterkarbon gehörende Schichtpaket ist ca. 91 m mächtig und besteht aus Schichten des Tournai (unten) und des Visé (oben): Der Schichtverband des Visé war ca. 56 m mächtig (Teufe: 4664–4720 m) und bestand vornehmlich aus dunkel- bis schwarzgrauen, feinsandigen, glimmer- und pyrithaltigen Tonsteinen und „Alaunschiefern“ mit Lagen mittelgrauer Sandsteine. Die Schichten des Tournai waren 35 m mächtig (Teufe: 4720–4755 m) und ebenfalls aus schwarz- bis mittelgrauen, unterschiedlich sandigen, glimmer- und pyrithaltigen Tonsteinen mit vereinzelten Feinsandstein-Lagen aufgebaut.

Die hier als „Alaunschiefer“ bezeichneten Gesteine sind nicht echt geschiefert. Vielmehr sind es gut geschichtete dunkle Tonsteine („Schiefertone“) mit hohem Gehalt an Pyrit, an kohligen Partikeln und anderer organischer Substanz sowie Phosphorit-Knollen. Der Pyrit kommt in mm mächtigen Lagen oder bis zu 5 cm langen Konkretionen vor; auch einige Kohleschmitzen sind pyritisiert. In diesen Tonsteinen fanden sich einzelne Brachiopoden (Orbiculoidea) und Conodonten, die zur *anchoralis*-Zone gehören (Ober-Tournai). Nach Walliser (1976) waren die auf den Schichtflächen angetroffenen Conodonten z. T. angelöst; im übrigen wichen sie hinsichtlich Verteilungs- und Häufigkeitsmuster nicht von jenen der unterkarbonischen Schichten im östlichen Schiefergebirge und Harz ab. Diese einheitlich dunkle Tonstein-Abfolge liegt auf Kalk- und Tonmergelsteinen des höchsten Oberdevon ohne erkennbare Schichtlücke oder Diskordanz; im Grenzbereich befindet sich ein Aufarbeitungshorizont. Dieser Verband aus Schwarzpeliten wird von einem konglomeratischen Schichtverband überlagert, der den Beginn der permokarbischen, spät-variszischen Schichtenfolge der Molasse des Saar-Nahe-Beckens im Namur anzeigt. Dazwischen liegt eine größere Schichtlücke, jedoch keine Winkeldiskordanz.

Paproth (1976) versuchte eine palökologische Zuordnung dieser Unterkarbon-Sedimente und postulierte, dass die mit der Wende Adorf/Nehden (Frasne/Famenne) einsetzende Vertiefung des Meeresraumes auch hier das Absterben der Oberdevon-Riffe bewirkte und die erhöhte Wassertiefe durch Becken- oder „Tiefschwellen-Sedimente“ repräsentiert sei. Diese Vertiefung sollte jedoch nicht erheblich gewesen sein, so dass die darauf folgende unterkarbonische dunkle Tonstein-Abfolge immer noch in Bereichen relativ flachen Wassers abgelagert wurde. Die Sedimentation der dunklen Pelite sollte u. a. auf eine zunehmende Abschnürung des Sedimentationsraumes hinweisen. Als weitere Faziesindikation galten Einzelindividuen der Orbiculoidea sowie organische Substanz mit kohligen, stängelähnlichen Pflanzenresten. Daraus ergibt sich, dass die Schwarzpelite unter Stillwasserbedingungen entstanden und die Pflanzenreste von einem mehr oder weniger nahe gelegenen Festland eingeschwemmt wurden. Im Gegensatz dazu argumentierte Krebs (1976) aufgrund der Alaunschiefer für zunehmende Wassertiefe.

Das Vorkommen unterkarbonischer Schwarzpelite in der Tief-Bohrung Saar 1 ist zwar nur ein einzelner Punkt in einem weiten, aufschlusslosen Umfeld. Zusammen mit dem Vorkommen von Eisen ergeben sich jedoch wichtige Gemeinsamkeiten, und zwar die Kulm-Fazies und die Aufarbeitung älterer Formationen bis hinunter in das Givet. Damit ist die marine Schwarzpelit-Fazies kein Einzelphänomen in einer Stillwasser-Bucht im unterkarbonischen Meer am Nord-Rand der „Mitteldeutschen Schwelle“. Diese war offensichtlich zu dieser Zeit hier noch nicht aufgetaucht und konnte keinen Detritus für Kulm-Grauwacken wie weiter im Nordosten liefern. Bei Flachmeer-Verhältnissen auf einer Schwelle hätten sich hier eher karbonatische Sedimente in Kohlenkalk-Fazies wie im nordwestlichen Schiefergebirge und in den Ardennen bilden sollen. Es muss daher doch wohl mit einem größeren, einheitlichen Meeresbereich unter der Sturmwellenbasis gerechnet werden. Dort konnten sich – zumindest lokal – euxinische Bedingungen einstellen. Andererseits muss auch mit einem Hochgebiet gerechnet werden, wo durch untermeerische Abtragung und Aufarbeitung ältere Gesteinsverbände bis in givetische erodiert wurden. Dieses Hochgebiet sollte partiell auch landfest gewesen sein und den pflanzlichen Detritus geliefert haben. Es muss also auch hier mit einem in Teilschwellen und -becken gegliederten, syngenetisch tektonischen aktiven Bereich gerechnet werden.

Wie weit die in der Tief-Bohrung Saar 1 überlieferte unterkarbonische Schichtenfolge komplett ist, bleibt offen. Dieses gilt insbesondere, da für die Ablagerung der gut 90 m mächtigen Schichtsäule ca. 32,5 Ma (DSK 2002) zur Verfügung standen. Bei vollständigem Profil wäre dieses ein Beispiel für ein relativ tiefes „Hungerbecken" mit einer Sedimentationsrate von ca. 2,6 mm ka^{-1}. Es bedeutet weiter, dass in der Nachbarschaft kein Gebiet mit deutlichem Relief vorhanden war, von dem größere Mengen an gröberem siliziklastischem Detritus in das Becken eingespeist werden konnten. Generell entspricht diese Situation der von Wierich (1999) entworfenen paläogeographischen Vorstellung von einem der Extension unterworfenen Krustenabschnitt, in dem nur einzelne Hochschollen einer geringfügigen Abtragung unterworfen waren. Eine höhere plutonische Aktivität registrierten Reischmann & Anthes (1996) für den westlich des Rheins gelegenen Abschnitt der „Mitteldeutschen Kristallin-Schwelle". Sie führten die magmatische Aktivität mit einem Maximum bei ca. 334 Ma (Grenze Tournai/Visé: DSK 2002) auf eine nach Norden gerichtete Subduktion und die Schließung des „Saxothuringischen Ozeans" zurück. Eine solche Subduktion wäre jedoch gegenläufig zu der nach Süden gerichteten Subduktion eines „Rhenoherzynischen Ozeans" unter den Saxothuringischen Kontinent-"Splitter", die allerdings Auftrieb und Extension erklären könnte. Die in der Tief-Bohrung Saar 1 unter den mitteldevonischen Schichtverbänden angetroffenen Intrusiva wurden dagegen mit 444 ± 22 Ma (Sommermann & Satir 1993) in den Grenzbereich Ordoviz/Silur datiert, gehörten damit einem prävariszischen Geschehen an.

2.6 Schichtverbände unbekannten Alters

2.6.1 Der „Aufbruch" von Düppenweiler/Saarland

Nordöstlich von Düppenweiler tritt etwa 5 km nördlich des Unterlaufs der Prims und ca. 11 km nordnordöstlich Saarlouis ein lokales eng begrenztes Vorkommen epizonal metamorpher Gesteine aus der umgebenden permokarbonischen Schichtenfolge hervor (Bl. 6506 Reimsbach). Es fällt in den unmittelbaren Bereich der Hunsrück-Südrand-Verwerfung (hier auch: Kirn-Metzer Störungslinie). Das Vorkommen ist allseits von Verwerfungen begrenzt. Nach dem Beanspruchungsgrad der Gesteine gehört es z. T. in die südwestliche Verlängerung der bei Kirn unter Rotliegend-Schichten untergetauchten Gesteine der Metamorphen Zone am Südost-Rand des Hunsrücks.

Die Problematik dieses Vorkommens liegt darin, dass hier auf engstem Raum eine Anzahl unterschiedlicher Gesteine auftritt, die bisher keine oder nur bedingt paläontologische Daten geliefert haben. Sie lassen sich gliedern in den Phyllit-Komplex, den Konglomerat-Komplex und eine permokarbonische Schichtenfolge. Unter der Bezeichnung Phyllit-Komplex wird hier der gesamte, vorwiegend aus grauen Phylliten, untergeordnet auch anderen epimetamorphen Gesteinen aufgebaute Bereich bei der Ortschaft Düppenweiler verstanden. Diese Bezeichnung geht auf einen Vorschlag von Hering et al. (1978) zurück. Bedauerlicherweise sind die Aufschlussverhältnisse sehr schlecht, so dass aus den Tagesaufschlüssen kaum

Aussagen möglich sind. Dieser Darstellung liegen außerdem unveröffentlichte Daten aus dem Zeitraum 1976–1978 zugrunde, die eine genauere Beschreibung des Gesteinsverbandes erlauben (Rehkopf 1969, Hering et al. 1978).

2.6.1.1 Phyllit-Komplex

Erforschungsgeschichte

Die „Grundgebirgsinsel" bei Düppenweiler war schon J. C. L. Schmidt (1826) bekannt. Da weder Steininger (1840) noch andere dieses Vorkommen vor ihm erwähnten, dürfte dieses die erste Nennung sein. Auch Ph. Schmitt (1839) beschrieb in der Nähe eines Rhyolith-Vorkommens am Litermont südlich Düppenweiler rote und grüne „Thonschiefer", „Grauwacken" und einen Dolomit-Gang.

Die erste ausführlichere Beschreibung lieferte Grebe (1889e) bei der Erl. von Bl. Wahlen (heute Bl. 6506 Reimsbach). Er ordnete das etwa 2 × 0,5 km² messende „inselförmige" Vorkommen von Schiefern dem Hunsrückschiefer (Unterdevon) zu und parallelisierte es mit Schichten am Traunbach bei Abentheuer und Buhlenberg. Nach seiner Auflistung besteht dieses Vorkommen aus „dünngeschichteten" blauschwarzen, selten rötlichen Schiefern, auch „dickschiefrigen", zuweilen „Kieselschiefer-artigen" sowie glänzenden Schiefern in Wechselfolge mit schmalen quarzitischen Lagen. Hinzu kommt nahe Düppenweiler ein „Spateisenstein" führender Quarzgang.

Leppla (1904) äußerte Zweifel an Grebe's Ausführungen hinsichtlich des Alters. Er sah in roten, rotgrauen bis grauen Tonschiefern „gewisse Ähnlichkeiten mit bunten Phylliten des Gédinnien und des Vordevons". Hellgrüne, phyllitische Gesteine bis feinschuppige „Glimmerschiefer" – es handelt sich um Serizit-Phyllite – erinnerten ihn an die älteren „vordevonischen Taunusgesteine". Er stellte somit das Konglomerat an die Basis des Devons und dem Poudingue de Fépin im Maas-Tal gleich. Es überdecke in Düppenweiler vordevonische Serien diskordant. Beim Vordevon zog er „die ältesten Schichtgesteine des Kambriums und Silurs" in Betracht. Später (Leppla 1925a) erwähnte er auch schwarze Quarzite und betonte, dass sie „den devonischen Schichtreihen fremd und gewissen cambrischen und noch älteren Gesteinen sehr ähnlich sind", ohne allerdings genauere Bezüge anzugeben.

Eine gründliche Auseinandersetzung mit den Gesteinen von Düppenweiler geht auf Nöring (1939) zurück, ebenso die erste detailliertere geologische Kartenskizze mit der Verbreitung der diversen Gesteine. Allerdings vermied er die Eintragung auch nur einer einzigen Verwerfung. Seine Gesteinsbeschreibung des Phyllit-Komplexes umfasst bunte Phyllite, Kieselschiefer-artige Tonschiefer, Grauwacken, blauschwarze Phyllite, helle und schwarze Quarzite und Kalk neben Eruptiva und kontaktmetamorphen Gesteinen sowie Quarz- und Spateisenstein-Gängen. Damit wurde erstmals das gesamte Inventar erfasst. Bei der Altersstellung schloss er sich Leppla's Vorstellungen an, indem er nicht nur Parallelen zu den „Vortaunus-Gesteinen" und zur „Vorsoonwald-Serie" herstellte, sondern sie auch in die streichende südwestliche Fortsetzung des „Vortaunus" positionierte. Die Quarzite parallelisierte er mit jenen des Revin der Ardennen und die Phyllite mit dem Salm des Massivs von Stavelot, evtl. auch mit dem Tremadoc. Er rechnete mit einer kaledonischen Prägung und späteren tektonischen Verstellung des Phyllit-Komplexes.

Porth (1960) hielt Hauptfaltung, Gefügeprägung und Metamorphose der Phyllite von Düppenweiler für prä-mitteldevonisch, da phyllitische und mit Fältelungslinearen versehene Schiefer als Gerölle und Klasten in dem Konglomerat-Komplex gefunden wurden. Diesen hielt er wie Britz (1954) aufgrund von *Atrypa reticularis* für mitteldevonisch. Somit blieb für den Phyllit-Komplex nur eine kaledonische oder früh-variszische Prägung, wie sie schon Leppla und Nöring postuliert hatten. Allerdings mochte er der Parallelisierung mit Revin- und Salm-Gesteinen der Ardennen nicht folgen, ebenso wenig wie mit metamorphen Serien des

Soonwaldes. Vielmehr fand er gute Übereinstimmung mit Schichtverbänden des „Vordevon“ am Süd-Rand des Taunus und mit Graptolithen führenden Geröllen des Unterkarbon (Kulm-Fazies) in Schiefergebirge und Harz. Er leitete daraus ein eher ordovizisches Alter ab. Später hat PORTH (frdl. mdl. Mitt. 1976) auch eine Zuordnung der Metamorphite zum Unterdevon erwogen und gemeinsam mit HERING et al. (1978) auch eine Parallelisierung mit Gesteinen der Hahnenbach-Serie nicht ausgeschlossen. Er sah hier die Möglichkeit, die tektonischen Ereignisse zwischen Nord-Rand der Mitteldeutschen Schwelle und dem südlichen Schiefergebirge zeitlich einzuengen.

Radiometrische Altersbestimmungen (K/Ar) an Hellglimmern der Phyllite erbrachten Alter für die Schließung der Phyllosilikate von 303 ± 9 Ma (WEBER 1978b; Stefan). Damit ist eine kaledonische Prägung auszuschließen und der Phyllit-Komplex in die variszische Gebirgsbildung einzubinden. Also gehört der Konglomerat-Komplex zu einem wesentlich jüngeren Verband, der an die Oberkarbon/Perm-Schichtenfolge anzuschließen ist und den Phyllit-Komplex in das Devon verweist..

Die hier aufgezeigte Problematik war nicht über die bestehenden Tagesaufschlüsse zu lösen. Zur Klärung wurden zahlreiche Schürfe vorgenommen und in der Zeit Oktober 1975 bis Mai 1976 vier Forschungsbohrungen abgeteuft. Die daraus resultierende Vielzahl der Einzelergebnisse hat nicht unbedingt zur Klärung beigetragen. Sie wird nachfolgend dargestellt unter Verwendung des Materials, das REHKOPF 1969, HERING et al. (1978) und WEHRENS (1985) zusammengetragen haben.

Die Gesteine

Der Phyllit-Komplex von Düppenweiler enthält diverse phyllitische und quarzitische Gesteine, metamorphe „Grauwacken“, Karbonat-Gesteine, Eruptiva und Gangbildungen:

Phyllite. Phyllite nehmen weite Abschnitte der „Grundgebirgsinsel“ ein:

Graue Phyllite. Aufgeschlossen waren sie am Süd-Hang des Mühlenberges bei Düppenweiler und in Runsen und Wasserrissen an der Lokalität „Etzlacker“ im Norden des Vorkommens; es sind graue, z. T. silbergraue, auch grünlichgraue seidig glänzende (Serizit-Neubildung), sehr fein spaltende oder aufblätternde Phyllite; charakteristisch ist die auf Mobilisierung von SiO_2 bei der Schieferung beruhende Bildung von Quarz-Gängchen parallel zur Hauptschieferung (s_1); die linsenförmigen Gängchen erreichen Mächtigkeiten zwischen mm und dm; häufig sind auch derbe Quarzknauern zu finden; eingeschaltet sind stärker sandige Lagen, die zu der schon bei GREBE (1889e) erwähnten „dickschiefrigen“ Ausbildung beitrugen; bei dieser Ausbildung wechseln sandige und serizitische Lagen und Laminae, die teilweise gefältelt sind, miteinander ab; zusätzlich ist Dolomit in feinen Lagen vorhanden, die sich auch zu einer mehr als 1 m mächtigen, gebänderten Dolomit-Bank zusammengeschlossen hatten; u. d. M zeigen die Quarzkörner eine deutliche Regelung. Ihre Längserstreckung folgt der Schieferung. Undulöse Auslöschung der Quarzkörner ist häufig; bei stärkerer Anreicherung von Quarzkörnern zeigen diese innige Verzahnung mit suturierten Korngrenzen; die Glimmer-Lagen bestehen aus einem engen Verband von Serizit; untergeordnet findet sich farbloser bis schwach grünlicher Chlorit (Pennin); akzessorisch wurden detritischer Turmalin und gerundete Zirkon-Körner beobachtet, außerdem Apatit, seltener Epidot, Titanit, Rutil sowie Schüppchen von detritischem Hellglimmer und Biotit; häufig ist auch Pyrit, der mit Quarz gefüllte Streckungshöfe zeigt und bei oberflächennaher Exposition in Brauneisen umgewandelt ist; offensichtlich gebunden an Chlorite ist Brauneisen auch parallel zu den Phyllosilikat-Lagen zu beobachten (HERING et al. 1978).

Blauschwarze Phyllite. Schon NÖRING (1939) erwähnte blauschwarze Phyllite. Nach PORTH (1960) handelt es sich um geringmächtige Lagen in den grauen und graugrünlichen Phylliten, die am Südwest-Hang des Mühlenberges gefunden wurden. Es sind dunkle, sehr feinkörnige, graphitisch glänzende Phyllite, meist ohne Quarz-Ausscheidungen. die eher „dickschiefrigen“ Gesteine sind deutlich gefältelt; u. d. M. ergibt sich eine ähnliche

Mineralvergesellschaftung wie bei den grauen Phylliten, PORTH führte die dunkle Färbung auf einen höheren Gehalt an C_{org} zurück, das insbesondere in den Serizit-Lagen angereichert ist; zusätzlich durchsetzen idiomorphe Karbonat-Rhomboeder (Größe 0,2–0,4 mm) die deutlich parallele Schieferung. Sie bestehen wahrscheinlich aus einem ankeritischen Dolomit, bei Verwitterung entsteht Eisenmulm.

Rötliche Phyllite. An der Nordwest-Grenze des Vorkommens kartierte PORTH (1960) einen schmalen Streifen rötlicher Phyllite; der Mineralgehalt ähnelt jenem der grauen Phyllite; es fehlen allerdings deutliche Quarz-Ausscheidungen parallel zu den s-Flächen; die Färbung dieser Phyllite resultiert aus einer Pigmentierung mit Hämatit. U. d. M. sind es Quarz führende Serizit-Phyllite mit einem höheren Chlorit-Gehalt; sie enthalten s-Flächen parallele Lagen und Laminae aus Feinsand. Schicht- und Schieferungsflächen laufen quasi parallel; diese s-Flächen sind auch intensiv gefältelt.

Quarzite. Die Gruppe der quarzitischen Gesteine tritt deutlich hinter den Phylliten zurück und ist auf Einzelvorkommen oder Blöcke beschränkt. Meist sind es in die Phyllite eingelagerte, stärker sandige Partien, vielleicht auch tektonisch eingeschuppte mächtigere kompetente Schürflinge:

Geschieferte Quarzite. Stark geschieferte Quarzite („quarzitische Schiefer“: PORTH 1960) finden sich in den Phylliten am Mühlenberg; sie unterscheiden sich von ihrem Nebengestein durch eine „dickschiefrige“ bis plattige, ebenflächige Absonderung; ihre bräunlichgelbe bis rotbraune Färbung geht auf verwitterungsbedingte Zersetzung eisenreicher Minerale zurück; u. d. M. zeigt sich ein unregelmäßiger Lagenbau, der in der Korngröße der Quarzkörner begründet ist; kleine Serizite sind parallel zur Hauptschieferung ausgerichtet; das Gestein enthält keine Schwerminerale wie die übrigen Phyllite und Quarzite (HERING et al. 1978).

Helle Quarzite. Eine maximal 50 m mächtige Folge heller Quarzite tritt am Nordost-Ende des Vorkommens als Einlagerung (?) in grauen bis graugrünlichen Phylliten als Klippe am Westhang jener Runse zu Tage, die das Vorkommen an der Oberfläche nach Nordosten begrenzt. Bei Schürfen konnte kein unmittelbarer Kontakt mit den Nebengesteinen im Untergrund festgestellt werden (HERING et al. 1978); bei der Größe des Vorkommens ist mit einem größeren Schürfling in den Phylliten (vgl. Kallenfels-Quarzit) zu rechnen, der durch den Einfluss der Verwitterung den Kontakt zu ihnen verloren hat und heute auf ihnen zu liegen scheint. Diese hellen Quarzite gingen offensichtlich aus einem schlecht sortierten, fein- bis mittelkörnigen Sand hervor. Der durchschnittliche Korndurchmesser liegt bei 0,15–0,2 mm; u. d. M. sind die Umrisse der ehem. meist gut gerundeten Quarzkörner noch zu erkennen. Sie sind intensiv miteinander verwachsen. Kataklastische Individuen sind vollständig mit SiO_2 verheilt. Undulöse Auslöschung und BÖHM'sche Streifung sind häufig; Feldspat, Karbonate und größere detritische Hellglimmer fehlen; dafür treten bis 0,2 mm große, orientiert gewachsene Serizite und seltener mit Biotit vergesellschaftete Chlorite auf; neu gebildete, max. 0,015 mm große Seritzit-Schüppchen bilden schlierenförmige Lagen; an Schwermineralen wurden Zirkon, Turmalin, Rutil, Spinell (braun) und Leukoxen bestimmt (HERING et al. 1978).

Schwarze Quarzite. Charakteristisch sind schwarze Quarzite, die in zahlreichen Blöcken im Wald in der Gemarkung Etzlacker zu finden sind. Sie gaben Anlass dazu, diese Quarzite mit den Revin-Quarziten des Stavelot-Massivs zu parallelisieren; wahrscheinlich sind es Linsen, vielleicht auch tektonische Schürflinge in den grauen und grünlichgrauen Phylliten; der ursprüngliche Verband konnte auch hier trotz zahlreicher Schürfe nicht festgestellt werden. PORTH (1960) wies auf schwarze Quarzite aus der Hahnenbach-Serie (sensu BIERTHER 1941) im Simmer(Kellen)bach-Tal im Süd-Hunsrück hin, die sich von jenen bei Düppenweiler makroskopisch nicht unterscheiden ließen; trotzdem hielt er eine Parallelisierung wegen der unterschiedlich angesetzten Alter für schwer möglich; beide Quarzite haben allerdings bisher keine Altershinweise erbracht: die schwarzen Quarzite sind dunkelgraue bis schwarze, sehr dichte und sehr harte, im Bruch fettig glänzende Gesteine, die von einer großen Anzahl Quarz-Gängchen, deren Füllung mehrere cm mächtig werden kann, durchsetzt sind; u. d. M. erwiesen sie sich als fein- bis mittelkörnig; im Gegensatz zu den hellen Quarziten ist die primäre Kornform nicht mehr auszumachen; die Quarz-Individuen sind verzahnt miteinander verwachsen und in einer Vorzugsrichtung gestreckt. Undulöse Auslöschung ist häufiger als bei den hellen Quarziten; auch Böhm'sche Streifung kommt vor; das Gestein enthält keinen Feldspat; untergeordnet wurden Muskovit und Biotit beobachtet; selten sind orientiert gewachsene Neubildungen anzutreffen. Dem Quarzit lag offensichtlich ein kompositionell sehr reifer Sandstein zugrunde; der Schwermineral-Gehalt ist sehr gering; gefunden wurden Turmalin, Zirkon, Apatit, Rutil und Granat; die opake SM-Fraktion besteht aus Pyrit; die dunkle, bis schwarze Farbe dieser Gesteine geht auf einen hohen Anteil an organischem Pigment (Anthrazit) zurück, das entlang der Korngrenzen angereichert und gleichmäßig verteilt ist. Hohe Dichte und schwarze Farbe ließen den Verdacht auf metamorphe Kieselschiefer aufkommen. Entsprechende Strukturen fehlen jedoch in den Schwarzen Quarziten (Hering et al. 1978).

„Metamorphe Grauwacken". Am Nordwest-Rand des Vorkommens stehen südlich der Düppenweilerer „Alten Kapelle" sehr dichte, z. T. verkieselte Siltsteine an, die von Nöring (1939) als Diabas-Kontaktgestein, von Porth (1960) als „metamorphe Grauwacken" angesprochen wurden. Das Gestein sondert dickplattig ab, zerfällt jedoch bei Entnahme grobstückig entlang von mit Brauneisen vererzten Klüften; Schichtung lässt sich in einer mm breiten Bänderung vermuten; u. d. M. erwies sich dieses Gestein als sehr feinkörniges (mikrokristallines) Serizit-Quarz- oder uniformes Quarz-Gestein mit parallel zu den s-Flächen angeordneten Schlieren aus mit Hämatit pigmentierten Phyllosilikaten. Schwerminerale fehlen völlig. Gesteine ähnlichen Typs, die weiter südlich liegen, erwiesen sich u. d. M. als eingekieselte Phyllite; eine Berechtigung, sie als „metamorphe Grauwacken" oder „Diabas-Kontaktgestein" zu bezeichnen, besteht nach Hering et al. (1978) nicht; eine Zuordnung zu metamorphen sauren Pyroklastika wurde nicht in Erwägung gezogen.

„Quarz-Riffe". Problematisch in ihrer Einstufung sind die sog. „Quarzriffe". Sie treten am Südwest-Ende des Vorkommens am Mühlenberg und am Wildscheid in Form von Felsblöcken und -gruppen auch morphologisch in Erscheinung; das hellgraue bis weißlichgraue Gestein zeigt im Anschliff eine deutliche feine Bänderung, die von mit SiO_2 verheilten Spalten durchtrennt wird. Hering et al. (1978) sahen deutliche Ähnlichkeiten zu dem stark verkieselten, aus Taunusquarzit bestehenden Orkelsfelsen bei Orscholz (Bl. 6405 Freudenburg) oberhalb der Saarschleife bei Mettlach; u. d. M. handelt es sich um intensiv verzahnte, intensiv mylonitisierte, z. T. Feldspat führende quarzreiche Gesteine, die lagig von Chlorit-Bändern und/oder Serizitschuppen durchzogen sind; außerdem wurden hypidiomorphe Einsprenglinge von Albit und große idiomorphe Pyrit-Würfel beobachtet; sie ließen den Verdacht aufkommen, dass hydrothermale Einflüsse bei der Entstehung mitgewirkt hätten; andererseits weisen vereinzelte, ovale Schwermineral-Körner auf einen eher sedimentären Ursprung hin. Proben aus dem nahe am tektonischen Kontakt zum Konglomerat-Komplex bei Wilscheid anstehenden „Quarzriff" lassen als Edukt einen mäßig sortierten, fein- bis mittelkörnigen, Feldspat und Serizit führenden Quarzit vermuten, der intensiv tektonisch deformiert wurde; er enthält Turmalin; Zimmerle (frdl. mdl. Mitt. 1978) sah in diesem Quarzit – abgesehen von der fehlenden dunklen Pigmentierung – große Ähnlichkeiten mit den Schwarzen Quarziten.

Karbonat-Gesteine. Von Interesse sind diverse Karbonat-Gesteine, im wesentlichen wohl stöchiometrische Dolomite; sie sind sehr selten; bedauerlicherweise haben sie trotz größerer Mengen untersuchten Gesteins bisher keine Conodonten oder andere Altershinweise geliefert; während Ph. Schmitt (1839) von einem SW-NE streichenden, „2 Fuß breiten Dolomitgang" ausging, Nöring (1939) nur mehr Lesesteine fand, konnte Porth (1960) eindeutig eine konkordante Einlagerung von Dolomitmarmor in den Phylliten nachweisen.

Dolomit-Marmor. Der Dolomitmarmor am Südost-Hang des Mühlenberges ist grobkristallin, z. T. ungeschichtet und sondert z. T. dünnplattig ab; im Anschliff wird eine feine

Bänderung deutlich, nachgezeichnet durch hellgraue, dunkelgraue und bräunliche Lagen; u. d. M. wird ein Pflastergefüge deutlich mit Korngrößen von 0,1–2 mm. Die Körner zeigen stark undulöse Auslöschung.; lagige Anordnung von silikatischem Detritus in Silt-Korngröße zeichnet das sedimentäre Gefüge nach; hinzu kommen größere, deutlich runde bis ovale (eiförmige) Quarzkörner, die mit ihrer langen Achse parallel zur Bänderung eingeregelt sind; unterschiedlich farbige Bänderung wird durch Brauneisen und organische Substanz hervorgerufen; letztere ist wahrscheinlich auch für eine hin und wieder dunklere Farbe des Gesteins verantwortlich; idiomorphe Pyrit-Kristalle sind größtenteils zu Brauneisen verwittert; im säureunlöslichen Rückstand wurden Quarz, Chlorit, Feldspat und Kaolinit identifiziert; die sehr seltenen Feldspäte erwiesen sich als Albit; allerdings wurden polysynthetisch verzwillingte Individuen nur selten beobachtet; in unmittelbarer Nachbarschaft der mächtigen Dolomitmarmor-Bank wurden mehrfach geringmächtige olivgraue bis grünlichgelbe Dolomit-Lagen in Wechselfolge mit grünlichen Chlorit- und hellen Quarz-Lagen gefunden; geringmächtige Gänge eines gelblichen Dolomits zeugen von Mobilisierung des Karbonats.

Dichter Dolomit. Hinzu kommt ein dichter Dolomit von der Lokalität Etzlacker, der von Britz (1954) in das Rotliegend gestellt wurde. Gegen diese Zuordnung spricht das deutlich schiefrige Gefüge, das nach Porth (1960) durch eine 2. Schieferung (s_2) deformiert wurde; es handelt sich um dichte, feingeschichtete, oliv- bis gelbgraue, bis 10 cm mächtige Dolomit-Bänke, die nach Hering et al. (1978) mit phyllitischem Dolomit, dolomitreichem Phyllit und stark kohligen Schiefern vergesellschaftet ist, u. d. M. wird das deutlich schiefrige Gefüge bestätigt. Die Größe der Dolomit-Kristalle liegt bei 0,1–0,2 mm und ist wesentlich kleiner als im Dolomitmarmor; lagenweise sind Hellglimmer und Chlorit-Schüppchen eingelagert.

Eruptiv-Gesteine. Nordöstlich Düppenweiler beschrieb Nöring (1939) Vorkommen von Eruptiva, die im allgemeinen Streichen des Gebirges liegen. Er unterschied „Diabasporphyrit" und „Olivindiabas", womit die mehr oder weniger stark geschieferten, weitgehend veränderten, intermediär bis basischen Eruptiva nur unzureichend gekennzeichnet waren. Porth (1960) unterschied in derselben Position serizitische und chloritreiche „Quarzalbitschiefer" und ebenfalls „Olivindiabas". Letzteren fand er nur als graugrüne, grobkörnige, weniger geschieferte, eher flaserige Lesesteine. Hering et al. (1978) bezeichneten diese Gesteine als „Albitreiche Chloritschiefer", die konform in die Phyllite eingelagert sind. Im frischen Bruch sind die „dickschiefrigen", harten, unregelmäßig brechenden Gesteine grau mit Farbstich nach oliv und grünlich, in verwittertem Zustand eher dunkelbraun; makroskopisch sind in der schwer auflösbaren Grundmasse rötliche, mm-große Einsprenglinge zu erkennen. Selbst u. d. M ist die sehr feinkörnige, verfilzte Grundmasse kaum aufzulösen. Stellenweise ist sie mit Brauneisen, Hämatit und Leukoxen durchsetzt, was eher der Verwitterung anzulasten ist. Im Übrigen besteht sie vorwiegend aus Chlorit (Pennin, 0,02–0,04 mm Länge), der nach der Schieferung geregelt ist. Ein geringer Serizit-Gehalt lässt sich von in der Grundmasse befindlichen Feldspäten ableiten, die nur andeutungsweise erhalten sind. Vereinzelt ist Albit über Zwillingsbildung zu identifizieren. Risse, die das Gestein durchziehen, sind mit Chlorit und Dolomit verheilt. Hinzu kommen relativ häufig Quarz-Klasten mit Korngrößen über 0,01 mm Durchmesser. Außerdem beschrieben Hering et al. (1978) schlierige bis gebänderte, weißlich bis düsterrote Brekzien aus strukturlosen, phyllitischen eckigen Klasten in heller Quarz-Albit-Dolomit-Matrix. Der hohe Grad der Umwandlung lässt Schlüsse auf das Ausgangsgestein kaum zu. Nöring's Deutung als „Diabasporphyrit" erscheint nicht haltbar, da ein höherer Anorthit-Gehalt der Feldspäte sich bei der Umwandlung in Sekundärmineralien stärker hätte bemerkbar machen müssen. Porth (1960) ging eher von einem ehem., heute metamorph veränderten Keratophyr aus. Solche Gesteine sind im Hunsrück nicht ungewöhnlich. Den „Olivindiabas" konnte Porth anhand der Lesesteine bestätigen. Seine Herkunft aus dem Düppenweilerer Vorkommen ist jedoch nicht erwiesen.

2.6.1.2 Konglomerat-Komplex („Mitteldevon-Konglomerat")

Eine entscheidende Rolle bei der altersmäßigen Zuordnung spielte seit je das „dunkelgrüne Konglomerat", in dem LEPPLA (1898a) die Fossilien fand. Sein Postulat einer diskordanten Überlagerung des Phyllit-Komplexes war ausschlaggebend für alle weiteren Erwägungen, gab es doch mit der darin enthaltenen Fauna einen ersten Altershinweis. Dieser Fund wurde ergänzt durch weitere (NÖRING 1939, THÉOBALD 1952, BRITZ 1954, PORTH 1960, HERING et al. 1978). Die sich aus diesen Funden ergebende, untypische Gemeinschaft in z. T. schlechter Erhaltung wurde seit den Untersuchungen von BRITZ in das Mitteldevon gestellt. Daraus resultierte auch die Bezeichnung „Mitteldevon-Konglomerat". BRITZ argumentierte seinerzeit noch vorsichtig und sprach von einer wahrscheinlich „mitteldevonischen Serie", die jener vom Breusch-Tal (Nord-Vogesen) ähnlich sei. Allerdings war er gezwungen, aufgrund der Lagerungsverhältnisse mehrfach tektonische Rotationen bis zur heutigen Lage zu fordern. PORTH (1960) machte andererseits geltend, dass nur Material im Konglomerat-Komplex enthalten ist, das auch im Phyllit-Komplex vorkommt und präzisierte, dass es sich daher wohl um das „Transgressionskonglomerat eines mitteldevonischen Meeres" handele. Außerdem hatte schon BRITZ zwischen den Gesteinen des Phyllit-Komplexes und den benachbarten Schichten des Rotliegend – wahrscheinlich handelt es sich um oberkarbonische Schichten – noch „grauwackeähnliche" Sandsteine, Arkosen, Kalke und Schiefer festgestellt. Seine Fossilien stammten nur aus „Hanggeröllen", nicht aus dem Anstehenden, die Pflanzenreste, die THÉOBALD (1952) fand, aus begleitenden „grauwackeähnlichen Sandsteinen". Aus den Beschreibungen geht nicht eindeutig hervor, ob das Fossilmaterial als Geröll im Konglomerat oder aus dem Gestein selbst stammt.

Außerdem erwähnte keiner der Autoren eine tektonische Deformation der Fossilien, was u. U. auch auf den schlechten Erhaltungszustand (Steinkernerhaltung, Abdrücke) zurückzuführen ist. Allerdings stimmen damit auch die mikroskopischen Ergebnisse (PORTH und ZIMMERLE in: REHKOPF 1969) überein, die ein richtungslos körniges Gefüge der Grundmasse ergaben. Somit war ausgeschlossen, dass die Gesteine einem Schieferungsprozess unterworfen waren. In den „grauwackenähnlichen" Gesteinen fanden sich als wichtigste Komponenten Phyllit-, Quarzit-, Eruptiv-Gesteins- und Gangquarz-Klasten mit unterschiedlichem Rundungsgrad, in der sandigen Matrix waren es relativ frische Feldspäte (Orthoklas, Plagioklas), Muskovit, Chlorit und kieselige Klasten. Nach REHKOPF erschien der Umwandlungsgrad dieser Gesteine geringer als jener der Quarzite. Auch ließen sich keine Neubildungen von Serizit oder Chlorit nachweisen. Damit schien bestätigt, dass Phyllit- und Konglomerat-Komplex zwei unterschiedlichen Prägungen unterworfen waren.

Den Kontakt zwischen beiden Gesteinskomplexen hatten HERING et al. (1978) mit einem Schurf im Übergangsbereich Phyllit-/Konglomerat-Komplex erschlossen. Die Gesteine im Kontaktbereich waren tonig, weich bis krümelig und im Griff talkig bis feucht. Röntgenographisch wurden Quarz, Kaolinit, Illit (Muskovit), Chlorit und Feldspat festgestellt, ein Mineralgemenge, das keine weitergehenden Schlüsse erlaubt. Offensichtlich handelte es sich um ein Zersetzungsprodukt aus dem Material beider Komplexe, bevorzugt wohl aus dem Konglomerat-Komplex. Zirkulierende Niederschlagswässer im Bereich einer Schwächezone – Trangressionskonglomerat oder Verwerfung (Ruschelzone) – können ein derartiges Gestein hervorbringen.

Da über Tage keine Klärung zu erreichen war, wurden vier Forschungsbohrungen (GLA Saarland; 1975/6) mit insgesamt 789 m Kerngewinn (99,5%) abgeteuft. Drei von ihnen durchörterten Gesteine des Phyllit-Komplexes und trafen darunter Konglomerate, Sand- und Tonsteine sowie Karbonatgesteine an, die dem Konglomerat-Komplex gleichen oder zumindest ihm ähnlich waren. Darin wurden sehr gut erhaltene Conodonten aus dem Frasne (*asymmetricus*-Zone) gefunden, außerdem Sporen aus dem Unterkarbon. In den Berichten wurde außerdem auf den ausgezeichneten Erhaltungszustand einiger Sporen hingewiesen und darauf, dass sie wohl nicht umgelagert wären. Der Inkohlungsgrad des Materials war sehr gering. Damit wurden die mikroskopischen Ergebnisse bestätigt und eine transgressive Überlagerung der Phyllite durch ein „Mitteldevon -Konglomerat" nicht mehr zu halten. Es besteht somit die Möglichkeit der diskordanten Überlagerung eines wesentlich jüngeren Konglomerats bzw. seine Überschiebung. Die Lage des Vorkommens bei Düppenweiler im Bereich der Kirn-Metzer Störung schließt auch die tektonische Überprägung eines diskordanten Überlagers nicht aus.

Nach den paläontologischen Daten stellte WEHRENS (1985) den „Konglomerat-Komplex" in das Unterkarbon und deutete das Material als „Produkte eines Alluvialfächers, der sich in einen lakustrinen Raum vorbaute" mit einer Schüttungsrichtung aus dem Südwest-Hunsrück. Für den „Phyllit-Komplex" nahm er ein unterdevonisches Alter an. Aufgrund der unterschiedlichen Verformung beider Komplexe postulierte er, dass „im SW-Hunsrück als Abtragungsgebiet die Metamorphose unterdevonischer Gesteine im Mitteldevon abgeschlossen war, während die mittel- und oberdevonische Bedeckung bis zu ihrer Umlagerung im Karbon nicht metamorphisiert wurde." Die Überlagerung der Sedimente durch die epizonalen Metamorphite sei durch „oberflächennahes Abgleiten aus einer Hochlage" zu erklären. WEHRENS' Schlussfolgerungen zum Ablauf der Gebirgsbildung am Südost-Rand des Hunsrücks muss nach Befunden im nahen Hochwald (KNAUTZ 1992, STETS & STOPPEL 1998) widersprochen werden, denn in diesem Gebiet ist – unter Einbeziehung der ehem. Grube „Korb" – kein durch Gebirgsbildung im Grenzbereich Unter-/Mitteldevon erzeugter Hiatus in der Schichtenfolge erkennbar. Die entscheidende Gebirgsbildung setzte erst im Grenzbereich Unter-/Oberkarbon („sudetische" Phase") ein. Die Ergebnisse legen nahe, dass der „Konglomerat-Komplex" in das Oberkarbon gehört, obwohl es dafür bisher keine paläontologischen Beweise gibt außer Analogien zum Geschehen in der spät-variszischen Saar-Nahe-Senke während des Permokarbon. „Der Konglomerat-Komplex" wird daher in diesem Zusammenhang erneut diskutiert (Kap. 2.6.1.2).

2.6.2 Die Aufbruchszone „Mörschied-Abentheuer"

2.6.2.1 Übersicht

Am Südost-Rand des Hochwaldes zieht sich von der ehem. Grube „Korb" nördlich Eisen über Abentheuer, Oberhambach, Schwollen und Leisel ein Streifen tonschiefriger Gesteine nach Mörschied und weiter nach Nordosten, der in seiner lithofaziellen Ausbildung sich von den Hunsrückschiefern weiter im Nordwesten kaum abhebt. Seit den ersten geologischen Aufnahmen rangierte dieser Streifen (GREBE 1889) unter der Bezeichnung „Hunsrückschiefer zwischen Abentheuer und Buhlenberg" und die Struktur, in der er sich befindet, unter „Leiseler Mulde" (NÖRING 1939). Damit wurde dieser Schichtkomplex für jünger gehalten als der ihn im Nordwesten begleitende Taunusquarzit. Diese Ansicht prägte die Meinung lange Zeit. Während GREBE seine Ergebnisse noch kritisch interpretierte, gliederten ASSELBERGHS & HENKE (1935) den westlichen Hunsrück nach der Gesteinsbeschaffenheit rigoros in Sättel und Mulden. OPITZ (1935) und NÖRING (1939) ergänzten diese Gliederung. Damit schien auch die stratigraphische Zuordnung der Tonschiefer-Serien der „Leiseler Mulde" zum Hunsrückschiefer am Südost-Rand des Hochwaldes gesichert. Erst seit 1960 setzte sich durch die Kopplung von geologischer Kartierung mit kleintektonischer Analyse die Ansicht von einem Schuppenbau mit weitreichenden Überschiebungen (STETS 1960, 1962, WILDBERGER 1992) durch, welche die Vorstellungen von einem weitgehend ungestörten Faltenbau ablöste. Dadurch geriet manches „Hunsrückschiefer"-Vorkommen, besonders das in dem angesprochenen Streifen in eine unsichere stratigraphische Position.

Die Aufnahmen von KNAUTZ (1992) ergaben, dass NÖRING's „Aufbruchzone von Mörschied und Abentheuer" gebunden ist an eine steilstehende, Überschiebung in der südwestlichen Verlängerung der Taunuskamm-Soonwald-Überschiebungszone, die sich vom Nord-Rand des Lützelsoon über Mörschied bis zur ehem. Grube „Korb" bei Eisen verfolgen lässt (STETS & STOPPEL 1998), wo sie von Sedimenten des Rotliegend überdeckt wird. Da sie diese nicht durchschlägt, war ihre Aktivität mit Abschluss der variszischen Prägung abgeschlossen. Dass diese Störung bereits synsedimentär eine trennende Funktion hatte, ergibt sich aus dem Vergleich der beiden Schuppen nordwest- und südöstlich davon, insbesondere im Vergleich mit dem Profil der ehem. Grube „Korb". Entscheidend ist, dass südöstlich davon die typischen Hunsrückschiefer mit ihren Dachschiefer-Einlagerungen fehlen. Dieser Befund deckt sich mit Beobachtungen aus dem Guldenbach-Tal zwischen Taunuskamm-Soonwald-Überschiebung und der Hunsrück-Südrand-Verwerfung. Im Hochwald blieben trotz erheblicher Anstrengung bisher beweiskräftige Fossilfunde aus, so dass nur vorsichtig mit Analogien argumentiert werden kann. Daher schied KNAUTZ (1992) in dem Streifen südöstlich der Überschiebungszone zwei Formationen, die Eisbach- und die Idarbach-Formation, aus.

2.6.2.2 Eisbach-Formation

Die Typusregion ist das Eisbach-Tal südlich der ehem. Grube „Korb" bei Eisen und reicht bis zum diskordanten Auflager von Rotliegend-Schichten. Die Gesteinsausbildung ist ähnlich der der Hunsrückschiefer in der Fazies der Kaub-Schichten. Der entscheidende Unterschied besteht im Fehlen von Dachschiefern. Neben milden dunkel- bis schwarzgrauen und schwach sandigen Tonschiefern kommen selten auch rote oder grünliche und hellgraue Tonschiefer, gelegentlich auch Alaunschiefer, Grauwacken und quarzitische Sandsteine vor. Die Eisbach-Formation erstreckt sich von südöstlich der ehem. Grube „Korb" entlang der Soonwald-Überschiebungszone bis etwa 1 km südwestlich Kirschweiler, wo sie tektonisch unterdrückt wird. Sie verzahnt sich lateral mit der im Hangenden folgenden Idarbach-Formation. Ein tektonischer Kontakt zwischen beiden Formationen erscheint wegen der Verzahnung ausgeschlossen. Eine gewisse lithologische Ähnlichkeit dieses Schichtverbandes mit dem „Phyllit-Komplex" bei Düppenweiler war schon GREBE (1889) aufgefallen. Er übersah allerdings, dass der Deformationsgrad beider Schichtverbände unterschiedlich ist und dass Karbonat-Gesteine fehlen.

Auch in neuerer Zeit bestanden mit dieser Formation Schwierigkeiten. So wurden seinerzeit in der Grube „Korb" im Schachtquerschlag auf der 6. Sohle anstehende rote Tonschiefer als „phyllitisch glänzend" angesprochen. Dieser Befund führte dazu, sie als eingeschuppten Span von Gedinne-"Phylliten" (LEPPLA 1898, SCHÖMER 1952a, R. HOFFMANN 1966), auch als stärker beanspruchte oberdevonische Rotschiefer (Cypridinenschiefer, KREBS 1970, GWODSZ et al. 1974) anzusprechen. MITTMEYER (2008) schloss „Eisbach-" und „Idarbach-Schichten" der „Kallenfels-Gruppe" („Kallenfels-Serie" sensu BIERTHER 1941) an und gab für sie „?oberstes Kondel bis Ober-Givet" an, ohne allerdings Nachweise zu liefern. Alle diese Vermutungen lassen sich bis heute weder be- noch widerlegen. KNAUTZ (1992) untersuchte nahezu vollständig verkieselte, ungeschieferte Tonstein-Linsen aus der Eisbach-Formation und fand in ihnen u. d. M. u. a. „spitzkonische Gehäuse-Anschnitte ohne erkennbare Skulptur", bei denen es sich um Tentakuliten handeln könnte, und Querschnitte evtl. von Ostrakoden oder Bivalvia bzw. Brachiopoda, die unbestimmbar waren. Fehlende Sedimentstrukturen in manchen Tonschiefern gehen auf Bioturbation zurück. Weitere Lebensspuren wurden in diesem Schichtverband nicht entdeckt.

In Zusammenhang mit diesen Tonschiefern treten bisher nicht einstufbare Quarzite auf:

Quarzit von Schwollen: Schon DUMONT (1848) wies bei der Schwollener Mühle (Bl. 6209 Idar-Oberstein) Bunte Schiefer nach, die NÖRING (1939) zwar nicht bestätigen konnte, sie jedoch wegen der Zuverlässigkeit der DUMONT'schen Angaben für existent hielt; dafür gelang KNAUTZ (1992) der Nachweis bunter Tonschiefer am nordwestlichen Ortsausgang von Schwollen in der Nähe des Sauerbrunnens; nach seinen Angaben passen sie durchaus in die Lithofazies der Eisbach-Formation; graue „verquarzte Quarzite am Ortsausgang von Schwollen" hielt NÖRING (lit.cit.) für kambrische Quarzite, da sie seiner Meinung nach petrographisch weder den Quarziten des Gedinne, des Taunusquarzit oder den „Dhroner Quarziten" glichen; als Konsequenz dieser altersmäßigen Zuordnung begründete er den tektonischen „Aufbruch von Schwollen"; KNAUTZ fand nach Vergleichen mit Taunusquarzit-Proben beide Quarzite jedoch ohne weiteres vergleichbar; maßgeblich waren für ihn ähnliche Korngröße (Korndurchmesser max. um 150–200 µm), ähnlicher Anteil an detritischem Hellglimmer; außerdem stellte er eine ähnliche, korngrößenabhängige Häufung transparenter Schwerminerale in der Feinsandfraktion beider Quarzit-Typen fest.

Quarzit von Abentheuer: Nordwestlich von Abentheuer (Bl. 6309 Birkenfeld-West) quert südwestlich der Lokalität Arthenberg (auch: Arthenhaus) ein Schichtverband unterschiedlich hell- und dunkelgrauer, von geringmächtigen Quarz-Gängchen durch"äderter" Quarzit in Felsklippen das Traun-Tal. Er lässt sich auf ca. 750 m im Streichen (NE-SW) verfolgen und beißt beiderseits der Traun ohne weitere Fortsetzung aus. Hinzu kommt eine lokale Quarzit-Klippe, die bei Schurfarbeiten im Wald am Känelbach südwestlich der ehem. Grube „Korb" bei Eisen gefunden wurde (STETS & STOPPEL 1998). Das Material beider Vorkommen ist makroskopisch im Handstück nicht voneinander und vom Taunusquarzit zu unterscheiden. Ein Unterschied besteht lediglich in der stärkeren Durchtrümerung der Quarzite bei Arthenberg mit Gangquarz. Beide Quarzit-Vorkommen sind an die Überschiebungszone (Soonwald-Ü.) gebunden, die die Eisbach-Formation von den Hunsrückschiefern nordwestlich davon trennt. Auf das Quarzit-Vorkommen bei Arthenberg folgen nach Südosten rote Tonschiefer und Alaunschiefer der Eisbach-Formation, u. a. jene, die schon NÖRING (1939) in das Gedinne stellte und als Beweis für eine „keilartige Durchspießung" der Hunsrückschiefer ansah. Diese tektonische Vorstellung erleichterte es ihm, den Quarzit von Abentheuer mit Gesteinen des Hohen Venns zu vergleichen und in das Kambrium zu stellen. Bei den dunkleren Varietäten sah er makroskopisch große Ähnlichkeiten zu den Quarziten bei Düppenweiler. KNAUTZ (1992) sah dagegen deutliche Unterschiede zwischen dem Quarzit von Abentheuer und dem Taunusquarzit der Umgebung. Maßgebend waren für ihn erheblich größere max. Korngrößen und ein höherer Gehalt an transparenten Schwermineralen. Er mochte sie jedoch nicht mit NÖRING in das Kambrium einordnen und schloss eine konkordante Einlagerung in der Eisbach-Formation nicht grundsätzlich aus. Die tektonische Position unmittelbar an der großen Überschiebungszone und damit die Möglichkeit eines tektonischen Schürflings erschwert eine stratigraphische Einstufung. Die Zuordnung zum Taunusquarzit sollte man nicht grundsätzlich ausschließen, da sich hier Partien finden lassen, die dem Quarzit von Abentheuer ähnlich sind. Wegen der tektonischen Situation im südöstlichen Hunsrück sollte eine Parallelisierung mit den „Kallenfels-Quarziten" nicht ausgeschlossen werden. Diese liegen allerdings nicht auf der gleichen Verwerfung.

Quarzit „Auf der Lüh". Zu den Quarziten unbekannten Alters mit Ähnlichkeiten zum Taunusquarzit gehört auch ein kleines, eng begrenztes Vorkommen ca. 1 km östlich des Kirschweilerer Ortsteils „Auf der Lüh". Es wird nach Nordwesten durch eine Überschiebung begrenzt, die im Streichen der Taunuskamm-Soonwald-Überschiebungszone liegt. Die Grenze nach Südosten ist unklar. Immerhin grenzt es dort unmittelbar an Tonschiefer der Idarbach-Formation. Petrographische Untersuchungen (KNAUTZ 1992) erbrachten auch hier maximale Korndurchmesser, die mit 900–1200 µm jenen des Quarzit von Abentheuer ähnlich sind und von jenen des benachbarten Taunusquarzit (80–350 µm) abweichen. Immerhin ist auch hier die makroskopische Ähnlichkeit zum Taunusquarzit auffällig.

2.6.2.3 Idarbach-Formation

Unmittelbar südöstlich an die Eisbach-Formation angrenzend und mit ihr lateral verzahnt reicht die Idarbach-Formation weit über das Fischbach-Tal nach Nordosten bis südlich des Soonwaldes. KNAUTZ (1992) definierte sie nach Aufschlüssen im Idarbach-Tal zwischen dem Kirschweilerer Ortsteil „Auf der Lüh“ und dem diskordanten Auflager der Rotliegend-Sedimente bei Tiefenstein im Südosten. Bei Gollenberg wird sie von einer im Streichen liegenden Überschiebung unterbrochen, die den „Gollenberg-Zug“ des Taunusquarzits nach Nordwesten begrenzt. Weiter nach Südosten folgen auch auf den Taunusquarzit Schichten der Idarbach-Formation, so dass der Eindruck entsteht, dass es sich beim Gollenberg-Zug um einen großen Taunusquarzit-Schürfling handelt.

Die Lagerungsverhältnisse und die Lithofazies veranlassten alle früheren Bearbeiter, diese Formation ebenfalls zum Hunsrückschiefer zu zählen. Lithofazielle Unterschiede zu den weiter im Norden im Idarbach-Tal anstehenden Hunsrückschiefern mit Dachschiefern vom Typ der Kaub-Schichten bei der Kirschweiler-Brücke und zu den Gesteinsfolgen der Eisbach-Formation veranlassten KNAUTZ (1992), diese neue Formationsbezeichnung einzuführen. Die Trennung von den „echten“ Hunsrückschiefern lässt sich sowohl im Fischbach-Tal, im Idarbach-Tal als auch weiter im Südwesten zwanglos nachvollziehen. Neben der lateralen Verzahnung mit der Eisbach-Formation folgt die Idarbach-Formation ihr auch im Hangenden. Das gilt bis auf die Höhe von Kirschweiler. Nordöstlich davon grenzt die Idarbach-Formation mit tektonischem Kontakt unmittelbar an die „echten“ Hunsrückschiefer.

Die Idarbach-Formation besteht vornehmlich aus milden bis unterschiedlich sandigen Tonschiefern, die bereichsweise verkieselte, schwach geschieferte und pyritreiche Tonschiefer-Linsen enthalten, seltener aus geringmächtigen echten Grauwacken. Häufig sind sie mittelkörnig, bisweilen feinkonglomeratisch; solche Gesteine sind den „echten“ Hunsrückschiefern fremd und wurden bisher nur im Guldenbach-Profil in oberdevonischen Schichtverbänden angetroffen. Zwischen diesen Grauwacken und den sandigen Tonschiefern besteht jede Art von Übergang, d. h. die Grauwacken sind sedimentäre Einlagerungen in den Tonschiefern. Seltener eingelagerte hell- bis dunkelgraue, quarzitische Sandstein-Bänke sind meist schlecht sortiert, jedoch kompositionell reif und können mächtiger werden als die Grauwacken. Sehr selten sind rote und grünliche Tonschiefer sowie Kieselschiefer mit rekristallisierten Radiolarien.

Die Idarbach-Formation entwickelt sich quasi kontinuierlich im Streichen aus der eher überwiegend pelitischen Eisbach-Formation durch Zunahme des Sandgehaltes nach Nordosten; das gilt für die Einschaltung sandiger Tonschiefer, matrixreicher Quarzite und Quarzsandsteine sowie der Grauwacken, die in der Eisbach-Formation völlig fehlen. In Richtung Nordosten nimmt auch der Anteil der bunten Tonschiefer kontinuierlich zu. Die Vormacht der dunkelgrauen, unterschiedlich sandigen Tonschiefer ohne Dachschiefer schien früheren Bearbeitern die Annahme zu bestätigen, es handele sich um Hunsrückschiefer.

Echte Grauwacken treten wiederholt in der Idarbach-Formation in unterschiedlicher stratigraphischer Position auf: Im Südost-Abschnitt des Gollenberger Taunusquarzit-Zuges folgen auf milde, pyrithaltige, schwarze, schwach geschieferte Tonschiefer schon sehr bald grüngraue, quarzreiche, recht grobkörnige Feldspat-Grauwacken. Darauf liegen rötliche und grünliche Tonschiefer und weiter im Südosten (im Hangenden?) eine Wechselfolge von Tonschiefern und bunten quarzitischen Sandsteinen. Jüngere Gesteine sind durch die im Südosten folgenden Rotliegend-Sedimente diskordant überdeckt.

Die „echten“ Grauwacken besitzen folgende Komponenten (KNAUTZ 1992): Der Quarz-Anteil liegt zwischen 17,4–40,1%; der Rundungsgrad der Körner reicht, soweit noch erkennbar, von subangular bis gut gerundet; die Körner zeigen u. d. M. undulöse Auslöschung, Felderung und Subkornbau; Mono- und Polyquarz sind stets in einem relativ gleich bleibenden Verhältnis von 1,5–4,5 vorhanden; teilweise zeigen die Körner Einschlüsse von

Rutil, Zirkon oder Chlorit. Der Feldspat-Gehalt liegt mit 4–12% über dem der Quarzite und quarzitischen Sandsteine; in der Mehrzahl sind es Plagioklase; ihre Korngröße ist geringer als jene der Quarzkörner. Unter den detritischen Phyllosilikaten dominiert Chlorit, der auch in der Matrix überwiegt; detritische Hellglimmer sind selten, ebenso Biotite. Unter den Gesteinsfragmenten der Sandfraktion fanden sich Quarz-Feldspat-Verwachsungen, Sedimentgesteine, auch anchimetamorphe (Quarzite, Tonschiefer, 17–42%), Metamorphite (Chloritschiefer, Glimmerschiefer, 0–2,5%), Vulkanite (Rhyolith, intermediäre Vulkanite, 0,7–13%) und Chert (mikrokristalline gleichkörnige Quarz-Aggregate, 1,8–5,5%).

In Dünnschliffen beläuft sich der Anteil an Lithoklasten an der Sandfraktion auf 50–80 Vol.-% bei Feldspat-Gehalten unter 15 Vol.-%. Es handelt sich demnach um schwach feldspatführende Grauwacken (Füchtbauer 1988) mit überwiegend sedimentogenen Gesteinsfragmenten gegenüber vulkanischen resp. den Quarz-Feldspat-Verwachsungen oder den Metamorphiten. Das Liefergebiet bestand demnach aus kontinentaler Kruste mit granitischer bis granodioritischer Zusammensetzung und einem anchimetamorphen Stockwerk (Knautz 1992). Es lieferte jene Komponenten-Konfiguration, die für Abtragung orogener Krustenabschnitte typisch ist und unter der Bezeichnung „recycled orogen" (Dickinson et al. 1983) rangiert.

2.6.2.4 Zeitliche Einstufung von Idarbach- und Eisbach-Formation

Aus der lateralen Verzahnung beider Formationen ergibt sich, dass sie ähnlich alt sind; bei Altersunterschieden sollte die Idarbach-Formation die jüngere sein. Lithologisch ähnliche oder gleiche Schichtverbände mit sicherer Alterseinstufung fehlen. Direkte Beziehungen zu „echten" Hunsrückschiefern können wegen der tektonischen Trennung durch Verschuppung nicht hergestellt werden. Lithostratigraphische Vergleiche mit Schichten des Gedinne entfallen ebenso wie eine Zuordnung in das tiefere Unterems nach den Verhältnissen im Guldenbach-Tal-Profil. Eis- und Idarbach-Formation sind wohl jünger als der Taunusquarzit, da sie von ihm entweder „durchspießt" werden oder im Streichen sich an Schichten in seinem Hangendem anschließen lassen. Diese Daten zwingen zu vorsichtigen und kritischen Vergleichen. Knautz (1992) sah hinsichtlich einer zeitlichen Zuordnung der beiden Formationen alles offen: Den Zeitraum Gedinne bis Ulmen-Unterstufe klammerte er wegen der weitgehend einheitlichen Fazies von den Ardennen bis zum Ost-Taunus aus. Allerdings hatten schon Mittmeyer & K.-W. Geib (1967) für den Südhunsrück-Trog mit der Bezeichnung „Soonwald-Schiefer" auf die Möglichkeit lithofazieller Sonderentwicklungen im Süd-Hunsrück-Trog hingewiesen. Altershinweise auf Sedimente des Unterems (Reitz in: Stets & Stoppel 1998) gaben hoch inkohlte Pflanzenreste aus Bohrungsmaterial etwa 400 m östlich der ehem. Grube „Korb" aus der Eisbach-Formation. Knautz (1992) wies außerdem auf Floren-Reste hin, die Riegel (1979) im Fisch- und Wörresbach-Tal in der Idarbach-Formation fand und die für obere Klerf-Schichten sprechen, jedoch Reichweiten bis in das Mitteldevon haben. Allerdings fehlen im Gegensatz zum Guldenbach-Tal sowohl in der Eisbach- als auch der Idarbach-Formation kalkige Einschaltungen, wie sie dort Schichten des höheren Unterems kennzeichnen.

Wiederholt auftretende „echte" Grauwacken" sprechen im Vergleich mit dem Guldenbach-Profil für Oberdevon-Alter bestimmter Schichten innerhalb der Idarbach-Formation, da „echte" Grauwacken in dieser Zeit erstmals in Profilen am Süd-Rand des Hunsrücks auftreten (D. E. Meyer 1970). Stets & Stoppel (1998) stellten daher die Eisbach-Formation als Beckenfazies der geringmächtigen, kondensierten schiefrig-karbonatischen Schwellenfazies Oberems bis Unterkarbon gegenüber. Sie schlossen sich der Argumentation von Knautz (1992) an, der alle Möglichkeiten lithostratigraphischer Korrelation ausschöpfte und beide Formationen mit keiner anderen biostratigraphisch datierten Serie im Schiefergebirge uneingeschränkt korrelieren mochte.

Allerdings ist das Nebeneinander des ca. 20 m mächtigen, stark kondensierten Profils der ehem. Grube „Korb“ und des mehr als 1000 m mächtigen Profils der Eisbach-Formation wahrscheinlich ähnlichen Alters bei Eisen ohne eine übergeordnete synsedimentäre Störung schwer vorstellbar. Die mit dem Oberems einsetzende strukturelle Umgestaltung des Ablagerungsraumes „Rheinischer Trog“ (W. Meyer & Stets 1980, Stets & A. Schäfer 2011) macht durch unterschiedliche synsedimentäre Subsidenz zweier Schollen an entsprechenden Verwerfungen erhebliche Faziesunterschiede auf engem Raum erklärbar. Diese Verwerfungen können, bei der Gebirgsbildung reaktiviert, auch das heutige Nebeneinander durchaus kontrastierender Fazies leicht erklären. Das gilt auch für das Vorhandensein kompetenter Schürflinge in einer sonst inkompetenten Schichtenfolge. Die Anzeichen deuten somit darauf hin, dass Eisbach- und Idarbach-Formation in abgewandelter Fazies den gesamten Schichtverband von Ems bis Oberdevon einschließlich – evtl. auch Unterkarbon – vertreten können. Als Bestätigung mag gelten, dass die von Bierther (1941) im Streichen liegende und unmittelbar südlich Hahnenbach kartierte „Kallenfels-Serie“ später von Berger et al. (1991) als Mitteldevon bis höchstes Oberdevon bestimmt wurde. Dieser Schichtverband verliert in südwestliche Richtung demnach seinen Karbonat-Gehalt nahezu vollständig, so dass bisher keine Altersbestimmung mit Hilfe von Conodonten möglich war. So spricht der 1991 gewonnene Befund mit dafür, dass in beiden Formationen Schichten enthalten sind, die jünger als die unterdevonischen Hunsrückschiefer sind.

2.6.3 „Soonwald-Schiefer“

Eng verbunden mit dem Problem des Alters von Eisbach- und Idarbach-Formation ist die zeitliche und fazielle Zuordnung der „Soonwald-Schiefer“. Dieser Begriff geht auf Tilmann & Chudoba (1931a) zurück, die südlich des Soonwaldes zwischen Bad Kreuznach und Kirn und bei der Beschreibung des „Gneis von Wartenstein“ darunter jene mächtigen ungegliederten Tonschiefer verstanden, die südlich der „Taunusquarzit-Sättel“ bis zum Gneis-Vorkommen vom Wartenstein liegen. Auch sie gehen im Streichen in Verbände der Eisbach- und Idarbach-Formation über. Dieser „Soonwald-Schiefer-Komplex“ wurde von Grebe (1881), Leppla (1919, 1921) u. a. auf den Bl. Trier-Mettendorf 1:200 000 und Mainz 1:200 000 als Hunsrückschiefer angesprochen. Das gilt auch für die bisher kartierten Blätter der GK 25 dieses Gebietes.

Die „Soonwald-Schiefer“ Tilmann's enthalten allerdings neben „echten“ Hunsrückschiefern wahrscheinlich auch Tonschiefer des höheren Unterdevon und des Mitteldevon. Seine stratigraphische Ansprache ging von lithostratigraphischen Überlegungen aus und gründete sich auf den aberranten Anteil an Grauwacken, Kieselgallenschiefern, Bunt- und Kalkknollenschiefern mit Linsen aus dunklem „kristallinischem“ (?) Kalkstein.

Auch Kutscher (1934) konnte trotz eingehender Suche für diesen Schichtverband keine beweiskräftige Fauna liefern, selbst in den seinerzeit noch zugänglichen Dachschiefer-Gruben in der Nähe des Klausfels (Bl. 6110 Gemünden). Allerdings zitierte er ein Exemplar von *Drepanaspis gemündensis* aus der Privatsammlung eines Monzinger Bürgers aus diesen Gruben und sprach dieses als „Leitform“ für „untere Hunsrückschiefer (Cauber Horizont)“ an. Auch führte er aus diesen Dachschiefer-Gruben Fährtenplatten und Platten mit Rippelmarken an, wie er sie auch nördlich der Taunuskamm-Soonwald-Überschiebungszone aus der ehem. „Kaisergrube“ bei Gemünden aus „echten“ Hunsrückschiefern kannte. Hinzu kamen Pyrit-Kristalle und -Knauer sowie Kieselgallen, wie sie in dieser Fazies nicht selten sind. Hinsichtlich der Lagerungsverhältnisse ging er von einer quasi ungestörten Auflagerung der „Soonwaldschiefer“ auf Taunusquarzit aus und meinte, dass „kaum von einer großen Überschiebungszone von Taunusquarzit auf Hunsrückschiefer zu reden“ sei (S. 196).

Asselberghs & Henke (1935) verglichen die schiefrigen Schichtverbände in den Tälern von Hahnenbach- und Simmer(Kellen)bach mit jenen nördlich von Soon und Lützelsoon. Offensichtlich trug der Anteil an Dachschiefern an dem schiefrigen Schichtverband sowohl am Klausfels als auch bei Bundenbach dazu bei. Auch die bei Kutscher (1934) genannten Fossilien zogen sie dazu heran, die gesamte Tonschiefer-Abfolge in die Obere Siegen-Stufe einzuordnen. Eigene Funde von *Trigeria* sp., *Tropidoleptus rhenanus* und Choneten bestärkten sie in ihrer Meinung.

Einzelbeobachtungen zeigen, dass Kutscher's Mitteilungen nur bedingt Gültigkeit haben. Seine tektonischen Annahmen wurden durch die Ergebnisse von Zinser (1963) widerlegt, der stark gestörte Lagerungsverhältnisse im Taunusquarzit von Hahnenbach- und Simmer(Kellen)bach sowie Überschiebungstektonik durch Profilaufnahme und geologische Kartierung nachwies. Insofern ist ein völlig ungestörtes Auflager der „Soonwald-Schiefer" auf Taunusquarzit und eine lückenlose Schichtenfolge in seinem Hangenden nicht gegeben. Zum anderen ist *Drepanaspis gemündensis* wohl eher ein Faziesfossil. Zudem haben Berger et al. (1991) in höheren Abschnitten des fraglichen Schichtverbandes Mittel- und Oberdevon-Anteile nachgewiesen. Daraus ergibt sich, dass in den von Tilmann (1932) eingegrenzten „Soonwald-Schiefern" neben unter- auch mittel- und oberdevonische Anteile enthalten sind. Kutscher's Ausführungen gelten nur für die Dachschiefer und die sie unmittelbar begleitenden Tonschiefer. Außerdem ist der gesamte Schichtverband in sich stark tektonisch verschuppt. Bei der im Südhunsrück-Trog insgesamt geringeren Mächtigkeit des gesamten devonischen Schichtenstapels (Stets & A. Schäfer 2011) ist eine tektonisch bedingte Wiederkehr gleich alter Schichten nicht auszuschließen.

Der Begriff „Soonwald-Schiefer" in der Definition von Tilmann & Chudoba (1931a) sollte möglichst nicht im stratigraphischen Sinne verwendet werden, da es sich nicht um eine lithostratigraphisch einheitliche Formation, sondern um eine tektonisch bedingt unterschiedlich vollständige Schichtenfolge handelt. Die von Kutscher (1934) erwähnten Dachschiefer gehören sehr wahrscheinlich zu den Hunsrückschiefern s. str. und im Gegensatz zu Asselberghs & Henke (1935) in das Unterems, wenn auch bis heute kein Nachweis vorliegt. Sie sind in dem Gebiet südlich des Soonwaldes selten.

Der Begriff „Soonwaldschiefer-Faziesbereich" (Mittmeyer & K.-W. Geib 1967) sollte in die stratigraphische Diskussion nicht einbezogen werden, da er sich allein auf Schichten aus dem Zeitraum Ulmen- bis Lahnstein/Laubach-Unterstufe bezieht und den lithofaziellen Unterschied zu den gleichalten Schichtverbänden nördlich der Taunuskamm-Soonwald-Überschiebungszone hervorheben soll und darin auch seine Berechtigung hat.

2.6.4 Kallenfels-Quarzite

Die Quarzite an der Typuslokalität im Hahnenbach-Tal. Eng verbunden mit der Problematik der vorstehend beschriebenen Schichtverbände ist eine auch landschaftsbeherrschende, bei Kallenfels im Hahnenbach-Tal besonders typische Bankfolge heller Quarzite, die als „Kallenfels-Quarzit" bezeichnet wird. Sie befindet sich im Hahnenbach-Tal in grauen und bunten, z. T. phyllitisch glänzenden Tonschiefern der „Hahnenbach-Serie" (Bierther 1941). Diese Quarzit-Bankfolge besteht aus einzelnen langgestreckt linsigen Quarzit-Bänken und keilt am locus typicus im Hahnenbach-Tal nach Nordosten und Südwesten aus. Sie ist hier auf eine streichende Länge von etwa 2 km beschränkt. Berger et al. (1991) kartierten sie in ähnlicher Länge und ordneten sie ohne Störung dem oberdevonischen Schichtverband zu, den sie im Simmer(Kellen)bach-Tal mit Hilfe von Conodonten datiert hatten. Darauf basiert wohl auch die bisher nicht bewiesene Aussage, dass „diese Quarzite zwischen Hahnenbach-Tal und Hoxbachtal (...) ins Famenne zu stellen" seien (LGB 2005: 65). Zieht man allerdings die aus dem Guldenbach-Tal bei Stromberg bekannte Mittel- und Oberdevon-Folge zum Vergleich heran, sind Zweifel gerechtfertigt, ob bei den lithofaziellen Bedingungen im Südhunsrück-Trog derart mächtige Quarzite überhaupt auftreten können.

Biërther (1941) beschrieb sie als helle, gebankte Quarzite mit wenigen geringmächtigen Einlagerungen von dunklen sandigen Tonschiefern. Gegenüber dem Taunusquarzit setzt sich der „Kallenfels-Quarzit" deutlich durch hellere Farbe, geringeren Hellglimmer-Anteil, schlechtere Sortierung und stärkere tektonische Durchbewegung ab. Prashnowsky (1957) sprach die Vermutung aus, dass „diese Quarzite gleiches Alter haben wie dieTaunusquarzite" (S. 57), da sich nach der Schwermineral-Assoziation bei den Quarziten in der „Hahnenbach-Serie" bei Kallenfels keine signifikanten Unterschiede zu ihm ergaben, sowohl bei den Anteilen an Zirkon (auch rosa Zirkon), Turmalin und Rutil. Das gilt auch hinsichtlich Farbe, Form und Einschlüssen bei den Turmalinen.

Keines der aufgeführten Argumente ist letztlich allein überzeugend. Neben einer Einlagerung in die „Hahnenbach-Serie" muss somit auch eine tektonisch bedingte Einschuppung von Taunusquarzit in Betracht gezogen und diskutiert werden: In Anlehnung an die bei Biërther mehrfach herausgestellte, starke tektonische Beanspruchung, spricht diese eher für eine tektonische Einschuppung, eine „Durchspießung" des jüngeren Schichtverbandes durch ältere Quarzite wie bei den Quarziten in Idarbach- und Eisbach-Formation. Bei der Aufzählung der Gesteine, die die „Hahnenbach-Serie" ausmachen – Biërther erwähnte bunte, graue und graugrüne phyllitische Tonschiefer bis Phyllite, schwarze Quarzite und Grauwacken außer hellen Quarziten und dem „Kallenfels-Quarzit" – fällt eine Ähnlichkeit mit dem Schichtverband bei Düppenweiler auf; allerdings fehlen hier die bei Düppenweiler vorkommenden Karbonate; nach Berger et al. (1991) scheint eine scharfe Trennung von „Hahnenbach-" und „Kallenfels-Serie" sensu Biërther nicht unbedingt zweckmäßig; dann nämlich ist die Übereinstimmung zwischen den Vorkommen im Hahnenbach-Tal und bei Düppenweiler noch offensichtlicher.

Dittmar (1996) ging im Simmer(Kellen)bach-Tal bei Heinzenberg in einem vergleichbaren Schichtverband von einem „überraschend einfachen Bau" aus; Unstimmigkeiten führte er dort auf „eine während der Nehden-Stufe resedimentierte mutmaßliche Olistostrom-Sequenz" (S. 329) zurück; damit wäre auch eine Deutung der „Kallenfels-Quarzite" als Teil einer solchen möglich; die Untersuchungen im Guldenbach-Tal haben jedoch nur Hinweise für einzelne Olistolithe erbracht, die von der Teilschwelle innerhalb des Südhunsrück-Troges abgeglitten sind; die Deutung der „Kallenfels-Quarzite" als Ergebnis von Rutschungen und Resedimentation wird hier als unbegründet zurückgewiesen; Dittmar bekannte sich sonst eher zu einer tektonischen Deutung der „Kallenfels-Quarzite", die eine altersmäßige Zuordnung offen lässt.

Schafft (1985) beschrieb eine fossilführende Bank am Nord-Hang des Ellerberges im Simmer(Kellen)bach-Tal nördlich Heinzenberg (Bl. 6110 Gemünden) in quarzitischen Sandsteinen, die zum „Kallenfels-Quazit" gehören soll; nach Vergleich der Lage des Fundpunktes mit der Geologischen Karte (H.-H. Werner 1950) liegt dieser Fundpunkt nicht im „Kallenfels-Quarzit", sondern in einem Streifen von „Hunsrück-Tonschiefer mit quarzitischen Grauwacken"; somit ist die direkte Datierung der „Kallenfels-Quarzite" durch Fauna nicht gegeben; immerhin bestätigt der Fund mit *Tropidoleptus rhenanus* und *Acrospirifer primaevus* ein Alter von Mittel/Obersiegen bis tiefes Unterems; weitere typische Fossilien aus diesem Fundpunkt sind *Pleurodictyum problematicum*, *Plebejochonetes* sp. indet., *Michelinoceras* sp. indet. und *Goniophora* sp. indet.. Schafft sah berechtigt Ähnlichkeiten mit den Übergangsschichten (sensu Zinser (1963); zur Lösung des Problems „Kallenfels-Quarzite" trägt dieser Fundpunkt nicht bei. Vorstellungen, den „Kallenfels-Quarzit" mit H. H. Werner (1950, 1952) als Äquivalent des Ems-Quarzits anzusehen, scheitern daran, dass ein Ems-Quarzit wie am Mittelrhein bei Koblenz in gleich alten Schichten im Süd-Hunsrück-Trog allgemein fehlt. Auch altpaläozoische Alter – Kambrium (Nöring 1939) oder Ordoviz, ähnlich dem Andreasteich-Quarzit bei Gießen (Biërther 1941) – sind nicht belegt.

Immerhin bleibt als Fazit aller dieser Überlegungen die Parallelisierung der „Kallenfels-Quarzite" an der Typuslokalität mit dem Taunusquarzit, d. h. eine tektonische „Einschuppung", heute die wahrscheinlichste Lösung.

Weitere Quarzit-Vorkommen. In den Zusammenhang mit dem „Kallenfels-Quarzit" an der Typuslokalität Kallenfels gehören weitere Vorkommen östlich davon, die nach H.-H. Werner (1950, 1952) in der „Winterbacher Mulde" im südöstlichen Hunsrück liegen. Es handelt sich um Vorkommen bei Heinzenberg auf beiden Talhängen des Simmerbaches, bei Seesbach und südlich davon auf etwa 3 km streichender Länge und mit einer Ausstrichbreite senkrecht zum Streichen von bis zu ca. 200 m, außerdem im Gräfenbach-Tal zwischen Münchwald und Spabrücken sowie nordöstlich davon.

Alle Vorkommen haben graue und graugrünliche, seltener bunte, phyllitisch glänzende Tonschiefer, im Gräfenbach-Tal auch mit Kalkknollenschiefern. Alle sind im Ausstrich isolierte, linsenförmige Körper. Der größte von ihnen liegt südwestlich Seesbach bzw. südlich Weitersborn. Alle Quarzite liegen nach H.-H. Werner (1950) in einer Zone, die der im Hahnenbach-Tal entspricht. Es ist jener Bereich am Süd-Rand des Hunsrücks, der mit Hilfe von Fossilien Oberems- bis höchste Oberdevon-Alter erbracht hat („Winterbacher Mulde" sensu H.-H. Werner 1952, Berger et al. 1991). Alle Vorkommen liegen inmitten leicht erodierbarer Tonschiefer und treten morphologisch deutlich als Klippen hervor. Die Farbe der Quarzite ist recht unterschiedlich, so bei Heinzenberg dunkelgrau bis schwarz, andernorts graubraun. Werner betonte mit Bierther (1941), dass sich diese Quarzite nach dem Mineralbestand kaum von sicherem Taunusquarzit unterscheiden ließen. Auch diese Quarzit-Vorkommen zeichnen sich durch relativ hohe tektonische Beanspruchung aus.

Allerdings liegen alle Quarzit-Vorkommen in unterschiedlicher Position innerhalb der „Winterbacher Mulde". Das heißt, sie sind weder stratiforme Einlagerungen noch folgen sie einer Schwächezone im Vorland der „Vorsoonwald-Serie". Auch gehören sie keiner „Zwischenschuppe" sensu Dittmar (1996) an. Vielmehr verstärkt sich der Eindruck, dass der gesamte Bereich in sich stärker verschuppt ist, als sich bei den mäßigen Aufschlüssen erkennen lässt. Die starke Kornbindung der Quarzite und die starke kataklastische Beanspruchung der Gesteine sprechen auch hier für eingeschuppte „Quarzit-Schürflinge". Sie stehen dem Taunusquarzit so nahe, dass es sich – wie bei Kallenfels selbst – wahrscheinlich um im tieferen Untergrund abgeschürfte Taunusquarzit-Linsen handeln dürfte. Sie wurden ähnlich wie der Gneis vom Wartenstein oder die Quarzit-Schürflinge in der „Durchspießungszone von Mörschied und Abentheuer" in den devonischen Schichtverband der Oberhausen-Winterbach-Schuppenzone eingeschuppt und „schwimmen" wurzellos in diesem. Damit wäre hier die Meinung (Grebe 1881, Leppla 1921, Beyenburg 1930) bestätigt, dass es sich um Taunusquarzit handele, obwohl der letzte Beweis dafür fehlt.

2.6.5 Die Gesteinsserien der Metamorphen Zone im Südost-Hunsrück

2.6.5.1 Historische Aspekte

Durch die Arbeiten im Guldenbach-Tal (D. E. Meyer 1970) und die Conodonten-Funde im Profil des Simmer(Kellen)bach-Tales (Berger et al. 1991) gelang es im Südost-Hunsrück – insbesondere in Teilen der seit Dumont (1848) definierten „Metamorphen Zone" –, früher für nicht datierbar gehaltene Schichtverbände altersmäßig einzustufen. Hier und in den benachbarten Schuppenzonen konnten vollständige Profile von Gedinne bis in das höchste Oberdevon, evtl. auch Unterkarbon, nachgewiesen werden. Ausgeschlossen ist allerdings jener Abschnitt der „Metamorphen Zone" zwischen Hergenthal und Kirn, der bis an die Hunsrück-Südrand-Verwerfung, resp. bis an das diskordante Auflager von Rotliegend-Sedimenten reicht. Es ist jener Bereich, den H.-H. WERNER (1950, 1952) als „Zone III" ausschied mit Gesteinen „stärkerer epizonaler Metamorphose". Zur Abtrennung dieser Zone von den nördlich gelegenen verwendete er in seiner geologischen Karte eine Schraffur statt einer scharfen Grenzlinie und wollte damit nicht nur die Unsicherheit der Grenze zwischen seinen „Zonen I–III" zum Ausdruck bringen, sondern auch Übergänge in der Deformation zwischen ihnen aufzeigen. Mit BIERTHER (1941) bezeichnete er die Gesteine dieses Bereichs als „Vorsoonwald-Serie".

Hier wird der gesamte Bereich epizonaler Deformation als **Metamorphe Zone** bezeichnet, da echte Phyllite und Grünschiefer, epizonal umgewandelte Diabase und Phyllite vorherrschen. Diese Abgrenzung folgt bewusst nicht jener von DITTMAR (1996), der unter „Phyllitzone" den südlich seiner „Soonwald-Einheit" liegenden, etwa 2,6–3 km breiten Streifen zwischen einer von ihm postulierten „Scherzone bei Heinzerath" im Nordwesten und dem Hunsrück-Süd-Rand im Südosten verstand. Dieses gesamte Gebiet darf wegen seiner unterschiedlich starken Metamorphose nicht als homogen betrachtet werden. Nachweisen lässt sich diese Forderung durch einen deutlichen Unterschied in der Deformation der Diabase. Diese früher auch im Nordwesten häufig als „Grünschiefer" bezeichneten Eruptiva sind randlich geschieferte Diabase und stehen den Meta-Diabasen in der Metamorphen Zone, die echte Grünschiefer sind, kontrastierend gegenüber. Die Meta-Diabase der Metamorphen Zone weisen außerdem geochemisch die Signatur von MORB-typischen Gesteinen auf (MEISL 1995) und unterscheiden sich auch in dieser Hinsicht von den nördlich gelegenen.

Mit dem Begriff „Vorsoonwald-Serie" beabsichtigte BIERTHER (1941) die klare lithologische Unterscheidung der epizonal metamorphen Gesteine der Metamorphen Zone des südöstlichen Taunus, den „Taunusgesteinen" (u .a. SCHLOSSMACHER 1919, 1921, 1922). Diese enthalten im Gegensatz zu jenen des südöstlichen Hunsrücks zusätzlich zu den Phylliten und Meta-Diabasen auch Quarzkeratophyre und Keratophyre, sog. „Serizitgneise".

Ähnlich wie später H.-H. WERNER (1950, 1952) hatten schon TILMANN & CHUDOBA (1931a) die epizonal metamorphen Phyllite und echten Grünschiefer von dem nördlich gelegenen Gebiet abgegrenzt. Als Grenze verwendeten sie eine im Streichen des Gebirges liegende, nicht näher bezeichnete Längsstörung. Diese trennte die epizonal metamorphen von den weniger metamorphisierten Gesteinen im Norden ab. Den epizonal metamorphen Bereich bezeichneten sie als „Zone III" und korrelierten ihn fälschlich mit den „Taunusgesteinen".

REITZ (1989) gelang in den Phylliten an der Cramersmühle bei Kirn (Bl. 6210 Kirn) der Nachweis von Oberems in den Phylliten (*annulatus-sextantii*-Zone). In seinen Proben dominierten Pteridophyten-Sporen gegenüber Acritarchen. Der Erhaltungszustand der Proben ähnelte jenem in den Lorsbach-Phylliten des südlichen Taunus (ANDERLE 2008). Fragmente von Landpflanzen sind allerdings im Hunsrück seltener als im südlichen Taunus. Dieser Fund erhärtet auch Angaben von RIEGEL & HOFFMANN (1981 in REITZ 1989), die die „Serien des Hunsrück-Südrandes", d. h. auch die Phyllite der „Vorsoonwald-Serie", wenn auch mit Vorbehalten, in die tiefere Oberems-Stufe eingestuft hatten (auch: ECKE et al 1985).

Damit schien eine lange währende Auseinandersetzung entschieden. Sie begann damit, dass das Alter der grünschieferfaziell (epizonal) metamorphen Gesteinsserien im Hunsrück von DUMONT (1848), den Brüdern F. & G. SANDBERGER (1850–1856) und LOSSEN (1867) als unterdevonisch angesehen wurden, während KOCH (1876), GOSSELET (1890), REINACH (1904), LEPPLA (1904,1921, 1925a) und MICHELS (1931) sie als älter, als sog. „Vordevon" einstuften. Aus der tabellarischen Übersicht bei H.-H. WERNER (1950, 1952) geht die seinerzeit nur auf Analogien und Vermutungen beruhende Vielfalt der möglichen Einstufungen im Hunsrück zwischen 1848 und 1950 hervor.

Die Verfechter eines prä-unterdevonischen Alters erhielten von STRUVE (1973) Unterstützung, der die Meta-Sedimente im südlichen Taunus mit ordovizischen Schichten Thüringens verglich. Hinzu kamen radiometrische Altersdatierungen, die für die

Meta-Vulkanite des Süd-Taunus oberordovizische bis silurische Alter bestimmt hatten (Sommermann et al. 1992, 1994, Reitz et al. 1995). Ein weiterer Nachweis von Ordovizium (Arenig) gelang 1995 im südlichen Taunus in den Bierstadt-Phylliten (Anderle 2008). Dabei handelt es sich um mehrfach geschieferte Phyllite mit Neubildungen von Serizit, Chlorit, Quarz und opaken Mineralen. Der Altersnachweis beruhte auf Acritarchen (Reitz et al. 1995). Eine Umlagerung der häufig zerbrochenen Individuen wurde von den Autoren ausgeschlossen. Eingeschaltet in diese Phyllite sind auch Grünschiefer. Offensichtlich unter dem Eindruck dieser Ergebnisse im südlichen Taunus und unter Hintanstellung der Ergebnisse an der Cramersmühle bei Kirn, plädierten D. E. Meyer & Nagel (2001) dafür, dass die metamorphen Gesteine im Südost-Hunsrück auch ordovizisches Alter besitzen könnten. Dieser Einstufung wurde schon bald widersprochen. Eine endgültige Datierung liegt bisher nicht vor (Gad 2004, LGB 2005).

2.6.5.2 Die Gesteinskomplexe der Metamorphen Zone

D. E. Meyer & Nagel (2001) gliederten die Gesteinsfolgen der Metamorphen Zone in den „Phyllit-Komplex Windesheimer Wald“ und den „Simmerbach-Grünschiefer-Komplex“.

„Phyllit-Komplex Windesheimer Wald“. Er wurde nach Vorkommen im Windesheimer Wald zwischen Schöneberg und Windesheim im südöstlichen Hunsrück (Bl. 6012 Stromberg) benannt und besteht zu 70% aus grauen, z. T. grünlichgrauen Serizit-Phylliten und phyllitischen Schiefern. Eingeschaltet sind hell- bis dunkelgraue, z. T. schwärzliche, dünnbankige Quarzite und Quarzphyllite (10–15%), phyllitische Alaunschiefer (10–15%), Meta-Kieselschiefer und karbonatische Gesteine (um 1%). Die Verbreitung dieses Gesteinsverbandes erstreckt sich zwischen Windesheim im Osten über das Simmer(Kellen) bach-Tal bis in das Hahnenbach-Tal im Westen. Nach Südwesten zu verzahnen sich die Phyllite mit dem Simmerbach-Grünschiefer-Komplex. Eine stratigraphisch definierbare Untergrenze besteht nicht, da nach Nordwesten eine im Streichen liegende Verwerfungszone, wie sie schon Tilmann & Chudoba (1931a) forderten, die Grenze bildet. Sie wurde von Schafft (1985) als „Wiesbachtal-Mylonit“ bezeichnet. D. E. Meyer & Nagel (2001) schlugen eine weitere Untergliederung des Phyllit-Komplex vor, die sich allerdings wohl nur bedingt westlich des Guldenbach-Tales nachvollziehen lässt in:

Schweppenhausen-Einheit (unten): 40–50 m Mächtigkeit; bestehend aus grauen bis dunkelgrauen, z. T. rotgrünen Phylliten (65%), eingelagerten Quarziten und Quarzphylliten (35%) sowie quarzsandigen Karbonat-Lagen und -Linsen; **Waldlaubersheim- Einheit** (Mitte): 150–200 m Mächtigkeit; bestehend aus grauen bis grünlichgrauen, z. T. rotvioletten Phylliten (75–85%), dunkelgrauen bis schwärzlichen Quarziten (5%), Quarzphylliten, Alaunphylliten, Meta-Kieselschiefern (>3%) und Diabasen (?); **Eckenroth-Einheit** (oben): 50–60 m Mächtigkeit; bestehend aus Phylliten, phyllitischen Schiefern (80%) sowie Alaunschiefern und Meta-Kieselschiefer-Lagen (20%).

Generell nimmt in diesem von Phylliten beherrschten Profil die Beteiligung der sandigen Komponente nach Südosten und zum Hangenden hin ab. Vorausgesetzt wird dabei, dass die genannte Reihenfolge von unten nach oben auch einer zeitlichen Abfolge von alt nach jung entspricht, was bei der hier üblichen, sehr intensiven Verschuppung der Gesteinsverbände nicht gewährleistet ist. Außerdem bestehen berechtigte Zweifel, ob alle genannten Schichten in die Metamorphe Zone gehören. Das gilt insbesondere für die beteiligten Alaun- und Kieselschiefer sowie kalkigen Sandsteine. Die Zuordnung dieses Komplexes zum Ordovizium wurde bereits diskutiert. Entsprechende Fossilfunde fehlen von den Typuslokalitäten. Neuere Funde (LGB 2005) und nicht zuletzt die Conodonten-Fauna bei Eckenroth, sprechen gegen ein derart hohes Alter. Außerdem ist die Korrelation mit den „Taunusgesteinen“ nicht zulässig, da sie zu einer anderen Struktur gehören. .

Der Simmerbach-Grünschiefer-Komplex. Er erhielt seine Bezeichnung nach den mächtigen Grünschiefer-Vorkommen im unteren Simmer(Kellen)bach-Tal. Die Ansichten über das Alter dieser Meta-Diabase und ihrer Begleitsedimente reichen ebenfalls von prädevonisch (u. a. Leppla 1921, 1925a, Beyenburg 1930, Tilmann 1932) über Oberems und Mitteldevon (u. a. H.-H. Werner 1952) bis Unterkarbon (Berger et al. 1991). Allerdings hatten Berger et al. die Scherzone des „Wiesbachtal-Mylonits“ nicht berücksichtigt und den Metamorphosegrad südlich der Scherzone unterbewertet (Foto 9, S. 165).

Dieser „Komplex“ besteht an der Typuslokalität zu mehr als 85% aus hell- bis dunkelgrüngrauen Grünschiefern. Eingeschaltet sind Serizit-Phyllite und phyllitische Schiefer (um 15%). Die Grünschiefer enthalten Albit-, Chlorit- und Kalzit-reiche Lagen und Knauer, z. T. feinlagig in Form von Bänderschiefern. Hinzu kommen Quarz-Albit-Lagen und dunkle Meta-Kieselschiefer. Die Grünschiefer werden von Meta-Peliten in einzelne Züge aufgeteilt, wobei fraglich ist, ob es sich dabei um ablagerungs- oder störungsbedingte Wiederholungen handelt. Auch innerhalb der einzelnen Grünschiefer-Züge kommen Meta-Sedimente vor. Dabei handelt es sich um 30–50 m, z. T. bis 100 m mächtige, linsenförmige Einschaltungen von Meta-Schwarzpeliten, Quarzphylliten und einzelnen gröberen Meta-Klastitlagen und -bänken. Daraus lässt sich ableiten, dass die Meta-Diabase, evtl. auch -Diabas-Tuffe, konform im Schichtverband liegen und dass es sich dabei weder um Lagergänge (sills) noch um gangförmige Intrusivkörper (dykes) handelt.

Abgesehen von dem Grünschiefer-Komplex im Simmerbach-Tal kommt es im Hoxbach-Tal (Gaulsbach-T.) oder auch bei Dalberg zu einer ausgesprochenen Wechselfolge von Meta-Diabasen und -Klastiten, d. h. zu einer Aufsplitterung der im Südwesten einheitlichen zwei Grünschiefer-Züge, so dass in weiten Teilen des Gebietes schwerlich von einem einheitlichen Grünschiefer- resp. Phyllit-"Komplex“ gesprochen werden kann. Vielmehr handelt es sich hier um eine geschlossene Einheit aus Meta-Basiten und -Sedimenten.

Diese echten Grünschiefer sind in erster Linie Meta-Diabase (Meisl 1973, 1995), evtl. auch entsprechende Meta-Tuffe oder -Tuffite in der Quarz-Albit-Pumpellyit-Prehnit-Fazies. Offensichtlich waren es Produkte eines submarinen effusiven Vulkanismus. Während Förderpausen lagerten sich offensichtlich auch geringmächtige Karbonate ab, die heute als „Kalklagengrünschiefer“ (H.-H. Werner 1952) vorliegen, abgesehen von den bereits erwähnten klastischen Einschaltungen.

Eine petrographische Bearbeitung der Gesteine der Metamorphen Zone liegt mit den Erl. zu Bl. 6112 Waldböckelheim (Meisl 1973) vor. Zwischen Dalberg im Gräfenbach-Tal und Argenschwang bis zur Wellersmühle streichen meist Serizit-Chlorit-Phyllite, jedoch auch Albit-Serizit-Chlorit-Phyllite mit eingelagerten grauen bis graugelblichen Quarziten nördlich Spall weitflächig zutage aus. Eingelagert sind zahlreiche Nordost-Südwest streichende Meta-Diabas-Züge. Nach der Darstellung bei D. E. Meyer & Nagel (2001) gehört dieser Gesteinsverband zum Simmerbach-Grünschiefer-Komplex. Die **Serizit-Chlorit-Phyllite** entsprechen den „Serizitphylliten“ der älteren Autoren (u. a. Lossen 1867a). Es handelt sich um deutlich zweifach geschieferte, gebänderte und/oder geflaserte sowie durch Knauer aufgelockerte Phyllite. Die Mineralparagenese besteht aus Albit, Quarz, Chlorit (Pennin), Serizit sowie Kalzit, Epidot (Pistazit), Klinozoisit, Stilpnomelan und Titanit zu stark wechselnden, z. T. geringen Anteilen. Akzessorisch treten Turmalin, Apatit, Zirkon, Rutil, Hämatit und Pyrit auf. Mit Hilfe der Akzessorien Turmalin, Apatit und dem relativ seltenen Zirkon als Relikten eines ehem. Altbestandes stützte Meisl die Ableitung von ehem. Sedimenten. Alle übrigen Minerale sind variszische Neubildungen oder Umbildungen. Albit und Quarz bilden zusammen mit Kalzit leukokrate Bänder und Knauer. Mancherorts bestehen die Bänder allein aus Kalzit. Ebenso füllt Kalzit allein oder gemeinsam mit Albit, Quarz und Chlorit diskonform das Gestein durchsetzende Trümer. Chlorit und Serizit bilden zusammen eine dunkle Bänderung. Chlorit kommt außerdem in Nestern, „Flatschen“ oder Trümern vor. Auf die dunklen Anteile beschränkt sind Epidot, Klinozoisit, Titanit und Rutil. Der goldbraune,

z. T. lebhaft pleochroitische und büschelig verästelte Stilpnomelan kennzeichnet die mineralfazielle Zuordnung zur Epizone. Die **Albit-Serizit-Chlorit-Phyllite** entsprechen den „albitreichen, quarzarmen, chloritischen Serizitgneisen" der älteren Autoren (u. a. LOSSEN 1867a). Auch sie sind engscharig geschiefert. Allerdings ist die regelmäßige, engscharige Schieferung des Phyllits gestört durch Albit-Quarz-Knauer, bei Auftreten von grobkristallinem Albit sind sie auch massig und/oder gneisartig gebändert oder geflasert. Der Mineralbestand ist lagenweise angeordneter Albit, Quarz, Serizit, Chlorit, Stilpnomelan, Klinozoisit, Epidot, mehr oder weniger Titanit und Kalzit. Akzessorisch sind Apatit, Eisenglanz und Goethit vertreten. Der Mineralbestand deckt sich weitgehend mit dem der Serizit-Chlorit-Phyllite mit dem Unterschied anderer schwerpunktmäßiger Verteilung der Minerale zugunsten des Albits. Das Albit-Quarz-Mosaik ist mitunter kataklastisch deformiert, woraus sich sowohl eine prädeformative als auch eine synkinematische Bildung des Albits ableiten lässt. Stilpnomelan ist häufig an die Albit-reichen Partien gebunden. Allerdings ist Kalzit, im Gegensatz zu den Serizit-Chlorit-Phylliten, seltener. Manche der Gesteinspartien könnten aufgrund besonders massiger oder gebänderter Ausbildung auch als „Albit-Serizit-Chlorit-Gneise" im Sinne der älteren Autoren bezeichnet werden.

MEISL (1973) führte die Serizit-Chlorit-Phyllite auf klastische Sedimente, die begleitenden Meta-Diabase auf submarine Effusiva zurück, die unter den Bedingungen epizonaler Metamorphose bei ca. 360–400 °C ihr heutiges Aussehen erhielten. Hinsichtlich der Albit-Serizit-Chlorit-Phyllite ließ er eine definitive Aussage seinerzeit offen. Offensichtlich hat eine Na-Metasomatose (CHUDOBA & OBENAUER 1932) die Edukte in diesem Fall soweit verändert, dass eine zweifelsfreie Zuordnung stark erschwert ist. MEISL zog für die z. T. starke Albitisierung als Quelle für das Na – im Gegensatz zu CHUDOBA & OBENAUER – eine Mobilisierung in den Ausgangsgesteinen in Betracht.

Ein Argument für unterschiedliche Alter der Gesteine des Vorsoonwaldes sahen D. E. MEYER & NAGEL (2001) in dem trennenden „Wiesbachtal-Mylonit", der sicher oberdevonische, geringer metamorphe Gesteinsverbände im Nordwesten von unzulänglich datierten, höher metamorphen südöstlich davon trennt. Auch stehen hier, scharf gegeneinander abgegrenzt, die schwach metamorphen Diabase im Nordwesten den intensiv spezialgefältelten epimetamorphen Grünschiefern gegenüber. GAD (2004) fand in dem Phyllit-Komplex Windesheimer Wald im Windesheimer Wald, an der Winklers-Mühle und am Waldlaubersheimer Sportplatz (Bl. 6012 Stromberg) trilete Miosporen und Acritarchen. Diese Proben sollten ohnehin Oberdevon-Alter haben, da sie östlich der Hergenfelder Störung liegen und aus der Schweppenhausener Schuppenzone stammen. Ein ähnliches Ergebnis brachten auch 3 Proben aus dem Simmerbach-Grünschiefer-Komplex im Simmerbach-Profil (Bl. 6111 Pferdsfeld). Eine Einstufung der beprobten Gesteine in das Ordovizium ist damit auszuschließen, da trilete Sporen frühestens seit dem Untersilur bekannt sein sollen. Hinzu kommt ein Fund von Miosporen aus grauen Phylliten im Simmerbach-Tal (WINKELMANN 1997, in LGB 2005), der mit *Rugosa flexuosa* eine Datierung in das obere Famenne nahelegt. MITTMEYER (2008) stufte Phyllite der Metamorphen Zone, die er ohne nähere Angabe als „Kirn-Phyllit" bezeichnete und mit der „Vorsoonwald-Serie" BIERTHER's gleichsetzte, unter Bezug auf REITZ in das Oberdevon ein. Trotz der zahlreichen, jedoch untereinander widersprüchlichen Daten wird hier eine vorläufige Einstufung in Oberems bis Oberdevon vorgesehen. Die von MEISL (1990) vorgestellten Unterschiede im Chemismus der Meta-Diabase südöstlich des „Wiesbachtal-Mylonits" helfen bei der Altersfrage nicht.

2.6.5.3 Die „stark albitisierten Gesteine"

Nach H.-H. WERNER (1950) ist die Verbreitung der deutlich albitisierten Gesteine auf einen ca. 0,2 km breiten und ca. 16 km langen, im Streichen des Gebirges liegenden Streifen beschränkt (MEISL 1986: Abb. 13), der vom Apfelbach-Tal nordöstlich Simmerthal (Simmern unter Dhaun) im Südwesten bis Dalberg reicht. Die Albitisierung hat die Serizit-Phyllite und die Meta-Diabase erfasst. Sie findet makroskopisch Ausdruck in relativ breiten Bändern eines rosafarbenen Albits. Gute Aufschlüsse sind im Eller- und Gräfenbach-Tal vorhanden. Innerhalb der Zone ausgeprägter Albitisierung liegen auch die Eisenerze von Winterburg.

Die albitisierten Gesteine bezeichnete LOSSEN (1867a) als „albitreiche, quarzarme, chloritische Serizitgneise". CISSARZ (1927) unterschied Serizit-Albit-Phyllite, Albit-Gneise und Glaukophan-Schiefer. CHUDOBA & OBENAUER (1932) berichtigten die Ansprache Glaukophan- in Crossitschiefer und zogen die Bezeichnungen Serizit- und Albit-Gneis ein, um Verwechslungen mit den „Serizit-Gneisen" in den „Taunusgesteinen" im südlichen Taunus zu vermeiden. H.-H. WERNER (1950, 1952: 643) beschrieb die albitisierten Gesteine als „ständige, oft enge Wechselfolge albitisierter Grünschiefer mit schwarzblauen bis graugrünen albitisierten Serizitphylliten". Auch die z. T. massigen, meist jedoch deutlich geschieferten Grünschiefer weisen in ihrer Grundmasse rötliche, bis zu 20 cm messende Linsen oder „Augen" von Albit parallel zur Hauptschieferung (s_1) auf. Zwischen den Linsen und um die „Augen" ist „chloritisches und serizitisches Material zwischengeschaltet". Typisch ist weiterhin eine deutliche Spezialfältelung der Albit-reichen Lagen.

Die starke Anreicherung von Albit, der immer zusammen mit Kalzit, Chlorit, Quarz, mehr oder weniger Epidot und Stilpnomelan vorkommt, ist ein Spezifikum in der Metamorphen Zone („Zone III" sensu H.-H. WERNER 1950) und sowohl in den Meta-Peliten als auch in den Meta-Diabasen zu finden. Hinsichtlich der Genese stehen sich zwei Ansichten kontrovers gegenüber: Während CHUDOBA & OBENAUER (1932) die Albitisierung durch eine allocheme Zufuhr von Natrium erklärten, vertrat MEISL (1986: 69) die Ansicht, dass eine „metamorphe Stoffsonderung während der ersten Deformationsphase" ausreiche, um die meist lagige Anreicherung des Albits zu erklären. Die Spezialfältelung der Albit-reichen Lagen weist auf eine synkinematische, relativ frühe Stoffsonderung hin.

MEISL erklärt jedoch nicht, warum nur das Gebiet mit Zentrum bei Winterburg besonders stark von der Albitisierung betroffen wurde. Da allenthalben, auch südwestlich und nordöstlich außerhalb der Zone bevorzugter Albitisierung ähnliche Metamorphose-Bedingungen herrschten, müsste die Albitisierung überall zusammen mit den Meta-Diabasen auftreten. Da das jedoch nicht zutrifft, muss eine allocheme Zufuhr von Na in begrenztem Umfang erwogen werden. Das vertrat auch H.-H. WERNER (1950, 1952: 645), der das „quantitativ weit über das normale Maß hinausgehende Auftreten von Albit nicht allein durch die hier stärkere Metamorphose" erklären mochte, sondern auch „für dieses Gebiet eine stärkere Zufuhr von Natron-Alumo-Silikaten" annahm und die „Albitschnüre ... als zerscherte Gangfüllungen" betrachtete. In diesem Zusammenhang sei auf die Möglichkeit einer lokal stärkeren Spilitisierung der ehem. Basalte hingewiesen, die bei späterer Stoffsonderung in Zusammenhang mit der Deformation zur Mobilisierung des Na und zur Ausscheidung von Albit parallel zu den s-Flächen der Hauptschieferung führte. Die Stoffsonderung erfolgte demnach in Zusammenhang mit einer Lösungsschieferung, die an anderen Orten zu s_1-parallel verlaufenden Quarzgängchen führte. Eine endgültige Entscheidung lässt sich wohl erst über eine mineralfazielle Kartierung unter Einbeziehung der Crossit-Schiefer und auch außerhalb der Zone stärkerer Albitisierung führen.

2.6.5.4 Die Eisenerz-Vorkommen bei Winterburg und Umgebung

Allgemeine und historische Aspekte. In keiner jüngeren Arbeit finden sich außer bei FRANZKE & ANDERLE (1995) ausführlichere Daten über die Metallogenese in der Metamorphen Zone bei Winterburg, Pferdsfeld und Umgebung. Dabei widmete bereits NOEGGERATH (1822/3, 1842) auch diesen Vorkommen von „Eisenglimmerschiefern" einen Beitrag, obwohl sie seinerzeit noch nicht Gegenstand des Abbaus waren. Erste unbestimmte Nachrichten gehen schon auf STEININGER (1819) zurück. 1842 hatte NOEGGERATH darauf hingewiesen, dass die „Soonwalder Eisenglimmerschiefer" der „Uebergangs-Formation" angehörten. Allerdings stützten sich seine Angaben nur auf Lesesteinmaterial und Funde aus Schürfen im Gebiet zwischen Winterburg und Gebroth.

LOSSEN (1867a) unterschied bei den Erz-Vorkommen von Winterburg, Argenschwang und Umgebung „körniges Magneteisengestein" und „Eisenglimmerschiefer". Sein „körniges" Erz besteht aus fein- bis grobkörnigen, z. T. dichten Aggregaten aus Magnetit, die auch Quarz enthalten, und streifigem Erz mit einer „Art Parallelstruktur" parallel zur Schichtung (s_0), nicht zur Hauptschieferung (s_1). Außerdem beobachtete er „Eisenglimmer in zusammenhängenden Membranen" – die gebänderten Erze NOEGGERATH's – allerdings von geringer Ausdehnung und „dem körnigen Gemenge der Schichtung eingewachsen, einzelne Magneteisenkrystalle porphyrartig einschließend". Diese „Eisenglimmerschiefer" beschrieb er unter Hinweis auf NOEGGERATH als „innige Verwachsung von Quarz und Eisenglimmer" oder als „parallele oder symplectisch verschlungene Lagen von körnigem Quarz und membranartig verwebtem, schuppigem Eisenglimmer". Im Gegensatz zu späteren Bearbeitern beobachtete er keinen Martit (Pseudomorphosen von Hämatit nach Magnetit).

Nach VIERSCHILLING (1910) ging Abbau 1907–1908 auf der Grube „Marienhoffnung" bei Winterburg um. Er zählte diese Vorkommen zu den „Flözen und Lagern im Vordevon" und schloss sich damit jenen an, die die Gesteine der Metamorphen Zone des Südost-Hunsrücks aufgrund ihres höheren Metamorphosegrades als „vordevonisch" einstuften. Die Entstehung der Erze führte er auf die Einwirkung der Metamorphose zurück, und zwar auf die Konzentration des ohnehin im Gestein vorhandenen Eisens und dessen Umwandlung in „Eisenglimmer" bzw. Magnetit. Auch die Umwandlung präexistenter „Erzflöze" zu Hämatit (Fe_2O_3) bzw. Magnetit (Fe_3O_4) zog er in Erwägung.

CISSARZ (1927) publizierte modernere petrographische Daten. Er vertrat die Meinung, dass die Erze aus dem Stoffbestand von „Adinolschiefern" – einem schichtigen Gestein aus Quarz, Albit und untergeordnet Chlorit, Amphibol, Biotit und Epidot – durch Zufuhr von Na in Glaukophan und Eisen bzw. aus den Serizit-Albit-Phylliten hervorgegangen sei. Das Fe bezog er aus alterierten Fe-reichen Diabasen, benötigte jedoch für die Albite und Na-Amphibole die gesonderte allocheme Zufuhr an Na. CHUDOBA & OBENAUER (1932) sahen das Erz an „Crossit-Schiefer" innerhalb der begleitenden Serizit-Phyllite gebunden. Statt der starken Betonung des Glaukophans fanden sie im Crossit (dem Riebeckit ähnliches eisenreiches Na-Amphibol) den Übergang zu den Erzen.

Eine ähnliche Ansicht vertrat H.-H. WERNER (1950), der quarzitische Quarz-Magnetit-Epidot-Phyllite in der südwestlichen streichenden Verlängerung der Erz-Vorkommen ausmachte. Für ihn waren Anorthit- und Fe-reiche Sandsteine die Ausgangsgesteine für die „Eisenglimmerschiefer" NOEGGERATH's. Auch er hob die Bänderung der Phyllite mit hellen, quarzreichen und dunklen Serizit-Epidot- und Erz-reichen Lagen hervor. Für ihn waren sie die eigentlichen Erzbringer.

Eine Zusammenfassung des Kenntnisstandes gab RÉE (1979). Er zog ausdrücklich eine metamorphe Überprägung prä-existenter Eisenerzlager ebenso in Betracht wie injizierte Restlösungen eines basischen Vulkanismus als Erzbringer. Damit stand er in Gegensatz zu den meisten älteren Autoren, für die in erster Linie die Mobilisation des ohnehin vorhandenen Fe und dessen lokale Konzentration aus dem Ausgangsgestein durch die Metamorphose im Vordergrund stand. Diese Überlegung einer primären Anreicherung von Eisen und deren nachträgliche metamorphe Überprägung scheint mindestens ebenso wahrscheinlich.

Die Erze und ihr Nebengestein. Nach VIERSCHILLING (1910) konzentrieren sich die Eisenerze auf einen Nordost-Südwest verlaufenden, etwa 7 km langen Streifen, der von der Ortschaft Ippenschied im Südwesten (Bl. 6111 Pferdsfeld) über Gebroth bis Argenschwang (Bl. 6112 Waldböckelheim) im Nordosten reicht. Nimmt man die Erz-haltigen quarzitischen

Quarz-Magnetit-Epidot-Phyllite WERNER's hinzu, so reicht dieser Streifen vom Hoxbach-Tal bei der Ortschaft Seesbach im Südwesten bis zur Ortschaft Dalberg im Nordosten bei einer streichenden Länge von etwa 15 km. Der Schwerpunkt der Vererzung liegt im Ellerbach-Tal nördlich Winterburg. Dieser Streifen ist gleichzeitig auch das Gebiet der albitisierten Gesteine. Dieses Gebiet liegt nach H.-H. WERNER (1950) südöstlich bzw. im Hangenden des nordwestlichen der beiden „Hauptgrünschiefer-Züge" (Meta-Diabase) des Simmerbach-Grünschiefer Komplexes. Bei dem südöstlichen Meta-Diabas-Zug findet sich zwar ebenfalls ein Bereich stärkerer Albitisierung. Es fehlt jedoch eine entsprechende Erz-Anreicherung. Da beide Züge und ihre Begleitgesteine ähnlichen Bedingungen bei der Metamorphose unterlagen, ist eine alleinige Erzanreicherung durch Metamorphose nur bei einem von ihnen schwer erklärbar.

Als Nebengesteine der Vorkommen treten – wie allgemein in der Metamorphen Zone – epizonal metamorphe Gesteine der Quarz-Albit-Pumpellyit-Prehnit-Fazies auf:

Serizit-Phyllite: Makroskopisch handelt es sich um engscharig geschieferte hellgrünlichgraue Gesteine mit Seidenglanz auf den s-Flächen; u. d. M. sind Serizit entlang der Bahnen der Hauptschieferung (s_1), Albit in kleinen Linsen, Chlorit akzessorisch und fein verteilter Magnetit zu erkennen; **Serizit-Albit-Phyllite**: Makroskopisch sind es lagig gebänderte, z. T. intensiv gefältelte rötlich- bis grünlichgraue Gesteine mit Seidenglanz auf den s-Flächen; z. T. tritt Albit in größeren Putzen auf, so dass eine Augengneisen ähnliche Textur erscheint; darauf geht auch die früher häufige Bezeichnung „Serizitgneis" zurück; u. d. M. lassen sich Lagen aus feinkörnigem Albit, Quarz, Serizit, Feldspat und akzessorisch Pyrit, Eisenglanz, Rutil und Apatit erkennen. MEISL (1986) beschrieb diese Gesteine aus dem Gauls(Hox)bach-Tal als Chlorit-Phengit (Serizit)-Phyllite mit viel Quarz, Albit, Fe-reichem Pyknochlorit, Phengit, Kalzit, gelegentlich auch Stilpnomelan; im Ellerbach-Tal sind sie im Straßen-Profil Winterbach – Winterburg meist albitisiert; in diese Folge sind neben albitisierten Meta-Diabasen „Albit-Quarz-Kalzit-Lagen" mit breiten dunklen, massigen Stilpnomelan-reichen Säumen parallel zur Hauptschieferung (s_1) eingelagert, die gefältelt sind; örtlich treten (MEISL 1986) strangartige Albit-Anreicherungen auf; in den Albit-Quarz-Kalzit-Lagen sind auch Epidot, Chlorit und Stilpnomelan enthalten; letzterer ist in größeren Büscheln gewachsen; ähnliche Gesteine kommen auch im Straßenprofil Spall – Argenschwang – Münchwald vor;

Adinol-Crossit („Glaukophan")-Phyllite: Hierbei handelt es sich um grünliche bis blaugraue, feinschiefrige bis gebänderte Gesteine; u. d. M. sind Quarz, Albit, Serizit in Lagen, Chlorit (Pennin?), Crossit, Epidot, Pyrit-Würfel sowie akzessorisch „Eisenglimmer" und Magnetit auszumachen; Erzminerale können linsig angereichert sein.

RÉE (1979a) erwähnte zusätzlich stark albitisierte „Diabasschiefer", d. h. geschieferte Meta-Diabase oder -Tuffe; u. d. M. sind Albit, Augit, Chlorit, Epidot und Serizit zu erkennen.

Alle älteren Autoren betonten, dass die Grenze zwischen Erz und Nebengestein scharf sei; es gibt jedoch auch Übergänge.

Die Erze bestehen aus Magnetit (Fe_3O_4): Das Mineral kommt stets „körnig", häufig idiomorph in Kristallform (Oktaeder) vor; bisweilen ist es auch martitisiert. Eisenglanz, Hämatit (Fe_2O_3): Hämatit kommt meist idiomorph tafelig vor und wird dann als Eisenglanz bezeichnet; Kristalle können sich auch zu Aggregaten zusammenschließen. Pyrit ist meist idiomorph würfelig ausgebildet, teilweise auch als körnige Aggregate; Pyrit „umschließt" z. T. auch martitisierten Magnetit und Eisenglanz; CISSARZ (1927) hielt die Martitisierung und Bildung von Pyrit für sekundäre Bildungen.

Die Altersfolge der Erzminerale kommt in der Reihung Magnetit – Eisenglanz (Hämatit) – Pyrit zum Ausdruck. Dabei muss der Magnetit nicht unbedingt primär sein. Es besteht durchaus die Möglichkeit, dass er im Laufe der Metamorphose aus Hämatit entstanden ist. Die von CISSARZ abgeleitete Reihung gilt daher nur für die post-metamorphen Erze.

Nach den Anteilen der Mineralarten am Erz lassen sich folgende Typen ausscheiden: Reine Magnetit- und Magnetit-Eisenglanz-Erze ohne Pyrit, Pyrit-Erze mit untergeordneten Gehalten an Magnetit und Eisenglimmer und gemischte Magnetit-Eisenglanz-Pyrit-Erze. Eingeschlossen als „Gangart" kommen Quarz, Albit, Muskowit/Serizit und Crossit vor.

Quarz-Magnetit-Epidot-Phyllite bilden nach H.-H. Werner (1950, 1952) den Übergang zwischen dem erzfreien Nebengestein und dem Erz. Möglicherweise handelt es sich hierbei um die von Noeggerath und Lossen seinerzeit als „Eisenglimmerschiefer" bezeichneten Gesteine. Es sind lagig gebänderte Gesteine, die z. T. stark spezialgefaltet sind. Die hellen Lagen bestehen vornehmlich aus undulös auslöschendem Quarz mit suturierten Korngrenzen und länglicher Streckung, die dunklen aus feinschuppigem Serizit, Eisenglanz-Schüppchen, Magnetit und unregelmäßig verteiltem Epidot. Die max. 3 mm erreichenden hellen, quarzreichen Lagen können auch zu Gunsten der dunklen Magnetit-Epidot-Lagen soweit zurücktreten, dass es zur Anreicherung von Quarz-reichem Eisenerz kommt.

Die Vorkommen. Die Erze bilden mehrere lagerartige, linsige Erzkörper, die offensichtlich nicht im Streichen untereinander verbunden sind. Sie liegen jedoch immer südöstlich, d. h. wahrscheinlich im stratigraphisch Hangenden der Meta-Diabase. Sie sind immer gebunden an die „Serizit-Phyllite" bzw. an die Crossit-führenden Phyllite. Im Einzelnen verzeichnete Vierschilling (1910) folgende Vorkommen:

Bergwerk nördlich Argenschwang (Bl. 6112): Grobkörniges Magneteisenerz mit Magnetitkristallen bis 1mm Größe und Blättchen von Eisenglimmer in unregelmäßiger feinkörniger Verwachsung mit Quarz; Nebengestein: „quarzitische Schiefer" (Quarzphyllite?) und „Serizit-Phyllite"; Mächtigkeit des Lagers 0,6–1,2 m; aufgeschlossene streichende Länge 150 m bei Streichen von N 75° E und steilem Einfallen nach SE.

Bergwerksfeld „Spall" westlich Gebroth (Bl. 6111): Körnig-streifiger „Eisenglimmerschiefer"; Nebengestein: „Serizit-Phyllit"; Mächtigkeit des Lagers 0,3–0,5 m; Lagerung: 75°/80 SE; außerdem wurden westlich und südwestlich von Gebroth am West-Hang des Ellerberges zwei weitere Vorkommen erwähnt, so dass hier wohl insgesamt drei Lager angetroffen wurden.

Vorkommen am Fußweg von Winterburg nach Gebroth: Lagiges, quarzreiches Erz mit Streifen, schmalen Leisten und Lagen aus Eisenglanz; die Lagen sind spezialgefältelt; Mächtigkeit des Lagers 0,3–1,0 m; Streichen des Lagers 60° bei steilem Einfallen nach NW.

Bergwerk „Marienhoffnung" am westlichen Talhang des Ellerbaches zwischen Winterburg und Winterbach (Ost-Hang des Wingertsberg (370 m NN), Bl. 6111): Magneteisenstein-Lager aus dichtem Erz mit Fe-Gehalten von 52–55%; quarzreiches gebändertes Erz; Nebengestein: flaseriger Serizit-Albit-Phyllit; Mächtigkeit des Lagers 0,1–2,0 m; Lagerungsverhältnisse: 60–75° bei steilem Einfallen nach NW.

„Feld Ippenschied" westlich Ippenschied: Zwei Lager eines „schiefrigen" Erzes aus gebändertem Quarz-Magnetit-Gemenge und blättrigem Eisenglanz; beim nördlichen Lager ergab sich eine Mächtigkeit von 0,6–1,2 m bei Lagerung 60°/ 50° SE, beim südlichen von 0,3–0,5 m bei 60° /70–80° NW.

Franzke & Anderle (1995) erwähnen Magnetit-haltige Quarzite vom Hoxbach-Tal ohne nähere Ortsangabe; auch sie gehören wohl noch zur Metamorphen Zone; hier sind Magnetit- und Hämatit-führende Quarzite eingeschaltet in metamorphe Gesteinsverbände aus albitisierten Meta-Diabasen und -Peliten; es sind 0,1 m mächtige Erzlagen, die bis 80% Magnetit in Bereichen von mehreren m Mächtigkeit besitzen; die Bildung dieser gebänderten Eisenerze wird nach Wotzlaw (1988 in: Frantzke & Anderle 1995) – ähnlich wie schon bei Vierschilling (1910) – zurückgeführt auf die Ablagerung eisenreicher Sandsteine und deren anschließende epimetamorphe Umwandlung in Magnetit-haltige, SiO_2-reiche Erze.

Alter und Genese der Erze. Aus der Anordnung der Vorkommen und Lagerstätten ergibt sich eine Konzentration der Eisenerz-Vorkommen zwischen den Ortschaften Ippenschied und Argenschwang. Das entspricht etwa dem zentralen Abschnitt der „Grünschiefer-" bzw.

Meta-Diabas-Verbreitung des nördlichen „Grünschiefer-Zuges“ sowie der albitisierten Meta-Diabase in der Metamorphen Zone. Aus der Anordnung erscheint durchaus realistisch, dass die Erz-Vorkommen an die Meta-Diabase gebunden sind und dass prä-existente Hämatit-Lager metamorph zu Magnetit- bzw. zu Magnetit-Eisenglanz-Lagern überprägt worden sind. Eine spätere, nicht-metamorphe Alteration führte über Martitisierung wieder zur Anreicherung von Hämatit, später auch zur Bildung von Pyrit. Auch die Albitisierung ist an die „Grünschiefer“ gebunden. Geht man von einer Spilitisierung ehem. untermeerischer basischer Ergüsse und deren Lockerprodukten aus, so sollte aus diesen Na-betonten Gesteinen durch Mobilisierung des Na genügend davon vorhanden gewesen sein, um eine Neubildung von Albit und Na-Amphibolen zu bewirken. Ähnliches gilt jedoch auch für die „Grünschiefer“ in den übrigen Gebieten, so dass Zweifel bleiben und eine allocheme Na-Zufuhr erwogen werden muss. Eine Mobilisierung des Eisens nach dem gleichen Schema erscheint in dem dazu nötigen Umfang schwerer möglich. Die Umbildung von primären Erz-Anreicherungen, evtl. durch Exhalation ist eher wahrscheinlich.

Enge geologische Beziehungen zwischen submarinen Ergüssen eines „Diabas-“ und Keratophyr-Vulkanismus, deren Lockerprodukten und Eisenerz-Lagern sind nicht ungewöhnlich. Bei exhalativer Förderung von Fe- und SiO_2-reichen Lösungen als $FeCl_3$ und $SiCl_4$ können bei Reaktion mit O_2-reichem Meerwasser ausgedehnte, niveaubeständige Lager im Hangenden der geförderten vulkanischen Produkte entstehen. Hier sei an den Grenzlager-Vulkanismus im östlichen Rheinischen Schiefergebirge erinnert. Ihre Umwandlung in Magnetit sollte dann ein Ergebnis der Metamorphose gewesen sein. Rée (1979) erwog die Injektion von Restlösungen eines basischen Vulkanismus. Andererseits erwogen er und auch D. E. Meyer & Nagel (2008) eine Gleichaltrigkeit der Winterburger Erze mit dem Roteisen-Erz bei Stromberg und Wald-Erbach. Dort sind die Strukturen im Erz erhalten geblieben, da es keiner Metamorphose unterworfen war.

Bei der Frage nach dem Alter der Eisen-Erze betonte H.-H. Werner (1952), dass wegen des Fehlens von Fossilien nur Deutungen über Analoga im übrigen variszischen Gebirge möglich seien. Danach sah er das Alter der Eisen-Erze im Raum Winterburg – Argenschwang eng an jenes der „Grünschiefer-Komplexe“ gebunden. Er machte allerdings eine endgültige Aussage von der Genese – primär, magmatisch oder sedimentär – abhängig. Daraus wird ein ähnliches Alter wie bei der Lagerstätte Wald-Erbach wahrscheinlich. Nur fehlen dort die basischen Magmatite. Auch die hier vertretene Lösung läuft bei ähnlicher Argumentation auf ein ähnliches Alter hinaus. Während des Oberems bildeten sich im Hunsrück und in seiner Umgebung mehrfach Eisenerz-Vorkommen (Wald-Erbach, Schweich, Treis (?)), die wahrscheinlich auf einer exhalativen Bereitstellung von Fe-reichen Lösungen noch während des Beckenstadiums beruhen. Die Winterburger Erze in den Grenzbereich Mittel-/Oberdevon altersmäßig einzustufen, erscheint bei den Verhältnissen im Guldenbach-Tal auch möglich. Eine Einstufung in das Präsilur mit den übrigen Metamorphiten (D. E. Meyer & Nagel 2001) ist jedoch gewagt.

2.7 Einordnung in das plattentektonische Geschehen

Kossmat (1927) gliederte das Variszische Gebirge in vier Zonen, die eine jeweils unterschiedliche tektonische Prägung aufweisen. Diese Gliederung hat sich trotz des Umdenkens in ein mobiles Weltbild als berechtigt erwiesen. Das **Moldanubikum** umfasst den südlichen Raum mit Zentral- und Süd-Vogesen, Zentral- und Süd-Schwarzwald, Teile Böhmens sowie die variszischen Massive in den Alpen. Eine Sutur zwischen Zentral- und Süd-Schwarzwald unterteilt das Moldanubikum in einen nördlichen und einen südlichen Abschnitt. Das nördlich anschließende **Saxothuringikum** umfasst in Mitteleuropa Sachsen, Thüringen und Nordost-Bayern, reicht über Spessart und Odenwald an den Rhein und schließt linksrheinisch Anteile der Nord-Vogesen und die Kristallin-Vorkommen in der Rheinpfalz am West-Rand des Oberrhein-Grabens ein. Moderne Darstellungen (Wo. Franke et. al. 2017, R. Walter 2003) unterteilen das Kossmat'sche Saxothuringikum weiter in die „**Saxothuringische Zone**" im Süden, die von den West-Sudeten bis in die Nord-Vogesen reicht – hier trennt die Überschiebung von Lalaye-Lubine sie vom Moldanubikum im Süden – und die „**Mitteldeutsche Kristallinschwelle**" (Brinkmann 1948, Mid German Crystalline Rise, MGCR) im Norden. Letztere zieht sich vom Kyffhäuser über das Ruhlaer Kristallin (Thüringer Wald), über Spessart und Odenwald zu den Kristallin-Vorkommen in der Rheinpfalz; dieser Abschnitt beinhaltet auch die Position der Tief-Bohrung Saar 1. Beide Einheiten spitzen in Richtung Südwesten aus und grenzen mit der Bray-Verwerfung (Faille de Bray) an das Armorikanische Massiv in West-Europa. Nördlich der „Mitteldeutschen Kristallinschwelle" liegt das **Rhenoherzynikum**, das in Mitteleuropa Harz und Rheinisches Schiefergebirge einschließt und bis nach Südwest-England reicht. Vom Rhenoherzynikum (Rhenoherzynische Zone) wird die im südlichen Grenzbereich zur Mitteldeutschen Kristallin-Schwelle liegende „**Nördliche Phyllit-Zone**" abgetrennt. Die Grenze zwischen beiden verläuft zwischen der Lokation der Tief-Bohrung Saar 1 bei Spiesen/Saarland und dem „Grundgebirgs-Aufbruch" von Düppenweiler, der zur „Nördlichen Phyllit-Zone" gehört. Im südlichen Rheinischen Schiefergebirge werden ihr die Metamorphen Zonen am Süd-Rand von Taunus und Hunsrück zugeschlagen. Diese Grenze ist nicht gerechtfertigt, da die Metamorphen Zonen von Taunus und Hunsrück im Streichen nicht aneinander anschließen, keine gemeinsame Nordwest-Grenze haben und sehr unterschiedlich aufgebaut sind, wenngleich ihre Gesteine einen ähnlichen Metamorphosegrad besitzen (Meisl 1995). Im Hunsrück bildet die Wiesbachtal-Überschiebung („Wiesbachtal-Mylonit") eine klare Grenze; die Lage des Hunsrücks im Variszischen Orogen ist festgelegt auf den Südwest-Abschnitt und -Rand des Rheinischen Schiefergebirges innerhalb der Rhenoherzynischen Zone (incl. Anteilen an der Nördlichen Phyllit-Zone). Nördlich an das Rhenoherzynikum schließt die „**Subvariszische Saumtiefe**" an.

Entscheidend für den Baustil des Hunsrücks ist – wenn auch nicht unmittelbar – das „London-Brabanter Massiv", ein relativ hoch liegender, kaledonisch konsolidierter, stabiler Komplex nördlich des Kohlegürtels, der während der variszischen Gebirgsbildung als Widerlager fungierte und linksrheinisch stärkere Einengung hervorrief als rechtsrheinisch.

Die „Variszische Front" verläuft linksrheinisch wesentlich weiter im Süden. Die stärkere Einengung bildet sich im Hunsrück in der Steilstellung von Gesteinsverbänden bis zur Überkippung, in Schollenrotationen, Vergenzwechseln, Rücküberschiebungen und nicht zuletzt auch in der deckenartig überschobenen stark nordwestvergenten „Mittelmosel-Schuppenzone" (Wildberger 1992) ab, die rechtsrheinisch keine Fortsetzung hat.

Altpaläozoische Gesteine fehlen im Hunsrück völlig, wie auch Plutonite. Die Kristallin-Vorkommen im Süd-Hunsrück (Mörschied, Wartenstein, Schweppenhausen) zählen nicht dazu, da sie als tektonische Schürflinge allochthon in ihrer Umgebung stecken. Der Metamorphosegrad reicht, abgesehen von der Metamorphen Zone im Süd-Hunsrück mit ihren epizonal metamorphen Gesteinen, nur bis in die geringgradige Anchimetamorphose. Die meso- und katazonal geprägten Ortho- und Paragesteine der Kristallin-Vorkommen im Süd-Hunsrück stammen aus prä-kaledonischen Prozessen.

Mit Installation plattentektonischer Modelle wurde die Lage an einem Kontinentalhang diskutiert. Hierzu trugen die aberrante „herzynische" (böhmische) Fazies im östlichen Rheinischen Schiefergebirge und der MORB-Chemismus von Meta-Basalten in der Metamorphen Zone bei. Sie gaben zusammen mit altpaläozoischen Vulkaniten im Süd-Taunus Anlass, einen Ozean zu postulieren (u. a. Wo. Franke & Oncken 1995), der mit Anschluss an den Lizard-Ophiolith-Komplex in Südwest-England und die Metamorphe Zone von Wippra am Süd-Harz-Rand im Nordosten als „Lizard-Gießen-Ostharz-" oder „**Rhenoherzynischer Ozean**" bezeichnet wurde. Der Taunusquarzit in Hunsrück und Taunus wurde als Litoral im

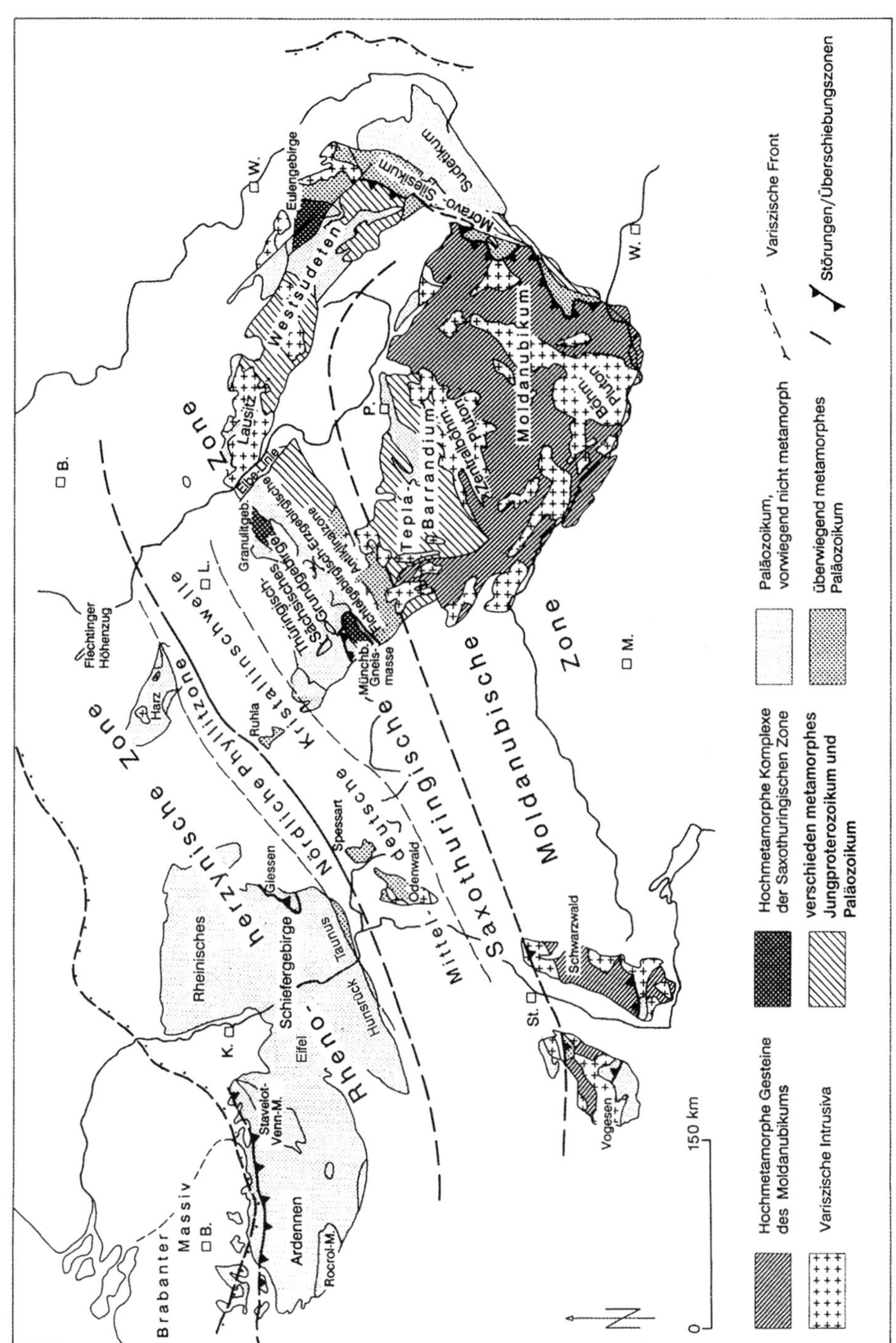

Abb. 13. Gliederung des variszischen Mitteleuropas. R. WALTER (2003), ergänzt.

Unterdevon gegen diesen ozeanischen Bereich im Süden betrachtet. Allerdings bezog diese Vorstellung die mächtige marine Beckenfazies der Hunsrückschiefer im zentralen, stark subsidenten Bereich des **Rhenoherzynischen Beckens** (Westerwald, Ost-Eifel, Hunsrück) nicht in die Betrachtung mit ein. Später wurde das Modell modifiziert (Stampfli et al. 2013, von Raumer et al. 2017, Wo. Franke et al. 2017).

2.7.1 Großregionaler Überblick

Radiometrische Altersdatierungen, der Einsatz paläontologischer, geochemischer und paläomagnetischer Datensätze im Verein mit den Vorstellungen der Plattentektonik führten zu keiner grundsätzlichen Änderung der Kossmat'schen Gliederung des Variszischen Orogens, eher zu ihrer Modifizierung. Großzügige Kontinent-Ozean-Modelle der ersten Phase plattentektonischer Vorstellungen ließen sich auf die kleinräumige Gliederung der mitteleuropäischen Varisziden nicht befriedigend anwenden. Für das linksrheinische variszische Gebirge ergeben sich auch Schwierigkeiten bei der Modellerstellung, da paläozoische ozeanische Suturen nicht eindeutig auszumachen sind.

Der variszische orogene Zyklus begann im Rhenoherzynikum und in seinen Randbereichen zu Beginn des Devons im Anschluss an die kaledonische Orogenese. In ihr sollte sich der Kleinkontinent „Avalonia" durch Nord-Drift mit dem Kontinent „Baltica" vereint haben (u. a. Frisch & Meschede 2005, R. Walter 2003, Wo. Franke et al. 2017). Er erhielt seinen Namen nach der Halbinsel Avalon auf Neufundland und hatte sich im frühen Ordovizium vom Großkontinent Gondwana gelöst und war nach Norden gedriftet. Baltica und Avalonia dockten schließlich im Silur (Cocks & Fortey 1982, McKerrow et al. 2000, R. Walter 2003) an den Kontinent Laurentia an und bildeten den Nordkontinent Laurussia. Er wurde wegen kontinentaler Rotsedimente im Devon „Old Red-Kontinent" genannt. Die Kollision dieser drei kontinentalen Komplexe unterschiedlicher Größenordnung sollte gegen Ende des Silurs abgeschlossen gewesen sein.

Das ist für die Geologie des Hunsrücks insofern wichtig, als die Rhenoherzynische Zone sich am Südrand von Avalonia befindet (Frisch & Meschede 2005). An dieses grenzte im Süden der „Rheische Ozean", der zu Beginn der variszischen Tektogenese wahrscheinlich bereits geschlossen war. Im Zeitraum Ordoviz-Silur sollten zudem mehrere gondwanische Terrane sich vom Mutterkontinent Gondwana getrennt haben „und ihre jeweils eigenständige Nordwanderung gegen die vereinigten Platten von Laurentia, Baltica und Avalonia" (R. Walter 2003: 113) vollzogen haben. Zu ihnen gehörten die Terrane der Armorica-Gruppe (Armorica Terrane Assemblage, ATA), unter ihnen auch Saxothuringia. Die Ausgangsposition für die paläogeographische Konstellation im Unterdevon für Nordwest- und Mitteleuropa wäre damit vorgezeichnet, denn der südliche Rand des Hunsrücks hätte dann unmittelbar am Nord-Rand des Rheia-Ozeans gelegen und seine Schließung sich im Mitteldevon vollzogen „allerdings zunächst noch ohne die besonderen tektonisch-metamorphen Merkmale einer Kontinent-Kontinent-Kollision" (R. Walter 2003: 145).

Beginnend mit dem tiefen Unterdevon bildete sich das **Rhenoherzynische Becken (Rheinischer Trog)** heraus, ein früh in schmale leistenförmige, Nordost-Südwest ausgerichtete Schollen zerlegter mobiler NE-SW ausgerichteter Krustenstreifen. Aus den Leistenschollen entwickelte sich im Becken ab dem Siegen ein deutliches Relief mit Becken und Schwellen, die sich bei fortschreitender Subsidenz auffällig faziell akzentuierten. Die im linksrheinischen Schiefergebirge ermittelten Mächtigkeiten bis Ende des Unterems erreichten im Hauptsenkungsgebiet, das in jener Furche lag, die durch den Mosel-Lahn-Trog nachgezeichnet wird, Mächtigkeiten bis ca. 10 000 m, evtl. mehr.

Die Vorstellung einer kurzzeitigen nordwärts gerichteten Subduktion der Rheia-Ozeans erklärt die Entstehung des Rhenoherzynischen Beckens auf Avalonias Kruste als Randbecken und das Hochgebiet am Südrand im tiefen Unterdevon (Hahn & Zankl 1991, Carls 2003, Stets & A. Schäfer 2002) als Rücken oberhalb der Subduktion („Forearc ridge"). Zur Geschichte des Rheia-Ozeans, wie sie u.a. von Stampfli et al. (2013) und Wo. Franke et al. (2017) rekonstruiert wurde, lassen sich allerdings vom Südhunsrück keine weiteren Daten gewinnen.

Andererseits muss sich ab Unterems oder wenig später an ähnlicher Stelle und parallel dazu eine zweite Sutur geöffnet haben. Sie ist als „**Rhenoherzynischer Ozean**" durch die MORB-Gesteine in der Metamorphen Zone am Süd-Rand des Hunsrücks ausgewiesen. Abgesehen von „Rheischer" und/oder „Rhenoherzynischer Sutur" gehen manche Autoren (Oncken et al. 2000, R. Walter 2003) von der Vorstellung aus, dass das Rhenoherzynikum den passiven Kontinentalrand zu dem im Süden befindlichen Ozean bildete und dass alle Sedimente „were derived from Caledonian sources to the north and deposited at the southern passive margin of the Old Red Sandstone Continent (Laurussia)" (Oncken 2003: 36). Dieser Kontinentalrand müsste mehr als 300 km breit gewesen sein und Sedimente bis zu 10 km Dicke (Rheinischer Trog) im Unterdevon aufgenommen haben. Bei dieser Vorstellung wird das für Gedinne und Siegen nachgewiesene südliche Hochgebiet als Sedimentlieferant völlig außer Acht gelassen und außerdem der im Unterdevon dominierende zentrale rhenoherzynische Senkungsbereich (W. Meyer & Stets 1980, 1996, Stets & A. Schäfer 2002, 2011) stark unterbewertet.

Der einzige, einigermaßen verlässliche Hinweis auf ozeanische Kruste ist am Südhunsrück-Rand der MORB-affine Chemismus der Meta-Diabase der Metamorphen Zone (Meisl 1995). Das relativ kleinräumige Vorkommen und die spezifische geochemische Signatur sprechen gegen das Vorhandensein eines ausgedehnten ozeanischen Bereichs am Süd-Rand des Rhenoherzynikums, speziell des Hunsrücks. Vielmehr legen sie dort die kurzzeitige Öffnung eines ozeanischen Rifts – einer „Rhenoherzynischen Sutur" – nahe.

Problematisch sind auch die geologische Situation am Taunus-Süd-Rand und ihre Übertragung auf den Hunsrück. Neben Meta-Sedimenten sind am Süd-Rand des Taunus in der Mehrzahl saure bis intermediäre Meta-Vulkanite am Aufbau der Metamorphen Zone beteiligt. Sie darf nicht mit jener am Süd-Rand des Hunsrücks gleichgestellt werden. Die „Serizit-Gneise" (426 ± 14–15 Ma), Felsokeratophyre (433 ± 9–7 Ma), Grünschiefer (442 ± 22 Ma) und auch der Keratophyr der Krausaue im Rhein bei Rüdesheim (434 + 34/–22 Ma) erbrachten ausschließlich silurische Alter (Sommermann et al. 1992, 1994, DSK 2002). Als Ausgangsgesteine wurden Rhyolithe, Rhyodazite, Trachyte und Andesite ermittelt (Meisl 1995). Diese Meta-Vulkanite des südlichen Taunus können nach ihrem Chemismus bestenfalls als Inselbogen-Vulkanite an aktiven Kontinentalrändern eingestuft werden. Ähnlichkeiten zeigt der Granit der Tief-Bohrung Saar 1 (444 ± 22 Mill Jahre: Sommermann & Satir 1993). MORB-typische Gesteine sind allerdings nicht darunter. So erscheint es schwierig, aus diesen wenigen Daten für dieses Gebiet ein schlüssiges Modell zu erstellen. Immerhin führten die Alter zu der Ansicht, dass hier eine frühe ozeanische Sutur bestand, evtl. die rheische, die von einer rhenoherzynischen überlagert ist (Wo. Franke 1989, Oncken 1997). Der Gegensatz zwischen den Verhältnissen am Süd-Rand von Hunsrück und Taunus, d. h. devonischen Gesteinen eines Rhenoherzynischen Schelfmeeres und vielleicht Ozeans im Hunsrück ab dem höheren Unterems gegenüber silurischen Inselbogen-Gesteinen und ordovizischen Meta-Peliten im Taunus veranlassten Wo. Franke (2006) hier die „Rheische Sutur" zwischen Avalonia und Armorika – ähnlich wie Oncken (1997) – zu suchen. Paläomagnetische Daten (Tait et al. 2000) sollen für die Schließung einer Sutur im Grenzbereich Nördliche Phyllit-Zone/Rhenoherzynikum i. e. S. sprechen. Reischmann & Anthes (1996) gingen dabei von der Subduktion rheischer ozeanischer Kruste nach Süden im Silur aus, wofür die Altersdaten des Granits der Tief-Bohrung Saar 1 sprechen.

Das spitzwinklige Aufeinandertreffen der Strukturen am Südrand des Schiefergebirges weist auf die Abscherung geologischer Einheiten durch große Seitenverschiebungen jeweils am Nordwest- und Südost-Rand der Nördlichen Phyllit-Zone hin. Das könnte auch den Unterschied zwischen den Verhältnissen an Hunsrück- und Taunus-Rand erklären.

Nach ersten Überlegungen von KOSSMAT (1927) zum Deckenbau im Rhenoherzynikum entwickelten u. a. ENGEL et al. (1983) plattentektonische Modelle für das rechtsrheinische Schiefergebirge, ausgehend von der Gießener Grauwacke, die als eine von Süden aus einer Wurzelzone zwischen Mitteldeutscher Kristallinschwelle und Nördlicher Phyllitzone auf die Lahn-Mulde überschobene Decke gedeutet wurde. Zum aktuellen Stand der Erkenntnisse und Vorstellungen über die tektonische Entwicklung des rechtsrheinischen Schiefergebirges, wo Liefergebietsanalysen von Grauwacken und Sandsteinen Hinweise auf einen weiträumigen Transport Rhenoherzynischer und Armorikanischer Decken geben, wird auf ECKELMANN et al. (2014), Wo. FRANKE & DULCE (2017), VON RAUMER et al. (2017) und NESBOR (2019, cum. lit.) verwiesen.

2.7.2 Der Südrand des Schiefergebirges

Palynostratigraphische Untersuchungen in der Metamorphen Zone im Süd-Taunus ergaben ein artenreiches, individuenarmes Acritarchen-Spektrum des Ordovizium und als Ablagerungsraum einen flach-marinen küstennahen Schelfbereich. Beim Vergleich mit dem Unterordovizium der „Thüringischen Fazies" im Saxothuringikum (Phycoden- und Griffelschiefer-Folge) bestehen keine grundsätzlichen paläobiogeographischen Unterschiede zwischen ihnen. Somit können beide Bereiche zumindest schon im Unterordovizium „auf einem gemeinsamen, von Gondwana stammenden Krusten-Fragment (Avalonia) gelegen haben" (WINKELMANN 2000: 151).

Die für Extension und Subsidenz sprechende Existenz eines Beckens im südlichen Anschluss an Taunus und Hunsrück ab Ordovizium mag sich aus der nordwärts gerichteten Drift Avalonias zu dieser Zeit eingestellt haben (Wo. FRANKE et al. 2017: fig. 10). Die Krustendehnung sollte im unmittelbaren Anschluss an die Schließung des Iapetus/Tornquist-Ozeans, d. h. an das Andocken Avalonias an Laurussia, erfolgt sein. Diese Vorstellung lässt außer Acht, dass am südlichen Becken-Rand im Gedinne ein Hochgebiet in der Position der späteren Mitteldeutschen Schwelle bestand (HAHN 1990, HAHN & ZANKL 1991, ZIMMERLE 2000, STETS & A. SCHÄFER 2002, 2011), dessen Abtragungsmaterial weitgehend jenem glich, das auch vom Nord-Kontinent (Old Red-Kontinent) in das Becken eingespeist wurde (WIERICH 1999). Durch die Einheitlichkeit der Sedimentfracht – insbesondere der Turmaline im Norden und im Süden – wird petrographisch die ehemalige Zusammengehörigkeit des nördlichen mit dem südlichen Hochgebiet angedeutet. Das nördliche Vorland der Schwelle war zu jener Zeit durch kontinentale Sedimentation in weiten Alluvialebenen gekennzeichnet. Diese und das Hochgebiet wurden ab dem Siegen mit der Transgression des Meeres aus dem Zentrum des Rhenoherzynischen Senkungsraumes nach Süden mehr und mehr überwandert und verloren an Bedeutung. Es bildete sich dort der Südhunsrück-Trog heraus. Ab Unterems muss zusätzlich mit einem globalen Meeresspiegel-Anstieg gerechnet werden (JOHNSON et al. 1985), so dass nicht allein tektonische Ursachen für das Verschwinden des südlichen Hochgebiets verantwortlich waren. Auch CARLS (2001: 100) ging davon aus, dass das Liefergebiet für die Sande des Taunusquarzit, das im Süden lag, offenbar rasch verloren ging.

Während das Zerbrechen Avalonias im Rhenoherzynischen Becken mit Zentrum Mosel-Lahn-Trog trotz der starken Absenkung nie eine Ozeanisierung erreichte, riss im Unterems südlich des Südhunsrück-Troges die **Rhenoherzynische Sutur** auf, die zur Bildung ozeanischer Kruste führte. Hierfür liefern die Meta-Diabase im Süd-Hunsrück hinlängliche Beweise (MEISL 1995). Die Meta-Pelite stellen dabei hier die Rand- und Beckenfazies des neu entstehenden Senkungsgebietes dar, dessen Ausmaße sich schwer ermitteln lassen. Seine

Existenz war in geologischen Größenordnungen gerechnet recht kurz. Der den Zerfall bedingende Rift-Prozess mag einen Senkungsraum mit den Ausmaßen des heutigen Roten Meeres geschaffen haben und nie wesentlich darüber hinaus gegangen sein.

Der im höheren Unterdevon bzw. im frühen Mitteldevon entstandene Rhenoherzynische Ozean wurde von Floyd (1982) als „backarc basin" im Vorland des nach Norden unter Avalonia subduzierten Rheischen Ozeans gedeutet. Allerdings dürfte die Subduktion bereits im tieferen Unterdevon erfolgt sein und zur Entstehung des Rhenoherzynischen Beckens geführt haben (Kap. 2.7.1). Zur Bildung einer südlich gelegenen jüngeren ozeanischen Sutur gibt es unterschiedliche Auffassungen (Wo. Franke et al. 2017, von Raumer et al. 2017, Nesbor 2019). Dass die Rhenoherzynische Sutur zwei Gebiete unterschiedlicher tektonischer Prägung trennt, ergibt sich aus dem Vergleich der Ergebnisse der Tief-Bohrung Saar 1 mit den Verhältnissen im Süd-Hunsrück: In der Tief-Bohrung Saar 1 liegen knapp 1 000 m mächtige mittel- und oberdevonische sowie unterkarbonische Sedimente, z. T. in Form von Plattform-Karbonaten, auf einem Granit (444 ± 22 Ma, Sommermann & Satir 1993); diese Sedimente sind über die Diagenese hinausgehend nicht tektonisch deformiert. Im Südhunsrück-Trog entspricht diesen Sedimenten eine bis mindestens 1 500 m mächtige devonische bis unterkarbonische, siliziklastische und karbonatische Sedimentsäule, die in die variszische Deformation einbezogen wurde. Ihr Unterlager ist unbekannt, das direkte Auflager auf cadomisch geprägtem, kristallinem Grundgebirge ist nicht erwiesen. Eine Bilanzierung für dieses Gebiet ist nicht möglich, da nur Fragmente der Ablagerungen überliefert sind und der Großteil der Nördlichen Phyllit-Zone unter der Füllung der Saar-Nahe-Senke verborgen ist.

Im Osten wurde ab dem tiefen Oberdevon ein ozeanischer Bereich mit Flysch-Sedimenten gefüllt; sie liegen in Form der „Gießener Grauwacke" und ihrer Begleitgesteine im östlichen Rheinischen Schiefergebirge vor. Sie sprechen zusammen mit den Solmsthal-Phylliten (Meta-Basiten mit MORB-Chemismus) ebenfalls für ein ozeanisches Becken im Bereich der Nördlichen Phyllit-Zone, d. h. im Grenzbereich Rhenoherzynikum /Mitteldeutsche Schwelle. Es bleibt allerdings strittig, ob die Schüttung der Flysch-Sedimente in einen Rhenoherzynischen oder einen Rheischen Ozean erfolgte. Wo. Franke & Dulce (2017) sprechen hier vom „Rheic Paradox", da beide ozeanischen Suturen zwischen Nördlicher Phyllitzone und Mitteldeutscher Schwelle verlaufen und sich überlagern sollen. Sie gehen davon aus, dass sich der Rheische Ozean bereits im Unterdevon geschlossen hat, während Eckelmann et al. (2014) und Nesbor (2019) seine Existenz noch bis zur Wende Oberdevon/Unterkarbon annehmen. Im Hunsrück sind derartige Flysch-Gesteine nur bedingt im Süd-Hunsrück-Trog in Form von „echten" Grauwacken überliefert. Eine geringmächtige deckenartige Überlagerung kann im Süd-Hunsrück nicht ausgeschlossen werden (Knautz 1992, Holl 1995). Sie kann jedoch nur indirekt gefolgert werden, da keine unmittelbaren Reste bekannt sind. Eine mächtige Decke mit Einwirkung auf das heute im Süd-Hunsrück aufgeschlossene anchimetamorphe Stockwerk (Oncken 1988, Dittmar 1997) ist dagegen unwahrscheinlich.

Im späten Unterkarbon bzw. an der Grenze Unter-/Oberkarbon begann mit der endgültigen Schließung der Schwächezone „Rhenoherzynische Sutur" auch die tektonische Ausgestaltung des Rhenoherzynischen Beckens durch Kompression infolge Kontinent/Kontinent-Kollision. Der ozeanische Bereich zwischen der Mitteldeutschen Kristallinschwelle und dem Rhenoherzynikum i. e. S. wurde vermutlich nach Süden subduziert. Die Altersdaten weisen auf dieses Geschehen ab Oberdevon hin (ca. 369 Ma; Wo. Franke 2000, Reischmann & Anthes 1996).

Diese Vorstellungen passen einigermaßen widerspruchslos in das regionale Bild zum Ablauf der variszischen Orogenese. Im späten Unterkarbon sollte damit der endgültige Anschluss der Afrikanischen Platte (Gondwana) an das europäische Mosaik aus diversen Kleinkontinenten erfolgt sein, der letztlich zur Entstehung des Superkontinentes „Pangaea" führte. Schon bald darauf begann im Perm mit Einsetzen erneuter Rift-Prozesse sein Zerfall. Der Hunsrück lag im nördlichen Abschnitt des variszisch konsolidierten Schollenmosaiks im Intraplattenbereich fern ab aktiver Plattengrenzen oder Kontinent-Ränder.

2.8 Devonischer und unterkarbonischer Magmatismus

Für den Zeitraum Devon-Unterkarbon liegen im Hunsrück zahlreiche Vorkommen magmatischer Gesteine, sowohl Pyroklastika als auch Eruptiva, jedoch keine größeren Intrusiva, vor. Allerdings sind die meisten Eruptiva schwer altersmäßig einzustufen, da unmittelbare zeitliche Bezüge fehlen. Dieses gilt insbesondere für die Lagergänge (Sills), kleineren Stöcke und Gänge (dykes). Die magmatische Tätigkeit reicht von basaltischem Vulkanismus im Gedinne im Südhunsrück-Trog über rhyolithische Tuffe bis zu ultrabasischen, wahrscheinlich unterkarbonischen Magmatiten im Trierer Raum.

2.8.1 Allgemeine Aspekte

Sämtliche im Hunsrück aufgeschlossenen paläozoischen Eruptiva und Vulkaniklastika haben erhebliche spät- bis post-magmatische petrographische und geochemische Umwandlungen und Stoffverschiebungen erfahren. Keines der Gesteine liegt – auch im frischen Anbruch oder Anschliff – noch im Originalzustand vor. Daher wurden bei der Beschreibung der Gesteinsvorkommen, besonders in der älteren Literatur, unterschiedliche Bezeichnungen gegenüber den känozoischen Magmatiten verwendet. Die am häufigsten vertretenen Gesteine mit intermediärem bis basischem Chemismus werden bevorzugt als Diabas, Pikrit, Spilit oder neutraler auch als „Grünstein" bezeichnet, die sauren bis intermediären als Quarzkeratophyr oder Keratophyr. Das hat hinsichtlich der Genese zu kontroversen Theorien geführt: Eine im wesentlichen früher vertretene Theorie sah in diesen Gesteinen die Differentiationsprodukte eines mit Wasser angereicherten Magmas (u. a. Hentschel 1970), für das es allerdings keine aktualistischen Beispiele gibt, nämlich „spilitische" oder „Diabas"-Magmen eines marinen und kontinentalen Vulkanismus. Nach der zweiten Theorie sind die heute vorliegenden Gesteine durch metasomatische Umwandlung aus dem bereits auskristallisierten Mineralbestand entstanden. Die heutigen Gesteine bestehen demnach nicht ausschließlich aus primären Kristallisaten, sondern sind sekundär veränderte ehemalige Basalte, Andesite, Trachyte und Alkalitrachyte bzw. deren Derivate. Neben der sekundär metasomatischen Veränderung besteht noch die Möglichkeit einer Veränderung im Rahmen der geringen Regionalmetamorphose (Meisl 1979, Meisl et al. 1982).

Die heutige Meinung, die sich bei der Bearbeitung der Magmatite im Lahn-Dill-Gebiet und im Soonwald ergeben hat (Meisl et al. 1982, Nesbor et al. 1993) geht von einer Veränderung des primären Mineralbestandes in zwei Phasen aus: Eine erste Stoffumwandlung im Rahmen der Diagenese führte zur Spilitisierung, d. h. einer erheblichen Umwandlung des primären Mineralbestandes, gefolgt von einer zweiten im Rahmen der variszischen Metamorphose. In beiden Phasen konnten aus dem bestehenden Stoffbestand ähnliche Minerale neu gebildet werden. Bei der ersten Alteration erfolgte ein Austausch zwischen Magmatit und Meerwasser bei submarinen Vulkaniten bzw. mit entsprechendem Porenwasser aus den die Magmatite umgebenden Sedimenten. Das hatte eine sekundäre Anreicherung von in erhöhtem Maße frei gesetzten und im Porenwasser der Nebengesteine angereicherten Elemente zur Folge. Dass es überhaupt zu einer derartigen, wahrscheinlich nicht sorgfältig trennbaren Alteration kam, findet man in den Diabasen im Guldenbach-Tal bestätigt, wo zweiphasig alterierte und auch nur von einer metasomatischen Alteration betroffene Gesteine vorkommen (D. E. Meyer 1970).

Bei den basischen bis ultrabasischen Gesteinen kam es im Rahmen der Umwandlung zur Albitisierung der Plagioklase, zur Serpentinisierung der Olivine, zur Chloritisierung der übrigen Mafite (Pyroxen, Amphibol, Biotit) soweit jeweils vorhanden und zur Umwandlung von Titanomagnetit in Leukoxen. Bei Anwesenheit von Kali- resp. Alkalifeldspäten erfolgte zusätzlich eine Serizitisierung. Weitere Neubildungen sind Prehnit, Pumpellyit, Kalzit und andere Karbonate (Dolomit, Ankerit), Stilpnomelan, Epidot, Aktinolith, Quarz, Titanit und Pyrit. Freigesetzt können bei diesen Prozessen werden Si, Ca, Fe, sekundär zugeführt H_2O, Na, (K), (Mg). Besonders anfällig gegenüber der Alteration sind Gesteine mit primär hohem Glas-Anteil. Dieses gilt sowohl für eine glasige (hyaline) Grundmasse der Eruptiva als auch für glasreiche Vulkaniklastite. Basaltische vulkanische Gläser wurden vielfach in Chlorit und Leukoxen umgewandelt, wodurch unterschiedliche Grünfärbungen der Gesteine bedingt sind.

Bei den leukokraten Gesteinen ist das Ausmaß der Stoffverschiebungen geringer. Hier erfolgte eine Albitisierung (Schachbrett-Albite) und eine Serizitisierung der Feldspäte. Der Grad der Chloritisierung ist allgemein kleiner wegen des geringeren Anteils an mafischen Gemengeteilen. Auch macht sich der schwächere Anteil an Ca durch geringere Neubildung von Karbonaten bemerkbar, es sei denn Ca und HCO_3 wurden zugeführt. Felsische Gläser alkalirhyolithischer und trachytischer Zusammensetzung wurden in mikrolithischen Quarz und Serizit umgewandelt. Bei der Stoffumwandlung konnte es zur Rötung des Alterits und seiner Umgebung kommen sowie zur Anreicherung von Hämatit.

Da vielfach eine moderne Bearbeitung im Hunsrück fehlt, werden die Begriffe „Diabas", „Pikrit", „Keratophyr" und „Quarzkeratophyr" weiter verwendet, wenn keine modernen Angaben vorliegen. In jenen Fällen, wo spilitisierte Gesteine zusätzlich einer epizonalen Metamorphose unterlagen, werden diese Gesteine durch die Vorsilbe „Meta-" gekennzeichnet. Unter dem Begriff „Schalstein", der im Lahn- und Dill-Gebiet häufig verwendet wird, werden basaltische Meta-Vulkaniklastite verstanden.

2.8.2 Die Vorkommen

2.8.2.1 Die älteren Diabase und „Grünschiefer" im Guldenbach-Tal

In den Bunten Schiefern des Gedinne in der Süd-Fazies im Guldenbach-Tal sind Produkte eines „Grünstein-Vulkanismus" in Form von geschieferten „Diabasen" und Mandelstein-"Grünschiefern" überliefert (Beyenburg 1930: 424 ff.). Ihre stratigraphische Einstufung wurde aufgrund der begleitenden Bunten Schiefer selbst in jüngerer Zeit (D. E. Meyer 1970) nicht in Zweifel gezogen.

Nach Lossen (1867a), Beyenburg (1930) unter Bezug auf Milch (1889) und Schlossmacher (1921, 1922) gibt es je ein Vorkommen hinter der Lohmühle am Süd-Ausgang von Stromberg und von der Löwenzeiler Mühle (Bl. Stromberg). D. E. Meyer (1970) erwähnte zusätzlich ein drittes Vorkommen östlich Weinzheimers Brotfabrik. Er gab jedoch an, dass „die stets konkordante, teilweise deutlich differenzierte Abfolge sowie Struktur und Textur der Grünschiefer (...) für umgewandelte Eruptivgesteine (Effusiva, Tuffe?) des Gedinne" nicht jedoch für jüngere Intrusiva sprächen.

Die geschieferten Varianten sind kompakt und besitzen eine graugrünliche Farbe. Stark geschieferte Vorkommen lassen sich mittels Chlorit-Flecken auf den Schieferflächen von den sie begleitenden bunten, vor allem aber grünlichen Tonschiefern unterscheiden. Bei mächtigeren, weniger stark geschieferten Partien, die meist in den zentralen Teilen der „Diabas"-Lager vorkommen, lässt sich u. d. M. noch das ophitische Gefüge basaltischer Gesteine anhand leistenförmiger Feldspat-Einsprenglinge erkennen. Auch zeichnen diese z. T. ein Fließgefüge nach. Diese Feldspäte sind Plagioklase (Oligoklas, Andesin) mit Kantenlängen bis 0,3 mm; Augite sind größtenteils noch reichlich vorhanden. Sekundärbildungen bestehen aus Kalzit, Quarz, Albit, Chrysotil, Epidot und Erz (D. E. Meyer 1970). In den stärker geschieferten Partien ist vom primären Mineralbestand meist wenig überliefert. Dafür sind die Sekundärminerale Chlorit (Pennin), Kalzit, Quarz, wenig Albit und opake Substanz (Limonit, Magnetit, Hämatit) zu erkennen. Relikte von Plagioklas diagnostizierte D. E. Meyer (lit. cit.) nur noch u. d. M. parallel zur Hauptschieferung (s_1).

Diese Vorkommen sind teilweise recht mächtig und lassen sich im Streichen 250–500 m verfolgen. Der „Diabas"-Zug am Süd-Hang unterhalb der Fustenburg bei Stromberg erreicht mit 50–60 m die größte Mächtigkeit, jener an der Löwenzeiler Mühle noch 14–17 m. Hinzu kommen sechs kleinere, lang gestreckte Vorkommen auf der östlichen Talflanke mit Mächtigkeiten zwischen 1,5–8,5 m und fünf auf der westlichen Talflanke mit Mächtigkeiten zwischen 0,5–1,3 m (D. E. Meyer 1970).

Vergesellschaftet mit den „Diabasen" bei der Löwenzeiler Mühle sind „Kalkaugenphyllite", das sind glänzende Schiefer mit augenförmigen Karbonat-Linsen im Liegenden und Hangenden sowie innerhalb der „Diabas"-Züge. Auch sind im Gesteinsverband geringmächtige Rotsedimente in Form roter Tonschiefer, und Schalstein-artige grüne Schiefer, wahrscheinlich umgewandelte und geschieferte ehem. basaltische Tuffite, sowie geschieferte „Diabas"-Mandelsteine (grüne Kalkaugenphyllite) eingeschaltet. Im Gegensatz zu H.-H. Werner (1950) plädierte D. E. Meyer für umgewandelte Eruptivgesteine und ihre Tephren.

Es bleibt der Hinweis, dass dieser basaltische Vulkanismus im Gedinne auf die Süd-Fazies, die schon im Mittelrhein-Tal keine Entsprechung mehr hat, beschränkt ist.

2.8.2.2 Pyroklastika in Schichten des Unterems: Die Porphyroide

Im Unterems treten erstmals im Hunsrück Produkte eines „Keratophyr-Vulkanismus" (Alkalitrachyt-V.) auf, die mit Sediment vermischt und aufgrund ihrer relativ großen und auffälligen Feldspat-Klasten als Porphyroide bezeichnet werden. Ihr Hauptverbreitungsgebiet ist der Taunus. Sie reichen jedoch nach Südwesten in den Hunsrück.

2.8.2.2.1 Historische Aspekte

Von Wellmich (Bl. 5912 St. Goarshausen) hatte schon Bauer (1841) „faules Gebirge" oder sehr „gebrächen, porphyrartigen Schiefer" beschrieben, wobei nicht sicher ist, ob er damit nicht auch das „Weiße Gebirge" meinte. Lossen (1885) schuf den Begriff „Porphyroid". Er bezeichnete 1869 im Harz Gesteine mit „serizitischer Grundmasse", Doppelquarzen (dihexaedrische Quarzkristalle) und Feldspäten in wechselnder Häufigkeit als „Porphyroide", die sich allerdings als „teilweise kontaktmetamorph überprägte Pyroklastite erwiesen" haben (Kirnbauer 1991: 157).

Im letzten Viertel des 19. Jahrhunderts wurden die Porphyroide als Leithorizonte und Zeitmarken für die Kartierung wichtig. Es stellte sich die Frage, ob ein oder mehrere Porphyroid-Horizonte vorlägen, was für die Analyse des Gebirgsbaues von entscheidender Bedeutung ist. Für mehrere Horizonte plädierten seinerzeit u. a. Koch (1881), Holzapfel (1889, 1893) und A. Fuchs (1907). Sie verwendeten z. T. noch die Bezeichnung „Feldspatgrauwacke". Auf Holzapfel geht auch die Unterscheidung von „Porphyroiden" und „Weißem Gebirge" zurück. E. Kayser (1885a) und Sandberger (1889) plädierten dagegen für nur einen Horizont und damit für eine tektonische Wiederholung der Porphyroide.

Frank (1898) führte petrographische Untersuchungen an den Porphyroiden durch. Das gleichzeitige Vorhandensein von siliziklastischem Detritus, von Fossilien und von vulkanischen Komponenten veranlassten ihn, von einem „versteinerungsführenden Tuffsediment" zu sprechen. Zu einer abweichenden Meinung kam dagegen Bücking (1903), der bei

Untersuchungen an den „Porphyroidschiefern" die Aschepartikel nicht ausreichend bestätigt fand.

Im 20. Jahrhundert ging die Auseinandersetzung um die Zahl der Porphyroide weiter. Für ein Porphyroid plädierten im Mittelrhein-Profil u. a. QUIRING (1934), ENGELS (1955) und KRUMSIEK (1970), für mehrere SPERLING (1958), HANNAK (1959) und SCHULZE (1959). An der Unteren Lahn und am Mittelrhein versuchten sie über die geologische Kartierung 4 bzw. 5 Horizonte zu verfolgen. MITTMEYER (1974), der von 5 Horizonten ausging, verwendete sie zur Neugliederung des Unterdevons. Auf dieser Basis hat KIRNBAUER (1991) versucht, über petrographische und geochemische Untersuchungen diese Streitfrage zu entscheiden. Er legte erstmals eingehende moderne petrographische Ergebnisse vor. Seine Ergebnisse bestätigten, dass es mehrere Horizonte gibt. Allerdings können diese aufgrund ihrer geochemischen und petrographischen Eigenschaften nicht untereinander im Sinne der 5 Horizonte (P_{1-5}) untereinander korreliert werden.

Die meisten der zitierten Arbeiten bezogen sich auf den Taunus, bestenfalls auf den Oberen Mittelrhein, da die Porphyroide dort in großer Zahl (bis 5) und Mächtigkeit vorkamen. In westlicher und südlicher Richtung, d. h. an der Mosel und im Hunsrück, ist der vulkanische Anteil an den „Tuffsedimenten" stark ausgedünnt. Auch geht die Anzahl der Horizonte zurück. Deshalb entspann sich die Diskussion, welcher der inzwischen festgestellten 4–5 Horizonte bis in den Hunsrück durchhalte. So wurde z. B. der unterste Horizont in der „Mosel-Mulde", das „Basis-Porphyroid", meist mit dem wohl am weitesten durchhaltenden Porphyroid „P_4" (auch: P_{iv}; u. a. ENGELS 1955, GERHARD 1966, LANGSDORF 1974) korreliert.

Waren die Porphyroide bisher das Charakteristikum der Singhofen-Unterstufe, so gliederte MITTMEYER (1982) die drei untersten Horizonte (P_{1-3}) aus und stellte sie aufgrund des Fauneninhalts in die Ulmen-Unterstufe. BARTELS & KNEIDL (1981) bezeichneten auch eine im Hunsrücker Dachschiefer bei Bundenbach gefundene Leitbank als Porphyroid im Sinne der „Mittelrhein-Porphyroide".

Das entscheidende Ergebnis der KIRNBAUER'schen Untersuchungen besteht darin, die Porphyroide soweit petrographisch und geochemisch definiert zu haben, dass auch fragliche Vorkommen im Hunsrück hinsichtlich ihrer Zugehörigkeit zum „Porphyroid-Vulkanismus" getestet werden können.

2.8.2.2.2 Zur Lithologie

Die Porphyroide sind wie die sie begleitenden Sedimente deutlich geschiefert. Sie unterscheiden sich von ihrem Nebengestein durch bis 5 mm große Feldspat-Kristalle bzw. -Bruchstücke sowie „dunkle Flatschen" und helle Quarze (KIRNBAUER (1991). Die Mehrzahl der Feldspäte ist meist nahe der Basis der Porphyroide angereichert. Die Hangendgrenze gegen das überlagernde Sediment ist manchmal scharf, meist jedoch unscharf. Innerhalb eines Porphyroid-Horizontes ist an manchen Stellen eine deutliche Schichtung zu erkennen, die durch lagig angereicherte Feldspat- und Quarz-Körner sowie Gesteinsbruchstücke und Lagen von Detritus zum Ausdruck kommt.

Neben Feldspäten und „dunklen Flatschen" sind es fettglänzende Quarzkörner, die zum typischen Habitus der Porphyroide gehören. Frische Porphyroide, das sind solche, die möglichst nahe am Talgrund anstehen, zeigen eine dunkel-, auch hellgraue Färbung, stark zersetzte oder verwitterte können dagegen rostbraune, ockerfarbene und gelbliche bis milchig weiße Färbung aufweisen. Außerdem haben viele Porphyroide einen seidigen Glanz, der durch feinschuppigen Serizit auf den Schieferungsflächen (s_1) hervorgerufen wird. Die zum aberranten Stoffbestand der Porphyroide gehörenden „dunklen Flatschen" sind dunkelgrau bis fast schwarz. Sie können parallel zur Schieferung eingeregelt sein. Ihre Form ist im Querschnitt eher oval, meist jedoch unregelmäßig. Größe – meist im mm-Bereich – und Häufigkeit wechseln von Ort zu Ort. Frühere Bearbeiter hielten sie für Tonschiefer-Fetzen und -Fragmente.

U. d. M. erkennt man Scherben von ehem. vulkanischem Glas, spezifische Quarz-Kristalle (Hochquarz-Pseudomorphosen), saure Feldspäte (Albit) und ehemalige Lapilli. Dieser vulkanogene Mineralinhalt, der mit dem üblichen siliziklastischen Detritus der unterdevonischen Tonschiefer vermischt ist, kennzeichnet die Zugehörigkeit zum „Keratophyr"-Vulkanismus. Die Feldspäte sind vulkanischen Ursprungs und/oder kleine Neubildungen im Rahmen der späteren schwach metamorphen Überprägung.

Viele Porphyroide zeigen ein massiges Aussehen. Bei näherer Betrachtung ist jedoch oft eine Schichtung erkennbar, die sich aus dem Wechsel unterschiedlicher Komponenten ergibt, wie Feldspäte, auch Quarz-Körner von unterschiedlichem Habitus, den „Flatschen", außer den ohnehin sedimentären Komponenten. Lagige Anordnung der Komponenten ist nicht unbedingt Porphyroid-spezifisch. Epiklastisches siliziklastisches Material kann Bänke im Porphyroid von mehr als 1 m Mächtigkeit erreichen. Hinzu kommen Fossilien. Die deutlich geschichteten Lagen finden sich meist nahe dem oder am Top der Porphyroid-Horizonte.

Bei der Deformation wurden die Porphyroide geschiefert. Ob die z. T. tiefgreifende Umwandlung der vulkanischen Gläser in Mineral-Neubildungen erst in diesem Stadium erfolgte, bleibt vorerst ungeklärt. Wegen der z. T. tiefgreifenden Alteration durch salinare Porenwässer schon während der Diagenese, muss wohl angenommen werden, dass sie bald nach dem Absatz der Porphyroide einsetzte. Insbesondere die Scherben und Splitter von vulkanischem Glas liegen heute als Pseudomorphosen vor. Viele der Asche-Partikel sind in ein feines Gemenge von Serizit umgewandelt. U. d. M. erkennbare und identifizierbare Pseudomorphosen nach Asche-Partikeln identifizierten schon Mügge (1893) und Frank (1898), die 0,3–0,7 mm, max. bis 1,5 mm, große, gut erkennbar pseudomorphe ehem. Glaspartikel unterschiedlicher Form beschrieben. Sie reichen nach Kirnbauer (1991) von sichelförmigen zu Y-, T- und triangelförmigen Körperchen. Trotz der Überprägung durch die Schieferung (s_1) sind sie in ihrer ursprünglichen Form noch gut erkennbar. Danach stammen sie von niedrig viskosem, rhyolithischem Magma mit Temperaturen von mehr als 850° (Kirnbauer 1991). Die Glassubstanz ist erheblich umgewandelt. Kirnbauer bestimmte als Hauptgemengteile, auch röntgenographisch Quarz, Illit (bzw. Serizit) und Plagioklas (meist wohl Albit) neben Chlorit, Kaolinit und „Andeutungen" von Kalifeldspat.

In allen Proben sind **opake Komponenten** enthalten; dabei handelt es sich um Pyrit, Magnetit, Limonit und Leukoxen als sicher sekundäre Neubildungen; hinzu kommt in allen Schliffen Chlorit; dabei handelt es sich um eine sekundäre Neubildung in Form länglicher, büschelförmiger und auch dichter Massen. Primärer Biotit, Pyroxene oder Amphibole fehlen in den Porphyroiden; dagegen sind **detritische Hellglimmer** unterschiedlicher Größe häufig; neugebildete **Serizite** sind mit Längen <10 µm wesentlich kleiner als die 0,5–1 mm langen detritischen Individuen; als Akzessorien kommen Zirkone mit unterschiedlicher Kornform, seltener Rutil, Apatit, Epidot und Turmalin hinzu. Bei den „**dunklen Flatschen**" handelt es sich wohl um ehem. Tuff-Lapilli, wahrscheinlich sind es ehem. Bims-Partikel. Der Anteil an begleitendem siliziklastischem Sediment in Form von Sand, Silt und Ton terrigenen Ursprungs wechselt innerhalb der Porphyroid-Horizonte stark. Unter dem Begriff „Porphyroid" rangieren daher fast reine vulkanische Lockerprodukte, mit Sedimentmaterial vermischte vulkanische Lockerprodukte und auch nur wenige vulkanische Komponenten enthaltende Sedimente.

Die Ablagerung der Porphyroide im marinen Umfeld ergibt sich aus einer von Lokalität zu Lokalität unterschiedlichen arten- und z. T. individuenreichen, auch in Lagen im Porphyroid angereicherten **marinen Fauna**. Gefunden wurden wenige Reste von Fischen (Pisces), Cephalopoden, Bryozoen, Echinodermata und Korallen; häufiger sind Funde der für die unterdevonische „rheinische" Lithofazies typischen Bivalvia (71 Arten) und Brachiopoden (54 Arten). Sowohl Arten- als auch Individuenzahl lassen sich nicht für die Charakterisierung der Porphyroide heranziehen. Pflanzen-Reste fehlen fast völlig (Kirnbauer 1991). Eine Besiedlung der Porphyroide durch Fossilgemeinschaften ist auszuschließen, da die Individuen nicht in Lebensstellung überliefert sind. Auch stammen sie aus unterschiedlichen paläobathymetrischen Bereichen. Vielmehr liegt eine Vermischung vor von vulkanogenem Material und marinem Sediment durch gemeinsame Umlagerung sowohl des vulkanischen als auch des marinen Sediments samt seinen Bewohnern.

2.8.2.2.3 Zur Genese der Porphyroide

Für Kirnbauer (1991) war eine Förderung von vermischt vorkommendem vulkanischem und epiklastischem Material im subaerischen bis flach submarinen Bereich am wahrscheinlichsten. Weite regionale Verbreitung, relativ geringe Mächtigkeit, scharfe Liegend- und meist unscharfe Hangendkontakte, Gradierung kristalliner und lithischer Komponenten nach dem spezifischen Gewicht und die allgemein relativ gute Sortierung führten ihn – auch wegen guter Übereinstimmung mit rezenten vulkanischen Beispielen – zur Förderung als untermeerische pyroklastische Ströme (subaqueous pyroclastic flows). Weitere Kennzeichen solcher Ströme sind vollständige und zerbrochene Kristalle, vulkanische Glaspartikel unterschiedlicher Größe, Bioklasten, in unterschiedlicher, jedoch relativ guter Sortierung, interner Gradierung innerhalb von Fließeinheiten und Anwesenheit der „Flatschen". Entscheidend ist vor allem die Vermischung von vulkanischem Material mit terrigenem unter Einschluss von Bioklasten oder Organismen-Schalen aus unterschiedlichen bathymetrischen Niveaus. Bei der regionalen Verbreitung ergibt sich heute ein Gebiet von 3500 km^2 Fläche, das bei palinspastischer Korrektur um 40–50% größer ist.

Hinsichtlich des Eruptionsortes bestehen mehrere Ansichten, die von lokalen Eruptionszentren in der Nähe des Fundpunktes (Quiring 1931, Schulze 1959, Hannak 1959, Thiele 1960) bis zu weiter abgelegenen Förderorten, z. B. im Sieger- und Sauerland (u. a. Bartels & Kneidl 1981) reichen. Mächtigkeitsentwicklung, Anteil und Größe sowie Masse an vulkanoklastischem Material und Zunahme des terrigenen Detritus in Richtung Südwesten sprechen für Förderorte weiter im Nordosten, u. U. auch außerhalb des Rheinischen Schiefergebirges. Angesichts der Masse an gefördertem vulkanischem Material in den Porphyroiden muss mit ausgedehnten Vulkanbauten und wegen der unterschiedlichen Geochemie der Ströme auch mit mehreren Förderzentren gerechnet werden.

Kirnbauer (1991) wertete die maximalen Durchmesser der Hochquarz-Pseudomorphosen bzw. ihrer Bruchstücke aus und stellte eine Reduzierung der Durchmesser in westliche bis südwestliche Richtung fest. Auch seine Darstellung der Mächtigkeiten weist auf eine deutliche Abnahme in süd- bis südwestliche Richtung hin. Der Trend in der Entwicklung der unterschiedlichen Parameter der Porphyroide schließt Förderzentren im Hunsrück aus.

2.8.2.2.4 Die Vorkommen

2.8.2.2.4.1 Maisborn-Gründelbach-Schuppenzone (Mittelrhein und Ost-Hunsrück)

In dieser Struktur sind die Porphyroide auf das Verbreitungsgebiet der „Singhofen-Schichten" beschränkt. Kirnbauer listete eine Anzahl Vorkommen auf, die vom Taunus über das Gebiet des Oberen Mittelrheins in den Hunsrück hinein reichen. Zur Kennzeichnung werden seine Lokalitätsangaben und seine Zählung (KI) verwendet.

Das **Oberkestert-Porphyroid** (KI 132) ist wohl das älteste in diesem Gebiet und sollte mit dem Porphyroid „P_1" korrespondieren (Schulze 1959; Bl. 5811 Kestert; A. Fuchs 1932/33 in Kirnbauer 1991, Quiring 1930b, Herbst & H.-G. Müller 1966); es weist eine konstante Mächtigkeit um 3 m auf und enthält relativ wenige Feldspäte (polysyntethische Zwillinge, Schachbrett-Albite). Schon A. Fuchs konnte es auf die linke Rheinseite hinüber bis zur ehem. Grube „Camilla" verfolgen. Dort rangiert es unter (KI 66), 1,2 km nordöstlich Norath; auf der Halde fand Kirnbauer außer einer extrem Feldspat- und „Flatschen"-reichen Varietät noch eine zweite, relativ Feldspat-arme. Ein in der Nähe befindliches Porphyroid

(KI 236) wurde von SCHULZE seinerzeit als „P_2“ eingestuft, jedoch von KIRNBAUER nach seiner geochemischen Identität dem Oberkestert-Porphyroid zugeschlagen. Es lässt sich vom Oberen Mittelrhein noch etwa 16 km weit in den östlichen Hunsrück verfolgen.

Das rechtsrheinisch am **Lindberg** südöstlich Kestert aufgeschlossene Porphyroid (KI 125; Bl. 5811 Kestert; HOLZAPFEL 1893, A. FUCHS 1899, 1915, SCHULZE 1959) enthält in Lagen angereichert Feldspäte und Flatschen; es ist ebenfalls 3 m mächtig. Linksrheinisch keilt es in kurzer Entfernung nach Südwesten aus. Eine mögliche Fortsetzung wurde von KIRNBAUER (KI 96) in Richtung Pfalzfeld diskutiert. Generell handelt es sich um eine relativ Feldspat-reiche Varietät.

Das Porphyroid südöstlich **Burg Maus** (KI 128; Bl. 5812 St. Goarshausen; HOLZAPFEL 1893, 1903, 1904, A. FUCHS 1899, 1915, KUTSCHER 1953, SCHULZE 1959, KRUMSIEK 1970) hat deutliche Ähnlichkeiten mit dem „Oberkestert-Porphyroid“ und wurde deshalb von SCHULZE als Porphyroid „P_1“ angesprochen. Am Rhein kommt es auf 2,5–10,0 m Mächtigkeit; kantige Feldspäte und Quarz heben es von dem umgebenden Gestein ab. Es lässt sich nach Südwesten bis in das Gründelbach-Tal verfolgen.

Das Porphyroid im Senderbach-Tal südöstlich **Wellmich**, resp. 1,5 km nordwestlich St. Goarshausen (KI 233; Bl. 5812 St. Goarshausen; HOLZAPFEL 1893, 1903, A. FUCHS 1915, SCHULZE 1959, KRUMSIEK 1970) nimmt nach KIRNBAUER (1991) eine Sonderstellung ein, da es sich nicht problemlos mit anderen Porphyroiden linksrheinisch korrelieren lässt. Es kann noch ca. 1,5 km von der linken Rhein-Seite nach Südwesten verfolgt werden.

Das Porphyroid bei **Nochern** im Hang oberhalb des nordwestlichen Ortsaugangs von St. Goarshausen (KI 234; Bl. 5812 St. Goarshausen; HOLZAPFEL 1893, 1903, A. FUCHS 1915, SCHULZE 1959, KRUMSIEK 1970) hat Ähnlichkeiten mit dem Porphyroid im Senderbach-Tal. Auch es lässt sich etwa ca. 1,5 km weit nach Südwesten in den Hunsrück hinein verfolgen.

Die Porphyroide des **Feuerbach-Tales** bei St. Goarshausen gehören zu mehreren Vorkommen, die linksrheinisch wohl keine Entsprechungen haben.

Das „**Rigedill-Porphyroid**“ südöstlich der Loreley im Weinberg südöstlich der Gaststätte „Loreley-Schlößchen“ (KI 36: Bl. 5812 St. Goarshausen; HOLZAPFEL 1893, 1903, A. FUCHS 1899, 1907, KUTSCHER 1952, RÖDER 1962, ANDERLE 1967, SCHULZE 1959, MITTMEYER 1966, 1974) verläuft über 23 km im Streichen von Riegenroth/Hunsrück (KI 240) nach Nordosten über den Rhein hinweg. Es ist an zwei Punkten im Rheinprofil zu finden, und zwar am Rigedill (KI 36, s. o.) und an der Burg Katz (KI 253); am Rigedill erreicht es eine Mächtigkeit von 6–7 m; mehrere Einzelvorkommen belegen sein Vorhandensein im Hunsrück.

Hinzu kommen noch einige weitere Vorkommen in der Maisborn-Gründelbach-Schuppenzone, die nicht ohne weiteres an die oben beschriebenen Vorkommen angeschlossen werden können, nicht zuletzt wegen schlechter Aufschlussverhältnisse: Isoliert auftretende Porphyroide in einem Streifen 2 km südöstlich Pfalzfeld bis zum Rhein, u. a. im Gründelbach-Tal und Thalbach-Tal, in den höheren Partien der „Singhofen-Schichten“ überdecken die gesamte Breite der Porphyroide (P_{1-4}: SCHULZE 1959). In Lesesteinen südwestlich Utzenhain (Bl. 5811 Kestert) wurde ein als „P_4“ eingestuftes Porphyroid (KI 65) gefunden. Die südwestlichsten Porphyroide entdeckte KIRNBAUER (lit. cit.) 200 m südlich der ehem. Grube „Eid“ südöstlich Alterkülz (KI 124; Bl. 5910 Kastellaun; A. FUCHS 1933, KUTSCHER 1942, QUIRING 1942, SOLLE 1950); dieser Horizont ist lediglich 10–20 cm mächtig, enthält allerdings bis 5 mm lange Feldspäte und kleine Quarz-Individuen jedoch keine „Flatschen“; aufgrund seiner geochemischen Daten nahm KIRNBAUER eine Zugehörigkeit zum „Oberkestert-Porphyroid“ an und schloss eine Korrelation mit dem „Wellmich“- und dem „Rigedill-Porphyroid“ aus.

2.8.2.2.4.2 Kratzenburger Schuppenzone (Mosel-Hunsrück)

Im tektonisch Hangenden der Boppard-Dausenauer Überschiebungszone liegt in der Kratzenburger Schuppenzone ein Streifen von Sedimenten des Unterems, die auf Emsquarzit überschoben sind (THIELE 1960, W. MEYER & STETS 1996). Ihr Anteil an Porphyroiden lässt eine Einstufung in die „Singhofen-Schichten" zu. Auf Bl. Frankfurt-West (GÜK 200: CC 6310) sind sie neuerdings den Ehrenthal- und Altlay-Schichten (beide Ulmen-Unterstufe) zugeordnet und gehören zu den Hunsrückschiefern s. str. In diesem Gebiet liegen sechs Vorkommen von Porphyroiden, die sich – anders als in der Maisborn-Gründelbach Schuppenzone – nur bedingt verfolgen lassen.

Das südwestlichste Vorkommen stammt aus der Grube „Adolf-Helene" nordöstlich von **Altlay** (KI 139–142; Bl. 6009 Sohren, Engels 1960, Thiele 1960, Bartels & Kneidl 1981, Kirnbauer 1991); das in den 1950er Jahren bei Aufschlussarbeiten im „Emilienstollen" gefundene Vorkommen hat lebhaftes Interesse gefunden; leider ist ein Teil des Materials verloren gegangen; Kirnbauer stützte sich ausschließlich auf wenig Archivmaterial; dunkelgraue Farbe mit schwachem Grünstich und Seidenglanz auf den Schieferflächen entsprechen den übrigen Porphyroiden; gerundete und kantige Feldspäte (1- max. 5 mm Kantenlänge, Schachbrett-Albite), schwarze „Flatschen" (max. Länge 1 cm) und spärliche Glas-Rekristallisate lassen makroskopisch die Zugehörigkeit zu den „Singhofen-Porphyroiden" am Mittelrhein erkennen, wo sie dem „Basisporphyroid" oder dem „P_4" zugeordnet wurden; abgesehen vom Mineralbestand besteht auch geochemisch eine Verwandtschaft mit den „Mittelrhein-Porphyroiden".

Die Porphyroide nordnordöstlich **Mastershausen,** nördlich der Ruine Balduinseck und im Ourbach-Tal südwestlich der Sulzmühle (KI 110–111; Bl. 5910 Kastellaun, Thiele 1960), lassen sich über knapp 6 km im Streichen verfolgen; der Horizont keilt in südwestliche Richtung aus. Auf der knapp 6 km langen Strecke verringert sich die Mächtigkeit von ca. 10 m im Nordosten auf 0,2–0,5 m im Südwesten. Das Porphyroid ist deutlich geschiefert und enthält meist zersetzte Feldspäte (bis 3 mm Kantenlänge) sowie kleine gerundete Quarz-Körner. In den mächtigeren Partien im Nordosten ist eine Schichtung durch Anreicherung von Feldspäten und Quarz erkennbar. Aufgrund der geochemischen Resultate besteht keine Verwandtschaft mit den „Mittelrhein-Porphyroiden" (Kirnbauer 1991).

Die Porphyroide von **Dommershausen** (Bl. 5810 Dommershausen; Solle 1950) konnten nicht bestätigt werden; Kirnbauer (1991) hielt es jedoch für möglich, dass in der streichenden Verlängerung Vorkommen gefunden werden könnten.

Ein den Porphyroiden ähnliches Gestein 450 m westsüdwestlich **Dieler** (KI 237; Bl. 5811 Kestert) im unmittelbaren Hangenden der Überschiebungszone, das alle Kennzeichen der „Mittelrhein-Porphyroide" (1–5 mm Feldspäte, schwarze Flatschen) aufweist, bei allerdings geringer Mächtigkeit, besitzt keine geochemisch erkennbare Verwandtschaft zu den „Mittelrhein-Porphyroiden" in der Maisborn-Gründelbach-Schuppenzone.

Die Porphyroid-Vorkommen in **Kratzenburg** und im **Neyerbach**-Tal (KI 112–113, Bl. 5811 Kestert, Thiele 1960) bestehen aus drei Horizonten, die alle Charakteristika der „Singhofen-Porphyroide" aufweisen. Ihre Mächtigkeit liegt zwischen 1,5–3 m. Es erscheint unsicher, ob es sich um drei getrennte Horizonte oder nur einen einzigen handelt, der sich durch Faltung oder Verschuppung wiederholt. Geochemisch bestehen Affinitäten zum „Porphyroid von Mastershausen", nicht jedoch zu den benachbarten Vorkommen vom Graskopf bei Halsenbach und jenen von Kamp-Bornhofen auf der rechten Rheinseite.

Das Porphyroid vom **Graskopf** bei Halsenbach (KI 251, Bl. 5811 Kestert; Quiring 1932, Solle 1950, Kutscher 1953, H. Lehmann 1959, Thiele 1960) zeigt die typischen Eigenschaften der „Singhofen-Porphyroide". Es besitzt eine geochemische Identität mit den rechtsrheinischen Vorkommen bei Kamp-Bornhofen und dem „Wellmich-Porphyroid".

2.8.2.2.4.3 Nordwest-Rand der „Mosel-Mulde"

Am Nordwest-Rand der „Mosel-Mulde" sind zwei Porphyroid-Vorkommen gefunden worden, die allgemein mit den „Singhofen-Porphyroiden" korreliert werden. Sie liegen auf der linken Seite der Mosel.

Das westlichste, das „**Untermosel-Porphyroid**", liegt bei Cochem am Schaakberg (Bl. 5808 Cochem; Quiring 1935, 1939, Solle 1950, Engels 1960, Röder 1960, Langsdorf 1974). Es kann als bis 20 cm mächtige Lage über eine streichende Länge von 200 m verfolgt werden. Es enthält wenige, bis 3 cm Kantenlänge messende, eckige Albite (Kirnbauer 1991) und wenige kleine Quarz-Körner. Nach den geochemischen Ergebnissen lässt sich eine Korrelation mit dem „Basisporphyroid" oder dem „Rigedill-Porphyroid", wie sie nach Geländebefunden von den älteren Autoren vorgenommen wurde, nicht aufrecht erhalten. Geochemische Gemeinsamkeiten mit den Mittelrhein-Porphyroiden bestehen nicht. Allerdings lässt es sich mit dem benachbarten Porphyroid bei Karden/Mosel gut vergleichen, so dass Kirnbauer die Bezeichnung „Untermosel-Porphyroid" (Röder 1960) für berechtigt hielt. In der streichenden Verlängerung entdeckte Gerhard (1966) im Pommerbach-Tal nordwestlich Karden (Bl. 5809 Treis-Karden) einen Porphyroid-Horizont von 0,6 m Mächtigkeit mit wenigen kleinen Quarz-Körnern und langprismatischen, eckigen Albiten (Kantenlänge 0,5–5 mm), das er dem Cochemer „Untermosel-Porphyroid" zuordnete.

Auf der Nordwest-Flanke der „Mosel-Mulde" finden sich auf Bl. 5610 Bassenheim mehrere verdächtige Vorkommen westlich, nordwestlich und nördlich von Kobern im Keverbach-Tal, am Solliger Hof, im Mühlbach-Tal, im Hohesteins- und im Bellbach-Tal. Sie wurden von Quiring & Zimmermann (1936) den „Singhofener-Porphyroiden" zugeordnet. Nach Kirnbauer (1991) handelt es sich um basaltische Vulkanite und gangförmige Intrusiva. Eine Verwandtschaft mit den Porphyroiden auf dem Nordwest-Flügel der „Mosel-Mulde" ist trotz relativ hohem Feldspat-Gehalt wegen des Fehlens von Porphyr-Quarzen sowie von Glaspartikeln bzw. „Flatschen" auszuschließen.

2.8.2.2.4.4 Unsichere und vermeintliche „Porphyroide" im Hunsrück

Auf Porphyroide wurde bei der geologischen Kartierung im Hunsrück besonders geachtet. Dabei wurden auch „vermeintliche" Vorkommen in der Literatur erwähnt. Alle wurden von Kirnbauer (1991) im Gelände aufgesucht und auf ihre Zugehörigkeit zu den „Singhofener Porphyroiden" überprüft. Dazu gehören im Hunsrück folgende Vorkommen: Einen geschieferten Tuffit beschrieb D. E. Meyer (1970) nordwestlich Stromberg im Guldenbach-Tal nördlich der Straße Stromberg – Rheinböllen, 200 m ostnordöstlich der Eichmühle (KI 105, Bl. 6012 Stromberg); er bildet eine morphologisch hervortretende Rippe im Hang; das grünlichgraue Gestein enthält neben reichlich Hellglimmer zahlreiche Feldspäte (<1 bis 2 mm Kantenlänge), die z. T. frisch, z. T. jedoch verwittert sind; außerdem sind auch schwarze „Flatschen" mit Durchmessern zwischen <1 bis max. 5 mm sowie Fossil-Schill enthalten; die Mächtigkeit beläuft sich auf 0,8–1,2 m; u. d. M. fand Kirnbauer (1991) in einer glasfreien Matrix zahlreiche Quarz-Körner (kantig bis kantengerundet), die „zerbrochenen und transportbedingt angerundeten Porphyrquarzen" (S. 250) ähnlich sind, sowie verzwillingte, idiomorphe bis gerundete Plagioklase und auch vollständig rekristallisierte Feldspäte, die aus Verwachsungen von Plagioklas mit Chlorit und Serizit bestehen, sowie Biotit; nach diesen Befunden hielt Kirnbauer dieses Gestein eher für eine Grauwacke, da vor allem die für die Porphyroide typischen Glas-Anteile fehlten; auch der Chemismus weicht grundsätzlich von dem der „Mittelhein-Porphyroide" ab; allerdings sind im Unterdevon des Guldenbach-Profils feldspatreiche, echte Grauwacken nicht ungewöhnlich; sie treten allerdings normalerweise erst ab dem Oberdevon auf; sollte sich die Ansprache als „echte" Grauwacke rein sedimentären Ursprungs bestätigen, bleibt die Alterseinstufung der Schichtenfolge an der Eichmühle zu überprüfen; das gilt auch für ein Vorkommen von „Feldspatgrauwacke" 250 m nördlich der Junkermühle und 3 km nordwestlich Stromberg (Beyenburg 1930: 431), das als Sediment mit evtl. beigemengtem pyroklastischem Anteil als Beweis für „Unterkoblenz" angesprochen wurde; eine ähnliche Ansprache nahmen auch Tilmann & Beyenburg (1930) vor, während Solle (1950) sie ablehnte; nach D. E. Meyer gehört es in das Oberdevon.

Der Fund eines Porphyroids im **Hahnenbach-Tal** nordwestlich Hahnenbach (Bl. 6110 Gemünden; MITTMEYER & K.-W. GEIB 1967) konnte von späteren Bearbeitern (KIRNBAUER 1991) nicht bestätigt werden; KIRNBAUER äußerte den Verdacht, dass es sich wohl eher um ein basisches Gestein, evtl. einen intrusiven und stark zersetzten Diabas-Lagergang handelte, wie sie BIERTHER (1941) aus dieser Gegend mehrfach beschrieb; auch die in unmittelbarer Nähe gefundene Fauna spricht nicht für Singhofen-Schichten (MITTMEYER in KIRNBAUER 1991; ECKE et al. 1985: 402).

Von Bl. 6009 Sohren machte KNEIDL (1980: 95) ein Vorkommen bekannt, das er „an die Basis des Klerf (wohl P_3 bis P_5 möglich)“ stellte; BARTELS & KNEIDL (1981: 28) parallelisierten es später mit dem Porphyroid „P_{IV}“ des unteren Lahn-Gebietes und schätzten die Mächtigkeit auf 2–5 m; dieses Vorkommen ist lediglich in Bohrungen angetroffen worden. KIRNBAUER (1991) konnte anhand von Kernmaterial eine Zugehörigkeit zu den „Singhofen-Porphyroiden“ weder mikroskopisch noch geochemisch bestätigen; das Material ist deutlich geschiefert; seine feinkörnige, tonig-siltige Matrix glänzt wegen Serizit-Neubildung seidig; das Gestein enthält helle Feldspäte; gelegentlich sind „schlierenartig Tonschiefer-Horizonte und -Linsen eingeschaltet“; es fehlen jedoch die typischen „Flatschen“; auch wurden weder Fossilien im Horizont selbst noch im Nebengestein gefunden; dagegen treten idiomorphe frische und zersetzte Pyrite sowie Pyrit-Konkretionen auf; KIRNBAUER (1991) sprach das ca. 5–7 m mächtige Vorkommen als „konkordanten Tuff bzw. Tuffit eines basischen Vulkanits“ mit „spilitischer Zusammensetzung“ im Hunsrückschiefer an und schloss es auch nach seinen geochemischen Daten aus der Liste der „Singhofen-Porphyroide“ aus. Nordwestlich Oberkostenz (Bl. 6010 Kirchberg; NÖRING 1939, SOLLE 1950, KNEIDL 1980) ist ein vermeintliches „Porphyroid“ in einem aufgelassenen Steinbruch nordwestlich der ehem. Bauernmühle in einem Seitental des Kehrbaches bekannt; in einer Wechselfolge von Ton- und Siltschiefern mit einzelnen Quarziten liegt eine 0,6–1,2 m mächtige, auffallend „strohgelbe“, stark serizithaltige Bank; lagenweise findet sich darin stark zersetztes helles Material, das zersetzten Feldspäten ähnlich ist; die Textur des Gesteins ist flaserig bis schiefrig; das Vorkommen liegt allerdings im Bereich einer Verwerfung und ist entsprechend stark sekundär umgewandelt (intensive Spezialfältelung, Kluftquarz-Bildung, limonitische und Mangan-reiche Kluftbestege); u. d. M. konnte KIRNBAUER (1991) das „zersetzte Mineral“ als mikrokristallinen, schieferungsparallel gelängten Quarz bestimmen; von SOLLE (1950) als Feldspäte (Albit, Orthoklas) angesprochene Minerale ließen sich im Schliff nicht nachweisen; außerdem fanden sich Serizit und opake Minerale (Limonit, Leukoxen); die Erzminerale liegen in der Schieferungsebene (s_1) und zeichnen im Dünnschliff Schlieren nach; als Akzessorien kommen Rutil, Zirkon und evtl. Titanit vor; Glasreste, Pseudomorphosen oder „Flatschen“ fehlen; aufgrund dieses Befundes darf das Gestein von Oberkostenz nicht zu den „Singhofen-Porphyroiden“ gerechnet werden, obwohl SOLLE (1950) es als gesichertes Porphyroid (S. 321) bezeichnet hatte; allerdings musste er in einigen Dünnschliffen „sekundäre Abweichungen von der üblichen Ausbildung der Porphyroide“ zugeben; seine Fehleinschätzung mag auf falsche Ansprache der „in randlich sehr feines, im Inneren der Körner gröberes Aggregat rekristallisierter Feldspäte“ zurückgehen, die als Albit und Orthoklas bestimmt wurden; KIRNBAUER ging dagegen aufgrund der geochemischen Daten von einem tholeiitischen bis alkalibasaltischen Ausgangsgestein aus, das im Störungsbereich zusätzlich sekundär umgewandelt wurde.

KNEIDL (1980) berichtete vom Vorkommen eines Eruptivgesteins etwa 150 m südöstlich des Erlenhofes bei Oberkostenz (Bl. 6010 Kirchberg), das etwa 1 km querschlägig vom oben beschriebenen entfernt ist; auch dieses Gestein ist tektonisch stark beansprucht und erweckte aufgrund lagig angeordneter Feldspäte den Verdacht, ein „Singhofen-Porphyroid“ zu sein; das Gestein ist ca. 1,5 m mächtig und stark geschiefert; es liegt ebenfalls in einer Wechselfolge von siltigen Tonschiefern mit quarzitischen Bänkchen; der Horizont hebt sich durch seine helle, grünlichgraue bis bräunliche Färbung von dem umgebenden Gesteinsverband ab; „dunklen Flatschen“ ähnelnde Komponenten erwiesen sich als mit Chlorit und Erz durchwirkte ehem. Feldspäte; u. d. M bestimmte KIRNBAUER (1991) eine Matrix aus Chlorit, Serizit, Erz, unbestimmbarem Feldspat, der teilweise auch in Quarz und Chlorit umgewandelt war sowie Leukoxen, der auch hier die Schieferung nachzeichnet; akzessorisch wurde Zirkon gefunden: größere Individuen von Quarz und Relikte vulkanischer Gläser fehlen; geochemisch bestehen Ähnlichkeiten zum nordwestlich Oberkostenz gefundenen Eruptiv-Gestein; eine Zugehörigkeit zu den „Singhofen-Porphyroiden" vom Mittelrhein (SOLLE 1950, BARTELS & KNEIDL 1981) schloss KIRNBAUER aus.

Auf BARTELS & KNEIDL (1981) gehen Funde „vulkanischer Horizonte" in den ehem. Dachschiefergruben bei Bundenbach zurück (Bl. 6110 Gemünden), die als „Porphyroide" angesprochen wurden: (1) Im westlichen Abschnitt des Tagebaus der Grube „Schmiedenberg" nordöstlich Bundenbach wurde ein intensiv gefalteter und geschieferter, gelblich bis rotbraun verwitternder Horizont von 1–2 m Mächtigkeit gefunden; das splitterig brechende grünlichgraue Gestein, enthält Feldspäte (bis 2 cm Kantenlänge), die weitgehend in Serizit und Chlorit umgewandelt sind und mit Kalzit gefüllte Hohlräume unterschiedlicher, z. T. rundlich-ovaler Gestalt enthalten, die mit Chlorit ausgekleidet sind und den Eindruck eines Mandelsteins machen; außerdem enthält das Gestein Pyrit-Aggregate. (2) Der gleiche Horizont lässt sich mit Unterbrechungen von der Grube „Schmiedenberg" bis zum heutigen Schaubergwerk „Herrenberg" verfolgen; das makroskopische Erscheinungsbild ähnelt mit grüngrauer Färbung in frischem Zustand und mit bis zu 1 cm langen Feldspäten, bis zu 2 cm langen, mit Kalzit und Chlorit gefüllten Hohlräumen bei 2–3 m Mächtigkeit jenem in der ehem „Grube Schmiedenberg". (3) Auch ein Fund nördlich und südöstlich der Ruine Schmidtburg nahe dem Schaubergwerk Herrenberg weist abgesehen von 5 m Mächtigkeit keine wesentlichen Unterschiede zu den vorgenannten Vorkommen auf. (4) KIRNBAUER (1991) nannte ein weiteres Vorkommen nordwestlich der ehem. Grube „Mühlenberg" nordöstlich von Schmiedenberg und hielt dieses für die streichende Verlängerung der bereits genannten Vorkommen. (5) Die gleichen Eigenschaften zeigt ein Vorkommen südlich der ehem. Grube „Rosengarten" etwa 350 m östlich der Ruine Hellkirch (1,8 km südwestlich Woppenroth, Bl. 6110 Gemünden). (6) Im Gegensatz zu den Vorkommen (1)–(5), die offensichtlich demselben Horizont angehören, weist der weitere Fund eines „Tuffits" (BARTELS & KNEIDL 1981) in dem ehem. Dachschiefer-Tagebau der Grube „Eschenbach" eine dunkelgraue bis schwarze Färbung auf bei ausgeprägter Schieferung; mit hellen Feldspäten von 1–3 mm Kantenlänge, mit rundlich-ovalen Tonschiefer-Klasten, einer gebänderten bis laminierten und linsig-flaserigen Textur unterscheide sich dieses Vorkommen von den fünf anderen.

Dünnschliff-Untersuchungen und geochemische Analysen an Proben der Vorkommen (1) - (5) bestätigten das Vorkommen idiomorpher bis hypidiomorpher polysynthetisch verzwillingter Plagioklase. Die Feldspäte sind allerdings unterschiedlich stark karbonatisiert (Kalzit, Siderit, Ankerit) und teilweise durch Serizit und Chlorit ersetzt. Die Verdrängung der Feldspäte durch Karbonate erfolgte z. T. auch entlang der Zwillingslamellen, wodurch die Verzwillingung auch im zersetzten Zustand noch deutlich wird. Die Matrix dieser Gesteine besteht aus Chlorit, Serizit, Quarz und Plagioklas. Im Dünnschliff sind trotz der starken tektonischen Überprägung und Umwandlung des primären Mineralbestandes reliktisch Anzeichen einer ophitischen Struktur zu erkennen, was für Abkömmmlinge von einem basischen Vulkanit spricht. Aufgrund der geochemischen Daten sah KIRNBAUER (1991) seine makroskopisch gewonnene Ansicht bestätigt, dass die Vorkommen (1) - (5) eher einem effusiven Vulkanit spilitischer Zusammensetzung angehören, keine Ähnlichkeiten mit anderen basischen Vulkaniten und auch nicht mit den „Singhofen-Porphyroiden" bestehen. Im Gegensatz dazu lässt der Horizont (6) einen deutlichen Anteil an siliziklastischen Komponenten neben Lamination und normal gradierter Schichtung erkennen. Teilweise idiomorphe, wenn auch weitgehend durch Kalzit und Chlorit ersetzte Felspäte sowie Quarz heben sich deutlich von der Matrix ab. Die Feldspäte erwiesen sich als Alkalifeldspäte mit geringem K_2O-Gehalt, der den Porphyroiden fehlt. Unter den Quarz-Individuen sind vermutlich auch Porphyr-Quarze mit Durchmesern bis 0,8 mm. Die tonig-siltige Matrix besteht aus feinkörnigem Plagioklas, Serizit und Quarz. Glasscherben oder Pseudomorphosen nach Glaspartikeln fehlen. Aufgrund des abweichenden Chemismus und der fehlenden Glasrelikte mochte Kirnbauer (lit. cit.) diesen Horizont nicht zu den „Singhofen-Porphyroiden“ zählen. Somit entfallen die Parallelisierung dieses Tuffits mit dem Porphyroid „P_{IV}“ und die stratigraphischen Konsequenzen (Bartels & Kneidl (1981).

Kirnbauer & Reischmann (2001) parallelisierten den 0,1–0,3 m mächtigen Horizont (6) in der aufgelassenen Grube „Eschenbach“ mit dem Leithorizont, der von den Bergleuten im Bundenbacher Revier als „Hans-Bank“, „Hans-Platte“ oder auch „Hans-Leitschicht“ (Kutscher 1931, Opitz 1932, 1935, Engels & Bank 1954) bezeichnet und z. T. fälschlich als Quarzit angesprochen wurde. Nach Kirnbauer (1991) dürfen nicht alle als „Hans-Leitschicht“ angesprochenen Horizonte als Quarzite bezeichnet werden. Er ermittelte, dass der pyroklastische Anteil des „Hans-Tuffits“ von Eruptionen eines rhyolithischen bis Rhyodazitischen (keratophyrischen) Vulkanismus stammt und submarinen Schlammströmen (debris flows) zuzuordnen ist. Er stützte sich auf Ergebnisse von Sutcliffe (1997), der die gradierte Schichtung der „Hans-Leitschicht“ („Hans Member“) mit entsprechenden Ablagerungen unterhalb der Sturmwellenbasis erklärte. Aufgrund radiometrischer Altersdatierungen an idiomorphen, scharf durch Kristallflächen begrenzten Zirkonen aus diesem Tuffit, die wahrscheinlich dem vulkanischen Prozess entstammten, bestimmten Kirnbauer & Reischmann (2001) ein Alter von 388,7 ± 1,2 Ma für den pyroklastischen Anteil der „Hans-Leitschicht“. Dieses Datum entspricht nicht dem mit Hilfe der Fauna bestimmten Alter Zlichow (Unterems) von ca. 407 – ca. 400 Ma (DSK 2002). Kaufmann & Trapp (2004) bestimmten dagegen an Zirkonen aus diesem Horizont Alter von 407, 8 ± 0,9 Ma, die wesentlich besser mit dem paläontologisch bestimmten übereinstimmen.

Auch im Hunsrückschiefer in der Fazies der Kaub-Schichten im westlichen Hunsrück in der „Thalfanger Mulde“ wurden mehrfach in temporären Aufschlüssen linsenförmige gelblich-graue Gesteine in den Tonschiefern gefunden, die u. d. M einen feinkörnigen Mineralfilz aus Chlorit mit eingeschlossenen Kristallen eines nicht näher bestimmten Karbonats erkennen lassen. Abgesehen von einigen im Aufschluss noch bestimmbaren Diabasen handelt es sich um hochgradig alterierte ehem. Eruptiva, deren Zuordnung ohne gezielte geochemische Untersuchungen nicht gelingt (Stets 1960).

2.8.2.3 Die jüngeren Diabase

Aus den geologischen Übersichtskarten (GÜK 200: Bl. Trier u. Bl. Frankfurt-West) ergeben sich Schwerpunkte von Vorkommen eines jüngeren basischen Vulkanismus. Unter Zuhilfenahme der älteren Literatur ergeben sich Schwerpunkte im südöstlichen Hunsrück zwischen Guldenbach- und Hahnenbach-Tal, im Simmer(Kellen)bach-Tal, wo am Klausfels Diabase zu einer Talverengung führen, im westlichen Hunsrück zwischen Trier, Unterer Saar, Ruwer und Schweich, im Hochwald im Raum Birkenfeld, im östlichen Hunsrück gegen das Mittelrhein-Tal zwischen Kastellaun, Boppard und St. Goar sowie in der „Mosel-Mulde“ und in den Schiefergebieten des Mosel-Hunsrücks. Hierzu gehören auch die Grünschiefer der Metamorphen Zone u. a. im unteren Simmer(Kellen)bach-Tal nördlich Simmertal.

Die Bezeichnung „Jüngere Diabase“ hebt diese Vorkommen von den „älteren“ in den Schichtverbänden des Gedinne im Guldenbach-Tal ab. Die jüngeren Eruptiva liegen kon- und diskonform in Schichtverbänden von Unterems aufwärts. Die meisten entstanden prädeformativ, d. h. vor Einsetzen der variszischen Tektogenese. Sie sind unterschiedlich deutlich geschiefert (s_1). Daneben sind einige wohl auch jünger, spät-deformativ, schwach oder ungeschiefert. Eine verlässliche zeitliche Zuordnung besteht ausschließlich im Guldenbach-Profil bei Stromberg, wo zeitliche Bezüge zwischen den Schichtverbänden und den Eruptiva, Tuffen und evtl. auch Tuffiten hergestellt werden können.

Petrographie und Nomenklatur. Bei der Mehrzahl der Ausgangsgesteine handelt es sich makroskopisch um unterschiedlich körnige, dunkle Eruptiva mit einem relativ hohen Gehalt (um 40%) an mafischen Gemengteilen (Olivin, Augit, Hornblende, Biotit). Gröber körnige Varianten wurden als „Dolerit“ bezeichnet. Bei der petrographischen Unterscheidung spielt der Anteil an Olivin eine Rolle, da Olivin-führende Gesteine mit Plagioklas und dunklen Gemengteilen von Olivin-freien mit Plagioklas und Pyroxen und/oderAmphibol unterschieden wurden. Unter den dunklen Gemengteilen überwiegt Augit (Klinopyroxen). Hinzu kommen unterschiedliche Anteile an Hornblende (meist Klinamphibole), evtl. Biotit, akzessorisch Erze, Rutil und Apatit. Unter den felsischen Gemengteilen herrscht Plagioklas vor. Die allgemein idio- bis hypidiomorphen, leistenförmigen Individuen zeigen in der Regel polysynthetische Verzwillingung nach dem Albit-Gesetz. Sie lässt sich auch bei stärkerer sekundärer Eintrübung und Alteration als Charakteristikum zwar unterschiedlich deutlich, meist jedoch eindeutig erkennen. Quarz und Alkalifeldspäte waren im primären Gesteinsverband bestenfalls akzessorisch vorhanden.

Das Gefüge der ehemals basischen bis intermediären Eruptiva ist fein- bis gleichkörnig, jedoch auch ungleichkörnig (porphyrisch). Die Grundmasse ist hyalin und kryptokristallin bei porphyrischer Struktur. Allerdings ist die Grundmasse durch Umwandlung selten im ursprünglichen Zustand erhalten. Bisweilen lassen sich jedoch die Ausgangs-Gefüge noch erkennen. Bei den porphyrischen Gesteinstypen kommen – abgesehen von Einzelindividuen, die in der Grundmasse schwimmen – typisch sperrige Gefüge aus tafelförmigen und stängeligen Mineralen (Feldspat, Hornblende) vor, in deren Zwischenräumen sich die feinkörnige Grundmasse aus Feldspat und dunklen Gemengteilen bzw. eine hyaline Matrix befindet. Bei intersertalem Gefüge besteht die Grundmasse in den Zwickelräumen aus Glas, bei ophitischem Gefüge kennzeichnet ein sehr fein- bis feinkörnig auskristallisierter Mineralfilz in den Zwickelräumen das Gestein, bei poikilitischem Gefüge greifen voll auskristallisierte Minerale ineinander, und bei pilotaxitischem sind alle Minerale voll auskristallisiert, und es herrschen nadel- und leistenförmige Mineralarten vor. Unter den Diabasen kommen alle diese Gefüge vor.

Zur Umwandlung. Der Prozess der Umwandlung betraf alle Mineralphasen, besonders jedoch die Matrix. Glasige und feinkörnige Partien wurden in einen schwer auflösbaren „Mineralfilz“ umgewandelt, der Aussagen über den primären Mineralbestand selbst u. d. M. verbietet. Die Frage nach der Herkunft relativ hoher Anteile an Natrium (Na), die für die Albitisierung der Feldspäte notwendig war, bleibt unbeantwortet. Der ursprüngliche Anteil an diesem Element im Gestein ist nach der Alteration schwer zu fassen. Bei den Basiten musste das Kalium (K) sekundär bereitgestellt werden, um die Serizitisierung zu erklären.

Solche „vergrünten“, feinkörnigen, Na-betonten, basaltischen Gesteine mit Neubildungen von Albit, Chlorit, Uralit, Epidot, Zoisit, (Serpentin), Leukoxen und Karbonat werden bei unterschiedlich weit fortgeschrittener Umwandlung des primären Altbestands aus Klinopyroxen, Anorthit-reichem Plagioklas, Amphibol, Biotit, eventuell auch Olivin als „Spilit“ bezeichnet. Maßgeblich für diese Umwandlung ist ein Substitutionsprozess, der im festen Zustand des Gesteins erfolgte und offensichtlich an keine festen Temperaturbereiche gebunden war. Dieser Prozess erfolgte infolgedessen unterhalb der Kristallisationstemperatur basischer Schmelzen und auch unterhalb der Metamorphosebedingungen. Entscheidend sind Infiltration und Diffusion von Fluiden. Entscheidende Komponenten sind neben Wasser (H_2O) und Kohlendioxid (CO_2) Natrium (Na) und Kalium (K). Sie führen zur Alkali-Metasomatose, zu Spilitisierung, Albitisierung, Serizitisierung und CO_2-Metasomatose. Beteiligt sein können u. a. Restlösungen eines Magmas bei Magmatiten bzw. aggressive Lösungen aus dem Porenraum der nichtvulkanischen Nebengesteine.

Bei der CO_2-Metasomatose können je nach Angebot Kalzit, Dolomit, Siderit und Ankerit entstehen. Die notwendigen Anteile an Calzium (Ca), Magnesium (Mg), Eisen (Fe) und eventuell Mangan (Mn) lassen sich leicht aus der Umwandlung der Feldspäte und der mafischen Gemengteile rekrutieren. Das gilt in gleichem Maß für Einsprenglingsgeneration wie Grundmasse. Bei der Umwandlung der Feldspäte und der Chloritisierung der mafischen Gemengteile wurden Ca, Fe, Mg und Mn freigesetzt, die dann zur Karbonatisierung zur Verfügung standen. Die Herkunft des CO_2 kann aus dem teilweise karbonathaltigen Nebengestein, das selbst in den unterdevonischen Tonschiefern zu einem gewissen Anteil in Form von Dolomit enthalten ist, oder durch Zufuhr aus der Tiefe erklärt werden. So nahmen z. B. Schulze & Hinnawi (1967) bei der Bildung des „Weißen Gebirges" Hydrothermen an, die mit Kohlensäure beladen zur Hydratisation bereitstanden. Entlang von Bahnen, die die Wegsamkeit für den Aufstieg der glutflüssigen Schmelze gewährleisteten, sollten Fluide und auch temperierte wässerige Lösungen zirkuliert sein. Die Voraussetzungen für Spilitisierung resp. Metasomatose waren damit schon bald nach der Kristallisation der Schmelze unabhängig von einer späteren Deformation gegeben.

Bei der Bildung der epizonalen Grünschiefer wurden die bereits spilitisierten bzw. „vergrünten" Gesteine, wie die „Diabase", zusätzlich von der Metamorphose erfasst. Sie erfuhren dabei eine weitergehende Stoffumwandlung über die Metasomatose hinaus und wurden zusätzlich geschiefert. Die Grünschiefer der Metamorphen Zone wurden somit zu **Meta-Diabasen** weiter entwickelt.

2.8.2.3.1 Die Vorkommen

2.8.2.3.1.1 Südost-Hunsrück

Umfeld des Guldenbach-Tales. Produkte des „Jüngeren Diabas-Vulkanismus" sind u. a. bei Warmsroth und Wald-Erbach zu finden. D. E. Meyer (1970) berichtete von mehreren Vorkommen, die konkordant in Schichten des tieferen Mitteldevon liegen und zwar im **Warmsrother Grund**, in der Nähe des Kalk-Steinbruchs finden sich geringmächtige Schalsteine („Diabas-Tuffe" und „-Tuffite") zusammen mit schwarzen Kieselschiefern (schon bei Ma. Wolf 1930). Bei **Wald-Erbach** treten Schalsteine zusammen mit Kieselschiefern und Kalken auf, die Ma. Wolf in die Eifel- und Beyenburg (1930) in die Givet-Stufe stellten. Im **Autobahneinschnitt bei Warmsroth** traf D. E. Meyer (1970: 101) etwa 320–500 m nordwestlich der Autobahnbrücke „eine Schieferserie mit Schalsteinen und Kieselschiefern" an; es handelt sich um etwa 10 Schalstein-Horizonte mit Mächtigkeiten bis max. 3 m; das Material ist stark zersetzt und zusätzlich noch durch Verwitterungsprozesse alteriert worden; es zeigt daher eine ungewöhnliche rötlich-braune Färbung; Tonschiefer-Lagen und -Schmitzen deuten eine Schichtung an und bestätigen den Verdacht, dass es sich um „Diabas-Tuffe" und oder „-Tuffite" handelt; D. E. Meyer ging davon aus, dass es sich um palagonitisches Material handelt, entstanden durch Hydratation von vulkanischem Glas basaltischer Abkunft bei subaquatischer (hier: submariner) Förderung; auch wurden Tonschiefer-Xenolithe mitgefördert; u. d. M. fanden sich vor allem Chlorit, Serizit und Erz, in geringen Mengen Quarz (<5%) und akzessorisch Zirkon sowie Relikte unbestimmbarer dunkler Gemengteile; außerdem enthielt das Gestein „zonar oder sphärolithisch aufgebaute, lamellare und elliptische Aggregate" (S. 102), wahrscheinlich Tuff-Lapilli und unbestimmbare Xenolithe; in ursprünglich mit Karbonat gefüllten Hohlräumen, die für eine Mandelstein-Textur sprechen, findet sich heute ausschließlich Limonit, was auf ein ehem. eisenreiches Karbonat hinweist. **Südlich Warmsroth** findet sich ein etwa 4 m breit ausstreichender Schalstein-Horizont in einer Bankfolge bunt verwitternder Tonschiefer mit Kieselschiefern ca. 130 m südöstlich der Autobahnbrücke.

Im Kontakt mit den Schalsteinen treten fast immer Lagen und Bänke unterschiedlich, meist bunt gefärbter Kieselschiefer auf. Die Farben reichen von weißlich, rötlich, olivgrün bis schwarz. D. E. MEYER (1970) sah einen engen genetischen Zusammenhang zwischen dem Schalstein und den Kieselschiefern, da letztere immer gemeinsam mit den vergrünten vulkanischen Produkten auftreten. Die Kieselschiefer sind sehr feinkörnig und bestehen aus körnigem bis kryptokristallinem Quarz. Gelegentlich enthalten sie auch Chlorit, Serizit und Erz. D. E. MEYER stufte den aus Kieselschiefern, Schalsteinen und Buntschiefern bestehenden Schichtverband in die mittlere Eifel-Stufe ein. Hinweise sind die enge Verknüpfung mit entsprechend alten Schichten, das Fehlen von Schalsteinen und Begleitgesteinen in Schichten des Oberems, der höheren Eifel- und der Givet-Stufe. Er widersprach der Einstufung von MITTMEYER & K.-W. GEIB (1967) in das Oberdevon.

Abgesehen von diesen Schalstein-Vorkommen finden sich Stöcke, echte Gänge (dykes) mit Apophysen und möglicherweise auch Lagergänge (sills) in unterschiedlich alten Schichtverbänden. Es sind „Diabase", „Diabas-Mandelsteine" und Lamprophyre, die offensichtlich auf die „Stromberger Mulde" beschränkt sind. Hinzu kommen tektonisch wenig beanspruchte „Diabase" am Süd-Rand des Schiefergebirges: Vor allem im Nord-Abschnitt der „Stromberger Mulde" sind einige bis wenige m mächtige, unterschiedlich intensiv geschieferte Gänge aus „Diabas" zu beobachten; der mächtigste Gang mit 10–15 m Mächtigkeit liegt unmittelbar am Guldenbach am **Mühlenberg** südlich Daxweiler (D. E. MEYER 1970); u. d. M. finden sich ausschließlich Relikte polysynthetisch verzwillingter, 0,3–2,0 mm langer Plagioklasleisten, z. T. mit Zonarbau; bei der Alteration bildeten sich daraus Karbonate und geringe Mengen (ca. 5–10%) Quarz neu; die Grundmasse ist weitgehend chloritisiert, v. a. Chlorite der Pennin-Klinochlor-Reihe; akzessorisch finden sich Apatit, Zoisit, Rutil, Titanit, Ilmenit und als jüngste Sekundärbildung Pyrit, Hämatit und Limonit; diese „Diabase" entsprechen dem klassischen Typ dieser Gesteinsart. Zu dieser Kategorie gehören auch geringmächtige graugrüne, feinkörnige bis dichte „Diabas-Mandelsteine" in Schichtverbänden des Oberdevon; BEYENBURG (1930) beschrieb ein Vorkommen am **Römerberg** bei Stromberg im Daxweilerer Hohlweg; D. E. MEYER (lit. cit.) erweiterte die Zahl um Gänge am Nord-Fuß des **Roter Kopfes** (2 m Mächtigkeit), am **Mühlenberg** bei Daxweiler (ca. 0,5 m Mächtigkeit) und nördlich der **Junkersmühle** (0,5–2,0 m Mächtigkeit); u. d. M. weisen diese Mandelsteine ein ophitisches Gefüge auf; die polysynthetisch verzwillingten Plagioklase (Oligoklas-Andesin) sind teilweise zonar gebaut und im Anschnitt 1,5 mm lang; bei der Umwandlung bildeten sich Serizit, Karbonat und wenig Quarz (<5%); in der stark chloritisierten Grundmasse sind auch hier reliktisch Augit- und seltener Hornblende-Individuen auszumachen; als Akzessorien treten Apatit und Erz auf; die relativ großen Hohlräume (Durchmesser bis > 2 mm) der Mandelsteine sind mit Karbonat gefüllt; sowohl BEYENBURG (1930) als auch D. E. MEYER (1970) hielten es für Kalzit; BEYENBURG erwähnte zusätzlich die Auskleidung der Hohlräume mit Chlorit (Delessit) im Kontakt zwischen der karbonatischen Mandelfüllung und dem Gestein; beide Autoren machten hinsichtlich Schieferung (s_1) keine Angaben, so dass sie wohl nicht geschiefert sind; BEYENBURG erwähnte zusätzlich die kontaktmetamorphe Umwandlung des Nebengesteins am Römerberg in Knotenschiefer; diese „Diabase" unterscheiden sich zwar nicht wesentlich von den übrigen, dürften jedoch wohl jünger sein.

Kaum oder gar nicht tektonisch deformierte „Diabase" finden sich im südlichsten Abschnitt des Profils, in der Schweppenhausener Schuppenzone. Jedoch auch weiter nördlich treten sie als feinkörnige Varietät am **Mühlgraben** südlich Daxweiler und am **Römerberg** bei Stromberg auf. Der Gang am **Daxgraben** wird bis 6 m mächtig und ist in Schichten von fraglichem Unterkarbon eingedrungen. Ein typischer Vertreter ist das stockförmige „Diabas"-Vorkommen vom **Kallenberg** bei Schweppenhausen. Diese „Diabase" sind meist grobkörnig. LOSSEN (1867) bezeichnete sie als „Hyperit". Diese Bezeichnung ist heute nicht korrekt. Das große Vorkommen am West-Hang des Kallenberges südlich Schweppenhausen und einige kleinere Vorkommen in der Nachbarschaft bestehen aus körnigem „Diabas" (BEYENBURG

1930). Dabei sind die kleineren Vorkommen wohl Apophysen, die als Lagergänge vom Hauptvorkommen in die benachbarten graugrünen Schiefer eingedrungen sind. Dieser „Diabas“ hat eine deutlich ophitische Struktur. Die leistenförmigen Plagioklase (An_{30-40}) zeigen u. d. M. polysynthetische Zwillinge, deren Lamellen allerdings bei fortgeschrittener Umwandlung teilweise verloren gegangen ist. Dort, wo sie noch erkennbar sind, sind die Lamellen bisweilen verbogen und zerbrochen. Bei der Zersetzung der Plagioklase bildeten sich Karbonate, Quarz, Epidot und Kaolinit. Der bräunliche Gemeine Augit ist stengelig und randlich vielfach in Chlorit umgewandelt. Als Akzessorien kommen Ilmenit (meist in Leukoxen umgewandelt), Apatit und Magnetkies hinzu. Die Kontaktzone der „Diabase“ zu den Schiefern ist nur geringmächtig und meist intensiv zersetzt. Entscheidend für die altersmäßige Zuordnung ist das Fehlen deutlicher tektonischer Beanspruchung durch Schieferung und ihre grobkörnige Struktur. Sie dürften die jüngsten Eruptiva sein, gehören jedoch noch nicht zu den permischen „Melaphyren“.

Abseits vom Guldenbach-Profil beschrieb MICHELS (in: Wilh. WAGNER & MICHELS 1930) auf Bl.6013 Bingen-Rüdesheim ein gangförmiges Diabas-Vorkommen am **Frieders-Berg** südwestlich Münster-Sarmsheim südlich des Krebsbach-Tales. Der 30–40 m mächtige Gang sitzt in Tonschiefern auf, die zum Hunsrückschiefer gezählt werden und randlich kontaktmetamorph verändert sind. Er ging von einem Lagergang aus, der konform in den steil stehenden Tonschiefern steckt und bezeichnete das Gestein als körnigen „Diabas“, der aufgrund tiefgreifender Zersetzung lokal dem „Weißen Gebirge“ am Oberen Mittelrhein ähnelt. Das frische Gestein hat eine graugrüne Färbung, ist von Kalkspat führenden Trümern durchzogen und zeigt Harnischflächen, die mit Chlorit und einem faserigen Mineral belegt sind. U. d. M. ist bei ophitischem Gefüge im Altbestand Plagioklas (Labrador), leicht grünbrauner Augit und vereinzelt Olivin zu beobachten. Als Neubildungen werden Chlorit, Leukoxen, Hornblende (?) und Pyrit erwähnt. Aufgrund einer deutlichen Schieferung (s_1) gehört dieses Vorkommen sicher zu den prä-deformativen Vorkommen. Ob es mit MICHELS in das Mitteldevon gestellt werden darf, ist fraglich. Wenn sich das Nebengestein als Hunsrückschiefer herausstellt, bleibt eine erhebliche Zeitspanne für die Zuordnung.

Hinsichtlich des Alters dieses basischen Vulkanismus im Guldenbach-Tal und in seiner Umgebung ergibt sich aus der Vielzahl der Beobachtungen ein Beginn im unteren Mitteldevon. Abgesehen von den Schalsteinen zeigt dieser noch keine nachhaltige Intensität. Für Givet und Oberdevon fehlen entsprechende Nachweise. Da ein Teil der „Diabase“ deutlich geschiefert ist, muss er noch vor Einsetzen der variszischen Deformation in den betreffenden Schichtverband eingedrungen sein. Maxima vulkanischer Tätigkeit finden sich im Schiefergebirge sonst noch im tiefen Unterkarbon. Infolgedessen wurde von vielen Autoren, u. a. BEYENBURG (1930), GUNDLACH (1933), NÖRING (1939), D. E. MEYER (1970), ein unterkarbonisches Alter angenommen. Sie alle postulierten für diesen Vulkanismus ein spätestens unterkarbonisches Alter. Denen stehen ungeschieferte „Diabase“, die Gänge oder Stöcke bilden, ohne einen direkten zeitlichen Bezug zum Nebengestein gegenüber. Viele durchsetzen das Nebengestein diskonform, in einigen Fällen bilden sie schichtkonforme Lagergänge. Sie sind eindeutig post-deformativ und sollten somit ein westfalisches bis post-westfalisches, jedoch noch kein permisches Alter haben.

Vorkommen zwischen Gräfenbach- und Hahnenbach-Tal. Das Gebiet umfasst jenen Abschnitt des südöstlichen Hunsrücks, der als „Winterbacher Mulde“ bezeichnet wurde (H.-H. WERNER 1950, 1952, BIERTHER 1953). H.-H. WERNER brach seinerzeit mit der Vorstellung, dass die stärkere Metamorphose im südlichen Hunsrück auch auf ein höheres Alter schließen lasse. Für die mehrfache Wiederholung gleicher oder ähnlicher Gesteinsserien von Norden nach Süden machte er eine tektonische Verschuppung verantwortlich und ordnete den Gesamtkomplex an „Sedimenten, submarinen Ergüssen und zugehörigen Tuffen“ (S. 630) einem einheitlichen Sedimentationsraum zu. Die „Winterbacher Mulde“ wird hier als Oberhausen-Winterbacher Schuppenzone bezeichnet. Im Gegensatz zu H.-H. WERNER besteht zwischen dieser Schuppenzone und der Metamorphen Zone ein deutlicher Metamorphose-Sprung entlang der Wiesbach-Tal-Überschiebungszone.

Nördlich der Wiesbach-Tal-Überschiebungszone tritt der „Diabas-Gang" des **Klausfelsens** südlich Kellenbach (Bl. 6110 Gemünden) morphologisch deutlich in Erscheinung. Er besteht aus zwei ca. 10 m mächtigen „Diabasen", die morphologisch eine deutliche Talverengung bewirken. 350 m südöstlich dieses Vorkommens befindet sich ein weiterer, hier 8 m mächtiger „Diabas"-Gang, der „**Mühlenfels**". Beide Vorkommen lassen sich weiter nach Südwesten bis zum Hahnenbach verfolgen, obwohl einzelne Gangmittel zwischendurch abreißen und wieder einsetzen (Bierther 1941). Der Klausfels-"Diabas" reicht mit Unterbrechungen nach Nordosten bis südwestlich Weitersborn. Ein ähnliches Vorkommen von 2–6 m Mächtigkeit fand H.-H. Werner im oberen **Hoxbach-Tal**. Alle diese „Diabase" sind grobkörnig. Deutliche Kontaktzonen zu beiden Seiten der steil stehen Gänge belegen den intrusiven Charakter. Sie liegen konform im Schichtverband. Der Gang-Zug des Klausfels grenzt nach Nordwesten an milde Tonschiefer des Unterems (Berger et al. 1991), nach Südosten an Tonschiefer, die eine Conodonten-Fauna des höchsten Givet geliefert haben. Daraus ergibt sich, dass er einer nicht unbedeutenden, im Streichen des Gebirges liegenden Schwächezone aufsitzt. Für die begleitenden Gesteine im Hahnenbach-Tal bei Hahnenbach ergaben Conodonten ein mitteldevonisches Alter. Die „Diabase" sollten daher jünger sein.

Moderne petrographische Untersuchungen fehlen. Zuletzt wurde ein „Diabas" aus dem Kellen(Simmer)bach-Tal von Lasaulx (1878: 196) unter der Bezeichnung „**Diabas von Kellenbach**" beschrieben. Da er offensichtlich das Material nicht eigenhändig gesammelt hatte, ist die genaue Zuordnung zu den genannten Vorkommen fraglich. H.-H. Werner (1950, 1952) ging davon aus, dass es sich um eins der drei Vorkommen handelt, da er nördlich Kellenbach keine Diabase fand. Nach Lasaulx ist der „Diabas von Kellenbach" makroskopisch grobkörnig, gleichkörnig von „granitischer Struktur". Er besteht aus Plagioklas, Augit, Chlorit und Magnetit. Frische Plagioklase zeigen deutliche Zwillingslamellierung. Sie bilden 2–3 mm breite und bis 5 mm lange Leisten. Auch zeigen sie Zonarbau, der in unterschiedlicher Färbung konzentrisch angeordneter „Hüllen" zum Ausdruck kommt. Die Zwillingslamellierung setzt durch die unterschiedlich gefärbten „Hüllen" hindurch, so dass die Zonierung offensichtlich ein sekundäres Phänomen ist. Manche Feldspäte lassen schon makroskopisch einen Epidot-Kern erkennen. Die Augite sind weitgehend in Chlorit umgewandelt. Der Magnetit tritt in Form blauschwarzer, glänzender Körner in Erscheinung, z. T. auch als Oktaeder. U. d. M. wurden außer Plagioklas und Augit noch Viridit, Quarz, Epiodot, Biotit, Kalzit, Apatit, Helminth, Apophyllit, außerdem Ilmenit, Titanomagnetit, Titanit, Magnetit und Hämatit bestimmt. Im Einzelnen ergibt sich folgendes:

Plagioklas ist meist trübe, stellenweise stark sekundär umgewandelt in Epidot, Kalzit und Chlorit; Kalzit bildet unregelmäßige, feinkörnige Aggregate; die Epidote liegen meist parallel zu den Zwillingslamellen, jedoch auch in Form unregelmäßiger oder radial strahliger Aggregate in den einzelnen Plagioklasen vor. Augit ist weitgehend zersetzt, in einzelne Partikel zerlegt oder bildet nur isolierte Körner; die typischen Querschnitte der kurzsäuligen Individuen sind aufgelöst, so dass nur noch Reste andeutungsweise die idiomorphe Kristallform widerspiegeln; weder Pleochroismus noch Spaltbarkeit sind noch auszumachen; teilweise zeichnen Pseudomorphosen von Viridit oder Apophyllit die ehem. Augite nach.

Epidot kommt als Sekundärmineral in Form von Körnern, kleinen neu gebildeten idiomorphen Kristallen und als Aggregat vor. Biotit, noch vom primären Mineralbestand, besteht aus kleinen garbenförmigen Büscheln und sternförmigen Aggregaten; Lasaulx hielt ihn für eine sekundäre Bildung. Ilmenit und Magnetit sind nicht allzu reichlich; in oberflächennahen Proben ist der Magnetit von Eisenoxid-Häutchen umgeben. Größere glimmerähnliche Aggregate mit starkem Pleochroismus nach gelbbraun und grün sind wohl Chlorit-Neubildungen, die dem Pennin nahestehen. Kalzit ist spärlich neu gebildet und Apatit ist „sehr reichlich, z. T. in ziemlich großen Prismen vorhanden".

Als zweites Vorkommen beschrieb LASAULX (1878) den „Diabas eines Ganges zwischen Heinzenberg und Kellenbach (als) feinkörniges, etwas flaseriges, makroskopisch nicht näher bestimmbares, graugrünes Gestein“. Die Probe dürfte nicht vom Klausfels stammen. Vielleicht liegt auch hier eine Verwechslung der Proben vor. Seine Beschreibung gilt für ein Gestein, das aus der Nachbarschaft der drei oben angeführten „Diabase“ stammt, jedoch strukturell eine feinkörnigere Varietät darstellt. U. d. M. lassen sich im Mineralbestand Plagioklas, Augit, Viridit, Kalzit, Epidot, Ilmenit, Hämatit, Quarz und Apatit bestimmen. Das Gestein ist offensichtlich stärker sekundär umgewandelt als die grobkörnige Variante von Kellenbach. Plagioklas und Augit sind stark alteriert, so dass sie nur noch durch Pseudomorphosen eines filzartigen „Gemenges“ aus Viridit, Kalzit, Epidot und einer selbst u. d. M schwer auflösbaren, sehr feinkörnigen Substanz vertreten werden. Chlorit sitzt auf das gesamte Gestein durchziehenden Trümern auf, so dass dieses dem „eigenthümlichen Maschenwerk der Serpentine“ ähnlich ist. Abweichend von der grobkörnigen Variante kommen viel Kalzit, häufig nadelförmiger Apatit, selten Quarz und nur wenig Epidot vor.

Auf die Winterbacher.Schuppenzone beschränkt sind **„Olivin-Diabase“** im Simmer(Kellen)bach-Tal: Eines liegt etwa 200 m südlich Heinzenberg an der B 421 in graugrünen Schiefern; die Mächtigkeit beträgt dort 12 m; der Gang wird von zahlreichen Siderit-Gängchen durchtrümert, deren Inhalt im Tagesaufschluss zu Brauneisen verwittert ist; die angrenzenden Schiefer sind kontaktmetamorph verändert; in der streichenden Verlängerung nach Nordosten befinden sich 300 m nordöstlich Heinzenberg am West-Hang des Simmer(Kellen)baches und etwa 1,8 km weiter in gleicher Richtung bei der **Heisterheck** Olivin-“Diabase“ gleicher Ausbildung; u. d. M. erweist sich der wenige Plagioklas aus einer Probe südlich Heinzenberg als „vollkommen epidotisiert und zoisitisiert, so dass nur eine dicht zersetzte Grundmasse zu erkennen ist“ (LASAULX 1878: 639); Orthopyroxene sind in Serpentin und Chlorit umgewandelt; fragliche basaltische Hornblenden weisen starken Pleochroismus auf; Olivine sind recht zahlreich, wenngleich auch stark serpentinisiert; außerdem enthalten sie Einschlüsse von Apatit und Magnetit; Biotit bildet büschel- und tafelförmige Aggregate mit starkem Pleochroismus; abgesehen von den Trümern findet sich Karbonat in Mandeln; akzessorisch kommen Apatit, Rutil und Magnetit vor. Die Grundmasse ist olivgrün bis gelb und setzt sich zusammen aus fein verteiltem Biotit, Magnetit, Serpentin, Chlorit und zersetztem Feldspat; aufgrund des geringen Feldspat-Anteils und des Olivins schlug H.-H. WERNER (1950) vor, ihn in die Nähe der Pikrite zu stellen. Ca. 600–1000 m nord- bis westnordwestlich von Heinzenberg beschrieb H.-H. WERNER mehrere linsenförmige Vorkommen eines grobkörnigen Diabas; eine Probe vom **Wingertsberg**, 600 m nordwestlich Heinzenberg, ergab u. d. M. eine grobkörnige Intersertalstruktur; der Plagioklas (Labrador bis Bytownit) ist z. T. serizitisiert und kaolinitisiert; Hauptgemengteil ist farbloser xenomorpher Olivin mit Magnetit-Einschlüssen; einzelne Individuen enthalten Serpentin-Aggregate; außerdem kommt farbloser Augit (Mg-Diopsid) vor; kleine Magnetit-Oktaeder und fiederförmige Aggregate von Ilmenit, z. T. in Verwachsung mit Magnetit, z. T. auch in Leukoxen umgewandelt, kennzeichnen das Gestein; die feinkörnige Grundmasse besteht – soweit erkennbar – aus Kalzit, Chlorit, Biotit und wenig Quarz. Die altersmäßige Zuordnung dieser diskonform die Tonschiefer durchsetzenden „Olivin-Diabase“ ist kaum möglich; dass H.-H. WERNER keine tektonische Beanspruchung durch Schieferung (s_1) erwähnte, sollte darauf schließen lassen, dass sie relativ jung sind; verglichen mit dem großen Vorkommen schwach oder gar nicht deformierter „Diabase“ vom Kallenberg südlich Schweppenhausen fällt bei den „Diabasen“ der Umgebung von Heinzenberg der geringe Anteil an Plagioklas und das reichliche Vorkommen von Olivin auf.

Am **Oberlauf des Daufenbaches** nordwestlich des Klausfels beschrieb H.-H. WERNER „Mandelstein-Grünschiefer“. Das grünliche bis violette Gestein ist relativ grobkörnig und steht in engem Verband mit geschieferten „Diabasen“ und bunten Schiefern an, die jenen südlich Heinzenberg gleichen. H.-H. WERNER zog Parallelen zu den ähnlichen Vorkommen im

Guldenbach-Tal südlich Stromberg, die dem Gedinne zugeordnet werden (BEYENBURG 1930, D. E. MEYER 1970). Über die Kontakte liegen wegen schlechter Aufschlussverhältnisse keine Angaben vor. Das umgebende Gestein wurde von H.-H. WERNER dem Hunsrückschiefer (Unterems) zugeordnet. Nach Bl. Frankfurt a. M.-West (GÜK 200) wird es auch heute zum Hunsrückschiefer gezählt. Dieses „Grünschiefer"-Vorkommen zeigt eine wechselvolle Ausbildung: Einzelne Partien können mit „Schalsteinen" verglichen werden, andere bestehen aus „grünblauen, dichten glatten Schiefern mit Chlorit-Tupfen", wieder andere enthalten „mandelgroße Hohlräume, die z. T. mit rötlichem Kalzit und Chlorit erfüllt sind" (H.-H. WERNER). Das Gestein ist schwach geschiefert. U. d. M. erweisen sich gut eingeregelte Albit-Leisten als Hauptbestandteil des Gesteins. Sie sind mit offensichtlich sekundär gebildetem faserigem Serizit und Chlorit verwachsen. Als Nebengemengteile wurden Epidot, Magnetit und Apatit gefunden. Eine zweite Generation von Chlorit bildet dichte Aggregate, die von Serizit-Säumen umgeben sind, zusammen mit Kalzit in den Mandeln. Einige dieser Kalzit-Chlorit-Mandeln sind maschenartig von opaken Erz-Trümern durchzogen. Der stark wechselnde Habitus dieser Gesteine veranlasste H.-H. WERNER wie schon vor ihm Ma. WOLF (1929) bei Wald-Erbach sie mit „Schalsteinen" zu vergleichen. Die deutliche Schieferung dieser „Mandelstein-Grünschiefer" zeigt, dass sie vor der tektonischen Deformation gebildet worden und abgesehen von der mineralogischen Alteration später von der Schieferung überprägt wurden.

H.-H. WERNER (1950, 1952) beschrieb weitere „Mandelstein-Grünschiefer", die sich vom Hahnenbach nordwestlich **Kallenfels**, südwestlich **Oberhausen**, südlich Heinzenberg bis südwestlich **Seesbach** verfolgen lassen. Bedauerlicherweise ist über die Kontaktverhältnisse zum Nebengestein wenig bekannt. BIERTHER (1941) beschrieb bis 70 m mächtige „Mandelstein-Grünschiefer" am Kammerfels bei Kallenfels aus seiner Hahnenbach-Serie; das Gestein zeigt eine blaugrünliche Färbung und ist meist intensiv geschiefert; Chlorit-Neubildungen finden sich als „Tupfen" auf den Absonderungsflächen; die Mandeln werden bis 1 cm lang, sind linsenförmig gestreckt und lagenweise parallel angeordnet; Mandel-reichere und -ärmere Partien wechseln sich ab; Hauptgemengteile sind am Kammerfels Albit-Leisten und Chlorit; in der feinkörnigen Grundmasse finden sich auch Serizit und Epidot; die Mandeln sind mit Kalzit gefüllt; außerdem enthält das Gestein Reste von Titanaugit; BIERTHER (1941: 136) schloss aus Gefüge und Mineralbestand auf umgewandelte, ehem. blasenreiche, effusive basische Gesteine, u. U. auch auf ehem. Tuffe; bestärkt wurde er in dieser Meinung durch 10 cm mächtige und bis 1 m lange Linsen von dunklem, kristallinem Kalkstein, der „mit dem Grünschiefer regelrecht verzahnt" war; altersmäßig wollte sich BIERTHER nicht auf ein mitteldevonisches Alter festlegen (TILMANN & CHUDOBA 1931a: 693); sollte es sich um Oberflächenergüsse handeln, gehörten sie in das Oberdevon ($d_{oII;}$ BERGER et al. 1991).

BIERTHER (1941) sah einen deutlichen Unterschied im Grad der Deformation zwischen diesen „Mandelstein-Grünschiefern" und den „Diabas"-Gängen im Alaunschiefer bei Kallenfels. Es handelt sich dabei um zwei „Diabas"-Gänge, die in ihrem Außenbereich alteriert und deutlich geschiefert sind. Er führte das auf einen Altersunterschied zurück und meinte, dass die jüngeren Gänge weniger geschiefert seien als evtl. oberdevonische Ergussgesteine.

„Kalklagen-Grünschiefer", wie sie BIERTHER (1941) aus der Vorsoonwald-Serie beschrieb, finden sich südwestlich Brauweiler. Sie sind den „Kalklagen-Grünschiefern" der Metamorphen Zone sehr ähnlich und werden dort beschrieben.

2.8.2.3.1.2 Die Grünschiefer der Metamorphen Zone

Grünschiefer bei Hergenfeld. Im Guldenbach-Tal bildet die Schweppenhausener Schuppenzone die südöstlichste Struktur-Einheit. In ihr kommen keine Grünschiefer vor. Der vorwiegend aus grauen phyllitischen Tonschiefern mit Einlagerungen von bunten phyllitisch glänzenden Ton- und Kieselschiefern sowie wenigen Kalken bestehende Schichtverband grenzt, getrennt durch die Hunsrück-Südrand-Verwerfung, direkt an Rotliegend-Schichten. Die Grünschiefer bei Hergenfeld gehören zur Metamorphen Zone und sind durch die Hergenfelder Verwerfung von der Schweppenhausener Schuppenzone getrennt. Die Metamorphe Zone bei Hergenfeld enthält mehrere „Züge" mächtiger Meta-"Diabase".

Die „Metamorphe Zone" DUMONT 1848) ist ein etwa 1 km breiter Streifen am äußersten Südost-Rand des Hunsrücks, der bis zur Hunsrück-Südrand-Verwerfung reicht. Er baut sich aus einem epimetamorphen Gesteinsverband auf, der vorwiegend aus grauen Phylliten mit Einlagerungen von bunten Phylliten.und Kieselschiefern unbekannten Alters besteht. In ihn sind bei Hergenfeld mächtige geschieferte Meta-"Diabase" (Diabas-Grünschiefer) eingelagert. Das Alter dieser Meta-Sedimente ist umstritten. So reichen Überlegungen zur Alterseinstufung von Vordevon (Präkambrium) bei LEPPLA (1904, 1921, 1925a), BEYENBURG (1930), TILMANN (1932) und Altpaläozoikum bei GOSSELET (1890), NÖRING (1939), D. E. MEYER & NAGEL (2001, Ordovizium), Gedinne bei MICHELS (1926), QUIRING (1933) bis höheres Devon bei LEPSIUS (1908), TILMANN (1932), H.-H. WERNER (1950, 1952), BIERTHER (1953) und LGB (2005).

Die Meta-"Diabase" bei Hergenfeld bestehen aus drei „Zügen". Der mittlere mit einer Ausstrichbreite von 270 m splittet nach Nordosten auf; der nördliche erreicht nur 15–20 m Ausstrichbreite. Ein Gesteinsverband phyllitischer Schiefer mit unterschiedlich hohem Quarz-Anteil trennt ihn vom mittleren. Der südliche „*Zug*" erreicht eine ähnliche Ausstrichbreite wie der mittlere. Die NNE-SSW streichende Hergenthaler Verwerfung begrenzt diese Meta-"Diabas"-Vorkommen nach Osten.

Die drei Hergenfelder „Züge" sind deutlich 2-fach geschiefert (s_1, s_2). Durch die Hauptschieferung (s_1) wurde eine deutliche Bänderung hervorgerufen. Sie besteht aus kräftig grünen Lagen, die Chlorit, Serizit und recht viel Erz (z. T. >50%) enthalten, im Wechsel mit helleren Lagen, die aus Albit, Karbonat (Kalzit) und Quarz bestehen. Relikte von Augit finden sich u. d. M. bevorzugt in den grünen Lagen. Die ehem. Augit-Individuen sind zum größten Teil chloritisiert und von neu gebildetem Albit umgeben. Der Quarz-Anteil ist neu gebildet in Form von Quarz-Aggregaten. In frischen Aufschlüssen sind Einschaltungen von Meta-Sedimenten zu finden, die eine Sedimentation während Pausen der wohl submarinen, wahrscheinlich effusiven vulkanischen Tätigkeit aufzeigen. Zahlreiche Analogien bestehen zwischen den anchimetamorph beanspruchten Gesteinen des weiter nordwestlich gelegenen Guldenbach-Profils und jenen der Metamorphen Zone. BEYENBURG (1930: 426) erwähnte als zusätzliche Komponenten Magnetit, sekundären Limonit, Leukoxen, Kaolinit und chloritisierte Glimmer. Er betrachtete diesen Gesteinsverband als „einen stark metamorphen Diabas mit fast völliger Mineralumbildung". Die neu gebildeten Quarze zeigen undulöse Auslöschung (D. E. MEYER 1970). Danach setzte die tektonische Deformation nach der Quarz-Neubildung ein und führte zu den entsprechenden Störungen im Mineralgitter des Quarzes. Dieser Befund bestätigt, dass die „Vergrünung" der ehem. Basalte bereits frühzeitig einsetzte und nicht allein in der tektonischen Beanspruchung zu suchen ist.

Grünschiefer im Simmer(Kellen)- und Hahnenbach-Tal. In der Metamorphen Zone (= Zone III sensu H.-H. WERNER 1952), die im unteren Simmer(Kellen)bach-Tal durch die Wiesbach-Tal-Überschiebungszone von der nördlich angrenzenden Winterbacher Schuppenzone (Zone II bei H.-H. WERNER) getrennt ist, treten echte Grünschiefer auf, nach LOSSEN (1867) „Augitschiefer". MILCH (1889), SCHLOSSMACHER (1919–1922), BEYENBURG (1930) und CHUDOBA & OBENAUER (1932) gingen davon aus, dass diese Gesteine zumindest teilweise stark deformierte „Diabase" seien. Sie entsprechen den Vorkommen bei Hergenfeld.

Diese mächtigen Grünschiefer und Mandelstein-Grünschiefer mit lokalen Kalklagen sind in die Meta-Pelite (Serizit-Phyllite) der „Vorsoonwald-Serie" (BIERTHER 1941) eingeschaltet und vergesellschaftet mit den albitisierten Gesteinen. Im Simmerbach-Tal bauen diese Grünschiefer zwei mächtige „Züge" auf, die von geringer mächtigen Grünschiefern begleitet werden: Der nordwestliche „Zug" erreicht eine Ausstrichbreite bis 800 m und zerschlägt sich nach Nordosten in mehrere weniger mächtige „Züge“ bis zum Kieselbach-Tal; weiter im Nordosten, bei Ippenschied und Gebroth, erreicht er wieder die ursprüngliche Ausstrichbreite und zerschlägt sich von dort in nordöstliche Richtung. Der südöstliche „Zug“ ist weniger beständig in Ausstrichbreite und Mächtigkeit; er lässt sich jedoch auch nach Nordosten kontinuierlich verfolgen; gebietsweise wird er, wie zwischen Simmertal, Langenthal und Rehbach, von diskordant auflagernden Schichten des Rotliegend überdeckt; daraus ergibt sich zwischen Simmerthal und Hergenfeld eine Verbreitung entlang 25–30 km im Streichen.

Der Aufschluss talabwärts von der Bergmühle am westlichen Ortsausgang von Simmertal bietet einen besonders guten Einblick in die Meta-“Diabase“ der Metamorphen Zone. Hier ist der südliche der beiden mächtigen Grünschiefer-“Züge“ angeschnitten, der dort das Simmer(Kellen)bach-Tal quert. Seine Mächtigkeit liegt bei 300–350 m.

Für die lithologische Zusammensetzung des gesamten Komplexes gaben D. E. Meyer & Nagel (2001) einen Anteil der Grünschiefer von >85% an, gegenüber epizonalen Meta-Sedimenten von <15%. Die Meta-Sedimente – Serizit-Phyllite, Phyllite, Meta-Kieselschiefer, Marmor-Linsen und -Lagen – reichen von wenigen cm bis dm bis zu Mächtigkeiten von ca. 50–100 m, wie im Hoxbach-Tal.

Die graugrünen bis blaugraugrünlichen Kalk-Lagen-freien Grünschiefer erscheinen im Aufschluss unterschiedlich grob bis eng geschiefert. Die Hauptablösungsflächen folgen der Hauptschieferung (s_1). Das Gestein ist i. a. feinkörnig. Makroskopisch lassen sich bis 2 mm große, chloritisierte Augite erkennen, die Lossen (1867a) zu der Bezeichnung „Augitschiefer“ veranlasst haben mögen. Die Chloritisierung der mafischen Bestandteile ist auf den Absonderungsflächen deutlich als Neubildung zu erkennen. Eingeschlossen in die Grünschiefer sind flaserige, hell/dunkel gebänderte Partien. Die Schieferung entspricht in Intensität und Dichte nicht der der begleitenden Meta-Sedimente. Weniger stark und kräftig geschieferte Partien wechseln miteinander ab. Hinzu kommt gebietsweise eine zweite Schieferung (s_2) und verbunden mit ihr eine deutliche Kleinfaltung. Als Kluftfüllung treten Kalzit und Quarz auf. U. d. M. beschrieb H.-H. Werner (1952) aus den Grünschiefern zwischen Argenschwang und Münchwald aus dem Grenzbereich Grünschiefer/Meta-Pelite als Hauptgemengteile deutlich verzwillingten Albit, Augit (Diopsid), Serizit und Chlorit. Chlorit und Serizit (Phengit) machen die Hauptmasse der gesteinsbildenden Minerale aus. Akzessorien sind Quarz mit undulöser Auslöschung, Pyrit und Limonit. Im Grenzbereich Grünschiefer/Serizitphyllit wurden keine kontaktmetamorphen Veränderungen festgestellt, was auf eine eher effusive Bildung der basaltischen Ausgangsgesteine und auf deren Lockerprodukte (Schalsteine) schließen lässt.

Eingeschaltet sind in diese Meta-“Diabase“ auch Mandelstein-Grünschiefer (Tilmann 1932). Hier liegt der Vergleich mit ähnlichen Gesteinen aus dem Mitteldevon der „Lahn-Mulde“ nahe. H.-H. Werner beschrieb einen 45 m mächtigen derartigen Mandelstein-Grünschiefer in den Meta-“Diabasen“ an der Straße Simmertal – Seesbach im Apfelbach-Tal. Bierther (1941) fand an der Straße Kirn – Oberhausen außerdem „Kalkgrünschiefer“. Dabei handelt es sich um Grünschiefer mit bis 5 mm mächtigen Kalk-Bändern und -Lagen.

Petrographie. Die Grünschiefer bestehen u. d. M. aus parallel angeordnetem leistenförmigem Albit und lichtgrünem, verbogenem Chlorit; die Karbonat-Lagen bestehen aus Kalzit, klarem Albit, Quarz mit Einschlüssen von Chlorit und Serizit. Akzessorisch finden sich Apatit und Pyrit. Epidot und Zoisit fehlen. Bierther (1941) ging hinsichtlich der Ausgangsgesteine von einer engen Wechselfolge von Kalk, Ton und Tuffen aus. Sie stehen an der Bergmühle im Simmer(Kellen)bach-Tal am Eintritt in das Eng-Tal westlich Simmertal an, außerdem im Gräfenbach-Tal südwestlich Dalberg und im Burgkeller der Dalburg oberhalb Dalberg.

Die südöstliche Grenze (Hangendgrenze) ist von Sedimenten des Rotliegend überdeckt. Im frischen Anschnitt kommt ein Lagenbau zum Ausdruck, der sich in hellen und dunkleren grünlichen, parallelen Bändern abbildet. Die Gesteine sind engständig geschiefert.

Die Hauptschieferung (s_1) läuft parallel zu der räumlichen Anordnung der sedimentären Einlagerungen. Zusätzlich tritt auch die 2. Schieferung (s_2) auf, durch die die s_1-parallelen Lagen gefältelt wurden. Auch in diese echten Grünschiefer sind Meta-Sediment-Lagen und -Bänke eingeschaltet mit Mächtigkeiten zwischen 35 cm und wenigen cm. Sie bestehen aus schwarzen Phylliten, dunklen Kieselschiefern und Quarzit. Die dadurch dokumentierte Schichtung (s_0) verläuft quasi parallel zur Hauptschieferung (s_1). Beide stehen nahezu saiger. U. d. M. bestimmte D. E. Meyer (1975) eine Grundmasse aus Chlorit, Serizit, Quarz, Plagioklas (Albit), Epidot, Zoisit und Aktinolith; bei ihnen handelt es sich um sekundäre Neubildungen. In Relikten sind Plagioklas und häufiger auch Augit auszumachen. Zusätzlich bestimmte Meisl (1970) Stilpnomelan, Pumpellyit und Prehnit als Typusminerale für eine epizonale (low grade) Metamorphose. Kleine Gänge, Trümer und Nester, die sich aufgrund ihrer helleren Farbe vom allgemein grünlichen Gestein deutlich abheben, bestehen aus hellem Kalzit sowie Verwachsungen von Quarz und Albit, die aus bei der Deformation mobilisierten Lösungen auskristallisierten. Nach Meisl (1986) sind u. d. M. weder Gefüge noch Mineral-Relikte des wahrscheinlich basaltischen Ausgangsgesteins auszumachen. Der einstige Mineralbestand wurde unter den Bedingungen der „Quarz-Albit-Pumpellyit-Prehnit-Fazies" zumindest lokal vollkommen ausgelöscht. Auch nach seinen Untersuchungen bestehen die Neubildungen aus Quarz, Albit, reichlich Epidot, Chlorit, Aktinolith, Serizit (Phengit) und wenig Pumpellyit. Dieser soll prä- bis synkinematisch gebildet worden sein. Wie weit eine Neubildung dieses fazieskritischen Minerals in den übrigen Meta-"Diabasen" erfolgte, ist noch offen. Es ist im Grundgewebe enthalten und daher schwer zu diagnostizieren.

Der Aufschlussbefund bestätigt, dass die Grünschiefer-Verbände auf einen wohl weitgehend submarinen basischen Vulkanismus zurückzuführen sind, der intermittierend eher basaltische Laven (Mandelsteine) sowie Lockerprodukte gefördert hat. Belegt wird eine intermittierende Tätigkeit durch die wiederholte Einschaltung von Meta-Sedimenten in unterschiedlichen Mächtigkeiten. Im Vergleich mit den übrigen Gebieten am Süd-Rand des Hunsrücks („Stromberger Mulde") ergibt sich im Bereich der heutigen Metamorphen Zone eine wesentlich intensivere vulkanische Tätigkeit.

Alter. Obwohl die zeitliche Zuordnung dieses Vulkanismus nicht gesichert ist, drängen sich Parallelen zum östlichen Rheinischen Schiefergebirge auf. Ähnlichkeiten mit dem Vulkanismus in „Lahn"- und „Dill-Mulde" und auch der Vergleich mit dem Guldenbach-Profil bei Stromberg ließen an ein Alter zwischen Mitteldevon und Unterkarbon denken (D. E. Meyer 1975). Andererseits gehören diese Gesteinsverbände zum „Simmerbach-Grünschiefer-Komplex", für den sowohl nach der „tektonischen Position als auch nach ihrer Fazies, ein ordovizisches Alter" (D. E.Meyer & Nagel 2001:114) angenommen wird. Ein Argument besteht darin, dass die „Grünsteine" nördlich des „Wiesbach-Tal-Mylonits" schwach bis ungeschiefert sind, während sie in der Metamorphen Zone „ausschließlich als intensiv geschieferte und spezialgeschieferte Grünschiefer vorliegen". Aber auch im nördlichen Gebiet wurden „Grünschiefer" und Mandelstein-Grünschiefer" neben schwach geschieferten „Diabasen" beschrieben.

Bei dieser Vorstellung blieb unberücksichtigt, dass aus den Phylliten der Metamorphen Zone im Hahnenbach-Tal von der Cramersmühle (Graue Phyllite der „Vorsoonwald-Serie") palynologische Befunde (Ecke et al. 1985; Reitz 1989) auf ein Ems-Alter der dortigen Meta-Sedimente hinweisen. Unsicherheiten bestehen insofern, als diese Meta-Sedimente nicht in unmittelbarem Kontakt mit den Grünschiefer-"Zügen" des Simmerbach-Tales stehen. Bei einer systematischen Verfolgung der Gesteinsverbände vom Simmerbach-Tal nach Südwesten in das Hahnenbach-Tal in Richtung Cramersmühle und bei Ausschluss größerer querschlägiger Verwerfungen, zielt zumindest der nordwestlichen Meta-"Diabas"-Zug" in Richtung Cramersmühle und könnte damit in das Ems gehören. Damit ergäbe sich abweichend von der gesamten, weiter nordwestlich gelegenen Schichtenfolge im äußersten südöstlichen Hunsrück ein prä-mitteldevonischer „Grünstein-Vulkanismus".

Außerdem bleibt die Frage zu beantworten, ob die im Simmer(Kellen)bach-Tal von Nordwesten nach Südosten aufeinander folgenden Grünschiefer-"Züge" getrennten, altersungleichen Eruptions-Folgen entsprechen oder ob aufgrund tektonischer Verschuppung nur mit einer Eruptions-Folge zu rechnen ist. Im Gelände ließen sich bisher aufgrund der Aufschlussverhältnisse im Kontaktbereich keine Anzeichen für eine tektonische Verdopplung finden. Isoklinalfaltung ist zwar bei der Spezialfaltung in den Grünschiefern zu beobachten und bei dem sehr spitzen Winkel zwischen Schichtung (s_0) und Hauptschieferung (s_1) theoretisch zu erwarten, im Großfaltenbau des Hunsrücks sonst nicht verwirklicht.

Bei der Verfolgung der Grünschiefer-"Züge" nach Nordosten oder Südwesten entsprechen sich die einzelnen „Züge" in Mächtigkeit und Ausbildung häufig nicht, so dass eine tektonische Verdopplung eher unwahrscheinlich ist. Folgt man dem allgemein im Hunsrück typischen und für den Südost-Hunsrück im Guldenbach-Tal verwirklichten Baustil, so sollte innerhalb der Metamorphen Zone von kleinen Verschuppungen abgesehen eine Verjüngung innerhalb des Gesteinsverbandes nach Südosten bei steiler, lokal auch inverser Lagerung angenommen werden. Wie weit der hier dokumentierte „Grünstein-Vulkanismus" stratigraphisch reicht, ist unbekannt. Alle Argumente sprechen jedoch heute gegen eine prädevonische Einstufung der Vulkanite und begleitenden Sedimente (LGB 2005, Gad 2004b). Die Vermutung, dass die Bildung der Ausgangsgesteine der Meta-"Diabase" in die Unterems-Stufe gehört, sprach Dittmar (1986) aus, indem er Parallelen zu basischen Vulkaniten an der Basis der Gießener Decke im östlichen Rheinischen Schiefergebirge zog.

Geochemie. Durch geochemische Untersuchungen an immobilen Spurenelementen und Seltenen Erden (REE) in den „Diabasen" und Meta-"Diabasen" des Südost-Hunsrücks (Meisl 1990, 1995) bestätigte sich, dass die Mehrzahl dieser „Grünsteine" Abkömmlinge von Basalten, resp. Spiliten sind. Bei der Auswertung der Ergebnisse fiel von 160 Proben der größte Anteil in das Feld der Alkali-Basalte und nur etwa 60 Proben lagen im Feld der „subalkalinen Basalte" (Andesit/Basalt; Meisl 1995; Zr/TiO_2-Nb/Y-Diagramm). Auch nach anderen Element-Kombinationen (Zr/TiO_2-Ce bzw. Zr/TiO_2-Ga) gehören diese Proben geochemisch zu ehem. Basalten. Nach Pearce & Gale (1977) haben eine Anzahl der Meta-"Diabase" die geochemische Charakteristik von Inselbogen-Basalten, andere gehören eher zu ozeanischen Basalten (MORB). Die überwiegende Anzahl der Vorkommen aus dem Gebiet nördlich der Wiesbach-Tal-Überschiebungszone, d. h. nördlich der Metamorphen Zone, ist jedoch zu den Intraplatten-Basalten zu zählen. Dieses Ergebnis bestätigte sich auch bei weiteren Element-Kombinationen, die die Charakteristika einerseits von Plattenrand- (plate margin) und andererseits von Intraplatten-Basalten bestätigten. Dabei liegen die Alkali-Basalte im Intraplatten-Feld und die subalkalinen eher im Plattenrand-Bereich. Kritische MORB-Meta-Basalte stammen aus dem Hoxbach- (Bl. 6111 Pferdsfeld) und aus dem Gräfenbach-Tal (Bl. 6112 Waldböckelheim). Insgesamt ergibt sich aus diesen Proben, dass Basalte mit einer MORB-Chemie ausschließlich aus der Metamorphen Zone stammen, während die nördlich davon (Oberhausen-Winterbacher Schuppenzone) eher eine Intraplatten-Charakteristik aufweisen.

Eine ähnliche Konfiguration unterschiedlicher geochemischer Charakteristik ließen auch die Analysenwerte der Seltenen Erden-Elemente (REE) erkennen. Allerdings ergaben sich auch Widersprüche. Bei der örtlichen Zuordnung der Ergebnisse zeigten sich wechselweise Streifen von Gesteinen mit MORB- und solche mit Intraplatten-Charakteristik, die im Streichen des Gebirges liegen. Nach Meisl (1990, 1995) gibt diese Konfiguration Anlass zu der Vorstellung eines „tectonic mixing", d. h. zu einem nahezu gemeinsamen Auftreten beider Typen, das u. U. durch tektonische Verschuppung noch unterstrichen wird. Diese „Mischung" der beiden Basalt-Typen sollte danach auf einen Grenzbereich zwischen einem ehem. Kontinent und angrenzender ozeanischer Kruste schließen lassen. Wenn auch keine eindeutige Aussage möglich ist, so legen diese Ergebnisse doch nahe, dass in diesem Bereich mit einer plattentektonischen Randsituation zu rechnen ist. Erschwert wird eine Zuordnung durch das Fehlen verlässlicher Altersdaten. Unter- bis Oberdevon-Alter sind denkbar. Zu dieser Zeit sollte es bei einem Rifting-Prozess am Süd-Rand des Rhenoherzynikums bei wachsender Extension zur Neubildung von Kruste – evtl. nicht voll ozeanischer Natur – gekommen sein, die in den Meta-"Diabasen" überliefert ist.

2.8.2.3.1.3 West-Hunsrück

Im Gegensatz zu den „Grünsteinen" des Südost-Hunsrücks, wo moderne Daten zu Petrographie und Geochemie vorliegen, stecken die „Diabase" im westlichen Hunsrück bei Trier diskonform im Gesteinsverband der Hunsrückschiefer. Mächtigere sind teilweise nur randlich, weniger mächtige vollständig geschiefert. Meta-"Diabase", wie in der Metamorphen Zone, oder Mandelstein-"Grünschiefer" fehlen vollständig. Die Aussage, dass diese Vorkommen im Zeitraum Mitteldevon bis Unterkarbon (incl.) aufgedrungen seien, orientiert sich ausschließlich an Vergleichen mit dem ähnlichen Vulkanismus im östlichen Rheinischen Schiefergebirge, entbehrt jedoch jeder Grundlage. Diabasvorkommen finden sich auch im benachbarten Südeifelgebiet (W. Meyer 2013, 617). Angaben über „Grünschiefer-Diabas-Vorkommen" finden sich schon bei Steininger (1840) unter der Bezeichnung „Uebergangs-Grünstein" sowie bei von Dechen (1884).

Mit Beginn der Aufnahme der Geologischen Spezialkarte 1:25 000 vermehrte sich die Zahl der Vorkommen schlagartig. Grebe (1878) veranschlagte deren Zahl im westlichen Hunsrück auf „mehrere hundert Punkte" und vermerkte, dass im westlichen Hunsrück, besonders an der Unteren Saar Diabase in großer Verbreitung vorhanden seien und teilte wie schon Steininger die einzelnen Vorkommen fünf „Zügen" im Generalstreichen des Gebirges zu. Nach heutiger Sicht erscheint eine derartige Verbindung nicht zulässig. „Grünstein-Züge", wie in der Metamorphen Zone, treten in diesem Gebiet nicht auf. Die Tatsache, dass die „Diabas"-Vorkommen fast ausschließlich in den Hunsrückschiefer-Arealen zu finden sind, die seinerzeit als tektonische „Mulden" bezeichnet wurden, und in den „Quarzit-Sätteln" fehlen, mag Grebe zu diesem Schluss geführt haben. Er erwähnte auch „Diabase" aus den Bunten Schiefern des Gedinne im Hochwald zwischen Grimburg und Gusenburg. Außerdem erkannte er bereits, dass kaum kontaktmetamorphe Veränderungen – abgesehen von Zersatz und Verkieselungen in Form von „Kieselschiefern" und Jaspis – in den benachbarten Tonschiefern zu beobachten sind. Er bezog sich bei dieser Bemerkung auf den Kontakt zwischen Hunsrückschiefer und „Diabasen", wie z. B. im Saarburger Eisenbahn-Tunnel und in der Nähe des Roscheiderhofes.

Die petrographische Beschaffenheit der „Diabase" war in der zweiten Hälfte des 19. Jahrhunderts in großen Zügen durch Rosenbusch (1887) und Lasaulx (1878) bekannt. Grebe (1878) zitierte aus diesen Untersuchungen „Diabase" bei Saarburg mit einem Mineralbestand aus Plagioklas, Augit, Magnetit, Ilmenit, Apatit und Quarz mit wechselnd geringen Anteilen an Kalzit und Pyrit in unterschiedlichem Erhaltungszustand von frisch bis stark zersetzt. Auch Beispiele von „geschiefertem Diabas" neben „ächtem Diabas" wurden aufgeführt vom Ruwer-Tal an der Hinzenburger Mühle, bei Willmerich, in der Nähe von Reinsfeld sowie im Tal der Kleinen Dhron. Bei den geschieferten „Diabasen" wurde oft eine scharfe Grenze zu den benachbarten Tonschiefern vermisst.

Moderne petrographische Untersuchungen an den „Diabasen" des westlichen Hunsrücks, insbesondere an den zahlreichen Vorkommen an der Unteren Saar fehlen. Negendank (1983a) bezeichnete sie als „Gesteine sehr hohen Zersetzungsgrades, sodass eine genaue petrographische Charakterisierung nicht möglich ist". Auch Wo. Wagner et al. (2012) bringen keine neuen Daten. H. Schneider (1991) ging auf die Diabase am Südwest-Rand des Hunsrücks nicht ein. In den Erläuterungen zur Geologischen Karte des Saarlandes (E. M. Müller et al. 1989) wurden die „Diabase" im nördlichen Saargau bei Taben, Kastel-Staadt und Hamm nur kurz erwähnt (Mihm 1989). Die dort aufgeführten Daten decken sich mit jenen von Grebe (1878). Die Tatsache, dass das Nebengestein der „Diabase" durch Kontaktmetamorphose kaum beeinträchtigt ist, wurde darauf zurückgeführt, dass „sie durch tektonische Vorgänge in ihr Nebengestein eingeschuppt worden sind“, und wurde mit der starken Zerscherung in den Randbereichen der Vorkommen begründet.

Zusammensetzung. In frischen Proben findet sich u. d. M. ein richtungslos körniges Gefüge mit sperrig angeordneten tafeligen Plagioklas-Leisten, die im Mittel 1 mm messen. Plagioklase im „Diabas“ nördlich Saarburg messen im Gegensatz dazu auch bis 10 mm. Außerdem treten gitterförmige Aggregate von Leukoxen mit max. 3 mm Länge auf. Die Zwickelfüllung des sperrigen Gefüges soll aus „filziger Hornblende“ bestehen. Außerdem kommen Pyrit-Würfel mit Kantenlängen bis 3 mm hinzu. Dort, wo das Gestein stärker zerschert und geschiefert ist, haben sich feinschuppige Schichtsilikate gebildet. Vielfach ist das primäre Gefüge in stark tektonisch beanspruchten Vorkommen nicht mehr zu erkennen (Mihm in H. Schneider 1991).

Alle „Diabase“ im westlichen Hunsrück weisen eine tektonische Beanspruchung auf. Sie treten ausschließlich in Form von Gängen und Stöcken auf. Meist sind es im Kartenbild langgestreckte elliptische bis linsenförmige Gesteinskörper. In Steinbrüchen ließ sich erkennen, dass die Vorkommen zum Ärger der Steinbruchbesitzer zur Tiefe „ausspitzen“. Im übertragenen Sinn handelt es sich wahrscheinlich um Schürflinge. Diese sind meist parallel zur Hauptschieferung (s_1) im Nebengestein ausgerichtet. Die äußeren Partien sind meist geschiefert, die inneren auch frei von makroskopisch erkennbaren s-Flächen. Der „Diabas“ ist vom Gefüge her sehr kompakt und gegenüber dem Schieferungsprozess weniger anfällig als die umgebenden Tonschiefer. Das „Ausspitzen“ der Gangkörper ist daher wohl auf den Schieferungsprozess zurückzuführen. Dabei riss der tief treichende, im Großen gesehen dünne „Gesteinsfaden“ (der Zufuhrkanal) ab und der separierte Gesteinskörper wanderte losgelöst auf den Bahnen, die durch das Schieferungsgefüge vorgegeben waren, in dem Nebengestein nach oben. In diesem Falle sollten allerdings deutliche tektonische Kontakte zwischen „Diabas“ und Nebengestein sichtbar sein. Der Befund, dass dieser Kontakt selten in der geforderten „Stärke“ zu beobachten ist, mag auf eine relativ frühe Zerscherung, bezogen auf das Einsetzen des Schieferung erfolgt sein; der weiter andauernde Schieferungsprozess überprägte die Kontakte beider bis zur Unkenntlichkeit. Ein Hinweis darauf sind neu gebildete Quarz-Körner im „Diabas“, die undulöse Auslöschung zeigen.

Lasaulx (1878) erkannte unter den „Grünsteinen“ des Trierer Raumes und an der Unteren Saar unterschiedliche Gesteinstypen. Er unterschied „Diabas-Diorit“, „Amphibolit“, „Pyroxenit“ und „echte Diabase“.

Ausgewählte Vorkommen

„Diabas-Diorit“ von Trier-Kürenz. Petrographische und chemische Untersuchungen galten schon früh dem „Diabas“ von Trier-Kürenz (Bl. 6206 Trier-Pfalzel), der lange Zeit im Abbau stand, jedoch in geologischen Karten von Trier nicht verzeichnet ist. Angeschnitten war das Vorkommen im Tal des Aveler Baches sowohl an den Abhängen als auch von der Talsohle aus. Das harte und zähe Gestein wurde zur Gewinnung von Pflastersteinen gebrochen. Bei dem Vorkommen handelt es sich um einen Gang, der im Streichen des Gebirges (NE-SW) liegt und drei Gesteinsvarietäten aufweist: Eine harte Varietät zeigte ein grobkörniges Gefüge, das dem von Tiefengesteinen ähnlich ist und zu der Bezeichnung „Diorit“ beitrug; es enthielt makroskopisch erkennbare Feldspäte von 2–3 mm Länge mit deutlicher Zwillingslamellierung und gleich große schwarzbraune bis grünliche Hornblende; letztere war randlich umgewandelt in faserig-schuppigen Viridit; außerdem kamen Ilmenit und Apatit als Akzessorien vor. Die zweite, feinkörnigere Varietät erschien dunkler, eher schwarzgrün und enthielt weniger Feldspat und mehr Viridit; sie zeigte eine stärkere Gesteinsumwandlung, die in einem hohen, schon makroskopisch erkennbaren Gehalt an Kalzit zum Ausdruck kam. Ähnlich, jedoch feinkörniger war die dritte Varietät, stärker grünlich, was frühere Bearbeiter an Malachit-Ausblühungen denken ließ.

Diese drei Varietäten waren durch Übergänge miteinander verbunden. Die grobkörnige Varietät kam im Inneren des Ganges vor, die feiner körnigen waren eher auf die randlichen Partien beschränkt. Lasaulx (1878) bestimmte u.d.M. Plagioklas, Orthoklas, Hornblende, Uralit Augit, Biotit, Ilmenit, Apatit, Quarz, Kalzit und „eine grüne Zwischenmasse, für welche der Vogelsang'sche Collektivname Viridit einstweilen gebraucht werden mag" (S. 170). Diese Bezeichnung gilt einem filzartigen Mineralgemenge der Chlorit-Gruppe, das dem Mackensit, einem extrem Fe-reichen Chlorit nahe steht. Den Plagioklas hielt er aufgrund seiner Auslöschungsschiefe „am ehesten" für Oligoklas. Orthoklase wiesen deutliche Zwillingsbildung auf. Beide Feldspäte waren getrübt, in ihren Umrissen oft nicht mehr eindeutig bestimmbar und von Kalzit-Körnchen „durchspickt". Letztere bildeten auch scharf begrenzte Kalzit-Rhomboeder. Viridit durchsetzte und ummantelte auch die Feldspäte. Das gleiche galt für die Apatit-Nädelchen. Die Hornblende war lebhaft braun und zeigte deutlichen Pleochroismus von schwarzbraun, tombakbraun bis lichtbraun. Die einzelnen Individuen wiesen unterschiedliche, meist unregelmäßige Umrisse auf. Manche wurden in unterschiedlichem Maß von Viridit pseudomorph ersetzt. Hinzu kam eine Verwachsung von Hornblende, Augit und einer dem Uralit „ähnlichen Substanz". Augit trat nur vereinzelt auf. Er war blassviolett bis rötlich und zeigte keinen Pleochroismus. Die Verwachsung der beiden mafischen Gemengteile bestand darin, dass Augit meist den Kern des einzelnen Individuums bildete und von Hornblende ummantelt wurde. Die Umwandlung in pleochroitischen grünlichen Uralit erfolgte von den Rändern her und im Grenzbereich Augit/Hornblende. Die den grünlichen Filz bildenden Uralit-Fasern waren parallel orientiert. Diese Verwachsung von Augit, Hornblende und Uralit war auf das Vorkommen von Kürenz beschränkt. Im Gegensatz zum Uralit erwies sich der Viridit als „verworren faserig oder schuppig erscheinende Substanz". Lasaulx mochte die Entstehung des Viridits aus Anteilen von vulkanischem Glas nicht ausschließen, hielt sie jedoch bei diesem Beispiel für nicht allzu wahrscheinlich. Auch eine zonare Anordnung von Kalzit-Kern und Viridit-Hülle war zu beobachten. Bei der Umwandlung des basaltischen Ausgangsgesteins in „Diabas" sollten Viridit- und Kalzit-Bildung gleichsinnig verlaufen sein, d. h. die Umwandlung in Viridit und Kalzit nahm mit steigender Alteration zu. Das gilt insbesondere für die dritte „malachitfarbene" Varietät, die zu Irritationen geführt hat. Quarz tritt ausschließlich als Neubildung auf. Reichlich Apatit durchsetzt mit langen nadeligen Individuen Feldspäte, Hornblende und Viridit. Epidot kam nur spärlich vor.

Hornblende-(Amphibol)-"Diabase"

Eine zweite Gruppe von „Diabasen" zeichnet sich durch höhere Hornblende-Gehalte aus. Folgende Vorkommen sind zu nennen:

„Diabas" von Olmuth. Lasaulx (1878) hielt das Gang-Vorkommen bei Olmuth im Ruwer-Tal, etwa 8 km südöstlich Trier (Bl. 6306 Kell) für das typischste Gestein dieser Kategorie und bezeichnete es als „Amphibolit von Olmuth"; den größten Anteil an diesem dunkelgraugrünen Gestein nehmen Hornblenden ein, die schon makroskopisch deutlich erkennbar sind; die Hornblende kommt zusammen mit Chlorit vor, der die Hornblenden umgibt und Zwickelräume füllt; außerdem sind leistenförmige Feldspäte, Ilmenit, wenig Quarz und kleine Pyrit-Kristalle zu erkennen; u. d. M. finden sich zusätzlich Biotit, Epidot und Kalzit; der Plagioklas ist u. d. M. meist trübe, lässt jedoch noch die polysynthetische Zwillingsbildung erkennen; die Auslöschungsschiefe ist ähnlich der des „Diabas" von Kürenz; die Farbe der Hornblenden reicht von blassgrün bis farblos bei schwachem Pleochroismus zwischen blassgrün, lichtgelb und graugrün; hinzu kommen „Aggregate dünner Hornblende-Nadeln, schilfrige oft wellig verbogene Lamellen", die an den Rändern ausgefranst sind und sich fadenförmig auflösen; größere Individuen enthalten Einschlüsse von sekundär gebildetem Epidot; vielfach hat eine Umwandlung der Hornblende in Viridit eingesetzt, und im polarisierten Licht beobachtete Lasaulx eine Auflösung der Hornblende in ein Mosaik „dunkler und bunter Flecken"; der Grad der Umwandlung ist allerdings unterschiedlich, so dass nebeneinander nahezu frische und stark umgewandelte Hornblende-Individuen vorkommen; vergesellschaftet mit den Umwandlungsprodukten finden sich körniger Epidot, der durch kräftige Polarisationsfarben gekennzeichnet ist, Kalzit und Leukoxen; Quarz ist selten und kommt als Neubildung nur in einzelnen Körnern mit Flüssigkeitseinschlüssen vor; außerdem sind Pyrit und Apatit vorhanden.

„Diabas" von Willmerich. Ein weiteres Gangvorkommen von Hornblende-"Diabas" liegt südlich Gusterath am linken Ufer der Ruwer nördlich Willmerich (Bl. 6306 Kell). Das grünliche Gestein lässt bei körniger Struktur schon makroskopisch Plagioklas, dunkelgrüne Hornblende von „schuppiger Beschaffenheit", Chlorit-Plättchen und Pyrit-Würfel erkennen; manche Proben zeigen eine flaserige Textur und geringmächtige Quarz-Trümer; u. d. M. lassen sich darüber hinaus Ilmenit, Epidot, Kalzit, Viridit und Quarz ausmachen; der Plagioklas gleicht jenem im Vorkommen von Olmuth, ist meist getrübt und mit Körnchen von Epidot durchsetzt; die Hornblenden ähneln bedingt jenen von Olmuth und enthalten auch Epidot; dieser kommt in langstängeligen oder auch sternförmigen Aggregaten vor, die in den Hornblende-Individuen ein Netzwerk bilde; Ilmenit ist selten; dort wo Quarz-Trümer das Gestein durchsetzen, ist es stärker zersetzt; Kalzit tritt nur untergeordnet auf.

„Diabas" von Winkelbornfloss. Ein ähnliches dunkelgraugrünes feinkörniges Gestein beschrieb Lasaulx (1878) vom Winkelbornfloss bei Schillingen (Bl. 6306 Kell); es zeigt die gleiche Mineralparagenese wie die zuvor beschriebenen Vorkommen, ist jedoch im Vergleich zu diesen außerordentlich reich an Epidot; dieser tritt in scharf umgrenzten Individuen oder in Form von Aggregaten auf, die „sternförmige Gruppen oder lange Aeste, oft mit Seitenzweigen" bilden. Außerdem wird Biotit in Form kleiner Bündel oder radialstrahliger Aggregate mit bräunlichgelber Färbung und deutlichem Pleochroismus angetroffen; weil Biotit zusammen mit Viridit und Epidot auftritt, schloss v. Lasaulx auf eine sekundäre Bildung dieses Minerals; Quarz ist „nicht selten" und Kalzit häufig.

„Diabas" von der Grimburg. Ein ähnliches Vorkommen findet sich im Schwarzwälder Hochwald an der Grimburg im Wadrill-Tal zwischen Grimburg und Wadrill nahe dem Grimburger Hof (Bl. 6307 Hermeskeil); auch hierbei handelt es sich um ein sehr feinkörniges, dunkelgrünes Gestein mit ähnlicher Mineralparagenese wie vorstehend beschrieben; allerdings ist der Plagioklas fast vollständig in ein „unregelmäßiges Aggregat von Viridit, Epidot und Calzit verwandelt" (Lasaulx 1878), bei dem nur noch die Zwillingslamellierung durchscheint; die Hornblende ähnelt u. d. M. der in den vorstehend beschriebenen Vorkommen; auch die Epidotisierung ist ähnlich weit fortgeschritten.

„Diabas" von Paschel. Zu den hornblendereichen Diabas-Vorkommen gehört auch jenes von Paschel, ca. 4 km nördlich Zerf (Bl. 6306 Kell), das auch als „Diorit von Paschel" bezeichnet wurde; die von Lasaulx (1878) untersuchte Variante stammte wohl aus dem stärker verwitterten, oberflächennahen Bereich des Vorkommens; das relativ grobkörnige, den übrigen Diabasen sonst sehr ähnliche Gestein war von zahlreichen Hämatit-Trümern durchzogen; dieser ist wohl aus der Umwandlung von Pyrit hervorgegangen; da das Vorkommen nicht im tiefen Talanschnitt der Ruwer, sondern eher nahe der Hochfläche angeschnitten war, liegt nahe, dass das Eisenoxid bei der tiefgründigen mesozoisch-tertiären Verwitterung entstanden ist.

„Diabas" von Schoden. Eine sehr tiefgreifende Umwandlung durch Verwitterung hat der „Diabas" von Schoden, nordöstlich Saarburg (Bl. 6305 Saarburg), erfahren; sie äußert sich in vollkommener Trübung der Plagioklase und Umwandlung in ein körniges Gemenge aus Viridit, Kalzit und Epidot; die Hornblenden sind weitgehend durch faserigen Viridit ersetzt; außerdem ist das Gestein reich an Karbonat in Form von großen idiomorphen Rhomboedern und kleinen klaren Quarz-Körnern.

Augit (Pyroxen)-"Diabase"

Die „Diabase" der nächsten Kategorie enthalten einen erheblichen Anteil an Pyroxen. Sie wurden von LASAULX (1878) unter der Bezeichnung „Pyroxenite" zusammengefasst. Diese Bezeichnung wird, da sie heute Plutoniten vorbehalten ist, hier nicht verwendet. Es handelt sich um folgende Vorkommen:

„Diabas" von Hockweiler. Westlich Gusterath und etwa 7 km südsüdöstlich Trier ist das gangförmige Vorkommen eines typischen Augit-führenden „Diabas" bei Hockweiler (Bl. 6206 Trier-Pfalzel) angeschnitten. Im frischen Bruch handelt es sich um ein schmutzig grünes, feinkörniges Gestein, in dem makroskopisch Feldspäte und Pyrit erkennbar sind; u. d. M. lassen sich Plagioklas, Augit, Viridit, Epidot, Ilmenit, Leukoxen, Kalzit, Apatit und Pyrit erkennen; die Plagioklase sind meist getrübt und von Viridit, Epidot und Kalzit durchsetzt, so dass die Zwillingslamellierung nur noch schwer auszumachen ist; die Individuen sind von körnigen Epidot-Aggregaten „umsäumt"; der rötlichbraune Augit ist bereichsweise vollständig durch Viridit ersetzt, an anderer Stelle sind noch größere Reste von Augit erhalten; häufig jedoch ist die Umwandlung in Chlorit soweit fortgeschritten, dass nur noch kleinere Reste in „grüner Viriditmasse" schwimmen; der Viridit durchsetzt das Gestein manchmal „wie ein Netzwerk"; zusätzlich sind Epidot, Kalzit, Apatit und Pyrit, dagegen kein Quarz auszumachen.

„Diabas" von Saarburg. Ein mächtiges stockähnliches „Diabas"-Vorkommen steht am Burgberg in Saarburg und auch in der Stadt unterhalb der Burg an; aufgrund seiner exponierten Lage wurde es schon von STEININGER (1819) und DUMONT (1848) beschrieben. DUMONT hatte erkannt, dass die Tonschiefer am Kontakt kaum von Kontaktmetamorphose betroffen sind. Das relativ grobkörnige Gestein hat eine schwarzgrünliche Färbung mit einem Stich ins Bräunliche; u. d. M. zeigt sich eine Mineralparagenese aus Plagioklas, Augit, Hornblende,Viridit, Epidot, Ilmenit, Kalzit, Quarz und Apatit; der Plagioklas ist im Kern stark getrübt und z. T. durch Kalzit und Epidot ersetzt; seine Ränder sind meist klar und lassen die Umgrenzung der Plagioklas-Leisten deutlich erkennen; die Zwillingslamellierung ist allerdings weitgehend ausgelöscht; der Augit ist blassrötlich, zeigt keinen Pleochroismus und ist durch seine deutliche Spaltbarkeit charakterisiert; die Umwandlung in Chlorit scheint nicht in dem Maße fortgeschritten wie beim „Diabas" von Hockweiler, wenngleich auch hier der Augit bereichsweise nur in Relikten erhalten und von Viridit durch- und ersetzt ist; der Viridit kommt als körnige oder flaserige, blassgrüne Variante vor; seltenere blassgrüne Hornblenden sind z. T. uralitisiert; zusammen mit Ilmenit sind als Umwandlungsprodukte Leukoxen, seltener Epidot und wenig Quarz mit Flüssigkeitseinschlüssen zu beobachten; Kalzit tritt zusammen mit dem Viridit in körnigen Aggregaten auf; Akzessorien sind längliche Prismen von Apatit und idiomorphem Pyrit.

„Diabas" an der Irscher Mühle. Wesentlich weiter fortgeschritten ist die Umwandlung bei dem grüngrauen, Kalzit-reichen „Diabas" an der Irscher Mühle südlich Trier östlich Kernscheidt (Bl. 6206 Trier-Pfalzel), u. d. M. zeigt sich, dass der größte Teil nur noch aus blassgrünem Viridit besteht; die Feldspäte sind weitgehend umgewandelt in ein Kaolinitartiges Schichtsilikat, dass größere dichte Aggregate bildet und sich deutlich vom Viridit unterscheidet; die noch erkennbaren ehem. Plagioklase heben sich durch ihren typischen Umriss von den umgebenden Mineralen ab; die Zwillingslamellierung ist jedoch völlig ausgelöscht; Quarz ist als Neubildung deutlich; Kalzit bildet körnige Aggregate und Apatit zeigt Zonarbau, indem ein mit Einschlüssen versehener Kern von einer klaren Hülle umgeben ist; Augit ist nicht mehr erhalten, wird jedoch von Neubildungen pseudomorph nachgezeichnet; im Wesentlichen handelt es sich dabei wohl um Kalzit und Viridit in inniger Verwachsung.

„Diabas" von Wiltingen/Saar. Einen ebenfalls starken Grad der Umwandlung zeigt der „Diabas" von Wiltingen bei „Koch's Gerberei" (Bl. 6305 Saarburg); das graue Gestein lässt u. d. M. Plagioklas und Augit nur noch schemenhaft oder in Pseudomorphosen erkennen; die

Hauptmasse ist ein „äusserst feinkörniges Zersetzungsprodukt von opaker Beschaffenheit" (Lasaulx 1878); hinzu kommt ein Karbonat (körniger Kalzit oder Dolomit) in typisch rhomboedrischer Ausbildung, das Aggregate bildet, die von faserigem Viridit umgeben sind.

„Diabas" von Oberemmel. Im Gegensatz dazu sind im „Diabas" südlich Oberemmel/ Saar (Bl. 6305 Saarburg) die ehem. Plagioklas-Leisten noch deutlich zu erkennen; dieses Gestein ist im Gegensatz zu den anderen besonders reich an Dolomit, der große Aggregate aus zahlreichen Rhomboedern bildet; sie werden von farblosem Viridit umgeben; außerdem treten frisch erscheinender Quarz und Apatit neben Resten von Magnetit und Ilmenit auf.

„Diabas" vom Rohscheiderhof. Weniger Dolomit, dafür mehr Quarz zeigt der „Diabas" vom Rohscheiderhof südlich Karthaus bei Konz (Bl. 6205 Trier); hier herrscht im Dünnschliff Viridit vor neben Quarz, dagegen weniger Dolomit als bei Oberemmel.

Olivin-Diabase

Unter seinen Melaphyren führte Lasaulx (1878) auch zwei Gesteinsvorkommen auf, die an der unteren Saar gefunden wurden. Sie unterscheiden sich von den bereits beschriebenen Diabasen durch das Vorkommen von Olivin. Zwei Vorkommen gehören offensichtlich zu intrusiven „Diabasen" im Gebiet südlich Trier. Beim „Diabas" von Filzen irritiert allerdings die Mandelstein-Textur:

„Diabas" von Filzen. Beim „Diabas" von Filzen(Bl. 6305 Saarburg) handelt es sich um ein weitgehend umgewandeltes bräunliches Gestein mit Blasenhohlräumen, die mit Chalcedon- und Karbonat-Mandeln gefüllt sind; der Plagioklas ist weitgehend getrübt und lässt nur noch selten Zwillingslamellierung erkennen; die Leisten zeigen z. T. rötliche und braune Säume: der Olivin ist weitgehend in Eisenhydroxid umgewandelt und nur noch an den Umrissen rötlich erscheinender Pseudomorphosen zu erkennen; das Gestein enthält außerdem viel Kalzit; die Grundmasse ist überwiegend in Viridit und Brauneisen umgewandelt sowie von Schlieren von Chalcedon durchzogen.

„Diabas" von Ockfen. Ein ähnliches Gestein kommt bei Ockfen (Bl. 6305 Saarburg) vor. Auch hier ist die Umwandlung sehr weit fortgeschritten; u. d. M. heben sich aus einer bräunlichen Grundmasse deutlich Olivin-Pseudomorphosen aus Viridit ab; kleine Plagioklas-Leisten, die eine filzige Masse bilden, sind von Brauneisen durchsetzt.

„Diabas"-ähnliche Gesteine

„Diabas" von Konz. Einen sehr hohen Grad an Umwandlung lässt auch das Gestein nahe dem Bahnhof Konz (Bl. 6205 Trier) erkennen; makroskopisch sind in dem hellgrauen, feinkörnigen und erdig erscheinenden Gestein nur kleine Punkte von Eisenhydroxid zu erkennen; u. d. M. erweitert sich der Mineralbestand auf die üblichen Komponenten außer Augit: Plagioklas, Viridit, Glimmer, Kalzit, Quarz, Epidot, Ilmenit und Pyrit; der Plagioklas zeigt die üblichen Umwandlungserscheinungen; Augit fehlt; auch fehlen Pseudomorphosen nach Augit o. ä. Die Zuordnung zu den „Diabasen" erfolgte wegen Ähnlichkeit mit den schon beschriebenen Vorkommen mit starker Mineralumwandlung; zu dieser Gruppe gehört auch ein den „Diabasen" ähnliches Gestein bei Reinsfeld im Hochwald (Bl. 6307 Hermeskeil).

„Diabas" vom Domherrenwald. Unweit des Vorkommens bei der Irscher Mühle beschrieb Lasaulx ein dem „Diabas" ähnliches Gestein von Domherrenwald bei Kernscheid ca. 4 km südlich Trier (Bl. 6206 Trier-Pfalzel); das Gestein lässt in seinem primären Mineralbestand keine mafischen Komponenten (Olivin, Augit, Hornblende) erkennen; dafür besteht es aus Plagioklas von ähnlicher Beschaffenheit wie bei den bereits beschriebenen „Diabasen"; u. d. M. erweitert sich der Mineralbestand um Viridit, Quarz, Hellminth, Ilmenit, Dolomit und Apatit; die makroskopisch noch relativ frisch erscheinenden Plagioklase sind unter dem Mikroskop erheblich umgewandelt; das als Hellminth identifizierte Mineral bildet faserige Leistchen und ist auf Fugen im Gestein beschränk; Quarz ist reichlich vorhanden und enthält vielfach Flüssigkeitseinschlüsse; Plagioklas und Quarz sind innig verwachsen.

2.8.2.3.1.4 Südwest-Hunsrück

Im südwestlichen Hunsrück (Hochwald) finden sich nördlich Birkenfeld zwischen Traunbach im Südwesten und Fischbach im Nordosten mehrere „Diabas"-Vorkommen, die meist an die Eisbach- und Idarbach-Formation gebunden sind. In diesem Gebiet (früher auch: Leiseler Mulde", Nöring 1939) wurden in neuerer Zeit mehrere „Diabas"-Vorkommen kurz beschrieben (Knautz 1992). Wie auch sonst ließen sich nach Struktur, Textur und Mineralbestand mehrere Typen unterscheiden. Dieses Gebiet gehört, obwohl am Südost-Rand des Hunsrücks gelegen, nicht zur Metamorphen Zone. Alle Vorkommen sind ausnahmslos „Diabase". Abgesehen von der Spilitisierung haben sie eine leichte, anchimetamorphe Prägung erfahren und sind in unterschiedlichem Maß geschiefert (s_1). Sie ähneln insofern den „Diabasen" an der unteren Saar und bei Trier.

Vorkommen

„Diabas" vom Stellberg. Das Vorkommen liegt nördlich des Stellberges im Wald nördlich Ellenberg (Bl. 6308 Birkenfeld-West); es handelt sich offensichtlich um einen linsenförmigen, mächtigen Lagergang; in Abhängigkeit von der Entfernung vom Kontakt stellte Knautz (1992) drei unterschiedliche Varietäten fest: Typ 1 ist ein „Pikrit", der schwarzgrün und auffallend grobkörnig ist; er hat eine porphyrartige Struktur mit einer sehr feinkörnigen, aus Viridit bestehenden Grundmasse, früher wahrscheinlich aus vulkanischem Glas bestehend; als Einsprenglinge wurden bis max. 10 mm messende idio- bzw. hypidiomorphe, nur noch skelettartig erhaltene Individuen von Klinopyroxen, Hornblende und Biotit gefunden; das Gestein ist weitgehend feldspatfrei und enthielt offensichtlich Olivin in größerer Menge (40–70 Vol.-%), der jedoch weitgehend in Serpentin umgewandelt ist; diese Pseudomorphosen erreichen Mindestgrößen von 1 mm; Einsprenglinge von Amphibol und Pyroxen sind eng miteinander verwachsen; beide sind mit 10 mm relativ groß; die Amphibole umsäumen gelegentlich die Pyroxene; Olivin ist als Erstausscheidung in den Amphibolen und Pyroxenen, jedoch auch separat in der Grundmasse enthalten; Amphibol und Biotit können randlich stark korrodiert sein. Typ 2 ähnelt den Hornblende führenden „Diabasen" im westlichen Hunsrück; das Gestein ist dunkelgrün, porphyrartig und frei von Texturen; die Hauptmasse der Einsprenglinge besteht aus Amphibol und Plagioklas; der Amphibol besitzt eine braune bis grünlichbraune Eigenfarbe, die randlich in „flaschengrün" übergeht; kleine pleochroitische und farblose Klinopyroxene sind auch in den Einsprenglingen vorhanden, sowohl im Amphibol als auch im Feldspat; die groben Feldspäte sind meist getrübt, z. T. bereits in Karbonat umgewandelt; die Karbonat-Individuen besitzen z. T. geradlinige Umrisse, z. T. sind die Ränder buchtartig korrodiert; Chlorit macht die sehr geringe Menge an Matrix in den Zwickeln zwischen den größeren Einsprenglingen aus; Chlorite sitzen entlang von Rissen und Spalten der Amphibole oder haben Biotit nahezu aufgezehrt. Typ 3 besteht fast ausschließlich aus Plagioklas, die Individuen erreichen Korngrößen bis 3 mm, sind ausnahmslos xenomorph und untereinander verzahnt; Apophysen aus sehr feinkörnigem Feldspat-Gestein durchziehen das Muttergestein; außerdem findet sich Chlorit in Zwickeln, entlang von Korngrenzen der Feldspat-Individuen, jedoch auch innerhalb der Feldspäte.

„Diabas" vom Homberg. Ein weiteres Vorkommen liegt an der Nord-Flanke des Hombergs etwa 800 m nordöstlich von Buhlenberg (Bl. 6308 Birkenfeld-West) in devonischen Tonschiefern; es gehört zu einem Schwarm von „Diabas"-Gängen südwestlich vom Hombergsbach. Dieser „Diabas" sondert teilweise plattig, jedoch auch kugelig ab; er besitzt eine eher gelblich-grüne fleckige Farbe und ist relativ grobkörnig; es handelt sich auch hier wohl um einen Lagergang in den Tonschiefern; u. d. M. ist wiederum ein deutlich porphyrartiges Gefüge zu erkennen; zur Einsprenglingsgeneration gehören Plagioklas (max. 4 mm) und Klinopyroxen (bis 10 mm); außerdem lassen sich weitgehend verbraunte und mit opaker Substanz durchsetzte sowie in Chlorit umgewandelte ehem. Biotite erkennen; die Pyroxene zeigen deutliche Zwillingsbildung; Plagioklas und Pyroxen bilden auch die Matrix; diese Pyroxene sind stärker chloritisiert als bei den Einsprenglingen; die Plagioklase zeigen alle Übergänge zwischen getrübten und völlig klaren Individuen; akzessorisch tritt Apatit auf.

„Diabas" von Gollenberg. Ein ähnlicher, vergleichsweise frischer, dunkelgrüner „Diabas" (Knautz 1992: 73) findet sich bei Gollenberg (Bl. 6308 Birkenfeld-West) am Nordost-Ende des Gollenbergs; die Plagioklas-Leisten werden bis 2 mm lang; die Klinopyroxene erreichen Durchmesser von 4 mm, max. auch 10 mm; auch hier sind Reste von Biotit und Amphibol vorhanden, jedoch eher als akzessorischer Bestandteil; Apatit scheint zu fehlen; am Kontakt fand Knautz am Ortsausgang in Richtung Oberhambach saiger stehende, nahezu ungeschieferte, eher silifizierte Tonsteine; sie weisen auf eine prä-deformative starke Lithifizierung hin, die die später einsetzende Schieferung unmöglich machte; dieses Vorkommen gehört zu einem Gangschwarm, der in Tonschiefern der Idarbach-Formation aufsitzt und sich über 2 km im Streichen nach Nordosten bis zum Morsch-Berg westlich Heupweiler (Bl. 6309 Birkenfeld-Ost) verfolgen lässt.

Von einigen dieser „Diabase", insbesondere jenen bei Buhlenberg, erwähnte schon Leppla eine sehr starke Zersetzung und Anreicherung an Brauneisen. Für ihn war Magnetit in diesem „Paläopikrit" in Brauneisen umgewandelt worden. Jedoch auch die übrigen dunklen Gemengteile – Olivin und Klinopyroxene – sollten bei ihrer Umwandlung zu erheblicher Eisen-Anreicherung beigetragen haben. Immerhin reichte diese Eisen-Anreicherung aus, um das Material zu Beginn des 19. Jahrhunderts als Eisenerz an die Hütte in Abentheuer zu liefern. Das Vorkommen besaß immerhin eine Mächtigkeit von ca. 30 m. Bei der bergbaulichen Aus- und Vorrichtung der Grube wurde „fester frischer Paläopikrit gefunden, in welchem der Stollen (...) noch etwa 10 Meter fortgesetzt wurde" (Leppla 1898a: 23).

„Diabase" vom Traunbach. Zu diesen, einander ziemlich ähnlichen Diabasen nördlich und nordwestlich Birkenfeld gehört auch das „Diabas"-Vorkommen in Tonschiefern der Eisbach-Formation ca. 700 m westlich Abentheuer am rechten Talhang des Traunbaches (Bl. 6308 Birkenfeld-West); es ist ein graugrünliches Gestein mit Mandelsteintextur und besteht zum überwiegenden Teil aus meist richtungslos miteinander verwachsenen Plagioklas-Individuen; auch Feldspat-Aggregate kommen vor; die Grundmasse ist in Viridit umgewandelt; Erz findet sich feinkörnig und diffus verteilt in der Grundmasse; die Mandelfüllung besteht aus Quarz; Knautz (1992) ging mit Flick & Nesbor (1988) davon aus, dass es sich um Ergüsse oder Sub-Effusiva handeln könnte.

„Diabase" vom Leiselbach und bei Kirschweiler. Ein weiterer Gangschwarm von „Diabasen" sitzt weiter im Nordosten zwischen Leisel- und Idarbach in Tonschiefern und Quarziten der Idarbach-Formation. Beim Vorkommen südlich Kirschweiler (Bl. 6209 Idar-Oberstein) in der „Leiseler Mulde" besteht der Hauptanteil des grünlichgrauen Gesteins u. d. M. aus 2–3 mm langen Plagioklas-Leistchen, die ein Intersertal-Gefüge nachzeichnen, jedoch weitgehend getrübt sind; die nach Knautz (1992) früher glasige Matrix ist vollständig in Viridit umgewandelt; akzessorisch finden sich Biotit und Amphibol; Neubildungen sind außer Chlorit, Kalzit, der große Bereiche des Gesteins einnimmt, noch kleine Aggregate und Einschlüsse von klarem Plagioklas und geringe Mengen an Quarz mit leicht undulöser Auslöschung; dieser „Diabas" ist deutlich geschiefert; Chlorit zeichnet die Bahnen der Schieferung nach, auf denen sehr feinkörnige Glimmer (? Serizit) und Karbonat aufsitzen; Gängchen und Trümer mit karbonatischer Füllung durchschlagen das Gestein.

„Diabas" von Mörschied (Bl. 6209 Idar-Oberstein). Dieses Vorkommen leitet zu jenen im südöstlichen Hunsrück über und befindet sich in der Nähe der Kristallin-Schuppe von Mörschied (Mannebach 1990). Knautz (1992) beschrieb zwei Lesestein-Proben: Die erste entspricht weitgehend dem „Diabas" von Kirschweiler und besteht vorwiegend aus Plagioklas bei intersertalem Gefüge; die Plagioklas-Leistchen sind im Durchschnitt 0,3–0,5 mm lang; die Matrix ist weitgehend chloritisiert; eingelagert sind Aggregate von Feldspat; feinkörnige mafische Minerale sind bis zur Unkenntlichkeit umgewandelt. Die zweite Probe ähnelte weitgehend dem „Diabas" vom Homberg; Klinopyroxene und Plagioklase zeichnen ein eher ophitisches Gefüge nach; die Grundmasse ist weitgehend chloritisiert; beim Plagioklas deutet sich eine beginnende Umwandlung in Karbonat an; auch dieses Gestein ist geschiefert.

Altersdiskussion
Die wenigen Stichproben aus dem Verbreitungsgebiet der „Diabase" im südlichen Hochwald bis hin zum Fischbach-Tal zeigen keine wesentlichen Unterschiede gegenüber den übrigen „Diabasen" in Hunsrück und Hochwald. Die Alterszuordnung muss offenbleiben. Auch Vergleiche mit den Ergebnissen von Flick & Nesbor (1988) aus dem östlichen Rheinischen Schiefergebirge sind schwierig, da es sich im Wesentlichen wohl um Gänge, evtl. Produkte eines submarinen effusiven Vulkanismus handelt (Mandelstein-Textur). In Anlehnung an die Verhältnisse im Lahn-Dill-Gebiet plädierte Knautz (1992) für ein „eher früh-oberdevonisch oder auch unterkarbonisches Alter". Da bisher über das Alter der Eisbach- und Idarbach-Formationen keine sicheren Altersbezüge herzustellen sind, bleibt eine Zeitspanne für die gangförmigen Intrusionen zwischen jünger als Siegen-Stufe (Vorkommen vom Stell- und Homberg) und Unterkarbon (prä-deformative Intrusiva).

2.8.2.3.1.5 Mittelrhein und Mosel-Hunsrück

Die „Diabas"-Vorkommen am Oberen Mittelrhein und im Mosel-Hunsrück liegen zwischen den Schwerpunktarealen von basischem Vulkanismus im Lahn-Dill-Bezirk und im Hunsrück bei Trier und Saarburg. Von diesen beiden Gebieten greift der Vulkanismus mit seinen „Diabasen" bis in die Maisborn-Gründelbach-Schuppenzone am Oberen Mittelrhein zwischen Oberwesel und Niederkestert sowie in die „Mosel-Mulde" aus. Die Diskussion um die „Diabas-Frage" wird am Oberen Mittelrhein durch die besondere Variante des „Weißen Gebirges" erschwert, dessen Ausgangsgestein u. U. auch basische umgewandelte Eruptiva sind.

Auf den ehem. hohen Gehalt an dunklen Gemengteilen weisen im Diabas zahlreiche Pseudomorphosen mit entsprechend nachgezeichneten Spaltrissen hin. Hinsichtlich des primären Gehalts an Quarz bestehen bei beiden Gesteinstypen Zweifel. Das gilt auch für Pyrit. Beim Vergleich mit den Daten aus dem westlichen Hunsrück und dem südlichen Hochwald zeigt sich auch, dass der Begriff „Diabas" bei Schulze (1966) am Oberen Mittelrhein petrographisch enger gefasst ist.

Vergleicht man den sekundären Mineralbestand beider Gesteinstypen, so sind sie sich in den Mineralarten Karbonat, Chlorit, Viridit, Zoisit, Serpentin, Quarz, Rutil und Leukoxen sehr ähnlich. Der auffällige Anteil an Serizit im „Weißen Gebirge" ist den „Diabasen" fremd. Unter den Prozessen, die entscheidenden Anteil an der Bildung des „Weißen Gebirges" hatten (Chloritisierung, Serpentinisierung, Karbonatisierung, Leukoxenisierung, Neubildung von Eisen-Mineralen), fehlt bei den „Diabasen" die Serizitisierung, die eine K-Zufuhr nötig hat. Nach Schulze wurden wesentliche Anteile des neugebildeten Chlorits in den Umwandlungsprozess einbezogen und frei werdendes Eisen bei der Bildung der Erzphasen verbraucht. Der Prozess der Karbonatisierung verlief bei beiden Gesteinen offensichtlich ähnlich. Der entscheidende Unterschied zwischen „Diabas" und „Weißem Gebirge" besteht darin, dass bei i. a. ähnlichen Umwandlungsprozessen die dunklen Gemengteile des „Diabas" eine tiefgreifende Chloritisierung erfahren haben und neu gebildeter Chlorit weitgehend erhalten blieb. Nicht zuletzt resultiert daraus die grüne Färbung der „Diabase" im Gegensatz zum „Weißen Gebirge".

Petrochemische Untersuchungen erhärteten, dass sowohl den „Diabasen" als auch dem „Weißen Gebirge" basische Magmen zugrunde liegen. Relativ wenig Kieselsäure stehen hohe Eisen- und Magnesium-Werte gegenüber. Höhere Kalium- und Natrium-Werte zeichnen sich beim „Weißen-Gebirge" ab gegenüber dem „Diabas", insbesondere bei höheren Graden der Umwandlung, was auf eine zusätzliche Stoffzufuhr beim „Weißen Gebirge" schließen lässt. Generell zeigt sich, dass bei diesem Vergleich die Ausgangsschmelze der „Diabase" eher weiter im basischen Bereich liegt, worauf neben dem relativ geringeren SiO_2-Gehalt auch ein höherer Gehalt an Magnesium und Eisen hinweist (SCHULZE 1966: 610).

„Diabas“

Hierher gehören Diabase in der Maisborn-Gründelbach-Schuppenzone und in ihren Randgebieten zwischen Oberwesel und Niederkestert. Bis 20 m mächtige Gänge liegen auf den Blättern 5812 St. Goarshausen und 5911 Kisselbach. Sie gehören zwei Gangzügen an, die WSW-ENE und nahezu N-S verlaufen.

Am hohen südöstlichen Rand der „**Mosel-Mulde**“ verzeichnete THIELE (1960) mehrere „Diabas“-Lagergänge nördlich Kratzenburg (Bl. 5811 Kestert), im Baybach-Tal nördlich und nordwestlich Sevenich (Bl. 5810 Dommershausen) sowie im Mörsdorfer Bach- und im Dünnbach-Tal westlich Buch (Bl. 5910 Kastellaun). Hier fällt insbesondere die große Längserstreckung der Gänge auf bei relativ geringer Mächtigkeit. Diese Vorkommen sind an das Verbreitungsgebiet der Singhofen-Schichten gebunden. Diese Vorkommen lassen sich noch zu dem Verbreitungsgebiet der „Mittelrheinischen Gänge“ zählen. In das engere Gebiet der „Mosel-Mulde“ gehören „Diabas“-Gänge nordöstlich Grenderich im Flaumbach-Tal nahe der Mündung des Abelsbaches in Schichten der Lahnstein-Laubach-Unterstufe (mittleres Oberems) und auf der Hochfläche nördlich Zilshausen in Kieselgallenschiefern: **„Diabas“-Gang von der Weins-Mühle** (Bl. 5810 Dommershausen). Dieser „Diabas“-Gang passiert nördlich Heyweiler den Baybach südlich der ehem. Weinsmühle in Richtung Nordosten und zieht von dort in das untere Mühlenbach-Tal, das von Gondershausen herunter kommt; im Baybach-Tal liegt in der Nachbarschaft ein Gang aus „Weißem Gebirge“. **„Diabas“-Gang nahe der Sonntags-Mühle** (Bl. 5811 Kestert). Dieser „Diabas“-Gang liegt im Sevenich-Baybach-Liesenfelder Bachsystem und besitzt eine Mächtigkeit von ca. 2 m. Er erstreckt sich von südwestlich Sevenich in Richtung südwestlich der ehem. Sonntags-Mühle; große Nester von Kalzit weisen auf eine erhebliche Umwandlung hin. **„Diabas“-Gang von der Sulz-Mühle** (Bl. 5910 Kastellaun). Dieser „Diabas“-Gang erreicht eine Mächtigkeit von ca. 3 m und erstreckt sich im Streichen von westlich der Ruine Balduinseck am Zusammenfluss von Schlummbach und Wohnrother Bach zum Mörsdorfer Bach nordwestlich Mastershausen; er ist von dort weiter im Streichen nach Nordosten bis 180 m südwestlich der ehem. Sulzmühle am Dünnbach zu verfolgen.

„Weißes Gebirge“

Das „Weiße Gebirge“ war den Erzbergleuten an Mittelrhein und Unterer Lahn seit langem bekannt. Sie bezeichneten es auch als „Weisse Schiefer“ oder „Lagerschiefer“. Bis zur mineralogischen Klärung durch GRODDECK (1883) hielt man es aufgrund seines seidigen, leicht fettigen Glanzes für „Talkschiefer“.

Eine erste ausführliche Erwähnung fand dieses Gestein bei BAUER (1841), der über die „Silber-, Blei- und Kupfergänge“, u. a. auch von Wellmich und Werlau am Mittelrhein, berichtete und dabei „faules Gebirge“ und sehr „gebrächen, porphyrartigen Schiefer“ unterschied, wobei ein Teil zweifellos Porphyroide waren. GRODDECK (1883) fand diese Gesteine „in einzelnen, den Erzgängen im Großen und Ganzen parallelen Lagen, von denen es durchaus zweifelhaft ist, ob sie ganz zwischen den Gebirgsschichten liegen oder diese, wie die Erzgänge, unter einem ganz spitzen Winkel durchschneiden“. Er unterschied zwei Varianten an „Weißem Gebirge“, eine „dickmassige“ von einer „dünnschieferigen“ und leitete daraus unterschiedliche Ausgangsgesteine ab, nämlich ein „diabasartiges“ Eruptivgestein für die kompetentere Ausbildung und metamorphisierte „Schiefer“ für die zweite, inkompetentere Varietät. Auch ging es ihm darum, nachzuweisen, dass Serizit ein wesentlicher Bestandteil des Gesteins ist und nicht Talk. Letztlich stellte er fest, dass es sich beim „Weißen Gebirge“ um einen „Diabas“ mit „tiefgreifender Umwandlung zu einem Sericitgestein“ handelt. Außerdem sah er enge Beziehungen zur Bildung der Erzgänge, bezweifelte jedoch, dass das „Weiße Gebirge“ ausschließlich in deren Umgebung vorkomme.

HOLZAPFEL (1893) schloss unter Verwendung der GRODDECK'schen Ergebnisse, dass es sich beim „Weißen Gebirge“ nicht um Porphyroide handelte und bestätigte dessen Meinung, dass die Vorkommen nicht unbedingt an die Erzgänge gebunden seien und weiter, dass es sich um gangartige Vorkommen und nicht um stratiforme Bildungen handelt.

Seinerzeit war bekannt, dass Trümer von „Weißem Gebirge“ linsenförmige Erzmittel, z. B. auf der 120 m-Sohle der Grube „Gute Hoffnung“ bei Werlau, durchschlugen, andererseits Erzgänge auch Gänge von „Weißem Gebirge“ (BAUER 1841). Brekziierungen des „Weißen Gebirges“ waren mit Milchquarz und Erz verheilt. Die Kontakte „Weißes Gebirge“ /Nebengestein sind immer scharf. HOLZAPFEL (1893) wandte sich gegen die damalige Ansicht, „dass die betreffenden Gesteine umgewandelte Schiefer sind“ und bekräftigte seine Ansicht, dass „die Gänge eruptiver Natur sind“, an zahlreichen Beispielen. Es war ihm wichtig, dass die Gänge prä-deformativ eingedrungen waren, evtl. auch zusammen mit Faltung und Schieferung gebildet wurden. Auch wandte er sich dagegen, dass die Gänge von „Weißem Gebirge“ echte Lagergänge (sills) seien, da viele frühere Bearbeiter Schichtung und Schieferung häufig auch verwechselten. Zahlreiche Gänge von „Weißem Gebirge“ sind Schieferungsgänge, ähnlich wie die Erzgänge.

Die Verbreitung vom „Weißem Gebirge“ erstreckt sich im Hunsrück vom Oberen Mittelrhein zwischen Oberwesel und Bad Salzig nach Südwesten. Sie ist an den dortigen Bezirk der Blei-Zink-Vererzung und die Verbreitung der Porphyroide in der Maisborn-Gründelbach-Schuppenzone gebunden. Das Gestein tritt hier in Form von Gängen mit Mächtigkeiten zwischen 0,5 bis max. 4 m auf. Die streichende Erstreckung der Gänge liegt zwischen einigen zehner und wenigen hundert Metern. Geringmächtige Vorkommen sind meist länglich linsenförmig, „fetzenhaft“ oder keilförmig. Sie wurden daher von den Bergleuten seinerzeit auch als „Gelber Keil“ bezeichnet.

Einzelne Gänge verlaufen sowohl parallel zu den Schicht- als auch den Schieferungsebenen (s_1) und zeigen damit, dass sie zumindest z. T. jünger als deren Anlage sind. Nach SCHULZE (1967) streicht die Mehrzahl der Gänge von „Weißem Gebirge“ NNE-SSW. ENE-WSW verlaufende Gänge (26%) sind auf das Mittelrhein-Gebiet beschränkt, NE-SW streichende, schieferungsparallele Gänge kommen nur selten bei St. Goar und St. Goarshausen (15%) vor, treten dagegen vermehrt im Hunsrück auf. NW-SE verlaufende Gänge finden sich nur vereinzelt bei St. Goar. Die ENE-WSW und N-S verlaufenden Gänge streuen im Einfallen zwischen 40° und 85° SE-E, die querschlägigen und eher W-E streichende Gänge zwischen 40–85° SW-S. Die im Streichen des Gebirges (NE-SW) liegenden Gänge fallen zwischen 55° SE–90° ein. Fast alle Gänge aus „Weißem Gebirge“ sind in den randnahen Partien mehr oder weniger intensiv geschiefert, was gegen eine späte Platznahme nach Ausbildung der Schieferung spricht und schon den Bergleuten im 19. Jahrhundert bekannt war. Zum Inneren der Gänge nimmt die Intensität der Schieferung ab. Hier herrscht Klüftung vor.

Alle Gänge aus „Weißem Gebirge“ sind intensiv autohydrothermal in ein spilitisches „Sekundärgestein“ umgewandelt. Der unterschiedliche Grad dieser Mineralumwandlung gestattete SCHULZE (1967) bei weniger verändertem Material den primären Mineralbestand zu bestimmen. Der größte Anteil besteht aus Plagioklas (Albit$_{8-10\,An}$, Oligoklas$_{24-26An}$). Die tafeligen Minerale bilden das sperrige Stützskelett des Intersertalgefüges. Pseudomorphosen nach Amphibol und Pyroxen deuten einen ehem. Anteil von 8–15% an. Opake Anteile (Magnetit, Ilmenit, Titaneisen, Pyrit) sind mit 4–12% vertreten, akzessorische (Olivin, Apatit, Quarz) mit 0,5–3%. Schon v. GRODDECK erwähnte „nicht immer deutliche Körnchen“ von Quarz, auch sekundär gebildete Quarz-Knauer und Karbonat-haltige Trümer. Beim Vergleich mit „Diabasen“ (SCHULZE 1967) fällt der dort viel geringere primäre Gehalt an Plagioklas und der höhere Pyroxen-Anteil auf. Infolgedessen sollte „Diabas“ nicht als Ausgangsgestein angenommen werden, wie es frühere Bearbeiter z. T. taten.

Als Sekundärminerale herrschen Karbonate, Serizit, Chlorit, Kaolinit und Leukoxen vor. Akzessorisch finden sich neben Quarz Rutil, Titanit, Klinozoisit, Serpentin und Dickit (SCHULZE

1967). Der Gehalt an Sekundärmineralen schwankt in Abhängigkeit vom Grad der Umwandlung stark. Die Karbonat-Gehalte liegen zwischen 0–50%, die Gehalte an Schichtsilikaten zwischen 35–70%. U. d. M. fanden SCHULZE & EL-HINNAWI (1967) im „Weißen Gebirge kleine Gänge gefüllt mit Albit, Karbonat, und Zoisit sowie amygdaloide Strukturen", das sind Mandelstein-artige Texturen, die auch frühere Autoren bereits erwähnten. GRODDECK (1883) beschrieb sog. „Blatterstein", das sind Gesteine mit stecknadelkopf- bis linsenförmigen weißen, hellgraugrünlichen bis bräunlichen Punkten und Flecken in seiner „dickschiefrigen" Varietät des „Weißen Gebirges". Die 0,2–2 mm großen Strukturen sind gefüllt mit Karbonat und Quarz und führten ihn zu der Vermutung, dass es sich um alterierte „Diabas"-Mandelsteine handele.

Das Gefüge der aus Sekundärmineralen bestehenden Gesteinspartien ist sehr feinkörnig und filzartig. SCHULZE (1967) nahm an, dass der Umwandlungsprozess eingeleitet wurde durch eine ziemlich tiefgreifende Hydratisation. SCHULZE & EL-HINNAWI (1967) meinten, dass echte Gänge stärker alteriert seien als Lagergänge. Bei dem Alterationsprozess bildete sich vor allem Chlorit, bei K-Zufuhr auch Serizit. Frei gewordenes Ca, Mg und Fe führten zur Bildung der unterschiedlichen Karbonate (Kalzit, Dolomit, Ankerit). Einher ging eine Um- und Neubildung von Erz-Mineralen bis zu Leukoxen. SCHULZE nahm für die Silifizierung und die Bildung von Pyrit, Limonit und Tonmineralen (Kaolinit) einen späteren Zeitpunkt an. Bei der Bildung von Chlorit wurde postuliert, dass nicht nur mafische Bestandteile umgewandelt wurden, sondern dass es auch zur Neubildung von Chlorit aus hydrothermalen Lösungen kam, da kleine Trümer mit Chlorit-Füllung sowohl Gänge als auch Nebengestein durchsetzen. Auch für Unterschiede zwischen den Gesteinen der echten Gänge und der Lagergänge machten die Autoren „späte hydrothermale Lösungen" verantwortlich. Das gilt insbesondere für Mineralisationen in der Nachbarschaft der Erzgänge, wo höhere Gehalte an Karbonat und Serizit bobachtet wurden.

Neben Stoffzufuhr wurde auch mit Abwanderung von gelöster Substanz vom Ort der Umwandlung gerechnet, die anderswo wieder gefällt wurde, wie z. B. die Kristallisation von Quarz in Spalten zeigt. Eine solche Neubildung auf Spalten und Schieferungsfugen im „Weißen Gebirge" besteht aus einer hydrothermalen Paragenese aus reichlich Quarz, Ankerit und Kalzit neben geringen Mengen an Albit, Chlorit, Muskovit (Serizit), Paragonit und Apatit. Gelegentlich wurde idiomorpher Kupferkies in Quarz gefunden.

SCHULZE (1967) ordnete die Ausgangsgesteine des „Weißen Gebirges" den Lamprophyren (Camptonit, Spessartit) zu, wofür der hohe Anteil an „Leichtflüchtigen" (u. a. CO_2, H_2O) und die Bindung an die Erz-Provinz sprechen sollte. Er ging u. a. davon aus, dass beide – Gesteins- und Erzgänge – dem „basischen Restdifferentiat" eines Plutons zuzuschreiben seien, für den allerdings keinerlei Hinweise vorliegen. Zu jener Zeit ging man allgemein noch von einem Pluton in unerreichbarer Tiefe (kryptobatholithisches Stockwerk) als Erzbringer aus. Allerdings gibt es im gesamten Schiefergebirge – auch in anderen Abschnitten und Erzprovinzen – keine Hinweise auf einen Tiefenpluton. Die Abkunft der Magmen für das basische Ausgangsgestein muss daher offen bleiben. Auch die Bindung an die von HANNAK (1964) propagierte, NNE-SSW verlaufende „Siegen-Nassauer Tiefenscherzone" sollte überdacht werden. Immerhin befinden sich die Vorkommen an „Weißem Gebirge" in der Maisborn-Gründelbach-Schuppenzone, der südöstlichen Verlängerung der „Lahn-Mulde".

In den Erzgruben bestand damals die Möglichkeit, die relativen Altersbeziehungen zwischen den Gängen von „Weißem Gebirge" und den Erzgängen zu studieren. So konnte seit GRODDECK an zahlreichen Gesteinsgängen belegt werden, dass die Gänge mit „Weißem Gebirge" älter sind, da sie „von den Erz- und Gangarttrümern unter lokaler Brekzienbildung (...) durchsetzt sind" (SCHULZE 1967: 615). Allerdings fanden sich auch Gänge von „Weißem Gebirge", die „eindeutig jünger als der Erzgang sind" (S. 615). SCHULZE hielt daher den Magmatismus des „Weißen Gebirges" für einen „annähernd kontinuierlichen Vorgang" (S. 615), der vor der Bildung der Erzgänge einsetzte und erst danach ausklang. Dabei sollte der Höhepunkt des Magmatismus vor der hydrothermalen Mineralumwandlung angenommen werden. Das war auch Anlass zu der Vermutung, dass die Umwandlung des basischen

Ausgangsgesteins zum „Weißen Gebirge“ mit der Förderung jener hydrothermalen Lösungen, die zur Bildung der Gangerz-Mineralisation führte, in ursächlichem Zusammenhang stand. SCHULZE wies auch darauf hin, dass in unmittelbarer Nähe einiger Erzgänge auf dem Hunsrück (ehem. Gruben „Gute Hoffnung“, „Camilla“) Gänge von „Weißem Gebirge“ besonders stark sekundär umgewandelt sind. Andererseits gab er auch Beispiele an, wo Gesteinsgänge in unmittelbarer Nähe von Erzgängen wenig alteriert waren. Eine generell gleiche Beeinflussung beider ist damit ausgeschlossen. Auch sind manche Gänge von „Weißem Gebirge“ jünger als die Erzgänge und ebenfalls kräftig in ihrem originären Mineralbestand umgewandelt. So bleibt ein Zusammenhang zwischen den Prozessen der Gesteins- und Erzgang-Bildung und der Genese der hydrothermalen Lösungen nicht endgültig bewiesen. Allerdings lassen sich wesentlich jüngere Kluftmineralisationen nicht unbedingt ausschließen. So ergibt sich der Zustand einer nahezu gleichzeitigen Bildung der Schieferung s_2, die Entstehung von Gängen mit „Weißem Gebirge“, das z. T. geschiefert (s_1) ist, die Mobilisierung von hydrothermalen Lösungen, die einerseits die Erz-“Lösungen“ brachte, und vielleicht auch in Teilen zur Alteration des basischem Ausgangsgesteins zum „Weißen Gebirge“ führte.

2.8.2.4 Keratophyre

Zu den prä-deformativen Eruptiva gehören auch „Quarzkeratophyre“ und „Keratophyre“. Sie spielen im Gegensatz zum Rechtsrheinischen Schiefergebirge im Hunsrück eine geringere Rolle. Petrographisch gehören die „Quarzkeratophyre“ zu den Alkalifeldspat-Rhyolithen und -Trachyten. Sie enthalten in der Regel außer Quarz Alkalifeldspäte und Klinopyroxene (Aegirin, Aegirin-Augit, Diopsid) sowie als Akzessorien u. a. Zirkon, Apatit, Biotit, Titanit und Anteile an Hornblende. Chemisch kennzeichnend sind im Gegensatz zu den „Diabasen“, relativ hohe Alkali- und niedrige CaO-Gehalte. Auch sie sind von einer sekundären Alteration betroffen und haben eine Serizitisierung, evtl. Kaolinitisierung der Feldspäte sowie eine Chloritisierung der mafischen Bestandteile erfahren.

Die relativ helleren „Keratophyre“ (Farbzahl <40) enthalten in unverändertem Zustand im wesentlichen Alkalifeldspäte (Sanidin, Anorthoklas, Albit), alkalireiche Hornblenden, Augite und Biotit, untergeordnet auch Quarz. Außerdem sind Plagioklas enthaltende Keratophyre möglich, die eher zu den Trachyten gehören. Auch die Keratophyre unterlagen einer sekundären Umwandlung, ähnlich wie die Quarzkeratophyre.

Bei der Suche nach zeitlichen Bezügen für zumindest einen Teil dieser Gesteine finden sich bei MARTIN (1979) Hinweise auf zwei je ein m mächtige „Keratophyr-Tuff“-Bänke im „Steinbruch an der Schweicher Moselbrücke“ (Bl. 6106 Schweich) in Laubach-Schichten des Oberems. Außerdem verzeichnete er bei der Beschreibung der ehem. Roteisen-Erzlagerstätte „Schweicher Morgenstern“ auf der Bekonder Teilscholle zwischen Schweich und Bekond mehrere diskonform Laubach-Schichten und Kalkknotenschiefer des Oberems durchsetzende „Keratophyr“-Gänge am Nord-Hang des Lehns-Berges und am Hummels-Berg. Diese Vorkommen weisen darauf hin, dass unabhängig vom „Keratophyr“-Vulkanismus zur Zeit der „Singhofen-Porphyroide“ auch mit einem jüngeren alkalitrachytischen Vulkanismus gerechnet werden muss.

2.8.2.4.1 Vorkommen

2.8.2.4.1.1 Guldenbach-Tal, südöstlicher Hunsrück

Vorkommen von Keratophyren und Quarzkeratophyren sind aus dem Guldenbach-Tal bei Stromberg/Süd-Hunsrück und Umgebung bekannt:

Römerberg bei Stromberg. Vom Süd-Abhang des Römerberges beschrieb schon LOSSEN (1867a) einen „quarzreichen Serizitadinolschiefer“ und setzte ihn als „unentwickelten

Serizitgneis“ in Beziehung zu den „Serizitgneisen“ des südlichen Taunus; bei dem Vorkommen im Guldenbach-Tal handelt es sich um einen ca. 40 m mächtigen Gang, der in oberdevonischen Sedimenten aufsitzt; zwei Kluftsysteme mit der Raumlage 80°/85° SE und 45°/60° NW durchschlagen den Gesteinskörper; das Gestein ist feinkörnig bis dicht und zeigt deutliche Schieferung, die das Gestein ungleichmäßig durchsetzt; Lagen und Schuppen von Serizit und Chlorit zeichnen eine schiefrige bis schiefrig-flaserige Textur nach; an manchen Stellen erscheint das Gestein auch massig; geringmächtige Quarz-Trümer sitzen einzeln oder in Schwärmen im Gestein auf; auch dieses Gestein ist wie die „Diabase“ stark sekundär verändert; u. d. M. ist die ehem. porphyrische Struktur noch erkennbar; zur primären Einsprenglingsgeneration gehören bis 1 mm messende Feldspäte (Albit, Orthoklas); Beyenburg (1930) berichtete von Plagioklas-Individuen mit Zwillingslamellierung; eines war bei weiterhin einheitlicher Auslöschung in mehrere Teilstücke zerbrochen; die Grundmasse besteht vorwiegend aus sekundärem Quarz und Serizit, akzessorisch kommen Chlorit, Zirkon, Apatit und Erz hinzu; außerdem erkannte er Quarzkörner, die er für primäre Einsprenglinge hielt; hinzu kommt ein Anteil an Kaolinit.

Vier Gänge eines ähnlichen Gesteins beschrieb D. E. Meyer (1970) am **Lehnbach** nördlich der Lehn-Mühle und südlich Dörrebach westlich des Guldenbaches; die Gänge erreichen Mächtigkeiten bis 2 m und stecken in wahrscheinlich givetischen Tonschiefern; in einer feinkörnigen Grundmasse aus Feldspat und Quarz fand er bis 1 mm große Einsprenglinge aus Orthoklas und einem albitreichen Plagioklas; hinzu kommen kugelige Quarz-Aggregate, die offensichtlich zu den Neubildungen gehören; ein weiteres Vorkommen am Lehnbach weist zwei Generationen von Feldspat auf; Neubildungen sind Serizit und Chlorit; offensichtlich handelt es sich hier um einen „Keratophyr“ mit einem geringeren SiO_2-Gehalt als bei den vorherigen Vorkommen.

Fustenburg. Ein gangartiges Vorkommen erstreckt sich in Stromberg am Fuß des Berges, der die Fustenburg trägt, entlang der B 50 (in Richtung Bingen) nach Nordosten; Beyenburg (1930: 438) bezeichnete es als „syenitischen Porphyr“ und beschrieb es als geschieferten „Porphyr von hellgrau-grünlicher Farbe, in dem noch deutlich Einsprenglingsfeldspäte von trübem Aussehen und gelblicher Farbe zu erkennen sind“. Auch Falke (1957: 104) erwähnte Feldspat-Einsprenglinge (Albit, Oligoklas) in einer Grundmasse aus „vorwiegend Serizit, zurücktretend Chlorit, die von zahlreichen Quarzen durchschwärmt wird“; mafische Bestandteile sind nur noch reliktisch erhalten; zahlreiche Quarz-Trümer und -Gängchen durchschwärmen das Gestein, ebenso Quarz-Neubildungen in der Grundmasse. Zu diesem Vorkommen zählt auch eine Gesteinsprobe im Nordosten des Vorkommens, die wesentlich stärker geschiefert ist und einen höheren Quarz-Anteil aufweist; Falke bezeichnete dieses Gestein als „Serizit-Quarzit-Schiefer mit eruptivem Ausgangsgestein; D. E. Meyer (1970: 166) beschrieb es als ehem. quarzkeratophyrisches Gestein, das weitgehend in quarzreiche Serizit-(Chlorit)-Schiefer umgewandelt wurde; das porphyrische Gefüge ist nur noch reliktisch erhalten; neben einem albitreichen Plagioklas erwähnte er Orthoklas als Einsprenglinge von <1 mm Länge und reliktischen Muskovit; hinzu kommen Hornblende-Pseudomorphosen; Serizit, Chlorit und Stilpnomelan gehören zu den Neubildungen; akzessorisch kommen Apatit, Zirkon, Titanit, Spinell und Erz vor; auffällig ist der z. T. erhebliche Quarz-Anteil und die intensive Zerscherung des Gesteinskomplexes.

Aus dem Guldenbach-Tal sind zwei weitere Gangvorkommen bekannt, die zwar nicht unmittelbar zu den Keratophyren gehören, ihnen jedoch aufgrund ihres Anteils an Kalifeldspat nahestehen (D. E. Meyer 1970): Am nördlichen Talhang des unteren **Seibersbach-Tales** liegt ein max. 1,7 m mächtiger Gang in oberdevonischen Tonschiefern (Nehden- bis Hemberg-St.); das verhältnismäßig grobkörnige Gestein bezeichnete er als „Mangerit-Porphyrit“; es enthält größere, leistenförmige hypidiomorphe Plagioklas- und Orthoklas-Individuen; zwischen ihnen befindet sich hauptsächlich Chlorit, der als Umwandlungsprodukt aus nicht näher bestimmbaren evtl. mafischen Bestandteilen der Matrix hervorgegangen ist, die akzessorisch Quarz,

Relikte von Biotit, Apatit, Titanit und Erz enthält; auch dieses Gestein ist prä-deformativ in die Tonschiefer eingedrungen und mit ihnen tektonisch deformiert worden. Am Süd-Hang des unteren Seibersbaches nahe der Mündung in den Guldenbach wurden bis max. 1,5 m mächtige Gänge in Unterdevon-Schichten gefunden; das gleich- und feinkörnige dunkelgraue Gestein bezeichnete D. E. Meyer (1970) als **Biotit-Minette**, ein Gestein syenitischer Zusammensetzung aus Kalifeldspat (Orthoklas) und Biotit als wesentliche Gemengteile, jedoch auch Plagioklas; im vorliegenden Fall sind die Feldspäte jedoch größtenteils in Serizit, Quarz und Karbonat, die mafischen Gemengteile wiederum in Chlorit umgewandelt; akzessorisch treten Apatit, Titanit und Erz auf; das Gestein erscheint tektonisch kaum beansprucht.

Nach D. E. Meyer (1970) löste der alkalibetonte saure Vulkanismus mit seinen „Quarzkeratophyren“ und „Keratophyren“ im höheren Devon den „Grünstein-Vulkanismus“ mit seinen „Diabasen“ und Schalsteinen ab. Diese Abfolge widerspricht der Förderfolge im übrigen Rheinischen Schiefergebirge, wo der „Keratophyr“-Vulkanismus jeweils der ältere Part ist und der „Grünstein“-Vulkanismus der jüngere. Ob allerdings diese Abfolge auch für den Südhunsrück-Trog gilt, ist fraglich, da hier schon mit den „älteren Diabasen“ im Gedinne eine Ausnahme vorliegt. Aus der Abfolge im Gelände ergibt sich, dass dieser saure Vulkanismus post-givetisch ist und wahrscheinlich im Famenne einsetzte, sicherlich jedoch vor der Wende Oberdevon/Unterkarbon stattfand. Er ist wohl auch älter als jene „Diabase“ am Süd-Rand des Hunsrücks, die nur geringe oder keine tektonische Beanspruchung aufweisen. Für das intensiv zerscherte Vorkommen im tektonisch Liegenden der Stromberger Überschiebungszone ist jedoch auch ein prä-devonisches Alter möglich, das dem „Quarzkeratophyr“ der Krausaue entspricht (Sommermann et al. 1994), da es sich in derselben tektonischen Situation befindet.

Weitere Hinweise auf einen oberdevonischen „Keratophyr“-Vulkanismus geben auch Tuff-Lagen in oberdevonischen Schichten im Stromberger Raum. Aufgrund ihrer geringen Mächtigkeit müssen sie nicht unbedingt aus dem südlichen Hunsrück stammen: Ca. 25 m nördlich der Mündung des **Mühlgrabens** in den Guldenbach westlich des Schneidmühlenberges und südlich Daxweiler beschrieb D. E. Meyer (1970: 123) eine nur 2 cm mächtige Lage eines ehem. wohl palagonitischen Tuffes mit kleinen „lapilliähnlichen Gebilden“, die in einer deutlich geschieferten, aus Chlorit und Serizit bestehenden Matrix schwimmen; die begleitenden Sedimente stellt er in die Adorf-Stufe. Außerdem kommen mehrfach fragliche Tuff-Lagen in Tonschiefern der Nehden- und Hemberg(?)-Stufe bei Stromberg, u. a. an der **Binger Straße** (L 214) in den Schichtverbänden südlich der Stromberger Massenkalke vor.

2.8.2.4.1.2 Aufbruch Düppenweiler, südwestlicher Hunsrück

Auch im Grundgebirgsaufbruch „Düppenweiler“, der aufgrund der Beanspruchung seiner Gesteine zur Metamorphen Zone zählt, treten paläozoische Eruptivgesteine in sehr schlechten Aufschlüssen zu Tage. Nöring (1939) beschrieb Vorkommen von „Diabas-Porphyrit“ und „Olivin-Diabas“. Diese Eruptiva kartierte er in mehreren Vorkommen in einem Streifen, der sich vom Mühlenberg bei Düppenweiler bis zur „Alten Kapelle“ auf ca. 1,5 km Länge spitzwinklig zum generellen Streichen des Gebirges erstreckt.

Starke tektonische Beanspruchung erschwert die genaue Zuordnung der Gesteine, was schon in der Ansprache „Diabas-Porphyrit“ zum Ausdruck kommt. Porth (1960) beschrieb dieses Gestein aus einem kleinen Steinbruch ca. 80 m südöstlich Punkt 253,8 (Bl. 6506 Reimsbach), den schon Nöring heranzog, als serizitischen und chlorit-reichen Quarz-Albit-Schiefer; ebenso Hering et al. (1978), die es als „Albitreichen Chloritschiefer“ ansprachen. Sie erwähnten auch temporäre Weganschnitte 250 m südwestlich des Höhenpunktes 253,8 und einen Schurf 400 m südöstlich der Kapelle. Das Gestein befindet sich in Linsen in den Phylliten. Die Ausbildung reicht von schlecht geschiefert, „dickschiefrig“ bis „muschelig brechend“. Die Qualität reichte früher für die Beschotterung von Wirtschaftswegen aus.

Die Farbe dieses Gesteins liegt zwischen olivgrau, graugrünlich und grünlichgrau. Makroskopisch wurden dunkelrötliche, mm messende, linsenförmige Einsprenglinge beschrieben, die zerbrochen und mit Hämatit-Pigment verheilt sind. U. d. M. ist trotz der tektonischen Beanspruchung noch das ophitische Gefüge andeutungsweise zu erkennen. Bestimmbar sind Chlorit (Pennin), Feldspat und wenig Quarz. Die Grundmasse besteht aus einem sehr feinkörnigen, optisch schwer auflösbaren Filz, der wohl vorwiegend aus Chlorit besteht und in Richtung der Hauptschieferung (s_1) zerschert ist. Akzessorisch treten Leukoxen und Erz auf. Dazu kommt ein geringer Serizit-Gehalt. Serizit befindet sich auch auf den Bewegungsbahnen und deutet Kalium-Gehalt (K) an. Haarrisse und Linsen im Gestein sind mit Chlorit (Pennin) und Dolomit gefüllt, seltener mit Quarz. Als Neubildung wurde Albit mit Zwillingsbildung nach dem Albit-Gesetz beobachtet.

Hinzu kommen Brekzien, die diese Chlorit-Schiefer durchschlagen. Sie bestehen u. a. aus Klasten von Quarz und ehem. „Keratophyr" unterschiedlicher Färbung und Form, die in eine Quarz-Albit-Dolomit-Matrix eingebettet sind. Die röntgenographische Analyse des Gesteins (Hering et al. 1978) erbrachte als Komponenten Dolomit, Quarz, Chlorit, Feldspat (Albit), Hämatit und Kaolinit. Eine eindeutige Diagnose des Ausgangsgesteins gelang bisher nicht. Gegen einen Meta-"Diabas" sprechen fehlender Zoisit, der bei höherem Anorthit-Gehalt der Plagioklase sich hätte bilden müssen. Vergleichsuntersuchungen an Meta-"Keratophyren" des südlichen Taunus bekräftigten Porth (1960) in der Annahme, dass es sich um einen „Keratophyr" handelte.

Den von Nöring (1939) beschriebenen und von Porth untersuchten „Olivin-Diabas" konnten Hering et al. (1978) nicht bestätigen. Es besteht der Verdacht, dass dieses Gestein als Lesestein aus der Wegebeschotterung stammte.

2.8.3 Der paläozoische Magmatismus im Hunsrück im regionalen Vergleich

Der paläozoische Magmatismus im Hunsrück lässt sich wegen seines rudimentären Erhaltungszustands schwer deuten und mit dem übrigen Rheinischen Schiefergebirge in Einklang bringen. Ein Vergleich mit der nahegelegenen Eifel ergibt sich bei den Vorkommen (W. Meyer 2013: 194) nicht. Daher soll ein überregionaler Vergleich mit dem östlichen Schiefergebirge versucht werden. Die dort überlieferten, datierbaren Produkte eines bimodalen Magmatismus zeigen mehrere zeitliche Schwerpunkte.

2.8.3.1 „Lenne-Vulkanismus"

Eine erste, im wesentlichen durch Pyroklastite überlieferte vulkanische Phase mit „quarzkeratophyrischem" und „keratophyrischem" Chemismus reicht in Form des Lenne-Vulkanismus im Sauerland (Ebbe-Antiklinorium, Attendorn-Elsper Synklinorium) vom Gedinne (K_1: Bredeneck-Sch.) über den in Siegen und Unterems dokumentierten Vulkanismus (K_2: Sundhelle-Vulkanite, Bunte Ebbe-Schichten; K_3: Schwarzeneck-Vulkanite, Rimmert-Sch.) zu dem im Oberems angesiedelten Hauptkeratophyr (K_4: Remscheid-Sch.) und klingt mit „Keratophyr"-Tuffen (K_5: Bilstein-Vulkanite) im höheren Oberems aus. Der Schwerpunkt der Förderung liegt im höheren Oberems zur Zeit des Hauptkeratophyrs. Gefördert wurden „Quarz-" und „Felsokeratophyre" sowie entsprechende Tephren. Differentiate liegen heute als alterierte ehem. rhyolitische bis rhyodazitische Förderprodukte vor (Thews 1996). Ausbruchszentren lagen u. a. östlich Kirchhundem und bei Olpe sowie im „Ebbe-Sattel" bei Plettenberg und Meinerzhagen.

Nicht in diesen Rahmen passt der „Diabas"-Vulkanismus im Gedinne im Guldenbach-Tal im südöstlichen Hunsrück. Er hat im östlichen Schiefergebirge keine Äquivalente und betont, wenn die zeitliche Einstufung richtig ist, die Eigenständigkeit des Südhunsrück-Troges.

2.8.3.2 „Ems-Eifel-Phase"

Der zweite zeitliche Schwerpunkt vulkanischer Tätigkeit fällt in den Zeitraum Oberems-Eifel-Stufe. Zu dieser Zeit verlagerten sich die Zentren der Förderung SiO_2-reicher Schmelzen – dokumentiert als „Quarzkeratophyre" und „Keratophyre" (heute: Meta-Rhyolithe, -Alkalirhyolithe und -Trachyte) – nach Süden. Lokale Förderzentren bedeutender Vorkommen liegen in der „Lahn-Mulde" und auch nordöstlich der Dill in der südlichen „Dill-Mulde" in der streichenden Verlängerung von „Mosel-Mulde" und Maisborn-Gründelbach-Schuppenzone. Das Gesteinsspektrum reicht von hyalinen zu porphyrischen Typen mit unterschiedlichem Anteil an Alkalifeldspat, seltener Quarz und auch mafischen Gemengteilen. Die ehem. glasige Grundmasse ist rekristallisiert zu einem mikrokristallinen Filz. Außerdem wurden Fluidaltexturen gefunden, die durch eingeregelte Alkalifeldspäte nachgezeichnet werden. Die ehem. mafischen Einsprenglinge sind nur noch aus Pseudomorphosen abzuleiten. Zum explosiven Anteil gehören auch „fall-out"-Ablagerungen in Form von Tephra-Lagen und -Bändern, die weit über das unmittelbare Fördergebiet hinaus reichen und stratigraphisch belegt sind. Hierzu zählen u. U. auch die „keratophyrischen" Tephra-Lagen und die „Keratophyr"-Gänge in Sedimenten des Oberems bei Schweich.

Meta-Basite aus dieser Zeit sind rechtsrheinisch nur im Bereich der Gießener Decke in Zusammenhang mit den Solmstal-Phylliten bekannt. Der MORB-Charakter dieser ortsfremden, allochthonen Meta-Basite deckt sich teilweise mit jenen der Meta-Diabase aus der Metamorphen Zone im südöstlichen Hunsrück mit noch nicht eindeutig geklärtem Alter. Förderprodukte mit intrakontinentalem basaltischem Chemismus sind aus diesem Zeitraum nur als Produkte eines explosiven basaltischen Vulkanismus in Form mehrerer Schalstein-Vorkommen aus der Eifel-Stufe im Süd-Hunsrück-Trog (Guldenbach-Profil; D. E. Meyer 1970) bekannt, die jedoch im Lahn-Dill-Gebiet wohl keine Entsprechungen haben.

2.8.3.3 „Givet-Adorf-Phase"

Der dritte Schwerpunkt vulkanischer Tätigkeit im Paläozoikum des östlichen Rheinischen Schiefergebirges fällt in den Zeitraum oberes Mitteldevon bis tiefes Oberdevon. Als Produkte dieses bimodalen Vulkanismus im Schiefergebirge wurden – wenn auch in geringerem Umfang – alkalirhyolithische und trachytische („Quarzkeratophyre", „Keratophyre") sowie in bedeutenderem Umfang alkalibasaltische Schmelzen und Pyroklastite („Diabas", Schalstein) gefördert. Außer mächtigen zentralen submarinen Vulkanbauten, die wohl bis mehrere hundert Meter Höhe erreichten und teilweise wohl auch über den Meeresspiegel hinausragten, sind echte Gänge (dykes) und Lagergänge (sills) im subvulkanischen Niveau bekannt (Nesbor et al. 1993). Submarine Deckenergüsse mit pillow-Laven kommen ebenso vor wie pyroklastische Ströme und geringmächtige Pyroklastite im Bereich der Förderzentren (Zentralfazies). Ihnen stehen Wechselfolgen aus Laven und Pyroklastiten im näheren Umfeld der Förderzentren (Proximalfazies) gegenüber. Schalsteine unterschiedlichster Korngröße entstammen wahrscheinlich Abgleitprozessen an übersteilen Vulkan-Hängen. Fern der Förderzentren kamen ungeschichtete epiklastische Lapilli- und Aschentuffe zur Ablagerung. Sie entstammen wahrscheinlich submarinen Ausbrüchen und liegen in Wechselfolge mit turbiditischen Abfolgen vor (Distal-Fazies).

Flick & Nesbor(1988) versuchten eine Alterseinstufung nach dem Magmentyp. Danach schlugen sie alkalibasaltische Vorkommen der Givet-Adorf-Phase zu, tholeiitische dagegen eher der Unterkarbon-Phase (Deck-Diabas). Danach müsste ein großer Teil der intrusiven „Diabase" (Meta-Basalte) des Hunsrücks – soweit ihr Chemismus bekannt ist – zur Givet-Adorf-Phase gehören.

Von sehr mächtigen Lagergängen aus dem Lahn-Dill-Gebiet wird eine abkühlungsbedingte Korngrößenentwicklung von grob (innen) nach fein (außen) beschrieben, jedoch auch eine Differentiation. So werden pikritische Meta-Basalte innerhalb der doleritischen Lagergänge als ultramafische Kumulate der basaltischen Schmelze gedeutet. Ähnliche Vorkommen sind sowohl aus dem Saar-Hunsrück als auch aus dem Hochwald bei Birkenfeld bekannt.

Der saure Anteil des bimodalen Magmatismus ist wesentlich geringer. „Quarzkeratophyre" (Meta-Alkalirhyolithe) und „Keratophyre" (Meta-Trachyte) bildeten offensichtlich lokale Eruptionszentren, die z. T. in die basaltischen Vulkanbauten randlich eindrangen, womit sie eine relativ jüngere vulkanische Tätigkeit innerhalb der Givet/Adorf-Phase signalisieren, jedoch z. T. auch eigenständige kleinere Vulkanbauten bildeten. Hierzu gehören auch Intrusionen in Form kleinerer Dome und von Lagergängen. Eine Parallele hierzu könnte in den „Keratopyr"-Vorkommen im Guldenbach-Tal bei Stromberg gesucht werden.

2.8.3.4 „Oberdevon-Phase"

Vulkanische Tätigkeit im höheren Oberdevon (Nehden-Hemberg-, auch Hemberg- bis Wocklum-St.) ist nur aus dem Lahn-Dill-Gebiet bekannt. Die ausschließlich basaltischen Schmelzen werden eher als Nachläufer des Vulkanismus der Givet/Adorf-Phase in diesem Gebiet angesehen, denn als eigenständiger vulkanischer Schwerpunkt. Gefördert wurden Pillow-Laven und entsprechende Vulkaniklastite, die heute als Schalstein vorliegen. Dieser Vulkanismus hatte offensichtlich im Hunsrück nur geringe Bedeutung, ist jedoch im Süd-Hunsrück-Trog vertreten (D.E. Meyer 1970).

2.8.3.5 „Deckdiabas-Phase"

Im Unterkarbon wurden in einem weiteren, ausschließlich basaltischen Zyklus Schmelzen gefördert, deren Gesteine unter der Bezeichnung „Deckdiabas" bekannt sind. Im Gegensatz zu dem alkalibasaltischen Vulkanismus der Givet-Adorf-Phase ist dieser in erster Linie durch fragmentierte Laven und subvulkanische Intrusiva dokumentiert. Vulkaniklastische Produkte treten in den Hintergrund.

Ein wesentlicher petrographischer Unterschied zu den Eruptiva der Givet-Adorf-Phase besteht in der Armut der Gesteine an Einsprenglingen. Einzig idiomorphe Olivine werden erwähnt, die jedoch weitgehend alteriert sind und in einer Grundmasse bei überwiegend intersertaler Struktur schwimmen. Die feinkörnigen, einsprenglingsarmen Spilite (Meta-Basalte) bestehen aus Plagioklas, Pyroxen, Olivin, Biotit und akzessorisch Apatit und Titanomagnetit. Unter den sekundären, durch Alterationsprozesse entstandenen Mineralen werden vor allem Chlorit, Kalzit, Albit und in geringerem Umfang Prehnit, Analcim, Pumpellyit, Epidot, Quarz, Serizit, Titanit und Pyrit angeführt (Meisl et al. 1982).

Auch hier bestehen Ähnlichkeiten mit den Intrusiva im Saar-Hunsrück und im Hochwald bei Birkenfeld (Knautz 1992). Das bewog offensichtlich seinerzeit auch K. Gundlach (1933), die Vorkommen im Hunsrück dem unterkarbonischen „Deckdiabas"-Vulkanismus zuzuschlagen. Ein weiteres Kriterium für die Zuordnung zum „Deckdiabas"-Vulkanismus bestand wohl auch darin, dass Differentiationsprozesse bei den Produkten des Givet-Adorf-Magmatismus seltener sind bzw. vollständig fehlen. Meisl et al. (1982) postulierten deshalb für die Schmelzen der Givet-Adorf-Phase einen langsameren Aufstieg und ein Verweilen der Schmelzen in Magmenkammern, wo Möglichkeiten zur Differentiation bestanden. Beim „Deckdiabas"-Magmatismus sollte eher ein schnellerer Aufstieg primitiver Schmelzen stattgefunden haben, die erst an Ort und Stelle einer Differentiation oder Kumulat-Bildung unterlagen, wie sie aus dem Hunsrück mehrfach erwähnt wurde.

2.8.3.6 Zur Frage nach den Ursprungsmagmen

Im Verlauf der Erforschung der „Diabase" und „Keratophyre" kam wiederholt die Frage nach dem Ursprungsmagma der beiden Gesteinsarten auf, das zu dem paläozoischen bimodalen Magmatismus führte. Diese Frage ist für den Hunsrück bei der weitgehenden Alteration der geförderten Produkte und bei Fehlen geochemischer Untersuchungsergebnisse schwer zu beantworten. Hentschel (1970) ging von einem olivinbasaltischen Primärmagma aus, aus dem sich durch Wasseraufnahme beim Aufstieg bzw. beim Verweilen in der Magmenkammer durch Differentiation eine „Diabas-Spilit-Keratophyr-Gesteinsassoziation" entwickelt haben sollte. Die entscheidende Umwandlung des primären Magmas durch Wasseraufnahme erfolgte danach intrakrustal und schon sehr früh. Beim paläozoischen Magmatismus im Hunsrück würde das bedeuten, dass zumindest hin und wieder in den Schwerpunktgebieten neben den „Diabasen" auch „Keratophyre" in der magmatogenen Gesteinsassoziation auftreten müssten, es sei denn, sie gehörten alle zum „Deckdiabas" (Gundlach 1933).

Diese Anschauung änderte sich mit der Erkenntnis, dass die Alteration (Spilitisierung) als sekundär, unabhängig vom gemeinsamen Magma anzusehen ist. Daher ist es eher wahrscheinlich, dass weder ein entsprechendes wasserreiches gemeinsames Stamm-Magma noch eine entsprechend weitgehende Differentiation zur Erklärung herangezogen werden müssen. Eher entstammen die „Quarzkeratophyre" und „Keratophyre" einem eigenständigen alkalirhyolithischen Magma, dass getrennt vom basischen Magma der „Diabase" entstand (Flick 1978, Flick & Nesbor 1988).

Geht man nicht von einer differentiativen Ableitung der sauren Schmelzen aus einem gemeinsamen Stamm-Magma aus, so bleibt für die Entstehung der sauren bis intermediären Schmelzen nur eine anatektische Schmelzbildung. Die fortwährende Extension und Subsidenz des Rhenoherzynischen Beckens, insbesondere seiner zentralen und südlichen Abschnitte, führte durch Ausdünnung der Kruste zu erhöhtem Energiefluss aus dem Mantel in die Kruste. Die Folge waren lokale Anatexis der Krustengesteine und entsprechende Magmenbildung. Infolgedessen sollte ein saurer Magmatismus am Anfang der vulkanischen Tätigkeit stehen und der basische den zweiten Platz einnehmen. Bei weitergehender Zerblockung wurden erst langsam mit Unterbrechungen (Givet-Adorf- und Oberdevon-Phase), später bei direktem Zugang zum Mantel („Deckdiabas") entsprechende basische Schmelzen gefördert. Offen bleibt, warum dieser Prozess sich bevorzugt im östlichen Rheinischen Schiefergebirge vollzog, während im Hunsrück größtenteils das zweite Stadium verwirklicht ist. Inwieweit die einzelnen Vorkommen im Hunsrück den fünf unterschiedlichen Phasen zuzuordnen sind, muss gezielten petrographischen und geochemischen Untersuchungen vorbehalten bleiben. Die hier vorgestellte Zuordnung richtete sich vorwiegend an geologischen Erkenntnissen aus.

3 Die variszische Tektogenese im Hunsrück

Im Rahmen der variszischen Tektogenese entstand der von Südwest-England bis an die Elbe und darüber hinaus reichende externe Strang des Variszischen Gebirges, der seit Kossmat (1927) als „Rhenoherzynikum" bezeichnet wird, nach dem Rheinischen Schiefergebirge und dem Harz. Der Hunsrück ist ein Teil davon.

Die tektonische Deformation hat im Hunsrück Stapel von tektonischen Schuppen erzeugt, die wie schräg liegende Holzscheite aneinander grenzen und durch weitreichende strukturtrennende Überschiebungen voneinander getrennt sind (W. Meyer & Stets 1994). Sie wurden früher (Nöring 1939, Mittmeyer 2008) als „Sättel" und „Mulden" von Großfalten betrachtet und entsprechend bezeichnet. Im Rahmen der Tektogenese erfolgte eine Metamorphose, die als sehr schwach (very low grade, anchimetamorph) und als schwach (low grade, epizonal metamorph) bezeichnet wird; gestützt werden diese Ergebnisse durch Untersuchungen der Inkohlung von reliktisch überlieferter pflanzlicher Substanz sowie der Mineralumwandlung bzw. -neubildung während der Deformation, die sich gegenseitig stützen und den Grad der Umwandlung bestimmen.

3.1 Entwicklung der tektonischen Vorstellungen

Die Erforschung der tektonischen Strukturen erfolgte in drei ineinander greifenden Abschnitten: Eine erste Phase z. T. grundsätzlicher Erkenntnisse über den Bau einzelner Strukturen fällt mit der geologischen Kartierung zusammen; sie endete gegen Ende der 1920er Jahre mit Nachläufern in den 1930er Jahren. Eine zweite recht kurze Phase tektonischer Untersuchungen bezog das Interngefüge – die „Innere Tektonik" – der Strukturen in die Betrachtung mit ein, ohne allerdings die tektonischen „Großstrukturen" zu vernachlässigen; sie endete in den 1960er Jahren, und die letzte Phase, die über das 20. Jahrhundert hinaus bis heute anhält und in der die Erweiterung des Kenntnisstandes, die Ableitung von Beanspruchungsplänen sowie genetische Modelle und die Einordnung in globale Zusammenhänge im Vordergrund stehen.

3.1.1 Das Rhein-Profil

Holzapfel (1893) fasste die Kenntnisse für das Rheintal zusammen und beschrieb ein erstes „zusammenhängendes und ausgezeichnetes Profil durch das gesamte Unterdevon, wie es in ähnlicher Weise im ganzen Rheinischen Schiefergebirge nicht wieder vorhanden ist". Obwohl er ausdrücklich auf das meist nach Süden gerichtete Einfallen der Schichtverbände hinwies, nahm er keinen Anstoß an der Tatsache, dass die älteren Schichten im Süden liegen und man von Einheit zu Einheit nach Norden in jeweils jüngere Schichten kommt.

Ende der 1920er Jahre hatte Quiring zahlreiche Blätter der GK 25, u. a. auch am Mittelrhein bei Koblenz, aufgenommen. 1930 veröffentlichte er nach Holzapfel (1893) ein weiteres geologisches Rhein-Profil, das vom Bacharacher Kopf bei Assmannshausen bis Oberlahnstein (Maßstab 1:38 000) reichte und das er anlässlich der Jahreshauptversammlung der Deutschen Geologischen Gesellschaft 1930 in Koblenz auf einer Rheindampferfahrt vorstellte. In diesem Profil hatte er die Strukturen in erster Linie aufgrund der Stratigraphie, soweit möglich auch schon nach der Schichtlagerung definiert. Dort, wo keine Blätter der

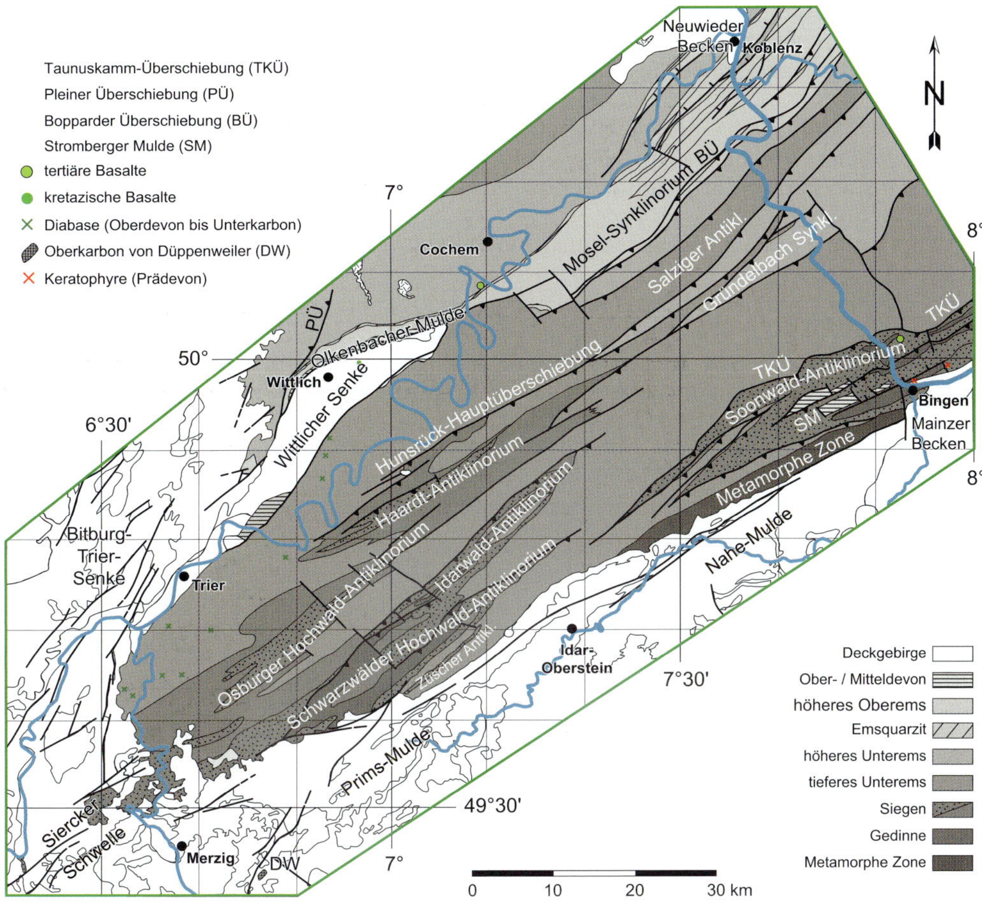

Abb. 14. Übersichtskarte der Struktureinheiten im Hunsrück. Sie werden heute als Schuppen bzw. Schuppenzonen bezeichnet. Wir haben hier die Begriffe Antiklinorium, Synklinorium, Mulde verwendet, um Hinweise auf das relative Alter der Gesteinseinheiten zu geben.

GK 25 oder Entwürfe im Maßstab 1:25 000 vorlagen, stammten die Kenntnisse von den Erfahrungen bei der Übersichtskartierung 1:200 000 der Bl. Koblenz und Mainz.

Als wichtige Überschiebungen wurden von Süden nach Norden herausgestellt: die „Taunus-Überschiebung" (hier: Taunuskamm-Soonwald-Überschiebungszone), die „Hunsrück-Hauptüberschiebung" als nördliche Begrenzung des „Salziger Sattels" und die Bopparder Überschiebung als südöstliche Begrenzung der „Doppelmulde von Boppard-Montabaur" oder der „Mosel-Mulde".

Erst mit den 1950er Jahren setzten wieder Untersuchungen mit tektonischer Zielsetzung ein. Am Mittelrhein und Hunsrück sind die Arbeiten von Ehrendreich (1959) bei Braubach, H. Lehmann (1959) bei Boppard, Schulze (1959) am Mittelrhein bei der Loreley und Thiele (1960) zu nennen, der vom Rhein bei Kestert ausgehend den Süd-Rand der „Mosel-Mulde" bearbeitete. Diese Arbeiten trugen dazu bei, die von Quiring (1930a) vorgegebene tektonische Gliederung zu erweitern, so dass sie auf den angrenzenden Hunsrück übertragen werden konnte. Die Rolle der im Streichen des Gebirges liegenden Überschiebungen wurde dabei stärker herausgestellt und der Schuppenbau besonders betont. Der von THIELE (1960) in den Mosel-Hunsrück verfolgten „Bopparder Überschiebung“ und ihrem nordwestlichen Vorland, der „Bopparder Hauptmulde“ als Teilstück der „Mosel-Mulde“, widmete sich später HAAS (1975).

HOEPPENER (1955) hat den Versuch unternommen, die bis dahin von der CLOOS-Schule, Bonn, gewonnen Ergebnisse (u. a. COLIN 1955, H. JUNG 1955) für ein Mittelrhein-Profil zusammenzustellen. Allerdings vermied er Aussagen zur weiteren Fortsetzung der Oberflächen-Strukturen in die Tiefe.

Mit Hilfe kleintektonischer Aufnahmen untersuchte ENGELS (1955) den Rheintal-Abschnitt zwischen Lorchhausen und der Loreley bei Goarshausen am Mittelrhein. Es ist jener Profilabschnitt, den QUIRING (1930a) in seinem Rheinprofil noch sehr schematisch dargestellt hatte. Bei ENGELS' Profilen wird bei nach Nordwesten einfallendem Faltenspiegel und Nordwest-Vergenz die Schichtenfolge nach Südosten älter (!). Auch die schon bei HOLZAPFEL (1893), A. FUCHS (1899) und NÖRING (1939) gegenüber Oberwesel zitierten Befunde veranlassten ihn nicht, hier eine größere Überschiebung nach Nordwesten anzusetzen.

KRUMSIEK (1967) kombinierte sedimentologische und tektonische Ergebnisse, die er auf der Basis einer klassischen geologischen und einer strukturgeologischen Kartierung am rechten Ufer des Oberen Mittelrheins zwischen Loreley im Süden und Ehrental im Norden gewonnen hatte. Er ging von der Vorstellung nur einer „Porphyroidtuffit-Bank“ aus und benutzte sie als „Leitbank“ für die Profilkonstruktion. Er hat sich 1997 erneut zu dem seinerzeit aufgestellten Plan bekannt, obgleich KIRNBAUER (1991) in einer Monographie über den Porphyroid-Vulkanismus nachgewiesen hatte, dass mehrere Porphyroidlagen existieren.

1974 griffen W. MEYER & STETS das Thema „Rheinprofil“ erneut auf und konstruierten mit Hilfe der inzwischen neu verfügbaren Daten ein geologisches Profil entlang des Rheintales zwischen Bingen und Bonn. Sie postulierten strukturtrennende Auf- und Überschiebungen mit listrisch zur Tiefe sich verflachendem Verlauf und eröffneten so die Möglichkeit, die Rotation von Schuppen und entsprechende Vergenzwechsel leichter zu erklären. Auch deuteten sie an, dass einige der großen Verwerfungen bereits synsedimentär als Schollengrenzen bestanden und bei der Tektogenese auf dem Wege der Inversion in Auf- und Überschiebungen umfunktioniert wurden. 1996 präzisierten sie dieses Bild im Geologischen Führer durch das Rheintal zwischen Bingen und Bonn.

3.1.2 Die „Mosel-Mulde“

Ab 1928 beschäftigte sich QUIRING auch mit dem tektonischen Bau der „Mosel-Mulde“ sowie den Vergenzwechseln im Koblenzer Gebiet. Der als „Mosel-Mulde“ oder „Mosel-Synklinorium“ bezeichnete, komplizierte Nordost-Südwest ausgerichtete zentrale Abschnitt des Schiefergebirges zeichnet das synsedimentär gebildete, paläogeographisch als „Mosel-Lahn-Trog“ ausgewiesene Hauptsenkungsgebiet nach (W. MEYER & STETS 1980, 1996); seine Abgrenzung wurde unterschiedlich vorgenommen: Einige Autoren verstanden unter „Mosel-Mulde“ das Gebiet zwischen der Siegener Hauptüberschiebungs-Zone im Nordwesten und der Boppard-Dausenau-Longuicher Überschiebungszone im Südosten, andere beschränkten den Begriff auf das Verbreitungsgebiet von Schichten des Oberems; dieses engere Gebiet wurde durch eine Längsverwerfung geteilt in den von SOLLE (1942) als „Lützer Mulde“ bezeichneten Nordwest-Abschnitt mit Verlängerung nach Südwesten in die „Olkenbacher Mulde“ in der Süd-Eifel und die „Bopparder Doppelmulde“ im Südosten; nach SOLLE fand letztere ein jähes Ende an Querverwerfungen, die von Strimmig (Mosel-Hunsrück) nach Beilstein/Mosel verlaufen; den zentralen, stark verschuppten Bereich durchzieht ein Vergenzwechsel; auf die ausgeprägte Südost-Vergenz auf dem Nordwest-Flügel folgt vom zentralen Abschnitt nach

Südosten deutliche Nordwest-Vergenz; diese auch als „Vergenzmeiler" bezeichnete Struktur war Gegenstand zahlreicher Modelle.

1928 versuchte Quiring den Vergenzwechsel mit Hilfe eines „NW-SO-Schubs im Koblenzer Pressungsgelenk des Rheinischen Gebirges" zu erklären. 1939 hat er seine Überlegungen weiter vertieft, indem er u. a. „die Faltenzüge der Mosel-Mulde" vom Rhein in den Mosel-Hunsrück bis auf die Höhe Moselkern-Lutz-Dörrweiler verfolgte.

Mitte der1950er Jahre stellte Hoeppener seine Vorstellungen zur Bildung der „Mosel-Mulde" auf der Basis flächenhafter kleintektonischer Untersuchungen in Eifel, Moseltal und Mosel-Hunsrück vor. Sein tektonisches Modell basierte allein auf den Gefügedaten ohne Einbeziehung stratigraphischer Befunde, ähnlich wie Scholtz (1930, 1934) und Kienow (1934).

Engels (1957, 1960) untersuchte zahlreiche Aufschlüsse entlang einer Traverse zwischen Würrich/Hunsrück – Bullay/Mosel – Bad Bertrich und Mayen, um den Baustil der „Mosel-Mulde" zu erklären. In diese Traverse flossen auch Ergebnisse seiner Arbeiten am Mittelrhein und im Dachschieferbergbau im Hunsrück aus den Revieren bei Thomm, Altlay und Kaub ein. Hinsichtlich des Baus der „Mosel-Mulde" betonte er mehrfach: „Die Moselmulde hat – im Querschnitt großtektonisch gesehen – offenbar die Form einer dickbauchigen „Vase", die infolge einer hochgradigen NW-Vergenz am SE-Rande (NW-Vergenz, liegende Falten und horizontale Überschiebungsbahnen) gegenüber der mehr oder weniger mittelmäßigen SE-Vergenz am NW-Rande unsymmetrisch erscheint". Auch Quiring (1939) hatte eine tiefe Einmuldung im Bereich der „Mosel-Mulde" hervorgehoben.

Auf der Südost-Flanke der „Mosel-Mulde" im Hunsrück erkannte Engels (1960) die Fortsetzung der „Mosel-Achse" (Scholtz 1930). Den „Vergenzwechsel in Form einer Fächerstellung der Schieferung (s_1)" schrieb er einem „tektonischen Hoch" auf der Südost-Flanke der „Mosel-Mulde" zu. Diese tektonische Position verglich er mit jener des „Salziger Sattels", der „am NW-Rande – wahrscheinlich im Bereich der Hunsrücker Hauptüberschiebungszone (sensu Quiring 1930a) – besonders hohe Vergenzgrade erreicht und ebenfalls unsymmetrisch gestaltet ist". Damit wurde zum ersten Mal die Asymmetrie betont und Verbindungen zwischen Mittelrhein und Mosel-Hunsrück aufgezeigt, die Kienow (1934) nur angedeutet hatte. Den Vergenzwechsel schrieb Engels der jeweiligen Position im Sattelkern (Fächerstellung) bzw. im Muldenkern (Meilerstellung) zu. Die Asymmetrie betonten flache Überschiebungen auf der Südost-Flanke der „Mosel-Mulde", u. a. die Fortsetzung von Bopparder und Hunsrück-Hauptüberschiebung. Im Gegensatz zu Hoeppener (1957) rechnete er nicht mit größeren Verschiebungen auf der Nordwest-Flanke. Der Schuppenbau war ihm dort entgangen, da er nicht stratigraphisch arbeitete. So hatte er dort erhebliche Schwierigkeiten, Mächtigkeiten bis 15 km zu erklären.

Andere Autoren (Wallbrecher 1963, Langsdorf 1974, Solle 1970) arbeiteten mit synsedimentären Schollen, die nach Art einer Schollentreppe die großen Mächtigkeiten auf der Nordwest-Flanke der „Mosel-Mulde" in der Eifel reduzieren sollten. Alle Bearbeiter hatten offensichtlich nicht beachtet, dass bei diesen riesigen Mächtigkeiten der Gegenflügel im Bereich des Hunsrücks fehlt. So ist ohne zusätzliche Verschiebungen unverständlich, wie bei dieser Konstruktion die hohen Mächtigkeiten an der Bopparder Überschiebung – immerhin ging Engels (1960) von >10 km Mächtigkeit aus – ohne weiteres allein unterdrückt wurden. Dabei ergaben sich immerhin Verwürfe von mehreren 1000 m.

Wesentlich schärfer akzentuierte Thiele (1960) das Problem der Asymmetrie der „Mosel-Mulde" und ihres fehlenden Südost-Flügels. Bei der Kartierung entlang der Bopparder Überschiebungszone vom Oberen Mittelrhein in den Hunsrück erkannte er, dass die Schichtverbände der Ems-Stufen so übereinander liegen, „dass die jüngeren Schichten unter den jeweils älteren liegen, ohne dass eine Überkippung vorliegt" (S. 2). Aus der Kartierung leitete er einen Schuppenbau ab, der in Form von vier Schuppen zu einer wesentlichen Verkürzung und Asymmetrie des Südost-Flügels der „Mosel-Mulde" führte. Nach seinen

Ergebnissen „spielt die Faltung nur eine untergeordnete Rolle. Die Schiefer (...) fallen über weite Strecken flach nach SE ein und werden nur gelegentlich von kleinen Spezialfalten beeinflusst". Auch erkannte THIELE hier die für den Bau der Einzelschuppe wichtige Tatsache, dass in ihr nach Südosten jeweils jüngere Schichten folgen.

Mit kleintektonischen und sedimentologischen Untersuchungen in den zur Mosel entwässernden Tälern von Bay-, Dünn- und Flaumbach sowie zahlreichen Aufschlüssen links und rechts der Mosel mit Schwerpunkt bei Bruttig und Fankel versuchte GASSER (1978), die offensichtlich gewordenen Widersprüche zu klären. So konnte er u. a. aufzeigen, dass Faltung und Schieferung genetisch und zeitlich nicht zu trennen sind, wie HOEPPENER (1957) behauptet hatte. Allenthalben verlaufen die Schieferungsflächen (s_1) mehr oder weniger parallel zur Faltenachsenebene (bc) der Spezialfalten, soweit sie überhaupt vorhanden sind. Obwohl W. MEYER & STETS (1975) im Rheinprofil listrisch zur Tiefe sich verflachende listrische Überschiebungen postuliert hatten, nahm GASSER diese Anregung nicht auf.

Eine neue Analyse vom Nordost-Abschnitt der „Mosel-Mulde" zwischen Treis/Untermosel und Boppard/Oberer Mittelrhein (KRÖLL 2001) erfasste das gesamte Querprofil. Sie basierte auf der geologischen Kartierung und auf strukturgeologischen Untersuchungen. Ihre Ergebnisse führten zur Präzisierung des Baustils.

3.1.3 Der Mosel-Hunsrück

HOEPPENER (1956) untersuchte auch Beispiele aus dem südwestlichen Mosel-Hunsrück, wie die Bernkasteler Schweiz und Gebiete zwischen Kastellaun und Waldrach bis an den Idarwald. Die Vorgehensweise war auch hier auf die kleintektonische Aufnahme beschränkt. Dabei interessierte ihn besonders der Bereich nordwestlich und südöstlich des seinerzeit von SCHOLTZ (1930) definierten Schieferungsfächers (s_1, s_2) „Mosel-Achse", die er als „Fächerzone C" bezeichnete. Seine mit der Absenkung der „Mosel-Mulde" postulierte Rotation nach Nordwesten kann nur bedingt nachvollzogen werden. Sie mag für das Mosel-nahe Gebiet nordwestlich der „Mosel-Achse" (Zone III) gelten, für das südöstlich angrenzende (Zone IV) ist sie unter allen Umständen auszuschließen. Die dort meist steile Schichtlagerung mit vorwiegendem Einfallen nach SE (GREBE 1881) unterlag eher einer Rotation nach Südosten um die „Mosel-Achse". Auch das Postulat, dass in der „Zone III" das Gefüge der ersten Schieferung (s_1) „durch Übergänge mit der zweiten Schieferung (s_2) verbunden sei, die also das Äquivalent zur ersten Schieferung" (S. 343) auch in der südöstlich angrenzenden „Zone IV" darstellt, ist nicht nachzuvollziehen. Dass nach Abschluss der zweiten Schieferung (s_2) durch weitere Einengung hier Überschiebungen nach Nordwesten stattfanden, ist sicherlich richtig. Die eher pauschale Behauptung, dass „die Senkungstendenz der Moselmulde (...) während der variszischen Orogenese von einer Einengung überlagert (wurde), die sich in Faltung, erster und zweiter Schieferung und Überschiebung nach NW äußert", ist dagegen nur z. T. richtig, da das Gebiet südöstlich der „Mosel-Achse" sicherlich nicht zur „Mosel-Mulde" gehört.

Im Gegensatz dazu bezog STETS (1960, 1962) neben kleintektonischen Untersuchungen auch die Ergebnisse geologischer Kartierung in die Analyse ein. Dabei ergab sich eine Gliederung des Gebietes zwischen Mosel und Hochwald südöstlich Bernkastel-Kues in zahlreiche leistenförmige, NE-SW streichende Schuppen, die sich zu Schuppenzonen zusammenführen lassen. Sie stellen Homogenbereiche einheitlicher struktureller Prägung dar. Das zuerst von GREBE (1881) betonte SE-Einfallen der Schichtverbände kombiniert mit lithostratigraphisch definierten Kartiereinheiten führte dazu, eine kontinuierliche Schichtenfolge mit sedimentär bedingten Wiederholungen von der „Mosel-Achse" bis zum Hochwald (LEPPLA zuletzt 1925a) zu postulieren oder diesen Schichtverband in Schuppen aufzulösen. Eine Entscheidung ist stark erschwert, da die Überschiebungen im Gelände nicht direkt aufgeschlossen sind und die geringen lithologischen Unterschiede in den Hunsrückschiefern die sichere Identifizierung der Kartiereinheiten stark schweren. Andererseits ergeben sich bei einer kontinuierlichen Schichtenfolge von der Mosel bis an den Idarwald und Hochwald Widersprüche zwischen dem großtektonischen Baustil und der durch das kleintektonische Gefüge repräsentierten Südost-Vergenz. Die Entscheidung fiel daher zu Gunsten der tektonischen Verschuppung aus (STETS 1960, 1962). Erst spätere Einsichten über das listrische Verhalten der Überschiebungen im Rheinprofil und dessen Strukturen (W. MEYER & STETS 1975, 1996) erleichterten die Erklärung rotationaler Deformation einzelner Schuppen.

WILDBERGER (1992) hat diese Ergebnisse im westlichen Hunsrück bestätigt. Inzwischen hatten ECKE et al. (1985) einen engen Schuppenbau auch für den zentralen und den südlichen Hunsrück zwischen Büchenbeuren und Kirn durch geologische Profilaufnahme sowie palynologische und Inkohlungs-Untersuchungen nachgewiesen. Frühere Ergebnisse durch Mo. WOLF (1978) ohne Berücksichtigung von Schuppenstrukturen hatten noch Zweifel daran aufkommen lassen (u. a. DITTMAR 1996). WILDBERGER gelang es darüber hinaus, erhebliche synsedimentäre Bewegungen abzuleiten, wie sie W. MEYER & STETS (1980) gefordert hatten.

Diese Vorgabe verbietet es, bei der Einengung durch Zusammenschieben des Schuppenstapels von einem einheitlichen basalen Abscherhorizont (decollement) auszugehen, in den die einzelnen, die Schuppen nach Nordwesten begrenzenden Überschiebungen einmünden. Vielmehr muss der prä-devonische Sockel teilweise in die Deformation einbezogen werden. Sie betraf somit beide, den Sockel und die darüber liegenden Schichtverbände („Sedimenthaut"). Unter diesen Voraussetzungen lässt sich das kleintektonische Gefüge leichter erklären: Die einzelnen Schollen südlich der „Mosel-Achse" erfuhren bei primär nach NW gerichteter Einengung Faltung und 1. Schieferung (s_1), außerdem eine Schollenrotation bis zur Saigerstellung der Schichtverbände. Bei weiterer Rotation und Einengung wurde eine 2. Schieferung (s_2) in unterschiedlicher Winkelbeziehung zur s_1-Schieferung immer dann angelegt, wenn Ausgleichsbewegungen auf s_1 nicht mehr möglich waren.

Eine einheitliche Raumlage und nachträgliche Rotation in die heutige Position, wie sie HOEPPENER forderte, erscheint bei einer dafür notwendigen Externrotation um bis zu 110° in unterschiedliche Richtungen unrealistisch. Die „Fächerung" der beiden Schieferungssysteme (s_1, s_2) im Bereich der „Mosel-Achse" erklärte WILDBERGER (1992) mit entgegengesetzter Rotation auf beiden Seiten einer großen Störungszone. Sie fällt hier mit dem Fächer „Mosel-Achse" zusammen und entspricht in ihrer Raumlage der Verlängerung der „Hunsrück-Hauptüberschiebung" (sensu QUIRING 1930a) am Oberen Mittelrhein.

Auf dieser Basis war es WILDBERGER möglich, die Modellvorstellungen von HOEPPENER (1960), ANDERLE (1987b), BIERMANN (1987) und WEIJERMARS (1986) in ihren Grundzügen zu widerlegen. Besonders gilt das für rotationale Deformation durch Wechselwirkung von Einengung und Dehnung bei bis in die Deformation hineinwirkender „syntektonischer Subsidenz". Auch bei Rotationen als Folge reiner Einengungstektonik über einem gemeinsamen „master decollement" im Sinne einer „ramp-and-flat"-Geometrie (ONCKEN 1988, 1989) gelingt dies nicht. Dabei steht die synsedimentäre Schollengliederung auch im Südhunsrück-Trog (D. E. MEYER 1970) der Abscherung entlang eines Basis-"decollement" in den Bunten Schiefern des Gedinne entgegen. Eine synsedimentäre Schollengliederung findet hier in der deutlichen faziellen Differenzierung ab dem Oberems ihren Ausdruck. Auch spricht im südöstlichen Hunsrück das Auftreten der Kristallin-Schürflinge für eine Einbeziehung des prä-devonischen Sockels und gegen einen gemeinsamen Abscherhorizont in den Bunten Schiefern (ONCKEN 1988).

Insbesondere das von WEIJERMARS (1986) entwickelte Modell zur Erklärung der unterschiedlichen Raumlage der beiden Schieferungssysteme (s_1, s_2) im Mosel-Hunsrück hält kritischer Betrachtung nicht stand. Für eine offene Faltung, flach nach Nordwesten einfallende und nach Südosten gerichtete Rücküberschiebungen sowie die Änderung der Raumlage von s_1- und s_2-Flächen machte er u. a. eine dritte Deformation (D_3) verantwortlich.

Letztere sollte in Form einer dritten Schieferung (s_3) im Gefüge dokumentiert sein. Für diese Modellvorstellungen fehlen im Hunsrück im Aufschluss alle geforderten Belege sowie s_3-Flächen (Wildberger 1992).

3.1.4 Westlicher Hunsrück

Zuerst war manchem Bearbeiter der Unterschied sedimentärer und kleintektonischer Gefügeelemente noch nicht bekannt. Materialabhängige Unterschiede zwischen Schichtung im Quarzit oder Schieferung in den Tonschiefern, den gefügebedingten Trennflächen im jeweiligen Gestein, wurden vernachlässigt. Das führte z. B. bei Leppla (noch 1925a) dazu, den später als „Mosel-Achse" (Scholtz 1930) bezeichneten Schieferungsfächer südlich Bernkastel-Kues als große „Mulde" oder „Muldenachse" zu bezeichnen. Eine Ausnahme war Grebe, der bereits 1881 auf die Bedeutung der kleintektonischen Gefügeelemente hinwies. Er weitete seine Erkenntnisse auf das Gebiet zwischen Saar, Idar-und Hochwald bis in den Soonwald aus.

Die Einsicht, dass die Quarzit-Rücken Sättel großer, wenn auch unvollständiger Falten sind, gelang Grebe zuerst bei Katzenloch und an der Wildenburg bei Kempfeld (Bl. 6209 Idar-Oberstein), wo der Taunusquarzit beispielhaft „einen Sattel-Rücken bildet, der aus dem Hunsrückschiefer scharf markiert hervorragt" und auch im „Idarthal am sogenannten Katzenloch", wo am Hohenfels und am Bärloch jeweils ein Sattel deutlich im Aufschluss sichtbar ist. Wir wissen heute, dass der Quarzitrücken der Wildenburg im Durchbruchs-Tal des Idarbaches unterhalb Katzenloch kein einfacher Großsattel, sondern eine durch mehrere Überschiebungen und Spezialfalten, die Grebe (1881) seinerzeit erkannt hatte, gegliederte Schuppenzone ist (Bank 1953, Knautz 1992).

Den mächtigen Quarziten des Taunusquarzit billigte Leppla andere Lagerungsverhältnisse zu als den Tonschiefern, ging jedoch auf die „Quarzit-Sattel-Rücken" Grebe's nicht ein. Das zeigt sich in den Profilen (Leppla 1925a: Taf. 1), in denen Quarzite als ältere Einlagerungen im Hunsrückschiefer dargestellt sind. Dies gilt insbesondere für die „Dhroner Quarzite".

3.1.5 „Großfalten-Strukturen" in Hoch-, Idar- und Soonwald

In den 1930er Jahren übertrugen Asselberghs & Henke (1935) ihre stratigraphischen Ergebnisse in Siegerland, Eifel und Ardennen u. a. auch auf den Hunsrück und Hochwald. Auf dieser Basis definierten sie übergeordnete Sattel- und Mulden-Strukturen. Dabei standen Taunusquarzit und „Dhroner Quarzite" für Sättel und Hunsrückschiefer für Mulden. Das von Grebe 1881 beschriebene überwiegende Südost-Einfallen der Schichten störte sie dabei nicht. So entstanden die Begriffe „Osburger Hochwald-Sattel", „Thalfanger Mulde", „Idarwald-Sattel", „Hermeskeiler Mulde" bis östlich Allenbach und „Züscher Sattel". Der Tatsache, dass zwischen Malborn und Grimburg Taunusquarzit auf der Nordwest-Flanke des „Idarwald-Sattels" und Züsch-Schichten direkt an Hunsrückschiefer grenzen, trugen sie unter Bezug auf Grebe durch eine Verwerfung Rechnung, die „faille d'Hermeskeil". Aus der Bemerkung, dass ab Grimburg unter der Verwerfung der von ihnen in das Untersiegen eingestufte Taunusquarzit wieder zum Vorschein kommt, ist zu entnehmen, dass sie wohl von einer Überschiebung ausgingen. Beim „Züscher Sattel" erkannten sie, dass die Südost-Flanke dieser Struktur steil nach Nordwesten einfällt und dort inverse Lagerung herrscht. Im Gegensatz dazu sollten die Falten nördlich der „Verwerfung von Hermeskeil" nach Norden „übergelegt" sein, was allerdings nicht zutrifft. Die Muldenstruktur südlich des „Züscher Sattels" erkannten sie zwar, benannten sie jedoch nicht, ebenso wie die Quarzit-Vorkommen südlich des „Züscher Sattels“ bei Abentheuer und Gollenberg. Bei ihnen fehlte eine nähere Untergliederung des südlichen „Züscher Sattels“. Hier hatte sich Opitz (1932, 1935) der Tektonik in den Dachschiefern und den Quarziten von „Idarwald“- und „Züscher Sattel“ gewidmet. DieVerlängerung des „Züscher Sattels“ bis zur Wildenburg bei Kempfeld bezeichnete er wegen Grebe’s Verdiensten um die Geologie des westlichen Hunsrücks als „Grebe-Sattel“, eine Bezeichnung, die sich nicht halten ließ.

Diese großtektonische Gliederung erweiterte Nöring (1939) aufgrund seiner Aufnahmen im westlichen Hunsrück, indem er das Inventar von Asselberghs & Henke (1935) um den „Horather Sattel“ mit „Dhroner Quarziten“ im Kern und die „Berglichter Mulde“ nordwestlich des „Osburger Hochwald-Sattels“ ergänzte. Außerdem verlängerte er die „Hermeskeiler Mulde“ zur „Hermeskeil-Kempfelder Mulde“ nach Nordosten und ergänzte die Strukturen südlich des „Züscher Sattels“ um die „Leiseler Mulde“. Hinzu kamen noch die kleinen Quarzit-Sättel von Gollenberg und Abentheuer. Den „Idarwald-Sattel“ meinte Nöring aufgrund von Einzelvorkommen von Quarziten im Einklang mit den Beobachtungen von Holzappel (1893) im Rheintal an der Loreley sowie am „Spitzen Stein“ (etwa 1,5 km südwestlich von Urbar/Rhein) und am „ Hohenstein“ bei Badenhard (Bl. 5811 Kestert) bis Katzenelnbogen und weiter nach Nordosten bis Mensfelden in den Taunus hinein verfolgen zu können. Wie weit die geradlinige Verfolgung zulässig ist, bleibt zu prüfen. Weiter im Norden ordnete er die Schichtverbände bei Schweich der „Mosel-Mulde“ zu, die er über die „Hauptmulde von Boppard-Montabaur“ an die „Dill-Mulde“ anschloss.

Außerdem wies Nöring (1939: 73) auf einen „steilen Schuppenbau im Süden des Gebietes“ hin. Er begrenzte die Quarzite bei Gollenfels und Abentheuer durch steile „streichende Störungen“ und führte als steil stehenden, stark gestörten Bereich die „Durchspießungs Zone von Mörschied-Abentheuer“ ein. Ihr ordnete er das Gneis-Vorkommen bei Mörschied zu und einige Quarzite, die er für kambrisch hielt. Hier hätten „die älteren Gesteine keilartig, zwetschgenkernartig den Hunsrückschiefer auf der Schieferungsebene durchwandert“ und seien „auf ihrem Weg zu schmalen Quetschlinsen ausgedünnt und zerrissen“ worden. Jüngere Untersuchungen (Knautz 1992) haben diese Beobachtungen bestätigt, wenngleich die altersmäßige Zuordnung der Quarzite zu diskutieren bleibt. Obwohl Nöring die Arbeiten der Cloos’schen Schule (Scholtz 1930, Kienow 1934) gekannt haben sollte, basieren seine Ergebnisse in erster Linie noch auf der Arbeitsmethode, die auch Asselberghs und Henke anwendeten.

Das wiederholte Auftreten von Taunusquarzit im Soonwald deuteten Asselberghs & Henke (1935) als „Zone anticlinale plissée“, was später zu der Bezeichnung „Soonwald-Antiklinorium“ führte. Sie begründeten diese Bezeichnung mit den schon von Beyenburg (1930) festgestellten Schichtwiederholungen und befürworteten die gebundene autochthone tektonische Version, ohne sie jedoch näher zu begründen.

Das Gneis-Vorkommen am Schloss Wartenstein im Soonwald hatten Tilmann & Chudoba (1931b) in einen asymmetrischen, gestörten, nahezu isoklinalen Sattel einbezogen. Diese Darstellung wurde weit über diese Zeit hinaus, obwohl sie nahezu unmöglich ist und dem Baustil des Hunsrücks nicht entspricht, immer wieder zitiert und abgebildet.

3.1.6 Der Zentrale Hunsrück

Im Rhein-Profil setzt sich nördlich der Taunuskamm-Überschiebungszone der Baustil mindestens bis an die Boppard-Dausenauer Überschiebungszone bei Boppard fort (W. Meyer & Stets 1975, 1996, 2000). In diesem Abschnitt erscheint es schwer vorstellbar, dass das oben diskutierte Modell weiter nach Norden übertragen werden kann. Trotzdem hat Dittmar (1996) ein ähnliches Profil wie Oncken (1988) und daraus ein Modell für den zentralen Hunsrück zwischen der Mosel bei Alf und der Nahe bei Kirn entwickelt. Es beinhaltet eine Vielzahl von Überschiebungen, die in ein gemeinsames basales „master decollement" einmünden. Dieser Komplex bildet die „Hunsrück-Decke". Sie nimmt ihren Ausgang in ca. 12 km Tiefe unterhalb des südöstlichen Hunsrücks. An diese Decke grenzt an steiler Überschiebung im Süden die „Soonwald-Einheit". Sie wird ihrerseits von Süden von den Gesteinsverbänden der Metamorphen Zone („Phyllitzone" bei Dittmar) mit MORB-Typ-Metabasalten überschoben. Abgesehen davon, dass nach Dittmar's Vorstellungen 6–7 km von der „Hunsrück-Decke" abgetragen sind, wurde diese ihrerseits zusätzlich von einer 13–14 km mächtigen „Hangenden Deckeneinheit", die weit über die „Mosel-Mulde" hinaus nach Nordwesten reichte, überschoben. Auch diese „Deckeneinheit" ist wie am Rhein bei Oncken's Modell vollständig abgetragen und nicht mehr direkt nachvollziehbar.

Dittmar (1996) begründete die Erklärung der inzwischen völlig abgetragenen „Hangenden Deckeneinheit" im Hunsrück mit der Existenz der Gießener Decke im östlichen Schiefergebirge bzw. der „Carrick-Decke" in Cornwall (Südwest-England). Dittmar führte weiter an, was bei den heute noch vorhandenen Resten nur bedingt vorstellbar ist, dass auch die „Gießener Decke eine bei Abschluss der orogenen Vorgänge im Vergleich zur heutigen Dicke sehr viel größere primäre Mächtigkeit besessen habe" (S. 358). Auch argumentierte er mit seinen Inkohlungswerten, dass die „Hunsrück-Decke" sich in einer „einheitlichen, nachträglich kaum mehr verstellten Tiefenlage befand" (S. 358). Untersuchungsergebnisse bei Stromberg (Mo. Wolf 1978) und im Rhein-Profil (Sellner 1985, Holl 1995) zeigen jedoch, dass die Inkohlungswerte im Wesentlichen Stratigraphie-abhängig sind und infolgedessen nicht von einer die Inkohlungswerte vereinheitlichenden „Hangenden Deckeneinheit" überprägt waren. Allerdings ist nicht vollständig auszuschließen, dass sich entlang von Überschiebungen, die sich im Süden aus dem Schuppenstapel ableiten lassen, auch kleinere Deckenschübe nach Norden abspielten (Holl 1995, Knautz 1992).

Die Aussage, dass im Karbon eine bis 14 km mächtige, rein hypothetische „Hangende Deckeneinheit" bestand, hat Konsequenzen. Unklar ist vor allem, woher die ungeheure Gesteinsmasse stammt, werden doch schon die im zentralen Rheinischen Trog („Mosel-Lahn-Trog") vermuteten >10 000 m Mächtigkeit für das gesamte Unterdevon (W. Meyer & Stets 1980, Stets & A. Schäfer 2011) angezweifelt. Auch ein vor der Mitteldeutschen Kristallin-Schwelle angehäufter Akkretionskeil sollte hier schwerlich reichen. Darüber hinaus stellt sich die Frage, wo sich südlich des Hunsrücks der für diese Gesteinsmassen notwendige Ablagerungsraum, die Mitteldeutsche Kristallin-Schwelle und der Akkretionskeil befanden, da schon in der Tief-Bohrung Saar 1 südlich des Hunsrücks nur um 1000 m mächtige, nahezu undeformierte Mittel-, Oberdevon- und Unterkarbon-Sedimente diskordant auf Granit angetroffen wurden. Andererseits müsste vom Abtragungsschutt der „Hangenden Deckeneinheit" zumindest ein Teil in der Oberkarbon- und Rotliegend-Abfolge der Saar-Nahe-Senke dokumentiert sein, was nicht der Fall ist.

Elkholy (2000) nahm die Trasse für eine Erdgasleitung zwischen Alf und Wickenrodt auf. Er bestätigte das Vorhandensein einer „Vielzahl kleiner Schicht- bzw. Schieferungsflächen-paralleler Störungsbahnen", die „die mächtige Hunsrückschiefer-Abfolge (...) in weitaus stärkerem Maß durch schuppenartige Schichtwiederholungen" prägen „als es sich in den monotonen Gesteinsfolgen lithologisch bzw. lithostratigraphisch nachweisen" (S. 192) ließe. Weiter bestätigte er Überschiebungen, die im Aufschlussniveau phänomenologisch als Abschiebungen gesehen werden, jedoch überkippte Überschiebungen sind. Wenn auch viele Störungen nur begrenzten Tiefgang haben dürften, schloss er solche nicht aus, die bis in den prä-devonischen Sockel reichen. Damit sprach er sich gegen einen gemeinsamen Basis-Abscherhorizont sensu Dittmar und Oncken aus und vertrat „eine differenzierte Abscherung und Verschuppung in Abhängigkeit vom paläogeographisch ab(vor)gezeichneten Schollenmuster (...) bis in den kristallinen Untergrund" (S. 195).

3.1.7 Das „Soonwald-Antiklinorium" und die Frage nach einer Deckentektonik

Schon bald nach dem Nachweis von Deckentektonik in den Alpen hat GERTH (1910) versucht, die Lagerungsverhältnisse des südlichen Schiefergebirges durch Deckenbau zu erklären. Gegendarstellungen erfolgten u.a. durch K. GEIB (1914), MICHELS (1931), CLOOS & SCHOLTZ (1930).

Vorstellungen über den tektonischen Bau des „Soonwald-Antiklinoriums" beruhen auf Untersuchungen im Oberen Mittelrhein-, im Guldenbach-, Simmer(Kellen)- und Hahnenbach-Tal. Am Mittelrhein hatte H. JUNG (1955) das „Soonwald-Antiklinorium" zwischen Trechtingshausen und Bingen aufgrund kleintektonischer Untersuchungen in drei Abschnitte unterschiedlicher Prägung und Vergenzen unterteilt. Im Nord-Abschnitt sprechen alle Daten von der Taunuskamm-Soonwald-Überschiebungszone bis zum Postbach-Tal (gegenüber Assmannshausen) für NW-Vergenz; sie ist deutlich dokumentiert in der kompliziert gebauten Taunuskamm-Soonwald-Überschiebungszone mit ihren Einzelüberschiebungen; die Materialunterschiede zwischen den Tonschiefern der Bunten Schiefer und dem Taunusquarzit prägen das Bild einer „polytropen Faltung" (H. JUNG 1955). Der Mittelabschnitt liegt auf der S-Flanke des „Assmannshausener Sattels" und ist durch Spezialfalten auf dem flach nach SE geneigten Schenkel dieses übergeordneten „Sattels" gekennzeichnet. Im Süd-Abschnitt, der bis zum Süd-Rand des Schiefergebirges reicht, schlägt nach H. JUNG die Vergenz bei der Lokalität „Rossel" und der Burgruine Ehrenfels in SE-Vergenz um.

Dieser Abschnitt des Mittelrhein-Profils zwischen Niederheimbach und dem Rochusberg ist abgesehen von der dominierenden Taunuskamm-Soonwald-Überschiebungszone seit HOLZAPFEL (1893) durch mehrere im Streichen des Gebirges liegende Überschiebungen gekennzeichnet, denen H. JUNG (1955) allerdings kaum Bedeutung beimaß. Andernfalls hätte er die Abschnittsteilung an die jeweilige Nordwest-Grenze der Schuppenstrukturen – Kammerforster Schuppe, Bodental-"Sattel", Assmannshausener „Sattel" und Rochusberg-Schuppe – gelegt, die eine deutliche Teilung vorgeben. EHRENBERG et al. (1968) auf Bl. 5913 Presberg gliederten die einzelnen Abschnitte des Profils wesentlich realistischer mit Hilfe der durch die Überschiebungen vorgegebenen Strukturen in „Taunusnordrandüberschiebung" (hier: Taunuskamm-Überschiebungszone), Kammerforster Schuppenzone, Bodental- und Assmannshäuser „Sattel".

ONCKEN (1988) versuchte im selben Rheintal-Abschnitt die Geometrie und Kinematik der Taunuskamm-Überschiebung als Beitrag zur Diskussion des Deckenproblems für das südliche Rheinische Schiefergebirge abzuleiten. Im Gegensatz zu den früheren Darstellungen wurde hier den Überschiebungen ein entscheidender Anteil an der Prägung dieses Gebirgsabschnitts beigemessen. Mit Hilfe bilanzierter Profile wurden die Bewegungsbahnen, in erster Linie ein Hauptabscherhorizont in den Bunten Schiefern des Gedinne, in größere Tiefen verlegt. Auf dieser Basis deutete ONCKEN (1988) das von ihm als Taunuskamm-Soonwald-Einheit bezeichnete „Soonwald-Antiklinorium" als parautochthonen Deckenkörper „mit der Internstruktur eines teleskopartig zusammengeschobenen und gestapelten „hinterland-dipping-Duplex"-Systems, das vom kristallinen Fundament der nördlichen Mitteldeutschen Schwelle in das nördliche Vorland hinein abgeschert wurde". Zur Erklärung der anchimetamorphen Prägung dieses Mittelrhein-Talabschnitts und zum Funktionieren des Modells postulierte er die Überschiebung des Duplex-Systems durch eine 5–12 km mächtige Decke über die „Taunuskamm-Soonwald-Einheit" – und wohl auch darüber hinaus – nach Nordwesten. Diese Überschiebung soll auf einer hypothetischen, in sich gefalteten Überschiebung („roof thrust") erfolgt sein. Diese heute vollständig abgetragene Deckeneinheit sollte aus „Gießener Grauwacke" bestanden haben.

Die Mächtigkeit der „Gießener Grauwacke", die nur im östlichen Schiefergebirge erhalten ist, liegt weit unter der hier als notwendig postulierten Mächtigkeit. Außerdem gibt es für die Herleitung größerer Mengen an „Gießener Grauwacke" südlich des Hunsrücks keine Anhaltspunkte. Auch sollte hier ein Ozean bestanden haben (Lizard-Gießen-Ostharz-Ozean; u. a. Wo. Franke & Oncken 1990). Die Kristallin-Schürflinge im Süd-Hunsrück betrachtete Oncken (S. 573) als „Vorkommen exotischer Gneisschollen in mélange-artig zerscherter Umgebung", die er „mit der tiefen Lage der Basisabscherung der Taunuskammdecke im Süden über eventuell gegliedertem Relief", erklärte. Dabei müsste zuerst geklärt werden, ob im südlichen Hunsrück nicht auch mit älteren Schichtverbänden, entsprechenden Vulkaniten oder „Taunusgesteinen" gerechnet werden muss. Eine Transgression der Schichtverbände des Gedinne auf Kristallin muss nach den Untersuchungen im Hahnenbach-Tal ausgeschlossen werden. Insofern ist ein Abscherhorizont in diesem Niveau schwer haltbar. Auch fällt auf, dass die drei bilanzierten Profile (Oncken 1988), die im Streichen in einem knapp 15 km breiten Streifen nebeneinander liegen, wenig Ähnlichkeiten aufweisen.

3.1.8 Südöstlicher und südwestlicher Hunsrück

Moderne Vorstellungen über den Bau des südöstlichen Hunsrücks erarbeitete vom Gräfenbach bis zum Hahnenbach H.-H. Werner (1952). Dadurch gelang es ihm, zumindest einen Teil seiner „Metamorphen Zone" als jünger einzustufen (Oberems, evtl. Mitteldevon) und als „Winterbach-Synklinorium" südlich des „Soonwald-Antiklinoriums" auszuweisen. Den Baustil charakterisierte er als eine „schuppenförmige, z. T. unregelmäßige Lagerung heterogener Gesteine" (S. 652). Tilmann & Chudoba (1931a) waren noch davon ausgegangen, dass in der Metamorphen Zone unter Ausfall devonischer Gesteine die „Taunusgesteine" (prädevonische Schichtverbände des südlichen Taunus) auftreten. Für H.-H. Werner bestand ein enger genetischer Zusammenhang zwischen „Schubklüftung" (s_2) und Schuppenbau.

Die geologischen Verhältnisse im weiter südwestlich gelegenen Hochwald gegen das Saar-Nahe-Becken im Raum Mörschied – Abentheuer – Nonnweiler blieben bis in jüngere Zeit unbeachtet, abgesehen von der geologischen Situation in der ehem. Grube „Korb" bei Eisen. Opitz (1932, 1935) hat sich mit der Tektonik der Dachschiefer intensiv beschäftigt und eine geologische Beschreibung der Umgebung von Birkenfeld herausgebracht.

Knautz (1992) untersuchte den seit langem vernachlässigten strukturellen Bau dieses Gebietes und erarbeitete ein Modell zu seiner strukturellen Entwicklung. Er stellte es u. a. dem Modell im Oberen Mittelrhein-Tal (Oncken 1988, 1989) gegenüber. So konnte er die großtektonischen Baueinheiten „Züscher Sattel" und „Leiseler Mulde" (Nöring 1939) präzisieren. Sie sind durch einen eng gestaffelten, steil stehenden Schuppenbau gekennzeichnet. Die strukturtrennenden streichenden Überschiebungen sind spitzwinklig bis subparallel zum Generalstreichen verlaufende steile Trennflächen und Trennflächensysteme. Der Gefügetyp „Kurzschenkelfalte", wie er auch in der ehem. Schwerspat-Grube „Korb" bei Eisen unter Tage verwirklicht ist (Stets & Stoppel 1998), sollte aus einem nach Norden gerichteten Massentransport bei der Tektogenese abgeleitet werden. Erst bei späterer Rotation nach Südosten wurden die Schichtverbände bis zur Steilstellung und Überkippung aufgerichtet. Knautz ging von einer „kontinuierlichen Änderung der Raumlage der primären und sekundären Gefügeelemente (s_0, s_1,) während der Deformation" aus (S. 202). Obwohl es auch ihm nicht gelang, die strukturtrennenden Überschiebungen im Gelände direkt aufzuzeigen, müssen diese aus der Kombination der Ergebnisse der lithostratigraphischen Kartierung und der kleintektonischen Aufschlussaufnahme gefolgert werden.

Innerhalb der einzelnen Schuppen ist auch hier die zeitliche Abfolge der Schichten von alt nach jung ausschließlich nach Südosten gerichtet. Aufgrund dieses Ergebnisses muss man sich von der von Asselberghs & Henke (1935a, b), Opitz (1935) und Nöring (1939) entwickelten Vorstellung lösen, die die Großfaltenstrukturen einzig aus dem stratigraphischen Befund in deren Kern entwickelt hatten. Knautz' (1992) Vorstellungen eines Schuppenbaus passen sich nahtlos in den Baustil des übrigen Hunsrücks ein. Der einzige Unterschied besteht in einer offensichtlich stärkeren Einengung, die zu stärkerer Aufrichtung bis zur Überkippung der Schuppenstapel führte. Auch der Winkel, den s_0 und s_1 einschließen, ist nach Süden zunehmend enger geschlossen, so dass quasi-Parallelität bei ihnen eher der Regelfall ist. Letztendlich fiel auch hier die Entscheidung zugunsten einer engen Verschuppung unter Einbeziehung des prä-devonischen „basement complex".

3.2 Das kleintektonische Gefüge

3.2.1 Schichtung (s_0) und Schichtgefügemerkmale

Als schwierig erweist sich die Bestimmung des Schichtverlaufs in den einheitlich pelitischen Schichtverbänden (z. B. Hunsrückschiefer, Kaub-Schichten; Kieselgallen-Schiefer des Oberems). Hier müssen sandige Lagen oder Bänder (bei Bänderschiefern) geortet werden. Wurden diese Lagen von einer starken Schieferung (s_1) betroffen, können sie linsenartig zerschert und die Teilstücke auseinander gedriftet sein, wobei die Linsen in Richtung der Schieferung gelängt und eingeregelt wurden. Da die sedimentären Schichtflächen in den Peliten nicht mechanisch als s-Flächen wirksam werden konnten, musste der Ausgleich der deformativen Beanspruchung entlang von sekundär angelegten Scherflächen, den Schieferungsflächen (s_1,s_2), erfolgen. Ähnliches gilt, wenn in pelitischen Schichtverbänden die Schichtung primär durch Kieselgallen, Toneisenstein-Konkretionen o. ä. lückenhaft nachgezeichnet wird.

Bei intensiver tektonischer Beanspruchung kann auch ein primärer Materialwechsel vorgetäuscht sein, eine „Pseudoschichtung" (Engels 1955, Stets 1960, Talbot 1965). Es handelt sich dabei um eine schwach metamorphe Stoffsonderung, die in einer hell-dunkel-Bänderung zum Ausdruck kommt. Phyllosilikatreiche dunkle Lagen wechseln dabei mit quarzreicheren hellen ab. Sie tritt in schwach sandigen, einförmig siltigen Tonschiefern und in schlecht entmischten siltig-sandigen Schichtverbänden ohne primäre Sandbänderung auf. Auch eine intensive 2. Schieferung (s_2) kann in solchem Material eine „Pseudoschichtung" hervorrufen. Bei gleitbrettartiger Zerscherung derartiger Gesteinsverbände bilden sich bei starker Beanspruchung entlang der s_2-Flächen Lagen aus zerscherter Ton- oder Siltschiefer-Substanz,

NW SE

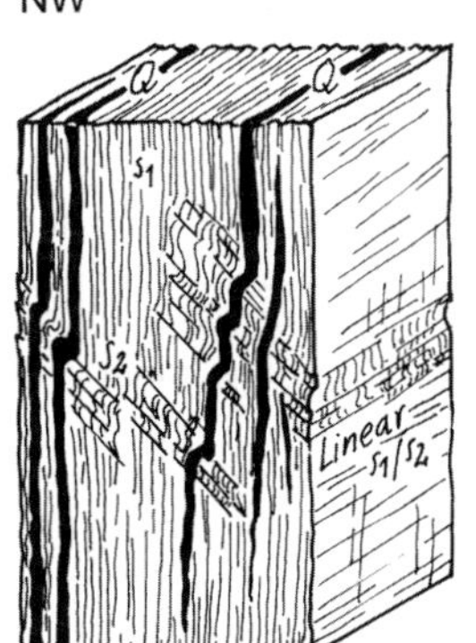

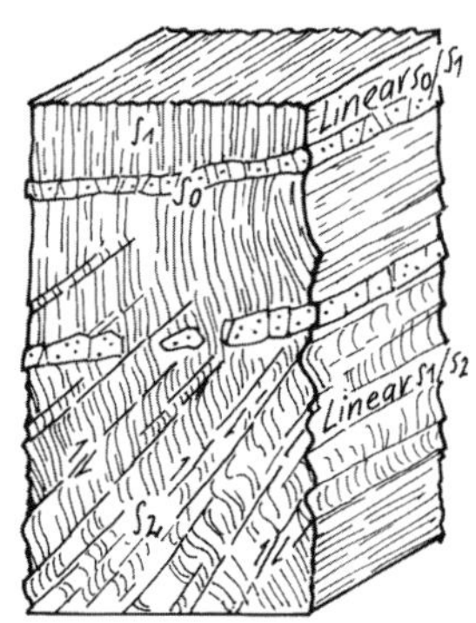

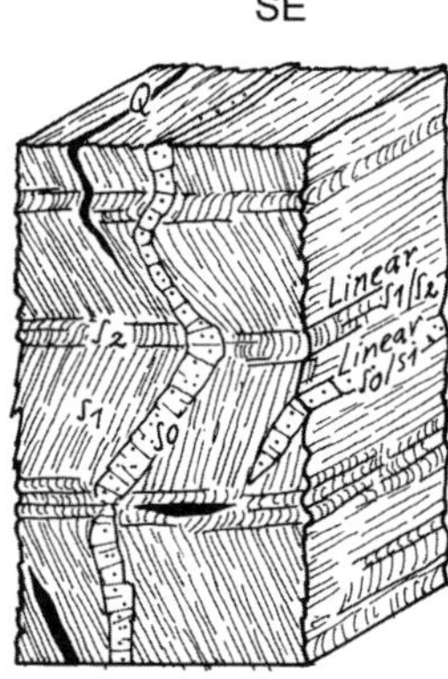

Abb. 15. Schichtung (s_0), 1. Schieferung (s_1) und 2. Schieferung (s_2) und die Schnittlinien (Lineare) dieser Flächen. Q Quarzgänge. Spies & Stets (2004).

evtl. auch Schichtsilikat-Neubildungen, die einen primären Materialwechsel vortäuschen. Bei sandig-schiefrigen Gesteinen kann häufig auch eine "Flaserung" mit unebenen s-Flächen eine sedimentär bedingte Flaserschichtung vortäuschen.

3.2.2 Das Deformationsgefüge D_1

Das Deformationsgefüge D_1 ist in Aufschluss, Handstück und Dünnschliff durch Flächen der 1. Schieferung (s_1) und/oder eine entsprechende Faltung (F_1) der Schichten mit der Faltenlängsachse B/b_1 repräsentiert. Nahezu parallel zu ihr verläuft das Schnittlinear L_1 (δ) der s_0- und s_1-Flächen.

3.2.2.1 Die 1. Schieferung (s_1)

Allgemeine und historische Aspekte. In allen rein pelitischen Gesteinen ist ein streng geregeltes, ebenflächiges, parallel bis subparallel verlaufendes s_1-Flächensystem ausgebildet. Das gewährleistet die gute Spaltbarkeit dieser Gesteine. Dabei folgt die Spaltbarkeit nicht immer ein und derselben Schieferfläche. Die Spaltfläche kann von einer Schieferfläche zur nächsten überwechseln. Zwischen den Schieferungsflächen liegen unterschiedlich lang gestreckte Gesteinsscheiben oder Linsen, die von den Schieferflächen „umflossen" sind. Der Gehalt an Quarz in der Korngröße Feinsand/Silt bestimmt in Abhängigkeit vom Gehalt an Phyllosilikaten die Mächtigkeit und Form der von den s_1-Flächen umschlossenen Gesteinsscheiben. Sie können von feinster Bänderung über lagige Paralleltextur bis hin zu linsigen, lang ausgezogenen, dünnen Gesteinskörperchen reichen. Im Hunsrück gilt dies für alle pelitbetonten Schichtglieder. Dazu gehören die schiefrigen Anteile der Züsch-Schichten resp. der Bunten Schiefer des Gedinne sowie alle pelitischen Schichten innerhalb der Siegen-, Unterems- sowie die pelitbetonten Schichten des Oberems. Auch in den pelitischen Zwischenlagen des Oberen Taunusquarzits bzw. denen der anderen, eher psammitischen Schichten fehlt sie nicht. Dieses Gefügeelement ist relativ konstant in seiner Raumlage und streicht NE-SW, im Regelfall zwischen 45–65°, im Oberen Mittelrhein-Tal und in der „Mosel-Mulde" auch um 45–50° (Foto 10, S. 165).

Die pelitischen Gesteine des Hunsrücks wurden immer wieder bei der Frage nach der Entstehung der Schieferung in die Untersuchungen einbezogen. Unter den älteren Bearbeitern hatte u. a. Born (1929) auf der Basis überregionaler Vergleiche und mikroskopischer Untersuchungen Unterschiede in der Beschaffenheit der s_1-Flächen festgestellt. Er unterschied Bruch-, Rauh-, Glatt- und Runzelschieferung und führte diese Unterschiede auf ehem. unterschiedliche Tiefenlage der Gesteinskörper während des Schieferungsprozesses zurück.

Auch Mittmeyer (zuletzt: 2008: 185) unterschied nach der Oberfläche der s_1-Flächen „Bruch"-, „Rauh"-, „Glatt"- und „Glanz"-Schieferung. Diese Differenzierung erscheint überholt, da die s_1-Oberfläche nur bedingt vom Intensitätsgrad, sondern entscheidend vom Stoffbestand, insbesondere vom Sand-Gehalt, abhängen. Allerdings zeigen rein pelitische Ausgangsgesteine bei intensiverer Beanspruchung und unterschiedlicher Phyllosilikat-Neubildung unterschiedlichen Glanz.

Letztlich bildeten sich in den primär Phyllosilikat-reichen Gesteinen bei weiter steigendem Sand-Anteil größere Lamellen und Linsen, die von sich verzweigenden und wieder zusammen „fließenden" s_1-Flächen umschlossen werden. Mosebach (1952) schloss bei Untersuchungen an Hunsrückschiefern, dass in diesen Linsen der ursprüngliche Stoffbestand der Gesteine – wenn auch diagenetisch verändert – erhalten sei. Bei gesteigerter Intensität der Schieferung (s_1) bildet sich eine ausgeprägte, sekundäre Anisotropie in den vorwiegend feinkörnigen Gesteinen. Entlang der s_1-Flächen entstanden zusätzlich feine, aus Serizit-Schüppchen bestehende Lamellen neu. Eine längliche, in s_1 ausgezogene Form der Quarz-Einzelkörner und -Aggregate geht zusätzlich auf eine begrenzte Drucklösung des SiO_2 zurück. Der gelöste, wenig wanderungsfreudige SiO_2-Anteil wurde nahebei in Form geringmächtiger Trümer parallel zu s_1 wieder ausgeschieden. Außerdem kam es im Druckschatten größerer Quarz- und auch Pyrit-Körner bzw. -Kristalle zur Auskristallisation von neu gebildetem Quarz und faserigem büschelförmigem Chlorit. Bei starker Aggregatbildung bei höherem Quarz-Anteil kann dieses Gefüge u. d. M. den Eindruck von zwei sich unter spitzem Winkel schneidenden s-Flächensystemen erwecken. Beispiele sind in den Zerf-Schichten im westlichen Mosel-Hunsrück häufig.

Mosebach (1954) legte entscheidenden Wert darauf, dass in dem von ihm untersuchten Dachschiefer-Material aus Bundenbach und Kempfeld außer Serizit normalerweise kein weiteres Mineral im Bereich der s_1-Flächen nachgewiesen werden konnte. Nach seinen Ergebnissen kam es offensichtlich zu einer „gefügemäßigen Trennung des Mineralinhaltes der Tonschiefer“ (S. 371) in linsenförmige Aggregate und Lagen zwischen den Linsen. Er deutete diese „metamorphe Differentiation (...) als Folge der Umkristallisation in einem nicht geschlossenen System (...) und Kristallisation aus der übersättigten flüssigen Phase auf den s-Flächen“ (S. 375). Eine Wanderung der entstandenen Fluide sollte im Korngrenzbereich erfolgt sein. Unter diesen physikochemischen Bedingungen ist auch die Mobilisation von SiO_2 und Auskristallisation als Quarz entlang der s_1-Flächen in kleinen Trümern möglich. Dabei konnte es auch zu der „Pseudoschichtung“ kommen. Voraussetzung dafür ist ein primär Phyllosilikat-reiches, schlecht entmischtes Ausgangsgestein.

In stark geschieferten, heterolithischen Wechselfolgen pelitischer und psammitischer Gesteine ist eine Lageänderung der s_1-Flächen beim Eintritt vom pelitischen – inkompetenten – Gestein in eine psammitische – kompetente – Bank zu beobachten. Die Abstände der s_1-Flächen sind im Psammit weiter, ähneln einer Klüftung, und ihr Verlauf erscheint ähnlich wie bei einem Lichtstrahl zum Lot auf s_0 hin „gebrochen“ („Schieferungsbrechung“). Dieses Merkmal kann bei mächtigen, unterschiedlich sandigen Tonschiefern helfen, einen versteckten, originären Materialwechsel zu erkennen und die Raumlage von s_0 zu bestimmen.

Hoeppener (1956) machte in der „Mosel-Mulde“ und im Mosel-Hunsrück geltend, dass die Deformation psammitischer Bänke in Tonschiefern von dem Winkel abhängig sei, unter dem die s_1-Flächen auf die kompetenten Bänke treffen: Bilden s_0 der Bank und s_1 einen „großen Winkel“, so ist die Folge eine Faltung, deren Wellenlänge über die Mächtigkeit abhängig ist vom „Gesetz der Stauchfaltengröße“. Die Faltenachsenebene (bc) liegt parallel zu s_1. Bei spitzem Winkel treten Zerreißungen, Boudinage oder „Schieferungsbrechung“ ein. Bei größerer Mächtigkeit der kompetenten Bänke können fächer- (Sattelkern) und meilerförmige (Muldenkern) Verstellungen von s_1 eintreten. Die Symmetrieebene dieser Gebilde entspricht der Faltenachsenebene der Falte und der Raumlage von s_1 bei einheitlichem Material. Dass allerdings „Abweichungen der bc-Ebenen bis zu 20°“ (S. 265) im Mosel-Hunsrück vorkommen, konnte nicht bestätigt werden (Gasser 1978). Am Übergang vom Pelit zu mächtigen Psammiten setzt makroskopisch auch das s_1-Flächengefüge aus. U. d. M. sieht man, wie es sich unregelmäßig, durch Phyllosilikate nachgezeichnet im Quarzit zerschlägt.

Gefügetyp s_1. Hoeppener (1956) bestätigte mit seinem „Gefügetyp s_1“ als Ergebnis der „1. tektonischen Schieferung“ in Mosel-“Mulde“ und Mosel-Hunsrück die Ergebnisse seiner Vorgänger. Voraussetzung für eine solche Schieferung war für ihn, dass die deformierten Gesteine primär keine mechanisch wirksamen s_0-Flächen aufweisen. Auch einer Feinschichtung im Pelit maß er keinerlei mechanische Wirksamkeit bei. Wie Mosebach (1954) unterschied auch er „s_1-Flächen“ und „s_1-Linsen“: Im frühen Stadium sollten die „s_1-Flächen“ dünn sein, nicht unbedingt parallel zueinander verlaufen, Einzelkörner und Kornaggregate nicht durchschlagen, sondern „umfließen“; bei intensiverer Schieferung erreichten die „s_1-Flächen“ Dicken bis 5 µm und mehr, rückten enger zusammen, und die eingeschlossenen Winkel wurden kleiner; als Endergebnis sah er „ein fast einheitlich (...) geregeltes Serizit-Chlorit-Gefüge“, in dem nur einzelne größere Chlorite sich der Regelung nicht anpassten; im Teilgefüge „s_1-Flächen“ unterschied er mehrere Systeme, die sich unter sehr spitzen Winkeln schneiden; bei der kleintektonischen Geländeaufnahme ist die gemessene Schieferungsfläche s_1 eine Ablösungsfläche, die über diese Flächen integriert. Die max. Dicke der „s_1-Linsen“ schwankt nach Hoeppener zwischen 5 und 50 µm; der Inhalt besteht im Gegensatz zu Mosebach aus feinschuppigem Chlorit und einzelnen größeren Individuen von Serizit mit Durchmessern <10 µm, detritischem Hellglimmer und Quarz; auch meinte er, in den Linsen reliktisch Schichtung (s_0) zu erkennen.

Für Hoeppener (1956) hatte der Phyllosilikat-Anteil, resp. eine durch Phyllosilikat-Lagen vorgegebene Feinschichtung (ss, entspricht s_0), nur einen verhältnismäßig geringen Einfluss auf die Bildung des „s_1-Flächengefüges“. Für ihn war der Pelit letztlich isotrop. Daher leitete er das s_1-Flächengefüge aus einem System konjugierter Scherflächenpaare ab. Bei der Deformation auftretende interne Rotationen ließen ihn synthetische von antithetischen Scherflächen unterscheiden. Die Schwierigkeit bei dieser Erklärung der Anlage der s_1-Flächen besteht darin, dass bei den Gesteinen im Hunsrück, wo er dieses Gefüge ableitete, immer nur das synthetische Scherflächensystem deutlich ist.

Bei der Untersuchung weniger intensiv geschieferter Gesteine im Schiefergebirge (Weber 1976) zeigten sich als Vorstufe der 1. Schieferung (s_1) unter dem Mikroskop flexurartige Verbiegungen von präkinematisch parallel zu s_0 angeordneten Phyllosilikat-Lagen. Ihre Deutlichkeit nimmt mit zunehmender Diagenese und Versenkungstiefe während des Beckenstadiums zu. Diese Lage resultiert aus der zunehmend besseren Regelung der detritischen Phyllosilikate. Damit ist bereits in diesem frühen Stadium eine deutliche, wenn auch nur im Kornbereich bestehende Anisotropie verwirklicht. Unter diesen Umständen darf eine Isotropie auch bei feinkörnigen Gesteinen nicht unbedingt vorausgesetzt werden. Zu Beginn der Einengung entwickelten sich zuerst flexurartige Verbiegungen dieses

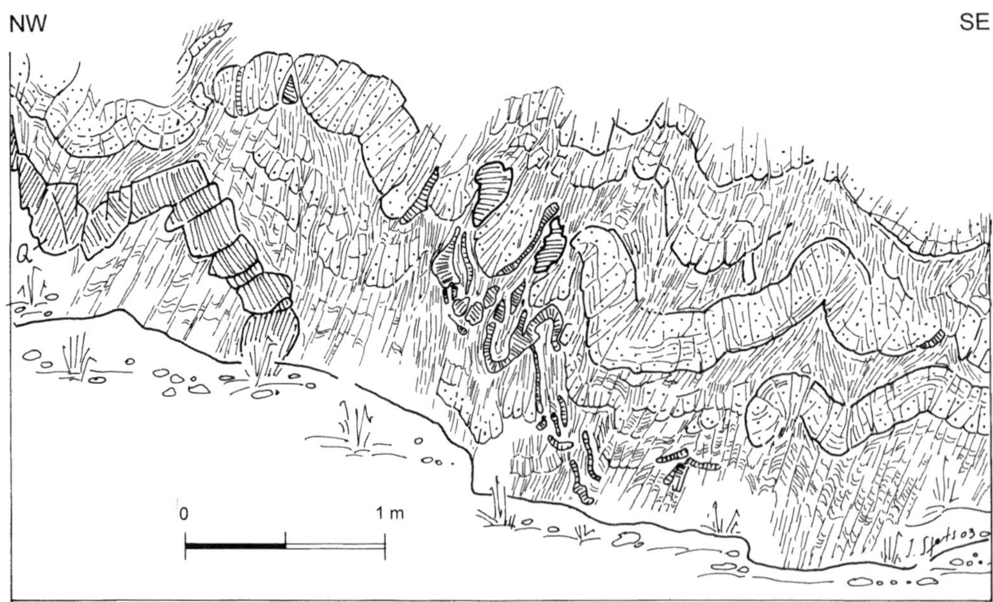

Abb. 16. Disharmonisch gefaltete Quarzitbänke in Zerf-Schichten. Quarzgänge (Q) mit dicken Strichen. Veldenzer Hammer, Bl, 5108 Morbach. Spies & Stets (2004).

Lagengefüges, in weiter fortgeschrittenem Stadium Mikrofältchen. Mit weiter steigender Einengung und Rotation des Schichtstapels aus der Horizontalen bildeten sich jeweils engere Mikrofalten. An deren Flanken treten in der Folge in den Wendepunkten kleine Scherflächen auf. Entlang dieser neugebildeten s_1-Flächen erfolgten die bei der Deformation notwendigen Ausgleichbewegungen. Zusammen mit Anlage und Fortentwicklung dieser s_1-Flächen kam es auch zu Umregelung primär detritischer und Neubildung von Phyllosilikaten verbunden mit Drucklösung. Mit weiter steigender Deformation wurden die anfänglichen Flexuren und Mikrofalten abgebaut bis nur noch die s_1-parallelen Phyllosilikat-Lagen blieben. Bei höherem Quarz-Anteil im Ausgangsgestein ist auch bei dieser Erklärung des Schieferungsprozesses die Möglichkeit zur Ausbildung einer „Pseudoschichtung" parallel s_1 gegeben. Bei intensiver Beanspruchung kann es in Pelit-betonten Gesteinen auch bei dieser Deutung der Genese der 1. Schieferung zu s_1-parallelelen Quarz-Gängen oder- Trümern kommen, die bei weitergehender rotationaler Beanspruchung zu mächtigen Quarzknauern, „Kauber Walzen" (Engels 1955) umgebildet werden können. Sie sind in den Dachschiefern der Kaub-Schichten deutlich.

Hier wird dieser 2. Deutung der Genese der 1. Schieferung (sensu K. Weber 1976) der Vorzug gegeben. In keinem Aufschluss im Hunsrück konnte – auch nicht reliktisch – ein antithetisches Scherflächensystem zu s_1 sensu Hoeppener (1956) sicher beobachtet werden. Außerdem sind alle Phasen der oben geschilderten Entwicklung bei der 2. Schieferung (s_2) makroskopisch in Aufschluss und Dünnschliff nachzuvollziehen.

3.2.2.2 Die 1. Faltung (F_1)

Zusammen mit der Anlage des s_1-Flächengefüges kam es im Hunsrück zur Ausbildung einer Spezialfaltung (F_1). Beide Prozesse, 1. Faltung und auch Anlage der s_1-Schieferung, sind die Folge einer ersten Einengung. Diesen Zusammenhang beschrieb schon Scholtz (1930). Die Flächen der 1. Schieferung (s_1) – auch als „Achsenflächenschieferung" bezeichnet – durchschlagen die F_1-Falten weitgehend parallel zur Faltenachsenebene (bc). In Abhängigkeit vom Öffnungswinkel der Falte schließen die s_0- und s_1-Flächen unterschiedliche Winkel auf den Faltenschenkeln ein. Anderle (1976) nahm materialabhängige Winkel an. Beim regionalen Vergleich ergab sich in den pelitbetonten Schichtverbänden des Hunsrücks, dass der Winkel von der Mosel im Nordwesten nach Südosten generell kleiner wird. Am Süd-Rand des Gebirges wird quasi-Parallelität erreicht (Knautz 1992). Die in solchen Fällen geforderte Isoklinalfaltung ist nur in Ausnahmefällen bei Spezialfalten in Tonschiefern verwirklicht. Die Längsachse dieser Faltengeneration wird mit B_1 oder b_1 bezeichnet. Die Schnittkanten zwischen den die Faltung nachzeichnenden s_0-Flächen und den s_1-Flächen laufen mit geringen Abweichungen parallel. Damit sind die Zusammengehörigkeit von Faltung und Schieferung in einem Beanspruchungsplan und auch die Gleichzeitigkeit beider gesichert.

In sämtlichen Schichtverbänden des Hunsrücks lässt sich die F_1-Spezialfaltung in unterschiedlicher Größenordnung beobachten. Die Faltenformen reichen von flachwelligen, flexurartigen Verbiegungen über die aufrechte bis zur vergenten Falte. Typisch ist für viele Gebiete die „Kurzschenkelfalte" mit relativ kurzem, steilerem NW-fallendem und längerem flachem SE-fallenden Faltenschenkel. Daraus ergibt sich ein generell nach Südosten einfallender Faltenspiegel. Aus diesem wiederum resultiert die für den Hunsrück typische allgemeine Verjüngung der Schichtenfolge innerhalb einer Schuppe in südöstliche Richtung.

Stark NW-vergente Spezialfalten mit sehr flach SE-fallender Faltenachsenebene (bc) und entsprechendem s_1-Flächengefüge sind auf das Obere Mittelrhein-Tal und Gebiete des westlichen Mosel-Hunsrücks (Mittelmosel-Schuppenzone) beschränkt. Echte liegende Falten fehlen sonst.

Die mit der Lage der bc-Faltenachsenebene vorgegebene Vergenz der 1. Faltengeneration (F_1) wird durch die Lage des s_1-Flächengefüges nachgezeichnet. Aus der Lagebeziehung zwischen s_0- und s_1-Flächen lässt sich verlässlich die jeweilige Bestimmung von Liegendem und Hangendem bei unvollständig aufgeschlossenen Falten ableiten. Sie stützt außerdem die über den Faltenspiegel vorgegebene Altersfolge in den einzelnen Schuppen.

Die häufig krassen Mächtigkeitsunterschiede zwischen kompetenten und inkompetenten Bänken können in den Wechselfolgen zu deutlich disharmonischen Faltenbildern führen. Dabei werden die kompetenten Sandstein- und/oder Quarzitbänke auf Kosten der inkompetenten Tonschiefer gefaltet. Bei unterschiedlicher Bankmächtigkeit der kompetenten Bänke erfolgt die Faltung nach dem Gesetz der Stauchfaltengröße: geringmächtige Bänke sind enger, mächtigere weniger eng gefaltet, wenn das dazwischen liegende inkompetente Material das Ausweichen zum Liegenden (Mulde) und Hangenden (Sattel) es zulässt.

3.2.3 Das Deformationsgefüge D_2

Das Deformationsgefüge D_2 ist in Aufschluss, Handstück und Dünnschliff durch ein zweites Flächengefüge (s_2) und eine zusätzliche Faltengeneration F_2, die s_0- und s_1-Flächen erfasste, gekennzeichnet. Die Zerscherung des s_1-Flächengefüges erlaubt die Trennung beider Generationen und ihre Einstufung. Die beiden Deformationen liefen quasi koaxial – B_1/b_1 parallel B_2/b_2 – ab.

3.2.3.1 Die 2. Schieferung (s_2) oder „Schubklüftung"

Als Erster beschrieb Scholtz (1930) für den Hunsrück ein 2. Schieferungssystem (s_2), das er als „Schubklüftung" bezeichnete, im Gebiet zwischen Mosel, Idar- und Hochwald. Auch sah er aufgrund gleicher Raumlage enge Zusammenhänge zwischen der „Runzelung" auf Flächen der 1. Schieferung (s_1) mit der z. T. groben Gleitbrett-artigen Zerscherung mächtiger Gesteinsverbände im Bereich der „Mosel-Achse" durch das s_2-Flächengefüge. Dabei stellte er heraus, dass dieses zweite Scherflächensystem nur an besondere tektonische Zonen gebunden, dort dann jedoch die vorherrschende Ablösungsfläche ist, verglichen mit s_0 und/oder s_1. Seither ist die „Schubklüftung" (s_2) auch als „Crenulation", „crenulation", „fracture cleavage" oder „microplissement" bekannt. Scholtz (1930) hielt die „Schubklüftung" für das jüngste tektonische Element der variszischen Deformation. Heute gilt in weiten Teilen des Hunsrücks die meist aus zwei Flächen bestehende „Knitterung" als jünger (Foto 11, 12, S. 166).

Die Flächen der 2. Schieferung (s_2) sind im Bereich der „Mosel-Achse" und südöstlich davon besonders deutlich. Hier ist sie in allen Erscheinungsformen von der flachen sigmoidalen Verbiegung der s_1-Flächen bis zur Gleitbrett-artigen Zerscherung des gesamten Gesteinsverbandes zu beobachten. Talbot (1965) untersuchte die 2. Schieferung entlang der „Mosel-Achse" zwischen Trittenheim und Zell und beschrieb die Unterschiede zwischen beiden Schieferungen ($s_{1,}$ s_2). Danach sind folgende Kriterien für die Ansprache wichtig: s_2 ist nie vollständig gleichartig penetrativ über große Areale ausgebildet. Das betroffene Gestein lässt sich entlang der s_2-Flächen relativ besser spalten als entlang $s_{1.}$ Die s_2-Flächen können auch als „Pseudo-Schichtung" statt in Form von Gleitbrettern oder Linsen ausgemacht werden und in unsicheren Fällen, z. B. in Einzelaufschlüssen, wo die oben genannten Kriterien nicht greifen, kann die Raumlage entscheiden, ob das s_1- oder s_2-Gefüge vorliegt.

Das gegensinnige Einfallen der s_2-Flächen im Bereich der „Mosel-Achse" hatte seinerzeit Leppla (zuletzt: 1925a) darin bestärkt, die „Mosel-Achse" als große „Mulde" zu deuten. Scholtz (1930) betonte, dass in diesem relativ schmalen, NE-SW ausgerichteten

Abb. 17. Schieferung (s_1) und Faltung in Quarzitbänken und Siltschiefern der Unteren Zerf-Schichten. Felsklippen nahe Höhenpunkt 384, Josephinenhöhe bei Veldenz. Spies & Stets (2004).

Geländestreifen mit sehr hoher Beanspruchung das Gefügeelement (s_2) übergangslos von NW-Einfallen im Südosten in SE-Fallen im Nordwesten wechselt und dass dieser Bereich oft stark zerrüttet und verquarzt ist. Trotzdem ist auch in diesem Streifen – im Gegensatz zu s_1 – das s_2-Gefüge nicht überall vorhanden. So besteht hier noch die Möglichkeit, das s_1-Gefüge in seiner Originallage zu bestimmen. Südlich der Stronzbuscher Haardt bis in das nördliche Vorfeld des Idarwaldes liegen die s_2-Flächen bis an die Saar flach und fallen nach SW ein. Sie zeichnen eine quasi-Aufwölbung von „s_2" mit Achsengefälle nach Südwesten nach.

Im übrigen Hunsrück ist mit Ausnahme in der Metamorphen Zone am Südost-Rand die zweite Schieferung (s_2) unterschiedlich oft und intensiv vertreten. Auch hier ist dieses Flächengefüge auf schmale Streifen besonders starker Deformation beschränkt.

Talbot (1965) beschrieb das s_2-Gefüge entlang der Mosel als relativ untergeordnetes kleintektonisches Gefügeelement und charakterisierte es als nicht weit durchhaltendes, flächiges Gefügeelement, das sowohl in geschichteten als auch stofflich homogenen Schichtverbänden auftritt und rasch seitlich auskeilen kann. s_2 beginnt mit der sigmoidalen Verbiegung der s_1-Flächen (crenulation) und steigert sich zu s_2-Flächen, die sich aus der engen Kleinfältelung ergeben. Verbunden mit s_2 ist die Spezialfaltung F_2; s_2 liegt parallel zur Faltenachsenebene (bc) dieser Kleinfaltengeneration. Im Bereich der mit s_2 verbundenen Kleinfalten wurde s_1 sehr stark verbogen und rotiert. Diese Beobachtungen konnten allenthalben bestätigt werden. Das gilt jedoch nicht für die Behauptung, dass s_1 und s_2 immer ähnliche Winkelbeziehungen zueinander aufweisen (Hoeppener 1956).

Jungmann (1981) bildete Dünnschliffbilder des s_2-Gefüges in Tonschiefern des Unterems zwischen Boppard, Filsen, Bad Salzig und Kamp-Bornhofen am Oberen Mittelrhein ab. Bei Einfallen der s_2-Flächen zwischen 45–80° SE (mittleres Einfallen um 60° SE) liegen auch dort makroskopisch Gefügebilder vor, wie sie Talbot (1965) von der Mittelmosel beschrieb. Im mikroskopischen und ultra-mikroskopischen Bild versuchte Jungmann außer den

s_2-Flächen ($s_{2cc} = s_2$; **c**renulation **c**leavage) noch ein an Kleinfalten (F_2) gebundenes, zusätzliches s_2-Gefüge (s_{2apc}; second **a**xial **p**lane **c**leavage) zu unterscheiden, das „zwischen den von SCHOLTZ (1930) als Schubklüftung bezeichneten s_2-Flächen ausgebildet" ist. Die zum Beweis abgebildeten Beispiele (JUNGMANN 1981: Abb. 6a, b u. 9a, b) liegen in Bänderschiefern mit deutlich sandigen und tonigen Lagen mit Mächtigkeiten zwischen 2–<0,5 mm für die sandigen, kompetenten, und 2,5–<0,5 mm für die inkompetenten tonig-schiefrigen Partien. Die von JUNGMANN vorgeschlagene Differenzierung in zwei genetisch unterschiedliche Teilgefüge ist offensichtlich nicht gegeben und der Befund überdeutet. Bei dem nur im Dünnschliff sichtbaren s_{2apc}-Flächengefüge handelt es sich offensichtlich um das übliche s_2-Gefüge in einer geringeren Größenordnung. Insbesondere sein 2. Beispiel (Abb.: 6a, b), wo noch keine die F_2-Mikrofaltenschenkel durchtrennenden s_2-Flächen ausgebildet sind – ihre Anlage jedoch deutlich vorgezeichnet ist – erkennt man am Verlauf der s_2-Flächen das Phänomen der „Schieferungsbrechung". Das mikroskopische Bild ähnelt hier vollständig dem makroskopischen, das für Materialunterschiede in Sandstein/Tonschiefer-Wechselfolgen beschrieben wurde (SCHOLTZ 1930; HOEPPENER 1956, STETS 1960, TALBOT 1965). Solche Unterschiede in der Raumlage von s_2-Flächen sind auf Wechselfolgen beschränkt. Sie unterstreichen, dass s_2 materialabhängig in unterschiedlicher Intensität und Raumlage auftritt.

Bedingt durch das zonenweise Auftreten des s_2-Gefüges gehen von s_2 nicht betroffene Partien mit s_1 in Originallage von randlich schwach in stark beanspruchte Partien im Zentrum der Zone über. Zum gegenteiligen Rand klingt die Deformation quasi spiegelbildlich bis zum völligen Verschwinden aus. So kommt es wiederholt zu einem räumlich engen Nebeneinander von nicht zu stark von s_2 betroffenem Gestein. HOEPPENER (1956) fasste dieses Nebeneinander als eine Entwicklungsreihe auf, da die unterschiedlich stark beanspruchten Gesteinspartien sich weder stratigraphisch noch petrographisch deutlich unterscheiden. Sein „Gefüge-Typ s_2" ist somit nicht auf reine Tonschiefer beschränkt, sondern tritt auch in Siltschiefern und Wechsellagerungsfolgen auf. Die Deformation in diesen reicht in den psammitischen Bänken von einer Faltung (F_2) bis zu totaler Gleitbrett-artiger Zerscherung.

Der Gefügetyp „s_2". HOEPPENER (1956) beschrieb die „Schubklüftung" als Gefüge-Typ „s_2" erstmals ausführlich für den Bereich der „Mosel-Mulde" und den Mosel-Hunsrück. Die Beschreibung lässt sich zwanglos auf den übrigen Hunsrück übertragen. Danach liegt dieser Gefüge-Typ transversal zu s_1 und ist auf alle jene Gesteinsverbände beschränkt, die mit s_1 bereits ein älteres, engständiges, penetratives und in allen feinkörnigen Gesteinen präsentes System von Anisotropie-Flächen aufweisen. Im Gegensatz zum Gefüge-Typ s_1 weist s_2 eine Vielfalt von Ausbildungsformen und -stadien auf, die materialabhängig sind. Immer ist jedoch makro- und mikroskopisch eine deutliche sigmoidale Verbiegung, Kleinfältelung und auch Zerscherung der älteren s_1-Flächen zu beobachten. Diese Kleinfältelung reicht von einer feinen Runzelung auf s_1-parallelen Spaltflächen bis zu Falten mit Amplituden von 5–100 cm.

Im Dünnschliff ist in schwach von s_2 betroffenen Tonschiefern die Verformung, wie sie TALBOT (1965) beschrieb, gut zu erkennen. Sie beginnt mit einer sigmoidalen Verbiegung der s_1-Flächen und -Lamellen. Mit steigender Beanspruchung nimmt die Amplitude der s_1-Mikrofalten ab. Auf den Flanken der Fältchen bilden sich durch die Wendepunkte ± parallel verlaufende Scherflächen, die sich teilweise auch unter sehr spitzen Winkeln schneiden. Bei starker Beanspruchung werden die „Sättel" und „Mulden" durch die s_1-Flächen nachgezeichnet und liegen durch Scherflächen getrennt nebeneinander. Die Phänomene lassen sich zwanglos auf das makroskopische Gefügebild in Handstück und Aufschluss übertragen.

Die einzelnen Scherflächen halten im Gegensatz zu s_1 meist nicht über weitere Entfernung durch, sondern laufen in Flexuren und Kleinfalten aus. Sie werden in der Nachbarschaft von neu einsetzenden übernommen. Der Intensitätsgrad von s_2 bildet sich weniger in der Dichte der s_2-Flächen als im Grad der Faltung (F_2) bzw. in der Rotation der s_1-Flächen zwischen den s_2-Flächen ab. Ihre Dichte liegt zwischen wenigen mm bei der Runzelschieferung bis 0,8–ca. 1 cm und mehr in Silt-Schiefern. Während bei intensiver Zerscherung die s_2-Flächen ohne allzu starke Streuung parallel bis subparallel zu einander verlaufen, kann ihr Einfallen bei schwächerer Deformation z. T. erheblich streuen. Aus Geländebeobachtungen ergibt sich, dass das Erscheinungsbild des s_2-Flächengefüges wesentlich vom Grad der Deformation abhängt, jedoch scheint auch die Korngröße der Ausgangsgesteine eine Rolle zu spielen. Das äußert sich in gröberkörnigen Gesteinen wie Siltschiefern und Wechsellagerungsfolgen darin, dass die Abstände zwischen den s_2-Flächen in der Regel größer sind als in den feinerkörnigen Tonschiefern. Bezieht man den mikroskopischen Befund mit ein, so lässt sich in diesen Partien häufig eine völlige „Durchschieferung" mit s_2-Flächen feststellen.

Eine Charakterisierung allein nach dem Abstand der Scherflächen in dichte, eng- und weitständige „Schubklüftung" (Engels 1959) ist nicht zweckmäßig, da in den von s_2 betroffenen Schichtverbänden sich fast alle Abstände finden, wenn die Deformation nachhaltig genug war.

Über die flexurartigen sigmoidalen Verbiegungen der s_1-Flächen wurde vielfach eine Verschiebungsrichtung entlang der s_2-Flächen abgeleitet. Der Trend ist fast ausnahmslos abschiebend bei SE-Einfallen und aufschiebend bei NW-Einfallen. Bewegungen entlang der s_2-Flächen haben jedoch wohl nur in geringem Umfang stattgefunden. Auch u. d. M. sind solche kaum auszumachen. Die s_2-Flächen können dort auch durch Anreicherung von opakem Material nachgezeichnet werden, so dass größere Bewegungen eher unwahrscheinlich sind.

Teike (1944) beschrieb aus der Grube „Barbarasegen" bei Altlay s_1-Kleinfalten die an den Scheiteln aufblätterten und dort mit SiO_2 (Milchquarz) gefüllt waren. Andererseits wurden präexistente Quarz-Trümer parallel zu s_1 bei der D_2-Deformation in gleichem Sinn wie die s_1-Flächen gefältelt. Dieses Phänomen ist allenthalben im Hunsrück zu beobachten. Blättert dabei das s_1-Gefüge stärker auf und rotieren die Quarz-Trümer stärker, kommt es zur Bildung unregelmäßiger Quarzknauern, die am Rhein (Engels 1955) als „Kauber Walzen" beschrieben wurden.

3.2.3.2 Die 2. Faltung (F_2)

Zusammen mit den s_1-Flächen wurde bei D_2 auch das s_0-Flächengefüge gefaltet. In schwach sandigen Ton- und Bänderschiefern kann bei diesem Prozess der Schichtverlauf (s_0) auch bis zur Unkenntlichkeit zerschert werden. Dort, wo zwischen den einzelnen Bänken nur geringe Kompetenzunterschiede bestehen, wurden bei D_2 auch die sandigen Bänke in den Prozess der Zerscherung einbezogen. Es entstand dabei das Gleitbrett-artige Gefüge mit derart starker Deformation, dass im einzelnen Gleitbrett s_0 und s_1 zwar als solche noch zu unterscheiden, Rückschlüsse auf ihre Ausgangslage oder eine Falte jedoch nicht mehr möglich sind. Es entstand so eine Art grober Pseudoschichtung. Reliktisch kann s_0 u. U. an gefalteten Bankrelikten noch ausgemacht werden.

Bei größeren Kompetenzunterschieden innerhalb einer nicht zu engen Wechselfolge wurde das feiner körnige inkompetente Material deutlich zweitgeschiefert, während die kompetenten Bänke gefaltet und geklüftet wurden. Für dieses Phänomen hatte Scholtz (1930) einen Aufschluss an der Straße von Bernkastel-Kues nach Longkamp (B50; Tiefenbach-Tal, Abzweigung zur Burg Landshut, Bl. 6008 Bernkastel-Kues) herangezogen. Hier wurde ein flach SE einfallender Faltenschenkel (F_1) im Rahmen der D_2-Deformation intensiv spezialgefaltet. Zahlreiche quarzitische Sandstein-Bänke zeichnen Spezialfalten in der Größenordnung 0,3–1,0 m nach. An diesen kompetenten Bänken setzen die s_2-Flächen aus und werden durch zwei Kluftsysteme, die senkrecht auf den Schichtflächen stehen, ersetzt. In anderen Aufschlüssen in der „Bernkasteler Schweiz" ist nur ein bankrechtes Kluftsystem ausgebildet. Dort, wo bei dieser Deformation in den kompetenten Bänken wulstartige Verbiegungen von s_0 entsprechend einer Mulde und spitze Aufbiegungen entsprechend einem Sattel entstanden, fächerte die Klüftung auf. So entstanden bei bankrechter Stellung, sei es bei zwei Kluftsystemen oder nur einem, meilerförmige Stellung in den „Mulden" oder fächerförmige in den „Sätteln". Das s_2-Flächensystem übernahm in diesen Spezialfalten (F_2) unabhängig von der Größenordnung bis in die sigmoidalen Verbiegungen die Rolle der „Achsenflächenschieferung" (axial plane foliation) parallel bc (STETS 1960, TALBOT 1965). Die Flächen der 1. Schieferung (s_1) sind in diesen Fällen meist so stark deformiert, dass ihre Ausgangslage nicht mehr rekonstruiert werden kann. Die B_2-Achse dieser Falten ist meist gut direkt zu messen. Sie ergibt sich auch aus der Schnittkante (L) der s_1- und s_2-Flächen.

Im Gebiet unmittelbar nördlich von Idar- und Schwarzwälder Hochwald, wo das s_2-Flächengefüge flach SW einfällt, wurden Quarzitbänke, die saiger stehen, in Zusammenhang mit der D_2-Deformation zu Knickfalten deformiert. Auch hier weist das s_2-Flächengefüge Parallelität zu den Faltenachsenflächen bc dieser Knickungen auf. B_2/b_2 und die Schnittlineare L verlaufen trotz der aberranten Raumlage von s_2 in diesem Gebiet quasi parallel zueinander. Sie entsprechen den B_2/b_2- Achsen und Linearen im übrigen Hunsrück. Zuletzt hier sind die von HOEPPENER (1960) und TALBOT (1965) betonten konstanten Winkelbeziehungen zwischen s_1- und s_2-Flächen außer Kraft gesetzt. Das Erscheinungsbild von s_2 und die Knickfalten lassen keine Zweifel aufkommen, dass es sich nicht um ein D_2-Gefüge handelt.

3.2.3.3 Das Verhältnis von s_1 zu s_2 und zu den Schnittlinearen L_1 (s_0/s_1) und L_2 (s_1/s_2)

Allgemein gilt, dass das s_2-Gefüge nur dort entwickelt ist, wo bereits ein engständiges s_1-Gefüge eine deutliche Anisotropie geschaffen hat. Zur Anlage des s_2-Gefüges ist zusätzlich zur Anisotropie eine Rotation notwendig, die das s_1-Flächensystem außer Betrieb setzte. Dieses wird deutlich, wenn man z. B. das Profil des Oberen Mittelrhein-Tales mit einem Profil durch den westlichen Hunsrück vergleicht: Im Rheinprofil herrscht zwischen der Hangend-Scholle der Boppard-Dausenauer-Überschiebungszone im Norden und dem Gebiet nördlich Bingerbrück im Süden meist Nordwest-Vergenz; das s_2-Gefüge ist hier nur untergeordnet ausgebildet und auf Bereiche stärkerer Deformation in den Überschiebungszonen beschränkt; erst südlich des Vergenzscheitels bei Bingen und von dort bis zum Süd-Rand des Gebirges ist verstärkt ein s_2-Gefüge zu beobachten, das eine fächerartige Raumlage zeigt. Im westlichen Hunsrück existiert dagegen ein deutliches s_2-Gefüge direkt nordwestlich und anschließend südöstlich der „Mosel-Achse" und weiter bis in den Hochwald nach Südosten; in dem ausgeprägt NW-vergenten Bereich an der Mosel (Mittelmosel-Schuppenzone) und nordwestlich davon, wo eine Rotation von s_1 nach Nordwesten offensichtlich ist, ist eine SE-fallende 2. Schieferung (s_2) ausgebildet.

Der schwach vergente Bereich unmittelbar südöstlich der „Mosel-Achse" geht bis an den Idar- und Hochwald in deutliche SE-Vergenz (Rotation von s_1 nach Südosten) über. Hier ist der „Gefügetyp s_2" mit allen Begleiterscheinungen (SCHOLTZ 1930) zu finden. Im Hochwald selbst ist trotz Südost-Vergenz eine 2. Schieferung selten (KNAUTZ 1992). Eine Ausnahme bildet die Eisener Schuppe, in der die Schwerspat-Grube „Korb" bei Eisen (STETS & STOPPEL 1998) lag. Allerdings befand sich das untertägige Grubengebäude in der Verlängerung der Soonwald-Überschiebungszone nach Südwesten. Gebiete, in denen s_2 nur schwach entwickelt ist oder fehlt, wurden sicherlich nicht von der D_2-Deformation verschont. Hier dürfte der notwendige Spannungsausgleich bei Einengung und Externrotation über andere, präexistente s-Flächen erfolgt sein.

Der von HOEPPENER (1956) geforderte genetische Ablauf, der bei fortschreitender Rotation bis zur stärksten Beanspruchung in ein saiger stehendes s_2-Flächengefüge einmündet, widerspricht dem Geländebefund. Saiger stehende s_2-Flächen wurden im Hunsrück nicht gefunden, obwohl der Grad stärkster Beanspruchung, dokumentiert durch gleitbrettartige Zerscherung, vielerorts erreicht ist. Ein flach SW fallendes s_2-Flächengefüge (SCHOLTZ

1930, Stets 1960, Wildberger 1992) ist in seinem Entwicklungsschema nicht vorgesehen und Zustände unterschiedlich intensiver Deformation, die nach Hoeppener's Modell nur bei fortschreitender rotationaler Deformation sich ergeben dürften, treten nebeneinander vom Rand bis zum Zentrum in den von s_2 betroffenen Streifen im selben Gesteinsverband auf. Daraus ergibt sich, dass für die Ausbildung von s_2-Gefügen zusätzliche Rotation unterschiedlichen Grades notwendig ist. Das s_2-Gefüge ist somit die Antwort auf lokal aus der Rotation sich ergebende Spannungszustände, wobei ein übergeordneter, einheitlicher, für die gesamte Region geltender Beanspruchungsplan Voraussetzung ist.

Diese Folgerung lässt sich auch beim Abgleich der B_1/b_1-Achsen und dem Schnittlinear L_1 (s_0/s_1) und mit den B_2/b_2-Achsen und dem Schnittlinear L_2 (s_1/s_2) gewinnen. Generell liegen die B/b-Achsen und die Schnittlineare von D_1 und D_2 parallel. Das ergibt sich selbst bei der abweichenden Raumlage von s_2 nordwestlich des Idarwaldes bis an die Saar. Die Raumlage von s_1 und s_2 und ihrer Schnittlineare (L_2) ist in den einzelnen Homogenbereichen (Schuppen) immer ähnlich. Dieser Befund bestätigt, dass die Deformationen D_1 und D_2 einem übergeordneten Beanspruchungsplan gehorchten, der koaxial ausgerichtet war und für den gesamten Hunsrück gilt.

Abweichungen können sich jedoch beim Vergleich der Messergebnisse innerhalb einzelner Homogenbereiche (Schuppen) ergeben: Schilling (1981) machte Unterschiede im Trabener Bach- und im Kautenbach-Tal aus, die systematische Winkelabweichungen bis zu 10° im Azimut der Lineare L_1 und L_2 betrugen; dabei zeigten die B_1/b_1-Achsen von Kleinfalten aus Aufschlüssen ohne erkennbares s_2-Gefüge ein Azimut um 55° mit Abtauchen um 20° NE; die F_1-Faltung wird hier durch Quarzit-Bänke deutlich nachgezeichnet; im Gegensatz dazu konnten in benachbarten Aufschlüssen mit F_2-Faltung und s_2-Gefüge B_2/b_2-Achsen resp. Schnittlineare L_2 gemessen werden, deren Azimut um 45° liegt bei einem Abtauchen mit 10° NE. Ähnliche Verhältnisse beschrieb Wildberger (1992) aus dem Gebiet zwischen Waldrach und Gutweiler, und Stets & Stoppel (1998) konnten aus der ehem. Grube „Korb" nördlich Eisen Unterschiede im Abtauchen der Schnittlineare L_1 (s_0/s_1) und L_2 (s_1/s_2) im Eintauchen nach SW und NE bestimmen. In anderen Arealen entsprechen sich dagegen B/b-Achsen und Lineare oder nur die Lineare bei fehlender Spezialfaltung in Azimut und Abtauchen.

3.2.4 Jüngere Deformationen

3.2.4.1 Knickzonen (Knitterung)

In Gesteinsverbänden, die von s_1 betroffen wurden und damit ein engständiges, quasiparalleles penetratives System von s-Flächen (Anisotropie-Flächen) aufweisen, wird häufig eine flexurartige Verbiegung oder auch eine Verstellung zwischen zwei Scherflächen beobachtet. Die beiden begrenzenden Flächen weisen Abstände zwischen wenigen mm bis cm auf. Häufig beobachtete Abstände liegen bei 1–5 cm. Die Deformation der zwischen den beiden Grenzflächen eingeschlossenen s_1-Flächen ist meist auf die Rotation zwischen ihnen beschränkt. Eine Faltung fehlt. Die beiden Trennflächen bilden scharfe Grenzen zum nicht rotierten Gestein. Oft besteht ein deutlicher Bruch zwischen dem rotierten Material und dem Nebengestein. Dieses Phänomen ist unter den Bezeichnungen Knickung, Knickzonen (kink bands), Knitterung und Flexuren bekannt. Es ist im Hunsrück vornehmlich auf Gebiete beschränkt, die einheitlich aus Tonschiefern bestehen. Diese Knickzonen sind ein lokales Phänomen, das sich selten über den dm-Bereich ausdehnt. Hoeppener (1956) ordnete es größeren, im Streichen des Gebirges liegenden Verschiebungen zu. Mitunter werden zwei gegensinnig einfallende Knickzonen im Aufschluss beobachtet, von denen das eine syn- und das zweite antithetisch zu einer Verschiebung ausgerichtet sein sollte. Vielfach ist im Gelände die Deutung jedoch problematisch, da die entsprechenden Verschiebungen nicht aufgeschlossen sind, sondern lediglich über den Kartierbefund gefordert werden. Oft fehlt auch eine zweite Knickzone, die eine Zuordnung erleichtern würde.

Die Bildung der Knickzonen setzt eine Rotation des anisotropen Gesteinsverbandes voraus. Sie muss soweit gehen, dass die Hauptschubspannung spitzwinklig zu dem s_1-Flächensystem als Winkelhalbierende zu den beiden konjugierten Knickzonen liegt. In diesem Zusammenhang konnten auch Spalten durch Aufblättern der s_1-Flächen parallel zur Hauptschubspannung gebildet werden, die meist mit Quarz gefüllt sind. Reicht die Deformation nicht bis zum Aufreißen der Verschiebungsflächen, können sich trotzdem Knickzonen bilden, die die im Gesteinsverband aufgebaute Spannung ausglichen. Das Phänomen der Knickzonen erreicht im Hunsrück selten größere Intensitäten. Es ist nicht vergleichbar mit der Ausbildung des s_2-Gefüges und dürfte daher das jüngste System sein.

3.2.4.2 Gab es eine D_3-Deformation?

Hinweise auf eine dritte Schieferung (s_3) und eine Deformation (D_3) beschrieb Weijermars (1986) im Mosel-Hunsrück bei Traben-Trarbach. Er sah sie in Zusammenhang mit einer offenen Faltung sowie flach nach Nordwesten einfallenden und nach Südosten gerichteten Überschiebungen. Ihnen schrieb er die allmähliche Veränderung der Einfallwinkel der s_1- und s_2-Flächen im Mosel-Raum zu und versuchte so, die Fächer- und Meilerstellung der s_1- und s_2-Flächen („Mosel-Achse") zu erklären. Auch ging er davon aus, dass „die Fächer und Meiler teilweise penetrativen Kleinfalten, Mikroscherzonen und „pressure solution" zuzuschreiben sind" und dass „die regionale Struktur der Moselmulde das Ergebnis einer Deformation, D_3, ist, die Fächer- und Meilerstellung der Schieferflächen entlang mäßig NW-abtauchenden Aufschiebungen bildete" (S. 323). Die Aufschiebung band er in eine basale Überschiebung ein, die er in 10 bis 15 km Tiefe konstruierte.

Dem von Weijermars entwickelten Modell liegen offensichtlich rein theoretische Überlegungen zugrunde, deren Grundlage die von Hoeppener (1957) publizierten Karten der Schieferungsverteilung (s_1) mit ihren „Fächern" und „Meilern" ist. Für viele seiner Vorstellungen fehlen jedoch im Hunsrück die entsprechenden natürlichen Belege. Vor allem sind keine auch nur lokal ausgebildeten penetrativen Gefügemerkmale einer D_3-Deformation zu erkennen, obwohl Weijermars (1986) mehrfach betonte, von gesicherten Feldergebnissen auszugehen. Die von ihm abgebildeten Beispiele aus dem Tiefenbach-Tal bei Bernkastel zeigen das beim „Gefügetyp s_2" häufige Variieren der s_2-Flächen im Einfallen. Schon Talbot (1965) bildete ähnliche Beispiele aus dem Mosel-Hunsrück ab, ohne jedoch entsprechend weitgehende Schlüsse zu ziehen. Auch für NW-fallende und nach Südosten ausgerichtete, relativ flache Überschiebungen (Rücküberschiebungen) gibt es im Mosel-Hunsrück keine Anhaltspunkte. Alle Kartierungen im westlichen Hunsrück (Stets 1960, 1962, Schilling 1981, Wildberger 1992) und in der „Mosel-Mulde" (Gasser 1978, Kröll 2001) zeigten, dass sich die betroffenen Gesteinsverbände lithostratigraphisch gliedern lassen und man nicht von einem einheitlichen homogenen Tonschiefer-Verband ausgehen darf. Auch fehlt in seinem Modell jeglicher Bezug zu im Gelände kartierbaren Überschiebungen, mit denen schon Grebe (1881) und Leppla (zuletzt 1925a) rechneten.

3.2.4.3 Polyphase Deformation am Südrand des Hunsrücks?

In der Metamorphen Zone südlich des „Wiesbach-Mylonits" (Schafft 1985; Zone III nach H.-H. Werner 1950, 1952) wurde mit einer weitergehenden Deformation gerechnet, ähnlich wie es Anderle et al. (1982) für die Phyllit-Zone in den Eppstein-Schiefern südlich Eppstein im Süd-Taunus beschrieben. Dabei gilt, dass im Süd-Hunsrück Äquivalente der Eppstein-Schiefer bis jetzt nicht bekannt sind.

SCHAFFT (1985) beschrieb aus seiner „Metamorphen Schuppenzone" eine polyphase Deformation verbunden mit einer ausgeprägten Mylonitisierung, die diesen Homogenitätsbereich von dem nördlich angrenzenden Anteil des Hunsrücks, der nur die zweiphasige Deformation (D_1, D_2) aufweist, unterscheiden soll. Die Grenze zwischen den beiden unterschiedlich deformierten Gebieten legte er in den „Wiesbach-Mylonit". Schon H.-H. WERNER (1950, 1952) hatte im Wiesbach-Tal, einem Seitental des Simmer(Kellen)baches südlich Brauweiler (Bl. 6110/6111 Gemünden/Pferdsfeld), „Alaun- und Kalklagengrünschiefer" mit 150–200 m Mächtigkeit beschrieben, denen SCHAFFT „einen ausgeprägten mylonitischen bzw. ultra-mylonitischen Charakter" (S. 24) zuwies. SCHAFFT verfolgte diese Zone bei rasch abnehmender Mächtigkeit über das Hoxbach-Tal (200 m nördlich der Hoxmühle; hier: nur noch wenige m mächtige schwarze „Mylonite" ohne Kalklagen-Grünschiefer) bis zum Gräfenbach-Tal (ca. 500 m nördlich der Abzweigung nach Spall bei der Webersmühle) und weiter zum nördlichen Ortsausgang von Dalberg. Allerdings ist die Verfolgung des „Wiesbach-Mylonits" über diese Strecke mehrfach erschwert, so zwischen Winterbach und Winterburg im Ellerbach-Tal und im Tonnenbach-Tal. Der eigentliche tektonische Kontakt besteht wohl „aus einer ca. 3–5 m mächtigen tektonischen Brekzie mit starker Verquarzung" (SCHAFFT 1985: 26), was eher für eine Kataklase als für eine Mylonitisierung im Bereich der Überschiebungszone spricht.

Im Wiesbach-Tal ermittelte SCHAFFT ein „Mylonit-s", das steil mit 80° NW einfällt und in Einfallen und Azimut der Hauptdeformation im Hunsrück folgen soll. Der „Mylonit" spaltet plattig bis blätterig nach diesem s, das durch einen Lagenbau nachgezeichnet wird. Er baut sich auf aus einer schwarzen, fast überall vertretenen Varietät mit hellen Quarz-Lagen, die Quarz-Individuen mit Durchmessern >3 cm enthalten soll bei Dicken zwischen 0,5–15 mm, und einer hellgrünlichen Varietät, die ähnlich mächtige Quarz-Lagen aufzuweisen hat, die durch dünne Phyllosilikat-Lagen und -Filme getrennt sind. Die grünliche Varietät hält nicht über längere Distanz im Streichen durch und ist auf schmale Linsen beschränkt. Auf dem „Mylonit-s" liegt ein schwach ausgebildetes Linear, mit dessen Hilfe und mittels größerer „Porphyroklasten" SCHAFFT einen dextralen Schersinn ableitete. Insgesamt ergibt sich eine auch im übrigen südlichen Hunsrück festgestellte, nach Nordwesten gerichtete Scherbewegung. Dort entspricht diese Raumlage der der s-Flächen der Schichtung (s_0).

Die Untersuchung des Inkohlungsgrades an organischer Substanz in Form von Graphit im „Wiesbach-Mylonit" ergab eine relativ geringe Kristallinität, die der der begleitenden, epizonal deformierten Gesteinsserien entspricht und auf Temperaturen um und unter 300° C schließen lässt. Diese liegen unter den von MEISL (1970) ermittelten 400–450° C und entsprechen eher jenen, die sonst im südlichen Hunsrück ermittelt wurden (KNAUTZ 1992).

Eine „polyphase Deformation" der Gesteinsverbände südlich des „Wiesbachtal-Mylonits" wurde u. a. im Hoxbach-Tal an der Einmündung des Siesbaches und am Fuß der Kirche von Gebroth (Bl. 6111 Pferdsfeld) postuliert. In den dortigen „Magnetitquarziten" versuchte SCHAFFT vier Faltungen nachzuweisen, die jedoch sehr schwer nachzuvollziehen sind: Zur ältesten tektonischen Prägung (D_I) gehört danach ein metamorpher Lagenbau aus Epidot-, Magnetit-, Quarz- und Chlorit-Lagen; eine zugeordnete F_I-Faltung ist als „eigenständiges Gefüge" (S. 9) nicht mehr nachvollziehbar, da es bis zur Unkenntlichkeit überprägt ist. Die älteren Lagen (s_I) sollen isoklinal von einer zweiten Deformation (D_{II}, F_{II}) überfaltet worden sein mit Ausbildung eines Linears (L_{II}); das Verhältnis von F_I zu F_{II} ist nicht mehr auszumachen; aus der Deformation D_{II} resultiert ein Lagengefüge mit hellen Lagen. Durch die dritte Faltung (F_{III}, D_{III}) wird der Lagenbau erneut gefaltet; die F_{III}-Falten sind in vielen Aufschlüssen dieses Gebietes das dominierende kleintektonische Gefügeelement; die Faltenachsen-Flächen der F_{III}-Faltung stehen steil und wechseln im Einfallen nach NW und SE, ohne eine eindeutige Vergenz anzuzeigen. Die vierte Deformation (D_{IV}, F_{IV}) ist verbunden mit einer Runzelschieferung (s_{IV}); D_{III} und D_{IV} verliefen quasi-koaxial, wie es auch für den übrigen Hunsrück, dort für D_1 und D_2, gilt; die s_{IV}-Flächen fallen um 50° NW.

Der dominierende Unterschied zum kleintektonischen Gefüge im unmittelbar nördlich des „Wiesbach-Mylonits" angrenzenden Gebiet besteht in dem deutlichen Lagengefüge, das der Deformation D_2 im Süden zugeschrieben wird. Weitere Untersuchungen sollten diese Erkenntnisse auch regional im Bereich Aufschluss und Karte zu verifizieren versuchen. Sollte sich bewahrheiten, dass die Gesteinsverbände in der Metamorphen Zone ein unterdevonisches Alter haben oder noch jünger sind (LGB 2005), ist die von Schafft (1985) postulierte polyphase Deformation höchst unwahrscheinlich. Er muss sich dann nämlich fragen lassen, in welcher zeitlichen Beziehung diese vier (D_{I-IV}) zu den zwei sicher ableitbaren Deformationen (D_{1-2}) im unmittelbar nördlich angrenzenden Abschnitt des Hunsrücks stehen. Im Übrigen steht die Schafft'sche Deutung der Deformation in deutlichem Widerspruch zu den Ergebnissen von Meisl (1970), die bei den Devon-Altern wesentlich wahrscheinlicher sind und nur von zwei Deformationsakten ausgehen.

3.3 Die tektonischen Strukturen des Hunsrücks

3.3.1 Gliederungsprinzipien

Die Kombination der Ergebnisse von klassischer geologischer und struktureller Kartierung in den einförmigen unterdevonischen Schichtverbänden gestattet es, große Überschiebungen auch ohne direkten Aufschluss im Gelände zu lokalisieren oder zumindest einzuengen. Wegen der Aufschlusslücken ist allerdings der Bau der über Zehner Kilometer und mehr verfolgbaren „Störungszonen" im Einzelnen ungeklärt. Daher wird im Folgenden bei allen überregional bedeutenden strukturtrennenden Überschiebungen von entsprechenden „Zonen" gesprochen, da es sich sicherlich nicht nur um eine einzelne Trennfläche sondern eher um ein kompliziertes System von Trennflächen oder auch Schürflingen handelt. Die aus Kartierung und Profilkonstruktion sich ergebenden Verwurfsbeträge an den meist steil einfallenden Auf- und Überschiebungen erscheinen oft sehr hoch. In der Mehrzahl der Fälle handelt es sich – zumindest teilweise – um gestaffelte Trennflächensysteme, an deren Einzelflächen jeweils geringere Verschiebungen erfolgten, die sich zu insgesamt hohen Beträgen aufsummieren. Andererseits besteht auch die Möglichkeit, dass bei syngenetisch aktiven Trennflächen Mächtigkeitsunterschiede auf den benachbarten Schollen entsprechende Verwurfsbeträge vortäuschen. Beide Fälle müssen bei der Profilkonstruktion in Betracht gezogen werden.

Bei der Benennung dieser strukturellen Einheiten und ihrer trennenden Überschiebungen ergeben sich Schwierigkeiten, da meist bereits Namen vergeben wurden, die jedoch mit dem Zusatz „-Sattel" und/oder „-Mulde" belastet sind. Aufgrund des Innenbaus der Schuppen entfallen generell die mit „-Mulde" bezeichneten Anteile der Strukturen. Die neue Bezeichnung orientiert sich daher in der Mehrzahl der Fälle an den ehem. „-Sattel"-Bezeichnungen. In der Konsequenz musste die gesamte ehem. „Falte" durch -Schuppe oder -Schuppenzone ersetzt werden (Wildberger 1992). Soweit möglich werden im Folgenden die ehem. Namen in die neue Bezeichnung übernommen: Anstelle „Idarwald-Sattel" und „Kempfelder Mulde" gilt jetzt die Bezeichnung „Idarwald-Schuppenzone" o. ä..

Schwieriger erweist sich die Umbenennung bei den strukturtrennenden Auf- und Überschiebungen. Auch hier sind in vielen Fällen Namen eingeführt, die sie heute nicht ausreichend kennzeichnen. So setzt sich z. B. die „Taunuskamm-Überschiebungszone" aus dem Taunus kommend am Nord-Rand von Soonwald und Lützelsoon über Abentheuer und Eisen/Saarland nach Südwesten fort. Dieser Sachlage wird wie bei der Boppard-Dausenau-Longuicher Überschiebungszone durch Hinzufügen charakteristischer Örtlichkeiten

Rechnung getragen. Der Terminus Überschiebung gilt normalerweise bei relativ flacher Lage (<30° Einfallen) der Trennflächen. Der Sachverhalt, dass zahlreiche Überschiebungsbahnen sich jedoch entsprechend der Kartierung geradlinig, ohne Rücksichtnahme auf die Morphologie durch das Gelände verfolgen lassen, führte zu der Vorstellung, dass viele sich steil in die Tiefe fortsetzen. Ein Beispiel aus jüngerer Zeit ergab sich beim Bau des Bernkasteler Burgberg-Tunnels zur Umgehung der Innenstadt, wobei die „Mosel-Achse" durchörtert wurde (Möbus & Schröder 2004).

Die an der Oberfläche ermittelte Raumlage sollte konstruktiv zur Tiefe verlängert werden. Bei entsprechenden Überlegungen im Rheintal (W. Meyer & Stets 1975, 1996) ergab sich die Vorstellung von schaufelförmig zur Tiefe gekrümmten, listrischen Bahnen. Ob das für den Hunsrück gilt, muss am Einzelfall diskutiert werden. Sie gestatten jedoch Rotationen, die aufgrund der wechselnden Raumlage der kleintektonischen Gefügeelemente, besonders der s_1-Flächen, stattgefunden haben müssen. Wie weit diese großen Trennflächen in eine einzige, gemeinsame, den Hunsrück in der Tiefe unterteufende Ablösungs- und Verschiebungsbahn (sole thrust, detachment fault) einmünden (Oncken 1988, Dittmar 1996), bleibt später zu diskutieren.

Zur regionalen Gliederung. Unter Beachtung der diskutierten Kriterien ergibt sich eine tektonische Untergliederung des Hunsrücks von Nordwesten nach Südosten in vier große Einheiten: Unter der Bezeichnung **Mosel-Einheit** wird der gesamte Raum der „Mosel-Mulde", incl. der im Südwesten folgenden „Olkenbacher Mulde" und deren Randgebiete, verstanden; die nördliche Begrenzung bilden steil invers gelagerte Schichtverbände der Hunsrückschiefer s. l. und s. str. sowie des Unterems der Ost-Eifel; das Zentrum ist durch intensiv verschuppte Schichtverbände des Oberems gekennzeichnet, die zur Bezeichnung „Mosel-Mulde" Anlass gaben; die südliche Begrenzung bildet die bei Bad Salzig den Rhein querende Hunsrück-Hauptüberschiebung (Quiring 1930b), die sich über die „Mosel-Achse" bis an die Saar verfolgen lässt; eingeschlossen ist bei dieser Begrenzung im Südosten ein verschuppter Bereich, der sich im tektonisch Hangenden der Boppard-Dausenau-Longuicher Überschiebung befindet, und an der Mittelmosel ein Bereich stark NW-vergent verschuppter Hunsrückschiefer, den die Mosel von Alf/Bullay bis Longuich und Trier durchfließt. Die **Zentrale Hunsrück-Einheit** umfasst den gesamten, von Hunsrückschiefer eingenommenen Teil von Hunsrück und Hochwald bis an die Saar incl. der aus Dhrontal-Schichten bestehenden Horather und Osburger Hochwald-Schuppenzonen sowie der aus Taunusquarzit aufgebauten Idarwald-Schuppenzone; diese Einheit liegt zwischen Hunsrück-Hauptüberschiebung und „Mosel-Achse" im Nordwesten und der Taunuskamm-Soonwald-Überschiebungszone im Südosten; die Überschiebungszone am Nord-Rand des Idarwaldes, die sich mit der Oberweseler Überschiebung am Oberen Mittelrhein korrelieren lässt, legt eine Unterteilung in eine Nordwestliche und eine Südöstliche Zentrale Hunsrück-Einheit nahe. Die **Süd-Hunsrück-Einheit** zieht sich in der südwestlichen Verlängerung der „Taunuskamm-Einheit" vom Oberen Mittelrhein am Süd-Rand des Hunsrücks hin und wird etwa ab Kirn/Nahe von Schichten des Rotliegend nach Südwesten fortschreitend überdeckt; über den Soonwald hinaus gehören hierzu auch Areale im Hochwald südlich der Züscher Schuppenzone; von der Nahe bis auf die Höhe von Kirn wird diese strukturelle Einheit nach Südosten von der schwer lokalisierbaren Wiesbachtal-Überschiebungszone begrenzt. Die **Metamorphe Einheit** oder **Metamorphe Zone** umfasst sämtliche epizonal metamorphen Gesteinsverbände südlich der Wiesbach-Tal-Überschiebungszone; sie wird im Südosten begrenzt von der Hunsrück-Südrand-Verwerfung gegen die Schichtverbände des Rotliegend des Saar-Nahe-Beckens; im Südwesten greifen die Schichten des Rotliegend auch auf diese Einheit über und verdecken sie südwestlich Kirn vollständig; zu dieser Einheit gehört noch der inselartig aus seiner Umgebung aufragende „Grundgebirgsaufbruch" von paläozoischen Phylliten bei Düppenweiler im Saarland; es ist als singuläre tektonische Struktur an die Hunsrück-Südrand Verwerfung (Kirn-Metzer Störung) gebunden.

3.3.2 Die Mosel-Einheit („Mosel-Mulde“)

Zur Abgrenzung. Anders als bei früheren Gliederungen wird hier die südliche Begrenzung der Mosel-Einheit an die Hunsrück-Hauptüberschiebung sensu Quiring (1930a) gelegt. Abgesehen von dem strukturtrennenden Charakter dieser Überschiebungszone am Oberen Mittelrhein grenzen bei Kamp-Bornhofen Hunsrückschiefer s. l. mit Obersiegen-, im weiteren Verlauf nach Südwesten auch Unterems-Alter (Ulmen-Unterstufe) an Schichten unklarer Alterstellung im Nordwesten. Einzelfunde von Porphyroiden legen nahe, diese Liegendscholle zumindest gebietsweise den Singhofen-Schichten zuzuordnen. Mit Hilfe kleintektonischer Untersuchungen lässt sich die Hunsrück-Hauptüberschiebung von Kamp-Bornhofen nach Südwesten bis zum Beginn der „Mosel-Achse“ (Scholtz 1930) südwestlich Altlay und diese weiter bis an die Saar verfolgen. Damit gelingt eine schlüssige Abtrennung der Mosel-Einheit von der südöstlich anschließenden Zentralen Hunsrück-Einheit bis an die Saar, wo die Überschiebungszone unter Trias-Schichten verschwindet. Als Alternative für diese Abgrenzung böte sich auch die Boppard-Dausenau-Longuicher Überschiebungszone an. Sie grenzt die aus Schichten des Oberems bestehende Füllung der „Mosel-Mulde“ gegen Schichten des Unterems (Ulmen-Unterstufe, Singhofen-Sch., Altlay-Sch.) ab. Dabei entsteht das Problem, dass auf der Höhe von Moritzheim und Grenderich die „Muldenfüllung“ durch die Grendericher Querstörung abgeschnitten wird. In der Fortsetzung nach Südwesten ist die „Muldenfüllung“ auf die „Olkenbacher Mulde“ beschränkt.

Die Grendericher Querstörung ist nur unzureichend bekannt. Die geologische Karte von Thiele (1960) reicht nur bis an den fraglichen Bereich heran. Die Geologischen Übersichtskarten zeigen jeweils abweichende Darstellungen mittels Querstörungen. Eindeutig ist jedoch, dass die Verschmälerung der Mosel-Einheit mit Reduzierung auf den Nordwest-Abschnitt und die „Olkenbacher Mulde“ nicht allein mit einer großen oder auch zwei kleineren Querstörungen allein befriedigend gelöst werden kann. Hinzu kommt, dass die aus Emsquarzit bestehende „Bopparder Schuppe“, die die Boppard-Dausenau-Longuicher Überschiebungszone nachzeichnet (Thiele 1960), westlich Moritzheim tektonisch unterdrückt ist. Von Moritzheim und Grenderich nach Südwesten wird diese Schuppe sehr wahrscheinlich von Schichtverbänden des Unterems (Singhofen-Sch., Altlay-Sch.) überschoben. Diese Überschiebungszone, die bis Longuich und darüber hinaus nach Südwesten die Rolle der Boppard-Dausenau-Longuicher Überschiebungszone übernimmt, überfährt südwestlich der Grendericher Querstörung wahrscheinlich deckenartig den größten Teil der südöstlichen Mosel-Einheit („Mosel-Mulde“).

Nach dieser Vorstellung setzt sich die südöstliche Füllung der „Mosel-Mulde“ unterhalb dieser Überschiebung weiter nach Südwesten fort und kommt zwischen Bekond und Schweich/Mosel wieder zum Vorschein. Der Ausstrich dort ist allerdings zusätzlich zur variszischen Überschiebungstektonik spät- und post-variszichen Verwerfungen – Querstörungen und Südliche Randverwerfung der Wittlicher Senke (Stets 2004a, b) – zuzuschreiben. Die Boppard-Dausenau-Longuicher Überschiebungszone kommt daher für die Abgrenzung der Mosel-Einheit nach Südosten nicht in Frage. Die Hunsrück-Hauptüberschiebung (Quiring 1930a) zusammen mit der „Mosel-Achse“ (Scholtz 1930) werden den tektonischen Anforderungen an eine solche Grenze eher gerecht. Innerhalb von Schichten des Unterems ist sie zwar bei weitem nicht so augenscheinlich wie die Boppard-Dausenau-Longuicher Überschiebungszone, da an ihr lithologisch schwer unterscheidbare, meist rein schiefrige Schichtverbände der Hunsrückschiefer s. str. und s. l. aneinander grenzen. Obwohl der Hiatus in der Raumlage der s_1 und s_2-Flächen am Mittelrhein nicht so offensichtlich ist wie südwestlich Altlay bei der „Mosel-Achse“, ist verschiedentlich auf einen Zusammenhang hingewiesen worden (Kienow 1934, Engels 1960, Gasser 1978).

Die Mosel-Einheit („Mosel-Mulde) ist weiter zu unterteilen in einen **Nordost-Abschnitt**, der vom Mittelrhein bis auf die Höhe Moritzheim und Grenderich nach Südwesten reicht;

er umfasst die „Mosel-Mulde“ in ihrer vollen Ausstrichbreite; das ist jener Bereich, der durch den Ausbiss von Schichten des Oberems gekennzeichnet ist und die nach Südosten bis an die Hunsrück-Hauptüberschiebung reichende nordwest-vergente Kratzenburger Schuppenzone, und den **Südwest-Abschnitt**, der aus der schon in der Süd-Eifel liegenden „Olkenbacher Mulde“, der südwestlichen Fortsetzung der Boppard-Dausenau-Longuicher Überschiebungszone und im südöstlichen Anschluss aus der stark NW-vergenten Mittelmosel-Schuppenzone im nordwestlichen Vorland der „Mosel-Achse“ besteht. Beide Abschnitte trennt die **Grendericher Querstörung**.

3.3.2.1 Der Nordost-Abschnitt der Mosel-Einheit

Quiring (1939: Abb. 4) hatte eine weitergehende Gliederung des Nordost-Abschnittes der Mosel-Einheit vorgeschlagen. Er unterschied einen SE-vergenten Abschnitt im Nordwesten mit „NW-fallenden Faltenebenen“ der Spezialfalten von einem südöstlich angrenzenden Bereich „Steiler gestellter SO-fallender Faltenebenen“, der weiter nach Südosten in einen Bereich „Flacher gelegte(r) SO-fallende(r) Faltenebenen“ nahtlos übergeht. Die südöstliche Begrenzung legte er 1939 südöstlich der Hunsrück-Hauptüberschiebung und führte sie von Kestert am Mittelrhein über Kastellaun in Richtung Traben-Trarbach und Bernkastel zur „Mosel-Achse“. Bedeutsam ist seine Feststellung, dass die „Dachlinie der Konvergenzzone“ die Faltenstränge, die er innerhalb der „Mosel-Mulde“ ausgehalten hatte, spitzwinklig schneidet.

Die Lokalisierung der Faltenstränge basierte neben Quiring’s eigenen Aufnahmen auf Ergebnissen von E. Kayser (u. a. 1892) und Follmann (1925), deren Aufnahmen bis dahin nicht im Zusammenhang dargestellt worden waren. Das gilt auch für Kienow (1934), der in erster Linie auf den Daten der kleintektonischen Analyse aufbaute. Außerdem stellte Quiring fest, dass der stark NW-vergente Bereich sich an der Mittelmosel nach Wintrich, darüber hinaus nach Südwesten über Fell bis an die Saar bei Wiltingen verfolgen lässt. Allerdings reicht der stark NW-vergente Bereich nicht zwanglos vom Rhein bis an die Saar. Schließlich befindet sich der größte Teil der stark NW-vergenten Zone vom Rhein bis auf die Höhe von Grenderich meist in Schichten des Oberems und nur in geringem Umfang in solchen des Unterems. Südwestlich der Grendericher Querverwerfung ist die NW-Vergenz auf einen ca. 6–7 km senkrecht zum Streichen gemessenen Bereich ausgeweitet, der ausschließlich aus Hunsrückschiefern besteht. Beide Abschnitte dürfen nicht miteinander korreliert werden, da sie unterschiedlichen Homogenbereichen angehören.

Solle (1942) unterteilte den Nordost-Abschnitt der „Mosel-Mulde“ in die „Lützer Mulde“ im Nordwesten, den „Niederlahnsteiner Sattel“ im Zentrum und die „Bopparder Doppelmulde“ im Südosten. Jegliche Auf- und Überschiebungen fehlen in seiner Darstellung. Die „Lützer Mulde“ setzt sich über den „Senheimer Abschnitt“ in die „Olkenbacher Mulde“ fort.

Für die weitere tektonische Gliederung brachte erst die Darstellung von Kröll (2001) neue Aspekte, da er die „Mosel-Mulde“ zwischen Kobern und Boppard sowie Treis und Mörsdorf im Südwesten neu aufnahm. Leider wurde diese Darstellung nicht an das Mittelrhein-Profil zwischen Koblenz und Boppard angeschlossen. Im Gegensatz zu den älteren Darstellungen zeichnete Kröll ein wesentlich realistischeres Modell. Es reicht von der ausgeprägt SE-vergenten Nordwest-Flanke der „Mosel-Mulde“ als der zentralen Struktur der Mosel-Einheit bis an die flach nach Nordwesten überschiebende Boppard-Dausenauer Überschiebungszone. Mit seinen Daten lässt sich der Nordost-Abschnitt der Mosel-Einheit im Mosel-Hunsrück und bei Koblenz gliedern in die stark verschuppte „Mosel-Mulde“ mit Füllung aus Schichten des Unter- und Oberems, die Bopparder Überschiebungszone als Teilstück der Boppard-Dausenau-Longuicher Überschiebungszone und südlich davon

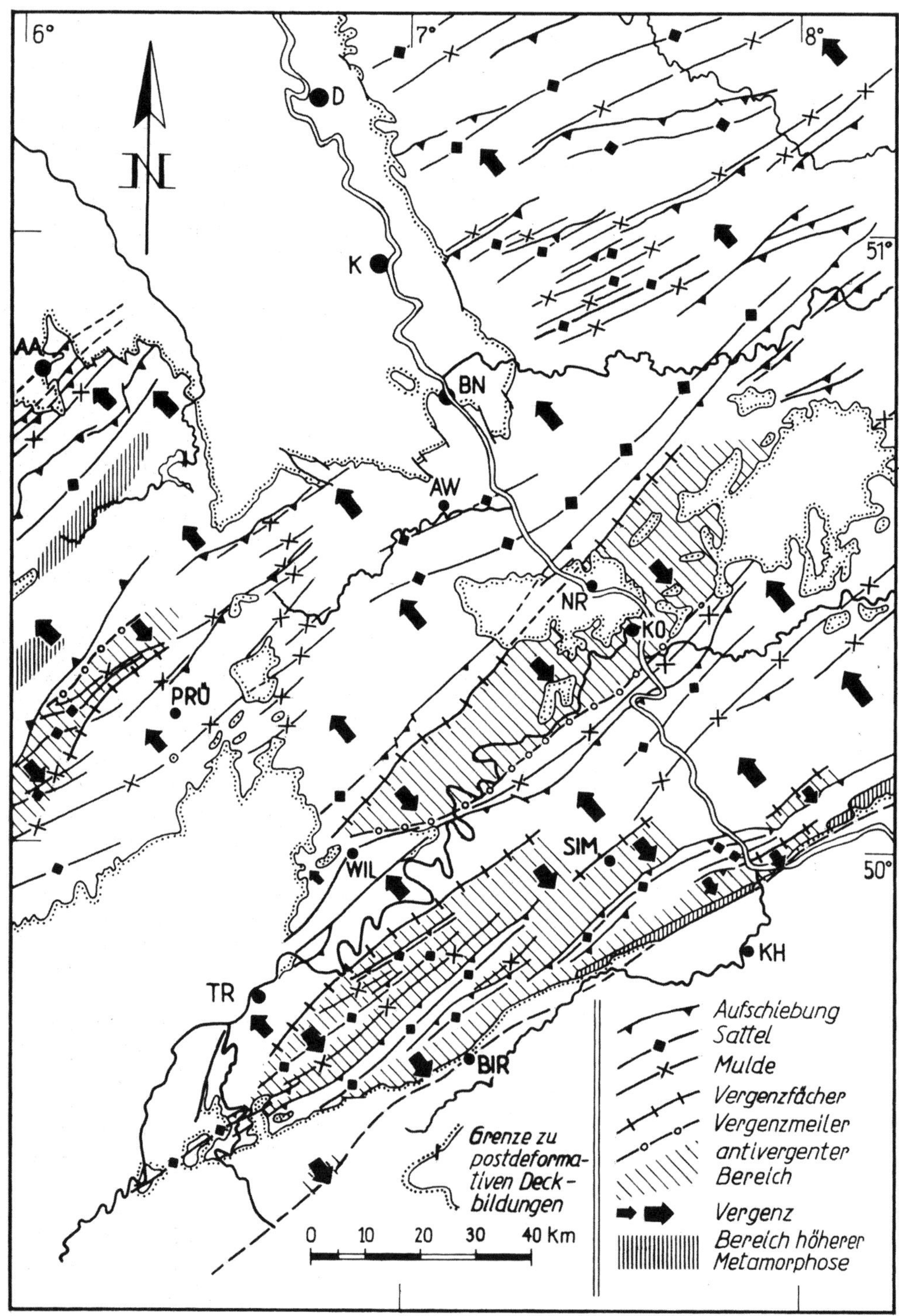

Abb. 18. Vergenzverhältnisse im westlichen und zentralen Schiefergebirge. W. MEYER & STETS (1980).

bis an die Hunsrück-Hauptüberschiebung reichend die stark NW-vergente Kratzenburger Schuppenzone.

Die „Mosel-Mulde" besteht aus zahlreichen Schuppen, die durch Auf- und Überschiebungen voneinander getrennt sind. Zusammengefasst sind es zwei große Schuppenzonen, und zwar die **Lützer Schuppenzone** im Nordwesten, das ist der deutlich SE-vergente Abschnitt, der im Südwesten ab Hatzenport auch NW-Vergenz zeigt, und die **Bopparder Schuppenzone** im Südosten, die bis an die Boppard-Dausenauer Überschiebungszone reicht und betont NW-vergent ausgebildet ist. Beide Schuppenzonen trennt die **Oberlahnsteiner Überschiebung**, die im Nordosten die Trennlinie zwischen den beiden kontravergenten Bereichen ist und teilweise der „Dachlinie" Quiring's bzw. der „Scheitellinie des Vergenzmeilers" entspricht. Allerdings sollte nicht von einem „Vergenzmeiler" ausgegangen werden, da dieser Struktur nicht die muldenförmige Einsenkung im Sinne Quiring's zugrunde liegt, sondern die Kontravergenz durch Überschiebungen bedingt ist.

Von den im Generalstreichen der „Mosel-Mulde" liegenden Schuppen findet nur die Lützer Schuppenzone resp. „Lützer Mulde" ihre Fortsetzung in der „Olkenbacher Mulde". Der gesamte Komplex der Bopparder Schuppenzone endet zwischen Moritzheim und Grenderich.

Abgesehen von den „streichenden", die Einzelschuppen begrenzenden Überschiebungen haben zahlreiche Querstörungen die „Mosel-Mulde" durchtrennt. Hiervon sind sowohl die Oberlahnsteiner Überschiebung als auch die Boppard-Dausenauer Überschiebungszone querschlägig betroffen. Zu ihnen gehören auch die Querstörungen bei Mittelstrimmig und Grenderich. Sie sind wesentlich jünger und führten dazu, dass bei Kartendarstellungen bis in jüngste Zeit (u. a. GÜK 300 von Rheinland-Pfalz) der Südost-Abschnitt der Bopparder Schuppenzone (ehem. „Bopparder Doppelmulde") hier beerdigt wurde.

3.3.2.1.1 Der nordöstliche Abschnitt der Lützer Schuppenzone

Die Lützer Schuppenzone kann hier mit Kröll (2001) unter Einbeziehung der Emsquarzit-Züge nach Follmann (1925) aufgeteilt werden in die **Koberner Schuppe** mit dem Emsquarzit-Zug des Gülser Mühlentals als tektonischem Leithorizont, die **Winninger Schuppen**; mit Hilfe der Emsquarzit-Züge der Carola-Höhe und vom Layer Kopf ergibt sich eine weitere Aufteilung in die Layer Teilschuppe im Nordwesten und die Remstecker Teilschuppe im Südosten; beide trennt die Layer Störung, die **Waldescher Schuppe** mit dem Emsquarzit-Zug vom Kühkopf und die **Niederlahnsteiner Schuppe** mit dem Emsquarzit-Zug der Augusta-Höhe; sie entspricht in groben Zügen dem „Niederlahnsteiner Sattel" der älteren Autoren.

Alle diese Schuppen können nach Südwesten zwanglos bis an die Hatzenporter Querstörung verfolgt werden, die querschlägig die gesamte Schuppenzone durchtrennt. Südwestlich daran schließt sich, quasi den gesamten Schuppenstapel vertretend, die Lützer Schuppenzone an. Sie verschmälert sich von einer querschlägig gemessenen Ausstrichsbreite von ca. 8,5 km bei Koblenz im Nordosten auf ca. 3,5 km im Südwesten bei Treis-Karden und weiter auf ca. 1,5 km bei Bullay.

Der größte Teil der Überschiebungen, die die Schuppen trennen, entspricht phänomenologisch nach NW gerichteten Abschiebungen. Genetisch handelt es sich jedoch um „überkippte Überschiebungen" (W. Meyer & Stets 1996), d. h. ehemals SE-fallende und nach NW gerichtete Überschiebungen, die im Laufe der Einengung über die Saigerstellung hinaus bis zum Einfallen nach NW schaufelförmig verbogen wurden. Abweichend von Kröll werden diese Verschiebungen hier weiter als „Überschiebung" bezeichnet.

Die strukturtrennenden „überkippten" Überschiebungen sind von Nordwesten nach Südosten die **Gülser Überschiebung** zwischen der Koberner Schuppe und der Layer Teilschuppe; auch sie lässt sich zwanglos bis zur Hatzenporter Querstörung nach Südwesten verfolgen. Die **Ehrenbreitsteiner Überschiebung**, die die Remstecker Teilschuppe von der

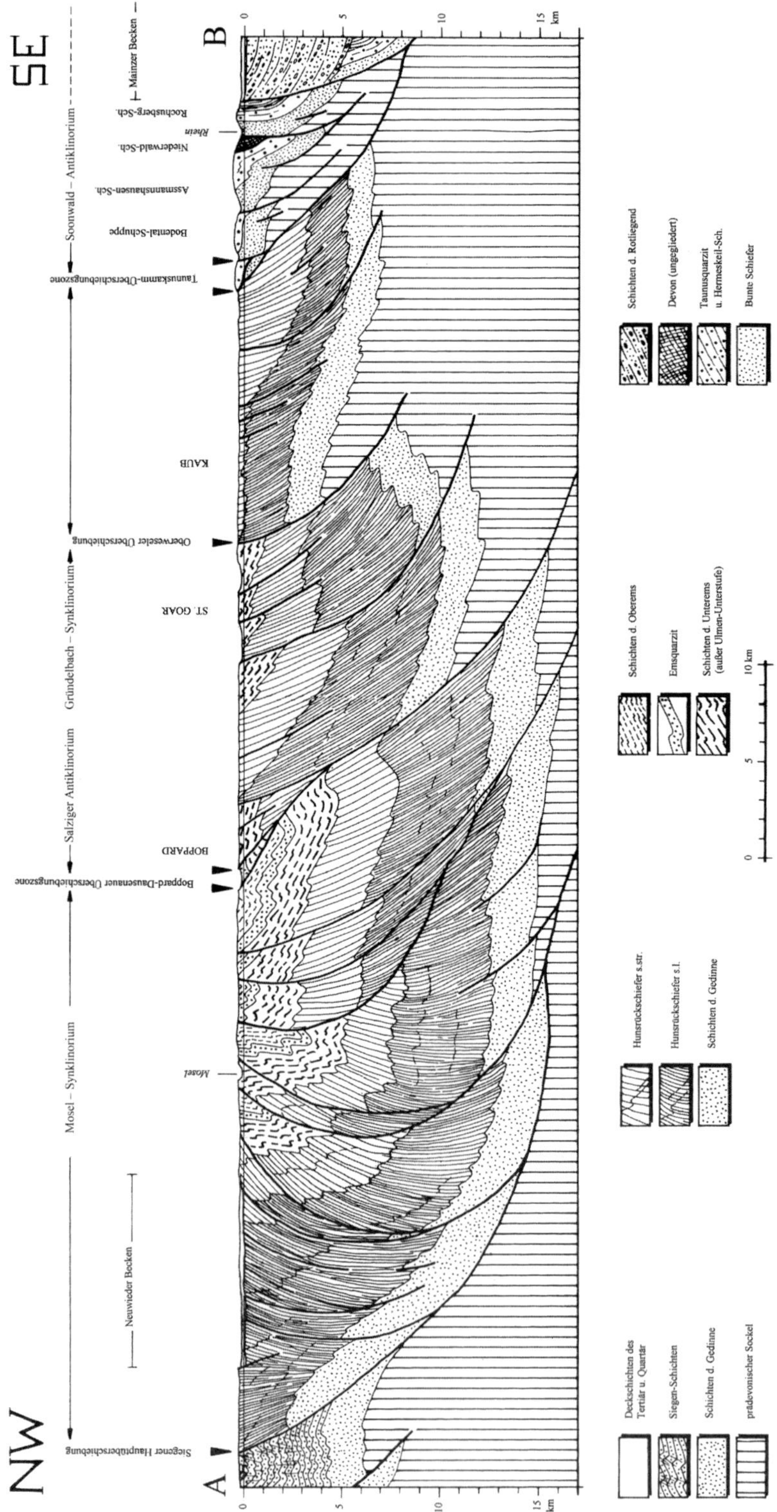

Abb. 19. Das Rheinprofil zwischen Andernach und Bingen.

Waldescher Schuppe trennt und ebenfalls bis an die Hatzenporter Querstörung reicht. Die Winninger Schuppen trennen die **Forstberg-**, die **Aspeler** und die **Layer Überschiebung**; auch sie sind alle „überkippt", sowie die **Hünenfelder Überschiebung** zwischen der Waldescher und der Niederlahnsteiner Schuppe.

Von diesen Überschiebungen lässt sich die Forstberg-Überschiebung u. U. nach Südwesten bis in die „Lützer Mulde" verfolgen. Diese Struktur ist südlich Moselkern weiter verschuppt und außerdem in ihrem südlichsten Abschnitt südlich der Ortschaft Lütz von der **Lützer Überschiebung** betroffen. Sie lässt sich u. U. an die Ehrenbreitsteiner Überschiebung anschließen. Die Verfolgung dieser Verschiebungen erweist sich immer dort als schwierig, wo reine Tonschiefer der Sphärosiderit- und der Kieselgallenschiefer der Kondel-Unterstufe aneinander grenzen.

Die einzelnen Schuppen der Lützer Schuppenzone lassen sich mit Hilfe lithologischer und auch biostratigraphischer Daten deutlich gegeneinander abgrenzen. Das tektonische Charakteristikum aller Schuppen ist ein weitgehend einheitlicher Bau, gekennzeichnet durch überkipptes Einfallen der Schichten nach Nordwesten. Die Spezialfaltung niederer Ordnung ist deutlich SE-vergent. Entsprechend fallen die s_1-Flächen und schuppeninterne kleinere Überschiebungen nach NW ein. Die Verjüngung der Schichtenfolge innerhalb jeder einzelnen Schuppe von Nordwesten nach Südosten wird ausnahmslos eingehalten. Bei der Verschuppung ergibt sich auch eine generelle Verjüngung von der Nordwest-Flanke zum Kern der Struktur. Dass gegen Südwesten die Sphärosiderit-Schiefer der Kondel-Unterstufe von Kieselschiefern abgelöst werden, ist in erster Linie der faziellen Entwicklung im Oberems zuzuschreiben. Es hat keine tektonische Ursache.

Die Einzelstrukturen

Bei der folgenden Beschreibung wird versucht, die Strukturen der Mosel-Einheit an jene des Rheinprofils (W. Meyer & Stets 1996) anzuschließen.

Koberner Schuppe. Die Koberner Schuppe (Kröll 2001) umfasst die ehem. „Gondorfer Mulde" (Quiring 1939) bzw. die „Gülser" und die „Lehmener Flanke" (Budeus 1988). Sie besteht aus Schichtverbänden des tiefen Unterems (Singhofen-Sch. mit Porphyroiden) und reicht bis zu den Flaserschiefern des Oberems. Nach Nordosten verschwindet sie unter den jungen Deckbildungen des Neuwieder Beckens; im Südwesten endet sie an der Hatzenporter Querverwerfung (Follmann 1925). In der Oberems-Schichtenfolge treten an der Wandley gegenüber Oberfell (Bl. 5710 Münstermaifeld) Dachschiefer auf, die bis in die 1940er Jahre untertage gewonnen wurden. Ihre stratigraphische Position wechselte von vermutlich Singhofen-Alter (Quiring 1930c, Bl. Koblenz 1:200 000), was eine zusätzliche Aufsattelung bedeutet hätte, bis Oberems (Follmann 1925: 75). Solle (1942) bestätigte das Oberems-Alter mittels Fossilien und legte eine Parallelisierung mit den Dachschiefern von Lütz nahe. Nach Kröll (2001) gehören sie zu den Flaserschiefern. Die Schichtlagerung in der Koberner Schuppe ist weitgehend einheitlich invers. Die Schichten fallen in der Regel zwischen 45° und 60° (i) NW. Das Einfallen der s_1-Flächen liegt bei 30–45° NW wesentlich flacher als jenes der Schichtung (s_0) bei inverser Lagerung und bestätigt damit die inverse Schichtlagerung. Spezialfalten sind nur zwischen Gondorf und Kattenes zu beobachten. Ein Umschwenken in eine abweichende Streichrichtung (rheinisches Streichen NNE-SSW) wurde zwischen Niederfell, Lehmen bis Kattenes und Hatzemport mehrfach beobachtet.

Gülser Überschiebung. Eine im Schichtstreichen liegende Verschiebung im Gülser Mühlental verzeichnete schon E. Kayser (1892) auf Bl. Koblenz. Auch Follmann (1925) war sie bekannt. Budeus (1988) und Kröll (2001) nahmen sie in ihre Schuppengliederung auf. Durch ihren spitzwinkligen Verlauf zum Streichen der Schichten verschmälert sich der Ausstrich der Oberems-Schichten der Koberner Schuppe zugunsten der im tektonisch Hangenden folgenden Rittersturz-Schichten der Layer Teilschuppe. Kröll (2001: 135) ermittelte Versätze von 1600 m (Flaserschiefer contra Rittersturz-Sch.) nahe der Winninger Autobahnbrücke, von ca. 1200 m im Aspeler Bach-Tal zwischen Schwalber- und Linkemühle und um ca. 900 m bei Hatzenport (Flaserschiefer contra Nellenköpfchen-Sch.). Das Einfallen der Überschiebung liegt bei 50–60° NW. Im Streichen macht sie das Umschwenken des Schichtstreichens in die rheinische Richtung mit.

Winninger Schuppen. Der Streifen zwischen der Gülser und der Ehrenbreitsteiner Überschiebung lässt sich in mehrere Teilschuppen gliedern (Kröll 2001). Sie entsprechen im Rheintal jenem Abschnitt, in dem rechtsrheinisch die Typuslokalität der Nellenköpfchen-Schichten und die Festung Ehrenbreitstein liegen. Quiring (1939) schied in diesem Streifen den „Winninger Sattel" zwischen Winningen und Hatzenport aus; südlich folgte ohne eine trennende Mulde der „Loefer Sattel" und südöstlich davon die „Ehrenbreitsteiner Mulde". Diese Strukturen verfolgte er von Koblenz-Ehrenbreitstein im Nordosten zumindest bis auf die Höhe von Brodenbach/Mosel, wenn nicht sogar bis an seine „Dachlinie" im Südwesten. Eine sichere Verfolgung ist allerdings nur bis an die Hatzenporter Querstörung gegeben. Die Quiring'schen Strukturen lassen sich in der vorgeschlagenen Form nicht eindeutig belegen. Offensichtlich folgte er in erster Linie stratigraphischen und nicht tektonischen Gesichtspunkten. Budeus (1988) bezeichnete diesen Abschnitt der „Mosel-Mulde" als „Winninger Flanke".

Im Gegensatz dazu baut die Kröll'sche Gliederung (2001) auf den beiden, schon Follmann (1925) bekannten Emsquarzit-Zügen von der Carola-Höhe und vom Layer Kopf auf, auf die im Hangenden jeweils Hohenrhein-Schichten bis Flaserschiefer folgen. Von den beiden Teilschuppen (Layer und Remstecker Teilschuppe) lässt sich nur der Emsquarzit-Zug vom Layer Kopf über die Typuslokalität der Laubach-Schichten im Laubach-Tal bei Koblenz bis an den Oberen Mittelrhein nach Nordosten verfolgen. Dagegen ist der Emsquarzit-Zug von der Carola-Höhe durch Querstörungen auf das Gebiet zwischen Lay/Mosel und der Löfer Querstörung nordwestlich Brodenbach begrenzt. Damit lässt sich die deutliche Teilung nicht weiter nach Südwesten verfolgen.

Die Schichtlagerung innerhalb der Winninger Schuppen ist im Nordosten fast immer invers, abgesehen von einigen Spezialfalten. Das Gleiche gilt für das Gebiet um Winningen mit Fallwerten von 55–65° (i) NW, im Konder-Tal, Eschbach-Tal und Remstecker Tal mit Werten um 40–55° (i) NW. Teilweise richten sich die Schichten nahe der Ehrenbreitsteiner Überschiebung über 60–70° (i) NW bis zur Saigerstellung auf und gehen sogar in normales Einfallen mit mehr als 80° SE über. Die s_1-Flächen fallen alle mit 30–35° NW ein.

Südwestlich der Koberner Querstörung verbreitert sich der Ausbiss der Nellenköpfchen-Schichten in der Layer Teilschuppe, bedingt durch weitere Verschuppung und Spezialfaltung. Die Falten sind weiterhin deutlich SE-vergent und als Kurzschenkelfalten ausgebildet (kurzer Schenkel fällt normal 35° NW, Gegenflügel steil überkippt NW). In diesen Bereich fallen auch die Forstberg- und die Aspeler Überschiebung. Das Streichen der Schichten in den Winninger Schuppen schwankt südwestlich der Koberner Querstörung, insbesondere in der Layer Teilschuppe. In der weiteren Umgebung von Oberfell streichen die Schicht- (s_0)- und Schieferflächen (s_1) zwischen 15° und 170°, ab dem Brodenbach-Tal und auch im Ehrbach-Tal zwischen 20 und 30°. In den südöstlich folgenden Sphärosiderit-Schiefern, d. h. in der südwestlichen Verlängerung der Remstecker Teilschuppe, schwenkt das Streichen mit Annäherung an die Ehrenbreitsteiner Überschiebung auf 35 bis 44° zurück.

Ehrenbreitsteiner Überschiebung. Auch diese Überschiebung im südöstlichen Anschluss an die Remstecker Teilschuppe war bereits Maurer (1882) bekannt, vgl. auch Bl. 5611 Koblenz (Schmierer & Quiring 1933). Sie erwogen auch ein Wiederaufleben dieser Verschiebung im Känozoikum. Krauter (1973) hat die Wirkung junger tektonischer Bewegungen an einer entsprechenden Verwerfung am Rittersturz bei Koblenz und ihre Auswirkung auf die Hangstabilität behandelt.

Kröll (2001) gelang die Verfolgung dieser Überschiebung über Waldesch hinaus bis an die Hatzenporter Querverwerfung. Am oberen Silberkaulsbach (GK 25: 5711 Boppard) sind in ihrem Bereich im Emsquarzit silberhaltiger Bleiglanz, Kupferkies und Zinkblende (Schmierer & Quiring 1933) untertage gewonnen worden (Feld Coblenz). Im Brodenbach-Tal sitzt der Überschiebung ein Quarz-Gang auf. Auch hier wurde Erz abgebaut. Das Streichen der Ehrenbreitsteiner Überschiebung entspricht generell dem der Schichtverbände in den angrenzenden Schuppen. Zwischen Konder- und Ehrbach-Tal ergibt sich ein Verwurf von ca. 600 m (Hohenrhein-Schichten gegen Flaserschiefer).

Waldescher Schuppe. Im tektonischen Hangenden der Ehrenbreitsteiner Überschiebung folgt die Waldescher Schuppe. Sie reicht nach Südosten bis an die Hünenfelder Überschiebung und umfasst eine Schichtenfolge, die von Rittersturz-Schichten bis zu den Sphärosiderit-Schiefern reicht. Diese Schuppe ist vom Oberen Mittelrhein zwischen dem Rittersturz und dem Siechhaus-Tal im Nordosten (Bl. 5611 Koblenz) bis an die Gülser Störung im Südwesten zu verfolgen. Sie ist durch die vierte Wiederholung des Emsquarzits im Rheinprofil, den Quarzit-Zug vom Kühkopf, charakterisiert. Quiring (1939) gliederte diesen Bereich wieder in mehrere Falten (Pfaffendorfer Sattel, Brodenbacher Mulde, Siewertswalder Sattel, Siechhaus-Mulde). Dagegen war es für Colin (1955) ein Bereich vorwiegend inverser Lagerung mit mehreren Störungen. Budeus (1988) zerlegte auch ihn in zahlreiche Falten (Rittersturz-Flanke, Kühkopf-Mulde, -Sattel, Siechhaus-Mulde, Waldescher Doppelsattel). Nach Kröll (2001) ist es dagegen eine mehr oder weniger stark gestörte Schuppe, deren Ausstrichbreite senkrecht zum Streichen von 1,8 km am Rhein auf 0,5 km im Ehrbach-Tal abnimmt. Dieser Befund geht auf das spitzwinklig zum Schichtstreichen verlaufende Streichen der Ehrenbreitsteiner Überschiebung zurück. Der Emsquarzit vom Kühkopf bildet in Rhein-Nähe zwei Teilstrukturen (Doppelsattel oder Schuppe?). In der südöstlichen Teilstruktur liegt der bekannte Emsquarzit-Faunenfundpunkt im Distrikt „Saustall“, der heute zu den Hohenrhein-Schichten gezählt wird (Dahmer 1948, Solle 1972). Auch die Sphärosiderit-Schiefer mit einer Mächtigkeit von ca. 200 m werden durch die spitzwinklig streichende Hünenfelder Überschiebung auf einen schmalen Streifen im Südwesten tektonisch reduziert.

Die Schuppe ist relativ einfach gebaut. Der Schichtverband liegt bei Einfallwerten von 60–75° (i) NW im Konder-Tal, nahezu saigerer Stellung im oberen Aspeler Bach-Tal und normaler Lagerung mit einem Einfallen um 70–75° SE im oberen Alkener Bach-Tal (Münnichsberg; Bl. 5710 Münstermaifeld). Dort sind die Flaser- und Sphärosiderit-Schiefer stark spezialgefaltet. In den erwähnten Lokalitäten fallen die s_1-Flächen zwischen 70–75° NW und belegen einheitlich SE-Vergenz. Auch die Spezialfaltung ist deutlich SE-vergent. Einen SE-vergenten Spezialsattel erwähnte Kröll (2001) vom Rauschenberg im Brodenbach-Tal. Die SE-Vergenz kommt hier auch bei normalem Einfallen der Schichten mit 40° NW auf dem NW-Flügel und 60° SE-Einfallen auf dem Gegenflügel zum Ausdruck. Der normal einfallende NW-Flügel wird weiter nach Südwesten wahrscheinlich durch eine spitzwinklig zum Streichen verlaufende Überschiebung nach Südosten reduziert. Das Schichtenstreichen liegt weitgehend einheitlich um 40–50°; nur im oberen Alkener Bach-Tal schwenkt es auf 25° um und bedingt so das weitgehende Verschwinden der Sphärosiderit-Schiefer im Südwesten.

Hünenfelder Überschiebung. In Anlehnung an Budeus (1988) bezeichnete Kröll (2001) die im Südosten folgende Überschiebung als Hünenfelder Überschiebung. Sie trennt die Waldescher Schuppe von der im Südosten folgenden Niederlahnsteiner Schuppe. Im Rheinprofil entspricht diese Überschiebung einer Störung, die bei Colin (1955) invers lagernde Hohenrhein-Schichten im Nordwesten von normal nach Nordwesten einfallendem Emsquarzit trennt. Kröll gab den Versatz an dieser Überschiebung im Tal des Aspeler Baches mit ca. 500 m und im Rheintal mit ca. 200 m an. Ein Aufschluss dieser Verschiebung befand sich im Ehrenburger Tal am Fußweg zur Ehrenburg (Bl. 5710 Münstermaifeld). Die Hünenfelder Überschiebung soll überall dort, wo sie aufgeschlossen war, um die Saigerstellung „pendeln“. Nur im Baybach-Tal fällt sie ca. 60° SE und „springt“ auf NW-Vergenz um. Das gilt auch für den im tektonisch Hangenden folgenden Schichtverband der nach Südosten folgenden Niederlahnsteiner Schuppe.

Niederlahnsteiner Schuppe. Die Niederlahnsteiner Schuppe wird rechtsrheinisch durch den breiten Ausstrich des Emsquarzits vom Lichter Kopf und der Horchheimer Höhe (Bl. 5611 Koblenz), linksrheinisch durch den Emsquarzit-Zug der Augustahöhe (350 m NN) bis nach Pfaffenheck (Bl. 5711 Boppard) repräsentiert. Sie wird im Südosten durch die Oberlahnsteiner Überschiebung begrenzt. Die Niederlahnsteiner Schuppe lässt sich in deren nordwestlichem Vorfeld als schmale Leiste aus Emsquarzit und Hohenrhein-Schichten bis an die Moselkerner Querstörung nach Südwesten verfolgen. Ihr entsprechen bei Quiring (1939) „Niederlahnsteiner Sattel" und „Hohenrheiner Mulde". Der „Niederlahnsteiner Sattel" bei Solle (1942) entspricht ihr jedoch nicht. Die Niederlahnsteiner Schuppe ist wahrscheinlich, zumindest gebietsweise, stärker in sich verschuppt. Kröll (2001) beschrieb zwei größere Schuppen mit einem Einfallen der Schichten um 80–85° (i) NW von Pfaffenheck bis in das obere Alkener Bach-Tal und einen SE-vergenten Faltenbau im Brodenbach-Tal im Donnerloch. Hier fallen die s_1-Flächen ca. 60° NW, die NW-Flügel der Spezialsättel mit 50° NW; die SE-Flügel stehen saiger oder sind nur schwach überkippt. Im Baybach-Tal ist diese Schuppe noch zu beobachten, endet jedoch unweit Macken an der Moselkerner Querstörung.

3.3.2.1.2 Der südwestliche Abschnitt der Lützer Schuppenzone

„Lützer Mulde". Der Bau der Lützer Schuppenzone ist bis an die Hatzenporter, bedingt auch bis an die Moselkerner Querstörung zu verfolgen. Kröll (2001) konnte zeigen, dass südwestlich dieser Querstörungen das Bild sich wesentlich ändert. Das kommt auch schon in den Kartendarstellungen bei Quiring (1939) zum Ausdruck. Seine zahlreichen, noch im Rhein-Profil ausgeschiedenen „Sattel"- und „Mulden"-Strukturen verlieren sich in Richtung Südwesten und sind auf die Fortsetzung seiner Strukturen „Winninger Sattel" und „Pfaffendorfer Sattel" beschränkt. Nordwestlich davon schied er bei Burgen/Mosel einen nicht näher bezeichneten „Sattel" und weiter im Nordwesten die „Moselkerner Mulde" aus. Die Achsen all dieser Strukturen laufen spitzwinklig auf seine „Dachlinie" zu; z. T. überschreiten sie sie auch im weiteren Verlauf nach Südwesten.

Bei Kröll (2001) wird deutlich, dass sich die Zahl der Emsquarzit-Züge südwestlich der Hatzenporter Querstörung innerhalb der Lützer Schuppenzone bis auf einen einzigen verringert. Andererseits vergrößert sich der Anteil der Schichtverbände der Kondel-Unterstufe – insbesondere der Sphärosiderit- und Kieselgallen-Schiefer – im Ausstrich erheblich. Dieser Umstand veranlasste seinerzeit Solle (1942), den Begriff „Lützer Mulde" für den gesamten Abschnitt zu verwenden. Allerdings entspricht das nicht den tektonischen Gegebenheiten, da es sich weiter um eine Schuppenzone handelt und der Baustil sich nicht grundsätzlich geändert hat. Allerdings gehen ab dem Baybach-Tal die Schichtverbände von der inversen sukzessive in die normale Schichtlagerung mit Einfallen der Schichten bevorzugt nach Südosten über. Steiler nach SE fallende s_1-Flächen unterstreichen einen NW-vergenten Bau und auch die Auf- und Überschiebungen sind in diesen Teilschuppen bei Einfallen von s_0 nach SE nach Nordwesten gerichtet. Ein Vergenzwechsel deutet sich an mehreren Stellen schon nordöstlich der Hatzenporter Querstörung an, so z. B. bei Alken, an der Rübeley bei Hatzenport und im Baybach-Tal an der Ölmühle.

Kröll (2001: Profil 16) beschrieb an der Burg Bischofstein und „Am Küppchen" gegenüber Burgen/Mosel auf dem linken Mosel-Ufer (Bl. 5710 Münstermaifeld) eine ausgeprägt SE-vergente Falte. Weiter nach Südosten im Baybach-Tal lösen sich bei einheitlichem Einfallen der s_1-Flächen, das bis zur Oberlahnsteiner Überschiebung anhält, sowohl schwach NW- als auch SE-vergente Strukturen ab. So folgen normal und invers lagernde Schichtverbände, die durch Verschiebungen getrennt sind, aufeinander.

Am Druidenstein, auf dem rechten Mosel-Ufer gegenüber Moselkern (Bl. 5810 Dommershausen) fallen an der Mosel die Hohenrhein-Schichten normal mit 45° SE bei gleichsinnigem steilem Einfallen der s_1-Flächen mit 70° SE. Dieser schwach NW-vergente Bereich ist weiter nach Südwesten in Nellenköpfchen-Schichten über Beilstein und Mesenich bis Alf zu verfolgen. Westlich des Dünnbach-Tales läuft der Vergenzwechsel spitzwinklig in das Areal südöstlich des Emsquarzits und geht aus den Hohenrhein- und Laubach-Schichten immer weiter in die Kieselgallenschiefer der „Mulden"-Füllung. Dieser Vergenzwechsel ist allenthalben mit im Generalstreichen liegenden Auf- und Überschiebungen verbunden. Die weitere Verfolgung des Profils vom Druidenstein nach Südosten wird durch eingeschuppte Hohenrhein-Schichten und den Emsquarzit vom Müdener Bock unterbrochen. Sie lassen sich keiner Schuppe zuordnen.

Weiter im Südwesten treten Kieselgallenschiefer in breitem Ausstrich auf, die im Oberlauf des Roilsbaches, einem rechten Tributar des Lützbaches (Bl. 5810 Dommershausen), Dachschiefer enthalten, die zeitweise untertage gewonnen wurden. Noch weiter im Südwesten, in den Tälern von Lütz- und Dünnbach südwestlich der Müdener Querstörung, sind die geologischen Verhältnisse wesentlich einfacher. Auf einen noch SE-vergenten Bau weisen mit überkippter steil NW fallender Schichtlagerung und flacher in dieselbe Richtung fallenden s_1-Flächen die Lagerungsverhältnisse in den Nellenköpfchen-Schichten direkt und südöstlich der Mosel hin. Daran schließt sich bis zur Oberlahnsteiner Überschiebung ein einheitlich SE-fallender Schichtverband an, der von oberen Nellenköpfchen-Schichten und Emsquarzit bis in die Kieselgallenschiefer reicht. In diese ist vor Erreichen der Überschiebung noch eine Schuppe aus Sphärosiderit- und Kieselgallenschiefern an einer flach SE-fallenden Überschiebung eingeschaltet, die Kröll (2001) als Lützer Überschiebung bezeichnete. Dieser Abschnitt könnte als der Nordwest-Flügel einer „Lützer Mulde" bezeichnet werden. Die Schichtlagerung verflacht sich gegen Südosten von 70–80° SE (normal) in den Hohenrhein- und Laubach-Schichten auf 60° SE in den Flaserschiefern und bis 15° SE in den Kieselgallenschiefern. Die s_1-Flächen zeigen ein ähnliches Verhalten von 70–85° SE im Nordwesten bis 55° SE weiter im Südosten.

Bei Lütz sollen nach Solle (1942) in 10 Gruben Dachschiefer in den Kieselgallenschiefern abgebaut worden sein. Kröll (2001) ging von fünf Dachschiefer-Horizonten in den unteren und mittleren Partien der Kieselgallenschiefer aus. Sie dürften jenen Vorkommen im oberen Rolsbach-Tal entsprechen. Die Zugehörigkeit dieser Vorkommen zum Oberems wurde von Solle mit Hilfe von Faunen abgesichert. Grebe (1885) und Follmann (1925) hatten diese Horizonte noch als „*Orthoceras*-Schiefer" und Quiring (1928) als „Wissenbacher Schiefer" in das Mitteldevon eingestuft.

Nach dem breiten Ausstrich müssten die Kieselgallenschiefer bei einem Schichteinfallen von ca. 40–50° SE allein ca. 700 m mächtig sein. Da eine solche Mächtigkeit unwahrscheinlich ist, sollte hier ein in sich verschuppter Schichtverband vorliegen. Verschiebungen lassen sich bei der Einheitlichkeit der Tonschiefer allerdings nicht ohne weiteres belegen. Wahrscheinlich sind diese Kieselgallenschiefer ähnlich verschuppt wie jene an der „Lützer Überschiebung" bei der Mündung des Hartmannsgrabens in das Dünnbach-Tal oder bei der Dietrichsbrücke im Flaumbach-Tal. Der hangende Schichtverband zeigt eine deutlich NW-vergente Falte noch im nördlichen Vorland der Oberlahnsteiner Überschiebung. U. U. handelt es sich bei dieser Schuppe um den „Flaserschiefer-Sattel", den Solle (1942) von dieser Position beschrieb.

Von den zahlreichen Emsquarzit-Zügen am Oberen Mittelrhein und auch in den hunsrückseitigen Tälern ist in der „Lützer Mulde" – abgesehen von dem Schürfling am Müdener Bock – nur der nordwestlichste geblieben. Er zeichnet südlich Burgen den Nordwest-Rand der Lützer Schuppenzone nach und zieht sich, mehrfach von Querstörungen versetzt, südlich des großen Steinbruchs der Fa. Schnorpfeil über den Kehrbusch (356 m NN) nach Beilstein, zum Schlack (394 m NN) nördlich Senheim (Bl. 5909 Zell) und weiter zum Lehkopf nördlich Bullay (Bl. 5908 Alf) und den Sollig (398 m NN), wo er Anschluss an den Nordwest-Rand der „Olkenbacher Mulde" findet. Wichtig erscheint in diesem Verlauf die Grendericher

Querstörung (Thomé 1954), die zum Verschwinden der südöstlichen Mosel-Einheit beiträgt. Zusätzlich beschrieb Elkholy (2000) eine etwa Nord-Süd streichende Verwerfung im Moseltal zwischen Aldegund und Bullay, die den Emsquarzit-Zug von Lehkopf und Sollig trennt.

Die südöstliche Begrenzung der „Lützer Mulde" bleibt die Oberlahnsteiner Überschiebung. Kröll (2001) verfolgte sie bis an die Silberlay im Dünnbach-Tal (Bl. 5809 Treis-Karden), wo sie durch die Überschiebung von Hohenrhein-Schichten auf Kieselgallenschiefer der „Lützer Mulde" nachgewiesen ist. Die Ausstrichbreite der „Mulden-Füllung" der „Mosel-Mulde" beträgt hier noch 2,5 km. Die weitere Verfolgung der Überschiebung nach Südwesten stößt mangels moderner Kartierung noch auf Schwierigkeiten. Solle's Karte (1940) gibt dazu keine verlässliche Auskunft.

Wahrscheinlich quert die Oberlahnsteiner Überschiebung das Tal des Mörsdorfer Baches unweit der Teufelsley (Bl. 5809 Treis-Karden) und zieht von dort zum Kahlenberg nördlich von Altstrimmig. Südwestlich davon trifft sie auf die Mittelstrimmiger Querverwerfung. An ihr sollte ein erheblicher Versatz erfolgt sein. Die Fortsetzung ist dann erst wieder nordwestlich des Flaumbaches zu suchen. Südlich Beilstein finden sich am Oberlauf und im Quellgebiet des Beilsteiner Flüsschens sowie südlich Senheim am Oberlauf des Löscherbaches (Bl. 5909 Zell) Hinweise darauf, dass Schichten in der Fazies der Klerf-Schichten auf Kieselgallenschiefer von Südosten her aufgeschoben worden sind. In diesem „Senheimer Abschnitt" südwestlich der Mittelstrimmiger Querverwerfung verringert sich die Ausstrichbreite der „Lützer Mulde" quer zum Streichen auf ca. 2 km.

„Senheimer Abschnitt". Im Ferngasleitungsgraben (Elkholy 2000), der zwischen Bullay und St. Aldegund die Mosel quert, sind am Oberlauf des Anker- und des Neefer Baches Hunsrückschiefer (Kaub-Sch., Altlay-Sch.) auf Kieselgallenschiefer aufgeschoben. Sie begrenzen hier die „Mulde" nach Südosten. Diese Überschiebung entspricht nicht der südwestlichen Verlängerung der Oberlahnsteiner Überschiebung, sondern ist Teil der Boppard-Dausenau-Longuicher Überschiebungszone, die weiter im Nordosten die Bopparder Schuppenzone nach Südosten begrenzt. Dieser deutliche Hiatus wurde auch in den Übersichtskarten nicht erkannt. Offensichtlich hat sich hier die flache Überschiebung ähnlich wie am Rhein bei Boppard deckenartig weit nach Nordwesten bis über den Südost-Rand der „Lützer Mulde" vorgeschoben und die stärkere Einengung im westlichen „Senheimer Abschnitt" bedingt. Der Hiatus zu dem nordöstlich folgenden breiteren Ausstrich wird erst durch die Grendericher Querverwerfung hervorgerufen.

Das Streichen der Schichten im „Senheimer Abschnitt" (südwestliche Lützer Schuppenzone) bleibt über weite Strecken bei 55°. Die Kieselschiefer sind in diesem Abschnitt jedoch nicht ungestört. Zahlreiche Verschiebungen bedingen eine intensive Verschuppung. Die „Zone des Vergenzwechsels" streicht etwas steiler als das Schichtstreichen. Lag sie im Dünnbach-Tal noch nordwestlich des Emsquarzit-Ausstrichs, so befindet sie sich bei Senheim bereits weit im Ausstrichbereich der Kieselgallenschiefer und trifft zwischen Ankerbach-Tal und Bullay spitzwinklig auf die Boppard-Dausenau-Longuicher Überschiebungszone (Elkholy 2000).

3.3.2.1.3 Die Oberlahnsteiner Überschiebung

Als trennendes Element zwischen Lützer und Bopparder Schuppenzone sowie als südöstliche Begrenzung der Niederlahnsteiner Schuppe gilt die Oberlahnsteiner Überschiebung. Quiring (1939) führte am Mittelrhein in dieser Position mehrere Sättel und Mulden auf, von denen die „Hohenrheiner Mulde" im Nordwesten und der „Oberlahnsteiner Sattel" im Südosten die bedeutendsten waren und sich von der linken Rheinseite bis an die untere Lahn bei der ehem. Hohenrheiner Hütte und zur Ruppertsklamm verfolgen lassen (Elkholy & Kröll 1998). Nach Kröll (2001) trennt die Oberlahnsteiner Überschiebung die Niederlahnsteiner Schuppe von der Lieger Schuppe, resp. vom „Oberlahnsteiner Sattel". Dieser ist bei Quiring (1939) ein Spezialsattel mit Emsquarzit im Kern unmittelbar südöstlich der Oberlahnsteiner

Überschiebung. Wenngleich dieser „Oberlahnsteiner Sattel" keine ausgeprägte Vergenz zeigt, ist ein Vergenzwechsel zwischen dem noch deutlich SE-vergenten Bau der Niederlahnsteiner Schuppe zum südöstlich der Überschiebung liegenden „Oberlahnsteiner Sattel" nicht zu übersehen. Elkholy & Kröll (1998) und Kröll (2001) zählten die Oberlahnsteiner Überschiebung noch zu den steil NW-fallenden überkippten Strukturen. Dieser Baustil endet an dieser lang durchhaltenden Überschiebung, die sich als entscheidendes strukturtrennendes Element durch die „Mosel-Mulde" verfolgen lässt. Kröll (2001: 159) konnte diese Überschiebung „als mit 65–80° nach SE einfallende Störungsbahn" im Brodenbach-, Ehrbach- und Baybach-Tal beobachten, da der Materialwechsel an dieser Überschiebung deutlich ist: Im Brodenbach-Tal treffen Nellenköpfchen-Schichten auf Flaserschiefer, an der Linkemühle im Ehrbach-Tal grenzen Nellenköpfchen- an Laubach-Schichten und an der Franzenmühle im Baybach-Tal grenzt Emsquarzit an Kieselgallenschiefer.

Während die Überschiebung von Nordosten kommend ähnliche Schichten (oberster Emsquarzit und Hohenrhein-Schichten im Südosten gegen Laubach-Schichten im Nordwesten) gegeneinander versetzt und damit keine allzu hohen Versatzbeträge erreicht, steigt der Versatz südwestlich der Löfer Querverwerfung nach Südwesten systematisch in höhere stratigraphische Niveaus an und zwar von Nellenköpfchen- bis Hohenrhein-Schichten im Südosten gegen Flaser- bis Kieselgallenschiefer auf der Liegend-Scholle im Nordwesten. Daraus ergibt sich bei ähnlichem Anschnittniveau an der Tagesoberfläche, dass in Richtung Südwesten immer strukturhöhere Niveaus angeschnitten werden, was einem Achsengefälle nach SW entspricht. Kröll ging von stratigraphischen Versätzen zwischen 200 und 650 m aus, da an der Oberlahnsteiner Überschiebung „zwei Faziesbereiche aneinander grenzen, ist mit größeren Schubweiten zu rechnen" (S. 160).

Weitere Aufschlüsse liegen nördlich der Silberlay im Dünnbachtal (Bl. 5809 Treis-Karden), wo die Überschiebung mit ca. 60° SE einfällt, und an der Teufelsley im Tal des Mörsdorfer Baches. Generell streicht diese Überschiebung 45°; im Dünnbach-Tal schwenkt sie südwestlich der Treiser Querverwerfung auf 30° ein. Südwestlich der Mittelstrimmiger Querverwerfung dürfte die Streichrichtung bis zur Grendericher Querverwerfung wieder 45° betragen.

Spuren ehem. Erzbergbaus weisen darauf hin, dass der Bereich der Überschiebungsbahn zumindest verquarzt war, lokal, wie an der Silberlay, auch eine geringe Vererzung aufwies. Beispiele dafür finden sich nahe der Mündung des Ahrbaches in den Rhenser Mühlenbach (Bl. 5711 Boppard; Grube „Grubenstein"), im Quellgebiet des Steinigbaches, bei der Grünemühle im Tal des Brodenbaches (Bl. 5711 Münstermaifeld), westlich von Macken (Bl. 5810 Dommershausen) und an der Silberlay, wo Stollen vom Versuchsabbau auf wahrscheinlich Ag-haltigen Bleiglanz hinweisen. Imprägnationen mit Eisen- und Mangan-Erz und Verquarzungen in den Sandsteinen im Umfeld (Emsquarzit, Hohenrhein-Sch.) sprechen zusätzlich für Mobilisierung von Fluiden entlang der Störungsbahnen. Ein bedeutender Bergbau ist allerdings nicht bekannt.

3.3.2.1.4 Die Bopparder Schuppenzone

Die Bopparder Schuppenzone entspricht der „Doppelmulde von Boppard-Montabaur" (Quiring 1930a) im tektonisch Liegenden der Bopparder Überschiebung. In seinem Rheinprofil zeichnete Quiring eine Doppelmulde, deren Teilmulden durch die Fortsetzung des „Emser Quellensattels" aus dem unteren Lahn-Tal an den Oberen Mittelrhein getrennt sind. In dieser Struktur liegt auch die ehem. Grube „Rosenberg" bei Braubach. Allerdings sahen A. Fuchs (1916), Quiring (1930a) und Solle (1942) in dem „Braubacher Erzsattel" bei Braubach fälschlich die Fortsetzung des „Emser Quellensattels". Nach Ehrendreich (1959) handelt es sich jedoch um zwei getrennte Sattelstrukturen.

Das am Oberen Mittelrhein zwischen Oberlahnstein und Boppard durch einige Faltenstrukturen gekennzeichnete Profil ändert sich mit zunehmender Entfernung vom Rhein nach Südwesten. Die Faltenstrukturen gehen wie in der Lützer Schuppenzone auch hier in Schuppen über. Diesen Sachverhalt unterschiedlicher Faltungsintensität schrieb KIENOW (1934) der Herauswölbung des „Oberlahnsteiner Sattels" zu.

KRÖLL (2001) unterteilte die Bopparder Schuppenzone in die **Rhenser Schuppenzone** im Nordwesten und die **Braubacher Schuppenzone** im Südosten. Beide bestehen aus Schichtverbänden, die vom Emsquarzit, z. T. auch von den Nellenköpfchen- und/ oder Hohenrhein-Schichten, bis in die Kieselgallenschiefer reichen. So ist bei einer Übersichtsdarstellung zwar der Charakter einer „Doppelmulde" gewahrt, nicht jedoch der tektonische Baustil getroffen. Beide Schuppenzonen sind weiter in Einzelschuppen zerlegt, die durch SE einfallende, NW-gerichtete und im Generalstreichen liegende Überschiebungen voneinander getrennt sind. Die zentrale, beide Schuppenzonen trennende Überschiebung wird als **Ickerstieler Überschiebung** (KRÖLL 2001) nach dem „Ickerstieler Besteg" bei Braubach bezeichnet. Eine irreführende Darstellung ergibt sich aus dem bilanzierten Profil bei ONCKEN (1989: Abb. 3.36), dem offensichtlich eine falsche Maßstabsangabe zugrunde liegt, auch fehlt hier die bei EHRENDREICH (1959) dargestellte Aufteilung der „Bopparder Doppelmulde" durch die Ickerstieler Überschiebung.

KRÖLL (2001) ging davon aus, dass fazielle Unterschiede zwischen den Oberems-Schichten in der Lützer und der Bopparder Schuppenzone auf zwei benachbarte, jedoch unterschiedliche Ablagerungsräume zurückzuführen seien. Er begründete das damit, dass die Schichtverbände in der Bopparder Schuppenzone „wesentlich pelitischer als ihre zeitlichen Äquivalente des Olkenbacher Beckens seien" und „die Sphärosiderit-Schiefer nur in der Lützer Schuppenzone auftreten, während hier (i. d. Bopparder Schuppenzone) Kieselgallen-Schiefer fast das gesamte Kondel einnehmen" (S. 159). Diese Annahme ist nicht unbedingt schlüssig, da das Ablagerungsgebiet der Schichten der Bopparder Schuppenzone weiter von der „Eisen-Lösungen" liefernden Manderscheider Schwelle entfernt lag, als jenes der Lützer Schuppenzone. Damit soll nicht bestritten werden, dass der Ablagerungsraum im Oberems durch syngenetische Verwerfungen in Längsrichtung gegliedert war.

3.3.2.1.4.1 Die Rhenser Schuppenzone

Nach KRÖLL (2001) ergibt sich eine Untergliederung der Rhenser Schuppenzone in folgende Strukturen: den „**Oberlahnsteiner Sattel**", der durch den Emquarzit-Zug vom Mehrberg-Horstkopf nachgezeichnet wird, die **Lieger Schuppe**, die sich südwestlich der Löfer Querverwerfung an den „Oberlahnsteiner Sattel" anschließt und die **Lahrer Schuppe**, die nach Nordosten noch vor Erreichen des Rheintales in stark gefalteten Schichten der Kieselgallenschiefer ausklingt. Die Lieger wird von der Lahrer Schuppe durch die **Ohlenfelder Überschiebung** getrennt.

„Oberlahnsteiner Sattel" und Lieger Schuppe. Der „Oberlahnsteiner Sattel" ist die nordwestlichste Struktur der Rhenser Schuppenzone und schließt sich unmittelbar südöstlich an die Oberlahnsteiner Überschiebung an. Die Bezeichnung „Oberlahnsteiner Sattel" verwendeten QUIRING (1930a, 1939), SCHMIERER & QUIRING (1933), EHRENDREICH (1959), ELKHOLY & KRÖLL (1998) sowie KRÖLL (2001). SOLLE (1942) nannte die Struktur „Niederlahnsteiner Sattel" und bei BUDEUS (1988) war sie der „Schleifheck-Sattel", die linksrheinische Fortsetzung des „Oberlahnsteiner Sattel-Zuges". Hier wird die eingeführte Bezeichnung „Oberlahnsteiner Sattel" auch linksrheinisch übernommen. Aus dieser Struktur fördern von rheinparallelen Querverwerfungen aus dem Emsquarzit der Viktoriabrunnen bei Oberlahnstein und der Rhenser Mineralbrunnen bei Rhens Mineralwasser. Der Kern dieses Sattels besteht aus Emsquarzit, der sich an Querstörungen versetzt vom Rhenser Mühlenbach-Tal bei „Mittelste Mühle" (Bl. 5711 Boppard) über den Steinigkopf (400 m NN), den Horstkopf (436 m NN) nahe am Autobahn-Anschluss Koblenz-Waldesch bis an die Löfer Querverwerfung verfolgen lässt.

An der Löfer Querverwerfung wird die Struktur stark herausgehoben, so dass Nellenköpfchen-Schichten dort den Kern bilden. Im Brodenbach-Tal handelt es sich eher um ein breites Gewölbe. Südöstlich der Grünemühle fallen die Nellenköpfchen-Schichten flach (10°) nach Nordwesten ein. Im südöstlichen Anschluss beißt der Emsquarzit aus und fällt mit 35–50° SE. Trotz dieser Asymmetrie mit steilerem SE-Flügel herrscht, angezeigt durch 55–60° SE fallende s_1-Flächen, eher NW-Vergenz. In der weiteren südwestlichen Verlängerung Richtung Ehrbach-Tal verschwindet der NW-fallende Flügel mehr und mehr. Kröll (2001: Abb. 50) bezeichnete die Struktur hier als Lieger Schuppe.

Im Baybach-Tal repräsentieren ein gestörter Schichtverband des Emsquarzits und normal mit 50–60° SE-fallende Hohenrhein-Schichten die südwestliche Fortsetzung der Lieger Schuppe. NW-Vergenz wird durch ca. 65–70° SE fallende s_1-Flächen angezeigt. Nach Südosten verflacht auch hier die Schichtlagerung bei nahezu ungestörter Schichtenfolge bis in die Kieselgallenschiefer. Die südöstliche Begrenzung bildet die flach SE-fallende Ohlenfelder Überschiebung.

Nach starkem Versatz an der Moselkerner Querverwerfung findet sich die Lieger Schuppe stark reduziert im Lützbach-Tal wieder mit einer Ausstrichbreite von ca. 750 m zwischen der NW-Flanke von Sandberg und Forstberg. In den Hohenrhein-Schichten ist ein relativ schwach NW-vergenter Sattel (Äquivalent des „Oberlahnsteiner Sattels“) unmittelbar südöstlich der Oberlahnsteiner Überschiebung ausgebildet. In seinem tiefsten Kern war wohl noch Emsquarzit aufgeschlossen (Kienow 1934). Die schwache NW-Vergenz kommt durch etwas steileres Einfallen der Schichten um 60° NW (normal) auf dem NW-Flügel und ein flacheres um 45–55° SE auf dem SE-Flügel bei Einfallen der s_1-Flächen mit ca. 80° SE zum Ausdruck. Die ungestörte Schichtenfolge reicht bis in die Kieselgallenschiefer. In Unteren Kieselgallenschiefern liegt die namengebende Ortschaft Lieg (Bl. 5810 Dommershausen).

Im Profil des Dünnbach-Tales ist weiter im Südwesten die Lieger Schuppe zwischen der Silberlay und der Nord-Flanke des Mittelberges zu finden. Hier ist die noch im Lützbach-Tal vorhandene Sattelstruktur vollständig an der Oberlahnsteiner Überschiebung unterdrückt. Der Schichtverband von Hohenrhein-Schichten bis Kieselgallenschiefer fällt ungestört mittelsteil SE; die s_1-Flächen sind mit 60–70° SE steiler als die s_0-Flächen. Sie bezeugen damit weiter NW-Vergenz und normale Lagerung. Zuletzt sicher korrelierbar ist die Lieger Schuppe im Tal des Mörsdorfer Baches an der Teufelsley (Bl. 5809 Treis-Karden), wo nur noch Flaser- und Kieselgallenschiefer aufgeschlossen sind.

Die Aussage Solle’s (1942: 8), der die „Bopparder Doppelmulde“ als Südost-Abschnitt der „Mosel-Mulde“ an den „Beilsteiner Querstörungen“ beginnen ließ, dass die „Lützer und die Bopparder Mulde (...) in der Gegend des Abspaltens voneinander (südlich Poltersdorf und Beilstein) noch eine fast einheitliche, breite, flache Mulde“ seien, lässt sich schwer nachvollziehen. Das gilt auch für die Aussage, dass im Profil zwischen Beilstein und Mittelstrimmig „die beginnende Trennung beider Mulden (sich) lediglich durch einige schmale Sphärosiderit-Schiefer-Züge“ ankündige. Er korrelierte sie mit dem Flaserschiefer-Zug an der Teufelsley am Mörsdorfer Bach. Allerdings wechsellagern in der Kondel-Unterstufe südöstlich Senheim und bei Beilstein mehrfach Kieselgallen- und Sphärosiderit-Schiefer-Züge miteinander, wie sich in den Weinbergen unschwer feststellen lässt. Damit handelt es sich hier eher um die fazielle Verzahnung beider Lithofazies in der „Lützer Mulde“ am Nordwest-Rand der „Mosel-Mulde“. Die Lithofazies der Bopparder Schuppenzone, die aus dem südöstlich gelegenen Faziesraum stammt, weist dagegen kaum oder gar keine Sphärosiderit-Schiefer oder -konkretionen auf. Die von Solle (1942) angesprochenen Sphärosiderit-Schiefer gehören faziell und tektonisch zur „Lützer Mulde“.

Als Fortsetzung der Lieger Schuppe nach Südwesten sollten vielmehr die sandigen Schichtverbände südlich Senheim am Oberlauf des Löscherbaches und des Beilsteiner Flüsschens (Bl. 5909 Zell) gelten. Wahrscheinlich handelt es sich hier um Hohenrhein-Schichten. Der starke Verwurf an der Mittelstrimmiger Querverwerfung erschwert allerdings die exakte Zuordnung. Thiele (1960) kartierte im Flaumbach-Tal nördlich Liesenich zwischen der Weißmühle und der Mündung des Davelsbaches Kieselgallenschiefer, die zur Lieger Schuppe gehören könnten.

Ohlenfelder Überschiebung. Die „Faltenzone" südöstlich des „Oberlahnsteiner Sattels" hält nach Südwesten noch im Steinigbach-Tal, einem linken Tributar des Bopparder Mühlen-Baches, an. In südwestliche Richtung teilt sie sich in die Lieger und die Lahrer Schuppe, die durch die Ohlenfelder Überschiebung voneinander getrennt werden. So wird der Faltenbau aus dem Rheintal als zwei Schuppen modifiziert nach Südwesten weiter geführt. Deutlich wird die trennende Überschiebung erst im Bereich der Lehmener Querverwerfung im Weißertal, einem rechten Tributar des Steinigbaches (Bl. 5711 Boppard) Dort sind Laubach-Schichten auf Kieselschiefer auf der SE-Flanke des „Oberlahnsteiner Sattels" überschoben. Die namengebende Ortschaft Ohlenfeld liegt an der Autobahn 61 nördlich Boppard-Buchholz. Am Oberlauf des Brodenbaches sind in den Quellzuflüssen nordwestlich Boppard-Buchholz bereits Hohenrhein-Schichten auf Kieselgallenschiefer aufgeschoben.

Die Überschiebung quert das Ehrbach-Tal südlich der Eckmühle, noch nördlich der Ehrbach-Klamm (Bl. 5810 Dommershausen). Dort werden Hohenrhein-Schichten an der ca. 45° SE fallenden Überschiebung auf Kieselgallenschiefer der Lieger Schuppe nach Nordwesten überschoben. Eine Verflachung erfährt die Überschiebung weiter im Südwesten im Baybach-Tal, wo sie an der Gastemühle den Talboden nicht erreicht. Auch dort sind Hohenrhein-Schichten westlich der Ortschaft Beulich auf Kieselgallenschiefer überschoben. Den weiteren Verlauf über den Baybach hinweg verhindert die Moselkerner Querverwerfung. Kröll (2001: Profil 17) ging davon aus, dass an der Ohlenfelder Überschiebung am Gasteberg flach – quasi deckenartig – die Hohenrhein-Schichten auf die hier breit ausbeißenden Kieselgallenschiefer überschoben wurden. Nachweisen lässt sich dann die Überschiebung südwestlich der Moselkerner Querverwerfung im Baybach-Tal als etwa 45° SE einfallende Überschiebung an der Neumühle.

Weiter im Südwesten quert sie mit ca. 45° SE-Einfallen am Forstberg das Lützbach-Tal, wo im unmittelbaren Hangenden der Überschiebung eine stark NW-vergente Spezialfaltung mit Einfallen der s_1-Flächen von 45–55° SE zu beobachten ist. Im Dünnbach-Tal sind ähnliche Verhältnisse an der tiefen Nord-Flanke des Mittelberges bei der nur mehr als Ruine erhaltenen Kirchmühle zu beobachten. Hier wurden obere Laubach-Schichten auf Kieselgallenschiefer mit einem Dachschiefer-Horizont überschoben. Solle (1942: 75) beschrieb diesen als konkordante Einschaltung in Kieselgallenschiefern und parallelisierte ihn mit den Lützer Dachschiefer-Vorkommen. Diese Parallelisierung erscheint gewagt, da beide Vorkommen zwar lithologisch ähnlich sind, jedoch in unterschiedlichen tektonischen Strukturen liegen, die durch die streichende Überschiebung voneinander getrennt sind. Verlässliche Parameter für eine Parallelisierung fehlen. Im tektonisch Hangenden der Ohlenfelder Überschiebung befindet sich auch hier ein stark NW-vergenter Sattel mit inversem NW-Flügel. Darauf folgt ein mit 20–30° SE-fallender, sehr flacher Normalflügel bei einem Einfallen der s_1-Flächen mit starker Streuung um 40–55° SE. Die weitere Verfolgung der Überschiebung nach Südwesten in das Profil des Mörsdorfer Baches ist unsicher. Sie ist im Bereich des Pferdsmühlenberges nordöstlich Altstrimmig (Bl. 5809 Treis-Karden) zu suchen.

Lahrer Schuppe. Die Lahrer Schuppe setzt im Weißbach-Tal westlich Boppard ein und entwickelt sich aus den Spezialfalten auf der Südost-Flanke des „Oberlahnsteiner Sattels". Im Südosten wird sie von der Ickerstieler Überschiebung gegen die Braubacher Schuppenzone begrenzt. Im Bopparder Mühlen-Tal ist sie nur aus Kieselschiefern aufgebaut, in Richtung Südwesten aus Laubach-Schichten und Flaserschiefer. Südwestlich der Löfer Querverwerfung folgen auch Hohenrhein-Schichten unmittelbar an der Ohlenfelder Überschiebung in den Tälern der linken Tributarien des Brodenbaches (Buchholzer Bach). Von hier beschrieb Kröll (2001) extreme Streichwerte in Ost-West-Richtung, die der Buchholzer Bach westlich Ohlenfeld nachzeichnet.

Die Lahrer Schuppe ist gut in der Ehrbach-Klamm aufgeschlossen. Südsüdöstlich der Eckmühle sind 25–35° SE fallende Hohenrhein-Schichten auf Kieselgallenschiefer aufgeschoben. Nach Südosten folgt bei „Am Klopp" ein deutlich NW-vergenter Sattel in Flaser- und Kieselgallenschiefern und anschließend bis zur Ickerstieler Überschiebung der mit 35° SE einfallende normale SE-Flügel in Kieselgallenschiefern. Die s_1-Flächen fallen zwischen 40–45° SE. Das Streichen der Schichten schwenkt von 35–45° nahe der Eckmühle auf 45–50° in der Ehrbach-Klamm um. Vom Winkelholzberg und Mühlchesbach-Tal erwähnte Kröll einen ca. 30 m mächtigen Tonschiefer-Horizont mit Sphärosiderit-Konkretionen. Derartige Sphärosiderite sind an sich nur auf die Lützer Schuppenzone beschränkt. Eine Sphärosiderit-Schiefer-Schuppe würde bei einheitlichem SE-Fallen in der unteren Ehrbach-Klamm eine sehr komplizierte Verschuppung bedeuten, für die keine tektonischen Hinweise vorliegen.

Das Baybach-Tal erreicht die Lahrer Schuppe – wie schon die Ohlenfelder Überschiebung – an der Gastemühle. Allerdings verhindert die Moselkerner Querverwerfung das unmittelbare Überschreiten des Baches. Flach SE-fallende Hohenrhein- und Laubach-Schichten werden von breit ausstreichenden Kieselgallenschiefern, die hier den Engtal-Abschnitt des Baybach-Tales bis zur Neumühle aufbauen, überlagert. Dort beginnt mit der Ohlenfelder Überschiebung ein schmaler, sich nach Südwesten verbreiternder Span der Lahrer Schuppe aus Hohenrhein- und Laubach-Schichten, der in Richtung Südwesten schon nach ca. 400 m von der Ickerstieler Überschiebung überfahren wird. Der Schichtverband der Lahrer Schuppe ist NW-vergent gefaltet. Die s_1-Flächen fallen 40–50° SE.

Die Lahrer Schuppe ist im Lützbach-Tal zwischen Forst- und Mühlberg in relativ breitem Ausstrich mit stark wechselnden Streichwerten aufgeschlossen. Auch hier beginnt – wie im Baybach-Tal – südlich des Forstberges ein deutlicher Engtal-Abschnitt. Auf die Ohlenfelder Überschiebung folgt ein Abschnitt mit NW-vergenter Spezialfaltung bei Einfallen der s_1-Flächen zwischen 45–55° SE. Daran schließt sich ein normaler SE-Flügel an, auf dem die Hohenrhein- und Laubach-Schichten anfangs mit 25–30° SE einfallen, weiter im Südosten sukzessive bis auf weniger als 10° SE verflachen. Das Einfallen der s_1-Flächen liegt um 25–30° SE nur wenig steiler. Nach Kröll (2001: 168) waren das für „die Moselmulde außergewöhnliche Werte". Immerhin passen sie in das schon von Quiring (1939: Abb. 51) gezeichnete Bild, der für das Gebiet um Dommershausen und an der Burgruine Waldeck auf der linken Flanke des Baybach-Tales bei der Mündung des Helmersbaches „flacher gelegte SO-fallende Faltenebenen" angab. Die flache Schichtlagerung bis an die Ickerstieler Überschiebung am Mühlberg bedingt einen breiten ungestörten Ausbiss der Schichtenfolge von den Hohenhein-Schichten bis in die Kieselgallenschiefer. In einem ca. 150 m breiten Streifen im unmittelbaren tektonischen Liegenden der Ickerstieler Überschiebung versteilen sich die s_1-Flächen auf 38–45° SE.

Trotz der relativ starken Schwankungen in der Raumlage der Schichten in den einzelnen Schuppen und in den durch die Querverwerfungen bedingten Schollen bleibt die Ausstrichbreite der Rhenser Schuppenzone zwischen der Oberlahnsteiner und der Ickerstieler Überschiebung mit ca. 2,75 km nordwestlich Boppard und ca. 2,5 km im Dünnbach-Tal relativ konstant. Bei einer geringfügigen Verschmälerung im Streichen in Richtung Mörsdorfer Bach tritt keine wesentliche Veränderung bis zur Mittelstrimmiger Querverwerfung ein, wo die Rhenser Schuppenzone endet. Dabei wird davon ausgegangen, dass der bei Thiele (1960) südlich Mörsdorf erfasste „Flaserschiefer-Zug" dem südöstlichen Rand der Rhenser Schuppenzone (Lahrer Schuppe) entspricht.

Verfolgt man die Kieselgallenschiefer innerhalb der Rhenser Schuppenzone vom Oberen Mittelrhein-Tal bei Boppard bis zum Mörsdorfer Bach, so ergibt sich eine zwar von Unterbrechungen gekennzeichnete, jedoch grundsätzliche Vergrößerung der Ausstrichsbreite, was einem generellen Abtauchen der Schuppen nach SW entspricht. Hinzu kommt eine zunehmende Verflachung der Schichtlagerung in der gleichen Richtung bei einheitlichem

SE-Einfallen. Dieser Trend zeigt sich auch in der Strukturkarte deutlich (Thiele 1960) vom Tal des Mörsdorfer Baches südöstlich der Teufelsley bis an die Fettsmühle. Im linken Seitental des Mörsdorfer Baches östlich Altstrimmig liegt das mittlere Streichen um 65° bei Einfallwinkeln in den Kieselgallenschiefern von 35–10° SE. Mit Fortschreiten nach Südwesten ergibt sich so nicht nur stratigraphisch, sondern auch strukturell ein höheres Niveau mit Annäherung an das „Südwest-Ende" der Rhenser Schuppenzone.

3.3.2.1.4.2 Die Ickerstieler Überschiebung

Eine ausgeprägte Überschiebung trennt die Rhenser von der Braubacher Schuppenzone. Am Oberen Mittelrhein ist sie an der Marksburg bei Braubach das trennende Element zwischen den beiden Strukturen der „Bopparder Doppelmulde". Ehrendreich (1959) beschrieb hier den „Blöskopf-Schrotwieser Sattel" (auch: Braubacher Erzsattel) in der streichenden Verlängerung des Erzsattels bei Bad Ems/Lahn. In ihm sind am Rhein an einer steilen Überschiebung Hohenrhein- auf Laubach-Schichten nach Nordwesten überschoben worden. Diese Trennfläche wurde von den Bergleuten auf der ehem. Erzgrube „Rosenberg" bei Braubach als „Ickerstieler Besteg" bezeichnet. Der Ickerstiel ist eine Anhöhe nordnordöstlich der ehem. Erzgrube (Bl. 5711 Boppard).

Kröll (2001) gelang die Eingrenzung der Ickerstieler Überschiebung im Bopparder Mühlen-Tal unweit der Einmündung des Grubenbaches in den Mühlbach. Hier wurden Laubach-Schichten auf Kieselgallenschiefer aufgeschoben. Im südwestlich anschließenden Gebiet fehlen direkte Nachweise. Erst in der Ehrbach-Klamm ist sie unterhalb der Ruine Rauschenburg nahe der Mündung des von Mermuth herab kommenden Baches zu fassen. Als flache Überschiebung mit ca. 15° SE-Einfallen zieht sie von dort über den Klopp (312 m NN) nach Nordosten. Auch in der Klamm sind Laubach-Schichten auf Kieselgallenschiefer flach nach NW überschoben worden.

Zwischen Hatzenport und der Müdener Querverwerfung ist der südwestlich folgende Abschnitt stark herausgehoben, so dass an der Ickerstieler Überschiebung Schichtverbände von Emsquarzit und Nellenköpfchen- auf Laubach-Schichten überschoben sind. Am Baybach quert die Ickerstieler Überschiebung etwa 600 m südlich der Neumühle (Bl. 5810 Dommershausen) das Tal. Hier wurden an der mit ca. 55° SE fallenden Trennfläche breit ausstreichende Nellenköpfchen- auf Laubach-Schichten der Lahrer Schuppe überschoben. Die Überschiebung fällt hier gegenüber dem Profil in der Ehrbach-Klamm in den älteren Schichten erheblich steiler ein. In ihrem unmittelbaren tektonischen Hangenden verzeichnete Kröll (2001) einen kleinen NW-vergenten Sattel in den Nellenköpfchen-Schichten.

An der Müdener Querverwerfung wurden Überschiebung und Schuppen westlich Dommershausen so weit abgesenkt, dass im Lützbach-Tal nur noch geringe Anteile an Nellenköpfchen-Schichten und der Emsquarzit auf Kieselgallenschiefer überschoben sind. Die Ickerstieler Überschiebung fällt am Mühlberg, wo der Materialunterschied zwischen Liegend- und Hangend-Scholle deutlich ist, mit 40–50° SE ein.

Das Dünnbach-Tal quert die Überschiebung nördlich von Rabenley und Tommerskopf. Hier sind Hohenrhein-Schichten und Emsquarzit an der mit ca. 30° SE fallenden Überschiebung weiter auf Kieselgallenschiefer überschoben. Der Verwurf an der Treiser Querverwerfung nordöstlich Lahr ist offensichtlich gering. An ihr lässt sich ein rechtshändiger Versatz von ca. 500–600 m ableiten. Im weiteren Verlauf nach Südwesten quert die Ickerstieler Überschiebung das Tal des Mörsdorfer Baches unweit der Fettsmühle und stößt südöstlich Mittelstrimmig an die Mittelstrimmiger Querverwerfung, an der Hohenrhein- und Laubach-Schichten gegen Kieselgallenschiefer verworfen sind (Thiele 1960).

Kröll (2001: 169) rechnete mit Überschiebungsbeträgen an der Ickerstieler Überschiebung zwischen 400–600 m, die, da die „Störungsbahn aber meist parallel zu den Schichten liegt", auch erheblich größer sein können. Meist passt sich das Einfallen der

Trennfläche an die Schichtlagerung in der Hangendscholle an. Im Gegensatz zur Ohlenfelder Überschiebung weiter im Nordwesten verläuft in den durch die Querverwerfungen begrenzten Schollen die Streichrichtung der Ickerstieler Überschiebung einheitlich zwischen 40–50°. Größere Abweichungen, wie sie bei der Ohlenfelder Überschiebung zu beobachten sind, treten nur südlich der Ortschaft Beulich auf (Bl. 5810 Dommershausen).

3.3.2.1.4.3 Die Braubacher Schuppenzone

Die Braubacher Schuppenzone reicht von der Ickerstieler Überschiebung im Nordwesten bis an die Braubacher Überschiebung des Boppard-Dausenau-Longuicher Überschiebungssystems. Sie besteht aus der **Braubacher Schuppe,** der **Zilshausener Schuppe** südwestlich der Moselkerner Querstörung und im unmittelbaren nordwestlichen Vorland der Boppard-Dausenauer Überschiebungszone als relativ schmalem Schürfling der **Hellerwald-Schuppe** zwischen der Leimener und der Herrschwieser Querstörung.

Braubacher Schuppe. Im Kern der als „Blöskopf-Schrotwieser Sattels“ („Braubacher Erzsattel“) bezeichneten Struktur treten am Rhein bei relativ symmetrischem Bau mit nur leichter NW-Vergenz Hohenrhein-Schichten zutage, auf die nach Südosten ein weitgehend ungestörter Schichtverband von Laubach-Schichten bis Kieselgallenschiefer folgt. Ehrendreich (1959) beschrieb in der allgemein mittelsteil SE einfallenden Schichtenfolge lediglich „eine kleine überkippte (NW-vergente) Spezialfalte 400 m südöstlich der Marksburg bis zur Bopparder Überschiebungszone nach Südosten“. Auch machte er auf den „ausgeprägten Südostflügel“ und den „demgegenüber verkümmerten Nordwest-Flügel“ (S. 566) der Struktur aufmerksam, woraus hier die Berechtigung zur Bezeichnung „Braubacher Schuppe“ abgeleitet wird. Die weiter im Nordosten, in Richtung Lahn-Tal, noch deutliche Struktur des Emser Quellensattels „verklingt“ in einer „flexurartigen Verflachung auf der Südost-Flanke des Erzsattels südlich des Königsstiels bzw. nördlich der Hartenfelsmühle“. Haas (1975) verzeichnete in dieser Position eine kleine Verschuppung südlich der Marksburg in der streichenden Verlängerung des „Erzsattels“. Weiter im Südosten wird ein Teil der Kieselgallenschiefer der Braubacher Schuppe unterhalb der Höhe 302 flach deckenartig von Schichten des Unterems überschoben (H. Lehmann 1959, Haas 1975).

Die Fortsetzung der Braubacher Schuppe nach Südwesten erscheint nicht eindeutig. H. Lehmann (1959) ließ den „Erzsattel“ als tektonische „Großstruktur“ bei Braubach enden. Eine „natürliche Teilung der „Bopparder Mulde“, wie sie rechtsrheinisch durch die Aufsattelung des Emser Quellensattels und Erzsattels erfolgt, ist im Raum westlich Boppard nicht mehr vorhanden“ (S. 279). Er sah eine Fortsetzung des „Erzsattels“ eventuell im unteren Bopparder Mühlen-Tal in einem Sattel in Flaserschiefern, die ihm jedoch nicht „bedeutend“ genug erschien, „um eine Teilung der Mulde zu rechtfertigen“ (S. 279). Kröll (2001) verfolgte die Braubacher Schuppe über den Rhein von Brey über das ehem. Kloster Jakobsberg und die Täler von Peters- und Ewigbach zum Bopparder Mühlen-Tal, wo Laubach-Schichten auf Flaser- und Kieselgallenschiefer aufgeschoben sind. Der von H. Lehmann und Haas beschriebene „Hirschkopf-Sattel“ sollte die südwestliche Fortsetzung des „Erzsattels“ sein. Er enthält in seinem Kern Laubach-Schichten. Am Gedeonseck auf dem Hirschkopf (302 m NN, Bopparder Vierseenblick) sind dann Kieselgallenschiefer großflächig aufgeschlossen. Auf dem NW-Flügel des Sattels fallen die Schichten mit 70–80° (i) SE, auf dem SE-Flügel normal mit 30–50° SE ein. An einer flachen Überschiebung im Kern der Struktur, die quasi parallel zur Schichtung (s_0) auf dem SE-Flügel einfällt, wurde dieser auf den überkippten NW-Flügel überschoben. Die Lage der s_1-Flächen ist auf dem um die 70° (i) SE einfallenden NW-Flügel mit 45° SE wesentlich flacher als auf dem SE-Flügel, wo sie um 70° SE einfällt. Daraus ergibt sich eine deutliche Fächerung der s_1-Flächen. Haas (1975) ging zusätzlich zur Fächerstellung, die bei Sätteln in schiefrigem Gestein häufig ist, noch von einer zusätzliche Rotation „im Zusammenhang mit dem Aufschiebungsvorgang“ (S. 172) aus. Dieses in kleinem Maßstab beobachtete Phänomen ist bei vielen NW-gerichteten und NW-vergenten Strukturen in den Profilen südlich der Mosel in der „Mosel-Mulde" häufig. Allerdings verzeichnete Haas auf seiner Strukturkarte hier in der Fortsetzung der Ickerstieler Überschiebung nur intensive Spezialfaltung.

Kröll (2001) sah in der Aufsattelung der Laubach-Schichten ein Äquivalent des „Erzsattels". Die Parallelität zu den Verhältnissen am Rhein bei Braubach ist insofern deutlich, als etwa 500 m nordöstlich des Eingangs zum Bopparder Mühlen-Tal am Bildstock in einem ehem. Steinbruch auf der linken Talseite ein Sattel in Laubach-Schichten existiert, der auf der SE-fallenden Flanke der Braubacher Schuppe liegt. Er entspricht von seiner strukturellen Position her durchaus dem „Emser Quellensattel". Der NW-Flügel ist mit einem Einfallen von 70–85° NW relativ steil, der SE-Flügel entsprechend flacher bei Einfallwerten um 20–40° SE. Die s_1-Flächen fallen um 80–85° SE. Auch der Kern dieses kleinen Sattels ist von einer Aufschiebung im Streichen der Faltenachsenebene (bc) betroffen und die Hangend-Scholle um etwa 1 m aufgeschoben. Nach Südosten schließt sich bis zur Boppard-Dausenauer Überschiebungszone ein nahezu ungefalteter SE-fallender Flügel in Kieselgallenschiefern an. Das Einfallen der Schichtung (s_0) schwankt zwischen 55° bis 25° SE; die s_1-Flächen fallen zwischen 80–85° SE an der Elfenley zwischen Kalmut- und Bopparder Mühlen-Tal. Weiter im Südwesten verflacht sich das Einfallen der s_1-Flächen im Bereich des Mörderbach-Tales an der A 61 von 70° SE auf 50° SE, so dass von dort nach Südwesten ausgeprägte NW-Vergenz herrscht. Allerdings dreht die Streichrichtung mit Annäherung an die Bopparder Überschiebungszone von ca. 45° auf 0–5°, auch 170°. Kröll (2001) gelang die Verfolgung der Sattelstruktur vom Bildstock nach Südwesten bis an die Leimener Querstörung.

Ab der Hubertus-Schlucht (Bl. 5711 Boppard) und weiter im Südwesten, wo im Mörderbach-Tal die Schichten wieder um 35–45° streichen, fallen die Schichten der Braubacher Schuppe mit ca. 35° SE (Hohenrhein-Sch.) und mit 50–60° SE (Laubach-Sch.) ein. Auf diesen Teil des SE-Flügels folgt anschließend eine dem Bildstock-Sattel entsprechende, etwas stärker NW-vergente Sattelstruktur, bevor auch hier die Schichtung endgültig mit ca. 45° SE gegen die Boppard-Dausenauer Überschiebungszone einfällt.

Erst in der Ehrbach-Klamm unterhalb der Ruine der Rauschenburg ist die Braubacher Schuppe wieder zu fassen, wo Laubach-Schichten, Flaser- und Kieselgallenschiefer flach auf Kieselgallenschiefer der nordwestlich vorgelagerten Lahrer Schuppe überschoben sind. Die Streichwerte erreichen hier anomale Werte um 20–25°, schwenken dann jedoch auf Werte um 45° ein. Das Einfallen der Schichtung liegt um 25–35° SE, die s_1-Flächen versteilen sich von 45–55° SE auf 60–65° SE weiter im Südosten. Auf der langen, SE-fallenden Flanke ist kein Sattel, der dem Sattel am Bildstock im Bopparder Mühlental entspricht, mehr vorhanden.

Der erhebliche Versatz an der Moselkerner und der Müdener Querverwerfung bringt insbesondere im Baybach-Tal auf der dazwischen liegenden Scholle Nellenköpfchen-Schichten, Emsquarzit und Hohenrhein-Schichten in das Aufschlussniveau. Der gesamte Schichtverband bis in die Kieselgallenschiefer bei der Burgruine Waldeck fällt einheitlich flach bis 35° SE ein. Nur im unmittelbaren Hangenden der Ickerstieler Überschiebung ist ein kleiner NW-vergenter Spezialsattel in Nellenköpfchen-Schichten ausgebildet. Hier fallen die s_1-Flächen mit ca. 60° SE ein, verflachen jedoch auf 40–45° SE weiter im Südosten.

Kröll (2001) erwähnte vom Baybach-Tal im unmittelbaren tektonischen Hangenden der Ickerstieler Überschiebung anormale Streichwerte um 68° und 105°, die nach Südosten wieder in die Ausgangslage um 45° einschwenken. Dabei ist Parallelität im Streichen von s_0- und s_1-Flächen bewahrt. Es handelt sich im Überschiebungsbereich um eine Rotation auf der relativ flachen Überschiebungsbahn, die eine völlige Entkopplung der Schichtverbände signalisiert und für die Bewegungen ein Alter post-s_1 anzeigt.

Im Lützbach-Tal beginnt südwestlich der Müdener Querverwerfung die Schichtenfolge in der Braubacher Schuppe mit obersten Nellenköpfchen-Schichten und einem geringmächtigen Emsquarzit an der Mündung des Fothbaches südlich Dommershausen. Der

Schichtverband fällt zunächst mit 40–55° SE, verflacht jedoch gegen Südosten weiter auf 30–25° SE. Die s_1-Flächen fallen mit 50–60° SE bei einem Streichen um 40–45°.

Am Dünnbach quert die Braubacher Schuppe das Tal zwischen Rabenley, Tommerskopf und dem Honigsberg nördlich Mörsdorf (Bl. 5810 Dommershausen). Etwa 30–40 m mächtiger Emsquarzit baut die Rabenley auf. Kröll (2001) schlug die in „monotoner Schieferfazies" (S.173) im Hangenden folgenden Schichtverbände den Hohenrhein- und Laubach-Schichten zu und betonte, dass sie schwer von Tonschiefern der Kondel-Unterstufe zu unterscheiden seien (auch: Solle 1942). Die Schichten fallen mit 20° SE, z. T. auch mit 30–40° SE, bei Streichen um 45–50°. Lediglich zwischen Rabenley und Lahrer Mühle ist ein kleiner, deutlich NW-vergenter Sattel aufgeschlossen.

Im Tal des Mörsdorfer Baches sind die Verhältnisse unklar. Hier wurden sowohl von Solle (1942) als auch Thiele (1960) Flaserschiefer beschrieben, die unweit der Fettsmühle (Bl. 5909 Zell) das Tal queren. Allerdings sind Flaserschiefer hier unwahrscheinlich. Eher handelt es sich um ähnliche Verhältnisse wie im Dünnbach-Tal, denn schon Solle (1942: 51) betonte, dass „in der SW-Hälfte der Bopparder Doppelmulde (...) das mittlere und höhere Oberkoblenz (Oberems) oft in eintönigen, wenig unterschiedenen Schiefern ohne Besonderheiten" auftritt und „die Schiefer der Laubacher Schichten, Flaser-Schiefer und Kieselgallenschiefer einander so ähnlich werden, dass sie nicht gegeneinander abzugrenzen sind". Die tektonische Analyse ist erschwert, wenn die sandigeren Schichtglieder sich nicht eindeutig ansprechen lassen. Paläogeographisch gehört damit die Braubacher Schuppe in ihrem Südwest-Abschnitt in den internen Faziesbereich des Mosel-Lahn-Troges (W. Meyer & Stets 1980). Dieses erscheint wichtig, da an der Mittelstrimmiger Querverwerfung Hohenrhein- und Laubach-Schichten in sandiger Lithofazies vorliegen. Das gilt auch für die Schichten in der südöstlich anschließenden Zilshausener Schuppe am Mörsdorfer Bach.

Zilshausener Schuppe und Überschiebung. Südöstlich der Ruinen der Waldecker Mühle (Bl. 5810 Dommershausen) findet sich im Baybach-Tal über Kieselgallenschiefern ein linsenförmiges Vorkommen massiger, schräggeschichteter quarzitischer Sandsteine, die sich jedoch über das Tal hinaus weder nach Nordosten noch Südwesten verfolgen lassen. Im Hangenden folgen einheitlich tonig-schiefrige Schichten, die den Eindruck erwecken, dass es sich bei den quarzitischen Gesteinen um eine Einlagerung in Kieselgallenschiefern handelt. Da schon Solle (1942) für dieses Gebiet auf die Vertonung zahlreicher Schichtglieder des Oberems im Liegenden der Kieselgallenschiefer hinwies, stufte Kröll (2001) die sandige Schichtenfolge in Emsquarzit und Hohenrhein-Schichten in „Becken-Fazies" ein. Unter der Voraussetzung, dass die sandige „Einschaltung" in dem einheitlich SE-fallenden Schichtverband in das tiefste Oberems gehört, handelt es sich um eine schmale Schuppe im nordwestlichen Vorfeld der Boppard-Dausenau-Longuicher Überschiebungszone. Ihre nordwestliche tektonische Begrenzung bezeichnete Kröll (2001) als Zilshausener Überschiebung ebenso wie die Schuppe nach Zilshausen (Bl. 5810 Dommershausen).

Zu einer ähnlichen Einstufung kamen auch Solle (1942), der einen „schmalen Zug von Flaser-Schiefern durchs Beybach-Tal" (S. 51) unweit der Schmausemühle beschrieb, und Thiele (1960), der sie in das „Mittlere Oberems, Laubacher und Hohenrheiner Schichten" (S. 51) einstufte, trotz der stark abweichenden Lithofazies des umgebenden Schichtverbandes. Die Fauna von der Petrys-Mühle (Thiele 1960: 11, 12) ist untypisch. Korrelationen der sandigen Schichten mit jenen an der Rabenley im Dünnbach-Tal verbieten sich, da diese in der Verlängerung von Ickerstieler Überschiebung und Braubacher Schuppe liegen.

Am Schorfelder Berg nordwestlich der Schmausemühle liegt die ehem. Dachschiefergrube „Schorfeld" (5810 Dommershausen). Der Abbau kam wegen der schlechten Infrastruktur schon vor dem 2. Weltkrieg zum Erliegen, obwohl die Qualität der Dachschiefer jener an der Waldecker Mühle entsprach. Diese Dachschiefer machen die Einstufung in die Kieselgallenschiefer sehr wahrscheinlich.

Am Dünnbach quert die Zilshausener Überschiebung das Tal am südöstlichen Fuß des Honigsberges. Die Zilshausener Schuppe besteht hier aus Hohenrhein- und Laubach-Schichten, die nach Südosten bis an die Boppard-Dausenauer Überschiebungszone bei der Reifenmühle reichen. Thiele (1960) verzeichnete generell flaches Einfallen der Schichtung um 20–25° SE und NW-vergente Spezialfaltung an beiden Überschiebungen.

Im Tal des Mörsdorfer Baches liegt die Zilshausener Schuppe zwischen Mückenberg und Kolmerkopf (Bl. 5910 Kastellaun), wo Schichten des „Mittleren Ems" von Emsquarzit überschoben wurden. Allerdings stehen die Angaben bei Thiele (1960) in deutlichem Widerspruch zu denen bei Solle (1942) und Kröll (2001) im Dünnbach-Tal. Thiele beschrieb seine in das „Mittelems" gestellte Schichtenfolge als Wechselfolge zwischen blauschwarzen Tonschiefern, „glatten" Tonschiefern und flaserigen, mürben und kalkhaltigen Sandsteinen. Eine Vertonung der Laubach-Schichten erwähnte er nicht. Die Zilshausener Schuppe lässt sich von dort bis südwestlich Forst/Hunsrück verfolgen (Bl. 5909 Zell), wo sie an die Mittelstrimmiger Querverwerfung stößt. Die Schichtlagerung im Mörsdorfer Bach-Tal gleicht bei nur geringfügig steilerem Einfallen jener im Dünnbach-Tal. Südwestlich der Querverwerfung findet sich die Zilshausener Schuppe in breitem Ausstrich südlich und bei Mittelstrimmig, bei Liesenich, und sie reicht bis Grenderich, wo sie an der Grendericher Querverwerfung endgültig abgeschnitten wird und an Hunsrückschiefer (Altlay-Sch.) stößt.

Im Flaumbach-Tal wird zwischen der Mündung des Davelsbaches und den Felspartien südlich der Altenwegsmühle die Schuppe durch die Überschiebung von Emsquarzit in dem ausgeprägten Mäander des Flaumbaches begrenzt. Die Zilshausener Überschiebung fällt am Davelsbach relativ steil SE. Es schließt sich eine Partie relativ stark NW-vergenter Spezialfalten bis zur Boppard-Dausenauer Überschiebungszone im Südosten an. Nach Thiele (1960) weisen die Profile am Mörsdorfer und am Dünnbach keine Faltung auf, die den Rahmen lokaler Spezialfaltung überschreitet. Somit bestehen keine entscheidenden Unterschiede zu der Zilshausener Schuppe südwestlich der Mittelstrimmiger Querverwerfung. Dort sind flache lange SE-Normalflügel und relativ kurze inverse NW-Flügel (Typ Kurzschenkelfalte) die Regel. Liegende Falten fehlen. Daher interpretierte er die Schichtlagerung (s_0) in der Zilshausener Schuppe am Flaumbach als spezialgefaltetes Synklinorium, was jedoch dem Baustil der „Mosel-Mulde" nicht entspricht. Wahrscheinlich geht das auf eine Fehlinterpretation der Schichtlagerung am Abelsbach nördlich der Ruine der Altenwegsmühle zurück. Auch widerspricht der Typ der Kurzschenkelfalte der Konstruktion einer Muldenstruktur. Die Kurzschenkelfalten führen zu einer generellen Verjüngung der Schichtenfolge nach Südosten. Die Lage ihrer Faltenachsen (B_1/b_1) ist mit Abtauchen zwischen 5° und 15° SW gegen die Grendericher Querverwerfung gerichtet.

Hellerwald-Schuppe und Sabelsberger Überschiebung. Zwischen dem mittleren Fraubach-Tal südwestlich Boppard bis südwestlich Buchholz im Holzbach-Tal definierte Kröll (2001) die Hellerwald-Schuppe im unmittelbaren nordwestlichen Vorland der Boppard-Dausenau-Longuicher Überschiebungszone. Er konnte sie in dem schlecht aufgeschlossenen Gebiet durch Lesesteine von Emsquarzit und Sandsteinen der Hohenrhein-Schichten vom Nordwest-Hang des Hunsgalgens (394 m NN; Bl. 5711 Boppard) im Quellgebiet des Fraubaches über das Industriegebiet Hellerwald bis in das Quellgebiet des Mörderbaches verfolgen, wo fossilreiche Schichtverbände des Oberems – wahrscheinlich Hohenrhein- und Laubach-Schichten – auf Kieselgallenschiefer an der Sabelsberger Überschiebung nach Nordwesten überschoben sind. Im Holzbach-Tal, unmittelbar südlich der Mündung des Kobelsbaches sind an dieser Überschiebung Laubach-Schichten auf Kieselgallenschiefer überschoben. Die Laubach-Schichten ihrerseits verschwinden in Richtung Südwesten unter der hier flachen Bahn der Braubacher Überschiebung des Boppard-Dausenau-Longuicher Überschiebungssystems. Sie überschiebt Emsquarzit und weiter im Südwesten Nellenköpfchen- auf Oberems-Schichten der Braubacher Schuppenzone.

3.3.2.1.5 Die Boppard-Dausenau-Longuicher Überschiebungszone

Die Boppard-Dausenau-Longuicher Überschiebungszone ist eine der großen Überschiebungszonen, die sich aus dem Westerwald über den Rhein und weiter durch Hunsrück und

Süd-Eifel bis an die Mosel bei Trier verfolgen lassen. Dem Umstand, dass an ihr gebietsweise Schichten des Unterems auf fossilführendes Oberems überschoben sind, verdankte sie schon früh ihre Lokalisierung. Dabei half, dass an ihr tektonisch stark deformierte Hunsrückschiefer an tektonisch weniger stark beanspruchte Schichten des Oberems grenzen. Der in die Überschiebungszone als eigenständige Schuppe einbezogene Emsquarzit erleichtert die Kartierung.

3.3.2.1.5.1 Oberer Mittelrhein

Quiring (1930a) schloss aus der relativ geringen Mächtigkeit von „Koblenzquarzit und Oberkoblenz zusammen (...), dass eine größere Störung vorhanden sein muss. Sie ist im Profil als Bopparder Überschiebung bezeichnet“ (S. 5). Hier wurde in erster Linie noch das stratigraphische Argument zur tektonischen Aussage herangezogen. Auf die starke Deformation der Quarzite des Emsquarzits am Sabelskopf und oberhalb Boppard am Pfeiffersberg im Fraubach-Tal ging er nicht ein. Erst H. Lehmann (1959) fiel auf, dass der Emsquarzit in einer Schuppe der „Bopparder Überschiebungs und -Schuppenzone (...) aus seinem normalen Schichtverband heraus gerissen“ (S. 274) sei. Er bezog sich dabei auf unveröffentlichtes Kartenmaterial von Kutscher. Der hatte auf Bl. Kestert (Bl. 5811) unter Bezug auf unveröffentlichte Ergebnisse von Quiring von einer sehr flachen Überschiebungsbahn von geradezu deckenartigem Charakter gesprochen. Dem fügte H. Lehmann unter Bezug auf „die komplexe Natur dieser Großstörung“ (S. 281) den Zusatz „und Schuppenzone“ hinzu.

Eine deckenartig flache Überschiebung hatte H. Lehmann (1959) zwischen Braubach und dem Dinkholder Tal nachgewiesen, wo „überwiegend schiefrige Wechsellagerungen“ (S. 282) mit sehr flach SE einfallenden s_1-Flächen über steilstehende Tonschiefer – wahrscheinlich Kieselgallenschiefer – überschoben sind. Bei der Verfolgung über den Rhein in den Hunsrück fand er u. a. bei Oberspay Knitterung und Stauchung von beträchtlichem Ausmaß, die er als Beanspruchung im Liegenden der Überschiebungszone wertete. Ähnliche Anzeichen traf er im Bopparder Hamm an, außerdem im stark verschuppten Emsquarzit am Pfeiffersberg und an der Straße von Boppard nach Buchholz. Insbesondere in seinem Profil westlich Osterspay zum Bopparder Hamm betonte er den deckenartig flachen Verlauf der Überschiebungszone. Die dort relativ tiefe Lage der Überschiebungsbahn über NN führte er auf eine „Quereinmuldung“ zwischen Boppard und Braubach zurück. Die flache Überschiebung sollte nicht nur auf den eng begrenzten Bereich der „Quereinmuldung“ beschränkt werden, wie die flache Überschiebung südlich der Martinskapelle bei Braubach am Luginsland zeigt. Wichtig erscheint, dass in der Hangend-Schuppe im Gegensatz zu den sonst üblichen Verhältnissen beachtliche NW-Vergenz herrscht, die „weiter südlich bis zu liegenden Falten geführt hat“ (H. Lehmann 1959: 285).

Die Überschiebungszone. Haas (1975) beobachtete im Bereich der Bopparder Überschiebungszone bräunliche oder rötliche Quarzite, z. T. mit subaquatischen Rutschungen, die nicht unbedingt dem Emsquarzit im ungestörten, benachbarten Verband ähnlich sind. Sie kommen zusammen mit unreinen kalkigen, hellgrauen, plattigen Sandsteinen vor. Eine kleine Fauna bestätigte jedoch ihre Zugehörigkeit zum Emsquarzit, der hier eine Gesamtmächtigkeit von ca. 100 m erreicht. Bei der Verfolgung zeigt sich, dass die Quarzite teilweise tektonisch unterdrückt sind, jedoch wohl auch primärer Mächtigkeitsreduktion unterworfen waren. Die Feststellung der wahren Mächtigkeit stößt auf erhebliche Schwierigkeiten, da dieses Emsquarzit-Vorkommen sowohl im tektonisch Liegenden als im Hangenden jeweils von Überschiebungen begrenzt ist. Die Quarzite im tektonisch Liegenden ruhen auf Kieselgallenschiefern, im Hangenden sind sie von Schichten in Hunsrückschiefer-Fazies (Singhofen-Sch.) überschoben. Haas (1975) gliederte daher das System der Boppard-Dausenau-Longuicher Überschiebungszone bei Boppard in die **Braubacher Überschiebung** im tektonisch Liegenden als unmittelbare Begrenzung der Braubacher Schuppenzone nach SE; an ihr wird bei Boppard Emsquarzit auf Kieselgallenschiefer der oberen Kondel-Unterstufe überschoben. Die **Bopparder Schuppe** im unmittelbar tektonischen Hangenden als Äquivalent der „Dausenauer Schuppe" (HANNAK 1959) besteht bei Boppard aus z. T. stark in sich verschupptem, auch zerschertem und spezialgefaltetem Emsquarzit. Bei der Verfolgung nach Südwesten in den Mosel-Hunsrück sind Anteile von Nellenköpfchen- und Hohenrhein-Schichten an dieser Schuppe beteiligt (KRÖLL 2001) und die **Bopparder Überschiebung** im tektonisch Hangenden der Bopparder Schuppe, an der Schichtverbände des Unterems in normaler Lagerung überschoben sind.

Im Gegensatz zur normalen stratigraphischen Abfolge liegen hier, jeweils durch Überschiebungen getrennt, drei Gesteinsverbände in normaler Altersfolge, jedoch in umgekehrter Reihenfolge – wenn auch nicht lückenlos – übereinander, und zwar im Liegenden die jüngsten, darüber mittelalte und zuoberst die ältesten. Damit erweist sich die Darstellung bei QUIRING (1930a) als unrichtig, der im tektonisch Liegenden seiner „Bopparder Überschiebung" stark gefaltete Schichten des „Unter-Koblenz (tu_{3u})" auf invers gelagertem „Koblenz-Quarzit (tu_{3q})" an einer Überschiebungsbahn überschoben vermutete.

HAAS (1975: Profiltafel) hat in einer Profillinie vom Luginsland südlich Braubach bis zum Hirschkopf bei Boppard das System der Boppard-Dausenau-Longuicher Überschiebungszone im Einzelnen dargestellt. Dabei berücksichtigte er unterschiedlich steiles Einfallen um 70° SE im Fraubach-Tal bei Boppard bis nahezu horizontale Schichtlagerung (s_0) an der Bismarck-Höhe und am Luginsland für die die Bopparder Schuppe einschließenden Überschiebungen. Das Profil bei Osterspay gleicht jenem bei H. LEHMANN (1959). Eine weitere flache Überschiebung erschien W. MEYER & STETS (1975) in ihrem Rheinprofil zu weitgehend. Daher zerlegten sie den Süd-Rand der „Mosel-Mulde" abgesehen von den beiden, den Emsquarzit einschließenden Überschiebungsbahnen durch eine weitere, nicht näher bezeichnete, südöstlich anschließende Aufschiebung, die stufenförmig zum südöstlich davon liegenden „Salziger Sattel" führte. Die jüngere Darstellung (W. MEYER & STETS 1996, 2000) ging bereits von einer mittelsteil nach SE in die Tiefe ziehenden Überschiebung und einer weiteren Überfahrung der Braubacher Schuppenzone aus. Aus der Profilkonstruktion leiteten sie Überschiebungsbeträge bis max. 5 km ab.

Die bilanzierte Profildarstellung (ONCKEN 1989: Abb. 3.36) geht von einem steilen SE-Flügel der „Bopparder Mulde" aus, der unter der Überschiebungszone liegt und nirgends in der „Mosel-Mulde" übertage verwirklicht ist. Diese „echte" Mulde entspricht nicht dem Baustil der „Mosel-Mulde" mit ihrer im Süden flachen normalen Lagerung. Auch negierte ONCKEN die Gliederung von HAAS (1975) und sprach den Bereich der Bopparder Schuppe zwischen den Überschiebungsbahnen als stark zerscherte, relativ schmale Schubfetzen oder größere „Emsquarzitscherkörper" an. In seinem bilanzierten Querprofil ist eine Bopparder Schuppe nicht vorgesehen. Vielmehr soll es sich um eine lokale Duplexbildung im Hangenden einer Basis-Überschiebung handeln. Auch die von HAAS (1975), H. LEHMANN (1959) und später KRÖLL (2001) vorgenommene Differenzierung der Überschiebungszone hat in ONCKEN's Modell keinen Platz, obwohl sich dieser Baustil in allen Tal-Profilen wiederholt. Bei der Bopparder Schuppe handelt es sich – im Gegensatz zu ONCKEN's Modell – wie an der Lahn um eine eigenständige Struktur, die aus der „Dausenauer Schuppe" hervorging. Von den zwei Überschiebungen hat die Bopparder Überschiebung die übergeordnete Bedeutung.

3.3.2.1.5.2 Zwischen Boppard und Grenderich, Sosberger Schuppe und Überschiebung

Die Boppard-Dausenau-Longuicher Überschiebungszone lässt sich mit der Bopparder Schuppe von Boppard (H. LEHMANN 1959, HAAS 1975, JUNGMANN 1981) bis Grenderich (THIELE 1960, KRÖLL 2001) in Etappen verfolgen. Obwohl sowohl THIELE als auch KRÖLL die Bopparder Schuppe aus Emsquarzit, gebietsweise auch mit Anteilen an Nellenköpfchen- und Hohenrhein-Schichten durchgehend nachwiesen, endet auf Bl. Koblenz (GÜK 100: C

5910), auch auf der GÜK 300 von Rheinland-Pfalz, die Bopparder Schuppe vor Erreichen des Dünnbach-Tales. Allerdings ist im Profil am Mörsdorfer Bach die Boppard-Dausenau-Longuicher Überschiebungszone mit eingeschupptem Emsquarzit in einer Ausstrichsbreite von >15 m aufgeschlossen. Darüber hinaus gelang der Nachweis auch in den Profilen am Dünnbach unweit der Reifenmühle südlich Zilshausen, am Nockelsbach nordwestlich Sosberg und am Flaumbach südlich der Ruine der Altenwegsmühle. Eine durchgehende Verfolgung der Bopparder Schuppe vom Rhein bis in den Mosel-Hunsrück ist damit gesichert.

Im Einzelnen sind Felsklippen im Fraubach-Tal bei Boppard eindeutige Zeugen für eingeschuppten Emsquarzit der Bopparder Schuppe. Das N-S-Streichen der Überschiebungszone bei Boppard schwenkt im mittleren Fraubach-Tal wieder in die allgemein gültige Richtung von ca. 45° ohne wesentliche Störung ein. Von hier zieht die Schuppe in das Quellgebiet des Mörderbaches und weiter über das Schänzchen (392 m NN) bis an den Holzbach, der mit dem Kobelsbach ein Quellzufluss des Ehrbaches ist (Bl. 5711 Boppard, 5811 Kestert). Dort war die Braubacher Überschiebung am rechten Talhang aufgeschlossen (Oncken 1989, Kröll 2001) und fällt parallel zur Schichtlagerung im Emsquarzit mit ca. 30° SE ein. Die Laubach-Schichten in der vorgelagerten Hellerwald-Schuppe sind mit ca. 30–40° SE geringfügig steiler. Die s_1-Flächen fallen mit 70–80° steil SE und zeigen schwache NW-Vergenz an.

Das weiter südwestlich gelegene, parallel zum Holzbach ausgerichtete Neyerbach-Tal wird von der Braubacher Überschiebung nahe der Mündung in den Kobelsbach am Kobels (322 m NN) gequert, wo sie um 60–70° SE einfällt. Hier sind im stratigraphisch Liegenden des etwa 75 m mächtigen Emsquarzits noch oberste Nellenköpfchen-Schichten aufgeschlossen. Die Schichten der Bopparder Schuppe fallen hier mit 25–30° SE, die s_1-Flächen um 70° SE.

Die nächste direkte Beobachtung ergibt sich im Preisbach-Tal, einem weiteren Tributar des Ehrbaches, am Schönecker Stahlbrunnen (Eisen-Säuerling; Bl. 5811 Kestert). Emsquarzit, der mit ca. 45–50° SE einfällt, ist hier direkt auf Kieselgallenschiefer der Braubacher Schuppenzone aufgeschoben. Die dazwischen liegende Hellerwald-Schuppe ist hier bereits vollständig von der Braubacher Überschiebung überfahren worden und tritt nicht mehr zutage. Im Hangenden der Bopparder Überschiebung befindet sich eine enge Wechselfolge unbekannten Alters mit Bankmächtigkeiten aus bis 20 cm mächtigen Tonschiefern und 2–10 cm mächtigen Sandsteinen, die deutliche Bioturbation zeigen (Kröll 2001).

Es lässt sich der Emsquarzit der Bopparder Schuppe weiter bis zur Schmausemühle im Baybach-Tal (Bl. 5810 Dommershausen) verfolgen. Hier war ein komplexes Profil durch die Boppard-Dausenau-Longuicher Überschiebungszone aufgeschlossen. Im tektonisch Liegenden der Braubacher Überschiebung befindet sich eine schmale Schuppe aus Hohenrhein- und Laubach-Schichten, welche die Überschiebungsbahn quasi vorweg nimmt; in den Laubach-Schichten herrscht eine intensive Spezialfaltung, und es tritt zusätzlich eine 2. Schieferung (s_2) auf mit flachem SE-Einfallen; durch Drucklösung sind unterschiedlich mächtige, parallel s_1 liegende Quarz-Trümer entstanden; die Hohenrhein- und Laubach-Schichten sind auf Kieselgallenschiefer der Zilshausener Schuppe überschoben. Die Bopparder Schuppe im tektonisch Hangenden besteht aus Emsquarzit und Hohenrhein-Schichten; die Schichtung (s_0) im Emsquarzit fällt mit ca. 45° SE; hier fehlt eine entsprechend starke Deformation wie im liegenden Schuppenspan; die 1. Schieferung (s_1) fällt um 65° SE.

Darüber folgt eine Überschiebung, an der ein Schichtverband von wahrscheinlich höherem Unterems auf die Hohenrhein-Schichten der Bopparder Schuppe aufgeschoben ist; Thiele (1960) hatte ihn als Sosberg-Schichten bezeichnet und ihn in Analogie zu einem ähnlichen Schichtverband nördlich Moritzheim in das „höhere Unterems" gestellt; insofern besteht hier ein deutlicher Unterschied zu den Verhältnissen am Oberen Mittelrhein, wo an der Bopparder Überschiebung „Singhofen-Schichten" auf Emsquarzit überschoben sind. Die Schichtlagerung ist nahe der Überschiebung fast horizontal, sie versteilt sich nach Südosten auf ca. 20° SE und weiter bis zu ca. 55° SE bei einem Einfallen der s_1-Flächen um 70° SE; eine zweite Schieferung (s_2) tritt hier nicht auf; diese Überschiebungsbahn innerhalb des

Boppard-Dausenauer Überschiebungssystems wird als **Sosberger Überschiebung** bezeichnet; sie löst sich nordwestlich Kratzenburg unter der Bopparder Überschiebung im Streichen nach SW, wo sie sich aus der Bopparder Schuppe entwickelt, und gibt den Ausstrich der Sosberg-Schichten in ihrem tektonisch Liegenden frei. Die zwischen der Sosberger und der Bopparder Überschiebung liegende, aus Sosberg-Schichten bestehende Einheit wird als **Sosberger Schuppe** bezeichnet.

Im Profil an der Schmausemühle im Baybach-Tal sind somit vier „invers" übereinander gestapelte, durch Überschiebungen getrennte und normal flach bis mittelsteil SE-fallende Schichtverbände aufgeschlossen. Sie reichen in der Altersfolge vom tektonisch Liegenden zum Hangenden von den Kieselgallenschiefern der Zilshausener Schuppe, über die Hohenrhein- und Laubach-Schichten im vorgelagerten Schuppenspan, den Emsquarzit und die tieferen Hohenrhein-Schichten der Bopparder Schuppe zu den Schichten des höheren Unterems und weiter bis zu Singhofen-Schichten. Die deformative Beanspruchung im einzelnen Schuppenkörper steigert sich sprungartig und unabhängig von dem Geschehen an den Überschiebungen, so dass im tektonisch Liegenden relativ wenig und im Hangenden die am stärksten deformierten Schichten liegen. Daraus ergibt sich, dass das Überschiebungsgeschehen spät in die orogenen Abläufe eingestuft werden muss. Dieses Profil gibt außerdem einen Eindruck von der engen Schuppenstapelung im Bereich der Boppard-Dausenau-Longuicher Überschiebungszone am Südost-Rand der „Mosel-Mulde", die die weit auseinander liegenden Schuppen im Kern der „Mosel-Mulde" ablöst. Der aus zahlreichen Profilen zusammengestellte Baustil lässt sich aus dem von ONCKEN (1989) entwickelten Modell der „Bopparder Überschiebung" am Mittelrhein nicht ableiten.

Das im Südwesten folgende Lützbach-Tal reicht nicht weit genug nach Südosten, um die Überschiebungszone noch anzuschneiden. Erst im Dünnbach-Tal wird Emsquarzit westlich der Reifenmühle wieder angetroffen, wo er den in das Tal vorspringenden Bergrücken auf der rechten Talflanke aufbaut. Die Braubacher Überschiebung fällt hier mit ca. 50° SE. An ihr ist Emsquarzit auf Laubach-Schichten der Zilshausener Schuppe überschoben. Die normalerweise auf die Laubach-Schichten im Hangenden folgenden Flaserschiefer fehlen hier primär und die Kieselgallenschiefer sind bereits weiter im Nordosten – noch vor Erreichen der Treiser Querstörung – unter der Braubacher Überschiebung aufgrund ihres generell steileren Streichens verschwunden. Der Emsquarzit ist hier unter der Sosberger Überschiebung stark in sich verschuppt und gefaltet. KRÖLL (2001) ging von einem generellen Einfallen von ca. 30° SE für den Emsquarzit aus. An der Sosberger Überschiebung, die wie die Braubacher Überschiebung mit ca. 50° SE einfällt, sind nach THIELE (1960) weiterhin Sosberg-Schichten (? Klerf- oder Nellenköpfchen-Sch.) auf den Emsquarzit überschoben.

Im südwestlich folgenden Tal des Mörsdorfer Baches baut der Emsquarzit den Kolmer Kopf südlich der Petrys-Mühle auf (Bl. 5910 Kastellaun). Er ist hier an der Braubacher Überschiebung auf „Mittleres Oberems" (Hohenrhein- und Laubach-Sch.) der Zilshausener Schuppe überschoben, die in deren südwestlicher Verlängerung liegen. Die Sosberger Überschiebung, die am Burgberg (330 m NN) an der Mündung des Sosberger Baches in den Mörsdorfer Bach zu suchen ist, trennt die Bopparder Schuppe von den im Hangenden folgenden Sosberg-Schichten des höheren Unterems. THIELE (1960) beschrieb im Tal des Mörsdorfer Baches zwischen Egt-Berg und dem Mäander östlich des Burgbergs den besten Aufschluss in den Sosberg-Schichten. Es handelt sich um eine Wechselfolge von geringmächtigen Sandsteinen und Tonschiefern, auf die etwa 20 m blauschwarze Tonschiefer und 50 m mächtige quarzitische Sandsteine folgen, die wiederum von einer weiteren Sandstein/Tonschiefer-Wechselfolge im Hangenden abgelöst werden. Wegen der Störungskontakte ergibt sich eine Mindestmächtigkeit von 300 m. THIELE prägte hier die Bezeichnung „Sosberg-Schichten" wegen ihrer tektonisch isolierten Position.

Am Mörsdorfer Bach besteht die Braubacher Überschiebung (THIELE 1960: Abb.1) aus zwei spitzwinklig zueinander liegenden Aufschiebungen. Die liegende Trennfläche mit der

Raumlage 75°/50° SE wurde seinerzeit als „Bopparder Überschiebung" bezeichnet, da die konsequente Unterscheidung in Braubacher und Bopparder Überschiebung noch nicht erkannt war. Aufgrund der Position im tektonisch Liegenden der Emsquarzit-Schuppe (Bopparder Schuppe) handelt es sich um Begleitstörungen der Braubacher Überschiebung: Die hangende der beiden Überschiebungen liegt im allgemeinen Streichen der Schichten und auch der großen Überschiebungszone und sollte damit der Braubacher Überschiebung sensu HAAS (1975) entsprechen. Daraus ergibt sich hier ein zwischengelagerter, etwa 2 m mächtiger Scherkörper aus Emsquarzit, der in sich stark NW-vergent spezialgefältelt ist. Im tektonisch Hangenden folgt mit ca. 60–70° SE steil einfallender Emsquarzit mit einer kleinen, ca. 85° NW steil einfallenden Rücküberschiebung. Sosberger oder Bopparder Überschiebung sind in diesen Aufschluss nicht eingebunden.

Südwestlich der Mittelstrimmiger Querverwerfung verspringt die Emsquarzit-Schuppe (Bopparder Sch.) der Boppard-Dausenau-Longuicher Überschiebungszone nach Nordwesten auf die Höhe des Raimundshofes (Bl. 5909 Zell) und zieht von dort durch das Raimundsbach-Tal zum Flaumbach, wo sie südlich der Ruine der Altenwegsmühle das Tal quert. Hier beschrieb THIELE (1960) eine flache Überschiebung des Emsquarzit auf Schichten unbekannten Alters. Diese Überschiebung sollte mit der Braubacher Überschiebung identisch sein. Die Sosberger Überschiebung ist insofern problematisch, als der Emsquarzit von Hohenrhein- und Laubach-Schichten überschoben ist. Die weiter im Nordosten die Hangend-Scholle bildenden Sosberg-Schichten treten erst weiter südwestlich im Flaumbach-Profil in normalem Kontakt im Liegenden des Emsquarzits im Kern des Moritzheimer Sattels zutage. Diese Situation ist erklärbar, wenn auf den Moritzheimer Sattel nach Nordwesten eine flache Mulde folgt, an deren flach SE fallendem Flügel der Emsquarzit als kompetenter Fluchtkeil stark verschuppt auf die Fortsetzung der Zilshausener Schuppe aufgeschoben wurde. Dem widerspricht auch das Profil des Flaumbaches zwischen der Mündung des Kolmesbaches und der Altenwegsmühle nicht. Die Bopparder Überschiebung folgt weiter im Südosten und überschiebt weiterhin Schichtverbände des tieferen Unterems (Singhofen-Sch.) hier auf Schichtverbände des Moritzheimer Sattels (THIELE 1960: Anl. 1).

Der Stil der Faltung im Liegenden der Bopparder Überschiebung mit dem breiten, kaum vergenten Gewölbe des Moritzheimer Sattels entspricht weder dem ausgesprochen NW-vergenten Schuppenbau der nordwestlich gelegenen Zilshausener Schuppe noch dem Areal unterhalb der Altenwegsmühle. Allerdings erwähnte THIELE (1960), dass an der Nordwest-Flanke des Moritzheimer Sattels NW-vergente Spezialfaltung auftritt, die das einfache Faltenbild des Sattels mit Störungen überprägt und in der Hangendscholle der Braubacher Überschiebung den Emsquarzit zutage bringt. Danach beteiligt sich der Emsquarzit „am Aufbau des Moritzheimer Sattels, und nördlich davon (ist) das Liegende einer in sich verfalteten Oberems-Mulde im Raum des Raimundsbaches flach in sich aufgeschuppt". Damit ist der Emsquarzit auch hier als schmale, selbständige Schuppe zu betrachten, die auf die Hohenrhein- und Laubach-Schichten aufgeschoben wurde. Erst weiter im Südosten folgt im Hangenden die Bopparder Überschiebung, die weiterhin Schichten in Hunsrückschiefer-Fazies (Singhofen-Sch., Altlay-Sch.) auf höhere Unterems-Schichten überschiebt und damit zum auseinandergezogenen Boppard-Dausenau-Longuicher Überschiebungssystem gehört.

Alle tektonischen Strukturen im Südwesten dieses Abschnitts der „Mosel-Mulde" stoßen hart an die Grendericher Querverwerfung. Sie sind jenseits davon im Südwesten nicht mehr zu finden und haben dort auch keine strukturellen Entsprechungen. Der Aussage von ENGELS (1960), dass sich die „Mosel-Mulde" in diesem Bereich zur Olkenbacher Mulde verenge, muss entschieden widersprochen werden. Eine solch starke Einengung müsste mit starker Versteilung der Schichtlagerung, noch stärkerer Verschuppung sämtlicher Schichtverbände, evtl. auch mit 2. Schieferung (s_2) verbunden sein. Dafür sind insbesondere im Profil des Flaumbaches keinerlei Anzeichen zu finden. Als besonders schlüssiges Gegenargument mag der Moritzheimer Sattels selbst mit seiner flachen Gewölbestruktur gelten.

Eine flache Überschiebung bei Merl und Bullay überschiebt nach erheblichem Verspringen nach Nordwesten Schichtverbände vom Typ der Hunsrückschiefer (Singhofen-, Altlay-Sch.) auf Wissenbach-Schiefer der „Olkenbacher Mulde". Sie entspricht der Fortsetzung der Bopparder Überschiebung innerhalb des Boppard-Dausenau-Longuicher Überschiebungssystems jenseits (südwestlich) der Grendericher Querverwerfung.

3.3.2.1.5.3 Die Sosberger Schuppe im Boppard-Dausenau-Longuicher Überschiebungssystem

Die Sosberger Schuppe lässt sich als selbständige tektonische Einheit von nordwestlich Kratzenburg bis an die Mittelstrimmiger Querverwerfung verfolgen, wenngleich „ihre Stellung als eigene Schuppe" unsicher ist (Thiele 1960). Immerhin gilt, dass sie sich von Südwesten bis an den Neyer Bach im Nordosten verfolgen lässt. Als Charakteristikum ist die deutlich NW-vergente Spezialfaltung in der zentralen, 50 m mächtigen Sandstein-Bankfolge hervorzuheben, die allenthalben zu finden ist. Die Spezialfalten erreichen Größen im cm- bis m- Bereich.. Es sind meist Kurzschenkelfalten, deren überkippte Flügel 2 m Länge nie überschreiten. Das Achsenabtauchen schwankt zwischen 25° NE bis 40° SW. Generell allerdings gleicht es sich jedoch aus, und das generelle Gefälle ist annähernd horizontal, eher leicht nach SE gerichtet. Die Ausstrichbreite der Schuppe schwankt zwischen der Sosberger Überschiebung im Liegenden und der Bopparder Überschiebung im Hangenden zwischen 250 und 500 m. Die stärkste Einengung mit ausgeprägter Spezialfaltung ist im Profil des Baybach-Tales zu beobachten.

3.3.2.1.5.4 Moritzheimer Sattel und Umfeld als Fortsetzung der Sosberger Schuppe

Der Bereich zwischen der Mittelstrimmiger und der Grendericher Querverwerfung zeigt auf den ersten Blick einen völlig anderen Baustil als die Sosberger Schuppe nordöstlich der Mittelstrimmiger Verwerfung. Er ist durch Profile in den Tälern des Flaumbaches zwischen der Mündung des Raimundsbaches im Norden, im Unterlauf des Raimundsbaches und an der Mündung des Kalmersbaches im Südosten (Bl, 5909 Zell) aufgeschlossen. Er erweist sich als die Fortsetzung der Sosberger Schuppe nach Südwesten, da er sich zwischen der Sosberger Überschiebung im tektonisch Hangenden des spezialgefalteten Emsquarzits im Nordwesten und der Bopparder Überschiebung mit den Schichtverbänden des tieferen Unterems im Südosten befindet. Dieser Bereich besteht in konkordanter Folge aus Sosberg-Schichten als den ältesten zutage anstehenden Schichten, Emsquarzit sowie Hohenrhein- und Laubach-Schichten. Seine Ausstrichbreite schwankt aufgrund des stark geschwungenen Ausstrichs der Bopparder Schupppe zwischen ca. 1 km im Nordosten und ca. 2,2 km im Südwesten. Die Bopparder Schuppe im tektonisch Liegenden verläuft dagegen nahezu geradlinig bei einem Streichen um 55°. Thiele (1960: 18) bezeichnete den zwischen den beiden Querverwerfungen liegenden und von zwei Überschiebungen begrenzten Bereich als „Moritzheimer Sattel". Diese Struktur, die bis dahin offensichtlich unbekannt war, ist ein flaches Gewölbe, das sich von Moritzheim (Bl. 5909 Zell) nach Nordosten bis an die Mittelstrimmiger Querverwerfung verfolgen lässt. Eine südwestliche Begrenzung zog Thiele nicht in Betracht, sondern verfolgte den Kern des Gewölbes bis an den Oberlauf des Bröhlbaches, wo Singhofen- bzw. Altlay-Schichten anstehen. Das stark aberrante Streichen in diesem Schichtverband des tieferen Unterems legt jedoch eine größere Querstörung nahe, die hier als südöstliche Verlängerung der Grendericher Querverwerfung angesehen wird. Der NW-Flügel des Gewölbes liegt im Flaumbach-Tal in Hohenrhein- und Laubach-Schichten. Hier ist eine deutlich NW-vergente Spezialfaltung ausgebildet mit z. T. liegenden Falten. Diese deutliche NW-Vergenz modifiziert den Eindruck des flachen Gewölbes. Auf der SE-Flanke sind an der Bopparder Überschiebung wieder Unterems-Schichten quasi parallel zur Gewölbe-Achse auf Sosberg-Schichten überschoben.

Die Struktur des Moritzheimer Sattels lässt sich nur schwer an die Sosberger Schuppe über die Mittelstrimmiger Querverwerfung hinweg nach Nordosten anbinden, wenn man von einer gebundenen Tektonik ausgeht. Vielmehr sollte hier eine gewölbeartig aufgebogene, geringmächtige, flache Decke postuliert werden, die an der Sosberger Überschiebung auf ihr Unterlager (Bopparder Schuppe etc.) überschoben ist. Die Scholle zwischen der Mittelstrimmiger und der Grendericher Querverwerfung ist so stark abgesenkt, dass – anders als im Nordosten – hier eine deckenartige Struktur der Sosberger Schuppe (Moritzheimer Sattel) im Anschnittniveau erhalten ist. Ihr Unterlager ist durch die starke Absenkung nicht aufgeschlossen. Diese Vorstellung führt zu einem Baustil, der als „thin-skinned thrusting" bezeichnet werden kann und an die Südost-Flanke der „Mosel-Mulde" mit ihrer stark NW-vergenten Ausrichtung passt. Solche Strukturen münden vielfach in Hauptüberschiebungen bzw. in listrische Sockelüberschiebungen ein.

Die Vorstellung eines derartigen Deckenbaus, der in ein höheres tektonisches Niveau gehört und durch weitgehende Entkopplung der überschobenen Schichtverbände gekennzeichnet ist, erleichtert die Erklärung der strukturellen Verhältnisse südwestlich der Grendericher Querverwerfung. Hier liegen die Schichten des nächst höheren tektonischen Niveaus über der Sosberg-Moritzheimer „Deckenschuppe" und die Schichtverbände des tieferen Unterems gehören über die flache Bopparder Überschiebung.

3.3.2.1.6 Die Kratzenburger Schuppe

Entgegen Oncken (1989) schließt sich an die Bopparder Überschiebung im tektonisch Hangenden eine stark NW-vergente Schuppe an, die bis an die Hunsrück-Hauptüberschiebung (Quiring 1930a) im Südosten reicht. Diese Schuppenstruktur wird hier als „**Kratzenburger Schuppe**" bezeichnet. Nach Quiring besteht sie am Mittelrhein aus Schichten des „Unterkoblenz (tu_{3u})". Hunsrückschiefer s. l. mit Siegen-Alter ist nach (Mittmeyer 1973, 1996, 2008) an dieser Überschiebung auf die nordwestlich liegenden Schichten „unsicherer Altersstellung" aufgeschoben. Quiring (1939: 427) hat diese „Hunsrück-Hauptüberschiebung" nicht weiter verfolgt. Stattdessen baute er den nordwestlich gelegenen, stark NW-vergenten Bereich (hier: Kratzenburger Schuppe) in die NW-Flanke des südöstlich folgenden „Salziger Sattels" ein. Das gelang ihm über ein Antiklinorium mit nach SE ansteigendem Faltenspiegel bei stark NW-vergentem Faltenbau mit überkippten NW-Flügeln. Letztere sind im Faltengefüge dieser Schuppe allerdings nur in sehr geringem Umfang vorhanden. Der entsprechende Faltenspiegel Quiring's widerspricht jedoch der allgemeinen Altersfolge innerhalb der Einzelschuppe im Mittelrhein-Profil. Als Alternative bleibt, um in den Kern des „Salziger Sattels" bei stetem SE-Einfallen der Schichten zu gelangen, nur eine Schuppentektonik mit der **Hunsrück-Hauptüberschiebung**.

H. Lehmann (1959) betonte mehrfach die im Hangenden der Bopparder Überschiebung „sehr ausgedehnte flache Lagerung im Unterems" und die „beachtliche NW-Vergenz, die weiter südlich bis zu liegenden Falten geführt hat" (S. 285). In Anlehnung an Kutscher (1953) bezeichnete er den stark NW-vergenten Bereich bis zur Hunsrück-Hauptüberschiebung als „Kratzenburger Mulde". Diese Struktur lässt sich nach Nordosten bis an die Lahn verfolgen, wo sie als „Kirchährer Mulde" bezeichnet wird (H. Lehmann 1959, Hannak 1959). Ihre nordwestliche Begrenzung ist die Bopparder Überschiebung, an der Schichten des Unterems mit Porphyroiden auf die Bopparder Schuppe überschoben sind. Ihre südöstliche Begrenzung ist die Hunsrück-Hauptüberschiebung.

Nach H. Lehmann (1959) passt sich der Verlauf der Streichlinien innerhalb der Kratzenburger Schuppe im Raum Dinkholder Tal – Osterspay – Boppard/Rhein dem stark gebogenen Verlauf der Bopparder Überschiebung an. Das Maximum der Verbiegung in Richtung Nord-Süd findet sich gegenüber Boppard, während die gegensinnige Biegung zurück in die normale Streichrichtung um 45° (wie bei der Überschiebung) südlich Boppard erfolgt. Wichtig erscheint, dass Schichtung (s_0) und Schieferung (s_1) gleichsinnig verbogen sind, woraus sich eine post-s_1 erfolgte Deformation ableiten lässt. Dieses ist bei der starken Abweichung des Streichens bis in die Nord-Süd-Richtung als deutliches Anzeichen dafür zu werten, dass die Kratzenburger Schuppe hier weitgehend von ihrem Unterlager entkoppelt ist und bei der allgemein weitgehend flachen Lagerung auch als Rest einer Decke aufgefasst werden darf.

Das Alter der Schichten, die die Kratzenburger Schuppe aufbauen, bleibt nach wie vor unsicher. Porphyroide geben Anlass, hier von „Singhofen-Schichten" auszugehen. So findet sich ein Porphyroid am Graskopf (503 m NN) nordwestlich der Siedlung Fleckertshöhe (Bl. 5811 Kestert, östlich der A 61; Solle 1950), ein weiteres rechtsrheinisch oberhalb Kamp-Bornhofen südlich der Domäne Marienberg (Jungmann 1982). Damit scheint die Alterszuordnung in das tiefere Unterems (Ulmen-Unterstufe) grob gesichert. Auf Bl. Koblenz (GÜK 100: C 5910) wurde der gesamte Bereich der Kratzenburger Schuppe beiderseits des Rheins den Ehrenthal-Schichten zugewiesen (Mittmeyer 1996: Abb. 12) und in die oberste Ulmen-Unterstufe eingestuft. Die Begründung für diese Einstufung steht noch aus. Bei einer Bestätigung gilt sie dann wohl auch für das gesamte Areal südwestlich des Rheins bis an die riesige Querstörung, den „Pfalzfelder Querbruch" (Mittmeyer 2008). Dieser soll durch Emmelshausen und weiter zum Schönecker Stahlbrunnen verlaufen, wo er auf die Bopparder Überschiebung trifft, diese jedoch nur unwesentlich – die Bopparder Schuppe gar nicht – verwirft. Das südwestlich anschließende Areal wird nach dieser Darstellung den „Altlay-Schichten" zugesprochen, die in die obere Ulmen-Unterstufe gehören sollen. Porphyroide sind nicht erwähnt (W. Franke 1998, LGB 2005). Auch eine Begründung für diese Einstufung fehlt. Abgesehen davon, dass die stratigraphische Gliederung dieses Abschnittes am Oberen Mittelrhein und seine Einstufung umstritten sind (W. Meyer & Stets 1996), bleibt die Einstufung in das Unterems (Ulmen- oder Singhofen-Unterstufe) aufgrund der Porphyroide wohl gesichert.

Widersprochen werden muss der Darstellung bei Oncken (1989: 91), der dem südlich an die Bopparder Überschiebung angrenzenden Hunsrückschiefer ein Unterems-Alter absprach, da er den Kontakt zu diesen nicht für tektonisch hielt. Er konzentrierte den Überschiebungsbetrag allein auf die „Bopparder Überschiebung" (bei Haas, 1975 Braubacher Überschiebung). Sie stellte für ihn die Basis-Überschiebung des gesamten Systems dar. So kam er zu der Einschätzung, dass die Schichtverbände stratigraphisch älter seien und rechnete „mit Siegen oder noch älter" (S. 91). Alle Ausführungen haben gezeigt, dass diese stratigraphischen Konsequenzen den im Gelände gewonnenen Daten seit Quiring (1930a, 1939) nicht entsprechen. Sie müssen alle dahingehend interpretiert werden, dass die Schichten der Kratzenburger Schuppe („Hangend-Einheit" sensu Oncken) auf jeden Fall jünger als Siegen sind. Außerdem trägt sein Modell (Oncken 1989) den stratigraphischen Befunden bei Kamp-Bornhofen am Rhein (Mittmeyer 1973, 1996, 2008) nicht Rechnung, wo Hunsrückschiefer s. l. mit Obersiegen-Alter (Bornhofen-Sch.) durch Faunen und auch Unter-Ulmen (Mittmeyer 1996: 148) nachgewiesen ist. Diese stratigraphischen Befunde belegen die tektonische Struktur des im Südosten folgenden „Salziger Sattels". Dieser und eine Kratzenburger Schuppe werden bei Oncken nicht diskutiert.

Weiter im Südwesten gibt das Profil des Neyer und des Liesenfelder Baches Auskunft über den Bau der Kratzenburger Schuppe. Bereits bei Thiele (1960) ergab sich in der „Hangend-Einheit", oberhalb der Bopparder Schuppe, die Kratzenburger Schuppe („Mulde"). Er hielt die Grenze zwischen beiden Schuppen noch für unsicher und zeichnete sie nur gestrichelt ein. Bei stetigem flach nach SE gerichtetem Einfallen der Schichten resp. des Faltenspiegels der Spezialfalten bleibt bei der heute geltenden Alterseinstufung keine andere Wahl. Zum Profil am Oberen Mittelrhein bleibt hier der Unterschied, dass im Liegenden der Kratzenburger Schuppe zusätzlich noch die Sosberger Schuppe ausgehalten werden muss. Dieses gilt vermehrt für die weitere Verfolgung nach Südwesten, wo unter der Kratzenburger Schuppe die Sosberger Schuppe liegt, der südwestlich der Mittelstrimmiger Querverwerfung der Moritzheimer Sattel entspricht.

3.3.2.1.7 Die Hunsrück-Hauptüberschiebung im Mosel-Hunsrück

Ein Nachweis der südöstlichen Begrenzung der Kratzenburger Schuppe, die im Oberen Mittelrhein-Tal durch die Hunsrück-Hauptüberschiebung deutlich ist, erweist sich abseits davon im Mosel-Hunsrück mangels moderner Kartierung und beweiskräftiger Fossilfunde als problematisch. Die Hauptschwierigkeit besteht darin, dass Schichtverbände in ähnlicher Hunsrückschiefer-Fazies, jedoch unterschiedlichen Alters – evtl. Siegen contra Ulmen oder Singhofen – an der Überschiebung aneinander grenzen. Außerdem nähert man sich hier dem Quellgebiet der zur Mosel entwässernden Tributarien, wo die Aufschlüsse mäßig werden und sich bei steigender Höhe vermehrt der Einfluss der Mesozoisch-Tertiären Verwitterungsdecke bemerkbar macht. Somit bleiben bislang die exakte Abgrenzung der Kratzenburger Schuppe mit ihrem stark NW-vergenten Bau gegen Südosten und die folgende Struktur des „Salziger Sattels“ problematisch. H. Lehmann (1959) zeigte, dass die von Kutscher (1942) angegebene Position der linksrheinischen Fortsetzung des „Salziger Sattels“ in den Hunsrück zwischen Kestert/Rhein und Kastellaun/Hunsrück nicht zutrifft. Sie muss danach mit der weiter südöstlich gelegenen „Balduinsteiner Falte“ bei Kestert (auch: Faltenzone Dalheim-Kestert: Schulze 1959) – verwechselt worden sein. H. Lehmann's Auffassung wird bestätigt durch ein Profil zwischen Dieler – Emmelshausen – Hungenroth – Badenhardt, halbwegs zwischen Emmelshausen und Hungenroth. Die Hunsrück-Hauptüberschiebung (Quiring 1930a) bleibt in ihrer genauen Lage zwischen Kratzenburger Schuppe und „Salziger Sattel“ vorerst unbestimmt.

Nach Bl. Koblenz (GÜK 100: C 5910) zieht linksrheinisch zwar eine dieser Überschiebung entsprechende Struktur vom Oberen Mittelrhein zum nördlichen Ortsende von Emmelshausen. An ihr sollen Bornhofen-Schichten (unteres Oberulmen) auf Ehrenthal-Schichten (oberes Oberulmen) überschoben sein. Damit wäre eine Spur der Hunsrück-Hauptüberschiebung bzw. der Nord-Flanke des „Salziger Sattels“ vorgegeben. Diese Verschiebung endet jedoch im Südwesten abrupt an dem riesigen „Pfalzfelder Querbruch“ (Mittmeyer 2008). Südwestlich davon fehlt im breiten Ausstrich der „Altlay-Schichten“ jegliche Fortsetzung, die einer „Aufsattelung“ bzw. Aufschuppung im Sinne eines „Salziger Sattels“ gleichen könnte.

Im Gegensatz dazu verzeichnet die Geologische Übersichtskarte von Rheinland-Pfalz von 2003 (GÜK 300) in der Position der Hunsrück-Hauptüberschiebung eine Überschiebung, an der Hunsrückschiefer s. str. – u. a. Bornhofen-, Altlay-, Bornich- und Kaub-Schichten – auf Singhofen-Schichten mit Porphyroiden überschoben wurden. Obwohl die Stratigraphie im Einzelnen noch zu klären ist, entspricht diese Darstellung den Verhältnissen wesentlich besser. Sie wird daher vorläufig bevorzugt. Die Hauptüberschiebung verliefe danach vom Rhein bei Kamp-Bornhofen über Ehr und westlich Liesenfeld zum Baybach-Tal, das sie unweit östlich der ehem. Grube „Petrus“ quert, weiter durch die Ortschaft Sevenich zum Dünnbach-Tal, das zwischen Junkers- und Altmühle gequert wird, und über Buch und Mastershausen zur ehem. Erzgrube am Sosberger Bach. In der Nähe wurden an der Geierlei Dachschiefer abgebaut (Bl. 5910 Kastellaun). Südlich Mörsdorf trifft sie auf die Mittelstrimmiger Querverwerfung.

Zu einer ähnlichen Vorstellung kommt auch Kutscher (1942: Abb. 1), der nach Daten von Quiring, A. Fuchs und eigenen Aufnahmen eine „Aufsattelung“ von „Unteren Hunsrück-Bänderschiefern“ in Kauber Dachschiefern etwa 2 km nordwestlich Kastellaun postulierte. Dabei handelt es sich um Ton- und Bänderschiefer mit Einschaltungen von Sandsteinen, die unteren „Altlay-Schichten“ (tiefes Unterems; LGB 2005) entsprechen sollten. Auch damit wäre eine Struktur, die dem „Salziger Sattel“ entspricht vorgegeben. Sie lässt sich bei einem Streichen um 50° von Kastellaun noch etwa 20 km weiter nach Südwesten verfolgen.

Dabei ergeben sich allerdings Widersprüche zur Lage der „Spezialfaltenzone von Wohnroth“ (Thiele 1960). Er verfolgte seine „Kratzenburger Mulde“ (Kratzenburger Schuppe) über mehrere Täler nach Südwesten, ohne allerdings ihre südöstliche Begrenzung anzusprechen.

Porphyroide, u. a. im Neyerbach-Tal, belegen auch hier Singhofen-Schichten; südlich Kratzenburg beschrieb er eine 3–400 m breite spezialgefaltete Zone, die er als „Kern der Kratzenburger Mulde“ ansprach; nach Profil und Strukturkarte handelt es sich eher um einen stetig SE-fallenden, z. T. spezialgefalteten Schichtverband mit Kurzschenkelfalten; die stark NW-vergenten, z. T. liegenden Spezialfalten weisen einen nach SE geneigten Faltenspiegel auf bei Achsenabtauchen um 20° SW. Eine weitere Spezialfaltenzone, in die auch ein Porphyroid eingebunden ist, ergibt sich aus einem Profil nördlich Halsenbach; evtl. gehört diese in den Bereich der Hunsrück-Hauptüberschiebung; im südöstlichen Anschluss fallen die Schichtverbände ungefaltet mit ca. 20–25° SE. Ein Profil am Liesenfelder Bach (Bl. 5811 Kestert) zeigt eine ähnliche Konstellation im tektonischen Hangenden der Bopparder Überschiebung. Eine Spezialfaltenzone mit einem mächtigen inversen Flügel findet sich talaufwärts von der Baumhöller Mühle; auch hier vermittelt das Profil die Vorstellung einer zwar spezialgefalteten, jedoch stetig SE-fallenden Schichtenfolge; der kritische Bereich der Hunsrück-Hauptüberschiebung wird in diesem Profil wahrscheinlich erst im schlecht aufgeschlossenen Gebiet nördlich Liesenfeld erreicht. Das Baybach-Tal quert die von Thiele (1960) beschriebene Spezialfaltenzone an der Baretztlei (auch: Bareterlei; Bl. 5810 Dommershausen) bei der Weinsmühle; dieses Profil entspricht mit ausgeprägt NW-vergenter Spezialfaltung den Profilen in den Nachbartälern im Nordosten; die Faltenachsen tauchen weiter nach SW ab; nach Südosten ergibt das Profil bis zur Sonntagsmühle mittelsteiles SE-Einfallen mit gelegentlichen Kurzschenkelfalten, lediglich an der Sonntagsmühle selbst sind noch engere Spezialfalten zu verzeichnen, in denen sich u. U. die Hunsrück-Hauptüberschiebung verbergen kann.

Die in den drei Talprofilen beschriebene Spezialfaltenzone („Muldenkern“ sensu Thiele 1960) verläuft mit einem Azimut von 50° ostwestlicher als die Bopparder Überschiebung (ca. 45°). Beide treffen östlich Sabershausen (Bl. 5810 Dommershausen) sehr spitzwinklig aufeinander. Da größere Muldenstrukturen im Baustil dieses Gebietes selten sind, besteht generell die Möglichkeit, dass sich darin eine Überschiebungsbahn der Hauptüberschiebungszone am Südost-Ende der Kratzenburger Schuppe verbirgt.

In den südwestlich anschließenden Tälern von Dünnbach und Mörsdorfer Bach unterscheidet sich der Bau nicht wesentlich von den bereits beschriebenen Talabschnitten. Auch hier herrscht mittelsteiles Einfallen nach SE, und es kommen auch Bereiche mit deutlich NW-vergenten Kurzschenkelfalten bei Achsenabtauchen nach SW vor. Eine ausgeprägte Faltenzone, wie sie oben beschrieben wurde, fehlt in diesen Profilen. Thiele (1960) verzeichnete an der Sulzmühle im Dünnbach-Tal und zwischen Kaspers- und Schweitzermühle je einen Porphyroid-Zug, der die Zugehörigkeit zu den Singhofen-Schichten (Altlay-Sch.) der Kratzenburger Schuppe weiterhin belegt.

Auch im Deimersbach-Tal ist zwischen Junkers- und Altmühle (Bl. 5910 Kastellaun) wieder eine stark NW-vergente Spezialfaltenzone vorhanden, die etwa in der Position der von Thiele (1960) beschriebenen Spezialfaltenzone liegt und der Hauptüberschiebung entsprechen kann. Ähnliches gilt auch für das Profil entlang des Mörsdorfer Baches im Wohnrodter Seitental südlich der Schweitzermühle. Damit ist die Südost-Grenze der Nordöstlichen Mosel-Einheit mit der Hunsrück-Hauptüberschiebung am Süd-Rand der Kratzenburger Schuppe angedeutet.

Im Gegensatz zum Südwest-Abschnitt der Mosel-Einheit ist hier zur Fixierung der Hunsrück-Hauptüberschiebung eine Argumentation mit der Raumlage der Flächen der s_1-Schieferung nicht sicher möglich. Nach Kienow (1934: Abb. 14) tritt in der gesamten Kratzenburger Schuppe und an deren Südost-Ende bis an die Grendericher Querverwerfung kein Wechsel in der Raumlage der s_1-Flächen und auch keine deutliche Vergenzänderung ein. Immerhin sollte mit der Annäherung an die Hunsrück-Hauptüberschiebung von NW und jenseits davon damit gerechnet werden. Eine Versteilung und Umkehr der Vergenz erfolgt erst südwestlich der Grendericher Querverwerfung. Beim s_2-Flächengefüge, das auf die unterdevonischen Tonschiefer-betonten Schichtverbände südöstlich der Bopparder Überschiebung beschränkt ist, erfolgen mit Annäherung an den kritischen Bereich von Nordwesten sowohl eine Versteilung im Einfallen der s_2-Flächen nach SE auf die Hauptüberschiebungszone zu, als auch eine schwache Richtungsumkehr zu NW-Einfallen.

Hoeppener (1957: Abb. 9), der nur einen kleinen Ausschnitt dieses Gebietes bearbeitete, verzeichnete eine Versteilung und Umkehr der Vergenz an der „Fächerzone“ („Fächer C“).

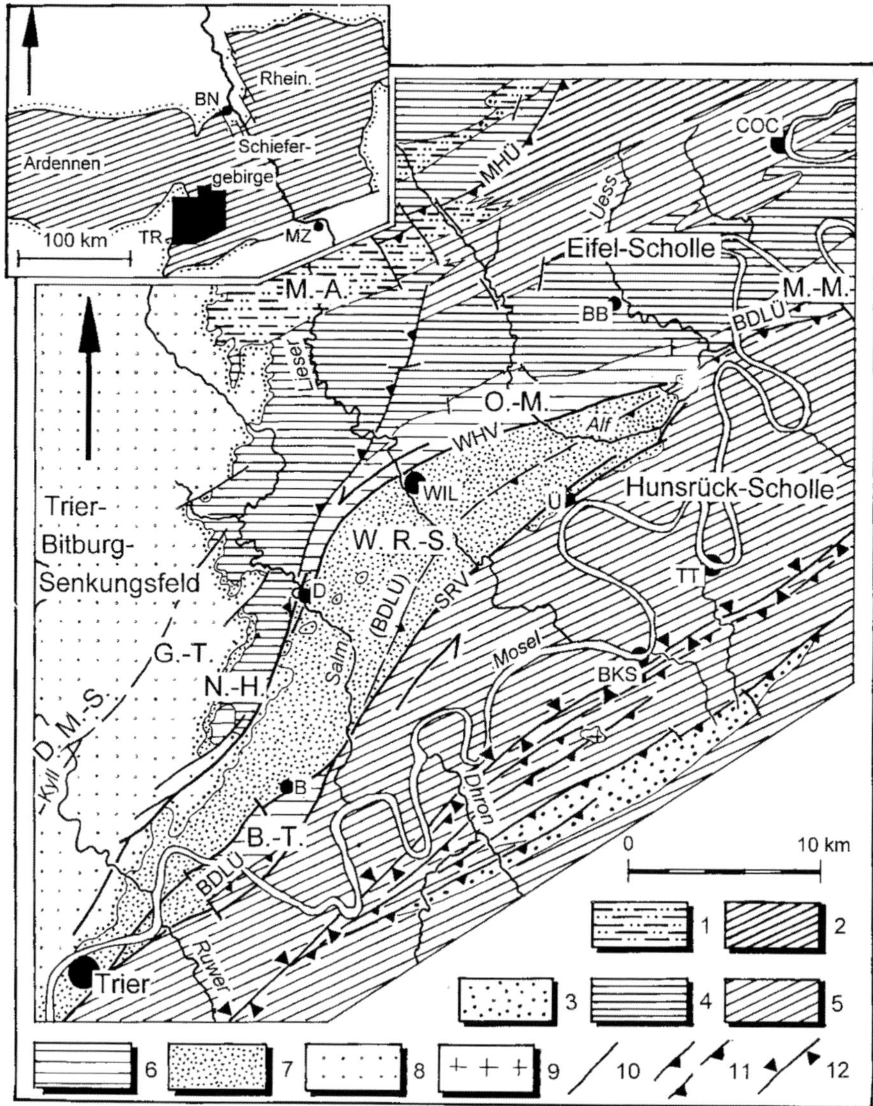

Abb. 20. Geologische Übersichtskarte des nordwestlichen Hunsrücks und der Südwesteifel. B Bekond, BB Bad Bertrich, BKS Bernkastel, COC Cochem, D Dreis, TT Traben-Trarbach, Ü Ürzig, WIL Wittlich. BDLÜ Boppard-Dausenau-Longuicher Überschiebung, B.-T. Bekond-Teilscholle, D.M.-S. Deimlinger-Mühlen-Schwelle, M.-A. Manderscheid-Antiklinorium, G.-T. Gladbach-Trog, MHÜ Mayener Hauptüberschiebung, M.-M. Mosel-Mulde, N.-H. Naurath-Horst, SRV Südrandverwerfung, O.-M. Olkenbacher Mulde, WHV Wittlicher Hauptverwerfung, W.R.-S. Wittlicher Rotliegend-Senke. 1 Siegen: Normalfazies, 2 Siegen: Hunsrück-Schiefer s. l, 3 Siegen: Dhrontal-Schichten, 4 Unterems: Normalfazies, 5 Unterems: Hunsrückschiefer s. str. und jünger, 6 Oberems (evtl. Mitteldevon), 7 Rotliegend, 8 Buntsandstein, 9 Rhyolith, 10 Verwerfung, 11 Überschiebung, 12 Vergenzfächer („Moselachse"). Stets (2004).

Sie zieht etwa ab Altlay in das Gebiet südlich Kastellaun und kann damit nicht der Hunsrück-Hauptüberschiebung zugeordnet werden, die nördlich Kastellaun verlaufen sollte. Immerhin ist hier ein Vergenz-Fächer angedeutet, der noch bei Kienow fehlte. Der Widerspruch zwischen den beiden Darstellungen muss vorerst stehen bleiben. Andererseits betonte Hoeppener

(341), dass sein „Fächer C“ im Nordosten breit sei und keinen „eigentlichen Vergenzscheitel (bilde), da sich hier die s_1-Flächen nur bis zur Normallage aufrichten und die Vertikalstellung nicht überschreiten“.

HOEPPENER (1956, 1957) betonte, dass in seiner stark NW-vergenten „Zone III“, die etwa der Kratzenburger Schuppe entspricht, insbesondere in ihrem Südost-Abschnitt die 2. Schieferung (s_2) besonders deutlich ausgebildet ist. Allerdings soll nach Nordwesten „die erste Schieferung immer schwächer“ werden, die 2. Schieferung (s_2) „Übergänge zu dem (s_1)-Gefüge“ zeigen (HOEPPENER 1956: 274) und auch „makroskopisch eine Unterscheidung der ersten und zweiten Schieferung in vielen Fällen nicht möglich“ (S. 341) sein. Dieser Feststellung muss ausdrücklich widersprochen werden, da ein s_2-Gefüge ausschließlich dann sicher festzustellen ist, wenn s_1-Flächen deformiert wurden. Die Ausbildung des s_2-Gefüges ist weitgehend materialabhängig; s_2-Flächen sind dort, wo starke Deformation herrschte, eindeutig zu beobachten.

3.3.2.2 Der Südwest-Abschnitt der Mosel-Einheit

Der Südwest-Abschnitt der Mosel-Einheit besteht aus der „**Olkenbacher Mulde**“, die bereits vollständig im Gebiet der Südwest-Eifel liegt, und der stark NW-vergenten **Mittelmosel-Schuppenzone**, die zwischen Bullay und Trier von der Mosel durchflossen wird. Sie baut sich aus Tonschiefern in Hunsrückschiefer-Fazies auf, die den Singhofen- resp. Altlay-Schichten zugeordnet werden können. Die nordwestliche Begrenzung fällt in den Nordwest-Flügel der „Olkenbacher Mulde“ in der südwestlichen Verlängerung der „Lützer Mulde“, die südöstliche ist mit der „**Mosel-Achse**“ (SCHOLTZ 1930) bzw. dem „Schieferungsfächer C“ (HOEPPENER 1956) identisch, in die die Hunsrück-Hauptüberschiebung bei Altlay einmündet. Die nordöstliche Begrenzung bildet die Grendericher Querstörung, die südwestliche das diskordante Auflager von Permotrias auf Hunsrückschiefer westlich der Saar. Die stark NW-vergente Mittelmosel-Schuppenzone wird von der „Olkenbacher Mulde“ durch die **Longuicher Überschiebung** (WILDBERGER 1992) an der Mosel bei Schweich getrennt; sie ist die südwestliche Verlängerung der Boppard-Dausenauer Überschiebungszone ab Alf. Das Verbindungsstück zwischen Schweich und Alf verläuft größtenteils unterhalb der Füllung der Wittlicher Rotliegend-Senke.

Die Hauptschwierigkeit beim Südwest-Abschnitt der Mosel-Einheit besteht darin, dass von der 6–6,5 km quer zum Streichen messenden Füllung der „Mosel-Mulde“ aus Schichten des Oberems im Profil des Dünnbach-Tales östlich der Grendericher Querverwerfung nur noch der 1,8 km senkrecht zum Streichen messende Anteil der „Lützer Mulde“ in der „Olkenbacher Mulde“ geblieben ist. Eine stärkere Deformation in dem verbliebenen Anteil in Form stärkerer Verschuppung, von Überschiebungen oder gesteinsinterner Deformation fehlt, so dass weder mit stärkerer Einengung (ENGELS 1960) noch mit durch das Achsen-Verhalten bedingtem Herausheben der restlichen Muldenfüllung (SOLLE 1942) argumentiert werden kann. Keiner der Autoren plädierte jedoch für die wahrscheinlichste Lösung, dass nämlich eine deckenartige Überschiebung den fehlenden Anteil der „Mosel-Mulde“ (Bopparder Schuppenzone) überfahren hat, obwohl sich eine solche „Mittelmosel-Decke“ bereits im „Moritzheimer Sattel“ ankündigte. ENGELS (1960) deutete die Möglichkeit einer flachen Überschiebung zwar an, und DITTMAR (1996) arbeitete – wenngleich nahe an der kritischen Grenze – ausschließlich entlang seiner Profiltrasse meist in Tonschiefern der Hunsrückschiefer der stark NW-vergenten Mittelmosel-Schuppenzone. Allerdings hätte er, da er sein Profil weit unter das Aufschlussniveau hinunter bilanzierte, eine entsprechende Variante für den Nordost-Abschnitt der „Mosel-Mulde“ berücksichtigen oder zumindest diskutieren müssen. Sein bilanziert konstruiertes Profil einer „Hunsrück-Decke“ mit Tiefgang von mehr als 5 km lässt nirgends Raum für die nur wenige km im nordöstlichen Anschluss ausstreichenden Schuppen der südöstlichen „Mosel-Mulde“ („Bopparder Doppelmulde“).

Hier wird ausschließlich auf die Überschiebungszone und das südöstlich angrenzende, zum Mosel-Hunsrück gehörende Gebiet der Mittelmosel-Schuppenzone eingegangen, die der stark NW-vergenten Kratzenburger Schuppenzone entspricht.

3.3.2.2.1 Die Fortsetzung der Boppard-Dausenau-Longuicher Überschiebungszone

Als Erstem fiel Grebe (1887) die große „Störung“ auf, welche die hier als stark NW-vergente Mittelmosel-Schuppenzone bezeichnete Struktur nach Nordwesten begrenzt. Er folgte ihr vom unteren Alf-Tal über Bullay/Mosel nach Nordosten. Sein Hauptkriterium war, dass an ihr die Hunsrückschiefer verwerfungsbedingt enden, und begründete dies damit, dass „unterhalb des Reiler Hammers *Orthoceras*-Schiefer auf der linken und Hunsrückschiefer auf der rechten Seite des Baches anstehen“ (S. 4). Das war schon damals ein schlagendes Argument für die Definition dieser entscheidenden, strukturtrennenden Überschiebungszone. Weitere Daten über den Verlauf im Südwest-Abschnitt der Mosel-Einheit und die Grenze gegen die „Olkenbacher Mulde“ stammen aus unveröffentlichten Berichten von Dahlgrün (1939) und Quiring (1930a), denen eine „SO-fallende Überschiebung der Hunsrückschiefer auf das Oberkoblenz bzw. Mitteldevon der Eifel“ bei der Kartierung der Bl. Cochem und Koblenz aufgefallen war. Kopp (1955: 117) bezeichnete sie als „Hunsrücküberschiebung“, fand diese jedoch nirgends aufgeschlossen. Unter Bezug auf Solle (1942: 41) lokalisierte er sie seinerzeit „hart nördlich der Brauerei Paltzer, südlich von Alf“ und erwähnte „ca. 300 m nordwestlich der Eisenbahnbrücke (...) in dem großen Hunsrückschieferbruch gleich südlich der Brauerei“ (S. 122) eine parallel zu ihr verlaufende Aufschiebung mit der Raumlage 50°/ 65° SE sowie starke Zerscherung und Verruschelung der Tonschiefer mit unterschiedlichem Bewegungssinn an Scherflächen beiderseits der Überschiebung.

Dittmar (1996) bezog sich auf den Sachverhalt, dass von der Lahn „in SW-Richtung die Emsquarzit-Anteile innerhalb der schmalen Schuppenzone zwischen den beiden Hauptstörungen der Bopparder Überschiebung durchgängig bis etwa Grenderich auftreten“ (S. 217) und schloss weiter, dass in seinem „Traversenbereich bei Merl und Zell ausschließlich tiefe Teile des Bopparder Überschiebungssystems angeschnitten sind“ (S. 217). Dabei übersah er, dass in dem gesamten, bereits ausführlich beschriebenen Schuppenstapel am Südost-Rand der nordöstlichen Mosel-Einheit mit der Bopparder Überschiebung (sensu Haas 1975) immer Hunsrückschiefer auf jeweils jüngere SE-fallende Schichtverbände überschoben worden sind und es sich hier um die tektonisch hangendste Schuppe des großen Überschiebungssystems handelt und nicht um eine einzelne Überschiebungsbahn (Oncken 1989). Auch W. Meyer & Stets (1975, 1996, 2000) sahen in der Boppard-Dausenauer Überschiebungszone nie eine „Haupt-Überschiebung“ sondern immer ein System mehrerer Überschiebungen, wie es Haas (1975) am Oberen Mittelrhein definiert hatte. Von diesen hat offensichtlich die „Bopparder Überschiebung“ den gesamten liegenden Schuppenstapel deckenartig überfahren. Damit wird die bereits im Nordost-Abschnitt der Mosel-Einheit wichtige Überschiebung innerhalb des Systems, an der Hunsrückschiefer, Singhofen- bzw. Altlay-Schichten auf Schichten des Oberems überschoben wurden, als **Longuicher Überschiebung** (Wildberger 1992) weiter geführt.

Die von Kopp (1955) und Solle (1942) bereits bei Alf bestimmte Lokalität der „Hunsrücküberschiebung“ wurde von Dittmar (1996) bestätigt und die oben diskutierte Trennfläche von ihm in „Neumerler Überschiebung“ umbenannt. Diese Bezeichnung wird hier nicht verwendet, da die Bopparder Überschiebung innerhalb des Boppard-Dausenau-Longuicher Überschiebungssystems seit Haas (1975) ausreichend definiert ist, und es damit keiner Umbenennung bedarf.

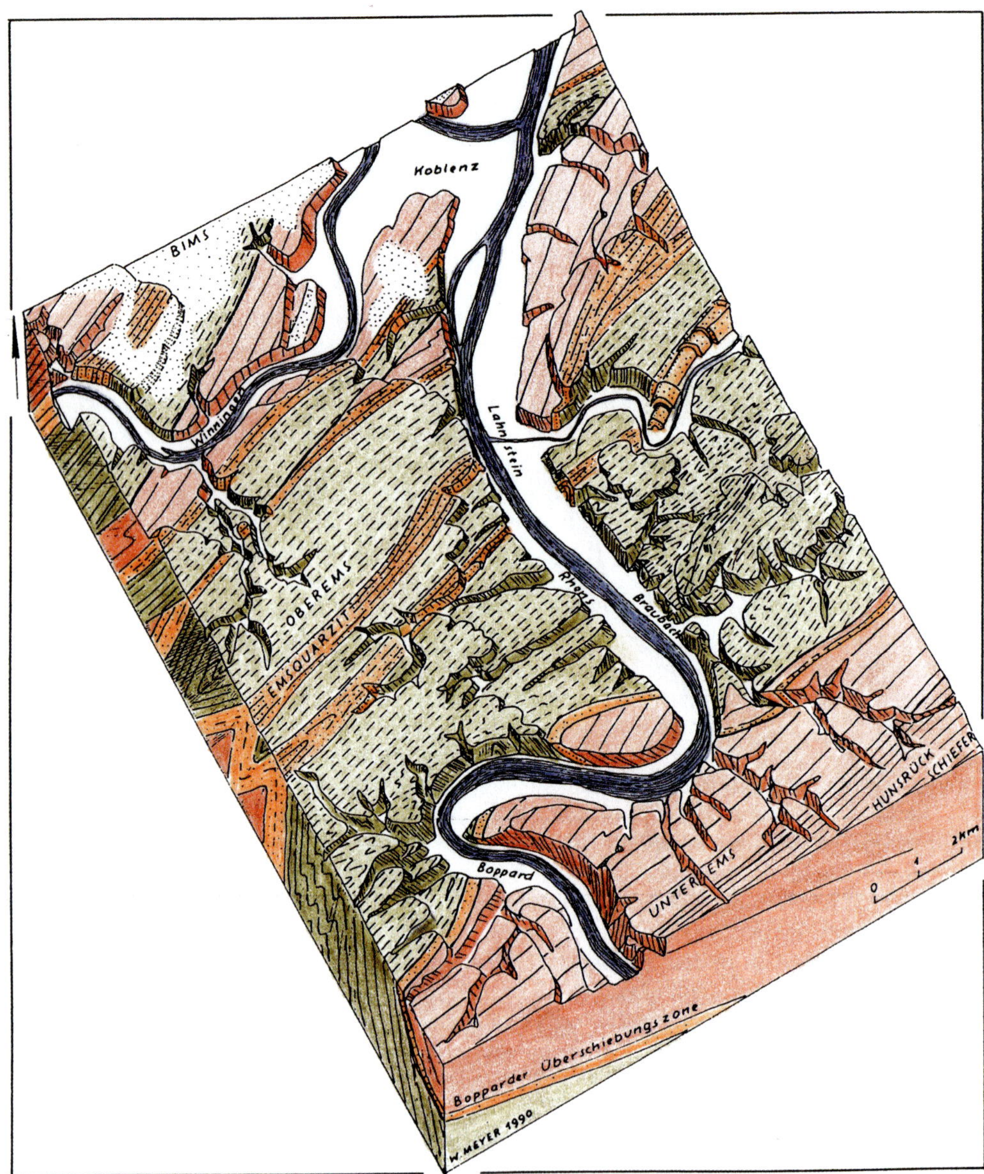

Abb. 21. Geologisches Raumbild des Mittelrheintales zwischen Boppard und Koblenz und des Untermoseltals. W. Meyer.

Zusätzlich erwähnte Dittmar (1996) eine NW-SE streichende Querverwerfung, die im Flussbett der Mosel verläuft und der er einen „quer zum Gebirgsstreichen mehrere 100 m betragenden horizontalen dextralen Versatz“ (S. 159) zusprach. Diese Querverwerfung lässt sich in den einheitlichen Tonschiefern nicht nachweisen. Dagegen kommt an der Knotenstelle bei Alf der Versatz an einer N-S streichenden Störung zum Tragen, die im Mosel-Bett von

Foto 17
Schillerstein-Denkmal an der Straße Odernheim - Duchroth. Unterseite einer Sandsteinbank mit Belastungsmarken (load casts). Disibodenberg-Formation (Unterrotliegend). Foto A. Schäfer

Foto 18 Steinbruch Salzleckerbrunnen bei Obereisenbach westlich Glanbrücken. Deltasedimente der Obereisenbachsandsteine, Basis Meisenheim-Formation (Unterrotliegend). Foto A. Schäfer

Foto 19 Die Trollfelsen im Trollbachtal (Dorsheim). Proximale Schlammstromsedimente der Wadern-Formation (Oberrotliegend). Foto A. Schäfer

Foto 20 Schlammstrom-Ablagerungen mit Kalksteinklasten. Wadern-Formation (Oberrotliegend); Trollfelsen im Trollbachtal bei Dorsheim. Foto W. Meyer

Foto 21 Schlammstromsedimente der Wadern-Formation (Oberrotliegend). Schießplatz Windesheim, Guldenbachtal. Foto A. Schäfer

Foto 22 Eremitage bei Guldental. Ehemalige Einsiedelei in fluvialen/äolischen Sandsteinen der Kreuznach-Formation (Oberrotliegend). In der Bildmitte unterhalb der Felsanker Trockenrisszapfen. Foto A. Schäfer

Foto 23 Ehemaliger Steinbruch Rote Lay östlich Bad Kreuznach. Äolischer Sandstein der Kreuznach-Formation (Oberrotliegend). Foto W. Meyer

Foto 24 Rhyolithmassiv des Rotenfels (Oberrotliegend) bei Bad Münster am Stein, angeschnitten von der Nahe. Foto A. Schäfer

Foto 25 Wohnhöhlen im Mittleren Buntsandstein des Saartales. Serriger Klause bei Kastel-Staadt. Foto W. Meyer

Foto 26 Blick auf das Rheintal bei Boppard vom Vierseenblick. Wegen der großen Flussschleife ist der Rhein von hier in vier Ausschnitten zu sehen (das Foto zeigt nur drei davon). Foto J. Stets

Foto 27 Der Eintritt des Rheins ins Schiefergebirge mit der Nahemündung bei Bingen, gesehen vom Rochusberg. Foto W. Meyer

Foto 28 Die Saarschleife bei Mettlach von der Cloef aus gesehen. Foto J. Stets

Foto 29 Johannes Stets erklärt auf einer Exkursion des Oberrheinischen Geologischen Vereins alte Flussläufe der Mosel zwischen Wintrich und Ürzig anhand einer auf Abb. 30 wiedergegebenen Karte. Foto A. Siehl (2004)

Foto 30 Das Dhrontal bei Hunolstein. Foto J. Stets

Foto 31 Mörschieder Burr, ein Blockmeer aus Taunusquarzit nördlich von Idar-Oberstein. Foto W. Meyer

Foto 32 „Goethe-Felsen". Eine verkiesselte Verwerfungsbrekzie am Nordostfuß des Rochusberges bei Bingen. Sie gehört zu den jungen Randbrüchen zwischen Hunsrück und Mainzer Becken. J. W. v. Goethe hat den „wundersamen Felsen" 1814 besucht. Im Hintergrund das rechte Rheinufer mit Rüdesheim. Foto W. Meyer

Foto 33 Im Gebrannten Bruch östlich von Morbach wachsen nur wenige Bäume, vor allem Birken. Foto J. Stets

Neef über Bullay nach Süden verläuft und offensichtlich den dort geradlinigen Flusslauf der Mosel bedingt. Diese Verwerfung ist durch den rechtshändigen Versatz des Emsquarzits nördlich Bullay belegt (ELKHOLY 2000).

Die Hangend-Einheit der Longuicher (Bopparder) Überschiebung bei Neumerl baut sich aus blaustichigen, mittel- bis schwarzgrauen, auch rötlich gefärbten, siltigen Tonschiefern auf mit Kieselgallen- und Feinsand-Lagen. Dachschieferartig spaltende Tonschiefer fehlen. Hier wurden drei Fossilfundstellen ausgebeutet, deren Fauna nach MITTMEYER (mdl. Mitt. in: DITTMAR 1996: 160) in die höhere Ulmen-Unterstufe gehört. SOLLE (1976) hatte diesen Verband mit Vorbehalt in die seinerzeitige Singhofen-Unterstufe eingeordnet.

Aufgrund der hohen stratigraphischen Differenzen beiderseits der Überschiebung rechnete DITTMAR (1996) mit einem „extrem hohen und mehrere Kilometer betragenden Vertikalversatz“ (S. 160). Diese Vorstellung brachte er auch in sein bilanziertes Profil ein, ohne zu erklären, wo hier die Fortsetzung der Bopparder Schuppenzone nach Südwesten, die nur ca. 6 km nordöstlich der Grenderichter Querverwerfung und auch seiner Traverse aufgeschlossen ist, zu vermuten sei. Daher ist nicht nur die Bilanzierung seines Profils (1996: Abb. 50), sondern insbesondere der geologische Ansatz anzuzweifeln, sagt doch das im Aufschluss beobachtete, steile SE-Einfallen der Parallelverwerfungen nichts über den Tiefgang der sicherlich listrisch verlaufenden „Haupt“-Überschiebung aus.

Zur Stützung seiner Vorstellung über den Tiefenverlauf seiner „Hunsrück/Neumerler Überschiebung“ zog DITTMAR das reflexionsseismische DEKORP-Profil 1-C zu Rate, das durch die Wittlicher Senke bei Bengel in Richtung Traben-Trarbach und darüber hinaus nach Südosten verläuft. Hier glaubte er, aus dem reflexionsseismischen, recht untypischen Bild mit zahlreichen Reflektoren sowohl seine „Neumerler“ als auch die flachere, südöstlich folgende „Merler Überschiebung“ herauslesen zu können. Bei genauem Studium dieses Profiles wird diese Interpretation zwar als möglich, jedoch nicht als beweiskräftig gewertet. Das von DITTMAR vorgestellte Modell der Bopparder („Hunsrück-/Neumerler“) Überschiebung wird hier nicht weiter verfolgt, da es keine Erklärung für den Verbleib des Nordost-Abschnitts der „Mosel-Mulde“ liefert.

Eine zweite Position, die „Hunsrück-Überschiebung“ zu lokalisieren, ergibt sich südlich Schweich und bei Longuich. Hier kartierte bereits GREBE (1881, 1888) auf den Bl. 6206 Pfalzel und 6106 Schweich eine Verwerfung, die Schichten des tiefen Unterdevons gegen solche des hohen Oberems verwirft. Er verfolgte sie über Rivenich (Bl. 6107 Neumagen-Dhron), Clausen und Platten (Bl. 6007 Wittlich) bis zum unteren Alf-Tal. Dabei setzte er überall dort, wo Hunsrückschiefer gegen Schichten des höheren Rotliegend verworfen sind, fälschlich die spät-variszische südöstliche Randverwerfung der Rotliegend-Senke mit der Longuicher (Bopparder) Überschiebung gleich. Letztere verläuft unterhalb der Füllung der Wittlicher Senke (STETS 2004).

Nach NÖRING (1939) besteht kein Grund zur Annahme, „dass zwischen den Kieselgallenschiefern (hier: Hunsrückschiefer mit Kieselgallen) und dem Oberkoblenz (bei Schweich) eine größere Schichtmächtigkeit durch Störungen unterdrückt ist. Es liegt vielmehr ein im Großen und Ganzen einheitliches Profil ohne größere Lücken vor“ (S. 58). Diese Fehlinterpretation beruht auf der Lithofazies der Hunsrückschiefer im tektonisch Hangenden der Longuicher Überschiebung. Dort enthalten die Hunsrückschiefer Lagen und Einzelexemplare von Kieselgallen sowie dünne Lagen von Toneisenstein. Schon VON DECHEN (1883) hatte auf seiner Geologischen Übersichtskarte (1:500 000) hier Schichtverbände des „Koblenz“ ohne Verwerfung verzeichnet. Unterschiedliche stratigraphische Ansprache (incl. Fauna), unterschiedlich starker Beanspruchungsgrad der Gesteine beiderseits der Überschiebung und das Fehlen mehrerer Gesteinsverbände macht jedoch eine Überschiebung unumgänglich. Hier sind durchgehend eng transversal geschieferte (s_1) Tonschiefer vom Typ Hunsrückschiefer der Ulmen- bis Singhofen-Unterstufe mit sehr ausgeprägter NW-Vergenz auf z. T. kaum vergente, schwach geschieferte und zum Oberems gehörende Schichtverbände mit dem Roteisenstein-Vorkommen bei Schweich und Bekond überschoben. Dieser Befund belegt den Anschluss der als „Longuicher Überschiebung" bezeichneten, strukturtrennenden Verschiebung an das Boppard-Dausenauer Überschiebungssystem, das so über mehr als 80 km im Hunsrück verfolgt werden kann.

Deutliche Hinweise auf unterschiedliche Lagerungsverhältnisse beiderseits der Longuicher Überschiebung ergaben sich auch in der Umgebung von Kenn südwestlich Longuich (R. Hoffmann 1991a). Dort liegt im Hunsrückschiefer ein aberrantes Streichen der Schieferungsflächen um 110° bei flachem Einfallen (20–30° E) vor, ähnlich wie am Karthäuserhof nördlich Mertesdorf bei Trier (120°/20° E). Östlich Kenn streichen die Bekond-Schiefer nahezu E-W und weisen im Gegensatz zur Schweicher Umgebung eine deutlich N-vergente Faltung auf. Hier haben offensichtlich variszische und/oder spätvariszische Bewegungen zu Schollenkippungen und -rotationen geführt, die nicht unbedingt dem allgemeinen variszischen Deformationsplan zugeordnet werden können.

3.3.2.2.2 Die stark NW-vergente Mittelmosel-Schuppenzone

Die stark NW-vergente Mittelmosel-Schuppenzone wird in ihrer gesamten Länge von Alf und Bullay bis Longuich und darüber hinaus nach Südwesten in ausgedehnten Mäandern von der Mosel durchflossen. In den zahlreichen hohen Felsaufschlüssen, z.B. an der Mosel-Loreley bei Piesport, findet man überall unterschiedlich graue, einheitliche Tonschiefer in Hunsrückschiefer-Fazies mit relativ flacher Lage der „Hauptablösungsflächen" (s_1). Bei genauem Hinsehen lassen Feinsand-Lagen und -Bänkchen, auch Kieselgallen- und Toneisenstein-Lagen Schichtung (s_0) erkennen, die flacher SE einfällt als die 1. Schieferung (s_1). Daraus ergibt sich eine weitgehend einheitlich normale flache Schichtlagerung. Lokal lässt sich in Aufschlüssen eine kleinskalige, stark NW-vergente Spezialfaltung (F_1) mit relativ steil überkippt SE und flach normal SE einfallenden Schenkeln ableiten. Hinzu kommen flach SE einfallende Trennflächen mit deutlichen Ruscheln ungefähr parallel und auch spitzwinklig zu s_1, die eine intensive, nach NW gerichtete Verschuppung des Schuppenstapels ahnen lassen. Bewegungspuren entlang dieser Ruscheln sind meist nicht zu erkennen.

3.3.2.2.2.1 Der nordöstliche Teilbereich

Profil Bullay-Würrich. Querschlägige Profile durch die gesamte Schuppenzone sind selten. Eine durchgehende Trasse beschrieb Elkholy (2000) entlang des Grabens für eine Gas-Fernleitung von der Bopparder Überschiebung westlich Grenderich bis Altlay. Besonders problematisch war in den vielfach homogenen und feinkörnigen Schichten in Hunsrückschiefer-Fazies selbst bei der guten Aufschlusslage, dass „die primären Schichtmerkmale oftmals vollständig durch Schieferungsgefüge überprägt (sind und meist nur) Abschätzungen der Lagerungsverhältnisse ermöglichen" (S. 187). Auch sind strukturgeologische Aussagen durch die einförmige Lithofazies, stark erschwert. Für diesen Profil-Abschnitt beschrieb er in den basalen Partien oberhalb der Longuicher (Bopparder) Überschiebung flache Lagerung der 1. Schieferung (s_1) mit Fallwerten um 25° SE, z. T. auch weniger bis „zur annähernden Horizontallage" (S. 189). Diese Raumlage lässt sich bis auf die Höhe von Tellig verfolgen. Anschließend findet sich – durch Überschiebungen getrennt – ein etwa 4 km senkrecht zum Streichen messender Bereich, in dem sich die Raumlage der s_1-Flächen relativ abrupt auf 40° SE versteilt und anschließend kontinuierlich bis zur Saigerstellung aufrichtet. Diese Raumlage zeigt den Schieferungsfächer „Mosel-Achse" (Scholtz 1930 bzw. den „Fächer C", Hoeppener 1957) an und damit das Südost-Ende der stark NW-vergenten Mittelmosel-Schuppenzone in diesem Profil. Nach Elkholy (2000: Abb. 32) endet dieser aus Tonschiefern in Kauber Fazies (mit Dachschiefern) bestehende Abschnitt südlich Altlay. Außerdem kamen im Graben spitzwinklig zu den Spezialfaltenachsenebenen liegende Überschiebungen vor, von denen zwei bedeutendere in das Profil aufgenommen wurden und den Begriff Mittelmosel-Schuppenzone rechtfertigen.

Für die die nordwestliche Begrenzung der Mittelmosel-Schuppenzone bildende Bopparder Überschiebung nahm auch Elkholy das vom Tagesaufschluss naheliegende steilere SE-Einfallen an, lehnte für die Mittelmosel-Schuppenzone jedoch einen „alpinotyp-deckenähnlichen Baustil" (S. 195) ab, was bei den Grabenaufschlüssen nahe liegt. Das galt auch für eine großräumige „Abscherung im Niveau der Gedinne-Stufe" (Oncken 1989, Dittmar 1996). Im Gegensatz dazu sprach er sich für „eine differenzierte Abscherung und Verschuppung in Abhängigkeit vom paläogeographisch ab(vor)gezeichneten Schollenmuster" (S. 195) aus. Diese Art der tektonischen Deformation sollte jedoch auch flache Deckenüberschiebungen in Teilbereichen zulassen, wie sie für das Mittelrhein-Profil bei Boppard (W. Meyer & Stets 1975, 1996, Haas 1975, Kröll 2001) und lokal auch bei Trechtingshausen nachgewiesen sind. Mit einer flachgründigen Deckenüberschiebung ist auch der Verbleib des „Muldenkerns der Mosel-Mulde" („Bopparder Doppelmulde") mit ihren Schuppen zu erklären. Er (sie) befindet sich im tektonisch Liegenden der stark NW-vergenten Mittelmosel-Schuppenzone und wurde durch die Bopparder Überschiebung des Boppard-Dausenau-Longuicher Überschiebungssystems überfahren. Damit ergibt sich für die Mittelmosel- Schuppenzone eine deckenartige, in sich verschuppte Struktur mit einer Größenordnung von 4,5 bis max. 7 km Breite quer zum Streichen und etwa 80 km Längserstreckung. Über Dicke und Tiefgang sind Angaben nur insoweit möglich, als durch einen Verwerfungsbetrag ab >200 m südwestlich der Grendericher Querverwerfung das tektonisch Liegende – der Südost-Abschnitt der „Mosel-Mulde" (südwestliche Verlängerung der „Bopparder Doppelmulde") – nicht mehr zum Vorschein kommen sollte.

Profil Alf-Altlay. Die Mittelmosel-Schuppenzone lässt sich entlang der Mosel südöstlich der Bopparder (Neumerler) Überschiebung zwischen Neumerl und Zell in mehrere Schuppen in den schiefrigen Schichtverbänden vom Typ Hunsrückschiefer gliedern: In der nordwestlichsten Teilschuppe (Neumerler Schuppe), deren Ausstrich etwa 0,6 km senkrecht zum Streichen misst, herrscht überwiegend steile Schichtlagerung; in dem südöstlich anschließenden Abschnitt dieser Teilschuppe verflacht sich die Raumlage der s_1-Flächen zunehmend nach Südosten bis zu Fallwinkeln um 10° SE; die südöstliche Begrenzung bildet die „Merler Überschiebung" (Dittmar 1996) mit einem mittleren Einfallen um 20° SE; in ihrem unmittelbaren Liegenden kommen asymmetrische Knickfalten und flach SE-fallende Scherbahnen mit nach Nordwesten gerichteten Bewegungen vor; diese Beobachtungen stützen die für die Mittelmosel-Schuppenzone postulierte Aufgliederung in mehrere, wegen der Einförmigkeit des Materials schwer nachweisbare Teilschuppen; der hieraus abgeleitete Großfaltenbau bis in Teufen unter 5 km ist auch bei Einbeziehen der Daten entlang der Gas-Fernleitungs-Traverse nicht nachvollziehbar. Die nach Südosten, oberhalb der „Merler Überschiebung" folgenden Schuppen zählte Dittmar zu seiner „Hunsrückdecke" oder „Mosel-Hunsrück-Baueinheit", die Überschiebung selbst zum „frontalen Ausstrich der Sohlüberschiebung der Hunsrück-Decke" (S. 190); damit käme dieser Überschiebung eine erhebliche Bedeutung zu; sie ist jedoch nur durch verquarzte Tonschiefer-Fragmente und Kataklasite, wie sie vielfach in den Hunsrückschiefern zu finden sind, belegt; diese Überschiebung soll von hier bis zum „zentralen Hunsrück-Kamm" und darüber hinaus nach Südosten reichen; da es im Hunsrück keinen „zentralen" Kamm gibt, handelt es sich wahrscheinlich um den Kamm des Idarwaldes; mit dieser Gliederung negierte Dittmar alle bisherigen tektonischen Ergebnisse und Gliederungen (u. a. Scholtz 1930a, Kienow 1934, Nöring 1939, Hoeppener 1957) und begründete das mit paläogeographischen Vorstellungen u. a. von Solle (1970), Mittmeyer (1980) und Bartels & Brassel (1980), die als Faunenscheide im Hunsrück eine Schwelle aus dem Taunus („Katzenelnbogener Schwelle") bis zum Idarwald postulierten. Wie weit eine solche Schwelle auch tektonisch relevant war, bleibt ungeklärt; hier wird als südöstliche Begrenzung der Mittelmosel-Schuppenzone – bzw. der Mosel-Einheit – die mittels kleintektonischer Merkmale definierte und geokartographisch erfassbare „Mosel-Achse" und mit ihr die Hunsrück-Hauptüberschiebung betrachtet. Die bei Merl und nordwestlich davon lokalisierte „Merler Überschiebung“ (DITTMAR 1996) fehlt bei KIENOW (1934), HOEPPENER (1957) und ENGELS (1960: Profiltafel). ONCKEN (1989) skizzierte sie als erster in einem Kulissenprofil und deutete sie als Fortsetzung der „Bopparder Überschiebung“; das ist insofern nicht korrekt, als die Bopparder Überschiebung (sensu HAAS 1975) Schichten in Hunsrückschiefer-Fazies (Ulmen- bis Singhofen-Unterstufe) auf solche des Oberems überschob; eine Überschiebung von „Reudelsterz“- auf „Reudelsterz-Schichten“ wird der Größenordnung der Bopparder Überschiebung nicht gerecht; diese „Hauptbewegungszone“ bei Merl soll zunächst mit 10–18° SE einfallen und sich nach Nordwesten in den oberen Abschnitten auf etwa 60° SE aufrichten. Der Wechsel im Einfallen liegt bei 180–200 m NN und erscheint symptomatisch, da er auch für die steil SE-fallende Bopparder Überschiebung gilt.

Begleitstörungen, Lesesteine von Kataklasiten, Quarz-Lagenharnischen und Störungsbrekzien zeichnen den Verlauf der Merler Überschiebung nach. Hinzu kommt im Störungsbereich erstes Auftreten von Flächen der 2. Schieferung (s_2) mit steilem Einfallen nach S. Das beschrieb schon ENGELS (1960) nordwestlich der Kirche von Kaimt, wo das s_2-Flächengefüge im Gegensatz zum sonstigen Einfallen um 50–60° SE um die Saigerstellung „pendelt“. Diese Merkmale sagen jedoch wenig über die Größenordnung dieser Überschiebung aus, die ihr zugemessen wurde (ONCKEN 1989, DITTMAR 1996, Wo. WAGNER et al. 2012); andererseits erwähnte ENGELS in diesem Abschnitt zahlreiche nach NW gerichtete Abschiebungen, die bei DITTMAR fehlen. Die von ENGELS (1960: Profiltafel) postulierte Überschiebung nördlich Merl ist allerdings kein Äquivalent der „Merler“, eher der Bopparder Überschiebung.

Unter Verwendung der Daten von DITTMAR (1996) und GASSER (1978) entwarf Wo. WAGNER (in: Wo. WAGNER et al. 2012) ein „Modell des Deckenbaus“ an der Mittelmosel. In diesem wird der „Neumerler Aufschiebung“ DITTMAR's als Teil des „Boppard-Longuicher Überschiebungssystems“ eine ähnliche Rolle wie hier dem Boppard-Dausenau-Longuicher Überschiebungssystem zugewiesen. Ihr folgt im Hangenden die „Merler Überschiebung“ (sensu DITTMAR), an der eine „Hunsrück-Decke“ in Form eines „Mosel-Hunsrück-Schuppenfächers“ über eine noch tiefere Decke – mit der „Neumerler Überschiebung“ an der Basis – überschoben wurde. Dieses gesamte System soll wiederum von der „Lizard-Gießen-Ostharz-Decke“ als der heute vollständig abgetragenen „Hangenden Deckeneinheit“ (ONCKEN 1988, DITTMAR 1996), der Wo. WAGNER immerhin eine Dicke von nur mehr 3–4 km zubilligte, überschoben worden sein. Allerdings fehlen bei Wo. WAGNER Angaben zu Mächtigkeit und Tiefgang seiner Decken. Abgesehen von der Problematik der gesamten Konstruktion, die ausschließlich auf DITTMAR's Hypothesen aufbaut, ist die Verwendung des Begriffs „Hunsrück-Decke“ mit erheblichem Tiefgang verbunden. Die Kritik setzt dort an, wo dem Bau der übrigen „Mosel-Mulde“ bis an den Rhein (KRÖLL 2001) keinerlei Rechnung getragen wird. Es löst auch nicht die Frage nach der südwestlichen Fortsetzung der „Doppelmulde von Boppard-Montabauer“, es sei denn, man verlagert es unter die „Neumerler Aufschiebung“ (Wo. WAGNER et al. 2012: Abb. 20 b). Wegen der zahlreichen Widersprüche zu den im Gelände beobachtbaren Daten und der mangelnden Möglichkeit, dieses Modell in den übrigen Bau von Hunsrück und Hochwald resp. des linksrheinischen Schiefergebirges einzubauen, bleiben diese Vorstellungen hier unberücksichtigt.

Die Schichtenfolge im Hangenden der „Merler Überschiebung“ (DITTMAR 1996), die Reudelsterz-Schichten enthalten soll, soll sich wie der gesamte nach Südosten folgende Schuppenstapel aus Schichtverbänden der Zerf- und Kaub-Schichten aufbauen. In wieweit eine Zuordnung zu den Zerf-Schichten gerechtfertigt ist und wie sich der Fazies-Übergang der Eifeler (Reudelsterz-Sch.) in die Hunsrücker Lithofazies (Hunsrückschiefer) vollzieht, lässt DITTMAR (1996) offen. Vielmehr erscheint es gerechtfertigt, den gesamten Schichtverband von Ulmen-bis Singhofen-Alter der Mittelmosel-Schuppenzone hier vollständig dem Hunsrückschiefer-Fazies-Bereich zuzuordnen. Offensichtlich verjüngt sich auch hier bei stetigem SE-Einfallen der Schichtung der Schichtverband in der Schuppenzone in

Richtung Südosten. Bedingt durch diesen Sachverhalt folgen bei Altlay Dachschiefer vom Kauber Typ mit Porphyroiden, die die stratigraphische und fazielle Zuordnung rechtfertigen.

Nach Südosten setzt sich das Profil wie folgt weiter fort: Der unmittelbar hangende Bereich oberhalb der Merler Überschiebung ist durch sehr flache bis subhorizontale Lagerung von s_0 und s_1 gekennzeichnet. Die B_1/b_1- und die Schnitt-Lineare L_1 (s_0/s_1) sowie das Streichen weichen erheblich von den normalerweise um 45–50° liegenden Werten ab. Die Spezialfaltung (F_1) mit nahezu liegenden Falten (Engels 1960) ist seltener. Wenn vorhanden, handelt es sich um die üblichen Kurzschenkelfalten mit kurzen überkippten und langen, flach normal SE fallenden Schenkeln. Hinzu kommt ein deutliches, wie allgemein nur etappenweise ausgebildetes SE-fallendes s_2-Gefüge mit zugehörigen, schwach NW-vergenten Spezialfalten (F_2). Im weiteren Verlauf nach Südosten folgt etwa ab Zell wieder eine stärkere Ausrichtung der Flächen von s_0 und s_1 sowie der B_1/b_1-Achsen und der Schnitt-Lineare L_1 (s_0/s_1) in die Lage um 55–60°; außerdem soll hier eine beulenartige, flache Aufwölbung der s_0- und s_1-Flächen mit einer südöstlich anschließenden NW-vergenten Einmuldung folgen. Sie wird weiter im Südosten von einer etwa 20° SE einfallenden, quasi s_1-parallelen Überschiebung abgeschnitten (Dittmar 1996); auch im Bereich ihrer mehrere dm mächtigen Überschiebungsbahn fanden sich geschieferte und auch stark verquarzte Kataklasite; obwohl diese Überschiebung schon von Quiring erfasst wurde und sich weiter nach Südwesten verfolgen ließ, maß Dittmar ihr nur lokale Bedeutung bei. Nach Engels (1960) kann von einem großzügigen Faltenbau keine Rede sein; er beobachtete hier „liegende nordwestwärts absteigende Falten mit mehr oder weniger horizontal liegender Schieferung, evtl. im Zusammenhang mit entsprechend weitreichenden Überschiebungen“(S. 48); diese Darstellung entspricht nicht voll der Realität; eher herrscht eine stark NW-vergente Spezialfaltung mit allgemein SE fallendem Faltenspiegel; die dadurch bedingte Verjüngung des Schichtenstapels nach SE wird allerdings durch flache, nahezu s_1-parallele Überschiebungen nach Nordwesten immer wieder aufgehoben; generell sollten sich ältere Schichtverbände an den Überschiebungen einstellen; sie werden nach Südosten jünger, wie sich auch in allen Schuppen der nordöstlichen Mosel-Einheit und im Rheinprofil gezeigt hat. Nur lässt sich dieser Sachverhalt bei der recht einförmigen Lithofazies nicht immer sicher nachweisen. Im tektonisch Hangenden dieser Überschiebung versteilt sich das s_1-Flächengefüge sukzessive auf Werte um und über 20° SE; Dittmar konstruierte in dieser etwa 2,5 km senkrecht zum Streichen messenden Schuppe eine stark NW-vergente Großfalte (F_1) mit NE bis ENE gerichtetem Achsenabtauchen; diese Struktur wird im tektonischen Hangenden wahrscheinlich erneut von einer flachen, mit 30° SE einfallenden Überschiebung gekappt; aus ihrem Bereich wurden wieder geschieferte und stark verquarzte Kataklasite erwähnt. Die im tektonisch Hangenden der Überschiebung folgende, etwa 2,5 km senkrecht zum Streichen messende Schuppe zeichnet sich durch einheitliches, mittelsteil nach SE gerichtetes Einfallen der s_1-Flächen aus; die flachere Lage der s_0-Flächen mit einheitlichem SE-Einfallen signalisiert für den gesamten, bis an den Hitzelbach (Bl. 6009 Sohren) reichenden Schichtverband normale Lagerung; hinzu kommt ein einheitlich steil SE gerichtetes Einfallen der s_2-Flächen; die Schnitt-Lineare s_0/s_1 und s_1/s_2 verlaufen weitgehend parallel, was für die einheitlich koaxiale Deformation während D_1 und D_2 spricht. Im Bereich des Hitzelbach-Tales erfolgt eine Versteilung der s_1-Flächen auf Werte um 80° SE mit steil SE fallenden kleineren Aufschiebungen; hinzu kommt „eine plötzliche einheitliche Änderung der Fallrichtung der Flächengefüge der 2. Schieferung“ in ein deutliches NW-Einfallen beim Durchschreiten der Schuppe in südöstliche Richtung (Dittmar 1996); während innerhalb der Schuppe das s_1-Gefüge sich lediglich versteilt, deutet sich im s_2-Gefüge bereits ein Wechsel zu NW-Einfallen an; die Fächer von s_1 und s_2 fallen nicht in denselben Bereich, sondern der s_2-Fächer ist dem s_1-Fächer nordwestlich vorgelagert; bei s_1 handelt sich eher um einen Halbfächer, da das NW-Einfallen sich nur wenig von der Saigerstellung der Flächen löst; auch kommen intensive Verquarzungen im Südost-Abschnitt der Schuppe vor. In den südöstlich der Hitzelbach-Mündung folgenden Dachschiefern mit Zentrum bei Altlay lässt sich der von s_1-Flächen gebildete Halbfächer der „Mosel-Achse“ (Scholtz 1930) orten; dabei stimmt die von Dittmar festgelegte Lage nicht mit der im Gas-Fernleitungsgraben (Elkholy 2000) überein. Engels (1960) lokalisierte die „Mosel-Achse“ zwischen Henns-Mühle (auch: Blees-Mühle) und in der Grube „Adolph-Helene“ bei Altlay; während er bei der Henns-Mühle noch mittelsteil SE einfallende s_1-Flächen verzeichnete, steht in sandigen Tonschiefern bei der Grube „Adolph-Helene“ die s_1-Schieferung bereits nahezu saiger; ihr entspricht ein aufrechter Spezialfaltenbau (F_1) in Dachschiefern weiter im Südosten; die noch ausgeprägte NW-Vergenz bei Henns-Mühle brachte Engels mit mittelsteil SE-fallenden Überschiebungen in Zusammenhang, die er „mit großen flachen Überschiebungen verknüpft (sah), hier also mit solchen nach NW“; auch plädierte er für die „Fortsetzung der Hunsrück-Hauptüberschiebung“ (Quiring 1930a); ein Materialwechsel stellt sich nach Dittmar erst etwa 3 km südöstlich der „Mosel-Achse“ südöstlich von Hahn ein, wo unweit der B 327 Zerf-Schichten (evtl. auch Siegen-Stufe) auf Schichten vom Typ der Kaub-Schichten überschoben sind. Nach der Aufnahme im Gasfernleitungsgraben (Elkholy 2000) liegt diese große Überschiebung jedoch nordwestlich der Ortschaft Hahn im Oberlauf von Wilwersbach und Morschbach; die Schichten in Kaub-Fazies sind dort durch zahlreiche aufgelassene Dachschiefergruben belegt; die Diskrepanz zwischen den Angaben bei Dittmar und Elkholy mag auf die unterschiedlichen Aufschlussverhältnisse zurückzuführen sein; dabei sollte der Gas-Fernleitungsgraben die verlässlichere Aussage geliefert haben.

Die von Elkholy (2000) kartierte „Mosel-Achse“ deckt sich mit den Ergebnissen von Hünermann (1953, 1955), der die Blei-Zink-Erzlagerstätte (Grube „Adolph-Helene“) bei Altlay und das Umfeld kartierte. Er unterschied eine nordwestliche „Sandige Schieferzone“, eine „Dachschieferzone“ und eine „Südöstliche Sandige Schieferzone“. Die „Dachschieferzone“ ist Teil eines ausgedehnten Dachschiefer-Zuges, der sich von Blankenrath über Traben-Trarbach nach Bernkastel und darüber hinaus nach Südwesten verfolgen lässt. Dieser Dachschiefer-Zug ist auch unter der Bezeichnung „Mosel-Schiefer-Zug“ bekannt. In ihm bauten zahlreiche Gruben Dachschiefer ab, von denen heute nur noch die Grube „Gute Hoffnung“ bei Altlay in Betrieb ist (frdl. Mitt. Slabon 2006). Aus Hünermann’s kleintektonischen Untersuchungen lässt sich ein allmählicher Vergenzwechsel ableiten. In der „Dachschiefer-Zone“, die ausschließlich Tonschiefer vom Typ der Kaub-Schichten enthält, „pendelt“ das Fallen der s_1-Flächen zwischen 70–80° SE und 70–85 NW, bevor es in der südöstlichen „Sandigen Schieferzone“ endgültig in steiles NW-Einfallen übergeht. Auch die s_2-Flächen fallen in diesem Streifen uneinheitlich nach NW bzw. SE ein. Eine strenge Fächerung lässt sich aus seinem dichten Netz an Messwerten, im Gegensatz zu Dittmar (1996), nicht ablesen. Damit ist die „Mosel-Achse“ hier – wie weiter im Nordosten – angedeutet und erst weiter im Südwesten prägnant ausgebildet. Eine Überschiebung sah Hünermann in der Grenze „Dachschiefer-/Südöstliche Sandige Schieferzone“ nicht, da er letztere nicht mit Zerf-Schichten korrelierte.

Sowohl im Tal des Altlayer Baches als auch in den Seitentälern fallen zahlreiche, im Streichen der s-Flächen liegende kleinere Auf- und Abschiebungen auf. Letztere deuten auf eine Dehnung des meist flach SE fallenden Schichtenstapels hin. Die Aufschiebungen, die z. T. deutlich spitzwinklig zum Streichen der s-Flächen liegen, weisen dagegen auf eine kleinräumige Verschuppung hin, die sich in den einförmigen Tonschiefern nicht im einzelnen weiter auflösen lässt. Außerdem kartierte Hünermann eine ca. 140° streichende, vererzte Querstörung (Else-Gang) bei Altlay mit rechtshändigem geringem Versatz.

550 m nordwestlich Würrich liegen im kritischen Bereich in der Nähe der Quelle des Würricher Baches flach SE einfallende Tonschiefer mit „Grauwackenbänkchen“ und „Kieselgallenschichten“ mit z. T. „welliger Faltung“ (Engels 1960). Die Raumlage der s_1-Flächen ist „mehr oder weniger steil NW“ gerichtet und auch jene der s_2-Flächen „mehr oder weniger steil NW“, was die obigen Ergebnisse bestätigt. Diese Angaben sind zusätzlich eine Bestätigung für die Lokalisierung der Hunsrück-Hauptüberschiebung nordwestlich Würrich.

Engels' Vermutung, dass die „Scheitelungszone“ (Mosel-Achse bei Scholtz 1930), die er in einem nur nahezu 1,5 km breiten Streifen ausmachte, ein tektonisches Hoch bzw. den „Kern eines Antiklinoriums“ (S. 44) darstellt, muss allerdings widersprochen werden.

3.3.2.2.2.2 Der zentrale und der südwestliche Teilbereich

Weiter im Südwesten sind meist nur kurze Profile aufgeschlossen:

Kautenbach-Tal. Im Kautenbach-Tal lokalisierte Schilling (1981) die „Mosel-Achse“ bei Bad Wildstein (Bl. 6008 Bernkastel-Kues). Hier versteilt sich das Fallen der s_1-Flächen von 20–30° SE am Unterlauf des Kautenbaches auf 50–60° SE anschließend nach Südosten. Innerhalb von Bad Wildstein erfolgt ein plötzlicher Wechsel auf NW-Einfallen der s_1-Flächen mit stark schwankenden Werten bis 80° NW, das auch weiter talaufwärts eingehalten wird. Die Raumlage des s_2-Fächers differiert kaum von der des s_1-Fächers. Etwa 200 m südöstlich des Fächers quert eine Überschiebung das Tal, an der am Wildstein (290 m NN) Gesteinsverbände vom Typ der Zerf-Schichten auf solche der Kaub-Schichten überschoben sind. Auch hier sind die Kaub-Schichten durch ehem. Dachschiefer-Abbaue belegt. In den Tonschiefern nordwestlich der Überschiebung ist die 1. Schieferung (s_1) durch engständige, parallele bis subparallele s_1-Flächen, die mit ca.70–80° NW einfallen und eine etwa 45° NW einfallende s_2-Schieferung repräsentiert. Außerdem sind deutliche Anzeichen für eine F_2-Spezialfaltung zu erkennen. Auch im Nordwesten, dort wo die 1. Schieferung (s_1) noch flach SE einfällt, ist lokal ein s_2-Gefüge ausgebildet. Beispiele hierfür finden sich südöstlich Traben-Trabach an der Zufahrt zur Grevenburg. Hier wird das Flächengefüge der flach SE fallenden s_1-Flächen von steil SE einfallenden s_2-Flächen streifenweise durchschlagen und spezialgefältelt, z. T. auch nur sigmoidal verbogen. Die Spezialfältelung steht nach Messungen der verbogenen s_1-Flächen (Schilling 1981) eindeutig in Zusammenhang mit der D_2-Deformation. In der Umgebung des Trabacher Schwimmbades gelang auch der Nachweis für stark NW-vergente F_1-Falten, die für die Mittelmosel-Schuppenzone charakteristisch sind.

Profil Platten-Veldenz. Im Lieser-Tal, südlich Platten und in den Weinbergen bei Ürzig weiter im Nordosten beobachtete Kopp (1955), dass die „sonst flach liegenden Hunsrückschiefer sanft zur Wittlicher Senke hin“ (S. 123) einfallen mit Werten um 20–25° NW. Werte liegen auch aus einem Steinbruch „900 m südlich der Plattener Straßengabel“ (S. 124) vor, wo 20° N für s_0 und 7° E für s_1 gemessen wurden. Außerdem wurden mit Quarz verheilte Störungen, die flach nach E bzw. 10° S einfallen, beobachtet. Daraus leitete Kopp die Vorstellung ab, dass „die Hunsrückschiefer (hier) eine große flache Schichttafel“ (S. 144) bilden, die bei flachem SE-Einfallen bis an die Mosel reicht.

Der gesamte Abschnitt südlich der Mosel besteht aus Hunsrückschiefer von fraglichem „Singhofen-Alter“ (Solle 1976), die im Südosten, gegen die „Mosel-Achse“ hin, lokal Dachschiefer („Moselschiefer-Zug“) enthalten. Die südöstliche Begrenzung der Mittelmosel-Schuppenzone bildet hier eine steil SE einfallende Überschiebung, an der Untere Zerf-Schichten auf Kaub-Schichten („Moselschiefer“-Zug) aufgeschoben sind. Südlich Bernkastel ist dieser eine zweite Aufschiebung gleicher Art im Abstand von etwa 300 m nordwestlich vorgelagert (Stets 1960, 1962). Scholtz (1930) betrachtete die „Gebiete flacher Schichtlagerung (…) auf weite Strecken hin (als) gar nicht oder nur unvollständig geschiefert“ (S. 256) und beobachtete dort starke Schwankungen in der Raumlage der s_1-Flächen. Die s_1-Flächen stellen hier die einzige „Hauptablösungsfläche“. Dagegen stellt sich mit Annäherung an die „Mosel-Achse“ und an die Überschiebungen nach Südosten eine stärkere Regelung des s_1-Flächengefüges ein. Bei Veldenz kommt es in einer schmalen Zone unmittelbar nordwestlich der „Mosel-Achse“ zur Saigerstellung der s_1-Flächen, so dass hier ihre Lage genau lokalisiert werden kann. Die mit ihr verbundene Hunsrück-Hauptüberschiebung lässt sich zwanglos über das Tiefen- und das Kautenbach-Tal nach Nordosten an die Überschiebung bei Altlay anschließen.

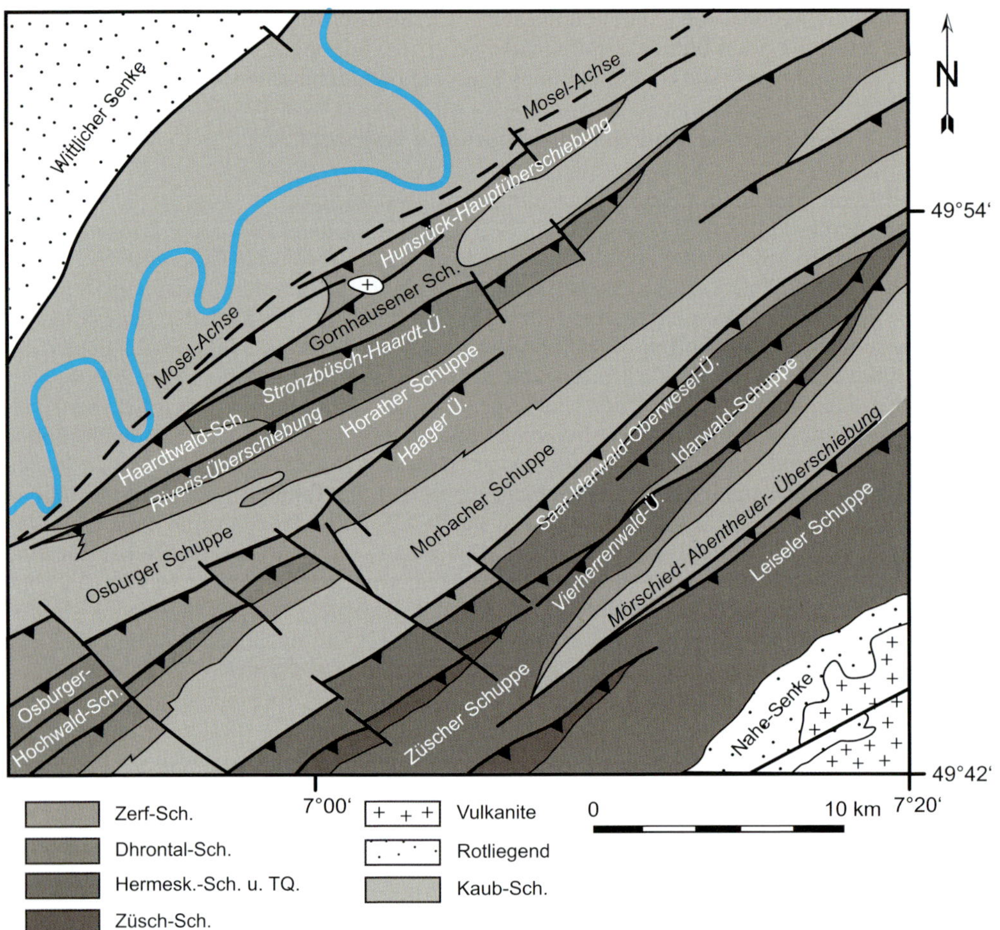

Abb. 22. Strukturkarte eines Ausschnitts aus Abb. 20 (nordwestlicher Hunsrück). TQ Taunusquarzit.

In der Mittelmosel-Schuppenzone lässt sich auch südlich der Mosel bei guten Aufschlüssen in den Weinbergen lokal eine stark NW-vergente F_1-Spezialfaltung beobachten. Sie wird durch einzelne quarzitische Sandstein-Bänkchen, -Lagen und/oder Toneisenstein-Lagen nachgezeichnet. Unmittelbar nordwestlich des Geisberges (Höhe 262 m NN) nordwestlich Veldenz zerlegt eine streichende Überschiebung die Tonschiefer. Sie lässt sich weiter im Nordosten nördlich vom Kirchberg erneut lokalisieren und bestätigt eine Verschuppung im nordwestlichen Vorfeld der „Mosel-Achse". Die Überschiebung liegt im Azimut der Achse des durch die s_1-Flächen gebildeten Halbfächers.

Die 2. Schieferung (s_2) ist meist nur schwach ausgebildet und beschränkt sich auf wenige im gleichen Streichen liegende Streifen, in denen es nur zu schwacher sigmoidaler Verbiegung oder Fältelung der Vorzeichnungen s_0 und s_1 kommt. Die s_2-Flächen streichen allgemein um 60° und fallen generell nach SE ein. In Bereichen sehr flacher Lagerung der s_1-Flächen im Nordwesten fallen die s_2-Flächen steiler SE als die s_1-Flächen ein. In Richtung auf die „Mosel-Achse" hin werden auch die s_2-Flächen steiler. Da sie sich jedoch nicht in gleichem Maße versteilen wie die s_1-Flächen, liegen sie bei weiter mittelsteilem Einfallen nach SE im Grenzbereich gegen die „Mosel-Achse“ flacher als die s_1-Flächen. Der durch die sigmoidale Verbiegung angezeigte relative Verschiebungssinn entlang der s_2-Flächen ist überall dort, wo sie nach SE einfallen, abschiebend. Von einer Winkelkonstanz zwischen den s_1- und s_2-Flächen im Sinne von HOEPPENER (1957) kann keine Rede sein. Im unmittelbaren Grenzbereich gegen die Hunsrück-Hauptüberschiebung und nordwestlich davon kommt es noch in den Hunsrückschiefern vom Typ der Kaub-Schichten zu NW-Einfallen der s_2-Flächen. Sie bilden damit auch hier nordwestlich der Hunsrück-Hauptüberschiebung einen eigenen vollen Fächer. Saiger stehende s_2-Flächen sind nur in Ausnahmefällen beobachtet worden. Ein systematisches „Umklappen“ der Raumlage der s_2-Flächen mit allen Zwischenstadien des Einfallens kommt auch hier nicht vor.

Gebiet zwischen Dhron-Tal und Unterer Saar. WILDBERGER (1992) verfolgte die stark NW-vergente Mittelmosel-Schuppenzone vom unteren Lieser- über das Ruwer- bis zum unteren Saartal. Die Schichtenfolge besteht ausschließlich aus Hunsrückschiefer vom Typ der Kaub-Schichten (wohl Ulmen- bis Singhofen-Alter). Mit Annäherung an die „Mosel-Achse“ kommen im Südosten auch hier vermehrt Dachschiefer vor. Bei Neumagen/Mosel und im unteren Salm-Tal herrscht weiter flaches Einfallen der s_1-Flächen von weniger als 30° SE; auch flaches NW-Einfallen wurde verzeichnet. Die weite Verbreitung des flachen Einfallens nach NW bis an die Mosel bei Neumagen und darüber hinaus nach Südwesten lässt Zweifel aufkommen, dass es sich nur um ein lokales Phänomen am Süd-Rand der Wittlicher Senke handelt. Vielmehr sollte es in Zusammenhang mit der variszisch überschobenen flachen Decke der Mittelmosel-Schuppenzone gesehen werden. DITTMAR (1996) beschrieb eine flache Aufdomung der s-Flächen im Gebiet von Merl. Aus der im südlichen Anschluss beobachteten Dominanz von flach (20–30° SE) fallender Schichtung (s_0) und der „etwas steiler nach Südosten einfallenden, fast schichtungsparallelen ersten Schieferung (s_1)“ (WILDBERGER 1992) ergibt sich eher eine übergeordnete Prägung mit einem stark NW-vergenten asymmetrischen Kurzschenkelfaltenbau.

Die 2. Schieferung (s_2) ist in dem gesamten Gebiet schwach ausgebildet oder fehlt. Auch nach SCHOLTZ (1930) nimmt sie aber im Südwesten mit Annäherung an die „Mosel-Achse“ an Intensität zu. Entsprechend sind eine schwache F_2-Faltung und sigmoidale Verbiegung der s_1-Flächen zu beobachten. Auch hier findet kein konsequenter Übergang des Einfallens der s_2-Flächen von SE- auf NW-Fallen statt, sondern es ist ein „Fächer“ ohne Saigerstellung von s_1.

3.3.2.2.2.3 Zu „Mosel-Achse“ und Hunsrück-Hauptüberschiebung

Die Bezeichnung Mosel-Achse wählte SCHOLTZ (1930), weil bei der 2. Schieferung kein Übergang aus dem NW-Fallen in das SO-Fallen vorliegt und stellenweise beide Richtungen unvermittelt nebeneinander liegen. Zusätzlich ist die Fächerzone oft stark verquarzt und zerrüttet. Beispiele dafür bieten Aufschlüsse im Tiefenbachtal bei Bernkastel, im Hinter- und Frohnbach-Tal bei Veldenz und Burgen (Bl. 6008 Morbach; STETS 1960). Im unmittelbaren Grenzbereich zur „Mosel-Achse“ tritt besonders in Unteren Zerf-Schichten intensive gleitbrettartige Zerscherung des Schichtverbandes auf. HOEPPENER (1957: 341) bezeichnete die „Mosel-Achse“ als „Fächerzone der Mosel (C)“.

Zwischen Bernkastel und Veldenz ändert die „Mosel-Achse“ und die mit ihr verbundene Hunsrück-Hauptüberschiebung ihre Streichrichtung. Lag sie von Nordosten kommend bis südlich Bernkastel-Kues noch bei ca. 55–60° und damit quasi parallel zur Streichrichtung des s_1- und s_2-Flächengefüges, so ändert sie sich ab Veldenz auf einen mittleren Wert mit Schwankungen zwischen 40 und 50°. Damit schneiden sowohl die Überschiebung als auch die „Mosel-Achse“ die Streichlinien von s_1 als auch s_2 unter einem spitzen Winkel von ca. 5–10° (WILDBERGER 1992). Das gilt auch für die Schuppenstrukturen im südöstlichen Anschluss, die ebenfalls spitzwinklig geschnitten werden.

3.3.2.3 Bau und Genese der Mosel-Einheit („Mosel-Mulde")

Zuerst muss nachdrücklich festgestellt werden, dass einer „Mosel-Mulde" der südöstliche Muldenflügel vollständig fehlt, während der nordwestliche überproportional ausgebildet ist; ein südöstlicher Mulden-Flügel ist weder im Ansatz noch als Relikt vorhanden. Alle Einzelstrukturen dieser komplexen Struktureinheit 1. Ordnung zeigen ein generell nach SE gerichtetes stratigraphisches Gefälle mit entsprechender Verjüngung der Schichten in südöstliche Richtung; das gilt sowohl für die invers gelagerten Schichtverbände der SE-vergenten Schuppen in der Lützer Schuppenzone („Lützer Mulde") im Nordwesten als auch für die normal SE-fallenden, jedoch NW-vergent spezialgefalteten südöstlich der Oberlahnsteiner Überschiebung bis an die Hunsrück-Hauptüberschiebung nach Südosten.

Wesentlich ist das weitgehende Fehlen jeglichen Großfaltenbaus mit Ausnahme des Oberlahnsteiner Sattels, des auch gestörten Braubacher Erzsattels und des Moritzheimer Sattels; dagegen sind Spezialfalten 2. und 3. Ordnung im Gelände weit verbreitet; diese Kleinfalten gehören – ob in SE- oder NW-vergenten Bereichen – immer zum Typ der Kurzschenkelfalte; insofern beruhen alle Schichtwiederholungen, die in der gut gliederbaren Oberems-Schichtenfolge deutlich sind, nicht auf Faltung sondern auf Verschuppung. Lange Zeit vernachlässigt wurden die im Generalstreichen oder spitzwinklig dazu verlaufenden, listrischen Auf- und Überschiebungen, die Externrotationen möglich machen; besonders der Nachweis relativ flach SE fallender und nach Nordwesten gerichteter Überschiebungen innerhalb des Boppard-Dausenau-Longuicher Überschiebungssystems ist wichtig.

Größere Abschiebungen während der variszischen Deformation müssen wegen der vorwiegend einengenden Beanspruchung abgelehnt werden. Listrische, bis zur Überkippung aufgerichtete Auf- und Überschiebungen (W. Meyer & Stets 1996) bezeugen dagegen einen besonders hohen Grad an Einengung, der wahrscheinlich zusätzlich auf Widerstände an hochliegenden Sockelschollen zurückzuführen ist.

Obwohl er nur einen Teilbereich der „Mosel-Mulde" zwischen Bruttig und Fankel bearbeitete, machte Gasser (1978) wichtige neue Gesichtspunkte geltend: Faltung und 1. Schieferung (s_1) gehören genetisch zusammen; eine noch bei Hoeppener (1957) postulierte schiefe Überprägung der Falten durch s_1 kann ausgeschlossen werden; überall herrscht Parallelität zwischen dem s_1-Flächengefüge und den Faltenachsenebenen (bc) der Spezialfalten. Durch Striemung angezeigte Bewegungen auf den s_0-Flächen verliefen während der variszischen Deformation im Sinne der Biegegleitung. Die meisten Verschiebungsflächen verlaufen parallel oder sehr spitzwinklig zum s_1-Flächengefüge; die Beobachtung, dass an NW-fallenden Verschiebungen ausschließlich Abschiebungen, an den SE-fallenden dagegen Aufschiebungen stattfanden, ist zwar phänomenologisch richtig, kann jedoch zu Fehlschlüssen führen; außerdem kommen schräg aufwärts N-gerichtete Bewegungen auf der Ostscholle bei nahezu N-S streichenden Verschiebungen vor.

Wichtig ist auch der von Thiele (1960) aufgezeigte „inverse" Schuppenbau, bei dem sukzessive normal liegende ältere auf ebenso liegende jüngere Schichtverbände aufgeschoben wurden; die von Hoeppener (1957) geforderten Abschiebungen auf dem NW-vergenten „SE-Flügel der Mosel-Mulde" bestehen nicht.

Abgesehen von einer Einengung in Richtung Nordwesten war für Gasser (1978) eine zusätzliche weitere Absenkung der „Mosel-Mulde" wichtig, wie sie auch Quiring und Hoeppener postuliert hatten. So wurde der Raum geschaffen, in dem nach erfolgter 1. Faltung (F_1) und 1. Schieferung (s_1) bei Aufreißen der Überschiebungsbahnen die Schuppenstapel untergebracht werden konnten. Andernfalls hätte ein diapirisches Ausweichen nach oben an steilen Aufschiebungen, evtl. in Form einer verschuppten Isoklinalfaltung, stattfinden müssen. Auch das antithetische Umbiegen der listrischen Bahnen in die entgegengesetzte – südöstliche – Richtung wäre aus Platzmangel unmöglich geworden. Daher sollte zumindest zu Beginn der Deformation auch weiterhin syngenetische Subsidenz im zentralen Bereich des

Schiefergebirges (ehem. Mosel-Lahn-Trog) erfolgt sein. Eine Absenkung im Anschluss an die Einengung ist dagegen unwahrscheinlich. Ob eine von Hoeppener (1957) und Gasser (1978) in Betracht gezogene Rotation nach links in N-S verlaufenden Zonen erfolgte, bleibt unklar. Änderungen im Streichen von Schichtung (s_0) und 1. Schieferung (s_1) sind ohne weiteres möglich, da mit dem Fortbau der einzelnen Schuppen vielfach ihre Entkoppelung vom Unterlager erfolgte. Damit bestand die Möglichkeit, individuell Rotationen als Ausgleich von Spannungen im gesamten Stapel zu vollziehen.

Um die Überschiebungen, insbesondere die flach nach Nordwesten gerichteten, zu erklären, ging Gasser (1978) von einem flach nach Nordwesten einfallenden Unterlager aus, auf dem die einzelnen Schuppen nach Nordwesten abgleiten konnten, und zwar in der Altersfolge von jung (zuerst) nach älter (zuletzt).

Von ähnlichen Vorstellungen ging Kröll (2001: Abb. 80) aus, der den gesamten NW-vergenten Abschnitt zwischen Oberlahnsteiner Überschiebung und dem Boppard-Dausenauer Überschiebungssystem als flache Decke aus mehreren Duplex-Körpern auffasste. Auch bei diesem Modell spielen flache Überschiebungen im nordwestlichen Vorfeld der Boppard-Dausenau-Longuicher Überschiebungszone eine entscheidende Rolle. Diese Decke „prallte" allerdings bei ihm an der Oberlahnsteiner Überschiebung an die invers gelagerten, SE-vergenten Schuppen des Nordwest-Flügels. Unterhalb dieser Decke herrschte offensichtlich Disharmonie, und es stellt sich die Frage, wo der abgescherte Anteil der Füllung der „Mosel-Mulde" verblieben ist. So berechtigt die Vorstellung einer weit nach Nordwesten reichenden, flachen Überschiebung ist, darf diese doch nicht als „Deckel" die darunter liegenden Schuppen diskordant abschneiden und überdecken. Im Gegenteil sollte sie sich systematisch aus dem Schuppenverband im tektonisch Liegenden entwickeln.

Quiring (1939) trennte mit seiner „Dachlinie" den NW- vom SE-vergenten Anteil der Mosel-Einheit. Sein Querschnitt durch diese Struktur zeigt noch einen quasi symmetrischen „Meiler". Bei Abweichungen davon mit weiterem Fortschreiten nach Südwesten musste er auf die „Transformation" während späterer tektonischer Bewegungen zurückgreifen. Hoeppener (1957) und Gasser (1978) wiesen darauf hin, dass sich keine zentrale Mittellinie des „Vergenzmeilers" im Streichen von Schichtung (s_0) und 1. Schieferung (s_1) in Längsrichtung durch die „Mosel-Mulde" zeichnen lässt. Kröll (2001: 197) wies darauf hin, dass „eine echte Meilerung der Schieferungsflächen am Vergenzmeiler nicht stattfindet" (S. 197), betonte jedoch, dass andererseits „am Mittelrhein die Oberlahnsteiner Störung für einen scharfen Schnitt zwischen den Vergenzzonen" sorgt und schloss daraus, dass die „Vergenzverhältnisse und deren Maß (...) maßgeblich durch den Schuppenbau beeinflusst" (S. 198) werden. Änderungen der Vergenz ergaben sich bei genauerer Analyse auch innerhalb einzelner Schuppenzonen. Nach Südwesten löst sich die starre Bindung der SE-Vergenz auf dem NW-Flügel der „Mosel-Mulde" von der Oberlahnsteiner Überschiebung. Vielmehr zeigen in Richtung Südwesten einzelne Schuppen schon nordwestlich der Oberlahnsteiner Überschiebung NW-Vergenz oder auch separate „Fächer" und „Meiler" von s_1 (Gasser 1978). Daraus ergibt sich keine primäre Meilerung, die an eine vorgezeichnete Einmuldung des Untergrundes zwischen den zwei Hochgebieten Eifel und Hunsrück gebunden ist. Es muss daher eher von einer sekundären Verstellung primär wohl saiger stehender Faltenachsenebenen (bc) der Spezialfalten und s_1-Flächen ausgegangen werden.

Kröll (2001: Abb. 76, 77) hat für den von ihm bearbeiteten Abschnitt der „Mosel-Mulde" alle Messwerte für s_0 und s_1 im Lagenkugeldiagramm zusammengetragen. Diese Darstellung bildet die geregelte sekundäre Verstellung der s-Fächen ab mit einer generellen Achse, die mit ca. 10° SW abtaucht. Damit ist angedeutet, dass man innerhalb des Schuppenstapels nach Südwesten in tektonisch jeweils höhere Partien kommt. Das wird weiter dadurch unterstrichen, dass der Ausstrich jüngerer Schichtverbände in Richtung Südwesten bis zur Grendericher Querstörung ständig zunimmt.

Die durch antithetische Rotation nach Südosten erzeugte SE-Vergenz im Norden bedarf näherer Erklärung. Hier muss wohl von einem hochliegenden Widerlager im Norden ausgegangen werden, das bei syngenetischer Subsidenz des Mosel-Lahn-Troges (W. Meyer & Stets 1980) über die Sedimentation hinaus offensichtlich zur Wirkung kam.

Dittmar (1996) proklamierte im Bereich der Mittelmosel bei Alf und Neumerl einen „Moselgraben", eine „sehr stark eingesenkte und mutmaßlich jeweils randlich gestaffelte großräumige Grabenstruktur" (S. 181). Er bezog sich insbesondere auf Solle (1960). Für eine derart differenzierte „Grabenstruktur" liegen jedoch kaum Daten vor. Der von Dittmar vorgesehene „Mosel-Graben" endet schon zwischen Alf und Merl. An ihn soll sich das „Moselhunsrück-Becken" bis zur „zentralen Hunsrück-Schwelle" anschließen, deren Nordwest-Grenze er bei Hahn ansetzte. Diese Gliederung kann nicht nachvollzogen werden, da die Füllung der „Olkenbacher Mulde" (Mosel-Graben) mit Schichten des hohen Unter- bis höchsten Oberems (evtl. Eifel-Stufe) mit der Hunsrückschiefer-Füllung des unmittelbar benachbarten „Mosel-Hunsrück-Beckens" nicht harmoniert. Diese Schollengliederung spricht wie auch ein „Mosel-Graben" gegen eine spätere alleinige progradierende Haupt-Basisüberschiebung (sole thrust, detachment fault) im tieferen Untergrund. Vielmehr sollte stattdessen von der Rotation separater Schuppenkörper an listrischen Überschiebungsbahnen ausgegangen werden.

Aus der Gesamtheit der diskutierten Beobachtungen lässt sich der Ablauf der Deformation in der Mosel-Einheit auch wie folgt rekonstruieren und zu einem weiteren Modell gestalten:

Alle Daten weisen darauf hin, dass erst ab der Wende Unter-/Oberkarbon die Mosel-Einheit („Mosel-Mulde") als Teilstück des Rheinischen Troges in die generelle Kompression einbezogen wurde. Von der Kompression wurde auch der weitgehend als spröde anzusehende Sockel unterhalb der devonischen „Sedimenthaut" erfasst. Da dieser auf die Kompression nicht mit Faltung reagieren konnte, musste Rotationen der Schollen zwischen den prä-existenten syngenetischen Trennflächen erfolgen Dadurch wurde zuerst der bei der Extension gewonnene Raum ausgeglichen und der zwischen den Teilbecken und -schwellen bestehende Höhenunterschied verstärkt. Trotz der Einengung mag es zu weiterer relativer Absenkung des labilen zentralen Senkungsraumes Mosel-Lahn-Trog gekommen sein. Bei weitergehender Kompression wurden die prä-existenten abschiebenden Trennflächen, die bis in den Sockel hinab reichten, als Aufschiebungen reaktiviert. Sie schlugen in den Sedimentstapel weiter durch und das frühe Großfaltengefüge wurde durch zusätzliche Trennflächen zum Schuppenbau umgestaltet, bei dem die Leistenschollen-Strukturen eingehalten wurden.

Bei fortschreitender Kompression muss sich als intrakrustales Widerlager den Falten und Schuppen die Masse des Siegener Blocks entgegengestellt haben. Hier rechneten schon W. Meyer & Stets (1975) im Unterdevon mit einem Gefällsknick im Bereich der Siegen-Mayener Hauptüberschiebung. Hinzu kam die Modifizierung des Paläoreliefs am Südost-Rand der Mittel-Eifel-Schwelle. Vor dem starren Widerlager wurde der inzwischen weitgehend in Schuppen zerlegte Sedimentstapel zurückgestaut. Die mehr oder weniger horizontale Bewegungskomponente wurde am Widerlager von einer vertikalen überlagert. So waren die NW-vergenten Schuppen gezwungen, nach oben auszuweichen. Dabei versteilten sich die Bahnen der Trennflächen listrisch bis zur „Überkippung" und Bildung der SE-vergenten Schuppen. Die NW-vergenten Schuppen wurden mit nach Südosten flacher werdenden Bahnen deckenartig überfahren. Dort, wo die flache deckenartige Überschiebung – hier: die Bopparder Überschiebung – auf den bereits steil stehenden Schuppenstapel – hier: „Olkenbacher Mulde" – traf, musste sie steil in die Vertikale ausweichen, wie bei Merl gezeigt werden konnte. Das setzt allerdings voraus, dass die von Oncken (1986) und Dittmar (1996) geforderte „Hangend-Einheit" nicht existierte.

Kröll (2001) folgte für die SE-vergenten Anteile auf der NW-Flanke der „Mosel-Mulde" (bis zur Lützer Schuppenzone incl.) einer ähnlichen Spur. Den südöstlichen Anteil der Schuppen – von der Oberlahnsteiner Überschiebung bis zur Boppard-Dausenau-Longuicher

Überschiebungszone – fasste er als Duplexsystem über einer Hauptbasisüberschiebung (sole thrust) auf. Weiter ging er davon aus, dass die flachen, nach Nordwesten gerichteten Überschiebungen nicht in den prä-devonischen Untergrund hinab reichten und deshalb die Abscherung von einer sole thrust „im höheren Stockwerk und einem gemeinsamem Abscherhorizont etwa an der Grenze Unter-/Oberems-Schichten“ (S. 204) notwendig sei.

Ein Vergleich beider Modelle zeigt, dass das KRÖLL'sche Modell nicht unbedingt funktionieren kann, da sich zwei Bauprinzipien gegenüberstehen, die sich nicht unbedingt vertragen: Tiefgreifende listrische Überschiebungen im Nordwesten stehen einer flachen Überschiebungstektonik mit Basisüberschiebungen und -abscherungen im Südosten gegenüber. Letztere hätten zumindest im Norden Teile der steil stehenden Schuppen abschneiden und vor sich her nach Nordwesten schieben müssen.

Den entscheidenden Abschluss bildet im Südosten erst die Hunsrück-Hauptüberschiebung sensu QUIRING (1930a). Nach dem kartierten Verlauf sollte sie, zumindest im Bereich der heutigen Tagesaufschlüsse steil nach SE einfallen und erst in größerer Tiefe listrisch verflachen. Im Gegensatz zu anderen Auf- und Überschiebungen stellt sie eine echte strukturtrennende Naht dar, die die Hunsrück-Taunus -Schwelle bis in den Sockel hinein nach Nordwesten begrenzte.

Die von THIELE (1960) kartierte Scholle zwischen Mittelstrimmiger und Grendericher Querverwerfung ist bereits das Abbild eines höheren tektonischen Niveaus mit dem ungewöhnlich flachen „Moritzheimer Sattel“. Bei Überschreiten der Grendericher Querverwerfung wird endgültig das nächst höhere tektonische Stockwerk erreicht. Beide Querverwerfungen werden so als Abschiebungen nach Südwesten aufgefasst. Wann sie allerdings in dieser Weise tätig waren, bleibt unbekannt. Immerhin sollten sie eher spät- als post-variszisch in Aktion getreten sein, da die Mesozoisch-Tertiäre Verwitterung beide Schollen in gleicher Weise betroffen hat.

3.3.3 Die Zentrale Hunsrück-Einheit

Die Zentrale Hunsrück-Einheit nimmt das Verbreitungsgebiet der Hunsrückschiefer im nordöstlichen zentralen Teil des Hunsrücks und das südwestlich anschließende, morphologisch stärker durch Härtlinge gegliederte Gebiet von Idarwald, Hochwald, Osburger Hochwald und Stronzbuscher Haardt – im westlichen Hunsrück ein. Von weiten Teilen dieses Gebietes bestehen keine modernen geologischen Karten.

Für den zentralen Hunsrück lässt sich eine Zweiteilung vornehmen:

- in die **Nordwestliche Zentrale Hunsrück-Einheit,** sie reicht von der Hunsrück-Hauptüberschiebung (sensu QUIRING 1930a) im Nordwesten bis an die Oberwesel-Idarwald-Saar-Überschiebungszone im Südosten. Sie ist von der Saar bis zum Nordost-Ende der Idarwald-Schuppenzone eindeutig zu lokalisieren, dann ist sie allerdings erst wieder am Oberen Mittelrhein bei Oberwesel festzulegen, wo Hunsrückschiefer auf Singhofen-Schichten des Unterems aufgeschoben sind. In dem schlecht erschlossenen Zwischenstück sollte sie in der „Kirchberger Schieferungsversteilung“ (KIENOW 1934) gesucht werden,
- und in die **Südöstliche Zentrale Hunsrück-Einheit**; sie reicht von der Oberwesel-Idarwald-Saar-Überschiebungszone im Nordwesten bis an die Taunuskamm-Soonwald-Überschiebungszone im Südosten; letztere wird südwestlich der ehem. Schwerspat Grube „Korb“ nördlich Eisen zunehmend von Schichtverbänden des Rotliegend winkeldiskordant überlagert; weiter im Südwesten sind randliche Abschnitte von ihr im Merziger Graben versenkt. Der letzte Aufschluss im Südwesten tritt bei Sierck-les-Bains im Tal der Obermosel unter Trias-Bedeckung noch einmal zutage.

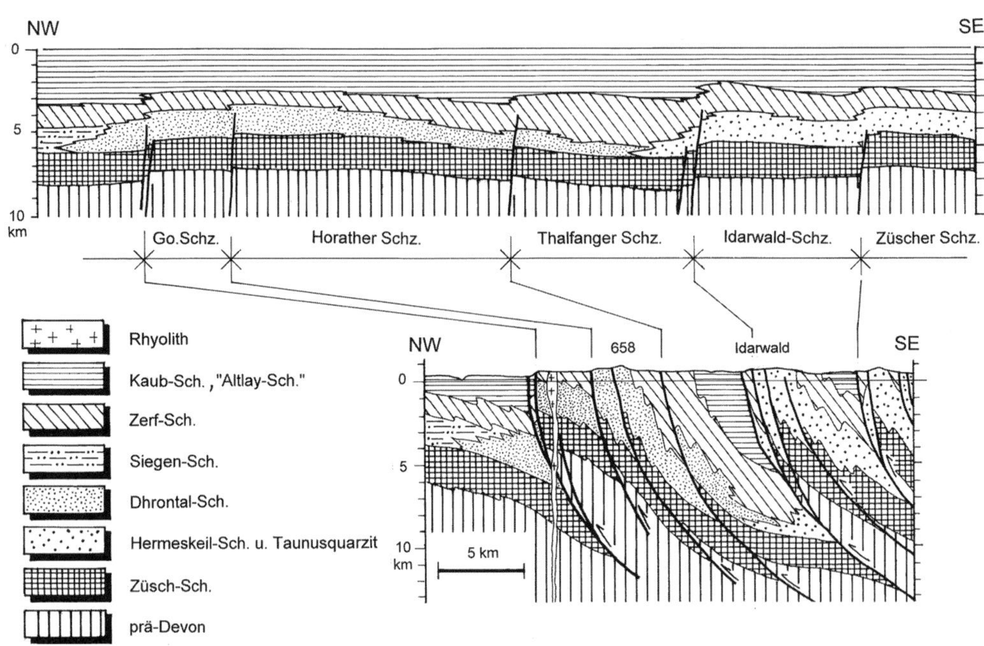

Abb. 23. Geologisches Profil durch den Nordwest-Hunsrück; oben palinspastische Rückformung. Go. Schz. Gornhausener Schuppenzone. Spies & Stets (2004).

Dittmar (1996) unterschied in der Zentralen Hunsrück-Einheit entlang seiner Traverse zwischen Hunsrück und dem Nordwest-Rand des Lützelsoons – noch nordwestlich der Taunuskamm-Soonwald-Überschiebungszone – den „Zentralen Hunsrückkamm"(?) und den „Zentralen Hunsrück". Den Abschnitt nordwestlich des „Zentralen Hunsrückkamms" bis zur Mosel-Achse bei Altlay rechnete er noch zum Südost-Abschnitt des Mosel-Hunsrücks. Maßgebend für ihn waren paläogeographische Vorgaben und lithofazielle Unterschiede in den Zerf-Schichten, die hier jedoch ungenügend aufgeschlossen sind. Im Gegensatz dazu orientiert sich die hier vorgeschlagene Gliederung an den strukturtrennenden Überschiebungszonen.

3.3.3.1 Die Nordwestliche Zentrale Hunsrück-Einheit

3.3.3.1.1 Das Rhein-Profil

Diese Struktur baut sich aus zwei tektonischen Einheiten auf, der **Salziger Schuppe** („Salziger Sattel") im Nordwesten mit der „**Faltenzone von Dalheim-Kestert**" und der **Maisborn-Gründelbach-Schuppenzone** („Maisborn-Gründelbach-Mulde", Kutscher 1942, W. Meyer & Stets 1996) im Südosten.

Dem „Salziger Sattel" fehlt der Nordwest-Flügel. An seiner Stelle befindet sich die Hunsrück-Hauptüberschiebung (Quiring 1930a), so dass hier besser von der Salziger Schuppe gesprochen wird. In ihrem südlichen Abschnitt wird sie durch die „Balduinsteiner Falte" (Hannak 1959, H. Lehmann 1959) oder die „Faltenzone von Dalheim-Kestert" (Schulze 1959) modifiziert. Die Maisborn-Gründelbach-Schuppenzone reicht von Ehrenthal am Oberen Mittelrhein bis zur Oberweseler Überschiebungszone und setzt sich aus mindestens vier Teilschuppen zusammen. Diese Struktur liegt in der streichenden Verlängerung der

„Lahn-Mulde“. Als Jüngstes sind Schichtglieder des höheren Unterems- (evtl. des tiefsten Oberems: „Quarzite von Weyer-Lierschied“, SCHULZE 1959) aufgeschlossen. Die lithofazielle Einheitlichkeit der beteiligten Schichtverbände bringt es mit sich, dass im Fortstreichen nach Südwesten diese Struktur bestenfalls bis Kostenz oder Sohren in den Hunsrück hinein verfolgt werden kann (SOLLE 1950: Abb. 1; KUTSCHER 1942: Abb. 1). Maßgeblich war für beide Autoren die Verbreitung der „Singhofen-Porphyroide“, die jedoch im Hunsrück nur noch unvollständig überliefert sind (KIRNBAUER 1991).

3.3.3.1.1.1 Salziger Schuppe („Salziger Sattel“)

Historische und allgemeine Aspekte. Die Bezeichnung „Salziger Sattel“ verwendete wohl zuerst QUIRING (1930a). H. LEHMANN (1959) zog die Parallele zu den Verhältnissen an der Lahn weiter im Nordosten, wo dem „Salziger“ der „Nassauer Sattel“ (HANNAK 1959, JENTSCH 1960) entspricht, der ebenfalls durch ältere Hunsrückschiefer im Kern belegt ist. Allerdings ist im Rhein-Profil – ähnlich wie bei der Braubacher Schuppe – der „inverse Faltenflügel (der Dausenauer Schuppe) am Rhein um mehr als die Hälfte reduziert“ (S. 287). Die Achse des „Sattels“ legte H. LEHMANN „zwischen Kamp und Bornhofen (…), von wo er auf die linksrheinische Seite hinüberstreicht“ (S. 288), und betonte, dass das namengebende Bad Salzig 1,5 km südöstlich „schon inmitten recht konstanter normaler Lagerung“ (S. 288) sich befände.

H. LEHMANN (1959) diskutierte die tektonische Situation auf dem Nordwest-Flügel der Salziger Schuppe im Vergleich mit einer Darstellung bei QUIRING (1930, unpubl.) und entschloss sich, den Nordwest-Flügel dieser Struktur nicht mit einer „Hauptüberschiebung“ gegen die nordwestlich vorgelagerte Kratzenburger Schuppenzone abzugrenzen. Vielmehr zeichnete er eine nordwest-vergent spezialgefaltete Zone mit teilweise inversen Nordwest-Schenkeln der Spezialsättel. Dafür postulierte er bei Bad Salzig eine den Rhein querende, mittelsteil SE einfallende Überschiebung. Den tektonischen „Innenbau“ des „Salziger Sattels“ löste er nicht weiter auf. QUIRING (1930a) hatte im Gegensatz dazu am Pfahlsberg (TK 25: 5711 Boppard) einen deutlich NW-vergenten Sattel mit vorgelagerter spitzer Mulde und mit einem inversen, SE fallenden Flügel postuliert. Diesem entspricht eine Spezialfaltenzone bei H. LEHMANN. Sie steht für den inversen Flügel des „Nassauer Sattels“ an der Lahn, der somit am Rhein wesentlich verkürzt ist und den er „als starke Spezialfaltung mit meist räumlich eng begrenzter inverser Lagerung“ beschrieb. Als Hinweis diente die Felsklippe „Altlai“ südlich Boppard. Die bei QUIRING (1930a) hier verzeichnete „spitz eingefaltete Mulde“ bestätigte H. LEHMANN nicht.

Erhebliche Schwierigkeiten bereitet die Verfolgung der Salziger Schuppe in den Hunsrück nach Südwesten. Das ist verständlich, da Schichten in Hunsrückschiefer-Fazies hier im Liegenden und Hangenden der Hunsrück-Hauptüberschiebung aneinander grenzen. H. LEHMANN diskutierte die Verlängerung zwar, ließ eine definitive Beantwortung dieser Frage jedoch offen.

Zum Bau der Salziger Schuppe. Die z. T. widersprüchlichen Darstellungen ergeben sich aus der weitgehend einheitlichen Lithofazies der Hunsrückschiefer im Liegenden und Hangenden der Hunsrück-Hauptüberschiebung, die auch QUIRING (1930) bei späteren Darstellungen im Rheinprofil an dieser strukturtrennenden Überschiebung zweifeln ließ. Auf Bl. Koblenz 1:200 000 ist jedoch – wenn auch nur angedeutet – eine Überschiebung in dieser Position eingezeichnet, an der Hunsrückschiefer (tu_{3w}) auf „Unterkoblenz-Schichten mit Porphyroiden“ (tu_{3u}) aufgeschoben sind. Allerdings ist die linksrheinische Fortsetzung durch eine Querstörung versetzt. Neuere Darstellungen (GÜK 100: C 5910 Koblenz u. GÜK 200: CC 6310 Frankfurt-West) verzeichnen in dieser Position den ungestörten Verlauf einer relativ flach SE fallenden Überschiebung von dem rechten auf das linke Rhein-Ufer bei Kamp-Bornhofen (auch: W. MEYER & STETS 1996, 2000). Einer entsprechenden Hauptüberschiebung wird auch hier weiterhin der Vorzug gegeben.

Nicht zuletzt sprechen die stratigraphischen Ergebnisse neben tektonischen Indizien dafür. Mittmeyer (1973) diskutierte die Siegen-/Ems-Grenze am Beispiel der Bornhofen-Schichten am Mittelrhein bei Kamp-Bornhofen. Dieses seinerzeit von A. Fuchs (1899) noch für höheres Unterems gehaltene Schichtglied („Schiefer von Camp und Bornhofen" bzw. „Bornhofener Horizont": A. Fuchs 1907, 1915) haben Kutscher (1942) und Solle (1950) in den Bereich Siegen/Ems-Grenze gestellt. Hannak (1959) gelang im Kern des „Nassauer Sattels" an der Lahn der Nachweis für ein Siegen-Alter mit *Acrospirifer primaevus*. Mittmeyer (1973) parallelisierte sie mit den Unteren Bornhofen-Schichten am Mittelrhein, stellte sie in die Herdorf-"Gruppe" und gab ihre Mächtigkeit mit >275 m an, da die Basis durch die Hunsrück-Hauptüberschiebung unvollständig ist. Damit ist die „Sattel"-Position der Hunsrückschiefer bei Kamp-Bornhofen und Bad Salzig auch stratigraphisch gesichert.

An dieser Position ändert sich auch nichts, wenn Mittmeyer (1996) das „bisherige Obersiegen-Alter in Unter-Ulmen" (S. 152) änderte. Die Umbestimmung des von ihm und auch von Jentsch (1960) als *Acrospirifer primaevus* bestimmten Leitfossils der Siegen-Stufe in *Acrospirifer eckfeldensis* bedarf der Überprüfung. Trotz dieser Umorientierung bleibt bei der neuen stratigraphischen Zuordnung und unter Zuhilfenahme der kleintektonischen Daten (H. Lehmann 1959) die Hunsrück-Hauptüberschiebung weiter bestätigt. Bei der Profildarstellung (Mittmeyer 1996: Abb. 13) wurde eine „Bopparder Verwerfungstreppe" in Erwägung gezogen, in die auch die Hunsrück-Hauptüberschiebung einbezogen ist. Ob sich an den mittelsteil nach SE einfallenden Schuppenbahnen deckenartige Bewegungen nach Nordwesten – wie bei der Bopparder Überschiebung – vollzogen haben, bleibt ungeklärt. Die südöstlich an die Hunsrück-Hauptüberschiebung anschließende Salziger Schuppe ist bis Wellmich durch relativ flaches (20° SE) bis mittelsteiles Einfallen der Schichten bei normaler Lagerung und durch einzelne, ähnlich flach einfallende Überschiebungen gekennzeichnet.

Dieser Befund steht in Widerspruch zu den Darstellungen bei H. Lehmann (1959) und Schulze (1959). Nach ihren Ausführungen schließt sich zwischen Bad Salzig und Hirzenach bzw. Kestert im Rhein-Profil nach Südosten zunächst eine „Faltenfreie Zone" an, die durch stetes Einfallen der Schichten nach SE mit einzelnen Spezialfalten im Meterbereich gekennzeichnet ist. H. Lehmann erwähnte immerhin eine „größere Spezialfalte südlich der Mündung des Weiler Baches" (S. 289; Bl. 5811 Kestert), die er über den Rhein auf das linke Ufer verfolgen konnte. Auch Mittmeyer (1996) konnte keine weitere Verschuppung feststellen.

3.3.3.1.1.2 „Faltenzone von Dalheim-Kestert"

Im südöstlichen Anschluss an die Salziger Schuppe beschrieb H. Lehmann (1959) bei Kestert die „Balduinsteiner Falte", die er von der Lahn (Hannak 1959) über Dalheim nach Südwesten bis an den Rhein verfolgte. Schulze (1959: 260) bezeichnete sie am Rhein als „Faltenzone von Dalheim-Kestert". Im Gegensatz zur Unteren Lahn liegt sie ausschließlich in Hunsrückschiefer s. str. und besteht aus NW-vergenten Spezialfalten mit inversen Nordwest-Flügeln. Sie erreicht eine querschlägige Breite von ca. 600 m. H. Lehmann (1959) erfasste nordöstlich Kestert einen aus mehreren Spezialfalten aufgebauten inversen Faltenflügel von max. 400 m und hielt hier Aufschiebungen im Sattelbereich für durchaus möglich. Linksrheinisch stellte Schulze (1959) „Reststrukturen" dieser Faltenzone bei Hirzenach, im Patelsbach-Tal bei Rheinbay, im oberen Thalbach-Tal zwischen Karbach und Dörth sowie im Steinbruch südlich Dörth (Bl. 5811 Kestert) fest, wo eine überkippte Schichtenfolge von ca. 60 m im Querprofil aufgeschlossen war. Die südwestlichsten Nachweise fand er im Baybach-Tal zwischen Mühlpfad und Reifenthal (Bl. 5811 Kestert). Das Achsengefälle der Spezialfalten (B_1/b_1) ist weitgehend ausgeglichen sowohl flach nach NE als auch nach SW gerichtet, so dass der gesamte Faltenzug in Hunsrückschiefern s. str. bleibt. H. Lehmann (1959) beobachtete eine Versteilung der s_1-Flächen – und damit der Faltenachsenflächen (bc) – von der Salziger Schuppe in Richtung Südosten und damit generell eine Abnahme der NW-Vergenz, die nördlich der Salziger Schuppe besonders ausgeprägt ist.

3.3.3.1.1.3 Maisborn-Gründelbach-Schuppenzone

Südöstlich der „Faltenzone von Dalheim-Kestert“ folgen bis an die Oberweseler Überschiebungszone im Südosten Schichten des Unterems, die bis in die Singhofen-Unterstufe und z. T. vielleicht noch darüber hinaus in das Hangende reichen.

Kutscher (1942) führte die Bezeichnung „Maisborn-Gründelbacher Mulde“ ein. Diese am Rhein etwa 7 km im Querprofil messende Struktur wurde durch die Verbreitung der damals namensgebenden „Singhofener Schichten mit Porphyroiden“ mit entsprechender Fauna im unmittelbaren Hangenden des „untersten Porphyroids“ definiert. Nach Südosten schließt sich das aus Hunsrückschiefern aufgebaute Gebiet der Kauber Schuppenzone bis zum Bächergrund bei Lorchhausen an.

Nach Schulze (1959) lassen sich mindestens vier Untereinheiten als Schuppen gegeneinander abgrenzen. Sie sind dadurch gekennzeichnet, dass im Nordwesten meist Schichten der Hunsrückschiefer s. str. auf Singhofen-Schichten oder jüngere aufgeschoben sind.

Nach Schulze (1959), modifiziert durch die Ergebnisse von Anderle (1967) lässt sich die Maisborn-Gründelbach-Schuppenzone gliedern in:

- die Wellmicher Schuppe,
- die Werlauer Schuppe,
- die St. Goarshausener Schuppe,
- die Aueler Schuppe und
- die Eeg-Reitzenhainer Schuppe.

Der Schuppenbau dieser Struktur weist eine bemerkenswerte Abstandskonstanz zwischen den steilen Auf- bzw. Überschiebungen auf. Diese strukturtrennenden Verschiebungen stimmen in ihrer Raumlage meist mit jener der Faltenachsenebenen (bc) der Spezialfalten überein. Manche weichen z. T. auch spitzwinklig davon ab und fallen mit 55–65° SE. Im unmittelbaren Bereich der Aufschiebungen sind die Schichten flexurartig geschleppt. Die Achsenebenen dieser Schleppungen richten sich an deren Raumlage aus. Innerhalb der Einzelschuppe herrscht – abgesehen von Faltenzonen – meist ein Einfallen der s_0-Flächen nach SE vor. Im Vergleich zum Streichen der strukturtrennenden Auf- bzw. Überschiebungen ist das Schichtstreichen in der Schuppe meist steiler, wodurch im Kartenbild ein „Ausspitzen“ (Abtauchen) der Schuppen nach Südwesten vorgetäuscht wird.

In der Schuppenzone unterschied Schulze (1959) zwei intensiver gefaltete Bereiche: die **Gangfaltenzone von Wellmich-Werlau** und die **Faltenzone von St. Goarshausen**, die sich auch bei Krumsiek (1970) auf dem rechten Rheinufer wiederfinden. Schulze billigte ihnen keine größeren regionaltektonischen Effekte zu. Da es sich im wesentlichen um NW-vergente Kurzschenkelfalten mit normal NW- bzw. überkippt SE-fallenden kürzeren NW-Schenkeln als den normal SE fallenden handelt, resultiert daraus bei SE-fallendem Faltenspiegel innerhalb jeder einzelnen Schuppe eine Altersfolge von alt nach jung in südöstliche Richtung. Das gilt in begrenztem Umfang auch für jene „Faltenbereiche“ oder „-zonen“, deren invers gelagerte Flügel bis max. 100 m Breite im Querprofil erreichen, wie z. B. in der „Faltenzone von St. Goarshausen. Den Faltenzonen kommt zudem eine tektonische Leitfunktion zu, da sie einzelne strukturtrennende Auf- und Überschiebungen im tektonisch Liegenden und Hangenden begleiten. Diese Spezialfalten sind im Regelfall NW-vergent; aufrechte Falten sind selten. Die Flächen der 1. Schieferung (s_1) zeigen in den Spezialsätteln häufig Fächerstellung, d. h. sie „pendeln“ im Einfallen um die Faltenachsenebene (bc). Bei der Faltung der kompetenten Bänke beschrieb Schulze (1959) Dehnung mit abschiebenden Bewegungen auf dem flacheren normalen SE-Flügel und stärkere Einengung mit aufschiebenden Bewegungen auf dem inversen SE-Flügel.

KRUMSIEK (1970) gelangte zu einer anderen Vorstellung über den Baustil dieses Gebietes, da er von nur einer „Porphyroidtuffit-Bank" ausging. Die Ergebnisse von KIRNBAUER (1991) bestätigten die Vorstellung mehrerer Porphyroide und beendeten „die Träume von nur einem Markerhorizont an der Basis der Singhofen-Unterstufe (besser: Singhofen-Schichten) (KRUMSIEK 1997: 39)".

Die Einzelstrukturen

Wellmicher Schuppe. In der Wellmicher Schuppe ist ein etwa 3 000 m mächtiger Schichtverband des Unterems aufgeschlossen, der außer Hunsrückschiefer s. str. Singhofen-Schichten mit Porphyroiden, evtl. auch „höheres Unterems" und im Taunus südöstlich Weyer vielleicht auch Schichten des Oberems enthält. Dieser Schichtverband zieht vom Rhein über Holzfeld, Utzenhain und Pfalzfeld in den Hunsrück nach Südwesten. SCHULZE (1959) machte auf abweichende Schichtlagerung in einem etwa 1 km messenden Bereich zwischen Hirzenach und Ehrenthal aufmerksam, wo eine Versteilung der Schichtlagerung auf 60° SE erfolgte und eine „lebhafte Schubklüftung" (S. 257) auftritt, die nach seiner Ansicht wohl nur an diesen Bereich gebunden ist und allmählich nach Nordosten und Südwesten ausklingt.

Die Gangfaltenzone von Wellmich-Werlau. Sie befindet sich in einer querschlägigen Breite von ca. 700 m im tektonisch Liegenden der im Südosten folgenden Weyer-Wellmicher Überschiebung. Der Anteil invers lagernder Schichten ist innerhalb der Faltenzone geringer als in den Faltenzonen von Dalheim-Kestert und St. Goarshausen. Die Spezialfalten sind deutlich NW-vergent und insbesondere in der Nähe der strukturtrennenden Aufschiebung ihrerseits durch kleine Aufschiebungen zu Kleinschuppen innerhalb der Gangfaltenzone modifiziert. Die Faltenachsen (B_1/b_1) bilden im Rheintal quasi eine Achsenkulmination. Die Faltenachsenebenen (bc) und die Achsen (B/b) machen die große Flexur im Bereich von Utzenhain mit. Streichen und Azimut biegen hier in Richtung NNE-SSW ein. In Richtung Utzenhain normalisiert sich nach Südosten die Raumlage wieder.

Die Weyer-Wellmicher Überschiebung. Diese Überschiebung schiebt südöstlich von Weyer im Taunus tiefe Singhofen-Schichten mit Porphyroiden auf evtl. zum Oberems gehörende Schichtverbände. Sie quert bei Wellmich den Rhein und hat dort Hunsrückschiefer s. str. auf Schichten der höheren Unterems-Stufe überschoben. Sie lässt sich weiter über Utzenhain nach Südwesten in den Hunsrück verfolgen, wo Hunsrückschiefer s. str. auf Singhofen-Schichten mit Porphyroiden überschoben wurden. Die weiter nach Südwesten auf ältere Schichten übergreifende Überschiebung ergibt sich aus der Konvergenz zwischen dem Streichen von Schichten und Überschiebung. SCHULZE (1959) ging von max. 7000 m Überschiebungsbetrag in „grober Annäherung" aus. Auffallend ist ihr Verlauf mit einer deutlichen N-S-Flexur (im Streichen) zwischen Thal- und Gründelbach-Tal (Bl. 5811 Kestert). Diese ist im tektonischen Liegenden in den Singhofen-Schichten ebenfalls ausgebildet und wird von den Porphyroiden und der „Gangfaltenzone" nachgezeichnet. Begleitet wird diese „Flexur" von E-W streichenden Verschiebungen. Spezialfalten und -zonen begleiten diese große strukturtrennende Aufschiebung innerhalb der Maisborn-Gründelbach-Schuppenzone im tektonisch Liegenden und Hangenden.

Werlauer Schuppe (SCHULZE 1959: 258). Sie umfasst das Gebiet zwischen der Weyer-Wellmicher Überschiebung im Nordwesten und der St. Goarshausen-Badenhardter Überschiebung („Nochern-Lierschieder Aufschiebung" bei SCHULZE 1959) im Südosten. Nordöstlich Wellmich setzen hohe Hunsrückschiefer s. str. an der Überschiebung ein, deren Ausstrich westlich Werlau auf max. 2,5 km Breite zunimmt. Auf der Höhe des Gründelbach-Tales wird der Ausstrich durch E-W streichende Verwerfungen drastisch auf ca. 100 m reduziert, lässt sich jedoch nach Südwesten bei ständig zunehmender Ausstrichbreite weiter verfolgen. Im Hangenden folgen zuerst tiefere, gebietsweise darauf auch höhere Singhofen-Schichten mit Porphyroiden. Gegen Südwesten wird der Ausstrich der Werlauer Schuppe schmäler, da die St. Goarshausen-Badenhardter Überschiebung zunehmend auf das tektonisch

Liegende übergreift. So sind südlich Utzenhain Hunsrückschiefer s. str. aufeinander überschoben. Schulze erwähnte zwei 100–150 m breite Spezialfaltenzonen im Nocherner und im Himmighofener Tal.

St. Goarshausen-Badenhardter Überschiebung. Abweichend von der Darstellung bei Schulze (1959) wird diese Überschiebung als St. Goarshausen-Badenhardter Überschiebung bezeichnet. Sie lässt sich von Kasdorf im Taunus über St. Goarshausen bis Badenhardt im Hunsrück verfolgen. Nördlich Lierschied im Taunus und östlich Utzenhain/Hunsrück wird sie jeweils durch E-W streichende Seitenverschiebungen versetzt. Das mittlere Streichen dieser Aufschiebung liegt bei 40–45° bei einem Einfallen um 45° SE. An ihr sind jeweils Hunsrückschiefer s. str. auf Singhofen-Schichten der Werlauer Schuppe überschoben worden. Schulze gab den maximalen Überschiebungsbetrag mit 3–4000 m an. Die Überschiebung wird im tektonisch Liegenden und Hangenden von je einer 3–400 m breiten Spezialfaltenzone begleitet. Die Faltenachsenebenen (bc) sind parallel bis subparallel zur Raumlage der Überschiebung ausgerichtet. Dabei ist die Spezialfaltenzone im tektonisch Hangenden der Überschiebung ausgeprägter als jene im Liegenden und im Rhein-, Niederbach- und Nocherner Tal gut aufgeschlossen. Bei den Falten handelt es sich um NW-vergente Kurzschenkelfalten, bei denen die inversen, SE fallenden Flügel gegenüber den Normalflügeln zurücktreten. Außerdem wird diese große Überschiebung 100–150 m im Hangenden von kleineren Aufschiebungen begleitet.

St. Goarshausener Schuppe. Diese Schuppe wird im Nordwesten von der St. Goarshausen-Badenhardter Überschiebung, im Südosten von der Aueler Überschiebung begrenzt. Auch sie baut sich in kontinuierlicher Folge von Nordwesten nach Südosten aus Schichtverbänden der Hunsrückschiefer s. str., der unteren und oberen Singhofen-Schichten mit Porphyroiden und im Taunus bei Bogel wahrscheinlich des höheren Unterems auf. Auch sie ist am Rhein bei St. Goar bzw. Goarshausen und weiter südwestlich im Hunsrück von E-W streichenden Verschiebungen betroffen. Die Schichtenfolge fällt weiterhin nach Südosten ein, ist jedoch nach den Profilen bei Schulze (1959: Abb. 1) stärker von Kurzschenkelfalten betroffen. Die Sättel zeigen sowohl verkürzte steil normal NW als auch überkippt SE fallende NW-Flügel bei ausgeprägter NW-Vergenz.

Im Hasen- und im Forstbach-Tal, in geringerem Umfang auch im Rheintal ist – abweichend von dem allgemeinen Einfallen der Schichtverbände nach SE – eine etwa 1,2 km breite Faltenzone aufgeschlossen, deren einzelne Strukturen Schulze (1959) bedingt über den Rhein nach Südwesten verfolgen konnte und die letztlich den breiten Ausstrich der tieferen Singhofen-Schichten bewirkt. Die „Faltenzone von St. Goarshausen" beinhaltet deutlich NW-vergente, z. T. spitze Falten mit im Nordosten bis 100 m messenden überkippten Flügeln. Im Forstbach-Tal und weiter gegen Südwesten lösen sich größere Falten in Spezialfalten auf, und die inversen Flügel erscheinen erheblich reduziert. Schulze (1959: 262) sprach von einer „intensiven zopfartigen Verflechtung der Falten" bei ausgeglichenem Abtauchen der B_1/b_1-Achsen nach NE und SW.

Die Aueler Überschiebung (Schulze 1959). Sie verläuft von Bogel im Taunus über Auel, quert südlich Lierschied das mittlere Hasenbach-Tal, quert südlich St. Goarshausen den Rhein und verläuft von dort in Richtung Niederburg im Hunsrück. An der Aueler Überschiebung wurden Spitznack-Schichten, die sich stratigraphisch noch unterhalb des untersten Porphyroids befinden und einen Teil der sonst üblichen Hunsrückschiefer s. str. vertreten, auf höhere Singhofen-Schichten aufgeschoben. Auch die Aueler Überschiebung wird im tektonisch Liegenden und Hangenden von einer Spezialfaltenzone begleitet. Schulze ging von einem Überschiebungsbetrag von ca. 2500 m aus. Dieser ist von der stratigraphischen Zuordnung des als Spitznack-Schichten bezeichneten Schichtglieds abhängig. Seit den Untersuchungen von Kirnbauer (1991) ist die stratigraphische Position mit den Porphyroiden P_{I-IV} in Frage gestellt. Somit ist unsicher, ob das als P_I bei Auel kartierte bzw. vermutete Porphyroid das allgemein als „Basis-Porphyroid" bezeichnete P_I ist. Davon hängt auch die Abschätzung des Überschiebungsbetrages ab. Allerdings wurde Schulze's Auffassung durch Anderle (1967) bestätigt, der den „im Gelände gut erkennbaren Basisporphyroid-Tuffit der

Singhofener Schichten" (S. 62) als Hangendgrenze der Spitznack-Schichten akzeptierte und seine Verbreitung rechtsrheinisch kartierte.

Die Aueler Schuppe (SCHULZE 1959). Sie liegt zwischen der Aueler Überschiebung im Nordwesten und der Lornberg-Reichenberger Überschiebung im Südosten. Durch ANDERLE (1967) hat die „Reichenberger Aufschiebung" (SCHULZE 1959) insofern eine Änderung erfahren, als sie im Gegensatz zu der früheren Darstellung südlich der Loreley entlang geführt werden muss. Danach wird die Loreley in die Aueler Schuppe mit einbezogen. Die zweite Änderung ergab sich, da ANDERLE in dem hinzu gewonnenen Anteil der Aueler Schuppe und an der Loreley keine Hunsrückschiefer s. str. (Bornich-Sch.) sondern durch Fossilfunde belegt Singhofen-Schichten feststellen konnte. Die früher als „Lorelei (Lurlei)-Sattel" bezeichnete Antiklinale entfällt damit.

Die Aueler Schuppe besteht in ihrem Nordwest-Abschnitt aus Spitznack-Schichten, die am Rhein südlich der Überschiebung relativ flach mit ca. 20° SE einfallen. Gegen die Loreley werden sie von Singhofen-Schichten überlagert, deren Einfallen sich dort auf 45° SE versteilt. Die eingelagerten „Lorelei-Quarzite" in den Tonschiefern ist als kompetentes Paket nach Nordwesten schichtparallel überschoben. NÖRING (1939) stellte die Quarzite im „Loreley-Sattel" aufgrund ihrer lithologischen Eigenschaften zum Taunusquarzit. SOLLE (1950) stufte sie unter Bezug auf QUIRING (1930a) und wegen Fossilfunden von RÖSLER (1956) in die Bornich-Schichten ein „in der für den Mittelrhein bezeichnenden besonders quarzitischen Ausbildung" (S. 314). Nach ENGELS (1955) und ANDERLE (1967) entfällt die Sattelposition an der Loreley. Ein Taunusquarzit-Alter ergäbe sich nur bei einem wurzellosen Schürfling, der in Singhofen-Schichten „schwimmt". Mit den stärker sandigen Spitznack-Schichten im Liegenden des „Basisporphyroids" erhält diese Struktur eine zusätzliche paläogeographische Bedeutung, als diese Sedimente Merkmale von Flachmeer-Sedimenten oberhalb der Sturmwellenbasis aufweisen. Leider wurde bisher keine Fauna bekannt.

Die Lornberg-Reichenberger Überschiebung (SCHULZE 1959). In Anlehnung an die Karte von ANDERLE (1967: Abb. 1) wird der Verlauf dieser strukturtrennenden Überschiebung zwischen der Loreley und der Eeg an den Rhein geführt. Im Bereich des Lornbergs besteht sie aus sechs kleineren Aufschiebungen, die den NW-vergent gefalteten Schichtverband in mehrere schmale Teilschuppen auflösen. Die einzelnen Aufschiebungen fallen steiler (60–70° SE) ein als die Faltenachsenflächen (55–60° SE) und orientieren sich am Einfallen der überkippten Faltenflügel der Spezialfalten. Eine 140–145° streichende, quasi senkrecht zum Streichen der Aufschiebung und parallel zum Forstbach verlaufende Abschiebung hat die rheinnahe Scholle so tief versetzt, dass hier größtenteils Singhofen-Schichten auf Singhofen-Schichten überschoben erscheinen. Lediglich im Rhein-Niveau kommen an der Eeg Spitznack-Schichten in das Aufschlussniveau. So konnte ANDERLE (1967) nachweisen, dass das Porphyroid „weiter zur Loreley (nach NW) immer tiefer unter das Aufschlussniveau absinkt" (S. 60). Damit ist auszuschließen, dass der Schichtverband der Loreley vom „Basisporphyroid" überlagert wird. Außerdem wurden die Vorstellungen von ENGELS (1955) und RÖDER (1962) bestätigt. Letzterer diskutierte die stratigraphische und tektonische Situation unter Verwendung der Ergebnisse von A. FUCHS (1899). Allerdings versuchte er, die regio typica der Spitznack-Schichten am Spitznack selbst in seine Überlegungen einzubinden. ANDERLE (1967) hat jedoch gezeigt, dass die Typuslokalität nicht in Spitznack- sondern in Singhofen-Schichten liegt, wenn man das Rigedill-Porphyroid als „Basisporphyroid" der Singhofen-Schichten akzeptiert. Dabei bleibt unklar, ob A. FUCHS seinerzeit die Typuslokalität so eng fasste, dass auch spätere Generationen sich daran gebunden fühlen müssen.

Im Gegensatz dazu machte MITTMEYER (1996) geltend, dass aufgrund von reichem und aussagekräftigem Fossilmaterial (?) der Loreley-Felsen „zweifelsfrei aus Bornich-Schichten (basales Oberulmen, Unterems)" bestehe und am „Rheinufer die Unterlagerung durch Sauerthal-Schichten (Unter-Ulmen) erkennbar sei" (S. 150). Nördlich und südlich der Loreley schlössen sich Spitznack-Schichten und am Spitznack wieder Bornich-Schichten an. Eine spezifische kleintektonische Aufnahme liegt nicht vor. MITTMEYER deutete jedoch das von ENGELS (1955) vorgelegte Querprofil dahingehend um, dass er die Bornich-Schichten einer Decke (Katzenelnbogener Überschiebung) und die zweifelsfrei an der Eeg aufgeschlossenen Schichten einem tektonischen Fenster unterhalb der Decke zuordnete. MITTMEYER's Darstellung birgt jedoch stratigraphische Widersprüche zur Zuordnung der Porphyroide.

Eeg-Reitzenhainer Schuppe (SCHULZE 1959). Sie schließt sich südöstlich an die Lornberg-Reichenberger Überschiebung an und reicht bis an die Oberweseler Überschiebungszone. Diese Schuppe ist nur im Nordwest-Abschnitt durch ANDERLE (1967) genauer untersucht. In der Nähe des Rheins baut sie sich im Anschluss an die Lornberg-Schuppen aus Spitznack-Schichten auf, die im Kern des „Eeg-Sattels" (ANDERLE 1967: 61) aufgeschlossen sind. Sein NW-Flügel ist durch die südöstlichste Aufschiebung der Lornberg-Schuppen abgeschnitten. Im südöstlichen Anschluss folgen Singhofen-Schichten bei stetem SE-Fallen der s_0-Flächen. Nordöstlich des Forstbach-Tales ist – bedingt durch die dortige Querstörung – auf der Hochscholle der Ausstrich der Spitznack-Schichten wesentlich breiter und verbreitert sich noch gegen Nordosten. Eine Struktur vom Typ des „Eeg-Sattels" ist hier nicht mehr nachzuweisen. „Es herrscht jedoch durchweg SE-Fallen. Falten fehlen weitgehend" (ANDERLE 1967: 62). Die starke Verbreiterung des Ausstrichs der Spitznack-Schichten führte ANDERLE (S. 62) „wahrscheinlich auf eine größere Zahl von Aufschiebungen mit jeweils geringem Versetzungsbetrag zurück". A. FUCHS (1899: Taf. I u. II) gab für den südöstlich an den Lornberg anschließenden Profilabschnitt bis zum Spitznack zwar SE-fallende, jedoch inverse Schichtlagerung an. ENGELS (1955), RÖDER (1962), ANDERLE (1967) nehmen normal SE-fallender Lagerung an. So herrscht bis zur Oberweseler Überschiebungszone im Südosten in dem gesamten Abschnitt flaches SE-Einfallen. Den Abschluss bildet die Oberweseler Überschiebungszone als Teilstück der Oberwesel-Idarwald-Saar-Überschiebungszone, die als eine der großen strukturtrennenden Überschiebungen zu werten ist. Sie begrenzt den Nordwest-Abschnitt der Zentralen Hunsrück-Einheit im Rhein-Profil nach Südosten.

Diagonale Seitenverschiebungen. SCHULZE (1959: Taf. 18) verzeichnete mehrere E-W streichende Seitenverschiebungen am Mittelrhein. Auch ENGELS (1960) machte bei kleintektonischen Untertage-Aufnahmen in den Dachschiefer-Gruben am Oberen Mittelrhein, in Eifel und Hunsrück auf E-W und N-S streichende Seitenverschiebungen aufmerksam. In der Regel sind sie in der einförmigen Schichtenfolge der Hunsrückschiefer nicht ohne weiteres auszumachen. SCHULZE (1959) gelang deren Nachweis durch die geologische Kartierung einzelner Porphyroide. In der Mehrzahl der Fälle betreffen die hier meist E-W streichenden Seitenverschiebungen die einzelne Schuppe und schlagen nur im Ausnahmefall in die nächst höhere oder tiefere Schuppe durch. SCHULZE fand, dass N-S streichende Verschiebungen im Vergleich zu den E-W ausgerichteten weniger verschiebend wirksam waren, andererseits für Aufstieg und Platznahme von basischen Schmelzen Bedeutung hatten. Bei den E-W verlaufenden südfallenden Seitenverschiebungen ist die Hangendscholle jeweils nach Westen verschoben. Nach SCHULZE liegen unterschiedlich große Verschiebungsbeträge zwischen 50–300 m vor, jedoch auch bis 800 m, maximal zwischen 1000 bis 2000 m. Gebunden an diese großen Verschiebungen sind kleinere, gleich ausgerichtete, die insbesondere untertage ausgemacht werden konnten. Sie sind verbunden mit flexurartigen Verbiegungen der benachbarten Schichten.

KRUMSIEK (1970) erwähnte südfallende Schrägabschiebungen, deren südliche bzw. südwestliche schräg in westliche Richtung verschoben ist. Er ermittelte Verschiebungsbeträge „bis zu wenigen 100 m" (S. 37), nur in einem Fall waren es 1000 m. Dem korrespondierenden NNE-SSW streichenden Störungssystem maß auch er weniger Bedeutung zu.

3.3.3.1.2 Östlicher Hunsrück

Die Fortsetzung der im Rhein-Profil erkannten Strukturen nach Südwesten ist schwierig, da die Aufschlussverhältnisse sich mit Annäherung an die Hunsrück-Hochfläche erheblich verschlechtern. Es lassen sich die im Rhein-Profil aufgezeigten Strukturen bedingt bis Kastellaun, Alterkülz und Neuerkirch nach Südwesten verfolgen.

Die Fortsetzung der **Hunsrück-Hauptüberschiebung** nach Südwesten und die damit verbundenen Schwierigkeiten wurden bereits diskutiert.

Eine der **Salziger Schuppe** („Salziger Sattel") entsprechende Struktur findet sich im unmittelbaren Hangenden der Überschiebung. Ihr Nachweis innerhalb der einheitlichen Tonschiefer ist nur über Fossilaufsammlungen möglich und in den bei Kutscher (1942) ausgeschiedenen „Unteren Hunsrückbänderschiefern" zu suchen.

Thiele (1960: 23) beschrieb zwischen Wohnroth, Roth und Birkenbach die „Faltenzone von Roth-Wohnroth". Es bietet sich an, diese als die streichende Fortsetzung der **Faltenzone von Dalheim-Kestert** (Schulze 1959) anzusehen und nach Nordosten an die „Balduinsteiner Falte" an der Lahn (Hannak 1959, H. Lehmann 1959) anzuschließen. Thiele machte jedoch geltend, dass diese Faltenzone östlich und nicht westlich von Kastellaun durchziehen müsste. Infolgedessen betrachtete er sie als selbständiges Strukturelement und benannte sie separat nach Aufschlüssen in den Profilen von Mörsdorfer Bach und Dünnbach bzw. in deren Tributarien. Nach Schulze (1959: 260) hält sich die Faltenzone von Dalheim-Kestert nicht an das durch die B_1/b_1-Achsen vorgegebene Azimut der Falten sondern „erfaßt im Fortstreichen nach SW immer ältere Schichten" und so werden „am Rhein bei Kestert-Hirzenach (...) bereits ausschließlich Hunsrückschiefer (unterhalb der Porphyroide) verfaltet." Aus der „Balduinsteiner Falte" wird so im Osthunsrück eine „Spezialfaltenzone".

Verfolgt man das vom Mittelrhein beschriebene Konzept weiter nach Südwesten, so schiebt sich auch die „Spezialfaltenzone von Roth-Wohnroth" systematisch weiter in das stratigraphisch Liegende. Nach Kutscher (1942: Abb. 1) sind es „Untere Hunsrückbänderschiefer", die er 1952 mit dem „Sauerthaler Horizont" (sensu A. Fuchs) parallelisierte. Außerdem nähern sich die Achsen der Faltenzone spitzwinklig der nach Südwest verlängerten Salziger Schuppe westlich Kastellaun. Thiele (1960) beschrieb diese „Faltenzone" als in sich gefaltete größere Mulde (Synklinorium). Das normale SE-Fallen liegt zwischen 5–20° SE. Seine „Mulde" könnte sich aus der Konstruktion des Faltenspiegels ergeben. Da kein Leithorizont vorhanden ist, muss diese Struktur nicht als „Mulde" interpretiert werden. In südwestliche Richtung löst sich die Faltenzone zunehmend in Einzelfalten auf. Das o. a. Abweichen der „Faltenzone von Roth-Wohnroth" bestätigt sich auch darin, dass ihr Streichen mit 60° deutlich flacher ist als das der umgebenden Strukturen. Das stärkt auch den schon früher geäußerten Verdacht, dass in ihr eine größere Überschiebung verborgen ist. Hinweise ergeben sich weder aus der Darstellung bei Kutscher (1942) noch bei Thiele (1960).

Durch das Divergieren von Schichtlagerung und Achse der Faltenzone von „Dalheim-Kestert" (Roth-Wohnroth) verschmälert sich der Ausstrich der höheren Unterems-Schichten der südöstlich anschließenden **Wellmicher Schuppe**. Dieses wird dadurch beschleunigt, dass die im Südosten folgende Weyer-Wellmicher Aufschiebung mit ca. 50° flacher streicht als die Schichtverbände innerhalb der Schuppe, wo mit ca. 30–35° gerechnet werden muss.

Etwa 3–4 km südwestlich Lingerhahn (Bl. 5911 Kisselbach) dürften die Singhofen-Schichten, evtl. mit Porphyroiden, von der **Weyer-Wellmicher Überschiebung** abgeschnitten sein. Diese Forderung geht bedingt auf Kutscher's Profil (1953: Abb. 2) zurück, wenn man die von ihm als „Salziger Sattel" bezeichnete Struktur mit der „Faltenzone von Dalheim-Kestert" parallelisiert. Die Wellmicher Schuppe hat hier noch eine Ausstrichbreite von 2–2,5 km. Im nächst südwestlichen Profil sind in der „Dudenrother Mulde" keine Singhofen-Schichten mehr enthalten. Kutscher (1953: Abb. 1) zeichnete in dieser Position eingemuldete „Obere Hunsrück-Bänderschiefer" ein. Ob weiter im tektonisch Liegenden der Weyer-Wellmicher Überschiebung inverses Schichteinfallen (Kutscher 1953) herrscht, bleibt dahin gestellt. A. Fuchs (1899) und Quiring (1930a) haben in ihren Profilen in dieser Position inverse Schichtlagerung angenommen.

Die südöstlich anschließende Struktur bezeichnete Kutscher als „Lingerhahner Sattel", in dessen Kern er „Cauber Schichten" verzeichnete. Nach seinem Profil handelt es sich um einen Doppelsattel. Schulze (1959) führte in seiner Karte die **St. Goarshausen-Badenhardter**

Überschiebung östlich Utzenhain nahe an die Weyer-Wellmicher Überschiebung heran, so dass südlich Utzenhain Hunsrückschiefer s. str. auf ähnliche Hunsrückschiefer überschoben wurden. Diese doppelte Aufschiebung lässt sich ohne Mühe in einen „Lingerhahner Doppelsattel" überführen.

Die **Werlauer Schuppe** des Rheinprofils verschwindet nach Südwesten unter der St. Goarshausen-Badenhardter Überschiebung und ist nur noch in dem relativ breiten Ausstrich der Hunsrückschiefer zwischen Lingerhahn und Maisborn als schmaler Streifen enthalten.

Im tektonisch Hangenden der St. Goarshausen-Badenhardter Überschiebung folgen bei Kutscher über Hunsrückschiefer s. str. in breitem Ausstrich Singhofen-Schichten zwischen Maisborn, Barbach und Riegenroth. Die von ihm im Profil als gestört von „Cauber Schichten" zu „Singhofener Schichten" gezeichnete Folge ist nicht plausibel. Wahrscheinlich folgen hier bei normalem SE-Einfallen Singhofen-Schichten ungestört über Hunsrückschiefern s. str. Spitznack-Schichten kommen hier noch nicht in Frage und ein „Basis-Porphyroid" muss nicht vorhanden sein (Schulze 1959). Diese Schichtenfolge reicht bis an die **Oberweseler Überschiebungszone** im Südosten heran, wo Kutscher (1942, 1953) die „Sattelzone von Laudert" beschrieb. Lediglich nördlich Riegenroth sind nochmals in schmalem Streifen Hunsrückschiefer s. str. am Höllenbach eingeschuppt, über denen Spitznack-Schichten folgen, was in dieser Position im Vergleich zum Rhein-Profil durchaus plausibel ist. Schwierig wird die Zuordnung der „Sattelzone von Laudert", die nach Kutscher (1953) aus Bornich-Schichten besteht. Er parallelisierte sie mit dem „Lorelei (Lurlei)-Sattel" Quiring's. Nach Engels (1955) und Anderle (1967) ist dies nicht zulässig, da im Loreley-Felsen weder ein Sattel vorliegt und wohl auch keine Bornich-Schichten anstehen, es sei denn, man folgt Mittmeyer (1996), dessen Meinung bisher jedoch nicht belegt ist.

Widersprüchlich ist auch die Zuordnung einer Quarzit-Folge, die von Kutscher (1953) als „Lierschieder Quarzit" bezeichnet und nach seinem Profil höheren Singhofen-Schichten zugeordnet wurde. Er beschrieb ihn als hellgrauen bis weißgrauen, feinkörnigen, plattig absondernden, stark silifizierten, „glasig" brechenden Quarzit. „Er unterscheidet sich scharf von den silifizierten Loreleiquarziten und den übrigen quarzitischen Grauwackensandsteinen des Unterdevon" (Kutscher 1953). Dafür sah er deutliche Ähnlichkeiten zum Taunusquarzit. Die Quarzite selbst haben bisher keine Fauna geliefert, die eine direkte Alterseinstufung erlaubte. Die Ähnlichkeit zum Taunusquarzit spielt insofern eine Rolle, als bereits Nöring (1939) ihn mit dem Taunusquarzit von Katzenelnbogen in Verbindung sah. Er versuchte seinerzeit über den „Lorelei-Sattel" die Quarzite vom Spitzen Stein (Bl. 5812 St. Goarshausen), vom Hohenstein (Bl. 5811 Kestert) und von Laudert (Bl. 5911 Kisselbach) sowie die „Kirchberger Schieferungsversteilung" (Kienow 1934) eine Verbindung zum „Idarwald-Sattel" im westlichen Hunsrück herzustellen. Eine endgültige Entscheidung ist bei den vorliegenden Daten nicht zu treffen. Für die Zuordnung zum Taunusquarzit spricht lediglich die Lithologie; die Zuordnung zu den Bornich-Schichten als Einlagerung, wie Kutscher (1953) dieses wohl in Anlehnung an Solle (1950) sah, ist in Frage gestellt, seit die Schichten an der Loreley höher eingestuft werden müssen. Es sei denn, es handelt sich auch hier um einen isolierten tektonischen Schürfling.

Schulze (1959) fand in den „oberen Hunsrückschiefern" „unmittelbar im Liegenden des Singhofener Basisporphyroidtuffits" (S. 248) unterschiedlich graue Quarzite, die bei Lierschied bis 10 m mächtig werden. Allerdings vermied er die Bezeichnung „Lierschieder Quarzit" und traf auch keine Entscheidung zugunsten von Taunusquarzit oder „Lorelei-Quarzit". Danach wären sie ein Äquivalent der Spitznack-Schichten. Allerdings beobachtete Schulze (1959: 252) auch in höheren Singhofen-Schichten, insbesondere zwischen den Porphyroiden „P_3" und „P_4" im Raum Weyer-Lierschied helle, z. T. sehr mächtige Quarzit-Bankfolgen, die in ihrer Position den von Kutscher beschriebenen Quarziten in der Schuppenzone bei Maisborn entsprechen könnten.

Die Frage nach der stratigraphischen Zuordnung der Quarzite hat spezielle tektonische Relevanz. Sollte es sich um Taunusquarzit oder spezifische Quarzite der Bornich-Schichten handeln, müssten sie als tektonische Schürflinge in einer Schwächezone betrachtet werden, da sie älter sind als alle hier in Fragen kommenden Schichtverbände. Die von Nöring (1939) nachgezeichnete Spur würde sie zu einem tektonischen Leitelement für eine große strukturtrennende Schwächezone im nordwestlichen Vorfeld der Oberweseler Überschiebungszone machen.

3.3.3.1.3 Mosel-Hunsrück

Der nächste strukturgeologische Zugang zur Nordwestlichen Zentralen Hunsrück-Einheit bestand entlang der Trasse der Gas-Fernleitung, die 1999 zwischen Zell und Wickenrodt verlegt wurde (Elkholy 2000). In dem südlich an die „Mosel-Achse" bei Altlay grenzenden Abschnitt und auch weiter im Südosten erschwert die einheitliche Lithofazies der Hunsrückschiefer eine kleintektonische Analyse. Entlang der Traverse in Richtung Südosten nähern sich zudem s_0 und s_1 bis zur quasi-Parallelität an.

Dieser Gebirgsabschnitt ist durch einen ähnlichen Schuppenbau wie am Mittelrhein gekennzeichnet. Die Schieferung (s_1) fällt südöstlich der Hunsrück-Hauptüberschiebung („Mosel-Achse") ausschließlich steil nach NW ein und signalisiert SE-Vergenz. Die Kurzschenkelfalten sind gekennzeichnet durch mittelsteil normal NW und steil normal SE fallende bis saiger stehende Flügel, wodurch eine stärkere Einengung gegenüber dem Rhein-Profil angezeigt wird. Da die normal NW fallenden Flügel der Spezialfalten die jeweils kürzeren sind, ergibt sich weiter ein Einfallen des Faltenspiegels nach SE mit Verjüngung der Schichtenfolge in diese Richtung. Ein Faltenbau, wie er von Engels (1960) zwischen Würrich und Peterswald angenommen wurde, lässt sich nicht bestätigen. Hinzu kommt das Flächengefüge der 2. Schieferung (s_2), das hier streifenweise dominiert.

Trotz der relativ einförmigen Lithologie gelang es Elkholy (2000), auch hier einen Schuppenbau nachzuweisen. Eine Anbindung an die für das Rhein-Profil beschriebenen Strukturen gelingt allerdings nicht. Insbesondere das Fehlen der Porphyroide erschwert die lithostratigraphische Zuordnung der tonig-schiefrigen Schichtverbände. Das gilt umso mehr, seit Kirnbauer (1991) die „Porphyroide" bei Sohren (Solle 1950) als Eruptiva entlarvt hat. Die für den östlichen Hunsrück angeführten Kriterien lassen außerdem höchstens geringe Anteile an unteren Singhofen-Schichten bis an die Gasleitungstrasse heranreichen. Dafür sollten in vermehrtem Umfang ältere Hunsrückschiefer in der Fazies der Zerf-Schichten im Aufschlussniveau anstehen.

Die Hunsrück-Hauptüberschiebung. Als strukturtrennende Aufschiebung und als Nordwestgrenze der Zentralen Hunsrück-Einheit bietet sich hier eine in der „Mosel-Achse" liegende größere Aufschiebung bei Altlay an. Abgesehen davon, dass sie unmittelbar im Bereich der „Mosel-Achse" liegt, sind hier zusätzlich Zerf-Schichten auf Kaub-Schichten – evtl. auch Singhofen-Schichten aufgeschoben. Solle (1950: 354 f.) verfolgte die bei Kutscher (1942) verzeichneten „Unteren Hunsrück-Bänderschiefer", die in ihrer Lithologie den Zerf-Schichten ähnlich sind, von Bl. 5910 Kastellaun über Bl. 5909 Zell nach Panzweiler und Peterswald. Es sind „dunkle mäßig rauhe oder glatte Schiefer, die durch zahllose helle Sandlinsen" von mm- bis cm-Mächtigkeit (z. T. bis 40 cm) gekennzeichnet sind. Sie entsprechen in ihrer tektonischen Position der Salziger Schuppe. Ihre „Sattelstellung" leitete Solle (1950) aus der „petrofaziellen Abweichung von den benachbarten Kauber und Bornicher Schichten sicher" ab. Er zog sogar ein „Herdorfer Alter" in Erwägung. Dieser Sattel zieht in das nördliche Umfeld der Grube „Adolph Helene" der Gewerkschaft Barbarasegen. Engels (1960) verzeichnete in dieser Position den Fächer der „Mosel-Achse". Auch er beschrieb von hier „überwiegend" Bänderschiefer, die der „sandigen Schieferzone" (Hünermann 1955) entsprechen. Hinzu kommen Quarzgänge, teilweise mit Vererzung, Quarz-Ausscheidungen vom Typ der „Kauber Walzen“ oder sog. „Sattelkissen“, die auf die Nähe einer größeren Aufschiebung schließen lassen. Auch kleinere Verschuppungen sind nicht selten. Nach Südosten schließen sich bei wenig ausgeprägter Vergenz – d. h. bei „Pendeln“ der s_1-Flächen um die Vertikale – Hunsrückschiefer vom Typ der Kaub-Schichten an, die Dachschiefer-Lager enthalten. In deren südöstlichem Anschluss – etwa 1 km quer zum Streichen südöstlich der „Mosel-Achse“ – folgt eine weitere Aufschiebung, die nach Südwesten in die stark in sich verschuppte Gornhausener Schuppenzone (Stets 1962, Wildberger 1992) zielt. Für eine Parallelisierung dieser Aufschiebung mit der Hunsrück-Hauptüberschiebung gibt es keine Argumente.

Die Saar-Idarwald-Oberweseler Überschiebungszone. Die südöstliche Begrenzung der Nordwestlichen Zentralen Hunsrück-Einheit bildet hier die Saar-Idarwald-Überschiebungszone mit der Fortsetzung in der Oberweseler Überschiebungszone nach Nordosten, die in mehreren Staffeln nordwestlich Gösenroth entlang zieht. Im Gas-Fernleitungsgraben waren nach Elkholy (2000) Schichtverbände in der Fazies der Zerf-Schichten auf solche in der Fazies der Kaub-Schichten nach Nordwesten aufgeschoben. Ecke et al. (1985) wiesen in den sandigen Schichtverbänden im tektonisch Hangenden dieser Überschiebung ein Obersiegen-Alter (Herdorf-“Stufe“) nach, wobei der strukturtrennende Charakter durch den Altersunterschied unterstrichen wird. Allerdings ist der Altersnachweis mit Hilfe einer Bivalven-Fauna nicht unbedingt stichhaltig. Im Gegensatz zu Elkholy (2000) verglichen sie die „tonig-siltigen, mit Quarziten durchsetzten Schiefer“ (S. 400) mit den bei Hochscheid ausstreichenden Dhrontal-Schichten. Allerdings ist der lithologische Unterschied zwischen ungegliederten Zerf- und Dhrontal-Schichten in diesem Quarzit-Zug nicht besonders deutlich. Letztlich werden hier Schichtverbände des Oberen Taunusquarzits des Idarwaldes von solchen in der Fazies der Dhrontal- resp. Zerf-Schichten vertreten. Unterstützt wird der strukturtrennende Charakter der Idarwald-Überschiebungszone durch hohe Inkohlungswerte (R_{max} 6,3–6,5) in der tektonisch hangenden Einheit im Gegensatz zu niedrigeren (R_{max} 5,6) in den tektonisch liegenden (Ecke et al. 1985). Elkholy (2000) fand im Graben-Profil in der Position ein „Bündel aus drei eng benachbart auftretenden, in der Tiefe vermutlich zu einer gemeinsamen Störungsbahn vereinten Aufschiebungen“ (S. 194). Sie waren im Graben dokumentiert durch Quarz führende Zerrüttungszonen und lokale Verstellungen der s_0- und s_1-Flächen.

Dittmar (1996: Abb. 54) nahm aufgrund von Lesesteinfunden, allerdings ohne Fossilnennungen, zwischen der B 327 südlich von Hahn und Bärenbach (Bl. 6009 Sohren) eine Aufsattelung von Schichten des Obersiegen an. Bl. Trier (GÜK 200: CC 6302) enthält in dieser Position eine Überschiebung von Zerf- auf Kaub-Schichten. Diese Schuppe lässt sich nach Südwesten an die Horather Schuppenzone (Wildberger 1992) anschließen. Weiter nach Nordosten ist die Verfolgung im Hunsrückschiefer unsicher. Auch diese Daten stützen die Annahme einer Fortsetzung der Hunsrück-Hauptüberschiebung im Bereich der „Mosel-Achse“ bei Altlay. In Dittmar's Profil fehlt andererseits eine der Oberwesel-Idarwald-Saar-Überschiebungszone entsprechende, strukturtrennende Überschiebung. Den Befunden bei Ecke et al. (1985) und der Geländesituation unmittelbar nördlich der Idarwald-Schuppenzone trug er nicht Rechnung. Seine Ableitung der Mächtigkeit der Zerf-Schichten in diesem Gebiet mit Unterschieden von 1 300 m (Dittmar 1996: 219) sowie die Angaben zu Paläogeographie und Positionierung eines „zentralen Hunsrückkammes“ zwischen Hahn und Bärenbach gehören, wie bei ihm selbst angedeutet (S. 220), in den Bereich von Mutmaßungen.

Im Profilabschnitt zwischen Würrich und Gösenroth (Bl. 6009 Sohren) rechnete Elkholy (2000) mit vier Schuppen, in denen jeweils Schichtverbände vom Typ der Zerf- und Kaub-Schichten aufgeschlossen waren. Als strukturtrennende Elemente fand er „nahezu saiger bis steil nach Südosten fallende Aufschiebungen“ (S. 194) und wertete sie nur dann als bedeutend, wenn lithostratigraphische „Abweichungen beiderseits des Störungsverlaufes“ (S. 194) vorliegen.

3.3.3.1.4 Nordwestlicher Hunsrück

Die Nordwestliche Zentrale Hunsrück-Einheit umfasst die morphologisch deutlich hervortretenden Härtlinge der Stronzbuscher Haardt (Haardtkopf 650 m NN) und des Osburger Hochwaldes (Rösterkopf 708 m NN, Hohe Wurzel 669 m NN). Ihre Härtlingsnatur verdanken sie Dhrontal-Schichten mit erhöhtem Anteil an „Dhroner Quarziten" im Kern. Eine Hunsrück-Hochfläche – wie weiter im Osten – beschränkt sich hier auf Verebnungen zwischen den Höhenrücken und den südlich anschließenden Härtlingen von Idar- und Hochwald. Die z. T. stark zertalten Hochflächen-Areale liegen in Niveaus 400–480 m NN. Von den Tributarien, die zur Mosel entwässern, ist dieses Gebiet teilweise stark unterschnitten und bietet daher relativ gute Aufschlüsse. Allerdings ist keiner der Härtlinge unmittelbar in seinem Kern aufgeschlossen.

Nachdem durch geologische und strukturbezogene Kartierung (Stets 1960, 1962, Wildberger 1992) die ungestörte tektonische „Sattelstellung" der Härtlinge in diesem Gebiet widerlegt ist, und statt ihrer die Vorstellung von Schuppenzonen und Einzelschuppen vertreten wird, ist die seit Asselberghs & Henke (1935) geltende und von Nöring (1939) ergänzte Vorstellung von echten Großfalten mitsamt der entsprechenden Nomenklatur zu ändern.

3.3.3.1.4.1 „Mosel-Achse" und Fortsetzung der Hunsrück-Hauptüberschiebung

Die strukturelle Nordwest-Grenze der Nordwestlichen Zentralen Hunsrück-Einheit bildet hier die „Mosel-Achse" (Scholtz 1930) bzw. der „Vergenz-Fächer C" (Hoeppener 1957). Diese Zone eklatanter Vergenzänderung hat im Rhein-Profil keine Entsprechung. Sie lässt sich im Hunsrück bedingt von Kastellaun nach Südwesten, sicher von Altlay bis an die Saar zwischen Schoden und Ockfen und weiter nach Saarburg verfolgen. Sie wurde bereits ausführlich diskutiert.

Schon Leppla (1896) hatte den Verlauf dieser Struktur beschrieben entlang „einer Linie, die von Altlay über Maimunderhof und Schafhof (Bl. Sohren), Campsteine, Schwickarts-Mühle (Kautenbachthal), Kapelle Mariahilf bei Bernkastel bis auf das Forsthaus Veldenzer Hammer" verläuft und hatte „eine Fortsetzung gegen die untere Saar zu" nicht ausgeschlossen.

Scholtz (1930) hat die tektonischen Phänomene eingehend beschrieben und abgebildet am Beispiel von Aufschlüssen im Tiefenbach-Tal südlich Bernkastel entlang der B 50 bis zu den steilen Straßenkurven unterhalb von Longkamp sowie im Tal des Gornhausener Baches zwischen Hirzlei und dem Geisberg (262 m NN) nördlich Veldenz. Er betonte, dass die „Mosel-Achse" „natürlich keinen scharfen Schnitt darstellt, sondern als mehr oder weniger breite Zone ausgebildet ist" (S. 261). Das gilt hier in erster Linie für das s_1-Flächengefüge. Im Gegensatz dazu ist der „s_2-Fächer" wesentlich schärfer. Obwohl Scholtz in seiner Strukturkarte Messwerte sowohl für das s_1- als auch das s_2-Flächengefüge darstellte, hat er den „Fächer" nicht exakt lokalisiert. Stets (1960) verfolgte ihn von Bernkastel bis an den Unterlauf der Dhron zwischen der Ortschaft Dhron im Norden und der Siedlung Papiermühle im Südwesten. Obwohl beide Fächer getrennt ausgewiesen sind, laufen sie hier mehr oder minder parallel zueinander im Generalstreichen beider s-Flächengefüge.

Von Papiermühle nach Südwesten löst sich der Verlauf des „Fächers" aus dem Streichen um 60° und verläuft vom Unterlauf der Dhron spitzwinklig zum Streichen beider s-Flächengefüge mit etwa 40–45° über Trittenheim, Pölich, die Riveris-Mündung in die Ruwer und Ockfen nach Saarburg (Wildberger 1992), wo sie unter permotriadischem Deckgebirge verschwindet. Strukturkarten zeigen, dass die Streichlinien der s_1-Flächen (55–65°) und bedingt der s_2-Flächen sowohl in der nördlich vorgelagerten Mittelmosel-Schuppenzone als auch in dem nordwestlichen Abschnitt der Zentralen Hunsrück-Einheit spitzwinklig an die „Mosel-Achse" anstoßen. Das gleiche gilt für die strukturellen Einheiten innerhalb der

Zentralen Hunsrück-Einheit. Davon betroffen sind sowohl die Gornhausener Schuppenzone mit ihren Teilschuppen, die Horather und die Osburger Schuppenzone. Damit ist die „Mosel-Achse" nicht nur keine Zone bruchloser Vergenzänderung, sondern mit der sie begleitenden Überschiebung auch eine alt angelegte bedeutende strukturtrennende Überschiebungszone. An ihr sind Schichtverbände von Zerf- und Kaub-Schichten auf Hunsrückschiefer vom Kauber Typ der Mittelmosel-Schuppenzone nach Nordwesten aufgeschoben. Auch trennt sie – wie im Nordosten bei Altlay – den NW-vergenten Bereich mit flachem SE-Einfallen und sich nach Südosten zunehmend steiler aufgerichteten s_1-Flächen von einem nahezu vergenzlosen mit um die Saigerstellung „pendelnden" im Südosten. Die Tatsache, dass diese Überschiebungszone sowohl die südöstlich angrenzenden Strukturen als auch die s-Flächengefüge im Streichen spitzwinklig schneidet, beweist das Andauern tektonischer Bewegungen bis in die Zeit, als beide s-Flächengefüge bereits fest installiert waren. Diese strukturtrennende Überschiebung lässt sich zwanglos an die Hunsrück-Hauptüberschiebung über Altlay nach Nordosten anschließen.

3.3.3.1.4.2 Die Saar-Idarwald-Oberweseler Überschiebungszone

Die Abgrenzung der Nordwestlichen Zentralen Hunsrück-Einheit nach Südosten ist durch die Saar-Idarwald-Oberweseler Überschiebungszone, die „Idarwald-Überschiebung" sensu Nöring (1939), gegeben. An ihr wurden Taunusquarzit und Tonschiefer der Züsch-Schichten der südöstlich angrenzenden Idarwald-Schuppenzone auf die vorgelagerten SE-fallenden Hunsrückschiefer in der Fazies der Zerf-Schichten nach Nordwesten aufgeschoben (Wildberger 1992). Aufschlüsse existieren kaum, nur an der Saar im Umfeld des Vogelfelsens (Bl. 6405 Freudenburg) nördlich Saarhölzbach innerhalb des dort von der Saar angeschnittenen Taunusquarzits. Diese Überschiebungszone lässt sich von der Saar bis westlich Hermeskeil über die Morphologie und den Gegensatz zwischen Taunusquarzit im Südosten und Zerf-Schichten im Nordwesten verfolgen. Noch deutlicher ist sie bei der Siedlung Abtei, wo bunte Tonschiefer und Quarzite der Züsch-Schichten auf Zerf-Schichten nach Nordwesten aufgeschoben sind. Dieser Sachverhalt war schon Grebe (1889a) bekannt. Asselberghs & Henke (1935) veranlasste dieser Befund zu der Bezeichnung „faille de Hermeskeil". Weiter im Nordosten verläuft die Überschiebungszone am unmittelbaren Nordwest-Rand von Hoch- und Idarwald bis nach Laufersweiler. Auf dieser Strecke ist sie nirgends aufgeschlossen, jedoch mehrfach von Querstörungen versetzt, wenn auch von pleistozänen Deckbildungen weitgehend verhüllt. Sie ergibt sich zwanglos aus dem Gegensatz zwischen den unterschiedlich steil SE-fallenden Schichtverbänden der Zerf-Schichten in den nordwestlich vorgelagerten Schuppen und dem Taunusquarzit unmittelbar südöstlich davon. Die von Nöring (1939) eingeführte Bezeichnung „Idarwald-Überschiebung" wurde wegen Ausdehnung und Bedeutung dieser Überschiebung entsprechend erweitert.

Im Wadrill-Tal (Bl. 6307 Hermeskeil) beobachtete Nöring (1939) in nächster Nähe der Überschiebungszone im Taunusquarzit deutlich NW-vergente Falten, ebenso 1 km nördlich von Gusenburg und fasste sie „als lokale Begleiterscheinung der erst in einem späteren Stadium erfolgten Überschiebung" (S. 78) nach Nordwesten auf. Zu diesem Schluss kam er über den Widerspruch zwischen der weitgehend SE-vergenten Prägung der nordwestlich und südöstlich seiner „Idarwald-Überschiebung" gelegenen Areale und der nach Nordwesten gerichteten Bewegung an der steil SE einfallenden Überschiebung. Dieser Widerspruch lässt sich relativ leicht entkräften, wenn man von listrisch gekrümmten Bewegungsbahnen der Überschiebung ausgeht, die engräumigen Rotationen Vorschub leisten.

Nöring (1939) ging bei der Idarwald-Schuppenzone noch von einer „Sattelbildung" im Sinne Grebe's (1881) aus und suchte die weitere Fortsetzung der Idarwald- Überschiebung nach Nordosten über die „Schieferungsversteilung" im Kauerbach-Tal bei Kirchberg und Sättel bei den Quarzit-Vorkommen vom Spitzenstein, Hohenstein und der Loreley . Diese Spur der Überschiebungszone verläuft zu weit nordwestlich bei der vorgegebenen Streichrichtung.

Vielmehr lässt sie sich von der „Schieferungsversteilung" besser direkt und ohne Umweg an die Oberweseler Überschiebungszone am Mittelrhein anschließen. Die Genese der Quarzite im nordwestlichen Vorland bleibt dann ungeklärt, es sei denn, sie sind Schürflinge in den Hunsrückschiefern.

3.3.3.1.4.3 Der Schuppenbau im nordwestlichen Hunsrück

Die Nordwestliche Zentrale Hunsrück-Einheit lässt sich im nordwestlichen Hunsrück zwischen Mosel, Idar- und Hochwald von Nordwesten nach Südosten gliedern in die **Gornhausener Schuppenzone**, die **Horather Schuppenzone** und die **Morbacher Schuppenzone**, die nach Südwesten abgelöst wird von der **Haardt-Wald**-, der **Osburger Hochwald-Schuppenzone** und der **Osburger Schuppe**, sowie die **Greimerather Schuppe** im Südwesten. Alle Struktur-Einheiten sind durch strukturtrennende, steil SE fallende Aufschiebungen voneinander getrennt. Weitere Aufschiebungen zerlegen diese Schuppenzonen in Teilschuppen.

Gornhausener Schuppenzone

Die Gornhausener Schuppenzone wird im Nordwesten durch die Hunsrück-Hauptüberschiebung (Veldenzer Überschiebung, „Mosel-Achse") gegen die Mittelmosel-Schuppenzone und im Südosten durch die Stronzbuscher Haardt-Überschiebung gegen die Horather Schuppenzone abgegrenzt. Drei weitere steil SE-fallende Aufschiebungen zerlegen sie in die **Wildstein Schuppe**, die **Veldenzer Schuppe**, die **Hirzlei-Schuppe** und die **Rotenberg-Papiermühle-Schuppe** (Stets 1960, 1962, Wildberger 1992).

Wildstein-Schuppe. Die Wildstein-Schuppe (Wildberger 1992) lehnt sich als schmaler Schuppenspan unmittelbar südöstlich an die Hunsrück-Hauptüberschiebung an. Sie lässt sich über den lithologischen Unterschied Obere Zerf-Schichten/Kaub-Schichten gut vom Andeler Wald nördlich der Ortschaft Monzelfeld (Bl. 6008 Bernkastel) über das Tiefenbach-Tal südlich Bernkastel-Kues bis Bad Wildstein nach Nordosten verfolgen (Schilling 1981). Für die weitere Verfolgung in Richtung Altlay fehlt eine moderne Kartierung. In dieser schmalen, leistenförmigen Struktur aus Oberen Zerf-Schichten „pendeln" die s_1-Flächen um die Saigerstellung bei einem Streichen parallel zur Hunsrück-Hauptüberschiebung. Steiles NW- und SE-Einfallen der s_1-Flächen herrscht sowohl im Kautenbach- als auch im Tiefenbach-Tal. Da normales NW-Einfallen der Schichten vom Typ der Oberen Zerf-Schichten („Rauh-Schiefer" sensu Schilling 1981) festzustellen ist, kann dieser Schuppenspan – zumindest im Kautenbach-Tal – als NW-Flügel eines Sattels gelten. Der spitze Winkel im Streichen zwischen s_0 und dem südöstlich folgenden Schichtverband legt im Südosten eine Aufschiebung von quarzitischen Unteren auf die Oberen Zerf-Schichten des Schuppenspans nahe. Auch das spitze Auslaufen der Schuppe nach Südwesten spricht dafür. Generell gehört die Wildstein-Schuppe als Span noch in das System der Hunsrück-Hauptüberschiebung.

Veldenzer Überschiebung als Teilstück der Hunsrück-Hauptüberschiebung. Südlich von Veldenz und Burgen (Bl. 6108 Morbach) grenzen milde Tonschiefer in der Fazies der Kaub-Schichten an einer steilen Aufschiebung an relativ flach SE-fallende, stark spezialgefaltete Quarzite der Unteren Zerf-Schichten. Diese Nahtstelle fällt in jenen Bereich der „Mosel-Achse", wo das s_1-Flächengefüge sich in der nordwestlich vorgelagerten Mittelmosel-Schuppenzone nach Südosten bis zur Saigerstellung aufgerichtet hat. Einzig die z. T. gleitbrettartig zerscherten, stark sandigen Gesteine der Unteren Zerf-Schichten können bei dem mittelsteilen NW-Einfallen der s_2-Flächen den Nordwest-Flügel eines großen Sattels vortäuschen.

Diese Überschiebung lässt sich vom Hinterbach-Tal, das sie nördlich des ehem. Veldenzer Hammers quert, zum Tiefenbach-Tal und von dort nach Bad Wildstein im Kautenbach-Tal unweit des Wildstein (290 m NN) verfolgen. Letzterer ist ein >3 m mächtiger, z. T. vererzter Quarzgang, der der Wildstein-Querverwerfung aufsitzt und Anlass zum

Abbau von silberhaltigem Bleiglanz gab. Von hier gelingt der Anschluss an die Hunsrück-Hauptüberschiebung bei Altlay. Von Papiermühle (Bl. 6107 Neumagen-Dhron) konnte WILDBERGER (1992) sie weiter nach Südwesten verfolgen. Allerdings verliert sich ihr Verlauf westlich Burgen nördlich der Aderfeller Mühle in Tonschiefern der Kaub-Schichten. Sie ist dort und im unteren Dhron-Tal über die Schieferungsversteilung im Bereich der „Mosel-Achse" auszumachen.

Veldenzer Schuppe. Südöstlich der Veldenzer Überschiebung folgt die Veldenzer Schuppe („Schuppe südlich Veldenz und Burgen", STETS 1960, 1962, WILDBERGER 1992), die sich südlich Veldenz bis Thalveldenz in relativ breitem Ausstrich aus Schichtverbänden der Unteren Zerf-Schichten aufbaut. Die Quarzit-reichen Schichten sind intensiv spezialgefaltet (F_2). Das mittelsteil NW fallende s_2-Flächengefüge lässt eine zwanglose Zuordnung der SE-vergenten Spezialfaltung zur D_2-Deformationn zu (STETS 1960). Der Faltenspiegel fällt relativ flach nach SE. So folgen weiter nach Südosten Schichtverbände der Oberen Zerf-Schichten. Der gesamte, stark deformierte Bereich wird von zahlreichen im Generalstreichen liegenden Quarz-Gängen, im Umfeld der Ruine Schloss Veldenz auch von Erzgängen durchzogen.

Nach Nordosten lässt sich die Veldenzer Schuppe zwanglos in das Tiefenbach-Tal verfolgen, wo im Eng-Tal (Bernkasteler Schweiz) bei der Kapelle Maria-Hilf Untere Zerf-Schichten mit der typischen D_2-Deformation aufgeschlossen sind (SCHOLTZ 1930, HOEPPENER 1956, 1957, SCHILLING 1981). Ähnliche Verhältnisse sind auch am Kautenbach im Eng-Tal beim Badehaus Bad Wildstein anzutreffen. Allerdings ist das Schichteinfallen hier generell wesentlich steiler SE als südlich Veldenz. Im Grenzbereich Untere/Obere Zerf-Schichten liegen „im Hang östlich des Badehauses (…) sogar überkippte Schichten (…). Dieses steile Einfallen wird nur durch flache SE-vergente Kleinfalten gemildert" (SCHILLING 1981: 56). Soweit nicht durch s_2 deformiert, fällt das s_1-Gefüge steil nach NW ein oder steht saiger.

Südwestlich von Burgen tauchen die Zerf-Schichten aufgrund des nach Südwesten gerichteten Achsengefälles der Spezialfalten ab. Hinzu kommt ein lateraler fazieller Übergang von Oberen Zerf- in Schichten vom Typ Kaub-Schichten mit eingelagerten Dachschiefern (STETS 1962). Dadurch lässt sich im Südwesten ab der Siedlung Rondel und südöstlich davon (Bl. 6107 Neumagen-Dhron) die Schuppe in den einheitlichen Tonschiefern nicht mehr sicher verfolgen.

Hirzlei-Überschiebung und Hirzlei-Schuppe. Nördlich der Siedlung Hirzlei sind im Tal des Gornhausener Baches an der Hirzlei-Überschiebung am Hirschfelsen Untere Zerf-Schichten auf Kaub-Schichten der nordwestlich vorgelagerten Veldenzer Schuppe nach NW aufgeschoben („Schuppe von Hirzlei": STETS 1960, 1962, WILDBERGER 1992). Die auf die Unteren folgenden Oberen Zerf-Schichten sind hier sehr geringmächtig und verzahnen sich zum Hangenden mit Schichten vom Typ Kaub-Schichten. Diese Entwicklung passt sich logisch jener in der nordwestlich vorgelagerten Veldenzer Schuppe an. Bedingt durch den starken Fazieswechsel in den Oberen Zerf-Schichten und das Achsen-Abtauchen nach SW ist auch hier eine Verfolgung nach Südwesten in den Tonschiefern stark erschwert.

Die deutlich gebankten Quarzite in der Hirzlei-Schuppe zeigen intensive F_2-Spezialfalten und ein deutliches s_2-Gefüge mit z. T. intensiver gleitbrettartiger Zerscherung (STETS 1960). Die s_1-Flächen stehen, soweit noch beobachtbar, saiger oder „pendeln" um die Saigerstellung. Diese kleine Schuppe, die sich nach Südwesten wohl aus einer Spezialfalte in der Veldenzer Schuppe entwickelte, wird nach Südwesten in den Tonschiefern unkenntlich und lässt ahnen, dass die einförmigen tonig-schiefrigen Schichtverbände in Kauber Fazies intensiver verschuppt sind, als im Gelände erfassbar. Die Hirzlei-Überschiebung und die Schichten in dieser Schuppe streichen einheitlich 50–55°. Da Schichtung und Faltenspiegel der Spezialfaltung flach SE einfallen und Hinweise auf einen NW-fallenden Flügel fehlen, lässt sich das lokale Auftreten von Unteren Zerf-Schichten hier nur mit einer Schuppe erklären.

Hofbach-Überschiebung. Die Hofbach-Überschiebung trennt die Hirzlei-Schuppe von der südöstlich anschließenden Rotenberg-Papiermühle-Schuppe. Nördlich der Mündung des Hofbaches in den Gornhausener Bach unweit der letzten Häuser der Siedlung Hirzlei sind wiederum Untere Zerf-Schichten auf Schichten vom Typ Kaub-Schichten nach Nordwesten aufgeschoben, die sich durch laterale Verzahnung nach Südwesten aus Oberen Zerf-Schichten entwickelten.

Die strukturelle Situation ähnelt weitgehend jener an der Veldenzer oder an der Hirzlei-Überschiebung. Die steil SE fallende Überschiebung lässt sich nach Südwesten von Monzelfeld durch das Veldenzer Hinterbach-Tal, über den Rotenberg zum Hofbach und von dort geradlinig weiter nach Südwesten bis in das Dhron-Tal nördlich der Siedlung Papiermühle verfolgen. Nordöstlich Monzelfeld verliert sich die Spur in Schichten vom Typ der Oberen Zerf-Schichten und ist weder im Tiefenbach- noch im Kautenbach-Tal sicher auszumachen. Im Südwesten ist es allenthalben der Gegensatz zwischen Zerf- und Kaub-Schichten, der selbst in der aufschlusslosen Waldregion zwischen dem Gornhausener Bach und dem Großen Dhron-Tal noch eine Lokalisierung ermöglicht.

Rotenberg-Papiermühle-Schuppe. Sie reicht von der Hofbach-Überschiebung im Nordwesten bis an die Stronzbuscher Haardt-Überschiebung im Südosten (Stets 1960, 1962, Wildberger 1992). Diese Schuppe wird zwischen dem Veldenzer Hinterbach-Tal und der Dhron im Südwesten aus Zerf-Schichten aufgebaut. Im Veldenzer Hinterbach-Profil und vom Rotenberg über das Hofbach-Tal bis zum Schorwäldplatz (Bl. 6107 Neumagen-Dhron) sind wieder Untere Zerf- auf Obere Zerf-Schichten bzw. südwestlich des Gornhausener Baches auch auf Schichten vom Typ Kaub-Schichten nach Nordwesten aufgeschoben. Der Gegensatz zwischen den quarzitreichen Unteren und den Siltschiefer-betonten Oberen Zerf-Schichten erlaubt die Festlegung der Überschiebung.

Während im Bereich des Rotenbergs und am Hofbach noch eine deutliche Differenzierung in Untere und Obere Zerf-Schichten möglich ist, tritt im Tal der Großen Dhron bei Papiermühle und südwestlich davon am Unterlauf des Dhronbaches (Kleine Dhron, Dhrönchen) die Fazies der ungegliederten Zerf-Schichten auf. Der Übergang erfolgt im schlecht aufgeschlossenen Waldgebiet zwischen Schorwäldplatz und der Dhron unweit Papiermühle. Die Schuppe verschmälert sich nach Südwesten. Nach Wildberger (1992) mündet südlich der Mosel bei Trittenheim die Hofbach-Überschiebung in die Stronzbuscher Haardt-Überschiebung und unterdrückt die Schuppe. Die einzelnen Quarzit-Bankfolgen fallen steil SE. Spezialfaltung beschränkt sich auf einzelne Kurzschenkel-Falten mit langem, steil SE fallendem Schenkel, so dass hier mit einem abweichend steiler SE-fallenden Faltenspiegel gerechnet werden muss. Das Achsengefälle der Kurzschenkelfalten ist deutlich nach SW gerichtet.

Die Aufschlüsse zwischen dem Hinterbach-Tal im Nordosten und dem Kieselbornbach-Tal westlich Hirzlei zeigen ähnliche Strukturen wie die nordwestlich vorgelagerten Schuppen. Die Schichten sind intensiv spezialgefaltet im Rahmen der F_2-Faltung. Der Faltenspiegel ist steiler nach SE geneigt als weiter im Nordosten, so dass bei normaler Schichtlagerung Obere Zerf-Schichten bis an die Stronzbuscher Haardt-Überschiebung aufeinander folgen. Die Faltenachsen und die Schnittlineare L_1 (s_0/s_1) bzw. L_2 (s_1/s_2) tauchen meist nach SW ab. Die s_1- und s_2-Flächengefüge sind typisch ausgebildet. Das Streichen ist um ein Geringes flacher als das der Hofbach-Überschiebung, so dass die Streichlinien von der Überschiebung geschnitten werden. Das mittlere Streichen der s_2 Flächen verläuft ungefähr parallel zu den begrenzenden Überschiebungen.

Vom Veldenzer Hinterbach-Tal bei der Siedlung Annaberg (Annenberg; Bl. 6108 Morbach) nach Nordosten folgen aufgrund des hier nach NE gerichteten Achsengefälles und lateraler Faziesverzahnung auf Obere Zerf- Kaub-Schichten. Deren Ausstrich verbreitert sich nach Nordosten, so dass weite Areale am Oberlauf des Tiefenbaches nördlich von Longkamp, im Waschbach-, Trabener Bach- und Kautenbach-Tal nördlich von Pilmeroth von Tonschiefern vom Typ Kaub-Schichten, z. T. mit Dachschiefern, eingenommen werden (Bl. 6009 Sohren; Schilling 1981). In diesen Tonschiefer-Arealen liegen die s_1-Flächen im Mittel bei 55–60°/65–80° NW. In dieser Schuppe herrscht weitgehend SE-Vergenz. Die s_2-Flächen liegen bei 60°/40–60° NW. Die 2. Schieferung (s_2) nimmt von der „Mosel-Achse“ in Richtung Südosten an Intensität ab. Die Schichtung (s_0) ist in den stark geschieferten Tonschiefern nur schwer festzustellen.

Die Stronzbuscher Haardt-Überschiebungszone

Die Stronzbuscher Haardt-Überschiebungszone trennt die Gornhausener im Nordwesten von der Horather Schuppenzone im Südosten. Sie lässt sich in den Profilen im Tal der Großen Dhron im Südwesten und den Tälern von Trabener und Kautenbach südwestlich und nordöstlich von Pilmeroth im Nordosten erfassen. Allenthalben sind Dhrontal-Schichten mit eingelagerten „Dhroner Quarziten“ auf Zerf-Schichten überschoben.

Im Nordosten beschrieb Schilling (1981) wenige Meter südöstlich der Überschiebung an der L 186 von Kautenbach nach Frohnhofen im Kautenbach-Tal (Bl. 6008 Bernkastel-Kues) spezialgefaltete Quarzite der Dhrontal-Schichten mit einer intensiven F_2-Spezialfaltung und einem zugehörigen s_2-Flächengefüge. Der Deformationsgrad entspricht in seiner Intensität hier jenem an der Hunsrück-Hauptüberschiebung (Veldenzer Überschiebung). Eine ähnlich starke Deformation ist in gleicher Position südöstlich der Überschiebung auch am Ost-Hang des Trabener Bach-Tales zu beobachten (Schilling 1981). Der Kern aufrechter Spezialfalten ist hier aufgerissen und z. T. völlig verquarzt.

Der Überschiebung ist hier ein schmaler Span aus Oberen Zerf-Schichten nordwestlich vorgelagert, die auf die Kaub-Schichten der Gornhausener Schuppenzone aufgeschoben sind. Diese Aufschiebung wird hier zur Stronzbuscher Haardt-Überschiebungszone gerechnet. Der Schuppenspan lässt sich nach Südwesten bis zur Siedlung Annaberg im Veldenzer Hinterbach-Tal verfolgen. Hier ist die Überschiebungszone aufgrund des Materialunterschieds zwischen Zerf- und Dhrontal-Schichten und der morphologischen Situation am Nordwest-Rand der Stronzbuscher Haardt abzuleiten. Ein Anhaltspunkt für die weitere Verfolgung nach Südwesten findet sich erst wieder südlich der ehem. Clara-Mühle am mittleren Quellbach des Gornhausener Baches (Bl. 6108 Morbach), wo steilstehende „Dhroner Quarzite“ am Hang felsbildend hervortreten. Hier lässt sich die Überschiebungszone aus dem schroffen Materialgegensatz zwischen geschieferten Siltsteinen der Oberen Zerf-Schichten im Nordwesten und den „Dhroner Quarziten“ unter Ausfall von Unteren Zerf-Schichten ableiten. Bei stetem SE-Einfallen des Faltenspiegels sollten hier eher jüngere statt der älteren Schichten zu erwarten sein.

Weiter im Südwesten sind erst wieder im Tal der Großen Dhron Quarzite der Dhrontal-Schichten an einer steil SE-fallenden Überschiebung auf Zerf-Schichten aufgeschlossen. Die Schichtlagerung, gekennzeichnet durch SE-Einfallen quarzitischer Bankfolgen in den benachbarten Schuppen (Zerf-Sch. ungegliedert/Dhrontal-Schichten), erschwert hier die genaue Festlegung der Überschiebungsbahn. Eine Hilfe ist, abgesehen von den „Dhroner Quarziten“, das Auftreten intensiver Verquarzung und von kompakten Milchquarz-Gängen im unmittelbaren tektonischen Hangenden der Überschiebungszone. Derartige Quarzgänge finden sich am Kumper Felsen (GK 25: 6107 Neumagen-Dhron) auf dem Bergsporn südlich Papiermühle. Das deutliche NW-Einfallen der s_1-Flächen beiderseits der Überschiebungszone schließt inverse Lagerung der z. T. steilstehenden Quarzite aus. Wildberger (1992), konnte die Überschiebung bis südlich der Mosel bei Pölich verfolgen, wo sie in den Schieferungsfächer der „Mosel-Achse“ einmündet.

Die Horather Schuppenzone

Die Horather Schuppenzone (Wildberger 1992) reicht von der Stronzbuscher Haardt-Überschiebungszone im Nordwesten bis an die Haager Überschiebung im Südosten. Sie ist nur in den Profilen der Dhron-Täler deutlich. Sonst verliert sich ihre Spur in den Zerf-Schichten auf der Hunsrück-Hochfläche zwischen den Ortschaften Haag und Büchenbeuren. Die Lokalisierung ist dort problematisch. Nöring (1939) bezeichnete diese Struktur als „Horather Sattel“. Alle jüngeren Untersuchungen ergaben wechselnd steiles normales Einfallen nach SE. Ein „Schieferband“ist in dem Rücken der Stronzbuscher Haardt weiter im Nordosten auch morphologisch nicht auszumachen, bedingt jedoch nach Südwesten die Aufspaltung der Horather Schuppenzone in zwei Teilschuppen, die **Lierensbach-Schuppe** im Nordwesten und die **Dhrontal-Schuppe** im Südosten. Sie werden durch die **Harpelstein-Überschiebung** voneinander getrennt.

Lierensbach-Schuppe. Diese Schuppe ist allein in den Dhron-Tälern zu erkennen, wo ausreichend Aufschlüsse vorhanden sind, die den Innenbau der Struktur zeigen. Diese nordwestliche Teilschuppe der Horather Schuppenzone liegt zwischen der Stronzbuscher Haardt-Überschiebungszone im Nordwesten und der Harpelstein-Überschiebung im Südosten. Kleintektonische Untersuchungen in der Lierensbach-Schuppe erbrachten keine Übereinstimmung mit den Ergebnissen von GREBE (1881). Allenthalben fallen im Nordwest-Abschnitt der Schuppe die Dhrontal-Schichten mit eingelagerten „Dhroner Quarziten" um 80–85° SE, bzw. stehen saiger. Der Winkel zwischen den s_0- und s_1-Flächen ist spitz; die s_1-Flächen streichen im Mittel um 55° und fallen mit ca. 80° NW. Das Verhältnis von s_0- zu s_1-Flächen – die s_1-Flächen fallen immer flacher nach NW – schließt inverse Schichtlagerung aus. Am Heusprung- und Lierensbach (Bl. 6107 Neumagen-Dhron) schließt sich nach Südosten ein Streifen von Zerf-Schichten (GREBE's „blauschwarze Schiefer") an, die deutlich spezialgefaltet sind. Es handelt sich um schwach SE-vergente Kurzschenkelfalten. Deren kurze NW-Flügel fallen etwa 30–40° NW, die längeren SE-Flügel 70–80° SE. Der Faltenspiegel ist mittelsteil nach SE geneigt, das Achsengefälle deutlich nach SW gerichtet. Es bedingt das Verschwinden der Dhrontal-Schichten nach Südwesten, so dass im Tal der Kleinen Dhron im Streichen bevorzugt Zerf-Schichten diese Schuppe aufbauen. Außerdem bedingt eine Verzahnung mit Tonschiefern vom Typ Kaub-Schichten nach Südwesten, dass der südöstlichste Teil dieser Schuppe im Südwesten nur noch aus Kaub-Schichten besteht.

Nach Nordosten verliert sich die Schuppe in der waldreichen Stronzbuscher Haardt. Einzelaufschlüsse lassen vermuten, dass der Bau dort nicht wesentlich von dem im Großen Dhron-Tal abweicht. Weiter im Nordosten bauen ausschließlich Dhrontal-Schichten mit „Dhroner Quarziten" diese Teilschuppe auf. Die weitere Verfolgung nach Nordosten ist über das Kautenbach-Tal (SCHILLING 1981) und in Richtung Würrich möglich, wo Zerf-(Bornich-) Schichten auf Kaub-Schichten („Dachschiefer-Serie", HÜNERMANN 1955) überschoben sind.

Harpelstein-Überschiebung. Sie trennt die Lierensbach- von der Dhrontal-Schuppe. Auf der rechten Talflanke der Dhron sind steil stehende Quarzit-Bankfolgen der „Dhroner Quarzite" nördlich des Harpelsteins (ND, Bl. Neumagen-Dhron) auf spezialgefaltete Zerf-Schichten der Lierensbach-Schuppe an der steil SE-fallenden Aufschiebung aufgeschoben. Der deutliche Materialunterschied zwischen den beiden Formationen lässt eine verlässliche Lokalisierung zu. Hinzu kommt der mächtige Milchquarz-Gang am Harpelstein im tektonisch Hangenden der Überschiebung. Das zweimalige Vorkommen von Dhrontal-Schichten im Tal der Großen Dhron bei einheitlich steil nach SE gerichtetem Einfallen der Schichten (s_0) belegt die Aufschiebung am Harpelstein. WILDBERGER (1992) verfolgte sie bis zur Dhrontal-Sperre im Tal der Kleinen Dhron nach Südwesten, wo Dhrontal-Schichten auf Tonschiefer vom Typ Kaub-Schichten der Lierensbach-Schuppe aufgeschoben sind und eine sichere Lokalisierung der Aufschiebung gewährleisten. Weiter im Südwesten mündet die Harpelstein-Überschiebung südlich von Fell in die „Mosel-Achse", resp. die Hunsrück-Hauptüberschiebung. Die Streichlinien der vorgelagerten Lierensbach-Schuppe werden von der Verschiebung spitzwinklig geschnitten.

Dhrontal-Schuppe. Sie reicht von der Harpelstein-Überschiebung im Nordwesten bis an die Haager Überschiebungszone im Südosten. Die Schichtenfolge in den Dhron-Tälern reicht von Dhrontal- über Untere und Obere Zerf- bis zu Kaub-Schichten. In Richtung Südwesten ist eine deutliche Fazies-Verzahnung zu Ungunsten der psammitischen Schichtglieder zu verzeichnen. So gehen im Streichen nach Südwesten die Dhrontal- in Schichten vom Typ Zerf- und diese in Kaub-Schichten über. Das führt bei einheitlich steilem Einfallen der Schichten nach SE dazu, dass nach Südwesten zwischen Breit, Naurath und Thomm (Bl. 6207 Beuren/Hochwald) auch diese Schuppe ausschließlich aus Schichten vom Typ Kaub-Schichten aufgebaut ist.

In den Quarzit-Bankfolgen der „Dhroner Quarzite“ an der Typus-Lokalität Harpelstein führte Kutscher (1937) den Nachweis, dass diese in das Mittlere bis Obere Siegen gehören. Solle (1950) bestätigte diesen Befund. Damit war die Grundlage für alle weiteren tektonischen Schlüsse gelegt. Nach Nordosten reicht die Dhrontal-Schuppe über Merschbach, Gonzerath, Kleinich und Lautzenhausen bis Kappel. Die weitere Verfolgung nach Nordosten und ein Anschluss an das Rhein-Profil sind problematisch.

Vom Harpelstein nach Südosten fallen die Schichten, abgesehen von einigen angedeuteten Kurzschenkelfalten, steil mit 75–80° SE. Dieses Schichteinfallen bleibt in der gesamten Schuppe, wie sich im Lichterbach-Tal kontrollieren lässt, bestehen. In den Kaub-Schichten weiter im Südosten verflacht das Einfallen auf 70–50° SE. Eine völlig abweichende Raumlage nimmt das s_2-Flächengefüge ein. Die Streichrichtung dreht in der Horather Schuppenzone systematisch aus der normalen Richtung nach 35°. Besonders deutlich ist dieses Verhalten im Tal der Kleinen Dhron südlich der Talsperre. Gleichzeitig verflacht der Einfallwinkel auf ein mittleres Einfallen um 30–35° NW. Das Achsengefälle der Spezialfalten und das Gefälle der Schnittlineare L_1 (s_0/s_1) und L_2 (s_1/s_2) sind einheitlich um 10–20° SW ausgerichtet. Die Entwicklung beider Flächengefüge widerspricht einer rotationalen Deformation sensu Hoeppener (1957).

Der Kern der Horather Schuppenzone ist nicht aufgeschlossen. Die Tatsache, dass die höchste Erhebung der Stronzbuscher Haardt (Haardt-Kopf 658 m NN) in die Dhrontal-Schuppe fällt, gibt Anlass zu dem Schluss, dass vom Großen Dhron-Tal nach Nordosten durch laterale Fazies-Verzahnung der Anteil der Quarzite im Kern zunimmt. Von dort nach Nordosten ist wieder mit der gegenteiligen Entwicklung zu rechnen. Schon am Oberlauf des Veldenzer Hinterbaches nördlich Gonzerath sind in der entsprechenden Position keine „Dhroner Quarzite“ mehr zu finden. Das Gefälle einzelner Spezialfalten-Achsen und der Schnittlineare L_1 (s_0/s_1) und L_2 (s_1/s_2) ist hier nach NE gerichtet, so dass innerhalb der Dhrontal-Schuppe eine Achsen-Kulmination besteht. Der langgestreckte Höhenzug der Stronzbuscher Haardt, der die Horather Schuppenzone morphologisch nachzeichnet, wird somit von dem lateralen Fazieswechsel von Dhrontal- über Untere und Obere Zerf- zu Kaub-Schichten kontrolliert und durch das Achsenverhalten der Spezialfalten akzentuiert. Die Bezeichnung „Berglichter Mulde“ (Nöring 1939) wird eingezogen.

Die Haager Überschiebungszone

Die Horather Schuppenzone wird nach Südosten von einer größeren Überschiebung begrenzt, an der in den Dhron-Tälern ungegliederte Zerf-Schichten von Südosten auf Kaub- bzw. Zerf-Schichten aufgeschoben sind. Bei Haag und Elzerath (Bl. 6108 Morbach) ergibt sich ein spitzwinklig zum Streichen der Schichten angelegter Verlauf der Überschiebung um 45°. Dadurch entsteht in der geologischen Karte (Stets 1962, GÜK 200: CC 6302 Trier, Wildberger 1992) ein Kon- bzw Divergieren von Schichtgrenze und Aufschiebung, aus dem ein umlaufendes Streichen der Schichten und damit ein Herausheben der „Berglichter Mulde“ nach Nordosten abgeleitet werden könnte (Nöring 1939; Taf. 1). Ein umlaufendes Streichen wurde jedoch weder in der nordwestlich vorgelagerten Dhrontal-Schuppe noch in der südöstlich angrenzenden Morbacher Schuppenzone (Hunolsteiner Schuppe) beobachtet. Vielmehr grenzen südlich vom Gräfendhron (Bl. 6207 Beuren/Hochwald) um 65° streichende quarzitische Bankfolgen der ungegliederten Zerf-Schichten mit einem Winkel von ca. 15–20° von Süden her an diese Überschiebung. Eine weitere Verfolgung der Verschiebung nach Nordosten am Südost-Abhang der Stronzbuscher Haardt ist bei gleicher Lithologie in den benachbarten Schuppen nur schwer möglich. Erst von Büchenbeuren nach Sohren ergibt sich aus dem Materialgegensatz Zerf-/Kaub-Schichten eine erneute Lokalisierung, deren weiterer Verlauf noch fraglich ist.

Nach Südwesten ist die Verfolgung der Haager Überschiebungszone bis südöstlich Berglicht (Bl. 6207 Beuren/Hochwald) gesichert. Östlich von Gräfendhron wird sie an der Etgerter

Querverwerfung um ca. 100 m nach Südosten verworfen, lässt sich dann jedoch bei einem Streichen um 50° bis an die Gierlerter Querverwerfung verfolgen. In ähnlicher Position übernimmt südlich Berglicht die Riveris-Überschiebung ihre Rolle. Die Trennung ist notwendig, da die Schuppen des „Osburger Hochwald-Sattels" (Asselberghs & Henke 1935a, Nöring 1939) einen anderen Baustil aufweisen als die Hunolsteiner Schuppe. Das südwestlich angrenzende Gebiet von Thalfanger Haardtwald und Osburger Hochwald muss gesondert behandelt werden.

Die Morbacher Schuppenzone

Die Morbacher Schuppenzone wird im Nordwesten von der Haager und im Südosten von der Saar-Idarwald-Oberweseler Überschiebungszone begrenzt. Wegen des sehr unterschiedlichen geologischen Baustils im Osburger Hochwald und im Gebiet um Morbach wird die Bezeichnung Morbacher Schuppenzone auf das Areal nordöstlich der Gielerter Querverwerfung beschränkt. Asselberghs & Henke (1935a) bezogen das Gebiet der Morbacher Schuppenzone in ihre „anticlinal de l'Osburger Hochwald" mit ein, in dessen streichender Verlängerung nach Nordosten sie unzweifelhaft liegt, und begründeten das mit Vorkommen von „Dhroner Quarziten", die Leppla (Bl. 6109 Hottenbach) in der Halsterhöhe östlich von Wederath lokalisierte. Auch Nöring (1939) folgte dieser Darstellung. Stets (1960, 1962) unterschied bereits einen nordöstlichen und einen südwestlichen Abschnitt des „Osburger Hochwald-Sattels" und begründete dies mit dem unterschiedlichen Baustil beider Areale. Diesem Sachverhalt trug auch Wildberger (1992) Rechnung, indem er die Bezeichnung „Thalfanger Schuppenzone" einführte. Da dieser Begriff jedoch mit der „Thalfanger Mulde" („synclinal de Thalfang": Asselberghs & Henke 1935a, Nöring 1939) südwestlich und nordöstlich Thalfang verwechselt werden kann, wird die Bezeichnung Morbacher Schuppenzone eingeführt.

Die so eingegrenzte Morbacher Schuppenzone ist in sich verschuppt und lässt sich zwanglos in die **Hunolsteiner Schuppe** und die **Hoxeler Schuppe** gliedern, die durch die **Hilscheider Überschiebung** voneinander getrennt sind.

Hunolsteiner Schuppe. Sie liegt zwischen der Haager und der Hilscheider Überschiebung. Im Südwesten wird sie von der Gielerter Querverwerfung begrenzt, nach Nordosten lässt sie sich über die Halster Höhe (601 m NN; Bl. 6109 Hottenbach) sicher verfolgen. Weiter im Nordosten ist ein Anschluss an die von Dittmar (1996) und Elkholy (2000) vorgegebenen Schuppen möglich.

Im Nordwest-Abschnitt baut sich die Hunolsteiner Schuppe aus Zerf-Schichten in der ungegliederten Fazies auf. Zahlreiche saiger stehende Quarzit- und quarzitische Sandstein-Bankfolgen lassen sich im Streichen im Tal der Großen Dhron verfolgen (Kutscher 1935a, Stets 1962). Im Hangenden folgen Tonschiefer in der Fazies der Kaub-Schichten. Beide Schichtglieder grenzen mit deutlicher Faziesgrenze aneinander. Innerhalb dieser Zerf-Schichten nimmt der Sandgehalt von Gielert nach Nordosten zu. Manche der Quarzit-Bankfolgen erreichen die lithofazielle Qualität der „Dhroner Quarzite", z. B. bei Weiperath und an der Halster Höhe (Kutscher 1935a, Stets 1960, 1962). Solle (1950) gab unter Berücksichtigung der seinerzeit bekannten Fauna bei Rapperath für diese Schichtenfolge ein Ulmen-Alter an und stufte sie in die Zerf-Schichten ein. Die Fauna der Fundpunkte westlich Weiperath enthält mit *Hysterolites prohystericus*, *Rhenorensselaeria strigiceps* und einem *Acrospirifer* sp. cf. *primaevus* Faunenelemente des Siegen, so dass der tiefere Abschnitt der Schichtenfolge hier wohl noch in die Dhrontal-Schichten gehört. Bei einem Siegen-Alter der tieferen Bankfolgen liegt die Mächtigkeit der Zerf-Schichten hier bei 300 m und ist damit geringer als in den nördlichen Schuppen. Diese aus der geologischen Karte ableitbaren Mächtigkeiten stehen in keiner Relation zu denen bei Dittmar (1996), der bei der Bilanzierung >800–1600 m einsetzte.

Das südöstlich anschließende Gebiet baut sich aus Ton- und Siltschiefern der Kaub-Schichten mit einzelnen quarzitischen Bänken und Lagen auf. Allerdings fehlen jegliche

Dachschiefer. Dieses Areal dürfte in sich weiter verschuppt sein. Einen Anhaltspunkt liefert eine stärker sandige Einschaltung nordwestlich von Rorodt (Bl. 6208 Morscheid-Riedenburg), die sich über den Schalesbach nicht weiter im Streichen nach Nordosten verfolgen lässt. Hier weicht die Schichtlagerung von dem generell steilen SE-Einfallen bzw. der Saigerstellung ab. Lokal liegt hier Spezialfaltung mit mittelsteil SE einfallendem Faltenspiegel vor, jedoch auf dieses Areal beschränkt und noch in das untere Simmbach-Tal (Stets 1960).

Die Schichtlagerung in der Hunolsteiner Schuppe ist einheitlich steil nach SE gerichtet und reicht bis zur Saigerstellung. Eine Spezialfaltung (F_1) fehlt. Dafür zeigen die steil stehenden Bänke wellenartige Verbiegungen und Knickungen, durch die lokal steiles Einfallen nach NW und SE an ein und derselben Bank auftritt. Das s_1-Flächengefüge, das generell 45–50° streicht, verflacht sich im Einfallen innerhalb der Schuppe nach Südosten von >70° NW auf 50–70° NW. Damit ist innerhalb der Schuppe eine Isoklinalfaltung in den Tonschiefern ausgeschlossen und eine stete Verjüngung des Schichtenstapels nach SE gegeben. Die nach NW einfallenden Anteile der Bänke sind als überkippt zu betrachten.

Das s_2-Flächengefüge schwenkt von der üblichen NE-SW gerichteten Orientierung innerhalb der Hunolsteiner Schuppe auf ein Streichen von etwa 135° um und verflacht auf ein Einfallen um 20–30° SW. Untersuchungen an den flachwelligen Verbiegungen und Knickungen haben gezeigt, dass diese in Zusammenhang mit der D_2-Deformation erfolgt sind. Die Achsenflächen der Knickungen (bc) in den kompetenten Bänke verlaufen parallel zur Raumlage der s_2-Flächen und fallen flach SW. Das gilt auch für die wulstartige Deformation lokal flacher liegender Bänke nordöstlich der Ortschaft Rorodt (Stets 1960). Die B_2/b_2-Achsen dieser D_2-Deformation und die Schnittlineare .L_1 (s_0/s_1) sowie L_2 (s_1/s_2) tauchen einheitlich mit 10–20° SW ab. Damit ist erwiesen, dass die abweichende Raumlage der s_2-Flächen nicht auf eine Rotation (Hoeppener 1957) sondern eher auf eine lokale Umstellung des Spannungsfeldes innerhalb der Schuppenzone bei koaxialer Deformation im Rahmen von D_2 zurückzuführen ist.

Hilscheider Überschiebung und Hoxeler Schuppe. Im unmittelbaren nordwestlichen Vorland der Saar-Idarwald-Überschiebungszone tritt ein schmaler Streifen von ca. 1–1,5 km Ausstrichbreite aus Schichten vom Typ Zerf-Schichten auf. Ein Anteil an Quarzit-Bänken bis max. 0,3 m Mächtigkeit zeigt Ähnlichkeiten zu Unteren, höhere Siltschiefer-Anteile auch zu Oberen Zerf-Schichten. Diese sind in quasi äquidistanter Entfernung auf die nordwestlich vorlagernden Schichten der Hunolsteiner Schuppe aufgeschoben. Da eine verlässliche stratigraphische Zuordnung dieser Schichten mangels Fossilien nicht gelang, kartierte Stets (1960, 1962) hier noch eine Schichtgrenze, die sich von südlich Morbach mit Querstörungen bis Malborn verfolgen ließ. Die lithologische Ähnlichkeit mit den Zerf-Schichten nördlich des Idarwaldes und die in den Schuppen sich jeweils verjüngende Schichtenfolge im nordwestlichen Vorland des Idarwaldes bewogen Wildberger (1992), diese Grenze zwischen den schiefrigen Schichtverbänden der Hunolsteiner Schuppe und den fraglichen Zerf-Schichten im Vorland des Idarwaldes als Überschiebung anzusehen. Er konnte sie über Kell nach Südwesten bis an die Saar verfolgen, wo sie die Greimerather Schuppenzone nach NW begrenzt. Dort ist die Aufschiebung eindeutig erwiesen. Da ein analoger Baustil auch im Grenzbereich zwischen Morbacher und Idarwald-Schuppenzone herrscht, ist hier bei Hoxel, Deuselbach und Malborn eine Aufschiebung, die Hilscheider Überschiebung, sehr wahrscheinlich.

Die Hoxeler Schuppe umfasst den etwa 1–1,5 km breiten Ausstrich der (fraglichen) Zerf-Schichten im unmittelbaren nordwestlichen Vorland der Saar-Idarwald-Oberweseler Überschiebungszone. Auch Nöring (1939) stellte diesen Bereich mit Ausnahme eines kleinen Areals südlich Thalfang zu den Zerf-Schichten. Die von ihm im Eisenbahn-Einschnitt südlich Morscheid (Bl. 6208 Morscheid-Riedenburg) zitierte kleine Fauna ist wenig aussagekräftig. Das gilt nicht für Faunen auf Bl. 6307 Hermeskeil in derselben strukturellen Situation bei Abtei, die relativ reichhaltig sind und für Ulmen-Unterstufe sprechen. Diese Befunde bekräftigen die Vorstellung einer schmalen Schuppe nördlich von Idar- und Hochwald.

Im Umfeld von Hoxel und von dort nach Südwesten bis an die Hinzerter Querverwerfung, die bei Abtei und Dampflos die Schuppe im Südwesten schneidet, finden sich sowohl saiger stehende Schichtverbände als auch solche, die spezialgefaltet sind und bis 45° SE einfallen. Die s_1-Flächen streichen ebenfalls um 55–60° mit Einfallen von 55–80° NW. Die Raumlage der s_2-Flächen schwankt zwischen 110°/20° W und 165°/10–20° SW. Das Abtauchen der Schnittlineare ist auch hier nach SW gerichtet.

3.3.3.1.4.4 Die Haardtwald- und die Osburger Hochwald-Schuppenzonen

Als deutlicher Härtling überragt der Osburger Hochwald die Hunsrück-Hochfläche im West-Hunsrück um ca. 220–230 m im Norden, im Süden um 160–180 m. Das Flüsschen Riveris schneidet ihn von Norden her an; die Ruwer umgeht ihn im Süden und schneidet ihn dann von Südosten her auf dem Weg zur Mosel nach Norden.

Mit der Geologie dieses Gebietes haben sich zuerst Grebe (1881), Leppla (zuletzt 1925a), Asselberghs & Henke (1935a) und Nöring (1939) beschäftigt.

Durch Kartierung und Strukturanalyse leitete (Wildberger 1992) im Anschluss an Scholtz (1930) auch hier einen Schuppenbau ab. Der „Osburger Hochwald-Sattel“ Nöring's (1939) wird durch zwei NW-SE verlaufende Querverwerfungen, die Gielerter im Nordosten und die Hinzerter Verwerfung im Südwesten, in zwei Blöcke geteilt, die bei recht ähnlichem Baustil im Gegensatz zur im Nordosten folgenden Morbacher Schuppenzone, speziell der Hunolsteiner Schuppe, stehen. Die beiden Querstörungen bieten an, das durch sie geteilte Areal in zwei unterschiedliche Schuppenzonen aufzuteilen, die **Haardtwald-Schuppenzone** im Nordosten zwischen den beiden Querverwerfungen und die **Osburger Hochwald-Schuppenzone** im Südwesten. Beide Schuppenzonen werden von der **Riveris-Überschiebung** im Nordwesten begrenzt; im Südosten reichen sie bis an die **Hilscheider (Keller) Überschiebung**. Die **Misselbacher Überschiebung** trennt die beiden Teilschuppen.

Die **Riveris-Überschiebung** trennt die Osburger Hochwald- und die Haardtwald-Schuppenzone von dem nordwestlich anschließenden Südwest-Abschnitt der Horather Schuppenzone (Dhrontal-Schuppe). An ihr sind zwischen Ruwer und Riveris Zerf- auf Kaub-Schichten überschoben worden. Durch Faziesverzahnung werden weiter im Südwesten Kaub- auf Kaub-Schichten überschoben, was die exakte Festlegung von Überschiebungsverlauf und -betrag dort erschwert. Wildberger (1992) konnte sie bis südwestlich von Pellingen (Bl. 6306 Kell) verfolgen.

Im Riveris-Tal ist die Überschiebung deutlich. In den Kaub-Schichten – im tektonisch Liegenden der Überschiebung – herrscht steiles Einfallen der s_0-Flächen nach SE, während in den Zerf-Schichten im tektonisch Hangenden NW-Einfallen zu beobachten ist. Danach ist hier der kurze NW-fallende Faltenschenkel eines vergenzlosen bis schwach SE-vergenten Spezialsattels von der Riveris-Überschiebung durchtrennt worden. Dieser Sattel ist im Steinbruch an der Feilens-Mühle im Riveris-Tal (Bl. 6206 Trier-Pfalzel) zu beobachten und lässt sich bis nordwestlich der Ortschaft Herl nach Nordosten verfolgen. Nach Südwesten gelingt die Verfolgung bis in das Ruwer-Tal bei Gusterath (Bl. 6206 Trier-Pfalzel); südwestlich Pellingen und Oberemmel (Bl. 6306 Kell u. 6305 Saarburg) mündet die Riveris-Überschiebung in die Hunsrück-Hauptüberschiebung bzw. die „Mosel-Achse“ ein. Die Feststellung der strukturtrennenden Überschiebungen ist hier wegen der Kaub-Schichten im tektonisch Liegenden und Hangenden erschwert. Das unterschiedliche Einfallen der s_1-Flächen im Bereich der „Mosel-Achse“ macht jedoch die Lokalisierung möglich (Wildberger 1992).

Problematisch ist dagegen der Anschluss nach Nordosten. Der Materialunterschied zwischen Zerf-und Kaub-Schichten gestattet über Lesesteine, die den lithologischen Unterschied zwischen beiden benachbarten Schuppen belegen, die Verfolgung bis etwa auf die Höhe von Neumehring nördlich Lorscheid an der alten Weinstraße (Bl. 6207 Beuren/Hochwald). Dort wird sie an der Hinzerter Querverwerfung, die von hier über Abtei nach Dampflos zieht, nach Südosten verworfen. Sicher zu fassen ist sie erst wieder im Tal der Kleinen Dhron südlich der Bescheider Mühle (Bl. 6207 Beuren/Hochwald), wo steil SE-fallende Schichtverbände der Zerf-Schichten auf Kaub-Schichten der nordwestlich vorgelagerten Dhrontal-Schuppe aufgeschoben sind. Hier ergibt sich für die Riveris-Überschiebung ein Streichen von 60° bei steilem Einfallen nach SE. Nordwestlich von Talling verspringt die Überschiebung an der Tallinger Querverwerfung um ca. 750 m nach Nordwesten. Der weitere Verlauf nach Nordosten ist auf der Hochfläche bis zur Gielerter Querverwerfung nur über Lesesteine zu verfolgen. Dort wird sie um 600 m nach Südosten versetzt. Die weitere Verlängerung nach Nordosten übernimmt von hier ab die Haager Überschiebung (Stets 1962). Eine Trennung der Bezeichnung der Riveris- von der Haager Überschiebungszone im Streichen erscheint notwendig, da die beiden südöstlich angrenzenden Schuppen sehr unterschiedlichen inneren Bau aufweisen und nicht sichergestellt ist, dass die Riveris- tatsächlich in der Haager Überschiebungszone ihre Fortsetzung findet.

Die **Haardtwald-Schuppenzone** grenzt – durch die Gielerter Querverwerfung getrennt – nach Nordosten an die Hunolsteiner Schuppe und entlang der Hinzerter Querverwerfung nach Südwesten an die Osburger Hochwald-Schuppenzone, (Osburger Schuppe und Hochwald-Schuppen). Ihre Bezeichnung erhielt sie nach dem Haardtwald nördlich Thalfang. Nach dem Profil im Tal der Kleinen Dhron besteht sie aus zwei Teilschuppen, der **Schönberger Schuppe** im Nordwesten und der **Beurener Schuppe** im Südosten. Beide Schuppen werden durch die **Misselbacher Überschiebung** getrennt, die sich aus der Osburger Hochwald-Schuppenzone über die Hinzerter Querverwerfung hinweg nach Nordosten in die Haardtwald-Schuppenzone verfolgen lässt. Die Haardtwald-Schuppenzone wird darüber hinaus durch die Tallinger Querverwerfung in zwei Schollen geteilt.

Die **Schönberger Schuppe** ist entlang der Kleinen Dhron gut aufgeschlossen; im Thalfanger Haardtwald fehlen Aufschlüsse völlig. Sie baut sich ausschließlich aus ungegliederten Zerf-Schichten auf, die sich an der Riveris-Überschiebung deutlich von den nordwestlich vorgelagerten Tonschiefern der Kaub-Schichten der Dhrontal-Schuppe abheben. Diese Zerf-Schichten setzen im tektonischen Hangenden der Riveris-Überschiebung mit steil SE-fallenden Schichten (75–85° SE) ein. Daran schließt sich nach Südosten ein Bereich intensiver Spezialfaltung an. Offensichtlich wird eine Falte in der Größenordnung von mehreren hundert Metern von Spezialfalten im m-Bereich überlagert, die beide deutliche SE-Vergenz aufweisen. Nach der Spezialfaltung liegt hier eine ungewöhnlich flache Lage des Faltenspiegels vor, der jedoch 1 km weiter südöstlich in steiles SE-Einfallen der Schichten und entsprechend steile Lage des Faltenspiegels vor der Misselbacher Überschiebung übergeht. Diese weite Falte bedingt den breiten Ausstrich der Zerf-Schichten. Die s_1-Flächen fallen 50–70° NW; die s_2-Flächen liegen mit 30–40° NW wesentlich flacher. Die Spezialfaltenachsen und Schnittlineare tauchen flach nach SW.

Im Nordosten, in der Scholle zwischen Tallinger und Gielerter Querverwerfung, geht die relativ große Ausstrichbreite der Schönberger Schuppe am Nord-Rand des Thalfanger Haardtwaldes wahrscheinlich auf einen entsprechenden inneren Aufbau wie im Südwesten zurück. Das gilt wahrscheinlich ebenso für den nicht aufgeschlossenen Anteil der Schönberger Schuppe unmittelbar nordöstlich der Hinzerter Querverwerfung.

Misselbacher Überschiebung im Tal der Kleinen Dhron. Sie erhielt ihren Namen nach einer Lokalität im nördlichen Osburger Hochwald. Sie lässt sich von dort bis in die Haardtwald-Schuppenzone verfolgen. An der Hinzerter Querverwerfung verspringt sie im Kartenbild um ca. 1,5 km nach Südosten und verläuft von dort über den Dauwelsberg nördlich Prosterath (Bl. 6207 Beuren/Hochwald) durch das hier stark verengte Tal der Kleinen Dhron zur Ortschaft Neunkirchen. Dort verliert sie sich im Wiesengelände am Oberlauf des Mühlenbaches. Der Verlauf durch den Thalfanger Haardtwald ist zwischen der Tallinger und der Gielerter Querverwerfung in dem Waldgebiet nicht nachzuvollziehen, es sei denn man nimmt die morphologische Situation (Höhen >500 m NN im Südosten) zu Hilfe, die durch „Dhroner Quarzite“ nachgezeichnet wird. An der Gielerter Querverwerfung wird sie um ca. 1,5 km nach Nordwesten verworfen und setzt sich u. U. in der Haager Überschiebungszone weiter nach Nordosten fort. Dieser Anschluss erscheint möglich, da der Baustil der im Südosten folgenden Beurener Schuppe dem der Hunolsteiner Schuppe ähnlich ist. Daraus ergäbe sich, dass die Riveris-Überschiebung nach der Tiefe zu in die Misselbacher Überschiebung einmündet und die Morbacher Schuppenzone ein tieferes tektonisches Niveau darstellt. Die Misselbacher Überschiebung streicht in der Haardtwald-Schuppenzone um 55–60°. Im Kleinen Dhron-Tal ist ein steiles SE-Einfallen wahrscheinlich (Stets 1962, Wildberger 1992).

Die **Beurener Schuppe** reicht von der Misselbacher Überschiebung im Nordwesten bis an die Hilscheider Überschiebung im Südosten. Die Tallinger Querverwerfung teilt sie in eine südwestliche und eine nordöstliche Scholle. Ob diese Querverwerfung weiter im Südosten die Hilscheider Überschiebung ebenso wie die Idarwald-Überschiebungszone am Südwest-Ende des Röderberges betroffen hat, muss offen bleiben, da die genaue Lokalisierung durch die pleistozäne Schuttüberdeckung am Nord-Fuß von Idar- und Hochwald erschwert wird.

In der Beurener Schuppe ist die konsequente Entwicklung von den Dhrontal-Schichten mit eingelagerten „Dhroner Quarziten“ im Liegenden bis zu Kaub-Schichten im Hangenden deutlich nachzuvollziehen. Im Profil der Kleinen Dhron ist im Hangenden der Dhrontal-Schichten eine Trennung in Untere und Obere Zerf-Schichten bei der Schmelzmühle und südöstlich davon deutlich. Der breite Ausstrich von Tonschiefern vom Typ Kaub-Schichten weiter im Südosten bei Rascheid und Geisfeld legt eine weitere Untergliederung in Teilschuppen wie in der Hunolsteiner Schuppe nahe, ist jedoch schwer nachzuweisen. Vermehrtes Auftreten von Siltschiefern nordwestlich Dhronecken im Vorfeld der Hilscheider Überschiebung deutet eine solche an.

Am Dauwelsberg (Bl. 6207 Beuren/Hochwald) grenzen saiger stehende bis steil SE-fallende Quarzite der Dhrontal-Schichten an der Misselbacher Überschiebung an Zerf-Schichten der Schönberger Schuppe. Durch den leicht spitzwinklig zum Streichen der Schichten angelegten Verlauf der Überschiebung ist auf der östlichen Talflanke der Kleinen Dhron ein Teil der Quarzite in den Dhrontal-Schichten tektonisch ausgefallen. Das einheitliche SE-Einfallen der Schichten wird an der Schmelzmühle durch eine Spezialfalte unterbrochen. Bei der Schmelzmühle verlaufen sie nahezu horizontal, neigen sich jedoch weiter im Südosten auf bis 5° SW. Das Einfallen der Schichtung (s_0) ist in den hangenden Tonschiefern nach SE gerichtet. Die s_1-Flächen fallen einheitlich 50–70° SE, wobei sich das Einfallen generell nach Südosten versteilt. Dagegen fällt das s_2-Flächengefüge – ähnlich wie in der Hunolsteiner Schuppe – sehr flach (<30°) nach SW. Die Hinzerter Querverwerfung bedingt einen deutlichen Hiatus in der Raumlage von s_2, die südwestlich von ihr flach (<30°) nach NW einfällt. Das heißt, dass diese Verwerfung maßgeblich post-s_2 aktiv war.

Die **Osburger Hochwald-Schuppenzone** reicht von der Riveris-Überschiebung im Nordwesten bis an die Hilscheider (Keller) Überschiebung im Südosten. Sie umfasst das Gebiet von der Hinzerter Querverwerfung im Nordosten bis an das diskordante Auflager von Schichten der Permotrias westlich der Saar im Südwesten und gliedert sich in die **Osburger Schuppe** im Nordwesten und die **Osburger Hochwald-Schuppen** südöstlich davon. Im Südosten schließt sich die Hoxeler Schuppe und in ihrer streichenden Verlängerung nach Südwesten die Greimerather Schuppenzone an. Die **Misselbacher Überschiebung** trennt die Osburger Schuppe von den Osburger-Hochwald-Schuppen.

Die **Osburger Schuppe** (Wildberger 1992) liegt zwischen der Riveris-Überschiebungszone im Nordwesten und der Misselbacher Überschiebung im Südosten. Sie baut sich im Nordost-Abschnitt, der von der Hinzerter Querverwerfung bis an die Riveris reicht, aus Zerf-Schichten auf. Bedingt durch stetes Abtauchen der Spezialfaltenachsen nach SW und die deutliche Faziesverzahnung in der gleichen Richtung zugunsten von Kaub-Schichten ist im Ruwer-Tal und von dort bis an die Saar die Osburger Schuppe nur aus

Tonschiefern aufgebaut. In diesem Südwest-Abschnitt ist der Bau der Schuppe wegen mangelnder Aufschlüsse und aufgrund der Einförmigkeit des Materials nur mangelhaft bekannt. Für das Saartal nahm WILDBERGER (1992) steiles SE- und NW-Einfallen der Schichtverbände bei mittelsteilem Einfallen der s_1-Flächen nach NW (45–50° NW) an. Auch SCHOLTZ (1930) verzeichnete in diesem Gebiet und an der Ruwer wechselndes Einfallen mit z. T. relativ flachen Werten nach NW und SE. Das spricht für eine Spezialfaltung vom Typ Kurzschenkelfalte mit steter Verjüngung der Schichtenfolge innerhalb der Einzelschuppe nach Südosten. Insofern besteht deutliche Ähnlichkeit mit der Schönberger Schuppe im Nordosten, jedoch nicht mit der Hunolsteiner Schuppe.

An die Spezialfalten im Riveris-Tal nahe der Riveris-Überschiebung bei der Feilensmühle (Bl. 6206 Trier-Pfalzel) schließt sich nach Südosten an die schwach SE-vergente Spezialfaltung ein Schichtverband mit steil SE-fallender Schichtlagerung in den Zerf-Schichten bis an die Misselbacher Überschiebung an. Die s_1-Flächen zeigen Saigerstellung bis zu steilem NW-Einfallen. Die Spezialfaltung ist deutlich asymmetrisch mit langen steilen bis saiger stehenden SE-Schenkeln, wodurch der relativ steil nach SE gerichtete Faltenspiegel bedingt ist.

Misselbacher Überschiebung im Osburger Hochwald. Sie trennt die Osburger Schuppe im Nordwesten von den Osburger Hochwald-Schuppen im Südosten. Im Gegensatz zu WILDBERGER (1992) wird diese Überschiebung hier als die eigentliche strukturtrennende Überschiebung zwischen der Osburger Schuppe im Nordwesten und den südöstlich anschließenden Osburger Hochwald-Schuppen gesehen. Denn an ihr sind bei Misselbach im oberen Riveris-Tal Dhrontal-Schichten mit „Dhroner Quarziten" auf die Zerf-Schichten der Osburger Schuppe nach Nordwesten aufgeschoben. Die Situation ähnelt der am Dauwelsberg oberhalb des Kleinen Dhron-Tales. In den Osburger Hochwald-Teilschuppen vollzieht sich in den Dhrontal-Schichten auch eine Faziesverzahnung nach Südwesten, die bis an die Saar Tonschiefer vom Typ Kaub-Schichten in das Aufschluss-Niveau bringt. Die Misselbacher Überschiebung lässt sich aufgrund der deutlichen lithologischen Unterschiede zu beiden Seiten über Holzerath und Hinzenburg unweit der Hinzenburger Mühle im Ruwer-Tal (Bl. 6306 Kell), die Siedlung Steinbachweier (Bl. 6305 Saarburg) bis an die Saar bei Saarburg-Beurich verfolgen.

Nach Nordosten ist die Verfolgung am Nord-Rand des Waldgebietes bei Farschweiler (Bl. 6205 Trier-Pfalzel) und Lorscheid (Bl. 6207 Beuren/Hochwald) bis an die Hinzerter Querverwerfung über die morphologische Situation und die Verbreitung der Quarzite gegeben. Nach einem deutlichen Versatz lässt sie sich in der Haardtwald-Schuppenzone an die entsprechende Überschiebung nach Nordosten anschließen.

Die **Osburger Hochwald-Schuppen** (Osburger Hochwald-Schuppenzone: WILDBERGER 1992) entsprechen dem Kern des „Osburger Hochwald-Sattels" (ASSELBERGHS & HENKE 1935a, NÖRING 1939). Sie reichen von der Misselbacher Überschiebung im Nordwesten bis an die Keller (Hillscheider) Überschiebung im Südosten. An der Saar ist dieser noch ein schmaler Schuppenspan vorgelagert, der durch die Hammer Überschiebung (Saar-Überschiebung: NÖRING 1939) bei Hamm/Saar nach Nordwesten begrenzt wird.

Im Osburger Hochwald lassen sich nach der Verbreitung der „Dhroner Quarzite" drei Teilschuppen aushalten (WILDBERGER 1992), die jedoch schlecht aufgeschlossen sind und nicht einzeln benannt sind. Während im Nordosten, nahe der Hinzerter Querverwerfung, die drei Teilschuppen einheitlich aus Dhrontal-Schichten bestehen, erfolgt auch hier jeweils nach Südwesten eine Faziesverzahnung auf Kosten der psammitischen Schichtglieder. Das führt im Profil der Ruwer zwischen Holzerath und Zerf (Bl. 6306 Kell) dazu, dass steil stehende Zerf-Schichten aller drei Teilschuppen nach SE aneinander grenzen, wodurch die Trennung stark erschwert ist. Die laterale Faziesverzahnung nach Südwesten geht soweit, dass im Saartal im Streichen auch Tonschiefer vom Typ Kaub-Schichten angetroffen werden.

Das Schichteinfallen in Ruwer- und Saartal ist einheitlich steil nach SE gerichtet. Spezialfaltung ist kaum vorhanden. Die s_1-Flächen streichen um 50–60° und fallen mit

70–85° NW. Das s_2-Flächengefüge wechselt im Streichen stark um 30–40°/30–50° NW. Abweichend N-fallende Werte ergaben sich lokal in Tonschiefern vom Typ Kaub-Schichten südwestlich und nordöstlich von Reinsfeld (Bl. 6307 Hermeskeil). Wildberger (1992) versuchte in den Kauber Tonschiefern an der Saar mit Hilfe des s_2-Flächengefüges die drei Einzelschuppen voneinander zu trennen, was jedoch bei den großen Schwankungen in der Raumlage von s_2 schwierig ist. Das Abtauchen der Schnittlineare L1 (s_0/s_1) und L2 (s_1/s_2) ist allenthalben nach SW gerichtet und bestätigt, dass bei meist fehlender Spezialfaltung und generell SE gerichteter Schichtlagerung (s_0) die fazielle Entwicklung von den Dhrontal- zu den Kaub-Schichten tektonisch kontrolliert ist.

3.3.3.1.4.5 Schuppenbau nordwestlich der Idarwald-Schuppenzone bis zur Saar

In dem der Idarwald-Schuppenzone nordwestlich vorgelagerten Gebiets erschließt sich durch faziell stärkere Differenzierung der Hunsrückschiefer nach Südwesten ein in schmale Teilschuppen zerlegtes Gebiet. Es wird nach Nordwesten begrenzt durch die **Keller (Hilscheider) Überschiebung**. An der Saar lässt sich in ihrem nordwestlichen Vorland als schmale Teilschuppe die **Hammer Schuppe** ausgliedern, die von der **Hammer Überschiebung** im Nordwesten gegen die Kaub-Schichten der Osburger Hochwald-Schuppen begrenzt wird. Nach Südosten schließt sich die **Greimerather Schuppenzone** an, die bis an die Saar-Idarwald-Oberweseler Überschiebungszone reicht und der Hoxeler Schuppe im Nordosten entspricht.

Die **Keller (Hilscheider) Überschiebung** setzt sich nach einem seitlichen Versatz von ca. 500 m nach NW in Richtung der Hilscheider Überschiebung in der Keller Überschiebung fort – diese ist benannt nach Kell am See (Bl. 6306 Kell). Ihr Verlauf nach Südwesten ist deutlich zu verfolgen, da bis etwa Niederkell Zerf-Schichten auf Tonschiefer vom Typ Kaub-Schichten, die z. T. Dachschiefer enthalten und zur südöstlichsten Osburger Hochwald-Schuppe gehören, aufgeschoben worden sind. Südlich von Mandern schalten sich vermehrt Quarzite vom Typ der „Dhroner Quarzite“ an der Überschiebung ein, die schon Leppla in Bl. Trier-Mettendorf 1:200 000 verzeichnete. Diese Dhrontal-Schichten gehen weiter nach Südwesten in geschlossene Quarzit-Bankfolgen vom Typ Taunusquarzit über. Dieser ist an der Saar am Nord-Hang des Höckerberges und auf der Höhe des Bahn-Haltepunkts Taben-Rodt (rechtes Saar-Ufer) auf Schichten vom Typ Dhrontal-Schichten überschoben. Hier grenzt damit die südöstlichste Osburger Hochwald-Schuppe an die Greimerather Schuppenzone im Südosten. Am Bahnhof Taben-Rodt deutet ein schwach NW-vergenter Sattel auf diese Überschiebung hin. Sein nahezu saiger stehender NW-Schenkel ist von einer steil SE-fallenden Aufschiebung betroffen (Dresen 1979). Auf der linken Seite der Saar verläuft die Überschiebung nördlich des Rodter Fels, der aus gut gebanktem Taunusquarzit besteht, weiter nach Südwesten und verschwindet unter der Buntsandstein-Platte östlich der Ortschaft Weiten (Bl. 6405 Freudenberg).

Hammer Überschiebung und Hammer Schuppe. An der Saar ist bei Hamm nordwestlich der Keller Überschiebung die leistenförmige, aus Taunusquarzit und Dhrontal-Schichten bestehende **Hammer Schuppe**, vorgelagert. Ihre nordwestliche Begrenzung wird als **Hammer Überschiebung** bezeichnet. Sie streicht 65–70° und fällt steil nach SE ein. Die Hammer Überschiebung hat trotz der guten Aufschlussverhältnisse im Saartal zu unterschiedlichen Vorstellungen beigetragen:

Nöring (1939) deutete die von Grebe (1881) erkannten Lagerungsverhältnisse mit Hilfe seiner „Saar-Überschiebung“: „Es zeigt sich hier, dass die Überschiebungsbahn leicht gewellt ist und teils flach liegt, teils mit mittleren Winkeln nach S einfällt“. Diese Deutung mit einer flachen deckenartigen Überschiebung galt seitdem und wurde mehrfach auf Exkursionen vorgeführt (u. a. E. Müller 1984: Halt 3). Schall (1968) ging davon aus, dass „die Hammer

Überschiebung flacher als die Schichtflächen (im überschobenen Taunusquarzit) nach NW ansteigt" und deswegen die Quarzite des Maunert „zum größten Teil bereits der Abtragung anheimgefallen" (S. 11) seien. Dieser Vorstellung muss jedoch widersprochen werden. Nach SW divergierendes Streichen von Überschiebung und Schichtlagerung (s_0) im Taunusquarzit innerhalb der Schuppe führen links der Saar, abgesehen von einer Faziesverzahnung nach Nordosten, zu vermehrtem Auftreten von Quarzit-Bankfolgen. Durch die Kartierungen von Dresen (1979), Abraham (1991), Wildberger(1992) konnte der Sachverhalt einer Schuppe mit steil SE-fallender Überschiebung herausgearbeitet werden. Danach ergibt sich ein Einfallen der Überschiebung von 60–70° SE. Die noch auf dem rechten Saar-Ufer südlich vom Parkplatz „Zur schönen Aussicht" (Bl. 6405 Freudenburg) stark gestörten, steil stehenden Schichten vom Typ Dhrontal-Schichten, evtl. auch Zerf-Schichten, gehen nach Nordosten in Schichten vom Typ Zerf-Schichten über. Hinzu kommt, dass die Hammer Überschiebung links der Saar am Maunert (417 m NN) mit 70° wesentlich flacher streicht als die Schichtverbände des Taunusquarzit innerhalb der Schuppe, deren Raumlage (s_0) auf 55°/45–60° SE gemittelt werden kann. Dadurch streichen links der Saar am Maunert weitere Quarzit-Bankfolgen vom Typ Taunusquarzit zutage aus.

Begleitet wird die Hammer Überschiebung im tektonisch Liegenden links der Saar am Nord-Hang des Maunert von einem lokalen Taunusquarzit-Schürfling, der parallel zu den Flächen der 1. Schieferung (s_1) in die dortigen Tonschiefer vom Typ Kaub-Schichten eingeschuppt ist. Die s_1-Flächen stehen hier steil und „pendeln" um die Saigerstellung zwischen 80° SE und 70° NW. Die s_2-Flächen fallen 35–50° NW und streichen mit ca. 40° steiler als die s_1-Flächen (Dresen 1979).

Ein weiterer Schürfling, allerdings von granitoidem Habitus, fand sich auf dem rechten Saar-Ufer in Hunsrückschiefern vom Typ Kaub-Schichten rechts der Saar im Höhenzug „Auf der Hütte" (Abraham 1991; Bl. 6405 Freudenburg; R ^{25}43 625–788, H ^{54} 92 788–950). Hier ist in der geologischen Karte ein s_1-paralleler, intensiv zerscherter Diabas-Gang verzeichnet. Das mehrere Meter mächtige Vorkommen, das parallel zu s_1 eingeregelt ist, wurde in den Randbereichen deutlich geschiefert und ist sonst von einzelnen Scherbahnen durchzogen, was die Deutung als wurzellosen Schürfling nahelegt. Abraham erwog als Alternative eine gangförmige Intrusion, ähnlich jener der dort häufigen Diabase. Der relativ grobe Mineralbestand an rötlichem Orthoklas und Quarz und die deutlichen Scherbahnen sprechen neben grünlichen Xenolithen nicht unbedingt dafür. Der Schürfling ähnelt eher den vordevonischen Kristallin-Schürflingen im Süd-Hunsrück.

Die guten Aufschlussverhältnisse im Bereich der Hammer Überschiebung gestatten eine kleintektonische Analyse im unmittelbaren nordwestlichen Vorland dieser für den Baustil des Hunsrücks typischen Überschiebung bei schroffen Materialgegensätzen zwischen Tonschiefern im tektonisch Liegenden und Quarziten im Hangenden. Die s_1-Flächen sind hier im Rahmen der D_2-Deformation intensiv sigmoidal verbogen. Die s_2-Flächen zeigen Einfallwerte von 35–50° NW. Die B_2/b_2-Achsen und die Schnittlineare L_2 (s_1/s_2) tauchen generell auf beiden Saar-Ufern nach SW (220–240°/5–20° SW); Dresen 1979). Mit Annäherung an die Überschiebung ergeben sich zusätzlich lokale Achsen von 30–35°/5–30°NE. Die s_2-Flächen zeigen eine höchst unregelmäßige Verteilung. Es sollte daher von einer prä-existenten Anlage des s_2-Gefüges – bezogen auf die Überschiebung – ausgegangen werden. Alle Phänomene – Schürflinge, Lage von s_2, Achsen-Verhalten, Tätigkeit der Überschiebungen post-s_2 – deuten auf die Komplexität der tektonischen Vorgänge an den strukturtrennenden Überschiebungen hin, die i. a. nicht zugänglich sind. Die Überschiebung selbst ist auch hier nicht direkt aufgeschlossen.

Die relativ schmale leistenförmige **Hammer Schuppe** liegt zwischen der Hammer Überschiebung im Nordwesten und der Keller (Hilscheider) Überschiebung im Südosten. Sie ist im Saar-Profil deutlich. Nach Nordosten verliert sie sich im Großbach-Tal südlich Zerf (Bl. 6405 Losheim) in Schichten vom Typ Zerf-Schichten, die wegen der Einförmigkeit des Materials keine Abtrennung mehr erlauben.

Schall (1968) gliederte den Taunusquarzit im Saar-Profil nach dem Anteil an Quarziten in acht Folgen (a–h), von denen die beiden ältesten (a, b) die Hammer Schuppe aufbauen. Die untere Folge (a) besteht aus gut gebankten, grauen und grünlichgrauen Quarziten mit Bankmächtigkeiten um 30–50 cm, auch 70 cm. Die Folge entspricht lithologisch dem Unteren Taunusquarzit (sensu Leppla 1904) im Rhein-Profil. Die darüber folgende Folge b enthält neben ähnlichen, weniger bankigen Quarziten auch Tonschiefer und entspricht lithofaziell eher dem Oberen Taunusquarzit. Beide Schichtverbände sind aufgrund ihrer Lage zwischen den beiden Überschiebungen nicht in voller Mächtigkeit aufgeschlossen. Aufgrund der Divergenz von Hammer Überschiebung und Schichtlagerung (s_0) spitzt die Folge a, die auf dem linken Saar-Ufer noch den felsigen Maunert aufbaut, an der Saar aus. Die Folge b erreicht das rechte Saar-Ufer und verzahnt sich faziell nach Nordosten mit Schichten vom Typ Dhrontal-Schichten, weiter im Nordosten mit Zerf-Schichten. Das komplizierte Störungsmuster aus drei parallelen NNE-SSW (rheinisch) streichenden Abschiebungen (Schall 1968: geol. Karte) lässt sich nicht nachvollziehen (Abraham 1991). Nach Südwesten lässt sich die Hammer Schuppe bis in das Leuk-Tal verfolgen. Der Anteil an Taunusquarzit, der dort unter permotriassischem Deckgebirge zutage tritt, ist sehr gering. Die von Schall (1968: Taf. 1) angegebene Sattelstruktur ist nicht zu erkennen (St. Schneider 1982). Innerhalb der Hammer Schuppe verflacht das Schichteinfallen (s_0) nach Südosten auf 20–40° SE.

Greimerather Schuppenzone. Sie liegt zwischen der Keller (Hilscheider) Überschiebung im Nordwesten und der Saar-Idarwald-Oberweseler Überschiebungszone im Südosten. Im Saartal ist sie durchgehend zwischen dem Nord-Abhang des Höckerberges und dem Vogelsfelsen nördlich Saarhölzbach angeschnitten und besteht ausschließlich aus Taunusquarzit. Mehrere Aufschiebungen zerlegen sie in Teilschuppen. Diese Aufschiebungen haben relativ geringe Sprunghöhen, so dass es sich wohl nicht um strukturtrennende Verschiebungen handelt.

Die Teilschuppen bestehen aus Taunusquarzit, den Schall (1968) in die Folgen c, d und e gliederte. Die Folge c steht im Steinbruch Saarhausen im Abbau. Er gleicht dem Taunusquarzit der Folge a am Maunert. In der Folge d vollzieht sich zum Hangenden der fazielle Übergang zu einer stärker Tonschiefer-betonten Fazies. Die Folge e gleicht wieder der Folge c. Im Gegensatz zu Schall handelt es sich nicht um drei unterschiedliche stratigraphische Einheiten, sondern um eine Wiederholung durch tektonische Verschuppung und ist im Einzelnen weiter gliederbar in die untere „Folge c"; sie besteht ähnlich wie der Untere Taunusquarzit (Folge a) in der Hammer Schuppe oder am Rhein aus gut gebankten grauen Quarziten, die obere „Folge c" enthält einen höheren Tonschiefer-Anteil vergleichbar dem Oberen Taunusquarzit und geht zum Hangenden in die heterolithische Quarzit-Tonschiefer-Wechselfolge („Folge d") über, die den Zerf-Schichten ähnlich ist (Abraham 1991).

Diese drei Bankfolgen sind im gesamten Profil-Abschnitt schwach gefaltet im Stil von NW-vergenten Kurzschenkelfalten. Die kurzen NW-fallenden Schenkel stehen relativ steil im Vergleich zu den langen flacheren SE-Schenkeln, woraus bei der Länge der SE-Schenkel auch hier ein flach SE fallender Faltenspiegel resultiert. Durch die wiederholte Verschuppung bleibt das Aufschluss-Niveau immer im Taunusquarzit. Nach Südosten verschwinden jedoch die unteren Quarzite der „Folge c" etwa auf der Hälfte der Strecke südlich des großen Steinbruchs endgültig unter das Niveau der Saar. Erst am Vogelsfelsen werden an der Saar-Idarwald-Oberweseler Überschiebungszone Quarzite der unteren „Folge c" wieder über das Niveau der Saar angehoben. Typisch für das Profil sind relativ kleinräumige Aufschiebungen innerhalb der Schuppenzone, die sich offensichtlich aus den meist ausgedünnten NW-Schenkeln der Kurzschenkelfalten entwickelten. Die Lokalisierung der Aufschiebungen gelingt mit Hilfe von Schleppfalten, wie z. B. am Bahnhaltepunkt Taben-Rodt oder am Vogelsfelsen. In Abhängigkeit vom Material zeigt sich bei gleicher Beanspruchung unterschiedliche Deformation (Dresen 1979, Abraham 1991).

In diesem gut aufgeschlossenen Profil-Abschnitt treten im tektonisch Hangenden der Überschiebungen starke Milchquarz-Gänge und Quarzimprägnationen auf. Sie sind auch in schlecht aufgeschlossenem Gebiet als größere Quarz-Gänge oder Härtlinge zu finden. Sie resultieren aus bei der Deformation mobilisiertem SiO_2, das entlang von Klüften aufstieg. Diese Mobilisierung von SiO_2 sollte im Bereich größter Scherung entlang von Bewegungsbahnen, wie den strukturtrennenden Überschiebungen, erfolgt sein.

Wildberger (1992) gliederte die Greimerather Schuppenzone im Saar-Profil mit Hilfe von Flexuren und Schleppfalten (ähnlich Abraham 1991) in mehrere Teilschuppen mit je einer Überschiebung südlich von Saarhausen und am Schwellenkopf. Er konnte sie jedoch nicht über das Saartal hinaus verfolgen. Bedingt durch nordöstliches Achsenabtauchen und laterale Faziesverzahnung ergibt sich in der Greimerather Schuppenzone von der Saar in Richtung Greimerath ein Übergang von Schichten vom Typ „Unterer" Taunusquarzit in Schichten vom Typ Dhrontal-Schichten im tektonischen Hangenden der Keller (Hilscheider) Überschiebung und weiter in Zerf-Schichten in Richtung Kell am See; im Südosten erfolgt ein Übergang der Schichten vom Typ „Oberer" Taunusquarzit in Schichten vom Typ Zerf-Schichten, die sich an die Zerf-Schichten im unmittelbaren nordwestlichen Vorland der Saar-Idarwald-Oberweseler Überschiebungszone (Hoxeler Schuppe, Schichten vom Hirschfelder Hof) anschließen lassen; diese lithologische Situation verbietet in dem schlecht aufgeschlossenen Gebiet nordöstlich Greimerath die Verfolgung der Einzelschuppen aus dem Saar-Profil.

Die Faziesverzahnung in Richtung Nordosten von „Oberem Taunusquarzit" in Schichten vom Typ Zerf-Schichten, die im westlichen Hunsrück immer wieder bestätigt ist, zeigt, dass auch im Saar-Profil eine Gliederung in Unteren und Oberen Taunusquarzit, Dhrontal- und Zerf-Schichten im üblichen Sinne möglich und wohl auch zulässig ist und daraus resultierend die hier dargestellte Schuppengliederung zu Recht vorgenommen werden darf.

Aus der Gliederung von Schall (1968), der eine derartige Schuppengliederung abgelehnt und die durchgehende Schichtfolge von a–h vorgeschlagen hatte, resultierten ohne tektonische Wiederholungen > ca. 1200 m Gesamtmächtigkeit für den Taunusquarzit über das gesamte dann ungestörte Saar-Profil. Allerdings ist seine Gliederung im gesamten Hunsrück nirgends realisiert.

Im Gegensatz zum Saartal herrscht nordöstlich Greimerath in dieser Schuppenzone ein generelles Einfallen der s_1-Flächen von ca. 80° NW bis zur Saigerstellung. Daraus ergibt sich im Gegensatz zum Saar-Profil um Greimerath ein vergenzloser bis schwach SE-vergenter Spezialfaltenbau. Das gilt in vermehrtem Umfang auch für das Gebiet um Kell am See, wo die s_1-Flächen eine Raumlage von 50–55°/>70° NW und die s_2-Fächen zwischen 80°/<30° NW und 120°/<30° SW aufweisen. In dieser Schuppenzone ergibt sich aus den Werten für die Faltenachsen (B/b) und die Schnittlineare L_1 und L_2 bei flachem Abtauchen nach NE generell eine Achsendepression etwa auf der Höhe von Kell (Wildberger 1992). Eine Verfolgung der Greimerather Schuppenzone von der Saar nach Südwesten ist nur bis in das Leuk-Tal möglich, wo der Taunusquarzit zwischen der Unteren Stegmühle und der Hoselmühle (Bl. 6405 Freudenburg) unter Buntsandstein-Überdeckung im Talgrund zu Tage tritt (St. Schneider 1982).

3.3.3.2 Die Südöstliche Zentrale Hunsrück-Einheit

3.3.3.2.1 Das Rhein-Profil

Die Südöstliche Zentrale Hunsrück-Einheit liegt im Rhein-Profil zwischen der Oberweseler Überschiebungszone im Nordwesten und der Taunuskamm-Soonwald-Überschiebungszone im Südosten. Sie wird fast ausschließlich aus Hunsrückschiefer s. str. aufgebaut (Mittmeyer & Requadt: GK 100: C 5910 Koblenz), die zur Unteren und Oberen Ulmen-Unterstufe gehören. Vom Liegenden zum Hangenden sind es Sauerthal-, Bornich- und Kaub-Schichten.

Petrographisch oder biostratigraphisch belegte Leithorizonte fehlen. Dadurch ist eine ins Einzelne gehende tektonische Gliederung erschwert.

Eine tektonische Gliederung versuchten Holzapfel (1893), Dunker (1884), A. Fuchs (1899), Quiring (1930a), Kienow (1934) und Engels (1955). Abgesehen von zahlreichen Einzelbeispielen zur Kleintektonik gibt auch die Arbeit von Engels keinen Anhalt für eine strukturelle Gliederung dieses Profil-Abschnittes am Mittelrhein. Einen Lösungsansatz zeigen erste skizzenhafte Darstellungen von Mittmeyer (1996: Abb. 13) und Bl. Koblenz (GÜK 100: C 5910; W. Franke 1998). In beiden Darstellungen ist eine Schuppengliederung mit stetig SE fallendem Spezialfaltenspiegel innerhalb der Einzelschuppen vorgesehen, die in Übereinstimmung mit dem Baustil in den nordwestlich und südöstlich angrenzenden Gebieten steht. Sie erklärt, dass durch Aufschiebungen in stetem Wechsel Sauerthal-, jedoch vor allem Bornich- und Kaub-Schichten, diesen Profil-Abschnitt beherrschen.

3.3.3.2.1.1 Oberweseler Überschiebung

Die Oberweseler Überschiebung wird bei W. Franke (1998) auch als „Katzenelnbogener Überschiebung" bezeichnet und mit der Überschiebung des „Taunusquarzit von Katzenelnbogen" parallelisiert. Dieser zielt jedoch als von Längsstörungen begrenzte, NE-SW ausgerichtete, leistenförmige Struktur nach Nordosten in den Südost-Abschnitt der „Lahn-Mulde" und zwar in den „Schalstein-Hauptsattel" zwischen der „Hahnstätter" im Südosten und der „Holzheimer Teilmulde" im Nordwesten. Sie bildet damit nicht den südöstlichen Abschluss der „Lahn-Mulde". Deshalb sind Zweifel berechtigt, ob die Parallelisierung der beiden Überschiebungen zulässig ist. Schon früher wurde die unabhängige Bezeichnung „Oberweseler Überschiebung" gewählt (W. Meyer & Stets 1996). Allerdings wurde ihr seinerzeit nicht die gebührende Bedeutung beigemessen. Sie bildet jedoch am Mittelrhein nach neueren Erkenntnissen (W. Meyer & Stets 2000, Stets & A. Schäfer 2008) die entscheidende strukturtrennende Naht zwischen der Maisborn-Gründelbach-Schuppenzone als südwestliche Verlängerung der „Lahn-Mulde" und der südöstlich angrenzenden Kauber Schuppenzone. Diese Grenze ist damit eine entscheidende Trennfläche, die in ihrer Bedeutung mit der Hunsrück-Hauptüberschiebung und der Taunuskamm-Soonwald-Überschiebungszone konkurriert. Als Saar-Idarwald-Oberweseler Überschiebungszone zieht sie durch den gesamten Hunsrück.

Am besten folgt man dem von A. Fuchs (1899) kartierten Verlauf von Bornich am Fuß des Roßsteins auf der rechten Rhein-Seite über das Kauber Werth auf das linke Ufer in den Hunsrück. Auf dem rechten Talhang des Rheins verzeichnete Engels (1955) in dieser Position mehrere Aufschiebungen, Saigerstellung der Schichten, „stark karbonathaltige Quellen", den zum Streichen parallelen Verlauf der Tributarien und eine krasse Änderung des Rhein-Laufs. Das veranlasste ihn, hier mit der Möglichkeit einer größeren Überschiebung zu rechnen, die in seinen Profilen jedoch kaum Niederschlag gefunden hat. Auch die Kartendarstellungen anderer Autoren weichen z. T. erheblich voneinander ab. Generell ist von nördlich Oberwesel bei einem Streichen um 60–65° ein Verlauf bis Klosterkumbd in den Hunsrück zu vertreten. Entlang dieser Strecke sind Sauerthal-Schichten auf die jeweils tektonisch liegenden Hunsrückschiefer (Bornich-Sch.: Mittmeyer 1996, Singhofen-Sch.: Anderle 1967) aufgeschoben.

Auf Bl. Koblenz (GÜK 100: C 5910) ist in Anlehnung an Mittmeyer (1996) ein anderer Verlauf der Oberweseler Überschiebungszone eingetragen. Dort steht sie als flache, in sich gestörte Deckenüberschiebung in deutlichem Gegensatz zu der geologischen Kartierung von Anderle (1967). Der sich aus der Kartendarstellung ergebende klassische Deckenbau mit Klippe (Loreley) und Fenster (Eeg) ist aus den Geländedaten nicht abzuleiten. Außerdem benutzt diese Darstellung (Mittmeyer 1996: Abb. 9) für den Verlauf der Überschiebung gerade jene Positionen, die bei Engels (1955, Taf. 5) als weitgehend ungestört dargestellt sind. Dagegen sind andere, wie z. B. am Roßstein, trotz zahlreicher Störungen und Hinweise in diese Darstellung nicht eingeflossen. Hauptursache für die abweichende Deutung ist wohl MITTMEYER's Ansicht, dass die Loreley aus Bornich-Schichten aufgebaut ist, wofür bis heute der paläontologische Nachweis fehlt.

3.3.3.2.1.2 Die Kauber Schuppenzone

Der Profilabschnitt südlich der Oberweseler Überschiebung wird als **Kauber Schuppenzone** benannt und gegliedert in die **Roßstein-Schuppen**, die **Lorchhausener Schuppe** und die **Wispertal-Schuppe**. Die drei Schuppen werden durch die **Bacharacher** und die **Lorcher Überschiebung** voneinander getrennt. Den südöstlichen Abschluss bildet die **Taunuskamm-Soonwald-Überschiebungszone**. Diese Gliederung sollte in Zukunft durch weitere Untersuchungen abgesichert werden. Die im zentralen und südwestlichen Hunsrück (ECKE et al. 1985, KNAUTZ 1992) erzielten Ergebnisse zeigen, dass evtl. eine weiter ins Einzelne gehende Schuppengliederung vorliegt.

Roßstein-Schuppen („Roßstein-Sattel": A. FUCHS 1899, „Cauber Dachschiefer-Sattel": QUIRING 1930a). Die Roßstein-Schuppen reichen von der Oberweseler Überschiebungszone im Nordwesten bis zur Bacharacher Überschiebung im Südosten, die beim Bacharacher Werth den Rhein quert. A. FUCHS (1899: 17 ff.) gab eine erste ausführliche Beschreibung für den nördlichen Abschnitt unter der Bezeichnung „Grauwackenzug Roßstein-Lennig-Heimbachthal-Forstbachthal bei Bornich". Dabei findet sich die Bemerkung, dass etwa 250–300 m talaufwärts von der Mündung des „Urbachthals" an den Hängen des Berges Lennig Tonschiefer zu finden seien, die den Hunsrückschiefern sehr ähnlich sind (Bl. 5812 St. Goarshausen). Er konnte Exemplare von *Acrospirifer primaevus* (selten), *Subcuspidella incerta* (häufig) und *Pleurotomaria striata* (häufig) bergen. Ein „Spirifer" (? *assimilis*) führte dazu, diese Schichten zur „*Assimilis*-Zone" zu zählen. Hinzu kommen stark gestörte „Schichtenstellung", starke Verquarzungen mit Neubildung von Chlorit und Mineralisationen mit Zinkblende und Kupferkies, alles Hinweise auf eine bedeutende Überschiebung, hier die Oberweseler Überschiebungszone. Weitere Funde von *Acrospirifer primaevus* (A. FUCHS 1899: 29, 50), allerdings immer gemeinsam mit *Arduspirifer arduennensis* (z. T. sehr häufig) und *Euryspirifer assimilis* (sehr selten), aus dem Forstbach-Tal nahm NÖRING (1939) zum Anlass, in den z. T. recht sandigen Schichtverbänden Äquivalente des „Obersten Taunusquarzit" zu sehen. Ihn störte offensichtlich das gemeinsame Auftreten von *Acro-* und *Arduspirifer* nicht, da sie ihm aus dem Hunsrück bei Zerf bekannt waren und manche Gesteine „am Roßstein (Bl. St. Goarshausen) auch den höchsten Teilen der „Dhroner Quarzite" im westlichen Hunsrück ähnelten" (S. 66). Ein weiterer Hinweis, die Gesteine am Roßstein als „tiefste Schichten" einzustufen, war für ihn der Sachverhalt, dass sie weiter im Südosten von Bornich-Schichten überlagert werden und somit als Äquivalent seiner „Zerfer Schichten" unter und nicht über den Kaub-Schichten liegen. Dieses für die tektonische Analyse wichtige Argument setzte sich jedoch nicht durch und hat mit zur Verwirrung beigetragen. Die Zuordnung der Schichten am Nord-Rand der Roßstein-Schuppe zu den Sauerthal-Schichten (Untere Ulmen Unterstufe; GÜK 100: C 5910 Koblenz) trägt all diesen Beobachtungen Rechnung. Allerdings ist die Untergrenze dieser lithostratigraphischen Formation nicht die Siegen/Unterems-Grenze sondern eine Faziesgrenze. Daraus ergibt sich wohl auch das gemeinsame Auftreten von *Acrospirifer* und *Arduspirifer*.

ENGELS (1955: 75) beschrieb südöstlich des Roßsteins „Überschiebungen, Steilstellungen der Schichten („Aufschuppungen") und sogar liegende Falten" in mehrfachem Wechsel und schlug eine weitergehende Bearbeitung vor, die jedoch bis heute unterblieben ist. Der Profilabschnitt südöstlich des Roßsteins bis zum Kauber Friedhof (nördlich Kaub) bzw. linksrheinisch südöstlich Oberwesel bis halbwegs zwischen der Schönburg und der Dachschiefergrube „Rhein" ist durch relativ flache Lagerung gekennzeichnet mit nahezu liegenden Kurzschenkelfalten. Unter Bezug auf QUIRING (1930a) bezeichnete ENGELS das als „immer wieder scheinbar sehr ruhige „schwebende Lagerungsverhältnisse" der Schichten mit liegenden Falten und Überschiebungszonen". Er ging von Deckenschüben aus „wenn auch in äußerst bescheidenem und gebundenem Maße" (S. 76). Beim Kauber Friedhof versteilt sich die Lage der Faltenachsenebenen (bc) und der Schieferung (s_1) wieder in Richtung Südosten bis fast zur Steilstellung vor der Bacharacher Überschiebung. Das führt zu dem Schluss, dass die stärker und schwächer NW-vergente Zone an eine Überschiebung am Süd-Ende des Kauber Friedhofs (Lokalität „Eiskeller") gebunden ist. Zur Erklärung der Vergenz-Unterschiede bemühte ENGELS „Widerstände" im Untergrund und argumentierte mit „Diabas-Schieferungsgängen", die hier gefunden werden. Die Datenlage reicht für weitergehende Schlüsse nicht. Die sehr flach SE einfallenden Faltenachsenebenen (bc) bzw. von s_1 und der breite Ausstrich der relativ sandigen Unteren Hunsrückschiefer s. str. (Sauerthal- und Bornich-Schichten) erinnert an die Mittelmosel-Schuppenzone, wo ähnliche Verhältnisse zur Vorstellung einer deckenartigen Überschiebung geführt haben. Der Bereich aberrant starker NW-Vergenz misst am Rhein ca. 4 km quer zum Streichen.

Der südöstlich anschließende Abschnitt sollte im Gegensatz zu den Darstellungen auf Bl. Koblenz (GÜK 100: C 5910) und Bl. Frankfurt-West (GÜK 200: CC 6310) aus Hunsrückschiefer s. str. vom Typ Kaub-Schichten mit Dachschiefern gehören. Im rechtsrheinischen Blücher-Tal und linksrheinisch bei Strom-km 547 treten Dachschiefer auf, die früher abgebaut wurden. Es besteht kein Anlass, sie den Bornich-Schichten zuzuordnen. Nach ENGELS (1955) ist dieser Profilabschnitt deutlich gefaltet. In den ehem. untertägigen Dachschiefergruben konnte er zahlreiche mittelsteil bis steil SE einfallende Überschiebungen beobachten. Ob in dem etwa 2,5 km messenden Profilabschnitt nur ein Dachschiefer-Lager auftritt, das durch Verschuppung wiederkehrt, oder ob mehrere vorhanden sind, muss beim derzeitigen Kenntnisstand unbeantwortet bleiben. ENGEL's Aufnahme legt eine stärkere Verschuppung nahe, die zu den „Roßstein-Schuppen" führte.

Bacharacher Überschiebung. Diese Überschiebung liegt im Dachschiefergebiet zwischen Kaub und Bacharach. Sie trennt die Roßstein-Schuppen im Nordwesten von der Lorchhausener Schuppe im Südosten. Nach ENGELS (1955) ist sie am ehesten in der Position Niedertal (rechtsrheinisch) zu suchen und von dort in südwestliche Richtung über das Bacharacher Werth in Richtung Ruine Stahlberg (nicht: Stahleck) im Borbach-Tal nördlich Bacharach nach Südwesten in den Hunsrück zu verfolgen (Bl. 5912 Kaub). Hier setzt offensichtlich wieder ein etwas stärkerer NW-vergenter Spezialfaltenbau mit NW gerichteten Überschiebungen ein. Nach Bl. Koblenz (GÜK 100: C 5910) und Bl. Frankfurt-West (GÜK 200: CC 6310) werden hier Bornich-Schichten der Lorchhausener Schuppe auf Kaub-Schichten der südöstlichsten Roßstein-Schuppe aufgeschoben. Diese Überschiebung trennt damit das Dachschiefer-Gebiet um Bacharach und im Wisper-Tal vom Kauber Dachschiefer-Distrikt. Der Überschiebungsbetrag sollte allerdings nicht allzu erheblich sein, wie auch die Profile auf den Übersichtskarten zeigen. Es ist keine größere strukturtrennende Überschiebung zu erwarten, sondern eher eine Verschiebung, die sich beim Einengungsprozess aus den Spezialfalten in den Tonschiefern entwickelte.

Lorchhausener Schuppe. Sie liegt zwischen der Bacharacher Überschiebung im Nordwesten und der Lorcher im Südosten. Nach den Übersichtskarten besteht sie zu einem geringen Anteil aus Bornich-Schichten unmittelbar südöstlich der Bacharacher Überschiebung und zu einem erheblicheren aus Kaub-Schichten mit Dachschiefern. Allerdings nimmt diese Darstellung wenig Rücksicht auf Bl. 5913 Presberg (EHRENBERG et al. 1968), wo große Anteile der südöstlichen Lorchhausener Schuppe aus Sauerthal- und Bornich-Schichten bestehen, die z. T. erhebliche Anteile an Quarzit-Bänken enthalten. Dieser Widerspruch bleibt ebenso ungeklärt wie jener zwischen den benachbarten Bl. Presberg und 5813 Nastätten. In diesem Zusammenhang sollte auch die Nomenklatur kritisch überprüft werden. Schließlich liegt die Typuslokalität der Sauerthal-Schichten im Verbreitungsgebiet von Ton- und Dachschiefern der Kaub-Schichten und Bornich im Verbreitungsgebiet der Sauerthal-Schichten. Das gilt auch für Kaub, das sich nach den Karten im Verbreitungsgebiet von Bornich-Schichten befindet. Nachdem sich allgemein durchgesetzt hat, dass innerhalb der Hunsrückschiefer ein genereller Trend zur Kornverfeinerung (fining-up) und zur Abnahme der Mächtigkeiten der eingelagerten Quarzite zum Hangenden (thinning-up) besteht, sollte sich eine lithostratigraphische Gliederung – ähnlich wie im westlichen Hunsrück (Nöring 1939, Stets 1962, Wildberger 1992) – auch hier durchsetzen.

Engels (1955: 77) erwähnte rechtsrheinisch den „Sandsteinzug der Scheuer" und betrachtete ihn als „normale sandige Einlagerung in Hunsrückschiefer" (Bl. 5912 Kaub). Es liegt nahe, ihn zu den Bornich-Schichten zu zählen, die am Nordwest-Rand der Lorchhausener Schuppe im Bereich der Bacharacher Überschiebung aufgeschoben wurden. Allerdings heben sie bei Engels (1955) nach SE in die Luft aus. Da weiter im Südosten Kaub-Schichten folgen, bleibt nur ein Einfallen unter diese nach SE. Nach Südwesten gelingt die Verfolgung dieser quarzitischen Sandsteine kaum. Sie sollten bei der Ruine Stahlberg das Borbach-Tal queren. Allerdings ging hier früher an mehreren Orten Dachschiefer-Bergbau um. Damit liegt auch die Deutung als lokal begrenzter tektonischer Schürfling an der Überschiebung nahe.

Lorcher Überschiebung. Nördlich Lorch quert die Lorcher Überschiebung wahrscheinlich das Rheintal und trennt die Lorchhausener im Nordwesten von der Wispertal-Schuppe im Südosten. Für diesen Talabschnitt gibt es nur wenige Daten. Quiring (1930a) rechnete ihn zum „Wisper-Dachschiefer-Sattel", obwohl sich in den Kaub-Schichten keine bedeutenden Dachschiefer-Vorkommen befinden. Die Überschiebung zieht von „Der Nollig" (331 m NN) über den Rhein und über das Winzbach-Tal (Bl. 5912 Kaub) weiter nach Südwesten in den Hunsrück in Richtung Rheinböllen. Auf Bl. Presberg (Bl. 5913) konnten Ehrenberg et al. (1968) eine Überschiebung entlang des Wisper-Tales lokalisieren. Sie ist wahrscheinlich mit der Lorcher Überschiebung identisch.

Wispertal-Schuppe. Diese südöstlichste Schuppe der Kauber Schuppenzone liegt zwischen der Lorcher Überschiebung im Nordwesten und der Taunuskamm-Soonwald-Überschiebungszone im Südosten. Sie besteht im Nordwesten wahrscheinlich aus Bornich-Schichten, die bei generell SE-fallendem Faltenspiegel schon bald von Kaub-Schichten überlagert werden und mit dem ungegliederten Hunsrückschiefer auf Bl. Presberg identisch sind. Nach den Bl. Kaub und Presberg kommen im Rheintalabschnitt – im Gegensatz zu Quiring (1930a) – im Wisper-Tal keine bedeutenderen Dachschiefer-Lager vor. Allerdings lässt sich diese Schuppe mit der, die bei Gemünden und Bundenbach im Hunsrück die Dachschiefer-Lager mit der berühmten Fauna enthält, parallelisieren. Moderne Untersuchungen, die Einblick in den Bau der Wispertal-Schuppe geben könnten, fehlen. Nach Kienow (1934: Taf. 2) herrscht in der gesamten Schuppe NW-Vergenz bei mittlerem Einfallen der s_1-Flächen um 40–55° SE. Im Gegensatz dazu passte er die Streichlinien dem Verlauf des Nord-Randes vom Soonwald mit 65–70° an. Eine Veranlassung dafür besteht nicht. Eher werden die Streichlinien für s_1 von der Taunuskamm-Soonwald-Überschiebungszone spitzwinklig geschnitten.

3.3.3.2.2 Mittlerer Hunsrück

Aus dem mittleren Hunsrück liegen kaum flächenhafte geologische Aufnahmen vor. Daten liefern Profile von Opitz (1932, 1935) aus den ehem. Dachschiefer-Abbauen, später von Ecke et al. (1985) im Rhaunener Idarbach- und im Hahnenbach-Tal, von Dittmar (1996) entlang seiner Trasse zwischen der Ortschaft Dill und dem Soonwald, von Mittmeyer (1996) aus dem mittleren und nördlichen Hahnenbach-Tal sowie von Elkholy (2000) entlang der Trasse der Ferngasleitung zwischen Laufersweiler und Wickenrodt. Die Beschreibungen von Opitz sind nicht immer nachvollziehbar und die Ergebnisse der jüngeren Arbeiten untereinander widersprüchlich. Das gilt auch für die GÜK 200 Bl. Trier und Frankfurt-West. Am westlichen bzw. östlichen Blattrand sind sie im Verbreitungsgebiet der unterdevonischen Schichtverbände nicht aneinander angepasst. Die Widersprüche resultieren sicherlich aus der Einförmigkeit der fast ausschließlich schiefrigen Schichtverbände in Hunsrückschiefer-Fazies und der z. T. schwierigen Erkennung der Schichtlagerung (s_0). Bei Aufnahmen zeigt sich, dass in Tonschiefern der Kaub-Schichten, auch in den Dachschiefern, s_0 immer vorhanden ist, sicher jedoch häufig erst im Anschliff angesprochen werden kann. Ein solcher Einzelfund lässt sich allerdings schwer auf größere Profilabschnitte verlässlich übertragen. Erschwerend kommt hinzu, dass Überschiebungen – „Wechsel" im Sprachgebrauch der Hunsrücker Bergleute – mit breiten Ruscheln auch die Dachschiefer im Streichen oder spitzwinklig zu s_0 durchziehen. Ihr Versatz ist oft nicht kalkulierbar. Sie führen zu Verschuppung unterschiedlicher Größenordnung.

Dieses Gebiet liegt zwischen der Saar-Idarwald-Oberweseler Überschiebungszone im Nordwesten südlich Laufersweiler, bei Gösenrodt und Dill sowie der Taunuskamm-Soonwald-Überschiebungszone südlich Bruschied und Rudolfshaus im Südosten. Die Schichtverbände im mittleren Hunsrück werden unterschiedlich eingestuft. Sie reichen bei Ecke et al. (1985) nach Sporomorphen und Makrofossilien von Mittlere bis Obere Siegen-Stufe (Rauhflaser- u. Herdorf-„Unterstufe") bis Singhofen- evtl. Vallendar-Unterstufe (Dittmar 1996). Bei Mittmeyer (1996) liegt die Einstufung zwischen Sauerthal- und Kaub-Schichten (nur Ulmen-Unterstufe), bei Elkholy (2000) im Bereich Zerf- bis Singhofen-Schichten (tiefes Unterems). Wie am Oberen Mittelrhein ist es auch hier schwer, ohne Neuaufnahme eine verlässliche Abgrenzung der Teilschuppen mit genauer Angabe der Lage der strukturtrennenden Überschiebungen zu geben, insbesondere wegen der zahlreichen Widersprüche unter den Bearbeitern.

Trotz aller Widersprüche lässt sich ähnlich wie am Mittelrhein auch dieser Abschnitt der Zentralen Hunsrück-Einheit in mehrere Strukturen gliedern. Südöstlich der Oberwesel-Idarwald-Saar-Überschiebungszone folgt die **Idarwald-Schuppenzone** (nordöstlicher Abschnitt) und darauf die **Bruschieder Schuppenzone**. Beide werden durch die **Bundenbacher Überschiebung** voneinander getrennt. Den Abschluss im Südosten bildet die **Taunuskamm-Soonwald-Überschiebungszone**.

3.3.3.2.2.1 Oberwesel-Idarwald-Saar-Überschiebungszone

Sie wurde in ihren Grundzügen bereits diskutiert auf Grund des Vorschlags von Ecke et al. (1985). Sie lässt sich mit den von Elkholy (2000) im Gasfernleitungsgraben aufgenommenen Aufschiebungen nordöstlich Laufersweiler und nördlich Gösenroth parallelisieren. In Dittmar's Profil (1996) fehlt in der entsprechenden Position eine Überschiebung von der Größenordnung dieser Überschiebungszone. Folgt man seinem Schuppenbau, käme von der geographischen Lage her allein die Überschiebung in Frage, an der bei Dill bei stetem relativ steilem Einfallen der Schichten nach SE Untere auf Obere Zerf-Schichten überschoben sind. Damit beginnen hier nach Südosten zwei Schuppen, die bei der Ortschaft Rohrbach nach Südosten reichen.

Der Spur nach Dill folgen auch die Streichlinien der s_1-Flächen bei Kienow (1934: Taf. 2), die dort eine Versteilung bis zur Saigerstellung anzeigen und in die „Kirchberger Schieferungsversteilung" bei Kirchberg einmünden. Diese zielt über Simmern nach Nordosten – von Kienow als „Achse der Schieferung" gleichwertig mit der „Mosel-Achse" eingestuft – in die Oberweseler Überschiebung am Rhein und folgt damit ohne wesentliche Versätze der Spur, in die die von der Saar am Nord-Rand des Idarwaldes entlang führende Idarwald-Überschiebungszone einmündet. Damit entspricht sie jener Überschiebung, die rechtsrheinisch die südöstliche Begrenzung der „Lahn-Mulde" bildet und in deren südwestlicher Verlängerung die Maisborn-Gründelbach-Schuppenzone (-Mulde) liegt.

Dittmar (1996) argumentierte gegen das Bestehen einer „Maisborn-Gründelbach-Mulde" in diesem Abschnitt des zentralen Hunsrücks, da keine „Singhofen-Porphyroide" nachgewiesen seien, nachdem Kirnbauer (1991) die verschiedenen Eruptiva in diesem Gebiet nicht als „Mittelrhein-Porphyroide" bestätigt hatte. Er wies weiter darauf hin, dass

„schon in der Profilserie von Kienow 1934 (…) die Profile 12, 15 und 17b keine Großmulde im NW-Teil des Mittelhunsrücks erkennen ließen“. Dabei ging Dittmar von falschen Voraussetzungen aus: Es ist bekannt (Schulze 1959, W. Meyer & Stets 1975, Kirnbauer 1991), dass die Porphyroide des Mittelrheins nach Südwesten im Hunsrück an Zahl und Mächtigkeit schon primär nicht mehr überall zu erwarten sind. Die „Maisborn-Gründelbach-Mulde“ ist eine Schuppenzone, die durch die Porphyroide im Mittelrhein-Profil erst in dieser Form erkannt wurde; ein Fehlen der Porphyroide kann als Argument weder für noch gegen eine „Mulden“-Struktur herangezogen werden; im übrigen wurde inzwischen ein Schuppenbau auch rechtsrheinisch bestätigt (LGB 2005). Die Profile bei Kienow resultieren wie bei Scholtz (1930) aus der Summe ausschließlich kleintektonischer Beobachtungen ohne entsprechende stratigraphische Untermauerung; sie können daher nicht als Beweis für die Gliederung in Großstrukturen herangezogen werden.

Die Überlegung, dass die „Katzenelnbogener Überschiebung“ (Mittmeyer 1996) weiter im Südwesten eine Bedeutung als Deckenüberschiebung hat, negiert die Darstellung auf Bl. Frankfurt-West (GÜK 200: CC 6310, W. Franke 2001), wo die südwestliche Verlängerung als Überschiebung mit Sauerthal-Schichten im tektonisch Hangenden weit nördlich des Idarwaldes in das Tonschiefer-Areal der Morbacher Schuppenzone (Hunolsteiner Schuppe) zielt. Außerdem endet auf diesem Blatt die Idarwald-Überschiebungszone mit den Teilüberschiebungen bei Laufersweiler und Gösenroth am Blattrand und stößt auf der GÜK 200: CC 6302 Bl. Trier) im Streichen an ein ungestörtes Areal aus Bornich-Schichten. Auch die Überschiebung bei Dill (Dittmar 1996) findet hier keine Berücksichtigung. Es liegt hier der klassische Fall einer Nord-Süd verlaufenden Blattrand-Verwerfung vor. Auch die tektonische Position der Idarwald-Schuppenzone ist ungeklärt, es sei denn, man geht von einer Decke (Mittmeyer 1996: 144) aus, deren Existenz nicht nachgewiesen ist.

Als Beleg für die Bedeutung der Überschiebung bei Laufersweiler gilt der Inkohlungssprung an dieser Überschiebung von R_{max} 5,6 in ihrem tektonisch Liegenden auf R_{max} 6,3–6,4 im Hangenden (Ecke et al. 1985). Auch Holl (1995) hat an der Oberwesel-Überschiebung am Oberen Mittelrhein einen ähnlichen Inkohlungssprung nachgewiesen. Dittmar (1996) stellte eine stratigraphieabhängige Inkohlung in Abrede. Allerdings sind nur bei gezielter, strukturgeologisch untermauerter Probenahme (W. Meyer et. al. 1986, Holl 1995) Ergebnisse in diesen einheitlich schiefrigen Schichtverbänden des Unterdevons zu erzielen.

Anderseits gab Dittmar (1996) selbst deutliche Hinweise auf diese Überschiebung, ohne sie zu nutzen, durch Funde von Lagenharnischen, Häufung von Quarzgängen, einen abweichenden „NNE-SSW-streichenden Strukturbau im mutmaßlichen Störungshangenden“ sowie auch „das divergente Einfallen der $delta_1$- und $delta_2$-Lineare“ (L_1, L_2). Er hielt sie für eine „bedeutende und mutmaßlich sehr steil in SE-Richtung einfallende Aufschiebungszone“ (S. 231). Diese Beobachtungen sind eine weitere Stütze für die Ansprache als Verlängerung der Idarwald-Überschiebungszone nach Nordosten. Auch Elkholy (2000) beobachtete im Gasfernleitungsgraben in ähnlicher Position quarzführende Zerrüttungszonen und lokale Verstellungen der s-Flächen und schloss auf eine Störung „größeren Ausmaßes“ (S. 194). Er sah die Überschiebungen bei Laufersweiler und Gösenroth, obwohl im Graben kein Taunusquarzit angeschnitten war, in Zusammenhang mit „schuppenartigen Begrenzungsstörungen“, die die Verbreitung des Taunusquarzit-Zuges vom Idarwald bestimmen.

3.3.3.2.2.2 Idarwald-Schuppenzone (nordöstlicher Abschnitt)

Diese Schuppenzone reicht von der Oberwesel-Idarwald-Saar-Überschiebungszone im Nordwesten bis zur Bundenbacher Überschiebungszone im Südosten. Sie überdeckt den nach Nordosten abtauchenden bzw. ausklingenden ehem. „Idarwald-Sattel“ (Nöring 1939) und die als „Kempfelder Mulde“ (Opitz 1935; „synclinal d'Hermeskeil“: Asselberghs & Henke 1935a) bezeichnete Struktur. In dieser Schuppenzone tauchen im Nordwesten zwischen Laufersweiler und Gösenroth nach ECKE et al. (1985) erstmals Rauhflaser- und Herdorf-Schichten auf. Nach ihrer Beschreibung sind es „tonig-siltige, mit Quarziten durchsetzte Schiefer“, die nach der Lithofazies den Dhrontal-Schichten gleichen und hier Taunusquarzit vertreten. In der streichenden Verlängerung nach Nordosten fand ELKHOLY (2000) stark sandige Schichten in der Fazies der Zerf-Schichten, die er eher deren tieferen Partien zuordnete. Sie sind im Graben zu zwei Teilschuppen südlich und nördlich Gösenroth auf Tonschiefer der Kaub-Schichten nach Nordwesten aufgeschuppt. Die Schichtlagerung ist steil, meist um 75–80° (i) NW; die s_1-Flächen fallen um 70° NW. Offensichtlich bilden s_0- und der Störungsverlauf im Streichen spitze Winkel (um 5°), so dass nach Nordosten die sandigen Schichtverbände partiell geschnitten werden. Gestützt wird dieser Verdacht durch ehem. Dachschiefer-Gruben im Kyrbach-Tal zwischen Schwerbach und Lindenschied (Bl. 6010 Kirchberg, 6110 Gemünden).

Nach den Aufschlüssen im Gasfernleitungsgraben halten diese Lagerungsverhältnisse nach Südosten bis an die Bundenbacher Überschiebung an. Die relativ steile Schichtlagerung wird von Kurzschenkelfalten mit deutlicher SE-Vergenz bei Einfallen von s_1 um 70–80° NW unterbrochen. Entlang des Hahnenbach-Tales liegen zwischen Sohrschied und Bundenbach zahlreiche ehem. Dachschiefer-Abbaue (WILD 1970) in den Kaub-Schichten. ELKHOLY (2000) verzeichnete innerhalb der Schuppenzone zwei weitere steile Aufschiebungen, die Verschuppung bewirkten und die Dachschiefer-Lager im Aufschlussniveau hielten.

ECKE et al. (1985) beobachteten zwischen Rhaunen und Bundenbach keine weiteren Aufschiebungen und stuften die Mehrzahl der Dachschiefer führenden Schichten in die Singhofen-Unterstufe ein. Allerdings erwähnten sie aus Dachschiefern etwa 1 km östlich Rhaunen auch eine Sporenassoziation, die denen „aus den Klerf-Schichten aus der Eifel entspricht“ (S. 400). Das bleibt zu prüfen, da dann die Dachschiefer vom Kauber Typ bis hoch in das Unterems hinaufreichten und SOLLE's Hunsrückinsel endgültig ad absurdum führten. Sollte sich dieser paläontologische Befund bewahrheiten, so macht das bei stetem SE-Einfallen der Schichten und des Faltenspiegels eine Aufschiebung südlich Rhaunen nötig, an der die Tonschiefer der „Singhofen-Schichten“ auf diesen jüngsten Schichtverband nach NW aufgeschoben sind. Dem lithofaziellen Befund trägt die Darstellung auf dem Bl. Frankfurt-West (GÜK 200: CC 6310) Rechnung, die im gesamten Gebiet Hunsrückschiefer mit Dachschiefer-Vorkommen verzeichnet.

DITTMAR (1996) beschrieb für den hier als Nordost-Abschnitt der Idarwald-Schuppenzone bezeichneten Abschnitt schwarzgraue, schwach bis mäßig siltige und sandige Tonschiefer mit einzelnen, max. bis 5 cm mächtigen, stärker sandigen Lagen. Dieser Schichtverband ist abgesehen von s_1 von einer relativ engständigen 2. Schieferung (s_2) betroffen, die den Dachschiefer-Abbau trotz der z. T. charakteristischen petrographischen Ausbildung behindert haben sollte. Dagegen spricht allerdings die relativ große Dichte ehem. Abbaue im Kyr- und Hahnenbach-Tal zwischen Rhaunen und Bundenbach im Raunel- und Lindenbach-Tal.

Abgesehen von den üblichen Kurzschenkelfalten wies DITTMAR (1996) zwischen Dill und dem Kyrbach-Tal auf eine Änderung der Raumlage der s_1-Flächen zu steilem SE-Einfallen und damit auf NW-Vergenz hin, die jedoch im unteren Sohrbach-Tal bereits wieder in SE-Vergenz umschlägt (Bl. 6010 Kirchberg, 6110 Gemünden). Es liegt nahe, diese Beobachtung in Zusammenhang mit der nur wenig weiter im Norden durchziehenden Idarwald-Überschiebungszone zu sehen. Bei ihren nach NW gerichteten Auf- und Überschiebungen überrascht – wie auch andernorts (NÖRING 1939) – NW-Vergenz nicht. Hinzu kommt eine „stets sehr kräftige, gegenüber s_1 aber nie dominierende und recht lagekonstant mittelsteil in NW-Richtung einfallende 2. Schieferung“, in deren Zusammenhang „stärker SE-vergente offen bis enge B_2-Falten im Dezimeter- und Meterbereich“ vorkommen. Diese Beobachtungen decken sich mit ähnlichen zwischen Bernkastel-Kues, Veldenz und Burgen (SCHOLTZ 1930, STETS 1960). Sie sind mit ein Indiz für die große strukturtrennende Idarwald-Überschiebungszone.

Offensichtlich unter dem Eindruck von OPITZ (1932, 1935) konstruierte DITTMAR (1996) zwischen Kyrbach-Tal, Lindenschied und Rohrbach in einem nahezu unaufgeschlossenen Gebiet zwei Mulden und einen intakten Sattel mit wechselnder Vergenz und ordnete sie der B_1-Faltung zu. Abgesehen von Angaben bei OPITZ projizierte er Daten aus dem Kyrbach-Tal in seine Profilebene. Im Kern der „Großmulde" (Allern-Mulde: OPITZ 1935) fand DITTMAR zwar auch Dachschiefer, „doch enthalten die Kernschichten häufiger siltig-sandige Lagen, kieselig-ferritische Gallen und auch einen insgesamt leicht erhöhten Siltanteil" (S. 236). Alle diese Funde sind typisch für Hunsrückschiefer in der Fazies der Kaub-Schichten. Die in seinem Profil angegebene Situation eines nahezu ungestörten Faltenbaus widerspricht jedoch nicht nur der im Gasfernleitungsgraben (ELKHOLY 2000) sondern auch allen umliegenden Profilen. Sicher ist in den Ton- und Dachschiefern dieses Gebietes ein Spezialfaltenbau versteckt, doch sollten die F_1-Falten eher dem Typ der Kurzschenkelfalten angehören mit relativ flachem kurzem NW und längerem steil SE bis überkippt NW fallenden Schenkeln (vgl. MITTMEYER 1996: Abb. 6). Der wiederholte Ausstrich von Dachschiefern in den Kaub-Schichten ist jedoch eher durch Verschuppung statt durch ungestörten Großfaltenbau verursacht. Ähnliches gilt auch für den Profilabschnitt südöstlich der Ortschaft Rohrbach. Wenn auch die Beobachtungen von OPITZ (1935: Taf. 14) im Einzelfall richtig sein mögen, muss jedoch auch sein Großfaltenbau stark angezweifelt werden. Nicht zuletzt interpretierte er die südöstlich anschließende Struktur des Lützelsoon als Mulde (!) und meinte, dass „der Taunusquarzit im Hahnenbach-Tal auf einer Mulde (…) zweifelsfrei festgestellt" sei (S. 230, 247, 254). Er ging dabei fälschlich von einem NW-gerichteten Deckenbau aus und erklärte auch nicht, wie dieser mit der SE-Vergenz und dem weiter südlich deutlich steilen Schuppenbau in Übereinstimmung zu bringen ist. So bleibt beim strukturellen Bau der Idarwald-Schuppenzone (Nordost-Abschn.) vorerst die Feststellung des üblichen, relativ engen Schuppenbaus.

3.3.3.2.2.3 Bundenbacher Überschiebungszone

Als größere Überschiebung muss die Bundenbacher Überschiebungszone besonders herausgestellt werden, die unmittelbar südöstlich Bundenbach das Dachschiefer-Gebiet durchtrennt. Sie ist der Bacharacher Überschiebung am Rhein gleichwertig.

Im Gebiet um Bundenbach hatte OPITZ (1935) wohl zuerst in den Dachschiefern unter Zuhilfenahme der „Leitbank Hans" eine „Sattelstellung" erkannt, die er mit dem „GREBE-Sattel" weiter im Südwesten korrelierte. Seine Angaben reichen jedoch nicht aus, um diese Struktur genau zu lokalisieren. Immerhin sprach er in diesem Zusammenhang von „Umkippungen von Schieferungsflächen" (Vergenzwechseln) und Abscherung des Nordwest-Flügels. Diese Angaben weisen auf eine größere Überschiebung hin. Insbesondere die Verfolgung nach Südwesten in das Fischbach-Tal bei Niederwörresbach und das Idarbach-Tal machen eine größere, strukturtrennende Überschiebung wahrscheinlich. Gestützt wird diese Vermutung durch Daten bei ECKE et al. (1985), die auch südöstlich Bundenbach eine Überschiebung annahmen, an der Schichtverbände der Ulmen- auf solche der Singhofen-Unterstufe nach Nordwesten aufgeschoben sind. Hinzu kommt eine relativ hohe Inkohlung in diesem Bereich. Auch Karte und Profil bei MITTMEYER (1996) sehen hier eine Aufschiebung vor, an der im Umfeld der Grube „Herrenberg" ein schmaler Zug von Bornich- nach Nordwesten auf Kaub-Schichten aufgeschoben ist. Diese Überschiebung sollte der Bundenbacher Überschiebung entsprechen. Sie lässt sich mit OPITZ (1932, 1935) von Gemünden nach Südwesten über die Grohenmühle nördlich Gehlweiler, über Schlierschied und Bundenbach nach Oberhosenbach sowie durch das Fischbach-Tal bis Katzenloch im Idarbach-Tal nach Südwesten verfolgen. ELKHOLY (2000) beschrieb in ähnlicher Position zwischen Wickenrodt und der ehem. Dachschiefergube „Frühberg" nördlich Sulzbach eine steil SE fallende Aufschiebung, die Kaub- auf Singhofen-Schichten aufschiebt.

Weiter im Nordosten finden sich bei der Grohenmühle nördlich Gehlweiler und auch nordöstlich Schlierschied in der kritischen Position im Hangenden der Bundenbacher Überschiebung „Tonschiefer mit bis zu 60 cm mächtigen Quarzit-Bänken der Übergangsschichten" (ZINSER 1963: 238). Aus der Schichtlagerung in diesen den Zerf-Schichten ähnlichen Schichten schloss ZINSER im Vergleich mit den ehem. Dachschiefer-Abbauen bei Gemünden und Mengerschied auf eine Aufschiebung. DITTMAR (1996) stellte sie in Frage, da sie im Gelände bislang nicht nachgewiesen sei. Seine Profildarstellung sieht daher auch keine der Bundenbacher Überschiebung äquivalente Struktur vor. Nach seiner Konstruktion ziehen die Dachschiefer nordwestlich Gehlweiler und in der streichenden Verlängerung nach Nordosten bei Gemünden und Mengerschied in eine ungestörte Mulde aus Oberen Zerf-Schichten. Sie widerspricht allen Beobachtungen in der südlichen Idarwald-Schuppenzone sowie im Umfeld von Bundenbach.

3.3.3.2.2.4 Bruschieder Schuppenzone

Sie liegt zwischen der Bundenbacher Überschiebungszone im Nordwesten und der Taunuskamm-Soonwald-Überschiebungszone im Südosten. Sie baut sich aus Hunsrückschiefern in der Fazies der Zerf- resp. den Übergangs- (ZINSER 1963) und im Hangenden aus Kaub-Schichten auf. Auch in ihnen finden sich wieder Dachschiefer-Horizonte bei Altlayenkaul südlich Rudolfshaus. Aus dem Simmerbach-Tal im Nordosten sind keine entsprechenden Vorkommen überliefert. Das gilt auch für das Profil im Hosenbach-Tal südlich Wickenrodt im Südwesten. Für die Bruschieder Schuppenzone gab OPITZ (1935) ein generell steil SE gerichtetes Schichteinfallen und für die s_1-Flächen 60–85° NW an bei einheitlicher SE-Vergenz. Allerdings schloss sie nach seiner Auffassung die „Lützelsoon-Mulde (!)" ein, die hier unverständlich ist (ZINSER 1963). MITTMEYER (1996) nahm für den Faltenspiegel relativ steiles Einfallen nach SE an.

Die Bruschieder Schuppenzone hat jedoch nach ZINSER einen wesentlich komplizierteren Bau, wenngleich die zwei aneinander grenzenden „Großmulden" nicht dem im Hunsrück herrschenden tektonischen Baustil entsprechen. Zwischen ihnen fehlt der entsprechende Sattel; die trennende Aufschiebung ist allerdings nur bedingt im Gelände fassbar. Trotzdem ergibt sich auch hier ein deutlicher Schuppenbau der Bruschieder Schuppenzone von Nordwesten nach Südosten mit der Bruschieder Schuppe i. e. S. (Mulde v. Rudolfshaus, Gehlweiler Mulde) und der Sonnschieder Schuppe (Sonnschieder Mulde). Beide trennt die Junkersberger Überschiebung.

Bruschieder Schuppe i. e. S. Diese schließt sich südöstlich an die Bundenbacher Überschiebung an. Sie baut sich aus einer stärker sandigen Schichtenfolge im Nordwesten auf, die den „Übergangs-Schichten" (ZINSER 1963), resp. Zerf- oder Bornich-Schichten (MITTMEYER 1996) entspricht. Dieser schmale, NE-SW gestreckte stärker sandige Streifen südöstlich der Dachschiefer von Bundenbach entspricht nicht dem „GREBE-Sattel" von OPITZ (1932, 1935), der die Dachschiefer-Vorkommen in diese Struktur einbezog.

Die Bruschieder Schuppe i. e. S. umfasst im Hahnenbach-Tal die „Mulde von Rudolfshaus"; deren „SE-Flügel ist durch die Störung (Junkersberger Ü.) unterdrückt, sodass die „Grauwackenserie" auf dem NW-Flügel der (südöstlich angrenzenden) Sonnschieder Mulde an die jüngeren Abschnitte des Hunsrückschiefers im Kern der Mulde von Rudolfshaus zu liegen kommt" (ZINSER 1963: 113). Die beiden „Grauwackenserien" südlich Bundenbach im Kern der Schuppe und die von Rudolfshaus korrelierte er sowohl lithologisch als auch stratigraphisch miteinander und bestätigte damit den Schuppenbau. Für die Bruschieder Schuppe i. e. S. beschrieb er im Nordwesten relativ einfache und ungestörte Lagerungsverhältnisse. Nach Südosten zeigt sich jedoch in den Tonschiefern der Kaub-Schichten zunehmend Spezialfaltung mit Maximum in den Dachschiefern der ehem. Grube „Altlayenkaul". Die Spezialfaltung ist einheitlich SE-vergent mit deutlichem Achsengefälle nach NE. Zinser betonte, dass die „intensive Verfaltung" und „vor allem das Fehlen des SE-Flügels (der Mulde)" (S. 113) keine exakte Aussage über das Azimut der Achse der „Mulde von Rudolfshaus" zuließen und bestärkte damit die Schuppennatur.

Im Simmer(Kellen)bach-Tal entspricht der NW-Abschnitt der „Gehlweiler Mulde" (Zinser 1963: 112) der Bruschieder Schuppe i. e. S.. Hier hat Zinser keine weitere Unterteilung vorgenommen. An der Anzenfelder Mühle (Bl. 6110 Gemünden) verzeichnete er jedoch eine nach NW gerichtete Aufschiebung, die der Junkersberger Überschiebung entspricht, da an ihr ebenfalls Übergangs-Schichten auf Kaub-Schichten überschoben sind. Die NW-Grenze der Bruschieder Schuppe i. e. S. liegt nördlich Gehlweiler als „größere" Störung mit einer Raumlage von 50°/80° NW, an der die „Grauwackenserie von der Grohenmühle" auf die Dachschiefer von Gemünden aufgeschoben sind (Zinser 1963). Letztere liegen damit eindeutig im tektonisch Liegenden der Bundenbacher Überschiebung, ähnlich wie in Bundenbach, wenn man diese Störung nicht als Abschiebung nach NW sondern als bis zur Überkippung rotierte Aufschiebung (Untervorschiebung) ansieht. Der Innenbau der „Gehlweiler Mulde" ist recht kompliziert mit lokal intensiver Spezialfaltung, die den Anlass zu der Vermutung einer stärkeren Verschuppung gab. Als weiterer Hinweis galt der etwa 1 km lange, NE-SW streichende Gehlweiler Rhyolith-Gang (Grebe 1881, Zinser 1963). Im Bereich von Gehlweiler sind die „Übergangschichten" deutlich SE-vergent spezialgefaltet. Das gilt auch für die Hunsrückschiefer vom Typ der Kaub-Schichten im „Muldenkern".

Die Junkersberger Überschiebung. Diese Überschiebung zieht vom Junkersberg (382 m NN; Bl. 6110 Gemünden) nördlich Sonnschied nach Nordosten und quert das Hahnenbach-Tal südlich der ehem. Dachschiefergrube „Altlayenkaul". Erneut ist sie an der Anzenfelder Mühle im Simmer(Kellen)bach-Tal zu fassen. An ihr sind höhere Übergangs-Schichten („Grauwackenserie von Rudolfshaus") auf Kaub-Schichten überschoben. Die Raumlage der Überschiebung wird mit 40°/80–85° NW angegeben (Zinser 1963). Eine Abschiebung ist jedoch auch in diesem stark beanspruchten Gebiet unwahrscheinlich. Daher wird auch hier von einer übersteilten Aufschiebung ausgegangen. Mittmeyer (1996: Abb. 6) nahm eine stark listrisch gekrümmte Überschiebungsbahn aus.

Die Sonnschieder Schuppe. Sie bildet im Hahnenbach-Profil einen schmalen, leistenförmigen Schuppenspan zwischen der Junkersberger Überschiebung im Nordwesten und der Lützelsoon-Überschiebung als Teil der Taunuskamm-Soonwald-Überschiebungszone im Südosten. Sie bildet deren unmittelbares tektonisches Liegendes. Zinser (1963: 113) bezeichnete sie als „Sonnschieder Mulde" und gab für das Gebiet nordwestlich seines „Lützelsoon-Sattels" eine stärkere tektonische Beanspruchung an. Sie äußert sich in verstärkter Spezialfaltung und deutlicher Verschuppung („Kleinschuppung") der hier anstehenden Übergangs-Schichten (Bornich-Sch.: Mittmeyer 1996). Messwerte für die 1. Schieferung (s_1) im Nordwest-Abschnitt der Schuppe weisen die übliche SE-Vergenz aus. Im unmittelbaren Vorfeld und unterhalb der flach mit ca. 30–40° SE einfallenden Lützelsoon-Überschiebungszone sind die Flächen auf 35–40°/45–60° SE rotiert. Auch der Streichwert von 35–40° weist auf starke Beeinflussung durch den Überschiebungsprozess im tektonisch Hangenden hin. Das Generalstreichen der Schuppe selbst liegt bei 50–55°, ist damit jedoch spitzwinklig zur Raumlage der im Südosten folgenden Überschiebungszone, die generell 45° verläuft. Über das Achsengefälle liegen keine Angaben vor.

Südlich der Anzenfelder Mühle im Simmer(Kellen)bach-Tal stehen unmittelbar nordwestlich der Lützelsoon-Überschiebungszone spezialgefaltete höhere Übergangsschichten an. Hier ist die SE-Vergenz weniger deutlich und klappt mit Annäherung an die Überschiebungszone ebenfalls in – wenn auch schwache – NW-Vergenz um.

Zinser (1963) betonte, dass SE-Vergenz im Areal der Hunsrückschiefer jedoch auch fehlende Vergenz bei Saigerstellung der Faltenachsenflächen der Spezialfalten vorkomme. Die Flächen der s_1-Schieferung verlaufen nahezu parallel zu den Achsenflächen (bc) der F_1-Spezialfalten. Das von Opitz (1935) beschriebene „Herausdrehen der Schieferung zu Sattel oder Mulde“ wurde hier nicht bestätigt. Hinzu kommen lokale Verstellungen von s_1 und Abweichungen bei intensiver Spezialfaltung in Form von Fächerstellung oder bei stärkerer „Verknäulung“ der s_1-Flächen. NW-Vergenz tritt in diesem Gebiet nur in dem schmalen, NE-SW verlaufenden Abschnitt unmittelbar nordwestlich und unterhalb der Soonwald-Überschiebungszone auf und betont damit die nach NW gerichtete Überschiebung des Taunusquarzits auf die vorgelagerte Schuppe aus Hunsrückschiefer.

3.3.3.2.2.5 Korrelation der Profile vom Oberen Mittelrhein und Mittleren Hunsrück

Obwohl das Profil am Oberen Mittelrhein zwischen der Oberweseler Überschiebungszone im Nordwesten und der Taunuskamm-Soonwald-Überschiebungszone im Südosten relativ weit von Simmer(Kellen)- und Hahnenbach-Profil entfernt liegt, sind Übereinstimmungen, jedoch auch Gegensätze vorhanden. Als nordwestliche Leitlinie für eine Korrelation mag die Oberwesel-Idarwald-Saar-Überschiebungszone gelten, die die südöstliche Begrenzung des „Mulden“-Zuges „Lahn-Mulde – Maisborn-Gründelbach-Mulde“ (-Schuppenzone) bildet. Die relativ jüngsten Gesteine im Zentralen Hunsrück sind im Gegensatz zu Dittmar (1996) daher eher nordwestlich der Idarwald-Schuppenzone als südöstlich davon in der ehem. „Kempfelder Mulde“ zu suchen. Dabei ist nicht auszuschließen, dass auch hier in den Kaub-Schichten Partien enthalten sind, die jünger als Ulmen-Unterstufe sind (Ecke et al. 1985).

Im Rhein-Profil hat die Roßstein-Schuppenzone einen relativ breiten Ausstrich, der auf mehrfache interne Verschuppung – allerdings mit relativ geringen vertikalen Beträgen – zurückzuführen ist, sich in den Tonschiefern jedoch nicht sicher nachweisen lässt. In dieser Schuppenzone stehen in relativ breitem Ausstrich Dachschiefer in mehreren Zügen in den Kaub-Schichten an. Die kleintektonischen Untersuchungen im Rhein-Profil (Engels 1955) haben dort keinen Großfaltenbau, wie ihn Opitz (1935: Taf. 15, 16) postulierte, ergeben. Dieser bestand in beiden Profilen quer zum Streichen aus Sätteln mit äquidistantem Abstand der Scheitellinien, die er miteinander korrelierte. Der stetig SE einfallende Spezialfaltenspiegel (W. Meyer & Stets 1996, 2000, Mittmeyer 1996) und die Verschuppung halten das Niveau der Dachschiefer über mindesten 7–8 km im Aufschlussniveau. Ein ähnliches Bild ergibt sich auch für den mittleren Hunsrück bis zur Bundenbacher Überschiebung.

Bei der Korrelation beider Profile zeigt sich, dass in den Profilen von Simmer(Kellen)- und Hahnenbach-Tal der Platz für die südlichste Struktur des Mittelrhein-Profils, die Wispertal-Schuppe, fehlt, es sei denn, man sucht sie in der schmalen Sonnschieder Schuppe aus Übergangs-Schichten im unmittelbaren tektonisch Liegenden der Soonwald-Überschiebungszone. Dabei stellt sich grundsätzlich die Frage, ob die strukturtrennenden Überschiebungen und auch die Einzelschuppen über Kilometer, evtl. bis Zehner Kilometer, im Streichen durchhalten, was erst die Korrelation beider Profile ermöglichte. Bei aller Befürwortung des Schuppen- und Ablehnung des Großfaltenbaus sollte das nicht selbstverständlich sein. Vielmehr dürfen auch laterale Ablösung der Trennflächen im Streichen und/oder ein spitzwinkliger Verlauf zum Streichen von s_0 und s_1 nicht kritiklos bei der Korrelation eingesetzt werden. Das führt u. a. dazu, dass Teilschuppen sich in ihren Abmessungen in den Profilen nicht so eng entsprechen, wie dies Opitz (1935) annahm. Hinzu kommt, dass die Ausstrichbreite von Einzelschuppen und Schuppenzonen vom Einfallwinkel von s_0 resp. des Spezialfaltenspiegels abhängt. Bei einem Vergleich beider Traversen zeigt sich, dass generell der Einfallwinkel des Spezialfaltenspiegels im Rhein-Profil sich nach Südosten in den Teilschuppen versteilt, andererseits eine generelle Versteilung vom Rhein-Profil zum Mittleren Hunsrück erfolgt. Daher darf bei den einzelnen, mit einander zu korrelierenden Struktureinheiten im Mittleren Hunsrück von unterschiedlichen Ausstrichbreiten ausgegangen werden.

Eine Versteilung des Spezialfaltenspiegels zeigt sich auch in den Aufnahmen von Mittmeyer (1996). Bei ihm fehlt allerdings die Wispertal-Schuppe nicht, da er mit der

Katzenelnbogen-Überschiebung weit nach Nordwesten von der hier vertretenen Spur der Oberwesel-Idarwald-Saar-Überschiebungszone abwich. Das gilt auch für Bl. Frankfurt-West (GÜK 200: CC 6310). Bei beiden Darstellungen bleibt genug Platz, um die hier als Bruschieder Schuppenzone bezeichnete Struktur einzutragen. Die Kartendarstellung widerspricht jedoch dem Verlauf der Streichlinien von s_1, die Kienow (1934) konstruierte.

Unter Verwendung der von Kienow (1934: Taf. 2, Abb. 14) publizierten Daten lässt sich etwa die Bacharacher mit der Bundenbacher Überschiebung korrelieren. Dabei bleibt die Ausstrichbreite der Roßstein-Schuppen im Nordosten und der Idarwald-Schuppenzone (NE-Abschnitt) im Südwesten nahezu gleich, was für eine stärkere Verschuppung im Südwesten wegen der Versteilung von Schichtlagerung und Spezialfaltenspiegel spricht. Eine solche Verschuppung wurde aus den ehem. Dachschiefer-Gruben im mittleren Hunsrück mehrfach beschrieben (Opitz 1935). Nicht zuletzt weist der häufige Gebrauch des Begriffs „Wechsel“ für Überschiebungen bei den Hunsrücker Bergleuten auf eine enge Verschuppung im Kleinbereich hin, die das Auffinden und Verfolgen der „Lager“ erschwerte, es sei denn, ein lokaler Leithorizont von der Qualität des „Hans“ erleichterte die Verfolgung untertage.

Unter diesen Voraussetzungen verschmälert sich die Wispertal-Schuppe auf den schmalen Schuppenspan der Sonnschieder Schuppe im tektonisch Liegenden der Soonwald-Überschiebungszone im Simmer(Kellen)- und Hahnenbach-Tal. Sie weicht in ihrem Verlauf zwischen Wisper-Mündung und südlich von Argenthal erheblich vom normalen Streichen 50–60° ab und streicht um 65–70°, auch im großen Steinbruch an der Burg Sooneck (Douw 2009). Kienow (1934: Taf. 2, Abb. 14) passte jedoch, offensichtlich um bei gebundener Tektonik Schwierigkeiten zu umgehen, die Streichlinien der s_1-Flächen dem Verlauf der Taunuskamm-Soonwald-Überschiebungszone an, wofür die Einzelmesswerte nur wenig Anlass geben. Bei einer Gegendarstellung stoßen im kritischen Abschnitt die Streichlinien von s_1 spitzwinklig auf die Überschiebungszone. Dieser Verlauf lässt zwei Möglichkeiten der Interpretation, evtl. auch ihre Kombination, zu: Die Taunuskamm-Soonwald-Überschiebungszone schneidet die Strukturen der vorgelagerten Wispertal-Schuppe spitzwinklig und bringt sie auf diese Weise nach Südwesten zum Verschwinden bzw. verschmälert zumindest ihre Ausstrichbreite oder die nördlichste Schuppe des „Soonwald-Antiklinoriums“ überschiebt die Wispertal-Schuppe bis zu deren beinahe-Verschwinden südöstlich Argenthal. Hinzu kommt, dass mehrere querschlägige Verwerfungen das „Soonwald-Antiklinorium“ betroffen haben.

Dazu bleibt kritisch anzumerken: Ein spitzwinkliger Verlauf der Überschiebungen zum Verlauf von s_0 und s_1 ist bei kompetentem Material im Hunsrück nicht ungewöhnlich und sollte auf jeden Fall in die Betrachtung einbezogen werden; das gilt umso mehr, als die Taunuskamm-Soonwald-Überschiebungszone im Hahnenbach-Tal um 45–50° streicht und relativ steil nach SE einfällt (Zinser 1963, Mittmeyer 1996); eine deckenartige Überschiebung sensu Opitz wird damit ausgeschlossen; das gilt auch, wenn man der Überschiebungszone bis Abentheuer und Eisen nach Südwesten folgt (Nöring 1939, Stets & Stoppel 1998). Anderseits lassen sich nach Befunden im Rheintal im Bereich der Taunuskamm-Soonwald-Überschiebungszone stark NW-vergente Falten und Schuppen mit relativ flachen, NW-gerichteten Überschiebungsbahnen feststellen (Kammerforst-Schuppe; H. Jung 1955); dabei sind Überschiebungsweiten in der Größenordnung wie sie Oncken (1986) im Rhein-Profil vorschlug, unrealistisch; es bietet sich an, einen an Querstörungen gestaffelten und durch kurze flache Überschiebungen modifizierten Bau an dieser Überschiebungszone bei spitzwinkligem Verlauf zum Generalstreichen zu fordern; ein Beispiel zeigt der Quarzit-Steinbruch südöstlich Argenthal, der diesen Bereich aufschließt; andererseits repräsentiert der Quarzit-Steinbruch bei Henau den für den Südwest-Abschnitt des „Soonwald-Antiklinoriums“geltenden Baustil ohne weite Überschiebungen mit steilem Einfallen der Schichtverbände nach SE; hier besteht kein Spielraum für einen nach NW gerichteten Deckenbau; auch unter diesen Vorgaben „spitzt“ die Wispertal-Schuppe sukzessiv nach Südwesten aus und sollte im Simmer(Kellen) bach-Profil kaum als größere eigenständige Struktur auftauchen.

Unter diesen Vorgaben ist auch die Korrelation der Dachschiefer-Züge bei Bundenbach und Kaub zu sehen. Dunker (1884) beschrieb die Dachschiefer-Züge vom Standpunkt des Bergmannes: „Die Mächtigkeit der bauwürdigen Lager, auch „Richte“ genannt, schwankt zwischen einigen und etwa 50 m“ und meldete Zweifel an, ob „die einen Schichtenkomplex bildenden Dachschiefer als ein einziges Lager oder (eher) als eine Gruppe von derartigen Lagern zu betrachten sind“ (S. 24) und gruppierte sie zu „Lagerzügen“. Diese verfolgte er durch den gesamten Hunsrück. Bei seiner Beschreibung beachtete er allerdings noch keine Strukturgrenzen, wie sie hier aufgezeigt wurden, sondern ging wohl nur von der geographischen Lage der Abbaue auf der topographischen Karte aus. So sollten z. B. die Dachschiefer-Züge des Hahnenbach-Tales nach Südwesten bis Allenbach (Bl. 6209 Idar-Oberstein), nach Nordosten an Vorkommen bei Kaub und Bacharach anzuschließen sein. Einzelne Dachschiefer-Lager können jedoch nach Ergebnissen untertage selten weit im Streichen verfolgt werden, da „bauwürdige Richte bis zu 100 m streichender Länge (...) zu den Seltenheiten“ (S. 26) gehören. Opitz (1935) machte dagegen, ähnlich wie Holzapfel (1893), geltend, dass wegen der großen Entfernung beider Reviere eine Entscheidung kaum und eine „Eingliederung des Bundenbacher Horizontes“ mangels Leitschichten nicht möglich sei. Unter diesen Umständen ist es auch heute kaum möglich, einzelne Horizonte aus der Vielfalt bei Bundenbach bis zum Oberen Mittelrhein zu verfolgen. Eine Parallelisierung von „Lagerzügen“ ist unter Bezug auf die Schuppenstrukturen gegeben. So lassen sich die „Lagerzüge“ der Idarwald-Schuppenzone (Nordost-Abschnitt) mit jenen bei Oberwesel, jene bei Bundenbach und Gemünden mit solchen nördlich der Bacharacher Überschiebung und die bei Bruschied mit denen der Lorcher Schuppenzone und weiter im Wisper-Tal korrelieren. Die Nähe zur Taunuskamm-Soonwald-Überschiebungszone spielt dabei keine Rolle. Ähnliches gilt auch für die Verfolgung nach Südwesten. Die Bundenbacher Dachschiefer-Lager sollten in den Dachschiefern westlich Asbacher Hütte (Bl. 6109 Hottenbach), jene bei Rudolfshaus in den Dachschiefern der ehem. Grube „Schielenberg“ östlich Mörschied und weiter nach Südwesten bei Kirschweiler Brücke (Bl. 6209 Idar-Oberstein) fortsetzen.

Diese Parallelisierung zeigt andererseits, wie einmalig die Dachschiefer-Faunen von Bundenbach, Gemünden und Umgebung sind. Offensichtlich handelte es sich um kleinere spezifische Biotope, da in den im Streichen liegenden „Lagerzügen“ keine ähnlich reichen Funde getätigt wurden. Eine Übertragung der Bundenbacher Verhältnisse auf alle Dachschiefer als typisches Fossilinventar der Hunsrückschiefer sollte daher mit Vorsicht erfolgen. Bei entsprechenden Vorkommen anderswo hätten die „Layenbrecher“ der alten Zeit sie beim Spalten der Schieferplatten sicherlich gefunden.

Opitz (1935: Taf. 18) verglich die tektonischen Verhältnisse in der Idarwald-Schuppenzone (Nordost-Abschnitt) beiderseits einer Linie, die NW-SE verlaufen sollte – „Linie Rhaunener Idartal – Hahnenbach“ (S. 245), – und hielt sie für eine entscheidende strukturelle „Trennlinie“. Südwestlich davon schied er vier tektonische Mulden aus, die er „Allenbach“-, „Schunkenbach“-, „Kempfelder“ und „Raunelbach-Mulde“ nannte und zur „Kempfelder Mulde“ zusammenfasste. Nordöstlich der Trennlinie ergaben seine Untersuchungen eine enge Faltung mit von Nordwesten nach Südosten „Sattel von Lindenschied“, „Mulde von Schwerbach“, „Dasberg-Hühnerberg-Sattel“, „Mulde von Oberkirn“, „Schafberg-Sattel“, „Allern-Mulde“, „Habichtsberg-Sattel“, „Rhaunen-Rohrbach-Mulde“, „Rennwald-Sattel“, „Rosengarten-(Günzelgrund-)Mulde“ und „Grebe-Sattel“. Einen Teil dieser Strukturen hat Dittmar (1996) übernommen und der „Allern-Mulde“ als entscheidender Struktur die Rolle des Kerns der „Kempfelder Mulde“ zugewiesen. Opitz (1935: 245) sah keine Möglichkeit, „die Faltungsverhältnisse im NW des Grebe-Sattels zu beiden Seiten der Idartal-Hahnenbach-Linie zueinander in Beziehung zu bringen“ und kam zu dem Schluss, dass der eher großzügig nach Nordwesten gestaffelten „Kempfelder Mulde“ eine enge Faltung nordöstlich seiner Trennlinie gegenüber stehe. Er brachte die Verhältnisse u. a. damit in Zusammenhang, dass der „Taunusquarzit des Idarrückens und des Grebe-Sattels einen festen Rahmen für die eingeschlossene Hunsrückschiefermulde“ (S. 246) bildeten. Das bedeutet, dass der flach unter den Hunsrückschiefern liegende kompetente Taunusquarzit die Faltung im hangenden Hunsrückschiefer bestimmt hätte. Im Gegensatz dazu hätte der im Nordosten mächtigere inkompetente Hunsrückschiefer aufgrund „seiner größeren Nachgiebigkeit (eine) entsprechend lebhaftere Faltung eingehen“ (S. 246) können. Bei der hier vertretenen stärkeren Verschuppung – nicht Faltung – aller Schichtverbände sollte man nicht von einem ungestörten Unterlager unter der „Kempfelder Mulde“ ausgehen. Andererseits ist eine materialabhängige disharmonische und stockwerksabhängige Deformation nicht von der Hand zu weisen. Sie sollte allerdings nicht entlang einer scharfen Linie, sondern entsprechend der Tiefenlage der Quarzite und bei einem sicherlich vorhandenen faziellen Übergang des Taunusquarzit in Hunsrückschiefer nach Nordosten und Nordwesten mit Übergängen erfolgt sein. Zudem bleibt festzuhalten, dass die Beobachtungsmöglichkeiten im Südwesten wesentlich geringer sind und eine scharfe Fixierung der Einzelstruktur nicht überall zulassen. Offensichtlich hat Opitz (1935), obwohl er wiederholt von „Großschuppung“ sprach, ihren Einfluss unterschätzt und die im Einzelaufschluss beobachteten Spezialsättel und -mulden überbewertet. Das erscheint verzeihlich, als die Bewegungen, die an den „Wechseln“ erfolgten, sich in der einförmigen Hunsrückschiefer-Abfolge schwer größenordnungsmäßig einordnen lassen. Andererseits ist eine derart regelmäßige Faltung, wie sie Opitz (1935: Abb. 13a, b) zeichnete, sicherlich nicht gegeben. Eine Trennlinie von der Strenge der „Linie Rhaunener Idartal-Hahnenbach“ sollte daher nicht in die Betrachtung einbezogen werden.

Die unsichere Basis des für den mittleren Hunsrück bilanziert konstruierten Profils (Dittmar 1996) offenbaren bereits die zugrunde gelegten Mächtigkeiten für die Hunsrückschiefer s. str. mit 900–1700 m für die Unteren und 450–1000 m für die Oberen Zerf- resp. Übergangs-Schichten sowie etwa 950 m für die Kaub-Schichten. Das sind „Gesamtmächtigkeiten des Hunsrückschiefers i. e. S. zwischen etwa 3750 m am NW- und 2300 m am SE-Rand der zentralen Hunsrück-Baueinheit“ (S, 251). Die Unsicherheit dieser Werte ergibt sich aus der hier fehlenden Unter- und Obergrenze der Hunsrückschiefer. Dittmar’s Mächtigkeiten ergeben sich u. U. aus dem Abgleich mit Daten anderer Autoren, die zwischen 4600 m maximal und ca. 1000 m minimal liegen (Nöring 1939, W. Meyer & Stets 1980, Mittmeyer 1982, Bartels & Brassel 1990). Ausdrücklich zurückgewiesen werden muss „das zweifellos wichtigste strukturelle Ergebnis der Profilbilanzierung“, dass seine zentrale Hunsrück-Baueinheit „eine Synklinalstruktur 1. Ordnung“ (Dittmar 1996: 252) ist. Gerade die Korrelation mit dem Profil des Mittelrhein-Tales zeigt, dass eine entsprechende „Synform“ eher in der streichenden Verlängerung der von ihm nicht anerkannten Maisborn-Gründelbach-Schuppenzone („Maisborn-Gründelbach-Mulde“), die sich in der „Lahn-Mulde“ fortsetzt, zu suchen ist. Das im mittleren Hunsrück „mit Abstand bedeutendste Strukturelement“ ist sicher nicht seine „Kempfelder Mulde“ (hier: Teil der Idarwald-Schuppenzone), wie sich aus der Korrelation der Traversen im Oberen Mittelrhein-Tal und im mittleren Hunsrück ergibt. Beide Profile weisen keine übergeordnete „Großmulde“ zwischen der Oberwesel-Idarwald-Saar- und der Taunuskamm-Soonwald-Überschiebungszone auf. Die Bezeichnung „zentrales Hunsrück-Synklinorium“ muss daher unter allen Umständen getilgt werden. Dittmar’s Schlussfolgerungen bleiben zudem unverständlich, da er die Verschuppung dieses Bereiches, der „mehrfache Schichtwiederholungen und eine sehr große Ausstrichbreite“ (S. 252) aufweist, zwar erwähnte, jedoch zugunsten eines „Großfaltenbaus“, wie er nirgends nachzuweisen ist, vernachlässigte. Gerade die mehrfache, schwer auflösbare Verschuppung ist es, die die große Ausstrichbreite der Kaub-Schichten im Oberen Mittelrhein-Tal und im mittleren Hunsrück bewirkt. Der stetig SE-fallende Spezialfaltenspiegel innerhalb der Einzelschuppe lässt die Dachschiefer-“Lagerzüge“ grundsätzlich nur im Südost-Abschnitt der jeweiligen Teilschuppe vorkommen, so dass „die Dachschieferzüge oftmals SE-wärts fast bis an den Taunusquarzit-Ausstrich der Soonwald-Einheit reichen“(S. 252). So ist weiter unverständlich, dass die Dachschiefer-Vorkommen bei Bundenbach und Gemünden sowie auch bei Rudolfshaus in seinem bilanziertem Profil in die Zerf-Schichten zu liegen kommen würden, die nordwestlich der Soonwald-Überschiebungszone den Gegenflügel der – nicht vorhandenen – „Kempfelder Mulde“ bilden (Dittmar 1996, Anl. 1). Die detaillierten Aufnahmen bei Zinser (1963) nordwestlich des Lützelsoon wurden offensichtlich weder bei der Profildarstellung noch -bilanzierung berücksichtigt.

3.3.3.2.3 Südwestlicher Hunsrück

Im westlichen Hunsrück reicht die Südöstliche Zentrale Hunsrück-Einheit von der Oberwesel-Idarwald-Saar-Überschiebungszone im Nordwesten bis an die Taunuskamm Soonwald-Überschiebungszone und ihre Verlängerung nach Südwesten. Dieser Abschnitt des Zentralen Hunsrücks umfasst Idarwald und Hochwald, speziell den Schwarzwälder Hochwald. Die besten Aufschlüsse liegen im Saartal zwischen dem Vogelsfelsen nördlich Saarhölzbach und der Ortschaft Dreisbach (Bl. 6405 Freudenburg). Allerdings umfasst dieser Abschnitt des Saartales nur den nordwestlichen Teil dieser Baueinheit. Der Rest ist unter der permotriadischen Füllung der Merziger (Losheimer) Grabenmulde verborgen.

Nach Nöring (1939) in Anlehnung an Asselberghs & Henke (1935a) handelt es sich um den „Idarwald-Sattel“ im Nordwesten, „Hermeskeil-Kempfelder Mulde“, „Züscher Sattel“ und den Nordwest-Abschnitt der „Leiseler Mulde“ im Südosten. Die südöstliche Begrenzung ist Nöring’s „Aufbruchszone des Vordevons von Mörschied und Abentheuer“. Er nahm an, dass hier „der tiefere Untergrund an verschiedenen Stellen den Hunsrückschiefer“ (S. 14) in einzelnen Aufbrüchen durchspießt habe. In der Grube „Korb“ bei Eisen und ihrer Umgebung haben Stets & Stoppel (1998) diese „Durchspießungszone“ an die Soonwald-Überschiebungszone angeschlossen und ihren strukturtrennenden Charakter belegt.

Grundlage bilden Aufnahmen von Grebe, Leppla (bis 1898) und Opitz (1932, 1935) auf Bl. Morscheid (6208), Oberstein (6209), Hermeskeil (6307), Buhlenberg (Birkenfeld-West, 6308) und Birkenfeld (Birkenfeld-Ost 6309). Den entscheidenden Ansatz für die Interpretation des Baustils dieses Gebietes lieferte die Arbeit von Grebe (1881). Er hatte die „Sattelbildung des Quarzits an der Wildenburg“ erkannt und auf die übrigen Härtlinge des Hunsrücks übertragen. Daher hatte Opitz (1932, 1935) die Bezeichnung „Grebe-Sattel“ für Teile des späteren „Züscher Sattels“ an der Wildenburg südlich Kempfeld und weiter bis Bundenbach eingeführt. Auch Leppla’s (1896: 80) Bemerkungen, dass der Taunusquarzit „gegen den nach NW einfallenden Hunsrückschiefer entweder durch streichende Verwerfungen oder Überschiebungsflächen sich abgrenzen“ müsse „, berücksichtigten spätere Autoren nur bedingt.

In dem „Züscher Sattel“ und der „Leiseler Mulde“ führte die nach rein stratigraphischen Vorgaben vorgenommene Ansprache der Strukturen zu erheblicher Verwirrung. Grebe (1881) hatte seinerzeit differenzierend festgestellt, dass der „Quarzit-Zug des Weißfels“ nordöstlich Otzenhausen (Bl. 6308 Birkenfeld West, 6309 B.-Ost) und auch der weiter östlich gelegene Stellberg („Gollenberger Quarzit“) trotz ihrer separaten Lage im Hunsrückschiefer keine Sättel bildeten. Trotzdem sprach Leppla (1898) den Weißfels als mögliche „Sattelfalte“ an. Nöring (1939) erweiterte sie später zum ca. 13 km langen „Taunusqarzitsattel von Abentheuer“ (S. 24), obwohl diesem Zug jegliche „Sattelbildung“ fehlt. Den Taunusquarzit-Zug vom Weißfels hat später R. Hofmann (1966) auf der Grube „Korb“ zur Isoklinalfalte umgedeutet, obwohl weder am Weißfels noch am Wehlenstein ein NW-Schenkel zu finden ist. Mihm (1968) hat diese Ansicht richtiggestellt.

Abgesehen von der Grube „Korb“ hat dieses Gebiet erst durch Knautz (1992) eine Neubearbeitung erfahren. Er hat für seine neu definierten Strukturen die bestehenden Bezeichnungen beibehalten. Danach ergibt sich eine Gliederung des südwestlichen Hunsrücks von Nordwesten nach Südosten in die **Idarwald-Schuppenzone** (zentraler und südwestlicher Abschnitt) und die Züscher Schuppenzone. Beide Schuppenzonen trennt die **Hochwald-Überschiebungszone**. Den Abschluss im Südosten bildet die

Mörschied-Abentheuer-Überschiebungszone in der südwestlichen Verlängerung der Taunuskamm-Soonwald-Überschiebungszone (ehem. Aufbruchzone sensu Nöring 1939).

3.3.3.2.3.1 Idarwald-Schuppenzone (zentraler und südwestlicher Abschnitt)

Die Idarwald-Schuppenzone umfasst die Strukturen „Idarwald-Sattel“ und „Hermeskeiler“ (Asselberghs & Henke 1935a) bzw. „Hermeskeil-Kempfelder Mulde“ (Nöring 1939). Sie wird im Nordwesten durch die Saar-Idarwald-Oberweseler Überschiebungszone gegen den Nordwestlichen Zentralen Hunsrück abgegrenzt. An ihr sind Züsch- und Hermeskeil-Schichten sowie Taunusquarzit auf Hunsrückschiefer – im Saartal auch auf Taunusquarzit – nach Nordwesten überschoben. Die südöstliche Grenze bildet die Hochwald-Überschiebungszone („Strukturgrenze A“ sensu Knautz 1992). Die Idarwald-Schuppenzone besteht in ihrem zentralen Abschnitt zwischen Rhaunen und Hermeskeil größtenteils aus Taunusquarzit. Sie bildet im Idar- und angrenzenden Hochwald den bedeutendsten Härtling des Hunsrücks, der mit dem Erbeskopf (816,3 m NN) nicht nur die höchste Erhebung des Hunsrücks sondern auch des linksrheinischen Schiefergebirges stellt.

Asselberghs & Henke (1935a) bezeichneten als „Idarwald-Sattel“ jene Struktur aus Taunusquarzit des Idarwaldes, deren Kernbereich aus „Bunten Schiefern“, Quarziten und quarzitischen Sandsteinen des Obergedinne aufgebaut ist. Unverständlich erscheint ihre Bemerkung, dass westlich des „Malbornerbaches“ (Röderbach oder Lauterbach bei Malborn; Bl. 6307 Hermeskeil, 6207 Beuren/Hochwald) der größte Teil der „Antiklinale“ zwischen Malborn und Grimburg an der „Hermeskeiler Verwerfung“ ausgefallen sei. Hierbei handelt es sich nach heutiger Vorstellung um die Idarwald-Überschiebungszone, an der zwischen den genannten Ortschaften Züsch-, Hermeskeil-Schichten und Taunusquarzit auf Zerf-Schichten der Hoxeler Schuppe nach NW überschoben sind. Diesem „Idarwald-Sattel“ fehlt hier bestenfalls seine NW-Flanke. Die Fortsetzung dieser Struktur nach Südwesten sahen Asselberghs & Henke in den Quarziten des „Untersiegen“ bei Grimburg (Bl. 6307 Hermeskeil).

Die südöstlich angrenzende, hier noch zur Idarwald-Schuppenzone gezählte „Mulde“ bezeichneten sie als „Hermeskeiler Mulde“ (synclinal d'Hermeskeil, S. 976). Entlang ihrer Achse sollten nach Nordosten sukzessive jüngere Schichten folgen, und zwar auf die „schistes bigarrés“ (Züsch-Schichten) bei Grimburg und Gusenburg folgten Hermeskeil-Schichten bei Hermeskeil, darauf Schichten des „Untersiegen“ ab der Ortschaft Damflos, weiter „Mittelsiegen-Schichten“ (Oberer Taunusquarzit) und ab der Siedlung Tranenweier letztlich „Obersiegen-Schichten“ (Hunsrückschiefer bei Asselberghs & Henke 1935a) östlich von Allenbach. Bei Nöring (1939) ergibt sich eine ähnliche Konfiguration. Nördlich der Siedlung Börfink beginnt ein schmaler Streifen von Zerf-Schichten in der „Muldenposition“, in die sich mit ihrem Oberlauf die Traun eingeschnitten hat. Diese „Mulde“ reicht bis zur Forstsiedlung Hüttgeswasen. Wahrscheinlich war es diese morphologische Spur, die die älteren Autoren veranlasste, hier ihren „Muldenkern“ zu suchen. Das gilt umso mehr, als nach Nordosten, in Richtung auf Allenbach, Hunsrückschiefer mit Dachschiefer-Lagern folgen. Sie lassen sich weiter im Nordosten über Asbacher Hütte an die Kaub-Schichten bei Bundenbach anschließen („Kempfelder Mulde“).

Diese Spur verliert sich nach Südwesten, südwestlich vom Benkelberg (564 m NN), zwischen Grimburg und Sitzerath (Bl. 6307 Hermeskeil) in Tonschiefern der Züsch-Schichten, die zwischen Sitzerath und Waldhölzbach von Rotliegendem diskordant überlagert werden. Im Profil des Saartales ist daher zwischen dem Vogelsfelsen bei Saarhölzbach und Dreisbach im Südosten nur der aus Taunusquarzit bestehende nordwestliche Anteil der Idarwald-Schuppenzone aufgeschlossen.

Es lässt sich die Idarwald-Schuppenzone (zentraler und südwestlicher Abschnitt) in mehrere Teilschuppen gliedern, deren Abgrenzung in dem Gebiet relativ unsicher ist, und zwar von Nordwesten nach Südosten in die **Idarwald-Schuppe i. e. S.**, die **Errwald-Schuppenzone**, die **Damfloser Schuppen** und die **Katzenlocher Schuppe**. Diese Teilschuppen werden voneinander getrennt von Nordwesten nach Südosten durch die **Vierherrenwalder Überschiebung**, die **Gusenburger Überschiebung** und die **Katzenlocher Überschiebung**. Den Abschluss im Südosten bildet die **Hochwald-Überschiebungszone**.

Idarwald-Schuppe i. e. S.. Sie umfasst den Idarwald selbst, Teile des Hochwaldes und reicht vom Rhaunener Idarbach nördlich Weitersbach im Nordosten bis zur Siedlung Abtei nördlich Hermeskeil im Südwesten. Der langgestreckte Höhenzug enthält Idarkopf (745 m NN), Steingerüttelkopf (757 m NN), Bromerkopf (662 m NN), Röderberg (641 m NN), Malborner Steinkopf (683 m NN) und Rückertsberg (>590 m NN) bei Thiergarten. Diese Schuppe besteht ausschließlich aus Taunusquarzit, der im Norden spezialgefaltet und mehrfach in sich verschuppt ist, ohne dass der Nachweis sicher gelingt. Hinsichtlich des Baus muss auf ältere Angaben zurückgegangen werden. Grebe (1881) erwähnte Daten zur Schichtlagerung von drei Punkten, die schlecht zu lokalisieren sind. Heute zeigt der große Steinbruch Meter bei Hoxel am Schweinegrubenberg eine ausschließlich saiger stehende Folge weißer Quarzite vom Typ Unterer Taunusquarzit mit kleinen Kurzschenkelfalten oder Flexuren (Spiess & Stets 2004). Eingeschlossen sind einige sekundär rötlich verfärbte Partien. Die Schichten enthalten neben der quarzitreichen Wechselfolge tiefgreifend kaolinitisierte Tonschiefer. Grebe (1881: 254) hatte noch „eine Sattelstellung der Quarzite" erkannt. In den 1950er Jahren waren im nordwestlichen Bereich des Steinbruches schwach NW-vergente Spezialfalten aufgeschlossen, die in den Überschiebungsbereich der Idarwald-Überschiebungszone gehören. An der Höhe „Im Stein" (598 m NN; Bl. 6208 Morscheid-Riedenburg) hatte Grebe in ähnlicher struktureller Position einen Sattel erkannt. Die gesamte Abfolge im Steinbruch Meter zeigt erheblich Einflüsse der Mesozoisch-Tertiären Verwitterung. Sie reichte jedoch nicht aus, den „quarzitischen" Kornverband aufzubrechen. Die wenigen Kurzschenkelfalten mit steil SE fallendem Faltenspiegel zeigen, dass der Schichtverband in der üblichen Weise normal liegt und nach Südosten jünger wird. Unweit des Steinbruches ist die Schuppe von der Morscheider Querstörung betroffen.

Auch Leppla (1896) rechnete hier mit Spezialfaltung.

Am Nordwest-Hang des Idarwaldes zwischen Steingerüttel- und Idar-Kopf kartierte Leppla einen Streifen Hunsrückschiefer (Bl. 6109 Hottenbach), der im Hangenden und Liegenden von Quarziten eingeschlossen ist. Diese Tonschiefer ließen sich mit Hilfe geophysikalischer Messungen (Willemsen 1999) nicht nachvollziehen. Die Delle im Hang lässt vermuten, dass hier u. U. eine Verschuppung unterschiedlich resistenter Quarzit-Bankfolgen vorliegt. Weiter im Südwesten weisen einzelne Felsrippen aus grauen Quarziten im Simmbach-Tal und am Eisenbahn-Tunnel östlich Deuselbach erneut auf sehr steil SE-fallende Schichtlagerung hin. Diese Quarzite weisen hier am Nordwest-Rand der Schuppe teilweise lithologische Eigenschaften der „Dhroner Quarzite" auf. Die Blockmeere am Nordwest-Hang des Idarwaldes bestehen aus den typischen Quarziten des Taunusquarzits.

Die im Nordosten mächtige Schuppe „spitzt" nach Südwesten, mehrfach von jungen Querstörungen betroffen bis zur Siedlung Abtei aus. Dieses Verhalten ist durch ihre Lage zwischen der Idarwald-Überschiebungszone im Nordwesten und der Vierherrenwald-Überschiebung im Südosten bedingt. Das steilere Streichen um 55° führt zum Verschwinden der Schuppe. Damit nimmt auch die orographische Höhe nach Südwesten ab.

Vierherrenwalder Überschiebung. Sie setzt westlich Stipshausen ein und trennt auf der Südost-Flanke des Idarwaldes einen relativ schmalen Schuppenspan aus Taunusquarzit von der nordwestlich vorgelagerten Idarwald-Schuppe i. e. S. ab. Leppla (1896) kartierte auf Bl. 6109 Hottenbach Hunsrückschiefer, die dann allerdings auch auf der Südost-Flanke des Idar ohne Störung in die Quarzite eingeschlossen wären. Er beschrieb eine „Verwerfung 700 Meter nordwestlich Langweiler (Bl. Oberstein)" und Tonschiefer „11–1200 Meter nordwestlich Schauren im Quertal der Spring" (heute: Springbach), die auf eine Überschiebung hinweisen. Sie überschiebt Taunusquarzit auf den schiefrigen Schichtverband nach Nordwesten. Die weitere Verfolgung nach Südwesten führt durch den Vierherrenwald nördlich Schauren, Bruchweiler und Langweiler bis zur Kahlheid (766 m NN), an deren nordwestlichem Abhang Leppla (1896: 75) „graue und rothe phyllitische Schiefer" – wahrscheinlich sind Züsch-Schichten gemeint – und mächtige Quarzit-Rosseln erwähnte. Südwestlich vom Oberlauf des Simmbaches setzt an der Lokalität „Hangende Birke" (715 m NN) mit einem deutlichen Geländeknick und an der südöstlichen Verlängerung der Gielerter Querstörung versetzt, ein Höhenzug ein, der Erbeskopf (816,3 m NN), Springenkopf (784 m NN), Ruppelstein (755 m NN) und Sandkopf (756 m NN) trägt. Dieser Zug verläuft jedoch nicht geradlinig nach Südwesten weiter, sondern ist wahrscheinlich an mehreren Querstörungen versetzt, die möglicherweise auch eine seitenverschiebende Komponente besitzen. Die Vierherrenwalder Überschiebung läuft am nordwestlichen Fuß dieses Rückens entlang nach Südwesten. Hin und wieder sind hier Züsch-Schichten kartiert worden, auch Hermeskeil-Schichten. Es kann allerdings durch die Mesozoisch-Tertiäre Verwitterung außer tiefgreifender Bleichung auch Rotfärbung und Entfestigung der Quarzite zu Sandsteinen („Hermeskeil-Sandstein") erfolgt sein, die eine sichere Ansprache des Lesesteinmaterials erschweren. Mächtige Hangschutt- und Fließerde-Decken verdecken die unterdevonischen Schichten und damit auch die Grenzen der Schuppe. Hinweise auf anstehende Züsch-Schichten gibt es nach Grebe (1889) erst bei Thiergarten und von dort in Richtung Südwesten, wo die Vierherrenwald-Überschiebung in die Idarwald-Überschiebungszone einmündet. Der Taunusquarzit der Idarwald-Schuppe wird hier zu einer schmalen Leiste oder zu Schürflingen zwischen den beiden Überschiebungen reduziert.

Errwald-Schuppenzone. Sie setzt nördlich von Gusenburg ein und reicht von dort nach Südwesten bis an die Obermosel bei Sierck-les-Bains. Sie liegt zwischen der Saar-Idarwald-Überschiebungszone im Nordwesten und der Gusenburg-Überschiebung im Südosten. Diese Schuppenzone beginnt mit einer schmalen leistenförmigen Schuppe aus Quarziten und quarzitischen Sandsteinen nördlich Gusenburg (Bl. 6307 Hermeskeil). Bedingt durch das stark divergierende Streichen der beiden begrenzenden Überschiebungen verbreitert sich der Ausstrich des Taunusquarzits im Errwald nach Südwesten so stark, dass im Saar-Profil nur Taunusquarzit ansteht. Trotz der guten Aufschlussverhältnisse gibt es im Saar-Profil noch kein verlässliches strukturbezogenes Profil, das die Errwald-Schuppenzone vollständig erschließt.

Scholtz (1934) verglich Saar- und Rhein-Profil und betonte, dass an der Saar „sämtliche Falten nach NW übergelegt" (S. 346) seien. Diese NW-Vergenz belegte er mit dem Sattel einer Spezialfalte in der Nähe des Kraftwerks Mettlach-Keuchingen (Staumauer, rechtes Saar-Ufer). Weiter beobachtete er dort, wo die Bankmächtigkeiten erheblich differieren, disharmonische Falten, z. B. unweit der Saar-Schleife bei Mettlach. Außerdem beherrschen mächtige SE-fallende Quarzit-Bankfolgen des Taunusquarzits das Landschaftsbild. Die NW-Vergenz wird in diesem Profilabschnitt durch steil SE fallende Schieferungsflächen (s_1) in Tonschiefer-reicheren Partien des Taunusquarzits unterstrichen. Hinzu kommt nach Scholtz eine mit 55–60° NW fallende 2. Schieferung (s_2), die so stark ausgebildet ist, dass neben sigmoidaler Verbiegung der s_1-Flächen auch Gleitbrett-artige Zerscherungen vorkommen.

Im Zusammenhang ergibt sich folgender Bau mit NW-Vergenz in einem Umfeld, das weitgehend SE-vergent ausgerichtet ist: Auf NW-Vergenz im Saartal wies schon Nöring (1939) hin und bezog sich dabei auf NW-vergente Falten an der Ruine Montclair in Gesteinen des „Unteren Taunusquarzit"; offensichtlich ist hier die primär angelegte NW-Vergenz erhalten geblieben und keine Externrotation erfolgt. Schall (1968) betrachtete das Profil zwischen der Hammer Überschiebung im Nordwesten und der Ortschaft Dreisbach im Südosten (Bl. 6405 Freudenburg) als den in sich zwar spezialgefalteten, im übrigen jedoch geschlossenen SE-Flügel des „Idarwald-Sattels" (Asselberghs & Henke 1935a, Nöring 1939); die starke Verschuppung, die diesen „SE-Flügel" zerlegt, erkannte er nicht; inzwischen konnte jedoch gezeigt werden, dass mehrere NW-gerichtete Überschiebungen das Saartal queren und den Taunusquarzit in mehrere Schuppen auflösen; Schall hatte im Gegensatz dazu den Taunusquarzit im Saartal in acht Bankfolgen (a–h) unterteilt und für eine stratigraphische

Wechselfolge statt einer tektonischen Schuppenzone plädiert. Jüngere Ergebnisse (Abraham 1991, Wildberger 1992, R. Hahn 2002) zeigten auch den NW gerichteten Schuppenbau; danach sind die Schuppenbahnen jeweils mit Spezialfalten verbunden; z. B. in der streichenden Verlängerung der Quarzite vom Vogelsfelsen nach Südwesten findet man südöstlich Orscholz am Orkelsfelsen (ND) eine spezialgefaltete, stärker verkieselte Partie des Taunusquarzits; der überschobene Anteil im Nordwesten gehört damit zur Greimerather Schuppenzone, die an der Saar ausschließlich aus Taunusquarzit besteht und NW-vergent ausgerichtet ist; Schall (1968) zitierte von hier zwei Faltenzüge, die er als echte Biegefalten ansprach; sein „Faltenzug Vogelfelsen/Saarhölzbach – Cloef/Orscholz" wurde bereits der Saar-Überschiebung zugeordnet; als zweiten nannte er den „Faltenzug Mettlach – St. Gangolfer Rücken", der unweit der Burgruine Mt. Clair die Saar quert und betonte, dass die Quarzite mehrere Falten zeigen, „wobei Sättel häufig, Mulden dagegen praktisch nie aufgeschlossen sind" und so „die Falten in den Muldenkernen gerissen und die SE-Flügel der Sättel teilweise überschoben sind" (S. 43), deutliche Hinweise auf den Schuppenbau mit nach NW gerichteten Bewegungen; daraus ergibt sich, dass die Errwald-Schuppenzone zumindest in zwei Teilschuppen zerlegt ist; die Faltenachsen zeigen die übliche „zopfartige Verflechtung" bei flachem Eintauchen sowohl nach NE als auch SW; die Faltenachsenebenen (bc) fallen mit 55–75° SE, womit die NW-Vergenz erneut bestätigt ist; gestützt wird sie auch durch die s_1-Schieferung mit Einfallen um 75–80° SE, das steiler ist als das der Faltenachsenflächen; für das s_2-Flächengefüge gab Schall ein Einfallen um 35–45° NW an; es liegt 10–20° flacher als bei Scholtz (1934: Abb. 11) und zeigt die sigmoidale Verbiegung der s_1-Flächen. Schall (1968) beschrieb enge NW-vergente Kurzschenkelfalten mit steil NW bis überkippt SE fallendem kürzeren NW- und längeren flachen normalen SE-Schenkeln; von ihm zitierte Stauchfalten entlang von Schichtflächen sind allerdings eher auf synsedimentäre Gleitung als auf die F_1- oder F_2-Faltung zurückzuführen; dieser Schluss gilt umso mehr, als er für diese „Falten" „Südvergenz" ausmachte; SE gerichtete Rutschfalten und -tropfen sind in den sandigen Schichtverbänden relativ häufig anzutreffen.

Die im Vergleich mit den übrigen Schuppen aberrante NW-Vergenz im Saartal erklärt sich erst im Verein mit der südwestlichen Verlängerung über die Saar hinaus nach Südwesten; dabei ergeben die Errwald-Schuppen einen eigenständigen Schichtverband, der offensichtlich eine eigenständige Rotation erfuhr, die nicht zur allgemein üblichen SE-Vergenz führte.

Diese Beobachtungen stützen die Verschuppung. Bei der z. T. schwierigen Lokalisierung der Überschiebungen leistet die Spezialfaltung Hilfestellung. Gestützt wird dieser Baustil durch kleinere „streichende oder spitzwinklig zum Streichen angelegte Auf- bzw. Überschiebungen" (Schall 1968: 46). Das hat allerdings erhebliche Konsequenzen für die Mächtigkeit des Taunusquarzits. Schall rechnete bei der mehr oder weniger ungestörten Lagerung mit 2500 m (1500 m Unterer, 1000 m Oberer Taunusquarzit), Nöring (1939) dagegen nur mit 800 m insgesamt. Geht man von der Verschuppung aus, ergeben sich ca. >1500 m Gesamtmächtigkeit bei vorsichtiger Konstruktion. Dieser Wert ist wegen des Fehlens der Untergrenze unvollständig.

Gusenburger Überschiebung. Sie trennt die NW-vergente Errwald-Schuppenzone von den südöstlich angrenzenden westlichen Damfloser Schuppen. Diese Überschiebung sollte als Zweig der Oberwesel-Idarwald-Saar-Überschiebungszone betrachtet werden, der – durch eine Querverwerfung nicht unmittelbar erkennbar – westlich Gusenburg weiter verläuft. Mit einem Streichen von ca. 40° verläuft die Gusenburger Überschiebung spitzwinklig divergierend nach Südwesten. Westlich Grimburg wurde sie erneut von einer querschlägigen Verwerfung betroffen und zieht anschließend mit einem Streichen um 45° durch den Schwarzwälder Hochwald nordwestlich an Weiskirchen vorbei bis Waldhölzbach. Dort ist sie erneut von einer querschlägigen Verwerfung betroffen. Südwestlich davon werden sie sowie Taunusquarzit und Züsch-Schichten von Schichten der Wadern-Formation (Nahe-Subgruppe) diskordant überlagert. Durch diese Decke ragen hin und wieder – aufgrund des Paläoreliefs – einzelne Taunusquarzit-Inselberge und -Klippen auf der SE-Flanke der Errwald-Schuppenzone auf. Im tief eingeschnittenen Saartal ist bis südlich Dreisbach nur Taunusquarzit angeschnitten; die Gusenburger Überschiebung bleibt unter Schichten der Permotrias verborgen.

Die Geologische Übersichtskarte des Saarlandes (SELZER et al. 1955), zeigt im Bereich der Überschiebung Hermeskeil-Schichten, gebietsweise auch Störungen oder Schichtgrenzen. Bei diesen Hermeskeil-Schichten handelt es sich wahrscheinlich um entfestigte quarzitische Sandsteine und Quarzite der Züsch-Schichten, wie Aufschlüsse zwischen Wadrill und Grimburger Hof zeigen (Bl. 6407 Wadern, 6307 Hermeskeil), wo auch bunte Tonschiefer und Quarzite der Züsch-Schichten anstehen. Das Vorkommen von Hermeskeil-Schichten in dieser Position würde bei steil normal SE bzw. überkippt NW fallender Schichtlagerung eine zusätzliche Überschiebung notwendig machen. Die Errwalder Schuppen nordwestlich der Überschiebung zeigen aufgrund des Divergierens der beiden begrenzenden Überschiebungen und der Querstörungen einen sich nach Südwesten verbreiternden Ausstrich.

Damfloser Schuppen. Den größten Teil der Idarwald-Schuppenzone nimmt die hier als Damfloser Schuppen bezeichnete Struktur ein. Sie lässt sich von südwestlich von Grimburg über Hermeskeil und Damflos bis Allenbach und weiter darüber hinaus nach Nordosten verfolgen. Dort erreicht sie Anschluss an den nordöstlichen Abschnitt der Idarwald-Schuppenzone (ehem. „Kempfelder Mulde“, NÖRING 1939). Sie wird im Nordwesten durch die Vierherrenwald-Überschiebung gegen die Idarwald-Schuppe i. e. S. und die Gusenburger Überschiebung gegen die Errwald-Schuppenzone abgegrenzt. Im Südosten trennt die Katzenlocher Überschiebung sie von der schmalen Katzenlocher Schuppe im nordwestlichen Vorland der Hochwald-Überschiebungszone.

Das Gebiet der Damfloser Schuppen ist sicherlich in weitere Teilschuppen zerlegt, die sich wegen der schlechten Aufschlussverhältnisse im Einzelnen nicht sicher definieren lassen. Aufgrund der Verwitterungsresistenz der Quarzite kommt eine grobe tektonische Gliederung in der Morphologie zum Ausdruck. So dürfte die nordöstliche **Stipshausener Schuppe** von Stipshausen über Bruchweiler und Langweiler nach Südwesten reichen, dann das Massiv von Erbeskopf und Springenkopf einschließen und nach Südwesten in Richtung auf Thiergarten weiter ziehen; eine solche Struktur kannte schon LEPPLA (1896: 75), der sie als „die südöstlichste Flanke des Idars“ bezeichnete und von der „Kahlen Heid (Kahlheid, 766 m NN) ohne eine merkbare Unterbrechung“ über die Höhenrücken „des Sand, Heidenkopfs (nordwestlich Allenbach, Bl. Morscheid), des Hornesselwaldes, Hengstberg (bei Langweiler, Bl. Oberstein), Geiskopf, Schimmersteins (bei Schauren, Bl. Hottenbach) bis an Stipshausen“ verfolgte. Bei den Angaben zur Schichtlagerung ergibt sich die Diskrepanz, dass die aus den Tonschiefern überlieferten Werte ausnahmslos „mit sehr großem Winkel nach NW“ einfallen und dem Einfallen der Schieferung (s_1) entsprechen; die Werte aus den Quarziten deuten eine Spezialfaltung an, die durch Aufschlüsse bei Stipshausen bestätigt wird; die Faltenachsen (B_1/b_1) tauchen dort relativ steil nach NE ab und bewirken zusammen mit der Vierherrenwald-Überschiebung das Verschwinden dieser Schuppe. Die **Ruppelstein-Schuppe** könnte man in dem NE-SW ziehenden Höhenzug Ruppelstein (755 m NN), Sandkopf (756 m NN), Diebskopf (739 m NN), Höhe 604 m NN und der Grendericher Höhe (583 m NN) sehen (Bl. 6208 Morscheid-Riedenburg, 6307 Hermeskeil, 6308 Birkenfeld-West).

Beide potentiellen Teilschuppen bauen sich aus Züsch- und Hermeskeil-Schichten im Südwesten, Taunusquarzit im zentralen Abschnitt und Hunsrückschiefer (Zerf- u. Kaub-Schichten) im Nordosten auf; letztere leiten in die mächtigen Schichtverbände der nordöstlichen Idarwald-Schuppenzone des Mittleren Hunsrücks über.

LEPPLA (1925a: 17) erwähnte in den „Bunten Schiefern der Hermeskeiler Hochfläche“ steiles Einfallen nach NW. Da er in den Tonschiefern nur „Ablösungsflächen“ aushielt, kann von steil nach NW einfallenden Flächen der 1. Schieferung (s_1) ausgegangen werden, die SE-Vergenz signalisieren. Im Gegensatz dazu beschrieb er bei den „in ihnen eingemuldeten jüngeren Sandsteinen eine fast saigere Stellung". Lässt man die „Einmuldung" außer Acht, so ergibt sich auch hier die allgemein übliche Schichtenfolge von Nordwesten nach Südosten zum stratigraphisch Jüngeren. „Südöstliches Einfallen" bescheinigte er dem Taunusquarzit an der NW-Flanke des Erbeskopf-Massivs. Am Süd-Rand des Idarwaldes bei Allenbach, Langweiler und Stipshausen bestätigte er die Spezialfaltung. Über deren Vergenz fehlt eine eindeutige Aussage. Generell weisen diese wenigen Beobachtungen auf den auch sonst im westlichen Hunsrück üblichen Baustil hin.

Nöring (1939: Abb. 9) zeichnete ein etwa 120 m langes Querprofil nordwestlich Grimburg südlich der Gusenburger Überschiebung mit deutlichem Einfallen der Schichtung nach SE und einer SE-vergenten Spezialfaltung. Nordwestlich Wadrill liegt entlang der L 150 nach Hermeskeil ein Profil über ca. 500 m Länge, in dem grüngraue und violette Tonschiefer, Dachschiefer und Quarzite des Gedinne wechsellagern und einheitlich um 80° SE einfallen. Die s_1-Flächen fallen steil (80°) NW. Der daraus abgeleitete Faltenbau (Weber 1979 in H. Schneider 1991: Abb. 47) ist in der dargestellten Form nicht verwirklicht. Ähnliche Verhältnisse finden sich auch weiter nördlich bis zum Grimburgerhof (Bl. 6307 Hermeskeil, 6407 Wadern). In diesem Schichtverband treten lokal basische Magmatite auf (H. Schneider 1991: 12).

Die Angaben bei Scholtz (1934) aus dem Profil Nonnweiler – Hermeskeil sind zu pauschal, um sie auf die südlichen Damflos-Schuppen zu übertragen. Wichtig ist jedoch, dass von Süden kommend kurz vor Hermeskeil NW fallende 2. Schieferung (s_2) zu beobachten ist. Aus Scholtz (1930: Taf. III) ergibt sich für das Wadrill-Tal ein wechselndes Einfallen von s_1, das im Nordwesten eher zwischen 50–89° NW liegt, sich fortschreitend nach Südosten jedoch auf 65–89° NW einpendelt, so dass im gesamten Profilabschnitt unterschiedliche, jedoch deutliche SE-Vergenz herrscht. Die s_2-Flächen fallen im Nordwesten nahe der Saar-Idarwald-Oberweseler-Überschiebungszone mit 15–30° NW relativ flach ein.

Wenige Daten finden sich bei Opitz (1935) aus dem Verbreitungsgebiet der Hunsrückschiefer weiter im Nordosten, wo auch Dachschiefer vorkommen (ehem. Abbaue Schunkenrech I u. II südlich Bruchweiler: Bl. 6209 Idar-Oberstein). Hier herrscht allgemein steiles Einfallen der 1. Schieferung (s_1) um 70–80° NW. Damit herrscht auch hier schwache SE-Vergenz. Für den Taunusquarzit der Stipshausener Schuppe gab Opitz nördlich der Ortschaft Langweiler für s_0 20–40° SE an. Im Steinbruch nordwestlich von Allenbach an der Zufahrt zur B 269 werden dagegen saiger stehende bis SE fallende Quarzite des Taunusquarzits abgebaut.

Knautz (1988) beschrieb aus dem Gebiet südlich Sensweiler steil normal SE bzw. bis überkippt NW fallende Zerf-Schichten, die sich stratigraphisch und strukturell in die Damfloser Schuppenzone eingliedern lassen. Er betrachtete diesen Schichtverband als Teilschuppe der ehem. „Kempfelder Mulde". Die starke Streuung der Messwerte für s_1 und s_0 führte er auf eine weitere Untergliederung in Teilschuppen zurück, die sich jedoch nicht abgrenzen lassen. Außerdem ist hier zonenweise eine deutliche s_2-Schieferung zu finden, die bei vorwiegendem Einfallen nach NW eine starke Streuung in der Raumlage aufweist.

Diese wenigen Daten sprechen dafür, dass auch die Damfloser Schuppen ähnlich gebaut sind wie ihr Umfeld. Im Gegensatz zum Saar-Profil herrscht im gesamten Gebiet SE-Vergenz.

Die Katzenlocher Überschiebung und Schuppe

Südöstlich des weiten Verbreitungsgebietes von Hunsrückschiefer mit Dachschiefern der südlichen Damfloser Schuppen, z. B. bei Allenbach und Asbacher Hütte schieden Knautz (1988) und Mannebach (1990) im nordwestlichen Vorland der im Südosten folgenden Hochwald-Überschiebungszone die schmale Katzenlocher Schuppe aus Zerf-Schichten aus. Sie ist sowohl im Idar- als auch im Fischbach-Tal strukturell und lithofaziell deutlich fassbar. Knautz (1988, 1992) sah hinsichtlich des Baustils eher Affinitäten zum südöstlich anschließenden „Züscher Sattel" als zur ehem. „Kempfelder Mulde" (hier: südliche Damfloser Schuppen). Er schloss sie daher eher an die „Züscher Sattelstruktur“ an. Diese Auffassung vertrat auch Nöring (1939: Taf. 1), der sie zum NW-Flügel des „Züscher Sattels“ zählte. Hier wird sie jedoch in Analogie zur Hammer oder Keller Schuppe im nordwestlichen Vorland der Saar-Idarwald-Oberweseler oder auch der Boppard-Dausenau-Longuicher Überschiebungszone noch zur südlichen Idarwald-Schuppenzone gerechnet. Wie dort, wurden auch hier nordwestlich der eigentlichen strukturtrennenden Überschiebungszone jüngere Schichten aufgeschuppt. Die die Katzenlocher Schuppe im Nordwesten trennende Katzenlocher Überschiebung ist nur über den Materialgegensatz zwischen Kaub- im tektonischen Liegenden und Zerf-Schichten im tektonisch Hangenden bei Einfallen von s_0 nach SE oder überkippt nach NW kartierend festzulegen.

Die Internstruktur der Katzenlocher Schuppe ist abschnittsweise schwer aufzulösen. Bei Katzenloch liegen im nordwestlichen Vorfeld der Hochwald-Überschiebungszone sowohl steil überkippt NW als auch normal steil SE fallende Schichten. Die unterschiedlich lagernden Teilbereiche sind durch Verwerfungen voneinander getrennt. Knautz (1988, 1992) konnte diesen Gegensatz in der Schichtlagerung bedingt „durch die Aufschlussverhältnisse“ (S. 139) nicht auflösen. Der südöstliche Randbereich mit Annäherung an die Hochwald-Überschiebungszone ist außerdem meist stark gestört und spezialgefaltet. So herrscht SE-Vergenz der Spezialfalten bei Einfallen der s_1-Flächen um 70–75° NW und Schwankungen im Streichen für s_0 und s_1 zwischen 40 und 60°. Dieses Streichen lässt auch auf Querstörungen schließen, die u. a. als Zerrüttungszone die Erosion des Idarbaches erleichtert hat.

Westlich von Weiden kann die Katzenlocher Überschiebung im Asbach-Tal mithilfe des Materialgegensatzes zwischen Kaub- und Zerf-Schichten noch einmal gefasst werden. Schichten vom Typ Zerf-Schichten fallen einheitlich steil mit 70–85° SE bei schwacher Spezialfaltung (Mannebach 1990) ein. Ähnlich komplizierte Verhältnisse wie bei Katzenloch wurden hier nicht beobachtet. Nach Nordosten verzahnen sich offensichtlich die Zerf-Schichten mit Schichten vom Typ Kaub-Schichten, so dass im Profil des Hahnenbach-Tales keine sandigen Einschaltungen mehr im nordwestlichen Vorland der Bundenbacher Überschiebung gefunden werden.

3.3.3.2.3.2 Hochwald-Überschiebungszone

Die Hochwald-Überschiebungszone bildet die nordwestliche Begrenzung der Züscher Schuppenzone und trennt sie von der Idarwald-Schuppenzone. Knautz (1992) bezeichnete diese strukturtrennende Zone als „Strukturgrenze A“ und fasste sie als nordwestliche Randstörung des „Züscher Sattels“ auf. Maßgeblich für die Abgrenzung ist der Materialgegensatz zwischen Taunusquarzit und Züsch-Schichten im Südosten und Hunsrückschiefern in der Fazies der Zerf-Schichten im Nordwesten. Sie lässt sich etwa von Sitzerath im Südwesten (Bl. 6307 Hermeskeil), wo Bunte Schiefer der Züsch-Schichten auf Quarzite und quarzitische Sandsteine von Hermeskeil-Schichten und Taunusquarzit überschoben sind, über den nördlichen Einlauf der Nonnweilerer Talsperre zur Siedlung Börfink und von dort weiter am Katzenloch am Idarbach (Bl. 6209 Idar-Oberstein) vorbei zum Fischbach-Tal südlich Weiden verfolgen. Hier findet sie in Richtung Oberhosenbach Anschluss an die Bundenbacher Überschiebung. Bei dieser Korrelation entspricht der Züscher die Bruschieder Schuppenzone bzw. dem „Grebe-Sattel“ im Mittleren Hunsrück (Opitz 1935).

Die Hochwald-Überschiebungszone streicht auf der gesamten Strecke einheitlich um 55°. Das Einfallen der Störungsbahn ist offensichtlich saiger bis steil NW. Damit handelt es sich hier – ähnlich wie auf dem NW-Flügel der „Mosel-Mulde“ – um eine insgesamt leicht „überkippte“ Überschiebung, deren Überschiebungssinn vor der „Überkippung“ bei SE-Einfallen nach Nordwesten gerichtet war. Mit Annäherung an den Südost-Rand des Hunsrücks wurden die Überschiebungen bis zur Saigerstellung aufgerichtet und im Folgenden bis zur „Überkippung“ rotiert, woraus eine Zunahme der Einengung resultiert. An dieser Überschiebungszone sind von Südwesten nach Nordosten jeweils fortschreitend jüngere Schichten der Züscher Schuppenzone im tektonisch Hangenden auf entsprechend jüngere Schichtverbände der Idarwald-Schuppenzone im tektonisch Liegenden überschoben.

Von Südwesten nach Nordosten grenzen so zwischen Prims-Tal und nordöstlich Börfink Züsch-Schichten an Quarzite des Taunusquarzit „Typ Silberich" (Knautz 1992), am Oberlauf der Traun auch an Hunsrückschiefer in der Fazies der Zerf-Schichten; weiter nach Nordosten ist dann bis Oberhosenbach Taunusquarzit auf Zerf-Schichten der Katzenlocher Schuppe aufgeschoben und vom Hosenbach-Tal weiter nach Nordosten sind Zerf-Schichten der Bruschieder Schuppenzone auf Kaub-Schichten mit Dachschiefern bei Bundenbach überschoben. Damit bleibt die Verwurfshöhe auf weite Strecken ähnlich und nimmt erst im Nordosten ab. Eine Verschmälerung der Schuppenzone in nordöstliche Richtung führte Knautz (1992: 155) u. a. darauf zurück, „dass die Strukturgrenze „A" stärker E-W streicht als die Grenzen der lithostratigraphischen Kartiereinheiten bei übergeordnetem strukturellem SE-Einfallen" resp. überkipptem Einfallen von s_0 nach NW. Dieses gilt vornehmlich für das Profil an der Prims-Talsperre und im Traun-Tal. Nordöstlich der Siedlung Börfink löst sich unter Beteiligung einer Rücküberschiebung eine Einzelschuppe nach Südosten ab.

Aus Profilkonstruktion und Kartierung ergeben sich erhebliche Mächtigkeitsunterschiede zwischen den Hunsrückschiefern beiderseits der Überschiebungszone, die syngenetisch einzuordnen sind und größenordnungsmäßig bei 2000 m – höhere Mächtigkeiten im Norden, geringere im Süden – liegen (Knautz 1992). Dabei gilt auch hier, dass alle Hunsrückschiefer-Profile unvollständig sind.

3.3.3.2.3.3 Die Züscher Schuppenzone

Die Züscher Schuppenzone entspricht dem ehem. „Züscher Sattel" und dem Nordwest-Abschnitt der „Leiseler Mulde". Sie liegt zwischen der Hochwald-Überschiebungszone im Nordwesten und der südwestlichen Verlängerung der Taunuskamm-Soonwald-Überschiebungszone in die Mörschied-Abentheuer-Überschiebungszone im Südosten.

Asselberghs & Henke (1935b) definierten den „Züscher Sattel" mit Achse von Züsch über Börfink (Bl. 6308 Birkenfeld-West) zu den Butterhecker Steinköpfen (714 m u. 723 m NN) und weiter durch den Wildenburg-Rücken nach Oberhosenbach (Bl. 6109 Idar-Oberstein). Dabei war für sie entscheidend, dass im Kern der Struktur von Südwesten nach Nordosten konsequent jeweils jüngere Schichten von den Züsch-Schichten bis zu den Hunsrückschiefern sich ablösten. Außerdem erkannten sie, dass die Südost-Flanke dieser Struktur invers gelagert ist und Südost-Vergenz herrscht. Die südöstlich anschließende „Leiseler Mulde", die im Südwesten bereits teilweise von Sedimenten der Permotrias diskordant überlagert wird und die in ihrem Kern Hunsrückschiefer aufweist, erkannte erst Nöring (1939) und bezeichnete den gesamten aus Tonschiefern bestehenden Bereich südöstlich des „Züscher Sattels" als „Leiseler Mulde", obwohl darin seine „Vordevon-Aufbrüche in der Aufbruchszone von Abentheuer bis Mörschied" liegen. Diese „Zone" entspricht jedoch der südwestlichen Verlängerung der Taunuskamm-Soonwald-Überschiebungszone (Stets & Stoppel 1998).

Die Züscher Schuppenzone ist jedoch wesentlich komplizierter gebaut. Sie besteht aus Züsch- und Hermeskeil-Schichten sowie Taunusquarzit und Hunsrückschiefer vom Typ der Zerf- und Kaub-Schichten in faziellem Wechsel (Knautz 1992). Ein generelles Abtauchen der Achsen der Spezialfalten bzw. der Schnittlineare s_0/s_1 nach NE sowie die spitzwinklige Raumlage der begrenzenden Überschiebungszonen zu den Internstrukturen (s_0) der Schuppenzone kontrollieren bei generellem SE- bzw. überkipptem NW-Einfallen der Schichten und des Spezialfaltenspiegels die Verjüngung der Schichtenfolge nach NE.

Ein ähnlicher Innenbau gilt auch für die **Wildenburger Schuppe** innerhalb der Züscher Schuppenzone, die sich nordöstlich von Börfink aus dem Gesamtverband löst. Sie besteht aus mehreren schmalen Schuppen aus spezialgefaltetem Taunusquarzit, wie sich im Idarbach-Tal oder an der Wildenburg südlich Kempfeld (Grebe 1881; Knautz 1988) zeigen lässt. Hier ist das Azimut der B_1/b_1-Achsen „steiler nach N“ (um 45°) ausgerichtet als das Streichen der Hochwald-Überschiebungszone. Ähnliches gilt auch für die nordwestlich vorgelagerte Idarwald-Schuppenzone („Kempfelder Mulde“, KNAUTZ 1992). Dieser Bau führt dazu, dass der Hochwald, mit Höhen bis zu 723 m NN ein morphologisch bedeutender Anteil des westlichen Hunsrücks, sich nach Nordosten völlig in der Hunsrück-Hochfläche im nordwestlichen Vorland des Soonwaldes verliert. Allerdings geht der reliefbildende Taunusquarzit nach Nordosten faziell in die stärker pelitische Lithofazies der Zerf-Schichten über. Damit wird der Vorstellung widersprochen, dass der „Züscher Sattel“ durch eine wie auch immer positionierte Querverwerfung im Nordosten abgeschnitten wird.

Prims-Altbach- und Eisbach-Profil. Das südwestlichste Profil zeigt entlang der Nonnweilerer Talsperre einen ungestörten, überkippt steil NW fallenden, einfach gelagerten Schichtverband, der >2000 m mächtige Züsch-Schichten und im südöstlichen Anschluss Hermeskeil-Schichten und Taunusquarzit umfasst. Entlang des Profiles findet eine systematische Änderung der Raumlage der Schichtung von 20–40°/60–80° (i) NW im Nordwesten zu 50–70°/60–80° (i) NW im südöstlichen Talsperrenbereich statt (KNAUTZ 1992). Immer liegen die s_1-Flächen flacher als das s_0-Gefüge und bestätigen neben sedimentologischen Merkmalen die inverse Schichtlagerung. Im kleinen Steinbruch südöstlich der Staumauer signalisiert normal NW fallende Schichtung eine Falte. Aufgrund der Aufschlussgüte sind größere Störungen auszuschließen.

Eine Fortsetzung nach Südosten findet das Prims-Altbach-Profil im Taleinschnitt des **Eisbaches**. Im Hangenden der massigen Quarzite des Taunusquarzit Typ „Silberich“, die den Höhenrücken des Dollberges mit dem Hunnenring von Otzenhausen (Bl. 6308 Birkenfeld-West) bis zum Friedrichskopf aufbauen, folgen die stärker schiefrigen Schichtverbände des Taunusquarzit Typ „Traun-Tal“ und „Hujets Sägemühle“. Insbesondere der letztere weist bei schwach überkippter Schichtlagerung auch Kurzschenkelfalten auf. Den Abschluss des Taunusquarzits bilden die massigen Quarzit-Bankfolgen des Weißfels, die ebenfalls überkippt NW einfallen. Obwohl GREBE (1881: 256) hier keine „Sattelbildung“ feststellte, hielt sich bis in die 1960er Jahre die Meinung, dass hier eine Isoklinalfalte vorhanden sei. Diese Vorstellung geht wohl auf LEPPLA (1896: 80) zurück. Das gilt jedoch nicht, da sowohl im Liegenden als auch im Hangenden der Quarzite ungestörte Lagerungsverhältnisse herrschen und der Quarzit ungestört zwischen den Tonschiefern liegt. Neue Untersuchungen schließen einen Taunusquarzit-Sattel aus (KNAUTZ 1992, STETS & STOPPEL 1998). Den Abschluss im Südosten bilden Hunsrückschiefer von > ca. 250–270 m Mächtigkeit im tektonisch Liegenden der Mörschied-Abentheuer-Überschiebungszone.

Trauntal-Profil. Ein sehr ähnliches Bild zeigt sich imTrauntal zwischen Börfink und Abentheuer. Aufgrund des spitzwinkligen Verlaufs der Hochwald-Überschiebungszone zum allgemeinen Streichen der Schichten (s_0) innerhalb der Züscher Schuppenzone hat sich hier die Ausstrichbreite der Züsch-Schichten auf ca. 1,3 km bei steil überkipptem Einfallen nach NW verkürzt. Dafür ist der Taunusquarzit in seinen vier Varianten (KNAUTZ 1992) hier in voller Mächtigkeit von ca. 1750 m aufgeschlossen. Lokal treten Kurzschenkelfalten auf. Die Schieferung (s_1) fällt mit ca. 70° NW flacher als die Schichtung nach NW ein. Im Hangenden folgt eine geringmächtige Folge von Hunsrückschiefer, die hier von der Mörschied-Abentheuer-Überschiebungszone abgeschnitten wird. Die Schichtung (s_0) fällt wie im Prims-Tal mit 70–80° (i) NW ein. Schon GREBE (1881) hatte berichtet, dass der „Quarzitzug Ring – Dollberg (…) in dem Durchschnitt des Traunbachtales eine Unterbrechung“ (S. 255) erleidet und diskutierte den Versatz an einer Querstörung. Diese dürfte allerdings nur begrenzt wirksam gewesen sein, da der südöstlich dazu und parallel verlaufende Quarzit-Zug des Weißfels nicht davon betroffen ist. Die Unterbrechung des Quarzit-Zuges vom Typ Silberich ist deutlich von der keltischen Ringwall-Anlage „Vorcastell“ am linken Ufer der Traun sichtbar. KNAUTZ (1992) ging eher von einer rheinisch streichenden Verwerfung aus, die parallel zur Traun bei Börfink verläuft und sich in den eher schieferbetonten Schichten des Taunusquarzits verliert.

Eine ähnliche Situation ergibt sich im Nordosten am Sauerbrunnen oberhalb Oberhambach (Bl. 6309 Birkenfeld-Ost). Während GREBE (1881) noch von einer rheinisch streichenden Störung ausging, löste KNAUTZ (1992) das Problem mit zwei Quarzit-Bankfolgen, die sich im Streichen ablösen. Die Mineralquelle am Durchbruch des Götzen-/Hambaches durch den Taunusquarzit legt aber eine rheinisch streichende Verwerfung an der Petersquelle nahe.

Katzenloch-Idarbach-Profil. Im Profil des Idarbaches zwischen Katzenloch und Kirschweiler Brücke (Bl. 6209 Idar-Oberstein), ist ein wesentlich komplizierterer Bau in Taunusquarzit und Hunsrückschiefer mit Spezialfaltung aufgeschlossen. Auch hat bei der Wildenburg GREBE (1881) die „Sattelstellung“ des Taunusquarzits zuerst beschrieben. LEPPLA (1896, 1898) hat bei diesem Profil allerdings Zweifel an der generellen „Sattelstellung“ der Quarzite in dem Höhenrücken insofern angemeldet, als er nur für den etwa 1,5 km langen Grat von der Ruine Wildenburg bis zur Mörschieder Burr „eine sattelförmige Biegung der Quarzite“ dort akzeptierte, „wo nur nordwestliches Einfallen beobachtet wurde“ (1896: 78). Immerhin musste er die „Doppelfalte im Idarbach-Tal“ akzeptieren. OPITZ’s (1935) Untersuchungen ergaben für das Profil Katzenloch-Kirschweiler Brücke zwei SE-vergente Sättel („Hohenfels-Sattel“ linke Talflanke, Sattel „Am Bärloch“ rechte Talflanke). Der Bärloch-Sattel erwies sich als gestörter Doppelsattel mit flacherem NW- und steilerem SE-Flügel. Die „Mulde“ zwischen diesen beiden Sätteln besteht nach seiner Auffassung aus Hunsrückschiefer (tu_w), in die mächtige Quarzit-Bänke eingelagert sind. Der Sattelkern des Bärloch-Sattels war Ende der 1990er Jahre (frdl. mdl. Mitt. H. BANK, Auf der Lüh, Idar-Oberstein) an der Abzweigung der Straße nach Kirschweiler von der B 422 aufgeschlossen.

KNAUTZ (1992) hat über das Tal-Profil hinaus den Quarzit-Rücken von den Butterhecker Steinköpfen über Pannenfelskopf (680 m NN), Ringkopf (650 m NN), Silberich (Kirschweiler Festung, 623 m NN), Wildenburger Kopf (675 m NN) und Mörschieder Burr (646 m NN) zum Fischbach-Tal aufgenommen. Dabei ergab sich, dass das Profil über die beiden Sättel hinaus durch spitzwinklig zum Streichen angelegte Verschiebungen in mindestens zwei separate Schuppen aufgeteilt ist: Die **Hohenfels-Schuppe**, die nordwestliche von beiden, umfasst den „Sattel des Hohenfels“, der im Tal nach Südwesten wahrscheinlich von einer rheinisch streichenden Verschiebung begrenzt ist, so dass er sich von der linken nicht auf die rechte Talseite verfolgen lässt. Eine saiger stehende Verschiebung trennt die Hohenfels- und die **Bärloch-Schuppe** im Südosten; sie ist die bedeutendere von beiden und lässt sich von den Butterhecker Steinköpfen über den Silberich nach Nordosten verfolgen; sie ist an einer steil NW fallenden Rücküberschiebung nach Südosten auf Hunsrückschiefer aufgeschoben. Das südöstlich angrenzende Hunsrückschiefer-Areal baut sich aus Schichten vom Typ der Zerf- und Kaub-Schichten auf und ist in sich eng gefaltet (F_1), wobei es sich z. T. um isoklinale Kurzschenkelfalten handelt. Die Dachschiefer an der Kirschweiler Brücke lassen sich nach Nordosten an die Vorkommen südöstlich der Bruschieder Überschiebungszone anschließen.

Fischbach-Tal-Profil. Im Fischbach-Tal ist Taunusquarzit auf Zerf-Schichten der Katzenlocher Schuppe an einer steil SE fallenden Überschiebung aufgeschoben, die im Streichen der Hochwald-Überschiebungszone liegt. Die südöstlich angrenzende nordöstliche Fortsetzung der Züscher Schuppenzone ist auch hier in zwei schmale leistenförmige Teilschuppen aufgelöst: Die **Gehänge-Schuppe**, die nordwestliche Teilschuppe, besteht im Fischbach(Asbach-)-Tal aus saiger stehenden bis steil SE fallenden Bankfolgen des Taunusquarzits mit Tonschiefer-Lagen (Typ Oberer Taunusquarzit) und ist unter der Bezeichnung „Fels am Gehänge“ (OPITZ 1935) bekannt; im Nordwest-Abschnitt zeigt diese Felspartie eine deutliche Sattelfirste (MANNEBACH 1990), die sich auf die gegenüber liegende Talflanke verfolgen lässt; der NW-Flügel des Sattels ist an der Hochwald-Überschiebungszone weitgehend ausgefallen; die B_1/b_1-Achse des Sattels taucht mit 25° NE ab; MANNEBACH ging von einer gekappten Spezialfalte aus, die in der streichenden Verlängerung der Hohenfels-Schuppe im Idarbach-Tal entspricht. Die **Beilfels-Schuppe**, die südöstliche Teilschuppe, ist als „Beilfels“ bekannt (bei Opitz, 1935 „Beilfelssattel“). Die Quarzit-Bankfolge vom Typ Unterer Taunusquarzit (resp. Typ „Silberich“) fällt ausschließlich steil nach SE und lässt sich über das Tal hinweg nach Südwesten bis in das Felsenmeer an der Mörschieder Burr (Bl. 6209 Idar-Oberstein) verfolgen; dort ist auf dem Kamm eine Sattelfirste zwischen den Quarzit-Blöcken zu erkennen; aufgrund der unterschiedlichen Lithologie von „Fels am Gehänge“ und „Beilfels“ ist man gezwungen, beide Bereiche als Teilschuppen bei einheitlichem Einfallen nach SE durch eine Aufschiebung voneinander zu trennen (Mannebach 1990); durch die Sattelfirste an der Mörschieder Burr ist dieser Schluss auch von strukturgeologischer Seite gerechtfertigt; der am Beilfels im Hangenden folgende Schichtverband vom Typ Oberer Taunusquarzit ist schwach spezialgefaltet; die Faltenachsen (B_1/b_1) tauchen mit etwa 10° NE ab.

Die geringe Mächtigkeit des Taunusquarzits sowie ein abweichendes Streichen in der „Beilfels-Schuppe“ (45–50°) und in den südöstlich angrenzenden Zerf- und Kaub-Schichten bei Mörschied (ca. 60–65°) macht hier wie im Idarbach-Tal eine Rücküberschiebung des Taunusquarzits über Zerf-Schichten nach SE nötig.

Die südöstlich anschließenden Schichtverbände reichen bis an die Überschiebungszone von Mörschied-Abentheuer und sind in sich nochmals in zwei Teilschuppen zerlegt. Innerhalb dieser beiden Teilschuppen folgen bei steilem Einfallen der Tonschiefer zweimal jeweils Kaub- auf Zerf-Schichten. In der südlichen der beiden Teilschuppen liegt die aufgelassene Dachschiefergrube Schielenberg (auch: Schielenbach), die reiche Faunen geliefert hat (Opitz 1935: 235) und mit den ehem. Abbauen bei Rudolfshaus korreliert werden kann.

Opitz (1935: 236) erwähnte einen Fossilfundpunkt „150 m nördlich von Schielenberg“ mit *Acrospirifer primaevus*, *Hysterolites hystericus*, *Mauispirifer gosseleti* (*„Spirifer“ excavatus*), *Euryspirifer pellicoi* (*„Spirifer“hercyniae*) und anderen Brachiopoden. Dieser Fundpunkt liegt eindeutig in Schichtverbänden vom Typ Zerf-Schichten, die hier offensichtlich bis in das Siegen hinunterreichen. Somit sind hier höhere Abschnitte des Taunusquarzits vertreten. Im Gegensatz zu den Profilen im Traun- und Hambach-Tal bewirken sie den breiten Ausstrich der Hunsrückschiefer, ähnlich wie im Idarbach-Tal. Nach Knautz (1988) wird der schiefrige Anteil des Taunusquarzits vom „Typ Hujet’s Sägemühle“ und „Trauntal“ nach Nordosten zunehmend von Zerf-Schichten abgelöst.

Korrelation der Profile

Die Strukturen in den Profilen zwischen Prims- im Südwesten und Fischbach-Tal im Nordosten weisen für die Züscher Schuppenzone erhebliche Widersprüche auf. Es stehen sich ein relativ einfach gebauter, über mehrere km gleichsinnig steil überkippter NW fallender Schichtverband – der meist inverse SE-Flügel des ehem. „Züscher Sattels“ – im Prims-Tal und ein in sich verschuppter, SE-vergent spezialgefalteter Bereich gegenüber, der im Idar- und Fischbach-Tal z. T. an einer Rücküberschiebung nach Südosten ausgewichen ist.

Für Rekonstruktion und Deutung des Innenbaus ist wichtig, dass die Lineare (L_1, L_2) mit wenigen Ausnahmen ein generelles Achsengefälle der Spezialfaltung (B_1/b_1) nach NE aufweisen. Daraus ergibt sich, dass im Südwesten ein strukturtieferes Niveau der Züscher Schuppenzone angeschnitten ist als im Nordosten. Hinzu kommt die Konvergenz der Streichrichtungen von Hochwald-Überschiebungszone und Internstrukturen der Schuppenzone. Außerdem muss die materialbedingt unterschiedliche Reaktion der mächtigen Schichtverbände aus reinen Tonschiefern, aus Tonschiefer/Quarzit-Wechselfolgen und mächtigen spröden Quarziten berücksichtigt werden.

Der Internbau im Profil Idarbach-Tal ist als „das Relikt einer früher angelegten Antiklinalstruktur“ (Knautz 1992, 149) zu betrachten, heute jedoch eher als Relikt von deren NW-Flügel, da Einzelaufschlüsse zwischen den Butterhecker Steinköpfen und der

Kirschweiler Festung (Silberich) vermehrt ein normales Einfallen nach NW zeigen. Die Daten von Idarbach-Profil und Wildenburg-Rücken ergaben im Sammeldiagramm der s_0-Werte gemeinsam mit denen zwischen den Steinköpfen und der Mörschieder Burr eine ausgeglichene Punktverteilung im Diagramm mit der gewohnten SE-vergenten Spezialfaltung (F_1) und steil NW fallender Achsenfläche (Knautz 1992).

Zeigt das tonig-schiefrige Material der Züsch-Schichten in den südwestlichen Profilen auch keinerlei Spezialfaltung sondern ausschließlich engständige Schieferung (s_1), so ist doch damit zu rechnen, dass die im Hangenden folgenden Hermeskeil-Schichten und Taunusquarzit auf dieselbe Beanspruchung mit Spezialfaltung (F_1) reagierten. Bei diesen Falten erwiesen sich der jeweils NW fallende Schenkel oder der Muldenschluss als Schwachstellen, aus denen sich Überschiebungen entwickeln konnten. Geht man von einer primär nach NW gerichteten Überschiebung aus, in deren tektonisch Hangendem die Spezialfaltung erfolgte, so kann sich bei weitergehender verstärkter Einengung und gleichzeitig nach SE gerichteter Rotation an der Schwachstelle eine synthetische Rücküberschiebung entwickeln. Es bildete sich so zwischen den beiden dominierenden Flächen der Haupt- und der Rücküberschiebung ein Keil, der nur nach außen entweichen konnte. Im vorliegenden Fall erheblicher Einengung der Tonschiefer im tieferen Abschnitt und Rotation nach SE entwickelte sich solch ein „Fluchtkeil" im höheren Abschnitt entsprechend der Vergenz nach Südosten. Dass diese Erscheinung kein Einzelfall ist, lässt sich am Beispiel der Soonwald-Überschiebungszone, u. a. im Steinbruch Argenthal, zeigen.

In der Züscher Schuppenzone entwickelte sich der Fluchtkeil nordöstlich von Börfink im Quellgebiet des Schwollbaches. Eine morphologische Kante, die vom Fuß des Silberich zum Fuß des Pannenfels-Kopfes südöstlich der Butterhecker Steinköpfe in das Quellgebiet des Schwollbaches (Bl. 6209 Idar-Oberstein) zieht, zeichnet eine mögliche Spur dieser Verschiebung nach. An ihr sind vornehmlich Quarzite des Taunusquarzit Typ Silberich von Südwesten nach Nordosten fortschreitend zuerst auf bunte Tonschiefer der Züsch-Schichten im Quellgebiet, dann auf Taunusquarzit unterschiedlicher Ausbildung am Fuß der Butterhecker Steinköpfe, anschließend auf Hunsrückschiefer vom Typ Zerf-Schichten bei Kirschweiler und nordöstlich davon bis zum Fischbach-Tal aufgeschoben worden. Im Talanschnitt des Idarbaches lässt sich die Position der Rücküberschiebung durch die Quarzite beiderseits des Tales östlich des Silberich („Quarzit im tu_w": Opitz 1935: Taf. 17) am südlichen Eng-Tal-Ausgang gut feststellen.

Aus tektonischen Aufnahmen (Knautz 1992, Mannebach 1990) ergab sich eine weitere Zerlegung des Fluchtkeils in zwei schmale leistenförmige Teilschuppen. Diese sind im Idarbach-Tal noch Spezialfalten. Im Fischbach-Tal sind davon nur noch jene zwei Leisten vorhanden, die aus saiger stehenden Quarziten des Taunusquarzits mit Andeutung einer Sattelfirste bestehen. Weiter nach Nordosten ist die Züscher Schuppenzone nicht modern bearbeitet. Aus der geologischen Karte lässt sich jedoch ablesen, dass hier nur noch eine schmale Schuppe aus Quarzit weiter nach Nordosten reicht, die wahrscheinlich beidseitig von Verschiebungen begrenzt aus den begleitenden Hunsrückschiefern als schmaler Keil aufragt. Bei weitergehender Deformation entwickelte sich daraus ein saiger stehender Schürfling in jüngerer Umgebung. Solche isolierten Schürflinge sind typische tektonische Strukturen, die als „Kallenfels-Quarzite" (Bierther 1941) insbesondere im südlichen Hunsrück häufig sind.

Die Internstrukturen der Züscher Schuppenzone zeigen den Material- und Stockwerkabhängigen komplizierten Bau der Härtlinge. U. U. lassen sich die geschilderten Verhältnisse auch auf die Idarwald-Schuppenzone übertragen. Die von Nöring (1939: 62; Abb. 4) erwähnten Quarzite in der streichenden Verlängerung bis zum Rhein – Hohenstein, Spitzenstein, „Lurlei" – lassen sich ebenso als Taunusquarzit-"Schürflinge" (Fluchtkeile) der hier abgeleiteten Art, wenn auch nordwestlich der Saar-Idarwald-Oberweseler Überschiebungszone deuten. Aus diesem Blickwinkel ist auch Nöring's „Durchspießungszone von Mörschied und Abentheuer" zu sehen.

3.3.4 Die Süd-Hunsrück-Einheit

Die Süd-Hunsrück-Einheit reicht vom Rhein-Profil zwischen Niederheimbach und dem Rochusberg bei Bingen bis in das Saarland südwestlich der ehem. Schwerspat-Grube „Korb" bei Eisen. Im Saartal ist sie von permotriadischen Deckschichten überdeckt. Am Rochusberg bei Bingen überlagern Schichten des Tertiärs und Pleistozäns die Sockelgesteine. Nach Südwesten überdecken ab Kirn Schichten von Rotliegend oder Permotrias den Sockel. Nur zwischen Schweppenhausen und Kirn ist der Störungskontakt zur südöstlich angrenzenden Metamorphen Zone aufgeschlossen.

Die Süd-Hunsrück-Einheit umfasst links des Rheins die Höhenzüge des Binger Waldes, nach Südwesten anschließend den Großen Soon und Lützelsoon sowie die ihnen südöstlich vorgelagerte Vorsoonwald-Stufe. Der in sich geschlossen wirkende Binger Wald gliedert sich ab dem Guldenbach-Tal nach Südwesten in drei parallele, NE-SW verlaufende Höhenzüge, von denen sich zwei nach Südwesten verlieren. Der bedeutendste unter ihnen ist der nordwestliche, der sich nach Südwesten im Lützelsoon fortsetzt und auf der Höhe von Niederhosenbach (Bl. 6210 Kirn) in Hunsrückschiefer der südwestlich angrenzenden Hunsrück-Hochfläche im Mittleren Hunsrück verliert. Der Binger Wald erreicht seine größten Höhen an Franzosenkopf (617 m NN) und Kandrich (637 m NN). Der nordwestliche der drei Höhenzüge des Soonwaldes ist mit Schanzerkopf (643 m NN), Simmernkopf (653 m NN), an der Wildburghöhe (629 m NN) und an der Gemündener Höhe (562 m NN) ähnlich hoch. Der mittlere Höhenzug hat seine höchsten Höhen an Opel (649 m NN), Ellerspring (657 m NN) und Alteburg (620 m NN); der südöstliche Höhenzug erreicht weniger große Höhen am Steineberg (564 m NN) und am Karchrech (561 m NN). Der Lützelsoon fällt von der Womrather Höhe (597 m NN) nach Südwesten am Wehlenstein auf 498 m NN ab. Zahlreiche Täler queren die Höhenrücken und gewähren Einblicke in deren strukturellen Aufbau. Dazu gehören vor allem die Profile entlang von Gulden-, Simmer(Kellen)- und Hahnenbach-Tal. Die deutliche morphologische Gliederung von Soonwald und Lützelsoon ist wie im Hochwald durch die Materialgegensätze sowie die unterschiedliche Verwitterungsresistenz zwischen Quarziten (Taunusquarzit) und Tonschiefer-betonten Gesteinsverbänden (Hunsrückschiefer, „Soonwald-Schiefer") gegeben.

Südwestlich des Soonwaldes läuft der Süd-Hunsrück in einem morphologisch schwächer gegliederten Streifen aus Tonschiefern (Idarbach-, Eisbach-Formation) aus, die nordwestlich von Eisen auch endgültig unter dem Rotliegenden (Glan-Subgruppe) verschwinden.

Die strukturelle Abgrenzung dieser Einheit bildet im Nordwesten die Taunuskamm-Soonwald-Überschiebungszone, die sich im Südwesten in der Überschiebungszone von Mörschied-Abentheuer fortsetzt, bis auch sie unweit der Schwerspat-Grube „Korb" unter den permischen Deckschichten verschwindet. Diese bedeutende Überschiebungszone hat sich nicht durch diese Deckschichten durchgepaust. Somit war die Überschiebungstektonik noch im Oberkarbon abgeschlossen. Die strukturelle Abgrenzung im Südosten ist, da eine strukturtrennende Überschiebung von der Bedeutung der Taunuskamm-Soonwald-Überschiebungszone schwer zu erkennen ist, schwierig. Obwohl wiederholt (Bierther 1941, H.-H. Werner 1952, D. E. Meyer 1970) betont wurde, dass in den Gesteinsverbänden am Süd-Rand des Hunsrücks kein Metamorphose-Sprung zwischen anchi- und epimetamorpher Prägung zu erkennen sei, muss doch eine Naht zwischen den Gesteinen südlich des Soonwaldes und der Metamorphen Zone (Zone III bei H.-H. Werner) angenommen werden. In entsprechender Position verzeichnete Mittmeyer (2008: Abb. 10) die „Hahnenbach-Aufschiebung" als Abgrenzung gegen die Metamorphe Zone. Leider fehlt dazu jeder weitere Kommentar. Eine entsprechende strukturtrennende Überschiebung lokalisierte Schafft (1985) im Wiesbach-Tal südlich Brauweiler (Bl. 6110 Gemünden) und bezeichnete sie als „Wiesbach-Tal-Mylonit". Auch D. E. Meyer & Nagel (2001) und die GÜK 300 von Rheinland-Pfalz benutzten diese Spur zur Abgrenzung des Süd-Hunsrücks gegen die

Metamorphe Zone. Die allgemein gegen Südosten zunehmende Verschuppung verschleiert sie, so dass sie im Gelände schwer zu fassen ist.

Die lückenlose Beschreibung dieser Einheit von Nordosten nach Südwesten ist erschwert, da die Tal-Profile unterschiedliche strukturgeologische Verhältnisse aufweisen. In Anbetracht einer Neuordnung in Schuppenzonen und Teilschuppen waren auch hier wieder Um- und Neubenennungen notwendig: Als bedeutendste Struktur mit einem erheblichen Anteil an der Süd-Hunsrück-Einheit gilt im Oberen Mittelrhein-Tal das unmittelbar südlich der Taunuskamm-Soonwald-Überschiebungszone folgende, aus mehreren Teilschuppen bestehende „**Soonwald-Antiklinorium**"; nach Südosten folgt die **Rochusberg-Schuppenzone**; der Begriff „Soonwald-Antiklinorium" wird in der Literatur unterschiedlich verwendet. Das Guldenbach-Profil lässt sich südwestlich anschließend in die „**Bingerwald-Schuppenzone**", die „**Stromberger Schuppenzone**" mit mittel- und oberdevonischen, evtl. auch unterkarbonischen Vorkommen gliedern, die im Rheinprofil nur als schmaler Span bei Bingen („Bingerbrücker Dolomit") und bei Waldalgesheim überliefert sind; nach Südosten schließen sich die „**Fustenburg-Schuppenzone**" und weiter im Südosten die „**Schweppenhausener Schuppenzone**" mit oberdevonischen Schichten an, die im Rheinprofil nicht mehr erschlossen sind. Im südwestlichen Anschluss lässt sich eine klare Zwei- oder Dreiteilung wie im Rhein- und Guldenbach-Profil nicht unbedingt durchführen, da die aus Taunusquarzit als „Leitgestein" bestehenden Schuppen sich nach Südwesten in schiefrigen Schichtverbänden verlieren; die Soonwald-Überschiebungszone im Nordwesten und die Schichtverbände der Schweppenhausener Schuppenzone im Südosten, die sich nach Südwesten in die „**Oberhausen-Winterbacher-Schuppenzone**" (früher „Winterbacher Mulde", Winterbacher Synklinorium) fortsetzt, gestatten bedingt eine Korrelation mit den nordöstlich gelegenen Profilen. Weiter im Südwesten ist die Verschuppung in den Tonschiefern der Eisbach- und Idarbach-Formation nicht mit Sicherheit erkennbar; lediglich am Stellberg (Gollenberg, Gollenfels, Bl. 6308 Birkenfeld West, 6309 Birkenfeld-Ost) ist durch eine isolierte Schuppe aus Taunusquarzit ein ähnlicher Baustil dokumentiert.

Eine Besonderheit sind im Süd-Hunsrück die Schürflinge kompetenter „Kristallin-Gesteine" und zwar die drei „Grundgebirgsaufbrüche" bei Schweppenhausen im Guldenbach-Tal, bei Schloss Wartenstein und Griebelschied sowie bei Mörschied. Diese Schürflinge „schwimmen" parallel zum Generalstreichen wurzellos in den benachbarten, meist schiefrigen Verbänden. Das gilt ebenso für die Quarzit-Vorkommen entlang der „Durchspießungszone von Mörschied-Abentheuer" sowie die „Kallenfels-Quarzite". Im Gegensatz zu den Strukturen im Nordwesten fehlt im Südlichen Hunsrück ein mächtiger Hunsrückschiefer. Die allgemein geringeren Mächtigkeiten der einzelnen Schichtglieder mit z. T. erheblichen Materialunterschieden lassen insbesondere im Guldenbach-Tal die enge Verschuppung deutlich werden.

3.3.4.1 Das Rhein-Profil

Die Süd-Hunsrück-Einheit reicht im Rheintal von der Taunuskamm-Soonwald-Überschiebungszone mit ihren Teilschuppen, der NW-vergenten und NW gerichteten Überschiebungstektonik im Nordwesten bis an den Rochusberg im Südosten Die Südost-Grenze gegen die Metamorphe Zone ist hier tektonisch an der Hunsrück-Südrand-Verwerfung unterdrückt und unter känozoischen Deckschichten des nördlichen Mainzer Beckens verborgen.

Erste Versuche, diesen Bereich strukturell zu gliedern, führten Lossen (1867a), Koch (1881), Gosselet (1888), Holzapfel (1893) und Rothpletz (1896) durch. Erneut sei kurz die These eines Deckenbaus im südlichen Schiefergebirge angesprochen, die Gerth (1910) am Beispiel des Mittelrhein-Tales zwischen Bingen und Trechtingshausen propagiert hatte und die Kossmat (1931) verteidigte. Schon 1914 widersprach K. Geib dieser Vorstellung, später auch Wilh. Wagner & Michels (1930), Ma. Wolf (1930), Cloos & Scholtz (1930) und Beyenburg (1930).

In seine Untersuchungen zur „Inneren Tektonik des Unterdevons" im östlichen Hunsrück bezog Kienow (1934) das Rhein-Profil zwischen Bingen und Niederheimbach mit ein. Eine ausführliche Beschreibung dieses Rheintalabschnitt mit Einbeziehung der kleintektonischen Gefüge stammt von H. Jung (1955), der den Schwerpunkt seiner Untersuchungen auf die rechte Rhein-Seite legte, jedoch den Rochusberg randlich einbezog. Unabhängig von strukturtrennenden Überschiebungen gliederte er das Gebiet bis an die Grenze zum Mainzer Becken in drei Abschnitte: Einen „Nordteil", das Gebiet NW-vergenter „monotroper" Faltung, das bis zum Speißbach-Tal unterhalb des Teufelskädrich nördlich von Assmannshausen reicht, einen „Mittelteil", ein Gebiet „polytroper" Faltung, das sich südlich Assmannshausen bis zum Frankental erstreckt und einen „Südteil", das Gebiet SE-vergenter und wiederum „monotroper" Faltung bis zum Nordrand des Mainzer Beckens. Bei kritischer Würdigung der einzelnen Strukturen bildet diese Arbeit eine gute Basis für die strukturelle Gliederung der Südlichen Hunsrück-Einheit (W. Meyer & Stets 1975, 1996), die sich jedoch nur bedingt in den Hunsrück verfolgen lässt.

Einen modernen Überblick über einen Teil der Strukturen, u. a. Kammerforster Schuppenzone, Bodental- und Assmannshausener „Sattel" mit wichtigen Daten vermittelt die Beschreibung von Bl. 5013 Presberg (Ehrenberg et al. 1968). Unter Verwendung der genannten Daten und eigenen Erhebungen lässt sich die Südliche Hunsrück-Einheit im Rhein-Profil von Nordwesten nach Südosten zwischen Niederheimbach und Münster-Sarmsheim gliedern in die **Taunuskamm-Soonwald-Überschiebungszone** mit **Kammerforster Schuppenzone** und **Bodental-Überschiebung**, die **Bodentaler Schuppenzone** („Bodental-Sattel"), die **Assmannshausener Schuppenzone** („Aßmannshäuser Sattel") mit den **Binger Schuppen** und der **Rupertsberg-Schuppe** sowie der **Rochusberg-Schuppenzone**. Die Bodentaler Schuppenzone wird von der Assmannshausener durch die **Eckersteinkopf-Überschiebung** und die Rochusberg-Schuppenzone von der **Bingen-Rüdesheimer Überschiebungszone** getrennt.

Bei dieser groben Gliederung ergibt sich abgesehen von der Kammerforster Schuppenzone, den Binger Schuppen und der Rupertsberg-Schuppe im Bereich des „Soonwald-Antiklinoriums" weitgehende Übereinstimmung zwischen linkem und rechtem Rhein-Ufer. Das gilt nicht bei der Korrelation der Einzelschuppen und Falten 2. Ordnung, die H. Jung (1955) auf der SE-Flanke von Bodental- und Assmannshausener Schuppenzone aushielt, mit jenen auf der linken Flanke. Dabei muss einerseits von materialbedingt unterschiedlichen, disharmonischen Falten auf beiden Flanken des Flusses, andererseits auch von kleinräumigen Verschiebungen entlang des Flusses mit rechtshändig seitenverschiebendem Charakter ausgegangen werden.

Ein auffälliges Merkmal gegenüber den benachbarten Regionen im Hunsrück ist im Nord-Abschnitt des Profils die dortige flache Lagerung eines Teils der Überschiebungen, wie z. B. der Kammerforster Überschiebung, und auch der Schichten, wie z. B. zwischen Teufelskädrich und Bacharacher Kopf im Bereich der Bodental-Überschiebung. Dieser relativ flachen Schichtlagerung, die letztlich wohl auch zu der Gerth'schen Vorstellung eines alpinotypen Deckenbaus beigetragen hat, stehen steile antivergente Schuppen im südöstlichen Profilabschnitt bei Bingerbrück und am Rochusberg gegenüber.

Im Vergleich mit dem Taunuskamm weiter im Nordosten ergibt sich südwestlich der Linie Stephanshausen/Taunus – Hallgarten/Rheingau ein breiterer Ausstrich, insbesondere des Taunusquarzits. Die älteren Verbände, wie z. B. die Grauen Phyllite, die Eppenhain-Schichten und die übrigen Phyllite im südlichen Taunus („Taunusgesteine"; Anderle 2008) fehlen im Rhein-Profil und im südwestlich anschließenden Hunsrück vollständig. Es ist daher davon auszugehen, dass im Rhein-Profil, südwestlich davon bis zum Guldenbach-Tal und darüber hinaus ein strukturell relativ höherer Abschnitt des Schiefergebirgs-Sockels erhalten ist als sonst im Taunus. Das ist jedoch nur dann möglich, wenn aufgrund einer jüngeren, querschlägig verlaufenden, grabenartigen, spät- bis post-variszischen Absenkung dieser Profilabschnitt in einer relativen Tieflage – **Stromberger Graben** – überliefert ist. Diese Vorstellung deckt sich mit der Annahme einer Achsenkulmination (Kubella 1951, H. Jung 1955: 26, Ehrenberg et al. 1968), deren Firste – das Guldenbach-Profil eingeschlossen – an diesen Querverwerfungen eingebrochen ist. Anhaltspunkte für derartige Verwerfungen gibt es mehrfach im Taunus (Anderle 1984), weniger im Hunsrück, wo sie zwar vorhanden, jedoch nicht beschrieben sind.

3.3.4.1.1 Taunuskamm-Soonwald-Überschiebungs- und Kammerforster Schuppenzone

Die Taunuskamm-Soonwald-Überschiebungszone steht gleichrangig neben der Hunsrück-Hauptüberschiebung und der Oberwesel-Idarwald-Saar-Überschiebungszone. Der deutliche Materialgegensatz zwischen Taunusquarzit im tektonisch Hangenden und Hunsrückschiefer im tektonisch Liegenden lässt sie im Rhein-Profil und am Nordrand des Soonwaldes bis zum Lützelsoon im Südwesten deutlich in Erscheinung treten. Im Rhein-Profil zeigt sich an dieser Trennfuge eine deutliche Aufteilung in mehrere flache Einzelbahnen. Es bestehen ähnliche tektonische Verhältnisse wie an der Boppard-Dausenau-Longuicher Überschiebungszone.

Nach ersten Diskussionen bei Holzapfel (1893), Rothpletz (1896), Leppla (1904a) und Quiring (1930a) erkannte Kienow (1934) im Franzosenkopf-Profil bei Trechtingshausen „mindestens drei, flach übereinander geschobene Schuppen von Taunusquarzit, die an ihrer Basis Hermeskeil-Schichten und im südlichen Teil auch Gedinnefetzen mitführten (Pfaffenfels)“ (S. 51). Zusätzlich hielt er die Schuppenbahnen und die Bankung in den Quarziten für „nachträglich verbogen“ (S. 81) und beobachtete unter- und oberhalb der Burg Sooneck intensive Spezialfaltung. Seine unterste Schuppe fällt unter den Rhein-Spiegel ein, die mittlere sollte in Richtung Süden „zwischen dem hangenden und liegenden Gedinnefetzen („ausschwänzen“) und nur die oberste Schuppe (…) sich nach S weiter verfolgen“ (S. 81) lassen. Damit war im Rhein-Profil die Taunuskamm-Soonwald-Überschiebungszone und Kammerforster Schuppenzone auch linksrheinisch richtig erkannt.

Zum Bau von Überschiebungs- und Schuppenzone

Profil der rechten Talflanke. Auf der rechten Rhein-Seite gibt es folgende Strukturen: **Wispertal-Schuppe**: Die Hunsrückschiefer s. str., die nach Bl. 5913 Presberg wohl zu den Kaub-Schichten gehören, bilden das tektonisch Liegende des Überschiebungssystems; sie sind spezialgefaltet und fallen generell nach SE ein. **Angstfels-Überschiebung**: An einer flachen, NW gerichteten Überschiebung, die als Angstfels-Überschiebung bezeichnet wird, sind nördlich der Lokalität Angstfels Quarzite und Tonschiefer der Darustwald-Schichten (Obersiegen) auf die liegenden Hunsrückschiefer s. str. (Ulmen-Unterstufe) überschoben worden; die Überschiebungsbahn hat einen listrischen Verlauf und wird nach Nordwesten wahrscheinlich steiler. **Angstfels-Schuppe**: Der Schichtverband im tektonisch Hangenden nördlich des Bodentals ist in sich weiter verschuppt; generell ergibt sich für ihn eine in sich spezialgefaltete, flach gewölbte Monokline mit steil nach SE gegen das Bodental einfallender Flanke. Die bei H. Jung (1955) angegebenen Werte weisen auf eine starke Deformation im unmittelbar tektonisch Liegenden der nächst folgenden Schuppe hin, die dazu führte, dass die Achsen und Lineare innerhalb der Schuppe bei der Überschiebung erheblich aus dem Generalstreichen herausrotiert worden sind. **Kammerforster Überschiebung und Schuppe**: Im tektonisch Hangenden der Angstfels-Schuppe folgt die Kammerforster Schuppe i. e. S., die aus Schichtverbänden des Unteren Taunusquarzit (Mittelsiegen) aufgebaut ist; die Überschiebung, die sie zum Liegenden hin begrenzt, wird als Kammerforster

Überschiebung bezeichnet. Für die Schubweite an der Kammerforster Überschiebung nahmen Ehrenberg et al. (1968) mindestens 1 km an. **Bodental-Überschiebung:** Nach Südosten wird die Kammerforster Schuppe i. e. S. von der Bodental-Überschiebung begrenzt; sie ist die eigentliche Trennfläche im System der Taunuskamm-Soonwald-Überschiebungszone; an ihr sind Bunte Schiefer des Gedinne auf die vorgelagerten Schuppen der Kammerforster Schuppenzone überschoben; die Schichtlagerung in den Bunten Schiefern ist normal flach nach SE gerichtet; eine inverse Lagerung, wie sie Reichmann (1961) postulierte und die auf einen echten Bodental-"Sattel" hingewiesen hätte, ließ sich im Bodental nirgends bestätigen.

Das Profil durch die Kammerforster Schuppenzone ähnelt am Rhein weitgehend den tektonischen Verhältnissen an der Boppard-Dausenau-Longuicher Überschiebungszone im Rheintal. Vom tektonisch Liegenden zum Hangenden liegt ein Schuppenstapel vor, der von jeweils stratigraphisch jüngeren Schichtverbänden im Liegenden zu stratigraphisch älteren im tektonisch Hangenden geordnet ist, was einer inversen Schuppenstapelung entspricht. Die Schichtlagerung ist auch hier normal nach SE gerichtet, so dass jegliche inverse Schichtlagerung, die zur Ableitung des Bewegungsablaufes aus einer größeren Faltenstruktur herangezogen werden könnte, ausscheidet. Das schließt lokal überkipptes SE-Einfallen bei stark NW-vergenter Spezialfaltenbildung nicht aus.

Profil der linken Talflanke. Die Anordnung des Kammerforster Schuppenstapels lässt sich nur bedingt auf die linke Rhein-Seite übertragen, obwohl an der Burg Sooneck und im großen Steinbruch der „Hartsteinwerke Sooneck" (Douw 2009) gute Aufschlussverhältnisse herrschen. Die Ursache ist darin begründet, dass ein Äquivalent der Angstfels-Schuppe nur bedingt auszumachen ist und der Störungskontakt am Nord-Abhang des Franzosenkopfes stark überschottert ist (Leppla 1904a). Eine weitere Schwierigkeit besteht darin, dass die Hermeskeil-Schichten sich nicht klar gegen den Taunusquarzit abgrenzen lassen und die Zuordnung der Quarzite dadurch erschwert wird. **Angstfels-Schuppe**: Einen Anhalt für die Abgrenzung einer Angstfels-Schuppe auf der linken Rhein-Seite gab Holzapfel (1893; später: Leppla 1904a), der im Hang nordwestlich unterhalb der Burg Sooneck mit 45° SE fallende Quarzite erwähnte, die Kienow (1934) bestätigte; diese werden von flach liegenden Quarziten vom Typ Unterer Taunusquarzit, auf denen die Burg steht, überschoben; ähnliche Quarzitbankfolgen wie im Liegenden der Überschiebung, die 20–40° SE einfallen, finden sich am Hang westlich und südwestlich der Burg mehrfach. **Angstfels-Überschiebung:** Die Überschiebung über die Hunsrückschiefer der Wisper-Tal-Schuppe im tektonisch Liegenden ist von jungen Deckbildungen überschottert und lässt sich nicht genau einengen; einen Hinweis auf die Existenz einer Angstfels-Schuppe gab Kutscher (1937) im Profil von Oberheimbach zum Franzosenkopf (617 m NN); dort fand er am Nord-Hang eine deutliche Dreigliederung beginnend mit Hunsrückschiefern (tu_w) im nördlich vorgelagerten Hügelland südlich Oberheimbach; darüber folgen im Steilhang des Franzosenkopfes zuerst eine Wechselfolge von Quarziten, quarzitischen Sandsteinen und Tonschiefern vom Typ Oberer Taunusquarzit mit der Darustwald-Fauna – hier ist auch die regio typica für die Darustwald-Schichten – und darüber Quarzite Typ Unterer Taunusquarzit mit einer Seifener Fauna; in diesem, von Kutscher (1934: 202) als durch „auffallend (…) umgekehrte Lagerung der ganzen Schichtenfolge" gekennzeichneten Profil spiegelt sich das vom Rhein-Profil bekannte Paket der Kammerforster Schuppenzone wider; einzig unklar bleibt die Lokalisierung Kammerforster Überschiebung im tektonisch Hangenden der Angstfels-Schuppe; da im Profil am Nord-Hang des Franzosenkopfes nur Quarzite Typ Unterer Taunusquarzit oberhalb der 2. Überschiebung auftreten, besteht die Möglichkeit, dass teilweise die Quarzite zu den Quarziten der **Kammerforster Schuppe** gehören, die weiter oberhalb am Hang vom Unteren Taunusquarzit der Bodentaler Schuppenzone überfahren wurden; hierfür spricht die von Kienow (1934) gezeichnete dreifache Verschuppung in Form liegender Falten am Franzosenkopf; als zweite Möglichkeit kann die **Bodental-Überschiebung** gegen Norden flacher liegen und die Kammerforster Schuppe bereits überfahren haben, so dass der Untere Taunusquarzit beider Schuppen nicht zu trennen ist. In beiden Fällen ist Unterer auf

Unteren Taunusquarzit unter Ausfall der Bunten Schiefer überschoben. Da im Nord-Hang des Franzosenkopfes keine Bunten Schiefer zutage treten und die Aufschlüsse keine weitergehende Auflösung gestatten, muss die Antwort offen bleiben. Im Gegensatz zu dieser Auffassung hielt Kutscher mit Rothpletz (1896) die gesamte Struktur für einen sehr stark NW-vergenten Sattel.

Die **Kammerforster Schuppe i. e. S.** ist unabhängig von den Verhältnissen am Franzosenkopf auf der linken Rheinseite schwerer abzuleiten. Im unteren Abschnitt des großen Steinbruchs an der Burg Sooneck liegen deutlich gebankte Quarzite vom Typ Unterer Taunusquarzit nahezu horizontal und ziehen sich von dort bei weiterhin flacher Lagerung zum Fuß der Burg Sooneck. Auf den höheren Sohlen folgt eine ausgeprägt NW-vergente Spezialfaltung, deren normal liegende Schenkel mit ca. 5° SE und die überkippten mit ca. 55° (i) SE einfallen. Die Faltenachsenebene (bc) fällt mit ca. 20° SE. Erstaunlich ist das Azimut der B_1/b_1-Achsen mit 245–250° und einem Abtauchen um 5° (SW). Außerdem wurden Achsenflächen-parallele Aufschiebungen in den Faltenscharnieren mehrfach beobachtet (Douw 2009). Davon gingen auch Ehrenberg et al. (1968: Abb. 4) aus. Da sie auch hier mit einer flachen Aufschiebung von Unterem auf Oberen Taunusquarzit im Niveau 210–230 m NN rechneten, sahen sie die rechtsrheinische Situation auch linksrheinisch gegeben. Der weitere Aufschluss des Steinbruchs bis auf heute 8 Sohlen hat diese Vorstellung jedoch nicht bestätigt. Eine ca. 85 m tiefe Kernbohrung (KB 4) auf Sohle 2 des Steinbruches bei ca. 163,4 m NN gab näheren Aufschluss (Douw 2009): Bis zu einer Teufe von 40 m (ca. 123 m ü. NN) wurde eine fast geschlossene Folge von grauen kompakten Quarziten vom Typ Unterer Taunusquarzit mit wenigen, max. 0,5 cm mächtigen, dunklen Tonschiefer-Lagen angetroffen. Bis zur Teufe von ca. 79 m (ca. 84 m NN) folgten dunkelgraue Quarzite und Tonschiefer im Wechsel, die zu den Hermeskeil-Schichten gestellt werden können. Die unteren 6 m (ca. 73 m NN) nahmen violette Tonschiefer Typ Bunte Schiefer ein. Da bei flacher Lagerung keine größere Überschiebung in der Bohrung angetroffen wurde, sollte das erbohrte Schichtpaket der normalen Schichtfolge im Rhein-Profil entsprechen.

Aus diesem Profil ergibt sich, dass der Schichtverband im unteren Abschnitt des Steinbruches der Kammerforster Schuppe i. e. S. zugeordnet werden kann. Er wird südöstlich des Steinbruches von Schichten der Bodentaler Schuppe („Trechtinghäuser Sattel“ bei Rothpletz) an der Bodental-Überschiebung überschoben. Ehrenberg et al. (1968: 90) fanden in einem temporären Aufschluss am nördlichen Ortsausgang von Trechtingshausen eine Überschiebungsbahn aufgeschlossen, die mit 20–30°SE einfiel und durch eine ca. 10–20 cm mächtige lehmige Ruschel markiert war. Sie gingen jedoch hier von einer Überschiebung der Bunten Schiefer auf Oberen Taunusquarzit, d. h. Gesteinen der Angstfels-Schuppe, aus. Dieser Aufschluss lag bei ca. 95 m NN und gehört nach den Ergebnissen der KB 4 im Bereich der untypischen Hermeskeil-Schichten mit einem Anteil an Tonschiefern, die die Fehlansprache als Oberer Taunusquarzit erklären. Etwa 220–230 m südlich der Wegespinne am Pkt. 439 m NN im Niederheimbacher Wald (Bl. 5912 Kaub) treffen an der Bodental-Überschiebung Quarzite der Bodentaler Schuppe auf jene der tektonisch liegenden Kammerforster Schuppe i. e. S, so dass nach W und SW beide Schuppen am Nord-Hang des Franzosenkopfes nicht mehr auseinander gehalten werden können.

Korrelation beider Profile. Die deutliche Diskrepanz zwischen den Profilen beider Talflanken lässt sich durch eine Rhein-parallele Abschiebung (Streichen 110–120°, steiles Einfallen gegen SW) erklären. Eine ähnliche Verwerfung wurde im Steinbruch südlich Burg Sooneck bei fortschreitendem Abbau angefahren (Douw 2009). Die im Rhein vermutete Verwerfung setzt die Tradition der Querverwerfungen aus dem westlichen Taunus (Anderle 1984) in den Hunsrück fort. Eine zusätzliche rechtshändige Komponente versetzte die nordöstliche Scholle nach Südosten. Allerdings fehlt ein entsprechender Versatz im unteren Hang des Teufelskädrich und im Speisbach-Tal nördlich Assmannshausen auf der rechten

Flanke des Rheins. Daher dürfte die Verschiebung auf die Kammerforster Schuppe i. e. S. beschränkt sein.

Obwohl ONCKEN (1988) zugab, dass „die Kammüberschiebung nirgends vollständig aufgeschlossen ist", hat er „aus den begleitenden Gefügen in der Hangendeinheit" ein recht komplexes geologisches Geschehen abgeleitet, das hier nicht im Einzelnen diskutiert werden kann. Da er nicht von einer nach SW gerichteten Abschiebung und dadurch bedingten relativen Tieflage der Kammerforster Schuppenzone am Rhein ausging, blieb nur, „das Verspringen der Überschiebungseinheit im Bereich flacher Überschiebungslage (...) vermutlich auf eine Depression des flachliegenden nördlichen Teils des Überschiebungskörpers" zurückzuführen. Eine Tieflage entspricht auch den Ergebnissen von ANDERLE und des Verf. Im Gegensatz dazu meinte ENGELS (1986: 643), dass die flache Überschiebung nach Nordwesten am Rhein sich in Richtung Nordosten mehr und mehr versteile und „sich sogar zu einer steil nach NW einfallenden Abschiebung wandelt (Beispiel einer Torsions- bzw. Drillings-Verschiebungsfläche)" (S. 643). Allerdings nahm er fälschlich an, dass die flachen Abschiebungen tieferen und nicht höheren Abschnitten des Schiefergebirgsstockwerks entsprechen. Diese Fehleinschätzung geht wohl darauf zurück, dass er von einer einzigen Überschiebungsbahn ausging und nicht von einer Überschiebungszone mit mehreren Überschiebungsflächen und Teilschuppen. Die von ENGELS (1986) angenommene Situation trifft ausschließlich auf die Bodental-Überschiebung zu, die am Rhein relativ steil SE einfällt. So sollte am Rhein ein höheres Niveau des Sockels angeschnitten sein, als weiter im Nordosten im Taunus. Der steile Anteil der Überschiebungszone sollte ähnlich wie bei den übrigen großen Überschiebungszonen im Rhein-Profil weiter in die Tiefe hinunterreichen, als bei ONCKEN in seiner Konstruktion vorgesehen ist.

Bei der Interpolation zur Tiefe muss im Rheintal mit Versteilung der z. T. flachen Bahnen zur Tiefe und nicht mit einer flachen Überschiebung (master décollement; ONCKEN 1988) gerechnet werden. Die Taunuskamm-Soonwald-Überschiebungszone ist hier als eigenständiges, komplexes Überschiebungs- und Schuppensystem aufzufassen mit der Bodental-Überschiebung als der eigentlichen strukturtrennenden Bahn. Diese Vorgabe wirkt sich erheblich auf die Vorstellungen zu Überschiebungsmechanismus und -weite aus. Dass in den einzelnen wurzellosen Schuppen des Systems – Angstfels- und Kammerforster Schuppe i. e. S. – abgesehen von der allgemein nach NW gerichteten Verschiebung auch Rotationen nach links (Westen) vorkommen (ONCKEN 1988), erkannte schon H. JUNG (1955) aus der Lage der B_1/b_1-Achsen und der Schnittlineare im Liegenden der Kammerforster Überschiebung.

3.3.4.1.2 Bodentaler Schuppenzone („Bodental(er)-Sattel")

Südlich an die Taunuskamm-Überschiebungszone schließt sich die Bodentaler Schuppenzone als erste große „Sattelstruktur" des „Soonwald-Antiklinoriums" an. Sie ist gekennzeichnet durch das erstmalige Auftreten von Bunten Schiefern des Gedinne im Rhein-Profil. Allenthalben bildet die Bodentaler Überschiebung die nordwestliche Begrenzung. Der NW-Schenkel oder ein inverser SE-Schenkel einer übergeordneten Sattelstruktur fehlen, so dass auch hier von einer Schuppenstruktur ausgegangen werden muss. Der normal flach SE fallende Schenkel zeigt eine intensive Spezialfaltung 2. und 3. Ordnung, die bis an die Eckersteinskopf-Überschiebung im Südosten reicht. Diese quert bei Assmannshausen den Rhein, schließt die Bodentaler Schuppenzone im Südosten ab und ist an dem Materialgegensatz Bunte Schiefer/Taunusquarzit am Rheintal gut zu erkennen.

Bereits HOLZAPFEL (1893) hatte die Bodentaler Überschiebung in ihrer Bedeutung richtig eingeordnet. Das gilt auch für die linke Rheinseite, wo er eine intensive Spezialfaltung feststellte.

QUIRING's Rhein-Profil (1930a) beginnt erst am Bacharacher Kopf und erfasst nur den mittleren und nördlichen Abschnitt der Bodentaler Schuppenzone bis an die Bodentaler

Überschiebung. Er veranschaulichte die Vergenz-Verhältnisse innerhalb der Schuppenzone durch zwei nach SE gerichtete Rücküberschiebungen am Bacharacher Kopf. Hinzu kommt die ausdrückliche Erwähnung, dass „am Bacharacher Kopf (…) nicht wie sonst allgemein im Rheinischen Schiefergebirge Überkippungen nach NW, sondern nach SO hin erfolgt" (S. 2) sind.

Dem „Bodental-Sattel" bescheinigte Kienow (1934: 82) die Natur einer „Schichttafel in ungewöhnlich ruhiger Lagerung", und mit Annäherung an den „Aßmannshäuser Sattel" im Südosten sollte eine Zone aufrechter, jedoch stark disharmonischer Falten einsetzen. Im Schichtverband des Oberen Gedinne („Zone der Feldspatgrauwacken") fand er zahlreiche Scherbahnen und „kofferartige Falten" bei saiger stehenden Flächen der 1. Schieferung (s_1). Auf Rücküberschiebungen im Sinne Quiring's ging er nicht ein.

H. Jung (1955) gliederte die Bodentaler Schuppenzone in die **Teufelskädrich-Monokline**, die über eine Einmuldung im Speisbach-Tal bis an den **Hermesley-Sattel** (auch: Hermesey-, Hermannsey-Sattel) reicht, den **Bacharacher Kopf-Sattel**, den **Silberberg-Sattel** und die **Haidberg-Steilflexur**.

Die Strukturen

Teufelskädrich-Monokline. Die Teufelskädrich-Monokline zeigt rechtsrheinisch in ihrem Nord-Abschnitt in den Bunten Schiefern mit 5–10 m mächtigen graugrünlichen Quarzit-Bankfolgen am Abhang zum Rhein NW-vergente Spezialfalten mit Ansätzen zu Auf- und Überschiebungen nach NW. Das nordwestwärts gerichtete Wandern senkrecht zur B_1/b_1-Achse hatte im südöstlichen Rückland Dehnung zur Folge, auf die schon Kienow (1934) hinwies. Etwa 500 m nördlich des Speißbaches beschrieb H. Jung (1955: 233) eine „nordvergente flexurartige Monokline" mit einer B_1/b_1-Achse bei 62°/20° NE. Ähnliche Verhältnisse wurden auch linksrheinisch beobachtet.

Speißbach-Mulde und Hermesley-Sattel. Nach einer flachen Einmuldung, die von Ehrenberg et al. (1968) als „Speißbach-Mulde" bezeichnet wurde, folgt rechtsrheinisch nach Südosten der Hermesley-Sattel (Jung 1955; auch: Hermesey-S., Hermannsey-S.: Ehrenberg et al. 1968; Hermesei-S.: Rothpletz 1896: Taf. II).

Linksrheinisch folgt auf das flache SE-Einfallen am Hagelkreuz südwestlich Trechtingshausen ein unterschiedlich steiles, nach SE gerichtetes Abbiegen der Quarzite zum Äquivalent der „Speißbach-Mulde", die hier im Gegensatz zur rechten Talflanke relativ untypisch ist. Das südöstlich folgende Äquivalent des Hermesley-Sattels zeigt einen ähnlichen Ansatz zu kofferartiger, z. T. auch disharmonischer Faltenbildung. Diese Struktur setzt sich bis in das Morgenbach-Tal fort.

Bacharacher Kopf-Sattel. Nach einer erneuten flachen Einmuldung folgt rechtsrheinisch der Bacharacher Kopf-Sattel. Er ist im Vergleich zur nordwestlich gelegenen Struktur einfacher gebaut und zeigt Ausgleichsbewegungen entlang von Scherflächen auf beiden Flanken. Auch linksrheinisch zeigt sich ein ähnlich gebautes Äquivalent des Bacharacher Kopf-Sattels, das auf eine Einmuldung auf Höhe der Clemens-Kapelle folgt.

Silberberger Sattel. Rechtsrheinisch schließt sich nach Südosten, wiederum nach flacher Einmuldung der Silberberger Sattel (H. Jung 1955: 239) mit disharmonischen Faltenbildern und „mäßig nach S geneigter Schichtlagerung" an. Eine entsprechende Struktur fehlt auf der linksrheinischen Seite und ist dort in dem SE-Schenkel des Äquivalents des Bacharacher Kopf-Sattels zu finden. Dieser ist hier wesentlich ausgeprägter und hat sich linksrheinisch zur beherrschenden Struktur entwickelt.

Haidberger Steilflexur. Rechtsrheinisch schließt nach Südosten die „Haidberg-Steilflexur" das Profil ab. Sie weist die üblichen Kurzschenkelfalten im Schichtverband des Taunusquarzits auf. Den längeren steilen, um 70° SE fallenden Faltenschenkeln stehen kürzere, um 40–60° NW einfallende gegenüber. Im Gegensatz zum nordwestlich liegenden Gebiet bewirken sie ein steiles Einfallen des Faltenspiegels nach SE. Linksrheinisch entspricht der steil SE einfallende, quasi saiger stehende Schichtverband an der Burg Rheinstein der Haidberg-Steilflexur. Ein eigenständiger „Rheinstein-Sattel“ (Holzapfel 1893 oder Rothpletz 1896) existiert nicht. Allerdings bestätigt sich ihre Behauptung, dass „alle Sättel und Mulden (linksrheinisch) eng zusammengepresst worden sind, wobei die mittleren sich vertikal (vergenzlos), die südlichen etwas nach S., die nördlichen stark nach N. übergelegt haben“. Diese Feststellung gilt für die Falten geringerer Ordnung. Dieser seit 1896 bekannte Befund widerspricht einer einheitlichen Duplex-Stapelung (Oncken 1988).

Die Azimute der Strukturen liegen allgemein um 80° und fallen meist in östliche bis nordöstliche Richtung ein. Infolgedessen sollten auf der linksrheinischen Talflanke bei ungestörter Lagerung vermehrt Schichtverbände der Bunten Schiefer im Talgrund anstehen. Im Gegensatz dazu steht gegenüber vom Speißbach-Tal, bei der Burg Rheinstein Taunusquarzit an, der – abgesehen vom Kern des Bacharacher Kopf-Sattels mit Bunten Schiefern im Kern – bis zum südöstlichen Ende der Bodentaler-Schuppenzone nördlich vom Zollhof reicht. Das verlangt eine bereits von Holzapfel und Rothpletz postulierte Verwerfung entlang des Rheines. Ihr Streichen läge um ca. 170° bei Einfallen nach WSW und einer abschiebenden Bewegung nach W. Wüstefeld (1994) fand eine ähnliche Struktur, die er etwa 0,6 km westlich des Rheins vermutete. Nach der Kartierung müsste sie allerdings in erster Linie einen rechtshändigen Versatz um 200–250 m in südliche Richtung haben. Die Fixierung des Versatzes ergibt sich aus der Verbreitung von Bunten Schiefern und Quarziten des Taunusquarzits.

3.3.4.1.3 Eckersteinkopf-Überschiebung

Sie trennt die Bodentaler von der Assmannshausener Schuppenzone. An ihr grenzen Schichtverbände der Bunten Schiefer an Schichten vom Typ Oberer Taunusquarzit der Haidberger Steilflexur. Die gröbere Lithofazies der Bunten Schiefer ist in den Konglomeraten des Leistenfels, einer Klippe im Rhein bei Assmannshausen, repräsentiert (Leppla 1904a, Wilh. Wagner & Michels 1930).

Holzapfel (1893) deutete im „Profil vom Niederwald zum Cammerforst“ eine steile Aufschiebung zwischen Bacharacher und Eckersteinkopf an und rechnete, indem er das Alter der Bunten Schiefer ausdrücklich diskutierte, mit „Schuppenstructuren“. Rothpletz (1896: Taf. II) verzeichnete in dieser Position keine Überschiebung und deutete die Schichtverbände der Haidberg-Steilflexur als steilen bzw. überkippten NW-Flügel des „Assmannshäuser Sattels“. Deutlich für eine Überschiebung der Bunten Schiefer auf Taunusquarzit sprach sich Michels (in: Wilh. Wagner & Michels 1930: 92) aus. Allerdings maß er diesen Überschiebungen „meist nur geringes Ausmass“ bei. Dabei kam es wohl in erster Linie darauf an, den seinerzeit von Gerth (1910) initiierten Vorstellungen eines alpinen Deckenbaus entgegenzutreten.

Zum Bau der Überschiebung. Die Eckersteinkopf-Überschiebung zieht als steile Aufschiebung nördlich des Eckersteinkopfes (248 m NN) zum Rhein hinunter (Bl. 6013 Bingen-Rüdesheim). Im tektonisch Liegenden befindet sich eine schwach SE-vergente Mulde, die noch zu den Kurzschenkelfalten der Haidberg-Steilflexur gehören sollte. Die Überschiebungszone besteht aus mehreren NW-gerichteten Auf- und Überschiebungen und dürfte eine generell 60° SE fallende und um 68° streichende Bahn aufweisen (H. Jung 1955).

Mit geringem rechtshändigem Versatz setzt sie über den Rhein und zieht linksrheinisch im Bereich des Serpentinenweges, der zum Schweizerhaus (Faitsberger Hof) führt, steil den Hang hinauf. Ein erneuter rechtshändiger Versatz um ca. 200 m an einer ca. 170° streichenden Verwerfung bringt die Überschiebung im oberen Morgenbach-Tal südlich des Aderbaches wieder in Erscheinung. Von dort zieht sie in den Binger Stadtwald. Am Oberlauf des Morgenbaches, etwa auf der Höhe des Jägerhauses (Bl. 6013 Bingen-Rüdesheim) verschwindet sie unter Oligozän und Pleistozän. Im Übrigen ist, ähnlich wie bei der Bodental-Überschiebung im Norden im weiteren Verlauf nach Südwesten Taunusquarzit der Assmannshausener Schuppenzone auf Taunusquarzit der Bodentaler Schuppenzone überschoben worden und nicht sicher weiter zu verfolgen. Inwieweit Achsengefälle und Querverwerfungen für den weiteren Verlauf eine Rolle spielen, lässt sich in dem kaum erschlossenen Waldgebiet nicht absehen. Dieser Sachverhalt erschwert auch die Korrelation der Strukturen des Rhein-Profils mit jenen im Guldenbach-Tal.

3.3.4.1.4 Assmannshausener Schuppenzone („Assmannshauser Sattel")

Die Assmannshausener Schuppenzone reicht von der Eckersteinkopf-Überschiebung im Nordwesten bis zur Bingen-Rüdesheimer Überschiebungszone im Südosten. Die Abgrenzung gegen Südosten ist nicht unumstritten, da bei Bingerbrück intensive Verschuppung zum Nebeneinander von steilstehendem Taunusquarzit, Hunsrückschiefer ähnlichenTonschiefer-Verbänden, Schichten unbekannten Alters und dolomitisierten Givet-Kalken geführt hat. Die sedimentär bedingten Flächen sind in Anbetracht der starken Deformation tektonisch überprägt. Außerdem muss bei primär geringeren Schichtmächtigkeiten zusätzlich mit tektonisch bedingtem Schichtausfall gerechnet werden. Die Einbeziehung der mitteldevonischen Schürflinge vom Rupertsberg bei Bingen (Bingerbrück) resultiert aus der Beobachtung, dass sich ausgehend von der Eckersteinkopf-Überschiebung bis an die Bingen-Rüdesheimer – wenn auch stark verschuppt – von Nordwesten nach Südosten schrittweise jüngere Schichtverbände einschalten. Erst an der Bingen-Rüdesheimer Überschiebungszone setzt mit dem Keratophyr der Krausaue und den Bunten Schiefern nahe der Nahe-Mündung ein entscheidender tektonisch bedingter Hiatus ein.

H. Jung (1955) hat eine Gliederung im mehrere Strukturen vorgenommen, von Nordwesten nach Südosten sind es die **Assmannshausener Schuppe i. e. S.**, die **Frankenthaler Mulde,** („Niederwald-Mulde": Rothpletz 1896: 30), der **Rossel-Sattel**, der **Ehrenfelser Sattel** und die **Bingener Schuppen** mit der **Rupertsberg-Schuppe**. Allerdings zog H. Jung (1955) aufgrund der unterschiedlichen Vergenz die entscheidende Grenze zwischen einem „Mittel-" und „Süd-Teil" zwischen „Assmannshäuser Sattel" und „Frankenthaler Mulde". Diese Trennung wird nicht übernommen und die Schuppenzone bis zur Bingen-Rüdesheimer Überschiebungszone als in sich stark verschuppte tektonische Einheit aufgefasst.

Assmannshausener Schuppe i. e. S.. Holzapfel (1893) zählte diese Struktur zu seinen „Hauptfalten", ebenso wie den südöstlich anschließenden „Ehrenfelser Sattel". Im Gegensatz dazu verwendete Rothpletz (1896) die später auch von H. Jung verwendete strukturelle Gliederung. Erstaunlich sind in dem Profil allerdings größere Anteile an Hunsrückschiefer, die sich nur schwer nachvollziehen lassen. Es handelt sich – ähnlich wie bei der Kammerforster Schuppenzone – um Tonschiefer-reichere Schichten des Oberen Taunusquarzits. Michels (in: Wilh. Wagner & Michels 1930) ging auf die Strukturen linksrheinisch und südlich des „Assmannshäuser Sattels" nur bedingt ein. Wichtig erschien ihm, dass diese Struktur einer „Kofferfalte" ähnlich sah, die durch einen überkippt nach NW fallenden SE-Flügel und eine Firste mit Spezialfaltung und nahezu horizontaler Schichtlagerung abgebildet wird. Diese linksrheinisch als „Postbach"- oder „Poßbach-Sattel" bezeichnete Struktur muss mit der Assmannshausener Schuppe i. e. S. parallelisiert werden. Sie weitet sich linksrheinisch nach Westen aus, verschwindet dann jedoch unter jungen Deckbildungen im Binger Stadtwald.

„Frankenthaler Mulde". Im Bereich der rechtsrheinisch nach Südosten folgenden „Frankenthaler Mulde" vollzieht sich der endgültige Umschlag von NW- zu SE-Vergenz. Ob es sich hierbei um eine echte Mulde handelt, bleibt zu prüfen. Der Muldenschluss ist nicht deutlich aufgeschlossen. H. Jung (1955) erwähnte zahlreiche „h0l-Flächen" im Bereich der Umbiegungszone, die auch auf eine streichende Verwerfung schließen lassen. Der SE-fallende Schenkel der Frankenthaler Mulde zeigt bei generell normalem Einfallen um ca. 50° NW deutliche Kurzschenkelfalten. Außerdem treten nach SE gerichtete Auf- und Überschiebungen auf, die die SE-Vergenz unterstreichen.

Rossel-Sattel. Der NW-fallende Schenkel der Frankenthaler Mulde leitet rechtsrheinisch zum Rossel-Sattel über, einer SE-vergenten Struktur, die im Gegensatz zur Frankenthaler Mulde aus mächtigem Taunusquarzit aufgebaut ist. Linksrheinisch entspricht dem Rossel-Sattel ein Sattel am Damianskopf mit intensiver Spezialfaltung im Umbiegungsbereich. Er ist am Fuß des Aussichtsturmes besonders deutlich mit nach Süden gerichteten Aufschiebungen und einem normal NW fallenden Schenkel (Bl. 6013 Bingen-Rüdesheim).

„Ehrenfelser Sattel" und Bingener Schuppen. Rechtsrheinisch folgt nach einer erneuten Einmuldung („Ehrenfelser Mulde": ROTHPLETZ 1896) der „Ehrenfelser Sattel". Aus seinem Kern beschrieb H. JUNG (1955) eine „meilerförmige" Anordnung der s_1-Flächen bei weiterhin deutlicher SE-Vergenz. Rechtsrheinisch endet mit dieser Struktur das Rhein-Profil.

Linksrheinisch schließt sich an das Äquivalent des „Ehrenfelser Sattels" die hier als Bingener Schuppen bezeichnete Struktur an. Das ROTHPLETZ'sche Profil (1896: Fig. 8) zeigt nach einem Äquivalent seiner „Ehrenfelser Mulde" mit Hunsrückschiefer-Füllung Taunusquarzit in normal NW-fallender Lagerung (s_0). Nach seiner Beschreibung handelt es sich wohl um den „Ehrenfelser Sattel", denn der „aus Taunusquarzsandstein bestehende Muldenflügel biegt sich zum Sattel um und wird von steil nordfallendem Hunsrückschiefer umsäumt" (S. 30). Mit störungsfreiem Kontakt schließen sich nach SE bei NW-fallender inverser Schichtlagerung bis zum Rupertsberg Schichtverbände der „Coblentzstufe" und „Mitteldevonische Dolomite" an. Gegen eine solche ungestörte Schichtenfolge sprechen die allgemein sehr geringe Mächtigkeit und die Lückenhaftigkeit der Schichtenfolge verglichen mit dem Profil im benachbarten Guldenbach-Tal (D. E. MEYER 1970). H. JUNG (1955) beschrieb durch Aufschiebungen modifizierte und zu Isoklinalfalten eingeengte Strukturen mit unterschiedlichem Achsenabtauchen nach SW.

FAHLBUSCH & SELLNER (1985) legten linksrheinisch ein Profil durch den kritischen Bereich zwischen Kreuzbach im Nordwesten und Elisenhöhe im Südosten, das die **Bingener Schuppen** beschreibt und die Darstellung von H. JUNG bestätigt. Danach schließt sich südlich an den Damianskopf-Sattel bis zur Elisenhöhe eine eng verschuppte Zone mit unvollständigen Sattel- und Muldenstrukturen an: Durch eine streichende Verschiebung vom Unteren Taunusquarzit auf der S-Flanke des Damianskopf-Sattels getrennt folgen auf steilstehenden Unteren Oberen Taunusquarzit und Hunsrückschiefer der „Mulde a. Kl. Rheinberg", die wohl das Äquivalent der „Ehrenfelser Mulde" auf der rechten Rheinseite ist. Nach Südosten schließen sich der „Hartkopf-Sattel", eine stark in sich verschuppte Antiklinalstruktur mit Unterem Taunusquarzit im Kern, die „Prinzenkopf-Mulde" aus Oberem Taunusquarzit und der „Prinzenkopf-Sattel" an, eine Schuppe, die erneut aus Unterem Taunusquarzit besteht; dieser Schuppenstapel wurde von den Autoren als „Hartberg-Antiklinorium" bezeichnet. Im südöstlichen Anschluss folgen steilstehende Hunsrückschiefer eingeschuppt zwischen Taunusquarzit; es handelt sich bei diesen Schuppen um die „Mulde südwestlich Mäuseturm". Auf diese aufgeschuppt folgt im „Sattel an der Elisenhöhe" wieder NW fallender Taunusquarzit; in diesen Sattel einbezogen wurden auch im Südosten anschließende Tonschiefer des Gedinne; bei diesen grauen und bunten Tonschiefern, die schon MICHELS auf Bl. 6013 Bingen-Rüdesheim dem Gedinne zuordnete, kann es sich jedoch auch um eine jüngere Schichtenfolge im tektonisch Liegenden des „Dolomit von Bingerbrück" handeln, wie sie aus dem Wasserlösungsstollen im Talgrund beschrieben wurden; diese Struktur verliert damit ihren „Sattel-Charakter".

Am Damianskopf-Sattel ermittelten die Autoren ein generelles Abtauchen vom Haupt-Sattel und den begleitenden Strukturen um 18° SW. Die s_1-Flächen wechseln zwischen steilem NW- und SE-Einfallen. Sie gingen daher schon hier von genereller SE-Vergenz aus und betonten die Zerlegung des Gebirges westlich Bingen durch „streichende", vorwiegend steil nach NW oder SE einfallende Auf-, Über- und Abschiebungen, wobei ein „Teil der Abschiebungen (…) wahrscheinlich rotierte, ursprünglich NW-vergente Aufschiebungen" (S. 136) sind. Als Verschiebungsbeträge wurden mehrere hundert m angenommen. Hinzu kommen rheinparallele Querstörungen. Die aus dem Gesamtbereich zwischen Poßbach-Tal und Rümmelsheim gemessenen und konstruierten B_1/b_1-Achsen und Schnittlineare (L_1) tauchen vorwiegend nach SW ab. Faltenachsenabtauchen und Querverwerfungen bedingen eine Verjüngung der Schichtenfolge nach Südwesten gegen die „Stromberger Mulde".

Rupertsberg-Schuppe. Die Rupertsberg-Schuppe ist das südlichste Teilstück der Assmannshausener Schuppenzone. Michels beschrieb sie 1930 als „kaum 1 km breite geologische Mulde, in der sogar mitteldevonischer Massenkalk auftritt" und sah diesen von dem „nördlichen Sattel von Gedinne (…) nur durch ein schmales Band von Taunusquarzit getrennt. Im Süden des Massenkalkes /Bingerbrücker Dolomit folgen Hunsrückschiefer, Oberer (…), Unterer Taunusquarzit und unter Ausquetschung der Hermeskeil-Schichten „Bunte Schiefer" (S. 93).

Alle diese Schichtglieder weisen nicht die sonst üblichen Mächtigkeiten auf. Die Frage nach Schichten mit „Obercoblentz-Alter", die Michels (in: Wilh. Wagner & Michels 1930) hier vermisste, muss unbeantwortet bleiben. Außerdem beschrieb auch er eine „ganze Serie von streichenden Störungen". Aufgrund der steil verschuppten Schichtlagerung der Karbonat-Gesteine mit 70–80° NW-Fallen argumentierte er mit K. Geib (1914) gegen die von Gerth (1910) abgeleitete Position des „Bingerbrücker Dolomit" als „tektonisches Fenster" bei alpinotypem Deckenbau. Mit Hilfe der untertägigen Aufschlüsse bei Bingerbrück und Waldalgesheim wies er nach, dass der „Kalk diskordant gegen die unterdevonischen Schichten liegt" (S. 94). Im heute nicht mehr zugänglichen Steinbruch am Rupertsberg oberhalb Bingerbrück und im Bingerloch-Stollen, einem Wasserlösungsstollen der ehem. Mangan-Erzgruben bei Waldalgesheim, grenzt der Dolomit an nach SE einfallenden Taunusquarzit. Im 2 km langen Rheinstollen, der vom Kreuzbach-Tal (Bl. 6013 Bingen-Rüdesheim) bis zum Dolomit getrieben wurde, grenzt nördlich an den Dolomit ein etwa 450 m mächtiger Schichtverband von problematischem Hunsrückschiefer an.

Von der ehem. Erzgrube „Amalienhöhe" wurden sowohl Taunusquarzit als auch fragliches „Oberems" in Hunsrückschiefer-Fazies (?) nördlich des Dolomits beschrieben (Pohl 1922). Die Grenze zwischen dem steilstehenden Dolomit und seinem diversen Nebengestein ist u. a. eine spitzwinklig zum Streichen des Gebirges verlaufende Aufschiebung, die „gegenüber den mehr SW-NO streichenden Schichten einen mehr WSW-ONO-Verlauf hat" (Wilh. Wagner & Michels 1930: 94). Am südlichen Kontakt herrschen ähnliche Verhältnisse und Michels plädierte hier für eine spitze Mulde, die bei jüngeren Bewegungen „noch besonders in die Tiefe gesunken ist" (S. 94). Der Schichtverband bei Bingerbrück sollte daher das Ergebnis einer besonders engscharigen Verschuppung sein bei fortschreitender Einengung. Das Zusammenspiel von unterschiedlich streichenden Verschiebungen und Schichtlagerung bringt es bei Bingerbrück dazu, dass dolomitisierte Massenkalk-Vorkommen fast verschwinden. Dabei hat besonders die südliche, nach N gerichtete Überschiebung erheblichen Anteil.

3.3.4.1.5 Rupertsberg-Waldalgesheimer Schuppe

Bei Waldalgesheim und südwestlich Bingen ist der Ausstrich des Bingerbrücker Dolomits, der am Rhein zur Rupertsberg-Schuppe gehört, wesentlich breitflächiger als bei Bingerbrück erhalten. Er war bei Waldalgesheim durch den Bergbau auf Mangan-Erz und später auch Dolomit gut aufgeschlossen. Ihm ist die Warmsrother Schuppe, eine steil eingeschuppte „Muldenzone", die givetischen Massenkalk enthält, nordwestlich vorgelagert. Beide Schuppen trennt die Kohlenberg-Überschiebung, die spitzwinklig zum Azimut der „Mulden"-Achse verläuft. An ihr ist im Westen bei NW-Vergenz Taunusquarzit auf die Kalke des Mitteldevon und weiter nach Nordosten fortschreitend „Hunsrückschiefer u. ä." (Taupitz 1965) überschoben. Sie mündet im Rhein-Profil in die Bingener Schuppen nördlich vom „Sattel der Elisenhöhe" bei Bingerbrück ein. Dort sind nach Michels und Fahlbusch & Sellner (1985) außerdem noch Bunte Schiefer des Obergedinne eingeschuppt.

Beide Schuppen werden im Westen durch die Genheimer Querstörung, eine aus drei Trennflächen bestehende, 120° streichende Verwerfungszone mit zusätzlich erheblichem, rechtshändigem Versatz (ca. 0,4–0,5 km) begrenzt. An ihnen ist die nordöstliche Scholle jeweils nach SE versetzt. Sie trennt die Warmsrother und die Waldalgesheimer Karbonatgesteins-Vorkommen von jenen im Guldenbach-Tal bei Stromberg.

Auch der „Kalk-Dolomitmulde von Waldalgesheim-Stromberg" fehlt der NW-Flügel. Es liegt somit auch hier im wesentlich breiter (0,7 km) ausstreichenden Vorkommen von Dolomit eine mit 50–80° SE einfallende Schuppenstruktur vor. Im Liegenden der Karbonat-Gesteine kommen vererzte „Grauwackensandsteine mit Schiefern" (Taupitz 1965) vor. Der Schichtverband erscheint mit Ausnahme des unmittelbaren Grenzbereichs der kompetenten Karbonatgesteine gegen die weniger kompetenten Ton- und Mergelschiefer relativ wenig gestört. Allerdings ist im Dolomit selbst jede mit Mergelschiefern belegte Schichtfuge zu einer Bewegungsbahn umfunktioniert und das Dolomit-Vorkommen in sich in kleinere Teilschuppen mit unterschiedlich steilem Einfallen nach SE zerlegt. Diese Kleinschuppen stören den stratigraphischen Verband nicht wesentlich. Die einzelnen Schuppen werden durch mit Dolomitspat „vererzte" Verschiebungen oder flexurartige Verbiegungen voneinander getrennt, die nach Osten in die „unterdevonischen Grauwacken und Schiefer" einmünden. Dort entsprechen ihnen „kleinere Spezialsättel, die steil nach Westen eintauchen, oder (…) in Art einer Horizontalflexur verbogen" sind. Hinzu kommen „Scharen flach einfallender Schubklüfte", an denen offensichtlich „nordvergente Bewegungen (…) zu einem scheinbaren Verflachen des Einfallens" (Taupitz 1965: 16) geführt haben.

Ein ähnliches Bild zeichnete Pohl (1922) für die Grubenbaue der Schachtanlagen Weiler-West und Amalienhöhe. Nach seinen Profilen vom Bingerloch-Stollen sowie in diversen Querschlägen besteht die hier als Waldalgesheimer Schuppe bezeichnete Struktur vom Liegenden im Norden zum Hangenden im Südosten aus Taunusquarzit, Hunsrückschiefer, „Grauwackenquarzit" bzw. „-sandstein", evtl. auch „Oberkoblenz-Schiefer" und Dolomit. Offensichtlich sind auch hier Hunsrückschiefer und Dolomit durch eine Verwerfung, an der im Rhein-Stollen-Profil sämtliche Gesteine zwischen den beiden Schichtgliedern ausgefallen sind, getrennt. Taupitz (1965) zeichnete in seinem schematischen Profil durch den mittleren Teil des Erz- und Dolomit-Lagers von Waldalgesheim einen weitgehend vollständigen, ungestörten Verband. In Anbetracht des wesentlich vollständigeren Profils bei Stromberg sollte jedoch eher von je einer Verwerfung zu beiden Seiten des Dolomit-Lagers ausgegangen werden, an welchen die unmittelbar stratigraphisch liegenden und hangenden Schichten ausgefallen sind. Bestätigt wird diese Annahme durch eine „Oberkoblenz-Fauna", die K. Geib (1914) nördlich vom Dolomit auf der ehem. Grube Amalienhöhe beschrieben hat.

Im östlichen Abschnitt des Grubenfeldes haben eine primäre Mächtigkeitsabnahme nach Nordosten und die streichenden Überschiebungen im tektonisch Liegenden und Hangenden zum Verlust erheblicher Anteile des Vorkommens von Waldalgesheim geführt. Daher waren bei Bingerbrück nur die hangendsten Partien des normal über dem Massendolomit folgenden Plattendolomits erhalten. Die nach Süden gerichtete Aufschiebung im Steinbruch Geyer bei Bingerbrück (H. Jung 1955) wurde bereits erwähnt.

Die im Rhein-Profil dokumentierte SE-Vergenz ist nur im Osten des Grubenfeldes repräsentiert. Sie schlägt zwischen dem Schacht Weiler-West und der Grube Amalienhöhe in NW-Vergenz um, die im West-Abschnitt des Grubenfeldes vorherrscht. Entsprechend ändert sich auch das Einfallen der Schichten innerhalb der Schuppe, abgesehen von dem des Dolomits, der sowohl im Bingerloch-Stollen, im Rhein-Stollen als auch in den ehem. Querschlägen unterschiedlich steil, jedoch immer nach SE einfällt. Pohl (1922) gab auch für die südliche Schuppengrenze südwärtiges Einfallen an, das Nord-gerichtete Bewegungen (NW-Vergenz) anzeigte, die weiter im Westen auch das Profil im Guldenbach-Tal kennzeichnet. Bei Waldalgesheim beginnt die SE-Vergenz erst etwa 2 km südlich der Karbonat-Gesteinsvorkommen in der Fustenburg-Schuppenzone. Die Vergenz-Umkehr von SE- in

NW-Vergenz ist nicht an die Genheimer Querstörungszone gebunden, sondern erfolgt weiter nordöstlich davon im ehem. Waldalgesheimer Grubenfeld.

Hinzu kommt eine Anzahl von Kluftsystemen im Dolomit. Dazu gehören NNW-SSE bis NNE-SSW streichende, steil einfallende Klüfte, auch NW-SE oder NE-SW streichende, steil einfallende Diagonalklüfte, an denen auch seitenverschiebende Bewegungen stattgefunden haben, spitzwinklig zum allgemeinen Streichen verlaufende kleine Aufschiebungen sowie „flach NNW- oder SSE einfallende Scher(Schub)-Klüfte (h0l) mit z. T. kleinen Überschiebungsbewegungen“. Generell liegen die B_1/b_1-Achsen und die ihnen parallelen Schnittlineare (L_1) flach, können jedoch in der Nähe von Überschiebungen mit Spezialfalten „z. T. örtlich erhebliche Abweichungen“ (Taupitz 1965: 16) aufweisen.

3.3.4.1.6 Bingen-Rüdesheimer Überschiebungszone

Die Bingen-Rüdesheimer Überschiebungszone trennt die Assmannshausener von der Rochusberg-Schuppenzone im Süden. Die Assmannhausener Schuppenzone wies von Nordwesten nach Südosten fortschreitend eine jeweils engere Verschuppung auf, die in den Bingener Schuppen und der Rupertsberg-Schuppe nordwestlich dieser Überschiebungszone ihren Höhepunkt erreichte.

Bei der Kartierung von Bl. 5913 Presberg kam Leppla (1904a) zu dem Schluss, dass aufgrund des Alters der einzelnen Schichtglieder „von Rüdesheim nach dem Bahnhof Bingerbrück eine bedeutende streichende Verwerfung verläuft, welche die vordevonischen Phyllite von Bingen (Bunte Schiefer des Gedinne) und vom Rochusberg von den Schiefern und Quarziten des Niederwaldes trennt“ (S. XXXIII). Damit waren wichtige Beobachtungen an dieser Überschiebungszone bereits zu jener Zeit bekannt.

Michels (in: Wilh. Wagner & Michels 1930) bezeichnete das Gebiet bei und südlich Bingerbrück als „die am meisten gestörte Zone unseres Gebietes (Bl. 6013 Bingen)“ und merkte weiter an, dass der“Massenkalkzug“ „hier in einer durch weitreichende streichende Verwerfungen gestörten Mulde liegt“.

Zum Bau der Bingen-Rüdesheimer Überschiebungszone. Trotzdem ist die genaue Lokalisierung dieser Überschiebungszone auch heute noch wegen der Bebauung im Stadtgebiet von Bingen schwierig. Allerdings beschrieb H. Jung (1955: 250) eine „starke, besonders am N-Flügel auffällige Einengung der Mulde“ und eine „im N-Teil des Steinbruches (am Rupertsberg) oben aufgeschlossene Überschiebung des Taunusquarzits“ an „einer schiefrigen Ruschel“ nach Süden, die auf SE-vergente Bewegungen in der südlichsten Schuppe hinweise.

Offensichtlich ist der Bingerbrücker Dolomit nach NE in zunehmendem Maße in Teilschuppen aufgelöst, die das Nordost-Ende dieses Zuges signalisieren, soweit nicht ein primäres Ende der Riffkörper diesem Vorschub leistete. Michels (in: Wilh. Wagner & Michels 1930) zitierte unter Bezug auf K. Geib (1914) noch zwei weitere „Kalk-Vorkommen“ und zwar eines im Stadtgebiet von Bingen, das bei Bohrungen für die ehem. Bingener Aktienbrauerei geortet wurde, und ein zweites, das bei Stromregulierungen im Rhein-Bett gefunden wurde; allerdings konnte schon er die genaue Position nicht mehr angeben. Beide zeichnen zusammen mit dem vordevonischen Quarzkeratophyr der Krausaue im Rhein zwischen Bingen und Rüdesheim die Spur der Überschiebungszone nach.

Sommermann et al. (1994) und W. Meyer & Stets (1996) diskutierten die Position des Quarzkeratophyrs der Krausaue als Teil der Rochusberg-Schuppenzone. Die Bingen-Rüdesheimer Überschiebungszone läuft demnach zwischen den Vorkommen hindurch, wobei der Dolomit in das tektonisch Liegende und das Eruptivgesteinsvorkommen – zusammen mit anderen, u. a. unterhalb des Bahnhofs Rüdesheim – in das tektonisch Hangende der wahrscheinlich invertierten Überschiebung gehört. Sommermann et al. (1994: 155) sahen die streichende Fortsetzung dieser bedeutenden strukturtrennenden Naht nach Nordosten in der „Grenzstörung zwischen Vordertaunus- und Taunuskamm-Einheit“. Sie gingen davon aus, dass es sich dort um eine „vermutlich steil NW-fallende, ehemals aber NW-vergente Überschiebung“ handelte. Diese Vermutung lässt sich bei den im Rhein-Profil herrschenden Vergenz-Verhältnissen ohne weiteres übernehmen. Anhaltspunkte für eine größere Rücküberschiebung nach SE, die sämtliche Strukturen nach SE überschiebt (ONCKEN 1988: Abb. 9) gibt es nicht.

Die geologische Darstellung der Umgebung der Nahe-Mündung zeigt die außerordentlich intensive Verschuppung in diesem Gebiet (SOMMERMANN et al. 1994: Abb. 2), die ohne weiteres um einige Teilüberschiebungen bei Einbeziehung der zahlreichen Taunusquarzit-Schürflinge erweitert werden müsste. So fällt es nicht schwer, auch die Quarzkeratophyre als kompetente Schürflinge in diesem Störungsbereich anzusehen und keinen ungestörten Kontakt zu den Bunten Schiefern des Obergedinne zu suchen. Die Kontakte zu den benachbarten Tonschiefern sind in jedem Fall tektonisch überprägt. Auch die Bingen-Rüdesheimer Überschiebungszone sollte danach zu den großen strukturtrennenden Trennfugen im südlichen Schiefergebirge gezählt werden.

3.3.4.1.7 Rochusberg-Schuppenzone

Die Rochusberg-Schuppenzone reicht am Rochusberg von der Bingen-Rüdesheimer Überschiebungszone nach Südosten bis an das Auflager von Tertiär- und Pleistozän-Sedimenten des nördlichen Mainzer Beckens. Die tektonische Süd-Grenze, die Hunsrück-Südrand-Störung, ist erst bei Münster-Sarmsheim/Nahe am Süd-Abhang des Münsterer Kopfes (301 m NN; Bl. 6013 Bingen) aufgeschlossen. Gesteine der Metamorphen Zone fehlen hier im Tagesniveau.

ROTHPLETZ (1896: Abb. 8) erwähnte diesen Profilabschnitt nur kurz. MICHELS (1930) beschrieb dagegen den „Mühlbach-Sattel“ mit Spezialfaltung, der dem ROTHPLETZ'schen Profil entspricht, und schloss daran in der Gegend des Kesslerbergs und Mühlenbergs (Bl. 6013 Bingen) einen erneuten Sattel von „unterem Taunusquarzit“ an, der von der Hunsrück-Südrand-Störung abgeschnitten wird. So lässt sich die Rochusberg-Schuppenzone gliedern in die **Mühlbach-Schuppe** („Mühlbach-Sattel“) und die **Kesslerberg-Schuppe**.

Mühlbach-Schuppe. Die Mühlbach-Schuppe besteht in ihrem Kern aus steil überkippt NW fallenden Bunten Schiefern mit Lagen von „körnigen Phylliten“. Im Gegensatz zu den nordwestlich vorgelagerten Bingener Schuppen und der Rupertsberg-Schuppe erscheint der gesamte Schichtverband relativ ungestört. Nach Südosten folgt auf die Bunten Schiefer – durch die Rochusberg-Störung getrennt – ein Schichtverband aus massigem Unterem Taunusquarzit, der ebenfalls steil überkippt nach NW einfällt. An der Rochusberg-Störung sind u. a. Hermeskeil-Schichten, höhere Abschnitte der Bunten Schiefer und tiefere des Unteren Taunusquarzit ausgefallen. MICHELS (in: Wilh. WAGNER & MICHELS 1930) kartierte diese Verwerfung mit Beginn etwa 150 m südlich der Drusus-Brücke in Bingen über den Rhein nach Nordosten bis zum Roten Berg bei Geisenheim. H. JUNG (1955: 252) beschrieb an dieser Verwerfung bei der Drususbrücke eine „sehr starke Durchbewegung ähnlich der des Assmannhäuser Sattels“. Auf ihr sitzt auch die bekannte „GOETHE'sche Urbreccie“ (Wilh. WAGNER & MICHELS1930, W. MEYER & STETS 1996), die wahrscheinlich zur Hunsrück-Südrand-Verwerfung gehört (Foto 32, S. 328).

An den Taunusquarzit schließt sich im Hangenden eine Tonschiefer-Folge an, die als Hunsrückschiefer bezeichnet wird. Sie fällt ebenfalls überkippt nach NW ein. Dieser eng transversal geschieferte Schichtverband zeigt eine deutliche s_2-Schieferung vom Typ „Runzelschieferung“. Die Raumlage von s_2 weicht erheblich vom üblichen Streichen ab. Während die Schnittlineare s_0/s_1 bei 57°/10° NE und die Achsen der Spezialfaltung am Rochusberg bei 52°/12° NE liegen, zeigt s_2 zwei Maxima und zwar ein ausgeprägtes, das steil nach W und ein weniger deutliches, das steil nach E einfällt. Die Schnittlineare s_1/s_2

liegen bei 355°/20° N, ebenso wie die aus der Verfältelung von s_1 Flächen ermittelten B_2/b_2-Achsen (JUNG 1955).

In diesen „Hunsrückschiefer-Zug" fällt ein Dolomit-Vorkommen bei Münster-Sarmsheim. LOSSEN beschrieb von dort ein „Karbonat-Gestein", das „hell gelblichweiss bis bräunlichweiss (...), ausgezeichnet grosskörnig, drusigkörnig und häufig ziemlich dünnschichtig" war. „Die blaugraue Farbe ist zuweilen noch in einzelnen eckigen Flecken oder in schmalen Streifen parallel zur Schichtung vorhanden". Offensichtlich unterlag das Gestein einer erheblichen sekundären Umwandlung, da auch die eventuell vorhandene „organische Substanz bis auf wenige Spuren verschwunden ist" (S. 640). Das Vorkommen war „ein etwa 1½ Lachter (etwa 3 m) breites Lager", das beiderseits von „Schiefern" begrenzt war. Außerdem trennten „die Schiefer in dünnen Lagen" die „1–2 Fuss mächtigen Bänke" (S. 641). Er wies ausdrücklich auf eine „abweichende Beschaffenheit" gegenüber den Vorkommen in der näheren Umgebung hin. Aus der Beschreibung lässt sich kein Rückschluss auf das Alter dieses heute in der Bebauung von Münster-Sarmsheim liegende Vorkommen ziehen. Innerhalb der Schuppe liegt es relativ weit im Südosten, jedoch noch etwa 250–300 m nordwestlich der Kesslerberg-Schuppe. Aus der Korrelation der Schuppen mit dem Guldenbach-Profil liegt eher eine Ähnlichkeit mit dem Oberdevon-Vorkommen bei Eckenroth (D. E. MEYER 1970) nahe. Schon MICHELS konnte bei der Aufnahme von Bl. Bingen-Rüdesheim das Vorkommen nicht mehr ausmachen und kartierte dort Hunsrückschiefer (tu_{3w}). Die Beobachtungen von LOSSEN (1867a) lassen Zweifel daran aufkommen, ob dieser gesamte „Hunsrück-Schiefer" in das Unterdevon gestellt werden darf. Eine Möglichkeit, die sich bei der Beschreibung des Guldenbach-Profiles ergab, besteht darin, dass die „Hunsrückschiefer" ähnlich wie südlich Eckenroth nach Südosten auf die Kalke bei Münster-Sarmsheim aufgeschoben sind (Eckenrother Überschiebung) und damit zur Schweppenhausener Schuppe gehören.

Kesslerberg-Schuppe. Sie wird im äußersten Süden erneut durch Quarzite, die dem Unteren Taunusquarzit sehr ähnlich sind, repräsentiert. Da auch hier das Schichteinfallen (s_0) weiterhin steil überkippt nach NW gerichtet ist, sollte der nordwestliche Kontakt von einer nach NW fallenden, wahrscheinlich invertierten Aufschiebung gebildet werden. Über sie liegen jedoch keine Daten vor. Im Gegensatz zu den Binger Schuppen liegt dort, wo diese Verwerfung zu suchen ist, keine besonders enge Verschuppung vor.

Die Kesslerberg-Schuppe wird im Süden durch die Hunsrück-Südrand-Verwerfung begrenzt. An ihr sind Sedimente des höheren Rotliegend (Wadern-Formation) gegen die Quarzite verworfen. Da diese Verwerfung spitzwinklig zum Streichen der Schuppe verläuft, spitzt der Taunusquarzit bereits südlich Rümmelsheim/Nahe aus, und es grenzen hier Schichten der „Hunsrückschiefer" an Schichten des höheren Rotliegend. Beim Vergleich mit der südlich und südwestlich anschließenden Vorsoonwald-Stufe ergibt sich auch die Möglichkeit, in diesem isolierten Quarzit-Vorkommen einen allseits von Aufschiebungen begrenzten Schürfling vom Typ „Kallenfels-Quarzite" zu sehen, der in den „Schiefern" der Schweppenhausener Schuppe (Kesslerberg-Schuppe) „schwimmt".

3.3.4.2 Das Guldenbach-Profil

Das Guldenbach-Profil zwischen Rheinböller Hütte (Bl. 5912 Kaub) im Nordwesten und Schweppenhausen im Südosten (Bl. 6012 Stromberg) bietet die Möglichkeit, das im Rhein-Profil definierte „Soonwald-Antiklinorium" und die Rochusberg-Schuppenzone lückenlos im Parallelprofil zu studieren. Zwischen beiden Profilen ergeben sich allerdings Unterschiede und Widersprüche. D. E. MEYER (1970) schied im Guldenbach-Profil von Norden nach Süden „Soonwald-Antiklinorium", „Stromberger Synklinorium", „Fustenburg-Antiklinorium" und „Winterbacher Synklinorium" aus. Diese Gliederung lässt sich jedoch nicht zwanglos auf die nordöstlich und südwestlich angrenzenden Gebiete übertragen.

Wichtige strukturelle Leitelemente für Abgrenzung und Korrelation sind im Nordwesten die Taunuskamm-Soonwald- und im Südosten die Bingen-Rüdesheimer Überschiebungszonen. Beide lassen sich wie im Rhein-Profil auch weiter im Südwesten sicher identifizieren und zur Korrelation heranziehen. Ohne der Begründung vorzugreifen, werden hier „Soonwald-Antiklinorium" und „Stromberger Mulde" der älteren Autoren bzw. „Stromberger Synklinorium" sensu D. E. Meyer (1970) dem im Rhein-Profil definierten „Soonwald-Antiklinorium", das „Fustenburg-Antiklinorium" der nördlichen (Mühlbach-Sch.) und das „Winterbacher Synklinorium" der südlichen Rochusberg-Schuppenzone (Kesslerberg-Sch.) zugeordnet.

Auf den ersten Blick scheinen gravierende Unterschiede zwischen den benachbarten Profilen Zweifel an dieser Gegenüberstellung zu bestätigen. Im Guldenbach-Tal steht zwischen der Eichmühle westlich Daxweiler und der Talverengung südlich Stromberg im Gegensatz zum Rhein-Profil eine stark differenzierte, in sich gefaltete und verschuppte Schichtenfolge an, das „Stromberger Synklinorium", die von der Siegen- bis in die Wocklum-Stufe – evtl. auch in das Unterkarbon – reicht. Einer Ausstrichbreite von ca. 3 km im Guldenbach-Tal steht im Rheintal bei Bingerbrück der nicht mehr aufgeschlossene Dolomit-Schürfling am Rupertsberg bzw. ein Schichtverband von ca. 0,5–0,6 km im Rhein-Stollen gegenüber.

Trotz relativ guter Aufschlusslage im Guldenbach-Tal und einer verlässlichen stratigraphischen Datenbasis (D. E. Meyer 1970; D. E. Meyer & Nagel 2008) liegt die tektonische gegenüber der stratigraphischen Bearbeitung weit zurück. Das zuletzt von Oncken (1988) vorgestellte bilanzierte Profil ist die einzige moderne tektonische Darstellung. Allerdings hat sie, obwohl es sich um bilanzierte Profile handelt, den entscheidenden Nachteil, dass Oncken's eigenes Rhein-Profil durch die Süd-Hunsrück-Einheit sich nicht an sein Guldenbach-Profil anschließen lässt. Zur Erläuterung der abweichenden geologischen Situation der „Stromberger Mulde" führte er im Guldenbach-Profil eine steil SE einfallende, im Streichen verlaufende Abschiebung mit einem Versatz um 1 200 m ein. Eine solche (Oncken 1988: Abb. 8) sollte sich – zumindest ansatzweise – in die Nachbarprofile fortsetzen. Das gilt besonders für das nur 8–9 km im Streichen entfernte Rhein-Profil, in dem jedoch keine entsprechende Verwerfung vorgesehen ist. Im geologischen Kartenbild (D. E. Meyer 1970: Anl.) stehen bei der Eichmühle im Guldenbach-Tal Taunusquarzit und Hunsrückschiefer auf der einen Seite des Tals mittel- und oberdevonischen Schichtverbänden auf der anderen gegenüber. Eine einzig hier auftretende große Abschiebung, die den Taunusquarzit in mehr als 1000 m Tiefe versetzt, ist schwer nachvollziehbar. Das gilt auch, weil im benachbarten Seibersbach an der Lokalität „Erzhell" und am Kohlenberg östlich Dörrebach (weiter südlich) bereits wieder Taunusquarzit zu Tage ansteht. Auch lässt Oncken's Profildarstellung offen, wie der breite Ausstrich mittel- bis oberdevonischer Schichtverbände zwischen der Stromberger Neuhütte und der Fustenburg bei Stromberg im Rhein-Profil unterzubringen ist.

Auch die von Kienow (1934) vorgeschlagene „muldenförmige" Lagerung der jüngeren Schichten ist schwer nachzuvollziehen. Unter Bezug auf Beyenburg (1930) und Ma. Wolf (1930) meinte er, dass „im Guldenbachprofil eine mächtige Platte von Taunusquarzit (...) in weit gespannte Falten von großem Tiefgang gelegt wurde, während die eingemuldeten jüngeren Sedimente stärkste Zusammenpressung erfuhren". Diese Quarzit-Platte sollte im Norden „steil auf den Hunsrückschiefer aufgeschoben, und am S-Rand schwach nach S übergebogen" sein (S. 79). Den Vergenzfächer zwischen der Fustenburg und Schweppenhausen (Beyenburg 1930) bestätigte er. Trotzdem sind seine Feststellungen wenig hilfreich für die Analyse des tektonischen Baus im Guldenbach-Profil. Ein solches Profil entlang des Guldenbaches muss vom Baustil her mit dem Rhein-Profil mindestens soweit übereinstimmen, dass die festgestellten strukturtrennenden Auf- und Überschiebungen sowie die definierten Struktureinheiten zumindest im Ansatz noch zu identifizieren sind und sich auch weiter in den südwestlich anschließenden Soonwald verfolgen lassen. Außerdem müssen Rhein- und Guldenbach-Profil sich nicht im nahezu gleichen tektonischen Niveau innerhalb des variszischen Stockwerkes befinden. Allein mit einer Achsendepression, mit der Cloos & Scholtz (1930) versuchten, den tektonischen Niveau-Unterschied zwischen „Stromberger Mulde" und den nordöstlich und südwestlich angrenzenden Gebieten zu erklären, gelingt das nicht. Nur mit Achsengefälle und Querverwerfungen lässt sich das höhere tektonische Niveau des variszischen Stockwerkes im Guldenbach-Profil erklären und zeigen, dass das Gebiet an Querverwerfungen zum „**Stromberger Graben**" eingesunken ist. Die Unterschiede in Rhein- und Guldenbach-Profil beruhen damit auf Unterschieden im Stockwerk.

D. E. Meyer (1970: 170) ging bei seiner strukturellen Gliederung davon aus, dass sich das „Stromberger Synklinorium" „im W und teilweise auch im E heraushebt" und bis zum Hahnenbach-Tal nach Südwesten verfolgen ließe. Er übersah, dass sein „Soonwald-Antiklinorium" nur den nördlichen Taunusquarzit-Zug des Soonwaldes und Rheintales repräsentiert. Somit bleibt zumindest im Westen die Frage unbeantwortet, welche strukturelle Position innerhalb des „Synklinoriums" sich in den mittleren Härtling des Soonwaldes fortsetzt. Über die Verlängerung der Rochusberg-Schuppenzone nach Südwesten in sein „Fustenburg-Antiklinorium" besteht kein Zweifel. Da es sich beim „Stromberger Synklinorium" um eine übergeordnete „Großmulde" handelt, ist ein einfaches Ausheben nach beiden Seiten schwer möglich.

Aus dem geologischen Kartenbild (D. E. Meyer 1970) ergibt sich, dass die allenthalben im Hunsrück festgestellte und bewährte Altersfolge innerhalb der Schuppenzone und Teilschuppe von älter im Nordwesten zu jünger im Südosten auch im Guldenbach-Tal gilt. Außerdem stellen meist die kompetenten Quarzit-Folgen des Taunusquarzits jeweils das älteste Schichtglied innerhalb der Einzelschuppe dar. Ihr Kontakt zu den jeweils wesentlich jüngeren Schichten im Nordwesten sind tektonische Trennflächen. Auf dieser Basis lässt sich im Guldenbach-Profil eine relativ detaillierte Gliederung installieren. Für die einzelnen Schuppen müssen auch hier lokale Bezeichnungen neu eingeführt werden, um die Korrelation mit den Nachbargebieten leichter diskutieren zu können. Auf dieser Basis ergibt sich für das Guldenbach-Profil von Nordwesten nach Südosten folgende Gliederung: Die **Soonwald-Überschiebungszone** mit der **Kammerforster Schuppenzone** liegt in der streichenden Verlängerung der Taunuskamm-Überschiebungszone über den Rhein nach Südwesten; ihr folgt im Südosten die **Binger-Wald-Schuppenzone** (Binger-Wald-Schuppen i. e. S.); es folgen die **Seibersbacher Rücküberschiebung** und die **Daxweilerer Schuppen**; diese Einheiten lassen sich mit der Bodentaler Schuppenzone im Rhein-Profil korrelieren. Die **Dörrebacher Überschiebung** gilt als Äquivalent der Eckersteinkopf-Überschiebung. Die **Stromberger Schuppenzone** besteht aus den **Warmsrother Schuppen**, der **Kohlenberg-Überschiebung** und den **Stromberg-Waldalgesheimer Schuppen**; diese Schuppen und die Schuppenzone korrespondieren mit der Assmannshausener Schuppenzone am Mittelrhein. Die **Stromberger Überschiebungszone** im südöstlichen Anschluss ist das Äquivalent der Bingen-Rüdesheimer Überschiebungszone, und die **Fustenburg-Schuppenzone** gilt als Äquivalent der Rochusberg-Schuppenzone und besteht aus den **Fustenburg-Schuppen i. e. S.** als Äquivalent der Rochusberg-Schuppenzone; es folgen die **Eckenrother Rücküberschiebung** und die **Schweppenhausener Schuppen.**

3.3.4.2.1 Soonwald-Überschiebungs- und Kammerforster Schuppenzone

Alle Bearbeiter des Guldenbach-Profiles waren sich darin weitgehend einig, dass südlich Rheinböllen an der großen Überschiebung Taunusquarzit auf die nördlich vorgelagerten Hunsrückschiefer überschoben ist. Die Materialgegensätze zwischen beiden Schichtverbänden und die daraus resultierenden Verwitterungsunterschiede bedingen, dass diese Grenze auch morphologisch deutlich heraus präpariert wurde. So lässt sich die Überschiebungszone vom Mittelrhein- bis zum Guldenbach-Tal verfolgen. Allerdings sind die nach Norden exponierten Hänge des Binger Waldes größtenteils mit mächtigen pleistozänen Schuttdecken überzogen.

Soonwald-Überschiebungszone. Die südwestliche Verlängerung der Taunuskamm-Überschiebungszone in den Hunsrück wird hier als Soonwald-Überschiebungszone weitergeführt. Hier liegt durch die Überschiebungstektonik bedingt eine inverse tektonische Stapelung mehrerer Teilschuppen vor. Wie im Darustwald steigt man auch hier von normal SE-einfallendem Hunsrückschiefer über Oberen Taunusquarzit in der Mitte zu Unterem Taunusquarzit und zuletzt zu der normalen Folge Bunte Schiefer – Hermeskeil-Schichten – Unterer Taunusquarzit im tektonisch Hangenden an der Rheinböller Hütte auf (Bl. 6012 Stromberg). Beyenburg (1930: 451) beschrieb in dieser Position eine nach SE einfallende Überschiebung, merkte jedoch an, dass der Quarzit hier „in zahlreiche Schuppen zerlegt" sei. Seine Karte zeigt unmittelbar südlich der nördlichsten Überschiebung „graue Quarzite mit Schiefereinlagerungen (tuq_1)" bei normalem Einfallen der Schichtung (s_0) um 40–70° SE. Darüber folgt nach Südosten bis zur Rheinböller Hütte „weißer und grauer Quarzit (tuq)" vom Typ Unterer Taunusquarzit mit ähnlichem normalem Einfallen nach SE und an der Rheinböller Hütte die komplette Schichtenfolge von Bunten Schiefern bis in den Unteren Taunusquarzit (D. E. Meyer 1970). Diese Folge der Schuppen im Bereich der Soonwald-Überschiebungszone entspricht jener der **Kammerforster Schuppenzone** am Rhein. Eine Parallelisierung der einzelnen Schuppen mit denjenigen am Rhein wird unterlassen, da nicht sicher ist, dass die schmalen Schuppen – Angstfels- und Kammerforster Schuppe – auf eine Entfernung von 10 km im Streichen nach Nordosten durchhalten. Trotzdem ist wichtig, dass auch hier zwei schmale Schuppen in inverser Folge im Liegenden der eigentlichen „Hauptüberschiebung" liegen. Als solche ist die Überschiebung an der Rheinböller Hütte selbst anzusehen, da sie wie am Rhein Bunte Schiefer in das Aufschlussniveau bringt. Sie wird daher als Äquivalent der Bodentaler Überschiebung angesehen. Eine ungestörte „Aufsattelung bei der Rheinböller Hütte" (Beyenburg 1930: 451) kommt wegen des einheitlich SE gerichteten Einfallens von s_0 nicht in Frage.

3.3.4.2.2 Binger-Wald-Schuppenzone

Als Bingerwald-Schuppen i. e. S. wird das geschlossene Taunusquarzit-Areal bezeichnet, das von der Soonwald-Überschiebungszone bei der Rheinböller Hütte im Nordwesten bis an die Seibersbacher Rücküberschiebung im Südosten reicht. Diese Struktur entspricht dem „Soonwald-Antiklinorium" bei D. E. Meyer (1970). Die Bingerwald-Schuppenzone schließt die Quarzit-Folgen des Unteren und Oberen Taunusquarzit ein mit dem Fossilfundpunkt an der Stromberger Neuhütte. Beyenburg beschrieb eine NW-vergente Spezialfaltung mit gelegentlichen Überschiebungen, wie z. B. an der Karlsburg. Seine geologische Karte zeigt jedoch in der Mehrzahl Einfallwerte für s_0 nach SE. Nur unterhalb des Lindenkopfes sind Einfallwerte nach NW eingetragen (Bl. 6012 Stromberg).

D. E. Meyer sah in seinem „Soonwald-Antiklinorium" mit einem Ausstrich von etwa 4 km Taunusquarzit senkrecht zum Streichen eine aus mehreren Antiklinalen 2. Ordnung bestehende Großstruktur, und zwar den „**Rheinböllerhütte-Sattel**" und den „**Lindenkopf-Sattel**". Beide sind durch die „**Greschwald-Mulde**" getrennt. Darauf folgt nach Südosten die „**Pfädchensgraben-Mulde**", in der Oberer Taunusquarzit aufgeschlossen ist. Eine große streichende Überschiebung, die **Pfädchensgraben-Überschiebung,** trennt sie von dem im Südosten folgenden, an seiner NW-Flanke stark gestörten „**Rabenacker-Sattel**", in dem erneut Unterer Taunusquarzit aufgeschoben ist. D. E. Meyer erwartete in seinem Kern in geringer Tiefe unterhalb der Talsohle südöstlich der Neumühle Hermeskeil-Schichten und sogar Bunte Schiefer. Damit handelt es sich hier um eine entscheidende Trennfläche, die die Bingerwald-Schuppenzone in zwei Teilschuppen teilt. Oncken (1988: Abb. 8) hat eine derartige Aufschiebung nicht in sein Profil aufgenommen und ging von einem ungestörten Faltenbau mit ausgeprägter NW-Vergenz aus. Der Vorgabe von D. E. Meyer trug er nur bedingt Rechnung, indem er die Hermeskeil-Schichten (Top) in seinem Profil etwa 100 m unterhalb der Talsohle ansetzte. Trotzdem erscheint der NW-Flügel des „Rabenacker-Sattels" bei dieser Version relativ kurz, so dass die von D. E. Meyer vorgeschlagene Version wahrscheinlicher ist. Im südlichen Anschluss folgen von Nordwesten nach Südosten durch Überschiebungen getrennt „**Hüttenrech**"- und „**Rorheck-Sattel**". Die „**Mulde von der Stromberger Neuhütte**" bildet den Abschluss im Südosten. Aus dieser Auflistung der von Nordwesten nach Südosten aufeinander folgenden Strukturen ergibt sich das übliche Bild einer in sich gefalteten, z. T. verschuppten und durch eine größere Überschiebung gegliederten, nach Südosten anfangs schwächer, anschließend stärker geneigten Rampe, die im Südosten durch eine Überschiebung gekappt ist. Der „Mulde von der Stromberger Neuhütte" fehlt nämlich im Südosten der NW-fallende Gegenflügel. Durch jeweils spitzwinklig zum Generalstreichen verlaufende Verwerfungen getrennt folgen auf der S-Flanke dieser Mulde nach D. E. Meyer Schichten, die er den Hunsrückschiefern zuordnete. Sie zeigen, dass hier, wenn auch gestört, die Schichtenfolge im Hangenden des Taunusquarzits sich lückenlos fortsetzt.

3.3.4.2.3 Seibersbacher Rücküberschiebung und Daxweilerer Schuppen

Die Daxweilerer Schuppen liegen zwischen der Seibersbacher Rücküberschiebung im Nordwesten und der Dörrebacher Überschiebung im Südosten. Dieser Bereich besteht aus einer eng verschuppten Schichtenfolge, die von Oberems bis Oberdevon, bei Daxweiler evtl. auch in das Unterkarbon in Kulm-Fazies, reicht.

Im Nordwesten grenzen bei Seibersbach und an der Eichmühle im Guldenbach-Tal ausschließlich schiefrige Schichten des Mittel- und Oberdevon z. T. direkt an Oberen Taunusquarzit, z. T. an Hunsrückschiefer s. str. (D. E. Meyer 1970), so dass mit einer größeren Verwerfung zu rechnen ist. Diese verläuft nahezu streng E-W von östlich Daxweiler über die Eichmühle nach Seibersbach, wo sie unter Deckbildungen verschwindet. Über die Natur dieser Verwerfung ist wenig bekannt, vor allem fehlen Angaben zu Einfallrichtung und -winkel der Hauptstörungsfläche.

Cloos & Scholtz (1930) diskutierten diese Grenzfläche zwischen dem Taunusquarzit und „den jüngeren Schichten". Diese Vorstellung läuft darauf hinaus, dass die jüngeren Schichten in Richtung der Vergenz auf die älteren nach NW überschoben sind. Auch Kienow (1934) wies auf den Gegensatz in der Deformation im Grenzbereich hin.

Wir gehen von einer spitzwinklig zum Streichen der Schichten verlaufenden Rücküberschiebung nach Süden aus. Eine derartige Überschiebung erscheint möglich, wenn man an die kofferfaltenähnlichen Sattelstrukturen im Taunusquarzit im Mittelrheintal denkt, aus denen eine antivergente Überschiebung nach Südosten abgeleitet werden kann. Eine Abschiebung von mehr als 1000 m saigerer Verwurfshöhe (Oncken 1988: Abb. 8) passt ebenso wenig in den Beanspruchungsplan wie eine „an einem bedeutenden streichenden Verwurfs-System grabenartig eingesenkte Zone" (D. E. Meyer 1970: 173). Sie sollte sich zumindest auch im Rhein-Profil etwa auf der Höhe von Assmannshausen bemerkbar machen, wo aber keine Spur davon zu finden ist.

Die **Daxweilerer Schuppen** beginnen westlich vom Schiffelberg und lassen sich aufgrund des divergierenden Verlaufs der sie begrenzenden Überschiebungen über ca. 7 km nach Westen verfolgen, wo sie an der Schöneberger Querverwerfung auf den Quarzit-Riegel des Seibersbacher und des Dörrebacher Waldes stoßen. Nur in der Talung des Oberlaufs vom Seibersbach bei Marienborn lässt sich eine stark verschmälerte Fortsetzung vermuten.

Abgesehen von einer engen Verschuppung der schiefrigen Schichtglieder zerlegt eine größere Aufschiebung nördlich des Schneidmühlenberges die Daxweilerer Schuppen in zwei größere Teilschuppen. Beyenburg (1930) und D. E. Meyer (1970) gingen in dieser Position noch von einem Sattel aus, der aus Schichten des Oberems aufgebaut ist. Das Kartenbild lässt jedoch wieder eine inverse Stapelung von Teilschuppen erkennen, bei der im tektonisch Liegenden Schichten der Eifel-Stufe (ungegliedert) auf Schichten des Oberdevon überschoben sind. Die Schichten der Eifel-Stufe sind ihrerseits wieder von solchen des Oberems überschoben worden, die zur Vorstellung des Sattels beigetragen haben. Im Hangenden dieser Schichten folgt im Guldenbach-Tal bis zur Dörrebacher Überschiebung eine stark reduzierte Schichtenfolge, die bis in das Oberdevon reicht. Dieses Profil am Guldenbach ist in dieser Ausführlichkeit in den nordöstlich und südwestlich angrenzenden Gebieten wegen minderer Aufschlussverhältnisse nicht nachzuvollziehen. Außerdem liegt das Guldenbach-Profil hier in einem geologischen Graben, der durch je eine Querstörung westlich Daxweiler (Verlängerung des Genheimer Sprunges) und östlich von Seibersbach (Concordia-Sprung) begrenzt wird. Diese Tieflage bedingt auch das Vorkommen von fraglichem Unterkarbon bei Daxweiler (D. E. MEYER 1970, D. E. MEYER & NAGEL 2008) am Mühlenberg und von Oberdevon am Hüttenkopf (Bl. 6012 Stromberg).

3.3.4.2.4 Dörrebacher Überschiebung

Südlich an die Daxweilerer Schuppen schließt sich ein im Guldenbach-Tal stark verschuppter Schichtverband an, der sich aus Schuppen von Oberem Taunusquarzit, Hunsrückschiefer s. str. und „Emsschiefer, z. T. Hunsrückschiefer" mit einzelnen mächtigeren „Quarzit-Einlagerungen" aufbaut. Er wird nach Nordwesten durch die Dörrebacher Überschiebung begrenzt. D. E. MEYER (1970: 174) beschrieb diesen „Nordkontakt" als „relativ flache Überschiebung nach N". Am Hüttenkopf ist Oberer Taunusquarzit um mindestens 100–150 m über Schichten des tieferen Oberdevon überschoben. Ähnliche Verhältnisse gelten auch für die Gewann „Erzhell". Hier hatte beim ehem. Tagebau „Concordia" bereits POHL (1922) eine sattelförmige Deformation des Taunusquarzits im Bereich der Vererzung beschrieben.

Daten zur Schichtlagerung im stark gestörten Taunusquarzit finden sich bei BEYENBURG (1930), der diesen Taunusquarzit-Zug fälschlich mit jenem vom Kohlenberg weiter im Süden zu einer Struktur vereinigte. Nach D. E. MEYER (1970: Anl.) sind beide offensichtlich durch Hunsrückschiefer getrennt. BEYENBURG betonte die unregelmäßige Raumlage der Quarzite im Guldenbach-Tal (25–45° SE), an der Mündung des Seibersbaches (steiles SE-Einfallen), in der ehem. Grube „Concordia" (nach N überschobener Spezialsattel) und westlich davon (Einfallen 35–45° SE). Diese Lage lässt sich erklären, wenn man kompetente Quarzit-Schürflinge entlang einer Überschiebung in Tonschiefern annimmt. Diese Situation ändert sich östlich des Genheimer Sprunges, wo diese Quarzite am Roter Kopf und Schiffelsberg deutlich im Verband vorkommen. Diese eindeutige Auflösung des Schuppenmusters ergibt sich somit erst östlich des Guldenbach-Tales. Dort lässt sich die Dörrebacher Überschiebung im Welschbach-Tal und am Roter Kopf (Nord-Hang) nachweisen (Bl. 6012 Stromberg), wo erneut Oberer Taunusquarzit auf „oberdevonische Schiefer (ungegliedert)" an einer relativ flachen Überschiebung nach Nordwesten überschoben ist. Weiter im Nordosten ist sie jedoch bereits am Nord-Hang des Schiffelsberges (446 m NN) nicht mehr auszumachen, da dort Taunusquarzit an Taunusquarzit. grenzt. Mit Hilfe morphologischer Indizien gelingt es, sie über den Nord-Hang der Rossel (495 m NN) nach Nordosten bis in das mittlere Morgenbach-Tal am Jägerhaus zu verfolgen und bedingt an die Eckersteinkopf-Überschiebung westlich vom Schweizerhaus im Rheintal anzuschließen. Damit ergibt sich hier eine zweite Möglichkeit zur Parallelisierung von Guldenbach- und Mittelrhein-Profil. Die Überschiebung ist allerdings durch mehrere Querabschiebungen z. T. erheblich versetzt.

3.3.4.2.5 Stromberger Schuppenzone

Warmsrother Schuppen. Als eigenständige Schuppen sind sie im Profil des Welschbaches südöstlich des Taunusquarzits vom Roter Kopf (405 m NN) auszumachen, wo über dem Taunusquarzit ein – wenn auch gestörtes – Profil von den „Übergangschichten" (Unterems) bis in schiefrige Schichtverbände der Eifel-Stufe folgt. Südöstlich und östlich Warmsroth bei Wald-Erbach kommen drei kleinere Vorkommen von givetischem Massenkalk, vielleicht auch oberdevonische Anteile hinzu. Ma. WOLF (1930) beschrieb hier ein stark gestörtes Schollenfeld mit Streichwerten für s_0 zwischen 35 und 80° bei stark wechselndem

Einfallen. Das an der Oberfläche z. T. stark nach NW gerichtete Einfallen soll sich untertage bereits in geringer Teufe in SE-Einfallen geändert haben. Auch machte sie bereits auf die Lückenhaftigkeit der Profile aufmerksam. Da größere primäre Schichtlücken nach dem Profil im Guldenbach-Tal fehlen, ging sie davon aus, dass „Oberkoblenz und Mitteldevon (…) also an streichenden Störungen staffelförmig abgesunken sind“ (S. 24). Es sollte hier von einer engen Verschuppung insbesondere der kompetenten Schichtglieder (Unterer Taunusquarzit, „Oberkoblenz“, Givet-Kalke) ausgegangen werden, da die schiefrigen Schichtglieder fehlen.

Taupitz (1965) bezeichnete diese Struktur als „Warmsrother Kalkmulde“. Eine ungestörte Mulde ist bei dem geschilderten Baustil unwahrscheinlich, da der NW fallende SE-Flügel fehlt. So ist eher mit einer Verschuppung zu rechnen. Nach Taupitz hebt die „Mulde“ nach NE aus. Sie endet zumindest an einer Querstörung, die auf der Höhe der ehem. „Amalienhöhe“ (Amalienhöher Querverwerfung) durchzieht. Diese Warmsrother Schuppen sind im Rhein-Profil am ehesten in der „Frankenthaler Mulde“ zu suchen, wo Vorkommen von Hunsrückschiefer und Oberem Taunusquarzit eine „Mulden-Position“ südöstlich der Assmannhausener Schuppe i. e. S. signalisieren. In dieser Position ist im Rhein-Profil der Umschlag zur SE-Vergenz deutlich. Westlich der Amalienhöher Querverwerfung herrscht allerdings NW-Vergenz.

K. Geib (1914) hatte eine Trennung der Warmsrother von den Wald-Erbacher Kalk-Vorkommen durch einen Quarzit-Riegel, „der von Dörrebach bis zum „Roter Kopf“ zieht“ (S. 9), erkannt, wenngleich er diesen fälschlich für „Koblenzquarzit“ hielt. Offensichtlich war sein Hauptaugenmerk auf die Kalk-Vorkommen, in erster Linie bei Stromberg, Wald-Erbach, Waldalgesheim und Bingerbrück gerichtet. Im Rhein-Profil war seinerzeit keine adäquate Struktur bekannt.

Kohlenberg-Überschiebungszone. Sie trennt die Warmsrother Schuppen von den Stromberg-Waldalgesheimer Schuppen im Südosten. Das entscheidende Kriterium ist, dass zwischen beiden noch eine Aufschuppung von Oberem Taunusquarzit und Tonschiefern des Unterems zu finden ist, die beide Strukturen trennt. Beyenburg (1930: 451) schrieb dem „Taunusquarzitzug des Kohlenberges (…), der beiderseits von Störungen begrenzt wird“ noch eine „merkwürdige Stellung“ zu. Das hängt wohl davon ab, dass er die Quarzite von „Erzhell-Concordia“, Seibersbach-Mündung und Kohlenberg zusammen behandelte. Diese Taunusquarzit-Vorkommen stören das Bild einer einheitlichen „Stromberger Mulde“ erheblich. Cloos & Scholtz (1930: 291) erkannten die trennende Funktion der Quarzite vom Kohlenberg. So ist auch die Bemerkung zu verstehen, dass das „Stromberger Synklinorium durch einen Taunusquarzitzug getrennt (ist), der sich im Streichen vom Schiffelberg im NE und Dörrebach im SW als komplizierte Antiklinal-Schuppe“ (D. E. Meyer 1970) erstreckt.

Westlich des Guldenbach-Tales sind die Verhältnisse unklar, und der Taunusquarzit vom Kohlenberg erscheint durchaus als Fremdkörper in den Tonschiefern, fehlt u. a. auch im Guldenbach-Tal selbst. Östlich des Genheimer Sprungs zieht sich – südöstlich anschließend an die Kalkvorkommen im Warmsrother Grund – Taunusquarzit über das Welschbach-Tal in Richtung Köpfchen (323 m NN) und weiter zur ehem. Schachtanlage „Amalienhöhe“. Mindestens drei Querstörungen im Warmsrother Grund und östlich davon bedingen u. a. einen rechtshändigen Versatz von insgesamt ca. 500 m. Von östlich des Warmsrother Grundes entwickelt sich aus dem Schuppen-Mosaik ein durchgehender Quarzit-Zug nach Nordosten, der an die Binger Schuppen im Rhein-Profil Anschluss findet. Er trennt die Warmsrother Schuppen von den Stromberg-Waldalgesheimer Schuppen südlich davon. Die Grenze bildet die Kohlenberg-Überschiebungszone, an der hier Taunusquarzit auf die nordwestlich vorgelagerten mitteldevonischen Kalke und Mergelschiefer sowie die Plattenkalke der Warmsrother Schuppen aufgeschoben sind (Falke 1957, Taupitz 1965). Erst daran schließt sich nach Südosten die eigentliche Stromberger Schuppe an, die im Waldalgesheimer und Bingerbrücker Dolomit-Vorkommen der Rupertsberg-Waldalgesheimer Schuppe ihre Fortsetzung findet.

Stromberg-Waldalgesheimer Schuppen. Sie reichen von der Kohlenberg-Überschiebungszone im Nordwesten bis zur Stromberger Überschiebungszone im Südosten. Der Genheimer Sprung trennt die Stromberger Schuppen im Südwesten von der (Rupertsberg-) Waldalgesheimer Schuppe im Nordosten. Nach Beyenburg (1930) vollzieht sich in den Stromberger Schuppen ein allmählicher Übergang von Schichten des Oberems über „untermitteldevonische Tonschiefer“ in den „obermitteldevonischen Massenkalk“. Die stärkere Deformation der Ton- und Mergelschiefer führt er auf die Kompetenzunterschiede zurück, wobei letztere „bei der Faltung phyllitisch geworden und in ihrer Lagerung sehr stark gestört sind“ (S. 452). Außerdem stellte er, wie später auch Taupitz (1965) bei Waldalgesheim Bewegungen entlang der Schiefermittel in den massigen Kalken fest. Allerdings parallelisierte Beyenburg die Stromberger Givet-Kalke irrtümlich über die Kohlenberger Überschiebungszone und den Genheimer Sprung hinweg mit den Givet-Vorkommen bei Warmsroth und Wald-Erbach. Er ging dabei von einer primären Mächtigkeitsreduktion in Richtung Nordosten und einer starken Verschuppung aus, die nicht abzustreiten sind. Nach der hier vorgestellten Parallelisierung bilden die Warmsrother Vorkommen jedoch eine eigene Struktur, und die Stromberger Massenkalke müssen nach Nordosten an die Waldalgesheimer Dolomite angeschlossen werden.

D. E. Meyer (1970) grenzte den Stromberger Massenkalk innerhalb seines „Stromberger Synklinoriums“ gegen die nordwestlich vorgelagerten Ton- und Mergelschiefer von Oberems- und Eifel-Stufe im Gegensatz zu Beyenburg mit einer WNW-ESE streichenden Abschiebung ab, an der die Kalke und ihre östlichen Ausläufer „eingesenkt“ seien. Das westliche Ende des Kalk-Vorkommens ist durch eine NNE-SSW streichende Störung am Weinberger Hof bedingt. Nach Südosten folgen über dem Kalk bis an die Stromberger Überschiebungszone wohl oberdevonische Schichtverbände, die stark spezialgefaltet und gestört sind und in denen ein mächtiger Quarzkeratophyr-Stock steckt (Falke 1957).

Damit erweist sich das Stromberger Massenkalk-Vorkommen als kompetenter Block innerhalb inkompetenter schiefriger Schichtverbände, der allseits durch Störungen begrenzt ist. Falke (1957) betonte, dass die Lagerungsverhältnisse (s_0) innerhalb des Kalk-Vorkommens einheitlich sind und Änderungen nur durch kleinere Querstörungen bedingt seien. Hinsichtlich einer Verschiebung an der Nordwest-Grenze der Kalke zog er einen Störungskontakt nicht in Zweifel. Temporäre Aufschlüsse am Gollenfels wiesen seinerzeit auf Schleppungen hin, die auf eine „An- und Aufschleppung der Kalke schließen“ (S. 109) ließen. Auch Spezialfalten in den Schichten unmittelbar nördlich des Massenkalkes deuteten eher auf eine „An- und Aufschiebung“ hin. Seine Streichwerte für s_0 und die Faltenachsen zeigen einen deutlichen Hiatus zwischen denen auf der Nord-Scholle und jenen im Kalk-Komplex. Dessen Werte gelten auch für die Schichtenfolge im Hangenden der Kalke bis an die Stromberger Überschiebungszone. Auch der Hiatus zwischen den Schichten nördlich der Kalke, die Falke dem Oberems zuordnete, und dem givetischen Massenkalk macht eine Überschiebung unumgänglich. Ihre Einfallrichtung ist unbekannt. Die bei Falke angedeutete Überschiebung nach Nordwesten mit SE-Einfallen macht aus geometrischen Gründen Schwierigkeiten, da dann jüngere auf ältere Schichten aufgeschoben wurden. Andererseits gibt es die Möglichkeit, den Massenkalk-Komplex im Liegenden und im Hangenden von Verschiebungen begrenzt als kompetenten, wurzellosen Fluchtkeil nach Nordwesten zu betrachten. Wichtig erscheint, dass im Hangenden der Kalke unterhalb des Kurhauses Stromberg, an der Straße nach Dörrebach und im seinerzeitigen Steinbruch am Gollenfels „streichende Störungszonen“ auftreten (Falke 1957: 109). Damit wären die im Umfeld des Kalk-Komplexes auf Kompression ausgerichteten Gefüge mit dem Befund an der Nordwestgrenze in Einklang. Die bei Oncken (1988: Abb. 8) angedeutete tiefe Versenkung des im Nordwesten (Kohlenberg) und Südosten (Fustenburg) anstehenden Taunusquarzits bei Stromberg ist daher unwahrscheinlich.

Im Bereich der Genheimer Querstörungen sind nur noch geringe Anteile des Massenkalkes vorhanden: Im Warmsrother Grund (nördlich der 1. Haarnadelkurve der L

214 von Stromberg kommend) erscheint das Kalk-Vorkommen noch weitgehend komplett, wenn auch in seiner Mächtigkeit stark reduziert; auch eine Verschiebung am Nordwest-Rand der Kalke ist wahrscheinlich; die Raumlage von s_0 liegt mit 70°/40–65° SE ähnlich wie am Gollenfels bei Stromberg. In der Scholle oberhalb der Haarnadelkurve begrenzt eine nahezu E-W streichende Verschiebung einen Span von Massenkalk, der nach Norden an stark spezialgefalteten Taunusquarzit grenzt; die Falten sind deutlich NW-vergent. Die Achsen der Spezialfalten tauchen nach SW ab.

Die drei zum Genheimer Sprung gehörenden Trennflächen sind jeweils Abschiebungen nach SW mit einer rechtshändigen seitenverschiebenden Komponente nach SE. Damit gehört der Stromberger Massenkalk zwischen dem Weinberger Hof im Westen und dem Warmsrother Grund – abgesehen von der variszischen tektonischen Verschuppung – zu einer an jüngeren Querstörungen staffelförmig abgesunkenen Scholle. In Bezug zur Waldalgesheimer Schuppenzone ist hier ein höherer Abschnitt des variszischen Stockwerks repräsentiert, d. h. dass der Stromberger Massenkalk vom Niveau her höher einzustufen ist als der Waldalgesheimer und der Bingerbrücker Dolomit. Für die Dolomitisierung bedeutet dies, dass sie wahrscheinlich spät- bis post-diagenetisch durch aszendente Lösungen zustande kam.

Der hier vorgestellte Bau der Schuppen südlich der Stromberg-Waldalgesheimer Schuppenzone sieht eine in sich eng verschuppte Schichtenfolge vor, die innerhalb der Einzelschuppe auch bei Überkippung die normale Altersfolge von alt nach jung in Richtung Südosten einhält. Insofern bleibt wenig Raum für die Vorstellung, dass die Obergedinne-Folge in der Fustenburg-Schuppenzone wegen ihrer faziellen Ausbildung (Psammite der Süd Fazies, „körnige Phyllite“) wesentlich jünger ist. Trotzdem ist der Verdacht nicht entkräftet, dass diese echten Grauwacken, bzw. „körnigen Phyllite“ u. U. auch Oberdevon-Alter haben könnten. Hinzu kommt das sonst unübliche Vorkommen von Diabasen im Gedinne. Dieser allein lithostratigraphisch begründete Verdacht lässt sich tektonisch schwer begründen, da dann die Taunusquarzit-Züge in diese „Oberdevon-Folge“ eingeschuppt sein müssten. Eine Begründung wird weiter im Westen dadurch erschwert, dass dort die Taunusquarzit-Züge der Fustenburg-Schuppen sich zu den südlichen Taunusquarzit-Zügen des Soonwaldes zusammenschließen müssten. Auch eine „Einschuppung“ inkompetenter „Oberdevon-Schieferzüge“ zwischen die Taunusquarzit-Schuppen ist schwer vorstellbar, sollte in diesem kritischen Bereich jedoch zumindest angesprochen werden.

3.3.4.2.6 Stromberger Überschiebungszone

Die Stromberger Überschiebungszone ist nach der Soonwald-Überschiebungszone die bedeutendste strukturtrennende Überschiebungszone in der Süd-Hunsrück-Einheit. Sie trennt die Stromberg-Waldalgesheimer Schuppen von der Fustenburg-Schuppenzone. In ihrer Größenordnung entspricht sie der Bingen-Rüdesheimer Überschiebungszone am Rhein, in die sie einmündet. Sie besteht von Nordwesten nach Südosten aus drei Überschiebungsbahnen, der **Stromberger Überschiebung i. e. S.**, der **Fustenburg-Überschiebung** und der **Rother Überschiebung**.

An diesen drei Trennflächen sind erneut in inverser Stapelung von Nordwesten nach Südosten jeweils normal SE fallende ältere Schichten auf jüngere normal liegende überschoben, und zwar an der Stromberger Überschiebung i. e. S. eine möglicherweise aus givetischen Schichten bestehende Schuppe auf die hangenden Schichtverbände des Massenkalks (Oberdevon bis Unterkarbon?), an der Fustenburg-Überschiebung Oberer Taunusquarzit auf Tonschiefer unbekannten Alters im tektonischen Liegenden und an der Rother Überschiebung Bunte Schiefer des Obergedinne auf Oberen Taunusquarzit. Dabei übernimmt die nördlich von Roth liegende Trennfläche wieder die Rolle der „Hauptüberschiebung“. Der Ausbiss der Bunten Schiefer lässt sich über Roth bis nach Bingen verfolgen und sichert damit die Korrelation mit dem Rhein-Profil.

Beyenburg (1930) sprach nur von einer Störung, an der Taunusquarzit auf Oberdevon-Schichten überschoben sei. Es handelt sich allerdings nur um die hier als Fustenburg-Überschiebung bezeichnete, mittlere Trennfläche des Systems. Die daran südöstlich anschließende Struktur nannte er „Gedinnesättel“ und zog eine nochmalige Überschiebung nicht in Betracht. Auch D. E. Meyer (1970: 174) sprach nur von einer „ENE streichenden, steil S-fallenden Störung gegen die Stromberger Mulde“, obwohl er die drei oben genannten Überschiebungen in seiner geologischen Karte verzeichnete. Im Gegensatz dazu hatte Falke (1957) die Verhältnisse bereits ausführlich mit all ihren Unsicherheiten diskutiert.

Stromberger Überschiebung i. e. S.. An der nördlichen Überschiebung grenzen die schiefrigen Schichten im Hangenden des Massenkalkes gegen die südöstlich folgende „Schiefer-Serie“. Diese wahrscheinlich steile Aufschiebung verläuft entlang der L 214 vom Genheimer Sprung durch den Stadtkern von Stromberg nach Südwesten bis an die Störung vom Weinberger Hof. Bei einem mittleren Streichen um 65° liegt sie spitzwinklig zum Streichen der Schichten im tektonisch Liegenden. Daher verbreitert sich deren Ausbiss nach Nordosten. Während Falke (1957) sich zurückhaltend zum Alter der Schichten im Hangenden der Stromberger Überschiebung i. e. S. äußerte, stufte D. E. Meyer (1970) sie als givetisch ein. Falke und auch Beyenburg (1930) machten auf ihre „weitaus stärkere tektonische Durchbewegung als (die) nördlich angrenzende Schieferserie“ (S. 107) aufmerksam. Entlang der L 214 stehen am unteren nördlichen Abhang unterhalb der Fustenburg „serizitische Quarzitschiefer“ an, die als metamorph verändertes Eruptivgestein, evtl. Quarzkeratophyr, gedeutet wurden (Falke). Das hohe Maß an Umwandlung von Gefüge und Mineralbestand des Ausgangsmaterials spricht für eine erhöhte Beanspruchung im Verein mit der Überschiebung. Falke zog u. a. in Erwägung, dass diese „Eruptivgesteine aus dem tieferen Untergrund eingeschuppt“ seien. Diese „Quarzitschiefer“ liegen konform in den begleitenden Schiefern, die im Mittel um 55° SE einfallen und sich nach SE auf 75° SE versteilen.

Fustenburg-Überschiebung. An ihr ist ein spezialgefalteter Quarzit-Tonschiefer-Komplex auf die fraglich givetischen „Schiefer“ aufgeschoben worden. Falten 3. Ordnung im Taunusquarzit waren an der Burgmauer der Fustenburg zu beobachten. Dabei handelte es sich um nahezu vergenzlose aufrechte Spezialsättel, die mit 15–20° SW abtauchen. 75–80 SE einfallende Quarzit-Bänke weiter im Südwesten, die ebenfalls zu dieser Schuppe zählen, enthalten streichende Störungen und Fiederklüfte, die auf eine aufschiebende Tendenz schließen lassen. Während Beyenburg (1930) die rötlichen und grünlichen Schiefer am Nord-Abhang der Bergkuppe, auf der die Fustenburg steht, noch in das Oberdevon stellte und daher seine Überschiebung an die Grenze „Schieferserie“/Taunusquarzit legte, sah Falke (1957) die Quarzite bedingt als Taunusquarzit an im Zusammenhang mit der „Aufsattelung“ der Gedinne-Schichten im südlichen Anschluss. Für ihn bestanden Zweifel an der Fustenburg-Überschiebung, da er u. a. auch die Möglichkeit in Erwägung zog, die rötlichen und grünlichen „Schiefer“ unterhalb der Fustenburg und in den Serpentinen der L 214 an die Bunten Schiefer im „Fustenburg-Antiklinorium“ anzuschließen. Der Taunusquarzit der Fustenburg wird unter diesen Umständen zur Mulde mit nach NE aushebender Achse. Er schloss eine Aufschiebung der Quarzite in dieser Position nicht aus, mochte dieser jedoch keine größere Bedeutung beimessen.

Die Beantwortung der Frage nach der Größenordnung der Fustenburg-Überschiebung steht und fällt mit dem Alter des Schichtverbandes in ihrem tektonisch Liegenden. Zusammen mit den beiden anderen Überschiebungen in der Stromberger Überschiebungszone hat sie eine erhebliche Bedeutung. Allerdings ist nach der hier vorgestellten Lösung der spezialgefaltete Taunusquarzit nur ein Span im tektonisch Liegenden der südöstlich folgenden Rother Überschiebung. Eine Mulde erscheint auch im Vergleich zu den Nachbargebieten hier unwahrscheinlich.

Rother Überschiebung. An ihr sind Schichtverbände und Eruptiva des Obergedinne auf den Taunusquarzit an der Fustenburg aufgeschoben. Durch Ausbisse von Bunten Schiefern lässt sich die Bahn nach Nordosten über Roth bis nach Bingen verfolgen. Die stark verschuppten Schichtverbände dort zwischen Bingerbrücker Dolomit und den Bunten Schiefern bei Bingen mit gelegentlichen Taunusquarzit-Schürflingen erinnern an die Verhältnisse an der Fustenburg.

Falke (1957: 107) beschrieb den Störungskontakt südlich der Fustenburg als eine „steil nach Südosten (80°) einfallende, stark zerquälte Zone aus grünen Schiefern an gleichsinnig gelagerte Quarzite und Schiefer der von Beyenburg 1930 in das Siegen eingestuften Sedimentserie". Er hielt diesen Bereich für das „Kernstück eines Sattels, dessen Nordwestflügel an einer Aufschiebung unterdrückt ist". Eine tektonische Schuppe ist wahrscheinlicher. Durch die Konvergenz zwischen dem Streichen der Rother Überschiebung und der Quarzite im Taunusquarzit weiter im Süden verengt sich der Ausstrich der Bunten Schiefer nach Südwesten. Jenseits der Querstörung vom Weinberger Hof verliert sich daher die Überschiebung in den Quarziten des Taunusquarzits.

3.3.4.2.7 Fustenburg-Schuppen i.e.S.

Südlich der Stromberger Überschiebungszone schied Beyenburg (1930: 451) eine „südliche Zone des Taunusquarzites mit den beiden Gedinnesätteln" und eine „südliche Schieferzone, die ich mit Vorbehalt zu den Hunsrückschiefern stelle", aus. Er sah darin das Pendant zu der nördlichen Flanke der „Stromberger Mulde". Diese Gliederung schien bei der seinerzeitigen Auffassung einer eigenständigen „Stromberger Mulde", die schon K. Geib (1914) vertreten hatte, durchaus legitim.

D. E. Meyer (1970: 174) fasste die Fustenburg-Schuppenzone als „Antiklinorium" auf, sah jedoch in den Gedinne-Vorkommen „verschuppte Antiklinalzüge, die im W aufgrund der Konvergenz der begrenzenden WNW- bis fast W-E gerichteten begrenzenden Störungen auskeilen". Die Hunsrückschiefer, die Beyenburg (1930) im Süden einer eigenen Zone zugeordnet hatte, bezog D. E. Meyer in sein „Antiklinorium" mit ein.

Diese Schuppenzone reicht von der Stromberger Überschiebungszone im Nordwesten bis zur Eckenrother Rücküberschiebung im Südosten. Sie gliedert sich in die **Bannmühlen-Schuppe** im Nordwesten und die **Hardtwald-Schuppe** im Südosten; beide sind durch die **Löwenzeiler Mühle-Überschiebung** voneinander getrennt.

Bannmühlen-Schuppe. Sie beginnt mit spezialgefalteten Bunten Schiefern und mit eingelagerten Diabasen im tektonischen Hangenden der Rother Überschiebung. Die Verbreitung der Gedinne-Schichten endet im Westen an der Querverwerfung vom Weinberger Hof. Nach Nordosten lässt sie sich bis in das Stadtgebiet von Bingen verfolgen. Im Hangenden folgen in normaler Lagerung steilstehende Schichten der Hermeskeil-Schichten und des Taunusquarzits. Den Abschluss im Südosten bilden Hunsrückschiefer s. str. Aufgrund der Konvergenz zwischen den Schichtgrenzen, die um 70° streichen, und der im Süden folgenden Überschiebung enden sie im Südwesten im Stromberger Stadtwald, wo wiederum Taunusquarzit auf Taunusquarzit trifft. Die Schichtlagerung innerhalb der Schuppe zeigt Spezialfaltung und steiles Einfallen nach S und SE.

Löwenzeiler Mühle-Überschiebung. Sie trennt die Bannmühlen-Schuppe von der Hardtwald-Schuppe im Südosten. Im Bereich der Überschiebung ist ein schmaler Span von Taunusquarzit zwischen die Hunsrückschiefer im tektonisch Liegenden und die Bunten Schiefer eingeschuppt. Er zeigt auch hier trotz Steilstellung der Schichten die invertierte Altersfolge von Teilschuppen.

Hardtwald-Schuppe. Sie beginnt im tektonisch Hangenden der Löwenzeiler Mühle-Überschiebung im Nordwesten erneut mit Bunten Schiefern des Obergedinne und eingeschupptem Diabas. Nach Südosten schließen sich bis zur Aumühle im Guldenbach-Tal Taunusquarzit und Übergangsschichten an. Während nach BEYENBURG (1930) die Überschiebung von der Löwenzeiler Mühle bei Einfallen nach SE eindeutig nach NW gerichtet ist, vollzieht sich der Vergenzwechsel zur SE-Vergenz innerhalb der Schuppe. D. E. MEYER (1970) ließ die Bunten Schiefer unter Ausfall der Hermeskeil-Schichten nördlich des Eckenrother Fels unmittelbar an Taunusquarzit grenzen, so dass hier eine entsprechende Trennfläche zwischen den Zonen unterschiedlicher Vergenz zu suchen ist. Diese Trennfläche läuft bei einem Streichen um 80° mehr ostwestlich als das allgemeine 70° –Streichen der Schichtung. Sie schneidet daher nach Westen die Bunten Schiefer spitzwinklig und trifft die Überschiebung von der Löwenzeiler Mühle. Die Schichtlagerung im Taunusquarzit der Hardtwald-Schuppe ist durch Spezialfaltung – allerdings mit SE-Vergenz – und wie am Eckenrother Fels durch steiles NW- und SE-Einfallen sowie durch Verschuppung an Schrägaufschiebungen innerhalb des Schichtverbandes gekennzeichnet. Z. T. ist auch eine Art Boudinage bei den Quarziten zu erkennen. Darin kommt im südlichsten Hunsrück die stärkere Beanspruchung zum Ausdruck.

Der Taunusquarzit der Hardtwald-Schuppe tritt morphologisch deutlich hervor und erlaubt die Verfolgung vom namengebenden Hardtwald (326 m NN) westlich Genheim über den Genheimer Sprung zum Galgenberg (330 m NN) und weiter nach Nordosten zum Horetsberg (332 m NN), zum Münsterer Wald (Münsterer Kopf, 302 m NN) und endlich zum Hergenfeld (242 m NN) südlich Bingen (Bl. 6012 Stromberg, 6013 Bingen).

An der Aumühle im Guldenbach-Tal tritt noch ein schmaler Span von Oberem Taunusquarzit (Typ Darustwald-Schichten) zwischen Übergangsschichten und Hunsrückschiefer s. str. zu Tage. Er ist beiderseits von spitzwinklig zum Streichen liegenden Verschiebungen begrenzt. Die im Süden bis Südosten folgenden Schichtverbände bestehen bis zur Eckenrother Rücküberschiebung aus Hunsrückschiefer s. str., in begrenztem Umfang auch aus „Unterems-Schiefer“ (D. E. MEYER 1970). Sie alle gehören bereits zur ausgeprägt SE-vergenten Zone.

3.3.4.2.8 Eckenrother Rücküberschiebung

Alle Autoren (u. a. BEYENBURG 1930, D. E. MEYER 1970) waren sich darin einig, dass im südlichen Anschluss an die Hunsrückschiefer s. str. der hier als Hardtwald-Schuppe bezeichneten Struktur mit allmählichem Übergang die „Metamorphe Zone“ ohne scharfe Grenze einsetzt. Allerdings reicht das Verbreitungsgebiet der Hunsrückschiefer in der Literatur unterschiedlich weit nach Süden. BEYENBURG ließ es bis an den „Gneis von Schweppenhausen“ reichen und dort an einer Verwerfung enden, die nach Südwesten bis nördlich Hergenfeld reicht. Bei D. E. MEYER endet es bereits nördlich des Schnake-Bergs nördlich Schweppenhausen und zieht nördlich Eckenroth in Richtung Schöneberg nach Südwesten. Ohne deutlichen Störungskontakt grenzen bei ihm Hunsrückschiefer s. str. und „Unterems-Schiefer“ im Norden an Phyllite und phyllitische Schiefer im Süden. Letztere zählte er bereits zur Metamorphen Zone. Wichtig ist in diesem Zusammenhang das Vorkommen von dolomitischen Kalken der Adorf-Stufe am Steyerbach südlich Eckenroth, das aufgrund des Ausfalls von Gesteinen des Oberems, der Eifel- und Givet-Stufe eine Überschiebung der Hunsrückschiefer auf den oberdevonischen Schichtverband nach Südosten bei ausgeprägter SE-Vergenz sehr wahrscheinlich macht.

Unter diesen Verhältnissen erscheint das von LOSSEN (1867a) beschriebene Dolomit-Vorkommen bei Münster-Sarmsheim in neuem Licht. Dieses sollte, da es sich in ähnlicher tektonischer Position wie das Vorkommen von Eckenroth befindet, unter der Fortsetzung der Eckenrother Rücküberschiebung unter Hunsrückschiefer liegen. Damit befindet sich auch der Taunusquarzit der Kesslerberg-Schuppe in anderer tektonischer Position und zwar in der nordöstlichen Verlängerung der Quarzite vom „Typ Kallenfels“. Die Schuppengliederung im tektonischen Hangenden der Rochusberg-Schuppe wird komplizierter.

Nach Südwesten ergibt sich ein nahtloser Anschluss an die Hunsrückschiefer und ihre Überschiebung nach Südosten auf die von H. H. WERNER (1950, 1952) ähnlich eingestuften

Schichtverbände seiner Zone II. Die Grenze ist im Hahnenbach-Profil die dominierende Wartenstein-Rücküberschiebung.

3.3.4.2.9 Schweppenhausener Schuppenzone

Die Schweppenhausener Schuppenzone reicht im Guldenbach-Tal von der Eckenrother Rücküberschiebung bis an die Hunsrück-Südrand-Verwerfung. Dieser ca. 2 km senkrecht zum Streichen messende Bereich wurde von D. E. Meyer (1970) schon zur Metamorphen Zone gerechnet. Dieser Streifen baut sich neben grauen phyllitischen Schiefern aus „Kalkknollenschiefern“, „Alaunphylliten“, phyllitischen Kieselschiefern, schwarzen Quarziten sowie roten und grünlichen phyllitischen Schiefern auf. Obwohl abgesehen vom Fundpunkt Eckenroth bisher keine weiteren Fossilnachweise vorliegen, drängen sich beim Vergleich mit dem übrigen Guldenbach-Profil große Ähnlichkeiten mit den mittel- und oberdevonischen Gesteinen auf. So bestehen durchaus Parallelen der phyllitischen Kieselschiefer zu Kieselschiefern der Eifel-Stufe und des Oberdevon, zu oberdevonischen Alaunschiefern sowie zu untermitteldevonischen bis oberdevonischen Buntschiefern. Ähnlichkeiten mit den Bunten Schiefern des Obergedinne in der Süd-Fazies sind nicht gegeben, da u. a. „körnige Phyllite“ fehlen. Weitere Ähnlichkeiten ergeben sich zwischen den Vorkommen schwarzer bituminöser Quarzite bei Waldlaubersheim und solchen am Mühlenberg bei Daxweiler. Ähnlichkeiten zum Taunusquarzit sind „einzig für die Quarzit/Schiefer-Folge am Nordkontakt des Schweppenhäuser Gneises“ (D. E. Meyer 1970: 160) gegeben. Hier drängen sich andererseits Parallelen zum „Kallenfels-Quarzit“ im Hahnenbach-Tal (Biertherr 1941) auf. D. E. Meyer beschrieb Quarzite, die in Klippen südlich des Friedhofes von Schweppenhausen anstehen, als hell- bis mittelgraue, ca. 7 m mächtige, stark beanspruchte Quarzite, in die zum Hangenden zunehmend dunkle Tonschiefer eingeschaltet sind. Helle Quarzite finden sich auch am Kallenberg südlich Schweppenhausen. Folgt man D. E. Meyer & Nagel (2001), so gehörte das Auflager auf dem Gneis von Schweppenhausen ohne jeglichen Nachweis in das Arenig. Hier wird nochmals betont, dass jeglicher Kontakt Gneis/Nebengestein tektonisch überprägt ist. Ein Vergleich mit dem Gneis von Wartenstein bietet sich zwar an, es liegen jedoch entscheidende Unterschiede vor.

D. E. Meyer (1970) veranlassten Ähnlichkeiten der Gesteinsverbände in den Schweppenhausener Schuppen mit denen der Stromberger Schuppenzone zu dem Schluss, dass es sich bei dem gesamten Komplex zwischen seinem „Fustenburg-Antiklinorium“ und dem „Schiefergebirgsabbruch“ (Schweppenhausener Schuppenzone) um ein „sicherlich noch stärker als im N verschuppte(s) Synklinorium (handelt), an dessen Aufbau v. a. mittel- bis hochoberdevonische, (vielleicht) auch unterkarbonische Schichten“ (S, 160) teilhaben und dass er mit ein Teil der „Winterbacher Mulde“ (H.-H. Werner 1950, 1952, Bierther 1953) sei. Diese Vermutung bestätigt sich um so mehr, wenn man den Vergleich mit der „Hahnenbach“- und der „Kallenfels-Serie“ sucht. Abgesehen von den Gesteinen zwingt gerade auch die tektonische Position zu einem solchen Schluss. Beim Vergleich mit der Metamorphen Zone fehlen im Guldenbach-Profil die Phyllite, Serizit-Phyllite und „Grünschiefer“.

Im Hahnenbach-Tal ist der Gneis vom Wartenstein an die Wartenstein-Rücküberschiebung gebunden und mit dem Gedinne-Vorkommen an der Römers-(Kauchers)-Mühle. Der Gneis von Schweppenhausen gehört jedoch zu einer anderen internen Scherzone, an der Quarzite vom Typ des Taunusquarzits mit aufgeschuppt sind. Das gemeinsame Auftreten beider Gesteinsfolgen unterstreicht die ohne direkten Aufschluss schwer erkennbare tektonische Natur dieser Schuppen.

An der nahezu N-S bis NNE-SSW streichenden Hergenfelder Verwerfung östlich Hergenfeld wird der südliche Anteil der Schweppenhausener Schuppenzone gegen die Gesteine der Metamorphen Zone (Zone III von H.-H. Werner 1950, 1952), die aus Phylliten und „Grünschiefern“ (Simmerbach-Grünschiefer-Komplex) besteht, verworfen. Diese findet über Tage keine Fortsetzung nach Nordosten. Seine Zuordnung zum Ordoviz (D. E.

Meyer & Nagel 2001) wird hier aus der geologischen Situation heraus ebenso angezweifelt wie die der Gesteine des „Phyllitkomplexes Windesheimer Wald“ (Schweppenhausen-, Waldlaubersheim-, Eckenrodt-Einheit) zum Ordoviz.

3.3.4.2.10 Zur Korrelation von Guldenbach- und Rhein-Profil

Die Deutung der Stromberger Schuppenzone und ihres Umfeldes als in sich verschuppte Strukturen in Grabenposition erschließt Freiheitsgrade für eine Korrelation der Strukturen von Mittelrhein- und Guldenbach-Tal. Sie ist schwierig, da für das Gebiet zwischen ihnen keine geologische Spezialkartierung vorliegt. Ebenso fehlen Daten für das südwestlich und westlich anschließende Gebiet des Soonwaldes. Folgende Kriterien sollen eine Korrelation stützen: Leitlinien bilden in erster Linie die strukturtrennenden Überschiebungen, die jeweils den Nordwest-Rand einer Struktur mit der Einschuppung von Taunusquarzit als Nachweis bilden. Innerhalb der Schuppenzone bzw. Einzelschuppe muss die relative Altersfolge von alt nach jung in Richtung SE gesichert sein; unbedingt übereinstimmende relative Alter sind nicht gefordert, da im Guldenbach-Profil ein höheres tektonisches Niveau in Grabenposition erhalten ist als im Mittelrheinprofil oder gar im Taunus. Die Schuppen müssen sich über Achsengefälle und Querverwerfungen anpassen lassen. Unter diesen Vorgaben ist eine Korrelation durchführbar, wie sie in den vorausgegangenen Kapiteln über die Südhunsrück-Einheit bereits angesprochen wurde.

Taunuskamm- und **Soonwald-Überschiebungszone** lassen sich ohne Schwierigkeiten zu einer der großen Überschiebungszonen des Rheinischen Schiefergebirges aneinander anschließen. Das gilt in Einzelheiten auch für die invertierte Reihenfolge der an der Überschiebung beteiligten schmalen Teilschuppen in z. T. dreifacher Stapelung, ohne dass diese über eine Längserstreckung von etwa 10–11 km vollständig identisch sein muss.

Die im tektonisch Hangenden am Rhein nach Südosten folgende **Bodentaler Schuppenzone** verschmälert sich nach Südwesten erheblich, so dass am Guldenbach in den **Binger Wald-Schuppen** nur ein Teil derselben repräsentiert ist. Eine nahezu E-W streichende Verschiebung mit kompressiven Gefügen bis hin zur Isoklinalfaltung trägt entscheidend zur Verschmälerung bei; hierbei sollte es sich um eine aus dem teilweise bivergenten Faltenbau resultierende Rücküberschiebung, die **Seibersbacher Rücküberschiebung** handeln, die nach Westen erheblich an Überschiebungsweite mit Aufstieg in ein höheres Stockwerk gewinnt. Im Rheintal ist sie am Bacharacher Kopf-Sattel angedeutet.

In den Strukturen der **Bodentaler Schuppenzone** mit Teufelskädrich-Monokline, Speißbach-Mulde, Hermesley-Sattel und NW-Abschnitt des Bacharacher Kopf-Sattels bestehen Ähnlichkeiten zu den **Bingerwald-Schuppen** mit Rheinböllener Hütte-Sattel, Greschwald-Mulde, Lindenkopf-Sattel, Pfädchensgraben-Mulde bzw. -Überschiebung und Rabenacker-Sattel. Hüttenrech- und Rotheck-Sattel sind verschuppte Spezialstrukturen auf dem SE-Flügel. Die Haidberg-Steilflexur bzw. deren Äquivalent auf der linken Rhein-Seite liegen im Guldenbach-Profil unter der Rücküberschiebung. Derart steil gestellte Schichten fehlen dort. Die Konvergenz nach Westen, verursacht durch das E-W-Streichen der Rücküberschiebung und die Dörrebach-Überschiebung bedingen die Verbreiterung der im tektonisch Liegenden folgenden Daxweilerer Schuppenzone nach Nordosten.

Die **Dörrebacher Überschiebung** lässt sich an die **Eckersteinkopf-Überschiebung** anschließen. Nach Südwesten gerichtetes Achsengefälle und Querverwerfungen bedingen das Verschwinden der Bunten Schiefer des Gedinne vom oberen Morgenbach-Tal nach Südwesten. Diese beiden Umstände führen dazu, dass im Guldenbach-Tal nur noch Oberer Taunusquarzit auftritt.

Die nördliche **Assmannshausener Schuppenzone** lässt sich an die **Warmsrother Schuppen** anschließen. Bedingt durch die Konvergenz der sie begrenzenden Überschiebungen, evtl. auch durch ein Verflachen und nordwärtiges Übergreifen der

Kohlenberg-Überschiebungszone verliert sich die am Rhein noch bedeutende, aus Taunusquarzit aufgebaute Assmannshausener Schuppenzone nach Südwesten. Aufgrund der Tatsache, dass im Normalfall kaum Mulden im Großfaltengefüge erhalten und Vergenzwechsel meist an streichende Auf- und/oder Überschiebungen gebunden sind, sollte sich auch in der Frankenthal-Mulde nach Südwesten eine Überschiebung entwickeln, die sich im Streichen nach Südwesten in der Kohlenberg-Überschiebungszone fortsetzt.

Das südwestlich anschließende Feld der **Bingener Schuppen** incl. der **Rupertsberg-Schuppe** lässt sich über Waldalgesheim zwanglos an die **Stromberg-Waldalgesheimer Schuppen** anschließen. Die interne Verschuppung unterschiedlicher Art, lässt sich auf materialbedingte Kompetenz-Unterschiede zurückführen.

Wenige Schwierigkeiten bereitet die Verfolgung der **Bingen-Rüdesheimer** nach Südwesten in die **Stromberger Überschiebungszone**. Die stark verschuppten Schichtverbände der **Fustenburg-Schuppen i. e. S.** lassen sich zwanglos in die **Rochusberg-Schuppenzone** überführen.

Problematisch ist die Position der **Eckenrother Rücküberschiebung**, die von verschiedenen Autoren unterschiedlich kartiert wurde (Wilh. Wagner & Michels 1930, D. E. Meyer 1970). Es liegt nahe, dass die Hardtwald-Schuppe, im Gegensatz zu D. E. Meyer, nach Süden bis nördlich des Gneis-Aufbruchs von Schweppenhausen reicht und das Karbonat-Vorkommen bei Münster-Sarmsheim mit dem Eckenrother Vorkommen korreliert. So wird auch das Verschwinden des epimetamorphen Gesteinsverbandes der Metamorphen Zone leichter erklärbar. Seine Beziehung zur Kesslerberg-Schuppe wird durch die Hunsrück-Südrand-Verwerfung bedingt, das Verschwinden der Metamorphen Zone zusätzlich durch die Hergenfelder Querverwerfung.

3.3.4.2.11 Zum Deckenproblem im Südost-Hunsrück

Neue Vorstellungen über den Bau des Gebietes südlich der Taunuskamm-Soonwald-Überschiebungszone und im zentralen Hunsrück (Ońcken 1988, Dittmar 1996) in drei parallelen Profilen zwischen Stephanshausen im Taunus und dem Guldenbach-Tal im Hunsrück sowie zwischen Alf und der Metamorphen Zone machen die Behandlung dieses Themas erneut notwendig. In diesen Arbeiten wurde das Problem der Deckenüberschiebung in Bereiche verlagert, die einer unmittelbaren Überprüfung im Gelände nicht zugänglich sind.

Die von Gerth (1910) und Kossmat (1931) entwickelte Vorstellung eines alpinotypen Deckenbaus ging in erster Linie von falschen Vorstellungen hinsichtlich Stratigraphie und Faltenbau im Rhein-Profil und im Taunus zwischen Gr. Feldberg, Altkönig und Kronberg aus. Im Rhein-Profil unterschied Gerth im Gegensatz zu seinen Vorgängern (Holzapfel 1893, Rothpletz 1896) „vier solche durch Schiefersättel getrennte Quarzitsynklinalen". Dabei war ihm bereits bekannt, dass „die Sättel und Mulden (…) im allgemeinen das charakteristische, steile Südostfallen des ganzen Gebirges" (S. 87) zeigen. Eine Ausnahme schrieb er der hier als Rochusberg-Schuppenzone bezeichneten Struktur zu, ohne eine inverse Lagerung des Taunusquarzits in Erwägung zu ziehen. Hinzu kam die Kenntnis, dass „die Quarzitzüge, nach Norden übergelegt und auf die Hunsrückschiefer überschoben sind". Aufgrund der unterschiedlichen Raumlage der Überschiebungsflächen im Gesamtprofil ging er davon aus, dass sie „durch nachträgliche Faltung steil aufgerichtet worden" (S. 87) seien. Außerdem sah er im Dolomit von Bingerbrück „plötzlich eine den Schiefern konkordant eingelagerte Massenkalk-Scholle". Hinzu kommt die Fehleinschätzung, dass der bei Bingen unter den „Schiefern" erbohrte Kalk „in der Tiefe flachere Lagerung annimmt und die Mulde des Rochusberges unterteuft" und somit hier „der mitteldevonische Massenkalk im Kern der Antiklinale" (S. 89) auftritt. So wurde der Taunusquarzit „eine schwimmende Masse". Er musste jedoch eingestehen, dass es sich auch „nur um einen intensiven Schuppenbau" (S. 91) handeln könne, was erst durch eingehendere Untersuchungen zu entscheiden sei. Zumindest zog er eine solche Lösung der „verwickelten" Lagerungsverhältnisse in Erwägung.

Ähnliche Verhältnisse nahm GERTH nach kurzer Begehung des Gebietes von Stromberg im Guldenbach-Tal an. Das Ergebnis seiner Begehungen war die Vorstellung, dass „diese Unbeständigkeit und Durcheinanderwürfelung verschiedener Horizonte (...) sehr an die sogenannten Quetschzonen, wie sie in den Überschiebungsgebieten der Alpen" (S. 90) auftreten, erinnere. Seine Profile und die Angaben zur Schichtlagerung ergeben als Fazit, dass der Taunusquarzit als Deckeneinheit über „Schiefer" und Massenkalk überschoben sind und nach der Überschiebung der gesamte Komplex in einem späteren Prozess gefaltet wurde. Der Taunusquarzit erscheint so in Muldenposition, unter dem der Kalk als Decken-Fenster hervorschaut. Obwohl in manchen der GERTH'schen Vorstellungen Daten enthalten sind, die einem Deckenbau widersprechen, gewann die Faszination der alpinen Deckentektonik offensichtlich die Überhand über die eines mehr oder weniger gebundenen Faltenbaues, wie er von HOLZAPFEL und ROTHPLETZ vertreten wurde.

Schon kurz nach Erscheinen dieser Arbeit widersprach K. GEIB (1912, 1914) GERTH's Vorstellungen. Dieser Widerspruch verhallte jedoch ungehört und erst 1930 kam es erneut zur Auseinandersetzung mit diesem Problemkreis. MICHELS (in: Wilh. WAGNER & MICHELS 1930) griff wieder das von GERTH aufgeworfene Problem eines alpinotypen Deckenbaus in diesem Gebiet auf. Er gestand der Taunuskamm-Überschiebungszone im Rheintal „eine über 1 km weit reichende Überschiebung des Taunusquarzits auf Hunsrückschiefer" zu, wollte jedoch „diese Überschiebungen hier nicht Decken" genannt wissen. Er bezeichnete sie eher als Schuppen. Unter Bezug auf K. GEIB (1914: 16, 17) stellt er klar, dass der Bingerbrücker Dolomit „im Gegenteil im Kern einer aus mittlerem und jüngerem Unterdevon wenn auch sehr gestörten Mulde" (S. 93) liegt. Auch er wies auf das sehr steile Einfallen im Bingerbrücker Steinbruch „mit 70–80° nordwestlich" sowie ähnliche Verhältnisse in der „Grube Waldalgesheim" und im Bingerloch-Stollen hin. Diese Daten zeigen, dass eine Unterteufung des Taunusquarzits durch mitteldevonische Schichtverbände wie bei GERTH schwer möglich ist. Die Raumlage der streichenden Störungen in den den Dolomit begleitenden Schichtverbänden erkannte MICHELS als „spiesswinklig zum Schichtstreichen" und erklärte die z. T. rudimentäre Schichtfolge damit. So kam er zu der Aussage, dass es sich hier um eine gebundene Tektonik handele und dass weitreichende streichende Verwerfungen die „Kalkmulde" betroffen hätten.

Obwohl BEYENBURG (1930: Taf. 5) die vorstehend genannten Arbeiten kannte, entschied er sich nicht für einen Baustil, sondern stellte beide Möglichkeiten vor. Bei der Deutung des Guldenbach-Profils im Sinne eines alpinotypen Deckenbaus ging er von einer „Bunte Schiefer-Taunusquarzit-Decke" aus, die über die eher schiefrigen Schichten mit den Kalken überschoben wurde, und war gezwungen, den Deckenstapel nachträglich erheblich zu falten. Dieser Vorstellung eines Deckenbaus haben noch im selben Jahr CLOOS & SCHOLTZ (1930) nachhaltig widersprochen. Sie sahen im Taunusquarzit „sehr breite und schöne Gewölbe, förmlich Tunnels oder Schilde von 100–1 000 m Durchmesser und ähnliches" (S. 290). Deren Scheitellinien oder Achsen seien geneigt; keine liege horizontal und „sämtliche fallen gegen und unter die Mitteldevoninsel („Stromberger Mulde") ein"; das Achsengefälle sei „mäßig, gewöhnlich 20–30° und". Es stört, wenn insbesondere die Position der Stromberger Neuhütte als Beweis herangezogen wird, da hier ein nicht zu leugnender Störungskontakt zwischen Taunusquarzit und diversen jüngeren „Schiefern" vorliegt. 1931 beschäftigte sich KOSSMAT mit dem „Problem der Groß-Überschiebungen im variskischen Gebirge Deutschlands" und widersprach der Argumentation von CLOOS & SCHOLTZ.

Die Deckenhypothese erhielt erneut Nahrung durch die Vorstellung eines Deckenbaus mit einer wesentlich tiefer im Gebirge liegenden Scherbahn an der Basis und einer zweiten, in einem höheren, nicht mehr erhaltenen Stockwerk befindlichen, imaginären, 5–12 km mächtigen Deckeneinheit (ONCKEN 1988). Der dazwischen befindliche und im heutigen Aufschlussniveau liegende Bereich sei durch den „mehrfach erkannten Schuppenbau des gesamten Körpers" (S. 569) gekennzeichnet. Die untere, als „master décollement" bezeichnete Scherbahn sollte sich im Bereich der Bunten Schiefer des Obergedinne (ähnlich wie bei GERTH

1910) befinden; sie steigt danach im Sinne einer „ramp-and-flat“-Geometrie nach Norden an und mündet letztlich in die Taunuskamm-Soonwald-Überschiebungszone. Im Gegensatz zu den älteren Vorstellungen ergaben sich so mindestens 8 km Verschiebungsweite am Nord-Rand des Taunuskammes und mindestens 30 km am Süd-Rand des Schiefergebirges. Nach ONCKEN bilden die Schuppengrenzen „keine Folge von Aufschiebungen bis an die Erdoberfläche“. Die von stratigraphischen Grenzen unabhängige, anchimetamorphe bis grünschieferfazielle Metamorphose (soll) eine zusätzliche – offensichtlich tektonisch gesteuerte – synkinematische Überlagerung von etwa 5–12 km“ (S. 571) anzeigen. Daraus ergibt sich im Aufschlussniveau ein Schuppenstapel vom Typ eines „hinterland-dipping-Duplex“-Systems (BOYER & ELLIOTT 1982), der „damit nach gängigem Wortgebrauch einem parautochthonen Deckenkörper“ (S. 573) entspricht. Schwierigkeiten machen „die „Vorkommen exotischer Gneisschollen in „mélange“-artig zerscherter Umgebung am Hunsrücksüdrand, (die) möglicherweise mit der tiefen Lage der Basisabscherung der Taunuskammdecke im Süden über eventuell gegliedertem Relief“ (S. 573) zusammenhängen. Bei diesem Modell werden gebietsweise, besonders am Taunus-Süd-Rand vorhandene, mächtige, prä-Gedinnezeitliche Schieferserien in Abrede gestellt und z. T eine Transgression von Gedinne-Schichten auf Kristallin postuliert. Dass dieses nicht zutrifft, wurde bereits früher diskutiert. Lokalisierung und Begrenzung des Deckenkörpers sollen „indirekt durch die Geometrie der Beckenentwicklung am Rande eines weniger mobilen Krustenstreifens an der Südgrenze des Rheinischen Beckens gesteuert“ sein.

Mit dieser Hypothese ist das Deckenproblem in nicht mehr vorhandene Bereiche bzw. in geologisch schwer zugängliche Tiefen verlagert worden. Die Diskussion eines Für-und-Wider kann nicht mehr wie bei CLOOS & SCHOLTZ (1930) über das tektonische Gefüge geführt werden. Allerdings haben Untersuchungen von Inkohlung (MO. WOLF 1978) und Illit-Kristallinität an pelitbetonten Schichtgliedern bei und westlich Bingen (SELLNER 1985) stratigraphieabhängigeWerte u. a. an dem von D. E. MEYER (1970) aufgestellten Guldenbach-Profil vom Liegenden zum Hangenden ergeben. MO. WOLF betonte ausdrücklich, dass „die ältesten unten liegenden Schichten (Taunusquarzit und tiefere Hunsrückschiefer) stärker inkohlt sind als die darüber liegenden jüngeren Teile der Hunsrückschiefer (und) eine deutliche Beziehung zwischen Inkohlungsgrad und Stratigraphie (…) auch die Ergebnisse aus dem Guldenbach-Tal (TK 25 6012)“ (S. 219) zeigten. Die von Mo. WOLF (1978) vorgestellten Inkohlungsdaten beruhen auf Messungen an „eindeutig detritischen Vitriten“. Mit diesem Ergebnis ist eine gleichmäßige Überlagerung der Duplex-Stapel, wie sie das ONCKEN’sche Modell fordert, nicht in Einklang zu bringen. Auch die Ergebnisse von HOLL (1995) im Rhein-Profil zeigen eine deutliche, von der stratigraphischen Position abhängige Abnahme der Inkohlung zum Hangenden. Ähnliche Ergebnisse haben von ECKE et al. (1985) weiter im Westen im Hunsrückschiefer zu dieser Problematik beigetragen.

Damit erscheint diese neue Deckenhypothese zumindest erheblich in Frage gestellt, da das Modell eines „hinterland-dipping-Duplex“-Systems ohne die Überschiebung der Hangend-Einheit schwerlich funktioniert. Bei der Beschreibung des westlichen Hunsrücks und Hochwaldes wurde bereits darauf hingewiesen, dass eine Abscherung in der Tiefe wahrscheinlich ist; sie sollte jedoch differenziert erfolgt sein und entlang von Bahnen, die syngenetisch vorgezeichnet waren. Eine Parautochthonie ist bei der Steilstellung der Schichten in vielen Schuppen sicherlich gegeben, Überschiebungen in der Größenordnung mehrerer Zehner km, die noch über die Südhunsrück-Einheit hinaus nach Norden vorgreifen (Hunsrück-Decke nach DITTMAR 1996, WAGNER et al. 2012) sind sehr unwahrscheinlich.

3.3.4.3 Der Bau von Soonwald und Lützelsoon

Ältere Gliederungen (LEPPLA 1921, 1925a, TILMANN 1932, 1938, BIERTHER 1941, BEYENBURG 1930 u. a.) trennten das Gebiet der Taunusquarzit-Härtlinge von der südöstlich vorgelagerten

Vorsoonwald-Stufe ab und behandelten jenes wie zuletzt H.-H. WERNER (1950, 1952) unter Einbeziehung der Metamorphen Zone als geologische Einheit. Sie gingen davon aus, dass von Südosten nach Nordwesten der Grad der Metamorphose übergangslos von epizonal zu anchimetamorph überginge. Im Guldenbach-Tal wurde, wenngleich die Abgrenzung nicht unumstritten war, immer schon eine schärfere Trennung zur Metamorphen Zone vorgenommen (u. a. BEYENBURG 1930, D. E. MEYER 1970), die sich nach Nordosten störungsbedingt nicht bis in das Nahetal fortsetzen lässt. Hier wird eine möglichst deutliche Trennung angestrebt zwischen dem Soonwald- und Lützelsoon-Anteil an der Südhunsrück-Einheit einerseits und der südöstlich anschließenden Metamorphen Zone andererseits.

Die Abgrenzung nach Nordwesten ist durch die Soonwald-Überschiebungszone als Teil der Taunuskamm-Soonwald-Überschiebungszone vorgezeichnet. Der deutliche Hangknick am Fuße des Härtlings erlaubt es, trotz der Pleistozän-Überdeckung diese wichtige Grenze bis südwestlich Sonnschied einzuengen.

Schwieriger ist die Abgrenzung nach Südosten, da „Schieferserien" unterschiedlicher Ausbildung und zum größten Teil unbekannten Alters weite Areale der südöstlichen Soonwald-Vorstufe aufbauen. Eine geologisch vertretbare Grenze lässt sich jedoch überall dort feststellen, wo graue Serizit-Phyllite, Phyllite und „echte" Grünschiefer" (Meta-Diabase) der Metamorphen Zone (Zone III sensu H.-H. WERNER 1950) oder der Vorsoonwald-Serie (BIERTHER 1941) an die nordwestlich vorgelagerten heterogenen „Serien" mit sporadischen Altersnachweisen für Oberems (H.-H. WERNER 1950, 1952) sowie Mittel- und Oberdevon (BERGER et al. 1991) grenzen. Diese Grenze wurde von SCHAFFT (1985) als „Wiesbach-Tal-Mylonit" bezeichnet und von D. E. MEYER & NAGEL (2001) übernommen. Im Hahnenbach-Tal kartierte BIERTHER (1941) sie als Grenze gegen die höher metamorphen Gesteine der „Vorsoonwald-Serie" im Süden. D. E. MEYER & NAGEL benutzten petrographische Kriterien, um den „Phyllitkomplex Windesheimer Wald" und den „Simmerbach-Grünschieferkomplex" von den unmittelbar nordwestlich vorgelagerten oberdevonischen Schichten abzugrenzen. Die Zuordnung dieser von beiden Autoren als fragliches Ordoviz eingestuften „Komplexe" (Widerspruch bei GAD 2004 und LGB 2005) zur Metamorphen Zone ist im Guldenbach-Tal nicht eindeutig. Gesteine des „Simmerbach-Grünschiefer-Komplex" fehlen dort. Sie enden an der NNE-SSW streichenden Verwerfung östlich Hergenfeld. Eine laterale Verzahnung beider ist nicht möglich. Eine entsprechende südliche Begrenzung der Süd-Hunsrück-Einheit incl. Schweppenhausener Schuppen im Guldenbach-Profil bildet die Hunsrück-Südrand-Verwerfung. Im Guldenbach-Profil ist eine Metamorphe Zone, die der Einstufung und Kartierung als „Zone III" bei H.-H. WERNER (1952) entspricht, nicht vorhanden, da die Fortsetzung des „Wiesbach-Tal-Mylonits" sensu SCHAFFT (1985) als Nordwest-Grenze der Metamorphen Zone an der Hergenfelder Verwerfung endet. D. E. MEYER & NAGEL (2001: Abb. 11) schlossen den „Wiesbach-Tal-Mylonit" an die Rücküberschiebung der Hunsrückschiefer über Schichten der Adorf-Stufe bei Eckenroth, wenn auch mit Vorbehalt an. Diese Möglichkeit wird hier ausgeschlossen.

Die Einheit gliedert sich von Nordwesten nach Südosten in mehrere Schuppen und die sie trennenden Überschiebungen wie die Verlängerung der **Soonwald-Überschiebungszone** nach Südwesten, die **Wildburg-Lützelsoon-Schuppenzone**, die **Schwarzerdener Überschiebung**, die **Ellerspring-Kellenbacher Schuppenzone**, die **Weitersborn-Hahnenbacher Überschiebung**, die **Steineberg-Waldfriede-Schuppenzone**, die **Wartenstein-Rücküberschiebung**, die **Oberhausen-Winterbacher Schuppenzone** mit der **Kallenfels-Scherzone** und den **Kallenfels-Quarzit-Schürflingen** sowie die **Wiesbachtal-Überschiebungszone** („Wiesbachtal-Mylonit").

Die Oberhausen-Winterbacher Schuppenzone ist der nordwestliche Abschnitt der „Winterbacher Mulde" resp. des „Winterbach-Synklinoriums" sensu H.-H. WERNER (1950, 1952). Durch die neue Gliederung erfolgt hier eine deutliche Trennung der früher meist gemeinsam betrachteten Einheit „Winterbacher Mulde" in einen nordwestlichen und einen südöstlichen Abschnitt. Ein Vergleich mit dem Guldenbach-Profil zeigt, dass die hier als Oberhausen-Winterbacher Schuppenzone nicht mit den Mittel- und Oberdevon-Vorkommen der Stromberger und Waldalgesheimer Schuppen parallelisiert werden darf, sondern eher den Schweppenhausener Schuppen im Guldenbach-Tal entspricht. Das dortige Vorkommen von Schichten der Adorf-Stufe bei Eckenroth (D. E. MEYER 1970) lässt sich mit dem im Südwesten zwischen Simmer- und Hahnenbach-Tal parallelisieren (BERGER et al. 1991).

Erste geologische Beschreibungen dieses Gebietes gehen auf BURKART (1826) und LOSSEN (1867a) zurück. Grundsätzlich wurden drei NE-SW ausgerichtete Areale ausgehalten, die H.-H. WERNER (1950) zu drei Zonen bündelte: Eine nördliche **„Zone I"**, die TILMANN (1932, 1938) als „Soonwaldschiefer" und „Callenfels-Serie" bezeichnete; BEYENBURG (1930) sah in ihr Hunsrückschiefer, LEPPLA (1921, 1925a) die gesamte Abfolge von den Bunten Schiefern bis zum Hunsrückschiefer; BIERTHER (1941) schloss sich den Vorstellungen TILMANN's an; sie enthält Taunusquarzit, Hunsrückschiefer, Kalkknollen- und Alaunschiefer; sie reicht vom Taunusquarzit-Zug im Norden, also im Gräfen-, Simmer(Kellen)- oder Hahnenbach-Tal bis etwa auf die Höhe eines Streifens von Schöneberg über Struthof, Winterbach, Klausfels nach Hahnenbach im Südwesten; sie entspricht hier der Wildburg-Lützelsoon-Schuppenzone; H.-H. WERNER bezeichnete sie als „Zone mit geringster oder fehlender Metamorphose".

Eine mittlere **„Zone II"** besteht aus grauen Quarziten, bunten Schiefern, grauen und graugrünlichen, phyllitischen Schiefern, Taunusquarzit, „Soonwaldschiefer" TILMANN (1932); nach LEPPLA (1911, 1925a) enthält sie ähnliche Gesteine wie die „Zone I", nach BEYENBURG (1930) Taunusquarzit und Hunsrückschiefer und nach BIERTHER (1941) die von ihm neu definierten neutralen Schichten der „Hahnenbach"- und „Callenfels-Serie"; die Süd-Grenze dieser „Zone II" wurde ohne scharfe Grenze auf eine Linie Schweppenhausen – Hergenfeld – Spall – Winterburg – Sesbach – südlich Brauweiler und südlich Kallenfels gelegt. H.-H. WERNER bezeichnete sie als „Zone mit mittlerer epizonaler Metamorphose".

Eine südliche **„Zone III"** besteht aus Grünschiefern, Kalkgrünschiefern, phyllitischen Kieselschiefern, Phylliten und Serizit-Phylliten und gehört nach TILMANN (1932, 1938) und BEYENBURG (1930) zu den „Taunusgesteinen", nach LEPPLA (1921, 1925a) zum „Vordevon" und nach BIERTHER (1941) zu seiner neutral definierten „Vorsoonwald-Serie"; sie reicht nach Süden bis an die Hunsrück-Südrand-Verwerfung bzw. bis an das Auflager von Rotliegend auf; es handelt sich hier um die Metamorphe Zone; H.-H. WERNER (1950) bezeichnete sie als die „Zone mit epizonal überprägten Gesteinen".

Schwierig ist bis heute die genaue Altersansprache der Gesteine der „Zone III". Für LEPPLA waren sie wohl archäisch oder algonkisch, ebenso für TILMANN und BEYENBURG, eben „Taunusgesteine". BIERTHER (1941) machte keine Unterschiede zwischen Gesteinen der späteren Zonen „I" und „II" und grenzte seine „Hahnenbach"- und „Kallenfels-Serie" klar von seiner „Vorsoonwald-Serie" ab. Allerdings ging er wie auch später H.-H. WERNER (1950, 1952) von einer progradierenden Metamorphose von Norden (schwach) nach Süden (epizonal) aus.

H.-H. WERNER gelang der Fund von Oberems-Fossilien. Damit war eine Bresche geschlagen in die Vorstellungen von „vordevonischen Altern". Aus der „Metamorphen Zone" wurde die „Winterbacher Mulde" (H.-H. WERNER 1952, BIERTHER 1953) bzw. das „Winterbacher Synklinorium" (D. E. MEYER 1975), eine in sich gefaltete und verschuppte Synklinalstruktur.

ECKE et. al. (1985) publizierten erste Mikrofloren-Befunde aus dem Hahnenbach-Profil, die Unterdevon-Alter bis Oberems erbrachten. Interessant sind jedoch ihre Inkohlungswerte, die mit R_{max} 4,2–4,7 aus dem Gebiet südlich des „Wartensteiner Sattels" erheblich unter denen der „Zone I" liegen und damit die beiden nördlichen „Zonen" klar aus dem Bereich höherer, epizonaler Beanspruchung herausnehmen. Der gesamte Bereich der „Zonen I" und „II" ist damit ähnlich anzusehen, wie die Gesteinsverbände im Guldenbach-Profil. Als Metamorphe Zone im eigentlichen Sinne besitzt nur die „Zone III" diesen Anspruch (MEISL 1970). Weitere Daten zur Stratigraphie brachten E. BERGER et al. (1991), die mit Hilfe von Conodonten an mehreren Lokalitäten Oberes Givet und Oberdevon (do_I, do_{II}, do_{VI}: STOPPEL in: BERGER et al. 1991) nachwiesen. Hinzu kamen neue Mikrofloren-Befunde (REITZ 1989, WINKELMANN 1997, LGB 2005), die die jüngeren Alter erhärten.

Eine neue Variante brachten D. E. MEYER & NAGEL (2001) in die Diskussion mit der Annahme von ordovizischem Alter für die Gesteine der Metamorphen Zone („Zone III"). Als ein „gewichtiges Argument für einen derartigen Alterssprung ist der Wiesbachtalmylonit, der (...) die oberdevonische Schichtfolge von diesen bisher nicht datierten Komplexen (Simmerbach-Grünschiefer-Komplex) trennt." Sie argumentierten, dass nördlich davon „die stratiformen basischen Eruptiva in der Adorf-Stufe ungeschiefert" seien, jene südlich davon als „ausschließlich intensiv geschieferte und spezialgefaltete Grünschiefer vorliegen" (S. 114). Diese Aussage muss insofern eingeschränkt werden, als manche „Diabase", die im Hunsrückschiefer stecken zumindest randlich – dann auch nicht vollständig – von der Hauptschieferung (s_1) betroffen sind. Mit dieser Aussage ist dem „Wiesbachtalmylonit" die entscheidende Funktion der Grenze zur Metamorphen Zone zugewiesen. Auch wird der früher postulierte progradierende Übergang zwischen den „Zonen II" und „III" eingeschränkt. Die von D. E. MEYER & NAGEL (2001) vorgeschlagene Datierung der Gesteine der Metamorphen Zone birgt, abgesehen von dem Metamorphose-Sprung, erhebliche Konsequenzen. Sie werden gemildert, wenn die jüngeren Alter in den Phylliten (GAD 2004, LGB 2005) erhärtet werden.

3.3.4.3.1 Soonwald-Überschiebungszone

Die Soonwald-Überschiebungszone südlich Argenthal

Bei der Erweiterung des Steinbruches südlich Argenthal (Bl. 6011 Simmern) wurde mit einer ca. 200 m langen Nord-Süd verlaufenden Trogstrecke die Soonwald-Überschiebungszone nach Süden durchfahren. MITTMEYER (1996) ging von einer kompliziert gebauten Antiklinale mit Bunten Schiefern des Obergedinne im Kern an der nordwestlichen Front des nördlichen Soonwald-Härtlings gegen die Hunsrückschiefer aus. Diese Antiklinale sollte „durch eine SE einfallende, an der Letten-Füllung erkennbare Abschiebung zweigeteilt (sein), wobei die Süd-Flanke normal, die Nordflanke invers gelagert ist" (S. 145). Am Schichtaufbau beteiligt sind violettrote Tonschiefer der Bunten Schiefer mit quarzitischen Sandstein-Einschaltungen, rötliche quarzitische Sandsteine der Hermeskeil-Schichten und weiße Quarzite des Unteren Taunusquarzits (Kammquarzite). Die Überschiebung der Quarzite auf die Hunsrückschiefer der Hunsrück-Hochfläche ist nicht aufgeschlossen, so dass eine invertierte Schuppenfolge hier nur bedingt festgestellt werden kann. Gegenstand des Abbaus waren u. a. die Quarzite der Hermeskeil-Schichten und des Taunusquarzits in zwei Tagebauen am Nord-Rand des Abbaugeländes und sind heute die weißen Quarzite im neuen Tagebau südlich der Trogstrecke.

Der in dem Steinbruch erschlossene Schichtverband lässt sich von Nordwesten nach Südosten in drei Schuppen gliedern: Im aufgelassenen nördlichen Steinbruch bilden helle, z. T. schräggeschichtete, gut gebankte Quarzite vom Typ Unterer Taunusquarzit eine erste, in sich gestörte Schuppe; das Schichtstreichen schwankt zwischen 45° im nördlichen Abschnitt des Geländes bis zu 70° im südlichen; die inverse Schichtlagerung um 70–85° (i) SE im Norden und die normale um 45–70° SE im Süden zeigt bei Einfallen der 1. Schieferung (s_1) von 60° SE einen gestörten NW-vergenten Sattel; auf dem normalen SE-Schenkel war eine Kurzschenkelspezial-Falte aufgeschlossen, deren Achse nach SW abtauchte und sich in dieser Richtung verlor; das mittlere Einfallen der Faltenachsenfläche (bc) lag bei 61° SE nahezu parallel s_1, das mittlere Azimut der Faltenachse bei ca. 40°; eine WNW-ESE streichende, steil stehende Querstörung mit einem geringen linkshändigen Versatz zieht durch die Schuppe; parallel zu ihr wurden klaffende Spalten beobachtet (MOHRING 2000). Im südlichen Anschluss waren Schichtverbände der Hermeskeil-Schichten an einer ca. 70° SE fallenden, etwa 40° streichenden Überschiebung auf die normal SE fallenden Quarzit-Bänke des Unteren

Taunusquarzits aufgeschoben; die Trennfläche war durch starke Kataklase und Lettenbestege deutlich kenntlich; es ergab sich an ihr ein Versatz von mindestens 75 m, eher jedoch deutlich über 100 m; die Unsicherheit resultiert aus dem Fehlen von Bezugshorizonten. An diese Störungszone schlossen sich nach Südosten als zweite Schuppe mit einer Ausstrichbreite von ca. 120 m spezialgefaltete Quarzit-Bänke der Hermeskeil-Schichten an; bei deutlicher NW-Vergenz ließen sich insgesamt sechs Schleppfalten mit den dazugehörigen Mulden zählen; die Schieferungsflächen (s_1) fielen wie die Faltenachsenebene (bc) mit etwa 60° SE; der Faltenspiegel in der Schuppe war nach SE geneigt; MOHRING (lit. cit.) ermittelte ein stark wechselndes Verhalten der B_1/b_1-Achsen der Spezialfalten 3. Ordnung; konstruktiv ergibt sich eher ein Achsenabtauchen nach SW; der südöstlich anschließende Faltenschenkel mit Bunten Schiefern ist in der Trogstrecke nur relativ schwach gestört und nicht gefaltet; über die gesamte Strecke von etwa 95 m ist die Schichtlagerung invers bei 45°/75° (i) SE; es handelt sich um den inversen NW-Schenkel eines größeren Sattels. Nach Südosten schließt ein etwa 50 m quer zum Streichen messender Streifen normaler Lagerung an, der stark gestört ist; das Schichteinfallen von 45–65° SE ist allgemein flacher als das der Flächen der 1. Schieferung (s_1), die mit 60–70° SE einfallen; damit ist ein kleiner Teil des normal SE fallenden Schenkels dieser größeren Sattelstruktur angedeutet; MOHRING (2000) bezeichnete diesen Abschnitt als „Vorschuppenzone" im tektonisch Liegenden der im Südosten folgenden Hauptstörung; diese „Vorschuppenzone" besteht damit mindestens aus den Einzelschuppen; die Trennflächen zwischen ihnen laufen mehr oder minder s_1-parallel; phänomenologisch sind sie alle Abschiebungen wie die im Süden folgende Haupttrennfläche; außerdem wurde eine Verflachung der Trennflächen von Süden nach Norden von ca. 60° über 55° bis 50°SE ermittelt; bedingt durch den divergierenden Verlauf der nördlichen Verwerfung mit 50° spitzt die „Vorschuppenzone" nach Südwesten aus. Eine stark verruschelte, 65° streichende Störungszone und steiles Einfallen nach SE schließt den Normalschenkel (Vorschuppenzone) nach SE ab; an ihr sind weiße gut gebankte Quarzite des Unteren Taunusquarzit gegen die Bunten Schiefer verworfen; auf einer Ausstrichbreite von ca. 15 m ist der Gesteinsverband stark kataklastisch gestört und in eine Matrix-gestützte Brekzie umgewandelt; es handelt sich um eine lehmige Matrix mit zahlreichen, mehrere cm erreichenden Gangquarz- und Quarzit-Fragmenten sowie faustgroßen Tonschieferklasten, gelegentlich bis zu 1 m großen Blöcken aus gebanktem Quarzit; phänomenologisch ist es, wie bei den nördlichen Verschiebungen, eine bedeutende Abschiebung, die sich mit der Kompressionstektonik im Bereich der Soonwald-Überschiebungszone schwer in Einklang bringen lässt; Angaben zur Verwurfshöhe und -weite sind schwer möglich; eine SiO_2-Mobilisation führte zur Ausbildung von Quarz-Rasen auf Kluftflächen mit idiomorphen, bis 1 cm großen Bergkristall-Individuen. Bis zum südlichen Ende des neuen Tagebaues waren als dritte Schuppe wieder weiße Quarzite Typ Unterer Taunusquarzit (Kammquarzit) mit einzelnen Tonschiefermitteln aufgeschlossen; sie bilden eine ausgedehnte Mulde, die NW-vergent und relativ eng spezialgefaltet ist mit drei Faltenzügen; der NW-Schenkel der Mulde fällt bei einem Streichen um 45°mit 45–50° SE; ihr SE-Schenkel liegt bei 10°/80–85° NW bis 75° (i) SE; auch saiger stehende Partien kommen in diesem Schenkel vor; er ist durch eine sehr steil nach E einfallende und um 10° streichende Aufschiebung modifiziert; flache 5–10° SE einfallende, nach NW gerichtete Verschiebungen mit geringem Versatzbetrag modifizieren den Steilflügel im südöstlichen Abschnitt des Tagebaues, vielleicht subrezente Entlastungsstörungen.

Insgesamt ergibt sich eine große Falte, deren nordwestlicher Anteil auf die Hunsrückschiefer nach NW aufgeschoben ist. Eine invertierte Schuppenfolge im Bereich dieser Überschiebung lässt sich wegen starker Überdeckung mit pleistozänen Hangschuttmassen (bis 1 m und mehr) nicht entscheiden. Der Sattel dieser großen Falte ist in seiner Firste stark gestört und der inverse NW-Schenkel nach Nordwesten nach Art eines Fluchtkeils ausgequetscht, so dass erst die südöstlich anschließende Mulde wieder vollständig erhalten ist. Die stark wechselnden Streichwerte zeigen, dass die Falte in sich zerstückelt ist und dass einzelne Teilschuppen quasi parautochthon auf einer sich listrisch zur Tiefe verflachenden Überschiebungsbahn gegeneinander bewegt worden sind. Dabei ist der „Fluchtkeil" nach NW ausgewichen.

Der Grad der Vergenz verstärkt sich von Südosten nach Nordwesten gegen die Überschiebungsfront. Dem Einfallen der Faltenachsenflächen (bc) sowohl der Spezialfalten als auch der großen Mulde in der südöstlichsten Teilschuppe um 75° SE steht ein Einfallen um 60° SE in der mittleren Schuppe gegenüber. Dieser Bau der Soonwald-Überschiebungszone erscheint verglichen mit den Profilen im Mittelrhein-Tal und im Guldenbach-Tal südlich Rheinböllen stärker modifiziert. Man kann vielleicht annehmen, dass hier ähnlich wie im Rheintal ein höherer Abschnitt des variszischen Stockwerks vorliegt.

Die Soonwald-Überschiebungszone am Nordwest-Rand des Lützelsoons

Über die Soonwald-Überschiebungszone zwischen dem Steinbruch südlich Argenthal und dem Simmer(Kellen)bach-Tal ist wenig bekannt. Mehr Aufschlüsse und Daten bietet der Lützelsoon in den Talquerschnitten von Simmer(Kellen)bach im Nordosten und dem Hahnenbach im Südwesten. Hier hatten Tilmann & Chudoba (1931a) das Gebiet des Soonwaldes und dessen südliches Vorland in drei Abschnitte (Teil I–III) geteilt, von denen Soonwald und Lützelsoon Teil II umfassen. Dieser „aus einer Reihe von Sätteln und Mulden" bestehende Abschnitt „grenzt an den (nördlich gelegenen) Hunsrückschiefer mit einer Längsstörung" (S. 690). Hinzu kommt, dass der nördliche Taunusquarzit-Zug des Soonwaldes im Simmer(Kellen)bach-Tal eine „gedoppelte Antiklinale" bildet und „auf die Hunsrückschiefer an einer steil südöstlich fallenden Störung" (S. 692) aufgeschoben sei. Auch im Hahnenbach-Tal gingen sie südlich Rudolfshaus, wo auf die Dachschiefer „noch eine mächtige Schieferserie mit einzelnen quarzitischen Grauwackenbänkchen (Übergangsschichten sensu Zinser 1963), ehe man am Rodenberg in eine schmale Zone von Taunusquarzit eintritt, von einer steil südöstlich fallenden Störung" (S. 692) aus, an der die Quarzite auf die Hunsrückschiefer aufgeschoben wurden. Da hier eine entsprechende, wenn auch steilere Verschiebung als im Rheintal bei Trechtingshausen vorliegt, spräche der Befund „sehr gegen die von H. Gerth angenommene Überschiebung" und damit gegen einen alpinotypen Deckenbau.

Trotzdem schien im Lützelsoon die Deckentheorie noch nicht endgültig zu Grabe getragen, da Opitz (1935) aufgrund einer Fehlansprache der Schichtlagerung im Taunusquarzit erneut die Behauptung aufstellte, dass „der Quarzit des Lützelsoons (...) über Hunsrückschiefer" liege. Er bekräftigte dies damit, dass „der Taunusquarzit der Lützelsoon-Koppenstein-Höhe und damit des ganzen Zuges über den Guldenbach zum Rhein nicht autochthon gelagert" (S. 244) sei und postulierte damit, wenn auch ohne Nachweise, nicht nur eine Überschiebung des Taunusquarzits über die nördlich vorgelagerten Hunsrückschiefer im Sinne einer Soonwald-Überschiebungszone sondern auch einen alpinotypen Deckenbau.

Im Gegensatz dazu ließ Kutscher (1934), obwohl er die Überschiebung an der Anzenfelder Mühle (Bl. 6110 Gemünden) kannte, linksrheinisch keine große Aufschiebung gelten. Asselberghs & Henke (1935a) setzten sich mit der Problematik eines Deckenbaus nicht auseinander. Erst Zinser (1963) gelang die Klärung der Lagerungsverhältnisse am Nordwest-Rand des Lützelsoons und die Feststellung, dass auch hier der übliche Baustil verwirklicht ist.

Im **Simmer(Kellen)bach-Tal** beginnt das Profil südlich der Anzenfelder Mühle (Bl. 6110 Gemünden) mit höheren Übergangsschichten in normaler Lagerung und mit Spezialfalten. Sie sind auf Hunsrückschiefer vom Typ Kaub-Schichten aufgeschoben. Dittmar (1996) beschrieb diese Verwerfung als eine „in etwa s_0- und s_1-parallel streichende, subvertikal einfallende und erst nach Ausformung der 1. Schieferung angelegte sinistrale Blattverschiebung". Er begründete diesen Bewegungssinn mit Abrisskanten auf Störungsflächen, NNE-SSW streichenden und subvertikal einfallenden Riedelscherflächen sowie in der Horizontalen „sigmoidal-asymmetrisch geformten Querschnitten eingeschalteter Quarzit-Phacoide"

(S. 262). Eine in der Kataklasezone dieser Verschiebung auftretende flach SW-fallende Striemung veranlasste ihn, „für die SE-Scholle der Störung einen allerdings kaum näher quantifizierbaren aufschiebenden Vertikalversatz anzunehmen“(S. 261).

Zinser (1963) rechnete die Übergangsschichten am Nord-Rand des Lützelsoons noch zum SE-Flügel seiner „Gehlweiler-Mulde“. Hier wird jedoch von einer selbständigen Teilschuppe im Überschiebungsbereich ausgegangen, die nach Art der invertierten Folge in normaler Lagerung auf die jüngeren, nordwestlich vorgelagerten Tonschiefer der Kaub-Schichten aufgeschoben wurde. Diese Annahme wird bestätigt durch Oberen Taunusquarzit und tiefere Übergangsschichten, die auf die nordwestlich vorgelagerten höheren Übergangsschichten überschoben sind. Zinser konnte die Raumlage dieser Überschiebung mit 40°/75–80° SE einmessen. Er rechnete mit einem Verschiebungsbetrag von >100 m und betrachtete diese Aufschiebung als die Hauptstörungsfläche. Dittmar (1996: 262) sah in ihr „eine mutmaßlich rein aufschiebende NW-gerichtete Scherzone“ und deutete sie wegen dem erstmals im Profil auftretenden Taunusquarzit „als Ausläufer bzw. SW’ Fortsetzung der Taunuskammüberschiebung“. Dass es sich jedoch nicht um eine einzige Überschiebungsfläche beim gesamten Taunus-Soonwald-Überschiebungsbereich handelt sondern um ein komplexes System, haben die bereits geschilderten Verhältnisse im Nordosten gezeigt.

Langenstein-Überschiebung: Folgt man dieser Tradition, so sollte die Funktion der „Hauptaufschiebung“ erst jene Trennfläche übernehmen, die am Langenstein bzw. im gegenüber liegenden Steinbruch mit Unterem Taunusquarzit endgültig das älteste Schichtglied in das Aufschluss-Niveau bringt. Dittmar ging hier von einem sedimentären Kontakt zwischen Unterem und Oberem Taunusquarzit aus. Die von Zinser (1963: Taf. 16) akribisch aufgenommenen Profile, insbesondere im Stbr. Langenstein, lassen einen solchen Kontakt jedoch nicht zu. Insgesamt gesehen staffelt sich hier wieder in invertierter Reihenfolge eine Folge von schmalen Schuppen, deren Aufschiebungen steil nach SE einfallen, zu einer Überschiebungszone am Nordwest-Rand des Soonwaldes, allerdings ohne Beteiligung der Bunten Schiefer des Obergedinne wie am Mittelrhein.

Die Verhältnisse im nordöstlich gelegenen **Lametbach-Tal** südöstlich Mengerschied (Bl. 6011 Simmern, 6111 Pferdsfeld) sind unklar. Es sollte jedoch auch hier im Bereich der Soonwald-Überschiebungszone mit einem ähnlich gestaffelten Schuppenbau, evtl. auch unter Einbeziehung der Bunten Schiefer gerechnet werden.

Im **Hahnenbach-Tal** sind die Verhältnisse ähnlich. Nach Zinser (1963) wird das nordwestlich gelegene Hunsrückschiefer-Areal, bestehend aus Übergangs- und Kaub-Schichten von mehreren mehr oder weniger parallel verlaufenden Aufschiebungen in Schuppen zerlegt, die wiederum gestaffelt von Nordwesten nach Südosten höhere Übergangsschichten auf Kaub-Schichten, dann Oberen Taunusquarzit und tiefere Übergangschichten auf höhere Übergangsschichten und endgültig Oberen Taunusquarzit auf die tieferen Übergangsschichten überschoben haben. Unterer Taunusquarzit kommt in diesem Profil nicht mehr in das Aufschluss-Niveau. Diese Hauptaufschiebung wird hier als **Wehlenstein-Überschiebung** nach dem Wehlenstein (498 m) bezeichnet. Zinser zog die Bezeichnung „Lützelsoon-Nordrandstörung“ vor. Da eine unmittelbare Verbindung mit der Langenstein-Überschiebung im Simmer(Kellen)bach-Profil weder nachgewiesen noch wahrscheinlich ist, wird eine übergeordnete Bezeichnung hier zugunsten der beiden Lokalbezeichnungen innerhalb des komplexen Soonwald-Überschiebungssystems vermieden. Zinser (1963) ermittelte die Raumlage der Wehlenstein-Überschiebung mit 35–40°/35–45° SE; sie ist wesentlich flacher als im nordöstlich benachbarten Taleinschnitt. Der Schuppencharakter wird dadurch unterstrichen, dass im Hahnenbach-Tal intensiv spezialgefaltete, SE-fallende Schichtverbände des Oberen Taunusquarzit an der Wehlenstein-Überschiebung an Übergangsschichten grenzen. Zinser leitete einen Verschiebungsbetrag von mindestens 150 m ab.

Die Trennflächen der Schuppen innerhalb der Soonwald-Überschiebungszone sind bei Streichwerten um 35–40° und Fallwerten von 40–75° SE spießwinklig zu den Achsenebenen (bc) der Spezialfalten angeordnet. Deren mittlere Raumlage liegt bei 50°/80–85° SE. Die Flächen der s_1-Schieferung in den Einzelschuppen passen sich in ihrer Raumlage um 35–40°/60–89° SE eher den Aufschiebungen an. Hier spielte offensichtlich der Materialgegensatz zwischen Quarzit und Tonschiefer bei der Verformung eine Rolle, so dass die Werte in beiden Materialien stark streuen. Somit besteht auch am Nordwest-Rand des Lützelsoons die Soonwald-Überschiebungszone nicht aus einer Haupttrennfläche, sondern wieder aus einem System spießwinklig zueinander und zum Generalstreichen verlaufender Auf- und Überschiebungen. Darauf weisen u. a. auch die Einzelvorkommen von Unterem Taunusquarzit hin, die südwestlich des Wehlensteins, am Teufelsfels (568 m NN), auf der Womrather Höhe (597 m NN) mit Blickenstein, am Katzenstein und Langenstein liegen (Bl. 6110 Gemünden). Diese Vorkommen sind langgestreckte, eher linsenförmige Gebilde im verschuppten Lützelsoon-Taunusquarzit.

Bereits W. Meyer & Stets (1980) hatten auf Zusammenhänge zwischen der Beckengenese und der späteren tektonischen Ausgestaltung im Hunsrück hingewiesen, indem sie „das starke Verspringen der Taunusquarzit-Züge nach NW im Hunsrück (…) mit synsedimentären Schollengrenzen“ (S. 732) in Zusammenhang sahen. Ähnliches gilt auch für das Rhein-Profil. Wildberger (1992) hat diese Vorstellungen für den westlichen Hunsrück weiterentwickelt. Dittmar (1996) griff sie für die Soonwald-Überschiebungszone erneut auf und leitete aus Mächtigkeitsunterschieden der Schichten beiderseits der Soonwald-Überschiebungszone eine synsedimentäre Anlage ab.

Hinsichtlich der Lage der nach NW gerichteten Soonwald-Überschiebungszone ging Dittmar (1996) davon aus, dass sie der heutigen „Scherzone NW-wärts vorgelagert (…) zwischen Gehlweiler und der Anzenfelder Mühle“ zu suchen sei (Bl. 6110 Gemünden). Auch sah er einen Zusammenhang mit dort „im Gebirgsstreichen aufgereihten schlotartigen Vorkommen mutmaßlich permischer Quarzporphyre“, die „in etwa den Grenzverlauf zwischen den beiden Baueinheiten (Zentrale Hunsrück- und Taunuskamm-Soonwald-Einheit bei Dittmar: 296) nachzeichnen“. Die Festlegung der Grenze zwischen zwei übergeordneten Struktureinheiten mit Hilfe der spät-variszischen Rhyolithe (S.) ist problematisch. Vielmehr sollte nicht eine Trennfläche am Nordwest-Rand der „Soonwald-Schwelle“ als Schollengrenze die synsedimentären Unterschiede bewirkt haben, sondern ein System mehrerer, gestaffelt und spitzwinklig zueinander angeordneter Abschiebungen. Es bewirkte nach der Inversion wahrscheinlich das staffelförmige Ansteigen der Teilschuppen innerhalb der heutigen Soonwald-Überschiebungszone. Ein Abklingen der synsedimentären Bewegungen „offenbar im Verlauf der Oberems-Stufe“ (Dittmar 1996) ist nicht belegt.

3.3.4.3.2 Wildburg-Lützelsoon-Schuppenzone

Die Wildburg-Lützelsoon-Schuppenzone schließt sich im Südosten an und liegt zwischen der Soonwald-Überschiebungszone im Nordwesten und der Schwarzerden-Überschiebung im Südosten. Letztere verliert sich ab Kellenbach nach Südwesten in einförmigen Tonschiefern, die zum Hunsrückschiefer gezählt werden. Angaben zu der aus mehreren Teilschuppen aufgebauten Schuppenzone gewähren die Profile von Simmer(Kellen)- und Hahnenbach-Tal. Im Lametbach-Tal südöstlich Mengerschied deutet ein „Aufbruch“ von Bunten Schiefern des Obergedinne auf eine bisher nicht untersuchte weitere Schuppe hin. Eine unmittelbare Verbindung zwischen den Teilschuppen in beiden Tälern ist nicht ohne weiteres herzustellen. Außerdem muss mit einer Querverwerfung (Alteburg-Querverwerfung) zwischen der Gemündener Höhe (582 m NN) und der Hundsrücker Höhe im Löwensteiner Wald gerechnet werden (Bl. 6111 Pferdsfeld). Nach Zinser (1963) lässt sich die Wildburg-Lützelsoon-Schuppenzone gliedern in die **Langenstein-Schuppe**, die **Roter Stein-Schuppe** und die **Lützelsoon-Schuppe**. Das spitzwinklig zu den Faltenachsen verlaufende Streichen der Langenstein-Überschiebung führt zu Überschneidungen und erschwert die Korrelation der

Schuppen in den beiden Taleinschnitten. Langenstein- und Roter Stein-Schuppe werden durch die **Henauer Überschiebung** voneinander getrennt.

Langenstein-Schuppe. Die Langenstein-Schuppe umfasst den „Langenstein-Sattel" und die „Henauer Mulde" (Zinser 1963) im Simmer(Kellen)bach-Tal. Sie liegt zwischen der Langenstein-Überschiebung im Nordwesten und der Henauer Überschiebung im Südosten. Die Langenstein-Schuppe baut sich aus Schichten des Unteren und Oberen Taunusquarzits sowie der tieferen Übergangsschichten auf. Sie entspricht dem nördlichen „Sattel" des „Doppelsattels", den Tilmann & Chudoba (1931a) erwähnten. Der Begriff „Sattel" ergab sich seinerzeit aus der Tatsache, dass Unterer Taunusquarzit als älteste stratigraphische Einheit im Kern der Struktur auftaucht. Nach Zinser (1963: Taf. 16) handelt es sich jedoch um eine in sich stark spezialgefaltete und von zahlreichen nach NW gerichteten Aufschiebungen durchzogene Struktur mit kompliziertem Innenbau. Abgesehen von den Aufschiebungen liegen mehrere Sättel von Spezialfalten vor. An der Burgruine Koppenstein befindet sich die Kulmination eines solchen „Sattels", wobei sich das Achsengefälle in Richtung SW auf etwa 20° SW versteilt. Eine ähnliche Kulmination eines Spezialsattels entwickelt sich vom Katzenstein in Richtung Womrather Höhe (597 m NN), wo wiederum Unterer Taunusquarzit auftaucht. Eine deutliche Vergenz fehlt den Spezialfalten. Mit Übergang in die nach Südosten folgenden Übergangsschichten mit erhöhtem schiefrigem Anteil stellt sich ein allmählicher Übergang der s_1-Flächen und Faltenachsenflächen (bc) zu NW-Einfallen und damit zu deutlicher SE-Vergenz ein. Sie hält bis an die Henauer Überschiebung an. Die Muldenkerne der F_1-Spezialfalten sind hier unterdrückt und daher fast nur Sattelscharniere mit Quarz-Ausscheidungen zu beobachten. Diese meist unvollständigen Spezialfalten sind Kurzschenkelfalten mit kürzerem, meist ausgedünntem NW-Schenkel, was ein Einfallen des Faltenspiegels nach SE zur Folge hat.

Roter Stein-Schuppe und Henauer Überschiebung. Die Roter Stein-Schuppe ist der Südost- Abschnitt des „Doppelsattels". Sie entspricht dem „Roter Stein-Sattel" und der „Königsauer Mulde" (Zinser 1963). Die Henauer Überschiebung, an der auf der rechten Talflanke des Simmer(Kellen)bach-Tales noch Unterer Taunusquarzit auf Übergangsschichten überschoben ist, schneidet die Strukturen spitzwinklig und bringt sie auf der linken Talflanke und in Richtung Henau zum Verschwinden. An ihr werden sukzessive Unterer und Oberer Taunusquarzit auf Übergangschichten überschoben, bis sich die Überschiebung in Übergangsschichten verliert.

Dittmar (1996) wies der Henauer Überschiebung, dort wo Unterer Taunusquarzit auf Übergangsschichten trifft „.eine mindestens 700 m betragende Aufschiebungskomponente" zu, deren Versatz „bei weitem den des Ausläufers der Taunuskammüberschiebung" (S. 265) übertrifft. Dazu muss erneut betont werden, dass die Soonwald-Überschiebungszone ein komplexes Überschiebungssystem und nicht nur eine einzelne Trennfläche ist. Die Henauer Überschiebung gehört nicht zu diesem System. Zinser vermutete eine Fortsetzung seines „Roter Stein-Sattels" unmittelbar nördlich Henau. Die Aufschlussverhältnisse lassen keine präzisere Aussage zu, auch nicht die, ob im Lametbach-Tal die Aufschuppung der Bunten Schiefer damit in Zusammenhang steht.

Auch in der Roter Stein-Schuppe wechselt die Vergenz von deutlicher NW-Vergenz im Bereich der Henauer Überschiebung, zu schwacher SE-Vergenz, dokumentiert durch die Lage der Achsenflächen (bc) der Spezialfalten (F_1) und die Raumlage der s_1-Flächen in den stärker schiefrigen Anteilen der Übergangsschichten. Die SE-Vergenz nimmt in südöstlicher Richtung zu. Zinser (1963) beschrieb relativ einfache Lagerungsverhältnisse auf der SE-Flanke seines „Roter Stein-Sattels" mit nur geringer Spezialfaltung und generellem SE-Fallen der Schichten. Ihr Streichen liegt um 50–60°; streichende Aufschiebungen treten nur untergeordnet auf. Etwa 180 m südlich des Roter Stein (Bl. 6110 Gemünden) befindet sich ein geringmächtiger Diabas-Gang mit Raumlage bei 45–50°/85° SE. Er liegt diskonform in den Hunsrückschiefern. Das SE-Einfallen des „Diabas"-Ganges deutet an, dass es sich wahrscheinlich um einen Lagergang handelt. Eine Deutung als Lava-Strom kommt nicht in Betracht, da im Unterdevon kein basischer Vulkanismus bekannt ist. NW-Vergenz ist auch in dieser Schuppe auf den Bereich der Überschiebung begrenzt. Daraus ergibt sich von Nordwesten nach Südosten eine Fächerstellung der s_1-Flächen und damit eine spätere Rotation der Schuppe nach Südosten.

Dittmar (1996: 266) erwähnte südwestlich des ND Roter Stein „eine sehr steil NW-fallende und schräg nach SSW gerichtete Rückaufschiebung der Taunusquarzit-Antiklinale des Lützelsoons in SE-Richtung“. Er belegte diese Aussage damit, dass innerhalb der mehrere Meter mächtigen Bewegungszone deutlich geschieferte Kataklasite mit „quarzitischen Porphyroklasten“ außer der „Foliation“ zu finden sind. Eine solche Rückaufschiebung ist nicht ungewöhnlich, wenngleich die Quarzit-Anteile der Roter Stein-Schuppe nicht auf die „gesamte Antiklinale“ des Lützelsoons beschränkt sein sollten. Es bildete sich hier ein steil aufwärts gerichteter Fluchtkeil. Eine Rückaufschiebung entspricht der Seibersbacher Rücküberschiebung im Guldenbach-Tal, allerdings hier mit einem wesentlich geringeren Überschiebungsbetrag als dort, wenn man mit Zinser (1963) von Übergangsschichten und nicht von „Frasne-Schiefern“ (LGB 2005) in der Liegend-Schuppe ausgeht.

Nicht geklärt sind die Verhältnisse im südöstlichen Anschluss an die aus Taunusquarzit, Übergangsschichten und Kaub-Schichten mit Dachschiefern bestehende Roter Stein-Schuppe. Zinser (1963) wies diesen Abschnitt bis südlich der Ortschaft Königsau Hunsrückschiefern zu. In diesem Zusammenhang interessiert die Feststellung einer „Königsauer Mulde“ (Zinser 1963, Esser 1988 in: Dittmar 1996) im südöstlichen Anschluss an die Übergangsschichten, eine quer zum Streichen 1700 m messende, bis Kellenbach reichende Struktur. Dittmar konstruierte sie in seinem bilanzierten Profil als vergenzlose, nahezu ungestörte, symmetrische Mulde. Alle Profile im Südost-Hunsrück, insbesondere auch im Guldenbach-Tal, haben gezeigt, dass eine derartige Struktur höchst unwahrscheinlich ist. Allerdings musste Dittmar zugeben, dass in diesem Schichtverband zumindest eine „sehr steil SE einfallende und mit mutmaßlich geringem Versatz in NW-Richtung aufschiebende schmale kataklastische Scherzone“ (S. 268) zu finden ist. Dieser Befund ist ein deutlicher Hinweis dafür, dass auch dieser Teil des Profils von Verschuppung betroffen ist. Weiterhin ist im Hangenden der Hunsrückschiefer eine „bunte“ Schichtenfolge mit ca. 850 m breitem Ausstrich wichtig. Sie besteht aus schwach kalkigen Schiefern, deutlich karbonatischen, z. T. regelrecht mergeligen Tonschiefern mit karbonatischen Lagen und Knollen sowie Kieselgallen und Konkretionen aus Pyrit, Baryt, evtl. auch Phosphorit; vereinzelt sind es auch bis mehrere dm messende konkretionäre Bildungen. Dieser dem rheinischen Unterdevon fremde Schichtverband, der bisher keine stratigraphisch relevante Fauna oder Flora geliefert hat, sollte dem Mittel- bis Oberdevon angehören und wäre damit als Äquivalent der Daxweilerer Schuppen im Guldenbach-Profil anzusehen. Dittmar interpretierte die Mineralisationen in Analogie zu entsprechenden stratiformen Sulfid-Baryt-Lagerstätten im Mitteldevon des Rheinischen Schiefergebirges. Das nächste Beispiel wäre das Vorkommen in der Grube „Korb“ bei Eisen (G. Müller & Stoppel 1981, Stets & Stoppel 1998).

In der Darstellung des Hunsrück-Südrandes (Hahnenbach-Simmerbach-Tal; LGB 2005: 68 u. Abb. 27b) wird dieser Abschnitt als „Königsau-Seibersbach-Synklinalschuppe“ bezeichnet. Ohne jeglichen biostratigraphischen Nachweis folgen dort im Profil von Nordwesten nach Südosten (!) Schichtverbände des Frasne bis hinab in die obere Siegen-Stufe (Oberer Taunusquarzit). Eine derartige Schichtenfolge ist im Südost-Hunsrück und auch sonst nirgends realisiert. Für eine aus dem SE-Einfallen der Schichten resultierende inverse Lagerung liegen keine Beweise vor. Das z. T. NW-gerichtete Einfallen der Hauptschieferung (s_1) schließt eine solche aus. Im Gegensatz zu dieser Darstellung wird hier – wie im Guldenbach-Tal – von einer von Nordwesten nach Südosten aufsteigenden, in sich verschuppten stratigraphischen Folge vom Unter- zum Mitteldevon – evtl. auch Oberdevon – ausgegangen, die im Südosten von Taunusquarzit an der Schwarzerden-Überschiebung überfahren wurde.

Lützelsoon-Schuppenzone. Die Lützelsoon-Schuppenzone ist der südwestliche Anteil der Wildburg-Lützelsoon-Schuppenzone im Hahnenbach-Tal. Sie reicht von der Soonwald-Überschiebungszone im Nordwesten bis in das an den Taunusquarzit südöstlich angrenzende „Schiefergebiet". Es soll nach herkömmlicher Auffassung hier aus Tonschiefern der „Soonwaldschiefer" (Tilmann & Chudoba 1931a) resp. aus Hunsrückschiefer (Kutscher 1934, Biertherr 1941, Mittmeyer 1996) aufgebaut sein, die mindestens bis zur Ortschaft Hahnenbach reichen. Die Fortsetzung der Schwarzerdener Überschiebung ist dort bisher ebenso wenig auszumachen wie ein Äquivalent der „Henauer" oder „Königsauer Mulde" bzw. der „Königsau-Seibersbach-Synklinalschuppe".

An der **Wehlenstein-Überschiebung** ist im Hahnenbach-Tal mittelsteil SE fallender Oberer Taunusquarzit der Lützelsoon-Schuppe auf Übergangsschichten nach Nordwesten aufgeschoben und macht hier den Schuppencharakter der Struktur besonders deutlich, da NW-fallende Schichten meist fehlen. Der Obere Taunusquarzit ist hier spezialgefaltet ohne ausgesprochene Vergenz und von zahlreichen SE fallenden Überschiebungen betroffen. In der Mehrzahl der Fälle handelt es sich um nach NW gerichtete Aufschiebungen. Andere, wie z. B. am Rodenberg (Zinser 1963: Taf. 18) sind phänomenologisch Abschiebungen, so dass hier ein mittelsteil nach NW gerichteter Fluchtkeil aus kompetentem Material des Oberen Taunusquarzits vorliegt. Die intensive Verschuppung führt zu einer auf ca. 200–250 m verminderten Ausstrichbreite des Taunusquarzits. Zinser sprach zwar von NW-Vergenz der Spezialfalten. Diese ist jedoch bei einem Einfallen der Faltenachsenflächen (bc) um 80–89° SE nicht sehr ausgeprägt. Weiter im Südosten herrscht Saigerstellung der s_1-Flächen in den Tonschiefern, die in eine schwache SE-Vergenz bei steilem NW-Einfallen übergeht. Das auch hier wieder spießwinklig zu den Spezialfaltenachsen ausgerichtete Streichen der Verschiebungen führt in Richtung Südwesten zu einer weiteren Verschmälerung des Ausbisses des Taunusquarzits.

Damit löst sich auch das Rätsel über das Verschwinden des Taunusquarzits im Lützelsoon nach Südwesten. Zinser (1963: 112) sah die „alleinige Ursache für das Verschmälern des Taunusquarzitausstrichs und sein Verschwinden westlich vom Hahnenbach-Tal" in den „spießwinklig zum Faltenbau streichenden und bereits mehrfach vermuteten Aufschiebungen". Diese Auffassung steht im Gegensatz zu der Annahme eines generellen Achsengefälles nach SW bzw. von Querstörungen, an denen jeweils die SW-Scholle abgesunken sein müsste (Leppla 1923, 1925a, 1925b). Querstörungen mit einem entsprechend großen Versatz, wie z. B. im Guldenbach-Tal, sind im Lützelsoon nicht vorhanden. Die Frage nach einem generellen Achsengefälle nach SW beantwortete Zinser (1963: 112) ablehnend, da er „ein generelles Achsengefälle nach SW (…) weder für den Langenstein-Sattel noch für seine Verlängerung, den Lützelsoonsattel" nachweisen konnte. Da er für die B_1/b_1-Achsen der Spezialfalten sowohl flaches SW- als auch NE-Eintauchen ermittelte, liegt eine „zopfartige Verflechtung" vor, die auf die Länge gesehen durchaus ein generelles SW-Abtauchen der Taunusquarzit-Strukturen bewirkt haben kann. Insgesamt gesehen sollte jedoch auch hier die Konvergenz zwischen der Ausrichtung der Spezialfalten um 50° in den Schuppen und die Lage der Verschiebungen um 45–50° bzw. 60° wesentlich zum Verschwinden des Taunusquarzit beigetragen haben. Dieses Phänomen sollte auch für die beiden anderen Taunusquarzit-Härtlinge des Soonwaldes im Südosten, die weniger gut bearbeitet sind, gelten. Für das „Diabas"-Vorkommen nördlich Steinbach an der Franzmanns Schmiede (LGB 2005), das bei Streichen von 45–50° steil SE einfällt, gilt Ähnliches wie für jenes südwestlich des ND Roter Stein.

Unter Verwendung der Karten von Biertherr (1941) und H.-H. Werner (1950) entwarf Mittmeyer (1996) südlich des Lützelsoons ein Profil, das vom Roden-Berg über „Franzmann" (Franzmanns Schmiede?) bis Hahnenbach reicht (Bl. 6110 Gemünden). Im unmittelbaren Anschluss an den Oberen Taunusquarzit folgen danach bei vorwiegend SE-fallender Schichtlagerung und unter Beteiligung von Verwerfungen Sauerthal- und Bornich-Schichten. Etwa auf halber Strecke zwischen Roden-Berg und „Franzmann" wurden Sauerthal- auf

Bornich-Schichten an einer saiger stehenden Verschiebung aufgeschoben. Nach Südosten folgen Sauerthal-, Bornich- und Kaub-Schichten, in die bei der Ortschaft Hahnenbach „Diabase" eingeschaltet sind. Eine als *Tropidoleptus*-Bank bezeichnete Einschaltung in Bornich-Schichten lässt kaum Zweifel an dem Hunsrückschiefer aufkommen. Die Kaub-Schichten sind bei der Ortschaft Hahnenbach auf die „Kallenfels-Serie" (Biërther 1941) aufgeschoben. Eine „Königsauer Mulde" (Dittmar 1996) oder deren Äquivalent fehlt in diesem Profil.

Im Gegensatz zu allen früheren Darstellungen sieht das Hahnenbach-Profil in LGB (2005, Abb. 27b) zwar einen Fluchtkeil von Taunusquarzit im Hahnenbach-Durchbruch vor. Im Anschluss daran folgt nach Südosten jedoch eine in sich verschuppte Mitteldevon-Abfolge mit geringem Oberdevon-Anteil unmittelbar südöstlich des Taunusquarzits. Beide werden durch eine Abschiebung getrennt. Diese Darstellung steht in Widerspruch zu jener von Mittmeyer (1996), und auch hier fehlen Altersnachweise. Das Schichteinfallen ist steil nach SE gerichtet. Für eine inverse Schichtlagerung fehlt jeglicher Beweis. Dieses Profil widerspricht in seiner Altersfolge mit Älterwerden der Schichtenfolge innerhalb der Schuppe nach Südosten allen anderen Profilen im Süd-Hunsrück.

3.3.4.3.3 Schwarzerdener Überschiebung

Daten für eine Schwarzerdener Überschiebung sind spärlich. Sie bildet die nordwestliche Begrenzung des mittleren Taunusquarzit-Zuges im Soonwald und lässt sich so einengen. Hinweise gibt es lediglich am Fuß des Opel (649 m NN), wo Taunusquarzit mit einer Verwerfung an Hunsrückschiefer grenzt. Auf Blatt Mainz 1:200 000 hatte Leppla (1921) hier und am Durchbruch des Gräfenbaches südöstlich des Naturschutzgebietes „Glashütter Wiesen" noch Bunte Schiefer des Obergedinne eingetragen, die jedoch in die neue Darstellung auf Bl. Frankfurt-West (GÜK 200: CC 6310) nicht aufgenommen wurden. Sonst ist der Fuß dieses Höhenzuges mit mächtigen Deckbildungen des Pleistozäns überzogen. Die nördliche Grenze des Höhenzuges wird südwestlich der Alteburg (620 m NN) an der Alteburg-Querstörung, die vom Löwensteiner Wald herkommt, linkshändig abschiebend um ca. 500 m nach Südosten versetzt. Der Quarzit-Zug setzt sich nach Südwesten durch Schwarzerden nach Südwesten fort. Etwa 800 m südwestlich des Ortes erfolgt ein ähnlicher Versatz um ca. 200–250 m nach SE an der Birkenkopf-Querverwerfung. Die Überschiebung erreicht das Simmer(Kellen)bach-Tal bei Kellenbach. Hier quert nach H.-H. Werner (1950) eine Quarzit-Bankfolge, „quarzitische Grauwacken" mit Streichen um 45° das Tal. Er stellte außerdem in dieser Position Fächerbildung der s_1-Schieferung fest, die „besonders auffällig zwischen der Rippusmühle und der quarzitischen Grauwackenbank an der Kellenbacher Brücke in Erscheinung" (S. 61) tritt (Bl. 6110 Gemünden, 6111 Pferdsfeld). Die NW-Vergenz, die im Soonwald auf NW-gerichtete Überschiebungszonen beschränkt ist, geht bei der Weinels-Mühle nach Süden wieder in SE-Vergenz über. Die Schwarzerdener Überschiebung zielt in diesen „Kleinfächer".

Dittmar (1996) fand in der Position dieses Kleinfächers relativ „sandreiche und mutmaßlich den höheren Übergangsschichten oder dem basalen Hunsrückschiefer i. e. S. zuzurechnende Schiefer" (S. 270) nördlich von Kellenbach. Außerdem erwähnte er „zusätzlich bei Kellenbach ein oft >15° betragendes (…) besonders steiles SW-gerichtetes Abtauchen der B_1- und delta$_1$-Achsen" (S. 272). Hinzu kommen nach seiner Darstellung (Abb. 64) bei Kellenbach mindestens zwei steil NW bzw. SE fallende Aufschiebungen, die die Übergangschichten betroffen haben, und Scherzonengesteine mit „besonders straffer mylonitischer Foliation" (S. 272). Starke Zerscherung der kompetenten Quarzit-Lagen und ein steil WNW fallendes s_2-Flächengefüge belegen eine bedeutende Verschiebung im potentiellen Umfeld der Schwarzerdener Überschiebung. Die steil NW fallende Scherzone deutet bereits hier eine durch Rotation invertierte, ehemals SE fallende und NW-gerichtete größere Aufschiebung an.

Anhaltspunkte für eine Fortsetzung der Schwarzerdener Überschiebung nach Südwesten fehlen im Hahnenbach-Tal. Auch die geologische Karte (Bierther 1941) gibt keine Hinweise auf eine größere Verschiebung zwischen dem Lützelsoon im Nordwesten und der Ortschaft Hahnenbach im Südosten. Ebenso fehlen bis jetzt Hinweise auf nicht dem Hunsrückschiefer zuordenbare Schichten. Auf der Höhe der Einmündung des Steinbaches in den Hahnenbach wurde eine steil SE fallende, nach NW gerichtete Aufschiebung von Singhofen-Schichten auf Schichten der Ulmen-Unterstufe angenommen (Ecke et al. 1985). Diese ist jedoch allein aus Gründen der Geometrie schwer zu erklären. Immerhin sollten Anhaltspunkte für eine größere Verschiebung vorgelegen haben, da sonst nicht damit gerechnet würde. Der Schwarzerdener Überschiebung entspricht diese jedoch nicht. Ebenso muss der Darstellung in LGB (2005: Abb. 27b) widersprochen werden, wo im Hahnenbach-Profil eine Aufschiebung von Unter- auf Oberems nach SE gezeigt wird, für die keinerlei Belege vorliegen.

3.3.4.3.4 Ellerspring-Kellenbacher Schuppenzone

Die Ellerspring-Kellenbacher Schuppenzone umfasst den mittleren der drei Härtlingszüge des Soonwaldes und das unmittelbar südöstlich anschließende Gebiet. Sie lässt sich bis in das Hahnenbach-Tal verfolgen und reicht von der Schwarzerdener Überschiebung im Nordwesten bis an die Weitersborn-Hahnenbacher Überschiebungszone im Südosten. Sie baut sich auf aus Schichtverbänden, die vom Taunusquarzit bis in mitteldevonische evtl. auch oberdevonische Schichten (Soonwaldschiefer, Kallenfels-Serie, Tilmann 1932, Bierther 1941) reichen.

Daten über den inneren Aufbau des Quarzit-Härtlings zwischen Opel (649 m NN) im Nordosten und Alteburg (620 m NN) im Südwesten fehlen weitgehend. Hier sollte jedoch mit einer ähnlichen Faltung und Verschuppung wie in der Wildburg-Lützelsoon-Schuppenzone im Norden gerechnet werden. Südwestlich der Alteburg werden die Schuppenzone und die Schwarzerdener Überschiebung erheblich versetzt und lassen sich mit Hilfe des Taunusquarzits von der Schwarzerdener Höhe (538 m NN) bis in das Kellenbach-Tal bei Kellenbach (Bl. 6110 Gemünden)verfolgen. Dort nahm Dittmar (1996: 272) für die im Ortsbereich südöstlich der Überschiebung anstehenden Schichten „eine Zugehörigkeit zu dem oberen Taunusquarzit (…) und/oder den Übergangsschichten" an. Nordöstlich oberhalb der Ortschaft Kellenbach beschrieb er „sehr enge Verfaltung" und eine „sehr starke Durchscherung und Zerlegung der Schichten", die ihn veranlassten, im Kern seines „Schwarzerdener Sattels" eine subvertikal einfallende Bewegungszone anzunehmen. Diese Beobachtung zeigt einmal mehr, dass nicht mit ungestörten Faltenstrukturen sondern mit stark in sich verschuppten auch in diesem Gebiet zu rechnen ist, ohne dass es sich im Einzelnen auflösen lässt (H.-H. Werner 1950, 1952). Eine weitere, steil SE fallende Verschiebung an der Brücke südlich Kellenbach bestätigt das, wo sich in eng geschieferten Scherzonengesteinen ein Transport nach NW, später nach W, ablesen lässt. Zusätzlich tritt eine NW fallende s_2-Schieferung auf. Bei weitgehend ungestörter, steil SE fallender Schichtlagerung (s_0) folgen nach Südosten Übergangsschichten und Kaub-Schichten, bestätigt durch ehem. Dachschiefer-Abbaue südlich der Gerhardsmühle bzw. nordwestlich des Klausfels. Berger et al. (1991) stuften diese Schichtverbände in das Unterems ein.

Kutscher (1934) stand seinerzeit die Sammlung Herold in Monzingen zur Verfügung, die u. a. Teile der Panzerung von *Drepanaspis gemündensis* enthielt, den Kutscher als „Leitform" für den „Cauber Horizont" ansah. Danach stellte er die „Soonwaldschiefer" hier einheitlich zum Hunsrückschiefer. Das gilt auch für Tonschiefer mit Kieselgallen, die in der Gegend um Kellenbach als „Blauwacken" bezeichnet wurden. Die von Tilmann (1932) als Kieselgallenschiefer und möglicherweise als „Koblenz-Schichten" eingestuften Tonschiefer sind demnach älter. Überhaupt stellte Kutscher fest, dass „Petrographisch (…) fast die ganze Soonwaldschieferfazies dem Hunsrückschiefer" (S. 196) entspricht. Im Gegensatz dazu sieht LGB 2005(Abb. 27b) für das gesamte Gebiet nordwestlich des Klausfels-"Diabas" ausschließlich Schichten des Mitteldevon (Eifel-, Givet-Stufe) vor.

Bei nahezu saigerer Stellung von s_0 und s_1 stehen zwei fast parallele „Diabas"-Züge am Klausfels an (Bl. 6110 Gemünden), die jeder bis max. 25 m mächtig sind. Hier sei auf die ähnliche Position des „Diabas"-Vorkommens im Steinbach-Tal südlich des Lützelsoons (Zinser 1963) hingewiesen. Im Hangenden folgt etwa 100 m südöstlich des Klausfels ein Schichtverband aus grauen bis graugrünlichen milden Tonschiefern mit dunkelgrauen Kalkbänken, aus denen Berger et al. (1991) am linken Ufer des Simmer(Kellen)baches eine Fauna der höchsten Givet-Stufe gewinnen konnten. Im Hangenden sind weiter nach Südosten bis an die Weitersborn-Hahnenbach-Überschiebung milde Ton-, wahrscheinlich auch Alaunschiefer zu finden.

Dieser Zug von zumindest mitteldevonischen Schichten im Simmer(Kellen)bach-Tal entspricht jenem, den Bierther (1941) als „Kallenfels-Serie" südlich der Ortschaft Hahnenbach bis an die Weitersborn-Hahnenbach-Überschiebung bezeichnete. Im Hahnenbach-Tal besteht sie aus Kalkknollen- und Alaunschiefern im Hangenden von parallel verlaufenden, lang durchhaltenden „Diabas"-Vorkommen, die sich bis südlich Hennweiler verfolgen lassen. Bierther machte darauf aufmerksam, dass „die Kallenfels-Serie nicht in symmetrischer Dopplung (wie es bei einer Falte zu erwarten wäre) sondern (...) als Schuppe auftritt", und folgerte daraus, dass sie „keine normale Einlagerung in den Hunsrückschiefern bildet" (S. 149), wofür ihm später Fossilfunde Recht geben sollten. Somit sind beide Profilabschnitte in Simmer(Kellen)- und Hahnenbach-Tal unmittelbar vergleichbar. Bei einem mittleren Streichen um 50° lassen sie sich jedoch nicht unmittelbar aneinander anschließen. Das gilt auch für die im stratigraphisch Liegenden befindlichen „Diabas"-Vorkommen. Wahrscheinlich sind sie durch eine WNW-ESE streichende Verwerfung (Berger et al. 1991), die Heinzenberg Verwerfung, mit rechtshändigem Versatz gegeneinander verworfen.

3.3.4.3.5 Weitersborn-Hahnenbacher Überschiebungsszone

Diese Überschiebungszone begrenzt den dritten Härtlings-Zug des Soonwaldes im Nordwesten. Wie die Schwarzerdener Überschiebung ist auch sie nirgends aufgeschlossen. Eine Aufschiebung von Taunusquarzit auf „Hunsrückschiefer" lässt sich u. U. am Nord-Hang des Steinebergs südlich des Forsthauses Reichenbacherhof ahnen (Bl. 6011 Simmern). Hier durchschlägt offensichtlich auch eine kleinere Querverwerfung den Quarzit-Riegel. Ein ähnlicher Versatz ergibt sich am Durchbruch des Quellzuflusses des Kieselbornbaches nördlich Kallweiler. Hier ist mit einer Abschiebung nach Südwesten bei geringfügigem linkshändigem Versatz zu rechnen. Es behindert auch hier eine mächtige pleistozäne Überdeckung.

Auf Bl. Mainz (Leppla 1921) wurde im Quellgebiet des Kieselbornbaches Hunsrückschiefer kartiert, die jedoch in das moderne Bl. Frankfurt-West (GÜK 200: CC 6310) nicht übernommen wurden. Sollte sich der Leppla'sche Befund bestätigen, wäre dieser, abgesehen von der morphologischen Situation nahe am Fuß des Härtlings, ein Beweis dafür, dass auch der dritte und südöstliche Höhenzug des Soonwaldes anders als bei D. E. Meyer (1975) und Dittmar (1996) eine eigenständige, aus Taunusquarzit aufgebaute Schuppe ist. Leppla ging hier wohl eher von einer ungestörten Sattelstruktur aus.

Deutlich ist die Überschiebung im Simmer(Kellen)bach-Profil. Dort setzt etwa 250–300 m südlich des Klausfels in unmittelbarem Kontakt zu den Alaunschiefern ein steil stehender Schichtverband vom Typ Zerf-Schichten (Übergangsschichten) ein, den H.-H. Werner (1950, 1952) zu den Hunsrückschiefern zählte. Dittmar (1996) konnte in südöstlicher Richtung eine Zunahme des Sandgehaltes und damit ein lückenloses Älterwerden der Schichtenfolge feststellen, das im übrigen Profil allerdings nirgends zu beobachten ist. Er sah sich bestätigt durch Tonschiefer-Quarzit-Wechselfolgen vom Typ Taunusquarzit und eine Herdorf Fauna (Mittmeyer in: Dittmar 1996: 274) weiter im Südosten. Von einem ähnlichen, nicht unumstrittenen Befund berichtete Schafft (1985).

Die von Dittmar (1996) in seinem bilanzierten Profil vorgeschlagene Deutung eines quasi invertierten Muldenflügels ist unwahrscheinlich. Im Gegensatz dazu besteht offensichtlich auch die Weitersborn-Hahnenbacher Überschiebungszone aus mehreren, hier steil bis invers gelagerten schmalen Teilschuppen, die gestaffelt nach Südosten aus jeweils älteren stratigraphischen Schichten bestehen. Eine komplette Umkehr der Verhältnisse, d. h. eine Verjüngung in nordwestliche Richtung ist geologisch nur schwer zu erklären. Das gilt vor allem auch für den Kontakt der Hunsrückschiefer zu den nordwestlich vorgelagerten Alaunschiefern. Hier nahm auch DITTMAR, obwohl er zu dem Kontakt keine direkte Aussage machte, in seinem Profil eine bis in 4 km u. NN reichende „Aufschiebung" der Alaunschiefer auf die Hunsrückschiefer an. Diese Position entspricht hier der Weitersborn-Hahnenbacher Überschiebungszone. Diese ist bei DITTMAR phänomenologisch jedoch eine mit ca. 70° NW fallende Abschiebung. Auch aus dieser Darstellung ergibt sich die Unwahrscheinlichkeit seiner Konstruktion. Dagegen wird hier wie im übrigen Profil von einer steil stehenden, zur Tiefe listrisch verlaufenden Überschiebung von Hunsrückschiefer bzw. Taunusquarzit auf den jeweils nördlich vorgelagerten jüngeren Schichtverband ausgegangen.

Zu den Lagerungsverhältnissen im Hahnenbach-Tal südlich Hahnenbach machte BIERTHER (1941) keine näheren Angaben. Es ist jedoch bei normaler Schichtlagerung anzunehmen, dass der Kontakt zwischen dem Hunsrückschiefer im Nordwesten und BIERTHER's „Kallenfels-Serie" südlich Hahnenbach tektonisch bedingt und die Fortsetzung der Weitersborn-Hahnenbacher Überschiebungszone ist. MITTMEYER (1996) machte für diesen Kontakt einen ähnlichen Vorschlag wie DITTMAR (1996) im Simmer(Kellen)bach-Tal, aber mit dem Unterschied, dass er die Verschiebung, die phänomenologisch eine NW fallende Abschiebung ist, auch als solche bezeichnete.

3.3.4.3.6 Steineberg-Waldfriede-Schuppenzone

Diese Schuppenzone liegt zwischen der Weitersborn-Hahnenbacher Überschiebungszone im Nordwesten und der Wartensteiner Rücküberschiebung im Südosten. Die Steineberg-Waldfriede-Schuppenzone baut sich aus Taunusquarzit und Hunsrückschiefer in der streichenden Verlängerung der Fustenburg-Schuppenzone weiter im Nordosten auf.

Über den Taunusquarzit-Härtling dieser Schuppenzone im südlichen Soonwald ist wenig bekannt, insbesondere über den Nordost-Abschnitt, wo das einzige Querprofil am Gräfenbach an der ehem. Gräfenbacher Hütte entlang der L 239 liegt. Die morphologische Gliederung dieses Berg-Zuges auf der linken Talflanke in zwei unterschiedlich hohe, NE-SW ausgerichtete Bergrücken (Heidenkopf: 482 m NN, Geyerfels: 533 m NN auf Bl. 6011 Simmern und Bl. 6012 Stromberg) lassen zwei größere Teilschuppen vermuten. Die nördliche könnte in ihren Abmessungen der Taunusquarzit-Schuppe von der Fustenburg südlich Stromberg entsprechen, die südöstliche am Geyerfels der Bann-Mühlen-Schuppe im Guldenbach-Profil. Die dort als Hardtwald-Schuppe bezeichnete dritte Struktur der Fustenburg-Schuppenzone erreichte mit dem Taunusquarzit das Gräfenbach-Tal nicht mehr. Sie zerschlägt sich südlich des Aschbornerhofs. Schichten in der Fazies der Hunsrückschiefer nehmen im südwestlichen Anschluss an den Taunusquarzit im Gräfenbach-Tal eine Ausstrichbreite von ca. 1,2 km ein. H.-H. WERNER (1950, 1952) beschrieb in ihnen eine ca. 60° SE fallende „Hauptschieferung" (s_1), die NW-Vergenz signalisiert und sich auf den 1,2 km nach Südosten bis zur Saigerstellung aufrichtet. Die NW-Vergenz und die Aufrichtung entsprechen durchaus den Verhältnissen in der Fustenburg-Schuppenzone im Guldenbachprofil. Wenig übersichtlich sind die Verhältnisse in den Quellzuflüssen von Ellerbach bei Gebroth und Winterbach.

Die Abfolge im Hahnenbach-Tal südöstlich der Weitersborn-Hahnenbacher Überschiebungszone ist weniger gut beschrieben. Bis zum „Wartenstein-Kristallin" und den es tektonisch begleitenden Gesteinen des Gedinne stehen ähnlich wie im Simmer(Kellen) bach-Tal Hunsrückschiefer an, die eine kleine Fauna (QUIRING 1942) lieferten, die die Alterseinstufung in das Unterems bestätigt. Der Gesteinsverband ist relativ stark tektonisch beansprucht; s_0 ist nur begrenzt erkennbar. Die Hauptablösungsflächen liegen parallel s_1. Hinzu kommt eine s_2-Runzelschieferung. Taunusquarzit fehlt in dieser Schuppe im Hahnenbach-Tal.

3.3.4.3.7 Wartensteiner Rücküberschiebung und tektonische Stellung des Gneis vom Wartenstein

Historische Aspekte. Auf etwa 3 km Länge treten zwischen Griebelschied und Schloss Wartenstein (Bl. 6110 Gemünden, 6210 Kirn) im Hahnenbach-Tal, durch Störungen getrennt die bis max. 800 m mächtigen, linsenförmigen Schuppen des Gneis vom Wartenstein zu Tage. Sie sind an die „Grenze Hunsrückschiefer/Oberdevon-Serien" gebunden, die hier als nach SE gerichtete Rücküberschiebung („Wartenstein-Aufschiebung" bei Mittmeyer 1996), aufgefasst wird. Tilmann & Chudoba (1931b) beschrieben das Vorkommen als „etwa 50 m mächtige Platte in fast senkrechter Stellung in ebenfalls steil stehenden Devonschiefern" (S. 4), das sich vom Schloss etwa 800 m nach Nordosten verfolgen lässt. Auf der westlichen Flanke des Hahnenbaches tritt es bei der Römersmühle (früher: Kauchersmühle) in Felsrippen hervor. Die weitere Verfolgung führt zum „Weierbachgraben an der Westseite des Galgenberges östlich Griebelschied", wo es erneut zu Tage ausstreicht. Bierther (1941) stellte bereits fest, dass das Kristallin allseits tektonisch begrenzt und ein Fremdkörper ohne Übergänge zu den umgebenden Tonschiefern der Hunsrückschiefer im Norden und der „Hahnenbach-Serie" im Süden ist. Die Vorstellung eines gangartigen Intrusivkörpers (Quiring 1942) wies er 1954 zurück, da keine Kontaktmetamorphose zu beobachten ist.

Das Vorkommen. Nach Bierther (1941), Quiring (1942), Porth (1961) grenzt der Gneis im Norden (am Schlossberg) an Gesteine vom Typ der Übergangsschichten im Grenzbereich Taunusquarzit/Hunsrückschiefer, der zu dem von Tilmann & Chudoba (1931b: 9) unter „dem neutralen Namen, etwa Soonwaldschiefer" bezeichneten Schichtverband gehört.

Auf der westlichen Talflanke des Hahnenbaches ist unweit der Römersmühle im Kontakt zum Gneis jene Schichtenfolge aufgeschlossen, die wahrscheinlich in das Gedinne gehört. Sie besteht bei Einfallen nach NW „aus Konglomeraten, Arkosen, Sandsteinen und roten Schiefern in mehrfachem Wechsel" (Tilmann & Chudoba 1931b: 7). Auf sie folgen lauchgrüne bis graue Tonschiefer mit Bänken und Linsen von grauen bis grünlichgrauen Quarziten, die sie auch zum Gedinne zählten. Taunusquarzit oder „tiefste Soonwaldschiefer" schlossen sie aus. Diese fanden sie erst nordwestlich des Vorkommens. Die Grenze Gneis/Gedinne-Schichten bezeichneten sie hier als „recht wenig scharf", schlossen jedoch ein sedimentäres Auflager auf dem Gneis aus. Somit hielten sie bereits den Kontakt für tektonisch. Auch Porth (1961) betonte, dass die von ihm aufgenommenen Profile am Schloss, an der „Kauchersmühle" und am Abhang des Helfersberges (etwa 20 m über der Talsohle) sehr heterogen sind und sich trotz des geringen Abstands nicht miteinander korrelieren lassen.

Diese Befunde haben jedoch bis in neueste Zeit Autoren nicht davon abhalten können, ein sedimentäres Auflager von Gedinne-Konglomeraten auf dem Gneis zu postulieren. Diese Fehlinterpretation eines sedimentären Auflagers der Schichtenfolge – von Südosten nach Nordwesten:?Graue Phyllite (1,5 m), Äquivalente der Bunten Schiefer sowie Hermeskeil-Sch. (11 m), Äquivalente des Taunusquarzit (11 m) – auf dem Gneis vom Wartenstein an der Römersmühle (Mittmeyer 1996: 141) hat auch Eingang in die „Geologie von Rheinland-Pfalz" (LGB 2005) gefunden, so dass hier eine kurze Diskussion nötig ist. Bedeutsam ist, dass ohne Altersnachweise hier die für alle Schuppen im Hunsrück geltende Regel einer Verjüngung der Schichten innerhalb der tektonischen Schuppen in südöstliche Richtung außer Kraft gesetzt wurde (Dittmar 1996). Außerdem sind Mächtigkeitsreduktionen der Schichtglieder auf insgesamt wenig mehr als 10 m und darunter auf diesem schmalen Streifen nach allen Profilen im Umfeld höchst unwahrscheinlich. Das Vorkommen des Gneises allein rechtfertigt derart weitreichende Schlussfolgerungen mit den sich daraus ergebenden Konsequenzen nicht. Die von Dittmar und Mittmeyer geäußerten Vorstellungen wurden von Wierich (1999) unter Hinweis auf die tektonische Natur der „Quarzgesteine" und der Kontakte bereits zurückgewiesen.

Einen geringmächtigen „Schubfetzen“ von Gesteinen des Gedinne fand PORTH (1961) auch im Nordwest-Abhang unterhalb vom Schoss Wartenstein. Er ist im Tal von Hangschutt verdeckt. An einer NW-SE verlaufenden, wahrscheinlich jüngeren Querstörung, die parallel zum Tal unterhalb der Mühle verläuft, sind die Vorkommen von „Kristallin und Gedinne“zu beiden Seiten des Tales rechtshändig gegeneinander verschoben.

Auf die tektonische Fehlinterpretation, dass der Gneis im Kern eines asymmetrischen Sattels liegt, verfielen TILMANN & CHUDOBA (1931b), da sie die Tonschiefer südöstlich des Gneis-Vorkommens nach der Lithologie für Schichten des Gedinne hielten. Diese Vorstellung wurde erst durch die Fauna von BERGER et al. (1991) widerlegt. Es ergibt sich so das Bild, dass die Gneis-Schuppen und Schubfetzen von wahrscheinlich Gedinne-zeitlichen Schichten an einer steil stehenden Scherzone in die ihnen fremde Umgebung eingeschuppt sind. PORTH (1961) fand den Kontakt Gneis/Hunsrückschiefer an mehreren Stellen aufgeschlossen und bezeichnete ihn als „scharf und ohne Übergänge“. Das Gleiche gilt auch für den Kontakt im Südosten gegen die Schichten der „Hahnenbach-Serie“. Das Auftreten von „Quarzaugen“ am unmittelbaren Kontakt zum Gneis wurde auf „lokale Stoffwanderungen während der Aufschuppung des Kristallins und (die) damit verbundene Umkristallisation“ (PORTH: 103) zurückgeführt und ist in dieser Position durchaus zu erwarten (auch: WIERICH 1999).

Diese Scherzone entspricht überall dort, wo kein Gneis vorkommt, der Grenze zwischen Hunsrückschiefer im Nordwesten und der „bunten Serie“ mit Oberdevon-Altern im Südosten. Entsprechend der Karte von H.-H. WERNER (1950) grenzen an dieser Verschiebung im Südosten lithologisch sehr unterschiedliche Schichten zwischen Hahnenbach- und Gräfenbach-Tal und weiter bis Schweppenhausen an die Hunsrückschiefer im Nordwesten, so dass schon daraus auf eine nicht unbedeutende Verschiebung geschlossen werden muss. Die Tatsache, dass mehrfach NW-Einfallen der Scherzone, Steilstellung, auch SE-Einfallen auftritt (H.-H. WERNER 1950, 1952), spricht bei dieser sicherlich komplexen Scherzone für eine Rücküberschiebung nach SE.

Zur tektonischen Deformation und Stellung des „Kristallins“. Funde von BIERTHER (1954) im Wald oberhalb des Schlosses zeigen deutlich eine reliktisch erhaltene prävariszische und die dominierende variszische Prägung:

- Abgesehen von dem ca. 200 m^2 großen Vorkommen nordöstlich des Schlosses im Wald (BIERTHER 1954) erwähnte PORTH (1961) zwei weitere separate „Schollen“, eine davon im Schlosshof unterhalb des Turmes und eine weitere am „Serpentinenweg nördlich vom Schloss“, bei denen eine prä-variszische Bänderung erhalten und von einer jüngeren Schieferung (s_1: Hauptschieferung der variszischen Deformation) überprägt ist; die prä-variszische Paralleltextur (s_{pv}) streicht zwischen 5° und 160° und fällt zwischen 30–65° E ein; die Raumlage der s_1 entsprechenden Flaserschieferung liegt im Gegensatz dazu bei 50°/50–65° NW; da die Schürflinge wahrscheinlich wurzellos in der ihnen fremden Umgebung „schwimmen“, hat sich die ursprüngliche Raumlage sicher erheblich geändert; die heutige Raumlage lässt damit kaum Schlüsse auf die ehem. zu; die Möglichkeiten einer Lageänderung bei Rotation oder Kippung der Schuppe nur um eine NE-SW ausgerichtete horizontale Achse hat PORTH (1961) in Schritten von 10 zu 10° für die NW- und SE-Richtung durchgespielt. Die dabei ermittelten Raumlagen zeigen die Unmöglichkeit einer einigermaßen verlässlichen Aussage zur Ausgangslage;
- QUIRING (1942) hielt den „Gneis vom Wartenstein“ für die geschieferte Variante eines devonischen Eruptiv-Gesteins, das den geschieferten „Diabasen“ im Hunsrück entspräche; seine Hauptkriterien waren das Fehlen einer bei Gneisen üblichen Kristallisationsschieferung sowie eine kontaktmetamorphe Veränderung des Nebengesteins und das Vorhandensein von Apophysen, die in das Nebengestein eingedrungen seien; BIERTHER (1954) gelang der Nachweis der Kristallisationsschieferung in Form einer Gneis-Bänderung und eine deutliche Mineralregelung in den begleitenden Quarziten und Amphiboliten; kontaktmetamorphe

Veränderungen des Nebengesteins ließen sich nicht bestätigen, und die Apophysen erwiesen sich als parallel zu s_1 eingeregelte „Fetzen des Kristallins"; zusätzlich besteht ein deutlicher Unterschied im Korngefüge der prä-devonischen und der devonischen Quarzite;

- PORTH (1961) ging davon aus, dass die „Kristallin-Schürflinge" bereits vor der variszischen Schieferung an „einer großen Längsverschiebung, einer schon früh vorgezeichneten tektonischen Grenze zwischen der Hunsrückschieferzone und der Zone der Hahnenbachschiefer (Wartensteiner Scherzone resp. Rücküberschiebung) erfolgte (...), einer Grenzlinie (...) für den Großbau des Soonwaldes von einzigartiger Bedeutung" (S. 109) aufdrangen; die variszische Hauptschieferung (s_1) der Umgebung entspricht jener im Schürfling und hat ihn, abgesehen von den Internbereichen, völlig erfasst; hinzu kommt die Ausbildung einer zweiten Schieferung (s_2) mit ausgeprägter Fältelung und Runzelung der s_1-Flächen; die Runzelungsachsen und die Schnittlineare L_2 (s_1/s_2) tauchen mit 15–40° SW ab.

Zusätzlich wurde das Vorkommen vom Wartenstein von zahlreichen Verschiebungen betroffen. Längsverwerfungen treten im Gneis oberhalb des Weiherbaches auf in Form von 20–30 cm breiten „Mylonit- oder Phyllonitbändern", zwischen die teilweise normale Tonschiefer eingeschuppt sind. PORTH (1961) ging daher davon aus, dass diese Verschuppung relativ spät erfolgte und zwar nach der „Aufpressung". Hinzu kommen NW-SE verlaufende Querverwerfungen sowie E-W ausgerichtete Diagonalstörungen mit rechtshändigem Bewegungssinn.

Hinsichtlich der Ursachen für die „Aufschuppung des Kristallins" zitierte PORTH (1961) SCHOLTZ (1934), der von einer „Mitteldeutschen Kristallinschwelle" am Süd-Rand der „Rheinischen Geosynklinale" ausging. Bei dieser Deutung besteht die Schwierigkeit, dass zurzeit, als die „Einschuppung von Keilen und Splittern" erfolgt sein müsste, nach heutiger Auffassung keine „Mitteldeutsche Kristallinschwelle" existierte.

Für die Kristallin-Vorkommen vom Wartenstein, von Griebelschied, Schweppenhausen und Mörschied sollte daher postuliert werden, dass an ihrem Herkunftsort nur eine relativ geringmächtige „Sedimenthaut" aus devonischen Gesteinen und geringmächtigen „Taunus-Gesteinen" bestand, die eine „Durchdringung von Kristallinkeilen und -splittern" erlaubte. Ein unmittelbarer Zusammenhang mit den „Taunus-Gesteinen" im Taunus kann nicht in Betracht gezogen werden, da die gesamte Schuppenzone, die vom Rochusberg bei Bingen über die Fustenburg- und Steinberg-Waldfriede-Schuppenzonen reicht, im Streichen südöstlich der „Taunusgesteine" des Taunus liegt. Das wird nicht zuletzt aus der Darstellung bei ANDERLE (1987b) deutlich. Geht man dagegen von einer bereits in der frühen Phase der Bildung des Rhenoherzynischen Beckens (Gedinne, Siegen) in Leistenschollen zerlegten Kruste aus, so dürfte bereits zu dieser Zeit die Voraussetzung für eine spätere Bildung von „Keilen und Splittern" angelegt worden sein. Zu Beginn der variszischen Deformation könnten sich diese bereits gelöst haben, in die „Sedimenthaut" eingedrungen und in die NW gerichtete Verschuppung mit Schieferung, Spezialfaltung (F_1) und Überschiebungen einbezogen worden sein. Ein im Südosten gelegenes Hochgebiet (SCHOLTZ 1934: Abb. 17) erscheint somit heute nicht nötig. Auch entspricht der von der Mitteldeutschen Schwelle heutiger Auffassung gegliederte Detritus (WIERICH 1999) nicht der Zusammensetzung des Wartensteingesteins.

3.3.4.3.8 Oberhausen-Winterbacher Schuppenzone

Die Oberhausen-Winterbacher Schuppenzone liegt zwischen der Wartensteiner Rücküberschiebung im Nordwesten und der Wiesbachtal-Überschiebungszone im Südosten. Letztere wird hier als die entscheidende Grenze zur Metamorphen Zone (Zone III sensu H.-H. WERNER) angesehen. Diese Schuppenzone ist von allen bisher beschriebenen Schuppenzonen jene mit der engsten Verschuppung. Sie baut sich in der streichenden Verlängerung der Schweppenhausener Schuppenzone aus einer „bunten" Wechselfolge auf, die von BIERTHER (1941) der „Hahnenbach"- und der „Kallenfels-Serie" zugeordnet wurden. BERGER et al. (1991) konnten in ihr mit Hilfe von Conodonten (det. STOPPEL 1991) aus Karbonat-Knollen und -Lagen Schichten mit Adorf-, Nehden- und Wocklum-Alter nachweisen. Die Fundpunkte sind entlang des Simmer(Kellen)bach-Profiles so angeordnet, dass trotz der starken Verschuppung der Schichtverband in südöstliche Richtung eine Verjüngung aufweist.

Verkompliziert werden die Lagerungsverhältnisse durch Quarzit-Schürflinge unbekannten Alters, die offensichtlich an Scherzonen in die oberdevonische Schichtenfolge „eingedrungen" sind. Die tektonischen Kontakte beiderseits der großen Quarzit-Linsen erschweren eine sichere Einstufung erheblich. Diese „Kallenfels-Quarzite" haben mangels überzeugender Datierungen erhebliche tektonische Spekulationen veranlasst. Eine eindeutige Zuordnung dieser Quarzite in das Oberdevon (LGB 2005) besteht bis heute nicht. Auch sind entsprechende Gesteine des Famenne aus den ausführlich bearbeiteten und nahe gelegenen Oberdevon-Vorkommen im Guldenbach-Profil nicht bekannt. Quarzite in den Hunsrückschiefern der Steinberg-Waldfrieder Schuppenzone südlich Hahnenbach und die „Kallenfels-Quarzite" bei Kallenfels haben zusammen mit „bunten" (rotbunten und grünlichen, phyllitisch glänzenden) Schiefern im Kontakt mit dem „Gneis vom Wartenstein" den Verdacht aufkommen lassen, dass diese „bunte" Folge in das Obergedinne gehöre. Die stratigraphischen Ergebnisse von BERGER et al. (1991) zwingen zu einer völlig anderen tektonischen Deutung. Verfolgt man nämlich die Oberhausen-Winterbacher Schuppenzone vom Guldenbach-Profil, wo sie sich an die Schweppenhausener Schuppenzone nördlich Hergenfeld anschließen lässt, so ergibt sich folgende Situation:

- Im Gräfenbach-Tal folgt nach der Aufrichtung der s_1-Flächen bis zur Saigerstellung die Fortsetzung der Wartenstein-Rücküberschiebung; an ihr sind Hunsrückschiefer auf die „bunte Serie" mit wahrscheinlich auch hier mittel- bis oberdevonischen Schichten der Oberhausen-Winterbacher Schuppenzone nach SE aufgeschoben; bis zur Wiesbachtal-Überschiebungszone im Süden folgt hier nur ein etwa 250 m breiter Ausstrich steil überkippt NW fallender phyllitisch glänzender Schiefer mit einer mächtigeren Linse von „Kallenfels-Quarzit", von Kalkknollenschiefern und einem brauneisenhaltigen Sandstein, bevor die Grünschiefer und Serizit-Phyllite der Metamorphen Zone auf sie überschoben werden; ähnlich wie beim Schloss Wartenstein wird bei der Ortschaft Eckenroth an der Eckenrother Rücküberschiebung im Norden eine Überschiebung der Hunsrückschiefer nach SE angenommen, am Süd-Rand dagegen eine relativ steile Aufschiebung der Grünschiefer nach NW.
- Im Bereich der Quellzuflüsse des **Ellerbaches** nahe Gebroth (Bl. 6111 Pferdsfeld) sind die Verhältnisse weniger übersichtlich; die Hunsrückschiefer der Steineberg-Waldfriede-Schuppenzone und die Wartenstein-Eckenrother Rücküberschiebung sind nicht mit Sicherheit einzuengen; dafür stammt aus der Position nahe dem Forsthaus Winterbach die kleine Oberems-Fauna H.-H. WERNER's (1950, 1952); der Ausstrich der Oberhausen-Winterbacher Schuppenzone mit eingeschalteten „Kallenfels-Quarziten" ist hier ähnlich schmal wie im Gräfenbach-Tal.
- Auch im Profil von **Kieselbach** und **Steinbach** gleichen die Verhältnisse jenen am Ellerbach; eine Fächerstellung der s_1-Flächen im Hunsrückschiefer fehlt hier zwar; SE fallende Hunsrückschiefer sollen mit einem SE fallenden Störungskontakt unmittelbar an „Kallenfels-Quarzit", der im Beilfels zu Tage tritt, grenzen; der südlich folgende Ausbiss der „bunten Serie" reicht nur bis zur Vereinigung von Stein- und Kieselbach zum Hoxbach, wo bereits „Diabas-Grünschiefer" (Meta-Basite) der Metamorphen Zone anstehen.
- Im **Simmer(Kellen)bach**-Profil folgen auf die Weitersborn-Hahnenbacher Überschiebung nach Südosten Hunsrückschiefer im weitesten Sinne; diese werden nach Südosten, wohl unter Ausfall der mitteldevonischen Schichten (Kallenfels-Serie) auf oberdevonische phyllitisch

glänzende, graue und olivfarbene Tonschiefer, „bunte“ Tonschiefer und Grauwacken der Adorf- und Nehden-Stufe überschoben; nach Südosten folgen weiter schiefrige Schichtverbände mit Kalkknollen und -linsen; diese haben Conodonten der Nehden-Stufe (det. Stoppel in: Berger et al. 1991) geliefert; eingeschaltet sind Vorkommen von „Diabas“-Mandelstein, die u. U. einen oberdevonischen Vulkanismus anzeigen; den Abschluss bis zur Wiesbachtal-Überschiebung bilden phyllitisch glänzende Tonschiefer mit Einschaltungen von grünlichen und rötlichen Tonschiefern, Kieselschiefern, Alaunschiefern sowie Kalkknollen-Schiefern mit Kalk-Linsen der Wocklum-Stufe; Berger et al. (1991) erwähnten zusätzlich Bentonit-Lagen; in den tieferen Abschnitten dieses oberdevonischen Schichtverbandes (Adorf- bis Nehden-St.) treten psammitische Bankfolgen mit Grauwacken auf, die jenen des Ober-Gedinne im Guldenbach-Tal (Süd-Fazies: D. E. Meyer 1970) sehr ähnlich sehen und in Gemeinschaft mit grünlichen und roten Tonschiefern jegliche Verwechslung rechtfertigen; die groben Klastika und „bunten“ phyllitisch glänzenden Tonschiefer nehmen zum Hangenden deutlich ab; der hangendste Abschnitt besteht aus dunkel- bis grüngrauen, phyllitisch glänzenden Tonschiefern mit Einlagen von bis 1 m mächtigen Alaunschiefern, die eine Bänderung durch Wechsellagerung mit wenige cm mächtigen Kieselschiefer-Lagen aufweisen; Berger et al. (1991) sahen zwischen diesen und den südöstlich folgenden, nicht datierten Phylliten und „Grünschiefern“ einen konkordanten Übergang; sie vermuteten für die „Grünsteine“ ein Unterkarbon-Alter in Analogie zu den Verhältnissen in der „Dill-Mulde“ (Alaunschiefer, Deckdiabas); hier wird jedoch wegen der Wiesbachtal-Überschiebung, deren Typlokalität im Wiesbach-Tal bei Brauweiler liegt, und der im Südosten folgenden deutlich epizonalen Metabasite ein tektonischer Kontakt, eine bedeutende Überschiebung (Wiesbachtal-Mylonit: Schafft 1985, D. E. Meyer & Nagel 2001) angenommen. Zwischen Seesbach und Brauweiler ändert sich der Streichwert der Wiesbachtal-Überschiebung von ca. 60° im Nordosten auf etwa 50–55° im Südwesten; da die Wartensteiner Rücküberschiebung ihr Streichen von 60–65° im wesentlichen beibehält, konvergiert die Ausstrichbreite des oberdevonischen Schichtverbandes nach Südwesten auf etwa 1,2 km im Simmer(Kellen)bach-Tal.

Einige Anmerkungen sollten hier angeschlossen werden: Dittmar (1996) schloss seine „Soonwald-Einheit“ nördlich von Heinzenberg nach Südosten ab und schlug den unmittelbar südlich angrenzenden Bereich seiner „Phyllit-Zone“ zu. Er argumentierte mit einer 35–50 m breiten, ca. 400 m nordnordöstlich Heinzenberg gelegenen Scherzone. Dieser Bereich entspricht hier der Wartensteiner Rücküberschiebung. Mit dem gleichen Recht ließe sich die Grenze jedoch auch mit den „Kristallin“-Vorkommen bei Mörschied – dann fiele die „Soonwald-Einheit“ überhaupt fort – oder bei Schweppenhausen ansetzen. Auch in diesen beiden Positionen sind entsprechende Scherzonengesteine zu finden. Der Schichtverband südlich Heinzenberg zeigt eine intensive tektonische Beanspruchung innerhalb der Oberhausen-Winterbacher Schuppenzone. Hier sollte jedoch nicht von einer „mélange“ gesprochen werden. Das gilt auch für die Behauptung, „dass die weitgehende Auflösung des Schichtverbandes am NW-Rand der Phyllit-Zone schon synsedimentär durch eine Umlagerung und Resedimentation der Klastite verursacht“ wurde und dass diese Folge „primär als Olisthostrom“ bzw. „debris flow“-Bildung zu deuten sei (Dittmar 1996: 311). Mit dieser Behauptung besteht die Möglichkeit, die Faunenfunde von Berger et al. (1991), u. U. auch von Hofmann (in: Dittmar 1996), gedanklich aus ihrem Verband zu lösen. Die Untersuchungen in der Schwerspat-Grube „Korb“ bei Eisen (Knautz 1992, Stets & Stoppel 1998), wo Dittmar ähnliche Verhältnisse postulierte, haben gezeigt, dass trotz „chaotisch“ erscheinender Schichtlagerung durch intensive Verschuppung die stratigraphische Ordnung von alt nach jung in Richtung Südosten erhalten blieb. Die mächtigen „Diabas“-Mandelsteine (Bierther 1941, H.-H. Werner 1950, 1952, Berger et al. 1991), die sich vom Hahnenbach- über das Simmer(Kellen)bach-Tal bis auf die Höhe von Seesbach immer wieder finden, besitzen nach Meisl (in: Dittmar 1996), ähnlich wie die übrigen „Diabase“ im Hunsrück, die Geochemie von Intra-Platten-Basalten und bestärken damit die Zugehörigkeit zur Südhunsrück-Einheit. Die Feststellung, dass der Schichtverband zwischen Heinzenberg und der Wiesbachtal-Überschiebung im Südosten sonst „intern im wesentlichen ungestört zu sein scheint“ und der „gesamte NW-Teil der Phyllit-Zone im Kellenbachtal aus einer in SE-Richtung kontinuierlich jünger werdenden sehr mächtigen Oberdevon-Folge besteht“ (Dittmar 1996: 316), bestätigt die diskutierten Verhältnisse; ähnliches gilt auch für die Bemerkung, dass „eine stetige Zunahme der tektonometamorphen Beanspruchung in SE-Richtung“ (S. 316) festzustellen sei; sie reicht jedoch nicht bis zur epimetamorphen Überprägung und berechtigt nicht, sie Dittmar's „Phyllitzone“ zuzuordnen.

Im Hahnenbach-Tal ist die Abfolge innerhalb der Oberhausen-Winterbacher Schuppenzone weniger ausführlich bearbeitet. Südöstlich der Wartensteiner Rücküberschiebung mit dem „Kristallin“ folgen graue und vor allem aber rote („bunte“) phyllitisch glänzende Tonschiefer mit einzelnen Grauwacke-Einschaltungen. Hinweise auf eine Olisthostrom-Bildung, wie sie Dittmar im Kellenbach-Tal annahm, fehlen. Ein „Diabas“-Mandelstein schließt den unteren Abschnitt der Folge zum Hangenden hin ab. Nach Berger et al. (1991) erbrachten Conodonten ein Nehden-Alter. Das entspricht dem im benachbarten Simmer(Kellen)bach-Profil. Bierther (1941) stellte zwei Nord-Süd-Profile links (Kallenfels bis Kammerfels) und rechts (Wolfsknopf bis Wehlenstein) des Hahnenbaches einander gegenüber. Daraus ergibt sich, dass die einzelnen Schichtglieder innerhalb der Folge sich nicht auf längere laterale Distanz verfolgen und parallelisieren lassen. Das ist nicht nur die Folge von nahezu E-W streichenden Verwerfungen, die u. a. den „Kallenfels-Quarzit“ bei Kallenfels rechtshändig versetzt haben. Die Alaunschiefer, die Dittmar (1996) im Kellenbach-Tal veranlasst hatten, sie mit Alaunschiefern des Kulm zu parallelisieren, treten hier noch nördlich der „Kallenfels-Quarzite“, also stratigraphisch höher, auf. Bierther (1941: 150) merkte an, dass die „Grenze der die Kallenfelser Quarzite im S begleitenden Schiefer gegen die Vorsoonwald-Serie (…) nicht scharf sei“. Leppla's Annahme (1925a) einer streichenden Störung hielt er für unbewiesen, erwähnte aber, dass eine deutliche Teilung vorhanden sei in „eine weniger stark gepreßte Zone“ nördlich der Wartensteiner Rücküberschiebung und in „eine intensive Pressungszone südlich Wartenstein“. Offensichtlich folgte Dittmar (1996) dieser Vorgabe bei der Abgrenzung seiner „Phyllitzone“. Wir nehmen die Zunahme der tektonischen Beanspruchung zur Kenntnis, halten sie aber nicht als beweiskräftig genug dafür, hier auch einen höheren Metamorphose-Grad anzunehmen. Im Hahnenbach-Tal streichen die Schichten generell 45–50°. Zwischen Wolfsknopf und Kallenfels versteilt sich das Streichen auf der rechten Talseite auf 10–30°. Der Ausstrich der tektonisch stärker beanspruchten oberdevonischen Schichten erreicht auch hier eine Breite von 1,2 km.

3.3.4.3.9 Die Kallenfels-Quarzite und ihre tektonische Stellung

Bierther (1941) erwähnte die Kallenfels-Quarzite zusammen mit seiner „Hahnenbach-Serie“. Er gliederte sie ausdrücklich als eigenes Schichtglied aus und sah sie nicht in Zusammenhang mit „hellen Quarzit- und Grauwackeeinlagerungen“, die „sich aus zunehmendem Sandgehalt der Phyllite“ (S. 133) entwickelten. Hinzu kommt, dass die Vorkommen lang gestreckte Linsen sind, die sich mit Unterbrechungen vom Wehlenstein im Hahnenbach-Tal bis Oberhausen nach Nordosten über mindestens 2 km verfolgen lassen. Bei den Quarziten der Oberhausener Felsen fand Bierther eine besonders starke Durchtrümerung mit Gangquarz. Außerdem wies er auf eine „Reihe weiterer kleiner, isolierter Quarzitlinsen“ (S. 135) hin, die parallel zur Hauptschieferung (s_1) liegen. Das Alter blieb bis heute unbekannt. Weiter betonte Bierther, dass die meist steil stehenden Schichten „stark ausgequetscht und verschuppt“ (S. 144) seien und dass keine Falten aufträten. Eine Parallelisierung der Kallenfels-Quarzite mit dem Andreasteich-Quarzit in der Lindener Mark bei Gießen, der heute in das Caradoc eingestuft wird (Andreasteich-Formation), hielt er für Spekulation. Sollte dieses Alter jedoch zutreffen, wäre eine tektonische Einschuppung außer Zweifel. Auch für die Behauptung, dass die „Quarzite der sogenannten „Kallenfelser Schweiz“ zwischen Hahnenbach-Tal und Hoxbachtal (…) ins Famennien zu stellen“ (LGB 2005: 65) seien, fehlt jeglicher Beweis.

Die Quarzite bilden insbesondere auf der linken Seite des Hahnenbaches im Bereich von Kallenfels „einen doppelten Zug“, den Scholtz (1934) als isoklinalen Sattel deutete, was sich jedoch als unzutreffend herausstellte. Die Grenze der Quarzite zu den begleitenden Tonschiefern hielt er für unscharf. Daher wies er die Vorstellung einer Längsstörung (Leppla 1925a), der sie aufsitzen könnten, zurück. Allerdings sind bei den starken Materialgegensätzen und bei der starken Beanspruchung die Kontakte ohnehin tektonisch überprägt. Als Besonderheit ist die intensive Beanspruchung der Quarzite bis in den Kornbereich in den Rand-Partien, die bis zur Regelung der Quarz-Individuen geführt hat (Bierther 1941), zu nennen.

Die Vorkommen. Die Kallenfels-Quarzite sind über die Ortschaft Kallenfels hinaus weit verbreitet. Einzelne linsenförmige Vorkommen unterschiedlicher Mächtigkeit reichen von Oberhausen im Streichen nach Nordosten über Heinzenberg, Seesbach, Winterbach, Spabrücken bis nach Schweppenhausen. Hier wird eine weitere Verfolgung bis in die Kesslerberg-Schuppe bei Münster-Sarmsheim für möglich gehalten. Dort hatten Wilh. Wagner & Michels (1930) ohne Zweifel Taunusquarzit kartiert. Bierther (1941: 637) machte darauf aufmerksam, dass „nach seinem Mineralbestand (…) sich dieser Quarzit (Kallenfels-Quarzit) kaum von dem sicheren Taunusquarzit trennen“ ließe. Dem stellte er als auffallenden Unterschied die „kataklastische Natur des Gesteins“ und eingelagerte dunkle „feinsandig-glimmerige, leicht zerbröckelnde Tonschieferlagen“ entgegen. Das erste Kriterium ist sicher sekundär; für Parallelisierungen ist es nicht zu verwenden, das zweite entfällt auch, da mit faziellen Differenzierungen immer gerechnet werden muss.

Einen Hinweis darauf, ob es sich um eine stratiforme Einlagerung in dem oberdevonischen Schichtverband oder um tektonische Schürflinge handelt, mag die jeweilige Position zu den Gesteinen der „bunten Serie“ des Oberdevon innerhalb der Oberhausen-Winterbacher Schuppenzone liefern, insbesondere zu den Kalkknollen- und Alaunschiefern der „Hahnenbach-Serie“ Bierther's: Im Hahnenbach-Profil werden die Kallenfels-Quarzite begleitet von grauen und graugrünen phyllitisch glänzenden Schiefern im Südosten und „bunten Schiefern“ im Nordwesten; die Kalkknollen- und Alaunschiefer liegen weiter im Nordwesten und die Quarzite nur etwa 100 m nordwestlich der Grenze zur „Soonwald-Serie“ (Bierther 1941: Taf 15). Im Simmer(Kellen)bach-Profil befinden sich einzelne geringmächtige „Splitter“ von Kallenfels-Quarzit in phyllitisch glänzenden Schiefern im stark gestörten Verband bei Heinzenberg nordwestlich der „Diabas“-Mandelstein-Vorkommen und etwa 900 m nordwestlich der Wiesbachtal-Überschiebungszone. Das größte Vorkommen mit einer Länge von 2,5 km und einer Ausstrichbreite von ca. 250 m liegt südwestlich der Ortschaft Seesbach zwischen „gepressten körnigen Phylliten“ im Nordwesten und „phyllitischen Buntschiefern“ im Südosten; der typische „Diabas“-Mandelstein liegt auch hier südöstlich davon; ein Bezug zu den Kalkknollen- und Alaun-Schiefern ist nicht herzustellen. Die Vorkommen am Stein- und Kieselbach (ND Beilfels) sind relativ geringmächtig und mit grauen phyllitisch glänzenden Tonschiefern verbunden. Im Gräfenbach-Tal liegt der Kallenfels-Quarzit westlich Spabrücken unmittelbar nordwestlich von Kalkknollen-, phyllitischen „Bunt“- und Alaunschiefern. Eine ähnliche Situation ergibt sich auch bei und östlich Spabrücken. (alle Angaben nach H.-H. Werner 1950).

Berger et al. (1991) und auch die Darstellung in LGB (2005) behandelten die Kallenfels-Quarzite offensichtlich als stratiforme Einlagerungen in der Famenne-Schichtenfolge. Die oben vorgestellte Darstellung lässt erhebliche Zweifel daran aufkommen, da die stratigraphische Position innerhalb der Schuppenzonen uneinheitlich ist und in der gesamten bekannten jüngeren Oberdevon-Folge im Guldenbach-Tal (D. E. Meyer 1970, D. E. Meyer & Nagel 2008) keine Anhaltspunkte für reife Quarzite in größerer Mächtigkeit bekannt sind. Auch für Quarzite vom Typ des mittelrheinischen Emsquarzit (H.-H. Werner 1950) gibt es keine Hinweise.

Unter diesen Voraussetzungen wird hier vorbehaltlich von Fossilfunden aus den Schuppen, „Keilen und Splittern" von Taunusquarzit ausgegangen, der in wechselnder stratigraphischer Position in den Oberdevon-Schichtverband tektonisch eingeschuppt ist. Von einer ähnlichen Konstellation ging auch Wildberger (1992) aus. Bei Schürflingen aus Taunusquarzit besteht – anders als bei den Kristallin-Schürflingen – nicht die Notwendigkeit, eine evtl. vorhandene Folge von „Taunusgesteinen" zu durchdringen. Hier bleibt nur eine wahrscheinlich relativ geringmächtige Devon-Schichtenfolge (Stets & A. Schäfer 2011) entlang der Schieferung (s_1) und/oder beim Schuppenbau ohnehin vorhandener Bahnen zu „durchwandern". Anders als bei den Kristallin-Schürflingen sind die Kallenfelsquarzit-Schürflinge nicht entlang von großen, schon früh angelegten Schwächezonen aufgedrungen, sondern eingeschuppt worden.

3.3.4.3.10 Zur Parallelisierung der Soonwald-Profile mit dem vom Guldenbach-Tal

Die Geologische Übersichtskarte von Rheinland-Pfalz (GÜK 300) und Bl. Frankfurt-West (GÜK 200: CC 6310) zeigen, dass sich die Ausstrichbreite der Südhunsrück-Einheit vom Guldenbach-Tal im Nordosten von ca. 10,8 km auf nur ca. 5,7 km im Hahnenbach-Tal verschmälert. Deutlich wird dieses auch in der Profil-Serie durch den Hunsrück südlich der Taunuskamm-Soonwald-Überschiebungszone (LGB 2005: Abb. 27b). Auch die geologische Übersichtsskizze (D. E. Meyer 1975: Abb. 1) zeigt erhebliche Abweichungen zwischen Nordost- und Südwest-Abschnitt. So setzt sich das „Stromberg-Synklinorium" zwischen „Soonwald"- und „Fustenburg-Antiklinorium" bis an das Gräfenbach-Tal und dann nördlich des mittleren Soonwald-Härtlings bis in das Simmer(Kellen)bach-Tal südlich des Lützelsoons fort. Das „Fustenburg-Antiklinorium" endet bei dieser Darstellung nordöstlich Kellenbach. Eine klare Abgrenzung zur Metamorphen Zone im „Winterbach-Synklinorium" fehlt. Dieser Sachstand mag auch Dittmar (1996: 293) dazu bewogen haben, das „Fustenburg-Antiklinorium" bei Kellenbach enden zu lassen. Die Darstellung bei LGB (2005) sieht im Süd-Hunsrück nur drei Schuppen vor, die „Königsau-Seibersbacher", die „Hahnenbach-Stromberger" und die „Winterbacher Synklinalschuppe". Diese Darstellung steht im Widerspruch zu der hier vertretenen Gliederung in vier Schuppenzonen und resultiert in erster Linie aus der unterschiedlichen Wertung der Taunusquarzit-Züge und der Überschiebungszonen im Nordwesten jeder Schuppe.

Die Korrelation der Schuppen innerhalb der Süd-Hunsrück-Einheit zwischen Guldenbach- und Hahnenbach-Tal lässt sich am besten von der **(Taunuskamm)-Soonwald-Überschiebungszone** nach Südosten durchführen, da sie überall sicher ausgehalten werden kann: Südlich schließt sich im Guldenbach-Tal die **Bingerwald-Schuppenzone** an, die sich bei deutlicher Gliederung durch die Pfädchensgraben-Überschiebung in zwei Teilschuppen gliedern lässt; eine Verfolgung nach Südwesten mit Anschluss an die **Wildburg-Lützelsoon-Schuppenzone** ergibt sich zwanglos über die Verbreitung des Taunusquarzits; die Ausstrichbreite verschmälert sich von 4 km im Guldenbach-Tal auf ca. 1,5–0,3 km im Lützelsoon; als Ursache ergeben sich die allgemeine Versteilung der Schichtlagerung (s_0), ein wahrscheinlich generell gegen SW gerichtetes Abtauchen der Spezialfalten-Achsen und vor allem das spitzwinklig zum Generalstreichen verlaufende Streichen der „Längsverschiebungen"; Querstörungen spielen wahrscheinlich nur eine untergeordnete Rolle; im Guldenbach-Tal folgt nach Südosten die **Seibersbacher Rücküberschiebung**, an der Taunusquarzit und z. T. auch im Hangenden folgende Hunsrückschiefer auf die oberdevonischen Schichten der **Daxweilerer Schuppen** nach SE überschoben sind; eine Verfolgung der oberdevonischen Schichten nach Südwesten verbietet die mächtige Pleistozän-Überdeckung. Der nahezu

E-W streichende Verlauf der Überschiebung führt zur Verschmälerung der Bingerwald-Schuppenzone nach Südwesten; sie wird gemeinsam mit der Rücküberschiebung an der Schöneberger und der Glashütter Querverwerfung versetzt und zieht von der Ochsenbaumer Höhe (Bl. 6011 Simmern) nahezu störungsfrei nach Südwesten; die im Simmer(Kellen)bach-Tal anstehenden schiefrigen Schichtverbände im Hangenden des Taunusquarzits („Henauer" oder „Königsauer Mulde") sind als Äquivalente der Daxweilerer Schuppen anzusehen; eine Rücküberschiebung des Taunusquarzit auf Schichten des Oberdevon (LGB 2005) steht in Widerspruch zu den Ausführungen von Zinser (1963) und anderer Autoren, die einen quasi ungestörten „Übergang" vom Taunusquarzit in die Hunsrückschiefer beschrieben; das gilt auch für das Hahnenbach-Profil; in beiden Profilen steht der Nachweis von inverser Lagerung für die oberdevonische Schichtenfolge aus; diese Schuppenzone entspricht der „Königsau-Seibersbach-Synklinal-Schuppe" (LGB 2005).

Im Guldenbach-Tal sind die mit der **Dörrebacher** und der **Kohlenberg-Überschiebung** begrenzten **Warmsrother** und **Stromberg-Waldalgesheimer Schuppen** durch die Schöneberger Querverwerfung von dem mittleren Taunusquarzit-Härtling des Soonwaldes getrennt; der Versatz ist erheblich; eine Korrelation ergibt sich jedoch durch die südöstlich folgende **Stromberger Überschiebungszone** und die **Fustenburg-Schuppenzone**, die dieses Areal durchgehend im Südosten begrenzen; die beiden nördlich davon gelegenen Schuppenzonen müssen infolgedessen an die **Ellerspring-Kellenbacher Schuppenzone** angeschlossen werden; eine Aufteilung in zwei Schuppen deutet sich im Nordosten in der morphologischen Gliederung des mittleren Härtlings-Zuges im Seibersbacher Wald (Bl. 6012 Stromberg) mit Fortsetzung in die Höhe Opel (649 m NN) an; sie sollte als Äquivalent der sich nach Südwesten verschmälernden Warmsrother Schuppen und im Dörrebacher Wald beim Jagdhaus Gretingsburg als Fortsetzung der Stromberg-Waldalgesheimer Schuppen gelten; diese Strukturen entsprächen im Rhein-Profil der Assmannshausener Schuppenzone, den Binger Schuppen incl. der Rupertsberg-Schuppe. In südwestlicher Richtung ziehen sich die **Stromberg-Waldalgesheimer Schuppen** in der Niederung zwischen dem mittleren und dem südlichen Härtlingsrücken weiter fort; im mittleren Härtlingsrücken selbst ist südwestlich der Glashütter Querverwerfung eine Aufteilung in zwei Schuppen nicht mehr erkennbar; während die Warmsrother Schuppen in den Höhenrücken integriert sind, lassen sich die Stromberger Schuppen bis in das Simmer(Kellen)bach-Tal verfolgen, wo sie zwischen der Ortschaft Kellenbach und der Weitersborn-Hahnenbacher Überschiebung in Form unter- und mitteldevonischer Schichten incl. „Diabas"-Mandelstein und Klausfels-"Diabas" als **Ellerspring-Kellenbacher Schuppenzone** repräsentiert ist; nach einem rechtshändigen Versatz an der Heinzenberger Querverwerfung zieht sie weiter nach Südwesten, wo sie im Hahnenbach-Tal bei Hahnenbach in den Hunsrückschiefern sowie den Kalkknollen- und Alaunschiefern der „Kallenfels-Serie" (Bierther 1941) in Erscheinung tritt. Ein deutliches Leitelement bildet die **Bingen-Rüdesheimer-Überschiebungszone** mit der Fortsetzung in die **Stromberger** und in die **Weitersborn-Hahnenbacher Überschiebungszone.**

Die Profilserie für den Hunsrück-Südrand (LGB 2005: Abb. 27 b) zeigt die Verhältnisse für das Guldenbach-Tal. Im Hoxbach-Simmerbach-Profil lässt sie manche Frage offen. U. a. werden die kompetenten Quarzite des Taunusquarzits im mittleren Härtlingsrücken nicht an der Schwarzerdener Überschiebung auf die jüngeren Schichten nach Nordwesten überschoben. Hier sind bisher nicht bewiesene Schichten der Eifel- und Givet-Stufe eingetragen, die in der Natur dem Hunsrückschiefer mit Dachschiefern zum Verwechseln ähnlich sind. Allerdings liegen von hier Fossilnachweise für Unterems (Kutscher 1934) vor. Auch sind offensichtlich die Ellerspring-Kellenbacher und die Steineberg-Waldfrieder Schuppenzone in der „Hahnenbach-Stromberg-Synklinalschuppe" zusammengefasst, da im Simmer(Kellen)bach-Tal der trennende Taunusquarzit-Zug fehlt.

Im Guldenbach-Tal folgt im südöstlichen Anschluss die **Fustenburg-Schuppenzone**; nach dem „Ausspitzen" des Taunusquarzits an der Molkenborner Höhe nahe dem Forsthaus

Alteburg (Bl. 6111 Pferdsfeld) ist sie nur über mehr oder weniger sandige Gesteine vom Typ Übergangschichten (Zerf-Sch.) und die Kalkknollen- und Alaunschiefer der „Kallenfels-Serie" (BIERTHER 1941) zu definieren. Die Fustenburg-Schuppenzone findet so ihre Fortsetzung nach Südwesten in der sich in dieser Richtung stetig verschmälernden **Steinberg-Waldfrieder-Schuppenzone**; im Simmer(Kellen)bach- und im Hahnenbach-Tal ist sie lediglich durch Übergangsschichten oder Hunsrückschiefer mit Dachschiefern vertreten. Die **Eckenrother Überschiebungszone**, kenntlich an der Rücküberschiebung der Hunsrückschiefer auf mittel- bis oberdevonische Schichten der **Schweppenhausener Schuppenzone** nach Südosten findet ihre Fortsetzung nach Südwesten in der **Wartensteiner Rücküberschiebung** bis in das Hahnenbach-Tal. Daran schließt sich nach Südosten die relativ schmale **Oberhausen-Winterbacher Schuppenzone** an mit evtl. mittel-, vor allem aber oberdevonischen Schichtverbänden; sie korreliert mit der **Schweppenhausener Schuppenzone** und entspricht wahrscheinlich der „Winterbacher Synklinalschuppe" (LGB 2005).

Die **Wiesbachtal-Überschiebungszone** bildet die Grenze zur südöstlich anschließenden Metamorphen Zone („Vorsoonwald-Serie", BIERTHER 1941, Zone III sensu H.-H. WERNER 1950, 1952) mit ihren epizonal geprägten Phylliten und Grünschiefern. Eine entsprechende Grenze lässt sich bis nördlich Hergenfeld verfolgen, wo sie an der Hergenfelder Verwerfung an die Gesteine der Schweppenhausener Schuppenzone stößt.

Die **Kallenfels-Quarzite** werden als linsenförmige Schürflinge bevorzugt in der Oberhausen-Winterbacher Schuppenzone angetroffen. Das gilt auch für Vorkommen in den Schweppenhausener Schuppen einschließlich der Kesslerberg-Schuppe an der Nahe.

3.3.4.4 Der Südöstliche Hochwald

Der südöstliche Hochwald schließt sich südwestlich an den Soonwald und sein südöstliches Vorland an. Er wird nach Nordwesten begrenzt durch die Mörschied-Abentheuer-Überschiebungszone im südwestlichen Anschluss an die Taunuskamm-Soonwald-Überschiebungszone. Ob ein unmittelbarer Anschluss an diese besteht, bleibt fraglich, denn sie zielt eher in das Gebiet bei Rudolfshaus. Das würde bedeuten, dass die Taunuskamm-Soonwald-Überschiebungszone in dem nördlich Herrstein gelegenen Tonschiefer-Gebiet sich verliert. Die überregionale Bedeutung der Mörschied-Abentheuer-Überschiebungszone ist durch den Kristallin-Schürfling von Mörschied (Bl. 6209 Idar-Oberstein), mehrere Quarzit-Schürflinge und die Eisener Schuppe ausgewiesen. Die südliche Begrenzung bildet das tiefere Rotliegend (Glan-Subgruppe). Südwestlich der Schwerspat-Grube „Korb" nördlich Eisen überdecken Rotliegend- Schichten die Süd-Hunsrück-Einheit weitgehend. Die Oberhausen-Winterbacher Schuppenzone und die Metamorphe Zone verschwinden bereits südwestlich des Hahnenbach-Tales unter der Rotliegend-Überdeckung.

So verbleibt südwestlich des Fischbach-Tales über längere streichende Erstreckung nur ein max. ca. 3 km senkrecht zu Streichen messender Streifen, der sich südlich der Züscher Schuppenzone entlang zieht und vornehmlich aus Hunsrückschiefer, Eisbach- und Idarbach-Formation aufgebaut ist (KNAUTZ 1992). Während NÖRING (1939) ihn vollständig der „Leiseler Mulde" zuordnete, ergab die moderne Bearbeitung, dass ein Teil dieses unmittelbar südöstlich an den „Züscher Sattel" anschließenden Bereichs aufgeteilt werden muss. So schloss KNAUTZ die Tonschiefer im südöstlichen Anschluss an den Taunusquarzit an die Hunsrückschiefer an. Erst die im Südosten angrenzende lithofaziell und strukturell eigenständige Einheit bezeichnete er als „Leiseler Mulde". Die Trennfläche zwischen den beiden Einheiten bezeichnete er als „Strukturgrenze B". Sie wird hier mit NÖRING als **Mörschied-Abentheuer-Überschiebungszone** und die südöstlich angrenzende Struktur unter Bezug auf KNAUTZ (1992) als **Leiseler Schuppenzone** bezeichnet. Sie teilt sich in die **Leiseler Schuppe i. e. S.**, die den nordwestlichen Abschnitt mit der Ortschaft Leisel umfasst, und die **Homberger Schuppe**, benannt nach dem Homberg (510 m) bei Buhlenberg (Bl. 6308 Birkenfeld-West). Beide trennt die **Buhlenberger Überschiebung**. Die Homberger Schuppe tritt innerhalb der Leiseler Schuppenzone durch einen NE-SW ausgerichteten, langgestreckten „Schuppenspan“ von Taunusquarzit („Gollenberg-Quarzit“, GREBE 1881) deutlich hervor und erlaubt damit die strukturelle Gliederung des sonst einheitlichen Tonschieferareals. Es ist jedoch mit weiteren Überschiebungen zu rechnen.

Von NÖRING (1939) wurde das gesamte Gebiet südlich des Hochwaldes seiner „Leiseler Mulde“ zugeschlagen. Er hielt lediglich die „Durchspießungszone von Mörschied-Abentheuer“ aus: „Von Mörschied bis in die Gegend nördlich Eisen verläuft eine geradlinige Zone, an der vor- und frühdevonische Gesteine den Hunsrückschiefer durchspießen“. Er wies darauf hin, dass „die älteren Gesteine keilartig, zwetschenkernartig den Hunsrückschiefer auf der Schieferungsfläche durchwandert haben und (...) zu schmalen Quetschlinsen ausgedünnt und zerrissen wurden“ (S. 73). Zur Untermauerung dieser noch aktuellen Vorstellung führte er „ausgequetschte Linsen eines grauen Quarzits im Hunsrückschiefer des Fischbachtales bei Mörschied“ (S. 74, Abb. 5) an, die in kleinerem Maßstab diesen Prozess verdeutlichen sollten. Der Vergleich ist nicht unbedingt zulässig, da es sich hierbei um in Richtung und senkrecht zu B_1/b_1 gestreckte, jedoch nicht wesentlich aus dem Verbund gelöste Quarzit-Linsen handelt. Auch machte er auf ähnliche Vorkommen östlich Heinzenberg im Simmer(Kellen)bach-Tal (Kallenfels-Quarzite) aufmerksam. Eine größere regionale Bedeutung wies er der „Durchspießungszone“ nicht zu.

Die Quarzite des Weißfels und des Stellbergs bezeichnete NÖRING (1939) incl. des „Quarzit von Abentheuer“ als „Sättel von Gollenfels und Abentheuer“(S. 73), die in ihrem Kern noch Obergedinne-Schichten enthielten. Den „Quarzitsattel von Gollenberg“ mochte er sogar in der streichenden Verlängerung an den „Sattel vom Lützelsoon“ anschließen und somit „ihn Anschluß an den Soonwald-Taunus-Sattel“ (S. 73) gewinnen lassen. R. HOFMANN (1966) behielt diese Auffassung bei und erst MIHM (1968) revidierte sie für die Schwerspat-Lagerstätte der Grube „Korb“ nördlich Eisen. Klarheit brachte erst die Bearbeitung von KNAUTZ (1992).

3.3.4.4.1 Mörschied-Abentheuer-Überschiebungszone und „Aufbrüche“

NÖRING (1939) waren im westlichen Hunsrück drei zum „Vordevon“ gehörige Vorkommen aufgefallen, die „ sich zwanglos in einer NO verlaufenden Zone“(S. 14) anordnen lassen und die benachbarten schiefrigen Schichtverbände „durchspießt“ hätten, ähnlich wie das Kristallin vom Wartenstein. Dazu gehören das Gneis-Vorkommen nordwestlich Mörschied und mehrere Quarzite. Mit diesen Gesteinen sind konglomeratische Sandsteine und „Bunte Schiefer“ vergesellschaftet, die in das Gedinne, evtl. auch in das Kambrium, zu stellen sind. Aus der Anordnung ergab sich die Bezeichnung „Aufbruchzone des Vordevons von Mörschied und Abentheuer“. Erst durch KNAUTZ (1992) ergab sich die volle Berechtigung dafür, hierin eine fazies- und strukturtrennende Überschiebung zu sehen. Die von KNAUTZ als „Strukturgrenze B“ bezeichnete Überschiebung trennt Hunsrückschiefer, die noch zur Züscher Schuppenzone gehören im Nordwesten von den Tonschiefern der Eisbach- und Idarbach-Formationen der Leiseler Schuppenzone im Südosten.

Die Gesteine der Eisbach- und Idarbach-Formationen haben die Spannbreite von Unterems (REITZ in: STETS & STOPPEL 1998) bis in das tiefere Oberdevon (KNAUTZ 1992). Eine Berechtigung ergibt sich auch aus der regionalgeologischen Situation, da beide Formationen in der streichenden Verlängerung von ähnlichen Vorkommen im Soonwald (Daxweiler-Schuppen südöstlich der Bingerwald-Schuppenzone) liegen, die echte Grauwacken im Guldenbach-Tal im tiefen Oberdevon enthalten. Ein weiteres Argument für eine strukturtrennende Überschiebung bildet das Vorkommen von Mittel- und Oberdevon-Gesteinen incl. eines Baryt-Lagers in der Grube „Korb“ nördlich Eisen. Es ist eine tektonische Teilschuppe mit einem kleinen „Span“ von Taunusquarzit in der Mörschied-Abentheuer-Überschiebungszone.

Im Südwest-Abschnitt verläuft diese Überschiebungszone parallel zum Streichen des Quarzit-Zuges Weißfels-Rothenburg am Südost-Rand der Züscher Schuppenzone und subparallel zum s_1-Gefüge in den Tonschiefern. Im Schacht der Grube „Korb“ (u. a. Gwodz et al. 1974, G. Müller & Stoppel 1981, Stets & Stoppel 1998) fiel sie dort mit ca. 80° SE. Zwischen Leisel und Kirschweiler knickt sie im Streichen von etwa 45° in Richtung 55–60° ab. Im Profil des Idarbaches ist die Lagebeziehung zu den s-Flächengefügen wieder deutlich. Trotz des veränderten Streichens verläuft sie auch hier subparallel zu s_0 und s_1. Verglichen mit der wesentlich weiter im Nordwesten liegenden Hochwald-Überschiebungszone („Strukturgrenze A“: Knautz 1992) bildet sie jedoch einen wesentlich spitzeren Winkel mit den Grenzen der lithostratigraphischen Kartiereinheiten im tektonisch Liegenden und Hangenden.

3.3.4.4.1.1 Die Schürflinge

Gneis von Mörschied. Auf der linken Talflanke des Fischbach-Tales befindet sich südlich der ehem. Dachschiefer-Grube „Schielenberg“, in der Dachschiefer in Kaub-Schichten abgebaut wurden, das allerdings nur mit Hilfe von Lesesteinen nachgewiesene Vorkommen des „Gneis von Mörschied“(Grebe 1881, Nöring 1939, Porth 1961, Mannebach 1990). Es handelt sich nach dem Lesesteinmaterial um einen variszisch überprägten Granit-Schürfling des prä-variszischen Kristallin-Sockels. Nöring (1939: 14) schrieb, „dass die bis etwa 1 cm breiten hellen, aus Quarz und Feldspat gebildeten Partien flaserig von etwa 2 mm breiten Bändern von vorwiegend chloritischer Substanz unterbrochen werden“. Hinzu kommt, dass diese der variszischen Hauptschieferung (s_1) entsprechende Textur noch von der 2. Schieferung (s_2), „die eine Kleinfältelung und Stauchung der einzelnen Lagen hervorrief“, betroffen wurde, die bei stärkerer Beanspruchung zu „einer Verwischung der ursprünglichen Lagentextur (s_1, nicht Gneis-Gefüge)“ (S. 15) führen konnte. Wegen des relativ geringen Winkels, den s_0, s_1 und die Überschiebungsbahn hier einschließen, ging Knautz (1992) davon aus, dass der Gneis-Schürfling als „Grundgebirgsscherkörper“ an der Basis einer deckenähnlichen Überschiebung zu deuten sei, allerdings auch, dass der Schürfling erst relativ spät entlang einer flachen Bahn mit dem Aufschuppungsprozess in die Deformation einbezogen wurde. Im Verein mit den Vorstellungen zum Gneis-Schürfling vom Wartenstein sollte er jedoch auch, wie dieser, relativ früh in den Schichtenstapel geraten sein, so dass er 1. und 2. Schieferung „erleben“ konnte. Diese Annahme geht somit auch hier von einer frühen syngenetischen Anlage der strukturtrennenden Scherbahn als Abschiebung im Unterdevon aus, die bis in den Sockel hinab reichte. Sie wurde in Zusammenhang mit der variszischen Deformation in eine Überschiebung umfunktioniert. Dabei gelangte der Kristallin-Schürfling auf seine Bahn und unterlag der 1. und 2. Schieferung bevor er nach dem Zwetschgenkern-Prinzip nach oben wanderte.

Zusammen mit den Lesesteinen aus „Granitgneis“, „Muscovitgneis“, und „Feldspatgneis“ beschrieb Nöring (1939: 15) „dunkle Quarzite“ und „verquarzte Sandsteine“ mit „recht hohem Anteil glimmerigen Materials zwischen den Quarziten“, mit „wahrscheinlich kambrischem Alter“ und „Fetzen von alt unterdevonischen konglomeratischen Sandsteinen“, die er dem Gedinne zuordnete. Diese Altersangaben sind rein spekulativ, da aus der Lagerung und den Gesteinen „ keine Anhaltspunkte für das Alter des Gneises“ abgeleitet werden könnten. Er hielt die Gneise für „sicher vordevonisch. Wahrscheinlich sind sie sogar vorkambrisch“ (S. 16). Nach den Ergebnissen bei Schloss Wartenstein kann diese Auffassung bestätigt werden.

Mannebach (1990) bestätigte Nöring’s Fund von schwarzen Quarziten mit Fundstücken, die, von zahlreichen Quarztrümern durchzogen waren und Feinschichtung sowie Spezialfältelung aufweisen. Die Quarztrümer sind stellenweise durch Schieferung linsig zerschert. Bei Vergleichsuntersuchungen an schwarzen Quarziten aus dem Simmer(Kellen) bach-Profil sah er u. d. M. keine Ähnlichkeiten zu den Gesteinen vom Aufbruch Mörschied. Entscheidende Unterschiede bestehen in unterschiedlicher Korngröße, deutlich schlechterer Sortierung und geringem Anteil an Chlorit. Unter den Fundstücken von Konglomeraten und konglomeratischen Sandsteinen, die kompakt und gut verfestigt waren, befanden sich vor allem solche, deren Matrix von s_1-Flächen durchzogen waren und sicher variszisch deformiert worden sind. In den Quarzit-Geröllen der Konglomerate ist im Dünnschliff eine Regelung der Quarzkörner zu beobachten, die jedoch deutlich von s_1 abweicht. Sie ist Zeuge einer beträchtlichen prä-variszischen Deformation. Außerdem beschrieb MANNEBACH Drucklösungserscheinungen an den Geröllgrenzen und mit Quarz verheilte Brüche, der undulöse Auslöschung zeigt. Alle Bemühungen, das Anstehende ohne erhebliche Schurfarbeiten zu finden, schlugen bisher fehl.

Quarzit-Schürflinge. Entlang der Mörschied-Abentheuer-Überschiebungszone treten zusätzlich eine Anzahl von Quarzit-Schürflingen auf, die – ähnlich den Kallenfels-Quarziten – in einer ihnen „fremden Umgebung schwimmen“:

Das Quarzit-Vorkommen von Oberwörresbach. MANNEBACH (1990) fand zwischen der Hahnenmühle im Fischbach-Tal und dem Oberlauf des Wörresbaches westlich der Ortschaft Oberwörresbach (Bl. 6209 Idar-Oberstein) auf etwa 1,7 km Länge einen schmalen Span von Quarziten vom Typ Taunusquarzit mit einer Ausstrichbreite von 150–200 m, der NE-SW streicht; er ist offensichtlich im tektonisch Liegenden und Hangenden von Verschiebungen begrenzt und nach Art eines Fluchtkeils in die begleitenden Tonschiefer eingeschuppt; er wird am Wörresbach, westlich der Ortschaft, von einer Querstörung versetzt; der Anteil südwestlich der Störung zeigt lediglich NW fallende Schichten; so muss von einer Querabschiebung ausgegangen werden, die unterschiedliche Niveaus im Tagesaufschluss erscheinen lässt; nach allen Beobachtungen steht dieser Schürfling vertikal bis subvertikal.

Das Quarzit-Vorkommen „Auf der Lüh“. Ähnliche Verhältnisse finden sich im Tal des Idarbaches nordöstlich der Lokalität Kirschweiler-Auf der Lüh (Bl. 6209 Idar-Oberstein); hier befindet sich ein ebenfalls NE-SW streichender Quarzit-Schürfling von etwa 1 km Länge und max. 0,2 km Ausstrichbreite im Bereich der Mörschied-Abentheuer-Überschiebungszone; die Scherzone trennt hier Hunsrückschiefer vom Typ Kaub-Schichten mit Dachschiefern der Züscher Schuppenzone (ehem. Abbaue im Idarbach-Tal unweit der Lokalität Kirschweiler Brücke) im Nordwesten von Schichten der Idarbach-Formation im Südosten; in diesem Quarzit ist ein Spezialsattel ausgebildet; außerdem beobachtete KNAUTZ (1988), dass die Flächengefüge s_0 und s_1 in den benachbarten Tonschiefern einen sehr spitzen Winkel bilden, der quasi gegen 0° geht; die Quarzit-Bänkchen in den Tonschiefern im Südosten sind stärker linsig zerschert und in die s_1-Ebene eingeschlichtet als im Nordwesten; hieraus lässt sich für die Leiseler Schuppenzone ein graduell höherer tektonischer Beanspruchungsgrad ableiten; im Gegensatz dazu fehlt ein s_2-Gefüge in der Leiseler Schuppenzone weitgehend; dort findet sich bestenfalls eine Runzelung auf den s_1-Flächen bzw. eine sigmoidale Verbiegung ohne Zerscherung.

Der Quarzit von Schwollen. Ebenfalls in der Überschiebungszone liegt der Quarzit von Schwollen (Bl. 6208 Morscheid-Riedenburg, 6209 Idar-Oberstein); NÖRING (1939: 16) erwähnte unter Bezug auf DUMONT (1848: 345, 396) rote Tonschiefer, die jedoch in der dortigen Eisbach-Formation nicht selten sind und zu Verwechslungen mit roten Tonschiefern der Züsch-Schichten geführt haben; zwar konnte NÖRING diese Funde nicht bestätigen, ihm gelang jedoch der Fund „grauer verquarzter Quarzite am Ostausgang von Schwollen, die petrographisch mit dem Taunusquarzit oder anderen unterdevonischen Quarziten nicht verglichen werden können“; in einer Fußnote verglich er sie mit den Kallenfels-Quarziten und hielt sie u. U. für „kambrische Quarzite“; KNAUTZ (1992) konnte keine Ähnlichkeiten mit dem Taunusquarzit feststellen und ordnete sie der Idarbach-Formation zu; die Quarzite westlich Schwollen gehören zum Taunusquarzit-Zug vom Weifels-Gebück-Wehlenstein.

s-Tektonit der Rothenburg. Im Hambach-Tal konnte KNAUTZ (1992) wenige Zehner m südöstlich des Taunusquarzits der Rothenburg (Bl. 6308 Birkenfeld-West) im Grenzbereich zu „Buntschiefern“ der Eisbach-Formation die Überschiebungszone über einen s-Tektonit eingrenzen.

Der Quarzit von Abentheuer. Im Traun-Tal springt in einer Felsklippe unterhalb des Gehöftes Arthenberg nordwestlich von Abentheuer (Bl. 6308 Birkenfeld-West) Quarzit in das Tal vor und setzt sich nach Südwesten über das Tal fort; NÖRING (1939) beschrieb ihn von beiden Seiten des Tals als „Zug von schwarzen, grauen, z. T. aber auch helleren (die meisten sind hellgrau bis grau) Quarziten", die stark von Quarztrümern durchzogen sind und „in ihrer petrographischen Natur entschieden vom benachbarten Taunusquarzit" (S. 16) abweichen; in Frage kommen hier die Quarzite am nahen Beil- oder Krummkehrfels; nach KNAUTZ (1992) ist das Gefüge dieser Quarzite bereichsweise sehr stark tektonisiert; eine geringere strukturelle Reife unterscheidet ihn vom Taunusquarzit; dafür sah er petrographische Ähnlichkeiten zu den Quarziten von Eisbach-und Idarbach-Formation; allerdings ist deren zeitliche Einstufung bis heute unklar; makroskopisch unterscheiden sich die Quarzite von Abentheuer lediglich durch eine stärkere tektonische Beanspruchung vom Taunusquarzit; im Grunde genommen ergibt sich damit eine ähnliche tektonische Situation wie bei den Kallenfells-Quarziten, nur liegen diese weiter südlich.

Quarzite nördlich Eisen. NÖRING (1939: 16) erwähnte in der streichenden Fortsetzung des Vorkommens Abentheuer zwischen Traun- und Eisbach-Tal zwei weitere Vorkommen grauer Quarzite „nördlich des Hauptwegs zwischen den Forstorten Beil und Seefranzenrech" am oberen Eisbach; diese Vorkommen ließen sich bei den sehr schlechten Aufschlussverhältnissen nicht bestätigen; allerdings lägen sie mit einem kleinen Taunusquarzit-Vorkommen, das bei Schurfarbeiten (Schurf 15) nahe der Grube „Korb" nördlich Eisen gefunden wurde (STETS & STOPPEL 1998), auf der Spur der Mörschied-Abentheuer-Überschiebungszone.

3.3.4.4.1.2 Überschiebungszone von Mörschied-Abentheuer

Für KNAUTZ (1992) waren die genannten Vorkommen zusätzlich zu Funden von „Scherzonenbreccien" und „phyllitisch glänzenden" Tonschiefern der Anlass, die „Durchspießungszone" als strukturtrennende Naht innerhalb von NÖRING's „Leiseler Mulde" zu sehen. Außerdem trennt diese Verschiebung offensichtlich zwei unterschiedliche Faziesräume, einen durch die stark kondensierte Karbonatgesteins-Folge und das Baryt-Lager in der Grube „Korb" im Nordwesten und einen fast ausschließlich durch Pelite mit einzelnen Psammiten gekennzeichneten im Südosten. Außerdem kommen im südöstlichen Faziesraum vermehrt paläozoische „Diabase" vor, die nordwestlich davon fehlen. All diese Merkmale zeigen, dass die heutige Überschiebungszone offensichtlich als Schollengrenze synsedimentär abschiebend vorgezeichnet war.

Beim Vergleich mit den nordöstlich anschließenden Gebieten ergibt sich nur bedingt eine Korrelationsmöglichkeit der Leiseler Schuppenzone mit den Schichtverbänden der unmittelbar südöstlich des Taunusquarzit-Riegels von Bingerwald und Wildburg-Lützelsoon-Schuppenzone. Dies gilt auch für die Schichten des Oberdevons, die als Äquivalent in den Daxweilerer Schuppen nachgewiesen wurden. Die geologischen Verhältnisse im südlichen Hochwald entsprechen nicht unbedingt jenen im Soonwald. Schon die Fazies des Taunusquarzits der Züscher Schuppenzone mit seiner deutlichen Vierteilung (KNAUTZ 1992) entspricht nicht der klassischen im Soonwald. Diese Beobachtungen sprechen mit dafür, dass die Mörschied-Abentheuer-Überschiebungszone sowohl strukturell als auch synsedimentär eine entscheidende Rolle spielte.

Die Raumlage der Überschiebungszone ist heute uneinheitlich. Im Schachtquerschlag der 6. Sohle in der Grube „Korb" war die Überschiebungszone als etwa 15 m quer zum Streichen messende, stark gefältelte und zerscherte Zerrüttungszone aufgeschlossen. Aus den Grubenaufschlüssen höherer Sohlen ergab sich mit GWOSDZ et al. 1974; STETS & STOPPEL 1998) ein Einfallen der Verschiebungszone von 75–80° SE. Weiter im Nordosten ergibt sich aus der Schichtlagerung im meist schiefrigen Nebengestein ein NW-Einfallen, das eine „Überkippung" der Bewegungsbahn nahelegt. Die Schichtlagerung im tektonisch Liegenden (NW) und Hangenden (SE) ist durch Saigerstellung bzw. überkipptes NW-Einfallen gekennzeichnet. Kurzschenkelfalten zu beiden Seiten der Bahn zeigen schwache SE-Vergenz. Die s_1-Flächen fallen flacher als s_0 nach NW und bilden mit s_0 relativ kleine Winkel (Knautz 1992). Bei aufschiebender Bewegung nach NW und weitergehender Einengung ergibt sich eine Rotation der Verschiebungsfläche zur Saigerstellung und darüber hinaus bis zum Einfallen nach NW. So bleibt der aufschiebende Charakter gewahrt. Dieser Wechsel der Raumlage kann materialbedingt sein. Das „normal" SE gerichtete Einfallen im ehem. Grubengebäude mag auch durch die Kompetenz der Karbonatgesteine und des Schwerspat-Körpers der „Eisener Schuppe" bedingt sein und sollte im weiteren Verlauf nach SW wieder in NW-Einfallen zurückgehen.

3.3.4.4.2 Eisener Schuppe

Die mittel- und oberdevonischen Schichten der Eisener Schuppe (Mihm 1968, G. Müller & Stoppel 1981, G. Müller 1982b, Stets & Stoppel 1998) bilden zusammen mit dem Schwerspat-Körper der Grube „Korb" einen eigenen Schürfling. Er grenzt im tektonisch Liegenden (NW) an einer steilen Verschiebung gegen Hunsrückschiefer der Züscher Schuppenzone und im tektonisch Hangenden (SE) an Schichten mit rötlichen, phyllitisch glänzenden Tonschiefern der Eisbach-Formation. Der gesamte, in sich stark gestörte, beidseitig von Verschiebungen begrenzte, linsenartige Komplex sitzt ebenfalls auf der Mörschied-Abentheuer-Überschiebungszone. Dabei ist die südöstliche die bedeutendere Verschiebung im Schachtquerschlag der 6. Sohle der Grube. Im Gegensatz zu den Taunusquarzit-Schürflingen, die nicht zugeordnet werden können, liegt die Eisener Schuppe danach eher unter der Mörschied-Abentheuer-Überschiebung und gehörte damit zur vorgelagerten Züscher Schuppenzone.

Nach Mihm (1968a) ist die Schichtlagerung im Grubengebäude bis hinunter zur 4. Sohle steil überkippt nach NW gerichtet, „ohne dass ein stärkerer Wechsel im Einfallen festzustellen wäre" (S. 31). Die Überkippung wurde von Krebs (1970) mit Hilfe von Conodonten bestätigt. Diese inverse Schichtlagerung geht nach unten bis zur 6. Sohle in normales steiles SE-Einfallen über, so dass die Schichtfolge mitsamt dem Schwerspat-Körper eine flache Knickung mit nahezu horizontaler Achse aufweist. Die Schichtenfolge innerhalb der Schuppe ist durch zahlreiche im Schichtstreichen liegende Verschiebungen stark verschuppt. Trotzdem ist im Querprofil von Nordwesten nach Südosten die Schichtenfolge von Tonschiefern des Oberems im Liegenden über mittel- zu oberdevonischen Kalken, Dolomiten und Mergeln im Hangenden durch zahlreiche Faunenfunde (G. Müller & Stoppel 1981) belegt. Damit ist trotz der starken Deformation das allenthalben im Hunsrück geltende Prinzip der Verjüngung der Schichten innerhalb einer Schuppe nach Südosten gewahrt. Eine trotz dieser Gesetzmäßigkeit vorhandene Auflösung in schmale, im Streichen liegende Teilschuppen ließ sich besonders gut auf der 3. Sohle (G. Müller 1982, G. Müller & Stoppel 1981) aufzeigen. Lediglich das Vorkommen von Unterkarbon auf der 3. Sohle fällt aus dem Rahmen. Es lag nordwestlich der Karbonat-Gesteinsserie neben einem Schichtverband, der von Gwosdz et al. (1974) noch als Hunsrückschiefer angesprochen wurde. Dieser unterkarbonische Schichtverband ist als weitere Teilschuppe gegen den Karbonatgesteins-Komplex tektonisch abgegrenzt. Die tieferen Abbaue schlossen das Nebengestein in diesem Bereich nicht mehr großzügig auf.

Tektonische Aufnahmen (Stets & Stoppel 1998) bestätigten diesen Bau für die Niveaus von der 6. bis zur 8. Sohle. Der Faltenspiegel der Kurzschenkelfalten fällt steil SE und passt sich dem Einfallen der Überschiebungszone an. Daraus ergibt sich im Einfallen ein linsenförmiger Schuppenkörper, der an der Tagesoberfläche von der Überschiebung überfahren war. Der direkte Ausbiss der Schuppe zu Tage war somit nicht zu beobachten. Sie erschloss sich mehr und mehr mit dem zur Tiefe fortschreitenden Abbau. Im Tagesausbiss waren zur Zeit der Erschließung der Lagerstätte lediglich Eisen-Mangan-Mulm-Anreicherungen zu beobachten, die seinerzeit zur Herstellung von Farbpigment im Tagebau gewonnen wurden. Sie sind durch die Mesozoisch-Tertiäre Verwitterung entstanden.

Die kleintektonische Analyse im Grubenbereich (Mihm 1968a, Stets & Stoppel 1998) bestätigte zusammen mit gezielten Conodonten-Aufsammlungen (Krebs 1974, G. Müller & Stoppel 1981) den auch sonst für den westlichen Hunsrück gültigen Deformationsablauf, der sich in mehrere Teilschritte auflösen lässt; chaotische Lagerungsverhältnisse liegen nicht vor: Als 1. Schritt ergibt sich eine Faltung mit Kurzschenkelfalten und zugehöriger Schieferung (s_1) in Form eines Achsenflächen-parallelen Scherflächensystems bei bevorzugt nach NE gerichtetem Abtauchen der B_1/b_1-Achsen bzw. der Schnittlineare L_1 (s_0/s_1). Als nächster Schritt der Einengung wurden wahrscheinlich präexistente syngenetisch abschiebende Verschiebungen aktiviert und zu Überschiebungen invertiert, die zur späteren Schuppe führten. Als Folge dieser Bewegungen wurde die Eisener Schuppe aufgrund der erheblichen Materialgegensätze – Karbonat-Komplex und Schwerspat-Körper contra Mergel-, Tonmergel- und Tonschiefer – aus dem Verband gerissen und bei der Aufwärtsbewegung in sich verschuppt; dabei kam es zu Bewegungen auch entlang von s_0-Flächen und zu einer intensiven Klüftung insbesondere der kompetenten Bankfolgen. Entlang der tiefreichenden, wahrscheinlich zur Tiefe listrisch verlaufenden Aufschiebungsbahn wurde bei weiterer Aufwärtsbewegung durch Rotation das s_1-Flächengefüge unwirksam und durch ein s_2-Flächengefüge ersetzt; dieses ist ausschließlich im Grubengebäude in der Schuppe ausgebildet, nicht jedoch in den sie im Liegenden und Hangenden begleitenden Schichten; die Rotation erfolgte grundsätzlich koaxial mit geringen Abweichungen wie sich aus der Raumlage der Schnittlineare L_2 (s_1/s_2) ergibt, die jetzt vermehrt nach SW statt nach NE abtauchen. Als jüngste, wahrscheinlich post-variszische Deformation ist der Versatz entlang einer N-S streichenden Verwerfung im Westen des Grubengebäudes zu werten.

Die ersten vier Schritte erfolgten danach in systematischer Folge koaxial mit nur geringen Abweichungen und wahrscheinlich ohne wesentliche Unterbrechungen. Müller & Stoppel (1981) gaben für den Grad der Deformation Werte für die Illitkristallinität in Tonschiefern aus der Grube für Hb_{rel} 120–150 an. Sie passen in den allgemeinen für das südliche Schiefergebirge geltenden Rahmen (Holl 1995). Die Eisener Schuppe gehört danach noch zu einem Bereich anchimetamorpher Prägung. Eine Zugehörigkeit zur Metamorphen Zone des Süd-Hunsrücks („Phyllitzone“: Dittmar 1996) muss danach ausgeschlossen werden.

Die tektonischen Untersuchungen gaben aber auch Hinweise auf die Genese des Schwerspat-Körpers. Es bestanden drei Hypothesen in diesem Zusammenhang: (1) Der Schwerspat-Körper ist ein steil stehender Gang (Schömer 1952a, Geis 1955, G. Müller 1972); (2) er ist eine stratiforme, synsedimentäre Bildung ähnlich dem Lager in Meggen/Sauerland (u. a. R. Hofmann 1965, Mihm 1968a, 1966, Krebs 1970, Gwosdz et al. 1974, G. Müller 1976, G. Müller & Stoppel 1981, W. Werner 1989a, 1989b). (3) Es ist eine metasomatische Verdrängung im Karbonat-Komplex (Mihm 1968a).

Stets & Stoppel (1998) schlossen nach kleintektonischen Untersuchungen eine Gangbildung aus. Aufgrund einer quasi-Parallelität des linsenförmigen Schwerspatkörpers zum primären sedimentären Gefüge (s_0) und einer wenn auch nur geringen Diskonformität gegenüber s_1 im Nebengestein zogen sie eine syngenetische Bildung (Hypothese 2) und zusätzlich eine spätere Metasomatose (Hypothese 3) in Betracht. Die z. T. komplizierten Verhältnisse im Kontakt Schwerspat-Körper/Nebengestein – der Schwerspat-Körper grenzt trotz seiner quasi-Parallelität zu s_0 auf kurze seitliche Distanz meist mit scharfem Kontakt an Gesteinsverbände von Oberems, Eifel-, Givet- und Adorf-Stufe – mögen dagegen sprechen. Der Kontakt ist allerdings allenthalben tektonisch überprägt, und der kompetente, in sich geschlossene Schwerspat-Körper hat sich bei den geschilderten Deformationsabläufen in jedem Fall in dem in sich verschuppten Schichtverband selbständig bewegt. Aufgrund primär fehlender interner Flächengefüge musste er sich in der inhomogenen Schichtenfolge als Ganzes bewegen. Dabei wurde der Baryt-Körper in den in sich verschuppten Verband eingeschlichtet. Bei diesen Prozessen wurde offensichtlich $BaSO_4$ mobilisiert, und es kam zusätzlich zu metasomatischer Verdrängung in unmittelbarer Nachbarschaft von Karbonat und Schwerspat. Der Befund, dass Schwerspat z. T. erheblich brekziös ist, die Klasten durch $BaSO_4$ sekundär verheilt bzw. von ihm durchtrümert sind, dass im Karbonat auch lokale Spatfällung parallel und diskonform zu s_1 vorkommen, sprechen dafür. Mihm (1968a: 20) beschrieb „bis 10 cm große, weiße oder klare Schwerspattafeln, die mit größter Wahrscheinlichkeit sekundär gebildet worden sind".

3.3.4.4.3 Leiseler Schuppenzone

Die Leiseler Schuppenzone liegt zwischen der Mörschied-Abentheuer-Überschiebungszone im Nordwesten und dem Auflager von Rotliegendem im Südosten. Sie baut sich über weite Areale weitgehend einheitlich aus den tonig-schiefrigen Eisbach- und Idarbach-Formationen (Knautz 1992) auf, die dem Hunsrückschiefer sehr ähnlich sehen. Das führte früher zu der Auffassung, dass dieser südöstliche Abschnitt der ehem. als „Leiseler Mulde" bezeichneten Struktur allein aus Hunsrückschiefer aufgebaut sei. Eingelagert sind langgestreckte schmale, linsenförmige Vorkommen von Quarziten und echten Grauwacken, jedoch auch von Rot- und Alaunschiefern. Biostratigraphische Daten fehlen. Die alleinige Zuordnung zum Hunsrückschiefer (Grebe & Leppla 1898) kann schon wegen der gen. Einschaltungen nicht beibehalten werden, da sie in „echten" Hunsrückschiefern nicht vorkommen. Diese Einschaltungen treten andererseits auch nicht so regelmäßig auf, dass auf lithostratigraphischer Basis eine strukturelle Gliederung möglich wäre. Die Rotschiefer-Einschaltungen hatten bereits zu der Vermutung Anlass gegeben, dass Tonschiefer vom Typ der Züsch-Schichten (Gedinne) eingeschuppt seien (R. Hofmann 1966, Mihm 1968). Allerdings sind diese Rotschiefer mit jenen des Obergedinne im Prims-Tal nicht identisch. Gemeinsam mit den echten Grauwacken ist auch eine Einstufung in das Oberdevon zu vertreten (Gwosdz et al. 1974, Knautz 1992). In der Verlängerung nach Nordosten zielt die Leiseler Schuppenzone in die Gegend südöstlich des Lützelsoons, wo neben echten Hunsrückschiefern auch wesentlich jüngere Schichtverbände vorkommen. Eine direkte Parallelisierung mit den Schichten der Oberhausen-Winterbacher Schuppenzone, wo oberdevonische Alter nachgewiesen wurden (Berger et al 1991), besteht nicht. Analogien zu den Verhältnissen im Süd-Hunsrück-Trog (D. E. Meyer 1970) sind möglich.

Die Leiseler Schuppenzone wird durch den Taunusquarzit-Zug des Homberg, Stellberg und Morschberg (Bl. 6308 Birkenfeld-West, 6309 Birkenfeld-Ost; „Gollenberg-Quarzit": Grebe 1881) in zumindest zwei Teilschuppen aufgeteilt. Ein Anschluss dieser Taunusquarzit-Schuppe, der **Homberg-Schuppe**, an die Schuppenzone des Lützelsoon (Nöring 1939) ist nach Knautz (1992) nicht möglich. Das ergibt sich auch aus der Lage dieses Quarzit-Zuges in Tonschiefern der Idarbach-Formation. Das Siegen-Alter der Quarzite und damit die Zuordnung zum Taunusquarzit ist durch Faunenfunde (Wenndorf 1988) gesichert. Knautz (1992) ordnete ihn seinem lithostratigraphischen Taunusquarzit Typ „Hujets Sägemühle" in der unteren Partie und dem Typ „Silberich" im Hangenden zu. Weiter im Hangenden, im Südosten, folgen Gesteine der Idarbach-Formation. Schichten vom Typ Zerf-Schichten (Übergangsschichten), die hier hätten folgen sollen, sind nicht nachgewiesen. Daher muss im Nordwesten und im Südosten jeweils mit einer Störung gerechnet werden.

Die tonig-schiefrigen Schichten zu beiden Seiten lassen trotz mangelnder Aufschlüsse die zwei steilen Überschiebungen plausibel erscheinen. Die nordwestliche war wahrscheinlich die bedeutendere und wird als **Buhlenberg-Überschiebung** (nach der Ortschaft Buhlenberg, Bl. 6308 Birkenfeld-West) bezeichnet. Damit wird dem allgemeinen Trend im Hunsrück, dass die Schuppen nach NW aufgeschoben sind, Rechnung getragen. Die Verhältnisse weiter im Südosten sind schwer einsehbar. Die Tatsache, dass im Hangenden des Taunusquarzits Zerf-Schichten fehlen, legt eine zweite streichende Verschiebung nahe, die jedoch phänomenologisch eine Abschiebung wäre. Die Homberg-Schuppe ist demnach, wie bei Argenthal, ein Fluchtkeil ähnlich wie die Kallenfels-Quarzite.

Die Schichten innerhalb der Leiseler Schuppenzone stehen generell steil. Aus der Strukturkarte (Knautz 1992) ergibt sich ein Generalstreichen von s_0, das dem in der nordwestlich vorgelagerten Züscher Schuppenzone entspricht. Das Einfallen ist einheitlich steil überkippt nach NW gerichtet. Das Flächengefüge s_1 zeigt im Südwest-Abschnitt eine Raumlage von 40–50°/70–85° NW. Aus den wenigen verfügbaren Daten ergibt sich trotz inverser Schichtlagerung eine stete Verjüngung der Schichtenfolge innerhalb der Einzelschuppe nach SE. Auch hier schließen ähnlich wie weiter im Nordosten die s_0- und die s_1-Flächen sehr spitze Winkel ein. Querstörungen größeren Ausmaßes wie im Soonwald und Guldenbach-Gebiet fehlen.

Typisch für die Leiseler Schuppenzone sind zahlreiche Vorkommen von „Diabas“ unterschiedlicher Körnigkeit. Soweit feststellbar stehen auch sie steil. Die Kontakte verlaufen überall parallel zu den s_0- bzw s_1-Flächen. Sie dürften also Lagergänge sein. Abgesehen von wenigen Ausnahmen sind die „Diabase“ zumindest in Kontaktnähe vollständig geschiefert. Schwächer geschieferte Vorkommen gehen im Streichen in stärker geschieferte Partien über. Danach sind es ausnahmslos prä-tektonisch eingedrungene Eruptiva bislang unbekannten Alters. Sie sollten wie weiter im Nordosten zu den Intraplatten-Basalten gehören; nähere Daten fehlen.

3.4 Zur Metamorphose der Gesteine im Hunsrück und zur Metamorphen Zone

Die Metamorphose der Gesteine erreichte in weiten Teilen des Hunsrücks nur das anchimetamorphe Stadium (very low grade). Dieses Stadium gilt nach neueren Untersuchungen (u. a. Holl 1995) sowohl für die Gesteine der Mosel- („Mosel-Mulde“) als auch der Zentralen und Südlichen Hunsrück-Einheit. Eine Ausnahme macht allein die Metamorphe Zone.

Zur Feststellung des Metamorphosegrades in anchimetamorphen Gesteinen wurde die Bestimmung der Illit-Kristallinität angewendet, d. h. der Neubildung von Hellglimmern (Illit/Serizit; u. a. K. Weber 1972) mit Hilfe der Röntgendiffraktometrie. Darüber hinaus wurden im Sediment enthaltene Pflanzenreste und -partikel auf den Grad ihrer Inkohlung untersucht. Gerade im Übergangsbereich zwischen Diagenese und Metamorphose steigt das Reflexionsvermögen mit der Inkohlung deutlich. Weitere Möglichkeiten im anchimetamorphen Bereich bestehen in der Untersuchung insbesondere der Quarzkörner, indem man Erscheinungen der Drucklösung im Kornbereich, undulöse Auslöschung, Böhm'sche Streifung im Quarz, Subkorn-Bildung, Korngrenzenverschiebungen und sekundär gerichtetes Wachstum der Körner in die Betrachtung einbezieht.

3.4.1 Illit-Kristallinität der Gesteine im Hunsrück

Bei steigender, besonders thermischer Beanspruchung setzt bei „Kalium-Hellglimmern“ eine sukzessive, systematisch bessere Ordnung im Kristallgitter ein, die Weaver (1970) als „Kristallinitätszunahme“ bezeichnete und die sich im Röntgendiffraktogramm in zunehmender Schärfe und Symmetrie der „peaks“ widerspiegelt. Diese lässt es zu, das jeweilige Stadium der „Kristallinität“ der Illite zu bestimmen. Im Schiefergebirge wurde bevorzugt die von Geräteparametern weitgehend unabhängige und von K. Weber (1972) entwickelte Methode der Auswertung der „relativen Halbhöhenbreite“ (Hb_{rel}) angewendet. Dabei wird das Illit-Präparat mit einem Quarz-Standard verglichen, und die gewonnenen Werte werden mit einander in Beziehung gebracht. Da gerade im Bereich Diagenese/epizonale Beanspruchung sich authigene „Hellglimmer“ bilden, ist diese Bestimmung der „Illit-Kristallinität“ neben der

Vitrinit-Reflexion ein bewährtes Verfahren, diagenetisch von epizonal gebildeten Mineralen zu unterscheiden. Folgt man TEICHMÜLLER et al. (1979), so lässt sich die Grenze Diagenese/Anchimetamorphose relativ unscharf bei 350–500 Hb_{rel}, die Grenze Anchi-/Epizone dagegen bei 120 Hb_{rel} scharf angeben bei einer Korngröße des Präparats <2 µm.

Mosel-Einheit. Nach HOLL (1995) liegen die Werte für die „Kernzone" der „Mosel-Mulde" am Rhein zwischen 157–197 Hb_{rel} in den Schichten von Ober- und Unterems. Auf dem Nordwest-Flügel der „Mosel-Mulde" mit meist inverser Schichtlagerung fallen die Werte von >145 Hb_{rel} sukzessive bis 128 Hb_{rel} auf der Hangend-Scholle der Siegen-Mayener Hauptüberschiebung in Hunsrückschiefer (Mayen-Sch., Untersiegen) und dokumentieren eine deutliche Abhängigkeit von der stratigraphischen Position und damit von der Versenkung.

In der Kratzenburger Schuppenzone ist im Hangenden der Boppard-Dausenau-Longuicher Überschiebungszone ein deutlicher Sprung auf niedrigere Illitkristallinitätswerte gegenüber der „Mosel-Mulde" deutlich. Sie wurden bei gezielter Probennahme, kritischer Beachtung der Strukturen sowie schonender Aufbereitung des Probenmaterials deutlich. Nach SCHIEVENBUSCH (1992) zeigte sich jedoch für den Profilabschnitt auf dem Nordwest-Flügel der „Mosel-Mulde" von Moselkern bis südlich der Mayen-Siegener Hauptüberschiebung nur eine wenig ausgeprägte Tendenz zu steigender Kristallinität (Hb_{rel}) nahe der Hauptüberschiebung, denen auch seine Inkohlungswerte entsprechen. HOLL (1995) führte diese widersprüchlichen Ergebnisse u. U. auf präparative und methodische Ursachen zurück, da die Methode in dieser Hinsicht anfällig ist. Auch NIERHOFF (1994), der das SCHIEVENBUSCH'sche Probenmaterial verwendete, ging von einem „fehlenden Zusammenhang zwischen Metamorphose und Stratigraphie" für die Illitkristallinität aus und schloss daraus auf eine „syn- bis postkinematische Metamorphose mit einer großräumig einheitlichen Aufheizung", die er auf eine „einheitliche Versenkung infolge tektonischer Deckenüberlagerung" zurückführte bei einer Mächtigkeit der „Decke" von „rd. 7–9000 m". Dabei wurde als „Überschiebungsbahn dieser Decke (...) die flach nach SE einfallende Bopparder Überschiebung angesehen, die heute südlich der Mosel-Mulde ausstreicht" (S. 62).

Diese Vorstellung ist durch kritisch angelegte Untersuchungen (HOLL 1995) für die Mosel-Einheit im Rhein-Profil widerlegt worden. Allerdings liegen auch seine Hb_{rel}-Werte noch relativ hoch verglichen mit jenen weiter im Norden (NIERHOFF 1994). So muss im Bereich der „Mosel-Mulde" schon mit der Überlagerung von jüngeren Schichtverbänden gerechnet werden, die allerdings inzwischen abgetragen sind. Im Südwest-Abschnitt der Mosel-Einheit zeigt eine Decke aus Hunsrückschiefer vom Typ Kaub-Schichten (Stark NW-vergente Mittelmosel-Schuppenzone) die Berechtigung dafür. Diese Decke hatte jedoch, wie der Schuppenbau in der Mosel-Einheit deutlich erkennen lässt weder das Ausmaß noch die Mächtigkeit, die von SCHIEVENBUSCH (1992), NIERHOFF (1994) und DITTMAR (1996) gefordert wurde.

Zentraler Hunsrück. In der Zentralen Hunsrück-Einheit ermittelte HOLL (1995) für das Rhein-Profil Illit-Kristallinitäten zwischen 125 und 150 Hb_{rel}. Dabei wurden relativ niedrige Werte (höhere Illit-Kristallinität) im Bereich der Salziger Schuppe („Salziger Sattel") und der „Faltenzone von Dalheim-Kestert" mit einem Mittelwert um Hb_{rel} 125 ermittelt. Die Kristallinität schwächt sich bis auf 150 Hb_{rel} in den Singhofen-Schichten der Maisborn-Gründelbach-Schuppenzone („Maisborn-Gründelbach-Mulde") ab. Ein deutlicher Sprung von 142 auf 128 Hb_{rel} ist an der Oberweseler Überschiebungszone dokumentiert, wo Hunsrückschiefer s. l. auf die Singhofen-Schichten der Eeg-Reitzenhain-Schuppe überschoben worden sind. Der südöstlich anschließende Abschnitt der Kauber Schuppenzone weist Werte auf zwischen 161–127 Hb_{rel} auf. Die Kristallinität entspricht hier jener der Unterems-Gesteine auf der Nordwest-Flanke der Mosel-Mulde" (HOLL 1995: Abb. 8). Somit liegen durchaus vergleichbare Werte für identische stratigraphische Verbände vor. Abweichend niedrige Kristallinitätswerte um Hb_{rel} 160–182 fand HOLL für den Südost-Abschnitt der Zentralen Hunsrück-Einheit im Hahnenbach-Profil bei Bundenbach, wo auch eine abweichend niedrige Vitrinit-Reflexion im Hunsrückschiefer ermittelt wurde.

Angaben bei NIERHOFF (1994) für die Illit-Kristallinität südöstlich der Boppard-Dausenauer Überschiebungszone liegen in ähnlichem Bereich wie bei HOLL (1995). Allerdings treten bei NIERHOFF weder Struktur- noch Stratigraphie-abhängige Tendenzen auf. Offensichtlich liegen die Probenentnahmepunkte zu weit auseinander oder wurden nach falschen strukturellen Vorgaben unkritisch ausgewählt, so dass keine Unterschiede in der einheitlich aus Hunsrückschiefer bestehenden Schichtenfolge ermittelt werden konnten. So tritt weder eine „Kempfelder Mulde" (DITTMAR 1996) noch eine Saar-Idarwald-Oberweseler Überschiebungszone in Erscheinung, ein Hinweis darauf, dass nur bei gezielter enger Beprobung wie bei ECKE et al. (1985) oder im Rhein-Profil (HOLL 1995) Strukturen mit dieser Methode nachgezeichnet werden können.

Südlicher Hunsrück. Die Südliche Hunsrück-Einheit mit den ältesten Schichtverbänden weist nach den Ergebnissen von HOLL (1995) am Rhein ein vom üblichen abweichendes Bild auf. Die Hb_{rel}-Werte liegen dort nur zwischen 136–148 Hb_{rel} in Schichten der Bunten Schiefer, bei 167–173 Hb_{rel} im Taunusquarzit am Angstfels (Kammerforster Schuppenzone), bei 152–167 Hb_{rel} im Taunusquarzit des „Soonwald-Antiklinoriums" und bei 129–131 Hb_{rel} im Taunusquarzit der Rochusberg-Schuppe. Diese Hb_{rel}-Werte von 129–173 decken ein relativ breites stratigraphisches Spektrum ab, verglichen mit den weiter im Nordwesten gelegenen Struktureinheiten. Weiter im Westen ermittelte HOLL im Süd-Hunsrück relativ geringe Kristallinitäts-Werte zwischen Hb_{rel} 143–197, die jenen der Oberems-Schichten der Mosel-Einheit entsprechen. Die Probendichte in der Südlichen Hunsrück-Einheit ist jedoch bei der starken Verschuppung wahrscheinlich nicht eng genug für verlässliche Aussagen. So liegt z. B. nur ein Wert von 150 Hb_{rel} aus der Oberhausen-Winterbacher Schuppenzone vor.

Bei relativ enger Probendichte hat SELLNER (1985) pelit-betonte Bunte Schiefer (12 Pr.), Hermeskeil-Sch. (1 Pr.), Unterer und Oberer Taunusquarzit (9 Pr.), Hunsrückschiefer (1 Pr.), Ems-Schichten (3 Pr.), Mittel- und Oberdevon-Schichten (2 Pr.) aus dem Gebiet bei und westlich Bingen/Rhein auf Illit-Kristallinität untersucht und dabei eine „Tendenz in der Abnahme der Illitkristallinität vom stratigraphisch Älteren zum Jüngeren" (S. 153) bei relativ starker Streuung der Werte festgestellt. Alle gehören in den Übergangsbereich Diagenese / Metamorphose (Anchizone). Ein Teil konnte der Pumpellyit-Prehnit-Fazies zugeordnet werden. Damit ist auch für diesen Rhein-Profil-Abschnitt die Stratigraphie-Abhängigkeit bestätigt, die in den Werten von HOLL nur bedingt zum Ausdruck kommt. Auch gilt für diesen Profil-Abschnitt, dass sie bei allgemein „schlechteren" Illit-Kristallinitäten vorhanden und insgesamt „eine gleichmäßige Überdeckung durch eine Deckeneinheit von mehreren km Dicke vom Typus „Gießener Grauwacke" (HOLL 1995: 114) unwahrscheinlich ist. Ebenso fand offensichtlich „keine Nivellierung der Metamorphoseparameter" (S. 116) durch einen saxothuringischen Obduktionskeil statt.

3.4.2 Vitrinit-Reflexion der organischen Substanz in Gesteinen im Hunsrück

Allgemeine Aspekte. Auch im Hunsrück wurde zur Quantifizierung diagenetischer und schwach metamorpher Veränderungen der Grad der Inkohlung detritischer Pflanzensubstanz über die Messung des Vitrinit-Reflexionsvermögens (Mo. WOLF 1978, ECKE et al. 1985, DITTMAR 1996, HOLL 1995) allerdings mit z. T. widersprüchlichen Ergebnissen eingesetzt. Allgemein gelten als Grenzwerte Diagenese/Anchizone 4% R_{max} und Anchi-/ Epizone mit durchaus variablem Bereich bei 5–10% R_{max} (TEICHMÜLLER et al. 1979; R_{max} = max. Vitrinit-Reflexion). Von anderer Seite wird zur Kennzeichnung die mittlere Vitrinit-Reflexion (R_m) eingesetzt. Danach liegt die Grenze Epi-/Anchizone bei 3,5% R_m wohl definiert, während die Grenze Anchi-/Epizone um ca. 5% R_m variiert. Der Grenzwert 4% R_{max} entspricht bei Kohlen der Grenze der Inkohlungsstadien Anthrazit/Meta-Anthrazit. Nach Untersuchungen im Rhein-Profil (Holl 1995) und im Mosel-Hunsrück (Mo. Wolf 1978) liegen alle Inkohlungswerte in der Mosel-, der Zentralen und der Südlichen Hunsrück-Einheit mit wenigen Ausnahmen oberhalb der 4%-R_{max}-Marke bei den Inkohlungsstadien Meta-Anthrazit bis Semigraphit (R_{max} 4 – ca. 6,5%).

Mosel-Einheit. Die Daten beschränken sich hier auf den Nordost-Abschnitt der „Mosel-Mulde“, für den Südwest-Abschnitt liegen nur wenige Daten vor. Vom Nordwest-Abschnitt der „Mosel-Mulde“ liegen Inkohlungswerte R_{max} zwischen 5,4–6,4% vor entlang einer Trasse zwischen Moselkern und Monreal/Eifel. Sie betreffen eine in sich verschuppte Schichtenfolge von Untersiegen bis Unterems. Für diesen Bereich wurde von Schievenbusch (1992) und Nierhoff (1994) ein unmittelbarer Zusammenhang zwischen Inkohlung und stratigraphischer Position geleugnet. Allerdings fällt ein Wert von R_{max} 6,6% in den Mayen-Schichten (Untersiegen, evtl. älter: Gad 2005) auf. Die Kernzone der „Mosel-Mulde“ wurde nicht systematisch beprobt. So stehen sich Werte von R_{max} 4,6–6,3% ziemlich ungeordnet gegenüber.

Bei der Untersuchung des Rhein-Profils (Holl 1995) wurden in der zentralen Partie der „Mosel-Mulde“ Inkohlungswerte von R_{max} 3,7–4,9% für die jüngsten Schichten (Oberems) ermittelt. Die Werte zeigen eine deutliche Abhängigkeit der Inkohlung von der stratigraphischen Position, wenn man die Werte in größerem regionalem Rahmen sieht. Die Inkohlungswerte nehmen deutlich vom nordwestlichen Vorfeld der Boppard-Dausenauer Überschiebungszone mit R_{max} 3,73% nach Nordwesten über die Schuppen im Mosel-Raum mit R_{max} 4,5–5,0% bis R_{max} >5% bei Mayen zu. Generell liegen die Einzelwerte bei Schievenbusch (1992) gegenüber den Werten von Holl (1995) höher, so dass zusätzlich eine von der Präparation abhängige Komponente berücksichtigt werden muss. Generell überdecken für die „Mosel-Mulde“ (incl. Nordwest-Flügel) die Werte eine Spannbreite von 3,7–5,4% R_{max} (3,4–4,5% R_m). Sie stützen einen sukzessiven Übergang zu höherer Inkohlung nach Nordwesten, d. h. zum Älteren. Offensichtlich ist diese Methode nicht empfindlich genug, um einzelne Strukturen innerhalb der „Mosel-Mulde“ abzubilden. Das zeigt sich auch aus den Ergebnissen von Mo. Wolf (1978), die im Bereich „der Achse der Moselmulde“ (S. 219) generell niedrige Inkohlung feststellte. Damit lassen sich auch hier deutliche Beziehungen zur Stratigraphie erkennen. Ihre Werte liegen zwischen R_{max} 3,8–5,1% mit Ausreißern bis 6,3 R_{max}.

In der Kratzenburger Schuppenzone, im tektonischen Hangenden der Boppard-Dausenauer Überschiebungszone, ermittelte Mo. Wolf (1978) einen deutlichen Sprung zu Werten von R_{max} >6%, der erneut Stratigraphie-Abhängigkeit dokumentiert, da es sich um ältere Schichten des Unterems in der Fazies der Hunsrückschiefer handelt. Mo. Wolf wies darauf hin, dass „dieser Bereich ungefähr mit der Quarz-Wurzel des Blei-Zink-Erzbezirks im südlichen Rheinischen Schiefergebirge“ (S. 219) (Hannak 1964) zusammenfällt. Es ist außerdem jener Bezirk, der in der Verlängerung der „Mosel-Achse“ nach Nordosten liegt. Bei Kamp-Bornhofen/Rhein zeigt außerdem Hunsrückschiefer s. l. (Siegen-Alter; „Salziger Sattel“) ein „tieferes Stockwerk“ an. Der deutliche Inkohlungssprung zeichnet den tektonischen Hiatus zwischen der Kratzenburger Schuppenzone und dem Süd-Rand der „Mosel-Mulde“ nach.

Noch deutlicher ist die Stratigraphie-Abhängigkeit im Südwest-Abschnitt der Mosel-Einheit, wo Hunsrückschiefer (Kaub-Schichten) der Mittelmosel-Schuppenzone R_{max}-Werte von 5,1–5,8% geliefert haben. Sie stehen einem Wert von R_{max} 3,8% aus dem Wissenbach-Schiefer der „Olkenbacher Mulde“ unmittelbar gegenüber. Beide Bereiche werden durch die Boppard-Dausenau-Longuicher Überschiebungszone voneinander getrennt. Die Trennung des Nordost- vom Südwest-Abschnitt der Mosel-Einheit an der Mittelstrimmiger und der Grendericher Querverwerfung wurde bisher nicht untersucht.

Zentrale Hunsrück-Einheit. Auch aus diesem Bereich liegen Messergebnisse der Vitrinit-Reflexion vor, die zu widersprüchlicher Interpretation Anlass gaben. Während Dittmar (1996) eine Stratigraphie-Abhängigkeit leugnete, machen die Ergebnisse von Mo. Wolf (1978), Ecke et al. (1985) und Holl (1995) eine solche deutlich.

Die Werte bei HOLL liegen im Rhein-Profil einheitlich bei R_{max} 5,0–5,5%. Die Unterschiede zwischen Hunsrückschiefer s. str. bei Kaub und Umgebung (R_{max} 5,1–5,3%) und den Singhofen-Schichten mit Porphyroiden in der Maisborn-Gründelbach-Schuppenzone (R_{max} 5,1–5,6%) sind gering. Bei gezielter Beprobung zeichnet sich jedoch ein deutlicher Inkohlungssprung an der Oberweseler Überschiebung ab. Dort sind Hunsrückschiefer mit R_{max} 5,62% (R_m 4,83%) auf Singhofen-Schichten mit R_{max} 5,05% (R_m 4,45%) überschoben worden. Das gilt auch für weiter westlich gelegene Gebiete. Dort wurden mit Ausnahme der Schuppen südlich Bundenbach mit R_{max} 4,1–4,6% auch Werte um 5,4–5,5% gemessen (ECKE et al. 1985).

Ähnliche Werte ermittelte MO. WOLF (1978) bei relativ großer Probendichte. So bildet sich in dem Hunsrückschiefer-Gebiet des nordöstlichen Zentralen Hunsrücks ein deutliches Plateau mit R_{max} 5–6% ab. Ausgenommen davon sind drei Areale mit Werten >6% R_{max} nordwestlich Kastellaun (6,0–7,4%), um Kisselbach (6,1–6,3%) sowie zwischen Kaub und Niederheimbach (6,7–7,4%).

In einem Profil vom Idarwald bis an die Soonwald-Überschiebungszone ermittelten ECKE et al. (1985) bei systematischer, strukturbezogener Probennahme und Kontrolle mittels palynologischer Daten R_{max} 6,3–6,5% im Taunusquarzit der Idarwald-Schuppenzone, R_{max} 5,1–5,6% im umgebenden Hunsrückschiefer, dagegen R_{max} 5,9–6,1% im Hunsrückschiefer südlich Bundenbach mit einem Ausreißer von 6,7%, die im Widerspruch zu HOLL (1995) stehen. Auch diese Werte zeigen eine Abhängigkeit von der strukturellen und stratigraphischen Position.

Dagegen leugnete DITTMAR (1996) entlang der Trasse von Hahn zum Lützelsoon „eindeutig auf den Großfaltenbau zurückführbare Variationen des Inkohlungsgrades“ und das selbst im „mehrere Kilometer breiten Kern der Kempfelder Mulde im zentralen Hunsrück“ (S. 135). Dieses Ergebnis war zu erwarten, da im Zentralen Hunsrück keine seiner „Kempfelder Mulde“ entsprechende Struktur besteht. Wie im entsprechenden Rhein-Profilabschnitt (W. MEYER & STETS 1996) besteht ein durch Schichtwiederholungen gekennzeichneter Schuppenbau. Bei der relativ geringen Empfindlichkeit dieser Methode, bei weitständiger Beprobung und unrichtiger Ansprache der Strukturen sollten sich keine Ergebnisse wie bei ECKE et al. (1985) ergeben. Unterschiede im Grad der Inkohlung sah DITTMAR (1996) an Störungen gebunden. Diese Schlussfolgerung mag zutreffen und manchen Ausreißer erklären, wenn bei der Probennahme u. U. tektonisch übermäßig beanspruchtes Material mit einbezogen wurde.

Entlang der Trasse Hahn-Lützelsoon ermittelte auch DITTMAR (1996) Inkohlungswerte >5–6,5% R_{max}. Bei der Ortschaft Dill, wo die Saar-Idarwald-Oberweseler Überschiebungszone ältere Schichtverbände in das Aufschlussniveau brachte, ist wie bei ECKE et al. (1985) ein deutlicher Inkohlungssprung von R_{max} um 5,6% auf ca. 6,3% zu verzeichnen, der von DITTMAR unterbewertet wurde. Zum stratigraphisch Hangenden folgen Werte von R_{max} <6%, so dass auch hier eine Abhängigkeit von Struktur und Stratigraphie deutlich ist. Diese Feststellung widerspricht DITTMAR's Schlussfolgerung, dass „die Inkohlungsverhältnisse (...) weitgehend unabhängig von Strukturbau und Stratigraphie“ seien.

Südhunsrück-Einheit. Deutlich wird eine Stratigraphie-Abhängigkeit auch im Süd-Hunsrück mit dem Profil im Hahnenbach-Tal (ECKE et al. 1985). Auf R_{max}-Werte von 6,3 und 6,9% im Taunusquarzit (Siegen) unmittelbar südlich der Taunuskamm-Soonwald-Überschiebungszone folgen mit Abnahme zum Hangenden nach Südosten R_{max}-Werte von 5,7–4,8% bis zur Ortschaft Hahnenbach. Die Steineberg-Waldfriede-Schuppenzone bringt an der Weitersborn-Hahnenbacher Überschiebung in Hunsrückschiefer (evtl. Siegen-Alter: QUIRING 1942) wieder R_{max}-Werte um 6%. Diese stehen in deutlichem Kontrast zu R_{max}-Werten von 4,2–4,7 (evtl. 5,3%) in den südöstlich folgenden Schichten des Oberdevons der Oberhausen-Winterbacher Schuppenzone. Sie bestätigen, dass diese Schuppenzone noch nicht zur Metamorphen Zone gehört („Phyllitzone“ bei DITTMAR 1996) und innerhalb der

„Winterbacher Mulde“ als nördliche Struktureinheit (MEISL 1986) deutlich von der im Süden folgenden Metamorphen Zone getrennt werden muss. Gerade diese südlichsten Daten sind wichtig für die Deutung des Metamorphose-Ablaufs. ECKE et al. (1985: 404) betonten, dass „Reflexionswerte um 6% und darüber (...) vor allem die Kernbereiche der Sattelstrukturen (Schuppenstrukturen), aber auch den Südteil der Kempfelder Mulde zeigen“. Relativ hohe Werte liegen hier in den Übergangsschichten (ZINSER 1963; Zerf-Schichten) im nordwestlichen Vorland der Soonwald-Überschiebungszone. Die Autoren sahen zudem „einen generellen Trend zu höheren Inkohlungsgraden mit zunehmendem Alter der Schichten“ und machten darauf aufmerksam, dass nach Mo. WOLF (1978: 405/406) „Linien gleicher maximaler Vitrinitreflexion die Konturen der tektonischen Großeinheiten im Kartenbild nachzeichnen“ (S. 405/6). Eine solche Beziehung lässt sich nur ableiten, wenn der Inkohlungsvorgang prä-kinematisch, d. h. vor der Verstellung der Schichtverbände zu Schuppen, weitgehend abgeschlossen war. Die Ergebnisse von ECKE et al. (1985) bestätigen das auch für die Lützelsoon- und Steineberg-Waldfriede-Schuppenzonen und ihre Beziehung zur Oberhausen-Winterbacher Schuppenzone mit ihren geringen Inkohlungswerten.

DITTMAR (1996) diskutierte die Werte aus dem Hahnenbach-Profil (Mo. WOLF 1978, ECKE et al. 1985). Allerdings bezog er die niedrigen Werte aus der Oberhausen-Winterbacher Schuppenzone nicht in seine Soonwald-Einheit mit ein, da er diese bereits zur „Phyllit-Zone“ zählte. Er machte zwar auf die „ungewöhnlich breite Streuung der Inkohlungswerte“ (S. 277) von ECKE et al. aufmerksam, leugnete jedoch die offensichtlichen Inkohlungsdifferenzen zwischen Hangend- und Liegend-Schuppe der Soonwald-Überschiebung. Im Gegensatz zu DITTMAR gelten für das tektonisch Liegende der Soonwald-Überschiebungszone generell niedrigere Werte (R_{max} 5,4–5,7%) im Gegensatz zum Taunusquarzit im Hangenden (R_{max} 6,3–6,9%; ECKE et al. 1985). Auf die komplizierte Verschuppung im diesem Bereich (ZINSER 1963) wurde hingewiesen. Im Übrigen liegen auch die übrigen Werte im Hunsrückschiefer-Gebiet um Bundenbach bei R_{max} 5,9–6,7% im allgemeinen Rahmen. Die Werte südöstlich des Lützelsoons halten sich völlig im üblichen Rahmen, wenn man von den hier skizzierten Schuppenstrukturen ausgeht und eine symmetrische „Königsauer Mulde“, DITTMAR (1996) ebenso ablehnt wie eine vom Lützelsoon nach Südosten älter werdende Schichtenfolge (LGB 2005). Bei der hier vorgestellten Zuordnung der Oberhausen-Winterbacher Schuppenzone noch zum Südlichen Hunsrück fallen die niedrigen Werte für die Vitrinit-Reflexion nicht aus dem Rahmen. Bei einer Zuordnung zur Metamorphen Zone (Phyllit-Zone) des Süd-Hunsrücks ergeben sich allerdings Schwierigkeiten (DITTMAR 1996: 324).

Die hier skizzierten, stratigraphieabhängig bis zum Semi-Graphit-Stadium fortschreitenden Daten der Inkohlung sind irreversibel. Damit sind im Vitrinit der Metamorphosegrad bei unterschiedlicher Versenkung und die geothermische Geschichte „eingefroren“. Lediglich Einflüsse der Verwitterung hätten u. U. das Reflexionsvermögen nachträglich beeinträchtigen können. Die Beanspruchung im Hunsrück führte ab dem Meta-Anthrazit-Stadium (>4% R_{max}) auch zu einer Reflexions-Anisotropie, die mit steigender Inkohlung verstärkt auftritt, jedoch das Reflexionsvermögen R_m nicht beeinflusst. Aus diesem Grund wird vermehrt neben R_{max} auch R_{min} (minimale Vitrinit-Reflexion) gemessen. Die Differenz beider Werten, die Bireflexion, ist ein Maß für den Ordnungsgrad der Molekularstruktur der Vitrinit-Partikel. Statischer Druck verursacht eine Hemmung oder Verzögerung der Reifung des organischen Detritus. TEICHMÜLLER et al. (1979) gingen davon aus, dass auch gerichteter Druck zu erhöhter biaxialer Anisotropie und damit zu einer erhöhten Bireflexion (R_{max}–R_{min}) führen kann.

HOLL (1995) hat für alle Präparate aus dem Rhein-Profil auch die Bireflexion ermittelt:

Für die „Mosel-Mulde“ liegen die Werte zwischen 0,7 und 1,46% mit steigender Tendenz nach Nordwesten gegen den steilen Nordwest-Flügel dieser Struktur; diese Werte untermauern generell den Stratigraphie- bzw. Struktur-bezogenen Trend auch bei diesem Parameter hin zu steigender Differenz mit steigender Inkohlung resp. tieferer Versenkung. Für den Zentralen Hunsrück schwanken die Werte der Bireflexion im Rhein-Profil stark zwischen

0,99–2,43%, wobei sich kein deutlicher Stratigraphie-Bezug herstellen lässt; weniger deutlich streuen die Werte im Hahnenbach-Profil nördlich der Soonwald-Überschiebungszone zwischen 1,10–1,86%; die Werte für die Bireflexion bei den Schichtverbänden des Taunusquarzits liegen bei Ecke et al. (1985) oberhalb 3,5%, für die Schichten der Ulmen-Unterstufe (Hunsrückschiefer) bei 1–>4%; die örtliche Zuordnung der Einzelwerte ist hier schwierig; die Werte liegen jedoch höher als im Rhein-Profil; Bezüge zu den Strukturen sind schwer herzustellen. Im Südlichen Hunsrück liegen abweichend von den Daten bei Ecke et al. (1985) die Werte im Rhein-Profil (Holl 1995) zwischen 1,10–1,96% und damit sehr niedrig. Es bleibt jedoch ungeklärt, ob das Probenmaterial ein repräsentatives Bild ergeben hat, da Taunusquarzit und Bunte Schiefer wenig Material geliefert haben.

3.4.3 Vergleich der Ergebnisse von Illit-Kristallinität und Vitrinit-Reflexion

Da Holl (1995) Vitrinit-Reflexion und Illit-Kristallinität jeweils an derselben Probe bestimmte, war ein unmittelbarer Vergleich möglich. Für die Abgrenzung der Bereiche Diagenese, Anchi- und Epizone übernahm er die Definitionen bei Teichmüller et al. (1979; auch: K.Weber 1972, Kisch 1987, 1990). Danach liegt die Grenze Diagenese/Anchizone bei Hb_{rel} 270/R_m 2,70% und die Grenze Anchi-/Epizone bei Hb_{rel} 125/R_m 5,35%. Proben mit erhöhter Bireflexion von 2–3 bei R_{max} >5,5 wurden in den Vergleich nicht einbezogen, da sie auch aus einem Bereich lokal erhöhter stress-Einwirkung stammen konnten.

Alle übrigen Proben aus der Mosel-Einheit, dem Zentralen und Südlichen Hunsrück lassen sich in die mittlere und höhere Anchizone einordnen. Bedingt durch die z. T. erhebliche Reichweite überschneiden sich die Werte aus den einzelnen Einheiten. Die Werte aus dem Zentralen Hunsrück erreichen mit zwei Ausreißern die höchsten Werte und liegen in der hohen Anchi-Zone. Die deutliche Anordnung der Werte entlang einer Regressionskurve – nicht in einem Punkthaufen – und die gute Korrelation der Zwillingspaare spricht gegen eine vereinheitlichende syn- bis post-kinematische Beanspruchung der Gesteine durch Überlagerung durch km-mächtige Decken. Daraus ergibt sich weiter, dass Vitrinit-Reflexion und Illit-Kristallinität prä- bis früh-kinematisch bereits festgelegt waren und „eingefroren" in die Kinematik der Schuppentektonik mit ihren Überschiebungen einbezogen wurden. Zu einer retrograden Metamorphose reichten die Bedingungen nicht aus.

Abschätzung der Bildungstemperaturen. Mit Hilfe der Kombination der Werte von Vitrinit-Reflexion und Illit-Kristallinität lassen sich für den anchimetamorphen Bereich die Bildungstemperaturen, dem die jeweils betroffenen Gesteinsverbände unterworfen waren, abschätzen (Holl 1995). Danach lagen die Temperaturen

- im Kern der „Mosel-Mulde" (Oberems) zwischen 255–275°C,
- in der Kratzenburger Schuppenzone (Unterems) zwischen 280–290°C,
- in der Salziger Schuppe (Siegen und tiefe Hunsrückschiefer) um 290°C,
- in der Maisborn-Gründelbach-Schuppenzone (Unterems) bei 280–290°C,
- in der Kauber Schuppenzone (Hunsrückschiefer s. str.) zwischen 275–290°C,
- im Bundenbacher Schiefer-Gebiet bei 274–285° C,
- im „Soonwald-Antiklinorium" im Rheintal zwischen 265–285°C und
- in der Rochusberg-Schuppe (Siegen bis Unterems) bei ca. 287 ° C.

Da dieser Temperaturabschätzung dieselben Proben und Werte zugrunde liegen, verwundert nicht, dass an den großen strukturtrennenden Überschiebungen auch Temperaturunterschiede sichtbar wurden.

Die Temperaturabschätzungen von Oncken (1989), der bei der Ermittlung der Inkohlung eine Korrektur anwandte, um Zeitabhängigkeiten bei der Reaktion der organischen Substanz zu berücksichtigen, brachten für den Süd-Rand der „Mosel-Mulde" 220–260°C, für die Liegend-Einheit der Boppard-Dausenauer Überschiebungszone 220–280°C, die Bopparder Überschiebungszone („Emsquarzit-Duplex") 230–270°C und das Hangende der Bopparder Überschiebungszone 270–320°C bzw. in den höheren Hangendschichten 220–280°C. Diese Werte streuen stärker, bewegen sich jedoch in ähnlichem Rahmen wie bei Holl (1995). Deutlich ist auch hier ein Temperatursprung an den strukturtrennenden Überschiebungszonen, wo offensichtlich Schichtverbände aus unterschiedlichen Temperaturbereichen nach erfolgter Inkohlung übereinander gestapelt wurden und eine Stratigraphie-Abhängigkeit dokumentiert ist. Trotzdem wird behauptet, dass der Metamorphosehöhepunkt im Rheinischen Schiefergebirge „überwiegend synkinematisch, d. h. während der Deformation und der Anlage der prägenden Schieferung erreicht ist" (Nierhoff 1994: 33). Die Ergebnisse von Strukturaufnahme, Bestimmung von Illit-Kristallinität und Vitrinit-Reflexion beweisen deutliche Zusammenhänge zwischen beiden und der Genese des Rhenoherzynischen Beckens (Stets & A. Schäfer 2011).

Dass die Maximaltemperaturen (Holl 1995) realistisch sind, ergibt sich auch aus Quarzkorn-Gefügeuntersuchungen im Dünnschliff. Der häufig beobachtete Subkornbau beginnt nach Voll (1976) bei 275°C, die Quarz-Rekristallisation bei ca. 290°C. Die Sammelkristallisation, für die Temperaturen >300°C notwendig sind, ist im Hochwald nicht verwirklicht (Knautz 1992). In einer Probe aus dem Quarzit von Abentheuer aus dem Bereich der Mörschied-Abentheuer-Überschiebungszone beobachtete Knautz Deformationslamellen in Quarzkörnern, für deren Entstehung experimentell Temperaturen von 150–300°C in Abhängigkeit von den Randbedingungen ermittelt wurden. Deformationserscheinungen an Quarzkörnern aus der Anchizone wie Drucklösung, undulöses Auslöschen und Böhm'sche Lamellen sind häufig.

Der relativ einheitliche Stoffbestand der untersuchten Einheiten verbietet es, weitere typische anchimetamorphe Neubildungen hinzu zu ziehen. Knautz (1992) und Holl (1995) konnten Chlorit-Porphyroblasten unterschiedlicher Dicke bis 200 µm in allen Dünnschliffen nachweisen. Die Neubildung von Chlorit beginnt im Temperaturbereich um 200°C und steigt proportional zur ansteigenden Metamorphose (K. Weber 1976, Oncken 1989). Dass eine Temperatur von 300°C nicht überschritten wurde, ergibt sich aus dem Fehlen von authigenem Biotit, für dessen Bildung 300–330°C angesetzt wird (Anderle et al. 1982). Entsprechende systematische Untersuchungen an Vulkaniten, z. B. Porphyroiden, Keratophyr-Tuffiten oder „Diabasen", fehlen.

Nach den Druck-Temperatur-Verhältnissen zeigen Sedimente der „Mosel-Mulde" und des südlich angrenzenden Zentralen Hunsrücks bis zur Taunuskamm-Soonwald-Überschiebungszone typische „Verhältnisse für eine thermisch-kinetische Umkristallisationsmetamorphose" mit geothermischen Gradienten von 20–25°C/km. Insofern handelt es sich um typische Verhältnisse einer auf Versenkung in mobilen Krustenbereichen beruhenden Regionalmetamorphose. Nach den Ergebnissen für den Süd-Hunsrück mit Temperatur-Werten, die auf geringere Versenkung hinweisen, sollte es sich um eine „niedriggradige, niedrig temperierte Hochdruck-Metamorphose (handeln), die schuppenbezogen jedoch immer in Abhängigkeit von der stratigraphischen Stellung der betroffenen Sedimente auftritt" (Holl 1995: 113). Im Gegensatz zur Eifel nördlich der Siegener Hauptüberschiebung mit geringerer Versenkung erfolgte im Süd-Hunsrück abgesehen von der reinen Versenkung wahrscheinlich zusätzlich eine thermisch und Druck-betonte Beanspruchung. Sie wirkte sich hier, ausgehend von der Nördlichen Phyllit-Zone, noch dem generellen Trend einer Druck- und Temperaturabnahme nach Norden folgend aus. Sie hatte ihre Ursache weiter im Süden. In der Metamorphen Zone des Süd-Hunsrücks sind grünschieferfazielle Metamorphose-Bedingungen dokumentiert. Diese hier relativ starke Deformation hat dazu geführt, dass die Oberhausen-Winterbacher Schuppenzone als Teil des „Winterbacher Synklinoriums" bzw. der „Phyllit-Zone" (DITTMAR 1996) fälschlich in die Metamorphe Zone einbezogen wurde. Nach HOLL (1995) wirkte diese metamorphe Beeinflussung, allerdings nur mit Labormethoden nachweisbar, noch darüber hinaus in die Süd-Hunsrück-Einheit hinein. Die Verhältnisse im Guldenbach-Profil (Mo. WOLF 1978) ließen sich damit erklären, dass bei relativ geringerer Versenkung – nach D. E. MEYER (1970, 1975) ca. 1500 m Gesamtmächtigkeit im Südhunsrück-Trog – eine relativ hohe Inkohlung erfolgte, die dann durch eine zusätzliche thermische Beanspruchung zustande kam. Das gilt jedoch nicht für die relativ niedrige Inkohlung in ähnlich alten Schichten im Hahnenbach-Profil südlich der Wartensteiner Rücküberschiebung (ECKE et al. 1985). Insofern wäre eine Untersuchung dieser aberrant niedrigen Werte im Vergleich mit dem Guldenbach-Profil reizvoll. Die sehr detaillierte stratigraphische Aufnahme (D. E. MEYER 1970) bietet dafür eine gute Grundlage.

3.4.4 Das Alter der anchizonalen Metamorphose im Hunsrück

AHRENDT et al. (1978) haben für das rechtsrheinische Schiefergebirge entlang einer generell Nord-Süd verlaufenden Traverse Metamorphose-Alter an synkinematisch gesprossten Illiten in Pyroklastiten bestimmt. Ihre Ergebnisse gipfelten in der Feststellung, dass eine Metamorphose-Front das Schiefergebirge von Süden nach Norden durchwandert hat. Ihr Einsetzen wurde im Süden mit ca. 325 Ma (unterhalb Basis Namur, DSK 2002, 2012) und ihre Ankunft im Norden mit 300–305 Ma (oberes Stefan) bestimmt. Diese Ergebnisse wurden mittels Rb-Sr-Methode bestätigt (AHRENDT et al. 1983). NIERHOFF (1991) bemerkte dazu, dass die angegebene Altersdifferenz im Bereich der Messfehler liege und „nur über die große Profillänge den Wanderungstrend nachzeichne" (S. 25). Immerhin gaben die Ergebnisse von AHRENDT et al. Anlass zu der Vorstellung einer „orogenen Welle", die im Zeitraum von immerhin 25 Ma. das Schiefergebirge von Süden nach Norden „durchwandert" hat. Im Süd-Taunus haben KLÜGEL et al. (1994) Phyllosilikatneubildung in zwei Etappen vor ca. 325 Ma und bei ca. 311 Ma (mittleres Westfal, DSK 2012) festgestellt, für die Taunuskamm-Soonwald-Überschiebungszone kamen sie auf Alter um 320 Ma (mittleres Namur).

Diese im Großen und Ganzen doch tendenziell eindeutigen Ergebnisse im rechtsrheinischen Schiefergebirge konnte NIERHOFF (1994: 126) für das linksrheinische an der Mosel und im Hunsrück nicht nachvollziehen: „ Die (…) ermittelten Metamorphosealter zeigen weder eine Abhängigkeit von der Stratigraphie noch eine strenge Korrelation zwischen Metamorphosegrad und den ermittelten K-Ar-Daten". Infolgedessen konnte er auch die Wanderung einer Metamorphose-Front nicht akzeptieren. Damit lassen sich die Vorstellungen im Rechtsrheinischen nicht auf das Linksrheinische übertragen. Als Ursachen wurden die Probennahme aus unterschiedlichen „Strukturstockwerken", die „bedeutenden Deckenüberschiebungen" und die damit verbundene „tektonische Stapelung" von Schuppen angeführt. Die ermittelten Metamorphose-Alter zeigen bei NIERHOFF ein differenziertes Mosaik, das sich nicht wie im Rechtsrheinischen einer „orogenen Welle" zuordnen lässt. So liegen linksrheinisch die höchsten Metamorphose-Alter bei 336 und 326 Ma (Visé: DSK 2002, 2012). In der Maisborn-Gründelbach-Schuppenzone wurde aus einem Porphyroid der Abschluss der Illit-Bildung mit ca. 307–311 Ma (Westfal) bestimmt und in der „Mosel-Mulde" ein Alter von ca. 320 Ma (mittl. Namur, DSK 2012; NIERHOFF 1994).

Es ist schwer erklärbar, dass das relativ eindeutige Modell nicht auch für das Linksrheinische gelten soll. Insofern ist die zeitliche Zuordnung der Metamorphose im Hunsrück noch offen. Im Prinzip sollten sich jedoch Ähnlichkeiten ergeben, wenn der Schuppenbau bei der Probennahme berücksichtigt und die Vorstellung mächtiger Decken aufgegeben wird.

3.4.5 Zur Metamorphen Zone des Hunsrücks

Ein Gebiet prograder niedrig temperierter Metamorphose oberhalb der anchimetamorphen Bedingungen ist auf den südöstlichen Hunrück-Nahe-Raum zwischen Hergenfeld und Kirn südlich der Wiesbachtal-Überschiebung beschränkt. Meisl (1986) betonte, dass sie nur den Süd-Abschnitt der „Winterbacher" und der „Stromberger Mulde" betroffen hat. Die Schichtenfolge der Metamorphen Zone beinhaltet ein relativ einförmiges Gesteinsspektrum an Meta-Peliten und Meta-Basiten. Die erste eingehende, moderne Bearbeitung geht auf Meisl (1970, 1986) zurück. Unmittelbare Vergleiche mit der Metamorphen Zone des südlichen Taunus sind nicht möglich, da zwischen beiden hinsichtlich Stoffbestand und Alter der Gesteinsfolgen erhebliche Unterschiede bestehen. Schon Bierther (1953) wies darauf hin, dass beide Metamorphen Zonen zwei unterschiedlichen strukturellen Einheiten angehören und dass ihre Gesteine unterschiedlich alt seien. Nach Meisl bestehen beim Metamorphose-Grad nur graduelle Unterschiede.

Die spektakulärere Gesteinsgruppe sind am Hunsrück-Südrand die Meta-Basite, die bisher meist undifferenziert als „Grünschiefer" bezeichnet wurden (Beyenburg 1930, Bierther 1941, H.-H. Werner 1950, 1952). Bei der Neubearbeitung konnte Meisl (1986) nachweisen, dass die heutigen Produkte vor der epizonalen Metamorphose bereits erheblichen stofflichen Veränderungen unterlagen. Offensichtlich handelte es sich dabei um durch Spilitisierung o. ä. überformte „Basalte". Auch Stoffverschiebungen kommen in Frage. So muss der Chemismus der heutigen Meta-Diabase nicht unbedingt dem des ursprünglichen Liefermagmas entsprechen. Meisl (1986: 68) schloss allerdings wegen des allgemein ähnlichen Chemismus eine „magmatische Differentiation in merklichem Ausmaß" aus und wies auf eine in chemischer Hinsicht „erstaunliche Homogenität" der Ausgangsgesteine hin. Nach geochemischen Untersuchungen sollten sie „überwiegend Hawaiiten" nahestehen. So wählte er für das Endprodukt eher die Bezeichnung **Meta-Diabas** statt Meta-Basalt bzw. Meta-Hawaiit, um den Unterschied zu den im Südlichen Hunsrück weit verbreiteten „Diabasen" und „Grünschiefern" in den nur anchizonal überprägten Gebieten herauszustellen.

Die Meta-Pelite der Metamorphen Zone südlich des Soonwaldes wurden in der Mehrzahl der Beschreibungen als Serizitphyllite bezeichnet. Aufgrund des Mineralbestandes (Chlorit, Phengit, z. T. auch Stilpnomelan) schlug Meisl vor, sie als Chlorit-Phengit- oder Chlorit-Phengit-Stilpnomelan-Phyllite zu bezeichnen. Ihre Ausgangsgesteine waren meist tonige Sedimente.

Zwischen Simmertal und Dalberg ist außerdem eine starke Anreicherung von Albit in den Meta-Diabasen und auch in den -Sedimenten zu beobachten. Sie wird begleitet von Kalzit, Chlorit, Quarz, Stilpnomelan und Epidot. Chudoba & Obenauer (1932) führten das auf allocheme Zufuhr, insbesondere von Na^+ zurück.

Auch in der Metamorphen Zone bieten die Meta-Diabase die Möglichkeit, die p/T-Bedingungen abzuschätzen, denen die Edukte unterworfen waren. Die kritische Mineralparagenese besteht aus Albit ($Ab_{99,1}Or_{0,7}An_{0,2}$), Quarz, Aktinolith, Pumpellyit, Pyknochlorit, Epidot, wenig Phengit, Kalzit, örtlich auch Stilpnomelan (Meisl 1986: 69). Die Meta-Pelite führen einen ähnlichen Mineralbestand allerdings ohne Pumpellyit und Aktinolith. Die Paragenese Pumpellyit-Albit-Aktinolith-Chlorit weist bei Fehlen von Klinozoisit auf eine niedrigere Temperatureinwirkung als im südlichen Taunus hin (Meisl 1986, Anderle et al. 1982). Mineralfaziell gehört die angeführte Mineralkombination im Süd-Hunsrück zur Pumpellyit-Quarz-Prehnit-Fazies. Meisl (1970) ging danach von einem Temperaturbereich von 350–400°C, Oncken et al. (1995) von 300–350°C aus, der somit nur wenig höher liegt als in den nördlich vorgelagerten Schuppen des Süd-Hunsrücks. Eine Druckabschätzung über den Si-Gehalt der reichlich vorhandenen Phengite (Meisl 1986) bei Anwendung des Phengit-Barometers (Massonne & Schreyer 1983) ergab Minimaldrucke bis ca. 11 kb bei einer Temperatur um 375 ± 25°C. Massonne (1995) relativierte allerdings seine früheren

Aussagen für den südlichen Taunus, indem er relativ hohe Anteile einer H_2O-reichen fluiden Phase berücksichtigte. Danach kam er zu Werten um 300°C und 6,5 kb. ONCKEN et al. (1995) nahmen für die „Phyllit-Zone" Drücke von 3–6 kb an, danach lagen die p/T-Bedingungen somit im Grenzbereich zur Grünschiefer-Fazies. Früher geäußerte Vorstellungen von >8 kb erwiesen sich als nicht haltbar, da typische Hochdruck-Phasen wie Glaukophan und Omphazit im Mineralspektrum fehlen. ONCKEN et al. (1995) und auch MASSONNE (1995) gingen für den Süd-Taunus davon aus, dass die Hauptschieferung sich wahrscheinlich während der höchsten p/T-Bedingungen gebildet habe. Bei der 2. Schieferung soll eine Abnahme der fluiden Phase H_2O bei Druckentlastung und verbunden mit einer erhöhten Beteiligung von CO_2-reichen Fluiden erfolgt sein. Diese hätten letztlich die Bildung von Kalzit, Quarz und Titanit begünstigt, die auch in der Metamorphen Zone des Süd-Hunsrücks zu finden sind. Die neu errechneten Minimal-Drücke erleichtern die geologischen Vorstellungen, da so bei einer Subduktions-Metamorphose keine großen Höhenunterschiede zu berücksichtigen sind.

Hinsichtlich des Prehnits machte MEISL (1986) geltend, dass er nicht in den Meta-Diabasen selbst, sondern in deformierten Mandeln gefunden wurde zusammen mit Pumpellyit. Er hielt sie für stabile Relikte, die aus dem prä-kinematischen Diabas-Stadium überliefert wurden und, da die p/T-Bedingungen für ihre Stabilität nicht überschritten wurden, erhalten blieben.

DITTMAR (1996) gab für seine „Phyllit-Zone" Quarz-Deformationsgefüge an, die in den nordwestlich anschließenden Schuppen fehlen. Dazu gehört insbesondere die Rekristallisat-Bildung. Sie führte zu weitgehender Vereinheitlichung des Gefüges, so dass hydrothermale Quarz-Trümer von ehem. Psammiten kaum zu unterscheiden seien. Verbreitete Quarz-Rekristallisat-Bildung und fortgeschrittenes Neukorn-Wachstum weisen darauf hin, dass in der Metamorphen Zone des Süd-Hunsrücks die kritische Temperatur von 300°C überschritten wurde. Da keine Neusprossung von Biotit beobachtet wurde, sollte die Grenze von 320–330°C nicht wesentlich überschritten worden sein. Der Vergleich zwischen Süd-Hunsrück und -Taunus zeigt, dass die Temperaturen in beiden Gebieten ähnlich waren.

3.5 Die variszischen Erz- und Quarz-Gänge im Hunsrück

Die Entwicklung der Silberpreise hatte schon im Mittelalter erheblichen Einfluss auf den Bergbau an der Mosel und im Mosel-Hunsrück. Kriegerische Ereignisse führten zeitweise zum Niedergang des Bergbaus. Nach kurzzeitiger Blüte im 18. Jahrhundert – zu dieser Zeit wurden z. B. im Raum Bernkastel-Monzelfeld-Veldenz auf 14 Gruben Blei-, Silber- und Kupfer-Erze gefördert – kam mit der französischen Besetzung (1794) der Bergbau fast zum Erliegen. Erst unter preußischer Verwaltung (ab 1815) wurden ab 1840 erneut Konzessionen verliehen und Prospektionsarbeiten aufgenommen. Danach ging ein geregelter Abbau auf zahlreichen Gruben bis in die hohe 2. Hälfte des 19. Jahrhunderts um, als die wirtschaftliche Lage erneut zu einem Niedergang führte. Mit dem 2. Weltkrieg und der erheblichen Rohstoff-Verknappung sowie in der Nachkriegs-Zeit wurde der Abbau von Blei-Zink-Erzen im Hunsrück wieder aufgenommen. Er dauerte bis in die 1960er Jahre. Seit dieser Zeit ruht der Bergbau.

Die variszischen Buntmetall-Erz-Gänge des Hunsrücks lassen sich hinsichtlich Ausbildung und Mineralparagenese zwei Typen zuordnen. Von diesen sind die Gang-Typen **„Siegerland-Bad Ems"** und **„Holzappel-Hunsrück"** interessant. Letztere Gänge haben südlich der Boppard-Dausenau-Longuicher Überschiebungszone im Mosel- und zentralen Hunsrück weite Verbreitung, der erste Typ, der von Bad Ems/Lahn über Braubach/Mittelrhein gerade noch bis in die „Mosel-Mulde" hineinreicht, hatte dagegen weniger Bedeutung.

Innerhalb des höffigen Gebietes südöstlich der Boppard-Dausenau-Longuicher Überschiebungszone hatten bis in die 1960er Jahre drei Vorkommen besondere Bedeutung, die auf im Streichen des Gebirges (NE-SW) verlaufenden „Gangzügen" liegen. Es waren die ehem. Gruben „Theodor" auf dem Telliger, „Adolph-Helene" auf dem Altlayer und „Gute Hoffnung" bei Werlau/Mittelrhein auf dem Werlauer Gangzug. Hinzu kommt die ehem. Grube „Friedrichsfeld" bei Bundenbach, die auf einem eigenen Gangzug liegt und bis in die 1950er Jahre im Abbau stand. Zahlreiche Einzelvorkommen auf den Gang-Zügen waren größtenteils unwirtschaftlich und kamen über einen Versuchsabbau nicht hinaus.

Während bis in die 1960er Jahre die Meinung herrschte, dass die Mehrzahl der gangförmigen Blei-Zink-Erzvorkommen im Hunsrück dem variszischen Zyklus zuzuordnen seien, setzte sich seit den 1980ern die Meinung durch, dass in vermehrtem Umfang auch mit postvariszischer Blei-Zink-Kupfer-Mineralisation zu rechnen sei. Hier hat die Untersuchung der Isotypie des Bleis (Krahn 1988) neue Erkenntnisse gebracht, so dass Unterscheidungen heute sicherer möglich sind, als zu jener Zeit, als lediglich die Mineralparagenese ausschlaggebend war. So wird in diesem Kapitel nur der wahrscheinlich sichere variszische Anteil der Gänge behandelt, unsichere Vorkommen sind einem eigenen Abschnitt vorbehalten, die postvariszischen folgen in späterem Zusammenhang.

Eine systematische lagerstättenkundliche und geologische Bearbeitung der Vorkommen im Hunsrück erfolgte nur in bescheidenem Umfang, und so ist eine große Zahl der Vorkommen lagerstättenkundlich kaum bekannt. Daher ist es besonders zu begrüßen, dass mit Ende des Bergbaus im Hunsrück von der Gewerkschaft Mercur, Bad Ems, die bis zuletzt Erzbergbau im Hunsrück betrieb, das seinerzeitige Wissen über die Hauptvorkommen „der Lagerstätten und des Bergbaus des Hunsrücks der Fachwelt (...) erhalten" (Herbst & H.-G. Müller 1966: 2) wurde. Hinzu kommt die „Beschreibung rheinland-pfälzischer Bergamtsbezirke" – hier die Bände 3 (Bad Kreuznach) und 4 (Koblenz; Rosenberger 1971, 1979).

Ähnliches gilt auch für die mächtigen Quarz-Gänge, die insbesondere im westlichen Hunsrück häufig sind. Einige, die noch erhalten sind und aus den Tonschiefern landschaftsprägend aufragen, sind als Naturdenkmäler geschützt. Knetsch (1939: Taf. VII) unternahm ihre systematische Erfassung. Eine Analyse der Quarz-Gänge im Hunsrück geht auf Albermann (1939) zurück, die allerdings nicht abgeschlossen werden konnte.

In der Beschreibung der Bergreviers „Coblenz II" maß Dunker (1884: 30) den „Lagergängen" besondere Bedeutung bei, die parallel zur Schieferung als „Lager" ausgebildet seien. Bauer (1841) gab an, dass die größeren „Lagergänge" sich zu „Gangzügen" zusammenschließen, die „genetische Zusammengehörigkeit" und „Parallelismus" zeigen, auch wenn die Einzelvorkommen durch „unbekannte Gebirgsmittel" getrennt seien.

Die Lage einzelner Vorkommen und die Verfolgung des „Holzappeler Gangzuges" zwischen Lahn und Mosel bis nach Peterswald und Altlay im Hunsrück beschäftigte besonders Einecke (1904, 1906). Die Länge der teilweise vererzten „Gangzüge" erreicht 20–30 km, die Breite dagegen nur einige hundert Meter. Herbst & H.-G. Müller (1966) machten geltend, dass aufgrund des unregelmäßigen Verlaufs der inzwischen als „Schieferungsgänge" (M. Richter 1954) bezeichneten „Lagergänge" die einzelnen Gänge nur bedingt untereinander verbunden werden könnten. Infolgedessen betrachteten sie die Vorkommen als einzelne Gänge innerhalb eines „Pb-Zn-Schieferungsgangbezirks", der von Holzappel/Lahn über Zell bis Minheim/Mosel reichen sollte und dem der „Werlauer Gangzug" südöstlich vorgelagert sei.

Die Gangzüge sind auf den Mosel-Hunsrück beschränkt. Nach Südwesten verbreitert sich der „Gangstreifen" über die Vorkommen bei Altlay hinaus erheblich und westlich der Großen Dhron bis nach Trier und Saarburg wird die Anordnung unübersichtlich. Hier treten sowohl variszische als auch post-variszische Gänge in bunter Folge auf, so dass die strenge Ordnung, die weiter im Nordosten herrscht, nur schwer erkennbar ist.

Nach dem 2. Weltkrieg erreichte die Erforschung und Ausbeutung der Blei-Zink-Erzlagerstätten einen Höhepunkt. Die Arbeiten von Buschendorf (1950, 1952) und M. Richter (1954, 1959) sowie ihrer Schüler lieferten für das Rhein- und Hunsrück-Gebiet geologische und lagerstättenkundliche Grundlagen (Hannak 1959, H. Lehmann 1959, Schulze 1959, Thiele 1960). Aus dieser Zeit stammen auch die einzigen ausführlichen lagerstättenkundlichen Einzeldarstellungen der Gruben „Adolph-Helene" bei Altlay (Hünermann 1953, 1955) und „Theodor" bei Tellig (Cup 1955). Am Beispiel „Adolph-Helene" hatte schon Teike (1944) zur Lösung des Raumproblems bei den Schieferungsgängen auf die 2. Schieferung (s_2) hingewiesen, indem er „Stauchung und Aufblättern von Schiefern" dafür verantwortlich machte.

Schneiderhöhn (1941) ging davon aus, dass „unterirdische Teilherde eines größeren granitischen Intrusivkörpers als Stammmagma sehr wahrscheinlich" (S. 98) seien. Diese Ansicht wurde auch von M. Richter (1959) und Buschendorf & H.W. Walther (1957) geteilt. Die Diskussion um den Verlauf der „Gangstreifen", insbesondere des Holzappeler Gangzuges von der Lahn bis in den Hunsrück, wurde weiter geführt. M. Richter (1959) fasste die Lagerstätte Tellig als Südwest-Ende dieses Gangzuges auf und ordnete die Altlayer Vorkommen einem eigenen Gangzug zu, den er über die Vorkommen im Kautenbach-Tal bei Kautenbach bis Minheim/Mosel verlängerte. Er übersah dabei, dass eine derartige Verbindung die „Mosel-Achse" (Scholtz 1930) spitzwinklig schneidet und bei Minheim weit in die stark NW-vergente Mittelmosel-Schuppenzone hineinreicht.

Hannak (1964) fasste die neuen Ergebnisse im Blei-Zink-Erz-Bezirk des südlichen Rheinischen Schiefergebirges zusammen und trennte das Mühlenbacher Vorkommen bei Koblenz zusammen mit dem Emser Gang-Bezirk vom Holzappeler Gangzug und den Hunsrücker Erz-Gängen. Die entscheidende Trennlinie ist die „Boppard-Dausenauer Aufschiebung". Anders als M. Richter (1959) sah Hannak wenig Verbindung zwischen den Holzappeler und den Hunsrücker Gängen. Andererseits ging er unter Bezugnahme auf die Erz-Führung der Gänge und wie M. Richter, der eine Anreicherung der Blei-Zink-Vererzung im Zentrum der Gänge sowie eine Verquarzung nach unten, oben und nach den Seiten sah, im Bereich der Salziger Schuppe („Salzig-Nassauer Sattel") von einer „Quarz-Kupferkies Wurzelzone" aus (S. 292). Diese würde eine direkte Verbindung der Holzappeler mit den Hunsrücker Gängen bis zum Vorkommen bei Tellig unterbrechen. Außerdem stellte Hannak die Ems-Mühlenbacher Vorkommen als eigenständigen Erzbezirk dem „Schieferungsgangbezirk Hunsrück" gegenüber.

Als entscheidend neue Ergebnisse müssen die Untersuchungen zur Buntmetall-Vererzung und Blei-Isotypie im Schiefergebirge gelten (Krahn 1988, Krahn & Friedrich 1991, Kirnbauer et al. 1998, Th. Wagner et al. 1998), die ohne eine plutonische Temperatur- und Metallionenquelle auskommen, auch eine Unterscheidung von variszischen und post-variszischen Vorkommen erbracht und dem Rätselraten um einen Tiefenpluton ein Ende gemacht haben.

3.5.1 Die syn- bis spät-variszischen Hunsrücker Erzgänge

Nach der Typisierung von Hannak (1964) kommen im Hunsrück Gänge vom Typ „Siegerland-Bad Ems" und „Holzappel-Hunsrück" vor, die durch die Boppard-Dausenau-Longuicher Überschiebungszone getrennt sind und deutliche Unterschiede aufweisen.

3.5.1.1 Schieferungsgänge vom Typ „Holzappel-Hunsrück"

Seit Bauer (1841) ist bekannt, dass die meisten variszischen Gänge dieses Typs dem Schieferungsgefüge „s_1" folgen und in Hunsrückschiefer aufsitzen. Um diese Gänge von Lagergängen (sill) und Gängen (dyke) quer und diagonal abzugrenzen, wurde der Begriff der

„Schieferungsgänge" eingeführt (M. RICHTER 1959: 85). Allerdings muss der Erzkörper dabei nicht streng auf eine s_1-Fläche beschränkt sein, sondern kann auch aus der Schieferungsfläche (s_1) kurzfristig in die Schichtung (s_0) einlenken und anschließend wieder dem s_1-Flächengefüge folgen. Dieser Verlauf führt zu stufenartig zur Teufe absteigenden Gängen mit „sattelartigen" Übergängen. Auch ein Verspringen von Schieferungs- zu Schieferungsfläche durch flache Verschiebungen ist möglich, das zu „Gangablösungen" führen kann. Für diese Erz-Gänge – und das gilt auch für die Quarz-Gänge – ist kennzeichnend, dass sie im Streichen und Einfallen auskeilen und so linsenförmige Gangkörper bilden, die nach einer Quarz- und Erz-freien Strecke erneut zu Öffnung und Bildung linsenförmiger Gangkörper ansetzen. In Abhängigkeit von der jeweiligen tektonischen Situation vor Ort wurden drei Vorkommen (M. RICHTER 1953, HANNAK 1964) ausgewählt, die für die Hunsrücker Schieferungsgänge typisch sind:

Typ Werlau. Dieser Gangtyp ist gekennzeichnet durch häufige kurze flexurartige Verflachungen im Einfallen bei generell steilem Einfallen nach SE; diese Verflachungen treten entlang „deckelartiger" (flacher) Überschiebungen nach NW oder in Form flexurartiger Verbiegungen von s_0 bei steil überkippt NW fallender Schichtung (s_0) und flacherer jedoch auch steil SE fallender 1. Schieferung (s_1) auf; diese flexurartigen Verbiegungen betreffen bis zu 20 m mächtige Gesteinspakete, sind über mehrere Sohlen verfolgbar und tauchen mit 15–30° NE ab; die Verflachungen sind z. T. auch durch fächerartige Anordnung von s_2-Flächen gekennzeichnet, die jünger als die Gangbildung sein soll; die Gänge reißen an den Verflachungen ab und bei Überschiebungen erscheint der hangende Gangabschnitt nach NW versetzt;

Typ Tellig. Hier machen die linsenförmigen Erzkörper Verbiegungen und Verflachungen der Hauptschieferung (s_1) mit, wobei es in den Verbiegungen zur Erzanreicherung, sog. „Sattelkissen", kommt; in den Verbiegungen erfolgen auch Zerreißungen oder Verflachungen bei normal SE einfallender Schichtung (s_0) und steiler SE fallender Schieferung (s_1); die NW einfallende 2. Schieferung (s_2) beeinflusst die Erzkörper nicht unbedingt (CUP 1955);

Typ Altlay. Hier sind verbogene Erzlinsen an Bereiche besonders intensiver 2. Schieferung (s_2) gebunden, die eine Spezialfältelung und ein Aufblättern entlang der s_1-Flächen bewirkte (TEIKE 1944); HÜNERMANN (1955) führte auch hier den Begriff „Sattelkissen" ein; dabei handelt es sich um Verflachungszonen mit mächtigeren Erzanreicherungen, die von den Bergleuten vor Ort als „Walzen" bezeichnet wurden; diese Strukturen wurden im Hangenden von „Aufschuppungsflächen" begleitet; die z. T. recht unregelmäßigen Erzlinsen und -körper können, von Unterbrechungen gekennzeichnet, entlang der Schieferungsflächen s_1, z. T. auch spitzwinklig dazu, mit 10° Abweichung und mehr in dem siliziklastischen Nebengestein entsprechend der jeweiligen Raumlage von s_0 und s_2 innerhalb der „Gangzüge" angeordnet sein.

Bei der Lösung des Raumproblems muss beachtet werden, dass diese Erz-Vorkommen an Zonen intensiver Verschuppung gebunden sind. In den Grubenaufschlüssen waren immer wieder Anzeichen von im Streichen des Gebirges liegenden Störungen oder von einer Schwächung des primären Schieferungsgefüges s_1 zu beobachten. Sie äußerten sich z. T. in Brekzienbildung und/oder in intensiver Spezialfältelung sowie Deformation der Erze (M. RICHTER 1953). Die fiederförmige Anordnung von Erzmitteln spricht für eine Ausfällung der Erze nach Entstehen der Hauptschieferung (s_1), und es sollte mit HANNAK (1959: 296) eher „eine allgemeine diffuse Buntmetallvererzung des gesamten beschriebenen Raumes zu erwarten" sein. Daraus ergibt sich eher eine Gleichzeitigkeit mit den Prozessen, die jünger als das s_1-Gefüge sind und zu dessen „Störung" führten. Die flachen deckelartigen Überschiebungen beim Typ Werlau sind daher keine nachträglichen Störungen bereits existierender Gangmittel, sondern eine Folge der Prozesse, die zu Raumbildung und Stau der erzhaltigen Fluide beigetrugen. HANNAK wies auf die Verflachungen mit Verdickungen und reicher Vererzung hin. Gegen manche flache Überschiebung „verrauhte" das Erzmittel schnell. Die Verschiebungen von Gang und Nebengestein entsprechen sich nicht: „Die Verschiebungsweite des Ganges ist im allgemeinen nur eine scheinbare" (HANNAK 1959: 297). Diese Phänomene zeigen, dass tektonische Prozesse post-s_1 als Ursache für die Bildung der „Schieferungsgänge" verantwortlich sind. Wie für den Typ Werlau sind auch bei den anderen Schieferungsgängen post-s_1-Prozesse, wie Externrotation und die Bildung der 2. Schieferung (s_2), die am Mittelrhein allerdings nicht besonders ausgeprägt ist, als Ursache für die Lockerung des s_1-Gefüges, die Schaffung der Wegsamkeit und die Präzipitation der erzbringenden Fluide verantwortlich. Sie gehörten damit in die Spätphase der variszischen Deformation.

Als problematisch erweist sich ein Zusammenspiel von Gangerz-Bildung und Entstehung des „Weißen Gebirges". Ein direkter Zusammenhang besteht nicht, da anders als am Mittelrhein in den anderen Gangerz-Bezirken des Hunsrücks kein „Weißes Gebirge" auftritt.

3.5.1.2 Gänge vom Typ „Siegerland-Bad Ems"

In den Süd-Abschnitt der „Mosel-Mulde" südöstlich der Oberlahnsteiner Überschiebung streicht der Emser Gangzug nördlich Braubach/Mittelrhein (ehem.) bis an den Rhein. Er ist an die Struktur des „Erz-Sattels" und des „Ickerstieler Bestegs" gebunden (Ehrendreich 1959, Herbst & H.-G. Müller 1964). Die Gänge des Emser Gangzuges streichen NW-SE bis NE-SW und liegen auf einer NE-SW verlaufenden Linie parallel zur Achse des „Erz-Sattels". In ihrer streichenden Verlängerung nach Südwesten wurden im Rhein-Hunsrück Erze aus dem Bopparder Hamm (Dunker 1884) und der Grube „Elise" (auch: „Grubenstein") westlich Rhens erwähnt. „Eine enge genetische Zusammengehörigkeit der Vorkommen untereinander ist gegeben; der Begriff „Gangzug" für die Einordnung der unterschiedlich streichenden Gänge ist gerechtfertigt" (Herbst & H.-G. Müller 1964: 4). Die Gänge und Gangmittel setzen vorwiegend an den Flanken des „Erz-Sattels" mit mehreren Schwerpunkten auf, die jeweils quasi N-S streichen. Der Bereich des Sattelkerns ist nicht vererzt. Herbst & Müller unterschieden Gänge vom Typ der Schieferungsgänge (NE-SW), „echte" Gänge (N-S, NW-SE, NNW-SSE) und Bogengänge (ohne bevorzugte Streichrichtung). Im Gegensatz zu den Schieferungsgängen vom „Typ Holzappel-Hunsrück" wurde die Füllung der Gänge nach der Vererzung von tektonischen Bewegungen betroffen. Dazu gehören die „Bestege", das sind NE-SW streichende Störungen mit Ruschelzonen und Lettenbestegen, die parallel zur B_1/b_1-Achse der Falten verlaufen und bei denen es sich wohl um Bewegungen entlang alt angelegter, s_1-paralleler Schwächezonen handelt. Hinzu kommen offensichtlich jüngere N-S und E-W streichende Störungen, wie sie Engels (1960) aus den Dachschiefer-Gruben im Mosel-Gebiet erwähnte, und NW-SE bis N-S streichende junge Störungen, die von einer Quarz-Bitterspat(Magnesit)-Mineralisation begleitet werden.

3.5.1.3 Ganginhalte

Nach Herbst & H.-G. Müller, (1966) ergänzt durch Angaben bei Krahn (1988) ist die Mineralparagenese der variszischen Blei-Zink-Erz-Gänge für den gesamten Hunsrück relativ einheitlich. Sie besteht aus Zinkblende (Sphalerit, ZnS), silberhaltigem Bleiglanz (Galenit, PbS), Kupferkies (Chalkopyrit, $CuFeS_2$), Schwefelkies (Pyrit, FeS_2), Magnetkies (Pyrrhotin, FeS), Fahlerz (i. wes. Tetraedrit, $Cu_3SbS_{3,25}$) und Bournonit (PbCuSbS). Als Gangarten kommen hinzu Quarz (SiO_2), Siderit ($FeCO_3$), Kalzit ($CaCO_3$) und Dolomit-Ankerit ($CaMg(CO_3)_2$-$CaFe(CO_3)_2$).

3.5.1.3.1 Die Gänge vom Typ „Holzappel-Hunsrück"

Die Textur der Erze zeigt deutliche Abhängigkeit von der jeweiligen tektonischen Position (Herbst & H.-G. Müller 1966). Auf den Schieferungsgängen in Altlay und Werlau zeigen die

Sulfide und Quarz meist eine dichte, massige Textur bestehend aus mehr oder weniger xenomorpher Verwachsung der Hauptkomponenten der Generation I. Aus den „Sattelkissen" des Telliger Vorkommens wurden auch lagige Texturen erwähnt. Die Minerale der Generation II, die auf eine jüngere Mobilisation zurückzuführen sind, zeigen u. a. auch drusige Ausbildung.

Keine Beachtung fanden in den jüngeren Publikationen jene Minerale, die im ausgehenden zu Tage sich durch Verwitterungsprozesse gebildet hatten. Aus der Hut-Region erwähnte Dunker (1884) zusätzlich Cerussit (Weißbleierz, $PbCO_3$), Pyromorphit (Grün-, Braunbleierz, $Pb_5(OH, F, Cl/(PO_4)_3)$, Zinkspat (Galmei, $ZnCO_3$), Zinkvitriol (Goslarit, $ZnSO_4.7H_2O$), Malachit $Cu_2((OH)_2/CO_3)$, Kupferlasur (Azurit $(Cu_3(OH/CO_3)_2)$ und Eisenocker (FeOOH). Als Besonderheit gelten „Blaubleierz-Pseudomorphosen" von Bleiglanz nach Pyromorphit von Kautenbach (ehem. Grube „Kautenbach"). Es sind typische Bildungen vom Ausgehenden der Bleiglanz-Vorkommen (Kronz 2005). Weiterhin ist Covellin (CuS) als typische Verwitterungsbildung von Fahlerz zu nennen, das in seiner silberreichen Variante im Frühstadium des Bergbaus im Hunsrück zur Silbergewinnung genutzt wurde.

Die Ausscheidungsfolge. Die weitgehend einheitliche Vererzung auf den ehem. Hauptvorkommen variszischer Gang-Erze im Hunsrück erlaubt es, über die Verwachsung der Phasen ein Paragenese-Schema für die Schieferungsgänge vom „Typ Holzappel-Hunsrück" zu erstellen. Abweichungen bestehen darin, dass bei Altlay („Adolph-Helene") und Tellig („Theodor") kaum, bei Werlau („Gute Hoffnung") dagegen deutlich primärer Siderit vorkommt. Die Ausscheidungsfolge hebt sich dort auch durch stärkere Beteiligung von Fahlerz- und Kupfer-Antimon-Sulphid-Erz von den anderen deutlich ab. Insgesamt sind drei Phasen der Abscheidung zu unterscheiden:

Vorphase A. In der Vorphase beginnt die Abscheidung mit Quarz, Siderit, Pyrit und evtl. etwas Kupferkies; nur bei Werlau sollte von einer Siderit-Abfolge gesprochen werden; sonst sind nur mehr mikroskopisch nachweisbare Verdrängungsreste vorhanden;

Hauptphase B. Die Hauptvererzung beginnt mit Zinkblende I und Kupferkies II; es schließt sich daran die Abscheidung von Bleiglanz I und Kupferkies II, evtl. auch Magnetkies an; auch Fahlerz, Boulangerit, Ni-haltige Erzminerale und Bournonit gehören in diese Abfolge; hinzu kommt als Gangart weiterhin Quarz.

Nachphase C. Im Zuge einer jüngeren Umlagerung und Mobilisation bildeten sich gut auskristallisierte Sulphide mit Zinblende II, Bleiglanz II und Kupferkies III zusammen mit den Karbonspäten Dolomit-Ankerit und Kalzit.

Zum Alter. Eine altersmäßige Einstufung der Blei-Zink-Erz-Gänge erfolgte über ihr Verhältnis zu den „Diabas"-Gängen, die dem unterkarbonischen „Deck-Diabas" zugeordnet wurden (Gundlach 1933, Buschendorf & H. W. Walther 1957, Schulze 1966). Allerdings geben „Diabas"- und Erz-Gänge keine eindeutigen Altersbeziehungen vor. So wurden Schieferungsgänge auf der ehem. Grube „Gute Hoffnung" bei Werlau von „Diabas"-Gängen (Bornhardt 1912), jedoch auch von Gängen des „Weißen Gebirges" (Schulze 1966) durchschlagen, und umgekehrt, so dass auch relative Alter schwer abzuleiten sind.

Die zeitliche Zuordnung der Ausscheidungsfolge zum tektonischen Geschehen wird kontrovers diskutiert. M. Richter (1959) sah die Bildung der 1. Mineralisation (Vorphase A) mit Siderit in Zusammenhang mit Faltung und 1. Schieferung dort, wo eine Lockerung des Gefüges an Bewegungszonen in Schichtung (s_0) und Schieferung (s_1) erfolgte. Die Einwanderung der die Hauptsulfide (Phase B) liefernden Fluide mit Lösungsstau an Überschiebungen (Typ Werlau) oder in Sattelkissen (Typ Altlay u. Tellig) sollte zusammen mit der Deformation von Frühausscheidungen, Bleischweif-Bildung, Rekristallisation und Ausscheidung von Kupferkies in Gangwurzel, -krone und an den -enden erfolgt sein. Sie stand in Zusammenhang mit Überschiebungen und Verflachungen (Typ Werlau), „unechter Schubklüftung" und Dehnung des Gebirges mit Bildung von Seitenverschiebungen und Querklüftung. Erst die Bildung von weißem, feinkristallinem Quarz, von Honigblende und Karbonaten im Zuge der Mobilisation (Nachphase C) stellte er in Zusammenhang mit

„echter" Schubklüftung (s_2), Abschiebungen, Längs-und Querklüftung. M. Richter befand sich damit in Widerspruch zu Teike (1944) und Hünermann (1955), die anhand der Verhältnisse auf der ehem. Grube „Adolph Helene" (Gew. Barbarasegen, Altlay), die Haupt-Sulfid-Phase (B) mit der „Schubklüftung" (s_2) in Zusammenhang sahen. M. Richter (1959) betonte, dass die „Schubklüftung" sich „einwandfrei als jüngerer Bewegungsvorgang erwiesen (habe), welcher die fertige oder nahezu fertige Vererzung beeinflußt hat" (S. 34). Aus der Kenntnis des s_2-Gefüges lässt sich jedoch sagen, dass die Typen „Tellig" und insbesondere „Altlay" eindeutig die Struktur dieses Gefüges nachzeichnen. Eine „unechte Schubklüftung" ist dagegen nicht bekannt.

Allerdings zeigten die Grubenaufschlüsse z. T. wesentlich kompliziertere Strukturen mit Verquarzung als die Tagesaufschlüsse. Hinzu kommt, dass gerade das s_2-Gefüge auf einzelne Streifen des Gebirges mit unterschiedlicher Intensität der Verformung beschränkt ist und nicht penetrativ den gesamten Schichtenstapel durchschlagen hat wie s_1. Dadurch mag der Eindruck entstehen, dass hier unterschiedliche Phasen der Entwicklung diesen Gefügen zugrunde liegen. Auch sollte, wie sich am Beispiel der „Sattelkissen" zeigen lässt (Cup 1955, Hünermann 1953, 1955), bei der Einwanderung der Metallionen-haltigen Fluide mit einem länger währenden Prozess gerechnet werden, der mit der ersten Möglichkeit zur Einwanderung begann und während der Bildung des s_2-Gefüges und darüber hinaus andauerte. Danach sollten erst diese Bewegungen den Raum für das Eindringen der Fluide geschaffen haben, da erst mit der Unwirksamkeit des s_1-Gefüges durch weitergehende externe Rotation der Schuppen überhaupt die Möglichkeit zur Wanderung der Fluiden entlang von im Streichen des Gebirges liegenden, quasi s_1-parallelen Bahnen gegeben war. Dass über die Bildung des s_2-Gefüges hinaus noch raumgebende Bewegungen stattfanden, die nicht unmittelbar im kleintektonischen Gefüge abgebildet sind, sondern entlang der im Gefüge vorgezeichneten Verschiebungsflächen stattfanden, steht außer Zweifel.

In Zusammenhang mit den Mineralparagenesen und metallogenetischen Abläufen bleibt die Stockwerkshöhe zu diskutieren. Dieses erweist sich als problematisch, da im Hunsrück keine stockwerksspezifische Vererzung vorliegt. Trotzdem hat M. Richter (1959) versucht, die Stockwerkshöhe entlang des gesamten „Holzappeler Gangstreifens" abzuschätzen. Danach repräsentiert die Verquarzung zwischen Lahn und Rhein bis in den nordöstlichen Hunsrück das erzfreie, tiefe Stockwerk und entspricht damit der „Quarz-Kupferkies-Wurzel" Hannak`s (1964). Im südwestlichen Anschluss kommt man über die ehem. Gruben „Petrus" und „Apollo" nach Südwesten in das eigentliche Sulfid-Erz-Stockwerk. In Tellig waren mehrere vererzte Zonen mit erheblicher bauwürdiger Länge (im Einfallen) und wahrscheinlich ohne ein abzusehendes Ende zur Teufe sowie noch Teile der „Quarzkrone" (M. Richter 1954) erhalten. Dieser „Gangstreifen" liegt außerdem südwestlich der Mittelstrimmiger Querverwerfung; Tellig ist daher sowieso strukturhöher anzusiedeln, als die nordöstlich liegenden Vorkommen.

3.5.1.3.2 Gänge vom Typ „Siegerland-Bad Ems"

Die variszischen Gänge dieses Typs enthalten eine Siderit-Buntmetall-Vererzung. Es lassen sich zwei Vererzungsschübe unterscheiden, von denen allein die Blei-Zink-Vererzung die Wirtschaftlichkeit der Gruben brachte. Bei dieser ist ein älterer Zinkblende-Schub von einem jüngeren Bleiglanz-Schub zu trennen. So brachte eine **Vorphase** Siderit und geringe Mengen an Quarz und die **Hauptphase** Zinkblende mit anfangs geringen Anteilen an Kupferkies und später Bleiglanz mit wenig Kupferkies. Als jüngste Mineralisation in einer **Spätphase** wurde Pyrit mit Nickel-, Kobalt- und Arsen-Gehalten angereichert. Auch hier treten neben der primären hydrothermalen Gang-Füllung Produkte einer (sekundären) Mobilisation mit Bleiglanz und Zinkblende (Honigblende) als **Nachphase** auf.

Die Gänge mit Blei-Zink-Vererzung „verrauhen" zur Teufe; dort folgt eine Quarz-Siderit-Wurzelzone. Nach Funden auf der Grube „Rosenberg" bei Braubach soll der Quarz in die Hauptphase gehören. Somit sind hier anders als bei den „Holzappel-Hunsrücker Gängen" zwei Stockwerke zu unterscheiden, von denen das untere wegen Unwirtschaftlichkeit meist nicht aufgeschlossen wurde. Von dem oberen Blei-Zink-Erz-Stockwerk waren an Rhein und Unterer Lahn (Grube „Friedrichssegen") noch ca. 400 m, an anderer Stelle 800 m erhalten und standen im Abbau. Von den Erzen der Sulfid-Phase wurden als Hauptmetallträger Zinkblende, Bleiglanz und Kupferkies, lokal (Grube „Mercur") auch Pyrit und Siderit gewonnen.

Für die Erze vom Gangtyp „Siegerland-Bad Ems" gingen Th. Wagner et al. (1998) nach Fluid-Einschlüssen in Quarz und Zinkblende von einer Ausscheidung aus relativ niedrig salinaren Fluiden mit 6–14 Gew.-% NaCl-Äquivalenten bei Homogenisierungstemperaturen um 100–200°C aus. Auch hier wird aus den Beziehungen der Blei-Zink-Erz-Ausscheidung zur Siderit-Mineralisation eine syn- bis spätkinematische Mineralisation angenommen.

3.5.1.4 Zur Herkunft der Erzlösungen

Die Abkunft erzhaltiger hydrothermaler Lösungen von einem granitischen Pluton hatte bei den variszischen Erzgängen bis in die 1960er Jahre Tradition. Abgesehen von Indizien, die aus der Gangfüllung abgeleitet wurden, fehlte von einem Pluton jedoch jede Spur. Das Gleiche galt auch für die Siderit-Gänge des Siegerlandes.

Geochemische Resultate zeigen heute eine Lösung dieses Problems, ohne einen Pluton heranziehen zu müssen. Über die Blei-Isotypie der Erze im linksrheinischen Schiefergebirge gelang Krahn (1988) der Nachweis, dass zumindest kein Mantel-Blei erkennbar ist, es sich somit um eine Abkunft der Metallionen aus der Kruste handelt. Damit liegt die Abkunft der Metallionen aus dem Fundus der paläozoischen Gesteine nahe. Richtungweisend war weiter, dass die variszischen Gang-Erze des Hunsrücks an die Zentren der Subsidenz mit ihren mächtigen unterdevonischen, tonig-schiefrigen Gesteinen gebunden sind. Wegsamkeiten sollten hier schon während der Extension des Rhenoherzynischen Beckens entlang der das Leistenschollenmosaik bedingenden Längsstörungen vorgezeichnet gewesen sein. Krahn (1988) konnte weiter nachweisen, dass das Blei der Erze aus den paläozoischen Tonschiefern stammen kann, da beide grundsätzliche Ähnlichkeiten in der Geochemie des Bleis aufweisen. Die weitgehende Homogenität der Blei-Isotypie gilt daher wahrscheinlich auch für die tiefer liegenden, nicht erschlossenen Tonschiefer im Untergrund. Für unterdevonische siliziklastische Gesteine gelten durchschnittliche Metallgehalte von 45 ppm Cu, 90 ppm Zn und 47 ppm Pb.

Grundsubstanz der Hunsrückschiefer (Mosebach 1952, 1954) sind im wesentlichen Schichtsilikate (Serizit, Chlorit) und Quarz, akzessorisch Plagioklas, evtl. K-Feldspäte, Apatit, Rutil und Karbonate (Dolomit, Ankerit: R. Hoffmann 1991b). Außerdem wurden wiederholt kieselige Konkretionen (Nöring 1939) mit Gehalten an Pyrit, Dolomit und Apatit gefunden. In den Hunsrückschiefer-Sedimenten kommt vielfach Pyrit vor. Abgesehen von den berühmten pyritisierten Fossilien bei Bundenbach und Umgebung sind es Framboide (kugelige, vereinzelt poröse, bis 10 µm messende Aggregate), bis 2 cm messende Konkretionen und idiomorphe, bis mehrere mm messende Kristalle. In kieselig-karbonatischen Pyrit-Konkretionen wurden als Zwickel- und Rissfüllungen Bleiglanz und Zinkblende beobachtet.

Geochemische Untersuchungen an Proben von Hunsrückschiefer ergaben Abweichungen von „normalen" unterdevonischen Tonschiefern beim Schwermetallpotential. So lagen die Gehalte im Mittel bei <16 ppm Pb, 11 ppm Zn (relativ starke Schwankungen), <21 ppm Cu, 74 ppm Ni, <26 ppm Co, <116 ppm As, jedoch 503 ppm Ba bei starken Schwankungen (Krahn 1988). Anreicherungen über diese Werte hinaus fanden sich in Konkretionen aus dem Hunsrückschiefer für Pb, Zn, Cu, Ni, Co, und As. Dabei ist ein Teil dieser Elemente an Pyrit gebunden sowohl als Einschlüsse als auch eingebaut im Pyrit-Gitter. Bei geeigneter

Mobilisierung in dem mehrere tausend m mächtigen Schichtenstapel der Hunsrückschiefer reicht das Potential für die Bildung der Gang-Erze auch ohne zusätzliche plutonische Quelle im Hunsrück.

Krahn (1988) ging bei der Faltung der paläozoischen Sedimentstapel im Schiefergebirge von einem geothermischen Gradienten von mehr als 60–100° C/km aus. Nach den Ergebnissen von Holl (1995) im Rheinprofil ist dieser Wert recht hoch. Er postulierte nur einen Gradienten von 20–25° C/km. Bei einer Versenkung um ca. 10 km sollten auch so thermische und lithostatische Bedingungen geherrscht haben, die die Genese entsprechend heißer Fluide in der Tiefe sicherstellten. Holl's Temperaturabschätzungen lagen bei 255–288° C. Die bei Faltung und Schieferung herrschenden tangentialen Kräfte sollten zusätzlich die Mobilisation von Schwermetallionen-reichen heißen Fluiden gefördert haben. Krahn schloss für sein Modell weiter, dass es sich um Cl-reiche Fluide mit relativ hohem CO_2-Gehalt bei niedriger bis mittlerer Salinität handelte, da „als Ligand für die Metall-Komplexe (…) in derartigen Lösungen am ehesten Cl in Frage" (S. 152) kommt. Für die Ausfällung sollten Abkühlung der Lösungen im höheren, kühleren Stockwerk bzw. Zunahme der Konzentration verantwortlich gewesen sein. Ob ein Mantel-Magma als zusätzliche Temperaturquelle verantwortlich war, worauf die „Diabase" hinweisen könnten, bleibt dahingestellt. Die Korngefüge-Untersuchungen an Quarz im Hochwald (Knautz 1992) erbrachten auch Temperatur-Hinweise bis 275° C, evtl. mehr, die für die Mobilisation ausreichten.

Für die Herkunft der Buntmetallionen-haltigen Fluide aus dem Sedimentstapel sprechen weitere Fakten. So ist bekannt, dass dunkle Pelite, insbesondere Schwarz-Pelite, generell einen höheren Anteil an organischer Substanz enthalten und somit in der Lage sind, höhere Anteile an Schwermetallionen an sich zu binden als Psammite. In den hydrothermalen Lösungen mögen sie in Form chloridischer Komplexe transportiert worden sein, wobei ihre Löslichkeit mit höherem NaCl-Gehalt zunimmt. Aus Untersuchungen an Fluid-Einschlüssen ist die Anwesenheit von niedrig-salinaren Fluiden mit 5–10 Gew.-% NaCl-Äquivalenten erwiesen, deren „Homogenisierungstemperaturen mit 220–320°C hoch liegen" (Hein 1993 in: Th. Wagner et al. 1998) und in den Temperaturbereich fallen, der bei der geringen Metamorphose im Hunsrück erreicht wurde. Geht man von einem sedimentären Ursprung aus, so sollten diese Cl-Werte in verbliebenen, an Salinität angereicherten Formationswässern auch nach der Diagenese noch vorhanden gewesen sein.

Hannak & H. Gundlach (1967) untersuchten die Verteilung von Fe, Mn, Ca und Mg in Karbonspäten (meist Paragenesen von Siderit, Ankerit und Calcit) der Vorphase (Karbonspat I) aus der ehem. Grube „Gute Hoffnung" bei Werlau am Mittelrhein. Dort folgen in der Abscheidung – abweichend von den weiter nördlich im Hunsrück liegenden Vorkommen – auf Quarz (Quarz I), Karbonspat (Karbonspat I), mächtiger Quarz (Quarz II), wiederum gefolgt von Zinkblende mit gelegentlichem Kupferkies und den Sulfiden der Hauptphase (B) der bauwürdigen Mittel. Dort ist auch Pyrit in der Vorphase (A) vertreten, z. T. als äquivalente Abscheidung für Karbonspat I. Die Schwermetallionen führenden Hydrothermen sollten in der Frühphase der Abscheidung nach der Zusammensetzung dieser Karbonspäte mindestens Fe, Mn, Ca und Mg als Kationen und als Anionen Karbonat- und Bikarbonationen in größerem Umfang geführt haben. Zu den maßgebenden Eigenschaften von Cu, Pb und Zn gehört jedoch ihre Affinität zu Schwefel. Sulfid-Ionen waren demnach in der Frühphase nicht vorhanden; andernfalls wären in diesem Stadium schon größere Mengen Pyrit statt Siderit gebildet worden. Hannak & H. Gundlach gingen daher davon aus, dass in den Hydrothermen die Aktivität der CO_3^--Ionen zunächst wesentlich größer war als die der Schwefel-Ionen. Lokal waren die Verhältnisse sicherlich anders, so dass sich dort Pyrit statt Siderit bildete. Erst mit einer nicht unwesentlichen Zufuhr oder Mobilisation von Schwefel-Ionen konnte dort die Abscheidung der Sulfide in der Hauptphase (B) erfolgen. Dass eher eine Zufuhr als eine Mobilisation zu diskutieren ist, ergibt sich aus der Mineralparagenese der Vorphase (A) auf der Grube „Camilla". In Tellig und Altlay fehlen diese Karbonspäte, und es liegt dort fast ausschließlich Pyrit vor, gefolgt von Siderit. In der Hauptphase (B) kam es weiter zur Sulfid-Erzanreicherung. In Altlay zog schon HÜNERMANN (1955) eine magmatische Frühausscheidung in Zweifel und ging von einer Mobilisierung des ohnehin im Sediment reichlich vorhandenen Pyrits aus, auch unter Hinweis auf Pyrit mit Bleiglanz-Entmischungen in einer nicht näher bezeichneten, benachbarten Dachschiefer-Grube (auch: KRAHN 1988). Die Bereitstellung des Anteils an Zn- und Pb-Ionen sollte erst zu einem späteren Zeitpunkt erfolgt sein, da diese beiden Elemente auch Karbonspäte – Cerussit ($PbCO_3$), Zinkspat ($ZnCO_3$) – hätten bilden können. Sie fehlen jedoch in der Vorphase (A) allenthalben.

Die Ausfällung der Sufide wurde möglich durch Abkühlung beim Aufstieg der Fluide in höhere Stockwerke bei gleichzeitiger Druckabnahme, bei Umschlag der Eh- und pH-Werte und durch Kontakt mit reduziertem Schwefel. Die Fluide mit den gelösten Stoffen sollten bei einsetzender prograder Metamorphose sich in Bereiche niedrigeren Drucks verlagert haben. Bei der geringen Permeabilität der meist pelitischen Gesteine, aus denen sie stammen, haben wahrscheinlich Schwächezonen in Form von Scherzonen, Ruscheln, Störungen und Überschiebungen dem Abstrom Vorschub geleistet und ihn in spezifische Bahnen gelenkt, so dass es nur in bestimmten Bereichen zur Anreicherung kam. Es besteht zudem die Möglichkeit, dass die unter hohem hydrostatischem Druck stehenden Fluide selbst Brüche hervorriefen (hydro-fracking) und damit die Erweiterung latent existierender Räume für die Präzipitation schufen. Das gilt wohl insbesondere für die Phasen der Sulfid-Erzbildung.

Die Bildungen der Spätphase (C) durch Mobilisation sind gering und auf die Erzkörper beschränkt, was eher für eine Gang-interne Mobilisation spricht. Hinweise auf eine späte Mobilisation noch während der Gebirgsbildung bildet der gelegentlich erwähnte Bleischweif. Deutlich davon abzusetzen sind späte Karbon-spätige Mineralisationen, die wahrscheinlich post-variszisch sind.

Die Beziehungen zur Tektonik weisen darauf hin, dass auch im Hunsrück die Platznahme erst nach dem p/T-Maximum erfolgte. Die Voraussetzungen von seiten Temperatur und Cl-Gehalt sollten andererseits schon zu einem frühen Zeitpunkt während Subsidenz und Diagenese bestanden haben.

3.5.1.5 Die Vorkommen

3.5.1.5.1 Telliger Gangzug

Anders als bei HERBST & H-G. MÜLLER (1966) reicht der „Telliger Gangzug" von Minheim im Südwesten bis Sevenich im Nordosten. Diese Abweichung wird damit begründet, dass alle Vorkommen dieses „Gangzuges" in der Kratzenburger Schuppenzone bzw. im Fall Minheim und Piesport in der stark NW-vergenten Mittelmosel-Schuppenzone zwischen der Boppard-Dausenau-Longuicher Überschiebungszone im Nordwesten und der Hunsrück-Hauptüberschiebung bzw. der „Mosel-Achse" im Südosten liegen. Die Vorkommen bei Minheim und Piesport sowie die Grube „Theodor" bei Tellig fallen in den Bereich relativ flach SE fallender Schieferung (s_1) und sind durch die Querstörungen bei Mittelstrimmig und Grenderich(?) von den übrigen Vorkommen dieses „Gangzuges" getrennt. Die beiden Vorkommen Minheim und Piesport liegen weitgehend isoliert in Tonschiefern vom Typ Hunsrückschiefer. Von Tellig nach Nordosten setzen sich die Gänge mit mehreren Gangmitteln fort und „verrauhen" in dieser Richtung. Der „Gangzug" wurde als teilweise breite Zone intensiver Verquarzung nordwestlich Blankenrath (Konzession „Heinrichsfeld") und weiter bei Reidenhausen (Konzession „Gutglück") wieder geortet (EINECKE 1906). M. RICHTER (1959) und HERBST & H.-G. MÜLLER (1966) erwähnten dort im Bachbett am „Grauen Stein" (Bl. 5909 Zell) 6–7 bis zu 0,2 m mächtige, vorwiegend Quarz und Bleiglanz führende Mittel in der Nachbarschaft mächtiger Quarz-Gänge. Im Streichen nach Nordosten folgen bei Mastershausen (Grube „Apollo“, Konzession „Apollo“) und am Haselberg sowie unweit der Ruine der Burg Balduinseck mehrere Gangtrümer (Konzession „Diana“). Weiter bis Sevenich (Bl. 5910 Kastellaun) ist dieser „Gangzug“ durch Trümer und Verquarzungen belegt (Einecke 1906) in den Konzessionen „Mörz“, nahe dem Aisperkopf oberhalb des Ourbaches, „Friedrichsglück“ nordöstlich der Ortschaft Uhler im Tal des Deimerbaches zwischen Junkers- und Altmühle sowie im Oberlauf des Baybaches nordnordöstlich Sevenich mit der ehem. Grube „Petrus“ (Konzession „Petrus“). Thiele (1960) bezog den „Telliger Gangzug“ nicht in seine Strukturkartierung mit ein, erwähnte jedoch diese Gangzone.

Grube „Minheim“. Die Konzession für die Grube „Minheim“ wurde 1852 erteilt; 1852–1862 wurde ein Stollen aufgefahren, ohne dass Abbau folgte; auch eine erneute Aufwältigung des Stollens 1938 führte mangels Bauwürdigkeit nicht zum Abbau; der Gang, auf dem die ehem. Grube „Minheim“ links der Mosel gegenüber Niederemmel eingerichtet wurde, liegt quasi parallel zur Schieferung (s_1) und fällt mit 35–40° relativ flach SE ein; er war unregelmäßig linsenförmig und nach Art der Schieferungsgänge im Streichen gestaffelt; die Mächtigkeit der Erzkörper reichte von wenigen cm bis max. 1,2 m; das Erz bestand aus Bleiglanz, Kupferkies und Zinkblende; Gangart waren Quarz und Siderit; Herbst & H.-G. Müller (1966) gingen davon aus, dass die Vererzung zur Teufe nicht aushält und deshalb das Vorkommen nie Bauwürdigkeit erlangte (Rosenberger 1971).

Grube bei Piesport. Keine Nachrichten liegen über ein Silber-, Blei-, Kupfer- und Zink-Erz-Vorkommen bei Piesport unweit Minheim vor. Rosenberger (1979: 183) zitierte ein „1861 angelegtes Grubenbild (von) einem Stollen von ca. 100 m Länge und einem kleinen Schacht, in dem die Gangerze angefahren“ wurden. Die tektonische Situation entspricht der bei Minheim.

Grube „Theodor“ bei Tellig. Für das Vorkommen Tellig wurde um 1865 eine Konzession auf Pb-Zn-Erze erteilt; erste Aufschlussarbeiten erfolgten von 1911–1913; geordneter Bergbau wurde von 1950–1959 durch die Gewerkschaft „Mercur“ betrieben; 1959 erfolgte die Stilllegung der Grube (Rosenberger 1971). Auf der Grube „Theodor“ wurden mehrere Gangmittel gebaut; Schneiderhöhn (1941) erwähnte fünf linsenförmige, Quarz führende Erz-Mittel, die parallel zu s_1 lagen und im Mittel mit 45° SE einfielen; hierbei handelte es sich offensichtlich um höhere Abschnitte des Vorkommens, evtl. nahe der Quarzkrone; Cup (1955), M. Richter (1959), und Herbst & H.-G. Müller (1966) berichteten über Tektonik und Erzführung in tieferen Abschnitten der Grube: Der Bau des Gebirges entspricht dort dem der NW-vergenten Mittelmosel-Schuppenzone; ein Profil zwischen dem Donnerloch (Limnichbach-Tal, Bl. 5909 Zell) und dem Tal des Peterswalder Baches unter Einbeziehung von Schacht Theodor und des Robert-Bosch-Stollens (Cup 1955) zeigt den typischen Kurzschenkelfaltenbau mit flachem Einfallen des Faltenspiegels nach SE; M. Richter (1959) sprach von einer übergeordneten „Horizontalflexur (…), an der sich eine Schichtenserie von 1 bis 1,1/2 km Breite beteiligt sei“ und hielt diesen Bereich erheblicher Dehnung „für einen Lösungsaufstieg besonders günstig“ (S. 29); die Gesamtmächtigkeit dieses „Gangstreifens“ veranschlagte er bei Tellig auf 500 m, in dem die fünf Mittel – vom Liegenden zum Hangenden 0, 01, 1, 2, 3 – lagen; diese Anreicherung in mehreren Mitteln ist typisch für die ehem. Lagerstätte bei Tellig, fehlt jedoch auch in den anderen Vorkommen nicht; mit Einschwenken der Gangmittel in das normale Streichen des Gebirges setzte „Verrauhung“ ein.

Die Hauptschieferung (s_1) streicht zwischen 37 und 45°, wird jedoch im Kleinbereich aus dieser Richtung des öfteren „sigmoidal herausgedreht“ (Herbst & H.-G. Müller 1966), so dass sowohl ein N-S- als auch ein NW-SE-Streichen erreicht wird; M. Richter (1959) bezeichnete diese lokalen Flexuren von s_1 als „Beugungsstellen“ und unterschied drei Typen in Größenordnungen vom Meter- bis Zehner Meterbereich; der 1. Typ war gebunden an das Einschieben der B_1/b_1-Achsen der Spezialfaltung nach SW, der 2. Typ an Horizontalflexuren, ebenso der 3. Typ mit unterschiedlichem Bewegungssinn im Bereich der Verbiegungen mit Einschieben der Achsen nach SW, die die Erzmittel mit vollzogen; das Achsengefälle ließ sich bestimmen über die Raumlage der B_1/b_1-Achsen sowie der Schnittlineare L_1 (s_0/s_1) und L_2 (s_1/s_2); im Normalfall fällt s_1 mit ca. 45° SE; das s_2-Gefüge ist nur schwach ausgebildet, streicht um 80° und fällt mit ca. 5° NW; die Tonschiefer sind außerdem von N-S streichenden Abschiebungen, diagonal zu B_1/b_1 verlaufenden Blattverschiebungen, NE-SW streichenden Störungen und flachen, deckelartigen Überschiebungen betroffen.

Für die Vererzung sind letztere von besonderer Bedeutung, da sie die „Sattelkissen" bilden; diese flachen Überschiebungen entwickeln sich aus s_1-Flächen, verflachen, so dass sie flacher als diese einfallen, schalten sich jedoch später in diese wieder ein; vielfach ist auch das s_1-Gefüge in diesem Bereich verbogen; in jedem Fall ist diese sigmoidale Verbiegung jünger als s_1 und muss mit der schwach ausgebildeten s_2-Schieferung (crenulation) in Zusammenhang gesehen werden. Die Telliger Gangkörper splittern in Trümer auf, die bis 0,3 m breite Gangzonen bilden; bogenförmige Verbiegungen und Gangscharungen sowohl im Streichen als auch im Einfallen dieser Zonen führen zu besonderen Erzmächtigkeiten; jedoch auch in den sigmoidalen Verbiegungen kam es zu erheblicher Erz-Anreicherung; die N-S und diagonal verlaufenden Störungen sind offensichtlich jünger und hatten keinen Einfluss auf die Vererzung; außerdem sind die Gang-Zonen an ihnen verworfen.

M. Richter (1959: 32) betonte ausdrücklich, dass „es sich weder um einen normalen Schieferungsgang noch um einen queren „Dehnungsgang", sondern um mehrere vom Liegenden zum Hangenden auftretende „Gangzonen" handele, die „eine Aufspaltung der Quarz- und Erzmittel in eine Reihe einzelner Lagen, Linsen und Trümer (zeigen), die insgesamt eine querschlägige Breite von manchmal 30 und mehr Metern erreichen können"; allenthalben wird in Tellig von einer Besonderheit im Baustil gesprochen; diese scheint jedoch nur als solche, da das raumgebende s_1-Flächengefüge ungewöhnlich flach SE einfällt; die zusätzlichen flachen Überschiebungen sowie die s_2-Schieferung sind in den übrigen Vorkommen ebenso wie das linsenförmige Auftreten der Erze oder auch von Quarz zu beobachten.

Die Vererzung war in Tellig recht uneinheitlich. Zum größten Teil war ein erheblicher Anteil an Quarz am Gang-Mittel beteiligt, der von Erz durchsetzt war. Vor allem waren Zink- und Blei-Erz im Verhältnis 3,7:1 vertreten; Kupferkies trat seltener auf. Der Silbergehalt belief sich auf 15 g/t Roherz, nahm jedoch zur Teufe hin ab. In dieser Richtung „verrauhten" auch die Gang-Mittel, allerding ohne Beteiligung von Siderit und Kupferkies, so dass fraglich ist, ob hier die Wurzelzone sensu M. Richter (1959) bereits erreicht war. Nach Südwesten reichte die Vererzung bis in das Tal des Altlayer Baches (Konzession „Zell"); nach Nordosten klang sie aus. Nach lagerstättenkundlichen Berechnungen erbrachte die ehem. Lagerstätte, die seit 1860 gebaut wurde, insgesamt eine Metallmenge von 7852 t Pb, 21 744 t Zn, 302 t Cu und 4530 kg Ag (Herbst & H.-G. Müller 1966, Rosenberger 1971).

In der nordöstlichen Verlängerung der Telliger Gang-Mittel lag an der Ost-Seite des Feldes „Theodor" der **Fundpunkt Schauren**. Untersuchungen ergaben lediglich „Suldfidspuren" (Rosenberger 1971).

Die Grube „**Apollo**" bei Mastershausen, 1891 erstmals aufgeschlossen, baute drei Schieferungsgänge vom Tal des Sosbergerbach aus ab (Bl. 5910 Kastellaun); das Vorkommen erwies sich auf die Dauer als nicht bauwürdig; drei relativ kurze Gangzonen, die parallel zu s_1 streichen, nach SE einfallen und Mächtigkeiten von 0,3–1 m aufwiesen, beschränkten sich auf ca. 7 m Breite bei Längen der Erzmittel bis 12 m; die Erzmittel waren durch bis 3,5 m breite Bergekeile voneinander getrennt; die Trümer der 1. Gangzone bestanden aus nur wenige dm mächtigen Erzlinsen, die im Einfallen auskeilten; die mittlere der drei Linsen weitete sich nach der Teufe zu einem 1,5 m mächtigen, verquarzten Bleiglanz und Zinkblende führenden Gangmittel, das u. a. eine ca. 0,65 m mächtige, derbe Bleiglanz-Partie enthielt; ähnlich war es auch auf den beiden anderen Gangzonen (Rosenberger 1971). Generell war die linsenförmige Vererzung unregelmäßig, und die Erzführung der relativ kurzen Linsen schwankte zwischen 0,2–2 m; eine diagonale Seitenverschiebung soll die Gangzone linkshändig um ca. 150 m nach NW verschoben haben.

In Zusammenhang mit dem Telliger Gangzug erwähnte Rosenberger (1971) aus dem Feld „Diana“ nordwestlich von Buch die ehem. Grube **„Diana“**. Hier wurden zwei Gang-Trümer erschürft, die parallel zur Hauptschieferung (s_1) verlaufen und mit 50° SE einfielen. Bei einem Versuchsabbau wurde ein 1 m mächtiges Gang-Mittel angefahren und untersucht; zu geringe Metallgehalte und Probleme mit der Wasserhaltung machten einen Bergbau unrentabel.

Hinzu kommt noch der **Fundpunkt Weichenmühle** (ohne nähere Ortsangabe), wo bei Prospektionsarbeiten „vier schwache Bleiglanz und Zinkblende führende Erztrümer“ zwar angetroffen, jedoch nicht weiter verfolgt wurden (Rosenberger 1971: 251).

Über die ehem. Grube **„Petrus“** bei Sevenich (Bl. 5810 Dommershausen) liegen kaum Nachrichten vor; Einecke (1906) erwähnte Versuchsbaue in den 1850er Jahren, die zur Auffindung „einer Reihe schwacher Trümer (und) von zwei großen, in h 4 (ca. N 60° E) streichenden Quarzgängen mit geringen Blei- und Kupfergehalten“ (S. 34) geführt hätten; der Bergbau sei jedoch wegen der geringen Ausbeute „sehr bald aufgegeben worden“; geringe Ausbeute, starke Verquarzung und die Erwähnung von Kupfer-Gehalten mag mit der im Nordosten avisierten „Kupferkies-Quarz-Wurzelzone“ (M. Richter 1959; Hannak 1964) in Zusammenhang zu sehen sein; Einecke (1906: 36) erwähnte außerdem „bemerkenswerte Querstörungen, die das Streichen des Ganges beeinflussten“, u. a. in Deimbach-, Flaumbach- und Limnischbach-Tal.

3.5.1.5.2 Altlayer Gangzug

Dieser Gangzug reicht, anders als bei früheren Darstellungen, von den Gruben in der Grafschaft Veldenz im Südwesten über das Kautenbach-Tal südlich Traben-Trarbach zu den Gruben bei Altlay und weiter bis zu den Gängen bei Peterswald und Löffelschied im Nordosten. Alle diese Vorkommen sind an die „Mosel-Achse“ (Scholtz 1930) gebunden bzw. sitzen in ihr oder auch südöstlich der Hunsrück-Hauptüberschiebung auf. Krahn (1988) schloss nach Südwesten das Vorkommen bei Minheim an, übersah dabei jedoch, dass dieses sich weit nordwestlich dieser Struktur in der Mittelmosel-Schuppenzone befindet.

Der Schwerpunkt der Vererzung lag auf diesem Gangzug bei der Ortschaft Altlay. Erschlossen waren diese Vorkommen durch die Gruben „Gute Hoffnung“ und „Adolph-Helene“. Westlich und südwestlich Altlay streichen die Altlayer Gänge bei Briedeler Heck und am Hohestein (Hexenkopf) als Quarzgänge zu Tage aus (Bl. 6009 Sohren). In einem etwa 2 km breiten, 50° verlaufenden Streifen zwischen Löffelschied im Nordosten und der Siedlung Veldenzer Hofbach (Bl. 6108 Morbach) im Südwesten streichen weitere Erzmittel und zahlreiche Quarz-Gänge zu Tage aus. Dort liegen weitere Zentren der variszischen Vererzung bei der ehem. Grube „Gondenau“ westlich Irmenach, im Kautenbach-Tal bei Kautenbach, weiter südlich Bernkastel, am Schloss Veldenz bei Thalveldenz und im Wellersbach-Tal nordwestlich Gornhausen. Die eigentlichen Schwerpunkte des Erzabbaus befanden sich in den Altlayer Gruben und in der Grube „Gondenau“. Außerdem erwähnten Herbst & H.-G. Müller (1966) Gänge, die vom Würricher und Berger Bach östlich Altlay angeschnitten wurden, jedoch ohne wirtschaftliche Bedeutung waren.

Kronz (2005) hat für das Gebiet zwischen Altlay und Veldenz die Verbreitung der Erzgänge vorgestellt. Danach gehören nur drei im Streichen des Gebirges liegende Gänge bei Veldenz, Thalveldenz und am Wellersbach zu den variszischen Schieferungsgängen. Bei der Mehrzahl der Gänge dieses Bezirks, die als „Quergänge“ NW-SE streichen und einigen NNE-SSW sowie N-S streichenden Gängen handelt es sich offenbar um postvariszische Vererzungen. Die ehem. Gruben am Schloss Veldenz bei Thalveldenz („Frischer Mut“, „Karlsgrube“) waren bis 1785 im Betrieb. 1803 wurde letztmalig berichtet, dass bei „Veldenz (…) auch damals drei Minen für Blei und Kupfer in Tätigkeit“ (Molz 1959) waren. Insgesamt liegen für das Gebiet Kautenbach-Bernkastel-Veldenz zwar Nachrichten über einen 300 Jahre währenden Bergbau vor, die für lagerstättenkundliche Darstellungen notwendigen Daten sind jedoch spärlich. Die Aufnahme von Untersuchungen im Gebiet zwischen Trier und Kautenbach (Kronz 2005) lässt neue Ergebnisse erwarten.

Schwerpunkte der Vererzung auf dem Altlayer Gangzug waren:

Gruben bei Altlay. Der Bergbau auf der Grube „**Adolph-Helene**“ bei Altlay geht auf eine Belehnung im Jahre 1409 zurück; seit 1876 besteht die heute weitgehend ruinöse Anlage; 1959 wurde die Anlage im Altlayer Tal, die zuletzt im Besitz der Gewerkschaft Mercur war, nach 550 Jahren stillgelegt; „die wirkliche, zu Tage gebrachte Roherzmenge betrug 384 000 t für den gesamten aufgeschlossenen Lagerstättenraum. Die Abnahme des Metallgehaltes zur Teufe zeigt gleichzeitig die Annäherung an die „Gangwurzel“ (Herbst & H.-G. Müller 1966: 13); in der gleichen Richtung änderte sich auch der Gehalt an Zinkblende gegenüber Bleiglanz zugunsten der Blende. Das s_1-Flächengefüge streicht auf der Grube „Adolph-Helene“ um 45° und fällt mit 50–70° SE steiler als auf der Telliger Grube ein; es versteilt sich in Richtung auf die „Mosel-Achse“ nach SE bis zur Saigerstellung; entsprechend fallen auch die der Schieferung folgenden Gangmittel unterschiedlich steil SE; nach Hünermann (1953) streicht das gesamte Gangsystem 50–60° und schneidet die Hauptschieferung (s_1) unter sehr spitzem Winkel; die unter Tage im Mittel 45° streichenden s_1-Flächen „schmiegen“ sich bis zu einem Streichen von 60° an den Gang an, d. h. das Gangsystem streicht hier mehr ost-westlich als die Schieferungsflächen (s_1); das s_2-Flächengefüge ist im Grubenbereich deutlich; es streicht ebenfalls um 50° und fällt mit 70–75° NW; die Grube befindet sich damit schon südöstlich des durch die s_2-Schieferung definierten „Fächers“; die 2. Schieferung führte in den sandigeren Partien der Hunsrückschiefer (Typ Zerf-Schichten) zu einer z. T. erheblichen Zerscherung des s_1-Gefüges, die in den Tonschiefern – insbesondere in den Dachschiefern – weniger ausgeprägt ist. Drei Störungssysteme kennzeichnen die Zerlegung des Schichtenstapels im Grubenfeld. Wie bei Tellig sind auch hier die NW-SE und N-S streichenden Verwerfungen jünger als die Vererzung; Letztere zeigen eine karbonatische Mineralparagenese; hinzu kommen als drittes System NE-SW streichende Störungen, die quasi-parallel zu den Blei-Zink-Erzgängen verlaufen; große Bedeutung kam einer 135–150° streichenden Zone zu, in der drei in der Schieferungsebene liegende und aus einzelnen flach dachziegelartig übereinander angeordneten Gangtrümern bestehende „Gängen“ lagen, der „Emilien und Emma-Gang“, der „Franz-Gang“ und der „Hans-Marien-Gang“:

Der bedeutendste unter ihnen, der „**Franz-Gang**“, bestand aus mehreren, linsenartigen Gangtrümern mit Mächtigkeiten bis >1m; sie lagen bei einem Streichen von 50–70° schwach diagonal zur um 80° streichenden Gesamtzone der Vererzung; die Linsen schoben flach nach S ein und verloren sich ohne scharfen Kontakt im Nebengestein.

Der „**Hans-Marien-Gang**“ befand sich etwa 80–100 m im Hangenden des „Franz-Gangs“; er streicht in Richtung NW-SE, setzte sich jedoch aus zahlreichen 15–25 m langen, im Streichen von s_1 liegenden Linsen zusammen; der eigentliche „Marien-Gang“ schließt daran mit einem Streichen um 150° an.

Der „**Emilien- und-Emma-Gang**“ liegt 240 m im Liegenden des „Franz-Ganges“ und folgte diesem, erwies sich jedoch abgesehen von einzelnen Bleiglanz-Partien als unwirtschaftlich; er streicht als „Quarz-Riff“ (Klippe) zutage aus.

Außer diesen Blei-Zink-Erz führenden Gängen kommen im Grubenfeld „Adolph-Helene“ zwei an echte Querstörungen gebundene, NW-SE streichende Gänge, der „Else-Gang“ und der „Löffelscheider Gang“ vor:

Der „**Else-Gang**“ führte neben Quarz Pyrit und Ankerit; der Pyrit ist offensichtlich jünger als der Quarz sowie zonar und strahlig gebaut; die Querstörung, auf der der „Else-Gang“ aufsitzt, war als schräge Blattverschiebung tätig und könnte als Äquivalent der Mittelstrimmiger und/oder der Grendericher Verwerfung zu betrachten sein; es ist fraglich, ob die quarzig-karbonatspätigen Paragenesen noch zu den variszischen Gangfüllungen zu zählen sind.

Der „**Löffelscheider Gang**“ enthält Quarz und reichlich Siderit, Ankerit und oxidische Eisenerze.

Übertage ließ sich der Blei- und Zink-Erze führende Bereich über mehr als 1,5 km verfolgen. In diesem Teil des Systems war die sulfidische Vererzung auf einen kleineren Bereich beschränkt, der durch eine „beulenartige Aufwölbung" (Kulmination) mit NE und SW gerichtetem Achsenabtauchen beschränkt war. Außerhalb davon „verrauhten" die Gangmittel. Die Mineralisation klang nach der Teufe bei ca. 62 m NN (9. Sohle; Hauptschacht bei 256,6 m NN) aus. Als entscheidend für die Erzanreicherung erwiesen sich in der Aufwölbung die „Gang-Verflachungen" („Walzen" der Bergleute, „Sattelkissen": Hünermann 1955), die eine Art kaskadenartig übereinander angeordneter Kurzschenkelfalten darstellen, deren Faltenachsenebene (bc) parallel zu den Flächen der s_2-Schieferung verläuft. Auf diesen Sachverhalt machte schon Teike (1944) aufmerksam. Jeweils in der strukturellen Sattel-Position lagen Gangweitungen vor, oder es taten sich neue Erz-Trümer auf. Die z. T. ausgeprägte, zonenweise angeordnete 2. Schieferung (s_2) führte zur Aufblätterung der steil SE einfallenden (80° SE) s_1-Flächen. In dieser Position auftretende flache Überschiebungen begünstigten – wie in Tellig – Lösungsstau und Präzipitation von Quarz und Erz.

Herbst & H.-G. Müller (1966: 19) gaben die „Wurfweite der kaskadenartig einfallenden Erzfälle" mit bis zu 5 m an. Hünermann (1955) erwähnt solche Sattelkissen nur vom „Franz-Gang", während der „Hans-(Marien)-Gang" nur kleinere, der „(Hans)-Marien-Gang" jedoch ein „Sattelkissen von besonderer Mächtigkeit" (S. 3) aufwies mit einer Aufschuppungsfläche im unmittelbaren Hangenden des Ganges, wodurch eine „klaffende Ablösungsfläche" entstand.

Hünermann unterschied innerhalb der Lagerstätte mehrere Gangtypen und zwar (1) den „Schieferungsgang" i. e. S. parallel s_1, der ein s_2-Gefüge nicht unbedingt zur Voraussetzung hat, (2) das „Sattelkissen", eine durch s_2 bedingte Auflockerungszone der Schichtung und (3) die „Deformationszone" im Bereich von Verflachungen mit Erz-Anreicherung, die von s_2 betroffen und somit älter als diese ist; letztere wiesen Reicherzfälle und als Zeichen der Deformation Bleischweif-Bildung auf.

Hinzu kommen 2–3 m mächtige Quarz-führende Nebentrümer parallel zu s_1. Die Vielfalt zeigt, dass Tektogenese und Vererzung längere Zeit nebeneinander verliefen und ein Beginn der Vererzung kurz vor und während der 2. Schieferung (s_2) anzusetzen ist. Letztlich kann die Raumbildung für die Erze parallel s_1 erst stattgefunden haben, nachdem die Bildung der Transversalschieferung (s_1) abgeschlossen und im Rahmen von Externrotation außer Kraft gesetzt worden war.

Der Mineralinhalt dieser Lagerstätte war gekennzeichnet durch Zinkblende, Ag-haltigen Bleiglanz und Kupferkies als den entscheidenden Erz-Mineralen sowie von Pyrit, Fahlerz, Siderit, Ankerit, Dolomit, Kalzit und Limonit als Akzessorien. Gangart war Quarz. Die Ausscheidungsfolge entspricht jener auf den übrigen variszischen Gängen im Hunsrück. Zur Phase I (Vorphase A) gehören Quarz, Pyrit, Fahlerz und Siderit, da sie von den Sulfiden teilweise verdrängt wurden. Zur Hauptausscheidung (Phasen II u. III sensu Hünermann 1955; Phase B) gehören Quarz und Kupferkies quasi als Durchläufer, während Zinkblende und Bleiglanz auf die Phase II beschränkt blieben. Hinzu kamen in Phase IV (Phase C) Mobilisate von Quarz, Zinkblende, evtl. Kupferkies sowie Karbonspäte.

Hünermann (1955) sah die Hauptvererzung mit den Sulfiden in Zusammenhang mit dem Einsetzen der 2. Schieferung (s_2; Phase II). Die spezielle Anreicherung z. B. „mit späterem Kupferkies in den Sattelkissen (Phase III)" ordnete er der Ausbildung der „Schuppungsflächen gerade im Hangenden der Gänge" (S. 3) zu, während jüngere Bewegungen im Rahmen der 2. Schieferung an der Grenzfläche zwischen Materialien unterschiedlicher Kompetenz erfolgten. Die Bildung der frühen Quarz-Generation mit Pyrit und evtl. Siderit in geringen Mengen sollte in einer Spätphase der Transversalschieferung (s_1) erfolgt sein, da mehrfach geringmächtige Quarz-Gänge mit eingeschlossenem Pyrit parallel zum s_1-Flächengefüge und deformiert durch s_2 außerhalb der Erz-Gänge beobachtet wurden. Die Mobilisation von SiO_2, evtl. auch von im Sediment bereits vorhandenem Pyrit, erfolgte dann über die Drucklösung.

M. Richter (1959: 34) betonte im Gegensatz zu Hünermann (1955), dass die „Schubklüftung" (s_2) jüngeren Bewegungen zugeordnet werden müsse, da sie „die fertige oder nahezu fertige Vererzung beeinflußt" und die Zerscherung der Erzkörper bedingt habe. Cup (1955) bildete jedoch nur ein von s_2-Flächen betroffenes Erzmittel aus Tellig ab; sonst ist auch in Erz-Anschliffen keine Zerscherung zu erkennen. Daher sollte das Richter'sche Argument nur bedingt gelten. Die mit der Externrotation der Schuppen einsetzende „Schubklüftung" war kein einmaliger Akt und sollte mehrere Stadien von der Anlage von s_2 bis zur Überschiebung über die Sattelkissen durchlaufen haben. Somit wird hier eher für die Vorstellungen von Cup und Hünermann plädiert und die Vererzung ab dem Frühstadium von s_2 angesetzt.

Die altersmäßige Zuordnung der jüngeren Blattverschiebungen (NW-SE) mit „quarzig-karbonspätiger" Mineralisation ist ungewiss und kann u. U. auch in Zusammenhang mit der post-variszischen Mineralisation gesehen werden. Herbst & H.-G. Müller (1966) erwähnten „jüngeren Quarz mit Karbonaten und nur akzessorischen Sulfiden" sowie eine „Karbonatabfolge mit Sulfiden und Schwerspat" (S. 19) als noch jünger. Außerdem fanden sie in den Gangräumen „z. T. beträchtliche Breccien aus Nebengestein" (S. 20), die auf Kataklase in Zusammenhang mit der Gangbildung schließen lassen. Hünermann (1953) beschrieb „schwimmende Tonschieferpakete in der Gangmasse", die noch in Originallage parallel zur s_1 liegen und ähnlich zu bewerten sind wie die Nebentrümer.

Grube „Hunsrück". Im Streichen des „Franz-Ganges" nach SW liegt der „ Hohensteiner Gang", der vom Hitzelbach-Tal (Bl. 6009 Sohren) aus aufgeschlossen wurde, mit der Grube „Hunsrück" (Herbst & H.-G. Müller 1966); das Gangmittel bestand aus einer im Streichen der Schieferung (s_1) liegenden, 8–10 m mächtigen und mit 80° SE einfallenden Gangzone, die außer Quarz vereinzelt in >5 cm mächtigen „Schnüren" derben Kupferkies, gelegentlich auch Buntkupfer-Erz (Bornit Cu_5FeS_4) und Pyrit (FeS_2) führte; Bleiglanz und Zinkblende wurden nicht erwähnt; interessant in Zusammenhang mit den Funden im Goldbach-Tal oberhalb Andel/Mosel ist die Erwähnung von „Freigold"; im vorgeschiedenen, jedoch für das Vorkommen nicht repräsentativen Fördergut fanden sich neben 13,2% Cu auch 3,6 g Au/t.

Grube „Gondenau". Ein weiteres Vorkommen wurde von der Grube „Gondenau" abgebaut; die Lagerstätte fand man beim Dachschiefer-Abbau; sie wurde 1926 erstmalig untersucht und in den Jahren 1936–1949 vollständig abgebaut; die Fördermenge betrug insgesamt 38 586 t Roherz; der Metallgehalt des Fördergutes nahm zur Teufe von 13,4% Pb auf 3,71% Pb und von 12,4% Zn auf 7,52% Zn (Herbst & H.-G. Müller 1966) ab; das Ende der Gangwurzel war bei etwa 230 m Teufe erreicht, wo die Gangspalte unvererzt angetroffen wurde; die Zone der Vererzung verlief zwar generell quer zum Streichen der Hauptschieferung (s_1), bog jedoch auf den unterschiedlichen Sohlen in Richtung s_1 ein, so dass sich bogenförmige oder sigmoidal gekrümmte Trümer („Finger" der Bergleute) ergaben, die jedoch in den Dachschiefern schon nach kurzer Entfernung auskeilten; sie fielen mit 70–80° NW oder auch SE ein und bezeugten damit die unmittelbare Nähe zur „Mosel-Achse"; die Länge der Gangzone nahm von 70 m auf 40 m zur Teufe ab; die Mächtigkeit der vererzten Partie lag zwischen 1–5 m; die Vererzung bestand aus Blei-und Zink-Erzen sowie Quarz als Gangart; Rosenberger (1971: 253) gab für die Metallgehalte „im Durchschnitt die ungewöhnliche Höhe von 11,9% Pb und 12,1% Zn" an, die mit zunehmender Teufe zurückgingen. Kupferkies war auf die Gangausläufer beschränkt; das Vorkommen war von im Streichen des Gebirges liegenden Verwerfungen betroffen, N-S verlaufende oder querschlägige wurden nicht beobachtet.

Weitere Vorkommen. An die „Mosel-Achse" gebunden und südöstlich, d. h. im tektonisch Hangenden der Hunsrück-Hauptüberschiebung oder deren Äquivalenten, liegen noch drei weitere Vorkommen und zwar in der Konzession „Kronprinz" östlich Halsenbach und südlich Ehr (Bl. 5811 Kestert); in der streichenden Verlängerung nach NE sind von Einecke (1906) zwei Vorkommen bei Bad Salzig angegeben, die in der Ortslage in Richtung Bahnhof zielen und auf der gegenüber liegenden Talflanke des Rheins zwischen Burg Sterenberg und Burg Liebenstein ausstreichen; von dort beschrieb er acht Gang-Trümer; außerdem gelang ihm von dort der Anschluss an den Holzappeler Gang-Zug.

3.5.1.5.3 Werlauer Gangzug

Noch bei Dunker (1884) wurden die Vorkommen bei Werlau am Mittelrhein mit den Holzappeler Gängen an der Lahn zum „Gangzug Werlau-Holzappel" vereinigt. Jedoch stellte Einecke (1906) richtig, dass es sich um getrennte Gangzüge handelt und der „Werlauer Gangzug" südöstlich des „Holzappel-Zeller (Telliger) Gangzuges" verläuft. Nach Herbst & H.-G. Müller (1966) handelt es sich bei St. Goar und Werlau um einen erneuten Vererzungs-Schwerpunkt, der im Nordosten bei Himmighofen/Taunus beginnt und aus mehreren Gängen besteht. Es sind dies je ein kleineres Vorkommen bei Dalheim (Grube „Morgenröte"), Himmighofen und Weyer (4 Gang-Mittel, Grube „Gellertsberg"), weiter Vorkommen der Grube „Camilla", das vom Gründelbach-Tal („Gründelbach-Stollen") her aufgeschlossen wurde, der „Holzfelder Gang", mehrere Gangmittel der Werlau-Wellmicher Gangzone und im Hangenden der „Goldgruben-Gang" (Grube „Gute Hoffnung" und Stollen bei Wellmich) sowie der „Vergissmeinnicht-Gang", der vom Schloss Rheinfels bei St. Goar nach SW zieht. Vielfach wurde das Vorkommen „Eid" bei Alterkülz noch zu diesem Gangzug gerechnet. Hier wird es aufgrund seiner tektonischen Position davon getrennt behandelt. Der Werlauer Gangzug hat bei dieser Gruppierung eine Länge von etwa 15 km; in ihm waren die Werlau-Wellmicher Gangmittel die bedeutendsten (Foto 13, S. 167).

Werlau-Wellmicher Gangmittel. Im Bereich der Grube „Gute Hoffnung" bei Werlau ging möglicherweise schon in römischer Zeit Bergbau um. Urkundlich belegt ist er seit 1562 und wurde 1961 eingestellt; von der Grube „Gute Hoffnung" aus wurde der größte Teil der linksrheinischen Erze abgebaut; die 130 m unter dem Rhein verlaufende, 3,85 km lange „Rheinstrecke" erschloss auch die rechtsrheinischen „Wellmicher Mittel" ohne nennenswerte Wasserzuflüsse; von 1880–1961 wurden 1 526 370 t Roherz gefördert; hinzu kommen ca. 150 000 t (Schätzwert) aus früheren Betriebszeiten; daraus ergaben sich als Ausbeute 52 500 t Pb, 88 000 t Zn, 2430 t Cu und 50 000 kg Ag.

Die Führung von Erz und Gangart auf dem Werlauer Gangzug unterschied sich deutlich, wenn auch nicht grundsätzlich, von den Vorkommen auf dem Telliger und dem Altlayer Gangzug; als Gangart kamen Quarz, Siderit und Ankerit vor; Hannak (1966) und Hannak & H. Gundlach (1967) beschrieben als Karbonspäte Siderit und Ankerit einer 1. Generation (Karbonspat I), die gemeinsam mit Quarz auftreten; dabei konnten sie anhand von Bänderung mehrere Phasen der Gangöffnung und -füllung beim Wellmicher Mittel (WM) unterscheiden; die Reihenfolge der Ausscheidung ist gekennzeichnet durch Quarz I, gefolgt von Karbonspat I und unmittelbar danach Zinkblende; hinsichtlich der Elementverteilung in den Karbonspäten I ergab sich eine Eisen-Abnahme gegenüber einer Mangan-Zunahme mit fortlaufendem Abscheidungsprozess; weiter liess sich ableiten, dass im Spaltenraum des Wellmicher Mittels über mindestens 200 m vertikale Erstreckung stabile Verhältnisse bei der Karbonspatfällung herrschten.

Die Haupterz-Minerale waren Zinkblende, Bleiglanz, Kupferkies und Pyrit in ähnlicher Abscheidungsfolge wie auf den übrigen Schieferungsgängen; Pyrit tritt jedoch gegenüber den anderen Sulfiden zurück und wurde von ihnen teilweise verdrängt; er war offensichtlich an älteren Siderit gebunden; abweichend von den anderen Gangzügen sind Ag-haltiges Fahlerz (Tetraedrit), Bournonit, Boulangerit und die Ni-Minerale Gersdorffit und Millerit als akzessorische Bildungen zu nennen; somit besteht ein deutlicher Unterschied zwischen Werlau einerseits und Tellig und Altlay andererseits in der deutlichen Karbonat-Phase mit Siderit und die Beteiligung von Fahlerz und CuSb-Sulfiden; hinsichtlich der Elemente heißt dies, dass die Metall-Ionen aus einem anderen sedimentären Umfeld stammen dürften.

Die Grubengebäude liegen in der Maisborn-Gründelbach-Schuppenzone, d. h. in der südwestlichen Verlängerung der Lahn-Mulde; abgesehen von Tonschiefern mit unterschiedlichem Sand-Anteil und eingelagerten Sandstein-Bänken, die zum Unterems gehören, traten im Grubengebäude Porphyroide, „Diabase“ und Weißes Gebirge auf. Im Bereich der Gänge sind die Schichten großzügig NW-vergent spezialgefaltet; die Gänge sitzen bevorzugt im überkippten, steil SE fallenden Schenkel der Sättel auf; sie folgen sowohl der Schichtung (s_0) als auch der Hauptschieferung (s_1); diese fällt mittelsteil SE ein; die Schichten zeigen mehrfach Verflachungen entweder entlang flacher deckelartiger Überschiebungen oder verursacht durch flexurartige Verbiegungen der Schichten (s_0, Kurzschenkelfalten); die Verflachungen, bei denen auch beide Typen kombiniert auftreten können, waren bis 30 m breit und im Grubengebäude verfolgbar; sie klangen nach den Seiten aus; die Achsen der Spezialfalten verliefen 50–65°/10–30° (NE); dort, wo Erzgänge auf eine derartige Struktur trafen, verloren sie an Mächtigkeit, „verrauhten“ oder wurden verworfen. Die einzelnen Gangmittel hielten nicht über die gesamte Strecke durch, sondern bildeten im Streichen des Gebirges liegende linsenartige Mittel; auf der Hauptganglinie folgten so im Streichen von NE nach SW das „**Wellmicher Mittel**“ (rechtsrheinisch), das „**Christiansschächter Mittel**“, die „**Michelschachter Mittel**“ und im Südwesten das „**Gustavsschächter Mittel**“ (linksrheinisch); zwischen diesen Mitteln lagen im Streichen erzfreie Zonen von ca. 300–800 m Länge; die Mittel bestanden aus einem liegenden und einem hangenden Gangtrum, die jeweils im Hangenden von einer parallel dazu verlaufenden Störung begleitet wurden (Raum Wellmich); zwischen beiden Trümern befanden sich Bergemittel mit Mächtigkeiten von 70–90 m; im Gegensatz zu den übrigen bestand das „Gustavsschächter Mittel“ aus mehreren im Streichen liegenden (Teil-)Mitteln, die durch diagonal zu den Gängen liegende, rechtshändig verschiebende Störungen begrenzt wurden (Ehrenthaler, Friedrichsschachter, Franzensschachter, Neues und Fahlerz-Mittel).

Außer dieser Hauptvererzungszone sei der „**Holzfelder Gang**“ erwähnt, der 480 m weiter im Liegenden der Werlauer Gänge aufsitzt und durch älteren Bergbau bekannt ist (Dunker 1884); das Vorkommen zog sich vom linken Rhein-Ufer bis in das Frankschieder Tal nach Südwesten; es gehört noch zum Werlauer Gangzug; rechtsrheinisch wurde es mit einer Mächtigkeit von 3 m angetroffen; der mit 35–55° SE einfallende Schieferungsgang zeigte nur schwache Vererzung in einer Quarz und Siderit aufweisenden Gangmasse; linksrheinisch wurde er als mehrere Meter mächtiger Quarz-Gang mit „vereinzelt (…) bauwürdigen Erzanreicherungen aufgeschlossen“, war jedoch ohne wirtschaftliche Bedeutung (Herbst & H.-G. Müller 1966: 30).

Über den **Goldgruber Gang**, der ebenfalls parallel s_1 und etwa 400–500 m südöstlich des Hauptgangzuges auf der Höhe des „Mittelschachter“ und des „Gustavsschachter Mittels“ verläuft, sind keine Daten bekannt; ebenso über den „**Vergissmeinichter Gang**“, den Dunker (1884) mit einem Vorkommen bei St. Goar „hinter der Burg Rheinfels“ erwähnte.

Zum Werlauer Gangzug mag noch ein zwei Gangtrümer umfassendes Vorkommen von 0,3–0,6 m Mächtigkeit gehören, das im Tal des Niederbaches bei Birkhein und Badenhard (Bl. 5811 Kestert) lag und auf dem in der **Grube „Repräsentant**“ abgebaut wurde; eine „Linie Damscheid-St. Goar“, wie sie Dunker erwähnte, existiert sicherlich nicht.

Grube „Camilla“. Auf dem Werlauer Gangzug liegt weiter im Südwesten ein Vorkommen, das von der Grube „Camilla“ 1,5 km nordöstlich Norath (Bl. 5811 Kestert) aus in den 1950er Jahren untersucht, jedoch nach einer Versuchsperiode mit einer Förderung von 12 000 t Roherz nicht weiter betrieben wurde. In der Grube „Camilla“, die in Singhofen-Schichten mit Porphyroiden liegt, wurden mehrere Trümer gefunden, die sich in einem normal liegenden Schichtverband bei steil einfallender Schieferung (s_1: 60–80° SE) befanden; hier wurden drei Gangtrümer in einer liegenden und einer hangenden Gangzone angefahren; sie lagen im Streichen des „Holzfelder Ganges“, evtl. etwas zum Liegenden versetzt; die liegende Gangzone enthielt zwei etwa 16 m voneinander entfernt liegende Erzlinsen, die parallel zu s_0 und s_1 verliefen, zur Tiefe jedoch in mehrere Quarztrümer aufsplitterten; die hangende Gangzone entwickelte sich erst zur Teufe (unterhalb der 150 m-Sohle) zu einer bedingt bauwürdigen, 0,2 m mächtigen, linsenförmigen Vererzung, die jedoch im Streichen nach Nordosten und Südwesten zunehmend Verquarzung zeigte; auch im Bereich von Verflachungen „verrauhten" die Trümer oder klangen aus; zahlreiche sowohl NE-SW parallel s_1 als auch E-W streichende Verwerfungen haben das Vorkommen betroffen; im Streichen liegende Aufschiebungen zeigten Harnische, Stauchfalten, auch eine bis 10 m breite Störungszone und hatten die Trümer z. T. stark deformiert, jedoch nicht verworfen (Herbst & H.-G. Müller 1966); die Mittel führten eine unregelmäßige Vererzung von Bleiglanz, Zinkblende, Kupferkies und Pyrit in Form von Linsen und Bändern, die bis 0,4 m mächtig waren in einer überwiegend „quarzigen" Gangmasse; die aufgelassenen Grubenbaue werden seit 1960 für die Wasserversorgung genutzt.

Gründelbach-Stollen. Zwischen dem Hauptgangzug bei Werlau und der Grube „Camilla" wurden im Gründelbach-Stollen zwei Gangtrümer in der nordöstlichen Verlängerung der Gänge der Grube „Camilla" angefahren; auch sie verliefen parallel zu s_0 und s_1 und fielen nach SE ein; das hangende Mittel zeigte eine Vererzung von 6–8 cm, das liegende bis 10 cm; der Gangtyp entsprach jenem auf „Camilla" und „Gute Hoffnung"; auch sie waren nicht bauwürdig.

3.5.1.5.4 Alterkülzer Gangzug

Von Herbst & H.-G. Müller (1966) wurde die Grube „Eid" südöstlich Alterkülz (Bl. 5910 Kastellaun) als das Südwestende des Werlauer Gangzuges bezeichnet, obwohl in dem Zwischenstück zwischen den Gruben „Camilla" und „Eid" auf ca. 14 km keine Anzeichen eines Ganges gefunden wurden. Daher wird das Vorkommen „Eid" hier einem eigenen Gangzug zugeordnet. Zudem haben „Schürfgräben, Stollen und Schächtchen in den anstehenden Gangmassen" zwischen dem Tal des Osterkülzer Baches (Position „Eid"), bei Biebern und Heinzenbach wirtschaftlich uninteressante „Spuren von Blende, Bleiglanz und Kupferkies" (Herbst & H.-G. Müller 1966: 34), in der südwestlichen Verlängerung erbracht. Dunker (1884) erwähnte in diesem Zusammenhang noch Gänge bei Niederkostenz und Laufersweiler, deren genaue Position nicht bekannt ist, die getrennten Gangzügen angehören und in unterschiedlichen Struktureinheiten aufsitzen. Zumindest zeichnen sie die Spur einer schwach vererzten, im Streichen der Schieferung (s_1) liegenden Zone mit Schwerpunkt bei der ehem. Grube „Eid" nach, die daher hier dem eigenständigen „Alterkülzer Gangzug" zugeordnet wird.

Grube „Eid". Die Grube „Eid" lag südöstlich Alterkülz unweit der Mündung des Osterkülzer Baches in den Alterkülzer (Külz-) Bach in sandigen Tonschiefern, in die auch ein Gang aus „Weißem Gebirge" eingeschaltet war; hier wurden bis 1907 zwei Schieferungsgänge abgebaut, der „Marien"- und der „Louisen-Gang"; beide liefen etwa parallel zueinander, fielen mittelsteil (ca. 50° SE) ein und lagen etwa 25–30 m senkrecht zum Streichen voneinander entfernt; die Gänge sollen sich in „tektonisch stark zerdrückten Schichten" befunden, besonders im oberen Teil des Grubengebäudes „beträchtliche Verflachungen" aufgewiesen haben und in ihrem Einfallen sehr unregelmäßig gewesen sein; die Mächtigkeit des „Louisen-Ganges" lag bei 0,5–1,0 m; die Füllung bestand aus Milchquarz und Siderit und führte vor allem Zinkblende und Bleiglanz, untergeordnet auch Kupferkies und Pyrit; die Erze lagen „derb, streifenförmig und butzenförmig in die Gangart eingesprengt" vor oder waren miteinander verwachsen; die Mächtigkeit des „Marien-Ganges" betrug durchschnittlich 0,6 m bei einer Länge von 57 m; in Partien stand derbe Zinkblende an (Herbst & H.-G. Müller 1966: 33, 34, Rosenberger 1971).

3.5.1.5.5 Friedrichsfelder Gangzug

Schon DUNKER (1884) beschrieb Erzvorkommen entlang einer „Linie Schmidtburg (ob. Hahnenbach-Tal), Schneppenbach, Gemünden, Panzweiler, Mengerschied, Nunkirch", die abgebaut wurden oder bekannt waren durch „Quarzgänge bzw. Gangtrümmer mit Bleiglanz, Blende und Kupferkies" (S. 31), die sich allerdings in nordöstlicher Richtung in „Spuren von Gängen" verloren. Es wird weiter berichtet, dass die Grafen von der Schmidtburg in der Grube „Bleibtreu" westlich der Schmidtburg Erz abgebaut haben. Auch geben „Schmelzschlacken" Kunde davon, dass Erze an Ort und Stelle weiter verarbeitet wurden. Außerdem soll auf den „Bundenbacher Gängen" in den 1880er und 1890er Jahren Bergbau auf Blei- und Zinkerze umgegangen sein (ROSENBERGER 1971).

Ein Schwerpunkt der Vererzung lag in den Konzessionen „Bleibtreu", „Friedrichsfeld" und „Neu-Friedrichsfeld" bei Bundenbach, wo bis in die 1950er Jahre durch die Altenburg AG Blei-Zink-Erze abgebaut wurden. Auf der Grube „Friedrichsfeld" baute sie auf einem Schieferungsgang von etwa 0,1 m Mächtigkeit, der seinerzeit (1953: WILD 1956) auf 300 m streichender Länge erschlossen war. Hinzu kamen zwei Trümer in der Konzession „Bleibtreu" nordöstlich davon, von denen das liegende Bleiglanz und derbe Zinkblende bis 0,4 m Mächtigkeit und das hangende vorwiegend Pyrit führte. Nach Südwesten war der Friedrichsfelder Gangzug durch Quarz-Rippen im Gelände nachgezeichnet bis zur Schmidtburg. (Bl. 6110 Gemünden).

Grube Friedrichsfeld. Der Gang, auf dem die Grube „Friedrichsfeld" baute, sitzt in Kaub-Schichten auf, die aus Tonschiefern mit unterschiedlichem Sandanteil und Dachschiefern bestehen; strukturell befindet sich der Gang im Bereich der Bundenbacher Überschiebungszone, die WILD noch als GREBE-Sattel (OPITZ 1935) bezeichnete; die Schichten streichen hier um 60° bei einem Einfallen um 75° SE; die mittlere Raumlage der Schieferung (s_1) liegt bei SE-Vergenz um 50°/80° NW mit örtlichen Abweichungen; hinzu kommt eine 2. Schieferung (s_2), die im Mittel bei 35°/20° NW liegt; die Fallwinkel variieren jedoch zwischen max. 55° SE und 55° NW; in Zusammenhang mit der Ausbildung von s_2 stehen sigmoidale Verbiegungen der s_1-Flächen, Runzelschieferung mit einer Lage der Schnittkante L_2 (s_1/s_2) konstant um 12° SW; auch kam es zu stärkerer Durchtrümerung der Tonschiefer mit Quarz und Karbonat in der Nähe der Vorkommen; das s_2-Gefüge war im Grubengebäude unterschiedlich deutlich, wobei eine stärkere Zerscherung eher in den sandigen, weniger in den reinen Tonschiefern zu beobachten war; parallel zu den NW-fallenden s_2-Flächen durchziehen flache, nach SE gerichtete Aufschiebungen den Gesteinsverband; hinzu kommt eine Spezialfaltung (F_2).

Der Gang verläuft bei einem Streichen um 40° steiler und spitzwinklig zu s_0 und s_1 und fällt generell nach SE ein; damit ist er nur bedingt ein „Schieferungsgang"; er führte als Gangart Quarz und Karbonate in der Vorphase, Bleiglanz und Zinkblende als Haupterz in der Hauptphase; allerdings waren die Gehalte an Silber im Bleiglanz mit 55 ppm Ag wesentlich geringer als bei Altlay (105–150 ppm Ag) oder im Wellmicher Mittel (230–340 ppm Ag) am Mittelrhein (KRAHN 1988); ein primärer Teufenunterschied ließ sich nicht feststellen; die Vererzung beschränkte sich auf linsenförmige Mittel von wenigen mm bis 0,4 m, im Mittel 0,1 m Mächtigkeit; sie befanden sich in einer unterschiedlich breiten „Gangzone", die durch Vererzung und/oder Verquarzung bei wechselnder Mächtigkeit gekennzeichnet war; die Vererzung entlang der Gangzone setzte nie vollständig aus, war jedoch bei großer Mächtigkeit der Zone auf mm mächtige Trümer parallel zum Streichen beschränkt; auch hier waren meist zwei Trümer vorhanden, von denen das hangende (Haupttrum) eher bauwürdige Mittel aufwies.

Das relative Alter ist auch hier jünger als die Hauptschieferung (s_1) anzusetzen, da geschiefertes Nebengestein in der Gangzone von Erz eingeschlossen gefunden wurde; der Gang selbst sitzt auf aufgeblätterten s_1-Flächen auf und ist selbst von der s_2-Schieferung betroffen;

somit herrschen hier ähnliche Verhältnisse wie bei Tellig (Cup 1955, M. Richter 1959) und Altlay (Hünermann 1953, 1955).

Im Grubengebäude wurde eine Anzahl von Verschiebungen angetroffen, die sowohl gangparallel als „faule“ Lettenkluft mit Erz- und Quarz-Klasten (50°) als auch senkrecht oder diagonal verlaufend den Gang betroffen haben; ihnen entsprechen in gleicher Raumlage Kluftsysteme ohne und mit Quarz- und z. T. auch Karbonat-Tapeten oder -Füllungen von Spalten; besonders erwähnenswert sind 140° streichende, NE bzw. SW fallende „Quarz“- oder „Drummköpfe“, die jünger als der Gang sind, und auch flach rücküberschiebende Verschiebungen parallel zu s_2, die den Gang betroffen haben; von wenigen Ausnahmen abgesehen, ähnelt dieses Vorkommen jenen im Mosel-Hunsrück und am Mittelrhein.

3.5.1.6 Variszische Vorkommen ohne Bezug zu Gang-Zügen

Im westlichen Hunsrück liegen außer zahlreichen Quarz-Gängen noch eine Anzahl kleinerer Erz-Vorkommen, die sich offensichtlich nicht zu Gang-Zügen vereinigen lassen wie weiter im Nordosten. Über diese Vorkommen liegen wesentlich weniger Daten vor als über die Gang-Züge. Zu den variszischen Gang-Erzlagerstätten zählte Krahn (1988):

Die Grube „**Helene-Therese**“ bei Kasel (Bl. 6206 Trier-Pfalzel); sie liegt in ähnlicher Position in der stark NW-vergenten Mittelmosel-Schuppenzone wie die Erz-Vorkommen bei Piesport und in der Mosel-Schleife bei Minheim; es ist der Bereich mittelsteil SE fallender s_1-Flächen ohne Beteiligung einer s_2-Schieferung; Abbauversuche auf Blei- und Zink-Erze fanden mehrfach statt; vor dem 1. Weltkrieg wurden allerdings lediglich „mineralogisch interessante Erzvorräte“ angetroffen; so auch nach dem 2. Weltkrieg; Anfang der 1950er Jahre wurden jegliche Arbeiten eingestellt (Rosenberger 1979).

Die Grube „**Andreasberg**“ bei Morscheid (Ruwer) befindet sich in der unmittelbaren Nachbarschaft zur „Mosel-Achse“ in der Verlängerung der Hunsrück-Hauptüberschiebung nach Südwesten; das Vorkommen hat so eine ähnliche strukturelle Position wie die Vorkommen des Altlayer Gang-Zuges und die Vorkommen bei Veldenz/Mosel; die Konzession wurde erteilt auf Blei-, Silber-, Kupfer- und Zink-Erze im Bereich der Gemeinden Osburg, Morscheid, Riveris und Gutweiler; Prospektionsarbeiten und Versuchsabbau erfolgten wiederholt, ohne jedoch wirtschaftlich nutzbare Erzmengen zu finden.

Die Grube „**Wheel Manners**“ liegt in ähnlicher Position wie die Grube „Andreasberg“ (Herbst & H.-G. Müller 1966: Abb. 1) und gehört ebenfalls zu den Blei-Zink-Kupfer-Erzvorkommen des westlichen Hunsrücks; über einen Versuchsabbau (1851–1875) kam sie nicht hinaus; entdeckt wurde das Vorkommen beim Bau der L 150 Oberfell – Thalfang im Forstdistrikt Herrenwald; es handelte sich um einen Erz-führenden Quarz-Gang, der 135° streicht und fast saiger steht; die Erz-führenden Mittel hatten eine Mächtigkeit von 0,9–1,8 m „quarzige Gangmasse mit derbem PbS, Cu- und Zn-Erz, Pyrit und kleinen Nestern von Eisenmulm“; in Richtung Westen dreht der Gang nach 90–105° bei einem Einfallen bis 40° SW; auf dem linken Ufer der Feller Baches wurden weitere Vorkommen mit Mächtigkeiten bis 0,9 m entdeckt, die Nester von Kupferkies in Eisenmulm aufwiesen.

In den genannten Gruben wurden abweichend von den übrigen Vorkommen N-S, NW-SE bis NNW-SSE und NNE-SSW streichende, tektonisch stark gestörte, wenige Meter lange Erzmittel angetroffen (Krahn 1988), ohne dass es zu einem wirtschaftlichen Abbau gekommen wäre (Rosenberger 1979). Allerdings kündet eine ehem. „Schmelzmühle“ in der Nähe des Zusammenflusses von Riveris und Ruwer südlich Waldrach von Verhüttung.

In ähnlicher Position befanden sich Gruben auch bei Hochweiler-Irsch (Grube „**Irsch**“), die Grube „**Neue Hoffnung**“ bei Korlingen, die Grube „**Pluwig**“ bei Hockweiler und die Grube „**Kupferberg**“ bei Pellingen südlich Trier, ohne dass eine genauere räumliche

Zuordnung möglich wäre; alle genannten Gruben fallen in den Bereich der „Mosel-Achse"; ein nachhaltiger Bergbau hat hier wohl nicht stattgefunden.

Die Grube „**Bischofsheim**" bei Hockweiler (Bl. 6206 Trier-Pfalzel), die durch Stollen vom Grundbach nordwestlich des Ortes aufgeschlossen wurde, hatte größere Bedeutung; eine Seilbahn beförderte das Erz an die Ruwer bei Gusterath; das Streichen des Ganges verlief – ähnlich wie bei Korlingen – NNE-SSW; der Gang war auf der tiefsten Sohle auf eine Länge von mehr als 200 m aufgeschlossen und zeigte eine „durchschnittliche befriedigende Erzführung" (ROSENBERGER 1979: 196, 197); die Gangmasse bestand in geschlossenen Erzmitteln aus „festem Quarz" mit Bleiglanz, Zinkblende, Kupferkies und Pyrit, die „massig oder konzentriert angeordnet um eingelagerte Schieferstückchen" vorlagen; Bleiglanz und Zinkblende waren innig miteinander verwachsen; der Kupferkies kam in „schwärmeartigen Schnüren" vor; z. T. war er „größeren dazwischen gelagerten Schieferstücken so innig beigemengt", dass er mit bloßem Auge schwer erkennbar war.

Die Grube „**Marienwohl**" soll der Vollständigkeit halber genannt werden; sie liegt nahe der Büdlicher Mühle (Bl. 6207 Beuren/Hochwald) im Tal der Kleinen Dhron unterhalb Büdlicherbrück; in unmittelbarer Nähe treten Quarz-Gänge nördlich Büdlich auf, die im Streichen der Schieferung (s_1) und in der südwestlichen Verlängerung von Quarz-Gangschwärmen bei Berglicht liegen; Bergbau hat auf „Marienwohl" nicht stattgefunden; Ähnliches gilt auch für die ehem. Grube „**Glücksanfang**" in der Gemeinde Heidenburg nordwestlich Büdlich (ROSENBERGER 1979).

Generell ist eine Zusammengehörigkeit mit den in dieser Gegend vorkommenden Quarz-Gängen offensichtlich. KRAHN (1988) zählte allerdings die abweichend vom Generalstreichen verlaufenden Gänge zusammen mit einem Fundpunkt „**Anna**" bei Berglicht zu den postvariszischen Vorkommen.

Die Grube „**Hunolstein**" gehört noch zu den variszischen Vorkommen (KRAHN 1988). Das Erzvorkommen nahe der gleichnamigen Ortschaft, wo mächtige Quarz-Gänge vorkommen (Bl. 6208 Morscheid-Riedenburg), hob sich durch einen hohen Anteil an Gangart (insbesondere Dolomit, Kalzit, wenig Quarz) von den übrigen variszischen Vorkommen ab.

LEPPLA (1898b) erwähnte am unteren **Schalesbach** nahe der Mündung in die Große Dhron ein Vorkommen von Bleiglanz, Kupferkies und Zinkblende; es sitzt auf einer im Streichen des Gebirges liegenden, steil stehenden Ruschel; aufgrund seiner strukturellen Position parallel zu s_1 dürfte auch dieses Vorkommen noch den variszischen Schieferungsgängen zugeordnet werden.

3.5.2 Die Quarz-Gänge im westlichen Hunsrück

Für den westlichen Hunsrück sind „**Weiße Wacken**" typisch, klobige Türme oder mauerartige Klippenzüge aus hellem Milchquarz. Da dieses Material die Verwitterung gut übersteht, sind große Blöcke des häufig deutlich geklüfteten Gesteins abgestürzt und talabwärts gewandert. Bereits GREBE (1893) beschrieb im Einzugsbereich der Dhron-Täler und der Ruwer bis zur Saar eine Anzahl von Quarz-Gängen, „die meist im Streichen der Schichten S.W. nach N.O. (...) sich weithin verfolgen lassen" (S. LXII) oder aber auch spitzwinklig dazu angeordnet sind. Insofern haben sie große Ähnlichkeiten mit den erzführenden Schieferungsgängen.

Die Mächtigkeit der Quarz-Gänge erreicht max. 10 m. Die einzelnen Gangkörper, die parallel oder spitzwinklig zur Hauptschieferung (s_1) angeordnet sind, lassen sich auch zu Gangzügen oder „Ganglinien" mit bis zu mehreren km Länge anordnen. Sie verlaufen sehr oft spitzwinklig zum Generalstreichen (STETS 1960). Diese Quarz-Gangzüge begleiten die „Mosel-Achse" in einem 12–15 km breiten, meist südöstlich davon gelegenen Streifen. Weiter im Südosten und auch im östlichen Hunsrück sind derartige Quarz-Gänge nur durch Einzelvorkommen repräsentiert. Auch im Bereich der Erz-Gangzüge fehlen sie nicht (Knetsch 1939: Taf. VII).

In den noch vorhandenen Gängen bildet derber Quarz die Gangfüllung. Die Farbe ist meist milchig weiß; zum Teil sind rötliche Partien oder auch graue bis grünlichgraue eingeschlossen. Die Füllung der Quarz-Gänge ist meist einheitlich. Eine Bänderung, die auf rhythmische Fällung schließen ließe, fehlt meist. Breddin (1930: 369) beschrieb das Gefüge der Quarz-Ganggesteine als unregelmäßig und innig miteinander verwachsen, so dass von einer Verzahnung der Quarz-Individuen gesprochen werden kann. Die milchig-weiße Farben führte er auf Gehalte an „feinen Einschlüssen" zurück, die „wohl aus Wasser oder irgendwelchen Gasen bestehen". Nach Albermann (1939: 120) besteht die Füllung der Gänge u. d. M. aus einem ungeregelten Haufwerk kleiner Quarzkristalle, die „an ihren Rändern eine weit fortgeschrittene Kataklase erkennen lassen". Einzelne Quarz-Individuen zeigen auch undulöse Auslöschung. Beide Merkmale legen nahe, dass die Gang-Füllung zumindest in die Spätphase der Gebirgsbildung eingebunden war und somit auch zu den variszischen Gängen gezählt werden darf; einen Hinweis liefert der Fund typischer Quarz-Gerölle aus dem Hunsrück in Konglomeraten des Oberkarbon (Westfal) in der Saar-Nahe-Senke (Albermann 1939).

In der Füllung mancher Gänge wurden „Funken" von Pyrit, Kupferkies, Zinkblende und Bleiglanz, seltener Hämatit gefunden. Außerdem können sulfidische Erze auch in Form kleiner Linsen und Nester in den Quarz-Gängen vorkommen. Albermann berichtete von geringmächtigen Erz-Gängen, die im Abstand von 100–500 m große Quarz-Gänge begleiteten und außer Quarz noch eine sulfidische Vererzung aufwiesen. Solche Gänge, die auch Anlass zu Versuchsabbau gegeben haben, finden sich z. B. bei der Ortschaft Hunolstein (ehem. Grube „Hunolstein") und am Quarz-Gang „Guckelstein" an der alten Straße von Papiermühle nach Horath (Bl. 6107 Neumagen-Dhron). Abgesehen von Erz-Mineralen findet sich auch Serizit in feinen Schuppen am Kontakt und auf Flächen parallel zum Kontakt, die ein Abspalten ohne muscheligen Bruch gewährleisten und einen seidigen Glanz auf der Spaltfläche hervorrufen. Zu erwähnen bleibt noch das Vorkommen von Chlorit. Hier beschrieb bereits Breddin (1930: 370) „dunkelgrüne unregelmäßig begrenzte Massen", die meist jedoch nur „eine Ausdehnung von wenigen Millimetern erreichen". Außerdem erwähnte er Karbonate (Eisen- bzw. Mangan-Karbonat), die jedoch oft herausgewittert sind. Dort wiesen „lediglich mit rotbraunem oder dunkelbraunem Mulm erfüllte Hohlräume" auf das ehem. Vorhandensein von Karbonaten hin. Außerdem sind Keile und linsenförmige Bruchstücke von Nebengestein in der Gangfüllung.

Der Kontakt zum Nebengestein ist bei den herauspräparierten Gängen wegen starker Verwitterung meist nicht mehr zu beobachten. Lokal sieht man dort eine deutliche Verkieselung. Ausgehend vom Gang ist SiO_2 entlang von Klüften und s-Flächen in das Nebengestein eingedrungen. Diese Verkieselung nimmt vom Kontakt in Richtung Nebengestein deutlich ab. Es ist daher mit einer Zufuhr der SiO_2-reichen hydrothermalen Fluide über eine „Gangspalte" zu rechnen. Die Benutzung von s_2-Flächen am Kontakt weist auf ähnliche Alter wie bei den Schieferungs-Erzgängen hin. Problematisch ist jedoch die homogene Fällung von SiO_2 aus Lösungen als einmaliger Vorgang bei den z. T. erheblichen Mächtigkeiten.

Die Gangzüge bestehen meist aus mehreren linsenförmigen Gangkörpern. Dabei folgt die einzelne Linse generell dem s_1-Flächengefüge. Dieses wird deutlich bei den wenigen Quarz-Gängen nördlich der „Mosel-Achse". Sie fallen in der stark NW-vergenten Mittelmosel-Schuppenzone mit s_1, z. B. bei Rondel (Bl. 6107 Neumagen-Dhron) südlich Wintrich nach SE ein im Gegensatz zu jenen südöstlich der „Mosel-Achse", wie z. B. in der Gornhausener Schuppenzone, wo sie nahezu saiger stehen oder steil nach NW einfallen. Im Gegensatz zur Linse weist der Gangzug oft erheblich vom durch s_1 vorgegebenen Gefüge ab.

Der einzelne linsenförmige Gangkörper ist deutlich geklüftet. Diese Klüftung, die auch ein nahezu horizontales Lagerkluftsystem enthält, führte zur Zerblockung der Gangkörper und zu dem Eindruck, als seien dort „in grauer Vorzeit" riesige Blöcke zu Mauern („Heidenmauer" im Volksmund) aufgetürmt worden. Manche Kluftflächen zeigen Harnischstriemung, die auf abschiebende Bewegungen schließen lässt. Ein Versatz der Quarz- Gänge an jüngeren Verschiebungen wurde nicht beobachtet. Bedeutend sind unter den Klüften die Querklüfte. Allerdings durchschlagen sie die Gangfüllung nur selten vollständig. Meist klingen sie zum Kontakt aus. Die Kluftflächen dieser Querklüfte sind häufig mit Tapeten von idiomorphem Quarz besetzt, die auf eine jüngere Mobilisation von SiO_2 schließen lassen.

Die Entstehung der Quarz-Gänge und -Gangzüge sollte ähnlich gesehen werden, wie die der Erzgänge. Da die Spaltenbildung während der Entstehung des s_1-Gefüges schwer vorstellbar ist, sollte sie auch hier erst mit der Unwirksamkeit von s_1 und dem Einsetzen von s_2 begonnen haben. Da bei den Erzgängen eine Quarz-Ausscheidung in der Vor- und Hauptphase der Erz-Bildung quasi durchlaufend erfolgte, sollte die Füllung der Quarz-Gangspalten über einen längeren Zeitraum angedauert haben und kein Einzelereignis gewesen sein. Die Schieferungs- und Überschiebungsprozesse verliefen bei relativ hohem Druck und entsprechenden Temperaturen. So kann Drucklösung zu einer Mobilisation von SiO_2 in den sandigen und tonigen Schichten geführt haben.

Einen Hinweis auf Zusammenhänge mit den Überschiebungs- und Rotationsprozessen gibt die Position einzelner Quarz-Gänge und -Gangzüge. Häufig treten sie in den Schichtverbänden im unmittelbaren tektonischen Hangenden der strukturtrennenden Überschiebungen und südöstlich der „Mosel-Achse" auf. Beispiele hierfür gibt es u. a. im Friedwald oberhalb Veldenz, am Harpelstein im Tal der Großen Dhron oder bei Hunolstein. Bezogen auf die Deformation, die den gesamten Schichtenstapel erfasst hat, lassen sich Beginn und Bildung der Quarz-Gänge auf den späten Faltungs- und Schieferungsprozess D_1 eingrenzen. Dass in diesem Stadium SiO_2 freigesetzt wurde, belegen die u. d. M. beobachtbaren, abgeflachten Quarz-Körner in den Tonschiefern und die Ausscheidung von SiO_2 parallel s_1. Hierzu gehören auch Quarz-Ausscheidungen entlang von Klüften in spezialgefalteten Quarzit-Bänken senkrecht zu s_0. Die s_1-parallelen Quarz-Gängchen in den Tonschiefern sind in Zusammenhang mit der Deformation D_2 spezialgefältelt worden und damit älter als diese. Auch die Bildung der komplexen „Kauber Walzen" spricht für eine entsprechende Bildung. Der Beginn der Öffnung von Trennfugen entlang s_1 liegt infolgedessen zwischen den Prägungsakten und dauerte darüber hinaus. Was für den Kleinbereich gilt, sollte auch für die Scherzonen entlang der Schuppengrenzen gelten.

3.5.2.1 Die Quarz-Gangzüge und Einzelvorkommen

Der Raubbau an dem widerstandsfähigen Material der Quarz-Gänge in früheren Jahrzehnten erschwert heute die Verfolgung mancher Vorkommen und ihre Zuordnung zu Gangzügen. Die geologischen Karten und die Arbeit von Albermann (1939) gestatten jedoch eine grobe Rekonstruktion.

An der Saar setzen erste Quarz-Gänge unmittelbar südöstlich der „Mosel-Achse" bei Ockfen ein, wo in der Nähe des Bismarck-Turms und am Bockstein (372 m NN, Bl. 6305 Saarburg) Quarz-Gänge aus den Tonschiefern aufragen mit einem Streichen um 45°; nach Wildberger (1992) liegt die mittlere Raumlage von s_1 hier bei 45–50°/>70° NW. Ein ähnlich streichender Quarz-Gang befand sich südlich der Ortschaft Irsch (Bl. 6206 Trier-Pfalzel). Östlich Pellingen (Bl. 6306 Kell) setzt ein Quarz-Gangschwarm ein, dessen einzelne Gangkörper ähnlich wie bei Ockfen 45–50° und etwas steiler streichen als das Schieferungsgefüge s_1; dieser Schwarm setzt sich mit einem Gang am „Langenstein" nach Südwesten fort in einen Quarz-Gang bei „Die Wacken" (Albermann 1939). Ein weiterer Gangzug lässt sich von südlich Hinzenburg aus dem Tal der Ruwer (rechter Talhang) nach Nordosten über das Tal der Ruwer bis in das Tal des Enterbaches südlich Schöndorf (Bl. 6306 Kell) verfolgen; der Gangzug streicht mit 35–40° wesentlich steiler als die Schieferung. Parallel zum Hinzenburger Gangzug verläuft im Abstand von 1,5–2 km nach Albermann ein Gangzug, der am Oberlauf der Ruwer mit zwei Gangmitteln beginnt und über eine weite Strecke ohne Gang über den Heidkopf nach Südwesten östlich der Ruwer auf der Höhe von Burg-Heidermühle und „Auf Haiderpfädchen“ zu verfolgen ist; auch diese Gänge streichen 35–40° bei einer Raumlage von s_1 von 55–60°/>70° NW. Weiter im Südosten verlaufen im Abstand von 1,5 km zwei Quarz-Gänge am „Heckelbüschfelsen“ nordöstlich Zerf und nordöstlich davon am Südwest-Ende des Osburger Hochwaldes in Richtung Zerf bzw. Frommersbach (Bl. 6306 Kell); diese Gänge streichen um 50° und damit ca. 5° steiler als das s_1-Gefüge. Zwei weitere Gänge liegen bei ähnlicher Raumlage am Oberlauf des Flonterbaches unweit des Staudammes südwestlich Schillingen und setzen sich im „Fleschfelsen“ (Fleischfels) fort. Auch westlich Mandern befinden sich links der Ruwer drei linsenförmige Quarz-Gangkörper, die im Südwesten an der Lokalität „Zuckerhut“ beginnen und nach Nordosten bis nahe an die Ruwer reichen.

Albermann (1939) machte darauf aufmerksam, dass alle diese Quarz-Gänge, beginnend bei den Hinzenburger Gängen, in nahezu äquidistantem Abstand um 1,5–2 km jeweils nach Südosten versetzt bis in das Südwest-Ende der Osburger Hochwald-Schuppenzone reichen.

Ein Gangschwarm, der bis Schöndorf nach Nordosten streicht findet seine Fortsetzung in den Quarz-Gängen im Bereich der Riveris-Talsperre (Bl. 6306 Kell) und zieht von dort weiter nach Nordnordosten südlich und nördlich von Osburg, von wo er sich weiter nach Nordnordosten in Quarz-Gängen nördlich Herl (ND „Zur Lei“, „Herler Felsen“; Bl. 6206 Trier-Pfalzel) verfolgen lässt; alle diese Gangkörper streichen NNE-SSW und bilden einen Winkel von ca. 45° mit dem s_1-Gefüge (Wildberger 1992). Westlich der A 1 auf der Höhe von Pölert und Hinzert (Bl. 6207 Beuren/Hochwald) ragen mit dem „ Hohenstein“ und dem ND „Graue Eltz“ zwei um 45° streichende Quarz-Gänge auf, die in einem Quarz-Vorkommen an der „Weinstraße“ nordwestlich Hinzert ihre Fortsetzung finden; Albermann gab eine streichende Länge dieses Gang-Zuges von 1,8 km an. Nordöstlich der großen Hinzerter Querverwerfung setzt südlich Beuren ein Gang ein, der offensichtlich Spuren von Sulfid-Vererzung zeigte; er gehört zum ca. 3 km langen, ca. 30° streichenden Gangzug, der über Beuren (Lok. „ Hohenstein“ am Sportplatz) nach Prosterath verfolgt werden kann, wo mehrere Felsen die „Prosterather Wacken“ (ND) bilden und bis in das Tal der Kleinen Dhron reichen. Zu ergänzen bleibt ein Gangschwarm, der sich weiter im Nordwesten mit einem Streichen um 45° vom Bescheider Hochwald und weiter vom Rockenburger Hof bis in das Tal der Kleinen Dhron beobachten ließ (Bl. 6207 Beuren). Ebenfalls auf Bl. Beuren ist weiter im Südosten bei Burtscheid ein kleiner Quarz-Gang auszumachen, der bei einem Streichen um 45° vom Dhron-Tal über den Sonnenhof nach Nordosten verläuft; nordwestlich der Ortschaft verzeichnet die GK 25 am Einsberg ein Vorkommen von Sulfid-Vererzung. Südlich Berglicht verläuft auf eine Länge von 3,5 km ein Gangzug mit Streichen um 50° vom Oberlauf des Mohrbaches über die „Berger Wacken“ (ND, vormals: „Lange Wacken“) nach Nordosten, wo er auch an der alten Straße von Berglicht nach Thalfang zu beobachten ist und bei Gräfendhron das Tal der Großen Dhron erreicht. Etwa 1,5 km nordwestlich des „Berger Wacken-Zuges“ streicht ein Gangschwarm westlich und nordwestlich von Berglicht mit 45–50° über den Lichter Bach und erreicht das Tal der Großen Dhron bei der Krakesmühle (Bl. 6207 Beuren (Hochwald)); etwa 200 m südlich davon am linken Talhang beim ND „Katzenstein“ und am rechten sind die Quarz-Gänge deutlich sichtbar sind; Albermann (1939) teilte den gesamten Gangschwarm von den „Berger Wacken“ bis zu jenem an der Krakesmühle in mehrere einzelne Gangzüge auf; es scheint jedoch zweckmäßiger, sie alle zu einem Gangschwarm zusammenzufassen.

Einzelne kleinere Quarz-Gänge, die sich schwerlich zu einem Gangzug ordnen lassen, befinden sich südlich der Ortschaft Leiwen auf den Höhen zwischen Leiwener Bach und der Mosel; ein Schwerpunkt der Verbreitung liegt im Bereich der Höhe „Auf Söll“ (395 m NN, Bl. 6109 Neumagen-Dhron).

Folgt man dem Tal der Großen Dhron talabwärts von der Krakesmühle, so steht der nächste bedeutende Quarz-Gangzug am „Guckelstein“ (ND; Bl. 6109 Neumagen-Dhron) an, der sich mit einem Streichen um 40° auf gut 1 km nach Nordosten in Richtung Horath verfolgen lässt; etwa 0,8 km östlich davon befinden sich zwei weitere Quarz-Gänge am Nord-Abhang von Göllenborn, die ein Pendant etwa 1 km nordöstlich davon haben; parallel zum „Guckelstein“ fand ALBERMANN (1939) Sulfid-Vererzung. Weiter talabwärts findet sich am rechten oberen Talhang der Großen Dhron oberhalb der Steinbrüche der Quarz-Gang des „Harpelstein“; er streicht etwa 50° und befindet sich im unmittelbaren Hangenden der strukturtrennenden Harpelstein-Überschiebung in Dhrontal-Schichten mit „Dhroner Quarziten“. Nördlich von Harpelstein und Heusprungbach sitzt in der Lokalität „Birkenheck“ im Staatsforst ein Quarz-Gang auf, der sich nach Nordosten bei einem Streichen um 50° bis zum „Wagschalenfels“ (ND) und weiter zum ND „Langen Stein“ auf eine streichende Länge von 2,5 km verfolgen lässt; z. T. sind es dort auch stark verquarzte Quarzite der Dhrontal-Schichten der Lierensbach-Schuppe (Bl. 6107 Neumagen-Dhron) (Foto 14, S. 167).

Im Gebiet zwischen Stronzbuscher Haardt und Idarwald kommen zahlreiche Quarz-Gänge vor. Einer der bedeutendsten Quarz-Gangzüge lässt sich von südwestlich der Ortschaft Hunolstein (Bl. 6208 Morscheid-Riedenburg) über mächtige Felsen an der Burgruine Hunolstein innerhalb des Ortes mit einem Streichen um 40° über ca. 8 km bis südwestlich Gonzerath (Bl. 6108 Morbach) verfolgen; auf dieser Strecke finden sich am rechten Talhang der Großen Dhron im „Kopus-Felsen“, bei Dörrwiese und südlich Heinzerath mächtige Quarz-Felsen; der Gangzug schneidet zwischen Dörrwiese und Heinzerath mehrfach das Tal der Großen Dhron; nordöstlich Heinzerath zieht der Gangzug in mehreren Einzelvorkommen zum ND „Graue Lei“ („Kleine“ und „Große Graue Ley“) und endet vorläufig „Im alten Behäng“; das Streichen der einzelnen linsenförmigen Gangkörper weicht um etwa 15° nach Norden vom allgemeinen Streichen ab; die Gangkörper fallen steil nach NW ein; es liegt nahe, einen größeren Quarz-Gang auf „Büschtum“ (Bl. 6108 Morbach) nordöstlich Gonzerath anzuschließen, der auf einen ausgedehnten, um 45° streichenden Gangschwarm weiter nach Nordosten bis Emmeroth und südwestlich Frohnhofen zielt; nördlich Emmeroth sind auch sulfidisch vererzte Partien bekannt, die nach KRAHN (1988) zur ehem. „Karlsgrube“ gehören. Bedeutendere Quarz-Gänge finden sich südlich dieses Gangzuges noch bei Rapperath in den „Rapperather Wacken“, die sich zu einem etwa 1–1,5 km langen, etwa 45° streichenden Gangzug verbinden lassen. Weit nördlich von Hunolstein verläuft parallel zur ehem. „Römerstraße“ ein heute schwer erkennbarer Gangzug westlich Haag, der nach etwa 3 km im Nordosten am „Dicken Fels“ (Bl. 6108 Morbach) im Quellbereich des Hölzbaches westlich Merscheid endet; er streicht mit 40–45° quasi parallel zum Hunolsteiner Gangzug; der Abstand zwischen beiden beträgt etwa 2 km. Im Kammbereich der Stronzbuscher Haardt findet sich ein etwa 2 km langer, etwa 60° streichender Gangzug im Gebiet des Ranzenkopfes (637 m NN) im tektonisch Hangenden der Harpelstein-Überschiebung.

Weitere Quarz-Gänge und -Gangzüge befinden sich nördlich der Stronzbuscher Haardt im Gebiet der Gornhausener Schuppenzone südöstlich der „Mosel-Achse“ (Bl. 6108 Morbach):

Südlich Veldenz lässt sich ein aus mehreren parallel zueinander in Richtung 50° streichenden Quarz-Gängen bestehender Gangschwarm aushalten, der auch die Sulfid-Erz-Gänge am Schloss Veldenz bei Thalveldenz einschließt; ALBERMANN (1939) erwähnte hier besonders den Quarz-Gang der „Rabenley“, der im Feiteler Hang zu finden ist; andere liegen südlich der Josephinenhöhe (384 m NN oberhalb Veldenz), bei Thalveldenz und im Hinterbach-Tal („Heidenmauer“ westlich Thielensmühle) bei nahezu gleichem Streichen; die einzelnen linsenförmigen Gangkörper liegen im Streichen (s_1: 60–65°/ca. 80 NW); der Gangschwarm liegt spitzwinklig dazu. In der Verlängerung nach Nordosten finden sich zwei Quarz-Gänge bei Monzelfeld; der nördliche streicht wie die Veldenzer Gänge etwa 50° und liegt in der

Gewann „Riedel", quasi in der streichenden Verlängerung des Ganges bei Thalveldenz, der südliche quert die Ortschaft Monzelfeld, allerdings mit einem Streichen von ca. 160–170°.

Goldfunde bei Monzelfeld. Hierher gehören Goldfunde, die im nördlich Monzelfeld entspringenden Goldbach (Bl. 6008 Bernkastel), der bei Andel in die Mosel mündet, wiederholt gemacht wurden; eine ausführliche Zusammenstellung aller Funde findet sich bei Kirnbauer (1995); diese Funde sind immer wieder mit den Quarz- und Erz-Gängen bei Monzelfeld in Verbindung gebracht worden; da Nachweise von Gold auf den variszischen Erz- und Quarz-Gängen auf primärer Lagerstätte fehlten, hatte schon A. Zöller (1919) den Verdacht geäußert, dass es sich um „Freigold" handele, das sich sekundär in der Zementationzone jener Gänge anreicherte, die bevorzugt Pyrit führten; dieser hatte sich als goldhaltig erwiesen u. a. auf den Gängen der Werlauer und Wellmicher Mittel am Oberen Mittelrhein; Freigold fand sich u. a. auf der ehem. Grube „Hunsrück"; Kirnbauer (1995) fand im oberen Goldbach-Tal zusätzlich bis m-mächtige variszische Quarz-Gänge und -trümer westlich Biedelt, die senkrecht und parallel bis spitzwinklig zum Streichen von s_1 liegen oder auch in Form von „Kauber Walzen" anzutreffen sind; sie zeigen alle typischen Merkmale der variszischen Quarz-Gänge (Milchquarz, gelegentlich Bergkristall in Drusen, daneben Serizit, Chlorit, Pyrit in großen Butzen, Kupferkies, verschiedene angewitterte Karbonate, Limonit als Verwitterungsrückstand); darüber hinaus berichtete Kirnbauer auch über Quarz einer post-variszischen Mineralisation; im Gegensatz zu den älteren Autoren gelang ihm der Nachweis von „Goldkonzentrationen in den erzfreien und vererzten Quarzgängen", und er vermutete in ihnen „die Goldlieferanten für die Andeler Goldnuggets" (S. 38). Die in der Umgebung von Veldenz und Monzelfeld vielfach im Hunsrückschiefer zu findenden Pyrit-Würfel mit bis 1 cm Kantenlänge schloss Kirnbauer (1995: 35) nach Untersuchungen an frischem Pyrit als Quelle für das Gold aus, da ihr Gold-Gehalt unter 0,1 ppm lag. Hinsichtlich der Genese waren es insbesondere Einschlüsse von Sediment im Nugget und „wulstig-rundliche Ausbildung", die Kirnbauer im Gegensatz zu A. Zöller (1919) veranlasste, für eine junge (pleistozäne) in-situ-Anreicherung der Gold-Nuggets bei nur geringfügigem fluviatilem Transport zu plädieren; die genauen Bildungsumstände harren noch der Klärung.

Als eigenen Gangzug wertete Albermann (1939) mehrere Quarz-Gänge östlich von Longkamp, die im Tal des Trabener Baches unterhalb Longkamperbach aufsitzen und von dort über den „Bildstein" (vormals: Bilstein) bis Pilmeroth bei einer Länge von ca. 1,2 km und einem Streichen um 45° reichen (Bl. 6108 Morbach). Südöstlich von Götzerath (Götzeroth; Bl. 6109 Hottenbach) nannte Albermann den Quarz-Gang „Ruckelstein", außerdem Quarz-Gänge bei „Obercleinich" und „Cleinich" (heute: Kleinich), die zu beiden Seiten im Tal des Kleinicher Baches anstünden sowie einen Quarz-Gang beim Forsthaus Horbruch südöstlich der gleichnamigen Ortschaft; alle diese Gänge sind Einzelvorkommen, die sich nicht zu Gangzügen zusammenschließen lassen. Weiter nördlich verzeichnet Bl. 6009 Sohren drei kleinere Quarz-Gänge am Oberlauf des Lommersbaches südlich Lötzbeuren. Talabwärts treten westlich Lötzbeuren am rechten Hang unterhalb der Ruine der Maria-Jakobsmühle zwei Quarz-Gänge auf, die ca. 45° streichen und gegeneinander versetzt sind. Ein mächtiger Quarz-Gangzug von etwa 1 km Länge und mit einem Streichen um 15–20° ist unweit der Mündung des Lommersbaches in den Ahringsbach (Bl. 6008 Bernkastel-Kues) etwa 1,7 km östlich der ehem. Grube „Gondenau" zu finden; er quert beide Bäche. Etwa 1,3 km talaufwärts im Ahrings- resp. Steierbach-Tal verzeichnet TK 50 L 6108 Bernkastel-Kues unweit der Lokalität „Diebesseifen" einen ehem. Erzabbau. Er liegt quasi in der streichenden Verlängerung südwestlich der ehem. Grube „Hunsrück" und des daran anschließenden Quarz-Gangzuges vom „Hohestein" (Hexenkopf), der über Briedeler Heck Anschluss findet an die Quarz-Gänge im Hitzelbach-Tal westlich Altlay; bezieht man die Lokalität „Diebesseifen" mit ein, so ergibt sich eine streichende Länge von ca. 5,5 km. Zu nennen bleiben die Einzelvorkommen des „Wildstein" (290 m NN; ND; Bl. 6008 Bernkastel-Kues) oberhalb der westlichen Talflanke des Kautenbaches bei Bad Wildstein südlich Traben-Trarbach sowie ein Quarz-Gang östlich von Graach bei den Graacher Schanzen 1795 (Albermann 1939).

Die Beziehungen der Quarz-Gangzüge zum unmittelbar umgebenden Nebengestein zeigen, dass die einzelnen meist mit der 1. Schieferung (s_1) steil nach NW einfallenden, linsenförmigen Gangkörper um einen unterschiedlich spitzen Winkel im Streichen oft nach Norden gegen den Uhrzeigersinn vom allgemeinen Streichen des Gebirges abweichen (STETS 1960). Die jeweiligen Abweichwinkel sind von Schuppe zu Schuppe unterschiedlich. Bei der Prägung im Verlauf der Deformation D_2 wurde wiederholt darauf hingewiesen, dass, repräsentiert durch die Azimute der Schnittlineare L_1 (s_0/s_1) und L_2 (s_1/s_2), evtl. auch B_1/b_1 schuppenspezifische Abweichungen in der Prägung zu beobachten sind. Diese sind bei generell koaxialer Prägung während des Deformationsprozesses D_2 erfolgt, als die Externrotation die Einzelschuppe gegenüber dem allgemeinen Beanspruchungsplan in eine geringfügig abweichende Position gebracht hatte. In diesem Zusammenhang kann auch die Entstehung der unterschiedlichen Raumlage der Quarz-Gänge gesehen werden.

3.6 Die variszische Tektogenese im Hunsrück im Überblick

3.6.1 Ablauf der tektonischen Ereignisse

An der Wende Unter-/Oberkarbon begann nach der Beckenentwicklung mit ihrer zuletzt differenzierten Absenkung infolge verringerter Extension, das Stadium der Tektogenese i. e. S. mit Faltung und Verschuppung der unterschiedlich mächtigen Gesteinsstapel als Folge intensiver Einengung. Dieses Stadium verlief offensichtlich kontinuierlich und betraf den gesamten, in Leistenschollen zerlegten mobilen Krustenabschnitt südlich des Old Red-Kontinents. Leicht ableiten lassen sich im Hunsrück die zwei Deformationsschritte (D_1, D_2). Die Einengung hatte zuerst eine Inversion entlang der die Subsidenz begünstigenden Trennflächen zur Folge. Es folgten Faltung (F_1) und penetrative 1. Schieferung (s_1) sowie der Ausbau der abschiebenden Trennflächen zu Überschiebungen mit intensiver Verschuppung im ersten Schritt D_1. Bei weiterer Einengung wurde eine Externrotation der bei D_1 deformierten Gesteinsstapel notwendig, die weitergehende Ausgleichsbewegungen und Verschuppung ermöglichten, u. a. durch die Ausbildung einer zweiten Schieferung (s_2) mit dazu gehöriger Spezialfaltung (F_2). Die während D_2 aktiven strukturtrennenden Überschiebungen sollten darüber hinaus angedauert haben. In einzelnen Bereichen lassen sich späte (post-s_2) deckenartige Überschiebungen ableiten (Mittelmosel-Schuppenzone). Vor Hindernissen wurden die listrisch gekrümmten Überschiebungsbahnen stark versteilt und über die Saigerstellung hinausgehend bis zur Überkippung verbogen. Im Verein damit kam es zur Mobilisation von Fluiden, die ihre Lösungsfracht auf bei der Deformation entstehenden Spaltensystemen abluden.

Für Modifizierungen, die bei NW gerichtetem, einengendem Transport generell NW-Vergenz erwarten lassen, hier jedoch zu SE-Vergenz führten, wurden von einigen Autoren in unterschiedlichem Umfang „starre Massen“ verantwortlich gemacht. Zur ihrer Ortung mag der Vergleich zweier Profile entlang des Oberen Mittelrheins und im westlichen Hunsrück dienen:

Das Profil des Oberen Mittelrheins zeigt südlich Koblenz bei vorwiegender NW-Vergenz – Ausnahmen bilden SE-Vergenz bei Koblenz und südlich Bingen – eine geringere Einengung als der westliche Hunsrück, wo südlich der „Mosel-Achse“ bis zum Süd-Rand des Gebirges SE-Vergenz bei meist steiler Schichtlagerung bis zur Überkippung herrscht. Während im „Soonwald-Antiklinorium“ am Oberen Mittelrhein noch deutliche Faltenstrukturen erkennbar sind, fehlen solche im westlichen Hunsrück, wo vornehmlich Schuppenstrukturen und steile Lagerung bis zur Überkippung herrschen. Das Lineament der „Mosel-Achse“ tritt besonders deutlich zwischen Altlay/Hunsrück und Ockfen/Saar, wahrscheinlich auch darüber hinaus weiter nach Südwesten, in Erscheinung; eine Karte der Vergenzen und Vergenzwechsel macht dies deutlich. Das generelle Streichen biegt im westlichen Hunsrück in mehr ostwestliche Richtung um.

Daraus ergibt sich, dass in erster Linie für die stärkere Einengung des Schichtenstapels im Hunsrück als „starre Masse“ das London-Brabanter Massiv in Frage kommt. Jedoch auch hochliegende Schollengrenzen im Untergrund oder starre Sedimentkörper können, wie z. B. an der Siegen-Mayener Hauptüberschiebung (W. Meyer & Stets 1975), zu lokal stärkerer Einengung, zu Vergenzwechsel und abweichender Streichrichtung führen.

Der Unterschied zum rechtsrheinischen Schiefergebirge besteht darin, dass im Hunsrück mit Ausname des Guldenbach-Profils offensichtlich ein tieferes Niveau des Schiefergebirges angeschnitten ist als im Osten und es im Westen zu der stärkeren Einengung des vornehmlich unterdevonischen siliziklastischen Schichtenstapels kam. Einige der entscheidenden strukturtrennenden steilen Scherbahnen lassen sich über weite Entfernungen von NE nach SW verfolgen. Daraus ergibt sich, dass bereits vor der Einengung ein für beide Teile verbindliches, ähnliches strukturelles Muster vorlag, das der Deformation unterworfen wurde. Dieses Muster war durch den Zerfall der Oberkruste in Leistenschollen, der bis in das „Grundgebirge“ reichte, vorgegeben. Damit ist das Hinabreichen bis in das prä-devonische „basement“ bereits von Anfang an anzunehmen. Grundsätzliche Unterschiede sollten somit zwischen beiden Teilen des Schiefergebirges nicht bestehen.

Mit Beginn der einengenden Deformation (D_1) rotierten die präexistenten, die Leistenschollen begrenzenden, NW fallenden Abschiebungen im Hunsrück über die Vertikale in SE-Einfallen und invertierten zu Aufschiebungen, die bei weitergehender Einengung und Rotation der Inversion Vorschub leisteten. Der Schichtverband der Schuppen wurde durchgehend penetrativ geschiefert (s_1) und antithetisch nach SE rotiert. Dadurch kam die stete Verjüngung der Schichten innerhalb der Einzelschuppen von NW nach SE zustande. Da „basement“ und Sedimentstapel nicht in gleicher Weise der Einengung Folge leisten konnten, wurden die Sedimente in Kurzschenkelfalten gelegt. Die damit einhergehende 1. Schieferung (s_1) betraf insbesondere die stärker pelitischen Schichtverbände, während die psammitischen, von deutlichen Anisotropieflächen (sedimentäres s_0) durchzogenen Schichtverbände mit Biegegleitung entlang dieser s_0-Flächen reagierten. Dieser Rotationsprozess macht verständlich, warum im Spätstadium von D_1 mobilisierte SiO_2- und Metallionen-reiche Fluide noch während des Einengungsprozesses in größerem Umfang in die spezialgefalteten (F_1) und geschieferten Schichtverbände eindringen konnten. Der NW-wärts gerichtete Einengungsprozess und der gleichzeitig ablaufende Rotationsprozess nach SE schufen in der Spätphase von D_1 beginnend die Wegsamkeit für Fluide entlang aufblätternder s_1-Flächen und ermöglichten von nun an Aufstieg und Präzipitation mineralischer Substanzen in größerem Umfang.

Die 2. Schieferung (s_2) und mit ihr die Deformation D_2 sollte nicht als neu einsetzendes, getrenntes Stadium angesehen werden. s_2-Flächen wurden bei weitergehender koaxialer Rotation immer dann notwendig und aktiv, wenn Ausgleichsbewegungen an den bereits existierenden Flächensystemen nicht mehr möglich waren. Die Raumlage von s_2 ergab sich dabei aus dem jeweils in der Einzelschuppe herrschenden Spannungsfeld. So kam es, wo nötig, zu unterschiedlicher, auch abweichenden Raumlage von s_2 bzw. des Schnittlinears L_2 (s_1/s_2) gegenüber L_1 (s_0/s_1). Auch dass das s_2-Flächengefüge nicht durchgehend penetrativ den Schuppenstapel einheitlich durchschlagen hat, sondern auf lokale „Streifen“ im Streichen beschränkt blieb, hat wohl diese Ursache. Dass während D_2 Lösungsaufstieg und Präzipitation weitergingen, ergibt sich aus der Deformation der Gang-Erze und Quarz-Injektionen.

Vorwiegend untertage, in den ehem. Dachschiefer-Abbauen und Erz-Gruben wurden flache Überschiebungen („Deckel“) angetroffen. Sie gehören zur Deformation D_2 und unterstützten die Ausgleichsbewegungen während dieses Stadiums. Dass bei vertikaler Raumlage von s_1 und ausgeprägter Anisotropie bevorzugt eine horizontale Crenulation auftritt, die zeitgleich mit den Knickzonen ist (ONCKEN & K. WEBER 1995: 53), kann nicht bestätigt werden. Das beste Beispiel hierfür ist das Umfeld der „Mosel-Achse“ (SCHOLTZ 1930), wo um die Saigerstellung pendelnde s_1-Flächen bevorzugt von mittelsteil NW oder SE fallenden s_2-Flächen betroffen sind.

N-S und E-W streichende, meist steil stehende Verschiebungen mit auch seitenverschiebender Komponente gehören zu den diagonal zur B/b-Achse der Falten verlaufenden Verschiebungen und passen in den Einengungsprozess. Ihre Zuordnung zu D_1 und/ oder D_2 ist nicht möglich, da die Haupteinengungsrichtung während der gesamten Deformation gleichsinnig erhalten blieb.

Das jüngste im Gefüge erkennbare Element, die Knickzonen („kink bands), sollte als Erholungsstruktur nach weitergehender Einengung angesehen werden. Bezüge zum s_2-Gefüge sind nicht auszumachen, da nur die s_1-Flächen davon betroffen sind.

Die Metamorphe Zone des Süd-Hunsrücks aus diesem Geschehen herauszunehmen, ist nicht gerechtfertigt. Die Gefügeprägung (MEISL 1990) gleicht jener im übrigen Hunsrück. Lediglich der Beanspruchungsgrad ist höher.

3.6.2 Plattentektonische Rahmenbedingungen

Alle Überlegungen für palinspastische Rekonstruktionen des Rhenoherzynischen Bereichs in Zusammenhang mit der variszischen Orogenese gehen von einer generellen Verkürzung des mobilisierten kontinentalen Bereichs um etwa 50% aus (H.-G. WUNDERLICH 1964, ONCKEN & K. WEBER 1995). Diese ist im Süden wesentlich höher mit 60–70% als im Norden mit 10–30%. Dabei wurde im Hunsrück die Verkürzung durch die Überschiebungen, Schuppenstrukturen mit Spezialfalten und gebietsweiser Aufrichtung der Sedimentstapel bis zur Saigerstellung – nicht durch Großfalten – erreicht. Sie wurde verursacht durch die Kollision der Mitteldeutschen Kristallinschwelle bei einer Subduktion des Rhenoherzynischen (Wo. FRANKE et al. 2017) oder des Rheischen Ozeans (ECKELMANN et al. 2014, NESBOR 2019) nach Süden ab dem Oberdevon. Im Hunsrück lässt sich nur bedingt ableiten, dass dieser Prozess mit der Bildung von Flysch-Sedimenten – ansatzweise im Profil des Guldenbach-Tales und im südwestlichen Hunsrück überliefert – einherging. Auch liegen hier nur wenige direkte Hinweise auf eine Mitteldeutsche Kristallin-Schwelle vor, die weiter südlich in der Bohrung Saar 1 angetroffen wird. Im Übrigen sollte in Analogie zu den Verhältnissen im Rechtsrheinischen Schiefergebirge eine geringfügige tektonische Überwanderung mit Flysch im Süden nicht ausgeschlossen werden. Eine km-mächtige Flysch-Decke (ONCKEN 1988, DITTMAR 1996) existierte nicht.

Nach der vollständigen Subduktion des schmalen rhenoherzynischen ozeanisierten Bereichs im Süden erfolgte die Kontinent/Kontinent-Kollision, die ab dem Unterkarbon (frühestens post-Tournai/Visé) die eigentliche Einengung brachte. Dieser Prozess dürfte kontinuierlich über einen Zeitraum von ca. 30–35 Ma erfolgt sein. Da NÖRING (1939), allerdings ohne Ortsangabe, bereits die diskordante Überlagerung von Schichten des Westfal C „auf gefaltetem und schubgeklüfteten Gebirge“ (S. 78) erwähnte, ist damit eine Obergrenze gegeben. Andererseits beginnt im Profil der Tief-Bohrung Saar 1 im Saarland (LANG 1976) nach einer Sedimentationsunterbrechung im Namur bald die Ablagerung der intra-kontinentalen Molasse im Saar-Nahe-Becken: „Mit dem Westphal werden zunächst geringe, später intensiv rezyklische Sedimente erschlossen, die (...) aus dem Faltengebirge Hunsrück herantransportiert“ (A. SCHÄFER 1986: 329) wurden. Diese Schüttung aus nördlicher Richtung über das untere Westfal C hinaus wurde nicht nur über die Komponenten der Molasse-Sedimente sondern auch über die Transportvektoren abgeleitet (A. SCHÄFER 1986, 2011). Der Feldspat-Anteil in

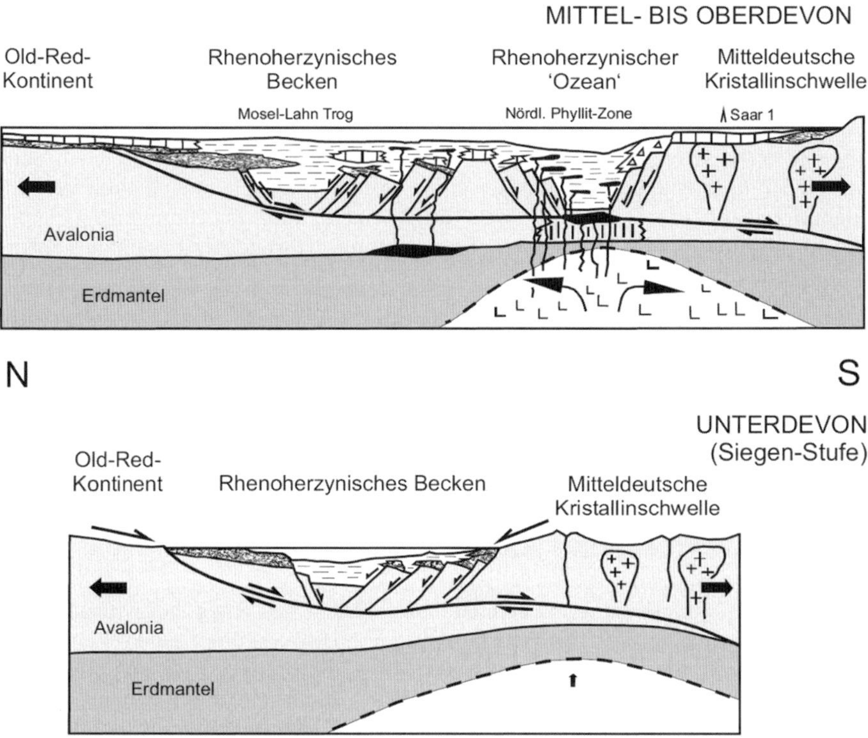

Abb. 24. Großtektonische Situation im zentralen und westlichen Schiefergebirge während der Siegen-Stufe und des Mittel- und Oberdevons. Stets & A. Schäfer (2011), verändert.

den Sandsteinen des Westfal beträgt höchstens 5%, Quarz-Feldspat-Verwachsungen fehlen weitgehend. Unter den Lithoklasten herrschen Quarzite und Phyllite in den oberkarbonischen Sandsteinen vor. Damit ist auch aus dieser Blickrichtung die zur Erklärung einer einheitlichen syn- bis spätorogenen Deformation abgeleitete, bis max. 14 km mächtige Decke aus Gießener Grauwacke (Oncken 1988, Dittmar 1996) in Frage gestellt. Andernfalls müssten Komponenten dieser Decke zuerst im Westfal des Saar-Nahe-Beckens zu finden sein, was nicht der Fall ist. Mit Beginn der Einsenkung des Saar-Nahe-Beckens war im Hunsrück der Einengungsprozess weitgehend abgeschlossen.

Vielfach (u. a. Oncken & K. Weber 1995) wird für den Prozess der Einengung das Zusammenschieben eines aus siliziklastischen Sedimenten bestehenden Akkretionskeiles entlang einer nach Norden ansteigenden Rampe während der Kollision angenommen. Nach der erdgeschichtlichen Entwicklung entlang des südlichen Hunsrück-Randes muss diese Vorstellung zumindest differenziert werden. Die Sedimentfolgen im kritischen Bereich, besonders im Südhunsrück-Trog, haben nicht den Charakter mächtiger siliziklastischer Sedimente wie sie an Kontinentalrändern üblich sind. Das gilt besonders für die Profile im Guldenbach-Tal (D. E. Meyer 1970, D. E. Meyer & Nagel 2008), aber auch in den südwestlich anschließenden Profilen bis in die Eisbach- und Idarbach-Formationen (Knautz 1992). Eine Rampensituation mit einer großen aufsteigenden Scherbahn ist nirgends abzuleiten. Dem stehen auch die Mächtigkeitsverhältnisse entgegen, da die größten Mächtigkeiten sich im Rhenoherzynischen Becken mit Zentrum Mosel-Lahn-Trog (u. a. Stets & A. Schäfer 2011) finden. Diesen trennte vom herannahenden saxothuringischen Block eine relativ hochliegende Schwelle mit geringeren Mächtigkeiten (Soonwald-Schwelle, Südhunsrück-Trog). Der Zusammenschub konnte daher nicht an einer von Süden aufsteigenden Rampe entlang eines „master décollement“, sondern nur differenziert entlang einer Anzahl tiefreichender Bahnen, die bis in den kristallinen Sockel reichten, erfolgen, wie auch die Kristallin-Schürflinge im Süd-Hunsrück zeigen. Damit ist widerlegt, dass die Abscherung entlang einer Bahn in den Bunten Schiefern des Obergedinne ablief (ONCKEN 1988). Die Schürflinge beweisen die tiefreichenden Scherbahnen und auch eine Hochlage des Sockels im Süd-Hunsrück südlich des Zentrums des Rhenoherzynischen Beckens. Die Tiefe des Beckens ergibt sich auch daraus, dass nirgends nördlich von Hoch-, Idar- und Soonwald Kristallin-Schürflinge gefunden wurden.

Im vorliegenden Fall grenzte der mobilisierte Süd-Rand des Rhenoherzynikums an einen wohl ähnlich aktiven der Mitteldeutschen Schwelle, zwischen denen die Sedimente und Vulkanite der heutigen Nördlichen Phyllitzone lagen. Dieser Streifen kam bei der Kollision unter die saxothuringische Oberplatte zu liegen. Daraus resultiert der höhere Metamorphosegrad der Serizit-Phyllite und Meta-"Diabase“ der Metamorphen Zone. Weit nach Norden reichte diese Überschiebung nicht, wie die anchimetamorphen Gesteine der nördlich der Wiesbachtal-Überschiebungszone anschließenden Schuppen im Süd-Hunsrück zeigen. Damit überdeckte die Oberplatte zwar den Süd-Rand des Hunsrücks, im Wesentlichen jedoch trug sie nur zur Einengung bei. Die relativ geringe Dichte der kontinentalen Gesteine der Unterplatte, die zum Auftrieb neigten, und der hohe Energieverbrauch durch Reibung bei der Kollision der Platten brachten den Prozess bald zum Stillstand. Das Überfahren der Oberplatte führte zur Verdickung der kontinentalen Kruste am Süd-Rand und südlich des Hunsrücks. Ihr geringeres spezifisches Gewicht gegenüber dem des lithosphärischen Mantels und der Asthenosphäre führte anschließend zur Hebung des Gebirgskörpers. Da hier nicht mit größeren Arealen ozeanischer Kruste gerechnet wird, sollte der Auftriebsprozess relativ bald nach der Kollision begonnen haben. Ein gewisser Anteil an ozeanischer Kruste machte sich jedoch später in dem abweichenden Chemismus des basisch-intermediären Rotliegend-Vulkanismus bemerkbar, der – abweichend vom intra-Platten-Vulkanismus, der hier zu erwarten wäre – mit seinem Kalk-Alkali-Chemismus an den Subduktionsprozess erinnert (s. Kap. 2.7.1).

Als Kennzeichen von Kontinent/Kontinent-Kollisionen gelten große Deckenstapel, breite Verformungs- und Metamorphose-Zonen, das Auftreten ophiolithischer Suturen, die die Nahtstelle zwischen den kollidierten Platten nachzeichnen, zudem eine Hochdruck-Metamorphose zeigen und eventuell einen Inselbogen-Magmatismus. Vergleicht man den Bereich des Süd-Hunsrücks mit den Kollisionszonen anderer Orogene, so ist hier bei aller Kompliziertheit der geologischen Verhältnisse eher von einer Mini-Kollision auszugehen. Es kam weder zu großen Deckenstapeln noch zu einer breiten Metamorphose-Zone oder Hinweisen auf einen Inselbogen-Vulkanismus.

„Verdickte kontinentale Kruste (hier insbesondere im Kollisionsbereich) wird gravitativ instabil, da ihre Gesteine nur eine begrenzte Festigkeit besitzen und bei Aufheizung im Zuge einer Kontinent/Kontinent-Kollision weich werden“ (FRISCH & MESCHEDE 2005: 159). So kam es zu „thermischer Schwächung“ im verdickten Bereich der Kruste und zu weiterer Instabilität. Diese wurde durch den gravitativen Kollaps ausgeglichen, und das gerade in dem Bereich, den man aufgrund der Verdickung für besonders konsolidiert halten sollte (P. ZIEGLER & DÈZES 2005). Damit wurde die spät-variszische Geschichte der südlich des Hunsrücks gelegenen Saar-Nahe-Senke bereits im Oberkarbon eingeleitet (A. SCHÄFER 2011).

4 Die Entwicklung im Oberkarbon und Perm

Mit dem Ende der Hauptphase der variszischen gebirgsbildenden Prozesse setzte im Oberkarbon eine neue Entwicklung des Hunsrücks und seiner Randgebiete ein. Aus dem ehem. Senkungsraum entstand durch Hebung das Hunsrück-Gebirge im orographischen Sinn. Mit der Heraushebung setzten unmittelbar Abtragungsprozesse ein. Der anfallende Detritus in Form von Schutt- und Abschlämmmassen wurde über Flüsse in den neu entstehenden Senkungsraum „Saar-Nahe-Senke“ südlich des Hunsrück-Gebirges transportiert. Dieses Senkungsgebiet entstand im Südwesten und wurde während Oberkarbon und Rotliegend nach Nordosten ausgebaut (A. Schäfer 1986, 2011). Die Füllung dieses Ablagerungsraumes griff mit der Zeit auf das Hunsrück-Gebirge randlich über. Eine besondere Rolle spielte dabei die Hunsrück-Südrand-Verwerfung, die zu der zeitweise erhöhten Reliefenergie beitrug. Mit der Füllung der Saar-Nahe-Senke begann in der geologischen Geschichte des Hunsrücks ein neues Kapitel. Diese Vorgänge werden sie zu den spät-variszischen Prozessen gezählt.

4.1 Oberkarbon im „Aufbruch Düppenweiler/Saar“

Oberkarbonische Schichten treten am südlichen Hunsrück-Rand bei Düppenweiler (Bl. 6506 Reimsbach) zu Tage. Sie wurden offensichtlich an der Hunsrück-Südrand-Verwerfung (Kirn-Metzer Störung) als Schürfling zusammen mit den paläozoischen Gesteinen tektonisch aufgeschuppt. Dieses seit langem bekannte Vorkommen „exotischer“ Gesteine im Saarland hat vermehrt zu Diskussionen geführt. Wichtige Ergebnisse erbrachte die Aufnahme eines durch Unwetter freigelegten Profils (Britz 1954: 5), das in einem der vier Gräben, „welche südöstlich der Düppenweiler Kapelle im Wiesental münden“, liegt. Dieses Profil erfasste ca. 73 m der Schichtsäule, die diskordant über dem „Phyllit-Komplex“ folgt.

Im Nachgang zu den Untersuchungen an Material der Tiefbohrung „Saar 1“ (Lang 1976) sollten offene Fragen mit Bohrungen und Schürfen geklärt werden. Dessen Ergebnisse führten im Gegensatz zu den älteren Daten dazu, zwei Stockwerke, ein älteres „Phyllit“- von einem jüngeren Deckgebirgs-Stockwerk, zu unterscheiden. In den Bohrungen wurden nach Durchteufen der Phyllite weitgehend steil bis halbsteil nach SE einfallende Schichten des Deckgebirges erfasst, die übertage nicht aufgeschlossen sind. Außerdem wurden Gesteine beider Stockwerke in Schürfen übertage kurzfristig aufgeschlossen (Hering et al. 1978). Die Altersfrage des Deckgebirges ist nicht restlos geklärt. Palynomorpha weisen auf ein Unterkarbon-Alter hin. Dieses erscheint wegen der geologischen Verhältnissen am nahen Hunsrück-Rand und in der Tiefbohrung „Saar 1“ unwahrscheinlich und muss im Einzelnen diskutiert werden.

4.1.1 Ergebnisse der Übertage-Aufschlüsse und Schürfe

Die Ergebnisse der im Rahmen des Forschungsprojektes ab 1976 gewonnenen Daten gestatten über die Ergebnisse von Britz (1954) hinaus eine detailliertere Aussage. Die späteren Bearbeiter gingen allerdings auf Britz’ Ergebnisse nicht ein. Die Ergebnisse beider Untersuchungen ergänzen sich jedoch zu einem schlüssigen Modell, in das sich die Daten der Forschungsbohrungen gut einfügen lassen.

4.1.1.1 Basisbildungen und -Konglomerate

Basisbildungen. In den Schürfen lag im stratigraphisch Hangenden, diskordant über den Phylliten und im Übergangsbereich zum Deckgebirge eine Schicht „mürber Gesteine“, die als „tonige Übergangsgesteine“ (Hering et al. 1978) bezeichnet wurden. Ihre Farbe reichte von schmutzig gelbgrün und gelblichbraun nach lichtolivgrau bis deutlich olivgrau. Die Konsistenz war weich und krümelig bis „talkig“. Röntgenographisch wurde ein Gemenge aus Quarz, Kaolinit, Illit, Chlorit und Feldspat bestimmt. Es handelt sich hier offensichtlich, wie schon Britz (1954) vermutete, um Verwitterungsbildungen einer Landoberfläche, die besonders auf den Phylliten entstand und sowohl Relikte des Altbestandes als auch tonige Neubildungen enthält, wie der Kaolinit zeigt. Allerdings ist nicht vollständig auszuschließen, dass in dieser Position auch eine Überschiebung versteckt ist (Rehkopf 1969).

Das „**Mitteldevon-Konglomerat**“. Stratigraphisch folgen über den Basisbildungen am Südost-Hang des Mühlenberges bei Düppenweiler grobe Konglomerate und Grauwacken, die sich deutlich von den Gesteinen des „Phyllit-Komplex“ unterscheiden. Die z. T. recht groben Konglomerate enthalten Gerölle bis 5 cm Durchmesser. Eingelagert sind vermehrt zum Hangenden Grauwacken und Grauwacken-ähnliche Psammite (Porth 1960). Insbesondere Funde von Fossilien in meist schlechter Erhaltung (u. a. als Hohlformen im Gestein) haben mehrfach dazu geführt, diesen Schichtverband in das Mitteldevon zu stellen. Hierzu zählen Funde von Korallen-Resten (*Zaphrentis* sp., *Cyathophyllum* sp.), von *Atrypa reticularis*, *Orthis* sp., *Nucula* sp., *Cypricardinia* sp., *Pleurotomaria* sp., Bryozoen-Reste und Crinoiden-Stielglieder (Leppla 1904 d, Nöring 1939, Theobald 1952, Porth 1960). Neufunde wurden mit Vorbehalt (Wolfart in: Hering et al. 1978) bestimmt als Korallen-Reste, Brachiopoden der Gattungen *Atrypa* oder *Spinatrypa*, *Productella* oder *Chonetes*. Diese Fossilien fanden sich in einem Konglomerat aus gut gerundeten Quarz-Geröllen und Schiefer-Plättchen, z. T. auch in Grauwacken ähnlichen Gesteinen. Offensichtlich handelt es sich um umgelagerten Fossil-Detritus mitteldevonischen Alters. Daraus auf ein Transgressionskonglomerat des Mitteldevon zu schließen (Britz 1954), ist nicht zulässig, insbesondere unter Einbeziehung der übrigen Komponenten des Konglomerates und bei der Diskussion der sich daraus ergebenden Konsequenzen. Die übrigen Komponenten bestehen zu einem erheblichen Anteil aus grauen bis graublauen, auch dunkelgraugrünlichen Phyllit-Klasten, klarem bis milchigem Quarz, auch Quarz-Geröllen mit grünlichen Chlorit-Bestegen, selten Klasten indifferenter Eruptivgesteine sowie von Quarziten und quarzitischen Sandsteinen. Die Form der Klasten reicht von eckig bis gut gerundet. Sämtliche Komponenten stammen aus dem Gesteinsspektrum des „Phyllit-Komplex“, so dass sie als Abtragungsmaterial von dort oder aus dessen näherer Umgebung angesehen werden müssen. Die mikroskopische Analyse der Gerölle der Konglomerate stützt diese Annahme. Es waren Fragmente von Quarziten, geschieferten Quarziten, Sandsteinen, Dolomit, „Grünsteinen“, Phylliten, „Glimmerschiefern“, Gang-Quarz, Tonschiefern und Phosphorit. Komponenten aus einem Abtragungsgebiet „kristalliner“ Zusammensetzung fehlen. In der Matrix fanden sich Quarz, Plagioklas, Orthoklas, Muskovit- und auch Chlorit-Schüppchen sowie „chert“-artige Gesteinsfragmente. Die Matrix ist dolomitisch, das Gefüge körnig. An Schwermineralen wurden Turmalin, Zirkon, Apatit und wenig Granat bestimmt (Hering et al. 1978).

Phyllit-Konglomerate. Nördlich der Straße von Düppenweiler nach Hüttersdorf konnte erneut der Kontakt zwischen Phyllit-Komplex und Deckschichten erschürft werden. Die Deckschichten begannen mit rötlichen bis rotbraunen, relativ mürben sedimentären Brekzien, die eckige bis höchstens kantengerundete Schiefer-Bruchstücke führten. Dabei handelt es sich um max. 3 cm große Klasten aus Phyllit, Serizit-reichen geschieferten Quarziten, untergeordnet auch Phylliten mit Quarz-Knauern, mikrokristallinem Chlorit-Schiefer, Quarz-reichen Schiefern, Gang-Quarz, „Mylonitquarzit“, Chlorit führenden Feinsandsteinen und aus Quarz-Feinsandsteinen. Hinzu kommen Quarz-Knauer, die dem Gang-Quarz der „Quarz-Riffe“

ähnlich sind. Dabei handelt es sich u. d. M. um ein mylonitisiertes, Kieselschiefer-artiges Gestein mit Dolomit-Gängchen. Das s-Gefüge ist wie bei den Gängen entlang von Bahnen und Schlieren mit einem Chlorit-ähnlichen Mineral belegt.

Quarzit-Konglomerate. Nordöstlich vom Ansatzpunkt der Forschungsbohrung FB 1, 1a wurde der „Kontakt" zwischen dem Phyllit-Komplex und einem Quarzit-Konglomerat erschürft. Der Phyllit-Komplex bestand hier aus verwitterten Phylliten mit linsenförmigen Quarz-Knauern. Im unmittelbaren „Kontakt" wurden plastische Tone und ein weißer, Kaolinit-führender Feinsandstein gefunden. Offensichtlich handelt es sich auch hier um Verwitterungsbildungen auf einer ehemaligen Landoberfläche. Anzeichen einer Verwerfung oder einer tektonischen Überprägung sind nicht überliefert. Im stratigraphisch Hangenden folgte ein weißliches bis hellviolett-stichiges Konglomerat, das bis zu ca. 80% aus bis zu faustgroßen (max. 10 cm Durchmesser) gerundeten („ovalen") Quarzit-Geröllen vom Typ Taunusquarzit besteht. Die quarzitische Komponente findet sich in Form von Polyquarz bis in die Sandfraktion. Die Matrix besteht u. d. M. aus einem mikrokristallinen „Glimmerfilz", der z. T. Kaolinit enthält. Dolomit wurde im Bindemittel nicht nachgewiesen. Das Material weist auf ein Liefergebiet im Bereich des Hochwaldes hin.

4.1.1.2 Jüngere Sandsteine und Konglomerate

Südlich der Grenze (Überschiebung), an der der Phyllit-Komplex an die jüngeren Deckschichten (post-mitteldevonisch bei Hering et al. 1978) grenzt (überschoben wurde), treten recht unterschiedliche Schichtverbände zu Tage:

Feinsandiger Schichtverband; am Süd-Ende des Phyllit-Komplexes wurden vorwiegend olivgrüne, deutlich geschichtete Silt- und Feinsandsteine erschürft, die lokal Pflanzenhäcksel enthielten; stellenweise führte dieser Schichtverband Dolomit auf Klüften; u. d. M. erwiesen sich diese Sandsteine als gut sortiert und Glimmer-reich; die Komponenten waren meist eckig; die Gesteine bestehen aus Quarz mit z. T. lobaten Kornformen, die auf vulkanische Herkunft schließen lassen, 20–30% Plagioklas, untergeordnet sind wechselnde Anteile an Biotit, Hellglimmer und Chlorit vorhanden; die Matrix ist ein krypto- bis mikrokristalliner „Tonfilz"; röntgenographisch wurden darin Quarz, Feldspat, Kaolinit und Chlorit bestimmt; an Schwermineralen führten sie Granat, relativ reichlich Apatit und Zirkon (z. T. zonar, idiomorph; Hering et al. 1978).

Sandsteine und Konglomerate; weiter im Norden, unweit vom Ausbiss der Basiskonglomerate, wurden u. a. rote bis schokoladenfarbene feldspatreiche Fein- bis Grobsandsteine erschürft; sie waren gut sortiert, feingeschichtet und zeigten selten Gradierung; zwischen den feinkörnigen Sandsteinen fanden sich Lagen mit Pflanzenhäcksel; an Komponenten ließen sich Quarz, Kalifeldspat, Plagioklas, Biotit, Muskovit und Chlorit bestimmen; außerdem kamen Dolomit sowie Quarz- und Ton-Aggregate vor. Die Quarz-Aggregate zeigten z. T. innige Verwachsung auch mit Chlorit und Rutil-Mikrolithen; an Schwermineralen enthielten sie zu wechselnden Anteilen Leukoxen, Granat, Apatit, Brookit, gelblichen Zirkon, Rutil und blaugrünen Turmalin; das Bindemittel war dolomitisch; röntgenographisch wurden Quarz, Chlorit, Dolomit, Feldspat und Kaolinit bestimmt; Ähnlichkeiten zu den höheren Abschnitten des Profils von Britz (1954) sind offensichtlich.

Das gilt auch für gelblichbraune bis orange-farbene Feinkonglomerate mit max. Geröll-Durchmessern bis 5 mm. Spalten waren mit blass orangefarbenem Dolomit, z. T. mit Hämatit gefüllt. Das Geröllspektrum bestand bevorzugt aus vulkanischen Klasten vom Typ „Porphyr" mit Feldspat-Einsprenglingen. Weniger deutlich vertreten sind Milchquarz und Phyllit-Klasten. Größere Gerölle sind meist gut gerundet, kleinere eckig bis bestenfalls kantengerundet. Eine Analyse der Gerölle u. d. M. (Hering et al. 1978) ergab saure bis intermediäre Vulkanite mit Quarz-, Feldspat- und Biotit-Einsprenglingen, auch größeren Apatit- und

Granat-Individuen sowie Dolomit-Pseudomorphosen nach Amphibolit; die Grundmasse ist z. T. vertont, sonst silifiziert. Ferner vereinzelt Schriftgranite aus Quarz und polysynthetisch verzwillingtem Albit und Muscovit-, Serizit- und Chlorit-führende Quarzite, „Körnelquarzite" und geschieferte Quarzite. In der Sandfraktion wurden Quarz, Feldspat und spärlich Muskovit, vereinzelt auch „Porphyr-Quarz"-Individuen gefunden. Die Matrix bestand aus Ton und Dolomit, vereinzelt Hämatit.

Dieser Schichtverband aus Sandsteinen und Konglomeraten enthielt nur untergeordnet Lagen von rotbraunen tonigen Gesteinen. Das Geröllspektrum und die Klasten der Sandfraktion lassen auf ein Liefergebiet schließen, das aus epizonal metamorphen Gesteinen, zu einem erheblichen Anteil jedoch auch aus sauren und intermediären Vulkaniten aufgebaut ist Die Schriftgranit-Klasten und der hohe Anteil an Feldspäten lässt zusätzlich auf Granit-Intrusionen schließen. Gesteine des Phyllit-Komplexes waren sehr selten. Das Klasten-Spektrum entsprach nicht dem der „Basis-Konglomerate".

4.1.1.3 Oberkarbonische Wechselfolge

Zur besseren Ansprache und Einordnung der Bohrbefunde wurde das Gebiet zwischen dem „Grundgebirgs-Aufbruch" im Nordwesten und den Rhyolith-Vorkommen vom Litermont und Weltersberg im Südosten durch Schürfe und die Forschungsbohrung FB 4 erkundet. Von Bedeutung war hier ein Steinkohle-Flöz, das eine altersmäßige Einstufung versprach. Das Flöz liegt in einer Wechselfolge aus fein- bis mittelkörnigen Sandsteinen, Tonsteinen und Konglomeraten, dessen Komponenten vor allem aus Quarzit- und Phyllit-Klasten bestehen. Im Hangenden des Flözes wurde eine Flora gefunden, die eine Altersdatierung versprach (Hering et al. 1978) mit folgenden Taxa: *Annularia sphenophylloides*, *A. stellata*, **Macrostuchya infundibuliformis*, *Asterophyllites equisetiformis*, *Pecopteris arborescens*, **P. bioti*, *P. cyathea*, *P. hemitelioides*, **P. paleaca.*, *P. plumosa*, *P. polymorpha*, **P. unita*, *Sphenophyllum emarginatum*, *Sph. oblongifolium* und *Sph. goniopteroides*. Diese Flora enthält Durchläufer von Westfal D bzw. Stefan bis in das Rotliegend, jedoch auch solche, die nur im Westfal D und Stefan vorkommen (mit * gekennzeichnet). Diese Florengemeinschaft sollte danach dem mittleren Stefan zugeordnet werden (Germer in: Hering et al. 1978). Die Annahme, dass es sich um Rotliegend der Glan-Subgruppe (Britz 1954) handelt, wurde damit richtiggestellt.

4.1.1.4 Fazit

Aus den Ergebnissen der Aufschlüsse und Schürfe ergibt sich: Die Basis-Konglomerate liegen über tonigen Basisbildungen, die offensichtlich aus der Verwitterung der Gesteine des Phyllit-Komplex hervorgegangen sind; häufig griff die Verwitterung lokal auch tiefer in die Phyllite vor; nimmt man die Ergebnisse von Britz (1954) hinzu, so ist aufgrund der unterschiedlichen Mächtigkeit der grauen tonigen Bildungen mit einem schwachen Relief zu rechnen, das mit Klasten führenden Abschlämmmassen eingedeckt wurde.

Die überlagernden Basiskonglomerate bestehen nach den Geröllkomponenten aus Material, das zum größten Teil aus der unmittelbaren Umgebung stammt; das gilt insbesondere für das Phyllit-Konglomerat, jedoch auch für das „Mitteldevon-Konglomerat"; daher sollten entsprechende mitteldevonische Kalke, Dolomite und Grauwacken in der Nähe angestanden haben.

Die Fossilien im „Mitteldevon-Konglomerat" zeigen keine höhere, auch keine epizonale Beanspruchung, so dass sie nicht aus dem Phyllit-Komplex stammen können, sondern eher aus einer heute nicht mehr zugänglichen Position im Hochwald, die u. U. jener der

Eisener-Schuppe (ehem. Grube „Korb“ bei Eisen) ähnlich war und nördlich der Metamorphen Zone lag; das gilt auch für Quarzit-Gerölle vom Typ Taunusquarzit; sie hatten aufgrund ihrer z. T. deutlichen Rundung einen längeren fluviatilen Transport hinter sich.

Die „Jüngeren Sandsteine und Konglomerate“ stammen aufgrund ihrer Zusammensetzung nicht aus dem Hunsrück, wahrscheinlich gehören Abschnitte der von Britz (1954) beschriebenen Aufschlüsse auch dazu.

Insgesamt ergibt sich für die Position Düppenweiler eine Becken-Position, in die Schwemmfächer aus unterschiedlichen Liefergebieten einmündeten und in der anfangs vielleicht auch einzelne Klippen aus Gesteinen des Phyllit-Komplexes aufragten.

4.1.2 Ergebnisse der Forschungsbohrungen

Die Profile der Forschungsbohrungen FB 1, 1a, 2 und 3 wurden sedimentologisch von Wehrens (1985) bearbeitet. Es gelang ihm, die erbohrten Deckschichten des Phyllit-Komplexes in 6 unterschiedliche „Serien“ (Einheiten) zu unterteilen. Sie lassen sich in fast allen Bohrungen nachweisen und miteinander korrelieren. Dabei folgen die „Serien I–V“ stratigraphisch übereinander, während die „Serie VI“ offensichtlich eine tektonisch bedingte Wiederholung ist.

4.1.2.1 „Phyllit“- und „Quarzit-Konglomerate“ („Serie I“)

Diese älteste lithostratigraphische Einheit wurde in allen Bohrungen angetroffen und nicht durchteuft. Sie setzt sich zusammen aus Quarzit- und Phyllit-Konglomeraten und -Brekzien, grauen und braunen Sandsteinen sowie grauen Silt- und Tonsteinen. Außerdem sind „Rothorizonte“ eingeschaltet, die gemeinsam mit den Phyllit-Konglomeraten vorkommen. Quarzit-Konglomerate finden sich bevorzugt in den tieferen und den höheren Partien dieser Einheit, während Phyllit-Konglomerate meist den mittleren Abschnitt einnehmen. Das Geröll-Spektrum besteht aus Quarziten vom Typ Taunusquarzit, dunklen Quarziten (wenige cm Durchmesser), Milchquarz, Phylliten unterschiedlicher Färbung von grau, bräunlich, grünlich auch rötlich (bis 2 cm Durchmesser, selten 10 cm), dunkelgrauen Tonschiefern (<1 cm Durchmesser), dunklen Tonsteinen, graubraunen Sandsteinen (bis >10 cm Durchmesser) und wenig typischen, wohl verwitterten Eruptivgesteinen. Die Rothorizonte setzen sich aus dem gleichen Material zusammen wie der Phyllit-Komplex. Die Rotfärbung ist an die Matrix gebunden, die mit Hämatit durchsetzt ist. Hämatitische Krusten sind selten. Die Hämatit-Bildung ist horizontgebunden. Das Schwermineral-Spektrum ist stabil mit Zirkon, Turmalin und Rutil sowie rötlichem Spinell. Es entspricht dem der Hunsrück-Gesteine. Diese Konglomerate stammen aufgrund sämtlicher Daten aus der unmittelbaren Umgebung mit Gesteinen der Metamorphen Zone und dem weiter nördlich gelegenen Hochwald. Offensichtlich wurde der Detritus von Schwemmfächern geliefert, deren Schüttungen von unterschiedlichen Lokalitäten kamen und sich offensichtlich überschnitten.

4.1.2.2 „Laminite“ („Serie II“)

Die nächstjüngere Einheit besteht aus einer Wechselfolge von Laminiten, aus grauen, bläulichen, grünlichen und weißlichen Ton- und Siltsteinen mit geringmächtigen (cm bis dm) hellen Sandsteinen. Die Korrelation dieser „Serie“ zwischen den Bohrungen ist unsicher. Nur in den Bohrungen FB 2 und FB 3 konnte sie sicher angesprochen werden. Eine ähnliche

„Serie“ wurde auch in FB 1 und 1a angetroffen; ihre Korrelation ist jedoch nicht sicher. Eingelagert sind einzelne Psephit-Bänke. Die gesamte Wechselfolge ist gleichbleibend parallel geschichtet. Dort, wo ehem. Tone von Sanden überlagert wurden, ist bisweilen ein erosiver basaler Kontakt zu beobachten. Hinzu kommen Rinnenstrukturen, die bis 0,2 m tief waren und deren Füllung kleindimensionale Schrägschichtung zeigt. Die seltenen psephitischen Komponenten bestehen aus Quarz, bisweilen auch Phyllit-Fragmenten. In der FB 3 wurde in den Laminiten ein nicht näher definiertes Karbonat-Bänkchen gefunden.

Die Untersuchung der Sandfraktion im basalen Abschnitt erbrachte undulös auslöschende Quarz-Körner, Quarzit- und Schiefer-Klasten sowie Hellglimmer-Schüppchen. Mit steigendem Profil kamen vermehrt Quarz-Körner ohne oder mit nur schwacher undulöser Auslöschung sowie anguläre grobkristalline Quarz-Feldspat-Verwachsungen hinzu. Zum Top finden sich auch Einzelkörner kantengerundeter Plagioklase, zuweilen auch Mikroklin. Hinzu kommen myrmekitische und perthitische Verwachsungen, die nur aus Gebieten mit intrusiven Granitoiden stammen können. Die Feldspäte sind z. T. frisch und unterschiedlich stark serizitisiert bzw. karbonatisiert. Klasten von Chert und Detritus saurer Effusiva fehlten nicht. Das Bindemittel der Sandsteine ist tonig und dolomitisch (Wehrens 1985).

Insgesamt verkörpert die „Serie II“ Ablagerungen einer Überflutungsebene mit Seen, in die im älteren Zeitabschnitt Material aus dem Hochwald, im jüngeren vermehrt solches aus einem Kristallin-Gebiet geliefert wurde. Zu beiden Liefergebieten lag die Überflutungsebene distal. Das bedeutet bei ungestörter Abfolge zwischen den „Serien I“ und „II“, dass Lieferungen aus dem Hunsrück, die zur älteren Zeit vorherrschten, erheblich nachließen und von solchen aus einem „Kristallin-Gebiet“ im Süden abgelöst wurden.

4.1.2.3 „Vulkanit-Dolomit-Konglomerate“ („Serie III“)

Bis 15 m mächtig folgt in allen Bohrungen über den „Laminiten“, z. T. auch direkt über den Quarzit- und Phyllit-Konglomeraten, eine Wechselfolge aus Gesteinen der „Serie III“ und/oder „IV“, d. h. von grauen und grünlichen, Pelit-betonten Schichten mit Konglomerat-Bänken mit z. T. sehr groben Geröllen und/oder Klasten (Durchmesser bis >20 cm). Offensichtlich sind es Komponenten proximaler Schutt- und Schwemmfächer. Bei den Geröllen handelt es sich um Klasten von Vulkaniten und von Dolomit:

Die **Vulkanit-Gerölle** stammen nach Mihm (in: Wehrens 1985) von fünf „Porphyr-Typen“, die z. T. stark kaolinitisiert sind; außerdem wurden Bänke aus stark alterierten Vulkanit-Klasten beobachtet; Mihm betonte die Fremdartigkeit dieser Klasten im Vergleich mit Material aus der Tief-Bohrung Saar 1, aus den Nord-Vogesen bzw. dem Rheinischen Schiefergebirge (Lahn-Dill-Gebiet); Größe und schlechte Rundung nähren den Verdacht, dass das Material aus der Nähe stammt und keinen weiten Transport mitgemacht hat; Bombentuffe wurden ausgeschlossen (Wehrens 1985); die Vulkanit-Fragmente stammen von Rhyolithen mit unterschiedlichem Gefüge; hinzu kommen Klasten von Andesiten und auch von Granitoiden; in den Düppenweiler „Porphyren“ sind im Gegensatz zu Lahn-Dill-Keratophyren (Hentschel unpubl.) mafische Einsprenglinge (Biotit, Hornblende) typisch; basischere Vulkanit-Fragmente aus den Düppenweiler Bohrungen zeigen in der Regel eher Feldspat- statt Mafit-Einsprenglinge; Vulkanite vom Typ „Diabas“ fehlen.

Die **Karbonat-Gerölle** sind recht heterogen. Es lassen sich vier Typen unterscheiden (Wehrens 1985). Dunkle homogene Karbonat-Gesteinsfragmente (Durchmesser >35 cm) sind schlecht gerundet; sie enthalten mittel- und oberdevonische Korallen und sind uneinheitlich geschichtet; hinzu kommen Blöcke von Kalken, die offensichtlich syngenetisch brekziiert sind (Wehrens 1985: Abb. 55) und als Knollenkalke bezeichnet werden, jedoch nicht dem Typ der oberdevonischen „Kramenzel-Kalke“ entsprechen; es handelt sich um schlierig-flaserige Aggregate mit unregelmäßigen tonigen Flasern; es bestehen nur geringe

Unterschiede zu den zuvor genannten dunklen Karbonat-Typen; mikritische Dolomite (hellgelbgrünlich, dicht, Durchmesser im dm-Bereich) entstammen offensichtlich einem anderen Schichtglied im Liefergebiet; dort standen mittel- bis oberdevonische Kalke und Dolomite zusammen mit den Rhyolithen an und wurden bei der Erhöhung der Reliefenergie – evtl. durch syngenetische Aktivität von Verwerfungen – gemeinsam abgetragen.

Zwischen den „Serien II" und „III" besteht ein gradueller Übergang, gekennzeichnet durch die Zunahme der Korngrößen sowie des Vulkanit- und Karbonat-Geröll-Anteils (Wehrens 1985). Das spricht gegen eine plötzliche Aktivierung des Liefergebietes. In einzelnen Horizonten wurde zusätzlich eine Feldspat-reiche, sandig-"arkosische" Matrix gefunden, die in ihrer Zusammensetzung den sandigen Horizonten in der „Serie II" entspricht. Dachziegellagerung von Geröllen und Sohlbank-zyklische Korngrößenentwicklung sprechen für fluviatilen Transport. So bestehen zwischen den „Serien II" und „III" in den Bohrungen FB 1a, 2 und 3 „lithologische Verknüpfungen" (Wehrens). Diese Beobachtung unterstreicht das Fehlen einer scharfen Trennung zwischen den einzelnen „Serien", sondern bekräftigt, dass es sich um Produkte eines Schwemmkegels vom distalen Bereich bis zum „mid-fan" handelt. Aus der Lage der Bohrungen zueinander eine Schüttungsrichtung von Norden nach Süden abzuleiten, erscheint sehr gewagt und ist unwahrscheinlich.

4.1.2.4 „Bunte Konglomerate" („Serie IV")

Die „Bunten Konglomerate" (von Konzan mdl. als „Terrazzo" bez.) zeigen in den nördlichen Bohrungen FB 1, 1a erheblich höhere Mächtigkeiten als in der weiter südlichen FB 2. In der FB 3 sind sie tektonisch gekappt und unvollständig überliefert. Es kündigt sich jedoch im Bohrbefund kein wesentlicher Unterschied zur Bohrung FB 2 an. Die Geröll-Komponenten der „Bunten Konglomerate" entsprechen weitgehend jenen der „Serie III", d. h., es finden sich sowohl Gerölle frischer als auch kaolinitisierter und karbonatisierter Rhyolithe sowie fossilführende Kalke und Dolomite. Genetisch ist es nicht verwunderlich, wenn sich in der FB 2 Gesteine der „Serie IV" unmittelbar aus jenen der „Serie III" entwickeln. Die „Serie IV" besteht allerdings aus überwiegend feineren Konglomeraten (Durchmesser bis max. 5 cm) mit einem Geröllspektrum aus schwarzen, grauen und rötlichen Quarziten, z. T. fossilführenden Kalken, Vulkanit-, Granit- und Gneis-Geröllen, seltener Schiefer- und Phyllit-Klasten. Hinzu kommen resedimentierte braune und graue Sandstein- und Feinkonglomerat-Klasten. Abgesehen von den Konglomeraten finden sich mächtige Partien homogener graugrüner Grauwacken mit psephitischen Komponenten, gebänderte Sand- und dunkle Tonsteine. Die Konglomerate werden vornehmlich im unteren Abschnitt angetroffen. „Unruhige" Schichtlagerung deutete Wehrens als Rutschungserscheinungen, die bei dem Transport in einem Schwemmfächer nicht ungewöhnlich sind. Parallel geschichtete und gebänderte Feinsandsteine mit Pflanzenhäcksel sowie Lagen und Bänke homogener dunkler Tonsteine zwischen den Konglomeraten weisen auf die „mid-fan"-Position im Schwemmfächer hin. Überwiegend parallele, gleichmäßige Anordnung der Horizonte, kleinräumige Gradierung in der Abfolge Grobsand-Sand-Silt-Ton sind häufig beobachtete sedimentäre Merkmale.

Die bereits aus dem Geröll-Bestand abgeleitete Gesteinszusammensetzung des Liefergebietes spiegelt sich auch in der Sand-Fraktion wider. Auf granitoide Gesteine deuten Quarz-Feldspat-Verwachsungen, Perthit-Gefüge, schriftgranitische und myrmekitische Verwachsungen und Feldspat-Einschlüsse in groben Quarz-Körnern hin. Insgesamt handelt es sich um eine Vergesellschaftung von Graniten und Pegmatiten, vielleicht auch Orthogneisen. Ähnliche Schlüsse lassen auch die meist frischen Feldspäte (albitreiche Plagioklase, Orthoklas, Mikroklin) zu. Hinzu kommen Muskovit, seltener Biotit. Bei Schwermineralen fällt ein hoher Gehalt an Granat auf. Schwerer erklärbar sind Aggregate aus rundlichem, kryptokristallinem, tiefgrünem Glaukonit. Die vulkanische „Porphyr“-Komponente wurde bereits angesprochen. Hinzu kommen in der Sandfraktion indifferente verkieselte Vulkanit-Körner. Die metamorphe Komponente ist weiter durch Quarzite und Schiefer vertreten. Quarzite vom Typ Taunusquarzit und entsprechende Phyllite fehlen. Auch im feineren Bereich kommen Aggregate (umgelagerte Sand-, Silt- und Tonsteine) und Karbonat-Klasten vor. Generell gehört auch die „Serie IV“ zu jenen Schüttungen, die sich im oberen Abschnitt der „Serie II“ bereits ankündigten.

4.1.2.5 „Pelitische Abfolge“ („Serie V“)

„Serie V“ findet sich in voller Mächtigkeit nur in den Bohrungen FB 1, 1a und 2; in der Bohrung FB 3 ist sie nicht vorhanden. Abrupter Wechsel und tektonische Zerrüttung begründen den Verdacht, dass die Kontakte zum Liegenden („Serie IV“) und Hangenden („Serie VI“) gestört sind; gravierend ist der Wechsel zum tektonisch Hangenden.

„Serie V“ besteht mit sehr geringen Ausnahmen ausschließlich aus grauen Sand- und vor allem Tonsteinen. Sedimentologische Kennzeichen sind Parallel- und Rippelschichtung sowie Laminierung und Bänderung. Teilweise sind die Tonsteine auch weitgehend homogen. In den Sandsteinen kommt Schrägschichtung hinzu. In engen Wechselfolgen wurden Rutschwülste, „convolute bedding“ und andere Belastungsmarken beobachtet. Es sollte sich danach um Ablagerungen in einem flachen Gewässer, wahrscheinlich in einem See, handeln.

Die Detritus-Analyse ergab im unteren Abschnitt dieser Einheit ein ähnliches Spektrum wie in der „Serie IV“. Zum Hangenden sind vermehrt Klasten von Metamorphiten, schiefrigen Gesteinen, Quarziten und quarzitischen Sandsteinen anzutreffen. Die Quarz-Körner der Quarzite zeigen undulöse Auslöschung. Weiterhin sind schwach undulöse Quarze, Albit-reiche Feldspäte, Muskovit und Chlorit mit anomalen Interferenzfarben vertreten. Offensichtlich hatten in der Zwischenzeit die Schwemmfächer aus dem südlichen Liefergebiet sich zurückgezogen, und bei erniedrigter Reliefenergie entstand eine flache Seen-Landschaft, in die aus beiden Liefergebieten, dem Hochwald im Norden und dem Kristallin-Gebiet im Süden (? Südwesten) in distaler Position vorwiegend Sande und Tone eingespeist und abgelagert wurden. Die Detritus-Analyse zeigt insbesondere den Rückzug der Schwemmfächer aus dem kristallinen Liefergebiet im Süden.

4.1.2.6 „Phyllit-Brekzien“ („Serie VI“)

Einheit „VI” ist in den Bohrungen FB 1, 1a und 2 jeweils die oberste und folgt direkt unterhalb von Gesteinen des Phyllit-Komplex. Zwischen beiden befindet sich ein tektonischer Kontakt in Form einer „Mylonitbahn“, wahrscheinlich sind es eher Kataklastite. Insofern besteht kein stratigraphischer Bezug zu den „Serien I–V“. Ein „Übergangshorizont“ zu den Phylliten in Form der Basis-Bildungen wurde in den Bohrungen nicht angetroffen.

Die Phyllit-Brekzien bestehen aus einer ungeordneten Masse grauer und grünlicher, bis 10 cm im Durchmesser messender Phyllit-Fragmente. Hinzu kommen Bänke aus hellgrauen feinkörnigen, eckigen bis kantengerundeten Quarzit-Fragmenten. Vereinzelt finden sich Klasten von schwarzen Quarziten. Hinzu kommen Milchquarz, vereinzelt Rosenquarz sowie Dolomit-Lagen. Diese Phyllit-Brekzien ähneln weitgehend jenen Konglomeraten, die auch übertage erschürft wurden. Sie gehören zu dem Schuttkegel, der sich aus dem Material des Phyllit-Komplex und den Gesteinen in seiner unmittelbaren Nähe rekrutierte. Ein Zusammenhang mit der Einheit „V“ besteht offensichtlich nicht, auch wenn in deren oberstem Abschnitt feinkörniger Detritus des Phyllit-Komplex nachgewiesen wurde.

4.1.3 Der „Aufbruch Düppenweiler" zwischen Hunsrück-Gebirge und Mitteldeutscher Kristallin-Schwelle

Die neuen Daten (Rehkopf 1969, Hering et al. 1978, Wehrens 1985) erlauben eine Rekonstruktion des Grenzbereiches Hunsrück/Saar-Nahe-Senke während des Oberkarbons:

Der Phyllit-Komplex gehört zur Nördlichen Phyllit-Zone bzw. zur südwestlichen Verlängerung der Metamorphen Zone am Süd-Rand des Hunsrücks; seine (ihre) tektonische Deformation lässt sich zwanglos an die Variszische Orogenese anschließen, wenngleich Meta-Diabase („Grünschiefer") hier fehlen.

Die Klasten des „Mitteldevon-Konglomerates" lassen sich von den Schuppenzonen des südlichen Hunsrücks und weiter nordwestlich im Hochwald herleiten, wo die Tektogenese im Grenzbereich Unter-/Oberkarbon begann und wahrscheinlich im Westfal abgeschlossen war;

Verwirrung stifteten die Mitteldevon-Fossilien; hier sollte es sich um Geisterfaunen aus dem „Mitteldevon-Konglomerat" gemeinsam mit den Quarzit-Klasten und -Geröllen handeln; dieses Konglomerat und die es begleitenden Sedimente sind aufgrund aller Daten spät-variszisch; alle geologischen Argumente fügen sich „grundsätzlich, (…), wenn man von Besonderheiten wie den Laminiten, absieht, widerspruchsfrei in die oberkarbonischen Molasseablagerungen der Saarsenke ein" (Wehrens 1985: 291); sie lassen sich damit an Oberkarbon-Sedimente in der Saar-Nahe-Senke anschließen.

Dem stehen Fossilfunde in den Bohrkernen entgegen, die Mittel- und Oberdevon- sowie Unterkarbon-Alter anzeigen. Dabei handelt es sich um sehr gut erhaltene Palynomorpha wie *Hystrichosporites* (Frasne, *asymmetricus*-Zone: Streel 1976, 1981) sowie *Ancyrospora, Geminospora* und *Archaeozonotriletes variabilis* (Mittel- bis Oberdevon: Doubinger & Rauscher 1984), weiter *Densisporites variomarginatus, D. spitzbergensis, Knoxisporites dissidius, Verucosporites congestus* und *Convolutispora* (Unterkarbon in: Wehrens 1985). Formen aus den „Serien III" und „IV", u. a. *Scoliospora denticulata* und Makrofossilien, gaben auch Hinweise auf givetische Alter. Alle diese Taxa sprechen mit ihrer Spannbreite ausdrücklich gegen oberkarbonische Alter und eher für solche, die zeitlich vor der variszischen Tektogenese liegen.

Abgesehen von einer Probe aus der Bohrung FB 1 von „Serie I" mit einem Mitteldevon-Befund, stammen alle übrigen Proben aus den „Serien II" bis „V", die auf ein südliches Herkunftsgebiet schließen lassen. Außerdem zeigt die organische Substanz sehr geringe Inkohlungswerte (R_m 0,57–1,09: Mo. Wolf in: Wehrens 1985). Wehrens entschied sich, da er ein „Oberkarbonalter für die Sedimente des Mühlenberges nicht als nachgewiesen" ansah, für Unterkarbon.

Die einzigen sicheren Daten für Sedimente des Unterkarbon in der näheren Umgebung stammen aus der Tief-Bohrung Saar 1 (Lang 1976), aus dunklen Tonschiefern in der Grube „Korb" bei Eisen, resp. aus der Tiefbohrung Gironville 101 in Lothringen (Kneuper 1976, Paproth 1976, G. Müller & Stoppel 1981). Alle diese Daten zeigen eindeutig eine marine Fazies „bis etwa ins höhere Visé" (Paproth 1976: 398). Allerdings wurde davon ausgegangen, dass im Bereich der „Mitteldeutschen Kristallin-Schwelle" (TB Saar 1) das Meer mit der Zeit flacher wurde, Untiefen entstanden und es zu Sauerstoff-verarmtem Wasser kam. Dafür legen die dunklen Sedimente zur Genüge Zeugnis ab. Im Gegensatz zu einer Verflachung des unterkarbonischen Meeresraumes ging Krebs (1976) sogar von einer zunehmenden Vertiefung aus und begründete diese mit der Fazies der kulmischen Alaunschiefer. Wenn auch die bathymetrische Zuordnung dieser Unterkarbon-Sedimente strittig ist, bleibt doch festzuhalten, dass beiderseits der Position Düppenweiler – sowohl im Hochwald im Norden als auch auf der „Mitteldeutschen Kristallin-Schwelle" im Süden – zu dieser Zeit hier marine Bedingungen herrschten. Aufgrund der geotektonischen Position von Düppenweiler in der Nördlichen Phyllit-Zone lässt sich eine völlig andere paläogeographische Situation mit kontinentalen Verhältnissen im Unterkarbon für Düppenweiler ausschließen. Die Zuordnung dieser offensichtlich spät-variszischen Sedimente zum Unterkarbon ist daher vom geologischen Standpunkt auszuschließen. Andernfalls müssten sie wie der Phyllit-Komplex in die variszische Tektogenese einbezogen worden sein oder diese müsste in der Position Düppenweiler bereits prä-Unterkarbon abgeschlossen gewesen sein. Überlegungen, die die epimetamorphe Deformation des Phyllit-Komplexes in die kaledonische Ära verlegten (u. a. Porth 1960), wurden bereits ausgeschlossen.

Radiometrische Untersuchungen (K/Ar-Alter) an Hellglimmern aus dem Phyllit-Komplex ergaben Alter von 303 ± 9 Ma bei Schließungstemperaturen des Systems um 350°C. (K. Weber 1978 in: Wehrens 1985). Das entspricht dem Grenzbereich Stefan A/B (DSK 2002). Bezogen auf andere Alter im Rhenoherzynikum ist das relativ spät. Daher sollte es überprüft werden. Immerhin ist eine erhöhte Sedimentation von kontinentalen Sedimenten des Oberkarbon seit dem Westfal (314 Ma, St. Ingbert-Fm: DSK 2002, A. Schäfer 2011) in der Tief-Bohrung Saar 1 nachgewiesen.

Trotz der erheblichen Widersprüche, die sich aus der geologischen Situation und dem radiometrischen Alter und den paläontologischen Daten (insbesondere: Doubinger & Rauscher 1984) ergeben haben, beharrte Wehrens (1985) auf einem unterkarbonischen Alter. Das zwang ihn zu einer sehr problematischen Deutung des geologischen Werdegangs der Scholle von Düppenweiler, die hier nicht weiter verfolgt wird. Das gilt besonders für seine Deutung des Phyllit-Komplex als Rutschmasse aus dem Hunsrück.

Die Deutung der spät-variszischen Sedimente von Düppenweiler als Bildungen von Alluvialfächern bzw. als Sedimente von Schwemmkegeln und Seen bietet sich an. Allerdings sollte es sich um mehrere, sich überschneidende und aus unterschiedlichen Richtungen stammende Schwemmkegel handeln, die sich in eine Überflutungsebene vorbauten. Sie überdeckte das Gebiet um das heutige Düppenweiler. Im Gegensatz zu Wehrens (1985) erfolgten zu Beginn der Sedimentation und nach Eindecken eines vorhandenen Reliefs mit tonigen Abschlämmmassen Schüttungen aus dem nahen Hunsrück. Hierfür zeugen sowohl das „Mitteldevon-Konglomerat“ als auch die Quarzit- und Phyllit-Konglomerate sowie der psammitische Detritus und das transparente und resistente Schwermineral-Spektrum. Hinzu kam jedoch schon bald Detritus von der benachbarten Mitteldeutschen Kristallin-Schwelle, die offensichtlich nicht überall, wie in der TB Saar 1 von mächtigen marinen mitteldevonischen bis unterkarbonischen Schichten überlagert war. Dafür sprechen auch Befunde aus den südwestlich gelegenen Anschlussgebieten (Bhrg. Adamsviller: Granit unter stefanischen Sedimenten) oder im Süden des Karbon-Beckens (Kneuper 1976). Vernachlässigt man die problematischen Bestimmungen der Transportrichtung an den Bohrkernen (Wehrens 1985), so passt eine Schüttung aus Südwesten durchaus in das von A. Schäfer (1986) gezeichnete Gesamtbild. Danach schlägt die aus dem Westfal bekannte Schüttung von Detritus aus dem Hunsrück nach Ablagerung des Holzer Konglomerates ab dem Stefan in einen nach Nordosten gerichteten Transport um. Die Tatsache, dass in Düppenweiler immer wieder auch Material aus dem Hunsrück geliefert wurde, lässt sich mit der Lage nahe an dessen Südost-Rand erklären und widerspricht nicht dem hier vorgestellten Modell. Auch muss im Bereich der Hunsrück-Südrand-Verwerfung mit syngenetischen Bewegungen mit Einfluss auf die Reliefenergie gerechnet werden.

Die von Wehrens ausschließlich aus dem Hunsrück bezogenen Detrituslieferungen, deren „Kristallin“-Inhalt er von Vorkommen ähnlich jenen im Südost-Hunsrück ableitete, entsprechen nicht den geologischen Verhältnissen im Hochwald. Ein allochthones „Kristallin“ von der Größenordnung der Vorkommen von Wartenstein oder Mörschied hätte bestenfalls ausgereicht, um ein „Kristallin-event“ im Hunsrück-Spektrum der Lieferungen auszumachen. Es war nicht groß genug, um die „Serien II“ bis „V“ fast ausnahmslos zu ernähren. Auch ein Vulkanismus, der mit den „Porphyr“-Geröllen, u. a. in der „Serie IV“, belegt ist, lässt sich aus dem Liefergebiet Hunsrück nicht erklären. Alle Rhyolithe am Süd-Rand des Hunsrücks gehören zum permischen Vulkanismus der Donnersberg-Formation.

Zimmerle (1976) hat für die TB Saar 1, bei der es sich ähnlich wie bei Düppenweiler nur um einen Aufschluss handelt, dessen geologisches Umfeld unzureichend bekannt ist, die Herkunftsgebiete des Detritus charakterisiert. Danach stammen aus einem südlichen Liefergebiet Klasten und Minerale von Graniten, Epimetamorphiten, Gneisen und Vulkaniten im Zeitraum Oberdevon bis Rotliegend und aus einem nördlichen Liefergebiet Klasten unterdevonischer Gesteine (Tonschiefer, Quarzite), „Grünschiefer", Phyllite, nur in geringem Umfang Gneise und Amphibolite.

Das bedeutet für Düppenweiler die Verzahnung von Lieferungen aus dem Norden und dem Süden im Oberkarbon in eine intramontane Senke (u. a. Kneuper 1976). Eine Lieferung von lokalen beckeninternen Schwellen ist nicht auszuschließen, wobei wohl in erster Linie an den Zentralrücken gedacht wurde. Die Grauwacken des Stefan weisen generell eine Zunahme an granitischem Detritus auf und stammen aus dem südlichen Liefergebiet. In dieses Modell lassen sich auch die Ergebnisse der Forschungsbohrungen Düppenweiler nahtlos einfügen. Die z. T. erhebliche Korngröße der Karbonatgesteins-Klasten in den „Serien III" und „IV" weisen auf kurzfristige zusätzliche Aktivierung von Hochlagen im allgemein aus Süden oder Südwesten stammenden Sedimentstrom hin.

Durch die hier vorgeschlagene altersmäßige Zuordnung der Detritus-Lieferungen in das Oberkarbon werden alle bis jetzt bekannten Palynomorpha zu „Geister-Floren". Ihre sehr gute Erhaltung ist auf die sehr geringe Deformation im Bereich der Mitteldeutschen Kristallin-Schwelle zurückzuführen und hängt wahrscheinlich mit hoher Feuchtigkeit im Transportmedium und mit rascher Einbettung zusammen. Ungeklärt ist bis heute allerdings, warum bisher oberkarbonische Palynomorpha in den Bohrungen bei Düppenweiler fehlen.

Ein Gegenargument zur hier vorgenommenen Alterseinstufung der Düppenweilerer Deckschichten („Serien I–V") in das Oberkarbon besteht darin, dass sie nur bedingt mit der erschürften und in der Forschungsbohrung FB 4 angetroffenen Schichtfolge des Stefan übereinstimmt. Die von Wehrens (1985) vertretene Ansicht, dass die tektonische „Überlagerung der Sedimentite durch die Metamorphite (…) durch oberflächennahes Abgleiten aus einer Hochlage, die Verstellung des Komplexes (…) durch bruchtektonische Schollenverkippung bedingt" sei, lässt sich mit den geologischen Verhältnissen im südlichen Hochwald nicht vereinbaren. Ähnlich wie bei der Saarbrücker Hauptüberschiebung muss auch bei der „Kirn-Metzer Störung" (Hunsrück-Südrand-Verwerfung) mit einem nach SE gerichteten Überschiebungssystem gerechnet werden. Das heißt jedoch nicht, dass die erschürften und erbohrten oberkarbonischen Schichten, die tektonisch unter den „Metamorphiten" liegen, unmittelbar an die Schichten südöstlich des Phyllit-Komplexes angeschlossen werden müssen. Der Phyllit-Komplex wurde offensichtlich mit den unmittelbar zu ihm gehörenden oberkarbonischen „Serien II–V" nach Art eines Fluchtkeils auch über die stefanische oberkarbonische Wechselfolge der FB 4 überschoben. Streichende Störungen trennen somit die sicher stefanischen Schichten von den „Serien I–V" unter den Phylliten.

4.2 Das Rotliegend am Süd-Rand des Hunsrücks

Bereits im Westfal begann die synsedimentäre Subsidenz der intramontanen Saar-Nahe-Senke und ihre Füllung mit kontinentalen Molasse-Sedimenten. Sie dauerte bis in das höhere Rotliegend (A. Schäfer 2011, Boy et al. 2012). Dann bricht die Überlieferung ab. Allerdings deuten reliktische Sedimente im St. Wendeler Graben auf zumindest gelegentliche Sedimentation auch im Zechstein hin (Thuringium, el Quenjli & Stapf 1995). In dieser Zeitspanne hat sich das Gebiet der Saar-Nahe-Senke nach Klima-Simulationen (u. a. Golonka et al. 1994) und lithofaziellen Studien vom ausgehenden Stefan von etwa 10° nördl. Breite (A. Schäfer & Stamm 1989) bis etwa 20° nördl. Breite im hohen Rotliegend durch plattentektonische Wanderungsprozesse der Pangaea verlagert. Die unter eher tropischen Bedingungen im Oberkarbon gebildeten Sedimente wandelten sich dabei zu solchen, die unter semi-ariden bis ariden Verhältnissen im hohen Rotliegend und Zechstein gebildet wurden. Das gilt auch für das Hunsrück-Gebirge und die dortige Abtragung.

Die von Falke (1954a) erneuerte Gliederung des „Unterrotliegenden" bestand aus vier Gruppen (Kuseler, Lebacher, Tholeyer u. Grenzlager-Gruppe) und aus zwei weiteren (Waderner u. Kreuznacher G.) für das „Oberrotliegende". Korrelationen mit früheren Rotliegend-Gliederungen (u. a. E. Weiss 1889, Ammon & Reis 1910) sind schwierig, da Falke von einer zyklischen Gliederung ausging. Seine Sohlbank-Zyklen sind bevorzugt an den Beckenrändern mit alluvialen und fluvio-lakustrinen Verhältnissen gültig. Im Gegensatz dazu liegen im Becken eher deltaische und lakustrine Verhältnisse vor, bei denen eher Dachbank-Zyklen bei der Verfüllung der Seenlandschaft im ausgehenden „Unterrotliegenden" vorherrschen. Diese unterschiedliche Zyklizität mit Sohlbank-Zyklen am Rand und Dachbank-Zyklen im Inneren des Beckens erschweren Ansprache, Gliederung und Korrelation der äquivalenten Schichtfolgen. Deswegen wurde eine moderne Formationsgliederung (u. a. Boy & Fichter seit 1982) eingeführt, die auf der Gesamtheit der stratigraphisch relevanten Daten aufbaut. Allerdings erwies sich die Korrelation der ehem. und der modernen Gliederungen (LGB-RLP 2005, DSK 2002) als schwierig. Daher lässt sich die Schichtenfolge am Süd-Rand des Hunsrücks, d. h. am Nord-Rand von Nahe- und Prims-Mulde, nur bedingt an die im Becken gewonnene ausführliche Gliederung anschließen. Für dieses Gebiet wurde heute durchgehend eine „Randfazies" zum Hunsrück ohne Untergliederung ausgehalten (LGB-RLP 2005: Tab 21). Korsch & A. Schäfer (1995) stellten in zahlreichen Quer- und Längsprofilen ein erstes räumliches Bild des im ‚strike-slip regime' entstandenen Saar-Nahe-Beckens zusammen, das entscheidend von der Hunsrück-Südrandstörung geprägt worden war. Das Studium der Sedimente lässt zwanglos eine Korrelation der modernen Gliederung mit jener der frühen Kartierungen zu. Man unterscheidet heute:

Glan-Subgruppe: Am Becken-Rand lassen sich alle Einheiten des „Unterrotliegenden", d. h. Schichten der Kuseler, Lebacher, unteren und mittleren Tholeyer „Gruppe" den modernen Schichtgliedern zuordnen und ebenso die

Nahe-Subgruppe, die die Schichten des ehem. „Oberrotliegenden" umfasst und zwar die Bildungen der oberen Tholeyer, der Grenzlager-, Waderner und Kreuznacher Gruppe; die weitergehende Unterteilung muss im Einzelfall diskutiert werden.

4.2.1 Die Glan-Subgruppe („Unterrotliegendes") am Südost-Rand des Hunsrücks

Am Südost-Rand des Hunsrücks zieht sich etwa nordöstlich Winterburg beginnend ein kontinuierlich nach Südwesten sich verbreiternder Streifen von Schichten der Glan-Subgruppe entlang. Am unmittelbaren Rand liegen Basis-Bildungen des Rotliegenden diskordant auf steilstehenden Serizit-Phylliten und Meta-Basiten der Metamorphen Zone. Weiter im Nordosten trennt die Hunsrück-Südrand-Verwerfung die Schichtverbände des Rotliegend im Südosten von den Metamorphiten im Nordwesten. Schichten der Glan-Subgruppe treten hier als schmale linsenförmige Schürflinge im Bereich der Verwerfung zu Tage (K.-W. Geib & Atzbach 1961) oder wurden dort erbohrt. Die Hunsrück-Südrand-Verwerfung zieht hier als Aufschiebung nach Nordosten bis an den Süd-Rand des Taunus. Im Südwesten, bei Kirn, bildete sich im Störungsbereich eine schmale komplizierte Grabenzone, der „Kirner Graben" mit Rotliegend-Füllung. Weiter im Südwesten greifen Schichten der Glan-Subgruppe auf die variskisch deformierten Sockelgesteine vor und begleiten nordwestlich der Hunsrück-Südrand-Verwerfung vom Südwest-Ende der Nahe-Mulde bei Idar-Oberstein, nördlich des Nohfeldener Rhyolith-Massivs den Hunsrück.

In den wechselnd sandigen und tonigen Sedimenten der Glan-Subgruppe führten A. Schäfer & Sneh (1983) erstmals eine Faziesanalyse durch, um eine Zuordnung der unterschiedlichen Lithologien der Gesteine und deren Sedimentgefüge einem sedimentologischen Konzept zu erreichen. Die aufgenommenen Sedimentprofile ließen sich mäandrierenden Flüssen und von diesen eingeschlossenen Seenlandschaften zuordnen, Seendeltas, Seebecken, aber auch verwilderte Flüsse fügten sich in das komplexe Bild der Ablagerungen im Unterrotliegend ein.

4.2.1.1 Die Basis-Rotfolge

An der Basis der Schichtenfolge des Rotliegend liegen Rot-Sedimente ungeklärter Altersstellung diskordant auf den paläozoischen Schichten des Sockels. Ihre Position muss im Einzelnen diskutiert werden.

Nordwest-Rand der Nahe-Mulde

Alterstellung. An der Basis der Rotliegend-Schichtfolge liegt hier vielerorts eine unterschiedlich mächtige Rotfolge, die von Reinheimer (1933) in die „Oberen Kuseler Schichten" eingestuft wurde. Diese reichten nach Ammon & Reis (1910) weit in die von Falke (1954) neu geordnete Schichtenfolge hinauf und umfassten sowohl Schichten der „Oberen Kuseler" als auch der „Lebacher Gruppe". Er stufte die Basis-Bildungen am klassischen Aufschluss „Klebmühle" im Hintertiefenbach nördlich Langenthal (Bl. 6110 Gemünden) in den Grenzbereich „Untere/Obere Kuseler Schichten" ein. Bank (1953) ging eher von einer Parallelisierung mit dem Feist-Konglomerat (heute: Basis Lauterecken-Formation) aus, d. h. mittlerer Bereich der ehem. „Odenbacher Schichten". Nach Stapf (2003) kommen in der nahegelegenen Bohrung Monzingen 1, nur wenige km südlich, rote Sedimente bis in die mittlere Glan-Sub-Gruppe vor. Die Entscheidung für eine Alterszuordnung ist infolgedessen schwierig. Stapf zog eine Zuordnung zur Wahnwegen-Formation in Erwägung. Die Einstufung wird dadurch erschwert, dass der schmale Streifen der Roten Basis-Bildungen mit den darüber folgenden sedimentären Brekzien und Konglomeraten von Begleitstörungen der Hunsrück-Südrand-Verwerfung betroffen ist, die im Streichen der Schichten liegen. Für die tiefe Industriebohrung Monzingen 1 und weitere liegen inzwischen genaue stratigraphische Zuordnungen der durchteuften Schichtenfolgen vor (A. Becker & A. Schäfer 2019).

Nach der Falke'schen Zyklen-Gliederung ist sowohl eine Zuordnung zum Feist-Konglomerat (Bank 1953; Basis Obere Kuseler Gruppe (ru_{1c}) = Basis Lauterecken-Fm.) als auch zur nächst höheren „Alsenzer Rotfolge" (Basis Untere Lebacher Gruppe (ru_{2a}) = Basis Meisenheim-Fm.) möglich. Bank führte zur Stützung seiner Zuordnung Reste eines ehem. Bergbaus auf Kohle südwestlich Rehbach (Bl. 6111 Pferdsfeld) an, die einen Hinweis auf das „Odenbacher Kalk-Kohlen-Flöz" liefern könnte, das oberhalb des Feist-Konglomerat-Horizontes folgt. Eine zweite Möglichkeit wäre die Zuordnung dieser Kohlen zum „Hoofer Kohlenflöz" (Hof-Kalk-Kohlen-Flöz, ehem. Grenzbereich Alsenzer/Hoofer Schichten = Meisenheim-Fm.). Diese Einstufung ist nach den Aufnahmen von Bank eher auszuschließen, da er dieses südlich Winterburg und nördlich der Ortschaften Daubach und Auen (Ermann 1951) wahrscheinlich machen konnte. Die Parallelisierung mit roten Sedimenten im Bereich Wahnwegen-Grenzkonglomerat (Stapf 2003; Basis Quirnbach-Fm.) ist ebenso möglich, erscheint jedoch stratigraphisch recht tief. Die Alterszuweisung der Basis-Rotfolge bleibt daher weiter ungeklärt (Foto 15, S. 168).

Verbreitung und Ausbildung. Die Verbreitung der Basis-Rotfolge ist auf dem Nordwest-Flügel der Nahe-Mulde auf einen schmalen Streifen zwischen dem Simmerbach-Tal im Südwesten (Ruine Brunkenstein) und dem Teichgraben bei Winterburg im Nordosten

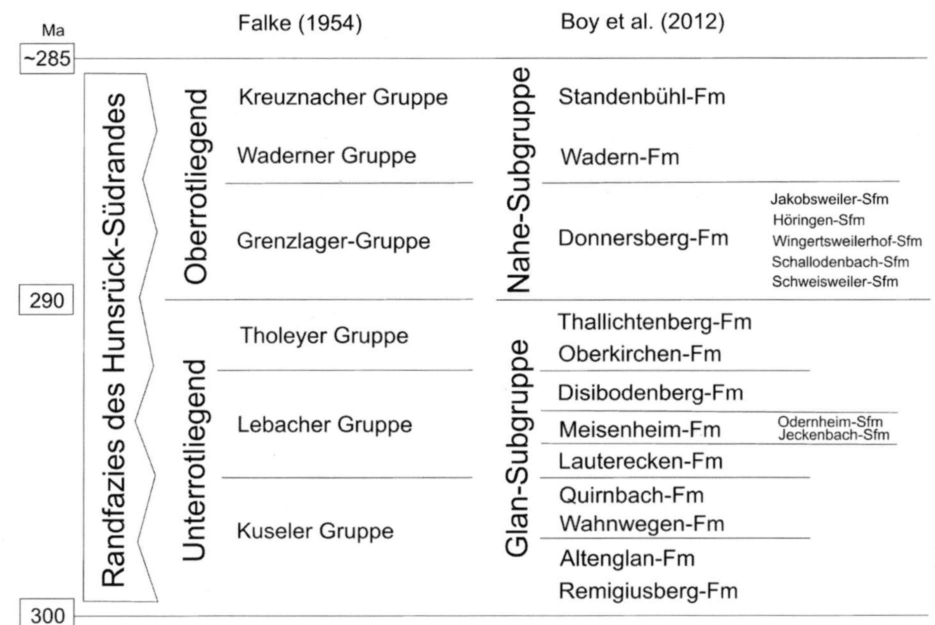

Abb. 25. Stratigraphische Gliederung des Rotliegend am Hunsrück-Südrand, umgezeichnet nach Entwürfen von Boy et al. (2012), Schäfer (2012) und Becker & A. Schäfer (2019). Der Unterschied von Randfazies zu Beckenfazies im Saar-Nahe-Becken wird von Schäfer (2011) näher erläutert.

beschränkt. Bank (1953) kartierte hier einen fast durchgehenden Verlauf mit mehreren aufschlussbedingten Unterbrechungen. Maximale Mächtigkeiten liegen bei 10 m am Simmerbach. Bei der Basis-Rotfolge handelt es sich um rot gefärbte Phyllit-Brekzien und -Konglomerate, mehrfache Wechselfolgen von Konglomeraten mit Sand- und Siltsteinen bis zu Silt- und Tonsteinen mit dolomitischen Knollen und Krusten. Offensichtlich wurde hier eine schwach reliefierte Landoberfläche mit Verwitterungsmaterial überzogen, jeweils in Abhängigkeit von den örtlichen geologischen Verhältnissen. Bei den seinerzeit herrschenden klimatischen Bedingungen wurden diese Ablagerungen pedogen überprägt. Somit kann in diesen Basis-Bildungen ein recht großes Zeitintervall verborgen sein, wodurch die zeitliche Zuordnung zusätzlich erschwert ist. Auf eine ehem. Landoberfläche deuten u. a. stark verkieselte Bänke im Anschnitt des Simmerbach-Tales hin, die Bank (1953) direkt auf den Phylliten noch unterhalb der Basis-Rotfolge fand.

Zu erwähnen bleibt ein isolierter Fund an geringmächtigen Rotsedimenten auf den Phylliten der Metamorphen Zone in einem temporären Aufschluss beim Bau einer Ölleitung südlich der Ortschaft Seesbach östlich „Eichheck“ (Bl. 6111 Pferdsfeld; Bank 1953). Auch sie stellen ein Relikt der Basis-Rotfolge dar, das in einer reliefbedingten Falle überliefert wurde.

Der wohl beste, inzwischen leider weitgehend verstürzte Aufschluss in der Basis-Rotfolge liegt auf dem rechten Ufer des Gaulsbaches (Lok. Klebmühle) nördlich Langenthal. Er hat wiederholt Anlass zu Bearbeitungen gegeben (u. a. Reinheimer 1933, Bank 1953, Falke 1954, Dachroth 1982, Stapf 2003).

Nord-Rand der Prims-Mulde

Am Nordost-Rand der Prims-Mulde beschrieb Duis (1960) im Liegenden grobklastischer Sedimente der Oberen „Kuseler Gruppe“ (heute: Lauterecken-Fm.) eine geringmächtige „Buntschieferbrekzie“. Solche Basisbildungen befanden sich am Ost-Hang des Homberges bei Buhlenberg (Bl. 6308 Birkenfeld-West), die jedoch auf relativ kurze Entfernung auskeilten, außerdem südlich von Abentheuer am Etz-Berg, am nordöstlichen Talhang am Oberlauf des Achtelsbaches nordwestlich der gleichnamigen Ortschaft und am Eisbach östlich der Lokalität Schafsteg.

Die Ausbildung dieser Basisbildungen ist weitgehend von den unmittelbar in der Nähe anstehenden Gesteinen abhängig. Dort, wo graue Tonschiefer der Eisbach-Formation (Knautz 1988, 1992) anstehen, handelt es sich – wie am Homberg – um mehr als 1,5 m mächtige sedimentäre Brekzien aus grauen Tonschiefer-Klasten mit Kantenlängen von 15 cm bis zu feinen Schüppchen, untergeordnet auch aus mehr oder weniger gerundeten bis eckigen, teils plattigen Bruckstücken aus Taunusquarzit. An anderen Lokalitäten, wo entsprechende rote Tonschiefer anstehen, handelt es sich um eine Brekzie „vorwiegend aus roten, seltener hellgrünen Tonschieferfetzen (bis zu mehrere cm groß) mit rotem tonigem Bindemittel" (Duis 1960: 5). Außerdem enthalten sie gelegentlich Milchquarz und Klasten aus einem rötlichen Quarzit. Eine Besonderheit bilden Klasten aus „Diabas", der wie bei Buhlenberg in unterdevonischen Tonschiefern des südlichen Hochwaldes steckt. Auch weiter im Südwesten sollten derartige Basisbildungen vorkommen, die jedoch bisher nicht kartiert sind.

4.2.1.2 Die Lauterecken-Formation („Obere Kuseler Gruppe")

Die höheren „Cuseler Schichten" beginnen allgemein mit einer psephitischen Bankfolge wie im Gaulsbach-Tal an der Klebmühle über der Basis-Rotfolge. Die Lauterecken-Formation reicht hier von der Basis dieses Komplexes bis zu dem höheren Rothorizont (incl.), den Bank (1953) am Nord-Rand der Nahe-Mulde mit der „Alsenzer Rotfolge" verglich. Nach LGB (2005) und A. Schäfer (2005) liegt sie dicht unter der Basis der Meisenheim-Formation bzw. der Jeckenbach-Subformation. Nach der Gliederung von Ammon & Reis (1910) entspricht sie den seinerzeitigen „Oberen Kuseler (Cuseler) Schichten". Aus dieser Sicht sind auch die Angaben bei Reinheimer (1933) zu verstehen.

Nordwest-Rand der Nahe-Mulde

Allgemeine Aspekte. Oberhalb der Basis-Rotfolge, und wenn diese nicht erhalten ist, direkt diskordant auf den Gesteinen der Metamorphen Zone liegen graue, auch braungelbliche Konglomerate. Ein direktes Auflager beschrieb Bank (1953: 6) „in der großen Wegekehre der Straße Dhaun-Hochstetten" (Bl. 6110 Gemünden). Als Mächtigkeit gab er im Simmerbach-Tal etwa 25 m an. Darüber folgen Sandsteine mit Konglomerat-Lagen mit einer Mächtigkeit um 100 m. Dabei nimmt der Konglomerat-Anteil an der Schichtenfolge zugunsten der hellen Sandsteine zum Hangenden ab. Lateral ergibt sich ein Ausdünnen der Konglomerate zu Gunsten der Sandsteine nach Nordosten und Südwesten. Nach Bank sind hier „am Beckenrand in vertikaler wie horizontaler Erstreckung (die Schichten, Anm. d. Verf.) völlig uneinheitlich". Nach der Ausbildung der Konglomerate sind es Grobschüttungen sich überschneidender Schwemmfächer, die vom Hunsrück-Gebirge in das Becken mündeten. Derartige Sedimente wurden treffend als „Fanglomerate" bezeichnet.

Manche dieser Sandsteine enthalten einen erheblichen Anteil an organischem Material, u. a. auch Pflanzenhäcksel. Abgesehen von *Lebachia piniformis* und *Calamites* sp. wurden wiederholt Bivalvia, unter ihnen *Anthracomya carbonaria*, gefunden. Sie weisen darauf hin, dass am Fuß des Gebirges und im Auslaufenden der Schwemmkegel Seen bestanden, in die Wasser aus dem Gebirge einmündete. In den höheren Partien der Sandsteine schalten sich Tonstein-Lagen ein, jedoch auch weiterhin immer wieder Konglomerate reich an „Phyllit"-Plättchen oder auch Milchquarz- und Quarzit-Klasten und -Geröllen bis 60 cm Durchmesser.

Das Geröllspektrum der Konglomerate bestätigt Material aus dem Hunsrück. Reinheimer (1933) berichtete über Quarz-, Quarzit- und „Grauwacken"-Gerölle mit z. T. guter Rundung, was auf größere Transportweiten, auch wiederholte Umlagerung hinweist. Meist sind die Komponenten auch nur „mehr oder weniger kantengerundet" (S. 10). Hinzu kommen Kalk-Gerölle. Reinheimer's Liste ist jedoch nicht unmittelbar aussagekräftig, da er Gerölle aus den „Kuseler Schichten" gemeinsam mit solchen aus dem „Oberrotliegenden" beschrieb. Es handelt sich dabei um hell- bis blaugraue spätige Kalke mit und ohne biogenem Detritus (Korallen, Bryozoen, Bivalvia), rötlichgraue, deutlich körnige Kalke mit Crinoiden-Stielgliedern, hellgraue feinkörnige bis dichte Kalke, laminierte Kalke mit „Schieferlamellen" und grobkörnige gebänderte Kalke und Kalk-Brekzien. Die Vermischung von gut gerundetem mit nur kantengerundetem Material zeigt, dass der Detritus aus unterschiedlich weit voneinander entfernt liegenden Liefergebieten, sicher jedoch aus dem ehem. Südhunsrück-Trog stammt.

Das System der Hunsrück-Südrand-Verwerfung mit ihren Begleitstörungen, die durch Langenthal verläuft, erschwert die zeitliche Zuordnung, da der Schichtverband durch die im Streichen liegenden Verwerfungen stark gestört ist und die Abgrenzung der Schichten der Lauterecken- von denen der überlagernden Meisenheim-Formation in der Randfazies nicht eindeutig ist. Südlich der Ortschaft Langenthal steht ein Schichtverband aus sandigen Silt- und Tonsteinen in Wechsellagerung mit Sandsteinen an, die schon Anklänge an die Fazies der im Hangenden folgenden, ehem. „Lebacher Schichten" zeigt. Sie gehören doch wohl noch zum Schichtverband der ehem. „Kuseler Schichten". Bank (1953) bezeichnete sie daher als „Sedimente in Lebacher Fazies". Diese Schichtenfolge im oberen Abschnitt der Lauterecken-Formation lässt sich nach ihrer Lithologie mit der „Oberen Wechselfolge" (Schichtglied (4)) am Nordost-Rand der Prims-Mulde korrelieren.

Ähnliches gilt auch für die im Streichen liegenden Schichten im Südwesten bei Simmerthal (Simmern unter Daun), wo dunkle Tonsteine mit Toneisenstein-Geoden schon in dieser stratigraphischen Position gefunden wurden. Sie entstanden in feinkörnigen See-Sedimenten. Danach breiteten sich diese Seen auch weiter im Südwesten am Südost-Rand des Hunsrück-Gebirges aus. Der Eisen-Gehalt stammt aus unterdevonischen Hunsrück-Gesteinen.

In diesen Schichten fanden sich Bivalvia (u. a. *Anthracomya carbonaria*), Pflanzen-Reste (*Callipteris conferta*, *Odontopteris subcrenulata*, *Asterotheca (Pecopteris) arborescens)* und Koprolithen, die in Geoden erhalten blieben. In diese Abfolge gehören u. a. auch Kalke und aschenreiche Kohlen, die wahrscheinlich zum „Odenbacher Kalk-Kohlenflöz" im Grenzbereich der ehem. „Odenbacher/Alsenzer Schichten" gehören.

Als Bildungsraum für die Kohlen gelten die am Süd-Rand des Hunsrück-Gebirges liegenden nördlichen Randbereiche des „Odenbacher See-Systems", das zu dieser Zeit in der Saar-Nahe-Senke eine Gesamtfläche von ca. 3300 km^2 einnahm (Stapf 1989). Es reichte bis in den Raum Merxheim (Bohrung Monzingen) und Oberhausen/Nahe. Dort wies Atzbach (1973) drei Kohleflözchen von jeweils 5 cm Mächtigkeit nach. Zwischenmittel waren 0,3 bzw. 0,5 m mächtige Tonsteine. Überlagert wurde diese Abfolge von 0,3 m Kalkstein. Die geringe Mächtigkeit der Kohlen, des Zwischenmittels und der Kalke zeigen, dass am nördlichen Rand dieses Seesystems das Gleichgewicht zwischen Subsidenz, Lieferung von Detritus, Mooraufwuchs und Grundwasser häufig gestört war. So wurden die Moore häufig überflutet und von Tonen und Kalken überlagert. Aus dem Odenbacher Kalkstein wurden Häufungen von Bivalvia („Anthracosien-Kalkstein") erwähnt (Stapf 1989).

Vorkommen. Schichten der „Kuseler Gruppe" beschrieb K.-W. Geib (1973) auf Bl. 6112 Waldböckelheim zwischen Dalberg und Wallhausen bei der ehem. Wiesenmühle. Sie stehen hier unmittelbar an der Hunsrück-Südrand-Verwerfung an und erstrecken sich weiter nach Nordosten auf Bl. 6012 Stromberg sowie nach Südwesten auf Bl. 6111 Pferdsfeld. Ein weiteres Vorkommen befindet sich bei Traisen, wo es unmittelbar am West-Rand des Kreuznacher Rhyolith-Massivs als isolierte Scholle angeschnitten wurde.

Die Schichtenfolge der Lauterecken-Formation auf Blatt Waldböckelheim beginnt mit einem 1–2 m mächtigen, konglomeratischen Rothorizont, der wohl zur-Basis-Rotfolge gehört. Darüber folgen braungraue Konglomerate in Wechselfolge mit dunklen sandigen

Ton- und Sandsteinen. Die häufigsten Geröllkomponenten der Konglomerate sind Quarzite vom Typ Taunusquarzit, Gang-Quarz, Phyllite und „Grünschiefer" aus der Metamorphen Zone. In einzelnen Bänken bestehen die Gerölle bis zu 5% auch aus mitteldevonischen Kalken mit Korallen- und Bryozoen-Resten. Südlich der Ortschaft Argenschwang wurde ein Kohleflöz (ehem. Grube „Karolinenglück") angefahren, und bei Wallhausen waren in einem temporären Aufschluss dunkle Tonsteine mit Pflanzen-Resten und Kohle-Schmitzen angeschnitten. Ähnlichkeiten bestehen zu den Aufschlüssen bei Langenthal. Eine unmittelbare Parallelisierung wird jedoch nicht gewagt, da zwischen ihnen Schichten vom Typ der „Kuseler Schichten" an der Hunsrück-Südrand-Verwerfung unterdrückt sind.

Die Schichtenfolge südlich Traisen zeigt schon Anklänge an die Becken-Fazies (K.-W. Geib 1973). Starke tektonische Zerrüttung am Rande des Rhyolith-Massivs von Kreuznach lässt eine eindeutige stratigraphische Zuordnung der Schichten nicht zu. Sie bestehen aus einer Wechselfolge von graugrünen Tonsteinen, sandigen Tonsteinen, gelbbraunen Sandsteinen und auch Konglomeraten. Hinzu kommen dunkle, schwach bituminöse Kalksteine, Stromatolithen-Kalke und auch Kohle-Vorkommen, wie die ehem. Grube „Gevatterschaft" (1850 aufgelassen; Lage unbekannt) zeigt. Das dort abgebaute Flöz hatte wohl eine Mächtigkeit von 0,53 m und fiel mit 60–70° SW ein (Rosenberger in: Geib 1973).

Am südöstlichen Rand des Hochwaldes bei Idar-Oberstein besteht überall dort, wo die „Basis-Rotfolge" oder eine „Buntschiefer-Brekzie" fehlen, die Schichtfolge meist aus gelblichgrauen, grob gebankten Konglomeraten, Geröll-führenden und reinen Sandsteinen. Sie wurden von Leppla (u. a. 1925a) den „Oberen Kuseler Schichten" (Falke & Bank 1970: „Obere Kuseler Gruppe") zugeordnet. Zwischen Mackenrodt und Tiefenstein (Bl. 6209 Idar-Oberstein) liegen die Konglomerate diskordant auf Tonschiefern der Idarbach-Formation.

Bei Niederwörresbach (Bl. 6209) folgen nach Leppla (1898) auf 6–10 m hellgraue, grobe Konglomerate mit geringmächtigen Silt- und Tonstein-Lagen, 5–6 m gelbliche und braune, auch dunkelgraue blätterige Tonsteine mit „Toneisensteinnieren", darüber 6–10 m mächtige hellgraue, sehr grobe ungeschichtete Quarzit-Konglomerate und abschließend mehr als 10 m mächtige Wechselfolgen aus grauen, gelblich verwitternden Tonsteinen, tonigen Sandsteinen und hellen konglomeratischen Bänken direkt unmittelbar unter „Lebacher Schichten".

Diese Konglomerate enthalten, wie auch sonst, nur in den hangenden Abschnitten geringmächtige, feinkörnige, gelbliche bis weißliche Sandstein-Bänke. Das Geröllspektrum besteht weiter aus Taunusquarzit des nahen Hochwaldes, die Matrix aus tonig-sandigem „Zerreibsel" (Leppla 1925a). Die Folgerung, dass das „Basiskonglomerat" am Nordwest-Rand der Nahe-Mulde dem „Feistkonglomerat" (LGB 2005), das bevorzugt am Südost-Rand der Nahe-Mulde entwickelt ist, entspricht, wagten Falke & Bank (1970) nicht. Sie gaben für die Rand- und Becken-Fazies der „Oberen Kuseler Gruppe" Mächtigkeitswerte von 230–280 m an, so dass zwischen beiden keine wesentlichen Unterschiede bestehen.

Nach Südwesten und Nordosten schalten sich zunehmend kalkige Sandsteine, seltener Tonstein-Lagen ein. In diesen Profilen fallen bevorzugt die Konglomerate – lokal bis auf ein „Basis-Konglomerat" – aus. Falke & Bank (1970) erwähnten „Phyllitschüppchen" in der Matrix. Da das Material nicht aus der Metamorphen Zone kommen kann, sondern aus der Züscher Schuppenzone stammt, sollte diese Bezeichnung nicht verwendet werden. Die Metamorphe Zone wird nach Nordosten bis Kirn von Rotliegend-Sedimenten überlagert und stand für die Abtragung nicht zur Verfügung.

In der unteren Hälfte dieser „Oberen Kuseler Schichten" (ru_2) kommen über den Konglomeraten „Flöze von unreiner und unbauwürdiger Steinkohle in 0,25 m, 0,42 m und 0,30 m Mächtigkeit" in den „Schiefertonen" über dem „Grundkonglomerat" (Leppla 1925a: 26) vor. Verglichen mit den weiter beckenwärts liegenden Profilen sollte es sich um Vertreter des „Odenbacher Kalk-Kohlenflöz" handeln. Es gehört dann zur tieferen Lauterecken-Formation. Es könnten hier jedoch auch randnahe lakustrine Bildungen und/oder Moore sein, die nicht unbedingt zeitgleich mit dem genannten „Flöz" sein müssen.

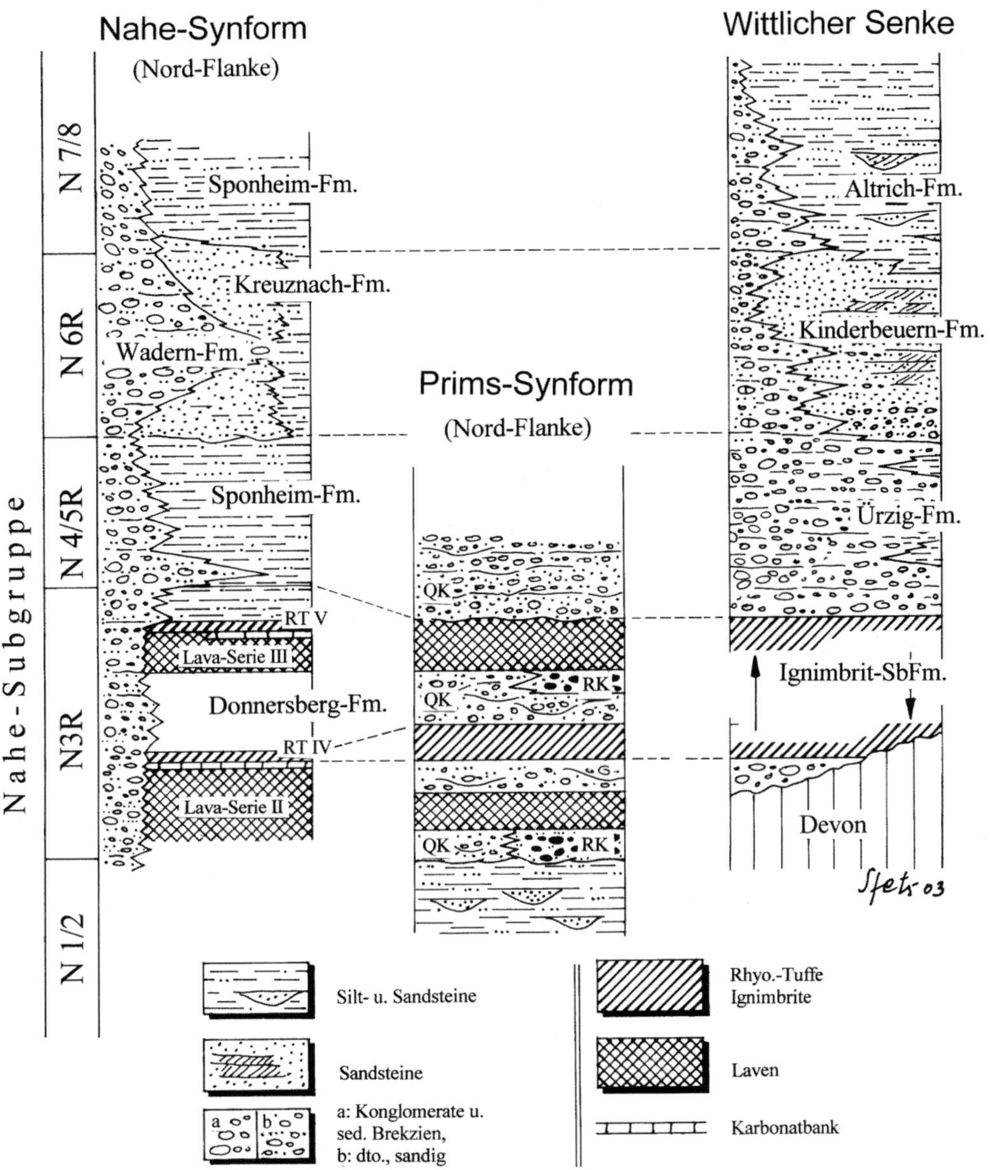

Abb. 26. Das Rotliegend in Nahemulde, Primsmulde und Wittlicher Senke. J. STETS.

Nach A. SCHÄFER (1986) befand sich der Bereich größter Subsidenz während der Unteren Glan-Subgruppe nach den Mächtigkeiten parallel und südöstlich zur Hunsrück-Südrand-Verwerfung. Das Depotzentrum lag daher nahe am Süd-Rand des Hunsrücks.

Nordwest-Rand der Prims-Mulde

Am Nordwest-Rand der Prims-Mulde folgt auf die dortigen Basisbildungen ebenfalls eine Schichtenfolge der „Oberen Kuseler Gruppe“, die aus vier Schichtgliedern besteht:

Basiskonglomerat. Das Basiskonglomerat (Duis 1960), liegt z. T. auf brekziösen „Basisbildungen", z. T. jedoch auch diskordant auf Tonschiefern der Eisbach- und Idarbach-Formationen. Nach den im Hangenden folgenden Schichten kann es durchaus mit dem Feist-Konglomerat verglichen werden. Dieses Konglomerat wird hier bis 20 m mächtig und lässt sich vom Känelbach im Südwesten bis Buhlenberg (Bl. 6308 Birkenfeld-West) im Nordosten verfolgen. Es besteht aus einer vorwiegend konglomeratischen Wechselfolge mit einzelnen gelblichgrauen, geröllführenden und wenigen reinen Sandsteinen. Die Gerölle bestehen aus grauem und weißlichem Taunusquarzit-, Gang-Quarz- und Tonschiefer-Klasten. Am Jagdhaus „Carlshaus", im Wald westlich des Känelbaches (TP 540,2), finden sich Lesesteine dieses Konglomerates, das hier verkieselt ist und als Komponenten mehr oder weniger gut gerundete, bis 12 cm Durchmesser aufweisende, weißliche und rötliche Quarzit-, Gang-Quarz- und Tonschiefer-Klasten enthält. Ein ähnliches, weniger stark verfestigtes „Basiskonglomerat" fand sich im Stollen einer ehem. „Kohlen- und Eisenerzgrube" südlich Buhlenberg (Profil nach J. C. L. Schmidt 1826 in: Duis 1960).

Abfolge mit Kalken und Kohlen (Duis 1960). Die ca. 85 m mächtige Abfolge besteht in erster Linie aus dunkelgrauen bis schwärzlichen Ton- und Siltsteinen mit wechselndem Sand-Anteil und geringmächtigen Sandstein-Bänkchen. Eingeschaltet sind Lagen mit Konkretionen aus Toneisenstein sowie geringmächtige Kohleflöze. Auch diese Schichten lassen sich vom Känelbach im Südwesten bis südlich Buhlenberg verfolgen. Ein hangendes Flöz am Känelbach war 0,45 m mächtig und enthielt geringmächtige, dunkelgraue „Schiefertonlagen"; es wird von dunkelgrauen bis bräunlichen Tonsteinen begleitet. Im Liegenden der Flöze befanden sich cm-mächtige Bänkchen von Toneisenstein. Andernorts enthielten die Tonsteine Kalksandstein-Bänkchen, glimmerhaltige Feinsandstein-Lagen, Kohleschmitzen und Lagen aus Pflanzenhäcksel. Offensichtlich handelt es sich um eine lakustrine Abfolge, die sich über längere Zeit am Südost-Rand des Hunsrück-Gebirges bilden konnte. Sie ist wohl zeitgleich mit dem „Odenbacher Kalk-Kohlen-Flöz"; es bildete sich um einen flachen See, der „anfangs als Kohlensumpf angelegt" und Teil des Odenbacher Seesystems (LGB 2005: 96) war. Dieser See dürfte hin und wieder verlandet sein. Mehrfach finden sich in den See-Sedimenten dünne weißliche „Tonstein-Lagen", wohl Tuffite.

Konglomerat-Folge. Im Gegensatz zur Becken-Fazies folgt über den See-Ablagerungen eine „Abfolge von Konglomeraten" (Duis 1960), die etwa 35 m mächtig ist. Sie besteht unten aus zwei, jeweils 6 m mächtigen groben Konglomeraten, die eine ca. 10 m mächtige Wechselfolge von mehr oder weniger sandigen Ton- und Siltsteinen, Kalken und eine Kalksandstein-Bank einschließen. Den Abschluss bildet eine ca. 12 m mächtige Wechselfolge aus drei geringmächtigen Konglomeraten, Kalksand-, Silt- und Tonsteinen. Hauptgeröll-Komponenten sind weiter Quarzite vom Typ Taunusquarzit, Gang-Quarz, Ton- und Buntschiefer und auch Kalke. Letztere sind in frischem Zustand grau bis hellgrau, meist dicht und feinkristallin. Die Gerölle sind schwach bis gut gerundet, manche Klasten auch eckig; die Durchmesser reichen bis 10 cm, schwanken jedoch stark. Auch die Kalke sind eckig bis schwach kantengrundet. Ihre Herkunft ist ungewiss. Die in der Nähe befindliche „Eisene Schuppe" (G. Müller & Stoppel 1981, Stets & Stoppel 1998) mit ihren Kalken deutet darauf hin, dass u. U. entlang der „Aufbruchzone Mörschied-Abentheuer" weitere Schuppen aus Karbonat-Gesteinen während des tieferen Rotliegend zu Tage anstanden.

„**Wechselfolge**". Den Abschluss bildet eine etwa 120 m mächtige, schlecht aufgeschlossene Folge aus dunklen Ton- und Siltsteinen („Schieferton"), in die einzelne Kalksandsteine, Sandsteine und Arkosen mit stark kaolinitisierten Feldspäten eingeschaltet sind. Hinzu kommen Lagen von geröllführenden Sandsteinen und „Arkosen". Die Gerölle bestehen weiterhin aus einheimischem Material (Quarzit-, Milchquarz- und plattigen Tonschiefer-Klasten). Sie stehen in deutlichem Gegensatz zu dem teilweise hohen Anteil an stark verwitterten Feldspäten, die nicht aus dem Hunsrück stammen können. Zeugen für See-Ablagerungen sind laminierte und gebänderte, „polyrhythmisch" geschichtete Feinsand-, Silt- und

Tonsteine (Duis 1960). Gelegentlich wurde von den Schwemmfächern grobes Material aus dem Hunsrück, jedoch auch sandiges, wahrscheinlich aus dem Süden oder Südwesten stammendes in den See geliefert. Toneisensteine als Lagen oder Geoden konnten sich in den Tonen der Wechselfolge bilden; auch pflanzlicher Detritus kam zur Ablagerung. Zur Kohle-Bildung reichte es nur in Ausnahmefällen. Duis (1960: 22) fand im Tälchen nordwestlich der Straße Buhlenberg – Brücken westlich „Hunsschiet" (Bl. 6308) ein 0,4 m mächtiges Flöz einer aschereichen Kohle, das in sandige Ton- und Siltsteine mit kleinen Toneisenstein-Konkretionen eingebettet war; mit gelblichen Sandsteinen und hellgrauen sandigen und gebänderten Tonsteinen endet das Profil am Oberlauf des Götzenbaches westlich Brücken. Generell besteht eine grobe Gradierung, indem die unteren 35 m des Profiles stärker sandig sind, während die oberen 85 m eher von milden Ton- und Siltsteinen beherrscht werden, bevor es zu einer erneuten Sand-Schüttung kam.

Insgesamt bilden alle psephitischen Anteile nach dem Schichtaufbau einen übergeordneten Schwemmfächer ab, der seinen Apex nordwestlich des heutigen Idar-Oberstein besaß, sich von dort nach Südwesten am Hunsrück-Südrand ausbreitete und die dort bestehende Seen-Landschaft zeitweise verfüllte.

Zu dieser Zeit bestand in den Härtlingen des Hochwaldes bereits ein deutliches Relief, das durch relativ tief eingeschnittene V-Täler gekennzeichnet war. So finden sich am südwestlichen Fuß des Kahlen-Berges bei Nonnweiler (Bl. 6307 Hermeskeil) und am linken Tal-Hang der Prims an der Zufahrt zur Talsperre von Nonnweiler schlecht verfestigte Konglomerate, die ein Tal zur Glan-Zeit und seine Verfüllung belegen. Sie wurde von der Prims in jüngerer Zeit wieder weitgehend ausgeräumt. Wie diese Konglomerate einzustufen sind, ist fraglich. Da sie jedoch etwa 35–50 Höhenmeter tiefer liegen als die Schwarz-Pelite am benachbarten Kloppbruchweiher nordöstlich Nonnweiler, müssten sie älter sein als diese. Trotzdem bleibt fraglich, ob sie mit den Konglomeraten der Lauterecken-Formation parallelisiert werden dürfen.

4.2.1.3 Die Meisenheim-Formation (Untere und Mittlere „Lebacher Gruppe")

Die Meisenheim-Formation umfasst die ehem. „Jeckenbach"- und „Odernheim-Schichten". Beide werden heute als Subformationen weitergeführt. Boy et al. (1990) diskutierten die Grenze „Jeckenbach"-/"Odernheim-Schichten" und stellten keine merkliche fazielle Änderung bis hinauf an die Humberg-Schwarz-Pelite in dem von lakustrinen und lakustrin-deltaischen Prozessen geprägten Schichtenstapel fest. Daher schlugen sie vor, den gesamten Komplex als „Meisenheim-Schichten" (heute: Meisenheim-Fm.) zusammenzufassen. Da in der Rand-Fazies am Südost-Rand des Hunsrücks die Gliederung ohnehin erschwert ist, wird auch hier auf eine Unterteilung verzichtet.

Die Meisenheim-Formation wird in der Becken-Fazies, die der modernen Gliederung zugrunde liegt, überwiegend aus dunklen feinkörnigen Sedimenten aufgebaut, die in der weiten Seenlandschaft am Fuß des Hunsrück-Gebirges entstanden. Gebietsweise treten dort feinlaminierte Schwarzpelite auf, die als Profundal-Fazies großer Seen gedeutet wird. Geringmächtige Feinsande im Verein mit dunklen Tonsteinen werden als Turbidite gedeutet (LGB 2005). Siderit- und Pyrit-, bzw. Markasit-Ausscheidungen zeigen anaerobe Verhältnisse zumindest in den Seeboden-Sedimenten an. In den Randbereichen des Beckens sind auch siltige und tonige Sedimente von zeitweilig bestehenden Überflutungsebenen bzw. von Uferbereichen überliefert. Hinzu kommen gelbbraune Sandsteine, die in der Rand-Fazies im unteren Abschnitt der Formation auftreten und lokal Geröllführung und konglomeratische Sandsteine aufweisen. Diese mächtigen Sandsteine werden als ehem. Sande am Delta-Fuß oder im Delta-Frontbereich angesehen. In der Becken-Fazies lässt sich die Meisenheim-Formation durch zahlreiche See-Horizonte weiter gliedern, auch durch Tuff-Horizonte.

Nordwest-Rand der Nahe-Mulde

Beckenrand zwischen Simmerthal und Waldböckelheim. Die Meisenheim-Formation beginnt nordöstlich des Simmerbach-Tales über der „Alsenzer Rotfolge", die früher als Basis der „Lebacher Gruppe" galt. Reis (1921) und Reinheimer (1933) hatten dagegen die Grenze ihrer „Lebacher Schichten" an einen fossilreichen Horizont, der als „Stegocephalen-Kalkbank" bezeichnet wurde, gelegt. Diese liegt jedoch höher im Profil in den Fischschiefern der „Hoofer Schichten" (ehem. bayerische Gliederung).

Die Meisenheim-Formation setzt zwischen Simmerthal und Winterburg oberhalb einer „Rotfolge" mit einem **Konglomerat** bis konglomeratischen Sandstein ein, der wegen seines erheblichen Anteils an Kalk-Geröllen lokal auch als „Kalkkonglomerat" bezeichnet wurde. Bei den Kalk-Geröllen, die erhebliche Anteile an biogenem Detritus (Bryozoen, Crinoiden-Stielglieder) enthalten, handelt es sich um mitteldevonische Kalke aus dem Südhunsrück-Trog. Aus diesem Horizont wurden nördlich Auen auch Kalk-Hohlgerölle geborgen (K.-W. Geib in: Bank 1953). Ein Maximum an Kalk-Geröllen wurde im Gaulsbach-Tal und weiter in Richtung Nordosten gefunden. Nach Südwesten nimmt der Kalk-Geröllanteil zugunsten der siliziklastischen Gerölle ab. Reinheimer (1933: 13) erwähnte erhebliche Geröllgrößen dieser Kalk-Gerölle, etwa von Nuss-, Faust- und Kopfgröße mit unterschiedlichem Rundungsgrad. Daneben enthalten die Konglomerate Serizit-Schiefer-, Tonschiefer-, Quarz- und Quarzit- sowie Sand- und Tonstein-Gerölle. Die Matrix enthält sehr viel kantigen Kalk-Detritus bei tonig-kalkig-ferritischem Bindemittel.

Im Hangenden folgt eine Wechselfolge aus gelblichgrauen Sand- und dunklen Silt- und Tonsteinen, in die das „**Hoofer Kohlenflöz**" eingelagert ist. Es liegt nach heutiger Auffassung im unteren Viertel der Jeckenbach-Subformation wie auch die Schwarz-Pelite mit dem „Haupttoneisenstein-Horizont" der Prims-Mulde. Auf dieses Flöz weisen am Nordwest-Rand der Nahe-Mulde Reste eines ehem. Bergbaus hin. Bank (1953) erwähnte Halden südlich Winterburg, nördlich Auen und Daubach. Das Flöz bei Winterburg war nicht bauwürdig. Es bestand aus zwei geringmächtigen Flözen, die durch ein Zwischenmittel aus Tonsteinen mit Sphärosideriten getrennt waren. Beide Flöze nahmen nach Südwesten ab, das hangende auf 0,47 m und das liegende auf 0,25 m. Die Mächtigkeit des Zwischenmittels nahm in gleicher Richtung zu und wurde mit 12 m angegeben (Ermann 1951 in: Bank 1953). Die Kohle enthielt hohe Ascheanteile. Aus den Begleitsedimenten erwähnte Bank sehr viel Pflanzenhäcksel und gut erhaltene Exemplare von *Asterotheca (Pecopteris) arborescens*, *Callipteris conferta* und *Calamites suckowi*. Zusätzlich wurde *Anthracomya carbonaria* gefunden. Das „Hoofer Kohleflöz" ist genetisch ähnlich einzustufen wie das „Odenbacher Kalk-Kohle-Flöz", nur fehlen die Kalke im Hangenden. Es gehört mit zu den Kohlen, die in lakustrinem Environment gebildet wurden (Stapf 1989).

Die Schichtenfolge im Hangenden besteht aus einer **Wechselfolge von Silt- und Tonsteinen mit Kalk- und Kalksandstein-Bänkchen.** Vereinzelt sind auch 0,5–0,6 cm mächtige geröllführende Kalksandsteine und bis 8 m mächtige Schwarzpelite mit wenigen Kalk-Bänkchen neben Horizonten mit Toneisenstein-Geoden eingeschaltet. Besondere Erwähnung fand bei Reinheimer (1933) und Bank (1953) die „**Stegocephalen-Kalkbank**" im Grenzbereich „Mittlere/Obere Lebacher Gruppe". Sie wurde am Christhaus im Gaulsbach-Tal, an der Kirche in Auen und nördlich der Daubacher Brücke im Ellerbach-Tal gefunden. Bank erwähnte daraus *Branchiosaurus grossarthi*, *Branchiosaurus rhenanus*, *Eotriton ichtyoides*, *Sklerocephalus häuseri*, *Acanthodes gracilis* und *Amblypterus macropterus* sowie reichlich Fischschuppen, die meistenteils pyritisiert sind. Die Kalkbank ist eingelagert in dunkelgraue, laminierte Schwarzpelite, die leicht in s_0 aufblättern („Papierschiefer"). Hinzu kommen gelbgraue sandige laminierte Tonsteine („Sandschiefer") und 10–20 cm mächtige feinkörnige gelbgraue Sand- und Kalksandsteine. Ferner wurden in diesem Profilabschnitt rote Lagen („Rote Grobhorizonte") und Horizonte mit Toneisensteingeoden gefunden. Die genaue stratigraphische Position dieser See-Sedimente ist nicht sicher anzugeben. STAPF (1989) zählte die Kalke zu lakustrinen Mikrobialithen bzw. Onkoide führenden tonreichen Kalken. Im Übrigen ist der Schichtverband der Meisenheim-Formation hier durch eine eher feinkörnige Lithologie gekennzeichnet. Graue bis grünlichgraue, feinkörnige, geringmächtige Sandsteine mit viel pflanzlichem Detritus, auch eisenschüssige Sandsteine, wechsellagern mit grauen bis schwärzlichen Silt- und Tonsteinen mit Toneisenstein-Bänkchen und -Konkretionen, allerdings ohne die Häufungen wie bei Lebach. Dafür fehlen im höheren Bereich Konglomerate und geröllführende Sandsteine.

Die Sandsteine enthalten außer Quarz, feinplattige Hellglimmer und stark zersetzte Schiefer-Plättchen, jedoch auch stark verwitterte Feldspäte, deren Herkunft sich nicht aus dem Hunsrück ableiten lässt. Die Sandsteine besitzen teilweise ein kalkiges Bindemittel. Anreicherungen von Hellglimmern und Planzenhäcksel auf den Schichtflächen deuten auf Absaigerung des feinen Detritus unter Stillwasserbedingungen in dem Lebacher See-System hin. REINHEIMER (1933) berichtete von Dachbank-Zyklen (coarsening-up), die von Silt- und Tonsteinen zu den plattigen, Pflanzen-Detritus und Hellglimmer führenden Sandsteinen reichen. Sie werden als Sandschüttungen im Delta-Bereich größerer Flüsse interpretiert.

Im Normal-(Becken-)Profil der Meisenheim-Formation werden in der Jeckenbach- und der Odernheim-Subformation insgesamt 19 See-Horizonte ausgehalten (LGB 2005). STAPF (1990) hielt sechs, durch Kohlen, Kalksteine oder Schwarzpelite belegte größere Seen aus. Von ihnen erstreckte sich insbesondere das Rümmelsbach-Humberg-Seesystem, das jüngste, bis an den Südost-Rand des Hunsrück-Gebirges. Nach Stapf reichte die Verbreitung auch in das Gebiet zwischen Windesheim und Kirn.

Auf Bl. 6112 Waldböckelheim ist generell eine recht ähnliche Schichtenfolge wie zwischen Daubach und Kirn anzutreffen. Hier beginnt die Meisenheim-Formation über einer „Rotfolge" mit einem „Kalkkonglomerat" (K.-W. GEIB 1973) in der Gemarkung Wallhausen am nordwestlichen Beckenrand. Darüber folgen auf gelbgraue dünnbankige Sandsteine graubraune, auch dunkle, mehr oder weniger sandige Tonsteine. Oberhalb des „Kalkkonglomerates" fehlen hier jegliche Konglomerate. Abgesehen von Pflanzenhäckseln auf den Schichtflächen der Sandsteine wurden hier vollständige Exemplare von *Lebachia piniformis* und *Callipteris conferta* gefunden. Schwarzpelite kommen hier nicht mehr vor.

Bei Waldböckelheim, erwähnte K.-W. GEIB aus einem temporären Aufschluss am Schulsportplatz aus einem Störungsbereich steil stehende „bituminöse Papierschiefer und kalkige Sedimente", die er unter Vorbehalt den oberen Partien der „Odernheimer Schichten" (Odernheim-Subfm.) zuordnete. Sie fallen in das stratigraphische Niveau der „Humberg-Bank" (LGB 2005) und gehörten zum „Rümmelsbach-Humberg-Seesystem", dessen Sedimente offensichtlich hier nicht bis an das Gebirge heranreichten.

In die Schwarzpelite sind geringmächtige mikritische Kalk-Lagen, vereinzelt Stromatolith-Bänkchen, jedoch auch mm-mächtige Lagen von feinem Pflanzenhäcksel und cm-mächtige Siltstein-Lagen eingeschaltet. Anzeichen von Wasserbewegung am Seeboden sind Kleinrippelfelder im sandigen Sediment. STAPF (1989) ordnete die Schwarzpelite aufgrund ihres hohen Gehaltes an C_{org} Ablagerungen von eutrophen bis stark eutrophen Seen mit relativ O_2-armem Bodenwasser und anoxischen Bedingungen im Sediment am Seeboden zu. Bei der relativ geringen Wassertiefe und der z. T. sehr großen Ausdehnung der Wasserfläche dieser Seen bleibt die nahezu ungestörte, warvenartige Lamination der Sedimente zu klären. STAPF (1989: 182) ging von „flutenden Cyanobakterien-Algen-Matten aus, die den Wasserkörper vor Wind und Wellen schützten". Offensichtlich waren Epi- und Hypolimnium trotzdem ausreichend mit Sauerstoff ausgestattet, da sowohl Nektonten als auch Nektobenthonten in großer Zahl gefunden wurden. Der Uferbereich der Seen mag auch gebietsweise recht steil gewesen sein, so dass Calamiten und Pecopteriden, die einen

Pflanzengürtel an flachen Ufern ausweisen, relativ schwach vertreten sind. Dafür kommen Landpflanzen-Reste relativ häufig vor. Daraus ist trotz fehlender grober Sedimente, von einigen Positionen abgesehen weiterhin auf erheblichen Wasserzufluss aus dem unmittelbar angrenzenden Hunsrück zu schließen. Offensichtlich war es zur Erniedrigung des Reliefs im Hunsrück-Hinterland gekommen oder die Hänge des Gebirges waren begrünt, so dass es zu keiner Abtragung kommen konnte. Auf ungeschmälerten Zufluss von dort weisen Blei-, Kupfer- und Zink-Minerale in den Spalten der Toneisenstein-Septarien hin.

Beckenrand zwischen Idar-Oberstein und Birkenfeld. Im Südwesten, bei Idar-Oberstein und südwestlich davon in Richtung Birkenfeld, entwickelte sich die Schichtenfolge der Meisenheim-Formation kontinuierlich aus den Schichten der Lauterecken-Formation, so dass die Festlegung einer Untergrenze der Meisenheim-Formation, u. a. auch wegen des Fehlens der „Alsenzer Rotfolge“, stark erschwert ist.

Nordwestlich Idar-Oberstein tritt durch **basale Konglomerate** ein Schwemmkegel in Erscheinung, der gegenüber den Nachbargebieten durch die höhere Beteiligung von Konglomeraten und einen höheren Anteil an Sandsteinen zum Ausdruck kommt. Außerdem enthalten manche Sandsteine reichlich „kohlige Substanz“ (Falke & Bank 1970), woraus auf eine relativ üppige Vegetation am Becken-Rand geschlossen werden kann. Relativ schwer zu erklären ist ein z. T. „bemerkenswerter Gehalt an zersetzten Feldspäten“, wie z. B. im „**Basissandstein**“ westlich Hussweiler am Schwollbach (Bl. 6209 Idar-Oberstein, 6309 Birkenfeld Ost), der sich nicht aus dem unmittelbar benachbarten „Hunsrück-Gebirge“ ableiten lässt. Eine Anlieferung von Detritus aus dem Hunsrück ist über den Geröll-Anteil der Konglomerate gesichert. Um den Feldspat-Anteil zu erklären, gingen Falke & Bank (1970: 35) von einer „Wiederaufarbeitung (von) Material aus südlichen Liefergebieten aus“. Problematisch erscheint, wie bei dem damaligen humiden Klima die Umlagerung von Feldspäten gelang. Eher sollte wohl eine direkte Lieferung von Süden angenommen werden.

Mit aufsteigendem Profil nehmen Feinsandsteine, Silt- und Tonsteine zu. Typisch für die „**Lebacher Fazies**“ sind auch hier bituminöse, fein laminierte dunkle Tonsteine (Schwarzpelite oder „Papierschiefer“), jedoch auch feinsandige, teilweise bituminöse Kalksteine. Solche Horizonte enthalten zahlreiche Reste von Fischen und Amphibien. Pflanzenreste sind eher in sandig-siltigen Schichten anzutreffen. Eine Aufgliederung und Korrelation der Schichtenfolge nach Tuff- und See-Horizonten, wie in der Becken-Fazies, ist hier nicht möglich. Lediglich den „Rümmelsbach-Humberg-Schwarzpelit“, der auch Karbonat-Einschaltungen enthält und das ausgedehnteste Seen-System der Glan-Zeit repräsentiert, identifizierte Stapf (1990) am Kloppbruchweiher bei Otzenhausen. Die Mächtigkeit der Sedimente der Rand-Fazies der Meisenheim-Formation sollte 300 m am Nordwest-Rand der Nahe-Mulde gegenüber 700–800 m in der Becken-Fazies erreichen, dort vielleicht auch mehr (Falke & Bank 1970).

Leppla (1898: 21) stellte eine „im Ganzen 20 Meter mächtige Schichtengruppe (…) in der Hauptsache aus dunkelgrauen bis schwarzen, theils blättrigen, theils dickschiefrigen Schieferthonen (…) mit zahlreichen linsenförmigen Knollen von Thoneisenstein“ auf Bl. 6209 Idar-Oberstein zu den „Lebacher Schichten“. Auch erwähnte er „eine dünne Bank von dunkelgrauem, dichtem, muschelig brechendem, etwas bituminösen Kalkstein“ mit Resten von *Walchia (Lebachia) piniformis*, *W. filiciformis*, *Asterophyllites equisetiformis* und *Calamites suckowi* sowie Reste von *Gampsonix fimbriatus* und Estherien. Nach der Beschreibung entsprechen diese schwarzen Tonsteine mit Kalken dem „Rümmelsbach-Humberg-Schwarzpelit“ (Stapf 1989) und dem „Unteren Toneisensteinlager“, das u. a. bei Berschweiler (Bl. 6211 Kirn) ausgebeutet wurde.

Nordwest-Rand der Prims-Mulde

Allgemeine Aspekte. Auch am Nordost-Ende der Prims-Mulde fehlt ein Rothorizont, der als „Alsenzer Rotfolge“ (Falke 1954b) zur Abgrenzung der Schichten der „Lebacher

Gruppe" herangezogen werden könnte. Stattdessen wurde eine dem „Unteren Bausandstein" (Obereisenbach-Sandstein: LGB 2005) entsprechende Sandstein-Folge für die Basis der Meisenheim-Formation (Jeckenbach-Sbfm.) verwendet. Der Obereisenbach-Sandstein ersetzt heute die „Alsenzer Rotfolge" (Boy et al. 2012). Am Nordwest-Rand der Prims-Mulde erwies er sich als das lithofaziell beherrschende Element für eine Korrelation. Ebenso ist hier eine Untergliederung in Jeckenbach- und Odernheim-Subformation schwer möglich, und auch die Abgrenzung zum Hangenden ist fraglich, da eine Abfolge vom Habitus der Disibodenberg-Formation fehlt.

Die Schichtenfolge der Meisenheim-Formation am Nordwest-Rand der Prims-Mulde, die fast 200 m umfasst, besteht in der Mehrheit aus gelblichen Sandsteinen mit Einschaltungen von dunklen Silt- und Tonsteinen in der Fazies der „Schwarzpelite", die hier in vermehrtem Umfang Toneisenstein-Geoden und -Lagen enthalten. Kalke und Kalksandsteine sowie Psephite fehlen in dieser Schichtenfolge weitgehend. Außerdem tritt das Liefergebiet Hunsrück gegenüber der älteren Lauterecken-Formation in den Hintergrund. Die Abfolge in typischer „Lebacher Fazies" lässt sich hier in vier Schichtglieder unterteilen:

„**Basissandstein**" (Duis 1960). Er bildet wie der bereits erwähnte „Bausandstein", der durchgehend vorhanden ist und 10–20 m mächtig wird, die Basis. Dabei handelt es sich um eine geschlossene Bankfolge aus gelblichen bis gelbgrauen und bräunlichen Grob- bis Feinsandsteinen mit gelegentlichen Geröllagen. Durch die Zunahme an kaolinitisierten Feldspäten geht er in gelblichweiße Kaolinit-haltige Sandsteine („Arkosen") über. Als typische Lokalität gilt der noch erhaltene, aufgelassene Steinbruch bei „Steinkaul" östlich Otzenhausen (Bl. 6308 Birkenfeld-West) an der Landstraße nach Türkismühle. Die im unteren Abschnitt massigen Sandsteine werden zum Hangenden plattig (thinning-up) und die Bänke vermehrt durch Lettenbestege voneinander getrennt. Zusammen mit diesen treten eingeschwemmte Pflanzen-Reste, z. B. Baumstämme, kleinere Stammteile und/oder Äste auf. Auf den Schichtflächen sind lokal detritische Hellglimmer angereichert. Hinzu kommen Ton-Gallen und -Flatschen, die auf Aufarbeitung und kurzfristige Resedimentation hinweisen. Der pflanzliche Detritus ist lokal auch zur Bildung von Kohle-Schmitzen angereichert.

Schwarzpelite mit dem „Haupttoneisensteinlager" (Duis 1960: 26). Im Hangenden folgt ein Verband aus sandigen Silt- und Tonsteinen sowie sehr feinkörnigen dunklen Peliten, der ca. 30 m mächtig wird. Er entwickelte sich als übergeordneter Sohlbank-Zyklus über dem „Basissandstein". Die typische Region mit diesen Toneisensteinen befindet sich bei Schwarzenbach und Mariahütte (Bl. 6408 Nohfelden), wo große inzwischen aufgelassene Tagebaue existieren. Nach Nordosten verliert sich der Gehalt an Toneisenstein-Geoden. Die Position des Lagers lässt sich jedoch mit Hilfe der feinblätterigen Schwarzpelite („Bänderschiefer", „Papierschiefer") weiter nach Nordosten verfolgen. Bei Schwarzenbach konnte Duis in der stratigraphischen Position des Lagers in einem temporären Aufschluss die festen, feingeschichteten, dunklen „Schiefertone" mit zahlreichen Konkretionen mit Durchmessern von „mehreren Dezimetern" nachweisen. Sie enthielten Reste von *Lebachia (Walchia) piniformis*, von *Acanthodes* sp. und *Amblypterus* sp., von Bivalvia, u. a. *Anthracosia* sp., sowie Anreicherungen von Estherien auf Schichtflächen. Hinzu kommen im Kern der Geoden häufig Koprolithen.

Grebe & Leppla (1894: 7) beschrieben in dieser Position aus den „höheren Schichten" der „Lebacher Schichten" „dunkelgraue, selten rothe, blätterige Schieferthone mit Kalkknollen und Nieren von thonigem Spatheisenstein, Toneisensteinlager oder Haupt-Akanthodeslager", auch Kalkbänkchen aus der Gegend von Schwarzenbach. Kleinere Toneisenstein-Vorkommen fanden sich weiter im Nordosten im Bereich eines ehem. Tagebaues am Känelbach nordwestlich Eisen (Bl. 6308 Birkenfeld-West) und weiter im Nordosten unweit der „Erzkaul". Bei Feckweiler (nordwestl. Ortsteil Birkenfeld) wurden in sehr feingeschichteten dunklen „Schieferthonen" und „Bänderschiefern" Estherien sowie Reste von *Uronectes (Gampsonix) fimbricatus* sowie „zahlreiche Exemplare von *Uronectes*-Brut" (det. Guthörl in: Duis 1960: 28) gefunden.

„**Abfolge mit Feinsandsteinen**“ (DUIS 1960: 29). Den weitaus größten Anteil an der Meisenheim-Formation nimmt hier eine ca. 140 m mächtige Abfolge ein, die in der ehem. Ziegelei Waldbach südlich Eisen aufgeschlossen war. Dabei handelte es sich um eine stetige Wechselfolge von gelblichen bis gelbgrauen, glimmerführenden Feinsandsteinen mit geringen Bankmächtigkeiten, die sich zu Bankfolgen bis 5 m, max. 10 m Mächtigkeit zusammenschließen, und dunklen Tonsteinen. Die Sandsteine enthalten vielfach Pflanzenreste oder feines Pflanzenhäckselgut. Die ersten drei Schichtglieder lassen sich u. U. mit der Jeckenbach-Subformation parallelisieren. Allerdings ist die Vielzahl der See-, Grob- und Tuff-Horizonte der Becken-Fazies hier in der Rand-Fazies nicht zu identifizieren, obwohl im Bereich der ehem. Ziegelei Waldbach ein durchgehendes Profil zur Verfügung stand. Mit dieser obersten Abfolge endet am Nord-Rand der Prims-Mulde die „Lebacher Fazies“.

Abfolge mit Rotlagen (DUIS 1960: 32). Den Abschluss der Meisenheim-Formation bildet hier eine ca. 60 m mächtige Abfolge, die sich durch die Einschaltung von vier Rothorizonten vom Liegenden deutlich unterscheidet. Hinzu kommen zwei geringmächtige graue, relativ grobkörnige Einschaltungen von „Arkosen“. Den Hauptanteil machen jedoch weiterhin graue mehr oder weniger sandige Silt- und Tonsteine aus. Im Prinzip lässt sich dieses Schichtglied mit den Sedimenten der Odernheim-Subformation vergleichen. Gesetzt den Fall, diese Parallelisierung ist zulässig, so könnte eine „teilweise grobkörnige Arkose, z. T. Glimmer und Schieferton-Fetzen führend, teils dünn-, teils dickbankig“ (DUIS 1960: 32) mit der „Bank R_6, Rot-/Grobhorizont“ (LGB 2005: Abb. 44) parallelisiert werden.

Schwierigkeiten bestehen allerdings mit dem „Rümmelsbach-Humberg-Schwarzpelit“ (Humberg-Bank), der am Top der Odernheim-Subformation sonst weit verbreitet ist. Ein entsprechender Horizont ist im Profil der ehem. Ziegelei Waldbach nicht vorhanden, könnte jedoch in einem etwa 17 m mächtigen „Schieferthon-Paket“ im oberen Drittel dieser Schichtenfolge verborgen sein. Die Obergrenze dieses Schichtgliedes liegt unter einer „geröllführenden Arkose“, die bereits zu den „Tholeyer Schichten“ gezählt werden muss.

An der Lokalität **Kloppbruchweiher** (-“wiese“) nördlich Otzenhausen stehen Schwarzpelite an, die dem „Rümmelsbach-Humberg-Schwarzpelit“ zugeordnet werden (STAPF 1989, 1990). Sie enthalten zahlreiche Toneisenstein-Geoden. Dieser Schichtverband liegt isoliert in einer morphologischen Hohlform direkt diskordant auf Taunusquarzit, evtl. auch auf geringmächtigen gelblichen Sandsteinen. Die Basis ist in dem gefluteten ehem. Tagebau nicht mehr erschlossen, lässt sich jedoch im südlichen Anschluss mit dem Pürkhauer erfassen. Diese Vorkommen ziehen sich nach Südwesten bis nach Wadrill. Der Aufschluss am Kloppbruchweiher (Bl. 6307 Hermeskeil) zeigt, dass ein ausgeprägtes Relief vorhanden war. Dieses wirkte sich jedoch als Schuttlieferant relativ wenig aus. So liegt dieses Vorkommen von Schwarzpelit bei ca. 460 m NN zwischen den Taunusquarzit-Härtlingen des Kahlen-Bergs (564,3 m NN) und dem Südwest-Ende der Dollberge (620,0 m NN) und besitzt keine gröberklastische Rand-Fazies. Offensichtlich war das zur Glan-Zeit bestehende Prims-Tal seinerzeit bis in das Basis-Niveau der Schwarzpelite verfüllt (heute bei 460 m NN). Wahrscheinlich fand bestenfalls ein Abfluss von Wasser mit feiner Trübe über diese Lokalität statt. Stattdessen griff die Seen-Fazies direkt bis an das Hunsrück-Gebirge heran und sogar in das ehem. Ästuar hinein, wie Schwarzpelite in Nonnweiler bezeugen.

4.2.1.4 Die Toneisenstein-Erze

Allgemeine Aspekte. Diese Eisenerze kommen sowohl in Schichten des Oberkarbon als auch der Glan-Subgruppe (ehem. „Kuseler“ und Lebacher Schichten“) in der Saar-Nahe-Senke in den dunklen feinkörnigen See-Sedimenten (Schwarzpeliten) in Form von „linsen-, brotlaib- oder rumpfförmigen Eisenerzgeoden“ (E. SCHRÖDER 1936: 106) vor und zwar „teils vereinzelt, teils eng aneinander gereiht“, darüber hinaus auch als „zusammenhängende Erzflöze“.

Die Bergleute unterschieden seinerzeit „Weißes Erz" (toniger Sphärosiderit), „Roterz" (toniger Roteisenstein) und „Grauerz" (feinkörniger Siderit). Unter ihnen war das „Grauerz" mit Varietäten zwischen hoch- und niedrigprozentigem Siderit-Anteil mit Eisengehalten von lokal bis >50% am meisten geschätzt. Akzessorisch sind Kalzit, Dolomit, Zinkblende, Bleiglanz, Kupferkies und als störender Bestandteil („beibrechend") Pyrit zu nennen.

Die Erz-Vorkommen, die in den „Kuseler Schichten" vorübergehend eine wirtschaftliche Gewinnung zuließen, lagen bei Marpingen, westlich St. Wendel auf dem Südost-Flügel der Prims-Mulde und weiter bei Remmesweiler. Hier wurde im Wesentlichen „Roterz" abgebaut.

Bedeutender waren die Vorkommen von Toneisensteinen der „Lebacher Erzlager". Insbesondere in den Schwarzpeliten der Meisenheim-Formation auf dem Nordwest-Flügel von Prims- und Abschnitten der Nahe-Mulde. Hier waren die Einlagerungen von Siderit-Konkretionen und -Lagen die Grundlage für Abbau und Verhüttung bis in die Mitte des 19. Jahrhunderts. Sie bescherten dieser Gegend einen gewissen Wohlstand, obwohl sie wegen ihres meist relativ hohen Ton-Anteils zu den „armen Erzen „gehören. Da sie in Tagebauen gewonnen werden konnten, waren sie trotzdem wirtschaftlich und die Erzbasis für kleinere Hüttenwerke am Süd-Rand des holzreichen Hochwaldes. Die Lager wurden als „Toneisensteinlager" u. ä. bezeichnet, die Geoden als „Lebacher Knollen" und „Nieren", auch „Toneisenstein-Septarien". Häufige Funde von *Acanthodes bronni* führten auch zu der Bezeichnung „Haupt-Acanthodes-Lager". Die Geoden oder „Septarien" zeigen vielfach Schwundrisse, auf denen Eisen-, Kupfer-, Blei- und Zink-Sulfide auskristallisiert sind. Die Chancen, heute dort noch Geoden zu finden, sind gering.

Vorkommen. Auf dem Nordwest-Flügel der Prims-Mulde lagen bedeutende Vorkommen zwischen Achtelsbach und Brücken im Nordosten, von Mariahütte bis Kastel/Prims im Südwesten mit Schwerpunkt bei Schwarzenbach sowie am unmittelbaren Süd-Rand des Hochwaldes zwischen Prims-Tal am Kloppbruchweiher im Nordosten und Wadrill im Südwesten. Weitere Lager zogen sich auch am Südost-Rand der Prims-Mulde von nordöstlich Tholey bis Gresaubach, Rümmelsbach und Lebach hin mit Schwerpunkt dort und bei Ottweiler, wo sie von Buntsandstein überlagert sind.

Die Toneisenstein-Lager auf der Nordwest-Flanke der Prims-Mulde liegen nach Duis (1960) im unteren Abschnitt der Meisenheim-Formation über dem Basissandstein („Haupt-Toneisenstein-Lager") etwa im Niveau des „Odenbacher Kalk-Kohlenflözes". Andere gehören wohl auch zu den Ablagerungen des „Rümmelsbach-Humberg-Sees" am Top der Meisenheim-Formation (Odenbach-Sbfm.). Hier besteht ein Widerspruch zu anderslautenden Angaben, die alle Vorkommen dem Niveau der „Humberg-Bank" zuordnen (Lensch 1967). Allerdings liegen die Vorkommen um Schwarzenbach im Bereich der Hunsrück-Südrand-Verwerfung, jenes vom Kloppbruchweiher ist isoliert in dem Ästuar der Prims zwischen zwei Taunusquarzit-Klippen, so dass Korrekturen notwendig sein mögen.

Aus dem Gebiet um Mariahütte bei Schwarzenbach (Bl. 6408 Nohfelden) beschrieben schon Grebe & Weiss (1889) eine Wechselfolge von Schwarzpeliten „mit mehr oder weniger starken Lagen von tonigen Sphärosideriten in außerordentlicher Regelmäßigkeit wie die Blätter eines Buches übereinander geschichtet", und zwar bis zu 80 Lagen von „Nieren und Platten" mit Mächtigkeiten von 10–22 cm. Unterschiede in den Lagerungsverhältnissen bestanden auf dem Nordwest-Flügel der Prims-Mulde darin, dass die Lager zwischen Wadrill und nördlich Otzenhausen flache Lagerung, jene zwischen Brücken und Kastel leichtes Schichteinfallen nach SE zeigen. Sie liegen demnach auf unterschiedlichen Schollen beiderseits der Hunsrück-Südrand-Verwerfung (auch: Konzan et al. 1981).

Die Geoden. Lensch (1967) standen nach Einstellung der Grubenbetriebe nur noch Einzelfunde zur Verfügung, so dass er zu Recht die Frage aufwarf, ob seine Ergebnisse repräsentativ seien und das Einzelergebnis auf alle Geoden übertragen werden darf. Immerhin stellen sich nur geringere Unterschiede zwischen Hunsrück-näheren auf dem Nordwest-Flügel der Prims-Mulde und -ferneren auf dem Südost-Flügel heraus.

Ein besonderes Charakteristikum vieler dieser flachlinsigen bis fladenartigen Konkretionen ist das vielen Geoden eigene System von Schwundrissen, die vom Zentrum ausgehen, dort weit klaffen, sich aber gegen den Außenrand hin schließen. Im Zentrum zahlreicher dieser Geoden finden sich organische Reste, um die sich die „Septarien" bildeten.

Die Septarien vom Kloppbruchweiher nördlich Otzenhausen hatten in der Regel Durchmesser zwischen 5–12 cm, max. 25–40 cm (E. Schröder 1936) und Dicken bis max. 15 cm. Die Geoden bestehen aus sehr feinkörnigem, auskristallisiertem Siderit mit Korngrößen von 10–25 my und Gehalten bis zu 30% Ton. Im Anschliff ist die Schichtung der Schwarzpelite, in denen sich die Geoden bildeten, deutlich. Die einzelnen Schichten innerhalb der Geode sind allerdings wesentlich mächtiger, verglichen mit entsprechenden im umgebenden Sediment, was auf eine frühdiagenetische Bildung schließen lässt, als die Kompression des Sedimentes noch nicht allzu weit fortgeschritten war.

Die im Zentrum der Geoden befindlichen Reste organischer Substanz – von Koprolithen bis deren Erzeugern – sind in vielen Fällen von mineralischer Substanz, häufig von Schwermetall-Sulfiden verdrängt. Die Schwundrisse können in Abhängigkeit von der Größe der Geode bis mehrere mm klaffen. Ihre Füllung besteht Hunsrück-nah, z. B. am Kloppbruchweiher (Lensch 1967), vorwiegend aus Zinkblende, sonst auch aus Kupferkies, Bleiglanz, Baryt und Kaolinit. Zinkblende und Kupferkies sind häufig miteinander verwachsen, und Zinkblende umschließt im Kernbereich auch Kupferkies. Baryt und Kaolinit sind eher nach außen hin angeordnet. Bleiglanz tritt ohne Gesetzmäßigkeit vom Kern- bis in den Außenbereich auf. Von Wadrill erwähnte Lensch (1967) außerdem den Fund einer vollständig aus Bleiglanz bestehenden Füllung der Spalten einer Septarie ohne Begleitminerale. Vom organischen Rest ist vielfach nur eine asphaltartige Masse in Resträumen erhalten. Der Rand klaffender Klüfte ist oft mit einem Siderit-Rasen ausgekleidet.

Die Geoden aus dem ehem. Tagebau bei Schwarzenbach sind jenen am Kloppbruchweiher sehr ähnlich. Beide Tagebaue lagen nur etwa 2,5 km Luftlinie auseinander. Ähnliches gilt für die Funde bei Mariahütte bei einem Abstand von etwa 5 km südlich vom Kloppbruchweiher. Die Geoden hatten hier Durchmesser um 15–40 cm bei Dicken bis 5–8 cm; sie waren wesentlich größer als weiter im Norden.

Geochemische Untersuchungen der Geoden ergaben säureunlösliche Rückstände von 19,8–28,0% (Lensch 1967) aus Kaolinit, Illit, Quarz (13–22%) und geringen Mengen an Chlorit, Feldspat und Anatas. Diese Mineralparagenese entspricht der der tonigen Nebengesteine. Der säurelösliche Anteil bestand zu 70–80% ausschließlich aus Karbonaten, in erster Linie aus Siderit. Dieser wiederum setzte sich zu 62 Mol% aus $FeCO_3$, zu 33% aus $MgCO_3$, geringen Anteilen an $CaCO_3$ und $MnCO_3$ zusammen. Cu und Zn kamen nur in Spuren vor.

Erzmikroskopische Untersuchungen an der Füllung der Schwundrisse der Septarien vom Kloppbruchweiher erbrachten außer Siderit, Pyrit, Markasit, evtl. Fahlerz sowie Covellin und Limonit als Verwitterungsprodukt. Außerhalb des Fundortes Kloppbruchweiher kam noch Dolomit hinzu. Das Mineralspektrum in Kern und Spalten zeigte in der Ausscheidungsfolge zuerst sekundären Siderit, der die Wände der Hohlräume geschlossen als Kristallrasen auskleidete und Pyrit-Kriställchen enthielt. Gleichzeitig entstanden Markasit und Pyrit im Kernbereich. Darauf folgte dort Kupferkies und anschließend Zinkblende, die Pyrit und Kupferkies umschlossen. Außerdem kristallisierten nach dem sekundären Siderit auch Kupferkies und Bleiglanz aus. Restliche Hohlräume wurden mit Zinkblende gefüllt, die in den Spalten nach außen von Baryt und Kaolinit abgelöst wurde.

Zur Genese der Geoden. Die Entstehung der Geoden muss bereits kurz nach der Sedimentation eingesetzt haben. Frühdiagenetisch erfolgte die Ausfällung des Siderits, der die Porenräume noch im wasserreichen Sediment bei anaeroben Bedingungen füllte. Während der steigenden Überdeckung mit Sedimenten der Glan- und Nahe-Subgruppe – evtl. auch der Trias – kam es zur Kompression durch die überlagernde Gesteinssäule und zu Wasserentzug bei gleichzeitiger Subsidenz in größere Tiefen. Dabei wurden in den Schwarzpeliten befindliche Schwermetallionen mobilisiert, mit Fluiden transportiert und kristallisierten unter

„telethermalen“ Bedingungen aus. Der Schwefel-Anteil der Sulfide regenerierte sich bei der bakteriellen Zersetzung der organischen Substanz.

Die Mobilisation von Schwermetallionen in den feinkörnigen Silt- und Tonsteinen der „Lebacher See-Sedimente“ erfolgte unter ähnlichen Bedingungen, wie dies bereits für die variszischen Erze im Hunsrück dargestellt wurde. Somit stammt sicherlich ein großer Teil der Schwermetallionen aus den schwarzen, schlickigen See-Sedimenten; ein weiterer kann bei der tropischen bis subtropischen Verwitterung im Hunsrück-Gebirge selbst aus der Verwitterung von zu Tage austretenden Erz-Vorkommen rekrutiert worden sein. Mit dem abfließenden Niederschlagswasser wurde die Lösung vom Hunsrück in die Seen der Glan-Zeit in der Saar-Nahe-Senke transportiert und dort von den Schwarzpeliten absorbiert. Dieser Verdacht wird dadurch erhärtet, dass nur Septarien auf dem Nordwest-Flügel von Nahe- und Prims-Mulde relativ reiche Zinkblende- und Bleiglanz-Vererzung aufweisen, während die Septarien auf den Südost-Flügeln offensichtlich weniger vererzt waren (Lensch 1967).

Die in den Toneisenstein-Geoden konservierten Fossilien dokumentieren eine reiche Tier- und Pflanzenwelt. Die z. T. hervorragend konservierten Exemplare haben seit Mitte des 19. Jahrhunderts immer wieder Interesse bei Sammlern und in der Wissenschaft geweckt. Allerdings fehlte eine ausführliche Bearbeitung. Erst Boy (1982) gab eine Übersicht über den Fossilinhalt der Geoden. Aus ihr lässt sich ablesen, dass ein Teil der Fauna (Crustaceen, Pisces, Sauropoden) zur autochthonen Fauna der Seen gehört, während Insekten, landbewohnende Saurier sowie Landpflanzen allochthon von den Rändern der Seen oder aus dem nahen Hunsrück-Gebirge eingeschwemmt wurden.

Bei den Pflanzen aus dem Fundgut unterschieden Boy (1982) und Doubinger (1956) nach Standorten geordnet folgende Gruppen: An sehr feuchten, sumpfigen Standorten in der Nähe bzw. in der sumpfigen Uferzone der Seen wuchsen *Calamites varians*, *C. (Stylocalamites) gigas*, *Asterophyllites equisetiformis* und *Annularia spicata*, eine im wesentlichen von Schachtelhalmen beherrschte Flora, die jedoch relativ selten ist. Von noch relativ feuchten Standorten stammten *Pecopteris cyathea*, *P. oreopteridea*, *Sphenopteris decheni* und *Dicksonites beyrichi*; auch sie sind im Fundgut relativ selten. Von trockneren Standorten fanden sich dagegen wesentlich mehr Arten, die u. U. bis in das Gebirge hineinreichten, unter ihnen häufiger Farnsamer und Nadelbäume.

Es ergibt sich eine reiche Lebewelt, die sowohl die gut durchlüfteten höheren Bereiche der Seen als Nektonten als auch die tieferen Bereiche oder die morastige subaquatische Uferzone belebten. Angaben zu Wassertiefen lassen sich daraus nur schwer ableiten. Die Seen besaßen sicherlich am Süd-Rand des Hunsrück-Gebirges einen Ufersaum aus Calamiten, wo die Insekten lebten. Wahrscheinlich zogen sich von dort Feuchtgebiete entlang der Flüsse in das Gebirge hinein. Hier wuchsen *Walchia*, *Odontopteris*, wohl auch *Callipteris*. Im Gegensatz zu den Pflanzen der Uferzone der Seen sind solche aus der Uferzone der Flüsse häufiger, was für weniger ausgeprägte Uferbereiche der Seen (Boy 1982), jedoch gut besiedelte Auen spricht, von wo der häufige pflanzliche Detritus in die Seen eingeschwemmt wurde.

Die Funde aus den Seen repräsentieren eine Momentaufnahme aus der Zeit der Glan-Subgruppe. Hinsichtlich der klimatischen Bedingungen bestätigen sie, dass gegenüber den tropischen Verhältnissen in Westfal und Stefan von einem Übergang zu eher subtropischen Verhältnissen ausgegangen werden kann. Wie weit das Hunsrück-Gebirge seinerzeit bewaldet war, muss offen bleiben. Immerhin ist der Eintrag von siliziklastischem Detritus von dort stark vermindert.

4.2.1.5 Die Disibodenberg-Formation („Obere Lebacher Gruppe“ z. T.)

Die Disibodenberg-Formation entspricht in vollem Umfang den „Disibodenberger Schichten“ (Atzbach & Schwab 1971, Boy & Fichter 1982) bzw. Teilen der „Oberen Lebacher Gruppe“ (sensu Falke 1954a). So setzt oberhalb der Humberg-Bank als dem vorläufig letzten

Repräsentanten der überwiegend pelitisch ausgebildeten Meisenheim-Formation („Lebacher Fazies") allenthalben eine Änderung der Lithofazies ein. Die relativ gleichförmig limnische Fazies geht zum Hangenden in eine eher fluviodeltaische, stärker Sand-betonte Lithofazies über (Foto 16, S. 168 und Foto 17, S. 321).

Sie ist durch Wechselfolgen von sandigen Tonsteinen und vor allem gelbgrauen Sandsteinen gekennzeichnet. Im Typus-Gebiet, am Disibodenberg bei Odernheim/Glan auf dem Südost-Flügel der Nahe-Mulde schließen sich die Sandsteine zum Hangenden zu mächtigen Sandstein-Bankfolgen zusammen (coarsening-up, thickening-up). In den eher tonig-siltigen Lagen werden weiterhin Toneisenstein-Geoden gefunden.

Echte See-Horizonte reichen nur im Südwesten bis in das südliche Vorland des Hunsrück-Gebirges. Unter ihnen ist noch der „Körborn-See", repräsentiert durch die „Körborn-Schwarzschiefer" (LGB 2005), zu nennen. Sie sind durch Schwarzpelite mit Siderit-Konkretionen gekennzeichnet. Ihnen entspricht im Raum Lebach das ehem. „Obere Toneisenstein-Lager". Es enthält Conchostraken, selten Ostracoden, Reste von *Acanthodes* sp., *Rhabdolepis* sp., *Triodus* sp., außerdem auch *Uronectes* sp. sowie reichlich Reste von *Callipteris* sp. und *Odontopteris* sp. Seiner Lithofazies nach entspricht dieser Schichtverband den Schwarzpeliten der Meisenheim-Formation am Süd-Rand des Hunsrücks, insbesondere dem des „Unteren Toneisenstein-Lagers", wenngleich es nicht so fossilreich ist.

Allerdings gilt diese Entwicklung nicht für den gesamten Hunsrück-Südrand: Am Nordost-Rand der Prims-Mulde endet die Schichtenfolge in „Lebacher Fazies" mit der „Abfolge mit Rotlagen", in die mehrere Rotfolgen und einzelne geringmächtige Grobschüttungen eingelagert sind. Auf Bl. 6111 Pferdsfeld ist die Zuordnung erschwert; die Disibodenberg-Formation sollte oberhalb der „Stegocephalen-Kalkbank" einsetzen; nach Bank (1953; auch: Reinheimer 1933) besteht die „obere Abteilung der Lebacher Schichten" (Falke 1954) hier aus grünlichgrauen Sand-, Silt- und Tonsteinen, die z. T. sehr fein geschichtet sind; eingeschaltet sind Hellglimmer-reiche, pflanzenführende Grobsandsteine; lokal fehlen grobe Sandstein-Linsen auch in den Tonsteinen nicht; sie entsprechen wahrscheinlich der Füllung von Rinnen in Überflutungsebenen; auch wurden weiter Toneisenstein-Geoden und -Lagen gefunden; die Auffüllung der Seenlandschaft am Südost-Rand des Hunsrück-Gebirges war offensichtlich bereits relativ weit fortgeschritten; Oszillationsrippeln und Trockenrisse (Bank 1953) weisen auf flache, wechselnde Wasserstände oder Tümpel auf diesen Ebenen hin; auf den Schichtflächen der Sandsteine angereicherte Pflanzenreste und „humoser" pflanzlicher Detritus stammen von Einschwemmungen von Landpflanzen; aus diesen Sedimenten wurden u. a. *Estheria tenella* und die allgemein verbreitete *Anthracomya carbonaria* angeführt; ein dem „Körborn-See" im Südwesten lithofaziell entsprechendes Schichtglied fehlt hier; vom rechten Nahe-Ufer an der früheren Straße Martinstein – Hochstätten beschrieb Reinheimer (1933: 14) allerdings außer dünnbankigen bis plattigen Sandsteinen auch „tonig-sandige Lagen und blaugraue Schiefertone" mit viel Pflanzenhäcksel und „humosem Material"; in die dunklen Pelite sind noch zahlreiche Toneisenstein-Geoden eingelagert; es mag sein, dass diese Schichtenfolge ein Äquivalent des „Körborn-Sees" ist. Weiter im Nordosten schied K.-W. Geib (1973: 23) auf Bl. 6112 Waldböckelheim geringmächtige „Disibodenberger Schichten" am unmittelbaren Rand des Hunsrücks aus, wo sie „im wesentlichen aus ± sandigen Tonsteinen und Sandsteinen bestehen"; allerdings wurden weiter im Süden, im Gebiet der Waldböckelheimer Kuppel, „bituminöse Papierschiefer und kalkige Sedimente" gefunden, deren stratigraphische Position unsicher ist; abgesehen von einer Parallelisierung mit der „Humberg-Bank" könnte auch eine solche mit den Sedimenten des „Körborn-Sees" in Betracht gezogen werden; für die höheren Abschnitte der „Disibodenberger Schichten" gilt, dass „sich die Sandsteine zu mächtigen Bänken" (S. 23) zusammenschließen, wie es für die höheren Abschnitte dieses Schichtgliedes in der Becken-Fazies üblich ist; diese Sandsteine erreichen z. T. „Bausandstein-Qualitäten" und wurden früher an zahlreichen Stellen abgebaut; sie prägen mit ihrer gelblichen Farbe das Ortsbild im Nordpfälzer Bergland; K.-W.

Geib (1973) berichtete außerdem von Stamm-Abdrücken von *Calamites* sp. und auch von geringmächtigen Toneisenstein-Vorkommen; Abbauversuche (K.-W. Geib 1938) blieben ergebnislos.

Insgesamt ergibt sich seit der Lauterecken- Formation ein von zahlreichen Unterbrechungen gekennzeichneter übergeordneter Dachbank-Zyklus. Fluviodeltaische Schüttungen der Disibodenberg-Formation machten der Seenlandschaft der „Lebacher Zeit" südlich des Hunsrück-Gebirges ein Ende. Von Süden und/oder Südwesten anrückend verschütteten sie die Seen (Foto 18, S. 321).

Wegen der anhaltend starken Subsidenz am südöstlichen Gebirgsrand konnte sich die „Lebacher Fazies" hier lange halten. Der hohe Anteil an verwittertem Feldspat in den Sandsteinen und der geringe Anteil an einheimischem Material aus dem Hunsrück deuten einen erheblichen Transport an siliziklastischem Detritus aus dem Süden an.

4.2.1.6 Die „Lebacher Zeit" am Süd-Rand des Hunsrück-Gebirges – Klima und Umwelt

Klima und Ökosysteme am südlichen Rand des Hunsrück-Gebirges und in der Saar-Nahe-Senke waren zur „Lebacher Zeit" geprägt durch ihre Lage im Großkontinent Pangaea. A. Schäfer (2012) nahm an, dass Saar-Nahe-Senke und Hunsrück-Gebirge in Oberkarbon und Perm bereits nördlich des Äquators lagen. Caliche-Bildungen und Sedimente von Überflutungsebenen, z. T. mit Trockenrissen veranlassten schon Möhring & A. Schäfer (1990), im Perm im Gegensatz zum Oberkarbon von einer Randlage nördlich der tropischen Regenwald-Region mit subtropischem Klima auszugehen, gekennzeichnet durch relativ trockene Winter und regenreiche Sommer. Im südlich gelegenen Anschlussgebiet, das für diese Zeit als Liefergebiet angesehen werden muss, ist dagegen noch bei tropischen Verhältnissen mit ganzjährigen heftigen Regenfällen zu rechnen. Im nördlich der Saar-Nahe-Senke gelegenen Hunsrück-Gebirge herrschte dagegen eher subtropisches Gebirgsklima mit saisonalen Unterschieden, d. h. kräftigen Regenfällen im Sommer. Infolgedessen ist mit unterschiedlicher Abtragung und unterschiedlichen fluviatilen Transportprozessen in den nördlichen und südlichen Randgebieten der Saar-Nahe-Senke zu rechnen. So konnte sich in der Senke viel bis in den Kornbereich verwittertes Material aus dem Süden sammeln. Die Komponenten stammen aus Kristallin-Gebieten, nachgewiesen durch Quarz-Korngemische und verwitterte Feldspäte. Im Gegensatz dazu standen eher Quarzit-, Schiefer- und Tonschiefer-Klasten neben „Schieferzerreibsel" im Norden zum Transport bereit. Klimatisch bedingt sollte der Zustrom aus dem Süden perennierend erfolgt sein, während der Zustrom aus dem Hunsrück-Gebirge im Norden eher saisonal und ohne Feldspat-Komponente war.

Bei der ständigen Subsidenz – A. Schäfer (1986) ging von max. 1100 m Mächtigkeit, Falke & Bank (1970) eher von <1000 m im Becken aus – stand im Saar-Nahe-Raum ein Auffangbecken am Süd-Rand des Hunsrück-Gebirges von erheblicher Kapazität zur Verfügung. Die fluviatil gesteuerten Sedimentationsprozesse reichten vom jeweiligen Rand bis über das Zentrum dieses Beckens hinaus, das einem Halbgraben mit Depotzentrum südöstlich der syngenetisch wirksamen Hunsrück-Südrand-Verwerfung glich. Da offensichtlich die Subsidenz stärker war als der Detrituseintrag von Süden (Südwesten) und Norden, sammelte sich das abfließende Niederschlagswasser in der Senke und führte zu einer ausgedehnten Seenlandschaft vor dem Gebirgsrand. Bei den klimatischen Verhältnissen sollte der quasi stete Sedimentstrom aus dem Süden Deltas in diese Seen vorgebaut haben. Von Norden kam es dagegen zu eher saisonalen Grobschüttungen aufgrund der noch bestehenden deutlichen Reliefenergie. In der relativ trockeneren Jahreszeit dort angesammelter Verwitterungschutt wurde bei Regen über Wadis in die Senke geliefert. Das fluviodeltaische Geschehen aus dem Süden hatte offensichtlich die beherrschende Rolle inne (Rast & A. Schäfer 1978), da feldspatreiche Sandmassen bis an den Südost-Rand des Hunsrück-Gebirges reichten und dort mit Hunsrück-Material vermischt wurden.

Offensichtlich bestand kein einziger ausgedehnter See. Vielmehr sorgten zeitweise weite Vorschüttungen für ein eher vielseitig gegliedertes See-System. In den Profilen wechseln daher mehrfach See-Horizonte und Delta-Schüttungen ab, die sich über Tuff-Horizonte korrellieren lassen. So ist erklärbar, dass See-Stadien unterschiedlicher Wassertiefe von Profundal- bis Randfazies existierten. Einzelne See-Phasen spiegeln so nur lokales Geschehen wider. A. Schäfer (1986: 317) ging davon aus, dass die die Profile beherrschenden Delta-Schüttungen „sich in immer wieder neu formierende Stillwasserkörper hinein" vorbauten. So entstanden einzelne Seen oder aber über Fluviatilsysteme verbundene, zusammengehörende größere See-Systeme. Es fehlt daher auch im Becken-Zentrum eine konsequente Abfolge von mächtigen Seesedimenten, resp. eine Delta-Sequenz zum Abschluss. Hierfür war offensichtlich die Saar-Nahe-Senke nicht nur zu kleinräumig, sondern auch der Zustrom von Siliziklastika über den gesamten Zeitraum letztlich zu groß. So entstand kein Hungerbecken, das einmalig aufgefüllt wurde. Die Verfüllung setzte mit der Disibodenberg-Formation ein und war letztlich erst in der unteren Donnersberg-Formation nach zahlreichen Anläufen beendet, nicht zuletzt auch wegen nachlassender Subsidenz der intramontanen Senke und zunehmender Aridität.

Ein typisches Produkt der See-eigenen Prozesse sind die Schwarzpelite, deren anorganischer siliziklastischer Anteil aus der Suspension in den zugeführten Flusswässern bestand. In den feingeschichteten „Papierschiefern" sind sie durch die helleren, siliziklastischen Lagen repräsentiert (A. Schäfer & Stamm 1989, A. Schäfer et al. 1990). Die dunklen Lagen enthalten dagegen eher die organische Substanz von niederrieselndem abgestorbenem Phyto- und Zooplankton, von organogenem Detritus von höheren Pflanzen und auch von außerhalb der Gewässer aufgearbeiteter humoser Substanz aus den Randbereichen der Seen. A. Schäfer (2012: 370) leitete die Lamination der „Papierschiefer" (paper shales) aus dem Wettergeschehen in den Regen- und Trockenzeiten ab. Während sich in der Trockenzeit vorwiegend Laminae reich an organischer Substanz bildeten, kam es in der Regenzeit vermehrt zu feinkörnigem siliziklastischem Eintrag. Daraus resultierte eine „Wetterschichtung" (weather bedding: A. Schäfer et al. 1990). Im Gegensatz zur Jahreszeiten-Schichtung schlägt sich dieses Phänomen im mehrfachen Wechsel der Laminae innerhalb einer Jahreszeit nieder, kann also nicht wie die Warvenschichtung ausgewertet werden (A. Schäfer 2012: Abb. 13).

Hinzu kommt die Produktion von Kalzitkriställchen über das Phytoplankton, die sich in den dunklen Lagen konzentrierten. Dieser primäre Kalzit ($CaCO_3$) wurde in erster Linie über Blaugrünalgen (Cyanobakterien) im See gebildet (A. Schäfer & Stapf 1978, Stapf 1989, 1990, A. Schäfer 2012) und mit der Suspension sedimentiert. Es bildet die Grundlage für die Toneisenstein-Geoden „Lebacher Nieren", wobei Siderit und Ankerit als Sekundärbildungen aus dem primären Kalzit anzusehen sind. Für diese Umbildung des Kalzits müssen im Sediment unter dem Seeboden reduzierende Bildungsbedingungen herrschen, die vermehrt im Umkreis abgestorbener Lebewesen im Sediment gegeben waren. Als Beweis für den Sauerstoffmangel in den obersten Schichten der Seesedimente gilt das weitgehende Fehlen von Benthonten, speziell Endobenthonten, die die Wetterschichtung durch Bioturbation hätten zerstören können.

4.2.1.7 Oberkirchen- und Thallichtenberg-Formation („Tholeyer Schichten", „Untere und Mittlere Tholeyer Gruppe")

Am Nordwest-Rand der Saar-Nahe-Senke gegen den Hunsrück erweisen sich in der Randfazies Ansprache und Zuteilung der Schichtverbände nach der modernen Stratigraphie mit Oberkirchen- und Thallichtenberg-Formation und die Abgrenzung gegen die Donnersberg-Formation im Hangenden als schwierig. Zur Beschreibung der Schichtenfolge in der Randfazies ist es zweckmäßiger, sie unter der früheren Bezeichnung „Tholeyer Schichten“ zusammenzufassen. Dabei handelt es sich allerdings nur um die Schichten der „Unteren“ und „Mittleren Tholeyer Gruppe“ (Falke 1954a). Ähnlich verfuhren schon Boy & Fichter (1982), die die übergeordnete Grenze zwischen Glan- und Nahe-Subgruppe an das Dach der seinerzeitigen „Thallichtenberg-Schichten“ legten. Schwierigkeiten ergeben sich auch bei der Untergrenze gegen die Disibodenberg-Formation. Der Beginn der „Tholeyer Schichten“ wurde mit dem Einsetzen erster mächtiger Arkosen („Tholeyer Arkosen“) gezogen. Diese Grenze ist eine reine Faziesgrenze und das Material – insbesondere die meist stark angewitterten, kaolinitisierten Feldspäte – weist in erhöhtem Umfang auf einen Transport aus südlich gelegenen „Kristallin“- Gebieten hin. Sie wurden damit im Süden früher sedimentiert als im Norden.

Lithologisch besteht der untere Abschnitt der „Tholeyer Schichten“ am Hunsrück-Südrand aus Arkosen und Feldspat-haltigen Sandsteinen, Geröll-führenden Arkosen und sandigen Konglomeraten mit hohem Anteil an verwitterten Feldspäten. Feinsand-, Silt- und Tonsteine sind unterschiedlich häufig. Die Farbe der Gesteine reicht von gelblich mit rötlichem Stich zu rötlich bis rötlichviolett. Die Komponenten der Konglomerate bestehen aus hellen, grauen, teilweise auch schwarzen Quarziten, Milchquarz, Kieselschiefern und diversen Sandsteinen.

Nordwest-Rand der Nahe-Mulde

Nur im Gebiet bei Idar-Oberstein bildete sich eine echte Randfazies wie bei den älteren Formationen heraus. Wieder zeichnet sich hier ein Schwemmkegel ab mit Konglomeraten und Sandsteinen. Leppla (1898) beschrieb von Bl. 6208 Idar-Oberstein hellgraue und rötliche Sandsteine und braunrote, auch graue Ton- und Siltsteine. Die fein- bis grobkörnigen Sandsteine enthalten Kaolinit, auch angewitterte Feldspäte (Arkosen) und degenerierte Hellglimmer bei relativ lockerer Kornbindung. Hinzu kommt Tonschiefer-Detritus („Tonschiefer-Zerreibsel“). Nahe am Hunsrück-Rand sind auch Konglomerate mit Quarzit-Geröllen und Tonschiefer-Klasten häufig. Mit diesen Konglomeraten zeichnet sich weiterhin die Lieferung aus dem Gebirge ab. Eine Grenze zu den Schichtverbänden im Liegenden ist wegen der Einheitlichkeit des jeweils gelieferten Materials schwer zu ziehen.

Falke & Bank (1970) leiteten die groben Klastika dieser Konglomerate vom Hunsrück von einer Erhöhung der Reliefenergie im Hunsrück-Gebirge ab, die jener in früheren Zeiten, etwa zur „Kuseler Zeit“, entsprochen haben sollte. Das Postulat einer tektonisch bedingten Reliefbelebung zur späten Glan-Zeit erscheint jedoch nicht notwendig. Die geomorphologischen Verhältnisse am Kloppbruchweiher beweisen, dass noch ein deutliches Relief in den aus Taunusquarzit bestehenden Härtlingen vorhanden war. Gegen eine Erhöhung der Reliefenergie im Hunsrück-Gebirge spricht auch der von Falke & Bank (1970: 57) erwähnte Sachverhalt, dass man abgesehen von dem Schwemmfächer bei Idar-Oberstein „bei den fluviatil-limnisch abgelagerten Tholeyer Schichten nicht (...) von einer Rand- und Beckenfazies sprechen“ kann. Dieses gilt auch überall dort, wo die „Lebacher Wiederholung“, jene typische Seen-Fazies der Thallichtenberg-Formation, nicht ausgebildet ist. Eventuell bestehende Subsidenzzentren waren hier bereits weitgehend aufgefüllt, wie eine über den „Lebacher Schichten“ folgende „rote Abfolge von Arkosen und Sandsteinen“ zeigt.

Der Schwemmfächer bei Idar-Oberstein verliert sich nach den Seiten. Seine Sedimente verzahnen sich mit grauen bis rotvioletten, Gerölle führenden bis feinkörnigen Arkosen, auch rötlichen Silt- und Tonsteinen. Teilweise sind die Gerölle aus Milchquarz und Quarziten sehr gut gerundet. Diese „Tholeyer Eier“ sind ein Spezifikum dieses Schichtgliedes. Sie weisen auf längeren Transport und mehrfache Umlagerung in energiereichen Fluviatilsystemen hin. Ob diese allein aus dem Hunsrück-Gebirge kamen, bleibt unsicher, da der meist hohe Feldspat-Anteil sich nicht von dort ableiten lässt.

Weiter im Nordosten beschrieb Bank (1953) auf Bl. 6111 Pferdsfeld einen Dachbank-Zyklus, der mit rötlich-grauen Silt- und Tonsteinen beginnend über Wechselfolgen von Silt- und Tonsteinen mit Arkosen zu mächtigen Arkosen und auch zu Konglomeraten reicht. Die Silt- und Tonsteine („Schiefertone") sind z. T. bunt (grünlich, rot, violettrot).

Östlich Auen erwähnten Reinheimer (1933) und Bank (1953) auch von der Willigiskapelle eine etwa 25 m mächtige Wechselfolge aus „Schiefertonen", Arkosen und Konglomeraten, die durch einen dauernden Wechsel von grobem und feinem Material gekennzeichnet sei. Die Konglomerate enthalten Gerölle bis 15 cm Durchmesser und mehr. Offensichtlich handelt es sich z. T. um fluviatile Grobschüttungen, die in stehende Gewässer und Tümpel auf einer Überflutungsebene geschüttet wurden, auf deren Boden sich Ton abgesetzt hatte.

Als besonderes Kennzeichen des hier als „Tholeyer Schichten" bezeichneten Schichtverbands führte Reinheimer (1933) deutliche Rotfärbung, das Auftreten von psephitischen Komponenten mit sehr guter Rundung („Tholeyer Eier") als Folge eines längeren fluviatilen Transportes an. Als Komponenten dieser Konglomerate nannte er helle und dunkle Quarzite, kantengerundete Kieselschiefer, sehr feinkörnige grüne Sandsteine und Kieselhölzer, lokal auch Granit-Gerölle. Unter den Sandsteinen sind, abgesehen von einem relativ hohen Feldspat-Gehalt, auch Varianten mit schlechter Sortierung, mit kantigen, aber auch kantengerundeten bis gerundeten Quarzkörnern. Hinzu kommen resedimentierte Tone in Form grünlichgrauer und roter Ton-Gerölle (Intraklasten) mit Durchmessern bis 5 cm. Abgesehen von mächtigen Arkosen ohne erkennbare Schichtung kommen gebankte Sandsteine und Arkosen vor, die durch graue und grünlichgraue Ton-Lagen und -Bestege deutlich voneinander getrennt sind. Z. T. sind auf den Schichtflächen Hellglimmer angereichert, woraus auf ein zumindest zeitweise aquatisches Energie-armes Umfeld geschlossen werden kann.

Nach Nordosten sind die „Tholeyer Schichten" noch bis südlich Allenfeld am unmittelbaren Nordwest-Rand der Nahe-Mulde zu verfolgen. Im nordöstlichen Anschluss werden sie von Schichten in „Waderner Fazies" diskordant überlagert und treten nur noch nordwestlich Wallhausen in Erscheinung. K.-W. Geib (1973) beschrieb südlich Allenfeld eine etwa 70 m mächtige Abfolge von Arkose-Bänken in Wechsellagerung mit grauen, rötlichgrauvioletten und grünlichen Tonsteinen. Die Feldspäte in den Arkosen sind meist kaolinitisiert, gelegentlich jedoch auch „fleischrot" und frisch.

Ein temporärer Aufschluss entlang der L 239 zwischen Wallhausen und Dalberg erschloss ein Profil, in dem die obersten Partien der Disibodenberg-Formation mit ca. 40 m grauen, sandigen Tonsteinen erfasst waren (K.-W. Geib 1973). Die „Tholeyer Schichten" setzten darüber mit grauen bis hellgrüngrauen, meist feldspathaltigen Konglomeraten ein. Darüber folgten grauweiße bis gelbliche, auch graugrünliche Arkosen, rötliche Tonsteine und Glimmer-führende Sandsteine. Diese Ausbildung entspricht jener weiter im Südwesten. Das Profil wird nach einer Schichtlücke von 3 m mächtigen roten Konglomeraten der „Waderner Schichten" überlagert. Eine „Lebacher Wiederholung" (Thallichtenberg-Fm.) fehlt auch hier.

Weiter südlich, im Umkreis der „Waldböckelheimer Kuppel", ist in diesem Niveau eine Wechselfolge von gelblichen Sandsteinen, Arkosen und grauen Tonsteinen zu finden, die noch keine gravierende Farbänderung gegenüber den Schichten der Disibodenberg-Formation aufweisen. Die Gerölle der Konglomerate sind auch hier in der Hauptsache Quarzite, Milchquarz und Kieselschiefer mit relativ hohem Rundungsgrad, vereinzelt auch Kalk-Gerölle. Die stark gestörten Profile bei Norheim und Niederhausen/Nahe beginnen mit hellen, weißlichgrauen Arkosen und geröllführenden Arkosen. Allerdings folgt hier darüber ein grauer Schichtverband, der lithofaziell der „Lebacher Fazies" gleicht. Er könnte ein Äquivalent der Thallichtenberg-Formation sein, das hier weiter beckenwärts ausgebildet ist. Der im Hangenden normalerweise folgende Verband der „Freisener Schichten" bzw. der unterste Abschnitt der Donnersberg-Formation fehlt hier an der Nahe wie auch am Hunsrück-Rand. Am Bahnhof Waldböckelheim beschrieb sie K.-W. Geib (1973: 28) als „Wechselfolge meist intensiv rot gefärbter Tonsteine und toniger Sandsteine, denen Tuffe und Tuffite eingeschaltet sind, „ im Liegenden der effusiven Decken der Donnersberg-Formation. Sie sollte bereits zur Nahe-Subgruppe („Oberrotliegendes"; „Grenzlager-Gruppe") gehören.

Nordwest-Rand der Prims-Mulde

Auch am Nordwest-Rand der Prims-Mulde folgen Schichtverbände, die aufgrund ihrer Lithofazies zu den „Tholeyer Schichten" gerechnet werden müssen, konkordant über den Schichtverbänden der Meisenheim-Formation. Dieser Übergang war Duis (1960) noch zugänglich. Das etwa 50 m mächtige Profil bei der ehem. Ziegelei (Bl. 6308 Birkenfeld West) begann mit einer 11 m mächtigen Schichtenfolge aus rötlichen, teilweise geröllführenden, sonst grobkörnigen Arkosen. Die einzelnen Schichten sonderten bankig, z. T. auch plattig ab. Sie enthielten Gerölle zwischen 1–12 cm Durchmesser aus Quarzit, Milchquarz, jedoch auch Granit und Rhyolith. Darüber folgten meist von Schutt verdeckt rote und grünliche Silt- und sandige Tonsteine („Schieferton"). Den Abschluss bildeten 16 m violette, rötliche sowie gelblichgraue, geröllführende Arkosen. Die im unteren Abschnitt noch relativ großen Gerölle nehmen zum Hangenden an Zahl und Gerölldurchmesser ab (fining-up). Dieser relativ grobklastische Anteil der „Tholeyer Schichten" bildet keinen durchgehenden Verband und lässt sich als solcher nicht lückenlos kartieren. Offensichtlich sind es langgestreckte zungen- oder linsenförmige Schüttungskörper, die von Süden oder Südwesten in den Ablagerungsraum hineinreichten. Duis (1960) zitierte vom Nordwest-Rand der Prims-Mulde mehrfach Einzelvorkommen, die seinerzeit noch in kleinen, heute meist verfallenen Steinbrüchen aufgeschlossen waren, so südlich der Ortschaft Brücken beiderseits der Traun, bei der Ortschaft Tranen, am unteren Eisbach, bei der ehem. Ziegelei Waldbach und weiter im Südwesten bei Schwarzenbach. Im ehem. Steinbruch bei Tranen standen rötliche bis gelblich-weiße fein- bis grobkörnige Arkosen an, die durch zunehmenden Geröll-Anteil zum Hangenden in Konglomerate (coarsening-up) übergingen. Die Schichtflächen der Arkosen waren mit detritischen Hellglimmern belegt.

Der mittlere und obere Abschnitt dieses Schichtgliedes ist selten gut aufgeschlossen. Duis (1960) beschrieb ein Bohrprofil westlich von Eisen (Bl. 6308 Birkenfeld-West) mit etwa 47 m wahrer Mächtigkeit. Dieses bestand aus Arkosen, geröllführenden Arkosen und „bunten" Silt- und Tonsteinen, die in die mittleren „Tholeyer Schichten" gehören sollten. Eine Korrelation dieses Profiles mit der übrigen Schichtenfolge der „Tholeyer Schichten" am Nordwest-Rand der Prims-Mulde ist jedoch unsicher.

Generell zeigt sich, dass im unteren und mittleren Abschnitt der „Tholeyer Schichten" vornehmlich Arkosen und geröllführende Arkosen vorkommen; der obere baut sich dagegen nach Lesestein-Funden eher aus roten Silt- und Tonsteinen auf, in die gelegentlich psammitische, meist feldspatreiche Bänke eingeschaltet sind. Sie waren zeitweise südlich der Landstraße Brücken – Birkenfeld aufgeschlossen. Die tonig-siltigen roten Schichtverbände waren hier vor dem Nord-Rand des Nohfeldener Rhyolith-Massivs bis zur Saigerstellung aufgerichtet und stark gestört. Mächtigkeitsangaben sind daher nicht möglich. Daraus lässt sich für den Nordwest-Rand der Prims-Mulde im Übergangsbereich zur Nahe-Subgruppe auf eine weite schlammige, rote Überflutungsebene schließen, die bis an das seinerzeitige Hunsrück-Gebirge heranreichte. Auf ihr konnten sich gelegentlich von Süden kommende, feldspatreiche fluviatile Grobsand-Schüttungen in Rinnen und ausgedehnten Schwemmfächern nach Norden vorschieben. Wegen verminderter Subsidenz an der Hunsrück-Südrand-Verwerfung kam es hier nicht mehr zur Ausbildung von Seen und der andernorts typischen „Lebacher Wiederholung" (Thallichtenberg-Fm.).

Boy (in: LGB 2005) wies darauf hin, dass trotz der großen Zahl an Arten die Fauna im Vergleich zum älteren Zeitraum deutlich ärmer wurde. Als Ursache vermutete er die „kontinuierliche Heraushebung des variskischen Gebirgskörpers" in eine „Höhenlage (von eventuell 2000 m)" (S. 108), die im Hunsrück zu erheblichen Temperaturschwankungen zwischen

Tag und Nacht bei allgemein ariderem Hochgebirgsklima führte. Auch ging er von einer Unterbrechung der Wanderwege für bestimmte Faunen aus, die zu allgemein stärkerer räumlicher Isolierung geführt hätte. Dieser Sachverhalt sollte wiederum „durch stärkere tektonische Zergliederung des Gebirgskörpers" (LGB 2005: 108) begründet sein. Für eine absolute Höhenlage von ca. 2000 m NN liegen relativ wenige Indizien vor. Es lässt sich nur sagen, dass die Höhenunterschiede zwischen den Hoch- und Liefergebieten und der Senke sich im Laufe der Glan-Subgruppe mehr und mehr anglichen. Diese Verringerung der Reliefenergie bedingte eine geringere Lieferung von grobem siliziklastischem Detritus aus dem Hunsrück-Gebirge. Erst mit Einsetzen der Donnersberg-Formation und verstärkt mit der Wadern-Formation kam es zu erneuter tektonisch bedingter Reliefbelebung durch Herausheben des Hunsrück-Blocks.

Der klimatische Wechsel hin zu arideren Klimabedingungen sollte in der nach Norden gerichteten Wanderung des Kontinents Pangaea auf die Wüstengürtel der Erde zu angenommen werden. Die höhere Aridität muss somit nicht allein mit starker Heraushebung in höhere Niveaus über NN begründet sein.

Die deutliche Abrollung der psephitischen Komponenten, besonders der transportresistenten „Tholeyer Eier", deutet auf verstärkten fluviatilen Transport, evtl. auch auf häufige Umlagerung. Ungeklärt ist, ob der relativ kurze Transportweg aus dem Hunsrück allein für die gute Rundung ausreichte und ob nicht zusätzlicher Transport in der Senke hinzu kam.

4.2.2 Die Nahe-Subgruppe („Oberrotliegendes") am Südost-Rand des Hunsrücks

Die Schichtenfolge der Nahe-Subgruppe besteht nach der modernen Gliederung aus Donnersberg-, Wadern- sowie Sponheim- und Standenbühl- incl. Kreuznach-Formation (LGB 2005, Boy et al. 2012). Am unmittelbaren Süd-Rand des Hunsrücks erweist sich diese detaillierte Gliederung als schwer durchführbar. Hier vertreten Schichten der Wadern-Formation, die wahrscheinlich schon mit der Donnersberg-Formation als fazieller Vertretung einsetzen, große Abschnitte der Nahe-Subgruppe. Beckenwärts verzahnen sie sich im tieferen Abschnitt mit den übrigen Schichten und mit den Eruptiva der Donnersberg-Formation. Im stratigraphisch höheren Abschnitt wurden Schichten der Wadern-Formation von solchen der Sponheim-Formation beckenwärts vertreten, die ihrerseits sich mit Schichten der Kreuznach-Formation verzahnen. Die Standenbühl-Formation ist auf die Pfälzer Mulde beschränkt.

4.2.2.1 Die Donnersberg-Formation („Obere Tholeyer"- und „Grenzlager-Gruppe")

Mit dem Einsetzen der Nahe-Subgruppe änderte sich der Ablagerungsraum grundsätzlich. Die weiträumige Subsidenz des Senkungsraumes, die sich bereits zur Zeit der Oberkirchen- und Thallichtenberg-Formationen („Tholeyer Schichten") verringert hatte, verlangsamte sich weiter, hörte jedoch nicht vollständig auf. Bei der Beschreibung der Verhältnisse am Süd-Rand des Hunsrücks genügt die Beschränkung auf die Nordwest-Ränder von Nahe- und Prims-Mulde sowie die in deren südwestlichem Anschluss liegende Merziger Grabenmulde. Sie nimmt eine spezielle Position nordwestlich des Hauptastes der Hunsrück-Südrand-Verwerfung (Kirn-Metzer Störung) ein. Die Sedimentation griff von dort weiter nach Norden auf den Hunsrück vor. Wann die Aufteilung in die einzelnen „Mulden" einsetzte, ist mangels zeitlicher Bezüge, auch im Bereich des Pfälzer Sattels, schwer abzuschätzen.

Hinzu kommt die Klimaänderung hin zu arideren Verhältnissen. Diese hatte sowohl auf den Sedimentinhalt der Becken, die Verteilung des Detritus als auch die Verwitterungsprozesse im Liefergebiet Hunsrück entscheidenden Einfluss. Die sukzessive Verlagerung auch der Liefergebiete in den Bereich der Wüstengürtel war eine logische Entwicklung, ohne dass chaotische Verhältnisse erzeugende Prozesse zur Erklärung herangezogen werden müssten.

Außerdem setzte mit nachlassender Subsidenz im Saar-Nahe-Raum ein bimodaler Magmatismus („Grenzlager-Vulkanismus“) ein. Er fand seinen Ausdruck in sauren bis intermediären Subvulkanen und Vulkan-Massiven – hier das Kreuznacher und das Nohfeldener Rhyolith-Massiv – zum anderen in der Effusion intermediärer bis basischer Laven und der Eruption unterschiedlicher vulkanischer Lockerprodukte.

Nordwest-Rand der Nahe-Mulde

Zu Abgrenzung und Gliederung. Südlich Daubach (Bl. 6111 Pferdsfeld) setzt die Nahe-Subgruppe über „Tholeyer Schichten“ ein. Dort beginnt in einem ca. 155 m mächtigen Profil in einem temporären Aufschluss (Bank 1953) die Schichtenfolge mit rotbraunen bis roten, ± sandigen Silt- und graugrünlichen Tonsteinen (Schiefertonen) im Wechsel mit graubraunen Sandsteinen, die bereits zur Donnersberg-Formation gezählt werden können. Im Gegensatz zu den „Tholeyer Schichten“ sind im unteren Abschnitt die feinkörnigen Gesteine in der Überzahl. Die Sandsteine haben im Gegensatz zum Liegenden eher grünlich-graue Farben. Etwa 33 m oberhalb der Basis des Profils folgen erste geringmächtige Konglomerate. Zum Hangenden nimmt die psephitische Komponente zu, und es schalten sich vermehrt geröllführende Sandsteine und Konglomerate ein. Ca. 95 m oberhalb der Basis liegt der erste „Grenzlager-Erguss“ (seinerzeit: Grenzlager-Zone; Grenzlager-Gruppe sensu Falke 1954a). Bank (1953) betonte, dass in diesem Profil im Grenzbereich „Unter-/Oberrotliegendes“ „vollkommene Konkordanz“ (S. 29) herrsche. Ähnlich äußerte sich schon Reinheimer (1933) im Gegensatz zu Kühne (1922), der für die Grenzziehung eine Diskordanz heranzog. Reinheimer sah erst mit dem Einsetzen mächtiger Konglomerate einen entscheidenden Sedimentationswechsel und darin die Berechtigung zur Grenzziehung „Unter-/Oberrotliegendes“. Für ihn war diese Grenze eine reine Fazies-Grenze. Weitere Grenzkriterien waren der Farbwechsel von eher gelblich bis rot im Liegenden zu rot und dunkelrotbraun im Hangenden, weiter auch die Abnahme des Rundungsgrades der Gerölle von gut gerundet unten zu „höchstens kantengerundet“ (S. 20) oben. Generell beginnt hier ein entscheidender fazieller Unterschied, der Übergang vom eher fluviatilen Environment zum alluvialen. Der Fazieswechsel ist bedingt durch die Belebung der Reliefenergie am Süd-Rand des Hunsrück-Gebirges. Damit beginnt die Wadern-Formation auch andernorts.

Die Vielzahl der lokalen Definitionen zeigt, dass die Grenzziehung am Süd-Rand des Hunsrück-Gebirges stark erschwert ist. Immerhin erscheint die Beimischung unverwitterter Kalifeldspäte zu schlecht gerundeten Quarz-Körnern bei schlechter Sortierung ein gutes fazielles Grenzkriterium, soweit dieses Material, das wahrscheinlich aus den Vogesen stammt, den Süd-Rand des Hunsrück-Gebirges überhaupt erreichte. Fossilien fehlen am Süd-Rand des Hunsrücks. Reinheimer (1933) nannte Pflanzen-Reste, u. a. von *Annularia stellata* und *Cordaites* sp.. Vereinzelt wurden auch Schalen und Steinkerne kleiner Gastropoden erwähnt.

Die Schichtenfolge. Die psephitische Komponente der Konglomerate und Geröllführenden Sandsteine besteht am Süd-Rand des Hunsrücks vielfach aus „Grünschiefern“, Serizit-Phylliten, Milchquarz, hellen und dunklen Quarziten und Kalken. Die Grundmasse vieler Psephite besteht aus fein verteiltem „Schieferzerreibsel“, eckigen Milchquarz- und Quarzit-Fragmenten. Das Bindemittel in den fester verkitteten Gesteinen ist meist tonig-kalkig, vereinzelt auch kieselig. Reinheimer (1933) beschrieb von der Daubacher Brücke dunkelrotbraune mürbe Konglomerate aus „vordevonischem und devonischem Material“ und den bereits gen. Komponenten. Sie stammen in erster Linie aus der Metamorphen Zone sowie von Gesteinen aus dem Südhunsrück-Trog. Auf dieses Gebiet weisen insbesondere die

Kalk-Gerölle hin mit Durchmessern zwischen 2 und 10 cm, die jenen der Glan-Subgruppe sehr ähnlich sind. Weiter wurden auch kleine, stark zersetzte Feldspäte genannt, die evtl. aus umgelagerten und aufbereiteten Rotliegend-Gesteinen stammen können. Eine Quelle für zersetzte Feldspäte ist im Hunsrück auch weiterhin nicht vorhanden. Die psammitischen Gesteine sind meist mürbe, rötlich, grobkörnig und bestehen aus schuppigem Detritus.

Diese Gesteinsfolge reicht bis knapp unter die erste Decke der „Grenzlager-Effusiva". Im unmittelbaren Liegenden der Effusiva liegt nach Reinheimer (1933) meist eine ca. 0,3 m mächtige „tiefdunkelrotbraune" Tonstein-Brekzie. Sie enthält in einer tonigen Grundmasse vorwiegend flache, kantige bis schwach kantengerundete Tonstein-, Quarz- und Quarzit-Klasten. Eine Schichtung ist nicht erkennbar. Die Oberfläche dieser Bank ist im unmittelbaren Kontakt durch das Darübergleiten der Effusiva zwar mechanisch beansprucht, jedoch nicht thermisch (kontaktmetamorph) verändert. Die unterste Partie des Vulkanits ist meist zu einer „grünlichgrauen tonigen Masse zersetzt". Offensichtlich ergoss sich der Lava-Strom in einen schlammigen flachen See, dessen warmes Wasser zu der entsprechenden Veränderung führte. Diese Beobachtung deckt sich mit der Vorstellung, dass die Sedimente hier auf einer weiten schlammigen Überflutungsebene zum Absatz kamen.

Die „Grenzlager-Effusiva" bildeten auf Bl. Pferdsfeld zwei Ergüsse. Reinheimer (1933) beschrieb zwischen beiden Decken 3 m mächtige, konkordant eingeschaltete Sedimente von ähnlicher Beschaffenheit wie im Liegenden. Die Gerölle der Konglomerate bestehen ausschließlich aus Hunsrück-Material. Über dem zweiten Erguss setzt sich diese Abfolge fort. Das gilt auch für das Hangende eines Tuffs in diesen Sedimenten. Die Konglomerate im Hangenden des oberen Ergusses enthalten bereits stark angewitterte Gerölle aus dem Material der beiden Decken.

Etwa 75 m oberhalb der oberen Decke verflacht sich die Schichtlagerung. Die Konglomerate verzahnen sich mit roten feinkörnigen Sandsteinen, die grünliche, rundliche Bleichungshöfe aufweisen. Die Zusammensetzung dieser Sandsteine aus Quarz-Körnern und detritischen Hellglimmern entspricht weiterhin jener im Liegenden. Diese Abfolge setzt sich am Süd-Rand des Hunsrücks weiter in das Hangende fort. Die Bestandteile der Konglomerate bestehen weiterhin aus Hunsrück-Material, darunter sind auch Kalke, vermehrt nun auch Gerölle von „Grenzlager-Eruptiva".

Die Abtrennung der über der Donnersberg-Formation folgenden Schichten der Wadern-Formation erweist sich hier als schwierig, da sich die Randfazies aus der Donnersberg- in die Wadern-Formation hinein kontinuierlich fortsetzt. Bank (1953) zog eine Grenze in den Konglomeraten dort, wo die ersten Abtragungsprodukte der „Grenzlager-Vulkanite" als Komponenten im Geröllspektrum auftreten. E. Schröder (1952) hatte eine ähnliche Ansicht. Derartige Gerölle können theoretisch jedoch bereits oberhalb des ersten „Grenzlager-Ergusses" auftreten. Die Schichten gehörten dann jedoch noch in die Donnersberg-Formation.

Atzbach & K.-W. Geib (in: K.-W. Geib 1973) schieden am Süd-Rand des Hunsrücks zwischen Waldböckelheim und Hargesheim „Freisener Schichten" aus, die nach der jetzigen Gliederung der untersten Donnersberg-Formation entsprechen. Sie treten hier nur sporadisch auf und bestehen aus einer „Wechselfolge meist intensiv rotgefärbter Tonsteine und toniger Sandsteine, denen Tuffe und Tuffite eingelagert sind" (S. 28). Über dem obersten Erguss des „Grenzlager-Vulkanismus" – hier sind es vier Decken – setzen nach Atzbach & K.-W. Geib „Waderner Schichten" aus Kon- und „Fanglomeraten" ein. Nach der Kartierung sollen südlich Argenschwang am Süd-Rand des Hunsrücks Konglomerate diskordant über verstellte Schichten der Glan-Subgruppe auf die Gesteine der Metamorphen Zone übergreifen. Das gilt auch für die Hunsrück-Südrand-Verwerfung, die sie nicht betroffen zu haben scheint. Da südlich Allenfeld noch Gesteine der Donnersberg-Formation anstehen, setzen oberhalb der Diskordanz zwar Schichten in Waderner Fazies ein. Ob diese mit der Wadern-Formation gleichgesetzt werden dürfen, bleibt zu klären.

Die paläogeographische Situation zeigt, dass die Fluviatilsysteme der „Tholeyer Zeit" in der Donnersberg-Formation weiter bestanden. In der weitgespannten Überflutungsebene südlich des Hunsrück-Gebirges mit wahrscheinlich verwilderten Flusssystemen kam es zusätzlich zu der vulkanischen Tätigkeit, die durch die „Grenzlager Effusiva" dokumentiert ist. Ströme schlossen sich zu Decken zusammen, die sich flächenhaft in der Ebene ausbreiteten. Der Beginn dieses Vulkanismus lässt sich nur grob als Zeitmarke verwenden, da eine Gleichzeitigkeit der Effusionen sicherlich nicht überall gegeben ist. Obwohl die Ergüsse z. T. erhebliche Mächtigkeiten erreichen, wurde das fluviatile Geschehen in der Ebene vor dem Gebirge nicht wesentlich eingeschränkt oder unterbrochen. Das setzt ein Gleichgewicht zwischen Becken-Füllung und Subsidenz voraus. Sowohl unter-, inner- als auch oberhalb der Lava-Ströme und -Decken blieb das fluviatile Environment erhalten. Lokal muss im unmittelbaren südlichen Vorland des Gebirges verstärkt mit dem Austritt von Wadis in die Senke gerechnet werden und auch mit der Ausbreitung alluvialer Schwemmfächer. In den Wadis, in denen sich im Gebirge bei dem mehr und mehr ariden Klima bei physikalischer Verwitterung Schuttmaterial angesammelt hatte, wurde dieses bei Starkregenfällen als Wasser-Feststoff-Gemisch nach Süden in die Senke transportiert. Bei Austritt in die Ebene breitete sich das Material, das seitlich nicht mehr eingeengt war, vom Apex an fächerförmig aus. Die in den Profilen angeschnittenen Wechselfolgen entsprechen den jeweiligen Schüttungen. Bei nachlassender Transportkraft kam vermehrt das feine Material zum Absatz. Vor den Schwemmfächern sammelte sich in distaler Position mit dem abfließenden Wasser feine Trübe, die heute als rote Silt- und Tonsteine überliefert ist. Da nicht jeder Schub die gleiche Transportkraft besaß, wechseln Kleinzyklen aus gröberem und feinerem Korn ab.

Diese Verhältnisse waren zur Zeit der Donnersberg-Formation im Wesentlichen auf das südliche Vorland des Hunsrück-Gebirges beschränkt. Gut gerundete Gerölle, ein erheblicher Quarz-Sandanteil und die Feldspäte legen ein Flusssystem in der Ebene nahe, das parallel zum Gebirge in der Senke verlief und auch Material aus dem Süden erhielt. Daraus ergibt sich, dass dort die Gesteine bevorzugt chemischer Verwitterung ausgesetzt waren. Dabei sollten die minimalen Korngrößen bis in den Ton-Bereich reichen, resultierend aus der chemischen Verwitterung der Tonschiefer. Eine Auflösung des Kornverbandes der Quarzite vom Typ Taunusquarzit bis in den Kornbereich war wohl nicht möglich. Vielmehr sollten vermehrt Polyquarze zur Ablagerung gekommen sein und damit ein entscheidender Unterschied zum Material aus dem Süden oder Südwesten innerhalb der Donnersberg-Formation bestehen.

Vom Rand der Nahe-Mulde bei Idar-Oberstein beschrieben Falke & Bank (1970: 58) im Übergang zur Prims-Mulde eine bis 250 m mächtige Schichtenfolge „von Konglomeraten, bunt gefärbten Sandsteinen, Arkosen mit frischen Feldspäten und Tonsteinen". Sie führten den starken Wechsel auf ein Lokalrelief in der Senke zurück, das zu Abtragung führte und „zu der Vielgestaltigkeit des faziellen Bildes beitrug". Das Liefergebiet Hunsrück machte sich in den Komponenten der Kon- und „Fanglomerate" in „Waderner Fazies" bemerkbar. Die Abgrenzung zum Liegenden und Hangenden ist wegen fließender Übergänge schwer möglich.

Auch Leppla (1898a) beschrieb vom Nordwest-Rand der Nahe-Mulde nahe Idar-Oberstein eine recht wechselvolle Schichtenfolge, u. a. das „Porphyr-Konglomerat". Es besteht bei Mackenrodt aus hellen Arkosen mit Rhyolith-(Felsit-)Geröllen vom Nohfeldener Rhyolith-Massiv und wird von einem mindestens 10 m mächtigen braunroten „Quarzit-Konglomerat" überlagert, das in seinem „Aeusseren durchaus dem Oberrothliegenden gleicht" (S. 23). Es nimmt in Richtung Südwesten an Mächtigkeit zu. Darin wechsellagern Konglomerate mit braunroten Sandsteinen und werden überlagert von roten Sand- und sandigen Tonsteinen. Zum Hangenden folgen hellgrünlich- bis gelblichgraue „thonige Schichten, theilweise tuffiger Natur" (S. 23) mit eingelagerten großen Rhyolith- und Quarzit-Geröllen. Diese bei Rötsweiler, westlich Idar-Oberstein, noch 50 m mächtige Schichtenfolge nimmt nach Nordosten an Mächtigkeit ab und klingt in dieser Richtung aus. So bildet sich hier erneut ein Schuttfächer ab, der allerdings eher parallel zum Becken-Rand lag und Material sowohl vom Nohfeldener Rhyolith-Massiv als auch aus dem Hunsrück bezog. Die Gerölle weisen z. T. auf einen längeren Transport in einem verwilderten Flusssystem hin.

Nordwest-Rand der Prims-Mulde

Während die stratigraphische Stellung der „Tholeyer Schichten" zum „Unterrotliegenden" unbestritten war, blieb die Stellung der „Söterner Schichten" (heute: Donnersberg-Formation) in der Diskussion. Leppla (1898a) stellte sie aufgrund petrographischer Ergebnisse und tektonischer Überlegungen in das „Oberrothliegende" und schloss die Eruptiva des „Grenzlagers" mit ein. Später (Leppla 1925a) tilgten er und Kühne (1922) diesen Begriff und sahen in ihm – insbesondere im Umfeld des Rhyolith-Massivs von Nohfelden – nur eine lokale Ausbildung der „Waderner Schichten". Das erschien berechtigt, da hier die grobklastische Fazies unter-, inner- und oberhalb der „Grenzlager-Ergüsse" auftritt. E. Schröder (1952) machte geltend, dass das tiefere „Oberrotliegende", das etwa den ehem. „Söterner Schichten" entspricht, nach der tektonischen Umgestaltung der Saar-Nahe-Senke in Einzelstrukturen – hier die Prims-Mulde – mit dem eingebundenen Vulkanismus auf einen engen Raum beschränkt war und dass die „Quarzitkonglomerate und Sandsteine des höheren Oberrotliegenden" auf „älteren Untergrund" übergreifen. Zwischen beiden Einheiten sah er „eine deutliche Erosionsdiskordanz." (S. 255). Damit erklärte er auch einen starken „Melaphyranteil im tieferen Transgressionskonglomerat" und einen „Hiatus in der Sedimentation des Primstroges" (S. 256). Eine Winkeldiskordanz lehnte er ab. Eine Übertragung dieser Verhältnisse auf die Nahe-Mulde gelang nicht. In der Prims-Mulde sollte somit der von E. Schröder als „tieferes Oberrotliegendes" bezeichnete Abschnitt der heutigen Donnersberg-, der höhere der Wadern-Formation entsprechen. Duis (1960) bestätigte lokal eine Erosionsdiskordanz an der Basis des seinerzeitigen „Oberrotliegenden" und bestätigte diese Grenzziehung. Als entscheidend betrachtete er eine geschlossene und intensivere Rotfärbung, geringere Rundung vor allem der Quarzit-Gerölle und starke laterale Fazieswechsel verglichen mit den Schichten im Liegenden, insbesondere im Nahbereich um das Rhyolith-Massiv.

Die Schichtenfolge. Auch am Nordwest-Rand der Prims-Mulde besteht die Schichtenfolge der Donnersberg-Formation aus recht heterogenen Schichten, die sich in wechselndem Umfang aus vulkanischem Detritus, Tuffen und klastischen Sedimenten zusammensetzen. Letztere bestehen aus meist wenig verfestigten Konglomeraten, mürben bräunlichen, roten bis rotvioletten, auch gelblichweißen Sandsteinen und Arkosen mit z. T. frischen Feldspäten sowie rotbraunen, auch grünlichen Silt- und Tonsteinen. Duis (1960) gliederte diese Schichtenfolge vom Liegenden zum Hangenden in „Porphyrkonglomerat", Liegende Lava-Decke, „Quarzporphyrtuff", Quarzitkonglomerat und Hangende Lava-Decke.

Das Geröllspektrum der Konglomerate besteht aus Milchquarz, roten, grauen und grünen Quarziten, Tonschiefer-Klasten und Kieselschiefern. Hinzu kommen Einzelfunde von „Kieselhölzern". Im Vergleich mit den Konglomeraten, die sonst in der Randfazies zum Hunsrück gefunden werden, sind viele Gerölle gut gerundet. Das gilt vor allem für die Quarzite, auch die grünen Quarzite, deren Herkunft fraglich ist. Eine gute Abrollung des aus dem Hunsrück stammenden, unterschiedlich grauen und rötlichen Quarzit-Materials setzt einen längeren Transportweg und Umlagerung in einem Flusssystem voraus. Im höheren Abschnitt trug ein z. T. erheblicher Anteil an Geröllen aus den „Grenzlager-Eruptiva" mit dazu bei, dass diese Schichten auch zu den „Waderner Schichten" gezählt wurden.

Besonders erwähnt sei das **Rhyolith- oder „Porphyr-Konglomerat"**. Es handelt sich um eine sedimentäre Rhyolith-Brekzie, die ausschließlich aus Bruchstücken des Nohfeldener Rhyoliths, vornehmlich der felsitischen Variante aus dem nördlichsten Teilmassiv besteht. Die Korngröße reicht von Blöcken mit Kantenlängen bis 1 m bis Feinkies. Die Klasten liegen in einer feinkörnigen Matrix aus Rhyolith-Detritus („Zerreibsel"). Es handelt sich dabei um das Material eines Schuttmantels, der sich vornehmlich durch physikalische Verwitterung im Umfeld des nördlichen Teilmassivs innerhalb einer ausgedehnten Flusslandschaft gebildet hat. Distal konnte es zu einer Vermischung des Rhyolith-Materials mit dem transportierten Material kommen. Nach der Rundung der Klasten handelt es sich jetzt eher um ein Rhyolith-Kongomerat. Da erste Rhyolith-Gerölle bereits in den Konglomeraten unterhalb des unteren „Grenzlager-Effusivs“ zu finden sind, ist zumindest der erste Aufstieg des Rhyolith-Domes älter als die intermediär bis basischen „Grenzlager“-Ergüsse der unteren Decke. Jüngere Konglomerate der Donnersberg-Formation enthalten dann Gerölle der älteren „Grenzlager-Effusiva“.

Schwierig ist wieder die Grenze zur Wadern-Formation im Hangenden. Ein mögliches Grenzkriterium ist ein geringerer Abrollungsgrad der Klasten der Schwemmfächer, die vom Hunsrück-Gebirge herab sich in der Piedmont-Fläche vor dem Gebirge ausbreiteten.

Eine Diskordanz deutet sich am Nordwest-Rand der Prims-Mulde dort an, wo nördlich des Massivs das Rhyolith-Konglomerat bzw. Konglomerate der Donnersberg-Formation auf die mittelsteil nach SE einfallenden Schichten der obersten Glan-Subgruppe („Tholeyer Schichten“) übergreifen. Auch Falke & Bank (1970) wiesen auf diese Diskordanz hin, die nur lokale Bedeutung hat und vulkanotektonisch bedingt ist. Im unmittelbaren Randbereich des Nohfeldener Rhyolith-Massivs zwischen Türkismühle und dem Traun-Tal liegt das Rhyolith-“Konglomerat“ als Schuttmantel direkt auf dem Rhyolith.

Nach G. Müller (1982) gingen von dem Rhyolith-Massiv mehrere große Schuttströme aus. Deren Mächtigkeit nimmt vom Massiv nach außen relativ rasch auf 5–2 m ab. Distal, etwa bei Eisen, kommen nur noch einzelne Rhyolith-Gerölle oder konglomeratische Lagen aus Rhyolith-Geröllen in braunen Sandsteinen vor. In dieser Entfernung vom Massiv sind die Rhyolith-Klasten bereits integrierter Bestandteil des Fluviatilsystems.

Petrographische Unterschiede im Rhyolith des Massivs gestatten es, über die Petrographie und die Menge der Klasten den Abtragungssprozess nachzuzeichnen. Danach schalten sich in eine basale Abfolge von braunroten Silt- und Sandsteinen der umgebenden Überflutungsebene mit aufsteigendem Profil vermehrt Rhyolith-Klasten ein, bis das ausschließlich aus Rhyolith-Klasten bestehende Rhyolith-“Fanglomerat“ erreicht ist. Manche der frühen Sedimentklasten stammen aus dem Randbereich des Massivs und zeigen Phänomene der Kontaktmetamorphose. Unterschiedliche Rhyolith-Varietäten, gekennzeichnet durch Unterschiede in Struktur und Textur des Rhyoliths, lassen erkennen, dass im Laufe der Zeit vermehrt Klasten aus dem Kernbereich des Massivs abgetragen wurden. Die höheren Partien des „Fanglomerats“ sind durch das von Klasten einer einheitlichen felsitischen Rhyolith-Varietät aus dem Kernbereich gekennzeichnet.

Mit zunehmender Entfernung vom Nohfeldener Rhyolith-Massiv findet sich vermehrt auch Material vom Hunsrück in Form von Milchquarz- und Quarzit-Geröllen. In dieser Richtung schalten sich auch Arkose-Bänke sowie rötliche und grünliche Silt- und Tonstein-Lagen ein. Distal, wie z. B. bei Braunshausen im Südwesten, wird das Rhyolith-Konglomerat von einem Schichtverband aus grünlichgrauen Konglomeraten mit roten und grünen Quarzit-, Milchquarz- und wenigen Rhyolith-Geröllen, bräunlichen und roten Arkosen sowie Silt- und Tonsteinen („Schieferton“) vertreten (Duis 1960).

Über dem Rhyolith-Konglomerat bzw. den dieses seitlich vertretenden Konglomeraten, Arkosen, Sand-, Silt- und Tonsteinen folgen die Effusiva der „**Liegenden Lava-Decke**“.

Unmittelbar darüber liegen bis 60 m mächtige „**Zwischensedimente**“ (Duis 1960). Dieser Schichtverband entspricht jenem, der das Rhyolith-Konglomerat auch seitlich vertritt. In der Nähe des Rhyolith-Massivs können, wie z. B. bei Achtelsbach (Bl. 6308 Birkenfeld-West), auch in den Zwischensedimenten über der „Liegenden Lava-Decke“ noch Lagen von Rhyolith-Geröllen angetroffen werden. An anderen Orten setzen die Zwischensedimente mit bis zu 10 m mächtigen Quarzit-Konglomeraten ein. In der Mehrzahl der Fälle bestehen die Zwischensedimente jedoch im unteren und mittleren Abschnitt aus Arkosen und Sandsteinen sowie roten Silt- und ± sandigen Tonsteinen. Zum Hangenden gehen die Zwischensedimente in eine Wechselfolge von mehr oder weniger geröllführenden Sandsteinen und Konglomeraten über, die vorzugsweise aus Quarzit-Geröllen bestehen. Dieser obere konglomeratische Abschnitt wird bis zu 20 m mächtig. Die Konglomerate sind z. T. locker, z. T. auch gut verfestigt. Duis (1960) beschrieb aus einer solchen Partie als Komponenten graue bis weißlichgraue Quarzite, rote und grüne Quarzite, rote plattige Quarzite, glimmerhaltige grünliche bis grünlichgraue quarzitische Sandsteine, rote und rötlich- bis grünlichgraue Sandsteine, rote Tonschiefer, Milchquarz und stark verfestigte Pelite. Dieses Geröllspektrum lässt sich zweifelsfrei aus dem Hunsrück beziehen. Eingelagerte rötliche geröllführende Sandsteine zeigen rundliche Bleichungshöfe um dunkle Kerne. Ein Teil der Sandsteine und die Arkosen stammen wohl aus dem Süden oder Südwesten.

Über diesen Zwischensedimenten liegt der „**Quarzporphyr-Tuff**" (Duis 1960). Dabei handelt es sich um eine Einschaltung von Ignimbriten (Minning & Lorenz 1983, G. Müller 1982).

Der von Duis (1960) als „**Quarzit-Konglomerat**" bezeichnete Verband folgt unmittelbar über dem Ignimbrit. Er wird 40–80 m mächtig. Seine Mächtigkeit schwankt z. T. erheblich schon auf wenige hundert m. An der Basis des Quarzit-Konglomerats liegt ein etwa 4 m mächtiger Aufarbeitungshorizont, der aus Milchquarz-Geröllen und aufgearbeiteten „fleischfarbenen" Ignimbrit-Partikeln sowie Sedimentklasten mit Durchmessern bis 3 cm besteht. Der darüber folgende Schichtverband ist vorwiegend psephitisch mit Geröllen von wenigen bis 20 cm Durchmesser; feine und grobe Konglomerate wechseln bankweise ab. Die Gerölle sind eher kantengerundet; der Bindungsgrad ist gering. Das Geröllspektrum setzt sich aus den gleichen Komponenten zusammen wie die Konglomerate der Zwischensedimente. Mit dem Quarzit-Konglomerat endet die Rotliegend-Schichtenfolge im nordwestlichen Randbereich der Prims-Mulde. Den Abschluss zum Hangenden bildet die „**Hangende Lava-Decke**".

4.2.2.2 Die Wadern-Formation („Waderner Gruppe", „Waderner Schichten")

Mit der Wadern-Formation setzte sich die bereits für die oberen Abschnitte der Donnersberg-Formation beschriebene Faziesentwicklung fort. So begleiten mächtige sedimentäre Brekzien („Fanglomerate") und Konglomerate, die als Schwemmfächersedimente anzusprechen sind, den gesamten Südost-Rand des Hunsrück-Gebirges. Sie sind von der Saar bis nach Bingen/Rhein immer in ähnlicher Position anzutreffen. E. Weiss & Grebe (in: Lepsius 1887) und E. Weiss (1889) bezeichneten sie als „Waderner Schichten" oder „Waderner Stufe" nach Wadern am südlichen Hunsrück-Rand (Bl. 6407 Wadern).

Die genetische Deutung als fluviatile oder alluviale Sedimente hat sich endgültig erst relativ spät durchgesetzt, obwohl Laspeyres (1867) bereits die Entstehung der Psephite und ihrer Begleitsedimente auf Schlammfluten zurückführte, als andere noch von Gehängeschutt (Leppla noch 1925a, Beyenburg 1930, Wilh. Wagner & Michels 1930) oder von „Verwitterungsschutt" ausgingen, der senkenwärts gewandert sei. Reinheimer (1933) vermutete größere Mengen an „Trockenschutt", der bei Starkregen als Schichtflut aus dem Gebirge in die Senke verfrachtet wurde. Eine ähnliche Vorstellung entwickelte Reineck (1955), der von wiederholter Umlagerung und kurzlebigen Schichtfluten ausging. Falke (1965) machte einen stoßweisen Transport unter Beteiligung wechselnder Wassermengen aus dem Hunsrück für die Entstehung der „Waderner Schichten" verantwortlich.

Stapf (1982) bestätigte, dass es sich um Schwemmfächersedimente handelt. Dafür musste das gesamte Inventar der groben Sedimente am Rand und der feineren im Becken untersucht und zueinander in Beziehung gesetzt werden. Die distalen Sedimente sind bei den seinerzeit herrschenden klimatischen Bedingungen als Playa-Sedimente zu deuten, die sich zeitgleich als distale Fazies – Sponheim-Formation – im Beckeninneren bildeten, während die Sedimente der Wadern-Formation auf die Beckenränder und als Rand-Fazies auf die Umrandung der Rhyolith-Massive beschränkt sind.

Am Nordwest-Rand der Saar-Nahe-Senke ziehen sich die Sedimente der Wadern-Formation als relativ schmaler Streifen von der Saar bis zum Rhein entlang. Sie erreichen dort z. T. erhebliche Mächtigkeiten. Im Nordosten grenzen diese Schichten entlang der Hunsrück-Südrand-Verwerfung unmittelbar an die devonischen Schichten. Weiter nach Südwesten, etwa ab Rehbach, greifen die „Waderner Schichten“ randlich auf die Gesteine der Metamorphen Zone über. Das gilt in vermehrtem Umfang für das Gebiet der Merziger Grabenmulde und an der Saar, wo sie im Raum Mettlach einen Teil des Reliefs ausfüllen, das sich dort in Gesteinen des Taunusquarzits gebildet hatte.

Nordwest-Rand der Nahe-Mulde

Zwischen der Umgebung von Idar-Oberstein und dem Trollbach-Tal südwestlich Bingen treten am Südost-Rand des Hunsrücks mehrfach Schichten auf, die zur Wadern-Formation gehören. Sie erstrecken sich vom Nordwest-Rand der Nahe-Mulde bis in ihren Kernbereich nach Süden. Diese grobe „Waderner Fazies“ reicht gebietsweise noch unter die Ergüsse der „Grenzlager-Eruptiva“ hinunter und gehört dann sicherlich noch in das Niveau der Donnersberg-Formation. Die Mächtigkeit dieser „Waderner Fazies“ schwankt in weiten Grenzen zwischen 60–120 m auf der Nordwest-Flanke und >300 m im Kern der Nahe-Mulde (Falke & Bank 1970). Hier handelt es sich um klassische Schwemmfächer-Sedimente, deren Material aus dem Hunsrück stammt. Diese mächtigen sedimentären Brekzien und Konglomerate bestehen aus unterschiedlich, meist jedoch schlecht gerundetem Material bei sehr schlechter Sortierung. Häufig sind sedimentäre Brekzien mit Klasten bis 40 cm Durchmesser. Sie bestehen aus grauen bis rötlichen Quarziten vom Typ Taunusquarzit, Milchquarz, Tonschiefern und Sandsteinen. Mehrfach werden „Kieselschiefer“ angegeben und auch Vulkanit-Gerölle, die lokal „Melaphyr-Konglomerate“ bilden.

Während ein Teil der „Fanglomerate“ schlecht verfestigt ist, kann ein anderer auch verkieselt sein und mächtige Felspartien bilden, wie z. B. an der Nahe östlich Idar-Oberstein oder im Trollbach-Tal bei Burglayen. Diese „Fanglomerate“ sind schlecht bis kaum geschichtet. Linsenartige Einschaltungen von Ton-, Silt- und Sandsteinen sind lokale Schlammstrom-Bildungen auf dem Relief des Schuttstromes.

Aus dem Raum Kirn erwähnte Stapf (1982) eine generelle Korngrößenabnahme zum Hangenden. Die Klasten aus grünlichgrauen, grauen und selten rötlichen Quarziten, quarzitischen Sandsteinen, Gang-Quarz, grüngrauen Phylliten und wenigen Kieselschiefer-Geröllen aus dem Hunsrück erreichen max. 10 cm Durchmesser. Dabei zeigen die Quarzit-, Quarz- und Sandstein-Gerölle im Gegensatz zu den Kieselschiefern gute Rundung. Die Psephite sind komponentengestützt und weisen eine siltig-feinkiesige Matrix mit vielen Phyllit-Fragmenten in den Zwickelräumen auf. Auch hier sind in die groben Partien flach linsenförmige Lagen von Ton-, Silt und Sandstein eingeschaltet. Auch aus dem Raum Hochstetten-Dhaun und Meckenbach berichtete Stapf von mächtigen Schuttstrom-Ablagerungen mit ähnlicher Klasten-Zusammensetzung, wobei selten auch Meta-Diabas- neben Phyllit- und Vulkanit-Geröllen vorkommen. Die Farbe der Psephite ist hier intensiver dunkelbraun bis braunrot bei intensiv roter Färbung der Matrix. Die Größe der Gerölle und Klasten reicht bis 10–15 cm Durchmesser bei meist schlechter Rundung der Komponenten.

In ähnlicher Ausbildung setzt sich die Wadern-Formation nach Nordosten fort. Bei Martinstein und Monzingen wurden entlang des Hunsrück-Randes Karbonat-Gerölle mit Durchmessern bis 15 cm gefunden. Sie sind mäßig bis kantengerundet. Atzbach (1980) erwähnte von Merxheim (Bl. 6211 Sobernheim) Sandstein-Gerölle mit gut erhaltenen Oberems-Brachiopoden, die nur aus dem ehemaligen Süd-Hunsrück-Trog stammen können. Ihre genaue Herkunft lässt sich wie die der Kalk-Gerölle nicht mehr bestimmen. Eine Ableitung aus der Stromberger Gegend (Stapf 1982) ist unwahrscheinlich. Außerdem häufen sich hier bis 30 cm im Durchmesser messende Vulkanit-Gerölle in den Psephiten oberhalb der „Grenzlager-Effusiva", die zum Hangenden an Zahl und Größe abnehmen. Die Matrix besteht zu einem hohen Anteil aus grüngelblichen Phyllit- und Meta-Diabas-Klasten. Stapf erwähnte zusätzlich rhyolithische Tuffe aus dem Gebiet um Weiler bei Monzingen.

Weiter im Nordosten zeigen die Schichtverbände kaum Unterschiede zu der bisher beschriebenen „Waderner Fazies", sowohl hinsichtlich ihrer stratigraphischen Reichweite – Vertretung bis in die Donnersberg-Formation, dort unter, auch zwischen und über den „Grenzlager-Effusiva" – sowie ihrer lithofaziellen Ausbildung. Die Geröllgrößen reichen max. bis 40 cm Durchmesser bei sehr schlechter Sortierung. Es sind rote, rotbraune, grüngraue bis violettrötliche und unterschiedlich körnige sedimentäre Fanglomerate. Die Klasten sind meist eckig, bestenfalls angerundet. Übergroße Blöcke in feinerkörnigem Sediment lassen sich durch Wandern bei Schichtfluten nach plötzlichen Starkregenfällen erklären, wie sie vornehmlich in wüstenhaften Gebieten vorkommen. Auch hier nimmt die Korngröße in Richtung Senke, jedoch auch nach den Seiten ab. Abgesehen von den üblichen aus dem Hunsrück stammenden Klasten treten hier Transport-anfällige mitteldevonische Kalke und Dolomite im Geröllspektrum hinzu. Dazu gehören auch Fragmente von Serizit-Phylliten und Meta-Diabasen aus der Metamorphen Zone und Tonschiefer vom Typ Hunsrückschiefer. Ihre Form ist eher plattig mit abgestoßenen Kanten. Die Klasten erreichen bis 50 cm Kantenlänge.

Die einzelnen Schuttlieferungen werden weiter im Nordosten durch geringmächtige rötliche bis rötlichviolette Sand- und Tonstein-Lagen getrennt. Nach K.-W. Geib (1973) nehmen sie auf Bl.6112 Waldböckelheim senkenwärts auf 10–20% Anteil am Gesamtprofil zu und gehen beckenwärts in Gesteine der Sponheim-Formation über. Stapf (1982) beschrieb aus dem Gebiet südlich Allenfeld eine Wechselfolge von „6 bzw. 5 mächtigen Konglomerathorizonten mit 14 bzw. 20 m mächtigen roten Ton-, Silt- und Feinsandsteinen, die zur Playa-Fazies" (S. 26) zu rechnen sind.

Eine generelle Abnahme der Größe der Komponenten ergibt sich hier vom Liegenden zum Hangenden und auch nach Nordosten am Rand der Nahe-Mulde in Richtung Wallhausen, Laubenheim/Nahe (Bl. 6013 Bingen), was auf eine Abnahme der Reliefenergie entlang der Randverwerfung nach Nordosten mit der Zeit schließen lässt. Andererseits wurden hier im Gegensatz zum Südwesten wesentlich größere Mächtigkeiten der Schwemmfächer-Sedimente ermittelt von 780 m im Raum Guldental bis 570 m beim Trollbach-Tal (Stapf 1982).

Nordwest-Rand der Prims-Mulde und Saartal

Großflächig treten Schichten der Wadern-Formation auch im nordöstlichen Abschnitt der Prims-Mulde auf, wo Restmächtigkeiten bis 80 m erhalten blieben. Die Konglomerate bestehen meist aus gut gerundeten Quarzit-Geröllen und solchen aus „Grenzlager-Eruptiva". Die Zugehörigkeit zur Donnersberg- bzw. Wadern-Formation ist unsicher. Eine Besonderheit unter den Quarzit-Geröllen sind tiefgrüne Quarzite, wie sie als Xenolithe in den Rotliegend-Ignimbriten dieses Gebietes vorkommen. Ihr Herkunftsgebiet und ihre stratigraphische Zugehörigkeit sind unbekannt. Die relativ gute Rundung der Komponenten dieses „Quarzit-Konglomerates" spricht eher für fluviatilen Transport, nicht unbedingt für Schwemmfächer-Bildungen.

Leppla (1925a: 35) beschrieb Psephite, die u. U. auch noch zur Donnersberg-Formation gehören, vom Nordwest-Rand der Prims-Mulde, als weitgehend schichtungsloses und schlecht sortiertes „Trümmergestein". Gegen Südwesten zeigt sich vermehrt Schichtung durch den Wechsel mit feinerkörnigen, auch sandigen Lagen.

Die südwestlichsten Vorkommen liegen zwischen Saarhölzbach, Mettlach/Saar und Besseringe. Sie reichen von dort bis Losheim und weiter nach Nordosten. Hier liegen die groben sedimentären Brekzien und Konglomerate in den Talungen des Paläo-Reliefs aus Taunusquarzit.

An der Basis liegen bei Mettlach/Saar, z. B. am Weg zur Lutwinus-Kapelle (Bl. 6405 Freudenburg), diskordant bis 5 m mächtige Bänke rotbrauner sedimentärer Brekzien mit eckigen bis kantengerundeten Taunusquarzit- und Milchquarz-Klasten auf Taunusquarzit. Die Grundmasse zwischen den groben Komponenten besteht aus kleineren Quarzit- und Tonschiefer-Fragmenten. An manchen Stellen sind diese Bruchstücke durch kieseliges Bindemittel verkittet und die Fanglomerate treten als Felsklippen hervor. In der Regel handelt es sich um schwach bis unverfestigte, rötliche und braunrötliche bis rotviolette Fanglomerate. Weiter saaraufwärts sind auch Eruptiv-Gesteinsfragmente und -Gerölle beteiligt, deren Ausgangsgesteine in den Talungen des Paläoreliefs bei Dreisbach und Mettlach unter diesen Schichten liegen. Damit kann zumindest ein Teil dieser Gesteine noch in die Donnersberg-Formation gehören. Die Größe der Klasten nimmt in Richtung Süden von 50 cm max. Kantenlänge bei Saarhölzbach auf etwa 10 cm bei Besseringen ab. Das Gleiche gilt auch für Bruchstücke, die weiter im Norden gefunden wurden, wo nur noch 5 cm erreicht werden. Das Bindemittel ist meist tonig-sandig ohne allzu feste Bindung. Vielfach liegt ein Komponenten-gestütztes Gefüge vor. Die Restmächtigkeiten betragen 0–140 m (Dietz 1965). Die Auflagerungsfläche auf dem Taunusquarzit ist ab <200 m NN unregelmäßig und zeigt nach Rekonstruktionen (Selzer 1959, Schall 1968, Stets 1995) relativ enge Täler, die heute teilweise durch die Erosion wieder freigelegt wurden. Einzelne Felspartien aus Taunusquarzit, wie z. B. der Orkelsfels bei Orscholz (>400 m NN), überragten den Sedimentationsraum erheblich und wurden erst im Unteren bis Mittleren Muschelkalk endgültig eingedeckt.

Die Sedimente der Wadern-Formation in der nordöstlich anschließenden Merziger Grabenmulde beschrieben u. a. E. Müller et al. (1981). Danach reichen im südwestlichen Hochwald die Schichten der Wadern-Formation bis an den südlichen Rand des Errwaldes. Die unregelmäßig verlaufende Grenze auf Bl. 6406 Losheim zeigt, dass auch hier eine unregelmäßig reliefierte Landoberfläche eingedeckt wurde und die Sedimentation bis auf die unterdevonischen Gesteine des Hochwaldes mit einer deutlichen Winkeldiskordanz vorgriff. Das Klasten-Spektrum regenerierte sich aus den unmittelbar nördlich anstehenden Gesteinen von Hermeskeil-Schichten und Taunusquarzit. Weiter südlich kommen auch Gerölle von „Grenzlager-Melaphyr" hinzu, die lokal das Geröllspektrum auch beherrschen können. An anderer Stelle, z. B. im Bereich der von Morscholz nordnordwestlich Wadern, besteht die Wadern-Formation aus rotbraunen Sandsteinen mit hohem Silt-Anteil. Die mürben Gesteine weisen kaum Schichtung auf. Darin enthaltene Bruchstücke von unterdevonischen Tonschiefern nehmen in Richtung Südosten sowohl an Menge als auch an Größe ab. Diese Lithofazies unterscheidet sich in der Korngröße von jener bei Mettlach erheblich. Offensichtlich prägten hier die weniger verfestigten Sandsteine der Hermeskeil-Schichten im Liefergebiet die Lithofazies. Die schlechte Schichtung in den sandigen Sedimenten weist darauf hin, dass auch sie in die Schwemmfächer-Sedimentation eingebunden waren.

Südöstlich Wadern schieden E. Müller et al. (1981) eine Sonderfazies innerhalb der Wadern-Formation aus, die sie als **„Lockweiler-Schichten"** bezeichneten. Hier kam es offensichtlich nahe der Hunsrück-Südrand-Verwerfung zu lokaler Aufarbeitung von „Grenzlager-Melaphyr", wodurch ein grobes „Melaphyr-Konglomerat" entstand, das sich mit Milchquarz- und Quarzit-Gerölle enthaltenden Konglomeraten verzahnt. Lokal kommen auch geröllführende Sandsteine hinzu. Auf dem Pfaffenberg (Bl. 6407 Wadern) nördlich Lockweiler wurden sehr gut gerundete Quarz-, Quarzit- und „Kieselschiefer"-Gerölle gefunden, die den „Tholeyer Eiern" in der Oberkirchen-Formation („Tholeyer Schichten") entsprechen. Ähnlich gut gerundete Gerölle wurden auch südlich Wadern (Naturschutzgebiet „Bardenbacher Fels") gefunden. Offensichtlich erfasste hier im östlichen Grenzbereich der Merziger Grabenmulde die Abtragung auch tiefere Schichtverbände, was für eine syngenetische Tektonik an der Hunsrück-Südrand-Verwerfung spricht. Offensichtlich sind die Lockweiler-Schichten ein lokaler Schwemmfächer, der in das Verbreitungsgebiet der Wadern-Formation in der Grabenmulde nach Westen hinein reicht.

Die Schwemmfächer am Südost-Rand des Hunsrück-Gebirges

Im Raum Guldental (Bl. 6112 Waldböckelheim, 6113 Bad Kreuznach) konnte Stapf (1982) drei Schwemmfächer-Komplexe unterscheiden. Ein unterer, ca. 300 m mächtiger Komplex aus mehreren Einzelfächern enthielt weder Karbonat-Klasten noch -Gerölle; im darüber folgenden, ca. 45 m mächtigen Komplex kamen neben den üblichen Hunsrück-Gesteinen auch Karbonat-Gerölle vor; dieser ist im Hangenden von 30 m mächtigen Sand- und Siltsteinen überlagert, auf die wiederum ca. 400 m mächtige sedimentäre Brekzien mit Karbonat-Geröllen folgen.

Ähnliches ist auch aus dem Trollbach-Tal im äußersten Nordosten zwischen Burglayen und der Trollmühle bekannt. Dort steht eine 145 m mächtige Abfolge rotbrauner, grauer und grünlichgrauer, verkieselter sedimentärer Brekzien und Konglomerate in den Trollfelsen bei Burglayen an (Foto 19, S. 322). Sie enthält Karbonat-Klasten und -Gerölle und wird von einer 60 m mächtigen Einheit ohne Karbonat-Gerölle überlagert; die 260 m mächtige Abfolge darüber hat wieder Karbonatgerölle neben den üblichen Komponenten (Foto 20, S. 322).

Das Vorkommen liegt südlich der Hunsrück-Südrand-Verwerfung. Die weitgehend fehlende Rundung der Lithoklasten, die geringe kompositionelle Reife und die Karbonat-Klasten, die aus dem ca. 2 km entfernten Stromberger Kalk-Vorkommen stammen, kennzeichnen sie als proximale, aus dem Hunsrück stammende Schüttung. Die Schichten fallen bis 25° nach SE ein. Aufgrund ihrer Lithoklasten lässt sich diese Abfolge bis zu 12 km nach Südosten in das Becken hinein verfolgen.

Stapf & Afaj (2003) untersuchten die Kalk- und Dolomit-Gerölle von Schwemmfächer-Sedimenten zwischen Trollbach-Tal und Ellerbach-Tal an fünf Lokalitäten näher. Dort sind die Kalke und Dolomite gebietsweise mit 0–35% am Klasten-Spektrum beteiligt. Ihre Durchmesser erreichen z. T. bis zu 50 cm. Die Zahl der Karbonatgesteins-Gerölle – soweit der jeweilige Fächer welche enthält – nimmt zum Hangenden ab. Abgesehen davon verringern sich Zahl und Größe dieser Gerölle entlang des Hunsrück-Süd-Randes nach Südwesten, wo die max. Geröllgröße nur noch bei 1 cm liegt. Die gleiche Entwicklung erfolgt auch nach Südosten in Richtung Becken-Zentrum. Der Vergleich der Mikrofazies-Typen der Karbonat-Gerölle mit jenen bei Stromberg, Waldalgesheim und Bingerbrück, soweit sie noch zugänglich sind, ermöglichten es, den Abtragungsprozess der Karbonat-Gesteine zur Zeit der Nahe-Subgruppe zu rekonstruieren.

Danach steht die Eingrenzung des Liefergebietes für diese Karbonatgesteins-Klasten auf den ehem. Süd-Hunsrück-Trog außer Zweifel. Die Position der seinerzeit liefernden Vorkommen war bis zu den Untersuchungen von Stapf & Afaj umstritten und reichte von südlich des heutigen Verbreitungsgebiets der Kalke (D. E. Meyer 1975) bis zum Stromberger Massen-Kalk-Vorkommen (Falke 1974). Die meisten Kalke der Gerölle stimmten nach ihrer Mikrofazies mit jenen überein, die Bandel & D. E. Meyer (1975) publizierten. Nur wenige Mikrofazies-Typen, unter ihnen Oobiosparrudite und Biomikrudite, wurden im Aufschluss nicht mehr angetroffen und sind demnach inzwischen der Abtragung zum Opfer gefallen. Weiter ergab sich, dass in allen bearbeiteten Rotliegend-Profilen die stratigraphisch jüngsten Kalk-Gesteine (obere Adorf-Stufe, Oberdevon) in den ältesten, die ältesten Kalke (Eifel-Stufe, Mitteldevon) in den jüngsten Schichten der Wadern-Formation zu finden sind. Nach der lateralen Verbreitung waren die Adorf-Kalke bevorzugt in den Schwemmfächer-Bildungen bei Wallhausen und am Fichtekopf nordwestlich Langenlonsheim anzutreffen. Die „Eifel"-Kalke kommen nordöstlich vom Guldenbach- bis zum Trollbach-Tal vor. Stapf & Afaj (2003) schlossen daraus, dass mit fortschreitender Erosion der „Schutt der ältesten Karbonat-Einheiten nicht mehr allzu weit in das Saar-Nahe-Becken transportiert wurde" (S. 313). Außerdem wird aus der Verteilung der Gerölle nahe der Hunsrück-Südrand-Verwerfung bestätigt, dass rechtshändige syngenetische Seitenverschiebungen im Rotliegend (zuletzt: A. SCHÄFER 2011) zu diesem Verteilungsmuster führten. Da auch Klasten massiger Dolomite neben den Kalken im Profil Trollbach-Tal zu finden sind, lässt sich der Zeitpunkt der Dolomitisierung auf die Zeit vor der Wadern-Formation festlegen.

In der Mehrzahl der Fälle können die sedimentären Brekzien als Schuttstrom-, gelegentlich auch als Schichtflutsedimente angesprochen werden. Bei vielen Aufschlüssen im weiteren Umfeld von Bad Kreuznach folgen im Profil Schutt- und Schlammstrom-Sedimente übereinander, so dass im Großen immer die Schichtlagerung bestimmt werden kann, die mittelsteil zur Senke hin orientiert ist.

Das Klastenspektrum der groben Sedimente und die weitgehend fehlende Abrollung der Klasten – abgesehen von Kantenrundung – weist eindeutig auf das nahegelegene Liefergebiet Hunsrück hin. Während die Karbonatgesteins-Gerölle mit relativ großer Sicherheit unmittelbar einem Liefergebiet zugeordnet werden konnten, gilt dieses weniger für die übrigen Komponenten: Der größte Teil der Quarzite entspricht petrographisch dem Taunusquarzit, wahrscheinlich bevorzug den verwitterungsresistenten Partien des Unteren Taunusquarzit; STAPF (1982: 33) meinte, die „in den oberen Profilabschnitten der Wadern-Schichten verstärkt auftretenden „verunreinigten" Quarzite direkt mit Quarziten der (…) Bunten Schiefer und Hermeskeil-Schichten vergleichen zu können; bei den komplizierten Lagerungsverhältnissen in den Schuppen am Süd-Rand des Hunsrücks (Südhunsrück-Trog) erscheint eine solche Aussage gewagt; südlich Bockenau fand er besser gerundete Quarzit-Gerölle als am unmittelbaren nördlichen Rand der Senke und schloss daraus auf einen zusätzlichen randparallelen fluviatilen Transport nach Westen. Typisch für den südlichen Hunsrück sind Klasten von Diabasen und Meta-Diabasen, die Zeugnis dafür sind, dass die Abtragung außer auf den unmittelbaren Süd-Rand des Gebirges (Metamorphe Zone) auch darüber hinaus auf die weiter nördlich gelegenen Schuppen ausgegriffen hatte; Keratophyr-Gerölle stammen direkt aus dem Gebiet bei Stromberg und gehören zur Hunsrück-Assoziation; abgesehen von der petrographischen Bestimmung spricht ihre Vergesellschaftung mit Kalk-, Quarzit- und Schiefer-Klasten dafür; ihr seltenes Vorkommen im Süd-Hunsrück bedingt auch ihre geringe Beteiligung am Geröllspektrum. Die Beteiligung von Gesteinen beckeninterner Schwellen und Hochgebiete beweisen Rhyolith-Gerölle vom Kreuznacher und Nohfeldener Rhyolith-Massiv; ob sie auch aus dem weit entfernt liegenden Donnersberg-Massiv abzuleiten sind (STAPF 1982), ist zweifelhaft.

Es lassen sich je ein großer Schwemmfächer-Komplex herausstellen, bei Idar-Oberstein im Südwesten, bei Wallhausen und der komplexe Schwemmfächer zwischen Gulden- und Trollbach-Tal im Nordosten. Aus Geröllfracht und Neigung der Schwemmfächer ergibt sich eine generelle Transportrichtung vom Hunsrück in die Senke nach Südosten.

Die intermittierend episodischen Schüttungen haben ihre Ursache in unterschiedlich heftigen Starkregenfällen. Sie sind ein typisches Phänomen arider Gebiete, wie sie heute bei 20–30° nördl. Breite liegen. STAPF (1982) gab die weitesten Vorstöße mit 12–15 km Länge in die nordöstliche Saar-Nahe-Senke an. Entscheidend war in jedem Fall auch das Angebot an Verwitterungsmaterial außer der bei Starkregenfällen zur Verfügung stehenden Wassermenge.

Der für diese Bildungen anzunehmende Zeitraum umfasst im südlichen Hunsrück-Gebirge die gesamte Nahe-Subgruppe, ein Zeitintervall von mindestens 18 Ma. Die obere Grenze muss mangels Zeitzeugen offenbleiben. Trotz relativ hoher Mächtigkeiten – nach STAPF (1982) sind es für den Senkungsschwerpunkt am Nordwest-Rand der Nahe-Mulde bei Daubach 900–1000 m, für das Trollbach-Tal um 400 m – ergeben sich sehr geringe Sedimentationsraten, die zwischen 1,7–5 cm/ka liegen. Da die einzelnen Schüttungen relativ mächtig sind, ist daraus auf hohe Aridität im Hunsrück mit sehr seltenen Starkregenfällen, die Schutt- und Schlammstrom-Ereignisse auslösen konnten, zu schließen.

4.2.2.3 Die Sponheim-Formation (Sponheim-Subformation, „Sponheimer Schichten")

Die Sponheim-Formation wird auch als Sub-Formation der Standenbühl-Formation aufgefasst (Boy et al. 2012: 33). Eine Berechtigung dafür wird aus der lokal unterschiedlichen Ausbildung in Nahe- und Pfälzer Mulde sowie am Rhein bei Nierstein abgeleitet. Da am Nordost-Rand der Nahe-Mulde Wadern- und Sponheim-Formation sich vertretend gleichwertig gegenüberstehen, wird hier die Bezeichnung Sponheim-Formation (LGB 2005: 113) beibehalten (Boy & Fichter 1988, Stapf 1990, Haneke et al. 2007).

In krassem lithofaziellem Kontrast zu den Gesteinsverbänden der Wadern-Formation stehen die zeitgleichen Sedimente der Sponheim-Formation. Es handelt sich um relativ feinkörnige rötliche bis braunrote Sand-, Silt- und Tonsteine. Sie wurden von Stapf (1982) als Playa-Sedimente interpretiert. Diese Fazies ist auf die Kernbereiche von Senken innerhalb der Saar-Nahe-Senke beschränkt und verzahnt sich zu den Rändern mit dem distalen Ausgehenden der Schwemmfächer. Atzbach & K.-W. Geib (1972) führten die Bezeichnung „Sponheimer Schichten" ein, die der Sponheim-Formation entspricht. Der auch für diese Fazies verwendete Begriff „Röthelschiefer" (Gümbel 1844) sollte vermieden werden, da es sich weder um „Schiefer" noch um Rötel handelt.

Die Grenze Wadern-/Sponheim-Formation ist fließend und eine ausgesprochene Faziesgrenze sowohl in der Vertikalen als auch lateral. Der Grenzbereich Wadern-/Sponheim-Formation ist gekennzeichnet durch eine Abnahme des Geröll- oder Klasten-Anteils sowie der Korngröße in der „Wadern-Fazies". Die unterschiedlich weit in die Playa-Ebene vorgreifenden Geröllfahnen der Schwemmfächer wechsellagern im distalen Bereich mit den Peliten der Überflutungsebene. Mit nachlassender Reliefenergie im Hunsrück während der Nahe-Subgruppe blieben diese Geröllfahnen immer weiter zurück und die feinkörnige Playa-Fazies rückte gegen das Gebirge vor. Bei der Größenordnung der Schwemmfächer, die nach Stapf & Afaj (2003) nach der Verbreitung der Kalk- und Dolomit-Gerölle mehrere km^2 Größe besitzen, sind kleinräumig auch fluviatile Prozesse einbezogen, die zu stärkerer Rundung der Klasten führten. Das gilt für den zentralen Zufuhrkanal (feeder channel) innerhalb des Gebirges als auch den Fächerkanal, in dem nach dem Austritt aus dem Gebirge Material in die distalen Bereiche der Fächer transportiert wurde, sowie für fluviatile Rinnen auf dem Fächer. Bei der vollständigen Sukzession eines alluvialen Schwemmfächers sollten vom Gebirgsrand in Richtung Senke Schutt- von Schlammströmen und diese von Schichtflutabsätzen abgelöst worden sein. So sind z. B. westlich Langenlonsheim distale Schlammstrom-Sedimente, bestehend aus gröberen und feineren Lagen mit eingeschlossenen gröberen Klasten aufgeschlossen (A. Schäfer 2019: Abb. 3–6).

Die Vorkommen

Die Verbreitung der Sponheim-Formation ist am Süd-Rand des Hunsrücks auf den Kern der Nahe-Mulde beschränkt und hier bevorzugt südwestlich von Waldböckelheim zu finden. Aus der Prims-Mulde und der Merziger Grabenmulde sind keine größeren Vorkommen bekannt.

Ein Verzahnungsbereich zwischen der proximalen Schwemmfächer- (Wadern-) und der distalen pelitischen Playa-Fazies (Sponheim-Fm.) liegt bei Martinstein/Nahe (Reineck 1955a, b), wo der Übergang als Wechselfolge von roten Konglomeraten mit max. 3–3,5 m mächtigen roten Feinsand- und Siltstein-Bänken aufgeschlossen war. Stapf (1982) erwähnte von dieser Lokalität aus den unteren Partien des Profils noch geringmächtige Geröllagen. Dachziegellagerung plattiger Gerölle ließ auf eine nach Südosten gerichtete Strömung schließen. Auf Schichtflächen wurden u. a. Tetrapoden- und Arthropoden-Fährten, Zweigstücke von *Walchia* (*Lebachia* sp.), Schleifmarken und Rippelmarken beobachtet. Andernorts kommen Wurmspuren und auch Trockenrisse vor. Reineck (1955a) zählte in einer Sand-/Silt-Abfolge „nach E transgredierend, 5 durch sandigere Zwischenschichten getrennte Konglomeratzungen“ (S. 294).

Im Bereich des Ellerbaches liegt ein weiterer Verzahnungsbereich an der Nordwest-Flanke der Nahe-Mulde mit roten dünnplattigen Feinsandsteinen, die Pflanzenhäcksel und Glimmerplättchen auf den Schichtflächen sowie Rippelmarken und auch Trockenrisse aufweisen (Stapf 1982). Hinzu kommen Regentropfen-Abdrücke, jedoch auch Abdrücke von Süßwassermedusen, die wechselnde Wasserstände bis zum Trockenfallen dokumentieren.

Auf der Nordwest-Flanke der Nahe-Mulde finden sich Hunsrück-nah mehrfach übereinander folgende 1,2–1,5 m mächtige rötlichgraue, z. T. knollige Kalksteine mit andeutungsweise stromatolithischen Strukturen und auch rote plattige, feinsandige Kalksteine in Wechsellagerung mit Feinsand- und Siltstein-Lagen. Es sollte sich um Caliche-Bildungen bei relativ hoch stehendem Grundwasserspiegel in den Siltsteinen handeln (Stapf 1982).

Boy et al. (2012) beschrieben zwischen Wallhausen und Gutenberg (Bl. 6112 Waldböckelheim) einen Aufschluss (2010), der eine engständige Wechselfolge von Silt- und Sandsteinen freilegte. Die Feinsandsteine waren reich an Hellglimmer-Blättchen, und die Mittelsandsteine zeigten Schrägschichtung und Fließmarken bei kalkigem Bindemittel. Wurzelspuren von Koniferen einerseits, Bivalven-Funde andererseits und das Spurenfossil *Tambia spiralis* weisen auf wechselnde Wasserstände bis zum Trockenfallen und auf Pflanzenwachstum von Koniferen hin.

Rote Feinsandsteine und Pelite sind auch aus dem Gebiet um Weinsheim, Rüdesheim/Nahe und Hargesheim bekannt (Bl. 6112 Waldböckelheim, 6113 Bad Kreuznach), wo sie sich sowohl mit Schwemmfächerbildungen vom Hunsrück als auch vom Kreuznacher Rhyolith-Massiv verzahnen (Strack 1978). Es handelt sich hier um rotbraune, tonige, dünnplattige Feinsandsteine und Pelite mit einzelnen stärker verfestigten, z. T. groben Sandsteinbänken. Die Feinsandsteine weisen kleinskalige Rippel- und Parallelschichtung auf. Stapf (1982) betonte einen deutlich erkennbaren, z. T. auch hohen Gehalt an detritischen Hellglimmern auf den Schichtflächen sowie Rieselmarken, die „aus einer unregelmäßigen Anhäufung der Glimmer in der Art kleiner „Sandbänke“ oder „Sedimentfahnen“ (S. 41) bestehen. Die Parallelschichtung wird nach Art einer Lamination aus hell- und dunkelroten Lagen im mm-Bereich abgebildet. Außerdem wurden Oszillationsrippeln und auf Aufarbeitung und Umlagerung hinweisende Ton-“Scherben“ gefunden. Hinzu kommen dunkelgraue Karbonatgesteins-Linsen und kantengerundete plattige Dolomitgerölle. Stärker verfestigte Sandstein-Bänke bestehen in dieser Abfolge u. a. aus graubraunen bis graugrünen Quarzit-Klasten und Schiefer-Plättchen aus dem Hunsrück. Sie besitzen häufig eine unregelmäßige erosive Basis und gleichen Rinnensedimenten. Hinzu kommen „Linsen und Lagen mit bis zu 2 mm großen, rötlichen bis weißen Quarzkörnern“ (S. 41), die nicht aus dem Hunsrück sondern eher aus einem Kristallin-Gebiet stammen sollten. Der Einfluss dieser „Sandlieferungen“ verstärkt sich in nordöstliche Richtung, wo deutlich feingeschichtete karbonatisch gebundene Quarzsandsteine größeren Anteil an der Schichtenfolge gewinnen.

Der Verzahnungsbereich zwischen Playa- und Schwemmfächer-Fazies verändert sich auf Kosten der Playa-Sedimente weiter bei Wallhausen und nordöstlich Windesheim (Bl. 6012 Stromberg). Rote siltige, fein- bis mittelkörnige Sandsteine mit graugrünen „Gesteinsplättchen“ und karbonatischer Bindung vertreten hier die Playa-Fazies. Eine Zuordnung zur Wadern- oder Sponheim-Formation wird hier zur Ermessensfrage (Foto 21, S. 323).

Südlich des nordwestlichen Beckenrandes liegt der bekannte Aufschluss der ehem. „Ziegelei-Tongrube“ der Fa. Eimer, Bad Sobernheim (K.-W. Geib 1950, Falke 1974, Atzbach 1980, Stapf 1982, Kerp et al. 2007, Boy 2003). Im unteren Bereich des Profils war ein mehr als 12 m mächtiger Abschnitt aus Sand-, Silt- und Tonsteinen aufgeschlossen, der an seiner Basis über 3 m Mächtigkeit überwiegend grau gefärbt war und mehrere geringmächtige Kalkstein-Bänkchen enthielt. Dieser Gesteinskomplex ist insbesondere durch seinen Fossilreichtum bekannt geworden. Stapf unterschied autochthone hygrophile Pflanzenassoziationen mit Pecopteriden aus der Oase selbst nebst vom Hunsrück eingeschwemmten meso-xerophilen Callipteriden und Odontopteriden. Laminierte silifizierte Stromatolithen belegen flaches Wasser, zumindest in Teilen des Sees. Die Fischreste und Süßwassermedusen lassen auf einen länger andauernden See schließen. Tetrapodenfährten zeigen, dass Areale aber auch zeitweise trockenfielen, bevor die gesamte Oase von einem Schwemmfächer überrollt wurde.

Die Playa vor den Schwemmfächern am Südost-Rand des Hunsrück-Gebirges
Aus diesen Daten ergibt sich im südöstlichen Vorland des Hunsrück-Gebirges eine ausdehnte Piedmont-Fläche mit unterschiedlich weit nach Südosten vorgreifenden Schwemmfächern. Die Mehrzahl der Profile zeigt, dass im distalen Bereich die Abschlämmmassen aus dem Gebirge in der Ebene weit ausgedehnte, z. T. von Sanden beherrschte „Sandebenen" (sand flats), z. T. jedoch auch tonig-schlammige Überflutungsebenen mit Playa-Seen bildeten. Solche „Sandebenen" sind aus dem Verzahnungsbereich bei Martinstein mit Anzeichen für zeitweilige Wasserstände, auch mit nach Südosten gerichteter Strömung bekannt. Das gilt auch für die „Ziegelei-Tongrube Eimer" unweit Bad Sobernheim. Dort wurden in der Seen-Phase über den See-Sedimenten Sande abgelagert, bevor die Schwemmkegel-Sedimente in „Waderner Fazies" die Oase endgültig unter sich begruben. Diese „Sandebenen"-Sedimente enthalten vielfach Pflanzenreste, Phyllit-Plättchen geringer Korngröße, auch Glimmer-Plättchen auf der Schichtfläche. Sie zeigen mit Rippelmarken fließendes (Strömungsrippeln) aber auch stehendes Wasser (Oszillationsrippeln) an. Belastungswülste entstanden immer dann, wenn neues Sediment auf noch feuchtem, instabilem Untergrund zum Absatz kam.

Dort, wo vornehmlich rote Tonsteine am Aufbau beteiligt sind, muss eher mit schlammigen Überflutungsebenen gerechnet werden. In ihnen liegen die Ablagerungen der Playa-Seen. Sie sind hier vertreten durch geringmächtige Lagen von Karbonat-Gesteinen, auch durch -Knollen in den Silt- und Tonsteinen. Stapf (1982) erwähnte sie aus dem Gebiet von Bad Sobernheim, zwischen Bockenau und Steinhardt sowie südlich Daubacher Brücke. Dort und in der ehem. „Ziegelei-Tongrube Eimer" sind die See-Stadien durch die Stromatolithen und Fische erwiesen. Salinare Verhältnisse, typisch für Playa-Seen und ihre Ablagerungen, wurden bisher – abgesehen von wenigen Gips-Pseudomorphosen – nicht erwähnt.

4.2.2.4 Die Kreuznach-Formation („Kreuznacher Schichten")

In der nordöstlichen Nahe-Mulde und im Saarland treten verbreitet rote großbogig schräg geschichtete Sandsteine auf, die dort die jüngste Formation der Nahe-Subgruppe – früher: höchstes Oberrotliegendes – bilden.

Nordöstliche Nahe-Mulde
Stapf (1990a) führte die Bezeichnung Kreuznach-Formation speziell für die Vorkommen der „Nord-Fazies" bei Bad Kreuznach und Umgebung ein. Charakteristische Aufschlüsse befinden sich an der Nahe nordwestlich von Bad Kreuznach, zwischen Langenlonsheim, Guldental, Roxheim und Sponheim. Hier liegen sie auf Schichten der Sponheim-Formation und werden durch einen Schwemmfächer vom Waderner Typ in eine untere und eine obere Einheit unterteilt (Strack & Stapf 1980). Atzbach & K.-W. Geib (1972) betonten, dass zwischen den Schichten der Wadern-, Sponheim und Kreuznach-Formation keine scharfen Grenzen bestehen. So können im tieferen Abschnitt der Kreuznach-Formation im Grenzbereich zur Wadern- bzw. Sponheim-Formation noch einzelne geringmächtige Konglomerat-, Feinsand-, Silt- und Tonstein-Lagen wechsellagern. Diese Verhältnisse führten dazu, dass bis 1972 die

sandige „Kreuznacher" und die tonig-sandige „Sponheimer Fazies" auf Kosten der tonigen zu den „Kreuznacher Schichten" bzw. zur „Kreuznacher Gruppe" zusammengefasst wurden. Wie die Schilderung der Wadern- und Sponheim-Formation gezeigt hat, wurde erst ab 1972 die Dreiteilung vorgenommen, da die Schichtverbände der Kreuznach-Formation genetisch nicht zu den beiden anderen Formationen gehören.

Die stratigraphische Reichweite zum Hangenden ist offen, und die Frage, ob Teile schon zum Zechstein gehören, konnte bisher nicht schlüssig beantwortet werden. Versuche, diese Frage geochemisch zu beantworten (Falke 1966a), blieben erfolglos, da zwar für Schichten im höchsten Rotliegend salinare Verhältnisse gelten, diese jedoch keine stratigraphischen Rückschlüsse zulassen. Sie sind nur ein Nachweis für die ohnehin bestehende Playa-Fazies bei ariden klimatischen Verhältnissen. Eine Gleichstellung mit der Standenbühl-Formation erscheint nicht schlüssig, da keine zeitliche Korrelation über den Pfälzer Sattel hinweg möglich ist. So wird das „Kreuznach-Sandstein-System" hier als eigener fazieller Fazies-Körper im „Schwemmfächer-Playa-System" der Nahe-Subgruppe gesehen, der weder bei Nierstein noch in der Pfälzer (Vorhaardt-) Mulde ein Äquivalent hat.

Das deutliche großbogige Schrägschichtungsgefüge der „Kreuznacher Sandsteine" hat Anlass zu der faziellen Interpretation als große Dünen (Atzbach & K.-W. Geib 1972, Falke 1974) in einem ariden bis semiariden Gebiet gegeben. Die Steilwand im Aufschluss „Rote Lay" östlich Bad Kreuznach gilt als Standardbeispiel für diese Interpretation. Strack & Stapf (1980) machten Zweifel geltend und diskutierten die Problematik einer äolischen und/oder fluviatilen Genese ausführlich. Sie bestätigten die Unterteilung in eine untere Einheit der Kreuznach-Formation bei Guldental. An der Roten Lay bei Bad Kreuznach sind wunderbar präparierte äolische Dünen angeschnitten (Foto 22, S. 323 und Foto 23, S. 324).

Bei Mandel und Roxheim findet sich die untere Einheit der Kreuznach-Formation und bei Roxheim und Bad Kreuznach nur die obere. Beide Einheiten werden in Richtung Nordwesten zum Beckenrand durch grobe Schwemmfächer-Ablagerungen getrennt. Beckenwärts schließen sie sich zu einer zusammen. Die Restmächtigkeit der „Kreuznacher Schichten" gab Strack (1978) mit 280 m an.

Die untere Einheit besteht Hunsrück-nah zwischen Guldental, Mandel und Roxheim eher aus Gesteinsbruchstücke führenden Sandsteinen, während an der Roten Lay diese Sandsteine einen wesentlich höheren Feldspat-Anteil aufweisen. Die obere Einheit setzt sich dagegen eher aus Feldspat-führenden Sandsteinen mit Gesteinsbruchstücken zusammen, wobei der Feldspat-Anteil geringer ist als an der Roten Lay. Daraus ergibt sich eine mäßige kompositionelle Reife. Die Gesteinsbruchstücke (z. T. bis zu 52 Vol.-%) stammen ausschließlich aus dem südlichen Hunsrück. Es sind Phyllite, Schiefer, Quarzite, Gangquarz und Klasten felsischer Vulkanite. Die granulometrische Analyse erbrachte – wie bei der Heterogenität der Komponenten nicht anders zu erwarten – nur eine mäßige strukturelle Reife bei mäßiger Sortierung.

Das Schichtungsgefüge zeigt einen deutlichen Lagenbau, der durch Wechsel von Korngröße und stofflicher Zusammensetzung nachgezeichnet wird. Einzelne Lagen zeigen einen zyklischen Aufbau mit inverser Gradierung (Dachbank; oben grob), die durch vermehrte Ansammlung kleiner Gesteinsbruchstückchen zum Hangenden deutlich ist oder in der lagenweisen Anordnung grober Quarzkörner zum Ausdruck kommt.

Charakteristisch ist die trogförmige Schrägschichtung unterschiedlicher Größenordnung in den Sandsteinen. Die kleineren Schrägschichtungskörper erreichen Längen von 1–3 m bei einer Mächtigkeit der Blätter um 5–10 cm, während die größten bei 20 m Länge ca. 3–5 m Mächtigkeit erreichen. Häufig haben Schrägschichtungskörper Ausmaße von 3–8 m Länge und etwa 1–2 m Höhe. Strack & Stapf (1980) stellten auch Schrägschichtungsgefüge fest, die jenen rezenter und fossiler Flusssande mit Großrippelschichtung gleichen und eine äolische Genese in Frage stellen. Die zwischen Guldental und Mandel ermittelte Transportrichtung ist deutlich nach SW bis WSW gerichtet. Das Gleiche gilt auch für die Sandsteine an der Roten Lay und bei Bad Kreuznach. Eine Ausnahme macht dort ein Aufschluss, in dem die Transportrichtung nach WNW weist.

Aus der Gesamtheit der Schichtungs- und Schrägschichtungsmerkmale ergeben sich sowohl Hinweise auf äolischen als auch fluviatil-aquatischen Transport der Sandkörper, wobei letztere in der Überzahl sind. Weitere Anzeichen für fluviatilen Transport sind „Bänke und Lagen aus dünnplattigen Sandsteinen und Peliten" (Strack & Stapf 1980: 911), Erosionserscheinungen an der Basis der schräg geschichteten Sandsteine, Zeichen von Aufarbeitung und Umlagerung in Form von Ton-Geröllen in Feinsandsteinen oder auch asymmetrische Rinnen in den Sandstein-Bankfolgen. Insgesamt ergibt sich das Bild einer Flusslandschaft, die sich zur Zeit der höheren Nahe-Subgruppe Hunsrück-parallel vor dem Gebirge nach SW durch die Playa-Ebenen verlief. Sie löste offensichtlich die von den Schwemmfächern dominierte Sedimentation in Teilen der nordöstlichen Saar-Nahe-Senke ab. Die Gesteinsfragmente weisen eindeutig auf die weitere fluviatile Einspeisung von Gesteinsdetritus aus dem unmittelbar benachbarten Hunsrück-Gebirge hin. Der Anteil an Feldspat und klaren, gut gerundeten Quarz-Körnern zeigt zusätzlich einen Zustrom aus Osten bis Südosten. In dieser von alluvialen und fluviatilen Prozessen geprägten Landschaft lagen – wie bei den klimatischen Verhältnissen nicht anders zu erwarten – auch größere Dünen-Komplexe, wie die Gefüge an der Roten Lay zeigen. Insofern können die jeweiligen Sandstein-Vorkommen sowohl fluviatil als auch äolisch gebildete Sandsteine sein.

Eine besondere Situation ergibt sich im Umfeld des Kreuznacher Rhyolith-Massivs. Hier war der „Kreuznacher Fluss" gezwungen, zwischen den Schwemmfächern, die einerseits vom Hunsrück, andererseits vom Rhyolith-Massiv, evtl. auch von der südwestlich anschließenden Waldböckelheimer Kuppel herab kamen, sich zu sammeln und durch die „Engstelle" hindurch zu fließen. Der hohe Anteil an gut gerundeten Quarz-Sandkörnern (Stapf 1980) ist allerdings schwerlich aus dem Hunsrück zu beziehen. Hier ist zusammen mit dem Feldspat-Anteil ein fluviatiler Zustrom aus im Osten bzw. Südosten gelegenen Kristallin-Gebieten (Spessart-Odenwald-Schwelle) zu postulieren.

Saarland

Ein zweites Vorkommen von „Kreuznacher Sandstein" ist auf die Ränder der Merziger Senke (Merziger Grabenmulde) und den Süd-Rand des Hunsrücks im Saarland beschränkt. Hier liegen am Nordwest-Rand der Struktur gegen den Hunsrück rotbraune bis violettrote Sandsteine, die lagenweise vereinzelte Klasten von Eruptivgesteinen und Quarzit führen, ohne scharfe Grenze auf Schichten der Wadern-Formation.

E. Müller & Klinkhammer (1963) stellten für den Nordwest-Flügel der Merziger Grabenmulde ein Standard-Profil für die gesamte Nahe-Subgruppe auf, das vom Liegenden zum Hangenden aus Taunusquarzit-Schutt mit roter, sandig-toniger Matrix (Wadern-Fm., Schutt- und Schwemmfächer-Fazies) besteht. Darüber folgen tonige Übergangs-Schichten aus grob- bis feinkörnigen Sandsteinen, die Lagen aus Taunusquarzit-Klasten, Dolomit-Lagen und -Knollen enthalten und die Sandebenen- und Playa-Fazies repräsentieren, die in der Nahe-Mulde der Sponheim-Fm. (Sbfm.) entsprechen. Darüber folgen mittel- bis feinkörnige Sandsteine mit großbogiger Schrägschichtung, z. T. mit dolomitischer Bindung, Mangan-Mulm-Lagen und -Nestern, die der Kreuznach-Formation entsprechen; zum Hangenden gehen diese Sandsteine in blassrosa-violette bis gelbliche Sandsteine, z. T. auch ohne feste Kornbindung über; sie enthalten einen hohen Anteil an verwitterten Feldspäten; charakteristisch sind kugelige Konkretionen sowie unregelmäßige Knollen und „*Schnüre*" von erdigem Mangan-Mulm, die auf Stoffumsätze im Gestein hinweisen; im obersten Abschnitt wurden auch karbonatisch gebundene und eingekieselte Sandsteine gefunden. E. Müller & Klinkhammer (1963) bezeichneten insbesondere die eher gebleichten lockeren Sandsteine, die auch dolomitische Lagen enthalten, als **Thailen-Schichten**; sie sind auf das Zentrum und den Nordwest-Rand der Merziger Grabenmulde beschränkt; das Profil schließen helle bis blassrosa-violette verkieselte, dolomitisch gebundene Sandsteine, evtl. eine Karbonat-Kiesel-Kruste ab.

Ein Charakteristikum der Sandsteine der Thailen-Schichten ist eine großräumige, bogige Schrägschichtung, die insbesondere in der Umgebung von Thailen verwirklicht ist. Im Vergleich zu den benachbarten Sandsteinen des Buntsandstein fehlen in den Sandsteinen der Thailen-Schichten, abgesehen von der Farbe und einem gewissen Feldspat-Anteil, vor allem sekundär facettierte Quarz-Körner. Insofern besteht durchaus die Berechtigung, sie als Äquivalent der Kreuznach-Formation aufzufassen.

Unterhalb der Thailen Schichten hielten E. Müller & Klinkhammer (1963) in der Grabenmulde und faziell sich mit ihnen in südöstlicher Richtung verzahnend die **Oppen-Schichten** (Oppener Sch.) als spezielle Lithofazies innerhalb der Kreuznach-Formation aus. Sie beschrieben eine Verzahnung beider Fazies aus einer Sand- und Kiesgrube am Alleberg bei Bardenbach südlich Wadern (Bl. 6407 Wadern). Die Sandsteine der Oppen-Schichten sind rötlicher, stärker verfestigt und deutlich gebankt. Sie keilen in nördliche Richtung aus und beißen bevorzugt am Südost-Rand der Merziger Grabenmulde aus. Auch sie schließen zum Hangenden mit einer Karbonat-Kiesel-Kruste ab. Diese besteht aus entweder farblosen, fleischfarbenen oder zartrosa Sandsteinen, die einheitlich eingekieselt sind. Offensichtlich hat das SiO_2 ein ursprünglich karbonatisches Bindemittel ersetzt. Durch Verwitterungsprozesse kann lokal ein „tigersandsteinartiges Aussehen" (S. 189) entstehen.

Paläogeographisch erscheint das Sedimentationsgebiet des höheren Rotliegend (Nahe-Subgruppe) nach Südwesten hin offensichtlich stärker eingeengt. Es lag zwischen den Bergen des Hunsrück-Gebirges im Nordwesten und der Schwelle des Saarbrückener Hauptsattels (NW-Abdachung des Karbonsattels: E. Müller & Klinkhammer 1963) im Südosten, wo gebietsweise das diskordante Übergreifen von Buntsandstein über unterschiedlich alte Schichten des Oberkarbons unter Ausfall von solchen des Rotliegend nachgewiesen ist. Geht man in der höheren Nahe-Subgruppe in der Saar-Nahe-Senke südlich des Hunsrück-Gebirges von einem größeren Fluviatilsystem aus, das wie im Raum Kreuznach nach SW gerichtet war, so sollte es von Nordosten kommend unter Umgehung des Nohfeldener Rhyolith-Massivs den saarländischen Anteil der Senke erreicht haben. Höhere Energie muss diesem Flusssystem zumindest bei der Größe der Schrägschichtungskörper, soweit sie fluviatilen Ursprungs sind, schon zugesprochen werden.

Korsch & A. Schäfer (1995) stellten in zahlreichen Quer- und Längsprofilen ein erstes räumliches Bild des im ‚strike-slip regime' entstandenen Saar-Nahe-Beckens zusammen, das entscheidend von der Hunsrück-Südrandstörung geprägt wurde. Dieses lehnt sich an das Modell des Ridge Basin in Kalifornien an (Schäfer 2011). Auch bei diesem werden eine Randfazies und eine Beckenfazies unterschieden. Durch die stetig laufende rechtshändische Seitenverschiebung entlang der hochaktiven Hunsrück-Südrandstörung ist der Eintrag von vor allem grobklastischen Sedimenten aus dem Hunsrück kontinuierlich und daher stratigraphisch kaum zu unterscheiden. Entgegen der Richtung der Scherbewegung bauen sich von SW nach NE übereinander stapelnde Schwemmfächer auf. Die Beckenfazies dagegen ist von der generellen Entwicklung der Beckenstruktur abhängig. Das Sedimentbecken wird seit Beginn des Stefan durch den fluvialen Längstransport über die weniger aktive südwestliche und südliche Seite von außerhalb mit Sedimenten versorgt, im Oberrotliegend schließlich auch über seine südöstliche Seite. Sie dokumentieren unterschiedliche Liefergebiete.

4.3 Die Schichtenfolge der Nahe-Subgruppe in der Wittlicher Senke und im West-Hunsrück

Die Wittlicher Senke ist ein intramontaner Senkungsraum im Grenzbereich Eifel/Hunsrück. Geographisch gehört sie, da sie nordwestlich der Mosel liegt und nur bei Kenn und Ruwer auf den Hunsrück übergreift, zur Süd-Eifel. Nach der naturräumlichen Gliederung zählt sie mit dem Mittleren Moseltal zur Einheit „Moseltal". Geologisch gesehen liegt die Senke im Bereich der Boppard-Dausenau-Longuicher Überschiebungszone, die unter ihr nach Südwesten zieht, und gehört damit zumindest randlich noch zum Hunsrück. Eine ausführliche Beschreibung hat STETS (2004b, 2012) vorgelegt.

4.3.1 Die Randfazies bei Trier

Geothermie-Bohrungen im Stadtgebiet von Trier bei Mariahof, Heiligkreuz und auf dem Petrisberg (Bl. 6205 Trier, 6206 Trier-Pfalzel) erbrachten den Nachweis mehrerer bisher unbekannter Rotliegend-Vorkommen (DITTRICH & STETS 2008). Dies ergab sich daraus, dass sie nur in einzelnen Talrinnen des Prä-Rotliegend-Reliefs erhalten und gebietsweise von bis zu 15 m mächtigen pleistozänen Terrassen-Sedimenten der Mosel überdeckt sind. Auch führten rötlich verwitterte oder von Verwitterungslösungen infiltrierte Tonschiefer vom Typ Hunsrückschiefer zu Verwechslungen mit entsprechend rot gefärbten Rotliegend-Ton- und -Siltsteinen der Altrich-Formation.

Die Füllung der recht unregelmäßigen Talrinnen besteht nur zu einem geringen Anteil an der Basis aus grobklastischen Sedimenten, die jenen der Ürzig-Formation bzw. der „Waderner Fazies" entsprechen. Vielmehr sind in den Bohrungen bis 90 m und mehr mächtige rotbraune Sandsteine in der Fazies der „Kreuznacher Sandsteine" bzw. der Sengsbüsch-Subformation der Wittlicher Senke angetroffen worden. In einzelnen Bohrungen wurden diese von bis 50 m, evtl. auch mehr Meter mächtigen dunkelrotbraunen und graubraun-violettstichigen Silt- und Tonsteinen überlagert, die auch mit den Sedimenten der Salmtal-Subformation parallelisiert werden können.

Zum Rotliegend, allerdings ohne zeitliche Festlegung, müssen auch Verwitterungsbildungen im Liegenden dieser Rotliegend-Sedimente gezählt werden. Sie zeigen einen intensiven, z. T. sehr tief reichenden Zersatz der Tonschiefer vom Typ Hunsrückschiefer am unmittelbaren Rand der südwestlichen Wittlicher Senke an. Diese „Rotverwitterung" bildete sich eher bei tropisch humidem Klima. Die Tonschiefer bei Trier dürften daher schon lange exponiert dem Einfluss des Klimas ausgesetzt gewesen sein. Der Zersatz erleichterte die tiefgreifende Zertalung mit Abfluss in die Senke nach Norden bis Nordwesten (DITTRICH & STETS 2008).

Diese Befunde belegen, dass der westliche Hunsrück während des höheren Rotliegend – abgesehen von den Quarzit-Schutt liefernden Härtlingen – zumindest teilweise in die Sedimentation einbezogen war. FALKE (1965: 23) ging davon aus, dass der Hunsrück eine Landschaft war, „in welcher die einzelnen Quarzitrücken inselartig aus einer schon stärker eingerumpften Umgebung heraus ragten", lokale Vertiefungen im Relief zugeschüttet wurden und „schließlich nur noch rot gefärbte Sandsteine und Schiefertone in den verbliebenen Senken zum Absatz kamen".

4.3.2 Nördlicher Saargau

Deutliche Hinweise auf diese paläogeographische Situation liefern Vorkommen im nördlichen Saargau (GREBE 1880, WERVEKE, van 1910, LEPPLA 1925a, WEHRLI 1934, STETS 1995, 2012). An der Straße von Saarburg nach Kahren (Bl. 6305 Saarburg) liegt rötlicher unsortierter Tonschiefer-Schutt mit Mächtigkeiten bis 10 m diskordant auf Tonschiefern vom Typ Hunsrückschiefer. Darüber folgt lockerer Quarzit-Schutt mit eckigen Komponenten, die durchschnittliche Kantenlängen von 5 cm, max. bis 40 cm aufweisen, in regelloser Anordnung. Die Quarzit-Klasten werden zum Hangenden kleiner und es kommen vermehrt Milchquarz-Gerölle und -Klasten hinzu. Auch sind die Sedimente im oberen Abschnitt gebankt. Ihre

Mächtigkeit beträgt ca. 20 m (Ratzke 1986). Ähnliche Sedimente mit 7,6 m Mächtigkeit sind aus der Bohrung „Kindquelle" bei Mondorf in Luxemburg bekannt (Lucius 1952).

Teilweise ist der Schutt auch dolomitisch zu einer Quarzit-Brekzie verkittet. Diese Ausbildung lässt sich lithofaziell mit den Schichten der **Ürzig-Formation** (Engelsberg-Sfm.) vergleichen. Die geringe Mächtigkeit im Vergleich zur Wittlicher und zur Saar-Nahe-Senke beruht hier auf verminderter Subsidenz der Hunsrück-Scholle zwischen den beiden Senkungsgebieten. Die Karbonat-Fällung lässt sich durch Unterbrechung der Sedimentation und Caliche-Bildung bei einem relativ hoch liegenden Grundwasserspiegel erklären.

Geringe Mächtigkeit, Lückenhaftigkeit, wechselnde Lithofazies und rasche laterale Verzahnung kennzeichnen die Sedimente im Hangenden. Eine weitergehende Gliederung wie in den benachbarten Senkungsgebieten ist hier nicht möglich. Der Schichtverband besteht aus mürben, hellrötliche Gerölle und Lithoklasten führenden Sandsteinen, teilweise reinen Sandsteinen vom Typ „Kreuznacher Sandstein", Konglomeraten, jedoch auch tiefroten Siltsteinen und Feinsand-/Siltstein-Wechselfolgen. Hier sind lithologische Eigenschaften sowohl der Kinderbeuern- als auch der Altrich-Formation auf engem Raum zu beobachten. Dieser Schichtverband wird unter der Sammelbezeichnung **Kahren-Formation** (Stets 2012) zusammengefasst.

Während der untere, ältere Abschnitt dieser Schichtenfolge eindeutig zur Schutt- und Schwemmfächer-Fazies gehört, die am Nord-Fuß der „Quarzit-Schwelle von Mettlach-Sierck" (Selzer 1964, Schall 1968, E. Müller et al. 1973, Stets 1995) abgelagert wurde, gehört der obere jüngere Abschnitt zu den Ablagerungen des Fluviatilsystems, das hier unabhängig von jenem in der Wittlicher Senke auf der Hunsrück-Scholle existierte und ebenfalls nach Südwesten floss. In ihm mischten sich die Lieferungen der Schwemmfächer mit jenen des Fremdlingsflusses, der eine vorwiegend sandige Sedimentfracht führte.

Daraus ergibt sich, dass in der Umgebung von Trier auf dem hohen Südost-Rand der Wittlicher Senke südöstlich der Südlichen Randverwerfung offensichtlich ein Hochgebiet bestand. Sedimente der Schwemmkegel- und Playa-Fazies reichten nicht auf die Hochlage bei Trier oder wurden mit der Aktivierung der Südlichen Randverwerfung weitgehend abgetragen. Die Beobachtung, dass die Rinnen bei Trier mit Sand- und Siltsteinen gefüllt sind, bestätigt, dass auch auf der Hunsrück-Scholle viel Sand transportiert wurde und die „Talverschüttung" erst im jüngeren Rotliegend erfolgte. Dass jedoch zu dieser Zeit das „ehemalige Relief des Hunsrücks weitgehend verschwunden gewesen sein" dürfte (Falke 1965: 23), erweist sich als unrichtig. Die „Quarzit-Schwelle von Mettlach-Sierck" wurde erst im Mittleren Muschelkalk überdeckt (Théobald 1932, 1952). In ähnlicher Weise sollten im Hunsrück auch die übrigen Härtlinge die Phase der Abtragung überdauert haben.

4.3.3 Die „Quarzit-Schwelle von Mettlach-Sierck" im Rotliegend

Die Sedimentationsgebiete der Wittlicher Senke und der Saar-Nahe-Senke wurden im westlichen Hunsrück durch die „Quarzit-Schwelle von Mettlach-Sierck", kurz: Siercker Schwelle getrennt. Bedingt durch die junge Hebung der Rheinischen Masse wurde sie im Südwesten des Hunsrücks an Saar und Obermosel angeschnitten und teilweise heraus präpariert. Im Kern besteht die Schwelle aus Taunusquarzit der Errwald-Schuppenzone. Danach darf mit Recht angenommen werden, dass alle Härtlinge im Hunsrück im Rotliegend existierten, gleichgültig, ob sie aus Taunusquarzit oder „Dhroner Quarziten" aufgebaut sind.

Die nach der Tektogenese sofort einsetzende Abtragung bedingte noch im Oberkarbon und weiterhin in der Glan-Subgruppe eine Zertalung, wie sie östlich Nonnweiler unterhalb der Prims-Talsperre abgeleitet wurde. Da bereits in den Sedimenten des Westfal resistentes Abtragungsmaterial aus dem Hunsrück nachgewiesen wurde (Nöring 1939, A. Schäfer 1986), muss zu dieser Zeit ein System von Flusstälern, später von Wadis, über die das

Abtragungsmaterial in die Senke nach Süden geliefert wurde, bestanden haben. Da im Laufe von Stefan und Glan-Subgruppe die Anlieferung von Detritus aus dem Gebirge nachließ, sollte die Reliefenergie im Laufe der Zeit stark eingeschränkt worden sein. Wie sich aus den Sedimenten der Nahe-Subgruppe in der Saar-Nahe-Senke ablesen lässt, wurde mit Beginn dieser Zeit syngenetisch die Reliefenergie wieder aktiviert. Über die existierenden Täler wurde erneut Material aus dem Hunsrück-Gebirge in größerer Menge in die Senke transportiert, wo es sich in den Schutt- und Schwemmkegeln ausbreitete.

Bereits 1889 hatte van Werveke quarzitische Inselberge an der Obermosel bei Sierck-les-Bains erkannt, die aus triassischen Schichtverbänden aufragten. Sie bestanden bis in die Zeit des Mittleren Muschelkalks, als sie endgültig von Sedimenten überdeckt wurden. Theobald (1932) beschrieb das Relief dieser Schwelle im Siercker Land, die die Sedimentationsgebiete Saar-Senke und Luxemburg-Eifel-Senke trennte. Allerdings sollte zu Zeiten im Südwesten um die Schwelle herumgreifend eine Verbindung zwischen beiden Senken bestanden haben. Diese „Lothringer Querfurche" (Lucius 1952, H. Becker et al. 1968) liegt mit ihrer Spur in der Verlängerung der Eifeler Nord-Süd-Zone – Eifeler Quersenke (Lucius 1952, Murawski 1964) – nach Süden. Brinkmann (1932) verglich diese Inselberge mit ähnlichen in Spanien; Rössle (1937) und Schall (1968) untersuchten die Auswirkung auf die Sedimentation und das Relief. Hierzu gehören auch Überlegungen zur Exhumierung der Schwelle (Selzer 1958), die E. Müller (1973) als „Quarzitschwelle von Mettlach-Sierck" bezeichnete.

Über Schichtlagerungskarten gelang die Rekonstruktion des Reliefs der Schwelle im Bereich Mettlach – Saarburg (Schall 1968, H. Becker et al. 1968, Stets 1995). Danach ragte zur Zeit der Nahe-Subgruppe die Siercker Schwelle als NE-SW verlaufendes, relativ schmales Hochgebiet zwischen den nordwestlich und südöstlich angrenzenden Sedimentationsgebieten auf. Es reichte von der Position der Ortschaft Britten nach Südwesten, querte zwischen dem heutigen Saarhölzbach und Hamm/Saar die Saar und zog von dort in Richtung des heutigen Weiten weiter nach Sierck-les-Bains. Von Nordosten kommend hob es sich deutlich heraus und erreichte seine größte Höhe zwischen den Quellen der heutigen Leuk, die nach Nordwesten entwässert, und des Steinbaches, der zur Saar fließt. Hier ragt mit Orkelsfels und Bärenfels bei Orscholz der Taunusquarzit heute bis >400 m NN auf. Die Höhenunterschiede betragen zwischen dem Vorland der Schwelle im Süden bei Mettlach >400 m und im Norden >200 m mit der heute höchsten Position am Orkelsfels. H. Becker et al. (1968) gingen für die Zeit vor der Ablagerung von Schichten in „Waderner Fazies" von 5–600 m südlich der Schwelle aus, da sie ihren Fuß tiefer ansetzten und eine spätere Abtragung in die Kalkulation einbezogen.

Dieser relativ schmale Höhenzug, dessen Kuppen wohl gut gerundete morphologische Formen zeigten, war deutlich zertalt. Es gab jedoch keinen Flusslauf, der der heutigen Saar entsprechend den Quarzit-Riegel durchbrach. Das rekonstruierte seinerzeitige Gewässernetz orientierte sich an den tektonischen Strukturen der Taunusquarzit-Schuppen. Es bestand aus Kerbtälern parallel und senkrecht zur Längsrichtung der durch die Schuppenstrukturen vorgegebenen NE-SW-Richtung. H. Becker et al. (1968) rechneten mit zunehmender Breite und Höhe der nordöstlich anschließenden Taunusquarzit-Züge des Hochwaldes am Nord-Rand der Saar-Nahe-Senke.

Von dieser Schwelle zogen mehrere Wadis nach Südosten. Davon wird eines von der heutigen Saar auf der Strecke zwischen Mettlach und dem Aussichtspunkt Cloef benutzt. Deutlich ist ein permisches Tal, das vom heutigen Wolfsbach ausgeräumt wurde und über das heutige Saarhölzbach nach Süden verlief. In dieses Tal mündete bei Saarhölzbach ein Tälchen mit steiler Nordwest-Flanke, das aus der Gegend des heutigen Britten kommend an der Südost-Flanke der Schwelle z. T. schwellenparallel verlief. An der Nordwest-Seite der Schwelle bestand ein relativ steiler Abfall nach Nordwesten, der den Quarziten südöstlich der Hammer Überschiebung folgt und durch die Grenze Taunusquarzit/Kaub-Schichten nördlich der Ortschaft Rodt am Maunert (417 m NN) nachgezeichnet wird. Auf dieser Seite der Schwelle entwässerte sicherlich auch ein Vorläufer der heutigen Leuk über Trassem nach Saarburg und weiter nach Norden. Aus der Konstruktion ergibt sich ein weiteres nach Norden verlaufendes Tal, das von der heutigen Saar benutzt wird. Dessen Tal-Ende befand sich etwa nördlich von Saarhölzbach auf der Höhe des heutigen Schwellen-Kopfes und des Vogelsfelsens (396 m NN). Hier verlief auch die Wasserscheide.

Allerdings gibt es keine Hinweise auf den Zeitraum, in dem dieses Relief entstand. Die ältesten Gesteine, die das bestehende Relief füllten, liegen bei Dreis und Mettlach. Hier sind es Sedimente und Eruptiva der Donnersberg-Formation, die in den seinerzeit bestehenden Talungen liegen. Allerdings sind das nicht die tiefsten Positionen. Z. B. bei Saarhölzbach befinden sich Schichten in „Waderner Fazies“ in noch tieferer Position. Es ist sicher, dass das Relief vor Einsetzen der Sedimente der Nahe-Subgruppe bestand. Wahrscheinlich wurde es mit der neu einsetzenden Hebung des Hunsrücks zur Zeit der Nahe-Subgruppe belebt. Bei dem sehr verwitterungsresistenten Material des Taunusquarzit sollten bestehende Talungen weiter ausgeformt und bezogen auf den jeweiligen Vorfluter vertieft worden sein. Dabei zeigt sich, dass die absinkende Merziger Grabenmulde offensichtlich einer stärkeren Subsidenz unterlag als das unmittelbare nördliche Vorland der Schwelle.

Mit weitergehender Sedimentation und Auffüllung der Ablagerungsräume, hier besonders der Merziger Senke (Grabenmulde) staute sich das Abtragungsmaterial anschließend in die Täler zurück und reichte talaufwärts in die Wadis hinein. Am Süd-Rand der Schwelle erreichen diese groben Schuttmassen Mächtigkeiten von ca. 150 m. Diese Talfüllungen, die sich bei Mettlach-Keuchingen unweit der Lutwinus-Kapelle beobachten lassen, wo sie im Relief diskordant auf Quarziten des Taunusquarzit liegen, bestehen aus mehr oder weniger kantengerundeten, z. T. auch eckigen Quarzit-, Milchquarz- und Tonschiefer-Klasten in sandig-toniger Matrix. An der Lutwinus-Kapelle sind diese Psephite stark kieselig gebunden. Die Sandsteine der „Kreuznacher Fazies“ reichen darüber in geringer Mächtigkeit bis an die Schwelle heran und verzahnen sich hier mit dem Quarzit-Schutt.

Am Nord-Rand der Schwelle fehlen im unmittelbaren Vorland der Schwelle entsprechend mächtige Rotliegend-Sedimente. Trotzdem hat Rotliegend-Material sicherlich auch hier in die Täler südwärts vorgegriffen. Die heutige Erosion hat nach der Tieferlegung der Erosionsbasis die Paläo-Täler nicht nur wieder ausgeräumt, sondern die spät-variszischen Talfüllungen noch unterschnitten. Am Nord-Rand der Schwelle wird bei Freudenburg die Rekonstruktion des Reliefs durch den Freudenburger Sprung, eine post-variszische Abschiebung, erschwert.

Mit Ende des Rotliegend waren das nördliche und das südliche Vorland der Siercker Schwelle weitgehend mit Sedimenten bedeckt. Im Süden geschah das durch das Fluviatilsystem, das die Schichten in „Kreuznacher Fazies“ mitbrachte. Im Norden war es ein ähnliches, das die Schichtenfolge der Kahren-Formation lieferte. In beiden Fällen waren es weite, reliefarme Überflutungsebenen, in denen nach Südwesten orientierte Flussrinnen mäandrierten. Sie reichten bis an den Fuß der Siercker Schwelle und der übrigen Härtlinge des Hochwaldes. Im Süden führte die Auffüllung dazu, dass auch die Düppenweiler-Schwelle von Schichten der Nahe-Subgruppe in „Kreuznacher Fazies“ überdeckt war. Dieser Sedimentationsraum dehnte sich von der Siercker bis an die Saarbrückener Schwelle nach Südosten aus.

Die Kammregion der Schwelle bestand aus verwitterungsresistentem Taunusquarzit, der wahrscheinlich weitgehend entblößt war. Mit einer Bodendecke ist nur in geschützten Nischen zu rechnen. Organische Reste sind aus den Sedimenten am Fuß der Schwelle nicht überliefert. Das Hunsrück-Gebirge war so im Laufe des Rotliegend auf die Nordost-Südwest ausgerichteten Quarzit-Riegel beschränkt, während Teile des übrigen Gebirges, besonders im Westen, in die Sedimentation einbezogen waren. Allein die Tatsache, dass im nördlichen Vorland der Siercker Schwelle eine wenn auch geringmächtige und lückenhafte

Rotliegend-Schichtenfolge vom Trierer Raum bis an den Nord-Fuß der Schwelle reichte, lässt diese Schlüsse zu.

Es ergibt sich aus der Rekonstruktion des Reliefs der Siercker Schwelle (Schall 1968, Stets 1995), dass der südöstliche Abhang gegen die Saar-Nahe-Senke relativ steil nach Südosten abfiel. Auch sollten die von der Schwelle nach Süden entwässernden Wadis relativ steil und kurz gewesen sein. Auf der Höhe von Mettlach kam die Kammlinie der Schwelle relativ nah an die Merziger Senke (Grabemulde) heran. Die nach Norden entwässernden Wadis reichten dagegen relativ weit auf die Schwelle hinauf, wie das Paläo-Tal der Leuk annehmen lässt.

Aus der Zeit zwischen dem Ende der Sedimentation im Rotliegend und dem Neubeginn in der Unteren Trias sind im Hunsrück keine Sedimente überliefert. Da nicht von einem über 20 Ma (DSK 2002, 2012) währenden Stillstand ausgegangen werden kann, muss in diesem Zeitraum (Zechstein) mit einer ausgesprochen retardierten Sedimentation und nachfolgender Abtragung in abflusslosen Binnensenken bei weitgehendem Reliefausgleich und aridem Klima gerechnet werden. Geringmächtige Rotsedimente, die im St. Wendeler Graben erhalten blieben (El Quenjli & Stapf 1995), geben bedingt Zeugnis davon ab.

4.4 Der permische Vulkanismus im Hunsrück und in seinem Umfeld

Mit Abklingen der Hauptphase der variszischen Gebirgsbildung wurde der Deformationsplan erneut auf Extension umgestellt. Sie betraf insbesondere den bei der Kontinent/Kontinent-Kollision stark verdickten Grenzbereich Saxothuringikum/Rhenoherzynikum. Die geringere Dichte der krustalen Gesteine führte zu Auftrieb und Einbruch und damit zur Schwächung der Kruste, die letztendlich bereits ab Westfal zur Subsidenz der Saar-Nahe-Senke führte. Sie ist repräsentiert durch bis ca. 7 km mächtige Sedimente und Eruptiva des Permokarbon. Dieser Prozess begann vor ca. 315 Ma und dauerte ca. 45–50 Ma. Die Phase magmatischer Tätigkeit ist auf die Donnersberg-Formation, dem Beginn der Nahe-Subgruppe, beschränkt.

Die Dehnung betraf nach Kollision und Konsolidierung kratonische kontinentale Kruste des Superkontinents Pangaea. Im Gegensatz zum intra-Platten-Magmatismus zeigt der mit der Donnersberg-Formation beginnende Magmatismus eher den Kalk-Akali-Chemismus, wie er im Normalfall an Bereiche aktiver Plattengrenzen gebunden ist (Mihm 1982, D. Jung 1970, Seckendorff et al. 2004), wenngleich mit relativ hohem K-Gehalt. Dieser „Grenzlager-Magmatismus“ spielte sich innerhalb von ca. 4–5 Ma ab und weist zwei unterschiedliche Phasen auf, eine eher sauer bis intermediäre und eine intermediär bis basische. Beide sind geologisch klar gegeneinander abgegrenzt, überschneiden sich jedoch zeitlich. Die früher vertretene Meinung, dass der unterschiedliche Chemismus auf die Differentiation eines einheitlichen Stammmagmas zurückzuführen sei, ist nicht zu halten.

Die absolute zeitliche Einstufung des „Grenzlager-Magmatismus“ südlich des Hunsrücks und in diesem stößt wegen meist umfangreicher sekundärer petrographischer Veränderungen der Gesteine – autohydrothermal, hydrothermal, metasomatisch – auf Schwierigkeiten. Diese sekundären Veränderungen des primären Mineralbestandes werden auf den seinerzeit relativ hohen Wassergehalt in den begleitenden Sedimenten zurückgeführt (Lorenz & Haneke 2004), der in Zusammenhang mit einem erheblichen geothermischen Gradienten und durch aggressive Fluide die teilweise Umwandlung der primären Mineralparagenese und der vulkanischen Gläser bewirkte. Ein Teil des primären Mineralbestandes wurde umgewandelt zu Quarz, Albit, Chlorit, Epidot, Kalzit, Prehnit, Pumpellyit, Serizit und weiter zu Kaolinit (Teichmüller et al. 1983, Schmitt-Riegraf 1996) wie es ähnlich bereits bei den variszischen Eruptiva geschah. Dabei wurde u. a. das isotopische Rb-Sr-System durch Verlust von Sr und/

oder Zugewinn an Rb erheblich gestört, was zur Reduktion des Gesamtgesteinsalters führte. LIPPOLT & HESS (1989) bevorzugten daher die Bestimmung von $^{40}Ar/^{39}Ar$-Altern. Unabhängig davon ist die Zugehörigkeit zur Donnersberg-Formation über relative Alterskriterien geologisch gesichert.

Die basaltisch bis intermediäre Phase des „Grenzlager-Magmatismus" äußerte sich in erster Linie im Austritt von basaltischen, basaltisch-andesitischen und andesitischen Schmelzen, die aus einzelnen Lava-Strömen bestehend sich zu Lava-Decken zusammenschlossen und nach Art von Flut-Basalten in die weiten Ebenen in der Senke ergossen. Sie bildeten die typische Landschaft der „Grenzlager-Vulkane" mit ihren Effusiva. Diese vulkanische Tätigkeit ging von unterschiedlichen Zentren, evtl. auch von Spalten aus, d. h. Zentren besonderer tektonischer Insuffizienz. Ein bedeutendes Zentrum lag im Raum Idar-Oberstein – Baumholder, wo zahlreiche Deckeneinheiten einen riesigen Schildvulkan unmittelbar südlich des Hunsrück-Gebirges" aufbauten. Zwischen den einzelnen Decken liegen Sedimente, Tuffe und Tuffite, so dass sich lokal zahlreiche Deckenergüsse auseinander halten lassen. Die Mächtigkeit der Deckenstapel reicht von 20–40 m bis >800–1 000 m bei Baumholder, die der zwischengeschalteten Sedimente und Pyroklastika auf wenige m bis mehrere Zehner Meter. Einzelne Lava-Serien erreichen bis 200 m.

In Zusammenhang mit den Ergüssen steht auch die Intrusion basisch bis intermediärer Schmelzen in Form von echten Gängen (dykes), Lagergängen (sills) und Stöcken in die Schichtenfolge der Glan-Subgruppe und auch des Stefan. Es handelt sich auch dabei um Basalte, basaltische Andesite und Andesite. Die thermisch überprägten Kontakte zum Nebengestein zu beiden Seiten, bzw. zum Liegenden und Hangenden, lassen die sichere Unterscheidung der Intrusiva von den Effusiva mit ähnlichem Habitus und Chemismus zu. Hinzu kommt bei den Lagergängen oft ein massiges dichtes Gefüge, das eine doleritische Kernzone von den feinerkörnigen Randzonen unterscheidet. Die Lagergänge können laterale Erstreckungen bis 12 km bei großen Mächtigkeiten erreichen.

Die Phase des sauren bis intermediären Magmatismus ist gekennzeichnet durch Dome (Lakkolithe), die teilweise bis an die Erdoberfläche und darüber hinaus aufdrangen. Beim Auftrieb hat die zähe Schmelze die Gesteine, in die sie eindrang, vulkanotektonisch aufgeschleppt und sich darüber hinaus als zähflüssige Masse noch stromartig auf der Erdoberfläche ausgebreitet. Im Hunsrück-Nahe-Raum gehören dazu das Kreuznacher und das Nohfeldener Rhyolith-Massiv sowie einige kleinere Intrusionen am Hunsrück-Südrand und im Saarland. Zu dieser Gruppe sind im Hunsrück selbst der Rhyolith-Schlot bei Gornhausen (Veldenz) sowie einige Gang-Vorkommen im Südost-Hunsrück zu zählen. Im Zusammenhang mit der Förderung saurer Magmen kam es auch zum Austritt von Aschen-, Lapilli-Aschen-Tuffen und Ignimbriten, das sind pyroklastische Ströme aus heißen Gas-Feststoff-Gemischen mit Mächtigkeiten bis ca. 90 m. Die rhyolithischen Aschen-Tuffe (Rhyo-Tuffe T1-T6) und ihre Umlagerungsprodukte haben aufgrund ihrer weiten Verbreitung und typischen Ausbildung für die Korrelation der Sedimente innerhalb der Donnersberg-Formation erhebliche stratigraphische Bedeutung.

Außerdem kommen Schlote mit Effusiva und Aschen-Tuffen sowie Diatreme mit Durchmessern bis 500 m vor. Der relativ hohe Wassergehalt in den seinerzeit noch weitgehend unverfestigten Nebengesteinen führte u. a. zu explosivem Vulkanismus mit phreatomagmatischen Reaktionen.

Die Produkte dieses permischen, quasi syngenetischen Magmatismus, die die bereits erwähnte sekundäre Umwandlung durch Wärme und den Einfluss leichtflüchtiger Bestandteile erfuhren, sollen nach SCHMITT-RIEGRAF (1996) noch weitere post-magmatische Alterationsphasen durchgemacht und u. a. epithermale Kupfer-Vererzung verursacht haben.

SCHMITT-RIEGRAF (1996: 21) hat die unterschiedlichen Theorien zur Magmen-Genese zusammengestellt: LORENZ & NICHOLLS (1984) gingen unter Einbeziehung der Plattentektonik von ozeanischem Material unter Mitteleuropa aus und von einem Manteldiapir, der zur

Ausdünnung der Kruste, zu Subsidenz, Schwächezonen und Magmenaufstieg führte; die unterschiedlichen Schmelzen ergaben sich danach aus mobilisiertem Mantel- und Krusten-Material auf dem Wege eines Magma-Mixing.

Eine ähnliche Spur verfolgte Nickel (1981) an Beispielen von der Nahe zwischen Staudernheim und Bad Münster a. Stein-Ebernburg. Er zog dazu sowohl „Grenzlager-Effusiva" (Lava-Serien I-IV) als auch Intrusiva (Palatinit von Norheim, Rhyolith von Bad Kreuznach, und die Rhyolithe vom Leisberg und vom Lemberg-Massiv) heran. Arikas (1986) erklärte die permischen Rhyolithe durch anatektische Mobilisation der Unterkruste.

4.4.1 Der basische bis intermediäre Magmatismus

Generell sind bei diesem Magmatismus nur sehr selten echte Basalte (SiO_2 <52%), dafür u. a. Olivin-führende Navite am Südwest-Ende der Nahe-Mulde bei Idar-Oberstein, anzutreffen. Die übrigen früher als „Melaphyre", „Mesodolerite" und „Tholeyite" bezeichneten Gesteine gehören eher zu den Andesiten (SiO_2 bei 52–57%), Latiten und Rhyodaziten. Auch die Mehrzahl der früher als „Porphyrit" bezeichneten Magmatite sowie „SiO_2-reichen Porphyrite" und „Kersantite" sind eher zu den Daziten, Trachyten und Trachydaziten zu zählen. Der „Tholeyit" mit der Typuslokalität am Schaumberg bei Tholey (Steininger 1841) ist nach D. Jung (1991) ein basaltisches bis Latitisches Gestein. Gabbrodioritische Zusammensetzung haben einige „Palatinite" (Laspeyres 1869). An der Typuslokalität bei Norheim/Nahe wurden sie als Andesit bestimmt (Emmermann & Rée 1973). Allerdings ist die moderne Bezeichnung der Rotliegend-Eruptiva bei den einzelnen Bearbeitern nicht einheitlich.

Die Ergüsse haben in oberflächennahen Partien vielfach eine poröse Textur, deren Hohlräume sekundär mit mineralischer Substanz gefüllt als Mandeln oder Drusen bezeichnet werden. Die Größenordnung dieser Hohlräume reicht von mm bis dm Durchmesser. Berühmtheit erlangten vor allem Mandeln und Drusen aus dem Umfeld von Idar-Oberstein und im Fischbach-Tal. Einige Lavaströme lassen deutliche Fließtexturen nach der Ausrichtung der Hohlräume oder Mandeln erkennen. Oberflächentexturen sind selten erhalten. Lorenz & Haneke (2004) erwähnten Zonen stärkerer Porosität parallel zur Oberfläche der Lavaströme. Klasten von Eruptiva, die in die überlagernden Sedimente aufgenommen wurden, belegen darüber hinaus Lavaströme im Gegensatz zu Lagergängen aus ähnlichem Material. Außerdem wurden bisher keine Strukturen bekannt, die auf subaquatische Erkaltung der Laven hinweisen. Demnach war die Seen-Landschaft der Glan-Zeit bereits von den darauf folgenden Flusslandschaften abgelöst, und alle Lavaströme und -decken erkalteten subaerisch. Die Euptiva sonderten in Abhängigkeit von der jeweiligen Abkühlung und dem Chemismus plattig, selten säulig, häufiger polyedrisch oder kugelig-schalig ab.

Diese basischen bis intermediären Effusiva umranden die geologischen Strukturen und zeichnen insbesondere die Nahe- und die Prims-Mulde am südöstlichen Hunsrück-Rand nach. Sie sind auf das Gebiet südöstlich der Hunsrück-Südrand-Verwerfung beschränkt, abgesehen von Vorkommen bei Idar-Oberstein bis Kirn sowie an der Saar bei Mettlach, Dreisbach und nördlich Besseringen, wo sie in den Tälern des Paläoreliefs der Siercker Schwelle liegen.

4.4.1.1 Basische bis intermediäre Effusiva

4.4.1.1.1 Prims-Mulde

Die im Vergleich zur nordöstlich folgenden Nahe-Mulde bei Baumholder und Idar-Oberstein erheblich geringer mächtige Folge von „Grenzlager-Effusiva" zeichnet die Prims-Mulde deutlich nach. Das ausgedehnte Nohfeldener Rhyolith-Massiv trennt sie von der

Nahe-Mulde. Während auf dem SE-Flügel der Prims-Mulde sich ein etwa 400–500 m mächtiger Deckenstapel mit vier Deckeneinheiten ausscheiden lässt, sind es auf dem Hunsrück-nahen NW-Flügel zwei, bestenfalls vier, die durch mächtige Zwischensedimente und einen Ignimbrit voneinander getrennt sind. Mancherorts keilt auch die eine oder andere Decke aus. Die Mächtigkeit liegt bestenfalls bei 150–200 m. Die beiden Deckeneinheiten bestehen aus einer Vielzahl von Lava-Strömen, die sich zu Decken vereinigten und sich nur durch geringmächtige Zwischensedimente oder Pyroklastite trennen lassen. Weitere Kriterien zur Trennung sind bei Fließ- oder Erkaltungsprozessen entstandene Brekzien oder eine unterschiedlich poröse bzw. Mandelstein-Textur.

Bei Kastel im Prims-Tal wurden „Grenzlager-Effusiva" am Nord-Rand der Prims-Mulde beim Bau der Autobahn A1 mit zwei Deckeneinheiten angeschnitten. In der oberen ließen sich fünf Lava-Ströme auseinander halten (G. Müller 1975, Mihm 1975), die aus petrographisch ähnlichem Gestein bestehen wie sonst am Nordwest-Rand der Prims-Mulde.

Gut erschlossen sind die „Grenzlager-Effusiva" auch am Südwest-Ende der Prims-Mulde bei Michelbach (Bl. 6506 Reimsbach, 6507 Lebach) südlich Neunkirchen. Die Decken sind hier 50–80 m mächtig. Die Struktur der Gesteine ist deutlich porphyrisch. Die Minerale der Einsprenglingsgeneration sind sekundär stark umgewandelt und bestanden offensichtlich aus Olivin und/oder Orthopyroxen, die in Iddingsit und Erz umgewandelt sind. Die Grundmasse besteht z. T. aus uralitisierten Klinopyroxenen und chloritisierter Mesostasis. Ein Fließgefüge wird durch längliche kleine Mandeln nachgezeichnet, deren Füllung aus Karbonat und Chlorit besteht. Das Gestein wird als Klinopyroxen-reicher Andesit bis Latitandesit bezeichnet (D. Jung 1970, 1991). Durch Zwischensedimente können die „Grenzlager-Effusiva" hier in bis zu sechs Einheiten unterteilt werden (D. Jung 1991).

4.4.1.1.2 Einzelvorkommen an der Saar

Auf der Hunsrück-Hochscholle nordwestlich der Hunsrück-Südrand-Verwerfung finden sich mehrere Einzelvorkommen bei Mettlach-Keuchingen, Mettlach, Dreisbach und St. Gangolf (Bl. 6505 Merzig). Sie stehen in keiner direkten Beziehung zu den Effusiva am Nord-Rand der Prims-Mulde und füllen das aus Taunusquarzit bestehende Paläo-Relief aus. Sie wurden von Konglomeraten der Wadern-Formation überlagert. Die Eruptivgesteine haben eine grünlich-graue bis graue Färbung mit violettem Stich und rotbraunen Flecken. Die Struktur ist porphyrisch. Außerdem wurden Fließ- und Mandelstein-Textur beobachtet. Die Grundmasse besteht aus Plagioklas, Ortho- und Klinopyroxen, opaker Substanz, Apatit und Glas, die Einsprenglingsgeneration aus Ortho- und Klinopyroxen mit „Sanduhr"-Struktur und Zonarbau sowie Olivin (Schall 1968). Petrographisch handelt es sich um basaltische bis andesitische Gesteine, die den übrigen „Grenzlager-Effusiva" nahe stehen (Mihm 1982). Schall (1968) erwähnte außerdem Quarz in Nestern, der offensichtlich auf sekundäre Umwandlung zurückzuführen ist. Gegen ein gemeinsames Förderzentrum für alle diese Vorkommen an der Saar (Dietz 1965) spricht trotz der petrographischen Einheitlichkeit das Relief. Der Bergriegel mit der Burgruine M[t]. Clair trennt die Vorkommen bei Mettlach und Mettlach-Keuchingen von jenen bei Dreisbach und St. Gangolf.

4.4.1.1.3 Bei Idar-Oberstein und im Fischbach-Tal

Im Idarbach-Tal sind am Südwest-Ende der Nahe-Mulde in der Umgebung von Idar-Oberstein sehr mächtige „Grenzlager-Effusiva" aufgeschlossen (Bambauer 1957, 1960, 1970, Schmitt-Riegraf 1996). Hier lassen sich bis zu neun unterschiedliche Deckeneinheiten aushalten, die sich aus zahlreichen Lavaströmen und -decken aufbauen. Sie sind durch meist geringmächtige Sedimente (Konglomerate, Sandsteine) und Pyroklastite getrennt. Außerdem wird dieser Deckenstapel von Intrusionen durchschlagen. Bambauer (1970) erwähnte aus der nächsten Umgebung von Idar-Oberstein neun Intrusionen. Teilweise handelt es sich dabei wohl um

Förderschlote. Diese Effusiva zeigen deutliche Unterschiede zwischen den Vorkommen nordwestlich und südöstlich der Hunsrück-Südrand-Verwerfung.

Aus dem Gebiet Algenrodt-Meitzenbach (Bl. 6209 Idar-Oberstein) nördlich der Hunsrück-Südrand-Verwerfung beschrieb Bambauer (1970) vier Decken-Einheiten, die von Schmitt-Riegraf (1996) revidiert wurden. Die Gesamtmächtigkeit beträgt ca. 360 m.

Weiter südlich, im Bereich von Oberstein, nahe der Mündung des Idarbaches bildete sich südlich der Hunsrück-Südrand-Verwerfung ein Stapel aus neun Decken-Einheiten (Bambauer 1960, 1970). Die Gesamtmächtigkeit dieses Stapels beträgt ca. 830 m, die der zwischengeschalteten Sedimente ca. 50 m.

Ähnliche Verhältnisse finden sich auch weiter im Nordosten im Fischbach-Tal, wo ebenfalls ein nördlicher von einem südlichen Deckenstapel durch die Hunsrück-Südrand-Verwerfung getrennt wird (Bambauer 1970, E. Schmidt 1984).

Bei der Bearbeitung der Deckeneinheiten zwischen Algenrodt, Idar-Oberstein und Kirn gelang K. Schwab (1987) eine Charakterisierung des vulkanischen Geschehens und eine Korrelation der Decken-Einheiten beider Schollen. Danach lassen sich die Decken I und II bei Idar, die einen eher feinkörnigen Typ der Dazite bis Andesite nördlich der Verwerfung verkörpern, mit den Decken I–V südöstlich der Verwerfung zu einer unteren Einheit zusammenfassen. Darüber folgt mit den porphyrischen Naviten vom Typ Idar Decke III nördlich und Decke VI südlich der Verwerfung ein eher basischerer Schub. Die relativ grobkörnigen Olivin-führenden Andesite vom Typ Klotzberg (Decke VII) und die Navite der Decke VIII bilden eine ähnliche Sequenz im Hangenden, die auf der Hunsrück-Scholle erst zwischen Idarbach und Fischbach sowie östlich davon vorkommen; darauf schließt die Decke IX mit Olivin-führendem Andesit wieder eine feinkörnigere Folge ab. Bei dieser Gliederung liefern die petrographisch gut ansprechbaren Navite mit ihren Einsprenglingen sowie der relativ grobkörnige Andesit vom Typ Klotzberg petrographisch gut definierte und kartierbare Leitelemente, die die Korrelation von Scholle zu Scholle gestatteten.

Eine nähere Charakterisierung der Eruptiva nach Modalzusammensetzung und Gefüge östlich Idar-Oberstein nördlich und südlich der Hunsrück-Südrand-Verwerfung legte E. Schmidt (1984) vor. Danach lassen sich in dem Deckenstapel dort sieben Gesteinstypen unterscheiden:

Rhyodazit, Pyroxen-Rhyodazit, Navit, Pyroxen-Andesit, Bastit-Rhyodazit, Pygeonit-Rhyodazit und Olivin-führender Pyroxen-Andesit. Nach Schmidt ist der Deckenstapel im Fischbachtal nördlich der Südrand-Verwerfung ca. 550 m, südlich davon bis 780 m mächtig.

Weiter nach Nordosten nimmt zwischen Kirn und Winterburg die Mächtigkeit der „Grenzlager-Effusiva“ erheblich ab. Trotzdem lassen sich hier noch zwei bis vier durch Zwischensedimente und Tuffe getrennte Decken-Einheiten unterscheiden. Nach Bank (1953) liegen diese geringmächtigen Effusiva südlich der Hunsrück-Südrand-Verwerfung und reichen bis 11,5 km nordöstlich Rehbach. Der untere Erguss des aus zwei Decken bestehenden „Grenzlagers“ wird zwischen Auen und der Bockenauer Schweiz vom oberen durch rhyolithische Tuffe getrennt. Die Gesteine sind intensiv autohydrothermal verändert und schwer zu klassifizieren. Bank & Bambauer (1959) bezeichneten sie als „relativ grobe porphyrische Andesite“ (S. 80). Außerdem erwähnten sie aus der Umgebung von Auen zusätzlich „feinkörnigen Andesit“, der dem Navit bei Idar-Oberstein ähnlich ist.

4.4.1.1.4 Der effusive Vulkanismus bei Waldböckelheim

Während direkt am Südost-Rand des Hunsrücks auf dem NW-Flügel der Nahe-Mulde südlich Allenfeld und Argenschwang nur sehr schmale Ausbisse von „Grenzlager-Effusiva“ in Schichten der Wadern-Formation bekannt sind, die noch dazu nach Nordosten auskeilen, beträgt ihre Mächtigkeit im Umkreis der Waldböckelheimer Kuppel auf dem SE-Flügel insgesamt 300 m Mächtigkeit. Hier lassen sich vier Decken-Einheiten aushalten (Emmermann &

Rée in: K.-W. Geib 1973). Sie bezeichneten nach den vorliegenden Analysen diese Effusiva auf Bl. 6112 Waldböckelheim als „relativ SiO_2-reich".

Ein „Latitkonglomerat" nordöstlich Schlossböckelheim, das aus Komponenten der Effusiva mit Größen bis 60 cm Durchmesser besteht, erwähnte schon Laspeyres (1873). K.-W. Geib (1938) ging von einer vulkanosedimentären Bildung – einem „Grenzlager-Konglomerat" – aus. Negendank (1971) bezeichnete es als pyroklastische Brekzie aus Klasten und Bomben.

Unmittelbar im Liegenden der Decken kommen unterschiedlich farbige (dunkel, violettbraun bis rosafarben, auch graugrünlich) Lapilli-Tuffe, Aschen-Tuffe und Tuffite (Heim in: K.-W. Geib 1973) vor, die mit Sedimenten wechsellagern. Bimspartikel sind in Hygrophyllit (Laspeyres 1873) (eine unregelmäßige Illit-Montmorillonit-Wechsellagerung) umgewandelt. Ausgangsmaterial waren wohl rhyolithische Glaspartikel. Ein „Rhyolith-Konglomerat", dessen Komponenten wohl vom Kreuznacher Rhyolith-Massiv stammen, weist u. a. darauf hin, dass die sauren Intrusionen hier älter bzw. gleich, ähnlich alt oder jünger sind als die „Grenzlager- Effusiva". Ähnliches gilt für Pyroklastite und pyroklastische Brekzien (Heim in: K.-W. Geib 1973) im Hangenden der basisch bis intermediären Effusiva.

4.4.1.2 Basische bis intermediäre Intrusiva

Offensichtlich in Zusammenhang mit dem effusiven basisch bis intermediären Vulkanismus stehen Intrusiva mit sehr ähnlicher petrographischer Beschaffenheit. Gestützt wird die zeitliche Einstufung in die Donnersberg-Formation durch die geologische Fundsituation. In der Mehrzahl der Fälle sind sie zumindest am Südost-Rand des Hunsrücks in die Schichten der Glan-Subgruppe eingedrungen, während sie im Kern von Nahe- und Prims-Mulde die Sedimente der Nahe-Subgruppe nicht durchschlagen haben. Wegen der sehr ähnlichen petrographischen Eigenschaften sollte es sich bei den Intrusiva um freigelegte Zufuhrkanäle der Effusiva, jedoch auch um eigenständige Intrusionen handeln.

Eine Massierung tritt im Nordosten im Bereich der Waldböckelheimer Kuppel, bei Kirn und bei Schmelz/Saarland in Gesteinen der Glan-Subgruppe auf. Die meisten Lagergänge am Südost-Rand des Hunsrücks bestehen aus tholeyitischen Basalten bis basaltischen Andesiten. Letztere herrschen vor (Seckendorff et al. 2004). In Abhängigkeit vom Intrusionsniveau ist kaum poröse Textur zu finden. Selten treten kleinere Poren nahe am Liegend- oder Hangendkontakt auf. Nur bei sehr oberflächennahen Intrusionen kann poröse Textur ausgebildet sein. Zahlreiche dieser Lagergänge können über längere laterale Erstreckung einzeln oder in Schwärmen verfolgt werden.

4.4.1.2.1 Nordwest-Rand der Nahe-Mulde

Von Bl. 6112 Waldböckelheim liegt eine Beschreibung von mehreren Vorkommen im Umfeld der Waldböckelheimer Kuppel durch Emmermann & Rée (1973) vor:

Der **Latit des Welschberges** südlich des Ellerbaches bei Burgsponheim hat eine dunkelgraue Farbe mit grünlichblauem Stich; im sehr feinkörnigen Gestein ist schon mit bloßem Auge ein Fließgefüge erkennbar, das durch Feldspat-Leistchen (0,3–0,2 mm) nachgezeichnet wird; die Einsprenglings-Generation besteht aus Plagioklas (Andesin), der z. T. völlig vertont ist, und dunklen Gemengteilen (Pyroxen?), die weitgehend in Viridit umgewandelt sind; nach der chemischen Analyse handelt es sich um einen Latit im Übergang zum Rhyodazit; K.-W. Geib (1972) sah die Genese dieses oberflächennah erkalteten Stockes in Zusammenhang mit der Bildung eines Maares im Bereich der Waldböckelheimer Kuppel; u. U. steht die Bildung in Zusammenhang mit der Kuppel (Lorenz & Haneke 2004).

Der „**Tholeyit von Niederhausen**": Ein mehrfach durch Querstörungen versetzter Lagergang befindet sich am Tal-Hang der Nahe nördlich Niederhausen in „Tholeyer

Schichten"; er ist 10–15 m mächtig und wurde als „Tholeyit" (STEININGER 1841) bezeichnet; seine Farbe ist dunkelgrau mit graugrünlichem Stich; er besitzt ophitisches Gefüge aus Plagioklas-Leisten, außerdem Pyroxene, die weitgehend in Viridit umgewandelt sind, Karbonat, oxidisches Eisen, Quarz und Mesostasis; nach der chemischen Analyse gehört das Gestein zu den Andesiten, wie der **Andesit von Norheim**. Hier handelt es sich um zwei Lagergänge, die LASPEYRES (1867) unter der Bezeichnung „Palatinit" beschrieb; andere Bezeichnungen sind „tholeyitischer Gabbrodiabas" (SCHUSTER 1933) oder „Diorit"; das relativ helle Gestein zeigt säulige Absonderung; die Struktur ist ophitisch bis intersertal, wobei die Mesostasis völlig in Viridit umgewandelt ist; weitere Umwandlungsprodukte sind Prehnit, Biotit (?), Epidot und Kalzit; vom primären Mineralbestand sind Plagioklas und Klinopyroxen reliktisch überliefert; außerdem Apatit und Erz; der Plagioklas (Albit bis Oligoklas) ist weitgehend in Prehnit umgewandelt; die Klinopyroxene zeigen Säume aus Hornblende; außerdem wurde aus den oberen Abschnitten des Lagerganges u. d. M. freier Quarz beobachtet, der bei der Umwandlung der Pyroxene in ein Gemenge aus Chlorit und Karbonat frei wurde; das Gestein wurde den Andesiten zugeordnet (EMMERMANN & RÉE 1973); im „Palatinit von Norheim" treten Restdifferentiate als SiO_2-, K- und Na-reicher Aplit auf.

Zwischen dem Gaulsbach-Tal im Nordosten und Simmerthal (Simmern unter Dhaun) im Südwesten (Bl. 6111 Pferdsfeld) beschrieb BANK (1953) mehrere Lagergänge bei Simmerthal, bei und südlich Langenthal sowie die Intrusiva vom Klaffsteinchen zwischen Gaulsbach-Tal und Weiler. BANK & BAMBAUER (1959: 82) bezeichneten die Gesteine als „Magmatite mangeritischer Zusammensetzung", d. h. Produkte dioritischer Magmen mit Orthoklas-Anteilen. Diese Gesteine, die auf der Insel Radö bei Bergen/Norwegen vorkommen, werden als relativ trockene Bildungen tieferer Krustenabschnitte betrachtet. In dem Vorkommen im Gaulsbach-Tal südlich Langenthal ist die Struktur holokristallin-feinkörnig. Hier ist mangels chemischer Analysen keine exaktere Zuordnung möglich. U. d. M. zeigt sich ein massiger Gesteinstyp mit porphyrischer Struktur. Die Plagioklase sowohl der Einsprengs-Generation als auch der Grundmasse sind Labradorite (An_{50-65}). Außerdem kommen Klinopyroxen und Olivin (meist stark zersetzt) in der primären Mineralparagenese vor. Sekundäre Neubildungen sind Viridit, Biotit (?) und Kalzit. Als Sekundärbildungen finden sich in Mandeln Quarz, z. T. als Amethyst, Kalzit und Erz in Form von Kupferkies-Funken. Die Matrix besteht am Klaffsteinchen aus viel Glas (hyalopilitische Struktur). Vom Mineralbestand her besteht große Ähnlichkeit mit den basisch-intermediären Intrusiva auf Bl. Waldböckelheim.

Der **„Palatinit" von Martinstein** (Bl. 6111 Pferdsfeld) bildet einen domförmigen Intrusiv-Körper an der Nahe bei Martinstein. Das Gestein zeigt eine feinkristalline Struktur bei massiger Textur. Die Plagioklase sind auch hier Labradorite (An_{65-60}). Außerdem kommen Bronzit und Erz vor. Das Gestein ähnelt vom Mineralbestand her eher den „Naviten vom Typ Idar" im Deckenstapel bei Idar-Oberstein. BANK & BAMBAUER (1959) sahen Ähnlichkeiten mit den Mangeriten.

„Porphyrit" von Kirn. Bei Kirn befindet sich ein durch große Steinbrüche (Bl. 6210 Kirn) angeschnittener Intrusivkörper, dessen Gesteine früher als „Porphyrite" (heute eher Andesite) bezeichnet wurde (BAMBAUER 1970). Diese Gesteine haben eine ophitische bis intersertale Struktur. Auf den unteren Abbausohlen ist das Gestein schwarzgrau mit Stich ins Grünliche, auf den oberen grau. Die Grundmasse enthält Plagioklas, Augit, Magnetit, Ilmenit und Apatit. Auch hier hat eine Umwandlung des Glas-Anteils in Chlorit stattgefunden. Beim Plagioklas besteht ein Unterschied im Anorthit-Gehalt der Einsprenglinge von Bytownit (An_{80}) zu Labradorit (An_{70}) in der Grundmasse. In der helleren Gesteinsvariante im oberen Teil der Steinbrüche sind die Plagioklase von Grundmasse und Einsprenglingen Labradorite (An_{55-52}). Das Gestein ist in den höheren Partien feinkörniger als in den unteren und zeigt stärkere sekundäre Umwandlung, was auf die Nähe zum Dach der Intrusion schließen lässt.

Olivin-Basalt von Hintertiefenbach. Zwischen Hintertiefenbach und Georg-Weierbach (Bl. 6210 Kirn) liegt ein Vorkommen von Olivin-Basalt (E. SCHMIDT 1984), das dort den Deckenstapel durchschlagen hat. Das grauschwarze Gestein ist dicht, sehr hart, deutlich porphyrisch und richtungslos körnig. Einsprenglinge von Olivin und Pyroxen sind durch Viridit-Pseudomorphosen nachgezeichnet. Manche Olivine sind auch nur randnah viriditisiert, andere Mafite durch Erz ersetzt. Die Plagioklase (An_{80-68}, 1–1,4 mm Länge) sind nach Albit- und Karlsbader Gesetz verzwillingt; sie zeigen deutlichen Zonarbau. In der Grundmasse sind die Plagioklase (An_{27-49}, 0,08–0,2 mm Länge) idio- bis hypidiomorph und nach dem Albit-Gesetz verzwillingt. In Zwickeln finden sich xenomorphe Klinopyroxene (Hedenbergit, Pigeonit). Quarz ist bestenfalls akzessorisch vorhanden.

„Kuselit" von Vollmersbach. Im Liegenden der „Grenzlager-Effusiva" bei Vollmersbach (Bl. 6209 Idar-Oberstein) fand E. Schmidt (1984) einen Intrusivkörper von ca. 1500 m Länge und 60–80 m Mächtigkeit. Sein Gestein erinnert nach Gesamteindruck und Gefüge an die in der Nord-Pfalz verbreiteten „Kuselite". Eine genaue Bezeichnung fehlt. Das Gestein besitzt eine pilotaxitische Struktur und ist richtungslos massig. Die Einsprenglings-Generation weist Rosetten aus radialstrahlig angeordnetem Viridit auf, außerdem Biotit(?), sehr wenig Pyroxen und umgewandelten Plagioklas. Hinzu kommen ca. 6 Vol.-% Quarz mit Korrosionsbuchten und Reaktionssäumen aus Kalzit und Chalcedon. Die Grundmasse (bis 90 Vol.-%) ist ein stark verfilztes Gewebe aus Quarz, Plagioklas, Viridit und Erz.

Ein Areal mit zahlreichen Intrusionen liegt zwischen Siesbach (Bl. 6209 Idar-Oberstein) im Nordosten und Brücken (Bl. 6308 Birkenfeld-West) im Südwesten. Hier weist die Geologische Übersichtskarte zahlreiche Gänge und Lagergänge mit unterschiedlichen Mächtigkeiten sowie kleinere Stöcke aus „Tholeyiten", Andesiten und Basalten auf, die im Bereich der Hunsrück-Südrand-Verwerfung liegen. Eine moderne Bearbeitung fehlt. Der Gelände-Eindruck zeigt Ähnlichkeiten mit den Intrusiva am Nordwest-Rand der Nahe-Mulde.

4.4.1.2.2 Nordwest-Rand der Prims-Mulde und Saarland

Im südwestlichen Anschluss finden sich zwei kleinere Intrusiv-Körper auf dem NW-Flügel der Prims-Mulde nördlich Kastel und bei **Braunshausen** (Bl. 6407 Wadern). Sie gehören zu den basaltischen Andesiten. Das gilt auch für Lagergänge südöstlich von Dörsdorf, Scheuern, Dorf, Neipel und Lindschied sowie den 60–80 m mächtigen Lagergang zwischen Gresaubach und Steinbach südlich der Prims-Mulde. Die Gesteine dieser Vorkommen sind grau bis dunkelgrau mit bläulichem Stich. Ihre Struktur ist feinkörnig, ophitisch bis intersertal, gelegentlich tritt Mandelstein-Textur auf. Plagioklas ist meist auf wenige Individuen der Einsprenglings-Generation beschränkt; hinzu kommen entweder Olivin oder Olivin und Augit, Klino- und Orthopyroxen. Der Olivin ist meist in Viridit oder Iddingsit umgewandelt. Die Grundmasse (teilweise mehr als 80 Vol.-%) besteht aus Plagioklas (Labradorit bis Andesin), Klino- und Orthopyroxen, Apatit, Alkalifeldspat, Erz und bis zu ca. 30 Vol.-% Glas (D. Jung 1991).

Der basaltische Andesit vom Kloppberg. Eine eingehendere petrographische Beschreibung liegt von der Kloppberg-Intrusion bei Kastel (Bl. 6407 Wadern; Mihm 1982) vor. Dieser Stock hat einen Durchmesser von 350 m. Das Gestein, ein basaltischer Andesit, ist in den oberen Partien stark zerrüttet und zersetzt. Außerdem waren Sedimentgesteins-Schollen im Eruptivkörper eingeschlossen, so dass eine Position nahe am Dach des Stockes naheliegt. Ein Bereich war schwach sulfidisch vererzt. Das Gestein ist dunkelgrau, serial-porphyrich mit pilotaxitischer bis hyalopilitischer, in manchen Partien auch intersertaler Struktur. Die Einsprenglinge bestehen aus Augit (bis 0,5 mm) und Olivin-Pseudomorphosen (bis 0,8 mm). Die Grundmasse enthält kleine (0,1 mm) Plagioklas-Leistchen, Alkalifeldspat, Klinopyroxen und Pseudomorphosen nach Orthopyroxen, auch Erz und zusätzlich Mesostasis.

Eine Gruppe von Intrusiva bilden die früher als „Porphyrit" bezeichneten Gesteine (Latitandesit: D. Jung 1970, Latiandesit: Mihm 1970, Seckendorff 1990) mit dem größten Vorkommen am „**Großen Horst**" (Bl. 6507 Lebach) südöstlich Michelbach sowie mit acht kleineren Schloten und Gängen bei Aussen. Weitere Vorkommen, die zur Gruppe der Andesite, Dazite, Latite und Trachyte zu zählen sind, liegen bei Oppen und Düppenweiler (Bl. 6506 Reimsbach). Die Latitandesite besitzen meist dunkelgraue Färbung mit grünlichgrauem oder auch bläulichem Stich. Die Struktur ist porphyrisch, teilweise serialporphyrisch. Zur Einsprenglings-Generation gehören Plagioklas, Klino- und Orthopyroxen, Amphibol und Erz. Klinopyroxen und Plagioklas zeichnen das serialporphyrische Gefüge nach. Die Anteile an Pyroxen und Amphibol sind in den einzelnen Vorkommen unterschiedlich. Die Amphibole sind größtenteils durch Viridit, Karbonat und Erz ersetzt; das gilt auch für die Pyroxene. Die Plagiklase (Labradorit bis Andesin) sind zonar gebaut mit Anorthit-Gehalten von An_{60-40}. Die Grundmasse besteht aus feinkristallinem Plagioklas (An $_{45-25}$), Klinopyroxen, Alkalifeldspat, Quarz, Apatit, wenig Biotit und Erz.

Stock vom Großen Horst: Das Gestein ist grau, teilweise mit graugrünlichem, andernorts auch mit rötlichem Stich. Makroskopisch erscheint es feinkörnig bis dicht. Einsprenglinge sind relativ selten. Dazu gehören Plagioklas (An_{60-40}), seltener Amphibol und Biotit. Die Grundmasse zeigt deutliche Fließtextur. Sie besteht aus Plagioklas (Andesin bis Oligoklas), Klinopyroxen, Spuren von Biotit, Quarz, Apatit, Erz und einem optisch schwer auflösbaren Rest. Die Plagioklase sind, von Rissen ausgehend, mit Albit und Kalzit durchsetzt. D. Jung (1970, 1991) stellte das Gestein zu den Latitandesiten, später zu den Andesiten. Mihm (1982) machte geltend, dass der Gesteinskörper, der seinerzeit über 115 m in sieben Sohlen erschlossen war, relativ geringe petrographische Unterschiede zeigt. Eine steil stehende, W-E streichende Störungszone teilt das Vorkommen im Steinbruch in einen Nord- und einen Süd-Abschnitt. Das Gestein im Norden ist deutlich serial-porphyrisch mit pilotaxitischer, im Süden serial-porphyrisch mit hyalopilitischer Struktur und kleinen Mandeln. Nach chemischen Analysen sind es Latiandesite bis Andesite.

Zwei kleine Vorkommen westlich Schmelz gehören zu Hornblende führenden Latiten, das gilt für jenes südwestlich **Düppenweiler**; das östlich des **Weltersberges** ist eher ein Andesin-Latit. Der Hornblende-Latit ist rötlichgrau und besitzt eine porphyrische, hyalopilitische Struktur. Die Einsprengs-Generation besteht aus Alkalifeldspat und Pseudomorphosen nach Hornblende, die Grundmasse aus Plagioklas, Erz und einem erheblichen Anteil aus vulkanischem Glas sowie Pseudomorphosen aus Viridit. Der Andesin-Latit ist ähnlich, nur bestehen die Plagioklase der Einsprenglings-Generation aus unterschiedlich großen Andesin-Individuen (1,5 und 0,5 mm). Die Grundmasse zeigt stärkere Umwandlung, dokumentiert durch Nester von Quarz und Karbonat.

Geochemische Untersuchungen (Mihm 1982: 143) ergaben für die Gesteine des Saarlandes, dass die Mehrzahl der untersuchten Effusiva und Intrusiva des intermediär bis basischen Magmatismus eher zu den „island arc calcalkaline rocks" (Green 1971) gehören. Auch andere Darstellungen verweisen „die permischen Magmatite des Saar-Nahe-Gebietes in einen Bildungsbereich, der in dieser Umgebung nicht zu erwarten wäre (...), und zwar zu den Magmen, die normalerweise über Subduktionszonen (vorkommen), wo durch Plattentektonik ozeanische Kruste verschluckt wird". Nach der plattentektonischen Konstellation liegt die Saar-Nahe-Senke über einer ehemaligen Sutur, wo ohne weiteres Reste ozeanischer Kruste bei der hohen Subsidenz südöstlich der Hunsrück-Scholle in den Bereich erneuter Aufschmelzung geraten sein können. Auch eine Beteiligung von Mantelmaterial ist bei den z. T. primitiven Schmelzen nicht auszuschließen. Zu ähnlichen Ergebnissen führten auch die Untersuchungen von Lorenz und Mitarbeitern (in: Seckendorf et al. 2004), die die Basalte und basaltischen Andesite der Saar-Nahe-Senke aus einer heterogenen Quelle ableiteten, die Anteile sowohl vom Erdmantel als auch der Kruste beisteuerte bzw. auf eine Kombination von Assimilisation und Kristallisation zurückzuführen seien.

4.4.1.3 Sekundäre Mineralneubildungen

Ein Charakteristikum der Eruptiva von Hunsrück und Saar-Nahe-Senke ist die hydrothermale Überprägung der kalkalkalinen Vulkanite. Erst an zweiter Stelle steht die Gesteinsalteration durch intensive Verwitterung. Sie erreichte bei den Vulkaniten am Südost-Rand des Hunsrücks nicht den Zersetzungsgrad wie bei den unterdevonischen Sedimentgesteinen (während der Mesozoisch-Tertiären Verwitterung). Die hydrothermale Zersetzung betraf in den basischen bis intermediären Gesteinen besonders die primären Erzminerale, weiter Olivin, Pyroxen, Amphibole, die basischen Plagioklase und die vulkanische Glasmatrix (Mesostasis). Als Produkte dieser Alteration liegen Minerale und Mineralgemenge der Montmorillonit-Saponit-Gruppe, Viridit (grünliches Fe-Mg-Phyllosilikat-Gemenge; unverbindliche, neutrale Bezeichnung hinsichtlich Mineralogie und Zusammensetzung: Emmermann & Rée (1973)), Glieder der Chlorit-Gruppe, Serizit und Kaolinit vor. Vor allem aber kam es zur Neubildung von Quarz und Achat, Alkalifeldspat (Adular), Kalzit, Hämatit und Goethit sowie Leukoxen. Als post-magmatische Neubildung in Gesteinshohlräumen und als Kluftfüllung werden genannt Quarz-Varietäten (Bergkristall, Rauchquarz, Amethyst), Chalcedon-Varietäten (Achat, Karneol, Jaspis), Chlorite, Kalzit und Eisenglanz (Hämatit). Seltener sind Pyrit, Markasit, Fluorit, Baryt, Zeolithe und Asphalt. Eine eigene Kupfermineralisation besteht aus Kupferkies (Chalkopyrit), Kupferglanz (Chalkosin), Buntkupferkies (Bornit), Covellin und deren Umwandlungsprodukten Azurit und Malachit (Schmitt-Riegraf 1996). Von besonderer Bedeutung sind bei der hydrothermalen Gesteinsalteration die im Nahe-Hunsrück-Bergland vorkommenden Neubildungen aus SiO_2 und Karbonaten.

4.4.1.4 Mineral-Neubildungen in den „Grenzlager-Effusiva“ am Hunsrück-Südrand

Die Abscheidungsfolge in den Hohlräumen der „Grenzlager-Effusiva“ ist nicht einheitlich und kann von Lavastrom zu Lavastrom bzw. -decke unterschiedlich sein. Allgemein ist die Füllung kein Prozess mit geregelter Ausscheidungsfolge, in der alle Glieder der vorgenannten Mineralkette vertreten sein müssen. Vielmehr erfolgte die Ausscheidung in Etappen. Generell wurden die Hohlräume zuerst mit grünlichem Chlorit ausgekleidet, feinen Filmen von Delessit (Mg-reicher Chamosit bzw. Ferri-reicher Chlorit). Darauf folgen in der Regel Chalcedon und danach je nach Größe des Hohlraumes idiomorpher Quarz in den genannten Varietäten. Die Bergkristalle können Nadeln von Eisenglanz enthalten. Häufig folgte nach einer Ruhephase Kalzit, der u. a. von feinem Chlorit überzogen sein kann. Eine weitere Lösungszufuhr brachte meist erneut Kalzit. In späten Phasen konnten noch Fluorit, Baryt und Zeolithe aufwachsen. Entlang der Hunsrücksüdrand-Verwerfung treten auch Cu-Minerale auf.

Für die Entwicklung des Hunsrück-Nahe-Raumes mit Schwerpunkt Idar-Oberstein und angrenzendem Hochwald waren die sekundär gebildeten Minerale der Mandeln und Drusen der Grenzlager-Effusiva ein entscheidender Wirtschaftsfaktor. Heute hat sich die Edelstein-Industrie von diesen Vorkommen gelöst, und die heimischen Vorkommen sind allenfalls von historischer oder touristischer Bedeutung. Eine Übersicht über „Achat-Bergbau und -Gräberei“ im Nahe-Bergland verdanken wir u. a. Britz (1970). Fundstellen sind im Naheseitigen Hunsrück und darüber hinaus überall dort zu finden, wo „Grenzlager-Effusiva“ mit Mandelstein-Textur vorkommen. Eine Übersicht über Mineralfundstellen im oberen Nahe-Gebiet findet sich bei Dern (1970), der über Achate auf primärer und sekundärer Lagerstätte berichtete. Eine Übersichtskarte über den Achat-Bergbau im Nahe-Gebiet in der Zeitspanne 1375–1875 zeigt mehr als 50 Örtlichkeiten, in deren Gemarkung früher zu gewerblichen Zwecken Achat, Chalcedon, Karneol, Jaspis, Bergkristall, Amethyst und Rauchquarz gewonnen wurden. Der Schwerpunkt der Gewinnung lag entlang der Nahe zwischen Birkenfeld im Südwesten und dem Fischbach-Tal im Nordosten (Brandt in: Bank 1991). Heute sind Mineralfundstellen im Fischbach-Tal (Stbr. Juchem & Söhne), bei Idar-Oberstein (ehem. Stbr. Setz) sowie Lesestein-reiche Felder in den Gemarkungen zwischen Rimsweiler und Nohen, bei Heimbach, am Heimbacher Hof südwestlich Reichenbach und bei Eckersweiler östlich Freisen bekannt. Alle diese Fundstellen sind an die sehr mächtigen „Deckenstapel" im Raum Baumholder gebunden. Öffentlich zugänglich ist das Schaubergwerk am Steinkaulenberg bei Idar-Oberstein, Ortsteil Algenrodt.

Erste Nachrichten über einen Abbau dieser Minerale für die Schmuckherstellung stammen aus dem 14. und 15. Jahrhundert, wo „Steinbergbau" aus saarländischen Vorkommen und aus dem Idar-Bann genannt wurde. Über reiche Funde wurde auch aus dem 17. Jahrhundert berichtet, als Achat und Jaspis an das Habsburger Kaiserhaus kamen (Bank 2003). Nachrichten über die Vorkommen am Galgenberg (Steinkaulenberg) mehrten sich im 18. und 19. Jahrhundert. Bis 1875 wurde am Steinkaulenberg gearbeitet, zu jenem Zeitpunkt, als gleichwertige, jedoch preiswertere „Steine" aus Brasilien den Abbau nicht mehr rentabel machten. Die Vorkommen sind jedoch nicht erschöpft. Heute sind einige der ehem. Stollen aufgewältigt und in dem Besucherstollen mit Drusen und Mandeln im Nebengestein in situ zu besichtigen (Bank 2003).

Vorkommen an gewinnbaren Achaten und Quarz-Varietäten sind auf besonders großporige Effusiva der „Grenzlager-Vulkanite" beschränkt. Am Steinkaulenberg ist es der Latiandesit (Dazit bis Andesit, Typ Steinkaulenberg) der Decke I (sensu Bambauer 1960, 1970). Das Gestein ist in frischem Zustand dunkelgrau mit grünlichem Stich. Die Einsprenglings-Generation besteht aus Plagioklas und Pyroxen, der weitgehend zersetzt ist. Die Grundmasse ist feinkörnig und enthält Plagioklas, wenig Alkalifeldspat, Klinopyroxen und Erz. Die Mandelfüllungen wittern im zersetzten Gestein als rundliche geodenartige Kugel heraus; im frischen Gestein müssen sie aus dem Verband heraus gemeißelt werden. Die Füllung der Mandeln besteht aus Chalcedon unterschiedlicher Färbung von weißlich, gelblich, bräunlich – bei den Idarer Achaten auch eher roséfarben – bis blutrot (Karneol). Die gebänderten Idar-Obersteiner Achate weisen mit ihren feinen pastellfarbenen Lagen eine spezifische Eigenart auf. Die rötlichen Farbtöne werden durch oxidisches Eisen (Fe) hervorgerufen. Neben dem mikrokristallinen, feinst faserigen Chalcedon kommen auch die idiomorphen, durchsichtigen Varietäten des SiO_2 vom Bergkristall bis zum Amethyst vor. Hinzu kommt die dünne lagige Auskleidung der Mandelhohlräume zwischen Füllung und Nebengestein aus Delessit. Bei den Drusen sind auch die übrigen gen. Minerale in der Hohlraumfüllung vertreten.

4.4.1.5 Zur Genese der Hohlraumfüllungen

Während der Porenraum unterschiedlicher Größenordnung durch die Entgasung der abkühlenden Schmelze insbesondere an der Oberseite und an den Rändern der Lavaströme entstand, erfolgte die Füllung erst mit fortschreitendem Erkalten ab einer Temperatur unter 400°C. Durch Kondensation aus überkritisch erhitztem Wasserdampf und den übrigen leichtflüchtigen Bestandteilen bildeten sich aggressive hydrothermale Fluide, die zu der Zersetzung des primären Mineralbestandes – insbesondere der mafischen Minerale, jedoch auch der basischen Plagioklase – in Iddingsit, Seladonit, Viridit, Kalzit und SiO_2 führten. Aus den an Kieselsäure angereicherten, hydrothermalen Lösungen fielen beim Erkalten der Lösung unter 300°C die Spalten- und insbesondere die Mandel- und Drusenfüllungen aus. In Abhängigkeit von der jeweiligen Zusammensetzung der Schmelze im Einzelstrom gab es gasärmere und -reichere Varianten. Nur die gasreichen besaßen ideale Voraussetzungen zur Bildung von Porenraum und zu dessen späterer Füllung. Infolgedessen sind die ehem. gasreicheren Varianten stärker zersetzt. Sehr häufig ist auch jüngerer Kalkspat als derber Kalzit oder in Form von Skalenoedern in den Drusen auskristallisiert.

Die Intensität der Zersetzung hängt vom Angebot an Leichtflüchtigen und dem Gitterbau der mineralischen Komponenten ab. Die Zersetzung wird durch CO_2 gefördert. Frei wurden bei diesem Prozess Fe, Al, Na, K, Mg, Ca und SiO_2, die in den Neubildungen wieder gebunden wurden. Im Laufe der Hydrolyse entstand durch Aufnahme alkalisch reagierender Komponenten ein zunehmend alkalisches Umfeld in den Lösungen, das Lösung und Migration des SiO_2 begünstigte. Obwohl die Effusiva des „Grenzlager-Vukanismus" relativ dicht erscheinen, gelang es beim Zersetzungsprozess den Fluiden, entlang von Korngrenzen und Mikrorissen mit der mobilisierten „Kieselsäure" in die Blasen-Hohlräume zu diffundieren. Hier bildeten sich kolloidale Lösungen, es kam zu Koagulation und Abscheidung von Kieselsäuregel. Durch Kristallisation bildete sich daraus zuerst mikrokristalliner Chalcedon, danach wuchsen Kristalle aus dem Rasen an den Wänden, falls ausreichend Hohlraum geblieben war. Nach Schmitt-Riegraf (1996: 186) erfolgte die Auskleidung der meisten Mandeln in den basisch bis intermediären Effusiva in zwei Phasen, die um 267 Ma und 235 ± 5 Ma stattfanden. Das legt nahe, dass eine ältere Mineralisation syn- bis spätgenetisch bezogen auf Abkühlung und Kristallisation der Schmelze erfolgte und durchaus in Zusammenhang mit der autohydrothermalen Alteration einherging, während die jüngere Bildung auf epigenetischer hydrothermaler Basis unabhängig vom Kristallisationsprozess zu sehen ist.

Petránek (2006) machte geltend, dass die Entstehung von Chalcedon nur bei Temperaturen unter 300°C erfolgen kann und zog in Zweifel, dass die zeitlich begrenzt auftretenden Fluide (juvenile Wässer) ein ausreichendes Reservoir darstellten, um „die für die Achatbildung notwendigen Mengen an Siliziumdioxid bereit zu stellen". Es dürften meteorische Wässer an dem Prozess beteiligt gewesen sein. Der geschilderte Prozess könnte somit auch allein auf dem Wege der chemischen Verwitterung bei dem notwendigen Angebot an Wärme und Wasser funktionieren. Allerdings herrschte in der Saar-Nahe-Senke zu jener Zeit ein semiarides bis arides Klima, so dass eine Zersetzung unter den klimatisch günstigsten Bedingungen eines tropisch-humiden Klimas nicht unbedingt gegeben war. Der geschilderte Prozess ist danach als epigenetisch anzusehen bezogen auf die vulkanischen Ereignisse und kann dann jederzeit erfolgt sein. Diese Hypothese erscheint schwer zu widerlegen, da sämtliche basisch bis intermediären Effusiva am Süd-Rand des Hunsrücks der teilweisen oder völligen Zersetzung ihres mafischen Mineralbestandes unterworfen waren. Sollte dieser Prozess dagegen syngenetisch erfolgt sein, bleibt die Frage, ob zwischen den einzelnen Ergüssen genügend Zeit für die Versorgung mit ausreichend meteorischem Wasser zur Verfügung stand. Schließlich ist die Lava-Decke am Steinkaulenberg mit der reichen Sekundärmineralisation die unterste in dem gesamten Stapel. Die Mehrzahl der Daten spricht für die autohydrothermale syngenetische Entstehung der Mandeln und Drusen, vielleicht unter begrenztem Einfluss auch meteorischer Wässer.

4.4.2 Saurer bis intermediärer Magmatismus

Während der Donnersberg-Formation wurden auch rhyolithische, rhyodazitische und trachytische Schmelzen gefördert, die im wesentlichen Lakkolithe und ähnliche Subvulkane bildeten. Aus ihnen sind teilweise sehr zähflüssige Schmelzen oder pyroklastische Ströme zu Tage ausgetreten. Mit Hilfe geologischer Kriterien, wie z. B. der Schleppung von „Grenzlager-Effusiva", der Verbreitung rhyolithischer Tuffe (Rhyo-Tuffe 1–6) sowie von Abtragungsprodukten – Rhyolith-Brekzien und -Konglomeraten zwischen den Effusiva – ist erwiesen, dass der saure Magmatismus, wenn er auch etwas früher einsetzte, doch nahezu zeitgleich mit dem basischen ablief. Danach sollten beide unterschiedlichen Quellen und Prozessen ihre Entstehung verdanken. Während der eher basische auf die Saar-Nahe-Senke mit Schwerpunkt am Südwest-Ende der Nahe-Mulde beschränkt und an Bereiche besonders hoher Subsidenz gebunden ist, reichte der saure weit darüber hinaus. Dazu gehören abgesehen von den Rhyolith-Massiven am Hunsrück-Südrand solche in den Nord-Vogesen, am Oberrhein-Graben und auch mehrere kleine Vorkommen im Hunsrück, wo sie die unterdevonischen Gesteins-Folgen durchschlagen haben.

Im Umfeld des Hunsrücks sind das Kreuznacher Rhyolith-Massiv, die Waldböckelheimer Kuppel, das Nohfeldener Rhyolith-Massiv und einzelne kleinere Massive westlich Wilzenberg, bei Hußweiler, bei Schmelz und am Litermont im Saarland von Interesse. Im Hunsrück gehören dazu der Rhyolith von Gornhausen (Veldenz), je ein Gang bei Hausen im Hahnenbach-Tal, bei Panzweiler und Gehlweiler im Simmer-(Kellen-)bach-Tal. Außerdem sollte auch der Ignimbrit in der Wittlicher Senke hinzu genommen werden, der randlich in den Mosel-Hunsrück hineinreichte. Während in der Saar-Nahe-Senke sich die Förderung der sauren Schmelzen auf die Donnersberg-Formation eingrenzen lässt, fehlen im Hunsrück zeitliche geologische Bezüge. Radiometrische Altersdatierungen liegen nur für einige Vorkommen vor. Die Rhyo-Tuffe 1–6 der Saar-Nahe-Senke, die im gleichen Zeitraum gefördert wurden, bilden für die stratigraphische Korrelation entscheidende Leithorizonte.

Bei der Benennung der Produkte ist eine Gleichstellung mit Rhyolith nur bedingt möglich, da u. a. einige Varianten im Saarland auch zu den Trachyten und Trachydaziten gehören (D. Jung 1991, Seckendorff et al. 2004).

4.4.2.1 Das Kreuznacher Rhyolith-Massiv

Das Kreuznacher Rhyolith-Massiv nimmt 48–56 km^2 am West-Rand des Mainzer Beckens ein und besitzt übertage ein Volumen von 30–40 km^3. Es wird zwischen Bad-Münster am Stein-Ebernburg und Bad Kreuznach von der Nahe durchschnitten. Im Nahe-Durchbruch liegen die imposanten Felsformationen von Rheingrafenstein und Rotenfels. Dieser bildet mit >200 m Höhenunterschied zur Nahe die höchste Felswand nördlich der Alpen (Foto 24, S. 324).

Der engere Intrusiv-Körper liegt zwischen Bad Kreuznach, Traisen, Altenbamberg und Freilaubersheim (Bl. 6113 Bad Kreuznach, 6213 Kriegsfeld). Zähflüssige Schmelze strömte nach Osten, Südosten und wahrscheinlich auch weiter nach Süden bis Kriegsfeld, ist dort jedoch weitgehend abgetragen. Sie bildete dort einen mächtigen Lava-Körper (K.-W. Geib & Lorenz 1974). Im Westen hat die aufsteigende Schmelze Schichtverbände des Rotliegend aufgeschleppt. Am Südwest-Rand, im Profil der Alsenz zwischen Hochstädten und Altenbamberg, sind es Schichten der Donnersberg-Formation, incl. der Lavaserien I und II, und auch Schichten der Glan-Subgruppe (Quirnbach-Formation). Sie wurden nach Süden von der Schmelze überfahren. Die älteren Schichten des Rotliegend sollten nach den bestehenden Mächtigkeitsvorstellungen (LGB-RLP 2005) aus einer Tiefe von ca. 2 000 m hochgeschleppt worden sein. Da rhyolithische Tuffe bereits unterhalb der Lavaserie I auftreten, sollte der saure Magmatismus den basisch-intermediären Vulkanismus die gesamte Zeit begleitet haben. Eine Überschiebung nach Süden wird nördlich Fürfeld und von dort weiter nach Osten von effusivem Rhyolith überlagert, der damit jünger ist als der Intrusiv-Körper. Diese sauren Effusiva überfuhren ihrerseits ohne weitere Verwerfung auch Gesteine der jüngeren „Grenzlager-Effusiva". Am Liegend-Kontakt hat sich dort eine Reibungsbrekzie gebildet. Die Restmächtigkeit der sauren Effusiva beträgt max. 200 m. Die obere, blasenreiche Partie ist abgetragen. Lorenz (1973) ging von einer ursprünglichen Verbreitung von ca. 50 km^2 bei einem Volumen von ca. 50 km^3 aus. Heute ist dieser Lava-Strom noch über 7 km in östliche Richtung erhalten. Er zeigt im unteren Abschnitt Fließtexturen, autoklastische Brekzien und säulige Absonderung. Die tertiären Küstenablagerungen enthalten u. a. Blöcke dieser Brekzien. Unter den Geröllen der Küstenkonglomerate finden sich einsprenglingsarme, in der Mehrzahl jedoch einsprenglingsreiche Varietäten des Rhyoliths.

Der Kreuznacher Rhyolith weist deutlich porphyrisches, jedoch auch felsitisches Gefüge auf. Die bis etwa 20 Vol.-% erreichenden Einsprenglinge bestehen aus Quarz, Feldspat, Biotit sowie Pseudomorphosen nach Amphibol und Pyroxen. Unter den Feldspäten finden sich Alkalifeldspäte ($Or_{69}Ab_{30}An_{05}$) und relativ saure Plagioklase ($Ab_{69}An_{27}Or_{04}$ bis

$Ab_{99}An_{<01}Or_{<01}$; LORENZ & HANEKE 2004). Die Grundmasse zeigt leicht rötliche („fleischfarbene“) Farben; in gebleichten Positionen ist sie weiß. Sie besteht u. d. M. aus einem dichten Gemenge aus Quarz, Feldspat, Biotit und akzessorisch Zirkon, Apatit und opaker Substanz. Die mit dem sauren Magmatismus vergesellschafteten Tuffe (rhyolithische Tuffe, RT) enthalten Sanidin, Biotit und Scherben von vulkanischem Glas (SECKENDORFF et al. 2004). Auch diese Gesteine haben eine autohydrothermale Umwandlung erfahren, die zu Serizitisierung und Kaolinitisierung der Feldspäte, geringfügig auch zur Bildung von Chlorit und Kalzit geführt hat.

Für die Rhyolithe des Kreuznacher Rhyolith-Massivs wurden unterschiedliche absolute Alter nach der $^{40}Ar/^{39}Ar$-Methode von 297,0 ± 4,5 Ma und 293,0 ± 4,5 Ma (LIPPOLT & HESS 1983) sowie bis 289,7 ± 3,8 Ma (LIPPOLT & HESS 1989) ermittelt. SECKENDORFF et al. (2004) gingen von 293 Ma aus, dem der RT4 altersmäßig entspricht.

In den randlichen Partien im Westen des Massivs wurde aus dem großen Steinbruch bei Traisen) außer der dichten, reichlich Feldspat-Einsprenglinge führenden Variante auch eine porös-drusige bis blasenreiche gefunden. Nach der chemischen Analyse handelt es sich um einen Alkali-Rhyolith (EMMERMANN & RÉE 1973).

Insbesondere in dem Steinbruch bei Traisen befinden sich auch größere Einschlüsse von basaltischem Andesit (ARIKAS 1986, SECKENDORFF et al. 2004). Sie weisen eine kugelige bis ellipsoidische, manchmal auch blumenkohlartige Gestalt auf. Sie enthalten Einsprenglinge von Kalifeldspat, die aus der ursprünglichen rhyolithischen Schmelze in die basaltisch-andesitische überführt worden sind (LORENZ & HANEKE 2004). Relativ große Poren (einige von ihnen bis 5 cm Durchmesser) fanden sich hier sowohl im Rhyolith als auch in den basaltisch-andesitischen Einschlüssen. Die Entgasung sollte beim Aufstieg der rhyolitischen Schmelze erfolgt sein.

Dieser Intrusivkörper wölbte sich domartig über die seinerzeitige Landoberfläche auf. Die ehem. den Dom überdeckenden hochgewölbten Sedimente und die Dachpartie des Domes fielen schon bald der Abtragung zum Opfer. Es entstand ein Schuttmantel aus einer sedimentären Rhyolith-Brekzie („Rhyolith-Konglomerat“), die besonders weit nach Westen reichte. Dieses „Rhyolith-Konglomerat“ liegt in den benachbarten Sedimenten mehrere Zehner Meter über einer Lavaserie, die zu den „Grenzlager-Efusiva“ gehört.

4.4.2.2 Die Waldböckelheimer Kuppel

Nördlich der Nahe liegen in der Umgebung von Waldböckelheim weitere kleine Rhyolith-Vorkommen (Bl. 6112 Waldböckelheim): Am Kellerberg, südlich Sponheim, treten sieben ringförmige Vorkommen am Nordost-Rand der Waldböckelheimer Kuppel auch morphologisch hervor; es handelt sich um Rhyolith-Intrusionen, die von eigenen Rhyolith-Brekzien umgeben sind, nach K.-W. GEIB (1972, 1973) um Schlote, in die nachträglich rhyolithische Schmelze eingedrungen ist; das Gestein ist weitgehend zersetzt. Am Leisberg, südlich Schloßböckelheim, findet sich ein porphyrischer Rhyolith, der offensichtlich geochemisch „saurer“ ist als der Rhyolith des Kreuznacher Massivs (EMMERMANN & RÉE 1973); NEGENDANK (1971: 281) deutete dieses Vorkommen als Caldera. Hinzu kommen Schlotbrekzien, wie sie am Kellerberg die Rhyolithe umgeben; K.-W. GEIB (1972) konnte insbesondere im Bereich der Waldböckelheimer Kuppel zahlreiche Vorkommen nachweisen; hier handelt es sich nach dem geologischen Kartenbild um kreisförmige oder ovale, nach der Tiefe zu schlauchartige Röhren, die mit Brekzien aus Rhyolith- und Sediment-Klasten gefüllt sind; die Sediment-Klasten bestehen aus Konglomeraten, Sand- und Tonsteinen, die z. T. stark zersetzt sind; das gilt auch für die Rhyolith-Klasten.

Aufgrund der Bohrung Waldböckelheim 1 (A. BECKER & A. SCHÄFER 2019) gingen EMMERMANN & RÉE (1973) davon aus, dass es sich bei der Waldböckelheimer Kuppel um eine weitere domartige Rhyolith-Intrusion handelt, die in der Tiefe steckenblieb und über die Schlote, den Rhyolith vom Leisberg und den Latit vom Welschberg entgaste. Der Latit vom Welschberg gehört nach der chemischen Analyse eher zu den granitischen Magmen der Kalk-Alkali-Reihe. Aufgrund dieser Bohrung, die erst in einer Teufe von 2500 m unter Sedimenten der Glan-Subgruppe (Remigiusberg-Formation) Rhyolith angetroffen hat, schlossen auch Lorenz & Haneke (2004) auf eine domartige, kuppelförmige Aufwölbung. Als weitere Indizien sahen sie die fünf am Nordost-Rand der Kuppel befindlichen Diatreme an, die mit Tephra gefüllt sind und auch intrusiven Rhyolith enthalten (K.-W. Geib 1956, 1972, 1973). Den Latit vom Welschberg leiteten sie von seinerzeit in der Tiefe steckendem, weniger differenziertem Magma ab, was den Latitischen Chemismus erklärte; sie hielten diese Intrusion für jünger als die Lavaserie III. Aus allen Einzelergebnissen ergibt sich ein ausgedehnter rhyolitischer Komplex, der das Kreuznacher Rhyolith-Massiv, die Waldböckelheimer Kuppel und ihre Randgebiete, das Lemberg-Massiv und den Bauwald-Komplex südlich Hallgarten umfasst.

4.4.2.3 Das Nohfeldener Rhyolith-Massiv

Das Nohfeldener Rhyolith-Massiv nimmt ein etwa 50 km^2 großes Areal zwischen der Nahe-Mulde im Nordosten und der Prims-Mulde im Südwesten ein. Je nach Bearbeiter besteht es aus 4–5 bzw. 8 einzelnen Massiven oder Vulkanbauten: Ein nahezu rundlicher Intrusivkörper von 7 km Durchmesser (Massiv 1 sensu G. Müller 1982) liegt im Raum Nohfelden; er besitzt nahezu steile Flanken; am Nord-Rand sind die Schichten des Rotliegend kontaktmetamorph in Hornsteine verändert; die steile Schichtlagerung fehlt am Kontakt im Süden; hier sind im Rhyolith Granat und Turmalin gefunden worden; D. Jung (1960) beschrieb ein „pechsteinartiges Gestein", das an einer NNW-SSE streichenden Verwerfung aufgedrungen ist und heute als sehr feinkörniges Quarz-Feldspat-Gemenge vorliegt; G. Müller (1982) ging davon aus, dass die relativ zähe Schmelze oberflächennah rasch erstarrte und entgaste; die entsprechende Dachpartie ist nicht mehr erhalten; im „Rhyolith-Konglomerat", dem Schuttmantel des Massivs, fand er blasen- und glasreiche Gesteine, die der Dachpartie entstammen sollten; auf starke Entgasung führte er auch Brekzien innerhalb dieses Massives zurück. Im südwestlichen Anschluss folgen mindestens drei kleinere Massive, die als Quellkuppen oder pilzartige Intrusivkörper mit kurzen lokalen Lava-Strömen interpretiert wurden (u. a. E. Schröder 1952); G. Müller (1982) trennte davon nördlich Oberthal einen gut abgrenzbaren Vulkanbau (Massiv 4) ab; insgesamt erschweren Brekzien, Tuffe und Tuff-Schlote die Auflösung der subvulkanischen Förderzentren.

Lorenz & Haneke (2004) interpretierten, dass der Lakkolith bei seinem Aufstieg die überlagernden Sedimente durchbrach und im Kontakt mit dem Nordost-Rand des Saar-Nahe-Beckens sich ein extrusiver Dom von 35–42 km^2 Größe bildete, von dem Lava-Ergüsse und blockreiche Ascheströme ausgingen. Die Schmelzen dehnten sich danach an der Oberfläche bis 8 km nach Südsüdwesten aus, und auch die blockreichen Ascheströme reichten bis 8 km nach Südwesten. Die Aufdomung sollte relativ große Höhen ü. NN erreicht haben. Dabei wurden die Flanken instabil, brachen zusammen und bildeten die Grundlage für die brekziösen Blockströme. Die Mineralparagenese des Nohfeldener Massivs entspricht weitgehend der des Bad Kreuznacher Massivs.

Im Bereich von Störungen und Schwächezonen kann die Zersetzung des Rhyoliths bis zu weitgehender Vertonung führen, so dass dort eine Gewinnung von Kaolin als Rohstoff für die keramische Industrie wirtschaftlich ist. Ein solcher Fall bestand in der Grube Haumbach (ehem. Birkenfelder Feldspatwerke) an der Axenschleife nördlich Nohfelden (Bl. 6308 Birkenfeld-West). Das Vorkommen war an steil einfallende Verwerfungen innerhalb des Massivs gebunden, die im Abbau ein Streichen um 70° und 165° aufwiesen. Entlang der

Störungen fanden sich auch Brekzien, die mit Dolomit verheilt waren. Mit der Bleichung ist der Fe-Gehalt sehr stark erniedrigt, Alkalien und Erdalkalien wurden weitgehend fortgeführt. Ein weiteres Beispiel starker Vertonung des Rhyoliths ist die Grube „Klapp“ der Fa. Sibelco Deutschland westlich Nohfelden an der A 62. Auch hier ist die starke sekundäre Veränderung entlang von Störungsbahnen deutlich. Entlang dieser „gangartigen“ Bereiche ist das Ausgangsgestein intensiv gebleicht und insbesondere der Feldspat-Anteil völlig vertont. Ihr generelles Streichen liegt bei 50–60° bei ebenfalls steilem Einfallen.

4.4.2.4 Der Wilzenberger Dom

Südwestlich Idar-Oberstein liegt nahe Wilzenberg ein kleinerer Rhyolith-Stock, der „Wilzenberger Dom“. Hinsichtlich seines Gesteinschemismus weist er sehr große Ähnlichkeiten mit dem Rhyolith-Massiv von Nohfelden auf (G. Müller 1982). Deswegen wurde er auch als Apophyse dieses Massivs aufgefasst (Hellmers 1930). Allerdings liegt dieser Rhyolith-Stock unmittelbar nordwestlich oder auch im Bereich der Hunsrück-Südrand-Verwerfung, so dass ein unmittelbarer Zusammenhang unwahrscheinlich ist. Das Vorkommen hat einen Durchmesser von ca. 1,6 km in Richtung NE-SW und von 1 km senkrecht dazu. Es steckt in Tonschiefern der Idarbach-Formation und durchschlägt auch das diskordante Auflager von Sedimenten der Glan-Subgruppe (Lauterecken-Fm.). Nach Südwesten schließt sich ein kleines, gangförmiges, NE-SW ausgerichtetes Rhyolith-Vorkommen an.

Leppla (1898) beschrieb das Gestein als „Felsit-Porphyr“, dessen Feldspäte fast vollständig in Kaolinit umgewandelt seien. Frischeres Gestein enthält in einer feinkristallinen Grundmasse doch vereinzelt Einsprenglinge von Quarz und Biotit. Letztere liegen oft parallel zueinander und zeichnen eine lagige Textur nach, der auch die Absonderung folgt.

Die starke Zersetzung der Gesteine beider Vorkommen und die ungünstigen Aufschlussverhältnisse bedingen, dass weitere Einzelheiten nicht bekannt sind.

4.4.2.5 Ignimbrite im Umfeld der Prims-Mulde und südwestlich Kirn

Es kam auch zur Förderung rhyolithischer Ignimbrite. Ihre festen Bestandteile sind Bimspartikel, Glaslapilli und -staub, Klasten vulkanogenen Ursprungs und Xenolithe. In Abhängigkeit von Temperatur und Entfernung vom Förderzentrum können diese Gesteine als Schmelztuffe (proximal) oder verfestigte Gemenge (distal) abgelagert worden sein. Die einzelnen pyroklastischen Schübe haben eine spezifische Gliederung (Sparks et al. 1973).

Das Eruptionszentrum wurde nie in unmittelbarem Zusammenhang mit dem Rhyolith von Nohfelden gesehen (Duis 1960, G. Müller 1982). Stattdessen wurde als Ausbruchsort entweder der Söterberg-Vulkan in der nordöstlichen Prims-Mulde oder der Rhyolith-Schlot bei Gornhausen (Veldenz) im Mosel-Hunsrück abgeleitet (Minning & Lorenz 1983, Lorenz & Haneke 2004). Eine Herkunft von diesem Vorkommen, das etwa 30–35 km noch nördlich der Stronzbuscher Haardt liegt, muss ausführlicher diskutiert werden. Außerdem liegt ein verwechselbar ähnlicher Ignimbrit unweit Bärenbach zwischen „Grenzlager-Effusiva“ auf dem Nordwest-Flügel der Nahe-Mulde (südwestlich Kirn) und auch im Nordost-Abschnitt der Wittlicher Senke in der Süd-Eifel.

Der Ignimbrit streicht auf dem Nordwest-Flügel der Prims-Mulde zwischen Wadern im Südwesten und der Ortschaft Achtelsbach im Nordosten aus, und zeichnet das umlaufende Streichen der Prims-Mulde nach. Er reicht nach Südwesten bis Selbach südlich der Ortschaft Primsthal. Westlich Bosen tritt wegen einer Spezialaufsattelung der Ignimbrit auch im zentralen Abschnitt der Prims-Mulde aus und belegt damit die flächenhafte Verbreitung auch unterhalb der Mulden-Füllung. Kleinere Vorkommen sind auch südlich und südwestlich

Nonnweiler am Nord-Rand der Merziger Grabenmulde zu finden (Duis 1960, Minning & Lorenz 1983, Lorenz & Haneke 2004).

Im Profil liegt der Ignimbrit in Schichten der Donnersberg- bzw. Wadern-Formation zwischen der unteren (Lavaserie I) und der oberen Decke (Lavaserie II) der „Grenzlager-Effusiva“ zusammen mit Konglomeraten. Diese verzahnen sich seitlich mit der sedimentären Rhyolith-Brekzie („Rhyolith-Konglomerat“), deren Schüttung unterhalb der unteren Lava-Decke begann und bis nach der Effusion der oberen anhielt. Der Rhyolith-Dom von Nohfelden ragte zur Zeit der Förderung der Ignimbrite reliefbildend auf und verhinderte deren Ausbreitung nach Nordosten. Damit ist auch das relative Alter der Förderung belegt.

Die Ignimbrite sind am Nordost-Rand der Prims-Mulde bis 110 m mächtig. Sie keilen jedoch in südwestliche Richtung bis auf die Höhe von Schmelz und bis südlich Lebach auf dem Südost-Flügel der Prims-Mulde aus. Minning & Lorenz (1983) leiteten aus der heutigen Verbreitung eine minimale Ausbreitung von 76 km^2 ab und erweiterten diese unter Berücksichtigung der Abtragung auf ca. 100 km^2. Bei einer durchschnittlichen Mächtigkeit von ca. 50 m über das gesamte Gebiet errechnet sich daraus ein minimal gefördertes Volumen von 5 km^3, das sich leicht auf das Doppelte hochrechnen lässt. Nimmt man die Ignimbrite südwestlich Kirn hinzu, kommt man leicht zu einem Gesamtvolumen in der Größenordnung von 20 km^3 (Lorenz & Haneke 2004).

Diese rhyolithischen Pyroklastite weisen eine rötliche („fleischfarbene“) Färbung auf, die bei sekundärer Bleichung zu weißlich mit rötlichem oder bräunlichem Stich reichen kann. Im frischen Anbruch ist eine Korngröße schwer abzuschätzen. Duis (1960) unterschied u. d. M. feine und grobe „Tuffe“, unter ihnen „Lapilli-Tuffe“ (Korngröße 4–32 mm Durchmesser). Das Gestein zerfällt bei der Verwitterung in rötliche Sphärolithe, die offensichtlich schwer verwittern und deswegen im Boden gut erkennbar und zu kartieren sind.

Das Gestein enthält längliche weiße Tonmineralaggregate, bei denen es sich wahrscheinlich um völlig vertonte, ehem. Bimspartikel handelt. Mancherorts sind die Tonminerale herausgewittert und nur noch die Hohlräume erhalten, die somit keine primäre Blasentextur darstellen. Aus der Raumlage der meist eingeregelt erscheinenden Hohlräume leiteten Minning & Lorenz (1983 und lit. cit.) einen Transport in südliche Richtung ab.

Der gesamte Ignimbrit-Körper lässt sich mit Hilfe der ehem. Bimspartikel oder Hohlräume und der Xenolithe, die in manchen Partien recht zahlreich sind, in mehrere bis 30 m mächtige Fließeinheiten gliedern. Sie werden durch geringmächtige, feinstkörnige, meist verkieselte Aschentuff-Lagen (Korngröße <0,25 mm Durchmesser) getrennt. Die Bimsfetzen zeigen innerhalb einer Fließeinheit eine deutlich inverse Gradierung (coarsening-up), während die mitgeförderten Xenolithe normal gradiert sind (fining-up). Diese Merkmale helfen, die schwer gliederbaren Ignimbrite auch dann noch zu gliedern, wenn Asche-Lagen fehlen. Außerdem sind vielfach Verkieselungen zu finden, die auf Stoffumsätze im noch heißen pyroklastischen Strom hinweisen. Insgesamt ließen sich nach diesen Kriterien drei Fließeinheiten aushalten. Nach den einzelnen Schüben hat offensichtlich eine Ruhephase eingesetzt. Darauf weisen Erosionsrinnen am Dach einzelner Fließeinheiten hin, deren Füllung aus umgelagertem Ignimbrit-Material und Xenolithen besteht. Ihre Ausrichtung lässt auf ein nach Süden gerichtetes Gefälle der Ignimbrit-Oberfläche schließen (Minning & Lorenz 1983, Lorenz & Haneke 2004).

Bei der Förderung der Ignimbrite kam eine typische Assoziation von Xenolithen zu Tage: grünliche, grobkörnige Sandsteine und Quarzite, graue und rötliche, kaum gerundete Quarzit-Klasten, grünliche und braunrote Phyllit-Klasten (bis 12 cm Länge), grünliche Chorit-Schiefer mit zwei Schieferungsgefügen (s_1, s_2) und rotbraune Feinsand- und Siltsteine. Es ergaben sich kaum Ähnlichkeiten mit übertage anstehenden Gesteinen am Südost-Rand des Hunsrücks. Typische Rotliegend-Gesteine aus dem Umfeld der Prims-Mulde fehlen ebenso wie Fragmente von „Grenzlager-Effusiva“. Aus den Xenolithen ist über die Chlorit-Schiefer eventuell ein Zusammenhang mit den Gesteinen der Metamorphen Zone am Südost-Rand des Hunsrücks herzustellen.

4.4.2.5.1 Zum Förderzentrum

Kontrovers diskutiert wird der Ort der Förderung. Die petrographischen Eigenschaften der Xenolithe geben nur bedingt Auskunft. MINNING & LORENZ (1983) fanden bei einigen Xenolithen ähnliche tektonische Gefüge wie bei den unterdevonischen Gesteinen des Mosel-Hunsrücks. Sie schlossen daraus, dass die Ignimbrite aus dem Rhyolith-Schlot von Gornhausen (Veldenz) gefördert seien. Dagegen spricht, dass der direkte Weg vom Rhyolith von Gornhausen zum Gebiet größter Mächtigkeit der Ignimbrite mindestens 30 km, bis nach Kirn ca. 35 km Luftlinie beträgt. Auf dem Weg dorthin hätten die Ströme die permischen Vorläufer der Quarzit-Härtlinge von Stronzbuscher Haardt und Hochwald bzw. die Ausläufer des Soonwald-Kammes überwinden müssen. Die Höhenunterschiede zwischen Härtling und Hochfläche sollten zu Beginn der Nahe-Subgruppe (Donnersberg-Formation) ähnlich gewesen sein wie heute. Dieser Schluss ergibt sich aus Vergleichen mit der Quarzitschwelle von Mettlach-Sierck, die in der streichenden Verlängerung des Hochwald-Härtlings liegt. Die Überwindung zweier Härtlinge dieser Art erscheint für die Glutströme schwer möglich wie auch das Abfließen über prä-existente Täler, da Hoch- und Idarwald schon damals schwer überwindbare Wasserscheiden bildeten. Auch die Stronzbuscher Haardt zeigt auf dem direkten Weg keinen Ansatz von Paläo-Tälern, sei es nach Norden oder nach Süden. Nimmt man die Ignimbrite bei Ürzig in der Wittlicher Senke hinzu, so ergibt sich ein Mindestvolumen von ca. 15 km^3 Fördergut. Die in einem solchen Fall zu fordernde Caldera ist im Umfeld des Rhyoliths von Gornhausen nicht einmal im Ansatz zu erkennen.

Als mögliche Ausbruchstelle für die Ignimbrite hatte DUIS (1960) den Schlot „Söterberg" zwischen Prims und Münzbach südlich Otzenhausen (Bl. 6407 Wadern) in Betracht gezogen. Er hat eine rundliche Form mit einem Durchmesser von ca. 200 m und steckt in Schichten der Meisenheim-Formation (Haupteisenstein-Lager). Der größte Teil des Schlotes ist mit intermediär bis basischen Tuffen und Eruptivgestein gefüllt, die dem Material der „Grenzlager-Effusiva" ähnlich sehen. Allerdings beschrieb DUIS (1960: 96) auch saure Tuffe, wo „in einem feinkörnigen „Bindemittel" (ehemalige Asche) völlig ungeordnet zahllose eckige Fragmente (bis zu 20 mm Größe) von Sedimenten (Psephite und Psammite) und Magmatiten (z. T. bimssteinartig) sowie Mineralien (Quarz)" schwimmen. Für die Gesteinsfragmente liegt keine eingehendere Beschreibung vor; bei dem Mineral-Anteil handelt es sich um teilweise korrodierte Quarze und zerbrochene Orthoklase. Die Bims-Anteile ähneln jenen aus dem Ignimbrit. Sie sind unregelmäßig und haben eine gestreckte Form mit „zackigem Umriss". Sie enthalten als mineralische Komponente Quarz, idiomorphen Orthoklas und Biotit. Das räumliche Verhältnis der sauren zu den intermediär bis basischen Auswurfsmassen ist aufgrund der schlechten Aufschlussverhältnisse unklar. Immerhin ist die Ähnlichkeit der sauren „Tuffe" mit den Ignimbriten deutlich.

G. MÜLLER (1982) erkannte bei den Auswürflingen und Xenolithen der Ignimbrite, dass die höchsten Werte für Größe und Gewicht sich auf das Gebiet um Schwarzenbach konzentrieren und meinte, dass „als Förderkanal für diese gesamten Tuffe der Söterberg zwischen Schwarzenbach und Otzenhausen angesehen werden muß" (S. 87). Auch konnte er zeigen, dass, obschon der Vulkan Söterberg zum großen Teil abgetragen ist, hier offensichtlich keine Lava-Ströme ausgeflossen sind. Allerdings bleibt unklar, ob der Söterberg-Vulkan in der Lage war, die Gesamtmenge an Ignimbrit zu fördern. Schließlich ergaben die Berechnungen von MINNING & LORENZ (1983) nicht unerhebliche Mengen. Auch hier ist keine Caldera im Umfeld des postulierten Förderzentrums zu finden. Alle Argumente zeigen, dass die Frage nach dem Förderzentrum noch nicht abschließend geklärt ist.

4.4.2.6 „Rhyolithe" im Saarland

Im Grenzbereich zwischen Prims-Mulde und Merziger Grabenmulde sowie südlich davon finden sich mehrere kleinere „Rhyolith"-Massive und zwar zwei Vorkommen von **Weltersberg** und **Litermont** südlich des „Grundgebirgs-Aufbruchs von Düppenweiler"; es sind Intrusivkörper mit steilen Kontakten zum permokarbonischen Nebengestein, das früher zu den „Kuseler Schichten", heute – zumindest teilweise – in das Stefan gehört (Bl. 6506 Reimsbach. Ein kleineres Vorkommen südwestlich **Düppenweiler,** zwei Vorkommen südwestlich **Schmelz-Außen**, Gewann **Steinacker** und **Hermannsloch**, Anteile am **Himmelsberg-Dom** beim Ortsteil „Gottesbelohnung" (Bl. 6507 Lebach); dieses „Rhyolith-Vorkommen" bei Schmelz-Außen wurde als Dom mit Lava-Strom (Seckendorff 1990) oder als Ignimbrit (Arikas 1986) angesprochen; es steckt in Sandsteinen der höheren Glan-Subgruppe („Tholeyer Schichten") und ist von Konglomeraten in Waderner Fazies überdeckt; beim Himmelsberg-Dom handelt es sich um einen Granat führenden Quarz-Alkalifeldspat-Trachyt, der auch übertage ausgetreten ist; zu diesem Gesteins-Typ gehören auch die Gesteine des Subvulkans bei Düppenweiler; die Gesteine der zahlreichen kleineren Dome zwischen Schmelz und Düppenweiler sind eher zum andesitisch-trachytischen Typ zu zählen; Seckendorff (1990) leitete daraus zwei unterschiedliche Phasen sauer bis intermediärer magmatischer Tätigkeit ab; in den 1950er Jahren war im unteren Abschnitt des Steinbruchs bei „Gottesbelohnung" ein „Bronzit-Porphyrit" aufgeschlossen, der von einem rhyolithischen Gestein („Felsitporphyr") überlagert wurde; im Dachbereich des rhyolithischen Magmenkörpers war eine Scholle von „Tholeyer Sandstein" eingebrochen; außerdem wurde lokal eine Malachit-Führung als Kluftfüllung nachgewiesen. Der Schlot des **Rengeskopfes** nordöstlich Schmelz-Außen gehört auch dazu. Einige „Rhyolithe" sind nach D. Jung (1991) eher Alkalifeldspat-Trachyte oder Alkalifeldspat-Quarz-Trachyte, wie z. B. die Gesteine des Himmelsberg-Doms.

Absolute Altersdatierungen am Himmelsberg-Trachyt erbrachten 296,3 ± 11,6 Ma (^{40}Ar/^{39}Ar-Methode; Lippolt & Hess 1983). Seckendorff et al. (2004) gingen von einem Alter von 296 Ma aus. Dieser Intrusivkörper gehört danach zu den ältesten und ist ähnlich alt wie der Nohfeldener Rhyolith.

In die permokarbonische Schichtenfolge sind eine Anzahl von Tuff-Horizonten eingeschaltet. Nach ihrem Habitus lassen sich zwei große Gruppen unterscheiden: Sehr feinkörnige geringmächtige ehemalige Aschen sind in die meist palustrinen und lakustrinen Sedimente des Oberkarbon, sog. „Kohlen-Tonsteine", und der Glan-Subgruppe eingelagert (Königer et al. 2002, Lorenz & Haneke 2004). Relativ mächtige Rhyolith-Tuffe (Rhyo-Tuffe) kommen in der Donnersberg-Formation vor, die in stratigraphischer Reihung als RT_{1-6} bezeichnet werden; der rhyolitische Tuff-Charakter dieser z. T. auch sehr feinkörnigen und stark verfestigten Gesteine – ehem. als „Thonsteine" bezeichnet – wurde erst relativ spät erkannt (Heim 1960, 1961). Auf sie soll hier nicht weiter eingegangen werden.

4.4.2.7 Saurer Magmatismus in Hunsrück und Süd-Eifel

Im Hunsrück sind vereinzelt Zeugen des spät-variszischen sauer bis intermediären Magmatismus in Form kleinerer Intrusiv-Körper zu finden. Der größte ist der Rhyolith-Stock von Gornhausen (auch: Veldenz). Echte Gänge finden sich im Südost-Hunsrück bei Gehlweiler, Panzweiler und Hausen. Auf die Wittlicher Rotliegend-Senke beschränkt sind Ignimbrite, die jenen am Nordwest-Rand der Prims-Mulde täuschend ähnlich sind.

4.4.2.7.1 Der Rhyolith-Stock von Gornhausen (auch: Veldenz)

Das Vorkommen liegt im Mosel-Hunsrück nördlich Gornhausen (Bl. 6108 Morbach; Stets 1960, Negendank 1983, Wo. Wagner et al. 2012). In der größtenteils ebenen, schwach eingemuldeten Hochfläche ist das Vorkommen nur spärlich aufgeschlossen und tritt nicht morphologisch hervor. Im Ausbiss nimmt es eine Fläche von ca. 0,8 km^2 im Umfeld der Siedlung Veldenzer Hofbach (vormals: Lehmannshäuser) ein.

Petrographisch sind zwei Lithofaziestypen zu unterscheiden (Stets 1960, Bonn & Stets 2000). In den randlichen Partien ist der Rhyolith eher felsitisch bis schwach porphyrisch ausgebildet. Länglich ausgezogene Fließtexturen zeigen Ähnlichkeiten mit „fiamme"-Texturen von extrem verschweißten Ignimbriten, die wenigen Einsprenglinge sind Quarz (bis 2mm, selten idiomorph, vielfach korrodiert), Alkalifeldspat (idiomorph, Zersetzungserscheinungen), zonar gebauter Plagioklas (An $_{17-20}$, idiomorph, polysynthetische Zwillinge) und Biotit (idiomorph). Die Feldspäte zeigen beginnende Serizitisierung. Die hellrötliche bis grauviolette, kryptokristalline Grundmasse ist u. d. M. schwer auflösbar. In dieser Randfazies sind Xenolithe aus unterdevonischen Tonschiefern und quarzitischen Sandsteinen enthalten, Im Bereich der Höfe ist im Wirtschaftsweg die zentrale Fazies des Rhyoliths aufgeschlossen; das Gestein ist ebenfalls rötlich, wurde jedoch von der Zersetzung stark betroffen, so dass es eher grobsandig oder grusig mürbe erscheint. Die Struktur ist porphyrisch, jedoch wesentlich grobkörniger als die Randfazies und weist einen hohen Anteil an Einsprenglingen auf. Die Einsprenglings-Generation entspricht jener in der Randfazies. Die Feldspäte sind auch hier zonar gebaut und deutlich verzwillingt. Die Grundmasse enthält außer opaker Substanz ebenfalls Quarz und Feldspäte. Röntgendiffraktometrische Analysen (Binot 1980) bestätigten den mikroskopischen Befund. Xenolithe fehlen völlig; auch Fiamme-ähnliche Strukturen treten in der groben Fazies nicht auf. Die chemische Analyse ergibt Rhyolith (Negendank 1983, Wo. Wagner et al. 2012).

Die Abgrenzung beider Faziestypen ist bei der Aufschlusslage schwer möglich. Die Kontakte zum Nebengestein sind steil, so dass das Vorkommen einem Stock mit gröberem Kernbereich gleicht. Eine spätere Intrusion der groben Fazies ist nicht auszuschließen. Kontaktmetamorphose konnte jedoch nicht beobachtet werden. In seiner äußeren Umgrenzung passte sich der Intrusivkörper dem unterdevonischen Nebengestein an, indem dessen Grenzen aufgrund von Spezialfaltung in der Richtung der 1. (s_1) und 2. Schieferung (s_2) mit 55–60° sowie der Querklüftung mit 145–155° folgen. Ein apophysenartiger Fortsatz im Bereich Steigerwald südlich Veldenz liegt in der bc-Richtung.

Das relative Alter dieses Rhyolith-Vorkommens hat schon Scholtz (1930a) über eine größere Scholle von Nebengestein festgelegt, die ein deutliches s_2-Gefüge aufwies, inzwischen jedoch dem Abbau zum Opfer gefallen ist. Auch die den variszischen Vorzeichnungen folgende äußere Umgrenzung deutet auf ein zumindest spät-variszisches Alter hin. Dieses Vorkommen durchschlägt außerdem die Überschiebung in der Gornhausener Schuppenzone. Altersdatierungen erbrachten 293,9 ± 5,0 Ma ($^{40}Ar/^{39}Ar$-Methode), die auf 299,8 ± 10 Ma korrigiert wurden (Lippolt & Hess 1983, 1989).

4.4.2.7.2 Rhyolith-Gänge im Süd-Hunsrück

Gangförmige Vorkommen sind nördlich des Soonwaldes bekannt (Hoppstätter 1965, Dreyer et al. 1983): Südöstlich Gehlweiler (Bl. 6110 Gemünden) sind zwei gangförmige Rhyolith-Vorkommen durch Steinbrüche erschlossen; sie streichen parallel zur Soonwald-Überschiebungszone; die deutlich geklüfteten Gesteine haben eine rotbräunliche Farbe, bergfrisch sind sie eher grau; das Gefüge ist deutlich porphyrisch bis felsitisch; im Kontakt zum Nebengestein sind die Tonschiefer der Hunsrückschiefer deutlich gefrittet. Ein weiteres Vorkommen liegt am „Talweg" zur Ortschaft Schlierschied; der Gang besitzt eine Mächtigkeit von ca. 6 m; der Rhyolith enthält in der Einsprenglings-Generation Quarz, Feldspäte und Biotit. Westlich Mengerschied (Bl. 6010 Kirchberg), am Weg zum Neuhof, sowie westlich und südlich vom Neuhof sollte Rhyolith vorkommen, der dort jedoch nur in Form von Lesesteinen nachgewiesen ist (Hopstätter 1965); möglicherweise hängen diese Funde mit jenem Gang zusammen, der dort in das Simmerbach-Tal hinunter zieht; in der streichenden Verlängerung nach Südwesten liegt ein Rhyolith-Gang südwestlich Panzweiler (Dreyer et al. 1983); die Mächtigkeit der Gänge liegt bei 12 m und 7 m. Ein weiterer „Porphyr"-Gang von etwa 1 m Mächtigkeit soll in einem aufgelassenen Steinbruch an der

Ortsgrenze Neuerkirch-Külz im Külzbach-Tal aufgeschlossen gewesen sein; das stark zersetzte Gestein hatte eine gelbbraune Farbe; im Kontaktbereich war eine Frittungszone erkennbar; es bleibt dahingestellt, ob es sich hier um einen Rhyolith handelte. Hinzu kommt ein kleineres „Porphyr"-Vorkommen bei Hausen (Bl. 6110 Gemünden); dabei handelt es sich offensichtlich um einen N-S streichenden Gang, der vom Habichtsberg (400 m NN) in das beginnende Hahnenbach-Tal hinunter zieht, gegenüber vom Zusammenfluss von Kyrbach und Rhaunener Idarbach (Dreyer et al. 1983).

Insgesamt ist nicht auszuschließen, dass auf der Hunsrück-Hochfläche in den Tonschiefer-Verbänden der Hunsrückschiefer weitere kleine Gang-Vorkommen verborgen sind, die wegen der mangelhaften Aufschlussverhältnisse nicht bekannt sind. Alle diese Vorkommen sind mit der tektonisch bedingten Reliefbelebung im Hunsrück zu sehen, die mit der Donnersberg-Formation einsetzte.

4.4.2.7.3 Problematische Vorkommen im Südwest-Hunsrück (Saarland)

In Sedimenten der Wadern-Formation bei Krettnich, etwa 5 km südöstlich Wadern, fand G. Müller (1982) außer einheimischem Geröllmaterial des Hunsrücks aus Quarziten, Tonschiefern und Milchquarz auch Gerölle „saurer Eruptivgesteine". Aus der Vergesellschaftung mit eindeutigem Hunsrück-Material leitete er eine Herkunft der Eruptiva von dort ab. Zum einen handelt es sich um Gerölle von einem „Rhyolith" mit hohem Anteil an Quarz- und Feldspat-Einsprenglingen, wie sie im Nohfeldener Rhyolith-Massiv nicht vorkommen, zum anderen um Gerölle vom Typ der Ignimbrite. G. Müller erwog u. a. die Abkunft der Rhyolithe vom ca. 35 km (Luftlinie) entfernten Gornhausener (= Veldenzer) Rhyolith oder von einem anderen Vorkommen, das bisher unbekannt blieb. Er hielt es aufgrund der Häufigkeit der Gerölle für „keineswegs unbedeutend" (S. 90). Nach dem derzeitigen Kenntnistand gibt es im Hochwald keine bedeutenden oder weniger bedeutenden Rhyolith-Vorkommen. Die Schwierigkeiten, entsprechendes Material vom Mosel-Hunsrück bei Gornhausen zu beziehen, wurden bereits in Zusammenhang mit den Ignimbriten der Prims-Mulde diskutiert. Da die Konglomerate in Waderner Fazies auch grüne Quarzit-Gerölle enthalten, die in der Prims-Mulde aus umgelagertem Ignimbrit stammen können, sollten die fraglichen Rhyolith-Gerölle eine ähnliche Abkunft haben.

4.4.2.7.4 Ignimbrite in der Wittlicher Senke

Anders als in der Saar-Nahe-Senke beschränkte sich der permische Vulkanismus in der Wittlicher Senke auf die Förderung rhyolithischer Ignimbrite. Ihr Ausbiss umrandet die Senke im Nordosten. Aufgrund der Ignimbriten eigenen Dynamik sollten sie im Rotliegend (Nahe-Subgruppe) über das Gebiet der Senke hinaus auch auf den Hunsrück übergegriffen haben.

Abgesehen von den Vorkommen im Nordost-Abschnitt der Senke beschrieb Grebe (1882) Vorkommen vom Brückenlager der Mosel-Brücke bei Trier-Pfalzel und bei Trier-St. Medard. Seine Funde bei Longuich und Ruwer konnten in neuerer Zeit nicht bestätigt werden. Bei der typischen Ausbildung – auch der Verwitterungsprodukte – sollte eine Fehlbestimmung vonseiten Grebe's ausgeschlossen werden. Das bedeutet, dass mit einer wesentlich weiteren Verbreitung zu rechnen ist, als durch den Ausbiss im Nordosten der Senke vorgegeben wird. Auch sollten die Ignimbrite auf den Mosel-Hunsrück übergegriffen haben, wo sie inzwischen vollständig abgetragen sind.

Auch bei diesem Ignimbrit handelt es sich um einen rhyolitischen Pyroklastit (Binot & Stets 1982, Bonn & Stets 2000). Seine Farbe ist braunrot bis rötlich („fleischfarben"). Das Gestein zeigt ein regelloses Gefüge. Die Korngrößen liegen – soweit es sich noch aus der Matrix ablesen lässt – im Lapilli- bis Aschenbereich. Die Korngrenzen sind durch Devitrifizierung weitgehend verwischt. Das Material verwittert grusig und zerfällt in kleine rötliche Sphärolithe, die, dem Boden beigemischt, ein deutliches Erkennungsmerkmal sind. Außerdem zeigt auch dieses Gestein weiße Reduktionsflecken und -höfe entlang von Klüften oder um Xenolithe. Kristallische Komponenten sind bis 2 cm messende, überwiegend zu Kaolinit und nesterförmigen Quarz-Neubildungen zersetzte Feldspäte. Unzersetzte Feldspäte sind in der Regel Kali- resp. Alkalifeldspäte. Plagioklas wurde nur selten beobachtet. Größere Quarz-Individuen sind selten idiomorph, selten korrodiert. Mehr oder weniger rundliche Aggregate aus SiO_2 gehen auf die Devitrifizierung der Matrix zurück. Außerdem wurde tafeliger Biotit beobachtet. Ein weiteres mafisches Mineral ist vollständig in Quarz und Erz umgewandelt und unbestimmbar. Hinzu kommen Porenfüllungen aus weißem tonigem Material (Hygrophyllit), das aus ehem. Bimsfetzen hervorgegangen ist, und eine wechselnde Anzahl unterschiedlicher Xenolithe enthält.

Es lassen sich häufig mehrere Fließeinheiten aushalten, die jeweils einzelnen pyroklastischen Strömen entsprechen. Jede Fließeinheit ist, abgesehen von der Boden-Lage, die hier ausnahmslos fehlt, gegliedert in eine relativ feinkörnige Basis-Partie, darüber eine Xenolithreiche Zone, in der Korngröße und Xenolith-Anteil nach oben hin abnehmen (fining-up) und eine obere bimsreiche Partie mit zum Hangenden größer werdenden Bims-Partikeln. Die Mächtigkeit einer Fließeinheit erreicht bei Ürzig/Mosel immerhin bis 30 m und entspricht damit jenen in der Prims-Mulde. Jede Fließeinheit schließt im Hangenden mit einer Aschenlage ab (Bonn & Stets 2000), die teilweise stark silifiziert ist.

Im Aufschluss fehlen schichtige Gefüge innerhalb der Fließeinheiten. Sie sind über weite Abschnitte homogen. Die Gesamtmächtigkeit beträgt bei Ürzig 90–100 m. Die obersten Anteile der Fließeinheiten sind z. T. abgetragen. Ob hier ein größerer Hiatus bis zur erneuten Überdeckung durch den nächsten Strom oder mit Sediment vorliegt, ist schwer zu sagen. Auch reichen die Aufschlussverhältnisse für eine derartige Aussage nicht. Binot (1980) beschrieb Verzahnungen von Sediment mit umgelagertem Ignimbrit.

Über das Verbreitungsgebiet im Nordosten der Senke ergibt sich bei einer gemittelten Gesamtmächtigkeit von 50 m ein einigermaßen gesichertes minimales Volumen an gefördertem Material von ca. 5,4 km^3. Dabei sind ignimbritische Ascheausstöße nicht mit eingerechnet. Geht man von der Gesamtfläche der Wittlicher Senke aus und bezieht auch die nähere Umgebung im Mosel-Hunsrück mit ein, so lässt sich das Gesamtvolumen an gefördertem Material leicht auf 10 km^3 und mehr hochrechnen (Bonn & Stets 2000). Diese Fördermenge entspricht auch jener in der Prims-Mulde (Minning & Lorenz 1983).

4.4.2.7.4.1 Die Xenolithe

Für die Geologie des Hunsrücks interessant sind die Xenolithe, die z. T. dicht gepackt im unteren Abschnitt der Fließeinheiten des Ignimbrits zu finden sind. Auf die gesamte Fließeinheit hoch gerechnet machen sie etwa 20 Vol.-% des gesamten Fördervolumens aus. Bei der errechneten Mindestfördermenge entfielen ca. 1,2 km^3 allein auf die aus dem Untergrund mitgerissenen Lithoklasten. Wenn auch das Förderzentrum umstritten ist, geben die Xenolithe auch ohne übertiefe Bohrung Auskunft über den tieferen Untergrund: Grüne, graue, bräunliche siltige Tonschiefer sind sehr häufig unter den kleineren Lithoklasten (wenige bis 7 cm, max. 15 cm); deutlich ist eine 1. Schieferung (s_1), selten in grünen Tonschiefern und Phylliten eine 2. Schieferung (s_2), grünliche Siltschiefer mit schwacher 1. Schieferung (s_1), grüne und rötliche Quarzite mit max. Durchmessern bis 17 cm, i. a. wenige cm; meist sind sie deutlich gerundet, insbesondere die grünen. Grüne quarzitische, feldspatreiche, z. T. geröllführende Grauwacken sind immer deutlich geschiefert (s_1); klastische mineralische Komponenten dieser Grauwacken sind Einzelexemplare von Quarz, Poly-Quarz, Alkalifeldspat, Plagioklas, Glimmer, transparente, sehr resistente Schwerminerale; zu den Lithoklasten gehören Meta-Quarzite, Phyllite, rötliche und grünliche Schiefer, Plutonite, saure und basische Vulkanite, auch Glimmer- und Cloritschiefer mit deutlicher 1. und 2. Schieferung (s_1, s_2) sowie Chert-Gerölle. Matrixreiche, schlecht sortierte, grünliche und rötliche Sandsteine sind ohne Anzeichen wesentlicher tektonischer Deformation. Phyllit-Partikel haben Andeutung von s_1

und s_2 wie in den Geröll-führenden Grauwacken. Sehr selten sind stark zersetzte, unbestimmbare Metamorphite und ebenfalls sehr selten Klasten von Rhyolithen.

Die Zuordnung mancher Xenolithe zu Gesteinen des Hunsrücks gelang bisher nicht, und auch die Ableitung eines Förderzentrums über die Xenolithe ist problematisch. So lassen sich die grünen und grünlichen Xenolithe keinen Gesteinsvorkommen weder im Hunsrück noch in der nahen Eifel zuordnen. Der frühere Versuch, sie mit Gesteinen des Gedinne in der Süd-Fazies im Guldenbach-Tal zu parallelisieren (Binot & Stets 1982) sollte mit Zurückhaltung betrachtet werden, seit im Hochwald (Knautz 1992) keine entsprechenden grünen Quarzite und Grauwacken des Gedinne gefunden wurden. Ähnliche grüne Quarzite kommen auch unter den Xenolithen der Prims-Mulde vor (Minning & Lorenz 1983). Klasten eines Kristallins, wie es im Süd-Hunsrück in den Kristallin-“Aufbrüchen“ ansteht, fehlen. Auch intensiv von s_1 und s_2 betroffene Gesteine, wie sie in der Umrandung des Rhyoliths von Gornhausen (Veldenz) vorkommen, fehlen unter den Xenolithen.

Die große Masse der Phyllit-, Tonschiefer-, Quarzit- und Sandstein-Klasten unter den Xenolithen lässt sich mit den Gesteinen des Unterdevon der Mittelmosel-Schuppenzone vergleichen. Xenolithe, ähnlich den Quarziten des Taunusquarzit, fehlen. Auch typische Gesteine der Eifel (W. Meyer 2013) wurden nicht beobachtet. Das gilt auch für Gesteine des Rotliegend. Trotz sorgfältiger Suche wurden keine Diabas-Xenolithe (Kopp 1955: 103) gefunden. Verblüffend ist die Ähnlichkeit mit den Xenolithen der Prims-Mulde. Ein grünlicher Xenolith fand sich unabhängig davon in dem granitoiden Ganggestein im Hunsrückschiefer des Saartales gegenüber Hamm auf der rechten Talflanke.

4.4.2.7.4.2 Zum Förderzentrum

Hinsichtlich des Förderzentrums plädierten Minning & Lorenz (1983), Negendank (1983) und Wo. Wagner et al. (2012) für den Rhyolith-Schlot von Gornhausen (Veldenz). Binot & Stets (1982) und Bonn & Stets (2000) hielten das für unwahrscheinlich, da dort keine grünen Quarzite, Grauwacken u. ä. unter den Xenolithen gefunden wurden. Alle Auswürflinge entsprechen nach Gestein und Gefüge jenen des umgebenden Rahmens. Sie zeigen insbesondere ein deutliches Schieferungsgefüge (s_1, s_2). Außerdem bestehen erhebliche petrographische und geochemische Unterschiede zwischen dem Rhyolith, Rhyolith-Auswürflingen und dem Ignimbrit (Binot 1980). Auch sind in der Umgebung des Rhyoliths keine Anzeichen einer Caldera zu finden, wie sie bei einer Fördermenge von 10 km^3 und evtl. mehr zu erwarten wäre. Andererseits bestanden zwischen dem Vorkommen bei Gornhausen und der Wittlicher Senke keine geomorphologischen Hindernisse wie beim Weg zur Prims-Mulde.

Solle (1976) plädierte für ein Förderzentrum im Nordost-Abschnitt der Wittlicher Senke. Aufgrund der geologischen Kartierung sämtlicher Oberflächen-Aufschlüsse unter besonderer Beachtung der Ignimbrite und ihrer Xenolithe muss auch diese Möglichkeit ausgeschlossen werden.

Die Größe der Xenolithe in den pyroklastischen Strömen zeigt eine deutliche Abnahme der Durchmesser von Ürzig/Mosel mit durchschnittlich 10–20 cm (max. bis 27 cm) auf 3,1–1,7 cm sowohl nach Nordosten als auch nach Südwesten. Auch senkrecht zur Achse der Senke nehmen sie bis zum Nord-Rand auf 4,3–2,7 cm ab. Diese Beobachtungen lassen eher ein Förderzentrum im Bereich der Südlichen Randverwerfung der Wittlicher Senke, etwa in Form einer Spalteneruption erwarten.

4.4.3 An den permischen Magmatismus gebundene Kupfer-Erz-Lagerstätten

An den Vulkanismus ist besonders am Süd-Rand des Hunsrücks bis in das Saarland die Bildung von Kupfererzen gebunden. Das bedeutendste Vorkommen in diesem NE-SW ausgerichteten Streifen ist die Lagerstätte bei Fischbach/Nahe im Hosenbachtal (Bl. 6210 Kirn). Schneiderhöhn (1949) zählte sie zu den „epithermalen (100–200°C) zeolithischen und epidotischen Kupfer-Formationen in basischen Mandelsteinen (Typ Nahe)".

Ein Charakteristikum dieses Lagerstätten-Typs ist die Bindung an die Decken und Ströme des basisch bis intermediären „Grenzlager-Vulkanismus", dessen Gesteine durchweg autohydratisiert sind. Als Erz-Minerale sind zu nennen Kupferkies (Chalkopyrit: $CuFeS_2$), Buntkupferkies (Bornit: Cu_5FeS_4), Kupferglanz und Hochkupferglanz (Chalkosin: Cu_2S), evtl. gediegen Kupfer (Cu) und Mischkristalle des Systems CuS-Cu_2S. Insgesamt ergibt sich darüber hinaus eine bunte Paragenese. In einer frühen Phase wurden Markasit und Pyrit gebildet, aus der Alteration der Gesteine und der sie begleitenden Silifizierung sind Quarz und Chalcedon, weiter Kalzit, Clorit, Albit, Prehnit und Pumpellyit abzuleiten, in der Hauptphase folgte die Kupfer-Vererzung, zu den Sekundärbildungen gehören Malachit, Azurit, Kupferglanz und Covellin.

Die Kupfer-Erze finden sich in Mandeln und Drusen sowie als Imprägnation im vulkanischen Nebengestein, ausgehend von Kluft- und Störungsflächen und abgesehen von Ruschelzonen NE-SW streichenden Auf- bzw. Überschiebungen. Schwerpunkte dieser Kupfer-Vererzung waren das „Hosenberger Gangrevier" im Hosenbach-Tal nördlich Fischbach/Nahe (auch: „Revier Fischbach-Hosenberg"), weniger bedeutend das „Revier Frauenberg-Sonnenberg" und der historische Bergbau südlich Nohfelden/Nahe, das „Revier Walhausen". Hinzu kommen kleinere Kupfer-Erz-Vorkommen bei Niederhausen/Nahe (Kupferlasur, Azurit), bei Sobernheim/Nahe und bei Burglayen (Ermann 1951). E. Schröder (1936) bedauerte, dass über Kupfer-Erze und ihren Abbau im Saarland „nur sehr spärliche Nachrichten überliefert worden seien" (S. 112). Relativ bedeutender Bergbau wurde nur vom Litermont (Lidermont) bei Düppenweiler erwähnt, wo im Rhyolith „mehrere ONO streichende Gänge von spätigem Dolomit und Schwerspat (…), die in Nestern und Trümern Kupferglanz, Kupferkies, Schwefelkies, Bleiglanz und karbonatische Kupfererze führen", vorkamen. Dazu gehört ein wohl linsenförmiges Vorkommen „von grauem und rötlichem Dolomitspat" am Litermont, in dem, „wenn auch sehr spärlich, die gleichen Kupfermineralien eingesprengt" sind. Auf diese Vererzungen ging offensichtlich in den 1720er und 30er Jahren ein reger Bergbau um. Prospektionsarbeiten um 1796 wurden erfolglos abgebrochen. Darüber hinaus soll auch „in einem kleinen Porphyr-Stock nordöstlich des Lidermonts und im Porphyr bei Außen" im 18. Jahrhundert Kupfer-Erz abgebaut worden sein (E. Schröder 1936: 112). Nach G. Müller (1970) handelte es sich um Kupfer-Erze (u. a. Kupferkies) in zersetztem Rhyolith.

4.4.3.1 Die Kupfer-Erz-Lagerstätte „Fischbach/Nahe" im Hosenberger Revier

Das Grubenfeld liegt beiderseits des Hosenbaches im engen Tal oberhalb Fischbach (Bl. 6210 Kirn), Saar-Nahe-Senke. Pingen, Stollen und Halden sind Zeugen eines intensiven Bergbaus in den „Grenzlager-Eruptiva". Erzabbau ist aus dem 15. Jahrhundert bis zum Dreißigjährigen Krieg und aus dem 18. Jahrhundert (ca. 1700 bis 1770) überliefert. Erneute Prospektions- und Aufschlussarbeiten wurden im 1. Weltkrieg und danach in den 1930er Jahren erfolglos durchgeführt (Schneiderhöhn & Kautzsch 1936).

In dem Besucher-Bergwerk sind imposante, riesige, unterirdische Weitungen bis 130 × 25 × 20–30 m erhalten, die auf den Abbau von Kupfer-Erz vor dem Dreißigjährigen Krieg zurückgeführt werden. Hier haben die mittelalterlichen Bergleute die Kupfer-Erze entlang von größeren Verschiebungen, Klüften, Ruscheln und aus Imprägnationszonen abgebaut, die weit in das Nebengestein hinein reichten. Die Vererzungen waren hier speziell an die feinkörnigen und porphyrischen Navite unterhalb des Andesits vom „Typ Klotzberg" gebunden.

Im Hosenberger Grubenfeld unterschieden SCHNEIDERHÖHN & KAUTZSCH (1936) folgende Typen der Vererzung: **Vererzungen entlang von Ruschelzonen**; sie fanden sich in kataklastisch stark beanspruchtem und autohydrothermal zersetztem Nebengestein mit intensiver Verkieselung und durchzogen von Pyrit-Schnüren; Harnischstriemen in dem verkieselten Material deuten auf tektonische Durchbewegung auch nach der Verkieselung hin; zu diesem Typ gehören der „Hosenberger Gang“ (120–135°/65–80° NE) und nahezu parallel dazu der „Birkengang“ (120–135°/80° NE; hangendes Seitentrum), weiter „Gelber Gang“ (70–80°/80° SSE), und „Kleiner Gang“ (98–102°/60–70° S); hinzu kommen der „Türkengang“ und gering vererzte Ruscheln von 0,5–0,2 m Mächtigkeit (ROSENBERGER 1979); letztere führten hauptsächlich Markasit und Pyrit, seltener Buntkupferkies und Kupferkies. Die Erz-Mächtigkeiten waren sehr unterschiedlich und betrugen beim „Hosenberger Gang“ 1,4 m in Weitungen, beim „Birkengang“ 0,7 m, im „Gelber Gang“ 2,2 m und im „Kleiner Gang“ 0,5 m; reichere Vererzungen waren auf den „Hosenberger“ und den „Birkengang“ beschränkt und hier an Markasit-, Pyrit-Führung sowie verkieselte Risse gebunden; im „Gelber“ und „Kleiner Gang“ waren Kupfer-Erze spärlich und vertaubten unterhalb der 70 m-Sohle völlig.

Vererzung des dichten Nebengesteins; hier reichte die Vererzung von Ruscheln ausgehend entlang von kleinen Klüften und Haarrissen noch meterweit in das Nebengestein, meist in Form geringmächtiger, mehrere cm mächtiger Trümer; das dazwischen liegende Gestein war diffus vererzt (Typ: disseminated copper ore); darin fanden sich auch reichere Vererzungen mit Kupferkies und Kupferglanz; die imprägnierten Partien waren gebleicht (weiß, gelblich, grünlich); unter den Kluftzonen waren NNE-SSW streichende meist gut bis reich vererzt, NE-SW streichende eher arm an Kupfer-Erz, dafür reicher an Eisenkiesen.

Vererzung von Mandelsteinen und sekundären Hohlräumen; bei diesem Typ wurde reiche Vererzung mit Buntkupferkies und Kupferglanz bis weit in das Nebengestein beobachtet; das gilt für Mandeln, Zwischenräume von Schlackenaggregaten und auch Grenzflächen zwischen Strömen und Deckenergüssen sowie entlang von Klüften; die Mandeln waren z. T. mit Erz gefüllt; evtl. vorhandene „Eisenkiese“ wurden weitgehend von Kupfererz verdrängt; Buntkupferkies und Kupferglanz waren in höherem Maß beteiligt als bei den übrigen Vererzungstypen.**Vererzung in Scharungsbereichen**; Haupterzfälle fanden sich bei diesem Typ immer dort, wo Gänge sich kreuzten oder Seitentrümer abzweigten; die Breite derartiger Bereiche konnte bis 15 m betragen; die Vererzung war dort besonders reich, wo Gangscharungen in porösem oder Mandelstein-führendem Gestein lagen.

4.4.3.2 Kupfer-Erze im Frauenburg-Sonnenberger Revier

Etwa 5 km naheaufwärts von Idar-Oberstein liegt ein weiterer Schwerpunkt der Kupfer-Vererzung. Sie ist an die Rhyodazite vom Typ Rilchenberg gebunden und sitzt auf NE-SW streichenden Klüften. Das Streichen dieses Kluftsystems variiert zwischen 10 und 70°. Das Einfallen liegt bei 50–89° NW, 90° und zusätzlich auch nach SE. Die Paragenese ist der im Fischbach-Hosenberger Revier ähnlich. Sie beginnt auch hier mit Markasit und Pyrit in der Vorphase der Vererzung. In der Hauptphase folgt die Kupfer-Mineralisation mit Buntkupferkies, Kupferkies und Kupferglanz. Die Gangart ist Quarz. Das Erz trat in Gängchen und Trümern bis 0,15 m Mächtigkeit auf. Hinzu kommt auch diffus verteiltes Erz in Mandelstein-Varietäten und Schlackenaggregaten sowie auf Spalten und Haarrissen. Mit Pyrit und Kalzit mineralisierte Ruscheln erreichten bis mehrere hundert m Länge und bis 1 m Mächtigkeit. Allerdings war dort die Kupfer-Vererzung untergeordnet. Außerdem wurden Safflorit ($CoAs_2$) und Rammelsbergit ($NiAs_2$) als Träger geringer Kobalt- und Nickel-Gehalte angetroffen (ROSENBERGER 1979). In der Oxidationszone kommen Malachit und Azurit vor.

Weitere Kupfererz-Vorkommen am Südrand des Hunsrücks liegen zwischen Veitsrodt und Regulshausen (Bl. 6209 Idar-Oberstein). Diese Lagerstätten sind offensichtlich restlos abgebaut, ebenso wie solche bei Hintertiefenbach westlich Fischbach/Nahe, die zum Fischbach-Hosenberger Revier überleiten. Bei der Aufwältigung der Grubenbaue in den Jahren 1934–36 wurden keine Erze in bauwürdiger Menge gefunden (ROSENBERGER 1979).

4.4.3.3 Kupfer-Erze im Walhausener Revier

Südlich Nohfelden (Bl. 6408 Nohfelden) weisen Lokalitäten wie Grubenberg (463 m NN) und Kupferkaul auf historischen Bergbau hin. Die Kupfermineralisation war hier an einen Olivin führenden „basaltischen Andesit“ gebunden, der noch zu dem mächtigen Komplex der „Grenzlager-Eruptiva“ bei Baumholder gehört. Der Bergbau ging hier auf 4 Gängen um, die 30° und 160° streichen.

Die Kupfer-Vererzung erfolgte auch hier in 2 Phasen: In der Vorphase wurden Bleiglanz, Tetraedrit ($Cu_3SbS_{3,25}$) und abweichend Kupferkies ausgeschieden, außerdem Kalzit, Saponit, Quarz und Adular, der Plagioklas verdrängte. In der Hauptphase kam es zur eigentlichen Kupfer-Vererzung mit Kupferkies, Kupferglanz (Cu_2S), Digenit (Cu_9S_5), Anilith (Cu_7S_4) sowie Buntkupferkies, Covellin und Kalzit als Gangart.

Als Besonderheit gilt hier das Vorkommen von Adular. Aus den K-haltigen Feldspäten wurden absolute Alter von 219 und 224 Ma bestimmt (Ähnliches gilt auch für Adulare aus dem Fischbacher Revier mit 235 Ma). Ob diese Alter auch für die Kupfer-Mineralisation gelten, ist fraglich, da es sich um Keuper-Alter handelt. Adular gilt in der Regel als hydrothermale Bildung auf alpinen Zerrklüften. Die Alter lassen somit Zweifel aufkommen, ob die Kristallisation der Adulare mit der Kupfer-Vererzung in Zusammenhang zu sehen ist. SCHMITT-RIEGRAF (1996: 105) ging für das Gebiet bei Fischbach von einer K-Metasomatose aus, die zur Bildung der Adulare und auch von Pseudo-Pertithen führte. Für diese gilt eine Bildungstemperatur von 300–350°C.

4.4.3.4 Genese

Insgesamt ist in allen Vorkommen eine ähnliche paragenetische Sequenz bei der Vererzung erkennbar. Unterhalb der vererzten „Grenzlager-Effusiva“ vertauben die Verwerfungs- und Ruschelzonen schnell. Für diese „porphyrischen Lagerstätten“ ist entscheidend, ob sich in dem gesamten vulkanischen Komplex ein ausreichend großes hydrothermales System aufbauen konnte und die Metallionen führenden Fluide über eine ausreichende Wegsamkeit verfügten. Das Vorhandensein dieser Vorgaben führte zur hydrothermalen Alteration, die zuletzt in zwei Phasen in Abhängigkeit von der Temperatur zur Kupfermineralisation führte. Bei Vorhandensein von S-Ionen wurden die Metall-Ionen als Sulfide gefällt. Basische Magmatite enthalten mit 40–100 ppm Kupfer relativ viel davon. So ist es durchaus vertretbar, dass bei der Masse an Magmatiten diese als Muttergestein anzusehen sind. Bei Temperaturen unter 250° wird Cu in chloridischen Komplexen transportiert. Allerdings sind alle Hunsrück-nahen „Grenzlager-Effusiva“ von Alteration und Silifizierung betroffen. Unter den gegebenen Umständen müssten auch die geringer mächtigen Ergüsse, abgesehen von der Abscheidung von Kieselgel, Chalcedon und Quarz oder nur von einer Propylitisierung, in deren Verlauf es zur Neubildung von Chlorit und Karbonaten bzw. einer Serizitisierung der Feldspäte in unterschiedlichen Maß kam, auch Vererzung zeigen, was jedoch nicht der Fall ist. Offensichtlich machte erst der mächtige Komplex der „Grenzlager-Effusiva“ am Süd-Rand des Hunsrücks bei Idar-Oberstein (Fischbach) erst die Regeneration und Förderung an Fe- und Cu-Ionen reicher Fluide möglich. Die Herkunft der Metall-Ionen sollte unter diesen Umständen in den Herdbereichen des Magmas gesucht werden.

Darüber hinaus ist der mächtige Eruptivgesteins-Komplex Idar-Oberstein – Baumholder an jenen Bereich innerhalb der Saar-Nahe-Senke gebunden, der in der Glan-Subgruppe die größten Sediment-Mengen aufnahm. Dazu gehören auch Schwarz-Pelite in größerer Menge, so dass auch von dieser Seite von einem entsprechend großen Schwefel- und Schwermetall-Ionen-Potential ausgegangen werden sollte. Untersuchungen auf Schwefel-Isotopen haben ergeben, dass der Schwefel der Erze eher sedimentogenen Charakter besitzt. Allerdings ergeben sich lokal Unterschiede. Die Erzführung ist im Raum Fischbach-Hosenberg meist auf die unteren Abschnitte der „Grenzlager Effusiva“ beschränkt, im Raum Idar-Oberstein erfolgte dagegen in den unteren Partien des Vulkanit-Komplexes bevorzugt eine starke Silifizierung und die Kupfer-Vererzung war auf den Bezirk Sonnenberg-Frauenburg südlich Idar-Oberstein beschränkt. Geringfügige Vererzung gibt es hier jedoch allenthalben.

In den Vorkommen von Kupferglanz im Saarland bei Kastel und Düppenweiler (G. Müller 1982) kommt zusammen damit auch Buntkupferkies vor. G. Müller sah ihr Vorkommen an ältere Vorkommen von Markasit und Pyrit gebunden und bestätigte damit die paragenetische Sequenz, die auch an der Nahe verwirklicht ist. Da nirgends eine Förderspalte oder Ähnliches bekannt ist und die vererzten Effusiva keine erkennen lassen, bleibt auch hier die Herkunft der Metall-Ionen offen. Interessant ist allerdings, dass alle Kupfererz-Vorkommen im Umfeld der Hunsrück-Südrand- bzw. Kirn-Metzer Verwerfung liegen.

4.4.4 Uran-Erzvorkommen im Nohfeldener Rhyolith-Massiv und seiner Umgebung

4.4.4.1 Die Lagerstätte am Bühlskopf bei Ellweiler

In den 1950er Jahren gelang 1956 im Nohfeldener Rhyolith-Massiv nordöstlich Ellweiler der Nachweis einer Strahlungsanomalie am Bühlskopf (Bl. 6308 Birkenfeld-West). 1956–1967 wurde dieses Vorkommen in Abbau genommen. Im Tagebau, später auch im Untertage-Betrieb, wurden insgesamt 60 t Uran-Erz gefördert. Dieses Vorkommen ist an den nordöstlichen, domförmigen Intrusiv-Körper gebunden (Massiv 1). Hier steht Rhyolith mit meist einheitlich felsitischem Gefüge an.

Die Uran-Vererzung befindet sich am Bühlskopf nahe am nördlichen Kontakt, wo die Sedimente der Glan-Subgruppe steil aufgerichtet sind. Sie sind hier deutlich gefrittet. Die Erz-Führung ist auf den Rhyolith-Körper beschränkt und folgt in dem allgemein stark geklüfteten Gestein einer etwa 15 m mächtigen, 140–150° streichenden Zerrüttungszone. In ihr ist sie gebunden an Kluftsysteme, die 135° und 160–170° streichen bei wechselndem Einfallen nach SW bzw. bei nahezu N-S-Streichen nach W und E. Die primäre Vererzung besteht aus Pechblende (UO_2, kollomorph) und Coffinit ($USiO_4$). Das Erz enthielt in feinster Verteilung gediegen Silber (Ag), gediegen Kupfer (Cu) und Arsen (As); Sulfide sind Kupferglanz, Nickelin (NiAs), Covellin (CuS), Pyrit (FeS_2), Zinkblende (ZnS), Kupferkies ($CuFeS_2$), Greenockit (CdS), Safflorit ($CoAs_2$), Arsenkies (FeAsS), Markasit (FeS_2), Molybdänglanz (MoS_2) und Pearceit ($Ag_{16}As_2S_{11}$). Der Uran-Gehalt liegt zwischen 100 ppm bis 4% U_3O_8. Verdrängung des Uran-Erzes erfolgte durch Uran-Hydroxide und -Silikate der Sekundär-Mineralisation. Außerdem kommen Nadeleisenerz (α-FeOOH), Rubin-Glimmer (γ-FeOOH) und erdige Eisen-Mangan-Anreicherungen vor.

Die Vererzung erfolgte in mehreren Schüben bei abfallender Temperatur von pegmatitisch-pneumatolytisch bis hydrothermal (Bültemann 1970, Rosenberger 1971). Parallelen zu den hydrothermalen sulfidischen Kupfer-Erzen sind offensichtlich. Der durchschnittliche Uran-Gehalt im Rhyolith des Nohfeldener Massivs beläuft sich auf 7–12 ppm U_3O_8. Arsen und Arsenide sind im Rhyolith weit verbreitet. Außerdem kommen

Uran-haltige Kohlenwasserstoffe (Carburan) vor. Sie sind ein Hinweis, dass zumindest ein Teil der Vererzung aus nicht-vulkanischen Quellen stammt (BÜLTEMANN 1970) und über Hydrothermen beim Durchwandern aus den Schwarzpeliten als Muttergestein aufgenommen wurde. Auch das Nohfeldener Rhyolith-Massiv liegt im Senkungsschwerpunkt der Saar-Nahe-Senke mit hohen Mengen lakustriner Schwarzpelite unmittelbar südöstlich der Hunsrück-Südrand-Verwerfung.

Hinzu kommt eine sekundäre oxidische Mineralisation mit einer oxidisch-hydroxidischen Paragenese an Uran-Mineralen. Hierzu gehören nach BÜLTEMANN (1970) und ROSENBERGER (1971) gelbe und gelbliche bis orangefarbene Uran-Minerale als Kluftbestege, diffuse Imprägnationen, Hohlraumfüllungen sowie Pseudomorphosen nach Feldspat, außerdem u. a. Kalzit, Mimetesit ($Pb_5(Cl/(AsO_4)_3)$), Cerussit ($PbCO_3$), Malachit, erdige Pechblende und Carburan. Als Hauptträger der sekundären Mineralisation gelten Kasolith ($Pb_2(UO_2)/SiO_4)_2$), Uranospinit ($Ca(UO_2/AsO_4)_2$), Pechblende (UO_2) und Carburan. Weitere Minerale sind nur von mineralogischem Interesse. Relativ häufig sind Uranospinit und Uranophan ($CaH_2(UO_2/SiO_4)_2$) im Übergang vom gebleichten zum roten Hämatit-reichen Gestein.

Die primäre Mineralisation dürfte in Zusammenhang mit dem Aufstieg des Rhyoliths stehen und durchsetzte das Gestein nach Art einer Imprägnations-Vererzung entlang gut wegsamer Pfade; die sekundäre Mineralisation ist offensichtlich in Zusammenhang mit dem Aufstieg CO_2-reicher Wässer zu sehen. Die Verarmung der Lagerstätte zur Tiefe und die Mineral-Paragenese lassen auf Lösungsvorgänge im tieferen Bereich und Transport durch diese Wässer in höhere Niveaus schließen, ohne dass weitere vulkanogene Prozesse daran beteiligt gewesen sein müssen. Die sekundäre Mineralisation der Zerrüttungszonen mit guter Wegsamkeit gehört zu den Anreicherungen in der Oxidationszone.

4.4.4.2 Weitere Vorkommen von Uran-Erz am Südrand des Hunsrücks

ROSENBERGER (1971) führte weitere Funde in der **Nachbarschaft von Ellweiler** im nördlichen Bereich des Nohfeldener Rhyolith-Massivs auf, wo Strahlungs-Anomalien in zersetztem Rhyolith entdeckt wurden. Es handelte sich um Uran-Erze in limonitischen Kluftfüllungen in Form ca. 0,1 m mächtiger Trümer in Brekzien. Die Uran-Gehalte betrugen stark wechselnd 85–3800 ppm U_3O_8, im Mittel 100–250 ppm U_3O_8. Offensichtlich waren es Umbildungen primär sulfidischer Erze in der Oxidationszone.

Am Nordwest-Hang der **Lokalität „Der Stein"**, ca. 650 m vom Vorkommen Bühlskopf entfernt, wurde in hochgeschleppten Konglomeraten der „Kuseler Schichten" eine weitere Anomalie geortet, die in einer Rhyolith-Apophyse liegt, deren Gestein lokal stark gebleicht ist; das Vorkommen enthielt als Minerale der primären Vererzung Uranpechblende, Coffinit, Karburan, Pyrit und Kupferkies; in Oberflächennähe wurden Torbernit (Cu (UO_2/PO_4) und wenig Autunit (Ca. $(UO_2/PO_4)_2$) als geringmächtige Beläge an den Wänden von Klüften oder Haarrissen der Gerölle des Konglomerates sowie Carburan gefunden.

Am Süd-Hang des **Eborner Berges** westlich Hoppstätten (Bl. 6309 Birkenfeld-Ost) fanden sich in Gesteinen des „Grenzlager-Eruptivs" Partien mit Uran-Gehalten von 150 ppm U_3O_8 in stark zersetzten Mandelsteinen; die Uran-Mineralisation war an mit Limonit durchsetzte, kaolinitisierte Bereiche gebunden; über Spurenelemente (Pb, Zn, Cu, Ni) wurde auf eine primäre Vererzung durch hydrothermale Lösungen geschlossen.

Eine weitere Anomalie fand sich im **Niederhäuser Wald**, gebunden an eine Schlotbrekzie; hier wurden Gehalte bis 1% U_3O_8 ermittelt; die Vererzung ist an Vorkommen organischer Substanz (Impsonit) gebunden; in der Brekzie wurden Minerale der Primärmineralisation Pechblende, Carburan, Coffinit, Fahlerz, Pyrit, Markasit, Zinnober, Kupferkies, Kupferglanz, Covellin, Digenit, Bornit und Zinkblende ermittelt; hinzu kommen Hämatit und Nadeleisenerz sowie Baryt; zur Sekundärmineralisation gehören Meta-Torbernit, Meta-Zeunerit, Uranospinit, Gummit („rotes Pechuran"), Billiétit und Uranophan.

Auf der Südost-Seite des Rhyolith-Stockes **Wilzenberger Dom** (Bl. 6309 Birkenfeld-Ost) fand sich eine etwa 60 m lange und 10–15 m breite Anomalie in Tonsteinen, in denen ein stark zersetzter Lagergang aus einem wahrscheinlich basischen Eruptiv-Gestein steckt; die mittleren Uran-Gehalte lagen zwischen 0,014% im Eruptiv-Gestein und 0,03% im Tonstein; das Erz war auch hier in brekziierten Partien der Tonsteine an das limonitische Bindemittel zwischen den Klasten bzw. an Hohlräume im Eruptiv-Gestein gebunden (Rosenberger 1971: 177); im benachbarten Rhyolith wurden keine erhöhten Uran-Gehalte gemessen.

Auch 700 m weiter westlich wurde am **Eichemersbach** eine Anomalie in einem tektonisch stark gestörten, etwa 2 m mächtigen kohligen Tonstein-Horizont entdeckt; der Uran-Gehalt betrug 0,01–0,02% U_3O_8 im Haufwerk und war an geringmächtige Trümer mit Carburan-Füllung in Tonsteinen gebunden; außerdem kamen Minerale der sulfidischen Primär-Erzphase wie Uranpecherz, Coffinit, Markasit, Pyrit, Kupferkies, Bleiglanz, Zinkblende und in kleinen Mengen auch Arsen-Kies vor (Rosenberger 1971: 177 ff); als Erzbringer gilt der Rhyolith.

4.4.5 Spät- bis post-variszische Hämatit-Quarz-Gänge bei Greimerath und an der Saar

Offensichtlich in keinem genetischen Zusammenhang mit der sulfischen Kupfer- und Uran-Vererzung am Süd-Rand des Hunsrücks steht das Eisenerz-Vorkommen der ehem. Grube „Luise" bei Greimerath südlich vom Panzhaus (Bl. 6405 Freudenburg). Nach Spuren soll hier bereits um 450 v. Chr. Erz-Abbau betrieben worden sein (Rosenberger 1979). Diese Lagerstätte wurde auf mehreren Gängen gebaut, die im Taunusquarzit aufsitzen. Sie gehört zu einer kleinen Erz-Provinz im südwestlichen Hunsrück.

Grebe (1880a) beschrieb auf Bl. 6305 Saarburg einen „Roteisensteingang" nahe dem mächtigen Quarz-Gang bei Irsch. Auf diesem „Roteisensteingang" wurde von 1875–1879 ein „kleiner Bergbau" betrieben (Rosenberger 1979). Vom Quarz-Gang nordwestlich Irsch erwähnte Grebe lediglich „eingesprengte Kupfererze". Diese Vorkommen sitzen im Hunsrückschiefer. Weiter im Süden (Bl. 6405 Freudenburg, Grebe 1880c), finden sich Eisenstein-Gänge im Taunusquarzit südwestlich Hamm bei Hausen (wahrscheinlich: Saarhausen/Saar) und auch gegenüber bei Taben-Rodt. Letztere streichen um 135° und entsprechen „Quergängen" auf der Grube „Luise". Sie führen außer Eisen- noch Mangan-Erz. Rosenberger (1979) erwähnte außerdem einen Abbau von Eisen-Erz auf der ehem. Grube „Julius" bei Serrig, die von 1851–1861 in Betrieb war; außerdem eine ehem. Eisenstein-Grube „Gustav" bei Zerf, auf der von 1850–1860 gearbeitet wurde. Sie lag bei Greimerath am linken Ufer des Oberzerfer Baches. In diesem Zusammenhang erwähnte er ehem. Eisen-Erzgruben in der Gemarkung „In der Gruf" am Erzberg bei Hermeskeil sowie bei Geisfeld (Lok. „Erzkapelle; Bl. 6307 Hermeskeil). Aus diesen Gruben wurden in einer frühen Abbau-Periode Eisen-Erze in der Züscher Hütte verarbeitet. Dabei ist unbekannt, um welche Art Lagerstätte es sich handelte. Zu Bergbau kam es bei diesen Vorkommen außer auf „Luise" nicht.

4.4.5.1 Grube „Luise"

Auf der Grube „Luise" wurde in zwei Betriebsperioden von 1841–1880 und 1938–1943 Eisen- und Manganerz abgebaut. Allerdings sollen die Reserven nicht vollständig erschöpft sein. Zur Schließung mag die mangelhafte Infrastruktur beigetragen haben. Die nächsten

Bahnhöfe für den Erz-Transport zu den saarländischen Hütten lagen bei Zerf resp. bei Losheim. Die Erzförderung während der 2. Betriebsperiode belief sich auf 50 000 t Erz bei einem Gehalt an Eisen von ca. 52–55% bei den Stück-(Derb-)Erzen und 42–49% bei der mulmigen Erz-Variante. Die verbliebenen Reste sollen sich auf ca. 100 000 t belaufen (Schweicher 2010). Die Förderung dieser Eisenerze stand seit je in Konkurrenz mit der nahegelegenen Lothringer Minette. Neben Eisen-Erz wurde auf der ehemaligen Grube „Luise“ in geringem Umfang auch Mangan-Erz gefördert. Zu jener Zeit wurden die geförderten Erze nach langwierigem Transport in den Hütten bei Asbach und Abentheuer verhüttet. Die Verhüttung in den saarländischen Hütten erfolgte erst in der 2. Betriebsperiode. Das ehemalige Betriebsgelände liegt beiderseits der B 268 südlich der Waldgaststätte Panzhaus. Der Untere Stollenzugang befindet sich unterhalb der Straße, der Obere Stollen liegt oberhalb der Straße.

Die Gänge der Grube „Luise“ sitzen im Taunusquarzit. Er ragt hier klippenartig aus der Überdeckung mit Mittlerem Buntsandstein auf. Die Quarzite sind deutlich gebankt und gehören zum Typ Unterer Taunusquarzit. Einflüsse einer prä-triadischen Verwitterung werden durch rötlich verwitterte Tonschiefer angezeigt.

Auf der Grube „Luise“ wurden vom Unteren und vom Oberen Stollen aus drei Gangzüge abgebaut (Krahn 1976, Rosenberger 1979): der 1. Gangzug bestand aus 2 Gängen: „Quergang“ 1 und 2 mit Streichen um 135° bei einem Einfallen nach NE und das 2 System aus 4 Gängen: „Hangender Gang“, „Mitteltrum 1“ und „2“ sowie „Liegender Gang“; sie besaßen ein Streichen um 0–15° bei Einfallen um 60–87° E bzw. steil W; die Erz-Mittel erreichten Mächtigkeiten bis max. 3,4 m, im Mittel 0,5 m; das 3. System umfasste 5 Gänge: Gänge A, B, x, y, z, die alle N-S streichen, jedoch im Aufschlussniveau nicht bauwürdig waren. Die beiden um N-S streichenden Gang-Systeme keilen nach Süden aus; nach Norden werden sie durch die „Quergänge 1 und 2“, die auch Mangan-Erz führten, abgeschnitten. Ihr weiterer Verlauf nach S wurde nicht verfolgt. Die Teufenerstreckung aller Gänge ist unbekannt, da der Abbau nur 21 m unter das Niveau des Unteren Stollens (420 m NN) reichte. Es wurde bauwürdige Erz-Führung bis 325 m NN angenommen (Rosenkranz 1942 in: Krahn 1976).

Die Gangmächtigkeiten auf der Grube „Luise“ schwanken zwischen 1,5–5,0 m. Die mittlere Gangmächtigkeit betrug 1,75 m, davon waren bis ca. 50% vererzt. Rosenberger (1979) erwähnte eine Brekzie aus Quarz- und Quarzit-Klasten, die von einem Gemenge aus zerrüttetem Nebengestein und Gangletten zusammengehalten wurde. Die Erzführung war beschränkt auf nester- und linsenförmige Vorkommen aus dichtem, feinkörnigem Hämatit. Auf den Halden fand sich noch vereinzelt radialfaseriger glaskopfartiger Hämatit. Eine zweite Variante war Hämatit-Mulm, der oberflächennah in der Oxidationszone aus derbem Hämatit und Ankerit entstand. Im primären, derben Erz wurde allerdings kein Karbonat gefunden. Bei ähnlichen Vorkommen bei Holzerath im Osburger Hochwald tritt jedoch auch Karbonat auf. Weiter wurde Brauneisenstein gefunden, der u. U. bei der Verwitterung eines Karbonat-Anteils entstand. Vom Quergang 1 wurde außerdem Mangan-haltiges Erz – Psilomelan, Manganit und Hausmannit – genannt (Grebe 1880a, Krahn 1976, Rosenberger 1979).

Bei den Gangfüllungen handelt es sich offensichtlich um epi- bis telethermale Gangfüllungen. Ihre Entstehung steht u. U. in Zusammenhang mit dem permischen Vulkanismus. Allerdings fehlen in der näheren Umgebung jegliche Anzeichen dafür. Die nächsten permischen Vulkanite liegen im Paläorelief bei Mettlach und Dreisbach/Saar.

4.4.6 Zur zeitlichen Einordnung des permischen Magmatismus

Die z. T. widersprüchlichen Altersbestimmungen ergeben in der Zusammenschau (Schmitt-Riegraf 1996) unter Hinzuziehung von Altersbestimmungen auch an sekundärem

Zersatz-Material (Seladonit) und hydrothermalen Bildungen (Adular) eine recht fragwürdige Reihung in einer Zeitspanne von 300–247 Ma, d. h. innerhalb von ca. 53 Ma, die von unterhalb der Grenze Karbon/Perm (296 Ma, DSK 2002, 2012) bis in die Trias (ca. Basis Muschelkalk) reicht. Dabei gehörten Rhyolithe einer älteren Phase (etwa Glan-Subgruppe) an, während der basisch-intermediäre Magmatismus zu einer jüngeren gehörte, die in der Saar-Nahe-Senke oberhalb des Rotliegend liegt. Diese Alter sind nicht oder nur schwer mit dem geologischen Befund vereinbar. Auch der aus diesen Datierungen ableitbare zeitlich getrennte Ablauf der beiden Phasen des „Grenzlager-Vulkanismus" ist – abgesehen von der absoluten zeitlichen Zuordnung – nicht plausibel. Bei den absoluten Datierungen spielte die autohydrothermale Alteration eine erheblich verfälschende Rolle.

In den Vulkaniten der Prims-Mulde wurde an Seladonit (Vorkommen bei Kastel im Prims-Tal: Mertz in: Schmitt-Riegraf 1996) ein Total-Argon-Alter von etwa 270 Ma (Mittelperm) bestimmt, das älteste Alter aus sekundären Mineralisationen bei den Magmatiten der Saar-Nahe-Senke. Außerdem wurde eine epigenetische K-Metasomatose über Altersbestimmungen an Adular, der als authigener Kalium-Feldspat in andesitischen Vulkaniten im ehem. Erzrevier Walhausen vorkommt, gefordert. Altersdatierungen ergaben hier Alter 244–215 Ma (Mertz et al. 1990). Ähnliche Alter sind aus dem Fischbach-Tal an Dazit bekannt mit 235,5 ± 5,2 Ma (Trias (Ladin); Hansen in Schmitt-Riegraf 1996). Daraus wurde auf mehrere post-magmatische Phasen hydrothermaler Mineralisation geschlossen. In diesen Zusammenhang fällt u. a. die Kupfer-Mineralisation in Sandsteinen des Buntsandsteins im Saarland und in der Trierer Bucht, die etwas älter sind. Insgesamt würde das bedeuten, dass über die syn- bis spätgenetische Autometasomatose hinaus hydrothermale Ereignisse unbekannter Ursache stattfanden. Vielfach werden solche epigenetischen Mineralisationen in Zusammenhang mit Bruchtektonik in Oberkreide und Tertiär gesehen, die an die Öffnung des Nord-Atlantiks gebunden sind. Derart „späte" hydrothermale Ereignisse können aber auch in Zusammenhang mit Fernwirkungen der alpidischen Orogenese oder der exogenen Verwitterung in Mesozoikum und Tertiär durch meteorische Wässer gesehen werden.

4.5 Zur spät-variszischen tektonischen Entwicklung im Hunsrück und in seinen Randgebieten

4.5.1 Der Grenzbereich Hunsrück/Saar-Nahe-Senke

Im Gegensatz zu früheren Auffassungen, die das Gebiet südlich des Hunsrücks als einfache Grabenstruktur im Grenzbereich Rhenoherzynikum/Saxothuringikum (Quiring 1936) bzw. als Randsenke über der Schollengrenze zwischen starrem Kristallin und gefaltetem Gebirge (Scholtz 1934) sahen, ist nach Ergebnissen moderner Seismik (u. a. Korsch & A. Schäfer 1991, Henk 1993) heute eine asymmetrische Halbgraben-Struktur erwiesen. Die Hunsrück-Südrand-Verwerfung trennt den Südost-Rand des Rheinischen Schiefergebirges vom südöstlich angrenzenden Senkungsraum und läuft nach SW in die Kirn-Metzer Verwerfung aus. Sie entstand spätestens im Westfal und reichte mindestens bis in das höchste Rotliegend und weiter bis in das Tertiär. Bis in das Stefan bildete sie die nordwestliche Begrenzung dieser 300 × 200 km langen Senke, die bis nach Lothringen reicht. Ab der Glan-Subgruppe griff die Sedimentation auch auf die Hunsrück-Hochscholle nach Nordwesten über. Das „Hunsrück-Gebirge" stellte auch post-Westfal in wechselndem Umfang das Liefergebiet, zumindest für das unmittelbare nordwestliche Randgebiet der Senke.

In den seismischen Daten wird der asymmetrische Bau der Saar-Nahe-Senke unmittelbar südöstlich der Rand-Verwerfung deutlich. Die Mächtigkeiten nehmen von dort in Richtung Südosten kontinuierlich ab. Eine entsprechende Verwerfung im Südosten ist nicht erkennbar.

Hinzu kommt eine post-westfalische Diskordanzfläche, die für einen Hiatus und Erosion vor Ablagerung des Holzer Konglomerats (Basis Göttelborn-Fm., Stefan) spricht. P. A. Ziegler (1990) schrieb diese erste Zerblockung des variszischen Orogens einer transtensionellen spät- bis post-orogenen Tektonik zu, die neben der reinen Abschiebung auch zu rechtshändigen Bewegungen an der Hunsrück-Südrand-Verwerfung führte. Die großen Verwerfungen, die in Europa dieser Zerblockung Vorschub leisteten, waren für unseren Bereich die Tornquist-Teisseyre-Linie im Norden und die Biskaya-Linie im Süden. Der dazwischen liegende Block wurde entlang von Scherbahnen weiter zerlegt, so dass es zu Transpression und/oder -tension kommen konnte. Die dadurch ermöglichte polyphase Entwicklung der Saar-Nahe-Senke begann im Grenzbereich Namur/Westfal.

4.5.1.1 Spät-variszische Tektonik am Süd-Rand des Hunsrücks und südlich davon

Aus der permokarbonischen Sediment-Abfolge leitete A. Schäfer (2011) mehrere Phasen und Intervalle ab, die der spät-variszischen Deformation zuzuordnen sind.

Eine erste Deformation erfolgte im Grenzbereich Westfal/Stefan bzw. im frühen Stefan; sie ist dokumentiert durch die Winkeldiskordanz zwischen westfalischen und stefanischen Schichten und sollte der „asturischen Phase“ entsprechen; während eines mindestens ca. 2 my währenden Hiatus sollten erhebliche Mengen an Sedimenten des Westfal und evtl. auch des unteren Stefan abgetragen worden sein (u. a. Pruvost 1934); in dem zeitlich davor liegenden Intervall war das junge „Hunsrück-Gebirge“ das Hauptabtragungs- und Liefergebiet von siliziklastischem Detritus für die Saar-Nahe-Senke; in der darauf folgenden Zeit war dieses Liefergebiet bereits soweit erniedrigt, dass es ab Stefan nicht mehr die gesamte Senke beliefern konnte und daher nur noch am Hunsrück-Südrand wirksam war; der Hunsrück-Block wurde von der Deformation offensichtlich nicht betroffen.

Während des Stefan und der Glan-Subgruppe erfolgte vor der Aktivität des „Grenzlager-Vulkanismus“ eine zweite Deformation, d. h. eine ausgeprägte Schollenkippung der Senke in nördliche bis nordöstliche Richtung; sie bewirkte während der gesamten Zeit einen bevorzugten Abfluss vom Liefergebiet im Südosten und/oder Süden nach Norden bis Nordosten; zusätzlich wurden zum Spannungsausgleich in NW-SE Richtung verlaufende Verwerfungen und Gräben angelegt, die senkrecht zur Hunsrück-Südrand-Verwerfung ausgerichtet sind; während einige geradlinig verlaufen, haben andere einen leicht gekrümmten Verlauf; es ist daher davon auszugehen, dass das Rift-Geschehen in einem transtensionellen Spannungsfeld erfolgte; ob diese Deformation auf den Hunsrück-Block übergriff, bleibt fraglich; immerhin ist das NW-SE verlaufende System von Querverwerfungen in der Mosel-Einheit, im West-Hunsrück und im Stromberger Graben auch senkrecht zur Hunsrück-Südrand Verwerfung angelegt; dabei ist nicht auszuschließen, dass es spät-variszisch aktiv war; obwohl an diesen Verwerfungen erhebliche Verwürfe erfolgten – zwei Beispiele sind die Hinzerter und die Grendericher Verwerfung – lassen sich schwer Altersrelationen herstellen; sie werden daher hier unter den spät-variszischen Ereignissen mit erwähnt; die spät-variszische Wittlicher Rotliegend-Senke wurde von diesen Verwerfungen nicht betroffen.

Eine dritte Deformation („saalische Phase“) führte zur Öffnung der Wegsamkeit für den Aufstieg silikatischer Schmelzen und zur weiteren syngenetischen Füllung der Senke; Mächtigkeitsunterschiede zwischen Senkenfüllung und Umland weisen auf diese Aktivität hin; verbunden mit dem Aufdringen der subvulkanischen Rhyolith-Dome spielten sich vulkanotektonische Deformationen in deren unmittelbarem Umfeld ab; südlich des Hunsrück-Gebirges waren es insbesondere die Rhyolith-Massive von Bad Kreuznach und Nohfelden; im Verein mit dieser tektonischen Aktivität erfolgte eine erneute Schollenkippung der gesamten Senke, die ab der Kreuznach-Formation einen Sedimenttransport in Längsrichtung der

Senke nach Südwesten bewirkte; diese Schollenkippung erfasste – wie der Sedimenttransport in der Wittlicher Senke zeigt – das gesamte Gebiet von Saar-Nahe-Senke, Hunsrück-Block und Südwest-Eifel. Verbunden damit ergab sich, wahrscheinlich durch Umstellung des gesamten Spannungsfeldes, zusätzlich die erneute Hebung der Hunsrück-Scholle entlang der über den gesamten Zeitraum seitenverschiebend aktiven Hunsrück-Südrand-Verwerfung; diese Hebung bedingte die erneute Belieferung der nordwestlichen Saar-Nahe-Senke mit grobem siliziklastischem Detritus aus dem Hunsrück; da sowohl Saar-Nahe-Senke als auch Wittlicher Senke jeweils von einem Fluviatilsystem (Kreuznach-, Kinderbeuren-Formation) in Richtung Südwesten durchflossen wurden, ist davon auszugehen, dass zumindest zur Zeit der Bildung der „Kreuznacher Fazies“ beide Fluviatilsysteme in ähnlichem Niveau ü. NN gelegen haben.

Die letzte Phase der Deformation postulierte A. Schäfer (2011) am Ende des Rotliegend oder im Grenzbereich Rotliegend/Zechstein („pfälzische Phase“ nach Stille), die mit Transpression verbunden war und zu Auf- und Überschiebungen an der Hunsrück-Südrand-Verwerfung führte. Beispiele für derartige Bewegungen liegen bei Düppenweiler vor, wo Phyllite der Metamorphen Zone auf wahrscheinlich stefanische Schichten überschoben wurden. Ähnliche Verhältnisse lassen sich u. U. auch im Nordosten bei Argenschwang beschreiben, wo schon Leppla (1925a: 38) feststellte, „dass das alte Gebirge hier also anscheinend auf das steilgestellte Unterrotliegende aufgeschoben ist“. K.-W. Geib & Atzbach (1961) haben diese Verhältnisse am südöstlichen Rand des Hunsrücks verfolgt, wo entlang der Hunsrück-Südrand-Verwerfung mehrere isolierte linsenförmige Schürflinge von Schichten der Glan-Subgruppe überkippt NW- oder steil normal SE-einfallend nachgewiesen wurden. Da sich hier weder Diskordanz noch Schichtlücke zwischen den Schichten von Glan- und Nahe-Subgruppe nachweisen ließen, sollte post-Rotliegend mit gebietsweise zwei NW- einfallenden Überschiebungen, in Richtung SE transportierend zu rechnen sein. Die nordwestliche von ihnen liegt im Kontakt zwischen unterdevonischen Schichten und solchen der Glan-Subgruppe, die südöstliche zwischen Schichtverbänden der Glan- und der Nahe-Subgruppe. Zwischen ihnen sind die Rotliegend-Schürflinge eingeschuppt worden. Beweiskräftig erscheint die geologische Situation bei Burglayen, wo Schichten des Gedinne auf steil stehende Konglomerate der Wadern-Formation aufgeschoben wurden. Das genaue Alter dafür ist unbekannt, nur sollte es post-Rotliegend erfolgt sein. So besteht ohne weiteres die Möglichkeit, diese Deformation auch post-variszisch – post-Buntsandstein – einzustufen. Eine ähnliche Altersrelation liegt bei der Bildung der Merziger Grabenmulde bzw. des Saarbrückener Hauptsattels und der Saarbrückener Hauptüberschiebung vor (Kneuper 1976). Die Merziger Grabenmulde liegt nordwestlich der Kirn-Metzer Störung quasi als Produkt einer Dehnung, die das südwestliche Ende des Hunsrück-Blocks betroffen hat.

Zumindest post-Zechstein, im Übergang zur post-variszischen Deformation erfolgte die groß angelegte Kippung des gesamten mitteleuropäischen Raumes nach Norden, die eine Umkehr des Liefersystems ab Unterem Buntsandstein in Süd-Nord-Richtung bewirkt hat (Wurster 1968).

Bei diesen tektonischen Abläufen, die einen Zeitraum von ca. 50 Ma (Ende Namur bis Ende Rotliegend incl.) eingenommen haben, spielte die Verwerfung am Süd-Rand des Hunsrücks eine entscheidende Rolle. An ihr kam es wiederholt – auch post-variszisch – zu tektonisch bedingten Bewegungsabläufen. Ihr heutiges Bewegungsbild muss daher nicht identisch sein mit dem im Permokarbon. Seinerzeit fanden an ihr Relativbewegungen statt, die sie als große schräge Abschiebung mit rechtshändiger Komponente kennzeichnen.

Korsch & A. Schäfer (1991, 1995) diskutierten die Rolle der Randverwerfung anhand der seismischen DEKORP-Profile. Nach ihrem Modell handelt es sich um ein vertikales bis subvertikales, steil nach SE geneigtes System von Trennflächen, das sicherlich bis in die Unterkruste reicht. Einen deutlich listrischen Verlauf in südöstliche Richtung und die Einmündung in einen quasi-horizontalen Abscherhorizont (detachment, Henk 1993) lehnten sie ab. Zur Rechtfertigung berechneten sie mehrere mögliche listrische Verläufe mit Einmündung in einen horizontalen Abscherhorizont und stellten sie in Relation zu den Reflektoren in den seismischen Profilen. Damit konnten sie zeigen, dass ein von Henk (1993) vorgegebener Verlauf einer flachen Verschiebungsbahn in Widerspruch steht zu den in den Profilen dokumentierten Reflektoren.

Nach den seismischen Profilen ist die Kruste unter der Saar-Nahe-Senke komplex aufgebaut. Korsch & A. Schäfer (1991) gingen von einer Ausdünnung von annähernd 30% unter der Senke durch Extension aus. Entsprechend erreicht die Beckenfüllung nahe der Südrand-Verwerfung eine große Mächtigkeit. So betrachteten sie die Saar-Nahe-Senke als einen Spezialfall in einem transtensionalen Spannungsfeld mit rechtshändigem Versatz an einer Hauptverwerfungslinie. A. Schäfer (1989), A. Schäfer & Korsch (1998) und A. Schäfer (2011) lieferten weitere Gesichtspunkte zur Anlage dieses Sedimentbeckens.

Die Ergebnisse der jüngsten Untersuchungen von A. Becker & A. Schäfer (2021) korrigieren die bislang von Korsch & A. Schäfer (1991) einheitlich angenommene dextrale Transtension dahingehend, dass die Dehnung des Systems Saar-Nahe-Senke zunächst mit sinistraler Transtension während des Westfalium begann und – in Verbindung mit einem Schichtausfall – mit einer Kompression am Übergang zum Stefanium endete. Mit Beginn des Stefanium veränderte sich der Scherungssinn der Hunsrück-Südrandstörung, sodass nun dextrale Transtension das wesentliche Subsidenzmuster der Saar-Nahe-Senke während des Stefanium bis weit in das Rotliegend hinein verursachte. Aus Bohrungen und Seismik neu aufbereitete stratigraphische Unterlagen ließen eine grundlegende Veränderung eines gegen den Uhrzeigersinn rotierenden regionalen Spannungsfeldes ableiten, das im Einklang mit dem aktuellen Transtensionsmuster stand und Eingang in die neu konstruierte digitale Karte des südlichen Hunsrücks fand.

Die Initiale Syn-Rift-Phase. In der frühen Phase des Rifting kam eine Schichtenfolge (Proto-Rift-Sequenz; Stollhofen 1991, 2007) von ca. 3600 m Gesamtmächtigkeit in einem Zeitintervall von ca. 21 Ma (326–305 Ma, DSK 2002, 2012) zur Ablagerung. Abgesehen von etwa 50 m mächtigen Schichten des Namur in der Tief-Bohrung Saar 1 (Weingardt in: H.-D. Lang 1976) entfällt auf das Westfal eine Mächtigkeit von ca. 3550 m. Das entspricht einer Sedimentationsrate im Depozentrum von ca. 32,3 cm/ka^{-1}, ein Wert, der durchaus der Füllung von Rift-Strukturen entspricht, wenn die Subsidenz dieses zulässt (Einsele 2000).

Für das kurze Intervall, den Schichten des Namur in geringer Mächtigkeit in der Tief-Bohrung Saar 1 entdeckt, konnten A. Schäfer & Korsch (1998) über ein recht differenziertes Spektrum an Komponenten berichten (Weingardt in: H.-D. Lang 1976). Ihr Liefergebiet ist nicht eindeutig aus dem Detritus abzuleiten, der aus siliziklastischem, vulkanoklastischem und metamorphem Gesteinsmaterial besteht. Es stammt nicht allein aus dem Hunsrück oder aus südlichen Liefergebieten, sondern sollte aus lokal aufgearbeitetem Material der unmittelbaren Umgebung abgeleitet werden. Das gilt besonders für den vulkanoklastischen Detritus, der nicht vom Hunsrück stammen kann.

Zum Zeitabschnitt Namur bis Rotliegend (315 bis 285 Ma) entwarfen Korsch & A. Schäfer (1995), A. Schäfer & Korsch (1998) und A. Schäfer (2011) ein komplexes Szenario für die tektonische Anlage der Saar-Nahe-Senke und ihrer Sedimentfüllung. A. Becker & A. Schäfer (2019) justierten diese mit Hilfe von tiefen Ölindustriebohrungen und der von Boy et al. (2012) für das Rotliegend entworfenen Ablagerungsgeschichte. Auf Grundlage der aktualisierten stratigraphischen Zuordnung der Schichtenfolgen konnten Isopachen konstruiert werden, die auf den oben genannten Bohrungen, auf denen des LGB und auf neu bearbeiteten seismischen Sektionen basieren, die vom Geoforschungs-Zentrum Potsdam und der Wintershall AG zur Verfügung gestellt worden waren.

Für das Westfal war das junge „Hunsrück-Gebirge“ (Hunsrück-Block) und damit das Rhenoherzynikum als Liefergebiet über Polyquarz, Quarzit- und Tonschiefer-Material maßgebend. Dieses Material wurde offensichtlich in ein Becken transportiert, das von mäandrierenden Flüssen, Seen, in Seen vorgebauten Kleindeltas und Kohlesümpfen bei tropischem Klima beherrscht war. Für das Hunsrück-Gebirge, das im Aufsteigen begriffen war, sollten ähnliche Klimaverhältnisse wie im unmittelbar südlich angrenzenden Becken angenommen werden. A. Schäfer (2011) ging für den gesamten Zeitraum von tropischem Klima aus. Das bedeutet eine zumindest z. T. dichte Vegetation auch im Gebirge. Wenn trotzdem siliziklastischer Detritus in nicht unbeträchtlicher Menge bereitgestellt wurde, muss zumindest im Bereich des heutigen Südwest-Hunsrücks mit relativ hoher Reliefenergie und freiliegendem Gestein, d. h. mit beträchtlichen Höhen gerechnet werden.

Die prä-vulkanische Syn-Rift-Phase. Durch eine Schichtlücke und eine bis max. 12° betragende Winkeldiskordanz ist im Grenzbereich Westfal/Stefan der deutliche Hiatus belegt. Mit dem dazu gehörigen Holzer Konglomerat beginnt die zweite Subsidenz-Phase, die bis in das Rotliegend reicht. In diesem auch als „Prävulkanische Synrift-Phase“ (Stollhofen 1991, 2007) bezeichneten Zeitabschnitt erfolgte eine entscheidende Änderung. Statt des Hunsrücks, der nur noch randlich Abtragungsmaterial in das Becken lieferte, wurde ein südwestlich gelegenes Abtragungsgebiet aktiviert, das u. a. das Material für Feldspat-reiche Litharenite in das Becken lieferte (A. Schäfer & Korsch 1998). Der Halbgraben „Saar-Nahe-Senke“ wurde konsequent ausgebaut und das Drainage-System in Richtung Nordost umgestellt. In dieser Zeit weitete sich das Ablagerungsgebiet systematisch aus. Das Depotzentrum verlagerte sich entlang der Hunsrück-Südrand-Verwerfung nach Nordosten und lag zur Zeit der Glan-Subgruppe im Raum Idar-Oberstein – Birkenfeld (A. Schäfer 2011).

Während dieser Phase kamen erneut 3800–4700 m Mächtigkeit zur Ablagerung. Das entspricht einer Sedimentationsrate von 25,3–31,3 cm ka^{-1} und liegt in einer ähnlichen Größenordnung wie in der Proto-Rift-Phase. Bei tropischem Klima (A. Schäfer 2011) beherrschten anfangs noch verwilderte Flusssysteme die Landschaft, die im Laufe des Stefan sich zu mäandrierenden Flussläufen entwickelten. Dazwischen lagen Seen und auch Kohlesümpfe, wie mächtige Kohleflöze aus dem Stefan im Saarland zeigen. Hunsrücknah sind stefanische Schichten über Tage bei Düppenweiler zu finden. Es ist allerdings fraglich, ob im Südwesten die Sedimentation schon auf den Hunsrück-Block übergriff.

Die Anlieferung von Detritus vom Hunsrück war in dieser Zeit auf das unmittelbare Randgebiet beschränkt. Daraus ergibt sich, dass die Abtragung inzwischen zur Erniedrigung des Reliefs geführt hatte und dass bei den Sedimentmassen, die in der prä-vulkanischen Syn-Rift-Phase zur Ablagerung kamen, das Hunsrück-Gebirge sich nicht mehr nennenswert gehoben hat, während die Saar-Nahe-Scholle weiterhin erheblich absank. Trotz der starken Subsidenz im Hunsrück-nahen Sedimentationsraum, blieb die Reliefenergie relativ ausgeglichen. Daraus ergibt sich wiederum eine erhebliche Sediment-Anlieferung, diesmal von Südosten (A. Schäfer 2011).

Da trotzdem die Subsidenz nicht vollständig kompensiert werden konnte, bildeten sich im südlichen Vorland des Hunsrück-Gebirges ausgiebige Seen-Landschaften, die bei dem nunmehr eher subtropischen Klima durch die Flüsse vom Hunsrück und aus dem Süden bis Südosten mit Wasser gefüllt wurden und blieben. Dieser Umstand führte zur Ausbildung der „Lebacher Fazies“. A. Schäfer (1986, 1998) bestimmte bevorzugt rezyklisches granitisches und siliziklastisches Material als Komponenten der psammitischen Gesteine. Insbesondere die Feldspäte unterlagen dort einer erheblichen Verwitterung. Im Zeitraum Stefan A bis gegen Ende dieser zweiten Synrift-Phase wurden bevorzugt nach NW, N und vor allem NE gerichtete Transportvektoren bestimmt. Ein Nachlassen der Subsidenz machte sich erst zur Zeit der „Tholeyer Schichten“ bemerkbar, dokumentiert durch weitgehend ähnliche Mächtigkeiten in der gesamten Senke, was durch eine Veränderung der Flussnetze und deren Ausgestaltung von ‚low-sinuosity’-Mäandern erklärt werden kann (Schäfer 2011). Das gilt auch für das Depotzentrum im Bereich der Hunsrück-Südrand-Verwerfung.

Die vulkanische Synrift-Phase. Eine dritte Phase der tektonisch induzierten Beckenentwicklung setzte mit der Donnersberg-Formation ein, allerdings wohl ohne einen erneuten deutlichen Hiatus. Ob es zu dieser Zeit, die auch als „Vulkanische Syn-Rift-Phase" (Stollhofen 1991, 2007) bezeichnet wird, bereits zur endgültigen Ausgestaltung der als Nahe-, Prims- und Vorhaardt-Mulde bezeichneten Strukturen sowie des Pfälzer und in dessen südwestlicher Fortsetzung des Saarbrückener Hauptsattels kam, bleibt ungewiss. Die Grenze Glan-/Nahe-Subgruppe – ehem. „Unter-/Oberrotliegendes" – entspricht immerhin dem früher als „saalische Phase" bezeichneten Zeitpunkt erhöhter tektonischer Mobilität. Abgesehen davon kam es zum bimodalen „Grenzlager-Magmatismus", der ca. 5 Ma dauerte. Es besteht durchaus die Möglichkeit, dass ein Weiterbau der Strukturen in der Nahe-Subgruppe noch anhielt.

Beim Magmatismus wird hier davon ausgegangen, dass die Schmelzen aus unterschiedlichen Krustenniveaus, evtl. auch aus dem Oberen Erdmantel stammten. Nach A. Schäfer & Korsch (1998) liegt das Stockwerk bevorzugter Intrusion 1000–2000 m unterhalb der Basis der Donnersberg-Formation. Nach P. A. Ziegler & Dèzes (2005) entstand ein Teil der Schmelzen durch partielles Aufschmelzen der höchsten Asthenosphäre und im Bereich Astheno-/Lithosphäre durch Temperaturanstieg in der Asthenosphäre. Örtlich, auf transtensionell besonders beanspruchte Krustenareale beschränkt, stieg die Schmelze höher auf. Durch den Temperaturanstieg und die eindringenden Schmelzen bis über die Moho kam es zur Anatexis in der Kruste und zur Bildung sowie Intrusion granitischer bis granodioritisch-tonalitischer Schmelzen. Dabei mag es zur Reorganisation von Konvektionsströmen im Mantel und zum Aufzehren subduzierter Krustensplitter aus der variszischen Orogenese gekommen sein. Letztendlich resultierte daraus eine Anlagerung basischer Schmelze im Grenzbereich Kruste/Mantel als Reservoir für den basisch-intermediären „Grenzlager-Magmatismus" in besonders destabilisierten Bereichen unter der Saar-Nahe-Senke. Der sauer-intermediäre Magmatismus verdankte seine Existenz dagegen dem Einbeziehen der Unterkruste und letztendlich dem Ausgleichen der Kruste/Mantel-Grenze bis auf die heutigen Tiefen zwischen 28–35 km. Das Gebiet der Saar-Nahe-Senke nahm wegen der bei der Orogenese verdickten Kruste im Gegensatz zu den benachbarten Bereichen eine Sonderstellung ein.

Dieser Magmatismus spielte sich unmittelbar südlich des Hunsrücks in einer Landschaft ab, die bevorzugt von fluviatilen Prozessen geprägt war. Die meist rötlichen, quarzreichen lithischen Arkosen bis feldspathaltigen Litharenite, die ab der Donnersberg-Formation meist unverwitterte Feldspäte mit Herkunft von inzwischen weiter aktivierten Kristallin-Gebieten im Süden enthielten, stammten von dort. Der rezyklische siliziklastische Detritus weist nach A. Schäfer & Korsch (1998) auch auf eine moldanubische Herkunft hin. Dort sollten sich inzwischen die klimatischen Verhältnisse zu semiarid gewandelt haben, so dass vermehrt frische Feldspäte verfügbar waren. Der Hunsrück-Block spielte zu dieser Zeit als Liefergebiet offensichtlich nur eine untergeordnete Rolle, die sich auf Detritus-Lieferungen in den unmittelbaren Randgebieten beschränkte.

Die Post-Rift-Phase. Die letzte Phase dieser Entwicklung wird als „Thermische Subsidenz-" oder auch „Post-Rift-Phase" (Stollhofen 1991, 2007) bezeichnet. Dabei bleibt offen, wie weit die Saar-Nahe-Senke zu dieser Zeit überhaupt noch einer wesentlichen Subsidenz unterworfen war. Nach P. A. Ziegler & Dèzes (2005: 599) begann die magmatische Aktivität um ca. 280 Ma und auch Stollhofen (1998, 2007) postulierte, dass thermische Erholung in Kruste und Mantel sowie Kompaktion der Sedimente den weiteren Raum für Sedimentakkumulation schufen. Im Gegensatz dazu wurde seinerzeit das Hunsrück-Gebirge erneut nicht unbeträchtlich gehoben. Dabei belieferte es die südöstlich angrenzende Senke mit erheblichen Mengen an Detritus, der in den Schutt- und Schwemmfächern am Austritt von Wadis in die Senke dokumentiert ist. Korsch & A. Schäfer (1995), A. Schäfer & Korsch (1998) und A. Schäfer (2011) gingen nur noch von einem lokalen Depotzentrum im Nordosten bei Bad Kreuznach und unter dem nördlichen Mainzer Becken aus. In den Ebenen vor dem Hunsrück-Gebirge bis weit in den Süden wurde vorwiegend pelitisches Material in Playa-Ebenen sedimentiert.

Nach der Wende zur Nahe-Subgruppe bzw. mit Einsetzen der post-Rift-Phase bewirkte eine erneute großzügige Schollenkippung, dass das Drainage-System in der Senke und damit das fluviatile Regime von nun an in Richtung Südwesten umgepolt wurde (A. Schäfer 2011). Abgesehen von lokalem Transport im Umfeld der Rhyolith-Massive, ist mit der „Kreuznacher Fazies“ ein ausgedehntes Fluviatilsystem dokumentiert, das in diese Richtung die Senke durchfloss. Ähnliches gilt auch für ein weiteres Fluviatilsystem, das in ähnlicher Zeit in der Wittlicher Senke im Grenzbereich Hunsrück/Eifel nach Südwesten entwässerte und dort in der Kinderbeuern-Formation dokumentiert ist. Wie weit beide Fluviatilsysteme aus einem gleichen oder ähnlichen Liefergebiet stammen, ist nicht nachzuvollziehen. Immerhin enthalten beide Material, das nur aus Kristallin-Gebieten stammen kann. Das Wittlicher Fluviatilsystem sollte das seinerzeitige Hunsrück-Gebirge auf ähnlicher Höhe über NN durchflossen haben wie das Kreuznacher Fluviatilsystem die Saar-Nahe-Senke. Beide entwässerten in den gleichen Endsee im Südwesten, ohne dass Erosionserscheinungen zu beobachten sind. Daraus ist zu folgern, dass auch die Hunsrück-Scholle einer externen Rotation nach SW unterworfen war. Die notwendige Reliefenergie im Hunsrück-Gebirge sollte im Wesentlichen auf die Härtlings-Züge aus Taunusquarzit und „Dhroner Quarziten“ beschränkt gewesen sein.

Offensichtlich endete mit Ausgang des Rotliegend das geschilderte Regime, und mit dem Zechstein, der allerdings erst südlich des Hunsrücks in der Pfalz nur sehr lückenhaft überliefert ist, folgte ein endgültiger Stillstand der Subsidenz. Eine nächste übergeordnete Rotation, die mit Beginn der Trias zu einem großzügigen Abfluss der seinerzeitigen Fluviatilsysteme nach Norden – zum Zentrum des Germanischen Beckens führte (Wurster 1968) – schloss sich an.

5 Der Hunsrück als Teil der Rheinischen Insel (Trias bis Alttertiär)

5.1 Einführung

Die post-variszische Entwicklung umfasst drei unterschiedliche Perioden:

Nach einer Überlieferungslücke, die das höchste Rotliegend, den Zechstein und die allerfrüheste Trias umfasst, also einen Zeitraum von ca. 20 Ma, setzte in der unteren Trias am West-Rand des Hunsrücks erneut Sedimentation ein, die bis in den Keuper und den Lias reichte. Sie orientierte sich im Laufe der Zeit an dem sich herausbildenden Pariser Becken; der zentrale und östliche Hunsrücks gehörte während dieser Zeit zur „Rheinischen Insel".

Darauf folgte ein längerer spätmesozoischer Zeitraum ohne Sedimentation bis in das Tertiär. In dieser Zeit wurde das Hunsrück-Gebirge endgültig zu einem Gebirgsrumpf umgebildet, der erheblicher subaerischer Verwitterung und Abtragung unterlag. Dieser Teil der südlichen Rheinischen Insel blieb so bis in das Alttertiär von jeglicher Überflutung ausgenommen; während dieses ca. 200 Ma währenden Zeitraums entstand bei humiden Klimabedingungen eine bis über 100 m mächtige Verwitterungsrinde auf dem Rumpf, von der ein erheblicher Teil allerdings inzwischen wieder abgetragen worden ist.

Mit dem Jungtertiär setzte erneut eine Hebung der gesamten Rheinischen Insel ein, die zur Herausbildung der „Rheinischen Masse" führte und die bis heute anhält. Zeugnis davon legen die Sedimente des sich von nun an entwickelnden Flusssystems des Rheins und seiner Nebenflüsse ab.

5.2 Die Trias

Schichtenfolgen des Buntsandsteins greifen im West-Hunsrück auf den inzwischen stark abgetragenen Schiefergebirgssockel bzw. auf die Ablagerungen des Rotliegend über. Nur im Gebiet der Taunusquarzit-Härtlinge hatte sich aufgrund der höheren Verwitterungsresistenz des Taunusquarzits ein deutliches Relief erhalten, das sukzessive von dem aus Süden und Südwesten heranwandernden Sedimentstrom weitgehend eingedeckt wurde.

5.2.1 Buntsandstein

5.2.1.1 Die Ablagerungsgebiete beiderseits des Hunsrücks

Nur am äußersten Südwest-Ende des Hunsrücks, von der Merziger Grabenmulde bis an die Obermosel und bei Trier bis in das Trier-Bitburger Senkungsfeld, ist noch Buntsandstein erhalten. Durch Verwerfungen modifiziert baute sich westlich des Hunsrücks eine Schichtstufenlandschaft bis in die Schichten der jüngeren Trias auf, mit schwachem Schichteinfallen nach Westen. Dort besteht dann der Übergang zum Ost-Rand des Pariser Beckens.

Während im Rotliegend der Schwerpunkt der Subsidenz noch unmittelbar südöstlich des Hunsrücks lag, verlagerte sich dieser, gesteuert durch Bewegungen an der Hunsrück-Südrand-Verwerfung, während des Zechsteins mehr nach Süden in die Lothringen-Pfalz-Senke bzw.

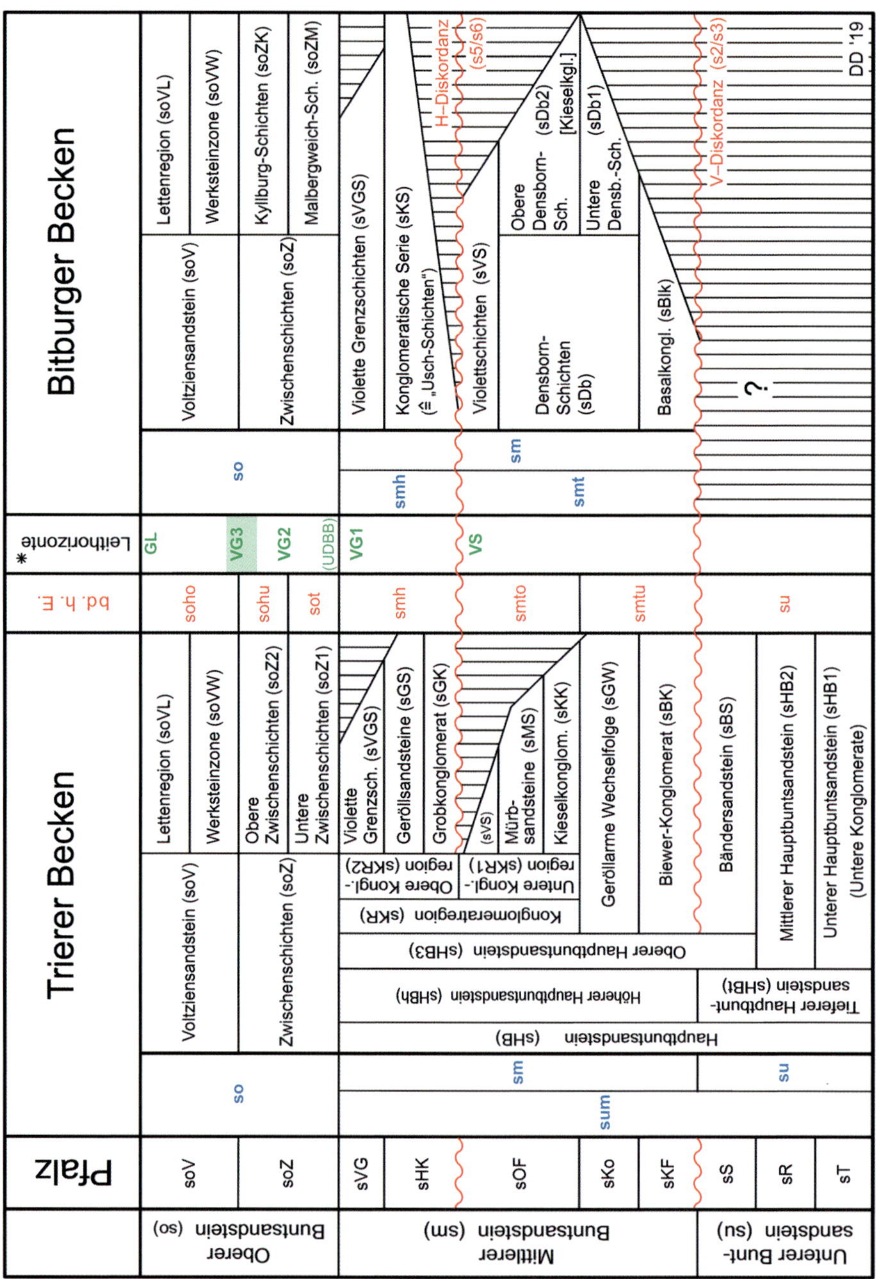

Abb. 27. Buntsandstein-Gliederung in der Trier-Luxemburger Bucht mit den wichtigsten Diskordanzen (aus Dittrich 2019; blau: Kartiereinheiten der regionalen GK50, Dittrich 2011; bd. h. E. = beckendynamisch homogene Einheiten bzw. Schichtabschnitte; * Leithorizonte: GL = Grenzletten, VS = Violettschichten, VG1, VG2, VG3 = Violette Grenzzone 1 (i.e.S.), 2 und 3, UDBB = Untere Dolomitbröckelbank; links: Buntsandstein-Schichtglieder der Pfalz zum Vergleich, sT = Trifels-Schichten, sR = Rehberg-Sch., sS = Schlossberg-Sch., sKF = Karlstal-Felszone, sKo = Obere Karlstal-Sch., sOF = Obere Felszone, sHK = Hauptkonglomerat, sVG = Violette Grenzzone).

(tektonisch) die „Saargemünd-Zweibrückener Mulde". Am Südwest-Ende des Hunsrücks bildete sich in der Trias verstärkt die Lothringer Quersenke oder Furche (Lucius 1952) heraus, die den Hunsrück vom weiter im Westen liegenden Hochgebiet des Gallo-Ardennischen Landes trennte. Diese Quersenke ist ein Teilstück der Luxemburg-Trier-Eifeler Senke, die über die „Eifeler Depression" (Eifeler Nord-Süd-Zone) Anschluss an das westliche Mitteleuropäische Becken (Germanisches Becken) fand. Mit Beginn der Trias wurden die Senken am West-Rand des Germanischen Beckens mit kontinentalen Sedimenten gefüllt. Die verschiedenen, zeitlich variierenden Liefergebiete befanden sich u. a. im Gallo-Ardennischen Land im Westen und vor allem im Gallischen Land weit im Südwesten und Süden (Dittrich 2018, 2019).

Aus dem Zechstein liegen aus der weiteren Umgebung des Hunsrücks weder Zeugen von marinen noch randmarinen Ablagerungen vor. Nur aus dem St. Wendeler Graben sind lokal terrestrische, temporär sehr schwach marin beeinflusste Rotsedimente des Oberperms nachgewiesen (El Ouenjli & Stapf 1995, LGB 2005). Daraus resultiert im Umfeld des Hunsrücks eine deutliche Schichtlücke, die Abschnitte des höchsten Rotliegend, den gesamten Zechstein und tiefere Abschnitte des Unteren Buntsandsteins umfasst.

Abgesehen von der Verlagerung des Depozentrums kam es während dieser Zeit zu einer Kippung des gesamten westlichen mitteleuropäischen Raumes nach Norden, die zu einer generellen Umorientierung des Materialtransportes in nördliche Richtung führte (Wurster 1968, Leggewie et al. 1977). Damit wurden ab dem Unteren Buntsandstein andere Liefergebiete erschlossen (Dittrich 2019).

Der mittlere und östliche Hunsrück war Teil der Rheinischen Insel und ragte als Hochgebiet über den nach Norden gerichteten Sedimentstrom auf. Der Hauptsedimentstrom verlief östlich der Insel durch die Hessisch-Thüringische Senke, später auch über die Luxemburg-Trier-Eifeler Senke nach Norden. Letztere begünstigte besonders im Oberen Buntsandstein die Verbindung zum westlichen Germanischen Becken im Norden.

Im westlichen Hunsrück ragte in der Unteren Trias der aus Taunusquarzit bestehende Härtling der Siercker Schwelle bis zur Lothringer Quersenke auf. Er wurde erst im Mittleren Muschelkalk endgültig überflutet. Dieser Höhenzug entspricht der „Quarzitschwelle von Mettlach-Sierck" aus dem Rotliegend. Auf der Höhe Panzhaus – Britten (Bl. 6405 Freudenburg) wurde sie bereits im höheren Mittleren Buntsandstein überwunden. Weiter im Nordosten sollte sie jedoch bestanden haben. Diese Schwelle trennte als nach Südwesten reichender Sporn das Sedimentationsgebiet in drei Abschnitte: Das südliche Vorland der Schwelle, welches nach Süden bis zur Düppenweilerer Schwelle reichte (sie begrenzte die Merziger Trias-Bucht nach Süden), den Kammbereich der Schwelle mit ausgeprägtem Relief und das nördliche Vorland der Schwelle, welches zur Luxemburg-Trier-Eifeler Senke gehörte.

5.2.1.2 Buntsandstein im südlichen Vorland der Siercker Schwelle

Das Ablagerungsgebiet des Buntsandsteins reichte von der Kamm-Linie der Siercker Schwelle bis zur Lothringen-Pfalz-Senke nach Süden. Diese weist linksrheinisch das vollständigste Buntsandstein-Profil auf. Insofern konnte hier schon früh eine allgemeingültige stratigraphische Gliederung aufgestellt werden, die im Laufe der Erforschung weiter modifiziert wurde (LGB 2005). Sie ist darüber hinaus auch im Norden gültig, da die Sedimentation im gesamten südwestdeutschen Raum übergeordneten Steuerungsprozessen unterworfen war (Dittrich 2019).

Das südliche Vorland der Siercker Schwelle war eine schwach nach Süden geneigte, wenig gegliederte Plattform, die bis zur Düppenweilerer Schwelle nach Süden reichte und die Merziger Trias-Bucht umfasste. Aus der Lothringen-Pfalz-Senke griff die Sedimentation hier unter Ausfall des Zechsteins mit flacher Winkeldiskordanz über die Sedimente des Rotliegend, weiter im Norden mit deutlicher Winkeldiskordanz auch auf Schichten des Unterdevons über. Allerdings ließ sich in der Merziger Trias-Bucht die in der Lothringen-Pfalz-Senke erarbeitete Gliederung des „Vogesen"- oder „Hauptbuntsandsteins" in Trifels-, Rehberg-, Schlossberg-Schichten (früher: Untere Karlstal-Schichten), Karlstal-Felszone, Obere Karlstal-Schichten, Obere Felszone („Kugelfelshorizont"), Hauptkonglomerat und Violette Grenzzone (LGB 2005) nur bedingt übernehmen. Obwohl einheitliche petrographische (Korngröße, Silifizierung) und morphologische (Fels- und Tischfels-Zonen) Kriterien angewendet wurden, ließen kleinräumige fazielle Wechsel zwischen der Saarbrückener und der Siercker Schwelle für den Mittleren Buntsandstein nur eine vereinfachte Gliederung zu.

5.2.1.2.1 Basisbildungen und die Grenze Rotliegend/Buntsandstein

Überall dort, wo Buntsandstein über Unterdevon-Gestein winkeldiskordant übergreift, ist im Grenzbereich eine „tonige Schicht" ausgebildet, die Théobald (1952) als „Bildungen auf einer ehemaligen Landoberfläche" („surface infratriassique") bezeichnete. Sie wurde von Selzer (1959) als Verwitterungsbildung der „postsaalischen Landoberfläche" gedeutet. Bereits Leppla (1925a) und später auch Théobald & Britz (1951) hatten auf ein Relief hingewiesen, das sich vor dem „Oberrotliegenden" entwickelt haben sollte. Dort, wo die Schichtlücke darüber hinaus noch im Buntsandstein bestand, liegen die übergreifenden Schichten auf diesen Verwitterungsbildungen, die auch als „Grenzletten" bezeichnet wurden. Der letztgenannte Begriff sollte aber vermieden werden, da er als stratigraphischer Terminus am Top des Buntsandsteins, unterhalb des Muschelkalks vergeben ist.

Überall dort, wo Buntsandstein auf Rotliegend-Schichten in Kreuznacher Fazies („Kreuznach-", „Thailen-", „Oppen-Schichten") übergreift, ist die Grenze Rotliegend/Buntsandstein wegen der sehr ähnlichen Lithofazies problematisch. Gesichert ist sie nur dort, wo der Buntsandstein mit einem Basiskonglomerat („sm_k") beginnt. Dort fehlen meist „Basisbildungen". E. Müller & Klinkhammer (1963) diskutierten dazu mehrere Beispiele.

Als weiteres Abgrenzungskriterium fanden E. Müller & Klinkhammer (1963) im Grenzbereich hell- bis blassrosa-violette, verkieselte dolomitische Sandsteine, die sie als „Karbonat-Kieselsäure-Krusten" bezeichneten und als Abschluss des „ro_2" – des „Kreuznacher Sandsteins" – ansahen.

Diese Grenzkriterien gestatten es, die Basis des Buntsandsteins im Nordost-Abschnitt der Merziger Trias-Bucht einigermaßen verlässlich zu verfolgen. Daraus ergibt sich, dass die gesamte Tiefscholle der Merziger Grabenmulde von Schichten der Nahe-Subgruppe (Rotliegend) und des Buntsandsteins eingenommen wird. Im Raum Mettlach – Besseringen greifen diese auch nach Norden über das Verbreitungsgebiet der älteren Rotliegend-Schichten nach Norden auf den Südost-Rand der Siercker Schwelle über. Auch auf dem hohen Südost-Rand der Merziger Grabenmulde gegen die Düppenweilerer Schwelle erwiesen sich Karbonat-Kiesel-Krusten als verlässliches Grenzkriterium, obwohl sie hier weniger häufig auftreten als am Nordwest-Rand.

Der Buntsandstein im Bereich der Düppenweilerer Schwelle beginnt mit 3–4 m mächtigen Konglomeraten, die zusätzlich Brauneisen als Bindemittel und auch facettierte Quarz-Körner aufweisen (E. Müller & Klinkhammer 1963). Auch sollen unter den Geröllen Windkanter vorkommen, die z. T. „kleine Windschiffpflaster" (S. 189) bilden. Allerdings hält mancherorts auch hier das Basiskonglomerat („sm_K") nicht flächenhaft aus, sondern geht lateral in Geröll-arme bis -freie Kristallsandsteine mit Brauneisen-reichem Bindemittel über.

5.2.1.2.2 Der „Vogesen"- oder „Hauptbuntsandstein"

Im südlichen Vorland der Siercker Schwelle wird die Gliederung des „Vogesen"- oder „Hauptbuntsandsteins" in „sm_1" und „sm_2" ohne nähere Schichtglied-Benennungen eingesetzt. Seine Mächtigkeit nimmt von Süden nach Norden von etwa 300 m bei Forbach auf 250–280 m im Warndt, auf 150 m bei Kreuzwald (Théobald 1952) und auf weniger als 100 m am Süd-Rand der Siercker Schwelle ab. Die Kornbindung reicht von mürben Mittel- bis Feinsandsteinen zu stark verfestigten Kristallsandsteinen, die auch morphologisch als Kantenbildner hervortreten (E. Müller 2013).

„**sm1**". Vollständige Profile des unteren „Vogesensandsteins" lassen sich im Saarland nach Konzan (1992) in einen unteren, stark Geröll-führenden bis konglomeratischen „sm_{1a}" und einen oberen, aus reinen Sandsteinen bestehenden „sm_{1b}" gliedern. Dieser „Vogesensandstein" wird in weiten Teilen seines Verbreitungsgebietes vom Basiskonglomerat („sm_k") unterlagert. Zum Hangenden klingt die Geröllführung im „sm_{1a}" ab und geht in Geröll-führende bis schwach Geröll-führende Sandsteine über. Die Grenze zum überlagernden „sm_{1b}" ist fließend.

In Richtung auf die Siercker Schwelle nach Norden verliert sich die Möglichkeit zu dieser Gliederung. Die Gesamtmächtigkeit nimmt auf nur noch ca. 20 m ab (Franz 1993). Bei Schwemlingen besteht der „sm_1" aus einer Wechselfolge stark verkieselter fein- bis mittelkörniger gelblicher und rotbrauner Sandsteine mit Konglomerat-Bänken bis 50 cm Mächtigkeit. Hinzu kommen Eisen-Schwarten, Silt- und Tonstein-Lagen. Einzelne Sandstein-Bänke zeigen deutliche Schrägschichtung. Hin und wieder sind diffus im Schichtverband verteilte Gerölle aus Quarzit und Tonschiefer zu finden, ebenso Ton-Gerölle, die auf Aufbereitung hinweisen. Auch sind deutliche Rinnenstrukturen zu beobachten.

„**sm2**". Die Grenze zwischen „sm_1" und „sm_2" wird allgemein als fließend beschrieben (H. Schneider 1991). Trotzdem sind Unterschiede zwischen beiden deutlich. Die Farbe der Sandsteine ist generell rötlicher und gleicht sich dem üblichen Ziegelrot der Sandsteine des Mittleren Buntsandsteins an. Es sind auch Grobsandsteine vorhanden. Hinzu kommt gelegentlich Geröllführung und eine stärkere Beteiligung von Kristallsandsteinen. Generell nimmt die Korngröße zum Hangenden hin ab, und es stellen sich vermehrt feinkörnige, relativ mürbe Sandsteine mit deutlicher Feinschichtung ein (Dünnschichten), wie sie auch aus den Nachbargebieten, insbesondere aus den Oberen Karlstal-Schichten in der südlich angrenzenden Lothringen-Pfalz-Senke bekannt sind (LGB 2005, Dachroth 2013b, E. Müller 2013).

Kristallsandsteine treten bevorzugt an der Basis des „sm_2" auf, die in der Nähe der Siercker Schwelle wegen ihres hohen Verkieselungsgrades eine markante Geländestufe bilden können. Sie lassen sich dort als „Felszone" interpretieren (Franz 1993). Es besteht die Möglichkeit, darin ein Äquivalent der „**Karlstal-Felszone**" zu sehen, insbesondere, da darüber die dünnschichtigen Sandsteine des „sm_2" folgen.

In der Nähe der Siercker Schwelle sind in die parallel und schräg geschichteten Sandsteine auch sedimentäre Brekzien, Gerölle, Tonstein-Lagen und -Linsen sowie Tongallen eingelagert. Das gilt insbesondere im unteren Abschnitt. Anzeichen für aquatische, fluviatile Entstehungsbedingungen sind Rippelschichtung und Trockenrisse. Die Mächtigkeit des „sm_2" liegt in der Nähe der Schwelle bei 0–20 m, auch mal bei 50 m, bei zunehmender Mächtigkeit in südliche Richtung.

Zur Genese. Hinsichtlich der Genese des „Vogesensandsteins" ist eine Ablagerung unter kontinentalen Bedingungen unbestritten. Dagegen hat sich die Diskussion vermehrt auf die Frage verlagert, ob alluviale, fluviatile oder äolische Sedimentationsbedingungen im Vordergrund stehen (Dachroth 1988, 2013b). Die Konglomerate und Geröll-führenden Sandsteine sind ebenso wie Rinnenbildungen und Trockenrisse ein sicheres Anzeichen für die Ablagerung in einem verwilderten Flusssystem (braided river). Ähnliches gilt für das einheitlich N bis NE ausgerichtete Schrägschichtungsgefüge in den Sandsteinen. Wiederholt beobachtete Windkanter und Geröllpflaster mit Windschliff (E. Müller & Klinkhammer 1963, Dachroth 1982, Mader 1982) sind Anzeichen für trocken liegende Geröllebenen, aus denen die feine Sandfraktion ausgeblasen wurde. Dass dabei hin und wieder äolisch sedimentierte Feinsande erhalten blieben, gehört zum Ablagerungsraum von Halbwüsten. Bei gelegentlichen Starkregenfällen wurde siliziklastischer Detritus in Abhängigkeit von den jeweiligen

Energieverhältnissen in verwilderten Flüssen in dem kontinentalen Ablagerungsraum bis an den Fuß der Siercker Schwelle transportiert und dort abgelagert. Auch die Trockenrisse passen in ein Umfeld, in dem nach Abklingen der Niederschläge entstandene Tümpel austrockneten. Anzeichen dafür sind geringmächtige Ton- und Siltstein-Lagen zwischen den Sandstein-Bänken ebenso wie aufgearbeitete Tonsteine in Form von Tongallen und -geröllen. Ebene Horizontalschichtung des höheren Strömungsregimes, flachwinklige Schrägschichtung, seltene geringmächtige oder primär fehlende feinkörnige Lagen sind weitere Charakteristika für die Bildung in verwilderten Flusssystemen. Auch sedimentpetrographische Daten sprechen für ein überwiegend fluviatil geprägtes Umfeld (Franz 1993).

Das Hauptkonglomerat. Lokal werden südlich der Siercker Schwelle im Hangenden des „sm_2“ wieder Konglomerate oder Geröll-führende Sandsteine angetroffen. Am unmittelbaren Süd-Rand der Schwelle fehlen sie weitgehend. Die stratigraphische Einbindung dieser Grobschüttung ist nicht eindeutig. Im Normalprofil der Lothringen-Pfalz-Senke folgt über den Oberen Karlstal-Schichten der Zyklus der Oberen Felszone und darüber das Hauptkonglomerat, das dort lokal 20 m Mächtigkeit erreicht.

Es bildet einen eigenen, relativ geringmächtigen Zyklus. Da es im Vergleich zur Oberen Felszone eine weitere Verbreitung besitzt, werden die betreffenden Grobsedimente im südlichen Saargau diesem Zyklus zugeordnet. Das bedeutet weiter, dass zwischen „sm_2“ und diesem Konglomerat eine größere Schichtlücke liegt (H-Diskordanz, vgl. auch Dittrich 2019).

Das saarländische Hauptkonglomerat, das überwiegend aus Südwesten geschüttet wurde, dünnt an der Nordwest-Flanke der Lothringen-Pfalz-Senke auf bis zu 1 m aus. Dort, wo ein entsprechendes Konglomerat auftritt, kommt es meist als Geröll-führender Sandstein von wenigen Metern Mächtigkeit am Top der Sandsteine des „sm_2“ vor. Die Geröllfraktion zeigt keine Unterschiede zu der des „sm_{1a}“ und besteht aus grauen Quarziten, Milchquarz und evtl. auch Lydit.

In Analogie zu den Verhältnissen in der Lothringen-Pfalz-Senke wird das Hauptkonglomerat bzw. sein Äquivalent mit der Solling-Formation im Mitteleuropäischen Becken parallelisiert, die Schichtlücke an seiner Basis entspricht der H-Diskordanz (LGB 2005, Dachroth 2013, Stets 2013). Die hier vertretene Korrelation wertet es als Beginn des obersten Zyklus des Mittleren Buntsandsteins. Argumente dagegen sind u. a. sedimentpetrographischer Natur (u. a. Henrich 1962), da lithologische Ähnlichkeiten mit den Zwischenschichten des Oberen Buntsandsteins bestehen.

Die Violette Grenzzone (VG). Den Abschluss des „Vogesensandsteins“ bildet im südlichen Vorland der Siercker Schwelle ein bis 2 m mächtiger Horizont mit stark wechselnden petrographischen Eigenschaften, der bereits große Ähnlichkeiten mit Sedimenten des Oberen Buntsandsteins zeigt. Dieser als „Violette Grenzzone“ (VG nach E. Müller 1954) bezeichnete Horizont hat eine relativ feine Korngröße (Silt bis Feinsand), ist meist entschichtet und deutlich violett gefärbt, auch gefleckt. Eine Marmorierung in der Färbung ist typisch, die gelbliche, rötliche und grünliche Farbtöne mit schwarzen Flecken aufweist. Hinzu kommen Dolomit-Krusten und -Knauern, schwärzliche Eisen-Mangan-Ausscheidungen in Nestern und auch Karneol-Bildungen, die andernorts zu der Bezeichnung „Karneol-Dolomit-Horizont“ (Forche 1935) führten. Alle diese Bildungen sind aus den tieferen Abschnitten des hiesigen Buntsandsteins nicht bekannt. Von Dietz (1965) wurde dieses Schichtglied auch als seitliche Vertretung des Hauptkonglomerats angesehen. Mit Annäherung an die Siercker Schwelle von Süden her wird die Violette Grenzzone geringer mächtig, gebietsweise fällt sie auch völlig aus. Wo sie erhalten ist, liegt sie, oft unter Ausfall des Hauptkonglomerats, direkt auf Sandsteinen des „sm_2“.

Genetisch handelt es sich bei der Violetten Grenzzone um das Ergebnis eines lang andauernden Stoffumsatzes in einem siltig-sandig-tonigen Ausgangsgestein, der zu einer komplexen Bodenbildung führte (Dachroth 1988). Problematisch ist auch in diesem Fall noch die stratigraphische Stellung. E. Müller (1954) ging davon aus, dass die VG eine Bodenbildung in situ ist, die sich bei längerer Unterbrechung der Sedimentation auf der damaligen Landoberfläche bei einem Klimawechsel von semiarid zu arid bildete. Bei Fehlen des Hauptkonglomerates entstand sie danach auf und aus den Sandsteinen des „sm_2“.

Dem steht der hohe Karbonat-Gehalt der VG entgegen, zumal die Sandsteine des „sm_1“ und „sm_2“ Karbonat-arm sind und außer Quarz kaum Feldspäte oder andere Minerale enthalten, aus denen sich der Ca-Anteil in den Karbonaten, bzw. das Mg regenerieren ließen. Daher sollte erwogen werden, dass ursprünglich vermehrt feinkörnige Sedimente zum Absatz kamen, die nachfolgend bei relativ hoch stehendem Grundwasserspiegel weitreichende Stoffumsätze durchmachten (vgl. DITTTRICH 2017). Auf den Ebenen war wegen der Feuchtigkeit in geringem Umfang auch Pflanzenwachstum möglich. So ist bei dieser Deutung weder eine Änderung in der Anlieferung von Detritus noch ein Klima-Wechsel notwendig. Wesentlich sind allerdings ein relativ hochstehender Grundwasserspiegel und ein ausdauernd nach oben gerichteter Bodenwasserstrom, der nur bei Klimaten möglich ist, wo die Verdunstungs- die Niederschlagsrate wesentlich übersteigt. Das Klima könnte etwa jenem im heutigen Nord-Afrika entsprochen haben. Ein Klimawechsel im Grenzbereich „Hauptbuntsandstein“/Oberer Buntsandstein ist bei dieser Deutung der VG nicht notwendig. Sequenzstratigraphische Zusammenhänge mit einem relativen Meeresspiegelanstieg – dies würde u.a. die hohen Karbonatgehalte erklären – sind derzeit in Diskussion (DITTRICH 2017, 2020).

5.2.1.2.3 Oberer Buntsandstein

Über der VG folgt ein kleinzyklisch gegliederter Schichtverband mit einer deutlichen Diskordanz, die rechtsrheinisch als S-Diskordanz bezeichnet wird. Die stratigraphische Zuordnung dieses Schichtverbandes zum Oberen Buntsandstein oder Röt wurde nie in Zweifel gezogen. Lediglich die Obergrenze zum Muschelkalk steht in Diskussion, da von französischer Seite (GALL 1971, 1983) in diesen Sedimenten bereits Anklänge an den Muschelkalk gesehen werden (E. MÜLLER 2013). In Deutschland (LGB 2005, STETS 2013, DSK 2016) gehört der gesamte Abschnitt jedoch zum Buntsandstein. Der Muschelkalk beginnt dann über einem Farbumschlag von roten zu grauen Gesteinsfarben mit einer deutlichen Dolomit-Bankfolge, der „Basisdolomitzone“ (LGB 2005, DITTRICH 2021). Mit ihr setzte in strukturtieferen Bereichen des linksrheinischen Beckenraumes eine marine Phase ein, die durch Fossilien belegt ist. Regional ist jedoch im Grenzbereich Buntsandstein/Muschelkalk ein mehrfacher Wechsel von roten zu grauen Gesteinsfarben zu beobachten, so dass eine derart definierte Grenze nicht eindeutig zeitgleich festgelegt werden kann. Die Ingression des Muschelkalk-Meeres in den terrestrischen Ablagerungsraum erfolgte nicht überall zur gleichen Zeit. Es kam mehrfach zu Trans- und Regressionen. Farbwechsel und „Basisdolomitzone“ stellen jedoch lithostratigraphisch fassbare, auch genetisch begründete Merkmale für die so/mu-Grenze dar.

Die Schichtenfolge des Oberen Buntsandsteins (deutscher Auffassung) wird gegliedert in Zwischenschichten (unten) und Voltziensandstein (oben).

Zwischenschichten. In der früher als „Zwischensandsteine“ bezeichneten Schichtenfolge setzt sich die zyklisch gegliederte Sedimentation aus dem Mittleren in den Oberen Buntsandstein fort. Es sind weiterhin Sohlbankzyklen (fining-up), die aus einer Vielzahl gleichartiger Kleinzyklen bestehen. Darin kommt eine nach der sm/so-Diskordanz aufgelebte Reliefenergie im südwestlichen Liefergebiet zum Ausdruck (mehr dazu bei DITTRICH 2019). Neben den Schüttungen psephitischer, vornehmlich jedoch psammitischer Siliziklastika kam es vermehrt zu Bildungen, die der Violetten Grenzzone ähnlich sind und als „Violette Horizonte“ bezeichnet werden. Es sind feinkörnige, meist violette oder „bunte“ Schichten, die teilweise entschichtet sind und vermehrt Dolomit in Form von Krusten und Knauern führen. Umgelagerte Bruchstücke von diesen werden als „Dolomitbröckel“ und Horizonte, in denen sie angereichert sind, als „Dolomitbröckelbänke“ bezeichnet. Dort, wo die Violetten

Horizonte (VH) als lithostratigraphische Leithorizonte fungieren, werden sie wiederum als „Violette Grenzzone“ (VG_2 und VG_3) bezeichnet.

Die Dolomitbröckelbänke sind ein Spezifikum der Zwischenschichten. Sie liegen jeweils an der Basis einer neuen Grobschüttung und enthalten sowohl Dolomit-Lithoklasten als auch Dolomit-Nester, -Drusen und -Knauern. Es sind Aufarbeitungshorizonte mit diagenetischen Neubildungen. Sie markieren den Beginn einer neuen Schüttung (Kleinzyklus). Darauf weisen antransportierte Lithoklasten von Ton- und Sandsteinen, Quarz- und Quarzit-Gerölle sowie Stämme von baumförmigen Pflanzen hin (E. Müller 1984, 1995, Dachroth 1988).

Notwendig für alle genannten Stoffumbildungen und -neubildungen war ein hoher Grundwasserstand. Die verwilderten Flüsse wurden flankiert von ausgedehnten Überschwemmungsebenen, die in der weiten relieflosen Landschaft existierten. Dort, abseits der fluviatilen Rinnen, bestand die Voraussetzung für die Dolomit-Bildung.

E. Müller (1984) ging von der Bildung des Dolomits aus übersalzenem Meerwasser in entsprechenden Lagunen aus, wo die für die Dolomit-Bildung notwendige Konzentration an Magnesium – höher als in normalem Meerwasser – gegeben war. Ein Einfluss des Meeres wird hier jedoch für diese Zeit aus paläogeographischen Gründen abgelehnt. Zu jener Zeit hatte es wohl noch keinen Zugang zu den Becken am westlichen Rand der Rheinischen Insel. Vielmehr sollte zur Zeit der Zwischenschichten weiter mit kontinentalen Bildungen in Form von Caliche-Krusten und -Knauern gerechnet werden. Eine abweichende Anschauung ist neuerdings jedoch von Dittrich (2017) dargelegt worden.

Die Zwischenschichten beginnen auch im südlichen Vorland der Siercker Schwelle mit den **Unteren Zwischenschichten** (auch: Grobklastische Z.). Diese setzen hier mit der „Unteren Dolomitbröckelbank“ ein, die aufgearbeitetes Material der darunter liegenden VG enthält. Darüber folgen Grob- und Mittelsandsteine, die auch Gerölle enthalten können. Gegenüber den Sandsteinen des Mittleren Buntsandsteins weisen sie einen erhöhten Gehalt an detritischen Hellglimmern und Feldspäte auf. Abgesehen von violetten tonig-siltigen Einschaltungen mit Dolomit-Bröckeln, die an der Basis der Kleinzyklen liegen und die Aufarbeitung des Liegenden anzeigen, läuft ein jeder Kleinzyklus (fining-up) in einen Violetten Horizont aus oder in eine Grenzzone, wenn sie deutlich verfolgbar als Grenzzone geeignet ist (E. Müller & Konzan 1989). Die **Oberen Zwischenschichten** (auch Feinklastische Z.) beginnen mit der „Oberen Dolomitbröckelbank“; dabei handelt es sich ebenfalls um einen weit durchhaltenden Aufarbeitungshorizont, der zusammen mit der VG_2 im Liegenden die Grenzziehung zu den Unteren Zwischenschichten absichert. Er enthält ausschließlich rötliche „Dolomitbröckel“ und keinen Karneol. Darüber folgen Feinsandsteine mit tonigem Bindemittel und ohne nennenswerte Geröllführung; der höhere Feinanteil bedingt eine deutlicher rote bis braunrote Färbung, da das färbende Pigment an die feine Fraktion gebunden ist. Auch in den Sandsteinen erscheinen hin und wieder noch Dolomit-Klasten; sie sind teilweise herausgewittert und verleihen dann den Sandsteinen ein typisch „poröses“ Aussehen. Der Gehalt an detritischen Hellglimmern ist gegenüber den Sandsteinen im Liegenden deutlich höher. Auch die Oberen Zwischenschichten sind kleinzyklisch gegliedert, werden zum Hangenden feinkörniger und schließen abermals mit einer Violetten Grenzzone ab (VG_3; E. Müller & Konzan 1989).

Die stete Auffüllung des Sedimentationsraumes südlich der Siercker Schwelle bei relativ geringer Subsidenz führte dazu, dass auch der Süd-Rand der Schwelle vermehrt in die Sedimentation einbezogen und die Reliefenergie der Schwelle sukzessive geringer wurde. Dadurch griffen die höheren Kleinzyklen weiter in Richtung Kammlinie vor. Es fallen strukturhöher immer mehr tiefere Kleinzyklen aus, und die Gesamtmächtigkeit nimmt auf 8–10 m ab. Im Gebiet um Schwemlingen sind es z. B. bevorzugt noch schmutzig violette bis blaustichige, auch dunkelrote gefleckte Grob- bis Feinsandsteine ohne Geröll-Führung; zum Hangenden ist weiter eine generelle Tendenz zu geringeren Korngrößen deutlich. Oft sind geringmächtige Dolomit-, Silt- und Tonstein-Lagen zwischengeschaltet und vermehrt

Eisen- und Mangan-Ausscheidungen zu beobachten (Franz 1993). Strittig ist, ob diese geringmächtige, stark wechselnde Schichtenfolge die gesamten Zwischenschichten in einem kondensierten Profil repräsentiert oder ob hier im Sinne von Dachroth (2013b) nur noch stark reduzierte Obere Zwischenschichten vertreten sind. Auffallend ist ein erhöhter Anteil an Dolomit-Lagen gegenüber den strukturtiefer liegenden Zwischenschichten, was auf eine verringerte (retardierte) Sedimentation am Schwellenrand mit mehr Lücken und erhöhter Dolomit-Bildung schließen lässt.

In der Lothringen-Pfalz-Senke stand auch im Beckenzentrum das Meer noch nicht, wie die Ausbildung der Zwischenschichten zeigt. Das strukturhohe südliche Vorland der Siercker Schwelle repräsentiert somit eher eine Position, die das Meer erst relativ spät eingenommen haben dürfte.

Voltziensandstein. Im Gebiet südlich und südöstlich der Siercker Schwelle sind die Schichten des höchsten Buntsandsteins und der Übergangsbereich zum Muschelkalk erhalten. Der Voltziensandstein beginnt erneut mit einer basalen Dolomit-Bröckelbank, einer sedimentären Brekzie aus gelbbräunlichen Dolomit-Lithoklasten mit gelblichen, Pflanzenrest-führenden Sandsteinen. Unter den Pflanzen befindet sich auch die namengebende „*Voltzia*“ *heterophylla*. Hinzu kommen ab jetzt Fossilien, die eine schrittweise Ingression des Trias-Meeres anzeigen (Rücklin 1954, E. Müller 1966, H. Schneider 1991). Zudem finden sich Fährten von *Chirotherium*. Die Invertebraten-Fauna und die Pflanzen charakterisieren den Sedimentationsraum als Übergangsgebiet zwischen Land und Meer, gebietsweise auch als Watten.

Die Schichtenfolge über der Basalen Bröckelbank lässt sich aufteilen (E. Müller & Konzan 1989) in Werksteinzone (unten) und Lettenregion (oben).

Werksteinzone. Sie besteht aus dickbankigen, grünlichgrauen, gelblichen und rötlichen Sandsteinen, z. T. mit leichter Marmorierung. Seine Bezeichnung erhielt dieses Schichtglied wegen seiner hervorragenden Eigenschaften als Bau- und Werkstein. Aufgrund einer relativ festen Kornbindung eignen sich besonders die Feinsandsteine gut für Bildhauerarbeiten. Unter den hunsrücknahen, berühmten Bauwerken sei die ehem. Abtei in Mettlach/Saar (heute: Firmensitz von Villeroy & Boch) zu nennen; hinzu kommen zahlreiche Bauwerke in Saarbrücken. Die relativ resistenten deutlich gebankten Sandsteine der Werksteinzone bewirken im Gelände meist eine deutliche morphologische Stufe oder Kante. Zahlreiche kleine (ehemalige) Steinbrüche sind vorhanden.

Nach sedimentologischen und paläontologischen Daten ergeben sich im Bereich der Werksteinzone mehrere unterschiedliche Lebensräume, die ein recht ambivalentes Landschaftsbild am Südwest-Rand des Hunsrücks ausmachten und in den Grenzbereich Land/Meer gehören. Diese Landschaft bestand aus einer weiten, reliefIosen Überflutungsebene, in der verschieden große fluviatile Rinnen existierten, die wohl eher mäandrierenden Flüssen zuzuordnen sind, und außerdem weite, wandernde Sandflächen (Bindig & Backhaus 1995). Auch bestanden temporäre, wahrscheinlich auch perennierende Seen und Tümpel, die den Lebensraum für einen Teil der Fauna bildeten und an deren Rändern sich eine wenig diverse Flora angesiedelt hatte.

Lettenregion. Über der Werksteinzone folgt ohne scharfe Grenze eine Wechselfolge aus dünnbankigen Feinsandsteinen im Wechsel mit grünlichen und rötlichen Tonsteinen. Diese Wechselfolge schließt zum Hangenden mit einem etwa 1,5–2 m mächtigen roten „fetten“ Tonstein-Horizont ab, der als „**Grenzletten**“ bezeichnet wird (Weiss 1889). In der gesamten Entwicklung des Voltziensandsteins zeichnet sich mit der Werksteinzone und der Lettenregion wieder ein großer Sohlbank-Zyklus ab, der in einer allgemeinen Verfeinerung der Korngröße (fining-up) und einer graduellen Abnahme der Bankmächtigkeiten der Sandsteine (thinning-up) zum Ausdruck kommt. Die Gesamtmächtigkeit des oberen Teilzyklus beläuft sich auf 10 m, evtl. mehr, und für die Grenzletten ca. 1,5–2 m.

Zum Hangenden hin weisen Fossilien vermehrt marinen Einfluss auf. Hier werden unter den Bivalvia *„Myophoria" vulgaris*, *Gervilleia socialis* und *Pecten discites* genannt. Hinzu kommen *Lingula* sp. und auch Estherien. Insgesamt bezeugen sie weiterhin einen Übergangsbereich zwischen Land und vollmarinem Lebensraum. Auch Fährten von *Chirotherium* sind bezeugt. Das stärker pelitisch ausgebildete Sedimentspektrum („Lettenregion") des höchsten Buntsandsteins lässt als Bildungsraum ein fossiles Watt zu (Rücklin 1954, Gall 1971, 1983, Bindig & Backhaus 1995).

Schon geringfügige Meeresspiegelschwankungen hatten weite Vorstöße in die Lothringen-Pfalz-Senke bis an den südlichen Rand des Hunsrücks zur Folge. Dieser ragte in Gestalt der Siercker Schwelle als deutliches Hoch- und Landgebiet weiter über den Meeresspiegel auf. Der Nachweis dafür gelingt am Süd-Rand der Dollberge am Fuß des „Hunnenrings" bei Otzenhausen (Bl. 6308 Birkenfeld-West) unweit des Mannsfelsens, wo stark verkieselte, verfestigte Brekzien aus reinem Taunusquarzit-Schutt zu finden sind. Von klimatisch bedingter frühdiagenetischer Einkieselung zeugt auch der aus Taunusquarzit bestehende Orkelsfels bei Orscholz (Bl. 6405 Freudenburg), einer der höchsten Punkte auf der Siercker Schwelle.

5.2.1.3 Buntsandstein im nördlichen Vorland der Siercker Schwelle und im Trierer Teilbecken

Der Buntsandstein im nördlichen Vorland der Siercker Schwelle reicht vom Nordrand weit nach Norden und Westen; er gehört zur Luxemburg-Trier-Eifeler Senke. Diese hatte über die Lothringer Quersenke westlich des Hunsrücks Verbindung zum saarländischen Ablagerungsraum. Das unmittelbar nordwestlich des Hunsrücks bei Trier gelegenen Trierer Teilbecken zog sich nach Nordosten weit in die ehemalige Wittlicher Senke hinein (Dittrich 2019).

Im Überschneidungsbereich zwischen der NE-SSW ausgerichteten Wittlicher Senke und der NNE-SSW verlaufenden Eifeler Senke, im Trierer Teilbecken, ist die Schichtenfolge des Buntsandsteins sehr mächtig und relativ vollständig entwickelt. Nach dem „Trierer Universitätsprofil" (Wo. Wagner et al. 2012, Stets 2013) werden dort ca. 335 m Mächtigkeit erreicht. Störungsbedingte Schichtausfälle sind darin aber wahrscheinlich, nach Bohrungsbefunden sind stattdessen Gesamtmächtigkeiten von über 500 m (über 600 m?) möglich (Dittrich 2011, 2018: 112f.). Das Gesamtprofil erlaubt eine direkte Parallelisierung mit dem Buntsandstein-Profil der Lothringen-Pfalz-Senke. Das gilt besonders bei der Anwendung zyklostratigraphischer Kriterien und der Einbeziehung von Leitflächen (LGB 2005, Lutz et al. 2006, Dachroth 2013b, Stets 2004b, 2013). Dabei zeigt sich, dass sich die Gliederung in sm_{1-3} (Negendank 1974, 1983a) bei alleiniger Einbeziehung lithologischer Kriterien als isolierte Lokalgliederung – auch in modifizierter Form (Wo. Wagner et al. 2012) – nicht halten lässt.

Außerdem ergab sich, dass hier Anteile des unteren „Vogesen"- oder „Hauptbuntsandsteins", im Gegensatz zu der bis in die 1990er Jahre geltenden Auffassung, dem Unteren Buntsandstein zugeschlagen werden müssen (Dittrich 1999, 2004, Stets 2004b, LGB 2005, Wo. Wagner et al. 2012). Die von einigen Bearbeitern früher befürwortete kontinuierliche Sedimentation vom Rotliegend über den Zechstein bis in den Unteren Buntsandstein wurde schon früher zurückgewiesen. Stattdessen bestätigte sich die schon von Grebe (1882) postulierte Schichtlücke zwischen dem oberen Rotliegend und dem „Vogesensandstein". Allerdings beginnt die Sedimentation im Unteren Buntsandstein im Trierer Teilbecken wahrscheinlich etwas später als in der Pfalz. Aus dem Zeitraum davor sind keine Zeugnisse überliefert. In ihn fällt die bedeutsame tektonische Umstellung, die der früheren „pfälzischen Phase" entspricht. Die im Rotliegend noch deutlich nach SW ausgerichteten fluviatilen Transportsysteme folgten seit dem Buntsandstein einer Transportrichtung nach Norden. Obwohl neue Liefergebiete erschlossen wurden, ähneln sich die Sedimente von Rotliegend und Buntsandstein z. T. erheblich. Trotz der großen Schichtlücke und einer regional kartierbaren Diskordanz bestehen auch hier Schwierigkeiten bei der Abgrenzung der Sandsteine in „Kreuznacher Fazies" von solchen des Unteren Buntsandsteins. Nur dort, wo der Buntsandstein mit einem Basiskonglomerat einsetzt, gelingt die Abgrenzung ohne größere Probleme. Im Übrigen gelten auch hier die Argumente, die E. Müller & Klinkhammer (1963) bereits für das Saarland herausarbeiteten.

Die Grenze zwischen den Gesteinen des oberen Rotliegend und jenen des Unteren Buntsandsteins ist gebietsweise, z. B. beim Weinberg Augenscheiner auf dem linken Ufer der Mosel bei Trier (Bl. 6205 Trier), scharf. Meist ist sie jedoch mit Hangschutt überdeckt und dann fraglich.

Unter Bezug auf das „Trierer Universitätsprofil" (Negendank 1983a, Stets 2013) lässt sich der Schichtenstapel nördlich der Siercker Schwelle gut auflösen.

Dazu wurde eine litho- und zyklostratigraphisch begründete Gliederung in Anlehnung an die pfälzische (Stets 2013, LGB 2005) aufgestellt und der folgenden Beschreibung zugrunde gelegt. Diese Gliederung lässt sich auch an die des Mitteleuropäischen Buntsandsteins anschließen (Dittrich 2019). Allerdings umfasst der Untere Buntsandstein westlich und nordwestlich des Hunsrücks wahrscheinlich nur die Bernburg-Formation (s2-Folge). Der Mittlere Buntsandstein umfasst die Volpriehausen-, die Hardegsen- und die Solling-Formation (Folgen s3, s5 und s6) und der Obere Buntsandstein das Röt (s7-Folge). Die Zuordnung des „Vogesensandsteins" nur zum Mittleren Buntsandstein bei Trier wurde aufgegeben. Das Vorkommen von Unterem Buntsandstein ist ausschließlich auf das Trierer Teilbecken beschränkt. Im Bitburger Teilbecken und im unmittelbaren nördlichen Vorland der Siercker Schwelle beginnt die Schichtenfolge erst mit dem Mittleren Buntsandstein. Anstelle einer detaillierten Beschreibung der Schichtenfolge der Südeifel wird hier auf die Abbildung 27 verwiesen.

Bei differenzierter Betrachtung des „Trierer Universitätsprofils" ergeben sich mehrere Schichtlücken (Stets 2013): Die Schichtlücke an der Basis reicht über den Zechstein bis in den Unteren Buntsandstein (ganze s1-Folge?). Die zweite Schichtlücke liegt zwischen Unterem und Mittlerem Buntsandstein, d. h. zwischen den Äquivalenten von Schlossberg-Schichten und Karlstal-Felszone der pfälzischen Gliederung; in ihr ist die V-Diskordanz zu suchen (LGB 2005, Dittrich 2019). Eine dritte und vierte Schichtlücke liegen im Trierer Profil wahrscheinlich im höheren Mittleren Buntsandstein im Bereich eines konglomeratischen Profilabschnitts (vormals: sm_{c2-3}); die obere sollte sich mit der H-Diskordanz parallelisieren lassen; die oberste Schichtlücke ist im Grenzbereich Mittlerer/Oberer Buntsandstein angesiedelt (S-Diskordanz).

Schichten des Mittleren Buntsandsteins griffen sukzessive auf das unmittelbare nördliche Vorland der Siercker Schwelle über und deckten es weitgehend ein. Nur die Kammregion blieb teilweise noch frei. Die Schichtenfolge weist in Richtung auf die Schwelle nach Süden immer größere Lücken auf. Eine Beteiligung von Schichten des Unteren Buntsandsteins (su_1, su_2: Wo. Wagner et al. 2012) ist dort unwahrscheinlich. Äquivalente des Hauptkonglomerats könnten in wenigen geringmächtigen Konglomeraten unterhalb der Violetten Grenzzone gesehen, jedoch nicht sicher als solche zugeordnet werden. Auch eine Mächtigkeit von 0 bis >100 m spricht im Vergleich zum Trierer Profil für geringere syngenetische Subsidenz. Das nach Süden ansteigende Relief bewirkte die in gleicher Richtung abnehmende Schichtmächtigkeit (Foto 25, S. 325).

Hinzu kommt eine Modifizierung in Ausbildung und Mächtigkeit der Schichten durch den Einfluss der Schwelle selbst. Ihr Relief wurde zu dieser Zeit noch nicht vollständig eingedeckt, Inselberge ragten zwischen Mettlach und Sierck-les-Bains – wahrscheinlich auch weiter im Kammbereich des Hochwaldes im Nordosten – über das Sedimentationsniveau auf.

Der Beckenraum vergrößerte sich schrittweise. Die als Äquivalent von Karlstal-Felszone und Oberen Karlstal-Schichten angesprochene Schichtenfolge besteht aus zwei unterschiedlichen Lithofazies-Typen, der **Kastel-Fazies** (Fazies von Kastel: Henrich 1962, Dietz 1965, Schall 1968, Stets 1995) und der Fazies des **Saarburg-Sandsteins** (Saarburger Sandstein: Stets 1995). Beide Faziestypen verzahnen sich miteinander.

Kastel-Fazies. Diese an den Nord-Rand der Schwelle gebundene Sonderfazies besteht aus blass-, braun- und ziegelroten Konglomeraten und Geröll-führenden, schräg geschichteten Sandsteinen, die bei Kastel-Staadt (Felsenweg, Stets 1990) oder an der Klause gegenüber Serrig/Saar (Bl. 6405 Freudenburg) felsbildend morphologisch hervortreten. Die Gerölle bestehen aus grauem Quarzit Typ Taunusquarzit, Milchquarz und gelegentlich auch Tonschiefer- und Sandstein-Klasten. In Schwellennähe erreichen die Durchmesser der Quarzit-Gerölle 20 cm. Die Mächtigkeit der Schichten in Kastel-Fazies beläuft sich auf 0–60 m. Zwischen die Sandstein-Bänke sind hin und wieder max. 15–20 cm mächtige, lateral weiter aushaltende Siltstein-Lagen eingeschaltet. Im Verbreitungsgebiet der Kastel-Fazies tritt meist ein „Basiskonglomerat" auf, das bis 4 m Mächtigkeit erreichen kann und oft stark verfestigt ist. Die Geröll-Komponente besteht weiter vorwiegend aus grauen Quarziten Typ Taunusquarzit. Es wird hier nicht mit dem „Basiskonglomerat" („su_1") von Wo. Wagner et al. (2012) gleichgesetzt, da die Profilentwicklung nicht der des Trierer Normal-Profils entspricht. Mit zunehmender Entfernung von der Schwelle nach Norden und nach oben im Profil nehmen Geröllführung und -größe ab.

Saarburg-Sandstein. Diese Fazies besteht aus den typischen ziegelroten bis rotbraunen, deutlich gebankten, schräg und eben parallel geschichteten Mittelsandsteinen. Auch Grobsandsteine mit Geröllpflastern („-schnüren") und Einzelgeröllen sowie Feinsandsteine kommen vor. Bereits auf der Höhe von Saarburg besteht das Profil nur noch aus Sandsteinen. In schwellenfernerer Position können auch Silt- und Tonstein-Lagen eingeschaltet sein. Die Sandsteine sind im unteren Abschnitt deutlich schräg geschichtet, im oberen schalten sich zunehmend parallel geschichtete Sandsteine ein, die nur selten von schräggeschichteten, Geröll-führenden Sandsteinen unterbrochen werden. Die parallel geschichteten Sandsteine weisen die für die Karlstal-Schichten in der Pfalz typische Bänderung im cm- bis dm-Bereich („Dünnschichten") auf. Diese wird durch eine schichtgebundene rötliche, gelbliche, auch weißliche Färbung nachgezeichnet.

Die Abgrenzung zu Schichten des Rotliegend im Liegenden ist überall dort erschwert, wo kein Basiskonglomerat oder Konglomerate der Kastel-Fazies auf Sandsteine des Rotliegend (Kahren-Fm., Altrich-Fm.) folgen. Auch hier gilt – wie südlich der Schwelle – das erste Auftreten von Kristallsandsteinen als maßgebliches Kriterium für die Grenzziehung. Die Hangendgrenze markiert die Violette Grenzzone.

In vielen Aufschlüssen der Kastel-Fazies ist Schrägschichtung das dominierende Gefügemerkmal. Besonders deutlich ist dies im Burggraben der Ruine Freudenburg (Bl. 6405 Freudenburg) oder an der Klause bei Kastel gegenüber Serrig zu erkennen.

Erst im Mittleren Buntsandstein war das unmittelbare nördliche Vorland der Siercker Schwelle in die Sedimentation einbezogen worden. Der von Süden bis Südwesten herankommende „Sandstrom" deckte das Vorland mit seiner Quarzkorn-Fraktion ein. Diesem kompositionell reifen Material (Dietz 1965) wurde von der Quarzit-Schwelle über Tributarien die psephitische Taunusquarzit-Komponente beigemischt. Nur dort, wo die Schwelle bereits vollständig zugedeckt war, wie z. B. bei Britten und Panzhaus, war ein direkter fluviatiler Transport nach Norden über die Schwelle hinweg möglich.

Bei dem damals herrschenden semiariden bis ariden Klima muss auch mit äolischem Transport gerechnet werden. Seine Spuren sind allerdings durch das fluviatile Regime überprägt und nur in einzelnen Windkantern (Schall 1968) überliefert. Eine äolische Sedimentation (Wo. Wagner et al. 2012) lässt sich anhand von rauen Quarzkorn-Oberflächen – wie bei rezenten Wüstensanden – bei diesen Sandsteinen nicht überzeugend nachweisen, da mit sekundären Veränderungen durch orientiertes Wachstum und Lösung auf der Kornoberfläche gerechnet werden muss.

Ein Hinweis darauf, dass das nördliche Vorland der Siercker Schwelle nicht voll in die Subsidenz des Trierer Teilbeckens einbezogen war, ergibt sich u. a. aus dem Fehlen eines Äquivalents von Oberer Felszone und Hauptkonglomerat, das bestenfalls reliktisch im obersten Abschnitt der Schichtenfolge erhalten ist. Auch eine Violette Grenzzone kann hier nur in stark reduzierter Mächtigkeit (0–2 m) nachgewiesen werden.

Im **Oberen Buntsandstein** ähneln die Zwischenschichten denen im südlichen Vorland der Siercker Schwelle, allerdings erscheinen sie in einer deutlich geröllärmeren Fazies (Dittrich 2019). Im Saargau liegen ihre Mächtigkeiten bei 60–100 m. Die Abgrenzung zum Liegenden ist umstritten, wahrscheinlich ist es bei mehreren Bearbeitern zu einer Verwechslung der VG_2 mit der eigentlichen Violetten Grenzzone (VG bzw. VG_1) gekommen (Dittrich 2018: 118).

Der Voltziensandstein-Zyklus reicht in relativ gleichbleibender Ausbildung bis an den Nord-Rand der Siercker Schwelle. Im weiteren nördlichen Vorland, bei Tawern, beginnt er mit einem brekziösen, festen dunkelroten Sandstein mit krustenartigen Dolomit-Bildungen. Er ist relativ schlecht sortiert und besteht vorwiegend aus eckigen bis kantengerundeten Quarzkörnern. Auch führt er Dolomit-Bröckel, die aus sparitischem Dolomit und Intraklasten aus Ton-, Silt- und Sandstein bestehen. Dieser Horizont entspricht der „Basalen Dolomitbröckelbank". Die darüber folgenden Sandsteine der „Werksteinzone" sind rot und überwiegend feinkörnig. Detritische Hellglimmer liegen auch hier sowohl auf den Schichtflächen als auch regellos im Sandstein. Grobe Bankung und flach einfallende Schrägschichtung kennzeichnen das Gefüge. Im Übergangsbereich zur „Lettenregion" schalten sich vermehrt Silt- und Tonstein-Lagen ein. Die Mächtigkeit des Voltziensandsteins beträgt hier insgesamt ca. 20 m.

Im unmittelbaren nördlichen Vorland folgt der Voltziensandstein teilweise ohne Violette Grenzzone über den Zwischenschichten. Die Schichtenfolge beginnt dort mit gebleichten, Pflanzen-führenden Sandsteinen. Eine Kupfer-Erzführung wie im Trierer Teilbecken fehlt. Die Gliederung in Werksteinzone und Lettenregion wird zunehmend undeutlicher (E. Müller 1954, St. Schneider 1982, H. Schneider 1991). Der Schichtverband besteht nur noch aus einer Wechselfolge von Fein- bis Mittelsandsteinen und Lagen von Silt- und Tonsteinen. Plattige Absonderung, detritische Hellglimmer auf den Schichtflächen und regellos im Gestein verteilt, finden sich auch hier. Horizontale Bankung mit bis zu 2 m mächtigen Bänken und Schrägschichtung sind auf den unteren Abschnitt beschränkt. Zuoberst erscheinen auch schwellennah ca. 2 m mächtige, dunkelrote, sandige „Grenzletten" (St. Schneider 1982, Peters 1985).

Nach granulometrischen Untersuchungen sind die Sandsteine des Voltziensandsteins weiterhin eher Rinnensedimente, allerdings ohne grobe Bodenfracht. In den mäandrierenden Rinnen herrschten relativ geringe Fließgeschwindigkeiten, die nur noch den Transport vorwiegend feinkörniger Sande erlaubten. Ehemals geringer energetische Bereiche sind durch z. T. dichte Hellglimmer-Lagen auf den Schichtflächen ausgewiesen. Das gilt vermehrt für die Sand- und Siltsteine der Lettenregion. Sie zeigen flache Schrägschichtung und Rippelmarken auf den Schichtoberseiten. Der Transport war weiterhin nach Nordnordost bis Nordost gerichtet.

5.2.1.4 Die Siercker Schwelle im Buntsandstein

Im Unteren Buntsandstein überragte die Siercker Schwelle das Sedimentationsgebiet noch als geschlossener Quarzit-Riegel. Erst mit der Ausweitung des Sedimentationsgebietes im Mittleren Buntsandstein auf die unmittelbaren nördlichen und südlichen Vorländer der Schwelle kam es zur weiteren Eindeckung des Reliefs (Rössle 1937, Schall 1968, Stets

1995). Dabei wurde der gut gerundete Quarz-Sandanteil aus Südwesten in unterschiedlicher Menge mit psephitischen Komponenten von der Siercker Schwelle vermischt. Die Hauptmasse der Sandsteine ist im unmittelbaren südlichen Vorland fast Geröll-frei. Im Norden bildete sich dagegen im unteren Abschnitt des Mittleren Buntsandsteins die stark Geröll-führende Kastel-Fazies mit Schwerpunkt im Gebiet Freudenburg – Kastel – Klause. Entsprechend der Schrägschichtung kam im Süden der Sand-Transport aus südlicher Richtung bis an die Schwelle heran (Schall 1968, Franz 1993), während er im Norden, unmittelbar am Schwellenrand, schwellenparallel nach Nordosten ausgerichtet war und dann erst weiter nördlich in die allgemeine nördliche Transportrichtung einschwenkte (St. Schneider 1982, Stets 1995). Im Laufe der Zeit wurde die Schwelle unter Sandmassen begraben, z. B. bei Britten und Panzhaus (Bl. 6405 Freudenburg, 6406 Losheim). Die Sandsteine dort enthalten nur noch in den basalen Partien Gerölle. Sie deckten das Relief um ca. 120 m ein; zwischen Saar und Obermosel blieben neben der Kernzone der Schwelle einzelne Härtlinge – eine „Siercker Insel" – zurück. In dieser Kernzone ragten südwestlich Orscholz im Oberen Buntsandstein noch Höhen von 80–100 m über die Sedimentoberfläche auf. Die Schwelle war seitdem kein ernsthaftes Hindernis im nach Norden gerichteten fluviatilen „Sedimentstrom" mehr.

Details zum Relief. Rössle (1937) beschrieb die Auflagerung des Buntsandsteins auf dem Taunusquarzit der Kernzone an mehreren Positionen, u. a. am Eisenkopf und im Leiteswald am linken oberen Talhang der Saar gegenüber Saarhölzbach (Bl. 6405 Freudenburg). Im Leiteswald ergab sich durch gezielte Kartierung des Auflagers ein deutliches Lokalrelief auf den Quarziten mit Höhenunterschieden von >27 m. Eine geringmächtige „Transgressionsbrekzie", die das Relief auffüllte, ist nur lokal vorhanden. Meist liegen die Sandsteine direkt auf den Quarziten. Die gleichmäßig roten, meist mittelkörnigen Sandsteine unterscheiden sich nicht vom „normalen" Saarburg-Sandstein. Sie sind lokal schräg, sonst parallel geschichtet. In die höheren Partien sind plattige Quarzit-Bruchstücke parallel zur Schichtung eingebettet; Rössle beschrieb dort auch Partien, wo Sande in erweiterte Klüfte im Quarzit eingeschwemmt oder eingeweht wurden, ohne dass der Schichtverband der Quarzite wesentlich gestört erscheint. Am Eisenkopf betragen die Höhenunterschiede im Relief des Taunusquarzits unterhalb der Sandsteine >40 m, incl. einer etwa 8 m hohen Quarzit-Klippe an der Lokalität „Teufelsschornstein". Dort wurde offensichtlich Material vom Typ „Wadern-Fazies" in die basale Brekzie des Buntsandsteins aufgenommen. Die Klasten erreichen Durchmesser bis 8 cm. An dieser Lokalität ist auch eine fossile Verstellung der Schichtlagerung im Taunusquarzit durch Hakenschlagen zu beobachten, welche eingebettet in die Sandsteine konserviert wurde. Die Schichtlagerung in den geröllführenden Sandsteinen und Konglomeraten des Buntsandsteins sind nur durch fluviatilen Transport zu erklären; äolische Einflüsse sind aber nicht auszuschließen.

Fluviatile oder äolische Überwindung der Schwelle? Schall (1968: 64) war noch davon ausgegangen, dass im Mittleren Buntsandstein die im südlichen Vorland angeschwemmten Sande „durch den offensichtlich vorhandenen Südwind weiter gegen die Schwelle und in die nach Süden offenen alten Quertäler verfrachtet" wurden. Auch kleinere Längsrücken und die Schwelle selbst sollten kein Hindernis dargestellt haben. Die Ablagerung erfolgte „dann in windgeschützten Längstälern (z. B. unteres Steinbachtal) oder im Windschatten der Schwelle". Da keine äolischen Sedimente im oberen Saarburg-Sandstein aufgefunden wurden, blieb nur, eine Umlagerung des äolisch verfrachteten Sandes durch „zeitweilige Regengüsse und damit von der Schwelle abfließendem Wasser" zusammen mit dem Verwitterungsschutt und Verfrachtung in die Vorländer, wo „sich die Sande mit dem westlich der Siercker Schwelle nach Norden vorgedrungenen Sedimentstrom vereinigten" (S. 65). Windkanter in der Geröllfracht zeigen, dass mit Sand-Verwehungen zu rechnen ist. Das gilt auch, weil eine geschlossene Planzendecke fehlte. Ob allerdings ein steter Süd-Wind solchen Ausmaßes herrschte, ist fraglich. Rippelmarken (Steinbruch Jager, Britten; Bl. 6405 Freudenburg), Trockenrisse und Tongallen zeigen, dass fluviatile Prozesse wesentlich am

Sedimentationsgeschehen beteiligt waren. Am allgemein nach Norden gerichteten Sand-Transport hatten sie den Hauptanteil. Auch ein rollender Transport kleinerer Einzelgerölle in größerem Ausmaß durch Wind (Schall 1968: 66) kann ausgeschlossen werden. Stete Windeinwirkung führt eher zur Ausblasung der feinen Sand-Fraktion und zur Anreicherung von Windkantern und Lesedecken, die gebietsweise in den Äquivalenten der Karlstal-Schichten (i. w. S.) angetroffen werden. Strukturkarten vom „Auflager Buntsandstein“ weisen im Nord-Teil der Schwelle wesentlich längere Paläo-Talungen auf, insbesondere für die Leuk, in denen Geröllmaterial von der Schwelle in das nördliche Vorland – nicht nach Süden – transportiert wurde. Bei Aufnahme der Geröllfracht in den sandigen Sedimentstrom entstand die Kastel-Fazies. Den Unterschied in der Geröllführung im südlichen und im nördlichen Vorland der Schwelle durch Korrasion im Süden im Gegensatz zur Schuttbildung im Norden zu erklären (Schall 1968), erscheint schwer möglich, sogar unwahrscheinlich. Hier wird dem Wind keine derart bedeutende Rolle mehr zugeschrieben.

Sedimentpetrographische Untersuchungen an Proben des Mittleren Buntsandsteins am Süd-Rand der Schwelle (Franz 1993) bestätigten, dass diese Sedimente vornehmlich aus fluviatilen Ablagerungen stammen, am ehesten aus einem vorwiegend sandigen, verwilderten Flusssystem (sandy braided river; A. Schäfer 2019). Im obersten Abschnitt des Mittleren Buntsandsteins deuten höhere Fein-Anteile und fehlende Gerölle auf einen Übergang in ein eher mäandrierendes Flusssystem hin. Damit erklärt sich auch der höhere Fein-Anteil, der für Sedimente von Überflutungsebenen typisch ist. Dies markiert den Abschluss der Sedimentation eines übergeordneten Zyklus in Form einer Violetten Grenzzone. Überall dort, wo die Schwelle bereits in das Beckenareal einbezogen war, ist eine solche – wenn auch lückenhaft – vorhanden. Die Schwellenposition erklärt auch die geringere Gesamtmächtigkeit. Überdies fehlt dort ein Hauptkonglomerat bzw. sein Äquivalent; es bleibt im Wesentlichen auf die Senkungsgebiete im Norden und Süden beschränkt.

Die nachfolgenden Zwischenschichten reichten bis an die Schwelle heran, griffen jedoch noch nicht maßgeblich auf sie über. Erst zur Zeit des Voltziensandsteins wurden die Randgebiete um weitere ca. 20 m Höhe (mittlere Mächtigkeit des Voltziensandsteins) eingedeckt. Dessen Sedimente griffen dort auch unter Ausfall der Zwischenschichten diskordant auf Taunusquarzit auf die Schwelle über. Das gilt auch für den West-Teil der Schwelle im Siercker Land. Hier beschrieb Théobald (1932) für den Voltziensandstein eine Auflösung des geschlossenen Quarzit-Zuges in einzelne Klippen und Klippenzüge bei „normaler“ Ausbildung des Sedimentkörpers. Nur am Basiskontakt fand er eine wenige cm mächtige Lage aus aufgearbeitetem Quarzit-Material.

Trotz reduzierter Reliefenergie wurde vom verbliebenen Teil der Quarzit-Schwelle weiterhin Detritus in die angrenzenden Vorländer geliefert. Zeugen dafür sind die kantigen Turmaline, eckigen Quarz- und Polyquarz- evtl. Quarzit-Körner (Henrich 1962, Spannbrucker 1982, Franz 1993).

Die Grenzletten am Top des Voltziensandsteins sind im Zentralbereich der Schwelle geringmächtiger ausgebildet. Das Relief war mit Ausnahme der Inselberge weitgehend ausgeglichen, abgesehen von einzelnen rundlichen Quarzit-Kuppen. Gegen Ende des Buntsandsteins überragten sie im Kammbereich noch mit Höhen >50 m die weite, schlammige Überflutungsebene.

Leben auf der Schwelle. Eine Besonderheit stellen Fährten von Kleinreptilien im oberen Mittleren Buntsandstein (Saarburg-Sandstein) auf der Siercker Schwelle dar. Im Jager'schen Steinbruch westlich Britten (Bl. 6405 Freudenburg) wurde eine kleine Ichnofauna entdeckt (Demathieu & E. Müller 1978), die von drei Kleinreptilien-Arten herrührt. Die Funde stammen aus der Geröll-armen bis -freien Sandstein-Fazies, die hier diskordant den Taunusquarzit der zentralen Siercker Schwelle überlagert. Im Umfeld ragen einzelne Klippen über das Fundniveau im Steinbruch auf. Die Abdrücke fanden sich in deutlich roten fein- bis mittelkörnigen, gut gebankten Sandsteinen. Meist ist Parallelschichtung ausgebildet, selten kommt Schrägschichtung vor. Ausgedehnte Rippelfelder mit Regentropfen-Eindrücken sowie Trockenrisse in feinkörnigen Lagen und Tontüten bestätigen das fluviatile Umfeld.

Es wurden drei Arten bestimmt. Vor allem ist es *Procolophonichnium jageri*, mit mehr als 100 Hand-Fuß-Abdrücken (Dematheu 1995). Ferner erscheinen *Rhynchosauroides brittensis*, ein kleiner Prolacertiforme mit einer Gesamtlänge von höchstens 15 cm, und *Saurichnium aenigmaticum*, ein rätselhafter Lacertoide oder ein im Wasser lebendes Tier mit Schwimmhäuten (Demathieu 1995). Die Fährten entstammen zwei unterschiedlichen Niveaus, die ca. 1,2 m vertikal auseinander liegen. Fährten größerer Wirbeltiere oder sonstiger Fossilien wurden nicht gefunden. Offensichtlich war es eine kleine Population, die geschützt vor Räubern auf der Schwelle lebte.

5.2.2 Muschelkalk

Zu Beginn des Muschelkalks ingredierte das Meer wohl noch von Süden aus der Lothringen-Pfalz-Senke bis an den Rand des westlichen Hunsrücks und weiter in die Luxemburg-Trier-Eifel-Senke. So gewann es über die Eifeler Nord-Süd-Zone Anschluss an das nordwestliche Germanische (bzw. Mitteleuropäische) Becken. Dieser Ablagerungsraum blieb bis Ende des Muschelkalks erhalten. Überall wird der Muschelkalk in Unteren, Mittleren und Oberen Muschelkalk untergliedert.

Das Gallo-Ardennische Festland bildete im Westen weiterhin die Grenze des Ablagerungsraumes, durchgehend bis weit in den Süden. Dieser Beckenrand ließ sich relativ genau festlegen. Eine Darstellung bei Schröder (1952), angelehnt an eine Abbildung von Lucius (1948) und im Detail inzwischen veraltet, verdeutlicht den im Laufe der Trias schrittweise nach Westen auf das Festland in Richtung Pariser Becken vorgreifenden Ablagerungsraum. Im Osten existierte wiederum die Rheinische Insel mit dem nach Südwesten vorragenden Sporn der Siercker Schwelle („Hunsrücksporn“).

Der westliche Rand der Rheinischen Insel ist völlig offen. In der Luxemburg-Trier-Eifeler Senke greifen die Gesteine des Muschelkalks mit Mächtigkeiten bis 230 m auf der Höhe von Trier nach Norden vor. In der Eifeler Senke verringern sich die Mächtigkeiten zwischen Gerolstein und Mechernich auf <200 m; weiter nach Norden nehmen sie wieder zu. Generell sollte das Meer nach Osten ähnlich weit auf die Rheinische Insel vorgegriffen haben wie auf die Ardennen nach Westen. Vielleicht drang es auch in die Schwächezone der Wittlicher Senke weiter nach Nordosten vor. Für eine östliche Grenze oder einen entsprechenden Rand gibt es jedoch keine Anhaltspunkte. Das während des Buntsandsteins bestehende Relief sollte im Hunsrück auch während des Muschelkalks weiter eingedeckt worden sein. Wie weit das Muschelkalk-Meer von Süden bis an den Hunsrück heranreichte, bleibt unbekannt. Manche Darstellungen (Wurster 1968, Ziegler 1990) bezogen das Gebiet der Saar-Nahe-Senke bis an den Süd-Rand des Hunsrücks in den Sedimentationsraum mit ein. Fazielle Befunde südlich der Siercker Schwelle – vor allem im Oberen Muschelkalk – stützen dies (Dittrich & Hornung 2021).

5.2.2.1 Unterer Muschelkalk

5.2.2.1.1 Nördlich der Siercker Schwelle

Die Verbreitung des Unteren Muschelkalks beschränkt sich im Westen des Hunsrücks auf das Gebiet westlich der Saar, die Trier-Bitburger Bucht im Norden und die Merziger Trias-Bucht im Süden. In diesem zerlappten und gebietsweise stark gestörten Areal, das generell Nord-Süd verläuft, reicht er von westlich Konz/Mosel bis an den Nord-Rand der Siercker

Schwelle. Bedingt durch den Freudenburger Sprung blieb zwischen Freudenburg und Orscholz am Eiderberg (Bl. 6405 Freudenburg) noch ein separates Vorkommen erhalten. Von Orscholz zieht sich der Ausbiss stark durch Täler unterschnitten nach Süden. Abseits der Kernzone der Siercker Schwelle liegt der Untere Muschelkalk in diesem Gebiet konkordant auf den Grenzletten des Oberen Buntsandsteins. In der Kernzone der Siercker Schwelle, z. B. östlich Borg, greifen die Sedimente des Unteren Muschelkalks noch diskordant auf den Taunusquarzit der Schwelle über, ebenso im Gebiet um Sierck-les-Bains an der Obermosel, wo er im Siercker Land zum letzten Mal zutage tritt.

In der Trier-Bitburger Bucht erreicht der Untere Muschelkalk bis 65 m Mächtigkeit, meist treten Werte um 50 m auf.

Basisdolomitzone. Nördlich der Siercker Schwelle folgt über den roten Tonsteinen der Grenzletten an der Basis des Muschelkalks eine unterschiedlich mächtige Abfolge graugelber, teils dichter, teils zellig kavernöser, sandiger, unregelmäßig gebankter Dolomite, die Basisdolomitzone (LGB 2005, Dittrich 2021). Eine unmittelbare Gleichsetzung mit dem „Grenzgelbkalk“ des Germanischen Beckens wird bewusst vermieden, obwohl beide in ähnlicher stratigraphischer Position liegen. Die Basisdolomitzone dokumentiert den Einzug des Meeres in das Becken, u. a. durch eine Fauna mit deutlichen marinen Anklängen. Die Dolomite sind mit graugrünlichen, wenig Glimmer führenden Mergeln vergesellschaftet. Die z. T. frühdiagenetische Dolomitisierung, die später überprägt wurde, tidale Gefügemerkmale und auch die stenohaline Fauna mit Trochiten, Foraminiferen und entsprechenden Muscheln belegen das flachmarine Milieu (Dittrich 2021). Die Mächtigkeit der Basisdolomitzone erreicht maximal 8,5 m, im Gebiet zwischen Mosel und Saar, im Einflussbereich der Siercker Schwelle, sind es nur bis zu 2 m. Dort können auch Merkmale zwischenzeitlichen Trockenfallens vorkommen.

Muschelsandstein. Der über der Basisdolomitzone folgende Abschnitt des Unteren Muschelkalks ist in der Fazies des Muschelsandsteins ausgebildet. Dieser besteht aus grünlichgrauen Sandsteinen, die mit ähnlich farbigen Ton- und Tonmergelsteinen wechsellagern. Lokal sind sandige Dolomit-Bänke und auch geringmächtige Horizonte von rotem Material eingelagert, die den fortlaufenden Eintrag von terrigenem Detritus aus westlicher Richtung anzeigen und diese Fazies als randnah ausweisen (mehr dazu bei Dittrich 2021).

Der typische Muschelsandstein ist deutlich gebankt und sondert meist plattig ab. Parallel- und Rippelschichtung sind häufig. Gebietsweise erreicht er „Werkstein“-Qualität. Schon Leppla (1925a) berichtete von zwei Bankfolgen aus hellgelblichgrauen bis hellgrauen, feinkörnigen Sandsteinen, die zusammen bis 2 m Mächtigkeit erreichen und in Steinbrüchen bei Reinig, Tawern und Fellerich sowie weiter westlich der Mosel abgebaut wurden. Bei Kersch–Udelfangen erreichen sie als massige, grobgebankte Fein- bis Mittelsandsteine bis 5,5 m Mächtigkeit (LGB 2005, Dittrich 2021).

Dolomitbankschichten. Der Untere Muschelkalk schließt hier mit einer Dolomitreicheren Abfolge von 5–20 m Mächtigkeit ab. Dieses Schichtglied wurde früher als Orbicularisschichten (auch: „*orbicularis*-Schichten“) bezeichnet, da darin *Neoschizodus* (*Myophoria*) *orbicularis* vorkommen kann. In neueren Darstellungen wird dieser biostratigraphisch ursprünglich anders definierte Begriff (mehr dazu bei Dittrich & Hornung 2021) jedoch vermieden und die betreffende Bankfolge als Dolomitbankschichten (LGB 2005) bezeichnet. Sie enthält unterschiedlich mächtige, poröse bis kavernöse, jedoch auch dichte, siltig-feinsandige, gelbliche bis gelblichgraue Dolomite. Teilweise enthalten sie auch Schille, die u. a. Crinoiden-Stielglieder (Trochiten) führen. Zusammen mit *Rhizocorallium* belegen sie Flachmeer-Sedimentation. Zum Hangenden kündigen sandige Hellglimmer-führende Mergel und das vermehrte Aufkommen von Pflanzenhäckseln in Siltsteinen bei unruhiger Sedimentation den Übergang vom subtidalen zum intertidalen küstennahen Sedimentationsraum an.

5.2.2.1.2 Am Nord-Rand und auf der Siercker Schwelle

Im Bereich der Schwelle ist basal eine bis 2 m mächtige „Dolomitplattenserie“ (LEPPLA 1925a, DIETZ 1965, St. SCHNEIDER 1982) ausgebildet, die der Basisdolomitzone entspricht. Am Eider-Berg bei Freudenburg handelt es sich um sandige Dolomite mit wulstiger Oberfläche. Die Farbe ist meist gelblich, seltener rötlich; die Textur reicht von dicht bis porös. Auch Trockenrisse werden erwähnt, die auf eine Position im Intertidal hinweisen.

Darüber ist die Fazies des Muschelsandsteins ähnlich wie auch sonst nördlich der Siercker Schwelle ausgebildet. Die Aufschlussverhältnisse sind meist sehr schlecht und auf Erkenntnisse aus Bohrungen beschränkt, die allerdings nur lokale Befunde im Umfeld des Bohransatzpunktes zeigen. Angesichts des Paläoreliefs der Schwelle können sie nicht unbedingt verallgemeinert werden. SCHALL (1968: 34) beschrieb eine Wechselfolge von „tonig-dolomitischen Sandsteinen, grün- und rotbunten Tonlagen und mehr oder weniger sandigen Karbonatbänken“. Die Fein- und Mittelsandsteine zeigen gelbliche und grünliche, bisweilen auch rötlichbraune Farben sowie „dunkle Flecken“. Ferner enthalten sie reichlich detritische Hellglimmer und „dunkle Körner“, wobei es sich um Glaukonit handeln könnte. Die Sandsteine sondern plattig ab. Zum Hangenden schalten sich am Schwellenrand in die Feinsandsteine vermehrt hellgraue und gelbliche sandige Mergel sowie graue, dichte und gelbliche bis hellbraune Dolomit-Bänkchen ein.

Den Abschluss des Muschelsandsteins zum Hangenden bilden wieder schwach sandige, teils spätige, dichte, auch kavernöse, gelbbraune bis gelbgraue Dolomite der Dolomitbankschichten, mit ebenfalls unregelmäßig wulstigen Schichtflächen. Aus diesem Schichtglied wurde *Neoschizodus* (*Myophoria*) *orbicularis* genannt (LEPPLA 1925a, SCHALL 1968).

Im Kammbereich der Schwelle nördlich und nordwestlich von Tünsdorf (GK 25: 6504 Perl/Sierck), wo während des Unteren Muschelkalks noch einzelne Schären und Klippen aus Taunusquarzit aus dem Sedimentationsgebiet aufragten, sind die Sandsteine z. T. deutlich rot und dem Voltziensandstein bzw. den Sandsteinen in der Lettenregion sehr ähnlich. Das gilt auch für den Fossilinhalt. Im Bereich der Klippen sind deutliche Spuren der Brandung und auch Gerölle zu finden. E. MÜLLER (1973: 56) berichtete (allerdings ohne nähere Ortsangabe; mündl. Mitt. 2015: bei Dreisbach) aus dem Schwellenbereich von einem temporären Aufschluss, in dem „eine isolierte Quarzitklippe“ aufgeschlossen war, „die als Kliff steil zum Meer abfiel und von einem 30–40 m breiten, geringmächtigen, jedoch groben Strandkonglomerat“ begleitet wurde. Dieses Konglomerat aus dem Brandungsbereich verzahnt sich beckenwärts mit siltigen Feinsandsteinen der Muschelsandstein-Fazies. Die darüber folgenden Sandsteine ließen „Schüttungskegel“ und Rippelmarken erkennen. In diesen strandnahen Sedimenten waren Steinkerne und Abdrücke von Crinoiden und Muscheln enthalten.

Mancherorts ist, wie z. B. zwischen Elft und Borg, die Basis des Muschelkalks durch eine geringmächtige dolomitische Sandstein- oder Dolomit-Bank, die der Basisdolomitzone entspricht, gekennzeichnet. Es ist jedoch fraglich, ob sie mit jener in der Beckenposition zeitgleich ist. Dort, wo der Muschelsandstein diskordant über den Taunusquarzit übergriff, sind die basalen Profilmeter durch Konglomerate gekennzeichnet (KONZAN 1997), teilweise ist es auch eckiger Quarzit-Schutt, oder die Gerölle und/oder Lithoklasten sind auf Linsen im Sandstein beschränkt. Darüber folgt auch im Kammbereich der Schwelle eine Wechselfolge von siltigen, z. T. glimmerreichen Feinsand-, Ton- und Mergelsteinen. Sie zeigen alle Merkmale von Flachmeer-Sedimenten mit Rippel- und Schrägschichtung, massigen Bänken oder aber dünner Parallelschichtung. Außerdem finden sich Strömungsmarken, Schleifspuren, Belastungsmarken und Bioturbation. Generell nimmt – im Gegensatz zum Vorland der Schwelle – der Sand-Anteil zum Hangenden zu. Die Mächtigkeit des Unteren Muschelkalkes beläuft sich dort auf 33–35 m. Den Abschluss bilden auch hier „Orbicularisschichten“ (Dolomitbankschichten), eine Abfolge aus dolomitischen Feinsand-, Silt- und Mergelsteinen sowie feinkörnigen, auch laminierten Dolomiten. Die Gesteinsfarben reichen von gelb-, grünlich- bis olivgrau und rotbraun bis rosa.

Bei Sierck-les-Bains an der Obermosel, dem letzten Ausläufer des Hunsrück-Sporns, ist der Untere Muschelkalk sehr ähnlich ausgebildet. Die Untergrenze ist problematisch, da die Grenzletten im Liegenden fehlen und der Farbumschlag von rot nach grau nicht scharf ist. Schon van Werveke (in: Konzan 1997) schlug als Grenze das Einsetzen von fossilführenden, gelben, sandigen, oft zelligen Dolomit-Bänken mit wulstiger Oberfläche – dem Äquivalent der Basisdolomitzone – vor, wenngleich diese im Schwellenbereich mit Sandsteinen wechsellagern, die dem Voltziensandstein ähnlich sind. Im gesamten Unteren Muschelkalk wechseln dort „Rote Sandsteinbänke (...) mit Dolomiten bis unter die Mergel des mittleren Muschelkalks, eine dünne Sandbank macht den Schluss“ (S. 79). An Fossilien werden *Neoschizodus* (*Myophoria*) *vulgaris*, *Gervilleia socialis*, *Natica gaillardotti* und *Chemnitzia scalata* erwähnt. In der Schwellenposition bei Sierck selbst erreicht die Abfolge des Unteren Muschelkalks noch 25–30 m.

5.2.2.1.3 Am Süd-Rand der Siercker Schwelle und in der Merziger Trias-Bucht

Südlich der Schwelle zieht sich der Ausbiss des Unteren Muschelkalks links der Saar bis auf die Höhe von Merzig und reicht von dort über die Saar nach Osten in die Merziger Trias-Bucht bis Niederlosheim, wo er an der Spur der Düppenweilerer Schwelle im Süden endet.

Basisdolomitzone. Auch auf der Süd-Flanke der Siercker Schwelle ist zuunterst ein „Basisdolomit“ (Konzan 1992; Bl. 6505 Merzig) aufgeschlossen, eine 1–2 m mächtige Bankfolge eines gelb- bis graubraunen, wechselnd sandigen, teilweise sehr harten Dolomits. Hohlräume sind auf herausgewitterte Ton-Gerölle zurückzuführen. Im oberen Steinbach-Tal, westlich der Steinmühle, war die Basis über Taunusquarzit ohne Unterlager gut aufgeschlossen (Franz 1993).

Muschelsandstein. Südlich der Schwelle ist die Basisdolomitzone nicht so regelmäßig ausgebildet wie nördlich davon und auf der Schwelle selbst. Hier beginnt der Muschelkalk mit dem direkten Auflager des Muschelsandsteins unmittelbar über der Lettenregion. Nur der deutliche Farbumschlag von rot nach grau hilft, die beiden Schichtglieder gegeneinander abzugrenzen. Der Muschelsandstein besteht aus einer Wechselfolge von gelblich- bis hellgrünlichgrauen, reichlich Glimmer führenden Feinsandsteinen mit grauen Mergelsteinen und gelblichem dünnbankigem Dolomit. Dietz (1965) beschrieb mehrfach Fossilreste, darunter Crinoiden-Stielglieder, Bivalvia, Gastropoden und einen Haifischzahn. Offenbar handelt es sich um Ablagerungen eines Flachmeeres. Rippelfelder, Flaserschichtung (tidal?) und Bioturbation weisen auf ähnliche Sedimentationsbedingungen wie im Norden hin.

In der anschließenden Merziger Trias-Bucht (Grabenmulde) ist der Untere Muschelkalk ebenfalls in Muschelsandstein-Fazies ausgebildet. Die Mächtigkeit erreicht hier 33–40 m. Die meist feinkörnigen, glimmerreichen, weißlich bis gelblichen, teilweise auch grauen und rötlich bis braunroten Sandsteine wechsellagern mit sandigen und dolomitischen Mergeln von ähnlicher Farbe.

Den Abschluss bildet eine 5–7 m mächtige Dolomit-Bankfolge (Dolomitbankschichten). Es sind graue bis rötliche, zellige Dolomite mit *Neoschizodus* (*Myophoria*) *vulgaris*.

5.2.2.2 Mittlerer Muschelkalk

Auf die marine bis randmarine Phase des Unteren Muschelkalks folgte durch Absenkung des Baselevels bzw. Abschnürung der Meerwasserzufuhr eine Phase der Einengung der marinen Verhältnisse. Bedingt durch das aride Klima führte das bis zur Abscheidung von Sulfaten, lokal auch von Steinsalz. Diese Verhältnisse bedingten die frühere Bezeichnung „Anhydrit-Gruppe“ für den Mittleren Muschelkalk. Die Abfolgen des Mittleren Muschelkalks (mm) bestehen überwiegend aus wechselnd siltig-sandigen Ton-, Tonmergel- und Mergelsteinen, in die Dolomitbänke und Evaporite eingeschaltet sind.

In rheinland-pfälzischen Beckenprofilen lässt sich die gesamte Schichtenfolge in drei Abschnitte unterteilen (LGB 2005). Es handelt sich um die **Mergelregion** mit vorwiegend bunten, oft roten oder grauen tonig-mergeligen Ablagerungen, die auch Evaporite führen können, die **Sulfatregion** mit Evaporiten, vergesellschaftet mit Ton-Mergelsteinen und Dolomiten, und den **Linguladolomit** (Lucius 1948; LGB 2005, Dittrich 2021: Diemel-Formation) mit *Lingula tenuissima*. Letzterer umfasst eine etwas mergelige Dolomitabfolge und ist das Zeugnis einer erneuten Ingression des Meeres. Die beiden unteren Schichtabschnitte lassen sich in der Praxis gebietsweise jedoch nicht gut trennen. Sie werden daher zum Schichtglied der „Gipsmergel" (Lucius 1948, Jantos et al. 2000, LGB 2005) bzw. zur Ralingen-Formation zusammengefasst. Eine detaillierte, stratigraphisch vereinheitlichte und aktualisierte Beschreibung des saarländischen Mittleren Muschelkalks findet sich bei Dittrich & Hornung (2021).

Auf der Siercker Schwelle wird mit dem Mittleren Muschelkalk auch die letzte Klippe aus Taunusquarzit überdeckt (Théobald in: E. Müller 1973: 57). Während im zentralen Kammbereich noch Schichten des unteren Mittleren Muschelkalks diskordant auf Taunusquarzit übergreifen, ist dieses im oberen nicht mehr der Fall. Das Eindecken der Schwelle war mit dem Ende der saarländischen „Bunten Mergel" (tiefere Mergelregion) abgeschlossen; von nun an war sie keine deutliche Faziesscheide mehr. Etwas geringere Mächtigkeiten sämtlicher Teilabschnitte belegen aber eine etwas verminderte Absenkung dieser Struktur (vgl. dazu Dittrich & Hornung 2021).

Im Schwellenbereich (Bohrung Büschdorf Bk-1) liegt die Gesamtmächtigkeit des mm bei 67,25 m. Für das weiter nordöstlich gelegene Gebiet Richtung Tünsdorf (Bl. 6405 Freudenburg) gab Schall (1968) als Gesamtmächtigkeit 40–45 m an. Im Niveau der Sulfatregion konnte er hier jedoch, abgesehen von grünlichgrauen bis olivgrünen Tonmergel- und Mergelsteinen, nur zahlreiche 2–3 cm mächtige feinsandige Dolomit-Bänkchen mit Steinsalzmarken („Steinsalz-Pseudomorphosen") nachweisen. Sulfatlager scheinen hier zu fehlen. Subrosion könnte aber auch eine Rolle gespielt haben.

Der Linguladolomit ist bei Büschdorf 7,4 m mächtig. Im Gegensatz dazu ist weiter westlich – im „pays de Sierck" (Théobald 1932) – der Linguladolomit als faziell deutlich abgesetzte, nur ca. 3 m mächtige, feinkörnige, überwiegend karbonatische, gelblichweiße Bankfolge mit dichten Dolomit-Bänkchen ausgebildet. Dieses gilt auch für die Scholle des Eiderberges bei Freudenburg im Nordosten, wo bei ähnlicher Mächtigkeit gelbliche dichte Dolomite nachgewiesen wurden (Grebe 1880c, Leppla 1925a, St. Schneider 1982).

In der gesamten Abfolge des Mittleren Muschelkalks spiegelt der Schichtverband wider, dass – abgesehen von einem zweiten Anhydrit-Lager im Saarland – im Süden grundsätzliche Ähnlichkeiten bestehen, die für eine ähnliche Steuerung der Sedimentationsabläufe sprechen.

5.2.2.3 Oberer Muschelkalk

Mit dem Oberen Muschelkalk („Hauptmuschelkalk") setzte sich erneut eine Phase mit marinen Verhältnissen durch. Allerdings sind die marine Fossilien enthaltenden Karbonat-Gesteine nördlich und im Bereich der Siercker Schwelle inzwischen in Dolomite umgewandelt. Gelegentlich vorkommende Gips- und Anhydrit-Knollen im Dolomit weisen auf temporär hypersalinare Bedingungen hin. Mit einem ebenfalls dolomitischen, massigeren Schichtverband am Top (ältere Bezeichnungen: „Grenzschichten", „Obere Dolomite", „*Trigonodus*-Dolomit" oder „Dolomitregion") wird am Ende des Muschelkalks die nächste Regression markiert. Darüber folgt der Untere Keuper („Lettenkeuper").

Wenngleich der Fossilgehalt – abgesehen von Zweischalerschill und Trochiten – im hiesigen „Hauptmuschelkalk" eher gering ist, so gelang doch über einige wenige Ceratiten, über Conodonten und Acritarchen der genaue Anschluss an die bio- und Folgen-stratigraphische Gliederung im Germanischen Becken (DSK 2016, Dittrich 2021).

Es existierte ein gegliederter Ablagerungsraum, in dem die Siercker Schwelle deutlich als Untiefebereich zwischen dem Trierer Teilbecken und der Merziger Trias-Bucht in Erscheinung trat. Detritus-Lieferant war die Siercker Schwelle nicht, da sie endgültig in die Sedimentation einbezogen war. Dafür kam es hier verstärkt zur Bildung von Ooiden mit Schwerpunkt bei Schengen, Sierck und Perl, welche bis in den Oberen Hauptmuschelkalk hinauf reichte (Konzan 1997, genauere Ausführungen dazu bei Dittrich 2021).

Auf Barren- und untermeerische Dünenbildung auch noch im höheren Oberen Muschelkalk weist großdimensionale Schrägschichtung hin. Komponenten sind weiterhin vor allem Ooide und Bioklasten, ferner Peloide und Glaukonitpartikel. Auch Quarz-Sandanteile kommen nun vor. Auf einen morphologisch reich gegliederten küstennahen Ablagerungsraum mit stark wechselnden Energiebedingungen weist das enge Nebeneinander von dichten, feinkristallinen und Komponenten-reichen gröberkristallinen Dolomiten hin, die sich lateral verzahnen oder ablösen.

5.2.2.4 Die Lothringer Quersenke und ihre östlichen Randgebiete im Muschelkalk

Die Lothringer Quersenke (Lucius 1950) verlief auch im Muschelkalk von der Eifeler Nord-Süd-Zone im Norden über Konz und Sierck-les-Bains nach Süden. Sie begrenzte den Hunsrück tektonisch und paläogeographisch im äußersten Südwesten. Allerdings bildete die Siercker Schwelle mit ihrem Kern aus Taunusquarzit ein bis in den Mittleren Muschelkalk hinein nachhaltig wirksames strukturelles Element – den „Hunsrücksporn“. Der nördlich davon gelegene, aus Hunsrückschiefer bestehende Anteil des Hunsrücks war bereits seit dem höheren Rotliegend (Nahe-Subgruppe) mit geringmächtigen Schichten in die Sedimentation einbezogen worden. Für die südlich der Siercker Schwelle gelegene Merziger Trias-Bucht gilt dies verstärkt. Bei Trier treffen die N-S (rheinisch) verlaufende Eifeler Depression und der NE-SW ausgerichtete Trier-Wittlicher Senkungsraum aufeinander. Genauere Darlegungen zu den Strukturen des variszischen Unterbaus finden sich bei Dittrich (2008, 2014).

Im Muschelkalk hat die Lothringer Quersenke somit weiter bestanden. Im Westen wurde sie – bei allmählicher Ausweitung des Ablagerungsraumes – weiter vom Gallo-Ardennischen Festland begrenzt. Eine sandige Randfazies zeichnet den Ost-Rand dieses Festlandes nach. Die Siercker Schwelle hat in der Quersenke noch eine modifizierende Rolle gespielt. Ein Zentrum der Subsidenz lag offensichtlich im Schnittbereich zwischen der Eifeler Depression und der Trier-Wittlicher Senke, wo es im Mittleren Muschelkalk in sehr geringem Ausmaß auch zur Ausscheidung von Steinsalz kam (Jantos et al. 2000). Zumindest ist im Trierer Teilbecken mit höheren Mächtigkeiten und mit Becken-Fazies während des gesamten Muschelkalks ein Schwerpunkt der Subsidenz ausgewiesen. Detailliertere Angaben zu den jeweiligen Mächtigkeiten liefert Dittrich (2021).

Im saarländischen Raum, südlich der Schwelle, ist die Dolomitisierung des Hauptmuschelkalks weitaus weniger ausgeprägt. Offenbar beeinflusste die Schwelle noch die Salinität des Wasserkörpers; im Norden herrschten vermehrt hypersalinare Verhältnisse.

5.2.3 Keuper

Die jüngsten Schichten der Trias sind auf Einzelvorkommen zwischen Saar und Obermosel beschränkt. Eine flächenhafte Verbreitung des Keupers wird erst in Luxemburg erreicht. Weitere Vorkommen nördlich der Mosel gehören zum Senkungsfeld der Trier-Bitburger Bucht (vgl. LGB 2005). Die Vorkommen unmittelbar westlich des Hunsrücks bauen sich vornehmlich aus Schichten des Unteren Keupers, untergeordnet auch des tiefsten Mittleren

Keupers auf. Die saarländischen Vorkommen gehören meist in den Unteren Keuper, liegen westlich der Saar und zeigen wenig Beziehungen zum Hunsrück.

Die Stratigraphische Tabelle von Deutschland (DSK 2002, 2016) verdeutlicht, dass im Keuper erhebliche Schichtlücken existieren, die größere Zeiträume umfassen. Diese gelten auch für das Sedimentationsgebiet westlich des Hunsrücks. Generell sind in der Schichtenfolge des Mitteleuropäischen Beckens mehrere Diskordanzen nachweisbar; die Beckenentwicklung und die Ablagerungsbedingungen waren vielgestaltig und sehr wechselhaft. Genauere Darlegungen dazu lieferte Dittrich (2005).

Der Obere Keuper setzt nach neueren Erkenntnissen bereits im höheren „Steinmergelkeuper" ein. Dieser mergelig-dolomitische Abschnitt wird daher nun als Rhätsteinmergel bezeichnet (LGB 2005). Der Altersnachweis gelang über Ostrakoden (Dittrich 2005). Glaukonit, Feinschill-Horizonte, Algenrelikte und Trockenrisse zeigen intra- bis supratidale Verhältnisse an. Grobklastische Einlagerungen im Oberkeuper zeugen von Schüttungen aus den nahen Randgebieten, insbesondere aus den Ardennen. Eventuelle Geröllieferungen aus dem Gebiet des westlichen Hunsrücks (Dittrich 1989, LGB 2005) sind nach dem Geröllspektrum eher unwahrscheinlich. Auch sollte dieses Gebiet – im Gegensatz zu den Ardennen – keine allzu große Reliefenergie mehr besessen haben. Es lag nahe dem Niveau des damaligen Meeresspiegels.

5.2.4 Lias

Die marine Entwicklung des höheren Rhäts setzte sich im Unteren Jura (Lias) fort. Nach dem Sedimentationsmodell bei Bock & Muller (2004: 255) wird „am östlichen Beckenrand [des Pariser Beckens] an der Siercker Schwelle während des Unteren Lias eine lokale Sedimentquelle angenommen (...), die Material vom Süd-Rand des Hunsrücks lieferte und deren Einfluss bis ins westliche Gudland zu verfolgen ist". Zumindest geht aus der Faziesverteilung hervor, dass der von Norden heranziehende sandige Sedimentstrom in das Meeresbecken des Lias südlich des Ardennen-Randes von Luxemburg über Arlons und Charleville nach Rocroi verlief. Er reichte nicht über Thionville und Sierck weiter nach Süden. Möglicherweise machte hier die Siercker Schwelle als südwestlichstes Ende des Hunsrücks („Hunsrücksporn") letztmalig als untermeerischer Rücken ihren Einfluss auf die Meeresströmung geltend. Damit sind die letzten mesozoischen Zeugen geologischen Geschehens am West-Rand des Hunsrücks genannt.

Sedimente des Lias sind jüngste Belege mariner Sedimentation im Westen der seinerzeitigen Rheinischen Insel. Murawski et al. (1983) gingen für den Lias von einem breiten Durchlass durch die Eifeler Depression aus, der nach Westen und Osten über die Grenzen der triassischen Sedimentationsgebiete hinausreichte. Danach wären weite Bereiche des westlichen Hunsrücks in das Sedimentationsgeschehen einbezogen gewesen. Es ist jedoch unwahrscheinlich, dass das auch für die Härtlinge von Hoch- und Idarwald, Osburger Hochwald und Stronbuscher Haardt gilt. Hier sollten zumindest höhere Partien als Inseln unterschiedlicher Größe bestanden haben. Der östliche Hunsrück war dagegen wohl vollständig landfest und weiterhin Teil der Rheinischen Insel.

5.3 Die post-liassische Entwicklung des Hunsrücks und die Mesozoisch-Alttertiäre Verwitterungsrinde

Anschließend hielt wahrscheinlich eine sehr langsame Hebung die gesamte Rheinische Insel immer so weit über dem Meeresspiegel, dass spätere Meeresspiegelanstiege bis in

Oberkreide und Alttertiär sie nicht wesentlich beeinflussen konnten. Auch die oberkretazischen Transgressionen am Nord-Rand der Rheinischen Masse bei Aachen und in der weiteren Umgebung drangen nicht bis in den Hunsrück vor.

Daraus ergibt sich, dass von post-liassischer Zeit bis in das Alttertiär das Gebiet des Hunsrücks als tektonisch ruhig gelten muss. Da gegenüber den Nachbargebieten mangels forcierter Hebung kaum Reliefenergie bestand, kam es nur zu flächenhafter Abtragung. Auf dem Gebirgsrumpf entwickelte sich eine flachhügelige Landschaft mit wannenartigen Senken und einem entsprechend niederenergetischen Entwässerungssystem. Das waren günstige Voraussetzungen für eine tiefgreifende Verwitterung der Gesteine des Hunsrücks (Spies 1986, Felix-Henningsen 1990). Dieser Zersatz setzte schon früh ein, wie Kaolinit- und Eisenooid-Einträge von den Randgebieten der Rheinischen Insel in das westlich benachbarte Sedimentationsgebiet zeigen. Dieser Abtrag erreichte während des Mesozoikums nie erhebliche Ausmaße. So konnte sich bis in das Alttertiär eine tiefgründige Verwitterungsrinde bis 100 m Tiefe und evtl. mehr in situ entwickeln. Die flachhügelige Landschaft mit Spülwannen und trägen Gewässern bestand bis mindesten in das Alttertiär. Murawski et al. (1983) gingen davon aus, dass sich diese Landschaft bis auf ein Niveau von max. 200 m NN erhob. Das mag für die Härtlinge gelten (Spies 1986: Anl. 3), für die Hunsrückhochfläche jedoch wohl nur eingeschränkt, da im Oligozän mit einer zumindest teilweisen kurzzeitigen marinen Überflutung des Rumpfes gerechnet werden muss (Zöller 1985, Sonne 1972,).

Dass der Gebirgsrumpf des linksrheinischen Anteils der Insel im Alttertiär über eine zentrale Einsenkung verfügte, zeigen die Verhältnisse im Bitburg-Kasseler Senkungsfeld (Pflug 1959) mit den Ablagerungen des „Vallendar-Flusssystems“. Dieses querte den Hunsrück im äußersten Südwesten etwa entlang der Saar, bog anschließend in den zentralen Eifeler Senkungsraum nach Nordosten ein und mündete nach nochmaligem Schwenk, diesmal nach Nordwesten, in die Niederrheinische Bucht. Es erhielt offensichtlich Zufluss aus Eifel und Hunsrück (Stets 2004b). Seine Fracht rekrutierte sich aus den Abschlämmmassen der oberen Bodenschichten der Verwitterungsrinde und aus den darin enthaltenen Milchquarz-Klasten, die bei der Zersetzung der Tonschiefer zurückblieben. Sie sind ein wesentlicher Bestandteil dieser Ablagerungen (Löhnertz 1978, Münz & Holzförster 2008).

Die kurzfristige Ingression des Meeres bezeugen diverse Geisterfaunen in Hunsrück und Eifel im Oligozän (Sonne 1972, Sonne & Weiler 1984, Löhnertz 1984). Daraus ergibt sich, dass in der letzten Zeit die Rheinische Insel nur in den Quarzit-Härtlingen noch ein Relief besaß und sonst bis fast auf Meeresspiegelniveau eingeebnet war.

5.3.1 Die Mesozoisch-Alttertiäre Verwitterungsrinde (MTV)

Eine Karte der prä-pleistozänen Verwitterungsbildungen zeigt, dass die mittlere Höhenlage für die Basis der Verwitterungsdecke im Ost-Hunsrück nordwestlich des Soonwaldes zur Mosel hin heute zwischen <450 m und <300 m NN liegt (Spies 1986: Anl. 2). Nur in wenigen Positionen werden 500 m NN auf der Hunsrück-Hochfläche überschritten. In Gebieten, wie z. B. am Nord-Rand der Simmerner Mulde, wo einzelne Partien aus stärker sandigen Gesteinen höher aufragen, ergibt sich eine flache Aufwölbung der Basis der Verwitterungsrinde bis max. 60 m mehr. Im Soon- und Hochwald steigt die Basis auf >550 m NN an. In Richtung auf den Mosel-Trog sinkt nach Norden die Basis der Verwitterungsdecke von <450 m NN langsam auf 300 m NN. Von der Wasserscheide der zum Rhein entwässernden kurzen Tributarien fällt sie – unterstützt durch flexurhafte Verbiegung und/oder Rheinparallele Verwerfungen – auf Höhen unterhalb 200 m NN, so dass der Obere Mittelrhein in einem relativ engen Trog oder Graben („Mittelrhein-Graben“, Anderle 1984) zu liegen kommt. Nordwestlich einer Linie, die etwa von Emmelshausen über Kastellaun nach Sohren verläuft, wurde die Verwitterungsrinde durch jüngere Erosion meist tief unterschnitten, ist nurmehr reliktisch überliefert und hat im Pleistozän eine spezifische Weiterentwicklung erfahren.

Ähnliche Verhältnisse wie im Ost-Hunsrück sind auch für den West-Hunsrück zu erwarten. Dort sind sie jedoch durch die Härtlinge des Hochwaldes stärker modifiziert. Das gilt insbesondere auch für den Abfall zur Mosel hin. Außerdem ist hier durch stärkere moderate Hebung die MTV stärker abgetragen und daher weniger vollständig erhalten. Zudem ist sie hier weniger untersucht.

Kutscher (1954) hat auf Bl. 5911 Kisselbach bereits die Verwitterungsrinde der „prä-oligozänen Landoberfläche" erkannt wie vor ihm A. Fuchs (1933) und Quiring (1936a). Die schon damals richtige altersmäßige Einstufung resultierte aus der Kartierung kiesiger, sandiger, toniger, meist bunter und auch weißer oligozäner „Kaolin-Tone", die die MTV überlagern. Spies (1986) konnte nicht alle diese Vorkommen bestätigen. Bei einigen handelt es sich um in situ befindliche Saprolite mit Milchquarz-Klasten oder Graulehme. Während Kutscher noch von fluviatilen Sedimenten - Äquivalenten von „Vallendar"- und „Ahrenberg-Schottern" - ausging, konnte für einige Vorkommen Marinität und ein Schleichsand-Alter (Stadecken-Formation) nachgewiesen werden (Sonne 1982). Wie weit das für andere Vorkommen gilt, bleibt noch nachzuweisen. Immerhin ist damit erwiesen, dass bereits prä-Oligozän die Verwitterungsrinde in ähnlicher Konfiguration wie der heutigen vorhanden war und wahrscheinlich bis in das Mesozoikum zurück reichte.

In zwei post-oligozänen Einbruchstrukturen westlich Pleitzenhausen (nördlich Simmern) und im Külzbachtal zwischen Alterkülz und Haselbach sind Relikte über der Verwitterungsrinde in noch z. T. beträchtlicher Mächtigkeit erhalten (Spies 1986). Sie belegen, dass die Hauptmasse der Verwitterungsrinde prä-Oligozän vorhanden und in den obersten Partien bereits aufgearbeitet war. Ein tertiäres Solum ist nicht mehr erhalten.

5.3.1.1 Zur Ausbildung der Mesozoisch-Alttertiären Verwitterungsrinde

Im östlichen Hunsrück, der im Plio-Pleistozän wohl weniger stark gehoben wurde, ist ein großer Teil der Mesozoisch-Alttertiären Verwitterungsrinde noch gut erhalten. Allerdings handelt es sich um Rumpfprofile, wie eine gezielt angesetzte Forschungsbohrung bei Pleitzenhausen (Spies 1986) erwies. Für die Ausbildung des Verwitterungsprofils standen immerhin mindestens 170 Ma (Rhät bis Alttertiär; DSK 2002, 2012) zur Verfügung. In diesem Zeitintervall herrschten für den Bildungsprozess hervorragende Bedingungen: Tektonische „Ruhephase" bei warm-humidem Klima und Fehlen tiefgreifender flächenhafter Abtragung. Insbesondere die Einwirkung der Atmosphärilien in Form periodischer oder episodischer ausgiebiger Regenfälle führte zu der sich ständig zur Tiefe ausdehnenden Verwitterungsrinde, von der heute >50 m, jedoch meist mehr, erhalten sind.

Aus dem Gesteinsverband der unterdevonischen Siliziklastika entstand eine völlig veränderte Gesteinsassoziation. In den unteren Partien der Verwitterungsrinde sind die Texturen der Ausgangsgesteine, insbesondere Schichtung (s_0) und Schieferungen (s_1, s_2) sowie die Quarz-Anteile noch weitgehend in situ erhalten. Dieses Gestein wird als Saprolit bezeichnet. Der Saprolit ist weitgehend entfestigt, besitzt einen unterschiedlichen Gehalt an primären und an neu gebildeten Mineralen; auch zerbricht er nach ererbten Vorzeichnungen in der Hand stückig oder bröckelig bzw. zerfällt, je weiter er zersetzt ist, vollständig. Die neu entstandenen Tonminerale bedingen beim Zerreiben das „seifige", fettige Gefühl des Saprolits.

Mit dem Vordringen der Verwitterungslösungen zur Tiefe entstand eine vertikale Zonierung, die sich in Gesteinsfarbe und Mineralbestand abbildet. In Abhängigkeit vom Mineralbestand des Ausgangsgesteins und der Wegsamkeit im Gesteinskörper erfolgte der Umwandlungsprozess unterschiedlich. Insbesondere Klüfte, Verquarzungen oder steilstehende Schichtlagerung (s_0) und steile Schieferungsflächen bereiteten den Weg. Sie erleichterten die Auflösung von Gefüge und Mineralbindung. So bildete sich in den oberen Abschnitten des Profils in Abhängigkeit vom Grundwasserstand die Oxidations-, in den tieferen die Reduktionszone. In der Oxidationszone sind die dunklen Gesteine vollständig gebleicht (Weißverwitterung); in der Reduktionszone blieben sie weitgehend dunkelgrau bis schwärzlich. Auch blieben noch Pyrit und Schwermetall-Sulfide außer der Originalfarbe erhalten. In beiden Zonen erfolgte eine teilweise bis vollständige Umwandlung des Original-Mineralbestandes.

In vielen Fällen kam es im Hunsrück zu Abspülung oder Deflation der oberen Bodenhorizonte bis hinunter in den Saprolit. Das gilt insbesondere für das letzte Entwicklungsstadium des Hunsrücks, die „Rheinische Masse", als die erosive Abtragung seit dem Plio-Pleistozän stärker einwirkte und der Grundwasserspiegel durch Tieferlegung der Vorfluter unter das Niveau der Grenze Oxidations-/Reduktionszone absank, ohne dass die Um- und Neubildung der Minerale abgeschlossen war und auch nicht weiter Schritt halten konnte. Dort lassen sich unterschiedlich deutliche Übergänge zwischen Saprolit und Ausgangsgestein beobachten (Spies 1986; Spies & Stets 2004, Felix-Henningsen 1990).

Die Oxidationszone. Maßgeblich für ihre Färbung sind die Oxide und Hydroxide von Eisen und Mangan. Sie schwankt abhängig von deren Gehalt im Ausgangsgestein von weiß bis hellgelblichgrau bei starker Abreicherung von Fe, hellgelblich- bis hellrötlichbraun bei mäßiger und rötlichbraun bis -violett bei mäßiger bis fehlender Enteisenung bzw. bei sekundärer Anreicherung von Fe („Rotverwitterung"); hinzu kommt eine Fleckung. Die für die primär dunkle Farbe der Ausgangsgesteine verantwortliche organische Substanz ist vollständig oxidiert; das gilt auch für primär enthaltenen Pyrit, Bleiglanz u. a. Primäre Karbonate (Dolomit, Kalzit, Siderit) wurden ebenfalls gelöst und weitgehend abgeführt.

Die neu gebildeten Minerale sind Kaolinit, reliktischer „Illit-Muskovit", evtl. Feldspat und Quarz; sekundär angereichert sind Goethit, Hämatit und Mn-haltiges Brauneisen. Die Oxidationszone wird deshalb auch als **„Illit-Muscovit"-Kaolinit-Zone** bezeichnet. Nach einer Zusammenstellung bei Spies (1986: Abb. 1, Anl. 2) sind im Ost-Hunsrück nördlich des Soonwaldes noch ausgedehnte Vorkommen der „Illit-Muskovit"-Kaolinit-Zone zu finden.

Die Reduktionszone. Die Reduktionszone schwankt in ihrer Mächtigkeit stark, da die Verwitterungsprozesse unterschiedlich tief in das Ausgangsgestein vorgriffen. Das Profil ist zur Tiefe nach dem Grad der Mineralumwandlung gegliedert in die tiefere **„Illit-Muscovit"-Kaolinit-Zone**, in der originärer Chlorit vollständig in Kaolinit umgewandelt ist; die reliktisch erhaltenen Minerale entsprechen denen in der Oxidationszone; die primär dunkle Gesteinsfarbe ist noch erhalten; die **„Illit-Muscovit"- Chlorit-Kaolinit-Zone"**, in der noch Chlorite erhalten sind und die **„Illit-Muscovit"-Chlorit-Smectit-Kaolinit-Zone**, in der die Chlorite teilweise in Smectit, zur Tiefe vermehrt jedoch noch nicht in Kaolinit umgewandelt sind.

Überall dort, wo wegen des Klimawandels zum Pleistozän durch Änderung der Verwitterungsprozesse oder wegen entscheidendem Absinken des Grundwasserspiegels die Oxidationszone in die „Illit-Muscovit"-Chlorit-Kaolinit-Zone rascher vorgriff, entwickelte sich in der ehem. Reduktionszone eine „Illit-Muscovit"-Kaolinit-Vermiculit-Mixed-Layer-Paragenese, da die restlichen Chlorite nun unter oxidierenden Bedingungen in eine Chlorit/Vermiculit-Mixed-Layer-Gesellschaft umgewandelt wurden.

Mächtige Vorkommen an Material der MTV sind in den Senken zwischen den Härtlingen des Soonwaldes zu finden. Für den westlichen Hunsrück und den Hochwald gilt dieses nicht uneingeschränkt. Nach geomorphologischen Untersuchungen (Manz 1980) ist dort wegen jüngerer, tektonischer Hebungsprozesse die Hochflächenlandschaft des Tertiärs bis auf Relikte abgetragen. Nach Einschlägen in die Bodendecke zeigten sich hier auf der Hochfläche kaum mächtige weißverwitterte Tonschiefer- oder Saprolit-Areale. In der Regel findet sich hier meist nur unvollständig kaolinitisierter Saprolit.

Abgesehen von der pleistozänen Abtragung kam es selbst bei geringer Hangneigung vielfach zu Umlagerungen, die zur Deckenbildung über Saprolit und Oxidationszone führten. Das Material dieser Decken wird als **Graulehm** bezeichnet und besitzt eine graue, rote oder gefleckt rote Färbung ohne die Strukturen des Saprolits. Es sind rote oder graue Plastosole (Mückenhausen 1958, 1977). Durch die Umlagerung und die Vermischung mit äolischen Einträgen bekamen sie ihre graue Färbung. Diese „Graulehme" werden heute zum Formenschatz der pleistozänen Deckschichten gerechnet. Durch die Umlagerung sind sie weitgehend strukturlos.

5.3.1.2 Beispiele der Mesozoisch-Alttertiären Verwitterungsrinde

Diese Verhältnisse lassen sich an zwei Örtlichkeiten exemplarisch zeigen.

Lingerhahn. Auf der Hunsrück-Hochfläche bei (Spies & Felix-Henningsen 1985, Felix-Henningsen 1990) am Oberlauf des Baybaches südlich Pfalzfeld (Bl. 5911 Kisselbach) durchörterte eine 53 m tiefe Forschungsbohrung den Saprolit nicht. Ihr Ansatzpunkt lag bei 487 m NN. Unverwitterte Tonschiefer waren im Tal des Baybaches unweit der Ortschaft Hausbay bei 425 m NN aufgeschlossen. Daraus ergibt sich eine heute noch erhaltene Mächtigkeit von mindestens 60–65 m. Untersuchungen im Umfeld zeigten, dass die Grenze Oxidations-/Reduktionszone nicht horizontal verläuft, sondern unregelmäßig tief in die unvollständig verwitterten Tonschiefer zur Tiefe vorgriff. Die Grenzfläche zwischen beiden Zonen folgt den s-Flächen im Gestein als Flächen bester Wegsamkeit. Sie griff entsprechend deren Einfallen steil nach SSE in die Tiefe. Zusätzlich vorhandene Quarz-Gänge fielen steil parallel zur 1. Schieferung nach SSE ein. Oxidations- und Reduktionszone verzahnten sich innerhalb eines bis 40 m mächtigen Bereichs (Felix-Henningsen 1990: Abb. 17). Die recht zahlreichen Quarz-Gänge waren stark vererzt und bildeten rote und braune, massive Eisenoxid-Krusten, die im Inneren stark zersetzte Reste von Quarz enthielten. Diese Erze werden als Hunsrück-Erze bezeichnet. An den Talhängen liegt hier über dem Saprolit liegt eine bis 2 m mächtige Solifluktionsdecke. Unter dieser ist der Saprolit über unverwittertem Gestein angeschnitten.

Die Gesteine der Reduktionszone zeigten hier olivgraue Färbung und die Texturen des Saprolits. Er ist stark entfestigt. Dieser Bereich repräsentiert jenen Anteil der Reduktionszone, der unter den veränderten klimatischen Bedingungen und bei Absinken des Grundwasserspiegels im Pleistozän eine weitergehende Oxidation durchgemacht hat. Dabei kam es zur Umbildung der Rest-Chlorite. Mehrfach hatten sich um die Relikte der Quarz-Gänge 10–40 cm breite massive Krusten von Hunsrück-Erz gebildet, die ihrerseits von mächtigem, völlig gebleichtem Saprolit (Oxidationszone) zur Tiefe begleitet wurden, wo sie in olivgrauen Saprolit einmündeten. Das zeigt, dass auch das mürbe und zersetzte Material der Quarz-Gänge Bereiche erhöhter Wegsamkeit für die sauerstoffhaltigen Niederschlagswässer waren.

Bei der Verwitterung ging offensichtlich entlang der Schwächezonen auch Quarz in Lösung. Dieses Phänomen führte zur Erweiterung von Spalten und Hohlräumen. So entwickelten sich röhrenartige Kanäle und unregelmäßige Höhlungen, die mit einem dichten Gemenge von mulmartigen Oxiden gefüllt waren. Die Mobilisation von Fe, Mn und Mg ist eine Folge der Degeneration der Chlorite in Kaolinit. Die primären Mineralanteile der Hunsrückschiefer in der Fazies der Dachschiefer beläuft sich auf ca. 30% Chlorit, 40% „Illit-Muscovit" und ca. 30% Quarz (Mosebach 1954), so dass bei der Umwandlung sich auch nennenswerte Mengen an „armen Erzen" und entsprechende Verwitterungslagerstätten bilden konnten.

Beispiel Pleitzenhausen. Nordwestlich dieser Ortschaft liegt eine Forschungsbohrung (Bl. 5591 Kisselbach). Sie wurde auf einem reliktisch erhaltenen Vorkommen oligozäner Ablagerungen (Kutscher 1954, Zöller 1983c, Spies 1986) angesetzt. Hier bestand die

Chance, ein vollständigeres Profil anzutreffen. Der Bohransatzpunkt liegt auf der rechten hohen Talflanke des Simmerbaches.

Das Tertiär-Vorkommen liegt in einem NNE-SSW ausgerichteten Graben, der post-Oligozän in die ehem. Rumpffläche eingebrochen ist. Wegen der dadurch bedingten Tieflage blieb es als eins der wenigen Vorkommen auf dem Hunsrück erhalten. Die Basis der Tertiär-Sedimente liegt hier bei ca. 404 m NN.

Das Profil der Bohrung Pleitzenhausen nahm die Deckschichten vom Hangenden zum Liegenden mit ca. 16 m ein. Der darunter angetroffene Profilabschnitt betrug ca. 14 m.

Von Profilmeter 15,9–30,0 wurde Saprolit erbohrt, der in den obersten Metern (15,9–17,7 m) vollständig in Kaolin umgewandelt war; es handelt sich um einen gelborange bis grauen, teilweise hellgrau gefleckten weichen Tonschiefer-Saprolit; in den obersten Partien waren rote Flecken und Schlieren enthalten, darunter dunkelbräunliche bis braune Eisenoxid-Beläge entlang von s- und Kluftflächen, die sich bei 16,25–16,55 m zu kavernös-zelligen Eisen- und Mangan-Krusten zusammenschlossen; der Übergang zur Reduktionszone mit dunklem Tonschiefer-Saprolit lag bei 17,7–19,2 m und war an keine scharfe Grenze gebunden, sondern vollzog sich unregelmäßig über dunkle Flecken und Schlieren entlang von s- und Kluftflächen; im dunklen Saprolit waren unterhalb 19,7 m hin und wieder auch weiße, mm-dicke, den s-Flächen parallele gebleichte Partien zu finden; bei 22,7–22,9 m wurde ein kleiner bröckelig-kavernöser Quarz-Gang durchteuft. Die Wände der Hohlräume im Gang waren z. T. mit Kaolinit ausgekleidet, ein Hinweis darauf, dass die Lösung von Quarz offensichtlich auch in den tieferen Abschnitten des Saprolits in der Reduktionszone erfolgte und dass die Aufzehrung organischer Substanz durch O_2-reiche, deszendente Lösungen noch tief in die Reduktionszone hinunter stattfinden konnte; eine raumgreifende Kaolinitisierung der Chlorite war nur in der Oxidationszone hinunter bis etwa 19 m zu beobachten; in den darunter liegenden Abschnitten der Reduktionszone fanden sich nicht umgewandelte Chlorite neben neu gebildetem Kaolinit; es sollte sich hier um die „Illit-Muscovit"-Chlorit- Kaolinit-Zone, evtl. auch um die „Illit-Muscovit"-Chlorit- Smectit-Kaolinit-Zone des Normalprofils handeln. Das Profil Pleitzenhausen belegt, dass unterhalb der diskordant überlagernden Schichten des Oligozän ein großer Teil der Oxidationszone abgesehen vom tertiären Solum bereits abgetragen war.

5.3.2 Die Hunsrück-Erze

Eine erste ausführliche Beschreibung erfuhren die Hunsrück-Erze von Noeggerath (1842). Eine weitere Beschreibung gibt Dunker (1884). Eine darüber hinausgehende ausführliche Abhandlung verdanken wir erst Vierschilling (1910), der allerdings schon beklagte, dass der Eisenerzbergbau damals weitgehend zum Erliegen gekommen war und er nur noch sporadischen Zugriff auf Material hatte. In neuerer Zeit griffen Spies (1986) und Felix-Henningsen (1990) die Problematik bei der Untersuchung der Mesozoisch-Alttertiären Verwitterungsrinde erneut auf.

Überlegungen, die die Gewinnung und Verhüttung von Eisen-Erzen im Hunsrück bereits zur Latène-Zeit mit Fürstensitzen und -gräbern am Hunsrück-Südrand in Verbindung brachten, galten lange als zutreffend. Später zeigte sich jedoch, dass nirgends im Hunsrück der unmittelbare archäologische Nachweis für Gewinnung und Verhüttung von Eisen-Erzen in der Eisenzeit geführt werden kann. Das gilt auch für die Römer-Zeit, obwohl u. a. bei Horath und Hochscheid Nachweise für die Verarbeitung, jedoch nicht für Gewinnung und Verhüttung vorliegen.

Daten für den Bergbau auf Eisen stammen erst aus dem 8. Jahrhundert für den östlichen und für den mittleren Hunsrück aus dem 15. Jahrhundert. Eine Blütezeit erlebte er im 17. Jahrhundert nach Daten über die Anlage von „Hämmern" und Hütten im Hochwald – in

Züsch, Abentheuer, Weitersbach, Mariahütte sowie in Dampflos, Nohfelden, Berschweiler und Allenbach. Zumindest ein Teil dieser im Hochwald und an dessen Süd-Rand gelegenen Betriebe hat sicherlich auch Lebacher Erze verarbeitet. Bekannt waren in diesem Zusammenhang die seinerzeitigen „Großindustriellen" aus den Familien de Hauseur und Stumm, die über die gen. Orte hinaus auch Konzessionen im Raum Kirchberg besaßen. Dazu gehörten die Hammer- und Hüttenwerke bei Sensweiler, Katzenloch, Hammerbirkenfeld, Asbach. Mit Verlagerung der Produktion, die inzwischen an die Familie Böcking übergegangen war, in das Saarland, ging Ende des 19. Jahrhundert die Eisenindustrie im Hunsrück ihrem Ende zu, im Soonwald reichte sie, verbunden mit dem Namen Puricelli, bis in die Mitte des 20. Jahrhunderts. Der Abbau der Hunsrück-Erze erfolgte im Wesentlichen im Tagebau.

Noeggerath (1842) prägte für diese „jungen" Eisen-Erze unabhängig von diesem Unterschied die Begriffe „Hunsrücker Eisenerze" (kurz: „Hunsrück-Erze") für solche im Saprolit mit einem Alter von >25 Ma (mesozoisch bis alttertiär) und „Soonwald-Erze" für Erze, die in den tertiären Deckschichten des Süd-Hunsrücks angereichert sind mit Altern um 35 Ma.

Diese Zweiteilung wird hier im Sinne Noeggerath's weiter verwendet. Diese Erze sind vom Mineralbestand der Ausgangsgesteine, von der jeweiligen tektonischen Situation und vom Klima abhängig; daher werden sie auf der gesamten „Rheinischen Insel" gefunden.

5.3.2.1 Die Erze

Verbreitung und Ausbildung. Die Hauptverbreitung der „Hunsrück-Erze" ist auf den Ost-Hunsrück beschränkt. Einige Vorkommen liegen auch südlich des Soonwaldes. In Richtung Westen klingen die Erze auf der Höhe von Hochscheid aus, da hier offensichtlich durch jüngere tektonische Hebung der Saprolit, das Wirtsgestein, weitgehend abgetragen ist. Vierschilling (1910: Anl.) verzeichnete seinerzeit noch 131 ehem. Gruben; auch sollen mehr als 1000 Schürfe bestanden haben (Spies 1986). Vierschilling (1910: Abb. 72) gab auch ein generalisiertes Profil für die Vorkommen. Vom Liegenden zum Hangenden zeigt es drei übereinander folgende Einheiten: Die Basis bildet das „feste" unverwitterte Muttergestein; meist sind es Hunsrückschiefer aus Tonschiefern und schiefrigen sandigen Siltschiefern. Darüber folgt das „eluviale" Gebirge, der Saprolit, der mit unregelmäßiger, unscharfer Grenze von dem festen Ausgangsgestein getrennt ist und die Erze enthält. Den Abschluss (oben) bildet eine „Verlehmungszone", der Graulehm. Nach moderneren Ausführungen ist das Eisen-Erz vom Hunsrück-Typ innerhalb des „eluvialen Gebirges" auf die höheren Partien der Verwitterungsrinde, die Oxidationszone, beschränkt, wo die vollständige Kaolinitisierung der Chlorite stattgefunden hat.

Im unverwitterten Ausgangsgestein betragen die gemittelten Gehalte der Tonschiefer an Quarz und Feldspäten 35–45%, an „Illit-Muskovit" 35% und an Chlorit 26% (Mosebach 1954, Felix-Henningsen 1990). Die Streuung liegt um die gen. Werte bei <10%. Abgesehen davon sind die Anteile an Pyrit und Apatit (Mosebach 1954: <1%) sowie Schwefel (S) und Phosphor (P) mit im Mittel um 0,2% gering. Eisen (Fe) ist vor allem in den Fe-reichen Varianten der Chlorite enthalten, auch in Pyrit. Nach chemischen Analysen unverwitterter Tonschiefer beträgt der Anteil an SiO_2 55–65%, Al_2O_3 17–23%, CaO und MgO 0,9–5%, Fe_2O_3 und FeO um 5–8% sowie Alkalien bei 2,5–6,5%; hinzu kommen geringe Gehalte an TiO_2, P_2O_5, C, S und MnO.

Im Bereich der Oxidationszone reicherten sich aus diesem Angebot die oxidischen Eisenerze an. Unter Einwirkung deszendenter Wässer erfolgte die Umwandlung des Chlorits in Kaolinit. Bei diesem über mehrere Schritte ablaufenden Degradationsprozess wird Fe frei und geht in Eisenhydroxid-Sol über, das i. a. schlecht löslich und wenig wanderungsfreudig ist. In Abhängigkeit von den Lösungsbedingungen wird es als Eisenhydroxid-Gel ausgeflockt. Bei alkalischer Lösung bildet sich Eisenoxidhydrat (FeOOH). Dieses liegt heute entweder als amorpher Stilpnosiderit oder auskristallisiert als Nadeleisenerz oder Limonit vor. Gesteuert wird dieser Prozess durch den pH-Wert im Wirtsgestein. Felix-Henningsen (1990) stellte fest, dass dieser Prozess auf die Oxidationszone beschränkt ist. Hinsichtlich der Verfügbarkeit der Fe-Ionen bleibt ein relativ hoher Fe-Anteil in dem Zwischenstadium des Degradationsprozesses an Chlorit-Vermiculit-Wechsellagerungsminerale gebunden. Durch innerkristalline Oxidation konzentrierte sich dabei der Anteil an Fe^{3+} auf Kosten der primären Fe-Anteile. Erst bei der endgültigen Umwandlung in Kaolinit wird der Anteil an Fe^{3+}-Ionen voll verfügbar und kann zur Bildung der Eisen-Erze beitragen. Freies Mangan (Mn) ist im Saprolit nicht mehr vorhanden. Es wurde ausgewaschen, jedoch bereits früh in den Bildungsprozess der Eisen-Erze eingebunden. Außerdem reicherte sich im Erz verglichen mit dem Tonschiefer beim Degradationsprozess Phosphor (P) an.

Reinere Mangan-Erze dieser Genese waren auf einzelne Gebiete beschränkt. So bestanden Vorkommen nordwestlich Kirchberg bei Niederkostenz auf der Hunsrück-Hochfläche, andererseits in einem Streifen nordwestlich Spabrücken über Schöneberg bis Wald-Erbach, weiter westlich von Stromberg, nördlich des Stromberger Massenkalk-Vorkommens und westlich von Dörrebach südlich des Soonwaldes. Aus der Verteilung dieser Erz-Vorkommen ergibt sich nördlich des Soonwaldes eine Bindung der Vorkommen an nur lokal Mn-reichere Tonschiefer, während sie südlich des Soonwaldes an heterogene, auch Karbonate enthaltende Gesteine des Südhunsrück-Troges gebunden waren. Evtl. enthielten sie mehr Mangan im Ausgangsgestein. In diesen Zusammenhang gehört auch die ehem. Lagerstätte bei Waldalgesheim. Erz-Minerale waren dort Pyrolusit (MnO_2) und Lithiophorit ((Al, Li (OH_2) MnO_2)).

Die Mächtigkeit der Brauneisen-Erze ist sehr unterschiedlich. Vierschilling (1910) nannte Werte zwischen wenigen cm und 1–2 m, evtl. auch mehr. Die recht unregelmäßigen Erz-Körper waren am ehesten in Längsrichtung des Gebirges (NE-SW), entsprechend dem Streichen der tektonischen Strukturen im Sockel ausgerichtet. Als Beispiel zeichnete Vierschilling (1910: Abb. 76–78) Querprofilschnitte entlang einer NE-SW verlaufenden, etwa 1 800 m langen Strecke, die die Lage und die stark wechselnden Mächtigkeiten nördlich Spesenroth (Bl. 5910 Kastellaun) zeigen. Die Rumpffläche des Hunsrücks ist hier im Niveau um 460 m NN mit ihren prä-pleistozänen Verwitterungsbildungen noch weitgehend erhalten. Von anderen ehem. Lagerstätten wurden Längserstreckungen in Richtung NE-SW zwischen 10–100 m, jedoch auch bis 300 m angegeben. Gebietsweise reichte die Tiefenerstreckung bis >30 m, so dass dort lokal Erz auch untertage abgebaut werden musste.

Ein weiteres Beispiel für die Unregelmäßigkeit der Vorkommen im Saprolit war die ehem. Brauneisenstein-Grube „Laubach“ im Gödenrother Wald östlich Hollmich (Bl. 5810 Kastellaun, 5910 Kisselbach), wo in ähnlicher Höhenlage über 460 m NN Erz abgebaut wurde. Lokal befand sich hier der Brauneisenstein direkt über „festen Tonschiefern“.

Spies (1986: 67 ff.) beschrieb ein Vorkommen aus der Ortschaft Braunshorn (Bl. 5911 Kisselbach), wo in einer 5 m tiefen Baugrube „Hunsrück-Erze“ angeschnitten waren. Auch dieses Vorkommen liegt bei 460–480 m NN. Die Eisen-Anreicherungen befanden sich in der Oxidationszone, gekennzeichnet durch vollständige Kaolinitisierung der Chlorite.

Genese. Generell kann davon ausgegangen werden, dass trotz der geringen primären Durchlässigkeit der Tonschiefer bei relativ hohem Porenraum der Saprolit im Laufe der langen Zeit, die zur Entstehung zur Verfügung stand, in seinen oberen Partien völlig mit Grundwasser gesättigt war, das Lösungs- und Degradationsprozessen Vorschub leisten konnte. Die Aufschlüsse Lingerhahn und Braunshorn sowie die Literaturdaten zu den „Hunsrück-Erzen“ zeigen, dass vor allem tektonische Störungen, Klüfte, aufgehende s-Flächen und kleine Quarz-Gänge in unterschiedlichem Maß Wegsamkeit für die deszendenten Wässer boten. Entlang davon konnte die Zersetzung der Tonschiefer in Saprolit mit Abfuhr löslicher Elemente und auch Anreicherung von Eisenerzerz erfolgen. Bei der großen Mächtigkeit der Oxidationszone, die heute nur noch z. T. erhalten ist, bleibt dahingestellt, ob die Oxidationsprozesse erst „in einer jüngeren Bildungsphase der Verwitterungsprodukte" durch Eindringen von Sauerstoff von der Landoberfläche „in die Klüfte und Lösungshohlräume" geschahen und die „tiefgründige Oxidation der feinporigen, ehemals mit Haftwasser gesättigten Saprolitbereiche (…) intensive klimatisch bedingte Austrocknungsprozesse zur Voraussetzung gehabt haben" (Felix-Henningsen 1990: 112) und damit erst relativ spät geschahen. Vielmehr zeigt die besonders intensive „Bleichung" entlang bevorzugter Lösungswege, dass es offensichtlich immer schon mit Sauerstoff beladene Niederschlagswässer waren, die den Verwitterungsprozess zur Tiefe vortrieben und auch zur Fällung des Eisens führten, nicht zuletzt wegen dessen schlechter Löslichkeit.

Allerdings ist damit der hohe Anteil an Mangan nicht geklärt, da dieses leicht in Ionendisperse Lösung geht und abgeführt werden kann. Vierschilling (1910) ging davon aus, dass hierfür höhere Kalkgehalte die Voraussetzung waren. Auch betonte er schon seinerzeit die in-situ-Bildung der Erze und sprach sich gegen jegliche „fremde Zufuhr von mineralischen Stoffen etwa aus der Tiefe von Spalten" aus. Auch betonte er, dass „sämtliche Bestandteile der Erze auch im ursprünglichen Material vorhanden (waren) und daraus nach kurzem Transportweg örtlich konzentriert worden" (S. 411) seien. Das impliziert eine relativ lange Zeit ab dem Moment, wo eine Oxidationszone ausgebildet werden konnte.

5.3.2.2 Die Eisen-Mangan-Erzlagerstätte „Dr. Geyer" bei Waldalgesheim

Das Vorkommen bei Waldalgesheim. Zu den Verwitterungslagerstätten mit Mangan- und Eisen-Erzen gehören im Hunsrück auch die Vorkommen auf dem Bingerbrücker Dolomit, der zwischen Weiler und Waldalgesheim durch untertägige Grubengebäude von Bingen aus (Binger-Loch-Stollen, Rheinstollen) und von zahlreichen Schächten („Weiler-West", „Waldalgesheim", „Amalienhöhe") erschlossen waren. Der ehem. Bergbau war zuletzt unter der Bezeichnung „Braunsteinwerke und Gewerkschaft Dr. Geyer, Waldalgesheim" bekannt. Aufschluss und Abbau erfolgten in mehreren zeitlichen Phasen:

- 1845–1870: Erste bergmännische Gewinnung;
- 1885: Erschließung von Feld „Amalienhöhe", erste Bohrungen und Schächte;
- 1909–1910: „Glockenwieser Lager" (Waldalgesheim) wird in Abbau genommen;
- 1911: Kauf durch „Braunsteinwerke Dr. Geyer";
- 1964: Erschöpfung der Mangan-Erz-Vorräte;
- bis 1971: Untertage-Abbau auf Dolomit.

Zuletzt waren Grube und Dolomit-Werk im Eigentum der Mannesmann AG (Taupitz 1965, Rosenberger 1979). Mit einer Fördermenge von insgesamt 5,5 Mio. t Mangan-Erz war es weltweit eine kleine Lagerstätte, sie war jedoch seinerzeit die bedeutendste in Deutschland.

Bei Bingerbrück war das Erz im Bingerlochstollen bei 90 m NN, etwa 20 m über dem Niveau der heutigen Rhein-Sohle mit 1–6 m Mächtigkeit erschlossen. Es befand sich auf der NW-Seite des mit 65–70° (i) NW einfallenden Dolomits und war von diesem durch „Kalkletten" von ca. 3 m Mächtigkeit getrennt. Das Erz-Lager spitzte nach unten bis zum Rhein-Niveau vollständig aus. Vierschilling (1910) erwähnte zusätzlich einen 0,2–1,0 m mächtigen „weißen Ton" und Quarzit-Gerölle im Grenzbereich zu den Quarziten im NW, d.h. im tektonisch Hangenden. Von der „Rhein-Sohle" reichte das „Lager" 110 m hoch, bis es bei ca. 180 m NN zutage anstand.

Ein schematisches Profil durch den mittleren Teil der ehem. Lagerstätte bei Waldalgesheim (Taupitz 1965: Abb. 2) zeigt eine unregelmäßige Anordnung des Erzes nordwestlich des

Dolomits im Hangenden von „Hunsrückschiefer“ mit „Grauwackensandsteinen und Schiefer“, der ohne Verwerfung über Taunusquarzit folgt. Die „Grauwacken-Sandsteine mit Schiefern“ sind vererzt. Im stratigraphisch Hangenden folgt der „Bingerbrücker Dolomit“ mit dem „Liegenden Plattendolomit“ und darüber dem Massendolomit. Die Erze reichten bis an den Kontakt am Massendolomit. Der Kontakt südöstlich des Dolomits war deutlich gestört. Hier war nur eine leichte Vererzung zu beobachten. Der gesamte Komplex wird diskordant überlagert von tonigen Verwitterungsbildungen mit Erz, die in Dolinen und Schlotten in die verkarstete Oberfläche des Dolomits hinuntergreifen. Darüber folgen diskordant Sande und Kiese des Tertiär. Die oberen Partien dieser tertiären Deckschichten gehören in das mittlere Oligozän (Stadecken-Formation; „Schleichsand“; Sonne 1958), der Zeit maximaler Meeres-Verbreitung im Tertiär des Mainzer Beckens.

Nach Vierschilling (1910) befand sich der bedeutendste Teil der Lagerstätte in den Abschnitten „Weiler-West“ und „Amalienhöhe“ nördlich des Dolomits und besaß im Niveau 200–220 m über dem Rhein seine größte Ausdehnung. Dieses Niveau entspricht der Basis des pleistozänen Plateau-Tales am Oberen Mittelrhein. Ab diesem Niveau nahm die Mächtigkeit nach unten ab. Vierschilling ging davon aus, dass die Vererzung einer tektonischen Schwächezone – einer „Verwerfungsspalte“ – folgte. Im Bereich des Bingerloch-Stollens soll südlich des Dolomits früher ebenfalls Abbau auf ein „sehr schönes Vorkommen von festem, kompaktem edlem Pyrolusit umgegangen sein“ (S. 413). Die Beschaffenheit der Erze auf beiden Flanken des Dolomit-Körpers war gleich. Insgesamt ergibt sich insbesondere auf der Nord-Seite des Dolomit-Körpers eine „langtrichterförmige Gestalt“ des Erzkörpers zur Tiefe. Im Streichen des Erzkörpers waren örtlich Mächtigkeitsschwankungen zu verzeichnen.

Der Erzkörper war offensichtlich in sich nicht homogen. Vierschilling (1910: 415) führte zwei Bohrungen an, die 1905 auf der Nord- und auf der Süd-Seite den Erzkörper durchörterten. Beide Bohrungen trafen das Erz in Form von „Mangan-Mulm“ (erdige Konsistenz) und als festes Mangan-Erz im Wechsel mit weißem, reinem, auch rotgelbem sandigem und gelblichgrünemTon („Letten“), gelegentlich auch mit Sand an. Vierschilling ging von „Umlagerungen“ des Erzes aus, bei denen „die fremden tauben Einlagerungen in das Erz“ (S. 421) gelangten. Das gilt auch für offensichtlich nachgestürzte, „scharf umrandete, gelbe und weiße, ausgelaugte und aufgeweichte Schieferstücke, die von den Seiten des Kalkes aus dem anstehenden Schiefer stammten“ (S. 421). Außerdem erwähnte er ein Erzlager als „zwischen Nebengestein eingeknetet größere parallelepipedische mulmige Erznester“ (S. 421), deren Entstehung am ehesten auf metasomatische Umwandlung des Karbonat-Gesteins zurückgeführt werden kann. Letztlich war dies der Ausgangspunkt für eine Erz-Bildung, die von oben nach unten erfolgte und auf einen sinkenden Grundwasserspiegel zurückgeführt werden kann. Dabei ist allerdings zu beachten, dass das Niveau des Rheines im Altpleistozän (Jüngere Hauptterrasse; Ploschenz 1994) bei Bingen und Rüdesheim noch bei ca. 200 m NN lag und erst sehr viel später mit Hebung der Rheinischen Masse durch relativ junge Erosion das heutige Niveau bei 70 m NN erreichte.

Weitere Vorkommen. Abgesehen von den Vorkommen bei Waldalgeshein berichtete Buchrucker (1896) über Mangan-Erze bei Wald-Erbach, wo in den 1860iger Jahren „Braunstein-Bergbau“ betrieben wurde. Außer festen Erzen der Braunstein-Gruppe (Mangan-Oxide, z. T. wasserhaltig) kam auch dort „mulmiges schwarzes Manganerz“ vor.

Außerdem erwähnte er ein „Braunstein“-Vorkommen am Weissenfels bei Stromberg (inzwischen abgetragen) im Bereich des Stromberger Massenkalks.

Unabhängig davon ging auch im Anfangsstadium der ehem. Grube „Korb“ bei Eisen/ Saarland im Hochwald der spätere Baryt-Abbau von der Gewinnung von „Braunstein“ als „Farberde“ und Eisen-Erz aus.

Somit unterlagen alle Kalk- und Dolomit-Vorkommen im Hunsrück einer ähnlichen, unterschiedlich tiefgreifenden Zersetzung und Anreicherung von Eisen- und Mangan-Erzen. Unter ihnen waren jene auf dem Bingerbrück-Waldalgesheimer Dolomit-Zug die reichsten. Hier spielte offensichtlich die Verkarstung eine entscheidende Rolle.

Die Erze und ihr Mineralbestand. TAUPITZ (1965) unterschied hinsichtlich „Form und Art der Erze" zwei Typen im Waldalgesheimer Vorkommen:

Deckerze. 10–40 m mächtige Verwitterungsrückstände über stark verkarstetem Dolomit wurden als „Deckerze" (S. 16) bezeichnet, die bevorzugt über dem Plattendolomit ausgebildet waren; entlang der besten Wegsamkeit parallel s_0 griff die Umsetzung von Pyrit sowie Fe- und Mn-haltigen Karbonspäten im Dolomit zur Tiefe vor; Eisen- und Manganoxide sowie Glimmer blieben zurück; außerdem bildete sich die Bänderung der Dolomite im Erz ab, indem ehem. Mergellagen in erzarme helle Ton-Lagen übergingen; die z. T. wirre Lagerung geht auf Volumenschwund nach Abfuhr der Ca-Mg-Karbonat-Anteile zurück; in dem stark verwitterten Massendolomit fehlten entsprechende Strukturen; auch sind in diesen Erzen weniger detritische Glimmer enthalten; durch den Zersetzungsprozess wurden in den reinen Karbonat-Partien von Massen- und Plattendolomit Fe und Mn, auch SiO_2, Al_2O_3,TiO_2 und Alkalien bis zur fünffachen Menge angereichert; dort, wo die Deckerze von tertiären Sedimenten überlagert wurden, waren Aufarbeitung und Umlagerung – „Verknetung" – sowie Vermischung mit Sanden und Kiesen zu beobachten;

„Schlottenerze".Wirtschaftlich bedeutender waren die „Schlottenerze", jene Partien, die in Hohlräumen von 10–100 m Durchmesser bis in das heutige Rhein-Niveau hinunter gefunden wurden; damit reichte die Vererzung seinerzeit bereits bis weit unter den Tertiär-Grundwasserspiegel im Mainzer Becken; offensichtlich handelt es bei diesen Erzen um Versturzmassen, da Harnische im Grenzbereich Dolomit zu siliziklastischem Nebengestein, Brekzien-Bildung aus Erz- und Nebengesteinspartikeln und Quarz-Geröllen, „Gleitfalten" und Anzeichen von Durchbewegung gefunden wurden; am Boden der Schlotten konnten noch autochthone Verwitterungsbildungen beobachtet werden; die als „Kalkletten" bezeichneten Partien waren Fe-Mn-arme, glimmerreiche Verwitterungsrückstände; in ihnen fanden sich Drusen von Manganit-Pyrolusit-Polianit-Kristallen (MnOOH-pseudomorphes MnO_2-idiomorphes MnO_2); ausgedehnte, verfüllte Karst-Hohlräume wurden auch im tektonisch gestörten nordwestlichen Grenzbereich Dolomit/siliziklastisches Nebengestein beobachtet; der Befund, dass die Schlotten-Erze ehem. Karst-Hohlräume verfüllten, ergab sich daraus, dass beim Abbau jüngerer, mit Erz-reichem Mulm versetzter Dolomit-Schutt gemeinsam mit abgestürzten tertiären Sanden und Kiesen angetroffen wurde;

Vererzte Tonschiefer und Sandsteine. Eine dritte Variante, die mit den Schlotten-Erzen schwer vereinbar ist und daher hier separat aufgeführt wird, sind „konkordant in Schieferpakete des Grauwackensandsteins eingeschaltete Erzlager aus grob gebänderten Erzen" (TAUPITZ 1965: 19); dieser Typ steht in engem Zusammenhang mit den Schlotten-Erzen am Kontakt Dolomit/Sandstein; hier kam es oft auch zu Wechselfolgen von Erz und zersetztem Nebengestein; in den Sandsteinen fanden sich oft ähnliche Gesteine wie bei den an kleine Quarz-Gänge gebundenen Hunsrück-Erzen, wo Quarz gelöst und die Zwischenräume mit Erz gefüllt waren; offensichtlich ging die Vererzung von mit Sauerstoff angereicherten Wässern in den Schlotten aus, die von dort ins Nebengestein übergriff.

Der Mineralbestand der Erze war relativ einheitlich, das Erz häufig erdig. Die Farbe reichte von gelbbraun, rot, dunkelbraun bis schwarz mit allen Übergängen. Der „Mulm" bestand bis zu 30% aus Mangan (Mn) und enthielt Konkretionen von 0,02–2,00 mm Durchmesser. Die Mangan-Träger waren Manganit (MnOOH) in den Konkretionen oder Pyrolusit-Polianit (MnO_2). Hinzu kommt Lithiophorit ((Al, Li) (OH_2) (MnO_2)) als Konkretionen. Die Kornfraktion des „Mulms" <0,02 mm bestand aus röntgenamorphem Manganoxid. Manganspat (Rhodochrosit: MnCO3) kam in kleinen Gängen und Drusen in Erz und Nebengestein vor. Außerdem wurden Manganosit (MnO) und Chalkophanit ($ZnMn_3O_7$ $3H_2O$) gefunden. Der Eisenträger war Goethit (Nadeleisenerz: FeOOH mit bis 50% Fe, evtl. Hämatit (Fe_2O_3) in roten Partien des Erzes. Der bis 50% erreichende unlösliche Rückstand setzte sich überwiegend aus „Illit-Muscovit" zusammen; Kaolinit kam kaum vor.

Auch detritischer Quarz gehörte dazu. Hinzu kam authigener Quarz in Form idiomorpher Kristalle. Seltener waren Gips, Baryt, Kalzit und Hydrargillit (Al $(OH)_3$, Gibbsit).

Alter und Genese der Lagerstätte. Das Alter der Lagerstätte lässt sich nach geologischen Kriterien grob abschätzen. Auf jeden Fall ist die Lagerstätte post-variszisch. Andererseits transgredierten unteroligozäne Sande und Kiese über die „Deck-Erze" und haben diese an der Basis aufgearbeitet. Damit ist die Lagerstätte sicherlich prä-Tertiär einzuordnen und am ehesten wohl mit den Hunsrück-Erzen zeitgleich. Auch der Sachverhalt, dass Tertiär-Sedimente zusammen mit Schlottenerzen im Karst gefunden wurden, ändert daran nichts. Die Verkarstung ging sicherlich im Tertiär weiter und zog entsprechenden Versturz nach sich.

Bei den Erzen von Waldalgesheim handelt es sich wahrscheinlich um autochthone Rückstände des Dolomits und wohl auch aus dem Nebengestein. Dabei weicht die große Menge an Mangan im Vergleich zu den „Hunsrücker Eisenerzen" von den üblichen Verwitterungsbildungen ab, wo Eisen-Erze vorherrschen. Sonne (1960) vertrat die Meinung, dass Mangan und Eisen mit Verwitterungslösungen aus dem benachbarten Hunsrück, von Hunsrückschiefer und anderen Tonschiefern stammten und im Kontakt zum Dolomit ausgefällt wurden. Nach Taupitz (1965) ist jedoch das Fe/Mn-Verhältnis zwischen den Waldalgesheimer und den „Hunsrück-Erzen" sehr unterschiedlich. Letztere sind in der weiteren Umgebung von Waldalgesheim meist Mangan-arme Eisen-Erze, so dass eine Selektion stattgefunden haben müsste, die über Löslichkeit und Transport möglich ist. Näher liegen jedoch Rückstände bei der Lösung der Karbonat-Gesteine und Anreicherung. Anders als bei der Verwitterung der Hunsrückschiefer zur MTV-Rinde ist hier wenig Kaolinit zurückgeblieben. Somit sollten die Chlorite der Tonschiefer in den angrenzenden Gesteinen nur bedingt in den Verwitterungsprozess einbezogen gewesen sein, und bei reinem Zersatz wurden in erster Linie Dolomite, evtl. auch eisenreiche Karbonat-Varianten (Siderit ($FeCO_3$), Ankerit ((Ca, Fe)$(CO_3)_2$) oder Mangan-Karbonate (Rodochrosit ($MnCO_3$)) gelöst.

5.4 Tertiäre Ablagerungen im Hunsrück und in seinen Randgebieten

Im Alttertiär war der Hunsrück noch Teil der „Rheinischen Insel". Dieses Hochgebiet reichte im Südwesten bis an den Süd-Rand des Hunsrücks und darüber hinaus nach Süden. Die Grenze der „Insel" im Süden war jedoch nicht scharf und folgte nicht der Hunsrück-Südrand-Verwerfung. Daher konnte im Laufe der Zeit das Tertiär-Meer bei steigendem Meeresspiegel auch auf die devonischen Sockelgesteine des Hunsrücks übergreifen.

Im prä-Tertiär bestand zwischen dem Südost-Rand des Hunsrücks und dem Kreuznacher Rhyolith-Massiv im Raum Waldböckelheim - Bingen eine SW-NE ausgerichtete Rinne mit Ablagerungen bis zu 50 m Mächtigkeit, die zu Beginn des Alttertiärs einen Abfluss nach Nordosten zuließ. Wie weit diese Rinne nach Südwesten reichte, ist schwer erkennbar. Immerhin greift sie über die Nahetal-Störung hinweg nach Westsüdwest und liegt nahe der tektonischen Schwächezone der Hunsrück-Südrand-Verwerfung. Von dieser Schwächezone aus sollten später - zu Zeiten von Meeresspiegel-Hochständen - „Eintrittskorridore" nach Nordwesten zum östlichen Hunsrück durch die Härtlinge von Rheingau-Gebirge, Soon und Lützelsoon sowie östlich des Idarwaldes bestanden haben. Sie ermöglichten kurzzeitige Ingressionen auf und über die Rheinische Insel mit ihrer Decke aus Verwitterungsbildungen (MTV). Die Rheinische Insel muss seinerzeit somit dicht über dem Meeresspiegel gelegen haben. Von diesen Ingressionen zeugen nur noch lokale Rest-Vorkommen und Geisterfaunen, d.h. umgelagerte Fossilien in jungen Decksedimenten. Andererseits erklären diese Durchlässe, wie das pleistozäne Flusssystem den Weg durch die Härtlinge nach Süden zur Nahe und nicht nach Norden und Osten zu Rhein und Mosel finden konnten.

Auf dem Hunsrück selbst sind Quarz-reiche Sande und Kiese eines ausgedehnten Fluviatilsystems erhalten, das vornehmlich auf das Bitburg-Kasseler Senkungsfeld ausgerichtet war. Es stellte für Südwest- und Südost-Eifel einen zentralen Sammler für Zuflüsse von Hunsrück und Eifel dar. In diesem Senkungsfeld liegt auch das Bruchfeld des Neuwieder Beckens, das den Hunsrück nur randlich berührt. Einen neuen Überblick über das Tertiär des Mainzer Beckens gibt P. Schäfer (2012).

5.4.1 „Ältere Quarz-Schotter" im westlichen Hunsrück

In Anlehnung an Löhnertz (1994) haben Münz & Holzförster (2008) das mitteleozäne Flusssystem der „Arenrather Schotter", das in der West-Eifel gut dokumentiert ist, rekonstruiert. Seine Ablagerungen sind im Wesentlichen in der weiten alttertiären Talung zwischen Heckenmünster und Hasborn (Eifel) mit Zuflüssen aus Norden (Manderscheider Talung) und aus dem Hunsrück (Ur-Saar, -Ruwer, -Dhron) erhalten.

Für den West-Hunsrück ist nach der allgemeinen geologischen Situation davon auszugehen, dass die Härtlinge aus Taunusquarzit und „Dhroner Quarziten" die Rumpffläche erheblich überragten und eine Wasserscheide bildeten. Löhnertz (1994) zitierte Achat-Sammler, die in „Arenrather Schottern" in der Eifel u. a. Achate aus dem näheren Umfeld von Freisen südlich des Hunsrücks fanden. Sie schlossen Achate aus dem näheren Umfeld von Idar-Oberstein aus. Daraus lässt sich auf ein Einzugsgebiet des die Achate liefernden Flusssystems südlich des Hunsrücks schließen. Zwischen ihm und in Richtung Mainzer Becken nach Osten gerichteten Flüssen, die etwa aus dem Bereich Nahbollenbach und Kirn/Nahe sowie weiter östlich bekannt sind, lag offensichtlich eine Wasserscheide im Gebiet um Baumholder. Eine Umgehung beider Wasserscheiden ist am ehesten im Westen möglich. Damit ergibt sich für den die Achate liefernden Fluss ein im Bereich der Saar liegender, nach Norden gerichteter Lauf mit mindestens einem Zufluss von Osten aus der Gegend um Freisen. Diesem Flusssystem müssen sich die Kiese der „Älteren Quarz-Schotter" zuordnen lassen. Nach palynologischen Datierungen ergibt sich für diese Schotter ein obereozänes Alter (Brelie v. d. et al. 1969, G. Nickel 1994) bzw. Priabon (ca. 39 Ma; Löhnertz in Frankenhäuser et al. 2009).

Abgesehen von Schottern einer Ur-Saar, die im Hunsrück im Umfeld der Saar nicht unmittelbar nachgewiesen werden kann, gibt es im westlichen Hunsrück Anhaltspunkte für Flüsse, die aus dem Hochwald kommend nach Norden flossen. Deren Schotter sind sehr Quarz-reich, enthalten jedoch keine Achat-"Leitgerölle". Löhnertz (1994) wies auf eine Ur-Ruwer und eine in Richtung Piesport entwässernde Ur-Dhron hin (Stets 2004b). Dabei muss der Härtling des Hochwaldes als Wasserscheide gegen Süden gedient haben, die einen Zugang zu den Eruptiva des Nahe-Gebietes um Baumholder mit ihren Achaten versperrte. Als Fazit ergibt sich daraus für das Ende des Mesozoikums und das Alttertiär eine generell flach nach Norden bis Nordwesten abfallende Rumpffläche, die bis in die Eifel reichte.

Löhnertz (1994) und Münz & Holzförster (2008) versuchten eine Rekonstruktion dieses „Arenrather Ur-Saar Flusssystems". Danach war die Ur-Saar seinerzeit der Hauptfluss, der von Süden kommend den West-Hunsrück im Bereich des heutigen Saartales querte und dann weiter in Richtung Manderscheid/Eifel floss. Dieser Fluss hatte noch keinen Zufluss von der Obermosel, die seinerzeit wahrscheinlich in Richtung Pariser Becken entwässerte. Der Ursprung dieser Ur-Saar lag nach anderen resistenten „Leitgeröllen" – verkieselte Oolithe (Kieseloolith), verkieselte Hölzer, klarer Bergkristall – in Elsass-Lothringen und erhielt wahrscheinlich über einen rechten Nebenfluss die Achate aus den Vulkan-Gebieten bei Freisen und aus der Prims-Mulde. Seine Sedimente unterscheiden sich deutlich von jenen der Ur-Dhron, die allerdings nur von Piesport bis zur Mündung zwischen Hupperath und Landscheid/Eifel studiert werden können. Danach sind von diesem Nebenfluss in der Eifel wahrscheinlich >15–20 m mächtige Quarz-Schotter abgelagert worden (Arenrather Becken). Die Sedimente der Ur-Dhron unterscheiden sich grundsätzlich von jenen der Ur-Saar durch schlechtere Rundung der Gerölle und relativ grobe Sande. Sie lassen so auf das proximale Hunsrücker Liefergebiet schließen. Das Fehlen gut gerundeter Körner der Sand-Fraktion wird darauf zurückgeführt, dass im Einzugsgebiet der Ur-Dhron keine Sandsteine des Buntsandsteins mehr vorhanden waren, die sonst die gut gerundete Sandfraktion lieferten. Auch lassen „Schiefer"-Klasten auf ein Liefergebiet im Hunsrück schließen.

In diese Fluss-Landschaft des Alttertiärs gehören im Hunsrück außer den Flussläufen wahrscheinlich auch an das Flusssystem angeschlossene Becken mit flachen Seen, die vergleichbar sind mit jenen bei Speicher und Binsfeld/Südwest-Eifel (Stets 2004b) aus dem Eozän, die erhebliche Mächtigkeiten an Kaolin-Ton mit eingelagerten Kohle-Schmitzen aufweisen. Sie sind sehr ähnlich Kaolin-Tonen, die bei der Gründung der „Kurklinik Saarschleife" und der Bauten in der Umgebung an der östlichen Ortseinfahrt von Orscholz (Bl. 6405 Freudenburg) im Niveau 370–400 m NN aufgeschlossen waren. Sie überlagern dort das aus Taunusquarzit bestehende, im Buntsandstein verfüllte und inzwischen wieder exhumierte spät- bis post-variszische Relief. Eine Altersdatierung und Bearbeitung dieser Sedimente liegt nicht vor. Bis zum Beweis des Gegenteils sollten sie in den Bereich der Ur-Saar-Talung gehören. Diese deckte sich offensichtlich mit Teilen des heutigen Saartales und war flussabwärts zwischen Mettlach und Hamm/Saar relativ eng, obwohl sie seinerzeit in Sandsteinen des Buntsandsteins floss. Taunusquarzit sollte bei einem Niveau oberhalb 370–400 m NN (heute) noch nicht oder gegebenenfalls nur im Bereich der Flusssohle zu Tage angestanden, jedoch noch keinen Einfluss auf die Morphologie des Tales gehabt haben. Allerdings sind die basalen Partien des Buntsandsteins in diesem Gebiet meist verkieselt. Sie waren somit schwerer erodierbar als die höheren Partien. Für das Gebiet südlich Merzig sind keine Aussagen möglich, da die junge Erosion der Saar und ihrer Tributarien das Niveau 370–400 m NN tief unterschnitten und ausgeräumt hat.

5.4.2 Tertiär-Vorkommen im östlichen Hunsrück

Einzelvorkommen Quarz-reicher Schotter sind im östlichen Hunsrück zeitlich schwer zuzuordnen. Oft handelt es sich um helle Sande und Kiese mit vereinzelten hellen Ton-Lagen. Im zentralen Hunsrück erkannte Leppla (1901c) bei **Rödelhausen** (Bl. 6010 Sohren) „vorherrschend weiße Schotter, Kiese und Sande, denen noch etwas gelber und weißer Thon öfters beigemengt erscheint". Die Rundung der Gerölle wurde als „gut" angesehen. Die Sedimente sind „wenig deutlich geschichtet". Die Komponenten bestehen ausschließlich aus Milchquarz.

Mit dem Vorkommen bei Rödelhausen vergleichbar sind weiter östlich zwei weitere: ähnlich alte Kiese, Sande und Tone kommen östlich an der **Reckershauser Höhe** (453 m NN; Bl. 6010 Kirchberg) vor; sie enthalten außer Quarz- auch Quarzit-Gerölle, die nur aus einem Gebiet mit Taunusquarzit im Süden kommend einen fluviatilen Transport nach Norden und gegebenenfalls später eine marine Aufarbeitung erlebt haben. Ein Teil der Sedimente ist stark mit Brauneisen verkittet. Bei **Hausen**, in der Nähe von Rhaunen (Bl. 6110 Gemünden), sind in ähnlichen Sedimenten auch Quarzit-Gerölle gefunden worden; dieses Vorkommen gehört zu einer Reihe anderer, die in das Oligozän eingestuft werden und heute parallel zum Hahnenbach-Tal in einem Niveau um und unterhalb 400 m NN liegen.

Das Vorkommen bei Rödelhausen liegt bei 430–455 m NN und weist eine Restmächtigkeit von ca. 25 m auf. Neben einem sehr hohen Anteil an Milchquarz-Geröllen (bis fast 100%) kommen sehr vereinzelt Gerölle fester Quarzite vom Typ Taunusquarzit vor. Einzelne

Kies-Lagen sind mit einem Eisen-Mangan-Bindemittel sehr fest verbunden. Foraminiferen-Funde deuten auf ein unteroligozänes Alter der Kiese hin, das der Stadecken-Formation (Schleichsand) bzw. der Sulzheim-Formation (Cyrenen-Mergel) entspricht. Zöller (1983c) erwähnte *Quinqueloculina* sp. und *Elphidium* sp.; das bedeutet, dass zur Zeit der höchsten Meeresspiegelstände im Mainzer Becken das Meer bis auf den Hunsrück reichte (Sonne 1982, Rothausen & Sonne 1984). Die Ablagerungen wurden als litoral bis fluviomarin angesprochen.

Ein ähnliches Alter ergaben Foraminiferen-Funde in einem temporären Bauaufschluss bei **Gemünden** (Zöller 1983c: 509). Allerdings liegt der Fundpunkt mit 377 m NN verglichen mit den übrigen relativ tief. Es besteht daher der Verdacht, dass es sich um abgerutschte Sedimente am nordwestlichen Abhang des Soonwaldes zwischen Gemünden und der Koppensteiner Höhe zum Lametbach (Bl. 6110 Gemünden) handelt. Immerhin ist es ein Hinweis dafür, dass das Meer seinerzeit bis an den Nordwest-Rand des Soonwaldes reichte.

Pleitzenhausen. Ein weiteres Vorkommen wurde bei Pleitzenhausen erbohrt. Von Profilmeter 15,7 bis 3,2 war ein 12,5 m mächtiger Profilabschnitt erschlossen, der wahrscheinlich in das Oligozän zu stellen ist; der oberste Abschnitt von Profilmeter 3,2–0,6 zählt wahrscheinlich zu Terrassenbildungen des Simmerbach-Systems (Spies 1986).

Die Schichtfolge begann dort mit einem 1,0–1,5 m mächtigen Basiskonglomerat, das vor allem aus Milchquarz-, untergeordnet auch aus harten Tonschiefer-Geröllen in einer sandig-tonigen Grundmasse bestand. Die Komponenten waren mit einem dunkelrotbraunen bis rotschwärzlichen Eisen-Mangan-Oxid-Bindemittel verbacken. Diese Vererzung reichte einige cm in den darunter liegenden Saprolit hinunter und war nicht allein an die kiesige Basis der Tertiär-Ablagerungen gebunden. Das Basiskonglomerat selbst war Teil einer ca. 4 m mächtigen Kies-Folge, die zum Hangenden in Feinkies überging. In diesem Schichtverband waren nur die groben Gerölle gerundet, während die kleineren Klasten ungerundet, splitterig und scharfkantig waren. Darüber folgte ein etwa 8,5 m mächtiger Schichtverband aus Silt und Feinsand mit einzelnen Kies-Bänken. Eingelagert waren zwei Schichten aus sehr fettem Ton, die „auffällig“ rote Flecken und Schlieren aufwiesen. Sie deuten auf Verwitterungseinflüsse nach der Ablagerung. Klasten aus Tertiär-Quarzit fehlen im Bohrprofil. Erratische, „unförmige“, nicht gerundete Blöcke aus Tertiär-Quarzit sind allerdings in der Umgebung der Bohrung als „Lesesteine“ weit verbreitet (Kutscher 1954). Sie sollen armdicke Wurzelröhren enthalten. Bei diesen Quarziten handelt es sich offensichtlich um Silcrete, SiO_2-reiche Krustenbildungen. Sie wurden durch SiO_2-Anreicherung an oder nahe der ehem. Landoberfläche durch Imprägnation der Sande und Kiese gebildet.

Bildungen von Silcreten deuten daraufhin, dass nach der marinen Ingression im Oligozän bald wieder kontinentale Bedingungen einsetzten, die die Bildung der Silcrete aus den tertiären Sanden auf der Landoberfläche begünstigten. Die Blöcke von Tertiär-Quarzit, „Süßwasserquarzit“, sind die Reste einer solchen Decke. Das weniger stark verkieselte Material der Decke ist bereits der Abtragung anheimgefallen.

Der oberste Abschnitt des Tertiär-Profils Pleitzenhausen (Profilmeter 3,2–0,6) besteht aus einer 0,2 m mächtigen Basis-Kies-Lage aus gut gerundeten Geröllen aus Milch-Quarz und Tertiär-Quarzit sowie Fragmenten von Hunsrück-Erz. Darüber folgten 2,4 m lehmige, feste, gelbbraune bis graugelbliche Tone mit Geröllen. Rote Flecken, wie in den fetten Tonlagen im Liegenden, fehlen hier. Spies (1986) zählte diese Schichten zu jung-tertiären Terrassensedimenten. Die eingelagerten Gerölle von Tertiär-Quarzit legen Zeugnis ab für die Aufarbeitung dieser Bildungen während einer länger währenden Land-Periode.

Süd-Rand des Soonwaldes. Vorkommen südlich des Soonwaldes zwischen den „Eintrittskorridoren“ und der Nahe zwischen Kirn, Monzingen und Sobernheim liegen bei 410–440 m in ähnlicher Höhe wie nördlich des Härtlings, jedoch auch hinunter bis 350 m NN.

Südlich Hochstetten-Daun findet man südlich der Nahe im Niveau zwischen 290–340 m NN Sande und Kiese, die möglicherweise auch in das Oligozän eingestuft werden können und jenen auf dem Hunsrück entsprechen. Das Gleiche gilt für ehem. Kiesgruben am Nauenberg südlich Hochstetten, ebenfalls südlich der Nahe; die Kiese wechsellagern mit tonigen Feinsanden; interessant erscheint auch hier die Verkittung mit Brauneisen wie bei den Hunsrücker Vorkommen. Reinheimer (1933: 43) hielt hier wegen ähnlicher lithologischer Zusammensetzung wie am Steinhardter Hof nördlich Steinhardt (Bl. 6112 Waldböckelheim) eine Zugehörigkeit zur Rupel-Stufe für möglich; Atzbach (1979) hat unter Bezug auf K.-W. Geib (1961) auch ein prä-"Mitteloligozän"-Alter in Betracht gezogen. Auch wies er auf eine Blockhalde im Struther Wald hin, die u. a. aus mit Brauneisen verkitteten Konglomerat-Böcken bis „Kubikmetergröße" besteht. Das Alter dieser Vorkommen ist bisher nicht belegt. Immerhin bestand hier im Alttertiär ein Ablagerungsgebiet – sei es fluviatil oder fluviomarin geprägt – im südwestlichen Anschluss an die Sobernheimer Bucht, über die eine Verbindung zwischen den Vorkommen auf dem Hunsrück nordwestlich des Soonwaldes und dem Mainzer Becken hergestellt werden kann. Im Gebiet südlich der Nahe bei Hochstetten weisen außerdem Blöcke von Süßwasserquarzit („Tertiär-Quarzit") auf ähnliche Verhältnisse wie im Hunsrück hin (Bl. 6211 Sobernheim, Atzbach 1979).

5.4.3 Zur Genese der Tertiär-Vorkommen in Hunsrück und Südwest-Eifel

Im Hunsrück allein ist die Rekonstruktion von Paläogeographie und Genese für diese wenigen punktuellen Vorkommen schwer möglich. Deshalb muss die benachbarte Südwest- und Süd-Eifel einbezogen werden, wo Löhnertz et al. (2011) ein Modell in mehreren Schritten ableiteten, das bedingt auf den Hunsrück übertragbar ist: Im Mittel- bis Obereozän, zur Zeit der „Älteren Quarz-Schotter" („Arenrather Schotter": Fazies der Vallendar-Schotter, ca. 39 Ma: Priabon), kam es im Bereich der südwestlichen Rheinischen Insel wahrscheinlich infolge schwacher epirogenetischer Hebung zur Erosion und damit zur Bildung von breiten Tälern und wannenartigen Becken. Hier lagerten sich Quarz-Schotter in fluviatilen Rinnen, evtl. auch feinkörnige Abschwemmmassen in Stillwasserbereichen ab. Anschließend transgredierte in der Rupel-Stufe infolge des seinerzeitigen globalen Meeresspiegelanstiegs (Hardenbol et al. 1998) das Meer unter bevorzugter Benutzung prä-existenter Talsysteme flussaufwärts vom Neuwieder Becken (Eifel) im Norden und vom Mainzer Becken (Hunsrück) im Süden. Es kam zur Ablagerung von Sedimenten der Rupel-Stufe; die Folge war in der Eifel die bereits von Louis (1953) geforderte „Tal-Verschüttung". Darauf setzte eine weitgehende Ruhephase ein. Löhnertz rechnete mit ca. 20 Ma; zu dieser Zeit war das eozäne Relief quasi plombiert, und die Sedimente blieben erhalten. Diese Situation änderte sich erst im Jung-Tertiär, als es aufgrund der deutlichen Hebung ab dem Pliozän zur Bildung der Rheinischen Masse kam, die die Umstellung des damaligen Gewässersystems zum heutigen, zum Rhein hin orientierten mit den entsprechenden Ablagerungen nach sich zog.

Die Verhältnisse im Hunsrück lassen eine solch detaillierte Ableitung nur bedingt zu. Analogien sind jedoch ohne weiteres vorhanden: Anhaltspunkte für ein mittel- bis obereozänes Gewässernetz sind im Ur-Saar-, Ur-Ruwer- und Ur-Dhron-System angedeutet und aufgrund entsprechender Kiese und Begleitsedimente auch wahrscheinlich. Hinweise auf das Vorgreifen des Rupel-Meeres liegen mehrfach vor, u. a. im Hahnenbach-Tal und auf dem Hunsrück im heutigen Höhenniveau um 400–430 m NN. Eine Überwindung des zentralen Hunsrücks bis in die Eifel mit Zugang vom Neuwieder Becken ist zur Erklärung nicht unbedingt nötig, mag jedoch erfolgt sein. Eine Stillstandsphase mit Plombierung des eozänen Reliefs nach der Rupel-Transgression ist auch im Hunsrück wahrscheinlich, jedoch wegen der jüngeren Abtragung nicht mehr unmittelbar nachweisbar. Für die Ruhephase spricht die Bildung von Silcreten („Süßwasser-Quarzite"). Die Anlage des jungen Reliefs mit Ausräumung älterer Talungen ab Pliozän ist auch im Hunsrück durch

Sedimente belegt. Die starke pleistozäne Hebung mit der entsprechenden Tiefenerosion ist über die Flussgeschichte des Rhein-Systems erwiesen (Kremer 1954, Negendank 1983b, R. Hoffmann 1996, Wo. Wagner et al. 2012).

5.4.4 Tertiär am Südost-Rand des Hunsrücks und Nord-Rand des Mainzer Beckens

Abgesehen von fluviatilen Ablagerungen der Flüsse, die von Taunus und Hunsrück herab kamen, ist die Schichtenfolge des Tertiär am Südost-Rand des Hunsrücks gekennzeichnet durch zwei Sedimentations-Zyklen, die durch zwei Meeresspiegel-Hochstände während des Tertiär bedingt waren und zu Ingressionen in das Mainzer Becken und darüber hinaus auf den Hunsrück führten. Der Zugang des Meeres zu diesem Ablagerungsgebiet erfolgte über das Senkungsgebiet von Oberrhein-Graben – Wetterau mit Zugang zum Nordmeer (Nordsee) und zum Mittelmeer (Tethys). Das Bruchfeld des Mainzer Beckens war dem Oberrheingraben im Nordwesten angegliedert.

Der **erste Zyklus**. Während des ersten Zyklus kamen weitgehend siliziklastische Sedimente zur Ablagerung; er begann im Oligozän (Rupel-Stufe), entwickelte sich über fluviatilen „Prä-mitteloligozänen Quarzkiesen", erreichte seinen Höchststand im oberen Unteroligozän (Stadecken-Formation heutiger Gliederung; vorm.: Schleichsand) und endete im Oberoligozän (heute: Jakobsberg-Fm., vormals: Süßwasser-Schichten).

Der **zweite Zyklus** baute sich nahe dem Hunsrück über der Jakobsberg-Formation schrittweise seit dem Unter-Miozän auf; die Ablagerungen bestehen vornehmlich aus Kalken und Mergeln; sie begründeten auch die Bezeichnung „Kalk-Tertiär" (heute: Mainz-Gruppe) und sind durch eher brackische – zumindest eingeschränkt marine – und limnische Sedimente gekennzeichnet; dieser Zyklus umfasste im wesentlichen das Unter-Miozän (vorm.: bis Obere Hydrobien-Schichten, heute: Frankfurt-Formation; LGB 2005: Tab. 29, DSK 2002, 2012, P. Schäfer 2012).

Damit endet die Schichtenfolge des Tertiär am Südost-Rand des Hunsrücks. Im Anschluss an den zweiten Zyklus folgte eine deutliche Schichtlücke von ca. 5 Ma. Danach finden sich fluviatile Sande und Kiese des Ober-Miozäns (Eppelsheim-Formation, vormals: „Dinotherien-Sande"), evtl. auch die pliozänen *avernensis*-Schotter, die schon einem Ur-Rhein-System angehörten, das das Mainzer Becken in Richtung Nordsee entwässerte.

5.4.4.1 Paläogene Ablagerungen

Die Schichtenfolge am Südost-Rand des Hunsrücks beginnt bereits unterhalb der Sedimente des 1. Zyklus. Sie gehört wahrscheinlich in den stratigraphischen Bereich Eozän bis tiefes Unteroligozän und lässt sich gliedern in „Eozäne Basistone und -sande" (unten) und Ablagerungen der Pechelbronn-Gruppe (oben).

Eozäne Basistone und -sande. In weiten Teilen des nördlichen Mainzer Beckens werden die datierbaren Sedimente des Unteroligozän von „eozänen Basistonen" unterlagert. Ihre Verbreitung wird von einem prä- bis alttertiären Relief kontrolliert, das u. a. am südöstlichen Hunsrück-Rand entlang der randparallelen Talung Möglichkeiten zu Ablagerung und Erhaltung bot. So wurden bei Sponheim (Bl. 6112 Waldböckelheim) eozäne Tone unterhalb von „Pechelbronn-Schichten" vermutet. Andernorts sind „Eozäne Basistone" durch Bohrungen nachgewiesen. Diese Schichten werden heute dem stratigraphischen Bereich Untereozän (evtl. älter) bis tiefes Obereozän mit unsicherer Grenze nach oben und unten zugeordnet (LGB 2005: Abb. 89). Da sie bisher keine Fossilien geliefert haben, ist ihre

Alterseinstufung unsicher. Die kalkfreien feinsandigen bis tonigen Siltsteine mit wechselnd bunter Färbung sind wahrscheinlich Abschwemmmassen aus Verwitterungsprodukten vom Hunsrück, die sich in der Senke sammelten. Die Tonfraktion besteht in erster Linie aus Kaolinit und Anteilen von noch gut kristallisiertem, offensichtlich wenig degeneriertem „Illit-Muscovit". Quellfähige Phyllosilikate und Chlorit sind selten (Sittler & Sonne 1971). In den ehem. fluviatilen Rinnen sammelten sich besonders an der Basis auch gröberklastische Komponenten. Diese Ablagerungen entsprechen, zumindest genetisch, jenen des Ur-Saar-Systems im westlichen Hunsrück bzw. in der Südwest-Eifel. Äquivalente der bituminösen Ton- und Siltsteine von Messel bei Darmstadt und Eckfeld/Eifel sind bisher nicht bekannt.

Mittlere Pechelbronn-Schichten oder „Prä-mitteloligozäne Quarzkiese". Unter den „prä-mitteloligozänen" Ablagerungen wurden einst solche verstanden, die vor der Transgression des Rupel-Meeres" abgelagert wurden. Sie gehören wahrscheinlich in die untere Rupel-Stufe (unteres Unter-Oligozän), können jedoch auch älter sein und in das Eozän hinunter reichen. Sie wären dann den „Älteren Quarz-Schottern" zeitlich äquivalent. Da die Rupel-Transgression bis in jüngere Zeit (Rothausen & Sonne 1984) in das Mitteloligozän eingestuft wurde, erklärt sich auch die Bezeichnung „Prä-mitteloligozäne Quarz-Kiese".

Wahrscheinlich handelt es sich bei diesen Schottern um Ablagerungen in den präexistenten Talungen des ehemaligen Reliefs. Die Füllung besteht aus dem Material der unmittelbaren Umgebung. Es ist wohl davon auszugehen, dass zu dieser Zeit durch die Verwitterung der Tonschiefer im Hunsrück während Mesozoikum und Alttertiär ein großes Potential an Tonen, jedoch auch an Milchquarz-Klasten, die sowohl aus kleinen s-parallelen Quarz-Gängen in ihnen als auch aus den mächtigen Quarz-Gängen bereitgestellt wurden, stammen. Mächtigkeiten dieser Ablagerungen bis 17 m (Rothausen & Sonne 1984, LGB 2005) zeugen dafür, dass das Fluviatilsystem im Hunsrück ein großes Einzugsgebiet besaß.

5.4.4.2 Der siliziklastische erste Zyklus

Der erste marine Zyklus begann am Südost-Rand des Hunsrücks vor etwa 30 Ma zu Beginn der Rupel- und klang in der Chatt-Stufe aus. Er umfasst die Bodenheim-Formation (ehem.: Rupelton) und wird randlich vertreten durch die Alzey-Formation (ehem.: Unterer Meeressand), die Stadecken-Formation (ehem.: Schleichsand bzw. Oberer Meeressand), die Sulzheim-Formation (ehem.: Cyrenenmergel) sowie die Jakobsberg-Formation (ehemals: Süßwasser-Schichten). Die Ablagerungen der Alzey-Formation können vertretungsweise bis in die Sulzheim-Formation reichen (LGB 2005, P. Schäfer 2012: Tab. 5). Die Gesamtheit dieser Formationen incl. der noch jüngeren Weisenau-Formation (ehem.: Cerithien-Schichten) werden heute in der Selztal-Gruppe zusammengefasst.

Die Rupel-Transgression griff auch auf den südöstlichen Hunsrück über. So wurden in Hohlformen des Waldalgesheimer Dolomit-Vorkommens, westlich davon und in geringem Umfang auch bei Stromberg auf den Kalken und Dolomiten relativ mächtige Sedimente der Rupel-Stufe abgelagert. Über Verwitterungsmaterial unbekannten, vielleicht noch mesozoischen, auch „prä-mitteloligozänen" Alters liegen bis 40 m mächtige tonige Sande und Kiese mit Blöcken aus Taunusquarzit sowie bunte, auch Erz-haltige Tone, die bisher keine Fauna enthielten. Darüber folgen bis 30 m mächtige tonige Sande und Kiese mit Quarzit-Blöcken (unten) sowie Sande und Tone (oben), die aufgrund ihrer Fauna zum „Unteren Meeressand" gehören. Nach Sonne (in: Taupitz 1965) soll es sich um ufernahe Bildungen des Mitteloligozän handeln. Somit griff hier das Rupel-Meer wie im benachbarten Taunus (Bl. 5913 Presberg: Kümmerle in Ehrenberg et al. 1968) auf den Südost-Abhang des Hunsrücks über, der zu jener Zeit im Niveau des Meeresspiegels lag. Auch dort wurden „Eisenschwarten" in den „Meeressanden" gefunden.

Eine Küstenlinie am Süd-Rand des Hunsrücks lässt sich für den Zeitraum „Oberer Rupelton“ (Rosenberg-Subformation) mit Hilfe von Abrasionsflächen, Kliffbildungen sowie den entsprechenden Sedimenten – soweit sie nicht abgetragen wurden – rekonstruieren (Rothausen & Sonne 1984, P. Schäfer 2012: 51). Danach waren am Rand des Hunsrücks Abrasionsflächen unterschiedlicher Breite, die in die Kreuznacher Bucht bis nach Bad Sobernheim reichten, vorhanden. Ihr sind etwa vom Rhein bei Bingen (im Gegensatz zum Taunus) bis südwestlich Waldböckelheim mehrere Inseln, wie z. B. die Welschberg-Insel, vorgelagert. Hier ragte noch zur Zeit der Hochberg-Subformation eine Halbinsel vom Hunsrück nach Süden in die Bad Kreuznacher Bucht vor. Brandungsplattformen, sublitorale Flachmeer-Bereiche, ein Steilabfall und Wassertiefen zwischen 5 und 70 m konnten in zeitlicher und räumlicher Abfolge rekonstruiert werden. Ein weiterer Meeresspiegelanstieg zur Zeit der Rosenberg-Subformation führte zur Abschnürung der Halbinsel vom Festland. Grabungen erbrachten hier eine recht diverse Fauna und Flora, die die Rekonstruktion der paläoklimatischen und paläoökologischen Verhältnisse in dieser Zeit sowie die Ableitung von Faunenbeziehungen, insbesondere zur alttertiären „Nordsee“, zulässt (Schindler et al. 2009). Am Süd-Rand der Bucht sprang im Bereich des Kreuznacher Rhyolith-Massivs bzw. des Pfälzer Sattels eine Halbinsel nach Nordosten vor und bildete zwischen Bad Kreuznach und Alzey eine buchtenreiche Küste mit zahlreichen Inseln.

Die Abgrenzung des „Schleichsand“ (heutige Gliederung: Stadecken-Formation) gegen den „Oberen Rupelton“ (heutige Gliederung: Rosenberg-Subformation) im Liegenden stößt sowohl litho- als auch biostratigraphisch auf Schwierigkeiten. Bereits die obersten Partien des „Rupelton“ enthielten geringe Feinsand-Anteile mit detritischen Hellglimmern, die sich zum hangenden „Schleichsand“ weiter systematisch steigern. Allerdings zeigt die Abfolge anders als im Liegenden einen häufigen Wechsel von eher sandigen und mergeligen Schichten.

Der Höhepunkt des ersten marinen Zyklus war zwar gegen Ende des „Oberen Rupeltons“ offensichtlich überschritten. Der damit verbundene Rückgang mariner Einflüsse in der Stadecken-Formation erfolgte jedoch nicht stetig, sondern in Schüben, die in Schwankungen des Salzgehalts Ausdruck fanden. Entsprechend unterlag auch die Fauna einem steten Wandel, je nachdem, ob ein höherer (euhaliner) oder ein niedrigerer (hypohaliner) Salzgehalt sich in ihrem Lebensraum eingestellt hatte. Infolgedessen ist, da dieser Wechsel sich nicht einheitlich vollzog, auch die biostratigraphische Abgrenzung erschwert, da sowohl Makro- als auch Mikrofauna auf diese Wechsel reagierten. Daher ist die Obergrenze gegen die Sulzheim-Formation („Cyrenenmergel“) nicht immer deutlich. Nahe der Obergrenze war schon früh die „*Perna*-Bank“ (*Perna*-Schichten: Groos 1867) ausgehalten worden. Die heute als „**Albig-Bank**“ (Grimm et al. 2000) bezeichnete Abfolge siltiger Mergel und gelblicher Sande zeigt stark wechselnde Mächtigkeiten von 1–15 m. Ihren Namen erhielt diese Schicht aufgrund von Schilllagen mit *Hyppochaeta* (*Perna*) *sandbergeri*.

Abgesehen davon weitete sich im „Schleichsand“ (Stadecken-Formation) der Ablagerungsraum in nördliche Richtung aus, was eher auf tektonische Ursachen im Bereich des Hunsrücks zurückzuführen ist. Diese Erweiterung brachte für den „Schleichsand“ Schübe von Feinsand mit sich, die als Elsheim-Subformation bezeichnet werden (Grimm et al., 2000).

Bei dieser Ausweitung des Meeresraumes wurden neue Abschnitte des südöstlichen Hunsrück-Randes überflutet und nach umgelagerten Devonfossilien kurzfristig sogar weite Areale des Hunsrücks in die Sedimentation einbezogen (Sonne 1982, Zöller 1983c). Offensichtlich wurde bei der ausgeprägten morphologischen Gliederung dieses Gebirges die Barriere der Härtlinge von Rheingau-Gebirge, Binger Wald, Soon und Lützelsoon entlang prä-existenter Korridore überwunden, so dass sie kurzfristig eine Nordost-Südwest ausgerichtete Inselkette bildeten.

Die gröberklastischen Sedimente des „Oberen Meeressand“ sind küstennahe Ablagerungen und die Beckenrand-Fazies des „Schleichsand“ i. e. S.. Sie setzen die Tradition der „Unteren Meeressande“ konsequent zum Hangenden fort und entsprechen dem jüngeren Teil der Alzey-Formation. Diese Randfazies griff am Süd-Rand des Hunsrücks über „Rupelton“ und „Unteren Meeressand“ nach Norden auch diskordant auf die Sockelgesteine des Schiefergebirges über. Dort, wo „Oberer“ „Unteren Meeressand“ überlagert, ist die Trennung beider kaum möglich. Der „Obere Meeressand“ sollte einen höheren Anteil an Tonmergel- und Mergel-Einlagerungen enthalten, die Sande feinkörniger sein und vermehrt Glimmer aufweisen (Falke 1960). Sie sind gelblichgrau bis grau und enthalten in Küstennähe auch Einzelgerölle und Geröllagen.

Auch weiter im Norden sind tonige Sedimente und Kiese mit Quarzit-Blöcken des „Oberen Meeressand“ (Küstenfazies der Elsheim-Subformation) bekannt. Sie erreichen westlich und bei Waldalgesheim 70–90 m Mächtigkeit (Taupitz 1965). Das Niveau der flach liegenden Küstensedimente reicht hier von 270–360 m NN. Wilh. Wagner (in: Wilh. Wagner & Michels 1930) konnte die Zuordnung zum „Oberen Meeressand“ nur mit Hilfe der Höhenlage ermitteln. Das gilt auch für Gerölle am westlichen Rochusberg bei Bingen (Scharlachberg) und für eisenreiche Sande, Kiese und Konglomerate nördlich der Linie Waldalgesheim-Weiler. Diese ordnete schon K. Geib (1914) dem „Oberen Meeressand“ zu. Dazu gehören auch grobe Konglomerate, die „durch Manganeisen zu großen Blöcken verkittet sind“ (K. Geib in Wilh. Wagner & Michels 1930). Der Nachweis wurde mit Exemplaren von *Granulolabium (Potamides) plicatum* geführt, die sich in gelblichen sandigen Tonen unter den Konglomeraten fanden. Weiterhin wurden in eisenschüssigen Plattensandsteinen Blattabdrücke geborgen, die Hinweise auf ähnlich alte Schichten in Rheinhessen gaben.

Die starke Ausweitung des Meeres über den Südost-Rand des Hunsrücks machte sich besonders deutlich nördlich Bingen und im Guldenbach-Tal bemerkbar, jedoch auch der Einfluss von Zuflüssen aus dem heutigen Binger Wald ist nicht zu vernachlässigen. An seinem Oberlauf unterschneidet ein Zubringer des Morgenbaches (TK 25: 6012 Stromberg) die tertiäre Landoberfläche, die hier durch eine Decke quarzreicher Sande und Kiese verhüllt ist. Durch Mobilisierung Fe-haltiger Lösungen und deren nahezu unmittelbare Ausscheidung im Randbereich des Meeres kam es lagenweise zur Verkittung der Komponenten zu mächtigen eisenreichen Konglomeraten und auch zu sedimentären Brekzien. Sie sind im Bereich der „Steckeschlääfer-Klamm“ (Stets in: Hanle 1990) gut erschlossen. Die Kies-Fraktion besteht aus Milchquarz-Klasten und -Geröllen sowie aus weißen, stark gebleichten Quarziten vom Typ Taunusquarzit. Eine Schichtung ist durch lagenweise Anordnung von Geröllen unterschiedlicher Korngröße angedeutet. Dieses Vorkommen verdeutlicht u. a., welche Mengen an Milchquarz-Klasten im südöstlichen Hunsrück zur Verfügung standen.

K. Geib (1914) fasste alle Kiese, die westlich des Rheins bis zum Morgenbach-Tal bei Trechtingshausen verbreitet sind, als Äquivalente des „Schleichsand“ auf. Hierzu gehört auch das Beispiel an der „Steckeschlääfer-Klamm“. Während K. Geib und Wilh. Wagner diese Konglomerate als marine Strandbildungen des „Schleichsand“ deuteten, besteht auch die Möglichkeit, dass ein Teil von ihnen als fluviatile Schotter aufzufassen ist. Sie können dann genetisch zu den fluviomarinen Bildungen am Rand des Rupel-Meeres bei Hargesheim gestellt werden. Wilh. Wagner wies außerdem auf den Fund eines geringmächtigen Flözchens „von zu Pechkohle umgewandelter Braunkohle“ hin, das nördlich Waldalgesheim bei Schürfarbeiten gefunden wurde und auf limnisch-palustrine Verhältnisse hinweist.

Keine Zweifel an marinen Strandbildungen bestehen am Süd-Rand des Quarzit-Zuges des Stöckert (367 m NN) und am Heer-Berg nördlich Weiler. Wilh. Wagner (in: Wilh. Wagner & Michels 1930) beschrieb von dort einen 7 m mächtigen Schichtverband, der im Wechsel aus feinen und groben Sand- sowie Brandungsschutt-Lagen mit groben Geröllen bestand, die selten „über kopfgroß“ werden. Gegen den Taunusquarzit-Riegel des Stöckert wird der „Brandungsschutt“ gröber. Diese Ablagerungen ziehen sich zum Veits-Berg nach Norden und zeichnen eine Meeresbucht nach, die nach Westen Anschluss an die Stromberger Bucht (Zöller 1985) fand.

Ein ähnliches Vorkommen – allerdings mit gut gerundeten Milchquarz-Geröllen – und einer Eisen-Mangan-Verkrustung liegt nordwestlich Stromberger Neuhütte (Bl. 6012 Stromberg; ROTHAUSEN & SONNE 1984). Auch dieses Vorkommen wird als Randbildung dem „Schleichsand" zugeordnet. Ob beide Vorkommen in einem stratigraphischen Niveau liegen, ist offen. Immerhin muss auch hier mit fluviatilen Anteilen gerechnet werden. Die Fe-haltigen Wässer, die zur Verkrustung der Kiese führten, sind – wie beim „Unteren Meeressand" – Zeugen eines Fe-reichen Süßwasserzustroms aus dem unmittelbar angrenzenden Gebirge. Immerhin waren hier am Südost-Rand des Hunsrücks vom Relief her die Voraussetzungen dafür gegeben und das Material für die Quarz-Schotter vorhanden. Diese Schotter liegen allerdings im Vergleich zu gleich alten Ablagerungen des Tertiär auf dem Hunsrück etwa 50–100 m tiefer, so dass zusätzlich mit einer nachträglichen tektonischen Absenkung im Bereich des Rheintales gerechnet werden muss.

ZÖLLER (1985) beschrieb temporäre Aufschlüsse am linken Hang des Guldenbaches zwischen Stromberger Neuhütte und Neumühle (Bl. 6012 Stromberg) im Niveau 360 m NN, die Feinsande mit und ohne Taunusquarzit-Klasten erschlossen und von pleistozänen Fließerden bedeckt waren. Ein Aufschluss, der unmittelbar nordwestlich der Stromberger Neuhütte auf dem Riedel zwischen Gulden- und Tiefenbach-Tal lag und ca. 5 m Profil erschloss, enthielt eine Wechselfolge von Grob- und Mittelsanden mit Grob- und Feinkies-Lagen. Hier war eine 0,5 m mächtige Konglomerat-Bank mit Eisen-Mangan-schüssigem Bindemittel in der Schichtenfolge enthalten. Lokal lag auch kieseliges Bindemittel vor. Die Sedimente im zweiten Aufschluss waren wesentlich gröber, die Quarz-Gerölle gerundet und die Quarzit-Gerölle meist nur kantengerundet. Foraminiferen und Höhenlage deuten auch hier auf oberoligozänes Material hin, das zumindest teilweise sekundär umgelagert war. Zöller ging von einer Stromberger Bucht aus, von der aus im Oligozän ein Korridor zum zentralen Hunsrück bestand. Es muss jedoch kritisch angemerkt werden, dass der Eingang des Guldenbaches in das „Durchbruchs"-Tal von Norden, am ehem. Bahnhof Rheinböllen, über 360 m NN liegt, so dass gegebenenfalls mit tektonischer Hebung gerechnet werden muss.

Die Sulzheim-Formation entspricht dem früher als „Cyrenen-Mergel" (u. a. Wilh. WAGNER 1926) bezeichneten Schichtglied im auslaufenden ersten marinen Zyklus. WENZ (1921) und Wilh. WAGNER (1926) nannten sie daher auch „Brackische Cyrenen-Mergel". Sedimente und Fauna lassen eine weitergehende Verbrackung und Aussüßung des Ablagerungsraumes, jedoch keine weitere Ausdehnung über das Verbreitungsgebiet des „Oberen Meeressand" hinaus nach Norden gegen den Hunsrück erkennen. Vielmehr scheint die Staudernheimer Bucht nur bis zum südwestlichen Ende der Kreuznacher Bucht zu reichen. Aus dem Gebiet des Kreuznacher Rhyolith-Massivs liegen nur noch Einzelvorkommen vor (FALKE 1960).

5.4.4.3 Das „Intermezzo"

Dem Vorschlag von P. SCHÄFER (2012: 66 f.) folgend wird das im Hangenden der Sulzheim-Formation liegende Schichtglied als Jakobsberg-Formation bezeichnet. Stratigraphisch gehört es in die Chatt-Stufe des Oberoligozän (DSK 2016), nach Kleinsäuger-Funden noch in die oberste Rupel-Stufe (LGB 2005). Es entspricht den „Süßwasser-Schichten" der älteren Gliederungen (Wilh. WAGNER 1926, ROTHAUSEN & SONNE 1984, LGB 2005).

Der Ablagerungsraum hat sich nach heutiger Vorstellung in eine durch Aussüßung charakterisierte ausgedehnte Seenplatte ohne Anschluss an einen Meeresraum gewandelt. Hier kamen unterschiedliche Sedimente zur Ablagerung. Häufig sind es weiterhin graue bis graugrünliche, siltige, auch feinsandige Tonmergel und Mergel. Lokal zeigen sie auch ockerfarbene Flecken und rötliche Färbung, die den „Bunten Niederrödener Schichten" im Oberrhein-Graben ähnlich sind. Diese Mergel sind meist fossilfrei. Hinzu kommen kohlige Lagen sowie dunkle, bitumenreiche Mergel und Stinkkalke mit Süßwasser-Muscheln, mergelige Seekreide-Lagen mit Characeen-Resten sowie kalkige, glimmerreiche Feinsande und -sandsteine. Hunsrücknah wurden auch Blöcke von Süßwasserquarzit gefunden (Falke 1960, K.-W. Geib 1973).

Dabei handelt es sich wohl um verkieselte Kalke. Wie die Funde im nahen Hunsrück zeigen, können diese Süßwasserquarzite auch auf Einkieselung unter subaerischen klimatischen Bedingungen zurückgehen, wie sie in dieser Zeit nicht ungewöhnlich waren. Daraus ergibt sich, dass es im nördlichen Randbereich des Mainzer Beckens gegen den Hunsrück nicht nur zur Aussüßung, sondern auch zu Verlandung in diesem Zeitraum kam. Der Nord-Abschnitt des Mainzer Beckens und der angrenzende Hunsrück sollten daher zu dieser Zeit – abgesehen von den Härtlingen – in ähnlicher Höhe (ü. NN) gelegen haben.

Wie lange die Zeit der „Süßwasser-Schichten" (aktuelle Bezeichnung: Jakobsberg-Formation) dauerte, ist schwer zu sagen, da im Hunsrück-nahen Raum kaum vollständige Profile vorhanden sind. Nach dem Zeitschema der DSK (2002) sollte das lakustrisch-limnische Intervall ca. 2,5 Ma gedauert haben, bevor der Zyklus des Kalk-Tertiär im Mainzer Becken einsetzte. Man muss daher wohl davon ausgehen, dass die Seenplatte zeitweise der Austrocknung und ihre Sedimente auch der Abtragung ausgesetzt waren (Falke 1960). Die mancherorts gefundenen Michquarz-Schotter sind dann als Schwemmfächer-Sedimente auf dem ausgetrockneten Seeboden zu deuten, die in den Beginn des zweiten Zyklus gehören. Sie sind der Abtragung entgangen.

Die Milchquarzschotter (Budenheim-Formation) bestehen aus bis 1–1,5 cm im Durchmesser messenden (Erbsen- bis Haselnuss-Größe), schlecht gerundeten Milchquarz-Geröllen und relativ reinem Quarz-Sand. Sie galten immer schon als Absatz von Flüssen aus der näheren Umgebung, aus Hunsrück oder Taunus.

Bei der Morphologie jener Zeit sollten Flüsse wohl bevorzugt aus dem Taunus stammen. So wurden bei Wiesbaden Mächtigkeiten von 33 m (Reinach 1905) und bei Budenheim an der Typuslokalität 24,4 m festgestellt, die bis Heidesheim/Rhein auf 2,5 m auskeilen. Wilh. Wagner (1926) und Wilh. Wagner & Michels (1930) gaben Mächtigkeiten von 5 m auf den Bl. Wöllstein-Kreuznach und Bingen-Rüdesheim an.

5.4.4.4 Zur paläogeographischen Entwicklung

Für den ersten siliziklastischen Ablagerungszyklus und das anschließende „Intermezzo" lässt sich eine paläogeographische Vorstellung ab Unteroligozän entwickeln. Von dieser Zeit an erfolgte wahrscheinlich aufgrund tektonischer Bewegungen im Rhein-Grabensystem und eines globalen Meeresspiegelanstiegs der Zugang des Meeres bis an und auf den Hunsrück. Das geschah über den Oberrhein-Graben von der Paratethys und auch über die Hessische Senke vom Borealmeer bis in den Randbereich des Hunsrücks. Dabei wurde auch das Kreuznacher Rhyolith-Massiv, das sich seinerzeit kaum über das allgemeine Geländeniveau erhob, in die Sedimentation mit einbezogen.

Entscheidend war anfangs ein prä-existentes Relief, das insbesondere durch die den Hunsrück-Südrand begleitende Talung bestimmt war. In ihr hatten sich zuvor fluviatile eozäne und prä-mitteloligozäne Ablagerungen aus dem Hunsrück gesammelt. Das schwache Relief im südlichen Vorland wurde anschließend von einer geringmächtigen sandigen Transgressions-Folge überdeckt. Im Küstenbereich vor und am Hunsrück-Rand bildete sich bei dieser Transgression aufgrund der Reliefenergie die Fazies der „Unteren Meeressande" (Alzey-Formation).

Generell war dieses Rupel-Meer ein flachmariner Bereich mit unterschiedlichen bathymetrischen Verhältnissen. Aufgrund seiner Gliederung sammelten sich zu Beginn der Sedimentation in Senken bevorzugt pelitische Sedimente. Überall dort, wo die Lebensverhältnisse günstig waren, entwickelte sich die reiche Mikrofauna des Rupel-Tons. Die energiereichen Küstenregionen belebte dagegen eine reiche Mikro- und Makro-Fauna, die abhängig von den jeweiligen örtlichen Bedingungen war. Abgesehen davon entwickelte sich in diesem Meer eine reiche nektontische Lebewelt, die, wie die zahlreichen Haifisch-Zähne zeigen, bis zum Ende der Nahrungskette reichte.

Dieses Meer weitete im Laufe der Zeit seinen Einfluss bei moderater Subsidenz und weiter steigendem Meeresspiegel auch auf die Beckenrandbereiche des südöstlichen Hunsrücks zwischen Bingen und Kirn aus. Es bildete sich hier eine Bucht, die von Bad Kreuznach bis Staudernheim/Nahe reichte. Mit Ende der Bodenheim-Formation (Rosenberg-Subformation) war der Zenit der marinen Einflüsse offensichtlich erreicht. Im Schleichsand (Stadecken-Formation) wechselten mehrfach marine und brackische Episoden miteinander ab.

In der Rupel-Stufe lag im Hunsrück der Schiefergebirgs-Rumpf so tief, dass bei steigendem Meeresspiegel – zumindest kurzfristig – das Meer auf ihn transgredieren konnte. Abgesehen von der buchtenreichen Küste südlich der Härtlinge von Rheingau-Gebirge, Binger-, Soonwald und Lützelsoon, erfolgte offensichtlich auch eine weitflächige Überflutung des Vorderen Hunsrücks. Das war möglich durch prä-existente, prä-mitteloligozäne Durchlässe (Korridore) durch die Härtlingskette im Bereich der heutigen Täler von Rhein, Gulden-, Simmer(Kellen)- und Hahnenbach. Diese Ingression reichte wohl auch über die Mosel hinaus nach Norden bis in das Bitburg-Kasseler Senkungsfeld mit Verbindung zum Neuwieder Becken. Zu dieser Zeit relativen Meeresspiegelhöchststandes war der Zustrom von siliziklastischem Detritus aus dem östlichen Hunsrück weitgehend unterbrochen.

Das Relief des Vorderen (Ost)-Hunsrücks war weitgehend ausgeglichen. Im Bereich der südöstlichen Härtlinge, die wohl eher eine Inselkette bildeten, war noch ein Relief mit Höhenunterschieden von 300–400 m ü. NN vorhanden. Nur von dort konnten allenfalls noch gröbere Abtragungsprodukte bezogen werden. Die östliche Hunsrück-Hochfläche und auch der westliche Hunsrück waren generell sonst Hochgebiete mit unterschiedlicher Reliefenergie. Idar- und Hochwald wiesen – ähnlich wie der Soonwald – noch erhebliche Höhen auf und mögen größere Inseln gewesen sein. Auf der Hochfläche im östlichen Hunsrück gab es eine zentrale Schwelle mit nur geringem Höhenunterschied zur Hochfläche. Diese bestand aus resistentem Material der Hunsrückschiefer und bildete u. U. ein Hindernis für die Ausdehnung des Meeres nach Norden während der Ingression. Somit steht in Frage, ob hier ein direkter Zugang zur Eifel (Rothausen & Sonne 1984) bestand.

Zur Charakterisierung der landfesten Gebiete tragen eingeschwemmte, noch bestimmbare Blätter von Zimt- und Kampferbaum, Feige und Lauraceen bei, die Jahresmitteltemperaturen von ca. 18°C vermuten lassen.

Die geschilderten Verhältnisse hielten sowohl im Becken als auch an Land zur Zeit der „Cyrenenmergel“ (Sulzheim-Formation) an, wie vereinzelte Fossilfunde zeigen. So lassen sich marine Vorstöße durch foraminiferenführende Lagen mit *Elphidium*, *Eponides* oder Lagen mit Zähnen von *Odontaspis* bis auf den Hunsrück nachweisen. Für die „Cyrenenmergel“ fehlt eine Randfazies. Ob dieses Fehlen durch spätere Abtragung bedingt ist, muss offen bleiben. Allerdings sollten das Mainzer Beckens und sein Randgebiet ähnlich hoch gelegen haben, so dass Reliefunterschiede nur zu den Härtlingen bestanden und ein zumindest geringer Zufluss von Süßwasser von dort möglich war, der zur weiteren Aussüßung des Beckens beitrug.

Weiterer Abschluss vom offenen Meer führte in der Folgezeit zur völligen Aussüßung des Beckens, so dass dieses sich im Laufe der Zeit vom Flachmeer zu einem ausgedehnten Süßwasser-See und/oder zu einer Seenplatte entwickelte, in der die „Süßwasser-Schichten“ (Jakobsberg-Formation) zur Ablagerung kamen.

5.4.4.5 Die Soonwald-Erze

In den Zeitraum größter Meeresausdehnung während des siliziklastischen 1. Zyklus fällt auch die erneute Bildung sedimentärer Eisenerze, die an die Schichten des Alttertiärs auf dem Hunsrück gebunden sind und als Soonwald-Erze bezeichnet werden.

Diese Erze bestehen aus Anreicherungen von Eisen und Mangan zu Mn-haltigem Brauneisen ($FeO(OH){\cdot}nH_2O$). Anders als bei den Hunsrück-Erzen, die in situ im Saprolit entstanden, mussten hier die Verwitterungslösungen weitere Wege zurücklegen, bis sie sich in alttertiären Sedimenten auf dem Hunsrück zu Lagerstätten anreicherten. Die Quelle für das Eisen sollte weiterhin in dem Verwitterungsprozess der Tonschiefer gesucht werden, wo restliche Chlorite für eine Umwandlung weiter zur Verfügung standen. Diesen Sachverhalt kannte schon NOEGGERATH (1842) und definierte diese Erze entsprechend. Sie sind an unterschiedlich mächtige Wechselfolgen aus tertiären Tonen, Sanden und/oder Kiesen, die in das Alttertiär gehören und besonders an intensiv gelbrot bis gelb gefärbte sandige, jedoch auch fette Tone gebunden sind. Das Erz kommt darin in Form „kugeliger" und „niedriger Erzknollen" vor. Diese Form führte NOEGGERATH dazu, von Toneisenstein (Sphärosiderit, $FeCO_3$) auszugehen, der nachträglich in Brauneisen umgewandelt wurde (NOEGGERATH in: VIERSCHILLING 1910: 427). Auch sprach er von häufig dichten „sphäroidischen Massen", mit konzentrischschaliger Absonderung und einem festen Kern aus „dichtem Brauneisenstein oder schmutzig grünlichgrauem, krystallinisch-körnigem Sphärosiderit".

DUNKER (1884) berief sich auf NOEGGERATH (1842) bei Form und Zusammensetzung der „irregulär sphaeroidischen Formen von sehr verschiedenen Dimensionen von mehr als einem Fuß Durchmesser (ca. 34 cm) bis unter Zollstärke (ca. 3,4 cm), welche (...) unregelmäßig konzentrisch schalig abgesondert sind und äußerlich häufig aus einem Phosphorsäurehaltigen, fettglänzenden Brauneisenstein (Stilpnosiderit, Pecheisenstein) bestehen" (S. 43; Stilpnosiderit: FeOOH).

Entscheidend für die Bildung der Soonwald-Erze war offensichtlich ein Kleinrelief auf der prä-oligozänen Landoberfläche des Hunsrücks, das in Vertiefungen – seien es wannen-, trichter- oder rinnenförmige Hohlformen – Raum für die Ablagerung von Siliziklastika und die Anreicherung der Erze aus Verwitterungslösungen bereitstellte. Die Sedimente und die Erze füllten dieses Relief auf und schlossen meist mit ebener Oberfläche gegen die überlagernden Schichten ab. Im Regelfall handelte es sich um z. T. ausgedehnte Tagebaue.

5.4.4.5.1 Ausgewählte Erz-Vorkommen

Die folgenden Beschreibungen stützen sich weitgehend auf VIERSCHILLING (1910).

Mehrere ausgedehnte Gruben lagen am **Nordwest-Rand des Soonwaldes** südlich des Tiefenbaches bei den Ortschaften Argenthal und Tiefenbach. Diese Vorkommen liefen unter Bezeichnungen wie „Wildgraben", „Adamsthal", „Märkerei" und „Neufang" und waren ca. 5 km im Streichen der unterdevonischen Strukturen des Schiefergebirgs-Sockels angeordnet.

Die ehem. Grube „Märkerei" baute auf den Abbauen „Altstraß" und „Rezeborn"; beide lagen auf Höhen zwischen 450 m NN (Märkerei-West) und 500 m NN (Neufang); das entspricht dem Höhenbereich, den tertiäre Ablagerungen auch sonst im östlichen Hunsrück auf der Hochfläche einnehmen; die Schichtenfolge war auf beiden Abbauen über eine Mächtigkeit von ca. 8–12 m aufgeschlossen: Über einer ca. 0 bis 1 m mächtigen Wechselfolge aus plastischen weißen Tonen mit roten Streifen, rotem sandigem und gelbem Ton als Basisbildung, die nicht unterteuft war, folgte als Träger der Vererzung eine bis ca. 4 m mächtige Abfolge aus rotgelbem sandigem Ton, der durch ein bis 0,7 m mächtiges Zwischenmittel aus grauweißem Ton in ein Unteres und ein Oberes Mittel unterteilt war; den Abschluss bildete ein bis 7 m mächtiger Graulehm mit scharfkantigen „Quarzitbrocken"; Mächtigkeitsunterschiede im Erz-Träger beruhten auf dem prä-existenten Kleinrelief, dessen Hochlagen als „Lettsättel" von den Bergleuten bezeichnet wurden; im Erz-Träger war das Erz lagenweise angeordnet in Form von „Knollen" und „Nieren"; sie bestanden sowohl aus Goethit (FeOOH) als auch aus Lepidokrokit (Stilpnosiderit) und erreichten Größen zwischen 3 und >30 cm Durchmesser; selten fanden sich auch völlig mit Brauneisen imprägnierte Tonschiefer zwischen den Konkretionen; wahrscheinlich handelte es sich um umgelagertes „Hunsrück-Erz".

In der ehem. Grube „**Neufund**“ am nordöstlichen Ende der „Konzession Märkerei“ südöstlich Argenthal bildete ein ca. 10 m mächtiger zäher roter Ton den Erz-Träger; er wurde unterlagert von einem nicht durchteuften weißen plastischen Ton, der aufgrund seiner „schiefrigen“ Textur wahrscheinlich noch zum Saprolit zu zählen ist; überlagert wurde er von 2–10 m mächtigem gelblichem Ton mit Quarzit-Klasten; das Erz bestand hier aus 10–15 cm im Durchmesser großen nieren- und knollenförmigen Konkretionen, die jedoch auch bis >50 cm Durchmesser erreichen konnten; das Erz nahm im Träger 20–25% des Gesteinsvolumens ein; die Mächtigkeit des Trägers schwankte erheblich, so dass auch hier „die ganze erzführende Schicht als Ausfüllung eines früheren unebenen Terrains zu gelten hat“ (Vierschilling 1910: 425; nach Akten des ehem. Königl. Oberbergamtes, Bonn).

Die noch zu diesem Komplex gehörende ehem. Grube „**Geißelborn**“ lag in der Nähe des Forsthauses „Hochsteinchen“ südöstlich Rheinböllen in etwa 400 m NN (Bl. 6012 Stromberg); auch hier ist eine Abhängigkeit der Erz-Führung vom Kleinrelief deutlich; die Erze waren an gelbliche und rot gestreifte Tone gebunden; nach Noeggerath (1842) bestand das Erz hier zu erheblichen Anteilen aus Stilpnosiderit; eine Analyse der Erze erbrachte 80,09% Fe_2O_3, 3,09% Mn_2O_3, 1,98% P_2O_5, 3,26% SiO_2 und um 11,58% H_2.

Wichtige Vorkommen von Soonwald-Erzen lagen auch **südlich des Soonwaldes** in der Stromberger Bucht bei Seibersbach und Dörrebach, sowie östlich und südlich davon. Einige von ihnen sind heute nicht mehr zu lokalisieren.

Bei der ehem. Grube „**Rennacker**“, die zwischen den Ortschaften Dörrebach und Seibersbach lag, waren die Erze in einem 6 m mächtigen „schmutzig rötlich-gelben“ Ton angereichert; dabei handelte es sich um 0,3–0,6 m messende Konkretionen mit konzentrisch-schaliger Absonderung und „festem“ Kern in lockerem ockerfarbenem Mulm; der Kern der Konkretionen bestand aus verkittetem – „verhärtetem“ – Sand oder Ton, z. T. war ihr Kern auch hohl; das Vorkommen war von einer 1–2 m mächtigen, bräunlich-gelben lehmigen Fließerde mit Quarzit-Fragmenten überdeckt.

Die ehem. Grube „**Neupfalz**“ (Bl. 6012 Stromberg) lag westlich Stromberg; um die Mitte des 19. Jahrhunderts wurde das flach muldenförmige Vorkommen von ca. 200 × 80 m^2 Größe teilweise im Untertage-Betrieb ausgebeutet; gegen die Ränder keilte das Vorkommen zutage aus; das Lager bestand aus gelblichen bis rötlichen, 0,6–3,0 m mächtigen Tonen, die ebenfalls von einer Fließerde aus Lehm mit Quarzit-Fragmenten und aufgearbeiteten Erz-Knollen überdeckt war; das Erz bestand auch hier aus sphäroidischem Brauneisenstein und Stilpnosiderit-Knollen; außerdem war es mit abgerollten Milchquarz-Geröllen und mit Brauneisen imprägnierten „Grauwacke-Bruchstücken“ vergesellschaftet. Vierschilling (1910) sprach unter Bezug auf Noeggerath (1842: 480) von drei übereinander liegenden Lagern, die durch „mächtige helle Lettenmittel getrennt“ wurden, was jedoch bei einer Gesamtmächtigkeit der „erzführenden Schicht“ von max. 3 m schwer vorstellbar ist.

Auch auf dem **Stromberger Massenkalk** wurden in muldenförmigen Vertiefungen des Karst-Reliefs in Sanden und Tonen Nester von Braun- und Roteisenstein angetroffen; nach Buchrucker (1896: 8) wurden hier in einem gelben Ton („Letten“) bis zentnerschwere, oft konzentrisch-schalige schwarze Knollen von „Manganeisenstein“ angetroffen; diese hatten ähnliche Metallgehalte wie die Erze von „Amalienhöhe“ und zusätzlich 0,5% Kobalt (Co); an anderen Orten wurden auf dem Massenkalk (Konzession „Bräutigam“) bei ähnlichem Relief Braun- und „Manganeisenstein“ in 0,6–5,0 m mächtigen weißen und roten Tonen gemeinsam mit Quarz-Geröllen, Quarzit- und Tonschiefer-Klasten angetroffen.

Beyenburg (1930) beschrieb weitere Vorkommen von Soonwald-Erzen am Südwest- und Süd-Hang des „Ingelheimer Waldes“ nördlich der Ortschaft Daxweiler auf der linken Talflanke des Guldenbaches am Lindenberg (auch: Vierschilling 1910); weitere lagen bei Stromberger Neuhütte; die Vorkommen **nördlich Daxweiler** hatten ähnliche Profile; über anstehendem Taunusquarzit folgte Quarzit-Schutt mit Blöcken aus kantigem bis Kantengerundetem Quarzit, ihre Kantenlängen erreichten bis max. 1 m; das Material zeigte deutliche

Spuren von Verwitterung bis zur Auflösung des Kornverbandes im Quarzit; die Größe der Klasten nahm zum Hangenden ab, wies jedoch dort noch Korngrößen bis Grobkies auf; im Hangenden folgten gelbbräunliche Sande und Tone, die „Eisen-Mangan-Ausfällungen" zeigten; in den in den 1920 er Jahren noch im Abbau befindlichen Tagebaue folgten darüber 3–10 m mächtige weiße gebleichte Tonsteine und 2–3 m „eisenschüssiger Ton", der seinerzeit Gegenstand des Abbaus war und talwärts „in Sand auskeilte" (S. 445); den Abschluss bildete offensichtlich quartärer Quarzit-Hangschutt; die Brauneisenstein-Konkretionen führende Schicht wurde bis 4 m mächtig; die Konkretionen lagen regellos in den Tonen; der Brauneisenstein wurde in den 1920/30er Jahren wegen zu geringer Fe-Ausbeute nicht mehr abgebaut; der danach gewonnene Ocker befand sich unregelmäßig über, unter und zwischen den Eisenstein-Lagern; diese Anreicherungen waren linsenförmig, nicht schichtgebunden und enthielten im Ocker auch kleine Konkretionen von Brauneisenstein.

Aus Bohrungen an anderen Orten ergab sich bei ähnlicher Abfolge folgendes Standard-Profil: In Hohlformen des Reliefs des Schiefergebirgs-Sockels war an der Basis fast immer Schutt angereichert; darüber folgten Brauneisenstein und Ocker in Tertiär-Sanden und -Tonen; den Abschluss bildete lehmiger Quarzit-Schutt. Beyenburg (1930: 445) schloss sich der Meinung v. Bülow's (1923) an und ging nun davon aus, dass die Hunsrück-Erze verwitterten. Danach wären die Soonwald-Erze „Hunsrück-Erze auf sekundärer Lagerstätte.

Die **Grube „Concordia"** war seinerzeit die bedeutendste Mangan-Erz-Lagerstätte neben Waldalgesheim und lag in einem größeren Rest-Vorkommen von Tertiär-Sanden und -Kiesen, die zum oligozänen „Unteren Meeressand" (Alzey-Fm.) gehören. Damit baute dieses Vorkommen zweifelsfrei Soonwald-Erz ab. Bergbau soll hier seit den 1830er Jahren umgegangen sein. Insgesamt wurden auf Concordia 135 970 t Mangan-Erz gefördert. Die Grube wurde bis Ende der 1880er Jahre in einem übergroßen Tagebau ENE Dörrebach (6012 Stromberg) betrieben; Erz-Reste wurden abschließend unter Tage abgebaut. Das Erzlager war durch einen Stollen vom Seibersbach aus aufgeschlossen („Oberer Stollen"). Ein tieferer Stollen („Schloßgrund-Stollen"), der ausschließlich in devonischem Gebirge aufgefahren war, diente zur Wasserlösung zum Seiberbach und zur Förderung der Erze.

Die ehem. Lagerstätte „Concordia" lag in einer Mulde des prä-oligozänen Reliefs, die sich im Bereich der Dörrebacher Überschiebung gebildet hatte. Hier war der in sich verschuppte Taunusquarzit auf Tonschiefer überschoben. Ihre Alterseinstufung ist fraglich. Pohl (1922) machte keine näheren Angaben und sprach von „blauem Tonschiefer". In diesem wurden mehrere Gänge eines zersetzten Eruptivgesteins angetroffen, das Ähnlichkeit mit dem „Weißen Gebirge" am Mittelrhein hatte und in Hohlräumen kleine Pyrit-Kristalle enthielt. In Aufhauen vom tiefen Stollen aus wurden im Norden, nahe dem Ausgehenden des Erz-Lagers tertiäre Sedimente angetroffen, die eine 0,25 m mächtige Lage von Kalksinter („Kalktuff") und Knollen von körnigem Baryt enthielten. Der Kalksinter enthielt 53,55% CaO und geringe Mengen (<1%) an Fe, Mn und P. Die Baryt-Knollen bestanden zu 88,98% aus $BaSO_4$ bei ebenfalls geringen Mengen (<0,2%) an Fe, Mn, P und CaO (Pohl 1922). Vierschilling (1910) beschrieb an anderer Stelle unterhalb des Erz-Lagers ein 1,0–1,2 m mächtiges „ganz zerfressenes, graugelbes bis weißes Gestein", das an „manchen Stellen" von „intensiv gelbrotem sandigem Gestein bis 1 m Stärke" überdeckt wurde und die Basis des Erz-Lagers bildete. Die Lagerstätte hatte eine Ausdehnung von 200–250 m × 150 m² und fiel schwach nach NW ein. Die Gesamtmächtigkeit der Tertiär-Füllung der morphologischen Hohlform betrug 20 bis max. 29 m, die des Lagers bis max. 15 m, im Mittel 8 m. Vierschilling führte mehrere Schachtprofile an, nach denen die Schichtenfolge stark wechselte und die Erze wohl auch hier in einer Wechselfolge von unterschiedlich gefärbten (gelb-, rot-braun) Tonen und Sanden und Kiesen eingelagert war. Die gelben Sande und Kiese waren schichtweise stark eisenschüssig. Außerdem erwähnte er helle Tertiär-Quarzite in mächtigen Lagen, die stark angewittert und z. T. in Blöcke zerfallen waren.

Die Basis der Muldenfüllung bestand aus Taunusquarzit-Schutt (Vierschilling 1910); darüber folgte eine 0,25 m mächtige Phosphorit-Lage im Wechsel mit Quarzit-Schutt, darüber befand sich eine erneute Phosphorit-Lage von 0–2,5 m Mächtigkeit, die am Süd-Hang der Mulde lag und nach Norden auskeilte; das darüber folgende Erz-Lager begann mit einer Lage aus Baryt, die zum Hangenden in Mangan-Erz überging. Säugetier-Reste in der Phosphorit-Lage wurden nicht bestimmt (Pohl 1922: 141). Die oberen, seinerzeit im Tagebau gewonnenen Erze wurden als „Stück-Erz" bezeichnet mit 60–65% MnO_2. Dabei handelte es sich um stückig brechenden „traubig-knolligen" Psilomelan ((Ba,H_2O) Mn_5O_{10})). Das tiefer angetroffene Erz bestand aus dichtem Psilomelan, der außerdem Kalk, Kalkspat und Baryt bei nur mehr 15,8–26% Mn, 3,73–9,07% Fe und 47–55% Rückstand enthielt. Buchrucker (1896) und Delkeskamp (1901) erwähnten unregelmäßig im Erz verteilte bis kopfgroße Konkretionen von hartem Psilomelan und „Manganeisenstein". An anderen Stellen bestanden die liegenden Partien aus verhältnismäßig lockerem „Mulm" (erdiges Erz) und aus Eisenmangan-Erz mit knolligen Konkretionen aus Hartmangan-Erz. Vierschilling ging von einer sekundären Anreicherung in den oberen Partien des Lagers aus. Offensichtlich fand auch eine Anreicherung des Mn zugunsten von Fe in Form von Brauneisen zu den Rändern der ehem. Lagerstätte statt. Dort wurde vermehrt Baryt in Lagen und Schmitzen angetroffen.

Nach D. E. Meyer (1970) stehen östlich der ehem. Grube „Concordia" im tektonisch Liegenden des Taunusquarzit Schichten des Unterems und auch Kalkknollenschiefer und Tonschiefer des Mittel- und Oberdevon an, die unter die oligozänen „Meeressande" hinunter reichen. Außerdem ist dieses Areal in kleinräumige tektonische Schollen zerlegt. (Ausführliche Beschreibungen bei Buchrucker (1896), Pohl (1922) und Beyenburg (1930)).

Im Gegensatz zu diesen Lagerstätten, bei denen vorwiegend Tone den Erz-Träger stellten, sind Soonwald-Erz-Vorkommen **südlich der Linie Dörrebach – Concordia – Warmsroth – Wald-Erbach** an sandige und kiesige Tertiär-Vorkommen gebunden. Beyenburg (1930) gab ein Standard-Profil für sie. Danach befanden sich Kiese mit „Eisen-Mangan-Erz-Beimengungen" an der Basis und wurden von etwa 2,5 m mächtigen Sanden und Kiesen sowie Quarzit-Schutt überlagert. Die Eisen-Mangan-Erzknollen erreichten lokal bis 80 × 25 × 30 cm^3; an anderen Orten waren solche Konkretionen durch Kies „verunreinigt". Grobe und feine Konglomerate mit einem Eisen-Mangan-Erz-Bindemittel wurden u. a. auch bei Eckenroth gefunden. Beyenburg gelang hier u. a. der Fund von *„Glycimeris"* (*Axinea*) *angusticostata*, die u. a. nach Rothausen & Sonne (1984) typisch für die „Unteren Meeressande" ist. Damit widersprach er älteren Einstufungen in das obere Mio- bis Pliozän (Stickel 1927).

5.4.4.6 Der Zyklus des „Kalk-Tertiär" (aktuell: Mainz-Gruppe)

Mit den „Cerithien-Schichten" der älteren Autoren begann nach längerer Unterbrechung der zweite, allerdings nur eingeschränkt marine Zyklus, der zum überwiegenden Anteil zur „Mainz-Gruppe" zusammengefasst wird (P. Schäfer 2012). Auch diese zweite größere Ingression in das Mainzer Becken ging schrittweise in mehreren Schüben vonstatten und erreichte erst in den oberen Partien der ehem. „Oberen Cerithien-Schichten" (aktuell: Oppenheim- und Oberrad-Formation) den Südost-Rand des Hunsrücks, wie die Schichtenfolge auf Bl. 6112 Waldböckelheim (K.-W. Geib 1973) zeigte. Im Gegensatz zu den Ergebnissen von Wilh. Wagner & Michels 1930) wurden im westlichen Abschnitt von Bl. 6013 Bingen-Rüdesheim in einer Bohrung auf dem Jakobsberg südsüdöstlich des Ortskerns von Ockenheim noch 4,5 m mächtige Schichten der Oppenheim-Formation („Obere Cerithien-Schichten unterer Teil") angetroffen (in: P. Schäfer 2012). Damit wird das schrittweise Vorrücken der Transgression des zweiten Zyklus bis an den Rand des Südost-Hunsrücks deutlich. Ähnliche Verhältnisse schilderten schon Falke (1960), Sonne (1972) sowie Rothausen & Sonne (1984).

Nach Wilh. Wagner (1926) und Wilh. Wagner & Michels (1930) folgen auf Bl. 6113 Wöllstein-Kreuznach und 6013 Bingen-Rüdesheim über den „Süßwasser-Schichten“ bzw. „Milchquarz-Schottern“ direkt die „*Corbicula*-Schichten“, die ihre Bezeichnung nach *Falsocorbicula faujasii* (vormals: *Corbicula faujasii*) erhielten. Neuerdings wird diese bereits von Sandberger (1863) kreierte und bis in das 20. Jahrhundert verwendete Bezeichnung (Falke 1960, Rothausen & Sonne 1984) heute umbenannt (LGB 2005, P. Schäfer (2012) in Rüssingen-Formation (ehem. „*inflata*“- resp. „*Corbicula*-Schichten”).

Wilh. Wagner & Michels (1930) sahen zwar *Hydrobia inflata* auch als Leitfossil an, bezeichnete jedoch dieses Schichtglied als „*Corbicula*-Kalke, Mergel und Kalke mit *Hydrobia inflata*“. Er hatte sich damit nicht Steuer (1909) angeschlossen, der dieses Schichtglied als „Mergel und Kalke mit *Hydrobia inflata*“ bezeichnete, was zu der Bezeichnung „*inflata*-Schichten“ führte (Falke 1960). Als Argument diente der Sachverhalt, dass *Corbicula faujasii* (heute: *Falsocorbicula faujasii*) bereits früher einsetzte als *Hydrobia inflata*.

Oberrad-Formation. K.-W. Geib (1973) ermittelte auf Bl. 6112 Waldböckelheim südwestlich Spall ein isoliertes Vorkommen von „Oberen Cerithien-Schichten“. Es handelt sich um gelbgrünliche, dunkelbraune und weißgraue Mergel von mindestens 6 m Mächtigkeit. Die Schichten liegen diskordant auf Serizit-Phylliten der Metamorphen Zone des südöstlichen Hunsrücks und auf „Tholeyer Schichten“ des Rotliegend. Rothausen & Sonne (1984) bemerkten dazu, „dass die Oberen Cerithien-Schichten im Gegensatz zu den Auffassungen von Wilh. Wagner (1938) und Wenz (1921) auch weit westlich der Selz noch verbreitet sind“ und dass das Gebiet des Schiefergebirges sicher randlich noch vom Meer überflutet war, allerdings nicht in dem Ausmaß wie während der Ablagerung von „Schleichsand“ und „Cyrenenmergel“. Ob dieses Vorkommen nach der heutigen Stratigraphie zumindest teilweise zur Oberrad-Formation gehört, bleibt offen.

Die Rüssingen-Formation („*Corbicula*“- resp. „*inflata*-Schichten“). Die Rüssingen-Formation ist offensichtlich durch „beckenweite palökologische Wechsel von brackischen zu stärker ausgesüßten Bedingungen“ (P. Schäfer 2012: 87) gekennzeichnet, die sich im Verschwinden zahlreicher Tierarten widerspiegelt, die in der Oberrad-Formation noch vorkamen (Brackwasser-Ostrakoden, Foraminiferen, Turmschnecken). Abgesehen vom Verschwinden von *Hyrobia inflata* setzen in der darauf im Hangenden folgenden Wiesbaden-Formation erneut Foraminiferen (*Lippisina demens*) und Ostrakoden (*Cyprideis obliqua*) ein. Damit ist diese Formation ausreichend abzugrenzen.

Anstehend finden sich Schichten der Rüssingen-Formation heute hunsrücknah nur noch am Ost-Rand des Rheinhessischen Plateaus von Ockesheim im Norden bis nördlich Sprendlingen und weiter nach Süden. Vom Anstieg zum Jakobsberg (273 m NN) und allgemein von Bl. 6013 Bingen-Rüdesheim beschrieben Wilh. Wagner & Michels (1930) die „*Corbicula*-Schichten“ als Wechselfolge von Mergeln, Mergelkalken und Kalken. Die Mergel sind in frischem Zustand blaugräulich und verwittern bräunlich, schwarz und auch gelblich. Hinzu kommen weiße kreidige Mergel. Jedoch auch reine Tone bunter Färbung von schmutzig olivgrün, schwarzgrau bis blutrot sind vertreten. Die tonigen Schichten bilden geringmächtige Lagen zwischen den Kalken. Dieses Bild wurde durch eine Bohrung auf dem Jakobsberg in neuerer Zeit weiter differenziert. Hier wurden in oliv- bis dunkelgrauen Tonen und Tonmergeln Gipskristalle und Lagen von Braunkohle, abgesehen von Hydrobien-Schill-Bänken angetroffen, die auf einen z. T. schlecht durchlüfteten Ablagerungsraum schließen lassen. Sie bestätigen, dass die Sedimentationsverhältnisse in Richtung hypersalinar oder Austrocknung sich veränderten. P. Schäfer ging daher von einer „paläoökologischen Untergliederung der Rüssingen-Formation“ in „brackische Vorstöße und limnisch geprägte Intervalle“ aus (P. Schäfer 2012: 88). Als Ursache für die Salinitätsschwankungen werden nur geringfügige marine Ingressionen, auch Verdunstungseffekte in lokalen Becken sowie Süßwasserzuflüsse von den Randgebieten vermutet.

Die stark schwankenden Salinitätsverhältnisse spiegeln sich in Massenvorkommen der Hydrobien – auch von *Falsocorbicula faujasii* – wider. Hinzu kommen Horizonte mit Süßwasser-Mollusken und wahrscheinlich eingeschwemmten Landschnecken sowie Bänke mit Brackwasser-Mollusken.

Auch weiße Kreide- und graue Steinmergel mit einem relativ hohen Gehalt an Fossilien wurden gefunden. Dazu gehören *Hydrobia inflata*, *H. obtusa*, *Falsocorbicula faujasii*, *Granulolabium plicatum pustulatum*, *Mesohalina* (*Tympanotonus*) *submargaritata* und *Congeria brardi*. Die Schalen von *Falsocorbicula faujasii* bilden bis 30 cm mächtige Schillbänke. Die meist gut und doppelklappig erhaltenen, teilweise jedoch auch „durcheinanderliegend" gefundenen Exemplare hatten keinen weiten Transportweg hinter sich. Die Bankmächtigkeiten der Kalke liegen unter 2 m. Sie sind in frischem Zustand bläulichgrau und verwittern rein gelb oder grauweiß mit weißlicher Verwitterungsrinde. Auch finden sich Trümmerkalke, die fast vollständig aus Schalentrümmern von *Hydrobia* aufgebaut sind. Außerdem erwähnten Wilh. Wagner & Michels (1930) Sinter- und Algenkalke in den oberen Partien der „*Corbicula*-Schichten", auch dünnplattige Kalke mit *Hydrobia obtusa* und „Phryganeen-Kalke", biogene Kalke, die aus röhrenartigen Gehäusen von Köcherfliegen-Larven bestehen. Diese Röhren sind aus Schalen und Schalentrümmern von Gehäusen von *Hydrobia* und – soweit vorhanden – auch aus Quarz-Körnern aufgebaut. Fundpunkte befinden sich nördlich Steinhardt und westlich Sponheim. Nach K.-W. Geib (1973) liegen diese Funde in einer Höhe von 270–280 m NN; das ist relativ tief. Somit befinden sich diese Funde wohl nicht mehr in situ. Die Gesamtmächtigkeit auf Bl. Bingen-Rüdesheim wurde mit mindestens 50 m angegeben, weiter im Süden mit 45 m.

Die Wiesbaden-Formation (untere Hydrobien-Schichten). Das jüngste Schichtglied ist Hunsrück-nah nur noch reliktisch am Ost-Rand des Rheinhessischen Plateaus unter den wesentlich jüngeren Kieseloolith-Schottern bzw. Dinotherien-Sanden in situ erhalten. Auf Bl. 6013 Bingen-Rüdesheim sind es gelblich-weiße, dichte Kalke mit Fisch-Resten. Nach Rothausen & Sonne (1984) blieben wohl nur die tieferen „Hydrobien-Schichten" Hunsrück-nah wegen der späteren flächenhaften Abtragung erhalten. Auch ein grüngelblicher bis gelbbrauner Ton westlich des isolierten Vorkommens von „Cerithien-Schichten" südwestlich Spall in der Höhenlage von 370–380 m NN erbrachte eine Mikrofauna, die die Zuordnung zu den unteren „Hydrobien-Schichten" zulässt (Sonne 1972, K.-W. Geib 1973, P. Schäfer 2012).

Im Umfeld des „Grundgebirgsaufbruchs" Mörschied (Bl. 6210) fanden sich östlich davon auf 435–450 m NN im Bereich der Wüstung Hohschieder Hof und nördlich der ehemaligen Grube „Schielenberg" an vier Stellen Lesesteine von Kalken, die überwiegend aus Bruchstücken einer Schneckenfauna bestanden, außerdem aus Gehäusen von *Hydrobia* sp. (Mannebach 1990). Die Bruchstücke waren leicht umkrustet und Zwickelräume nahezu frei von Matrix, so dass die Lesestücke hochgradig porös erschienen. Nach ähnlichen Funden auf Bl. Wöllstein-Kreuznach könnten auch diese Kalke zu den „*Corbicula*-Schichten" gehören, zumindest jedoch in das Kalk-Tertiär. Der Verdacht einer anthropogenen Verschleppung ließ sich nicht unbedingt ausräumen, obschon bei der ansässigen Bevölkerung heute nichts über die Verwendung von entsprechenden Kalken zu Düngezwecken bekannt war (Mannebach 1990). Vorausgesetzt, der Fund ließe sich bestätigen, ergibt sich für das Kalk-Tertiär eine ähnlich weite Verbreitung am Südost-Rand des Hunsrücks wie zur Zeit der Stadecken-Formation. Die Fundstücke liegen mit 435–450 m NN in einem Niveau, das sonst Relikten der „Schleichsand-Transgression" vorbehalten ist. Geht man mit Löhnertz (in: Frankenhäuser et al. 2009) von einer Ruhephase des linksrheinischen Teils der Rheinischen Insel in dieser Zeit in Höhe des Meeresspiegels aus, so sind Ablagerungen des Kalk-Tertiär erklärbar sowie auch die heutigen Höhenunterschiede zum Kalk-Tertiär im Mainzer Becken.

5.4.4.6.1 Zur paläogeographischen Entwicklung am Süd-Rand des Hunsrücks

Die Rekonstruktion der paläogeographischen Verhältnisse am Süd-Rand und auch auf dem Hunsrück ist im Gegensatz zum 1. Zyklus erheblich unsicherer, da mit Ende der Wiesbaden-Formation sich das Meer endgültig zurückzog und ein Intervall weitreichender Abtragung einsetzte, die die jüngeren Formationen (Wiesbaden-, Teile der Rüssingen-Fm.) betroffen hat. Junge Erosion im Pleistozän hat zusätzlich am Südost-Rand des Hunsrücks gegen das Rheinhessische Plateau, insbesondere im unteren Nahetal, z. T. erhebliche Lücken gerissen.

Einzelfunde im Süd-Hunsrück und auf dem Alzey-Niersteiner Horst zeigen, dass mit dem Einsetzen der „Cerithien-Schichten“ – insbesondere der „Oberen“ (Oberrad-Formation) – nach dem Intermezzo sowohl von der Tethys im Süden als auch von der „Nordsee“ über Wetterau und Oberrhein-Graben das Meer in Schüben erneut in das Mainzer Becken ingredierte. Für das Gebiet am West-Rand des Rheinhessischen Plateaus ist der Beginn erneuter Sedimentation erst mit dem Übergang Oberrad- zu Rüssingen-Formation erwiesen. Allerdings gewannen zu diesem Zeitpunkt – nach dem Fehlen rein mariner Faunenelemente zu urteilen – bald wieder Brackwasser-Verhältnisse die Oberhand. Somit erfolgte die zweite schrittweise Überflutung des Mainzer Beckens wohl nicht so zügig und energiereich wie beim 1. Zyklus, und das ingredierende Meer hatte vermehrt mit Einflüssen vom Lande zu kämpfen. Relikte sind im südöstlichen Hunsrück fraglich. Trotzdem sollte mit Übergriffen auf das Schiefergebirge gerechnet werden, da durch weitflächige Denudation der Gebirgsrumpf weiter eingeebnet worden war.

Östlich der Nahe ist eine kalkig-mergelige Lithofazies ausgebildet, die östlich der Selz in Riff-Kalke übergeht. Primäre Sedimentmerkmale und Fauna weisen auf eine anfangs wahrscheinlich weitgehende Überflutung des ehem. Ablagerungsraumes hin, der zuletzt durch die Seenplatte der Jakobsberg-Formation repräsentiert war. Das Meer blieb jedoch flach, wie u.a. Algen-Matten zeigen. Auch mit gelegentlichem Trockenfallen muss nach Funden von Trockenrissen gerechnet werden. Lokal kam es zu Aufarbeitung, Resedimentation und zur Zusammenschwemmung von Bioklasten zu Schill-Konzentraten. Diese Verhältnisse hielten bis in die Wiesbaden-Formation („Untere Hydrobien-Schichten“) an. Allerdings nahm der Einfluss des Meeres danach mehr und mehr ab, sodass sich mit der Zeit vermehrt brackische und brackisch-limnische Verhältnisse einstellten.

Offensichtlich konnte im Laufe der Zeit das Meer nicht mehr unbedingt aus dem Hauptsenkungsfeld Oberrhein-Graben auf das „Bruchfeld“ des Mainzer Beckens übergreifen. Es ist die Fisch-Fauna, die gelegentlich noch stärker marine Einflüsse, z. B. in der Wiesbaden-Formation („Untere Hydrobien-Schichten“), aus der tertiären „Nordsee“ oder aber dem Tethys-Raum anzeigt (LGB 2005, Reichenbacher 2000). Die Überlieferung mariner Sedimente schließt mit dem Untermiozän im Zeitabschnitt Aquitan/Burdigal ab. Das Meer zog sich anschließend vollständig aus dem Mainzer Becken zurück. Mit dieser Verlandung des Ablagerungsraumes setzten endgültig festländische Verhältnisse ein.

5.4.5 Jungtertiäre Ablagerungen

5.4.5.1 Eppelsheim-Formation (Obermiozän, „Dinotherien-Sande“)

Erst ab dem Obermiozän liegen wieder Nachweise für Sedimentation nahe am Südost-Rand des Hunsrücks und im benachbarten Mainzer Becken vor. Es sind die Ablagerungen eines ausgedehnten Fluviatilsystems, das nach seinem Geröll-Anteil aus dem Gebiet des Oberrheins und der benachbarten Mittelgebirge, von Schwarzwald und Vogesen, stammt. Herkunft und weiterer Verlauf durch das Rheinische Schiefergebirge gaben Anlass, es als „Ur-Rhein“ zu bezeichnen. Der Fund eines Schädels von *Deinotherium giganteum* (vormals: *Dinotherium g.*;

KLIPSTEIN & KAUP 1836) bei Eppelsheim/Rheinhessen führten zu der Bezeichnung „Dinotherien-Sande". Über die Funde von Kleinsäuger-Resten konnte die stratigraphische Zuordnung zum Obermiozän festgelegt werden. Frühere Autoren (u. a. Wilh. WAGNER 1926, Wilh. WAGNER & MICHELS 1930, FALKE 1960) stuften die „Dinotherien-Sande" in das Pliozän ein und zählten sie zu den Kieseloolith-Schottern.

Dieses Fluviatilsystem lagerte schräg geschichtete Sande und Kiese in Strömungsrinnen ab, die in weiten Schotterfluren mit Stillwasserbereichen verliefen. Die Kiese sind meist auf die Basis dieser Formation und auf Rinnenfüllungen beschränkt. Das Geröllspektrum besteht aus resistenten Komponenten wie Quarz, Quarzit, Kristall-Sandsteinen des Buntsandstein), Hornsteinen und Kieselschiefern. Kieseloolithe kommen zwar selten vor, führten jedoch seinerzeit zu der Einstufung dieser Ablagerungen in das Pliozän.

In den groben basalen Schichten fand sich eine reiche Säugetier-Fauna, angereichert bei fluviatilem Sammeltransport im Anfangsstadium bei der Einrichtung des Fluviatil-Systems. Es handelt sich um Reste von Primaten und Carnivoren, die Buschwälder bevölkerten, jedoch auch Proboscidier (*Deinotherium*, *Gomphotherium*), u. a. auch das Ur-Pferdchen (*Hippotherium*). Die weitflächige Verbreitung sowie der rasche horizontale und vertikale Wechsel der Korngrößen sprechen für ein ausgedehntes Flusssystem, u. a. mit aufgegebenen Flussarmen, Totarmen und Tümpeln.

Zwischen den Ablagerungen dieses weiten Flusssystems und dem Ende des „Kalk-Tertiär" lag wohl ein Zeitintervall von ca. 8 Ma (DSK 2002) unterschiedlich starker flächenhafter Abtragung. Dieser Sachverhalt ergibt sich daraus, dass die Sande und Kiese auf unterschiedlich alten Schichten des „Kalk-Tertiär" oder dessen Unterlager liegen.

Vorkommen. Auf Bl. 6112 Waldböckelheim fand K.-W. GEIB (1973) nördlich Steinhardt und Bockenau auf einer Höhe von 340–360 m NN gelbliche Kiese, sandige Kiese und Sande. Sie enthielten als Komponenten Milchquarz-Gerölle mit Durchmessern von 0,5–5 cm und Taunusquarzit-Gerölle, die etwas größer als die Milchquarz-Gerölle waren. Sie zeigten eine gewisse Rundung. Hinzu kommen Gerölle aus Süßwasser-Quarzit in unterschiedlichen Stadien der Verwitterung und mit geringer Rundung. Aufgrund der relativ geringen Abrollung und ihrer Größe ging K.-W. GEIB von kurzen Transportwegen aus. Er stufte diese fluviatilen Sedimente noch in das Pliozän ein. Sie sollten jedoch eher aus dem Flusssystem der „Dinotherien-Sande" stammen. Die Höhenlage schließt pleistozäne Flussschotter der Nahe aus. Direkte Altershinweise fehlen bisher.

Auf Bl. 6113 Wöllstein-Kreuznach (Wilh. WAGNER 1926) wurden ähnliche Kiese auf dem Plateau des Rotenfels bei Bad Münster a. Stein-Ebernburg sowie bei Hof und Schloss Rheingrafenstein (auch: BARTZ 1936) gefunden. Die Geröllgröße ist ähnlich wie nördlich Steinhardt, z. T. auch größer (Haselnuss- bis Faustgröße). Die Gerölle bestehen aus Milchquarz, Quarzit (Typ Taunusquarzit), Kieselschiefer und resistenten Gesteinen aus dem Rotliegend. Hinzu kommen rote Eisenkiesel, rot gebänderte Achate, gelbbraune Hornsteine und verkieselte Süßwasser-Kalke von erheblicher Größe mit *Planorbis* und *Lymnaea*. Vereinzelte Onyx-Gerölle ergänzen das Spektrum, das dem von Eppelsheim teilweise ähnlich ist. Über Kleinsäuger-Reste konnte das obermiozäne Alter festgelegt (FRANZEN et. al. 2003) werden. Die Kiese auf dem Rhyolith von Bad Kreuznach befinden sich auf einer Höhe von 280–295 m NN, jene bei Eppelsheim liegt auf ähnlicher Höhe bei 250–300 m NN. Daraus ergibt sich, dass zu dieser Zeit noch keine wesentlichen Höhenunterschiede zwischen dem Rheinhessischen Plateau und dem Süd-Rand des Hunsrücks bestanden.

Andere Kiese ähnlicher Zusammensetzung fand Wilh. WAGNER (1926) auf tieferen Niveaus bis hinab auf Höhen von 235 m NN. Hier ist nicht sicher, ob es sich nicht um verrutschtes oder umgelagertes Material, gegebenenfalls um pleistozäne Flussschotter, handelt, deren älteste normalerweise in Niveaus bis 260 m NN liegen.

Recht „beträchtliche Kies- und Flusssandablagerungen" finden sich auf Bl. 6013 Bingen-Rüdesheim (Wilh. WAGNER in: Wilh. WAGNER & MICHELS 1930) am West-Rand des Rheinhessischen Plateaus, wo sie auf Schichten der Rüssingen-Formation liegen bei Höhen zwischen 245–265 m NN. Die Geröllfracht besteht aus Milchquarz, schwarzem und schwarz/weiß gebändertem Onyx, durchscheinendem dunkelbraunem Chalcedon und dunkelbraunen Kieseloolithen. Onyx und Kieseloolithe werden als Leitgesteine betrachtet, allerdings auch für die pliozänen Kieseloolith-Schotter. Diese sehr resistenten, meist gut gerundeten Gerölle stammen sicherlich durch Umlagerung aus älteren Schottern. Das Geröllspektrum zeigt eine Herkunft deutlich aus dem Einzugsgebiet der späteren Nahe. Darauf weisen Kristalldrusen und ihre Zerfallsprodukte in Form von Bergkristall hin. Das gilt weniger für die Onyx-Gerölle. Als Restmächtigkeit gab Wilh. Wagner (1926) 10–15 m an. Als Hauptverbreitungsgebiet dieses Flusssystems ergibt sich ein Areal, das zwischen Westhofen bei Worms, Alzey und Bingen liegt. Damit ist ein „Ur-Rhein" vorgezeichnet, der allerdings abseits des heutigen Laufes liegt. Er erhielt nach dem Geröllspektrum offensichtlich Zuflüsse aus dem Nahe-Gebiet über eine „Ur-Nahe" (Rothausen & Sonne 1984, Franzen 2006).

Die Verhältnisse auf dem Hunsrück sind schwerer zu ergründen. Die Forschungsbohrung Pleitzenhausen (Spies 1986) gab unter dem rezenten Solum und einer pleistozänen Solifluktionsdecke eine relativ junge, wohl noch tertiäre Schichtenfolge frei, die mit einer erheblichen Schichtlücke über oligozänen Schichten lag. Die Anbindung dieser Sedimente an ein jungtertiäres Flusssystem auf dem Hunsrück ist allerdings schwierig, da die typischen Gerölle aus der Eppelsheim-Formation (Dinotherien-Sande) fehlen. Immerhin mag es Bezüge zu diesem Fluviatilsystem gehabt haben. Aus dem Einzelprofil ergibt sich nicht, ob ein deutlich erosiver Kontakt zu den unterliegenden Sedimenten des Tertiärs bestand. Immerhin liegen die Sedimente höhenmäßig nahezu gleichauf mit den oligozänen Sedimenten und dokumentieren damit, dass das Fluviatilsystem noch keine starke Tiefenerosion bewirkt hatte. Die größtenteils pelitischen Sedimente sprechen für ein lateral weit ausgedehntes mäandrierendes Flussnetz mit zwischengelagerten Stillwassergebieten, allerdings wohl ohne allzu ausgedehnte Vegetation. Aus dieser Perspektive passt es gut in das Bild der Eppelsheim-Formation im Torton, bevor es zu der entscheidenden tektonischen Hebung der Rheinischen Insel ab Pliozän kam. Ähnliche Sedimente wurden von Löhnertz et al. (2011) an der Grenze Mio-/Pliozän zu den Kieseloolith-Schottern gezählt.

Zu Landschaftsbild und Fauna. Die Eppelsheim-Formation hat in Rheinhessen, besonders bei Eppelsheim eine reiche Wirbeltier-Fauna, auch mit Großsäugern, geliefert, die es gestattet, ein Landschaftsbild für das Jungtertiär zu entwerfen, das sich unter Vorbehalt auf den Hunsrück übertragen lässt. Rothausen & Sonne (1984) gingen von einer Galeriewald-Landschaft entlang des Flusssystems aus mit Buschwald, anschließender Buschwald-Steppe sowie einer Savannen-Landschaft weiter im Hinterland. Eine Steppenlandschaft kann auch für das Gebiet des Hunsrücks gefordert werden.

5.5 Tertiärer Vulkanismus im Hunsrück

Zeugen eines Tertiär-Vulkanismus sind im Hunsrück im Gegensatz zur Eifel selten. Die Zuordnung zum Tertiär-Vulkanismus ist daher ohne radiometrische Altersdatierungen, allein auf geologisch-petrographischer Basis nur bedingt möglich. Petrographische Analogien bestehen einerseits zum tertiären Hocheifel-Vulkanismus und andererseits zu den Vulkan-Ruinen im Umfeld des Oberrhein-Grabens.

5.5.1 Zeugen des Hocheifel-Vulkanismus

Ein offensichtlich noch zum tertiären Hocheifel-Vulkanfeld gehörender Basalt-Stock liegt rechts der Mosel südsüdöstlich der Ortschaften Ediger-Eller an der Nord-Flanke des Hochkessels (421 m NN; Bl. 5908 Alf). Hier ist durch die Mosel am hohen Talhang (Lokalität

„Einsiedelei“) ein Basalt-Stock freigelegt worden. An seiner Ost-Seite sind in einer Nische des aus dem Hangschutt aufragenden Fels („Bruder Harig-Fels“) Reste von aufgehendem Mauerwerk der ehem. Einsiedelei „Bruder Harig-Klause“ erhalten. Dieses „Basalt-Vorkommen“ liegt ca. 30 km Luftlinie südöstlich vom Zentrum des Hocheifel-Vulkanismus entfernt, wurde jedoch immer schon zu diesem gerechnet (GREBE 1886b, DECHEN 1884). Erst THOMÉ (1954) untersuchte das Vorkommen am Bruder Harig-Felsen eingehend.

Im Kartenbild hat das Vorkommen unter Einbeziehung von Klippen im Hangschutt eine länglich-ovale Form, die in Richtung NW-SE eine Länge von ca. 60 m erreicht. Die Längsachse läuft parallel zum Lauf der Mosel, die ihrerseits etwa dem Verlauf der Grendericher Querstörung folgt. Durch eine magnetometrische Vermessung konnte diese Ausrichtung bestätigt werden (THEISS 1994).

Petrographische Untersuchungen (THOMÉ 1954) ergaben eine Zugehörigkeit dieses Vorkommens zu den „Feldspat-Basalten“ des Tertiärs. An Einsprenglingen wurden Olivin, Augit und Hornblende festgestellt sowie auch reichlich Feldspat-Leistchen und Magnetit in der Grundmasse. Nach modernen Analysewerten (MÜLLER-SOHNIUS et al. 1989) handelt es sich um einen Nephelin-Basanit. Nach LORENZ & LUTZ (2004) gehören die Nephelin-Basanite in die äußerste Aureole des Hocheifel-Vulkanfeldes, wo es zur Förderung relativ gering differenzierter Schmelzen mit einer SiO_2-Konzentration <44,7% SiO_2 kam.

Stellenweise bildete sich in dem Vorkommen am „Bruder Harig-Fels“ Sonnenbrenner, eine Erscheinung, die bei längerer Exposition des „Basaltes“ zu dessen krümeligem Zerfall führt.

Nach THOMÉ (1954) fehlt dem „Basalt“ eine säulige Absonderung; stattdessen zerfällt das Gestein „grobplattig“. Deutlich sichtbar ist das im Kern des Vorkommens, wo die einzelnen Platten dünn und ebenflächig ausgebildet sind. Generell streichen die Absonderungsflächen NW-NNW – SSE-SE bei Einfallen nach SSW bis SW. In den Randzonen und im Dachbereich ist diese Gesetzmäßigkeit weniger deutlich.

Das Vorkommen ist außerdem von einer 160° streichenden, nach ENE einfallenden Abschiebung betroffen, die am Nord-Ende des Vorkommens austritt und die moselseitige Scholle gegen die Mosel hin versetzt hat. Offensichtlich haben weitere, ähnliche Verwerfungen den Nordost-Hang des Hochkessels destabilisiert und mehrfach zu moselwärtigen Rutschungen geführt.

Nach Gefüge-Untersuchungen am Vulkanit unter Einbeziehung der Absonderungsflächen soll diese „Basalt“-Intrusion seinerzeit die Erdoberfläche nicht erreicht haben (THOMÉ 1954). Entscheidend für diesen Rückschluss ist, dass auf dem Gipfel des Felsens das dickplattige Absonderungsgefüge der Randbereiche erhalten ist. Danach lag das Dach der Intrusion im Nordwest-Abschnitt in der Nähe des heutigen Gipfels. Die Kontakte an der Nord- und West-Flanke des Stockes stehen etwa saiger, an der Ost- und Südost-Seite fallen sie unterschiedlich schräg nach außen ein. Der „Basalt“-Stock war danach schräg nach Nordwesten aufgedrungen und blieb ca. 15 m unterhalb des Niveaus der Jüngeren Hauptterrasse, deren Verebnung bei ca. 270 m NN liegt, stecken.

Im Kontaktbereich „Basalt“/Tonschiefer kam es zur Frittung der Tonschiefer, z. T. auch zu hornfelsartiger Kontaktmetamorphose des Nebengesteins, deren Einwirkung jedoch nicht allzu weit in das Nebengestein hinein reichte.

THOMÉ (1954) sah außerdem Zusammenhänge mit der Tektonik des variszisch geprägten Sockels. Der „Basalt“-Stock des „Bruder Harig-Fels“ liegt unweit des Schnittpunktes der Grendericher Querverwerfung mit dem Vergenz-Scheitel in der „Mosel-Mulde“. Diese Überlegung liegt nahe, da nordöstlich Bullay und südöstlich des Vergenzscheitels die beiden anderen gangartigen „Basalt“-Vorkommen liegen (GREBE 1886b), die offensichtlich petrographisch ähnlich sind. Ein Zusammenhang kann nicht ausgeschlossen werden. Es wird hier jedoch davon ausgegangen, dass das Gefüge im Schiefergebirgs-Sockel mit seinen Inhomogenitätsflächen zwar den Weg zur Oberfläche bestimmte, in der tieferen Kruste jedoch die Schmelze eigenen Gesetzmäßigkeiten folgte und so das Ausweichen der Schmelze bis an den äußersten Süd-Rand des Hoch-Eifel-Vulkan-Feldes bestimmte. Im Übrigen sollte die Grendericher Querverwerfung, die wahrscheinlich spät- bis post-variszisch ist, eher den Aufstieg des „Bruder Harig-Vulkanits" bestimmt haben.

Geologische Position und Petrographie des Vorkommens schließen eine Zugehörigkeit zum pleistozänen West-Eifel-Vulkanfeld aus, obwohl dessen südlichste Vorkommen bei Bad Bertrich nur 9 km Luftlinie davon entfernt sind. Radiometrische Altersbestimmungen (Müller-Sohnius et al. 1989) an Proben des Nephelin-Basanits vom „Bruder-Harig-Fels" ergaben mittels K-Ar-Methode ein Gesamtgesteinsalter von 41,5 Ma und an Feldspäten getrennt davon ein Mineral-Alter von 44,6 Ma. Sie gingen als wahrscheinlichem Alter von 44,6 Ma aus und gaben dem Mineral-Alter den Vorrang. Das Vorkommen gehört damit zur älteren Phase des tertiären Hocheifel-Vulkanismus (W. Meyer 2013).

5.5.2 Tuffschlot bei Trier

Als südlichstes Vorkommen des kretazischen Vulkanismus im linksrheinischen Schiefergebirge gilt ein Lapilli-Tuffschlot südlich Trier, der in der Nähe von Trier-Tarforst erbohrt wurde (Lokalität Petrisberg; Dillmann & Negendank 1982). Altersdaten liegen nicht vor. Der Sachverhalt, dass der Schlot unter 13 m mächtigen Kiesen und Sanden der pleistozänen Jüngeren Hauptterrasse angetroffen wurde, gibt nur den Hinweis, dass das Vorkommen >800 ka alt ist. Nähere Untersuchungen der „Basalt"-Lapilli aus dem Tuff erbrachten u. a. zonar gebaute Klinopyroxene aus der Einsprenglingsgeneration mit Anklang an Titanaugit und mit Aegirin-Augit als Kern. Dillmann & Negendank stellten das Gestein zur Gruppe der Alkali-Basalte i. w. S mit einem SiO_2-Gehalt um 43%. Dieses Ergebnis zeigt, dass das Gestein eher zu der Verwandtschaft des tertiären Hocheifel-Vulkanismus gehört. Bezüge zu den kretazischen Vulkaniten in der Wittlicher Senke (vgl. W. Meyer 2013) sind nicht offensichtlich. Abgesehen von den „Basalt"-Auswürflingen bestehen die Xenolithe in diesem Tuff aus Quarzit und Tonschiefern aus dem unmittelbaren Umfeld des Schlotes. Exotische Xenolithe, wie sie in den Ignimbriten der Wittlicher Senke vorkommen, fehlen.

5.5.3 „Basalte" und Tuffe am Südost-Rand des Hunsrücks

Kleinere „Basalt"-Vorkommen liegen nahe am Südost-Rand des Hunsrücks im Gebiet zwischen Rhein und Guldenbach-Tal:

- **Rochusberg bei Bingen**. Ein Vorkommen von Nephelin-Basanit lag am Rochusberg bei Bingen (C. Lossen 1867), das jedoch wohl weitgehend abgebaut ist; Wilh. Wagner (in: Wilh. Wagner & Michels 1930) erwähnte noch Lesesteine am Süd-Hang des Rochusberges. Hinzu kommt ein Olivin-Nephelinit südwestlich Münster-Sarmsheim am Burgberg westlich der Troll-Mühle (Trollbach-Tal) im Reich der Hunsrück-Südrand-Verwerfung (Bl. 6013 Bingen-Rüdesheim).
- **Brauch-Mühle**. In einem seinerzeit aufgelassenen Quarzit-Steinbruch gegenüber der Brauch-Mühle an der „Kreuznacher Chaussee" fand Beyenburg (1930: 448) einen geringmächtigen Gang aus stark zersetztem, kugelig verwitterndem Limburgit. Er bestand aus einer dunkelgrauen glasigen Grundmasse mit fluidal angeordneten Einsprenglingen aus grauem Augit, zu Brauneisen verwittertem Olivin und aus Magnetit. Die Einsprenglinge waren stark zersetzt. Zum primären Mineralbestand gehören Olivin, Augit und Magnetit, zu den Sekundärbildungen Serpentin (Chrysotil), Chlorit, Linonit, Quarz und Karbonat.

- **Schweppenhausen.** D. E. Meyer (1970) erwähnte das Vorkommen von „Basalt"-Tuff bei Schweppenhausen am Fahrweg nach Eckenroth und Roth; Beyenburg (1930) fand drei weitere; sie haben seit alters her wegen ihrer Xenolithe aus dem kristallinen Untergrund (Basement), wozu u. a. auch Gneise und geschieferte Granitoide gehören, wie sie ähnlich im Kristallin-Schürfling von Schweppenhausen vorkommen, reges Interesse gefunden (Lossen 1867a, Bruhns 1908).

6 Der Hunsrück als Teil der Rheinischen Masse (Jungtertiär bis heute)

6.1 Die jüngsten Sedimente im Hunsrück und an seinen Rändern

Nach dem Kalk-Tertiär-Zyklus im Mainzer Becken im Unter-Miozän wurden Hunsrück und nördlicher Rand des Mainzer Beckens nicht mehr von marinen Transgressionen heimgesucht. Mit dem oberen Pliozän fing der variszisch konsolidierte Sockel des Rheinischen Schiefergebirges und mit ihm der Hunsrück an sich zu heben. Damit begann das Stadium der Rheinischen Masse. Die jungtertiären Sedimente der Bohrung Pleitzenhausen (Spies 1986) zeigen, dass seinerzeit Flüsse offenbar noch ungehindert den Hunsrück queren konnten, ohne der Spur des jungen Rhein-Systems folgen zu müssen. Mit den Kieseloolith-Schottern des Jungtertiärs zeichnet sich am Rhein eine erste Talbildung mit einem weiten flachen Trog ab. Damit war das Stadium der Rheinischen Insel, die von der Trias bis in das Tertiär bestand, beendet.

Mit Einsetzen dieses Hebungsprozesses waren alle seinerzeit bestehenden rheintributären Flüsse gezwungen, sich nach der Erosionsbasis Rhein auszurichten und sich in das Massiv erosiv einzuschneiden. Dabei entstand ein vielgliedriges Flusssystem mit entsprechenden Talformen und Terrassen. Sie wurden während der Kaltzeiten des Eiszeitalters im Periglazialraum überformt.

Die noch bestehenden und deutlich heraus präparierten Quarzit-Härtlinge von Binger Wald, Soon-, Idar-, Hoch-, Osburger Hoch- und Haardtwald überragten auch im Jungtertiär die Runpffläche noch um ca. 250–300 m. Mit Einsetzen des Hebungsprozesses wurde die Rumpffläche, die Vorgängerin der heutigen Hunsrück-Hochfläche, von den Tributarien der den Hunsrück begrenzenden Flüsse Rhein, Nahe, Saar und Mosel unterschnitten. Die Korrelation der Terrassen-Stufen der Flüsse bedarf jeweiliger Diskussion (Cordier et al. 2006, Wo. Wagner et al. 2012), die an dieser Stelle nicht geleistet werden kann.

In Abhängigkeit von der jeweiligen Reliefenergie und den jeweiligen, stark wechselnden Klimaten der Warm- und Kaltzeiten des Pleistozäns bildeten sich unabhängig vom fluviatilen Geschehen ausgedehnte periglaziale Deckschichten, Blockmeere, Schuttströme und -decken aus. Der Hunsrück befand sich während aller Kaltzeiten im Periglazialraum. Während dieser Kaltzeiten kam es wegen der jahreszeitlich bedingt niedrigen Temperaturen und des Permafrostes zu geringerer Erosion, dafür jedoch bevorzugt zur Akkumulation fluviatiler Sedimente. Die Kaltzeiten wechselten mit entsprechend vielen Warmzeiten, in denen z. T. Jahresmitteltemperaturen erreicht wurden, die höher lagen als heute. In diesen Zeiten höheren Wasserangebots wurden die während der Kaltzeiten angehäuften Sedimente unterschnitten, wenn nicht gar weitgehend ausgeräumt. Aus diesen Zeiten sind deshalb kaum Sedimente erhalten.

Für diese jungen Sedimente konnte im Hunsrück und in seinen Randgebieten wegen weitgehenden Fehlens verlässlicher Zeitmarken selten eine sichere zeitliche Zuordnung im Zeitraum Jungtertiär bis heute getroffen werden. Soweit Alter angegeben werden, stützen sie sich auf Analoga aus Nachbargebieten. Sichere relative stratigraphische Zuordnungen über Fossilien oder Schwermineral-Spektren sind nur bedingt möglich, ebenso wie absolute Alter mit Hilfe radiometrischer Daten oder der Dendrochronologie. Eine Ausnahme bildet die Magnetostratigraphie.

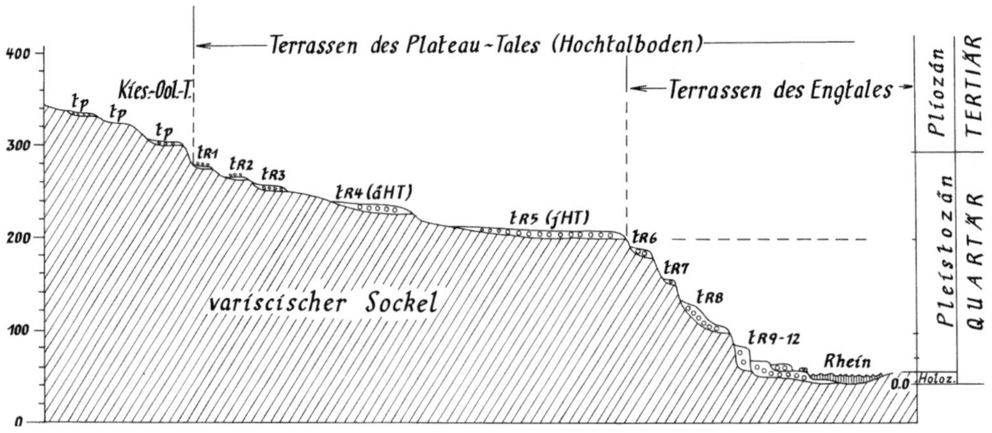

Abb. 28. Terrassengliederung am Rhein. Bezeichnungen R_1–R_{12} nach Bibus (1980).

Während Mittel- und Ober-Pleistozän kam es bevorzugt in den Kalt-Zeiten zur Herausbildung von Schuttdecken am Fuß der Härtlinge des Hunsrücks sowie von Einwehungen von Löss und Flugsanden. Eine Zeitmarke am Ende des Pleistozän ist die Ablagerung der Laacher Bims-Tephra vor ca. 13 000 a. In den Sedimenten jeweils älterer Akkumulationsphasen bildeten sich als Zeugen kaltzeitlicher Ablagerungen Eiskeile, die bis 10 m Tiefe reichen, und Kryoturbationen, die jeweils die obersten Deckschichten verwürgt haben.

6.1.1 Die Terrassen an Rhein, Nahe, Prims, Saar und Mosel

6.1.1.1 Zum Alter des Terrassensystems

Die vier Grenzflüsse Rhein, Nahe, Saar und Mosel haben sich bis max. ca. 200 m tief in die Rheinische Masse eingeschnitten. Dabei entstanden treppenartig übereinander gestaffelt bis zu 12 pleistozäne Talböden. Diese können drei übergeordneten Talungen zugeordnet werden. Einige der ehem. Talböden lassen sich bis in die Täler der Tributarien hinein verfolgen. Allerdings sind nicht in allen Tälern, auch der großen Flüsse immer alle 12 Talböden auszuhalten, die drei übergeordneten Talungen jedoch überall:

Trog-Tal. Die älteste, noch aus dem Mio-Pliozän überlieferte flache und sehr breite Talung ist das Trog-Tal; in ihm sind bis zu drei meist nur reliktisch überlieferte Talböden aus dem Pliozän nachgewiesen; sie sind besonders an der Unter-Mosel als Kieseloolith-Schotter in flächiger Verbreitung nahe der Mündung in den Rhein auf bis zu drei Talböden (KOT) ausgebreitet (Semmel 1983, Bibus 1983); in anderen Gebieten ist es meist nur einer.

Plateau-Tal. Darunter setzt die immer noch sehr weite, bis max. 10 km breite Plateau-Talung mit bis zu sechs Talböden an; die drei obersten, unterschiedlich gut erhaltenen werden hier – entgegen einer Empfehlung von Quitzow (1969) – als Höhenterrassen (HÖT: Kremer 1954) bezeichnet; darunter folgen zwei, meist sehr gut entwickelte, ebene Talböden, die Hauptterrassen (HT), die Ältere Hauptterrasse (äHT) und die Jüngere Hauptterrasse (jHT); beide sind in allen vier Flusssystemen deutlich; im Oberlauf mancher Tributarien ist mindestens ein Niveau erhalten; im Übergang zum darunter folgenden Eng-Tal ist vielfach – besonders typisch an der Loreley am Oberen Mittelrhein oberhalb St. Goarshausen im Übergang vom Plateau- (jHT) zum Eng-Tal – ein schmaler Terrassen-Rest überliefert, die Unterstufe der Jüngeren Hauptterrasse (UjHT) (Gurlitt 1949); er ist durch eine deutliche morphologische Kante in allen Tälern des Rheinsystems erkennbar.

Eng-Tal. Die unterste Talung wird als Eng-Tal bezeichnet; es besitzt die steilen Flanken eines V-Tals als Ausdruck bevorzugter Tiefenerosion und ist mit nur mehreren hundert Meter Breite in die beiden anderen eingeschnitten; außerdem besitzt es einen unterschiedlich breiten Tal-Boden. An den Gleithängen sind mehrere, vielfach nur reliktisch erhaltene Talböden zu finden, deren Basis im Gegensatz zu den älteren gegen den Flussstrich geneigt ist und die als Mittelterrassen (MT) bezeichnet werden. Eine Gliederung in drei Mittelterrassen geht u. a. auf Bibus (1980) zurück; die Gliederung der Mittelterrassen in sechs Stufen (Cordier et al. 2006) ist im Umfeld des Hunsrücks, auch wegen der Rebkulturen an den Gleit-Hängen schwer nachvollziehbar; gegeben ist meist die Gliederung in Obere (oMT) und Untere Mittelterrasse (uMT); einen Einfluss tektonischer Hebung auf die Tiefenerosion bestritt Semmel (1977, 1983, 1999) und machte dafür u. a. eustatische Meeresspiegel-Schwankungen mit stark gesunkenem Pegel in den Kaltzeiten verantwortlich.

Talgrund. Im Talgrund können bis zu drei Talböden ausgehalten werden, die als Akkumulationsterrassen auf dem häufig nackten, felsigen Grund aufliegen und als Niederterrassen bezeichnet werden (uNT, oNT); im Fluss selbst befindet sich die Insel-Terrasse (Jungbluth 1918).

6.1.1.2 Der Obere Mittelrhein

In den letzten Jahren begann eine Arbeitsgruppe unter der Leitung von J. Preuss mit einer genauen Datierung und Fixierung der Terrassen des Oberen Mittelrheins. Die ersten Ergebnisse dieses Programms wurden hier nicht mehr berücksichtigt. Es sei auf die Arbeiten von Preuss (2017) und Preuss et al. (2015, 2019) hingewiesen.

6.1.1.2.1 Der „Durchbruch“ durch den Binger-Wald-Riegel und zur „Nahe-Mündung

Die für das Gebiet nördlich des Binger Waldes typische Terrassen-Gliederung lässt sich im „Durchbruch“ durch den Härtlingsriegel des Binger Waldes nur bedingt nachvollziehen. Leitfunktion hat hier eine deutliche Felsterrasse mit ebenem Talboden am „Turnierplatz“ (Bl. 6013 Bingen) oberhalb Burg Rheinstein. Der ebene felsige Talboden ohne wesentliche Sedimente zieht sich auf etwa 130 m Länge in wechselnder Breite parallel zum Rhein am Talhang hin. Er liegt im Höhenniveau 200–210 m NN und wurde schon seinerzeit bedingt „als Vertreterin der Hauptterrasse“ angesprochen. Leppla (1904a) erwähnte sie von Bl. 5913 Presberg. Verglichen mit der Höhenlage der jHT bei Bingerbrück und im untersten Nahetal sowie bei Werlau muss diese Verebnung der jHT zugeordnet werden (Ploschenz 1994, Semmel 1999). Sie folgt der Horizontal-Konstanz der Hauptterrassen in diesem Gebiet.

Terrassen-Reste am „Hagelkreuz“ südlich Trechtingshausen und oberhalb sind auch am Hang auf der gegenüber liegenden Talflanke des Trechtingshäuser Baches zu finden (Bl. 5913 Presberg). Ehrenberg et al. (1968) rechneten diese Terrassen-Reste am Beilstein und am Palmkopf bei 265–300 m NN einer „mittleren Terrassengruppe (t_2)“ zu. Hinsichtlich der Geröllführung bezogen sie sich auf Leppla (1904a), der ein relativ resistentes Geröllspektrum mit vorwiegend Milchquarz, Quarzit, Kieselschiefern, „Geröllen von eisenschüssigen Quarz-Konglomeraten“, wie sie oberhalb an der „Steckeschlääfer-Klamm“ zu finden sind, rote Kristall-Sandsteine des Buntsandstein, Eruptiva und Achat aus dem Nahetal sowie glaukonitische (?) Sandsteine aufzählte. Er erwähnte außerdem „Main-Lydite“ und „Radiolarien-Hornsteine“, die sowohl aus den Alpen als auch dem Main stammen können. Semmel (1999)

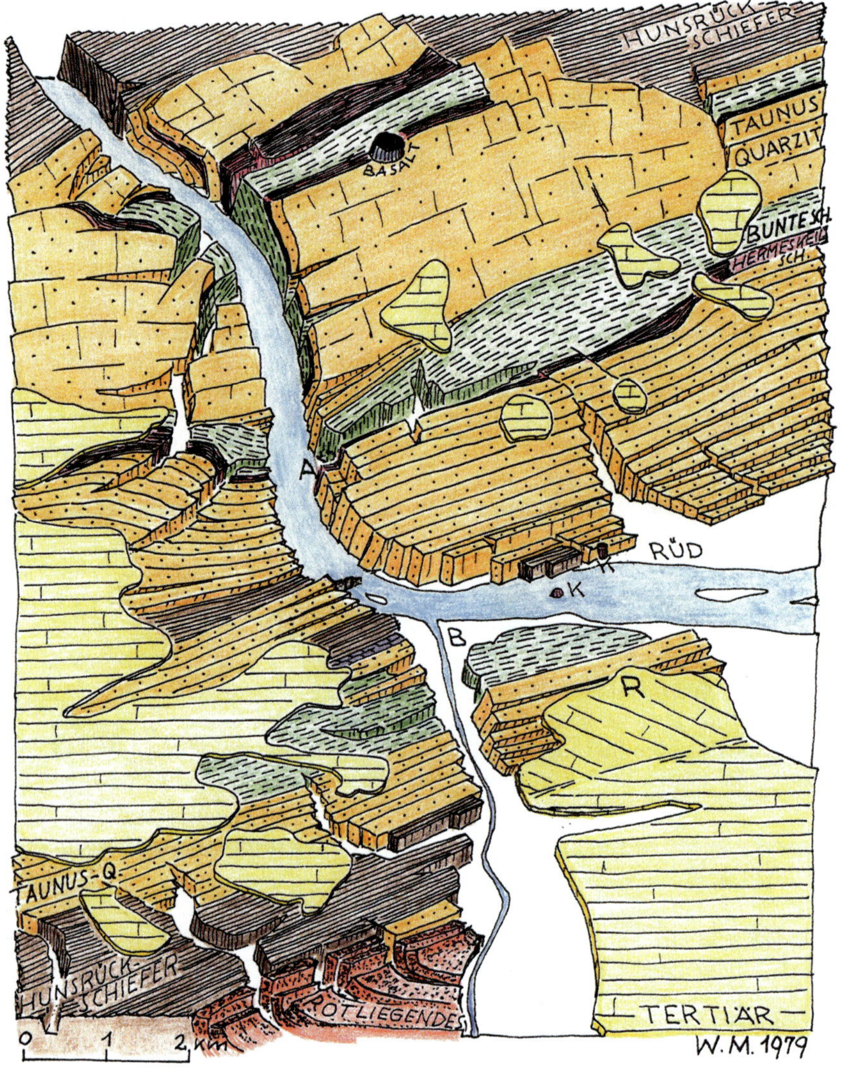

Abb. 29. Geologisches Raumbild des Rheintales am Südrand des Schiefergebirges. A Assmannshausen, B Bingen, K Keratophyrfelsen, R Rochusberg, RÜD Rüdesheim. W. Meyer.

diskutierte die Position dieser Lokalität unter Bezug auf Östreich (1909), Galladé (1926) und Birkenhauer (1971) und ordnete das Niveau bei 280 m NN den Höhenterrassen (HÖT) zu.

Diese „Kiesterrassen" wurden auch von Steuer (1906, 1909) beschrieben. Es fand sich sowohl Nahe-Material (Achate), Gerölle des Mains (Buntsandstein), gelbe „Jura-Hornsteine" und Lydite als auch Material des „Alpenrheins" in den Kiesen. Wilh. Wagner & Michels (1930), die eine Zuordnung zur Hauptterrasse trafen, fanden ähnliches Material linksrheinisch weiter talabwärts bis Urbar bei St. Goarshausen (Weg von Biebernheim zur Burg Rheinfels). Semmel (1999: 142) beschrieb die Sedimente südlich Trechtingshausen bei 280 m NN als „schmutziggraue Kiese (...), in denen neben Quarzit (55%) und Quarz (32%)

noch 5% Buntsandstein, 4% Tonschiefer (angewittert), 2% Hermeskeilsandstein und vereinzelte abgerollte Eisenschwarten vorkommen.“ Außerdem erwähnte er aus dem Schutt nahebei „sehr gut gerundete“ große Gerölle bis Blöcke (Durchmesser bis 0,5 m) „aus Quarzit und Gangquarz“ und sprach sie als „Brandungs-Blöcke“ an und hielt deren Zuordnung zu einem der Niveaus (300–280 m NN) für unsicher. Die zeitliche Zuordnung der Terrassen-Sedimente auf paläomagnetischer Basis (Fromm 1987) ergab für Hochflutlehme bei 285 m NN eine normale Polarisierung, die für ein Alter um 1,6–1,8 Ma – evtl. Olduvai-Event innerhalb der Matuyama-Epoche – sprechen könnte. Das würde auch die Zuordnung zur HÖT rechtfertigen. Beweiskräftig waren für Semmel (1999) Verebnungen im Niveau 300 m NN oberhalb vom Niveau „Hagelkreuz“, die er in Zusammenhang mit der Oligozän-Transgression brachte. Auf der Felsterrasse bei 300 m NN fanden sich allerdings nur wenige Gerölle. Im Vergleich mit Niveaus, die im Ost-Hunsrück sicher mit der Oligozän-Trangression in Zusammenhang stehen, liegt das Niveau 300 m NN allerdings sehr tief. Die alttertiären, mit Eisenoxid verkitteten Konglomerate der „Steckeschlääfer-Klamm“ liegen am Rhein auch um 300 m NN. Daraus ergibt sich eine tektonische Absenkung der alttertiären Sedimente am Oberen Mittelrhein.

Bei Bingerbrück befindet sich eine kleine Verebnung im Niveau 200 m NN bei der Elisenhöhe. Wilh. Wagner & Michels (1930) sprachen diese Sedimente als „Lokalschotter aus Quarziten und Gangquarzen" (S. 66) an. Nach Achat-Funden und der Höhenlage ü. NN passt sie durchaus in das Niveau der jHT (Ploschenz 1994). Das gilt auch für Schotter bei 210 m NN am Prinzenkopf. Eine südlich der „Elisenhöhe“ auf dem Rupertsberg bei Bingerbrück im Niveau 200 m NN liegende Verebnung erbrachte nur Geröllmaterial aus dem Hunsrück. Die Vermischung von Rhein- mit Nahe-Schottern erfolgt erst weiter talabwärts (Foto 26, S. 325 und Foto 27, S. 326).

Auch auf dem Rochusberg bei Bingen finden sich Reste der jHT. Mit Hilfe der Geomorphologie und Schotterpetrographie kam Grebe (1886a) zu dem Ergebnis, dass der altpleistozäne Rhein nach einer Stromspaltung bei Gaulsheim mit einem Arm den Rochusberg südlich umfloss und sich westlich vom Scharlach-Kopf auf der Höhe der heutigen Nahe-Mündung wieder mit ihm vereinigte. Der Rochusberg sollte als Insel umflossen worden sein.

Grebe (1886a) zog für seine Hypothese altpleistozäne Schotter westlich der heutigen Nahe zwischen Elisenhöhe und oberhalb Münster-Sarmshein heran. Die dortige Schotterflur mochte er nicht der Nahe zuordnen. Die Schotter bei Münster-Sarmsheim bestehen größtenteils aus Hunsrück-Material. Auch verneinte er das Vorhandensein von Nahe-Material.

Wilh. Wagner & Michels (1930) beschrieben am Rochusberg zwei Geländestufen und Verebnungen bei 185 m NN und 200 m NN sowie eine weitere bei 220–230 m NN. Die untere ordneten sie der Hauptterrasse, die obere aufgrund „oligocäner Brandungsgerölle“ dem „Schleichsand“ (Stadecken-Fm.) zu. Nach Ploschenz (1994) entspricht das Niveau 185 m NN der Jüngeren Hauptterrasse (jHT). Er verglich es mit Verebnungen in ähnlicher Höhe auf dem gegenüber liegenden Rhein-Ufer. Nach Wilh. Wagner finden sich am Rochus-Berg im Hauptterrassen-Niveau sowohl Rhein-Schotter mit einem erheblichen Anteil an Material des Mains, Hunsrück-näher sind es jedoch Rhyolithe und „Melaphyre“ aus dem Einzugsgebiet der Nahe. So liegt es nahe, hier das ehem. Mündungsgebiet der Nahe in den Rhein zu suchen. Die Höhendifferenz zwischen den beiden Talböden von 15 m zwischen Rochusberg und Elisenhöhe lässt sich leicht mit tektonisch bedingter Absenkung entlang der Nahetal-Störung erklären. Diskussionen um den Lauf des Rheins am Rochusberg und die Lage der Nahe-Mündung entschieden Wilh. Wagner & Michels (1930) zugunsten der heutigen Position. Allerdings sollte im Bereich des Rochusberges (242 m NN) dieser zur Zeit der jHT eine Felseninsel in dem weit ausladenden verwilderten Flusssystem im Rhein-Nahe-Mündungsbereich bestanden haben. Dies wird deutlich, wenn man den Versatz an der Nahetal-Störung rückgängig macht und den Blick vom Kaiser Friedrich-Turm auf dem Rochus-Berg gegen Hunsrück und Rhein-Durchbruch richtet (W. Meyer & Stets 1996).

6.1.1.2.2 Trog-Tal-Stadium

Das Trog-Tal ist am Oberen Mittelrhein gebietsweise undeutlich. Es liegt als Hohlform oberhalb 300 m NN. Im Rhein-Durchbruch durch den Taunusquarzit-Riegel zwischen Bingen und Niederheimbach ist es nur angedeutet. Talabwärts von Niederheimbach weitet es sich nach Norden. Hier hat SEMMEL (1983, 1999) mehrere ehem. Talböden bis nach Boppard im Niveau 295–305 m NN nachgewiesen. Er ordnete sie dem pliozänen Terrassenkomplex zu, sah sie jedoch möglicherweise auch als älter an, indem er die Anlage des Troges mit einem Meeresvorstoß des 1. Transgressionszyklus im Oligozän aus dem Mainzer Becken durch den Korridor nach Norden in Verbindung brachte. Diese Möglichkeit bietet sich am Bacharacher Kopf (Bl. 5913 Presberg, EHRENBERG et al. 1968) und bei Bingen an, wo Verebnungen im Höhenniveau 300–340 m NN, z. T. auch mit Sedimenten des Oligozän, zu finden sind. Der Geröll-Anteil der Schotter unterscheidet sich von jüngeren Flussschottern durch einen Gehalt an resistentem Material, insbesondere an Milchquarz. Einheimisches Material, insbesondere geschieferte Gesteine fehlen weitgehend. Auch große Blöcke, die durch Eisdrift hätten transportiert worden sein können, sind nicht zu finden. SEMMEL's Funde typischer Brandungsgerölle sind allerdings nicht allein beweiskräftig, da sie der Rhein aus den Tertiär-Sedimenten auch hätte umlagern können.

6.1.1.2.3 Plateau-Tal-Stadium

Die um 200–300 m NN folgenden Terrassen des Plateau-Tals sind am Oberen Mittelrhein gut ausgebildet und zeichnen die Treppe der höheren Plateau-Tal-Terrassen deutlich nach. So sind die Höhenterrassen (HÖT) mit drei ehem. Talboden-Niveaus vertreten. Sie wurden von SEMMEL (1983) absteigend als t_{R1} (285–275 m NN), t_{R2} (265–255 m NN) und t_{R3} (245–235 m NN) bezeichnet. Sie sind auf der linken Rhein-Seite, insbesondere bei Werlau, weitgehend erhalten (SEMMEL 1983, W. MEYER & STETS 1996). Das Plateau-Tal erreicht hier eine Breite von ca. 5 km, und auch DAVIS (1912) leitete hier die Terrassen-Landschaft nördlich des Binger Waldes ab.

Darunter schließen sich die das Plateau-Tal beherrschenden Hauptterrassen (HT) an, die von SEMMEL (1983) als t_{R4} (220–215 m NN) und t_{R5} (200–190 m NN) bezeichnet wurden und der Älteren (äHT: t_{R4}) und der Jüngeren Hauptterrasse (jHT: t_{R5}) entsprechen. Die jHT war zwischen Urbar und Niederspay am Rhein von einem Schotterkörper bedeckt. Bezug für die Korrelation ist jeweils die Terrassenbasis. Das gilt insbesondere für die jHT, die mit ihren breiten, nahezu ebenen und horizontalen Böden das tiefere Plateau-Tal beherrscht und abschließt. Diese Talform zeigt andererseits, dass über längere Zeit hier die Seitenerosion an der Talausräumung beteiligt war. Bei einem Höhenunterschied von ca. 100 m zwischen jüngstem Trog- und Plateau-Talboden ergibt sich eine Erosionsleistung seit Beginn des Pleistozäns von ca. 5,6 cm ka^{-1}. Überlagerung durch Löss und Lösslehm lässt gebietsweise eine Trennung der äHT von der jHT nicht zu, so dass sie im Gelände einen einzigen, sanft gegen den Stromstrich geneigten Talboden vortäuschen. Bei einem Blick vom linken hohen Trog-Tal-Ufer (Lok. „Spitzer Stein": 412 m NN; Bl. 5812 St. Goarshausen) nach Osten über Urbar auf die gegenüberliegende Talflanke des Rheins, bzw. nach Patersberg, wird die Talweitung von Trog- und Plateau-Tal deutlich, da das Eng-Tal des Rheins von hier aus nicht einzusehen ist.

An mehreren Positionen, insbesondere an der Loreley und auf dem Felsen selbst, tritt die Unterstufe der Jüngeren Hauptterrasse (UjHT) als Rinne im Talboden bzw. als Terrassen-Leiste an der morphologischen Kante zwischen Plateau- und Eng-Tal deutlich in Erscheinung. Sie nimmt eine vermittelnde Stellung zwischen Plateau- und Eng-Tal ein. An anderen Orten ist die UjHT am Oberen Eng-Talrand schon durch die Seitenerosion weggeschnitten. GURLITT (1949) bezeichnete sie als „Untere Hauptterrasse" und zählte sie damit noch zum Plateau-Tal-Stadium; für SEMMEL war sie die t_{R6}. Heute wird sie als Unterstufe der

Jüngeren Hauptterrasse (UjHT) zugeordnet (Hoselmann 1996). Außerdem ist häufig eine nur geringmächtige Schotterdecke bzw. „Felsterrasse" typisch. Der Höhenunterschied vom UjHT- zum jHT-Talboden beträgt bis zu 15 m. Die Tatsache, dass der Talboden der UjHT sich noch an die „Horizontal-Konstanz" der Höhen- und der Hauptterrassen hält, rechtfertigt die Zuordnung zum unteren Plateau-Tal.

Die Horizontal-Konstanz der Terrassen des Plateau-Tals am Oberen Mittelrhein ist deutlich. Im Fluss-Längsprofil ergibt sich daher auch hier die Divergenz zwischen den Talböden der Haupt- zu denen der Mittel- und Niederterrassen, die sich nach Norden (talabwärts) öffnet. Die Höhendifferenz zwischen der heutigen Talsohle und dem jHT-Talboden beträgt bei Assmannshausen etwa 129–130 m und 140 m bei Boppard. Von dort talabwärts macht sich bereits der tektonische Einfluss des Neuwieder Beckens bemerkbar. Ploschenz (1994) und W. Meyer & Stets (1998, 2002) benutzten dieses Phänomen, um die Hebung der Rheinischen Masse quantitativ zu erfassen. Sie gingen davon aus, dass ein Fluss von der Größe des Rheins selbst bei unterschiedlicher Wasserführung wegen wechselnder Klimate solch grobes Material, wie es hier gefunden wird, bei mangelndem Gefälle nicht über größere Entfernungen transportieren kann. Daher muss die Divergenz auf tektonische Hebung zurückzuführen sein.

Eine tektonische Hebung stellte Semmel (1999) gerade am Oberen Mittelrhein in Frage und schrieb die horizontalen Talböden bis hinunter zur UjHT dem transgredierenden Oligozän-Meer („Schleichsand", Stadecken-Formation) zu. Dieses hatte am Süd-Rand des Gebirges nördlich Weiler und am Rhein im Niveau 300 m NN oberhalb des Hagelkreuzes seine Spuren hinterlassen. Als Beweis wies er auf mögliche Strand- und Kliff-Linien südlich Trechtingshausen hin, die „wie mit dem Lineal gezogene Einkerbungen am West-Hang" (S. 146, Abb. 22) des Binger Waldes zu beobachten seien. Auch bezog er, ohne es direkt anzusprechen, die Verebnung am Turnierplatz mit der scharfen morphologischen Kante zum Rhein und der Kerbe gegen den Hang in seine Argumentation ein.

Diese Deutung besonders für die Niveaus unterhalb 300 m NN macht erhebliche Talausräumungen tertiärer Sedimente ohne Gefälle notwendig. Außerdem sind rheinabwärts vom Binger Wald, auch in den höheren Niveaus, kaum überzeugende Spuren davon erhalten. Weiter löst diese Vorstellung das Problem nicht, wie das jHT-Geröllmaterial ohne Gefälle in dem verwilderten Flusssystem des altpleistozänen Rheins transportiert wurde. Da das Phänomen der „Horizontalkonstanz" an Mosel und Lahn ebenfalls zu beobachten ist, wo die von Semmel angesprochene Koinzidenz nicht nachweisbar ist, sollte die tektonische Lösung zutreffen.

6.1.1.2.4 Eng-Tal-Stadium

Das Eng-Tal des Oberen Mittelrheins reicht von etwa 185 m NN (etwa Unterkante UjHT) bis zum heutigen Talgrund. Dieser ist allerdings recht unregelmäßig und weist lokal Sand-Inseln (Werthe), jedoch auch felsigen Grund auf, der insbesondere zwischen Oberwesel und der Loreley sowie am Binger Loch zahlreiche Felsklippen aufweist. Sie bedingen bei niedrigem Wasserstand die Gefährlichkeit für die Flussschifffahrt. Auskolkungen an der Loreley führen zur Strudelbildung.

Die Mittelterrassen (MT) liegen an den Hängen des Eng-Tals. Ihre Talböden sind infolge der starken Tiefenerosion gegen den Stromstrich geneigt. Generell werden am Oberen Mittelrhein zwei Niveaus ausgeschieden, die weit auseinander liegen und schmale Felsleisten und Vorsprünge an der Mündung von Seitentälern bedingen, auf denen meist die Burgen stehen.

Reste der **Oberen Mittelterrasse** (oMT, t_{R7}, auch: „Hochterrasse") finden sich linksrheinisch bei Trechtingshausen, südlich Oberwesel und bei Bad Salzig; überall gewährleisten Tonschiefer (Bunte Schiefer, Hunsrückschiefer) die Ausbildung von Verebnungen; sie liegen bis zu 50 m unterhalb der jHT-Verebnung bzw. bis zu 35 m unterhalb der UjHT. Besser erhalten ist die **Untere Mittelterrasse** (uMT, auch: Talweg-Terrasse); sie wird nicht von Hochwasser heimgesucht und führt deshalb Verkehrswege; besonders deutlich ist sie bei Trechtingshausen und Oberwesel auf der linken Rheinseite (Will 1935); ein Merkmal, das allerdings die Analyse erschwert, ist die Überdeckung der verbliebenen Schotterkörper mit Löss, Lösslehm und periglazialen Deckschichten, die sich in den Kaltzeiten bildeten; in diesen Deckschichten sind Eiskeil-Pseudomorphosen und Kryoturbationen Anzeichen für kaltzeitliche Überprägung.

Die Nahe-Mündung in den Rhein bei Bingen blieb auch für die Zeit der Mittelterrassen als Problem aktuell. Panzer (1966) löste es durch den Fund von Mittelterrassen-Schottern beim Bau der Umgehungsstraße im Nahe-Durchbruch bei Bingen. Diese Schotter belegen, dass ein immerwährender Durchfluss seit der Zeit der Hauptterrassen (HT) bestand. Panzer machte außerdem geltend, dass eine Nahe keine Chance hatte, den mindestens 2 km breiten Taunusquarzit-Riegel des Rochusberges zu durchbrechen.

6.1.1.2.5 Talgrund

Am Oberen Mittelrhein tragen die **Niederterrassen** (NT) vielfach die Bebauung und die Straßenkörper. Bisweilen können zwei Niveaus ausgehalten werden, eine Obere (oNT, t_{R10}) und eine Jüngere (jNT, t_{R11}) Niederterrasse. Im Gegensatz zu den älteren Terrassen sind diese ineinander geschachtelt (Quitzow 1974), d. h. die Akkumulation der oNT wurde nicht immer vollständig unterschnitten, so dass die jüngeren Sedimente zwar tiefer, jedoch in ihr zu liegen kommen. Allerdings liegen beide Terrassen-Bildungen nicht allzu weit auseinander. Die Schotter der oNT gehören in die mittlere Weichsel-Kaltzeit, während die uNT in die jüngere Alleröd- bis jüngere Dryas-Zeit (um 12 ka) des Oberpleistozäns gestellt wird (LGB 2005: Anl. 3). Bisweilen lassen sich die jüngeren von den älteren Schottern und Sanden durch die Führung von Bims-Lapilli des Laacher Vulkans unterscheiden.

Die Niederterrassen sind am linken Oberen Mittelrhein lokal morphologisch schwer zu unterscheiden, da die Akkumulation der Sedimente der uNT bis an den Top der oNT reichen und so beide Terrassenkörper sich nur schwer voneinander trennen lassen. Andererseits sind an zahlreichen Orten die Sedimente der Niederterrassen im Holozän am Oberen wesentlich stärker als am Unteren Mittelrhein erodiert. Die stärkere Erosion am Oberen Mittelrhein wird u. a. damit erklärt, dass durch die Absenkung des Neuwieder Beckens, die die Alleröd-Zeit überdauerte, viel Sedimentmaterial aus dem Oberen Mittelrhein-Tal abgezogen wurde.

Den vorläufigen Abschluss des fluviatilen Geschehens bilden Erosionsformen, die in die uNT eingeschnitten und mit Hochflutlehmen bedeckt sind. Dieses Hochflutbett und die Werthe (Inseln) im Fluss, die vorwiegend aus Sanden aufgebaut sind (Inselterrasse, t_{R12}) werden aktuell regelmäßig überflutet und in Abhängigkeit von der Energieleistung des Flusses weiter mit Sanden und Hochflut-Lehmen überdeckt. Am Oberen Mittelrhein ist allerdings das Hochflutbett nur rudimentär ausgebildet. In dem engen Talgrund fehlt bei fast ausschließlich in die Tiefe gerichteter Erosion der notwendige Raum zur Ablagerung von Hochflutbildungen außer auf den Talböden der Niederterrassen; dieses ist ein entscheidender Unterschied zum Unteren Mittelrhein-Tal und macht mit die Besonderheit des engen Canyons aus.

6.1.1.3 Die Nahe und ihre linksseitigen Tributarien

Die Nahe fließt durch Schichten und Eruptiva des Rotliegend. Ihre unterschiedliche Resistenz gegenüber der Erosion im Vergleich zu den Gesteinen des Schiefergebirges brachte Talformen, insbesondere im Eng-Tal, mit sich, die in den Eruptiva des Idar-Oberstein-Baumholderer Grenzlager-Komplex ausgeprägter sind als im Mittel- und Unterlauf, wo vorwiegend Rotliegend-Sedimente den Flusslauf begleiten. Die weniger resistenten Schichtverbände der Nahe-Subgruppe trugen mit ihrem reicheren morphologischen Formenschatz dazu bei, dass die Gliederung der Nahe-Terrassen recht widersprüchlich ist. Während von geologischer Seite sehr zurückhaltend gegliedert wurde (Wilh. WAGNER 1926, 1930, K.-W. GEIB 1973), sind von geographischer Seite mehr- bis vielstufige Gliederungen (HERCHENRÖTHER 1935, GÖRG 1984, ZÖLLER 1985) erstellt worden, die sich nicht unbedingt nachvollziehen lassen. Im Gebiet Kreuznach – Bingen, wo z. B. Wilh. WAGNER zwei Hauptterrassen-Stufen kartierte, wurde von GÖRG (1984) eine Gliederung der HT mit 11 Stufen vorgestellt, von denen 7 in das Mittel-Pleistozän gehören sollen. Sie lassen sich nur bedingt mit jenen am Oberen Mittelrhein korrelieren.

6.1.1.3.1 Trog-Tal-Stadium

Reste eines vor-pleistozänen Nahetales konnte ZÖLLER (1985) am Rummelsberg (Bl. 6210 Kirn) auf der rechten Tal-Flanke der Nahe nachweisen südlich der Einmündung des Großbaches. Am nach Nordwesten exponierten Talhang sind in etwa 340 m NN Höhe wahrscheinlich tertiäre Sande und Kiese angeschnitten, die in einer wohl prä-oligozänen Talung liegen. Die altpleistozäne Nahe räumte die tertiären Schotter aus, benutzte die prä-existente Talung und hinterließ im Niveau ca. 360 m NN und ca. 345 m NN (jeweils Unterkante) Kiese des HÖT-Flusses.

Vorläufer-Stadien des Nahetales im Sinne eines Trog-Tales sind sonst nicht mit Sicherheit auszumachen. Auf Vorgänger-Strukturen, die im Oligozän, evtl. auch Unter-Miozän, Zugänge zum Hunsrück bildeten, wurde bereits hingewiesen. Reste eines pliozänen Talbodens mit Schottern waren auf dem Kreuznacher Rhyolith bei Schloss und Hof Rheingrafenstein östlich Bad Münster a. St.-Ebernburg erhalten. Wilh. WAGNER (1926: 57) beschrieb mächtige Kies-Ablagerungen mit Geröllen mit Durchmessern um 3–8 cm. Sie bestehen aus resistentem Material, mit bis zu 70% Milchquarz, außerdem schwarzen Kieselschiefern, rotem Eisenkiesel, hellen Quarziten, Kieselhölzern, Achat und verkieselten Tertiär-Kalken mit Fossilien. Letztere kommen offensichtlich aus Rheinhessen, da sie trotz kavernöser Beschaffenheit noch erhebliche Durchmesser (Kopfgröße) aufweisen. Diese Kiese liegen im Niveau 295–285 m NN und damit ähnlich hoch wie der Trog-Talboden im nahen Rheintal. Die übrigen, von Wilh. WAGNER genannten Gerölle nördlich Hof Rheingrafenstein, am Dämmerberg, Rheingrafen-Placken und Katharinenwald (Bl. 6113 Kreuznach) sind aufgrund ihrer Höhenlage nicht sicher einzustufen, obwohl sie z. T. den Schottern der „Dinotherien-Sande“ ähnlich sehen. Wilh. WAGNER fand am Katharinenwald ausschließlich resistentes Material, Milchquarz, schwarze Kieselschiefer und -hölzer aus dem Rotliegend sowie Quarzite, Bergkristall, Hornstein, Achat, Kieseloolithe und Onyx mit Festungsachat-Zeichnung.

6.1.1.3.2 Plateau-Tal-Stadium

Am Unterlauf der Nahe, unterhalb Bad Kreuznach, gliederte Wilh. WAGNER (1926, 1930) die Hauptterrasse in drei Niveaus und zählte sie zur „älteren Terrassengruppe“. Auch wurden die Ablagerungen seinerzeit vielfach als „Deckenschotter“ bezeichnet, da „sie sich bereits außerhalb der eigentlichen Talbildungen deckenförmig über größere Flächen hin verbreiteten“ (S. 60). Damit ist ihre Zugehörigkeit zum Plateau-Tal gekennzeichnet. Nach Überwindung des Kreuznacher Rhyolith-Massivs, in dessen Bereich noch bei der Ebernburg und am Felseneck im Norden Reste von Hauptterrassen-Schottern nachgewiesen sind, weitet sich das Plateau-Tal. Eine Nahe, die in vermehrtem Umfang auch Alsenz-Material führte, ist erst wieder auf dem westlichen Rochus-Berg oberhalb Bingen zu finden. Dazwischen wurden die Hauptterrassen-Sedimente weitestgehend ausgeräumt.

Auf der linken Seite der Nahe ist das Niveau 200 m NN weitflächig erhalten und reicht in die Täler von Eller-, Gräfen-, Gulden- und Trollbach hinein. Auf Bl. 6113 Wöllstein-Kreuznach unterschied Wilh. WAGNER abgesehen von Nahe- und Alsenz-Schottern noch solche der „Hunsrückwässer“. Offensichtlich haben diese bei erheblichem Aufkommen an

Schutt und sonstigem Detritus in den Kaltzeiten zur Zeit der „Älteren Terrassengruppe" (HÖT, HT) diese in das Plateau-Tal der Nahe eingespeist. Dadurch entstand im ohnehin weiten Plateau-Tal parallel zu ihr verlaufend ein hunsrückseitiger Abfluss, der ausschließlich Hunsrück-Material transportierte. Dieses Phänomen ist bei den in Ober- und Mittellauf mündenden Tributarien Traun, Idar-, Fisch-, Hahnen- und Simmer(Kellen)bach nicht in diesem Ausmaß zu beobachten. Nördlich des Rhyolith-Massivs brachten diese Schuttmassen die Nahe dazu, vermehrt nach Osten auszuweichen.

Von der Hauptterrasse des Ellerbaches erwähnte K.-W. Geib (1973) zusätzlich einen geringen Anteil an Latit-Geröllen, vom Gräfenbach dagegen ausschließlich Hunsrück-Material. Dort ließ sich die Hauptterrasse bei Spall und Münchwald (Bl. 6112 Waldböckelheim) sowie bei Hargesheim („Roxheimer Haardt") über Rotliegend-Material in einer Höhe von 230–210 m NN ausmachen mit Restmächtigkeiten der Sande und Kiese bis 2 m. Das Schotterspektrum enthält generell bis ca. 65% Milchquarz; der Rest sind rötliche und dunkelgraue Quarzite des Taunusquarzits, rötliche Eisenkiesel und plattige Phyllite.

6.1.1.3.3 Eng-Tal-Stadium und Mittelterrassen

Auf der linken Seite der Nahe sind am Hunsrück-Rand Terrassen der oMT mit nachweislichem Nahe-Material nur bis zum Kurpark von Bad Kreuznach zu verfolgen. Von dort verlief der Lauf offensichtlich östlich des heutigen. Die Geröll-Zusammensetzung der Mittelterrassen-Kiese entspricht dort jener der Hauptterrasse, allerdings hier mit größeren Durchmessern (Faust- bis Kopfgröße) bei geringerem Zersetzungsgrad. Vom Hunsrück kamen über Eller- und Gräfenbach erhebliche Schottermengen, die auf ausgedehnten Kies-Ebenen zu finden sind. K.-W. Geib (1973) kartierte im Unterlauf beider Tributarien im Raum Mandel – Rüdesheim – Roxheim – Hargesheim 2–3 Stufen der Mittelterrasse, die jedoch auf das Verbreitungsgebiet der Rotliegend-Schichten beschränkt sind. Talaufwärts, oberhalb der gen. Ortschaften, ist nur mehr ein Niveau und noch weiter talaufwärts im Gräfenbach-Tal oberhalb Wallhausen und Argenschwang resp. im Ellerbach-Tal oberhalb Weinsheim keines mehr überliefert. Nahe der Mündung des Ellerbaches wurden in den mittelpleistozänen Mittelterrassen-Schottern der Nahe Backenzähne vom Mammut gefunden. Sie lagen unmittelbar an der Basis der Schotter. Von dieser Fundstelle stammt auch ein Stoßzahn von *Elephas primigenius* mit einer Restlänge von 1,55 m (Wilh. Wagner 1926: 69).

Links der heutigen Nahe sind nördlich des Kreuznacher Rhyolith-Massivs und im unteren Guldenbach-Tal Reste der Mittelterrassen bei Bretzenheim deutlich. Während die Terrassenverebnung meist mit Löss überdeckt ist, treten an der Hangkante die Kiese in Anschnitten in Erscheinung. Das Geröllspektrum entspricht weiter dem der Hauptterrassen-Schotter mit dem Unterschied, dass die jüngeren teilweise, besonders an der Basis, wesentlich gröber sind. Dort erreichen sie „Faust- bis Kopfgröße" und sind besser erhalten. Weiter im Norden setzen sie erst bei Münster-Sarmsheim wieder ein, wo sie zwischen 118–105 m NN wohl wieder der Talweg-Terrasse (uMT) entsprechen. Höhenunterschiede der Basis zwischen rechts- und links der Nahe um ca. 10 m sind wahrscheinlich der Nahetal-Störung anzulasten. Wilh. Wagner & Michels (1930: 76) zitierten einen temporären Aufschluss an der Hauptstraße im Ortsteil Münster, der über steil stehenden Hunsrückschiefern und 2 m mächtigem Löss und Lösslehm 1,42 m mächtige Nahe-Restschotter zeigte. Sie enthielten außer Hunsrück-Material (Milchquarz, Quarzit) auch Rotliegend-Material („Melaphyr", Sandstein). Abgeschlossen wurde das Profil mit Schwemmlöss und Löss mit *Helix hispida*. Darüber folgte abschließend mächtiger Gehängeschutt.

6.1.1.3.4 Talgrund und Niederterrassen

Nördlich des Kreuznacher Rhyolith-Massivs ist die Ausräumung des Talgrundes z. Zt. der Niederterrassen wesentlich tiefgründiger, so dass Niederterrassen-Schotter auf Gesteinen von Rotliegend, Tertiär (Dietersheim), jenseits der Hunsrück-Südrand-Verwerfung auch auf devonischen Tonschiefern (Büdesheim) liegen. Die Ablagerungen auf der Niederterrasse bestehen hier im Unterlauf aus z. T. groben Kiesen, die von Sanden und die wieder von Hochflutlehm überlagert sind. Sie werden der holozänen Nahe zugeschrieben (Wilh. WAGNER (1926).

6.1.1.4 Die Mittlere und Untere Prims

Zur Abgrenzung des Hunsrücks im Südwesten dienen Mittel- und Unterlauf der Prims als Grenze bis zur Saar. Sie ist bedeutend genug, um die Funktion eines Grenzflusses bis zur Mündung bei Dillingen zu übernehmen. Die Prims mit Quelle nördlich Nonnweiler und ihre Tributarien – von Osten nach Westen Lösterbach, Wadrill, Morschholzer Bach, Thailener Bach; Eisbach und Losheimer Bach – entspringen alle im Schwarzwälder Hochwald zwischen Nonnweiler im Osten und Greimerath im Westen. Sie vereinigen sich zwischen Wadern und Überlosheim zur Prims. Das dreieckige Areal zwischen Losheimer Bach und Lösterbach ist die „Losheimer Schotterflur" (FIRTION & FISCHER 1955). Die Wasserscheide zur Nahe im Osten verläuft zwischen Otzenhausen und Tholey. Westlich der Wasserscheide gelingt es nur bedingt, drei übergeordnete Talungen – Trog-, Plateau- und Eng-Tal – zu erkennen. Insbesondere ein Trog-Tal fehlt offensichtlich.

Das Geröllspektrum der Primsschotter ist weitgehend einheitlich mangels Änderungen des Liefergebietes (RÜCKLIN 1935: 24), so dass „trotz der verschiedenen Höhenlage kein durchgehender Unterschied im Geröllbestand gefunden werden" konnte. Eine Gliederung der einzelnen Terrassen-Stufen mittels der Petrographie der Gerölle ist daher nicht möglich.

6.1.1.4.1 Plateau-Tal-Stadium

ZÖLLER (1985) kartierte am Oberlauf der Prims und bei ihren Tributarien diverse Schotterfluren und Verebnungen, die mit Geröll-"Streu" belegt sind und im Niveau 350–320 m NN liegen. Sie lassen sich schwerlich zu einem Plateau-Tal vereinigen. Eine Ausnahme bildet eine Verebnung zwischen Morschholzer und Thailener Bach im Niveau um 325 m NN zwischen Thailen im Norden und Büschfeld im Süden (Bl.6406 Losheim, 6407 Wadern). Hier wird das Gebiet der „Nunkircher Hecken" einem nach Westen gekrümmten Mäander der Prims zugeschrieben, in dessen Bereich diese Schotterflur entstand. Andererseits betonte schon LEPPLA (1925a), dass er Schotter des Altpleistozäns, „alte Schotter von Nonnweiler ab 380 m NN in drei Stufen bis zur Vereinigung mit der Löster (Lösterbach) bei Lockweiler und Mettnich" (S. 80) fand. Bei Mettnich liegen entsprechende Schotter auch bei ZÖLLER (1985: Anl. Bl. II) bei ca. 360 m NN. Zwischen Mettnich und Lockweiler ließ sich mit Hilfe der Schotter-Reste eine Talbreite von ca. 1 km rekonstruieren, die einem Plateau-Tal zumindest ansatzweise entspräche. Das gilt auch für den Mäander auf den „Nunkircher Hecken" bei 345–340 m NN. Auch bei den übrigen Zuflüssen machte LEPPLA geltend, dass sie „ein ausgezeichnet in drei Stufen gegliedertes Gelände zwischen sich" ließen und dass er „innerhalb des Buntsandstein (in der Nordost-Ecke der Merziger Grabenmulde) die verschiedenen Schotterlager der einzelnen Talstufen mit wünschenswerter Deutlichkeit verfolgen" (S. 81) konnte. Nach ZÖLLER (1985) handelt es sich dabei jedoch größtenteils um Schotter der Oberen Mittelterrasse (oMT), deren ausgedehnte Schotterfluren von den heutigen Bächen tief unterschnitten werden.

Südlich Büschfeld, wo noch Eruptiva der Nahe-Subgruppe von der Prims durchschnitten wurden, fehlen jegliche Ansätze für ein Plateau-Tal talabwärts bis Schmelz. Von dort lässt sich ein Hauptterrassen-Tal im Niveau um ca. 280 m NN bis zur Mündung der Theel in die Prims verfolgen. Zwischen Nalbach, Dillingen und Beckingen/Saar hat die Prims zur Zeit der Hauptterrassen (HT) auf einer Fläche von 10 km^2 nordwestlich des Flüsschens eine bis 12 m mächtige Schotterdecke abgelagert, die von bis zu >5 m mächtigem Löss bedeckt ist.

Nach Zöller 1985 setzt die Hauptterrasse am rechten Talhang der Prims bei 245 m NN ein. Im Profil am Segelflugplatz bei Dillingen-Dieflen bestehen die Terrassen-Sedimente aus ca. 12 m mächtigen Sanden und Kiesen, in die drei graue Silt- bis Feinsand-Lagen und -Linsen (bis 1 m Mächtigkeit) eingelagert sind. Die Kies-Horizonte und auch die jüngeren Silt-Sand-Horizonte weisen deutlich kaltzeitliche Überprägung (Kryoturbation) auf. Für Bodenhorizonte, die an der Basis und im hangenden Löss gefunden wurden, wurde ein Eem-Alter angenommen (Zöller 1985). Gesetzt den Fall, dass es sich bei den Sanden und Kiesen um fluviatile Ablagerungen des Hauptterrassen-Flusses handelt, besteht bis zur Ablagerung der Lösse eine erhebliche Lücke.

6.1.1.4.2 Eng-Tal-Stadium

Die meisten der weit verbreiteten höheren Sande und Kiese der „Losheimer Schotterflur" rechnete Zöller (1985) zu den Schottern der Mittelterrassen (MT). Sie liegen auf Sandsteinen der Nahe-Subgruppe und des Buntsandsteins in der nördlichen „Merziger Grabenmulde". Im Gegensatz zu den Mittelterrassen an Rhein, Mosel und Nahe bildeten sie hier die breite Schotterflur des „Losheimer Dreiecks". Die Mächtigkeit der Schotterkörper nimmt nach Süden bis ca. 7 m zu. Am Losheimer Bach, dem Vorfluter, enden sie abrupt und greifen nicht auf dessen rechte Talflanke über, die recht steil ist. Der geradlinige WNW-ESE ausgerichtete Verlauf legt den Verdacht einer relativ jungen, bisher nicht erfassten Verwerfung nahe. Hier bildeten die relativ robusten Sandsteine – „Kristallsandsteine" des Mittleren Buntsandstein – für die Schottermassen ein Hindernis, das auch der Losheimer Bach nicht überwinden konnte, und so bildete er den Vorfluter seit der Zeit von HT und MT für alle Tributarien, die ihr Quellgebiet in den Höhen des Schwarzwälder Hochwaldes haben. Schon für Leppla (1925a) bildeten die „mächtigen diluvialen Schuttkegel der kurzen steilen Täler im Hochwald hier sehr große geschlossene Flächen" (S. 81). Allerdings gelang Leppla keine Korrelation mit den Terrassen im Unterlauf der Prims. Zöller konnte jedoch im Nachgang zu Fischer (1957) und Liedtke (1969) eine Gliederung in mehrere Terrassen der HT- und der MT-Gruppe vornehmen. Z. T. haben die rezenten Bäche die mächtigen älteren fluviatilen Ablagerungen der Schotterflur noch nicht bis auf das Rotliegend- oder Trias-Unterlager unterschnitten. Bei Bohrungen wurden unter den jüngeren Ablagerungen noch ältere Grobkiese angetroffen. Außerdem erschwert eine bis 4 m mächtige Decke aus geröllführendem Schwemmlöss und Fließerden die Gliederung in einzelne Terrassenkörper.

Das Geröllspektrum der Kiese in der „Losheimer Schotterflur" setzt sich aus mäßig bis schlecht gerundetem, meist resistentem Hunsrück-Material zusammen: Quarzite und quarzitische Sandsteine von Taunusquarzit und Hermeskeil-Schichten, die z. T. erhebliche Größen (bis Block) erreichen können, Milchquarz, Kristallsandsteine des Buntsandstein, Bruchstücke des Buntsandstein-Basiskonglomerates und Eisenschwarten aus dem Buntsandstein. Tonschiefer fehlen weitgehend. Signifikante Unterschiede zwischen den Geröllspektren der einzelnen Terrassen-Stufen bestehen nicht; hinzu kommen erratische Komponenten: Tertiär-Quarzite („Süßwasserquarzit") und „Tholeyer Eier" (Zöller 1985: 62).

Unterhalb der Mündung des Losheimer Baches in die Prims fehlen mit Ausnahme kleiner Reste auch die Mittelterrassen (MT). Sie setzen erst weiter südlich bei Schmelz wieder ein und sind hier auf die linke Tal-Flanke in den Niveaus 220 m und 240 m NN beschränkt. Ähnliches gilt auch für den Lauf südwestlich der Theel-Mündung am Unterlauf der Prims. Hier tritt eine Verbreiterung der Prims mit ausgedehnten Schotterflächen auf, und auch die Mittelterrassen (MT) sind deutlich, allerdings nur auf der linken Seite. Dort konnte Zöller (1985) die Obere Mittelterrasse (oMT) verfolgen. Auch die Untere Mittelterrasse (uMT) ist nur auf der südlichen Talflanke als relativ schmale Hangleiste erhalten. Die Trennung der beiden Mittelterrassen-Niveaus wird durch Löss und Fließerden erschwert. Die Unterkante der oMT liegt bei Dillingen bei 210 m, die der uMT bei 180–160 m NN.

6.1.1.4.3 Talgrund

Die Niederterrassen sind an Ober- und Mittellauf der Prims kaum erhalten. Eine Korrelation der Talstufen mit den weiter südlich gelang bisher nicht, ebenso wie eine zeitliche Zuordnung.

Im Eng-Tal durch die „Grenzlager-Eruptiva" nördlich Schmelz sind Relikte von Niederterrassen ansatzweise erhalten. Bei Hüttersdorf stellte FISCHER (1957) eine Kreuzung der Niederterrasse mit der holozänen Talaue fest. Offensichtlich kam es zu einer Verschüttung der relativ groben Schotter der Niederterrasse mit holozänen Talauensedimenten unterhalb des Eng-Talabschnitts sowie durch Schwemmfächer, die aus den Seitentälern kommend Schotter auf der Niederterrasse ablagerten. Von der Mündung der Theel in die Prims bis zur Mündung der Prims treten vornehmlich rechts der Saar teilweise sehr mächtige Schottermengen der Niederterrasse im Unterlauf der Prims auf. Sie haben bei Dillingen gegenüber von Pachten die Saar gegen Limberg (359 m NN) gedrängt, die dort am Prallhang einen nahezu 180 m hohen Steilhang gebildet und jegliche älteren Terrassen-Reste weggeschnitten hat.

Im Mündungsgebiet der Prims in die Saar ist die NT deutlich gegen die holozänen Talauen-Sedimente mit einer morphologischen Kante abgesetzt. Zur Zeit der Niederterrasse wurden offensichtlich erhebliche Sedimentmassen aufgeschottert, in die die holozäne Prims ihren Lauf eingeschnitten hat.

6.1.1.5 Die Saar von der Prims-Mündung bis Konz

Talabwärts von der Prims-Mündung durchfließt die Saar zwischen Dillingen und Dreisbach Schichtverbände der Trias der „Merziger Grabenmulde" und zwischen Dreisbach und der Mündung in die Mosel bei Konz Schichten des Unterdevons – Taunusquarzit und Hunsrückschiefer.

An der Saar setzte die spezielle Erforschung in den 1930er Jahren wieder ein (RÜCKLIN 1935, MATHIAS 1936, FISCHER 1957, HENRICH 1958). Sie nahm sich der Gliederung der Terrassen, Verfolgung ehem. Flussläufe und der Geröllfracht an; später waren es M. J. MÜLLER & NEGENDANK (1974) an der Unteren Saar und an der Mosel sowie ZÖLLER (1985), die auch Schwermineral-Untersuchungen einsetzten.

Nach neueren Untersuchungen (R. HOFFMANN 1996) können auch hier die Jüngere Hauptterrasse (jHT) und die morphologische Kante zwischen Plateau- und Eng-Tal als Ansatz für die Gliederung der Flussterrassen verwendet werden. Die unterschiedlichen Zählungen der bestehenden Terrassen-Gliederungen wurden damit mit jenen an Rhein und Mosel korreliert wie es bereits ZÖLLER (1985) versuchte.

Der Talgrund der rezenten Saar besteht besonders im Eng-Tal durch den Quarzit-Riegel streckenweise auch aus lockeren Schottern. Hier hat der post-würmzeitliche Fluss teilweise nicht bis auf das anstehende Felsgestein hinunter erodiert und die jungen Alluvionen daher abschnittsweise noch auf Schottern der würm-zeitlichen Niederterrasse abgelagert. Auch die holozänen Ablagerungen zeigen mit Torf-Horizonten, deren Pollen-Gehalt Datierungen erlaubte, Grenzen und Alter auf. Holozäne Schotter lassen sich u. a. auch auf Umlagerung älterer Schotter zurückführen.

6.1.1.5.1 Plateau-Tal-Stadium

Mittlere Saar. Im Tal der Saar sind zwischen Dillingen und Fremersdorf Terrassen mit Hauptterrassen-Charakteristik relativ selten und kleinräumig. ZÖLLER (1985) fand solche südöstlich Fremersdorf und nördlich davon im Niveau 220 m NN. Sie lassen auf eine Talbreite zu jener Zeit von ca. 1,5 km schließen. Nordwestlich davon weitete sich offensichtlich das Tal. Hier wurden im Zentrum der Merziger Talweite bei Hilbringen Terrassen-Reste im

Niveau 320–290 m NN gefunden. Rücklin (1935) schied hier mehrere Terrassen-Stufen mit Lokalbezeichnungen aus.

Untere Saar. Die Höhenterrassen (HÖT) sind im „Durchbruchs-Tal" der Saar durch den Taunusquarzit-Riegel – abgesehen von Geröllfunden im Lutwinuswald nördlich Keuchingen (Höhenpunkt 294,7 m NN) bei 305 m NN (Zöller 1985) und am Kommlingener Umlaufberg bei 315–300 m NN als größtem Terrassen-Rest – bisher nicht nachgewiesen. Bei Zugrundelegung einer Höhenterrasse (HÖT) im Niveau 300 m NN ergibt sich nach dem Austritt der Saar aus dem Quarzit-Riegel nördlich Hamm eine trichterartige Erweiterung. In sie mündet mit einer ähnlichen Weitung, die einem frühen Tal entspricht, die Leuk. Saar und Leuk bildeten zusammen nördlich Saarburg eine Weitung von ca. 5,5 km, in der der Kreuzberg (315 m NN) und der Höhenpunkt 342 m NN als Inseln liegen. Zwischen Ockfen und Schoden weitet sich dieses Tal nach Osten auf 8 km, in dem auch der Kommlingener Umlaufberg liegt. Bei Konz geht das Tal mit einer Breite von ca. 7 km in das Moseltal über. Flächenreste der Mosel finden sich östlich Konz bei der Siedlung Kobenbach (314 m NN) und an den Mattheiser Schießständen. In diesem Gebiet liegen zahlreiche Verebnungen in den Höhen 300–310 m NN, ohne dass ihre Zuweisung zur HÖT bisher durch Schotter bewiesen wurde.

In einem derart breiten, weitgehend durch Seitenerosion gebildeten Tal, das dem älteren Plateau-Tal-Stadium der pleistozänen Flussentwicklung zugewiesen werden muss, bestand durchaus die Möglichkeit zur Ausbildung eines jüngeren größeren, mäandrierenden Flusssystems. Die Weitung nach Osten kann sowohl durch Akkumulationstau in der HÖT-Zeit durch Mosel und/oder Saar entstanden sein. M. J. Müller (1976: 97) ordnete das Kommlingener Vorkommen ebenfalls der HÖT (T_7) zu und hielt es „mit ziemlicher Sicherheit" für Moselschotter. Er vermied Aussagen über einen Saar-Lauf zu dieser Zeit. Seine am Kommlingener Berg gezogene Probe enthielt in der opaken Fraktion des Schwermineral-Spektrums fast keine Brauneisen-Ooide. (Sedimente der Mosel enthalten diese Ooide aus dem übertägigen Verbreitungsgebiet der Lothringer Minette-Eisen-Erze; M. J. Müller & Negendank 1974, M. J. Müller 1976). Insofern erscheint ein Mosel-Schotter im Kommlingener Mäanderbogen unwahrscheinlich. Der südlicheTeil des Mäanderbogens wird heute ab Krettnach vom Oberemmeler Bach benutzt. Die Wasserscheide zwischen ihm und dem nach Nordwesten entwässernden „Konzer Tälchen" liegt bei ca. 220 m NN.

Im Talabschnitt der Unteren Saar zwischen Mettlach und Hamm, wo der Fluss den Taunusquarzit-Riegel durchschneidet, sind die Terrassen weniger deutlich bis auf eine Erweiterung des Tales bei Taben-Rodt, wo die Saar einen nach Westen ausholenden Mäander abgeschnitten hat. Hier blieb der Rodter Fels (301 m NN) als Umlaufberg zurück. Sonst sind Reste oberhalb Keuchingen und südlich Saarhölzbach (Bl. 6405 Freudenburg) zu finden, wo in Hohlformen des Paläoreliefs Schichten des Rotliegend anstehen. Trotz der wenigen Reste ist ein Anschluss dieser Jüngeren Hauptterrasse (jHT) an die südlich in Schichten von Rotliegend und Trias der „Merziger Grabenmulde" liegende möglich (Zöller 1985, H. Schneider 1991, R. Hoffmann 1996).

Im Umfeld des Rodter Fels bei Taben-Rodt hat Zöller (1965) mehrere Talböden mit Schottern festgestellt. Sonst hat der Fluss seinen Plateau-Tal-Charakter völlig eingebüßt. Bei Taben-Rodt konnten mithilfe von Schotterbestreuung Talboden-Niveaus bei 275–270 m NN, 250–240 m NN und 235–230 m NN festgelegt werden. Die Abschnürung des Mäanders erfolgte im Niveau 250–240 m NN und ließ den Rodter Fels aus festem Taunusquarzit zurück. Weitere Tal-Niveaus fand Zöller mit Schottern und Geröllbestreuung bis hinunter auf 225–220 m NN, die er ohne nähere Differenzierung noch zur Hauptterrassen-Gruppe zählte.

R. Hoffmann (1996) korrelierte die jHT im Durchbruch durch den Taunusquarzit-Riegel zwischen Dreisbach und Serrig mit dem Niveau 250–240 m NN. Danach sollte das tiefere Niveau bei 235– 230 m NN der Unterstufe der Jüngeren Hauptterrasse (UjHT), das höhere Niveau 285–270 m NN der Älteren Hauptterrasse (äHT) zugeschlagen werden. Daraus ergibt sich allerdings ein deutlicher Höhenunterschied zu der südlich, im Bereich der „Merziger Grabenmulde" gelegenen jHT. R. Hoffmann stellte die Basis der jHT bei Merzig bei 235 m

NN, bei Schwemlingen links der Saar auch bei 235 m NN und bei Besseringen rechts des Flusses bei 233–230 m NN fest. Ein deutlicher Sprung der Niveaus liegt parallel zur Saar südwestlich Keuchingen, wo 245 m NN für die jHT gilt. Aus dem Längsprofil des Flusses ergibt sich ein deutlicher Sprung von 16 m zwischen der „Merziger Grabenmulde" und dem Hunsrück-Block, der auf junge Hebung zurückzuführen ist.

Nördlich Hamm zeigt die Saar ab der Jüngeren Hauptterrasse (jHT) Ansätze zu Mäandern, deren Größe in Richtung Saar-Mündung zunimmt. Ein vieldiskutiertes Problem ist der Verlauf von Saar und Mosel im Bereich des Kommlingener Umlaufberges oder „Konzer Tälchens" im Mündungsbereich selbst. Der große Mäanderbogen und die Breite dieser auffallenden morphologischen Struktur veranlassten fast sämtliche Bearbeiter, diesen Mäander der Mosel zuzuschreiben. Grebe (1886: Fig. 1) hatte allerdings schon den weit nach Osten ausladenden Mäander als „Altes Saarthal" bezeichnet, das bei Wiltingen. dem Oberemmeler Bach folgend, abzweigte und über Crettnach nach Konz zur Mündung floss (Bl. 6305 Saarburg). Offensichtlich ging diese Vorstellung noch von einer Bifurkation der Mosel aus. Andernfalls wären der Kanzemer Mäander und die jüngeren Saar-Sedimente bei Konz-Könen schwer zu erklären.

Rekonstruiert man den ehem. Talverlauf im Bereich der Isohypsen 240–260 m (mit der jHT bei etwa 250 m NN: R. Hoffmann 1996), so zeigt sich eine generelle Verengung gegenüber den Höhenterrassen (HÖT) mit einer buchtartigen Weitung östlich Saarburg in Richtung Irsch und Ockfen, in der sich der Irsch-Ockfener Mäander bildete. Die Zugehörigkeit zur Hauptterrasse ergibt sich durch Schotter und Verebnungen im Niveau 250 m NN. Offensichtlich hat der Zufluss aus dem Leuk-Tal mit seiner Sedimentfracht hier die Saar nach Osten abgedrängt. Eine hohe Sedimentfracht der Leuk erklärt sich u. a. daraus, dass sie ihr Tal in die weniger resistenten Sedimente des Mittleren Buntsandsteins einschnitt und ein prä-existentes Tal im Taunusquarzit-Relief ausräumte. Die Talverengung bei Ockfen mag daraus resultieren, dass im Bereich des Bismarck-Turms südlich Schoden (Bl. 6305 Saarburg) widerstandsfähigere, verquarzte Siltschiefer der Zerf-Schichten (Wildberger 1992) und ein mächtiger Quarz-Gang der Seitenerosion Widerstand leisteten. Nördlich davon weitete sich das Saartal endgültig unter Einbeziehung des Kommlingener Umlaufberges. Das Problem der Zugehörigkeit zu Mosel oder Saar entschied R. Hoffmann (1996) mittels M. J. Müller's Schwermineral-Analyse (opake Fraktion). Das überzeugendste Argument – hoher Anteil an Brauneisen-Ooiden in Sedimenten der Mosel – trifft für den Kommlingener Mäander nicht zu. Die 0,5–7% Ooide in Sedimenten der jHT im Kommlingener Bogen sprechen gegenüber 36–46% Ooide in ähnlich alten Mosel-Sedimenten an der nahen Sauer-Mündung eindeutig für die Saar. Auch Zöller's Argument (1985), der mit Pyroxenen im transparenten Schwermineral-Spektrum von aufgearbeiteten „Diabasen" argumentierte, zieht nicht. Die Mehrzahl dieser Augite sind hochgradig zersetzt und z. T. nur noch als Pseudomorphosen selbst in frischem „Diabas" u. d. M. zu beobachten. Sie sind schwerlich transportierbar. Pyroxene und Amphibole unter den transparenten Schwermineralen sollten bevorzugt aus den „Grenzlager-Vulkaniten" stammen und über die Tributarien rechts der Saar aus dem westlichen Saar-Nahe-Becken stammen (Henrich 1958). Weitere Argumente der Befürworter eines Mosel-Mäanders zur Zeit der jHT können mit Hilfe der Morphologie des Plateau-Tales und der Flussdynamik entkräftet werden (R. Hoffmann 1996) (Foto 28, S. 326).

Weiter im Norden macht die zunehmend stärkere Mäander-Bildung im Mündungsgebiet die Rekonstruktion des Flusslaufs durch mehrfache Überlagerung unübersichtlich (auch: Mathias 1936, 1952: 366). Die Mäanderbildung sollte bei geringerem Gefälle des Flusses am Unterlauf der Saar zu einer nach Norden zunehmenden Schotterflur geführt haben. Hier konnten sich die Mäander der jüngeren Phasen der Flussentwicklung fortschreitend entwickeln. Zu der weiten Schotterflur im Plateau-Tal trug sicherlich auch der Mannebach bei, dessen Vorläufer damals noch bei Tawern in das jHT-Tal mündete und den Steilhang am westlichen Rand, der tektonisch vorgezeichnet war, mit verursachte.

6.1.1.5.2 Eng-Tal-Stadium und Mittelterrassen

Im Saartal zwischen Dillingen und Konz sind von allen Bearbeitern zwei Mittelterrassen, die Obere (oMT) und die Untere (uMT) ausgeschieden worden. Auch hier erwies es sich als zweckmäßig, die Talabschnitte der Mittleren und der Unteren Saar zu trennen.

Mittlere Saar. Saarabwärts vom Mündungsgebiet der Prims sind Reste der beiden Mittelterrassen in der Talweite in der „Merziger Grabenmulde“ zu finden (Zöller 1985). Reste einer Oberen Mittelterrasse (oMT) liegen im Niveau 200 m NN südwestlich Schwemlingen auf dem linken Tal-Hang, evtl. auch südlich St. Gangolf im gleichen Niveau rechts der Saar. Eine ausgedehnte Untere Mittelterrasse (uMT) findet sich in ähnlicher Position zwischen Hilbringen und Schwemlingen bei180 m NN. Beide gehören nach Rücklin (1935) zur „Unteren Terrasse“, die er in eine „Obere Stufe“ (220–200 m NN) und eine „Untere“ (200–180 m NN) unterteilte; eine Niederterrasse bezog er in seine Darstellung nicht ein.

Der Geröllbestand der Sedimente im Mittellauf ist bis zum Eintritt in das Eng-Tal nördlich Saarhölzbach auf beiden Mittelterrassen sehr ähnlich und gleicht auch dem der Hauptterrassen-Sedimente. Außer Gang-Quarz unterschiedlicher Ausbildung besteht das Geröllspektrum aus „quarzitischen“ Tonschiefern, einzelnen dunkelgraugrünen Phylliten, die u. U. von Düppenweiler stammen, Konglomerat-Geröllen, Eisen-Schwarten, Kristall-Sandsteinen und weiteren Sandsteinen aus Buntsandstein und Muschelkalk sowie permischen Eruptiva. Hinzu kommen wieder zahlreiche Verkieselungen (Kieselhölzer, Kieselschiefer, Hornsteine), Achate und Opal; interessant erscheint ein Kohle-Geröll aus dem Karbon, das jedoch beim Aufsammeln zerfiel und wahrscheinlich schwimmend transportiert wurde (Rücklin 1935).

Untere Saar bis zur Mündung. Im Eng-Tal-Abschnitt zwischen Dreisbach und Taben-Rodt sind kaum Mittelterrassen-Reste erhalten. Für die Obere Mittelterrasse (oMT) im Niveau 200 m NN gilt das für den gesamten Verlauf bis zur Mündung in die Mosel. Aussagen zum Gefälle sind direkt nicht möglich. Im Eng-Talbereich liegt auch die berühmte Saarschleife: Die Saar fließt aus der Merziger Senke kommend erst in nordwestlicher Richtung und biegt an der Cloef genannten Stelle um und fließt dann 2 km nach Südosten, ehe sie über Mettlach nach Norden abbiegt. Zwischen den beiden Armen liegt ein 300–500 m breiter Rücken aus Taunusquarzit. Durch den Taunusquarzitrücken mit dem Orkelsfelsen ist der Fluss in die Südostrichtung umgelenkt worden und stieß im Raum Mettlach auf ein altes mit Rotliegendsedimenten gefülltes Nordsüd-Tal, das er ausräumen konnte und so den Weg durch den nördlichen Quarzitriegel fand (Schall 1968; Brüchmann 1994) (Foto 28, S. 326).

Im Höhenschichten-Niveau 220–200 m NN zeichnet sich deutlich der Irsch-Ockfener Mäander ab; nordwärts folgt in der trichterförmigen Erweiterung der Ayl-Wavener Mäander mit dem Umlaufberg „Ayler Kupp“; daran schließt sich bei Biebelhausen der Mäander von Wiltingen-Kanzem an mit dem Umlaufberg „Oberste Wald“; der Kommlingener Mäander dürfte nicht mehr existiert haben, da sonst der Bogen an der Hammer Fähre nicht hätte bedient werden können. Der schmale Hals an der Hammer Fähre wurde bei der Kanalisation der Saar künstlich durchschnitten und so der Altarm des Wawerner Mäanders zwischen Biebelhausen und der Stau-Stufe an der Hammer Fähre wiederbelebt.

Die Darstellungen früherer Bearbeiter im Mündungsbereich während der oMT-Zeit sind recht widersprüchlich: M. J. Müller (1976) legte nach der Plateau-Tal-Phase den Kommlingener Mäander nach einem Durchbruch bei Konz zur spät- bis post-Plateau-Tal-Zeit tot; die Saar sollte danach während der oMT-Zeit bei Konz in die Mosel münden; von der Hammer Fähre hatte sie sich einen Weg über Konz-Könen zur Mündung in die Mosel gesucht. Zöller (1985) beließ auch zur Zeit der uMT die Mosel noch im Kommlingener Mäander; dann bleibt allerdings unverständlich, warum die Saar nicht bei Wiltingen zur Zeit der oMT schon in die Mosel mündete; schließlich hat der kleine Oberemmeler Bach heute die schmale Talwasserscheide bei Wiltingen zwischen beiden Flussläufen durchbrochen; dann wäre es wohl kaum zur Ausbildung des Kanzemer Mäanders gekommen. R. Hoffmann's

Deutung (1996) mit einer höchst komplizierten Mäander-Schleife nach Norden bis nahe Konz und anschließend einer Bedienung des Kommlingener Mäanders durch die Saar mit dem Kanzemer Berg als Umlaufberg beim Kupp-Haus, den die K 133 heute benutzt, erscheint abwegig; die Passhöhe am Kupp-Haus liegt heute bei ca. 190 m NN; auch war zu dieser Zeit eine Mündung der Saar in die Mosel westlich Konz eher möglich.

Zur Zeit der Unteren Mittelterrasse (uMT) nahmen M. J. Müller (1976) und Zöller (1985) zwei Niveaus an; die Basis des älteren liegt bei 179 m NN, die des jüngeren bei 162–160 m NN. Das ältere Niveau kommt damit nahe an die Obere Mittelterrasse (oMT) heran. Die Annahme, dass die Mosel den Kommlingener Mäander noch zur uMT-Zeit bediente, folgerten sie aus einer Bohrung östlich der Filzer Kupp, die bei 170 m NN keine Tonschiefer, sondern nur umgelagertes Material (Fließerden, umgelagerte Terrassen-Sedimente) angetroffen hatte und daraus, dass westlich des Kupp-Hauses bei 180 m NN „graugelbliche, schwach geschichtete Schluffe bis Feinsande unter lößhaltigen Fließerden aufgeschlossen" waren (S. 30). Wahrscheinlich war das auch für R. Hoffmann (1996) ausschlaggebend, seinen Saar-Mäander mit der oMT noch in die Kommlingener Mäander-Schleife einmünden zu lassen. Das verlangt allerdings von der Saar bei Kanzem eine erhebliche Erosionsleistung in der Schleife sowohl nordöstlich als auch südwestlich des Ortes an der Hammer Fähre bis zum heutigen Lauf ab (Zöller 1985: Abb. 5).

Der seinerzeit relativ wenig ausgebaute Mäander bei Kanzem ist für die Zeit der uMT am Gleithang des Sonnenberges auf der Höhe von Wiltingen bei ca. 170 m NN belegt durch Kiesgruben, die sehr viel einheimisches Material aus dem „Durchbruchs"-Tal der Saar weiter im Süden enthalten. Dieses Material ist deutlich gerundet bis kantengerundet. Schichten aus Kiesen (bis 1 m Mächtigkeit) und Sanden (bis 3 m Mächtigkeit) enthalten Blöcke bis 1 m^3 Rauminhalt, die sich wohl nur durch Eisschollen-Transport erklären lassen. Kryoturbation und Eiskeile manifestieren eine spätere kaltzeitliche Überprägung. Diese Sedimente sollten aufgrund ihrer Höhenlage ü. NN zur älteren uMT gehören und fixieren den Saar-Lauf noch auf eine relativ weit südliche Position, als der Kommlingener Mäander noch nicht unterschnitten war. Tiefer liegende Sandgruben in der Gemarkung „Rauhof" bei 140–150 m NN sollten zur Niederterrasse gehören.

Die Unterschneidung des Kommlingener Mäanders südlich vom Kupp-Haus kann jedoch auch schon früher erfolgt sein. „Terrassensande" am Konzer Gymnasium im Auslauf des „Konzer Tälchens" östlich Konz bei 165 m NN liegen im Mündungsbereich der Saar in die Mosel mit trichterförmiger Öffnung zur Mosel. Diese weite Mündung zur Zeit der älteren uMT wird durch Saar-Sedimente belegt in der Sandgrube „Wacht" nordwestlich Konz-Könen auf einem Buntsandstein-Plateau in der Höhe 170–180 m NN und gegenüber jenseits des Fuchsgrabens (Bl. 6305 Saarburg; M. J. Müller 1976, Weidenfeller et al. 2004). Der noch erhaltene Schotterkörper ist 2–3 m mächtig. Auch hier sind ähnlich wie bei Kanzem Blöcke mit Kantenlängen um 1 m eingelagert, die auf Eisschollen-Transport in einem verwilderten Fluss oder auch Flussarm schließen lassen. Die Überlagerung mit 1–1,5 m mächtigem Löss lässt auf eine kaltzeitliche Bildung schließen.

Der Lauf der Saar deutet auf einen weiten Mäander vor der Mündung in die Mosel hin. Auch die Weite des Tales lässt auf einen kaltzeitlichen verwilderten Fluss schließen. Nach M. J. Müller (1976) benutzte dieser diesen Lauf seit der Zeit der oMT und verlagerte sich sukzessive nach Osten bis in sein heutiges Bett. Wahrscheinlich hatte zu dieser Zeit auch der Zufluss des Mannebachs noch entscheidenden Anteil an der steilen Erosionskante im Westen und an der Belieferung mit Buntsandstein-Material. Das Bild änderte sich zur Zeit der jüngeren uMT, da das Niveau von ca. 180 m NN hier nicht mehr unterschnitten wurde.

Offensichtlich verlief die Saar während der jüngeren uMT-Zeit weiter im Osten und bildete den ausgeprägten Mündungstrichter, der sich mit deutlicher Kante von dem Niveau bei 180–190 m NN mit der Sandgrube „Wacht" abgrenzen lässt. In diesem Bett sollte der Fluss ab der jüngeren uMT geflossen sein. Infolgedessen ließ R. Hoffmann (1996) im Gegensatz zu Zöller (1985) die Saar bei Konz unter Vermeidung des Kommlingener Mäanders in die Mosel münden.

Bis Ende der uMT-Zeit wurden bis auf den Kanzemer Mäander-Bogen (Sonnenberg) alle seinerzeit bestehenden Schleifen durchbrochen. So entstanden die diversen Umlaufberge. Ihre Anlage geht bis in die Zeit der Hauptterrassen zurück. Damals muss es bei der Hebung der Rheinischen Masse zu einer Differenzierung des Flussgefälles gekommen sein, die die Horizontalkonstanz bewirkte. Alle späteren Stadien waren damit an die seinerzeit entwickelten Mäander gebunden und bauten sie weiter bis zum Durchbruch aus. Um die Zeit der uMT war durch diese Entwicklung bis auf den Kanzemer Mäander ein nahezu geradliniger Abfluss von der Siercker Schwelle zur Mosel geschaffen, dem durch den Durchstich an der Hammer Fähre beim Saar-Ausbau anthropogen vorgegriffen wurde.

6.1.1.5.3 Talgrund und Niederterrassen

Im Mündungsgebiet der Prims lässt sich eine Niederterrasse aushalten, die sich deutlich von den Talauen-Sedimenten absetzt, sich jedoch bei Framersdorf verliert (Zöller 1985). Im Bereich der „Merziger Grabenmulde“ fehlt eine Niederterrasse. Das von Rücklin (1935) ausgehaltene Niveau der tieferen Stufe der „Unteren Terrasse“ sollte zur uMT gehören. Allerdings sind hier erhebliche Mengen an Kiesen, Sanden und anthropogen überprägten kohleführenden Sedimenten nachgewiesen worden (3 m mächtiger „Kohleschlamm“: Zöller, 32). Offensichtlich sind hier die Niederterrassen-Sedimente von den holozänen Talaue-Sedimenten – zumindest teilweise – überdeckt bzw. aufgearbeitet und umgelagert worden (Zöller 1985: 42). Weiter talabwärts bei Mettlach sind Flusskiese von mehr als 7 m Mächtigkeit erbohrt und nicht durchteuft worden. Ein Teil sollte noch zur Niederterrasse gehören. Morphologisch ist sie nicht als Stufe nachweisbar. Auch im Eng-Tal fehlt sie im Taunusquarzit weitgehend. Zöller nahm ein Konvergieren mit der Talaue an. Sie ist dort – wenn überhaupt – ähnlich wie die Mittelterrasse nur als schmale Leiste erhalten.

Nach M. J. Müller (1976) zeigte die Untere Saar zur Zeit der Niederterrassen schon einen ähnlichen Verlauf wie heute. In zwei Aufschlüssen links der Saar im Niveau ca. 140 m NN fand er die Gleithangposition in den Sanden und Kiesen bestätigt. Auch hier sind die Ablagerungen relativ grobkörnig mit Blöcken mit Kantenlängen bis 1 m. Geringmächtige Sandlagen und linsige Körper aus Grobsand und sandigem Feinkies wechsellagern mit sandigem Feinkies mit wenig Grobkies und schräg geschichtetem Grobsand mit Kies und zahlreichen Tonschiefer-Plättchen. In beiden Aufschlüssen sind die gröberen Blöcke an der Basis zu finden. Unterschiedliche Schichtungstypen führte M. J. Müller auf unterschiedliche Lage im Flussbett zurück.

Im Mündungstrichter, der während der uMT systematisch ausgebaut worden war und nach Westen und Osten deutliche morphologische Kanten zeigt, hat sich der Fluss offensichtlich im Lauf der Zeit gegen die östliche Kante verlagert. Hier sammelte sich zur Zeit der Niederterrasse eine größere Menge an Flussschottern an. Zöller (1985) gelang die Trennung der Niederterrassen- von den holozänen Talaue-Sedimenten mittels Schwermineralen. Der holozäne Fluss hat wahrscheinlich die Akkumulation der Niederterrassen-Zeit noch nicht bis auf den felsigen Untergrund erodiert, so dass hier die Situation derjenigen in der „Merziger Grabenmulde“ ähnlich ist.

6.1.1.6 Die Mosel zwischen Konz und Koblenz

Die Saar mündet auf der Höhe von Konz in die Mosel, die im Mündungsbereich eine Prallhang-Situation aufweist. Offensichtlich war die Energieleistung der Mosel hier immer so stark, dass es der Saar nicht gelang, mit ihrer Schotterfracht die Mosel gegen das nördliche Ufer zu drängen.

Die Mosel folgt hier der südlichen Randverwerfung der Wittlicher Rotliegend-Senke (STETS 2004b). Der relativ resistente Untere Buntsandstein (Unterer Hauptbuntsandstein) bildet am linken Ufer eine steile Wand, während das rechte Ufer staffelförmig über die Mittel- und Hauptterrassen zum Hunsrück mit Hunsrückschiefern ansteigt. Die Stadt Trier liegt auf der weiten Verebnung der Niederterrassen, die hier die Talweite einnimmt. Von dort steigt das Gelände zum Petrisberg bis auf Hauptterrassen-Niveau an (WEIDENFELLER et al. 2004).

Bei Schweich tritt die Mosel in ihr Eng-Tal ein, das sie bis Alf-Bullay in die Hunsrückschiefer der Mittelmosel-Schuppenzone eingeschnitten hat. Unterhalb Bullay sind Unter- und Oberems-Schichten, die zur Füllung der „Mosel-Mulde" bis Koblenz gehören. Die unterschiedlich resistenten Schichtverbände des Unter- und Oberems hatten relativ wenig differenzierende Wirkung auf die Terrassenlandschaft von Mittel- und Untermosel. Dagegen nahmen verdeckte „alte" und „junge", pleistozäne Verwerfungen, die zum Störungsmuster des Neuwieder Beckens gehören, Einfluss insbesondere auf den Lauf der Untermosel. Während den Flusslauf von Schweich bis Cochem ein typisches Mäander-Muster kennzeichnet, das im Laufe der Zeit durch Durchbrüche gebietsweise zu einem dem heutigen Gefälle entsprechenden Verlauf führte, ist der talabwärts von Cochem liegende Abschnitt eher durch Gefüge im Schiefergebirgssockel und „Junge Tektonik" gekennzeichnet.

Hinzu kommen ihre rechtsseitigen Tributarien aus dem Hunsrück. Hinsichtlich der Zuflüsse aus der Eifel wird auf die Darstellung bei W. MEYER (2013) verwiesen.

6.1.1.6.1 Die Trierer Talweite

Die Trierer Talweite reicht von der Saar-Mündung bei Konz (M. J. MÜLLER 1976) bis Schweich, wo die Mosel mit einem nach Norden ausholenden Mäander-Bogen in die südwestliche Wittlicher Rotliegend-Senke hineinreicht. Auf der linken Talflanke (Eifel) bildete sich bei fortschreitender Erosion eine deutliche Steilwand heraus, die aus verwitterungsresistenten Konglomeraten und Sandsteinen des Unteren und Mittleren Buntsandsteins aufgebaut ist. Sie wurde bei Trier durch Steinbruchsbetrieb seit der Römer-Zeit akzentuiert. Von der Mündung der Sauer talabwärts fehlen auf der linken Talseite nach Nordosten vermehrt Terrassenbildungen der Mosel, abgesehen von einigen Schotterresten der Hauptterrassen bei Igel, Biewer und nordöstlich davon. Im Gegensatz dazu ist auf der rechten Talflanke auf den Hunsrückschiefern das gesamte Terrasseninventar des Moseltals ausgebildet. Hier lässt sich mit den üblichen Vorbehalten die jeweilige Uferregion für die Terrassen konstruieren. Beim linken Ufer gelingt das nicht. Dort sollte allerdings nicht das gesamte Tal bis an das heutige Steilufer in das fluviatile Geschehen einbezogen werden (M. J. MÜLLER 1976: Karte 2). Es ist schwer verständlich, dass die Mosel nicht den scheinbar vorgezeichneten Lauf durch die Wittlicher Rotliegend-Senke nach Nordosten nahm, sondern sich bei Schweich den beschwerlicheren Weg durch die Hunsrückschiefer suchte. Das erklärt sich nur, wenn schon im Jungtertiär sich dort tektonisch ein flacher Trog herausbildete, der von den Kieseloolith-Terrassen ab vom Vorgänger-Fluss benutzt wurde. Von diesem sind allerdings keine Reste erhalten; eine Kieseloolith-Terrasse ist in dieser Position bisher nicht durch Schotter belegt.

Auf tektonische Einflüsse auf das Talgeschehen weist die unterschiedliche Höhenlage der Schotter-Basis bei 128–121 m NN im Südwesten und 120–114 m NN bei Schweich im Nordosten hin. Insbesondere die Verlagerung des Mäanders bei Kenn in Richtung Quint und weiter nach Nordosten wird auf synsedimentäre tektonische Aktivität zurückgeführt (WEIDENFELLER et al. 2004: Abb.5).

6.1.1.6.2 Die Mäanderlandschaft zwischen Schweich und Cochem

Bei Quint biegt die Mosel scharf nach Südosten ab und verlässt die streng Nordost-Südwest ausgerichtete Trierer Talweite. Der Flusslauf folgt ab Longuich dem in Hunsrückschiefer eingeschnittenen klassischen Mäander-Tal. Offensichtlich waren es tektonische Ursachen, die die Ur-Saar – resp. Ur-Mosel – zwangen, die durch die Süd-Eifel verlaufende alttertiäre Talung zu verlassen (Löhnertz 2003). Nach der oligozänen weitreichenden, jedoch nur kurzfristigen Ingression bildete sich wohl ab Miozän der neue Mosel-Trog heraus, dem die Mosel folgt. Im Gegensatz zu Quitzow (1969) handelt es dabei um eine unabhängige Struktur (Foto 29, S. 327).

Zur Frage von Bifurkationen. Trotz aller Mäander sollte nicht vergessen werden, dass der Fluss von Grund auf und speziell in den Kaltzeiten eher ein verwildertes Gewässersystem war, das in dem breiten Plateau-Tal verlief. Die Talung in Richtung Cochem ist durch eine Verebnung gekennzeichnet, in der die Mosel in gewohnter Weise nach Nordosten floss, bevor sich bei Cochem das Tal trompetenförmig öffnete. Trotz aller Mäander liegt es in dieser bis 10 km breiten Talung nahe, auch mit Bifurkationen zu rechnen. Dazu ergab sich in diesem Flussabschnitt an mehreren Stellen die Möglichkeit:

Seit Grebe (1890) wurde mehrfach das Problem einer Bifurkation der Mosel unter Einbeziehung der Wittlicher Senke diskutiert; hier löste sich das Problem dadurch, dass gegen

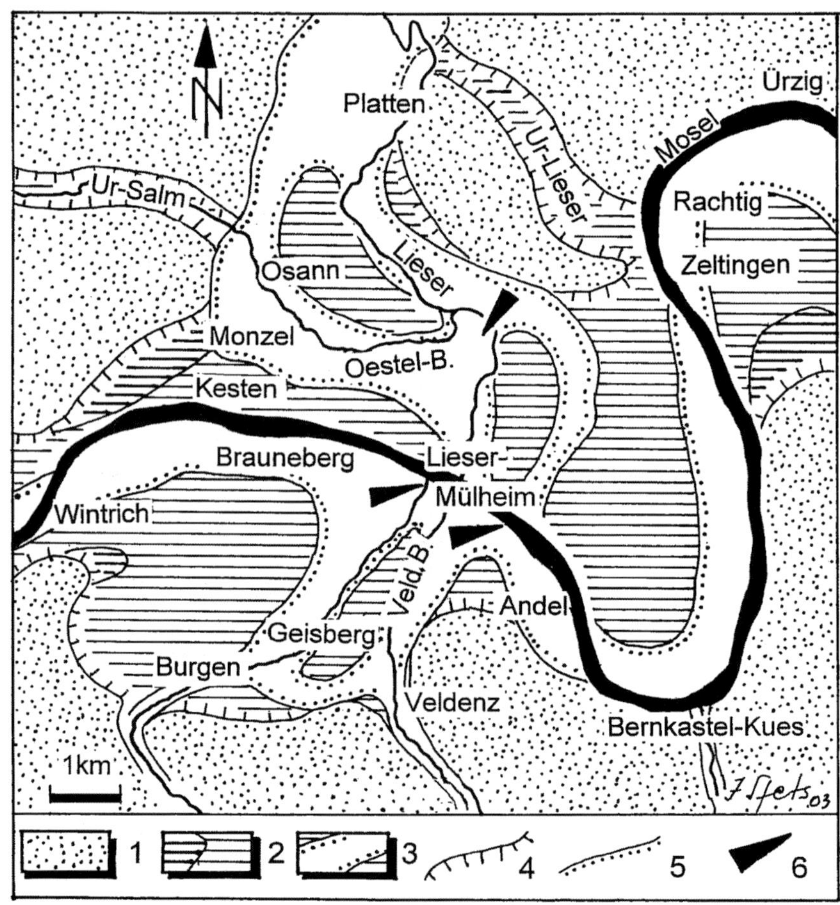

Abb. 30. Alte Flussläufe der Mosel zwischen Wintrich und Ürzig. 1 Bergland, 2 Plateau- oder Hochtal, 3 Tal zur Zeit der Mittelterrassen, 4 Rand des Plateautales, 5 Rand des Mittelterrassentales, 6 Mäander-Durchbrüche. Spies & Stets (2004).

Ende der jüngeren Hauptterrassen-Zeit mit einem Mäander von Klüsserath aus die schmale Scheide aus Hunsrückschiefer zu den Rotliegend-Sedimenten der Wittlicher Senke im Bereich der Südöstlichen Randverwerfung von der Mosel durchbrochen wurde; danach begann sie gemeinsam mit der Salm die Talweite bei Sehlem, Esch und Pohlbach auszuräumen; die Salm, die seinerzeit ihren Unterlauf über den Oestelbach zwischen Klausen und Osann hatte, wo sie in die HT-Mosel mündete, wurde von der stärkeren Mosel ab der UjHT-Mosel angezapft; der Unterlauf der schwächeren Salm zwischen Klausen und Osann wurden trocken gelegt; über den Durchbruch des Mäanders bei Klüsserath lassen sich die Mosel-Sedimente in der Wittlicher Senke auch ohne Bifurkation erklären. Ein ähnliches Flussgeschehen spielte sich nördlich und südlich Lieser-Mühlheim ab, wo nach dem Einbruch der Mosel in die Wittlicher Senke diese zusammen mit der Lieser die Wittlicher Talweite ausräumte; die Lieser musste dabei ihren Unterlauf im ehem. Tal zwischen Platten und der Mündung nahe Kloster Machern aufgeben; auf der rechten Seite der Mosel wurde der Mäander bei Burgen und Veldenz als eigener mit dem Umlauf um den Geis-Berg (262 m NN) ausgebaut und später auch aufgegeben; der Ausraum zur Zeit der HT betrug ca. 5 × 7 km^2 (gemessen in N-S- und E-W-Richtung (R. Hoffmann 1996, Spies & Stets 2004). Schwieriger ist die Erklärung des Flusslaufs im Gebiet der breiten Schotterflur nördlich Bullay mit Hilfe der umstrittenen Bifurkation östlich des Hochkessel (Bl. 5909 Zell) sowie zwischen Ellenz und Cochem; eine Bifurkation der Mosel mit Durchbruch aus dem Schotterfeld in Richtung Nehren (Osmani 1976) lehnte R. Hoffmann (1996) ab mangels Mosel-Sedimenten in dem Durchlass östlich des Hochkessels bei Höhen um 260 m NN; allerdings besteht an der Ost-Flanke des Hochkessels im Niveau 300 m NN (etwa HÖT) eine mindestens 500 m breite, nach Osten vorspringende, heute zertalte Verebnung; sie ist schwerlich anders als mit einem ehem. Talboden der Mosel (HÖT) zu deuten; R. Hoffmann's Argumentation hinsichtlich der Flussdynamik ist durchaus zu akzeptieren bis auf die Bemerkung, dass der Hochkessel nicht schon immer als Inselberg existierte; obwohl der Durchlass die kürzeste und damit die bevorzugte Laufrichtung bildete, bleibt unbekannt, warum der Fluss diesen nicht weiter benutzte und den Umweg über Bremm nahm; obwohl bei der ungestörten Höhenkonstanz der Plateau-Tal-Terrassen eine tektonische Argumentation schwierig ist, kann man bei dem heute nahezu geradlinigen Flussabschnitt Bullay-Neef und Bremm-Nehren mit Flussschlinge bei Bremm nicht von einem gesetzmäßigen Mäandrieren sprechen; hinzu kommt, dass der Schiefergebirgs-Sockel hier von der NW-SE verlaufenden Grendericher Querverwerfung und auch von der im Flusslauf liegenden N-S verlaufenden Verwerfung zwischen Neef und Bullay betroffen ist.

Eng-Tal-Stadium. Hang- oder **Mittelterrassen** im Höhenbereich 205–160 m NN begleiten die Mittelmosel unterhalb der Trierer Talweite bis Cochem. Die auf ihnen erhaltenen Sedimente setzen sich aus Kiesen und Sanden zusammen, die jenen in der Trierer Talweite weitgehend ähneln. Oft sind auch nur noch schmale leistenförmige Reste am Hang erhalten oder aber Schotter auf den Gleithängen der morphologisch deutlich akzentuierten Mäander unter jungen Deckbildungen verborgen. Dort können sie im Gegensatz zu den leistenförmigen Resten am Hang erhebliche Ausdehnung erreichen, sind jedoch in den Rebkulturen meist schwer auszumachen. Die aus der Hauptterrassen-Zeit überkommenen Mäander wurden übernommen und weiter ausgebaut.

Allerdings führte der Fluss zu dieser Zeit eine Fracht, die nach Gefüge und Korngröße eher zu einem verwilderten Fluss gehört. Geröll- und Schwermineral-Spektrum sind ähnlich denen der vorausgegangenen Zeit, Unterschiede bestehen nur lokal. Weniger resistente Gerölle aus dem Mosel- und Saar-Gau sind zu dieser Zeit bereits weitgehend aufgearbeitet. Der einheimische Geröllbestand aus Eifel und Hunsrück dominiert. Unterschiede werden in der Unteren Mittelterrasse (uMT) deutlich durch den einsetzenden quartären Eifel-Vulkanismus und Hinzugewinn und Erosion im Obermosel-Gebiet. Die Mehrzahl der Bildungen wird kaltzeitlich eingestuft.

Die Gliederung der Mittelterrassen erscheint problematisch. Aus der Frühzeit der Terrassenforschung liegt eine solche mit fünf Niveaus aus dem Gebiet zwischen Zeltingen und Cochem (Wandhoff 1914) bzw. eine weitere mit drei Niveaus an der Untermosel vor (Borgstätte 1910). Kremer (1954) vermied wegen der unzureichenden Aufschlusslage eine abschließende Gliederung, ging jedoch von einer Zweiteilung in Obere (oMT) und Untere (uMT) Mittelterrasse aus, ähnlich wie in der Trierer Talweite. Sie machte Unterteilung u. a. an dem Geröllspektrum, speziell am Quarz:Nichtquarz-Verhältnis, fest, wo sie für die Obere Mittelterrasse (oMT) noch von einem Verhältnis von 50:50% und die Untere (uMT) von 40:60% ausging. Eine verlässlichere Gliederung ließ sich darauf nicht aufbauen. Diese schon von Leppla (1912) installierte Gliederung übernahmen auch M. J. Müller (1976), Negendank (1978, 1983a) und Wo. Wagner et al. (2012). Danach entspricht die oMT der t_{MM6} und die uMT der t_{MM7}. Die Basis der Oberen Mittelterrasse liegt bei Trier um 180 m NN. Sie verliert auf 170 Strom-km bis in die Gegend von Cochem etwa 20 m. Die Untere Mittelterrasse hat ein ähnliches Gefälle.

Cordier et al. (2006) korrelierten die Mittelterrassen der Ober- und Mittelmosel vom Ost-Rand des Pariser Beckens bis in die Rheinische Masse. Dabei hielten sie im Eng-Tal insgesamt sechs Mittelterrassen-Niveaus aus (oMT = M_{8-6}, uMT = M_{5-3}; Zählung von jung nach alt). Sie übertrugen diese Gliederung auf den Mosel-Abschnitt Detzem – Piesport, der deutliche Mäander aufweist, und stellten wegen Korrelationsschwierigkeiten die beiden dominierenden Terrassen-Niveaus (oMT, uMT) infrage. Allerdings zeigt sich bei Nachforschungen, dass die sechs Niveaus vom Detzemer Mäanderbogen talabwärts sich schon bei Piesport-Niederemmel nicht alle wiederfinden lassen. Ein Vergleich mit den Aufnahmen von Kremer (1954: Karte 1) zeigt Ähnlichkeiten in der Verbreitung, jedoch Unterschiede in der Zuordnung. Die Autoren gaben zu, dass die Ansprache der Terrassen-Niveaus flussabwärts von Piesport erschwert sei durch die geringere Größe der Mäander bei Wolf, Nehren, Briedern und Ellenz-Poltersdorf, durch mächtigere pleistozäne Deckbildungen und durch das Fehlen von Aufschlüssen. Die Studie zeigt, dass die zwei übergeordneten Mittelterrassen sich relativ konsequent bis an die Untermosel und zur Mündung bei Koblenz durchhalten lassen. Bei dieser Terrassengruppe ist nur bei geeigneten Aufschlüssen eine weitere Untergliederung möglich.

Alle diese Talböden folgen in ihrem Gefälle dem des heutigen Mosel-Bettes. Insgesamt divergieren sie gegen das höhenkonstante Niveau des Plateau-Tales gegen die Mündung hin. Cordier's Untersuchungen bestätigten die Anlage der Mittelterrassen-Niveaus samt Sedimentauflage in Kaltzeiten des Pleistozäns und ihre Anlage in den letzten 650 ka.

Sedimente des Niveaus **Obere Mittelterrasse (oMT)** sind selten direkt zugänglich, es sei denn, sie werden temporär aufgeschlossen; nach Lesematerial und geomorphologischer Analyse wurden mehrere Vorkommen dokumentiert (Kremer 1954); z. Z. der oMT beschrieb die Mosel noch einen kräftigen Mäanderbogen zum Föhrener Bach nordöstlich Schweich aus der Trierer Talweite in das Eng-Tal und hinterließ mehrere Hangterrassen oberhalb Longuich und Riol; von dort lässt sie sich linksseitig über Lörsch und Mehring flussabwärts verfolgen; auf der Höhe von Thörnich zweigte eine Schleife in Richtung Bekond in die Wittlicher Senke ab, wo Mosel und Salm gemeinsam die Talweite bei Hetzerath und Pohlbach (Bl. 6106 Schweich, 6007 Wittlich) weiter ausräumten; die Salm mündete von nun an bei Salmthal in die Mosel; offensichtlich wurde jedoch schon zu dieser Zeit der Mäanderhals auf der Höhe von Thörnich durchbrochen und der heute dominante Mäanderbogen bei Klüsserath angelegt; Sedimente der oMT kommen noch am Nord-Hang des Alsberges (275 m NN; Bl. 6107 Neumagen-Dhron) vor; sie legen eine frühe Abnabelung dieses Mosel-Mäanders nahe; in der Folgezeit konnte das gesamte MT-Inventar entwickelt werden.

Weiter flussabwärts sind Reste der oMT allenthalben oberhalb Trittenheim, oberhalb Minheim, auf der Rückseite der Mosel-Loreley (Cordier et al. 2006) und dann in der Umlaufbergregion bei Lieser-Mühlheim zu finden; aus dem dort sehr breiten Plateau-Tal entwickelte sich zur Zeit der oMT der Durchbruch in die Wittlicher Senke, wo im Anschluss Mosel und Lieser gemeinsam die Wittlicher Talweite ausräumten; die Lieser mündete zu dieser Zeit nördlich Wittlich in die Mosel; anders als bei Klüsserath baute die oMT-Mosel ausgehend von Brauneberg und Filzen zuerst einen eigenen Mäander nach Süden in den Mosel-Hunsrück bei Veldenz und Burgen; sie umfloss den Geisberg (262 m NN) bevor sie bei Lieser gegenüber Mühlheim/Mosel in Richtung Wittlicher Talweite abbog; diese ausgedehnten Flussschleifen existierten bis zur Zeit der uMT, als der letzte Hals durchbrochen wurde. Flussabwärts sind oMT-Reste allenthalben auf den Gleithängen links und rechts der Mosel erhalten; so bei Rachtig, ansatzweise in den Weinbergen oberhalb Kröv, bei Pünderich und Kaimt; nach R. Hoffmann (1996: Abb. 4.18.b) zeigte die Mosel zu dieser Zeit hier keine wesentlichen Abweichungen vom heutigen Muster; interessant erscheint in diesem Zusammenhang ein Tributar, der zu dieser Zeit die Spur der möglichen Bifurkation östlich des Hochkessels von Beilstein kommend nach Süden zur Mündung in die Mosel bei Neef nehmen ließ und der in Richtung Nordost-Südwest entgegen der Fließrichtung der Mosel verlief.

Die **Untere Mittelterrasse (uMT)** ist in ihrem Lauf weitgehend an das vorgegebene Muster der Mäanderlandschaft gebunden; das gilt für die Strecke zwischen Schweich und Riol, wo sich unterhalb Schweich am Autobahn-Kreuz eine Verengung auf ca. 800–900 m im Niveau 200 m NN andeutet; die uMT erstreckt sich hier am unteren Talhang und reicht bis zur Verebnung der Niederterrassen hinunter; die unteren Gleithänge nehmen z. T. recht ausgedehnte Areale ein, wie z. B. zwischen Detzem und Leiwen, andernorts sind sie in ähnlicher Position schmäler, wie z. B. oberhalb Trittenheim und Neumagen; ausgedehnte Talböden bildeten sich in den aufgegebenen Schleifen zwischen Brauneberg und Veldenz, wo dieses Niveau heute von Frohn- und Veldenzer Bach unterschnitten wird; ähnliches gilt für das Gebiet zwischen Mühlheim/Mosel, Osann, Platten und Lieser; in dieser aufgegebenen Schleife fließen heute Oestelbach und Lieser, die gegenüber Mülheim in die Mosel mündet; im weiteren Lauf bis Cochem findet sich die uMT – ähnlich wie oberhalb – in der konsequenten Fortsetzung des Laufs aus der Zeit der oMT.

Die Sedimente bestehen zu einem erheblichen Anteil aus Grobschottern, die auf eine generelle Erhöhung des Energiehaushalts im Flusssystem schließen lassen. Hinzu kommt, dass zusätzlich zum einheimischen Geröllspektrum vermehrt Gneis- und Granit-Gerölle gefunden werden. Dieser erhöhte Kristallin-Anteil stammt aus den Vogesen und lässt sich auf die Anzapfung der Maas-Mosel bei Toul zurückführen. Auch der Eifel-Vulkanismus macht sich vermehrt durch Vulkanit-Gerölle in den Schottern und die Zunahme vulkanogener, weniger resistenter transparenter Schwerminerale in der Sand-Fraktion bemerkbar.

Talgrund. Die Niederterrassen tragen an der Mittelmosel die Ortschaften und sind daher häufig stark anthropogen umgestaltet. Kremer (1954) und M. J. Müller (1976) hielten daher im Mittelmosel-Tal generell nur ein Niveau über dem rezenten Talgrund aus, das mit einem deutlichen Knick gegen die Untere Mittelterrasse und einer deutlichen Kante gegen das Hochflutbett abgegrenzt ist. Im Gegensatz dazu beschrieb Negendank (1978) zwei Niederterrassen-Niveaus, evtl. mehr, die er als Ältere und Jüngere Nieder-Terrasse bezeichnete. Da seine oNT bei Bernkastel-Kues deutlich ist, gab er als Wert für die Basis ca. 117–128 m NN an. Kremer (1954), hielt bei Ürziger Mühle, bei Kröv und Wolf zwei Niveaus aus. Aus ihrer Profildarstellung lässt sich für die Unterkante der oNT bei Ürziger Mühle ca. 125 m NN und der uNT am gleichen Ort ca. 100 m NN abschätzen.

Zwischen Schweich und Bullay ist die Niederterrasse nur selten aufgeschlossen. Kremer (1954) beschrieb Kiesgruben bei Andel unweit Bernkastel-Kues, wo das Geröllspektrum im Gegensatz zu allen älteren Terrassen-Sedimenten bis zur HÖT eine Vormacht an schiefrigen Klasten mit 40% und Milchquarz-Gerölle mit nur 35% enthielt. Ein weiteres Charakteristikum ist seit der uMT das sporadische Auftreten (0,5%) von Granit-Geröllen aus den Vogesen und die Beteiligung von Vulkaniten des jungen Eifel-Vulkanismus, die über die linksseitigen Tributarien in die Mosel gelangten. Sedimentpetrographische Untersuchungen (Negendank 1978) ergaben auch bei den Sedimenten der Niederterrassen einen erhöhten

Anteil an transparenten Schwermineralen, die dem Eifel-Vulkanismus zugeschrieben werden müssen. Darüber hinaus enthalten die Mosel-Sedimente auf der Niederterrasse ein sehr einheitliches Schwermineral-Spektrum, da sich das Einzugsgebiet im Pleistozän nicht mehr wesentlich änderte.

Die zuverlässigste Darstellung der Verbreitung der Niederterrassen im Bereich der Mittelmosel zwischen Trier, Schweich und Bullay gab Kremer (1954: Karte 1). Danach befinden sich Niederterrassen-Reste bevorzugt auf der Innenseite der ausgedehnten Mäanderbögen, während sie in der Prallhangsituation entweder primär fehlen oder durch den Fluss bis auf minimale Reste bzw. vollständig ausgeräumt wurden.

Mit der engen Pforte beim Eintritt in das Eng-Tal bei Schweich, wo die Niederterrasse wahrscheinlich von jungen Hochflut-Sedimenten überdeckt ist, verlagerte sich die Niederterrasse flussabwärts auf die rechte Talseite, wo sie die Ortschaften Kirsch, Longuich und Riol trägt. Die Talbreite verengt sich von hier flussabwärts erheblich gegenüber dem Talabschnitt oberhalb Schweich. Ähnlich geringe Breiten gelten jeweils bei Mehring, Pölich und im Klüsserather Mäander zwischen Detzem und Leiwen sowie auch für Trittenheim am Fuß des Gleithanges. Die Niederterrasse hebt sich hier deutlich gegen die nächst höhere Hangterrasse (uMT) und das Hochflutbett ab.

Eine relativ schmale Niederterrasse begleitet die Mosel von Neumagen bis Niederemmel, wo gegenüber Reinsport, flussabwärts von Piesport, auf der linken Seite die Mosel-Loreley mit steil abfallenden Felswänden aus flach liegenden Hunsrückschiefern der Mittelmosel-Schuppenzone die einseitig fehlende Niederterrasse besonders deutlich werden lässt. Auf die Niederterrasse am Gleithang bei Minheim folgt ein ausgedehnter rechtsseitiger Niederterrassen-Streifen zwischen Wintrich und Andel. In den seinerzeit offenen Kiesgruben bei Andel konnten Restmächtigkeiten der Kiese und Sande mit deutlicher Schrägschichtung bis >11 m (Kremer) festgestellt werden. Die Basis liegt hier unter 109 m NN und wurde beim Kies-Abbau nicht erreicht.

6.1.1.6.3 Die Mosel zwischen Cochem und Koblenz

Zwischen Cochem und der Mündung bei Koblenz ändert sich der Lauf der Mosel erheblich. Er ist hier nicht mehr durch ausladende Mäander gekennzeichnet, sondern zielt geradlinig von SW nach NE, dem Streichen der Schichten des Sockels entsprechend, auf die Mündung zu. Dieser Lauf verfügt über längere NNE-SSW ausgerichtete Flussabschnitte, besonders deutlich zwischen Dieblich und Brodenbach, und kurze ENE-WSW verlaufende. Abgesehen davon hat sich die Mosel den Strukturen des südlichen Neuwieder Beckens angepasst und im Plio-Pleistozän dort große Flächen mit Schottern eingedeckt. Hinzu kommt eine bis in das Mittel- und Jungpleistozän reichende Bruchtektonik, die heute die Korrelation der einzelnen Terrassen-Niveaus erschwert. Das führte in jüngerer Zeit zu einer getrennten Gliederung der Terrassen an Mittel- und Untermosel (Negendank 1978, 1983a, Wo. Wagner et al. 2012).

„Ältere Quarz-Schotter“. Zu den „Älteren Quarz-Schottern“ (Osmani 1976, 1989; Löhnertz et al. 2011) zählen Milchquarz-reiche Kiese, die links der Mosel in zahlreichen Aufschlüssen gefunden werden. Ihre Basis liegt, bezogen auf die pleistozänen Schotter mit 185–245 m NN relativ tief. Osmani (1989), Mertz et al. (2000) und andere parallelisierten sie mit den eozänen „Vallendar Schottern“ im Ur-Saar-Tal der südwestlichen Eifel (Arenrather Becken, Hasborner Talung). In ihrer Geröllführung zeigen die hell-weißlichen Quarz-Schotter und Sande mit 92–97% Milchquarz und wenigen Quarziten auch deutliche Ähnlichkeiten mit den mio-pliozänen Kieseloolith-Schottern, zu denen sie von anderer Seite gezählt wurden. Da sie jedoch tiefer liegen als die Kieseloolith-Schotter und an keine übergeordnete Talung der pleistozänen Mosel gebunden sind, lassen sie sich mit der von Louis (1953) geforderten Talverschüttung in Beziehung bringen: In diesen Tälern sollte prä-Plio-Pleistozän noch auf der Rumpffläche Detritus vom Hunsrück nach Nordosten in Richtung

Bitburg-Kasseler Senkungsfeld und Neuwieder Becken transportiert worden sein. Sie wurden mit der Neuausrichtung des Mosel-Systems stillgelegt und verschüttet.

Spuren eines solchen ehem. Tales, das vom Hunsrück herunterkam, zeichnen Quarz-Kiese oberhalb Brodenbach/Mosel an der K 72 im Niveau 200–220 m NN nach, die Entsprechungen auch links der Mosel bei Löf und Kattenes im Niveau 180 m NN haben. Sie werden direkt von Sedimenten der jHT überlagert. Da diese älteren, nur sporadisch erhaltenen Quarz-Kiese nahezu in demselben Niveau mit den Kiesen und Sanden der jHT liegen, handelt es sich wohl nicht um eine tektonisch bedingte Tieferlegung, sondern eher um Rinnenfüllungen.

Zu diesen wahrscheinlich älteren tertiären Kiesen gehören wohl auch mächtige Quarz-Schotter links der Mosel, die vergesellschaftet mit roten und rötlichgelben Tonen im Tal des Nothbaches an der Straße Dreckenach – Gondorf (Bl. 5710 Münstermaifeld) anstehen. Die Basis dieser wohl alttertiären Ablagerungen liegt zwischen 140–155 m NN. Die Höhendifferenz zu den Ablagerungen bei Löf und Kattenes ist sicher tektonisch durch die Lage im Dreckenacher Graben (R. Hoffmann 1996) bedingt. Es besteht kein Bezug zur Terrassenlandschaft der Untermosel (Kurz 1997).

Löhnertz et al. (2011) sahen die „Älteren Quarzschotter“ im Mosel-Hunsrück auf einem schmalen Uferstreifen zwischen Burgen und Oberfell (Bl. 5179 Münstermaifeld) beschränkt und stellten sie mit der Immendorf-Formation im Neuwieder Becken (Neuwied-Gruppe, höheres Mitteleozän; LGB 2005) gleich. Direkte Altersnachweise gibt es nicht.

Trog-Tal-Stadium. Die mio-pliozänen Sedimente der **Kieseloolith-Terrassen** liegen, abgesehen von den Vorkommen in der Umgebung von Morshausen (Bl. 5810 Dommershausen) vornehmlich auf der Eifeler Seite des Untermosel-Tales. Sie lassen sich an die Vorkommen vom Ediger Wald bei Cochem und an die auf der Lonniger Höhe anschließen. Aus diesem Gebiet liegen Beschreibungen von E. Kaiser (1909) vor, dessen Ergebnisse von Negendank (1978) und Borgstätte (1910) bestätigt wurden. Bibus (1983) leitete aus der Höhenlage Vorstellungen zur „jungen“ Tektonik ab.

Rechts der Mosel erwähnte Osmani (1976) zwei Vorkommen, eines östlich Bruttig am TP 355,7 m NN in ähnlicher Höhe wie im Ediger Wald (Basis bei 362 m NN) und ein zweites südlich vom Gänshof östlich Burgen /Mosel (Basis bei 268–310 m NN; Bl. 5710 Münstermaifeld). Weitere Verebnungen befinden sich bei Kröpplingen westlich Herschwiesen im Niveau 317 m NN, bei Morshausen (Bl. 5910 Kastellaun) und oberhalb der Staustufe Lehmen bei 316 m NN. So ergibt sich generell in diesem Gebiet des Mosel-Hunsrücks eine flächenhafte Verbreitung von quarzreichen Kiesen und Sanden in diesem Niveau, deren altersmäßige Zuordnung allerdings umstritten ist. Von den meisten Autoren wurden sie den Kieseloolith-Terrassen (KOT) zugeordnet (Mordziol 1908, E. Kaiser 1909, Louis 1953, Negendank 1983b).

Mackener Schotter. Kiese und Sande in diesem Niveau treten auch bei Macken und Umgebung auf. Wegen ihrer abweichenden Geröllzusammensetzung und einem relativ hohen Eisen-Anteil gliederte Osmani (1976, 1989) sie als „Mackener Schotter“ unbekannten, evtl. pleistozänen Alters aus. Nach Untersuchungen im Umfeld der Untermosel liegen die Sedimente der KOT jeweils über den alttertiären Schottern und enthalten in dem opaken Anteil der Schwermineral-Fraktion noch keine Eisen-Ooide der Lothringer Minette (M. J. Müller & Negendank 1974, Negendank 1978). Eisenooide setzen erst mit den pleistozänen Mosel-Sedimenten ein. Abgesehen von der Bemerkung, dass die Mackener Schotter einen hohen opaken Anteil im Schwermineral-Spektrum aufweisen (Osmani 1976), fehlen bisher entsprechende Untersuchungen.

Alle diese Vorkommen auf der rechten Mosel-Seite befinden sich in einer buchtartigen Verebnung im Niveau um 300 m NN, die von jungen Bächen aus dem Hunsrück unterschnitten wurde. Vom Emsquarzit-Härtling des Müdener Bocks ausgehend reicht sie über Macken, Beulich und Morshausen nach Oppershausen, Kröpplingen und nördlich Brodenbach wieder zurück an die heutige Mosel (Bl. 5710 Münstermaifeld). Diese Bucht wird hier als „**Morshausener Bucht**“ bezeichnet. Sie wird randlich von Höhen >340 m NN umrandet. Die „junge“ Mosel hat diese Bucht offensichtlich gemieden. Nur randlich am Gänshof nordöstlich Burgen finden sich Reste einer HÖT resp. äHT, die an die Quarz-Kiese grenzen. Die gemeinsame Höhe aller „Mackener Schotter“ mit den Kieseloolith-Schottern bei Lonnig legt nahe, sie mit ihnen zu parallelisieren (ebenso Negendank (1983b). Eine Einstufung der „Mackener Schotter“ als Randfazies der KOT am West-Rand der „Morshausener Bucht“ in das Mio-Pliozän erscheint damit wahrscheinlich.

Als Standard für die Mackener Schotter wählte Osmani eine Kiesgrube nordöstlich Macken bei ca. 300 m NN. Die Kies-Fraktion setzt sich dort zu 30–50% aus Milchquarz, bis 22% aus Ton- bzw. 18% aus Siltschiefer und bis 17% aus Quarziten und Sandsteinen zusammen. Außerdem können bis 7% eisenschüssige Konkretionen enthalten sein. Vorkommen mit ähnlichem Geröllbestand fanden sich auch im nordöstlichen Umfeld von Macken im Niveau um und >300 m NN. Alle diese Sedimente zeigen die auffällige Eisen- und auch Mangan-Oxid-Anreicherung bis zu fester Zementierung zu Konglomeraten, die an „Soonwald-Erze“ erinnern.

In der Morshausener Bucht sind folgende Vorkommen von „Mackener Schottern“ bekannt:

Zwischen Brodenbach und Morshausen war durch Straßenbauarbeiten im Niveau 300 m NN das diskordante Auflager von Kiesen und Sanden auf unterdevonischen Gesteinen temporär aufgeschlossen (Behrends 1994); der Aufschluss zeigte an der Basis Grobkiese mit Gerölldurchmessern >15 cm, die Rinnen füllten (Löhnertz 1978); die Gerölle bestanden ausschließlich aus Milchquarz und waren gut gerundet, so dass eine Herkunft aus dem nahen Hunsrück unwahrscheinlich ist; zum Hangenden erfolgte eine Korngrößenabnahme über Sande und Silt hin zu weißlichen und rötlichen Tonen, die jenen von Lehmen ähnlich sahen; damit wäre auch eine Zuordnung zu den „Älteren Quarzkiesen“ (Löhnertz et al. 2011) möglich; Kurtz (1926) parallelisierte sie mit den „Vallendar-Schottern“ und meinte, dass sie von Kieseloolith-Schottern auf der Höhe überlagert würden. Südlich des Gänshofes im Bereich des Beierbergs liegen bei 286–316 m NN (Osmani 1989) weitere Kies-Vorkommen; sie wurden von Louis (1953) in das Tertiär gestellt, jedoch nicht näher eingestuft; nach Geröllinhalt und Höhenlage ü. NN gehören sie zur KOT nördlich Morshausen; das Geröllspektrum enthält z. T. viel Quarzit und gehört damit eher zum Typ „Mackener Schotter“; abweichend vom üblichen Bild wurden weißgraue, splitterige Quarzit-Klasten im Bereich des TP. 316 m NN gefunden (Behrends 1994); als Ursprung dieser Klasten kommt hier in erster Linie Emsquarzit in Frage. Am westlichen bis südwestlichen Rand der Morshausener Bucht finden sich im Niveau um 300 m NN Schotter mit einem geringen Milchquarz-Anteil bis 50%; Osmani (1976) stellte auch sie zu den „Mackener Schottern“. Weiter im Norden, schon außerhalb der Morshausener Bucht, befindet sich nördlich Oberfell zwischen Mosel und Aspeler Bach gegenüber der Staustufe Lehmen eine auffällige Verebnung bei 300–310 m NN, für die Louis (1953) ebenfalls ein Tertiär-Alter annahm. Sie entspricht dem Morshausener Niveau, das bedingt der KOT zugeordnet wurde.

Weitere Verebnungen befinden sich nördlich der Siedlung Mariaroth südlich Koblenz, die wohl zu den „Kieseloolith-Schottern“ zu rechnen sind. Sie liegen im Niveau 260–300 m nördlich der südlichen Randverwerfung des Dreckenacher Grabens. Sie deuten eine Umbiegung des Kieseloolith-Flusssystems in Richtung Rhein nach Osten an. Gestützt wird diese Vermutung durch „Tertiär-Schotter“ im Koblenzer Stadtwald bei 300 m NN (Bibus 1983), die ebenfalls mit den Kiesen der Lonniger Höhe parallelisiert werden. Eine Verfolgung in das Obere Mittelrhein-Tal südlich Koblenz ist nicht ohne weiteres möglich.

6.1.1.6.4 Die Zuflüsse aus dem Hunsrück

Daten über die vom Hunsrück zur Mosel entwässernden Tributarien sind im Gegensatz zu den aus der Eifel kommenden seltener. Neuere Daten, insbesondere solche über die Jüngere Hauptterrasse (jHT) und evtl. Einflüsse auf das Flussgeschehen, brachten Untersuchungen von M. J. Müller (1976), Zöller (1985) sowie R. Hoffmann (1996).

Eine Übersicht über die Tributarien der Mosel (R. Hoffmann 1996) zeigt, dass von der Eifel eine größere Anzahl von bedeutenderen kleinen Flüssen zur Mosel entwässert als vom Hunsrück. Abgesehen von der Saar sind es an der Mittelmosel nur Ruwer, Große Dhron und Kleine Dhron. Zur Untermosel kommen Flaum-, Mörsdorfer, Dünn-, Bay- und Ehrbach vom Hunsrück. Die bis >1000 mm betragenden Niederschläge von Idar-, Hochwald und Großem Soon fließen auch zur Saar (Prims und Wadrill) bzw. zur Nahe ab. Dieses gilt offensichtlich auch für das Pleistozän. Allerdings ist die Rekonstruktion ehem. Talverläufe und -böden talaufwärts häufig nur bis in den Mittellauf möglich, da sie an Oberlauf und Quelle meist undeutlich sind. Häufig reicht die Rekonstruktion auch nur bis in die Plateau-Tal-Zeit zurück. Eine UjHT im Übergang zum Eng-Tal lässt sich kaum ausmachen. Die Oberkante des Eng-Tales zum Plateau-Tal ist meist deutlich.

Ruwer

Die Ruwer entspringt am Süd-Hang des Rösterkopfes in Dhronthal-Schichten (Bl. 6307 Hermeskeil) bei ca. 580 m NN. Von dort fließt sie ca. 3 km in südliche Richtung und biegt noch nördlich von Kell nach Westsüdwest ab. Von dort verläuft sie in einem relativ weiten Mulden-Tal, das ab Niederkell nach Art eines Kerb-Tales von ihr unterschnitten wurde, in Zerf-Schichten bis Zerf. Ab Zerf biegt sie relativ scharf in Richtung Nordnordost ab und bleibt in dieser Richtung bis zur Mündung. Während ihr Oberlauf bis Zerf, abgesehen von dem Quell-Arm, nahezu im Streichen der Schichten des Sockels fließt, liegen Mittel und Unterlauf in deutlichem Winkel zu den Strukturen. Bis Ollmuth verläuft sie in Zerf-Schichten unter Umgehung der „Dhroner Quarzite"; nördlich davon sind es Kaub-Schichten. Bei Waldrach vereinigen sich Ruwer und Riveris, die mit mehreren Tributarien im Nordwest-Abschnitt des Osburger Hochwaldes entspringt. Ähnlich wie vom Schwarzwälder Hochwald in Südosten kommen zahlreiche Zuflüsse zum Oberlauf der Ruwer von der Südost-Flanke des Osburger Hochwaldes. Im Mittellauf, bis zur Einmündung der Riveris, ist ihr Lauf durch mehrere Mäander gekennzeichnet. Ein Umlaufberg findet sich bei Sommerau (Bl. 6206 Trier-Pfalzel) mit einem Altwasser.

Diskussionen über den Verlauf der Ruwer ergaben sich im Oberlauf bei Zerf. Hier könnte früher auch ein Abbiegen der Ruwer nach Süden über die heutige Talwasserscheide bei Panzhaus zum Losheimer Bach und weiter zu Prims und Saar erfolgt sein. Die Höhendifferenz zwischen der Quellregion von Großbach (Greimerather Bach) als Zufluss zur Ruwer nach Norden und zum Losheimer Bach nach Süden bis Südosten beträgt heute kaum 10 m. Die Quellen liegen in einem Bruch bei ca. 430 m NN. Schroeder-Lanz (1978: 31) ging davon aus, dass „Tektonik und würmzeitliche periglaziale Zuschüttung von der Buntsandsteinschichtstufe bzw. vom Hunsrück her" das Ablenken nach Norden hervorgerufen hätten. Aus geologischer Sicht erscheint das jedoch unwahrscheinlich, da seit dem Tertiär eher ein genereller Abfluss nach Norden erfolgte. Dieser wird durch entsprechende Schotter belegt. Andererseits zeigt die Anlage des Plateau-Tales, dass damals bereits eine Ruwer mit dem heutigen Abfluss bestand.

Plateau-Tal-Stadium. Terrassen im Mündungsgebiet der Ruwer in das Plateau-Tal der Mosel bei Mertesdorf konnte M. J. Müller (1976) noch mit den **Höhenterrassen** der Mosel aufgrund eines Brauneisen-Ooid-Anteils um 57% im opaken Schwermineral-Spektrum korrelieren. Das sollte auch für eine Verebnung bei 300–325 m NN nordöstlich Tarforst gelten

(KREMER 1954). Allerdings ist die Mündung der Ruwer zu dieser Zeit bei Kasel anzusetzen, evtl. nach Osten ausgreifend. Eine Weitung im Gebiet der Mündung der Riveris im Niveau 300 m NN kann u. U. beiden Wasserläufen zugeschrieben werden.

Reste von Höhenterrassen fand ZÖLLER (1985) u. a. am Mühlenberg bei Zerf (409 m NN) im Bereich der scharfen Umbiegung, auf der Wasserscheide zwischen Ruwer und Rauruwer südlich Hinzenburg oberhalb 380 m NN (Bl. 6306 Kell) und nördlich Hinzenburg am TP 401 m NN. Südlich Hinzenburg setzt nordwestlich des Quarz-Gangzuges ein Verebnungsniveau oberhalb der Hinzenburger Mühle bei 360–370 m NN ein, das flussaufwärts keine Fortsetzung findet. Es lässt sich bei geringem Gefälle bis zur Mündung verfolgen. Schotterreste oder Geröllstreu fehlen.

Die **Hauptterrassen** sind besser über den gesamten Mittel- und Unterlauf bis zur Mündung belegt. Hier lassen sich gebietsweise eine obere (äHT) und eine untere Terrasse, die der jHT entspricht, aushalten. ZÖLLER machte auf der rechten Seite der Ruwer zwei Niveaus oberhalb Korlingen aus, die er als HT_1 und HT_2 bezeichnete, um Korrelationen mit der äHT und der jHT an der Mosel zu vermeiden. Bis nach Ollmuth sollte die Breite des Plateau-Tales bis ca. 1 km östlich Pluwig bzw. bei Gutweiler und Sommerau (Bl. 6306 Kell, 5206 Trier-Pfalzel) betragen haben.

R. HOFFMANN (1996) gelang die Rekonstruktion eines ausgeprägten jHT-Niveaus bis zur Mündung in das Plateau-Tal der Mosel etwa 3 km oberhalb der heutigen Mündung bei Kasel, die nach der Karte bei KREMER (1954) logisch erscheint. M. J. MÜLLER (1976) und ZÖLLER (1985) nannten auch den Grüneberg bei Sang Neuhaus (285 m NN) weiter im Nordosten (Bl. Trier-Pfalzel). Der Talboden der jHT senkt sich von ca. 400 m NN bei Zerf auf etwa 260 m NN bei Kasel.

Eng-Tal-Stadium und Talgrund. Am Unterlauf der Ruwer unterschied KREMER (1954) zwei **Mittelterrassen-Niveaus** (oMT, uMT) nach geomorphologischen Kriterien und schloss sie im Unterlauf an die entsprechenden Mosel-Terrassen an. Das gilt bis etwa auf die Höhe von Sommerau. Allerdings sind entsprechende Niveaus nicht durch Schotter belegt. ZÖLLER (1985) fasste beide Niveaus zusammen.

Eine schmale **Niederterrasse** begleitet den Fluss häufig zu beiden Seiten, ist jedoch zumindest randlich von Fließerden überdeckt und „erweckt (…) manchmal eher den Eindruck einer uMT, zumal sie im Unterlauf teilweise schmaler ist als die Talaue, die größtenteils heute von Hochwasser nicht mehr vollständig überflutet wird“ (ZÖLLER 1985: 48).

Das Talsystem der Dhron

Das Flusssystem der Dhron besteht aus der Kleinen Dhron (Dhrönchen) und der Großen Dhron, die im Pleistozän vereint bei der Siedlung Papiermühle in die Mosel mündeten.

Kleine Dhron (Dhröhnchen). Ihre Quellflüsse Röderbach- und Hohltriefbach entspringen unweit westlich des Erbeskopfes in Taunusquarzit, Hermeskeil- und Züsch-Schichten. Weitere kräftige Quellflüsse bilden Tributarien von Westen aus dem Hunsrückschiefer-Areal zwischen Osburger und Schwarzwälder Hochwald. Unterhalb von Prosterath durchbricht die Kleine Dhron den hier nur geringmächtigen Riegel aus steilstehenden Dhrontal-Schichten mit „Dhroner Quarziten“ senkrecht zum Streichen (SE-NW). Der Flusslauf ist hier von Mäandern gekennzeichnet. Unterhalb der Mündung des Krennerichbachs südlich Schönberg (Bl. 6207 Beuren/Schönberg) sucht das Flüsschen in weitem, nach Osten offenem und schwach gekrümmtem Lauf seinen Weg bis zur Dhron-Talsperre nordwestlich Heidenburg. Dort biegt sie in die Streichrichtung der Hunsrückschiefer ein und bleibt darin bis zur Mündung in die Große Dhron bei Papiermühle. Auf diesem Weg hat die Kleine Dhron ein deutliches Kerb-Tal wechselweise in Zerf- und Kaub-Schichten geschnitten und die nach Südwesten abtauchenden Dhrontal-Schichten umgangen (Foto 30, S. 327).

Die deutliche Gliederung in drei übergeordnete Talungen ist bei diesen kleineren Flüssen nicht deutlich. Auch der Ansatz eines Plateau-Tales fehlt weitgehend. Beherrschend ist das Kerbtal. Deutlich ist auch hier eine Kante am oberen Talrand des Eng-Tales. Die zahlreichen Tributarien zwischen Dhronecken und dem Eintritt in das Eng-Tal unterhalb der Schmelzmühle (Bl. 6207 Beuren/Schönberg) haben die Hunsrück-Hochfläche hier stark zertalt.

Die Rekonstruktion des Plateau-Talbodens für die jHT (R. HOFFMANN 1996) zeigt ein deutliches Divergieren zwischen ihm und dem heutigen Talboden. Ein Durchbruch des Tales zur Mosel nahe Auf Zummet (253 m NN) südlich Trittenheim (Bl. 6107 Neumagen-Dhron) konnte nicht stattfinden, da das Plateau-Tal der Mosel zu dieser Zeit das Tal der Kleinen Dhron noch nicht erreicht hatte.

Große Dhron. Sie entspringt am Nordwest-Hang des Idarwaldes unterhalb des Steingerüttel-Kopfes im Niveau um 700 m NN. Zwischen Hinzerath, Bischofsdhron und Morbach fließen ihr zahlreiche Quellbäche zu, deren Ursprung in dem genannten Niveau in den dort zahlreichen Hangmooren zu suchen ist. Von Morbach fließt die Große Dhron nach Nordwesten quer zum Streichen der Hunsrückschiefer; anschließend biegt sie unterhalb Rapperath generell in südwestliche Richtung um, was jedoch durch zahlreiche Mäander verschleiert ist. Auf diesem Abschnitt erhält sie erheblichen Zustrom von zahlreichen Tributarien, die weiter ihr Quellgebiet am Nordwest-Hang des Idar-Waldes haben. Sie werden im Schalesbach gesammelt, der quasi parallel zu ihr im Streichen der Strukturen des Sockels fließt und nach kurzem Abbiegen in die Südost-Nordwest-Richtung zwischen Hunolstein und Gräfendhron in die Große Dhron mündet. Bei Gräfendhron biegt die Große Dhron ebenfalls in die Südost-Nordwest-Richtung quer zum Streichen der Schichten des Sockels ab und behält diese Richtung bis zur Mündung in die Mosel bei Neumagen-Dhron bei. Auf diesem Weg durchschneidet sie die „Dhroner Quarzite“ unterhalb der markanten Felsgruppe des Harpelstein (Bl. 6107 Neumagen-Dhron). Im Ober- und Mittellauf durchfließt sie mehrfach Wechselfolgen der Hunsrückschiefer in der Fazies der Zerf- und Kaub-Schichten. Erst unterhalb Papiermühle stehen zu beiden Seiten Kaub-Schichten an. Mehrfach hat die Dhron auf diesemWeg zahlreiche Quarz-Gänge passiert, deren Blöcke allenthalben im Flussbett zu finden sind (Foto 30 S. 327).

Nördlich der Siedlung Papiermühle, etwa auf der Höhe von „Auf Leienkaul“ mündeten zur Plateau-Tal-Zeit Kleine und Große Dhron in das Plateau-Tal der Mosel, etwa 4,5 km Luftlinie südlich der heutigen Mündung. Oberhalb der Mündung des Veltenbaches in die Große Dhron bei Papiermühle auf ca. 260 m NN ist eine Verebnung angedeutet, die einem Plateau-Talansatz entspricht. Diese zieht sich kaum erkennbar talaufwärts in beide Dhron-Täler hinein und ist bald undeutlich. Unterhalb Papiermühle bis zur heutigen Mündung sind Obere und Untere Mittelterrasse und auch Niederterrasse deutlich.

Zuflüsse vom Hunsrück zur Untermosel

Tributarien aus dem Hunsrück, die bedeutend genug sind, um evtl. eine Talung mit Terrassen zu bilden, setzen erst unterhalb Cochem wieder ein. Aufgrund rasch von der Mosel zum Hunsrück ansteigender Höhen auf 300–400 m NN und der Verlagerung der Wasserscheide zu Hahnen-, Simmer- und Guldenbach sind die nordöstlich der Großen Dhron liegenden Mosel-Zuflüsse kurz und haben ausgeprägte Kerbtäler. Besonders typisch sind das Tiefenbach-Tal mit der „Bernkasteler Schweiz“ und das Kautenbach-Tal, das bei Traben-Trarbach mündet. Erst die Systeme Dünn-Mörsdorfer-Flaumbach, sowie Bay- und Ehrbach verfügen wieder über ein weiter nach Südosten ausgreifendes Einzugsgebiet mit ausreichend Energie, um ein gegliedertes Talsystem auszubilden.

Flaum-Mörsdorfer-Dünnbach-System. Der Flaumbach entspringt mit zahlreichen Quellflüsschen bei ca. 450 m NN südlich Blankenrath (Bl. 5909 Zell) in Hunsrückschiefer. Der Mörsdorfer Bach teilt sich nahe Buch bei der Lokalität „Katzenloch“ (Bl. 5910 Kastellaun) in mehrere Quelläste, die südwestlich Kastellaun aus Unterems-Schichten kommen. Ähnliches gilt für den Dünnbach, der im Nordosten um Kastellaun und Gödenroth Quellflüsse hat.

Während ihr Oberlauf im Bereich der Hunsrück-Hochfläche weitgehend frei um die Ost-West-Richtung „pendelnd“ verläuft, richten sich Mittel- und Unterlauf nordwestlich der Hunsrück-Hauptüberschiebung nahezu querschlägig zum Streichen der Schichten nach Nordwesten aus und behalten diese Richtung bis zur Mündung bei. Die gemeinsame Mündung der drei Zuflüsse dieses Systems lag zu Zeiten des Plateau-Tals in ähnlicher Position wie heute. Besonders erwähnenswert erscheint, dass alle drei Flüsschen nach Überschreiten der Bopparder Überschiebungszone in den Schichten des Oberems einen stark mäandrierenden Verlauf entwickelt haben.

R. Hoffmann (1996) versuchte bei Flaum-, Mörsdorfer und Dünnbach über die Kante zum Kerb-Tal den Verlauf der jeweiligen jüngeren **Hauptterrasse (jHT)** zu rekonstruieren: Beim Flaumbach ergab sich für das jHT-Stadium im Längsprofil ein unausgeglichener Verlauf, der auf gestörte Verhältnisse schließen lässt mit einem staffelförmigen Absinken von Schollen zur Mosel hin. Die Rekonstruktion für den weiter östlich liegenden Mörsdorfer Bach erbrachte ähnliche Ergebnisse; in beiden Fällen zeigen die Verläufe vom Plateau-Tal zum heutigen Talboden ein deutliches Divergieren der jHT gegen die Mosel hin; die Gefällskurven für Flaum- und Mörsdorfer Bach sind ziemlich ausgeglichen und weisen keine deutlichen Gefällsknicke auf. Gleiches gilt auch für das Längsprofil des Dünnbaches, das starkes Divergieren zwischen jHT-Niveau und heutigem Talboden mit ähnlichen Sprüngen zeigt. Mittel- und Niederterrassen sind bei allen diesen Zuflüssen undeutlich oder fehlen. Das zeigt sich auch in der nur sporadisch ausgebildeten Talaue.

Baybach. Letzter größerer Zufluss vom Hunsrück ist der Baybach, da die Wasserscheide gegen die Tributarien zum Oberen Mittelrhein weit im Osten liegt. Der Baybach entspringt mit mehreren Quellzuflüssen zwischen Pfalzfeld und Emmelshausen (Bl. 5811 Kestert) in Hunsrückschiefer. Bis auf die Höhe von Beyweiler (Bl. 5810 Dommershausen) fließt auch der Baybach mäandrierend etwa Ost-West und biegt erst später nach Nordwesten zur Mosel ab. Eine Gefällskurve für das jHT-Niveau (R. Hoffmann 1996) zeigt starkes Divergieren des Plateau-Tal-Niveaus gegen den heutigen Talboden und einen relativ flachen, gestörten Verlauf.

Eine Ausnahme macht der Baybach ab der Mündung des Evershauser Baches nördlich der Gastemühle (Bl. 5810 Dommershausen) insofern, als bis zur Mündung des Ortsbaches (mit Unterbrechung an der Mohrenmühle) zweimal eine deutliche Weitung zum Kerbsohlen-Tal zu beobachten ist. An anderer Stelle fehlt eine Akkumulation in Form einer Talaue auch vollständig und der nackte Fels bildet den Untergrund wie z. B. unter- und oberhalb der Schmause-Mühle.

Ehrbach. Ähnliche Verhältnisse zeigt der weiter nordöstlich gelegene Ehrbach mit der Ehrbach-Klamm, einer Talverengung zwischen Rauschen- und Eckmühle. Insgesamt hat der junge Ehrbach ein relativ steiles Gefälle und eine unausgeglichene Gefällskurve.

Vergleicht man die Gefällskurven der Zuflüsse von der Eifel (Endertbach, Pommerbach, Brohlbach und Elzbach) zur Untermosel mit jenen des Hunsrücks, so zeigt sich, dass die Zuflüsse vom Hunsrück generell ausgeglichenere Gefällskurven besitzen. Offensichtlich waren sie in Richtung Mündung nicht gezwungen, ihren Lauf zu ändern. Das gilt für das Plateau-Tal- ebenso wie für das jüngere Kerbtal-Stadium. Bei manchen Zuflüssen von der Eifel war offensichtlich eine Umstellung der Läufe mit dem Beginn des Eng-Tal-Stadiums nötig, die sie zwang, sich auf den heute gültigen Verlauf einzustellen. Diese Umstellung führte zu weniger ausgeglichenen Gefällskurven besonders im Unterlauf in sehr engen Kerbtälern.

6.1.2 Pleistozäne periglaziale Deckschichten

Abseits der Täler sind aus dem Pleistozän fast ausschließlich kaltzeitliche Bildungen erhalten. Da der Hunsrück selbst in den größten Höhen keine Vereisungen in Form lokaler Gletscher aufwies und die Inland-Vereisungen nicht so weit nach Süden reichten, sind lediglich periglaziale Bildungen zu finden: durch Frostsprengung entstandene Blockpackungen, Felsenmeere und Hangschuttmassen oder durch solifluidale Vorgänge entstandene Deckschichten. Außerdem gibt es Löss und Flugsande auf den Flussterrassen durch Ausblasungen aus den Schotterfluren (Foto 31, S. 328).

6.1.2.1 Felsenmeere, Block- und Hangschuttmassen im Bereich der Härtlinge

Pleistozäne Schuttmassen erstrecken sich über den Fuß der Erhebungen hinaus bis in das Vor- und/oder Rückland (Leppla 1895a). Frostsprengungen bewirkten, dass trotz der hohen Verwitterungsresistenz der Quarzite nur selten natürliche Felsbildungen auf den Höhen erhalten sind. Bei Begehung einzelner Felsenmeere, wie z. B. am Hunnenring bei Otzenhausen, wo sich allerdings in vorrömischer Zeit erhebliche anthropogene Veränderungen ergeben haben, oder am Mörschieder Burr (646 m NN, NSG; Bl. 6209 Idar-Oberstein) oberhalb Mörschied, zeigt sich, dass freiliegender Fels nach Frosteinwirkung in sich regelrecht zerfallen ist. Dort ist in den obersten Partien ansatzweise noch die primäre Schichtlagerung mit Spezialfalten erkennbar. Dieser Zerfall erfolgte ausschließlich durch Spaltenfrost an vorgezeichneten Kluft- und s-Flächen. Hangabwärts schließen sich häufig bis in die Täler reichende Blockschutthalden an. Sie entstanden z. T. durch Felsstürze resp. durch solifluidales Abgleiten der Blöcke auf durchfeuchtetem Unterlager. Solche Blockschutt-Ströme bilden ausgedehnte Felsenmeere an den Talhängen und werden am Oberen Mittelrhein und im Hunsrück als „Rossel“ bezeichnet. Schöne Beispiele finden sich im Eng-Tal der Saar an der Saar-Schleife bei Mettlach flussabwärts bis Hamm; ähnlich im Eng-Tal des Idarbaches unterhalb Katzenloch („Katzenlocher Schanz“, Bl. 6209 Idar-Oberstein).

Der Zerfall der Felsen durch Frostsprengung lässt sich u. a. im Saartal in zwei Beispielen zeigen:

Im oberen Wolfsbach-Tal, einem linken Seitentälchen der Saar (Bl. 6405 Freudenburg) unweit der Jansen-Hütte steht oben flach SE-einfallender, grob gebankter und deutlich geklüfteter Taunusquarzit an; durch Frostsprengung und Abgleiten der Blöcke entlang der s_0-Flächen ist der Fels langsam zerfallen und hangabwärts geglitten. Ein zweites Beispiel zeigt sich talabwärts im „Tabener Urwald“ gegenüber Saarhölzbach; hier steht deutlich gebankter und geklüfteter Taunusquarzit nahezu saiger; einzelne geklüftete Bänke haben sich bereits hangabwärts gelöst und drohen abzustürzen und den Schutt am Fuß des Felsens zu vermehren (R. Hahn 2002); in solchen Fällen dauert die Hang- und Blockschutt-Bildung noch an.

Diese Blockmeere sind auf Taunusquarzit, evtl. Emsquarzit, im Saar-Nahe-Hunsrück-Raum auch auf die Rhyolith-Massive und größeren „Grenzlager-Vulkanit“-Vorkommen beschränkt. Das gilt auch für die hangabwärts entwickelten Schuttströme und Block-reichen Fließerden. Deutlich ist das bei den Vorkommen im Idar- und im anschließenden Hochwald bis Hermeskeil, im westlichen Schwarzwälder Hochwald bis an die Saar und darüber hinaus nach Südwesten, wo sich ähnliche Bildungen aus „Kristall-Sandstein“ des Mittleren Buntsandstein anschließen bzw. im Gebiet der oberen Nahe und Prims, wo Eruptiva diese Rolle übernehmen. Ein Beispiel ist das „Steinerne Meer“ am Weiselberg bei Oberkirchen (Bl. 6409 Freisen). Ebenso treten sie weiter im Osten auf und begleiten die Quarzit-Rücken von Lützelsoon und Großem Soon sowie des Bingerwaldes bis an den Oberen Mittelrhein. Aus dem Guldenbach-Tal im östlichen Hunsrück beschrieb Beyenburg (1930) Gehänge- und Quarzit-Schutt bei den Vorkommen von Taunusquarzit in Form der Rosseln. Die Größe der einzelnen Bruchstücke beträgt im Durchschnitt 0,3–0,4 m Kantenlänge; die einzelnen Klasten sind eckig ohne jegliche Rundung.

Überall dort, wo die Kerbtäler hohe Reliefenergie bieten und Quarzite auftreten, sind auch hier ausgedehnte Rosseln zu finden. Das gilt gleichermaßen für Hahnen-, Simmer(Kellen)-, Eller-, Gräfen- und Guldenbach-Tal sowie für das südliche Obere Mittelrhein-Tal zwischen Bingen und Trechtingshausen. Auch auf Bl. 5913 Presberg (Ehrenberg et al. 1968) finden sich im Taunusquarzit Schuttmassen von erheblicher Mächtigkeit. Im Rheingau wurden in vergleichbarer Position Schuttmächtigkeiten bis 18 m ermittelt. Reine Blockschuttfelder finden sich am Oberen Mittelrhein(östliche Talseite) am Hang des Teufelskädrich oder auch an der namengebenden Lokalität „Rossel“ am oberen Talhang gegenüber der Nahe-Mündung auf der rechten oberen Talflanke sowie auf der linken Rhein-Seite im Morgenbach-Tal bei Trechtingshausen.

Daneben kommen Hangschuttmassen vor, die weitgehend oder in ihren tieferen Partien verlehmt sind. Aus ihnen entwickelten sich Schuttströme, die solifluidal bis in das Tal vordrangen. Solche mächtigen verlehmten Schuttmassen stellten Wilh. Wagner & Michels (1930) auch wegen ihrer Mächtigkeit in das Pleistozän. Am Nordwest-Hang des Rochusberges bei Bingen wurden anstehende Bunte Schiefer des Gedinne erst unter einer 15 m mächtigen Gehängeschuttmasse erreicht.

Ähnliche Schuttmassen sind auch an den steilen Hängen der Rhyolith-Massive und des Palatinit-Stockes bei Kirn zu finden. Diese größtenteils vegetationslosen Rosseln sind nur in ihren unteren Partien verlehmt. Die oberen Partien werden auch heute durch Felsstürze genährt. Grundsätzlich kommen sie an der Nahe außer bei Magmatiten auch bei den mächtigen Konglomeraten in Waderner Fazies (Rotliegend) und den stark verfestigten Arkosen der Freisen-Schichten vor. Block- und Felssturz-Bildungen finden sich z. B. am Süd-Hang des Ringberges (393 m NN), des Röder-Berges, nordwestlich Schweinschied und am Nord-Hang des Struther Waldes südlich Hochstetten-Dhaun (S. 34). Bei Konglomeraten in Waderner Fazies erwies sich die Abgrenzung des Gehängeschuttes vom Untergrund als schwierig, da die Konglomerate mancherorts schon in situ zerfallen.

In diesen Zusammenhang fallen auch die vorzeitlichen Befestigungsanlagen der Hunsrück-Eifel-Kultur, die insbesondere an die Blockmeere aus Taunusquarzit zwischen Prims- und Fischbach-Tal am Südost-Rand des Hunsrücks gebunden sind. Es sind u. a. der „Hunnenring von Otzenhausen“, die Festung „Vorkastel“ an der Traun, die „Ringskopf-Anlage“, die „Kirschweilerer Festung“ am Südwest-Abhang des Idarbach-Tales und die keltische Anlage an der „Wildenburg“ (Steiner 1932, Hanle 1990). Hier wurden Mauern zur Sicherung des jeweiligen Plateaus nach dem Typ der „Gallischen Mauer“ (murus gallicus) aus dem an Ort und Stelle verfügbaren Blockmaterial errichtet. Ein nachgebautes Beispiel befindet sich an der „Wildenburg“ (664 m NN) bei Kempfeld (Bl. 6209 Idar-Oberstein). Ähnliche Bauten befinden sich auch im Taunusquarzit im Soonwald, z. B. am Koppenstein oberhalb Gemünden oder an der Alteburg im Soonwald.

Entscheidend für das Abgleiten größerer Blöcke war sicherlich der Permafrost-Boden, der in Kaltzeiten im Sommer bis zu 1–2 m auftaute und gute Voraussetzungen für die Wanderung der Frostschuttmassen bildete. In manchen Kies- und Sandgruben im Hunsrück finden sich u. a. Kryoturbationen (Brodelböden), Eiskeile u. ä. Voraussetzung ist eine Jahresmitteltemperatur um -2°C, wie sie noch heute in peri-arktischen Gebieten wie den Tundren Nord-Sibiriens („Frostschutt-Tundren“) herrscht.

Im Wellesbach-Tal, einem Seitental der Saar in der Nähe der Saarschleife bei Mettlach (Bl. 6405 Freudenburg) gelang Selzer (1964) in zwei, jeweils 23,2 m und 18,55 m tiefen Schurfschächten die Aufnahme von zwei Profilen. In beiden lagerte loser Blockschutt ohne Sortierung der Klasten unterschiedlicher Korngröße (bis max. 1 m^3) und mit einer Mächtigkeit von ca. 10–12,5 m über ähnlichem Material aus stärker verlehmten steinigen Partien bis zu rotbraunem, steinigem Lehm. Darunter wurde eine mehrere Meter mächtige Schicht „reinen grauen Tons“ angetroffen, in die eine Schicht eines fast schwarzen Tons mit organischer Substanz eingelagert war. Eine Pollenanalyse ergab ein warmzeitliches Pollenspektrum, das in die Eem-Warmzeit gehörte. Damit ist der Blockschutt in die Würm-Kaltzeit einzustufen. Ein weiterer Hinweis auf junges Alter ist in vielen Fällen die gute Erhaltung der Blockmeere, die auf nur geringe kaltzeitliche Überprägung schließen lässt. Auch die heutige Warmzeit, die vor etwa 15 ka (Holozän) begann, hatte keinen wesentlichen Einfluss auf diese kaltzeitlichen Bildungen. Die Eem-zeitliche Tonlage lag ihrerseits wieder auf einer kaltzeitlichen Blockpackung unbekannten Alters, die nicht durchteuft wurde. Daher sollte bei mächtigen Blockpackungen u. U. mit mehreren, auch älteren kaltzeitlichen Bildungen gerechnet und nicht alle Blockmeere und -ströme unterschiedslos in die Würm-Kaltzeit eingestuft werden.

Darüber hinaus gelang Selzer (1964) im Staatsforst Schwarzbruch südwestlich Orscholz (Bl. 6504 Perl) im dortigen Blockmeer der Nachweis von insgesamt 50 Steinringen mit einem Abstand der Zentren zwischen 3 und 15 m. Damit ist eine weitere konservierte kaltzeitliche Bildung überliefert. Selzer wollte allerdings seine Ergebnisse nicht so interpretiert wissen, „als ob in unserem Gebiet keine Vorgänge einer neuen Formgestaltung unter dem Einfluss des jetzigen Klimas mehr wirksam wären“ und verwies auf Erdkegel als heutige Frostbodenbildungen im Saarland (Selzer 1959). Allerdings erreichen heutige Frostbodenbildungen nicht mehr die Ausmaße wie in den Kaltzeiten.

Für den westlichen Hunsrück behandelte Leppla (1895a) derartige Schuttbildungen im Gebiet der Bl. 6208 Morscheid-Riedenburg, 6308 Birkenfeld-West (Buhlenberg) und 6309 Birkenfeld-Ost (Oberstein) und erfasste damit die Taunusquarzit-Härtlinge von Idarwald, Hochwald um den Erbeskopf (816 m NN) und südlich davon zwischen den Dollbergen am Hunnenring bei Otzenhausen (620 m NN) sowie von Wildenburger Kopf (664 m NN) und Mörschieder Burr (646 m NN) (Foto 31, S. 328). Hier verdecken ausgedehnte Schuttmassen und pleistozäne Deckschichten das Unterlager aus Taunusquarzit. Leppla führte die Bildung der „grossen Schuttmassen“ auf die unterschiedliche Verwitterungsresistenz der „rücken- und riffbildenden Quarzite und Quarzsandsteine des tu“ zurück (S. XXXIX) und sah sogar Unterschiede im Zerfall der „festeren“ Quarzite der südöstlichen Höhenrücken innerhalb des Hochwaldes – Weißfels – Beilstein – Gebück-Wehlenstein – Hattgenstein, Dollberge – Vorkastell – Weiselstein und Pannenfels Kopf – Katzenloch – Mörschieder Burr gegenüber dem weiter nordwestlich gelegenen Zug Sandkopf – Ruppelstein, Steinkopf – Erbeskopf – Idarwald, denen er eine lockerere Kornbindung und einen eher sandigen Zerfall zuschrieb. Dabei zeige sich, dass „die gegen die Nahe (nach Südosten) gewendeten Schuttströme (…) eine größere Flächenausdehnung (oft 3–4 Quadratkilometer) als die gegen die Mosel (nach Nordwesten)“ (S. XLI) haben. Die Schuttströme erreichen hier Längen bis 4 km „vom Anstehenden“. Dabei hätten nach Nordwesten gerichtete Schuttströme eher die Form von Schuttkegeln. Sie mögen geringere Mächtigkeit haben als jene an den nach Südosten exponierten Hängen. Auch weisen die Ströme im Südosten am unteren Ende Mächtigkeiten >4 m auf. Ein Beispiel liegt an der „Struth“, wo zwischen Buhlenberg und Rinzenberg im Bereich von Homberg- und Selzelbach die spitze Form der Einmündung des Schuttstromes bei der Mündung in den Scheimelsbach (GK 25: 6308 „Buhlenberg“) sehr gut nachvollzogen werden kann. Allerdings wird hier der Verlauf weiter nach Süden durch den „Quarzit-Zug von Gollenberg“ gelenkt und dadurch auch das geringe Alter des Schuttstromes angezeigt. Offensichtlich ist der Scheimelsbach-Durchbruch älter als der Schuttstrom. Die Nahe, der Vorfluter des Scheimelsbaches hatte offensichtlich bereits eine entsprechend tiefe Lage, die der heutigen ähnlich ist.

6.1.2.2 Pleistozäne periglaziale und holozäne Deckschichten

Abgesehen von den aus grobem Schutt bestehenden Bildungen kam es unabhängig davon durch solifluidale und aquatisch denudative Prozesse (Spies & Stets 2004, LGB 2005) meist an den Hängen der Härtlinge und auch auf der Hochfläche des Hunsrücks auf schwach geneigten (ab 2–3°) Hängen zur Bildung von Solimixtionsdecken, bei Einfluss von Niederschlägen auch zu residualen Restdecken. Sie lassen sich mit Hilfe von äolischem Eintrag wie Flugsand oder Löss bzw. von äolisch transportierten Aschen der pleistozänen Eifel-Vulkane – insbesondere über den Laacher Bims (W. Meyer 2013) – ansprechen und gliedern. Ähnlichen Zwecken dienen die Schwerminerale der „Eifel-Assoziation" (Zöller 1985, Wo. Wagner et al. 2012).

Die Lagen sind in ihrer stofflichen Zusammensetzung von den Gesteinen im jeweiligen Einzugsgebiet geprägt. Der zusätzliche äolische Eintrag ist zeitlich gebunden und gestattet es, unterschiedliche Lagen bei mehrlagigen Deckbildungen anzusprechen und Hunsrück-weit zu korrelieren. Auch ist auf diesem Wege eine relative Alterszuweisung möglich. Danach reichen sie von der Würm- evtl. auch die Riss-Kaltzeit bis in die jüngere Dryas und darüber hinaus bis in das Holozän. Felix-Henningsen (1990: 149) gliederte im Ost-Hunsrück diese pleistozänen Deckbildungen über Saprolit-Restprofilen in drei Folgen: Eine „Basisfolge" aus umgelagertem und kryoturbat verwirbeltem Saprolit-Material (Graulehm), eine „Mittelfolge" aus Saprolit-Material mit eingearbeiteter Löss-Komponente und das „Decksediment" aus Löss und Bims als sog. „Staublehm" (Stöhr 1967). Zu ähnlichen Ergebnissen kam Zöller (1980) im West-Hunsrück.

Heute werden allgemein vier Lagen unterschieden, die jedoch nicht alle im Hunsrück entwickelt sein müssen. Die älteste und unterste wird als „**Basislage**" bezeichnet und in das Prä-Alleröd eingestuft; ebenso die „**Mittellage**", die an sich immer deutlich vorhanden sein sollte, jedoch wahrscheinlich bei geringem oder mangelndem äolischem Eintrag nicht überall von der „Basislage" zu trennen ist; dagegen soll die „**Hauptlage**", die in die Jungtundren-Zeit (Jung-Dryas) eingestuft wird, allenthalben vorhanden sein; wie weit das für den Hunsrück gilt, bleibt zu diskutieren; das gilt jedoch nicht für die „**Oberlage**", die lokal im Bereich der Taunusquarzit-Kämme kleinflächig vorkommt und in das Holozän eingestuft wird.

6.1.2.2.1 Deckschichten in Hochwald und West-Hunsrück

Zöller (1980) gab ein Normalprofil für die pleistozänen Deckbildungen im Hochwald. Als Grundlage dienten ihm Profile im westlichen Hunsrück: Danach besteht die Basis aus Schutt und Lehm mit Grobskelett; sie hat eine Farbe, die dem mehr oder weniger verwitterten Anstehenden im Liegenden entspricht; auch schwankt der Sand-Gehalt der Lehme. Darüber folgt gelbbrauner siltiger Lehm, der über rötlich verwittertem Ausgangsgestein entsprechend gefärbt sein kann, wenige kleine Klasten enthält und selten mächtiger als 1 m wird. Den Abschluss bildet ein mehr oder weniger humoser Oberboden.

Ein Profil vom Nord-Abhang des Teufelskopfes (Schwarzwälder Hochwald, Bl. 6306 Kell) südöstlich Waldweiler (Zöller 1980: 155) liegt im Hangknick bei 600 m NN. Es besteht aus einer 2,2–2,5 m mächtigen Basislage aus mindestens vier Schichten Grobschutt mit unterschiedlich gefärbtem (braun, hellgraubraun, rotbraun, graubraun) und unterschiedlich sandigem Lehm; diese Lage rekrutierte sich ausschließlich aus Quarzit-, evtl. aus Tonschiefer aus dem Taunusquarzit.

Ein zweites Profil am Südost-Hang des Osburger Hochwaldes (Hohe Wurzel) westlich Pölert am Ehrenfriedhof Hinzert (Bl. 6307 Hermeskeil; Zöller 1980) zeigte bei 1,5 m Tiefe über anstehenden Tonschiefern der Zerf-Schichten eine ca. 0,1 m mächtige, hellgraue, teils „wachsartige" Lehm-Schicht, die bei Spalten in den Tonschiefern taschenförmig in die Tiefe reichte, darüber folgte eine 1,05 m mächtige gelbbraune Schicht aus nach unten zunehmend graubraunem siltigem Lehm, der zahlreiche scherbig brechende Tonschiefer-Klasten enthielt; in dem darüber folgenden 0,25 m mächtigen gelbbraunen siltigen Lehm waren weniger Tonschiefer-Klasten enthalten; den Abschluss bildete ein 0,1 m mächtiger humoser Waldboden.

Aus diesen beiden Profilen von Deckbildungen ergibt sich für Hochwald und westlichen Hunsrück – abgesehen von den Härtlingen – ein lokal kleinräumiges Relief mit Kuppen, die geringmächtige oder auch keine Deckbildungen tragen. Diese können jedoch hangabwärts von lokalen Hochlagen sich zu Decken mit mehr als 1 m Mächtigkeit durch solifluidale Prozesse entwickeln. So wurden in Mulden und Hangknicken oft größere Mächtigkeiten angetroffen. Während die grobe untere Lage bevorzugt in Dellen und Hangfußposition angereichert ist und der „Basislage“ entspricht, deckt die obere gelbbraune Lage das Kleinrelief mit Ausnahme exponierter Positionen weitgehend ein. Sie sollte eher mit der „Mittellage“ (Mittelfolge) identisch sein.

Allenthalben sind grobe Einzelblöcke verbreitet, die auf landwirtschaftlich genutzten Flächen längst beseitigt wurden. Sie stammen aus dem Verbreitungsgebiet der Quarzite (Taunusquarzit, „Dhroner Quarzite“) sowie von vom Nebengestein entblößten Quarzgängen. Bevorzugt in Gebieten aus Ton- und Siltschiefern vom Typ der Zerf- und Kaub-Schichten wurden sie zusammen mit den Deckbildungen solifluidal hangabwärts transportiert. Sie sind daher auch in den jungen Kerbtälern als große erratische Quarz- und Quarzit-Blöcke zu finden.

Zöller (1980: 161) vermisste „primäre, den Schuttdecken zwischengeschaltete Lösse“ und auch Laacher Bims-Tephra. Nach seiner Beschreibung handelt es sich hier wohl trotzdem um Sedimente von „Basis“- und „Mittellage“. Nach der Gliederung von Semmel (1968) handelt es sich, soweit die Bildungen Löss-frei sind, nur um „Basis-Schutt“ (Basislage). Die bräunliche Färbung in der Schicht über der eindeutigen „Basislage“ lässt vermuten, dass Löss-Anteile enthalten sind. Damit ergibt sich für dieses Gebiet generell eine Gliederung in eine „Basislage“, die lokale Schuttbildungen enthält, an den Hängen der Härtlinge weit verbreitet ist, jedoch nicht flächendeckend auf der Hunsrück-Hochfläche überall erhalten sein muss; sie sollte prä-allerödzeitlich in das Würm-Glazial eingeordnet werden und in eine der „Mittellage“ entsprechende „Folge“, die bis auf einzelne Hochlagen im Kleinrelief flächendeckend auftritt und eingewehte Löss-Anteile enthalten kann, die meist verlehmt sind und in die Kältephasen des Würm-Glazials fallen, sowie lokale jüngere Deckschichten, die der „Hauptlage“ entsprechen und mit dem post-allerödzeitlichen Deck-Schutt („Decksediment“; Semmel 1968) korreliert werden kann.

Erstaunlich erscheint, dass vornehmlich nur würmzeitliche und jüngere Bildungen erhalten sind. So müssen alle älteren kalt- und/oder warmzeitlichen Bildungen in der „Basis“- und „Mittellage“ aufgegangen oder vorher vollständig abgetragen worden sein. Bei der von Selzer (1964) ergrabenen Ton-Folge unter dem Blockschutt sollte es sich danach um ein in geschützter Position erhaltenes eemzeitliches Sediment handeln, das die nachfolgende Aufarbeitung und Durchmischung im Periglazialraum wegen der schützenden mächtigen Schuttbildungen überstehen konnte. Es ist bisher wohl das einzige Beispiel für eem- und prä-eemzeitliche Bildungen.

6.1.2.2.2 Deckschichten im Ost-Hunsrück

Auf der flach hügeligen Hunsrück-Hochfläche nordwestlich des Soonwaldes untersuchten Felix-Henningsen et al. (1991) pleistozäne Aufarbeitungs- und Umlagerungsprodukte, die als „Graulehm“ bzw. im Ost-Hunsrück auch als „Weißlehm“ (Stöhr 1967) bezeichnet werden. Diese Deckbildungen sind im Ost-Hunsrück weit verbreitet und treten in Abhängigkeit vom lokalen Kleinrelief in unterschiedlicher Mächtigkeit bis 5 m und mehr auf. Mit der im Pliozän beginnenden Hebung der „Rheinischen Masse“ wurde von den Tributarien von Mosel und Nahe ausgehend die tertiäre Landoberfläche mitsamt der MTV zerlegt („angefressen“) und dabei auch die Verwitterungsdecke erosiv abgetragen. Auf den autochthonen Relikten der MTV, die hier mächtiger sind als im westlichen Hunsrück und im Hochwald, entwickelten sich pleistozäne „Graulehme“ und periglaziale Deckbildungen durch Kryoturbation, Solifluktion und Löss-Einwehung, die z. T in die Deckbildungen eingearbeitet sind. „Nur in besonders geschützten Muldenlagen ist kleinflächig noch Lösslehm, z. T. über Rohlöß (Stöhr 1967) erhalten“ (Felix-Henningsen et al. 1991: 59).

Stellvertretend für zahlreiche andere Profile wird je ein Profil bei Lingerhahn (Bl. 5911 Kisselbach) und bei Kastellaun (Bl. 5910 Kastellaun) vorgestellt (Felix-Henningsen et al. 1991). Beide Profile zeigen eine sehr ähnliche Ausbildung und können stellvertretend für andere gelten. Sie bestehen aus drei „Schichten" (Lagen) und wurden seinerzeit in „Basis"-, „Mittelfolge" und „Decksediment" sensu Semmel (1968) gegliedert. Unterschiede zum West-Hunsrück bestehen im Wesentlichen in der abweichenden Ausbildung der Basisbildungen und der „Decksedimente" mit ihrem Bims-Anteil:

Profil Lingerhahn. Das Profil Lingerhahn entwickelte sich über in situ befindlichem Saprolit. Dieser ist in seinen obersten Partien durch solifluidale Prozesse, ähnlich wie beim Hakenschlagen an Hängen und bei steilstehender Schichtlagerung, in Richtung des Materialtransportes bis in die Horizontale umgebogen; die einzelnen Klasten der 0,4 m mächtigen „Basislage" („Basisfolge") befinden sich noch weitgehend im Verbund; diese Basislage besteht aus noch in situ befindlichen, grau gefärbten, plattigen bis prismatischen „Gefügekörpern" mit stumpfer, verschlämmter Oberfläche; diese „Körper" gehen randlich in strukturlosen Lehm über. Die „Mittelfolge" folgt mit einem deutlichen Hiatus in Form einer „Schichtfuge" und ist ca. 0,75 m mächtig; an der Basis greifen Saprolit-Klasten in die „Basisfolge" hinunter; sonst ist die „Mittelfolge" gelbbraun verfärbt und besteht aus solifluidal verlagertem Lehm und Lösslehm mit einzelnen Saprolit-Klasten; es folgt das „Decksediment" aus gelbbraunem Lösslehm mit Bimspartikeln und Saprolit-Klasten; in seiner Zusammensetzung baut sich dieser ca. 0,45 m mächtige Gesteinskörper, abgesehen von dem Bims, aus ähnlichem Material wie die „Mittelfolge" auf.

Profil Kastellaun. Im Profil Kastellaun ist ein deutlicher Hiatus zwischen dem dunkelolivgrauen, tonig-schiefrigen Siltstein des Saprolits und der „Basisfolge" ausgebildet. Die „Basisfolge" (Basislage) ist in ihrem unteren Abschnitt etwa 0,4 m mächtig, hellgrau, lehmig und enthält im Lehm cm bis dm messende Saprolit-Klasten, die horizontal eingeregelt sind und so ein eher plattiges Gefüge nachzeichnen; im etwa 0,6 m mächtigen, oberen Abschnitt fehlen die groben Saprolit-Klasten weitgehend; dagegen besteht er aus Lehm mit „feinem, weichem Saprolit-Grus"; Struktur und Material der „Basisfolge" zeigen, dass sie „durch mechanische Beanspruchung aus dem aufgearbeiteten Saprolit entstand" (Felix-Henningsen et al. 1991: 62).

Die „Mittelfolge" (Mittellage) mit nur noch einzelnen Bruchstücken von Saprolit sowie Klasten aus Gangquarz und Hunsrück-Erz zeigt durch die gelbbraune Farbe der Lehme Gemeinsamkeiten mit der Mittellage durch den äolischen Eintrag von Löss; die Farbe kann jedoch täuschen, wenn durch stärkere Beimischung von Saprolit-Material oder Bleichung durch Staunässe auch weißliche und weißgraue Farben auftreten; das transparente Schwermineral-Spektrum (0,03–0,4 mm) weist jedoch unabhängig von der Färbung neben den stabilen Mineralen Zirkon, Rutil und Turmalin aus dem Saprolit die für den Löss charakteristischen, weniger stabilen Minerale Epidot, grüne Hornblende, Staurolith und Disthen auf; hinzu kommen Minerale aus der vulkanischen Eifel-Assoziation in geringen Mengen; damit ist die Zugehörigkeit zur Mittellage erwiesen. Das „Decksediment" (Hauptlage), im Normalfall 40–50 cm mächtig, ist im stärker landwirtschaftlich genutzten Bereich der Hunsrück-Hochfläche häufig nur noch mit ca. 10 cm ungestört vertreten, wenn es nicht vollständig anthropogen (Pflugtiefe 0,3–0,4 m) verändert ist oder fehlt; vom Material her ähnelt diese Lage weitgehend der „Mittelfolge" im Liegenden; allerdings besteht der Anteil an transparenten Schwermineralen fast ausschließlich aus Mineralen der vulkanischen Eifel-Assoziation (Pyroxen, Titanit, braune Hornblende); der Anteil an opaken Mineralen ist gering; hinzu kommt, dass „die Matrix (…) durchsetzt (ist) von einer Vielzahl dunkelbrauner, runder Bimskörnchen mit schaumig-poröser Struktur (…) in der Schluff- bis Feinsand-Fraktion" (Felix-Henningsen et al. 1991: 64). Damit sollte das „Decksediment" zur Hauptlage gehören.

FELIX-HENNINGSEN et al. (1991) betonen, dass die vollständige dreigliedrige Abfolge pleistozäner Deckschichten auf die Hunsrück-Hochfläche bzw. die flachen oberen Hänge der Tributarien von Mosel und Nahe beschränkt ist. Dort, wo die Erosion ältere pleistozäne Deckschichten und die Mesozoisch-Tertiäre Verwitterungsdecke abgeräumt hat, fehlen meist Basis- und Mittellage. Die Autoren beschrieben ein Beispiel nordwestlich der Ortschaft Alterkülz am Alterkülzer Bach (Bl. 5910 Kastellaun), wo am mittleren Talhang Basis- und Mittellage über frischen Tonschiefern der Kaub-Schichten fehlen. Frischer Tonschiefer-Schutt, entstanden durch „periglaziale Auflockerung und Frostsprengung" (S. 65), z. T. noch in situ, z. T. auch umgelagert, ist dort von „Decksediment" überlagert, das größtenteils in der holozänen Braunerde aufgegangen ist. Das Schwermineral-Spektrum gehört „ausschließlich zur vulkanischen Mineralgesellschaft der allerödzeitlichen Laacher Bimstuffe" (S. 65) ohne Beteiligung Löss-spezifischer Mineralarten. Infolgedessen ist hier nur die Hauptlage ausgebildet.

Für die Ausbildung der Basislage ist nach den Profilen Lingerhahn und Kastellaun die Auflockerung des Saprolits durch periglaziale Frostereignisse, insbesondere durch Wechselgefrornis, maßgebend. Das dadurch vorgegebene Angebot an Lockermaterial bestimmte die Ausbildung der untersten pleistozänen Lage. Weiter entscheidend ist die Solifluktion. Allerdings ist die Verfrachtung von Material beim Auftauen der obersten Partien des Permafrost-Bodens weitgehend Relief-abhängig. Da dieses auf der ehem. Rumpffläche nicht sehr ausgeprägt war, rechneten FELIX-HENNINGSEN et. al. (1991) mit max. Transportweiten von 100 m. Die Bildung der Basislage sollte damit kaltzeitlich sein. Mit der Bildung der Mittellage ist erst zu Beginn des Hochglazials zu rechnen, da nur weite Schotterfluren ohne Vegetation die großflächige Ausblasung von Löss gestatteten. Es standen im Moseltal entsprechende Schotterflächen zur Verfügung.

Eine spezifische Beobachtung lässt die Einordnung der Deckschichten in das Würm-Glazial problematisch erscheinen. FELIX-HENNINGSEN et al. (1991) rechneten mit der Bildung von Tonbelägen im Sediment durch Tonverlagerung und die Verwitterung von Löss-Silikaten im letzten Interglazial und mit periglazialer Überprägung im Würm I-Glazial für Basis- und Mittellage und gingen von einem „mindestens rißzeitlichen Alter" (S. 68) aus. Das würde für das Würm- Glazial lediglich geringe Neubildung und solifluidale Umlagerung bedeuten.

Das „Decksediment" (Hauptlage) besitzt den höchsten Anteil an den pleistozänen Deckbildungen im Ost-Hunsrück. Es hebt sich durch eine gut erkennbare Schichtgrenze, einen hohen Anteil an äolisch eingetragenen transparenten vulkanischen Schwermineralen sowie durch Bims-Partikel deutlich vom Liegenden ab. STÖHR (1963) ging von einer Verwehung der allerödzeitlichen Bims-Komponente, Ausblasung von Material aus der obersten Mittellage und frei liegendem Würm-Löss in der jüngeren Tundren-Zeit aus. Solifluidale Umlagerung führte zusätzlich zur Aufnahme von Klasten diverser Art in dieses Sediment. Da kaum stabile Schwerminerale des Saprolits bzw. der Basislage gefunden wurden, sollte die Aufnahme dieser äolischen Fracht bestenfalls oberflächlich stattgefunden haben.

6.1.2.2.3 Deckschichten im Moseltal

KREMER (1954) ging auf kaltzeitliche Bildungen im Moseltal ein. So sind Hangschutt-Decken allenthalben an den Talhängen, z. T. mehrfach gestapelt, zu finden. Auch hier waren Wechselgefrornis für Zerrüttung des Ausgangsgesteins und Solifluktion verantwortlich, d. h. für „alle Umlagerungsvorgänge im Boden unter starker Beteiligung des Frierens und Tauens. Dazu gehören Gehängeschuttdecken, kryoturbate Böden und Frostspalten" (S. 58). An der Mosel sind diese Bildungen an steileren bis flachen Hängen zu finden. Im Anschnitt zeigt sich, dass bei Stapelung der Decken die Trennflächen zwischen ihnen, falls vorhanden, hangparallel verlaufen und die plattigen Tonschiefer-Klasten ebenso ausgerichtet sind. Bedingt ist diese Lagerung durch den hangabwärts gerichteten Massentransport der im Sommer aufgetauten oberen Partien der Permafrost-Böden. Die heute noch beobachtbaren, z. T. recht mächtigen Decken wurden als „Reste des pleistozänen Wanderschutts" angesehen und als das „auffallendste und wirksamste Bodenfrostphänomen" an Mittel- und Untermosel bezeichnet (S. 60).

Derartiges Bodenkriechen verbunden mit Hangrutschen ist auch heute nach Starkregen an flachen Hängen der Rebkulturen zu beobachten. Kremer (1954) nannte seinerzeit Beispiele an den Hängen nahe der Mosel-Brücke bei Trittenheim, zwischen Traben-Trarbach und Starkenburg („Litziger Nase") und an Rebhängen östlich Graach. Sie lassen sich ergänzen durch Rutschmassen zwischen Bernkastel-Kues und Graach (unterhalb Graacher Schäferei, Bernkasteler Lay; Möbus & Schroeder 2004). Allerdings sind es bei den rezenten Beispielen tiefreichende Hangschuttmassen und nicht allein wie bei den kaltzeitlichen Erscheinungen flachgründige Bodendecken, die über noch gefrorenem Unterboden abwärts glitten. Zur Unterscheidung zwischen kaltzeitlichem und rezentem „Gekriech" sind ungestörte Profile der Hangschuttdecken und auch der Nachweis kaltzeitlicher Frosterscheinungen notwendig. Als gutes Beispiel für „kryoturbate Umformung" (Kremer 1954: 59) galt der 3–3,5 m mächtige „Gehängemantel" nördlich Piesport aus Verwitterungslehmen mit eingelagerten, unterschiedlich großen Tonschiefer-Klasten, der einen 0,8 m mächtigen Boden trägt. Weitere Beispiele lagen am Wintrich-Filzener und Wehlener Plateau, jeweils unterhalb der morphologischen Kante zwischen Plateau- und Eng-Tal. Die Hangschuttbildungen bestehen dort aus Verwitterungslehmen mit plattigen Tonschiefer-Klasten und Geröllen, die aus den Sedimenten der jüngeren Hauptterrasse stammen.

Hinweise auf Solifluktionsprozesse ergeben sich vielfach aus dem „Hakenschlagen", dem schrittweise hangabwärts gerichteten Um- und Verbiegen plattig spaltender Tonschiefer. Dieses lockere Material ist für die Winzer ohne weite Transportwege in kleinen Gruben oberhalb der Rebhänge verfügbar. Periglaziale Solifuktions-Massen und Solimixtions-Decken sind bevorzugt auch auf lokalen Verebnungen der Mittelterrassen zu finden. Sie gleichen Hangknicke und -kanten zwischen Steilhang und Terrassenverebnung aus. Kremer (1954: 60) nannte Beispiele am Bahnhof Detzem, in Baugruben bei Wehlen und in Neumagen.

Auch in den z. T. mächtigen pleistozänen Sanden und Kiesen, die auf den Verebnungen der Hauptterrassen noch erhalten sind, sind Ergebnisse längerer Gefrornis nicht selten und Anzeichen für ehem. kaltzeitliche klimatische Bedingungen. Die deutliche Gefügestörung in diesen Sedimenten in Form von Kryoturbation, „Brodel"- oder „Würgeböden" ist letztendlich auch ein Ergebnis der Wechselgefrornis. Kremer (1954: Abb. 12, 13) bildete als Beispiel einen „Taschenboden" (muldenförmige Einfaltung von Kieslagen) in Sedimenten der Unteren Mittelterrasse bei Detzem und Noviand ab. Zu diesen Phänomenen gehören auch „Eiskeile".

Abgesehen von den Flusssedimenten gilt das auch für die Hangschutt-Decken. Besonders gute Beispiele fand Kremer an den Hängen unterhalb der Jüngeren Hauptterrasse (jHT) bei 230–240 m NN, wo es sich um „Taschenböden in bröckeligem Schiefergehängeschutt (handelte), die mit hellgrauen Verwitterungslehmen oder mit abgeschwemmten Schottern und Sanden der Hauptterrasse angefüllt sind" (S. 64). Auch Frostspalten sind in diesen Sedimenten eher ausgebildet. Beispiele wurden am Noviander Hüttenkopf (Bl. 6007 Wittlich) oder im Gehängeschutt bei Kues gefunden. Die Hangschuttdecken an der Mosel sind nicht in dem Maße bearbeitet wie jene auf dem Hunsrück.

6.1.2.3 Löss und lössartige Sedimente an Mosel und Nahe

Mosel-Raum. Negendank (1978, 1983a: 115, Wo. Wagner et al. 2012) betonten, dass im „gesamten Moselraum (…) über den Terrassenablagerungen, an den Talhängen und auf den Hochflächen Lösse, lößartige Gesteine, Lehme" auftreten. Es gelang ihnen, die Herkunft dieser äolischen Sedimente aus Terrassenschottern der Mosel mit Hilfe der opaken Fraktion der Schwerminerale nachzuweisen. Die Brauneisenooide aus dem Verbreitungsgebiet der luxemburgisch-lothringischen Minette sind als eindeutiger Beweis anzusehen (M.-J. Müller & Negendank 1974, Wo. Wagner et al. 2012). Lösse und lössartige, lehmige und kalkarme Lockergesteine sollten sich jedoch auch aus der ausgeblasenen feinen Fraktion (Silt) der kaltzeitlichen, ausgedehnten Solifluktionsdecken im Hunsrück gebildet haben. Sie sind nur noch reliktisch oder gar nicht rein erhalten, sondern bei der geringen Mächtigkeit durch Solifluktion in die Mittellagen eingebaut.

Daraus schloss Negendank (1983a) bei den pleistozänen, äolisch beeinflussten Lagen unterschiedlicher Mächtigkeit im Hunsrück auf lokale Bildungen aus lokal rekrutiertem, feinkörnigem Material. Das Alter wird mit Riss-Würm-Kaltzeiten angenommen. Dort, wo im Schwermineral-Spektrum die Vulkan-Assoziation der Laacher Bims-Tephra oder nur Bims-Körnchen enthalten sind, müssen jüngere Alter (jüngere Tundren-Zeit) gegeben sein. Dort, wo zusätzlich Gerölle gefunden werden, ist mit Schwemmlöss auf sekundärer Lagerstätte zu rechnen. Ein Großteil der Lehme ist u. a. auch in der Wittlicher Senke aus Schottern der Oberen Mittelterrasse (oMT) oder aus Solifluktionsdecken ausgeblasen worden, die schon primär keine Karbonat-Anteile enthalten (M.-J. Müller 1976, Wo. Wagner et al. 2012). Lösse an Untermosel und Oberem Mittelrhein regenerierten sich aus den dortigen Schotterfluren mit einem Karbonat-Anteil aus dem dortigen Detritus-Angebot. Diese als normal angesehenen kalkhaltigen Lösse sollten bei der allgemeinen West-Wind Wetterlage nicht allzu weit nach Westen in den Hunsrück reichen.

Nahe-Raum. Löss und sekundär entkalkter Lösslehm bedeckt „westlich der Nahe größere Flächen des Oberrotliegenden" und greift von hier „in das Rheinische Schiefergebirge auf eine Zone von etwa 3 km Breite bis etwa zur Linie Waldalgesheim – Weiler – Bingerbrück" und auch auf große Abschnitte des Südost-Hanges des Rochusberges bei Bingen (Wilh. Wagner & Michels 1930: 80) vor. Südlich Waldalgesheim finden sich am Horetberg (Bl. 6013 Bingen-Rüdesheim) noch mehrere m mächtiger Löss mit Löss-Schnecken. Diese Ablagerungen sind zweifelsohne äolischen Ursprungs. Daneben beschrieben die Autoren deutlich geschichtete Lösse mit Sand- und Feinkies-Lagen und -Linsen. Hier sollte es sich um Ablagerungen in flachen Gewässern mit gelegentlicher Austrocknung handeln, wobei am äolischen Ursprung der feinkörnigen Fraktion kein Zweifel besteht. Weitere Beispiele nannte Wagner aus Hohlweg-Anschnitten südlich des Rochusberges bei Kempten, wo eine 20–35 cm mächtige Kies-Lage in geschichtetem Löss von >5 m Mächtigkeit gefunden wurde, oder vom Süd-Hang des Rochusberges bei 115 m NN, wo kalkreicher Sandlöss zum Hangenden in sandigen Lösslehm und weiter in Lösslehm übergeht.

6.1.2.4 Moorbildungen im Hunsrück

Zu den jüngsten Bildungen im Hunsrück gehören die „**Brücher**" (singl. „Bruuch"), das sind Hangmoorbildungen an den Nordwest- und Südost-Hängen der Taunusquarzit-Härtlinge, insbesondere von Idar- und Hochwald. Dabei handelt es sich um lokale Vermoorungen, die sich in Abhängigkeit vom Hangrelief bildeten und über anmoorige Areale untereinander zu einer flächenhaften Bedeckung der Hänge führte. Die Bezeichnung „Bruuch" (mundartlich: Briech) ist hier ortsspezifisch für lokale Moorbildungen aller Art mit einem jeweils typisierenden Zusatz wie z. B. Ehlesbruuch, Gebranntes Bruuch, Rehbruuch etc. Sie charakterisiert lokale natürliche Moor- und Bruchwälder mit einzelnen baumlosen Arealen mit Hochmoor-Charakter. Als besonders typisches Beispiel seien hier die Hangbrücher im „Naturschutzgebiet Morbach" (Scholtes 2002) genannt. Die Berechtigung zur Bezeichnung „Moor" ist durch das Vorkommen von bis zu 2 m mächtigem Torf gegeben. Die Moore reichen z. T. über die Hänge hinunter bis zum Hangfuß und ins Vorland, wo ebenfalls die

Voraussetzungen zur Moorbildung gegeben sind, wie z. B. beim Krempertsbruuch südlich der Ortschaft Deuselbach (Bl. 6208 Morscheid) (Foto 33, S. 328).

Da die Brücher einer systematischen Waldnutzung im Wege waren und abgesehen von lokaler Torfgewinnung keinen offensichtlichen wirtschaftlichen Nutzen brachten, wurden sie durch Drainage entwässert. Dadurch schwand die mooreigene Flora und eine Adlerfarn- und Pfeifengras-Besiedlung setzte ein. In vielen Fällen wurde das trockengelegte Areal bestenfalls zur Waldwiese für die Gewinnung von Wildheu genutzt, andernfalls mit Fichten aufgeforstet. So gingen viele Brücher verloren und sind selbst in alten Forstkarten nicht mehr verzeichnet. Da es sich hierbei um wertvolle, insbesondere botanisch interessante Biotope handelt, führte ab den 1960er Jahren (Reichert in: Scholtes 2002) zur Unterschutzstellung einiger, so u. a. im Landkreis Birkenfeld Ochsenbruuch, Riedbruuch, Thranenbruuch, Langbruuch, Dudelsackbruuch, Badisch Bruuch und Spring Bruuch; im Landkreis Bernkastel-Wittlich sind es Hilsbruuch, Krempertsbruuch und die Hangbrücher bei Morbach sowie im Landkreis Trier-Saarburg das Panzbruuch. Andere folgten in späteren Jahren. Die Genannten sind nur eine begrenzte Zahl aus den derzeit noch bekannten 72 Brüchern.

Brücher sind vornehmlich an die Hänge der Härtlinge und das unmittelbare Vorland von Idar- und Hochwald, in begrenztem Umfang auch an die übrigen Härtlinge des westlichen Hunsrücks und den Soonwald gebunden. Sie liegen in einer Höhe zwischen 480–>700 m NN. Viele Brücher sind durch Grundwasser und Staunässe beeinflusste Moore, die durch anmoorige Areale, die hangabwärts und auch lateral zu den Mooren liegen, verbunden sind, wie z. B. das Naturschutzgebiet der „Hangbrücher bei Morbach" zeigt. Hier bilden vier solcher Moore – von Südwest nach Nordost Palmbruuch – Schockelbruuch, das Gebrannte Bruuch, Reh- und Oberluderbruuch mit Hansgörgenbruuch eine weitläufige, ökologisch interessante Hangmoorlandshaft. Der tiefere Untergrund besteht hier ausschließlich aus Taunusquarzit mit geringmächtigen Tonschiefer-Mitteln, die in sich verschuppt und von einer Vielzahl von Klüften, Verwerfungen und auch schichtparallelen Fugen durchzogen sind.

Zu Genese und Alter der Brücher. Als Voraussetzung für die Bildung der Brücher, die meist auf der Hauptlage der Deckschichten (soweit vorhanden) angesiedelt sind, gelten mehrere Faktoren. Von entscheidender Bedeutung sind die hydrogeologischen Eigenschaften der Formation im Liegenden der Hangmoore; dabei steht der Taunusquarzit mit hoher Kluftporosität und Permeabilität als guter Wasserspeicher dem Hunsrückschiefer als Wasserstauer gegenüber; in den unterschiedlich verfestigten, verlehmten und verdichteten periglazialen Deckschichten wechseln Partien unterschiedlicher Speicher- und Durchflusskapazität ab; daraus ergibt sich, dass viele Quellflüsse und Tributarien der von Idar- und Hochwald zu Nahe und Mosel entwässernden kleinen Flüsse ihr Quellgebiet im Bereich der Härtlinge haben. An der Nordwest-Flanke der Härtlinge grenzt der Wasserspeicher Taunusquarzit an den Auf- und Überschiebungen an den Wasserstauer Hunsrückschiefer; die Überschiebungszone selbst ist meist von mächtigen periglazialen Deckschichten mit unterschiedlicher Speicher- und Stauqualität überlagert; sie übernehmen die Ableitung des Grundwassers aus dem Quarzit-Körper sowie der oberflächlich eindringenden Niederschlagswasser; daher treten Quellen bevorzugt an Inhomogenitäten im Quarzit selbst (Tonschiefer-Zwischenmittel, Auf- und Überschiebungen) oder am Hangfuß aus den Deckschichten aus. Wichtig für die Moorbildung ist ein Wasserüberschuss, der als Quelle austritt und/oder die Deckbildungen sättigt bzw. überrieselt; das ist auch heute bei dem atlantisch geprägten, niederschlagreichen, kühlen Mittelgebirgsklima bei entsprechender Höhe gegeben; die durchschnittliche Jahrestemperatur liegt in den Arealen über 600 m NN bei 6–7°C; man rechnet mit einer höhenabhängigen Vegetationszeit von 110–136 Tagen/a; vegetationshemmend wirken sich Spätfröste aus; die jährliche Niederschlagsmenge beträgt bei 500 m NN (Hunsrück-Hochfläche) um 950 mm/a und steigt in der Kammregion von Idar- und Hochwald um 700–800 m NN auf bis 1100 mm/a; vielfach tritt Nebel auf, der verdunstungshemmend wirkt und mit 5–10% der gemessenen Niederschlagsmenge zusätzlich das Wasserbudget erhöht; häufiger Nebel trägt besonders in der kalten Jahreszeit mit zur Verkürzung der Vegetationsdauer bei; Schnee ergänzt bei langsamem Abtauen und Versickern des Tauwassers die Grundwasservorräte im Speicher Taunusquarzit und in den Deckbildungen; diese heute gemessenen Bedingungen sind erheblichen Schwankungen unterworfen, wie die Schneehöhen im Ski-Gebiet am Erbeskopf (816 m NN) zeigen.

Seit dem ausgehenden Atlantikum, wo der Beginn der Moorbildung angesetzt wird (LGB 2005), muss mit mittelfristigen klimatischen Schwankungen gerechnet werden. Nicht zuletzt zeigt die „Kleine Eiszeit" (ca. 1450–1850) mit einer um 1–2°C niedrigeren Jahresmitteltemperatur, dass dies nicht zum Rückgang, sondern eher zur Steigerung der Moorbildung führte. Moorbildungen sind auch bei höheren jährlichen Niederschlagsmengen möglich und auch heute noch gegeben, wenn der Mensch nicht störend eingreift. Allerdings ist mit anthropogener Nutzung wohl schon mit Beginn der Eisenzeit (Ältere Hunsrück-Eifel-Kultur, ab 600 v. Chr.) bzw. nach Untergang der römischen Kolonisation ab dem frühen Mittelalter durch verstärkte Rodungstätigkeit zu rechnen. Dass die Römer die hydrogeologische Situation bereits richtig einschätzten und zu nutzen wussten, zeigt am Nordwest-Abhang des Idarwaldes südwestlich Hochscheid (Bl. 6109 Hottenbach) ein Pilgerheiligtum für Apollo und die gallorömische Fruchtbarkeitsgöttin Sirona. Dort bestanden im Quellgebiet des Koppelbaches entsprechende Badeeinrichtungen(Goethert-Polaschek 1977).

Nach der Moor-Typologie werden die Hunsrücker „Brücher" „morphologisch als Mittelgebirgs-Hangmoore, eventuell mit Hanghochmoor-Resten" (Spies & Stets 2004: 97) eingestuft; nach Scholtes (2002) finden sich die hydrogenetischen Moortypen Hang-, Quell- und vereinzelt auch Niedermoor sowie Versumpfungen im Bereich des Unterhanges und Regenmoor-Reste. Sie werden ökologisch zu den oligotroph-sauren hochmoorähnlichen und mesotroph-oligotroph-sauren Übergangsmooren gezählt.

Viele Brücher treten an den dem „Wetter" zugewandten Nordwest-Hängen als typische Hangmoore auf. Sie reichen vom halben Hang mit Unterbrechungen bis zum Hangfuß hinunter und breiten sich dort aus. Beim Beispiel „Hangbrücher bei Morbach" setzt die Moorbildung am Nordwest-Hang des Idarwaldes unterhalb des Steingerüttelkopfes (757 m NN) etwa im Höhenniveau 680–690 m NN wenig oberhalb der „Oberen schmalen Schneise" ein. In diesem Niveau liegen die oberen Partien von „Palmbruuch" und „Gebranntem Bruuch". Mit Hilfe geoelektrischer Sondierungen (Willemsen 1999) im Bereich des Rehbruuch-Komplexes gelang es, die tektonische Grenze Taunusquarzit/Hunsrückschiefer bei ca. 580 m NN festzulegen. Die pleistozänen Deckbildungen reichen darüber hinaus bis ca. 510–500 m NN auf Tonschiefer der Hunsrückschiefer. Jedoch auch am nach Südosten exponierten Hang des Idarwaldes unterhalb des Kammes kommen entsprechende Hangbrücher vor. Somit ist die Lage am Hang mit Bezug zur „Wetterseite" nur bedingt typisch.

Entstehung und Erhaltung der Hangbrücher im Hunsrück sind somit von folgenden Voraussetzungen abhängig: An zahlreichen Hangpositionen kann Grundwasser aus dem Speicher Taunusquarzit in Form von natürlichen Quellen mit unterschiedlicher Schüttung austreten; fehlen hier und in der Nähe periglaziale Deckbildungen, insbesondere die Basislage, fließt das Wasser direkt oberirdisch ab und speist das oberirdische Gewässersystem; bei lokalem Stau bilden sich Quellmoore. Dort, wo der Grundwasseraustritt nicht vollständig blockiert ist, dringt Grundwasser aus dem Quarzit und niederschlagsbedingtes Hangstauwasser in die Basislage ein, bedingen deren nachhaltige Durchnässung, führen auch in Hanglage zu deren intensiver Wasserführung und Durchnässung; bei Überangebot an Wasser kommt es zur Berieselung der Pflanzengemeinschaft und zur Moorbildung.

6.2 Post-variszische Tektonik

Die Mesozoisch-Tertiäre Verwitterungsdecke kann mit ihrer Höhenlage über NN bzw. deren Fehlen einen Beitrag leisten, um postvariszische Ereignisse von älteren abzugrenzen.

Außerdem gibt es zahlreiche tektonische Phänomene, für die keine sichere zeitliche Zuordnung möglich ist, wie z. B. für die großen Querstörungen, die die Mosel-Einheit, den südöstlichen und den westlichen Hunsrück betroffen haben. Wegen der fehlenden Möglichkeit, Unterschiede zwischen älteren und jüngeren post-variszischen tektonischen Ereignissen sicher zu erkennen, werden alle post-variszischen tektonischen Ereignisse, die den Hunsrück betroffen haben, unter diesem Kapitel beschrieben.

Lässt man die post-variszische Deformation nach dem endgültigen Ausklingen der variszischen Deformation mit der Trias beginnen, so steht bis heute ein Zeitraum von ca. 250 Ma zur Verfügung. In dieser Zeit wurde Mitteleuropa von keiner nachhaltig in das Gefüge der Gesteine eingreifenden tektonischen Deformation mehr betroffen. Lediglich die Wanderung der eurasiatischen Platte auf dem Weg nach Norden und Osten, die Öffnung des Atlantiks und die wesentlich jüngere alpidische Orogenese ab Oberkreide und Tertiär (P. A. Ziegler & Dèzes 2005) hatten per Fernwirkung post-variszisch epirogenetisch Einflüsse auf den Hunsrück und seine Randgebiete. Die lange Zeit tektonischer Ruhe, in der sich auf der „Rheinischen Insel" die Verwitterungsdecke herausbildete, führte dazu, dieses Gebiet als tektonisch ruhig und nur Verwitterung und Abtragung unterworfen zu betrachten. Dabei war das Gebiet des Hunsrücks zu der Zeit, als sich das Nordsee-Rift bildete und über die Niederrheinische Senkungszone nach Süden und Südosten auf das Mittelrhein-Gebiet zielte, nur randlich betroffen. Das gilt auch für das Südwest-Ende des Hunsrücks, wo sich das „Trier-Bitburger Senkungsfeld" entwickelte.

6.2.1 Bruchtektonik im Nordost-Abschnitt der „Mosel-Mulde"

Die meisten geologischen Übersichtskarten, die die „Mosel-Mulde" betreffen, zeigen für den nordöstlichen Abschnitt eine Anzahl an Querverwerfungen, die die verschuppten Schichtverbände des Unter- und Oberems in unterschiedlichem Ausmaß betroffen haben. Dazu einige Beispiele:

Auf Bl. Koblenz (Quiring 1930c) durchzieht eine Vielzahl von Querverwerfungen das Gebiet zwischen dem Mittelrhein-Tal bei Koblenz und dem südwestlichen Blattrand; Anhaltspunkte für derartige Trennflächen ergeben sich bei der Verfolgung der gut gliederbaren Schichtenfolge des Oberems, insbesondere der Emsquarzit-Züge; manche dieser Querverwerfungen durchschlagen die gesamte „Muldenfüllung", wie am Mittelrhein, wo die Mineralquellen von Oberlahnstein und Rhens auf derartigen Verwerfungen erbohrt wurden; sie sind Teil des Mittelrhein-Grabens (Anderle 1984); dazu gehören wahrscheinlich auch die Querverwerfungen, die von Dieblich/Mosel bis in das Bopparder Mühlental reichen und manch andere, die parallel dazu verlaufen, wie z. B. die Querverwerfung, die den Quarzit-Zug am Müdener Bock schneidet; auch der schmale Emsquarzit-Zug der Bopparder Schuppe und die angrenzende Sosberger Schuppe sind betroffen. Das westlich angrenzende Bl. Cochem (Dahlgrün 1939) zeigt ein weniger auffälliges Bruchmuster; die für die Gliederung und das Verständnis des Baus der „Mosel-Mulde" wichtige Mittelstrimmiger Querverwerfung ist hier auf eine Länge von ca. 6 km verzeichnet; die Grendericher Querverwerfung, die nicht unerheblich zum übertägigen Abschluss der „Mosel-Mulde" beiträgt, fehlt. Die „Geologische Übersichtskarte der Moselmulde" (1:150 000; Solle 1942) enthält wieder eine Vielzahl an Querverwerfungen, die sich allerdings nur bedingt an das seinerzeit bereits publizierte Störungsmuster von Bl. Cochem und Koblenz (Quirimg 1930, Dahlgrün 1939) halten. Bl. Koblenz (GÜK 100: C 5910, 1998) weist im Gegensatz zu den älteren Kartendarstellungen kaum Querstörungen auf; das gilt auch für die Bopparder Schuppe, die auf dieser Karte vom Rhein als nahezu ungestörter schmaler Streifen bis auf die Höhe von Zilshausen verläuft und hier an einer Querstörung endet, die jedoch die Braubacher Überschiebung nicht betroffen hat; auch der riesige „Pfalzfelder Sprung" (Mittmeyer 2008), der von Süden kommend durch

Emmelshausen verläuft, schlägt nicht durch die Bopparder Schuppe in die „Mosel-Mulde“ durch. Ein ähnliches Bild zeigen Bl. Frankfurt-West (GÜK 200: CC 6310) und die GÜK 300 von Rheinland-Pfalz (2003); hier fehlt der riesige „Pfalzfelder Querbruch“; offensichtlich orientierten sich die Autoren der modernen Karten eher an der Geologischen Karte von Thiele (1960: Anlage) für den Südost-Rand der „Mosel-Mulde“, die den Charakter einer Übersichtskarte hat. Bei der Beschreibung der Schuppen und Schuppenzonen der Mosel-Einheit wurde bereits auf die Geologische Karte des Nordost-Abschnittes der „Moselmulde“ im Maßstab 1:50 000 (Kröll 2001) Bezug genommen. Eine Gruppe der postvariszischen Verwerfungen liegt wohl in der ac-Ebene der Spezialfalten und Schuppen im Schiefergebirgs-Sockel, jedoch lässt sich das meist nicht mehr rekonstruieren.

Thomé (1954) fand im Steilhang des Calmond an der Mosel zwischen Bremm und Eller starke Zerrüttung der Gesteine und Quellaustritte an der Lokalität „Nasse Ley“. Hier ist eine bis 200 m breite, stark zerstückelte Grabenscholle um ca. 20–30 m abgesunken. Auch weist der geradlinige Verlauf der Mosel zwischen Eller und Nehren auf eine tektonische Vorzeichnung hin. Außerdem sitzt auf der Verwerfung an der Nord-Flanke des Hochkessels (421 m NN) am Bruder Harig-Felsen westlich Nehren ein tertiärer Basalt-Stock (Grebe 1886a, Dechen 1876, Thomé 1954). Hier liegt vielleicht eine junge Tektonik vor, was sich aber nicht genauer fixieren lässt.

Aus dem Muster aller die „Mosel-Mulde“ betreffenden Bruchstrukturen lässt sich kein Horst- und Graben-Bau wie im Taunus (Anderle 1984) ableiten.

6.2.2 Bruchtektonik im West-Hunsrück

Erheblich von postvariszischer Bruchtektonik betroffen wurde der westliche Hunsrück zwischen Bad Wildstein bei Traben-Trarbach, der Großen Dhron im Nordosten und der Saar im Südwesten. Hier sind es insbesondere die Areale um den Osburger Hochwald, den Thalfanger Haardtwald und die Idarwald-Schuppenzone, wo wahrscheinlich relativ junge, nahezu querschlägig zum Gefüge des Schiefergebirgs-Sockels angelegte Verwerfungen auftreten. Allein Leppla (1910: 19) ging ausführlicher auf diese „quer zum Streichen gerichteten Zerreißungen und Brüche“ ein, die sich bei der Kartierung ergeben hatten. Im westlichen Hunsrück sind „künstliche“ Querverwerfungen noch relativ selten. Nach Leppla (1925a) treten Querstörungen bevorzugt dort auf, „wo quarzitische Einlagerungen das Einerlei (der Hunsrückschiefer) unterbrechen“, während sonst keine zu finden sind. Er ging jedoch davon aus, dass „sie wahrscheinlich in Wirklichkeit vorhanden“ (S. 20) sind und bezog sich dabei auf einen temporären Aufschluss der Hinzerter Verwerfung zwischen Pölert und Rascheid, in dem „eine außergewöhnliche Zertrümmerung und Verquetschung der Schiefer zu sehen“ war.

6.2.3 Bruchtektonik im Südost-Hunsrück

Bei der Analyse des Baus des südöstlichen Hunsrücks und der Korrelation der dortigen Tal-Profile spielten Querverwerfungen eine große Rolle. Sie führten zusammen mit dem Abtauchen der Spezialfalten-Achsen und der Schnittlineare L_1 gegen das Zentrum der Stromberger Schuppenzone zu einer relativen Tieflage im **Stromberger Graben**, die die jüngeren Schichten vor Abtragung schützte. Bereits Falke (1957: 111) wies darauf hin, dass die variszischen Einheiten „durch junge Querstörungen, deren Alter nicht genauer festzulegen ist, in einzelne, sich NW-SE erstreckende Schwellenstreifen zerlegt“ seien. Hinzu kommen eine staffelförmig von NE nach SW fortschreitende Absenkung und zusätzlich wahrscheinlich rechtshändige Seitenverschiebungen an diesen Verwerfungen. Das Zentrum der

Absenkung liegt im Guldenbach-Tal zwischen Stromberger Neuhütte und Stromberg. Nach Südwesten endet dieser Stromberger Graben an zwei großen Verwerfungen, die die weitere Verfolgung der mitteldevonischen bis evtl. unterkarbonischen Schichtverbände erschweren.

Als Konsequenz für die Dolomitisierung ergibt sich daraus, dass die bei Waldalgesheim abgebauten Dolomite als Dolomit-"Wurzel" der Stromberger Massenkalke und nicht als ihre „Kappe" aufzufassen sind. Andererseits spielt die Position für die Korrelation des Guldenbach-Profils mit jenem vom Oberen Mittelrhein und Soonwald eine entscheidende Rolle, da beiderseits des Grabens tiefere Niveaus des Schiefergebirgs-Sockels entblößt sind, die bei der Konstruktion in größere Tiefen Hilfe leisten können. Falke (1957) mochte sich hinsichtlich des Alters der Dolomitisierung nicht festlegen, wies jedoch darauf hin, dass in den Rotliegend-Konglomeraten und -Fanglomeraten vom Typ Waderner Fazies am Süd-Rand des Hunsrücks bereits Gerölle und Klasten von Kalk und Dolomit enthalten sind. Andererseits betonte er, dass „vor allem im Verlauf des Tertiärs weitere posthume Bewegungen an Querstörungen stattgefunden haben, vielleicht einige sogar erst zu dieser Zeit angelegt worden sind" (S. 111).

Ein Blick auf Geologische Spezial- und Übersichtskarten zeigt, dass die Hunsrück-Südrand-Verwerfung von diesen Verwerfungen nur in geringem Umfang betroffen ist. Dadurch wird der Eindruck verstärkt, dass die Verwerfungen auf das Gebiet von Binger Wald und Soonwald beschränkt sind. Manche von ihnen haben die Taunuskamm-Soonwald-Überschiebungszone betroffen und sie jeweils abschiebend mit einer meist wohl rechtshändigen Komponente versetzt.

Hinzu kommen Verwerfungen, die eher N-S bis NNE-SSW streichen und lokal auch beträchtliche saigere Verwürfe bedingt haben. Zu ihnen gehört z. B. die Verwerfung am Weinberger Hof, die das Stromberger Massenkalk-Vorkommen nach Südwesten begrenzt (Bl. 6012 Stromberg).

6.2.4 Postvariszische Bewegungen an der Hunsrück-Südrand-Verwerfung

Entlang der Hunsrück-Südrand-Verwerfung haben auch nach spät-variszischer Zeit Bewegungen an dieser bedeutenden Nahtstelle zwischen Hunsrück-Block im Nordwesten und Saar-Nahe-Senke im Südosten stattgefunden. Es sollte hier von einer „Tiefenstörung" (Murawski 1975) ausgegangen werden, die sich steil in die Tiefe hinunterzieht und wahrscheinlich erst in großer Tiefe listrisch nach SE schwach gekrümmt ist. Nach Murawski soll die Moho um ein Geringes (ca. 2–3 km) versetzt sein. Wegen ihrer großen Bedeutung bezeichnete Stapf (1988) sie als „Hunsrück-Taunus-Südrandlineament".

Post-triassisch muss an der SE-Flanke der Merziger Grabenmulde wahrscheinlich mit erheblichen Vertikalbewegungen gerechnet werden, die den „Phyllit-Komplex von Düppenweiler" in das heutige Niveau brachten. Ähnliche Bewegungen sind auch weiter im Südosten an der Flanke des Saarbrücker Hauptsattels abzuleiten, die ebenfalls post-Buntsandstein erfolgt sind und nach Nordosten in Richtung Pfälzer Sattel ausklingen.

K. Schwab (1987) konnte zusätzlich erhebliche (5–8 km) rechtshändig seitenverschiebende Bewegungen zwischen Kirn und Idar-Oberstein nachweisen. Zu ähnlichen Ergebnissen kam auch Anderle (1974, 1987b) am Süd-Rand des Taunus. Danach führte die Extension des Oberrhein-Grabens im Alttertiär beginnend zu einer transpressiven Einengung an der Schwächezone Hunsrück-Südrand-Verwerfung. Sie führte zu Einengung und „Faltung" zwischen den Teilstörungen des Hunsrück-Südrand-Verwerfungssystems (Kirner Graben). Damit ist auch in postvariszischer Zeit eine scharfe Trennung zwischen Hunsrück- und Saar-Nahe-Block in der Tradition der spät-variszischen Bewegungen erwiesen. Solche Bewegungen sind nur an vertikalen, tief reichenden Bewegungsflächen möglich.

Bewegungen an der Naht zwischen Rheinischer Masse und Saar-Nahe-Block reichen bis in die Gegenwart. Abgesehen von Vertikalbewegungen in Zusammenhang mit der Hebung der Rheinischen Masse, sind sie bis in jüngste Zeit durch Erdbeben nachgewiesen. Die Seismizität beider Blöcke ist unterschiedlich (Ahorner & Murawski 1975). Während im Saar-Nahe-Raum selbst kaum Erdbeben beobachtet wurden, sind im Hunsrück einzelne Beben mit der Magnitude <3.5 und Herdtiefen um <5 km zu verzeichnen. Beben im Bereich der Hunsrück-Südrand-Verwerfung in Mettlach 1930, Birkenfeld 1960 und Kirn 1974 wiesen größere Herdtiefen auf. Sie sind insgesamt schwächer als Beben im Bereich des Mittelrhein-Grabens oder im nördlichen Oberrhein-Graben. Ahorner & Murawski (1975: 68) gingen davon aus, dass „die spezifische Seismizität (Erdbebenhäufigkeit pro Magnitudenklasse, Zeit- und Gebietseinheit) im Hunsrückbereich mindestens um den Faktor 5–10 geringer ist als im Oberrhein-Graben". Ausnahmen waren wohl Beben in den Jahren 1565–1595 im Moselgebiet bei Zell und Alf (ohne genauere Ortsangabe) mit der Maximalintensität VII (Sieberg 1940 in: Ahorner & Murawski 1975).

Ein Beispiel für die Seismizität entlang der Hunsrück-Südrand-Verwerfung ist das Erdbeben bei Kirn am 20.05.1974 mit deutlichen Erschütterungen im Raum Kirn, Hennweiler, Hochstetten, Simmerthal, Daubach und Münchwald mit Intensitäten um IV der Mercalli-Skala. Das Epizentrum lag bei 7° 33,6' E und ± 3 km sowie 49° 50,1' N und ± 2 km, die Herdtiefe bei 11 km ± 4 km und die Magnitude bei 2,9. Daraus ergibt sich, dass „das Epizentrum fast genau mit der Grenzlinie Rheinisches Schiefergebirge gegen die Saar-Nahe Senke zusammenfällt (…, und) im Bereich der Hunsrück-Südrand-Störung (liegt), wenn man diese nicht zu eng fasst, sondern davon ausgeht, dass es sich um eine mehr oder weniger breite Störungszone handelt" (Ahorner & Murawski 1975: 69). Über die Analyse des Herdmechanismus ergab sich ein tektonisches Beben an „einer seismischen Abschiebung mit vorwiegend vertikaler Bewegungstendenz" (S. 69) und mit einer „minimalen rechtshändigen Seitenverschiebungskomponente" (S. 70). Damit wurde der Saar-Nahe-Block nach unten und geringfügig nach SW bewegt. Zusammen mit den übrigen Beben ergibt sich, dass die Herdtiefen 5–15 km betragen. Diese jüngsten tektonischen Bewegungen erfolgten damit in derselben Richtung, die seit spät-variszischer Zeit vorgegeben ist.

6.2.5 Die Hunsrück-Südrand-Verwerfung als Aufschiebung zwischen Bingen und Argenschwang

Der nordöstlichste direkte Beobachtungspunkt liegt bei Münster-Sarmsheim, wo die Hunsrück-Südrand-Verwerfung an der Nahetal-Verwerfung in die Tiefe versetzt und weiter im Osten von känozoischen Sedimenten verdeckt ist. Am Nordost-Ende des Rochusberges ist sie zusätzlich von der Querverwerfung am Kemptener Eck (Wilh. Wagner & Michels 1930) versetzt und läuft von dort am Süd-Rand des Taunus in Richtung Wiesbaden. Zum System der Südrand-Verwerfung mag auch die Rochusberg-Verwerfung gehören, die am Nordwest-Hang des Rochusberges liegt und Bunte Schiefer des Gedinne gegen Taunusquarzit verwirft. Sie streicht NE-SW. Dabei handelt es sich um eine Verwerfung, die parallel zur Südrand-Verwerfung verläuft. Auf ihr bildete sich die bekannte „Goethische Urbrekzie" durch Verkieselung von Taunusquarzit-Klasten (W. Meyer & Stets 1996). Wilh. Wagner & Michels (1930: 98) konnten sie im Streichen bis zum Roten Berg bei Geisenheim verfolgen. Verbunden damit ist eine Mineralwasser-Quelle (Hildegardis Quelle), die seinerzeit beim Brückenbau erbohrt wurde (Foto 32, S. 328).

Von Münster-Sarmsheim nach Südwesten ist die Hunsrück-Südrand-Verwerfung als steile, nach SE gerichtete und nach NW einfallende steile Aufschiebung bis Argenschwang und Rehbach zu verfolgen. Hier ist der starre Hunsrück-Block auf Schichten der Nahe-Subgruppe der Saar-Nahe-Senke aufgeschoben. Auf dieser Strecke finden sich mehrere tektonische Schürflinge aus Schichten der Glan-Subgruppe („Lebacher Schichten") entlang der Randverwerfung:

(1) Bedeutend ist ein Schürfling von Schichten der Glan-Subgruppe bei Burglayen (Bl. 6013 Bingen-Rüdesheim; Wilh. Wagner & Michels 1930, K.-W. Geib & Atzbach 1961); im Tal des Trollbaches sind graugrünliche Tonsteine und Konglomerate mit gut gerundeten Komponenten angeschnitten; im Grenzbereich zum Schiefergebirgssockel sind Hunsrückschiefer auf Schichten des Rotliegend aufgeschoben worden; die Schichtung fällt hier überkippt steil NW; wesentlich deutlicher sind die Verhältnisse bei Burglayen selbst, wo „Wadern-Konglomerate" bis zur Steilstellung aufgerichtet sind; im Trollbach-Tal fallen diese Konglomerate weiter im Südosten mittelsteil SE; eine starke Verkieselung hat sie vor der Abtragung bewahrt („Troll- Felsen", Foto 19, S. 322).
(2) Südlich Waldlaubersheim schneidet der Hahnenbach (Bl. 6013 Bingen-Rüdesheim), am Süd-Hang des Rosenberges den Störungsbereich an; dieser ist gekennzeichnet durch steil stehende „Kuseler Schichten", die an Hunsrückschiefer grenzen, die jenen am Südost-Hang des Rochusberges ähnlich sind; auch hier handelt es sich um eine Aufschiebung nach SE; die Verhältnisse im Gebiet nordwestlich Windesheim (Bl. 6012 Stromberg) weiter im Südwesten sind weniger deutlich; die Schichtung in den „Wadern-Konglomeraten" fällt hier mit 80° SE.
(3) Im Gräfenbach-Tal, an der L 239 von Wallhausen nach Dalberg, sind Graue Phyllite auf „Kuseler Schichten" aufgeschoben (Atzbach 1959 in Heil 1979); talabwärts im Gräfenbach-Tal, ca. 500 m südöstlich der Wiesenmühle bei Wallhausen (Bl. 6112 Waldböckelheim), war bei Straßenbauarbeiten ein schmaler, störungsbedingter Keil von ca. 12–15 m mächtigen „Tholeyer Schichten" aufgeschlossen; er bestand aus einer Wechselfolge von Konglomeraten, konglomeratischen Arkosen, z. T. mit frischen Feldspäten, grauweißen Arkosen und feldspathaltigen Sandsteinen; sehr gut gerundete Gerölle bestanden bevorzugt aus Quarziten (ca. 80%), Gangquarz (15%) und Klasten von „Grün"- und Kieselschiefern; die Schichten waren überkippt, ebenso die unmittelbar darüber folgenden Schichten der Wadern-Formation; eine Begleitstörung im Grenzbereich der Sedimente von Glan- und Nahe-Subgruppe ist wahrscheinlich; weiter im Südosten folgen normal nach SE einfallende „Wadern-Schichten" (K.-W. Geib & Atzbach 1961, K.-W. Geib 1973, Heil 1979).
(4) Bei Wallhausen wurde an der rechten Tal-Flanke des nach Hergenfeld führenden Tälchens (Bl. 6112 Waldböckelheim), die Aufschiebung erneut bestätigt (K.-W. Geib & Atzbach 1961); im Kontaktbereich stehen rötliche und graue Konglomerate (30 m) an; darüber folgt eine ca. 130 m mächtige Wechselfolge aus Konglomeraten, Tonsteinen und eine ca. 5 m mächtige, braun verwitterte Kalk-Bank, die den „Oberen Kuseler Schichten" zugeordnet werden.

6.2.6 Die Hunsrück-Südrand-Verwerfung zwischen Argenschwang und Kastel

Folgt man der Hunsrück-Südrand-Verwerfung weiter nach Südwesten, so greifen ab Argenschwang vermehrt Schichtverbände der Glan-Subgruppe diskordant auf die Phyllite und „Grünschiefer" der Metamorphen Zone über. Die Hunsrück-Südrand-Verwerfung verläuft von hier ab vornehmlich in Schichten des Rotliegend. Damit ist ein Teil der Prozesse sicher post-variszisch. Diese Tendenz verstärkt sich zunehmend nach Südwesten, wo ab Kirn mächtige „Grenzlager-Vulkanite" auf dem Hunsrück-Block zu finden sind. Das führt zu dem Schluss, dass nach Südwesten der Hunsrück-Block leicht nach SW geneigt ist und die Hunsrück-Südrand-Verwerfung sukzessiv in einem höheren tektonischen Niveau angetroffen wird. Der entscheidende Punkt liegt zwischen Argenschwang im Nordosten und Winterburg im Südwesten. Hier spaltet sich die Hunsrück-Südrand-Verwerfung in zwei Äste, die nahezu parallel zueinander verlaufen und die Struktur des „**Kirner Grabens**“ einschließen. Der nordwestliche Ast klingt bei Kirn im Gebiet der Intrusionen aus, der südöstliche zieht nach Südwesten weiter und trennt als entscheidende Trennfläche den Hunsrück-Block mit mächtigen „Grenzlager-Eruptiva“ von der südöstlich liegenden Nahe-Mulde.

Dieses Gebiet fand wegen der komplizierten Störungstektonik zahlreiche Interessenten, u. a. Leppla (1925a), Reinheimer (1933), Klüppelberg (1937), Falke (1950b), Bank (1953), Falke & Bank (1970), Heil (1979), Schwab (1987) und Heer 1987). Ob allerdings immer ein Zusammenhang mit der Hunsrück-Südrand-Verwerfung gesehen wurde, ist schwer ersichtlich, obgleich Falke (1950b: Abb. 3, 4) den gesamten Bereich als „Störungszone“ eingrenzte. Aus seinen Profilen geht hervor, dass der Hunsrück-Block immer die Hochscholle blieb, die von der Tiefscholle der Saar-Nahe-Senke durch diese Störungszone getrennt ist. In Abhängigkeit vom Einfallwinkel erscheint sie nordöstlich Argenschwang phänomenologisch bei NW-Einfallen als Aufschiebung nach SE, weiter im Südwesten bei SE-Einfallen als Abschiebung nach SE. Alle Profile zwischen Winterburg und Kirn weisen den nordwestlichen Ast mit seinen Begleitstörungen bei SE-Einfallen als Abschiebung aus, der südöstliche Ast ist vielfach in ein Bündel von Verschiebungen aufgesplittert. Der dazwischen liegende Bereich ist durch Bruchfaltentektonik (Bank 1953, Falke & Bank 1970) gekennzeichnet. .

Als typisch gilt das „**Profil Langenthal**“ zwischen der Klebmühle im Gaulsbachtal (Falke 1950, Bank 1953, Heil 1979) bis südöstlich Langenthal. Im Nordwesten liegen „Kuseler Schichten“ mit Einfallen um 10–20° SE diskordant und ungestört auf „Grünschiefer“ der Metamorphen Zone (Bl. 6111 Pferdsfeld). Noch vor Langenthal sind an einem im Streichen liegenden, SE-fallenden Verwerfungsbündel die „Kuseler Schichten“ von der Klebmühle tief versenkt. Nach Südosten fortschreitend folgt auf die Verwerfungen eine Einmuldung mit flacher Schichtlagerung, deren SE-Flügel durch Abschiebungen geringen Ausmaßes gekennzeichnet ist. Ein ähnliches Bild ergibt sich weiter südöstlich auf dem nach NW fallenden Gegenflügel mit steil NW fallenden Abschiebungen geringeren Ausmaßes. Daran schließen sich mehrere Falten an, die in Abhängigkeit vom Material disharmonisch gefaltet sind. Ein Bündel steil stehender Verwerfungen mit Schleppfalten verwirft diese Faltenzone gegen die südöstliche Hochscholle der Nahe-Mulde. Hier schließt sich nach Südosten anfangs mit steilem SE-Fallen der normal nach SE fallende NW-Flügel der Nahe-Mulde an. Auf ihm folgen bei normaler Lagerung „Tholeyer Schichten“. Das noch relativ steile Einfallen von 60–70° SE an der Verwerfung wird nach Südosten bis ca. 15–20° SE flach. Eine zusammenfassende Darstellung (Bank 1953: Abb. 43) zeigt, dass zwischen dem Ellerbach im Nordosten und Hochstetten im Südwesten mehrere Faltenzüge und Verwerfungen auftreten, die sich nur bedingt korrelieren lassen, insgesamt jedoch die grabenartig eingesunkene Scholle charakterisieren und anzeigen, dass es sich um eine spezifische Struktur über der großen strukturtrennenden Hunsrück-Südrand-Verwerfung handelt. Besonders deutlich wird dies in einem Profilschnitt am Simmerbach bei Martinstein (Bank 1953, Falke & Bank 1970: Abb. 4). Dort ist ein grabenartig eingesunkener Keil zwischen zwei Randverwerfungen muldenartig deformiert.

Das Achsengefälle dieser Bruchfalten ist zwischen Winterburg und Simmerthal (Bl. 6111 Pferdsfeld) nach SW gerichtet; weiter im Südwesten jedoch auch nach NE, woraus sich eine lokale Achsendepression im Graben ergibt. Die Verwerfungen innerhalb des gefalteten Streifens stehen meist steil oder saiger und werden zusätzlich von Schleppfalten begleitet. Sie zeigen breite Zerrüttungszonen. Abgesehen davon ist nach quasi horizontaler Harnischstriemung auf den Verschiebungsflächen auch mit seitenverschiebenden Bewegungen zu rechnen. Eine engscharige Klüftung vermittelt lokal den Eindruck von „Schieferung“ nach Art der „fracture cleavage“. Dieses Phänomen tritt nur lokal auf, ist allein an die Verwerfungen gebunden (Falke & Bank 1970).

Einengung kommt auch in einer größeren Einmuldung südwestlich Hochstetten („Mulde von Bergen", HEIL 1979) zum Ausdruck. Sie löst nach Südwesten die Faltenzone von Langenthal ab. Ihre Achse stößt spitzwinklig auf den südöstlichen Ast der Hunsrück-Südrand-Verwerfung bei Idar-Oberstein. Die Muldenfüllung reicht bei Achsenabtauchen nach SW bis an die Decken der „Grenzlager-Vulkane" (K. SCHWAB 1987). Der südöstliche Ast der Südrand-Verwerfung begrenzt die „Mulde von Bergen" nach Südosten. Er übernimmt weiter die trennende Funktion zwischen Hunsrück-Block und Nahe-Mulde, fällt steil nach NW ein und hat einen deutlich abschiebenden Charakter. Hier grenzen flach SE fallende „Lebacher Schichten" an steil SE fallende „Kuseler Schichten". Der nordwestliche Ast verliert sich nach Südwesten. Die Schichtlagerung innerhalb der Mulde wechselt, bedingt durch die Intrusiva bei Kirn stark. Die Grabenscholle hat sich so in eine Kippscholle zwischen den beiden Ästen der Hunsrück-Südrand-Verwerfung gewandelt.

Das **Profil Fischbach-Tal** von Niederwörresbach nach Südosten (BANK 1953, FALKE & BANK 1970; Bl. 6210 Kirn) zeigt südlich Niederwörresbach das flach diskordante Auflager von Schichten der Glan-Subgruppe. Nach Südosten folgt bei normaler ungestörter Lagerung die Rotliegend-Abfolge bis zu den „Grenzlager-Vulkaniten". Nordwestlich der Ortschaft Fischbach quert der Hauptast der Hunsrück-Südrand-Verwerfung Hosenbach und Fischbach-Tal. Sie ist hier in mehrere Teilstörungen aufgespalten. Sedimente und Lava-Decken sind bis zur Steilstellung mit NW- und SE Einfallen aufgerichtet. Weiter nach Südosten folgen am Niederreidenbacher Hof auf steil SE-einfallende Vulkanite in normaler Folge Konglomerate der Wadern-Formation, die zum Kern der Nahe-Mulde stetig verflachen. In diesem Profil ist die Südrand-Verwerfung deutlich, der stratigraphische Verwurf jedoch nicht erheblich, da die Verwerfungen, abgesehen von der Steilstellung, wenig vertikalen Versatz verursachten (FALKE & BANK 1970, K. SCHWAB 1987).

Bei Idar-Oberstein konnte (FALKE & BANK 1970) im Bereich der Südrand-Verwerfung „an mehreren Stellen NW Einfallen der begleitenden Sedimente und auch der Lavadecken" (S. 65) beobachtet und damit LEPPLA (1925a: 65) bestätigt werden, dass im Bereich der „Störungszone (…) eine Häufung von Faltenelementen (Sätteln und Mulden) zusammen mit streichenden und spitzwinklig zum Streichen verlaufenden Störungen" zu beobachten ist. Ein schematisches Profil in diesem Bereich (K. SCHWAB 1987: Fig. 2) zeigt die nahezu saiger stehende Verwerfungszone, wobei hier die südöstliche Scholle relativ aufwärts und die nordwestliche entsprechend abwärts gerichtet erscheint. Nach SCHWAB grenzen hier beiderseits der Hunsrück-Südrand-Verwerfung unterschiedliche Vulkanit-Abfolgen der „Grenzlager-Eruptiva" aneinander. Abgesehen vom vertikalen Versatz kann Übereinstimmung auf beiden Schollen am ehesten durch eine rechtshändige Seitenverschiebung um 5–8 km hergestellt werden. Weitere Anzeichen für eine Seitenverschiebung sind Kleinfalten-Achsen zwischen zwei Ästen des Verschiebungssystems, deren Raumlagen auf Schleppung entlang einer großen rechtshändigen Verschiebung hindeuten. Sie sind Ausdruck von Transpression, die mit 45° auf die 60° streichende Südrand-Verwerfungszone trifft.

Weiter nach Südwesten ist die Verfolgung der Hunsrück-Südrand-Verwerfung durch eine Schleppung von „Lebacher Schichten" zwischen „Tholeyer Schichten" noch bis auf die Höhe von Niederbrombach möglich. Anschließend verliert sie sich im 2 km breiten Ausstrich von Schichten der Glan-Subgruppe, in die zahlreiche Lagergänge und Stöcke eingedrungen sind. Zwei Möglichkeiten, die Südrand-Verwerfung nach Südwesten zu verfolgen, bieten sich an: Die Geologische Karte von DREYER et al. (1983) zeigt die Fortsetzung über Niederhambach und Birkenfeld nach Brücken und evtl. weiter nach Braunshausen auf der NW-Flanke der Prims-Mulde; allerdings konnten ab Brücken, Achtelsbach und weiter nach Südwesten keine Anzeichen für eine Verwerfung vom Ausmaß der Südrand-Verwerfungszone festgestellt werden. Oder eine Karte des südwestlichen Abschnittes der Nahe-Mulde (FALKE & BANK 1970: Abb.1) zeigt eine mögliche Spur von Idar-Oberstein bis zum Wilzenberg-Dom; der weitere Verlauf wurde, wie bei Dreyer et al. (1983), in Richtung Brücken angenommen.

Es zieht im Gebiet zwischen Gollenberg, Ellenberg, Buhlenberg und Brücken (Bl. 6308 Birkenfeld-West) eine größere Verwerfung nach SW, die offensichtlich am Nordwest-Rand der Prims-Mulde die Verbreitung der Schichten der Glan-Subgruppe kontrolliert. Der Hunsrück-Block bildet die Hochscholle, auf der nur geringe Reste von Schichten des tiefen Rotliegend zu finden sind. Sie liegen diskordant auf Tonschiefern der Eisbach- Formation und füllen Hohlformen im Paläorelief auf dem Hunsrück-Sockel. Ein erheblicher Anteil an „Kuseler Schichten" sollte hier unterdrückt sein, da auf der Tiefscholle nur „Lebacher Schichten" vorkommen. Bei Brücken verspringt diese Verwerfung an der WSW-ENE streichenden „**Brückener Verwerfung**" mit erheblichem rechtshändigem Versatz und einer beträchtlichen vertikalen Komponente. Belegt ist die „Brückener Verwerfung" durch wechselnd steiles Einfallen der Schichten, insbesondere auch in der ehem. Ziegelei in Birkenfeld. Dabei sollte der südöstliche Ast des Hunsrück-Südrand-Verwerfungssystems hier von Nordosten kommend auf die „Brückener Verwerfung" stoßen. Beide Äste schließen dann den ungewöhnlich breiten Ausbiss von Schichten der Glan-Subgruppe mit den zahlreichen Lagergängen und kleineren Intrusionen ein, der sich in dieser Form nicht weiter nach Südwesten fortsetzt.

Die südwestliche Fortsetzung des Südrand-Verwerfungssystems lässt sich bei dieser Konstellation bis auf die Höhe der Lokalität Steinkaul (Bl. 6308 Birkenfeld-West) verfolgen und weiter über Schwarzenbach bis in die Nähe von Braunshausen (Bl. 6407 Wadern) verfolgen. Bei Steinkaul und weiter bis Wadrill verbreitert sich der Ausbiss von Schichten der Glan-Subgruppe, die diskordant auf dem Hunsrück-Block liegen. Von hier nach Westen sind es vermehrt „Kuseler Schichten", jedoch auch Schichten der Wadern-Formation, die diskordant auf Unterdevon übergreifen. Diese Verhältnisse werden repräsentiert im Känelbach-Tal und durch die bei Steinkaul aufgeschlossenen Sandsteine. Auf der Hochscholle greifen auf der Höhe von Wadrill und weiter im Südwesten Schichten der Wadern-Formation über solche des tieferen Rotliegend auf dem Hunsrück-Block weiter nach Norden über, wo sie diskordant auf unterdevonischen Tonschiefern liegen. Die in der Ziegelei-Tongrube nordwestlich Waldbach abgebauten Tonsteine („Lebacher Schichten") gehören zur Tiefscholle. Danach müsste die Hunsrück-Südrand-Verwerfung zwischen ihr und der Lokalität „Steinkaul" nach Südwesten verlaufen. Der südöstliche Ast der Südrand-Verwerfung ist südlich der Brückener Verwerfung nicht mehr nachweisbar.

6.2.7 Die Hunsrück-Südrand-Verwerfung zwischen Kastel und Düppenweiler

Auf der Höhe von Kastel (Bl. 6407 Wadern) teilt sich die Hunsrück-Südrand-Verwerfung in zwei Äste: Der nordwestliche Ast wird hier als **Losheimer Verwerfung** bezeichnet und verläuft südlich Löster vorbei in Richtung Rappweiler und klingt wohl auf der Höhe von Hausbach (Bl. 6406 Losheim) aus, wenn er nicht bis an die Saar durchhält; er verwirft Schichten der Nahe-Subgruppe und des Buntsandsteins der „Merziger Grabenmulde" gegen Schichten der Nahe-Subgruppe in der Fazies der Thailener und „Waderner Schichten" auf der Hunsrück-Hochscholle; er ist die nordwestliche Randverwerfung des „Losheimer Grabens", resp. der „Merziger Grabenmulde"; die bei E. Müller et al. (1981: Abb. 4) dargestellte Situation in der Nordost-Spitze der „Merziger Grabenmulde" erscheint bei der Größenordnung und der Bedeutung der Struktur unrealistisch; hier sollte ein Ast der Hunsrück-Südrand-Verwerfung die Absenkung der Grabenmulde bewirkt haben. Der zweite Ast des Verwerfungssystems, auch als **Kirn-Metzer Verwerfung** bezeichnet, verläuft ab Kastel an Wadern vorbei in Richtung Nunkirchen und weiter nach Düppenweiler, wo an ihm der „Grundgebirgsaufbruch von Düppenweiler" hochgepresst wurde; dieser ist an seinem Südwest-Ende von einer Querverwerfung betroffen, die vom Litermont über den Grauen Stein" (Quarzgang; Bl. 6506 Reimsbach) bis an die Randverwerfung reicht; letztere ist offensichtlich nicht von einem Versatz betroffen; die „horstartige Aufschuppung" des Phyllit-Komplexes und seiner oberkarbonischen Überdeckung sollte durch zwei annähernd parallel zueinander verlaufende Verwerfungen bedingt sein; der nordwestliche Ast verwirft den „Phyllit-Komplex" als steile Abschiebung gegen Schichten der Nahe-Subgruppe der Merziger Grabenmulde; diese Verwerfung ist allerdings durch pleistozäne Deckschichten verhüllt; der südöstliche Ast verwirft den überkippten „Phyllit-Komplex" gegen Schichten des Stefan und des tiefen Rotliegend; dadurch wird ein Fluchtkeil gebildet, der von den zwei gegenläufigen Verwerfungen begrenzt ist, bei der transpressiven Beanspruchung am Süd-Rand der „Grabenmulde" hoch gepresst wurde und jetzt wurzellos in „jüngeren Schichten schwimmt".

Die Metzer Verwerfung am Südost-Rand der „Merziger Grabenmulde" ist offensichtlich der Hauptträger der Verwerfung. Auch hier gilt, dass der für die Randverwerfung zwischen Losheimer Bach und Wadern kartierte „bajonettartig" aufgesplitterte Verlauf der Randverwerfung (E. Müller et al. 1981) dieser Struktur nicht gerecht wird. Vielmehr ist auch hier davon auszugehen, dass bei der Komplexität der Vorgänge an diesem Verwerfungssystem dieses aus mehreren Bahnen mit linsenartigen Scherkörpern zwischen sich besteht, wie das Vorkommen Düppenweiler zeigt.

Zur Zeitlichkeit der Verwerfungen liegen hier im Südwesten nur wenige Anhaltspunkte vor. Postvariszische Bewegungen ergeben sich daraus, dass Triasschichten in Bewegungen einbezogen sind, ohne dass festliegt, wann das geschah. Immerhin bestand hier anders als bei den variszischen Strukturen des Hunsrücks eine Schwachstelle, an der sich jederzeit Bewegungen abspielen konnten.

6.2.8 Zum West-Ende des Hunsrücks

Zur postvariszischen Tektonik gehören Verwerfungen, die im nördlichen Saargau im triassischen Deckgebirge nachgezeichnet sind. Letztlich setzen sie sich aus dem Trier-Bitburger Bruchfeld in der Verlängerung der Eifeler Nord-Süd-Zone – Lothringer Furche (Lucius 1952) nach Süden fort. Diese rheinisch ausgerichtete Struktur begrenzt den Hunsrück nach Südwesten. Westlich Bitburg, Trier, Saarburg und Merzig hat sich durch mehrere Verwerfungssysteme ein Schollenmuster entwickelt, das aus leisten- oder rhombenförmigen Schollen besteht, die Gräben und Horste einschließen. Dieses Muster benutzt keine während der variszischen Deformation aktiven Störungen oder Schwächezonen sondern ausschließlich post-variszische Störungssysteme (Dittrich 2008–2014, Wo. Wagner et al. 2012): Schwach an Strukturen des variszischen Sockels orientiert sind NE-SW ausgerichtete Verwerfungen, die durch die spät- bis post-variszische Südliche Randverwerfung der Wittlicher Senke vertreten sind (Stets 2004b); ein zweites System, das ebenfalls NE-SW verläuft, jedoch etwas steiler streicht, wurde von Dittrich (2011: 22) als „Diagonales Richtungssystem" beschrieben; wie weit es als eigenes System aufzufassen ist, bleibt dahingestellt, da z. B. die Südliche Randverwerfung der Wittlicher Senke, bei Trier auch als „Medard-Verwerfung" (Kremer 1954, Stets 2004b) oder „Hunsrück-Randstörung" bezeichnet, in diese Richtung einmündet. Eine wichtige Rolle spielen NNE-SSW (rheinisch) streichende Verwerfungen, die eindeutig postvariszisch sind, das triassische Deckgebirge durchschlagen haben und wesentlich am Abbruch des Hunsrücks gegen die Lothringer Furche beteiligt sind. Südlich der Siercker Schwelle treten vermehrt NW-SE ausgerichtete querschlägige Verwerfungen in Erscheinung, deren Anlage in das Störungsmuster der Saar-Nahe-Senke passt.

6.2.8.1 Die Bruchstrukturen

Die Südliche Randverwerfung der Wittlicher Senke teilt sich südwestlich Rivenich in zwei Äste, die die Bekonder Teilscholle umschließen (Stets 2004b). Der südöstliche Ast lässt sich bis Ruwer verfolgen, der nordwestliche und bedeutendere bildet die eigentliche Grenze zur Senke; er lässt sich bis Konz verfolgen; die Bekonder Teilscholle ist zusätzlich von Querstörungen betroffen, die wohl post-variszisch aktiv waren, wie Versätze an der Südlichen Randverwerfung vermuten lassen.

Weiter im Westen bestimmen ab Konz Verwerfungen, die rheinisch ausgerichtet und mit „Diagonal-Verwerfungen" kombiniert nach SW verlaufen, das post-variszische Störungsmuster; nach Dittrich (zuletzt 2011: Abb. 2) bilden sie den **Saargauer Graben** und gehören insbesondere zu dessen Ost-Flanke; von Norden nach Süden sind dies (St. Schneider 1982, Spannbrucker 1992, Peters 1985, Ratzke 1986): Der **Fellericher Sprung**, der **Tawerner Sprung,** der **Mausbacher Sprung**, der **Rosenberger Sprung,** der **Tobias Haus-Sprung,** der **Saarburger Sprung** mit zwei artesischen Quellen „Griesborn" und „Wallenborn", der **Mannebacher Sprung** mit dem **Hosteberg-Sprung,** der **Müllerberg-Sprung.** Alle diese „rheinisch" streichenden Verwerfungen lassen sich zwanglos der Ost-Flanke des Saargauer Grabens zuordnen (Dittrich 2011), der südlich Konz, im Gegensatz zum nördlich angrenzenden Bruchfeld wesentlich besser zu fassen ist.

Diese Vorherrschaft des „rheinisch" streichenden Bruchsystems wird nach Süden abgelöst von Verwerfungen, die im Wesentlichen dem diagonal verlaufenden System zuzuordnen sind. Dazu gehören weiter im Süden folgende Verwerfungen: Der **Freudenburger Sprung** und der **Freudenburger Graben**, die **Leuk-Tal-Verwerfung,** der **Weitener Sprung** („Weitener Verwerfung": Dietz 1965) und der **Tünsdorfer Sprung** (Franz 1993).

Südlich der Kammlage der Siercker Schwelle liegt der **Dreisbacher Sprung** im Tal der Saar bei Dreisbach; er versetzt die Basis Buntsandstein von ca. 300 m NN bei der Burg Mt. Clair rechts der Saar auf ca. 200 m NN bei Haus Stein auf dem gegenüber liegenden Ufer; wegen der unebenen Basis-Fläche Buntsandstein im prä-triadischen Relief kann die Sprunghöhe nur ungenau angegeben werden; Schall (1968) leugnete eine derartige Verwerfung

Das Südwest-Ende des Hunsrücks wird außerdem durch die **Merziger Grabenmulde** (Losheimer Graben) bestimmt. Dazu gehört einmal die nordwestliche Randverwerfung der Grabenmulde, die **Losheimer Verwerfung** (Besseringer Sprung), die bei Besseringen die Saar quert und weiter im Nordosten bei Britten etwas steiler verläuft; sie fällt nach SE ein; weiter im Nordosten verwirft sie Wadern- gegen Kreuznach-Schichten; der Verwurf ist dort wegen mangelnder Bezüge schwer anzugeben (Dietz 1965, E. Müller et al. 1981).

Im äußersten Südwesten quert die **Kirn-Metzer Störung** bei Beckingen die Saar; sie ist die südöstliche Randstörung des Losheimer Grabens (Merziger Grabenmulde) in der Verlängerung der Hunsrück-Südrand-Verwerfung; sie begrenzt den Hunsrück geologisch nach Südosten.

Alle Verwerfungen am Südwest-Ende des Hunsrücks sind im Wesentlichen „rheinisch" und/oder „diagonal" ausgerichtet. Die generelle Einfallrichtung der Deckschichten beträgt max. 5° SW und trägt mit zum Verschwinden des Hunsrücks bei. Dabei ist die Richtungskonstanz in der Raumlage der Verwerfungen um 10–15° bzw. 40–50° deutlich.

Alle genannten Verwerfungen sind fast ausschließlich geokartographisch erfasst. Beobachtungen an den Störungsflächen oder an begleitenden Fugen, wie sie Dittrich (2011, 2014) darstellte, sind nur lokal möglich. Hin und wieder wurden horizontale Harnischstriemen beobachtet, die zu einem übergeordneten Plan gehören. Es stehen hier jedoch vornehmlich abschiebende Bewegungen zur Diskussion, die zur Lothringer Furche ausgerichtet sind und damit zum Untertauchen des Hunsrück-Blocks nach WSW beitrugen. Die Lothringer Furche ist sicherlich als prä-triassisch angelegte Struktur zu betrachten, über die schon seinerzeit der Sediment-Transport nach Norden bzw. Süden erfolgte. So sollte diese Richtung als dominant für die Krustenentwicklung angesehen werden, die wahrscheinlich auch im Jura und in der Unterkreide mit der Atlantik-Öffnung in Zusammenhang gesehen werden muss. Sie bestand schon, als seit Ende der Kreide bis in das Känozoikum Zentraleuropa zusätzlich per Fernwirkung durch die alpidische Tektogenese beansprucht wurde.

Dittrich (2009) ging wie auch für das Trier-Bitburger Bruchfeld von einer Hauptschubspannung in Richtung NE-SW aus, bei der sich Fugen in rheinischer Richtung mit rechtshändischem und diagonale mit linkshändischem Versatz bilden oder auch aktiviert werden konnten. Das steht allerdings dem rechtshändischen Versatz an der Hunsrück-Südrand-Verwerfung entgegen. Somit bleibt die Frage unbeantwortet, wie weit das offensichtlich funktionierende Paläospannungsfeld von ECRIS (European Cenozic Rift System, Dèzes et al. 2004) auf die lokale Situation angewandt werden kann, sollten doch auch rechtshändische Verschiebungen wie an der Hunsrück-Südrand-Verwerfung möglich sein.

6.2.9 Junge Hebung des Hunsrücks als Teil der Rheinischen Masse

Hinweise auf die junge Hebung und ihre Größenordnung lassen sich über die Terrassen-Landschaft der den Hunsrück umrandenden Flüsse ableiten. Der Rhein als Vorfluter kontrolliert dieses System und so bildete sich seit dem Ober-Miozän, sicher seit dem Pliozän, in Abhängigkeit von der offensichtlich endogen gesteuerten Hebung das heutige Flusssystem heraus, das keine Vorgänger hatte. Das „Vallendarer Flusssystem" gehört nicht dazu. In Abhängigkeit von der Intensität der Hebung entstanden an allen Flüssen die drei ineinander geschachtelten großen Talboden-Systeme:

Das jungtertiäre Trog-Tal-System als ältestes, das bis zum Ende des Pliozäns dauerte, das alt- bis mittelpleistozäne Plateau-Tal-System und das mittelpleistozäne, bis heute bestehende Eng-Tal-System.

Diese offensichtlich endogen gesteuerte Anlage wurde durch klimatische Schwankungen überlagert. Für die tektonische Analyse ist entscheidend, dass das langfristig angelegte, endogen gesteuerte Geschehen von dem geologisch gesehen kurzfristigen Klima-Geschehen überlagert wurde. Eine ruckweise Hebung mit Unterbrechungen, die zu den Terrassen führten (u. a. Mordziol 1910, Leppla 1911) wird heute abgelehnt (Klostermann 1992, W. Meyer & Stets 1998, 2002). Außerdem steigerte sich der Hebungsprozess mit der Zeit, was sich daran zeigt, dass während der Trog- und Plateau-Tal-Entwicklung die Seitenerosion die Überhand hatte, dagegen in der Eng-Tal-Zeit die Tiefenerosion entscheidend wirksam war.

Unter den Terrassen dieses Flusssystems ist besonders die Jüngere Hauptterrasse (jHT) mit ihrer Unterstufe (UjHT) im Plateau-Tal-System als Bezugselement (Marker) für die tektonische Analyse wichtig (W. Meyer & Stets 1998). Frühere Analysen dieser Art scheiterten, da es nicht gelang, die Terrassen-Korrelation einheitlich über das gesamte Flusssystem zu kontrollieren (K. Fuchs et al. 1983), noch nicht einmal über Flussabschnitte, wie an der Mosel zwischen Trier und Koblenz (Negendank 1978, 1983a, b, Wo. Wagner et al. 2012). Korrelationsversuche über die Sedimentfracht (Geröll-, Schwermineral-Gehalt, sedimentpetrographische Parameter) und die Höhenlage über NN gelangen nicht, da tektonische Einflüsse und „Störungen" das Bild stark beeinflussten. R. Hoffmann (1996) stellte die diversen Terrassengliederungen an der Mosel seit Leppla (1910) einander gegenüber.

Ein geologisch-geomorphologischer Ansatz zeigt dagegen, dass eine Korrelation über die Jüngere Hauptterrasse (jHT) im gesamten Flusssystem möglich ist, da sie relativ großflächig erhalten und geomorphologisch sicher ansprechbar ist; sie kann auch am Unterlauf der Tributarien noch gut identifiziert werden, da die Basis dieses ehem. Talbodens weitgehend eben ist, sie das Endstadium der nahezu ebenen Talböden im Plateau-Tal darstellt, sie sich über eine deutliche morphologische Kante und eine Unterstufe (UjHT) gegen die jüngeren Terrassen des Eng-Tales deutlich absetzt und sich über einen Schotterkörper in der Mehrzahl der Fälle gut ansprechen lässt (R. Hoffmann 1996, W. Meyer & Stets 1998, 2002).

Wo. Wagner et al. (2012) zitierten Cordier et al. (2006), die eine derartige Korrelation in Zweifel zogen. Dazu sei bemerkt, dass es wohl kein verlässlicheres Korrelativ an Mittel- und Untermosel gibt, als jenes zwischen Plateau- und Eng-Tal, das sich in den quasi-homogenen Schichtverbänden des Unterdevons in Rhein-, Mosel-, Saar- und Nahetal ausbildete.

Die jüngste Plateau-Tal-Terrasse (jHT) ist darüber hinaus auch altersmäßig absolut gut einzuordnen. Sie liegt im Grenzbereich der magnetostratigraphischen Perioden Matuyama/ Brunhes. Die Umkehr von reverser zur normaler Magnetisierung, die sich in feinkörnigen Sedimenten festlegen lässt, liegt am Top der Jüngeren Hauptterrasse (jHT) und ist u. a. mit 783 ka ± 11 ka festgelegt (Fromm 1987). Andere Untersuchungen ergaben Alter zwischen 795 und 770 ka, so 790 ± 5 ka (Johnson 1982), 780 ± 10 ka (Spell & Mc Dougall 1992). Dort, wo der Schotterkörper unter feinkörnigen Hochflutsedimenten liegt, sollte ein Alter um 800 ka nicht unrealistisch sein (Ploschenz 1994, R. Hoffmann 1996, W. Meyer & Stets 1998). Damit ist das Ende der Plateau-Tal-Zeit zeitlich angenähert festgelegt. Ihr folgt die markante Eng-Tal-Phase.

Abgesehen davon weisen die Tributarien in ihrer Verlaufskurve talabwärts deutliche Sprünge auf. Da alle Flüsse im Umkreis des Hunsrücks und auch dort, wo die Tributarien in ihn hineinreichen, im Niveau der jHT ein grobes Schotterspektrum wie auch die älteren Talböden einschließlich der pliozänen Kieseloolithterrassen zeigen, sollte es sich eher um verwilderte Flusssysteme gehandelt haben mit einem entsprechenden Gefälle, das u. U. dem heutigen ähnlich ist. Daraus ergibt sich eine endogen gesteuerte tektonische Einwirkung auf das Flussgeschehen.

Vor allem darf nicht davon ausgegangen werden, dass sich die Rheinische Masse und mit ihr der Hunsrück en bloc gehoben hat oder gekippt wurde (Quiring 1928; Birkenhauer 1973). Ein Vergleich der Höhenlage der Talböden der Jüngeren Hauptterrasse (jHT) am Oberen Mittelrhein zeigt zwischen Bingen und Boppard den nahezu konstanten Höhenwert um 300 m NN. Mit Annäherung an das Neuwieder Becken nach Norden verringert sie sich auf 170–180 m NN.

6.2.9.1 Regionale Aspekte

Die Verknüpfung aller für das Rheinische Schiefergebirge ermittelten Werte (W. Meyer & Stets 2002) ergab ein deutlich gelängtes, WNW-ESE ausgerichtetes Hochgebiet, dass sich linksrheinisch von der Nord-Eifel bei Monschau bis in den Ost-Hunsrück im Bereich von Bl. Kestert erstreckt. Im Ost-Hunsrück wurden Hebungsbeträge von >250 m, d. h. Hebungsraten von >25 cm/ka erreicht (R. Hoffmann 1996). Dieses Hochgebiet ist im Bereich der Untermosel flussabwärts von Cochem von einem NE-SW verlaufenden „**Untermosel-Graben**“ unterbrochen, in dem die Mosel fließt. Sie hat in diesem Graben den bis dahin stark mäandrierenden Verlauf des Flusses zugunsten eines eher gestreckten bis Koblenz aufgegeben. Die Hebungsbeträge im Graben nehmen, abgesehen von kleineren Störungen, von 190 m bei Cochem auf 164 m bei Alken/Mosel ab. Auf der Höhe von Kobern-Gondorf verkompliziert die Struktur des „**Dreckenacher Grabens**“ (R. Hoffmann 1996), der hier die Mosel in Richtung WSW-ENE quert, das Bild. In diesem Graben wird nur ein Hebungsbetrag von 62 m, auf der Hochscholle bei Niederfell von 138 m erreicht, der bis Koblenz systematisch auf 108 m sinkt. Der Dreckenacher Graben modifiziert den Untermosel-Graben in Richtung Nordwesten im südöstlichen Neuwieder Becken. Das Tal weitet sich nach Nordwesten und veranlasste die Mosel zu der Bifurkation zwischen Klotten und Kobern-Gondorf. Der Mosel-Hunsrück war in dieses Geschehen nur randlich eingebunden.

Eine querschlägige Verwerfung, die **Burgener Verwerfung,** quert die Mosel auf der Höhe von Burgen. Sie führte zu einem geringen Versatz der Bezugsfläche jHT um ca. 15 m. Eine das Untermosel-Tal querende „Elz-Tal-Linie“ in ähnlicher Richtung (Negendank 1983a, b, Wo. Wagner et al. 2012) ließ sich im Tal-Längsprofil nicht ermitteln. Bestenfalls handelt es sich dabei um eine Flexur. Offensichtlich überschneiden sich hier die junge Hebung der Rheinischen Masse und die Einbruchstruktur des südlichen Neuwieder Beckens (R. Hoffmann 1996). Das NW-SE gestreckte Gebiet starker Hebung reicht bis in den östlichen Hunsrück hinein. Das übrige Gebiet des Hunsrücks ist um mindestens 50–100 m gegenüber dem Umland gehoben. Dabei zeichnet sich allerdings kein scharfer Schnitt entlang der Hunsrück-Südrand-Verwerfung ab. Das gilt in gleicher Weise für das Randgebiet des Mainzer Beckens wie auch zur Saar hin. Der Bereich der Merziger Grabenmulde („Losheimer Graben“) tritt hierbei nicht besonders in Erscheinung.

Es gibt auch Anzeichen für eine junge seismotektonische Aktivität zwischen Koblenz und Mainz. Sie ist durch zahlreiche Makro- und Mikro-Beben nachgewiesen (Ahorner 1983) und Ausdruck eines Dehnungsprozesses, der aus der Niederrheinischen Bucht bis zum Süd-Rand des Schiefergebirges wirksam ist, wie die Analyse der Erdbeben zwischen 1978 und 1982 zeigt. Sie liegen in der Bruchzone des Mittelrhein-Grabens. Ahorner ging davon aus, dass es sich um eine „hidden zone of active rifting“ (S. 212) handelt, die aus einer Vielzahl kleinerer Verwerfungen besteht und nicht aus wenigen größeren Einzelstörungen. Letztlich gehört die Struktur des Mittelrhein-Grabens zu einer Zone aktiven Riftings mit einer Gesamtlänge von ca. 350 km Länge von Nijmwegen im Norden bis über Heidelberg hinaus im Süden (Ahorner 1983). In dieser Zone liegt der Bereich erhöhter seismischer Aktivität eher rechts des Rheins im südwestlichen Taunus als im Hunsrück.

So ergibt sich vom Jungtertiär bis heute insgesamt eine deutliche Heraushebung des Hunsrücks als Teil der Rheinischen Masse, zusätzlich eine stärkere Hebung im östlichen, Rhein-nahen Hunsrück und eine deutliche Trennung vom rechtsrheinischen Taunus durch eine NW-SE verlaufende Zone schwächerer aktiver Hebung in der Form des Mittelrhein-Grabens, die der Rhein ab dem Jungtertiär benutzte; das wird deutlich, wenn man die Längsprofile von Mosel und Lahn einander gegenüberstellt; R. Hoffmann (1996: 127) vermutete in dem Rhein-nahen und -parallelen Hochgebiet „den antithetisch verkippte(n), aufgestiegenen Rand eines Mittelrheingrabens“ (Ploschenz 1994, W. Meyer & Stets 1998); zusätzlich wurde der linksrheinische Block von einer jungen Bruchtektonik betroffen, die ihren Schwerpunkt im Neuwieder Becken hat und den Hunsrück nur im Nordosten betraf.

6.3 Post-variszische Gangmineralisation im Hunsrück

Außer dem Großteil der Buntmetall-Vererzung im Hunsrück, die der variszischen Orogenese zugeordnet werden kann, sind einige Vorkommen in West- und Mosel-Hunsrück postorogenen, epigenetisch gesteuerten Prozessen der Mineralisation und Gang-Erz-Bildung zuzuordnen. Gegenüber den syn- bis spät-orogenen Vorkommen waren die postorogenen im Hunsrück aufgrund ihrer geringeren Größe und Ausbeute von geringerer wirtschaftlicher Bedeutung. Sie haben daher, abgesehen seit den 1980er Jahren, keine grundlegende wissenschaftliche Bearbeitung mehr erfahren.

Die Zuordnung von Funden, Vorkommen und Lagerstätten zur postvariszischen Gruppe stößt im Hunsrück auf Schwierigkeiten, da sich auf geologischer Basis keine weiteren Bezüge herausarbeiten ließen. Die post-variszischen Gänge sitzen nur im variszisch deformierten Stockwerk, das ausschließlich aus unterdevonischen Gesteinen aufgebaut ist. Das mesozoische Deckgebirge ist, ausgenommen von geringfügiger Kupfer-Vererzung im Buntsandstein (Trier-Bitburger Bruchfeld) und im südwestlichen Randgebiet (Saarland), nicht vererzt, sodass darüber keine zeitlichen Bezüge abgeleitet werden können.

6.3.1 Vorkommen

Krahn (1988) konnte mit Hilfe von Blei-Isotopen im West-Hunsrück mehrere Vorkommen der post-variszischen Gruppe zuordnen. Sie sind auf den West- und Mosel-Hunsrück beschränkt und liegen südöstlich einer Linie, die den Hunsrück von Traben-Trarbach nach Südosten quert. Im Einzelnen handelt es sich um folgende Vorkommen im West-Hunsrück: In der Grube „**Glücksanfang**" und dem Vorkommen „**Anna**" bei Berglicht (Bl. 6207 Beuren/ Hochwald) wurden NW-SE streichende Gänge als postvariszisch eingestuft. Südlich davon wurden in der Grube „**Gertrudssegen**" westlich Gielert (Bl. 6208 Morscheid-Riedenburg) drei „rheinisch" streichende Gänge mit 0,4–0,6 m Mächtigkeit abgebaut, die von einer NE-SW streichenden, vererzten Störung abgeschnitten wurden. Das wohl bedeutendste Vorkommen in diesem Bezirk war die Grube „**Margarethe**" im Tal der Kleinen Dhron gegenüber; die Abraumhalden sind noch heute deutlich (Bl. 6207 Beuren); die Lagerstätte war offensichtlich an eine „rheinisch" streichende Verwerfung (N-S, NNE-SSW) gebunden, auf der ein 0,5–0,6 m mächtiges Erzmittel abgebaut wurde; es bildete zusammen mit Nebengesteinskeilen „eine 2–3 m breite mineralisierte Zone"; in Ganghohlräumen wurden „zahlreiche Drusen mit idiomorphen Bergkristallen" gefunden (Krahn 1988: 66).

Aus dem Mosel-Hunsrück kommen weitere ehem. Gruben hinzu, die zwischen Traben-Trarbach und Morbach liegen (Krahn 1988): In der **Grube „Karl**" bei Emmeroth (Bl. 6008 Bernkastel-Kues) wurde ein NW-SE streichender Quergang angeschnitten, der außer Bleiglanz eine stärkere Beteiligung von Zinkblende (Sphalerit) aufwies. In der **Grube „Dorothea**" bei Kommen (Bl. 6008 Bernkastel-Kues) wurden zwei Quergänge (NW-SE und NNE-SSW) mit Mächtigkeiten zwischen 1,2–1,5 m abgebaut. Kronz (2005) nannte außerdem die ehem. Gruben: **Grube „Campsteine**" bei Trarbach, **Grube „Ofen**" und **Grube „Kautenbach**" im Kautenbach-Bezirk, sowie **Grube „Michael**", **Grube „Katzenpfad**", **Grube „Kleiner**" und **Grube „Großer Annenberg**" im Bezirk Monzelfeld sowie die ehem. Gruben „**Heinrich**", **Grube „Frischer Mut**" bei Veldenz und **Grube „Barbara-Helene**" sowie **Grube „Windschnur**" bei Bernkastel-Kues.

Vom südöstlichen Hunsrück ist nur vom Gollenfels bei Stromberg eine offensichtlich post-variszische Vererzung bekannt, die auf NW-SE streichenden Verwerfungen und Klüften im givetischen Massenkalk aufsaß. Sie erreichte bis 5 m Mächtigkeit. Zusätzlich wurden die Kalke im Bereich der Vererzung stark dolomitisiert und silifiziert vorgefunden.

6.3.2 Mineralparagenese

Die Mineralparagenese der postvariszischen Vorkommen im Hunsrück ähnelt weitgehend jener der variszischen, wenn auch mit Unterschieden; daran beteiligt sind die Erzminerale Bleiglanz (Galenit), Zinkblende (Sphalerit), Kupferkies (Chalkopyrit), Fahlerz, Bournonit, Pyrit und Gersdorffit (Nickelarsenkies). Als Gangart kommen hinzu Quarz, Dolomit-Ankerit, Siderit, Kalzit und Baryt.

Seit der sicheren Unterscheidung variszischer von postvariszischen Mineralisationen mittels geochemischer Untersuchungsmethoden schälten sich folgende Unterschiede heraus: post-variszische Erze sind eher grobkristallin; im Gangbereich tritt Brekziierung auf; Hohlräume sind mit Palisaden-Quarz (orientiertes Kristall-Wachstum auf Klasten in Brekzien) gefüllt; in der Matrix finden sich brekziierter Quarz und Limonit; in Hohlräumen treten im Nebengestein idiomorphe Kristalle von Bleiglanz und Karbonaten auf; es kommen Pseudomorphosen nach Baryt und Karbonaten vor sowie Fahlerz-Trümer mit großen Kristallen und „Sand-Erz".

Eine Altersabfolge bei der Mineralabscheidung wie bei den variszischen Mineralisationen lässt sich mangels Verwachsungen nicht ableiten; offensichtlich kam es zuerst zur Bildung von Quarz und anschließend zu einer gemeinsamen Fällung der Sulfide. Auch hierin unterscheiden sich die variszischen hydrothermalen Gangbildungen von den post-variszischen Paragenesen.

Nach KRAHN (1988) weisen die post-variszischen Blei-Zink-Vererzungen im gesamten linksrheinischen Schiefergebirge eine ähnliche Blei-Isotypie auf, was auf einheitliche großräumige Metall-Quellen hindeutet. Gegenüber den variszischen Mineralisationen enthalten die post-variszischen höhere Gehalte an radiogenem Blei und zeigen damit einen weiteren signifikanten Unterschied auf. Mit ihrer Hilfe lassen sich auf variszischen Gängen zusätzlich gebildete Galenite post-variszischer Herkunft nachweisen.

6.3.3 Genese und Alter

Während SCHNEIDERHÖHN (1941) postvariszische hydrothermale Sulfid-Vererzungen im nördlichen Rheinischen Schiefergebirge durch Mobilisierung variszischer Erze zu erklären versuchte, ging H. W. WALTHER (1984) von erneuter Mobilisierung von Metallionen-haltigen Lösungen in Zusammenhang mit der Öffnung des Nord-Atlantiks aus. HÖHNDORF et al. (1984) stellten klare isotopische Unterschiede des Bleis aus variszischen und postvariszischen Mineralisationen fest. Sie schlossen daraus, dass das Blei der jüngeren („saxonischen“) Erze kein Mobilisat der älteren (variszischen) Erze sensu SCHNEIDERHÖHN sein kann. Da es sich in beiden Fällen um Krusten-Blei handelt, lässt dieses Ergebnis auf eine erneute Mobilisierung der auch für die variszischen Erz-Paragenesen verantwortlichen Quellen schließen.

Im nördlichen Schiefergebirge wurden auch prä-kambrische Sedimente als Metallionen-Quelle angenommen. Auf ähnlicher Basis hatte SCHAEFFER (1984) die Mobilisierung entsprechender hydrothermaler Lösungen auf einen Manteldiapir zurückgeführt. Dieser sollte zur Öffnung von Aufstiegswegen und auch zur Erhöhung des geothermischen Gradienten beigetragen haben. Eindringende meteorische Wässer hatten danach die Möglichkeit, bei verbesserter Wegsamkeit Metallionen aus den variszisch nicht ausreichend ausgelaugten Sedimenten zu lösen, die in geeigneten Spaltensystemen unter niedrigeren Druck- und Temperaturbedingungen auskristallisierten. Die Bindung an „rheinisch“ ausgerichtete Spalten legt mit H. W. WALTHER (1984) den Verdacht nahe, dass Zusammenhänge mit der Öffnung des Nord-Atlantiks bestanden. Untersuchungen an Flüssigkeitseinschlüssen (BEHR & HORN 1984) aus variszischen und post-variszischen Mineralen zeigten, dass bei den post-variszischen Mineralisationen höhere Salinitäten in diesen Einschlüssen gegenüber niedrigeren in den variszischen bestanden. Außerdem sollten bei den jüngeren Mineralisationen beträchtliche Salinitäts- und Temperaturschwankungen in den Erz-führenden Lösungen geherrscht haben, die sich mit Durchmischung von Lösungen aus unterschiedlichen Quellen erklären ließen. Diese Annahme zeigt den deutlichen Gegensatz zu den variszischen Mineralisationen, die eher auf ein einheitliches, geschlossenes, hydrothermales Regime schließen lassen, das nicht durch Zufluss auf Spaltensystemen gestört wurde. Diese an post-variszischen Fluorit-Baryt-Gangerz-Lagerstätten gewonnenen Erkenntnisse lassen sich wohl auch auf die sulfidischen Gangerz-Lagerstätten im südlichen linksrheinischen Schiefergebirge übertragen.

Ähnlich sah KRAHN (1988) die Bildung der post-variszischen Sulfid-Mineralisationen. Nach seiner Ansicht benutzten relativ heiße hydrothermale Lösungen aus größeren Tiefen aufreißende Schwächezonen zum Aufstieg in höhere Stockwerke, wo aufgrund von Abkühlung und Mischung mit Sulfat- und auch Bikarbonat-reichen Lösungen die Abscheidung der Minerale erfolgte. Sich wiederholende epirogenetische Prozesse sollten zu vermehrter Bildung von Wegsamkeiten geführt und den Prozess über längere Zeit in Bewegung gehalten haben, sowie wiederholt neue salinare Lösungen aktiviert und in höhere Stockwerke oder Stockwerksabschnitte gebracht haben, wo sie auskristallisierten. Darauf verweisen Brekzienbildung auf den Gängen und Zonarbau einzelner Phasen. Die ähnliche, jedoch nicht immer gleiche Mineralisation in den Vorkommen weist auf ein ähnliches Liefergebiet in der Tiefe für die Metallionen-haltigen Lösungen, jedoch auch auf Unterschiede bei Aktivierung, Förderung und Auskristallisation hin.

6.4 Mineralwasserquellen

Mineralwasserquellen sind im Hunsrück im Vergleich zur Eifel selten und vom Oberen Mittelrhein, aus dem West-Hunsrück und dem Gebiet des Kreuznacher Rhyolith-Massivs bekannt. Aus Analysen ergibt sich, dass der Wasseranteil der Quellen direkt von versickertem Niederschlagswasser stammt und sich auch allein aus diesem regeneriert, während Tiefenwässer aus der weiteren Umgebung des Hunsrücks wohl nur einen geringen Anteil daran haben.

Hydrogeologisch gehört der Hunsrück zu den relativ grundwasserarmen Gebieten, obwohl die Niederschläge auf den Höhen 1000 mm/a und mehr betragen. Das ist darin begründet, dass die variszisch konsolidierten Schichtverbände z. T. relativ geringe Permeabilitäten es sei denn über Klüfte aufweisen. Ein Großteil der Niederschläge fließt daher oberirdisch ab. Grundwasser mit größerem Lieferpotential ist auf die Randgebiete mit Rotliegend (Wittlicher und Saar-Nahe-Senke), Buntsandstein am Südwest-Ende des Gebirges oder auf Lockersedimente im Bereich der Flüsse Saar, Mosel, Nahe und Rhein beschränkt. Trotzdem sind Sauerstoff-reiche Oberflächenwässer während Mesozoikum und Alttertiär dauerhaft bis in größere Tiefen in die unterdevonischen Schichtverbände eingedrungen und haben zu der Mesozoisch-Tertiären-Verwitterungsrinde (MTV) geführt.

Abgesehen von dem natürlichen Porenraum der Gesteine besteht eine Wegsamkeit in den devonischen Tonschiefern und Quarziten entlang von tektonisch bedingten Fugen, Spalten, Klüften und von kataklastischen Ruscheln oder Gangsystemen. Entlang dieser Strukturen können zirkulierende Oberflächenwässer in unterschiedliche Tiefen vordringen. So zeigte sich z. B. bei der Grube „Korb" bei Eisen entlang einer derartigen Schwächezone ein Zufluss an schwefelsauren Grubenwässern mit einer Konzentration, die bei kurzfristiger Einleitung in den Eisbach zu sofortigem Fischsterben führte. Die schwefelsaure Komponente ließ sich dort unschwer auf die Umsetzung von Sulfiden in unmittelbarer Nähe des Baryt-Lagers durch vadose Wässer zurückführen.

Eine statistische Analyse aller in Betracht kommenden Spalten-, Kluft- und Bruchsysteme des Schiefergebirges (May 1994) zeigte nur bedingt bevorzugte Richtungen auf. Offensichtlich ist das Gebirge aufgrund der unterschiedlichen Beanspruchungen relativ gleichmäßig von entsprechenden Unstetigkeitsflächen durchzogen. May ermittelte insgesamt 13 Bruchflächenscharen, die zumindest das Eindringen von Oberflächenwasser in den Gesteinskörper gewährleisten. Unter diesen sind nur jene hydrodynamisch wirksam, die nicht durch Mineralisation und Verlettung plombiert sind und in post-variszischer Zeit aktiv waren. Zu ihnen gehören insbesondere N-S bis NNE-SSW (rheinisch), NE-SW (erzgebirgisch bzw. diagonal) und NW-SE (herzynisch) ausgerichtete junge Bruchsysteme. Die hydrodynamische Wirksamkeit wird insbesondere dann gefördert, wenn die Strukturen optimal zum känozoischen Spannungsfeld liegen (Ahorner 1983).

Anders als in der Eifel sind im Hunsrück die Mineralwasser-Vorkommen unabhängig vom Vulkanismus. Sie sind generell auf zwei Gebiete beschränkt, das Gebiet des Mittelrhein-Grabens und den durch Querbrüche geschwächten westlichen Hunsrück. Nicht relevant sind die querschlägigen Verwerfungen in der „Mosel-Mulde".

Die zutage tretenden Wässer sind größtenteils Mineralwässer i. e. S., die mehr als 1 g/l gelöste mineralische Substanz enthalten. Seit 1984 werden auch mineralärmere Wässer als solche bezeichnet (LGB 2005: 336; Mineral- u. Tafelwasser-Verordnung). Außerdem enthalten sie mindestens 250 mg/l freies CO_2. Für die Kennzeichnung als Säuerling benötigt das Wasser einen Gehalt von >1000 mg/l freies CO_2.

Unter den im Schiefergebirge allgemein vorkommenden Mineralwässern sind aus dem Hunsrück Ca-Mg-Hydrogenkarbonat-, Ca-Mg-Na-Hydrogenkarbonat-, Na-Hydrogenkarbonat-, Na-Hydrogenkarbonat-Chlorid- und auch Na-Chlorid-Wässer bekannt. Dabei zeigen die Mineralwasser-Vorkommen bei Bad Kreuznach-Bad Münster am Stein/Nahe sowie an Saar und Obermosel einen von den Schiefergebirgswässern abweichenden Chemismus.

Die Quell-Temperaturen liegen bei der Mehrzahl der Hunsrücker Vorkommen unter 20°C. Erst ab 20°C Auslauftemperatur darf eine Quelle auch als Therme bezeichnet werden. Nur bei Bad Wildstein im Kautenbach-Tal und an der Nahe werden vereinzelt Temperaturen über 20°C erreicht. Dabei zeigen insbesondere die Chlorid-Ionen enthaltenden Wässer eher höhere Temperaturen als die Hydrogenkarbonat-Wässer. Daraus lässt sich ableiten, dass die Hydrogenkarbonat-Wässer ihren gelösten Mineralstoff-Anteil durch Ionen-Austausch bei der Durchwanderung des höheren Schiefergebirgs-Stockwerks aufgenommen haben, während der Na-Chlorid-Anteil eher auf die Zumischung Chlorid-Ionen-haltiger wärmerer Tiefenwässer zurückgeführt werden kann. Bei den Hydrogenkarbonat-Wässern gilt das für die Mineralwässer im Bereich des Mittelrhein-Grabens weniger für die Vorkommen im westlichen Hunsrück, wo nur in beschränktem Umfang im äußersten Südwesten Steinsalz-Vorkommen im Mittleren Muschelkalk (E. Müller frdl. mdl. Mitt., Semmler 1952) im Deckgebirgsstockwerk Lothringens zu höherer Salinität beigetragen haben. Die Abschätzung der Aquifer-Temperaturen (May 1994) ergab erhöhte Temperaturen (>90°C) für Quellen entlang der Hunsrück-Taunus-Südrand-Verwerfung nordöstlich Bingen und im Bereich des Kreuznacher Rhyolith-Massivs. Am Oberen Mittelrhein wurden Aquifer-Temperaturen zwischen <30°C und >90°C ermittelt. Im westlichen Hunsrück erbrachte nur der Bereich bei Bad Wildstein Temperaturen >50–70°C; die übrigen lagen bei <30°C und max. 50°C.

Hinzu kommt bei zahlreichen Quellen ein Gehalt an freiem (CO_2). Die Vorgabe für Säuerlinge von >1000 mg CO_2/l erreichen im Hunsrück viele Hydrogenkarbonat führende Wässer. Das CO_2 ist insbesondere in den jungen Vulkan-Gebieten der Eifel sicherlich magmatischer Abkunft (Puchelt 1983). Die Quellen am Oberen Mittelrhein und im westlichen Hunsrück liegen jedoch relativ weit von den jungen Eifeler Vulkan-Gebieten entfernt. Die Ableitung des CO_2 im West-Hunsrück aus West- und Ost-Eifel macht erhebliche Wanderwege notwendig, auf denen die Gase über die Kluftporosität hätten entweichen können. Die CO_2-Komponente sollte sich im Wesentlichen aus dem Karbonat-Anteil der durchflossenen Gesteinsverbände regenerieren.

Über die Bestimmung der Isotopie von Helium ($^3He/^4He$) und Kohlenstoff ($^{13}C/^{12}C$) gelang Grieshaber et al. (1992) der Nachweis, dass hohe Werte von Mantel-Helium bevorzugt in den Gasen der Mineralwasser-Quellen in der Ost-Eifel, in geringerem Umfang auch in der West-Eifel mit Werten bis zu >33% vorkommen. Aus der Kombination der Werte von Helium- und Kohlenstoff-Isotypie bestätigt sich, dass für die offensichtlich nicht vulkanogen beeinflussten Mineralwässer an Oberrhein, Unterer Nahe und im westlichen Hunsrück das CO_2 wohl vornehmlich aus krustalen Quellen wie Karbonaten (karbonatisches Bindemittel, Fossildetritus) bzw. aus organogenen Anteilen (C_{org} im Hunsrückschiefer) sich rekrutieren mag. Entsprechendes ^4He kann sich auch in krustalen Gesteinen über den radioaktiven Zerfall in Kristallin-Gesteinen im tieferen Untergrund bilden. Wie weit diese Prozesse sich mit der Hebung der Rheinischen Masse korrelieren lassen, bleibt zu prüfen.

Mineralwässer kommen bevorzugt entlang des NW-SE verlaufenden Oberen Mittelrhein-Tales (Mittelrhein-Graben), entlang der Querverwerfungen im westlichen Hunsrück und im Bruchfeld des Kreuznacher Ryolith-Massivs in der nordöstlichen Nahe-Mulde vor. Im westlichen Hunsrück herrscht eine Vormacht von Erdalkali- und Erdalkali-Natrium-Hydrogenkarbonat-Wässern, am Oberen Mittelrein kommt noch eine

Natrium-Chlorid-Komponente hinzu wie auch an der Obermosel; die Mineralwässer an der Unteren Nahe und im äußersten Westen sind bevorzugt Natrium-Chlorid-Wässer ohne wesentlichen Hydrogenkarbonat-Anteil, dafür jedoch mit einer radiogenen Komponente und teilweise einem H_2S-Anteil.

6.4.1 Oberer Mittelrhein

Am Mittelrhein ist wegen des Mittelrhein-Grabens mit größeren Eindringtiefen meteorischer Wässer zu rechnen als im westlichen Hunsrück. Das zeigt sich u. a. an den leicht höheren Temperaturen der Mineralwässer und den relativ hohen Anteilen an CO_2, der sich aus erhöhter Reaktion der zirkulierenden Wässer mit dem durchflossenen Nebengestein ergibt. Der erhöhte Natriumchlorid-Anteil, der hier den Erdalkali-Hydrogenkarbonat-Wässern beigemischt ist, lässt sich kaum durch erhöhten Ionen-Austausch zwischen den relativ warmen und mit CO_2 aufgeladenen aszendenten Wässern und dem Nebengestein erklären. Hier sollte eine Beimischung von NaCl-reichen Tiefenwässern (Schwille 1955, Carlé 1958, Hölting 1977) in Betracht gezogen werden. Das macht allerdings weiten Transport von Solen aus Salzlagern des Zechstein im Norden oder des Tertiär im Oberrhein-Graben im Süden bzw. des Mittleren Muschelkalk im Saargau notwendig. Als Aquifer kommen bevorzugt geklüftete Quarzite von Taunus- und Emsquarzit, bzw. quarzitische Sandsteine im Schichtverband des Unterems in Frage, die von NW-SE und N-S streichenden Verwerfungen angeschnitten wurden.

Chemische Analysen der Mineralwässer ergaben relativ hohe Gehalte von Na^+, Ca^{++} und Mg^{++} sowie HCO_3^- und Cl^-. Das Verhältnis der Erdalkalien liegt in der Relation Mg^{++}: Ca^{++} = 1 (Schwille 1961). Ein Sulfat-Anteil (SO_4^{--}) ist auf wenige Vorkommen beschränkt. Diese Wässer lassen sich nach der gebräuchlichen Nomenklatur (Schwille 1961, May 1994) zu den Hydrogenkarbonat- und Hydrogenkarbonat-Chlorid-Wässern mit Erdalkalien und Natrium zählen. Die Wässer mit hohem HCO_3^-Anteil sind auf den nördlichen Abschnitt des Oberen Mittelrhein-Tales zwischen Koblenz und Oberwesel beschränkt. Sie lassen sich mit den Vorkommen am Unteren Mittelrhein vergleichen und gehören damit zur Mineralquellen-Provinz des Mittelrheins. Der erhöhte Anteil an Na^+-Chlorid-Ionen lässt sich über die Vorkommen bei Rhens und Bad Salzig bis Bingen feststellen.

Die Mineralwasserquellen bei Rhens. Der Mineralwasser-Austritt bei Rhens wurde schon bei Dunker (1884: 53) erwähnt. Sie war wegen ihres geringen Eisen-Gehaltes geschätzt und wurde „namentlich im Sommer zum Wein und sonst zur Kühlung viel genossen". Die Quelle wurde durch Bohrungen weiter erschlossen mit dem „**Rhenser Sprudel**" (1894; 337 m) und der „**Kaiser Rupprecht-Quelle**" (1902; 391 m). Die Förderung erfolgt aus Schichten des Oberems am Südrand der „Mosel-Mulde". Der „Rhenser Sprudel" hat eine Temperatur von 23°C und enthält 1,68 g gelöste feste Stoffe/l Wasser. Es handelt sich um einen Natrium-Hydrogenkarbonat-Chlorid-Thermal-Säuerling (Temp. >29°C) mit einem Gehalt von ca. 3000 mg CO_2/l Wasser und Spuren von H_2S. Das Wasser der „Kaiser Rupprecht-Quelle" ist mit 4,95 g gelöster fester Substanz Mineralstoff-reicher und mit 3 g freiem CO_2 ebenfalls ein Natrium-Hydrogenkarbonat-Thermal-Säuerling. Die Temperatur ist mit 21°C ähnlich wie beim „Rhenser Sprudel" (Heyl 1972).

Die Mineralwasserquellen bei Bad Salzig. Etwa 1 km vom Rhein entfernt entspringt im von Südwesten nach Bad Salzig vom Hunsrück herab ziehenden Tal etwa 70 m über dem Rhein-Niveau (65 m NN) der „**Salzborn**". Er dürfte schon den Römern bekannt gewesen sein (Herkunft des Ortsnamens von saliso: salzig). Das Mineralwasser wurde durch einen Stollen (1880) und Bohrungen erschlossen in der „**Barbara Quelle**" (1901; 281 m ET; 13,4°C) und der „**Leonoren-Quelle**" (1903/05; 491 m ET; 20°C). Das Wasser der „Barbara-Quelle ist mit 4,08 g/l gelöster mineralischer Substanz ähnlich mineralisiert wie die „Kaiser

Rupprecht-Quelle" bei Rhens, enthält jedoch nur 0,62 g/l CO_2; die „Leonoren-Quelle" besitzt mit 7,56 g/l gelöster fester Stoffe einen höheren Salzgehalt und 1 g/l CO_2. Beide Quellen fördern Natrium-Kalzium-Hydrogenkarbonat- Chlorid-(Sulfat)-Wasser. Sie sind weniger ergiebig als die Rhenser Quellen. Der relativ hohe Salzgehalt wird auf einen salinaren Tiefenwasserstrom zurückgeführt (Carlé 1975). Die Förderwege der Salziger Quellen liegen in dem Pyrit-reichen Hunsrückschiefer der Salziger Schuppenzone, worauf ein hier deutlicher Sulfat-Anteil zurückzuführen sein mag (Heyl 1972).

Quelle im Konder-Tal. In diesen Zusammenhang fällt auch ein Sauerbrunnen etwa 750 m talaufwärts von der Mündung des Konderbaches in die Mosel gegenüber Winningen (Bl. 5611 Koblenz). Die im Quellbereich abgeschiedene Menge an Eisenocker und der sichtbar perlende CO_2-Austritt kennzeichnen sie als Säuerling. Der Eisen-Gehalt rekrutiert sich in der Mehrzahl der Fälle aus der Zersetzung der Chlorite der Tonschiefer. Die Quelle liegt in den invers gelagerten Schichten des Unterems der Lützer Schuppenzone im ostnordöstlichen Bereich des jungen, nach Nordosten aushebenden Dreckenacher Grabens.

Die Lamscheider Quellen. Auf der Höhe des Hunsrücks liegen südöstlich Emmelshausen im Umfeld von Lamscheid mehrere Mineralwasserquellen, früher auch als „**Leininger Quellen**" (Ortschaft ca. 1 km südlich Lamscheid; Bl. 5811 Kestert) bezeichnet. Diese Quellen wurden bis in das ausgehende 18. Jahrhundert als Heilquellen genutzt. Dunker (1884) erwähnt einen jährlichen Versand von 180 000 Krügen Mineralwasser um 1785. Die Ergiebigkeit der Lamscheider Quellen – „**Stahlbrunnen**",„**St. Georgs-Quelle**", „**Thauma-Eisen-Heilquelle**" – steht hinter der der Rhenser und Bad Salziger Quellen zurück. Auch liegt die Temperatur mit 8,5–10°C im Temperaturbereich des Grundwassers. Die „St. Georgsquelle" ist mit 0,98 g/l Wasser und 2400 mg/l CO_2 eher ein Eisen-Säuerling. Ähnlich mag die „Eisen-Quelle" einzustufen sein. Das Wasser des „Stahlbrunnens" ist mit 1,2 g/l Wasser etwas stärker mineralisiert; sie enthält 2,47 mg/l CO_2 und ist als Kalzium-Magnesium-Hydrogenkarbonat-Säuerling einzustufen. Die „Lamscheider Quellen" weisen im Gegensatz zu den benachbarten Quellen im Mittelrhein-Tal nur geringe Natrium-Chlorid- und keine Sulfat-Gehalte auf, obwohl sie in ähnlichen Schichtverbänden wie die Salziger Quellen auf der SE-Flanke der Salziger Schuppe liegen.

Ähnlich zu beurteilen sind wohl ein Sauerbrunnen bei Hirtenau östlich Emmelshausen (nahe der Autobahn-Abfahrt Emmelshausen) im Quellbereich des Neyer Baches und der „**Schönecker Stahlbrunnen**" im Tal des Preisbaches nordöstlich Mermuth (alle Quellen auf Bl. 5811 Kestert). Westlich des Oberen Mittelrhein-Tales kommen wahrscheinlich weitere Mineralwasserquellen vor, die nicht systematisch erfasst sind.

Die Assmannshausener Lithiumquelle. Entlang des Oberen Mittelrheins ist erst wieder bei Assmannshausen auf der rechten Talflanke die „Assmannshäuser Lithionquelle" zu nennen, die ein Natrium-Chlorid-Hydrogenkarbonat-Wasser fördert. Sie liegt nahe dem Flussniveau in steil stehenden Schichten des Oberen Taunusquarzit. Weitere Quellaustritte wurden in der Nähe der Quellfassung und beim Bau des Badehauses entdeckt (Wilh. Wagner & Michels 1930). Die hier austretenden Wässer heben sich deutlich von den o. a. Quellen ab. Das gilt u. a. auch wegen des hohen Lithium-Gehaltes bei einer Quelltemperatur von 29,9°C. Michels (1939) sah einen Zusammenhang mit den Quellaustritten am Süd-Rand des Taunus. Ein Sulfat-Anteil unterscheidet dieses Wasser von den Kreuznacher Quellen.

Die „Echter Quelle". Michels (1939) erwähnte zusätzlich die „Echter Quelle" westlich Geisenheim in der Aue rechts des Rheins mit hohen Natrium-Chlorid-Werten, allerdings nur einer Temperatur um 12°C. Ein relativ hoher Sulfat-Gehalt (0,306 g/l Na_2SO_4) zeigt die Verwandtschaft mit der „Assmannhausener Quelle" und einer Quelle bei Kiedrich (Michels 1926).

Die „Hildegardis-Quelle" („H.-Sprudel"). Zu der vorgenannten Gruppe gehört auch die „Hildegardis-Quelle", die seinerzeit beim Bau der Hindenburg-Brücke erschlossen wurde (Bl. 6013 Bingen-Rüdesheim). Sie enthält 6,88 g/l an mineralischer Substanz mit einer Vormacht an Natrium-Chlorid (4,435 g/l) und einen Anteil an Kalzium-Sulfat (1,126 g $CaSO_4$ g/l) sowie Na_2SO_4 (0,410 g/l), $MgSO_4$ (0,164 g/l). Dagegen ist der Anteil an Hydrogenkarbonat relativ gering. Wasserproben aus einer nahegelegenen Bohrung mit 13°C Quellwasser-Temperatur zeigten noch erheblich höhere Werte für gelöste mineralische Substanzen (14,983 g/l; MICHELS 1926).

6.4.2 Untere Nahe

Bei den Quellen im Rhyolith-Massiv bei Bad Kreuznach und Bad Münster am Stein-Ebernburg treten Natrium-Chlorid-Wässer und -Solen zutage. Sie sind an die NNE-SSW ausgerichtete Schwächezone der „Nahetal-Verwerfung" gebunden, welche die Quellwasseraustritte erleichtert. Die ausgeprägte Klüftung im Rhyolith und der tiefe Einschnitt des Nahetales in das Massiv förderten den natürlichen Austritt der Wässer und Solen. Wilh. WAGNER (1926: 102) zählte „Ueber 20 Solquellen, teils mit natürlichem Auftrieb, teils durch Bohrlöcher erschlossen (...) auf der Nord-Süd gerichteten Spaltenzone zwischen dem unteren Alsenz-Tal und Bad Kreuznach" und schloss die als „Nahetalstörung" bezeichnete Verwerfung über Bad Kreuznach hinaus nach Norden bis zum Rhein an das dortige Störungssystem an.

Bad Kreuznach und Bad Münster am Stein-Ebernburg. Wilh. WAGNER (1926) fand in diesem Bereich mehrere Schwerpunkte: Zwischen Norheim und Bad Münster am Stein-Ebernburg entlang des NW-SE verlaufenden Nahetales bis zur Alsenz-Mündung und zwischen den beiden Eisenbahnbrücken über die Nahe treten sechs Quellaustritte auf, eine davon enthält Radioaktivität.

Im Kurpark von Bad Münster a. Stein sind mehrere Quellen z. T. seit 1431 urkundlich erwähnt; unter ihnen sind die „**Rheingrafenquelle**" mit drei Fassungen (Süd-, Mittel- und Nordquelle) sowie die „Hugo"- oder „**Huttenquelle**" die bedeutenderen. Südlich Bad Kreuznach im Salinen-Tal bei Theodorshalle wurden „in Schächten erschlossen und durch Bohrlöcher bis 200 m vertieft 8 Sohlbrunnen" (S. 103) genannt; außerdem fanden sich vier Quellen, die in die Nahe entwässern und „dem (...) Flusswasser einen beträchtlichen Salzgehalt zuführen" (S. 103); die Quellaustritte sind nicht auf die Alluvionen im Tal beschränkt, sondern auch im Flussbett (ASCHOFF 1943) „erkennbar (und) die Austritte an rötlichen Sedimentbildungen und einer gelblichen Trübewolke im Wasser" (HEMPFLER 1996: 48) aus „Eisenoxiden" kenntlich. Ein weiterer Quellbezirk liegt zwischen Salinen-Tal und Kurpark Bad Kreuznach mit (von Süden nach Norden) der „**Karlshaller Bäderquelle**", der „**Badequelle**", dem „**Trinkbrunnen**" auf der Roseninsel und der „**Oranienquelle**". Im Kurpark wurden die „**Elisabethquelle**" und die „**Viktoriaquelle**" durch Bohrungen erschlossen. Von diesen Vorkommen wurden 1995 in Bad Münster a. Stein die „Rheingrafenquelle", im Salinen-Tal Wässer von vier Quellen, Schächte und Brunnen, die „Karlshaller Bäderquelle" und die „**Inselbäderquelle**" im Kurpark genutzt (HEMPFLER 1996).

Die Gehalte an gelösten Salzen in den Wässern der einzelnen Quellen und Förderstellen sind zwar recht unterschiedlich, von der chemischen Zusammensetzung her gehören sie jedoch alle dem gleichen Mineralwassertyp an. Bei allen handelt es sich um Natrium-Chlorid-Wässer. Bei den Kationen steht Na^+ mit 64–81 Äq.-% an vorderster Stelle gegenüber Ca^{++} (14–27 Aq.-%), Mg^{++} (2–6 Äq.-%) und K^+ (1,0–1,6 Äq.-%); unter den Anionen liegt Cl^- (86–98 Äq.-%) an erster Stelle, HCO_3^- ist nur mit 4 Äq.-% vertreten (HEMPFLER 1996). Es handelt sich danach um ausgeprägte Natrium-Chlorid-Wässer.

Alle Quellen sind „erdmuriatische Kochsalzquellen" (Wilh. WAGNER 1926: 103) mit einem geringen Sulfat-Anteil. Der Gehalt an Hydrogenkarbonat ist, wie das Beispiel des „Theodorshaller Brunnens" zeigt (LGB 2005: Abb. 58), sehr gering, so dass der Karbonat-Gehalt der tertiären Sedimente in der Nachbarschaft offensichtlich keine entscheidende Rolle für die Herkunft der Wässer spielt. Der Gesamtgehalt an gelöster mineralischer Substanz wurde mit max. 18 g/l Quellwasser ermittelt (Wilh. WAGNER 1926, HEMPFLER 1996). Als Besonderheit sind relativ hohe Strontium- (Sr: 89 mg/l), Lithium- (Li: bis 14 mg/l: Bäder-Quelle), Barium- und Brom-Gehalte zu erwähnen. Hinzu kommen Gehalte an Fluorid und Jodid. Alle Salze lassen auf einen Zustrom von Tiefenwässern aus Gebieten mit mächtigen Salinaren schließen.

Das weitgehende Fehlen von Sulfat wird mit dessen Bindung an Barium erklärt, da beide über $BaCl_2$-Zuflüsse bevorzugt eine Bindung zu Baryt (Schwerspat, $BaSO_4$) eingehen, wie Baryt-Konkretionen in der Umgebung zeigen. Der hohe Kochsalz-Gehalt (NaCl) führte lange zur Nutzung der Quellen für die Salzgewinnung. Sie ist seit 1490 bekannt, wurde jedoch mit unterschiedlichem Erfolg betrieben. Eine geregelte Salzgewinnung setzte wohl erst ab 1816 ein (DUNKER 1884). Wilh. WAGNER (1926: 105) ging bei einer Schüttung der Quellen von 1,4 Mio. m^3/a und einem Natrium-Chlorid-Anteil von im Mittel 9 g/l Quellwasser von einem seinerzeitigen Gewinn von 12 600 t/a aus. Im Wasser enthaltene Gase sind Methan (CH_4), Kohlendioxid (CO_2), Stickstoff (N_2) und Schwefelwasserstoff (H_2S). Als Gas-reichste Quelle wird die „Rheingrafen-Quelle“ in Bad Münster a. Stein genannt. Der hohe Gasanteil lässt auf die Herkunft aus Bitumen enthaltenden Schichten aus Oberkarbon und Rotliegend (Glan-Subgruppe) schließen.

Mehrere Quellen sind Thermen mit Temperaturen >20°C. Die Quellen zeigen jedoch Unterschiede untereinander zwischen 11,5–13°C (Oranien-, Insel-, Elisabeth-, Bäder-Quelle), 23°C (Hauptbrunnen i. Salinen-Tal) und um 30°C (Rheingrafen-Quelle: 29,2°C).

Wilh. WAGNER (1926) vermutete wegen des hohen Kochsalz- und Bitumen-Anteils der Nahetal-Quellen als Muttergesteine Gesteine des Tertiär im Oberrhein-Graben, wo beide Komponenten zur Genüge vorhanden sind. Hinzu kommt die Ähnlichkeit mit den Bäderquellen bei Bad Dürkheim/Pfalz (vgl. LGB 2005: Abb. 158). Für Wegsamkeit und Transport bieten sich die Graben-Randverwerfungen und parallel dazu verlaufende, hydrodynamisch wirksame Trennflächen an, „wo sich im Untergrund Schichten nachweisen lassen, um derartige erdmuriatische Solquellen zu erzeugen“ (Wilh. WAGNER 1926: 107). Andererseits wurde auch ein Zustrom an salzigen Wässern aus dem Mittleren Muschelkalk in Saarland und Lothringen erwogen (SCHWILLE 1955, CARLÉ 1958). Eine Beimischung von Methan (CH_4) aus den Saar-Kohlen erscheint dagegen unwahrscheinlich, da die Gase auf dem weiten Transportweg entwichen sein sollten. CARLÉ (1958) ging auch von Gasen aus bituminösen Schichten des Rotliegend (Glan-Subgruppe; „Lebacher Fazies“) in der Nähe aus, wo die Tiefbohrung Meisenheim 1 Methan erbrachte.

Für die Vermischung von Sole-haltigen Tiefenwässern aus Schichten des Zechstein (schon: K. GEIB 1918) und des Tertiär aus dem Oberrhein-Grabens wurde die „Hildegardis-Quelle“ herangezogen, die >9 g NaCl/l Quellwasser brachte. Hier liegt wahrscheinlich ein Zustrom entlang des Taunus-Südrandes von Bad Nauheim nahe (MICHELS 1926, HÖLTING 1977). Eine Darstellung des Chlorid-Gehaltes in Mineralwässern im und rund um das Schiefergebirge (SCHWILLE 1955, CARLÉ 1958) lässt diese Lösung plausibel erscheinen. Eine Zumischung von Salzen aus dem Mittleren Muschelkalk von Lothringen erscheint nach Isotopen-Untersuchungen unwahrscheinlich. Andererseits wird auch die Möglichkeit erwogen, dass „die Salzwässer (…) autochthon (sind) und im Zusammenhang mit der Genese des Mainzer Beckens entstanden“ (LGB 2005: 338). Die Herkunft aus Schichtverbänden des Tertiär im nördlichen Mainzer Becken erscheint bei dem hohen Salzgehalt der Solen jedoch nicht gerade wahrscheinlich.

Abgesehen von den gelösten mineralischen Substanzen weisen die Nahetal-Quellen als Charakteristikum Radioaktivität auf. Sie wurde von ASCHOFF (1905, 1943) entdeckt und bestätigt. Er wies bei Bad Kreuznach in einigen Quellen eine Radonaktivitätskonzentration bis 171 ME (ca. 2300 Bq/l) sowie Radium und Aktinium nach mit Anreicherungen von Radium-Salzen in Quellschlamm und -sintern. Auch HEMPFLER (1996) bestimmte Radium im Quellwasser. Die natürliche Radon-Strahlung wird zu Heilzwecken separiert und im Kreuznacher Radon-Stollen genutzt. Radon-Konzentrationen zeigen folgende Quellen: Bei Bad Münster a. Stein Hugo-Quelle (592 Bq/l) und Rheingrafen-Quelle (135,8 Bq/l), im Salinen-Tal die Quelle 5 (248 Bq/l), der Hauptbrunnen (235,7 Bq/l) und die Beust-Quelle (347,1 Bq/l), im Bad Kreuznacher Kurpark die Karlsthaler Bäderquelle (162,6 Bq/l), die Inselbäderquelle (1660,7 Bq/l) und die Kreuznacher Quellen am Kurhaus (Elisabeth-Quelle: 85,8 Bq/l; Uferquelle: 50,0 Bq/l) (HEMPFLER 1996). Im Gegensatz zu den gelösten mineralischen Substanzen in den Quellwässern stammt die Radioaktivität aus dem Kreuznacher Rhyolith-Massiv.

Bad Sobernheim und Waldböckelheim. Zu den Mineralwasser-Vorkommen an der Unteren Nahe gehört noch jenes bei Bad Sobernheim. Es wurde bei Bohrungen nach Trinkwasser östlich des Stadtkerns entdeckt. Das Wasser der „**Felke-Quelle**" ist balneologisch als Heilwasser anerkannt. Die Bohrung der „Felke-Quelle" hat unter Alluvionen der Nahe Schichten der Sponheim-Formation und „Grenzlager-Vulkanite" angetroffen. Sie wurde bis 85,8 m ET. niedergebracht. Zwei Bohrungen in der Nähe (Brunnen 3 und 5) stehen in Gesteinen der Sponheim-Formation. Die „Felke-Quelle" fördert ein Natrium-Chlorid-Wasser mit einem Anteil von 1,566 g/l gelöste mineralische Substanz und einem zusätzlichen Anteil an Ca^{++} und HCO_3^--Ionen bei einem geringen Sulfat-Anteil (HEYL 1972). Die Wässer der zwei weiteren Bohrungen erfüllen die Anforderungen an ein Mineralwasser nicht (0,610–0,676 g/l). Sie stehen Kalzium-Hydrogenkarbonat-Wässern nahe. Aufgrund der Nähe zu den Heilbädern Bad Kreuznach und Bad Münster a. Stein werden für die Wässer von Bad Sobernheim ähnliche Herkunftsgebiete – am ehesten wohl aus dem Oberrhein-Graben – angenommen (HEYL & K.-W. GEIB 1971, HEYL 1972, HEYL in: ATZBACH 1980).

Gestützt wird diese Annahme durch weitere Vorkommen im unteren Nahetal die nicht näher untersucht sind, jedoch aufgrund ihres Geschmacks als mineralisiert gelten können (HEYL in: K.-W. GEIB 1973): Die „**Huttenquelle**"- oder „**Sickingen-Quelle**" am rechten Nahe-Ufer südlich Norheim (Bl. 6112 Waldböckelheim); mit einem Gehalt von 0,676 g/l Quellwasser ist es noch kein Mineralwasser.

Mehrere Quellen mit salzigem Geschmack in Niederhausen sind vom ehemaligen Schulhaus bekannt. Die Tiefbohrung Waldböckelheim, ca. 1 km nordwestlich Waldböckelheim; sie hatte einen Zufluss von Wässern mit „stark salzigem Geschmack".

6.4.3 Westlicher und südwestlicher Hunsrück (Hochwald, bei Trier, Mettlach/Saar)

In Hochwald und Mosel-Hunsrück lassen sich zwei Distrikte nach dem Chemismus ihrer Mineralwässer unterscheiden. Es sind die Vorkommen zwischen Traben-Trarbach, Trier und Birkenfeld mit bevorzugt Hydrogenkarbonat-betonten Mineralwässern und im Gegensatz dazu die Wässer bei Mettlach und Sierck-les-Bains mit relativ hohem Chlorid-Gehalt.

6.4.4 Die Quellen zwischen Bad Wildstein, Birkenfeld und Trier

Die Wildstein-Therme. Die bedeutendste Quelle ist die „Wildstein-Therme" bei Traben-Trarbach im Kautenbach-Tal. Sie wurde bei der Exploration auf Erze, die schon vor dem 30jährigen Krieg betrieben wurde, entdeckt (Grube „In der Kautenbach"). Im sog. „Kautenbacher Stollen" stießen die Bergleute 1820 auf mehrere warme Quellen, die über einen Wasserlösungsstollen („Vanzuylenscher Stollen") abgeführt werden sollten. Beim Stollenvortrieb wurde die „Wildstein-Therme" (33,2°C) angefahren und untertage eine Badeanlage eingerichtet. Ab 1883 fand mit der Eröffnung eines Badehauses übertage und später nach Ausbau der Badeeinrichtungen ein als Heilbad staatlich anerkannter

Badebetrieb statt (Heyl 1972). Die „Wildstein-Therme" nimmt durch ihren Sulfat-Gehalt eine Ausnahmestellung unter den Hunsrücker Mineralwässern ein und zeigt Verwandtschaft mit der „Berg-Quelle" bei Bad Bertrich/Eifel (Dillmann & Krauter 1972, W. Meyer 2013). In Bad Wildstein handelt es sich mit 34,7°C auch um ein Thermalwasser, allerdings mit einem Lösungsinhalt von nur 0,4 g/l Quellwasser. Nach dem Chemismus handelt es sich um ein, wenn auch schwach konzentriertes Natrium-Hydrogenkarbonat-Sulfat-Wasser.

Quellen im Umfeld des Thalfanger Haardtwaldes. Eine Häufung an Mineralwasserquellen tritt im Bereich der Verwerfungen bei Gielert und Schönberg (Bl. 6208 Morscheid-Riedenburg, 6207 Beuren/Hochwald) im Umfeld des Thalfanger Haardtwaldes auf. Hier machte schon Leppla (1898b) darauf aufmerksam, dass an „mehreren Stellen in der Nähe der grauen Glimmer-Quarzite („Dhroner Quarzite") bei Gielert, südlich Berglicht, bei Schönberg, am W-Ende bei Neunkirchen, beim Forsthaus Tiefenthal südlich Malborn und bei Rascheid (…) aus dem Hunsrückschiefer schwache Quellen (austreten), welche sich durch einen beträchtlichen Gehalt an Kohlensäure" (S. 14) auszeichnen. Hinzu kommt ein Quellaustritt an der Schmelzmühle im Tal der Kleinen Dhron, der offensichtlich gebunden ist an den rheinisch streichenden Gang der ehem. Erzgrube „Margarethe" und der „**Haardtwald-Brunnen**" im Haardtwald im Quellbereich des Brucher Baches südlich Berglicht. Letzterer wurde durch eine Bohrung über dem natürlichen Quellaustritt erschlossen, die in Quarziten und Tonschiefern der Dhrontal-Schichten bei 40 m ET. steht. Es handelt sich um einen Erdalkali-Hydrogenkarbonat-Säuerling mit 1,496 g CO_2/l Quellwasser. In der Nähe wurde nördlich Thalfang die „**Diamantquelle**" mit relativ gering mineralisiertem Wasser erschlossen. Wirtschaftlich genutzt wurde auch die „**St. Nikolaus-Quelle**" beim Tiefenthaler Hof (Bl. 6207 Beuren/Hochwald).

Erstaunlich ist bei diesen Vorkommen der hohe Gehalt an freiem CO_2, das „teils periodisch (z. B. „**Gielerter Sauerbrunnen**"), teils ununterbrochen in Blasenform" (Leppla 1898b: 14) austritt. Die meisten natürlichen Quellaustritte sind hier durch die Anreicherung von Eisenocker gekennzeichnet, der einen deutlichen Fe-Gehalt der Wässer anzeigt.

Süd-Rand des Hochwaldes. Ähnlich sind die Mineralwasser-Vorkommen, die bei Schwollen im Tal des Schwollbaches (Bl. 6209 Idar-Oberstein) unter der Bezeichnung „**Hochwald-Sprudel**" vermarktet werden, und bei Oberhambach (Bl. 6308 Birkenfeld-West) in der „**Petersquelle**" (auch: „Hambacher Sauerbrunnen") austreten. Die „Petersquelle" war, wie archäologische Funde gezeigt haben, schon zur Römer-Zeit bekannt und spielte auch später noch von Birkenfeld aus als Heil- und Kurbad eine Rolle. Heute ist sie bedeutungslos. Alle diese Quellen fördern aus dem Taunusquarzit des Hochwaldes Hydrogenkarbonat-Wässer, die einen nicht unbeträchtlichen Gehalt an freiem CO_2 – in Oberhambach sind es 2400 g/l Quellwasser – und Eisen (Fe^{++}) enthalten. Sie sind als Eisen-Säuerlinge einzustufen.

Umfeld von Trier. Ein weiterer Schwerpunkt liegt in der Umgebung von Trier und nahe der Mosel, wo „**Sauerbrunnen**" bei Trier-Feyen, bei Fastrau, Fell, Kasel und Kesten bekannt sind. Schon Grebe (1892b: 29) beschrieb den „**Römer-Sprudel**" oder den „**Mattheiser Sauerbrunnen**" (…) 1 ½ km südlich von Feyen (bei St. Matthias)", der auch zur Römer-Zeit genutzt wurde. Nach einer Analyse aus dem Jahr 1879 handelt es sich um einen Erdalkali-Hydrogenkarbonat-Säuerling mit beträchtlichem Gehalt an freiem CO_2 und Eisen (Fe). Die Schüttung ist relativ gering und das Wasser mit 0,85 g/l gelöster fester Stoffe im Quellwasser nicht als Mineralwasser anzusprechen. Die Temperatur am Quellaustritt beträgt 8–10°C. Es handelt sich auch hier um einen Eisen-Säuerling.

Alle Quellen zwischen Traben-Trarbach, Trier und dem Süd-Rand des Hochwaldes sind mit Ausnahme der „Wildstein-Therme" einheitlich Erdalkali-Hydrogenkarbonat- oder Eisen-Säuerlinge. Sie liegen relativ weit vom West-Eifeler Vulkan-Feld entfernt, so dass ein Bezug des CO_2 von dort schwer zu erklären ist. Auch haben Stichanalysen (Grieshaber in May 1994) kein Mantel-Helium nachweisen können. Die relativ geringen Quelltemperaturen, die wenig über der des Grundwassers liegen, legt eine Herkunft aus Gesteinen der durchflossenen unterdevonischen Gesteine über einen Ionenaustausch nahe, wobei Taunusquarzit, Hunsrückschiefer, evtl auch Gesteine des Oberems (Bekonder Teilscholle, STETS 2004a) in Frage kommen. Unter anderem müssen für die Herkunft des CO_2 auch intra-krustale Prozesse (MAY 1994) in die Überlegungen einbezogen werden.

6.4.5 Untere bis Mittlere Saar und Obermosel

Ein völlig abweichendes Mineralwasser spenden Natrium-Chlorid-Wasser-Quellen bei Mettlach, Appach und nahe Sierck-les-Bains (SEMMLER 1952). Diese Quellen entspringen dem z. T. stark geklüfteten Taunusquarzit bzw. den Sandsteinen des Buntsandstein. Ihre Wässer sind wesentlich stärker mineralisiert als jene im westlichen Hunsrück.

Zu diesen Vorkommen gehört die „**Mettlacher Badequelle**". Sie ist seit 1070 n. Chr. bekannt und in einem Schacht erschlossen, der unter Alluvionen der Saar in Rotliegend-Schichten in Waderner Fazies und im Taunusquarzit steht. Dort bezieht „auch die „**Abtei-Quelle**" ihr Wasser aus drei Bohrungen. Die „Mettlacher Badequelle" ist mit 24,484 g/l gelöster Salze – davon 21 g NaCl – bereits als Sole anzusprechen. Die Abtei-Quelle", die erst 1922/23 erschlossen wurde, fördert mit einem Anteil von 0,667 g NaCl/l Quellwasser ein eher gering mineralisiertes Wasser. Die Quelltemperatur liegt bei 11,3°C. Das Wasser wird als Natrium-Chlorid-Hydrogenkarbonat-Wasser eingestuft (alkalisch-muriatische Quelle). Als Hauptbestandteile wurden NaCl (0,667 g/l), KCl (0,0269 g/l), Ca $(HCO_3)_2$ (0,172 g/l), $MgCl_2$ (0,079 g/l) neben einem geringen Sulfat-Anteil ermittelt. Hinzu kommt Radioaktivität. SEMMLER (1952: 289) leitete die Salze aus dem Mittleren Muschelkalk Lothringens ab, „wo nicht nur Salzlager im Mittleren Muschelkalk anstehen, sondern auch Salzquellen zu finden sind". Zur Ableitung der Radioaktivität wird „Kristallin" im tieferen Untergrund der Siercker Schwelle herangezogen.

SEMMLER beschrieb weitere Quellen bei Contz (Niederkontz) und Apach, die an der Obermosel im Umfeld von Sierck-les-Bains, nicht allzu weit vom letzten Ausbiss des Taunusquarzits in Buntsandstein liegen. Sie sind offensichtlich an junge rheinisch streichende Störungen gebunden (Moseltal-Verwerfung, Siercker Verwerfung; SEMMLER 1952), die zum Ost-Rand der „Lothringer Querfurche" gehören. Es handelt sich auch hier um Natrium-Chlorid-Wässer mit einem Gesamtgehalt an gelösten Salzen von 12,3–12,7 g/l Quellwasser. Davon sind NaCl mit 7,59–8,29 g/l und $CaCl_2$ mit 22,28–2,79 g/l beteiligt. Angaben zur Radioaktivität und zur Quelltemperatur fehlen. Ihre Abkunft wird auch dem Mittleren Muschelkalk Lothringens zugeschrieben.

Im Bereich der Hunsrück-Südrand-Verwerfung (Abschnitt Kirn-Metzer-Störung) liegen keine bedeutenden Mineralwasser-Vorkommen, obwohl durch die Erdbeben in historischer Zeit junge tektonische Aktivität belegt ist. Eine Ausnahme macht eine Quelle bei Kirn-Sulzbach (Bl. 6219 Kirn; HEYL 1972). Sie tritt in Sand- und Tonsteinen der Glan-Subgruppe aus und fördert ein Natrium-Chlorid-Hydrogenkarbonat-Wasser. Dieses Vorkommen könnte eine Verbindung zwischen jenen im Saarland und Bad Kreuznach herstellen.

Liste der Abkürzungen

a	Jahr (lat. annus)
Bl.	Karte 1:25 000 (falls anderer Maßstab, so wird das angegeben)
DSK	Deutsche Stratigraphische Kommission
ET	Endteufe einer Bohrung
FB	Forschungsbohrung
GK	Geologische Karte
GÜK	Geologische Übersichtskarte (GÜK200 = 1.200 000)
(i)	invers (überkippte Lagerung)
ka	Tausend Jahre
LGB	Landesamt für Geologie und Bergbau Rheinland-Pfalz
Ma	Million Jahre
MTV	Mesozoisch-Tertiäre Verwitterung
ND	Naturdenkmal
R, H	Rechts-, Hochwert
sensu	lat. im Sinne (von)
TB	Tiefbohrung
TK	Topographische Karte (TK25 = 1:25 000)
u. d. M	unter dem Mikroskop

Literatur

Abraham, M. (1991): Tektonik und Sedimentologie des Taunusquarzit am rechten Saarufer zwischen Serrig und Saarhölzbach (SW-Hunsrück, Rheinisches Schiefergebirge). – 179 S., Diplom-Arbeit Univ. Bonn; Bonn (unveröffentlicht).

AG Boden (1996): Bodenkundliche Kartieranleitung. – 4. Aufl., 392 S.; Hannover (BGR u. Geolog. LA. d. BRD).

Ahlburg, J. (1908): Die Tektonik der östlichen Lahnmulde. – Z. deutsch. geol. Ges., 60: 300–317; Berlin.

Ahorner, L. (1983): Historical seismicity and present-day micro-earthquake activity of the Rhenish Massif, Central Europe. – In: Fuchs, A., Gehlen, K. v., Mälzer, H., Murawski, H. & Semmel, A. (eds.): Plateau Uplift: 198–221, Berlin-Heidelberg etc. (Springer).

Ahorner, L. & Murawski, H. (1975): Erdbebentätigkeit und geologischer Werdegang der Hunsrück-Südrand-Störung. – Z. dt. geol. Ges., 126: 63–82; Hannover.

Ahrendt, H., Clauer, N., Hunziker, J. C. & Weber, K. (1983): Migration of folding and metamorphism in the Rheinisches Schiefergebirge deduced from K-Ar and Rb-Sr age determinations. – In: Martin. H. & Eder, W. (eds.): Intrakontinental fold belts, 323–338; Berlin, Heidelberg, etc. (Springer).

Ahrendt, H., Hunziker, J. C. & Weber, K. (1978): K/Ar-Altersbestimmung an schwach-metamorphen Gesteinen des Rheinischen Schiefergebirges. – Z. dt. geol. Ges., 129: 229–247; Hannover.

Albermann, J. (1939): Zur Tektonik der Quarzgänge in Taunus und Hunsrück. – Diss. Univ. Bonn; Bonn (unveröffentlicht).

Alberti, G. K. B. (1982): Dacryonarida from the Lower and Middle Devonian of the Rhenish Schiefergebirge Massif. – Cour. Forsch.-Inst. Senckenberg, 55: 325–332; Frankfurt a. M.

Altmeyer, H. (1978): Prototaxiten im Taunusquarzit. – Grondboor en Hamer, 32: 122–124; Oldenzaal.

Ammon, L. v. & Reis, O. M. (1910): Erl. Geognostische Karte des Königreichs Bayern 1:100 000. Bl. Kusel, 186 S.; München (Piloty & Loehle).

Anderle, H.-J. (1967): Neufassung der Spitznack-Schichten des Lorelei-Gebietes (Unter-Ems, Rheinisches Schiefergebirge). – Notizbl. hess. L.-Amt. Bodenforsch., 95: 45–63; Wiesbaden.

Anderle, H.-J. (1974): Block tectonic interrelations between northern upper Rhine Graben and Southern Taunus mountains. – In: Fuchs, K. & Illies, J. H. (ed.): Approaches to Taphrogenesis, 243–253; Stuttgart.

Anderle, H.-J. (1976): Der Südrand des Rhenoherzynikums im Taunus. Vorläufige Mitteilung der Ergebnisse tektonischer Untersuchungen. – Geol. Jb. Hessen, 104: 279–284; Wiesbaden.

Anderle, H.-J. (1984): Postvaristische Bruchtektonik und Mineralisation im Taunus – Eine Übersicht. – In: Postvaristische Gangmineralisation im Mitteleuropa, Schriftenreihe Ges. dt. Metallhütten- und Bergleute, 41: 201–217; Weinheim (Verlag Chemie).

Anderle, H.-J. (1987a): Entwicklung und Stand der Unterdevon-Stratigraphie im südlichen Taunus. – Geol. Jb. Hessen, 115: 81–98; Wiesbaden.

Anderle, H.-J. (1987b): The evolution of the South Hunsrück and Taunus Borderzone. – In: Ziegler, P. A. (Hrsg.): Compressional intra-plate deformation in the Alpine foreland. – Tectonophysics, 137: 101–114; Amsterdam.

Anderle, H.-J. (2008): Südtaunus. – In: Deutsche Stratigraphische Kommission (Hrsg.): Stratigraphie von Deutschland. – VIII. Devon In: Schriftenreihe Dt. Ges. Geowiss., 52: 118–130; Hannover.

Anderle, H.-J., Meisl, S. & Strecker, G. (1982): Niedertemperatur-Metamorphose in Taunus und Soonwald. – Fortschr. Mineral. etc., 60: 43–49; Stuttgart.

Arbeitskreis Paläontologie Koblenz (1992): Spuren des Lebens – Fossilien von Rhein und Mosel aus dem Mittelrheinischen Unterdevon. – 2. Aufl., 179 S.; Koblenz (Selbstverlag).

Arikas, K. (1986): Geochemie und Petrologie der permischen Rhyolithe in Südwestdeutschland (Saar-Nahe-Pfalz-Gebiet, Odenwald, Schwarzwald) und in den Vogesen. – Pollichia-Buch, 8: 321 S.; Bad Dürkheim.

Aschoff, K. (1905): Untersuchungen über die Radioaktivität der Kreuznacher Solquellen. – Z. f. öffentl. Chemie, 15: 1–11; Plauen.

Aschoff, K. (1943): Neue Untersuchungen im Kreuznacher Salinental. – Der Balneologe, 10: 89–95; Berlin.

Asselberghs, E. (1927): Siegenerschichten, Hunsrückschiefer et Taunusquarzit. – Bull. Soc. belge Géol. 1926, 36: 206–222; Bruxelles.

Asselberghs, E. & Henke, W. (1935a): Contribution à la Tectonique du Hunsrück et du Soonwald. – Bull. Acad. Roy. Belgique, 21: 974–979; Bruxelles.

Asselberghs, E. & Henke, W. (1935b): Le Siegenien et le Gédinnien du Hunsrück et du Taunus. – Bull. Acad. roy. Belg., 21: 865–882; Bruxelles.

Asselberghs, E., Henke, W., Schriel, W. & Wunstorf, W. (1936): Über eine gemeinsame Exkursion durch die Siegener Schichten des Rheinischen Schiefergebirges und der Ardennen. – Jb. preuß. geol. L.-A., 56: 324–370; Berlin.

Atzbach, O. (1973): Ein Profil des Rotliegenden in der Kirner Mulde am Nordwest-Flügel der Nahe-Mulde. – Mainzer geowiss. Mitt., 2: 5–21; Mainz.

Atzbach, O. (1976): Erl. u. Geologische Karte 1:25 000, Bl. 6311 Lauterecken. – 114 S.; Mainz (LGB)

Atzbach, O. (1980): Erl. u. Geologische Karte 1:25 000, Bl. 6211 Sobernheim. – 82 S.; Mainz (LGB).

Atzbach, O. & Geib, K. W. (1972): Zur Gliederung des sedimentären Oberrotliegenden (Nahe-Gruppe) in der Nahe-Mulde. – Mainzer geowiss. Mitt., 1: 9–16; Mainz.

Atzbach, O. & Schottler, W. (1979): Geologische Karte von Rheinland-Pfalz 1:500 000. – Mainz (LGB).

Atzbach, O. & Schwab, K. (1971): Erl. u. Geologische Karte von Rheinland-Pfalz 1:25 000, Bl. 6410 Kusel. – 96 S.; Mainz.

Backhaus, E., Hagdorn, H., Heunisch, C. & Schulz, E. (2013): Biostratigraphische Gliederungsmöglichkeiten des Buntsandstein. – In: Deutsche Stratigraphische Kommission (Hrsg.; Koord. u. Redaktion f. d. Subkommission Perm-Trias): Stratigraphie von Deutschland XI. Buntsandstein. – Schriftenreihe der DGG, 69: 151–164; Hannover.

Baksi, A. K., Hsu, V., McWilliams, M. O. & Farrar, E. (1992): $^{40}Ar/^{39}Ar$ Dating of the Brunhes-Matuyama Geomagnetic Field Reversal. – Science, 256: 356–357; Washington.

Bambauer, H.-U. (1957): Zur Petrographie der permischen Magmatite der Nahemulde. – Diss. Universität Mainz; Mainz.

Bambauer, H.-U. (1960): Der permische Vulkanismus in der Nahemulde. – I: Lavaserie der Grenzlagergruppe und Magmatitgänge bei Idar-Oberstein. – N. Jb. Miner., Abt. A, Abh., 95: 141–199; Stuttgart.

Bambauer, H.-U. (1970): Zur Petrographie der permischen Magmatite im Westteil der Nahe-Mulde. – Petrographischer Exkursionsführer zur Tagung der VFMG in Idar-Oberstein 1970. – Der Aufschluß, Sonderh., 19: 67–76; Heidelberg.

Bandel, K. & Meyer, D.-E. (1975): Algenriffkalke, allochthone Riffblöcke und autochthone Beckenkalke im Südteil der Rheinischen Eugeosynklinale. – Mainzer geowiss. Mitt., 45–65; Mainz.

Bank, H. (1953): Tektonisch-stratigraphische Untersuchungen auf dem Nordflügel der Nahe-Mulde. – Diss. Univ. Mainz, 101 S.; Mainz.

Bank, H. (1977): Zur Geologie der Umgebung von Kirschweiler. – In: Brandt, H. P. (Red.): Kirschweiler; Mitt. Ver. f. Heimatkunde i. Landkreis Birkenfeld, Sonderh., 29: 16–33; Birkenfeld.

Bank, H. (1978): Einführung in die Geologie des Hunsrück-Nahe-Raumes. – In: Brandt, H.P. (Hrsg.): Zur Geschichte des Bergbaues an der oberen Nahe, 13–24; Idar-Oberstein (Charivari).

Bank, H. (1979): Zur Geologie und Tektonik eines temporären Aufschlusses im Unterdevon bei Kirschweiler. – Mitt. Ver. Heimatkde. i. Landkreis Birkenfeld u. d. Heimatfreunde Oberstein, 53: 29–32; Idar-Oberstein.

Bank, H. (1984): Das Schaubergwerk Steinkaulenberg in Idar-Oberstein. – Führer zu touristischen Attraktionen, 1: 50 S.; Idar-Oberstein (Charivari).

Bank, H. & Bambauer, U. (1959): Geologisch-petrographische Untersuchungen an permischen Magmatiten im Gebiet zwischen Kirn (Nahe) und Winterburg (Nordflügel der Nahemulde). – Geol. Rdsch., 48: 76–82; Stuttgart.

Bartels, C. & Blind, W. (1995): Röntgenuntersuchung pyritisch vererzter Fossilien aus dem Hunsrückschiefer (Unter-Devon, Rheinisches Schiefergebirge). – Metalla, 2, 79–100; Bochum.

Bartels, C. & Brassel, G. (1990): Fossilien im Hunsrückschiefer: Dokumente des Meereslebens im Devon. – Band 7, 232 S.; Idar-Oberstein (Museum Idar-Oberstein).

Bartels, C. & Kneidl, V. (1981): Ein Porphyroid in der Schiefergrube Schmiedenberg bei Bundenbach (Hunsrück, Rheinisches Schiefergebirge) und seine stratigraphische Bedeutung. – Geol. Jb. Hessen, 109: 23–36; Wiesbaden.

Bartels, C. & Poschmann, M. (2002): Linguloid brachiopods with preserved pedicles: Occurence and taphonomy (Hunsrück Slate, Lower Emsian, Kaub Formation, Rhenish Massif, SW-Germany), Metalla, 9: 123–130; Bochum.

Bartels, C., Briggs, D. E. G. & Brassel, G. (1998): The fossils of the Hunsrück Slate – Marine life in the Devonian. – 309 pp.; Cambridge (Cambridge University Press).

Bartels, C., Lutz, H., Blind, W. & Opel, A. (1997): Schatzkammer Dachschiefer: Die Lebewelt des Hunsrückschiefer-Meeres. – (Bildkatalog zur Sonderausstellung). – 1. Aufl., 81 S.; Mainz – Bochum (Landessammlung f. Naturkde. Rheinland-Pfalz u. Deutsches Bergbau-Museum Bochum).

Bartels, C., Poschmann, M., Schindler, T. & Wuttke, M. (2002): Palaeontology and palaeoecology of the Kaub-Formation (Lower Emsian, Lower Devonian) at Bundenbach (Hunsrück, SW Germany) – (Mit einem Beitrag von H.-G. Mittmeyer). – Metalla, 9: 105–122; Bochum.

Bartels, C., Wuttke, M. & Briggs, D. E. (2002): The Nahecaris Project: Releasing the marine life of the Devonian from the Hunsrück Slate of Bundenbach (SW Germany): Preliminary results and unresolved questions. – Metalla (Bochum), 9: 59–72; Bochum.

Bärtling, R. (1911): Die Schwerspatlagerstätten Deutschlands. – 188 S.; Stuttgart (Enke).

Bartz, J. (1936): Das Unterpliozän in Rheinhessen. – Jber. Mitt. oberrhein. geol. Ver., N. F., 25: 121–228; Stuttgart.

Bauer, W. (1841): Die Silber-, Blei- und Kupfererzgänge von Holzappel an der Lahn, Wellmich und Werlau am Rhein. – Arch. Mineral., etc., 15: 137–209; Berlin.

Becker, A. & Schäfer, A. (2019): Stratigraphic reinterpretation of the Rotliegend from a series of wells in the Saar-Nahe Basin (Carboniferous-Permian, SW Germany). – Z. Dt. Ges. Geowiss., 170: 47–72; Stuttgart.

Becker, A. & Schäfer, A. (2021): Entwicklung des Saar-Nahe-Beckens im späten Paläozoikum. – Jber. Mitt. oberrhein. geol. Ver., N.F. 103: 211–233, Stuttgart; DOI: 10.1127/jmogv/103/0006.

Becker, A., Schwarz, M. & Schäfer, A. (2012): Lithostratigraphische Korrelation des Rotliegend im östlichen Saar-Nahe-Becken. – Jber. Mitt. oberrhein. geol. Ver., N.F. 94: 105–133.

Becker, H., Kneuper, G. & Schall, A. (1968): Zur Paläomorphologie im Jungvariszikum des Saarlandes. – Geol. Rdsch., 58: 128–144; Stuttgart.

Behr, H. J. & Horn, E.-E. (1984): Quarzbildung und Verkieselungsprozesse in den Karbonatkomplexen des Rheinischen Schiefergebirges. – In: Postvaristische Gangmineralisation in Mitteleuropa, Schriftenreihe der GDMB, H. 41: 27–45; Weinheim (Verlag Chemie).

Behrends, M. (1994): Die Terrassenlandschaft der Mosel und das Schwermineralspektrum der Hauptterrassensedimente bei Hatzenport (Rheinisches Schiefergebirge). – Dipl. Arb. Univ. Bonn, 105 S.; Bonn (unveröffentlicht).

Berger, E., Torres, P. & Wefers, J. (1991): Zur Stratigraphie der Metamorphen Zone des Hunsrücksüdrandes im Rheinischen Schiefergebirge (vorläufige Mitteilung). – N. Jb. Geol. Paläont., Mh., 1991: 737–746; Stuttgart.

Berggren, W. A. (1972): A Cenozoic Time scale – Some Implications for Regional Geology and Paleobiology. – Lethaia, 5: 195–215; Oslo.

Bergström, J., Stürmer, W. & Winter, G. (1980): Palaeoisopus, Palaeopantopus and Palaeothea, pycnogoid arthropods from the Lower Devonian Hunsrück Slate, West Germany. – Paläont, Z., 54: 7–54; Stuttgart.

Berners, H. P. (1985): Der Einfluß der Siercker Schwelle auf die Faziesverteilung meso-känozoischer Sedimente im Nordosten des Pariser Beckens. Ein Sedimentationsmodell zum Luxemburger Sandstein (Lias), spezielle Aspekte zur strukturellen Änderung der Beckenkonfiguration und zum naturräumlichen Potential. – Diss. T.H. Aachen, 321 S.; Aachen.

Berners, H.-P., Bock, H., Hary, A. & Muller, A. (1984): Sandsteineinschaltungen in der Oberen Trias und im Unteren Lias am Nordrand des Pariser Beckens. (Exkursion K am 28. April 1984). – Jber. Mitt. oberrhein. geol. Ver., N.F., 66: 135–142; Stuttgart.

Berthelsen, A. (1992): In: Blundell, D., Freeman, R. & Müller, S. (eds.): A Continent revealed; the European Geotraverse; Atlas of compiled data, 11–32; Cambridge.

Beyenburg, E. (1930): Stratigraphie und Tektonik des Guldenbachtales im östlichen Hunsrück. – Jb. preuß. geol. L.-A., 51: 417–461; Berlin.

Beyrich, E. (1875): Bemerkungen zum silurischen Gepräge des Unterdevons bei Bundenbach. – Z. dt. geol. Ges., 27: 732; Berlin.

Bibus, E. (1980): Zur Relief-, Boden- und Sedimententwicklung am unteren Mittelrhein. – Frankfurter geowiss. Arb., D1, 296 S.; Frankfurt a. M.

Bibus, E. (1983): The tectonic position of the Lower Mosel Block in relation to the Tertiary and Old Pleistocene sediments. – In: Fuchs, A., Gehlen, K. v., Mälzer, H., Murawski, H. & Semmel, A. (Hrsg.): Plateau Uplift: 73–77; Berlin, Heidelberg etc. (Springer).

Bibus, E. & Semmel, A. (1977): Über die Auswirkung quartärer Tektonik auf die altpleistozänen Mittelrhein-Terrassen. – Catena, 4: 385–408; Gießen.

Biermann, C. (1987): Basement topography and thrust fault ramping; a model to explain cleavage fans in the Mosel area (Rheinisches Schiefergebirge). – Geologie en Mijnbouw, 66: 333–341; Dordrecht.

Bierther, W. (1941): Geologie des unteren Hahnenbachtales bei Kirn an der Nahe. – Jb. Reichsstelle für Bodenforsch, 61: 109–156; Berlin.

Bierther, W. (1951): Devon (?) am Südrand des Rheinischen Schiefergebirges bei Lorsbach im Taunus. – Notizbl. hess. L.-Amt. Bodenforsch. (VI) 2: 115–121; Wiesbaden.

Bierther, W. (1953): Zur Stratigraphie und Tektonik der metamorphen Zone im südlichen Rheinischen Schiefergebirge. – Geol. Rdsch., 41: 173–181; Stuttgart.

Bierther, W. (1954): Zur Herkunft der kristallinen Gesteine von Wartenstein im südlichen Hunsrück. – N. Jb. Geol. Paläontol., Mh., 1954: 97–103; Stuttgart.

Bierther, W. (1955): Zur Stratigraphie der Stromberger Mulde und ihre Bedeutung für den südlichen Hunsrück. – Decheniana, 108: 45–54; Bonn.

Bindig, M. & Backhaus, E. (1995): Rekonstruktion der Paläoenvironments aus den fluviatilen Sedimentkörpern der Röt-Sandstein-Fazies (Oberer Buntsandstein) Südwestdeutschlands. – Geol. Jb. Hessen, 123: 69–105; Wiesbaden.

Binot, F. (1980): Zur Geologie der Umgebung von Ürzig (Mosel, Rheinisches Schiefergebirge) mit einem Beitrag zur Genese der Rotliegend-Sedimente. – Dipl. Arb. Univ. Bonn, 115 S.; Bonn (unveröffentlicht).

Binot, F. & Stets, J. (1982): Die Rotliegend-„Porphyrtuffe“ von Ürzig/Mosel und ihre Xenolithe (Wittlicher Senke, Rheinisches Schiefergebirge). – Mainzer geowiss. Mitt., 11: 15–28; Mainz.

Birkelbach, M., Dörr, W., Franke, W., Michel, H., Stibane, F. & Weck, R. (1988): Die geologische Entwicklung der östlichen Lahnmulde. – Jber. Mitt. oberrhein. geol. Ver., N. F., 70: 43–77; Stuttgart.

Birkenhauer, J. (1971): Vergleichende Betrachtung der Hauptterrassen in der rheinischen Hochscholle. – Kölner geogr. Arb., Festschrift K. Kaiser: 99–140; Wiesbaden.

Birkenhauer, J. (1973): Zur Chronologie, Genese und Tektonik der plio-pleistozänen Terrassen am Mittelrhein und seinen Nebenflüssen. – Z. Geomorph., N. F., 17: 489–496; Berlin.

Birkenhauer, J. (1979): Die Entwicklung des Talsystems und des Stockwerksbaus im zentralen rheinischen Schiefergebirge zwischen Mitteltertiär und Altpleistozän. – Arb. z. Rhein. Landeskde., 6, 271 S.; Bonn.

Blind, W. (1969): Die systematische Stellung der Tentakuliten. – Palaeontographica, Abt. A, 133: 101–145; Stuttgart.

Blind, W. (1995): Die Lebewelt der Hunsrückschiefer im Röntgenlicht. – Spiegel d. Forschg., 12: 22–227; Gießen.

Bock, H. & Muller, A. (2004): Der Luxemburger Sandstein in der Südeifel, in Luxemburg und in Nordlothringen: Aspekte der Sedimentation und der Resedimentation (Exkursion I am 16. April 2004). – Jber. Mitt. oberrhein. Geol. Ver., N. F. 86: 249–270; Stuttgart.

Boersma, M. (1975): Die Makroflora von Sobernheim (Nahe-Gebiet). – Cour. Forsch. Inst. Senckenberg, 13: 132–136; Frankfurt a. M.

Bonn, J. W. & Stets, J. (2000): Die Ignimbrite des Wittlicher Rotliegend-Beckens. – Mainzer geowiss. Mitt., 92: 9–36; Mainz.

Borgstätte, O. (1910): Die Kieseloolithschotter- und Diluvialterrassen des unteren Moseltales. – Diss., 55 S.; Bonn.

Born, A. (1927): Die Anordnung der Schieferungsflächen in der Rheinischen Masse. – Senckenbergiana, 9: 169–178; Frankfurt a. Main

Born, A. (1929): Über Druckschieferung im varistischen Gebirgskörper. – Fortschr. Geol. u. Paläont., 7, 22: VI u. 329–427; Berlin.

Bornhardt, W. (1912): Die Erzvorkommen des Rheinischen Schiefergebirges. Metall und Erz, 10: 2/11.

Boucot, A. J. (1963): The Globithyrid facies of the Lower Devonian. – Senckenb. leth., 44: 79–84; Frankfurt a. M.

Boy, J. (1982): Der Fossil-Inhalt der Lebacher Toneisenstein-Geoden (Unterrotliegendes; Unter-Perm; Saarland). – Tagungsheft VFMG-Sommertagung 1982 im Oberthal (N-Saarland), 147–173; Heidelberg.

Boy, J. (2003): Exkursion 2: Paläoökologie permokarbonischer Seen. – Terra nostra, 5/2003 (73. Jahrestagg. Paläont. Ges. 29.09.-3.10.2003, Exkursionsführer): 188–215; Mainz.

Boy, J. A. & Fichter, J. (1982): Zur Stratigraphie des saarpfälzischen Rotliegenden – (Oberkarbon) – Unter-Perm; SW-Deutschland. – Z. Deutsch. Geol. Ges., 133: 607–642; Hannover.

Boy, J., Haneke, J., Kowalczyk, G., Lorenz, V., Schindler, T., Stollhofen, H. & Thum, H. (2012): Rotliegend im Saar-Nahe-Becken, am Taunus-Südrand und im nördlichen Oberrheingraben. – In: Stratigraphie v. Deutschland X, Teil I (Hrsg.: Lützner, H. & Kowalczyg, G., f. d. Deutsche Stratigraphische Subkommission Perm-Trias). – Schriftenreihe der Deutschen Geologischen Gesellschaft, H. 61: 254–377; Hannover.

Boy, J. A., Meckert, D. & Schindler, T. (1990): Probleme der lithostratigraphischen Gliederung im unteren Rotliegend des Saar-Nahe-Beckens (?Ober-Karbon – Unter-Perm, Südwest-Deutschland). – Mainzer geowiss. Mitt., 19: 99–118; Mainz.

Boyer, S. & Elliot, D. (1982): Thrust Systems. – Amer. Ass. Petrol. Geol. Bull., 66: 1196–1230; Tulsa/Okl.

Brandt, H. P. (Hrsg.): Zur Geschichte des Bergbaus an der Oberen Nahe. – 109 S.; Idar-Oberstein (Charivari).

Brassel, G. & Kutscher, F. (1978): Beiträge zur Sedimentation und Fossilführung des Hunsrückschiefers, 44: Die Halden der Dachschiefergruben bei Bundenbach (Hunsrück, Rheinisches Schiefergebirge). – Mitt. Pollichia, 66: 11–24; Bad Dürkheim.

Brassel, G., Kutscher, F. & Stürmer, W. (1971): Beiträge zur Sedimentation und Fossilführung des Hunsrückschiefers, 33: Erste Funde von Weichteilen und Fangarmen bei Tentaculiten. – Abh. hess. L.-Amt. Bodenforsch., 60, Heinz-Tobien-Festschrift: 44–50; Wiesbaden.

Braukmann, C. (1987): Neue Arachniden-Funde (Scorpionida, Trigonotarbida) aus dem westdeutschen Unter-Devon. – Geologica et Palaeontologica, 21, 73–85; Marburg.

Braun, A. (1997): Mittlere Nellenköpfchen-Schichten im Alkener Bachtal. – In: Braun, A., Elkholy, H., Gad, J. & Ristedt, H.: Das Unterdevon der Moselmulde. Exkursionsführer anl. 67. Jahrestagg. Paläontol. Ges. 1997, Terra Nostra, 97: 184–189; Köln.

Brause, H. (1970): Variszischer Bau und „Mitteldeutsche Kristallin-Zone". – Geologie, 19: 281–191; Berlin.

Breddin, H. (1930): Die Milchquarzgänge des Rheinischen Schiefergebirges, eine Nebenerscheinung der Druckschieferung. – Geol. Rdsch., 21: 367–388; Stuttgart.

Brelie, G. v. d., Quitzow, H. W. & Stadler, G. (1969): Neue Untersuchungen im Alttertiär von Eckfeld bei Manderscheid (Eifel). – Fortschr. Geol. Rheinl. u. Westf., 17: 27–40; Krefeld.

Briggs, D. E. G. & Bartels, C. (2001): New arthropods from the Lower Devonian Hunsrück Slate (Lower Emsian, Rhenish Massif, Western Germany). – Palaeontology, 44: 27–303; Oxford/U.K.

Brinkmann, R. (1932): Über fossile Inselberge. – Nachr. Ges. Wiss.; Göttingen, Berlin.

Brinkmann, R. (1948): Die Mitteldeutsche Schwelle. – Geol. Rdsch., 36: 56–66; Stuttgart.

Britz, K. (1954): Alter und Tektonik des Altpaläozoikums von Düppenweiler (Saar). – Jber. Mitt. oberrhein. geol. Ver., N. F., 36: 5–11; Stuttgart.

Britz, K. (1970): Achatbergbau und Achatgräberei im Nahebergland. – Der Aufschluß, Sonderh. 19: 111–115; Heidelberg.

Brocke, R., Kneidl, V., Wilde, V. & Riegel, W. (2017): Palynological data from sediments of the Hunsrückschiefer type, Lower Devonian of the SW-Hunsrück, Germany. – Bull. Geosciences, 92: 59–74; Prag.

Broili, F. (1928): Crustaceenfunde aus dem Rheinischen Unterdevon. – Sber. bayer. Akad, Wiss., math.-nat. Abt., 1928: 1–18; München.

Broili, F. (1929): Beobachtungen an neuen Funden von Gliedertieren aus dem rheinischen Unter-Devon. – Sber. Bayer. Akad. Wiss., math.-nat. Ab., Jg. 1929; München.

Brüchmann, C. (1994): Zur Geologie der Saarschleife bei Mettlach (Rheinisches Schiefergebirge). – Dipl. Arbeit Univ. Bonn, 158 S., Bonn (unveröffentlicht).

Bruhns, W. (1908): Über vulkanische Bomben von Schweppenhausen bei Stromberg am Soonwald. – Verh. Naturhist, Ver. Rheinlde. u. Westf., 64: 153–161; Bonn.

Buchrucker, A. (1896): Die Manganerz-Vorkommen zwischen Bingerbrück und Stromberg am Hunsrück. – Jb. preuß. geol. L.-A., 16: 1–9; Berlin.

Bücking, H. (1903): Über Porphyroidschiefer und verwandte Gesteine des Hinter-Taunus. – Ber. Senckenb. Naturforsch. Ges., 1903: 155–176; Frankfurt a. M.

Budeus, P. (1988): Strukturgeologische Untersuchungen im Mittelrheingebiet und an der Untermosel auf dem N-Flügel und im Zentrum der Moselmulde. – Diss. Univ. Bonn, 214 S.; Bonn.

Bülow, K. v. (1923): Zur Frage der Entstehung der sog. Soonwalderze. – Z. prakt. Geol., 31: 55–58; Berlin.

Bültemann, H. W. (1970): Die Uranlagerstätte Bühlskopf bei Ellweiler. – Der Aufschluß, Sonderh. 70: 129–134; Heidelberg.

Bültemann, H.-W. & Strehl, E. (1969): Uranvorkommen im Saar-Nahe-Gebiet. – Der Aufschluß, 20: 215–220; Göttingen.

Burkart, J. (1826): Geognostische Skizze der Gebirgsbildungen des Kreises Kreuznach und einiger angrenzenden Gegenden der ehemaligen Pfalz. – In: Das Gebirge in Rheinland-Westfalen nach mineralogischem und chemischem Bezuge, 4: 142–221; Bonn.

Burret, C. F. (1972): Plate Tectonics and the Hercynian Orogeny. – Nature, 239: 155–157; London, New York.

Buschendorf, F. (1950): Bisherige Ergebnisse der Erforschung deutscher Blei-Zinkerzlagerstätten und Wege zu ihrer Erweiterung und Vertiefung. – Erzmetall, 3: 220–225, 408–413; Stuttgart.

Buschendorf, F. (1952): Neue Erfahrungen in der Beurteilung gangförmiger Blei-Zinklagerstätten. – Erzmetall, 5: 173–182; Stuttgart.

Buschendorf, F. & Walther, H.-W. (1957): Zur Altersbeziehung der Blei-Zinkvererzung und Diabasaufstieg im östlichen Lahn-Hunsrück-Bezirk (Südl. Rheinisches Schiefergebirge). – N. Jb. Mineral., Abh., 91: 455–484; Stuttgart.

Carlé, W. (1958): Rezente und fossile Mineral- und Thermalwässer im Oberrheintal-Graben und seiner weiteren Umgebung. – Jber. Mitt. oberrhein. geol. Ver., N.F., 40: 77–105; Stuttgart.

Carlé, W. (1975): Die Mineral- und Thermalwässer von Mitteleuropa – Geologie, Chemismus, Genese. – XXIV + 643 S.; Stuttgart (Wiss Verlagsges.).

Carls, P. (2001): Kritik der Plattentektonik um das Rhenohercynikum bis zum frühen Devon. – Braunschweig. Geowiss. Arb., 24 (H. Wachendorf-Festschrift): 27–108; Braunschweig.

Carls, P., Jahnke, H., Lusznat, M. & Rachebeuf, P. (1982): On the Siegenian stage. – Cour. Forsch.-Inst. Senckenberg, 55: 181–198; Frankfurt a. M.

Carruthers, W. (1872): On the history, histological structure, and affinities of *Nematophycus loganii* Carr (*Prototaxites loganii* Dawson), an alga of Devonian age. – Month. Microsci. J., 8: 160–172; London.

Chlupac, I. (1976): The oldest goniatite faunas and their stratigraphical significance. – Lethaia, 9: 303–315; Oslo.

Chudoba, K. & Obenauer, K. (1932): Über die metamorphen Gesteine bei Winterburg im Hunsrück. – N. Jb. Mineral. etc., Beil. Bd., 63, Abt. A: 59–82; Stuttgart.

Church, A. H. (1919): *Thallassiophyta* and the subaerial transmigration. – Oxford. Botan. Mem., 3: 1–95; Oxford

Cissarz, A. (1927): Über einige metamorphe Gesteine bei Winterburg im Hunsrück und die mit ihnen verknüpften Eisenerzlagerstätten. – Z. prakt. Geol., 35: 86–91; Halle (Saale).

Cloos, H. & Scholtz, H. (1930): Die Grundlagen der Deckenhypothese im südlichen Hunsrück. – Geol. Rdsch., 21: 289–293; Stuttgart.

Cocks, L. R. M. & Fortey R. A. (1982): Faunal evidence for oceanic separations in the Palaeozoic Britain. – Journal of the Geological Society, 139: 465–478; London.

Colin, H. (1955): Die variszische Südvergenzzone bei Koblenz. – Geol. Rdsch., 44: 209–222; Stuttgart.

Cordier, S. (2004): Les niveau alluviaux quaternaires de la Meurthe et de la Moselle entre Baccarat et Coblence: étude morphosédimentaire et chronostratigraphique, incidences climatique et tectonique. – Thèse Doctorat Univ. Paris, XII, 455 pp.; Paris.

Cordier, S., Harmand, D., Frechen, M. & Beiner, M. (2006): New evidences on the Moselle terrace stratigraphy between the Meurthe confluence (Paris Basin) and Koblenz (Rhenish Massif). – Z. Geomorph., N. F., 50: 281–304; Berlin, Stuttgart.

Corin, H. (1930): A propos des galets tourmalinifères des poudinges dévoniens. – Ann. Soc.géol. de Belge., sér. B., 50: 60–61; Liège.

Cup, C. (1955): Tectonics and genesis of the lead, zinc ores of Tellig (Hunsrück, W. Germany). – Geol. Mijnb., 17: 285–318; s'Gravenhage.

Dachroth, W. (1972): Der Obere Buntsandstein im Saarland. – Oberrhein. geol. Abh., 21: 117–144; Karlsruhe.

Dachroth, W. (1982): Hangsedimente aus dem Unterrotliegenden am Südrand des Hunsrücks. – Der Aufschluß, 33: 69–80; Heidelberg.

Dachroth, W. (1988): Genese des linksrheinischen Buntsandsteins und Beziehungen zwischen Ablagerungsbedingungen und Stratigraphie. – Jber. Mitt. oberrhein. geol. Ver., N.F., 70: 267–333; Stuttgart.

Dachroth, W. (2013a): Paläoböden im Buntsandstein und deren stratigraphische Bedeutung. – In: Deutsche Stratigraphische Kommission (Hrsg.: Lepper, J. & Röhling, H.-G.): Stratigraphie von Deutschland XI. Buntsandstein: 223–231; Hannover.

Dachroth, W. (2013b): Der Buntsandstein der Lothringen-Pfalz-Senke. – In: Deutsche Stratigraphische Kommission (Hrsg.: Lepper, J. & Röhling, H.-G.): Stratigraphie von Deutschland XI Buntsandstein: 487–513; Hannover.

Dahlgrün, F. (1939): Geologische Übersichtkarte von Deutschland 1:200 000, Bl. Cochem, Reichsstelle für Bodenforschung, Berlin.

Dahmer, G. (1914): Ein Häutungsplatz von *Homalonotus gigas* A. Roem. im linksrheinischen Schiefergebirge. – Jb. nass. Ver. Naturkde., 67: 16–21; Wiesbaden.

Dahmer, G. (1922): Unterkoblenzschichten mittelrheinischer Fazies bei Winningen a. d. Mosel. – Jb. preuß. geol. L.-A., 41: 189–191; Berlin.

Dahmer, G. (1926): Die Sphärosiderit-Schiefer der Lahnmulde, zugleich ein Beitrag zur Kenntnis unterdevonischer Gastropoden. – Jb. preuß. geol. L.-A., 46: 34–67; Berlin.

Dahmer, G. (1929): Waren Hunsrück und Taunus zur Zeit der Wende Unterdevon/Mitteldevon Land? – Jb. preuß. geol. L.-A., 49: 1152–1162; Berlin.

Dahmer, G. (1930): Mandelner Schichten (Zweischalerfazies des obersten Unterdevons) an der Mosel. – Jb. preuß. geol. L.-A., 51: 88–94; Berlin.

Dahmer, G. (1934): Die Fauna der Seifener Schichten (Siegen-Stufe). – Abh. preuß. geol. L.-A., N. F., 147, 91 S.; Berlin.

Dahmer, G. (1937): Lebensspuren aus dem Taunusquarzit und den Siegener Schichten (Unterdevon). – Jb. preuß. geol. L.-A., 57: 523–539; Berlin.

Dahmer, G. (1948): Die Fauna des Koblenzquarzits (Unterdevon, Oberkoblenz-Stufe) vom Kühkopf bei Koblenz. – Senckenbergiana, 29: 115–136; Frankfurt a. Main

Dallmeyer, R. D., Franke, W. & Weber, K. (eds.) (1995): Pre-Permian Geology of Central and Eastern Europe. – 604 pp.; Berlin, Heidelberg etc. (Springer).

Davis, W. M. (1912): Die erklärende Beschreibung der Landformen. – 565 S.; Leipzig.

Dawson, J. W. (1857): Remarks on a Specimen of fossil wood from the Devonian rocks (Gaspé Sandstone) of Gaspé, Canada East. – Proc. Amer. Ass. Adv. Sci, 10: 174–176; Cambridge.

Dechen, H. v. (1876): Über die Verhältnisse der Devonformation an dem südlichen Rande derselben im rechtsrheinischen Taunus und im linksrheinischen Soonwalde, Idarwalde und Hochwalde. – Verh. naturhist. Ver. preuss. Rheinlde. Westf., 33: 4. F.: 3. Jg., Corr.-Bl.: 64–65; Bonn.

Dechen, H. v. (1883): Geologische Übersichtskarte der Rheinprovinz und der Provinz Westfalen 1:500 000. – 2. Aufl.

Dechen, H. v. (1884): Geologische und Paläontologische Übersicht der Rheinprovinz und der Provinz Westfalen. – Erl.. Geol. Kte. Rheinprovinz und Provinz Westfalen, 2, 933 S.; Bonn.

Delkeskamp, R. (1901): Die hessischen und nassauischen Manganerzlagerstätten und ihre Entstehung durch die Zersetzung des dolomitischen Stringocephalenkalkes bzw. Zechsteindolomits. – Z. prakt. Geol., 9: 356–365; Berlin.

Delkeskamp, R. (1902): Über die Krystallisationsfähigkeit von Kalkspat, Schwerspat und Gips bei ungewöhnlich großer Menge eingeschlossenen Quarzsandes. – Z. Naturwiss., 75: 185–208; Stuttgart.

Demathieu, G. (1987): L'ichnofaune de petits reptiles du Buntsandstein moyen de Britten (Sarre). – Publ. Serv. Géol. Luxembourg, Bull., 14: 3–21; Luxembourg.

Demathieu, G. (1995): Dr. Erwin Müller und die Ichnologie. – Mainzer Geowiss. Mitt., 24: 253–262; Mainz.

Demathieu, G. & Müller, E. (1978): Fährten von Kleinreptilien im Mittleren Buntsandstein bei Britten (Saarland). – Jber. Mitt. oberrhein. geol. Ver., N.F., 60: 155–166; Stuttgart.

Demoulin, A., Beckers, A., Rixhon, G., Brauches, R., Bourlès, D. & Sienne, L. (2012): Valley downcutting in the Ardennes (W-Europe): Interplay between tectonically triggered regressiv erosion and climatic cyclicity. – Netherlands J. of Geoscience, 91: 79–80; Amsterdam.

Dennisson, J. M. (1985): Devonien eustatic fluctuation in Euramerika: Discussion. – Geol. Soc. Amer. Bull., 96: 1595–1597; Boulder.

Dern, H. (1970): Mineralfundstellen im oberen Nahe-Gebiet. – Der Aufschluß, Sonderh. 19: 101–110; Heidelberg.

Dèzes, P., Schmid, S. M. & Ziegler, P. (2004): Evolution of the Cenozoic Rift System: Interaction of the Alpine and Pyrenean orogens with their foreland lithosphere. – Tectonophysics, 389: 1–33; Amsterdam.

Dickinson,W. R., Beard, L. S., Brakenridge, G. R., Erjavec, J. L., Ferguson, R. C., Inman, K. F., Knepp, R. A., Lindberg, F. A. & Ryberg, P. T. (1983): Provenance of North American Phanerozoic sandstones in relation to tectonic setting. – Geol. Soc. Amer., Bull., 94: 222–235; Boulder/Col.

Dietrich, B. (1910): Morphologie des Moselgebietes zwischen Trier und Alf. – Verh. naturhist. Ver. preuss. Rheinlde. u. Westf., 67: 83–181; Bonn.

Dietz, V. (1965): Beiträge zur Geologie und Sedimentologie des südwestlichen Hunsrückrandes. – Ann. Univ. Sarav., math.-nat. Fak., 4: 41–121; Berlin.

Dillmann, D. & Krauter. E. (1972): Beziehungen zwischen Tektonik, Vulkanismus und den warmen Quellen von Bad Bertrich (Eifel, Rheinisches Schiefergebirge). – Mainzer geowiss. Mitt., 1: 48–58; Mainz.

Dillmann, D. & Negendank, J. (1982): Ein Lapilli-Tuffschlot südlich Trier, das südwestlichste Vorkommen kretazisch-känozoischen Vulkanismus in Eifel und Hunsrück. – Mainzer geowiss. Mitt., 11: 29–32; Mainz.

Dittmar, U. (1996): Profilbilanzierung und Verformungsanalyse im südwestlichen Rheinischen Schiefergebirge. – Zu Konfiguration, Deformation und Entwicklungsgeschichte eines passiven varistischen Kontinentalrandes. – Berengeria (Würzburger geowiss. Mitt.), 17: 346 S.; Würzburg.

Dittrich, D. (1999): Triassic and Liassic of the Trier Embayment. – Meuse-Rhine Euregio Geologists Meeting, Excursion Guide. – 35 S.; Mainz - Trier.

Dittrich, D. (1989): Beckenanalyse der oberen Trias in der Trier-Luxemburger Bucht – Revision der stratigraphischen Gliederung und Paläogeographie. – Diss. Univ. Bonn., 240 S.; Bonn.

Dittrich, D. (2003): Stratigraphische Gliederung des Pfälzer Buntsandsteins. – In: Rohn, J. & Kassebeer: Erläuterungen Blatt 6712 Merzalben. – Geol. Kte. Rheinland-Pfalz 1: 25 000, Erl.: 13–16; Mainz.

Dittrich, D. (2004): Die ardennische Trias- und Lias-Randfazies in der Trierer Bucht (Exkursion B1 am 15. und B2 am 16. April 2004). – Jber. Mitt. oberrhein. geol. Ver., N. F., 86: 49–76; Stuttgart.

Dittrich, D. (2005): Der Keuper des Trier-Bitburger Beckens. – S. 259–264. – In: Deutsche Stratigraphische Kommission (Hrsg.): Stratigraphie von Deutschland IV – Keuper. – Courier Forsch.-Inst. Senck., 253: 296 S., Frankfurt a. Main, Stuttgart (Schweizerbart).

Dittrich, D. (2008): Schertektonik im triassischen Deckgebirge der nordwestlichen Trierer Bucht – Teil I. – Mainzer geowiss. Mitt., 36: 69–104; Mainz.

Dittrich, D. (2009): Schertektonik im triassischen Deckgebirge der nordwestlichen Trierer Bucht – Teil II. – Mainzer geowiss. Mitt., 37: 77–128; Mainz.

Dittrich, D. (mit Beiträgen von Gad, J., Schäfer, P. & Weidenfeller, M.) (2011): Geologische Übersichtskarte der Trierer Bucht 1:50 000; Erl., 70 S; Mainz (LGB.).

Dittrich, D. (2014): Schertektonik im mesozoischen Deckgebirge der südöstlichen Trier-Luxemburger Bucht – Teil IV. – Mainzer geowiss. Mitt., 42: 27–98; Mainz.

Dittrich, D. (2017): Marine Signale im höheren Buntsandstein der Trier-Luxemburger Bucht? Teil I: Auffällige Horizonte und besondere Faziesmerkmale. – Mainzer geowiss. Mitt., 45: 7–92; Mainz.

Dittrich, D. (2018): Marine Signale im höheren Buntsandstein der Trier-Luxemburger Bucht? Teil II: Die regionalen Fazies- und Mächtigkeitsmuster im Trier-Luxemburgischen Randbecken. – Mainzer geowiss. Mitt., 46: 41–128; Mainz.

Dittrich, D. (2019): Marine Signale im höheren Buntsandstein der Trier-Luxemburger Bucht? Teil III: Die Rolle der Tektonik als Steuerungsfaktor der regionalen Sedimentation. – Mainzer geowiss. Mitt., 47: 69–146; Mainz.

Dittrich, D. (2020): Marine Signale im höheren Buntsandstein der Trier-Luxemburger Bucht? Teil IV: Sequenzstratigraphische Gesamtausdeutung. – Mainzer geowiss. Mitt., 48: 85–184; Mainz.

Dittrich, D. (2021): Der Muschelkalk in der Trierer Bucht. – In: Deutsche Stratigraphische Kommission (Hrsg.): Stratigraphie von Deutschland, XIII. Muschelkalk. – Schr.-R. dt. Ges. für Geowiss., 91: 895–931; Stuttgart, Schweizerbart.

Dittrich, D. & Hornung, J. J. (2021): Der Muschelkalk im Saarland und in der Pfalz. – In: Deutsche Stratigraphische Kommission (Hrsg.): Stratigraphie von Deutschland, XIII. Muschelkalk. Schr.-R. dt. Ges. für Geowiss., 91: 932–961; Stuttgart, Schweizerbart.

Dittrich, D. & Stets, J. (2008): Rotliegend-Vorkommen auf der Hunsrück-Scholle im Trierer Stadtgebiet. – Mainzer geowiss. Mitt., 36: 45–68; Mainz.

Dittrich, D., Franke, W., Gad, J., Haneke, J., Requadt, H., Schäfer, P. & Weidenfeller, M. (2003): Geologische Übersichtskarte von Rheinland-Pfalz 1:300.000. – Mainz (Landesamt f. Geologie u. Bergbau Rheinland-Pfalz).

Doebl, F. (1954): Mikrofaunistische Untersuchungen an der Grenze Rupelton/Schleichsand (Mitteloligozän) im Mainzer Becken. – Notizbl. hess. L.-Amt Bodenforsch., 82: 57–111; Wiesbaden.

Doubinger, J. (1956): Contribution a l'etude des flores Autuno-Stephanienses. – Mem. Soc. Geol. Fr., 35: 1–180; Paris.

Doubinger, J. & Rauscher, R. (1984): Palynologische Untersuchungen an Bohrkernen aus den Bohrungen Düppenweiler/Saar. – Bericht, Strasbourg (unveröffentlicht).

Douw, W. (2009): Nutzung von Massenschwerebewegungen im Tagebau. – 190 S.; Hackenheim (ConchBooks).

Dresen, G. (1979): Zur Geologie der Umgebung von Taben/Saar unter besonderer Berücksichtigung des kleintektonischen Gefüges im variszisch geprägten Sockel (SW-Hunsrück/Rheinisches Schiefergebirge). – Dipl.-Arbeit Univ. Bonn; 95 S.; Bonn (unveröffentlicht).

Dreyer, G., Franke, W. R. & Stapf, K. R. G. (1983): Geologische Karte des Saar-Nahe-Berglandes und seiner Randgebiete 1:100.000; Mainz (Geol. Landesamt Rhld.-Pfalz, LBG).

DSK (2002): Stratigraphische Tabelle von Deutschland 2002 (STD 2002); Tabelle und Beiheft, 16 S.; Deutsche Stratigraphische Kommission, Potsdam.

DSK (2016): Stratigraphische Tabelle von Deutschland 2016 (STD 2016); Deutsche Stratigraphische Kommission, Potsdam.

Duis, H.-D. (1960): Zur Geologie der nordöstlichen Prims-Mulde. – Diss. Univ. Mainz, 123 S.; Mainz (unveröffentlicht).

Dumont, A. (1848): Mémoire sur les terrains ardennais et Rhénan, de l'Ardenne, du Rhin, du Brabant et du Condroz. – Mém. Acad. roy. Sciences Belgique, 2nde partie, 22: 451 pp.; Bruxelles.

Dunker, W. (1884): Beschreibung des Bergreviers Coblenz II. – 90 S.; Bonn (A. Marcus).

Ecke, H.-H., Hoffmann, M., Ludewig, B. & Riegel, W. (1985): Ein Inkohlungsprofil durch den südlichen Hunsrück (südwestliches Rheinisches Schiefergebirge). – N. Jb. Geol. Paläontol., Mh., 1985: 395–410; Stuttgart.

Eckelmann, K., Nesbor, H.-D., Königshof, P., Linnemann, U., Hofmann, M., Lange, J.-M. & Suagawe, A. (2014): Plate interactions of Laurussia and Gondwana during the formation of Pangaea – Constrains from U–Pb LA–SF–ICP–MS detrital zircon ages of Devonian and Early Carboniferous willisciclastics of the Rhenohercynian zone, Central European Variscides. – Gondwana Research, 25: 1484–1500.

Ehrenberg, K.-H., Kümmerle, E., Kutscher, F. & Mittmeyer, H.-G. (1965): Darustwald-Schichten am Angstfels zwischen Bodental und Bächergrund (Unterdevon, Mittelrheintal). – Notizbl. hess. L.-Amt Bodenforsch., 93: 334–337; Wiesbaden.

Ehrenberg, K.-H., Kupfahl, H.-G. & Kümmerle, E. (1968): Geologische Karte von Hessen 1: 25 000, Bl. 5913 Presberg. – Erl., 201 S.; Wiesbaden.

Ehrendreich, H. (1959): Stratigraphie, Tektonik und Gangbildung im Gebiet der Emser Blei-Zinkerzgänge. – Z. deutsch. Geol. Ges., 110: 561–582; Hannover.

Einecke, G. (1904): Ist die durch Bauer und Wenkenbach bei Geisig, Weyer, Wellmich, Werlau und Peterswald festgelegte SWliche Fortsetzung des Holzappeler Gangzuges tatsächlich dort zu suchen? – Arch. Preuß. Geol. L.-A.; Berlin.

Einecke, G. (1906): Die südwestliche Fortsetzung des Holzappeler Gangzuges zwischen Lahn und Mosel. – Ber. senckenb. naturforsch. Ges., 1906: 65–103; Frankfurt a. Main

Einsele, G. (1992): Sedimentary Basins: Evolution, Facies, and Sediment Budget. – 792 S., Berlin, Heidelberg (Springer).

El Ouenjli, A. & Stapf, K. R. (1995): Erstmaliger Nachweis einer küstenbeeinflußten, sandigen Zechstein-Sebkha im St. Wendeler Graben (Saar-Nahe-Becken, SW-Deutschland). – Mitt. Pollichia, 82: 7–36; Bad Dürkheim.

Elkholy, H. (1998): Fazies-Untersuchungen im mittleren Ober-Ems (Laubach-Unterstufe) der Moselmulde (Unterdevon, Rheinisches Schiefergebirge). – Bonner geowiss. Schriften, 27, 180 S.; Wiehl (Galunder).

Elkholy, H. (2000): Geologische Profilaufnahme im Installationsgraben der Gasfernleitung zwischen Dorsel/Eifel und Wickenrodt/Hunsrück (Rheinland-Pfalz). – Mainzer geowiss. Mitt., 29: 133–208; Mainz.

Elkholy, H. & Gad, J. (2006): Die Wied-Gruppe (vormals Hunsrückschiefer): Eine neue lithostratigraphische Einheit am Nordrand der Moselmulde – Untersuchungen zu ihrer faziellen und stratigraphischen Einordnung. – Mainzer geowiss. Mitt., 34: 49–72; Mainz.

Elkholy, H. & Kröll, R. (1998): Die Typuslokalität „Hohenrheiner Hütte“: Emsquarzit, Hohenrhein- oder Laubach-Schichten? – Mainzer geowiss. Mitt., 27: 147–158; Mainz.

Emmermann, K.H. & Reé, C. (1973): Subvulkanite. – In: Geib, K.W: Geologische Karte von Rheinland-Pfalz 1:25 000. Erläuterungen zu Blatt 6112 Waldböckelheim, 46–60, Mainz.

Engel, W., Franke, W., Grote, C., Weber, K., Ahrendt, H. & Eder, W. (1983): Nappe tectonics in the southeastern part of the Rheinisches Schiefergebirge: 267–288, In: Martin, H. & Eder, F.W. (Eds.): Intracontinental Fold Belts. Heidelberg (Springer).

Engels, B. (1955): Zur Tektonik und Stratigraphie des Unterdevons zwischen Loreley und Lorchhausen am Rhein (Rheinisches Schiefergebirge). – Abh. Hess L.-Amt Bodenforsch., 14, 96 S.; Wiesbaden.

Engels, B. (1956): Über die Fazies des Hunsrückschiefers. – Geol. Rdsch., 45: 143–149; Stuttgart.

Engels, B. (1957): Vorläufige Mitteilung über tektonische Untersuchungen in der Moselmulde (Hunsrück und SE-Eifel, Rheinisches Schiefergebirge). – Mitt. geol. Staatsinst. Hamburg, 26: 55–59; Hamburg.

Engels, B. (1959): Die kleintektonische Arbeitsweise unter besonderer Berücksichtigung ihrer Anwendung im deutschen Paläozoikum. – Geotekt. Forsch., 13, 129 S.; Stuttgart.

Engels, B. (1960): Zur Geologie der Mosel-Mulde zwischen Würrich/Hunsrück und Mayen/SO-Eifel (Rheinisches Schiefergebirge). – Mitt. geol. Staatsinst. Hamburg, 29: 42–60; Hamburg.

Engels, B. (1986): Zur inneren Tektonik des Taunus (Rheinisches Schiefergebirge) aus der Sicht des Dachschiefergrube „Rosit“. – Geol. Rdsch., 75: 635–645; Stuttgart.

Engels, B. (1987): Über die Bedeutung der „Diagonalstörungen“ im Hunsrückschiefer. – Geol. Jb. Hessen, 115: 259–281; Wiesbaden.

Engels, B. & Bank, H. (1954): Ein Querprofil im Bereich der Dachschiefergrube Eschenbach I bei Bundenbach im Hunsrück (Rheinisches Schiefergebirge). – Notizbl. hess. L.-Amt. Bodenforsch., 82: 247–250; Wiesbaden.

Erben, H. K. (1994): Das Meer des Hunsrückschiefers. – In: Koenigswald, W. v. & Meyer, W. (Hrsg.): Erdgeschichte im Rheinland; Fossilien und Gesteine aus 400 Millionen Jahren: 49–56; München (Pfeil).

Erben, H.-K. (1962a): Zur Analyse und Interpretation der rheinischen und hercynischen Magnafazies des Devons. – Symposium Silur/Devon-Grenze, 160: 42–61; Stuttgart.

Erben, H.-K. (1962b): Über die „form elliptique“ der primitiven Ammonoidea. – Paläont. Z., H. Schmidt-Festband: 38–44; Stuttgart.

Erben, H.-K. (1964): Die Evolution der ältesten Ammonoidea (Lieferung I). – N. Jb. Geol. Paläontol., Abh., 120: 107–212; Stuttgart.

Erben, H.-K. (1965): Die Evolution der ältesten Ammonoidea (Lieferung II). – N. Jb. Geol. Paläontol., Abh., 122: 275–312; Stuttgart.

Ermann, O. (1951): Über die Tektonik am Westende der Waldböckelheimer Kuppel (Nahebergland). – Z. dt. geol. Ges., 103: 264–283; Hannover.

Fahlbusch, K. (1966): Eine Pteraspiden-Fauna aus dem Unterdevon von Alken an der Mosel. – Senckenb. leth., 47: 165–191; Frankfurt a. M.

Fahlbusch, K. & Sellner, R. (1985): Der Taunusquarzit (Unterdevon) auf Blatt 6013 Bingen-Rüdesheim. – Mainzer geowiss. Mitt., 14: 115–144; Mainz.

Falke, H. (1950a): Stratigraphische Probleme des pfälzischen Rotliegenden. – N. Jb. Geol. Paläontol., Mh. 1950: 134–144; Stuttgart.

Falke, H. (1950b): Spezialtektonik am Nordrand der Nahemulde. – Z. dt. geol. Ges., 101: 59–69; Hannover.

Falke, H. (1952): Sedimentationszyklen im pfälzischen Unterrotliegenden. – Z. dt. geol. Ges., 103: 115–116; Hannover.

Falke, H. (1954a): Erläuterungen zum stratigraphischen Profil des saarpfälzischen Rotliegenden. – 32. Jahrestagg. deutsch. mineral. Ges., Mainz 1954, Tagungsheft: 17–19; Mainz.

Falke, H. (1954b): Leithorizonte, Leitfolgen und Leitgruppen im pfälzischen Unterrotliegenden. – N. Jb. Geol. Paläontol., Abh., 99: 298–354; Stuttgart.
Falke, H. (1954c): Die Sedimentationsvorgänge im saarpfälzischen Rotliegenden. – Jber. Mitt. oberrh. geol. Ver., N. F. 36: 32–53; Stuttgart.
Falke, H. (1957): Zur Geologie der Umgebung von Stromberg (Hunsrück). – Notizbl. hess. L.-Amt Bodenforsch., 85: 75–113; Wiesbaden.
Falke, H. (1960): Rheinhessen und die Umgebung von Mainz. – Slg. geol. Führer, 38, 156 S.; Berlin.
Falke, H. (1965): Der Hunsrück und sein Relief zur Rotliegendzeit. – Der Hunsrück I/1965: 9–25; Bernkastel-Kues.
Falke, H. (1966a): Zur Geochemie der Schichten der Kreuznach-Gruppe im Saar-Nahe-Gebiet. – Geol. Rdsch., 55: 59–77; Stuttgart.
Falke, H. (1966b): Zur Frage der Ausdehnung und faziellen Entwicklung des Saarkarbons nach Nordosten. – Z. dt. geol. Ges., 117: 72–100; Hannover.
Falke, H. (1974): Exkursion durch die Nahemulde von Bad Münster am Stein bis nach Idar-Oberstein am 18. April 1974. – Jber. Mitt. oberrhein. geol. Ver., N.F., 56: 47–54; Stuttgart.
Falke, H. & Bank, H. (1970): Zur Geologie und Tektonik der südwestlichen Nahe-Mulde. – Der Aufschluß, Sonderh. 19: 53–66; Heidelberg.
Felix-Henningsen, P. (1990): Die mesozoisch-tertiäre Verwitterungsdecke (MTV) im Rheinischen Schiefergebirge – Aufbau, Genese und quartäre Überprägung. – Relief, Boden, Paläoklima, 6, 192 S.; Berlin, Stuttgart.
Felix-Henningsen, P. & Spies, E.-D. (1986): Soil development from Tertiary to Holocene and hydrothermal decomposition of rocks in the eastern Hunsrück area. – Mitt. Dt. Bodenkundl. Ges., 47: 76–99; Göttingen.
Felix-Henningsen, P., Spies, E.-D. & Zakosek, H. (1991): Genese und Stratigraphie periglazialer Deckschichten auf der Hochfläche des Ost-Hunsrücks (Rheinisches Schiefergebirge). – Eiszeitalter u. Gegenwart, 41: 56–59; Hannover.
Ferrant, V. (1933a): Die fluvioglazialen Schotterterrassen des Moseltales auf Luxemburger Gebiet und ihre Stellung im System; Erster Teil. – Les Cahiers Luxembourgoises, 1: 65–116; Luxembourg.
Ferrant, V. (1933b): Die fluvioglazilen Schotterterrassen des Moseltales auf Luxemburger Gebiet und ihre Stellung im System; Zweiter Teil. – Les Cahiers Luxembourgoises, 2: 195–236; Luxembourg.
Firbas, F. (1949): Spät- und nacheiszeitliche Waldgeschichte Mitteleuropas nördlich der Alpen. – Bd. 1, 480 S.; Jena (Fischer).
Firtion, F. (1968): Klimatische Erscheinungen im Buntsandstein des Saarlandes. – Geol. Rdsch., 58: 145–151; Stuttgart.
Firtion, F. & Fischer, F. (1955): La dépression de Losheim; apercu morphologique et palynologique d'un dépot tourbeux. – Ann. Univ. Sarav., Sci., 4: 80–87; Saarbrücken.
Fischer, F. (1957): Beiträge zur Morphologie des Flußsystems der Saar. – Ann. Univ. Sarav. Phil., 5 (2): 104–192; Saarbrücken.
Fischer, F. (1965): Zusammenfassender Überblick über die Moselterrassen zwischen Remiremont und der Saarmündung sowie Versuch einer zeitlichen Gliederung der Terrassen des Moselsystems. – Ann. Univ. Sarav., Geol. Mineral., Sammelheft, 5: 122–145; Berlin.
Fischer, H. (1989): Rheinland-Pfalz und Saarland – Eine geographische Landeskunde. – In: Stockenbaum, W. (Hrsg.): Wissenschaftliche Länderkunden, Bd. 8: Bundesrepublik Deutschland und Berlin (West), Teil IV, 246 S.; Darmstadt (Wiss. Buchges.).
Fischer, W. (1970a): Die Kupfergrube zu Fischbach an der Nahe. – Der Aufschluß, Sonderheft 70: 135–151; Heidelberg.
Fischer, W. (1970b): Der Dachschieferbergbau im Hunsrück. – 19. Sonderh. z. Jahrestgg. der VFMG 1970 i. Idar-Oberstein: 117–128; Heidelberg.
Flick, H. (1978): Der Keratophyr vom Rupbachtal (südliches Rheinisches Schiefergebirge). – Mainzer geowiss. Mitt., 7: 77–94; Mainz.
Flick, H. & Nesbor, H. D. (1988): Der Vulkanismus in der Lahnmulde. – Jber. Mitt. oberrhein. geol. Ver., N. F., 70: 411–475; Stuttgart.
Flick, H., Lippert, H.-J., Nesbor, H. D. & Requadt, H. (1998): Lahn- und Dillmulde. – In: Kirnbauer, T. (Hrsg.): Geologie und hydrothermale Mineralisationen im rechtsrheinischen Schiefergebirge. – Jb. Nass. Ver. Naturkde., Sonder-Bd. 1: 33–62; Wiesbaden.

Floyd, P. A. (1982): Chemical variation in Hercynian basalts relative to plate tectonics. – J. Journal of the Geological Society of London, 139: 505–520.

Follmann, O. (1887): Unterdevonische Crinoiden. – Verh. naturhist. Ver. preuss. Rheinlde. Westf., 44: 113–138; Bonn.

Follmann, O. (1891): Ueber die unterdevonischen Schichten bei Coblenz. – Verh. naturhist. Ver. preuss. Rheinlde. Westf., 44: 117–173; Bonn.

Follmann, O. (1925): Die Koblenzschichten am Mittelrhein und im Moselgebiet. – Verh. naturhist. Ver. preuss. Rheinlde. Westf.,78, 79: 1–115; Bonn.

Forche, F. (1935): Stratigraphie und Paläogeographie des Buntsandsteins im Umkreis der Vogesen. – Mitt. geol. Staatsinst. Hamburg, XV: 15–55; Hamburg.

Frank, W. (1898): Beiträge zur Geologie des südöstlichen Taunus, insbesondere der Porphyroide dieses Gebietes. – Diss. Univ. Marburg, 18 S.; Marburg.

Franke, W. & Anderle, H.-J. (2001): Geologische Übersichtskarte der Bundesrepublik Deutschland 1:200 000, Bl. CC 6310 Frankfurt a. Main-West, Hannover (BGR).

Franke, W. (1998): Geologische Übersichtskarte von Rheinland-Pfalz 1:100 000, Bl. C 5910 Koblenz. – Mainz (Geol. Landesamt Rheinld.-Pfalz).

Franke, Wo. (1989): Tectonostratigraphic units in the Variscan belt of Central Europe. – Geol. Soc. Amer. Spec. Paper, 230: 67–90; Washington.

Franke, Wo. (2000): The mid-European segment of the Variszides: tectonostratigraphic units, terrane boundaries and plate tectonic evolution. – In: Franke, W., Haak, V., Oncken, O. & Tanner, D. (eds.), Orogenic processes: quantification and modelling in the Variscan belt. Geol. Soc. Lond., Spec. Publ. 179: 35–61.

Franke, Wo. (2006): The Variscan orogen in Central Europe: construction and collapse. – In: Gee, D. G. & Stephenson, R. A. (eds.): European lithosphere dynamics. – Geol. Soc. London Mem., 32: 333–343: London.

Franke, Wo. & Dulce, J.-C. (2017): Back to sender: tectonic accretion and recycling of Baltica-derived Devonian clastic sediments in the Rheno-Hercynian Variscides. – Int. J. Earth Sci. Int. J. Earth Sci. (Geol. Rdsch.), 106: 377–386.

Franke, Wo. & Oncken, O. (1990): Geodynamic evolution of the North-Central Variszides. A comic strip. – In: Freeman, R., Giese, P., Müller, S. (eds.): The European Geotraverse: Integrative Studies. Fifth Study Center, Rauischholzhausen: 187–194.

Franke, Wo. & Oncken, O. (1995): Zur prädevonischen Geschichte des Rhenohercynischen Beckens. – Nova Acta Leopoldina, Neue Folge 71 (291): 53–72.

Franke, Wo., Cocks, L. R. M. & Torsvik, T. H. (2017): The Paleozoic Variscan oceans revisited. – Gondwana Research, 48: 257–284.

Frankenhäuser, H., Franzen, J. L., Kaulfuss, U., Koziol, M., Löhnerz, W., Lutz, H., Wappler, T. & Wilde, V. (2009): Das Eckfelder Maar in der Vulkaneifel – Fenster in einem küstenfernen Lebensraum vor 44 Millionen Jahren. – Mainzer Naturwissenschaftliches Archiv, 47, (Festschrift): 263–324; Mainz.

Franz, S.-O. (1993): Zur Geologie der Umgebung von Nohn, Tünsdorf und Dreisbach (Saarland, Rheinisches Schiefergebirge) unter besonderer Berücksichtigung des permotriadischen Deckgebirges. – Diplomarbeit Univ. Bonn, 178 S.; Bonn (unveröffentlicht).

Franzen, J. L. (2006): Late neogenee and early Pleistocene mammal localities from the Mainz Basin (Southwestern Germany) and their significance for reconstructing the development of the Rhine River System. – Cour. Forsch.-Inst. Senckenb., 256: 237–247; Frankfurt a. M.

Franzen, J. L., Fejfar, O. & Storch, G. (2003): First micromammals (Mammalia, Soricomorpha) from the Valesian of Eppelsheim, Rheinhessen (Germany). – Senckenb. leth., 83: 95–102; Frankfurt a. M.

Franzke, H. J. & Anderle, H.-J. (1995): III.C.5. Metallogenesis. – In: Dallmeyer, R. D., Franke, W. & Weber, K. (eds.): Pre-Permian Geology of Central and Eastern Europe, 138–150; Berlin-Heidelberg etc. (Springer).

Frech, F. (1889): Über das rheinische Unterdevon und die Stellung des „Hercyn". – Z. deutsch. geol. Ges., 41: 175–287; Berlin.

Frech, F. (1891): Die devonischen Aviculiden Deutschlands. – Abh. geol. Spec.-Kte. Preußen u. Thür. St., 9: 261 S.; Berlin.

Frisch, W. & Meschede, M. (2005): Plattentektonik – Kontinentalverschiebung und Gebirgsbildung. – 1. Aufl., 196 S.; Darmstadt (Wiss. Buchges.).

Fromm, K. (1987): Paläomagnetische Bestimmungen zur Korrelierung altpleistozäner Terrassen des Mittelrheines. – Mainzer geowiss. Mitt., 16: 7–29; Mainz.
Fuchs, A. (1896): Zur Geologie der Loreleigegend. – Jb. nass. Ver. Naturk., 49: 45–52; Wiesbaden.
Fuchs, A. (1899): Das Unterdevon der Loreleigegend. – Jb. nass. Ver. Naturk., 52: 1–96; Wiesbaden.
Fuchs, A. (1907): Die Stratigraphie des Hunsrückschiefers und der Unterkoblenzschichten am Mittelrhein nebst einer Übersicht über die spezielle Gliederung des Unterdevons mittelrheinischer Facies und die Faciesgebiete innerhalb des rheinischen Unterdevons. – Z. dt. geol. Ges., 59: 96–119; Berlin.
Fuchs, A. (1915a): Der Hunsrückschiefer und die Unterkoblenzschichten am Mittelrhein (Loreleigegend). I. Teil. Beitrag zur Kenntnis der Hunsrückschiefer- und Unterkoblenzfauna der Loreleigegend. – Abh. preuß. geol. L.-A., N. F., 79: 79 S.; Berlin.
Fuchs, A. (1915b):Geologische Übersichtskarte der Loreleigegend (Mittelrhein) 1:50 000. – Berlin (Kraatz).
Fuchs, A. (1916): Die Gliederung und Tektonik der Oberkoblenzschichten im Quellensattel und im Ganggebiet von Bad Ems. – Arch. Lagerstättenforsch., 9: 80 S.; Berlin.
Fuchs, A. (1917): Zur Statigraphie und Tektonik der Porphyroidtuffite führenden Unterdevonschichten zwischen dem Mittelrhein und dem östlichen Taunus. – Z. dt. geol. Ges., Mber., 68: 57–70; Berlin.
Fuchs, A. (1923): Beiträge zur Stratigraphie und Tektonik des Rheinischen Schiefergebirges. Jb. preuß. geol. L.-A., 43: 338–356; Berlin.
Fuchs, A. (1927): Erläuterungen. Geol. Kte. Preußen u. ben. deutsch. Länder, Lfg. 253, Bl. Oberreifenberg, 47 S.; Berlin.
Fuchs, A. (1930a): Rheinprofil zwischen Kaub und St. Goarshausen. – Z. dt. geol. Ges., 82: 654–655; Berlin.
Fuchs, A. (1930b): Versuche zur Lösung des Hunsrückschieferproblems. – Sitz.-ber. preuß. geol. L.-A., 5: 231–245; Berlin.
Fuchs, A. (1933): Geologische Karte 1:25000 Bl. 5910 Kastellaun (Manuskriptbl.); Mainz.
Fuchs, G. (1971): Faunengemeinschaften und Fazieszonen im Unterdevon der Osteifel als Schlüssel zur Paläogeographie. – Notizbl. hess. L.-Amt Bodenforsch, 99: 78–105; Wiesbaden.
Fuchs, G. (1974): Das Unterdevon am Ostrand der Eifeler Nord-Süd-Zone. – Beitr. Naturk. Forsch. Südwest. Dtl., Beih. 2., 163 S.; Karlsruhe.
Fuchs, G. (1982): Upper Siegenian and Lower Emsian in the Eifel hills. – Cour. Forsch. Inst. Senckenberg, 55: 229–256; Frankfurt a. M.
Fuchs, G. & Plusquellec, Y. (1982): *Pleurodictyum problematicum* Goldfuss 1829 (Tabulata, Dévonien), Statut, Morphologie, Ontogenie. – Geologica et Palaeontologica, 15: 1–26; Marburg.
Fuchs, K., Gehlen, K. v., Mälzer, H., Murawski, H. & Semmel, A. (eds.) (1983): Plateau Uplift – The Rhenish Shield – A case history. – 411 pp.; Berlin etc. (Springer).
Füchtbauer, H. (1988): Sedimentpetrologie. – Teil 2: Sedimente und Sedimentgesteine. – 4. Aufl., 1141 S.; Stuttgart (Schweizerbart).
Fürst, M., Held, U. & Steinbrecher, S. (1987): Zur Geologie und Hydrogeologie von Bad Kreuznach. – Mainzer geowiss. Mitt., 16: 97–134; Mainz.
Gad, J. (1994): Untersuchungen zum Status der Unterarten von *Arduspirifer arduennensis* (Schnur, 1853) aus dem Unterdevon des Rheinischen Schiefergebirges. – Mainzer geowiss. Mitt., 23: 185–198; Mainz.
Gad, J. (1995): Neue Fossilfunde von *Paraspirifer sandbergeri* Solle 1971 aus dem Unterdevon des Rheinischen Schiefergebirges und ihre systematische und stratigraphische Bedeutung. – Mainzer geowiss. Mitt., 24: 27–46; Mainz.
Gad, J. (1997): Eine neue Brachiopodengattung Pseudoleptostrophia aus dem Unterdevon des Rheinischen Schiefergebirges und ergänzende morphologische Daten über die Typusart *Pseudoleptostrophia dahmeri*. – Mainzer geowiss. Mitt., 26: 191–200; Mainz.
Gad, J. (1998): Paläontologische und geologische Bemerkungen über die Hohenrhein-Schichten (Rheinisches Schiefergebirge, Oberems) an der Typuslokalität im unteren Lahntal. – Mainzer geowiss. Mitt., 27: 137–145; Mainz.
Gad, J. (2004a): Brachiopodenhabitate in Rheinischer Fazies – ein Modell. – Mainzer geowiss. Mitt., 32: 189–198; Mainz.
Gad, J. (2004b): Neue Funde von Palynomorphen aus der Metamorphen Zone des Hunsrücks. – Mainzer geowiss. Mitt., 32: 133–138; Mainz.

Gad, J. (2005): Miosporen aus dem Hunsrückschiefer des Westerwaldes (Rheinisches Schiefergebirge, Unterdevon) und die stratigraphische Stellung der Mayen-Formation. – Mainzer geowiss. Mitt., 33: 167–218; Mainz.

Gad, J. (2006): Was ist eigentlich Hunsrückschiefer? – Jber. Mitt. oberrhein. geol. Ver., N.F. 88: 53–65; Stuttgart.

Gall, J.-C. (1971): Faunes et paysages du grès à Voltzia du Nord des Vosges. – Essais paléoécologiques.

Gall, J.-C. (1983): Das Voltzien-Sandstein-Delta. In: Gall, J.-C. (ed); Sedimentationsräume und Lebensbereiche der Erdgeschichte. – Springer, Berlin, Heidelberg.

Gall, J.-C., Durand, M. & Müller, E. (1977): Le Trias de part et d´autre du Rhin; Corrélations entre les marges et le centre du bassin germanique. – Bull. BRGM, IV, 3: 193–204; Orléans.

Galladé, M. (1926): Die Oberflächenformen des Rheintaunus und seines Abfalles zum Main und Taunus. – Jb. Nass. Ver. Naturkd., 78: 1–100; Wiesbaden.

Garcia-Castellanos, D., Cloetingh, S. & Balen, R. T. van (2000): Modelling the middle Pleistocene uplift in the Ardennes-Rhenish Massif: Thermo-mechanical weakening under the Eifel? – Global Planet. Change, 27: 39–52; Amsterdam.

Gasser, U. (1978): Zur tektonischen Problematik der Moselmulde (Rheinisches Schiefergebirge). – Geotekt. Forsch., 54: I–III, 1–84; Stuttgart.

Gauer, J. (2001): Die Hunsrückbrücher nach der forstlichen Standortskartierung des Hunsrück-Hauptkammes. – TELMA, 31; Hannover.

Geib, K. (1912): Beiträge zur Geologie von Stromberg und Umgebung. – In: Führer in die Natur der Umgegend Strombergs. – S. 3–48; Bad Kreuznach.

Geib, K. (1914): Beiträge zur Geologie von Stromberg und Umgebung. – Z. Rhein. Prov. Lehrerver. Naturkde., 2: 3–48; Bad Kreuznach.

Geib, K. (1918): Beiträge zur Kenntnis der Westufer des Mainzer Beckens. I: Über fluviomarine Ablagerungen im Tertiär von Kreuznach. – Notizbl. Ver. f. Erdkde., hess. geol. L.-Anst., 3: 22–25; Darmstadt.

Geib, K. (1933): Führer durch das Heimatmuseum. I. Teil: Führer durch die erdgeschichtliche Sammlung. – Beil. z. „Öffentlichen Anzeiger für den Krs. Kreuznach“, 192 S.; Bad Kreuznach.

Geib, K.-W. (1937): Der mitteloligozäne Meeressand von Steinhardt bei Kreuznach und seine Barytkonkretionen. – Jber. Mitt. oberrhein. geol. Ver., N. F., 26: 43–50; Stuttgart.

Geib, K.-W. (1938): Stratigraphisch-tektonische Untersuchungen im Bereiche des Kartenblattes Waldböckelheim im Naheberglande und die tertiären Ablagerungen im westlichen Teile des Mainzer Beckens. – Notizbl. hess. geol. L.-Anst., (V) 19: 71–119; Darmstadt.

Geib, K.-W. (1950a): Über eine Pflanzenreste-führende Schichtfolge in den Waderner Schichten des Oberrotliegenden bei Sobernheim im Nahebergland. – Notizbl. hess. L.-Amt Bodenforsch., (VI) 1: 193–200; Wiesbaden.

Geib, K.-W. (1950b): Neue Erkenntnisse zur Paläogeographie des westlichen Mainzer Beckens. – Notizbl. hess. L.-Amt Bodenforsch., VI/1: 101–111; Wiesbaden.

Geib, K.-W. (1952): Über die mutmaßliche Fortsetzung der Kurparkverwerfung am östlichen Teile des Kreuznacher Porphyrmassivs. – Notizbl. hess. L.-Amt Bodenforsch., VI/3: 186–190; Wiesbaden.

Geib, K.-W. (1955a): Über eine geologisch wichtige Bohrung südlich Pferdsfeld Kreis Kreuznach. – Notizbl. hess. L.-Amt Bodenforsch., 83: 90–91; Wiesbaden.

Geib, K.-W. (1955b): Über den Vorgang der Konkretionsbildung bei den Baryt-Konkretionen des mitteloligozänen Meeressandes von Steinhardt (Krs. Kreuznach). – Notizbl. hess. L.-Amt Bodenforsch., 83: 243–245; Wiesbaden.

Geib, K.-W. (1957): Vulkanische Schlote mit Schlotbreccien und Eruptivgesteinen im östlichen Nahebergland. – Z. dt. geol. Ges., 108: 265–266; Hannover.

Geib, K.-W. (1961): Prämitteloligozäne Ablagerungen im Bereich des westlichen Mainzer Beckens. – Z. rhein. naturforsch. Ges., 1: 20–25; Mainz.

Geib, K.-W. (1972): Vulkanische Schlote mit Breccien und Eruptivgesteinen in der Umgebung des Lemberges, des Kreuznacher Ryolithmassivs und im Bereich des Blattes Waldböckelheim (Nahebergland). – Mainzer geowiss. Mitt., 1: 54–69, Mainz.

Geib, K.-W. (1973): Geol. Kte. u. Erläuterungen Rheinland-Pfalz 1:25 000, Bl. 6112 Waldböckelheim, 146 S.; Mainz.

Geib, K.-W. (mit einem Beitrag von K. E. Heyl) (1974): Exkursion in die Umgebung von Bad Münster am Stein-Ebernburg am 16. April 1974 (Heilquellengeologie, Rhyolith des Kreuznacher Massiv und Morphologie, Rotenfels). – Jber. Mitt. oberrhein. geol. Ver., N.F., 56: 41–45; Stuttgart.

Geib, K.-W. & Atzbach, O. (1961): Beiträge zur Stratigraphie und Tektonik des Rotliegenden am NW-Flügel der Nahe-Mulde im Bereich der Meßtischblätter Waldböckelheim, Stromberg und Bingen. – Notizbl. hess. L.-Amt Bodenforsch., 89: 178–186; Wiesbaden.

Geib, K.-W. & Heyl, K.-E. (1963): Sulfatische Wässer und Gips in Sedimenten des Oberrotliegenden der Wittlicher Senke. – N. Jb. Geol. Paläontol., Mh., 1963: 19–25; Stuttgart.

Geib, K.-W. & Lorenz, V. (1974): Exkursion zum Kreuznacher Rhyolith und sedimentärem Oberrotliegenden südöstlich von Bad Kreuznach, Hydrogeologie des unteren Nahegebietes, am 20. April 1974. – Jber. Mitt. oberrhein. geol. Ver., 56: 115–124; Stuttgart.

Geis, H.-P. (1955): Schwerspatlagerstätten an der oberen Nahe. – Notizbl. hess. L.-Amt Bodenforsch., 81: 284–307; Wiesbaden.

Gerhard, H. (1966): Untermosel-Porphyroid bei Treis/Mosel (Rh. Schiefergeb.). – N. Jb. Geol. Paläontol., Mh., Jg. 1966: 1–3; Stuttgart.

Gerth, H. (1910): Gebirgsbau und Fazies im südlichen Teile des Rheinischen Schiefergebirges. – Geol. Rdsch., 1: 82–96; Leipzig.

Gilles, K.-J.: (1995): Neuere Untersuchungen an den „Pützlöchern“ bei Kordel/Butzweiler im Bezirk Trier. – In: Funde und Ausgrabungen im Bezirk Trier, 27: 46–55; Trier.

Goethert-Polaschek, K. (1977): Das Pilgerheiligtum des Apollo und der Sirona bei Hochscheid. – In: Führer zu vor- und frühgeschichtlichen Denkmälern: Westlicher Hunsrück, Bernkastel-Kues, Idar-Oberstein, Birkenfeld Saarburg, Bd. 34: 172–180; Mainz (Ph. V. Zabern).

Golonka, J., Ross, M. J. & Scotese, C. R. (1994): Phanerocoic paleogeographic and paleoclimatic modeling maps. – In: Embry, A. F., Beauchamp, P. B. & Glass, D. J. (eds.): Pangea: Global environment and resources. Canad. Soc. Petroleum Geol., Mem., 17: 1–47; Calgary/Alberta.

Görg, L. (1984): Das System pleistozäner Terrassen im Unteren Nahetal zwischen Bingen und Bad Kreuznach. – Marburger geogr. Schriften, 94: IX u. 202 S.; Marburg.

Gosselet, J. (1880): Esquisse géologique du Nord de la France et des Contrées voisines. 1. – 1er fasc.: Terrains primaires, p. 63, 68, 115; Lille.

Gosselet, J. (1888): L’Ardenne. – Mém. explic. carte géol. dét. France, 881 pp., 1 cte. 1:320 000; Paris.

Gosselet, J. (1890): Deux excursions dans le Hunsrück et le Taunus. – Ann. Soc. Géol. Nord, 1889–1890, 17: 300–342; Lille.

Grebe, H. (1878): Geologische Mitteilungen über das Grünstein-(Diabas)-Vorkommen der Trierischen Gegend. – Jber. Ges. nützl. Forsch. Trier, 1874–1877: 68–72; Trier.

Grebe, H. (1880a): Bl. Saarburg u. Erl. geol. Spec.-Kte. Preussen 1:25 000, Lfg. 10: 14 S.; Berlin.

Grebe, H. (1880b): Bl. Beuren u. Erl. geol. Spec.-Kte. Preussen 1. 25 000, Lfg. 10: 12 S.; Berlin.

Grebe, H. (1880c): Bl. Freudenburg u. Erl. geol. Spec.-Kte. Preussen 1:25 000, Lfg. 10: 17 S.; Berlin.

Grebe, H. (1880d): Bl. Perl u. Erl. geol. Spec.-Kte. Preussen 1:25 000, Lfg. 10: 8 S.; Berlin.

Grebe, H. (1880e): Bl. Merzig u. Erl. geol. Spec.-Kte. Preussen u. Thür. Staaten 1:25 000, Lfg. 10: 13 S.; Berlin.

Grebe, H. (1881): Ueber die Quarzit-Sattel-Rücken im südöstlichen Theile des Hunsrück (linksrheinischer Taunus). – Jb. preuß. geol. L.-A. u. Bergakad. f. 1880: 243–259; Berlin.

Grebe, H. (1882): Über das Ober-Rothliegende, die Trias, das Tertiär und Diluvium in der Trier’schen Gegend. – Jb. preuß. geol. L.-A., 2: 455–481; Berlin.

Grebe, H. (1884a): Kap. III. – In: Dunker, W. (1884): Beschreibung des Bergreviers Coblenz II. – 90 S.; Bonn (A. Marcus).

Grebe, H. (1884b): Über die Triasmulde zwischen dem Hunsrück- und dem Eifel-Devon. – Jb. preuß. geol. L.-A. f. 1883: 462–485; Berlin.

Grebe, H. (1886a): Ueber Thalbildung auf der linken Rheinseite, insbesondere über die Bildung des unteren Nahe-Tales. – Jb. preuß. geol. L.-A. f. 1885: 133–164; Berlin.

Grebe, H. (1886b): Ueber die Aufnahmen in der Vorder-Eifel, an der Mosel und Nahe. – Jb. preuß. geol. L.-A. f. 1985: LXV-LXXII; Berlin.

Grebe, H. (1887): Mittheilung des Herrn Grebe über die Aufnahmen an der Mosel, Saar und Nahe. – Jb. Königl. Preuss. L.-A. u. Bergakad., f. 1886: LVIII-LXVII; Berlin.

Grebe, H. (1888): Über Aufnahmen an der Mosel, Saar und Nahe im Sommer 1887. – Jb. preuß. geol. L.-A. für 1887: LXV-LXXII; Berlin.

Grebe, H. (1889a): Bl. Hermeskeil u. Erl. geol. Spec.-Kte. Preussen 1:25 000, Lfg. 33, 17 S.; Berlin.

Grebe, H. (1889b): Bl. Wadern u. Erl. geol. Spec.-Kte. 1:25 000, Lfg. 33, 33 S.; Berlin.

Grebe, H. (1889c): Bl. Losheim u. Erl. geol. Spec.-Kte. 1:25 000, Lfg. 33, 22 S.; Berlin.

Grebe, H. (1889d): Bl. Schillingen u. Erl. geol. Spec.-Kte. 1:25 000, Lfg. 33, 12 S.; Berlin.

Grebe, H. (1889e): Bl. Wahlen (Reimsbach) u. Erl. geol. Spec.-Kte. 1:25 000, Lfg. 33, 34 S.; Berlin.

Grebe, H. (1890): Über Tertiär-Vorkommen zu beiden Seiten des Rheines zwischen Bingen und Lahnstein und Weiteres über Thalbildung am Rhein, an der Saar und an der Mosel. – Jb. preuß. geol. L.-A. f. 1889: 99–123; Berlin.

Grebe, H. (1892a): Bl. Pfalzel (Trier-Pfalzel) u. Erl. geol. Spec.-Kte. 1:25 000, Lfg. 50, 18 S.; Berlin.

Grebe, H. (1892b): Bl. Trier u. Erl. geol. Spec.-Kte. 1:25 000, Lfg. 50, 30 S.; Berlin.

Grebe, H. (1892c): Bl. Schweich u. Erl. Geol. Spec.-Kte. 1:25 000, Lfg. 50, 17 S.; Berlin.

Grebe, H. (1892d): Ueber Tertiär-Vorkommen zu beiden Seiten des Rheins zwischen Bingen und Lahnstein und Weiteres ueber Thalbildung am Rhein, an der Saar und Mosel. – Jb. preuß. geol. L.-A. f. 1889: 99–123; Berlin.

Grebe, H. (1893): Über Ergebnisse der Aufnahmen auf der Hochfläche des Hunsrücks, des Soon- und Idarwaldes. – Jb. preuß. geol. L.-A. f. 1891, LIX-LXVI; Berlin.

Grebe, H. & Leppla, A. (1894): Bl. Birkenfeld, Geol. Kte. u. Erl. geol. Spec.-Kte. Preuss. u. Thür. 1:25 000. Lfg. 46, 34 S.; Berlin.

Grebe, H. & Leppla, A. (1898a): Bl. Buhlenberg, Geol Spec.-Kte. u. Erl. geol. Spec.-Kte. Preuss. u. Thür. 1:25 000, Lfg. 63; Berlin.

Grebe, H. & Leppla, A. (1898b): Bl. Morscheid, Geol. Spec.-Kte. u. Erl. geol. Spec.-Kte. Preuss. u. Thür. 1:25 000, Lfg. 63, 17 S.; Berlin.

Grebe, H. & Leppla, A. (1898c): Bl. Schönberg, Geol. Spec.-Kte. u. Erl. geol. Spec.-Kte. preuss. u. Thür. 1:25 000, Lfg. 63, 17 S.; Berlin.

Grebe, H. & Leppla, A. (1901a): Bl. Hottenbach, Geol. Spec.-Kte. u. Erl.geol. Spec.-Kte Preuss. u. Thür. 1:25 000, Lfg. 79, 13 S.; Berlin.

Grebe, H. & Leppla, A. (1901b): Bl. Sohren, Geol. Spec.-Kte. u. Erl. Geol. Spec.-Kte. Preuss. u. Thür. St. 1:25 000, Lfg. 79, 13 S.; Berlin.

Grebe, H. & Weiss, E. (1889a): Bl. Nohfelden, Geol. Spec.-Kte u. Erl. Geol- Spec.-Kte v. Preuss. u. Thür.; 1:25 000, Berlin.

Grebe, H. & Weiss, E. (1889b): Bl. Lebach, Geol Spec.-Kte. u. Erl., Geol. Spec.-Kte von Preuss. u. Thür. 1:25 000; Berlin.

Green, D. H. (1971): Composition of basaltic magmas as indicators of conditions of origin: application to oceanic volcanism. – Phil. Transact. of Royal. Soc. London, A 268: 707–725; London.

Grewe, C. (2000): Geochemie der pelitischen Abschnitte des Ober-Ems im Raum Lahnstein (RSG) – unter besonderer Berücksichtigung der Genese von Siderit- und Kieselkonkretionen. – Diss. Univ. Bonn, 170 S.; Bonn.

Grieshaber, E. (1998): The distribution pattern of mantle-derived volatiles in mineral waters of the Rhenish Massif. – In: Neugebauer, H. J. (ed.): Young Tectonics – Magmatism – Fluids – a case study of the Rhenish Massif, publ. SFB 350, no. 74: 51–59; Bonn.

Grieshaber, E., O'Nion, R. K. & Oxburgh, E. R. (1992): Helium and Carbon Isotope Systematics in Crustal Fluids from the Eifel, the Rhein-Graben and Black Forest, F. R. G. – Chemical Geology, 99: 213–235.

Grimm, K. I. & Radtke, G. (2002): Lithostratigraphische Gliederung im Rupelium/Chattium des Mainzer Beckens, Deutschland: Wallau-Subformation („Unterer Rupelton"), Budenheim-Formation/Selztal-Gruppe. – Geol. Jb. Hessen, 129: 127–131; Wiesbaden.

Grimm, K. I., Grimm, M. C. & Schindler, T. (2000): Lithostratigraphische Gliederung im Rupelium/Chattium des Mainzer Beckens, Deutschland. – N. Jb. Geol. Paläontol., Abh., 218: 343–397; Stuttgart.

Grimm, K. I., Grimm, M. C., Neuffer, F. O. & Lutz, H. (Hrsg., 2003): Die fossilen Wirbellosen des Mainzer Tertiärbeckens. – Geologischer Führer durch das Mainzer Tertiärbecken. – Mainzer naturwiss. Arch., Beih., 26, 158 S.; Mainz.

Groddeck, A. v. (1883): Zur Kenntnis einiger Sericitgesteine, welche neben und in Erzlagerstätten auftreten – ein Beitrag zur Lehre von den Lagerstätten der Erze. – N. Jb. Mineral., Geol., Paläontol., II. Beilage-Bd., 42: 72–138; Stuttgart.

Groos, A. (1867): Geologische Specialkarte des Großherzogtums Hessen und der angrenzenden Landesgebiete im Maasstabe 1:50 000, Section Mainz. – Mitt. mittelrhein. Geol. Ver., 79 S.; Darmstadt.

GÜK100: C 5910 Koblenz: Geologische Übersichtskarte 1:100 000. – Mainz 1998.

GÜK200: CC 6302 Trier: Geologische Übersichtskarte 1:200 000. – Hannover 2001.

GÜK200: CC 6310 Frankfurt a. Main – West: Geologische Übersichtskarte 1:200 000. – Hannover 2008.

GÜK200: CC 7102 Saarbrücken: Geologische Übersichtskarte 1:200 000. – Hannover 2005.

GÜK300: Geologische Übersichtskarte von Rheinland-Pfalz 1:300 000. – Mainz 2003.

Gundlach, K. (1933): Der unterkarbonische Vulkanismus im variskischen Gebirge Mitteldeutschlands. – Abh. preuß. geol. L.-A., N. F., 157: 59 S.; Berlin.

Gurlitt, D. (1949): Das Mittelrheintal; Formen und Gestalt. – Forsch. deutsch. Landeskde., 46: 159 S.; Stuttgart.

Gwosdz, W., Krüger, H., Paul, D. & Baumann, A. (1974): Die Liegendschichten der devonischen Pyrit- und Schwerspat-Lager von Eisen (Saarland), Meggen und des Rammelsberges. – Geol. Rdsch., 63: 74–93; Stuttgart.

Haarmann, E. (1922): Die Botryocriniden und Lophocriniden des rheinischen Devons. – Jb. preuß. geol. L.-A., 41: 1–87; Berlin.

Haas, W. (1975): Zur Tektonik der Bopparder Hauptmulde und ihres Südost-Rahmens am Mittelrhein zwischen Braubach und Boppard (Rheinisches Schiefergebirge). – Mainzer geowiss. Mitt., 4: 159–194; Mainz.

Haas, W. (1994): Devonische Riffe des Rheinischen Schiefergebirges im weltweiten und europäischen Rahmen. – In: Koenigswald W. v. & Meyer, W. (Hrsg.): Erdgeschichte im Rheinland – Fossilien und Gesteine aus 400 Millionen Jahren, S. 71–81; München (Pfeil).

Hahn, H.-D. (1990): Fazies grobklastischer Gesteine des Unterdevons (Graue Phyllite bis Taunusquarzit) im Taunus (Rheinisches Schiefergebirge. – Diss. Univ. Marburg, 173 S.; Marburg.

Hahn, H.-D. & Zankl, H. (1991): Sedimentation in the Lower Devonian of the Taunus area (Graue Phyllite to Taunusquarzit). – Zbl. Geol. Paläont., Teil I, 1990: 1509–1520; Stuttgart.

Hahn, R. (2002): Zur Geologie des Saartales in der südlichen Umgebung von Taben-Rodt (Rheinland-Pfalz und Saarland, Rheinisches Schiefergebirge) unter besonderer Berücksichtigung der Quarzitschwelle von Mettlach-Sierck". – Diplomarbeit Univ. Bonn, 108 S.; Bonn.

Hallam, A. (1981): A revised sea level curve for the early Jurassic. – J. geol Soc. London, 138: 735–743; N. Ireland.

Haneke, J. (1987): Der Donnersberg – Zur Genese und stratigraphischen Stellung eines permokarbonen Rhyolith-Domes im Saar-Nahe-Gebiet (SW-Deutschland). – Pollichia-Buch 10, 147 S.; Bad Dürkheim (Pollichia).

Hanle, A. (1990): Hunsrück. – Meyer's Naturführer, 117 S.; Mannheim (Meyer's Lexikon-Verlag).

Hannak, W. & Gundlach, H. (1967): Elementverteilung in Karbonspäten der Blei-Zink-Erzgänge des südlichen Rheinischen Schiefergebirges. – N. Jb. Miner., Abh., 107: 1–20; Stuttgart.

Hannak, W. (1959): Zur Geologie an der unteren Lahn zwischen Laurenburg und Bad Ems. – Notizbl. hess. L.-Amt Bodenforsch., 87: 293–316; Wiesbaden.

Hannak, W. (1964): Ergebnisse von Untersuchungen im Blei-Zink-Erzbezirk des südlichen Rheinischen Schiefergebirges. – Erzmetall, 17: 291–298; Stuttgart.

Hannak, W. (1966): Verteilung von Fe, Mn, Ca, und Mg in Karbonspat I der Blei-Zink-Erzgänge des südlichen Rheinischen Schiefergebirges. – Geol. Rdsch., 55: 385–398; Stuttgart.

Hardenbol, J., Thiery, J., Farley, M. B., Jaquin, T., de Graciansky, P.-C. & Vail, P. (1998): Mesozoic and Cenozoic Sequence Chronostratigraphic Framework of European Basins. – In: de Graciansky, P.-C., Hardenbol, J., Jacquin, T., Vail, P. (eds.): Mesozoic and Cenozoic Sequence Stratigraphy of European Basins. SEPM Special Publication, 60.

Harmand, D. & Cordier, S. (2011): The pleistocene terrace staircases of the present and past rivers downstream the Vosges Massif (Meuse and Moselle catchments). – Neth. J. Geoscience, 91: 91–109; Amsterdam.

Hartkopf, C. & Stapf, K. R. G. (1984): Sedimentologie des Unteren Meeressandes (Rupelium, Tertiär) an Inselstränden im W-Teil des Mainzer Beckens (SW-Deutschland). – Mitt. Pollichia, 71: 5–106; Bad Dürkheim.

Haverkamp, J. (1991): Detritusanalyse unterdevonischer Sandsteine des Rheinisch-Ardennischen Schiefergebirges und ihre Bedeutung für die Rekonstruktion sedimentliefernder Hinterländer. – Diss. Univ. Aachen, 195 S.; Aachen.

Heer, W. (1987): Strukturelle Untersuchungen entlang der Hunsrück-Südrand-Störung zwischen Birkenfeld und Bingen (SW-Deutschland). – Clausthal. geowiss. Diss., H. 21, 224 S.; Clausthal-Zellerfeld.

Heil, R. W. (1979): Untersuchungen der Tektonik der Hunsrückrandstörungszone zwischen Münster-Sarmsheim und Kirn an der Nahe. – Geol. Rdsch., 68: 721–747; Stuttgart.

Heim, D. (1960): Über die Petrographie und Genese der Tonsteine aus dem Rotliegenden des Saar-Nahe-Gebietes. – Beitr. Mineral. etc.; 7: 281–317; Heidelberg.

Heim, D. (1961): Über Tonsteintypen aus dem Rotliegenden des Saar-Nahe-Gebietes und ihre stratigraphisch-regionale Verteilung. – Notizbl. hess. L.-Amt Bodenforsch., 89: 377–399; Wiesbaden.

Heim, D. (1971): Über den „Hygrophyllit" im Rotliegenden des Saar-Nahe-Gebietes, ein Beitrag zur Diagenese pyroklastischer Gesteine. – Contr. Mineral. Petrol., 32: 149–164; Berlin.

Heim, D. (1973): in Geib, K.-W. (1973): Geol. Kte. u. Erläuterungen Rheinland-Pfalz 1: 25 000, Bl. 6112 Waldböckelheim, 146 S.; Mainz.

Heine, K. (1970): Über die Ursachen der Vertikalabstände der Talgenerationen am Mittelrhein. – Decheniana, 123: 307–318; Bonn.

Heinen, V. (1996): Simulation der präorogenen devonisch-unterkarbonischen Beckenentwicklung und Krustenstruktur im Rheinischen Schiefergebirge. – Aachener geowiss. Beitr., 15: 1–161; Aachen.

Hellmers, J. H. (1930): Die Eruptivgesteine im Rotliegenden des Saar-Nahe-Gebietes. – Jb. preuß. geol. L.-A, 50: 751–795; Berlin.

Hempfler, M. (1993): Untersuchungen zur Hydrochemie, Isotopie, Hydraulik und Strukturgeologie der Mineralwässer von Bad Kreuznach. – Diss. Univ. Mainz, 191 S.; Mainz.

Hempfler, M. (1996): Wanderung zu den Mineralwässern des Nahetals (Exkursion A am 9. April 1996). – Jber. Mitt. oberrhein. geol. Ver., N.F. 78: 41–55; Stuttgart.

Hendricks, F. (1982): Ein Modell der Rhätsedimentation am Ostrand des Pariser Beckens (Untersuchungen zur Granulometrie, Schwermineralvergesellschaftung und Tongeologie). – Diss. TU Aachen, 294 S.; Aachen (unveröffentlicht).

Henk, A. (1993): Subsidenz und Tektonik des Saar-Nahe-Beckens (SW-Deutschlands). – Geol. Rdsch., 82: 3–19; Stutgart.

Henke, W. (1933): Verbreitung und Ausbildung der Siegener Schichten in der Osteifel. – Geol. Rdsch., 224: 187–203; Stuttgart.

Henrich, H. W. (1958): Der Schwermineralgehalt der Terrassen im Unterlauf der Saar. – Ann. Univ. Sarav., Sci., VII: 117–144; Saarbrücken.

Henrich, H. W. (1962): Sedimentpetrographische Untersuchungen im Buntsandstein des Saarlandes und der angrenzenden Gebiete. – Ann. Univ. Sarav., Sci., 10: 79–134; Saarbrücken.

Hentschel, H. (1952): Zur Petrographie des Diabas-Vulkanismus im Lahn-Dill-Gebiet. – Z. deutsch. geol. Ges., 104: 238–246; Stuttgart.

Hentschel, H. (1970): Vulkanische Gesteine, S. 314–373. – In: Lippert, H. J., Hentschel, H., Rabien, A. (Hrsg.): Erl. z. Geol. Karte v. Hessen Bl. 5215 Dillenburg, 2. Aufl.; Wiesbaden.

Herbst, F. & Müller, H.-G. (1964): Raum und Bedeutung des Emser Gangzuges. – 72 S.; Bad Ems (Gewerksch. Mercur).

Herbst, F. & Müller, H.-G. (1966): Der Blei-Zinkerzbergbau im Hunsrück-Gebiet. – 45 S.; Bad Ems (Gew. Merkur).

Herchenröther, L. (1935): Zur Morphologie des Nordpfälzer Berglandes und des südlich angrenzenden Buntsandsteingebietes der Pfälzischen Stufenlandschaft. – Bad. Geograph. Abh., 13, 88 S.; Freiburg i. Br., Heidelberg.

Hering, O., Porth, H., Rehkopf, G. & Zimmerle, W. (1978): Der Aufbruch von Düppenweiler/Saar. – Bericht über Untersuchungen an Übertageaufschlüssen. – 78 S.; Wietze (unveröffentlicht).

Heyl, K. E. (1970): Weitere Vorkommen von Sulfatwässern in der Wittlicher Rotliegend-Senke (Südwesteifel). – Notizbl. hess. L.-Amt Bodenforsch., 98: 234–248; Wiesbaden.

Heyl, K. E. (1972): Bäderbuch Rheinland-Pfalz. – Bäderarbeitsgemeinschaft Rheinland-Pfalz (Hrsg.), 178 S.; Mainz.

Heyl, K. E. & Geib, K.-W. (1971): Die Mineralwässer im linksrheinischen Teil des Mainzer Beckens. – N. Jb. Geol. Paläontol., Mh., 1971: 24–46; Stuttgart.

Hober, S. (1989): Die Geochemie und Petrographie eines fossilen Bodens im Grenzbereich Mittlerer/Oberer Buntsandstein im Saarland und angrenzenden Gebieten – Ein Beitrag zur Genese und stratigraphischen Stellung der sogenannten „Violetten Grenzzone“. – Diss. Univ. Saarbrücken, 156 S., Saarbrücken.

Hoeppener, R. (1955): Tektonik im Schiefergebirge. – Geol. Rdsch., 44: 26–58; Stuttgart.

Hoeppener, R. (1956): Zum Problem der Bruchbildung, Schieferung und Faltung. – Geol. Rdsch., 45: 247–283; Stuttgart.

Hoeppener, R. (1957): Zur Tektonik des Südwestabschnittes der Moselmulde. – Geol. Rdsch., 46: 318–348; Stuttgart.

Hoeppener, R. (1960): Ein Beispiel für die zeitliche Abfolge tektonischer Bewegungen aus dem Rheinischen Schiefergebirge. – Geol. en Mijnbouw, 39: 181–188; Den Haag.

Hoffmann, D. (1957): Die Brücher des Hochwaldes. – Mitt. Forsteinrichtungsamt Koblenz, 6: 1–32; Koblenz.

Hoffmann, R. (1991a): Zur Geologie der Umgebung von Kenn/Mosel (Rheinisches Schiefergebirge), Ergebnisse einer Kartierung. – Dipl. Kart. Univ. Bonn, 45 S.; Bonn (unveröffentlicht).

Hoffmann, R. (1991b): Lithologische und tektonische Untersuchungen an zwei Bohrkernen aus dem Moselraum (Rheinisches Schiefergebirge). – Dipl. Arb. Univ. Bonn, 113 S.; Bonn (unveröffentlicht).

Hoffmann, R. (1996): Die quartäre Tektonik des südwestlichen Schiefergebirges begründet mit der Höhenlage der jüngeren Hauptterrasse der Mosel und ihrer Nebenflüsse. – Bonner geowiss. Schriften, 19, 156 S.; Bonn.

Hofmann, R. (1965): Der Schwerspat von Eisen. – Der Aufschluß, 16: 302–303; Göttingen.

Hofmann, R. (1966): Lagerstättenkundliche Untersuchungen im Bereich der Schwerspat-Grube Eisen (südwestlicher Hunsrück). – N. Jb. Geol. Paläontol., Mh. 1966: 22–35; Stuttgart.

Höhndorf, A., Large, D. & Schaeffer, R. (1984): Blei-Isotopen in Bildungen der postvaristischen Mineralisation in Norddeutschland. – In: Walther, H. W. (GDMB; Hrsg.): Postvaristische Gangmineralisation in Mitteleuropa: Alter, Genese und wirtschaftliche Bedeutung, Schriftenreihe der GDMB, 41: 271–281; Clausthal-Zellerfeld.

Holl, H. (1995): Die Siliziklastika im Rheinischen Trog (Rheinisches Schiefergebirge) – Detritus-Eintrag und P-, T-Geschichte. – Bonner geowiss. Schriften, 18, 163 S.; Bonn.

Hölting, B. (1969): Zur Herkunft der Mineralwässer in Bad Kreuznach und Bad Münster a. Stein. – Notizbl. hess. L-Amt Bodenforsch., 97: 367–378: Wiesbaden.

Hölting, B.: (1977):Bemerkungen zur Herkunft der Salinarwässer am Taunusrand. – Geol. Jb. Hessen, 105: 211–221; Wiesbaden.

Holzapfel, E. (1893): Das Rheintal von Bingerbrück bis Lahnstein. – Abh. preuß. geol. L.-A., N. F., 15, 124 S.; Berlin.

Holzapfel, E. (1904): Geol. Kte. u. Erl. z. Geol. Kte. Preussen u. ben. Bu.-St. 1:25 000, Lfg. 111 B. St. Goarshausen, 32 S.; Berlin.

Holzapfel, E. & Leppla, A. (1904a): Geol. Kte. Preussen u. ben. Bu.-St. 1:25 000, Lfg. 111 Bl. Algenroth; Berlin.

Holzapfel, E. & Leppla, A. (1904b): Geol. Kte. Preussen u. ben. Bu.- St. 1:25 000, Lfg. 111 Bl. Caub, 33 S.; Berlin.

Hopstätter, H. (1965): In Plutos Reich. – Bl. Mosel, Hochwald u. Hunsrück, Jb. 1965: 84–89; Bernkastel.

Hoselmann, C. (1996): Der Hauptterrassenkomplex am unteren Mittelrhein. – Z. deutsch. geol. Ges., 174: 481–497; Stuttgart.

Hueber, F. M. (2001): Rotted wood-alga-fungus: the history and the life of *Prototaxites* Dawson 1859. – Rev. Palaeobot. Palyonol., 116: 123–158.

Hünermann, F. W. (1953): Zur Genese der Blei-Zink-Erzlagerstätte der Grube Adolph-Helene bei Altlay im Hunsrück. – Diss. Univ. Bonn, 62 S.; Bonn (unveröffentlicht).

Hünermann, F. W. (1955): Zur Genese der Blei-Zink-Erzlagerstätte der Grube Adolph-Helene, Gewerkschaft „Barbarasegen“, Altlay im Hunsrück. – Erzmetall, 8: 73–76; Stuttgart.

Jahnke, H. & Bartels, C. (1999): Der Hunsrückschiefer und seine Fossilien, Unterdevon. – In: Meischner, K. D. (Hrsg.): Fossillagerstätten Europas, S. 36–44; Berlin etc. (Springer).

Jäkel, O. (1895): Beiträge zur Kenntnis der paläozoischen Crinoiden Deutschlands. – Palaeont. Abh., N.F. 3, 3–116; Jena.

Jäkel, O. (1918): Phylogenie und System der Pelmatozoen. – Paläont. Z., 3, 1–128; Berlin.

Jantos, K., Thein, J. & Dittrich, D. (2000): Tektonik und Feinstratigraphie der Trias im Bereich der Gipslagerstätte des Mittleren Muschelkalk bei Ralingen/Südeifel. – Mainzer geowiss. Mitt., 29: 231–276; Mainz.

Jentsch, S. (1960): Die Moselmulde und ihre südöstlichen Randstrukturen zwischen Lahn und Westerwald. – Notizbl. hess. L.-Amt Bodenforsch., 88: 190–215; Wiesbaden.

Johnson, R. G. (1982): Brunhes-Matuyama Magnetic Reversal Dated at 790 000 B. P. by Marine-Astronomical Correllations. – Quat. Res., 17: 135–147; Washington.

Johnson, R. G., Klapper, G. & Sandberg, C. A. (1985): Devonian eustatic fluctuations in Euramerica. – Geol. Soc. America, Bull., 96: 507–537; Boulder.

Jung, D. (1960): Ein Pechsteinnachschub in den Felsitporphyren von Nohfelden und seine Beziehung zu den benachbarten Gesteinen. – Ann. Univ. Sarav., Sci., 8: 141–160; Saarbrücken.

Jung, D. (1967): Die Mineralassoziationen der Palatinite und ihrer Aplite. – Ann. Univ-Sarav., 5: 1–130;Saarbrücken.

Jung, D. (1970): Permische Vulkanite im SW-Teil des Saar-Nahe-Pfalz-Gebietes. – Der Aufschluß, Sonderheft 19: 185–201; Heidelberg.

Jung, D. (1991) in: Schneider, H. : Saarland. – Slg. Geol. Führer, 84: 271 S.; Berlin, Stuttgart (Borntraeger).

Jung, H. (1955): Zur Tektonik des Devons im Rheingaugebirge im Rheindurchbruch bei Bingen-Rüdesheim. – Geol. Rdsch., 44: 223–265; Stuttgart.

Jungbluth, F. A. (1918): Die Terrassen des Rheins von Andernach bis Bonn. – Verh. naturhist. Ver. preuss. Rheinlde. Westf., 73: 1–103; Bonn.

Jungmann, R. (1981): Schicht- und Schieferungsgefüge zwischen s_2-Flächen im Verlauf voranschreitender Deformation (Unter-Ems, Mittelrhein). – N. Jb. Geol. Paläontol., Mh., 1981: 657–677; Stuttgart.

Jungmann, R. (1982): Unterdevonische Siderit-Geoden als mögliche distale Bildungen von stratiformen Sulfidlagern im Rheinischen Schiefergebirge. – Diss. TU Braunschweig, 139 S.; Braunschweig.

Jux, U. (1960): Die devonischen Riffe im Rheinischen Schiefergebirge. – N. Jb. Paläont., Abh. 110, 186–392; Stuttgart.

Kadolsky, D. (1993): Der Gattung *Nystia* zugeordnete Arten im Tertiär des mittleren und westlichen Europas. – Arch. Molluskenkde., 122 (Zilch-Festschrift): 335–492; Frankfurt a. M.

Kadolsky, D., Löhnertz, W. & Soulié-Märsche, J. (1983): Zur Paläontologie und Geologie fossilführender Hornsteine der S-Eifel (Oligozän, Rheinisches Schiefergebirge). – N. Jb. Geol. Paläontol., Abh., 166: 191–217; Stuttgart.

Kaiser, E. (1909a): Pliozäne Quarzschotter im Rheingebiet zwischen Mosel und Niederrheinischer Bucht. – Jb. preuß. geol. L.-A. 28: 57–91, 1 Kte.; Berlin.

Kaiser, E. (1909b): Die Entstehung des Rheintals. – Verh. Ges. deutsch. Naturf. u. Ärzte, 80. Vers. zu Cöln 20.-26. Sept. 1908, S. 170–187; Leipzig.

Kaiser, E. (1915): Über die Beziehungen zwischen Tektonik und Geländegestaltung, insbesondere Talbildung in der Umgebung von Marburg. – Geol. Rdsch., 158–159; Stuttgart.

Kaufmann, B. & Trapp, E. (2004): Kalibrierung der Devon-Zeitskala – eine Synthese aus U-Pb ID-TIMS-Datierungen und der relativen, zeitlinearen Conodonten-Stratigraphie. – In: Geobiologie, 74. Jahrestagung d. Paläont. Ges., Göttingen am 02.-08. Oktober 2004, 121–124; Göttingen.

Kaufmann, B., Trapp, E., Metzger, K. & Weddige, K. (2005): Two new Emsian (Early Devonian) ages from volcanic rocks of the Rhenish Massif (Germany): implications for the Devonian time scale. – J. geol. Soc. London, 162: 363–371; London.

Kayser, E. & Holzapfel, E. (1894): Über die stratigraphischen Beziehungen der böhmischen Stufen F. G. H. Barrandes' zum rheinischen Devon. – Jb. k. k. Geol. R.-A. Wien, 44: 479–514; Wien.

Kayser, E. (1871): Studien aus dem Gebiet des rheinischen Devon. – II. Die devonischen Bildungen der Eifel. – Z. deutsch. geol. Ges., 23: 289–376; Berlin.

Kayser, E. (1880): Versteinerungen aus dem körnigen Roteisenstein der Grube Schweicher Morgenstern unweit Trier. – Z. dtsch. geol. Ges., 32: 217–218; Berlin.

Kayser, E. (1881): Beitrag zur Kenntnis der Fauna des Tausnusquarzits. – Jb. Kgl. Preuß. Geol. L.-A. 1: 260–266; Berlin.

Kayser, E. (1883): Neue Beiträge zur Kenntnis der Fauna des rheinischen Taunusquarzits. – Jb. kgl. preuss. geol. L.-A., 3: 120–132; Berlin.

Kayser, E. (1885a): Untersuchungen im Regierungsbezirk Wiesbaden und auf dem Hunsrück. – J. preuss. geol. L.-A., f. 1884: LII-LVI; Berlin.

Kayser, E. (1885b): Über einige neue Zweischaler des rheinischen Taunusquarzits. – Jb. Kgl. preuss. geol. L.-A., 5: 9–23; Berlin.

Kayser, E. (1891): Referat: J. Gosselet: Deux excursions dans le Hunsrück et le Taunus. – N. Jb. Mineral., 1: 113–115; Stuttgart.

Kayser, E. (1892): Erl. geol. Spec.-Kte. Preussen etc. 1:25 000, Lfg. 44, Bl. Coblenz. 32 S.; Berlin.

Kayser, E. (1986): Ueber Aufnahmen auf den Blättern Ems, Rettert, Niederlahnstein (Coblenz) und Braubach. – Jb. preuss. geol. L.-A. f. 1885: LVI-LX; Berlin.

Kegel, W. (1922): Abriß der Geologie der Lahnmulde – Erläuterungen zu einer von Johannes Ahlburg hinterlassenen Übersichtskarte und Profildarstellung der Lahnmulde – Abh. Preuss. Geol. L.-A., N.F., 86, 81 S.; Berlin.

Kegel, W. (1950): Sedimentation und Tektonik in der rheinischen Geosynklinale. – Z. dtsch. geol. Ges., 100: 267–289. Hannover.

Kerp, H. (1988): Aspects of Permian Palaeobotany and Palynology. X. The West- and Central European species of the genus *Autunia* Krasser emend. Kerp (Peltaspermaceae) and the form-genus *Rachiphyllum* Kerp (calipterid foliage). – Rev. Palaeobot. Palyonol., 54: 249–360; Amsterdam.

Kerp, H. & Fichter, J. (1985): Die Makrofloren des saarpfälzischen Rotliegenden (?Ober-Karbon – Unter-Perm; SW-Deutschland). – Mainzer geowiss. Mitt., 14: 159–286, Mainz.

Kerp, H., Noll, R. & Uhl, D. (2007): Vegetationsbilder aus dem saarpfälzischen Permokarbon. – In: Schindler, T. & Heidtke, U. H. T. (Hrsg.): Kohlesümpfe, Seen und Halbwüsten. Pollichia Sonderveröffentlichung 10: 76–109; Bad Dürkheim.

Kessler, P. (1914): Versuch einer zeitlichen Festlegung der Störungsvorgänge im Saar-Nahe-Gebiet. – N. Jb. Geol. Paläontol., Abh., N. F. 13; Jena.

Keupp, H. (2015): Fossile Pilze. – Fossilien, 2: 24–34; Wiebelsheim.

Kienow, S. (1934): Die Innere Tektonik des Unterdevons zwischen Rhein, Mosel und Nahe. – Jb. preuß. geol. L.-A., 54: 58–97: Berlin.

Kirnbauer, T. (1991): Geologie, Petrographie und Geochemie der Pyroklastika des Unteren Ems/Unter-Devon (Porphyroide) im südlichen Rheinischen Schiefergebirge. – Geol. Abh. Hessen, 92, 228 S.; Wiesbaden.

Kirnbauer, T. (1995): Das alluviale Seifengold aus dem Goldbach bei Andel an der Mosel (Hunsrück, Rheinisches Schiefergebirge). – Mainzer naturwiss. Arch., 33: 1–46; Mainz.

Kirnbauer,T. (Hrsg.) (1998): Geologie und hydrothermale Mineralisation im rechtsrheinischen Schiefergebirge. – Tagg. VfMG 1998 in Herborn; Jb. Nass. Ver. Naturkde., Sonderbd. 1, 328 S.; Wiesbaden.

Kirnbauer, T. & Reischmann, T. (1999): Pb/Pb ages on zircons from the Hunsrück slate near Bundenbach (Devonian, Rhenish Massif). – Schriftenr. Dt. Geol. Ges., 7: 58–59; Hannover.

Kirnbauer, T. & Reischmann, T. (2001): Pb/Pb zircon ages from the Hunsrück Slate Formation (Bundenbach, Rhenish Massif): a contribution to the age of the Lower/Middle Devonian boundary. – Newsl. Stratigr., 38: 185–200; Stuttgart.

Kirnbauer, T. & Wenndorf, K. W. (1995): Die Fauna der Porphyroide bei Singhofen im Westtaunus (TK 25 Bl. 5713 Katzenelnbogen). – Mainzer geowiss. Mitt., 24: 103–154; Mainz.

Kirnbauer, T., Landau, S. & Skerstubb, B. (1996): Gold nuggets from the Hunsrück: Morphology and composition. – Ber. Dt. Min. Ges., Beih. Europ. Journ. Min., 8: 141 S.; Stuttgart.

Kirnbauer, T., Schneider, J. & Schwenzer, S. P. (1998): Hydrothermale Mineralisationen – 2.1 Überblick. – In: Geologie und hydrothermale Mineralisationen im rechtsrheinischen Schiefergebirge. Nass. Verein. Naturkde., Sonderbd. 1: 84–96; Wiesbaden.

Kisch, H. J. (1987): Correlation between indicators of very low-grade metamorphism. – In: Frey, M. (ed.): Low temperature metamorphism. p. 227–300; New York (Black & son).

Kisch, H. J. (1990): Calibration of the anchizone: a critical comparison of illite cristallinity scales used for definition. – J. metamorphic Geol., 8: 31–46; Oxford.

Klähn, H. (1929): Die Bedeutung der Seelilien und Seesterne für die Erkennung von Wasserbewegung nach Richtung und Stärke. – Palaeobiologica, 6: 66–59; Wien u. Leipzig.

Klipstein, A. von (1879): Die Tertiärablagerungen von Waldböckelheim und ihre Polyparienfauna. – Jb. Kaiserl. Königl. Reichsamt, 29: 61–68; Wien.

Klipstein, A. & Kaup, J. J. (1836): Beschreibung und Abbildungen von dem in Rheinhessen aufgefundenen colossalen Schedel des *Dinotherii Gigantei* mit geognostischen Mittheilungen über die knochenführenden Bildungen des mittelrheinischen Tertiärbeckens. – 88 S., 7 Taf.; Darmstadt.

Klostermann, J. (1992): Das Quartär in der Niederrheinischen Bucht. – 200 S.; Krefeld (Geol. L.-Amt Nordrh.-Westf.).

Klügel, T. (1997): Geometrie und Kinematik einer variszischen Plattengrenze. – Geol. Abh. Hessen, 10, 215 S.; Wiesbaden.

Klügel, T., Ahrendt, H., Oncken, O., Käfer, N., Schäfer, E. & Weiss, B. (1994): Alter und Herkunft der Sedimente und des Detritus der Nördlichen Phyllit-Zone (Taunussüdrand). – Z. deutsch. geol. Ges., 145: 172–191; Hannover.

Klüppelberg, E. (1937): Geologischer Überblick über das Gebiet von Idar-Oberstein. – Fortschritte Min., 22; Berlin.

Knapp, G. (1961): Zur Stratigraphie und Paläogeographie des Hauptmuschelkalkes der Eifel. – Geol. Mitt., 2: 107–160; Aachen.

Knautz, D. (1988): Zur Geologie der Umgebung von Kirschweiler unter besonderer Berücksichtigung der Lagerungsverhältnisse und des kleintektonischen Gefüges (S-Hunsrück, Rheinisches Schiefergebirge). – Dipl. Arb. Univ. Bonn, 110 S.; Bonn (unveröffentlicht).

Knautz, D. (1992): Beckenentwicklung und strukturelle Ausgestaltung des südlichen Rheinischen Troges am Beispiel von „Züscher Sattel“ und „Leiseler Mulde“ (SW-Hunsrück, Rheinisches Schiefergebirge). – Bonner geowiss. Schriften, 5, 237 S.; Bonn.

Kneidl, V. (1978): Zur Geologie des Hunsrücks. – Aufschluß, Sonderband 30: 87–100; Heidelberg.

Kneidl, V. (2011): Hunsrück. Streifzüge durch die Erdgeschichte. – 144 S., Wiebelsheim (Quelle & Meyer).

Knetsch, G. (1939): Kohlensäure, Vulkanismus und Erzlagerstätten des Reinischen Schiefergebirges (eine Karte tektonisch-magmatischer Konsequenzen). – Geol. Rdsch., 30: 777–787; Berlin.

Kneuper, G. (1966): Zur Entstehung und Entwicklung der Saar-Nahe-Senke. – Z. dt. geol. Ges., 117: 312–322; Hannover.

Kneuper, G. (1976): Regionalgeologische Folgerungen aus der Bohrung Saar 1. – Geol. Jb., A 27: 499–510; Hannover.

Koch, C. (1874): Die kristallinischen, metamorphischen und devonischen Schichten des Taunusgebirges. – Verh. naturhist. Ver. preuss. Rheinlde. u. Westf., 31: 92–97; Bonn.

Koch, C. (1876): Ueber eigenthümliche Vorkommen im Taunus-Quarzit. – Verh. naturhist. Ver. preuss. Rheinlde. u. Westf., 33, Korr. Bl.: 130–134; Bonn.

Koch, C. (1881): Ueber die Gliederung der rheinischen Unterdevon-Schichten zwischen Taunus und Westerwald. – Jb. preuß. geol. L.-A. u. Bergakad. f. 1880: 190–242; Berlin.

Koenigswald, R. v. (1930): Die Arten der Einregelung im Sediment bei den Seesternen und Seelilien des unterdevonischen Bundenbacher Schiefers. – Senckenbergiana, 12: 338–360; Frankfurt a. Main

Koenigswald, W. v. & Meyer, W. (Hrsg.) (1994): Erdgeschichte im Rheinland – Fossilien und Gesteine aus 400 Millionen Jahren. – 239 S, 34 Beiträge; München (Pfeil).

Kolhatkar, S. (1961): Untersuchungen über die mineralogische Zusammensetzung der Erze und Nebengesteine der Eisenmangangrube Dr. Geier bei Waldalgesheim. – Diss. Univ. Mainz; Mainz.

Kölschbach, K.-H., Meyer, W., Stets, J. & Thon, B. (1993): Das Manderscheider Antiklinorium in der Südwest-Eifel (Rheinisches Schiefergebirge). – Decheniana, 146: 296–314; Bonn.

Königer, S. (2000): Verbreitung, Fazies und stratigraphische Bedeutung distaler Aschentuffe der Glan-Gruppe im karbonisch-permischen Saar-Nahe-Becken (SW-Deutschland). – Mainzer geowiss. Mitt., 29: 97–132; Mainz.

Königer, S., Lorenz, V., Stollhofen, H. & Armstrong, R. A. (2002): Origin, age and stratigraphic significance of distal fallout ash tuffs from the Carboniferous-Permian continental Saar-Nahe Basin (SW-Germany). – Int. J. Earth Sci. (Geol. Rdsch.), 91: 341–356; Berlin.

Konzan, H.-P. (1992): Erl. zur Geologischen Karte des Saarlandes 1:25 000, Bl. 6505 Merzig. – 85 S.; Saarbrücken (GLA Saarland).

Konzan, H.-P. (1997): Erl. zur Geologischen Karte des Saarlandes 1:25 000, Bl. 6504 Perl. – 91 S.; Saarbrücken (GLA Saarland).

Konzan, H. P., Müller, E. M. & Mihm, A. (1981): Geologische Karte des Saarlandes 1:50.000 mit Erläuterungen. – Saarbrücken (GLA Saarland).

Kopp, K.-O. (1955): Die Wittlicher Rotliegend-Senke und ihre tektonische Stellung im Rheinischen Schiefergebirge. – Geol. Rdsch., 44: 100–147; Stuttgart.

Kopp, K.-O. (1961): Zur oligozänen Aufschüttung im Moselgebiet. – N. Jb. Geol. Paläontol., Mh. 1961: 250–261; Stuttgart.

Korsch, R. J. & Schäfer, A. (1991): Interpretation of DECORP deep seismic reflection profiles IC and 9N across the Variscan Saar-Nahe Basin, southwestern Germany. – Tectonophysics, 191: 127–146; Amsterdam.

Korsch, R. J. &Schäfer, A. (1995): The Permo-Carboniferous Saar-Nahe-Basin, south-west Germany and north-east France: basin formation and deformation in a strike-slip regime. – Geol. Rdsch., 84: 231–318; Berlin.

Korschinski, D. (1963): Das Problem der Spilite und die Hypothese der Transporisation im Lichte neuer ozeanologischer und vulkanologischer Ergebnisse. – Z. angew. Geologie, 7: 362–365; Berlin.

Kossmat, F. (1927): Gliederung des varistischen Gebirgsbaues. – Abh. Sächs. Geol. L.- Amt., 1: 1–39; Leipzig

Kossmat, F. (1931): Das Problem der Großüberschiebungen im variskischen Gebirge Deutschlands. – Centralbl. Min. etc., Jg. 1931, Abt. B, 11: 577–602; Stuttgart.

Krahn, L. & Friedrich, G. (1991): Zur Genese der Buntmetallvererzung im westlichen Rheinischen Schiefergebirge. – Erzmetall, 44: 23–29; Stuttgart.

Krahn, L. (1976): Die Hämatit-Quarz-Gänge der Grube Louise bei Greimerath/Hunsrück. – Der Aufschluß, 27: 63–67; Heidelberg.

Krahn, L. (1988): Buntmetall-Vererzung und Blei-Isotypie im linksrheinischen Schiefergebirge und angrenzenden Gebieten. – Diss. RWTH Aachen, IV + 199 S.; Aachen.

Kräusel, R. & Weyland, H. (1962): Algen und Psilophyten aus dem Unterdevon von Alken an der Mosel. – Senckenb. leth., 43: 249–282; Frankfurt a. M.

Kräusel, R. & Weyland, H. (1968): Eine weitere Psilophytale aus dem Unterdevon von Alken an der Mosel; ein Beitrag zur Gattungsgruppe *Protobarinophyton – Pectinophyton – Barinophyton*. – Senkenbergiana leth., 49: 241–249; Frankfurt a. M.

Krauter, E. (1973): Geologischer Bau und Felsbewegungen am Rittersturz bei Koblenz (Rheinisches Schiefergebirge). – Mainzer geowiss. Mitt., 2: 45–70; Mainz.

Krebs, W. (1970): Nachweis von Oberdevon in der Schwerspatgrube Eisen (Saargebiet) und die Folgerungen für die Paläogeographie und Lagerstättenkunde des linksrheinischen Schiefergebirges. – N. Jb. Geol. Paläontol., Mh. 1970: 465–480; Stuttgart.

Krebs, W. (1976): Zur geotektonischen Position der Bohrung Saar 1. – In: Lang, H. D. (Red.): Die Tief-Bohrung Saar 1. – Geol. Jb., A 27: 489–498; Hannover.

Krebs, W. & Zimmerle, W. (1976): Paläogeographie der devonischen Karbonatfolgen. – In: Lang, H. D. (Red.): Die Tief-Bohrung Saar 1. – Geol. Jb., A 27: 171–177; Hannover.

Kremer, E. (1954): Die Terrassenlandschaft der mittleren Mosel als Beitrag zur Quartärgeschichte. – Arb. Rhein. Landeskde., 6: 100 S.; Bonn.

Krimmel, M. & Emmermann, K.-H. (1980): Geochemische Untersuchungen an Baryten; ein Beitrag zur Genese der Baryte in Rheinland-Pfalz. – Mainzer geowiss. Mitt., 9: 127–166; Mainz.

Kröll, R. (2001): Zur Stratigraphie, Fazies und Tektonik des Unterdevon zwischen Untermosel und Boppard (Moselmulde, Rheinisches Schiefergebirge). – Bonner geowiss. Schriften, 29, 261 S.; Nümbrecht.

Kronz, A. (2005): Erzbergbau, Buntmetallmineralisationen und Silber-Metallurgie im Bereich der mittleren Mosel. – Z. Gesch. d. Berg. u. Hüttenwesens, 11: 4–33; Idar-Oberstein.

Krumsiek, K. (1967): Schichtenfolge, Sedimentation und Tektonik am Mittelrhein zwischen Ehrental und der Loreley. – Diss. Univ. Bonn, 112 S.; Bonn.

Krumsiek, K. (1997): Devonische Schelfsysteme: Das Rheinprofil – Schichtenfolge, sedimentäre und tektonische Gefüge sowie plattentektonische Diskussion. – TERRA NOSTRA, 97: 25–50; Köln.

Kubella, K. (1951): Zum tektonischen Werdegang des südlichen Taunus. – Abh. Hess. L.-Amt Bodenforsch., 3, 81 S.; Wiesbaden.

Kühl, G. & Rust, J. (2009): Die devonischen Gliederfüßer aus dem Hunsrückschiefer. – Fossilien, 2009: 54–59; Wiebelsheim.

Kühl, G. J. & Rust, J. (2010): Reinvestigation of *Mimetaster hexagonalis*, a marellomorph arthropod from the Lower Devonian Hunsrück Slate (Germany). – Paläontol. Z., 84: 397–411; Frankfurt a. M.

Kühl, G., Bartels, C., Briggs, E. & Rust, J. (2012): Fossilien im Hunsrückschiefer – Einzigartige Funde aus einer einzigartigen Region. – 120 S.; Wiebelsheim (Goldschneck in Quelle & Meyer).

Kühl, G., Bergmann, A., Duhlop, J., Garwood, R. J. & Rust, J. (2012): Redescription and Palaeobiology of *Palaeoscorpius devonicus* Lehmann, 1944, from the Lower Devonian Hunsrück Slate of Germany. – Palaeontology, 5: 775–787.

Kühl, G., Bergström, J. & Rust, J. (2008): Morphology, paleobiology and phylogenetic position of *Vachonisia rogeri* (Arthropoda) from the Lower Devonian Hunsrück Slate (Germany). – Palaeontographica, Abt. A, 286: 123–157.

Kühl, G., Briggs, D. E. G. & Rust, J. (2009): *Schinderhannes bartelsi*: ein Räuber aus dem Hunsrückschiefermeer. – Fossilien, 4: 232–235; Wiebelsheim.

Kuhn, O. (1961): Die Tierwelt der Bundenbacher Schiefer. – Die Neue Brehm-Bücherei, 274, 48 S.; Wittenberg.

Kuhn, W. & Schäfer, P. (2004): Mikropaläontologische und lithologische Abgrenzungskriterien zwischen Oberem Rupelton (Rosenberg-Subformation) und „Schleichsand“ (Stadecken-Formation) im Rupelium des Mainzer Beckens. – Mainzer geowiss. Mitt., 32: 139–178; Mainz.

Kühne, F. (1922): Die paläogeographische Entwicklung der Saar-Saale-Senke. – Jb. preuß. geol. L.-A., 43: 426–456; Berlin.

Kulke, H. (1974): Zur Geologie und Mineralogie der Kalk- und Gipskrusten Algeriens. – Geol. Rdsch., 63: 970–998; Stuttgart.

Kurtz, E. (1926): Die Leitgesteine der vorpliozänen und pliozänen Flußablagerungen an der Mosel und am Südrande der Kölner Bucht – Ein oberoligozänes Stromsystem. – Verh. naturhist. Ver. preuss. Rheinlde. u. Westf., 83: 97–159; Bonn.

Kurz, C. (1997): Die Geologie der Moselterrassen im Raum Kobern-Gondorf (Rheinisches Schiefergebirge). – 28 S.; Diplomkartierung u. Erl. Univ. Bonn; Bonn (unveröffentlicht).

Kuster-Wendenburg, E. (1982): Bestandsaufnahme der Gastropoden im „prä-aquitanen“ Tertiär des Mainzer Beckens. – Mainzer geowiss. Mitt., 10: 83–130; Mainz.

Kutscher, F. (1931): Zur Entstehung des Hunsrückschiefers am Mittelrhein und auf dem Hunsrück. – Jb. nass. Ver. Naturkde., 81: 177–232; Wiesbaden.

Kutscher, F. (1934): Die Soonwaldschiefer im Kellen- und Hahnenbachtale des Hunsrücks. – Centralbl. Min. Geol. Paläontol., Abt. B, 1934: 193–197; Stuttgart.

Kutscher, F. (1935a): Die Throner Quarzite des hinteren Hunsrückgebietes. – Jb. preuß. geol. L.-A., 55: 213–218; Berlin.

Kutscher, F. (1935b): Ein Fossilvorkommen in den Throner Quarziten westlich von Horath. – Z. dtsch. geol. Ges., 87: 702–703; Berlin.

Kutscher, F. (1937): Taunusquarzit, Throner Quarzite und Hunsrückschiefer des Hunsrücks und ihre stratigraphische Stellung. – Jb. preuß. geol. L.-A., 57: 186–237; Berlin.

Kutscher, F. (1940): Fossilvorkommen im Taunusquarzit des Simmerbachtales. – Z. deutsch. geol. Ges., 92: 449–458; Berlin.

Kutscher, F. (1942): Das Alter der Bornhofener Schichten (Unterdevon) am Mittelrhein und auf dem Hunsrück. – Ber. R.-Amt Bodenforsch, 1942: 179–186; Berlin, Wien.

Kutscher, F. (1944): Die Taunusquarzitfauna von der Stromberger Neuhütte (Hunsrück) – Jb. L.-Amt Bodenforsch., 62: 272–287; Berlin.

Kutscher, F. (1953): Zur Devongeologie auf Blatt Kestert im östlichen Hunsrück. – Notizbl. hess. L.-Amt Bodenforsch., 81: 129–137; Wiesbaden.

Kutscher, F. (1954): Die Verwitterungsrinde der voroligozänen Landoberfläche und tertiäre Ablagerungen im östlichen Hunsrück (Rheinisches Schiefergebirge). – Notizbl. hess. L.-Amt Bodenforsch., 82: 202–212; Wiesbaden.

Kutscher, F. (1958): Bemerkungen zur Anlegung von Fossilkartien. – Paläontol. Z., 32: 16–17; Stuttgart.

Kutscher, F. (1959): Lexique Stratigraphique International, Vol. 1, Europe, Fasc. 5 Allemagne, Fasc. 5b Dévonien: p. 3–304; p. 355–386; Paris.

Kutscher, F. (1962a): Beiträge zur Sedimentation und Fossilführung des Hunsrückschiefers. – Notizbl. hess. L.-Amt Bodenforscch., 90: 160–164; Wiesbaden.

Kutscher, F. (1962b): Beiträge zur Sedimentation und Fossilführung des Hunsrückschiefers. 2: Die Chondriten als Lebensanzeiger. – Notizbl. hess. L.-Amt Bodenforsch., 90: 494–498; Wiesbaden.

Kutscher, F. (1964): Beiträge zur Sedimentation und Fossilführung des Hunsrückschiefers. 7: Spülsäume in Schichten der Kaisergrube von Gemünden. – Notizbl. hess. L.-Amt Bodenforsch., 92: 261–264; Wiesbaden.

Kutscher, F. (1967): Beiträge zur Sedimentation und Fossilführung des Hunsrückschiefers, 17: Ein *Orthoceras*-Gehäuse mit angehefteten Puellen. – Notibl. hess L.-Amt Bodenforsch., 95: 9–12; Wiesbaden.

Kutscher, F. (1968): 120 Jahre Taunusquarzit-Forschung. – Mainzer naturwiss. Arch., 7: 153–167; Mainz.

Kutscher, F. (1969): Die Erforschung der Hunsrückschiefer-Fossilien durch Walter Maximilian Lehmann mit Hilfe von Röntgen-Aufnahmen (Forscher, Sammler und Liebhaber der Hunsrückschiefer-Fossilien, 3). – Rhein-Hunsrück-Kalender 1970, 26: 47–50; Simmern.

Kutscher, F. (1970a): Das Devon des Hunsrücks. – Der Aufschluss, 19. Sonder-H. Idar-Oberstein: 77–86; Heidelberg.

Kutscher, F. (1970b): Beiträge zur Sedimentation und Fossilführung des Hunsrückschiefers, 29: Beispiel einer Fossilfalle im Hunsrückschiefer. – Notizbl. hess. L.-Amt Bodenforsch, 98: 261–263; Wiesbaden.

Kutscher, F. (1973): Die Ammoniten des Hunsrückschiefer-Meeres. – Bl. f. Mosel, Hochwald, Hunsrück. Jg. 1973: 109–113; Bernkastel-Kues.

Kutscher, F. (1974): Beiträge zur Sedimentation und Fossilführung des Hunsrückschiefers, 38. Weitere Arthropodenfunde im Hunsrückschiefer (*Cheloniellon calmani* Broili, *Heroldina rhenana* (Broili), *Mimetaster hexagonalis* (Gürich), *Vachonisia rogeri* (Lehmann)). – Notizbl. hess. L.-Amt Bodenforsch., 102: 5–24; Wiesbaden.

Kutscher, F. (1978): Beiträge zur Sedimentation und Fossilführung des Hunsrückschiefers: 50: Über Trilobiten des Hunsrückschiefers (Unterdevon). – Geol. Jb. Hessen, 106: 23–52; Wiesbaden.

Kutscher, F. & Horn, M. (1962): Beiträge zur Sedimentation und Fossilführung des Hunsrückschiefers. 1: Ein Fossilvorkommen im Leimbach-Tal nördlich Bacharach (Unterdevon, Mittelrhein). – Paläont. Z., H. Schmidt-Festband: 134–139; Stuttgart.

Kutscher, F., Reichert, H. & Niehus, M. (1980): Bibliographie der naturwissenschaftlichen Literatur über den Hunsrück. – Pollichia-Buch, 1, 206 S.; Bad Dürkheim.

Kuznir, N. J. & Ziegler, P. A. (1992): The mechanics of continental extension and sedimentary basin formation: a simple shear/pure shear flexural cantilever model. – Tectonophysics, 215: 117–131; Amsterdam.

Lang, H.-D. (red.) (1976): Die Tief-Bohrung Saar 1. – Geol. Jb., A 27, 551 S.; Hannover.

Langer, W. (1994): Bernhard Stürtz – ein ungewöhnlicher Erforscher der Hunsrück-Schiefer-Fauna. – Natur u. Museum, 124: 17–20; Frankfurt a. M.

Langer, W. (1994): Splitter zur Geschichte der Geologie und Paläontologie des Rheinlandes. – In: Koenigswald, W. v. & Meyer, W. (Hrsg.): Erdgeschichte im Rheinland – Fossilien und Gesteine aus 400 Millionen Jahren, 223–230; München (Pfeil).

Langsdorf, W. (1974): Geologische Untersuchungen im Unter-Devon der Nordflanke der Moselmulde zwischen Bad Bertrich und Kobern/Mosel (Südost-Eifel, Rheinisches Schiefergebirge). – N. Jb. Geol. Paläontol., Abh., 144: 373–401; Stuttgart.

Langsdorf, W. (1975): Sedimentologische Untersuchungen im Unter-Devon der Nordflanke im Gebiet von Cochem/Mosel (Südost-Eifel, Rheinisches Schiefergebirge). – N. Jb. Geol. Paläontol., Abh., 149: 96–111; Stuttgart.

Lasaulx, A. v. (1878): Beiträge zur Kenntnis der Eruptivgesteine im Gebiete von Saar und Mosel. – Verh. naturhist. Ver. preuss. Rheinlde. u. Westf., 35: 163–236; Bonn.

Laspeyres, H. (1867): Kreuznach und Dürkheim a. d. Haardt. Erster Teil. – Z. dtsch. geol. Ges., 19: 803–922; Berlin.

Laspeyres, H. (1869): Über das Zusammenvorkommen von Magneteisen und Titaneisen in Eruptivgesteinen und über die sogenannten petrographischen Gesetze. – N. Jb. Min., Geol. Paläontol., 1869: 513–531; Stuttgart.

Laspeyres, H. (1873): Hygrophilit, ein neues Mineral der Pinit-Gruppe. – Tschermaks Mineral. Mitt., 1: 147–170; Wien.

Laspeyres, H. (1883): Beiträge zur Kenntnis der Eruptivgesteine im Steinkohlengebirge und Rotliegenden zwischen Saar und dem Rheine. – Verh. naturhist. Ver. preuss. Rheinlde. u. Westf., 40: 375–390; Bonn.

Leggewie, R., Füchtbauer, H. & Ramadan, E.-R. (1977): Zur Bilanz des Buntsandsteinbeckens (Korngrößenverteilung und Gesteinsbruchstücke). – Geol. Rdsch., 66: 551–577; Stuttgart.

Lehmann, H. (1959): Stratigraphie und Tektonik im Mittelrheingebiet zwischen Braubach und Kestert. – Notizbbl. Hess. L.-Amt Bodenforsch., 87: 268–202; Wiesbaden.

Lehmann, W. M. (1955): *Vachonia rogeri* n. g. n. sp., ein Brachiopod aus dem unterdevonischen Hunsrückschiefer. – Paläontol. Z., 29: 126–130; Stuttgart.

Lehmann, W. M. (1956): Kleine Kostbarkeiten in Dachschiefern. – Aufschluß, 3. Sonderh.: Zur Geologie des oberen Nahegebietes um Idar-Oberstein: 63–74; Roßdorf.

Lehmann, W. M. (1957): Die Asterozoen in den Dachschiefern des rheinischen Unterdevons. – Abh. hess. L.-Amt Bodenforsch., 21, 160 S.; Wiesbaden.

Lensch, G. (1967): Geochemie und Sulfidvererzung der Toneisenstein-Septarien aus den Lebacher Schichten des Saarländischen Unterrotliegenden. – Ann. Univ. Sarav., Reihe: Math.-nat. Fak., 5, Mineral.-geol. Sammelheft: 131–172; Berlin.

Lepper, J., Rambow, D. & Röhling, H.-G. (2005): Der Buntsandstein in der Stratigraphischen Tabelle von Deutschland 2002. – In: Menning, M. & Hendrich, A. (Hrsg.): Erläuterungen zur Stratigraphischen Tabelle von Deutschland 2005 (ESTD): Newsl. Stratigr., 41: 129–142; Stuttgart.

Leppersonne, J. (1934): Découverte de filons de quartz tourmalinifère dans le Gédinniien du bord Sud et Est du massif de Stavelot. – Ann. de la Soc. géologique de Belgique, 57: 27–30 pp.; Liège.

Leppla, A. (1888): Über den Buntsandstein im Haardtgebirge (Nordvogesen). – Geognost. Jh., 1: 39–64; Kassel.

Leppla, A. (1895a): Über Schuttbildungen im Bereich des Taunusquarzits innerhalb der Blätter Morscheid, Idar-Oberstein und Buhlenberg. – Jb. preuß. geol. L.-A., 15: XXXIII-XLV; Berlin.

Leppla, A. (1895b): Die Störungserscheinungen und Epochen in der Geschichte des Saar-Nahe-Gebietes. – Verh. naturhist. Ver. preuss. Rheinlde. Westf., 52: 5–8; Bonn.

Leppla, A. (1896): Zur Geologie des linksrheinischen Schiefergebirges. – Jb. preuß. geol. L.-A., 16: 74–94; Berlin.

Leppla, A. (1897): Bericht über die Aufnahmen im Bereiche der Blätter Neumagen und Wittlich während des Sommers 1897. – Jb. preuß. geol. L.-A., 18: XXXV-XXXIX; Berlin.

Leppla, A. (1898a): Geol. Kte. 1:25 000 u. Erl., Lfg. 63, Bl. Oberstein, 53 S.; Berlin.

Leppla, A. (1898b): Erl. geol. Spec. Kte. Preussen u. Thür. St. 1:225 000, Lfg. 63, Bl. Morscheid, 18 S.; Berlin.

Leppla, A. (1898c): Erl. geol. Spec. Kte. Preussen u. Thür. St. 1:25 000, Lfg. 63, Bl. Buhlenberg, 17 S.; Berlin.

Leppla, A. (1901a): Geol. Kte. u. Erl. geol. Spec.-Kte. Preussen u. Thür. St. 1:25 000, Lfg. 79, Bl. Neumagen, 23 S.; Berlin.

Leppla, A. (1901b): Erl. geol. Spec.-Kte.Preussen u. Thür. St 1:25 000, Lfg. 79, Bl. Hottenbach: 13 S.; Berlin.

Leppla, A. (1901c): Erl. geol. Spec. Kte. Preussen u. Thür. St. 1:25 000, Lfg. 79, Bl. Sohren, 13 S.; Berlin.

Leppla, A. (1901d): Geol. Kte. u. Erl. geol. Spec.-Kte. Preussen u. Thür. St. 1:25 000, Lfg. 79, Bl. Bernkastel, 25 S.: Berlin.

Leppla, A. (1901e): Geol. Kte. u. Erl. Geol. Spec. Kte. Preussen u. Thür. St. 1:25 000, Lfg, 79, Bl. Wittlich, 34 S.; Berlin.

Leppla, A. (1901f): Geol. Kte. u. Erl. Geol Spec.-Kte. Preussen u. Thür. St. 1:25 000, Lfg. 79; Bl. Morbach.

Leppla, A. (1904a): Geol. Kte. u. Erl. geol. Kte. Preussen u. ben. Bu.-St. 1:25 000, Lfg. 111; Bl. Preßberg-Rüdesheim, 67 S.; Berlin.

Leppla, A. (1904b): Erl. Geol. Kte. Preussen u. ben. Bu.-St 1:25 000, Lfg. 111, Bl. Caub, 34 S.; Berlin.

Leppla, A. (1904c): Erl. Geol. Kte. Preussen u. ben. Bu.-St. 1:25 000, Lfg. 111, Bl. Algenrodt, 22 S; Berlin.

Leppla, A. (1904d): Geologische Skizze des Saarbrücker Steinkohlengebirges. – In: Der Steinkohlenbergbau des Preussischen Staates in der Umgebung von Saarbrücken., 57 S.; Berlin.

Leppla, A. (1910): Geologie und Oberflächengestaltung des Hunsrücks und Hochwaldes. – In: Hochwald- und Hunsrückführer, 8. Aufl., 21 S.; Bad Kreuznach.

Leppla, A. (1912): Über Ergänzungsarbeiten im Bereich des Hochwaldes; Bl. Hermeskeil, Waadern; Losheim; Schillingen (Kell) und Freudenburg. – Jb. preuß. geol. L.-A., 29: 441–443; Berlin.

Leppla, A. (1913): Das Diluvium der Mosel. Ein Gliederungsversuch. – Jb. preuß. geol. L.-A. f. 1910, 31: 343–376; Berlin.

Leppla, A. (1919): Geologische Übersichtskarte von Deutschland 1:200 000, Bl. Trier-Mettendorf; Preuß. geol. Landesanst.; Berlin.

Leppla, A. (1921): Geologische Übersichtskarte von Deutschland 1:200 000, Abt. Preußen u. Nachbarstaaten, Bl. Mainz, No. 150; Berlin.

Leppla, A. (1923): Über den Südrand des Schiefergebirges. – Z. deutsch. geol. Ges., 75 (Mber.): 80–87; Berlin.

Leppla, A. (1924): Über den Südrand des Rheinischen Schiefergebirges. Begleitworte zu den Bl. Trier-Mettendorf und Mainz. – Z. dt. geol. Ges., Mber., 75: 80–87; Berlin.

Leppla, A. (1925a): Zur Stratigraphie und Tektonik der südlichen Rheinprovinz. – Jb. preuß. geol. L.-A., 45: 1–88; Berlin.

Leppla, A. (1925b): Beitrag zur Stratigraphie und Tektonik des Soonwaldes. – Jb. preuß. geol. L.-A., 45: 194–196; Berlin.

Lepsius, R. (1887–1892): Geologie von Deutschland und den angrenzenden Gebieten; 1. Teil: Das westliche und südliche Deutschland. – 800 S.; Stuttgart.

Lepsius, R. (1908): Notizen zur Geologie von Deutschland,. Notizbl. Ver. Erdk. u. grossherzogl. Geol. L.-A., (IV) 29: 4–34; Darmstadt.

LGB (Landesamt für Geologie und Bergbau Rheinland-Pfalz) (Hrsg.) (2005): Geologie von Rheinland-Pfalz (2005). 400 S.; Stuttgart (Schweizerbart).

Liedtke, H. (1963): Geologisch-geomorphologischer Überblick über das Gebiet an der Mosel zwischen Sierck und Remich. – Arb. aus d. Geogr. Inst. d. Univ. d. Saarlandes, 8: 37–57; Saarbrücken.

Liedtke, H. (1969): Grundzüge und Probleme der Entwicklung der Oberflächenformen des Saarlandes und seiner Umgebung. – Forsch. deutsch. Landeskde., 183: 1–63; Bad Godesberg.

Linnemann, U., Romer, R. L. Gehmlich, M. & Drost, K, (2008): Paläogeographie und Provenance des Saxothuringikums unter besonderer Beachtung der Geochronologie von prävariszischen Zirkonen und der Nd-Isotypie von Sedimenten. – In: Linnemann U. (ed.): Das Saxothuringikum. – Geol. Saxonica, 48: 125–139; Dresden (Stattl. Mus. Mineral. Geol.).

Lippert, H. & Solle, G. (1937): Die Manderscheider Schwelle im Devon der Eifel. – Senckenbergiana, 19: 392–399; Frankfurt a. M.

Lippolt, H. J. (1983): Distribution of Volcanic Activity in Space and Time. – In: Fuchs, K., Gehlen, K. v., Mälzer, H., Murawski, H. & Semmel, A. (Hrsg.): Plateau Uplift, 112–120; Berlin etc. (Springer).

Lippolt, H. J. & Hess, J. C. (1983): Isotopic evidence for the stratigraphic position of the Saar – Nahe Rotliegend volcanism - I: $^{40}Ar/^{40}K$ and $^{40}Ar/^{39}Ar$ investigations. – N. Jb. Geol. Paläontol., Mh., 1983: 713–730; Stuttgart.

Lippolt, H. J. & Hess, J. C. (1989): Isotopic evidence for the stratigraphic position of the Saar-Nahe Rotliegend volcanism, III: Synthesis of results and geological implications. – N. Jb. Geol. Paläontol., Mh. 1989: 553–559: Stuttgart.

Lippolt, H. J., Hess, J. C. & Raczek, I. (1989): Isotopic evidence for the stratigraphic position of the Saar-Nahe Rotliegend volcanism, II: Rb-Sr investigations. – N. Jb. Geol. Paläontol., Mh. 1989: 539–552; Stuttgart.

Löhnertz, W. (1978): Zur Altersbestimmung der tiefliegenden fluviatilen Tertiärablagerungen der SE-Eifel (Rheinisches Schiefergebirge). – N. Jb. Geol. Paläontol., Abh., 156: 179–206; Stuttgart.

Löhnertz, W. (1982): Die altpleistozänen Terrassen der Mittelmosel – Überlegungen zur „Horizontalkonstanz" der Terrassen der „Rheinischen Hochscholle". – Catena, 9: 63–75; Braunschweig.

Löhnertz, W. (1984): Wittlicher Senke und Moseltal; Exkursion L am 28. April 1984. – Jber. Mitt. oberrhein. geol. Ver., N.F., 66: 143–152; Stuttgart.

Löhnertz, W. (1994): Grundzüge der morphologischen Entwicklung der südlichen Eifel im ältesten Tertiär. – Mainzer naturwiss. Archiv, Beih. 16: 17–38; Mainz.

Löhnertz, W. (2003): Eocene paleovalleys in the Eifel: Mapping, geology, dating and implications for the reconstruction of the paleosurfaces and vertical movements of the lithosphere at the edges of the Rhenish shield. – Géologie de la France, 2003: 57–62; Orléans (BRGM).

Löhnertz, W. (2011): Antweiler-Schichten. – In: Stratigraphie von Deutschland, IX. Tertiär, Teil 1: Oberrheingraben und benachbarte Tertiärgebiete. – Schriftenr. Dt. Ges. Geowiss., 75: 381–384.

Löhnertz, W., Lutz, H. & Kaulfuss, U. (2011): Eifel – Mosel – Hunsrück. – In: Deutsche Stratigraphische Kommission (Hrsg.): Stratigraphie von Deutschland X: Tertiär – Oberrheingraben und angrenzende Teilbecken. – Schriftenreihe dt. Ges. Geowiss., 75: 376–415; Hannover.

Lorenz, V. (1973): Zur Altersfrage des Kreuznacher Rhyolithes unter besonderer Berücksichtigung der Stratigraphie und Überschiebungstektonik in seiner südlichen Umrandung (Saar – Nahe – Gebiet, SW-Deutschland). – N. Jb. Geol. Paläontol., Abh., 142: 139–164; Stuttgart.

Lorenz, V. & Haneke, J. (2004): Relationship between diatremes, dykes, sills, laccoliths, intrusive domes, lava flows, and tephra deposits with unconsolidated water saturated sediments in the late Variscan intermontane Saar-Nahe basin, SW-Germany. – In: Breitkreuz, C. & Petford, N. (eds.): Physical geology of high-level magmatic systems, 75–124; London (Geol. Soc.).

Lorenz, V. & Lutz, H. (2004): Das quartäre Meerfelder Maar, das eozäne Eckfelder Maar bei Manderscheid und die eozänen Flussablagerungen von Gut Heeg in der Westeifel (Exkursion E am 15. April 2004). Jahresberichte und Mitteilungen des Oberrheinischen Geologischen Vereins, 125–185.

Lorenz, V. & Nicholls, I. A. (1976): The Permocarboniferous Basin and Range Province of Europe. – In: Falke, H. (Hrsg.): The Permian in Central, West and South Europe. p. 313–342.

Lorenz, V. &Nicholls, I. A. (1984): Plate and intraplate processes of Hercynian Europe during the Late Palaeozoic. – Tectonophysics, 107: 25–56; Amsterdam.

Lossen, C. (1867a): Geognostische Beschreibung der linksrheinischen Fortsetzung des Taunus in der östlichen Hälfte des Kreises Kreuznach, nebst einleitenden Bemerkungen über das „Taunusgebirge" als geognostisches Ganzes. – Z. dtsch. geol. Ges., 19: 509–700; Berlin.

Lossen, C. (1867b): „Hohlgeschiebe" aus dem Rotliegenden. – Z. deutsch. geol. Ges., 19: 238–243; Berlin.

Lossen, K.-A. (1884): Über die Gliederung des sogenannten Eruptiv-Grenzlagers im Oberrotliegenden zwischen Kirn und St. Wendel. – Jb. kgl. preuß- geol. L.-A. f. 1883; Berlin.

Lossen, K.-A. (1885): Studien an metamorphischen Eruptiv- und Sedimentgesteinen, erläutert an mikroskopischen Bildern. – Jb. kgl. preuß. geol. L.-A. f. 1884: 525–545; Berlin.

Lossen, K.-A. (1891): Über Quarzporphyr-Gänge an der Unter-Nahe, welche die Intrusivlager des Palatinit oder Tholeyit, d. h. des diabasischen oder doleritischen Melaphyrs durchsetzen und über das räumliche Verhalten der Eruptivgesteine des Saar-Nahe-Gebietes zum Schichtaufbau. – Z. dtsch. geol. Ges., 43: 5–545; Berlin.

Louis, H. (1953): Über die ältere Formenentwicklung im Rheinischen Schiefergebirge, insbesondere im Moselgebiet. – Münchner geogr. Hefte, 2, 97 S.; München.

Louis, H. (1976): Zur Anlage des Mittelrheins. – Z. Geomorph., N.F., 20: 124–127; Berlin, Stuttgart.

Lucius, M. (1948): Erläuterungen zu der Geologischen Spezialkarte Luxemburgs. Das Gutland. – Publ. Serv. géol. Lux., 5, 405 S.; Luxembourg.

Lucius, M. (1950): Das Oesling. – Erl. z. d. geol. Spezialkarte Luxemburgs, 6: 174 S.; Luxembourg.

Lucius, M. (1952): Übersicht über die Geologie Luxemburgs. – Z. dtsch. geol. Ges., 103: 178–208; Hannover.

Ludwig, R. (1860): Kalk, Schiefer und Eisenstein von Walderbach ohnfern Stromberg. – Notizbl. Ver. Erdkde u. mittelrhein. Geol. Ver., 2: 86–87; Darmstadt.

Lutz, M., Etzold, A., Käding, K. C., Lepper, J., Hagdorn, H., Nitsch, E. & Menning, M. (2006): Lithofazies und Leitflächen: Grundlagen einer dualen lithostratigraphischen Gliederung. – Newsl. Stratigr., 211–223; Stuttgart.

Mader, D. (1979): Stratigraphie und Faziesanalyse im Buntsandstein der Westeifel. – Diss., Univ. Heidelberg, 293 S.; Heidelberg (unveröffentlicht).

Mader, D. (1981): Äolische und fluviatile Sedimentation im Mittleren Buntsandstein der Südeifel. – N. Jb. Geol. Paläontol., Abh., 161: 354–407; Stuttgart.

Mader, D. (1982): Sedimentologie und Genese des Buntsandsteins in der Eifel. – Z. dt. geol. Ges., 133: 257–307; Hannover.

Mader, D. (1985): Aspekte der Stratigraphie und Ablagerungsgeschichte des Buntsandsteins in der Eifeler Nord-Süd-Zone (Deutschland und Luxemburg). – Jber. Mitt. oberrhein. geol. Ver., N.F., 67: 199–242; Stuttgart.

Mallison, H. (2003): Koniferen des Unteren Meeressandes. – Terra Nostra: 2003: 107; Berlin.

Mannebach, M. (1990): Zur Geologie der Umgebung von Mörschied unter besonderer Berücksichtigung der Lagerungsverhältnisse und des kleintektonischen Gefüges (S-Hunsrück/Rheinisches Schiefergebirge). – Dipl.-Arbeit Univ. Bonn, 94 S.; Bonn.

Manz, E. (1980): Geomorphologische Untersuchungen im Gebiet des Erbeskopf (W-Hunsrück, Rheinisches Schiefergebirge. – Wiss. Prüfungsarbeit Geogr. Institut Univ. Mainz, 75 S.; Mainz.

Martin, G. (1960): Die Geologie am Westrande der Moselmulde (Rheinisches Schiefergebirge). – Notizbl. hess. L.-Amt Bodenforsch., 88: 172–189; Wiesbaden.

Martin, G. (1962): Die oligozänen Vallendar-Schotter der Südwesteifel. – Nottizbl. hess. L.-Amt Bodenforsch., 90: 240–245; Wiesbaden.

Martin, G. (1979): Die marin-sedimentären Eisenerzlager der westlichen Mosel-Mulde (Grubenfeld „Schweicher Morgenstern“). – Geol. Jb., D 31: 123–131; Hannover.

Massonne, H. J. (1995): Metamorphic evolution. – In: Dallmeyer, R. D., Franke, W. & Weber, K. (Eds.): Pre-Permian Geology of Central and Eastern Europe, p. 132–137.

Massonne, H.-J. & Schreyer, W. (1983): A new experimetal phengite barometer and its application to a Variscan subduction zone at the southern margin of the Rhenohercynicum. – Terra cognita, 3: 187; Orsay.

Massonne, H.-J. & Schreyer, W. (1986): High-pressure syntheses and X-ray properties of white micas in the system K_2O-MgO-Al_2O_3-SiO_2-H_2O. – N. Jb. Miner. Abh., 153: 177–215; Stuttgart.

Massonne, H.-J. & Schreyer, W. (1987): Phengite barometry based on the limiting assemblage with K-feldspar, phlogopite, and quartz. – Contrib. Mineral. Petrol., 96: 212–224; Berlin etc.

Mathias, K. (1936): Morphologie des Saartales zwischen Saarbrücken und Saarmündung. – Verh. naturhist. Ver. preuss. Rheinlde. Westf., 93: 1–112; Bonn.

Mathias, K. (1938): Zur Morphologie des Saartales. – Verh. naturhist. Ver. preuss. Rheinlde. Westf., 97: 219–223; Bonn.

Mathias, K. (1952): Die Entwicklung der Talmäander im Bereich der unteren Saar. – Ann. Univ. Sarav, Naturwiss., 4: 355–369; Saarbrücken.

Maurer, F. (1882): Paläontologische Studien im Gebiet des Rheinischen Devon. 5. Beiträge zur Gliederung der rheinischen Unterdevon-Schichten. – N. Jb. Mineral., Jg. 1882: 1–40; Stuttgart.

Maurer, F. (1886): Die Fauna des rechtsrheinischen Unterdevon aus meiner Sammlung zum Nachweis der Gliederung. – 55 S.; Darmstadt.

May, F. (1994): Zur Entstehung der Mineralwässer des Rheinischen Massivs. – Diss. Univ. Bonn, 136 S.; Bonn.

May, F., Hoernes, S. & Neugebauer, H. J. (1996): Genesis and distribution of mineral waters as a consequence of recent lithospheric dynamics: the Rhenish Massif, Central Europe. – Geol. Rdsch., 85: 782–799; Berlin.

McKerrow, W.S., Mac Niocaill, C., Ahlberg, P. E., Clayton, G., Cleal, C. J. & Eagar, R. M. C. (2000): The Late Palaeozoic relations between Gondwana and Laurussia. – In: Franke, W., Haak, V., Oncken, O. & Tanner, D. (eds.): Orogenic Processes: Quantification and Modelling in the Variscan Belt. – Geol. Soc. London, Spec. Publ., 179: 9–20; London.

Meisl, S. & Ehrenberg, K.-H. (1968): Turmalinfels- und Turmalinschiefer-Fragmente in den Konglomeraten der Bunten Schiefer (Obergedinne) im westlichen Taunus. – Jb. nass. Ver. Naturkde., 99: 43–64; Wiesbaden.

Meisl, S. (1970): Petrologische Studien im Grenzbereich Diagenese/Metamorphose. – Abh. hess. L.-Amt Bodenforsch., 57, 93 S.; Wiesbaden.

Meisl, S. (1973): Metamorphe Gesteine. – In: Geib, K.-W. (1973): Geol. Kte. u. Erläuterungen Rheinland-Pfalz 1:25 000, Bl. 6112 Waldböckelheim, 146 S.; Mainz.

Meisl, S. (1986): Mineralogisch-petrographische Exkursion in den Soonwald. – Fortschr. Miner., 64, Beih. 2: 35–95; Stuttgart.

Meisl, S. (1990): Metavolcanic rocks in the "Northern Phyllite Zone" at the southern margin of the Rhenohercynian Belt. – In: Franke, W. (ed.): Field Guide "Mid German Crystalline Rise and Rheinisches Schiefergebirge", Internat. Conf. on Paleozoic orogens in Central Europe, 25–42; Gießen.

Meisl, S. (1995): III. C. 3: Igneous activity. – In: Dallmeyer, R. D., Franke, W. & Weber, K. (eds.): Pre-Permian geology of Central and Eastern Europe, p. 118–131; Berlin (Springer).

Meisl, S., Anderle, H. F. & Strecker, G. (1982): Niedrigtemperierte Metamorphose im Taunus und im Soonwald. – DMG-Tagung 1982, Exkursion E3 – Fortschr. Miner., 60, Beih. 2: 43–96; Stuttgart.

Meisl, S., Kreuzer, H. & Höhndorf, A. (1989): Metamorphose-Bedingungen und Alter des Kristallins im Wartenstein bei Kirn/Nahe. – 5. Rundgespräch „Geodynamik des europäischen Variszikums“ 1989: 16–18; Braunschweig.

Meissner, R., Barthelsen, H. & Murawski, H. (1980): Seismic reflections and refraction studies for investigating fault zones along the Geotraverse Rhenohercynicum. – Tectonophysics, 64: 59–84; Amsterdam.

Menning, M. (2000): Stratigraphische Nomenklatur für die germanische Trias (Alberti 1634) und die Dyas (Marcov 1859, Geinitz 1861). – Z. geol. Wiss, 28: 281–290; Berlin.

Mertz, D. F., Swisher, C. C., Franzen, J. L., Neuffer, F. O. & Lutz, H. (2000): Numerical dating of the Eckfeld maar fossil site, Eifel (Germany): A calibration for the Eocene time scale. – Naturwissensch., 87: 270–274; Heidelberg.

Meyer, D. E. (1970): Stratigraphie und Fazies des Paläozoikums im Guldenbachtal/SE-Hunsrück am Südrand des Rheinischen Schiefergebirges. – Diss. Univ. Bonn, 307 S.; Bonn.

Meyer, D. E. (1974): Zur Strukturgeschichte der Mitteldeutschen Schwelle. – Nachr. Deutsch. geol. Ges., 11: 33–35; Hannover.

Meyer, D. E. (1975): Geologischer Überblick über den südöstlichen Hunsrück und Beschreibung einer Exkursionsroute. – Decheniana, 128: 87–106; Bonn.

Meyer, D. E. & Nagel, J. (2001): 420: Südöstlicher Hunsrück. – Westfortsetzung NPZ. – In: Stratigraphische Kommission Deutschlands (Hrsg.): Stratigraphie von Deutschland II. – Cour. Forsch.-Inst. Senckenberg, 234: 113–120; Frankfurt a. M.

Meyer, D. E. & Nagel, J. (2008): Südhunsrück-Trog. – In: Deutsche Stratigraphische Kommission (Hrsg.): Stratigraphie von Deutschland. VIII. Devon. – Schriftenreihe Dt. Ges. Geowiss., 52: 131–139; Hannover.

Meyer, W. (1965): Gliederung und Altersstellung des Unterdevons südlich der Siegener Hauptaufschiebung in der Südost-Eifel und im Westerwald. – Max Richter-Festschrift, 35–47; Clausthal-Zellerfeld.

Meyer, W. (2013): Geologie der Eifel. – 4. Aufl., 704 S.; Stuttgart (Schweizerbart).

Meyer, W. & Stets, J. (1975): Das Rheinprofil zwischen Bonn und Bingen. – Z. deutsch. geol. Ges., 126: 15–29; Hannover.

Meyer, W. & Stets, J. (1980): Zur Paläogeographie von Unter- und Mitteldevon im westlichen und zentralen Rheinischen Schiefergebirge. – Z. deutsch. geol. Ges., 131: 725–751; Hannover.

Meyer, W. & Stets, J. (1981): Die Siegener Hauptaufschiebung im Laacher See-Gebiet (Rheinisches Schiefergebirge). – Z. deutsch. geol. Ges., 132: 43–53; Hannover.

Meyer, W. & Stets, J. (1994): Geologie des Ardennisch – Rheinischen Schiefergebirges. – In: Koenigswald, W. v. & Meyer, W. (Hrsg.): Erdgeschichte im Rheinland, 13–24; München (Pfeil).

Meyer, W. & Stets, J. (1996): Das Rheintal zwischen Bingen und Bonn. – Slg. Geol. Führer, 89, 389 S.; Stuttgart, Berlin (Borntraeger).

Meyer, W. & Stets, J. (1998): Junge Tektonik im Rheinischen Schiefergebirge und ihre Quantifizierung. – Z. deutsch. geol. Ges., 149: 359–379; Stuttgart.

Meyer, W. & Stets, J. (2000): Das Mittelrheintal – Geologie in Karte und Profil. – Geol Übersichtskte. u. Profil d. Mittelrheintales 1:100 000 mit Erl., 49 S.; Mainz (LGB Rheinld.-Pfalz).

Meyer, W. & Stets, J. (2002): Pleistocene to Recent tectonics in the Rhenish Massif (Germany). – Netherlands J. Geosci./Geologie en Mijnbouw, 81: 217–222; Utrecht.

Meyer, W. & Stets, J. (2007): Quaternary Uplift in the Eifel Area. – In: Ritter, J. R. R. & Christensen, U. R. (eds.): Mantle Plumes – A Multidisciplinary Approach, 369–378; Berlin (Springer).

Meyer, W., Schulz-Ellermann, H.-J., Thon, B. & Wolf, M. (1986): Illitkristallinität und Inkohlung in der Südeifel (Nordflügel der Moselmulde). – Z. deutsch. geol. Ges., 137: 345–384; Hannover.

Michels, F. (1926): Zur Tektonik des südlichen Taunus. – Sber. preuss. geol. L.-A., 1: 73–77; Berlin.

Michels, F. (1931): Bericht über die Exkursion im südöstlichen Hunsrück von 12.-15. April 1930 gelegtl. der Tagung in Stromberg. 1. Exkursion in der Umgebung von Bingerbrück am 12. April 1930. – Ber. niederrhein. geol. Ver., 24 u. 25: 2–4; Bonn.

Mihm, A. (1968a): Die Schwerspatgrube Korb bei Eisen (nördliches Saarland). – Ann. Univ. Sarav., 6: 1–43; Berlin.

Mihm, A. (1968b): Zur Petrographie und Gliederung der permischen Vulkanite zwischen Birkenfeld und der Nahe. – Diss. Univ. Saarbrücken, 104 S.; Saarbrücken.

Mihm, A. (1975): Neue Ergebnisse über das Grenzlager östlich von Birkenfeld. – Ann. Univ. Sarav. Math.-Nat. Fak., 12 (Geol.-Mineral. Sammelbd.): 20–32; Berlin.

Mihm, A. (mit einem Beitrag von Legrum, J.) (1982): Basische und intermediäre permische Magmatite des Saarlandes und der angrenzenden Gebiete. – Tagungsheft VFMG Sommertagung 1982 in Oberthal (N-Saarland), 117–145; Heidelberg.

Mihm, A. (1989): In: GK 50 Saarland, Erl., 40 S.; Saarbrücken (GLA Saarland).

Milch, L. (1889): Die Diabas-Schiefer des Taunus. – Z. deutsch. geol. Ges., 41: 394–441; Berlin.

Minning, M. & Lorenz, V. (1983): Rotliegend-Ignimbrite in der Prims-Mulde (Saar-Nahe-Senke/ Südwestdeutschland). – Mainzer geowiss. Mitt., 12: 261–290; Mainz.

Mittmeyer, H.-G. (1966): Zur Frage der faziellen Hunsrückschiefer-Untergliederung im südwestlichen Taunus (Rheinisches Schiefergebirge). – Z. deutsch. geol. Ges., 116: 804–808; Hannover.

Mittmeyer, H.-G. (1972): Delthyrididae und Spinocyrtiidae (Brachiopoda) des tiefsten Oberems im Mosel-Gebiet (Emsquarzit, Rheinisches Schiefrgebirge). – Mainzer geowiss. Mitt., 1: 82–121; Mainz.

Mittmeyer, H.-G. (1973): Grenze Siegen/Unterems bei Bornhofen (Unterdevon, Mittelrhein). – Mainzer geowiss. Mitt., 2: 71–103; Mainz.

Mittmeyer, H.-G. (1974): Zur Neufassung der Rheinischen Unterdevon-Stufen. – Mainzer geowiss. Mitt., 3: 69–79; Mainz.

Mittmeyer, H.-G. (1978): Geologische Karte von Hessen 1:25 000, Bl. Nastätten. – Erläuterungen zur GK 25, 112 S.; Wiesbaden.

Mittmeyer, H.-G. (1980a): Zur Geologie des Hunsrückschiefers. – In: Natur und Museum, 110: 148–155; oder In: Kl. Senckenberg-Reihe, 11: 26–33; Frankfurt a. Main (W. Kramer).

Mittmeyer, H.-G. (1980b): Vorläufige Gesamtliste der Hunsrückschiefer-Fossilien. – In: Stürmer, W., Schaarschmidt, F. & Mittmeyer, H.-G. (Hrsg.): Versteinertes Leben im Röntgenlicht. – Kl. Senckenberg-Reihe, 11: 34–39; Frankfurt a. Main (W. Kramer).

Mittmeyer, H.-G. (1982): Rhenish Lower Devonian Biostratigraphy. – Cour. Forsch.-Inst. Senckenberg, 55: 257–270; Frankfurt a. M.

Mittmeyer, H.-G. (1996): Geologie des Unterdevons im Südhunsrück sowie am Mittelrhein (Exkursion F1 am 11. und F2 am 12. April 1996). – Jber. Mitt. oberrhein. geol. Ver., N.F. 78: 135–154; Stuttgart.

Mittmeyer, H.-G. (2008): Unterdevon der Mittelrheinischen und Eifeler Typ-Gebiete (Teile von Eifel, Westerwald, Hunsrück und Taunus). – In: Deutsche Stratigraphische Kommission (Hrsg.): Stratigraphie von Deutschland. VIII. Devon. – Schriftenreihe Dt. Ges. Geowiss., 52: 139–203; Hannover.

Mittmeyer, H.-G. & Geib, K.-W. (1967): Gliederung des Unterdevons im Gebiet Warmsroth – Wald-Erbach (Stromberger Mulde). – Notizbl. hess. L.-Amt. Bodenforsch., 95: 24–44, Wiesbaden.

Möbus, H.-M. & Schroeder, U. (2004): Geotechnische Problemstellungen im Moseltal (Großrutschungen, Steinschlag, Tunnelbau) – Exkursion A am 13. April 2004. – Jber. Mitt. oberhein. Geol. Ver., N.F., 86: 37–48; Stuttgart.

Möhring, G. & Schäfer, A. (1990): Caliche im Stefan des Saar-Nahe- Beckens. – Mainzer geowiss. Mitt., 19: 63–80; Mainz.

Mohring, N. (2000): Tiefes und Mittleres Unterdevon im Bereich des Quarzittagebaus Argenthal (Soonwald) (SE-Hunsrück, Rheinisches Schiefergebirges). – Dipl.-Arbeit Univ. Bonn, Teil I, 173 S.; Bonn.

Molz, A. (1959): Der Veldenzer Hammer. – Heimatkalender Kreis Bernkastel, 1959: 95–97; Bernkastel-Kues.

Molzahn, M., Anthes, G. & Reischmann, T. (1998): Single zircon Pb-Pb geochronology and isotope systematics of the Rhenohercynian basement. – Terra Nostra, 98: 67–68; Köln.

Moosbrugger, V., Utescher, T. & Dilcher, D. L. (2005): Cenozoic climatic evolution of Central Europe. – Proc. Nation, Acad. Sci. USA, 102: 14946–14969; Washington.

Mordziol, C. (1908): Beitrag zur Gliederung und Kenntnis der Entstehungsweise des Tertiärs im Rheinischen Schiefergebirge. – Z. deutsch. geol., Ges., 60: 270–284; Berlin.

Mordziol, C. (1910): Ein Beweis für die Antezedenz des Rheindurchbruchstales nebst Beiträgen zur Entwicklungsgeschichte des Rheinischen Schiefergebirges. – Z. Ges. Erdkde. Berlin, 46: 77–92; Berlin.

Mordziol, C. (1911): Geologischer Führer durch das Mainzer Becken. – 167 S.; Berlin (Borntraeger).

Mordziol, C. (1926): Flussterrassen und Löß am Mittelrhein. – Festschr. 75 jähr. Jahrestag des Bestehens des Naturwissenschaftlichen Ver. in Koblenz, 2: 23–56; Koblenz.

Mosebach, R. (1952): Zur Petrographie der Dachschiefer des Hunsrückschiefers. – Z. deutsch. geol. Ges., 103: 368–376; Hannover.

Mosebach, R. (1954): Zur petrographischen Kenntnis devonischer Dachschiefer. – Notizbl. hess. L.-Amt. Bodenforsch., 82: 234–246; Wiesbaden.

Mückenhausen, E. (1954): Über die Geschichte der Böden. – Geol. Jb., 69: 501–516; Hannover.

Mückenhausen, E. (1958): Bildungsbedingungen und Umlagerung fossiler Böden. – Fortschr. Geol. Rheinlde. Westf., 2: 495–502; Krefeld.

Mückenhausen, E. (1977): Entstehung, Eigenschaften und Systematik der Böden der Bundesrepublik Deutschland. – 2. Aufl., 300 S.; Frankfurt a. Main (DLG-Verl.).

Mügge, O. (1893): Untersuchungen über die „Lenneporphyre" in Westfalen und den angrenzenden Gebieten. – N. Jb. Min. Geol. Palaeont., Beil.-Bd. 8, 535–721; Stuttgart.

Müller, E. M. (1954): Beiträge zur Kenntnis der Stratigraphie und Paläogeographie des Oberen Buntsandsteins im Saar-Lothringischen Raum. – Ann. Univ. Sarav., Naturwiss., 3: 176–201; Saarbrücken.

Müller, E. M. (1966): Über stratigraphische Fragen im linksrheinischen Buntsandstein. – Z. deutsch. geol. Ges., 115: 836–839; Hannover.

Müller, E. M. (1973): Die postsaalische Sedimentation im Bereich der Quarzitschwelle Mettlach-Sierck. – Ann. Sci. Univ. Besancon, Géologie, 3me série, 18: 55–58; Besancon.

Müller, E. M. (1984): Oberrotliegendes und Trias über Devon am Hunsrücksüdrand; Exkursion E am 26. und 27. April 1984. – Jber. Mitt. oberrhein. geol. Ver., N. F., 66: 77–84; Stuttgart.

Müller, E. M. (1995): Verkieselte Pflanzen aus der „Violetten Grenzzone" im Saarland (Vorläufige Mitteilung). – Mainzer geowiss. Mitt., 24: 263–268; Mainz.

Müller, E. M. (2013): Buntsandstein im Saarland. – Deutsche Stratigraphische Kommission (Hrsg., J. Lepper & Röhling, H.-G. f. die Subkommission Perm-Trias): Stratigraphie von Deutschland XI. Buntsandstein. – Schriftenreihe deutsch. Ges. Geowiss., 69: 515–523; Hannover.

Müller, E. M. & Klinkhammer, B. F. (1963): Über die Verbreitung der Kreuznacher Schichten und die Ausbildung der Grenze Oberrotliegendes/Buntsandstein zwischen westlichem Hunsrück und Saarkarbonsattel. – Notizbl. hess. L.-Amt Bodenforsch., 91: 177–196; Wiesbaden.

Müller, E. M. & Konzan, H. P. (mit Beitr. von Mihm, A. & Engel, H. M.) (1989): Erläuterungen zur Geologischen Karte des Saarlandes 1:50 000, 46 S.; Saarbrücken (GLA d. Saarlandes).

Müller, E. M. & Schröder, E. (1960): Zur Gliederung und Altersstellung des linksrheinischen Buntsandsteins. – Notizbl. hess. L.-Amt Bodenforsch., 88: 246–265; Wiesbaden.

Müller, E. M., Zöller, L. & Konzan, H. P. (1981): Jungtertiäre und quartäre Tektonik in der NE-Spitze der Merziger Grabenmulde (Saarland). – Eiszeitalter u. Gegenwart, 31: 65–78; Hannover.

Müller, E. M., Konzan, H. P., Mihm, A. & Engel, H. (1989): Erläuterungen zur Geologischen Karte des Saarlandes 1:50.000. – GK 50 Saarland, Erl., 46 S.; Saarbrücken.

Müller, E. M., Rehkopf, G., Schall, A. & Schönenberg, R. (1966): Exkursion C: Die Geologie des Saarlandes. – Z. deutsch. geol. Ges., 117: 32–46; Hannover.

Müller, G. (1970): Mineralogie und Lagerstätten des Saarlandes. – Der Aufschluß, Sonderh. 19: 153–172; Heidelberg.

Müller, G. (1972): Neuaufschlüsse in der Schwerspatgrube Korb bei Eisen. – Bergbau i. Pfalz, Saarld. u. Lothr., 1: 13–32; Saarbrücken-Scheidt.

Müller, G. (1975): Hydrothermaler K-Feldspat von Walhausen und Kastel. – Bergb. i. Pfalz, Saarld. u. Lothr., 9: 83–88; Saarbrücken-Scheidt.

Müller, G. (1976a): Aufbau und Genese der Schwerspatlagerstätte von Eisen. – Bergb. i. Pfalz, Saarld. u. Lothr., 11: 93–100; Saarbrücken-Scheidt.

Müller, G. (1976b): Probleme des Nohfeldener Rhyolithmassivs. – Bergb. i. Pfalz, Saarld. u. Lothr., 12: 101–120; Saarbrücken-Scheidt.

Müller, G. (1977a): Untersuchungen an Nebengesteinen der Schwerspatgrube Eisen. – Bergb. i. Pfalz, Saarld. u. Lothr., 14: 139–146; Saarbrücken-Scheidt.

Müller, G. (1977b): Ein Magmatitvorkommen in der Schwerspatgrube Eisen. – Bergbau i. Pfalz, Saarld. u. Lothr., 13–14: 121–146; Saarbrücken-Scheidt.

Müller, G. (1982a): Der saure permische Vulkanismus im N-Saarland. – Tagungsheft VFMG-Sommertagung 1982 in Oberthal (N-Saarland), 67–95; Heidelberg.

Müller, G. (1982b): Die Schwerspat-Grube „Korb" bei Eisen. – Tagungsheft-VFMG Sommertagung 1982 in Oberthal (N-Saarland), 97–115; Heidelberg.

Müller, G. (1992): Der Söterberg (N-Saarland) und die Rhyolithtuffe der Primsmulde. – Der Aufschluß, 43: 287–295; Heidelberg.

Müller, G. & Stoppel, D. (1981): Zur Stratigraphie und Tektonik im Bereich der SchwerspatGrube „Korb" bei Eisen (N-Saarland). – Z. dt. geol. Ges., 132: 325–352; Hannover.

Müller, M. J. (1976): Untersuchungen zur pleistozänen Entwicklungsgeschichte des Trierer Moseltales und der „Wittlicher Senke". – Forsch. Dt. Landeskde., 207, 185 S.; Trier.

Müller, M. J. & Negendank, J. F. W. (1974): Untersuchung von Schwermineralen in Moselsedimenten. – Geol. Rdsch., 63: 998–1035; Stuttgart.
Müller-Sohnius, D., Horn, P. & Huckenholz, H. G. (1989): Kalium-Argon-Datierungen an tertiären Vulkanen der Hocheifel (BRD). – Chem. Erde, 49: 119–136; Jena.
Münz, C. & Holzförster, F. (2008): Die Arenrather Schotter – lithofazielle Rekonstruktion eines mitteleozänen Gewässersystems der Westeifel. – Mainzer naturwiss. Archiv., 46: 21–36; Mainz.
Murawski, H. (1964): Die Nord-Süd-Zone der Eifel und ihre nördliche Fortsetzung. – Publ. Serv. Geol. Luxembourg, 14: 285–308; Luxembourg.
Murawski, H. (1975): Die Grenzzone Hunsrück/Saar-Nahe-Senke als geologisch-geophysikalisches Problem – Ergebnisse reflexionsseismischer Tiefensondierungen. – Z. deutsch. geol. Ges., 126: 49–62; Hannover.
Murawski, H., Albers, H. J., Bender, P., Berners, H.-P., Dürr, S., Huckriede, R., Kaufmann, G., Kowalczyk, G., Meiburg, P., Muller, A., Müller, R., Ritzkowsky, S., Schwab, K., Semmel, A., Stapf, K., Walter, R., Winter, K.-P. &Zankl, H. (1983): Regional Tectonic Setting and Geological Structure of the Rhenish Massif. – In: Fuchs, K., Gehlen, K. v., Mälzer, H., Murawski, H. & Semmel, A. (Hrsg.): Plateau Uplift, 9–38; Berlin, Heidelberg etc. (Springer).
Negendank, J. F. W. (1971): Der Paläo-Rhyolith auf dem Leisberg bei Schloßböckelheim und seine geologische Umgebung. – Abh. hess. Landesamt Bodenforsch., 60: 276–282; Wiesbaden.
Negendank, J. F. W. (1974): Trier und Umgebung. – 1. Aufl., Slg. geol. Führer, 60, X + 116 S.; Berlin, Stuttgart (Borntraeger).
Negendank, J. F. W. (1977): Argumente zur känozoischen Geschichte von Eifel und Hunsrück. – N. Jb. Geol. Paläontol., Mh., 1977: 532–548; Stuttgart.
Negendank, J. F. W. (1978): Zur känozoischen Geschichte von Eifel und Hunsrück – Sedimentpetrographische Untersuchungen im Moselbereich. – Forsch. dt. Landeskde., 211, 90 S.; Trier.
Negendank, J. F. W. (1983a): Trier und Umgebung. – 2. Aufl., Slg. geol. Führer, 60, 195 S.; Berlin, Stuttgart (Borntraeger).
Negendank, J. F. W. (1983b): Cenozoic deposits of the Eifel – Hunsrück Area along the Mosel River and their tectonic implications. – In: Fuchs, A., Gehlen, K. v., Mälzer, H., Murawski, H. & Semmel, A. (Hrsg.): Plateau Uplift, 78–88; Berlin, Heidelberg (Springer).
Negendank, J. F. W. (1988): Massenrohstoffe in Rheinland-Pfalz. – Geol. Jb., D 74: 69–87; Hannover.
Nesbor, H.-D. (2008): Bimodaler Vulkanismus im Devon des Rheinischen Schiefergebirges. – In: Deutsche Stratigraphische Kommission (Hrsg.): Stratigraphie von Deutschland VIII, Devon. – Schriftenreihe der Deutschen Geologischen Gesellschaft f. Geowissenschaften, 52: 247–251; Hannover.
Nesbor, H.-D. (2019): Alpine Deckentektonik im Rheinischen Schiefergebirge. – Jber. Mitt. Oberrhein. geol. Ver., N.F. 101, 197–226; Stuttgart
Nesbor, H.-D., Buggisch, W., Flick, H., Horn, M. & Lippert, H.-J. (1993): Vulkanismus im Devon des Rhenoherzynikums. Fazielle und paläogeographische Entwicklung vulkanisch geprägter mariner Becken am Beispiel des Lahn-Dill-Gebietes. – Geol. Abh. Hessen. 98, 3–87; Wiesbaden.
Nickel, G. (1994): Die palynostratigraphische Position der fluviatilen Sedimente der Kiesgrube Gut Heeg bei Manderscheid/Eifel. – Mainzer naturwiss. Arch., Beih. 16: 135–141; Mainz.
Nickel, K. G. (1981): Magma mixing or the probable origin of some Permian volcanic rocks of the Saar-Nahe-Basin (SW-Germany). – Geol. Rdsch., 70: 1164–1176; Stuttgart.
Niehoff, W. (1958): Die primär gerichteten Sedimentstrukturen, insbesondere die Schrägschichtung im Koblenzquarzit am Mittelrhein. – Geol. Rdsch., 47: 252–321; Stuttgart.
Nierhoff, R. (1994): Metamorphose-Entwicklung im linksrheinischen Schiefergebirge: Metamorphosegrad und -verteilung sowie Metamorphosealter nach K-Ar-Datierungen. – Aachener Geowiss. Beitr., 3, VI + 157 S.; Aachen.
Noeggerath, J. (1822/3): Das Gebirge in Rheinland-Westphalen nach mineralogischem und chemischem Bezuge. – Bd. I: XII + 370 S.; Bonn (E. Weber).
Noeggerath. J. (1842): Geognostische Beobachtungen über die Eisenstein-Formationen des Hunsrücken. – Arch. Mineral., Geogn., Bergbau und Hüttenkde., 16: 470–521; Berlin.
Nöring, F. K. (1939): Das Unterdevon im westlichen Hunsrück. – Abh. preuß. geol. L.-A., N. F., 192: 96 S.; Berlin.
Ocxlon, M. S. (1994): Gondwana and Laurussia before and during the Variscan Orogeny in Europe and related areas. – Heidelberger geowiss. Abh., 53: 159 S.; Heidelberg.

Oncken, O. (1988): Geometrie und Kinematik der Taunuskammüberschiebung – Beitrag zur Diskussion des Deckenproblems im südlichen Schiefergebirge. – Geol. Rdsch., 77: 551–575; Stuttgart.

Oncken, O. (1989): Geometrie, Deformationsmechanismen und Paläospannungsgeschichte großer Orogenzonen in der höheren Kruste (Rheinisches Schiefergebirge). – Geotekt. Forsch., 73: 215 S.; Stuttgart.

Oncken, O. (1997): Transformation of a magmatic arc and an orogenic root during oblique collision and its consequences for the evolution of the European Variszides (Mid-German Crystalline Rise). – Geol. Rdsch., 86: 2–20; Berlin, Heidelberg.

Oncken, O. & Weber, K. (1995): III.B.2: Structure. – In: Dallmeyer, R. D., Franke, W. & Weber, K. (eds.): Pre-Permian geology of Central and Eastern Europe. p., 50–58; Berlin (Springer).

Oncken, O., Franzke, H.-J., Dittmar, U. & Klügel, T. (1995): III.C.2: Structure. – In: Dallmeyer, R. D., Franke, W. & Weber, K. (eds.): Pre-Permian geology of Central and Eastern Europe, 109–117; Berlin (Springer).

Oncken, O., Massonne, H. J. & Schwab, M. (1995): III.B.4: Metamorphic evolution. – In: Dallmeyer, R. D., Franke, W. & Weber, K. (eds.): Pre-Permian geology of Central and Eastern Europe, 82–86; Berlin (Springer).

Oncken, O., Plesch, A., Weber, J., Ricken, W. & Schrader, S. (2000): Passive margin detachment during arc-continent collision (Central European Variszides). – In: Franke, W., Haak, V., Oncken, O. & Tanner, D. (eds.): Orogenic Processes: Quantification and Modelling in the Variscan Belt. – Geol. Soc., London, Spec. Publ., 179: 199–216; London.

Oncken, O., Winterfeld, C. & Dittmar, U. (1999): Accretion and inversion of a rifted passive margin – the Late Paleozoic Rhenohercynian fold and thrust belt (Middle European Variszides). – Tectonics, 18: 75–91; Washington.

Opitz, R. (1932): Bilder aus der Erdgeschichte des Nahe-Hunsrück-Landes Birkenfeld. – 223 S.; Birkenfeld (H. Enke).

Opitz, R. (1935): Tektonische Untersuchungen im Bereich der unterdevonischen Dachschiefer südöstlich vom Idarwald (Hunsrück). – Jb. preuß. geol. L.-A., 55: 219–257; Berlin.

Ortlam, D. (1974): Inhalt und Bedeutung fossiler Bodenkomplexe in Perm und Trias Mitteleuropas. – Geol. Rdsch., 63: 851–884; Stuttgart.

Osmani, G. N. (1976): Die Terrassenlandschaft an der unteren Mosel – eine geologische Untersuchung. – Diss. Univ. Bonn, 2 Bde., 124 S.; Bonn.

Osmani, G. N. (1989): Die älteren Sedimente der Mosel. – Mainzer geowiss. Mitt., 18: 157–175; Mainz.

Östreich, K. (1909): Studien über die Oberflächengestalt des Rheinischen Schiefergebirges. – Petermanns geogr. Mitt., 57–62; Gotha.

Paeckelmann, W. (1926): Geologisch-tektonische Übersichtskarte des Rheinischen Schiefergebirges, 1:200000, Preuß. Geol. Landesanst., Berlin.

Panzer, W. (1959): Der Nahedurchbruch bei Bingen. – Mitt. f. Landesgesch. und Volkskde. Reg. Bez. Trier u. Koblenz, 4: 171–179; Mainz.

Panzer, W. (1966): Zur Frage des Nahe-Durchbruchs bei Bingen. – Z. rhein. naturforsch. Ges., 4:9–16; Mainz,

Paproth, E. (1976): Erläuterungen der biostratigraphischen Bestimmungen an Proben aus der Tief-Bohrung Saar 1 und Versuch einer paläogeographischen Deutung. – In: Lang, D. (Red): Die Tief-Bohrung Saar 1. – Geol. Jb., A 27: 393–398; Hannover.

Paproth, E. (1989): Die paläogeographische Entwicklung Mittel-Europas im Karbon. – Geol. Jb. Hessen, 117: 53–68; Wiesbaden.

Paul, J. (2012): Das Klima des Rotliegend. – In: Lützner, H. & Kowalczyk, G. (Hrsg.): Deutsche Stratigraphische Kommission: Stratigraphie von Deutschland X., Rotliegend Teil I: Innervariszische Becken. – Schriftenreihe der Deutschen Gesellschaft für Geowissenschaften, 61: 731–742; Hannover.

Pearce, J.A. & Gale, G.H. (1977): Identification of ore-deposition environment from trace element geochemistry of associated igneous host rocks. – Geol. Soc. London Spec. Publ., 7, 14–24.

Peters, F. (1985): Zur Geologie der Umgebung von Tawern/Saar unter besonderer Berücksichtigung der Sedimentpetrographie und Paläogeographie des Oberen Buntsandsteins. – Diplomarb. Universität Bonn, 142 S.; Bonn (unveröffentlicht).

Petránek, J. (2006): Entstehung von gravitations- und adhäsionsgebänderten Achaten in Raum und Zeit und in Abhängigkeit vom Klima – Eine mehr globale Betrachtung, einschließlich einiger lokaler Vorkommen. – Der Aufschluss, 57: 129–150; Heidelberg.

Petto, W. (1996): Ein Reisebericht zu den Gruben bei Bernkastel und Trarbach an der Mosel aus dem Jahre 1815. – Fischbacher Hefte, 2: 124–129; Idar-Oberstein.

Pflug, H. (1959): Die Deformationsbilder im Tertiär des rheinisch-saxonischen Feldes. – Freiberger Forsch.-H., C 71, 110 S.; Berlin.

Phillipson, A. (1899): Entwicklungsgeschichte des Rheinischen Schiefergebirges. – Verh. Naturhist. Ver. preuss. Rheinlde. Westf., 56, Sber.: 48–50; Bonn.

Ploschenz, C. (1994): Quartäre Vertikaltektonik im südöstlichen Rheinischen Schiefergebirge begründet mit der Lage der Jüngeren Hauptterrasse. – Bonner geowiss. Schriften, 12, 185 S., Bonn.

Pohl, H. (1922): Ein Beitrag zur Bildungsgeschichte der Waldalgesheimer Eisenmanganerzvorkommen. – Z. prakt. Geol., 30: 133–143; Halle/Saale.

Pohl, W. (1992): W. & W. Petrascheck's Lagerstättenlehre – Eine Einführung in die Wissenschaft von den mineralischen Bodenschätzen. – 4. Aufl., 504 S.; Stuttgart (Schweizerbart'sche Verlagsbuchhdlg.).

Porth, H. (1960): Die Metamorphe Zone von Düppenweiler/Saar. – Dipl.-Arb. Univ. Göttingen, IX + 49 S.; Göttingen (unveröffentlicht).

Porth, H. (1961): Die Kristallinvorkommen am Südrand des Soonwaldes. – Notizbl. hess. L.-Amt Bodenforsch., 89: 85–113; Wiesbaden.

Poschmann, M. & Gossmann, R. (2013): Pflanzen- und Faunenreste aus marin-terrestrischer Übergangsfazies der Klerf-Formation (Unterdevon, höchstes Unteremsium) in der Olkenbacher Mulde (SE-Eifel, Rheinland-Pfalz, SW-Deutschland) – Mainzer naturwiss. Arch., 50: 811–890; Mainz.

Prashnowsky, A. (1957): Sedimentpetrographische und geochemische Untersuchungen im südlichen Rheinischen Schiefergebirge. – N. Jb. Geol. Paläontol., Abh., 105; 47–70; Stuttgart.

Preuss, J. (2017): Neue Ergebnisse zu den Terrassen im Mittelrheintal. – Mainzer naturwiss. Archiv, 54, 37–46; Mainz.

Preuss, J., Burger, D. & Siegler, F. (2015): Neue Ergebnisse zur Gliederung und zum Längsgefälle der Talbodenniveaus im Mittelrheintal und an der Unteren Nahe: Revision der Hypothese der Niveaukonstanz, Berücksichtigung des Modells der aktuellen Höhenänderungen, Korrelation der Terrassensequenz mit den Marinen Isotopen Stadien und den Terrassen der Maas. – Mainzer naturwiss. Archiv, 52, 5–75; Mainz.

Preuss, J., Burger, D. & Siegler, F. (2019): Die Obere Terrassengruppe im Oberen Mittelrheintal – Orte neuer Beobachtungen und Interpretationen (Exkursion E am 25. April 2019). – Jber. Mitt. Oberrhein. Geol. Ver. N.F. 101, 117–149, Stuttgart.

Pruvost, P. (1934): Bassin houiller de la Sarre et de la Lorraine, 3: Description géologique. – Etudes gites minéraux de la France, 134; Lille.

Puchelt, H. (1983): Carbon Dioxide in the Rhenish Massif. – In: Fuchs, K., Gehlen, K. v., Mälzer, H., Murawski, H. & Semmel, A. (eds.): Plateau Uplift, the Rhenish Shield – a Case History: 152 pp.; Berlin etc (Springer).

Quenstedt, W. (1927): Beiträge zum Kapitel Fossil und Sediment vor und bei der Einbettung. – N. Jb. Mineral. etc., B, Festschrift f. J. F. Pompeckj: 353–432; Stuttgart.

Quiring, H. (1926a): Die stratigraphische Stellung des Hunsrückschiefers. – Geol. Rdsch., 17a (Steinmann-Festschrift): 99–109; Berlin.

Quiring, H. (1926b): Die Schrägstellung der Westdeutschen Großscholle im Kaenozoikum in ihren tektonischen und vulkanischen Auswirkungen. – Jb. preuß. geol. L.-A., 47: 486–558; Berlin.

Quiring, H. (1926c): Beiträge zur Geologie des Siegerlandes. IV. Das präsideritische Faltengitter und die Altersfrage der tektonischen und gangbildenden Vorgänge. – Jb. preuß. geol. L.-A., 46: 396–458; Berlin.

Quiring, H. (1928): NW-SO-Schub im Koblenzer Pressungsgelenk des Rheinischen Schiefergebirges. – Jb. preuß. geol. L.-A., 49: 59–80; Berlin.

Quiring, H. (1930a): Ein geologisches Rheinprofil vom Bacharacher Kopf bei Assmannshausen bis Oberlahnstein. – 6 S.; Preuß. Geol. L.-A.; Berlin.

Quiring, H. (1930b): Rheindampferfahrt von Bingen nach Koblenz. – Z. deutsch. geol. Ges., 82: 649–654; Berlin.

Quiring, H. (1930c): Geologische Übersichtkarte von Deutschland 1:200 000, Bl. Koblenz, Preuß. Geol. L.-A.; Berlin.

Quiring, H. (1931a): Die stratigraphische Stellung der Unterdevonflora Kräusel's und Weyland's. – C.-Bl. Min., 1931, Abt. B: 625–636; Berlin.

Quiring, H. (1931b): Erl. Geol. Kte. Preußen u. ben. dt. Ländern 1:25 000, Lfg. 329, Bl. Bendorf. – 67 S.; Preuß. Geol. L.-A, Berlin.

Quiring, H. (1932): Geologische Karte 1:25 000, Bl. 5711 Boppard (Manuskriptblatt), Archiv Amt Geol. U. Bergbau Rheinld.-Pfalz; Mainz.

Quiring, H. (1934): Gab es im Unterdevon ein rotes Südland? – Z. deutsch. geol. Ges., 85: 457–458; Berlin.

Quiring, H. (1936a): Erl. Geol. Kte. Preußen u. ben. dt. Länder, Lfg. 329: Bl. Bassenheim, 59 S.; Berlin.

Quiring, H. (1936b): Grundzüge der Geologie des Saarkohlenbeckens. – Abh. preuss, geol. L.-A., N. F., 171: 7–37: Berlin.

Quiring, H. (1936c): Die Entstehung des westeuropäischen Steinkohlebeckens. – Glückauf, 72: 1125–1127; Essen.

Quiring, H. (1939): Über kontravergente Transformation von Faltenzonen im Rheinischen Gebirge. – Z. deutsch. geol. Ges., 91: 421–432; Berlin.

Quiring, H. (1942): Der „Gneis von Wartenstein" im Rheinischen Schiefergebirge. – Ber. R.-Amt Bodenforsch., Jg. 1942; 16–23; Wien.

Quiring, H. & Zimmermann, E. (1936): Geologische Karte von Preußen u. benachb. dt. Ländern mit Erl., Bl. Bassenheim, 59 S.; Berlin.

Quitzow, H. W. (1969): Die Hochflächenlandschaft beiderseits der Mosel zwischen Schweich und Cochem. – Beih. Geol. Jb., 82, 79 S.; Hannover.

Quitzow, H. W. (1974): Das Rheintal und seine Entstehung. Bestandsaufnahme und Versuch einer Synthese. – Centenaire de la Société géologique de Belgique; In: L'Évolution quaternaire des bassins fluviaux de la mer du Nord méridionale: 53–104; Liège.

Rast, U. & Schäfer, A. (1978): Delta-Schüttungen in Seen des höheren Unterrotliegenden des Saar-Nahe-Beckens. – Mainzer geowiss. Mitt., 6: 121–159; Mainz.

Ratzke, B. (1986): Beiträge zur Geologie am südwestlichen Hunsrückrand bei Saarburg unter besonderer Berücksichtigung der Permotrias. – Diplomarb. Univ. Bonn, 114 S.; Bonn (unveröffentlicht).

Raumer, J. F., v., Nesbor, H.-D. & Stampfli, G. M. (2017): The north-subducting Rheic Ocean during the Devonian: Consequences for the Rhenohercynian ore sites. – Int. J. Earth Sci. (Geol. Rdsch.), 106, 2279–2296.

Reé, C. (1970): Uranvorkommen im Saar-Nahe-Gebiet (Rheinland-Pfalz). – Abh. hess. L.-Amt Bodenforsch., 56: H. Falke-Festschrift, 163–167; Wiesbaden.

Reé, C. (1979a): Die metamorphen Eisenerzlager von Winterbach – Winterburg am Soonwald. – Geol. Jb., D 31: 111–114; Hannover.

Reé, C. (1979b): Die hydrothermalen Eisenerzgänge der Grube Louise bei Saarburg. – Geol. Jb., D 31: 115–117; Hannover.

Rée, C. (1979c): Die marin-sedimentären Eisenerzlager von Wald-Erbach bei Bingen am Rhein. – Geol. Jb., D 31: 119–121; Hannover.

Rée, C. (1979d): Die Toneisensteine im Saar-Nahe-Gebiet. – Geol. Jb., D 31: 153–155, Hannover.

Rehkopf, G. (1969): Das Altpaläozoikum von Düppenweiler – Bericht über neue Untersuchungen. – 42 S.; Saarbrücken (unveröffentlicht).

Reichenbacher, B. (2000): Das brackisch-lakustrine Oligozän und Unter-Miozän im Mainzer Becken und Hanauer Becken: Fischfauna, Paläoökologie, Biostratigraphie. Paläogeographie. – Cour. Forsch.-Inst. Senckenberg, 222: 143 S.; Frankfurt a. M.

Reichmann, H. (1961): Das Unterdevon des Rheintales zwischen Assmannshausen und der Burg Sooneck. – Diplomarbeit Univ. Mainz, 52 S.; Mainz. (unveröffentlicht).

Reichmann, H. (1967): Die Schichten des oberen Gedinnium im Rheintal bei Assmannshausen. – Notizbl. hess. L.-Amt Bodenforsch., 95: 13–23; Wiesbaden.

Reinach, A. v. (1905): Gebirgsbau und Stratigraphie des Taunus. – Jb. kgl. preuss. geol. L.-A. 23: 596–608; Berlin.

Reineck, H.-E. (1955a): Zur Petrogenese der Waderner Schichten am N-Flügel der Nahe-Mulde. – N. Jb. Geol. Paläontol., Abh., 100: 289–323; Stuttgart.

Reineck, H.-E. (1955b): Marken, Spuren und Fährten in den Waderner Schichten (ro) bei Martinstein/Nahe. – N. Jb. Geol. Paläontol., Abh. 101: 75–90; Stuttgart.

Reineck, H.-E. & Wunderlich, F. (1968): Zur Unterscheidung von asymmerischen Oszillationsrippeln und Strömungsrippeln. – Senckenb. leth., 49; Frankfurt a. M.

Reinecke, T., Stapf, H. & Raisch, M. (2001): Die Selachier und Chimären des Unteren Meerssandes und Schleichsandes im Mainzer Becken (Rupelium, Unteres Oligozän). – Palaeontos, 1: 1–73; Antwerpen.

Reinheimer, E. (1933): Stratigraphische und lithologische Untersuchungen in Gebieten der Blätter Pferdsfeld und Sobernheim im Nahebergland. – Abh. preuß.geol. L.-A., N. F., 149, 56 S.; Berlin.

Reis, O. (1906): Der Potzberg, seine Stellung im Pfälzer Sattel. – Geognost. Jh., 17: 93–233; München.

Reis, O. (1920): Die Umgebung des Lembergs und Bauwalds zwischen Münster a. Stein, Altenbamberg und Odernheim. – Geognost. Jh., 31/32: 226–348; München.

Reis, O. (1921): Geognostische Karte von Bayern 1:100 000, Bl. Donnersberg (Nr. XXI). – Erl. 320 S.; München.

Reischmann, T. & Anthes, G. (1996): Geochronologie und geodynamische Entwicklung der Mitteldeutschen Kristallinschwelle westlich des Rheins. – Terra Nostra, 96: 161–162; Köln.

Reitz, E. (1989): Devonische Sporen aus Phylliten vom Südrand des Rheinischen Schiefergebirges. – Geol. Jb. Hessen, 117: 23–35; Wiesbaden.

Reitz, E., Anderle, H.-J. & Winkelmann, M. (1995): Ein erster Nachweis von Unterordovizium (Arenig) am Südrand des Rheinischen Schiefergebirges im Vordertaunus: Der Bierstadt-Phyllit (Bl. 5915 Wiesbaden). – Geol. Jb. Hessen, 123: 25–38; Wiesbaden.

Requadt, H. & Weddige, K. (1978): Lithostratigraphie und Conodontenfaunen der Wissenbacher Fazies und ihre Äquivalente in der südwestlichen Lahnmulde (Rheinisches Schiefergebirge). – Mainzer geowiss. Mitt., 7: 183–237; Mainz.

Richter, M. (1954): Metallogenese und Tektonik westdeutscher Blei-Zinkerz-Lagerstätten. – Geol. Rdsch., 42: 79–90; Stuttgart.

Richter, M. (1959): Über das Südwestende des „Holzappeler Gangstreifens" im Hunsrück. – Erzmetall, 12: 28–35; Stuttgart.

Richter, R. (1919): Zur Stratigraphie und Tektonik der Ösling-Eifel-Mulde. I. Über den Muldenabschnitt südlich der Schneifel. – Cbl. Miner. Geol. Paläont., 1919, 44–62; Stuttgart.

Richter, R. (1928): Die fossilen Fährten und Bauten der Würmer; ein Überblick über ihre biologischen Grundformen und deren geologische Bedeutung. – Paläont. Z., 9: 193–240; Berlin.

Richter, R. (1931): Tierwelt und Umwelt im Hunsrückschiefer; zur Entstehung eines schwarzen Schlammsteins. – Senckenbergiana, 13: 229–342; Frankfurt a. M.

Richter, R. (1954): Die Priorität in der Stratigraphie und der Fall Koblenzium/Siegenium/Emsium. – Senckenbergiana, 34: 327–338; Frankfurt a. M.

Ridder, N. A. de (1957): Beiträge zur Morphologie der Terrassenlandschaft des luxemburgischen Moselgebietes. – Publ. Geogr. Inst. Rijks Univ. Utrecht, 13; Utrecht.

Riegel, W. (1979): Sporenvergesellschaftung im Hunsrückschiefer und ihre stratigraphischen Aussagemöglichkeiten. – 14 S., Bericht a. d. DFG.

Riegel, W. & Karatanasopoulos, S. (1982): Palynological criteria for the Siegenian/Emsian transition in the Rhineland. – Cour. Forsch.-Inst. Senckenberg, 55: 199–206; Frankfurt a. M.

Ristedt, H. (1994): Das unterdevonische Flachmeer des Rheinlandes als Lebensraum. – In: Koenigswald, W. v. & Meyer, W. (Hrsg.): Erdgeschichte im Rheinland – Fossilien und Gesteine aus 400 Millionen Jahren, 39–48; München (Pfeil).

Ristedt, H. (1997): Mittlere und obere Hohenrhein-Schichten, Steinbruch bei Niederfell. – In: Braun, A., Elkholy, H., Gad, J. & Ristedt, H. (Hrsg.): Das Unterdevon der Moselmulde – Exkursionsführer anl. d. 67. Jahrestagg. d. Paläont. Ges. 1997; Terra nostra, 17: 187–194; Köln.

Ritter, J. R. R., Jordan, M., Christensen, U. R. & Achauer, U. (2001): A mantle plume below the Eifel volcanic fields, Germany. – Earth Planet. Sci. Lett., 186: 7–14; Amsterdam.

Röder, D. (1960): Ulmen-Gruppe in sandiger Fazies (Unterdevon, Rheinisches Schiefergebirge). – Abh. hess. L.-Amt Bodenforsch., 31, 66 S.;Wiesbaden.

Röder, D. (1962): Alterstellung der Bornicher Schichten und Spitznack-Schichten (Unterdevon). – Notizbl. hess. L.-Amt Bodenforsch., 90: 165–172; Wiesbaden.

Roemer, C. F. (1844): Das Rheinische Uebergangsgebirge. – Eine paläontologisch-geognostische Darstellung. – 96 S.; Hannover (Hahn).

Roemer, C. F. (1862–1864): Neue Asteroiden und Crinoiden aus devonischem Dachschiefer von Bundenbach bei Birkenfeld. – Palaeontographica, 9: 143–152; Cassel.

Rose, O. (1936): Versteinerungen im Taunusquarzit des Rheintaunus. – Jb. nass. Ver. Naturkde., 83: 49–58; Wiesbaden.

Rosenberger, W. (1971): Beschreibung rheinland-pfälzischer Bergamtsbezirke, Bd. 3: Bergamtsbezirk Bad Kreuznach, 376 S.; Saarbrücken.

Rosenberger, W. (1979): Beschreibung rheinland-pfälzischer Bergamtsbezirke, Bd. 4: Bergamtsbezirk Koblenz, 440 S.; Bad Kreuznach – Saarbrücken.

Rosenbusch, H. (1887): Mikroskopische Physiographie, 2. Aufl., 805 S., Stuttgart (Schweizerbart).

Rösing, F. (1960): Geol. Übersichtskarte von Hessen 1:300 000. – Wiesbaden (Hess.L.-Amt Bodenforsch.)

Rösler, A. (1956): Das Unterdevon am SW-Ende des Taunusquarzit-Zuges von Katzenellnbogen (Rheinisches Schiefergebirge). – Notizbl. hess. L.-Amt Bodenforsch., 84: 32–84; Wiesbaden.

Rössle, P. (1937): Anlagerung und Bildungsweise des Buntsandsteins bei Mettlach an der Saar. – Decheniana, 95 A: 113–156; Bonn.

Rothausen, K.-H. (1969): Zonierung und Konnexe einer Abfolge oberaquitaner Land-Ökosysteme. – Notizbl. hess. L.-Amt Bodenforsch., 97: 81–97; Wiesbaden.

Rothausen, K.-H. & Sonne, V. (1984): Mainzer Becken. – Slg. geol. Führer, 79, 203 S.; Berlin, Stuttgart (Gebr. Borntraeger).

Röther, M. (1986): Die älteren Terrassen der Mosel zwischen Burg und St. Aldegund (Rheinisches Schiefergebirge). – Diplomarb. Univ. Bonn, 96 S.; Bonn (unveröffentlicht).

Rothpletz, A. (1896): Das Rheinthal unterhalb Bingen. – Jb. preuß. geol. L.-A., 16 (Abh.): 10–39; Berlin.

Rücklin, H. (1935): Die Diluvialstratigraphie der mittleren Saar sowie allgemeine Bemerkungen zur Schotteranalyse. – Decheniana, 91: 1–98; Bonn.

Rücklin, H. (1938): Zur Morphologie des Saartales zwischen Saarbrücken und Mettlach. – Decheniana, 97: 209–217; Bonn.

Rücklin, H. (1954): Die Grenzschichten Buntsandstein/Muschelkalk im Saarland – ein fossiles Watt. – Jber. Mitt. oberrhein. geol. Ver., N. F., 35: 26–42; Stuttgart.

Sandberger F. v. (1847): Uebersicht der geologischen Verhältnisse des Herzogthums Nassau: I-IV. – 144 S.; Wiesbaden.

Sandberger, F. v. (1863): Die Conchylien des Mainzer Tertiärbeckens. – 458 S., Wiesbaden, Kreidel.

Sandberger, F. v. (1889): Über die Entwicklung der unteren Abtheilung des devonischen Systems in Nassau, verglichen mit jener in anderen Ländern; nebst einem paläontologischen Anhang. – Jb. nass. Ver. Naturkde., 42: 107 S.; Wiesbaden.

Santel, W. (1994): Zur Geologie der Umgebung des unteren Elzbachtales zwischen Möntenich und Moselkern (Mosel, Rheinisches Schiefergebirges). – Diplomkartierung Univ. Bonn, Erl. 41 S.; Bonn (unveröffentlicht).

Schaarschmidt, F. (1970): Ein fossiler Meeresboden mit einem Psilophyten-Rasen aus dem Unterdevon. – Natur u. Museum, 100: 345–350; Frankfurt a. M.

Schaarschmidt, F. (1974): *Mosellophyton hefteri* n. g. n. sp. (Psilophyta) ein sukkulenter Halophyt aus dem Unterdevon von Alken Mosel. – Palaeont. Z., 48: 188–204; Stuttgart.

Schad, A. (1934): Stratigraphische Untersuchungen im Wellengebirge der Pfalz und des östlichen Saargebietes. – Abh. geol. Landesuntersuch. Bayer. Oberbergamt, 14, 84 S.; München.

Schaeffer, R. (1984): Die postvariszischen Mineralisationen. – Braunschweiger Geol.-Paläont. Diss., 3: 1–206; Braunschweig.

Schäfer, A. (1986): Die Sedimente des Oberkarbons und des Unterrotliegenden im Saar-Nahe-Becken. – Mainzer geowiss. Mitt., 15: 239–365; Mainz.

Schäfer, A. (1989): Variscan molasse in the Saar-Nahe Basin (W-Germany), Upper Carboniferous and Lower Permian. – Geol. Rundsch., 78: 499–524; Stuttgart.

Schäfer, A. (2005): Sedimentologisch-numerisch begründeter Stratigraphischer Standard für das Permo-Karbon des Saar-Nahe-Beckens. – Courier Forschungs-Institut Senckenberg, 254: 369–394; Frankfurt am Main.

Schäfer, A. (2011): Tectonics and sedimentation in the continental strike-slip Saar-Nahe Basin. – Z. dt. Ges. Geowiss., 162: 127–155; Stuttgart.

Schäfer, A. (2012): Lacustrine Environments in Carboniferous-Permian Saar-Nahe Basin, Southwest Germany. – In: Baganz, O. W., Bartov, Y., Bohacs, K. & Nummedal, D. (eds.): Lakustrine sandstone reservoirs and hydrocarbon systems: AAPG Memoir 95: 367–384, Boulder, Col.

Schäfer, A. (2019): Klastische Sedimente – Fazies und Sequenzstratigraphie. – 2. Aufl., 684 S., Heidelberg, (SpringerSpektrum).

Schäfer, A. & Korsch. R. J. (1998): Formation and sediment fill of the Saar-Nahe-Basin (Permo-Carboniferous, Germany). – Z. deutsch. geol. Ges., 149: 233–269; Stuttgart.

Schäfer, A. & Sneh, A. (1983): Lower Rotliegend fluvio-lacustrine sequences in the Saar-Nahe Basin. – Geol. Rdsch., 72: 1135–1146; Stuttgart.

Schäfer, A. & Stamm, R. (1989): Lakustrine Sedimente im Permokarbon des Saar-Nahe-Beckens. – Z. deutsch. geol. Ges., 140: 259–276; Hannover.

Schäfer, A. & Stapf, K. R. G. (1978): Permian Saar-Nahe-Basin and Recent Lake Constance (Germany): two environments of lacustrine algal carbonates. – In: Matter, A. & Tucker, M. A. (eds.): Modern and ancient lake sediments. – Internat. Assoc. Sediment., Spec. Publ. 2: 83–107; Oxford.

Schäfer, A. & Stets, J. (1995): The Lower Devonian "Emsquarzit" – tidal sedimentation in the Rhenish Basin (Rheinisches Schiefergebirge, Germany). – Zbl. Geol. Paläont, Teil I, 1994: 227–244; Stuttgart.

Schäfer, A., Rast, U. & Stamm, R. (1990): Lacustrine paper shales in the Permocarboniferous Saar-Nahe Basin (West Germany): Depositional environments and chemical characterisation. – In: Heling, D., Rothe, P., Förstner, U. & Stoffers, P. (eds.): Sediments and environmental geochemistry: Selected aspects and case histories, 220–238; Heidelberg (Springer).

Schäfer, P. (2012): Mainzer Becken – Stratigraphie – Paläontologie – Exkursionen. – 2. Aufl., Slg. Geol. Führer, Bd. 79, 333 S.; Stuttgart (Gebr. Borntraeger).

Schäfer, P. & Kadolsky, X. (2002): Neudefinition von stratigraphischen Einheiten im Tertiär des Mainzer und Hanauer Beckens (Deutschland, Oligozän – Miozän), Teil 1: Oberrad-Formation (= Obere Cerithien-Schichten) und Rüssingen-Formation (= inflata-Schichten). – Mainzer geowiss. Mitt., 31: 73–98; Mainz.

Schafft, R. (1985): Makro- und mikrostrukturelle Untersuchungen der metamorphen Zone im südlichen Hunsrück. – Diss. Univ. Göttingen, 89 S.; Göttingen.

Schall, A. (1968): Grund- und Deckgebirge im Bereich der Mettlacher Saarschleife. – Diss. Univ. Tübingen, 93 S.; Tübingen.

Schemm-Gregory, M. & Jansen, U. (2005): *Arduspirifer arduennensis treverorum* n. ssp., eine neue Brachiopoden-Unterart aus dem tiefen Ober-Emsium des Mittelrhein-Gebietes (Unter-Devon, Rheinisches Schiefergebirge). – Mainzer geowiss. Mitt., 33: 79–100; Mainz.

Schievenbusch, T. (1992): Bilanzierte Profile, Profilabwicklung und Verformungsanalyse im westlichen Rheinischen Schiefergebirge zwischen Sötenicher Kalkmulde und Moselmulde. – Bonner geowiss. Schriften, 3, 162 S.; Bonn.

Schilling, D. (1981): Kartierung der Hunsrückschiefer im Bereich Tiefenbachtal-Kautenbachtal/Mittelmosel. – Diplomarb. TU Müchen, 62 S.; München (unveröffentlicht).

Schindler, T. & Wuttke, M. (2006): Verkieselte Riesenpilze aus dem TaunusQuarzit von Wierchweiler/ Idarwald. – Heimatkalender d. Landkr. Birkenfeld/Nahe etc., Jg. 80: 7–9; Birkenfeld/Nahe.

Schindler, T., Amler, M.R.W., Braun, A.; Grimm, M.C., Haas,W., Jansen, U., Otto, M., Poschmann, M. & Schnidler, E. (2004): Neue Erkenntnisse zur Paläontologie, Biofazies und Stratigraphie der Unterdevon-Ablagerungen (Siegen) der ICE-Neubaustrecke bei Aegidienberg (Siebengebirge, W-Deutschland). – Decheniana, 157, 135–150; Bonn.

Schindler, T., Nungesser, K., Müller, A. & Grimm, K. I. (2009): Die Alzey-Formation der klassischen Lokalität Welschberg bei Waldböckelheim (Rupelium, Oligozän, Mainzer Becken) – Ergebnisse neuer Grabungen. – Jber. Mitt. oberrhein. geol. Ver., N. F., 91: 37–87; Stuttgart.

Schindler, T., Sutcliffe, O. E., Bartels, C., Poschmann, M. & Wuttke, M. (2002): Lithostratigraphical subdivision and chronostratigraphical position of the middle Kaub-Formation (Lower Emsian, Lower Devonian) of the Bundenbach area (Hunsrück, SW Germany). – Metalla, 9: 73–88; Bochum.

Schirmer, W. (1994): Der Mittelrhein im Blickpunkt der Rheingeschichte. – In: Koenigswald, W. v. & Meyer, W. (Hrsg.): Erdgeschichte im Rheinland, 179–188; München (Pfeil).

Schlossmacher, K. (1920): Über die Metamorphose der kristallinen Schiefer im Vordertaunus. – Z. dt. geol. Ges. Mber., 72: 306–308; Berlin.

Schlossmacher, K. (1921): Die Sericitgneise des rechtsrheinischen Taunus. – Jb. preuß. geol. L.-A., 40: 460–505; Berlin.

Schlossmacher, K. (1922): Keratophyre aus dem rechtsrheinischen Vordertaunus. – Jb. preuß. geol. L.-A.; 41: 308–348; Berlin.

Schlüter, C. (1892): *Protospongia rhenana*. – Z. deutsch. geol. Ges., 44: 615–618; Berlin.

Schmidt, E. (1984): Modalzusammensetzung und Mikrogefüge permischer Eruptivgesteine östlich von Idar-Oberstein. – Mainzer geowiss. Mitt., 13: 73–95; Mainz.

Schmidt, J. C. L. (1826): Ueber das ältere Steinkohlengebirge auf der Südseite des Hunsrücks. – In: Das Gebirge in Rheinland-Westphalen nach mineral. u. chem. Bezuge, 4: 151–177; Bonn.

Schmidt, K. (1976): Das „kaledonische Ereignis" in Mittel- und Südwest-Europa. – Nova Acta Leopoldina, N. F., 45: 381–401; Halle/Saale.

Schmidt, Wo. (1952): Die paläogeographische Entwicklung des linksrheinischen Schiefergebirges vom Kambrium bis zum Oberkarbon. – Z. deutsch. geol. Ges., 103: 151–177; Hannover.

Schmidt, Wo. (1958): Die ersten Agnathen und Pflanzen aus dem Taunus-Gedinnium. – Notizbl. hess. L.-Amt Bodenforsch., 86: 31–49; Wiesbaden.

Schmidt, Wo. (1959): Grundlagen einer Pteraspiden-Stratigraphie im Unterdevon der Rheinischen Geosynklinale. – Fortschr. Geol. Rheinlde. u. Westf., 5: 1–82; Krefeld.

Schmidt, W. E. (1934): Die Crinoiden des Rheinischen Devons, I. Teil: Die Crinoideen des Hunsrückschiefers. – Abh. preuss. geol. L.-A., N. F., 163, 149 S.; Berlin.

Schmidt, W. E. (1941): Die Crinoideen des Rheinischen Devons. II. Teil: A. Nachtrag zu: Die Crinoideen des Hunsrückschiefers; B. Die Crinoideen des Unterdevons bis zur *cultrijugatus*-Zone (mit Ausschluss des Hunsrückschiefers). – Abh. Reichst. Bodenforsch, N. F., 182, 253 S.; Berlin.

Schmierer, T. & Quiring, H. (1933): Erl. geol. Kte. Preussen u. ben. Deutschen Ländern 1:25 000, Lfg. 298, Bl. Koblenz. – 53 S.; Berlin.

Schmitt, F. (1937): Sedimentpetrographische Untersuchung der linksrheinischen Gedinneschichten. – Diss. Univ. Bonn, 40 S.; Bonn.

Schmitt, P. (1839): Geognostische Studien am Litermonte, Saarlouis und Trier – eine Monographie als Beitrag zur Geschichte der Gebirge an der Saar besonders der Porphyr- und Trappgebirge. – 63 S.; Saarlouis.

Schmitt-Riegraf, C. (1996): Magmenentwicklung und spät- bis post-magmatische Alterationsprozesse in permischen Vulkaniten des Nordwest-Flügels der Nahe-Mulde. – Habil.-Schrift Univ. Münster, 296 S.; Münster (unveröffentlicht).

Schneider, H. (1991) mit Beiträgen von Jung, D.: Saarland. – Slg. Geol. Führer, 84: 271 S.; Berlin, Stuttgart (Borntraeger).

Schneider, St. (1982): Zur Geologie von Grund- und Deckgebirge in der Umgebung von Freudenburg/Saar unter besonderer Berücksichtigung des Schrägschichtungsgefüges im Mittleren Buntsandstein. – Dipl. Arb. Univ. Bonn, 104 S.; Bonn (unveröffentlicht).

Schneiderhöhn, H. (1941): Lehrbuch der Erzlagerstättenkunde. – XXIV + 858 S.; Jena (Fischer).

Schneiderhöhn, H. (1955): Erzlagerstätten, Kurzvorlesungen zur Einführung und Wiederholung. – 3. Aufl., 375 S.; Jena (Fischer).

Schneiderhöhn, H. & Kautzsch, E. (1936): Die Kupfererzlagerstätten an der oberen Nahe. I: Das Hosenberger Grubenfeld. – N. Jb. Min., Beil.-Bd. 71, A: 492–523; Stuttgart.

Scholtes, M. (mit einem Beitrag von Reichert, H.) (2002): Die Brücher – Mittelgebirgsmoore im Hunsrück dargestellt am Beispiel des NSG „Hangbrücher bei Morbach". – TELMA, 32: 63–106; Hannover.

Scholtz, H. (1930): Das varistische Bewegungsbild entwickelt aus der Inneren Tektonik eines Profiles von der Böhmischen Masse bis zum Massiv von Brabant. – Fortschr. Geol. Paläont., 8: 235–316; Berlin.

Scholtz, H. (1932): Über das Alter der Schieferung und ihr Verhältnis zur Faltung. – Jb. preuß. geol. L.-A., 52: 303–316; Berlin.

Scholtz, H. (1934): Die Tektonik des Steinkohlebeckens im Saar-Nahegebiet und die Entstehungsweise der Saar-Saale-Senke. – Z. deutsch. geol. Ges., 85: 316–382; Berlin.

Schömer, R. (1952a): Die Grube Korb bei Sötern. – Ann. Univ. Sarav., Naturwiss., 2: 144–150; Saarbrücken.

Schömer, R. (1952b): Beitrag zur Geologie der Saarschleife bei Mettlach. – Ann. Univ. Sarav., Naturwiss., 1: 26–32; Saarbrücken.

Schömer, R. (1970): Geologie des Saarlandes. – Der Aufschluß, Sonderh. 19: 173–184; Heidelberg.

Schöndorf, F. (1907): Über *Archaeasterias rhenana* Joh. Müller und die Porenstellung paläozoischer Seesterne. – Cbl. Mineral. etc., Jg. 1907: 747–750; Stuttgart.

Schöndorf, F. (1909): Die fossilen Seesterne Nassaus. – Jb. nass. Ver. Naturkde., 62: 7–63; Wiesbaden.

Schöndorf, F. (1910): Über einige „Ophiuriden und Asteriden" des englischen Silur und ihre Bedeutung für die Systematik paläozoischer Seesterne. – Jb. nass. Ver., Naturkde., 63: 206–256; Wiesbaden.

Schöppe, W. (1911): Der Holzappeler Gangzug. – Arch. Lagerstättenforsch, 3: 96 S.; Berlin.

Schröder, E. (1936): Die Erzvorkommen des Saarlandes. – Abh. preuß. geol. L.-Anst., N. F., 171: 105–115; Berlin.

Schröder, E. (1952): Die Trierer Bucht als Teilstück der Eifeler Nord-Süd-Zone. – Z. deutsch. geol. Ges., 103: 209–215; Hannover.

Schroeder-Lanz, H. (1978): Zur Geomorphologie des Trierer Raumes. – In: Werle, O. et al.: Trier und Umgebung; Sammlung geologischer Führer, 11: 19–33; Berlin, Stuttgart (Gebr. Borntraeger).

Schulz-Dobrick, B. & Wedepohl, K. H. (1981): The chemical composition of sedimentary deposits in the Rhenohercynian Belt of Central Europe. – In: Martin, H. & Eder, W. (eds.): Intracontinental Fold Belts, 211–229; Heidelberg (Springer).

Schulze, E.-G. (1959): Zur Geologie am Mittelrhein zwischen Kestert und Loreley. – Notizbl. hess. L.-Amt Bodenforsch., 87: 246–267; Wiesbaden.

Schulze, E.-G. (1966): Weißes Gebirge/Weilburgit; eine vergleichende Betrachtung. – N. Jb. Geol. Paläontol., Mh. 1966: 102–114; Stuttgart.

Schulze, E.-G. (1967): Zur Genese des „Weißen Gebirges" im Blei-Zink-Erzbezirk des südlichen Rheinischen Schiefergebirges. – Z. deutsch. geol. Ges., 116: 603–619; Hannover.

Schulze, E.-G. & el-Hinnawi, E. (1967): Petrography and geochemistry of some basic sills and dykes from the Southern Rhenish Schiefergebirge. – Geol. Magaz., 104: 35–44; Hertford.

Schunk, K. (1979): Der Kreuzungsbereich Eifeler Nord-Süd-Zone und Saar-Nahe-Senke – Luftbildgeologische Analyse eines Schollenmosaiks. – Diss. Univ. Frankfurt, 123 S.; Frankfurt a. M.

Schuster, M. (1933): Ein Überblick über die Eruptivgesteine der Rheinpfalz. – Jber. Mitt. oberrhein. geol. Ver., N. F. 22: 27–38; Stuttgart.

Schwab, K. (1987): Compression and right-lateral strike-slip movement at the Southern Hunsrück Borderfault (Southwest Germany). – Tectonophysics, 137: 115–126; Amsterdam.

Schwarz, H. U. (1970): Zur Sedimentologie und Fazies des Unteren Muschelkalkes in Südwest-Deutschland und angrenzenden Gebieten. – Diss. Univ. Tübingen, 213 S.; Tübingen.

Schwarz, M., Becker, A. & Schäfer, A. (2011): Seismische Leithorizonte im nordöstlichen Saar-Nahe-Becken. – Erdöl Erdgas Kohle, 127, 1: 28–34.

Schweicher, T. (2010): Die Erzgrube Louise – Bergbaurelikte am Rande der Traunschleife „Greimerather Höhenweg". – Jb. 2011 d. Hunsrückvereins.

Schweitzer, H.-J. (1983): Die Unterdevonflora des Rheinlandes. 1. Teil. – Palaeontographica, B, 189: 138 S; Stuttgart.

Schweitzer. H.-J. (2003): Die Landnahme der Pflanzen. – Decheniana, 156: 177–215; Bonn.

Schwille, F. (1955): Die Mineralquellen im nordpfälzischen Bergland. – Heilbad und Kurort, 7: 83–87; Gütersloh.

Schwille, F. (1957): Zur Radioaktivität rheinland-pfälzischer Mineralwässer. – Heilbad u. Kurort, 57: 98–107; Gütersloh.

Schwille, F. (1961): Die Mineralquellen des Mittelrheingebietes. – Deutsch. Gewässerkundl. Mitt., 2: 110–117; Koblenz.

Scotese, C. R., Voo, R. v. d. & Barett, S. F. (1985): Silurian and Devonian base maps. – Phil. Trans. Roy. Soc. London, ser. B, 309: 57–77; London.

Seckendorf, V. v. (1990): Geologische, petrographische und geochemische Untersuchungen an permischen Magmatiten im Saarland (Blatt 6507 Lebach). Diss. Univ. Kiel. – In: Berichte-Reports d. Geol.-Paläont. Inst. Univ. Kiel, Nr. 39, 232 S.; Kiel.

Seckendorff, V. v. (2012): Der Magmatismus in und zwischen den spätvariscischen permokarbonen Sedimentbecken in Deutschland. – In: Deutsche Stratigraphische Kommission (Hrsg.; Koordination und Redaktion: H. Lützner & G. Kowalczyk für die Subkommission Perm-Trias): Stratigraphie von Deutschland X. Rotliegend. Teil I: Innervariscische Becken. – Schriftenreihe der Deutschen Gesellschaft für Geowissenschaften, 61: 743–860; Hannover.

Seckendorf, V. v., Arz, C. & Lorenz, V. (2004): Magmatism of the late Variscan intermontane Saar-Nahe Basin (Germany) – a review. – Geol. Soc. London Spec. Publ., 223: 361–391; London.

Seifert, A. (1942): Schrägschichtung im Mittleren Buntsandstein des Saarlandes und angrenzender Gebiete. – Z. deutsch. geol. Ges., 94: 489–510; Berlin.

Seilacher, A. (1960): Strömungsanzeichen im Hunsrückschiefer. – Notizbl. hess. L.-Amt Bodenforsch., 88: 88–106; Wiesbaden.

Seilacher, A. (1970): Fossil-Lagerstätten, Nr. 1; Begriff und Bedeutung der Fossil-Lagerstätten. – N. Jb. Geol. Paläontol., Mh., 1970: 34–39; Stuttgart.

Seilacher, A. & Hemleben. C. (1966): Zur Sedimentation und Fossilführung des Hunsrückschiefers. 14: Spurenfauna und Bildungstiefe des Hunsrückschiefers (Unterdevon). – Notizbl. hess. L.-Amt Bodenforsch., 94: 40–53; Wiesbaden.

Sellner, R. (1985): Röntgenographische Untersuchung devonischer pelitbetonter Gesteine aus dem Raum Bingen und Stromberg. – Mainzer geowiss. Mitt., 14: 145–157; Mainz.

Selzer, G. (1959): Das postsaalische Relief im Saarland. – Z. deutsch. geol. Ges., 110: 620; Hannover.

Selzer, G. (1964): Steinmeere und ihre Strukturen im Saarland. – Eiszeitalter u. Gegenwart, 15: 92–101; Öhringen.

Selzer, G. et al. (1955): GK Saarland 1:50 000. – Saarbrücken (GLA Saarland).

Semmel, A. (1968): Studien über den Verlauf jungpleistozäner Forschung in Hessen. – Frankfurter geograph. H., 45, 1–135; Frankfurt a. M.

Semmel, A. (1972): Fragen der Quartärstratigraphie im Mittel- und Oberrheingebiet. – Jber. Mitt. oberrhein. geol. Ver., N.F., 54: 61–71; Stuttgart.

Semmel, A. (1977): Das obere Mittelrheintal. – In: Bibus, E. & Semmel, A. (Hrsg.): Über die Auswirkung quartärer Tektonik auf die altpleistozänen Mittelrhein-Terrassen. – Catena, 4: 385/6–408/396; Cremlingen.

Semmel, A. (1983): The Early Pleistocene terraces of the Upper Middle Rhine and its southern Foreland – Questions concerning their tectonic interpretation. – In: Fuchs, A., Gehlen, K. v., Mälzer, H., Murawski, H. & Semmel, A. (eds.): Plateau Uplift, 49–54; Berlin etc. (Springer).

Semmel, A. (1991): Neotectonics and geomorphology in the Rhenish Massif and the Hessian Basin. – Tectonophysics, 195: 291–297; Amsterdam.

Semmel, A. (1999): Landschaftsentwicklung am Oberen Mittelrhein. – In: Hoppe, A. & Steininger, F. F. (Hrsg.): Exkursionen zu Geotopen in Hessen und Rheinland-Pfalz sowie zu naturwissenschaftlichen Beobachtungspunkten Johann Wolfgang von Goethes in Böhmen. – Schriftenreihe deutsch. geol. Ges., 8: 127–149; Hannover.

Semmel, A. (2001): Warum ist es am Rhein so schön? – Geowissenschaftliche Anmerkungen zum geplanten Weltkulturerbe Mittelrhein. – Natur u. Museum, 131: 115–125; Frankfurt a. M.

Semmel, A. & Fromm, K. (1976): Ergebnisse paläomagnetischer Untersuchungen an quartären Sedimenten des Rhein-Main-Gebietes. – Eiszeitalter u. Gegenwart, 27: 18–25; Öhringen.

Semmler, W. (1952): Die Mineralquellen des Saarlandes. – Z. deutsch. geol. Ges., 103: 284–296; Hannover.

Sieverts-Doreck, H. (1937): Echinodermata. – In: Schindewolf, O. H.: Fortschr. Paläont., 1: 213–225, Berlin.

Sittler, C. & Sonne, V. (1971): Vorkommen und Verbreitung eozäner Ablagerungen im nördlichen Mainzer Becken. – N. Jb. Geol. Paläont., Mh., 1971: 372–384; Stuttgart.

Sobich, P. R. (1985): Genese, Sedimentpetrographie und Stratigraphie sandiger Sedimente des Oberrotliegenden und des Mittleren Buntsandsteins im mittleren und nördlichen Saarland. – Diss. Univ. d. Saarlandes, 190 S.; Saarbrücken.

Solle, G. (1936): Revision der Fauna des Emsquarzits an Rhein und Mosel. – Senckenbergiana, 18: 154–215; Frankfurt a. Main.

Solle, G. (1937): Zur Entstehung der Kieselgallen. – Senckenbergiana, 19: 385–391; Frankfurt a. M.

Solle, G. (1940): Ein neuer Roteisenhorizont im rheinischen Unterdevon. – Senckenbergiana, 22: 228–235; Frankfurt a. M.

Solle, G. (1942): Die Kondel-Gruppe (Oberkoblenz) im südlichen Rheinischen Schiefergebirge. – I-III: Abh. Senckenberg. naturforsch. Ges., 451: 11–62; IV-V: ebenda, 464: 95–156; VI-X: ebenda, 467: 157–240; Frankfurt a. M.

Solle, G. (1950): Obere Siegener Schichten, Hunsrückschiefer, tiefstes Unterkoblenz und ihre Eingliederung in das Rheinische Unterdevon. – Geol. Jb., 65: 299–380; Hannover.

Solle, G. (1960): Synsedimentäre Bruchtektonik im Südwest-Teil der rheinischen Geosynklinale im epirogenen Stadium. – Notizbl. hess. L.-Amt Bodenforsch., 88: 343–360; Wiesbaden.

Solle, G. (1970): Die Hunsrück-Insel im oberen Unterdevon. – Notizbl. hess. L.-Amt. Bodenforsch., 98: 50–80; Wiesbaden.

Solle, G. (1972): Abgrenzung und Untergliederung der Oberems-Stufe, mit Bemerkungen zur Unter-/ Mitteldevon-Grenze. – Notizbl. hess. L.-Amt Bodenforsch., 100: 60–91; Wiesbaden.

Solle, G. (1976): Oberes Unter- und unteres Mitteldevon einer typischen Geosynklinal-Folge im südlichen Rheinischen Schiefergebirge – Die Olkenbacher Mulde. – Geol. Abh. Hessen, 74, 264 S.; Wiesbaden.

Sommermann, A.-E. & Satir, M. (1993): Zirkonalter aus dem Granit der Bohrung Saar 1. – Beih. Europ. J. Mineral., 5: 145; Stuttgart.

Sommermann, A.-E., Anderle, H.-J. & Todt, W. (1994): Das Alter des Quarzkeratophyrs der Krausaue bei Rüdesheim am Rhein (Bl. 6013 Bingen, Rheinisches Schiefergebirge). – Geol Jb. Hessen, 122: 143–157; Wiesbaden.

Sommermann, A.-E., Meisl, S. & Todt, W. (1990): U-Pb-Alter von Zirkonen aus Metavulkaniten des Südtaunus. – Beih. Europ. J. Mineral., 2: 244; Straßburg.

Sommermann, A.-E., Meisl, S. & Todt, W. (1992): Zirkonalter von drei verschiedenen Metavulkaniten aus dem Südtaunus. – Geol. Jb. Hessen, 120: 67–76; Wiesbaden.

Sonne, V. (1958): Obermitteloligozäne Ablagerungen im Küstenraum des nordwestlichen Mainzer Beckens (mit besonderer Würdigung des „Zeilstücks" bei Weinheim (Rhh.). – Notizbl. hess. L.-Amt Bodenforsch., 86: 281–315; Wiesbaden.

Sonne, V. (1960): Die Eisen-Manganerzlagerstätte bei Waldalgesheim am Hunsrück. – Z. deutsch. geol. Ges., 111: 775–776; Hannover.

Sonne, V. (1972): Jungtertiäre Ablagerungen („Aquitan") am Nordrand des Mainzer Beckens. – Mainzer geowiss. Mitt., 1: 137–142; Mainz.

Sonne, V. (1980): Zur Erforschungsgeschichte des Mainzer Beckens. – Mainzer geowiss. Mitt., 9: 177–185; Mainz.

Sonne, V. (1982): Waren Teile des Rheinischen Schiefergebirges im Tertiär vom Meer überflutet? – Mainzer geowiss. Mitt., 11: 217–219; Mainz.

Sonne, V. (1988): Oberer Rupelton, Schleichsand (Rupel) und Cyrenenmergel im Mainzer Becken: Können sie mikropaläontologisch definiert werden? – Mainzer geowiss. Mitt., 17: 19–30; Mainz.

Sonne, V. & Weiler, H. (1984): Die detritischen alttertiären (oligozänen) Faunen- und Florenelemente in den Sedimenten des Meerfelder Maares. – Cour. Forsch.-Inst. Senckenberg, 65: 87–95; Frankfurt a. M.

Spannbrucker, K. (1982): Zur Geologie der Umgebung von Trassem und Kastel-Staadt (Kreis Trier-Saarburg, Rheinisches Schiefergebirge) unter besonderer Berücksichtigung der postvariszischen Entwicklung. – Diplomarb. Univ. Bonn; 100 S.; Bonn (unveröffentlicht).

Spell, T. L. & McDougall, I. (1992): Revisions to the Age of the Brunhes-Matuyama Boundary and the Pleistocene Geomagnetic Polarity Time-scale. – Geophys. Res. Lett., 19: 1181–1184; Washington.

Sperling, H. (1958): Geologische Neuaufnahme des östlichen Teiles des Blattes Schaumburg. – Abh. Hess. L.-Amt Bodenforsch., 26, 1–72; Wiesbaden.

Spies, E.-D. (1986): Vergleichende Untersuchungen an präpleistozänen Verwitterungsdecken im Osthunsrück und an Gesteinszersatz durch aszendente (Thermal-)Wässer in der Nordosteifel (Rheinisches Schiefergebirge). – Diss. Univ. Bonn, 183 S.; Bonn.

Spies, E.-D. & Felix-Henningsen, P. (1985): Geologisch-mineralogische Untersuchungen der tiefgründig kaolinisierten Unterdevongesteine im Osthunsrück und in der nordöstlichen Eifel. – Mitt. dt. Bodenkundl. Ges., 43: 931–936; Göttingen.

Spies, E.-D. & Stets, J. (2004): Geologie und Böden im westlichen Hunsrück (Exkursion C am 15.04.2004). – Jber. Mitt. oberrhein. geol. Ver., N.F., 86: 77–108; Stuttgart.

Stampfli, G. M., Hochard, C., Vérard, C., Wilhem, C., von Raumer, J. (2013): The formation of Pangea. – Tectonophysics, 593, 1–198.

Stapf, K. R. G. (1982): Schwemmfächer- und Playa-Sedimente im Ober-Rotliegenden des Saar-Nahe-Beckens (Permokarbon, SW-Deutschland) – Ein Überblick über Faziesanalyse und Faziesmodell. – Mitt. Pollichia, 70: 7–64; Bad Dürkheim/Pfalz.

Stapf, K. R. G. (1988): Zur Tektonik des westlichen Rheingrabenrandes zwischen Nierstein am Rhein und Wissembourg (Elsaß). – Jber. Mitt. oberrhein. Geol. Ver., N. F., 70: 399–410; Stuttgart.

Stapf, K. R. G. (1989): Biogene fluvio-lakustrine Sedimentation im Rotliegend des permokarbonen Saar-Nahe-Beckens (SW-Deutschland). – Facies, 20: 169–198; Erlangen.

Stapf, K. R. G. (1990a): Einführung lithostratigraphischer Formationsnamen im Rotliegend des Saar-Nahe-Beckens (SW-Deutschland). – Mitt. Pollichia, 77: 111–124; Bad Dürkheim.

Stapf, K. R. G. (1990b): Fazies und Verbreitung lakustriner Systeme im Rotliegend des Saar–Nahe-Beckens (SW-Deutschland). – Mainzer geowiss. Mitt, 19: 213–234; Mainz.

Stapf, K. R. G. (1997): Rotliegend lacustrine sediments of the Saar-Nahe Basin (SW–Germany). – Gaea heidelbergensis, 4: 15–28; Heidelberg.

Stapf, K. R. G. (2003): Paläoböden im Rotliegend am Nordwestrand des Saar-Nahe-Beckens (SW-Deutschland). – Mitt. Pollichia, 90: 61–120; Bad Dürkheim.

Stapf, K. R. G. & Afaj, A. H. (2003): Korrelation der Mikrofaziestypen von Karbonatgeröllen der Wadern-Formation (Rotliegend) im Saar-Nahe-Becken mit devonischen Karbonaten des südöstlichen Hunsrücks. – N. Jb. Geol. Paläontol., Abh., 229: 281–316; Stuttgart.

Steiner, P. (1932): Vorzeit-Burgen des Hochwaldes. – Veröfftl. Ver. Mosel, Hochwald, Hunsrück, 100 S.; Trier (J. Lintz).

Steininger, J. (1819): Geognostische Studien am Mittelrheine. – 116. S.; Mainz (Kupferberg).

Steininger, J. (1840): Geognostische Beschreibung des Landes zwischen der unteren Saar und dem Rheine. – 149 S.; Trier (Lintz). – Nachträge, 48 S. Trier (Lintz) 1841.

Stenger, B. (1961): Stratigraphische und gefügetektonische Untersuchungen in der metamorphen Taunus-Südrand-Zone (Rheinisches Schiefergebirge). – Abh. hess L.-Amt Bodenforsch, 34: 68 S.; Wiesbaden.

Stets, J. (1960): Schichtfolge und Tektonik des Unterdevons im Raum Bernkastel – Neumagen – Thalfang /Hunsrück (Rheinisches Schiefergebirge) unter besonderer Berücksichtigung der kleintektonischen Verhältnisse. – Diss. Univ. Mainz. 177 S.; Mainz (unveröffentlicht).

Stets, J. (1962): Zur Geologie der Dhrontal-Schichten und Hunsrückschiefer (Unterdevon) im Gebiet zwischen Bernkastel – Neumagen – Thalfang. – Notizbl. hess. L.-Amt Bodenforsch., 90: 132–159; Wiesbaden.

Stets, J. (1971): Die „Weißen Wacken“ in der Umgebung von Bernkastel. – Der Hunsrück, II/1971: 149–158; Bernkastel-Kues.

Stets, J. (1990): Ist die Wittlicher Rotliegend-Senke (Rheinisches Schiefergebirge) ein „pull-apart“ Becken? – Mainzer geowiss. Mitt., 19: 81–98, Mainz.

Stets, J. (1995): Die Rolle der „Quarzitschwelle von Mettlach-Sierck“ im Mittleren Buntsandstein des Saargaues (Südwestliches Rheinisches Schiefergebirge). – Mainzer geowiss. Mitt., 24: 217–236; Mainz.

Stets, J. (2004a): Zur Geologie der Wittlicher Rotliegend-Senke (Exkursion K am 17. April 2004). – Jber. Mitt. oberrhein. geol. Ver., N.F., 86: 271–296; Stuttgart.

Stets, J. (2004b): Geologische Karte der Wittlicher Senke 1:50 000 mit Erläuterungen. – 82 S.; Mainz; (LGB Rheinland-Pfalz).

Stets, J. (2012): Rotliegend in Eifel und West-Hunsrück. – In: Lützner, H. & Kowalczyk, G. (Hrsg.): Deutsche Stratigraphische Kommission Stratigraphie von Deutschland X, Rotliegend Teil 1: Innervariszische Becken. – Schriftenreihe d. Deutsch. Ges. f. Geowiss, 61: 235–253; Hannover.

Stets, J. (2013): Buntsandstein im Trier-Bitburg-Becken und dessen Umfeld. – In: Lepper, J. & Röhling, H.-G. (Hrsg.): Deutsche Stratigraphische Kommission Stratigraphie von Deutschland XI, Buntsandstein. – Schriftenreihe d. Deutsch. Ges. f. Gewiss., 69: 467–486; Hannover.

Stets, J. & Schäfer, A. (2002): Depositional environments in the Lower Devonian siliciclastics of the Rhenohercynian Basin (Rheinisches Schiefergebirge, W-Germany) – Case Studies and a Model. – Contrib. Sed. Geol., 22, 77 pp.; Stuttgart.

Stets, J. & Schäfer, A. (2008): Geologie, Paläogeographie und Beckenanalyse im Rhenoherzynikum am Beispiel des Rheinprofils (Unterdevon, Rheinisches Schiefergebirge). – Decheniana (Bonn), 161: 93–110; Bonn.

Stets, J. & Schäfer, A. (2009): The Siegenian delta: land-sea transitions at the northern margin of the Rhenohercynian Basin. – In: Königshof, P. (ed.): Devonian change in paleogeography and paleoecology. – Geol. Soc. London, Spec. Publ., 341: 37–72; London.

Stets, J. & Schäfer, A. (2011): The Lower Devonian Rhenohercynian Rift – 220 Ma of sedimentation and tectonics (Rhenish Massif, W-Germany). – Z. dt. Ges. Geowiss, 162: 93–115, Stuttgart.

Stets, J. & Stoppel, D. (1998): Zur Tektonik der ehemaligen Schwerspatlagerstätte „Grube Korb“ bei Eisen und ihrer Umgebung (SW-Hunsrück, Rheinisches Schiefergebirge). – Mainzer geowiss. Mitt., 27: 7–44; Mainz.

Steuer, A. (1906): Über das Vorkommen von Radiolarienhornsteinen in den Diluvialterrassen des Rheintales. – Notizbl. Ver. Erdk. u. grossherzogl. geol. L.-A., (IV)/ 27: 27–30; Darmstadt.

Steuer, A. (1909): Die Gliederung der oberen Schichten des Mainzer Beckens und ihre Fauna. – Notizbl. Ver. Erdkde. u. Großh. Geol. L.-A. Darmstadt, (IV) 30: 41–67: Darmstadt.

Stickel, R. (1927): Zur Morphologie des linksrheinischen Schiefergebirges und angrenzender Gebiete. – Beitr. z. Landeskde. Rheinld., 5, 104 S.; Leipzig.

Stift, C. E. (1831): Geognostische Beschreibung des Herzogthums Nassau, in besonderer Beziehung auf die Mineralquellen dieses Landes. – 606 S.; Wiesbaden (Schellenberg).

Stoermer, L. (1970): Arthropods from the Lower Devonian (Lower Emsium) of Alken, Mosel, Germany. Part 1: Arachnida. – Senckenbergiana leth., 53, 335–369; Frankfurt a. M.

Stoermer, L. (1972): Arthropods from the Lower Devonian (Lower Emsian) of Alken an der Mosel, Germany. Part 2: Xiphosura. – Senckenbergiana leth., 53, 1–29; Frankfurt a. M.

Stöhr, W. T. (1963): Der Bims (Trachyttuff), seine Verlagerung, Verlehmung und Bodenbildung (Lockerbraunerden) im südwestlichen Rheinischen Schiefergebirge. – Notizbl. hess. L.-Amt. Bodenforsch., 91: 318–337; Wiesbaden.

Stöhr, W. T. (1967): Die Böden des Landes Rheinland-Pfalz. – Mitt. Dtsch. Bodenkundl. Ges., 6: 117–130; Göttingen.

Stollhofen, H. (1998): Facies architecture variations and seismogenic structures in the Carboniferous-Permian Saar-Nahe-Basin (Germany): evidence for extension related transfer fault activity. – Sediment. Geol., 119: 47–83; Amsterdam.

Stollhofen, H. (1991): Die basalen Vulkaniklastika des Oberrotliegend im Saar-Nahe-Becken (SW-Deuschland). – Diss. Univ. Würzburg, 413 S.; Würzburg (unveröffentlicht).

Stollhofen, H. (2007): Postvulkanische Rotliegend-Schwemmfächersysteme am Hunsrück-Südrand, Saar-Nahe-Becken, SW-Deutschland (Exkursion 13. April 2007). – Jber. Mitt. oberrhein. Geol. Ver., N. F. 89: 285–306; Stuttgart.

Stollhofen, H., Frommherz, B. & Stanistreet, J. G. (1999): Volcanic rocks as discriminants in evaluation tectonic versus climatic control on depositional sequences, Permo-Carboniferous continental Saar-Nahe-Basin. – J. Geol. Soc. London, 156: 801–808; London.

Strack, D. (1978): Die Kreuznach-Formation in der Nahe-Gruppe und die Entstehung des Kreuznacher Sandsteins. – Dipl.-Arb. Univ. Mainz, 247 S.; Mainz (unveröffentlicht).

Strack, D. & Stapf, K. R. G. (1980): Ist der Kreuznacher Sandstein des Rotliegenden äolisch oder fluviatil entstanden? – Geol. Rdsch., 69: 892–921; Stuttgart.

Streel, M. (1976): Palynologische Untersuchungen an Kernen der Bohrungen Düppenweiler/Saar. – (Arbeitstitel), 1 S.; Lüttich (unveröffentlicht).

Streel, M. (1981): Weitere palynologische Untersuchungen der sedimentären Serien aus den Bohrungen Düppenweiler/Saar (Arbeitstitel). – Lüttich (unveröffentlicht).

Stroetmann-Heinen, V. (1999): Simulation einer paläozoischen passiven Plattenrandentwicklung in den mitteleuropäischen Varisziden. – Z. deutsch. geol. Ges., 150: 451–470; Stuttgart.

Struve, W. (1973): Geologie des Mainzer Beckens. – Cour. Forsch.-Inst. Senckenberg, 5, 50 S.; Frankfurt a. M.

Struve, W. (1976): Devonische und unterkarbonische Schaltiere aus der Tief-Bohrung Saar 1. – Geol. Jb., A 27: 350–380; Hannover.

Struve, W. (1985): Phacopinae aus den Hunsrückschiefern (Unterdevon des Rheinischen Gebirges). – Senckenb. leth., 66: 343–432; Frankfurt a. M.

Stürmer, W. (1968): Einige Beobachtungen an devonischen Fossilien mit Röntgenstrahlen. – Natur u. Museum, 98: 413–417; Frankfurt a. M.

Stürmer, W. (1980): Röntgenstrahlen erforschen die Urzeit. – In: Stürmer, W., Schaarschmidt, F. & Mittmeyer, H.-G. (Hrsg.): Versteinertes Leben im Röntgenlicht. – Kl. Senckenberg-Reihe, 11: 3–18; Frankfurt a. Main (W. Kramer).

Stürmer, W. (1981): *Weinbergina*, a xiphosurian arthropod from the Devonian Hunsrück Slate. – Paläont. Z., 55: 237–255; Stuttgart.

Stürmer, W. (1985): A small coleoid cephalopod with soft parts from the Lower Devonian discovered using radiography. – Nature, 318: 53–55; London.

Stürmer, W. & Schaarschmidt F. (1980): Pflanzen im Hunsrückschiefer. – In: Stürmer, W. et al. (Hrsg.): Versteinertes Leben im Röntgenlicht. – Kl. Senckenberg-Reihe, 11: 19–25; Frankfurt a. Main (Kramer).

Stürtz, B. (1890): Neuer Beitrag zur Kenntnis paläozoischer Seesterne. – Palaeontographica, 36: 203–247; Stuttgart.

Stürtz. B. (1893): Ueber versteinerte und lebende Seesterne. – Verh. naturhist. Ver. preuss. Rheinlde u. Westf., 50, 1–92; Bonn.

Südkamp, W. (2007): An untypical fauna in the Lower Devonian Hunsrück Slate of Germany. – Paläont. Z., 81: 181–204; Stuttgart.

Sutcliffe, O. E. (1997): An ophiuroid trackway from the Lower Devonian Hunsrück Slate, Germany. – Lethaia, 30: 33–39; Oslo.

Sutcliffe, O. E., Briggs, D. E. G. & Bartels, C. (1999): Ichnological evidence for the environmental setting of the Fossil-Lagerstätten in the Devonian Hunsrück Slate, Germany. – Geology, 27: 275–278; Boulder/Col.

Sutcliffe, O. E., Tibbs, S. L. & Briggs, D. E. G. (2002): Sedimentology and environmental interpretation of fine-grained turbidites in the Kaub-Formation of the Hunsrück Slate: analysis of a section excavated for Project Nahecaris. – Metalla, 9: 89–104; Bochum.

Tait, J. A., Bachtadse, V., Franke, W. & Soffel, H. C. (1997): Geodynamic evolution of the European Variscan fold belt: Palaeomagnetic and geological constraints. – Geol. Rdsch., 86: 585–598; Berlin.

Talbot, J. L. (1965): Crenulation cleavage in the Hunsrückschiefer of the Middle Mosel Region. – Geol. Rdsch., 54: 1026–1043; Stuttgart.

Taupitz, K.-C. (1965): Die Dolomit- und Manganerzlagerstätte von Waldalgesheim. – Bergbauwiss., 12: 13–18; Goslar.

Teichmüller, M. (1979): Die Diagenese der kohligen Substanzen in den Gesteinen des Tertiärs und Mesozoikums des mittleren Oberrhein-Grabens. – Fortschr.Geol. Rheinld. Westf., 27: 19–49; Krefeld.

Teichmüller, M., Teichmüller, R. & Lorenz, V. (1983): Inkohlung und Inkohlungsgradienten im Permokarbon der Saar-Nahe-Senke. – Z. deutsch. geol. Ges., 134: 153–210; Hannover.

Teichmüller, M., Teichmüller, R. & Weber, K. (1979): Inkohlung und Illitkristallinität – Vergleichende Untersuchungen im Mesozoikum und Paläozoikum Westfalens,. Fortschr. Geol. Rheinlde. Westf., 27: 201–276; Krefeld.

Teike, M. (1944): Über durch Schubklüftung verursachte Stauchung und Aufblätterung von Schiefern und eine daran geknüpfte Erzlagerstätte bei Altlay (Hunsrück). – Jb. R.-Amt Bodenforsch., 63: 413–423; Berlin.

Theiss, A. (1994): Die Entwicklungsgeschichte der Mosel im Raum St. Aldeg und – Bruttig-Fankel. – Diplomarb. Univ. Bonn, 114 S.; Bonn (unveröffentlicht).

Théobald, N. (1932): Le Pays de Sierck – Description géologique. – Bull. Soc. Hist. Nat. Moselle, 33: 1–45; Metz.

Théobald, N. (1951): Contribution à l´étude des schistes bitumineux du Permien de la Sarre. – Geol. Rdsch., 39: 300–303; Stuttgart.

Théobald, N. (1952): Aperçu géologique du Territoire de la Sarre. – Schr. d. Univ. d. Saarlandes, 80 S.; Saarbrücken (West-Ost).

Théobald, N. & Britz, K. (1951): 500 Millionen Jahre geologische Geschichte des Saarlandes. – Schr. Univ. d. Saarlandes, 37 S.; Saarbrücken (West-Ost).

Théobald, N. & Gardet, G. (1935): Les alluvions anciennes de la Moselle et de la Meurthe en amont de Sierck. – Bull. Centre Soc. D'Histoire Naturelle. de Metz, 34 (3): 69–100; Metz.

Thews, J.-D. (1996): Erläuterungen zur Geologischen Übersichtskarte von Hessen 1:300 000 (GÜK 300 Hessen): Teil I: Kristallin, Ordoviz, Silur, Devon, Karbon. – Geol. Abh. Hessen, 96, 237 S.; Wiesbaden.

Thiele, J. (1960): Geologie am Südrand der Moselmulde. – Diss. F. U. Berlin, 39 S.; Berlin.

Thomé, K.-N. (1954): Ein Basaltstock im Moseltal und die tektonischen Bauelemente der Umgebung. – Geol. Jb., 69: 103–110; Hannover.

Tilmann, N. (1932): Exkursion durch den Soonwald zwischen Kreuznach und Kirn am 15. April 1930. – Ber. Niederrh. Geol. Ges., 24/25, C: 1–5; Bonn.

Tilmann, N. (1938): Summer field meeting 1937. The Rhenish Schiefergebirge. – Proc. Geol. Ass., 49: 239–240; London.

Tilmann N. & Beyenburg, E. (1930): Profil durch den Soonwald im Guldenbachtal bei Stromberg. – Z. deutsch. geol. Ges., 82: 640–647; Berlin.

Tilmann, N. & Chudoba, K. (1931a): Durch den Soonwald zwischen Kreuznach und Kirn. Bericht über die Begehungen vor, während und nach der Hauptversammlung in Mainz (C 3). – Z. deutsch. geol. Ges., 83: 690–694; Berlin.

Tilmann, N. & Chudoba, K. (1931b): Der Gneis von Wartenstein im südlichen Hunsrück. – Sber. niederrh. Geol. Ver., 23: 36–58; Bonn.

Tricart, J. (1952): La partie orientale du Bassin de Paris – étude morphologique. – SEDEX, t. 2: L évolution morpholoquiqe au Quaternaire, 473 pp.; Paris.

Tröger, E. (1954): Die Magmatite des Saar-Nahe-Gebietes. – Tagungsh. 32. Jahrestagg. deutsch. Mineral. Ges. in Mainz 1954: 21–29; Mainz.

Uhl, D. & Walther, H. (2000): Pflanzenfunde aus dem Oligozän des Nahegebietes (SW-Deutschland, Rheinland-Pfalz) – Vorläufige Mitteilung. – Mainzer geowiss. Mitt., 29: 37–46; Mainz.

Vierschilling, A. (1910): Die Eisen- und Manganerzlagerstätten im Hunsrück und Soonwald. – Z. prakt. Geol., 18: 339–431; Berlin.

Vietor, W. (1919): Der Koblenzquarzit, seine Fauna, Stellung und linksrheinische Verbreitung. – Jb. preuß. geol. L.-A., 37: 317–476; Berlin.

Visscher, H., Huddleston-Slater-Offerhaus, M. G. & Wong, T. E. (1974): Palynological assemblages from the "Saxonian" deposits of the Saar-Nahe-Basin (Germany) and the Dome de Barrot (France) – an approach to chronostratigraphy. – Rev. Palaeobot. and Palynol., 17: 39–56; Amsterdam.

Vogel, K. (1981): Über Beziehungen zwischen morphologischen Merkmalen der Brachiopoden und Fazies in Silur und Devon. – Z. deutsch.. geol. Ges., 131: 781–792; Hannover.

Voll, G. (1976): Recrystallisation of quartz, biotite, and feldspars from Erstfeld to the Leventina Nappe, Swiss Alps, and its geological significance. – Schweiz. Miner. petrogr. Mitt., 56, 641–647.

Wagner, T., Jochum, J. & Schneider, J. (1998): 2.3.1 Buntmetallerzgänge. – In: Kirnbauer, T. (Hrsg.): Geologie und hydrothermale Mineralisationen im rechtsrheinischen Schiefergebirge. Nassauer Ver. f. Naturkde, Sonderbd. 1: 136–146; Wiesbaden.

Wagner, W. (1926): Erl. z. Geolog. Karte von Hessen 1:25 000, Bl. Wöllstein-Kreuznach, 116 S.; Darmstadt.

Wagner, Wilh. (1927): Die Terrassen des Nahetals von Bad Münster am Stein bis zur Mündung in den Rhein und die Beziehungen der Nahe zum Rheindurchbruch bei Bingen. – Notizbl. Ver. Erdkde. u. hess. geol. L.-A., (V) 9: 49–78; Darmstadt.

Wagner, Wilh. (1928): Der Flugsand des Tertiärplateaus zwischen Gau-Algesheim und Ober-Ingelheim und die dort gefundenen defekten Schneckenschalen. – Notizbl. Ver. f. Erdkde u. Geol. L.-Anst. zu Darmstadt, V. Folge, H. 10: 215–218; Darmstadt.

Wagner, Wilh. (1938): Das Mainzer Becken. – Mitt. oberrhein. geol. Ver. 27: 25–62, Stuttgart.

Wagner, Wilh. & Michels, F. (1930): Erl. z. Geologischen. Karte von Hessen 1:25 000, Bl. Bingen-Rüdesheim. – 167 S.; Darmstadt.

Wagner, Wo., Kremb-Wagner, F., Koziol, M. & Negendank, J. F. W. (2012): Trier und Umgebung. – 3. Aufl., 396 S.; Stuttgart (Borntraeger).

Wagner, Wo., Negendank, J. F. W., Fuchs, G. & Mittmeyer, H.-G. (1983): Geologische Übersichtskarte Rheinisches Schiefergebirge SW-Teil (mit Abbaustellen der Steine-Erden-Rohstoffe); Hochschulumgebungskarte Trier 1:100 000. – Trier.

Wahba, Y. & Zöller, L. (1983): Terrassenverstellungen und tektonische Analyse von Satellitenbildern – ein methodischer Versuch, dargestellt an Beispielen aus dem Mosel-Saar-Nahe-Raum. – Eiszeitalter u. Gegenwart, 33: 21–30; Hannover.

Wallbrecher, E. (1968): Das Hunsrückschieferprofil am Elzbach zwischen Burg Pyrmont und Burg Eltz. – Dipl. Arb. Univ. Bonn, 69 S.; Bonn (unveröffentlicht).

Walliser, O. (1977): Probleme der geotektonischen Einordnung der Variskiden. – Z. f. angew. Geol., 23: 459–463; Göttingen.

Walliser, O. & Michels, D. (1983): der Ursprung des Rheinischen Schelfs im Devon. – N. Jb. Geol. Paläontol., Abh., 166: 3–18; Stuttgart.

Walliser, O. & Ziegler, W. (2008): Paläogeographie und Fazies des Devons in Deutschland. – In: Deutsche Stratigraphische Kommission (Hrsg.): Stratigraphie von Deutschland VIII, Devon. – Schriftenr. deutsch. Ges. Geowiss., 52: 17–21; Hannover.

Walliser, O. (1976): Ergebnis der Conodonten-Untersuchung von Schiefer-Proben aus 4729, 0–4738,0 m Teufe. – In: Lang, D. (Red.): Die Tiefbohrung Saar 1. – Geol. Jb., Reihe A, 389–390; Hannover.

Walter, H.-H. (1997): Salinen in der Saar-Nahe-Region – Münster a. St., Kreuznach, Sulzbach und Rilchingen. – Fischbacher H., 3: 5–35; Idar-Oberstein.

Walter, R. (2003): Geologie von Mitteleuropa. – 7. Aufl., 511 S.; Stuttgart (Schweizerbart).

Walther, H. W. (1982): Die varistische Lagerstättenbildung im westlichen Mitteleuropa. – Z. deutsch. geol. Ges., 133: 667–698; Hannover.

Walther, H.-W. (1984): Alter, Genese und wirtschaftliche Bedeutung der postvaristischen Gangmineralisation in Mitteleuropa – eine Einführung. – In: GDMB (Hrsg.): Postvaristische Gangmineralisation in Mitteleuropa; Schriftenreihe der GDMB, 41.

Wandhoff, E. (1914); Die Moselterrassen von Zeltingen bis Cochem. – Diss. Univ. Gießen, 110 S.; Gießen.

Weaver, C. E. (1970): Possible Use of Clay Minerals in Search for Oil. – Bull. Amer. Ass. Petrol. Geol. (AAPG), 44: 1505–1518; Tulsa.

Weber, K. (1972): Kristallinität des Illits in Tonschiefern und andere Kriterien schwacher Metamorphose im nordöstlichen Rheinischen Schiefergebirge. – N. Jb. Geol. Paläontol., Abh., 141: 333–363; Stuttgart.

Weber, K. (1976): Gefügeuntersuchungen an transversalgeschieferten Gesteinen aus dem östlichen Rheinischen Schiefergebirge. – Geol. Jb., D 15: 3–98; Hannover.

Weber, K. (1978a): Das Bewegungsbild im Rhenoherzynikum – Abbild einer varistischen Subfluenz. – Z. deutsch. geol. Ges., 129: 249–281; Hannover.

Weber, K. (1978b): Tonmineralogische und petrographische Untersuchungen sowie regionalgeologische Betrachtungen zu den sedimentären Serien in den Forschungsbohrungen Düppenweiler/Saar. – Bericht, 6 S., Göttingen (unveröffentlicht).

Weddige, K. (2008): Vorwort. – In: Deutsche Stratigraphische Kommission (Hrsg.): Stratigraphie von Deutschland, Bd. VIII, Devon. – Schriftenr. Deutsch. Ges. Geowiss., 52: 7–9; Hannover.

Wehrens, K. (1985): Sedimentologische Untersuchungen im karbonischen Alluvialfächer von Düppenweiler/ Saar. – Beih. Geol. Landesaufn. d. Saarld., 5, 204 S.; Saarbrücken.

Wehrli, H. (1934): Das „Oberrotliegende" am Westrand des Hunsrücks zwischen Saarburg und Mettlach. – Sber. naturhist. Ver. preuss. Rheinlde. Westf., 1932/33, C: 75–85; Bonn.

Wehrmann, A. et al. (2010): High resolution facies analysis of a Lower Devonian deltaic marine-terrestrial transition (Nellenköpfchen-Formation, Rheinisches Schiefergebirge, Germany): Implications for small-scale fluctuation of coastal environments. – N. Jb. Geol. Paläontol., Abh.., 256: 256–334; Stuttgart.

Wehrmann, A., Hertweck, G., Brocke, R., Jansen, U., Königshof, R., Plodowsky, G., Schindler, E. & Wilde, V. (2005): Paleoenvironment of an Early Devonian land-sea transition: a case study from the Southern margin of the Old Red Continent (Mosel Valley, Germany). – PALAIOS, 20: 101–120; Tulsa/Okl.

Weidenfeller, M., Löhr, H. & Weiler, H. (2004): Quartärgeologie, Hydrogeologie und Geoarchäologie in den Tälern von Mosel und unterer Saar (Exkursion G am 16. April 2004). – Jber. Mitt. oberrhein. geol. Ver., N.F., 86: 203–235; Stuttgart.

Weijermars, R. (1986): s_1-cleavage fans in the Moselmulde of the Rheinische Schiefergebirge (Federal Republic of Germany) may be due to a D_3-tectonic event: open folding and reverse faulting. – Geol. Rdsch., 75: 323–332; Stuttgart.

Weiler, W. (1922): Beiträge zur Kenntnis der tertiären Fische des Mainzer Beckens. – Abh. hess. geol. L.-Anst., 6: 71–135; Darmstadt.

Weiler, W. (1928): Beiträge zur Kenntnis der tertiären Fische des Mainzer Beckens II. (3. Teil: Die Fische des Septarientones). – Abh. hess. geol., L.-Anst., 8: 5–61; Darmstadt.

Weiler, W. (1935): Neue geologische und paläontologische Untersuchungen im südlichen Rheinhessen. – Notizbl. Ver. Erdkde. hess. Geol. Landesanst., (V), 16: 56–81; Darmstadt-

Weingardt, H. W. (1976): Das Oberkarbon der Tief-Bohrung Saar 1. – In: Lang, H. D. (red.): Die Tief-Bohrung Saar 1. – Geol. Jb., A 27: 399–408; Hannover.

Weiss, E. (1889): Vorwort über die Gliederung des Rotliegenden im Saar-Rhein-Gebiet. – In: Weiss, C. E. & Grebe, H.: Erl. z. geol Specialkarte von Preußen und den Thüringischen Staaten etc., 1:25 000, 33. Lfg., Bl. Lebach, 1–8; Berlin.

Wenndorf, K.-W. (1988): Homalonotinae (Trilobita) aus dem Rheinischen Unterdevon. – Diss. Univ. Bonn, 384 S.; Bonn.

Wenndorf, K.-W. (1999): Neue Fossilfunde aus dem Unterdevon an Rhein und Mosel (Geologische Karte von Rheinland-Pfalz, Blatt 5611 Koblenz), Teil 1: Unterems. – Mainzer geowiss. Mitt., 28: 63–84; Mainz.

Wenz, W. (1921): Das Mainzer Becken und seine Randgebiete. – 352 S.; Heidelberg (Ehrig).

Werle, O. & Mitarbeiter (1978): Trier und Umgebung. – Slg. geographischer Führer, 11: 228 S.; Berlin, Stuttgart (Gebr. Borntraeger).

Werner, H.-H. (1950): Geologie des Hunsrücks zwischen Hahnenbach und Guldenbach. – Diss. Univ. Bonn, 73 S.; Bonn (unveröffentlicht)

Werner, H.-H. (1952): Geologie der Winterbacher Mulde im südöstlichen Hunsrück. – Geol. Jb., 66: 627–660; Hannover.

Werner, W. (1989a): Synsedimentary faulting and sediment-hosted submarine-hydrothermal mineralisations in the Late Paleozoic Rhenish Basin (Germany). – Geotekt. Forsch., 71, 305 pp.; Stuttgart.

Werner, W. (1989b): Contribution to the genesis of SEDEX-type mineralizations of the Rhenish Massif (Germany) – implications for future Pb-Zn-Exploration. – Geol. Rdsch., 78: 571–598; Stuttgart.

Werveke, L. van (1906): Erläuterungen zum Blatt Saarbrücken 1:200 000. – 284 S., Straßburg.

Werveke, L. van (1910): Grundkonglomerat des Buntsandsteins und Oberrotliegenden südwestlich von Saarburg bei Trier. – Ber. ü. d. Versamml. d. Niederrhein. Geol. Ver. 1910: 47–50; Bonn.

Wierich, F. (1999): Orogene Prozesse im Spiegel synorogener Sedimente, korngefügekundliche Liefergebietsanalyse siliziklastischer Sedimente im Devon des Rheinischen Schiefergebirges. – Marburger Geowiss., 1, 264 S.; Marburg.

Wild, H. W. (1956): Der Einfluß tektonischer Elemente auf den Friedrichsfelder Blei-Zink-Gang bei Bundenbach im Hunsrück. – Notizbl. hess. L.-Amt Bodenforsch., 84: 285–299; Wiesbaden.

Wildberger, J. (1992): Zur tektonischen Entwicklung des südwestlichen Hunsrücks (SW-Deutschland). – Mitt. Pollichia, 79: 5–119; Bad Dürkheim.

Wilde, V., Schindler, E., Plodowski, G., Königshof, P., Jansen, U., Brocke, R., Hertweck, G., Wehrmann, A. & Vogel, O. (2004): Arthropod tracks from the Emsian (upper Lower Devonian) of Burgen (Mosel syncline, Rheinisches Schiefergebirge). – Geobiologie, 74. Jahrestagg. d. Paläont. Ges. i. Göttingen, 02.-08. Okt. 2004, 247; Göttingen.

Will, F. M. (1935): Morphogenetische Betrachtung der Rheinterrassen zwischen Oppenheim-Mainz und Koblenz. – Ber. oberhess. Ges. Natur- und Heilkde. Gießen, nat. Abt., N. F. 16: 80–112; Gießen.

Willemsen, R. (1999): Geologische Kartierung und geoelektrische Untersuchung eines Bruchsystems im Naturschutzgebiet „Hangbrücher bei Morbach" im Hunsrück. – Dipl.-Arb. Univ. Bonn, 60 S., Bonn.

Winkelmann, M. (1997): Palynostratigraphische Untersuchungen am Südrand des Rheinischen Schiefergebirges (Südtaunus, Südhunsrück). – 164 S. Diss. Univ. München.

Winkelmann, M. (2000): Palynostratigraphische Untersuchungen am Südrand des Rheinischen Schiefergebirges (Südtaunus, Südhunsrück). – 165 S.; München (Herbert Utz)

Winkler, H. G. F. (1979): Abolition of metamorphic facies, introduction of the four divisions of metamorphic stage, and classification based on isogrades in common rocks. – N. Jb. Mineral., Mh. 1979: 189–248; Stuttgart.

Winterfeld, C. v., Bayer, U., Oncken, O., Lünenschloß, B. & Springer, J. (1994): Das westliche Rheinische Schiefergebirge. – Geowissenschaften, 12: 320–324; Berlin.

Wirtgen, P. & Zeiler, F. (1852a): Vergleichende Übersicht der Versteinerungen in der rheinischen Grauwacke. – Verh. nat.-hist. Ver. Rheinlde. Westf., 1854: 459–481; Bonn.

Wirtgen, P. & Zeiler, F. (1852b): Übersicht der in der Gegend von Coblenz in den unteren Lagen der devonischen Schichten vorkommenden Petrefakten. – N. Jb. Mineral. etc, Jg. 1852: 920–940; Stuttgart.

Wirth, H. (1960): Stratigraphische und fazielle Untersuchungen im Vordertaunus. – Notizbl. hess. L.-Amt Bodenforsch., 88: 146–166; Wiesbaden.

Wirth, W. (1978): Zum Problem der Genese und Einstufung pleistozäner Flußterrassen im Bereich des Rheinischen Schiefergebirges. – Fortschr. Geol. Rheinlde. Westf., 28: 65–83; Krefeld.

Wolf, M. (1929): Über die stratigraphische Stellung des Roteisenlagers der Grube Braut und des Bingerbrücker Dolomites. – Senckenbergiana, 11: 36–39; Frankfurt a. M.

Wolf, M. (1930): Alter und Entstehung des Wald-Erbacher Roteisensteins (Grube Braut im Hunsrück) mit einer stratigraphischen Untersuchung der Umgebung. – Abh. preuß. geol. L.-A., N. F., 123, 105 S.; Berlin.

Wolf, M. (1978): Inkohlungsuntersuchungen im Hunsrück (Rheinisches Schiefergebirge). – Z. deutsch. geol. Ges., 129: 217–227; Hannover.

Wotzlau, A. (1988): Kartierung der Nördlichen Phyllitzone im Hoxbachtal (SE-Hunsrück) und Analyse magnetischer Gefüge am Magnetitquarzit aus dem Hoxbachtal im Soonwald. – Dipl. Arbeit Universität Göttingen, 73; Göttingen (unveröffentlicht).

Wunderlich, F. (1970): Genesis and environment of the „Nellenköpfchenschichten“ (Lower Emsian, Rhenian Devon) at locus typicus in comparison with modern coastal environments of the German Bay. – J. sediment. Petrol., 40: 102–130; Tulsa/Okl.

Wunderlich, H.-G. (1964): Maß, Ablauf und Ursachen orogener Einengung am Beispiel des Rheinischen Schiefergebirges, Ruhrkarbons und Harzes. – Geol. Rdsch., 54: 861–882; Stuttgart.

Wurster, P. (1964a): Geologie des Schilfsandsteins. – Mitt. Geol. Staatsinst. Hamburg, 33: 140 S.; Hamburg.

Wurster, P. (1964b): Krustenbewegungen, Meeresspiegelschwankungen und Klimaänderungen in der deutschen Trias. – Geol. Rdsch., 54: 224–240; Stuttgart.

Wurster, P. (1968): Paläogeographie der deutschen Trias und die paläogeographische Orientierung der Lettenkohle in Südwestdeutschland. – Eclog. Geol. Helv., 61: 157–166; Basel.

Wüstefeld, H. (1994): Zur Geologie des südöstlichen Hunsrücks bei Trechtingshausen am Rhein. – Dipl.Arb. Univ. Bonn, 276 S.; Bonn (unveröffentlicht).

Wüstefeld, H. (2000): The Mid-German Crystalline Rise? – a land mass consisting of more than just crystalline rocks. – Zbl. Geol. Paläontol., Teil I, 1999: 185–197; Stuttgart.

Wuttke, M., Bartels, C. & Nestler-Zapp, A. (2002): „Projekt Nahecaris“ – Menschen – Zeiten – Räume. – Archäologie in Deutschland,78–80; Stuttgart.

Yochelson, E. L. (1979): Early radiation of Mollusca and mollusca-like groups. – In: House, M.R. (Ed.): The Origin of Major Invertebrate Groups., 323–358; London.

Zeiler, P. (1850): Geologische Verhältnisse der Umgebung von Coblenz. – Verh. Naturhist. Ver. preuss. Rheinlde. Westf., 7: 134–153; Bonn.

Zeiler, P. & Wirtgen, P. (1855): Bemerkungen über die Petrefakten der älteren devonischen Gebirge am Rheine, insbesondere über die in der Gegend von Coblenz vorkommenden Arten. – Verh. naturhist. Ver. preuss. Rheinlde. Westf., 12: 1–28; Bonn.

Ziegler, P. A. (1990): Geological Atlas of Western and Central Eurpe. – 2nd ed., 130 S. u. Beilagenbd.; Amsterdam (Elsevier).

Ziegler, P. A. & Dèzes, P. (2005): Cenozoic uplift of Variscan Massifs in the Alpine foreland: Timing and controlling mechanisms. – Global Planet. Change, 58: 237–269; Amsterdam.

Ziegler, W. & Walliser, O. (2008): Rückblick auf die Geschichte der Devon-Stratigraphie. – In: Deutsche Stratigraphische Kommission (Hrsg.): Stratigraphie von Deutschland VIII, Devon. – Schriftenr. dt. Ges. Geowiss., 52: 11–16; Hannover.

Zimmerle, W. (1976): Das Herkunftsgebiet des Detritus. – In: Lang, D. (red.): Die Tief-Bohrung Saar 1. – Geol Jb., A 27: 204–215; Hannover.

Zimmerle, W. (2000): The „Mitteldeutsche Schwelle“ – Facts and Theories. – Zbl. Geol. Paläontol., Teil I, 1999: 163–184; Stuttgart.

Zinser, R. (1963): Das Unterdevon im Bereich des Lützelsoons (Siegen-Stufe, Hunsrück; südliches Rheinisches Schiefergebirge). – Notizbl. hess. L.-Amt Bodenforsch., 91: 92–118; Wiesbaden.

Zolitschka, B. & Löhr, H. (1999): Geomorphologie der Mosel-Niederterrassen und Ablagerungen eines ehemaligen Altarmes (Trier, Rheinland-Pfalz) – Indikatoren für jungquartäre Umweltveränderungen und anthropogene Schwermetallbelastung. – Peterm. Geograph. Mitt., 142: 401–416; Gotha.

Zöller, A. (1919): Die goldführenden Bäche des Hunsrücks. – Z. prakt. Geol., 27: 7–14: Halle (Saale).

Zöller, L. (1980): Über Hangschuttbildung, Plateaulehme und junge Erosion im "Hochwald" (westlicher Hunsrück, Rheinisches Schiefergebirge). – Catena, 7: 153–167; Amsterdam.

Zöller, L. (1983a): Neotectonic Movements at the Southern and Western Boundary of the Hunsrück Mountains (Southwestern Part of the Rhenish Massif). – In: Fuchs, K., Gehlen, K. v., Mälzer, H., Murawski, H. & Semmel, A. (b, Hrsg.): Plateau Uplift: 89–92; Berlin etc. (Springer).

Zöller, L. (1983b): Das Tertiär im Ost-Hunsrück und die Frage einer obermitteloligozänen Meerestransgression über Teile des Hunsrücks (Rheinisches Schiefergebirge). – N. Jb. Geol. Paläontol., Mh., 1983: 505–512; Stuttgart.

Zöller, L. (1983c): Reliefgenese und marines Tertiär im Ost-Hunsrück. – Mainzer geowiss. Mitt., 13: 97–114; Mainz.

Zöller, L. (1985): Geomorphologische und quartärgeologische Untersuchungen im Hunsrück – Saar – Nahe – Raum. – Forsch. z. dt. Landeskde., 225, 240 S.; Trier.

Fossilregister

Ortsregister

Sachregister